Wörterbuch der Technik
Russisch–Deutsch
Teil 2 П–Я

WÖRTERBUCH DER TECHNIK

Russisch–Deutsch

Herausgegeben
von Paul Hüter
und Horst Görner

Mit 124000 Wortstellen

Dritte, völlig überarbeitete Auflage

Teil 2 П–Я

Verlag W. Girardet · Essen

Lizenzausgabe der dritten Auflage des „Polytechnischen
Wörterbuches/Russisch–Deutsch“, erschienen im VEB Verlag Technik, Berlin.
Printed in the German Democratic Republic
ISBN 3-7736-5290-9 · Bestellnummer 5290
W. Girardet Buchverlag GmbH, Essen · 1983

П

П *s.* 1. **пуаз**; 2. **огонь/постоянный**
Па *s.* **паскаль**
ПАВ *s.* **вещество/поверхностно-активное**
павильон *m* 1. Pavillon *m*; 2. Halle *f*
паводок *m (Hydrol)* Hochwasser *n*
~/дождевой Regenhochwasser *n*, Schwellwasser *n*
~/ледниковый Gletscherhochwasser *n*
~/талый Schneeschmelzhochwasser *n*
пагинация *f* **[страниц]** *(Typ)* Paginierung *f*, Seitenzählung *f*
паголенок *m (Text)* Längen *m (Strumpfwirkerei)*
падение *n* 1. Fallen *n*, Fall *m*, Sturz *m*; 2. Abfallen *n*, Abfall *m (Druck, Spannung)*; 3. *(Ph)* Einfall *m (Licht, Wellen)*, Inzidenz *f*; 4. *(Mech)* Fall *m*, Fallbewegung *f*
~/анодное *(El)* Anodenfall *m*
~ давления Druckabfall *m*; Druckverlust *m*
~/естественное *(Hydt)* natürliches Gefälle *n*
~/катодное *(El)* Katodenfall *m*
~/крутое *(Geol)* steiles Einfallen *n (75 bis 80°)*
~ месторождения *(Bgb, Geol)* Einfallen *n* der Lagerstätte
~ мощности Leistungsabfall *m*
~ напора Druckabfall *m*
~ напряжения 1. *(El)* Spannungsabfall *m*, Potentialabfall *m*; 2. *(Mech)* Spannungsabfall *m*, Spannungsgefälle *n*
~ напряжения в линии *(El)* Leitungsabfall *m*
~ напряжения/внутреннее *(El)* innerer Spannungsabfall *m*, Spannungsabfall *m* am Innenwiderstand [einer Spannungsquelle]
~ напряжения/индуктивное *(El)* induktiver Spannungsabfall *m*
~ напряжения/омическое *(El)* ohmscher Spannungsabfall *m*
~ напряжения под щёткой/переходное *(El)* Bürstenübergangsspannung *f*
~ напряжения/полное *(El)* Gesamtspannungsabfall *m*
~ напряжения/прямое *(El)* Spannungsabfall *m* in Flußrichtung
~/несогласное *(Geol)* widersinniges Einfallen *n*
~/опрокинутое *(Geol)* entgegengesetztes Einfallen *n (über 90 °C)*
~ пластов *s.* **~ слоёв**
~/пологое *(Geol)* flaches Einfallen *n (15 bis 30°)*
~ потенциала *(El)* Potential[ab]fall *m*
~ потенциала/анодное Anodenfall *m (Glimmentladung)*
~ потенциала катодное Katodenfall *m (Glimmentladung)*
~ потока среднее *(Hydt)* Mittelgefälle *n*
~ реки *(Hydrol)* Flußgefälle *n*
~ с обратным уклоном *s.* **~/опрокинутое**
~ света Lichteinfall *m*
~/свободное *(Mech)* freier Fall *m*
~/сильно наклонное *(Geol)* stark geneigtes Einfallen *n (30 bis 75°)*
~/слабо наклонное *(Geol)* schwaches (schwach geneigtes) Einfallen *n (unter 15°)*
~ слоёв *(Geol)* Fallen *n*, Einfallen *n (Schichten)*
~ температуры Temperaturabnahme *f*, Temperaturfall *m*
~ тепла Wärmegefälle *n*
паз *m* 1. Nut *f*, Auskehlung *f*, Kehle *f*, Riefe *f (s. a. unter* **канава**); 2. Schlitz *m*; 3. *(Bgb)* Schar *n (Türstock)*; 4. *(Schiff)* Naht *f (Längsnaht zwischen Plattengängen)*
~ для компенсационной обмотки *s.* **~/компенсационный**
~ для ленточной обмотки *(El)* Bändernut *f*
~ для шпонки Keilnut *f*
~ и гребень *m* Nut *f* und Feder *f*
~/кольцевой Ringnut *f*, Eindrehung *f*
~/компенсационный *(El)* Kompensationsnut *f*
~/контрольный *(Typ)* Kontrollschlitz *m*
~/косой Schrägnut *f*
~/криволинейный Kurvennut *f*
~/круглый Rundnut *f*
~/направляющий Führungsnut *f*, Nutenführung *f*, Führungsschlitz *m*
~/Т-образный T-Nut *f*
~/продольный Langloch *n*; Längsnut *f*
~ ротора *(El)* Läufernut *f*
~/роторный *s.* **~ ротора**
~/скошенный *s.* **~/косой**
~/спиральный *(El)* Wendelnut *f*
~ статора *(El)* Ständernut *f*
~/тавровый *s.* **~/Т-образный**
~/установочный Einstellschlitz *m*
~/шандорный *(Hydt)* Dammfalz *m*
~ якоря *(El)* Ankernut *f*
пазить *(Bw)* abkehlen, aussparen, auskehlen
пазник *m (Wkz)* Nuthobel *m*
пазовость *f (El, Masch)* Nutung *f*
пазуха *f* 1. *(Hydt)* Wasserpolster *n*, Wasserpuffer *m*; 2. *(Bw)* Gewölbezwickel *m*
пайка *f* Löten *n*, Lötung *f*
~ в контейнере Löten *n* in beheiztem Behälter
~ в печи с контролируемой атмосферой Schutzgaslöten *n*
~ в солнечной ванне Salzbadlöten *n*
~/вакуумная Vakuumlöten *n*
~/восстановительно-реактивная Reaktionslöten *n*

~/**высокочастотная** Hochfrequenzlöten *n*, Induktionslöten *n*
~ **газовой горелкой** Flamm[en]löten *n*
~/**диффузионная** Diffusionslöten *n*
~/**дуговая** Lichtbogenlöten *n*
~ **заливкой** Gießlöten *n*
~/**индукционная** Induktionslöten *n*
~/**контактная** elektrisches Widerstandslöten *n*
~/**мягкая** Weichlöten *n*
~ **натиранием** Reiblöten *n*
~ **окунанием** Tauchlöten *n*
~/**печная** Ofenlöten *n*
~ **погружением** Tauchlöten *n*
~/**реактивная** Reaktionslöten *n*
~/**реакционная** Reaktionslöten *n*
~ **с помощью паяльника** Löten *n* mit dem Lötkolben, Kolbenlöten *n*
~ **сопротивлением** Widerstandslöten *n*
~ **сопротивлением/электрическая** elektrisches Widerstandslöten *n*
~/**твёрдая** Hartlöten *n*
~ **твёрдыми припоями/электрическая** elektrisches Hartlöten *n*
~ **токами высокой частоты/индукционная** HF-Induktionslöten *n*
~ **трением** Reiblöten *n*
~ **угольной дугой** Lichtbogenlöten *n*
~/**ультразвуковая** Ultraschallöten *n*
~/**фрикционная** Reiblöten *n*
~/**шаберная** Reiblöten *n*
пайлер *m (Wlz)* Blechstapelvorrichtung *f*, Blechstapler *m*, Stapelvorrichtung *f*
~ **для укладки слябов** Brammenstapler *m*, Brammenstapelvorrichtung *f*
пайол *m (Schiff)* Bodenwegerung *f*; Flurboden *m*
пак *m* Packeis *n*
пакгауз *m (Eb)* Güterschuppen *m*, Güterboden *m*
~/**портовый** Kaischuppen *m (Hafen)*
~/**таможенный** Zollschuppen *m*, Zollspeicher *m*
пакеляж *m (Bw)* Packlage *f*, Steinbett *n*, Steinpackung *f (Straßenbau)*
пакер *m (Bgb)* Packer *m (Bohrlochabdichtung)*
пакет *m* 1. Paket *n*; 2. *(Dat)* Programmpaket *n*, Paket *n*; Stapel *m*; 3. *(Schiff)* Palette *f*
~ **ввода-вывода** *(Dat)* Eingabe-Ausgabe-Paket *n*
~/**волновой** Wellenpaket *n*, Wellengruppe *f*
~/**дегазационный** *(Mil)* Entgiftungspäckchen *n*
~ **дисков** *(Dat)* Plattenstapel *m*
~ **дисков/сменный** Wechselplattenstapel *m*
~ **железа** Blechpaket *n*
~ **импульсов** *(El)* Impulspaket *n*
~/**индивидуальный противохимический** *(Mil)* persönliches Entgiftungspäckchen *n*
~ **лопаток** Schaufelpaket *n (Dampfturbine)*
~ **магнитных дисков** *(Dat)* Magnetplattenstapel *m*
~/**объектный** *(Dat)* Objektkartenstapel *m*
~ **операционной системы** *(Dat)* Systemresidenz *f*
~/**отладочный** *(Dat)* Fehlersuchpaket *n*
~ **пластин** Plattenpaket *n (eines Kondensators)*; Blechpaket *n (eines Eisenblechkerns)*
~ **поездов** *(Eb)* Zugbündel *n*
~ **пороха/основной** *(Mil)* Grundladung *f (Hülsenkartusche)*
~ **прикладных программ** *(Dat)* Anwenderprogrammpaket *n*
~ **программ** *(Dat)* Programmpaket *n*
~ **программ ввода-вывода** *(Dat)* Eingabe-Ausgabe-Paket *n*
~ **программ/методически ориентированный** *(Dat)* methodisch orientiertes Programmpaket *n*
~ **ротора** *s.* ~ **стальных листов ротора**
~ **системных программ** *(Dat)* Systemprogrammpaket *n*
~/**спиновый** *(Ph)* Spinpaket *n*
~ **стальных листов ротора** Läuferblechpaket *n*
~/**стержневой** *(Gieß)* Kernpaket *n*
~ **штампа** *(Schm)* Stanzgestell *n*
~/**электронный** Elektronenpaket *n*
пакетирование *n* Paketieren *n*, Paketierung *f*
пакетовоз *m* Palettenschiff *n*, Palettenfrachter *m*
пакля *f* Werg *n*, Hede *f*
~/**пеньковая** Hanfwerg *n*
паковка *f (Text)* Lieferformat *n (für textile Halb- und Fertigfabrikate)*
~/**входная** Aufsteckkörper *m*
~/**жёсткая** harter Wickel *m*
~/**мягкая** weicher Wickel *m*
~ **пряжи** Wickelkörper *m*
~/**сновальная** Schärtrommel *f (Schärmaschine)*
пал *m (Schiff)* Dalben *m*, Dalbe *f*, Dückdalben *m*
~/**береговой** Kaidalbe *f*
~ **брашпиля/отбойный** Kettenabweiser *m (Ankerwinde)*
~/**жёсткий** Schutzdalbe *f*
~/**направляющий** Führungsdalbe *f*
~/**швартовный** Festmachedalbe *f*, Vertäudalbe *f*
~ **шпиля** Palle *f*, Pallklinke *f (Spill)*
палагонит *m (Geol)* Palagonit *m*
палаит *m (Min)* Palait *m*
палгед *m* **[шпиля]** *(Schiff)* Kettennuß *f (Spill)*
палгун *m* **[шпиля]** *(Schiff)* Pallkranz *m (Spill)*

паление *n (Bgb)* Sprengen *n*
палеоандезит *m (Geol)* Paläoandesit *m*
палеоген *m (Geol)* Paläogen *n*, Alttertiär *n (untere Abteilung des Tertiärs mit den Stufen Oligozän, Eozän, Paläozän)*
палеозой *m s.* 1. **группа/палеозойская**; 2. **эра/палеозойская**
палеозоология *f (Geol)* Paläozoologie *f*
палеоклимат *m (Geol)* Paläoklima *n*
палеолипарит *m (Geol)* Paläoliparit *m*
палеолит *m (Geol)* Paläolithikum *n*, Altsteinzeit *f*
палеомагнетизм *m (Geol)* Paläomagnetismus *m*
палеонтология *f (Geol)* Paläontologie *f*
палеотемпература *f (Geol)* Paläotemperatur *f*
палеофит *m (Geol)* Paläophytikum *n (Altzeit der Entwicklung der Pflanzenwelt)*
палеоцен *m s.* **отдел/палеоценовый**
палета *f* Palette *f (Ankerhemmung im Uhrwerk)*
палетка *f (Geod)* Strichraster *m*, Quadratnetzschablone *f*
палец *m* 1. *(Masch)* Finger *m*; Bolzen *m*; Stift *m*; 2. *(Bgb)* Jochschwanz *m (Schrotzimmerung)*; 3. *(Lw)* Mähfinger *m*
~/ведущий Führungsbolzen *m*, Mitnehmerbolzen *m*
~ верхнего рулевого рычага/шаровой *(Kfz)* Lenkhebelkugelbolzen *m*
~/выкладывающий *(Typ)* Auslegestab *m (Schnellpresse)*
~ выталкивателя Auswerferstift *m*
~/контактный Kontaktfinger *m*
~ крейцкопфа *(Masch)* Kreuzkopfbolzen *m*, Kreuzkopfzapfen *m*
~ кривошипа *(Masch)* Kurbelzapfen *m*
~/направляющий 1. Führungsfinger *m*, Führungsbolzen *m*; 2. Abhebestift *m*
~ поводкового патрона *(Wkzm)* Mitnehmer *m*, Mitnahmebolzen *m (Mitnehmerscheibe; Drehmaschine)*
~/поводковый *s.* **~/ведущий**
~ ползуна 1. *(Wkzm)* Stößelzapfen *m (Kurzhobelmaschine)*; 2. *(Masch)* Kreuzkopfbolzen *m*
~/поршневой *(Kfz)* Kolbenbolzen *m*
~/предохранительный *s.* **~/срезной**
~ приёмника [пулемёта]/нижний *(Mil)* Gurthebel *m (Maschinengewehr)*
~/приёмный *s.* **~/выкладывающий**
~/распределительный Steuerfinger *m*, Steuerstift *m*
~/рессорный Federbolzen *m*
~ рулевого рычага/шаровой *(Kfz)* Spurstangenkugelbolzen *m*
~ с буртиком Bundbolzen *m*
~ с выточкой Kerbbolzen *m*
~ с заплечиком Bundbolzen *m*
~/спарниковый Kuppelzapfen *m*
~/срезной Scherbolzen *m*, Scherstift *m*, Sicherheitsstift *m (z. B. in Kupplungen)*
~/шаровой Kugelbolzen *m*
~/щёточный *(El)* Bürsten[halter]bolzen *m*
палилка *f (Text)* Sengmaschine *f (Ausrüstung der Gewebe)*
~/газовая Gassengmaschine *f*
~/плитная Plattensengmaschine *f*
палингенез[ис] *m (Geol)* Palingenese *f*
палладий *m (Ch)* Palladium *n*, Pd
~/азотнокислый Palladiumnitrat *n*
~/губчатый Palladiumschwamm *m*
~/двухлористый Palladium(II)-chlorid *n*, Palladiumdichlorid *n*
паллета *f* Windkasten *m (Sinteranlage)*
палочка *f*/**петельная** *(Text)* Maschenschenkel *m (Wirkerei)*
палуба *f (Schiff)* Deck *n*
~/автомобильная Autodeck *n*, Wagendeck *n (Autofähre)*
~ бака Backdeck *n*
~/батарейная Batteriedeck *n*
~ безопасности Sicherheitsdeck *n (Schwimmdock)*
~/броневая Panzerdeck *n*
~/вагонная Wagendeck *n (Eisenbahnfähre)*
~/верхняя Oberdeck *n*, Freiborddeck *n*
~/верхняя открытая Freideck *n*
~/верхняя расчётная Gurtungsdeck *n*, Festigkeitsdeck *n*
~/взлётная Flugdeck *n*
~/взлётно-посадочная Start- und Landedeck *n*
~/возвышенная кормовая Quarterdeck *n*
~ возвышенного квартердека erhöhtes Quarterdeck *n*
~/вторая Freiborddeck *n*
~/главная Haupt[panzer]deck *n*
~/грузовая Ladedeck *n*
~/жилая Wohn[raum]deck *n*, Mannschaftswohnraumdeck *n*
~/карапасная Schildkrötendeck *n*
~ мостика *s.* **~/мостиковая**
~/мостиковая Brückendeck *n*
~/навесная Shelterdeck *n*; Schutzdeck *n*
~ надводного борта Freiborddeck *n*
~ надстройки Aufbau[ten]deck *n*
~ непотопляемости Schottendeck *n*
~/непрерывная durchlaufendes Deck *n*
~/нижняя Unterdeck *n*, Orlogdeck *n*
~/обмерная Vermessungsdeck *n*
~/открытая Freideck *n*, freies Deck *n*, Sturmdeck *n*
~/первая Hauptdeck *n*, Oberdeck *n*, erstes Deck *n*
~ переборок Schottendeck *n*
~/полётная Flugdeck *n*
~/посадочная Landedeck *n*, Landungsdeck *n (Flugzeugträger)*
~/прогулочная Promenadendeck *n*
~/промежуточная Zwischendeck *n*

~/промысловая Fangdeck *n* *(Trawler)*
~/противоосколочная splittersicheres Deck *n*
~/рабочая Arbeitsdeck *n* *(Fischereifahrzeug)*
~/солнечная Sonnendeck *n*
~/средняя Zwischendeck *n*, Mitteldeck *n*
~/твиндечная Zwischendeck *n*
~/тентовая Schattendeck *n*, Awningdeck *n*, Sonnendeck *n*
~/третья drittes Deck *n*
~/черепаховая *s.* **~/карапасная**
~/четвёртая viertes Deck *n*
~/шлюпочная Bootsdeck *n*
~ юта Poopdeck *n*
палубный 1. *(Schiff)* Deck[s] . . .; Bord . . .; 2. *(Flg)* bordgestützt, trägergestützt
палуны *mpl* *(Hydrol)* Stromschnellen *fpl*
палыгорскит *m* *(Min)* Palygorskit *m*, Bergleder *n*
пальмитат *m* Palmitat *n*
пальмитиновокислый *(Ch)* . . . plamitat *n*; palmitinsauer
памятник *m* **архитектуры** Baudenkmal *n*
память *f* *(Dat)* Speicher *m* *(s. a. unter* **устройство/запоминающее***)*
~/автономная Off-line-Speicher *m*
~/адресная Adressenspeicher *m*
~/адресуемая adressierbarer Speicher *m*
~/акустическая akustischer Speicher *m*
~/аналоговая Analogspeicher *m*
~/ассоциативная assoziativer Speicher *m*
~/ассоциативная плёночная assoziativer Dünnschichtspeicher *m*
~/барабанная Trommelspeicher *m*
~/биполярная постоянная bipolarer Festspeicher *m*
~ большого объёма Großkernspeicher *m*, Massenspeicher *m*
~ большой ёмкости Großraumspeicher *m*
~/буферная Pufferspeicher *m*, Zwischenspeicher *m*
~/быстродействующая Schnellspeicher *m*
~ величин Größenspeicher *m* *(Komponente des Speichers des Operators einer logischen Schaltung)*
~/виртуальная virtueller Speicher *m*
~/внешняя externer Speicher *m*, Externspeicher *m*, peripherer Speicher *m*, Außenspeicher *m*, Fremdspeicher *m*, Zubringerspeicher *m*
~/внутренняя innerer (interner) Speicher *m*
~/вспомогательная Hilfsspeicher *m*, Zusatzspeicher *m*
~/вторичная Sekundärspeicher *m*
~/выходная Ausgabespeicher *m*
~ вычислительной машины Rechenspeicher *m*
~/главная Hauptspeicher *m*, primärer Speicher *m*
~/двоичная Dualzahlenspeicher *m*
~/двусторонняя Lese-Schreib-Speicher *m*
~/динамическая dynamischer Speicher *m*, Umlaufspeicher *m*
~/диодно-конденсаторная Diodenkondensatorspeicher *m*
~/дисковая Plattenspeicher *m*
~/долговременная Festspeicher *m*, Langzeitspeicher *m*, Dauerspeicher *m*, nicht löschbarer Speicher *m*, Permanentspeicher *m*
~/дополнительная Zusatzspeicher *m*
~/ёмкостная kapazitiver Speicher *m*
~ канала Kanalspeicher *m*
~/кратковременная Kurzzeitspeicher *m*
~/логическая logischer Speicher *m*
~/магазинная Stapelspeicher *m*, Kellerspeicher *m*
~/магнитная Magnetspeicher *m*
~/магнитодинамическая magnetomotorischer Speicher *m*
~/матричная Matrizenspeicher *m*, Matrixspeicher *m*
~/машинная Rechnerspeicher *m*
~ на БИС LSI-Speicher *m*
~ на дисках с фиксированными головками Fest[kopf]plattenspeicher *m*
~ на криотронах Kryospeicher *m*
~ на линиях задержки Verzögerungsspeicher *m*
~ на магнитной ленте Magnetbandspeicher *m*
~ на магнитной проволоке Drahtspeicher *m*, Magnetdrahtspeicher *m*
~ на магнитном барабане Magnettrommelspeicher *m*
~ на магнитных дисках Magnetplattenspeicher *m*, Magnetplattenspeichergerät *n*
~ на магнитных лентах Magnetbandspeicher *m*, Magnetstreifenspeichergerät *n*
~ на магнитных плёнках Magnetfilmspeicher *m*
~ на магнитных пузырьках Magnetblasenspeicher *m*
~ на магнитных сердечниках Magnetkernspeicher *m*, Kernspeicher *m*
~ на магнитных стержнях Magnetstabspeicher *m*
~ на микросхемах mikrominiaturisierter Speicher *m*
~ на монолитных модулях monolithischer Speicher *m*
~ на МОП-структурах MOS-Speicher *m*
~ на параллельных регистрах Parallelregisterspeicher *m*
~ на перфоленте Lochstreifenspeicher *m*
~ на ртутных линиях задержки Quecksilberspeicher *m*
~ на сменных дисках Wechselplattenspeicher *m*
~ на твисторах *s.* **~/твисторная**

~ на тонких плёнках Dünnfilmspeicher *m*
~ на ультразвуковых линиях задержки akustischer Speicher *m*
~ на ферритовых сердечниках Ferritspeicher *m*
~ на ферромагнитных сердечниках Magnetkernspeicher *m*
~/односторонняя Fest[wert]speicher *m*, Nur-Lese-Speicher *m*, Lesespeicher *m*
~/оперативная operativer Speicher *m*, Operationsspeicher *m*, Arbeitsspeicher *m*
~/оперативная адресная operativer Adressenspeicher *m*
~/основная Hauptspeicher *m*
~ параметров Parameterspeicher *m* *(Komponente des Speichers des Operators einer logischen Schaltung)*
~/плёночная Dünnschichtspeicher *m*
~/постоянная *s.* **~/долговременная**
~/программная Programmspeicher *m*
~/промежуточная Zwischenspeicher *m*
~/процессорная Prozessorspeicher *m*, Hauptspeicher *m*
~/релейная Relaisspeicher *m*
~ с восстановлением информации regenerativer Speicher *m*
~ с матричной организацией bitorganisierter Speicher *m*
~ с параллельной выборкой assoziativer Parallelspeicher *m*
~ с последовательным доступом Speicher *m* mit Serienzugriff, Serienspeicher *m*, Reihenfolgespeicher *m*, Sequenzspeicher *m*
~ с пословной организацией Wortauswahlspeicher *m*
~ с пословным доступом Wortauswahlspeicher *m*
~ с произвольной выборкой *s.* **~ с произвольным доступом**
~ с произвольным доступом Speicher *m* mit beliebigem (wahlfreiem) Zugriff, Direktzugriffsspeicher *m*
~ с произвольным обращением *s.* **~ с произвольным доступом**
~ с прямым доступом *s.* **~ с произвольным доступом**
~ с регенерацией информации leistungsabhängiger Speicher *m*, regenerativer Speicher *m*
~/сверхоперативная Schnellspeicher *m*, Speicher *m* mit schnellem Zugriff
~ сигналов Signalspeicher *m* *(Komponente des Speichers des Operators einer logischen Schaltung)*
~/системная Systemspeicher *m*
~/сквозная Durchgangsspeicher *m*
~/сменная Wechselspeicher *m*
~ со страничной организацией *s.* **~/страничная**
~/статическая statischer Speicher *m*
~/стековая Kellerspeicher *m*, Stapelspeicher *m*
~/стираемая löschbarer Speicher *m*
~/страничная Seiten[wechsel]speicher *m*
~/стэковая *s.* **~/стековая**
~/твисторная Twistorspeicher *m*
~/тонкоплёночная магнитная Dünnfilmspeicher *m*, Magnetschichtspeicher *m*
~ управляющих команд Steuerbefehlsspeicher *m*
~ устройства управления Steuerbefehlsspeicher *m*
~/ферритовая Ferritspeicher *m*
~/ферромагнитная ferromagnetischer Speicher *m*
~/ферроэлектрическая ferroelektrischer Speicher *m*
~/физическая physischer Speicher *m*
~/фиктивная Pseudospeicher *m*
~/циркуляционная *s.* **~/динамическая**
~/электролитическая elektrolytischer Speicher *m*
панактиничный *(Kern)* panaktinisch
пандус *m* *(Bw)* Rampe *f*, Auffahrt[rampe] *f*
панелевоз *m* Tieflader *m* für Wandplattentransport, Plattentransportfahrzeug *n*
~/прицепной Plattentransportanhänger *m*
~/самоходный selbstfahrendes Plattentransportfahrzeug *n*
панелирование *n* **трубопроводов** *(Schiff)* Bündelverlegung *f* von Rohrleitungen
панель *f* 1. *(Bw)* Platte *f*, Tafel *f*; 2. *(Bw)* Paneel *n*; 3. *(Bw)* Feld *n*, Dachfeld *n*; 4. *(Bgb)* Feld *n*, Baufeld *n*, Abteilung *f*, Abschnitt *m*, Abbauabschnitt *m* *(Unterteilung des Abbaufeldes)*; 5. *(El)* Feld *n* *(Schalttafel)*; 6. *(Schiff)* Tableau *n* *(Störungsmeldeanlage)*; 7. *(Schiff)* Plattenfeld *n*
~/абонентская *(Fmt)* Teilnehmerschiene *f*, Teilnehmerleiste *f*
~/акустическая Schalldämmplatte *f*
~/асбестоцементная *(Bw)* Asbestzementplatte *f*
~/батарейная *(El)* Batteriefeld *n* *(einer Schalttafel)*
~/бетонная *(Bw)* Betonplatte *f*
~/бетонная отопительная Betonheizplatte *f*
~/большеразмерная *(Bw)* Großplatte *f*
~/виброкирпичная *(Bw)* im Rüttelverfahren hergestellte Ziegelplatte *f*
~/вибропрокатная Rüttelwalzplatte *f*
~/вогнутая *(Bw)* konkave Platte *f*
~/газобетонная *(Bw)* Gasbetonplatte *f*
~/генераторная *(Schiff)* Generatorenfeld *n* *(Hauptschalttafel)*
~/гипсовая *(Bw)* Gipsplatte *f*
~/гипсоволокнистая Gipsfaserplatte *f*
~/главная *(El)* Grundplatte *f*
~/гнездовая *(Fmt)* Klinkenfeld *n*

~ **двоякой кривизны** *(Bw)* doppelt gekrümmte Platte *f*

~/**двухконсольная** *(Bw)* zweiseitig (zweifach) auskragende Platte *f*

~/**двухслойная** *(Bw)* zweilagige Platte *f*

~/**деревянная** *(Bw)* Paneel *n*, Holztäfelung *f*

~/**железобетонная** Stahlbetonplatte *f*

~/**измерительная** *(El)* Meßtafel *f*

~ **индикации** *(El)* Anzeigetafel *f*

~/**испытательная** *(El)* Prüftafel *f*

~/**коммутационная** *(El)* Schalt[tafel]feld *n*, Schalttafel *f*, Schaltplatte *f*

~/**контактная** *(El)* Kontaktplatte *f*, Kontaktstück *n*

~/**контрольная** *(El)* Kontrolltafel *f*, Prüftafel *f*

~/**кровельная** *(Bw)* Dachplatte *f*

~/**крупная** *(Bw)* Großplatte *f*

~/**ламповая** 1. *(Fmt)* Lampenfeld *n*; 2. *(Eln)* Röhrenfassung *f*

~/**легкобетонная** Leichtbetonplatte *f*

~/**линейная** *(El)* Leitungsfeld *n*, Anschlußschiene *f*

~/**лицевая** *s.* ~/**передняя**

~/**монтажная** *(Bw, Eln)* Montageplatte *f*

~/**наборная** Schalttafel *f*

~/**навесная** *(El)* angehängte (vorgehängte) Platte *f*

~/**несущая** *(Bw)* tragende Platte *f*

~/**оконная** *(Bw)* Fensterplatte *f*

~/**отопительная** *(Bw)* Heizplatte *f*, Heizwand *f*

~/**офактуренная** *(Bw)* oberflächenbehandelte Platte *f*

~/**пенобетонная** *(Bw)* Schaumbetonplatte *f*

~/**передняя** Frontplatte *f*, Vorderplatte *f*

~ **перекрытия** *(Bw)* Überdeckungsplatte *f*, Abdeckplatte *f*

~ **подземной газификации** *(Bgb)* Vergasungsfeld *n* *(Untertagevergasung)*

~/**потолочная** *(Bw)* Deckenplatte *f*

~ **потребителей** Verbraucherfeld *n* *(Hauptschalttafel)*

~/**промежуточная** *(Bw)* Zwischenplatte *f*

~/**пустотелая** *(Bw)* Hohlplatte *f*

~/**пустотная** *(Bw)* Hohlplatte *f*

~/**распределительная** *(El)* Schalttafel *f*, Stecktafel *f*, Verteilertafel *f*

~/**ребристая** *(Bw)* Rippenplatte *f*

~ **с гнёздами** *s.* ~/**гнездовая**

~ **с сигнальными лампочками вызовов** *(Fmt)* Lampenfeld *n* für Rufanzeige

~/**самонесущая** *(Bw)* selbsttragende Platte *f*

~/**санитарно-техническая** *(Bw)* Installationswand *f*

~ **сигнализации** *(Schiff)* Meldetableau *n* *(Störungsmeldeanlage)*

~ **сигнализации/каютная** Kabinenmeldetableau *n* *(Ingenieuralarmanlage)*

~/**сменная программная** *(Dat)* austauschbare Programmplatte *f*

~/**сплошная** *(Bw)* Vollplatte *f*, Massivplatte *f*

~/**стеновая** *(Bw)* Wandplatte *f*

~/**стоковая** *(Bw)* Stoßplatte *f*

~/**теплоизоляционная** *(Bw)* Wärmedämmplatte *f*

~/**угловая** *(Bw)* Eckplatte *f*

~ **управления** *(El)* Bedienungsfeld *n*, Bedienungs[schalt]tafel *f*

~ **управления оператора** *(Dat)* Bedienpult *n*

~ **фермы** *(Bw)* Trägerfeld *n*, Binderfeld *n*

~/**часторебристая** *(Bw)* Rippenplatte *f*

~/**шатровая** *(Bw)* Randrippenplatte *f*

~/**щитовая** *(Hydt)* Wehrfeld *n*

панелька *f* *(Eln)* Röhrenfassung *f*

~/**восьмиштырьковая** Oktalröhrenfassung *f*

панельный *(Bgb)* Abschnitts ..., Abteilungs ... *(Abbauvorrichtung)*

панель-оболочка *f* *(Bw)* Schalenplatte *f*

~/**ребристая** gerippte Schalenplatte *f*

панорама *f* 1. Panorama *n*, Rundbild *n*, Rundansicht *f*; 2. *(Kine)* Rundbildaufnahme *f*; 3. Rundblickfernrohr *n*

~/**орудийная** *(Mil)* Rundblick[ziel]fernrohr *n*

панорамирование *n* *(Kine)* Panoramieren *n*, Herstellung *f* eines Panoramas *(durch Schwenken der Kamera)*, Rundblickaufnahme *f*

пантограф *m* 1. Pantograf *m*, Storchschnabel *m*; 2. *(El)* Stromabnehmer *m*, Scherenstromabnehmer *m*, Parallelogrammabnehmer *m* *(Elektrolokomotive; s. a.* **токоприёмник***)*

пантокарена *f* *(Schiff)* Pantokarene *f*, Stabilitätsquerkurve *f*

панфотометрический panfotometrisch

панхроматизм *m* Panchromatismus *m*, Panchromasie *f*

панхроматический panchromatisch

панцирь *m* Panzer *m*, Schirm *m*

папаверин *m* *(Ch)* Papaverin *n* *(Alkaloid)*

папильонаж *m* Querverholen *n*, Querverschiebung *f*, seitliche Verschiebung *f* *(Schwimmbagger)*

папильонирование *n* *s.* **папильонаж**

папка *f* 1. Pappe *f*, Karton *m*; 2. Aktendeckel *m*; Schnellhefter *m*

~ **для накалывания** *(Typ)* Aufsteckbogen *m*

~/**переводная** *(Typ)* Aufsteckbogen *m*

папмашина *f* *(Pap)* Rundsiebmaschine *f* *(zur Herstellung von Kartons und Pappen)*

папье-маше *n* Papiermaché *n*, Pappmaché *n*

пар *m* 1. Dampf *m*; 2. *(Lw)* Brache *f*, Brachland *n*, Brachfeld *n*

~/**бросовый** Abdampf *m*
~/**влажный** Naßdampf *m*, feuchter Dampf *m*
~/**водяной** Wasserdampf *m*, Wasserdunst *m*
~/**восходящий** hochsteigender Dampf *m*
~/**вторичный** Zweitdampf *m*
~ **высокого давления** Hochdruckdampf *m*, hochgespannter Dampf *m*
~/**выхлопной** Auspuffdampf *m*, Abdampf *m*
~/**глухой** indirekter Dampf *m*
~/**греющий соковый** Heizbrüden *m* *(Zuckergewinnung)*
~ **для обогрева** Heizdampf *m*
~/**добавочный** Zusatzdampf *m*
~/**дополнительный** Zusatzdampf *m*
~/**мятый** 1. Abdampf *m*; 2. gedrosselter Dampf *m*
~/**насыщенный** Sattdampf *m*
~/**неотработавший** Frischdampf *m*
~/**нисходящий** absteigender Dampf *m*
~/**нормальный** Normaldampf *m*
~/**обогревательный** Heizdampf *m*
~/**острый** direkter (offener) Dampf *m*
~/**отбираемый** Anzapfdampf *m*
~/**отобранный** Anzapfdampf *m*
~/**отработавший** Abdampf *m*
~/**отработанный** Abdampf *m*
~/**первичный** Erstdampf *m*
~/**перегретый** Heißdampf *m*, überhitzter Dampf *m*
~/**поздний** Sommerbrache *f*
~/**рабочий** Betriebsdampf *m*, Arbeitsdampf *m*
~/**ранний** Frühbrache *f*
~/**свежий** Frischdampf *m*
~/**сухой** trockener Dampf *m*, getrockneter Dampf *m*
~/**сухой насыщенный** trockener gesättigter Dampf *m*, Sattdampf *m*
~/**сырой** Brüden *m*
~/**теплофикационный** Fernheizdampf *m* *(Abdampf von Kraftwerken)*
~/**унавоженный** Mistbrache *f*
~/**чёрный** Schwarzbrache *f*
~/**чистый** reine (unbesäte) Brache *f*
пара *f* 1. Paar *n*; Satz *m*; 2. *(Fmt)* Adernpaar *n*, Paar *n*
~ **валков** *(Wlz)* Walzenpaar *n*
~/**ведущая колёсная** *(Eb)* Treib[rad]satz *m*
~ **векторов** *(Math)* Vektorpaar *n*
~/**винтовая [кинематическая]** Schraubenpaar *n*
~/**вихревая** Wirbelpaar *n*
~/**вращательная [кинематическая]** Rundlingspaar *n* *(z. B. Gelenk, Zapfen in Büchsen)*
~/**высшая [кинематическая]** höheres Elementenpaar *n* *(z. B. Walzhebelpaar; Kugel und Kugellager)*
~ **выходных зажимов** *(El)* Ausgangsklemmenpaar *n*
~/**граничная** *(Dat)* Grenzenpaar *n*, Indexgrenzenpaar *n*
~ **групп** *(Math)* Gruppenpaar *n*
~ **для транзитных соединений/шнуровая** *(Fmt)* Durchgangsverbindungsschnurpaar *n*
~ **жил кабеля** *(El)* Kabelader[n]paar *n*
~ **зажимов** *(El)* Klemmenpaar *n*
~ **значений** *(Math)* Wertepaar *n*
~/**зубчатая** Zahnradtrieb *m*
~ **ионов** *(Kern)* Ionenpaar *n*, Ionenzwilling *m*
~/**кинематическая** kinematisches Elementenpaar *n*, Gliederpaar *n* *(Getriebelehre)*
~/**колёсная** *(Eb)* Radsatz *m*, Räderpaar *n*
~/**направляющая кинематическая** Richtpaar *n* *(z. B. Gleitstück in Prismenführung)*
~/**низшая кинематическая** niederes Elementenpaar *n* *(z. B. Drehpaar; Richtpaar)*
~ **носителей заряда** *(Eln)* Ladungsträgerpaar *n*
~/**опт[оэлект]ронная** optoelektronisches Paar *n*, Optronenpaar *n* *(Sender und Empfänger)*
~/**паровозная колёсная** Lokomotivradsatz *m*
~/**печатная** *(Typ)* Druckpaar *n* *(Formfläche-Druckfläche)*
~/**плоская кинематическая** Ebenenpaar *n*, Elementenpaar *n* für ebene Bewegung
~ **подающих валков** *(Wlz)* Treibwalzenpaar *n*, Antriebswalzenpaar *n*
~/**поддерживающая колёсная** Laufradsatz *m* *(Lokomotive)*
~/**простая кинематическая** einfaches Elementenpaar *n* *(Berührung von zwei Elementen)*
~/**пространственная кинематическая** Raumpaar *n*, Elementenpaar *n* für räumliche Bewegung
~ **сил** Kräftepaar *n*
~/**сложная кинематическая** mehrfaches Elementenpaar *n* *(Berührung von mehr als zwei Elementen)*
~ **согласующих трансформаторов** *(Fmt)* Übertragerpaar *n*
~ **сопряжённых боковых поверхностей зубьев** *(Masch)* Flankenpaar *n* *(Zahnräder)*
~/**спаренная колёсная** *(Eb)* Kuppelradsatz *m*
~/**стереоскопическая** *s.* **стереопара**
~/**сцепная колёсная** *(Eb)* Kuppelradsatz *m*
~ **типа гантели** *(Krist)* Hantellage *f*, Zwischengitterpaar *n*

~/**червячная** Schneckentrieb *m*
~/**шаровая кинематическая** Kugelpaar *n*
~/**шнуровая** *(Fmt)* Schnurpaar *n*
~ **электрон-дырка** *(Ph)* Elektronen-Defektelektronen-Paar *n*, Elektron-Loch-Paar *n*
~/**электронная** Elektronenpaar *n*
~/**электронно-позитронная** *(Ph)* Elektron-Positron-Paar *n*
параамфиболит *m (Geol)* Paraamphibolit *m*
парабола *f (Math)* Parabel *f*
~ **безопасности** Sicherheitsparabel *f*
~/**кубическая** kubische Parabel *f*
~ **метания** Wurfparabel *f*
~/**полукубическая** semikubische (halbkubische) Parabel *f*
параболоид *m (Math)* Paraboloid *n*
~ **вращения** Rotationsparaboloid *n*
~/**гиперболический** hyperbolisches Paraboloid *n*
~/**равносторонний** gleichseitiges Paraboloid *n*
~/**эллиптический** elliptisches Paraboloid *n*
параван *m (Mar)* Bugschutzgerät *n*, Ottergerät *n*
пароводород *m (Ch)* Parawasserstoff *m*
паравольфрамат *m (Ch)* Parawolframat *n*
парагелий *m (Ch)* Parhelium *n*
парагенезис *m (Min, Geol)* Paragenese *f*, Assoziation *f*
парагеосинклиналь *f (Geol)* Parageosynklinale *f*
парагнейсы *mpl (Geol)* Paragneise *mpl*
парагонит *m (Min)* Paragonit *m (Natronglimmer)*
парадокс *m* Paradoxon *n*
~ **времени** Uhrenparadoxon *n*, Zwillingsparadoxon *n (spezielle Relativitätstheorie)*
~ **Гиббса** Gibbssches Paradoxon *n*
~/**гидродинамический** *s.* ~ **д'Аламбера-Эйлера**
~/**гидростатический** hydrostatisches Paradoxon *n*
~/**гравитационный** Gravitationsparadoxon *n*
~ **д'Аламбера-Эйлера** hydrodynamisches Paradoxon *n* [von d'Alembert], d'Alembert-Eulersches Paradoxon *n*, d'Alembertsches Paradoxon *n*
~ **Ленгмюра** Langmuirsches Paradoxon *n*
~ **Лошмидта** Loschmidtscher Umkehreinwand *m*
~ **о близнецах** Zwillingsparadoxon *n*
~ **Ольберса** *s.* ~/**фотометрический**
~ **Стокса** Stokessches Paradoxon *n*
~ **турбулентности** Turbulenzparadoxon *n*
~/**фотометрический** *(Astr)* fotometrisches Paradoxon *n*, [Chesaux-]Olberssches Paradoxon *n*
~ **часов** *s.* ~ **времени**
~ **Шезо-Ольберса** *s.* ~/**фотометрический**
паразамещённый *(Ch)* para-substituiert, *p*-substituiert
параклаза *f (Geol)* 1. Paraklase *f (Bezeichnung von Daubrée für Spalte)*; 2. *nach russischer Definition:* Spaltenbildung *f* mit Verwerfung
параконтраст *m* Parakontrast *m*
паракристалл *m* Parakristall *m*
параксиальный paraxial, achsennah
параллакс *m (Opt, Astr)* Parallaxe *f*
~/**вековой** *(Astr)* Säkularparallaxe *f*
~/**вертикальный** *(Opt)* Vertikalparallaxe *f*
~/**гелиоцентрический** *(Astr)* jährliche Parallaxe *f*
~/**геоцентрический** *(Astr)* tägliche Parallaxe *f*
~/**годичный** *(Astr)* jährliche Parallaxe *f*
~/**горизонтальный** *(Opt)* Horizontalparallaxe *f*
~/**горизонтальный экваториальный** *(Astr)* Äquatorial-Horizontal-Parallaxe *f*
~/**групповой** *(Astr)* Sternstromparallaxe *f*
~/**динамический звёздный** *(Astr)* dynamische (hypothetische) Parallaxe *f*
~/**звёздный** *(Astr)* Sternparallaxe *f*
~ **неподвижных звёзд** *(Astr)* Fixsternparallaxe *f*
~ **отсчёта** *(Opt)* Ableseparallaxe *f*
~ **прибора** *(Opt)* Einstellparallaxe *f*
~/**рефракционный** *(Astr)* parallaktische Refraktion *f*
~ **Солнца** *(Astr)* Sonnenparallaxe *f*
~ **спектрального типа** *(Astr)* Spektraltypparallaxe *f*
~/**спектральный** *(Astr)* spektroskopische Parallaxe *f*
~/**спектроскопический** *(Astr)* spektroskopische Parallaxe *f*
~/**средний годичный** *(Astr)* mittlere jährliche Parallaxe *f*
~/**средний горизонтальный экваториальный** *(Astr)* mittlere Äquatorial-Horizontal-Parallaxe *f*
~/**стереоскопический** *(Opt)* stereoskopische Parallaxe *f (stereoskopisches Sehen)*
~/**суточный** *(Astr)* tägliche Parallaxe *f*
~/**топоцентрический** *(Astr)* topozentrische Parallaxe *f*
~/**тригонометрический** *(Astr)* trigonometrische Parallaxe *f*
~/**фотометрический** *(Astr)* fotometrische Parallaxe *f*
параллаксометр *m* Parallaxenmeßgerät *n*
параллелепипед *m (Math)* Parallelepiped[on] *n*, Parallelflach *n*, Spat *m*
~/**прямоугольный** rechtwinkliges Parallelepiped[on] *n*, Quader *m*
~/**элементарный** *s.* **ячейка/элементарная**

параллелизация *f* **волокон** *(Text)* Parallelisieren *n* der Fasern *(Spinnerei)*
~ пластов *s.* **корреляция пластов**
параллелизм *m* 1. Parallelismus *m*, Parallelität *f*; 2. *(Dat) s.* **обработка/параллельная**
параллелизуемость *f* Parallelisierbarkeit *f*
параллелограмм *m* *(Math)* Parallelogramm *n*
~ движения *s.* **~ скоростей**
~/двойной Doppelparallelogramm *n*
~ периодов [/основной] Periodenparallelogramm *n*, Fundamentalparallelogramm *n*
~/прицельный *(Mil)* Zielparallelogramm *n*
~ сил Parallelogramm *n* der Kräfte, Kräfteparallelogramm *n*
~ скоростей Parallelogramm *n* der Geschwindigkeiten (Bewegung), Geschwindigkeitsparallelogramm *n*
параллелотоп *m* Parallelotop *n*
параллелоэдр *m* Paralleloeder *n*
параллель *f* 1. *(Math)* Parallele *f*; 2. Breitenkreis *m*, Parallelkreis *m*
~ светила/небесная (суточная) *(Astr)* Tageskreis *m* eines Gestirns *(Stundenwinkelsystem)*
параллельно-последовательный *(El)* Parallelserie[n] ..., Parallelreihen ...
параллельнопоточный Gleichstrom ..., Parallelstrom ...
параллельность *f* 1. Parallelismus *m*, Parallelität *f*; 2. Planparallelität *f*
парамагнетизм *m* Paramagnetismus *m*
~/орбитальный Bahnparamagnetismus *m*
парамагнетик *m* Paramagnetikum *n*
парамагнитный paramagnetisch
параметр *m* 1. Konstante *f*; Kennwert *m*, Kenngröße *f*, Kennzahl *f*; 2. *(Math)* Parameter *m*
~ асимметрии Asymmetrieparameter *m*
~/безразмерный dimensionslose Größe *f*
~ взаимодействия Wechselwirkungsparameter *m*
~/влияющий Einflußfaktor *m*
~/входной Eingangsgröße *f*
~/выходной Ausgangsgröße *f*
~ грани *(Krist)* Flächensymbol *n*, Flächenindex *m*
~ деформации Verformungsparameter *m*
~ жёсткости Steifigkeitsparameter *n*
~ задающий *(Reg)* Führungsgröße *f*
~ инерции Trägheitsparameter *n*
~ информации Informationsparameter *m*
~/исходный Ausgangsgröße *f*, Ausgangswert *m*
~/ключевой *(Dat)* Schlüsselwortparameter *m*, Kennwortparameter *m*
~ лампы *(Eln)* Röhren[kenn]größe *f*, Röhrenkennwert *m*
~ набухания Quellungsparameter *m*
~/номинальный *(El)* Nennparameter *m*
~ орбиты *s.* **элемент орбиты**
~/основной Grundgröße *f*, Grundwert *m*
~/позиционный *(Dat)* Stellungsparameter *m*
~ потерь Verlustparameter *m*
~/приборный 1. Geräteparameter *m*, Gerätekenngröße *f*; 2. *(Eln)* Bauelementenparameter *m*
~ пространственного заряда Raumladungsparameter *m*
~ процесса *(Reg)* Prozeßgröße *f*
~/рабочий Betriebsparameter *m*, Betriebs[kenn]größe *f*
~ радиуса Radiusparameter *m*
~ разброса Streuparameter *m*
~ распределения Verteilungsparameter *m*
~ расщепления Aufspaltungsparameter *m*
~/регулируемый Regelgröße *f*
~ решётки Gitterkonstante *f*, Kristallgitterkonstante *f*, kristallografische Konstante *f*
~ ряда *s.* **период трансляции**
~/символический *(Dat)* symbolischer Parameter *m*
~ скорости Geschwindigkeitsparameter *m*
~ состояния Zustandsgröße *f*
~ струи Nachlaufparameter *m*
~ удара Stoßparameter *m*
~/фактический *(Dat)* aktueller Parameter *m*
~/фиктивный *(Dat)* formaler Parameter *m*
~/формальный *(Dat)* formaler Parameter *m*
~/частотный Frequenzparameter *m*
~ шероховатости поверхности Rauheitsmaß *n*, Oberflächenkenngröße *f*
~/шумовой Rauschparameter *m*
~ эксплуатации Betriebsparameter *m*, Betriebs[kenn]größe *f*
параметрон *m* *(Eln, Dat)* Parametron *n*
~/ёмкостный kapazitives Parametron *n*
~/индуктивный induktives Parametron *n*
~ на полупроводниковом диоде *(Dat)* Diodenparametron *n*
~ на ферритовом сердечнике *(Dat)* Feritkernparametron *n*
параметры *mpl* 1. Hauptkenndaten *pl*; Abmessungen *fpl*; 2. *s. unter* **параметр**
~/конструкционные Konstruktionsabmessungen *fpl*
~ машины *(Masch)* Maschinendaten *pl*
~/объёмно-планировочные *(Bw)* Raum- und Grundrißparameter *mpl*, Systemmaße *npl*
~/расчётные *(Bw)* Bezugsgrößen *fpl*
~ Стокса *(Opt)* Stokessche Parameter *mpl* *(Polarisationszustand des Lichtes)*

~ стрельбы *(Mil)* Zielbedingungen *fpl*
~/тепловые thermische Daten *pl*
парамолекула *f* Paramolekül *n*, para-Molekül *n*
параморфизм *m (Min)* Paramorphose *f*, Umlagerungspseudomorphose *f*
парантгелий *m (Meteo)* Nebengegensonne *f*
парантиселена *f (Meteo)* Nebengegenmond *m*
парапет *m (Bw)* Brüstung *f*
парапозитроний *(Ph)* Parapositronium *n*
парапроводимость *f* Paraleitfähigkeit *f*
параселена *f (Meteo)* Nebenmond *m*
парасоединение *n* para-Verbindung *f*, *p*-Verbindung *f*
парасоль *f (Flg)* Hochdecker *m*
пара-состояние *n* Para-Zustand *m*
паратерм *m* Paraterm *m*
парафермион *m (Ph)* Parafermion *n*
парафин *m (Ch)* Paraffin *n*, Paraffinkohlenwasserstoff *m*, Alkan *n*
~/жидкий Paraffinöl *n*, Vaselinöl *n*
~/легкоплавки Weichparaffin *n*
~/легкоплавкий Weichparaffin *n*
~/твёрдый Hartparaffin *n*
парафинирование *n (Ch)* Paraffinierung *f*
парахор *m (Ch)* Parachor *m (Flüssigkeitsparameter)*
парашют *m* 1. *(Flg)* Fallschirm *m*; 2. *(Bgb)* Fangvorrichtung *f (Förderkorb)*
~/вытяжной *(Flg)* Hilfsschirm *m*
~/грузовой Lastfallschirm *m*
~/десантный Luftlandefallschirm *m*
~/канатный Seilfangvorrichtung *f*
~/квадратный Fallschirm *m* mit quadratischer Kappe
~/конический Kegelfallschirm *m*
~/круглый Fallschirm *m* mit runder Kappe
~/ленточный Bänderfallschirm *m*
~/маятниковый Pendelfangvorrichtung *f*
~/нагрудный Brustfallschirm *m*
~/наспинный Rückenfallschirm *m*
~ резания Sperrfangvorrichtung *f (Förderkorb)*
~ со скользящими ловителями Gleitfangvorrichtung *f (Förderkorb)*
~/спасательный Rettungsfallschirm *m*
~/тормозной Brems[fall]schirm *m*
~/тренировочный Übungsfallschirm *m*
~/шахтный Fangvorrichtung *f (Förderkorb)*
парашютирование *n (Aero)* Durchsacken *n*, Absacken *n*
парашютист-десантник *m (Mil)* Fallschirmjäger *m*
парашют-мишень *m (Flg)* Abwurfscheibe *f*
парашютно-десантный *(Mil)* Fallschirmjäger . . .
параэлектрик *m* Paraelektrikum *n*, paraelektrischer Stoff *m*
параэлектрический paraelektrisch
паргелий *m (Meteo)* Nebensonne *f*
парение *n* 1. Schweben *n*; 2. *(Flg)* Segeln *n*, Segelflug *m*; Schwebeflug *m*; Gleitflug *m*; Anschweben *n*; 3. Dampfen *n*, Dampfaustritt *m*
паритет *m (Dat)* Parität *f*
парить 1. dämpfen; 2. dampfen *(Dampf an undichten Stellen durchlassen)*; 3. *(Flg)* schweben, segeln; gleiten; 4. *(Lw)* brachliegen; brachliegen lassen
парк *m* 1. Park *m*, Parkanlage *f (Gartenbau)*; 2. *(Tech)* Park *m*; 3. *(Mil)* Park *m*; Kolonne *f*
~/авиационный Flugzeugpark *m*
~/вагонный *(Eb)* Wagenpark *m*
~ вагонов *(Eb)* Wagenpark *m*
~ вагонов/Общий *(Eb)* gemeinsamer Güterwagenpark *m (sozialistischer Länder)*, OPW
~/гужевой Fuhrpark *m*
~/локомотивный *(Eb)* Lokomotivpark *m*
~ локомотивов *(Eb)* Lokomotivpark *m*
~/машинный Maschinerie *f*, Maschinenpark *m*
~/мостовой *(Mil)* Brückenpark *m*
~ отправочных путей *(Eb)* Ausfahr[gleis]gruppe *f*
~ погрузочных путей *(Eb)* Ladegleisgruppe *f*
~ подвижного состава *(Eb)* Fahrzeugpark *m*
~/понтонный *(Mil)* Pontonpark *m*
~ приёмных путей *(Eb)* Einfahr[gleis]gruppe *f*
~ путей *(Eb)* Gleisanlage *f*, Gleise *npl*, Gleisgruppe *f*
~ путей/ранжирный *(Eb)* Zugbildungsgleisgruppe *f (entspricht etwa dem deutschen Begriff Zugbildungsbahnhof)*
~ строительных машин Baumaschinenpark *m*
~/тракторный Traktorenpark *m*, Traktor[en]bestand *m*
~ экипировочных путей *(Eb)* Lokomotivbetriebsgleise *npl*
паркеризация *f (Met)* Parkerisieren *n*, Parker-Verfahren *n (Phospatierungsverfahren)*
паркесирование *n (Met)* Parkesieren *n*, Parkes-Verfahren *n*
паркет *m (Bw)* Parkett *n*, Stabfußboden *m*
~ в ёлку Fischgrätenfußboden *m*
~/штучный Stabparkett *n (aus einzelnen Parkettstäben gebildet)*
~/щитовой Tafelparkett *n (aus einbaufertigen mit Parkettstäben belegten Holztafeln von 500×500 bis 1 500×1 500 mm gebildet)*

паркирование *n* Parken *n*
парник Frühbeet *n*, Heizbeet *n*, Mistbeet *n*, Treibbeet *n*, Treibkasten *m*, Treibhaus *n*
~/**переносный** Aufsatzkasten *m*
~/**пикировочный** Pikierbeet *n*
~/**подвижной** Aufsatzkasten *m*
~/**постоянный** Frühbeetkasten *m*
~ **с паровым обогревом** Treibkasten *m* mit Dampferwärmung
~ **с электрическим обогревом** Treibkasten *m* mit elektrischer Erwärmung
~/**холодный** kaltes Beet *n*, kalter Kasten *m*
пар-носитель *m* Trägerdampf *m* *(Destillation)*
парный Tuck ... *(Schleppnetzfischerei)*
пароаккумулятор *m* Dampfspeicher *m*
~ **высокого давления** Hochdruckdampfspeicher *m*
паровоз *m* *(Eb)* Lokomotive *f*, Lok *f*, Dampflokomotive *f*, Dampflok *f*
~ **без топки** feuerlose Lokomotive *f*
~/**безогневой** feuerlose Lokomotive *f*
~/**горочный** *s.* ~/**маневровый**
~/**грузовой** Güterzuglokomotive *f*
~/**дежурный** Bereitschaftslokomotive *f*
~/**курьерский** Schnellzuglokomotive *f*
~/**маневровый** Verschiebelokomotive *f*, Rangierlokomotive *f*
~ **на поворотных тележках** Drehgestelllokomotive *f*
~/**пассажирский** Personenzuglokomotive *f*
~/**передовой** Vorläufer *m*
~ **повышенного давления** Mitteldrucklokomotive *f*
~/**поездной** Lokomotive *f* für den Zugverkehr
~ **с буроугольным отоплением** Lokomotive *f* mit Braunkohlenfeuerung
~ **с жёсткой рамой** Lokomotive *f* mit durchgehendem Fahrgestell
~ **с отдельным тендером** Lokomotive *f* mit Schlepptender
~ **с пылеугольным отоплением** Lokomotive *f* mit Kohlenstaubfeuerung, Kohlenstaublokomotive *f*
~ **с угольным отоплением** Lokomotive *f* mit Kohlenfeuerung
~/**сочленённый** Gelenklokomotive *f*, Duplexlokomotive *f*
~/**товарный** Güterzuglokomotive *f*
~/**трёхцилиндровый** Drillingslokomotive *f*
~ **узкой колеи** *s.* ~/**узкоколейный**
~/**узкоколейный** Schmalspurlokomotive *f* *(in der UdSSR 1 000, 900 und 750 mm Spurweite)*
~/**шестиколёсный** Sechskuppler *m*
~ **широкой колеи** *s.* ~/**ширококолейный**
~/**ширококолейный** Breitspurlokomotive *f* *(in der UdSSR Normalspurlokomotive von 1 524 mm Spurweite)*
паровоз-компаунд *m* Verbund[dampf]lokomotive *f*
паровозостроение *n* Dampflokomotivbau *m*
парогенератор *m* Dampferzeuger *m*, Dampfgenerator *m*, Dampferzeugungsanlage *f*
парогенерация *f* Dampferzeugung *f*
пароизол *m* Dampfsperrstoff *m*
пароизоляция *f* Dampfsperre *f*
пароль *m* *(Dat)* Kennwort *n*
паром *m* Fähre *f*, Fährschiff *n*; Eisenbahnfähre *f*
~/**автомобильно-железнодорожный** Auto-Eisenbahn-Fähre *f*
~/**автомобильно-пассажирский** Auto-Fahrgast-Fähre *f*
~/**автомобильный** Autofähre *f*
~/**грузовой** Frachtfähre *f*
~/**грузо-пассажирский** Fracht-Fahrgast-Fähre *f*
~/**гусеничный самоходный** *(Mil)* Gleiskettenselbstfahrfähre *f*
~/**десантно-переправочный** *(Mil)* Lande-Übersetzfähre *f*
~/**железнодорожный** Eisenbahnfähre *f*
~/**канатный** Seilfähre *f*
~/**морской** Fährschiff *n*, Fähre *f*
~/**мостовой** Fährbrücke *f*
~/**сваебойный** Rammfähre *f*
~/**составной** Mehrfachfähre *f*
паромер *m* Dampf[verbrauchs]messer *m*, Dampfmengenmesser *m*
паронепроницаемость *f* Dampfundurchlässigkeit *f*, Wasserdampfdichte *f*
паронепроницаемый dampfdicht, dampfundurchlässig
паронит *m* *(Bw)* Paronit *n* *(Dichtungsmaterial)*
парообразование *n* Dampferzeugung *f*, Dampfentwicklung *f*; Verdampfung *f*
парообразователь *m* Dampfentwickler *m*, Dampferzeuger *m*
пароотвод *m* Dampfableitung *f*, Dampfabführung *f*
пароотделитель *m* Dampfabscheider *m*
парохладитель *m* Dampfkühler *m*, Heißdampfkühler *m*
~/**поверхностный** Oberflächendampfkühler *m*
пароочиститель *m* Dampfentöler *m*
пароперегрев *m* Dampfüberhitzung *f*
пароперегреватель *m* Dampfüberhitzer *m*, Überhitzer *m*
~/**вторичный** Zwischenüberhitzer *m*
~/**жаротрубный** Rauchrohrüberhitzer *m*
~/**камерный** Kammerüberhitzer *m*
~/**конвективный** Berührungsüberhitzer *m*

~/**промежуточный** Zwischenüberhitzer *m*
~/**радиационный** Strahlungsüberhitzer *m*
~/**трубчатый** Dampfrohrüberhitzer *m*
паропреобразователь *m* Dampfumformer *m*
пароприёмник *m* Dampftopf *m*
паропровод *m* Dampfleitung *f*
~/**байпасный** Überströmdampfleitung *f*, Dampfbeipaß *m*
~/**кольцевой** Dampfringleitung *f*
~/**магистральный** Hauptdampfleitung *f*
~ **насыщенного пара** Sattdampfleitung *f*
~/**подводящий** Dampfzuleitung *f*
~ **свежего пара** Frischdampfleitung *f*
паропрогрев *m* 1. Dämpfen *n*; 2. *(Bw)* Dampferhärtung *f* *(künstliche Härtung durch Dampfbehandlung)*
паропроизводительность *f* Dampfleistung *f*
~/**общая** Gesamtdampfleistung *f*
~ **поверхности нагрева** Leistungsfähigkeit *f* der Heizfläche
~/**суммарная** Gesamtdampfleistung *f*
~/**удельная** spezifische Dampfleistung *f*
паропромыватель *m* Dampfwäscher *m*
паропроницаемость *f* Dampfdurchlässigkeit *f*
паропроницаемый dampfdurchlässig
парораспределение *n* 1. Dampfsteuerung *f*, Steuerung *f* *(Dampfturbine)*; 2. Frischdampfregelung *f*, Zudampfregelung *f* *(Dampfturbine)*
~ **двойным золотником** Doppelschiebersteuerung *f*
~/**дроссельное** Drosselregelung *f* *(Dampfturbine)*
~/**золотниковое** Schiebersteuerung *f*
~/**клапанное** Ventilsteuerung *f*
~/**крановое** Drehschiebersteuerung *f*
~ **плоским золотником** Flachschiebersteuerung *f*
~ **с гидравлическим приводом клапанов** Druckölsteuerung *f*
~/**сопловое** Düsen[gruppen]regelung *f*, Füllungsregelung *f*, Mengenregelung *f* *(Dampfturbine)*
~ **цилиндрическим золотником** Kolbenschiebersteuerung *f*
парораспределитель *m* Dampfverteiler *m*
паросборник *m* Dampfsammler *m*, Dampfbehälter *m*
паросепаратор *m* Dampfabscheider *m*
паросмеситель *m* Dampfmischer *m*
парособиратель *m* Oberkessel *m* *(Dampfkessel)*
паросодержание *n* Dampfgehalt *m*
паросушение *n* Dampftrocknung *f*
паросушитель *m* Dampftrockner *m*
паросъём *m* Dampfentnahme *f*
паротурбина *f* *s.* **турбина/паровая**
паротурбовоз *m* Dampfturbinenlokomotive *f*
паротурбогенератор *m* Dampfturbogenerator *m*
паротурбоход *m* Dampfturbinenschiff *n*
паротурбоэлектро́воз *m* Dampfturbinenlokomotive *f* mit elektrischer Kraftübertragung
пароувлажнитель *m* Dampfsättiger *m*
парофазный Dampfphase[n] . . ., Gasphase[n] . . .
пароход *m* Dampfschiff *n*, Dampfer *m*
~/**буксирный** Schleppdampfer *m*
~/**винтовой** Schraubendampfer *m*
~/**грузовой** Frachtdampfer *m*
~/**колёсный** Raddampfer *m*
~/**морской** Hochseedampfer *m*
~/**речной** Flußdampfer *m*
пароходство *n* *(Schiff)* Reederei *f*
парсек *m* Parsek *n*, Parsec *n*, pc *(SI-fremde Längeneinheit der Astronomie)*
партионный satzweise, chargenweise, postenweise
партия *f* Partie *f*, Fabrikationsansatz *m*, Betriebscharge *f*, Posten *m*; Los *n*, Fertigungslos *n*, Serie *f*
~/**аварийная** *(Schiff)* Leckwache *f*, Lecksicherungstrupp *m*
~/**опытная** Versuchspartie *f*; Nullserie *f*
~ **продукции** Fertigungslos *n*, Charge *f*
~/**производственная** Einarbeitungspartie *f*
партиями satzweise
парус *m* 1. Segel *n*; 2. *s.* ~ **свода**
~/**бермудский** Bermudasegel *n*, Hochsegel *n*
~/**вентиляционный** *(Bgb)* Wettervorhang *m*, Wettertuch *n*
~/**гафельный** Gaffelsegel *n*
~ **гуари** Spitzsegel *n*
~ **для устойчивости на курсе** Stützsegel *n* *(Kutter, Logger)*
~/**косой** Schratsegel *n* *(Oberbegriff für Gaffel- und Stagsegel)*
~/**латинский** Lateinsegel *n*
~/**люгерный** Luggersegel *n*
~/**прямой** Rahsegel *n*, Quersegel *n*
~/**рейковый** *s.* ~/**люгерный**
~ **свода** *(Arch)* Pendentif *n* *(Hängezwickel zur Verbindung von Unterbau und Kuppel)*
~/**треугольный** Spitzsegel *n*, Dreiecksegel *n*
~/**шпринтовый** Sprietsegel *n*
~/**шпрюйтовый** Sprietsegel *n*
~/**штормовой** Sturmsegel *n*
парусина *f* Segeltuch *n*
парусинка *f* Segeltuchfaltboot *n*
парусник *m* Segelschiff *n*, Segler *m*
парусность *f* *(Schiff)* Windangriffsfläche *f*; Segelfläche *f*
парча *f* *(Text)* Brokat *m*
Па·с *s.* **паскаль-секунда**
паскаль *m* Pascal *n*, Pa *(= 1 N/m²)*
паскаль-секунда *f* Pascalsekunde *f*, Pa·s
пасма *f* *s.* **пасмо**

пасмо *n (Text)* Strähn *m (Garnprüfung)*
паспорт *m* Maschinenkarte *f*, Stammkarte *f*, Kennkarte *f (einer Maschine)*
~ ввода *(Dat)* Einlesevorsatz *m*
~ программы Programmbezeichnung *f*
~/технический Erzeugnispaß *m*
~ типового проекта Typenkarteiblatt *n*
паспортизация *f* **[оборудования]** Verkartung *f* der Betriebseinrichtung
~ основных фондов Grundmittelkartei *f*
пассажир *m* Fahrgast *m*, Reisender *m*
~/бескоечный *(Schiff)* Fahrgast *m* ohne Schlafplatz
~/безбилетный blinder Passagier *m*
~/коечный *(Schiff)* Fahrgast *m* mit Schlafplatz
пассажировместимость *f (Schiff)* Fahrgastkapazität *f*
пассажирокилометр *m (Eb)* Personenkilometer *n*
пассажиропоток *m* Verkehrsstrom *m (Personenverkehr)*
пассат *m (Meteo)* Passat *m*
~/северо-восточный Nordostpassat *m*
~/юго-восточный Südostpassat *m*
пассатижи *pl (Wkz)* Rohrzange *f*
пассет *m* 1. *(Ch)* Passette *f*, Passettenboden *m*; Passettenapparat *m (Destillation)*; 2. *(Text)* Blattstecher *m*
~ с внутренними переливными трубками Passettenapparat *m* mit inneren Überläufen
пассиватор *m* Passivator *m*, Passivierungsmittel *n*
пассивация *f s.* **пассивирование**
пассивирование *n* Passivieren *n*, Passivierung *f*, anodisches Oxydieren *n (meist Eloxieren)*
~/анодное anodische Passivierung *f*
~/нитридное Nitridpassivierung *f*
~ поверхности Oberflächenpassivierung *f (Halbleiter)*
~/электрохимическое elektrochemische Passivierung *f*
пассивировать *(Met)* passivieren
пассивность *f* Passivität *f*, Metallpassivität *f*
~/анодная anodische Passivität *f*
~/химическая chemische Passivität *f*
пассиметр *m (Meß)* Passimeter *n*
паста *f* Paste *f*; Teig *m*; Masse *f*
~/алмазная Diamantpaste *f*; Schleifpaste *f*; Polierpaste *f*
~/доводочная Läppaste *f*
~/наждачная Schmirgelpaste *f*
~/полировальная Schleifpaste *f*; Polierpaste *f*
~/притирочная Läppaste *f*
пастбище *n* Weide *f*; Weideplatz *m*
пастеризатор *m (Lebm)* Pasteurisierapparat *m*; Milcherhitzungsapparat *m*, Milcherhitzer *m*
~/барабанный вращательный Trommelerhitzer *m*, Kreiselerhitzer *m*
~/пластинчатый Plattenerhitzer *m*
~ с вытеснительным барабаном selbsthebender Trommelerhitzer *m*
~ с длительной выдержкой Dauererhitzer *m*, Heißhalter *m*
~ с кратковременной выдержкой Kurzzeiterhitzer *m*
пастеризация *f (Lebm)* Pasteurisierung *f*
~/быстрая *s.* **~/высокотемпературная**
~/высокотемпературная Hocherhitzung *f*, Momenterhitzung *f*
~/длительная Dauerpasteurisierung *f*, Dauererhitzung *f*
~/кратковременная Kurzzeiterhitzung *f*, Hochkurzerhitzung *f*
~/низкотемпературная *s.* **~/длительная**
пастеризировать *(Lebm)* pasteurisieren
пастеризовать *s.* **пастеризировать**
пастировать pasten *(Akkumulatorplatten)*
пастосмеситель *m* Pastenmischer *m*
пасть *f* **дробилки** Brech[er]maul *n*
пасынки *mpl (Schiff)* Mastbacken *fpl*, Maststuhl *m*
патентирование *n* Patentieren *n (Wärmebehandlung von Stahldraht)*
~/погружением Tauchpatentieren *n*
~ развёрнутой нитью Patentieren *n* im Durchlaufverfahren, kontinuierliches Patentieren *n*
патентировать patentieren *(Draht)*
патент-риф *m* Patent-Reff *n (Segelboot)*
патерностер *m* Paternoster[aufzug] *m* für Personenbeförderung, Umlaufaufzug *m*
патина *f (Met)* Patina *f*, Edelrost *m*
патинирование *n* Patinieren *n*, Patinierung *f (Kupfer- und Kupferlegierungen)*
патока *f* Melasse *f*
~/белая Weißablauf *m*, Deckablauf *m*, Ablauf II *m*
~/зелёная Grünablauf *m*, Ablauf I *m*
~/кормовая Futtermelasse *f*
~/крахмальная Stärkesirup *m*
~/свекловичная Rübenmelasse *f*
патокообразование *n* Melassebildung *f*
патокообразователь *m* Melassebildner *m*
паточный Melasse . . .
патринит *m (Min)* Patrinit *m*, Aikinit *m*, Nadelerz *n*
патрон *m* 1. *(Wkzm)* Futter *n*; 2. *(Mil)* Patrone *f*; 3. *(El)* Fassung *f*; Einsatz *m*; 4. *(Schiff)* Seilhülse *f*; 5. *(Text)* Patrone *f (Weberei)*
~/боевой 1. *(Mil)* scharfe Patrone *f*; 2. *(Bgb)* Schlagpatrone *f (Sprengarbeit)*
~/бронебойно-зажигательный *(Mil)* Panzerbrandpatrone *f*
~/бронебойный *(Mil)* Panzerpatrone *f*
~/бумажный *(Text)* Papierhülse *f*
~/быстросменный *(Wkzm)* Schnellwechselfutter *n*

~/винтовой зажимный *(Wkzm)* Schraubenspannfutter *n*
~/винтовочный *(Mil)* Gewehrpatrone *f*
~/винторезный *(Wkzm)* Gewindeschneidkopf *m*
~/гидравлический *(Wkzm)* hydraulisches Futter *n*, Druckölfutter *n*
~ Голиаф *(El)* Goliath-Fassung *f*
~/двухкулачковый *(Wkzm)* Zweibackenfutter *n*
~ для метчиков/предохранительный *(Wkzm)* Sicherheitsspannfutter *n* für Gewindebohrer
~ для сырых помещений *(El)* Feuchtraumfassung *f*
~/забоечный *(Bgb)* Schießnudel *f* *(Sprenglochverdämmung)*
~/зажигательный 1. *(Mil)* Brandpatrone *f*; 2. *(Bgb)* Zündpatrone *f* *(Sprengtechnik)*
~/зажимный *(Wkzm)* Futter *n*, Spannfutter *n*, Klemmfutter *n*; Spannzange *f*
~/закрытый *(El)* geschlossener Schmelzeinsatz *m*
~/запальный *(Bgb)* Zündpatrone *f* *(Sprengtechnik)*
~/концевой *(Schiff)* Seilhülse *f*
~/кулачковый *(Wkzm)* Backen[spann]futter *n*
~/ламповый *(El)* Lampenfassung *f*; Röhrenfassung *f*
~/магнитный *(Wkzm)* Dauermagnetfutter *n*, Magnetfutter *n*
~/малый *(El)* Mignonfassung *f*
~/миниатюрный *(El)* Zwergfassung *f*
~ мины/хвостовой *(Mil)* Grundladung *f* *(Wurfgranate)*
~ миньон *(El)* Mignonfassung *f*
~/муфтонарезной *(Wkzm)* Muffengewindeschneidkopf *m* *(Herstellung von Innenkegelgewinden an in der Erdölindustrie gebräuchlichen Rohrverbindungsstücken)*
~/ножевой *(Wkzm)* Messerblock *m*
~/нормальный *(El)* Normalfassung *f*
~/осветительный *(Mil)* Leuchtpatrone *f*
~/пистолетный *(Mil)* Pistolenpatrone *f*
~/пневматический зажимный *(Wkzm)* Druckluft[spann]futter *n*
~/поводковый *(Wkzm)* Mitnehmer *m*, Mitnehmerscheibe *f*
~/подрывной Sprengpatrone *f*
~/потолочный *(El)* Deckenfassung *f*
~ предохранителя *(El)* Sicherungspatrone *f*
~/пружинящий *(Wkzm)* federndes Futter *n*
~ расточного станка *(Wkzm)* Ausbohrkopf *m*, Bohrkopf *m*
~/резьбовой *(El)* Schraubfassung *f*
~/резьбонарезной *(Wkzm)* Spannfutter *n* für Gewindebohrer, Gewindeschneidfutter *n*
~ с предохранительным кожухом/поводковый *(Wkzm)* Mitnehmerscheibe *f* mit Schutzmantel *(Drehmaschine)*
~ с эксцентриковыми кулачками/поводковый *(Wkzm)* selbsttätiger Mitnehmer *m*, Klemmfutter *n*
~ с электроприводом *(Wkzm)* Elektrospanner *m*
~/самоцентрирующий *(Wkzm)* selbstzentrierendes Futter *n*, Zentrierkopf *m*
~ Свана *(El)* Swan-Fassung *f*
~/сверлильный *(Wkzm)* Bohrfutter *n*
~/сигнальный *(Mil)* Signalpatrone *f*, Leuchtpatrone *f*
~/софитный *(El)* Soffittenfassung *f*
~/стенной *(El)* Wandfassung *f*
~/ступенчатый зажимный *(Wkzm)* Stufenfutter *n*
~ токарного станка *(Wkzm)* Drehmaschinenfutter *n*
~/токарный *(Wkzm)* Drehmaschinenfutter *n*
~/трёхкулачковый *(Wkzm)* Dreibackenfutter *n*
~/трёхкулачковый самоцентрирующий selbstzentrierendes Dreibackenfutter *n*
~/тросовый *(Schiff)* Seilhülse *f*
~/трубонарезной Rohrgewindeschneidkopf *m* *(Herstellung von Außenkegelgewinden an in der Erdölindustrie gebräuchlichen Rohren)*
~/универсальный *(Wkzm)* Universalfutter *n*
~/унитарный винтовочный *(Mil)* Patrone *f* für Schützenwaffen
~/фарфоровый *(El)* Porzellanfassung *f*
~/фильтрующий Filterkerze *f*, Filterpatrone *f*
~/цанговый *(Wkzm)* 1. Spannzangenbohrfutter *n*; 2. Stangenspannfutter *n* *(Revolverdrehmaschine, Automaten)*
~/центрирующий *(Wkzm)* Ankörnfutter *n*
~/чашечный *(Wkzm)* Schrauben[spann]-futter *n*
~/четырёхкулачковый *(Wkzm)* Vierbackenfutter *n*
~/штырьковой *(El)* Bajonettfassung *f*
~ Эдисона *(El)* Edison-Fassung *f*
~/эксцентриковый *(Wkzm)* Exzenterfutter *n*
~/электромагнитный *(Wkzm)* elektromagnetisches Spannfutter *n*
~/электромоторный *(Wkzm)* Elektrospanner *m*
патрон-боевик *m* *(Bgb)* Schlagpatrone *f* *(Sprengtechnik)*
патронирование *n* *(Text)* Patronieren *n* *(Weberei)*
патронировать *(Text)* patronieren
патронташ *m* *(Mil)* Patronengürtel *m*

патрубок *m* 1. Stutzen *m*, Zusatzrohr *n*, Rohransatz *m*, Abzweigrohr *n*, Rohrstück *n*, Anschlußstück *n*; 2. Putzen *m*, Nocken *m*, Auge *n* *(Dampfzylinder)*
~ **аварийного осушения** *(Schiff)* Notlenzstutzen *m*, Notlenzsauger *m*
~ **вакуумного насоса/впускной** Ansaugstutzen *m* *(Vakuumpumpe)*
~ **вакуумного насоса/выбрасывающий** Auslaßstutzen *m* *(Vakuumpumpe)*
~ **вакуумного насоса/выпускной** Auslaßstutzen *m* *(Vakuumpumpe)*
~/**вакуумный** Vakuumstutzen *m*, Vakuumanschluß *m*
~/**водяной** Wasser[anschluß]stutzen *m*
~/**впускной** Einlaßstutzen *m*; Saugstutzen *m*
~/**всасывающий** Ansaugstutzen *m*, Saugkrümmer *m*; Saugstutzen *m* *(Kreiselpumpe)*; Saugmund *m*, Saughals *m* *(Lüfter)*
~/**входной** Eintrittsstutzen *m*, Einlaßstutzen *m*
~/**выпускной** Austrittsstutzen *m*, Auslaßstutzen *m*; Druckstutzen *m* *(Vakuumpumpe)*; Abdampfstutzen *m*, Ausströmhals *m* *(Dampfturbine)*
~/**выхлопной** Abdampfstutzen *m* *(Dampfturbine)*; Abgasstutzen *m* *(Gasturbine)*; Auspuffstutzen *m* *(Verbrennungsmotor)*
~/**заливной** Einfüllstutzen *m*
~/**котельный** Kesselstutzen *m*
~/**нагнетательный** Druckstutzen *m*
~/**напорный** *s.* ~/**нагнетательный**
~/**направляющий** *(Bgb)* Führungsrohr *n*, Führungsstutzen *m* *(Bohrlochhavarie)*
~/**отводящий** Austrittsstutzen *m*, Dampfaustrittsstutzen *m* *(Dampfturbine)*
~/**отсасывающий** Absaugstutzen *m*
~/**паровпускной** Dampfeintrittsstutzen *m*, Eintrittsstutzen *m*, Dampfeinlaßstutzen *m*, Einlaßstutzen *m*, Frischdampfstutzen *m* *(Dampfmaschine)*
~/**паровыпускной** 1. Dampfaustrittsstutzen *m*, Austrittsstutzen *m*, Dampfauslaßstutzen *m*, Auslaßstutzen *m*, Abdampfstutzen *m* *(Dampfmaschine)*; 2. Ausströmhals *m* *(Dampfturbine)*
~/**переливной** Überlaufstutzen *m*, Überströmstutzen *m*
~/**переходный** Rohrzwischenstück *n*, Übergangsstück *n*
~/**питающий** Zulaufstutzen *m*, Einlaufstutzen *m*
~/**приёмный** Einlaufstutzen *m*; *(Schiff)* Saugstutzen *m* *(Lenzsystem)*
~/**пульпоподающий** Trübeumlaufstutzen *m* *(Schwimmaschine)*
~/**раздаточный** Verteilerstutzen *m*
~/**соединительный** Verbindungsstutzen *m*, Anschlußstutzen *m*
~/**спускной** Ablaßstutzen *m*, Ablaufstutzen *m*, Abflußstutzen *m*
патрулирование *n*/**фотографическое** *(Astr)* fotografische Überwachung (Meteorüberwachung) *f*
патруль *m*/**метеорный** *(Astr)* Meteorbasisstation *f*
паттинсонирование *n* *(Met)* Pattinsonieren *n*, Pattinson-Verfahren *n*
паттинсонировать *(Met)* pattinsonieren
пауза *f* 1. Pause *f*; 2. Rast *f* *(Gärungschemie)*
~/**белковая** Eiweißrast *f*
~ **осахаривания** Verzuckerungsrast *f*
~/**позиционная** *(Dat)* stellungskennzeichnende Pause *f*
~/**предварительная** Vorpause *f*
паук *m* 1. *(Bgb)* Spinne *f* *(Fanggerät bei Bohrungen)*; 2. Druckluftverteiler *m*; 3. Abspannkopf *m* *(Derrickkran)*
~/**ловильный** *(Bgb)* Fangspinne *f* *(Bohrlochhavarie)*
паули-оператор *m* *(Math)* Pauli-Operator *m*
паутина *f* Spinnfaden *m*
пах *m* *(Led)* Fläme *f*
пахота *f* Pflügen *n*
~/**гладкая** Ebenpflügen *n*
~/**глубокая** Tiefpflügen *n*
~/**двукратная** Doppelpflügen *n*
~/**круговая** Ringsherumpflügen *n*, Rundpflügen *n*, Rundumpflügen *n*
~/**поперечная** Querpflügen *n*
~/**слитная** *s.* ~/**гладкая**
пахоэхоэ *n* *(Geol)* Pahoehoe-Lava *f*, Fladenlava *f*, Gekröselava *f*, Stricklava *f*
пачка *f* 1. Paket *n*, Packen *m*; 2. *(Bgb, Geol)* Packen *m*, Bank *f*, Paket *n*
~/**верхняя** Oberpacken *m*, Oberbank *f*
~ **импульсов** Impulspaket *n*
~ **кож** *(Led)* Decher *m*
~ **листов** Blechpaket *n*, Plattenpaket *n*
~/**нижняя** Unterpacken *m*, Unterbank *f*
~ **пластов** Schichtenpaket *n*
~ **ткани** *(Text)* Stofflage *f*
~ **угля/верхняя** Firstenkohle *f*
~/**угольная** Kohlenbank *f*
пачкообразный *(Bgb, Geol)* bankig
паяемость *f* Lötbarkeit *f*
паяльник *m* Lötkolben *m*
~/**бензиновый** Benzinlötkolben *m*
~/**газовый** Gaslötkolben *m*
~/**молотковый** Hammerlötkolben *m*
~/**торцовый** Spitzlötkolben *m*
~/**ультразвуковой** Ultraschallötkolben *m*
~/**электрический** elektrischer Lötkolben *m*, Elektrolötkolben *m*
паяние *n* *s.* **пайка**
паять löten; verlöten; einlöten
~ **мягким припоем** weichlöten
~ **твёрдым припоем** hartlöten

ПБ *s.* 1. **борт/правый**; 2. **продолжительность включения**
ПБП *s.* **пункт боевого питания**
ПВД *s.* **приёмник воздушного давления**
ПВРД *s.* **двигатель/прямоточный воздушно-реактивный**
ПВУ *s.* **устройство/переговорно-вызывное**
ПВХ *s.* **поливинилхлорид**
ПД *s.* **диод/полупроводниковый**
ПД-звено *n* PD-Glied *n*
ПДК *s.* **концентрация в воздухе/предельно-допустимая**
ПДП *s.* **доступ к памяти/прямой**
ПД-регулятор *m* PD-Regler *m*
ПД-сигнал *m* PD-Signal *n*
пегматит *m (Geol)* Pegmatit *m*
пегматоид *m (Geol)* Pegmatoid *n*, Pseudopegmatit *m*
педаль *f* Pedal *n*, Fußhebel *m*
~ акцелератора *(Kfz)* Gasfußhebel *m*, Fahrfußhebel *m*
~ конуса *(Kfz)* Kupplungsfußhebel *m* *(Kegelkupplung)*
~/пусковая Kickstarterhebel *m (Motorrad)*
~/путевая (рельсовая) Schienenkontakt *m*, Schienenstromschließer *m*
~ стартера *(Kfz)* Anlaßfußhebel *m*
~ сцепления *(Kfz)* Kupplungsfußhebel *m*
~ тормоза *(Kfz)* Bremsfußhebel *m*, Bremspedal *n*
~/тормозная *s.* **~ тормоза**
~ управления дроссельной заслонкой *(Kfz)* Gasfußhebel *m*, Fahrfußhebel *m*
педион *m (Krist)* Pedion *n*, Einflächner *m*
педогенез *m* Pedogenese *f*, Bodenbildung *f*
педометр *m* Pedometer *n*, Schrittzähler *m*, Schrittmesser *m*
пек *m* Pech *n*; Teerpech *n*, Teerrückstand *m*, Teerresiduum *n*
~/брикетный Brikett[ier]pech *n*
~/буроугольный Braunkohlen[teer]pech *n*
~/газовый каменноугольный Steinkohlengasteerpech *n*, Gas[werks]teerpech *n*, Stadtgasteerpech *n*
~/газогенераторный буроугольный Braunkohlengeneratorteerpech *n*
~/газогенераторный каменноугольный Steinkohlengeneratorteerpech *n*
~/древесный Holz[teer]pech *n*
~ из древесного дёгтя *s.* **~/древесный**
~/каменноугольный Steinkohlen[teer]pech *n*
~/коксовый каменноугольный Kokereiteerpech *n*, Koksofenteerpech *n*, Zechenteerpech *n*
~/мягкий Weichpech *n*
~/нефтяной Erdölpech *n*
~/низкотемпературный Tieftemperaturteerpech *n*
~/паркетный Parkettpech *n*
~/сланцевый Schieferteerpech *n*
~/твёрдый Hartpech *n*
~/торфяной Torfteerpech *n*
пекотушитель *m* Pechkühler *m*
пектин *m (Ch)* Pektin *n*
пеларус *m (Schiff)* Peiltochter[kompaß]säule *f*
пелена *f* 1. Schleier *m*; 2. Nebelschleier *m*
~/вихревая *(Aero)* Wirbelfläche *f*
~/свёртывающаяся вихревая *(Aero)* aufgerollte Wirbelfläche *f*
~ тумана Nebelschleier *m*
пеленг *m* Peilung *f*, Peilwinkel *m*; Funkpeilung *f (s. a.* **радиопеленг***)*
~/бортовой Anflugwinkel *m*
~/истинный rechtweisende Peilung *f*
~/компасный Kompaßpeilung *f*
~/левый *(Flg)* Reihe *f* links
~/ложный Fehlpeilung *f*
~/локсодромический Loxodrompeilung *f*
~/магнитный mißweisende Peilung *f*
~ небесных светил Gestirnpeilung *f*
~/обратный Gegenpeilung *f*
~/ограждающий Gefahrenpeilung *f (Navigation)*
~/правый *(Flg)* Reihe *f* rechts
пеленгатор *m* Peiler *m*, Peilgerät *n*, Peilanlage *f*; Funkpeiler *m*, Funkpeilgerät *n*; Funkpeilstelle *f*, Peilfunkstelle *f (s. a.* **радиопеленгатор***)*
~/акустический akustisches Peilgerät *n*, Schallpeiler *m*, Phonogoniometer *m*
~/бортовой Bordpeiler *m*; Peildiopter *m*, Peilaufsatz *m*
~/визуальный optisches Peilgerät *n*, Sichtpeiler *m*
~/звуковой *s.* **~/акустический**
~/оптический *(Schiff)* Fernrohrpeilaufsatz *m*, optischer Peilaufsatz *m*
~ по равносигнальной зоне Leitstrahlpeiler *m*
~ промежуточных волн Grenzwellenpeilgerät *n*
~ с поворотной рамкой Drehrahmenpeiler *m*
~ с рамкой Rahmenpeiler *m*
~/стационарный Standpeiler *m*
~/судовой *s.* **~/бортовой**
~/тепловой Infrarotpeiler *m*, Infrarotpeilgerät *n*, Wärmewellenpeilgerät *n*, Wärmepeiler *m*
пеленгаторный Peil . . .
пеленгатор-репитер *m* **гирокомпаса** Peiltochterkompaß *m*
пеленгация *f* Peilen *n*, Peilung *f*, Anpeilen *n*, Anpeilung *f*
~/визуальная Sichtpeilung *f*
~/всенаправленная Rundumpeilung *f*
~ засечкой Kreuzpeilung *f*
~/круговая Rundumpeilung *f*
~ по азимуту Seitenpeilung *f*
~ по компасу Kompaßpeilung *f*

~ **по максимуму приёма** Maximumpeilung *f*
~ **по минимуму приёма** Minimumpeilung *f*
~ **по равносигнальной зоне** Vergleichspeilung *f*
~ **по Солнцу** Sonnenpeilung *f*
~ **по створу** *(Schiff)* Deckpeilung *f*
~ **по углу места** Höhenpeilung *f*
пеленгование *n* 1. Anpeilen *n*, Peilen *n*, Peilung *f*, Richtungspeilen *n*; 2. Peilbetrieb *m*, Peilverfahren *n*
пеленговать [an]peilen
пелигоит *m s.* **иоганнит**
пелиты *mpl (Geol)* Pelite *pl*, pelitisches Gestein *n*
пеллетизация *f* Pelletisieren *n*, Granulieren *n*
пеломиты *mpl s.* **пелиты**
пельтон *m* Pelton-Turbine *f*
пемза *f (Geol)* Bimsstein *m*
~/**базальтовая** Basaltbimsstein *m*
~/**молотая** Bims[stein]mehl *n*
~/**шлаковая** aufgeblähte Schlacke *f*, Kunstbims *m*, Thermosit *m*
пемзобетон *m* Bims[kies]beton *m*
пена *f* 1. Schaum *m*, Gischt *m*; 2. Schaumkunststoff *m*; 3. *(Met)* Abstrich *m*, Abschaum *m*; Schlicker *m*, Gekrätz *n*, Krätze *f (NE-Metallurgie)*
~/**бедная** Restschaum *m (NE-Metallurgie)*
~/**богатая** Reichschaum *m (NE-Metallurgie)*
~/**вторая** *s.* ~/**бедная**
~/**латексная** *(Gum)* Latexschaum *m*
~/**марганцовая** 1. *(Min)* Manganschaum *m*, Wad *n*; 2. *(Met)* Manganoxidhydrogel *n*
~/**огнетушительная** Feuerlöschschaum *m*
~/**оловянная** Zinngekrätz *n*, Zinnkrätze *f*, Zinnschlicker *m*
~/**первая** *s.* ~/**богатая**
~/**полиуретановая** Polyurethanschaum *m*, Polyurethanschaumstoff *m*
~/**твёрдая** Hartschaum *m*
~/**устойчивая** stabiler Schaum *m (Flotation)*
~/**флотационная** Flotationsschaum *m*
~/**цинковая** *(Met)* Zinkgekrätz *n*, Zinkkrätze *f*, Zinkschlicker *m*
пенеплен *m (Geol)* 1. Fastebene *f*, Rumpffläche *f*, Peneplain *f*; 2. *s.* **равнина/денудационная**
пенесейсмический peneseismisch
пенетраметр *m* Penetrameter *n (Röntgentechnik)*
пенетрация *f* Penetration *f*
пенетрометр *m* 1. *(Bw)* Penetrometer *n*, Eindringtiefenmeßgerät *n*; 2. Härtemesser *m*, Qualitätsmesser *m (Röntgentechnik)*
~/**гидравлический** Spülsonde *f*
пениотрон *m* Peniotron *n*
пенистость *f* Schäumigkeit *f*, Schaumigkeit *f*, Schaumvermögen *n*, Schaumkraft *f*, Schaumfähigkeit *f*
пенистый schaumbedeckt, schaumig; schaumartig; schäumend, schaumgebend, Schaum . . .
пениться 1. schäumen; aufschäumen; 2. perlen *(Wein)*
пенициллин *m* Penizillin *n (Antibiotikum)*
пенобетон *m (Bw)* Schaumbeton *m*, Gasbeton *m (s. a.* **газобетон***)*
~/**конструктивный** konstruktiver Gasbeton (Schaumbeton) *m*
~/**теплоизоляционный** wärmedämmender Gasbeton *m*
пенобетоносмеситель *m (Bw)* Schaumbetonmischer *m*
пеногазобетон *m (Bw)* Schaumgasbeton *m*
пеногаситель *m* Schaumdämpfer *m*, Entschäumer *m*, Antischaummittel *n*, Schaumdämpfungsmittel *n*
пеногашение *n* Schaumverhütung *f*, Entschäumen *n*
пеногенератор *m* Schaumgenerator *m*
пеногипс *m (Bw)* Schaumgips *m*, Porengips *m*
пенокерамика *f* Schaumkeramik *f*
пенолатекс *m* schaumiger Latex *m*
пеномагнезит *m (Bw)* Schaummagnesit *m*
пеномасса *f* Schaummasse *f*
пеноматериал *m* Schaumstoff *m*, Leichtstoff *m*
~/**жёсткий** harter Schaumstoff *m*
~/**полужёсткий** mittelweicher Schaumstoff *m*
~/**эластичный** elastischer Schaumstoff *m*
пенообразный schaumartig, schaumförmig
пенообразование *n* Schaumbildung *f*, Schaumentwicklung *f*
~ **печатных красок** *(Typ)* Schäumen *n* der Druckfarbe
пенообразователь *m* Schaumbildner *m*; Schaummittel *n (Flotation)*
пенопласт *m* geschlossenporiger (geschlossenzelliger) Schaum[kunst]stoff *m*
~/**блочный** Schaumstoffblock *m*
~/**мочевиноформальдегидный** Harnstoff-Formaldehyd-Schaumstoff *m*
~/**плиточный** Schaumstoffplatte *f*
~/**фенолоформальдегидный** Phenol-Formaldehyd-Schaumstoff *m*
пенопластмасса *f s.* **пенопласт**
пенополивинилхлорид *m* Polyvinylchloridschaum[stoff] *m*, PVC-Schaumstoff *m*, Schaumpolyvinylchlorid *n*
пенополистирол *m* Polystyrolschaum *m*, Polystyrolschaumstoff *m*, PS-Schaumstoff *m*, Schaumpolystyrol *n*
пенополиуретан *m* Polyurethanschaum *m*, Polystyrolschaumstoff *m*, Schaumpolyurethan *n*

пенополиэтилен *m* Polyäthylenschaumstoff *m*, Schaumpolyäthylen *n*
пенопровод *m* Schaumleitung *f*
пеносборник *m* Schaumsammelgefäß *n*
пеносиликат *m (Bw)* Schaumsilikat *n*, Gassilikatbeton *m*
пеностекло *n (Bw)* Schaumglas *n*
~/высокопористое hochporöses Schaumglas *n*
пеностойкость *f* Schaumstabilität *f*, Schaumdauer *f*, Schaumhaltigkeit *f*
пенотушение *n* Schaumlöschverfahren *n* *(Brandbekämpfung)*
пенотушитель *m* Schaumlöscher *m* *(Brandbekämpfung)*
пеноуловитель *m* Schaumfänger *m*
пентагон *m (Krist)* Pentagon *n*
пентагондодекаэдр *m (Krist)* Pentagondodekaeder *n*
~/тетраэдрический *s.* **пентагонтритетраэдр**
пентагоникоситетраэдр *m s.* **пентагонтриоктаэдр**
пентагонтриоктаэдр *m (Krist)* Pentagonikositetraeder *n*
пентагонтритетраэдр *m (Krist)* tetraedrisches Pentagondodekaeder *n*
пентагрид *m (Rf)* Pentagridröhre *f*, Fünfgitterröhre *f*
пентагрид-преобразователь *m* Pentagridkonverter *m*, Fünfgitterumformer *m*
пентада *f* 1. *(Meteo)* Pentade *f (Mittel aus 5 aufeinanderfolgenden Tagesbeobachtungen)*; 2. *(Dat)* Pentade *f*
пентазеркало *n* Pentaspiegel *m*
пентакарбонил *m* **железа** *(Ch)* Eisenpentakarbonyl *n*
пентаметилен *m (Ch)* Zyklopentan *n*
пентан *m (Ch)* Pentan *n*
пентапризма *f (Opt)* Penta[gon]prisma *n*, Prandtl-Prisma *n*, Goulier-Prisma *n*
~ с крышей Dachprisma *n*
пентасульфид *m (Ch)* Pentasulfid *n*
~ фосфора Phosphorpentasulfid *n*
пентаэдр *m (Math)* Pentaeder *n*, Fünfflach *n*
пентландит *m (Min)* Pentlandit *m*, Eisennickelkies *m*
пентод *m (Eln)* Pentode *f*, Fünfelektrodenröhre *f*
~/высокочастотный Hochfrequenzpentode *f*, HF-Pentode *f*
~/высокочастотный широкополосный HF-Breitbandpentode *f*
~/выходной Ausgangspentode *f*, Endpentode *f*
~/генераторный Sendepentode *f*
~/малогабаритный (миниатюрный) Miniaturpentode *f*
~/мощный Leistungspentode *f*
~/низкочастотный Niederfrequenzpentode *f*, NF-Pentode *f*
~/оконечный *s.* **~/выходной**
~ с переменной крутизной Regelpentode *f*
~/усилительный Verstärkerpentode *f*
~/широкополосный Breitbandpentode *f*
пеньер *m (Text)* Abnehmer *m*, Kämmwalze *f*, Sammler *m (Krempel)*
пенька *f (Text)* Hanffaser *f*, Hanf *m (s. a. unter* **конопля***)*
~/бенгальская Bengalischer (Brauner) Hanf *m*, Sun[n] *m*, Kalkutta-Hanf *m*, Madras-Hanf *m*, Conkanee-Hanf *m*
~/бомбейская Bombay-Hanf *m*, Kenafpflanze *f*
~ гамбо *s.* **~/бомбейская**
~/калькутская *s.* **~/бенгальская**
~/мадрасская *s.* **~/бенгальская**
~/манильская Manilahanf *m*, Abakahanf *m*
~/мягковолокнистая Weichfaserhanf *m*
~/остиндская *s.* **~/бомбейская**
~/сизальская Sisal[hanf] *m*
~/трёпаная Schwunghanf *m*
~/чёсаная Reinhanf *m*
пеньковый *(Text)* Hanf . . .
пенькопрядение *n (Text)* Hanfspinnerei *f*
пептизатор *m (Ch)* Peptisator *m*, Peptisierungsmittel *n*
пептизация *f (Ch)* Peptisation *f*, Peptisierung *f*
пептизировать *(Ch)* peptisieren
пептонизировать *(Ch)* peptonisieren
Пер *s.* **огонь/переменный**
перборат *m (Ch)* Peroxoborat *n*
~ калия Kaliumperoxoborat *n*
~ натрия Natriumperoxoborat *n*
первеанс *m (Eln)* Perveanz *f (Raumladungsparameter)*
первибратор *m (Bw)* Pervibrator *m*, Innenrüttler *m*
первообразная *f s.* **функция/первообразная**
первоочерёдность *f (Math)* Prioritätsordnung *f*
пергамент *m* Pergament *n*; Pergamentpapier *n*
пергаментация *f* Pergamentieren *n*
пергамин *m* Pergaminpapier *n*
переадресация *f (Dat)* Adressenänderung *f*, Adressenmodifikation *f*
переаминирование *n (Ch)* Transaminierung *f*
переаттестация *f* Nachbeglaubigung *f*
перебег *m* 1. *(Wkzm)* Überlauf *m (eines Schneidwerkzeugs)*; 2. Überschleifen *n*
~ золотника Überschleifen *n* des Schiebers *(Dampfmaschine)*
перебелка *f* Überbleichung *f*
перебивка *f (Schm)* 1. Balleisen *n*, Kerbeisen *n*; 2. Ankerben *n*, Ankerbung *f*, Kerben *n*, Einkerben *n*, Einkerbung *f*; Einengen *n (vor dem Recken)*; Einkehlen *n*

~ сальника Packungswechsel *m (Stopfbuchse)*
~ стоек *(Bgb)* Umsetzen *n* der Stempel
перебивка-верхник *f (Schm)* Kehlhammer *m*
перебивка-нижник *f (Schm)* Kehlschrot *n*
перебирать auslesen, sortieren
~ набор *(Typ)* umstellen, umsetzen
~ породу *(Bgb)* abklauben, aushalten *(Erze usw.)*
переблокировка *f (Dat)* Umblockung *f*
перебой *m* Störung *f*; Unterbrechung *f*, Stockung *f*
~ в подаче Förderstörung *f*
~ в работе Betriebsstörung *f*
перебор *m* 1. *(Masch)* Vorgelege *n*; 2. *(Bgb)* Mehrausbruch *m*, Überprofil *n* *(eines Grubenbaus)*
~/двойной zweistufiges Vorgelege *n*
~/дополнительный Vorsatzvorgelege *n*
~/зубчатый Zahnradvorgelege *n*, Rädervorgelege *n*
~/откидной ausrückbares Vorgelege *n*
~/ремённый Riemenvorgelege *n*
~ с внутренним зацеплением Innengetriebe *n*
переборка *f* 1. *(Schiff)* Schott *n*, Wand *f*; 2. Ordnen *n*, Sortieren *n*; Aussondern *n*, Sichten *n*
~ ахтерпика Achterpiekschott *n*, Hinterpiekschott *n*
~/ахтерпиковая *s.* **~ ахтерпика**
~/боковая Seitenwand *f (Deckshaus)*
~ бортового отсека Wallgangschott *n*
~/водонепроницаемая wasserdichtes Schott *n*
~ волнистового профиля/гофрированная Wellenschott *n*
~/главная огнестойкая Hauptbrandschott *n*
~/гофрированная gewelltes Schott *n*, Wellschott *n*
~ деления судна на отсеки Hauptquerschott *n*
~/диаметральная Mittellängsschott *n*
~ для ограничения einseitig belastetes Schüttgutschott *n (Schüttgutfrachter)*
~ для разделения beiderseitig belastetes Schüttgutschott *n (Schüttgutfrachter)*
~/доковая Dockschott *n*
~/концевая Endschott *n*, Frontschott *n (Aufbauten)*; Hinterwand *f*, Frontwand *f (Deckshaus)*
~ коробчатого профиля/гофрированная Faltschott *n*, Knickschott *n*
~/коффердамная Wallgangschott *n*
~/лобовая Frontschott *n (Aufbauten)*
~/машинная Maschinenraumschott *n*
~ на другой формат *(Typ)* Umsetzen *n* in eine andere Zeilenlänge
~ набора *(Typ)* Umsetzen *n*, Umstellen *n*
~ надстройки/кормовая Endschott *n* der Aufbauten
~ надстройки/носовая Frontschott *n* der Aufbauten
~/нефтенепроницаемая öldichtes Schott *n*
~/носовая Bugschott *n*
~/огнезадерживающая feuerhemmende Trennfläche *f*, feuerhemmende Wand *f*, feuerhemmendes Schott *n*
~/огнестойкая feuerfeste Trennfläche *f*, feuerfeste Wand *f*, feuerfestes Schott *n*
~/огнеупорная Feuerschott *n*, Brandschott *n*
~/отбойная Schlagschott *n*
~/плоская Glattschott *n*, glattes (ebenes) Schott *n*
~/поперечная Querschott *n*
~/продольная Längsschott *n*
~/продольная бортовая Seitenlängsschott *n*
~/продольная отбойная Längsschlagschott *n*
~/проницаемая offene Wand *f*
~/противопожарная Feuerschott *n*, Brandschott *n*
~/разделительная Trennschott *n*, Trennwand *f*
~ рубки/кормовая Hinterwand *f* des Deckshauses
~ рубки/носовая Frontwand *f* des Deckshauses
~/таранная Kollisionsschott *n*
~ форпика Kollisionsschott *n*
~/форпиковая Kollisionsschott *n*
~/фронтальная Frontschott *n*
переборочный *(Schiff)* Schott ...; Wand ...
перебраживание *n (Ch)* Ausgären *n*
перебрать *s.* **перебирать**
переброс *m (Geol)* Aufschiebung *f*, widersinnige Verwerfung *f*
~ искры Funkenüberschlag *m*, Überschlag *m*; Funkenübergang *m*
~ кипящей жидкости Überkochung *f*
переброска *f* Verlagerung *f*, Verlegung *f*, Verschiebung *f*
перебур *m (Bgb)* Überbohrung *f*
перебуривание *n (Bgb)* Nachbohren *n*; Überbohren *n*
перебуривать *(Bgb)* nachbohren; überbohren
перебурить *s.* **перебуривать**
перевал *m* 1. *(Geol)* Gebirgspaß *m*, Paß *m*; 2. Wallstein *m (Ofen)*; 3. Hubwechsel *m (Verbrennungsmotor)*; 4. *s.* **перекат**
~/ледниковый Gletscherpaß *m*
перевалка *f* 1. Umschlag *m*, Umladung *f*; 2. *(Bgb)* Verstürzen *n (Abraum)*; 3. *(Wlz)* Walzenwechsel *m*, Walzenumbau *m*, Wechsel (Umbau) *m* der Walzen
~ груза Umschlag *m*, Umschlagen *n (einer Ladung)*; Güterumschlag *m*

перевальцевание *n* 1. *(Wlz)* Überwalzung *f*; 2. *(Gum)* Totwalzen *n*
перевар *m* Überkochung *f*
переварка *f* *(Gum)* Überheizung *f*
переведение *n* Überführen *n*, Überführung *f*
~ в волокнистую массу *(Pap)* Aufschließen *n* *(Zellulose)*
~ в растворимую форму кислотой *(Pap)* saurer Aufschluß *m*
~ в растворимую форму щёлочью *(Pap)* alkalischer Aufschluß *m*
перевёрстка *f* *(Typ)* 1. Neuumbruch *m*, Nachumbruch *m*; 2. Umschließen *n* der Seiten
перевёрстывать *(Typ)* neu umbrechen
перевес *m* Übergewicht *n*
~ дульной части *(Mil)* Rohr[vorder]-lastigkeit *f* *(Geschützrohr)*
~ казённой части *(Mil)* Schwanzlastigkeit *f* *(Geschützrohr)*
перевести *s.* **переводить**
перевивка *f* *(Text)* Kreuzung *f*
перевод *m* 1. Überführung *f*; Umstellung *f*; 2. Übersetzung *f* *(Sprache)*; 3. Überweisung *f* *(Geld)*; 4. Durchpausung *f* *(Zeichnung)*; 5. *(Typ)* Umdruck *m*, Überdruck *m* *(Lithografie)*
~/анастатический *(Typ)* anastatischer Umdruck *m* *(Lithografie)*
~/английский стрелочный *(Eb)* doppelte Kreuzungsweiche *f*
~/выворотный *(Typ)* Negativumdruck *m* *(Lithografie)*
~/двойной стрелочный *(Eb)* Doppel-[kreuzungs]weiche *f*
~/двусторонний криволинейный стрелочный *(Eb)* ungleichlaufende Krümmungsweiche *f*
~/двусторонний перекрёстный *(Eb)* doppelte Kreuzungsweiche *f*
~ каретки *(Typ)* Wagenrücklauf *m*
~/криволинейный стрелочный *(Eb)* Krümmungsweiche *f*
~ курсов *(Schiff)* Kursverwandlung *f* *(Navigation)*
~ курсов алгебраически rechnerische Kursverwandlung *f*
~ курсов графически (чертежом) Kursverwandlung *f* im grafischen Verfahren
~/левопутный (левый) стрелочный *(Eb)* Linksweiche *f*
~ магазинов *(Typ)* Magazinrückführung *f*
~/маневровый *(Eb)* Verschiebeweiche *f*
~ матричной строки *(Typ)* Überführung *f* der Matrizenzeile *(Linotype)*
~/машинный *(Dat)* maschinelle Übersetzung *f*
~ на кривой/стрелочный *(Eb)* Bogenweiche *f*
~ на строку *(Dat)* Zeilenschaltung *f*
~ на цинк *(Typ)* Zinkumdruck *m*
~/негативный *s.* **~/выворотный**
~/несимметричный двойной стрелочный *(Eb)* unsymmetrische Doppelweiche *f*, zweiseitig verschränkte Weiche *f*
~/нормальный стрелочный *(Eb)* Regelweiche *f*, Normalweiche *f*
~/одиночный стрелочный *(Eb)* einfache Weiche *f*
~/односторонний двойной стрелочный *(Eb)* einseitig verschränkte Weiche *f*
~/односторонний криволинейный стрелочный *(Eb)* gleichlaufende Krümmungsweiche *f*
~/односторонний перекрёстный стрелочный *(Eb)* einfache Kreuzungsweiche *f*
~/оригинальный *(Typ)* Originalumdruck *m*
~/пантографический *(Typ)* Umdruck *m* mittels Pantograf
~ пеленгов *(Schiff)* Peilverwandlung *f*
~/перекрёстный стрелочный *(Eb)* Kreuzungsweiche *f*
~ пигментной копии *(Typ)* Übertragen *n* der Pigmentkopie
~/поворотный стрелочный *(Eb)* Drehweiche *f*
~/правопутный (правый) стрелочный *(Eb)* Rechtsweiche *f*
~ программы *(Dat)* Programmübersetzung *f*
~/простой стрелочный *(Eb)* einfache Weiche *f*
~ ремня *(Masch)* Riemenwechsel *m*
~/ручной стрелочный *(Eb)* Handweiche *f*
~ рычага Umlegen *n* des Hebels
~ с ответвлением влево/стрелочный *(Eb)* Linksweiche *f*
~ с ответвлением вправо/стрелочный *(Eb)* Rechtsweiche *f*
~ с переворачиванием изображения *(Typ)* Konterumdruck *m* *(Offsetdruck)*
~/сдвоенный стрелочный *(Eb)* dreigleisige Weiche *f*
~/симметричный двойной стрелочный *(Eb)* symmetrische (zweiseitige) Doppelweiche *f*
~/симметричный сдвоенный стрелочный *(Eb)* dreischlägige Weiche *f*
~/составной *(Typ)* gleichzeitiger Umdruck *m* von mehreren Nutzen
~ стрелок *(Eb)* Umlegen *n* der Weichen
~/стрелочный *(Eb)* Weiche *f*
~ строки *(Dat)* Zeilenvorschub *m*
~ улавливающего тупика/стрелочный *(Eb)* Schutzweiche *f*
~ формуляра *(Dat)* Formularvorschub *m*
~ чисел *(Dat)* Zahlenkonvertierung *f*
переводить 1. umstellen, [hin]überführen; 2. übersetzen *(Sprache)*; 3. überweisen *(Geld)*; 4. *(Typ)* umdrucken *(Lithografie)*

перевозбуждение *n* 1. *(El)* Übererregung *f (Generator)*; 2. *(Fmt)* Übersteuerung *f*; Impulsübersteuerung *f*
перевозка *f* Beförderung *f*, Transport *m*; Verkehr *m*
~/**автогрузовая** Straßentransport *m*
~/**водная** Wassertransport *m*
~ **войск** Truppentransport *m*
~/**контейнерная** Containertransport *m*
перевозки *fpl* Frachtverkehr *m*, Transportwesen *n*
~ **грузов** *(Eb)* Güterbeförderung *f*
~ **грузов большой скорости** Eilgutverkehr *m*, Eilgutbeförderung *f*
~ **грузов малой скорости** Frachtgutverkehr *m*, Frachtgutbeförderung *f*
~/**контейнерные** Behälterverkehr *m*
~ **мелких отправок** *(Eb)* Stückgutbeförderung *f*, Stückgutverkehr *m*
~ **на поддонах** Palettenverkehr *m*
~ **от двери до двери** Haus-Haus-Verkehr *m*
~ **пассажиров** *(Eb)* Personenbeförderung *f*
~/**речные** Binnenschiffsverkehr *m*
~ **штучного груза** *(Eb)* Stückgutbeförderung *f*, Stückgutverkehr *m*
перевооружение *n* 1. Neuausrüstung *f*, Neuausstattung *f*; 2. *(Mil)* Umbewaffnung *f*, Umrüstung *f*
переворачивание *n* 1. Wenden *n*, Umdrehen *n*; 2. Zirkulation *f*, Umwälzung *f*; 3. *(Typ)* Umstülpen *n (Bogen)*
~ **спина** *(Kern)* Umklappen *n* des Spins
переворачиватель *m* **листов** *(Wlz)* Blechwendevorrichtung *f*
переворот *m* 1. Wendung *f*, Umwälzung *f*; Umlauf *m*; 2. *(Flg)* Überschlag *m*, Abschwung *m*
~ **на горке** *(Flg)* hochgezogene Kehrtkurve *f*
~ **через крыло** *(Flg)* Überschlag *m* über den Flügel, Abschwung *m*
~ **через крыло/двойной** *(Flg)* doppelter Überschlag *m*, Rolle *f*
перевулканизация *f (Gum)* Übervulkanisation *f*
перевязка *f* 1. *(Bw)* Verband *m (Mauerwerk)*; 2. *(Fmt)* Abspannbindung *f (der Leitung)*
~/**американская** *s.* ~/**многорядная**
~/**ложковая** *(Bw)* Läuferverband *m*, Halbsteinverband *m (bei 1/2 Stein dicken Wänden)*
~/**многорядная** *(Bw)* amerikanischer (mehrschichtiger) Verband *m (in der Sowjetunion gebräuchlicher Verband; einem 5-schichtigen Läuferverband folgt jeweils eine Binderschicht)*
~/**мозаичная** *(Bw)* Mosaikverband *m*, Polygonverband *m*
~/**облицовочная** *(Bw)* Blendverband *m*
~/**однорядная** *(Bw)* einschichtiger Verband *m (entspricht dem deutschen Blockverband, also je eine Läufer- und Binderschicht im Wechsel)*
~ **тёсовой кладки** *(Bw)* Quaderverband *m*
~/**трёхрядная** *(Bw)* dreischichtiger Verband *m*, Onistschik-Verband *m (in der Sowjetunion besonders für Pfeiler gebräuchlicher Verband; drei Läuferschichten im Wechsel mit einer Binderschicht)*
~/**трубная** *(Bw)* Schornsteinverband *m*
~/**тычковая** *(Bw)* Binderverband *m (ein Stein dicke Mauer)*
~/**цепная** *s.* ~/**однорядная**
перегиб *m* 1. Biegung *f*, Umbiegung *f*; Falzung *f*; 2. Knick *m*, Knickung *f*; 3. *(Math)* Wendung *f*, Inflexion *f*; 4. *(Schiff)* Aufbiegung *f*, Hogging *n*
~/**двойной** *(Typ)* Doppelfalzung *f*
~ **кривой** *(Math)* Wendepunkt *m* der Kurve, Kurvenknick *m*
переглубина *f* Übertiefe *f*
перегнать *s.* **перегонять**
перегной *m* Humus *m*
перегон *m* 1. *(Eb)* Streckenabschnitt *m*, [freie] Strecke *f*; 2. Überführung *f*
~ **судна** *(Schiff)* Überführung *f* eines Schiffes
перегонка *f* Destillation *f*, Destillieren *n*; Brennen *n (Alkoholdestillation)*
~/**азеотропная** Azeotropdestillation *f*
~ **в вакууме** Vakuumdestillation *f*
~/**вакуумная** Vakuumdestillation *f*
~/**высокотемпературная** Hochtemperaturdestillation *f*
~ **дерева (древесины)/сухая** Holzdestillation *f*, Holzvergasung *f*
~/**деструктивная** Zersetzungsdestillation *f*
~/**дробная** fraktionierte (gebrochene) Destillation *f*
~/**молекулярная** Molekulardestillation *f*, Kurzwegdestillation *f*
~/**однократная** Einzeldestillation *f*
~/**периодическая** diskontinuierliche Destillation *f*, Blasendestillation *f*, Chargendestillation *f*
~/**плёночная** Dünnschichtdestillation *f*
~/**повторная** Zweitdestillation *f*, Redestillation *f*
~ **под вакуумом** Vakuumdestillation *f*
~ **под высоким вакуумом** Hochvakuumdestillation *f*
~ **под разрежением** Vakuumdestillation *f*
~/**подземная** Untertag[e]vergasung *f*
~/**расширительная** Entspannungsdestillation *f*
~ **с дефлегмацией/простая** Destillation *f* mit Teilkondensation
~ **с паром-носителем** Trägerdampfdestillation *f*

~ спирта Brennen *n*, Abbrennen *n*
~/сухая Trockendestillation *f*, Entgasen *n*
~/фракционированная *s.* **~/дробная**
~/экстрактивная Extraktivdestillation *f*
перегонять destillieren; brennen *(Alkohol)*
перегорание *n* 1. Verbrennen *n*, Ausbrennen *n*; 2. *(El)* Durchbrennen *n*, Durchgehen *n* *(einer Sicherung)*
перегорать 1. verbrennen, ausbrennen, verschmoren; 2. *(El)* durchbrennen, durchgehen *(Sicherung)*
перегореть *s.* **перегорать**
перегородка *f* 1. Scheidewand *f*, Zwischenwand *f*, Trennwand *f*; Steg *m*; Membran[e] *f*; Diaphragma *n*; 2. Zwischenboden *m* *(Dampfturbine)*
~/аэродинамическая *(Aero)* Grenzschichtzaun *m*
~/вентиляционная *(Bgb)* Wetterscheider *m* *(in Grubenbaulängsachse)*
~/внутриквартирная Raumtrennwand *f*
~ для отделения шлака Schlackenfang *m*, Schlacken[ab]scheider *m*
~/каркасно-обшивная Gerippetrennwand *f*
~/крупнопанельная Großplattentrennwand *f*
~/междуквартирная Wohnungstrennwand *f*
~/направляющая Führungswand *f*, Leitwand *f*
~/отбойная (отражательная) Prallwand *f*, Prallplatte *f*, Prallblech *n*
~/передвижная versetzbare Trennwand *f*
~/поддерживающая Stützwand *f*
~/полупроницаемая semipermeable (halbdurchlässige) Scheidewand *f*
~/промежуточная Zwischenwand *f*
~/противопожарная *(Schiff)* Brandschott *n*
~/растровая *(Typ)* Rastersteg *m*
~/сливная Überfallwehr *n*, Ablaufwehr *n* *(eines Rektifizierbodens)*
~/стволовая вентиляционная *(Bgb)* Schachtwetterscheider *m*
перегородка-экран *f* *s.* **перегородка/отбойная**
перегребание *n* Schaufeln *n*, Fortschaufeln *n*, Umschaufeln *n*
перегребатель *m* Mischarm *m*, Krählarm *m* *(mechanischer Röstofen)*
перегрев *m* 1. Erhitzen *n*, Erhitzung *f*; 2. *(El)* Überheizung *f*; 3. Überhitzung *f*; 4. Wärmestau *m*
~ пара Dampfüberhitzung *f*
~ пара/вторичный Zwischendampfüberhitzung *f*
~ пара/первичный Frischdampfüberhitzung *f*
перегревание *n* 1. Überhitzen *n*; 2. Wärmestauung *f*
перегреватель *m* Überhitzer *m* *(Dampf)*
~/вторичный Nachüberhitzer *m*, Zwischenüberhitzer *m*
~/газовый Abgasüberhitzer *m*
~/групповой Sammelüberhitzer *m*
~/дополнительный Nachüberhitzer *m*
~/дымогарный Rauchrohrüberhitzer *m*
~/жаротрубный Flammrohrüberhitzer *m*
~/змеевиковый Schlangen[rohr]überhitzer *m*
~/конвективный Konvektionsüberhitzer *m*, Berührungsüberhitzer *m*
~/параллельно-поточный Gleichstromüberhitzer *m*
~/паровой Dampfüberhitzer *m*
~/первичный Frischdampfüberhitzer *m*
~/промежуточный Zwischenüberhitzer *m*
~/противоточный Gegenstromüberhitzer *m* *(Konvektionsüberhitzer)*
~/прямоточный Gleichstromüberhitzer *m* *(Konvektionsüberhitzer)*
~/радиационно-конвективный Berührungsstrahlungsüberhitzer *m*
~/радиационный Strahlungsüberhitzer *m*
~/ребристотрубный Rippenrohrüberhitzer *m*
~/ребристый Rippenrohrüberhitzer *m*
перегревать überhitzen
~ вторично nachüberhitzen
~ дополнительно nachüberhitzen
перегреть *s.* **перегревать**
перегружаемость *f* Überlastbarkeit *f*
перегружатель *m* 1. Überladegerät *n* *(Krane, Transportbänder)*; 2. Verladebrücke *f*
~/ленточный Verladegurtförderer *m*
~/мостовой Verladebrücke *f*
~/плавучий schwimmendes Überladegerät *n*
перегружать 1. überlasten; 2. umladen; umschlagen
~ печь *(Met)* einen Ofen überbeschicken (übersetzen)
перегрузить *s.* **перегружать**
перегрузка *f* 1. Umladung *f*; Überladung *f*, Verladung *f*; 2. Überlastung *f*; zusätzliche Belastung *f*; Überlast *f*; Überbeanspruchung *f*, Überspannung *f*; 3. *(Reg)* Übersteuerung *f*, Überlastung *f*; 4. *(Flg)* Lastvielfaches *n*
~ грузов *(Eb)* Güterumschlag *m*
~/длительная *(El)* Dauerüberlast[ung] *f*
~ лампы *(Eln)* Röhrenüberlastung *f*
~ на крыло *(Flg)* Querlastigkeit *f*
~ по току *(El)* Stromüberlastung *f*
~/ударная *(El)* Stoßüberlast[ung] *f*
~ ядерного топлива *(Kern)* Spaltstoffwechsel *m*, Wiederbeladung *f*, Wiederbeschickung *f*
перегруппировка *f* 1. Umgruppierung *f*; 2. *(Ch)* Umlagerung *f*; 3. *(Math)* Umordnung *f*

~/внутримолекулярная (молекулярная) *(Ch)* intramolekulare Umlagerung *f*
передавать 1. übertragen, übermitteln; 2. *(Rf)* senden; funken
~ по радио senden
~ энергию Energie übertragen (fortleiten, weiterleiten, transportieren)
передавливание *n* Abdrücken *n*
передатчик *m* 1. Geber *m*; 2. Sender *m* *(s. a. unter* **радиопередатчик***)* • **со стороны передатчика** sende[r]seitig, auf der Senderseite
~/аварийный Notsender *m*
~/аварийный радиотелеграфный Notsender *m* für Telegrafie
~ активных помех aktiver Störsender *m*
~ ведущего луча Leitstrahlsender *m*
~/вспомогательный Hilfssender *m*
~/высокочастотный Hochfrequenzsender *m*
~/главный Hauptsender *m*, Leitsender *m*
~/главный радиотелеграфный Hauptsender *m* für Telegrafie
~/главный радиотелефонный Hauptsender *m* für Telefonie, Hauptsprechfunksender *m*
~/главный судовой Hauptschiffssender *m*
~/глиссадный Gleitwegsender *m*
~ данных Datensender *m*
~/двухтактный Gegentaktsender *m*
~/дециметровый Dezimeterwellensender *m*
~/диапазонный Großbereich[s]sender *m*
~/длинноволновый Langwellensender *m*
~/дуговой Lichtbogensender *m*
~/звука Tonsender *m*
~ звукового сопровождения Tonsender *m*
~/звуковой Tonsender *m*
~/импульсный Impulssender *m*
~/искровой Funkensender *m*
~/кварцованный quarzgesteuerter Sender *m*, Quarzsender *m*
~ команд управления Lenkkommandosender *m*
~/командный Kommandosender *m*
~/контрольный Prüfsender *m*
~/корабельный Schiffssender *m*
~/коротковолновый Kurzwellensender *m*
~/курсовой Landekurssender *m*
~/ламповый Röhrensender *m*
~/любительский Amateursender *m*
~/малогабаритный Kleinsender *m*
~/маломощный Kleinsender *m*
~/маркерный Markierungs[zeichen]sender *m*, Einflugzeichensender *m*
~/маршрутный *(Eb)* Fahrstraßensteller *m*
~/машинный *(Fmt)* Maschinensender *m*
~/мешающий Störsender *m*
~/мощный Großsender *m*, Leistungssender *m*
~/мощный радиовещательный Groß[rundfunk]sender *m*, Rundfunkgroßsender *m*
~/навигационный Navigationssender *m*
~ направленного излучения Richt[strahl]sender *m*
~/направленный Richt[strahl]sender *m*
~/опознавательный Kennungssender *m*
~/опытный Versuchssender *m*
~/основной *s.* **~/главный**
~/переносный tragbarer Sender *m*
~/переносный телевизионный tragbarer Fernsehsender *m*
~ помех Störsender *m*
~/посадочный Landungssender *m*
~/приводной аэродромный Platzeinflugzeichensender *m*
~ промежуточных волн/главный радиотелефонный Grenzwellenhauptsender *m* für Telefonie
~/равносигнальный Leitstrahlsender *m*
~/радиовещательный Rundfunksender *m*
~/радиолокационный Radarsender *m*
~/радиолюбительский Amateursender *m*
~/радионавигационный Funknavigationssender *m*
~ радиопомех Funkstörsender *m*
~/радиорелейный 1. Relaissender *m*; 2. Richtfunksender *m*
~/радиотелефонный Telefoniesender *m*
~/ранцевый Tornistersender *m*
~/релейный Relaissender *m*
~ с амплитудной модуляцией amplitudenmodulierter Sender *m*, AM-Sender *m*
~ с импульсной модуляцией impulsmodulierter Sender *m*
~ с кварцевой стабилизацией частоты quarzgesteuerter Sender *m*, Quarzsender *m*
~ с частотной модуляцией frequenzmodulierter Sender *m*, FM-Sender *m*
~/самолётный Flugzeugsender *m*
~/сдвоенный Zwillingssender *m*
~/секретный Geheimsender *m*
~/смежный Nachbarsender *m*
~/средневолновый Mittelwellensender *m*
~/судовой Schiffssender *m*
~/телевизионный Fernsehsender *m*
~/телеграфный Telegrafiesender *m*
~/телеизмерительный Fernmeßsender *m*, Fernmeßgeber *m*
~/телемеханический Fernwirksender *m*
~/телефонный Telefoniesender *m*
~/трансляционный Relaissender *m*
~/ультракоротковолновый Ultrakurzwellensender *m*, UKW-Sender *m*
~/ультракоротковолновый самолётный UKW-Flugzeugsender *m*
~/ультракоротковолновый телевизионный UKW-Fernsehsender *m*
~/управляемый перфолентой телеграфный [loch]streifengesteuerter Telegrafiesender *m*

~/фототелеграфный Bildtelegrafiesender *m*
~/эксплуатационный Betriebssender *m* *(Funkanlage)*
~ энергии Energieleiter *m*
передать *s.* **передавать**
передача *f* 1. Übergabe *f*, Abgabe *f*, Übermittlung *f*; Übertragung *f*, Überführung *f*; Fortleitung *f* *(elektrischer Energie)*; 2. *(Masch)* Getriebe *n*, Antrieb *m* *(s. a. unter* **привод***)*; 3. *(Kfz)* Gang *m* *(des Schaltgetriebes)*; 4. *(Rt, Fs)* Sendung *f*, Übertragung *f*; 5. *(Dat)* Übergabe *f*, Übertragung *f*; 6. *(Eb)* Kraftübertragung *f* *(Lokomotive)*; 7. Räderwerk *n*, Laufwerk *n*
~ автомобиля/главная *(Kfz)* Achsantrieb *m*
~ без несущей частоты *(Rt)* Übertragung *f* ohne (mit unterdrückter) Trägerfrequenz
~/беззазорная spielfreies Getriebe *n*
~/беспроволочная drahtlose Übertragung *f*
~/бесступенчатая *(Masch)* stufenloses (stufenlos regelbares) Getriebe *n*
~/блочная *(Dat)* Blockübertragung *f*
~ боковыми полосами *(Rt)* Seitenbandübertragung *f*, Seitenbandsendung *f*
~/бортовая *(Kfz)* Triebradendantrieb *m* *(Raupenantrieb)*
~ ватки/поперечная *(Text)* Querspeisung *f* *(Krempel)*
~ ватки/продольная *(Text)* Längsspeisung *f* *(Krempel)*
~ веретенам/тесёмочная *(Text)* Spindelbandantrieb *m* *(Spinnmaschine)*
~ веретенам/шнуровая *(Text)* Spindelschnurantrieb *m* *(Spinnmaschine)*
~ «винт, гайка и сектор»/рулевая *(Masch)* Kugelumlauflenkgetriebe *n*, Lavine-Lenkgetriebe *n*
~ «винт и гайка»/рулевая *(Masch)* Schraubenlenkgetriebe *n*
~ «винт и кривошип с цапфой (шипом)» *(Masch)* Zapfenlenkgetriebe *n*
~/винтовая *(Masch)* Schraubengetriebe *n* *(Spindel und Mutter)*
~/внестудийная Reportageübertragung *f*; Rundfunkreportage *f*
~/внестудийная телевизионная Fernsehreportage *f*
~ внутреннего зацепления *(Masch)* Innengetriebe *n*
~ возвратно-поступательного движения/объёмная гидравлическая *(Masch)* statisches Flüssigkeitsgetriebe *n* mit hin- und hergehender Bewegung
~ вращательного движения/объёмная гидравлическая *(Masch)* statisches Flüssigkeitsgetriebe *n* für drehende Bewegung
~/вторая *(Kfz)* zweiter Gang *m* *(Schaltgetriebe)*
~/высоковольтная *(Rt, Fs)* Hochspannungsübertragung *f*
~ высокой мощности *(Masch)* Hochleistungsgetriebe *n*
~/высоконагруженная *(Masch)* Hochleistungsgetriebe *n*
~/высокочастотная *(Rt, Fs)* HF-Übertragung *f*
~/гибкая *(Masch)* Gelenkantrieb *m*
~/гидравлическая *(Masch)* hydraulisches Getriebe *n*, Flüssigkeitsgetriebe *n* *(Sammelbegriff für statische und hydrodynamische Getriebe)*; *(Eb)* hydraulische Kraftübertragung *f*
~/гидродинамическая *(Masch)* hydrodynamisches Getriebe *n*, Strömungsgetriebe *n*, Turbogetriebe *n*; *(Eb)* hydrodynamische Kraftübertragung *f*
~/гидромеханическая *(Eb)* hydromechanische Kraftübertragung *f*
~/гидростатическая *(Masch)* statisches Flüssigkeitsgetriebe *n*, Druckgetriebe *n*; *(Eb)* hydrostatische Kraftübertragung *f*
~/гипоидальная *s.* **~/гипоидная**
~/гипоидная *(Masch)* Hypoidgetriebe *n*
~/глобоидальная *s.* **~/глобоидная**
~/глобоидная *(Masch)* Globoidschneckengetriebe *n*
~/дальняя *(Fmt)* Fernübertragung *f*
~ данных *(Dat)* Datenübertragung *f*
~ данных/автоматическая automatische Datenübertragung *f*
~ данных/дистанционная Datenfernübertragung *f*
~ данных на расстояние Datenfernübertragung *f*
~ данных/ускоренная schnelle Datenübertragung *f*
~ двоичной информации *(Reg)* binäre Informationsübertragung *f*
~/двусторонняя *(Fmt)* Gegenverkehr *m*, doppelt gerichteter Verkehr *m*; *(Fmt)* Duplexverkehr *m*, Doppelbetrieb *m*
~/двухполосная *(Rt)* Zweiseitenbandübertragung *f*, Zweiseitenbandsendung *f*
~/дистанционная Fernübertragung *f*
~/дифференциальная *(Kfz)* Ausgleichsgetriebe *n*, Differentialgetriebe *n*
~ единицы Anschluß *m* (Weitergabe *f*, Übertragung *f*) der Einheit
~/звуковая Tonübertragung *f*
~/зубчатая *(Masch)* Zahnradtrieb *m*; Zahnradübersetzung *f*
~ зубчатой рейкой *(Masch)* Zahnstangentrieb *m*
~/избирательная Selektivübertragung *f*
~ изображений по кабелю Fernsehkabelübertragung *f*

~ **изображений по радио** Funkbildübertragung *f*, drahtlose Bildtelegrafie *f*, Bildfunk *m*
~ **изображения** *(Fmt)* Bildübertragung *f*
~ **импульса** *s.* ~/**импульсная**
~/**импульсная** Impulsübertragung *f*, Pulsübertragung *f*; Impulssendung *f*
~ **информации** Informationsübertragung *f*
~/**канатная** Seiltrieb *m*, Seilantrieb *m*
~/**карданная** *(Masch, Kfz)* Kardanantrieb *m*, Gelenkwellenantrieb *m*
~ **качающимся роликом** *(Masch)* Schwenkrollengetriebe *n*
~/**клиноремённая** *(Masch)* Keilriementrieb *m*
~/**коленно-рычажная** *(Masch)* Kniehebeltrieb *m*
~/**конечная** *s.* ~/**бортовая**
~/**коническая** *(Masch)* Kegelantrieb *m*, Kegeltrieb *m*
~/**коническая фрикционная** *(Masch)* Kegelreibradgetriebe *n*
~ **коническими барабанами/ремённая** *(Masch)* Kegelscheiben-Riementrieb *m* *(stufenlose Regelung)*
~ **коническими зубчатыми колёсами** *(Masch)* Kegelradgetriebe *n*
~/**конусная** *s.* ~/**коническая**
~/**коротковолновая** Kurzwellenübertragung *f*
~/**кривошипная (кривошипно-кулисная, кривошипно-шатунная)** *(Masch)* Kurbelgetriebe *n*
~/**круглоремённая** *(Masch)* Rundriemenantrieb *m*
~/**кулачковая** *(Masch)* Kurvengetriebe *n*
~ **лентой** *(Masch)* Bandtrieb *m*, Bandlauf *m*
~/**ленточная** *s.* ~ **лентой**
~/**линейная** *(Masch)* Lineargetriebe *n*
~/**лобовая фрикционная** *(Masch)* Plankegel-Reibradgetriebe *n*, Planscheiben-Reibradgetriebe *n*
~ **мальтийским крестом** *(Masch)* Kreuzgetriebe *n* *(Malteserkreuz)*
~ **матричной строки** *(Typ)* Überführung *f* der Matrizenzeile *(Linotype)*
~ **метеосводки** Wetternachrichten *fpl*
~/**механическая** *(Eb)* mechanische Kraftübertragung *f*
~/**мешающая** *(Rf)* Störsendung *f*
~/**многоканальная** *(Rf)* Mehrkanalübertragung *f*; Mehrkanalsendung *f*
~/**многократная** *(Rf, Fmt)* Mehrfachübertragung *f*; *(Fmt)* Mehrfachverkehr *m*
~ **на несущей частоте** *(Fmt)* Trägerfrequenzübertragung *f*
~ **на четыре ведущих колёса** *(Kfz)* Vierradantrieb *m*
~/**направленная** *(Rf)* Richt[strahl]-sendung *f*
~/**непосредственная** *(Rf, Fs)* Direktübertragung *f*, Direktsendung *f*, Live-Sendung *f*
~ **несимметричными боковыми полосами частот** *(Fmt)* asymmetrische Seitenbandübertragung *f*
~/**низковольтная** Niederspannungsübertragung *f*
~/**объёмная гидравлическая** *s.* ~/**гидростатическая**
~/**одиночная** Einzelübertragung *f*
~/**одновременная** *(Fmt)* Simultanübertragung *f*
~ **одной боковой полосой** Einseitenbandübertragung *f*, Einseitenbandsendung *f*
~/**однокадровая** Einzelbildübertragung *f*
~/**однополосная** Einseitenbandübertragung *f*, Einseitenbandsendung *f*
~/**одноцветная** *(Fs)* Schwarzweißübertragung *f*
~/**открытая ремённая** *(Masch)* offener Riementrieb *m*
~/**параллельная** *(Dat)* Parallelübertragung *f*
~/**параллельная кривошипная** *(Masch)* Parallelkurbelgetriebe *n*
~/**первая** *(Kfz)* erster Gang *m* *(Schaltgetriebe)*
~ **передвижными [зубчатыми] колёсами** *(Masch)* Schieberädergetriebe *n*
~/**перекрёстная ремённая** *(Masch)* gekreuzter (geschränkter) Riementrieb *m*
~/**планетарная** *(Masch)* Planetengetriebe *n*, Umlaufgetriebe *n*, Umlauftrieb *m*, Umlaufwerk *n*
~/**плоскоремённая** *(Masch)* Flachriementrieb *m*
~/**пневматическая** *(Masch)* Druckluftgetriebe *n*
~ **по проводам** drahtgebundene (leitungsgebundene) Übertragung *f*; Draht-[rund]funksendung *f*
~ **по проводам/телевизионная** Fernsehdrahtfunk *m*, Drahtfernsehen *n*
~ **по радио** drahtlose Übertragung *f*, Funksendung *f*; Rundfunkübertragung *f*, Rundfunksendung *f*
~ **по семафору** *(Mar)* Wink[er]spruch *m*
~/**поблочная** *(Dat)* Blockübertragung *f*
~/**половинная** *(Masch)* Halbübersetzung *f*
~/**полуперекрёстная** *(Masch)* halbgeschränkter Riemenantrieb (Winkeltrieb) *m* *(bei sich kreuzenden Achsen)*
~/**последовательная** *(Dat)* Serienübertragung *f*
~/**пробная** Probesendung *f*, Testsendung *f*
~/**проволочно-канатная** Drahtseiltrieb *m*
~/**радиовещательная** Rundfunkübertragung *f*, Rundfunksendung *f*

~/**радиотелефонная** Sprechfunkübertragung *f*
~ **раздвиженными шкивами/ремённая** *(Masch)* stufenlos regelbarer Keilriementrieb *m* mit veränderlichem Laufkreismesser der Riemenscheiben
~/**реверсивная** *(Masch)* Wendegetriebe *n*
~/**реверсивная гидродинамическая** *(Masch)* Strömungsgetriebe (hydrodynamisches Getriebe) *n* mit umkehrbarer Drehrichtung im Abtrieb *(Turbinenrad)*
~/**реверсивно-редукторная** *(Masch)* Wendegetriebe *n*
~/**регулируемая гидродинамическая** *(Masch)* Strömungsgetriebe *n* mit regelbarer Drehzahl
~/**реечная** *(Masch)* Zahnstangentrieb *m*
~/**реечная рулевая** Zahnstangenlenkgetriebe *n*
~ **результатов измерений/дистанционная** Meßwertfernübertragung *f*
~/**релейная** Relaisübertragung *f*
~/**ремённая** Riementrieb *m*
~/**ретрансляционная** Relaisübertragung *f*
~/**рулевая** *(Kfz)* Lenkgetriebe *n*
~ **с амплитудной модуляцией** amplitudenmodulierte Übertragung *f*
~ **с внутренним зацеплением** *(Masch)* Innengetriebe *n*
~ **с двумя редукторами** *(Masch)* Doppelübersetzung *f*
~ **с косыми зубьями/коническая** *(Masch)* schrägverzahnter Kegelradtrieb *m*
~ **с крестовой кулисой/кривошипно-кулисная** *(Masch)* Kreuzschleifengetriebe *n*, Kreuz[schub]kurbelgetriebe *n*
~ **с направляющими роликами/ремённая** *(Masch)* Leitrollen-Winkeltrieb *m* *(bei sich kreuzenden Achsen)*
~ **с натяжным роликом/ремённая** *(Masch)* Spannrollentrieb *m*
~ **с отводкой/ремённая** *(Masch)* Riementrieb *m* mit Riemenausrücker
~ **с частотной модуляцией** frequenzmodulierte Übertragung *f*
~ **сигналов** Signalübertragung *f*; Signalübermittlung *f*
~/**силовая** *(Eb)* Kraftübertragung *f* *(Lok)*
~/**силовая гидравлическая** hydraulische Kraftübertragung *f*
~/**силовая гидродинамическая** hydrodynamische Kraftübertragung *f*
~/**силовая гидромеханическая** hydromechanische Kraftübertragung *f*
~/**силовая гидростатическая** hydrostatische Kraftübertragung *f*
~/**силовая механическая** mechanische Kraftübertragung *f*
~/**силовая электрическая** elektrische Kraftübertragung *f*
~/**синхронно-следящая** *(Reg)* Nachlaufübertragung *f*
~ **сменными колёсами** *(Masch)* Wechselrädergetriebe *n*
~ **со скользящими колёсами** Schieberädergetriebe *n*
~ **со спиральными зубьями/коническая** *(Masch)* spiralverzahnter Kegelradtrieb *m*
~ **со ступенчатыми шкивами** Stufenscheibentrieb *m*
~ **сообщений** Nachrichtenübertragung *f*
~ **сплошных полос** *(Dat, Typ)* Ganzseitenübertragung *f*
~/**студийная** Studioübertragung *f*
~/**ступенчатая зубчатая** *(Masch)* Stufenrädergetriebe *n*
~/**тексропная** *s.* ~/**клиноремённая**
~ **телевидения** *s.* ~/**телевизионная**
~ **телевидения и звукового сопровождения** Übertragung *f* von Bild und Ton
~/**телевизионная** Fernsehübertragung *f*, Fernsehsendung *f*
~/**телеграфная** Telegrafieübertragung *f*
~/**телемеханическая** Fernwirkübertragung *f*
~/**телефонная** Fernsprechübertragung *f*
~ **тепла** Wärmeübertragung *f*, Wärmetransport *m*
~/**тормозная рычажная** Bremsgestänge *n*
~/**третья** *(Kfz)* dritter Gang *m* *(Schaltgetriebe)*
~/**угловая** *(Masch)* Winkelgetriebe *n*, Winkel[an]trieb *m*
~/**узкополосная** Schmalbandübertragung *f*
~ **управления** *(Dat)* Sprung *m*, Verzweigung *f*
~/**ускоряющая** *(Kfz)* Schnellgang *m*, Schongang *m*, Spargang *m*
~/**факсимильная** Faksimileübertragung *f*
~/**фототелеграфная** Bildtelegrafieübertragung *f*
~/**фрикционная** *(Masch)* Reibradgetriebe *n*, Friktionsgetriebe *n*
~ **фрикционными конусами** *(Masch)* Kegelreibradgetriebe *n*
~/**храповая** *(Masch)* Klinkenschaltwerk *n*, Ratschengetriebe *n*, Sperrgetriebe *n*
~/**цветная [телевизионная]** Farb[fernseh]übertragung *f*
~ **целых полос** *(Dat, Typ)* Ganzseitenübertragung *f*
~/**цепная** *(Masch)* Kettentrieb *m*, Kettengetriebe *n*
~/**цилиндрическая зубчатая** *(Masch)* Stirnradgetriebe *n*
~ **«червяк и ролик»/рулевая** *(Kfz)* Schneckenrollenlenkgetriebe *n*, Gemmer-Lenkgetriebe *n*
~ **«червяк и сектор»/рулевая** *(Kfz)* Schneckenlenkgetriebe *n*

~ «червяк и червячное колесо»/рулевая *(Kfz)* Schneckenlenkgetriebe *n* mit nachstellbarem Schneckenrad *(das Getriebe hat anstatt eines Schneckenradsegments ein volles Schneckenrad, das bei Verschleiß der jeweils im Eingriff stehenden Zahnpartie nachgestellt werden kann)*
~/червячная *(Masch)* Schnecken[an]trieb *m*, Schneckengetriebe *n*
~/широкополосная Breitbandübertragung *f*
~ шкалы твёрдости Anschluß *m* der Härteskale
~/электрическая *(Eb)* elektrische Kraftübertragung *f*
~ электрической энергии Elektroenergieübertragung *f*
~ электроэнергии *s.* **~ электрической энергии**
~ энергии/линейная *(Kern)* 1. Energieabgabe *f* je Längeneinheit; 2. *s.* **потеря энергии/линейная**
передвижение *n* 1. Verschieben *n*, Verschiebung *f*; 2. *(Eb)* Verschieben *n*, Umsetzen *n (Wagen)*; 3. *(Mil)* Vorgehen *n*; Marsch *m*
~ ионов *(Kern)* Ionenwanderung *f*
~ людей (рабочих) *(Bgb)* Fahrung *f*
~ щёток *(El)* Bürstenverstellung *f*
передвижка *f* Verschiebung *f*
~ зданий *(Bw)* Standortveränderung *f* von Gebäuden
~ пути *(Eb)* Gleisverrückung *f*, Gleisverschiebung *f*, Gleisrücken *n*
передвижной fahrbar, Fahr . . ., verschiebbar, Schiebe . . ., beweglich, ortsveränderlich
передел *m* 1. Aufteilung *f*; 2. Umarbeitung *f*, Verarbeitung *f*; 3. *(Met)* Umschmelzen *n*; Frischen *n*; Feinen *n*, Feinarbeit *f*; 4. *(Wlz)* Arbeitsgang *m*, Verarbeitungsgang *m*, Tour *f*
~ в кричном горне Herdfrischen *n (Roheisen)*
~/кислый *(Met)* saures Frischverfahren *n*
~/конвертерный Windfrischen *n*, Konvertern *n*
~/кричный Herdfrischen *n*, Herdfrischverfahren *n*
~/мартеновский Herdofenfrischen *n*, Siemens-Martin-Verfahren *n*, SM-Verfahren *n*, Siemens-Martin-Prozeß *m*, SM-Prozeß *m*
~/металлургический Verhütten *n*, Verhüttung *f*
~/мокрый Naßverarbeitung *f*
~/основной *(Met)* basisches Frischverfahren *n*
~ плавки Schmelzbehandlung *f*
~ чугуна Roheisen-Umschmelzverfahren *n*, Roheisen[frisch]verfahren *n*
~ чугуна в сталь в отражательной печи Flammofenfrischen *n*, Flammofenfrischverfahren *n*, Flammofenfrischprozeß *m*
~ чугуна/томасовский Thomasstahlverfahren *n*, basisches Windfrischen (Windfrischverfahren) *n*
переделка *f* Umarbeitung *f*, Umgestaltung *f*
переделывать *(Typ)* umbrechen
передержанный 1. *(Met)* übergar *(Schmelze)*; 2. *(Foto)* überbelichtet
передержка *f (Foto)* Überbelichtung *f*
передислокация *f (Mil)* Verlegung *f*
передняя *f (Bw)* Vorzimmer *n*, Prodomus *m*
передок *m* 1. Vorderteil *n*, Vordergestell *n*; Vorderwand *f*; 2. Vorderwagen *m*, Vorderkarre *f*; 3. *(Mil)* Protze *f*; Protzfahrzeug *n*; 4. *(Typ)* Außensteg *m*
~/бескоробный *(Mil)* Sattelprotze *f*
~/одноколёсный *(Lw)* Stelzrad *n*
~/орудийный *(Mil)* Geschützprotze *f*
~/подкатный *(Mil)* Unterfahrprotze *f*
передувать *(Met)* fertigfrischen, überfrischen, nachblasen, fertigblasen *(Konverter)*
передувка *f (Met)* Fertigfrischen *n*, Überfrischung *f*, Nachblasen *n*, Überfrischen *n*, Fertigblasen *n (Konverter)*
переезд *m* Überfahrt *f*, Wegübergang *m*
~/железнодорожный Bahnübergang *m*, Eisenbahnübergang *m*
пережабина *f (Text)* Kerbe *f*, Einbuchtung *f*, Einschnürung *f (Kötzer)*
пережигание *n* Ausbrennen *n*
пережим *m* 1. *(Schm)* Ankerben *n*, Kerben *n*, Einkerben *n*, Einziehen *n*; 2. *(Wlz)* Einengen *n*, Einengung *f (Mannesmannwalze)*; 3. *(Wkst)* Einschnürung *f*; 4. *(Met)* Brücke *f*, Wall *m (Ofen)*
~/газовый Feuerbrücke *f (SM-Ofen)*
~ пласта *(Geol)* Verdrückung *f* der Schicht, Schichtverdrückung *f*
~ угольного пласта *(Geol)* Verdrückung *f* des Kohlenflözes
пережимка *f (Schm)* 1. Balleisen *n*; 2. *s.* **пережим 1.**; **2.**; **3.**; 3. Kerbeisen *n (Herstellung von einseitigen oder beiderseitigen Einkerbungen an Schmiedestücken)*
пережог *m* 1. *(Met)* Verbrennen *n*, Verbrennung *f*; 2. *(Ker)* Überbrennen *n*, Überbrand *m*
перезагрузка *f (Dat)* Umladen *n*
перезаписать *s.* **перезаписывать**
перезаписывать 1. *(Ak)* überspielen, umspielen, umschneiden; 2. *(Dat)* überschreiben
перезапись *f* 1. *(Ak)* Überspielen *n*, Umspielen *n*, Umschneiden *n*; 2. *(Dat)* Überschreiben *n*, Überschreibung *f*
~ звука Tonüberspielung *f*

перезарядка *f* 1. Überladung *f*; Umladung *f*; 2. Wiederbeschickung *f*, Neubeschikkung *f* *(einer Form)*; 3. *(El)* Wiederaufladung *f*; Nachladung *f* *(Sammler)*
перезаряжение *n (Mil)* Durchladen *n* *(Gewehr)*
перезоление *n (Led)* Überäschern *n*
перезолить *(Led)* überäschern
перезолка *f s.* **перезоление**
переизвестковывание *n (Lw)* Kalküberschwemmung *f*, Überkalkung *f*
переизлучение *n (Kern)* Reemission *f*
переизмельчение *n* Übermahlen *n*, Übermahlung *f*
переисправление *n* **цветопередачи** Überkorrektur *f* der Tonwiedergabe *(Schwarzweißfotografie)*
перекал *m* Überhitzen *n*, Überheizen *n*
перекалибровка *f (Wlz)* Umkalibrieren *n*, Umkalibrierung *f*
перекаливать 1. überhitzen, totbrennen; 2. überheizen *(Ofen)*; 3. überhärten *(Stahl)*
перекалить *s.* **перекаливать**
перекантовка *f* Wenden *n* *(z. B. einer Platte)*
перекат *m* 1. Übergang *m* *(im Fluß)*, Furt *f*; 2. *s.* **перекатка**
перекатать *s.* **перекатывать**
перекатка *f* 1. Überwalzung *f* *(Walzfehler)*; 2. *(Typ)* Einwalzen *n* *(Lithografie)*
перекатывать 1. wegrollen, wegwalzen; 2. *(Wlz)* nachwalzen, umwalzen
перекачиваемость *f* Pumpfähigkeit *f*
перекачивание *n* Pumpen *n*, Umpumpen *n*, Fortpumpen *n*, Durchpumpen *n*; Umwälzen *n*, Umwälzung *f* *(Luft)*
~ воздуха Luftzirkulation *f*, Luftumlauf *m*
перекачка *f s.* **перекачивание**
перекашивание *n* 1. Verkantung *f*, Verwindung *f*; 2. Verzerrung *f*; Verziehen *n*, Werfen *n*
перекидывание *n* **стрелы с трюма на трюм** *(Schiff)* Durchschwenken *n* des Ladebaums
перекись *m (Ch)* Peroxid *n*
~ алкила Alkylperoxid *n*
~ ацетила Diazetylperoxid *n*
~ бария Bariumperoxid *n*
~ водорода Wasserstoffperoxid *n*
~ натрия Natriumperoxid *n*
~ щелочного металла Alkaliperoxid *n*
переклад *m (Bgb)* Kappe *f* *(Ausbau)* *(s. a. unter* **верхняк**)
~ дверного оклада *s.* **~ рамной крепи**
~/жёсткий (жёстко соединяемый) шарнирный starrgelenkige Kappe *f*, Kappe *f* mit starrem Gelenk *(Stahlausbau)*
~/металлический Stahlkappe *f*, Schaleisenkappe *f*
~/передвижной (переносный) fliegende Kappe *f*
~/податливый (податливо соединяемый) шарнирный Kappe *f* mit losem Gelenk, Zapfengelenkstahlkappe *f* *(Stahlausbau)*
~/разрезной Gelenkkappe *f* *(Stahlausbau mit starr oder lose zusammengesetzten Kurzkappen)*
~ рамной крепи Türstockkappe *f*
перекладина *f (Bw)* Querbalken *m*, Riegel *m*
перекладка *f* 1. Umlegen *n*; 2. *(Bw)* Umsetzen *n* *(Wände)*
~ руля *(Schiff)* Ruderlegen *n*
~ руля с борта на борт Ruderlegen *n* von hart auf hart
перекладывание *n* **ремня** *(Masch)* Umlegen *n* *(Treibriemen)*
перекладывать *(Schiff)* legen *(Ruder)*
переключаемый *(El)* umschaltbar
переключатель *m (El)* Umschalter *m*, Schalter *m* *(s. a. unter* **выключатель**)
~/антенный Antennen[um]schalter *m*, Antennenwähler *m*
~/барабанный Trommel[um]schalter *m*; Walzenschalter *m*
~/батарейный Batterieumschalter *m*
~/безконтактный kontaktloser Umschalter *m*
~ выбора *(Dat)* Wahlschalter *m*, Fakultativschalter *m*
~ выбора адреса Adressenauswahlschalter *m*
~/грозовой *(Rf)* Blitzschutzschalter *m*
~/групповой Gruppenschalter *m*
~/двухпозиционный *s.* **~ на два положения**
~/двухполюсный zweipoliger Umschalter *m*
~/декадный dekadischer Vorwahlschalter *m*
~ диапазонов Bereichs[um]schalter *m*; Wellenbereichs[um]schalter *m*
~ диапазонов волн Wellenbereichs[um]schalter *m*
~ диапазонов измерения Meßbereichs[um]schalter *m*
~ заземления Erdungsschalter *m*
~/звонковый *(Fmt)* Weckerumschalter *m*
~/избирательный Wahlschalter *m*
~ каналов *(Fs)* Kanalschalter *m*, Kanalwähler *m*, Tuner *m*
~/кнопочный Druckknopfumschalter *m*
~/контактный Kontaktumschalter *m*
~/коробчатый Dosenumschalter *m*
~/кулачковый Nockenschalter *m*
~ мгновенного действия Vielfachschalter *m*
~/многопозиционный Wahlschalter *m*
~ на два положения Zweiweg[e]umschalter *m*, Zweistellungsumschalter *m*
~ на три цепи Dreiweg[e]schalter *m*, Dreiwegumschalter *m*
~/нагрузочный Last[um]schalter *m*

~ **направления движения** *(Eb)* Fahrtrichtungsschalter *m*
~ **направления тока** *s.* ~ **полюсов**
~ **напряжения** Spannungswahlschalter *m*
~ **настройки** Abstimmschalter *m*
~/**однополюсный батарейный** Einfachzellenschalter *m* *(Sammlerbatterie)*
~ **ответвлений** Anzapfschalter *m*; Stufenschalter *m*
~/**пакетный** Paket[um]schalter *m*
~/**поворотный** Drehschalter *m*
~ **полюсов** Polwender *m*, Polwechselschalter *m*, Polumschalter *m*
~/**последовательно-параллельный** Hauptschluß-Nebenschluß-Umschalter *m*, Reihen-Parallel-Schalter *m*
~ **пределов** *s.* ~ **диапазонов**
~/**программный** Konnektor *m*, Programmschalter *m*
~/**пусковой** Anlaßschalter *m*
~/**реверсирующий** Richtungsumkehrschalter *m*
~/**ртутный** Quecksilberumschalter *m*
~/**селекторный** Wahlschalter *m*
~ **со звезды на треугольник** Stern-Dreieck-Schalter *m*
~ **телевизионных каналов (программ)** Fernsehkanalschalter *m*, Fernsehkanalwähler *m*, Tuner *m*
~/**управляющий** Steuerschalter *m*
~/**фазовый** Phasenumschalter *m*
~/**шаговый** Schrittschaltwerk *n*
~/**штепсельный** Stöpsel[um]schalter *m*
~/**электрический** *s.* **переключатель**
переключать 1. *(El)* umschalten, schalten; 2. *(Fmt)* umlegen; 3. umstellen *(z. B. die Fertigung eines Werks)*
~ **на звезду** in Stern umschalten
~ **с треугольника в звезду** von Dreieck in Stern umschalten
переключение *n* 1. *(El)* Umschaltung *f*, Umschalten *n*; 2. *(Fmt)* Umlegung *f*, Umlegen *n*; 3. *(Reg)* Umsteuern *n*
~ **головок** Magnetkopfumschaltung *f*
~ **диапазонов** Bereich[s]umschaltung *f*
~ **диапазонов волн** Wellenbereichs[um]schaltung *f*
~ **диапазонов измерения** Meßbereich[s]umschaltung *f*
~ **дорожек** Spurumschaltung *f*
~ **задач** Aufgabenwechsel *m*
~ **каналов** Kanalumschaltung *f*
~ **консоли** Bedieneinheitenumschaltung *f*
~ **луча** Strahlumschaltung *f*
~ **полюсов** Umpolen *n*, Polumschaltung *f*
~ **пределов** Meßbereichsumschaltung *f*
~ **программ** Programmwechsel *m*
~ **с треугольника на звезду** Umschaltung *f* von Dreieck auf Stern
~ **цилиндров** Zylinderumschaltung *f*
~ **частоты** Frequenzumschaltung *f*
переключить *s.* **переключать**

перековать *s.* **перековывать**
перековка *f* Nachschmieden *n*, Umschmieden *n*
перековывать nachschmieden, umschmieden
перекодирование *n* *(Dat)* Umkodieren *n*, Umkodierung *f*
~ **данных** Datenumwandlung *f*, Datenkonvertierung *f*
перекодировать *(Dat)* umkodieren
перекоммутация *f* *(El, Masch)* Überkommutierung *f*
перекоммутировать *(El, Masch)* überkommutieren
перекомпаундирование *n* *(El)* Überkompoundierung *f*
перекомпенсация *f* Überkompensierung *f*
перекопирование *n* *(Foto)* Umkopieren *n*
перекоррекция *f* Überkorrektion *f*
перекос *m* 1. Verkantung *f*, Querauskippung *f*, Schiefstellung *f*, Schrägstellung *f*; 2. Verwerfung *f*; 3. *(Dat)* Schräglauf *m*
~/**динамический** *(Dat)* dynamischer Schräglauf *m*
~ **подшипника** Lagerschiefstellung *f*
~ **при вращении** Schräglaufen *n*
~ **пути** *(Eb)* Gleisverwindung *f*
~/**статический** *(Dat)* statischer Schräglauf *m*
перекрепление *n* *(Bgb)* Umbau *m* *(Ausbau)*
~ **шпинделя** Umsetzen *n* der Spindel *(Bohrung)*
перекреплять *(Bgb)* umbauen *(Ausbau)*
перекрестие *n* *(Opt)* Strichkreuz *n*, Fadenkreuz *n*
перекрёсток *m* Kreuzung *f* *(Verkehr)*
перекрещивание *n* 1. Kreuzung *f*, Verkreuzung *f*; 2. Vernetzung *f*; 3. Schräg[ver]stellung *f* *(der Walzen)*
~ **ремня** *(Masch)* Schränkung *f* des Treibriemens
перекристаллизация *f* Umkristallisation *f*, Umkristallisieren *n* *(Reinigungsverfahren)*; Rekristallisation *f*
~/**зонная** Zonenschmelzverfahren *n*, Zonenschmelzen *n*
перекручивание *n* 1. Überdrehen *n*; 2. Verdrehen *n*, Verwindung *f*
~ **резьбы** Überdrehen *n* des Gewindes
перекрывать 1. überdecken; überlagern; überblatten; 2. übergreifen; 3. umdecken; 4. übertreffen; 5. *(Text)* flottieren *(Bindungen; Weberei)*
~ **внахлёстку** überlappen
~ **диапазон** *(Rt)* einen Bereich überdecken (überstreichen)
перекрытие *n* 1. Überdeckung *f*; Überblattung *f*; Überlappung *f*; 2. Abdeckung *f*; Eindeckung *f*; 3. Überschneidung *f*; 4. *(Bw)* Decke *f*, Deckenkon-

struktion f; 5. *(Text)* Bindepunkt m *(Verkreuzungsstelle von Kett- und Schußfäden; Weberei)*; 6. *(Dat)* Überlappung f, Überlagerung f; 7. *(Schiff)* Schiffskörperkonstruktion f *(bestehend aus Beplattung und Verbänden)*; 8. *(Rt)* Überdecken n, Überstreichen n *(eines Bereichs)*; 9. *(El)* Überschlag m *(eines Funkens)*; 10. *(Gieß)* Zulegen n, Abdecken n *(Form)*; 11. Decke f, Haube f *(eines Ofens)*

~/**армокерамическое** *(Bw)* bewehrte Keramikdecke f

~ **аэрофотоснимков** Überdeckung f der Luftbilder

~/**балочное** *(Bw)* Trägerdecke f

~/**безбалочное** *(Bw)* trägerlose Deckenkonstruktion f, freitragende Decke f

~/**бортовое** *(Schiff)* Seitenkonstruktion f, Außenhautkonstruktion f

~/**висячее** *(Bw)* Hängedecke f

~/**грозовое** *(El)* Gewitterüberschlag m

~/**декоративное** *(Bw)* Zierdecke f

~/**днищевое** *(Schiff)* Bodenkonstruktion f

~ **дугой** *(El)* Bogenüberschlag m, Bogendurchbruch m

~/**железобетонное монолитное** *(Bw)* gegossene Stahlbetondecke f

~/**железобетонное сборное** *(Bw)* Stahlbetonfertigteildecke f

~ **изоляции** *(El)* Isolationsüberschlag m

~/**импульсное** Stoßüberschlag m

~/**искровое** *(El)* Funkenüberschlag m

~/**кессонное** *(Bw)* Kassettendecke f

~/**междуэтажное** *(Bw)* Geschoßdecke f

~/**монолитное** *(Bw)* Massivdecke f, Volldecke f

~/**надподвальное** *(Bw)* Kellerdecke f

~/**основное** *(Text)* Kettflottierung f, Ketthebung f, Ketthochgang m, gehobener Kettfaden m *(Bindung; Weberei)*

~/**палубное** *(Schiff)* Deckskonstruktion f

~/**поперечное** Querüberdeckung f

~/**продольное** Längsüberdeckung f

~/**пустотелое** *(Bw)* Hohldecke f

~/**раздельное** *(Bw)* Mehrschalendecke f

~/**ребристое** *(Bw)* Rippen[balken]decke f

~ **русла реки** *(Hydt)* Flußbettabriegelung f

~/**сборно-монолитное** *(Bw)* Fertigteilverbunddecke f

~/**сводчатое** *(Bw)* gewölbte Decke f

~ **скважины** *(Bgb)* Verschließen n des Bohrloches

~/**смешанное** *(Bw)* komplette Decke f mit Fußboden

~ **топочной камеры** Feuerraumdecke f

~/**уточное** *(Text)* Schußflottierung f, Schußhebung f, gehobener Schußfaden m, gesenkter Kettfaden m, Kettiefgang m *(Bindung; Weberei)*

~ **цистерны** *(Schiff)* Tankdecke f

~/**часторебристое** *(Bw)* Rippen[platten]decke f

~/**чердачное** *(Bw)* Dachbodendecke f, Bodendecke f

~/**щёточное** *(El)* Bürstenbedeckung f

перекрыть s. **перекрывать**

перекрыша f Überdeckung f, Deckung f

~ **впуска** Einlaßdeckung f *(Dampfmaschine)*

~ **выпуска** Auslaßdeckung f *(Dampfmaschine)*

~ **золотника/внешняя** äußere Schieberüberdeckung f *(Dampfmaschine)*

~ **золотника/внутренняя** innere Schieberüberdeckung f *(Dampfmaschine)*

~ **лопаток** Schaufelüberdeckung f, Schaufelsprung m *(Dampfturbine)*

перелёт m 1. *(Flg)* Überflug m, Flug m; Überführungsflug m; 2. *(Mil)* Weitschuß m *(Artillerieschießen)*

~/**беспосадочный** Nonstopflug m

~/**трансокеанский** Überseeflug m

перелив m 1. Überlauf m; 2. s. **переливание**

переливание n 1. Überfließen n, Überströmen n; 2. Umgießen n, Umfüllen n; 3. Überlauf m

перелог m Brachfeld n, Brache f

переложение n Überlagerung f

перелом m Bruch m

~ **профиля** Gefällebruch m *(Straße)*

перелопачивание n Umschaufeln n, Durchschaufeln n, Schaufeln n

~ **турбины** Schaufelwechsel m, Auswechseln n der Schaufeln *(Dampfturbine)*

перелопачиватель m Wendevorrichtung f

перелопачивать umschaufeln, wenden

перемагничивание n Ummagnetisierung f, Ummagnetisieren n

перемалывание n Vermahlen n

перемасштабирование n *(Kyb)* Maßstabsänderung f

перематывание n 1. Umspulen n; 2. Umwickeln n, Neuwickeln n; 3. *(Dat)* Umspulen n, Rückspulen n; 4. *(Foto)* Transport m, Umspulen n *(Filme)*

перематывать 1. umspulen, umhaspeln, umwickeln *(neu wickeln)*; 2. *(mit etwas)* umwickeln, umspinnen; 3. *(Dat)* umspulen, rückspulen; 4. *(Foto)* umspulen

перемежаемость f zeitweilige Unterbrechung f, Aussetzen n

перемена f 1. Änderung f, Veränderung f; 2. Vertauschung f; 3. Umschlag m, Wechsel m; Alternanz f; Alternation f

~ **групп** *(Dat)* Gruppenwechsel m

~ **знака** *(Dat)* Vorzeichenwechsel m, Vorzeichenumkehr f

~ **[знака] нагрузки** *(Wkst)* Lastwechsel m *(Dauerschwingversuch)*

~ **направления воздушной струи** *(Bgb)* Umschlagen (Umsetzen) *n* der Wetter
~ **направления тока** *(El)* Strom[richtungs]umkehr *f*, Stromumkehrung *f*
~ **частоты** *(El)* Frequenzwechsel *m*
переменная *f* 1. *(Math, Dat)* Variable *f*, Veränderliche; 2. *(Astr)* s. **переменные**
~/**базированная** *(Dat)* basisbezogene Variable *f*
~/**базируемая** s. ~/**базированная**
~/**базисная** *(Math)* Basisvariable *f*
~/**булева** *(Dat)* Boolesche Variable *f*
~/**вспомогательная** *(Math)* Hilfsvariable *f*
~/**двоичная** *(Dat)* zweiwertige Variable *f*, binäre Variable *f*
~ **действия** *(Math)* Wirkungsvariable *f*
~/**зависимая** *(Dat)* abhängige Variable *f*
~/**каноническая** *(Math)* kanonische Variable (Veränderliche) *f*
~/**логическая** *(Dat)* logische Variable *f*
~/**независимая** *(Dat)* unabhängige Variable *f*
~/**основная** *(Math)* Grundvariable *f*
~ **с индексами** *(Dat)* indizierte Variable *f*
~/**символьная** *(Dat)* Zeichenvariable *f*
~/**случайная** *(Math)* Zufallsvariable *f*
~/**фиктивная** *(Dat, Math)* scheinbare Variable *f*, Scheinvariable *f*
~/**формальная** *(Dat)* formale Variable *f*
~/**числовая** *(Dat)* numerische Variable *f*
переменность *f* Variabilität *f*, Veränderlichkeit *f*
~ **блеска звезды** *(Astr)* Helligkeitsschwankung *f (der Gestirne)*
переменные *fpl (Astr)* veränderliche Sterne *mpl*, Veränderliche *mpl (s. a. unter* **звезда/переменная**)
~/**быстрые неправильные** schnelle unregelmäßige Veränderliche *mpl*
~/**взрывные** Eruptionsveränderliche *mpl*
~/**неправильные** unregelmäßige (irreguläre) Veränderliche *mpl*, I-Sterne *mpl*
~/**полуправильные** halbregelmäßige (halbperiodische) Veränderliche *mpl*, SR-Sterne *mpl*
~/**пульсирующие** Pulsationsveränderliche *mpl*
переменчивый veränderlich, unbeständig
перемеривать nachmessen
перемерить s. **перемеривать**
перемерять s. **перемеривать**
переместительность *f* s. **коммутативность**
переместить s. **перемещать**
перемешивание *n* 1. Vermischen *n*, Vermengen *n*; 2. Durch[einander]mischen *n*, Durcheinanderrühren *n*; 3. Durcharbeiten *n*, Kneten *n (Teig)*; 4. *(Met)* Durchmischen *n*, Krählen *n*, Durchkrählen *n*, Krählung *f (Erzrösten)*; 5. Agitation *f*, Mischen *n*, Rühren *n*; 6. Durchwirbelung *f (von heißen Gasen)*; 7. Anrühren *n (Farbe)*

перемещаемость *f (Dat)* Verschiebbarkeit *f (Programm)*
перемещать 1. umstellen, umlagern; versetzen; 2. bewegen, befördern
перемещаться *(Schiff)* übergehen *(Ladung)*
перемещение *n* 1. Umstellung *f*, Verstellung *f*, Verschiebung *f*, Verrückung *f*; 2. Versetzung *f*, Verlegung *f*; 3. Dislokation *f*, Lageveränderung *f*; 4. Bewegung *f*; Beförderung *f*; 5. *(Wlz)* Schleppen *n*; 6. *(Dat)* Umspeicherung *f*, Transfer *m*, Umsetzung *f*
~ **атомов** *(Krist)* Atomwanderung *f*
~ **береговой линии** *(Geol)* Strandverschiebung *f*
~ **береговой линии/отрицательное** negative Strandverschiebung *f*
~ **береговой линии/положительное** positive Strandverschiebung *f*
~/**вертикальное** 1. Senkrechtbewegung *f*; 2. Höhenverstellung *f*
~/**виртуальное** *(Mech)* virtuelle Verschiebung *f*
~/**внутрицеховое** innerbetrieblicher (innerhalb der Abteilung erfolgender) Transport *m*
~/**возможное** s. ~/**виртуальное**
~ **вскрышных пород** *(Bgb)* Abraumbewegung *f*
~/**горизонтальное** 1. Waagerechtbewegung *f*; 2. Seitenverstellung *f*
~ **грузов** 1. Gütertransport *m*; 2. *(Schiff)* Übergehen *n* der Ladung
~ **иглы** Tastnadelbewegung *f*
~ **ионов** *(Ph)* Ionenwanderung *f*, Ionendrift *f*
~ **континентов** *(Geol)* Kontinentalverschiebung *f*, Kontinentaldrift *f*
~ **краевой дислокации** *(Krist)* Wanderung *f* einer Stufenversetzung
~/**линейное** lineare Verschiebung *f*, Längsverschiebung *f*
~ **людей** *(Bgb)* Fahrung *f*
~ **материков** s. ~ **континентов**
~/**микрометрическое** Feinbewegung *f*
~ **морского берега** *(Geol)* Küstenverschiebung *f*
~/**нелинейное** nichtlineare Verschiebung *f*
~ **нефти** Abwandern *n* (Migration *f*) des Erdöls
~/**осевое** Axialverschiebung *f*
~/**относительное** relative (bezogene) Verschiebung *f*
~/**параллельное** *(Mech)* Parallelverschiebung *f*, Translationsbewegung *f*; Parallelversetzung *f*
~ **полей** *(Dat)* Übertragung *f* von Feldern
~ **полюсов Земли** *(Geol)* Polwanderung *f*
~/**поперечное** Querverschiebung *f*
~/**поступательное** fortschreitende Bewegung *f*

~/продольное 1. Längsbewegung *f*, Längsverschiebung *f*; 2. Längsverstellung *f*
~ рабочих *(Bgb)* Fahrung *f*
~ судна *(Schiff)* gemeinsame Tauch- und Rollbewegung *f*
~ судна/продольное *(Schiff)* gemeinsame Tauch- und Stampfbewegung *f*
~/угловое Winkelverschiebung *f*; Winkeldrehung *f*
~/ускоренное Schnellverstellung *f*
~ фронта работ *(Bgb)* Abbaurichtung *f*
~ фронта работ/веерное Schwenkabbau *m*
~ фронта работ/параллельное Parallelabbau *m*
~ центра величины *(Schiff)* Auswandern *n* des Formschwerpunktes
~ центра давления *(Flg)* Druckpunktwanderung *f*, Druckpunktverlegung *f*
~ электродов *(Met)* Elektrodennachstellung *f*, Elektrodenverstellung *f*
перемножатель *m* Multiplizierer *m*, Multipliziergerät *n*
перемножение *n* Multiplikation *f*
~ комплексных чисел komplexe Multiplikation *f*
перемодулировать *(Rf)* übermodulieren, übermodeln; *(Eln)* übersteuern
перемодуляция *f* *(Rf)* Übermodulation *f*, Übermodelung *f*; *(Eln)* Übersteuerung *f*
перемонтаж *m* *(Bgb)* Umbau *m*
~ крепи Umsetzen *n* des Ausbaues
перемотать *s.* **перематывать**
перемотка *f* Umwickeln *n*, Umwicklung *f*, Umspulen *n*, Umspulung *f*; Aufwickeln *n*
~ вперёд/ускоренная schneller (beschleunigter) Vorlauf *m*, Eilvorlauf *m* *(Magnetband)*
~ ленты/обратная Bandrücklauf *m*, Bandrückspulen *n* *(Magnetband)*
~ ленты/ускоренная *(Dat)* Schnellrücklauf *m*, Eilrücklauf *m* *(Magnetband)*
~/обратная Rückspulen *n*
~ плёнки Filmtransport *m*
~ пряжи *(Text)* Spulen (Treiben) *n* der Garne *(Weberei)*
~/прямая Vorspulen *n*; Vorlauf *m* *(Magnetband)*
перемочка *f* **[льна]** *(Text)* Überröste *f*, Totweiche *f* *(Flachs)*
перемыкание *n* *(El)* Überbrückung *f*, Überbrücken *n*
перемыкать *(El)* überbrücken
перемычка *f* 1. Überbrückung *f*, Steg *m*; 2. Damm *m*, Abdämmung *f*, Verdämmung *f*, Sperre *f*; 3. Querschneide *f* *(Spiralbohrer)*; 4. *(Hydt, Bw)* Fangdamm *m*, Absperrdamm *m*, Sperrdamm *m*, Hilfsdamm *m*; 5. *(Bw)* Sturz *m* *(Fenster, Tür)*; gerader Bogen *m*; Oberschwelle *f*; 6. *(Bgb)* Damm *m*, Abdämmung *f*; 7. *(Fert)* Butzen *m* *(Preßteile)*; 8. *(Astr)* Balken *m* *(Balkenspirale)*; 9. Steg *m*, Verbindungssteg *m* *(eines Kabels)*; 10. *(El)* Überbrückungskabel *n* *(einer Stromschiene)* • **без перемычки** *(Fert)* butzenlos *(Preßteile)*
~/арочная *(Bw)* Bogensturz *m*
~/балочная *(Bw)* Überlagsträger *m*, Sturzträger *m* *(Tür, Fenster)*
~/вентиляционная *(Bgb)* Wetterdamm *m* *(quer zur Grubenbauachse; vgl.* **перегородка/вентиляционная***)*
~/верховая *(Hydt)* oberer Fangdamm *m*
~/взрывоустойчивая *(Bgb)* Schießdamm *m*
~/водоудерживающая *(Bgb)* Wasserdamm *m*
~/глухая вентиляционная *(Bgb)* Wetterdamm (Wetterabschluß) *m* an abgeworfenen Grubenbauen
~/грунтовая *s.* **~/земляная**
~/дверная *(Bw)* Türsturz *m*
~/дощатая *(Bgb)* Bretterverschlag *m* *(Wetterführung)*
~/дуговая *(El)* Kontaktbügel *m*
~/закладочная *(Bgb)* Versatzdamm *m*
~/земляная *(Hydt)* Erdfangdamm *m*
~ из породы *(Bgb)* Bergedamm *m*
~/каменная вентиляционная *(Bgb)* in Stein gemauerter Wetterdamm *m*
~/кирпичная вентиляционная *(Bgb)* in Ziegel gemauerter Wetterdamm *m*
~/козловая *(Hydt)* Bockfangdamm *m*
~/настроечная *(El)* Abstimmschieber *m*
~/низовая *(Hydt)* unterer Fangdamm *m*
~/оконная *(Bw)* Fenstersturz *m*
~/песчаная *(Hydt)* Sanddamm *m*
~/продольная вентиляционная *(Bgb)* Wetterscheider *m*
~/противопожарная *(Bgb)* Branddamm *m*
~ расплавляемого металла *(Schw)* flüssige Strombrücke *f* *(Abbrennschweißen)*
~/рядовая *(Hydt)* einseitiger Fangdamm *m*
~/ряжевая *(Hydt)* Kasten[fang]damm *m*, Steinkasten[fang]damm *m*
~/свайная *(Bw)* Pfahlwand *f*
~/спасательная *(Bgb)* Schlagwetterdamm *m*, Schießdamm *m*
~/шпунтовая *(Hydt)* Spundbohlenfangdamm *m*
~/штрековая *(Bgb)* Streckendamm *m*
~/ячеистая *(Hydt)* Zellenfangdamm *m*
перемягчать *(Led)* überbeizen, verbeizen *(Blöße)*
перемягчённость *f* *(Led)* Überbeizung *f*
перемягчить *s.* **перемягчать**
переналадка *f* 1. Umstellung *f*; 2. Überregelung *f*, Nachregulierung *f*
~ станка *(Fert)* Einrichtungskorrekturen *fpl* *(Werkzeugmaschine)*

перенапряжение *n* 1. Überbeanspruchung *f*, Überlastung *f*; Überanstrengung *f*; 2. *(El, Mech)* Überspannung *f*
~/атмосферное (внешнее) *(El)* atmosphärische (äußere, luftelektrische) Überspannung *f*
~ водорода *(Ch)* Wasserstoffüberspannung *f*
~/грозовое *(El)* Blitzüberspannung *f*, Gewitterüberspannung *f*
~/импульсное *(El)* Stoßüberspannung *f*
~ кислорода *(Ch)* Sauerstoffüberspannung *f*
~/коммутационное *(El)* Schaltüberspannung *f*
~/междуфазное *(El)* Überspannung *f* zwischen zwei Leitern
~/резонансное *(El)* Resonanzüberspannung *f*
перенапряжённость *f* Überspannung *f*
перенаселённость *f* Überbevölkerung *f*
перенасыщение *n* Übersättigung *f*
перенесение *n s.* **перенос**
перенос *m* Übertragung *f*, Übertrag *m*, Transport *m*; *(Typ)* Silbentrennung *f*
~ ветром Windverschleppung *f*
~ вещества Stofftransport *m*; Stoffübertragung *f*
~ заряда *(Ph)* Ladungstransfer *m*, Ladungsübertragung *f*, Ladungstransport *m*
~ излучения Strahlungstransport *m*
~ импульса Impulsübertragung *f*
~/каскадный *(Dat)* Kaskadenübertrag *m*
~/круговой *(Dat)* Endübertrag *m*, Rückübertrag *m*
~ начала координат *(Math)* parallele Verschiebung *f* des Achsenkreuzes
~ носителей [заряда] *(Ph)* Trägertransport *m*, Ladungsträgertransport *m*
~/параллельный *(Math)* Parallelverschiebung *f*
~/полный *(Dat)* vollständiger Übertrag *m*
~ слов *(Typ)* Silbentrennung *f*
~ тепла Wärmeübertragung *f*, Wärmetransport *m*
~ тепла/конвективный Wärmeübertragung *f* durch Konvektion
~ тепла/лучистый Wärmeübertragung *f* durch Strahlung
~ ударов Stoßübertragung *f*
~/циклический *(Dat)* zyklischer Übertrag *m*
~ частиц Teilchenübertragung *f*, Teilchentransport *m*; Teilchenfluenz *f*, Φ
~/частичный *(Dat)* Teilübertrag *m*
~ электронного изображения *(Fs)* Vorabbildung *f*, elektronische Zwischenbildübertragung *f*
~ электронов *(Ph)* Elektronentransport *m*
~ энергии Energieübertragung *f*, Energietransport *m*, Energiefortleitung *f*; Energiefluenz *f*, Ψ
переносный tragbar, ortsveränderlich, transportabel
переоблучение *n (Kern)* Überbestrahlung *f*, Überexponierung *f*
переобогащение *n* Überfettung *f (Kraftstoffgemisch)*
переоборудование *n* Umrüsten *n*, Umbau *m*
переокисление *n (Met)* Überoxydation *f*, Überoxydierung *f*, Überfrischen *n*, Überfrischung *f*
переопределённость *f* Überbestimmung *f*
переосаждение *n* Umfällung *f*
переоснастка *f (Schiff)* Umtakelung *f*, Umtakeln *n*
переотложение *n (Geol)* Umlagerung *f*, Wiederablagerung *f (angeschwemmter Ton, Verwitterungsprodukte)*
переохладитель *m* Nachkühler *m*
переохладить *s.* **переохлаждать**
переохлаждать *(Therm)* 1. unterkühlen; 2. nachkühlen
переохлаждение *n (Therm)* 1. Unterkühlung *f*, Übersättigung *f*; 2. Nachkühlung *f*
~ методом испарения Verdampfungsunterkühlung *f*
~ методом расширения Entspannungsunterkühlung *f*
переоценка *f* 1. Überschätzung *f*; 2. Umbewertung *f*
перепад *m* Gefälle *n*; Abfall *m*; *(Hydt)* Staustufe *f*; Gefälleströmung *f*
~ давления Druckgefälle *n*, Druckabfall *m*
~ давления/переменный Wirkdruck *m* *(Durchflußmessung von Flüssigkeiten und Gasen)*
~/закрытый *(Hydt)* geschlossener Absturz *m*, geschlossene Gefällestufe *f*
~/каскадный *(Hydt)* Stufenabsturz *m*, Gefälleabsturz *m*, Gefällestufe *f*, Kaskade *f*
~/конвективный Temperaturgefälle *n* durch Konvektion
~/многоступенчатый *(Hydt)* Absturztreppe *f*, Kaskadenüberfall *m*, Kaskade *f*
~/напорный *(Hydt)* Staustufe *f*
~ напряжений *(Wkst)* Spannungsabfall *m*, Spannungsgefälle *n*
~/общий Gesamtgefälle *n*, Gesamtabfall *m*
~/открытый *(Hydt)* offener Absturz *m*
~ парциального давления Partialdruckgefälle *n*
~/температурный *s.* **~ температуры**
~ температуры 1. Temperaturabfall *m*, Temperaturverlust *m*; 2. Temperaturgefälle *n*, Temperaturunterschied *m*, Temperaturdifferenz *f*, Temperaturgradient *m*

~ тепла Wärmegefälle *n*, Enthalpieunterschied *m*
~/тепловой *s.* **~ тепла**
~ шлюза *(Hydt)* Schleusengefälle *n*, Schleusenfall *m*
перепасовка *f (Schiff)* Umtakelung *f*, Umtakeln *n*
перепассивация *f (Ph)* Transpassivierung *f*
перепахать *s.* **перепахивать**
перепахивать *(Lw)* überackern, umpflügen, überpflügen, umackern
перепашка *f (Lw)* Umackerung *f*, Umpflügen *n*, Umpflügung *f*
перепечатка *f (Typ)* Nachdruck *m*
переписать *s.* **переписывать**
переписывать *(Ak)* überspielen, umspielen, umschneiden
перепись *f (Ak)* Überspielen *n*, Umspielen *n*, Umschneiden *n*
~ данных *(Dat)* Datenumsetzung *f*
~ звука Tonüberspielung *f*
переплав *m (Met)* 1. Umschmelze *f*, Umschmelzgut *n*, Zweitschmelze *f*; 2. Umschmelzen *n (s. a. unter* **переплавка***)*
переплавка *f (Met)* Umschmelzen *n*
~/вакуумная Vakuumschmelzen *n*
~ дроссов Krätzfrischen *n (NE-Metallurgie)*
~ оборотных шлаков Krätzfrischen *n (NE-Metallurgie)*
~ отходов Schrottumschmelzen *n*
~ свинцового штейна Bleisteinarbeit *f (NE-Metallurgie)*
~ съёмов Krätzfrischen *n (NE-Metallurgie)*
~/электрошлаковая *(Met)* Elektroschlackeumschmelzverfahren *n*, ESU-Verfahren *n*, Entkohlungsumschmelzverfahren *n*
переплавление *n s.* **переплавка**
переплёт *m* 1. Verflechtung *f*, Geflecht *n*; Gitterwerk *n*; 2. *(Typ)* Einband *m*; 3. *(Bw)* Fensterrahmen *m*
~/картонный *(Typ)* Pappeinband *m*
~/книжный *(Typ)* Bucheinband *m*
~/кожаный *(Typ)* Ganzledereinband *m*, Ledereinband *m*
~/коленкоровый *(Typ)* Kalikoeinband *m*
~/составной *(Typ)* Halbband *m*
~/холщовый *(Typ)* Ganzleineneinband *m*, Leineneinband *m*
~/цельнобумажный *(Typ)* Pappband *m*
переплетать нити *(Text)* verkreuzen, verbinden *(Weberei)*
переплетаться 1. sich verflechten, sich miteinander verschlingen; 2. *(Text)* sich verkreuzen *(Kett- und Schußfäden in der Bindung; Weberei)*
переплетение *n* 1. *(Text)* Bindung *f*; Verkreuzen *n (Weberei)*; 2. Flechten *n*, Verflechten *n*
~/ажурное Dreherbindung *f (komplizierte Bindung)*
~ атласа/усиленное Doppel[kett]atlasbindung *f (Atlasableitung)*
~/атласное Atlasbindung *f*, Kettatlasbindung *f*
~ в рогожку Panamabindung *f*, Würfelbindung *f*, Nattébindung *f*
~/вафельное Waffelbindung *f (kombinierte Bindung)*
~/ворсовое Florgewebebindung *f (komplizierte Bindung)*
~/гладкое glatte Bindung *f*
~/двухслойное Doppelgewebebindung *f (komplizierte Bindung)*
~/диагональное Diagonalbindung *f*
~/комбинированное kombinierte Bindung *f*
~/креповое Kreppbindung *f (kombinierte Bindung)*
~/крупноузорчатое großgemusterte Bindung *f*
~/ломано зигзагообразное Spitzköperbindung *f (Köperableitung)*
~/мелкоузорчатое kleingemusterte Bindung *f*
~/многослойное Mehrfachgewebebindung *f (komplizierte Bindung)*
~ неправильных атласов unreine (falsche) Atlasbindung *f*
~ нитей Bindung *f*, Fadenkreuzung *f Weberei)*
~ нитей основы и утка Verkreuzung *f* der Kett- und Schußfäden *(Bindung; Weberei)*
~/орнаментное Ornamentbindung *f*
~/основное Grundbindung *f*
~ «панама» *s.* **~ в рогожку**
~/перевивочное *s.* **~/ажурное**
~/пестротканое buntgewebte Bindung *f*
~/полотняное Leinwandbindung *f*
~/производное abgeleitete Bindung *f*
~/просвечивающее durchbrochene Bindung *f*
~/простое *s.* **~/основное**
~ репса/косое Schrägrippenbindung *f*, mehrfache Köperbindung *f (Atlasableitung)*
~/репсовое Ripsbindung *f (Leinwandableitung)*
~ «рогожка» *s.* **~ в рогожку**
~/саржевое Köperbindung *f*, Croisébindung *f*, Sergebindung *f*
~ сатина/усиленное Doppel[schuß]atlasbindung *f (Atlasableitung)*
~/сатиновое Satinbindung *f*, Schußatlasbindung *f*
~/сложное komplizierte Bindung *f*
~/смещённое abgesetzte (unterbrochene) Köperbindung *f (Köperableitung)*
~/узорчатое gemusterte Bindung *f*

~ усиленного сатина verstärkte Schußatlasbindung *f (Doppelatlas, Moleskin)*
~/фанговое Fangmuster *n (Strickware)*
~/фундаментальное *s.* **~/основное**
~/шашечное *s.* **~ в рогожку**
~/элементарное *s.* **~/основное**
переплетённый 1. geflochten, verflochten; 2. *(Text)* verkreuzt
переплёт-образец *m (Typ)* Musterband *m*
переподпор *m (Hydt)* Überstauung *f*
переподъём *m (Bgb)* Übertreiben *n (Fördergestell)*
переползание *n (Krist)* Klettern *n*, Kletterbewegung *f (Versetzungen)*
переполнение *n* 1. Umbesetzung *f*; 2. *(Dat)* Überlauf *m*, Datenverlust *m*
~ дорожек *(Dat)* Spurverbindung *f*, Spurüberlauf *m*
~ порядка *(Dat)* Exponentenüberlauf *m*
~ разрядной сетки *(Dat)* Stellenbereichsüberschreitung *f*
~ страницы *(Dat)* Seitenüberlauf *m*
~ сумматора *(Dat)* Akkumulatorüberlauf *m*
~ формуляра *(Dat)* Formularüberlauf *m*
~ цилиндра *(Dat)* Zylinderüberlauf *m*
переполюсовка *f* Umpolung *f*
переполяризация *f* Umpolarisierung *f*
перепонка *f* Membran[e] *f*
перепоправка f Überkorrektion *f*
переправа *f* 1. Überfahrt *f*; 2. *(Mil)* Übersetzen *n*; 3. Übergang *m*, Übergangsstelle *f*; 4. *(Mil)* Übersetzstelle *f*; 5. *(Eb)* Fähre *f*; Eisenbahnfähre *f*
~ вброд *(Mil)* 1. Übersetzen *n* durch eine Furt; 2. Furtübersetzstelle *f*
~ вплавь *(Mil)* Übersetzen *n* durch Schwimmen
~/десантная *(Mil)* 1. Landeübersetzstelle *f*; 2. Landeübersetzen *n*; Übersetzen *n*
~/канатная Seilfähre *f*
~/мостовая *(Mil)* 1. Brückenübergangsstelle *f*; 2. Brückenübersetzen *n*
~/паромная 1. *(Schiff)* Fährlinie *f*, Fährverbindung *f*; 2. *(Mil)* Fährenübersetzstelle *f*; 3. *(Mil)* Fährenübersetzen *n*
~ по льду *(Mil)* 1. Eisübersetzstelle *f*; 2. Übersetzen *n* über Eis
~/подводная *(Mil)* 1. Unterwasserfahrtstelle *f*; 2. Unterwasserfahrt *f (Panzer)*
переправочно-десантный *(Mil)* Landeübersetz . . .
переправочный *(Mil)* Übersetz . . .
перeприцепка *f (Eb)* Umsetzen *n (Wagen)*
перепроверка *f (Dat)* Überprüfung *f*
перепроявление *n (Foto)* Überentwicklung *f*, Überentwickeln *n*
перепуск *m* 1. *(Hydt)* Überlauf *m*; 2. Beipaß *m*, Überströmleitung *f*
~ полос *(Typ)* Umstellen *n* der Kolumnen, Umschließen *n*
перерабатываемость *f* Verarbeitbarkeit *f*
перерабатывать 1. verarbeiten; 2. umarbeiten, überarbeiten
переработать *s.* **перерабатывать**
переработка *f* 1. Verarbeitung *f*; 2. Umarbeitung *f*; Aufarbeitung *f*; 3. *(Met)* Verhütten *n*, Verhüttung *f*; 4. *(Dat)* Wiederverarbeitung *f*; 5. Umschlag *m (von Gütern)*
~/азотнокислая Aufschluß *m* mit Salpetersäure *(Düngemittelindustrie)*
~ богатых руд Reicherzverhüttung *f*
~/гидрометаллургическая naßmetallurgische Verarbeitung *f*, nasser Weg *m*
~ грузов/складская Lagerhaltung *f*
~ грядки Wenden (Wichsen, Pflügen) *n* des Haufens *(Mälzerei)*
~/кислотная *(Pap)* saurer Aufschluß *m*
~ методом экструзии *(Plast)* Extrusionsverarbeitung *f*
перераспределение *n* 1. Umverteilung *f*, Neuverteilung *f*; 2. Vertauschung *f*; 3. Umordnung *f*, Umlagerung *f*, Verlagerung *f*; 4. *(Dat)* Neuzuordnung *f (Speicherplatz)*
перерасход *m* Überverbrauch *m*, Mehrverbrauch *m*; Mehrkosten *pl*
перерасширение *n* **[пара]** Überexpansion *f (Dampfmaschine)*
перерегулирование *n* 1. Regelabweichung *f*; 2. Übersteuerung *f*
~/динамическое bleibende Regelabweichung *f*
~/квадратическое quadratische Regelabweichung *f*
~/максимальное maximale Regelabweichung *f*
~/устойчивое bleibende Regelabweichung *f*
перерегулировка *f s.* **перерегулирование**
перерождение *n* Umwandlung *f (Keramik)*
перерыв *m* 1. Unterbrechung *f*; 2. Pause *f*
~ в подаче тока Stromunterbrechung *f*, Stromausfall *m*
пересадить *s.* **пересаживать**
пересадка *f* 1. Überpflanzung *f*; 2. Umpflanzung *f*, Verpflanzung *f*, Versetzung *f*; 3. Umsetzen *n*; 4. *(Eb)* Umsteigen *n*; 5. *(Med)* Transplantation *f*
~ органов *(Med)* Organtransplantation *f*
~ сердца *(Med)* Herztransplantation *f*
пересаживать 1. überpflanzen; 2. umpflanzen, verpflanzen, versetzen; 3. umsetzen; 4. *(Eb)* umsteigen; 5. *(Med)* transplantieren
пересатурация *f* Übersaturieren *n*, Übersaturation *f (Zuckergewinnung)*
пересброс *m* Überlauf *m*
пересекать 1. [durch]kreuzen; durchqueren; [durch]schneiden; 2. überqueren, überschneiden; 3. durchsetzen; 4. *(Bgb)* durchörtern; durchteufen

пересекаться sich schneiden, sich kreuzen
~/взаимно einander durchdringen *(zwei geometrische Körper; technisches Zeichnen)*
пересечение *n* 1. Durchkreuzen *n*; Durchqueren *n*; Durchschneiden *n*; 2. Überqueren *n*, Überschneiden *n*; 3. Kreuzung *f*; Überquerung *f*; 4. *(El, Fmt)* Überführung *f* *(von Leitungen über Verkehrswege)*; 5. Durchdringung *f* *(zweier geometrischer Körper; technisches Zeichnen)*; 6. *(Bgb)* Durchörterung *f*
~ без рельсов schienenfreie Kreuzung *f*
~ в одном уровне Kreuzung *f* auf (in) einer Ebene
~ в разных уровнях Kreuzung *f* auf (in) verschiedenen Ebenen
~/воздушное *s.* **~ контактных проводов**
~/глухое *(Eb)* Kreuzung *f* *(zweier Gleise)*
~ двух линий Leitungskreuzung *f*
~ дорог Straßenkreuzung *f*, Kreuzung *f*
~ дорог в одном уровне Kreuzung *f* auf (in) einer Ebene
~ дорог в разных уровнях Kreuzung *f* auf (in) mehreren Ebenen
~ железных дорог Bahnkreuzung *f* *(z. B. durch Straßenbahnschienen, Straßen, Hochspannungsleitungen usw.)*
~ контактных проводов Fahrdrahtkreuzung *f*
~ рельсовых путей Gleiskreuzung *f*
~ рельсовых путей разных уровней Gleiskreuzung *f* mit erhöhtem Quergleis
пересечь *s.* **пересекать**
пересжатие *n* Überkompression *f*, Überverdichtung *f*
перескок *m* 1. Durchschlag *m*; 2. Überspringen *n*, Sprung *f*, Umschlag *m*
~/автоматический *(Dat)* automatisches Überspringen *n* *(Buchungsmaschine)*
~ частоты Frequenzsprung *m*
пересоединить *s.* **пересоединять**
пересоединять umschalten; umpolen
~ на другие зажимы umklemmen
пересортировка *f* Nachsortieren *n*
переставить *s.* **переставлять**
переставлять 1. umstellen, versetzen, verstellen; 2. permutieren; transponieren; 3. nachstellen
перестановка *f* 1. Umstellung *f*, Umstellen *n*, Versetzung *f*, Versetzen *n*; 2. Verstellung *f*; Nachstellung *f*; 3. *(Math)* Permutation *f*; 4. *(Fert)* Umspannen *n* *(Werkstück)*; 5. *(Dat)* Rücksetzen *n*, Vertauschung *f*
~/автоматическая *(Dat)* automatisches Rücksetzen *n*
~/нечётная *(Math)* ungerade Permutation *f*
~/обратная *(Math)* inverse Permutation *f*
~ стрелы с трюма на трюм *(Schiff)* Durchschwenken *n* des Ladebaums
~ строк Vertauschung *f* der Zeilen
~/тождественная *(Math)* identische Permutation *f*
~ угла опережения зажигания Zündverstellung *f* *(Verbrennungsmotor)*
~/циклическая *(Dat)* zyklische Vertauschung *f*
~/чётная *(Math)* gerade Permutation *f*
перестраивание *n* 1. Umstimmung *f*; 2. *(Fert)* Einrichtungskorrekturen *fpl*; Umrichten *n* *(Werkzeugmaschine)*
перестрелка *f* *(Mil)* Geplänkel *n*; Feuergefecht *n*
перестроение *n* *(Mil)* Umgruppierung *f*
перестройка *f* 1. Umbau *m*; Rekonstruktion *f*; Umgestaltung *f*; 2. *(Ch)* Umgruppierung *f*
~ [кристаллической] решётки Gitterumwandlung *f*, Kristallgitterumwandlung *f*
перестыковка *f* *(Kosm)* Umkopplung *f* *(eines bemannten oder unbemannten Raumschiffs an einer Orbitalstation)*
пересушивание *n* zu langes Trocknen *n*, Übertrocknen *n*
пересушка *f* *s.* **пересушивание**
пересчёт *m* 1. *(Math)* Umrechnung *f*, Umwertung *f*; 2. *(Kern)* Untersetzung *f*, Impulsuntersetzung *f*
пересчётчик *m* *(Math)* Umrechner *m*, Umwerter *m*
пересъёмка *f* *(Kine)* Nachaufnahme *f*
пересылка *f* *(Dat)* Transfer *m*, Übertragung *f*
~ данных Datenübertragung *f*
~ записи Satzbewegung *f*
~ переменной variable Übertragung *f*
~/поблочная Blocktransfer *m*, Blockübertragung *f*, blockweise Übertragung *f*
пересыпка *f* Umschütten *n*, Umfüllen *n*
пересыпь *f* *(Geol)* Nehrung *f* *(Meeresküste)*
пересыщение *n* *(Ch)* Übersättigen *n*, Übersättigung *f*
перетапливать überhitzen
перетачивать *(Wkz)* nachschärfen, nachschleifen
перетекание *n* Überlaufen *n*, Überfließen *n*, Überströmen *n*; Durchfließen *n*
~ подземных вод *(Geol)* Grundwasserübertritt *m*
перетекать überlaufen, überfließen, überströmen; durchströmen
~/свободно frei überfließen *(Ladung)*
перетечь *s.* **перетекать**
перетискивать *(Typ)* abfärben *(frisch gedruckte Bogen auf der Rückseite)*, abschmieren
перетиснуть *s.* **перетискивать**

переток *m* 1. *s.* **перетекание**; 2. *(Schiff)* Gegenflutungseinrichtung *f*
~/управляемый steuerbare Gegenflutungseinrichtung *f*
перетопить *s.* **перетапливать**
переточить *s.* **перетачивать**
переточка *f (Wkz)* Nachschliff *m*, Nachschleifen *n*, Nachschärfen *n*
перетягивание *n* **ручки управления** *(Flg)* Überziehen *n* des Steuerknüppels
перетяжеление *n* ungleichseitige (einseitige) Auslastung *f*, Übergewicht *n (nach einer Seite)*
~ на крыло *(Flg)* Querlastigkeit *f*
~ на нос *(Flg)* Kopflastigkeit *f*, Buglastigkeit *f*
~ на хвост *(Flg)* Schwanzlastigkeit *f*
перетяжелённость *f s.* **перетяжеление**
перетянутость *f* Zusammenziehung *f*, Einschnürung *f (durch Zug)*
переувлажнение *n* Überfeuchten *n*, Überfeuchtung *f (Pulvermetallurgie)*
переуглероживание *n* Überkohlung *f (Schmelzen)*
переуглубление *n* Übertiefung *f*
переукладка *f* Umstapeln *n*
переупаковка *f* Umpacken *n (Waren)*
переуплотнение *n* Überverdichtung *f*
переустройство *n* Umbau *m*, Umgestaltung *f*, Rekonstruktion *f*
перефлотация *f* Nachflotation *f*, Reinigungsflotation *f*
переформирование *n* Rückformung *f (Impulse)*
перехват *m* 1. Abfangen *n*; Einfangen *n*, Einfang *m*; 2. *s.* **перекрепление шпинделя**
~ воды Wasserfang *m*
~ грунтовых вод Abfangen *n* des Grundwassers
~ реки Flußanzapfung *f*
перехлорирование *n* Hochchlorung *f*, Überchlorung *f (des Wassers)*
переход *m* 1. Übergang *m*, Überführung *f*; Überweg *m*; 2. *(Text)* Passage *f*; 3. *(Dat)* Sprung *m*; 4. *(Dat)* Verzweigung *f*; 5. *(Schiff)* Überfahrt *f*
~/балластный *(Schiff)* Ballastfahrt *f*
~/безусловный *(Dat)* unbedingter Sprung *m*
~/безызлучательный *(Eln)* strahlungsfreier (strahlungsloser) Übergang *m*
~ в хрупкое состояние Versprödung *f*, Verspröden *n (Metall)*
~/вагонный *(Eb)* Übergang *m* zwischen zwei Wagen, Übergangsbrücke *f*
~/волноводный *(Eln)* Wellenleiterübergang *m*, Wellenleiterverbindung *f*
~/вплавной [ein]legierter Übergang *m*, Legierungsübergang *m (Halbleiter)*
~ второго рода/фазовый *(Krist)* Phasenübergang *m* zweiter Art (Ordnung)
~/вынужденный induzierter Übergang *m (Halbleiter)*
~/выращенный gezogener Übergang *m (Halbleiter)*
~/вырожденный entarteter Übergang *m (Halbleiter)*
~/гетерогенный Heteroübergang *m (Halbleiter)*
~/гомогенный Homoübergang *m (Halbleiter)*
~/диодный Diodenübergang *m*
~/диффузионный Diffusionsübergang *m (Halbleiter)*
~ дуги Lichtbogenwanderung *f*
~/железнодорожный Bahnübergang *m*, Eisenbahnübergang *m*
~/зона-зонный Band-Band-Rekombination *f*, Zwischenbandrekombination *f (Halbleiter)*
~ зона-примесь Band-Störstelle-Übergang *m (Halbleiter)*
~/изомерный *(Ch)* isomerer Übergang *m*
~/квантовый *(Eln)* Quantensprung *m*, Quantenübergang *m*
~ ковочных операций *(Schm)* Schmiedestufe *f*
~ коллектор-база Kollektor-Basis-Übergang *m (Halbleiter)*
~/коллекторный Kollektorübergang *m (Halbleiter)*
~/лазерный Laserübergang *m*
~ ламинарного пограничного слоя в турбулентный *(Aero)* Umschlag *m*, Grenzschichtumschlag *m*
~/межзонный *s.* **~/зона-зонный**
~ металл-полупроводник Metall-Halbleiter-Übergang *m*, Halbleiter-Metall-Übergang *m*
~/микровплавной Mikrolegierungsübergang *m (Halbleiter)*
~/микросплавной Mikrolegierungsübergang *m (Halbleiter)*
~/многоквантовый *(Eln)* Mehrquantenübergang *m*
~/мостовой Kreuzungsbauwerk *n*; Brückenübergang *m*
~ на новую строку *(Dat)* Zeilenvorschub *m*
~ на одинаковом уровне *(El, Fmt)* Überführung *f* in gleicher Weghöhe, Niveauübergang *m (Leitungen)*
~ на подпрограмму *(Dat)* Unterprogrammaufruf *m*
~ на программу *(Dat)* Programmaufruf *m*
~/надземный Überführung *f*
~/ненагруженный unbelasteter Übergang *m (Halbleiter)*
~/неоднородный Heteroübergang *m (Halbleiter)*
~/нерадиационный *(Eln)* strahlungsfreier (strahlungsloser) Übergang *m*

~/**обратный** *(Dat)* Rücksprung *m*
~/**однородный** Homoübergang *m* *(Halbleiter)*
~ **первого рода/фазовый** *(Krist)* Phasenübergang *m* erster Art (Ordnung)
~/**пешеходный** Fußgängerüberweg *m*
~/**плавный** kontinuierlicher (allmählicher) Übergang *m*
~/**плоскостной** Flächenübergang *m* *(Halbleiter)*
~/**поверхностно-барьерный** Randschichtübergang *m* *(Halbleiter)*
~/**подземный** Fußgängertunnel *m*
~ **полупроводник-металл** Halbleiter-Metall-Übergang *m*, Metall-Halbleiter-Übergang *m*
~ **полупроводник-полупроводник** Halbleiter-Halbleiter-Übergang *m*
~ **порожнем** *(Schiff)* Leerfahrt *f*
~/**последовательно-параллельный** *(El)* Reihen-Parallel-Schaltung *f*
~/**примесный** Störstellenübergang *m* *(Halbleiter)*
~ **с одного изображения на другое** *(Fs)* Überblenden *n*, Überblendung *f*
~ **с одного изображения на другое/плавный** weiches Überblenden *n*
~ **с одного изображения на другое/резкий** hartes (scharfes) Überblenden *n*
~ **сверху** *(El, Fmt)* Wegüberführung *f* *(Leitungen)*
~ **серы из шлака в металл** *(Met)* Rückschwefelung *f*, Rückschwefeln *n*
~ **снизу** *(El, Fmt)* Wegunterführung *f* *(Leitungen)*
~/**спонтанный** spontaner Übergang *m* *(Halbleiter)*
~ **тепла** Wärmeübergang *m*
~/**технологический** Bearbeitungsstufe *f*
~/**точечный** Spitzenübergang *m* *(Diode)*
~ **трубопровода** Rohr[leitungs]brücke *f*
~/**туннельный** Tunnelübergang *m*, Durchtunnelung *f* *(Halbleiter)*
~/**тянутый** gezogener Übergang *m* *(Halbleiter)*
~/**условный** *(Dat)* bedingte Verzweigung *f*, bedingter Sprung *m*
~/**фазовый** Umwandlung *f*, Phasenumwandlung *f*, Phasenübergang *m*
~ **фосфора из шлака в металл** *(Met)* Rückphosphorung *f*, Rückphosphoren *n*
~/**электронно-дырочный** *np*-Übergang *m*, Elektronen-Löcher-Übergang *m* *(Halbleiter)*
~ **электронов** Elektronenübergang *m*
~/**эмиттерный** Emitterübergang *m* *(Halbleiter)*
***np*-переход** *m* *s.* **переход/электронно-дырочный**
переходить übergehen
~ **в раствор** in Lösung übergehen
~ **на передачу** auf Senden schalten
~ **на приём** auf Empfang gehen
~ **с одного изображения на другое** *(Fs)* überblenden
переходник *m* Übergang *m*, Übergangsstück *n*, Reduzierstück *n* *(Rohre, Gestänge)*
~/**противоаварийный** Sicherheitsverbinder *m*, Sollbruch *m* *(Bohrgestänge)*
перецеливание *n* *(Mil)* Zielwechsel *m*
перечень *m* **массивов** *(Dat)* Dateiverzeichnis *n*
перечесать [лён] *s.* **перечёсывать**
перечёсывать [лён] *(Text)* nachhecheln *n* *(Flachs)*
перечистка *f* Nachreinigung *f*, Nachreinigen *n*, Nachbehandlung *f*, Nachwäsche *f*, Nachsetzen *n*; Nachflotation *f*
перешвартовать *(Schiff)* verholen
перешвартоваться *(Schiff)* sich verholen
перешвартовка *f* *(Schiff)* Verholen *n*
перешихтовка *f* *(Met)* Ummöllern *n*, Änderung *f* der Möllerzusammensetzung
перешлифовать *s.* **перешлифовывать**
перешлифовывать *(Fert)* nachschleifen, überschleifen *(Polierschleifen)*
перещелачивание *n* **известью** Überkalkung *f* *(Zuckergewinnung)*
переэкспозиция *f* *(Foto)* Überexposition *f*, Überbelichtung *f*
переэкспонированный *(Foto)* überbelichtet
переэстерификация *f* Umesterung *f*, Alkoholyse *f*
переэтерификатор *m* *(Ch)* Umesterungsgefäß *n*
переэтерификация *f* *s.* **переэстерификация**
периастр[ий] *m* *(Astr)* Periastron *n*, Sternnähe *f*
перигалактий *m* *(Astr)* Perigalaktikum *n*
перигей *m* *(Astr)* Perigäum *n*, Erdnähe *f* *(der Mondbahn bzw. der Bahn eines künstlichen Erdsatelliten)*
перигелий *m* *(Astr)* Perihel[ium] *n*, Sonnennähe *f* *(der Planetenbahnen)*
перидот *m* *(Min)* Peridot *m*, Olivin *m*
перидотит *m* *(Geol)* Peridotit *m*
периклаз *m* *(Min)* Periklas *m* *(Magnesiumoxid)*
перила *pl* *(Bw)* Geländer *n*, Balustrade *f*
~/**защитные** Schutzgeländer *n*
~ **лестницы** Treppengeländer *n*
периметр *m* 1. *(Math)* Umfang *m*; 2. *(Opt)* Perimeter *n*
~ **калибра** Kaliberumfang *m*
~ **покрышки/внутренний** Reifeninnenkante *f*
~ **профиля** Querschnittsumfang *m* *(des Reifens)*
~/**смоченный** *(Hydrol)* Bettumfang *m*, benetzter Umfang *m*
периморфоза *f* *(Min, Krist)* Perimorphose *f*, Umhüllungspseudomorphose *f*

период *m* 1. Periode *f*, Zeitabschnitt *m* Zeitraum *m*, Zeit *f*; 2. Zyklus *m*, Umlauf *m*; 3. *(Math)* Periode *f*; 4. *(Ph)* Periode *f*, Schwingungsdauer *f*; 5. *(El)* Periode *f* *(Wechselstrom)*; 6. *(Geol)* *s.* **~/геологический**
~/альгонский *s.* **эра/альгонская**
~/антропогеновый *(Geol)* Anthropogen *n*
~/безморозный *(Meteo)* frostfreie Periode *f*
~ биений *(Ph)* Schwebungsperiode *f*, Schwebungsdauer *f*
~/большой *(Ch)* lange (große) Periode *f* *(des Periodensystems)*
~ бортовой качки *(Schiff)* Rollzeit *f*, Rollperiode *f*
~/восстановительный Reduktionsperiode *f*, Kochperiode *f*, Desoxydationsperiode *f* *(SM-Ofen)*
~ восстановления *s.* **~/восстановительный**
~ впуска [клапана] Einlaßzeit *f*, Ventileinlaßzeit *f* *(Verbrennungsmotor)*
~ вращения [планеты] *(Astr)* Rotationsperiode *f* *(Planeten)*
~/второй пиродинамический *(Mil)* zweite Periode *f* *(innere Ballistik; Schußablauf)*
~ выпуска [клапана] Auslaßzeit *f*, Ventilauslaßzeit *f* *(Verbrennungsmotor)*
~ газования *(Ch)* Gaseperiode *f* *(Wassergaserzeugung)*
~/геологический *(Geol)* Periode *f* *(Bildungszeit eines stratigrafischen Systems)*
~ горячего дутья Heißblaseperiode *f* *(Hochofen; Wassergasgenerator)*
~/девонский *(Geol)* Devon *n* *(als geologischer Zeitbegriff)*
~ детальной обработки *(Dat)* Postenzeit *f*
~ деформации Deformationszeit *f*, Verformungszeit *f*
~ дифракционной решётки *(Opt)* Gitterkonstante *f* [des Beugungsgitters]
~ дождей Regenzeit *f*, Regenperiode *f*
~ дутья Blaseperiode *f* *(Wassergaserzeugung)*
~/задувочный Anblaseperiode *f* *(Schachtofen)*
~ замирания Schwundperiode *f*
~ запаздывания воспламенения Zündverzug *m*
~ затвердевания *(Met)* Erstarrungsintervall *n*, Erstarrungsdauer *f*, Erstarrungszeitraum *m*
~ идентичности Identitätsperiode *f*, Identitätsabstand *m*
~ изменения блеска *(Astr)* Periode *f* des Lichtwechsels *(Bedeckungsveränderliche)*
~/импульсный *s.* **~ повторения импульсов**
~ импульсов *s.* **~ повторения импульсов**
~ индукции Induktionsperiode *f*, Induktionszeit *f*
~ итоговой обработки *(Dat)* Summenzeit *f*
~/кадровый *(Fs)* Bildfolge *f*
~/каменноугольный *(Geol)* Karbon *n*, Steinkohlenzeit *f*
~/карбоновый *s.* **~/каменноугольный**
~ качания Wobbelperiode *f*
~/кембрийский *(Geol)* Kambrium *n*
~ килевой качки *(Schiff)* Stampfperiode *f*
~ кипения *(Met)* Kochperiode *f*, Frischperiode *f*, Rohfrischperiode *f* *(SM-Ofen)*; Kochperiode *f* *(Elektroofen)*
~ коксования Verkokungszeit *f*, Garungszeit *f*
~ колебаний Schwingungsperiode *f*, Schwingungsdauer *f*
~ колебания Земли/естественный *s.* **~ Чандлера**
~ коммутации *(El)* Kommutierungsdauer *f*, Stromwendedauer *f*
~/ксеротермический *(Geol)* xerotherme Periode *f* *(Zeit der Wüsten- und Steppenbildung, bedingt durch trockenheißes Klima)*
~ ларморовой прецессии *(Astr)* Larmor-Präzessionszeit *f*
~/ледниковый *(Geol)* Kaltzeit *f*, Eiszeit *f*, Glazialzeit *f*
~ либрации *(Astr)* Librationsperiode *f*
~/малый *(Ch)* kurze (kleine) Periode *f* *(des Periodensystems)*
~/меловой *(Geol)* Kreide *f*
~/навигационный Schiffahrtsperiode *f*
~ нагревания насадки Warmperiode *f* *(beim Regeneratorbetrieb)*
~ наполнения *(Met)* Füllperiode *f* *(Ofen)*
~ науглероживания *(Met)* Aufkohlungsperiode *f*
~ недостатка влаги *(Lw)* Durstperiode *f*, Trockenzeit *f*
~/неогеновый *s.* **эпоха/неогеновая**
~ обжига Röstzeit *f*, Brenndauer *f* *(NE-Metallurgie)*
~ обращения 1. Umdrehungszeit *f*, Umdrehungsperiode *f*; 2. *(Astr)* Umlaufzeit *f*
~ обращения/аномалический *(Astr)* anomalistische Umlaufzeit *f* *(Mond)*
~ обращения/драконический *(Astr)* drakonische Umlaufzeit *f* *(Mond)*
~ обращения/звёздный *(Astr)* siderische Umlaufzeit *f* *(Planet)*
~ обращения земли *(Astr)* Erdumlauf *m*, Erdrevolution *f*
~ обращения полюсов *s.* **~ Чандлера**
~ обращения/сидерический *(Astr)* siderische Umlaufzeit *f* *(Planet)*
~ обращения/синодический *(Astr)* synodische Umlaufzeit *f* *(Planet)*

~ **обращения/тропический** *(Astr)* tropische Umlaufzeit *f (Mond)*
~ **окисления** *s.* ~ **кипения**
~/**ордовикский** *(Geol)* Ordovizium *n*
~ **освещения** Hellperiode *f*, Hellzeit *f*
~ **отбора** Entnahmeabstand *m (statistische Qualitätskontrolle)*
~/**отопительный** Heizperiode *f*
~ **охлаждения насадки** Kaltperiode *f (beim Regeneratorbetrieb)*
~ **очистки** *s.* ~ **рафинирования**
~/**палеогеновый** *s.* **эпоха/палеогеновая**
~/**паровой** Kaltblasen *n (Wassergasentwickler)*
~/**первый пиростатический** *(Mil)* erste Periode *f (innere Ballistik; Schußablauf)*
~ **переменного тока** *(El)* Wechselstromperiode *f*
~ **переменности** *(Astr)* Periode *f* des Lichtwechsels *(Bedeckungsveränderliche)*
~/**переходный** Übergangsperiode *f*, Übergangszeitraum *m*
~/**пермский** *(Geol)* Perm *n (als geologischer Zeitbegriff)*
~/**пиростатический** *(Mil)* vorläufige Periode *f (innere Ballistik; Schußablauf)*
~ **плавания** Fahrenszeit *f*
~ **плавки** Schmelzperiode *f*
~ **плавки/конечный** *s.* ~ **рафинирования**
~ **плавки/окислительный** Rohgarmachen *n (NE-Metallurgie)*
~ **плавления** *s.* ~ **плавки**
~/**плювиальный** *(Geol)* Pluvialzeit *f*
~ **повторения импульсов** Impulsperiode *f*, Taktperiode *f*
~ **покоя затора** Läuterruhe *f*, Läuterrast *f (Gärungschemie)*
~ **полувыделения** *(Kern)* Halbwertzeit *f*
~ **полувыделения/биологический** biologische Halbwertzeit *f*
~ **полувыделения/эффективный** effektive Halbwertzeit *f*
~ **полувыпадения** Verweilhalbwertzeit *f*
~ **полуобмена** *(Kern)* Halbwertzeit *f* des Isotopenaustausches, Austauschhalbwertzeit *f*
~ **полуперехода** *(Kern)* Übergangshalbwertzeit *f*
~ **полураспада** *(Kern)* Halbwertzeit *f*
~ **последействия пороховых газов** *(Mil)* Periode *f* der Gasnachwirkung *(Ballistik; Schußablauf)*
~ **посылки вызова** *(Fmt)* Rufphase *f*, Rufperiode *f*
~ **превращения** Umwandlungsperiode *f*, Umwandlungszeit *f*
~ **прецессии** *(Astr)* Präzessionszeit *f*
~ **продвижения** Vorstoßperiode *f*
~ **продувки** 1. *(Met)* Blasperiode *f*, Blasezeit *f*, Blas[e]dauer *f (Konverter)*; 2. Spülperiode *f (Verbrennungsmotor)*
~/**пусковой** 1. Einstellzeit *f*, Ablaufzeit *f (Destillation)*; 2. Anlaßzeit *f (Kfz-Motor)*
~ **работы** 1. Arbeitsabschnitt *m*; 2. Betriebsdauer *f*; 3. *(Fert)* Eingriffsdauer *f (einer Fräserschneide)*
~ **работы на горячем дутье** *(Met)* Heißblas[e]periode *f (Konverter)*
~ **развёртки** *(Fs)* Abtastperiode *f*, Abtastzeit *f*; Ablenkperiode *f (bei Oszillografen)*
~ **разгона** Anlaufzeit *f*
~ **разогрева** 1. *(Met)* Anheizzeit *f*, Anheizperiode *f*; 2. Anheizzeit *f (Elektronenröhre)*
~ **раскисления [плавки]** *s.* ~ **рафинирования**
~ **рафинирования** *(Met)* Fein[ungs]periode *f*, Ausgarzeit *f*, Garperiode *f*, Gar[ungs]zeit *f (Schmelze)*
~ **реактора** *(Kern)* Leistungsperiode *f* des Reaktors, Reaktorperiode *f*
~ **регрессии** Regressionsperiode *f*
~ **решётки** *s.* ~ **дифракционной решётки**
~ **рыжего дыма** *(Met)* Garperiode *f*, Rauchperiode *f (Konverter)*
~ **свободного движения полюсов Земли** *s.* ~ **Чандлера**
~ **сжатия** Kompressionszeit *f*, Verdichtungszeit *f*
~/**силурийский** *(Geol)* Silur *n (als geologischer Zeitbegriff)*
~ **складирования** Lager[ungs]dauer *f*
~/**собственный** *(Ph)* Eigenperiode *f*, Eigenschwingungsdauer *f*
~ **солнечных пятен** *(Astr)* Sonnenfleckenzyklus *m*, Sonnenfleckenperiode *f*
~ **средних горизонтов воды** *(Hydrol)* Mittelwasserzeit *f*
~ **строительства** Bauzeit *f*
~ **строительства/основной** Hauptbauzeit *f*
~ **строительства/подготовительный** Bauvorbereitungszeit *f*
~ **схватывания** Abbindeperiode *f*, Abbindezeit *f (Beton)*
~ **твердения** Erhärtungsperiode *f (Beton)*
~ **трансляции** *(Krist)* Translationsperiode *f*
~/**третичный** *(Geol)* Tertiär *n (als geologischer Zeitbegriff)*
~/**триасовый** *(Geol)* Trias *f (als geologischer Zeitbegriff; s. a. unter* **триас***)*
~ **ускорения** Beschleunigungsperiode *f*
~ **успокоения** *(Met)* Ausgarzeit *f (Schmelze)*
~ **фришевания** *(Met)* Frischperiode *f (Konverter, SM-Ofen)*
~ **холодного дутья** 1. Kaltblasperiode *f (Hochofen)*; 2. *s.* ~ **газования**
~ **хранения** *(Dat)* Sperrfrist *f*
~ **циркуляции/манёвренный** *(Schiff)* Manöverperiode *f (Drehkreis)*

~ циркуляции/установившийся *(Schiff)* Periode *f* der stabilen Zirkulation *(Drehkreis)*
~ циркуляции/эволюционный *(Schiff)* Evolutionsperiode *f* *(Drehkreis)*
~ Чандлера *(Astr)* Chandlersche Periode *f*, Chandler-Periode *f* *(Periode der Polhöhenschwankung)*
~/четвертичный *(Geol)* Quartär *n* *(als geologischer Zeitbegriff)*
~ шлакообразования *s.* **~ рафинирования**
~ Эйлера *(Astr)* Eulersche Periode *f* *(Polbewegung)*
~/юрский *(Geol)* Jura *m* *(als geologischer Zeitbegriff)*
периодизация *f* Periodisierung *f*
периодический periodisch, regelmäßig wiederkehrend, intermittierend, aussetzend
~/почти fastperiodisch
периодичность *f* Periodizität *f*
~/временная zeitliche Periodizität *f*
~/кадровая *(Fs)* Rasterperiodizität *f*
~ солнечной активности *(Astr)* Zyklus *m* der Sonnenaktivität
~ структуры кристалла Kristallperiodizität *f*, Periodizität *f* des Gitters
периодограмма *f* Periodogramm *n*
периодопреобразователь *m* *(El)* Periodenumformer *m*
периселений *m* *(Astr)* Periselen *n*, Mondnähe *f*
перископ *m* 1. Periskop *n*, Sehrohr *n*; 2. *(Opt)* Periskop *n* *(Objektiv)*
~/зенитный Zenitperiskop *n*
~/инфракрасный Infrarotperiskop *n*
~ оптического тракта магнитного компаса *(Schiff)* optisches Übertragungssystem *n* eines Magnetkompasses
~/панорамный Rundblickperiskop *n*
~/призменный Prismenperiskop *n*
~/солнечный Sonnenperiskop *n*
перископичность *f* *(Opt)* Ausblickhöhe *f*, Höhe *f* zwischen Ein- und Ausblick *(Periskop)*
перистиль *m* *(Arch)* Peristyl[um] *n* *(Säulenhof)*
перитектика *f* *(Met)* Peritektikum *n*
перитектоид *m* *(Met)* Peritektoid *n*
периферия *f* 1. *(Math)* Peripherie *f*, Umfangslinie *f*, Umfang *m* *(krummlinig begrenzter Figuren)*; 2. *(Dat)* Peripherie *f*; 3. Umkreis *m*; 4. Randgebiet *n*, Stadtrand *m*
перифокус *m* **[орбиты]** *(Astr)* Peripunkt *m* *(Umlaufbahn)*
перицентр *m* **[орбиты]** *(Astr)* Peripunkt *m* *(Umlaufbahn)*
перка *f* *(Wkz)* Bohrer *m* *(für Holz)*, Windenbohrer *m*
~/центровая Zentrumbohrer *m*
~/червячная Schneckenbohrer *m*
перкаль *m* *(Text)* Perkal *m* *(leichtes leinwandbindiges Baumwollgewebe)*
перкарбонат *m* *(Ch)* Peroxo[di]karbonat *n*
перкислота *f* Peroxosäure *f*
перколировать *(Ch)* perkolieren
перколят *m* *(Ch)* Perkolat *n*
перколятор *m* *(Ch)* Perkolator *m*
перколяция *f* 1. *(Ch)* Perkolation *f*; 2. Perkolation *f*, Sickerlaugung *f* *(Hydrometallurgie)*
перл *m* *(Ch)* Perle *f*
~ буры Boraxperle *f*
~ фосфорной соли Phosphorsalzperle *f*
перлинь *m* *(Schiff)* Trosse *f*, starke Leine *f*
перлит *m* 1. *(Geol)* Perlit *m* *(obsidianartiges Gestein mit Perlitstruktur)*; 2. Perlit *m* *(Stahlgefüge)*
~/глобулярный globularer (körniger) Perlit *m*
~/дисперсный feinkörniger Perlit *m*
~/зернистый *s.* **~/глобулярный**
~/крупнопластинчатый groblamellarer Perlit *m*
~/мелкий (мелкопластинчатый) feinlamellarer Perlit *m*, feinstreifiger Perlit *m*
~/пластинчатый lamellarer Perlit *m*
~/сорбитообразный sorbitischer Perlit *m*
~/точечный *s.* **~/мелкий**
перлитовый *(Met)* perlitisch
перманганат *m* *(Ch)* Permanganat *n*, Manganat(VII) *n*
~ калия Kaliumpermanganat *n*, Kaliummanganat(VII) *n*
~ натрия Natriumpermanganat *n*, Natriummanganat(VII) *n*
перманентность *f* Permanenz *f*, Unveränderlichkeit *f*
пермеаметр *m* *(El)* Permeameter *n*, Permeabilitätsmesser *m*
пермокарбон *m* *(Geol)* Permokarbon *n*, Permosiles *n*
пермутирование *n* *(Ch)* Permutieren *n* *(Wasserenthärtung)*
пермь *f* *(Geol)* Perm *n* *(im Russischen Kurzwort für* **пермский период** *und* **пермская система***)*
перо *n* Feder *f*; Blatt *n*
~ лопатки Schaufelblatt *n* *(Strömungsmaschinen)*
~ отвала *(Lw)* Streich[blech]schiene *f* *(Pflug)*
~ руля *(Schiff)* Ruderkörper *m* *(Profilruder)*, Ruderblatt *n* *(Plattenruder)*
~/световое *(Dat)* Lichtstift *m*, Lichtgriffel *m*
~/стрелочное *(Eb)* Weichenzunge *f*
перовскит *m* *(Min)* Perowskit *m*
пероксид *m* *(Ch)* Peroxid *n*

перпендикуляр *m* 1. Senkrechte *f*, Lot *n*, Normale *f*; 2. *(Schiff)* Lot *n*, Perpendikel *n*
~/кормовой hinteres Lot (Perpendikel) *n*
~/носовой vorderes Lot (Perpendikel) *n*
перпендикулярность *f* Rechtwinkligkeit *f*
перпендикулярный perpendikular, normal, senkrecht, lotrecht, rechtwinklig
перпетуум-мобиле *n s.* **двигатель/вечный**
перренат *m (Ch)* Perrhenat *n*, Tetroxorhenat(VII) *n*
перрон *m (Eb)* Bahnsteig *m*
~/крытый Bahnsteighalle *f*
перрутенат *m (Ch)* Perruthenat *n*, Ruthenat(VII) *n*
персистор *m* Persistor *m*
персистотрон *m* Persistotron *n*
персоль *f (Ch)* Persalz *n*
персорбция *f* Persorption *f*
перспектива *f (Math)* Perspektive *f (darstellende Geometrie)*
~/купольная Kugelperspektive *f*, sphärische Perspektive *f*
~/линейная Linearperspektive *f*, Zentralperspektive *f*
~/панорамная Panoramaperspektive *f*, Zylinderperspektive *f*
~/рельефная Reliefperspektive *f*
~/театральная Theaterperspektive *f*
~ фотоизображения *(Foto)* Bildperspektive *f*
персульфат *m* Peroxo[di]sulfat *n*
~ натрия Natriumperoxo[di]sulfat *n*
пертанталат *m (Ch)* Peroxotantalat *n*
пертулинь *m (Schiff)* Kattstopper *m*, Ankerstopper *m*
пертурбация *f (Astr, Math)* Perturbation *f*, Störung *f*
перфокарта *f (Dat)* Lochkarte *f*
~/ведущая *s.* **~/головная**
~/восьмидесятиколонная achtzigspaltige Lochkarte *f*
~/головная Hauptkarte *f*, Leitkarte *f*, Kopfkarte *f*
~/двойная Verbundkarte *f*
~/завершающая Endekarte *f*
~/информационная Datenkarte *f*
~/итоговая Ergebnis[loch]karte *f*, Resultatlochkarte *f*
~/n-колонная n-spaltige Lochkarte *f*
~/контрольная Abstimmkarte *f*
~/многоцелевая Mehrzwecklochkarte *f*
~/программная 1. Steuerlochkarte *f (NC-Maschine)*; 2. Programmlochkarte *f*
~ продолжения Folgekarte *f*
~/прокладочная Indexkarte *f*
~/пустая *s.* **~/чистая**
~ с данными Datenkarte *f*
~ с изменениями Korrektur[daten]karte *f*, Änderungskarte *f*
~ с контрольной суммой Kontrollkarte *f*, Abstimmkarte *f*
~ с краевой перфорацией Randlochkarte *f*
~ с краевыми вырезами Kerblochkarte *f*
~ с отрывным корешком Abschnittkarte *f*
~ с щелевой подрезкой Schlitzlochkarte *f*
~/стандартная Standardlochkarte *f*
~/трейлерная Endekarte *f*, Trailerkarte *f*
~/управляющая Steuerlochkarte *f*
~/чистая leere Lochkarte *f*, Leerkarte *f*
~/эталонная Matrizenkarte *f*, Mutterkarte *f*
перфокарта-оригинал *f (Dat)* Matrizenkarte *f*, Mutterkarte *f*
перфокарта-шаблон *f (Dat)* Matrizenkarte *f*, Mutterkarte *f*
перфокод *m (Dat)* Lochschrift *f*, Lochkartenkode *m*
перфолента *f (Dat, Typ)* Lochband *n*, Lochstreifen *m*
~/бесконечная endloses Lochband *n*
~ заборки *(Typ)* Korrekturlochstreifen *m*
~/замкнутая endloses (geschlossenes) Lochband *n*
~ исправленных строк *(Typ)* Korrekturlochstreifen *m*
~/набитая gelochtes Band *n*
~/невыключенная *s.* **~/неполнокодовая**
~/неполнокодовая *(Typ)* nichtausgeschlossener Lochstreifen *m*, Endloslochstreifen *m*
~/полнокодовая *(Typ)* ausgeschlossener Lochstreifen *m*, Steuerlochstreifen *m*
~ с изменениями Änderungslochstreifen *m*
~ управления печатью Druckersteuerlochstreifen *m*
~/управляющая Steuerlochstreifen *m (Drucker)*
~/частично отперфорированная Schuppenlochstreifen *m*, teilgelochtes Band *n*
перфоратор *m* 1. Perforator *m*, Perforierapparat *m*, Lochapparat *m*, Locher *m*; 2. *(Bgb)* Bohrhammer *m*, Druckluftbohrhammer *m (Handschlagbohrmaschine zum Bohren von Sprenglöchern)*; 3. *(Erdöl)* Perforator *m*, Schießgerät *n*; 4. *(Dat)* Locher *m*, Lochkartenstanzer *m*, Lochergerät *n*; Lochbandstanzer *m*, Lochbandstanzeinrichtung *f*; 5. *(Eb)* Lochzange *f (für Schaffner)*
~/алфавитно-цифровой alphanumerischer Kartenlocher *m*
~/алфавитный *s.* **~/алфавитно-цифровой**
~/быстродействующий Schnellocher *m*
~/входной Eingabelocher *m*
~/выходной Ausgabelocher *m*
~/вычислительный Rechenlocher *m*
~/гидропескоструйный Erosionsperforator *m (Erdölgewinnung)*
~/дублирующий Kartendoppler *m*, Doppler *m*

~/итоговый Summenlocher *m*, Sammellocher *m*
~/карточный Kartenlocher *m*, Lochkartenstanzer *m*
~/карточный печатающий Lochschriftübersetzer *m*
~/клавишный Tastenlocher *m*
~/колонковый *(Bgb)* Säulenbohrhammer *m*
~/контрольный Prüflocher *m*
~/копирующий Doppler *m*
~/кумулятивный Jetperforator *m* *(Erdölgewinnung)*
~/ленточный Streifenlocher *m*, Bandlocher *m*
~/одиночный Schießvorrichtung *f* für Einzelkugelschüsse *(Erdölgewinnung)*
~/переписывающий Umschreibelocher *m*
~/печатающий Schreiblocher *m*
~/погружной Unterflurhammer *m*, Tieflochhammer *m*
~/пороховой Kugelschießvorrichtung *f* *(Erdölgewinnung)*
~/приёмный Empfangslocher *m*, Lochstreifenempfänger *m*
~/пулевой *s.* **~/пороховой**
~/ручной 1. *(Bgb)* leichter Bohrhammer *m*, Handbohrhammer *m*; 2. *(Dat)* Handlocher *m*
~ с золотниковым воздухораспределителем Bohrhammer *m* mit Schiebersteuerung
~ с клапанным воздухораспределителем Bohrhammer *m* mit Ventilsteuerung (Flattersteuerung)
~ с продувкой Bohrhammer *m* mit Luftspülung
~ с промывкой Bohrhammer *m* mit Wasserspülung
~ с прямым управлением On-line-Perforator *m*
~/символьный Zeichenlocher *m*
~/синхронный *s.* **~/контрольный**
~/стартстопный Start-Stopp-Locher *m*
~/суммарный *s.* **~/итоговый**
~/суммирующий Summenlocher *m*
~/телескопический *(Bgb)* Teleskopbohrhammer *m* *(Bohren nach oben gerichteter Löcher)*
~/торпедный Schießvorrichtung *f* für Sprenggeschosse *(Erdölgewinnung)*
~/управляемый магнитной лентой magnetbandgesteuerter Locher *m*
~/управляемый перфокартами lochkartengesteuerter Locher *m*
~/управляемый перфолентой lochbandgesteuerter Locher *m*
~/электрический *(Bgb)* Elektrobohrhammer *m*
~/электронный вычислительный elektronischer Rechenlocher *m*
перфораторная *f* *(Dat)* Lochkartenlochstation *f*
перфоратор-пулемёт *m* Salvenschießvorrichtung *f* für Kugeln *(Erdölgewinnung)*
перфоратор-репродуктор *m* *(Dat)* Doppler *m*
перфорационный Loch ...; Lochkarten ...
перфорация *f* 1. Lochung *f*; 2. *(Dat)* Lochen *n*, Lochung *f*, Stanzen *n*, Stanzung *f*; 3. Perforieren *n*
~ в дополнительной зоне перфокарты *(Dat)* Überlochung *f*, Überloch *n*, Zwölferloch *n* *(Lochkarte)*
~/ведущая *(Dat)* Transportlochung *f*
~ вручную *(Dat)* manuelle Lochung *f*, Handlochung *f*
~ данных *(Dat)* Datenlochung *f*
~/итоговая *(Dat)* Summenstanzen *n*
~/контрольная *(Dat)* Prüflochen *n*
~/круглая *(Dat)* Rundlochung *f*
~/поколонная *(Dat)* Spaltenstanzung *f*
~ продолжения *(Dat)* Fortsetzungslochung *f*
~/прямоугольная *(Dat)* Rechtecklochung *f*
~/сдвоенная *(Dat)* Doppellochung *f*
~ скважины Durchschießen *n*, Aufschießen *n* *(Rohrfahrt eines Erdölbohrloches und des angrenzenden Gesteins)*
~ сумм *(Dat)* Summenstanzen *n*
~/транспортная *(Dat)* Transportlochung *f*
~/цифровая *(Dat)* Ziffernlochung *f*, numerische Lochung f
~ чисел *s.* **~/цифровая**
перфорирование *n s.* **перфорация**
перхлорат *m* *(Ch)* Perchlorat *n*, Chlorat(VII) *n*
~ натрия Natriumperchlorat *n*, Natriumchlorat(VII) *n*
перхлорвинил *m* *(Plast)* Polyvinylchlorid *n*
перчатка *f* *(El, Fmt)* Abzweigmuffe *f*; Aufteilungsmuffe *f*
пески *pl s.* **песок**
~/блуждающие *(Geol)* Flugsand *m*, Treibsand *m* *(äolische Abtragung)*
~/бугристые *(Geol)* Sandhügellandschaft *f* *(vornehmlich in Wüstengebieten)*
~/грядовые *(Geol)* Strichdünen *fpl*
~/кучевые *(Geol)* hügelartige Sandanhäufungen *fpl* *(in Wüsten und Halbwüsten, entstanden durch Anwehen von Sand an Gesträuch)*
пескование *n s.* **стратификация семян**
пескодувка *f* *(Gieß)* Sandstrahlgebläse *n*, Sandstrahler *m*
песколовка *f* Sandfänger *m*, Sandfang *m*
~/промывная Spülsandfang *m*
пескомёт *m* *(Gieß)* Sandslinger *m*, Schleuderformmaschine *f*
~/козловый Brücken[sand]slinger *m*
~/консольный Konsol[sand]slinger *m*
пескомойка *f* Kieswaschmaschine *f*, Sandwaschmaschine *f*

пескоразбрасыватель *m* Streumaschine *f*
пескосеялка *f* Sandsiebanlage *f*
пескоуловитель *m* Sandfänger *m*, Sandfang *m*
песок *m* Sand *m* *(s. a. unter* **пески)**
~/**алевритовый** *s.* ~/**пылеватый**
~/**аллювиальный** *(Geol)* Alluvialsand *m*, Schwemmsand *m*, Flußsand *m*
~/**аркозовый** *(Geol)* Arkosesand *m*
~/**базальтовый** Basaltsand *m*
~/**барханный** *(Geol)* Flugsand *m*, loser Sand *m*, Barchanensand *m*
~/**безглинистый** tonfreier Sand *m*, reiner Quarzsand *m*
~/**битуминозный** bituminöser Sand *m*
~/**водно-ледниковый** *(Geol)* fluvioglazialer Sand *m*
~/**вулканический** vulkanischer Sand *m*, Lavasand *m*
~/**глауконитовый** *(Geol)* Glaukonitsand *m*, Grünsand *m*
~/**глинистый** Tonsand *m*, toniger Sand *m*; Lehmsand *m*
~/**глинистый формовочный** *(Gieß)* fetter Formsand *m (von der Grube)*; fetter Formstoff *m (Formsand)*
~/**горный** Grubensand *m*, Moränensand *m*
~/**горячеплакетированный** *(Gieß)* heißumhüllter Sand *m (Maskenformverfahren)*
~/**гравийный** Kiessand *m*
~/**граувакковый** *(Geol)* Grauwackesand *m*
~/**грубозернистый** *(Geol)* Grit *m*, grobkörniger Sand *m*, Grobsand *m*
~/**грубый** 1. Feinkies *m*; 2. *(Gieß)* grobkörniger Sand *m*
~/**долинный** Talsand *m*
~/**доломитовый** Dolomitsand *m*
~/**дроблёный** *(Bw)* Brechsand *m*
~/**дюнный** *(Geol)* Dünensand *m*
~/**единый формовочный** *(Gieß)* Einheitsformstoff *m*, Einheitsformsand *m*
~/**жирный формовочный** *(Gieß)* Massesand *m*, Masse *f*, fetter Formstoff *m*
~/**зандровый** *(Geol)* Sand[e]r *m*
~/**зелёный** 1. *(Gieß)* Grünformstoff *m*, Grünsand *m*; 2. *s.* ~/**глауконитовый**
~/**зыбучий** *(Geol)* Treibsand *m*, Triebsand *m*
~/**известняковый** Kalksand *m*
~/**иловатый** Schlammsand *m*, Moddersand *m*
~/**карьерный** Grubensand *m*
~/**кварцево-трахитовый** Quarztrachytsand *m*
~/**кварцевый** Quarzsand *m*, Silbersand *m*
~/**крупнозернистый** großkörniger (grobkörniger) Sand *m*, Grobsand *m*
~/**крупный** *s.* ~/**крупнозернистый**
~/**лавовый** *s.* ~/**вулканический**
~/**магнетитовый** *(Geol)* Magneteisensand *m*
~/**мелкий** 1. *(Bw)* Feinsand *m*; 2. *(Gieß)* kleinkörniger Sand *m*
~/**мелкозернистый** feinkörniger Sand *m*, Feinsand *m*, Silt *m*
~/**молотый** gemahlener Sand *m*
~/**монацитовый** *(Geol)* Monazitsand *m*
~/**моренный** *(Geol)* Moränensand *m*
~/**морской** *(Geol)* Meeressand *m*, Seesand *m*
~/**наносный** 1. Schwemmsand *m*; 2. Flugsand *m*
~/**наполнительный формовочный** *(Gieß)* Füllsand *m*
~/**незакреплённый** loser Sand *m*
~/**нефелиновый** *(Geol)* Nephelinsand *m*
~/**овражный** *s.* ~/**горный**
~/**озёрный** *(Geol)* Seesand *m*
~/**оливиновый** Olivinsand *m*
~/**освежённый** *(Gieß)* regenerierter Formstoff (Formsand, Sand) *m*
~/**пемзовый** Bimssand *m*
~/**перлитовый** Perlitsand *m*
~/**подвижной** *s.* ~/**незакреплённый**
~/**полимиктовый** *(Geol)* Mischsand *m*
~/**полужирный** *(Gieß)* halbfetter Sand *m*
~/**пригоревший [формовочный]** *(Gieß)* verbrannter Formstoff (Formsand) *m*, Altformstoff *m*, Altsand *m*
~/**природный** Natursand *m*
~/**природный формовочный** *(Gieß)* Naturformsand *m*
~/**пылеватый (пылевидный)** *(Gieß)* staubförmiger Sand *m*
~/**размолотый** gemahlener Sand *m*
~/**речной** Flußsand *m*, Talsand *m*
~/**свежий [формовочный]** *(Gieß)* Neu[form]sand *m*, Frischsand *m*
~/**синтетический формовочный** *(Gieß)* synthetischer Formstoff (Formsand) *m*
~/**слюдистый** *(Geol)* Glimmersand *m*, Flittersand *m*
~/**смоляной** Pechsand *m*
~/**среднезернистый (средний)** mittelkörniger (mittelgrober) Sand *m*, Mittelsand *m*
~/**старый формовочный** *(Gieß)* Altformstoff *m*, Altsand *m*
~/**стержневой** *(Gieß)* Kernformstoff *m*, Kern[form]sand *m*
~/**сухой** trockener Sand *m*
~/**сыпучий** 1. Streusand *m*; 2. Flugsand *m*
~/**тонкий** *(Gieß)* feinkörniger Sand *m*
~/**тощий** *(Gieß)* magerer Sand *m*
~/**туффитовый** *(Geol)* Tuffsand *m*
~/**флювиогляциальный** *(Geol)* fluvioglazialer Sand *m*
~/**формовочный** *(Gieß)* Formstoff *m*, Formsand *m*; Naturformsand *m*
~/**цирконовый** Zirkonsand *m*
~/**шлаковый** Schlackensand *m*
~/**элювиальный** *(Geol)* Eluvialsand *m*
~/**эоловый** *(Geol)* Flugsand *m*

песочина *f* Sandeinschluß *m*, Sandstelle *f* *(im Metall)*
песочница *f* 1. Sandkasten *m*; 2. *(Eb)* Sandstreuer *m*; 3. *(Pap, Typ)* Sandfang *m*
~/**пневматическая** *(Eb)* Druckluftsandstreuer *m*
пест *m* Stempel *m*, Fallstempel *m* *(Pulvermetallurgie)*
пестицид *m* Pestizid *n*, Schädlingsbekämpfungsmittel *n*
пестроткань *f* *(Text)* Buntgewebe *n*
песчаник *m* *(Geol)* Sandstein *m*
~/**аркозовый** Arkose *f*
~/**белый диасовый** weißer Sandstein *m*
~/**битуминозный** bituminöser Sandstein *m*
~/**гибкий** elastischer Sandstein *m*, Itakolumit *m*
~/**гипсовый** Gipssandstein *m*
~/**глауконитовый** Glaukonitsandstein *m*, Grünsandstein *m*
~/**глинистый** Tonsandstein *m*
~/**граувакковый** Grauwackensandstein *m*
~/**грубозернистый** grobkörniger Sandstein *m*
~/**девонский красный** alter roter Sandstein *m*
~/**железистый** Eisensandstein *m*
~/**зелёный** Grünsandstein *m*
~/**зернистый** Ortstein *m*
~/**известков[ист]ый** Kalksandstein *m*, Plänersandstein *m*
~/**каменноугольный** Kohlensandstein *m*
~/**квадровый** Quadersandstein *m*
~/**кварцевый** Quarzsandstein *m*
~/**кварцитовый** quarzitischer Sandstein *m*
~/**кейперный** Keupersandstein *m*
~/**красный** roter Sandstein *m*, Rotliegendes *n*
~/**красный пермский** neuer roter Sandstein *m*
~/**кремнистый** Kieselsandstein *m*, Glaswacke *f*
~/**крупнозернистый** großkörniger Sandstein *m*
~/**медистый** Kupfersandstein *m*
~/**мелкозернистый** kleinkörniger Sandstein *m*
~/**мергелистый** Mergelsandstein *m*
~/**молассовый** Molassesandstein *m*
~/**мономиктовый** Sandstein *m* aus einem Mineral
~/**новейший красный** neuer roter Sandstein *m*
~/**оболовый** Obolus-Sandstein *m*
~/**олигомиктовый** Sandstein *m* aus zwei bis drei Mineralen *(wobei ein Mineral vorherrscht)*
~/**пёстрый** Buntsandstein *m*
~/**пластоватый** Flözsandstein *m*
~/**плитообразный** Quadersandstein *m*
~/**полимиктовый** Mischsandstein *m*, Sandstein *m* aus mehreren *(mehr als drei)* Mineralen
~/**ракушечный** Muschelsandstein *m*
~/**слюдистый (слюдяной)** Glimmersandstein *m*
~/**смолистый** *s.* ~/**битуминозный**
~/**соленосный** Salzsandstein *m*
~/**среднезернистый** mittelkörniger Sandstein *m*
~/**юрский** Jurasandstein *m*
песчанность *f* Sandigkeit *f*
петарда *f* *(Eb)* Knallkapsel *f*, Knallsignal *n*
петелька *f*/**ремизная** *(Text)* Schaftlitzenauge *n* *(Webstuhl)*
петельный *(Text)* Maschen . . .
петит *m* *(Typ)* Petit *f*, 8-Punkt-Schrift *f* *(Schriftgrad)*
петлевание *n* *(Wlz)* Schlingenbildung *f* *(Drahtstraße)*
петледержатель *m* *s.* **петлеуловитель**
петлеобразование *n* *(Text)* Maschenbildung *f* *(Wirkerei)*
петлеудержатель *m* *s.* **петлеуловитель**
петлеуловитель *m* *(Wlz)* Schlingenhalter *m*
петля *f* 1. Schleife *f*, Schlinge *f*; 2. Öse *f*, Öhr *n*; 3. *(Text)* Masche *f*; 4. *(Bw)* Kehre *f*, Serpentine *f*; 5. *(Bw)* Band *n* *(Tür, Fenster)*; 6. *(El)* Leiterschleife *f*; Drahtschleife *f* *(eines Schleifenschwingers)*; 7. *(Kyb)* Schleife *f*; 8. *(Eb)* Kehre *f*, Kehrschleife *f*, Gleisschleife *f*; 9. *(Wlz)* Schleife *f*, Schlinge *f* *(Walzgut)*
~/**врезная** *(Bw)* Fischband *n*, Einstellband *n* *(Tür- bzw. Fensterbeschlag)*
~ **гистерезиса** *(El)* Hysteresisschleife *f*, Hystereseschleife *f*
~/**гистерезисная** *s.* ~ **гистерезиса**
~/**дверная** *(Bw)* Türband *n*
~/**дислокационная** *(Krist)* Versetzungsschleife *f*
~/**измерительная** Meßschleife *f*
~/**изнаночная** *(Text)* Linksmasche *f* *(Wirk- und Strickware)*
~/**компенсационная** *(Wmt)* Ausgleichschleife *f* *(Rohrleitungen)*
~/**крестовая дверная** *(Bw)* Kreuzband *n* *(Türbeschlag)*
~ **линии** Leitungsschleife *f*
~/**лицевая** *(Text)* Rechtsmasche *f* *(Wirk- und Strickwaren)*
~/**мёртвая** *(Flg)* Looping *m*
~ **намагничивания** *(El)* Magnetisierungsschleife *f*
~/**нитяная** *(Text)* Fadenschlinge *f*
~ **обратной связи** *(El)* Rückkopplungsschleife *f*; *(Reg)* Rückführungsschleife *f*
~/**оконная** *(Bw)* Fensterband *n*
~/**паровая** Dampfschleife *f* *(Dampfkessel)*

~/**перевёрнутая** *(Flg)* umgekehrter (verdrehter, gedrückter) Überschlag *m*, umgekehrte (verdrehte, gedrückte) Schleifenkurve *f*
~/**платиновая** *(Text)* Platinenmasche *f* *(Wirkerei)*
~/**поворотная** *(Eb)* Wendeschleife *f*
~/**проволочная** 1. Drahtschleife *f*; 2. *(El)* Drahtschleife *f*, Leiterschleife *f*
~/**разъёмная дверная** *(Bw)* Aufsatzband *n*
~ **руля** *(Schiff)* Ruderkloben *m*, Ruderöse *f*
~ **с ушком** *(Text)* Augenknopfloch *n*
~/**спущенная** *(Text)* Laufmasche *f*
~ **тока** *(El)* Stromschleife *f*
~/**тройная** *(Flg)* dreifacher Looping *m*
~/**шарнирная** *(Bw)* Scharnierband *n*, Nußband *n* *(Tür- bzw. Fensterbeschlag)*
петрография *f* *(Geol)* Petrografie *f*, [strukturelle] Gesteinskunde *f*
~ **магматических пород** Petrografie *f* der Magma- *oder* Eruptivgesteine
~ **метаморфических пород** Petrografie *f* der metamorphen Gesteine
~ **осадочных пород** Petrografie *f* der Sedimentgesteine
петрология *f* Petrologie *f*
петрохимия *f* Petrochemie *f*, Gesteinschemie *f*
петушок *m*/**коллекторный** *(El)* Kollektorfahne *f*, Stromwenderfahne *f*, Kommutatorfahne *f*
пехота *f* *(Mil)* Infanterie *f*
~/**морская** Marineinfanterie *f*
печатание *n* 1. *(Typ)* Druck *m*, Drucken *n* *(Vorgang)*; 2. *(Text)* Bedrucken *n* *(Stoffe)*; 3. *s. unter* **печать 1.**
~ **без подкладки** *(Text)* Bedrucken *n* ohne Mitläufer
~ **в две краски** Zweifarbendruck *m*
~ **газет** Zeitungsdruck *m*
~ **газет/децентрализованное** dezentralisierter Zeitungsdruck *m*
~ **газет/многокрасочное** Mehrfarbenzeitungsdruck *m*
~ **двойниками** Druck *m* zu zwei Nutzen
~ **декоративных бумаг** *(Typ)* Dekordruck *m*
~ **краски на краску** Zusammendruck *m*
~/**многокрасочное** Mehrfarbendruck *m*
~ **на жести** *(Typ)* Blechdruck *m*
~/**непосредственное** direkter Druck *m*
~/**одностороннее** Schöndruck *m*
~ **с пластин без фацетов** *(Typ)* facettenloser Plattendruck *m*
~ **с плоских форм** Flachdruck *m*
~ **с растровых форм** Rasterdruck *m*
~ **с рельефных форм** Hochdruck *m*
~ **с углублённых форм** Tiefdruck *m*
~ **со сборной формы** Zusammendruck *m*
~ **тиража** Auflagedruck *m*, Fortdruck *m*
~ **ценных бумаг** *(Typ)* Wertpapierdruck *m*
печатать 1. *(Typ)* drucken; 2. *(Text)* bedrucken *(Stoffe)*
~ **краску на краску** *(Typ)* übereinanderdrucken
печатно-кодирующий *(Typ)* setzkodierend
печать *f* *(Typ)* 1. Druck *m*; 2. Presse *f*; 3. *s. unter* **печатание**
~/**автотипная глубокая** Rastertiefdruck *m*
~/**акцидентная** Akzidenzdruck *m*
~/**анилиновая** Anilin[gummi]druck *m*
~/**безрастерная офсетная** rasterloser Offsetdruck *m*
~/**бланочная** Formulardruck *m*
~/**высокая** Hochdruck *m*, Buchdruck *m*
~/**газетная** Zeitungsdruck *m*
~/**глубокая** Tiefdruck *m*
~/**групповая** *(Dat)* Drucken *n* zur Summenzeit
~/**двусторонняя** Schön- und Widerdruck *m*
~/**двухкрасочная** Zweifarbendruck *m*
~/**детальная** *(Dat)* Drucken *n* zur Postenzeit
~/**иллюстрационная** Bilderdruck *m*, Illustrationsdruck *m*
~/**ирисовая** Irisdruck *m*
~/**итоговая** *(Dat)* Sammelgang *m*
~/**контактная** *(Foto)* 1. Kontaktverfahren *n*, Kontaktkopieren *n*; 2. Kontaktkopie *f*
~/**косвенная** indirekter Druck *m*
~/**косвенная глубокая** indirekter Tiefdruck *m*
~/**косвенная офсетная** indirekter Offsetdruck *m*
~/**косвенная трафаретная** indirekter Siebdruck *m*
~/**малоформатная офсетная** Kleinoffsetdruck *m*
~/**многокрасочная высокая** Mehrfarbenbuchdruck *m*
~/**многокрасочная глубокая** Mehrfarbentiefdruck *m*
~/**многокрасочная офсетная** Mehrfarbenoffset *m*
~/**многокрасочная трафаретная** Mehrfarbensiebdruck *m*
~ **на металлографских станках/глубокая** Plattenmaschinentiefdruck *m*
~ **на упругих формах** Flexodruck *m*
~/**надглазурная** *(Ker)* Aufglasurdruck *m*, Überglasurdruck *m*
~/**односторонняя** einseitiger Druck *m*; Schöndruck *m*
~/**одноцветная глубокая** Einfarbentiefdruck *m*
~/**оптическая** *s.* ~/**проекционная**
~/**офсетная** Offsetdruck *m*
~/**плоская** Flachdruck *m*
~/**построчная** *(Dat)* Zeilendrucken *n*
~ **продавливанием** Durchdruck *m*

~/**проекционная** *(Foto)* Vergrößerungskopieren *n*, optisches Kopieren *n*
~/**ракельная глубокая** Rakeltiefdruck *m*, Rastertiefdruck *m*, Kupfertiefdruck *m*
~/**рекламная** Werbedruck *m*
~/**ролевая офсетная** Rollenoffsetdruck *m*
~/**ротационная** Rotationsdruck *m*
~/**ротационная глубокая** Rotationstiefdruck *m*
~ **с резиновых форм** Gummidruck *m*
~/**селективная** *(Dat)* wahlweises Ausdrucken *n*
~/**типографская** *s.* ~/**высокая**
~/**точечная** *(Dat)* Punktdrucken *n*
~/**трафаретная** Siebdruck *m*, Seidenrasterdruck *m*
~/**трёхкрасочная** Dreifarbendruck *m*
~/**трёхкрасочная высокая** Dreifarbenbuchdruck *m*
~/**трёхкрасочная глубокая** Dreifarbentiefdruck *m*
~/**флексографская** Flexodruck *m*
~/**фототипная** Lichtdruck *m*
~/**цветная** Farbdruck *m*, farbiger Druck *m*
~/**чистовая** Reindruck *m*
~/**шёлкотрафаретная** *s.* ~/**трафаретная**
~/**этикетно-бланочная** Etiketten- und Formulardruck *m*, Druck *m* von Geschäftsdrucksachen

печь *f* 1. Ofen *m*; 2. *(Bgb)* Überhauen *n*, Aufhauen *n*; Rolloch *n*; 3. *(Bgb)* Durchhieb *m*
~/**автоматическая шахтная цементная** Zementschachtofen *m*
~/**агломерационная** Sinterofen *m*
~/**аккумулирующая** Speicherofen *m*
~/**анодная** Anodenofen *m*
~ **Аякс/индукционная** Ajax-Ofen *m*
~/**барабанная** Trommelofen *m*
~/**барабанная обжигательная** Rösttrommelofen *m*
~/**барабанная плавильная** Trommel[schmelz]ofen *m*, Drehtrommel[schmelz]ofen *m*, Rollofen *m*
~/**барабанная пламенная** Drehflammofen *m*, Dörschel-Ofen *m*
~ **барабанного типа/плавильная** *s.* ~/**барабанная плавильная**
~/**башенная проходная** Turmdurchlaufofen *m*
~ **без кольцевого канала/индукционная** rinnenloser Induktionsofen *m*
~ **без сердечника/индукционная** *s.* ~ **высокой частоты**
~/**беспламенная** flammenloser Ofen *m*
~/**бессердечниковая индукционная** *s.* ~ **высокой частоты**
~/**бессердечниковая индукционная тигельная** rinnenloser Induktionstiegelofen *m*
~ **Бракельсберга** Brakelsberg-Ofen *m*, Kohlenstaubofen *m*
~/**бытовая** Speicherofen *m*
~/**вагонная** Wagendurchlaufofen *m*
~/**вакуумная** Vakuumofen *m*
~/**вакуумная дуговая** Vakuumlichtbogenofen *m*
~/**вакуумная индукционная** Vakuuminduktionsofen *m*
~/**вакуумная плавильная** Vakuumschmelzofen *m*
~/**ванная** 1. *(Glas)* Wannenofen *m*; 2. *(Härt)* Badofen *m*
~/**ватержакетная** Wassermantelofen *m*
~/**вентиляционная** *(Bgb)* Wetterüberhauen *n*
~/**вертикальная проходная** Vertikaldurchlaufofen *m*
~ **верхнего горения** Ofen *m* mit oberem Abbrand, Oberbrandofen *m*
~/**верхнепламенная** Oberflammofen *m*
~/**восстановительная** 1. Reduktionsofen *m*; 2. Regulusofen *m* *(Antimongewinnung)*
~/**вращающаяся** Dreh[herd]ofen *m*, Revolverofen *m* mit Drehherd; Drehrohrofen *m*; Wälzofen *m*
~/**вращающаяся барабанная** Drehtrommelofen *m*
~/**вращающаяся барабанная обжиговая** Drehtrommelröstofen *m*
~/**вращающаяся известеобжигательная** Kalkdreh[rohr]ofen *m*
~/**вращающаяся мартеновская** *s.* ~/**качающаяся мартеновская**
~/**вращающаяся плавильная** Drehschmelzofen *m*, Trommelschmelzofen *m*
~/**вращающаяся пламенная** Drehflammofen *m*, Dörschel-Ofen *m*
~/**вращающаяся стекловаренная** rotierender Glasschmelztrommelofen *m*
~/**вращающаяся трубчатая** Drehrohrofen *m*
~/**вращающаяся цементная** Zementdreh[rohr]ofen *m*
~/**вращающаяся цилиндрическая** Drehtrommelofen *m*
~/**выдвижная** Auszug[s]ofen *m*
~/**выдутая** ausgeblasener Ofen *m*
~/**выработочная ванная** *(Ker)* Tageswanne *f*
~ **высокой частоты [/индукционная]** Hochfrequenz[induktions]ofen *m*, HF-Induktionsofen *m*
~ **высокой частоты/тигельная** Hochfrequenztiegelofen *m*, HF-Tiegelofen *m*
~/**высокопроизводительная** Hochleistungsofen *m*
~/**высокотемпературная** Hochtemperaturofen *m*
~/**высокочастотная** *s.* ~ **высокой частоты**
~/**высокошахтная дуговая** Elektrohochofen *m*

~/**газовая** Gasofen *m*, gasbeheizter (gasgefeuerter) Ofen *m*, Ofen *m* mit Gasfeuerung
~/**газовая закалочная** Gashärteofen *m*, gasbeheizter Härteofen *m*
~/**газовая камерная** Gaskammerofen *m*, gasbeheizter Kammerofen *m*
~/**газовая карусельная нагревательная** Drehherdanwärmofen *m* mit Gasfeuerung
~/**газовая обжигательная** Gasröstofen *m*
~/**газовоздушная** Gaswarmluftofen *m*
~/**газогенераторная регенераторная кузнечная** gasbeheizter Schmiedeofen *m* mit Regenerator
~/**газокамерная** gasbeheizter Kammerofen *m*, Gaskammerofen *m*
~/**газокамерная кольцевая** Gaskammerringofen *m*
~/**галерная** Galeerenofen *m* *(NE-Metallurgie)*
~ **Гельвига** Hellwig-Ofen *m*
~ **Гересгоффа** Herreshoff-Ofen *m*, Etagenröstofen *m*
~ **Геру** Herault-Ofen *m*
~/**гончарная** Töpferofen *m*
~/**горизонтальная** Horizontalofen *m*
~/**горизонтальная камерная** Horizontalkammerofen *m*
~/**горшковая** *(Glas)* Hafenofen *m*
~/**графито-трубчатая** Graphitrohrofen *m* *(Pulvermetallurgie)*
~/**двухгоршковая** *(Glas)* Doppelhafenofen *m*, Zweihafenofen *m*
~/**двухкамерная** Doppel[kammer]ofen *m*
~/**двухподовая плавильная** Doppelherdschmelzofen *m*, Doppelkammerschmelzofen *m*
~/**двухъярусная** Zweietagenofen *m*
~/**дистилляционная** Destillationsofen *m*, Destillierofen *m*
~ **длительного горения** Dauerbrandofen *m*
~ **для агломерации** Agglomerierofen *m*, Sinterofen *m*
~ **для азотирования** Nitrierofen *m*
~ **для восстановления и возгонки цинка** Zinkdestillierofen *m*, Zinkdestillationsofen *m*
~ **для восстановления свинца из глёта** Bleifrischofen *m*
~ **для выплавки свинца/прямоугольная шахтная** Raschette-Ofen *m*
~ **для выплавки свинца/шахтная** Bleischachtofen *m*
~ **для газовой цементации/шахтная [электрическая]** Gasaufkohlungs[schacht]ofen *m*
~ **для гомогенизации** Homogenisier[ungs]ofen *m*
~ **для закалки металла/электрическая** Elektrohärteofen *m*
~ **для зейгерования** Seigerofen *m*, Darrofen *m* *(Kupferverhüttung)*
~ **для ковкого чугуна/отжигательная** Temper[glüh]ofen *m*
~ **для концентрационной плавки** Konzentrationsofen *m* *(NE-Metallurgie)*
~ **для крекинга** Krackofen *m*
~ **для купелирования** Abtreibeherd *m*, Abtreibeofen *m*
~ **для литейных форм/сушильная** *(Gieß)* Formtrockenofen *m*
~ **для магнетизирующего обжига** Magnetisierröstofen *m*
~ **для моллирования** *s.* ~/**моллировочная**
~ **для нагрева заготовок** Knüppel[vor]wärmofen *m*
~ **для нагрева листов** Blech[vor]wärmofen *m*
~ **для нагрева пакетов** Paket[vor]wärmofen *m*
~ **для нагрева слитков** Block[vor]wärmofen *m*
~ **для нагрева слябов** Brammen[vor]wärmofen *m*, Brammentiefofen *m*
~ **для нагрева слябов/саморазгружающаяся** Brammenstoßofen *m*
~ **для нагрева сутунок** Platinenofen *m*
~ **для нитрирования** Nitrierofen *m*
~ **для нитроцементации** Karbonitrierofen *m*
~ **для нормализации** Normalglühofen *m*, Normalisierofen *m*
~ **для обжига** Röstofen *m*
~ **для обжига в кипящем (псевдоожиженном) слое** Wirbelschichtröstofen *m*
~ **для обжига во взвешенном состоянии** Schweberöstofen *m*, Suspensionsröstofen *m*, Trail-Ofen *m*
~ **для обжига кирпича** Ziegelbrennofen *m*
~ **для обжига колчедана** Pyrit[röst]ofen *m*
~ **для обжига медного концентрата** Kupferröstofen *m*
~ **для обжига медной руды** Kupferröstofen *m*
~ **для обжига руды/газовая** Gasröstofen *m*, gasbetriebener Röstofen *m*
~ **для обжига свинцового концентрата** Bleiröstofen *m*
~ **для обжига свинцовой руды** Bleiröstofen *m*
~ **для отжига** Glühofen *m*, Entspannungsglühofen *m*
~ **для отжига в коробах (ящиках)** Topfglühofen *m*, Kastenglühofen *m*
~ **для отжига ковкого чугуна** Temper[glüh]ofen *m*
~ **для отжига/колпаковая** Haubenglühofen *m*
~ **для отжига ленты** *s.* ~ **для отжига полосы**

~ **для отжига листов** Blechdurchlauf[glüh]ofen *m*
~ **для отжига/методическая** Durchlaufglühofen *m*, Durchziehglühofen *m*
~ **для отжига полосы (проволоки)** *(Wlz)* Banddurchlauf[glüh]ofen *m*, Bandglühofen *m*
~ **для отжига проволоки/протяжная** *(Met)* Drahtdurchlauf[glüh]ofen *m*, Drahtglühofen *m*
~ **для отжига/туннельная** Tunnelglühofen *m*, Kanalglühofen *m*
~ **для отжига/шахтная** Schachtglühofen *m*
~ **для отливки анодов** Anoden[gieß]ofen *m*
~ **для отпуска** Anlaßofen *m*
~ **для пайки/конвейерная электрическая** Schutzgasdurchlaufofen *m*
~ **для переплавки** Umschmelzofen *m*
~ **для пиритной плавки** Pyritschmelzofen *m*
~ **для плавки на никелевый штейн** Rohnickelschmelzofen *m*
~ **для плавки руды** Erzschmelzofen *m*
~ **для плавки руды на роштейн** Rohofen *m (NE-Metallurgie)*
~ **для плавления фритты/ванная** Wannenfrittenofen *m*
~ **для повторного нагрева** Nachwärmofen *m*
~ **для подогрева** 1. Vorwärmofen *m*; 2. Warmhalteofen *m*
~ **для поковок** Schmiedeofen *m*
~ **для полукоксования** Schwelofen *m*
~ **для получения ацетилена/электродуговая реакционная** Azetylen-Flamm[en]bogen-Reaktionsofen *m*
~ **для предварительного обжига** Vorröstofen *m (NE-Metallurgie)*
~ **для предварительного расплавления** *(Gieß)* Vorschmelzofen *m*, Vorschmelzer *m*
~ **для предварительной плавки** *(Gieß)* Vorschmelzofen *m*, Vorschmelzer *m*
~ **для пылевидного обжига** Staubröstofen *m*, Schweberöstofen *m*
~ **для расплавленного металла** Warmhalteofen *m*
~ **для рафинирования** Raffinierofen *m*, Raffinationsofen *m*
~ **для рафинирования стали** Frischofen *m*
~ **для рудной мелочи** Feinerzofen *m*
~ **для светлого отжига** Blankglühofen *m*
~ **для сгустительной плавки** Konzentrationsofen *m (NE-Metallurgie)*
~ **для слитков/нагревательная** Block[vor]wärmofen *m*
~ **для снятия внутренних напряжений** Entspannungsglühofen *m*
~ **для спекания** Sinterofen *m*, Agglomerierofen *m*
~ **для спекания во взвешенном состоянии** Schwebesinterofen *m*
~ **для стержней/сушильная** *(Gieß)* Kerntrockenofen *m*, Kerntrockenkammer *f*
~ **для сульфатизирующего обжига** Sulfatisierofen *m (NE-Metallurgie)*
~ **для сушки инфракрасным излучением** *(Gieß)* Infrarottrockenofen *m*, Infrarottrockner *m*
~ **для сушки литейных форм** *(Gieß)* Form[en]trockenofen *m*
~ **для сушки стержней** *(Gieß)* Kerntrockenofen *m*, Kerntrockenkammer *f*
~ **для термической обработки** Warmbehandlungsofen *m*, Wärmebehandlungsofen *m*
~ **для фришевания** Frischofen *m*
~ **для цементации** Einsatzofen *m*, Zementierofen *m*
~ **для швелевания** Schwelofen *m*
~ **для эмалирования** Emaillierofen *m*
~/**доменная** Hochofen *m*
~/**дуговая** Lichtbogenofen *m*, Elektrolichtbogenofen *m (s. a. unter* ~/**электродуговая**)
~/**дуговая восстановительная** Lichtbogenreduktionsofen *m*
~/**дуговая плавильная** Lichtbogen[schmelz]ofen *m*, Elektrolichtbogen[schmelz]ofen *m*
~/**дуговая сталеплавильная** Lichtbogen-Stahlschmelzofen *m*
~/**дуговая электрическая** Elektrolichtbogenofen *m*, Lichtbogenofen *m*
~ **Жиро** Girod-Ofen *m*
~/**загрузочная** *(Gieß)* Beschickungsofen *m (für das Kokillen- und Druckgießen)*
~/**закалочная** Härteofen *m*
~/**закалочная электрическая** elektrischer Härteofen *m*, Elektrohärteofen *m*
~/**зейгеровочная** Einschmelzofen *m (NE-Metallurgie)*
~/**известеобжигательная** Kalk[brenn]ofen *m*
~/**известообжигательная** Kalk[brenn]ofen *m*
~/**индукционная** Induktionsofen *m*
~/**индукционная вакуумная** Vakuuminduktionsofen *m*
~/**индукционная плавильная** Induktionsschmelzofen *m*
~/**индукционная тигельная плавильная** Induktionstiegel[schmelz]ofen *m*
~/**испарительная** Verdampfungsofen *m*
~ **кальцинации** Kalzinierofen *m*
~/**камерная** Kammerofen *m*, Ruheofen *m*
~/**камерная сушильная** *(Gieß)* Kammertrockenofen *m*, Trockenkammer *f*
~/**камерная туннельная** *(Ker)* Kammertunnelofen *m*
~/**канальная** Rinnenofen *m*

~/канальная индукционная Induktionsrinnenofen *m*
~/карбидная Karbidofen *m*
~/карборундовая Silitstabofen *m*
~/карусельная Drehherdofen *m*, Karussellofen *m*
~/качающаяся Kippofen *m*, Schaukelofen *m*, kippbarer Ofen *m*
~/качающаяся и вращающаяся Schaukeldrehofen *m*
~/качающаяся мартеновская kippbarer Siemens-Martin-Ofen (SM-Ofen) *m*
~/качающаяся плавильная kippbarer Schmelzofen *m*, Kippschmelzofen *m*, Schaukelschmelzofen *m*
~/качающаяся ретортная Schwingretortenofen *m*
~/кессонированная шахтная Wassermantelofen *m*
~ кипящего слоя Wirbelschichtofen *m*, Fließbettofen *m*
~/кирпичеобжигательная Ziegel[brenn]ofen *m*
~/кислая sauer zugestellter Ofen *m*, Ofen *m* mit saurem Futter
~/коксов[альн]ая Kokereiofen *m*, Verkokungsofen *m*
~/колпаковая Hauben[glüh]ofen *m*, Glokkenofen *m*
~/колчеданная Pyrit[röst]ofen *m*, Kies[röst]ofen *m*, Kiesbrenner *m*
~/кольцевая Ringofen *m*
~/кольцевая многокамерная Mehrkammerringofen *m*
~/кольцевая подовая Ringherdofen *m*
~/комбинированная шахтно-пламенная [kombinierter] Schacht-Flammen-Ofen *m*
~/конвейерная Ofen *m* mit stetiger Fördereinrichtung, Durchlaufofen *m*, Fließofen *m*
~/конвейерная отжигательная *(Glas)* Bandkühlofen *m*
~/конвейерная хлебопекарная Kettenbackofen *m*, Durchgangsofen *m*
~/конвейерная электрическая elektrischer Förderbandofen *m*
~/конвекционная электрическая elektrischer Konvektionsofen *m*, Wärmespeicherofen *m*
~/контактная Kontaktofen *m*
~ косвенного действия (нагрева)/дуговая indirekter (indirekt beheizter) Lichtbogenofen *m (mit unabhängigem Lichtbogen)*, Lichtbogenstrahlungsofen *m*
~/костровая Meiler[ofen] *m*
~/криптоловая Tamman-Ofen *m*
~/круглая Ringofen *m*, Rundofen *m*
~/кузнечная Schmiedeofen *m*
~/кузнечная нагревательная Schmiedeglühofen *m*
~/купеляционная Kapellenofen *m*, Treib[e]ofen *m*, Treib[e]herd *m* *(NE-Metallurgie)*
~/литейная плавильная Gießereischmelzofen *m*
~/литейная пламенная Gießereiflammofen *m*
~/литейная тигельная Gieß[erei]tiegelofen *m*
~/литейная шахтная Gießereischachtofen *m*, Kupolofen *m*
~/люлечная Gehängebackofen *m*
~/мартеновская Siemens-Martin-Ofen *m*, SM-Ofen *m*
~ Машмейера Oval-Kegel-Ofen *m*, Maschmeyer-Ofen *m (NE-Metallurgie)*
~/медеплавильная Kupferschmelzofen *m*
~/медеплавильная шахтная Kupferschacht[schmelz]ofen *m*, Kupferhochofen *m*
~/металлургическая metallurgischer Ofen *m*, Verhüttungsofen *m*
~/методическая *s.* **~ непрерывного действия**
~/методическая индукционная Induktionsdurchlaufofen *m*
~/механическая обжиговая Krählofen *m* *(NE-Metallurgie)*
~/многокамерная Mehrkammerofen *m*
~/многокамерная электронно-лучевая Mehrkammer-Elektronenstrahlofen *m*, Elektronenstrahl-Mehrkammerofen *m*
~/многоканальная Mehrrinnenofen *m*
~/многоподовая Mehretagenofen *m*, Etagenofen *m*, Terrassenofen *m*, Staffelofen *m*, Mehrherdofen *m*, mehrherdiger Ofen *m*
~/многоподовая обжиговая Etagenröstofen *m*, Herreshoff-Ofen *m*
~/многоподовая обжиговая механическая Humboldt-Ofen *m*
~/многополочная *s.* **~/многоподовая**
~/многорядная [муфельная] Galeerenofen *m (NE-Metallurgie)*
~/многоэлектродная Mehrelektrodenofen *m*
~/многоэтажная *s.* **~/многоподовая**
~/многоярусная *s.* **~/многоподовая**
~/многоярусная механическая обжиговая *s.* **~ Гересгоффа**
~/моллировочная *(Glas)* Senkofen *m*
~/мощная электрическая Hochleistungsofen *m*
~/мусоросжигательная Müllverbrennungsofen *m*
~/муфельная 1. Muffelofen *m*; 2. Galeerenofen *m (NE-Metallurgie)*
~/нагревательная Vorwärmofen *m*, Wärm[e]ofen *m*, Anwärmofen *m*; *(Glas)* Temperofen *m*
~/нагревательная ковочно-штамповочная Schmiede[glüh]ofen *m*

~/наклоняющая s. **~/качающаяся**
~/напольная Feld[brand]ofen *m*
~/непрерывная s. **~ непрерывного действия**
~ непрерывного горения Dauerbrandofen *m*
~ непрерывного действия Durchlaufofen *m*, Stoßofen *m*, Durchstoßofen *m*, Durchsatzofen *m*, Wanderofen *m*, kontinuierlicher Wärmeofen *m*, Fließofen *m*, Durchziehofen *m*
~ непрерывного действия/ванная *(Glas)* Dauerwannenofen *m*, kontinuierliche Wanne *f*
~ непрерывного действия с роликовым подом Rollenherd-Durchlaufofen *m*
~ непрерывного действия/трубчатая Rohrdurchlaufofen *m*
~/нефтяная ölbeheizter Ofen *m*, Ofen *m* mit Ölfeuerung
~/нефтяная камерная рекуперативная кузнечная Rekuperativ-Kammerschmiedeofen *m* mit Ölfeuerung
~ нижнего горения Ofen *m* mit unterem Abbrand, Unterbrandofen *m*
~ низкой частоты s. **~/низкочастотная**
~ низкой частоты/индукционная s. **~/низкочастотная**
~/низкочастотная Niederfrequenz[induktions]ofen *m*, NF-Induktionsofen *m*, Induktionsrinnenofen *m*
~/низкочастотная электроплавильная Niederfrequenz[induktions]schmelzofen *m*, HF-Induktionsschmelzofen *m*, Induktionsrinnenschmelzofen *m*
~/низкошахтная Niederschachtofen *m*
~/низкошахтная дуговая Elektroniederschachtofen *m*, Niederschacht[lichtbogen]ofen *m*
~/низкошахтная электроплавильная Elektroniederschachtofen *m*
~/нитроцементационная Karbonitrierofen *m*, Zyanierofen *m*
~/обжигательная (обжиговая) Röstofen *m*, Brennofen *m* *(NE-Metallurgie)*; *(Ker)* Brennofen *m*
~/обжиговая газовая Gasröstofen *m*, gasbetriebener Röstofen *m*
~/обжиговая муфельная Muffelröstofen *m* *(NE-Metallurgie)*
~/обжиговая шахтная Schachtröstofen *m*, Röstschachtofen *m* *(NE-Metallurgie)*
~/одногоршковая *(Glas)* Einhafenofen *m*
~/однокамерная Einkammerofen *m*
~/одноподовая Einherdofen *m*, einherdiger (einetagiger) Ofen *m*, Einetagenofen *m*
~/однофазная Einphasenofen *m*
~/однофазная дуговая Einphasenlichtbogenofen *m*
~/одноярусная s. **~/одноподовая**
~/опрокидывающаяся s. **~/качающаяся**
~/осадительная Absetzofen *m* *(NE-Metallurgie)*
~/основная мартеновская basischer Siemens-Martin-Ofen (SM-Ofen) *m*
~/отделочная *(Glas)* Auftreibofen *m*
~/отжигательная 1. *(Met)* Glühofen *m*, Weichglühofen *m*, Temper[glüh]ofen *m*; 2. *(Glas)* Kühlofen *m*
~/отжигательная вагонеточная *(Glas)* Wagenwechselkühlofen *m*
~/отжигательная камерная *(Glas)* Kammerkühlofen *m*
~/отжигательная кольцевая *(Glas)* Ringkühlofen *m*
~/отжигательная конвейерная *(Glas)* Bandkühlofen *m*
~/отжигательная роликовая муфельная *(Glas)* Rollenmuffelkühlofen *m*
~/отжигательная туннельная *(Glas)* Kanalkühlofen *m*
~/отопительная Heizofen *m*
~/отпускная *(Met)* Anlaßofen *m*
~/отражательная s. **~/пламенная**
~/очковая 1. *(Fert)* Stangenenden-Anwärmofen *m* *(mit mehreren runden Einsatzöffnungen bei der Herstellung von Bolzen, Muttern, Nieten u. dgl.)*; 2. *(Met)* Anwärmofen *m* mit runden Einsatzöffnungen
~/паровая хлебопекарная Dampfbackofen *m*
~/передвижная transportabler Ofen *m*
~ периодического действия periodisch arbeitender Ofen *m*
~ периодического действия/ванная *(Glas)* Tageswannenofen *m*, periodische Wanne *f*
~/плавильная *(Met, Glas)* Schmelzofen *m*, Einschmelzofen *m*
~/плавильная барабанная Trommelschmelzofen *m*
~/плавильная ванная Wannenschmelzofen *m*
~/плавильная вращающаяся Drehschmelzofen *m*
~/плавильная электрическая Elektroschmelzofen *m*
~/плазменно-дуговая Plasmaschmelzofen *m*
~/пламенная Flammofen *m*, Herd[schmelz]ofen *m*, Strahl[ungs]ofen *m*
~/пламенная газовая Gasflammofen *m*
~/пламенная обжиговая Röstflamm[en]ofen *m*
~/пламенная плавильная Schmelzflammofen *m*
~/пламенная свинцовоплавильная Bleiflamm[en]ofen *m*
~/поворотная s. **~/качающаяся**
~/поворотная плавильная Trommelschmelzofen *m*

~/поворотная тигельная kippbarer Tiegel[schmelz]ofen *m*
~/подовая Herd[schmelz]ofen *m*, Sumpfofen *m*
~/подовая обжигательная Herdröstofen *m*
~/подогревательная 1. Vorwärmofen *m*, Anwärmofen *m*; 2. *(Gieß)* Warmhalteofen *m*, Abstehofen *m*
~/полочная Plattenofen *m*
~ полувзвешенного обжига Schweberöstofen *m*, Staubröstofen *m*
~ полукоксования Schwelofen *m*
~ полукоксования с внешним обогревом Heizflächenschwelofen *m*
~ полукоксования с внутренним обогревом Spülgasschwelofen *m*
~/полукоксовая *s.* **~ полукоксования**
~/полумуфельная *(Ker)* Halbmuffelofen *m*
~/полушахтная Halbschachtofen *m*
~/породоспускная *(Bgb)* Versatzrolle *f*
~/поточная Durchlaufofen *m*
~/правильная *(Glas)* Streckofen *m*
~ предварительного рафинирования Vorraffinierofen *m*, Vorraffinationsofen *m* *(NE-Metallurgie)*
~/пробная Probenofen *m*
~/промежуточная 1. Vorwärmofen *m*, Anwärmofen *m*; 2. *(Gieß)* Warmhalteofen *m*, Abstehofen *m*
~/промышленная Industrieofen *m*
~ промышленной частоты [/индукционная] Netzfrequenz[induktions]ofen *m*
~ промышленной частоты/[индукционная] тигельная Netzfrequenz[induktions]tiegelofen *m*
~ промышленной частоты с каналом/[индукционная] плавильная Netzfrequenz-Rinnen[induktions]schmelzofen *m*
~/противоточная Gegenstromofen *m*
~/проточная ванная *(Glas)* Durchlaßwannenofen *m*, Durchlaßwanne *f*
~/проходная *s.* **~ непрерывного действия**
~ прямого действия (нагрева)/дуговая direkter (direkt beheizter) Lichtbogenofen *m* *(mit abhängigem Lichtbogen)*
~/прямоугольная шахтная обжиговая Kiln[ofen] *m*
~/пудлинговая Herd[schmelz]ofen *m* *(NE-Metallurgie)*
~/радиационная Strahl[ungs]ofen *m*
~/разгоночная Klinkerofen *m*
~/разливочная Gießofen *m*, Vergießofen *m*
~/разрезная *(Bgb)* Einbruch *m*, Pfeilerdurchhieb *m*, Überhauen *n* *(Abbauvorrichtung)*
~/рафинированная Feinofen *m*, Raffinierofen *m*, Raffinationsofen *m* *(NE-Metallurgie)*
~/регенеративная Regenerativofen *m*, Wärmespeicherofen *m*, Ofen *m* mit Regenerativfeuerung
~/регенеративная пламенная Regenerativflamm[en]ofen *m*
~/регенеративная стекловаренная Regenerativglas[schmelz]ofen *m*
~/рекуперативная Rekuperativofen *m*
~/ретортная Retortenofen *m*; Galeerenofen *m* *(NE-Metallurgie)*
~/рольганговая Rollgangofen *m*
~/ротационная Drehofen *m*, Trommelofen *m*
~/рудообжигательная Erzröstofen *m*
~/рудоспускная *(Bgb)* Erzrolle *f*
~ с ботами/ванная *(Glas)* Stiefelwanne *f*, Wannenofen *m* mit Stiefeln
~ с вагонеточным тягуном Wagenzugofen *m*
~ с вертикальной ретортой/цинкдистилляционная New-Jersey-Retortenofen *m* *(NE-Metallurgie)*
~ с верхним пламенем Ofen *m* mit Oberflamme, Oberbrennerofen *m*
~ с вращающейся ретортой Trommelofen *m*
~ с вращающимся подом Drehherdofen *m*, Tellerofen *m*, Karussellofen *m*
~ с вращающимся подом/обжиговая Tellerröstofen *m*
~ с выдвижным подом Herdwagenofen *m*, Auszugofen *m*
~ с выносной топкой Ofen *m* mit Außenfeuerung
~ с горизонтальным пламенем Ofen *m* mit [waagerecht] streichender Flamme
~ с горячим дутьём Heißwindofen *m*
~ с графитовым стержневым нагревателем Graphitstabofen *m*
~ с двумя тигелями Doppeltiegelofen *m*
~ с естественной тягой Zugofen *m*
~ с инфракрасным нагревом Infrarotofen *m*, IR-Ofen *m*
~ с калориферным обогревом Röhrenofen *m*
~ с каналом Rinnenofen *m* *(Induktionsofen)*
~ с карборундовым нагревательным элементом Silitstabofen *m*
~ с качающейся ретортой Schwingretortenofen *m*
~ с качающимися направляющими Schwingbalken[durchlauf]ofen *m*
~ с кипящим слоем Wirbelschichtofen *m*, Fließbettofen *m*
~ с кислой футеровкой sauer zugestellter Ofen *m*
~ с кислым подом sauer ausgekleideter Herdofen *m*
~ с кислым подом/мартеновская saurer Siemens-Martin-Ofen (SM-Ofen) *m*

~ с кольцевой камерой Ring[kammer]-ofen *m*
~ с кольцевым каналом [/индукционная] Rinnen[induktions]ofen *m*
~ с контролируемой атмосферой Schutzgaslötofen *m*
~ с ленточным подом Jalousieofen *m*
~ с лодкой/ванная *(Glas)* Schwimmerwannenofen *m*
~ с мешалкой Rührofen *m*, Krählofen *m* *(NE-Metallurgie)*
~ с мостом/ванная *(Glas)* Brückenwanne *f*, Wannenofen *m* mit Brücke
~ с наклонным подом Schrägkammerofen *m*
~ с независимой дугой [/дуговая] indirekter (mittelbarer) Lichtbogenofen *m*
~ с нижним обогревом (пламенем) Unterbrennerofen *m*
~ с нижним расположением горелок Unterbrennerofen *m*
~ с обогревом верхним пламенем Oberflamm[en]ofen *m*
~ с обратным пламенем Ofen *m* mit Umkehrflamme
~ с основной футеровкой basisch zugestellter Ofen *m*
~ с основным подом basisch ausgekleideter Herdofen *m*
~ с основным подом/мартеновская basischer Siemens-Martin-Ofen (SM-Ofen) *m*, basisch ausgekleideter Siemens-Martin-Ofen (SM-Ofen) *m*
~ с отражательным пламенем Ofen *m* mit Prallflamme
~ с пережимом/ванная *(Glas, Ker)* eingeschnürte Wanne *f*
~ с переменным направлением пламени Ofen *m* mit Wechselzugflamme *(Regenerativofen)*
~ с перемещающейся зоной обжига Ofen *m* mit wandernder Brennzone (Röstzone)
~ с подвижным подом *s.* **~ непрерывного действия**
~ с подковообразным направлением пламени/ванная *(Glas)* Wannenofen *m* mit Hufeisenbrennern, Umkehrflammenwanne *f*
~ с подъёмным подом Hubherdofen *m*
~ с полугазовой топкой Halbgasofen *m*
~ с поперечным направлением пламени/ванная *(Glas)* Wannenofen *m* mit querziehender Flamme, Querflammenwanne *f*
~ с постоянной зоной обжига Ofen *m* mit feststehender Brennzone (Röstzone)
~ с постоянным направлением пламени Ofen *m* mit Gleichzugflamme
~ с принудительной циркуляцией Luftumwälzofen *m*, Umluftofen *m*, Ofen *m* mit Luftumwälzung
~ с протоком/ванная *(Glas)* Durchlaßwannenofen *m*, Durchlaßwanne *f*
~ с пульсирующим подом Schüttelherdofen *m*, Schwingrostofen *m*
~ с радиационным обогревом Röhrenofen *m*
~ с регенераторами Regenerativofen *m*, Wärmespeicherofen *m*
~ с роликовым подом Rollen[herd]ofen *m*
~ с силитовыми нагревательными элементами Silit[heiz]stabofen *m*
~ с тарельчатым подом/карусельная Teller[röst]ofen *m*
~ с торцевой выдачей/методическая Durchstoßofen *m*, Durchrollofen *m*
~ с цепным подом Kettenherdofen *m*
~ с циркуляцией воздуха *s.* **~ с принудительной циркуляцией**
~ с шагающим подом Balkenherdofen *m*, Schrittmacherofen *m*, Schrittförderofen *m*
~ с шагающими балками Hubbalkenofen *m*
~/садочная Einsatzofen *m*, diskontinuierlich arbeitender Ofen *m*
~/саморазгружающаяся Durchstoßofen *m*
~/сварочная Schweißofen *m*
~/свинцово-плавильная Bleischmelzofen *m*; Bleischachtofen *m*; Blei[bad]ofen *m*
~/сдвоенная Verbundofen *m*, Kompoundofen *m*, Doppelofen *m*
~/сдвоенная тигельная Doppeltiegelofen *m*
~/секционная Mehrkammerofen *m*
~/смесительная Mischerofen *m*
~/соединительная *(Bgb)* Durchhieb *m*
~ сопротивления Widerstandsofen *m*, widerstandsbeheizter Ofen *m*, Elektrowiderstandsofen *m*
~ сопротивления/высокотемпературная Hochtemperatur[widerstands]ofen *m*
~ сопротивления/дуговая [kombinierter] Lichtbogenwiderstandsofen *m*
~ сопротивления косвенного нагрева [/электрическая] indirekter Elektrowiderstandsofen (Widerstandsofen) *m*
~ сопротивления прямого нагрева [/электрическая] direkter Elektrowiderstandsofen (Widerstandsofen) *m*
~ сопротивления с угольными нагревательными элементами Kohle[nstab]widerstandsofen *m*
~ сопротивления с центральным нагревательным стержнем Stab[widerstands]ofen *m*
~ сопротивления/электрическая Elektrowiderstandsofen *m*, Widerstandsofen *m*
~ сопротивления/электроплавильная [elektrischer] Widerstandsschmelzofen *m*

~ **Спирле** Spirlet-Ofen *m* *(NE-Metallurgie)*
~ **средней частоты [/индукционная]** Mittelfrequenz[induktions]ofen *m*
~/**среднетемпературная** Mitteltemperaturofen *m*
~/**сталеплавильная** Stahlschmelzofen *m*
~/**стекловаренная** Glas[schmelz]ofen *m*
~/**стекловаренная горшковая** Hafenofen *m*
~/**сульфатная** Sulfatofen *m*
~/**сушильная** Trockenofen *m*, Darrofen *m*
~ **Таммана** Tamman-Ofen *m*
~/**термическая** Wärmebehandlungsofen *m*; Glühofen *m*; Vergütungsofen *m*
~/**тигельная** Tiegelofen *m*
~/**тигельная плавильная** Tiegelschmelzofen *m*
~/**толкательная** Stoßofen *m*
~/**томильная** Glühofen *m*; Temperofen *m*
~/**тоннельная** *s.* ~/**туннельная**
~/**трёхфазная** Drehstromofen *m*
~**трёхфазная дуговая** Dreiphasenlichtbogenofen *m*
~/**трёхъярусная** Tripelofen *m*
~/**трубчатая** Dreh[rohr]ofen *m*, Rotierofen *m*; Röhrenofen *m*, Rohrofen *m*, Rohrblasenofen *m* *(Destillation)*
~/**туннельная** Tunnelofen *m*, Kanalofen *m*
~/**туннельная отжигательная** Tunnelglühofen *m*; *(Glas)* Kanalkühlofen *m*
~/**туннельная сушильная** Tunneltrockenofen *m*, Tunneltrockner *m*
~ **Фабер-дю-Фора** Faber-du-Faur-Ofen *m*
~/**фарфоро-обжигательная** Porzellan[brenn]ofen *m*
~/**ферросилициевая** Ferrosiliziumofen *m*
~/**ферросплавная восстановительная** Ferrolegierungsofen *m*, Ferroreduktionsofen *m*
~ **Фурко/ванная** *(Glas)* Fourcault-Wanne *f*
~/**хлебопекарная** Backofen *m*
~/**ходовая** *(Bgb)* Fahrüberhauen *n*
~/**цементационная** *(Met)* Aufkohlungsofen *m*, Zementier[ungs]ofen *m*, Zementationsofen *m*; *(Härt)* Einsatz[härte]ofen *m*
~/**цементная (цементообжигательная)** Zement[brenn]ofen *m*
~/**цинкдистилляционная** Zinkdestillierofen *m*, Zinkdestillationsofen *m*
~/**циркуляционная** Umwälzofen *m*
~/**циркуляционная газовая** Wälzgasofen *m*
~/**четырёхгоршковая** Vierhafenofen *m*
~/**чугуноплавильная** Gußeisenschmelzofen *m*
~/**шахтная** Schachtofen *m*
~/**шахтная известеобжигательная** Kalkschachtofen *m*
~/**шахтная плавильная** Schachtschmelzofen *m*
~/**шахтная форкамерная** *(Glas)* Schachtvorkammerofen *m*
~/**шахтная цементная** Zementschachtofen *m*
~/**шахтно-пламенная** [kombinierter] Schacht-Flammen-Ofen *m*
~ **швелевания** Schwelofen *m*
~ **Штурцельберга** Stürzelberg-Ofen *m*
~/**щелевая** *(Met, Fert)* Anwärmofen *m* mit schlitzartigen Einsatzöffnungen
~/**электрическая** elektrothermischer (elektrischer) Ofen *m*, Elektroofen *m* *(s. a.* **электропечь***)*
~/**электрическая доменная** Elektrohochofen *m*
~/**электрическая дуговая** Elektrolichtbogenofen *m*
~/**электрическая промышленная** industrieller Elektroofen *m*
~/**электродно-соляная** *(Härt)* Elektrodensalzbadofen *m*
~/**электродоменная** Elektrohochofen *m*
~/**электродуговая** Lichtbogenofen *m*, Elektrolichtbogenofen *m* *(s. a. unter* ~/**дуговая***)*
~/**электродуговая сталеплавильная** Elektrolichtbogen-Stahlschmelzofen *m*, Lichtbogenstahlschmelzofen *m*
~/**электронно-лучевая [плавильная]** Elektronenstrahl[schmelz]ofen *m*
~/**электроотжигательная** *(Glas)* Elektrokühlofen *m*
~/**электроплавильная** Elektroschmelzofen *m*, elektrischer Schmelzofen *m* *(s. a.* **электропечь***)*
~/**электроплавильная дуговая** Lichtbogenschmelzofen *m*
~/**электроплавильная индукционная** Induktionsschmelzofen *m*
~/**электроплавильная подовая** Elektroherdschmelzofen *m*
~/**электроплавильная тигельная** elektrischer Tiegelschmelzofen *m*
~/**электросталеплавильная** Elektrostahl[schmelz]ofen *m*
~/**эмалировочная** Emaillierofen *m*
~/**ярусная** Staffelofen *m*, Etagenofen *m*
~/**ярусная кондитерская** Etagenkonditorbackofen *m*

печь-термостат *f* Heizthermostat *m*
пешня *f* *(Schiff)* Eispicke *f*
пещера *f* *(Geol)* Höhle *f*
~/**карстовая** Karsthöhle *f*
~/**обвальная** Einsturzhöhle *f*
~/**поствулканическая** postvulkanische Höhle *f*
~/**сталактитовая** Tropfsteinhöhle *f*, Stalaktitenhöhle *f*

пигмей *m* *(Astr)* Pygmäenstern *m*

пигмент *m* Pigment *n*
~/**антикоррозионный** Korrosionsschutzpigment *n*
~/**красочный** Farbpigment *n*
~/**минеральный** Mineralpigment *n*
~/**природный минеральный** Erdpigment *n*
ПИД-регулятор *m s.* **регулятор с предварением/изодромный**
пизолит *m s.* **камень/гороховый**
пик *m* 1. Spitze *f* *(einer Kurve)*, Scheitelwert *m*; 2. *(Geol)* Pik *m*, Bergspitze *f*; 3. *(Schiff)* Piek *f*, Piektank *m* *(Vorpiek, Achterpiek)*
~ **белого** *(Opt)* Weißspitze *f*, Spitzenweiß *n*
~ **движения** 1. *(Eb)* Verkehrsspitze *f*, extrem starker Verkehr *m*; 2. *(Fmt)* Verkehrsspitze *f*
~ **зажигания** Zündspitze *f*
~ **мощности** Leistungsspitze *f*
~ **нагрузки** Lastspitze *f*, Belastungsspitze *f*; Spitzenleistung *f*
~ **напряжений** Spannungsspitze *f*
~ **обратного рассеяния** *(Ph)* Rückstreuspitze *f*
~ **паводка** *(Hydt)* Hochwasserspitze *f*, Hochwasserscheitel *m*
~/**суточный** Tagesspitze *f*
~ **температуры** Temperaturspitze *f*
пика *f* 1. Lanze *f*; 2. Schürspitze *f*, Stocher *m* *(Feuerung)*; 3. *s.* **пик 1.**
~ **отбойного молотка** *(Bgb)* Schrämkohlenpicke *f*, Pickeisen *n* des Abbauhammers
пикап *m* Kleinlastwagen *m*, Lieferwagen *m*
пик-вольтмер *m* *(El)* Spitzenspannungsvoltmeter *n*, Spitzenspannungsmesser *m*
пике́ *n* *(Text)* Pikee *m*, Piketgewebe *n*
пикелевание *n* *(Led)* Pickeln *n*
пикелевать *(Led)* pickeln
пикель *m* *(Led)* Pickel *m*, Pickelbrühe *f*
пикет *m* 1. *(Geod)* Pflock *m*; ausgepflockter Vermessungspunkt *m*; 2. *(Eb)* Hektometer *n* *(Kilometrierungsmaßeinheit von 100 m)*
пикетаж *m* 1. *(Geod)* Pflocken *n*; 2. *(Eb)* „Hektometrierung" *f* *(beim Kilometrieren Unterteilung der 1000-m-Strecke in 100-m-Abschnitte)*
пикирование *n* *(Milflg)* Sturzflug *m*
~/**вертикальное (отвесное)** Überdrücken *n*, senkrechter Sturzflug *m*
пикирующий Sturzflug ...
пиккер-хескер *m s.* **початкоотделитель**
пиклевать *s.* **пикелевать**
пикнит *m* *(Min)* Pyknit *m* *(Topas)*
пикнометр *m* *(Mech)* Pyknometer *n* *(Wägefläschchen zur genauen Bestimmung der Dichte von Flüssigkeiten)*
пикотаж *m* *(Bgb)* Pikotage *f* *(Tübbingausbau)*
пикотит *m* *(Min)* Picotit *m* *(Mineral der Spinellgruppe)*
пикрат *m* *(Ch)* Pikrat *n*
пикриновокислый *(Ch)* ... pikrat *n*; pikrinsauer
пикрит *m* *(Geol)* Pikrit *m*
пикромерит *m s.* **шенит**
пикрофармаколит *m* *(Min)* Pikropharmakolith *m*
пик-трансформатор *m* *(El)* Spitzentransformator *m*
пикфактор *m* Spitzenfaktor *m*, Scheitelfaktor *m*
пила *f* 1. Säge *f* *(als Handwerkszeug)*; 2. Sägeblatt *n* *(für Holzsägemaschinen)*; 3. *s. unter* **станок**
~/**абразивная дисковая** Trennschleifmaschine *f* *(für Metall)*
~/**ажурная** *s.* ~/**лобзиковая**
~/**бочкообразная** Zylindersäge (Trommelsäge) *f* mit konvexer (faßförmiger) Mantelfläche *(umlaufendes Maschinenwerkzeug zur Herstellung von Faßdauben)*
~/**бревнопильная ленточная** *s.* ~/**широкая ленточная**
~/**бугельная** Bügelsäge *f* *(in Metallbügel gespannte Handsäge)*
~/**выкружная** Schweifsäge *f*, Gestellsäge *f* für Schweifschnitt *(gespannte Handsäge)*
~ **горячей резки** Warmkreissäge *f* *(Metalltrennsäge für Walzwerke)*
~ **горячей резки/рычажная** Hebelwarmsäge *f*, waagerechte Pendelwarmsäge *f* *(Trennkreissäge für Walzwerke)*
~ **горячей резки/салазковая** Schlittenwarmsäge *f* *(Trennkreissäge für Träger- und Schienenwalzwerke)*
~/**двуручная поперечная** [normale] Schrotsäge *f* *(für Querschnitt)*, Waldsäge *f* *(ungespannte Handsäge)*
~/**двуручная продольная** Schrotsäge *f* für Längsschnitt (Trennschnitt) *(ungespannte Handsäge)*
~/**делительная ленточная** *s.* ~/**ребровая ленточная**
~/**дисковая** Kreissägeblatt *n*
~ **для лесопильных рам** *s.* ~/**рамная**
~ **для фрезерной резки** *s.* ~ **холодной резки**
~/**камнерезная** Steinsäge *f*
~/**канатная** *(Bgb)* Seilschrämgerät *n*
~/**качающаяся** Taumelsäge *f*
~/**коническая** konisches Kreissägeblatt *n*
~/**круглая** *s.* 1. ~/**дисковая**; 2. **станок/круглопильный**
~/**ленточная** 1. Bandsägeblatt *n*; 2. *s.* **станок/ленточно-пильный**
~/**летучая** fliegende Kreissäge *f*

~/лобзиковая 1. Dekupiersägeblatt *n (für Maschinen)*; 2. Laubsägeblatt *n (für Handlaubsägen)*
~/лучковая Spannsäge *f*
~/маятниковая *s.* **станок/торцовочный**
~/маятниковая горячая Pendelwarmsäge *f*
~/мотоцепная Kettensäge *f* mit Verbrennungsmotor
~/настольная дисковая elektrische Tischkreissäge *f*
~/настольная ленточная elektrische Bandsäge *f*
~/ножовочная Maschinenbügelsäge *f*, Hubsäge *f*
~/обрезная *s.* **станок/обрезной**
~/педальная круглая Kreissäge[maschine] *f* für Querschnitt mit Blattzustellung durch Fußhebel
~/переносная ручная ленточная transportable Elektrohandbandsäge *f*
~/пилорамная Gattersägeblatt *n*
~/плоская дисковая Kreissägeblatt *n* mit Geradschliffzähnen
~ по металлу Metallsäge *f (Maschine)*
~ по металлу/круглая Metallkreissäge *f (Maschine)*
~ по металлу/ленточная Metallbandsäge *f (Maschine)*
~/полосовая Langblattsäge *f*
~/поперечная 1. Quersägeblatt *n (für Steifblattquersägemaschine)*; 2. *s.* **~/двуручная поперечная**
~/поперечная лучковая Quersäge *f*, Gestellsäge *f* für Querschnitt *(ungespannte Handsäge)*
~/продольная лучковая Gestellsäge *f* für Längsschnitt, Trennsäge *f*
~/прорезная *s.* **~/лобзиковая**
~/рамная Gattersägeblatt *n*
~/распускная Trennsäge *f*, Gestellsäge *f* für Längsschnitt
~/ребровая ленточная Sägeblatt *n* für Trennbandsägen
~ с бечёвной тетивой/лучковая Gestellsäge *f* mit Schnurverspannung
~ с жёстким полотном 1. Steifblattquersägemaschine *f*; 2. ungespannte Handsäge *f (Fuchsschwanz, Stichsäge)*
~ с малым числом зубьев Wenigzahnblatt *n (Kreissägeblatt für Längsschnitt in Rohmaterial, besonders Hartholz)*
~ с натянутым полотном gespannte Säge *f*
~ с ненатянутым полотном ungespannte Säge *f*
~ с пластинками из твёрдого сплава/круглая hartmetallbestücktes Kreissägeblatt *n*
~ с плоским диском/круглая *s.* **~/плоская дисковая**
~ с проволочной тетивой/лучковая Gestellsäge *f* mit Stahldrahtverspannung
~ с электрорезкой Elysiertrennschleifmaschine *f (für Walzwerke und andere metallbearbeitende Betriebe)*
~/столярная ленточная *s.* **~/узкая ленточная**
~/строгальная [дисковая] Hobelkreissägeblatt *n (für saubere Längs- und Querschnittflächen)*
~/торцовая маятниковая *s.* **станок/торцовочный маятниковый**
~ трения Reibsäge *f (Trennkreissäge für Walzwerke)*
~/угольная *(Bgb)* Kohlensäge *f*
~/узкая ленточная schmales (normales) Bandsägeblatt *n* für Tischlerbandsägen *(für Längs-, Quer- und Schweifschnitt)*
~/фрикционная *s.* **~ трения**
~ холодной резки Kaltkreissäge *f (Metalltrennsäge für Walzwerke)*
~/цепная 1. Sägekette *f (Werkzeug)*; 2. Kettensäge *f (transportable Sägemaschine mit Antrieb durch Elektro- oder Verbrennungsmotor)*
~/цилиндрическая 1. Zylindersäge *f*, Trommelsäge *f (umlaufendes Sägewerkzeug zur Herstellung zylindrischer Faßdauben)*; 2. Zylindersäge *f (Maschine)*
~/циркульная *s.* 1. **~/дисковая**; 2. **станок/круглопильный**
~/шиповая лучковая Zinkensäge *f (Gestellsäge zur Herstellung von Zinkenverbänden)*
~/шипорезная Zinkensäge *f (Maschinenwerkzeug zur Herstellung von offenen Schwalbenverbänden)*
~/широкая ленточная breites Bandsägeblatt *n* für Block- und Trennbandsägemaschinen
~/электрическая дисковая редукторная elektrische Handkreissäge *f* mit Untersetzungsgetriebe
пила-мелкозубка *f*/**лучковая** feingezahnte Gestellsäge *f (vornehmlich für Querschnitt)*
пилирование *n* Pilieren *n (Seifenherstellung)*
пилировать pilieren *(Seife)*
пилить sägen; feilen
пиллерс *m (Schiff)* Decksstütze *f*
~/бортовой Seitenstütze *f*
~/коробчатый kastenförmige Decksstütze *f*
~ составного профиля gebaute Decksstütze *f*
~/трубчатый Rohrdecksstütze *f*
~/трюмный Raumstütze *f*
пиллинг-эффект *m (Text)* Pillingeffekt *m*
пиловочник *m s.* **лесоматериал/круглый**
пиломатериал *m* Schnittholz *n*, Schnittware *f*
~/лиственный Laubschnittholz *n*

~ лиственных пород Laubschnittholz *n*
~/необрезной unbesäumtes Schnittholz *n*
~/обрезной besäumtes Schnittholz *n*
~/поделочный Nutzschnittholz *n*
~ радиальной распиловки Spiegelschnittholz *n*, Spiegelware *f*
~/строганый behobeltes Schnittholz *n*
~/строительный Bauschnittholz *n*
~ тангенциальной распиловки Tangentialschnittholz *n*, Fladerschnittholz *n*
~/тарный Kistenschnittholz *n*, Packgutschnittholz *n*
~/хвойный Nadelschnittholz *n*
~ хвойных пород Nadelschnittholz *n*
~/чистообрезной Kantholz *n*
пилон *m (Arch)* Pylon *m*, Pylone *f*; *(Bw)* Pfeiler *m*, Stütze *f*
пилообразный sägezahnartig
пилот *m (Hydr)* Vorsteuerschieber *m*
~/поворотный *s.* **кран управления**
пилотаж *m (Flg)* 1. Kunstflug *m*; 2. Flugtechnik *f*
~/высший höherer Kunstflug *m*
~/групповой высший Kunstflug *m* im Verband
пилотирование *n* Flugzeugführung *f*, Flugzeugsteuerung *f*
пилотируемый bemannt
пильгервалок *m* Pilger[schritt]walze *f*
пильгерование *n* Pilger[schritt]walzen *n*, Pilgern *n*
~/горячее Warmpilgern *n*
~/холодное Kaltpilgern *n*
пильгерстан *m* Pilger[schritt]walzwerk *n*
пилястра *f (Arch)* Pilaster *m*, Wandpfeiler *m*
пи-мезон *m (Kern)* Pi-Meson *n*, π-Meson *n*, Pion *n*
пинакоид *m (Krist)* Pinakoid *n*
пининг *m s.* **проколачивание шва**
пиноль *f (Wkzm)* Pinole *f*
пинч *m s.* **пинч-эффект**
пинч-эффект *m (Kern)* Pincheffekt *m*, eigenmagnetische Kompression *f*, Selbsteinschnürung *f*, Einschnüreffekt *m*
пион *m s.* **пи-мезон**
пиперидин *m (Ch)* Piperidin *n*
пипетирование *n (Ch)* Pipettieren *n*
пипетировать *(Ch)* pipettieren
пипетка *f* Pipette *f*
~/взрывная газовая Explosionspipette *f*
~/газовая Gaspipette *f*
~/градуированная Meßpipette *f*
~/обыкновенная *s.* **~/простая**
~ Орса Orsat-Pipette *f*
~/простая Vollpipette *f*
пирамида *f* 1. *(Math, Krist)* Pyramide *f*; 2. *(Geod)* Pyramide *f*, Gerüst *n*; 3. *(Mil)* Gewehrständer *m*
~/вицинальная *(Krist)* Vizinalpyramide *f*
~ второго рода *(Krist)* Pyramide *f* zweiter Art, Deuteropyramide *f*
~/гексагональная *(Krist)* hexagonale Pyramide *f*
~/двенадцатигранная *(Krist)* dihexagonale Pyramide *f*
~/дигексагональная *(Krist)* dihexagonale Pyramide *f*
~/дитетрагональная *(Krist)* ditetragonale Pyramide *f*
~/дитригональная *(Krist)* ditrigonale Pyramide *f*
~/квадратная *(Krist)* tetragonale Pyramide *f*
~/наклонная *(Math)* schiefe Pyramide *f*
~ первого рода *(Krist)* Pyramide *f* erster Art, Protopyramide *f*
~/правильная *(Math)* regelmäßige Pyramide *f*
~/прямая *(Math)* gerade Pyramide *f*
~/ромбическая *(Krist)* rhombische Pyramide *f*
~/тетрагональная *(Krist)* tetragonale Pyramide *f*
~/треугольная *(Math)* dreiseitige Pyramide *f*
~/тригональная *(Krist)* trigonale Pyramide *f*
~/усечённая *(Math)* Pyramidenstumpf *m*
~ цветов Farb[en]pyramide *f*
~/четырёхугольная *(Math)* vierseitige Pyramide *f*
~/шестиугольная *(Math)* sechsseitige Pyramide *f*
пиранометр *m (Meteo)* Pyranometer *n*
пиранометрия *f (Meteo)* Pyranometrie *f (Globalstrahlungsmessung)*
пираргирит *m (Min)* Pyrargyrit *m*, dunkles Rotgültigerz *n*, Antimonsilberblende *f*
пиргелиометр *m (Meteo)* Pyrheliometer *n*
~/абсолютный Absolutpyrheliometer *n*
~/компенсационный Kompensationspyrheliometer *n*
пиргелиометрия *f (Meteo)* Aktinometrie *f*, Pyrheliometrie *f*
пиргеометр *m (Meteo)* Pyrgeometer *n*
ПИ-регулятор *m s.* **регулятор/изодромный**
пиридин *m (Ch)* Pyridin *n*
пиримидин *m (Ch)* Pyrimidin *n*
пирит *m (Min)* Pyrit *m*, Schwefelkies *m*, Eisenkies *m*
пиритный, пиритовый pyrithaltig, pyritisch, Pyrit...
пироантимонат *m (Ch)* Pyroantimonat *n*, Diantimonat(V) *n*
пироарсенат *m (Ch)* Pyroarsenat *n*, Diarsenat(V) *n*
пироарсенит *m (Ch)* Pyroarsenit *n*, Pyroarsenat(III) *n*, Diarsenat(III) *n*
пироборат *m (Ch)* Pyroborat *n*
пирог *m* Kuchen *m (Aufbereitung)*
~ агломерата Agglomeratkuchen *m*, Sinterkuchen *m*

~/агломерационный Agglomeratkuchen *m*, Sinterkuchen *m*
~/спечённый Sinterkuchen *m*, Agglomeratkuchen *m*
пирогаз *m* Pyro[lyse]gas *n*
пирогаллол *m (Ch)* Pyrogallol *n*, Pyrogallussäure *f*
пирогидролиз *m* Pyrohydrolyse *f*
пиродинамика *f (Mil)* Pyrodynamik *f* *(innere Ballistik)*
пирокатехин *m (Ch)* Brenzkatechin *n*
пирокластолиты *mpl (Geol)* vulkanische Tuffe *mpl*
пироксенит *m (Geol)* Pyroxenit *m*
пироксены *mpl (Min)* Pyroxene *mpl* *(Mineralfamilie)*
пироксилин *m* Pyroxylin *n*, Schießbaumwolle *f*
пиролиз *m (Ch)* Pyrolyse *f*
пиролюзит *m (Min)* Pyrolusit *m*, Weichmanganerz *n*
пиромагнетизм *m* Pyromagnetismus *m*
пирометаллургический pyrometallurgisch, trockenmetallurgisch
пирометаллургия *f* Pyrometallurgie *f*, Schmelzmetallurgie *f*, Thermometallurgie *f*
пирометаморфизм *m (Geol)* Pyrometamorphose *f*
пирометр *m* Pyrometer *n*, Wärmemesser *m*, Hochtemperaturmesser *m* *(s. a.* **~ излучения***)*
~ излучения Strahlungspyrometer *n*, Strahlenpyrometer *n*, Wärmestrahlungspyrometer *n*
~ излучения/оптический Fadenpyrometer *n*, optisches Pyrometer *n* *(alle Pyrometer, die auf dem Vergleich der Helligkeit und/oder der Farbe des anvisierten Körpers mit der Helligkeit und/oder Farbe eines Vergleichskörpers beruhen)*
~/контактный Kontaktpyrometer *n*, Berührungspyrometer *n*
~/оптический *s.* **~ излучения/оптический**
~/погружной Tauchpyrometer *n*
~ полного излучения Vollstrahlungspyrometer *n*, Ardometer *n*
~/радиационный 1. [elektrisches] Strahlungspyrometer *n*, [optisches] Strahlenpyrometer *n*; 2. *s.* **~ полного излучения**
~ рефлекторного типа/радиационный Hohlspiegelpyrometer *n*
~ рефракторного типа/радиационный Sammellinsenpyrometer *n*
~ с исчезающей нитью *s.* **~ с нитью накала/оптический**
~ с нитью накала/оптический Kreuzfadenpyrometer *n*, [optisches] Glühfadenpyrometer *n*, Leuchtdichtepyrometer *n*
~ с термопарой/радиационный *s.* **~/термоэлектрический**
~ с фотометрической лампой/оптический *s.* **~ с нитью накала/оптический**
~ с фотоэлементом [/оптический] *s.* **~/фотоэлектрический**
~ сопротивления Widerstandspyrometer *n*, Widerstandsthermometer *n*
~/спектральный Spektralpyrometer *n*
~/термоэлектрический thermoelektrisches Pyrometer *n*
~/фотоэлектрический [оптический] Fotoelementpyrometer *n*, Fotozellenpyrometer *n*
~/цветовой Farbpyrometer *n*
~ частичного излучения Teilstrahlungspyrometer *n*
~ электрический Elektropyrometer *n*
пирометрия *f* Pyrometrie *f*, Hochtemperaturmessung *f*
пироморфизм *m (Geol)* Pyrometamorphose *f*
пироморфит *m (Min)* Pyromorphit *m*, Buntbleierz *n*
пироп *m (Min)* Pyrop *m* *(ein Granat)*
пирописсит *m (Geol)* Pyropissit *m*, Wachskohle *f*, Schwelkohle *f*
пиропроводимость *f* Heißleitfähigkeit *f*
пиpореакция *f (Ch)* Pyroreaktion *f*
пиросернистокислый *(Ch)* ... pyrosulfit *n*, ... disulfit *n*; pyroschwefligsauer
пиросернокислый *(Ch)* ... pyrosulfat *n*, ... disulfat *n*; pyroschwefelsauer
пироскоп *m* Pyroskop *n*, Segerkegel *m*, Schmelzkegel *m*, Schmelzpunktpyrometer *n*
пиростатика *f (Mil)* Pyrostatik *f* *(innere Ballistik)*
пиростибит *m (Min)* Pyrostibit *m*, Rotspießglanz *m*, Antimonblende *f*, Antimonzinnober *m*, Kermesit *m*
пиросульфат *m (Ch)* Pyrosulfat *n*, Disulfat *n*
~ натрия Natriumpyrosulfat *n*, Natriumdisulfat *n*
пиросульфит *m (Ch)* Pyrosulfit *n*, Disulfit *n*
пиросфера *f* Pyrosphäre *f*
пиротехника *f* Pyrotechnik *f*, Feuerwerkerei *f*
пиротехнический pyrotechnisch, Feuerwerks ...
пирофиллит *m (Min)* Pyrophyllit *m*
пирофорность *f* Selbstentzündbarkeit *f* *(von Pulvern; Pulvermetallurgie)*
пирофосфат *m (Ch)* Pyrophosphat *n*, Diphosphat *n*
~ калия Kaliumpyrophosphat *n*, Kaliumdiphosphat *n*
~ калия/кислый Dikaliumhydrogenpyrophosphat *n*, Dikaliumhydrogendiphosphat *n*

пирофосфит *m (Ch)* Pyrophosphit *n*, Diphosphit *n*
~ натрия Natriumpyrophosphit *n*, Natriumdiphosphit *n*
пирофосфористокислый *(Ch)* ...pyrophosphit *n*, ... diphosphit *n*; pyrophosphorigsauer
пирофосфорнокислый *(Ch)* ... pyrophosphat *n*, ... diphosphat *n*; pyrophosphorsauer
пирохлор *m (Min)* Pyrochlor *m (uranhaltiges Mineral)*
пироэлектрик *m* Pyroelektrikum *n*
пироэлектрический pyroelektrisch
пироэлектричество *n* Pyroelektrizität *f (von Kristallen)*
пироэффект *m* pyroelektrischer Effekt *m*, Pyroeffekt *m*
пиррол *m (Ch)* Pyrrol *n*, Imidol *n*
пирротин *m (Min)* Magnetkies *m*, Pyrrhotin *m*
пирс *m (Schiff)* Pier *m(f)*
~/достроечный Ausrüstungspier *m*
пируват *m (Ch)* Pyruvat *n*
пистолет *m (Wkz, Mil)* Pistole *f*
~/автоматический Selbstladepistole *f*
~/боевой Armeepistole *f (Oberbegriff)*
~ для дуговой приварки шпилек Bolzenschweißpistole *f*
~ для точечной сварки Punktschweißpistole *f*
~/заправочный *(Kfz)* Tankpistole *f*
~/металлизационный Spritzpistole *f (zum Aufbringen von Metallüberzügen)*, Metallisator *m*
~/многозарядный Mehrladepistole *f*
~/монтажно-строительный Bolzenschießgerät *n*
~/полуавтоматический Selbstladepistole *f*
~/порошковый Pulverspritzpistole *f*
~ с прикладом Kolbenpistole *f*
~/самозарядный Selbstladepistole *f*
~/сварочный Schweißpistole *f*
~/сигнальный Leuchtpistole *f*
~/спортивный Scheibenpistole *f*
пистолет-автомат *m (Mil)* Maschinenpistole *f*, MPi *(Kurzbezeichnung* **автомат***)*
пистолет-напылитель *m s.* **пистолет-распылитель**
пистолет-пулемёт *m* Maschinenpistole *f*, MPi
пистолет-распылитель *m* Zerstäuberpistole *f*, Spritzpistole *f (für flüssige Farben u. dgl.)*
пистон *m* Zündhütchen *n*
питаемый от батареи batteriegespeist
~ от сети netzgespeist, netzbetrieben, mit Netzstromversorgung
~ переменным током wechselstromgespeist
~ постоянным током gleichstromgespeist
~ со стороны ротора läufergespeist

питание *n* 1. Speisung *f*, Speisen *n*, Zufuhr *f*, Zuführung *f*; 2. *(Met)* Speisung *f*, Beschickung *f (Öfen)*; Aufgeben *n*, Aufgabe *f*, Eintragen *n (des Gutes)*; 3. *(Gieß)* Speisen *n*, Nachspeisen *n (Gußteile)*; 4. *(El)* Speisen *n*, Speisung *f*, Stromspeisung *f*, Stromversorgung *f*; 5. *(Bgb)* Schüttung *f (Schrotbohren)*; 6. *(Geol)* Nährung *f (Gletscher)* • **с батарейным питанием** batteriegespeist • **с двусторонним питанием** zweiseitig [ein]gespeist • **с питанием от (электро)сети** netzgespeist, netzbetrieben, mit Netzstromversorgung • **с питанием со стороны ротора** läufergespeist
~/аварийное Notstromversorgung *f*
~/батарейное Batteriespeisung *f*
~/береговое *s.* **~ с берега**
~/вакуумное *(Glas)* Saugspeisung *f*
~ ватки/поперечное *(Text)* Querspeisung *f (Krempel)*
~/верхнее Oben[ein]speisung *f (einer Antenne)*
~ волноводом Hohlleiterspeisung *f*
~ газосварочных постов/централизованное *(Schw)* zentrale Gasversorgung *f* der Schweiß- und Schneidarbeitsplätze über Ringleitung
~ горючим *(Kfz)* Kraftstoffzufuhr *f*
~/капельное *(Glas)* Tropf[en]speisung *f*
~ котла Kesselspeisung *f*
~ ледника *(Geol)* Gletschernährung *f*
~/мокрое Naßbeschickung *f*, Beschickung *f* mit aufgeschlämmtem Gut *(Aufbereitung)*
~ напряжением *(El)* Spannungseinkopplung *f*
~/нижнее Fuß[punkt]speisung *f (einer Antenne)*
~ от батареи Batteriespeisung *f*
~ от сети *s.* **~ от электросети**
~ от центральной батареи *(Fmt)* Zentralbatteriespeisung *f*, ZB-Speisung *f*
~ от электросети Netzspeisung *f*, Netzstromversorgung *f*, Netzanschluß[betrieb] *m*
~ от электросети переменного тока Wechselstromnetzbetrieb *m*, Wechselstromnetzanschluß *m*
~ от электросети постоянного тока Gleichstromnetzbetrieb *m*, Gleichstromnetzanschluß *m*
~ подземных вод/искусственное Grundwasseranreicherung *f*
~ с берега *(Schiff)* Landeinspeisung *f*, Landanschluß *m (Stromversorgung eines Schiffes)*
~/сетевое *s.* **~ от электросети**
~/универсальное Allstrombetrieb *m*, Allstromnetzanschluß *m*
~ электрическим током Stromversorgung *f*, Stromspeisung *f*

питатель *m* 1. Speiser *m*, Einspeisevorrichtung *f*, Feeder *m*, Zuteileinrichtung *f*, Zuteiler *m*, Beschickungsvorrichtung *f*, Beschicker *m*, Aufgabevorrichtung *f*, Aufgeber *m*; Bunkerabzugsvorrichtung *f*, Bunkerentleerungsvorrichtung *f*, Aufgabeapparat *m*; 2. *(Gieß)* Anschnitt *m*, Auslauf *m*, Zulauf *m*, Einlauf *m* *(Gießsystem)*; 3. *(El)* Speiseleitung *f*; 4. *(Schiff)* Füllschacht *m*
~/барабанный Walzenspeiser *m*, Trommelaufgeber *m*, Trommelspeiser *m*, Zellenradspeiser *m*, Speisewalze *f*, Walzenaufgeber *m*
~/валковый (вальцовый) Walzenspeiser *m*, Aufgabewalzen *fpl*
~/вибрационный Schüttelaufgeber *m*, Vibrationsspeiser *m*, Vibrospeiser *m*, Aufgabevibrator *m*, Schüttelspeiser *m*, Rüttelspeiser *m*
~/винтовой *s.* **~/шнековый**
~/встряхивающий *s.* **~/вибрационный**
~/выпускной *(Glas)* Zapfenspeiser *m* *(Glasautomat)*
~/головной *(Text)* Kastenspeiser *m* *(Baumwollspinnerei)*
~/дисковый Telleraufgeber *m*, Tellerspeiser *m*
~/дозирующий Dosiereinrichtung *f*, Aufgabeeinrichtung *f* *(s. a. unter* **дозатор***)*
~/звёздчатый *s.* **~/лопастный**
~/зерновой Getreidefeeder *m*
~/капельный *(Glas)* Tropfenspeiser *m*
~/кареточный Schubwagenspeiser *m*
~/качающийся *s.* **~/вибрационный**
~/ленточный Bunkerabzugsband *n*, Abzugsband *n*, Zuteilerband *n*, Aufgabeband *n*, Bandzuteiler *m*, Bandaufgeber *m*
~/лопастный Zellenrad *n*, Zellenradspeiser *m*, Zellenradaufgeber *m*, Zellenradzuteiler *m*, Zellenraddosator *m*, Zellenraddosierer *m*, Zellenradschleuse *f*
~/маятниковый Schwingspeiser *m*, Pendelspeiser *m*
~/обратный Rückspeiser *m*, Rückspeiseventil *n*
~/пластинчатый Aufgabeplattenband *n*, Plattenbandspeiser *m*, Abzugsplattenband *n*
~/плунжерный Plungeraufgabevorrichtung *f*, Tauchkolbenaufgabevorrichtung *f*, Schubspeiser *m*, Kolbenspeiser *m*
~/пневматический Druckluftspeiser *m*, Druckluftaufgeber *m*
~/поршневой *s.* **~/плунжерный**
~/рудный Erzabzugsvorrichtung *f*; Erzaufgabevorrichtung *f*
~/секторный Rundbeschicker *m* *(s. a.* **~/лопастный***)*
~/синхронный Synchronspeiser *m*, zwanggesteuerter Zuteiler *m*
~/скользящий Schubspeiser *m*
~/скребковый Kratzbandaufgeber *m*
~/сотрясательный Schüttelspeiser *m*
~/струйчатый *(Glas)* Fließspeiser *m*
~/тарелочный (тарельчатый) Tellerspeiser *m*, Telleraufgeber *m*
~/угарный *(Text)* Abfallspeiser *m* *(Baumwollspinnerei)*
~/цепной Kettenspeiser *m*, Kettenaufgeber *m*
~/червячный Zuteilschnecke *f*
~/черпаковый Schöpfaufgeber *m*
~/шнековый Abzugsschnecke *f*; Schneckenspeiser *m*, Aufgabeschnecke *f*, Schneckenaufgeber *m*, Schneckenspeisevorrichtung *f*, Speiseschnecke *f*
~/ячейковый *s.* **~/лопастный**
питатель-грохот *m* Siebspeiser *m*
питатель-люк *m* *(Schiff)* Trimmöffnung *f* *(Schüttgutfrachter)*
питатель-смеситель *m* *(Text)* Kastenspeiser *m*
питатель-термостат *m* *(Glas)* Speiserthermostat *m*
питтинг *m* Punktkorrosion *f*, Pittingkorrosion *f*, Pitting *n*
питч *m* *(Masch)* Pitch *m*, Pitch-Teilung *f*, Zollteilung *f* *(Zahnräder)*
~/диаметральный Diametralpitch *m*
пи-фотомезон *m* *(Kern)* Pi-Fotomeson *n*, π-Fotomeson *n*, Fotopion *n*
пищеблок *m* *(Bw)* Großküche *f*
пищик *m* *(El)* Summer *m*, Zerhacker *m*
ПК *s.* 1. **котёл/паровой**; 2. **перфокарта**
пк *s.* **парсек**
ПКД *s.* 1. **круг дальности/подвижный**; 2. **кольцо дальности/подвижное**
пкм *s.* **пассажирокилометр**
ПК СЭВ = постоянная коммиссия совета экономической взаимопомощи
ПЛ *s.* **перфолента**
плав *m* Schmelze *f*, Bad *n*, Schmelzfluß *m* *(s. a. unter* **плавка***)*
~/содовый Sodaschmelze *f*
плавание *n* 1. Schwimmen *n*; 2. *(Schiff, Mar)* Fahren *n*, Fahrt *f*
~ без огней Abgeblendetfahren *n*
~/безопасное sichere Schiffahrt *f*
~/ближнее *s.* **~/каботажное**
~/большое *s.* **~/дальнее**
~ в открытом море Marschfahrt *f*
~ в прибрежной зоне Revierfahrt *f*
~ в разомкнутых ордерах Fahren *n* in geöffneten Formationen
~ в сомкнутых ордерах Fahren *n* in geschlossenen Formationen
~ в стеснённых водах Revierfahrt *f*
~ в тропиках Tropenfahrt *f*
~ в тумане Nebelfahrt *f*
~ в узкости Revierfahrt *f*
~/внутреннее Binnenschiffahrt *f*
~ во льдах Eisfahrt *f*

~ **во льдах под проводкой ледокола** passive Eisfahrt *f*
~ **во льдах/самостоятельное** aktive Eisfahrt *f*
~/**дальнее** große Fahrt *f*
~/**заграничное** Auslandsfahrt *f*
~/**каботажное** Küstenfahrt *f*; Küstenschiffahrt *f*
~/**малое** kleine Fahrt *f*
~ **с огнями** Fahren *n* mit Lichterführung
~/**совместное** Verbandsfahren *n*
~/**учебное** Ausbildungsfahrt *f*, Ausbildungsreise *f*
плавать 1. schwimmen; 2. *(Schiff)* fahren; zur See fahren *(Seemann)*
плавбаза *f* Mutterschiff *n*
плавень *m* Flußmittel *n*, Fluß *m*, Schmelzmittel *n*; *(Met)* Zuschlag *m*, Schmelzzuschlag *m*, Zuschlagmaterial *n*
плавильник *m s.* **котёл/плавильный**
плавильный Schmelz...
плавильня *f* Schmelzhütte *f*, Schmelzerei *f*
плавить 1. *(Ph)* schmelzen; 2. *(Met)* [er-]schmelzen, einschmelzen, verhütten
плавка *f* 1. *(Ph)* Schmelzen *n* *(Übergang aus dem festen in den flüssigen Zustand)*; 2. *(Met)* Schmelzen *n*, Erschmelzen *n*; Schmelzverfahren *n*, Schmelzprozeß *m*, Verhüttung *f*; 3. *(Met)* Schmelze *f*, Charge *f*
~/**арсенирующая** arsenierendes Schmelzen *n*
~/**бессемеровская** 1. Schmelzen *n* im Bessemerkonverter; 2. Schmelze *f* für die Bessemerbirne
~/**бестигельная зонная** tiegelfreies (tiegelloses) Zonenschmelzen *n*
~ **в вагранке** *s.* ~/**ваграночная**
~ **в вакууме** 1. Vakuumschmelzen *n*, Vakuumschmelzverfahren *n*; 2. Vakuumschmelze *f*
~ **в дуговой печи** Lichtbogenschmelzen *n*, Lichtbogenschmelzverfahren *n*
~ **в шахтной печи** Schachtofenschmelzverfahren *n*
~/**ваграночная** 1. Kupolofenschmelzen *n*, Kupolofenschmelzverfahren *n*; 2. Kupolofenschmelze *f*
~/**вакуум-индукционная** Vakuuminduktionsschmelzen *n*, Vakuuminduktionsschmelzverfahren *n*
~/**вакуумная** *s.* ~ **в вакууме**
~/**ватержакетная** Steinschmelzen *n* im Wassermantelofen
~ **во взвешенном состоянии** Schwebeschmelzen *n*
~/**восстановительная** reduzierendes Schmelzen *n*, Reduktionsschmelzen *n*, Reduktions[schmelz]arbeit *f*, Reduktionsschmelze *f*
~/**горновая** Röstreaktionsschmelzen *n* im Herdofen; Bleischachtschmelzen *n*
~/**дефектная** Fehlschmelze *f*
~/**доменная** 1. Hochofenschmelzverfahren *n*; 2. Hochofenschmelze *f*
~/**дуговая** 1. Lichtbogenschmelzen *n*, Lichtbogenschmelzverfahren *n*, Schmelzen *n* im Lichtbogenofen; 2. Schmelze *f* aus dem Lichtbogenofen
~/**дуговая зонная** Zonenschmelzen *n* mit Flammenbogen
~/**забракованная** Fehlschmelze *f*
~/**зонная** Zonenschmelzen *n*, Zonenschmelzverfahren *n*
~/**зонная электронно-лучевая** Elektronenstrahl[zonen]schmelzen *n*, Elektronenstrahl[zonen]schmelzverfahren *n*
~/**капельная** Abtropfschmelzen *n*
~/**кислая** Schmelze *f* auf saurem Herd
~/**кислородно-факельная** Sauerstoffschwebeschmelzen *n*
~/**концентрационная** 1. Konzentrationsschmelzen *n*, Schmelzen *n* auf Konzentrationsstein; 2. Konzentrationsschmelze *f*
~/**мартеновская** Schmelzen *n* im Siemens-Martin-Ofen
~ **меди** Kupferverhüttung *f*
~/**медно-серная** Onkla-Verfahren *n* *(NE-Metallurgie)*
~ **на блейштейн** Bleisteinarbeit *f* *(NE-Metallurgie)*
~ **на кислом поду** 1. oxydierendes Schmelzen *n*, Schmelzen *n* auf saurem Herd; 2. saure Schmelze *f*
~ **на основном поду** 1. reduzierendes Schmelzen *n*, Schmelzen *n* auf basischem Herd; 2. basische Schmelze *f*
~ **на полупродукт (роштейн)** *s.* ~ **на штейн**
~ **на холодном дутье** Kaltwindschmelzen *n*, Kaltblasearbeit *f*
~ **на черновой металл** *s.* ~ **на штейн**
~ **на штейн** Steinarbeit *f*, Steinschmelzen *n*, Roh[stein]schmelzen *n*, Roharbeit *f* *(NE-Metallurgie)*
~/**неокислённая** nichtoxydierende Schmelze *f*
~/**обогатительная** Spurarbeit *f* *(NE-Metallurgie)*
~ **обожжённого медного штейна на чёрную медь** Garröstschmelzen *n* *(NE-Metallurgie)*
~/**обратная** Rückschmelzung *f*
~/**окислительная** Oxydationsschmelzen *n*, Oxydationsschmelze *f*, oxydierendes Schmelzen *n*, oxydierende Schmelzbehandlung *f*; Rohgarmachen *n* *(Rohkupfer)*
~/**опытная** 1. Versuchsschmelzen *n*; 2. Versuchsschmelze *f*, Probeschmelze *f*
~/**осадительная** niederschlagendes Schmelzen *n*, Niederschlagsschmelzen *n*, Bottomarbeit *f* *(NE-Metallurgie)*
~/**осерняющая** schwefelndes Schmelzen *n*
~/**основная** basische Schmelze *f*

~/отражательная Flammofenschmelze *f*, Flammofenschmelzen *n* *(NE-Metallurgie)*
~/очистительная Garschmelzen *n*, Gararbeit *f*
~/пиритная Pyritschmelzen *n* *(NE-Metallurgie)*
~/плазменная (плазменно-дуговая) Plasmaschmelzen *n*, Plasmaschmelzverfahren *n*
~/полупиритная Halbpyritschmelzen *n* *(Kupferverhüttung)*
~ при обжиге Röstschmelzen *n* *(NE-Metallurgie)*
~/разделительная trennendes Schmelzen *n*, Trennungsschmelzen *n*, Kopf- und Bodenschmelzen *n* *(von Kupfer-Nickel-Feinstein)*
~/реакционная Reaktionsschmelzen *n*, Reaktionsarbeit *f*
~ руды Erzschmelzen *n*, Erzschmelzverfahren *n*
~ с одним шлаком Einschlacken-[schmelz]verfahren *n*
~ с подхватом/зонная intermittierendes Zonenschmelzverfahren *n*
~ с продувкой Frischen *n*, Windfrischen *n*, Windfrischverfahren *n*
~ с продувкой кислорода Sauerstofffrischen *n*, Sauerstofffrischverfahren *n*
~/сократительная *s.* **~/концентрационная**
~ стали на поду Herdfrischen *n*
~/сырая Rohschmelzen *n*, Roharbeit *f* *(NE-Metallurgie)*
~/тигельная 1. Tiegel[ofen]schmelzen *n*, Tiegel[ofen]schmelzverfahren *n*; 2. Tiegelofenschmelze *f*
~/цинковая Zinkrohschmelze *f* *(NE-Metallurgie)*
~/шахтная 1. Schacht[ofen]schmelzen *n*, Schacht[ofen]schmelzverfahren *n*; 2. Schachtofenschmelze *f*
~/шлакующая verschlackendes Schmelzen *n*
~ шлихов Schlichschmelzen *n*, Verhütten *n* von Naßkonzentraten *(NE-Metallurgie)*
~/щелочная Alkalischmelze *f*, Verschmelzen *n* mit Alkali[hydroxiden]
~/электрическая 1. Elektro[ofen]schmelzen *n*, Elektro[ofen]schmelzverfahren *n*; 2. Elektroofenschmelze *f*
~/электродуговая Lichtbogenschmelzen *n*, Lichtbogenschmelzverfahren *n*
~/электродуговая вакуумная Vakuum-Lichtbogenschmelzen *n*, Vakuum-Lichtbogenschmelzverfahren *n*
~ электронной бомбардировкой/зонная Zonenschmelzen *n* durch Elektronenbeschuß
~/электронно-лучевая Elektronenstrahlschmelzen *n*, Elektronenstrahlschmelzverfahren *n*
~/электрошлаковая Elektroschlacke[um]schmelzen *n*, Elektroschlacke[um]schmelzverfahren *n*
плавкомагнитный liquidmagnetisch
плавкость *f* Schmelzbarkeit *f*
плавкран *m* Schwimmkran *m*
плавление *n* Schmelzen *n* *(s. a. unter* **плавка 1., 2.**)
плавмастерская *f* Werkstattschiff *n*
плавмаяк *m* Feuerschiff *n*
плавник *m* 1. Flosse *f*, Schwimmflosse *f*; 2. Schwemmholz *n* *(Baumstämme, Wrackteile u. dgl.)*
плавность *f* Leichtgängigkeit; Stetigkeit *f*, Zügigkeit *f*
плавный 1. stoßfrei, erschütterungsfrei; 2. zügig; 3. stufenlos *(z. B. Antrieb)*; 4. *(Schiff)* strakend
плавучесть *f* 1. Schwimmfähigkeit *f*; 2. [hydro]statischer Auftrieb *m*, Auftrieb *m*
~/остаточная Restauftrieb *m* *(U-Boot)*
~/отрицательная Abtrieb *m* *(U-Boot)*
~/положительная Auftrieb *m* *(U-Boot)*
плагиоклазы *mpl (Min)* Plagioklase *mpl* *(Natronfeldspatfamilie)*
плазма *f* 1. *(Ph)* Plasma *n* *(Gemisch aus freien Elektronen, positiven Ionen und Neutralteilchen eines Gases)*; 2. *(Min)* Plasma *n* *(Abart von Chalzedon)*; 3. *(Med)* Plasma *n*, Blutplasma *n*; 4. *(inkorrekt für)* **протоплазма**
~ высокого давления Hochdruckplasma *n*
~/высокочастотная Hochfrequenzplasma *n*
~/газоразрядная Gasentladungsplasma *n*
~/горячая heißes Plasma *n*
~/дуговая Bogenplasma *n*
~/изотермическая isothermes Plasma *n*
~ искрового разряда Funkenplasma *n*
~/лазерная Laserplasma *n*
~/неизотермическая nichtisothermes Plasma *n*
~ низкого давления Niederdruckplasma *n*
~ пламени Flammenplasma *n*
~/разрежённая verdünntes Plasma *n*
~ световой дуги Lichtbogenplasma *n*, Bogenplasma *n*
~/холодная kaltes Plasma *n*
~/электронная Elektronenplasma *n*
~/электронно-ионная quasineutrales Plasma *n*
плазмаграмма *f* Plasma[chromato]gramm *n*
плазмапауза *f* Plasmapause *f*
плазматрон *m* Plasmatron *n*, Plasmabrenner *m*
плазмахроматограмма *f* Plasma[chromato]gramm *n*
плазмограф Plasmagraf *m*

плазмон *m (Ph)* Plasmon *n*
плазмотрон *m* Plasmatron *n*, Plasmabrenner *m*
плакантиклиналь *f (Geol)* Plakantiklinale *f*, breite Antiklinale *f*, Beule *f*
плакирование *n* 1. Plattieren *n*, Plattierung *f (Bleche)*; 2. *(Gieß)* Umhüllen *n (Maskenformstoff)*
~ **внедрением** Einlageplattieren *n (Pulvermetallurgie)*
~/**горячее** *(Gieß)* Heißumhüllen *n*, Heißumhüllung *f (Maskenformverfahren)*
~/**холодное** *(Gieß)* Kaltumhüllen *n*, Kaltumhüllung *f (Maskenformverfahren)*
плакировать plattieren *(Bleche)*
плакировка *f s.* **плакирование**
пламегаситель *m (Mil)* Mündungsfeuerdämpfer *m (MG)*
пламя *n* 1. Flamme *f (s. a. unter* **факел**); 2. Feuer *n*
~/**ацетиленовое** *(Schw)* Azetylenüberschußflamme *f*, reduzierende Flamme *f*
~/**ацетилено-воздушное** *(Schw)* Azetylen-Luft-Flamme *f*
~/**ацетилено-кислородное** 1. *(Schw)* Azetylen-Sauerstoff-Flamme *f*; 2. Schweißflamme *f*
~/**верхнее** Oberflamme *f*
~/**водородно-кислородное** *(Schw)* Wasserstoff-Sauerstoff-Flamme *f*
~/**восстановительное** reduzierende Flamme *f*, Reduktionsflamme *f*
~ **вспышки** Zündflamme *f*
~/**газосварочное** *s.* ~/**сварочное**
~/**голое** offene Flamme *f*
~/**дежурное** *(Schw)* Zündflamme *f*, Anzündflamme *f*
~ **дуги** *(Schw)* Lichtbogenflamme *f*
~/**дульное** *(Mil)* Mündungsfeuer *n*
~/**жёсткое** *(Schw)* harte Flamme *f*
~ **зажигания** *s.* ~/**запальное**
~/**запальное** Zündflamme *f*, Lockflamme *f*
~/**колошниковое** *(Met)* Gichtflamme *f*
~/**ламинарное** laminare Flamme *f*
~/**мягкое** *(Schw)* weiche Flamme *f*
~/**науглероживающее** *(Schw)* karbonisierende (karburierende) Flamme *f (bei Auftreten von freiem Kohlenstoff im Flammeninnern)*
~/**несветящееся** nichtleuchtende Flamme *f*, Heizflamme *f (des Gasbrenners)*
~/**нижнее** Unterflamme *f*
~/**нормальное** *(Schw)* normale Flamme *f*
~/**окислительное** oxydierende Flamme *f*, Oxydationsflamme *f*
~/**острое** Stichflamme *f*
~/**паяльное** 1. Lötflamme *f*, Gebläseflamme *f*; 2. *(Glas)* Verschmelzflamme *f*
~/**подковообразное** Hufeisenflamme *f*, U-Flamme *f*
~/**подогревательное (подогревающее)** *(Schw)* Vorwärmflamme *f*, Heizflamme *f (Schneidbrenner)*
~/**режущее** *(Schw)* Schneidflamme *f*
~/**сварочное** *(Schw)* Schweißflamme *f*
~/**светящееся** leuchtende Flamme *f*, Leuchtflamme *f*
план *m* 1. Plan *m*; Entwurf *m*; 2. Übersicht *f*; 3. *(Bw)* Grundriß *m*
~ **в горизонталях** *(Geod)* Schichtenplan *m*
~/**вентиляционный** *(Bgb)* Wetterriß *m*
~/**встречный** Gegenplan *m*
~ **выборочного контроля** Stichproben[prüf]plan *m*
~ **вычислений** *(Dat)* Rechenplan *m*
~/**генеральный** Übersichtsplan *m*, Lageplan *m*
~ **горных работ** *(Bgb)* Grubenplan *m*, Abbauplan *m*, Abbauriß *m*
~/**грузовой** *s.* ~ **загрузки судна**
~ **движений** Bewegungsplan *m*
~ **загрузки зерна** *(Schiff)* Getreideladeplan *m*
~ **загрузки судна** *(Schiff)* Beladungsplan *m*, Ladeplan *m*
~ **загрузки судна сыпучим грузом** Schüttgutladeplan *m*
~/**задний** Hintergrund *m*
~ **застройки** Bebauungsplan *m*
~ **здания** Gebäudeplan *m*
~ **кабельной трассы/ситуационный** *(El)* Kabellageplan *m*
~/**календарный** Zeitplan *m*
~ **капиталовложений** Investitionsplan *m*
~ **контроля** Prüfplan *m (Qualitätskontrolle)*
~/**маркшейдерский** Markscheiderriß *m*
~/**народнохозяйственный** Volkswirtschaftsplan *m*
~ **непрерывного отбора** Prüfplan *m* für kontinuierliche Stichprobenentnahme
~/**общий** Gesamtübersicht *f*, Lageplan *m*
~ **отбора** Stichprobenplan *m*
~ **палуб** *(Schiff)* Decksplan
~/**передний** Vordergrund *m*
~ **по реализации прибыли** Gewinnplan *m*
~ **по труду** Arbeitskräfteplan *m*
~ **приёмного выборочного контроля** Annahmestichprobenplan *m*
~/**производственный** Produktionsplan *m*
~ **прядения** *(Text)* Spinnplan *m*
~ **пупинизации** *(Fmt)* Bespulungsplan *m*
~ **путей** *(Eb)* Gleislageplan *m*
~ **разводки электросети в квартире** *(El)* Installationsplan *m*
~ **разработки** *s.* ~ **горных работ**
~ **распределения частот** *(El)* Frequenzplan *m*
~ **рудника** *(Bgb)* Grubenriß *m*
~/**рудничный** *(Bgb)* Grubenriß *m*

~ сбыта Absatzplan *m*
~ сети *(El)* Netzplan *m*
~ сил *(Mech)* Kräftepolygon *n*, Krafteck *n*
~/ситуационный Lageplan *m*
~ смазки *(Masch)* Schmierplan *m*
~ смены радиоволн *(Rf)* Wellenplan *m*
~/учебный Lehrplan *m*
~ формирования поездов *(Eb)* Zugbildungsplan *m*
~/экспорта Exportplan *m*
планахромат *m (Opt)* Planachromat *m*
плангерд *m* Planherd *m (Aufbereitung)*
планёр *m* 1. Segelflugzeug *n*; 2. Flug[zeug]zelle *f*; 3. Raketenkörper *m*
~/грузовой Lastensegler *m*
~/транспортный Lastensegler *m*
планеризм *m* Segelflugsport *m*
планет *m (Lw)* Radhacke *f*
планета *f (Astr)* Planet *m*, Wandelstern *m*
~/близкая innerer (unterer) Planet *m*
~/большая Riesenplanet *m*, großer Planet *m*
~/верхняя äußerer (oberer) Planet *m*
~/внешняя äußerer (oberer) Planet *m*
~/внутренняя innerer (unterer) Planet *m*
~/далёкая äußerer (oberer) Planet *m*
~ земной группы terrestrischer (erdähnlicher) Planet *m*
~/малая *s.* **планетоид**
~/нижняя innerer (unterer) Planet *m*
планета-гигант *f s.* **планета/большая**
планетарий *m* Planetarium *n*
планетоид *m (Astr)* Planetoid *m*, Asteroid *m*, kleiner Planet *m*, Zwergplanet *m*
планетология *f* Planetologie *f*, Astrogeologie *f*
планзихтер *m (Lebm)* Plansichter *m*
планиметр *m* Planimeter *n*, Flächenmesser *m*
~/дисковый Schneidenradplanimeter *n*
~/линейный Linearplanimeter *n*
~/обобщённый Momentenplanimeter *n*
~/полярный Polarplanimeter *n*
~/радиальный Radialplanimeter *n*
планиметрия *f (Math)* Planimetrie *f*, ebene Geometrie *f*
планирование *n* 1. Planen *n*; 2. *(Geod, Bw)* Planieren *n*, Einebnen *n*; 3. *(Flg)* Gleitflug *m*
~/безмоторное motorloser Gleitflug *m*
~ грузопотоков *(Eb)* Güterstromplanung *f*
~/календарное Zeitplanung *f*
~ [работы] канала *(Dat)* Kanalverwaltung *f*
~ работы системы *(Dat)* Systemplanung *f (Betriebssystem)*
~ самолёта *(Flg)* Anschweben *n (bei der Landung)*
~/сетевое Netzplanung *f*
~ системы *s.* **~ работы системы**
~/спиральное *(Flg)* Spiralgleitflug *m*, Kurvengleitflug *m*
планировать 1. *(Geod)* planieren, einebnen; 2. *(Flg)* gleiten, im Gleitflug fliegen
планировка *f s.* **планирование 1.**; **2.**
планировщик *m*/**главный** *(Dat)* Master-Scheduler *m (Betriebssystem)*
~ заданий *(Dat)* Jobdisponent *m*, Job-Scheduler *m (Betriebssystem)*
~ каналов 1. *(Bw)* Planiergerät *n*; 2. *(Dat)* Kanal-Scheduler *m*, Kanalverwalter *m (Betriebssystem)*
~ откосов *(Bw)* Böschungsplaniergerät *n*, Böschungshobel *m*
~/последовательный *(Dat)* sequentieller Scheduler *m (Betriebssystem)*
планисфера *f (Astr)* Planisphäre *f*, Planiglob[ium] *n (Darstellung der Erd- oder Himmelskugel auf ebener Fläche)*
планка *f* 1. Leiste *f*, Latte *f*; 2. *(Masch)* Schiene *f*; Lasche *f*; 3. *(Schiff)* Schubblech *n*, Festigkeitsblende *f*; Blende *f*
~/бакаутовая *(Schiff)* Pockholzstab *m (Stevenrohrlager)*
~ без роульсов/киповая *(Schiff)* Lippklampe *f*
~/гребенная *(Text)* Nadelstab *m*, Hechelstab *m*
~ дейдвудного подшипника *(Schiff)* Stevenrohrlagerstab *m*
~/зажимная *(El)* Klemm[en]leiste *f*, Klemm[en]streifen *m*
~/замыкающая *(Flg)* Abschlußleiste *f (Flügel)*
~/игольчатая *(Text)* Nadelleiste *f (Nadelstabstrecke)*
~/киповая *(Schiff)* Verholklampe *f*, Festmacherklampe *f*
~/кольцевая *(Text)* Ringbank *f (Ringspinnmaschine)*
~/крепительная *(Schiff)* Nagelbank *f*
~/монтажная Lötösenplatte *f*
~/направляющая Führungsleiste *f*, Lineal *n*; Anlegeleiste *f (Gesenk)*
~/опорная Stützleiste *f*
~/очистительная *s.* **~/чистительная**
~/подигольная *(Text)* Einstreichblech *n (französische Rundwirkmaschine)*
~/приварная *(Schiff)* angeschweißter Riegel *m (als Sicherung z. B. einer Mutter)*
~/прицельная *(Mil)* Visierklappe *f (Schützenwaffen)*
~/ремизная *(Text)* Schaftstab *m (Webstuhl)*
~/роульсовая киповая *(Schiff)* Rollenverholklampe *f*
~ с двумя роульсами/киповая *(Schiff)* Zweirollenverholklampe *f*
~ с роликом/киповая *(Schiff)* Rollenklampe *f*

~ с роульсами/киповая *(Schiff)* Rollenverholklampe *f*
~ с тремя роульсами/киповая *(Schiff)* Dreirollenverholklampe *f*
~/соединительная Verbindungslasche *f*
~/стопорная Sicherungsleiste *f*
~/такелажная Zurrleiste *f*
~/треугольная *(Schiff)* Dreieckplatte *f* *(Ladegeschirr)*
~/упорная Anschlagleiste *f*
~/чистительная *(Text)* Putzkeil *m*; Putzbrett *n*; Putzplatte *f* *(Kalanderwalzen, Bandvereinigungsmaschine)*
планмонохромат *m* *(Opt)* Planmonochromat *m*
планобъектив *m* *(Opt)* Planobjektiv *n*
плантаж *m* *(Lw)* Tiefbearbeitung *f* des Bodens *(60 bis 100 cm)*; Tieffurche *f* *(bei Anlage von Weinbergen und Obstpflanzungen)*
плантация *f* Plantage *f*, Pflanzung *f*
планшайба *f* Planscheibe *f* *(Drehmaschine)*
планшет *m* *(Mil)* Planchette *f*; Kartenbrett *n*; Schießplan *m*; *(Geod)* Meßtischplatte *f*; Zeichenbrett *n*, Zeichenunterlage *f*
~/накладной оптический *(Schiff)* Reflexionsaufsatzplotter *m* *(Radar)*
~/огневой *(Mil)* Schießplan *m*; Stellungsmeßblatt *n*
~ оптической разведки *(Milflg)* Flächenmeßplan *m*
~/радиолокационный *(Schiff)* Radarzeichengerät *n*, Radarplotgerät *n*, Radarspinne *f*
планшетка *f* Kartentasche *f*
планшир *m* *(Schiff)* Schanzkleidprofil *n*, Relingsprofil *n* *(auf einem Schiff)*; Dollbord *m* *(Boot)*
пласт *m* *(Geol, Bgb)* Schicht *f*, Flöz *n*, Bank *f*, Mittel *n*, Lager *n*, Lage *f*, Band *n*
~ в висячем боку Hangendflöz *n*
~ в лежачем боку Liegendflöz *n*
~/вертикальный seiger einfallendes Flöz *n* *(80 bis 90°)*
~/верхний Oberflöz *n*, Hangendflöz *n* *(in der Schichtenfolge)*
~/водоносный 1. *(Hydt)* Wasserstockwerk *n*, wasserführende Schicht *f*; 2. *(Hydrol)* s. **горизонт/водоносный**
~/газовый (газоносный) gasführende Schicht *f*
~/главный Hauptflöz *n*
~/горизонтальный Liegendschicht *f*
~/железорудный eisenerzführende Schicht *f*
~/защитный Schutzflöz *n*
~ земли 1. Erdschicht *f*; 2. *(Lw)* Erdstreifen *m*
~ каменной соли Salzlager *n*
~/каменноугольный Steinkohlenflöz *n*
~/крутой steil einfallendes Flöz *n* *(75 bis 80°)*
~/крутопадающий steil einfallende Schicht *f*
~/маломощный *s.* **~/тонкий**
~/мощный mächtiges Flöz *n*, Flöz *n* großer Mächtigkeit *(über 3,5 m)*
~/наклонный schwebendes Flöz *n*, geneigte (tonnlägige) Schicht *f*
~/нефтеносный *s.* **~/нефтяной**
~/нефтяной Erdölschicht *f*, Erdölhorizont *m*, Erdölspeicher *m*, Ölhorizont *m*, Ölträger *m*
~/нижний Liegendflöz *n*
~/опрокинутый entgegengesetzt einfallendes Flöz *n* *(über 90°)*
~/падающий einfallende Schicht *f*
~/пологий (пологопадающий) flachfallende Schicht *f*, flach (leicht) einfallende Schicht *f* *(15 bis 30°)*
~/почвенный Bodenschicht *f*
~/раздвоенный Gabelflöz *n*, Doppelflöz *n*
~/рудный Erzflöz *n*, Erzschicht *f*
~/руководящий Leitflöz *n*, Leitschicht *f*
~ с обратным уклоном *s.* **~/опрокинутый**
~/сильнонаклонный stark geneigt einfallendes Flöz *n* *(30 bis 75°)*
~/слабонаклонный schwach geneigt einfallendes Flöz *n* *(unter 15°)*
~ соли Salzmittel *n*
~/соляной Salzflöz *n*
~ средней мощности mittleres Flöz *n*, Flöz *n* mittlerer Mächtigkeit *(1,3 bis 3,5 m)*
~/средний *s.* **~ средней мощности**
~ суглинка Lettenschicht *f*
~/тонкий schwaches Flöz *n*, geringmächtiges Flöz *n* *(0,5 bis 1,3 m)*
~/угольный Kohlenflöz *n*
~/фонтанный Schicht *f* mit hohem Druck *(Gas- oder Wasserdruck)*
~/чечевицеобразный Linsenschicht *f*
пластик *m* Plast *m*, Kunststoff *m* *(s. a. unter* **пластмасса***)*
~/акриловый Akrylharz *n*
~/белковый Proteinoplast *m*
~/древеснослоистый Holzschichtpreßstoff *m*, Schichtpreßholz *n*
~/древесный Kunstholz *n*
~/кремнийорганический siliziumorganischer Kunststoff *m*
~/литой Gießharz *n*, Gußharz *n*
~/поливинилхлоридный Polyvinylchloridkunststoff *m*
~/полиэфирный Polyesterharz *n*, Polyester *m*
~/слоистый Schicht[preß]stoff *m*
~/термопластичный thermoplastischer (nichthärtbarer) Kunststoff *m*, Thermoplast *m*

~/термореактивный duroplastischer (härtbarer) Kunststoff *m*, Duroplast *m*, Duromer *n*, duroplastisches Hochpolymer *n*
пластика *f* Plastik *f*
~ изображения *(Fs)* Bildplastik *f*
пластикат *m (Gum)* Plastikat *n*
пластикатор *m (Gum)* 1. Plastikator *m (Substanz)*; 2. Mastiziermaschine *f*
пластикация *f (Gum)* Plastizierung *f*, Plastizieren *n*
~/механическая mechanische Plastizierung *f*, Mastikation *f*
~/термическая thermische Plastizierung *f*, Wärmeplastizieren *n*
пластина *f* Lamelle *f*, Platte *f (s. a. unter* **пластинка***)*; Streifen *m*
~ аккумулятора/оконечная *(El)* Akkumulator[en]endplatte *f*
~/аккумуляторная *(El)* Akkumulator[en]-platte *f*
~/анодированная eloxierte Platte *f*
~/анодная *(El)* Anodenplatte *f*
~/биметаллическая *(Typ)* Bimetallplatte *f*
~ вертикального отклонения Vertikalablenkplatte *f*, Y-Platte *f*
~/волоконная Faserplatte *f*
~ выталкивания строк *(Typ)* Ausstoßplatte *f*
~ горизонтального отклонения Horizontalablenkplatte *f*, X-Platte *f*
~ графита Graphitlamelle *f*, Graphitader *f*
~/дефлекторная Ablenkplatte *f*
~ для травления *(Typ)* Ätzplatte *f*
~ интерферометра Objektplatte *f* eines Interferometers
~/кольцевая Ringplatte *f*
~ конденсатора *(El)* Kondensatorplatte *f*
~/контактная 1. Kontaktlamelle *f*; 2. Ansprengplatte *f*
~/ксерографическая *(Typ)* xerografische Platte *f*
~/линзовая *(Typ)* Linsenplatte *f*
~/медная Kupferlamelle *f*; Kupferplatte *f*
~/отклоняющая Ablenkplatte *f*
~/отрицательная Minusplatte *f (Akkumulator)*
~/охлаждающая Kühllamelle *f*
~/очистительная *(Lw)* Reinigungsplatte *f (Schneidwerk)*
~/пастированная *(El)* Masseplatte *f (Akkumulator)*
~/перфорированная Lochplatte *f*
~/печатная *(Typ)* Druckplatte *f*
~/плавкая *(El)* Abschmelzstreifen *m (Streifensicherung)*
~/плоская Planplatte *f*
~/плоская стеклянная Planglasplatte *f*
~/плоскопараллельная planparallele Platte *f*, Planparallelplatte *f*
~/плоскопараллельная стеклянная [planparalleles] Glasprüfmaß *n*
~/положительная Plusplatte *f (Akkumulator)*
~/предварительно очувствлённая *(Typ)* vorsensibilisierte (vorbeschichtete) Platte *f*
~/прижимная Andruckplatte *f*
~/противоположная Gegenplatte *f (Akkumulator)*
~/противорежущая *(Lw)* Gegenschneide *f*
~ развёртки Ablenkplatte *f*
~/разделительная *(Gieß)* Trennkern *m*, Kragenkern *m*, Kehlkern *m*; Teilerplatte *f*
~/решетчатая Gitterplatte *f (Akkumulator)*
~/роторная Rotorplatte *f (eines Drehkondensators)*
~/слюдяная Glimmerplatte *f*, Glimmerscheibe *f*
~/статорная Statorplatte *f (eines Drehkondensators)*
~/стеклянная Glasplatte *f*
~/стереотипная *(Typ)* Stereotypieplatte *f*
~/триметаллическая *(Typ)* Trimetallplatte *f*
~ фильтр-пресса Filter[pressen]platte *f*
~/фотогидрофильная *(Typ)* fotohydrophile Platte *f*
~/цинковая *(Typ)* Zinkplatte *f*
~/цинковая офсетная Offset-Zinkdruckplatte *f*
пластина-диск *f* Scheibenlamelle *f*
пластина-звездочка *f* Lamellenstern *m*
пластинка *f* Platte *f*, Plättchen *n*, Scheibe *f*, Lamelle *f (s. a. unter* **пластина***)*
~/быстрорежущая Schneidplättchen *n* aus Schnellarbeitsstahl
~/граммофонная Schallplatte *f*
~/диапозитивная *(Foto)* Diapositivplatte *f*
~/долгоиграющая Langspielplatte *f*, LP
~ из быстрорежущей стали *s.* **~/быстрорежущая**
~ из твёрдого сплава *s.* **~/твердосплавная**
~/кварцевая Quarzplatte *f*
~/керамическая keramisches Schneidplättchen *n (Drehmeißel)*
~/клинообразная optischer Keil *m*
~/компенсационная Kompensationsplatte *f*, Kompensatorplatte *f*
~ кристалла Kristallplatte *f*, Kristallscheibe *f*
~/металлокерамическая *s.* **~/твердосплавная**
~/микролитовая *s.* **~/керамическая**
~/минералокерамическая *s.* **~/керамическая**
~/многогранная неперетачиваемая (неперешлифуемая) Wegwerf[schneid]-plättchen *n*, Wendeschneidplättchen *n*

~/**негативная** *(Foto)* Negativplatte *f*
~/**обыкновенная граммофонная** Normal[rillen]platte *f*
~/**опорная** Grundplatte *f*
~/**отклоняющая** *(El)* Ablenkplatte *f (Katodenstrahloszillograf)*
~/**отражательная** Reflexionsplättchen *n*
~/**пальцевая** *(Lw)* Fingerplatte *f (Schneidwerk)*
~/**плоскопараллельная** planparallele Platte *f*, Planparallelplatte *f*
~/**полуволновая** Halbwellenplatte *f*, λ/2-Platte *f*
~/**полупроводниковая** Halbleiterplättchen *n*, Halbleiterscheibe *f*
~/**противоореольная** *(Foto)* lichthoffreie Platte *f*
~/**режущая** Schneidplättchen *n (zum Auflöten oder Aufschweißen auf Schneidwerkzeuge)*
~/**рентгеновская** Röntgenplatte *f*
~/**репродукционная** *(Foto)* Reproduktionsplatte *f*
~ **с записью эталонных частот/граммофонная** Frequenzschallplatte *f*, Meß[schall]platte *f*
~/**светочувствительная** *(Foto)* lichtempfindliche Platte *f*
~/**стеклянная** Glasplatte *f*
~/**стереофоническая граммофонная** Stereoplatte *f*
~/**стружколомательная** Spanbrecher *m*, Spanbrecherplatte *f*, Spanleitplatte *f (Klemmeißelhalter)*
~/**твердосплавная** Hartmetallschneidplättchen *n*
~/**термокорундовая** *s.* ~/**керамическая**
~ **трения** *(Lw)* Messerführungsplatte *f (Schneidwerk)*
~/**фотографическая** Fotoplatte *f*
~ **цоколя/контактная** *(Eln)* Sockelkontaktplättchen *n*
пластинодержатель *m (Typ)* Plattenhalter *m*
пластинчатый plattenförmig; lamellar, geblättert, blättchenartig, blättrig; schichtig; streifig
пластификатор *m* Plastifikator *m*, Plastifizierungsmittel *n*, Weichmacher *m*
~ **для бетона** Betonplastifikator *m*, Plastifizierungszusatz *m* für Beton
пластификация *f* Plasti[fi]zierung *f*
~/**предварительная** Vorplasti[fi]zierung *f*
пластифицирование *n s.* **пластификация**
пластифицировать *(Plast)* plasti[fi]zieren
пластицировать *(Gum)* plastizieren, abbauen; mastizieren *(mechanisch abbauen)*
пластично-неупругий plastisch-unelastisch
пластичность *f* 1. Plastizität *f*, Bildsamkeit *f*, Formbarkeit *f*, Verformbarkeit *f*, Knetbarkeit *f*; 2. *(Met)* Formänderungsvermögen *n*
~ **в нагретом состоянии** Warmbiegsamkeit *f*
~ **краски** *(Typ)* Farbduktilität *f*
~ **кристаллов** Kristallplastizität *f*
пластично-упругий plastisch-elastisch
пластичный 1. gestaltungsfähig, bildsam, formbar, plastisch; 2. *(Bw)* weich angemacht *(Mörtel, Beton)*
пластмасса *f* Plast *m*, Kunststoff *m (s. a. unter* **пластик)**
~/**акриловая** Akrylharz *n*
~/**аминоальдегидная** Aminoplast *m*
~/**анилиноальдегидная** Anilinharz *n*
~/**вспененная** Schaum[kunst]stoff *m*, Plastschaum[stoff] *m*, Leichtstoff *m*
~/**газонаполненная** *s.* ~/**вспененная**
~/**конденсационная** Polykondensat[ions]kunststoff *m*, Kondensationskunststoff *m*
~/**поливинилхлоридная** Polyvinylchloridkunststoff *m*, PVC-Kunststoff *m*
~/**полиэфирная** Polyester *m*, Polyesterharz *n*
~/**термопластичная** thermoplastischer (nichthärtbarer) Kunststoff *m*, Thermoplast *m*
~/**термореактивная** duroplastischer (härtbarer) Kunststoff *m*, Duroplast *m*, Duromer *n*, duroplastisches Hochpolymer *n*
~/**фенолоальдегидная** Phenolharz *n*
~/**целлюлозная** Zelluloseplast *m*
пластмассовый Plast . . ., Kunststoff . . .
пластомер *m* Plastomer *n*
пластометр *m (Gum)* Plastometer *n*
~/**быстродействующий** Schnellplastometer *n*
~/**выдавливающий** Ausflußplastometer *n*
~ **дефо** Deformations[meß]gerät *n*, Defometer *n*
пластометрия *f* Plastometrie *f*, Plastizitätsmessung *f*
пластообразный lagenartig, flözartig, geschichtet
пластырь *m (Schiff)* Lecksegel *n*, Leckstopper *m*; Leckmantel *m*
~/**кольчужный** Panzerlecksegel *n*
~/**облегчённый** leichtes Lecksegel *n*
~/**парусиновый** Segeltuchlecksegel *n*
~/**учебный** Übungslecksegel *n*
~/**шпигованный** gestepptes Lecksegel *n*
плата *f* 1. Zahlung *f*; 2. Gebühr *f*; 3. *(Eln)* Platte *f*
~/**двусторонняя печатная** Zweiebenenleiterplatte *f*
~ **за доставку** Zustellgebühr *f*
~ **за пользование** Benutzungsgebühr *n*
~/**изоляционная** Isolierstoffplatte *f*
~/**миниатюрная печатная** Miniaturleiterplatte *f*

~/монтажная Montageplatte *f*; Grundplatte *f*
~ на стоянку Parkgebühr *f*
~/однослойная печатная Einlagenleiterplatte *f*
~/односторонняя печатная Einebenenleiterplatte *f*
~/основная Grundgebühr *f*
~/печатная gedruckte Leiterplatte (Schaltungsplatte) *f*
~/провозная Fracht *f*, Frachtgeld *n*
~ с печатным монтажом gedruckte Leiterplatte *f*
~/стандартная печатная Standardleiterplatte *f*
~/унифицированная печатная typisierte Leiterplatte *f*, Leiterplattengrundtyp *m*
плата-основание *f* *(Eln)* Leiterplatte *f*
платина *f* 1. *(Ch)* Platin *n*, Pt; 2. *(Text)* Platine *f* *(Wirkerei)*
~/губчатая Platinschwamm *m*
~/жесткозакреплённая *(Text)* feststehende Platine *f* *(englische Rundwirkmaschine)*
~/кулирная *(Text)* Kulierplatine *f*
~/обменная *(Text)* Wendeplatine *f* *(französische Rundwirkmaschine)*
~/подвижная *(Text)* bewegliche Platine *f* *(französische Rundwirkmaschine)*
~/простая *(Text)* Grundplatine *f* *(französische Rundwirkmaschine)*
~/распределительная *(Text)* Verteilplatine *f*
~/рисуночная *s.* **~/обменная**
~/сбрасывающая *(Text)* Abschlagplatine *f*
~/четырёххлористая Platin(IV)-chlorid *n*, Platintetrachlorid *n*
платинирование *n* Platinierung *f*
платинит *m* 1. *(Met)* Platinit *n* *(Legierung aus technisch reinem Eisen mit 45 bis 48 % Nickel)*; 2. *(El)* Nickeleisendraht *m* mit Kupfermantel *(zum Einschmelzen in Glühlampen und Vakuumgeräte)*; 3. *(Min)* Platynit *m*
платинодержатель *m* *(Text)* Platinenhalter *m* *(französische Rundwirkmaschine)*
платинотрон *m* *(Eln)* Platinotron *n* *(Höchstfrequenzröhre nach dem Magnetronprinzip)*
~/генераторный Karmatron *n*
~/усилительный Amplitron *n*
платион *m* *(Eln)* Plation *n*, Plattensteuerröhre *f*
платнерит *m* *(Min)* Plattnerit *m*, Schwerbleierz *n*
плато *n* *(Geol)* Plateau *n*, Hochebene *f*, Tafelland *n*
~/вулканическое vulkanische Aufschüttungsebene *f*, Lavafeld *n*
~/лавовое *s.* **~/вулканическое**
~/нагорное Gebirgshochebene *f*
~ счётчика *(Kern)* [Geiger-]Plateau *n*, Plateaubereich *m*
~ Ферми *(Kern)* Fermi-Plateau *n*
платформа *f* 1. *(Eb)* Bahnsteig *m*; 2. Flachwagen *m*, Plattformwagen *m*; 3. *(Bw)* Bühne *f*; 4. *(Bgb)* Bremsberggestell *n*; 5. *(Schiff)* Plattformdeck *n*; 6. Bühne *f* *(Ofen)*
~/абразионная *(Geol)* Ablationsplatte *f*
~/австралийская *(Geol)* Australische Tafel *f*
~/африканская *(Geol)* Afrikanische Tafel *f*
~/багажная Gepäckbahnsteig *m*
~/береговая *(Geol)* Abrasionsplatte *f*
~/бидонная *(Eb)* Topfwagen *m*
~/бразильская *(Geol)* Brasilianische (Südamerikanische) Tafel *f*, Kraton *m* Brasilia
~/весовая *(Eb)* Brückenwaage *f*, Eisenbahnbrückenwaage *f*
~/восточно-европейская *s.* **~/русская**
~/высокая погрузочная Hochrampe *f*
~/геологическая *(Geol)* Tafel *f*, Platte *f*
~/грузовая 1. *s.* **~/погрузочная**; 2. Ladefläche *f*, Ladeplattform *f*; 3. Plattformwagen *m*
~/загрузочная *(Met)* Gichtbühne *f*, Beschickungsbühne *f*, Chargierbühne *f*, Setzbühne *f*
~/индийская *(Geol)* Indische Tafel *f*
~/контрольная Steuertisch *m*, Steuerpult *n*
~/наружная Außenbahnsteig *m*
~/орудийная *(Mil)* Geschützbettung *f*
~/пассажирская Bahnsteig *m*
~/перегрузочная Umladerampe *f*, Umladebühne *f*
~/плавучая буровая schwimmende Bohrinsel *f*
~/погрузочная Verladerampe *f*, Beladerampe *f*, Laderampe *f*
~/подъёмная *(Bw)* Hebebühne *f*
~/поперечная 1. Querbahnsteig *m*; 2. Schiebebühne *f*
~/поперечная посадочная *(Schiff)* Querversetzwagen *m* *(Kranversetzung)*
~/пусковая *(Rak)* Startplattform *f*, Abschußplattform *f*
~/разгрузочная Entladerampe *f*
~/русская *(Geol)* Russische Tafel *f*, Osteuropäische Tafel *f*
~ с низкими бортами *(Eb)* Flachbordwagen *m*, Niederbordwagen *m*
~ с турникетом *(Eb)* Schemelwagen *m*, Drehschemelwagen *m*
~/северо-американская *(Geol)* Nordamerikanische Tafel *f*, Kraton *m* Laurentia
~/скотопогрузочная Vieh[verlade]rampe *f*
~ со стойками *(Eb)* Rungenwagen *m*
~/сортировочная Umladerampe *f*

~/тупиковая грузовая Kopframpe *f*, Stirnrampe *f*
платформинг *m* Platformen *n*, Platforming *n*, Reformieren *n* an Platinkatalysatoren
платье *n*/**дождевое** *(Schiff)* Ölzeug *n*
~/рабочее *(Schiff)* Arbeitspäckchen *n*
плафон *m* 1. *(Arch)* Plafond *m (künstlerisch gestaltete Zimmer- oder Saaldecke)*; 2. *(El)* Deckenleuchte *f*, Deckenbeleuchtungskörper *m*, Deckenarmatur *f*
~/вентиляционный Deckenluftverteiler *m*, Deckenluftdurchlaß *m*
~/зеркальный Spiegeldecke *f*
~/мозаичный Mosaikdecke *f*
плацдарм *m (Mil)* Brückenkopf *m*; Aufmarschgebiet *n*
~ высадки десанта Landungsbrückenkopf *m*
плацкарта *f (Eb)* Platzkarte *f*
~ для лежания Bettkarte *f*
плашка *f* Gewindeschneideisen *n*, Schneideisen *n*
~/зажимная Klemmbacken *m*
~/квадратная vierkantiges Schneideisen *n*, vierkantige Schneidmutter *f*
~/круглая rundes Schneideisen *n (vorherrschende Form)*
~/машинная Maschinenschneidbacken *mpl (zwei Hälften)*
~/неразрезная geschlossenes (nichtnachstellbares) Schneideisen *n*
~/плоская [резьбовая] *s.* **гребёнка/радиальная [резьбовая]**
~/радиальная *s.* **гребёнка/радиальная [резьбовая]**
~/раздвижная призматическая Handschneidebacken *mpl*, Schneidebacken *mpl (zwei Hälften, für Kluppe)*
~/разрезная offenes (geschlitztes, nachstellbares) Schneideisen *n*
~/резьбонакатная Gewinderollbacken *m*, Gewindewalzbacken *m*
~ резьбонарезной головки/круглая *s.* **гребёнка/круглая [резьбовая]**
~/слесарная Handschneidbacken *mpl (zwei Hälften, für Kluppe)*
~/тангенциальная [резьбовая] *s.* **гребёнка/тангенциальная [резьбовая]**
~/цельная *s.* **~/неразрезная**
~/черновая Vorschneideisen *n*
~/чистовая Fertigschneideisen *n*
~/шестигранная sechskantiges Schneideisen *n*, sechskantige Schneidmutter *f*
плашкодержатель *m* Schneideisenhalter *m*
плашкоут *m* Brückenboot *n*
~/десантный Landungsponton *m*
плашмя platt, flach, flachkant
плашник *m (Forst)* Klobenholz *n*
плащ *m (Text)* Mantel *m*, Umhang *m*, Regencape *n*
плащ-палатка *f (Mil)* 1. Zeltbahn *f*; 2. Zeltbahnstoff *m*
плейстоцен *m (Geol)* Pleistozän *n*
~/верхний *s.* **отдел/верхнечетвертичный**
~/нижний *s.* **отдел/нижнечетвертичный**
~/средний *s.* **отдел/среднечетвертичный**
плексиглас *m* Plexiglas *n*
плена *f* Mattschweiße *f*, Ungänze *f (Walzfehler)*
плёнка *f* 1. Film *m*, Haut *f*, Häutchen *n*, [dünne] Schicht *f*, Dünnschicht *f*; Belag *m*, [dünner] Überzug *m*; 2. Walzhaut *f*, Gußhaut *f*; 3. Überwalzung *f*; 4. *(Plast)* Folie *f*
~/ацетатная *(Foto)* Azetatfilm *m*
~/безопасная Sicherheitsfilm *m*, nichtentflammbarer Film *m*
~/высокоразрешающая hochauflösender Film *m*
~/двухслойная Zweischichtenfilm *m*, Abziehfilm *m*
~ для прямого контратипирования Direktduplikatfilm *m*
~ заборки Korrekturfilm *m*
~/защитная Schutzschicht *f*
~/катушечная Rollfilm *m*
~/конденсатная Kondensatfilm *m*
~/лаковая Lackfilm *m*
~/лакокрасочная Anstrichfilm *m*
~/магнитная Magnetfilm *m*
~/масляная Ölfilm *m*
~/матричная Matrizenfilm *m*
~/многослойная [цветная] Mehrschichten[farb]film *m*
~/напылённая aufgedampfte Schicht *f*
~/негативная Negativfilm *m*
~/негативная цветная Negativfarbfilm *m*
~/недеформированная ungeschrumpfter Film *m*
~/неэкспонированная unbelichteter Film *m*
~/обратимая *s.* **~ с обращением**
~ окислённого металла *s.* **~/окисная**
~/окисная Oxidfilm *m*, Oxidhaut *f*, Oxidschicht *f (beim Metallspritzen)*
~/падающая fallender Film *m (Molekulardestillation)*
~/панхроматическая panchromatischer Film *m*, Panfilm *m*
~/пассивирующая passivierende Schicht *f (Korrosion)*
~/первая светящаяся *s.* **свечение/астоново**
~/плоская Planfilm *m*
~/позитивная Positivfilm *m*
~/позитивная цветная Positivfarbfilm *m*
~/прокатная Walzhaut *f*
~/противоореольная lichthoffreier Film *m*
~/разбалансированная farbstichiger Film *m*
~/расщеплённая Spaltfolie *f*

~/**реверсивная** Umkehrfilm *m*
~/**рентгеновская** Röntgenfilm *m*
~/**рулонная** *s.* ~/**катушечная**
~ **с обращением** Umkehrfilm *m*
~ **с обращением/цветная** Farbumkehrfilm *m*
~ **с обращением/чёрно-белая** Schwarzweiß-Umkehrfilm *m*
~ **с тонким эмульсионным слоем** Dünnschichtfilm *m*
~/**сверхмелкозернистая** Film *m* mit höchster Feinkörnigkeit
~/**смазочная** Schmier[mittel]film *m*
~ **со съёмным слоем** Abziehfilm *m*
~ **со съёмным эмульсионным слоем** Abziehfilm *m*, Stripfilm *m*
~ **тлеющего разряда/катодная** *s.* **свечение/астоново**
~/**тонкая** Dünnschicht *f*, Dünnfilm *m*
~/**трёхслойная цветная** Dreischichtenfarb[en]film *m*
~/**узкая** Schmalfilm *m*
~/**уксусная** Essigkahm *m*, Essigschleier *m*
~/**фотографическая** [fotografischer] Film *m*
~/**фотографическая катушечная** Rollfilm *m*
~/**фотографическая форматная** Planfilm *m*
~/**цветная** Farbfilm *m*
~/**чёрно-белая** Schwarzweißfilm *m*
~/**шлаковая** Schlackenfilm *m*
~/**экспонированная** belichteter Film *m*
~/**эпитаксиальная** Epitaxieschicht *f*, Epitaxialschicht *f*
плёнка-подложка *f* Trägerfolie *f*
плёнка-реплика *f* Abdruckfilm *m*
плёнкообразование *n* Filmbildung *f*, Hautbildung *f*
плёнкообразователь *m* Filmbildner *m*
плёночный dünnschichtig, Dünnschicht...
плеоптика *f* *(Opt)* Pleoptik *f*
плеохроизм *m* *(Krist, Opt)* Pleochroismus *m*
плесень *f* Schimmel[pilz] *m*; Kahm *m*
плесневеть verschimmeln, sich mit Schimmel bedecken (überziehen); kahmig werden
плетение *n* *(Text)* Flechten *n*; Flechtarbeit *f*
~ **кружев** Klöppeln *n* *(Spitzen)*
плечо *n* 1. Arm *m*, Schulter *f*; 2. *(Mech)* Hebelarm *m*; Kraftarm *m*, Arm *m* des Kräftepaars; 3. Kante *f* *(Keil)*
~ **кривошипа** *(Masch)* Kurbelschenkel *m*, Kurbelarm *m*
~/**локомотивное** *(Eb)* Umlauf *m*, Lokomotivumlauf *m*
~ **мост[ик]а** *(El)* Brückenzweig *m*
~ **нагрузки** *(Mech)* Lastarm *m*
~/**направляющее** Führungsarm *m* *(Wägetechnik; s. a.* **струнка***)*
~ **остойчивости** *(Schiff)* Stabilitätshebelarm *m*
~ **парусности** *(Schiff)* Hebelarm *m* des Winddrucks
~ **пары сил** *s.* **плечо 2.**
~ **переноса** *(Schiff)* Verlagerungsweg *m* *(Krängungsversuch)*
~/**реохордное** *(El)* Schleifdrahtbrückenzweig *m*
~ **рогульки** *(Text)* Flügelarm *m* *(Spinnerei)*
~ **рычага** *(Mech)* Hebelarm *m*
~ **силы** *(Mech)* Kraftarm *m*
~ **статической остойчивости** *(Schiff)* statischer Hebelarm *m*
~/**тяговое** *s.* ~/**локомотивное**
плеяда *f* **[изотопов]** *(Kern)* Plejade *f*, Isotopenplejade *f*
плинсбах *m* *s.* **ярус/плинсбахский**
плинтус *m* *(Bw)* Fußleiste *f*
плиоцен *m* *(Geol)* Pliozän *n*
плис *m* *(Text)* Plüsch *m*
плита *f* 1. Platte *f*, Tafel *f*; 2. *(Geol)* Platte *f*; 3. *(Bgb)* Stückkohle *f*; 4. Küchenherd *m*, Kochherd *m*
~/**анкерная** *(Bw)* Ankerplatte *f*, Ankervorlage *f*
~/**асбестоцементная** *(Bw)* Asbestzementplatte *f*
~/**балочная** *(Bw)* Plattenbalken *m* *(Rippenbalkendecke)*; Rippenplatte *f*
~ **безбалочного перекрытия** Pilzplatte *f* *(Betonbau)*
~/**бордюрная** Randschwelle *f*, Bordsteinschwelle *f*
~/**броневая** 1. Panzerplatte *f*; 2. Mahlplatte *f* *(Kugelmühle)*
~/**бытовая газовая** Gas[koch]herd *m*
~/**гипсовая** Gipsdiele *f*
~/**гипсоволокнистая** glasfaserverstärkte Gipsplatte *f*, Glagitplatte *f*
~/**доводочная** Läppplatte *f*
~/**древесноволокнистая** Holzfaserplatte *f*
~/**древесностружечная** Holzspanplatte *f*
~/**дробящая** Brechplatte *f*, Mahlplatte *f* *(Brecher, Mühle)*
~/**зажимная** 1. Spannplatte *f* *(Gesenk)*; 2. *(Gieß)* Form[en]träger *m*, Form[en]aufspannplatte *f* *(Druckgießmaschine)*
~/**закрепляющая** *s.* ~/**зажимная**
~/**защемлённая** *(Bw)* eingespannte Platte *f*
~/**защитная** Schlagpanzer *m* *(Hochofen)*
~/**звукопоглощающая** Schalldämmplatte *f*
~/**измерительная** Meßplatte *f*
~/**изоляционная** Isolierplatte *f*
~/**карнизная** *(Bw)* Simsplatte *f*, Gesimsplatte *f*
~/**кольцеобразная фундаментная** *(Bw)* ringförmiges Bankett *n*
~/**консольная** *(Bw)* freitragende Platte *f*

~/**красочная** *(Typ)* Farb[verreib]platte *f*, Farbtisch *m*
~/**крепёжная** *(Fert)* Aufspannplatte *f*, Spannplatte *f*
~/**ксилолитовая** Steinholzplatte *f*
~/**легкобетонная** Leichtbetonplatte *f*
~/**магнитная** *(Fert)* Magnetspannplatte *f*
~/**магнитная модельная** *(Gieß)* Magnetmodellplatte *f*
~ **матрицы/нажимная** *(Fert)* Matrizendruckplatte *f*
~ **матричного пресса/рабочая** *(Typ)* Prägeplatte *f*
~ **миномёта/опорная** *(Mil)* Bodenplatte *f* *(Granatwerfer)*
~/**многопролётная** Platte *f* auf mehreren Stützen
~/**многопустотная** Platte *f* mit großem Hohlraumanteil
~/**модельная** *(Gieß)* Modellplatte *f*, Formplatte *f*
~/**монолитная** monolithische Platte *f*, Monolithplatte *f*
~/**надкапительная** *(Bw)* Abakus *m*, Kapitelldeckplatte *f*; Oberplatte *f* *(Säule)*
~/**нажимная** *(Gieß)* Preßplatte *f*, Preßhaupt *n*, Preßklotz *m* *(Preßformmaschine)*
~/**облицовочная** Verkleidungsplatte *f*
~/**однопролётная** Platte *f* auf zwei Stützen
~/**опорная** Auflagerplatte *f*, Lagerplatte *f*, Tragplatte *f*
~/**опускающаяся модельная** *(Gieß)* Absenkplatte *f* *(Modell)*
~/**осаживающая** *(Schm)* Preßplatte *f*
~/**основная** Grundplatte *f*
~/**отбойная (отражательная)** Prallplatte *f*, Prallschild *m* *(Schachtofen)*
~/**охлаждающая** *(Gieß)* Abschreckplatte *f*, Schreckeisen *n*, Schreckschale *f*
~/**перекрывающая** Abdeckplatte *f* *(für Schächte u. dgl.)*
~/**плёнкоприсасывающая** *(Typ)* Filmsaugwand *f*
~/**поверочная** Prüfplatte *f*, Meßplatte *f*; *(Fert)* Tuschierplatte *f*
~/**поворотная** *(Gieß)* Wendeplatte *f* *(Formmaschine)*
~/**поддерживающая** *(Bw)* Tragplatte *f*
~/**подколонная** Plinthe *f*, Fußplatte *f* *(Säule)*
~/**подмодельная** *(Gieß)* Aufstampfboden *m*, Bodenbrett *n*; Modellplatte *f*
~/**подовая** 1. *(Met)* Bodenplatte *f*, Grundplatte *f*, Sohlenstein *m* *(Konverter, Kupolofen)*; 2. Feuerplatte *f* *(Feuerung)*
~/**подферменная** Auflagerbank *f*, Auflagerquader *m* *(eines Brückenpfeilers)*; Auflagerplatte *f* *(Trägerkonstruktion)*
~/**подштамповая** Tischplatte *f*, Gesenkspannplatte *f*, Sattelplatte *f*
~/**подъёмная** *(Gieß)* Abstreifplatte *f* *(Formmaschine)*
~/**полировочная** *(Fert)* Polierplatte *f*
~/**половая** Fußbodenplatte *f*, Fußbodenfliese *f*
~/**прави́льная** *(Fert)* Richtplatte *f*
~/**прессующая** *(Gieß)* Preßplatte *f*, Preßhaupt *n*, Preßklotz *m* *(Formmaschine)*
~/**проваливающаяся модельная** *(Gieß)* Absenkplatte *f* *(Modell)*
~/**протяжная модельная** *(Gieß)* Abstreifplatte *f*, Abstreifrahmen *m*, Abstreifkamm *m* *(Modell)*
~/**разметочная** *(Fert)* Anreißplatte *f*; Richtplatte *f*
~/**раскатная** *(Typ)* Reibtisch *m* *(Farbwerk)*
~/**ребристая** Rippenplatte *f*, Stegdiele *f*
~/**реверсивная модельная** *(Gieß)* Wendeplatte *f*, Umkehr[modell]platte *f*, Reversier[modell]platte *f*, doppelseitige Modellplatte *f*
~ **с заделанными концами** Platte *f* mit eingespannten Enden
~ **с заделанными краями** *(Bw)* eingespannte Platte *f*
~ **с заделанными опорами** Platte *f* mit eingespannten Auflagern
~/**самонесущая** selbsttragende Platte *f*
~/**свободно опёртая** frei aufliegende Platte *f*
~ **стапеля/бетонная** *(Schiff)* Hellingsohle *f*
~ **стыковой машины/неподвижная** feststehende Aufspannplatte *f* für die Klemmbacken *(Widerstandsstumpfschweißmaschine)*
~ **стыковой машины/подвижная** Stauchschlitten *m* *(Widerstandsstumpfschweißmaschine, Abbrennschweißmaschine)*
~/**сушильная** *(Gieß)* Trockenplatte *f* *(Kerntrocknung)*
~/**съёмная** 1. Schleißplatte *f*, Futterplatte *f*; 2. Mahlplatte *f*
~/**теплоизоляционная** Wärmedämmplatte *f*
~/**тротуарная** Gehwegplatte *f*
~/**универсальная модельная** *(Gieß)* Universalmodellplatte *f*
~ **упорного подшипника/подкладная** Spurplatte *f* *(des Spurlagers)*
~/**формовочная** *(Gieß)* Aufstampfboden *m*, Bodenbrett *n*
~ **фундамента/верхняя опорная** *(Schiff)* Toppplatte *f*
~/**фундаментная** Grundplatte *f*, Fundamentplatte *f*, Bodenplatte *f*, Bett *n*, Ankerplatte *f* *(Konverter, Kupolofen)*
~/**футеровочная** 1. Schleißplatte *f*, Futterplatte *f*; 2. Mahlplatte *f*
~/**холодильная** *(Gieß)* Abschreckplatte *f*
~/**шабровочная** *(Fert)* Tuschierplatte *f*

~/электрическая Elektroherd *m*
~/электромагнитная *(Fert)* Magnetspannplatte *f*
плита-обойма *f* Spannring *m* *(Einsatzgesenk)*
плитка *f* 1. Platte *f*, Plättchen *n*; 2. *(Bw)* Fliese *f*; 3. *s. unter* **плита**
~/**излучающая** Strahlungskochplatte *f*
~ **на три ступени мощности/электрическая** dreistufig regelbare Kochplatte *f*
~/**настольная двухконфорочная** Doppelkochplatte *f*
~/**облицовочная** Verkleidungsplatte *f*, Wandplatte *f*, Wandfliese *f*
~/**ограничивающая** Stoßkörper *m*, Begrenzungsplatte *f* *(Wägetechnik)*
~/**прямоугольная** rechtwinkliges Winkelendmaß *n*
~/**угловая** Winkelendmaß *n*
~/**электрическая** Elektrokochplatte *f*, Elektrokocher *m*
плитняк *m* *(Bgb)* Stückkohle *f*
плица *f* *(Schiff)* Ösfaß *n*
плодосмен *m* Anbaufolge *f*, Frucht[folge]wechsel *m*, Fruchtfolge *f*
плодосушилка *f* Obsttrockner *m*, Obstdarre *f*
плойчатость *f* *(Geol)* Fältelung *f*, Kleinfaltung *f*
плоский 1. flach, eben, plan, planar; 2. zweiachsig, zweidimensional, flächenhaft
плосковершинность *f* Flachgipfligkeit *f*
плоско-вогнутый plankonkav *(Linsen)*
плоско-выпуклый plankonvex *(Linsen)*
плоскогорье *n* *(Geol)* Hochebene *f*, Hochland *n*, Tafelland *n*
плоскогубцы *pl* *(Wkz)* Flachzange *f*, Drahtzange *f*
~/**комбинированные** Kombizange *f*
~/**шарнирные параллельные** Paralleldrahtzange *f*
плоскопараллельность *f* Planparallelität *f*
плоскопараллельный planparallel
плоскополяризованный *(Opt)* linear (geradlinig) polarisiert *(Licht)*
плоскорез *m* Schälpflug *m*
плоскостной *(Math)* zweidimensional, zweiachsig
плоскостность *f* Ebenheit *f*
плоскость *f* Ebene *f* *(s. a. unter* **площадь** *und* **поверхность**)
~/**асимптотическая** *(Math)* Asymptotenebene *f*
~/**атомная** *(Krist)* Netzebene *f*, Gitterebene *f*
~/**базовая** *(Fert)* Bezugsebene *f*
~ **батоксов** *(Schiff)* Schnittebene *f*
~/**биссекторная** *(Opt)* Spaltfläche *f*; Doppelfläche *f*; Mittelebene *f* *(in Teilerprismen)*
~/**вертикальная** Lotebene *f*, Vertikalebene *f*
~/**вертикально-поперечная** *(Schiff)* Mittschiffsquerebene *f* *(Linienriß)*
~/**вертикально-продольная** *s.* ~/**диаметральная**
~/**визирная** *(Geod)* Visierebene *f*
~ **визирования** *(Geod)* Visierebene *f*
~ **вращения** Rotationsebene *f*, Drehungsebene *f*
~ **вращения воздушного винта** *(Flg)* Luftschraubenkreis *m*
~/**вспомогательная** *(Math)* Hilfsebene *f*
~/**вспомогательная секущая** *(Fert)* Normalebene *f* zur Schnittebene der Nebenschneide *(Drehmeißel, Hobelmeißel)*
~/**вторая главная** *(Opt)* Bildhauptebene *f*
~/**выпрямляющая** *(Math)* rektifizierende Ebene *f* *(Kurventheorie)*
~/**галактическая** *(Astr)* galaktische Ebene *f*, Milchstraßenebene *f*
~ **Гаусса** *(Math)* [Argand-]Gaußsche Zahlenebene *f*
~/**главная** *(Opt)* Hauptebene *f*
~/**главная секущая** *(Fert)* Normalebene *f* zur Schnittebene der Hauptschneide, Hauptnormalebene *f* *(Drehmeißel, Hobelmeißel)*
~ **главного сечения** Hauptschnittebene *f*
~/**горизонтальная** Horizont[al]ebene *f*
~ **двойникования** *(Krist)* Zwillingsebene *f*, Zwillingsfläche *f*, Zwillingsäquator *m*
~/**двойниковая** *s.* ~ **двойникования**
~ **дефектов упаковки** *(Krist)* Stapelfehlerebene *f*
~ **деформации** Verformungsebene *f*, Umformungsebene *f*
~/**диаметральная** 1. *(Math)* Durchmesserebene *f*, Diametralebene *f*; 2. *(Schiff)* Mittschiffsebene *f*, Mittellängsebene *f*
~ **дислокаций** *(Krist)* Versetzungsebene *f*
~/**задняя главная** *(Opt)* Bildhauptebene *f*
~/**задняя фокальная** *(Opt)* hintere (bildseitige) Brennebene *f*
~ **зацепления** *(Masch)* Eingriffsebene *f* *(Zahnräder)*
~ **изгиба** *(Mech)* Biegungsebene *f*
~ **излома** *(Mech)* Bruchebene *f*
~/**измерительная** Meßebene *f*; Meßfläche *f*
~ **изображения** *(Opt)* Bildebene *f*
~/**изотермическая** *(Met)* isotherm[isch]e Ebene (Fläche) *f* *(Dreistoffdiagramm)*
~ **инерции/главная** *(Mech)* Hauptträgheitsebene *f*
~/**картинная** *(Math)* Bildebene *f* *(Perspektive)*
~/**касательная** 1. *(Math)* Tangentialebene *f*; 2. Wälzebene *f*
~ **колебания** *(Ph)* Schwingungsebene *f*
~/**комплексная** *s.* ~ **Гаусса**

~ **концентрации** *s.* ~/**концентрационная**
~/**концентрационная** *(Met)* Konzentrationsebene *f*, Konzentrationsfläche *f* *(Dreistoffdiagramm)*
~ **кристаллических осей** *(Krist)* [optische] Achsenebene *f*
~ **кристаллической решётки** *s.* ~ **решётки**
~ **Лапласа/неизменяемая** *(Astr, Mech)* unveränderliche (invariable) Ebene *f*
~ **меридиана** Meridianebene *f*, Meridionalebene *f*
~/**меридиональная** *s.* ~ **меридиана**
~ **мидель-шпангоута** *(Schiff)* Hauptspantebene *f*
~ **наведения** 1. Leitebene *f*; 2. *(Foto)* Einstellebene *f*
~ **надвига** *(Geol)* Überschiebungsfläche *f*
~/**наклонная** *(Mech)* schiefe Ebene *f*
~ **напластования** *(Geol)* Schichtfläche *f*
~/**начальная** *(Masch)* Wälzebene *f* *(Zahnstangengetriebe)*
~ **небесного экватора** *(Astr)* Äquatorebene *f*, Ebene *f* des Himmelsäquators
~/**нормальная** *(Math)* Normalebene *f* *(Kurventheorie)*
~/**нулевая** Nullebene *f*, Bezugsebene *f*
~ **объекта** *s.* ~ **предмета**
~ **объектива** *(Opt)* Objektivebene *f*
~ **оползания** Gleitfläche *f*, Rutschfläche *f*
~ **оптических осей** *(Krist)* [optische] Achsenebene *f*
~/**орбитальная** *(Astr)* Bahnebene *f*
~ **орбиты** *(Astr)* Bahnebene *f*
~/**ориентированная** *(Math)* orientierte Ebene *f* *(Planimetrie)*
~/**осевая** *(Krist)* [optische] Achsenebene *f*
~ **ослабления** *(Bgb, Geol)* Schwächefläche *f*
~/**основная** 1. *(Astr)* Grundebene *f* *(sphärische Astronomie)*; 2. *(Schiff)* Basis *f*; 3. Bezugsebene *f* *(z. B. des konischen Gewindes)*
~ **отражения** *(Opt)* Reflexionsebene *f*
~ **падения** *(Ph)* Einfallsebene *f*
~/**первая (передняя) главная** *(Opt)* Objekthauptebene *f*
~/**передняя фокальная** *(Opt)* vordere (objektseitige) Brennebene *f*
~ **переноса** *(Math)* Translationsebene *f*
~ **поляризации** *(Opt)* Polarisationsebene *f*
~ **потока** Strömungsebene *f*, Stromebene *f*
~ **предмета** *(Opt)* Dingebene *f*, Objektebene *f*, Gegenstandsebene *f*
~/**предметная** 1. *(Math)* Grundebene *f* *(Perspektive)*; 2. *s.* ~ **предмета**
~ **предметов** *s.* ~ **предмета**
~ **преломления** *(Opt)* Brechungsebene *f*
~/**прилегающая** angrenzende Ebene *f*
~ **прицеливания** *(Mil)* Visierebene *f*
~/**проектирующая** *(Math)* projizierende Ebene *f* *(senkrechte Parallelprojektion)*
~ **проекции** *(Opt)* Bildebene *f*, Bildtafel *f*; Projektionsebene *f*, Projektionsfläche *f*
~ **проекции/горизонтальная** Grundrißebene *f* *(Zwei- und Dreitafelprojektion)*
~ **проекции/профильная** Seitenrißebene *f* *(Dreitafelprojektion)*
~ **проекции/фронтальная** Aufrißebene *f* *(Zwei- und Dreitafelprojektion)*
~ **пропускания** Transmissionsebene *f*
~/**профильная** Profilebene *f*
~, **проходящая через центр тяжести** *(Math)* Schwereebene *f*
~/**рабочая** 1. Funktionsfläche *f*, Arbeitsfläche *f*; 2. Meßfläche *f*
~ **раздела** *s.* ~ **разъёма**
~ **разделения** *(Bgb, Geol)* Trennfläche *f*
~ **разреза** *s.* ~ **сечения**
~ **разрыва** *(Bgb, Geol)* Bruchfläche *f*
~ **разъёма** Teil[ungs]ebene *f*, Trennungsfläche *f*; Teilfuge *f*, Stoßfuge *f*; *(Gieß)* Formteilungsebene *f*
~ **распада** *(Kern)* Zerfallsebene *f*
~ **расположения зарядов** *(Bgb, Mil)* Trennschnitt *m* *(Sprengtechnik)*
~ **расслоения** *(Bgb, Geol)* Spaltfläche *f*
~ **режущей кромки/секущая** Normalebene *f* einer Schneide *(Drehmeißel, Hobelmeißel)*
~ **резания** *(Fert)* Schnittebene *f* *(Drehen, Hobeln, Stoßen)*
~/**референтная** *(Opt)* Referenzebene *f*
~ **решётки** *(Krist)* Gitterebene *f*, Netzebene *f* *(des Kristallgitters)*
~/**сагиттальная** *(Opt)* Sagittalebene *f*
~ **сброса** *(Geol)* Verwerfungsfläche *f*
~ **сдвига** *s.* ~ **среза**
~/**секущая** *s.* ~ **сечения**
~/**сетчатая** *(Krist)* Netzebene *f*
~ **сечения** Schnittebene *f*, Schnittfläche *f*
~ **симметрии** *(Krist)* Symmetrieebene *f*
~ **скалывания** *(Geol)* Scherfläche *f*
~ **складки/осевая** *(Geol)* Achsenebene *f* *(bei aufrechter Form einer Falte)*; [gekrümmte] Achsenfläche *f* *(bei übergelegter schiefer Form einer Falte)*
~ **скольжения** 1. *(Geol)* Gleitfläche *f*; 2. *(Krist)* Gleitebene *f*, Translationsebene *f*
~ **скользящего отражения** *(Krist)* Gleit[spiegel]ebene *f*
~ **скоростей** Geschwindigkeitsebene *f*
~ **скрещения** *(Masch)* Kreuzungsebene *f* *(Zahnräder)*
~/**соприкасающаяся** *(Math)* Schmiegeebene *f*, Schmiegungsebene *f* *(Kurventheorie)*
~/**сопряжённая** *(Math)* konjugierte Ebene *f*
~ **спайности** *(Krist)* Spaltebene *f*, Spaltfläche *f*

~ **срастания** *(Krist)* Verwachsungsebene *f*, Verwachsungsfläche *f* *(s. a.* **~/двойниковая***)*
~/**срединная** *(Math)* Mittelebene *f*
~/**средняя** *(Krist)* Mittelebene *f*
~ **среза** Scherebene *f*; *(Fert)* Abscherfläche *f*, Scherfläche *f*
~ **срыва** *(Bgb)* Abrißfläche *f*
~ **стрельбы** *(Mil)* Schußebene *f* *(Ballistik)*
~ **съёмки** *(Foto)* Aufnahmeebene *f*
~ **течения** *s.* **~ потока**
~ **управления** Leitebene *f*
~/**фокальная** *(Opt)* Brennebene *f*, Fokalebene *f*
~/**фундаментальная** *(Astr)* Grundebene *f* *(sphärische Astronomie)*
~ **чисел** *s.* **~ Гаусса**
~/**экваториальная** *(Astr)* Äquatorebene *f*, äquatoriale Ebene *f*
~ **эклиптики** *(Astr)* ekliptikale Ebene *f*, Erdbahnebene *f*
плот *m* *(Schiff)* Floß *n*
~/**жёсткий спасательный** starres Rettungsfloß *n*
~/**надувной спасательный** aufblasbares Rettungsfloß *n*, Rettungsinsel *f*
~/**спасательный** Rettungsfloß *n*
плотик *m* **россыпи** *(Geol)* anstehendes Gestein *n*, Muttergestein *n*, Lagergestein *n* *(im Flußbett oder auf alten Terrassen mit abgelagerten Seifen)*
плотина *f* *(Hydt)* Staudamm *m*, Staumauer *f*; Wehr *n*
~/**арочная** Bogenstaumauer *f*
~/**арочно-гравитационная** Bogengewichtsmauer *f*
~/**водоподъёмная** *s.* **~/водосборная**
~/**водосборная** Sturzwehr *n*
~/**водосливная** Überfallwehr *n*, Schußwehr *n*
~/**водохранилищная** Talsperre *f*
~/**глухая** dichtes (festes) Wehr *n*, Staudamm *m* ohne Überfall
~/**гравитационная** Gewichtsstaumauer *f*
~/**каменно-набросная** *s.* **~/набросная**
~/**контрфорсная** Pfeilerstaumauer *f*
~/**массивная** *s.* **~/гравитационная**
~/**массивно-контрфорсная** Pfeilerkopfstaumauer *f*
~/**многоарочная** Gewölbereihenstaumauer *f*, Pfeilergewölbestaumauer *f*
~/**набросная** Steinschüttungsstaudamm *m*
~/**намывная [земляная]** gespülter Damm *m*, Spüldamm *m*
~/**плитно-контрфорсная** Plattenstaumauer *f*, Ambursenstaumauer *f*, Ambursenwehr *n*
~/**разборная** bewegliches Wehr *n*, Wehr *n* mit beweglichem Verschluß
~/**ряжевая** Steinkistendamm *m*, Blockdamm *m*
~ **с барабанным затвором** Trommelwehr *n*, Trommelschützwehr *n*, Winkelschützwehr *n*
~ **с вальцовыми затворами** Walzenwehr *n*
~ **с клапанным затвором** Klappenwehr *n*
~ **с крышевидным затвором** Doppelklappenwehr *n*, Dachwehr *n*
~ **с плоскими затворами** Schützenwehr *n*
~ **с подъёмными затворами** Hubschützenwehr *n*
~ **с сегментными затворами** Segmentwehr *n*
~ **с секторными затворами** Sektorwehr *n*
~ **с сифонными водосбросами** Heberwehr *n*
~/**спицевая** Nadelwehr *n*
~/**шандорная** Dammbalkenwehr *n*
~/**щитовая** Schützenwehr *n*
плотиностроение *n* Staumauerbau *m*, Deichbau *m*
плотномер *m* Dichtemesser *m*, Dichtemeßgerät *n*; Aräometer *n*, Senkspindel *f*; Gas[dichte]waage *f* *(Gaschromatografie)*
~/**весовой** *s.* **пикнометр**
~ **грунта/радиоактивный** radioaktive Bodensonde *f* *(Gerät zur Messung der Bodendichte mittels Gamma-Strahlen im Rückstreuverfahren)*
~/**динамический** Effusiometer *n* *(zur Bestimmung der relativen, meist auf Luft bezogenen Dichte von Gasen)*
~ **жидкости/бесконтактный** Absorptionsdichtemesser *m* für Flüssigkeiten
~/**статический** statischer Dichtemesser *m* *(zur Dichtebestimmung von Flüssigkeiten, z. B. Senkwaage)*
плотность *f* 1. *(Ph)* Dichte *f*; 2. Dichtheit *f*, Undurchlässigkeit *f* *(Gefäße)*; 3. Konsistenz *f*, Densität *f*; 4. Gedrungenheit *f*, Kompaktheit *f* *(einer Konstruktion)*; 5. Innigkeit *f* *(einer Verbindung, eines Kontaktes)*; 6. *(Met)* Porenfreiheit *f* *(Guß)*
~ **акцепторов** *(Eln)* Akzeptordichte *f*
~ **анодного тока** Anodenstromdichte *f*
~ **в диффузном свете/оптическая** *(Foto)* diffuse Dichte *f*
~ **в направленном свете/оптическая** *(Foto)* gerichtete Dichte *f*
~ **вероятности** Wahrscheinlichkeitsdichte *f*, Verteilungsdichtefunktion *f*
~ **вероятности/совместная** gemeinsame Wahrscheinlichkeitsdichte *f*
~ **вещества** Materiedichte *f*
~ **витков** Windungszahl *f* je Längeneinheit
~/**вихревая** Wirbeldichte *f*
~ **вихревого потока** Wirbelstromdichte *f*
~ **воздуха** *(Meteo)* Luftdichte *f*
~ **вуали [/оптическая]** *(Foto)* Schleierdichte *f*, Schleierschwärzung *f*

~ **газа** Gasdichte *f*, Dampfdichte *f*
~ **грунта** *(Bw)* Bodendichte *f*
~ **движения** Fahrzeugdichte *f*
~ **движения поездов** *(Eb)* Zugdichte *f*
~/**двойная** *(Dat)* zweierlei Aufzeichnungsdichte *f*
~ **дислокации** *(Krist)* Versetzungsdichte *f*
~ **диффузионного [по]тока** Diffusionsstromdichte *f*
~/**диффузная оптическая** diffuse optische Dichte *f*
~ **дождя** *(Meteo)* Regendichte *f*
~ **доноров** Donatorendichte *f* *(Halbleiter)*
~ **дорожной сети** Dichte *f* des Straßennetzes
~ **дрейфового тока** Driftstromdichte *f*
~ **жилого фонда** Wohnflächendichte *f*
~ **замедления** Bremsdichte *f*
~ **записи** *(Dat)* Aufzeichnungsdichte *f*, Speicherdichte *f*
~ **записи информации** *(Dat)* Informationsdichte *f*
~ **заряда** *(El)* Ladungsdichte *f*
~ **заряжания** *(Mil)* Ladedichte *f*, Ladungsdichte *f*
~ **заселения** 1. Wohndichte *f*; 2. Belegungsquote *f* *(durchschnittliche Anzahl Personen je Wohnung)*
~ **застройки** Bebauungsverhältnis *n*, Bebauungsdichte *f*
~ **зачернения** *s.* ~ **почернения**
~/**звёздная** *(Astr)* Sterndichte *f*
~ **звуковой энергии** *(Ak)* Schall[energie]dichte *f*
~ **знаков** *(Dat)* Zeichendichte *f*
~ **избыточных носителей** Überschußladungsträgerdichte *f* *(Halbleiter)*
~ **излучения** *(Ph)* [spezifische] Ausstrahlung *f*
~ **изображения/оптическая** *(Opt)* Bilddichte *f*
~ **информации** *(Dat)* Informationsdichte *f*
~ **ионизации/линейная** spezifische Ionisierung (Ionisation) *f*, Ionisationsstärke *f*
~ **ионизации/объёмная** Volumenionisationsdichte *f*, Ionisationsdichte *f* je Volumeneinheit
~ **ионов** Ionendichte *f*
~ **источников** *(Kern)* Quell[en]dichte *f*
~ **квантового потока** *(Ph)* Quantenflußdichte *f*, Quantenstromdichte *f*
~ **контакта** *(El)* Innigkeit *f* des Kontakts
~ **концентрации дырок** Besetzungsdichte *f* der Löcher *(Halbleiter)*
~ **концентрации электронов** Besetzungsdichte *f* der Elektronen *(Halbleiter)*
~ **лагранжиана** *(Ph)* Lagrange-Dichte *f*, Lagrangesche Dichtefunktion *f*
~ **лучистого потока** Strahlungsflußdichte *f*
~ **магнитного заряда** magnetische Ladungsdichte *f*
~ **магнитного потока** magnetische Induktion (Flußdichte) *f* *(Tesla)*
~ **магнитной энергии** magnetische Energiedichte *f*
~ **массы** Dichte *f* [der Masse]
~ **монтажа** *(Eln)* Packungsdichte *f*, Bauelementendichte *f*
~ **мощности** Leistungsdichte *f*
~ **мощности шума** *(Eln)* Rauschleistungsdichte *f*
~ **нагрузки** Lastdichte *f* *(Energieerzeugung)*
~ **намотки** *(Text)* Straffheit *f* des Aufwindens
~ **насаждения** *(Forst)* Bestandesdichte *f*
~ **населения** Bevölkerungsdichte *f*
~ **населения брутто** Einwohnerdichte *f*
~ **населения нетто** Wohndichte *f*
~ **населённости** 1. *(Ph, Ch)* Besetzungsdichte *f*, Belegungsdichte *f*; 2. *(Bw)* Wohndichte *f*, Wohnziffer *f*
~ **насыщенной фазы** Sättigungsdichte *f*
~ **негатива** *(Foto)* Negativdeckung *f*
~ **нейтронного потока** *(Kern)* Neutronenstromdichte *f*
~ **нейтронов** *(Kern)* Neutronen[zahl]dichte *f*
~ **носителей [зарядов]** Ladungsträgerdichte *f*, Trägerkonzentration *f*, Trägerdichte *f*
~ **облучения** *(Ph)* Bestrahlungsdichte *f*, Bestrahlungsstärke *f*
~ **объёмных зарядов** *(Meteo)* Raumladungsdichte *f* *(Luftelektrizität)*
~ **огня** *(Mil)* Feuerdichte *f*
~/**оперативная** *(Mil)* operative Dichte *f*
~/**оптическая** *(Foto)* [optische] Dichte *f*, Deckung *f*, Extinktion *f*, logarithmische Opazität *f* *(Sensitometrie)*
~ **оригинала** *(Typ)* Vorlagendichte *f*
~ **осадков** *s.* ~ **дождя**
~ **основы** *(Text)* Kettdichte *f* *(Weberei)*
~/**относительная** relative (bezogene) Dichte *f*, Dichteverhältnis *n*, Dichtezahl *f*
~ **пар** *(Ph)* Paardichte *f*
~ **пара** Dampfdichte *f*, Gasdichte *f*
~/**пикнометрическая** pyknometrisch bestimmte Dichte *f*
~ **по вертикали** *(Text)* Vertikaldichte *f* *(Wirk- und Strickware)*
~ **по горизонтали** *(Text)* Horizontaldichte *f* *(Wirk- und Strickware)*
~ **по основе** *(Text)* Kettendichte *f* *(Weberei)*
~ **по утку** *(Text)* Schußdichte *f* *(Weberei)*
~/**поверхностная** Oberflächendichte *f*, Flächendichte *f*
~ **поверхностного заряда** Oberflächenladungsdichte *f*, Flächenladungsdichte *f*

~ **поверхностного тока** Oberflächenstromdichte *f*, Flächenstromdichte *f*
~ **полога** *(Forst)* Beschirmungsdichte *f*
~ **поперечных сил** Querkraftdichte *f*
~ **потока** 1. Flußdichte *f*, Stromdichte *f*; 2. Massestromdichte *f*, Masseflußdichte *f*
~ **потока вероятности** Wahrscheinlichkeitsstromdichte *f*
~ **потока излучения/поверхностная** Strahlungsflußdichte *f*
~ **потока ионизирующих частиц** *(Kern)* Teilchenflußdichte *f*
~ **потока частиц** *(Kern)* Teilchenstromdichte *f*; Teilchenflußdichte *f*
~ **потока энергии** Energieflußdichte *f*
~ **потребления** Verbrauchsdichte *f* *(Energieerzeugung)*
~ **почвы** Bodendichte *f*, Bodenbündigkeit *f*
~ **почернения** *(Foto)* Schwärzung *f*, Schwärzungsdichte *f*
~ **поэтажной площади** *(Bw)* Geschoßflächendichte *f*
~ **прессовки** Preßdichte *f* *(Pulvermetallurgie)*
~ **прессовки/минимальная** Grenzpreßdichte *f* *(Pulvermetallurgie)*
~ **пространственного заряда** Raumladungsdichte *f*
~/**противотанковая** *(Mil)* Panzerabwehrdichte *f*
~ **пульпы** Trübedichte *f* *(Aufbereitung)*
~ **развёртывания** Abtastdichte *f*
~ **разрывов следа** Lückendichte *f*
~ **распределения** Verteilungsdichte *f*
~ **реактивности** Reaktivitätsdichte *f*
~ **связанных зарядов** Polarisationsladungsdichte *f*
~ **сил** Kraftdichte *f*
~ **силовых линий** Feld[linien]dichte *f*
~ **снега** *(Meteo)* Schneedichte *f*
~ **состояний** Zustandsdichte *f*
~/**спектральная** *(Opt)* spektrale Dichte *f*, Spektraldichte *f*
~ **спинов** *(Kern)* Spindichte *f*
~ **столкновений** *(Kern)* Stoß[zahl]dichte *f*, Kollisionsdichte *f*
~/**суммарная** Gesamtdichte *f*, Gesamtschwärzung *f* *(Film)*
~/**тактическая** *(Mil)* taktische Dichte *f*
~/**танковая** *(Mil)* Panzerdichte *f*
~ **тела/объёмная** Raumdichte *f* der Masse *(physikalischer Körper)*
~/**телефонная** Verkehrsdichte *f*
~ **теплового потока/поверхностная** Wärmestromdichte *f* *(W/m²)*
~ **ткани** *(Text)* Gewebedichte *f*, Gewebefestigkeit *f*
~ **тока** [elektrische] Stromdichte *f*
~ **тока/анодная** Anoden[strom]dichte *f*
~ **тока короткого замыкания** Kurzschlußstromdichte *f*
~ **тока/линейная** Strombelag *m*
~ **тока на аноде** Anoden[strom]dichte *f*
~ **тока насыщения** Sättigungsstromdichte *f*
~ **тока/поверхностная** Oberflächenstromdichte *f*
~ **тока эмиссии** Emissionsstromdichte *f*
~/**удельная** spezifische Masse *f*, Massedichte *f*
~ **упаковки** *(Krist)* Packungsdichte *f*
~ **упаковки элементов** Packungsdichte *f*, Bauelementendichte *f*
~ **уровней** Niveaudichte *f*, Energieniveaudichte *f*
~ **фотонов** Photonenbesetzung *f*
~/**цветная оптическая** [optische] Farbdichte *f*
~ **частоты** 1. Häufigkeitsdichte *f*; 2. Frequenzdichte *f*
~/**эквивалентно-серая оптическая** grauäquivalente Dichte *f* *(Film)*
~ **электрического заряда/линейная** Linienladungsdichte *f*
~ **электрического заряда/объёмная** Raumladungsdichte *f*
~ **электрического заряда/поверхностная** Oberflächenladungsdichte *f*, Flächenladungsdichte *f*
~ **электрического заряда/пространственная** Raumladungsdichte *f* *(C/m³)*
~ **электрического тока** elektrische Stromdichte *f* *(A/m²)*
~ **электронов** *(Ph)* Elektronendichte *f*, Elektronenkonzentration *f*
~ **энергетических уровней** *(Eln)* Energieniveaudichte *f*
~ **энергии излучения по длине волны/спектральная** spektrale Dichte *f* der Strahlungsenergie im Wellenlängenmaßstab
~ **энергии излучения по частоте/спектральная** spektrale Dichte *f* der Strahlungsenergie im Frequenzmaßstab
~ **энергии/пространственная** Energiedichte *f* *(J/m³)*
~ **ямок травления** Ätzgrubendichte *f*

плотный 1. dicht; 2. gedrungen, dicht, kompakt; 3. spielfrei; innig *(Verbindung)*; 4. *(Met)* porenfrei *(Guß)*
плотопуск *m s.* **плотоход**
плотоход *m* *(Hydt)* Floßgasse *f*, Floßschleuse *f*
плоттер *m* Plotter *m*
площадка *f* 1. Platz *m*; Stelle *f*; 2. Bühne *f*, Rampe *f*; 3. Bedienungsstand *m*, Stand *m*, Podest *n(m)*
~ **буровой вышки** *(Bgb)* Aushängebühne *f* *(Bohrturm)*
~/**верхняя приёмная** *(Bgb)* Hochhängebank *f*, Förderhängebank *f*
~/**взлётно-посадочная** *(Flg)* Start- und Landebahn *f*

~/горизонтальная стапельная *(Schiff)* horizontale Kielsohle *f* *(Baudock)*
~/грузовая приёмная *(Bgb)* Förderhängebank *f*
~/дегазационная *(Mil)* Entgiftungsplatz *m* [für Waffen und Geräte]
~ для запуска ракет *s.* **~/стартовая**
~ для обслуживания *(Met)* Bedien[ungs]-bühne *f*, Arbeitsbühne *f* *(Ofen)*
~ для отломки ленты стекла *(Glas)* Abbrechbühne *f*
~/доильная Melkstand *m*
~/заливочная *s.* **~/разливочная**
~ земляного полотна/основная *(Eb)* Planum *n*, Unterbaukrone *f*
~/игровая Spielplatz *m*
~/избранная *s.* **площадь/избранная**
~/иловая *(Bw)* Schlammtrockenplatz *m*, Trockenbeet *n* *(Kläranlagen)*
~ Каптейна/избранная *s.* **площадь/избранная**
~/качающаяся *(Bgb)* Schwingbühne *f*
~ клети *(Bgb)* Korbboden *m* *(Förderkorb)*
~/колошниковая *(Met)* Gichtbühne *f*, Begichtungsbühne *f*, Beschickungsbühne *f*, Chargierbühne *f*, Gichtboden *m*, Beschickungsboden *m*
~/кольцевая Ringbühne *f* *(Hochofen)*
~/контактирующая *(Eln)* Kontaktierungsfläche *f*, Kontaktierfläche *f*, Anschlußfläche *f*
~/контактная *(El)* Kontaktfläche *f*, Berührungs[ober]fläche *f*
~/контейнерная *(Eb)* Containerumschlagplatz *m*
~/лестничная *(Bw)* Treppenpodest *n(m)*
~/лестничная промежуточная Zwischenpodest *n(m)* *(Treppe)*
~/людская приёмная *(Bgb)* Seilfahrtsbühne *f*
~/манёвренная Fahrzeugwendeplatz *m*
~/монтажная 1. Montagebaustelle *f*; 2. Montagebühne *f*
~/неводная Netzbühne *f* *(Fischereifahrzeug)*
~/нижняя (нулевая) приёмная *(Bgb)* Rasenhängebank *f*
~/обходная *(Eb)* Laufblech *n*, Umlauf *m* *(Dampflok)*
~ опрокида/приёмная *(Bgb)* Wipperboden *m*
~ опрокидывателей *(Bgb)* Wipperbühne *f*
~/орудийная Geschützstand *m*
~ отвала *(Bgb)* Kippenplanum *n*
~ отвалообразователя/рабочая *(Bgb)* Absetzerplanum *n*
~/переходная *(Eb)* Übergangseinrichtung *f*, Übergangsbühne *f*
~/погрузочная *(Bgb)* Anschlag *m* *(Füllstelle)*
~/подвесная *(Bgb)* Hängebühne *f*
~/поднимающаяся *(Wlz)* Hubtisch *m*
~/подферменная Auflagerbank *f* *(Brückenwiderlager)*
~/посадочная Landeplatz *m*
~/предохранительная *(Bgb)* Berme *f*
~/предстапельная *(Schiff)* Vormontageplatz *m*
~/пулемётная *(Mil)* MG-Stand *m*
~/рабочая Bedien[ungs]bühne *f*, Arbeitsbühne *f* *(Ofen)*; Abstichbühne *f* *(Hochofen)*
~/разворотная Wendeplatz *m*
~/разгрузочная 1. *(Met)* Gichtbühne *f*, Begichtungsbühne *f*, Beschickungsbühne *f*, Chargierbühne *f*, Setzbühne *f*; 2. *(Wlz)* Aufgabetisch *m*
~/разливочная *(Met)* Gießplatz *m*, Gießstelle *f*, Gießbühne *f*
~/сборочная Fertigungsfläche *f*
~/сетевая Netzbühne *f* *(Fischereifahrzeug)*
~/складская *(Eb)* Güterboden *m*
~/смотровая *s.* **~/обходная**
~ соприкосновения *s.* **~/контактная**
~/стартовая *(Rak)* Startrampe *f*, Startanlage *f*, Startplatz *m*, Abschußrampe *f*, Abschußbase *f*
~/строительная Baustelle *f*
~/тормозная *(Eb)* Bremserbühne *f* *(Wagen)*
~/шихтовая *s.* 1. **~/колошниковая**; 2. **~ шихтовки**
~ шихтовки Gattierungsplatz *m* *(Kupolofen)*
~/шкивная *(Bgb)* Seilscheibenbühne *f*, Seilscheibenstuhl *m*
~ экскаватора/рабочая *(Bgb)* Baggerplanum *n*

площадь *f* 1. Fläche *f*, Platz *m*, Areal *n*; 2. Flächeninhalt *m*
~ антенны/действующая wirksame (effektive) Antennenfläche *f*, Antennenwirkfläche *f*
~ блока *(Bgb)* Blockgrundfläche *f*
~ бокового сопротивления *(Schiff)* Lateralplanfläche *f*
~ витка Windungsfläche *f*
~/водосборная *(Hydrol)* Einzugsgebiet *n*
~/вокзальная Bahnhofsplatz *m*
~ вырубки *(Forst)* Abhiebsfläche *f*
~ выходного сечения сопла *(Rak)* Endquerschnitt *m* der Schubdüse, Düsenmündungsfläche *f* *(Strahltriebwerk)*
~/городская *(Bw)* Stadtfläche *f*
~/давления пара Dampfdruckfläche *f*
~ диска гребного винта Propellerkreisfläche *f* *(Propellerberechnung)*
~ живого сечения *(Hydrol)* Durchflußquerschnitt *m*
~/жилая *(Bw)* Wohnfläche *f*
~ забоя *(Bgb)* Stoßfläche *f*
~ замедления Bremsfläche *f*

~ **застройки** bebaute Fläche *f*, Bebauungsfläche *f*; Umbauungsfläche *f*
~ **зелёных насаждений** *(Bw)* Grünfläche *f*
~ **зерновых посевов/общая** Getreideanbaufläche *f*
~/**избранная** *(Astr)* [Kapteynsches] Eichfeld *n*, selected area, ausgewähltes Feld *n*
~ **излучающей поверхности** *s.* ~ **лучеиспускания**
~ **изображения** *(Opt)* Bildfläche *f*
~/**инверсионная** *(Eln)* Inversionsfläche *f*
~ **испарения** Verdampfungsfläche *f*
~ **Каптейна/избранная** *s.* ~/**избранная**
~ **контакта** Kontaktfläche *f*, Kontaktebene *f*
~/**контактирующая** *s.* **площадка/контактирующая**
~/**контактная** *s.* **площадка/контактная**
~ **крана/наветренная** Windfläche *f* eines Krans
~ **лучеиспускания** Strahlungsfläche *f*, Emissionsfläche *f*
~ **миграции** Migrationsfläche *f*, Wanderfläche *f*
~ **миделя двигателя** Triebwerksquerschnitt *m*
~ **моментов** *(Mech)* Moment[en]fläche *f*
~ **набора** *(Typ)* Satzspiegel *m*, bedruckte Fläche *f*
~/**обслуживаемая** *(Schiff)* Arbeitsbereich *m* *(Ladebaum)*
~/**описываемая** überstrichene Fläche *f*
~/**орошаемая** Berieselungsfläche *f*
~/**осадительная** Setzfläche *f* *(Aufbereitung)*
~ **основания** *(Bw)* Grundfläche *f*
~ **основного назначения** *(Bw)* Hauptfunktionsfläche *f*
~ **отвала** *(Bgb)* Kippfläche *f*
~/**отвальная** *(Bgb)* Kippfläche *f*
~ **открытого хранения** Freilagerfläche *f* *(Lagerwirtschaft)*
~ **отпечатка** Eindruckfläche *f* *(Härtemessung)*
~ **отработки** *(Bgb)* Abbaufläche *f*
~ **оформления полосы** *(Typ)* Satzspiegel *m*, bedruckte Fläche *f*
~ **парусности** *(Schiff)* Windangriffsfläche *f*; Segelfläche *f* *(Segelschiff)*
~ **по ватерлиниям** *(Schiff)* Wasserlinienfläche *f*
~ **поверхности** Inhalt *m*, Fläche *f*, Flächeninhalt *m*; Oberfläche *f*, Oberflächeninhalt *m*
~ **поверхности без учёта шероховатости** *(Fert)* ideale Oberfläche *f* *(Oberflächenfeingestalt)*
~ **поверхности/действенная** *(Fert)* wahre Oberfläche *f* *(Oberflächenfeingestalt)*
~ **поверхности/номинальная** *(Fert)* scheinbare Oberfläche *f* *(Oberflächenfeingestalt)*
~ **поверхности/относительная** *(Fert)* relative Oberfläche *f* *(Oberflächenfeingestalt)*
~ **поверхности/полная** *s.* ~ **поверхности/действенная**
~ **погрузки** Ladefläche *f*
~ **под отвал** *(Bgb)* Kippfläche *f*, Kippraum *m*
~/**полезная** Nutzfläche *f*
~ **поперечного сечения** Querschnittfläche *f*
~ **поперечного сечения образца** *(Wkst)* Bezugsfläche *f* des Probestabs
~/**поражаемая** *(Mil)* bestrichene Fläche *f*
~/**привокзальная** Bahnhofs[vor]platz *m*
~ **провара** *(Schw)* Einbrandquerschnitt *m*
~ **продувки** Spülquerschnitt *m* *(Verbrennungsmotor)*
~ **проплавления** *s.* ~ **провара**
~ **пространственного заряда** *(Eln)* Raumladungsfläche *f*
~ **рабочего сечения** wirksame Querschnittsfläche *f*
~ **рассеяния** *(Mil)* Streu[ungs]fläche *f*
~ **регулирования** Regelfläche *f*
~ **свариваемого сечения** Schweißquerschnitt *m* *(Widerstandsstumpfschweißen)*
~ **сдвига** Scherfläche *f*
~ **сечения** Schnittfläche *f*, Querschnittsfläche *f*
~ **сечения вчерне** *(Bgb)* Ausbruchsfläche *f*, Ausbruchsprofil *n*
~ **сечения горловины сопла** *(Rak)* Halsquerschnitt *m* der Schubdüse, engster Düsenquerschnitt *m* *(Strahltriebwerk)*
~ **сечения калибра** *(Wlz)* Kaliberfläche *f*
~ **сечения фурм** *(Met)* Blasquerschnitt *m* *(Schachtofen)*
~ **складирования** Lagerungsgrundfläche *f*
~/**складская** Lagerfläche *f*
~ **соприкосновения** Berührungsfläche *f*
~ **среза** Scherfläche *f*
~ **стоянки** *(Kfz)* Parkfläche *f*
~ **усиления** Verstärkungsfläche *f*
~ **фурм/общая** Blasquerschnitt *m*, Düsenquerschnitt *m* *(Schachtofen)*
~ **эпюр моментов** Momentenfläche *f*

плуг *m* *(Lw)* Pflug *m*
~/**балансирный** Balancierpflug *m*
~/**балансирный жёсткий** Starrkipppflug *m*
~/**балансирный маятниковый** Pendelpflug *m*, Pendelkipppflug *m*
~/**балансирный оборотный** Kipppflug *m*
~/**беспередковый** Schwingpflug *m*
~/**висячий** *s.* ~/**беспередковый**
~/**грядоделательный** Beetpflug *m*, Gemüsebeetpflug *m*
~/**двухкорпусный** *s.* ~/**двухлемешный**

~/**двухлемешный** Zweischarpflug *m*, Doppelpflug *m*, doppelschariger (zweischariger) Pflug *m*
~/**двухлемешный рамный** Zweischarrahmenpflug *m*
~/**двухъярусный** Zweischichten[riegel]-pflug *m*
~/**дисковый** Scheibenpflug *m*
~ **для глубокой вспашки** Tief[kultur]-pflug *m*, Vollumbruchpflug *m*
~/**дренажный** Dränpflug *m*
~/**канатный** Seilpflug *m*
~/**колёсный** Räderpflug *m*
~/**корчевальный** Rodepflug *m*
~/**кротовый** Maulwurfpflug *m*
~/**лемешный** Scharpflug *m*
~/**луговой** Wiesenpflug *m*
~/**многокорпусный** mehrfurchiger Pflug *m*
~/**многолемешный** Mehrscharpflug *m*, mehrschariger (mehrfurchiger) Pflug *m*
~/**моторный** Motorpflug *m*
~/**навесной** Anbaupflug *m*, Tragpflug *m*
~/**оборотный** Drehpflug *m*, Kipppflug *m*, Kehrpflug *m*, Wendepflug *m*, Schwenkpflug *m*
~/**однокорпусный** *s.* ~/**однолемешный**
~/**однолемешный** Einscharpflug *m*
~/**отвальный** *(Bgb)* Kippenpflug *m*
~/**передковый** Karrenpflug *m*
~/**плантажный** Plantagenpflug *m*, Wühlpflug *m*; Weinbergpflug *m*
~/**прицепной** Anhängepflug *m*
~/**прицепной отвальный** *(Bgb)* Kippenpflug *m*, Kippenräumer *m*
~/**рамный** Gestellpflug *m*, Rahmenpflug *m*
~/**ротационный** 1. Kreiselpflug *m*; 2. Rotorkrümler *m*, Frässchwanz *m*
~ **с опорным колесом (полозком)** Stelzpflug *m*
~ **с почвоуглубителем** Untergrundpflug *m*
~ **с сидением** Fahrpflug *m*, Sitzpflug *m*
~/**самоходный отвальный** *(Bgb)* selbstfahrender Kippenpflug *m*
~/**свеклоподъёмный** Rübenhebepflug *m*
~/**снеговой** Schneepflug *m*
~/**снегоочистительный** Schneepflug *m*
~/**снежный** *(Lw)* Schneepflug *m*
~/**тракторный** Maschinenpflug *m*, Traktorpflug *m*, Traktoranhängerpflug *m*
~/**тракторный дисковый** Traktorscheibenpflug *m*
~/**тракторный прицепной** Gangpflug *m*, Traktoranhängerpflug *m*
~/**трёхкорпусный** *s.* ~/**трёхлемешный**
~/**трёхлемешный** Dreischarpflug *m*
~/**трёхъярусный** Dreischichtenpflug *m*
~/**универсальный** Universalpflug *m*
~/**четырёхкорпусный** Vierscharpflug *m*
~/**ярусный** Schichtenpflug *m*
плуг-дернорез *m (Lw)* Abstechpflug *m*
плуг-канавокопатель *m (Lw)* Grabenpflug *m*
плуг-картофелекопатель *m (Lw)* Kartoffelrodepflug *m*
плуг-кочкорез *m (Lw)* Kümpelpflug *m*
плуг-лущильник *m (Lw)* Schälpflug *m*
плуг-полольник *m (Lw)* Hackpflug *m*, Feldpflug *m*
плуг-рыхлитель *m (Lw)* Krümelpflug *m*
плужок *m (Lw)* Pflug *m*, Kleinpflug *m*
~ **для разметки борозд** Rillenpflug *m*
~/**прополочный** Jätpflug *m*
~/**ручной** Handpflug *m*
плумбат *m (Ch)* Plumbat *n*
~ **натрия** Natriumplumbat *n*, Natriumtrioxoplumbat(IV) *n*
плумбит *m (Ch)* Plumbit *n*, Plumbat(II) *n*
плунжер *m* 1. Plunger *m*, Tauchkolben *m* *(Verdränger der Tauchkolbenpumpe)*; 2. *(Glas)* Treiber *m*; 3. Tauchrohr *n (Vergaser)*
~/**возвратный** Rückzugskolben *m (hydraulische Presse)*
~/**литьевой** *(Plast)* Spritzkolben *m (einer Spritzgießmaschine)*
~ **машины для литья под давлением/закрывающий** Schließzylinder *m* der Druckgießmaschine
~/**нагнетательный** Förderkolben *m*, Druckkolben *m*; Druckstutzen *m*
~/**полый** Hohlplunger *m*
~/**ретурный** *s.* ~/**возвратный**
~/**сплошной** massiver Plunger *m*
плутон *m (Geol)* Pluton *n (1. Tiefengesteinskörper; 2. von sowjetischen Geologen auch für „Intrusion" gebrauchter Ausdruck)*
плутонизм *m (Geol)* Plutonismus *m*
плутоний *m (Ch)* Plutonium *n*, Pu
плутониты *mpl s.* **породы/глубинные**
плутонометаморфизм *m (Geol)* Tiefengesteinsmetamorphose *f*
плывун *m* 1. *(Geol)* Treibsand *m*, Schwimmsand *m (grundwasserführende feinkörnige Sandschichten im Boden)*; 2. *(Bgb)* schwimmendes Gebirge *n*
плыть *s.* **плавать**
плювиограмма *f (Meteo)* Pluviogramm *n*, Ombrogramm *n*, Niederschlagsdiagramm *n*
плювиограф *m (Meteo)* Pluviograf *m (selbstregistrierender Niederschlagsmesser)*
плювиометр *m* Niederschlags[mengen]-messer *m*, Ombrometer *n*, Hyetometer *n*
плювиометрия *f* Niederschlags[mengen]-messung *f*, Pluviometrie *f*, Hyetometrie *f*
плюмбикон *m (Fs)* Plumbikon *n*, Plumbikonaufnahmeröhre *f (ein Vidikontyp)*
плюр *m (Typ)* Pelure *f*, Pelurepapier *n (transparentes Umdruckpapier; Lithografie)*

плюсование *n (Text)* Klotzen *n*, Klotzung *f*
плюсовать *(Text)* klotzen
плюсовка *f* 1. *(Text)* Foulard *m*, Klotzmaschine *f (Färberei)*; 2. *s.* **плюсование**
~/бескорытная chassisloser Foulard *m*
~/двухвальная Zweiwalzenfoulard *m*
~/крахмальная Stärkemaschine *f*
~ с корытом Foulard *m* mit Chassis
плюш *m (Text)* Plüsch *m*
~/мебельный Mokett *m*, Möbelplüsch *m*
~/одёжный Pelzsamt *m*
плющение *n* 1. Abplatten *n*; 2. Herstellung *f* dünner Bleche, Streifen und Bänder durch Walzen oder Schmieden; 3. Stauchen *n (Sägeblätter)*; Stauchschmieden *n*; Recken *n*, Reckschmieden *n*; 4. *(Wlz)* Breiten *n*, Breitung *f*
плющилка *f* Stauchapparat *m (zum Anstauchen der Sägezähne)*
плющить 1. abplatten; 2. stauchen *(Sägeblätter)*
пляж *m (Geol)* Strand *m*
пневматики *pl* Luftbereifung *f*
пневматолиз *m (Geol)* Pneumatolyse *f (Mineralbildung)*
пневматосфера *f* Pneumatosphäre *f*
пневмоавтоматика *f* Pneumoautomatik *f*
~/струйная Pneumonik *f*
пневмобетон *m* Torkretbeton *m*, Spritzbeton *m*
пневмогидравлический pneumohydraulisch, pneumatisch-hydraulisch
пневмогидроавтоматика *f*/**струйная** Fluidik *f*
пневмогидроаккумулятор *m (Hydr)* gasbelasteter (luftbelasteter) Hydraulikspeicher *m*, hydropneumatischer Speicher *m*, Speicher *m* mit Gaspolster
~ без разделителя *(Hydr)* [gasbelasteter] Hydrospeicher *m* ohne Trennmittel zwischen Druckgas und Drucköl
пневмограмма *f* Pneumogramm *n*
пневмодвигатель *m* Druckluftmotor *m*
пневмозажим *m* pneumatische Halterung *f*
пневмозакладка *f (Bgb)* Blasversatz *m*
пневмозолоудаление *n* pneumatische Entaschung *f*, Luftentaschung *f (Feuerungstechnik)*
~/всасывающее Saugluftentaschung *f*
~/нагнетательное Druckluftentaschung *f*
пневмоинструмент *m* Druckluftwerkzeug *n*
пневмокаркасный Tragluftskelett . . .
пневмокостюм *m (Kern)* Strahlenschutzanzug *m (mit Überdruck-Atemversorgung)*
пневмомельница *f* Strahlmühle *f (Zerkleinerung durch Druckluft oder überhitzten Dampf)*
пневмоника *f* Pneumonik *f*
пневмопитатель *m* pneumatischer Speiser *m*
пневмоподаватель *m* Fördergebläse *n*
пневмоподача *f* pneumatische Förderung *f*
пневмопочта *f* Rohrpost *f*
~/внешняя Stadtrohrpost *f*
~/внутренняя Hausrohrpost *f*
~ всасывания Saugluftrohrpost *f*
~ нагнетания Druckluftrohrpost *f*
пневморазбрасыватель *m (Lw)* Stäubemaschine *f*, Feldstäuber *m*
пневморазгрузка *f* Druckluftentladung *f*
пневмосепаратор *m* Druckwindsichter *m*, Luftstromsichter *m*
пневмосистема *f* Druckluftanlage *f*
пневмосмеситель *m* Druckluftmischvorrichtung *f*
пневмосушилка *f* pneumatischer Trockner *m*, Stromtrockner *m*
пневмоталь *m* Drucklufthebezeug *n*
пневмотрамбовка *f* Druckluftramme *f*
пневмотранспорт *m* 1. pneumatische Förderung *f*; 2. pneumatische Förderanlage *f*
пневмотруба *f* Stromrohr *n*, Trockenrohr *n (eines Stromtrockners)*
пневмоударник *m (Bgb)* pneumatischer Bohrlochsohlenhammer *m*
пневмоуправление *n* Druckluftsteuerung *f*
пневмоустановка *f*/**разгрузочная** pneumatische Entladevorrichtung (Entleerungsvorrichtung) *f*
пневмоформование *n (Plast)* Preßluftformung *f*, Blasverformung *f*
~ с применением толкателя Preßluftformung *f* mit mechanischer Vorstreckung
пневмоцентрализация *f (Eb)* Druckluftstellwerk *n*, pneumatisches Stellwerk *n*
пневмоцистерна *f (Schiff)* Hydrophor *m*
пневмошлем *m* Druckhelm *m*
побайтовый *(Dat)* byteweise
побежалость *f (Min)* Anlauf *m*, Anlaufen *n*
побела *f* Engobe *f*, Begußmasse *f*, Angußmasse *f*
побеление *n* Weißanlaufen *n*, Weißwerden *n (Anstrichschaden)*
побелка *f (Bw)* Weißen *n*
~/известковая Kalkanstrich *m*, Tünche *f*
побережье *n (Geol)* Küste *f*; Vorland *n*
~/плоское Flachküste *f*
~/ровное gerade Küste *f*
побуждение *n* Erregung *f*
побурение *n* Bräunung *f*
поведение *n* Verhalten *n*
~/асимптотическое *(Math, Kyb)* asymptotisches Verhalten *n*, Asymptotik *f*
~ в переходном режиме Übergangsbetrieb *m*
~ в продолжительном времени Langzeitverhalten *n*
~ во времени zeitliches Verhalten *n*, Zeitverhalten *n*

~/**измерительное** Meßverhalten *n*
~ **передачи** Übertragungsverhalten *n*
~ **по переменному току** Wechselstromverhalten *n*
~/**предельное** *s.* ~/**асимптотическое**
~ **при переключении** Schaltverhalten *n*; Umschaltverhalten *n*
~ **регулятора** Reglerverhalten *n*
~ **системы** *(Kyb)* Systemverhalten *n*
поверка *f* 1. Berichtigung *f*, Korrektur *f*; 2. [amtliche metrologische] Prüfung *f*, Eichung *f*, Beglaubigung *f*
~/**арбитражная** Schiedsprüfung *f*
~/**первичная** Ersteichung *f*, Erstbeglaubigung *f*
~/**периодическая** periodische Beglaubigung (Eichung) *f*
~/**повторная** Nacheichung *f*, Nachbeglaubigung *f*
~ **средств измерений** Eichung *f*, Beglaubigung *f* *(amtliche Prüfung und Stempelung von Meßmitteln)*
~ **средств измерений/инспекционная** Befundprüfung *f* *(von Meßmitteln)*
~/**текущая** Nachbeglaubigung *f*, Nacheichung *f*
поверхности *fpl*/**полигональные (ячеистые)** *s.* **почвы/полигональные**
поверхностно-активный grenzflächenaktiv, kapillaraktiv; oberflächenaktiv *(an der Grenze Wasser/Luft)*
поверхностно-неактивный oberflächeninaktiv, kapillarinaktiv
поверхностный 1. Oberflächen...; 2. *(Bgb)* übertägig, Tages...
поверхность *f* Oberfläche *f*, Fläche *f* *(s. a. unter* **плоскость** *und* **площадь***)* • **на поверхности** *(Bgb)* über Tage, übertage
~ **абсорбции** Absorptionsfläche *f*
~/**анодная** Anoden[ober]fläche *f*
~ **антенны/действующая** wirksame (effektive) Antennenfläche *f*, Antennenwirkfläche *f*
~/**асферическая** asphärische (deformierte) Fläche *f*
~ **атома** Atomrand *m*, Atomoberfläche *f*
~/**базовая** Bezugsfläche *f*; Basisebene *f*
~/**боковая** 1. Seitenfläche *f*, Flanke *f*; 2. *(Math)* Mantel *m*, Mantelfläche *f* *(Kegel, Zylinder)*; 3. *(Typ)* Ätzflanke *f*
~ **ванны** Badspiegel *m*, Badoberfläche *f* *(Herdofen)*
~/**винтовая** Schraubenfläche *f*, Helikoid *n*
~/**вихревая** Wirbelfläche *f*
~ **влияния** Einflußfläche *f*
~/**внутренняя** Innenfläche *f*
~/**вогнутая** konkave Fläche *f*
~/**волновая** *(Ph)* Wellenfläche *f*, Wellenfront *f*
~ **восходящего скольжения** *(Meteo)* Aufgleitfläche *f*, Aufgleitfront *f*, Anafront *f*
~ **вращения** Drehfläche *f*, Rotationsfläche *f*
~ **вращения/отражающая** spiegelnde Rotationsfläche *f*
~ **вращения/преломляющая** brechende Rotationsfläche *f*
~/**вспомогательная задняя** Freifläche *f* der Nebenschneide, Nebenfreifläche *f* *(Drehmeißel, Hobelmeißel)*
~ **второго порядка** *(Math)* Fläche *f* zweiten Grades
~ **Вульфа** Wulffsche Fläche *f*
~/**выпуклая** konvexe Fläche *f*
~ **Гамильтона** Hamiltonsche Fläche *f*
~ **геоида** Geoidfläche *f*
~/**геометрическая** geometrische (geometrisch ideale) Oberfläche *f*
~/**главная задняя** *(Fert)* Freifläche *f* der Hauptschneide, Hauptfreifläche *f* *(Drehmeißel, Hobelmeißel)*
~/**гладкая** ebene (glatte) Oberfläche *f*
~ **головки зуба/боковая** *(Masch)* Kopfflanke *f* *(Zahnrad)*
~/**горизонтальная** *(Geod)* Niveaufläche *f*, Niveau *n*
~/**горизонтальная стабилизирующая** *(Flg)* Höhenflosse *f*
~ **гравитационных волн** Gravitationswellenfläche *f*
~/**граничная** Grenzfläche *f*
~ **грунтовых вод [/свободная]** Grundwasserspiegel *m*
~/**действующая** Wirkfläche *f*, wirksame Fläche *f*
~/**денудационная** *(Geol)* Denudationsfläche *f*, Abtragungsfläche *f* *(im Russischen zuweilen für* **равнина/денудационная***)*
~/**депрессионная** *(Hydrol)* Absenkungsfläche *f*
~/**дефибрированная** *(Pap)* Schleiffläche *f*
~ **деформации** Verzerrungsfläche *f*, Formänderungsfläche *f*; *(Math)* Dilatationsfläche *f*
~/**дневная** *(Bgb)* Tagesoberfläche *f*
~ **доводки** *(Fert)* Läppfläche *f*
~ **дрейфа** Driftfläche *f*, Triftfläche *f*
~ **жидкости** Flüssigkeitsoberfläche *f*
~ **жидкости/свободная** freie Flüssigkeitsoberfläche *f*
~/**задняя** Rückfläche *f*
~/**замкнутая** geschlossene Fläche *f*
~ **зацепления** *(Masch)* Eingriffsfläche *f* *(Zahnrad)*
~ **Земли** 1. Erdoberfläche *f*; 2. *(Bgb)* Tagesoberfläche *f*
~/**земная** *s.* ~ **Земли**
~ **золотника/рабочая** Schieberfläche *f*
~ **зуба/боковая** *(Masch)* Flanke *f*, Zahnflanke *f* *(Zahnrad)*
~ **зуба/левая боковая** *(Masch)* Linksflanke *f* *(Zahnrad)*

~ изделия/шлифуемая *(Fert)* Schleiffläche *f (des Werkstücks)*
~ излома Bruchfläche *f*
~/излучающая *s.* **~/лучеиспускающая**
~/измеренная gemessene Oberfläche *f*
~/измеряемая Prüffläche *f*
~/изобарическая *(Meteo)* isobare Fläche *f*, Fläche *f* gleichen Druckes
~ изображения Bildfläche *f*
~/изогнутая Biegungsfläche *f*
~/изодозная Isodosenfläche *f*
~/изопотенциальная *s.* **~ равного потенциала**
~/изостатическая isostatische Fläche (Ausgleichsfläche) *f*
~/изостерная *(Meteo)* isostere Fläche *f*
~ инверсии Inversionsfläche *f*
~ инструмента/шлифующая *(Fert)* Schleiffläche *f (des Werkzeuges)*
~ интерференции Interferenzfläche *f*
~ испарения *s.* **~/испаряющая**
~/испаряющая Verdunstungsfläche *f*; Verdampfungsfläche *f*
~/испускающая *s.* **~/лучеиспускающая**
~ калибра/боковая *(Wlz)* Kaliberfläche *f*
~ калибра/рабочая *(Wlz)* Kaliberarbeitsfläche *f*
~/кардная *(Text)* Kardierfläche *f*
~ катания колеса *(Eb)* Lauffläche *f* des Rades
~ катания рельса *(Eb)* Schienenlauffläche *f*
~ катушки Spulenmantel *m*
~/килевая Kielfläche *f*
~ киля Kielfläche *f*
~ колосниковой решётки Rostfläche *f (Feuerung)*
~/компенсирующая *(Flg)* Ausgleichfläche *f*, Entlastungsfläche *f*
~/коническая *(Math)* Kegelfläche *f*
~ контакта *s.* **~ соприкосновения**
~/контактная *s.* **~ соприкосновения**
~ конуса/боковая Kegelmantel *m*
~ кристалла Kristalloberfläche *f*
~/крутая steile Fläche *f*
~ ликвидус Liquidusfläche *f (Dreistoffdiagramm)*
~/лицевая Vorderfläche *f*; *(Bw)* Sichtfläche *f*
~/лобовая Stirnfläche *f*, Vorderfläche *f*, Planfläche *f*
~/лучевая *(Ph)* Strahlenfläche *f*, Wellenfläche *f*
~ лучеиспускания *s.* **~/лучеиспускающая**
~/лучеиспускающая *(Kern)* Emissions[ober]fläche *f*, Strahlungsfläche *f*, Abstrahlfläche *f*, emittierende Oberfläche *f*
~/матовая Mattfläche *f*
~/мерительная *(Meß)* Meßkuppe *f*, Meßfläche *f*
~/металлизируемая Spritzfläche *f*
~ Мохоровичича *(Geol)* Mohorovičič-Diskontinuität *f*, Moho *f*
~ нагрева Heizfläche *f*
~ нагрева/внешняя Außenheizfläche *f*
~ нагрева/внутренняя Innenheizfläche *f*
~ нагрева/конвективная Berührungsheizfläche *f*, Konvektionsheizfläche *f (Strahlungskessel)*
~ нагрева котла Kesselheizfläche *f*
~ нагрева пароперегревателя Überhitzerheizfläche *f*
~ нагрева/радиационная Strahl[ungs]-heizfläche *f*
~/нагревательная *s.* **~ нагрева**
~ надвига *(Geol)* Überschiebungsfläche *f*
~ напластования *(Geol)* Schichtfläche *f*
~/напорная *(Hydt)* Stauwand *f (Walzenwehr)*
~ направляющей/рабочая Führungsfläche *f*
~ напряжений *(Mech)* Spannungsfläche *f*, Tensorfläche *f*
~/начальная *(Masch)* Wälzbahn *f (Zahnräder)*
~/нейтральная *(Wkst)* neutrale Faserschicht *f*, Nullschicht *f (Biegeversuch)*
~/нерабочая 1. Fläche *f* ohne besondere meßtechnische Funktion; 2. Seitenfläche *f (z. B. eines Endmaßes)*; 3. Grundfläche *f*, Deckfläche *f (z. B. eines Winkelendmaßes)*
~ несогласия *(Geol)* Diskordanzfläche *f*
~/несплошная unterbrochene Fläche *f (Windangriffsfläche)*
~/несущая *(Flg)* Tragfläche *f*
~ нисходящего скольжения *(Meteo)* Abgleitfläche *f*, Abgleitfront *f*, Katafront *f*
~ ножки зуба/боковая *(Masch)* Fußflanke *f (Zahnrad)*
~/номинальная Nennoberfläche *f*
~ нулевого движения *(Hydrol)* stromlose Fläche *f*
~ нулевой скорости Nullgeschwindigkeitsfläche *f (Hillsche Grenzfläche)*
~/обрабатываемая *(Fert)* zu bearbeitende Fläche *f*
~/обработанная *(Fert)* Arbeitsfläche *f*, erzeugte Fläche *f*
~/общая охлаждающая Gesamtkühlfläche *f*
~/общая полезная Gesamtnutzfläche *f*
~/общая фильтрующая Gesamtfilterfläche *f*
~/овальная *(Math)* Eifläche *f*, Ovoid *n*
~/огибающая *(Math)* Hüllfläche *f*
~ оползания *(Bgb)* Rutschfläche *f*, Gleitfläche *f*
~/опорная 1. Grundfläche *f*; Stützfläche *f*, Auflagefläche *f*, tragende Fläche *f*, Tragfläche *f*; 2. *s.* **~/посадочная**
~/орошаемая Berieselungsfläche *f*
~ ослабления *(Bgb, Geol)* Schwächefläche *f*

~ **основания** Grundfläche *f*, Basis *f*
~ **отвала** Streichblechfläche *f* *(Pflug)*
~/**отражающая** 1. Prallfläche *f*; 2. spiegelnde Fläche *f*, Spiegelfläche *f*, Reflexionsfläche *f*
~ **охлаждения** Kühlfläche *f*, Abkühl[ungs]fläche *f*, Abkühlungsoberfläche *f*
~/**передняя** Vorderfläche *f*
~ **питающего столика/вогнутая** *(Text)* Zuführmulde *f* *(Deckelkarde)*
~ **поглощения** Absorptionsfläche *f*
~ **подпора** *(Hydt)* Staufläche *f*, Stauhaltung *f*
~ **покоя** Ruhefläche *f* *(Uhr)*
~ **полюса/рабочая** *(El)* Pol[schuh]fläche *f*
~ **полюсного башмака/лицевая** *(El)* Polschuhstirnfläche *f*
~ **поршневого кольца/рабочая** Lauffläche *f* des Kolbenringes
~ **поршня/рабочая** Kolbenlauffläche *f*
~ **посадки** *s.* **~/посадочная**
~/**посадочная** Sitzfläche *f*, Sitz *m*
~ **потенциала атмосферного электричества/уровенная** *(Meteo)* Niveaufläche *f* *(bezogen auf das Potential der Luftelektrizität)*
~ **преломления** *(Opt)* brechende Fläche *f*
~/**преломляющая** *(Opt)* brechende Fläche *f*
~/**пригоночная** *(Fert)* Paßfläche *f*
~/**прилегающая** angrenzende Oberfläche *f*
~ **прилипания** Haftfläche *f*
~/**припасованная** *(Fert)* Paßfläche *f*
~/**промежуточная** *(Typ)* Zwischenträger *m*
~/**просветлённая** vergütete Oberfläche *f*
~ **пространственного заряда** *(Eln)* Raumladungsfläche *f*
~/**рабочая** Arbeitsfläche *f*, Funktionsfläche *f*; Meßfläche *f*, Prüffläche *f*
~ **равновесия** Gleichgewichtsfläche *f*
~ **равного давления** *s.* **~/изобарическая**
~ **равного потенциала** *(Ph)* Äquipotentialfläche *f*, Niveaufläche *f* *(Kraftfelder)*
~ **равного удельного объёма** *s.* **~/изостерная**
~ **равной амплитуды** Fläche *f* gleicher Amplitude
~ **равной концентрации** Fläche *f* gleicher Konzentration
~ **равной плотности** äquidense Fläche *f*
~/**равнопотенциальная** *s.* **~ равного потенциала**
~/**радиационная** *s.* **~/лучеиспускающая**
~ **развёртки/затылочная** Freifläche *f*, Rückenfläche *f* *(Reibahle)*
~/**развёртывающая** *(Math)* abwickelbare Fläche *f*, Torse *f*
~ **раздела** 1. *(Hydrod)* [Helmholtzsche] Trennungsfläche *f*, Diskontinuitätsfläche *f*, Unstetigkeitsfläche *f*; 2. *s.* **~ разрыва 1.**; 3. Grenzfläche *f*, Grenzschichtgebiet *n*; 4. *(Geol)* Unstetigkeitsfläche *f* *(Seismologie)*
~ **раздела жидкости-газа** Flüssigkeit-Gas-Grenzfläche *f*, Gas-Flüssigkeit-Grenzfläche *f*, Grenzfläche *f* Flüssigkeit-Gas
~ **раздела жидкости-жидкости** Flüssigkeit-Flüssigkeit-Grenzfläche *f*, Grenzfläche *f* Flüssigkeit-Flüssigkeit
~ **раздела/межфазная** Interface *n*
~ **раздела фаз** Phasengrenzfläche *f*
~ **разрыва** 1. *(Meteo)* Trennungsfläche *f*, Grenzfläche *f*; 2. *s.* **~ раздела 1.**
~ **разъёма** Teilfläche *f*
~ **расслаивания** Entmischungsfläche *f*
~/**реальная** wirkliche Oberfläche *f*, Ist-Oberfläche *f*
~ **резания** *(Fert)* Schnittfläche *f* *(Drehen, Hobeln, Fräsen, Stoßen usw.)*
~ **резца/задняя** Freifläche *f* *(Drehmeißel, Hobelmeißel)*
~ **резца/передняя** Spanfläche *f* *(Drehmeißel, Hobelmeißel)*
~ **сбега** *(Fert)* Auslauffläche *f* *(Gewinde)*
~ **сброса** *(Geol)* Verwerfungsfläche *f*, Verwerfungsebene *f*
~ **свода/внутренняя** Gewölbeleibung *f* *(Ofen)*
~ **сдвига** *s.* **~ среза**
~ **силы света** *(Fotom)* Lichtstärkeverteilungsfläche *f*, Lichtstärkeverteilungskörper *m*
~ **складки/осевая** *(Geol)* Achsenfläche *f* *(bei übergelegter schiefer Form einer Falte)*; Achsenebene *f* *(bei aufrechter Form einer Falte)*
~/**складчатая** *(Math)* gefaltete Fläche *f*, Faltungsfläche *f*
~ **скольжения** 1. Gleitfläche *f*, Schubfläche *f*, Schiebungsfläche *f*; 2. *(Geol)* Gleitfläche *f*, Rutschfläche *f*
~ **скольжения воздушных масс** *(Meteo)* Gleitfläche *f* *(Auf- bzw. Abgleitfläche)*
~ **скольжения поршня** Kolbengleitfläche *f*
~ **скольжения сыпучей среды** Gleitfläche *f* von Aufschüttungen *(Sand, Erde, Schüttgut)*
~ **смещения** Verschiebungsfläche *f*
~/**смоченная** benetzte Fläche *f*
~ **солидус** Solidusfläche *f* *(Dreistoffdiagramm)*
~ **соприкосновения** Berührungsebene *f*, Berührungsfläche *f*, Kontakt[ober]fläche *f*
~ **соударения** Stoßfläche *f* *(Zusammenstoß)*
~ **спирального сверла/затылочная** Freifläche *f*, Hinterschliffläche *f* *(Spiralbohrer)*

~/спланированная *(Bgb)* Planum *n*
~/сплошная durchgehende Fläche *f* *(für den Windangriff)*
~ сравнения Vergleichsfläche *f*
~ срастания *(Krist)* Verwachsungsebene *f*, Verwachsungsfläche *f*
~ среза Scherfläche *f*, Abscherfläche *f*, Trennfläche *f*
~ стола/рабочая *(Fert)* Tischaufspannfläche *f*
~/стыковая Stoßfläche *f* *(Stoßfuge)*
~/сферическая *(Math)* Kugelfläche *f*, sphärische Fläche *f*
~ сцепления Haftfläche *f*
~ теплообмена Wärmeaustauschfläche *f*
~/теплообменная Wärmeaustauschfläche *f*
~ теплопередачи Wärmeübertragungsfläche *f*
~ тормозной колодки/рабочая Bremsfläche *f*
~/торцевая Stirnfläche *f*, Vorderfläche *f*, Planfläche *f*
~ трения Reibfläche *f*, Reibungsfläche *f*
~/трущаяся *s.* **~ трения**
~/удельная spezifische Oberfläche *f* *(phys.-techn. Einheit im SI)*
~ удлинений Elongationsfläche *f*
~/уплотнительная (уплотняющая) Abdichtfläche *f*, Dichtfläche *f*, Dichtungsfläche *f*
~/уровенная *(Geod)* Niveaufläche *f*
~ уровня потенциала силы тяжести *(Meteo)* Niveaufläche *f* *(bezogen auf das Potential der Schwerkraft)*
~/фермиевская Fermi-Fläche *f*, Fermi-Oberfläche *f*
~/фокальная 1. *(Opt)* Brennfläche *f* *(Kaustik)*; 2. *(Math)* Brennfläche *f*, Fokalfläche *f* *(lineare Kongruenz)*
~/фотометрическая *s.* **~ силы света**
~ фрезы/затылочная Zahnrücken *m* *(Fräser)*
~/фронтальная *s.* **~ разрыва 1.**
~ центров погруженных объёмов *(Mech)* Auftriebsfläche *f* *(hydrostatischer Auftrieb)*
~ цилиндра [/наружная] Zylinderoberfläche *f*
~ цилиндра/рабочая Zylinderlauffläche *f*
~/цилиндрическая *(Math)* Zylinderfläche *f*
~/шаровая *(Math)* Kugelfläche *f*
~ шарового сегмента/кривая *(Math)* Kugelkappe *f*, Kalotte *f*
~ шкива/рабочая Laufmantel *m* *(Riemenscheibe)*
~ шлифа *(Wkst)* Schliffläche *f*
~ щётки/контактная *(El)* Bürstenkontaktfläche *f*, Bürstenauflagefläche *f*
~ щётки/рабочая *s.* **~ щётки/контактная**
~/эквипотенциальная *s.* **~ равного потенциала**
~/экранная 1. Strahlungsheizfläche *f*; 2. Kühlschirm *m* *(Strahlungskesselfeuerung)*
~/эмиссионная (эмиттирующая) *s.* **~ лучеиспускания**
~ энергии Energiefläche *f*, Fläche *f* gleicher Energie
~/эталонная Vergleichsfläche *f*
~/эффективная effektive (wirksame) Fläche *f*, Wirkfläche *f*
повешивание *n* *(Geod)* Abbaken *n*, Abfluchten *n*
поводец *m*/**буйковый** Brailtau *n* *(Treibnetz)*
~/вожаковый Zeising *m* *(Treibnetz)*
поводимость *f*/**предельная эквивалентная** Grenzleitwert *m*
поводка *f* *(Härt)* Verziehen *n*, Verzug *m*
поводок *m* 1. Mitnehmer *m*; 2. *(Eb)* Kupplungslasche *f*
~ лопасти батана *(Text)* Schubstange *f* der Ladenstelze *(Webstuhl)*
повозка *f*/**обозная** *(Mil)* Troßwagen *m*
~/патронная Munitionskarren *m*
поворачивание *n* 1. Drehen *n*, Wenden *n*; 2. Umwenden *n*, Umkehren *n*; 3. Umschwenken *n*, Schwenken *n*
поворачиватель *m* Wendevorrichtung *f*
~ слябов *(Wlz)* Brammenwendevorrichtung *f*
поворачивать 1. drehen, wenden; 2. umwenden, umkehren; 3. [um]schwenken
поворот *m* 1. Drehung *f*, Drehen *n*, Umdrehung *f*; 2. Schwenkung *f*, Wendung *f*; 3. Biegung *f*, Krümmung *f* *(Straße)*; 4. Umlenkung *f*
~ бура *(Bgb)* Umsetzen *n* des Bohrers
~ ветра *(Meteo)* Winddrehung *f*
~ влево *(Schiff)* Wendung *f* nach Backbord
~ вправо *(Schiff)* Wendung *f* nach Steuerbord
~/зеркальный *(Krist)* Drehspiegelung *f*
~/инверсионный *(Krist)* Drehinversion *f*
~ на горке *(Flg)* hochgezogene Kehrtkurve *f*
~ на якоре Schwojen *n*, Schwojenbewegung *f*
~ оси камеры сгорания относительно оси ракеты *(Rak)* Herausschwenken *n* der Brennkammer aus der Geschoßachse *(bei Strahlsteuerung)*
~ плоскости поляризации Polarisationsdrehung *f*, Drehung *f* der Polarisationsebene *f*
~ руля *(Schiff)* Ruderausschlag *m*
~ стрелы *(Schiff)* Schwenken *n* des Ladebaums
~ судна Aufdrehen *n* des Schiffes *(Stapellauf)*
~ третьего порядка/зеркальный *(Krist)* dreizählige Drehspiegelung *f*

~ **третьего порядка/инверсионный** *(Krist)* dreizählige Drehinversion *f*
~ **четвёртого порядка/зеркальный** *(Krist)* vierzählige Drehspiegelung *f*
~ **четвёртого порядка/инверсионный** *(Krist)* vierzählige Drehinversion *f*
~ **шестого порядка/зеркальный** *(Krist)* sechszählige Drehspiegelung *f*
~ **шестого порядка/инверсионный** *(Krist)* sechszählige Drehinversion *f*
поворотить *s.* **поворачивать**
поворотливость *f* Wendigkeit *f*
~ **судна** *(Schiff)* Drehfähigkeit *f*, Dreheigenschaften *fpl*
поворотный drehbar, schwenkbar, Dreh . . ., Schwenk . . .
повреждаемость *f* Stör[ungs]anfälligkeit *f*, Störempfindlichkeit *f*
повреждение *n* 1. Beschädigen *n*, Beschädigung *f*; Verletzung *f*; 2. Fehler *m*; Störung *f*
~ **груза** Ladegutbeschädigung *f*
~ **изоляции** *(El)* Isolationsfehler *m*
~ **ленты** *(Dat)* Bandfehlstelle *f*
~ **линии** *(El)* Leitungsfehler *m*, Leitungsstörung *f*
~ **поверхности** Oberflächenbeschädigung *f*
~/**радиационное** *(Kern)* Strahlenschaden *m*
повреждённость *f* Schadhaftigkeit *f*
повреждённый beschädigt, schadhaft, defekt
повтор *m (Fs)* Geisterbild *n*, Echobild *n*
повторитель *m (Rt)* Folgeschaltung *f*, Folger *m*
~/**анодный** Anodenfolgeschaltung *f*, Anodenfolger *m*
~ **импульсов** Impulsverstärker *m*
~/**катодный** Katodenfolgeschaltung *f*, Katodenfolger *m*
повторяемость *f* 1. Häufigkeit *f*; 2. Wiederholbarkeit *f*; 3. Reproduzierbarkeit *f*
~ **включений** Schalthäufigkeit *f*
повыситель *m* **напряжения** *(El)* Spannungserhöher *m*
~ **частоты** *(El)* Frequenzerhöher *m*
повышение *n* Erhöhung *f*, Steigerung *f*, Anstieg *m*, Zunahme *f*
~ **давления** Drucksteigerung *f*, Druckzunahme *f*; *(Meteo)* Luftdruckanstieg *m*
~ **жёсткости [воды]** Aufhärtung *f*, Wasserhärtung *f*
~ **качества** Qualitätsverbesserung *f*, Qualitätserhöhung *f*
~ **крутизны** Versteilerung *f*
~ **отношения сигнал/шум** *(Eln)* Rauschabstandsverbesserung *f*
~ **подпора** *(Hydt)* Stauerhöhung *f*
~ **потенциала** *(Ph)* Potentialanstieg *m*
~ **производительности** Produktivitätssteigerung *f*, Leistungssteigerung *f*
~ **скорости** Geschwindigkeitszunahme *f*
~ **температуры** Temperaturanstieg *m*, Temperaturerhöhung *f*
~ **точки кипения** Siedepunktserhöhung *f*
~ **установленной скорости** *(Kfz)* Geschwindigkeitsüberschreitung *f*
~ **цвета** Farberhöhung *f*, Hypsochromie *f* *(Farbstofftheorie)*
~ **чувствительности** Empfindlichkeitssteigerung *f*
погасание *n* 1. *(Krist)* [kristallografische] Extinktion *f*; 2. *s.* **погашение 1.**
~ **метеора** *(Astr)* Verlöschen *n* des Meteors
погашать 1. [aus]löschen; 2. *(Bgb)* abwerfen, stillegen *(Grubenbau)*
погашение *n* 1. Auslöschung *f*, Löschung *f*, Extinktion *f*; 2. *(Bgb)* Abwerfen *n*, Aufgeben *n* *(Grubenbau)*
~ **колебаний** Schwingungsdämpfung *f*
погиб *m (Schiff)* Bucht *f*
~ **палубы** Decksbucht *f*
поглотитель *m* 1. *(Ch)* Sorbens *n*, Sorptionsmittel *n*, Absorptionsmittel *n*; 2. Absorber *m*, Absorptionsapparat *m*, Sättiger *m*; 3. *(Rt)* Dämpfungsglied *n*; 4. *(Vak)* Getter *m*
~/**выгорающий** *(Kern)* schwacher Neutronenabsorber *m* *(Isotop mit großem Absorptionsquerschnitt)*
~/**кожухотрубный** *(Kält)* Röhrenkesselabsorber *m*
~ **мощности** Leistungsabsorber *m*
~ **нейтронов** *(Kern)* Neutronenabsorber *m*, Neutronenfänger *m*, Absorber *m*
~/**плёночный** *(Kält)* Dünnschichtabsorber *m*
~/**поверхностный** *(Kält)* Oberflächenabsorber *m*
~/**противоточный** *(Kält)* Gegenstromabsorber *m*
~/**резонансный** *(El)* Resonanzabsorber *m*
~/**сравнительный** Vergleichsabsorber *m*
поглотительный Sorptions . . .
поглотить *s.* **поглощать**
поглощаемость *f* 1. Aufnahmevermögen *n*, Absorptionsfähigkeit *f*; 2. *s.* **коэффициент поглощения**
поглощать 1. [ver]schlucken, aufnehmen, [ab]sorbieren; 2. dämpfen *(Stöße, Schwingungen)*
поглощение *n* 1. Schluckung *f*, Schlucken *n*, Sorbieren *n*, Sorption *f*, Absorption *f*, Absorbieren *n*, Aufnahme *f*; 2. Vernichtung *f* *(Energie)*; 3. *s. unter* **абсорбция**
~ **в земле (почве)** Bodenabsorption *f*, Erdbodenabsorption *f*
~ **влаги** Feuchtigkeitsaufnahme *f*
~ **воды** Wasseraufnahme *f*
~ **волн** Wellenabsorption *f*
~ **газа** Gasaufnahme *f*

~ гиперзвука *(Ak)* Hyperschallabsorption *f*
~ звука Schallabsorption *f*, Schallschluckung *f*
~/избирательное Selektivabsorption *f*
~ излучения Strahlungsabsorption *f*
~ инфракрасного излучения Infrarotabsorption *f*, IR-Absorption *f*
~ межзвёздных линий *(Astr)* interstellare Linienabsorption *f*
~ нейтронов *(Kern)* Neutronenabsorption *f*
~/объёмное Absorption *f*
~ остаточных газов [газопоглотителями] *(Vak)* Getterung *f*
~/поверхностное Adsorption *f*
~/полное Totalabsorption *f*
~ промывочной жидкости *(Bgb)* Spülungsverlust *m (Bohrung)*
~/резонансное *(El)* Resonanzabsorption *f*
~ света Lichtabsorption *f*
~ света/межзвёздное *(Astr)* interstellare Absorption *f*
~ света/непрерывное межзвёздное *(Astr)* kontinuierliche interstellare Absorption *f*
~ света/общее *(Astr)* Gesamtabsorption *f*
~ серы Aufschwefelung *f*, Schwefelaufnahme *f*
~ тепла Wärmeaufnahme *f*
погода *f (Meteo)* Wetter *n*, Witterung *f*
~ в тылу [циклона] Rückseitenwetter *n*
~/душная Schwüle *f*
~ ионосферы Ionosphärenwetter *n*
~/лётная Flugwetter *n*
~/ливневая Schauerwetter *n*
~/мировая Weltwetter *n*
~ на маршруте *(Flg)* Streckenwetter *n*
~/нелётная Nichtflugwetter *n*
~/шквалистая böiges Wetter *n*, Böenwetter *n*
погодоустойчивость *f* Wetterbeständigkeit *f*, Wetterechtheit *f*, Witterungsbeständigkeit *f*
погодоустойчивый wetterbeständig, wetterfest, witterungsbeständig
погон *m (Ch)* 1. Destillat *n*; 2. Destillationsrückstand *m*, Phlegma *n*
~ башни *(Mil)* Turmdrehkranz *m*
~/головной Vorlauf *m*
~/лютерный Lutter *m*
~/нефтяной Erdöldestillat *n*
~ под буксирный гак *(Schiff)* Fangschiene *f (Schleppgeschirr)*
~/хвостовой Nachlauf *m*
погонялка *f (Text)* Schlagstock *m*, Schlagarm *m*, Schläger *m (Webstuhl, Schützenschlageinrichtung)*
погреб *m* 1. Keller *m*; 2. *(Schiff, Mar)* Last *f*, Bunker *m (Vorratsraum für Proviant, Tauwerk, Munition usw.)*
~/артиллерийский Munitionsraum *m*
~ боезапаса Munitionsbunker *m*
~/минный Minenlast *f*
~/снарядный Granatenlast *f*
погрешность *f* Fehler *m (s. a. unter* **ошибка***)*
~/абсолютная [absoluter] Fehler *m*, Absolutfehler *m*
~/амплитудная Amplitudenfehler *m*
~ в калибровке *(Wlz)* Kalibrier[ungs]-fehler *m*
~/вероятная *(Math)* wahrscheinlicher Fehler *m*
~ взвешивания Fehler *m* der Wägung
~ второго порядка Fehler (Meßfehler) *m* zweiter Ordnung
~ вычислений Rechenfehler *m*
~ гирокомпаса/инерционная *(Schiff)* Beschleunigungsfehler *m* des Kreiselkompasses
~ гирокомпаса/скоростная *(Schiff)* Fahrtfehler *m* des Kreiselkompasses
~ градуирования (градуировки) *s.* ~/градуировочная
~/градуировочная Eichfehler *m*
~ диаметра [лимба]/полная totaler Teilungsfehler *m*
~ диаметров [угла] Durchmesserfehler *m (bei Winkelmessungen)*
~ дискретности *(Reg)* Quantisierungsfehler *m*
~ дозирования Dosierfehler *m*, Fehler *m* der Dosierung
~/допускаемая zulässiger Fehler *m*
~/допускаемая дополнительная zulässiger zusätzlicher Fehler *m (z. B. durch Veränderung der Anzeige am Meßgerät)*
~ закругления Rundungsabweichung *f*
~ зацепления *(Masch)* Verzahnungsfehler *m*, Eingriffsfehler *m*, Formfehler *m* der Verzahnung
~ измерения Meßfehler *m*, Meßunsicherheit *f*
~ измерения амплитуды Amplitudenfehler *m*
~ измерения/относительная relativer Fehler (Meßfehler) *m*
~ измерения первого порядка Fehler (Meßfehler) *m* erster Ordnung
~ измерительного прибора Fehler *m* [der Anzeige] eines Meßgerätes, Meßgerätefehler *m*
~/инструментальная Instrumentenfehler *m*
~/искомая gesuchter Fehler *m*
~/исходная *(Dat)* Ausgangsfehler *m*
~ исходных данных *(Dat)* Ausgangsdatenfehler *m*
~/кинематическая kinematische Abweichung *f*
~/комплексная Funktionsabweichung *f*

~ **контакта** 1. Tragbild *n* *(z. B. einer Zahnflanke)*; 2. Berührungsfehler *m*
~ **крена** *(Geod)* Verkantungsfehler *m*
~/**максимальная** Größtfehler *m*
~ **меры** Fehler *m* [der Anzeige] einer Maßverkörperung
~ **метода** *s.* ~/**методическая**
~/**методическая** Verfahrensfehler *m*
~/**минимальная** Kleinstfehler *m*
~ **наблюдения** Beobachtungsfehler *m*
~ **наводки** Einstellfehler *m*, Einstellunsicherheit *f*
~ **нагрузки** Fehler *m* der Kraft, Belastungsfehler *m*
~/**наибольшая** Größtfehler *m*
~/**наименьшая** Kleinstfehler *m*
~/**накопленная** Summenabweichung *f*, Sammelfehler *m*
~ **направления** Richtungsfehler *m*
~ **направления зуба** Flankenrichtungsabweichung *f*, Flankenrichtungsfehler *m*
~ **напряжения** Spannungsfehler *m*
~ **настройки** Abstimm[ungs]fehler *m*, Einstell[ungs]fehler *m*; Abgleichfehler *m*
~/**неисключённая систематическая** nichterfaßter systematischer Fehler *m*
~ **обработки** Bearbeitungsfehler *m*
~/**общая** Gesamtfehler *m*
~ **округления** *(Dat)* Rundungsfehler *m*
~ **окружного шага/накопленная** Summenteilungsabweichung *f*, Summenteil[ungs]fehler *m*
~/**основная** Fehler *m* *(eines Meßmittels unter normalen Anwendungsbedingungen)*
~ **от измерения температуры** Temperaturfehler *m*
~ **от несимметричности** Asymmetriefehler *m*
~ **от параллакса** Parallaxefehler *m*
~ **от трения** Reibungsfehler *m*
~ **от эксцентрицитета** Exzentrizitätsfehler *m*
~/**относительная** relativer Fehler *m*
~ **отсчёта** Ablesefehler *m*
~ **отсчитывания** Ablesefehler *m*
~ **пеленгования** Peilfehler *m*
~ **первого порядка** Fehler (Meßfehler) *m* erster Ordnung
~ **передаточного отношения** Übertragungsfehler *m*, Übersetzungsfehler *m*; Hebelfehler *m* *(Wägetechnik)*
~/**периодическая** periodischer Fehler *m*
~ **по напряжению** *s.* ~ **напряжения**
~ **по току** *s.* ~/**токовая**
~ **показания [прибора]** Anzeigefehler *m*
~ **положения** Lagefehler *m*
~/**предельная** Meßunsicherheit *f* *(Halbspanne des Bereichs um das berichtigte Meßergebnis, in dem der wahre Wert der Meßgeräte bei einer statistischen Sicherheit von* $p \geqq p_{min}$ *liegt)*
~ **при отсчёте** Ablesefehler *m*
~ **прибора** Gerät[e]fehler *m*
~/**приведённая** abgeleiteter Fehler *m*
~ **реверсивности** Umkehrspanne *f*
~/**систематическая** systematischer Fehler *m*
~/**случайная** Zufallsfehler *m*, zufälliger Fehler *m*
~ **смещения по времени** Zeitversetzungsfehler *m*, Zeitverschiebungsfehler *m*
~ **согласования** Abgleichfehler *m*
~ **средней длины** Mittenmaßfehler *m* *(beim Endmaß)*
~/**средняя квадратическая** mittlerer quadratischer Fehler *m*, Standardabweichung *f*
~ **средства измерений/дополнительная** zusätzlicher Fehler *m* eines Meßmittels
~ **средства измерений/систематическая** Unrichtigkeit *f* *(des Meßmittels)*
~ **средства измерений/случайная** Reproduzierfehler *m* *(des Meßmittels)*
~/**суммарная** Gesamtfehler *m*
~ **сходимости показаний** Reproduzierfehler *m* *(der Anzeige)*
~/**токовая** Stromfehler *m*
~ **углового шага** Teilungsfehler *m*
~/**установившаяся** stationärer (bleibender) Fehler *m*, stationäre (bleibende) Abweichung *f*; stationäre (bleibende) Regelabweichung *f*
~/**частная** partieller Fehler *m*, Einzelfehler *m*, Teilfehler *m*
~ **шага** Teilungsfehler *m* *(Zahnrad)*
~ **шага по колесу/накопленная** Gesamtteilungsabweichung *f*
~/**элементная** Einzelabweichung *f*
погружать 1. absenken, versenken; 2. [ein]tauchen; 3. verladen *(Güter)*; beladen *(Wagen)*
погружаться *(Schiff)* eintauchen
погружение *n* 1. Absenkung *f*, Absenken *n*, Einsenkung *f*, Versenkung *f*; 2. Untertauchen *n*, Tauchen *n*, Eintauchen *n*; 3. *(Schiff)* Eintauchen *n*
~ **сваи** Einrammen (Absenken) *n* des Pfahles
~ **сваи/вибрационное** Einrütteln *n* des Pfahles
погрузить *s.* **погружать 1.**
погрузка *f* 1. Laden *n*, Beladen *n*, Verladen *n*; 2. *(Bgb)* Wegfüllen *n*; 3. Verladung *f*, Beladung *f*, Ladung *f*, Laden *n*
~/**вертикальная** *(Schiff)* Lift-in/lift-out-Verkehr *m*, Lift-in/lift-out-Betrieb *m*
~/**горизонтальная** *(Schiff)* Roll-on/roll-off-Verkehr *m*, Roll-on/roll-off-Betrieb *m*
~ **накатом** *(Schiff)* Roll-on/roll-off-Verkehr *m*, Roll-on/roll-off-Betrieb *m*
~ **породы** *(Bgb)* Wegfüllen *n* des Gesteins

погрузочно-разгрузочный *(Schiff)* Lade- und Lösch ...
погрузочный Lade ..., Belade ..., Aufgabe ...; *(Schiff)* Lade ..., Stau ...
погрузчик *m* 1. Lader *m*, Lademaschine *f*, Ladegerät *n*; 2. Verladewagen *m*; 3. Stapler *m*
~/**боковой вилочный** Schubgabelstapler *m*
~/**вилочный** Gabelstapler *m*
~/**грейферный** Greiferlader *m*
~/**дизельный** Diesellader *m*, Dieselstapler *m*
~/**дизельный вилочный** Dieselgabelstapler *m*
~/**зачерпывающий** Schaufellader *m*
~/**ковшовый** Schaufellader *m*
~/**ковшовый поворотный** Schwenklader *m*
~/**конвейерный** Bandlader *m*
~/**контейнерный** Containerstapler *m*
~/**контейнерный самоходный** Containerstapelwagen *m*
~/**ленточный** Bandlader *m*
~/**многоковшовый** Becherwerkslader *m*
~/**нагребающий** Kratzlader *m*
~ **непрерывного действия** Stetiglader *m*, stetig förderndes Ladegerät *n*
~/**одноковшовый** Schaufellader *m*
~/**подвесной** bodenfreier Stapler *m*
~/**портальный** Stapelwagen *m*
~ **прерывного действия** Unstetiglader *m*, unstetig förderndes Ladegerät *n*
~/**роторный** Schaufel[rad]lader *m*
~ **с боковым приспособлением** Quergabelstapler *m*
~ **с бульдозерным отвалом/самоходный** Schürflader *m*
~ **с задней разгрузкой** Überkopflader *m*
~ **с передней разгрузкой** *s.* ~/**фронтальный**
~ **с поворотным ковшом** Schwenklader *m*, Schwenkschaufler *m*
~ **с поворотными вилами** Schwenkgabelstapler *m*
~ **с подгребающими лапами/скребковый** Seitengrifflader *m*
~ **с фронтальным приспособлением** Gabelstapler *m*
~/**самоходный** Fahrlader *m*, selbstfahrendes Ladegerät *n*
~/**скреперный** Schrapp[er]lader *m*
~ **со скребково-цепным зачерпывающим органом** Fräskettenlader *m*
~/**тракторный фронтальный** Frontlader *m*
~/**фронтальный** Frontlader *m*
~/**шаровой** Kugelschaufler *m*
~/**шнековый** Förderschnecke *f*
~/**элеваторный** Becherwerkslader *m*
под *m* 1. Herd *m* *(Ofen)*; 2. Boden *m*, Herdsohle *f*, Ofensohle *f*, Ofenboden *m*, Sohle *f*
~/**балочный** Balkenherd *m*
~/**вращающийся** Drehherd *m*
~/**выдвижной** ausfahrbarer Herd *m*, Herdwagen *m*
~ **для выплавления** Einschmelzherd *m*
~/**доломитовый** Dolomitherd *m*
~/**заправленный** *s.* ~/**наваренный**
~/**качающийся** Schaukelherd *m*, Schwingherd *m*
~/**кислый** saurer Herd *m*
~/**конвейерный** Wanderherd *m*
~/**ленточный** Jalousieherd *m*
~/**люлечный** Schaukelherd *m*
~/**магнезитовый** Magnesitherd *m*
~/**набивной** Stampfherd *m*, Stampfboden *m* *(SM-Ofen)*
~/**наваренный** Sinterherd *m* *(SM-Ofen)*
~/**неподвижный** fester Herd *m*
~ **обжигательной печи** Röstsohle *f* *(Röstofen)*
~/**основный** basischer Herd *m*
~ **печи** Ofensohle *f*, Ofenherd *m*, Ofenboden *m*
~ **плавильной печи** *s.* ~/**плавильный**
~/**плавильный** Schmelzherd *m*, Einschmelzherd *m*
~/**пластинчатый** Lattenherd *m*
~/**подвижной** beweglicher (bewegter) Herd *m*
~/**подъёмный** Hubherd *m*
~/**рабочий** Schmelzherd *m*, Einschmelzherd *m*
~/**роликовый** Rollenherd *m*
~/**цепной** Kettenherd *m*
~/**шагающий** Hubbalkenherd *m*, Balkenherd *m*, Schrittmacherherd *m*
подаватель *m* *(Mil)* Patronenzubringer *m*, Zubringer *m* *(Schützenwaffen)*
подавать 1. zuführen, aufgeben, eintragen *(Material)*; beschicken *(Öfen)*; 2. *(Fert)* zustellen *(Drehmeißel)*
~ **дутьё** [an]blasen *(Schachtofen)*
~ **шихту** *(Met)* setzen, beschicken, begichten, chargieren
подавитель *m* 1. *(Rf)* Unterdrücker *m*; *(FO)* Sperre *f*; 2. Drücker *m*, drückendes Flotationsmittel *n* *(Aufbereitung)*
~ **отражённых сигналов** *(FO)* Echosperre *f*, Echofalle *f*
~ **помех** *(Rf)* Stör[ungs]unterdrücker *m*, Krachtöter *m*
~ **фона** *(Rf)* Entbrummer *m*, Brummpotentiometer *n*
подавление *n* 1. Niederhalten *n*; 2. *(Rf, Dat)* Unterdrückung *f*; 3. Drücken *n*, Passivieren *n* *(Aufbereitung)*
~ **боковой полосы** Seitenbandunterdrükkung *f*
~ **звука** Schallunterdrückung *f*
~ **несущего тока** *s.* ~ **несущей [частоты]**
~ **несущей [частоты]** Träger[frequenz]-unterdrückung *f*

~ **нулей** *(Dat)* Nullenunterdrückung *f*
~ **отражений от местных предметов** *(FO)* Festzielunterdrückung *f*, Standzeichenunterdrückung *f*
~ **отражений от морской поверхности** *(FO)* Seegangenttrübung *f*
~ **помех** Störunterdrückung *f*, Entstörung *f*
~ **разряда** Unterdrückung *f* der Entladung
~ **фона** Entbrummen *n*
~ **шумов** Rauschunterdrückung *f*
подавляющий несущую trägerunterdrükkend
подалгебра *f* Teilalgebra *f*, Subalgebra *f*
~ **Ли** Liesche Unteralgebra *f*
податливость *f* Nachgiebigkeit *f*; reziproker Wert *m* der Starrheit
~ **текучести** Kriechnachgiebigkeit *f*
податливый nachgiebig; gefügig; leicht zu bearbeiten
подать *s.* **подавать**
подача *f* 1. Aufgeben *n*, Zuführen *n*, Zuführung *f*, Zufuhr *f*, Eintragen *n (von Material)*; *(Met)* Möllern *n*, Beschicken *n*, Begichten *n (Hochofen)*; *(Met)* Beschicken *n*, Chargieren *n (SM-Ofen)*; 2. *(Fert)* Vorschub *m*, Zustellung *f*; 3. *(Wlz)* Einstechen *n*, Einstoßen *n*; 4. *(Dat)* Zufuhr *f*, Transport *m*; Vorschub *m*; 5. Fördern *n*, Förderung *f*; Fördermenge *f*
~/**автоматическая** automatischer Vorschub *m*
~ **бумаги** *(Dat)* Papiervorschub *m*
~ **бланков** *(Dat)* Formularzuführung *f*
~ **в одну минуту** *(Fert)* Vorschubgeschwindigkeit *f*, Vorschub *m (Fräsen)*
~/**вертикальная** 1. *(Fert)* senkrechter Vorschub *m*, Zustellung *f (Hobeln)*; 2. Vertikalförderung *f*
~ **воздуха** *s.* ~ **дутья**
~ **газа [металлизатору]** Gaszufuhr *f (Flammspritzgerät)*
~/**горизонтальная** 1. *(Fert)* waagerechter Vorschub *m*, Vorschub *m (Hobeln)*; 2. Waagerechtförderung *f*
~ **горючего** *(Kfz)* Brennstoffzufuhr *f*
~ **горячего дутья** *(Met)* Heißwindzuführung *f*; Heißblasen *n*
~ **грузовых вагонов под погрузку или выгрузку** *(Eb)* Güterwagenbereitstellung *f*
~ **деталей на сборку/боковая** *(Schiff)* seitliches Zubringen *n* der Bauteile zur Montage
~ **деталей на сборку/продольная** *(Schiff)* Längstransport *m* der Bauteile zur Montage
~ **дутья** *(Met)* Windzuführung *f*, Luftzuführung *f*, Luftzufuhr *f*; Anblasen *n (eines Schmelzofens)*
~/**жёсткая** *s.* ~/**принудительная**
~ **импульсов** *(Fmt)* Impulsgabe *f*
~ **карт** *s.* ~ **перфокарт**
~ **кокса** *s.* ~/**коксовая**
~/**коксовая** Kokssatz *m*, Koksgicht *f*, Kokscharge *f*
~ **команды** Befehlsabgabe *f*, Befehlserteilung *f*
~ **краски** *(Typ)* Farbzuführung *f*, Farbzufuhr *f*, Farbversorgung *f*
~/**круговая** *(Fert)* Rundvorschub *m (beim Schleifen)*
~ **ленты** Bandtransport *m*
~ **листов** *(Typ)* Bogenanlegen *n*, Bogenzuführung *f*
~ **листов/каскадная** staffelförmige Bogenanlage *f*
~ **листов/неправильная** Fehlbogenanlage *f*
~ **листов/последовательная** stetige Bogenanlage *f*
~ **листов/ступенчатая** staffelförmige Bogenanlage *f*
~/**микрометрическая** Feintrieb *m*
~ **на глубину** *(Fert)* Zustellung *f (Schleifen)*
~ **на двойной ход стола/поперечная** *(Fert)* Quervorschub *m* der Schleifscheibe je Tischhub in Längsrichtung *(Waagerecht-Flachschleifen)*
~ **на зуб** Vorschub *m* je Zahn *(Fräsen)*
~ **на один двойной ход резца** *(Fert)* Vorschub *m* je Doppelhub (DH) des Werkzeugs *(Hobeln, Stoßen)*
~ **на один зуб фрезы** *(Fert)* Vorschub *m* je Zahn *(Fräsen)*
~ **на один оборот детали/продольная** *(Fert)* Längsvorschub *m* der Schleifscheibe je Umdrehung des Werkstücks *(Rundschleifen)*
~ **на один оборот фрезы** *(Fert)* Vorschub *m* je Fräserumdrehung
~ **насоса** Fördermenge *f*, Förderstrom *m (Pumpe)*
~/**непрерывная** 1. kontinuierliche Zuführung (Zufuhr) *f*; 2. *(Fert)* Dauervorschub *m*, kontinuierlicher Vorschub *m*
~ **пара** Dampfzufuhr *f*, Dampfzuführung *f*
~/**периодическая** *(Fert)* sprungweiser Vorschub *m*, Sprungschaltung *f*, Momentvorschub *m*
~ **перфокарт** *(Dat)* Lochkartenzuführung *f*
~ **перфокарт/автоматическая** automatische Kartenzuführung *f*
~ **перфокарт/ускоренная** beschleunigte Kartenzuführung *f*
~ **под углом** *(Fert)* Schrägvorschub *m*, Schrägschaltung *f*
~/**поперечная** *(Fert)* Quervorschub *m*, Planvorschub *m*, Zustellung *f (Drehen, Stoßen)*

~ поперечного суппорта Vorschub *m* des Plansupports
~/прерывистая *s.* **~/периодическая**
~/принудительная *(Fert)* zwangsläufiger Vorschub *m*
~ проволоки Drahtvorschub *m* *(Drahtspritzgerät)*
~/продольная *(Fert)* Längsvorschub *m*, Vorschub *m* *(Drehen, Stoßen)*
~/рудная *(Met)* Erzgicht *f*, Erzcharge *f*, Erzeinsatz *m*
~/ручная 1. Handaufgabe *f*; 2. *(Fert)* Handvorschub *m*
~/самоходная selbsttätiger Vorschub *m*
~ секций *(Schiff)* Sektionsantransport *m*
~ секций/боковая seitlicher Sektionsantransport *m*
~ секций/торцевая Zubringen *n* der Sektionen von der Stirnseite der Helling
~ сигнала отбоя *(Fmt)* Schlußzeichengabe *f*
~ топлива Kraftstoffzuführung *f*, Kraftstoffzufuhr *f*
~/ускоренная Schnellvorschub *m*
~ шихты *(Met)* Beschickung *f*, Begichtung *f*, Chargenzustellung *f*
~ энергии Energiezufuhr *f*
подбабок *m* *(Bw)* Aufsetzer *m*, Rammknecht *m*, Rammjungfer *f*, Jungfer *f* *(Pfahlramme)*
подбалка *f* *(Bw)* Sattelholz *n*, Schwelle *f*; Mauerlatte *f*
подбарабанье *n* Dreschkorb *m*, Korb *m* *(Dreschmaschine)*
подбивать балласт *(Eb)* stopfen *(Schotter)*
подбивка *f* **пути (шпал)** *(Eb)* Gleisstopfen *n*, Stopfen *n* des Gleises
подбойка *f* *s.* 1. **~/полукруглая**; 2. **~/плоская**; 3. *(Eb)* Stopfhacke *f*
~/плоская *(Schm)* Setzhammer *m*
~/полукруглая *(Schm)* Ballhammer *m*
подбойка-верхник *f*/**плоская** *(Schm)* Setzhammeroberteil *n*
~/полукруглая *(Schm)* Ballhammeroberteil *n*
подбойка-нижник *f*/**плоская** *(Schm)* Setzhammerunterteil *n*
~/полукруглая *(Schm)* Ballhammerunterteil *n*
подбор *m* Auswahl *f*, Selektion *f*, Auslese *f*
подбора *f*/**боковая** seitliches Sperreep *n*, Seitenreep *n* *(Treibnetz)*; Seitensimm *n* *(Ringwade)*
~/верхняя Kopftau *n*, Headleine *f* *(Schleppnetz)*; oberes Sperreep *n* *(Treibnetz)*; Obersimm *n* *(Ringwade)*
~/нижняя Grundtau *n* *(Schleppnetz)*; unteres Sperreep *n* *(Treibnetz)*; Untersimm *n* *(Ringwade)*
подборка *f* **[листов]** *(Typ)* Zusammentragen *n* *(Buchbinderei)*
подборщик *m* *(Lw)* Aufnahmetrommel *f*, Aufnehmertrommel *f*, Pick-up-Trommel *f*, Aufsammeltrommel *f*, Aufnehmer *m*
~/барабанный Trommelaufnehmer *m*
подборщик-волокушка *m* Schiebesammler-Aufnehmer *m* *(für Heu und Stroh)*
подборщик-тюкоукладчик *m* Ballenaufnehmer und -lader *m*, Ballenwerfer *m*; Ballenstapler *m*
подбрасывание *n* *(Eb)* Wogen *n* *(Fahrzeug)*
подбрюшник *m* *(Schiff)* Aufklotzung *f*, Unterklobung *f*
~ салазок Oberschlitten *m*
подвал *m* *(Bw)* 1. Souterrain *n*, Kellergeschoß *n*; 2. Keller *m*; Unterkellerung *f*
~/бродильный Braukeller *m*
~/складской Lagerkeller *m*
подварка *f* *(Schw)* Nachschweißen *n*
подведение *n* Zuführen *n*, Zuführung *f* *(s. a.* **подвод***)*
~ фундамента *(Bw)* Unterfangung *f*, Unterfahrung *f*; Abfangen *n*
подвергать 1. unterziehen, unterwerfen, behandeln; 2. aussetzen *(einen Gegenstand irgendeiner Einwirkung aussetzen oder in einen bestimmten Zustand versetzen)*
~ закалке härten, abschrecken
~ ковке schmieden
~ нагрузке (напряжению) belasten, beanspruchen
~ нормальному отжигу *(Härt)* spannungsfrei glühen
~ обжигу [ab]rösten *(NE-Metallurgie)*; glühen; tempern; abbrennen
~ облучению exponieren; bestrahlen
~ освещению belichten
~ отпуску anlassen *(Wärmebehandlung)*
~ перегонке destillieren
~ переделу frischen, feinen *(Roheisen)*
~ свободной ковке freiformschmieden
подвергнуть *s.* **подвергать**
подверженность *f* Anfälligkeit *f*
~ помехам Störanfälligkeit *f*, Störempfindlichkeit *f*
подвес *m* 1. Aufhängen *n*; 2. Aufhängung *f*, Aufhängevorrichtung *f*; 3. *(El)* Hängeleuchte *f*
~/бифилярный (двунитный, двуниточный) *(El)* bifilare Aufhängung *f*, Zweifadenaufhängung *f*
~/карданный Kardanaufhängung *f*, kardanische Aufhängung *f*
~/ленточный 1. Bandaufhängung *f*; 2. Aufhängeband *n*
~/нитяной (нитяный) 1. Fadenaufhängung *f*; 2. Aufhängefaden *m*
~/однонитный (однониточный) Einfadenaufhängung *f*, unifilare Aufhängung *f*
~/потолочный *(Licht)* Deckenpendel *n*

~/**пружинный** Federaufhängung *f*
~/**торсионный** Torsionsaufhängung *f*
~/**унифилярный** *s.* ~/**однонитный**
~/**шнуровой** *(Licht)* Schnurpendel *n*
подвеска *f* 1. Aufhängung *f*; Gehänge *n*; Hängeeisen *n*; 2. *(Bw)* Hängestange *f* *(einer Kabelbrücke)*; Strebe *f* *(eines Fachwerkträgers)*; Einhängeträger *m*, Koppelträger *m* *(eines Gerberträgers)*; 3. *(Bgb)* Aufhängebolzen *m* *(Unterhängezimmerung)*; 4. Hängebühne *f*
~/**анодная** Anodenaufhänger *m*, Anodenträger *m*
~ **антенны** Antennenaufhängung *f*
~/**бесполиспастная** direkte Aufhängung *f* *(Aufzugsfahrkorb)*
~ **ведущих осей** Aufhängung *f* der Antriebsachsen *(dreiachsiger Kraftwagen)*
~/**грузовая** *(Schiff)* Lastgehänge *n*
~ **двигателя** *(Kfz)* Motoraufhängung *f*; *(Flg)* Triebwerkaufhängung *f*
~/**двойная цепная** Verbundkettenfahrleitung *f*
~/**жёсткая** starre (ungefederte) Aufhängung *f*
~ **задней оси** *(Kfz)* Hinterachsaufhängung *f*
~/**канатная** Seilaufhängung *f*
~ **ковша** *(Met)* Pfannengehänge *n*, Kranpfannengehänge *n*, Pfannenbügel *m*
~ **колёс** *(Kfz)* Radaufhängung *f*
~ **колёс/зависимая** Radaufhängung *f* an Starrachse (durchgehender Achse)
~ **колёс/независимая** *(Kfz)* Einzelradaufhängung *f*, achslose Radaufhängung *f*, Radaufhängung *f* an Schwingachse
~/**компенсированная цепная** selbsttätig nachgespannte Kettenfahrleitung *f*
~/**контактная** Fahrleitung *f*
~ **контактного провода** Fahrdrahtaufhängung *f*
~ **контактной сети на гибких поперечниках** *(Eb)* Jochaufhängung *f*
~ **[крана]/крюковая** Hakengeschirr *n*, Hakengehänge *n* *(Kran)*
~/**мягкая** weiche Federung *f*
~/**одинарная цепная** einfache Kettenfahrleitung *f*
~/**опорно-осевая** *(Eb)* Tatzlageraufhängung *f*
~/**опорно-рамная** *(Eb)* Rahmenaufhängung *f*
~ **передних колёс** *(Kfz)* Vorderradaufhängung *f*
~/**полиспастная** indirekte Aufhängung *f* *(Aufzugsfahrkorb)*
~/**поперечная** Quertragwerk *n*
~/**простая контактная** einfache Fahrleitungsaufhängung *f*, Einfachfahrleitung *f*
~/**пружинная** Federaufhängung *f*
~ **рессор** *(Kfz)* Blattfederaufhängung *f*
~ **руля** *(Schiff)* Ruderaufhängung *f*
~ **с двумя контактными проводами/одинарная цепная** einfache Kettenfahrleitung *f* mit zwei Fahrdrähten
~ **тормозных колодок** *(Eb)* Bremsgehänge *n*
~/**торсионная** *(Kfz)* Drehstabfederung *f*
~/**трамвайная** 1. Straßenbahnfahrleitung *f*; 2. Tatzlageraufhängung *f*
~/**цепная контактная** *(Eb)* Kettenfahrleitung *f*
~ **шлюпочного блока** *(Schiff)* Bootsblockgehänge *n*
~ **электрода** Elektrodenaufhängung *f*
подвески *fpl* 1. Gehänge *n*, Aufhänger *m*; 2. *(El, Fmt)* Tragringe *mpl*, Traghaken *mpl* *(für Luftkabel)*; 3. *s.* **подвеска**
~/**рессорные** Tragfedergehänge *n* *(Lokomotive)*
подвесной aufhängbar, Hänge..., Gehänge...
подвести *s.* **подводить**
подветренный windseitig
подвешивание *n* Aufhängung *f*, Einhängung *f*, Abfederung *f*, Fahrzeugfederung *f*, Fahrzeugaufhängung *f*
~ **контактного провода** Fahrdrahtaufhängung *f*
~/**поперечное** Querfederung *f*
~/**рессорное** *(Eb)* Federung *f*, Abfederung *f*, Tragfederung *f*
~ **с тройным рессорным подвешиванием/вагонное** dreifach abgefedertes Fahrgestell *n*
~/**трёхточечное** Dreipunktaufhängung *f*
подвигание *n* *(Bgb)* Voranbringen *n*, Vorantreiben *n*, Fortschreiten *n*; *(Geol)* Vortrieb *m*
~ **забоя** Abbaufortschritt *m*, Verhiebsfortschritt *m*; Verhiebsrichtung *f*
~ **забоя/суточное** Tagesverhieb *m*
~ **фронта** Abbaufortschritt *m*; Abbaurichtung *f*
подвижка *f* **льда** *(Geol, Geoph)* Eisversetzung *f*, Eisdruck *m*
подвижность *f* 1. Beweglichkeit *f*; 2. Empfindlichkeit *f* *(Wägetechnik)*; 3. *(Mech)* Verschiebbarkeit *f*, Verschieblichkeit *f*
~ **анионов** Anionenbeweglichkeit *f*
~ **атомов в решётке** *(Krist)* Gitterbeweglichkeit *f*
~/**дрейфовая** Driftbeweglichkeit *f* *(Transistoren)*
~ **дырок** Löcherbeweglichkeit *f*, Lochbeweglichkeit *f* *(Halbleiter)*
~ **ионов** Ionenbeweglichkeit *f*
~ **краски** *(Typ)* Zügigkeit *f* der Farbe
~ **нефти** Migrationsfähigkeit *f* des Erdöls
~ **носителей [заряда]** *(Eln)* Ladungsträgerbeweglichkeit *f*, Trägerbeweglichkeit *f*
~/**поперечная** Querbeweglichkeit *f*

~ примесных атомов Störstellenbeweglichkeit *f (Halbleiter)*
~ электронов Elektronenbeweglichkeit *f*
подвинтить *s.* **подвинчивать**
подвинчивать fester schrauben, anziehen
подвод *m* Einlaß *m*, Zufuhr *f*, Zuleitung *f (s. a. unter* **подведение***)*
~ газа *(Met)* Gaszufuhr *f*, Gaszuführung *f*
~ дутья *(Met)* Windzufuhr *f*; Windführung *f*
~ листов *(Typ)* Bogentransport *m*
~ напряжения *(El)* Spannungszuführung *f*
~ пара 1. Beaufschlagung *f*; 2. Dampfzuleitung *f*, Dampfeinströmung *f*
~ под давлением Druckzuführung *f*
~ сжатого воздуха Druckluftzufuhr *f*
~ тепла Wärmezufuhr *f*, Wärmezuführung *f*
~ тока *(El)* Stromzuführung *f*, Stromzuleitung *f*
~ топлива Brennstoffzufuhr *f*, Brennstoffzuführung *f*
~/частичный Teilbeaufschlagung *f (Turbine)*
~ энергии Energiezufuhr *f*
подводить 1. zuführen; 2. *(Fert)* zustellen *(Drehmeißel)*
~ напряжение *(El)* eine Spannung anlegen
~ опору *(Bw)* abfangen *(Fundament)*
подводка *f* Zuführung *f*, Anschluß *m*, Zuleitung *f*
подводный Unterwasser . . ., Untersee . . .
подвоз *m* 1. Zufuhr *f*; Anlieferung *f*, Anfuhr *f*; 2. *(Mil)* Nachschub *m*
~ боеприпасов Munitionsnachschub *m*
подволна *f (Opt)* Subwelle *f*, [optische] Oberflächenwelle *f*
подволок *m (Schiff)* Deckenwegerung *f*
подволочный *(Schiff)* Decken . . .
подвспышка *f (Geoph)* Suberuption *f*, Mikroeruption *f*
подвулканизация *f (Gum)* [vorzeitige] Anvulkanisation *f*, Anbrennen *n*, Anspringen *n*
подвулканизов[ыв]аться *(Gum)* anvulkanisieren, anbrennen, anspringen
подвязь *f***/аркатная** *(Text)* Harnisch *m (Webstuhl)*
~ ремиза *(Text)* Schaftschnur *f (Webstuhl)*
подгибать anbiegen, abkanten
подголовник *m (Kfz)* Kopfstütze *f (am Autositz)*
~/регулируемый verstellbare Kopfstütze *f*
подголовок *m* Ansatz *m (unter dem Kopf einer Schraube)*
~/квадратный Vierkantansatz *m (Schraube)*
~/прямоугольный Hammeransatz *m (Schraube)*
~ якорный Hammeransatz *m (Schraube)*
подгон *m (Lw)* Nebenhalm *m*
подгонка *f* 1. Anpassung *f*; Abgleich *m*; 2. Berichtigung *f (Wägetechnik)*
~ ёмкости *(El)* Kapazitätsabgleich *m*
подгорание *n* 1. Anbrennen *n*, Verschmoren *n*, Abbrand *m (von Kontakten)*; 2. *(Gum)* Anbrennen *n*, Anspringen *n*, [vorzeitige] Anvulkanisation *f*
подгорать 1. anbrennen, verschmoren; 2. *(Gum)* anbrennen, anspringen, anvulkanisieren
подгореть *s.* **подгорать**
подготавливать vorrichten
подготовительный Vorrichtungs . . .
подготовка *f* 1. Vorbereitung *f*; Vorbehandlung *f*, Vorbearbeitung *f*; Zubereitung *f*; 2. Aufbereitung *f (Erze)*; 3. Ausbildung *f*
~ воды Wasseraufbereitung *f*
~ данных *(Dat)* Datenaufbereitung *f*
~ данных/первичная primäre Datenerfassung *f*
~ дроссов к переплавке Krätzeaufbereitung *f (NE-Metallurgie)*
~ железной руды Eisenerzaufbereitung *f*
~ информации *(Dat)* Informationsvorbereitung *f*, Aufbereitung *f* der Information
~ к выходу в море *(Schiff)* Seeklarmachen *n*
~ к полёту Flugvorbereitung *f*
~ к эксплуатации *(Dat)* Einsatzvorbereitung *f*
~/корабельная *(Schiff)* Bordausbildung *f*
~/лётная fliegerische Ausbildung *f*
~ листов *(Typ)* Vorrichten *n* der Bogen
~/огневая *(Mil)* 1. Feuervorbereitung *f*; 2. Schießausbildung *f*
~ первичных данных *(Dat)* Primärdatenerfassung *f*
~/первоначальная военная *(Mil)* militärische Grundausbildung *f*
~ перфокарт *(Dat)* Lochkartenherstellung *f*
~ перфоленты *(Dat)* Lochstreifenherstellung *f*
~ песка *(Gieß)* Sandaufbereitung *f*, Formstoffaufbereitung *f*
~ поверхности Oberflächenvorbehandlung *f*; Oberflächenbehandlung *f*
~ почвы *(Lw)* Bodenvorbereitung *f*, Bodenbearbeitung *f*
~/предварительная Vorbehandlung *f*
~/предполётная Flugvorbereitung *f*
~ руд [к плавке] *(Met)* Erzaufbereitung *f*
~/стрелковая *(Mil)* Schießausbildung *f*
~ съёмов к переплавке Krätzeaufbereitung *f (NE-Metallurgie)*
~ территории строительства Baulandvorbereitung *f*

~ **формовочной земли** Formstoffaufbereitung *f*, Aufbereiten *n* des Formstoffs (Formsandes)
~ **формы к заливке** *(Gieß)* Zulegen *n* der Form
~/**шлюпочная** *(Schiff)* Kutterausbildung *f*
подготовлять *s.* **подготавливать**
подграф *m (Dat)* Subgraf *m*
подгруппа *f (Math)* Untergruppe *f*, Teilgruppe *f*
~ **Ли** Liesche Untergruppe *f*
поддаваться nachgeben
~ **обработке** sich bearbeiten lassen
поддаться *s.* **поддаваться**
поддающийся nachgiebig
~ **корозии** korrosionsfähig, angreifbar
~ **намагничиванию** magnetisierbar
~ **обжимке** stauchbar
~ **обработке** bearbeitbar
~ **прокатке** walzbar
~ **расковке** stauchbar
~ **травлению** ätzfähig; beizbar
поддвиг *m (Geol)* Unterschiebung *f*
поддержание *n* 1. Unterstützung *f*; 2. Aufrechterhaltung *f*, Einhaltung *f*, Unterhaltung *f*
~ **выработки** *(Bgb)* Offenhalten (Aufrechterhalten) *n* eines Grubenbaues
~ **кровли** *(Bgb)* Abstützen *n* des Hangenden
поддерживание *n* 1. Abstützung *f*, Abstützen *n*, Stützen *n*; 2. Halten *n (z. B. einer Schmelze bei einer Temperatur)*
поддерживать 1. [ab]stützen, tragen; 2. *(Bgb)* stützen, ausbauen, abfangen; 3. aufrechterhalten; halten *(z. B. eine Schmelze bei einer Temperatur)*
поддержка *f* 1. Auflage *f*, Auflagerstütze *f*; 2. *(Fert)* Gegenhalter *m*, Vorhalter *m*, Vorhalteisen *n*, Nieteisen *n (Handnietung)*; Aufpreßstempel *m (Nietmaschine)*; 3. Unterstützung *f*
~/**авиационная** *(Mil)* Luftunterstützung *f*
~/**артиллерийская** *(Mil)* Artillerieunterstützung *f*
~/**огневая** *(Mil)* Feuerunterstützung *f*
поддиапазон *m (Rt)* Teilbereich *m*, Unterbereich *m*; Teilband *n*
~ **измерения** Teilmeßbereich *m*
~/**растянутый** gespreizter Wellenbereich *m*
~/**частотный** Frequenzteilbereich *m*
поддоменник *m* Abstichbühne *f (Hochofen)*
поддон *m* 1. Untersatz *m*; Tropfschale *f*; Tragbrett *n*; Palette *f*; 2. *(Met)* Gespannplatte *f*, Grundplatte *f*, Gespann *n*, Gießgespann *n*, Kokillengespann *n*; 3. *(Schiff)* Palette *f*; Auffangschale *f*
~/**грузовой** Palette *f*
~ **двигателя** *(Kfz)* Ölwanne *f*
~/**двухзаходный** Zweiwegepalette *f*
~/**двухнастильный** umkehrbare Flachpalette *f*
~ **для изложниц** *(Met)* Kokillengespann *n*, Gespannplatte *f*, Gespann *n*
~/**душевой** *(Bw)* Brausetasse *f*
~ **картера** *(Kfz)* Kurbelgehäusewanne *f*
~/**масленый** 1. Ölwanne *f*; 2. Ölauffangblech *n*
~ **многократного применения** Mehrwegepalette *f*
~ **однократного применения** verlorene Palette *f*
~/**однонастильный** Eindeckflachpalette *f*
~/**плоский** Flachpalette *f*
~/**приёмный** Auffangschale *f*
~ **пружины** Federsitz *m*
~ **с выступами** Flachpalette *f* mit Plattenvorsprung
~ **станка** Auffangpfanne *f*, Fangpfanne *f*, Auffangschale *f (der Werkzeugmaschine für Späne und Schmierstoffe)*
~/**стоечный** Stapelpalette *f*, Gestellpalette *f*, Rungenpalette *f*
~/**четырёхзаходный** Vierwegepalette *f*
~/**ящичный** Boxpalette *f*
поддубивание *n* Vorgerbung *f*
поддувало *n* Asche[n]fall *m*, Asche[n]raum *m (Feuerungstechnik)*
поддувание *n* 1. Auftreiben *n*, Schwellen *n*, Blähung *f*; 2. *(Geol)* Quellen *n*, Aufquellen *n*
~ **почвы** Sohlenquellen *n*, Sohlendruck *m*, Liegendquellen *n*
подера *f* Fußpunkt[s]kurve *f*
подёргивание *n (Eb)* Zucken *n*, Wippen *n*, zuckende Bewegung *f (Fahrzeug)*
поджатие *n* 1. Vorverdichtung *f*; 2. Verengungsverhältnis *f*, Verjüngungsverhältnis *n*
поджигатель *m (El)* Zündstift *m*, Starter *m (eines Ignitrons)*
поджимать vorverdichten
подзавод *m*/**электрический** elektrischer Aufzug *m*, Elektroaufzug *m*
подзаголовок *m (Typ)* Untertitel *m*
~ **на полях полосы** Marginalie *f*
подзадача *f (Dat)* Unteraufgabe *f*
подзаряд *m (El)* Nachladung *f*
~/**дозовый (непрерывный, постоянный)** Dauerladung *f*, laufende Nachladung *f*
подзарядить *s.* **подзаряжать**
подзарядка *f s.* **подзаряд**
подзаряжать *(El)* nachladen
подземный 1. unterirdisch; 2. *(Bgb)* untertägig, Untertage . . .
подзол *m* 1. Podsol[boden] *m*, Bleicherde *f*; 2. *(Led)* Äscherschlamm *m*, *(als Düngemittel)* Gerbereikalk *m*
подзоленность *f* Podsolierung *f (Zustand)*, Ausgeblichenheit *f* des Bodens
подзоливание *n* **почвы** Podsolierung *f (Vorgang)*, Ausbleichung *f* des Bodens

подзоливать ausbleichen, podsolieren *(Boden)*
подзолить *s.* **подзоливать**
подзолы *mpl* Podsolböden *mpl*
подзона *f* Subzone *f*, Teilzone *f*
подзор *m* **[/кормовой]** *(Schiff)* Gillung *f*
подина *f* Herd *m*, Herdfläche *f*, Ofenherd *m*
~/жидкая flüssige Schlackenführung *f*
~/сухая trockene Schlackenführung *f*
подинтервал *m s.* **субинтервал**
подканал *m* Unterkanal *m*; Subkanal *m*
~/тональный tonfrequenter Unterkanal *m*
подкасательная *f (Math)* Subtangente *f*
подкат *m* Halbzeug *n*, Rohwalzerzeugnis *n*
подкатегория *f (Math)* Teilkategorie *f*, Unterkategorie *f*
подкатка *f* 1. *(Wlz)* Nachwalzen *n*, Dressieren *n*; 2. *(Schm)* Rollen *n*, Rundschmieden *n*
~/холодная Kaltnachwalzen *n*
подкатод *m* Hilfskatode *f*
подкатывать *(Schm)* rollen
подкачка *f* Pumpen *n (Laser)*
~/оптическая optisches Pumpen *n*
~/световая *s.* **~/оптическая**
~ светом *s.* **~/оптическая**
подкисление *n (Ch)* Ansäuern *n*, Säuern *n*
подкислить *s.* **подкислять**
подкислять *(Ch)* [an]säuern
подкладка *f* 1. Unterlage *f*; Beilage *f*; 2. Unterlagsplatte *f*, Auflagerplatte *f*; Unterlegscheibe *f*; 3. *(Bgb)* Quetschholz *n*
~/путевая *(Eb)* Unterlagsplatte *f (bei Schienenverlegung auf Holzschwellen)*
~/путевая двухребордчатая *(Eb)* Doppelrandplatte *f*
~/путевая однoребордчатая *(Eb)* Einrandplatte *f*
~/рельсовая *(Eb)* Schienenunterlage *f*
~ сдвоенных шпалов/мостовая *(Eb)* Schienenstoß-Unterlagsplatte *f (Breitschwellenstoß)*
~/штабельная Stapelpaßstücke *n*, Staupaßstück *n (für Container)*
подклинивание *n s.* **подклинка**
подклинка *f (Schiff)* Aufkeilen *n*, Aufklotzen *n*
подключать *(El)* anschließen, anschalten; *(Fmt)* aufschalten
~ к корпусу an Masse legen, erden
подключение *n (El)* Anschließen *n*, Anschluß *m*, Anschalten *n*; *(Fmt)* Aufschalten *n*
~ к земле Erdanschluß *m*, Erdverbindung *f*
~ к корпусу Masseanschluß *m*, Masseverbindung *f*
~ подпрограммы *(Dat)* Unterprogrammanschluß *m*
подключённый *(El)* angeschlossen, angeschaltet; *(Fmt)* aufgeschaltet
~ параллельно parallelgeschaltet, in Parallelschaltung, neben[einander]geschaltet
~ согласованно angepaßt abgeschlossen
подключить *s.* **подключать**
подключка *f (Typ)* Ausgleichen *n*
~/верхняя Überlegung *f*
подколонник *m (Bw)* Säulenfuß *m*
подкольцо *n (Math)* Unterring *m*
подкормка *f (Lw)* 1. Beifütterung *f*; 2. Nachdüngung *f*, Kopfdüngung *f*
~/азотная Stickstoffkopfdüngung *f*
~ известью Kopfkalkung *f*
~ озимых Wintergetreidekopfdüngung *f*
~/поздняя Spätkopfdüngung *f*
подкормщик-опрыскиватель *m (Lw)* Reihendünge- und -spritzvorrichtung *f*
подкос *m* 1. *(Bw)* Strebe *f*; 2. *(Flg)* Abstützstrebe *f*, Stützstrebe *f (Tragwerk)*
~ шасси Fahrwerkstrebe *f*
подкосный *(Flg)* abgestrebt
подкрепление *n* 1. Verstärkung *f*; Aussteifung *f*; 2. *(Ch)* Aufstärkung *f*, Aufkonzentration *f*; 3. *(Led)* Zubesserung *f (der Äscher- oder Gerbbrühe)*
~/ледовое *(Schiff)* Eisverstärkung *f*
подкреплять *(Schiff)* verstärken, versteifen, aussteifen
подкрылок *m (Flg)* Fowlerklappe *f (Landehilfe)*
подлапок *m (Bgb)* Kappenstück *n*
подлёт *m* Anflug *m*
подливать *(Typ)* hintergießen *(Stereo)*
подливка *f* 1. Zugießen *n*, Zuschütten *n*; 2. Füllmaterial *n*
~ шрифта *(Typ)* Defektenguß *m*
подлодка *f s.* **лодка/подводная**
подложка *f (Eln)* Emulsionsunterlage *f*, Filmunterlage *f*, Unterlage *f*, Filmschichtträger *m*; Substrat *n (Halbleiter)*
~/зеркальная Spiegelträger *m*
~/керамическая Keramiksubstrat *n*
~/кремниевая Siliziumsubstrat *n*
~/металлическая Metallhinterlegung *f (einer Bildröhre)*
~/монокристальная kristalline Unterlage *f (Epitaxie)*
~/полупроводниковая Halbleitersubstrat *n*
подмагнитить *s.* **подмагничивать**
подмагничивание *n* Vormagnetisierung *f*
~/высокочастотное Hochfrequenzvormagnetisierung *f*, HF-Vormagnetisierung *f*
~/постоянное Gleichstromvormagnetisierung *f*
подмагничивать vormagnetisieren
подматрица *f (Math)* Untermatrix *f*, Teilmatrix *f*
~ рассеяния Streuuntermatrix *f*

подмачивать груз *(Schiff)* die Ladung feucht (naß) werden lassen
подметь *f (Text)* Kehrabfall *m*, Kehrwolle *f*
подмногообразие *n (Math)* Untermannigfaltigkeit *f*, Teilmannigfaltigkeit *f*
подмножество *n (Math)* Untermenge *f*, Teilmenge *f*
~ **системы команд** *(Dat)* Untermenge *f* des Befehlsvorrates
~ **языка** *(Dat)* Teilsprache *f*
подмодель *f (Gieß)* Urmodell *n*, Muttermodell *n*
подмодуль *m (Math)* Untermodul *m*
подмодулятор *m (El)* Vormodulator *m*, Modulationsverstärker *m*
подмокание *n* **груза** *(Schiff)* Feuchtwerden *n* der Ladung, Naßwerden *n* der Ladung
подмости *pl (Bw)* Gerüst *n*, Bockgerüst *n*
~ **плотины** *(Hydt)* Wehrgerüst *n*
~/**подвесные** Hängegerüst *n*; Hängerüstung *f*
~/**подъёмные** Gleitgerüst *n*, Hubgerüst *n*
~/**раздвижные** Teleskopgerüst *n*, höhenverstellbare Arbeitsbühne *f*
подмотка *f (Text)* Unterwinden *n*
подмочка *f* **грузка** *(Schiff)* Feuchtwerden *n* der Ladung, Naßwerden *n* der Ladung
подмультиплет *m (Math)* Submultiplett *n*
подмыв *m* Unterspülung *f*, Unterwaschung *f*
подмывание *n s.* **подмыв**
подналадка *f* 1. Nachstellen *n*, Nachregeln *n*; Einrichtkorrektur *f*; Maßkorrektur *f*; 2. *s.* **устройство/подналаживающее**
подналадчик *m (Fert)* Maßnachsteueranlage *f*
поднесущая *f (El)* Hilfsträger *m*, Zwischenträger *m*, Zwischenträgerfrequenz *f*
~/**цветовая** *(Fs)* Farb[hilfs]trägerfrequenz *f*, Farb[zwischen]träger *m*
поднимать 1. heben, hochheben, emporheben; 2. abheben; 3. erhöhen, steigern; 4. *(Bgb)* fördern *(im senkrechten Schacht)*; 5. *(Schiff)* hieven; hissen, heißen; setzen, lichten; 6. aufbocken, anheben
~ **воротом** 1. haspeln, [hoch]winden; 2. *(Schiff)* hieven
~ **груз** *(Schiff)* eine Last hieven
~ **лебёдкой** *s.* ~ **воротом**
~ **мачту** einen Mast aufrichten
~ **паруса** *(Schiff)* Segel setzen
~ **флаг** Flagge hissen; *(Schiff)* Flaggenwechsel vornehmen *(bei Schiffsübergabe)*
подниматься *(Bgb)* ausfahren
подниточник *m (Text)* Gegenwinder *m*, Spanner *m (Spinnerei; Selfaktor)*
подножие *n (Geol)* Fuß *m (Gebirge)*
~ **гор** Gebirgsfuß *m*
подножка *f (Eb)* Trittbrett *n*, Tritt *m*
поднормаль *f (Math)* Subnormale *f*
подносок *m* **[жёсткий]** *(Led)* Vorderkappe *f*, Querkappe *f*, Steifkappe *f* *(Schuh)*
подносчик *m* **катушек** *(Text)* Spulenträger *m*
поднятие *n* 1. Heben *n*, Hebung *f*; 2. Abheben *n*; 3. Steigerung *f*; 4. *(Geol)* Hebung *f*; Bodenerhebung *f*; 5. *(Math)* Heben *n*, Heraufziehen *n (Index)*
~ **ворса щёткой** *(Text)* Aufsetzen *n*; Aufsetzbürsten *n*
~/**капиллярное** *(Ph)* Kapillarhebung *f*, Kapillaraszension *f*, [kapillare] Steighöhe *f*
поднять *s.* **поднимать**
подобие *n* Ähnlichkeit *f*, Analogon *n*
подобласть *f (Math)* Untergebiet *n*, Unterbereich *m*, Teilgebiet *n*
подоболочка *f (Kern)* Unterschale *f*
подобъект *m (Math)* Unterobjekt *n*
подогрев *m* Vorwärmen *n*, Vorwärmung *f*, Anwärmen *n*, Erwärmen *n*, Erwärmung *f*, Aufwärmung *f*, Erhitzen *n*, Erhitzung *f* • **с косвенным подогревом** *(Eln)* mit Fremdheizung, fremdgeheizt, indirekt geheizt • **с прямым подогревом** *(Eln)* mit Eigen[auf]heizung, eigengeheizt; direkt geheizt
~ **воздуха** Luftvorwärmung *f*
~ **горючей смеси** Gemischerwärmung *f* *(Verbrennungsmotor)*
~ **дутья** Winderhitzung *f*, Windvorwärmung *f*
~ **катода** Katodenheizung *f*
~/**местный** *(Schw)* örtliche Erwärmung *f* *(des Werkstücks an der Schweißverbindungsstelle)*
~/**общий** *(Schw)* Gesamterwärmung *f* des Werkstücks
~ **питательной воды** Speisewasservorwärmung *f*
~/**последующий** *(Schw)* Nachwärmen *n* *(beim Widerstandsstumpfschweißen zur Veränderung des Metallgefüges)*
~/**предварительный** *(Schw)* Vorwärmen *n (beim Abbrennschweißen)*
~/**прямой** *(El)* Eigen[auf]heizung *f*, Eigenerwärmung *f*; direkte Heizung *f*
~ **смеси** *(Kfz)* Gemischaufheizung *f*
~/**сопутствующий** *(Schw)* Vorwärmen *n* gleichzeitig zur Schweißhitze
~/**ступенчатый** Stufenvorwärmung *f*
подогревание *n s.* **подогрев**
подогреватель *m* 1. Vorwärmer *m*; Anwärmer *m*; 2. Erhitzer *m*, Heizer *m*, Heizelement *n*
~/**бифилярный** *(Eln)* Bifilarheizfaden *m*

~/**водяной** Wasservorwärmer *m*, Ekonomiser *m*, Eko *m*
~ **воздуха** *(Met)* Winderhitzer *m*, Windvorwärmer *m*, Luftvorwärmer *m*, Luvo *m*
~ **высокого давления** Hochdruckvorwärmer *m*
~ **дутья** *(Met)* Cowper *m*
~/**змеевиковый** Schlangenvorwärmer *m*
~/**конвективный** Rauchgasvorwärmer *m*
~/**конденсационный** Kondensationsvorwärmer *m*
~/**конечный** Endvorwärmer *m*
~ **лампы** Röhrenheizer *m*
~ **опреснителя** *(Schiff)* Destilliervorwärmer *m (Seewasserverdampfer)*
~/**параллельнопоточный** Gleichstromvorwärmer *m*
~ **питьевой воды** Speisewasservorwärmer *m (Lok, Kessel)*
~/**противоточный** Gegenstromvorwärmer *m*
~/**пусковой** *(Kfz)* Anlaßvorwärmer *m*
~/**ребристый трубчатый** Rippenrohrvorwärmer *m*
~/**регенеративный** *(Met)* Regenerativvorwärmer *m*, Regenerativerhitzer *m*, Abgasvorwärmer *m*
~/**трубчатый** Röhrenvorwärmer *m*
~ **тяжёлого топлива** *(Schiff)* Schwerölvorwärmer *m*
подогревать vorwärmen, anwärmen, erwärmen, erhitzen, aufwärmen
подогреть *s.* **подогревать**
подоида *f s.* **подера**
подоконник *m (Bw)* Fensterbank *f*, Fensterbrett *n*
подольник *m (Lw)* Jäter *m*, Jäteisen *n*, Wühleisen *n*
подорвать *s.* **подрывать 1.**
подотдел *m*/**неокомский** *s.* **неоком**
~/**сенонский** *s.* **сенон**
подошва *f* 1. Sohle *f*, Fuß *m*, Grundfläche *f*; Bett *n*; 2. *(Led)* Laufsohle *f*, Sohle *f* *(Schuhwerk)*; 3. *(Bgb)* Sohle *f*, Fuß *m* *(Boden eines Grubenraumes; vgl. hierzu* **горизонт 4.***)*
~/**ахтерштевня** *(Schiff)* Achterstevensohle *f*, Achterstevenschuh *m*
~ **волны** 1. Wellental *n*; 2. Wellenfuß *m*, Wellenbasis *f*
~ **выработки** *(Bgb)* Sohle *f*; Strosse *f*
~ **долины** *s.* **дно долины**
~ **забоя** *(Bgb)* Schnittsohle *f (Tagebau)*
~ **карьера** *(Bgb)* Tagebausohle *f*, Tagebautiefstes *n*
~ **отвала** *(Bgb)* Kippenfuß *m*
~ **откоса** *(Bw)* Böschungsfuß *m*, Böschungssohle *f*
~ **пилона** *(Bw)* Pfeilerfuß *m*
~ **плотины** *(Hydt)* Wehrfuß *m*
~/**плужная** *(Lw)* Pflugsohle *f*
~ **подшипника** *(Masch)* Lagersohle *f*
~ **рельса** *(Eb)* Schienenfuß *m*, Schienenkante *f*
~ **уступа** *(Bgb)* Schnittsohle *f (Strossenbau)*
~ **форштевня** *(Schiff)* Vorstevensohle *f*
~ **фундамента** *(Bw)* Gründungssohle *f*, Fundamentsohle *f*
подпергамент *m* Pergamentersatzpapier *n*, Pergamentersatz *m*
подпереть *s.* **подпирать**
подпёртый unterstützt, abgestützt, abgefangen
подпиливать nachfeilen
подпилить *s.* **подпиливать**
подпирать 1. *(Bw)* [ab]stützen; unterziehen, abfangen, unterfahren, unterfangen; 2. *(Bgb)* pölzen; 3. *(Schiff)* abstützen, abfangen, lagern
подпись *f* **в печати** *(Typ)* Imprimatur *n*
~/**подрисуночная** *(Typ)* Bildunterschrift *f*
подпитка *f* Zuspeisung *f*
подплетина *f (Text)* Nest *n*
подполе *n* Unterkörper *m*
~/**техническое** *(Bw)* technischer Keller *m*
подполоса *f* 1. *(Krist)* Teilband *n*; 2. *(Opt)* Teilbande *f*
подпор *m (Hydrol)* 1. [hydraulischer] Stau *m*, Stauung *f*, Wasserstau *m*, Aufstau *m*; 2. Stauhöhe *f*; Staudruck *m*; 3. Oberstau *m*, Oberwasser *n*
~/**ветровой** Windstau *m*
~ **воды** *s.* **подпор 1.**
~/**обратный** Rückstau *m*
~ **подземных вод** Grundwasseranstieg *m*, Grundwasserstau *m*
~ **потока** *s.* **подпор 1.**
~ **у насоса** Zulaufhöhe *f* der Pumpe
подпора *f s.* **подпорка**
подпорка *f* Auflager *n*, Strebe *f*, Stütze *f*, Abstützung *f*, Pfeiler *m*
подпоследовательность *f (Math)* Teilfolge *f*
подпочва *f (Geol)* Bodenuntergrund *m*, Untergrund *m*
подпрессовать vorpressen
подпрессовка *f* Vorpressen *n*, Vorpressung *f*
подпрограмма *f (Dat)* Teilprogramm *n*, Unterprogramm *n*
~/**библиотечная** Bibliotheksunterprogramm *n*
~ **ввода-вывода** Eingabe-Ausgabe-Routine *f*
~/**вложенная** verschachteltes Unterprogramm *n*
~/**внешняя** externe Subroutine *f*, externes Unterprogramm *n*
~ **выбора** Auswahlunterprogramm *n*
~/**диагностическая** Fehlersuchunterprogramm *n*, Diagnoseunterprogramm *n*

~/**динамическая** dynamisches Unterprogramm *n*
~/**закрытая** geschlossenes Unterprogramm *n*
~/**контролирующая (контрольная)** Kontrollunterprogramm *n*, Überwachungsunterprogramm *n*, Prüfunterprogramm *n*
~/**открытая** offenes Unterprogramm *n*
~ **повторного запуска** Wiederholeunterprogramm *n*, Wiederanlaufunterprogramm *n*
~ **рестарта** *s.* ~ **повторного запуска**
~/**стандартная** Standardunterprogramm *n*
~/**статическая** statisches Unterprogramm *n*
подпрыгивание *n (Eb)* Wogen *n*, wogende Bewegung *f (Lokomotive)*
подпятник *m* 1. Spurlager *n*; Drucklager *n*; 2. Spurplatte *f*; 3. Druckplatte *f*; 4. Lagerpfanne *f*, Pfanne *f (Waage)*
~ **веретена** *(Text)* Spindelfußlager *n*
~ **вертлюга** *(Schiff)* Lümmelfußlager *n (Ladegeschirr)*
~/**качения** Wälzspurlager *n (Rollen- bzw. Kugelspurlager)*
~/**мачтовый** Mastfußlager *n*
~ **пружины** Federteller *m*
~/**сферический** Kugelpfanne *f*, Kugelschale *f*
подрабатывать *(Bgb)* unterbauen, unterfahren
подработать *s.* **подрабатывать**
подработка *f (Bgb)* Unterbauen *n*, Unterfahren *n*, Unterfahrung *f*
подраздел *m (Math)* Unterteilung *f*
подразделение *n* 1. Einteilung *f*, Unterteilung *f*, Gliederung *f*; 2. *(Math)* Unterteilung *f*; 3. *(Mil)* Einheit *f*
~/**авиационное** Fliegereinheit *f*
~/**авиационно-техническое** fliegertechnische Einheit *f*
~/**автомобильное** Kfz.-Einheit *f*
~/**автотранспортное** [Kfz.-]Transporteinheit *f*
~/**артиллерийское** Artillerieeinheit *f*
~/**бомбардировочное авиационное** Bombenfliegereinheit *f*
~/**бронетанковое** Panzereinheit *f*
~/**воздушно-десантное** Luftlandeeinheit *f*
~ **времени** Zeitunterteilung *f*
~/**дегазационное** Entgiftungseinheit *f*
~/**зенитно-артиллерийское** Flakeinheit *f*
~/**зенитное ракетное** Fla-Raketeneinheit *f*
~/**инженерно-дорожное** Straßenbaupioniereinheit *f*
~/**инженерное** Pioniereinheit *f*
~/**истребительное авиационное** Jagdfliegereinheit *f*
~/**истребительно-противотанковое** Panzerjägereinheit *f*
~ **классов** Klasseneinteilung *f*
~/**миномётное** Granatwerfereinheit *f*
~ **морской пехоты** Marine-Infanterieeinheit *f*
~/**мотопехотное** Panzergrenadiereinheit *f*
~/**мотострелковое** mot. Schützeneinheit *f*
~/**огнемётное** Flammenwerfereinheit *f*
~/**парашютно-десантное** Fallschirmjägereinheit *f*
~/**пехотное** Infanterieeinheit *f*
~ **потенциала** Potentialunterteilung *f*
~ **противохимической защиты** Einheit *f* der chemischen Abwehr
~/**радиолокационное** Funkmeßeinheit *f*
~/**радиорелейное** Richtfunkeinheit *f*
~/**радиотехническое** funktechnische Einheit *f*
~/**разведывательное** Aufklärungseinheit *f*
~/**ракетное** Raketeneinheit *f*
~/**ремонтное** Instandsetzungseinheit *f*
~ **связи** Nachrichteneinheit *f*
~/**стрелковое** Schützeneinheit *f*
~/**тактическое** taktische Einheit *f*
~/**танковое** Panzereinheit *f*
подразделённый *(Math)* unterteilt
подрамник *m* Spannrahmen *m*, Nebenrahmen *m*, Hilfsrahmen *m*
подрамок *m s.* **подрамник**
подрегулирование *n* Nachregeln *n*
подрегулировать nachregeln
подрез *m* 1. Unterschneidung *f*, Unterschnitt *m*; 2. *(Schw)* Einbrandkerbe *f*
~ **гребня бандажа** *(Eb)* Spurkranzschwächung *f*
~ **зуба** *(Fert)* Unterschneidung *f*, Unterschnitt *m*
подрезать *s.* **подрезывать**
подрезка *f* 1. *(Fert)* Plandrehen *n*, Planen *n (Stirnflächen)*; 2. *(Typ)* Beschneiden *n*
~ **внутренних торцов** Innenplandrehen *n*
~ **по копиру/фасонная** Plankopieren *n*, Nachformplanen *n*
~/**черновая** Planschruppen *n*
подрезонанс *m* Teilresonanz *f*, Unterresonanz *f*
подрезывать *(Gieß)* anschneiden *(Gießsystem)*
~ **торец** *(Fert)* plandrehen, planen
подрессоривание *n* Abfederung *f*, Federung *f*
подрессоривать federn, abfedern
подрессорить *s.* **подрессоривать**
подрессорник *m* Zusatzfeder *f (der zweistufigen Blattfeder)*
подрешётка *f (Krist)* Untergitter *n*, Teilgitter *n*
подрост *m (Forst)* Anwuchs *m*, Nachwuchs *m*, Unterstand *m*, Unterwuchs *m*
подрубать *(Bgb)* [unter]schrämen, kerben, schlitzen
подрубить *s.* **подрубать**

подрубка *f* 1. *(Schw)* Auskreuzen *n*, Nacharbeiten *n* *(Schweißnaht)*; 2. *(Text)* Besäumen *n*; 3. *(Bgb)* Unterschrämen *n*, Kerben *n*, Schlitzen *n*
~ ствола *(Forst)* Stammankerben *n*
подрудок *m* *(Bgb)* Schurerz *n*, Grubenklein *n*
подручник *m* *(Fert)* Schleifauflage *f*
подрыв *m* *(Mil)* Sprengung *f*
~ торпедой Torpedierung *f*
подрывать 1. sprengen; 2. untergraben, unterwühlen; 3. *(Bgb)* nachnehmen, nachreißen, nachsprengen
подрывка *f* *(Bgb)* Nachnahme *f*, Nachreißen *n*, Nachsprengen *n*
~ кровли Hangendnachnahme *f*
~/нижняя Strossen *n*
~ почвы Sohlennachnahme *f*, Sohlennachreißen *n*
подрыть *s.* **подрывать 2.** *und* **3.**
подряд *m* 1. *(Math)* Teilreihe *f*; 2. *(Bw)* Auftrag *m*, Vertrag *m*
подрядчик *m* Auftragnehmer *m*
подсадка *f* 1. *(Schm)* Breiten *n*, Breitung *f*, Recken *n*, Strecken *n*; Stauchen *n*, Stauchung *f* *(Gesenkschmieden)*; 2. *(Lw)* Nachpflanzen *n*, Nachpflanzung *f*
подсаживать 1. *(Schm)* breiten, recken, strecken; stauchen; 2. *(Lw)* durchpflanzen, nachpflanzen, hinzupflanzen
подсасывание *n* 1. Nachsaugen *n*; Ansaugen *n*; 2. Sog *m*
подсачивать *(Forst)* harzen
подсборка *f* *(El)* Baugruppe *f*, Untergruppe *f*, Baueinheit *f*
подсвет *m* 1. *(El)* Nachleuchten *n*; 2. *(Opt)* Auflicht *n*, Auflichtbeleuchtung *f*
подсветка *f* 1. Aufhellung *f*, Enttrübung *f*; 2. *(Opt)* Auflichtbeleuchtungseinrichtung *f*; 3. *s.* **подкачка**
~ изображения *(Fs)* Bildaufhellung *f*
подсветление *n* *(Opt)* 1. Aufhellung *f*; Lichteinstrahlung *f*; 2. Zusatzbeleuchtung *f*
подсвечивание *n* Bestrahlen *n*, Bestrahlung *f*
подсвечник *m* *(Bgb)* Gestängepodium *n*, Gestängepolster *n* *(Bohrung)*
подсев *m* *(Lw)* Beisaat *f*, Untersaat *f*, Nachsaat *f*
подсед *m* 1. *(Lw)* *s.* **подгон**; 2. *(Forst)* *s.* **подрост**
подсека *f* *(Forst)* Rodeland *n*
подсекать *(Bgb)* anfahren, anschneiden
подсечка *f* 1. Ankerben *n*, Ankerbung *f*; 2. *(Bgb)* Unterschneiden *n*, Anschneiden *n*; 3. *(Schm)* Kerbeisen *n*, Abschrot *n*, Abschroteisen *n*
~ блока *(Bgb)* Blockeinbruch *m*, Anschneiden *n* eines Blockes
подсинивание *n* *(Text)* Bläuen *n*, Bläuung *f*
подсинхронный *(Masch)* untersynchron
подсинька *f* *s.* **подсинивание**
подсистема *f* 1. *(Astr)* Untersystem *n*; 2. Teilsystem *n*; 3. *s.* **подмножество**
~/звёздная Untersystem *n* *(Population)*
~/плоская Untersystem *n* der Population I
~/промежуточная Untersystem *n* der Scheibenpopulation
~/сферическая Untersystem *n* der Population II *(Halopopulation)*
подслой *m* 1. Unterschicht *f*; 2. Zwischenschicht *f*; 3. *(Foto, Opt)* Substratschicht *f*, Haftschicht *f*; 4. *s.* **подоболочка**
~/бетонный *(Bw)* Unterbeton *m*
~/ламинарный *(Aero)* laminare Unterschicht *f*
подслушать *s.* **подслушивать**
подслушивание *n* *(Fmt)* Mithören *n*, Abhören *n*
подслушивать *(Fmt)* mithören, abhören
подсовокупность *f* *s.* **подмножество**
подсос *m* 1. Saugen *n*, Ansaugen *n*, Ansaugung *f*; 2. Sog *m*, Saugwirkung *f*
~/обратный Rücksaugen *n*
подсостояние *n* Unterzustand *m*, Teilzustand *m*
подсочить *s.* **подсачивать**
подсочка *f* *(Forst)* Harzung *f*, Abharzung *f*, Harzgewinnung *f*, Harznutzung *f*
~ берёз Maien *n*, Birkensaftgewinnung *f*
~ сосны Kiefernharzgewinnung *f*
подстава *f* *(Schiff)* Stempel *m*
подставка *f* Bock *m*, Gestell *n*, Stütze *f*; Unterlage *f*, Untersatz *m*; Stativ *n*
~/грузовая Verschlag *m*
~/монтажная Montagebock *m*
~ направляющая Führungsbock *m*
~ под клише *(Typ)* Druckstockunterlage *f*
~ под стереотип *(Typ)* Plattenschuh *m*
~ подшипника Lagerbock *m*, Lagerstuhl *m*
~/чеканочная *(Schm)* Prägeklotz *m*
подстановка *f* 1. Umstellung *f*; Umordnung *f*; 2. *(Math)* Substitution *f*; Permutation *f*; Anordnung *f*
~/целочисленная *(Math)* ganzzahlige Substitution *f*
~/циклическая zyklische Vertauschung *f*
подстанция *f* 1. *(El)* Unterwerk *n*, Unterstation *f*, Unterzentrale *f*; 2. *(Fmt)* Unteramt *n*, Teilamt *n*
~/аккумуляторная Akkumulatorenunterwerk *n*, Akkumulatorenstation *f*
~/выпрямительная Gleichrichter[unter]werk *n*
~/главная трансформаторная Haupttransformatorenstation *f*, Hauptumspannwerk *n*
~/крупная [трансформаторная] Großumspannwerk *n*
~/открытая [трансформаторная] Freiluftumspannstation *f*, Freiluft[umspann]werk *n*

~/**повысительная [трансформаторная]** Aufspannwerk *n*, Umspannstation *f* zur Aufspannung
~/**повышающая** *s.* ~/**повысительная [трансформаторная]**
~/**понижающая** *s.* ~/**понизительная [трансформаторная]**
~/**понизительная [трансформаторная]** Abspannwerk *n*, Umspannstation *f* zum Abspannen
~/**преобразовательная** Umformer[unter]-werk *n*
~/**промежуточная** Zwischenumspannwerk *n*
~/**районная [трансформаторная]** regionales Umspannwerk *n*, Überlandumspannwerk *n*
~/**распределительная** Verteilerstation *f*, Verteilungsstation *f*
~/**трансформаторная** Transformator[en]-station *f*, Transformatorenunterwerk *n*, Umspannwerk *n*
~/**тяговая** Unterwerk *n*, Bahnunterwerk *n* *(Bahnstromversorgung)*
~/**тяговая преобразовательная** Umformerwerk *n*, Bahnumformerwerk *n* *(Elektrotraktion)*
~/**электрическая** Unterstation *f*, Unterwerk *n*, Unterzentrale *f*
~/**электрочасовая** Uhrenunterzentrale *f*
подстволок *m (Bgb)* Schachtsumpf *m*
подстилать *(Bgb, Geol)* unterlagern
подстилающий *(Bgb, Geol)* unterlagernd
подстилка *f* 1. Unterlage *f*, Bett *n*, Belag *m (s. a.* **подслой 3.***)*; 2. *(Lw)* Streu *f*, Einstreumaterial *n*
подстраивать nachstimmen, nachregeln
подстроечник *m* Trimmer[kondensator] *m*; Abgleichschraube *f*; Abgleichkern *m* *(einer HF-Spule)*
подстроечный Nachstimm ...; Abgleich ...; Trimmer ...
подстроить *s.* **подстраивать**
подстройка *f* Nachstimmung *f*, Nachregelung *f*
~/**точная** Feinabstimmung *f*
~ **частоты** Frequenznachstimmung *f*, Frequenzregelung *f*
~ **частоты/двухканальная** Zweikanalfrequenzabstimmung *f*, Zweikanalfrequenzregelung *f*
подструктура *f* Unterstruktur *f*
подступ *m* Zugang *m*
~ **карьера** *(Bgb)* Schnitt *m (Tagebau)*
подступёнок *m (Bw)* Setzstufe *f*
подсумма *f s.* **сумма/частичная**
подсумок *m* Patronentasche *f*
подсушина *f (Forst)* verdorrter Baum *m*
подсушка *f* Vortrocknen *n*, Vortrocknung *f*
~/**поверхностная** *(Gieß)* Oberflächentrocknung *f (Form, Kerne)*
подсчёт *m* Zählung *f*; Berechnung *f*
~ **запасов** *(Bgb)* Vorratsberechnung *f*
~ **[числа] звёзд** *(Astr)* Sternzählung *f*
~ **шихты** *(Met)* Gattierungsberechnung *f*
подталкивание *n (Eb)* Schieben *n*, Anschieben *n (Lokomotive)*
подтаскивание *n* Schleppen *n*, Ziehen *n*, Heranziehen *n*
подтачивать nachschleifen, nachschärfen *(Werkzeuge)*
~ **перемычку (поперечную кромку)** die Querschneide ausspitzen *(Drallbohrer)*
подтверждение *n* **приёма** *(Fmt)* Empfangsbestätigung *f*
подтело *n s.* **подполе**
подтепловой unterthermisch
подточить *s.* **подтачивать**
подточка *f* Nachschleifen *n*, Nachschärfen *n (Werkzeuge)*
~/**крестообразная** Kreuzanschliff *m* *(Drallbohrer)*
~ **ленточки** Freischliff *m* der Führungsfase *(Drallbohrer)*
~ **перемычки (поперечной кромки)** Ausspitzung *f* der Querschneide *(Drallbohrer)*
подтравливание *n* **печатающих элементов** *(Typ)* Unterätzen *n* der Bildelemente
подтрамбовка *f (Gieß)* Anstampfen *n*, Nachstampfen *n*
подтягивание *n* Nachziehen *n*, Nachspannen *n*, Nachspannung *f*, Heranziehen *n*, Heranschleppen *n*
~ **тормоза** Bremsennachstellung *f*
подтягивать nachziehen, nachspannen
~ **судно к причалу** *(Schiff)* ein Schiff verholen
подтяжка *f* Nachspannen *n*, Nachziehen *n*
подтянуть *s.* **подтягивать**
подуклонка *f* **рельса** *(Eb)* Innenneigung *f* der Schiene
подуровень *m* 1. Unterniveau *n*, Teilniveau *n*; Feinstrukturniveau *n*; 2. *s.* **подсостояние**
подуступ *m* Vorböschung *f*
подушка *f* 1. Kissen *n*, Polster *n*, Bett *n*, Bettung *f*; 2. *(Met)* Ziehkissen *n* *(Presse)*; 3. *(Met)* Einbaustück *n (Walzenständer)*; 4. *(Met)* unteres Querhaupt *n* *(Vertikalstrangpresse)*; 5. Pfanne *f (Waage)*
~/**балластная** *(Eb)* Unterbettung *f*, Kofferbettung *f*
~ **весов** Pfanne *f*, Lagerpfanne *f (Waage)*
~/**водяная** *(Hydt)* Wasserpolster *n*, Wasserpuffer *m (Stauwerk)*
~/**воздушная** 1. Luftkissen *n*, Luftpolster *n*; 2. pneumatisches Ziehkissen *n*
~/**гидравлическая** *(Met)* hydraulisches Ziehkissen *n*
~/**гидропневматическая** *(Met)* hydropneumatisches Ziehkissen *n*

~/грузоприёмная Lastpfanne *f* *(Waage)*
~/маркетная *(Met)* *s.* **подушка 2.**
~/механическая *(Met)* mechanisches Ziehkissen *n*
~ **наковальни** *(Schm)* Amboßfutter *n*
~/**опорная** 1. Auflager *n*, Tragstuhl *m*; 2. Stützpfanne *f* *(Waage)*
~/**паровая** Dampfpolster *n*
~/**песчаная** *(Eb)* Sandbettung *f*
~/**пневматическая** *(Met)* pneumatisches Ziehkissen *n*
~/**прессовая** *(Met)* Ziehkissen *n*
~/**рельсовая** *(Eb)* Schienenstuhl *m*, Schienenlagerung *f*
~ **рессоры** Federsattel *m*, Federsitz *m*
~ **с куделью** *(Schiff)* Wergkissen *n*
~/**смазочная** Schmierpolster *n*
~/**соляная** *(Geol)* Salzkissen *n*
~/**стрелочная** *(Eb)* Weichenstuhl *m*
~/**упорная** *(Schiff)* Druckstück *n*, Drucksegment *n*, Druckklotz *m* *(Drucklager)*
~/**флюсовая** *(Schw)* Schweißpulverunterlage *f*, Schweißpulverbett *n*, Flußunterlage *f*, Pulverkissen *n*, Pulverunterlage *f* *(UP-Schweißung)*
~/**флюсующая** *s.* ~/**флюсовая**
~/**шлаковая** Schlackenbett *n*
~/**якорная** *(Schiff)* Schweinsrücken *n*
подфарник *m* *(Kfz)* seitliche Begrenzungslampe *f*
подфокусировка *f* *(Opt)* Einzelfokussierung *f*
подхват *m* *(Bgb)* Unterzug *m*, Firstenläufer *m*, Läufer *m* *(Ausbau)*
~ **спасательного круга** *(Schiff)* Rettungsringhalterung *f*
подход *m* 1. *(Math)* Ansatz *m*; 2. Anfahrmaß *n* *(Fördertechnik)*
~ **на малой высоте** Tiefanflug *m*
подходить к берегу *(Schiff)* ansteuern, ansegeln
~ **к боту** *(Schiff)* längsseits kommen
подцветить *s.* **подцвечивать**
подцветка *f* **[бумаги]** Aufhellung *f*, Bläuung *f* *(Papiermasse)*
подцветки-интенсификаторы *fpl* *(Typ)* Schönungsmittel *npl*
подцвечивать [бумагу] aufhellen, bläuen *(Papiermasse)*
подцепка *f* Anhängen *n*, Anketten *n*
подцеплять anhaken, anhängen, anketten
подчеканивать nachstemmen
подчеканить *s.* **подчеканивать**
подчеканка *f* Nachstemmen *n* *(Nietung)*
подчёркивание *n* *(Rf)* Voranhebung *f*, Vorverzerrung *f*, Preemphasis *f*
~ **высоких частот** Höhenanhebung *f*
~ **низких частот** Tiefenanhebung *f*
подчинение *n* *(Dat)* Nachkommenschaft *f*
подчистить *s.* **подчищать**
подчищать 1. säubern; 2. ausputzen, ausästen; 3. ausradieren

подшивка *f* *(Bw)* Verkleidung *f*, Verschalung *f*
~ **досками** Bretterverkleidung *f*
~ **потолка** Deckenschalung *f*, Deckenverkleidung *f*
подшипник *m* *(Masch)* Lager *n*
~/**баббитовый** Weißmetallager *n*
~/**баббитовый дейдвудный** *(Schiff)* Weißmetallstevenrohrlager *n*
~ **бабки** Docke *f*
~/**бакаутовый** Pockholzlager *n*
~/**бакаутовый дейдвудный** *(Schiff)* Pockholzstevenrohrlager *n*
~ **баллера руля/нижний** *(Schiff)* Kokerlager *n*
~/**буксовый** Buchsenlager *n*
~ **вала** Wellenlager *n*
~ **валопровода** *(Schiff)* Wellenlager *n* *(Wellenleitung)*
~ **валопровода/опорный** *(Schiff)* Traglager *n*, Lauflager *n* *(Wellenleitung)*
~ **валопровода/промежуточный** *(Schiff)* Lauflager *n* *(Wellenleitung)*
~ **веретена** *(Text)* Aufsteckspindellager *n*
~ **вертлюга/верхний** *(Schiff)* Lümmelhalslager *n* *(Ladegeschirr)*
~ **вертлюга/нижний** *(Schiff)* Lümmelfußlager *n* *(Ladegeschirr)*
~/**внешний** Außenlager *n*
~/**внутренний** Innenlager *n*
~/**вспомогательный** Nebenlager *n*
~/**главный** Hauptlager *n*
~/**глухой** einteiliges Lager *n*
~/**гребенчатый** Kammlager *n*
~ **гребного вала/концевой** *(Schiff)* Stevenrohrlager *n*
~/**двойной упорный** zweiseitig wirkendes Drucklager *n*
~/**дейдвудный** *(Schiff)* Stevenrohrlager *n*
~/**добавочный** Nebenlager *n*
~/**задний** Schwanzlager *n*
~/**игольчатый** Nadellager *n*
~ **качения** Wälzlager *n*
~ **качения/несамоустанавливающийся** sich nicht selbst einstellendes (selbsttätig einstellendes) Wälzlager *n*
~ **качения/осевой** Wälzachslager *n*
~ **качения/радиально-упорный** Schrägwälzlager *n*
~ **качения/радиальный** Radialwälzlager *n* *(Querwälzlager)*
~ **качения/самоустанавливающийся** sich selbst einstellendes (selbsttätig einstellendes) Wälzlager *n*
~ **качения/упорный** Axialwälzlager *n*
~ **коленчатого вала** Kurbelwellenlager *n*
~/**консольный** Armhängelager *n*
~/**концевой** Endlager *n*, Außenlager *n*, Stirnlager *n*
~/**коренной** Hauptlager *n*, Kurbellager *n*, Kurbelwellenlager *n*
~/**коридорный** *(Schiff)* Lauflager *n* *(Wellenleitung)*

~ **крейцкопфного болта** Kreuzkopfzapfenlager *n*
~/**многогребенчатый упорный** *(Schiff)* Mehrscheibendrucklager *n*
~/**мотылёвый** Kurbellager *n*
~/**наклонный** schräg geteiltes Lager *n*, Säulenarmlager *n*
~/**направляющий** Führungslager *n*
~/**наружный** Außenlager *n*
~/**неподвижный** Festlager *n*
~/**несамоустанавливающийся** *s.* ~ **качения/несамоустанавливающийся**
~/**одногребенчатый упорный** *(Schiff)* Einscheibendrucklager *n*
~/**однодисковый упорный** Einscheibendrucklager *n*
~/**однокольцевой упорный** Einringdrucklager *n*
~/**однопорядный** Einlauflager *n*, einreihiges Lager *n* *(Kugel- bzw. Kegellager)*
~/**опорный** Traglager *n*; Lauflager *n*
~/**осевой** Achslager *n*
~/**основной** *s.* ~/**главный**
~ **переводного вала** Steuerwellenlager *n*
~/**передний** Vorderlager *n*
~/**подвесной** *s.* ~/**консольный**
~ **ползуна** Kreuzkopflager *n*
~ **полуоси** Steckachsenlager *n*
~ **приводных механизмов** Getriebelager *n*
~/**промежуточный** Zwischenlager *n*, Halslager *n*
~/**пружинящий** federndes Lager *n*
~/**радиальный** Radiallager *n*, Traglager *n*
~/**разгруженный задний** entlastetes Schwanzlager *n*
~/**разъёмный** zweiteiliges (geteiltes, offenes) Lager *n*, Deckellager *n*
~/**регулируемый** nachstellbares Lager *n*, Einstellager *n*
~/**резиновый** Gummilager *n*
~/**роликовый** Rollenlager *n* *(s. a. unter* **роликоподшипник***)*
~/**роликовый моторно-осевой** *(Eb)* Tatzrollenlager *n* *(Tatzlagermotor)*
~ **руля/опорно-упорный** *(Schiff)* Traglager *n* des Ruders *(Schweberuder)*
~ **руля/опорный** *(Schiff)* Führungslager *n* des Ruders *(Schweberuder)*
~ **с кольцевой смазкой** Ringschmierlager *n*
~ **с крышкой** Deckellager *n*
~ **с предварительным натягом** vorgespanntes Lager *n*, Lager *n* mit Vorspannung
~ **с фланцем** Flanschlager *n*
~/**самосмазывающийся** selbstschmierendes Lager *n*, Selbstschmierlager *n*, Lager *n* mit Selbstschmierung
~/**самоустанавливающийся** *s.* ~ **качения/самоустанавливающийся**
~ **Селлерса** Sellerslager *n*
~ **скольжения** Gleitlager *n*
~ **скольжения/закрытый** geschlossenes (einteiliges) Lager *n*, Außenlager *n*
~ **скольжения/неразъёмный** *s.* ~ **скольжения/закрытый**
~ **скольжения/осевой** *(Eb)* Gleitachslager *n*
~ **со смазкой под давлением** Drucköllager *n*
~ **сферической цапфы** Kugelzapfenlager *n*
~/**трансмиссионный** Transmissionslager *n*, Triebwerkslager *n*
~/**трубчатый** Röhrenlager *n*
~/**укороченный** Kurzlager *n*
~/**упорный** Drucklager *n*, Spurlager *n*; Stützlager *n*
~/**упорный двойной** zweiseitig wirkendes Stützlager (Drucklager) *n*
~/**упорный одинарный** einseitig wirkendes Stützlager (Drucklager) *n*
~/**упругий** *s.* ~/**пружинящий**
~/**устанавливающийся** *s.* ~/**регулируемый**
~/**хвостовой** *s.* ~/**задний**
~ **цапфы** Zapfenlager *n*
~ **цапфы кривошипа** Kurbelzapfenlager *n*
~ **цапфы/шаровой** Kugelzapfenlager *n*
~/**цельный** *s.* ~ **скольжения/закрытый**
~/**шариковый** Kugellager *n* *(s. a. unter* **шарикоподшипник***)*
~/**шатунный** Pleuellager *n*
~ **шейки вала** Halslager *n*

подшихтовать *(Met)* zuschlagen, zugeben *(zur Charge)*
подшихтовка *f* *(Met)* Zuschlagen *n*, Zugeben *n* *(zur Charge)*
подшкиперская *f* *(Schiff)* Bootsmannslast *f*
подщелачивание *n* *(Ch)* Alkalisierung *f*, Alkalisieren *n*
подщелачивать *(Ch)* alkalisieren, alkalisch machen
подщелочить *s.* **подщелачивать**
подъём *m* 1. Aufheben *n*; Hebung *f*; Hub *m*, Aufwärtsbewegung *f*; 2. Anstieg *m*, Ansteigen *n*; Steigung *f*; Anhebung *f*; 3. *(Bgb)* Schachtförderung *f*, Förderung *f*; Ziehen *n*, Ausbau *m* *(Bohrgestänge)*; 4. *(Gieß)* Ausheben *n*, Abheben *n* *(Trennen von Modell und Form)*; 5. *(Eb)* Steigung *f*, Rampe *f*, Neigung *f*; 6. *(Flg)* Aufstieg *m*; 7. *(Aero)* Auftrieb *m*; 8. *(Schiff)* Heißen *n* *(Flagge)*; Hieven *n* *(Netze)*; Toppen *n*, Auftoppen *n* *(Ladebaum)*
~/**аварийный** *(Bgb)* Notfahrung *f*
~/**аэрологический** *(Meteo)* Sondierung *f*
~/**бадьевой** *(Bgb)* Kübelförderung *f*, Gefäßförderung *f*
~ **валков** *(Wlz)* Walzenhub *m*
~ **высоких частот** *(Rf)* Höhenanhebung *f*
~ **груза** *(Schiff)* 1. Hieven *n* einer Last; 2. Hieve *f* *(mit einem Arbeitshub beförderte Ladungsmenge)*

~/**двухклетевой** *(Bgb)* zweitrümige Gestellförderung *f*
~/**двухконцевой** *(Bgb)* zweitrümige Förderung *f*
~/**двухскиповой** *(Bgb)* zweitrümige Skipförderung *f*
~ **днища** *(Schiff)* Aufkimmung *f*
~/**канатный** *(Bgb)* Seilförderung *f*
~/**капиллярный** kapillare Steighöhe *f*, Kapillaranstieg *m*
~ **клапана** Ventilhub *m (Verbrennungsmotor)*
~/**клетевой** *(Bgb)* Gestellförderung *f*, Korbförderung *f*
~ **кольцевой планки** *(Text)* Ringbankhub *m (Ringspinnmaschine)*
~/**многоканатный** *(Bgb)* Mehrseilförderung *f*
~ **модели** *(Gieß)* Modellausheben *n*, Modellabheben *n*
~ **на штифтах** *(Gieß)* Stiftabhebung *f (Modellplatte)*
~ **напряжения** *(El)* Spannungserhöhung *f*, Spannungsanstieg *m*
~ **несущей** *(Rt)* Trägeranhebung *f*
~ **низких частот** *(Rt)* Tiefenanhebung *f*
~ **нулевой точки [/вековой]** [säkularer] Nullpunkt[s]anstieg *m*
~/**одноконцевой** *(Bgb)* eintrümige Förderung *f*
~ **перекрытий** *(Bw)* Deckenhubverfahren *n*
~/**переменный** *(Eb)* wechselnde Neigung *f*
~ **при помощи газа** Gasliften *n*, Gasliftförderung *f*
~ **прилива** *(Hydrol)* Gezeitenhub *m*, Tidenhub *m*
~ **ремизок** *(Text)* Schafthub *m*, Schnürung *f (Webstuhl)*
~/**рудничный** *(Bgb)* Schachtförderung *f*
~/**руководящий** *(Eb)* mittlere (maßgebende) Neigung *f (Strecke)*
~ **самолёта/вертикальный** *(Flg)* senkrechter Aufstieg *m*
~/**свободный** Freihub *m*
~ **свода** *(Bw)* Pfeil (Stich) *m* des Gewölbes
~ **сифоном** Hebern *n*, Aushebern *n*
~/**скиповой** *(Met)* Beschicken *n* durch Kippkübel, Kippkübelförderung *f*, Skipförderung *f (Hochofen)*
~ **скулы** *(Schiff)* Aufkimmung *f*
~ **со шкивом трения** *(Bw)* Treibscheibenförderung *f*; Koepeförderung *f*
~/**сплошной** *(Eb)* stetige Steigung *f*
~ **стрелы** *(Schiff)* Auftoppen *n* des Ladebaums
~/**строительный** *(Bw)* Überhöhung *f*, Stich *m*
~ **флага** Flaggenhissen *n*; *(Schiff)* Flaggenwechsel *m (bei Schiffsübergabe)*
~/**шахтный** *(Bgb)* Schachtförderung *f*
~ **шлака** *(Met)* Aufschäumen *n* der Schlacke *(SM-Ofen)*
~/**штифтовой** *(Gieß)* Stiftabhebung *f (Modellplatte)*
~ **этажей** *(Bw)* Geschoßhebeverfahren *n*

подъёмка *f (Eb)* große Ausbesserung *f (Fahrzeug)*

подъёмник *m* 1. Aufzug *m*, Fahrstuhl *m*; 2. Hebebock *m*, Hebezeug *n*
~/**багажный** Gepäckaufzug *m*
~/**бальевой** Gefäßaufzug *m*, Kübelaufzug *m*
~/**бадьевой** Gefäßaufzug *m*, Kübelaufzug zug *m*
~/**барабанный** Hubrad *n (Sammelroder)*
~ **большой грузоподъёмности** Schwerlastaufzug *m*
~/**быстроходный** Schnellaufzug *m*
~/**вагонный** Wagenaufzug *m*
~/**вакуумный** Saugheber *m*, Vakuumheber *m*
~/**вертикальный** Senkrechtaufzug *m*, Vertikalaufzug *m*, Steilaufzug *m*
~/**вертикальный бадьевой** Senkrechtkübelaufzug *m*
~/**воздушный** Druckluftheber *m*
~/**гидравлический** 1. Steuerpumpe *f (Ventilantrieb)*; 2. Heber *m*
~/**грузовой** Lastenaufzug *m*
~/**грузопассажирский** Personen- und Lastenaufzug *m*, PL-Aufzug *m*
~ **доменной печи** *(Met)* Hochofenaufzug *m*
~/**канатный** Seilaufzug *m*
~/**ковшовый** Kübelaufzug *m*
~/**колошниковый** *(Met)* Gichtaufzug *m*, Begichtungsaufzug *m (Hochofen)*
~/**лыжный** Skilift *m*
~/**люлечный** Schaukelförderer *m*, Schaukelelevator *m*
~/**магазинный** Warenhausaufzug *m*
~/**малый грузовой** Kleinlastenaufzug *m*
~/**мачтовый** Mastenaufzug *m*
~/**механический** *(Lw)* Aushebevorrichtung *f*
~/**многокабинный** Umlaufaufzug *m*, Paternosteraufzug *m*
~/**наклонный** Schrägaufzug *m*
~/**наклонный бадьевой** Kübelschrägaufzug *m*
~ **непрерывного действия [/пассажирский]** Umlaufaufzug *m*, Personenumlaufaufzug *m*, Paternosteraufzug *m*
~/**односкиповой** Eingefäßaufzug *m*
~/**пассажирский** Personenaufzug *m*, Personenfahrstuhl *m*
~/**пневматический** Drucklufthebezeug *n*, Druckluftheber *m*
~/**рудничный клетевой** *s.* ~/**шахтный клетевой**
~ **с выкатной тележкой/двухстоечный** *(Bw)* Muldenkippaufzug *m*

~/**самоходный** *(Bw)* Hubstapler *m*
~/**скиповой** *(Met)* Kippgefäßaufzug *m*, Kippwagenaufzug *m*, Kippkübelförderung *f*, Skipförderung *f (Hochofen)*
~/**скиповой наклонный** Kübelschrägaufzug *m*
~/**строительный** *(Bw)* Bauaufzug *m*
~/**судовой** Schiffshebewerk *n*
~/**шахтный клетевой** *(Bgb)* Fördergestellaufzug *m*
~/**шахтный ковшовый скиповой** *(Bgb)* Förderkübelaufzug *m*
~/**шихтовый** *(Met)* Gichtaufzug *m*, Begichtungsaufzug *m*
подъярус *m (Geol)* Zone *f (kleinste stratigrafische Einheit)*
~/**ассельский** Asselstufe *f (Unterstufe der Sakmarastufe)*
~/**берриасский** Berrias *n*, Berriasium *n*, Berriasien *n (Stufe der Unterkreide)*
подэра *f s.* **подера**
подэтаж *m (Bgb, Geol)* Teilsohle *f*, Zwischensohle *f*; Teilstockwerk *n*
подязык *m s.* **подмножество языка**
поезд *m (Eb)* Zug *m*, Eisenbahnzug *m*
~/**автомобильный** Lastzug *m*
~/**автомотрисный** Triebwagenzug *m*
~ **большой скорости** Eilzug *m*
~/**бронированный** Panzerzug *m*
~/**внеочередной** Katastrophendienstzug *m*
~/**воинский** Militärzug *m*
~/**восстановительный** Hilfszug *m*
~/**встречный** Gegenzug *m*
~/**грузовой** Güterzug *m*
~ **дальнего следования** Fernzug *m*
~/**дачный** Vorortzug *m*
~/**двухэтажный** Doppelstockzug *m*
~/**дизель-электрический** dieselelektrischer Zug *m*
~/**изотермический** Kühlzug *m*
~/**курьерский** Expreßzug *m*, Schnellzug *m*
~/**маршрутный** Ferngüterzug *m*, Ganzzug *m*
~/**маршрутный контейнерный** Containerganzzug *m*
~ **местного сообщения** Zubringerzug *m*
~/**моторвагонный** Triebwagenzug *m*
~ **на магнитной подвеске** Magnetkissenzug *m*
~/**наливной** Kesselwagenzug *m*
~ **особого назначения** Sonderzug *m*
~/**пассажирский** Reisezug *m*, Personenzug *m*
~/**пожарный** Feuerlöschzug *m*
~/**порожний** Leerwagenzug *m*
~/**почтовый** Postzug *m*
~/**пригородный** Vorortzug *m*
~ **прямого сообщения** Durchgangszug *m*, direkter Zug *m*
~ **прямого сообщения/грузовой** Durchgangsgüterzug *m*
~/**путеремонтный** Gleisbauzug *m*
~/**путеукладочный** Gleisbauzug *m*
~/**рабочий** Arbeitszug *m (Beförderung von Arbeitern und Betriebsmitteln bei Streckenbau und -unterhaltung)*
~/**ремонтный** Bauzug *m*
~/**рефрижераторный** Kühlzug *m*
~/**санитарный** Lazarettzug *m*
~/**сборный товарный** Nahgüterzug *m*
~/**скоростной (скорый)** Schnellzug *m*, D-Zug *m*
~/**скорый товарный** Eilgüterzug *m*
~/**специальный** Sonderzug *m*
~/**строительно-монтажный** Bauzug *m*, Bau- und Montagezug *m*
~/**товарно-пассажирский** gemischter Zug *m*
~/**товарный** Güterzug *m*
~/**тракторный** Lastzug *m (mit Traktor als Zugmaschine)*
~/**тяжеловесный** Schwerlastzug *m*
~/**ускоренный пассажирский** Eilzug *m*, beschleunigter Personenzug *m*
~/**ускоренный товарный** Eilgüterzug *m*
~/**хозяйственный** Eisenbahnbetriebsmittelzug *m*, Dienstzug *m*
поездка *f*/**опытная** *(Eb)* Versuchsfahrt *f*
поезд-молния *m* Blitzzug *m*
поездной Zug . . .
поездограф *m (Eb)* Zuglaufschreiber *m*, Fahrtenschreiber *m*
поездо-километр *m (Eb)* Zugkilometer *m*
поезд-рефрижератор *m* Kühlzug *m*
пожар *m* Brand *m*
~/**беглый** Lauffeuer *n (Waldbrand)*
~/**вершинный** Wipfelfeuer *n*, Kronenfeuer *n (Waldbrand)*
~/**лесной** Waldbrand *m*
~/**наземный (низовой)** Erdfeuer *n*, Bodenfeuer *n (Waldbrand)*
~/**рудничный** Grubenbrand *m*
пожароопасный brandgefährlich, feuergefährlich; brandgefährdet, feuergefährdet
пожелтение *n* Vergilben *n*, Vergilbung *f*
пожог *m* Röststadel *m*, Rösthaufen *m (NE-Metallurgie)*
позёмок *m (Meteo)* Schneefegen *n*
позистор *m* Thermistor (Widerstand) *m* mit positiven Temperaturkoeffizienten, PTC-Widerstand *m*, Kaltleiter *m*
позитив *m (Foto)* Positiv *n*
~/**непосредственный** direktes Positiv *n*
~/**промежуточный** Zwischenpositiv *n*, Zwischenkopie *f*
~/**рабочий** *(Kine)* Arbeitskopie *f*
~/**смонтированный** *(Kine)* Arbeitskopie *f*
~ **фонограммы** *(Kine)* Tonkopie *f*, Tonpositiv *n*
~/**цветной** Farbpositiv *n*
позитрон *m (Kern)* Positron *n*, positives Elektron *n*, Antielektron *n*

позитроний *m (Kern)* Positronium *n*
позиционер *m (Reg)* Positioner *m*, Positionierer *m*, Stellungsregler *m*
позиционирование *n* **[носителя данных]** *(Dat)* Positionieren *n*, Positionierung *f* *(Datenträger)*
позиция *f* Position *f*, Stellung *f*
~/временная *(Mil)* zeitweilige Stellung *f*
~/временная огневая zeitweilige Feuerstellung *f*
~ для пробивки [на перфокарте или перфоленте] *(Dat)* Lochstelle *f*, Lochposition *f*
~/закрытая *(Mil)* gedeckte Stellung *f*
~/закрытая огневая gedeckte Feuerstellung *f*
~/запасная *(Mil)* Wechselstellung *f*, Ausweichstellung *f*
~/запасная огневая Wechselfeuerstellung *f*
~ звезды Ort *m* (Position *f*) eines Gestirns, Sternort *m*
~/исходная *(Mil)* Ausgangsstellung *f*
~/ложная *(Mil)* Scheinstellung *f*
~/ложная огневая Scheinfeuerstellung *f*
~/миномётная *(Mil)* Granatwerferstellung *f*
~/оборонительная *(Mil)* Verteidigungsstellung *f*
~/оборудованная *(Mil)* ausgebaute Stellung *f*, Dauerstellung *f*
~/огневая *(Mil)* Feuerstellung *f*
~/основная огневая *(Mil)* Hauptfeuerstellung *f*
~/открытая *(Mil)* offene Stellung *f*
~/открытая огневая offene Feuerstellung *f*
~/отсечная *(Mil)* Riegelstellung *f*
~/передовая *(Mil)* vorgeschobene Stellung *f*
~/полузакрытая огневая *(Mil)* halbgedeckte Stellung *f*
~/предмостная *(Mil)* Brückenkopfstellung *f*
~/пулемётная *(Mil)* MG-Stellung *f*
~/скрытая *(Mil)* versteckte Stellung *f*
~ слова *(Dat)* Wortstelle *f*
~/стартовая *(Rak)* Startstellung *f*; Startplatz *m*
~/тыловая *(Mil)* rückwärtige Stellung *f*
~/укреплённая *(Mil)* befestigte Stellung *f*
~/ходовая *(Eb)* Fahrstufe *f*
~ цифры *(Dat)* Ziffernstelle *f*, Ziffernposition *f*
позолота *f* Vergoldung *f*, Goldauflage *f*
позолоченный vergoldet
позумент *m (Text)* Borte *f*, Band *n*
позывные *pl* Rufzeichen *npl*, Unterscheidungssignal *n*
поилка *f (Lw)* Tränke *f*
~/автоматическая Selbsttränke *f*
~/мобильная групповая сосковая mobile Gruppensaugtränkanlage *f (für Kälber)*
~/чашечная Tränkschale *f*
~/чашечная групповая Gruppenschalentränkvorrichtung *f (für Kälber)*
поимка *f* **цели** *(Mil)* Auffassen *n* eines Zieles
поиск *m (Dat)* Suche *f*, Suchen *n*; Abfrage *f*
~/автоматический automatisches Suchen *n*
~/автономный abgeschlossenes Suchen *n*
~ адреса Adressensuche *f*
~/бинарный binäres Suchen *n*
~/вероятный Zufallssuche *f*
~/двоичный binäres Suchen *n*
~/дихотомический bisektionelles (dichotomisches) Suchen *n*
~ информации Wiederauffinden *n* von Informationen
~/итеративный iteratives Suchen *n*
~/круговой *(Mil)* Rundsuche *f*, Rundumbeobachtung *f*
~/линейный lineares Suchen *n*
~/логарифмический logarithmisches Suchen *n*
~/локальный abgeschlossenes Suchen *n*
~ места повреждения Fehlerortung *f*
~ неисправностей Störungssuche *f*
~/оверлейный überlapptes Suchen *n*
~ по значению Suchen *n* auf Daten
~ по имени Suchen *n* auf Kennzeichnung
~ по ключу Suchen *n* auf Schlüssel
~/полуавтоматический halbautomatisches Suchen *n*
~/прямой direktes Suchen *n*
~/расширенный erweitertes Suchen *n*
~/случайный regelloses (zufälliges) Suchen *n*
поиски *mpl* 1. Suche *f*, Nachforschen *n*; 2. *(Geol, Bgb)* Aufsuchen *n*, Prospektieren *n*, Erschürfen *n*
~ комет *(Astr)* Kometensuche *f*
~ месторождения Aufsuchen *n* einer Lagerstätte
пойма *f* 1. Talaue *f*; 2. Überschwemmungsgebiet *n*
~ реки Hochwassergelände *n*
показание *n* Anzeige *f*; Ablesung *f*
~ абсолютной величины Istwertanzeige *f*, Absolutwertanzeige *f*
~/аналоговое Analoganzeige *f*, Analogablesung *f*
~ барометра Barometerstand *m*
~/ложное Fehlanzeige *f*, Falschanzeige *f*
~ надёжности Zuverlässigkeitskoeffizient *m*
~/оптическое optische Anzeige *f*
~/ошибочное fehlerhafte Anzeige *f (eines Geräts)*
~/предельное Grenzanzeige *f*, Vollausschlag *m (eines Meßinstruments)*

~ **преломления** *(Opt)* Brechungsindex *m*
~ **сигнала** *(Eb)* Signalbild *n*
~/**цифровое** digitale Anzeige *f*, Ziffernanzeige *f*
показатель *m* 1. Index *m*, Kennziffer *f*, Kennzahl *f*, Kennwert *m* *(s. a. unter* **коэффициент***)*; 2. *(Math)* Exponent *m*
~ **адсорбции** Adsorptionsexponent *m*
~/**водородный** Wasserstoff[ionen]exponent *m*, pH-Wert *m*
~ **гашения** *s.* ~ **экстинкции**
~ **добротности** Güteindex *m*
~/**дробный** *(Math)* gebrochener Exponent *m*
~ **затухания** Dämpfungsexponent *m*, Dämpfungskonstante *f*
~ **испарения** Verdunstungsexponent *m*
~/**качественный** Gütekennziffer *f*, Gütekennwert *m*
~ **корня** *(Math)* Wurzelexponent *m*
~/**локальный** *(Math)* lokaler Exponent *m*
~ **магнитного поля** *(Ph)* Magnetfeldindex *m*, [kritischer] Feldindex *m*
~ **направленности** *(Ak)* Richtungsmaß *n*, Bündelungsindex *m*
~ **насыщения** Sättigungsindex *m*
~/**передаточный** Übertragungsfaktor *m*
~ **поглощения** 1. *(Ph)* Absorptionskonstante *f*, Absorptionsmodul *m* *(Lambertsches Absorptionsgesetz)*; 2. *(Opt)* Absorptionsindex *m*; 3. *(Eln)* Absorptionskonstante *f*, Absorptionskoeffizient *m*
~ **преломления** *(Opt)* Brechungsindex *m*, Brechungsexponent *m*, Brech[ungs]zahl *f*
~ **преломления/абсолютный** absoluter Brechungsindex *m*
~ **преломления/относительный** relativer Brechungsindex *m*
~ **прочности** Festigkeits[kenn]wert *m*, Festigkeits[kenn]zahl *f*
~ **рассеивания** Streuindex *m*
~ **растворимости** Löslichkeitsexponent *m*, Löslichkeitsindex *m*
~ **слепимости** Blendungsexponent *m*
~ **спада магнитного поля** *s.* ~ **магнитного поля**
~ **степени** *(Math)* Hochzahl *f*, Exponent *m* *(Potenz)*
~ **стойкости** Beständigkeitskennwert *m*
~ **тепла** Wärmeindex *m*
~ **упрочнения** Verfestigungsexponent *m*, Verfestigungsindex *m*
~ **уширения** *(Wlz)* Breitungsfaktor *m*
~ **цвета** *(Astr)* Farbenindex *m* *(Farben der Sterne)*
~ **цвета/визуально-инфракрасный** visueller infraroter Farbenindex *m*
~ **цвета/визуально-красный** visueller roter Farbenindex *m*
~ **экстинкции** Extinktionsindex *m*

поковка *f* *(Schm)* Schmiedestück *n*, Gesenkschmiedestück *n*; Schmiederohling *m*
~/**бракованная** Ausschußschmiedestück *n*
~/**крупная** Großschmiedestück *n*
~/**фигурная** Formschmiedestück *n*
~/**штампованная** Gesenkschmiedestück *n*
поколение *n* Generation *f*
~ **вычислительных машин** Rechnergeneration *f*, Rechenmaschinengeneration *f*
покос *m* *(Lw)* Mahd *f*
покраснение *n* **цвета/межзвёздное** *(Astr)* interstellare Verfärbung (Rötung) *f*
покров *m* 1. Decke *f*, Überzug *m*; 2. *(Geol)* Deckenüberschiebung *f*, Deckenüberfaltung *f*
~/**волосяной** *(Led)* Haardecke *f*, Haarkleid *n*
~/**вулканический** *s.* ~/**лавовый**
~/**дерновый** Grasnarbe *f*, Rasendecke *f*, Rasennarbe *f*
~/**защитный** Abdecksalz *n*, Schutzsalz *n*; Schutz[salz]schicht *f*, Schutz[salz]decke *f* *(NE-Metallschmelze)*
~/**игольчатый** *(Text)* Kratzenbeschlag *m* *(Krempel)*
~/**лавовый** *(Geol)* Lavadecke *f*, vulkanische Decke *f*, Eruptionsdecke *f*
~/**облачный** *(Meteo)* Wolkendecke *f*
~ **перекрытия** *s.* ~/**тектонический**
~/**почвенный** Bodendecke *f*
~/**растительный** Pflanzendecke *f*, Vegetationsdecke *f*
~/**складчатый** *(Geol)* Überfaltungsdecke *f*
~/**снеговой (снежный)** Schneedecke *f*
~/**сплошной облачный** *(Meteo)* geschlossene Wolkendecke *f*
~/**тектонический** *(Geol)* tektonische Decke *f*, Schubdecke *f*, Überschiebungsdecke *f*
~/**хвойный** *(Forst)* Nadeldecke *f*
~ **шарьяжа** *s.* ~/**тектонический**
~/**шерстяной** Wolldecke *f*, Wollkleid *n*
покрывать 1. bedecken, überdachen; 2. umhüllen, bekleiden; 2. *(Schw)* ummanteln *(Elektroden)*
~ **алюминием** alitieren, aluminieren
~ **оловом** verzinnen
~ **свинцом** verbleien
покрытие *n* 1. Decken *n*, Überziehen *n*; 2. Umhüllung *f*, Ummantelung *f*; Ummantelungsmasse *f* *(für Elektroden)*; 3. Überzug *m*, Decke *f*, Belag *m*; 4. Ummanteln *n*, Umhüllen *n*; 5. Bedeckung *f*, Abdeckung *f*, Überdachung *f*; *(Bw)* Dach *n*; 6. Anstrich *m*; 7. *(Pap)* Streichen *n*, Strich *m*; Beschichten *n*, Beschichtung *f*
~/**алюминиевое** Aluminiumdach *n*
~ **алюминием** Alitieren *n*, Aluminieren *n*
~/**антикоррозионное** Korrosionsschutzschicht *f*; Rostschutzanstrich *m*

~/**арочное** Gewölbedach *n*
~/**асфальтобетонное** *(Bw)* Bitumenanstrich *m*
~/**асфальтовое** *(Bw)* Asphaltdecke *f*
~/**бесчердачное** einschaliges Dach *n*
~/**вантовое** Seildach *n*
~/**висячее** Hängedach *n*
~/**водосвязное щебёночное** wassergebundene Steinschlagdecke *f (Straßenbau)*
~/**гальваническое** 1. galvanischer Überzug (Niederschlag) *m*, Elektroplattierung *f*; 2. galvanisches Überziehen *n*, Elektroplattieren *n*
~/**гидроизоляционное** Wasserdämmschicht *f*
~/**гидрофобизирующее** wasserabweisender Überzug *m*
~/**двускатное** Satteldach *n*
~/**двустороннее** *(Pap)* zweiseitiges Streichen *n*, zweiseitige Beschichtung *f*
~/**двухслойное** zweilagige Dacheindekkung *f*
~/**дерновое** *(Bw)* Sodendecke *f*, Rasendecke *f*, Plackwerk *n*
~/**детонационное** Explosivplattieren *n*, Explosivplattierung *f*
~/**диффузионное** Diffusionsschicht *f*
~/**дорожное** Straßendecke *f*, Fahrbahnbelag *m*
~/**железобетонное** Stahlbetondach *n*
~/**жёсткое дорожное** Straßenhartbelag *m*
~/**защитное** Schutzanstrich *m*, Schutzschicht *f*, Schutzüberzug *m*
~ **защитной оболочкой** *s.* ~ **оболочкой**
~ **звёзд Луной** *(Astr)* Sternbedeckung *f*
~/**износостойкое** verschleißfeste Straßendecke *f*
~/**изоляционное** Isolierschicht *f*
~/**катодное** katodisch wirksame Schutzschicht *f*
~/**кокильное** *(Met)* Kokillenschlichte *f*; Kokillenschwärze *f*
~/**конденсационное** aufgedampfte Schutzschicht *f*
~/**красочное** Farbschicht *f*, Farbüberzug *m*
~/**кровельное** Dachhaut *f*, Dacheindekkung *f*
~/**маскировочное** *(Mil)* Tarnnetz *n*
~/**медное** Kupferüberzug *m*
~/**металлизационное** gespritzter Metallüberzug *m*, Spritzmetallschutzschicht *f*
~/**металлическое** Metallüberzug *m*
~ **металлов/горячее** Tauchmetallisieren *n*
~/**напылённое алюминиевое** Aluminiumspritzschicht *f (Spritzaluminieren)*
~/**напылённое антикоррозионное** aufgespritzte Korrosionsschutzschicht *f*
~/**напылённое цинковое** Zinkspritzschicht *f (Spritzverzinken)*
~/**наружное** Außenanstrich *m*
~ **оболочкой** *(Kern)* Umhüllung *f*, Einhülsung *f (Brennstoffelemente)*
~/**огнестойкое** feuerfester Anstrich *m*
~/**односкатное** Pultdach *n*
~/**одностороннее** *(Pap)* einseitiges Streichen *n*, einseitige Beschichtung *f*
~/**окисное** Oxidhaut *f*, Oxidüberzug *m*
~/**отделочное** *(Bw)* Außendeckschicht *f*, Außenanstrich *m*
~ **отражательным слоем** Verspiegelung *f*, Spiegelbelegung *f*
~/**палубное** *(Schiff)* Decksbelag *m*
~/**пассивирующее** Passivierungsschicht *f (z. B. Oxidschutzschicht)*
~ **пика нагрузки** Spitzendeckung *f*
~/**плакирующее** Plattierungsschicht *f*
~/**плоское** Flachdach *n*
~ **пола** Fußbodenbelag *m*
~/**пологое** flachgeneigtes Dach *n*
~ **проезжей части** *(Bw)* Fahrbahnabdekkung *f*, Fahrbahndecke *f*, Fahrbahnbelag *m (Brücke)*
~/**пространственное** freitragendes Schalendach *n*
~/**противокоррозионное** Rostschutzüberzug *m*, Rostschutzanstrich *m*
~/**противорадиолокационное** Radartarnüberzug *m*
~ **резиной** Gummibezug *m*; Gummibelag *m*
~ **светил Луной** *(Astr)* Sternbedeckung *f*
~ **свинцом** Verbleien *n*, Verbleiung *f*
~/**сводчатое** Gewölbedach *n*
~/**сетчатое** Netzwerk *n (für Dacheindekkung)*
~/**складчатое** Falt[schalen]dach *n*
~/**совмещённое** Einschalendach *n*, einschaliges Dach *n*, Warmdach *n*
~ **сталью алюминиевых деталей** Spritzverstählung *f* von Aluminiumteilen
~/**стеклянное** Glasdach *n*
~/**утеплённое** wärmegedämmtes Dach *n*
~ **формовочными чернилами** *(Gieß)* Schwärzen *n*
~/**фрикционное** Reibbelag *m (Transportband)*
~/**цементно-бетонное** Oberbeton *m*, Überbeton *m*, Betonbelag *m*, Betonfahrbahn[decke] *f*
~/**чашеобразное** schalenförmiges Dach *n*
~/**чёрное** Schwarzdecke *f (Straße)*
~/**шедовое** Sheddach *n*
~/**щебёночное** Steinschlagdecke *f (Straßenbau)*
~/**электродное** *(Schw)* Elektrodenmantel *m*, Elektrodenummantelung *f*, Elektrodenumhüllung *f*
~/**электролитическое** elektrolytisch aufgetragener Niederschlag (Überzug) *m*
~/**эмалевое** *(Gieß)* Emailleüberzug *m*, Emailleschicht *f*
покрытие-оболочка *n (Bw)* Schalendach *n*

покрышка *f (Kfz)* Reifendecke *f*, Decke *f*
~/бортовая Wulstreifendecke *f*
~/запасная Ersatzreifendecke *f*
~/клинчерная *s.* **~/бортовая**
~/офсетная резиновая *(Typ)* Offsetgummituch *n*
~/радиальная Radialreifen *m*
~/резиновая *(Typ)* Gummiüberzug *m*
пол *m (Bw)* Fußboden *m*, Boden *m*
~/асфальтовый Asphaltfußboden *m*
~/бесшовный Estrich *m*, massiver (fugenloser) Fußboden *m*, Spachtelfußboden *m*, Estrichfußboden *m*
~/бетонный Betonfußboden *m*
~ взакрой/дощатый gespundeter Fußboden *m*
~/водобойный *(Hydt)* Absturzboden *m*
~/глинобитный Lehmestrich *m*
~/деревянный Holzfußboden *m*
~/дощатый Dielung *f*, Bretterfußboden *m*
~/каменный Steinfußboden *m*
~ контейнера Bodenbeplankung *f (eines Containers)*
~/литой gegossener Fußboden *m*
~/монолитный massiver Fußboden *m*
~/облегчённый Leichtfußboden *m*
~/паркетный Parkettfußboden *m*
~/плавающий schwimmender Estrichfußboden *m*
~/плиточный Fliesenfußboden *m*
~/подвижный Rollboden *m*
~/решетчатый Spaltfußboden *m (Stallgebäude)*
~/ровный ebener Fußboden *m*
~/цементный Zementfußboden *m*
~/чёрный Fußbodenunterbau *m (Fußboden ohne Verschleißschicht)*
~/чистый Fußbodenverschleißschicht *f*
полдень *m* Süden *m (Himmelsrichtung)*; Mittag *m (Tageszeit)*
~/истинный wahrer Mittag *m*
~/местный Ortsmittag *m*
~/средний mittlerer Mittag *m*
поле *n* 1. *(Lw)* Feld *n*, Acker *m*; 2. *(Math, Ph)* Feld *n*; 3. *(Math)* Körper *m (Algebra)*; 4. *(Dat)* Feld *n*, Datenfeld *n*; 5. *(Bgb)* Feld *n*, Abbaufeld *n*
~ адреса устройства *(Dat)* Geräteadreßfeld *n*
~/антенное Antennenfeld *n*
~ атмосферы/электрическое luftelektrisches Feld *n*, elektrisches Luftfeld *n*
~/барионное *(Kern)* Baryonenfeld *n*
~/бегущее *(El)* Wanderfeld *n*, Lauffeld *n*
~ без источников *s.* **~/соленоидальное**
~/безвихревое *(Math)* wirbelfreies Feld (Vektorfeld) *n*, potentiales (rotationsfreies, drehungsfreies) Vektorfeld *n*
~/бездивергентное *s.* **~/соленоидальное**
~ Бозе *(Ph)* Bose-Feld *n*, Bosonenfeld *n*
~/бозонное *s.* **~ Бозе**
~ в зазоре *(El)* Spaltfeld *n*
~/валентное силовое *(Ph)* Valenzkraftfeld *n*
~/ведущее [магнитное] *(Kern)* [magnetisches] Führungsfeld *n (Teilchenbeschleuniger)*
~/векторное Vektorfeld *n*
~ вероятностей *s.* **~/случайное**
~/верхнее *(Typ)* Kopfsteg *m*
~ ветра *(Meteo)* Windfeld *n*
~ ветрового давления Winddruckfeld *n*
~/винтовое *(Ph, Math)* Schraubenfeld *n*, schraubenförmiges Feld *n*
~/вихревое *(Ph, Math)* Wirbelfeld *n*, Drehfeld *n*
~/внешнее *(Typ)* Beschnittsteg *m*, Randsteg *m*, Randleiste *f*
~/внеядерное *(Kern)* extranukleares Feld *n*
~/внутреннее *(Typ)* Bundsteg *m*
~ возбуждения *(El)* Erregerfeld *n*
~/возмущающее *(El)* Stör[ungs]feld *n*
~/волновое *(Ph)* Wellenfeld *n*
~/вращательное *(El)* Rotationsfeld *n*, Drehfeld *n*
~/вращающееся магнитное *(El)* [magnetisches] Drehfeld *n*, umlaufendes Magnetfeld *n*
~/встречно-вращающееся магнитное *(El)* invers drehendes Magnetfeld *n*, Gegendrehfeld *n*
~/встречное *(El)* Gegenfeld *n*
~/вторичное *(El)* Sekundärfeld *n*
~/выемочное *(Bgb)* Abbaufeld *n*, Baufeld *n*
~/выработанное *(Bgb)* abgebautes Feld *n*
~ высокого напряжения *(El)* Hochspannungsfeld *n*
~/высокочастотное *(El)* Hochfrequenzfeld *n*
~/вытягивающее *(Kern)* extrahierendes Feld *n*
~/гнездовое *(Fmt)* Klinkenfeld *n*
~/гравитационное *(Mech)* Gravitationsfeld *n*, Schwerefeld *n*, Schwerkraftfeld *n*
~ градиента давления *(Ph)* Druckgradientenfeld *n*
~/гребенное *(Text)* Gillfeld *n*, Hechelfeld *n*
~ давления Druckfeld *n*
~ данных *(Dat)* Datenfeld *n*
~/двукрылое выемочное *(Bgb)* zweiflügeliges Baufeld *n*
~ деформаций *(Mech)* Verzerrungsfeld *n*, Verformungsfeld *n*
~ добавочных полюсов *(El)* Wendefeld *n*
~ допуска *(Fert)* Toleranzfeld *n*, Toleranzbreite *f*
~ дрейфа *(Eln)* Driftfeld *n*
~/дрейфующее *(Eln)* Driftfeld *n*
~/дрейфующее ледяное Treibeisfeld *n*
~/задерживающее *(Kern)* Bremsfeld *n*

~/**замедляющее** *(Kern)* Verzögerungsfeld *n*
~ **зацепления** *(Masch)* Eingriffsfeld *n* *(Zahnräder)*
~/**звуковое** *(Ak)* Schallfeld *n*
~ **Земли/магнитное** Magnetfeld *n* der Erde, erdmagnetisches Feld *n*, magnetisches Erdfeld *n*
~ **земного магнетизма** *s.* ~ **Земли/магнитное**
~ **зонда** *(Kern)* Sondenfeld *n*
~ **зрения** *(Opt)* 1. Gesichtsfeld *n*, Sehfeld *n*; 2. *s.* ~ **зрения оптической системы**
~ **зрения в стороне изображения** Bildsichtfeld *n*, bildseitiges Sichtfeld *n*
~ **зрения в стороне объекта** Dingfeld *n*, dingseitiges Gesichtsfeld *n*
~ **зрения водителя** *(Kfz)* Fahrersicht *f*
~ **зрения оптической системы** Sichtfeld *n*, Gesichtsfeld *n*, Instrumentengesichtsfeld *n*
~ **зрения фотографического объектива** Blickfeld *n*, Gesichtsfeld *n* *(Fotoobjektiv)*
~ **идентификатора** *(Dat)* Satzkennzeichnungsfeld *n*
~ **идентификации задачи** *(Dat)* Problemzeichnungsfeld *n*
~ **излучения** *(Ph)* Strahlungsfeld *n*
~ **изображений** *s.* ~ **зрения в стороне изображения**
~ **изображения объектива** Bildfeld *n* *(Objektiv)*
~ **имени** *(Dat)* Namensfeld *n*
~/**индукционное** *(El)* Induktionsfeld *n*
~ **инерции** *(Mech)* Trägheitsfeld *n*
~ **искателя/контактное** *(Fmt)* Wählerkontaktfeld *n*
~/**кагатное** *(Lw)* Mietenfeld *n*, Rübenlagerplatz *m*
~ **кадра** *(Kine)* Bildfeld *n*
~/**карьерное** *(Bgb)* Tagebaufeld *n*
~ **касательных напряжений** *(Ph)* Tangentialspannungsfeld *n*
~ **ключа** *(Dat)* Schlüsselfeld *n*
~/**колебательное** *(Ph)* Schwingungsfeld *n*
~ **комментария** *(Dat)* Kommentarfeld *n*
~/**коммутационное** *(El)* Schaltfeld *n*
~/**коммутирующее** *(El)* Wendefeld *n*
~/**консервативное** *(Ph)* konservatives Feld (Kraftfeld) *n*
~/**контактное** *(Fmt)* Kontaktfeld *n*, Kontaktsatz *m*, Kontaktbank *f*
~/**корешковое** *(Typ)* Bundsteg *m*
~/**кориолисово** *(Ph)* Coriolis-Feld *n*
~/**круговое вращающееся [магнитное]** *(El)* Kreisdrehfeld *n*
~/**кулоновское** *(El)* Coulomb-Feld *n*
~/**ледяное** Eisfeld *n*, Eisscholle *f*
~/**лётное** Flugfeld *n*
~ **Лоренца** *(Math)* Lorentz-Feld *n*, Lorentzsches Feld *n*
~/**магнитное** Magnetfeld *n*, magnetisches Feld *n*
~/**магнитостатическое** *(Ph)* magnetostatisches Feld *n*, statisches Magnetfeld *n*, statisch-magnetisches Feld *n*
~/**максвелловское** *(Ph)* Maxwell-Feld *n*
~/**межзвёздное магнитное** *(Astr)* interstellares Magnetfeld *n*
~/**мезонное** *(Kern)* Mesonenfeld *n*
~/**метациклическое** *(Math)* metazyklischer Körper *m*
~ **метки** *(Dat)* Kennsatzfeld *n*
~/**минное** *(Mil)* Minenfeld *n*
~/**многократное** *(Fmt)* Vielfach[klinken]-feld *n*
~/**наборное** *(El, Fmt, Dat)* Schalttafel *f*, Stecktafel *f*
~/**наборное коммутационное** Wählschaltfeld *n*, Anwahlschaltfeld *n*
~ **направлений** *(Math)* Richtungsfeld *n*
~ **напряжений** *(Mech)* Spannungsfeld *n*
~/**наружное** *(Typ)* Außensteg *m*
~ **насыщения** *(Math)* Sättigungsfeld *n*
~/**невихревое** *s.* ~/**безвихревое**
~/**нейтронное** *(Kern)* Neutronenfeld *n*
~/**неоднородное** *(El)* ungleichförmiges (inhomogenes, heterogenes) Feld *n*
~/**нетронутое** *(Bgb)* unaufgeschlossenes (unverritztes) Feld *n*
~/**нефтеносное (нефтяное)** Erdölfeld *n*
~/**нефтяное законсервированное** zurückgestelltes Erdölfeld *n*
~/**нефтяное разведочное** Erdölschürffeld *n*
~/**нижнее** *(Typ)* Fußsteg *m*
~/**нуклонное** *s.* ~/**ядерное**
~ **обзора** *(Opt)* Blickfeld *n* *(Auge)*
~ **облучения** *(Kern)* Bestrahlungsfeld *n*, Strahlungsfeld *n*
~ **обмена** *(Math)* Austauschfeld *n*
~/**обрезное** *(Typ)* Beschnittsteg *m*
~ **обстрела** *(Mil)* Schußfeld *n*
~ **объекта** *(Opt)* Dingfeld *n*, Objektfeld *n*
~/**однородное** *(El)* gleichförmiges (homogenes) Feld *n*
~/**одностороннее выемочное** *(Bgb)* einflügeliges Baufeld *n*
~ **операнда** *(Dat)* Operandenfeld *n*
~ **операции** *(Dat)* Operationsfeld *n*
~/**опытное** *(Lw)* Versuchsfeld *n*
~/**орошаемое** *(Bw)* Rieselfeld *n* *(biologische Abwasserreinigung)*
~/**осесимметричное** *(Ph, Math)* rotationssymmetrisches Feld *n*
~/**основное** *(El)* Hauptfeld *n*
~/**остаточное** *(El)* remanentes Feld *n*, Restfeld *n*
~/**отклоняющее** *(El)* Ablenk[ungs]feld *n*
~ **отношений** *(Math)* Quotientenkörper *m*

~/**очищающее** *(Kern)* Reinigungsfeld *n*, Ionenziehfeld *n*, Ziehfeld *n* *(Wilson-kammer)*
~ **памяти** *(Dat)* Speicherfeld *n*
~/**паровое** *(Lw)* Brache *f*, Brachland *n*, Brachfeld *n*
~/**первичное** *(El)* Primärfeld *n*
~ **переменного тока** *(El)* elektrisches Wechselfeld *n*, Wechselstromfeld *n*
~/**переменное** *(El)* Wechselfeld *n*
~/**перепаханное** *(Lw)* gepflügtes Feld *n*
~ **перфокарты** *(Dat)* Lochkartenfeld *n*, Kartenfeld *n*
~ **под паром** *s.* ~/**паровое**
~ **поддонного складирования** Paletten-abstellplatz *m*
~/**полезное** *(El)* Nutzfeld *n*
~/**полурациональное** *(Math)* halbrationaler Körper *m* *(Algebra)*
~ **помех** *(Ph)* Störfeld *n*
~/**поперечное** *(El)* Querfeld *n*, Transversalfeld *n*
~/**постороннее** *(El)* Fremdfeld *n*
~ **постоянного тока** *(El)* elektrisches Gleichfeld *n*, Gleichstromfeld *n*
~/**постоянное** 1. *(Ph)* ruhendes Feld *n*, Festfeld *n*; 2. *(El)* Gleichfeld *n*
~/**постоянное магнитное** 1. konstantes (permanentes) Magnetfeld *n*, magnetisches Gleichfeld *n*; 2. *s.* ~/**магнитостатическое**
~/**потенциальное** *(Math)* wirbelfreies Feld *n*, Potentialfeld *n*, Skalarpotentialfeld *n* *(Vektoranalysis)*
~ **потока** *s.* ~ **течения**
~ **предметов** *(Opt)* Objektfeld *n*
~ **продольное** *(El)* Längsfeld *n*, Longitudinalfeld *n*
~ **пространственного заряда** *(El, Ph)* Raumladungsfeld *n*
~/**противотанковое минное** *(Mil)* Panzerminenfeld *n*
~/**прямое** *(El)* mitlaufendes (synchrones) Feld *n*, Gleichlauffeld *n*, Mitfeld *n*
~/**рабочее** *(Dat)* Arbeitsfeld *n*, Arbeitsbereich *m*, Rechenfeld *n*
~ **равной напряжённости/магнитное** *s.* ~/**постоянное магнитное**
~/**радиолокационное** Funkmeßfeld *n*
~/**размагничивающее** *(El)* Entmagnetisierungsfeld *n*
~/**разрабатываемое** *(Bgb)* verfahrenes Feld *n*
~ **рассеивания** *s.* ~ **рассеяния/магнитное**
~ **рассеяния** *s.* ~ **рассеяния/магнитное**
~ **рассеяния/магнитное** *(El)* [magnetisches] Streufeld *n*, Magnetstreufeld *n*
~ **рассеяния паза** *(El)* Nuten[streu]feld *n*
~ **растягивающего напряжения** *(Mech)* Zug[spannungs]feld *n*
~ **реакции якоря** *(El)* Ankerrückwirkungsfeld *n*
~ **резкости** *(Opt)* Schärfenfeld *n*
~/**резонансное** *(Kern)* Resonanzfeld *n*
~ **результата** *(Dat)* Ergebnisfeld *n*, Resultatfeld *n*
~/**результирующее** *(El)* Gesamtfeld *n*
~/**рудничное** *(Bgb)* Grubenfeld *n*
~/**рудное** *(Geol)* Erzfeld *n*
~ **с островами землистого материала/каменное** *(Geol)* Steinfeld *n* mit Erdinseln *(Strukturboden)*
~ **сверхтонкой структуры** Hyperfeinfeld *n*
~/**светлое** *(Opt)* Lichtfeld *n*, Hellfeld *n* *(Mikroskop)*
~ **связи** *(Dat)* Verbindungsfeld *n*
~/**сжатое** *(Lw)* Stoppelfeld *n*
~ **сил** *(Ph)* Kraftfeld *n*, Kräftefeld *n*
~/**силовое** *s.* ~ **сил**
~/**силовое консервативное** *s.* ~/**консервативное**
~ **силы тяжести** *s.* ~/**гравитационное**
~/**синусоидальное** *(El)* Sinusfeld *n*
~/**синфазное** *(El)* gleichphasiges Feld *n*
~/**скалярное** *(Math)* skalares Feld *n*
~/**скалярное потенциальное** *s.* ~/**безвихревое**
~/**складское** Lagerbereich *m*
~ **скоростей** *(Ph)* Geschwindigkeitsfeld *n*
~/**скошенное** *s.* ~/**сжатое**
~/**случайное** *(Ph)* Wahrscheinlichkeitsfeld *n*, Wahrscheinlichkeitsraum *m*
~ **смещений** Verrückungsfeld *n*, Verschiebungsfeld *n*
~/**собственное** *(Ph)* Eigenfeld *n*
~/**соленоидальное** *(Math)* quellenfreies (divergenzfreies, solenoidales) Feld (Vektorfeld) *n*
~/**спинорное** *(Ph)* spinorielles Feld *n*, Spinorfeld *n*
~/**спокойное магнитное** *(Ph)* magnetisches Ruhefeld *n*
~ **сравнения** *(Fotom)* Vergleichsfeld *n* *(Fotometer)*
~/**стационарное** *(Ph)* stationäres (ruhendes) Feld *n*, Stehfeld *n*
~/**стационарное электрическое** *(El)* [elektrisches] Strömungsfeld *n*, Stromdichtefeld *n*, stationäres (ruhendes) elektrisches Feld *n*
~ **счётчика** *(Dat)* Zählerfeld *n*
~/**тёмное** *(Opt)* Dunkelfeld *n* *(Mikroskop)*
~/**температурное** *(Ph)* Temperaturfeld *n*
~ **течения** *(Hydrod)* Strömungsfeld *n*, Stromfeld *n*
~/**тормозящее** *(Kern)* Bremsfeld *n*, Verzögerungsfeld *n*
~ **тяготения** *s.* ~/**гравитационное**
~/**управляющее** *(Dat)* Sortierfeld *n*

~ ускорений *(Mech)* Beschleunigungsfeld *n*
~ ускорителя/направляющее *(Kern)* Führungsfeld *n*, Steuerfeld *n* *(Teilchenbeschleuniger)*
~/ускоряющее *(Eln)* Beschleunigungsfeld *n*
~/фильтрационное *(Bw)* Bodenfilter *n* *(biologische Abwasserreinigung)*
~/фирновое *(Geol)* Firnfeld *n*
~ Холла *(Ph)* Hall-Feld *n*
~ центральных сил *(Mech)* Zentralkraftfeld *n*, Zentralkräftefeld *n*
~ центробежных сил *(Mech)* Zentrifugalkraftfeld *n*
~/цифровое клавишное *(Dat)* Zehnertastatur *f*
~ частных *(Math)* Quotientenkörper *m*
~/шахтное *(Bgb)* Grubenfeld *n*
~/электрическое elektrisches Feld *n*
~/электрическое вихревое elektrisches Wirbelfeld *n*
~/электромагнитное elektromagnetisches Feld *n*
~/электронно-позитронное *(Kern)* Elektron-Positron-Feld *n*
~/электростатическое *(El)* elektrostatisches Feld *n*
~/электростатическое отклоняющее elektrostatisches Ablenk[ungs]feld *n*
~/ядерное *(Kern)* Kernfeld *n* [des Atomkerns], Feld *n* des Kerns, Nukleonenfeld *n*
~ ядра *s.* **~/ядерное**
~ якоря *(El)* Ankerfeld *n*
полеводство *n* 1. Feldbau *m*, Ackerbau *m*; 2. Feldbaukunde *f*
полегаемость *f* Lagerungsanfälligkeit *f* *(Getreide)*
полегание *n* Lagerung *f* *(des Getreides durch Wettereinflüsse)*
полёт *m (Flg)* Flug *m*
~/активный Antriebsflug *m*, Treibflug *m*
~/аэродромный Flug *m* im Flugleitungsbereich, Platzflug *m*
~/аэрофотосъёмочный Bildflug *m*
~/беспосадочный Nonstopflug *m*, Ohnehaltflug *m*
~/бреющий Tiefflug *m*
~ в боевом порядке Verbandsflug *m*
~ в облаках Wolkenflug *m*
~ в составе групп Verbandsflug *m*
~ в стратосфере Stratosphärenflug *m*
~ в строю Verbandsflug *m*
~/визуальный Flug *m* mit Bodensicht, Sichtflug *m*
~/внеаэродромный Flug *m* außerhalb des Flugleitungsbereiches
~/высотный Höhenflug *m*
~/групповой Verbandsflug *m*
~/дальний Langstreckenflug *m*, Fernflug *m*
~ за облаками Flug *m* über den Wolken
~/испытательный Testflug *m*, Erprobungsflug *m*
~ к цели Zielanflug *m*
~/космический Raumflug *m*
~/криволинейный kurvenförmiger Flug *m* *(Flug auf gekrümmter Bahn in der Vertikal- oder Horizontalebene oder gleichzeitig in beiden Ebenen unter Einwirkung der Zentripetalkraft)*
~/маршрутный Streckenflug *m*
~/межпланетный interplanetarer Flug *m*
~ на базу Rückflug *m*
~ на больших высотах Höhenflug *m*
~ на большое расстояние Fernflug *m*
~ на воздушное фотографирование Luftbildflug *m*
~ на крейсерской скорости Reiseflug *m*
~ на малой скорости Langsamflug *m*
~ на разведку Aufklärungsflug *m*
~ на разведку погоды Wetterflug *m*
~ на фоторазведку Luftbildflug *m*
~ на экономическом режиме Sparflug *m*
~/парящий Segelflug *m*
~/пассивный Trägheitsflug *m*, antriebsloser (passiver) Flug *m*
~/перевёрнутый Rückenflug *m*
~/пикирующий Sturzflug *m*
~/пилотируемый космический bemannter Raumflug *m*
~/планирующий Gleitflug *m*
~ по кругу Platzrunde *f*
~ по приборам Instrumentenflug *m*, Blindflug *m*
~ под колпаком Blindflug *m*
~/показательный Vorführungsflug *m*
~/приборный Instrumentenflug *m*, Blindflug *m*
~ с потерей высоты Sinkflug *m*
~/свободный *s.* **~/пассивный**
~/слепой *s.* **~/приборный**
~ со сверхзвуковой скоростью Überschallflug *m*
~/учебный Ausbildungsflug *m*, Schulflug *m*
~/фигурный Kunstflug *m*
ползун *m (Masch)* 1. Kreuzkopf *m* *(Maschinenteil an Kurbelgetrieben, z. B. Kolbendampfmaschine)*; 2. Stößel *m*, Stößelschlitten *m*, Hobelschlitten *m* *(Kurzhobelmaschine)*; 3. *(allgemein als Maschinenelement)* Gleitstück *n*, Gleitschuh *m*, Gleitstein *m* *(Schubkurbel)*; Stein *m*; Schlitten *m*, Schieber *m*; 4. Stempel *m*, Bär *m* *(Presse)*
~/вспомогательный Blechhalter *m*, Niederhalter[stempel] *m* *(doppeltwirkende Kurbelpresse)*
~/высадочный Stauchstempel *m*
~/вытяжной Ziehstempel *m*
~ квадранта Quadrantenschieber *m*
~/наружный *s.* **~/вспомогательный**

~/прижимный Niederhalterstempel *m (Pressen, Scheren)*
~ пулемёта *(Mil)* Gurtschieber *m (MG)*
~ с кулачковым приводом/вспомогательный kurvenbetätigter Blechhalter (Niederhalter) *m*
~ шпационного клина *(Typ)* Spatienkeilschieber *m*
ползунок *m (El)* Schieber *m*, Gleitstück *n*, Schleifer *m*
~/контактный Kontaktschieber *m*
~ потенциометра Potentiometerschleifer *m*, Potentiometerabgriff *m*
ползучесть *f (Wkst)* Kriechen *n*, Kriechdehnung *f*, Dehnen *n (Standversuch)* • **с высоким пределом ползучести** *(Wkst)* hochdauerstandfest
~ бетона *(Bw)* Kriechen *n* des Betons
~/неуравновешенная ungleichförmige Dehngeschwindigkeit *f* bei unveränderlicher Last
~/уравновешенная gleichförmige Dehngeschwindigkeit *f* bei unveränderlicher Last
полиаза *f (Ch)* Polyase *f*, Polysaccharase *f*
полиазокраситель *m (Ch)* Polyazofarbstoff *m*
полиакрилонитрил *m (Ch)* Polyakrylnitril *n*
полиакрилонитрильный *(Ch)* Polyakrylnitril ...
полиамид *m (Plast)* Polyamid *n*
~/смешанный Mischpolyamid *n*
полиамидный Polyamid ...
полианит *m (Min)* Polianit *m*, Graumanganerz *n*
полив *m* 1. Rieseln *n*; Beregnen *n*; 2. Vergießen *n*, Aufgießen *n*; Beschichten *n*; 3. Beschichtung *f*
~ дождеванием Beregnung *f*
~ затоплением Staubberieselung *f*
~ напуском Hangberieselung *f*, Hangbau *m*
~ по бороздам Furchenberieselung *f*
полива *f (Ker)* Schmelz *m*, Glasur *f*
поливалентный *(Ch)* polyvalent, mehrwertig
поливектор *m (Math)* Multivektor *m*, zusammengesetzte Größe *f*, vollständig alternierender Tensor *m*
поливиниловый *(Ch)* Polyvinyl ...
поливинилхлорид *m (Plast)* Polyvinylchlorid *n*, PVC
~/латексный *s.* **~/эмульсионный**
~/мягкий *s.* **~/пластифицированный**
~/непластифицированный Hartpolyvinylchlorid *n*, Hart-PVC *n*
~/пластифицированный Weichpolyvinylchlorid *n*, Weich-PVC *n*
~/суспензионный Suspensionspolyvinylchlorid *n*, Suspensions-PVC *n*
~/твёрдый *s.* **~/непластифицированный**
~/хлорированный nachchloriertes Polyvinylchlorid *n*
~/эмульсионный Emulsionspolyvinylchlorid *n*, Emulsions-PVC *n*
поливода *f* Polywasser *n*, Superwasser *n*, überschweres (polymeres) Wasser *n*
полигалогенид *m (Ch)* Polyhalogenid *n*
полигомогенность *f* Polyhomo[gen]ität *f*
полигон *m* 1. *(Math)* Polygon *n*, Vieleck *n*; 2. *(Mil)* Schießplatz *m*, Truppenübungsplatz *m*, Übungsgebiet *n*, Versuchsgelände *n*; 3. *(Eb)* Umlauf *m*, Wagenumlauf *m*; 4. offene Fertigungsstätte *f*
~/артиллерийский Artillerieschießplatz *m*
~/замкнутый *(Geod)* geschlossenes Polygon *n*, Kranz *m*
~/испытательный *(Mil)* Versuchsfeld *n*, Versuchsgelände *n*
~/разомкнутый *(Geod)* offenes Polygon *n*
~ распределения Verteilungspolygon *n*; Häufigkeitspolygon *n*
~/стартовый Startplatz *m*, Startbasis *f*, Abschußbasis *f*
полигонизация *f (Krist)* Polygonisation *f*, Polygonisierung *f*
полигонометрия *f* 1. *(Math)* Polygonometrie *f*; 2. *(Geod)* Polygon[is]ierung *f*, Polygon[zug]verfahren *n*
полиграфия *f* Polygrafie *f (Gesamtbezeichnung für alle Zweige der grafischen Industrie)*
~/малотиражная Kleinoffsetdruck *m*
~/оперативная Kleinoffsetdruck *m*
полидимит *m (Min)* Polydymit *m*
полидисперсность *f (Ch)* Polydispersität *f*
полидисперсный *(Ch)* polydispers
полизамещённый *(Ch)* polysubstituiert, mehrfach substituiert, Polysubstitutions ...
полиизобутилен *m (Ch)* Polyisobutylen *n*
полиион *m (Ph)* Polyion *n*
поликарбонат *m (Plast)* Polykarbonat *n*
поликарбоциклический *(Ch)* mehrkernig isozyklisch (karbozyklisch)
поликонденсат *m (Ph)* Polykondensat *n*
поликонденсация *f (Ch)* Polykondensation *f*
~/межфазная Grenzflächenpolykondensation *f*, Zweiphasenpolykondensation *f*
~/совместная Kopolykondensation *f*, Mischpolykondensation *f*
поликраз *m (Min)* Polykras *m*
поликристалл *m* Polykristall *m*, Vielkristall *m*, Kristallhaufwerk *n*, Sammelkristall *m*
поликристаллический polykristallin
полимер *m (Ch)* Polymer[es] *n*, Polymerisat *n*
~/атактический ataktisches (räumlich ungeordnetes) Polymer[es] *n*

~/блочный Blockpolymerisat *n*, Blockpolymer[es] *n*
~/горячий Wärmepolymerisat *n*
~/гранульный *s.* **~/суспензионный**
~/изотактический isotaktisches Polymer[es] *n*
~/кремнийорганический Silikonpolymer[es] *n*, Organopolysiloxanpolymer[es] *n*
~/линейный lineares (eindimensionales) Polymer[es] *n*, Kettenpolymer[es] *n*
~/привитой Pfropf[ko]polymer[es] *n*, Graftpolymer[es] *n*, Pfropfpolymerisat *n*
~/пространственный *s.* **~/трёхмерный**
~/синдиотактический syndiotaktisches Polymer[es] *n*
~/совместный Mischpolymerisat *n*, Kopolymerisat *n*
~/стереорегулярный stereoreguläres (räumlich geordnetes) Polymer[es] *n*
~/структурированный *s.* **~/сшитый**
~/суспензионный Suspensionspolymerisat *n*, Perlpolymer[es] *n*, Kornpolymer[es] *n*
~/сшитый vernetztes Polymer[es] *n*
~/трёхмерный dreidimensionales Polymer[es] *n*, Raumpolymer[es] *n*
полимераналог *m* Polymeranalog[e] *n*
полимербензин *m* Polymer[isations]benzin *n*
полимергомолог *m* Polymerhomolog[e] *n*
полимеризат *m (Ch)* Polymerisat *n*, Polymerisationsprodukt *n*
полимеризатор *m (Ch)* Polymerisationsanlage *f*
полимеризация *f (Ch)* Polymerisation *f*
~/бисерная Perlpolymerisation *f*, Kornpolymerisation *f*, Suspensionspolymerisation *f*
~/блочная Blockpolymerisation *f*, Masse[n]polymerisation *f*
~ в газовой среде Gaspolymerisation *f*
~ в массе Masse[n]polymerisation *f*, Blockpolymerisation *f*
~ в растворе Lösungs[mittel]polymerisation *f*
~ в суспензии *s.* **~/бисерная**
~/горячая Wärmepolymerisation *f*
~/ионная Ionen[ketten]polymerisation *f*
~/капельная *s.* **~/бисерная**
~/каталитическая katalytische Polymerisation *f*
~/катионная kationische Polymerisation *f*
~/конденсационная Kondensationspolymerisation *f*
~/латексная Emulsionspolymerisation *f*
~/низкотемпературная Tieftemperaturpolymerisation *f*
~ прививкой *s.* **~/прививочная**
~/прививочная Pfropf[ko]polymerisation *f*, Graft[ko]polymerisation *f*
~/радиационная Strahlungspolymerisation *f*
~/радиационная жидкофазная Strahlungspolymerisation *f* in Lösung
~/радикальная Radikal[ketten]polymerisation *f*
~/самопроизвольная Autopolymerisation *f*
~/совместная Mischpolymerisation *f*
~/ступенчатая Additionspolymerisation *f*, Polyaddition *f*
~/суспензионная *s.* **~/бисерная**
~/термическая thermische Polymerisation *f*
~/холодная Kaltpolymerisation *f*
~/цепная ионная Ionen[ketten]polymerisation *f*
~/цепная радикальная Radikal[ketten]polymerisation *f*
~ щелочными металлами Alkalimetallpolymerisation *f*
~/эмульсионная Emulsionspolymerisation *f*
полимеризоваться polymerisieren
полимеризомер *m* Polymerisomer[e] *n*
полимеризующийся polymerisationsfähig
полимерия *f (Ch)* Polymerie *f*
полимерный polymer, Polymerisations ...
полиметилметакрилат *m (Ch)* Polymethylmethakrylat *n*
полиметр *m* Polymeter *n*
полимолекулярность *f* Polymolekularität *f*
полиморфизм *m (Min, Krist)* Polymorphie *f*, Vielgestaltigkeit *f*
~ движения Bewegungspolymorphie *f*
~ при высоких давлениях Polymorphie *f* unter Druck, Druckpolymorphie *f*
~ связи Bindungspolymorphie *f*
полиморфия *f s.* **полиморфизм**
полином *m (Math)* Polynom *n*
~ Лагерра Laguerre-Polynom *n*
~ Лагранжа Lagrangesches Polynom *n*
~ Лежандра Legendresches Polynom *n*
~ Эрмита Hermite-Polynom *n*
полиоза *f (Ch)* Polysaccharid *n*
полиорганосилоксан *m (Ch)* Polyorganosiloxan *n*, organisches Polysiloxan *n*, Silikon *n*
полиприсоединение *n (Ch)* Polyaddition *f*
полирование *n (Fert)* Polieren *n*
~ в барабанах *(Gieß)* Trommelpolieren *n*
~ войлочным кругом Filzen *n*
~ кожаным кругом Pließten *n*
~ текстильным кругом Schwabbeln *n*, Polierläppen *n*
~/черновое Vorpolieren *n*
~ шариками Trommeln *n*, Trommelpolieren *n*, Kugelpolieren *n*
~ электролитическим способом *s.* **~/электролитическое**
~/электролитическое elektrolytisches Polieren *n*, Polierelysieren *n*

полированный 1. poliert, geschliffen, glatt; 2. glänzend
полировать polieren
~ **травлением** *(Wkst)* ätzpolieren
полировка *f* 1. Politur *f*; 2. *s.* **полирование**
~/**кислотная** *(Glas)* Säurepolitur *f*
~/**ледниковая** *(Geol)* Gletscherschliff *m*
~/**огневая** *(Glas)* Feuerpolitur *f*
полисахарид *m (Ch)* Polysaccharid *n*
полисиликат *m (Ch)* Polysilikat *n*
полисилоксан *m (Ch)* Polysiloxan *n*, polymeres Siloxan *n*, Silikon *n*
полисоль *f* Polysalz *n*
полиспаст *m* Flaschenzug *m*
~/**винтовой** Schraubenflaschenzug *m*
~/**дифференциальный** Differentialflaschenzug *m*, Patenttalje *f*
~/**канатный** Seilflaschenzug *m*
~/**кратный** gewöhnlicher Flaschenzug *m*, Faktorenflaschenzug *m*
~/**потенциальный** Potenzflaschenzug *m*
~/**цепной** Kettenflaschenzug *m*
полистирол *m (Ch)* Polystyrol *n*
полисульфид *m (Ch)* Polysulfid *n*
политен *m s.* **полиэтилен**
политипия *f (Krist)* Polytypie *f*
политропа *f (Therm)* Polytrope *f*
политура *f* Politur *f*
~/**бесцветная** farblose Politur *f*
~/**окрашенная** gefärbte Politur *f*
~/**шеллаковая** Schellackpolitur *f*
полиформальдегид *m (Ch)* Polyformaldehyd *m*
полихлорвинил *m s.* **поливинилхлорид**
полиэдр *m (Math)* Polyeder *n*, Vielflächner *m*, Ebenflächner *m*
~/**координационный** *s.* **многогранник/координационный**
полиэлектрод *m* Polyelektrode *f*
полиэлектролит *m* Polyelektrolyt *m*
полиэлектрон *m* Polyelektron *n*
полиэтен *m s.* **полиэтилен**
полиэтилен *m (Ch)* Polyäthylen *n*
~/**вспененный** Polyäthylenschaum[stoff] *m*
~ **высокого давления** Hochdruckpolyäthylen *n*
~ **низкого давления** Niederdruckpolyäthylen *n*
~ **среднего давления** Mitteldruckpolyäthylen *n*
полиэфир *m*/**простой** Polyäther *m*
~/**сложный** Polyester *m*
полк *m* Regiment *n*; Geschwader *n*
~/**авиационный** Fliegergeschwader *n*, FG
~/**автомобильный** Kfz-Regiment *n*
~/**артиллерийский** Artillerieregiment *n*
~/**горно-стрелковый** Gebirgsjägerregiment *n*
~/**зенитный артиллерийский** Flakregiment *n*
~/**зенитный ракетный** Fla-Raketenregiment *n*
~ **морской пехоты** Marine-Infanterieregiment *n*
~/**мотострелковый** mot. Schützenregiment *n*
~/**парашютно-десантный** Fallschirmjägerregiment *n*
~/**стрелковый** Schützenregiment *n*
~/**танковый** Panzerregiment *n*
полка *f* 1. *(Lw)* Jäten *n*, Ausjäten *n*; 2. Fach *n*, Regal *n*, Wandbrett *n*; 3. *(Met)* Flansch *m (T- und I-Stahl)*, Schenkel *m (L- und U-Stahl)*; 4. *(Flg)* Gurt *m*
~ **балки** Trägerflansch *m*
~/**верхняя** Oberflansch *m (Stahlträger)*
~ **лонжерона** *(Flg)* Holmgurt *m*
~/**нижняя** Unterflansch *m (Stahlträger)*
~/**сжатая** Druckflansch *m (I-Stahlträger)*
полки *pl (Bgb)* Fahrbühne *f*, Schachtbühne *f*
полкирпича *f s.* **половинка**
поллукс *m (Min)* Pollux *m*
поллуцит *m (Min)* Pollux *m*
полногранник *m (Krist)* Vollflächner *m*, Holoeder *n*
полногранность *f (Krist)* Vollflächigkeit *f*, Holoedrie *f*
полнодревесный *(Forst)* vollholzig
полнолуние *n (Astr)* Vollmond *m*
полнонаборный *(Schiff)* Volldeck . . .
полнота *f* 1. Fülle *f*, Kernigkeit *f*; 2. Vollständigkeit *f*, Völligkeit *f*, Gesamtheit *f*, Integrität *f*; 3. Weite *f (Schuh, Schuhleisten)*
~ **горения** Vollkommenheit *f* der Verbrennung
~ **древостоя** *(Forst)* Bestandesschluß *m*, Bestandesdichte *f*
~ **испарения** Vollkommenheit *f* der Verdampfung
~ **насаждения** *s.* ~ **древостоя**
~ **обводов** *(Schiff)* Völligkeit *f*
~ **спекания** Sintergrad *m (Pulvermetallurgie)*
полночь *f* Mitternacht *f*
~/**истинная** wahre Mitternacht *f*
~/**средняя** mittlere Mitternacht *f*
половина *f* Hälfte *f*
~ **модели** *(Gieß)* Modellhälfte *f*, Modellteil *n*
~ **угла профиля** Teilflankenwinkel *m (am Gewinde)*
~ **угла расхождения [пучка]** *(Kern)* Halbwertsöffnungswinkel *m*
~ **формы** *(Gieß)* Form[en]hälfte *f*, Form[en]teil *n*
~ **формы/нижняя** *(Gieß)* untere Form[en]hälfte *f*, unterer Formkasten *m*
половинка *f (Bw)* Halbstein *m*, Kopf *m*
~ **вкладыша (подшипника)** Lagerschalenhälfte *f*

~/**продольная** *(Bw)* Riemchen *n*, Meisterquartier *n*

половинчатый 1. geteilt, halbiert; 2. *(Met)* meliert *(Roheisen)*

половица *f* *(Bw)* 1. Diele *f*; 2. Dielenbrett *n*

~/**узкая** Riemen *m*

половняк *m* Halbziegel *m*

половодье *n* *(Hydrol)* Hochwasser *n*

~/**весеннее** Frühjahrshochwasser *n*

~/**летнее** Sommerhochwasser *n*

полог *m* **леса** *(Forst)* Beschirmung *f*, Schirm *m*, Dach *n*

пологопадающий *(Geol)* flach, flach[ein]-fallend, schwach[ein]fallend

пологость *f* **траектории** Flugbahnrasanz *f*

полодия *f* 1. *(Mech)* Polhodie *f*, Pol[hodie]kurve *f*, Gangpolkurve *f* *(Kreiselbewegung eines starren Körpers)*; 2. *s.* **центроида**; 3. *(Astr)* Polhodie *f*, Polbahn *f*

положение *n* 1. Lage *f*, Stellung *f*, Stelle *f*, Position *f*; 2. Lage *f*, Sachlage *f*, Stand *m*, Situation *f*, Zustand *m*; 3. Gestaltung *f*; 4. Satz *m*, Leitsatz *m*, These *f*; 5. Verordnung *f*, Bestimmung *f*, Richtlinie *f*

~/**блокирующее** *(Eb)* Sperrstellung *f*, Haltstellung *f* *(Signal)*

~ **в зените** *(Astr)* Zenitstand *m*

~ **в лодочку/нижнее** *(Schw)* Wannenposition *f*

~ **в мёртвой точке** Tot[punkt]lage *f*

~/**вертикальное** *(Schw)* vertikale Position *f* *(Schweißen senkrechter Nähte an senkrechter Wand)*

~ **включения** Einschaltstellung *f*, Arbeitsstellung *f*

~/**включённое** *s.* ~ **включения**

~ **вызова** *(Fmt)* Rufstellung *f*

~/**вызывное** *(Fmt)* Rufstellung *f*

~ **выключателя** Schalterstellung *f*

~ **выключения** Ruhestellung *f*, Ausschaltstellung *f*, Abschaltstellung *f*

~ **вычитания** Subtraktionsstellung *f*

~ **горения** Brennstellung *f*, Brennlage *f* *(einer Glühlampe)*

~/**горизонтальное** Querposition *f* *(Schweißen waagerechter Nähte an senkrechter Wand)*

~/**действительное** Istlage *f*

~ **для измерений** Meßstellung *f*

~ **для склейки** *(Typ)* Anklebstellung *f*

~ **для стыкового шва/горизонтальное** *(Schw)* Querposition *f* beim Schweißen von Stumpfnähten an senkrechter Wand

~ **для углового шва/горизонтальное** *(Schw)* Querposition *f* beim Schweißen von Kehlnähten an senkrechter Wand

~ **допуска** Toleranzlage *f*

~/**заданное** Sollstellung *f*

~ **закрытия [клапана]** Schlußstellung *f* *(Ventil; Verbrennungsmotor)*

~/**закрытое** *(Eb)* Haltstellung *f* *(Signal)*

~ **замещения** *(Krist)* Substitutionslage *f*

~/**замыкающее** *s.* ~/**блокирующее**

~ **запятой** *(Dat)* Stellung *f* des Kommas, Kommastellung *f*

~ **золотника/мёртвое** Schiebertotlage *f*

~ **золотника/среднее** Schiebermittellage *f*

~/**измерительное** Meßstellung *f*

~ **изображения** *(Opt)* Bildlage *f*

~ **изотопической линии** *(Kern)* Isotopenlage *f*

~/**исходное** 1. Ausgangsstellung *f*, Ausgangslage *f*, Anfangsstellung *f*, Nullstellung *f*; 2. Ruhestellung *f*, Ruhelage *f*

~/**конечное** Endstellung *f*, Endlage *f*

~ **контактов** Kontaktzustand *m*

~/**крайнее** Endstellung *f*

~/**макросиноптическое** *(Meteo)* Großwetterlage *f*

~/**мёртвое** *s.* ~ **мёртвой точки**

~ **мёртвой точки** Totpunktstellung *f*, Totpunktlage *f*

~ **мёртвой точки/верхнее** obere (äußere) Totpunktlage *f* *(Kolben; Verbrennungsmotor)*

~ **мёртвой точки/нижнее** untere (innere) Totpunktlage *f* *(Kolben; Verbrennungsmotor)*

~/**надводное** Überwasseraufenthalt *m* *(U-Boot)*

~/**нажатое** Arbeitsstellung *f* *(einer Taste)*

~/**наклонное** geneigte Lage *f*, Schräglage *f* *(in der Vertikalebene)*; Schrägstellung *f*

~/**начальное** *s.* ~/**исходное**

~/**ненажатое** Ruhelage *f* *(einer Taste)*

~/**нижнее** *(Schw)* Horizontalposition *f* *(Schweißen von waagerechten Nähten am liegenden Blech)*

~/**нормальное** Grundstellung *f*, Ruhestellung *f* *(Signal)*

~/**нулевое** 1. Nullage *f*, Nullstellung *f*; 2. Ausgangslage *f*, Ausgangsstellung *f*, Bezugslage *f*

~/**опросное** *(Fmt)* Abfragestellung *f*

~ **отвала [автогрейда]/исходное** *(Bw)* Arbeitsstellung *f* des Räumschars *(Straßenhobel)*

~ **отвала [автогрейда]/транспортное** *(Bw)* Transportstellung *f* des Räumschars *(Straßenhobel)*

~/**отключённое** Abschaltstellung *f*

~/**открытое** *s.* ~/**разрешающее**

~/**перпендикулярное** Senkrechtstellung *f*, Senkrechtstehen *n*

~/**подводное** Tauchzustand *m* *(U-Boot)*

~ **подслушивания** *(Fmt)* Mithörstellung *f*

~ **покоя** Ruhelage *f*, Ruhestellung *f*; Nullstellung *f*; Haltstellung *f*

~/**полупотолочное** *(Schw)* Halbüberkopfposition *f*
~ **по-походному** *(Schiff)* seefeste Zurrstellung *f* *(z. B. der Ladebäume)*
~/**потолочное** *(Schw)* Überkopfposition *f*
~/**походное** 1. *(Schiff)* seefeste Zurrstellung *f* *(z. B. der Ladebäume)*
~ **при сварке сверху вниз/вертикальное** *(Schw)* vertikale Position *f* fallend
~ **при сварке снизу вверх/вертикальное** *(Schw)* vertikale Position *f* steigend
~/**пусковое** Anlaßstellung *f*
~/**рабочее** 1. Gebrauchslage *f*, Betriebslage *f*; 2. Arbeitsstellung *f*, Betriebsstellung *f*; 3. Blasstellung *f* *(Konverter)*; 4. Meßstellung *f*
~ **равновесия** Gleichgewichtslage *f*; Gleichgewichtszustand *m*
~/**равновесное** *s.* ~ **равновесия**
~/**разговорное** *(Fmt)* Sprechstellung *f*
~/**разрешающее** Freistellung *f*, Fahrtstellung *f* *(Signal)*
~ **разъединения** *(Fmt)* Trennstellung *f*
~ **сварки** *(Schw)* Schweißposition *f* *(Oberbegriff)*
~/**свободное** *(El)* Freistellung *f* *(Schalter)*
~ **сигнала/закрытое** Halt[e]stellung *f* *(Signal)*
~/**синоптическое** *(Meteo)* Wetterlage *f*, Gesamtwetterlage *f*
~ **сопла** *(Rak)* Düsenstellung *f*
~/**спектральное** spektrale Lage *f*
~ **стержней** *(Kern)* Stabstellung *f* *(Reaktor)*
~/**стыковое нижнее** *(Schw)* Horizontalposition *f* beim Schweißen von Stumpfnähten
~/**транспортное** Marschlage *f*
~/**угловое нижнее** *(Schw)* Horizontalposition *f* beim Schweißen von Kehlnähten
~/**уравновешенное** *(Flg)* Trimmlage *f*
~/**установившееся** stationäre Lage *f*, Dauerzustandsstellung *f*
~/**флюгерное** *(Flg)* Segelstellung *f*
~/**холостое** *(El)* Ausschaltstellung *f*
~ **центра тяжести** Schwerpunktlage *f*, Lastigkeit *f*
~ **центра тяжести/высокое** *(Flg)* Schwerpunkthochlage *f*
~ **центра тяжести/заднее** *(Flg)* Schwerpunktrücklage *f*
~ **центра тяжести/низкое** *(Flg)* Schwerpunkttieflage *f*
~ **центра тяжести/переднее** *(Flg)* Schwerpunktvorlage *f*
~ **цоколем вверх/вертикальное** hängende Brennlage *f* *(einer Glühlampe)*
~ **цоколем вниз/вертикальное** stehende Brennlage *f* *(einer Glühlampe)*
положительный 1. bestimmt, entschieden; 2. *(Math, Ph)* positiv, Plus . . .
положить якорь *(Schiff)* vor Anker gehen

полоз *m* Gleitkufe *f*, Kufe *f*
~/**контактный** Schleifkufe *f*
~/**посадочный** Landekufe *f*
~/**спусковой** *(Schiff)* Stapellaufschlitten *m*, Läufer *m*
полозки *mpl* 1. Kufen *fpl*, Schleifkufen *fpl*; 2. Gleitstücke *npl*
полозок *m* 1. Gleitstück *n*; 2. Streifsohle *f* *(Mähmaschine)*
полозья *mpl*/**спусковые** *(Schiff)* Läufer *m* *(des Ablaufschlittens)*
полоида *f s.* **полодия**
полок *m* *(Bgb)* Bühne *f*
~ **клети** Korbboden *m* *(Förderkorb)*
~ **лестничного отделения** Fahrtenbühne *f*
~/**лестничный** Fahrtenbühne *f*
~/**подвесной** Schwebebühne *f*, Hängebühne *f*
~/**предохранительный** Sicherheitsbühne *f*
~/**проходческий** Abteufbühne *f* *(Schachtabteufung)*
поломка *f* 1. Bruch *m*; Entzweigehen *n*; 2. *(Kfz)* Panne *f*
~/**косая** Schrägbruch *m*
полоний *m* *(Ch)* Polonium *n*, Po
полоса *f* 1. Band *n* *(Frequenzband)*; 2. Streifen *m*, Bande *f*, Band *n* *(Spektrum)*; 3. Band *n*, Zone *f*, Energiebereich *m* *(Halbleiter)*; 4. *(Met)* Band *n*, Streifen *m* *(aus Metall oder Folie)*; Schiene *f*; Flachstahl *m*; Flachprofil *n*; 5. Walzband *n*; 6. Lamelle *f* *(Gefüge)*; 7. *(Typ)* Kolumne *f*; 8. *(Bgb)* Feld *n*, Gasse *f*; 9. *s. unter* **полосы**
~/**абсорбционная** *s.* ~ **поглощения**
~/**береговая** Küstenstrich *m*
~/**боковая** *(Fmt)* Seitenband *n*
~/**боковая модуляционная** Modulationsseitenband *n*
~ **боковых частот** *s.* ~/**боковая**
~/**бутовая** *(Bgb)* Bergepfeiler *m*, Bergemauer *f*, Bergerippe *f*
~/**валентная** Valenzband *n*
~ **валентных колебаний** Valenzschwingungsbande *f*
~ **ватервейса** *(Schiff)* Rinnsteinprofil *n* *(Flachstahl)*
~/**взлётно-посадочная** Start- und Landebahn *f*
~ **видеочастот** Videoband *n*
~/**водяная** Wasserstreifen *m*
~ **воздушных подходов** Einflugschneise *f*
~/**вращательная** Rotationsbande *f*
~ **высоких частот** Hochfrequenzband *n*, HF-Band *n*
~/**горячая** *s.* ~/**горячекатаная**
~/**горячекатаная** warmgewalztes Band *n*, Warmband *n*, warmgewalzter Streifen *m* *(hauptsächlich zur Herstellung geschweißter Rohre)*
~ **движения** Fahrspur *f*

~ **дефектов упаковки** *(Krist)* Stapelfehlerband *n*
~ **деформации** Deformationsband *n*, Verformungsband *n*
~ **для автостоянок** Parkspur *f*
~ **для остановок** Standspur *f*
~/**дозволенная** erlaubtes Band *n*, erlaubter (zugelassener) Energiebereich *m*
~/**дозорная** *(Mar)* Vorpostengürtel *m*
~ **заграждения** Sperrband *n*
~ **закладки** *(Bgb)* Bergerippe *f*; Versatzfeld *n*
~/**закладываемая** *(Bgb)* Versatzfeld *n*, Versatzgasse *f*
~/**запрещённая** verbotenes Band *n*, verbotener (nicht zugelassener) Energiebereich *m*, Energielücke *f*
~ **застоя** Stagnationsstreifen *m*
~ **затухания** Dämpfungsband *n*
~ **звуковых частот** Tonfrequenzband *n*, Hörfrequenzband *n*
~ **земли** Landstreifen *m*, Landstrich *m*
~ **из нескольких столбцов** *(Typ)* mehrspaltige Kolumne *f*
~ **из породы** *(Bgb)* Bergerippe *f*
~ **излучения** *(Kern)* Emanationsbande *f*; Emissionsbande *f*
~/**интерференционная** Interferenzstreifen *m*
~ **инфракрасного поглощения** Infrarot-Absorptionsbande *f*, IR-Absorptionsbande *f*
~ **инфракрасного спектра** Infrarotbande *f*, IR-Bande *f*
~ **испускания** *(Kern)* Emanationsbande *f*
~/**контрольная** Teststreifen *m* *(Leiterplattenherstellung)*
~/**концевая** *(Typ)* Spitzkolumne *f*
~/**коротковолновая** Kurzwellenband *n*
~/**лесная** Waldstreifen *m*
~/**лесная полезащитная** *(Lw)* Waldschutzstreifen *m*
~/**лицевая** *(Typ)* gerade Kolumne *f*
~/**люминесцентная** Lumineszenzbande *f*
~/**медная** Kupferschiene *f*
~/**молекулярная** *s.* ~ **спектра**
~/**муаровая** Moiréstreifen *m*
~ **набора** *(Typ)* Satzfläche *f*, Satzformat *n*
~ **наложения** Überlagerungsstreifen *m*
~/**начальная** *(Typ)* Anfangskolumne *f*
~/**неполная** *(Typ)* unvolle Kolumne *f*
~ **непрозрачности** Sperrband *n*, Sperrbereich *m*
~/**нечётная** *s.* ~/**лицевая**
~ **обгона** Überholspur *f*
~ **облаков** Wolkenband *n*
~/**оборонительная** *s.* ~ **обороны**
~ **обороны** *(Mil)* Verteidigungsstreifen *m*
~/**оборотная** *(Typ)* gerade Kolumne *f*
~/**однобоковая ротационная** *(Kern)* Grundrotationsband *n*
~ **ослабления** *s.* ~ **непрозрачности**
~ **основного колебания** Grundschwingungsbande *f*
~ **отвода [железной дороги]** *(Eb)* Bahngelände *n*, Bahngebiet *n*
~ **передачи** Übertragungsfrequenzband *n*
~/**печатная** *(Typ)* Druckstrang *m*
~ **поглощения** Absorptionsbande *f*
~ **поглощения озона** Ozonbande *f*
~/**подзабойная** *(Bgb)* Strebraum *m*
~ **полезных частот** Nutz[frequenz]band *n*
~/**полная** *(Typ)* volle Kolumne *f*
~/**поперечная связная** *(Schiff)* Querband *n*
~/**посадочная** Landebahn *f*
~ **препятствий** *(Mil)* Sturmbahn *f*
~/**пробная** *(Typ)* Probeseite *f*
~ **проводимости** Leitungsband *n*, L-Band *n*, Leitfähigkeitsband *n*
~ **прокаливаемости** Durchhärtungsschaubild *n*
~/**прокатываемая** *(Wlz)* Walzgut *n*
~ **пропускания** Durchgangsbereich *m*, Durchlaßbereich *m*; Durchlaßbandbreite *f*
~ **пропускания [радио]приёмника** Empfängerbandbreite *f*
~ **пропускания частот** Frequenzdurchlaßbereich *m*
~ **резонанса** Resonanzbande *f*
~ **реки/ходовая** *(Hydt)* Fahrrinne *f*, Fahrwasser *n*
~/**рессорная** Federblatt *n* *(Blattfeder)*
~/**сборная** *(El)* Sammelschiene *f*
~ **сброса** Knickband *n*
~/**свёрстанная** *(Typ)* umbrochene Kolumne *f*
~/**светлая (световая, светящаяся)** *(El)* Lichtband *n*, Lichtstreifen *m*
~ **сегрегационных включений** *(Met)* Seigerungsstreifen *m*
~ **скольжения** *(Krist)* Gleitband *n*
~ **спектра** Spektralbande *f*, Bande *f*
~ **спектра испускания** Emissionsbande *f* *(Spektralanalyse)*
~ **средней ширины** *(Met)* Flachstahl *m* mittlerer Breite *(nach GOST 65 ... 500 mm Breite)*
~/**средняя** *(Wlz)* Mittelband *n*
~/**стальная** Bandstahl *m*
~/**стояночная** *(Kfz)* Standspur *f* *(auf der Straße)*
~/**траловая** *(Mar)* Minenräumstreifen *m*
~ **удержания** Retentionsband *n*
~/**узкая** *(Met)* schmaler Flachstahl *m* *(nach GOST bis 65 mm Breite)*
~/**укреплённая** *(Mil)* befestigter Streifen *m*
~ **ультрафиолетового спектра** Ultraviolettbande *f*, UV-Bande *f*
~/**универсальная** Breitflachstahl *m*, Flachstahl *m*, Universalstahl *m*, Universalblech *n*

~/**фотоабсорбционная** Fotoabsorptionsbande *f*
~/**холоднокатаная** Kalt[walz]band *n*, kaltgewalzter Flachstahl *m*, Kaltwalzblech *n*
~ **частот** Frequenzband *n*
~ **частот/верхняя боковая** oberes Seitenband *n*
~ **частот/нижняя боковая** unteres Seitenband *n*
~/**частотная** Frequenzband *n*
~/**чётная** *s.* ~/**оборотная**
~/**широкая** *(Met)* Breitflachstahl *m (nach GOST über 500 mm Breite)*
полосатость *f* Bänderung *f*, Streifung *f*
~ **плёнки** Streifigkeit *f* des Films
полосатый gebändert, gestreift, streifig, Streifen . . .; liniiert
полоска *f* Bändchen *n*, Streifen *m*
~ **для окантовки** *(Typ)* Fälzelstreifen *m*
~ **из ватки** *(Text)* Florbändchen *n*, Florstreifen *m*
~/**измерительная** Meßstreifen *m*
~/**контактная** Kontaktstreifen *m*
~ **неметаллических включений** *(Met)* Seigerungsstreifen *m*
~ **с тензометрическим датчиком (элементом)** Dehnungsmeßstreifen *m*, DMS
полоски *fpl*/**[электро]проводящие** Leitungsbahnen *fpl*, Leiterbahnen *fpl*, Leitungsführung *f (auf einer Leiterplatte)*
полособульб *m (Schiff)* Flachwulstprofil *n*
полости *fpl* **Вебера** *(Bgb)* Webersche Hohlräume *mpl (Gebirgsmechanik)*
полость *f* Hohlraum *m*, Luftraum *m*; Aussparung *f*; Hohlraum *m*, Gravur *f (Gießform, Gesenk)*
~/**всасывающая** Saugraum *m*
~/**высадочная** Stauchgravur *f*, Stauchform *f*
~ **золотниковой коробки** Schieberhohlraum *m*, Muschelraum *m (Muschelschieber; Dampfmaschine)*
~/**кавитационная** Kavitationshohlraum *m*
~/**кольцевая** Ringraum *m*
~/**коническая** Innenkegelfläche *f*, Aufnahme[innen]kegel *m*
~/**котловая** *(Bgb)* Kessel *m (Kesselschießen)*
~ **матрицы** Matrizenhöhlung *f (Pulvermetallurgie)*
~/**отделочная** Fertiggravur *f*, Fertigform *f*
~/**подгоночная** Berichtigungskammer *f (Wägestück)*
~ **разрежения** Unterdruckraum *m*
~/**формующая** Gravur *f (Gesenk)*
~ **формы** *(Gieß)* Form[en]hohlraum *m*
~ **формы/охлаждаемая** *(Met)* Formkasten *m (Hochofen)*
~ **хлопкового волокна/внутренняя** *(Text)* Lumen *n (Baumwollfaser)*
полосчатость *f* Bänderung *f*, Streifung *f*
полосчатый 1. streifig, gebändert; 2. blätterig, blättchenartig, plattenförmig; 3. lamellar
полосы *fpl* 1. Streifen *mpl*; 2. Bänder *npl*; 3. Banden *fpl (Spektralanalyse)*; 4. *s. unter* **полоса**
~/**боковые** Seitenbänder *npl*
~/**бутовые** *(Bgb)* Bergerippen *fpl*, Versatzrippen *fpl (Bruchbau)*
~/**интерференционные** Interferenzstreifen *mpl*
~/**каменные** *(Geol)* Steinstreifenboden *m (Strukturboden)*
~/**красные** *(Forst)* Rotstreifigkeit *f (Holz)*
~ **падения [осадков]** *(Meteo)* Fallstreifen *mpl*
~/**полярные** Polarbanden *fpl (Spektralanalyse)*
~/**породные** *s.* ~/**бутовые**
~ **равного наклона** *(Opt)* Streifen *mpl* gleicher Neigung *(Interferenz)*
~ **равной толщины** *(Opt)* Interferenzstreifen *mpl* gleicher Dicke
~ **феррита** Ferritstreifen *mpl*
полотение *n* **[копыльев]** *(Schiff)* Sattelplatte *f (Aufklotzung)*
полотёр *m*/**электрический** elektrische Bohnermaschine *f*, Elektrobohner *m*
полотнище *n* 1. Blatt *n*; 2. Tuch *n*; Stoffbahn *f*, Bahn *f*; 3. *(Schiff)* Plattenreihe *f*, Blechreihe *f*, Plattenfeld *n*, flächenförmige Untergruppe *f*
~/**авиасигнальное** Fliegertuch *n*
~ **палатки** *(Mil)* Zeltbahn *f*
~/**резиновое** *(Typ)* Gummi[druck]tuch *n*
~/**сигнальное** Fliegertuch *n*
полотно *n* 1. Band *n*; Bahn *f*; 2. *(Text) (i.e.S.)* leinwandbindiges Gewebe *n*; 3. *(Text) s.* ~/**льняное**
~/**антенное** *(Rf)* Richtantennennetz *n*
~/**белёное** *(Text)* gebleichte Leinwand *f*
~/**бумажное** Papierbahn *f*
~ **валка** Walzenbahn *f*, Walzenballen *m*
~/**вертёлочное** *(Text)* Kettenware *f (Wirkware)*
~/**голландское** *(Text)* ungebleichte Feinleinwand *f*
~/**гребенное** *(Text)* Hechelmantel *m (Hechelmaschine)*
~/**дверное** Türband *n*
~/**двухизнаночное** *(Text)* Links-Links-Ware *f (Wirkware)*
~ **для ножовок** *s.* ~/**ножовочное**
~/**дорожное** *(Bw)* Straßenkörper *m*
~/**ездовое** *(Bw)* Fahrbahn *f*
~/**жаккардовое восьмизамочное** *(Text)* Achtschloß-Jacquardware *f (Strickware)*
~/**железнодорожное** Eisenbahndamm *m*, Bahndamm *m*, Bahnkörper *m*
~/**земляное** Erdplanum *n*
~/**иглопробивное [нетканое]** *(Text)* Nadelvliesstoff *m*

~/игольчатое *(Text)* Nadelspeisetuch *n*, Nadellattentuch *n*, Stachellattentuch *n* *(Öffner)*
~/интерлочное *(Text)* Interlockware *f* *(Wirkware)*
~/камчатное *(Text)* Drell *m*; Damast *m*
~/кардное *(Text)* Blattkratze *f*
~/клеёное [нетканое] *(Text)* Klebvliesstoff *m*
~/красящее *(Typ)* Farbtuch *n*
~/кругловязаное *(Text)* Großrundgestrick *n*
~ ленточной пилы *(Wkz)* Bandsägeblatt *n*
~/льняное *(Text)* Flachsleinwand *f*, Leinwand *f*, Leinen *n*
~/мальезное *(Text)* Rundstuhlware *f* *(Wirkware)*
~/мостовое *(Bw)* Brückenbahn *f*
~/наждачное Schmirgelleinen *n*
~/начёсное *(Text)* Futterware *f* *(Wirkware)*
~/нитепрошивное *(Text)* Fadenlagennähgewirk *n*
~/ножовочное *(Wkz)* Metallsägeblatt *n*
~/отводящее *(Text)* Abführtuch *n*
~/пеньковое *(Text)* Hanfleinen *n*, Hanftuch *n*
~ пилы *(Wkz)* Sägeblatt *n*
~/питающее *(Text)* Speiselattentuch *n*, Zuführtuch *n*
~/подающее *(Text)* Speiselattentuch *n*, Zuführtuch *n*
~/покровное *(Text)* Plattierware *f* *(Wirkware)*
~/простынное *(Text)* Bettleinen *n*
~/рашелевое *(Text)* Raschelware *f* *(Wirkware)*
~/рисунчатое *(Text)* Musterware *f* *(Wirkware)*
~/самотканое *(Text)* Hausmacherleinwand *f*
~ сита 1. Siebbelag *m*; 2. Siebfläche *f*
~/стеклянное *(Wkz)* Glasleinwand *f*
~/суровое *(Text)* ungebleichte Leinwand *f*
~/тиковое *s.* **~/камчатное**
~/тканепрошивное *(Text)* Nähwirkschichtstoff *m*
~/трамвайное *(Bw)* Straßenbahnkörper *m*
~/трикотажное *(Text)* Gewirk *n*
~/трубчатое трикотажное *(Text)* Schlauchgewirke *n*
~/холстопрошивное *(Text)* Nähwirkvliesstoff *m*
~/шляпочное *(Text)* Deckelkette *f* *(Dekkelkarde)*
~/штапельное *(Text)* Zellwollgewebe *n*
полотняный *(Text)* Leinwand . . ., Leinen . . .
полоть *(Lw)* jäten
полуавтомат *m* Halbautomat *m* *(s. a. unter* **автомат)**

~/вертикально-сверлильный Senkrechtbohrhalbautomat *m*
~/вертикальный токарный двухшпиндельный копировальный Zweispindel-Senkrechtnachformdrehhalbautomat *m*
~/вертикальный токарный шестишпиндельный Sechsspindel-Senkrechtdrehhalbautomat *m*
~/газорезательный *s.* **машина-тележка/газорезательная**
~/гидрофицированный многошпиндельный токарный hydraulisch gesteuerter Vielspindeldrehhalbautomat *m*
~/гидрофицированный револьверный hydraulisch gesteuerter Revolverdrehhalbautomat *m*
~/десятишпиндельный сверлильный Zehnspindel-Bohrhalbautomat *m*
~ для колец подшипников/токарный вертикальный многорезцовый Vielschnitt-Senkrechtdrehhalbautomat *m* für die Bearbeitung von Wälzlager-Innen- und -Außenringen
~ для конических колёс/зубошлифовальный Zahnflankenschleifhalbautomat *m* für Kegelräder
~ для нарезания конических колёс с криволинейными зубьями червячной конической фрезой Wälzfräshalbautomat *m* für Bogenzahnkegelräder
~ для нарезания конических колёс с прямолинейными зубьями червячной фрезой Wälzfräshalbautomat *m* für Geradzahnkegelräder
~ для нарезания конических колёс червячной фрезой Kegelrad-Wälzfräshalbautomat *m*
~ для нарезания цилиндрических колёс/зубострогальный Stirnrad-Zahnhobelautomat *m*
~ для нарезания цилиндрических колёс червячной фрезой Stirnrad-Wälzfräshalbautomat *m*
~ для нарезания цилиндрических колёс червячной фрезой/горизонтальный Waagerecht-Stirnradwälzfräshalbautomat *m*
~ для нарезания шлицевых валов червячной фрезой Keilwellen-Wälzfräshalbautomat *m*
~ для обработки коленчатых валов/токарный многорезцовый Vielschnittdrehhalbautomat *m* für die Bearbeitung von Kurbelwellen
~ для обработки распределительных валов/токарный многорезцовый Vielschnittdrehhalbautomat *m* für die Bearbeitung von Steuerwellen
~ для цилиндрических колёс/зубошлифовальный Zahnflankenschleifhalbautomat *m* für Stirnräder

~ для цилиндрических колёс/шевинговальный Stirnrad-Zahnschabehalbautomat *m*
~/дуговой сварочный Hohlkabelschweißgerät *n (teilautomatisches UP-Lichtbogenschweißgerät)*
~/дугосварочный *s.* **~/дуговой сварочный**
~/желобошлифовальный Kugellager-rillen-Schleifhalbautomat *m*
~/затыловочный Hinterdrehhalbautomat *m*
~/зубодолбёжный Zahnradstoßhalbautomat *m*
~/зубопритирочный Zahnflanken-Läpphalbautomat *m*
~/круглофанговый *(Text)* Rundstrickhalbautomat *m*
~/многорезцовый гидрофицированный hydraulisch gesteuerter Vielschnitthalbautomat *m*
~ непрерывного действия без вращения изделия/сверлильно-расточный Bohr- und Innendrehhalbautomat *m* kontinuierlicher Arbeitsweise bei gespanntem Werkstück und rotierendem Werkzeug
~ непрерывного действия с вращением изделия/многошпиндельный Mehrspindelhalbautomat *m* kontinuierlicher Arbeitsweise am rotierenden Werkstück
~/одношпиндельный многорезцовый патронный Einspindel-Vielschnittdrehhalbautomat *m* für Futterarbeit
~/одношпиндельный револьверный Einspindel-Revolverdrehhalbautomat *m*
~/одношпиндельный центровой многорезцовый Einspindel-Vielschnittspitzendrehhalbautomat *m*
~/переносный газорезательный *(Schw)* Handbrennschneidmaschine *f*
~/плоскофанговый *(Text)* Flachstrickhalbautomat *m*
~ последовательного действия без вращения изделия/многошпиндельный Mehrspindelhalbautomat *m* aufeinanderfolgender Arbeitsweise am stehenden Werkstück
~ последовательного действия с вращением изделия/многошпиндельный Mehrspindelhalbautomat *m* aufeinanderfolgender Arbeitsweise am rotierenden Werkstück
~ последовательного действия/токарный вертикальный восьмишпиндельный Achtspindel-Senkrechtdrehhalbautomat *m* aufeinanderfolgender Arbeitsweise
~ последовательного действия/токарный вертикальный шестишпиндельный Sechsspindel-Senkrechtdrehhalbautomat *m* aufeinanderfolgender Arbeitsweise
~ револьверный Revolverdrehhalbautomat *m*
~/резьбонарезной Gewindeschneidhalbautomat *m*
~/резьбошлифовальный Gewindeschleifhalbautomat *m*
~/сварочный *s.* **~/дуговой сварочный**
~/токарно-копировальный Nachformdrehhalbautomat *m*
~/токарный Drehhalbautomat *m*
~/токарный многорезцовый Vielschnittdrehhalbautomat *m*, Vielmeißeldrehhalbautomat *m*
~/токарный многорезцовый копировальный Vielschnittnachformdrehhalbautomat *m*
~/токарный многошпиндельный патронный Mehrspindel-Drehhalbautomat *m* für Futterarbeit
~/токарный патронный Drehhalbautomat *m* für Futterarbeit
~/токарный четырёхшпиндельный Vierspindel-Drehhalbautomat *m*
~/токарный четырёхшпиндельный патронный Vierspindel-Drehhalbautomat *m* für Futterarbeit
~/токарный шестишпиндельный Sechsspindel-Drehhalbautomat *m*
~/тяжёлый слиткоразрезной schwerer Blockscherenhalbautomat *m (Blockwalzwerk)*
~/шланговый *s.* **~/дуговой сварочный**
полуавтоматы *mpl*/**кузнечно-штамповочные** Schmiedeteilautomaten *mpl (teilautomatische Hämmer und Pressen)*
полуаддитивность *f (Math)* Halbadditivität *f*
полуалгебраический halbalgebraisch
полуамплитуда *f* halbe Schwingungsweite (Amplitude) *f*
полуапохромат *m (Opt)* Semiapochromat *m*, Fluoritobjektiv *n*
полубайт *m (Dat)* Halbbyte *n*
полубак *m (Schiff)* Back *f*, Backdeck *n*
полубаллон *m* Semiballonreifen *m*
полубаркас *m* Pinasse *f*
полубархат *m (Text)* Baumwoll[schuß]samt *m*, Velvet *m*, Manchester *m*
полубелка *f (Text)* Halbbleiche *f*
полубимс *m (Schiff)* Halbbalken *m*, Bastardbalken *m*, Kurzbalken *m*, kurzer Decksbalken *m (im Lukenbereich)*
полубочка *f (Flg)* halbe Rolle *f*
полубумажный *(Text)* Halbbaumwoll...
полувагон *m (Eb)* offener Wagen (Güterwagen) *m*, Hochbordwagen *m*
полувальма *f (Bw)* Halbwalm *m*, Krüppelwalm *m*
полуволна *f* Halbwelle *f*, halbe Wellenlänge *f*
~ переменного тока Wechselstromhalbwelle *f*
полуволновой Halbwellen...

полугидрат *m (Ch)* Halbhydrat *n*, Hemihydrat *n*
полугранник *m (Krist)* Halbflächner *m*, Hemieder *n*
полугранность *f (Krist)* Hemi[h]edrie *f*
полуграф *m (Math)* Teilgraf *m*
полугруппа *f (Math)* Halbgruppe *f*, Assoziativ *n*
полуда *f* 1. Zinnbelag *m*, Verzinnung *f*; 2. Verzinnen *n*
полуденный meridional, Mittags . . .
полудислокация *f (Krist)* Halbversetzung *f*, Teilversetzung *f*
полудуга *f* **петли/платинная** *(Text)* halber Platinenmaschenkopf *m (Wirkerei; Kulierwarenstruktur)*
полудуплекс *m (Fmt)* Halbduplexschaltung *f*
полужёстский halbstarr; halbsteif
полужидкий halbflüssig, dickflüssig, teigig-flüssig
полужирный *(Typ)* halbfett *(Schrift)*
полузаводской halbtechnisch, Halbbetriebs . . .
полузакалённый *(Glas)* schwach verspannt (gehärtet)
полузакрытый halbgeschlossen, halboffen
полузапруда *f (Hydt)* Buhne *f*, Abweiser *m*
~/донная Grundschwelle *f*, Grundbuhne *f*
~/фашинная Faschinenbuhne *f*
полузвено *n (Math)* Halbglied *n*
полукадр *m (Fs)* Halbraster *m*, Halbbild *n*
полукасса *f (Typ)* kleine Schriftkasse *f*, Akzidenzkasten *m*
полукислый *(Ch)* schwach sauer, halbsauer
полуклюз *m (Schiff)* Bügelklüse *f*, Lippklüse *f (am Schanzkleid)*
полукокс *m* Halbkoks *m*, Schwelkoks *m*, Tieftemperaturkoks *m*
полукоксование *n* Halbverkokung *f*, Schwelung *f*, Tieftemperaturverkokung *f*
~ с внешним обогревом Heizflächenschwelung *f*
~ с внутренним обогревом (газовым теплоносителем) Spülgasschwelung *f*
полукоксоваться verschwelt werden
полукоксовый Halbkoks . . ., Schwel . . .
полуколлоид *m (Ch)* Semikolloid *n*, Halbkolloid *n*, Hemikolloid *n*
полуколонна *f (Bw)* Halbsäule *f*, Wandsäule *f*
полукомпенсированный *(El)* halbnachgespannt *(Leitungstechnik)*
полукомплект *m (Eln)* Untergruppe *f*, Baugruppe *f*
полукристаллический halbkristallin; hypokristallin
полукруг *m* Halbkreis *m*
полукруглая *f (Typ)* Halbgeviert *n (Satz)*
полулинза *f* **[Френеля]** *(Opt)* Fresnelsche Halblinse *f*
полумасса *f (Pap)* Halbstoff *m*
~/линтерная Lintershalbstoff *m*
~/тряпичная Hadern[halb]stoff *m*
полуметалл *m* Halbmetall *n*
полумикроанализ *m* Halbmikroanalyse *f*, Semimikroanalyse *f*
полумодель *f (Gieß)* Modellhälfte *f*, Modellteil *n*
полумуфта *f (Masch)* Kupplungshälfte *f*; hydraulisch aufziehbarer Kupplungsflansch *m (Schiffswellenleitung)*
полумушкель *m (Schiff)* Kleidkeule *f*
полунавесной *(Lw)* Aufsattel . . ., aufgesattelt
полунагартованный halbhart *(Leichtmetallegierungen)*
полунаклёпанный teilverfestigt, halbverfestigt *(Metall)*
полунепрерывный halbkontinuierlich
полуоборот *m* 1. halbe Umdrehung *f*, Drehung *f* um 180°; 2. *(Mar)* Halbschwenkung *f (Drehung um 90°)*
полуокружность *f* Halbkreis *m*
полуопока *f (Gieß)* Form[en]hälfte *f*, Formteil *n*, Formkasten *m*, Formkastenhälfte *f*
~/верхняя Oberkasten *m*, Oberform *f*, obere Form[en]hälfte *f*
~/нижняя Unterkasten *m*, Unterform *f*, untere Form[en]hälfte *f*
~/средняя Mittelkasten *m*, mittlere Form[en]hälfte *f*
полуосновный *(Ch)* schwach basisch
полуось *f (Ktz)* Halbachse *f*, Treibradachse *f*, Achswelle *f (Hinterachsantrieb)*
~/малая kleine Halbachse *f (Ellipse)*
~/полностью разгруженная *s.* **~/разгруженная**
~/полунагруженная halbfliegende Achse *f*
~/разгруженная vollfliegende Achse *f*
~/разгруженная на три четверти dreiviertelfliegende Achse *f*
полуочищенный vorgefrischt *(Stahl)*
полупар *m (Lw)* Stoppelbrache *f*, Teilbrache *f*, Halbbrache *f*
полупереборка *f (Schiff)* Stützwand *f*, Flügelschott *n*, Stützschott *n*
полупериметр *m* halber Umfang *m*
полупериод *m (El, Kern)* Halbperiode *f*; Wechselperiode *f (beim Regenerator)*
~ высокой частоты Hochfrequenzhalbperiode *f*, HF-Halbperiode *f*
~ запирания Sperrhalbperiode *f*
~ переменного тока Wechselstromhalbperiode *f*, Wechselstromhalbwelle *f*
полупетля *f* **Нестерова** *(Flg)* Aufschwung *m*

~/обратная *(Flg)* Abschwung *m*
полуплоскость *f* *(Math)* Halbebene *f*
полуполоса *f* Halbstreifen *m*
полупоставушка *f* *(Lw)* Puppe *f*, Hocke *f* *(bestehend aus 5 bis 6 Garben)*
полупотайной 1. halbversenkt; 2. Linsen[-kopf] ... *(Schraube, Niet)*
полуприцеп *m* *(Kfz)* Sattelauflieger *m*, Sattelanhänger *m*
~/большегрузный Schwerlastsattelanhänger *m*
~/самосвальный Sattelkipper *m*
полупроводимость *f* 1. Halbleitung *f*; 2. Halbleitfähigkeit *f*
полупроводник *m* *(Eln)* Halbleiter *m*
~/вырожденный entarteter (degenerierter) Halbleiter *m*
~ высокой частоты *s.* **~/собственный**
~/дырочный Defekt[halb]leiter *m*, Mangel[halb]leiter *m*, Löcher[halb]leiter *m*, *p*-Halbleiter *m*
~/ионный Ionenhalbleiter *m*
~/невырожденный nichtdegenerierter (unentarteter) Halbleiter *m*
~/примесный Störstellen[halb]leiter *m*, Fehlstellen[halb]leiter *m*, Fremdstoffhalbleiter *m*, Extrinsic-Halbleiter *m*
~/*p*-проводящий *p*-Halbleiter *m*
~/простой Einfachhalbleiter *m*
~ с дырочной [электро]проводимостью *s.* **~/*p*-проводящий**
~ с собственной [электро]проводимостью *s.* **~/собственный**
~/сложный zusammengesetzter Halbleiter *m*, Verbindungshalbleiter *m*
~/собственный Eigenhalbleiter *m*, Intrinsic-Halbleiter *m*, i-Halbleiter *m*
~ *n*-типа *n*-Halbleiter *m*, Elektronenüberschußhalbleiter *m*
~ *p*-типа *s.* **~/дырочный**
~/электронный Elektronenhalbleiter *m*
полупроводниковый Halbleiter ...
полупроводящий *(Eln)* halbleitend
полупродукт *m* Halbzeug *n*, Zwischenprodukt *n*, Halbprodukt *n*, Halbfabrikat *n*, halbfertiges Erzeugnis *n*
полупрокат *m* Rohwalzgut *n*, vorgewalztes (angewalztes) Halbzeug *n*
полупроницаемость *f* Halbdurchlässigkeit *f*, Semipermeabilität *f*
полупроницаемый halbdurchlässig, semipermeabel
полупросвечивающий halbdurchscheinend
полупространство *n* *(Math)* Halbraum *m*
полупрямая *f* *(Math)* Halbgerade *f*
полупустынный semiarid *(Klima)*
полуразложившийся *(Ch)* halbzersetzt
полуразмах *m* halbe Spannweite *f*
полуразность *f* *(Math)* halbe Differenz *f*
полураскат *m* *s.* **полупрокат**
полураскос *m* *(Bw)* Halbstrebe *f*
полурасплавленный halbgeschmolzen
полурастр *m* *s.* **полукадр**
полурафинированный *(Met)* vorgefrischt
полурегулярность *f* *(Math)* Halbregularität *f*
полусечение *n*/**поперечное** halber Querschnitt *m*
полусимметрия *f* Halbsymmetrie *f*
полусинусоида *f* halbe Sinuswelle *f*
полускат *m* *(Eb)* Radsatz *m*
полуслово *n* *(Dat)* Halbwort *n*
полуспечённый *(Met)* gesintert *(Ofenfutter)*
полуспокоенный *s.* **полууспокоенный**
полусталь *f* Halbstahl *m*, Schnelltemperguß *m*
полустержень *m* *(Gieß)* Kernhälfte *f*
полустрингер *m*/**днищевый** *(Schiff)* Bodenlängsband *n* mit halber Seitenträgerhöhe
полусумматор *m* *(Dat)* Halbadd[ier]er *m*
полусуслон *m* *(Lw)* Stiege *f* *(bestehend aus 10 bis 12 Garben)*
полусуточный halbtägig, zwölfstündig, Halbtags ...
полусфера *f* Hemisphäre *f*, Halbkugel *f*
полутень *f* *(Opt)* Halbschatten *m*
~ солнечного пятна Penumbra *f* *(Sonnenfleck)*
полутёрок *m* Putzlehre *f*
полутомпак *m* *(Met)* Halbtombak *m*
полутон *m* *(Opt, Ak)* Halbton *m*
полутораплан *m* *(Flg)* Eineinhalbdecker *m*, Anderthalbdecker *m* *(Doppeldecker mit größerer oberer Flügelspannweite gegenüber der unteren)*
~/обратный umgekehrter Anderthalbdecker *m* *(Doppeldecker mit größerer unterer Flügelspannweite gegenüber der oberen)*
полутрапик *m* *(Schiff)* Schanzkleidtreppe *f*
полутруба *f* *(Schiff)* Halbschale *f*
полутурбулентный halbturbulent
полууспокоенный halbberuhigt *(Stahl)*
полуфабрикат *m* 1. Halbfabrikat *n*, Halbzeug *n*, Halberzeugnis *n*, Zwischenprodukt *n*; *(Wlz, Schm)* Rohling *m*; 2. *(Pap)* Halbstoff *m*
полуфанг *m* *(Text)* Perlfang *m* *(Wirkerei; Preßmuster)*
~ со сдвигом Perlfang *m* mit Versatz
полуферма *f* *(Bw)* Halbbinder *m*
полухорда *f* halbe Flügelsehne *f*; *(Aero)* halbe Profilsehne *f*
полуцеллюлоза *f* Halbzellstoff *m*
полуцилиндр *m* Halbzylinder *m*; *(Schiff)* Halbschale *f*
получатель *m* *(Dat)* Empfänger *m*
получение *n* 1. Empfangen *n*, Empfang *m*, Erhalt *m*; Bezug *m*; 2. Erzeugung *f*, Gewinnung *f*; Herstellung *f*; Ausbringung *f*

~ **дополнительного кода** *(Dat)* Komplementieren *n*
~ **железа** Eisenerzeugung *f*, Eisengewinnung *f*
~ **изотопов** *s.* ~ **радиоизотопов**
~ **льда** Eiserzeugung *f*
~/**производственное** industrielle (technische) Gewinnung *f*
~/**прямое** Direktgewinnung *f*
~ **радиоизотопов** Isotopenherstellung *f*, Herstellung *f* radioaktiver Isotope
~ **ровницы** *s.* **предпрядение**
~ **стали** Stahlerzeugung *f*, Stahlgewinnung *f*
~ **тяги** *(Rak)* Schuberzeugung *f*
~ **чугуна** Roheisenerzeugung *f*, Roheisengewinnung *f*, Eisenerzeugung *f*
~ **энергии** Energieerzeugung *f*
получистый 1. halbblank; 2. *(Fert)* Vorschlicht... *(z. B. Vorschlichtmeißel)*
полушарие *n* Halbkugel *f*, Hemisphäre *f*
полушария *npl*/**анемометрические** *(Meteo)* Schalenkreuz *n*
полушерстяной *(Text)* halbwollen...
полуширина *f* halbe Breite *f*
~ **линии** *(Kern)* Linienhalbwertsbreite *f*
~ **максимума** *(Kern)* Peakhalbwertsbreite *f*
~ **резонансной кривой** *(Kern)* Halbwertsbreite *f*
полуширота *f* [/**теоретическая**] *(Schiff)* Wasserlinienriß *m*
полушлагбаум *m (Kfz, Eb)* Halbschranke[nanlage] *f*
полуштык *m (Schiff)* halber Stek *m*
полуэбонит *m* Semiebonit *n*, halbharter Gummi *m*
полуэкипаж *m* Schiffsstammabteilung *f*
полуют *m (Schiff)* Poop *f*
полынья *f (Hydrol)* Wake *f (offene Stelle in vereisten Gewässern)*
польдер *m (Hydt)* Polder *m*, Koog *m*
полье *n (Geol)* Polje *n(f) (Kesseltal in Karstgebieten)*
пользователь *m (Dat)* Anwender *m*, Benutzer *m*
полюс *m* 1. Pol *m*; 2. *(Math) s.* ~ **полярных координат**
~/**внешний** *(El)* Außenpol *m*
~/**внутренний** *(El)* Innenpol *m*
~ **вращения/мгновенный** *(Ph)* Momentangeschwindigkeitspol *m*, momentanes Geschwindigkeitszentrum *n*
~/**вспомогательный** *(El)* Hilfspol *m*
~/**выступающий** *(El)* ausgeprägter Pol *m*, Schenkelpol *m*
~ **вязкости** *(Ph)* Viskositätspol *m*
~/**галактический** *(Astr)* galaktischer Pol *m*
~/**геомагнитный** *(Geoph)* geomagnetischer Pol *m*, theoretischer magnetischer Pol *m (der Erde)*
~/**добавочный (дополнительный)** *(El)* Wendepol *m*
~ **затухания** Dämpfungspol *m*
~ **зацепления** *(Masch)* Wälzpunkt *m (Zahnradpaar)*
~ **Земли/магнитный** *(Geoph)* Magnetpol *m (der Erde)*
~ **зоны** Zonenpol *m*
~/**истинный** *(Astr)* wahrer Pol *m (Präzession)*
~/**магнитный** *s.* ~ **Земли/магнитный**
~ **мира** *(Astr)* Himmelspol *m*
~ **мира/северный** Nordpol *m* des Himmels
~ **мира/южный** Südpol *m* des Himmels
~ **напряжения** Spannungspol *m*
~ **оси** Achsenpol *m*
~/**отрицательный** *(El)* negativer Pol *m*, Minuspol *m*
~/**положительный** *(El)* positiver Pol *m*, Pluspol *m*
~ **полярных координат** *(Math)* Anfangspunkt *m*, Pol *m (Polarkoordinaten)*
~/**противоположный** Gegenpol *m*
~/**расщеплённый** *(El)* gespaltener Pol *m*, Spaltpol *m*
~/**северный** Nordpol *m*
~ **силового многоугольника** *(Mech)* Pol *m* des Kräftepolygons
~/**средний** *(Astr)* mittlerer Pol *m (Präzession)*
~ **холода** *(Meteo)* Kältepol *m*
~ **эклиптики** *(Astr)* Ekliptikpol *m*
~ **эклиптики/северный** Nordpol *m* der Ekliptik
~ **эклиптики/южный** Südpol *m* der Ekliptik
~/**южный** Südpol *m*
~/**явный** *s.* ~/**выступающий**
полюсы *mpl*/**одноимённые** *(El)* gleichnamige Pole *mpl*
~/**разноимённые** *(El)* ungleichnamige Pole *mpl*
поляра *f (Flg)* Polare *f*, Polardiagramm *n*
~ **крыла** Flügelpolare *f*
~ **Лилиенталя** *s.* ~ **крыла**
~ **скоростей подъёма** Polare *f* der Auftriebsgeschwindigkeit
~ **сопротивления** Widerstandspolare *f*
поляризатор *m (Opt)* Polarisator *m*
поляризация *f (Ph, Opt, El)* Polarisation *f*
~ **атомов** *(Kern)* Atompolarisation *f*
~ **в плоскости** *s.* ~/**линейная**
~ **вакуума** Vakuumpolarisation *f*
~/**вертикальная** Vertikalpolarisation *f*
~/**вызванная** induzierte Polarisation *f*
~/**горизонтальная** Horizontalpolarisation *f*
~/**дипольная** Dipolpolarisation *f*
~/**диэлектрическая** dielektrische Polarisation *f*
~/**ионная** Ionenpolarisation *f*

~/**концентрационная** Konzentrationspolarisation *f*
~ **кристаллизации** Kristallisationspolarisation *f*
~/**круговая** zirkulare Polarisation *f*, Zirkularpolarisation *f*
~/**линейная** lineare Polarisation *f*, Linearpolarisation *f*
~/**межзвёздная** interstellare Polarisation *f*
~ **молекул** Molekelpolarisation *f*, molekulare Polarisation *f*
~/**молярная** Molpolarisation *f*
~ **нейтронов** Neutronenpolarisation *f*
~/**ориентационная** Orientierungspolarisation *f*
~ **разряда** Durchtrittspolarisation *f*
~/**химическая** Reaktionspolarisation *f*, [elektro]chemische Polarisation *f*
~/**электрическая** elektrische Polarisation *f*
~/**электролитическая** elektrolytische Polarisation *f*
~/**электронная** Elektronenpolarisation *f*
~/**электрохимическая** *s.* ~/**химическая**
~/**эллиптическая** elliptische Polarisation *f*
поляризовать polarisieren; polen
поляризуемость *f* Polarisierbarkeit *f*
~/**атомная** atomare Polarisierbarkeit *f*
поляриметр *m (Opt)* Polarimeter *n*, Polaristrobometer *n*
поляриметрия *f (Opt)* Polarimetrie *f*, Polarometrie *f*
полярность *f* Polarität *f*, Polung *f*
~ **модуляции/негативная** *(Fs)* Negativmodulation *f*
~ **модуляции/позитивная** *(Fs)* Positivmodulation *f*
~/**обратная** umgekehrte Polung *f*
~/**прямая** normale Polung *f*
~ **сварочного электрода** Polung *f* der Elektrode, Schweißelektrodenpolung *f*
полярограмма *f* Polarogramm *n*
полярограф *m* Polarograf *m*
~/**квадратноволновой** Rechteckwellenpolarograf *m*
полярографический polarografisch
полярография *f* Polarografie *f*
~/**высокочастотная** Hochfrequenzpolarografie *f*
~/**дифференциальная** Ableitungspolarografie *f*, Derivativpolarografie *f*; Differentialpolarografie *f*
~/**осциллографическая** Oszillopolarografie *f*
поляроид *m s.* **светофильтр/поляризационный**
поляронетрия *f s.* **поляриметрия**
ПОМ *s.* **матобеспечение/проблемно-ориентированное**
помеха *f* Störung *f*; Störeinfluß *m*; Störgeräusch *n*
~/**атмосферная** atmosphärische Störung *f*, Luftstörung *f*
~/**внешняя** Außenstörung *f*
~/**местная** Lokalstörung *f*
~ **от переходных влияний** *(Fmt)* Übersprechstörung *f*, Nebensprechstörung *f*
~ **от смежного (соседнего) канала** Nachbarkanalstörung *f*
~ **от эха** Echostörung *f*
~/**посторонняя** Fremdstörung *f*
~ **приёму** Empfangsstörung *f*
~ **радиолокационными станциями** Radar[bild]störung *f*
~ **радиоприёму** Funk[empfangs]störung *f*
~/**собственная** Eigenstörung *f*
~ **телевидению** Fernsehstörung *f*
~/**телеграфная** Telegrafie[r]störung *f*
~ **телефонной связи** Fernsprechstörung *f*
~/**фоновая** Brummstörung *f*
~/**шумовая** Rauschstörung *f*, Störrauschen *n*
~/**щелчковая** Knackstörung *f*
помехозащищённость *f* Störsicherheit *f*, Störempfindlichkeit *f*
помехозащищённый störsicher, störunempfindlich
помехоустойчивость *f* Störunempfindlichkeit *f*, Störfestigkeit *f*
помехоустойчивый störfest
помещение *n* 1. Raum *m*, Gelaß *n*, Kammer *f*; Gehäuse *n*; 2. Unterbringen *n*, Unterbringung *f*
~ **аварийного дизель-генератора** *(Schiff)* Notstromdieselraum *m*
~/**административное** Verwaltungsraum *m*
~/**аккумуляторное** *(El)* Akkumulator[en]raum *m*, Sammlerraum *m*
~/**аппаратное** Bedienungsraum *m*, Betriebsraum *m*
~/**багажное** Gepäckraum *m*
~/**бродильное** Gär[keller]raum *m*
~ **буквопечатания** Fernschreibraum *m*
~/**бытовое** Sozialraum *m*; Aufenthaltsraum *m*
~/**влажное** feuchter Raum *m*
~/**временное жилое** Notunterkunft *f*, Notwohnung *f*
~/**грузовое** Laderaum *m*; Lastraum *m*
~ **грузовых лебёдок** *(Schiff)* Windenhaus *n*
~ **дизель-генераторов** *(Schiff)* Hilfsdieselraum *m*
~ **для буквопечатающей аппаратуры** Fernschreibraum *m*
~ **для вычислительных машин** Rechnerraum *m*, Rechenmaschinenraum *m*
~ **для ожидания** Warteraum *m*
~/**доильное** *(Lw)* Melksaal *m*
~/**жилое** Wohnraum *m*
~/**закрытое** geschlossener Raum *m*
~ **зального типа/конторское** Großraumbüro *n*

~/испытательное Prüfraum *m*
~ кондиционеров *(Schiff)* Klimazentrale *f*
~/котельное Kesselhaus *n*, Kesselraum *m*
~/лебёдочное *(Schiff)* Windenhaus *m*
~/машинное Maschinenraum *m*
~/междупалубное *(Schiff)* Zwischendeck *n*
~/насосное Pumpenraum *m*
~/производственное Produktionsraum *m*, Fabrikationsraum *m*; Betriebsraum *m*
~/складское Lagerraum *m*, Lager *n*, Abstellraum *m*
~/служебное Dienstraum *m*
~/сушильное Trockenraum *m*
~/трансформаторное Transformatorenraum *m*
~/чердачное *(Bw)* Bodenraum *m*, Bodenkammer *f*

помойница *f (Bgb)* Sumpfstrecke *f*

помол *m* 1. Mahlen *n*, Mahlung *f*, Ausmahlung *f*; 2. Mahlgut *n*, Mahlprodukt *n*
~ в замкнутом цикле Kreislaufmahlung *f*
~ в открытом цикле Durchlaufmahlung *f*
~/вторичный Nachmahlen *n*, Nachmahlung *f*
~/грубый *s.* ~/крупный
~/жирный *(Pap)* schmieriges Mahlen *n*, Schmierigmahlung *f*, Quetschmahlung *f*
~/крупный 1. Vormahlung *f*, Grobmahlung *f*, Grobmahlen *n*; 2. grobes Mahlgut *n*
~ массы *(Pap)* Stoffmahlung *f*
~/мёртвый *(Pap)* Totmahlung *f*
~/первичный *s.* ~/крупный
~ средней жирности *(Pap)* mittelschmierige Mahlung *f*
~/тонкий 1. Feinmahlen *n*, Fein[ver]mahlung *f*; 2. feines Mahlgut *n*
~/тощий *(Pap)* rösche Mahlung *f*, Röschmahlung *f*, Schneidmahlung *f*

помпа *f* Pumpe *f (s. a. unter* **насос***)*
~/водоотливная (трюмная) Lenzpumpe *f (Segeljacht)*

помпаж *m* Pumpen *n (Abreißen der Strömung mit starkem Druckabfall in Kompressoren, Ventilatoren und Pumpen)*

помутнение *n* Trüben *n*; Trübung *f*
~ воздуха Lufttrübung *f*

понд *m s.* **грамм-сила**

пони-бретт *m* Pony-Brett *n (Schleppnetz)*

понижать verringern, verkleinern, herabsetzen; absenken, niedriger machen, erniedrigen
~ давление Druck vermindern

понижаться sich verringern; sinken, fallen

понижение *n* Herabsetzung *f*, Senkung *f*, Minderung *f*, Verkleinerung *f*, Reduktion *f*; Fallen *n*, Sinken *n*, Abschlag *m*; Abschwellen *n*
~ вязкости Viskositätsabnahme *f*, Zähigkeitsabnahme *f*
~ горизонта 1. *(Geod)* Kimmtiefe *f (Winkelabstand zwischen scheinbarem und wahrem Horizont)*; 2. *(Astr)* Depression *f*, Kimmtiefe *f*, negative Höhe *f (Höhe in Richtung auf den Nadir)*
~ давления Spannungsverminderung *f*, Druckerniedrigung *f*, Druckabsenkung *f*, Druckminderung *f*; Entspannung *f (Gase)*
~ давления воздуха Luftdruckabnahme *f*, Luftdruckabfall *m*
~/капиллярное Kapillardepression *f*
~ нулевой точки Nullpunkt[s]depression *f*
~ температуры Temperaturerniedrigung *f*, Temperaturabsenkung *f*; Temperaturabfall *m*, Fallen *n* der Temperatur
~ температуры замерзания Gefrierpunktserniedrigung *f*
~ температуры замерзания/молекулярное molare (molekulare) Gefrierpunktserniedrigung *f*, kryoskopische Konstante *f*
~ температуры кипения Siedepunktserniedrigung *f*
~ точки замерзания *s.* ~ температуры замерзания
~ точки кипения Siedepunktserniedrigung *f*
~ точки нуля *s.* ~ нулевой точки
~ точки плавления Schmelzpunkterniedrigung *f*, Schmelzpunktdepression *f*
~ уровня грунтовых вод Grundwasserabsenkung *f*

понизить *s.* **понижать**

понизиться *s.* **понижаться**

понор *m (Geol)* Ponor *m*, Schlundloch *n*, Schluckloch *n*, Katavothre *f*, Flußschwinde *f (Karst)*

понт *m s.* **ярус/понтический**

понтон *m* Ponton *m*

понур *m* 1. *(Hydt)* Vorboden *m (z. B. an Betonwehren)*; 2. Dichtungsschürze *f*, Dichtungsdecke *f (an Erdstaudämmen)*
~/глинистый *(Hydt)* Lehmschürze *f*, Lehmvorlage *f*, Dichtungston *m (an Erdstaudämmen)*

понятие *n* Begriff *m*
~ непрерывности Stetigkeitsbegriff *m*
~ одновременности Gleichzeitigkeitsbegriff *m* [von Einstein]

попадание *n (Mil)* 1. Treffer *m*; 2. Treffen *n*, Auftreffen *n*
~/прямое Volltreffer *m*

попарно paarweise

поперёк проката quer zur Walzrichtung *(Richtung der Achse eines Probestabes)*

поперечина *f* 1. Traverse *f*, Querträger *m*; Querstrebe *f*, Quersteg *m*, Steg *m*; Querstück *n*, Riegel *m*, Holm *m*, Querhaupt *n (z. B. eines Walzgerüstes)*; 2. Ausleger *m*; 3. Querholz *n*, Querschwelle *f*

~/**гибкая** *(Eb)* Quertragwerk *n (Elektrifizierung)*
~/**жёсткая** *(Eb)* Querträger *m (Elektrifizierung)*
~/**нижняя** 1. Pressentisch *m*, Unterholm *m (Presse)*; 2. *(Wlz)* unteres Querstück *n*
~/**подвижная** Laufholm *m*, bewegliches Querhaupt *n (Presse)*
~ **пресса [/верхняя]** 1. Pressenhaupt *n*, Pressenkopf *m*, Oberholm *m*, Zylinderholm *m (hydraulische Presse)*; 2. *(Wlz)* Querhaupt *n*
~ **продольно-строгального станка** Querhaupt *n* der Langhobelmaschine
~ **станины/верхняя** *(Wlz)* Ständerquerhaupt *n*, Ständerkappe *f*
~ **станины/нижняя** *(Wlz)* unteres Ständerquerstück *n*, untere Ständertraverse *f*
поперечная *f (Bgb)* Querschlag *m*
поперечно-намагничивающий *(El)* quermagnetisierend
поперечный quer, Quer..., transversal, Transversal...
поплавок *m* 1. Schwimmer *m*; Schwimmkörper *m*; 2. *(Flg)* Schwimmer *m*; 3. *(Mil)* Floßsack *m*
~/**глубинный гидрометрический** *(Hydrol)* Tiefenschwimmer *m (Messung der Strömungsgeschwindigkeit)*
~/**поверхностный гидрометрический** *(Hydrol)* Oberflächenschwimmer *m (Messung der Strömungsgeschwindigkeit)*
~/**подкрыльный** *(Flg)* Stützschwimmer *m*
~/**профильный** Meßschirm *m*
~ **уровнемера** Füllstandschwimmer *m*
поплавок-интегратор *m*/**гидрометрический** *(Hydrol)* Schwimmer *m* zur Messung der mittleren vertikalen Strömungsgeschwindigkeit
пополнение *n* Ergänzung *f*, Supplement *n*
~ **угла до 360°** Ergänzungswinkel *m* zu 360°
по-походному *(Schiff)* seefest
поправка *f* 1. Berichtigung *f*, Verbesserung *f*, Korrektur *f*, Korrektion *f (s. a. unter* **исправление**); 2. Ausbesserung *f*, Reparatur *f*
~ **апертуры** *(Opt)* Apertur[blenden]korrektion *f*
~/**барометрическая** Barometerkorrektion *f*
~/**болометрическая** *(Astr)* bolometrische Korrektion *f (Sternhelligkeit)*
~ **к значению меры** Korrektur *f* der Anzeige *(eines Meßgeräts)*
~ **магнитного компаса** Fehlweisung *f (Kompaß)*
~ **на вакуум** Vakuumkorrektion *f*
~ **на высоту** Höhenkorrektion *f*, Höhenkorrektur *f*
~ **на вытеснение** Verdrängungskorrektion *f*
~ **на вязкость** Viskositätskorrektion *f*, Zähigkeitskorrektion *f*
~ **на дальность** Entfernungskorrektur *f*
~ **на деривацию** Drallausgleich *m*, Drallverbesserung *f (Ballistik)*
~ **на капиллярность** Kapillar[itäts]korrektion *f*
~ **на конечный размер входной диафрагмы интерферометра** Blendenkorrektur *f* des Interferometers
~ **на мёртвое время** Totzeitkorrektion *f*
~ **на нисходящий поток** *(Flg)* Abwindberichtigung *f*
~ **на обмен** Austauschkorrektion *f*
~ **на параллакс** Parallaxenausgleich *m*
~ **на силу тяжести** Schwerekorrektion *f*, Schwerkraftkorrektion *f*
~ **на смещение** *(Mil)* Beobachtungswinkel *m (Artillerie)*
~ **на снос** *(Flg)* Abdriftberichtigung *f*
~ **на температуру** Temperaturkorrektion *f*
~ **на фазный сдвиг** *(El)* Phasenverschiebungsberichtigung *f*
~/**релятивистская** *(Ph)* relativistische Korrektur *f*
поправки *fpl* **стрельбы/баллистические** *(Mil)* ballistische Verbesserungen *fpl* für das Schießen
~ **стрельбы/метеорологические** *(Mil)* meteorologische Verbesserungen *fpl* für das Schießen
~ **стрельбы/топографические** *(Mil)* topografische Verbesserungen *fpl* für das Schießen
популяция *f* Population *f*
попытка *f* **сателлитом** Satellitenversuch *m*
попятник *m* **скольжения** Gleitspurlager *n*
попятный retrograd, rückschreitend
пора *f* 1. Pore *f*; 2. *(Astr)* Pore *f (kleiner Sonnenfleck)*; Kratergrube *f (Mondoberfläche)*
поражение *n* 1. Schädigung *f*, Verletzung *f*; Unfall *m*; 2. *(Mil)* Niederlage *f*
~/**лучевое** *s.* ~/**радиационное**
~/**радиационное** Bestrahlungsschaden *m*, Srahlenaffektion *f*, Strahlenschaden *m*, Strahlenschädigung *f*
~ **[электрическим] током** Starkstromverletzung *f*
поразрядный *(Dat)* bitweise
порезка *f* Schneiden *n*, Schnitt *m*, Zuschnitt *m*
пористость *f* 1. Porigkeit *f*, Undichtheit *f*, Porosität *f*; Schwammigkeit *f*; 2. *(Geol)* Porengehalt *m*, Hohlraumgehalt *m (des Gesteins)*
~/**грубая** Grobporosität *f*
~ **корки** *s.* ~/**краевая**
~/**коррозионная** Porosität *f* infolge Korrosion, korrosionsbedingte Porosität *f*

~/краевая Randporosität *f*
~/мелкая Feinporosität *f*
~/осевая усадочная *(Met)* Mittellinienporosität *f* *(Gußblock)*
~/подкорковая *s.* **~/краевая**
~/рассеянная Mikroporosität *f*
~/ситовидная Nadelstichporosität *f*
~/усадочная Schwindungsporosität *f*
пористый 1. porös, porig; löcherig, schwammig; 2. *(Met)* blasig, lunkerig
порог *m* 1. *(Bw)* Schwelle *f*; 2. Schwelle *f*, [untere] Grenze *f*; Ansprechgrenze *f*; 3. *(Hydt)* Drempel *m*, Schleusentor *n*; 4. Brücke *f* *(Ofen)*
~ Базика *s.* **~/зигзагообразный**
~ болевого ощущения *(Ak)* Schmerzschwelle *f*, obere Hörschwelle *f*
~/болевой *s.* **~ болевого ощущения**
~/боровковый Fuchsbrücke *f* *(Ofen)*
~ видимости Sichtbarkeitsschwelle *f*
~/водосливный *(Hydt)* Überfallkante *f*, Überströmkante *f*
~ возбуждения Reizschwelle *f*, Schwellenreiz *m*
~/входной *(Hydt)* Einfahrtsschwelle *f*, Einlaufschwelle *f* *(Einkammerschleuse)*
~ гейгеровской области *(Kern)* Geiger-Schwelle *f* *(Zählrohr)*
~ генерации Generationsschwelle *f*
~ деления [/энергетический] *(Kern)* Spaltschwelle *f*, Spaltungsschwelle *f*
~/донный *(Hydt)* Grundschwelle *f*, Sohlenschwelle *f*
~/загрузочный Einlauf *m*, Einlaufschwelle *f* *(Setzmaschine; Aufbereitung)*
~ затвора *(Hydt)* Schützenschwelle *f*, Wehrdrempel *m* *(Wehr)*
~/зигзагообразный Zickzackschwelle *f*
~/зубчатый *(Hydt)* Zahnschwelle *f* *(Kolkschutz)*
~/измерительный *(Hydt)* Staurand *m*
~ коагуляции *(Ch)* Koagulationsschwelle *f*
~ коммутации Schaltschwelle *f*
~ контрастной чувствительности глаза Kontrastschwellenwert *m* [des Auges]
~ обратной реакции Schwelle *f* der Umkehrreaktion
~/огневой *s.* **~/пламенный**
~ ощущения/разностный Kontrastschwellenwert *m* [des Auges]
~ переключения Schaltschwelle *f*
~ [пламенной] печи *s.* **~/пламенный**
~/пламенный Feuerbrücke *f*, Dammstein *m*, Herdbrücke *f*; Flammenführung *f* *(Flammofen)*; Führungsbrücke *f*, Brükkenkörper *m* *(SM-Ofen)*
~ пластичности Plastizitätsschwelle *f*
~ помехи Rauschschwelle *f*
~/потенциальный Potentialschwelle *f*, Potentialbarriere *f*, Spannungsstufe *f*
~ почернения Empfindlichkeitsschwelle *f*, Schwellendichte *f*, Schwärzungsschwelle *f* *(Film)*
~ реагирования *s.* **~ срабатывания**
~ реакции *s.* **~ эндотермической ядерной реакции**
~ самовозбуждения Schwingungseinsatzpunkt *m*
~ слышимости [untere] Hörschwelle *f*, Reizschwelle *f*, Hör[barkeits]schwelle *f*
~ срабатывания Ansprechschwelle *f*
~ срабатывания измерительных приборов *s.* **~ чувствительности**
~ стапеля *(Schiff)* Hinterkante *f* Ablaufbahn, Hinterkante *f* Helling, unteres Hellingende *n*
~/топочный *s.* **~/пламенный**
~ трогания Anlaufwert *m* *(eines Zählers)*
~ фотоделения Schwellenenergie *f* der Fotospaltung
~/фотоэлектрический fotoelektrische (lichtelektrische) Schwelle *f*
~/цветовой *(Opt)* Farbschwelle *f*
~ цветоощущения *(Opt)* Farbschwelle *f*
~ чувствительности Empfindlichkeitsschwelle *f*; Ansprechschwelle *f* *(Meßgerät)*; Anlaufschwelle *f* *(Zähler)*; Empfindungsschwelle *f*, Reizschwelle *f*, Empfindungsgrenze *f*
~ чувствительности уха *s.* **~ слышимости**
~/шлаковый *(Met)* Schlackenstau[er] *m*
~ шума Rauschschwelle *f*
~ эндотермической (эндоэнергетической) ядерной реакции Energieschwelle *f* *(Schwellenreaktion bzw. endotherme Kernreaktion)*
~ ядерной реакции *s.* **~ эндотермической ядерной реакции**
пороги *mpl* Stromschnellen *fpl*
порода *f* 1. Rasse *f* *(Haustiere)*; Stamm *m*; 2. *(Forst)* Gattung *f*, Art *f*; 3. *(Bgb)* Berge *pl*, taubes Gestein *n*; 4. *(Geol)* Gestein *n* *(s. a. unter* **породы***)*
~/боковая *(Bgb)* Nebengestein *n*
~/вмещающая *(Bgb)* Nebengestein *n*
~/водонасыщенная wasserhaltiges Gestein *n*
~ вскрыши *(Bgb)* Abraum *m*
~/вскрышная *(Bgb)* Abraum *m*
~/выбуренная *(Bgb)* Bohrklein *n*
~/горная Gestein *n*, Gesteinsart *f*, Berggestein *n*
~/горная осадочная Sedimentgestein *n*, Schichtgestein *n*
~/горная трещиноватая zerklüftetes Gestein *n*
~/давящая *(Bgb)* druckhaftes Gebirge *n*
~/декоративная древесная *(Forst)* Ziergehölz *n*
~/древесная *(Forst)* Holzgattung *f*, Gehölzart *f*, Holzart *f*, Holzgewächs *n*

~/**древесная мягкая** Weichholz *n*, Weichholzart *f*
~/**дроблёная** *(Bgb)* Brechberge *pl*
~/**жильная** *(Geol)* Gangart *f*
~/**закладочная** *(Bgb)* Versatzberge *pl*
~/**защитная** *(Forst)* Bestandsschutzholz *n*, Schutzholz *n*
~/**зеленокаменная** *(Geol)* Grünstein *m*
~ **леса/главная** *(Forst)* Hauptholz *n*, Hauptholzart *f*
~/**лиственная** *(Forst)* Laubholz *n*
~/**ломкая** *(Bgb)* gebräches Gestein *n*
~/**материнская** *(Bgb)* Muttergestein *n*, anstehendes Gestein *n*
~/**мягкая** *(Bgb)* mildes Gestein *n*, weiches Gebirge *n*
~/**ненарушенная горными работами** *(Bgb)* unverritztes Gebirge *n*
~/**нефтематеринская** *(Bgb, Geol)* Erdölmuttergestein *n*
~/**нефтеносная** *(Geol)* [erd]ölführendes Gestein *n*
~/**обрушающаяся** *(Bgb)* nachfallendes Gebirge *n*
~/**околорудная** *(Bgb)* Nebengestein *n* *(Erzbergbau)*
~/**омфацитовая** *(Geol)* Omphazitfels *m*
~/**осадочная** Ablagerungsgestein *n*, Absetzgestein *n*, Sedimentgestein *n*
~/**отсортированная** *(Bgb)* Klaubeberge *pl*
~/**подвижная рыхлая** *(Geol)* rolliges Lockergestein *n*
~/**подстилающая** *(Bgb, Geol)* Liegendgestein *n*, unterlagerndes Gestein *n*; Grundgebirge *n*
~/**покрывающая** *(Bgb, Geol)* Abraum *m*, Deckgebirge *n*
~/**почвозащитная** *(Forst)* Bodenschutzholzart *f*
~/**почвообразующая** *(Lw)* Bodengestein *n*
~/**пустая** *(Bgb)* taubes Gestein *n*, Abraum *m*, Gangart *f*, Berge *pl*
~/**пучащая** *(Bgb)* quellendes Gestein *n*
~/**разбурённая** *(Bgb)* Bohrklein *n*
~/**рудная** *(Bgb)* Erzmittel *n*
~/**рудовмещающая** *(Bgb)* Nebengestein *n* *(Erzbergbau)*
~/**светолюбивая** *(Forst)* Lichtholzart *f*
~/**сорная древесная** *(Forst)* Unholz *n*
~/**твёрдая древесная** *(Forst)* Hartholz *n*
~/**теневыносливая** *(Forst)* Schattenholzart *f*
~ **углемойки** *(Bgb)* Waschberge *pl* *(Kohleaufbereitung)*
~/**угнетённая** *(Forst)* unterdrückte Holzart *f*
~/**хвойная** *(Forst)* Nadelholz *n*
порода-коллектор *f* *(Geol)* Speichergestein *n*, Erdölspeichergestein *n*
породный *(Bgb)* Gesteins . . ., Berge . . ., Abraum . . .
породообразующий *(Geol)* gesteinsbildend, petrogenetisch
породоотборка *f* *(Bgb)* Klauben *n*, Lesen *n*
породоспуск *m* *(Bgb)* Bergerolle *f*
породы *fpl* *(Geol, Bgb)* Gestein *n* *(Sammelbegriff)*, Gebirge *n*
~/**абиссальные** *s.* ~/**глубинные**
~/**алевритовые** *s.* ~/**тонкообломочные**
~/**аллотистероморфные** *s.* ~/**обломочные**
~/**анорганогенные** anorganogene (minerogene) Gesteine *npl*
~/**асхистовые (апистые)** *s.* ~/**нерасщеплённые**
~/**безрудные** *s.* ~/**пустые**
~/**биогенные** *s.* ~/**органогенные**
~/**битуминозные** bituminöse Gesteine *npl*, Bitumengesteine *npl*
~/**блочные** geklüftetes Gebirge *n*
~, **богатые рудой** edles Gebirge *n*
~/**боковые** umgebendes (angrenzendes) Gebirge *n*, Nebengestein *n*
~ **в почве/вспучивающиеся** quellende Schichten *fpl* im Liegenden
~ **висячего бока** Hangendes *n*
~/**вмещающие** *s.* ~/**боковые**
~/**внедряющие** *s.* ~/**интрузивные**
~/**водонепроницаемые** wasserundurchlässiges Gestein *n* *(viel Wasser aufnehmend, aber nicht weiterleitend; z. B. Ton)*
~/**водоносные** wasserführendes Gebirge *n*
~/**водопроницаемые** wasserdurchlässiges Gestein *n* *(viel Wasser aufnehmend und gut durchlässig; z. B. Kies, Sand)*
~/**водоупорные** *s.* ~/**водонепроницаемые**
~/**вскрышные** Deckgebirge *n*, Abraum *m*
~/**вторичные** Sekundärgestein *n*
~/**вулканические** Oberflächengestein *n*, effusives Gestein *n*, Ergußgestein *n*, Vulkanite *mpl* *(Untergruppe der magmatischen oder Erstarrungsgesteine)*
~/**гемикластические** *s.* ~/**пирокластические**
~/**гибридные** hybridische Gesteine *npl*, Mischgesteine *npl*
~/**гидрогенные** *s.* ~/**осадочные**
~/**гипабиссальные** hypabyssische Gesteine *npl*
~/**глинистые** tonige Gesteine *npl*, bindige (nicht rollige) Lockergesteine *npl*
~/**глубинные** Tiefengesteine *npl*, abyssische Gesteine *npl*, Plutonite *mpl* *(Untergruppe der magmatischen oder Erstarrungsgesteine)*
~/**голокластические** *s.* ~/**обломочные**
~/**гомомиктные (гомомиктовые)** *s.* ~/**моногенные**
~/**горелые** verbrannte Gesteine *npl*

~/**горные** Gestein *n*, Gesteinsart *f*, Gebirge *n*, Gebirgsart *f*, Felsart *f*
~/**горные коренные** Grundgebirge *n*
~/**грубообломочные** makroklastisches Gestein *n*, Psephite *mpl*
~/**давящие** druckhaftes Gebirge *n*
~/**диасхистые (диашистые)** *s.* ~/**расщеплённые жильные**
~/**жильные** Ganggestein *n*, Gangart *f*, Gangmasse *f*, Gangkörper *m*
~/**зоогенные** zoogene Gesteine *npl*
~/**изверженные** magmatisches (eruptives) Gestein *n*, Erstarrungsgestein *n* *(Gesteinshauptgruppe)*
~/**излившиеся** *s.* ~/**вулканические**
~/**иловатые** *s.* ~/**глинистые**
~/**интрузивные (ирруптивные)** Intrusivgesteine *npl*
~/**кайнолитные** jungvulkanische Gesteine *npl*
~ **каменноугольной свиты** Steinkohlengebirge *n*
~/**катакластические** Kataklasite *mpl*
~/**катогенные** *s.* ~/**осадочные**
~/**кислые** saure Gesteine *npl* *(Eruptivgesteine mit hohem Kieselsäuregehalt)*
~/**кластические** *s.* ~/**обломочные**
~/**контактово-метаморфические** Kontaktgesteine *npl*
~/**коренные** vorquartäres Gebirge *n*, anstehendes Gestein *n*
~/**кремнёвые (кремнистые)** Kieselgesteine *npl* *(Untergruppe der Sedimentgesteine)*
~/**кристаллические** kristallines Gestein *n*
~ **кровли** Dachschichten *fpl*
~ **лежачего бока** Liegendes *n*
~/**лейкократовые** leukokrate Gesteine *npl*
~/**лейкоптоховые** *s.* ~/**меланократовые**
~/**меланократовые** melanokrate Gesteine *npl*
~/**меланоптоховые** *s.* ~/**лейкократовые**
~/**метаморфические** metamorphe Gesteine *npl*, Metamorphite *mpl*
~/**метасоматические** Metasomatite *mpl*
~/**миндалекаменные** Amygdaloide *mpl*, Mandelsteine *mpl*
~/**моногенные** monomikte Gesteine *npl*
~/**монолитные** Monolithgestein *n*
~/**мономиктовые** monomikte Gesteine *npl*
~/**налегающие** Deckgebirge *n*, Oberberge *pl*
~/**намывные (наносные)** angeschwemmtes Gebirge *n*, Seifen *fpl*
~/**напластованные осадочные** Schichtgestein *n*, geschichtetes Gebirge *n*
~/**наслоённые** Schichtgestein *n*, geschichtetes Gebirge *n*
~/**нейтральные** neutrale (intermediäre) Gesteine *npl*
~/**нептунические** *s.* ~/**осадочные**
~/**нерасщеплённые жильные** ungespaltene Ganggesteine *npl* *(Plutonitphosphor)*
~/**неустойчивые** nichtstandsicheres Gebirge *n*, gebräches Gebirge *n*
~/**нефтематеринские** Erdölmuttergestein *n*
~/**нефтеносные** ölführendes Gestein *n*
~/**нефтепроизводящие** *s.* ~/**нефтематеринские**
~/**нефтяные** erdölführendes Gestein *n*
~/**обломочные** Trümmergesteine *npl*, klastische Gesteine *npl*, Sedimentite *mpl* *(Untergruppe der Sedimentgesteine)*
~ **одного возраста** gleichaltrige Gesteine *npl*
~/**органогенные** Biolithe *mpl*, organogene (biogene) Gesteine *npl*
~/**ортоклазовые** Orthoklasgesteine *npl*
~/**осадочные** Absatzgesteine *npl*, Schichtgesteine *npl*, Sedimentgesteine *npl*, Sedimentite *mpl*
~/**основные** basisches Gestein *n*
~ **отвала** Kippmassen *fpl*
~/**отчасти гибридные** *s.* ~/**нейтральные**
~/**палеотипные** altvulkanische Gesteine *npl*
~/**пелитовые** *s.* ~/**тонкообломочные**
~/**первичные** Primärgestein *n*, Grundgebirge *n*
~/**песчаные** sandige Gesteine *npl*, Sandgestein *n*, Sandgebirge *n*
~/**пирокластические** vulkanische Tuffe *mpl*, Pyroklastite *mpl*
~/**пламмитовые** *s.* ~/**песчаные**
~/**пластовые** geschichtetes Gestein *n*
~/**плутонические** *s.* ~/**глубинные**
~/**подстилающие** Grundgebirge *n*
~/**покрывающие** Deckgebirge *n*
~/**полимиктовые** polymikte Gesteine *npl*
~/**полупроницаемые** halbdurchlässige Gesteine *npl* *(viel Wasser aufnehmende und langsam weiterleitende Gesteine; z. B. Löß)*
~/**протогенные** *s.* ~/**первичные**
~/**псаммитогенные** *s.* ~/**песчаные**
~/**псефитовые** *s.* ~/**грубообломочные**
~/**пустые** taubes Gestein *n*, totes (taubes) Gebirge *n*, Berge *pl*, Nebengestein *n*, taubes Mittel *n*
~/**разновозрастные** verschiedenaltrige Gesteine *npl*
~/**расщеплённые жильные** gespaltenes (diaschistisches) Ganggestein *n*
~/**рыхлые** unverfestigte Trümmergesteine *npl*, Lockergesteine *npl*, loses (rolliges) Gestein (Gebirge) *n*
~/**синтектические** syntektische Gesteine *npl*
~/**скальные** Felsgestein *n*
~/**сланцеватые** geschiefertes Gebirge *n*
~/**сланцевые** Schiefergestein *n*, Schiefergebirge *n*

~/**слоевые осадочные** aufgesetztes Gebirge *n*
~/**слоистые** geschichtetes Gebirge *n*
~/**соленосные** Salzgebirge *n*
~/**соляные** Salzgesteine *npl* *(Untergruppe der Sedimentgesteine)*
~/**среднеобломочные** kleinkörnige Trümmergesteine *npl*
~/**средние** intermediäre Gesteine *npl*
~/**сыпучие** *s.* ~/**рыхлые**
~/**тонкообломочные** Tongestein *n*, Schlammgestein *n*
~/**трещиноватые** klüftiges Gebirge *n*
~/**туфогенные** tuffogene Gesteine *npl*
~/**углистые** Kohlengesteine *npl*, Kausterbiolithe *mpl* *(Untergruppe der Sedimentgesteine)*
~/**ультраосновные** ultrabasische Gesteine *npl*, Ultrabasite *mpl*
~/**устойчивые** standsicheres Gebirge *n*
~/**фитогенные** phytogene Gesteine *npl*
~/**цементированные [обломочные]** verfestigte Trümmergesteine *npl*
~/**щелочные** alkalische Gesteine *npl*
~/**экструзивные** *s.* ~/**вулканические**
~/**эндогенные** *s.* ~/**изверженные**
~/**эруптивные** *s.* ~/**изверженные**
~/**эффузивные** *s.* ~/**вулканические**
порождение *n* Erzeugung *f*
порожек *m* **резца/стружкоотводящий** Spanleitstufe *f* *(Drehmeißel)*
порожний unbeladen; leer
порозиметр *m* Porositätsmesser *m*
порок *m* 1. Fehler *m*, Mangel *m*, Defekt *m*; 2. fehlerhafte Stelle *f*, Fehlstelle *f*; 3. *(Gieß)* Gußfehler *m*; 4. *(Wlz)* Walzfehler *m* • **с пороком** fehlerhaft, defekt
~ **древесины** Holzfehler *m*
~ **закалки** Härtefehler *m*
~/**закалочный** Härtefehler *m*
~ **крашения** Färbefehler *m*
~/**литейный** Gußfehler *m*; Gußausschuß *m*
~ **литья** Gußfehler *m*; Gußausschuß *m*
~ **материала** Werkstoffehler *m*
~/**поверхностный** Oberflächenfehler *m*, Außenfehler *m*
~ **поковки** Schmiedefehler *m*
~ **покрытия** Anstrichfehler *m*
~ **проката** Fehler *m* im Walzgut, Walzfehler *m*
~/**скрытый** verdeckter Fehler *m*
~ **стекла** Glasfehler *m*
~ **чувствительности/абсолютный** absolute Reizschwelle *f*
порометрия *f* Porenmessung *f*
порообразователь *m* Porenbildner *m*
поропласт *m* offenporiger (offenzelliger) Schaum[kunst]stoff *m*, Schwamm[stoff] *m*
поросль *f* *(Forst)* Bestockung *f*, Bestaudung *f*, Ausschlag *m*, Unterholz *n*, Anflug *m*, junges Gehölz *n*
~/**корневая** Wurzelausläufer *mpl*, Wurzelbrut *f*
~/**лесная** Ausschlag *m*
~/**молодая** Nachwuchs *m*
~/**пнёвая** Stocklode *f*, Stockausschlag *m*
порофоры *mpl* Porenbildner *m*, Gasporenbildner *m*
порох *m* Schießpulver *n*, Pulver *n*
~/**баллиститный** Ballistitpulver *n*
~/**бездымный** rauchloses (rauchschwaches) Pulver *n*
~/**беспламенный** flammenloses Pulver *n*
~/**быстрогорящий** scharfes (offensives) Pulver *n*
~/**вискозный** Viskosepulver *n*
~/**дискообразный** Scheibenpulver *n*
~/**дымный** rauchstarkes Pulver *n*, Schwarzpulver *n*
~/**зернистый (зерновой)** Kornpulver *n*, Körnerpulver *n*
~/**кольцевидный** Ringpulver *n*
~/**кордитный** Korditpulver *n*, Fadenpulver *n*
~/**крупнозернистый** grobkörniges Pulver *n*, Kieselpulver *n*
~/**кубический** Würfelpulver *n*
~/**ленточный** Streifenpulver *n*
~/**макаронный** *s.* ~/**трубчатый**
~/**малодымный** *s.* ~/**бездымный**
~/**медленногорящий** mildes (schlaffes, langsamverbrennendes, phlegmatisiertes) Pulver *n*
~/**минный** Sprengpulver *n*
~/**нитрированный** Nitratpulver *n*
~/**нитроглицериновый** Nitroglyzerinpulver *n*, Glyzerintrinitratpulver *n*
~/**нитроцеллюлозный** Nitrozellulosepulver *n*
~/**пироксилиновый** Schießwollpulver *n*, Pyroxilinpulver *n*
~/**пластинчатый** Plattenpulver *n*
~/**призматический** prismatisches Pulver *n*, Mammutpulver *n*
~/**трубчатый** Röhrchenpulver *n*, Röhrenpulver *n*, Nudelpulver *n*
~/**чёрный** *s.* ~/**дымный**
~/**цилиндрический** Zylinderpulver *n*, Stäbchenpulver *n*
порошковатость *f* Pulverförmigkeit *f*, pulverförmiger Zustand *m*
порошкограмма *f* *(Krist)* Debye-Scherrer-Diagramm *n*, Debye-Scherrer-Aufnahme *f*, Pulverdiagramm *n*, Pulverbeugungsaufnahme *f*
порошкообразность *f* *s.* **порошковатость**
порошок *m* Pulver *n*
~/**абразивный** *(Fert)* Schleifpulver *n*, Schmirgelpulver *n*
~/**алмазный** *(Fert)* Diamantbort *m*, Diamantpulver *n*
~/**аморфный** amorphes Pulver *n* *(Pulvermetallurgie)*

~/**гранулированный** Pulvergranulat *n*, granuliertes Pulver *n (Pulvermetallurgie)*
~/**дендритный** dendritisches Pulver *n (Pulvermetallurgie)*
~ **для прессования** Preßpulver *n (Pulvermetallurgie)*
~ **для уменьшения усадочной раковины** *(Gieß)* Lunkerpulver *n*
~/**древесноугольный** Holzkohlenpulver *n*
~/**закалочный** Härtepulver *n*
~/**игольчатый** nadeliges Pulver *n (Pulvermetallurgie)*
~/**карбонильный** Karbonylpulver *n (Pulvermetallurgie)*
~/**классифицированный** klassiertes Pulver *n (Pulvermetallurgie)*
~/**композиционный** Verbundpulver *n (Pulvermetallurgie)*
~/**легированный** Legierungspulver *n*; legiertes Pulver *n (Pulvermetallurgie)*
~/**магнитный** *(Wkst)* Magnetpulver *n (Magnetpulververfahren)*
~/**металлический** Metallpulver *n*
~/**микрофонный** Mikrofon[kohle]pulver *n*
~/**многофазный** Verbundpulver *n (Pulvermetallurgie)*
~/**мыльный** Seifenpulver *n*
~/**осаждённый** Fällungspulver *n (Pulvermetallurgie)*
~/**особо тонкий** Feinstpulver *n (unter 10 μm; Pulvermetallurgie)*
~ **от насекомых** Insektenpulver *n*
~/**отожжённый** geglühtes Pulver *n (Pulvermetallurgie)*
~/**персидский** Insektenpulver *n*, Pyrethrumpulver *n*
~/**пластинчатый** flittriges (plättchenförmiges) Pulver *n (Pulvermetallurgie)*
~/**пластифицированный** plastifiziertes Pulver *n*, durch Plastifizierungsmittel plastisch gemachtes Pulver *n (Pulvermetallurgie)*
~/**полированный** *(Wkst)* Polierpulver *n*
~ **полученный восстановлением** Reduktionspulver *n (Pulvermetallurgie)*
~ **полученный размолом** gemahlenes Pulver *n (Pulvermetallurgie)*
~ **полученный распылением** Zerstäubungspulver *n*, Verdüsungspulver *n (Pulvermetallurgie)*
~/**прессовочный** Preßpulver *n*
~/**противоотмарочный** Trockenbestäubungsmittel *n*
~ **с высоким насыпным весом** Schwerpulver *n (Pulvermetallurgie)*
~ **с низким насыпным весом** Leichtpulver *n (Pulvermetallurgie)*
~ **с частицами неправильной формы** spratziges Pulver *n (Pulvermetallurgie)*
~/**сверхтонкий** *s.* ~/**ультратонкий**
~/**свободно насыпанный** Pulverhaufwerk *n (Pulvermetallurgie)*
~/**спечённый алюминиевый** Aluminiumsinterwerkstoff *m (Pulvermetallurgie)*
~ **сплава** Legierungspulver *n (Pulvermetallurgie)*
~/**стиральный** Waschpulver *n*
~/**сферический** abgerundetes (kugeliges) Pulver *n (Pulvermetallurgie)*
~/**тонкий** Feinpulver *n (unter 44 μm; Pulvermetallurgie)*
~/**угольный** Kohlenpulver *n*, Kohlengrieß *m*
~/**ультратонкий** ultrafeines Pulver *n (unter 1 μm; Pulvermetallurgie)*
~/**химически осаждённый** Fällungspulver *n (Pulvermetallurgie)*
~/**чешуйчатый** *s.* ~/**пластинчатый**
~/**электролитический** Elektrolytpulver *n (Pulvermetallurgie)*
~/**электроосаждённый** *s.* ~/**электролитический**
~/**элементарный** unlegiertes Pulver *n (Pulvermetallurgie)*
~/**яичный** Eipulver *n*, Trockenei *n*

порт *m (Schiff)* 1. Hafen *m (s. a. unter* **гавань***)*; 2. Pforte *f*
~/**внутренний** Binnenhafen *m*
~/**военный** Kriegshafen *m*
~ **выгрузки** Löschhafen *m*
~/**грузовой** Frachthafen *m*
~/**закрытый** geschlossener Hafen *m*
~/**заокеанский** überseeischer Hafen *m*
~ **захода** Anlaufhafen *m*
~/**контейнерный** Containerhafen *m*
~/**морской** Seehafen *m*
~ **назначения** Bestimmungshafen *m*
~/**незамерзающий** eisfreier Hafen *m*
~/**озёрно-речной** Binnenhafen *m*
~/**озёрный** Binnenseehafen *m*
~/**орудийный** Geschützpforte *f*
~/**островной** Inselhafen *m*
~/**осушительный** Wasserpforte *f*, Lenzpforte *f*
~/**открытый** offener Hafen *m*
~ **отправления** Abgangshafen *m*
~/**пассажирский** Passagierhafen *m*, Personenverkehrshafen *m*
~/**перегрузочный** Umschlagshafen *m*
~ **погрузки** Ladehafen *m*
~ **приписки** Heimathafen *m*
~/**промышленный** Industriehafen *m*
~/**речной** Flußhafen *m*
~/**рыбачий** Fischereihafen *m*
~/**рыбный** Fischereihafen *m*
~/**соляной** Salzhafen *m*
~/**специализированный (специальный)** Spezialhafen *m*
~/**торговый** Handelshafen *m*
~ **убежища** Schutzhafen *m*, Nothafen *m*
~/**угольный** Kohlenhafen *m*
~/**хлебный** Getreidehafen *m*
~/**штормовой** Wasserpforte *f*

портал *m* 1. *(Masch)* Portal *n* *(Portalkran)*; 2. *(Masch)* Portal *n* *(Doppelständer mit Support, bestimmter Konstruktionen von Werkzeugmaschinen, z. B. Portalfräsmaschine, Zweiständer-Karusselldrehmaschine)*; 3. *(Arch)* Portal *n*
~/сварочный Schweißportal *n*
портальный *(Masch)* Portal . . .; Doppelständer . . ., Zweiständer . . .
портативный tragbar, Trag . . .
портейнер *m* Kran *m* für den Umschlag von Containern, Portainer *m*
портик *m* *(Arch)* Portikus *m*, Säulengang *m*; Vorhalle *f*, Säulenhalle *f*, Halle *f*
~/штормовой *(Schiff)* Wasserpforte *f* *(Schanzkleid)*
портландит *m* *(Min)* Portlandit *m*
портландцемент *m* *(Bw)* Portlandzement *m*
~/алюминатный Aluminatportlandzement *m*
~/белый weißer Portlandzement *m*
~/быстротвердеющий schnellerhärtender Portlandzement *m*
~/жаростойкий hitzebeständiger Portlandzement *m*
~/железистый Erzzement *m*
~/магнезиальный magnesiareicher Portlandzement *m*
~/сульфатостойкий sulfatbeständiger Portlandzement *m*
~/тампонажный Bohrlochzement *m*
~/трассовый Traßportlandzement *m*
~/шлаковый Schlackenzement *m*, Hüttenzement *m*
портовый *(Schiff)* Hafen . . .
порт-убежище *m* *(Schiff)* Nothafen *m*, Schutzhafen *m*, Sicherheitshafen *m*
поручень *m* *(Bw)* Handlauf *m*, Holm *m*
~/деревянный Holzgeländer *n*
~ перил Geländerholm *m*, Handleiste *f* *(Geländer)*, Laufstange *f*
~/штормовой *(Schiff)* Sturmhandlauf *m*
поручни *mpl* *(Schiff)* Handlauf *m* *(z. B. der Reling)*
порфир *m* *(Geol)* Porphyr *m*
~/авгитовый *s.* **порфирит/авгитовый**
~/базальтовый Basaltporphyr *m*
~/бескварцевый *s.* **~/ортоклазовый**
~/биотитовый (биотитово-фельзитовый) [felsitischer] Biotitporphyr *m*
~/глинистый Tonsteinporphyr *m*
~/гранитовый Granitporphyr *m*
~/диабазовый Diabasporphyr *m*
~/зеленокаменный Grünsteinporphyr *m*
~/кварцевый Quarzporphyr *m*
~/кремнистый kieseliger Porphyr *m*
~/лабрадоровый *s.* **порфирит/авгитовый**
~/лейцитовый Leuzitporphyr *m*
~/ортоклазовый Orthoklasporphyr *m*, Orthophyr *m*
~/полешпатовый Feldspatporphyr *m*
~/полосатый Bänderporphyr *m*
~/пятнистый Fleckenporphyr *m*
~/роговообманковый Hornblendenporphyr *m*
~/ромбовый Rhombenporphyr *m*
~/сиенитовый Syenitporphyr *m*
~/ситцевый *s.* **~/пятнистый**
~/слюдяной [ортоклазовый] [quarzfreier] Glimmerporphyr *m*
~/смоляно-каменный Porphyrpechstein *m*
~/фельзитовый felsitischer Porphyr *m*
~/шаровой felsitischer Porphyr *m* mit kugeliger Textur
~/щелочной гранитовый Alkaligranitporphyr *m*
порфирит *m* *(Geol)* Porphyrit *m*
~/авгитовый Augitporphyrit *m*
~/диабазовый Diabasporphyrit *m*
~/диоритовый Dioritporphyrit *m*
~/кварцевый Quarzporphyrit *m*
~/пикритовый Pikritporphyrit *m*
~/роговообманковый Hornblendenporphyrit *m*
порфировый *(Geol)* porphyrisch, Porphyr . . .
порцелланит *m* *s.* **яшма/фарфоровая**
порция *f* *(Met)* Satz *m*, Beschickung *f*, Gicht *f*, Charge *f*
порча *f* *(Dat)* Beschädigung *f* *(von Lochkarten)*
поршень *m* 1. Kolben *m* *(Kolbenmaschinen)*; 2. *(Gieß)* Druckkolben *m*, Preßkolben *m* *(Druckgießmaschine)*; Amboß *m* *(Rüttelformmaschine)*
~/алюминиевый Aluminiumkolben *m*
~ амортизатора Dämpfungskolben *m*, Stoßdämpferkolben *m*
~/биметаллический Bimetallkolben *m*
~/газовый *(Mil)* Gaskolben *m* *(MG)*
~/дисковый Scheibenkolben *m*
~/ёмкостный короткозамыкающий kapazitiver Kurzschlußschieber *m*
~ затвора *(Mil)* Verschlußkolben *m* *(Geschütz)*
~ из лёгкого сплава Leichtmetallkolben *m*
~/короткозамыкающий Kurzschlußschieber *m*, Kurzschlußkolben *m*
~ машины для литья под давлением/закрывающий Schließzylinder *m* der Druckgießmaschine
~/настроечный Abstimmkolben *m*
~/пневматический Pneumatikzylinder *m*
~ с вогнутым днищем Muldenkolben *m*
~ с выпуклым днищем Kolben *m* mit erhaben gewölbtem Boden
~ с дефлектором Nasenkolben *m* *(Zweitaktmotor)*
~ с залитым держателем колец Kolben *m* mit eingegossenem Ringträger, Ringträgerkolben *m*

~ **с инварными вставками (пластинками)** Invarstreifenkolben *m*, Nelson-Bohnalithkolben *m*
~ **с кольцевой вставкой** Ringstreifenkolben *m*
~ **с лабиринтным уплотнением** Labyrinthkolben *m*
~ **с отклонителем (отражателем)** *s.* ~ **с дефлектором**
~ **с пластинками из нелегированной стали** Autothermikkolben *m*
~ **с плоским днищем** Kolben *m* mit flachem Kopf
~ **с поперечной прорезью между головкой и юбкой** *s.* ~/**трубчатый**
~ **с разрезной юбкой** Schlitzmantelkolben *m*
~ **с разрезом П-образной формы** Kolben *m* mit U-Schlitzmantel
~ **с разрезом Т-образной формы** Kolben *m* mit T-Schlitzmantel
~ **с фасонным днищем** Profilkolben *m*
~ **с эллиптической юбкой** Ovalkolben *m*, ovalgedrehter Kolben *m*
~/**скальчатый** Tauchkolben *m*, Plungerkolben *m (Kolbenpumpen)*
~ **со сплошной юбкой** Vollschaftkolben *m*
~/**составной** Verbundgußkolben *m*
~/**ступенчатый** Stufenkolben *m (Zweitaktmotor)*
~/**тарельчатый** *s.* ~/**дисковый**
~/**тронковый** Tauchkolben *m (hier nach russischer Definition der ohne Kreuzkopf arbeitende einseitig offene Kolben der Verbrennungsmotoren)*
~/**трубчатый** Röhrenkolben *m*
~/**ударный** Schlagkolben *m (Pfahlramme)*
~/**чугунный** Graugußkolben *m*

поршневание *n* Kolben *n*, Pistonieren *n*, Swabben *n (Erdölbohrung)*

поршневать kolben, pistonieren, swabben *(Erdöl)*

порыв *m* **ветра** *(Meteo)* Bö *f*, Böe *f*, Windstoß *m*

порывистость *f* **ветра** *(Meteo)* Windunruhe *f*, Windschwankungen *fpl*

порядовка *f (Bw)* Hochmaß *n*, Schichtmaß *n*, Schichtenlatte *f*, Schichtenlehre *f*

порядок *m* 1. Ordnung *f*; Reihenfolge *f*, Folge *f*; 2. *(Math)* Grad *m (Gleichungen, Kurven)*; 3. *(Kyb)* Ordnung *f*, Regelmäßigkeit *f*; 4. *(Dat)* Charakteristik *f*; Exponent *m*
~/**ближний** *(Krist)* Nahordnung *f*
~/**боевой** *(Mil)* Gefechtsordnung *f*
~/**варочный** Sudprozeß *m*, Sudhausarbeit *f (Brauerei)*
~ **величин[ы]** Größenordnung *f*
~ **выдачи решения** Genehmigungsverfahren *n*
~ **выемки** *(Bgb)* Verhiebsrichtung *f*, Verhieb *m*
~ **выемки/восходящий** schwebender Verhieb *m*
~ **выемки/нисходящий** fallender Verhieb *m*
~/**дальний** *(Krist)* Fernordnung *f*
~/**двоичный** *(Dat)* Zweierpotenz *f*
~/**десятичный** *(Dat)* Zehnerpotenz *f*
~/**дрифтерный** Treibnetzfleet *f*, Fleet *f*
~ **зажигания** Zündfolge *f (Verbrennungsmotor)*
~ **замачивания (замочки)** Weichordnung *f*, Weicharbeit *f (Mälzerei)*
~ **интерференции** *(Opt)* Ordnung (Ordnungszahl) *f* der Interferenz
~ **клетей** *(Wlz)* Gerüstanordnung *f*, Gerüstfolge *f*
~ **кривой** *(Math)* Grad *m (einer Kurve)*
~/**линейный** lineare Anordnung *f*
~/**маршевый** *(Mil)* Marschordnung *f*
~ **налегания** *s.* ~ **напластования**
~ **напластования** *(Geol)* Schicht[en]folge *f*
~ **обработки** *(Fert)* Bearbeitungsfolge *f*, Fertigungsfluß *m*
~ **отвалообразования** *(Bgb)* Kippenführung *f*
~ **отработки** *(Bgb)* Abbauförderung *f*, Baufolge *f*
~ **отработки/восходящий** schwebender Verhieb *m*
~ **отработки/обратный** Rückbau *m*
~ **отработки/прямой** Feldwärtsbau *m*
~ **отражения** *(Opt)* Reflexionsordnung *f*, Ordnung *f* der Reflexion
~ **полюса** Polordnung *f*
~/**походный** *(Mil)* Marschordnung *f*
~/**предбоевой** *(Mil)* Vorgefechtsordnung *f*
~ **разработки** *(Bgb)* Abbaurichtung *f*, Abbauführung *f*
~ **разработки/восходящий** schwebende Abbauführung *f*
~ **разработки/нисходящий** fallende Abbauführung *f*
~ **реакции** *(Ch)* Reaktionsordnung *f*
~ **с верхним положением вожака/дрифтерный** holländische Fleet *f*, deutsche Fleet *f*
~ **с нижним положением вожака/дрифтерный** schottische Fleet *f*
~ **следования/естественный** natürliche Reihenfolge *f*
~ **следования команд** Befehlsfolge *f*, Befehlsreihenfolge *f*
~ **следования поездов** *(Eb)* Fahrordnung *f*
~ **спектра** *(Opt)* Beugungsordnung *f*, Gitterordnung *f*
~ **термов** *(Kern, Ch)* Termordnung *f*
~ **термов/нормальный** normale Termordnung *f*
~ **термов/обратный** verkehrte Termordnung *f*

~ **упаковки** Stapelordnung *f*; Stapelfolge *f*
~ **уровней** *s.* ~ **термов**
~ **числа** *(Dat)* Gleitkommacharakteristik *f*
посадка *f* 1. *(Met)* Einsetzen *n*; Einsatz *m*; 2. *(Eb)* Einsteigen *n*; 3. *(Flg)* Landung *f*, Landen *n*; 4. *(Fert)* Passung *f*; Sitz *m*; 5. *(Schiff)* Einschiffung *f*; 6. *(Lw, Forst)* Setzen *n*, Pflanzen *n*, Einpflanzen *n*, Auspflanzen *n*; Pflanzung *f*, Anpflanzung *f*
~/**аварийная** *(Flg)* Bruchlandung *f*
~/**безукоризненная** *(Flg)* glatte Landung *f*
~ **в пути** *(Flg)* Zwischenlandung *f*
~/**вертикальная** *(Flg)* Senkrechtlandung *f*
~ **вслепую** *(Flg)* Blindlandung *f*
~/**вынужденная** *(Flg)* Notlandung *f*
~/**глухая** *(Fert)* Festsitz *m*
~/**гнездовая** *(Lw, Forst)* Nesterpflanzung *f*
~/**горячая** *(Fert)* Schrumpfsitz *m*
~/**грубая** *(Flg)* harte Landung *f*
~ **движения** *(Fert)* enger Laufsitz *m*
~/**защитная** *(Lw, Forst)* Schutzpflanzung *f*
~/**квадратная** *(Lw, Forst)* Quadratpflanzung *f*
~/**квадратно-гнездовая** *(Lw, Forst)* Quadratnestpflanzung *f*
~ **конуса** *(Fert)* Kegelsitz *m*; Sitz *m* eines Rades *(auf dem Dorn)*
~ **кровли** *(Bgb)* Absenken *n* des Hangenden
~ **кровли/искусственная** Zubruchwerfen *n* des Hangenden
~ **кровли/планомерная** planmäßiges Hereinwerfen *n* der Dachschichten, planmäßiges Absenken *n* des Hangenden
~/**легкопрессовая** *(Fert)* leichter Preßsitz *m*
~/**легкоходовая** *(Fert)* leichter Laufsitz *m*
~ **на воду** *(Flg)* Wasserung *f*
~ **на две точки** *(Flg)* Zweipunktlandung *f*
~ **на колёса** *(Flg)* Dreipunktlandung *f* *(gleichzeitiges Aufsetzen von Hauptfahrwerk und Heckrad)*
~ **на Луну** Mondlandung *f*
~ **на мель** *(Schiff)* Grundberührung *f*, Auflaufen *n*
~ **на палубу** *(Flg)* Decklandung *f* *(Seefliegerei)*
~ **на три точки** *s.* ~ **на колёса**
~ **на фюзеляж** *(Flg)* Bauchlandung *f*
~/**напряжённая** *(Fert)* Haftsitz *m*
~/**неподвижная** Preßpassung *f* *(Gruppenbezeichnung)*
~/**переходная** *(Fert)* Übergangspassung *f* *(Gruppenbezeichnung)*
~/**плотная** *(Fert)* Schiebesitz *m*
~ **по ветру** *(Flg)* Rückenwindlandung *f*
~ **по посадочному лучу** *(Flg)* Leitstrahlverfahren *n*
~ **по приборам** *(Flg)* Instrumentenlandung *f*
~/**подвижная** *(Fert)* Spielpassung *f* *(Gruppenbezeichnung)*
~/**прессовая** *(Fert)* Preßpassung *f*, Preßsitz *m*
~/**промежуточная** *(Flg)* Zwischenlandung *f*
~ **пучками** *(Lw, Forst)* Büschelpflanzung *f*
~/**рядовая** *(Lw, Forst)* Reihenpflanzung *f*, Reihenverband *m*, Verbandpflanzung *f*
~ **с глыбками** *(Lw, Forst)* Ballenpflanzung *f*
~ **с зазором** *(Fert)* Spielpassung *f*
~ **с комом** *(Lw, Forst)* Ballenpflanzung *f*
~ **с обнажёнными корнями** *(Lw, Forst)* Barpflanzung *f*
~ **с парашютированием** *(Flg)* Fahrstuhllandung *f*, Sacklandung *f*; Schwebelandung *f* *(Hubschrauber)*
~ **сам-третей** *(Lw, Forst)* Dreieckverband *m*, Dreieckpflanzung *f*
~ **«свиньёй»** *(Schiff)* vorlastiger Trimm *m*
~/**свободная** *s.* ~/**подвижная**
~/**скользящая** *(Fert)* Gleitsitz *m*
~/**слепая** *(Flg)* Blindlandung *f*
~ **со сносом** *(Flg)* Abdriftlandung *f* *(bei Seitenwind)*
~ **судна** Schwimmlage *f* eines Schiffes
~/**тугая** *(Fert)* Treibsitz *m*
~/**ходовая** *(Fert)* Laufsitz *m*
~/**широкоходовая** *(Fert)* weiter Laufsitz *m*
~/**1-я широкоходовая** weiter Laufsitz *m* 1
~/**2-я широкоходовая** weiter Laufsitz *m* 2
посадки *fpl* **по системе вала** Passungen *fpl* für Außenmaße *(System „Einheitswelle")*
~ **по системе отверстия** Passungen *fpl* für Innenmaße *(System „Einheitsbohrungen")*
посев *m* *(Lw)* Aussaat *f*, Saat *f*, Säen *n*
~/**бороздной (бороздовой)** Furchensaat *f*, Rillensaat *f*
~/**весенний** Frühjahrsaussaat *f*
~/**гнездовой** Dibbelsaat *f*, Horstsaat *f*
~/**квадратно-гнездовой** Quadratdibbelsaat *f*
~/**ленточный** Verbandsaat *f*, Streifensaat *f*
~/**летний** Sommeraussaat *f*
~/**непосредственный** Direktsaat *f*
~/**обычный рядовой** normale Drillsaat *f*
~/**однозерновой** Einzelkornsaat *f*, Gleichstandsaat *f*
~/**осенний** Herbstaussaat *f*
~/**перекрёстный** Kreuzdrillsaat *f*
~/**подзимний (позднеосенний)** Spätherbstaussaat *f*
~/**пунктирно-гнездовой** Dibbelsaat *f*
~/**пунктирно-рядовой** Gleichstandsaat *f*
~/**пунктирный** Einzelkornsaat *f*
~/**разбросной** Breitsaat *f*

~/**ранний** Frühaussaat *f*
~/**рядовой** Reihensaat *f*, Drillsaat *f*
~/**смешанный** Gemengesaat *f*, Gemischsaat *f*
~/**точный** Einzelkornsaat *f*
~/**узкорядный** Engdrillsaat *f*
~/**широкорядный** Breitdrillsaat *f*
посёлок *m (Bw)* Siedlung *f*, Ansiedlung *f*
~/**дачный** Wochenendsiedlung *f*
~/**пригородный** Stadtrandsiedlung *f*
~/**промышленный** Industriesiedlung *f*, Werkssiedlung *f*
~/**рабочий** Arbeitersiedlung *f*
посеребрить *s.* **серебрить**
посеять *s.* **сеять**
посконь *f* Fimmel *m*, Femel *m*, Femelhanf *m*, Sünderhanf *m*
последействие *n* Nachwirkung *f*, Spätwirkung *f*, Nacheffekt *m*
~/**диэлектрическое** *(El)* dielektrische Nachwirkung *f*
~/**магнитное** *(El)* magnetische Nachwirkung *f*
~/**пластическое** plastische Nachwirkung *f*; Relaxation *f*
~ **прессовки/упругое** Rückfederung *f*, Auffederung *f (Pulvermetallurgie)*
~/**упругое** elastische Nachwirkung *f*
последовательность *f* 1. Reihenfolge *f*, Aufeinanderfolge *f*, Folge *f*; Sukzession *f*; 2. Folgerichtigkeit *f*; 3. *(Math)* Folge *f*, Sequenz *f*; 4. *(Astr)* Reihe *f*, Sequenz *f*; 5. *(Dat)* Folge *f*, Sortierfolge *f*, Satzfolge *f*
~ **адресов/циклическая** *(Dat)* zyklische Adreßfolge *f*
~ **во времени** Zeitfolge *f*
~/**возрастающая** aufsteigende Reihenfolge *f*
~/**временная** Zeitfolge *f*
~ **выполнения сварочных операций** *(Schw)* Schweißfolge *f*
~ **гигантов** *(Astr)* Riesenast *m*, Nebenast *m*
~/**главная** *s.* ~ **звёзд/главная**
~ **зажигания** Zündfolge *f (Verbrennungsmotor)*
~ **звёзд/главная** *(Astr)* Hauptspeiche *f*, Zwergenast *m (Hertzsprung-Russell-Diagramm)*
~ **знаков** *(Dat)* Zeichenreihe *f*, Zeichenfolge *f*
~ **изображений** Bildfolge *f*
~ **импульсов** Impulsfolge *f*, Impulsreihe *f*
~ **импульсов/периодическая** periodische Impulsfolge (Impulsreihe) *f*, Puls *m*
~ **инструкций** *(Dat)* Befehlsreihe *f*
~ **интервалов** *(Math)* Intervallfolge *f*
~ **команд** *(Dat)* Befehlsfolge *f*, Befehlsreihe *f*
~ **кристаллизации** Kristallisationsfolge *f*, Sukzession *f* der Kristallisation
~ **лесосек** *(Forst)* Schlagfolge *f*, Hiebfolge *f*
~ **линз** *(Opt)* Linsenkette *f*
~/**монтажная** Montagefolge *f*
~/**насыщенная** *(Math)* gesättigte Folge *f*
~/**нисходящая** absteigende Reihenfolge *f*
~ **операторов** *(Math)* Operatorenfolge *f*
~ **операций** *(Fert)* Arbeitsfolge *f*, Arbeitsfluß *m*
~ **поездов** *(Eb)* Zugfolge *f*
~ **порубки** *s.* ~ **лесосек**
~ **программ** *(Dat)* Programmfolge *f*
~ **пропусков** *(Wlz)* Stichfolge *f*; Kaliberfolge *f*, Kaliberanordnung *f*
~ **прямоугольных импульсов** Rechteckimpulsfolge *f*, Rechteckimpulsserie *f*
~ **рубки** *s.* ~ **лесосек**
~ **сигналов** *(Eb)* Signalfolge *f*
~ **случайных импульсов** Zufallsfolge *f* von Impulsen, Zufallsimpulsfolge *f*
~ **сортировки** *(Dat)* Sortierfolge *f*
~ **спинов** *(Kern)* Spinfolge *f*, Spinsequenz *f*
~ **термов** *(Math)* Termfolge *f*
~ **точек** *(Math)* Punktfolge *f*
~/**убывающая** absteigende Reihenfolge *f*
~ **упаковки** Stapelfolge *f*
~/**управляющая** *(Dat)* Steuerfolge *f*
~ **фаз** *(El)* Phasenfolge *f*
~ **чисел** *(Math)* Zahlenfolge *f*
последовательный 1. aufeinanderfolgend, sukzessiv; 2. *(El)* in Reihe, Reihen ...; 3. *(Dat)* sequentiell
последствие *n* **пороховых газов** *(Mil)* Gasnachwirkung *f (Schußablauf; Ballistik)*
последыш *m (Lw)* Spätling *m*
послезвучание *n* Nachhall *m*, Widerhall *m*
послеизображение *n* Nachbild *n*
послекоррекция *f* Nachentzerrung *f*
послеледниковый *(Geol)* postglazial, nacheiszeitlich
послеледниковье *n (Geol)* Postglazial *n*, Postglazialzeit *f*, Nacheiszeit *f*
послепотенциал *m* Nachpotential *n*
послеразряд *m (El)* Nachentladung *f*
послесвечение *n* Nachleuchten *n (Lumineszenz)*; Nachglimmen *n*
послеусилитель *m (El)* Nachverstärker *m*
послефокусировка *f* Nachfokussierung *f*
послойный geschichtet, in Schichten, schichtweise, Schichten ...
посолить *s.* **солить**
посредственный mittelbar, indirekt
пост *m* 1. *(Mil)* Posten *m*; Postenbereich *m*; Stand *m*; 2. Warte *f*
~/**авиасигнальный** Flugzeugsignalposten *m*
~ **багермейстера** Baggerleitstand *m*, Baggerfahrstand *m*
~/**багермейстерский** Baggerleitstand *m*, Baggerfahrstand *m*

~/**боевой** Gefechtsstand *m*
~/**водомерный** 1. Pegel *m*; 2. Pegelstation *f*
~/**выносной командный микрофонный** Nebenkommandosprechstelle *f*
~/**высокочастотный** Hochfrequenzzentrale *f*, HF-Zentrale *f*
~/**гидрологический** hydrologische Beobachtungsstelle *f*
~/**главный командный микрофонный** Hauptkommandosprechstelle *f*
~/**дальномерный** Entfernungsmeßstand *m*, E-Meßstand *m*
~ **дистанционного управления промысловыми механизмами** zentraler Fischereiwindenfahrstand *m*
~/**дистанционный водомерный** Fernpegel *m*, Wasserstandsfernmelder *m*
~/**исполнительный** Wärterstellwerk *n*
~ **командира зенитного дивизиона** Flakabteilungskommandostand *m*
~/**командно-дальномерный** Fernmeßkommandozentrale *f*
~/**командный** Regelwarte *f*
~/**командный микрофонный** Kommandosprechstelle *f*
~/**маневровый** *(Eb)* Rangierturm *m*
~/**микрофонный** Sprechstelle *f*
~/**наблюдательный** Beobachtungsposten *m*, Beobachter *m*
~/**наземный командный** Bodenleitstelle *f*
~ **обобщённой сигнализации** Wachstation *f* *(Ingenieuralarmanlage)*
~ **оптической разведки** Beobachtungsstelle *f* der optischen Aufklärung
~ **подачи туманных сигналов** *(Schiff)* Nebelsignalstand *m*
~ **подводной лодки/центральный** Zentrale *f* der Schiffsführung *(U-Boot)*
~/**пожарный** Feuerlöschstation *f*
~/**распорядительно-исполнительный** Befehlsstellwerk *n*
~/**распорядительный** Befehlsstand *m*, Befehlsstelle *f*, Kommandostelle *f*
~/**реечно-свайный** kombinierter Latten- und Spiegelpflockpegel *m*
~/**реечный водомерный** Lattenpegel *m*
~/**рулевой** Ruderstand *m*, Steuerstand *m*
~ **с наклонной рейкой/водомерный** Böschungspegel *m*, Schrägpegel *m*
~/**саморегистрирующий водомерный** selbstregistrierender Pegel *m*, Schreibpegel *m*
~/**свайный водомерный** Pegel *m* mit Wasserspiegelpflöcken
~/**сварочный** Schweißstand *m*, Schweißplatz *m*
~ **секционирования** *(El, Eb)* Kuppelstelle *f*, Kuppelstation *f* *(Fahrleitung)*
~/**сигнальный** Signalstation *f*
~/**синоптический** Wetterkartenstation *f*
~/**спасательный** Rettungswache *f* *(in der Nähe großer Brücken und Schiffsanlegestellen)*
~/**станционный** Bahnhofsblock *m*
~ **управления** Steuerstand *m*, Steuerwarte *f*, Steuerzentrale *f*; *(Schiff)* Fahrstand *m*, Bedienstand *m*
~ **управления/главный** Hauptbedienstand *m* *(auf der Brücke)*
~ **управления главным двигателем** Maschinenfahrstand *m*, Hauptmaschinenfahrstand *m*
~ **управления закрытием люка** Lukenbedienstand *m*
~ **управления/центральный** zentraler Fahrstand *m*, Maschinenkontrollraum *m*, Leitstand *m*, zentraler Bedienstand *m* *(im Maschinenraum)*
~/**централизационный** Zentralstellwerk *n*
~/**центральный** *(Schiff)* Kommandozentrale *f*, Zentrale *f*
~/**центральный пожарный** zentrale Feuerlöschstation *f*, Feuerlöschzentrale *f*
~/**центральный торпедный** Torpedofeuerleitstand *m*
~ **энергетики и живучести** *(Mar)* Energie- und Leckzentrale *f*

постав *m* Gang *m* *(Müllerei)*
~/**жерновой** Mühlsteingang *m*, Mahlgang *m*; Ölgang *m* *(Ölmühle)*
~/**мельничный** Mahlgang *m*, Mahlwerk *n*, Mühlgang *m*, Gangwerk *n*, Gangzeug *n*
~ **пил** Sägenbund *n* *(Gatter)*
~/**полировальный** Poliergang *m* *(Reisbearbeitung)*
~ **рисорушки** Reisschälgang *m*
~ **с верхним бегуном/жерновой** Oberläufermahlgang *m*
~/**шелушилный** Schälgang *m* *(Reisbearbeitung)*
~/**шлифовальный** Schleifgang *m* *(Reisbearbeitung)*

поставка *f* 1. Lieferung *f*; 2. Liefermenge *f*

постановка *f* Anordnung *f*, Aufstellung *f*
~ **в док** *(Schiff)* Eindocken *n*
~ **задачи** *(Dat)* Aufgabenstellung *f*, Problemstellung *f*
~ **мин** *(Mar)* Minenlegen *n*
~ **на бочку** *(Schiff)* Festmachen *n* an der Boje
~ **на якорь** *(Schiff)* Ankern *n*, Vorankergehen *n*, Ankerwerfen *n*
~ **парусов** Segelsetzen *n*
~ **судна на волну/статическая** *(Schiff)* statisches Auflegen *n* des Schiffes auf eine Welle
~ **трала** Aussetzen (Fieren) *n* des Schleppnetzes *(Fischerei)*

постареть *s.* **стареть**

постель *f* 1. Bett *n*, Bettung *f*, Bettschicht *f*; 2. Setzbett *n* *(Aufbereitung)*; 3. *(Gieß)* Bett *n*, Gießbett *n*, Formbett *n* *(Herdformerei)*; 4. *(Schiff)* Baulehre *f*, Formvorrichtung *f*; 5. *s.* **~ станка**
~/балластная Bettungskörper *m*
~/бетонная Betonbett *n*
~/дорожная Straßenunterbau *m*
~ заклинённого венца *(Bgb)* Keilkranzbett *n* *(Stahlausbau des Schachtes)*
~/коксовая *(Gieß)* Koksbett *n* *(Herdformen)*
~/лекальная *(Schiff)* Baulehre *f* mit Formblechen
~/мягкая *(Gieß)* weicher Herd *m*, Gießbett *n* (Herd *m*) ohne Entlüftungsbettung *(Herdform für flache Gußstücke)*
~/отсадочная *(Bgb)* Setzbett *n* *(Aufbereitung)*
~/песчаная Sandbettung *f*
~ россыпи *(Geol)* unterste Seifenschicht *f* *(meist stark mit nutzbaren Mineralen angereichert)*
~ с вставными опорными планками *(Schiff)* Baulehre *f* mit Steckblechen
~/сборочная *(Schiff)* Baulehre *f*, Bauvorrichtung *f*, Formvorrichtung *f*
~ станка Bett *n* *(Oberteil des Ständers einer Werkzeugmaschine)*
~/стоечная *(Schiff)* Baulehre *f* mit Konturstützen
~/твёрдая *(Gieß)* harter Herd *m*, Gießbett *n* (Herd *m*) mit Entlüftungsunterbettung *(z. B. aus Koks oder Ziegelsplitt; Herdform für tiefergehende größere Gußstücke)*
~ формы *s.* **постель 3.**
~/шлаковая *(Gieß)* Schlackenbett *n*
~/щебёночная *(Bw)* Schotterbett *n*
постлистинг *m* *(Dat)* Nachlistung *f*
постоянная *f* *(Math, Ph)* Konstante *f*, Unveränderliche *f*, unveränderliche Größe *f* *(s. a. unter* **константа***)*
~ аберрации *(Astr)* Aberrationskonstante *f*
~ Авогадро *(Ph)* Loschmidtsche Zahl (Konstante) *f*, Loschmidt-Konstante *f*, Avogadro-Konstante *f*
~ активации *(Kern)* Aktivierungskonstante *f*
~ альфа-распада *(Kern)* Alpha-Zerfallskonstante *f*
~ анизотропии Anisotropiekonstante *f*
~/астрономическая astronomische Konstante *f* *(fundamentale Astronomie)*
~/атомная atomphysikalische (atomare) Konstante *f*
~ Бернулли *(Ph)* Bernouillische Konstante *f*
~ Блоха *(Ph)* Blochsche Konstante *f*
~ Больцмана *(Therm)* Boltzmann-Konstante *f*, Boltzmannsche Konstante *f*, Planck-Boltzmann-Konstante *f*
~ вакуума Vakuumkonstante *f*
~ Ван-дер-Ваальса *(Ph)* Van der Waalssche Konstante *f*, Van-der-Waals-Konstante *f*
~ вариометра Variometerkonstante *f*
~ Верде *(Opt)* Verdetsche Konstante *f* *(Faraday-Effekt)*
~ Вина *(Ph)* Wiensche Konstante *f*, Wien-Konstante *f*
~/волновая *(Ph)* Wellenkonstante *f*
~ вращения *(Opt)* spezifische Drehung *f* *(der Polarisationsebene)*; Rotationskonstante *f* *(Rotationspolarisation)*
~ времени Zeitkonstante *f*
~ времени включения *(Eln)* Einschaltzeitkonstante *f* *(Transistor)*
~ времени/входная *(Eln)* Eingangszeitkonstante *f* *(Transistor)*
~ времени задержки *(Ph)* Verzögerungszeitkonstante *f*
~ времени заряда *(Ph)* Ladezeitkonstante *f*
~ времени затухания *(Ph)* Abklingzeitkonstante *f*
~ времени нагрева *(Eln)* Erwärmungszeitkonstante *f*, Wärmezeitkonstante *f*
~ времени нарастания *(Ph)* Anstiegszeitkonstante *f*
~ времени охлаждения *(Ph)* Abkühlungszeitkonstante *f*
~ времени перезарядки *(Ph)* Umladungszeitkonstante *f*
~ времени переключения Schaltzeitkonstante *f*
~ времени подогрева *(Eln)* Anheizzeitkonstante *f* *(Transistor)*
~ времени транзистора Transistorzeitkonstante *f*
~ времени эмиттера *(Eln)* Emitterzeitkonstante *f*
~ вязкости *(Ph)* Viskositätskonstante *f*
~/газовая Gaskonstante *f*
~/гауссова [гравитационная] *(Astr)* Gaußsche Gravitationskonstante *f*, Gravitationskonstante *f* des Sonnensystems
~/гравитационная *s.* **~ тяготения**
~ дисперсии *(Ph)* Dispersionskonstante *f*
~ диссоциации *(Ph)* Dissoziationskonstante *f*
~ дифракционной решётки *(Opt)* Gitterkonstante *f*
~ диффузии *(Ph)* Diffusionskonstante *f*
~/диэлектрическая *(El)* Dielektrizitätskonstante *f*, DK
~ замедления Verzögerungskonstante *f*
~ затухания Abklingkonstante *f*, Dämpfungskonstante *f*
~ затухания/повторная *(Fmt)* Kettendämpfung *f*
~ излучения *(Kern)* Strahlungskonstante *f*
~ изотопического смещения *(Kern)* Isotopieverschiebungskonstante *f*

~/**инверсионная** *(Ph)* Inversionskonstante *f*
~ **инерции** *(Ph)* Trägheitskonstante *f*
~ **интегрирования** Integrationskonstante *f*
~/**капиллярная** *(Ch)* Kapillar[itäts]konstante *f*
~ **квадрупольной связи** *(Fmt)* Quadrupolkopplungskonstante *f*
~/**квантовая** *s.* **квант действия**
~ **Керра** Kerr-Konstante *f* *(elektrische Doppelbrechung)*
~ **клина** *(Opt)* Keilkonstante *f*, Steilheit *f* des Keils
~/**космическая (космологическая)** *(Astr)* kosmologische Konstante *f* *(relativistische Kosmologie)*
~ **Коттон-Мутона** Cotton-Moutonsche Konstante *f* *(magnetische Doppelbrechung)*
~/**криоскопическая** *(Ch)* kryoskopische Konstante *f*, molare (molekulare) Gefrierpunktserniedrigung *f*
~ **кристалла** *s.* ~ **решётки**
~ **кристаллической решётки** *s.* ~ **решётки**
~ **Кюри** *(Ph)* Curie-Konstante *f*, Curiesche Konstante *f*
~ **Ламе** *(Ph)* Lamésche Elastizitätskonstante *f*
~ **линии** *(Fmt)* Leitungskonstante *f*
~ **Лошмидта** Avogadrosche Zahl *f*, Avogadrosche Konstante *f*
~ **лучеиспускания** *s.* ~ **излучения**
~/**магнитная** *(El)* magnetische Feldkonstante *f*, Induktionskonstante *f*
~/**магнитоупругая** *(Ph)* magnetoelastische Konstante *f*
~/**максимальная магнитная** *(Mag)* Maximalpermeabilität *f*
~ **материала** Materialkonstante *f*, Stoffkonstante *f*
~/**материальная** Materialkonstante *f*, Stoffkonstante *f*
~ **Неймана** *(Ph)* Neumannsche Konstante *f*
~ **непрерывного клина** *(Opt)* Konstante *f* des kontinuierlichen Keils *(kontinuierlicher Graukeil)*
~ **Нернста** *(Ph)* Nernst-Faktor *m*
~/**оптическая** optische Konstante *f*
~ **отклонения** *(Ph)* Ablenkungskonstante *f*
~ **охлаждения** Abkühlungskonstante *f*
~ **передачи** *(Fmt)* Übertragungsmaß *n*
~ **передачи/повторная** Kettenübertragungsmaß *n*
~ **Планка** *s.* **квант действия**
~/**повторная фазная** *(Fmt)* Kettenwinkelmaß *n*
~ **прецессии [Ньюкома]** *(Astr)* Newcombsche Präzessionskonstante *f*
~ **прибора** Apparatekonstante *f*, Gerätekonstante *f*, Instrumentkonstante *f*
~ **пропорциональности** Proportionalitätskonstante *f*
~ **пространственного заряда** Raumladungskonstante *f*
~ **[радиоактивного] распада** *(Kern)* [radioaktive] Zerfallskonstante *f*
~ **распространения** *(Ph)* Ausbreitungskonstante *f*, Fortpflanzungskonstante *f*
~ **рассеяния** *(Ph)* 1. Dissipationskonstante *f*; 2. Streu[ungs]konstante *f*
~ **рефракции** *(Astr)* Refraktionskonstante *f*, Refraktionskoeffizient *m*
~ **решётки [/кристаллографическая]** [kristallografische] Gitterkonstante *f*, Kristallgitterkonstante *f*
~ **решётки/оптическая** optische Gitterkonstante *f*
~ **Ридберга** *(Ph)* Rydberg-Konstante *f*, Rydberg-Zahl *f*
~ **связи** *(Ph)* Bindungskonstante *f*
~/**силовая** Kraftkonstante *f*
~ **скорости** Geschwindigkeitskonstante *f*
~/**солнечная** *(Astr)* Solarkonstante *f*
~ **средств измерений** Meßmittelkonstante *f*
~ **Стефана-Больцмана** *(Ph)* Stefan-Boltzmannsche Konstante *f*
~ **ступенчатого клина** *(Opt)* Stufenkeilkonstante *f* *(Stufengraukeil)*
~ **счётчика** Zählerkonstante *f*
~/**термодинамическая** Konstante *f* der Thermodynamik
~/**тяготения** *(Ph)* [Newtonsche] Gravitationskonstante *f*
~ **тяготения Эйнштейна** Einsteinsche Gravitationskonstante *f*
~/**удельная газовая** spezifische Gaskonstante *f*
~/**универсальная газовая** universelle (allgemeine, ideale, molare) Gaskonstante *f*
~/**фазовая** *(Fmt)* Winkelmaß *n*, Phasenmaß *n*
~ **Фарадея** *s.* **число Фарадея**
~ **Хаббла** *(Astr)* Hubbel-Konstante *f*
~ **Холла** *(El)* Hall-Koeffizient *m*, Hall-Konstante *f*
~ **четырёхполюсника** Vierpolkoeffizient *m*, Vierpolkonstante *f*
~ **чувствительности** Ansprechkonstante *f*
~ **Шеррера** *(Ph)* Scherrersche Konstante *f*
~/**эбуллиоскопическая** *(Ch)* ebullioskopische Konstante *f*
~ **Эйнштейна** Einsteinsche Gravitationskonstante *f*
~ **экранирования** 1. *(Kern)* Abschirm[ungs]konstante *f*, Abschirmzahl *f*; 2. Abschirm[ungs]konstante *f* *(Molekularphysik)*

~/электрическая elektrostatische Grundkonstante *f*, Influenzkonstante *f*, elektrische Feldkonstante *f*
~ энергии *(Ph)* Energiekonstante *f*
~ ядра Kernkonstante *f*, kernphysikalische Konstante *f*
постоянный 1. beständig, gleichbleibend, konstant, unveränderlich, stetig; 2. Dauer . . . *(z. B. Dauermagnet)*; Gleich . . . *(z. B. Gleichstrom)*
постоянство *n* Beständigkeit *f*, Stetigkeit *f*, Konstanz *f*, Unveränderlichkeit *f*
~ вещества Permanenz *f* der Materie
~ напряжения *(El)* Spannungskonstanz *f*
~ объёма Volum[en]beständigkeit *f*, Raumbeständigkeit *f*, Raumkonstanz *f*
~ по времени zeitliche Konstanz *f*
~ температуры Temperaturkonstanz *f*
~ формы Formbeständigkeit *f* *(beim Sintern; Pulvermetallurgie)*
~ частоты *(El)* Frequenzkonstanz *f*
пост-программа *f* *(Dat)* Post-mortem-Programm *n*
построение *n* 1. Aufbau *m*, Struktur *f*; 2. *(Math)* Herstellung *f*; Konstruktion *f*
~/геометрическое *(Math)* [geometrische] Konstruktion *f*
~ замкнутой сети Vermaschung *f*, Verkopplung *f*
~ зон Брилуэна *(Krist)* Brillouin-Zonenkonstruktion *f*
~ поля [/графическое] *(Math)* grafische Feldermittlung (Feldkonstruktion) *f*
~ с помощью циркуля и линейки *(Math)* Konstruktion *f* mit Zirkel und Lineal
~ Эвальда *(Krist)* Ewaldsche Konstruktion *f*
построитель *m* **кривых** *(Dat)* Kurvenschreiber *m*, Plotter *m*, Registriergerät *n*
построить *s.* **строить**
постройка *f* *(Bw)* 1. Bauen *n*, Erbauen *n*, Aufbau *m*; 2. Bauplatz *m*; 3. Bau *m*, Gebäude *n*, Bauwerk *n*
~/бетонная Betonbau *m*
~/глинобитная Lehmstampfbau *m*
~/грунтоблочная Piselbau *m*
~ железной дороги Eisenbahnbau *m*
~/землебитная *s.* **~/грунтоблочная**
~ из брусьев Lattenwerk *n*
~/каменная Bruchsteinbau *m*
~/каркасная Skelettbau *m*
~/кирпичная Backsteinbau *m*, Ziegelbau *m*
~/массивная Massivbau *m*
~/поточная Fließfertigung *f*
~/поточно-позиционная Fließfertigung *f* im Taktverfahren
построчно zeilenweise
постулат *m* Postulat *n*, Grundsatz *m*
~ Бора *(Kern)* Bohrsches Postulat *n*
~ Клаузиуса *(Therm)* Clausius-Prinzip *n*
~ Линденбаума *(Math)* Lindenbaumsches Postulat *n*
~ о квантовании *(Ph)* Quantenpostulat *n*
поступательно-возвратный hin- und hergehend, schwingend, oszillierend
поступательный fortschreitend, Vorwärts . . .
поступь *f* **гребного винта** *(Schiff)* Fortschritt *m* *(= Steigung – Slip; Propulsionsberechnung)*
~/относительная *(Schiff)* Fortschrittsgrad *m* *(Propulsionsberechnung)*
посуда *f* Geschirr *n*, Geräte *npl*, Gerätschaften *pl*, Gefäße *npl*; Gerät *n*, Gefäß *n*
~/алюминиевая Aluminiumgeschirr *n*
~/бродильная Gärgefäß *n*; Gärgefäße *npl*
~/гончарная Töpfergeschirr *n*
~/жаропрочная feuerfestes Glasgeschirr *n*, Jenaer Glasgeschirr *n*
~/жестяная Blechgeschirr *n*
~/керамическая keramisches Geschirr *n*
~/латунная Messinggeschirr *n*
~/мерная Meßgefäße *npl*, Meßbehälter *mpl*
~/металлическая Metallgeschirr *n*
~/платиновая *(Ch)* Platingeräte *npl*
~/стеклянная Glasgeschirr *n*
~/фарфоровая Porzellangeschirr *n*
~/фаянсовая Steingutgeschirr *n*
~/химическая Labor[atoriums]geräte *npl*
~/эмалированная Emaillegeschirr *n*
посылка *f* 1. Sendung *f*, Absendung *f*; 2. Sendung *f*, Paket *n*
~/бестоковая *(Fmt)* Kein-Stromschritt *m*, Pausenschritt *m*
~ вызова/периодическая *(Fmt)* periodische Rufstromsendung *f*
~ импульсов Impulsgebung *f*, Impulsgabe *f*; *(Fmt)* Stromstoßgabe *f*
~/комбинационная *(Fmt)* Kombinationsschritt *m*
~/стартовая *(Fmt, Dat)* Startschritt *m*, Anlaufschritt *m*
~/стоповая *(Dat)* Sperrschritt m, Stopschritt *m*
~/телеграфная Telegrafie[r]impuls *m*, Telegrafierschritt *m*
~ тока/минусовая *(Fmt)* negativer Stromimpuls (Stromschritt) *m*
~ тока/плюсовая *(Fmt)* positiver Stromimpuls (Stromschritt) *m*
~/токовая Stromschritt *m*
посыпать песком *(Eb)* sanden, Sand streuen *(Lok)*
пот *m*/**жировой** *(Text)* Schafschweiß *m*, Fettschweiß *m*, Wollschweiß *m*
потай *m* *(Fert)* Senkung *f* *(für Schrauben- und Nietköpfe)*
~/конический kegelige Senkung *f*
~/цилиндрический zylindrische Senkung *f*

потайной 1. *(Fert)* versenkt, Senk...; 2. eingelassen; verdeckt

поташ *m* Pottasche *f* *(Kaliumkarbonat)*

потемнение *n* Nachdunkeln *n*, Schwarzwerden *n*, Schwärzung *f*

~ к краю *(Astr)* Randverdunklung *f* *(Helligkeitsabfall von der Mitte zum Rande der Sonnenscheibe)*

потенение *n* *(Geol)* Exsudation *f*, Ausscheidung *f*

потенциал *m* *(Ph)* Potential *n*

~ активации Aktivierungspotential *n*, Aktivierungsspannung *f*

~ анода Anodenpotential *n*

~/анодный Anodenpotential *n*

~/векторный Vektorpotential *n*

~ взаимодействия *(Ph)* Wechselwirkungspotential *n*

~ водохранилища/электрический *(Hydt)* Speicherarbeitsvorrat *m*

~ возбуждения Anregungspotential *n*; Erregungspotential *n*

~ возбуждения атома/критический kritisches Potential (Anregungspotential) *n*

~ возмущения Störpotential *n*

~/восстановительный *(Ch)* Reduktionspotential *n*

~ выделения *(Ch)* Abscheidungspotential *n*

~ Гиббса [/термодинамический] *s.* **~/изобарно-изотермический**

~/гравитационный 1. Gravitationspotential *n* *(Newtonsche Gravitationstheorie)*; 2. Gravitationspotential *n*, metrisches Potential *n* *(allgemeine Relativitätstheorie)*

~/двухнуклонный *s.* **~ двухчастичных сил**

~ двухчастичных сил *(Kern)* Zweikörperpotential *n*, Zweinukleonenpotential *n*

~ Дебая *(Ph)* Debyesches Potential *n*, Debye-Potential *n*

~ деионизации Deionisationspotential *n*, Entionisierungspotential *n*

~ действия Aktionspotential *n*, Aktionsspannung *f*

~ деформации Deformationspotential *n*

~/дзета *s.* **~/электрокинетический**

~ диполя Dipolpotential *n*

~/диффузионный Diffusionspotential *n*, Flüssigkeitspotential *n*; Diffusionsspannung *f*

~ жидкого соединения *s.* **~/диффузионный**

~/задерживающий Bremspotential *n*, Bremsspannung *f*

~ зажигания *(El)* Zündpotential *n*

~/запаздывающий retardiertes Potential *n*

~ запирающего слоя *(Ph)* Sperrschichtpotential *n*

~/защитный Schutzpotential *n*

~ земли Erdpotential *n*

~ излучения Strahlungspotential *n*, Strahlenpotential *n*

~/измерительный Meßpotential *n*

~/изобарно-изотермический *(Therm)* Gibbssches Potential *n*, Gibbssche Funktion *f*, freie Enthalpie *f*

~/изобарный *s.* **~/изобарно-изотермический**

~/изохорно-изотермический *(Therm)* freie Energie *f*, Helmholtz-Funktion *f*, Helmholtz-Potential *n*

~/изохорный *s.* **~/изохорно-изотермический**

~/ионизационный Ionisationspotential *n*, Ionisierungsspannung *f*

~ искрового разряда Funkenpotential *n*

~/искровой Funkenpotential *n*

~/катодный Katodenpotential *n*

~ квадруполя Quadrupolpotential *n*

~/кинетический *(Mech)* kinetisches Potential *n*, Lagrange-Funktion *f*

~/комплексный *(Hydrod, Aero)* komplexes Potential *n*, komplexe Strömungsfunktion *f*

~/контактный Kontaktpotential *n*

~/критический *(Kern)* kritisches Potential (Anregungspotential) *n*

~/кулоновский Coulomb-Potential *n*

~ Лиенара-Вихерта Liénard-Wiechert-Potential *n*

~/логарифмический *(Math, Ph)* logarithmisches Potential *n*

~/магнитный magnetisches Potential *n*

~ насыщения *(El)* Sättigungspotential *n*, Sättigungsspannung *f*

~/начальный *(Kern)* Erscheinungspotential *n*, Appearancepotential *n*

~/нормальный [электродный] [elektrochemisches] Standardpotential *n*, Standard-Bezugs-EMK *f*, Normalpotential *n*

~/нулевой *(El)* Nullpotential *n*

~/ньютонов *(Math)* Newtonsches Potential *n*

~/окислительно-восстановительный *(Ch)* Redoxpotential *n*

~/окислительный *(Ch)* Oxydationspotential *n*

~/опережающий avanciertes Potential *n*

~/опорный Bezugspotential *n*

~ осаждения (оседания) *s.* **~/седиментационный**

~ осциллятора Oszillatorpotential *n*

~ падения *s.* **~/седиментационный**

~ переноса массы Massenübertragungspotential *n*

~ перехода Übertragungspotential *n* *(Halbleiter)*

~ Планка [/термодинамический] *(Therm)* [thermodynamisches] Plancksches Potential *n*

~ поверхности *s.* **~/поверхностный**

~/**поверхностный** Flächenpotential *n*, Oberflächenpotential *n*
~ **полуволны** Halbstufenpotential *n*, Halbwellenpotential *n*
~ **поля ядра** *(Kern)* Kernpotential *n*
~ **превращения** *(Kern)* Konversionspotential *n*, Umwandlungspotential *n*
~ **приграничного слоя** *(Ph)* Randschichtpotential *n*, Grenzschichtpotential *n*
~ **приливообразующей силы** fluterzeugendes Potential *n*, Gezeitenpotential *n* *(Meereskunde)*
~ **прилипания** *(Ph)* Haftpotential *n*
~ **притяжения** Anziehungspotential *n*
~ **равновесия** *(Math)* Gleichgewichtspotential *n*
~ **разложения** Zersetzungspotential *n*
~ **растворения** Lösungspotential *n*
~ **растяжения** Dehnungspotential *n*
~/**резонансный** *(Kern)* Resonanzpotential *n*
~ **решётки** *(Krist)* Gitterpotential *n*
~ **сгорания** Verbrennungspotential *n*
~/**седиментационный** Sedimentationspotential *n*, elektrophoretisches Potential *n*, Dorn-Effekt *m*
~ **сетки** *(Eln)* Gitterpotential *n*
~/**сеточный** *s.* ~ **сетки**
~ **сил взаимодействия** Wechselwirkungspotential *n*
~ **сил взаимодействия между нейтроном и протоном** *(Kern)* Neutron-Proton-Potential *n*
~ **сил Гейзенберга** *(Ph)* Heisenberg-Potential *n*, Potential *n* der Heisenberg-Kräfte
~/**скалярный** skalares Potential *n*
~ **скорости** *(Hydrod)* Geschwindigkeitspotential *n*, Strömungspotential *n*
~/**спин-орбитальный** *(Kern)* Spin-Bahn-Potential *n*
~/**стандартный** Standardpotential *n*
~ **сушки** Trockenpotential *n*
~ **счётчика/начальный** *(Kern)* angelegte Spannung *f* am Zählrohr *(die das Ansprechen des Rohres bzw. der Zähleinrichtung bewirkt)*
~ **тепла** Wärmepotential *n*
~/**термодинамический** thermodynamisches Potential *n*, thermodynamische Funktion *f*
~ **термодиффузии** Thermodiffusionspotential *n*
~ **течения** Strömungspotential *n*, Fließpotential *n*; Strömungspotential *n* *(Elektroosmose, Elektrophorese)*
~/**тормозящий** *(Kern)* Bremspotential *n*
~ **тяготения** *s.* ~/**гравитационный**
~/**управляющий** Steuerpotential *n*
~/**упругий** *(Fest)* elastisches Potential *n* *(spezifische elastische Verformungsarbeit)*
~/**ускоряющий** *(Kern)* Beschleunigungspotential *n*
~ **Ферми** Fermi-Potential *n*
~/**химический** *(Therm)* chemisches Potential *n*
~/**центральный** *s.* ~ **центральных сил**
~ **центральных сил** Zentralpotential *n*, Potential *n* der Zentralkräfte
~/**центробежный** Zentrifugalpotential *n*
~/**электрический** elektrisches Potential *n* *(Volt)*
~/**электродный** Elektrodenpotential *n*
~/**электрокинетический** *(Ph, Ch)* elektrokinetisches Potential *n*, Zeta-Potential *n*, ζ-Potential *n*
~/**электрохимический** elektrochemisches Potential *n*
~ **Юкавы** *(Kern)* Yukawa-Potential *n*
~/**ядерный** Kernkraftpotential *n*

потенциалоскоп *m* Potentialspeicherröhre *f*, Speicherröhre *f*

потенциал-регулятор *m* *(El)* Induktionsregler *m*, Drehtransformator *m*, Drehregler *m*

потенциометр *m* 1. *(Rf)* Potentiometer *n*, regelbarer Spannungsteiler *m*; 2. *(El)* Kompensator *m*, Kompensationsapparat *m*
~ **для регулировки громкости** Lautstärke[regler]potentiometer *n*
~/**измерительный** 1. Meßpotentiometer *n*; 2. Meßkompensator *m*
~/**ламповый** Röhrenpotentiometer *n*
~/**линейный** Linearpotentiometer *n*
~/**логарифмический** logarithmisches Potentiometer *n*
~ **переменного тока** Wechselstromkompensator *m*
~/**плёночный** Schichtpotentiometer *n*
~/**поверочный** Prüfpotentiometer *n*
~/**подстроечный** Trimmpotentiometer *n*
~ **постоянного тока** Gleichstromkompensator *m*
~/**прецизионный** Präzisionspotentiometer *n*
~/**проволочный** Drahtpotentiometer *n*
~/**противошумовой** Brummpotentiometer *n*, Entbrummer *m*
~/**решающий** Rechenpotentiometer *n*
~/**спиральный** Wendelpotentiometer *n*
~/**точный** *s.* ~/**прецизионный**
~/**уравнивающий** Abgleichpotentiometer *n*

потенциометрический potentiometrisch

потенциометрия *f* *(Ch)* Potentiometrie *f*

потери *fpl* Verluste *mpl*, Verlust *m* *(s. a. unter* **потеря)** • **с потерями** verlustbehaftet • **с малыми потерями** verlustarm
~ **в антенне** *(Rf, Fs)* Antennenverluste *mpl*
~ **в железе** *(El)* Eisenverluste *mpl*

~ **в зазорах** *(El)* Spaltverluste *mpl*
~ **в лопаточной решётке** *s.* **~/лопаточные**
~ **в меди** *(El)* Kupferverluste *mpl*
~ **в обмотках** *(El)* Wicklungsverluste *mpl*
~ **в окружающую среду/тепловые** Wärmeverluste *mpl* durch Abstrahlung *(Verbrennungsmotor)*
~ **в потоке** Strömungsverluste *mpl*
~ **в сердечнике** *(El)* Kernverluste *mpl*, Eisenkernverluste *mpl*
~ **в трансмиссии** Getriebeverluste *mpl*
~ **в турбине** Turbinenverluste *mpl*
~/**вихревые** 1. *(El)* Wirbelstromverluste *mpl*; 2. *(Hydrol)* Wirbelverluste *mpl*
~/**внутренние гидравлические** innere Strömungsverluste *mpl (Wasserturbine)*
~/**выходные гидравлические** Austrittsverluste *mpl (Wasserturbine)*
~/**гидравлические** *s.* **~/лопаточные**
~ **гидротурбины/полные** Gesamtverluste *mpl* der Wasserturbine
~/**гистерезисные** *(El)* Hystereseverluste *mpl*, Hysteresisverluste *mpl*
~ **давления** Druckverlust *m*; Druckabfall *m*
~ **дискового трения** *s.* **~/дисковые**
~/**дисковые** Laufradreibungsverluste *mpl (Wasserturbine)*
~/**диэлектрические** *(El)* dielektrische Verluste *mpl*
~/**добавочные** *(El)* Zusatzverluste *mpl*
~ **заряда** Ladungsverluste *mpl*
~ **компрессии** Kompressionsverluste *mpl (Verbrennungsmotor)*
~ **короткого замыкания** *(El)* Kurzschlußverluste *mpl*
~/**лопаточные** Schaufelverluste *mpl (Strömungsmaschinen)*
~/**магнитные** *(El)* magnetische Verluste *mpl*, Magnetisierungsverluste *mpl*
~/**механические** mechanische Verluste *mpl (Verbrennungsmotor)*
~ **мощности** Leistungsverluste *mpl*; Verlustleistung *f*
~ **на вихревые токи** *(El)* Wirbelstromverluste *mpl*
~ **на вихреобразование** *(Hydrod)* Wirbelverluste *mpl*
~ **на выгорание** *(Schw)* Abbrandverluste *mpl*
~ **на выпуск/тепловые** Wärmeverluste *mpl* durch Abgase *(Verbrennungsmotor)*
~ **на гистерезис** *s.* **~/гистерезисные**
~ **на дисковое трение** Scheibenreibungsverluste *mpl (Strömungsmaschinen)*
~ **на излучение** Strahlungsverluste *mpl*
~ **на коронный разряд** *s.* **~ на корону**
~ **на корону** *(El)* Koronaverluste *mpl*, Sprühentladungsverluste *mpl*
~ **на линии** *(El)* Leitungsverluste *mpl*
~ **на обжиге** *(Met)* Röstverluste *mpl*
~ **на огарки** *(Schw)* Stummelverluste *mpl*
~ **на окалину** *(Met)* Zunderverlust *m*, Verlust *m* durch Oxydation *(beim Walzen, Schmieden usw.)*
~ **на охлаждение** Abkühlungsverluste *mpl*
~ **на охлаждение/тепловые** Wärmeverluste *mpl* durch Kühlmittel *(Verbrennungsmotor)*
~ **на последействие** *(El)* Nachwirkungsverluste *mpl*
~ **на разбрызгивание** Spritzverluste *mpl (beim Schmelzschweißen)*
~ **на рассеяние** *(El)* Streuungsverluste *mpl*
~ **на трение** Reibungsverluste *mpl*
~ **на трение в опорах [насоса]** Lagerreibungsverluste *mpl (Kreiselpumpe)*
~ **на трение пара** Dampfreibungsverluste *mpl*
~ **на удар** *(Met)* Abbrandverluste *mpl*
~ **на фильтрацию** *(Hydt)* Sickerverlust *m*
~ **напора** *(Hydt)* 1. Gefälleverlust *m*; Druck[höhen]verlust *m*, Druckaufwand *m*; 2. Stauungsverlust *m*
~ **напора на трение** Reibungsgefälle *n*, Reibungshöhe *f*
~ **напряжения** *(El)* Spannungsverluste *mpl*
~/**необратимые** irreversible Verluste *mpl*
~/**общие** Gesamtverlust *m*
~/**общие гидравлические** Gesamtströmungsverluste *mpl (Wasserturbine)*
~/**объёмные** Leckverluste *mpl (Wasserturbine)*
~/**омические** *(El)* ohmsche Verluste *mpl*
~ **от вихревых токов** *(El)* Wirbelstromverluste *mpl*
~ **от выгорания легирующих элементов** *(Schw)* Abbrandverlust *m* der Legierungselemente
~ **от гистерезиса** *s.* **~/гистерезисные**
~ **от запирания** *(Eln)* Sperrverlust *m*
~ **от излучения** Strahlungsverluste *mpl*
~ **от неполноты сгорания/тепловые** Wärmeverluste *mpl* durch unvollkommene Verbrennung *(Verbrennungsmotor)*
~ **от радиации** Strahlungsverluste *mpl*
~ **от утечки** Leckverlust *m*, Durchlässigkeitsverlust *m*
~/**отдельные** Teilverluste *mpl*
~ **отключения** *(El)* Ausschaltverluste *mpl*
~/**переходные** Übergangsverluste *mpl (Halbleiter)*
~/**полные тепловые** Gesamtwärmeverluste *mpl (Verbrennungsmotor)*
~ **при коротком замыкании** Kurzschlußverluste *mpl*
~ **при предварительном подогреве** *(Schw)* Vorwärmverluste *mpl*

~ при разработке *(Bgb)* Abbauverluste *mpl*
~ при уборке урожая *(Lw)* Ernteverluste *mpl*
~ при холостом ходе *(Masch)* Leerlaufverluste *mpl*
~/радиационные Strahlungsverluste *mpl*
~ решётки/волновые Schaufelgitterverluste *mpl* bei Unter- und Überschallgeschwindigkeit des strömenden Mediums *(Strömungsmaschine)*
~ решётки/концевые Endverluste *mpl*, Austrittsverluste *mpl (gerades Schaufelgitter einer Strömungsmaschine)*
~ решётки/профильные profilbedingte Verluste *mpl (ebenes Schaufelgitter einer Strömungsmaschine)*
~ с испарением Verdunstungsverluste *mpl*
~ света Lichtverlust *m (optische Geräte)*
~/световые *s.* **~ света**
~ тепла Wärmeverluste *mpl*
~ тепла с конденсатором Niederschlagsverluste *mpl*
~ тепла с уходящими газами Wärmeverluste *mpl* durch Abgase, Abgasverluste *mpl*
~/тепловые Wärmeverluste *mpl*
~ турбины/вентиляционные Verluste *fpl* durch Ventilation *(Turbine)*
~ холостого хода Leerlaufverluste *mpl*
~/эксплуатационные *(Bgb)* Abbauverluste *mpl*
потерна *f (Hydt)* Kontrollgang *m*, Revisionsgang *m*
потеря *f* 1. Verlust *m*, Schwinden *n*, Schwund *m (s. a. unter* **потери***)*; 2. *(Schiff)* verlorener Gang *m*
~ в весе Einwaage *f*; Masseverlust *m*
~ воды на просачивание *(Hydrol)* Sikkerverlust *m*
~ данных *(Dat)* Datenverlust *m*
~ информации *(Dat)* Informationsverlust *m*
~ информации/предсказуемая vorhersagbarer Informationsverlust *m*
~ контраста тональности *(Typ)* Tonwertverflachung *f*
~ на поглощение *(Ph)* Schluckverlust *m*, Absorptionsverlust *m*
~ на пропил Schnittverlust *m (Holzbearbeitung)*
~ на скольжение Gleitverlust *m*, Schlupfverlust *m*
~ при высушивании Trockenverlust *m*
~ промывочной жидкости *(Bgb)* Spül[ungs]verlust *m (Bohrtechnik)*
~ скорости *(Flg)* Geschwindigkeitsverlust *m*
~ тональности *(Typ)* Tonwertverlust *m*
~ тяги *(Rak)* Schubverlust *m*
~ устойчивости *(Mech)* Stabilitätsverlust *m*
~ через обмуровку (обшивку) Mantelverlust *m (Dampfkessel)*
~ энергии/линейная *(Kern)* lineare Energieübertragung *f*, LET, LET-Faktor *m*, linearer Energietransfer *m*, lineares Energieübertragungsvermögen *n*, LEÜ
~ энергии при ударе *(Ph)* Stoßverlust *m*
поток *m* 1. Strom *m*, Fluß *m (z. B. Magnetfluß)*; 2. *(Aero, Hydrod)* Strömung *f (Zusammensetzungen s. a. unter* **течение***)*
~ векторного поля [через поверхность] Fluß *m* eines Vektors, Vektorfluß *m (durch die Fläche)*
~ вероятности Wahrscheinlichkeitsstrom *m*
~/вихревой *(Hydrod)* Wirbelfluß *m*
~ воздуха *s.* **~/воздушный**
~/воздушный Luftstrom *m*, Luftströmung *f*; *(Bgb)* Wetterstrom *m*
~/возмущённый gestörte Strömung *f*
~ волновой энергии Wellenenergiefluß *m*
~/восходящий Aufstrom *m*
~/вторичный Sekundärströmung *f*
~/вулканический грязевой *(Geol)* [vulkanischer] Schlammstrom *m*
~/входной *(Dat)* Eingabestrom *m*
~/выходной *(Dat)* Ausgabestrom *m*
~ газа Gasströmung *f* unter Vakuum
~/горный Wildbach *m*
~/грузовой Güterstrom *m*
~ грунтовой воды Grundwasserstrom *m*, Grundwasserströmung *f*
~/грязевой *s.* **сель**
~ данных Datenfluß *m*
~ двоичной информации *(Dat)* Bitverkehr *m*
~/диффузионный *(Eln)* Diffusionsstrom *m*
~ диффузионный электрический elektrischer Diffusionsstrom *m*
~/дневной метеорный *(Astr)* Tageslichtstrom *m (Meteorstrom)*
~/дозвуковой Unterschallströmung *f*
~ дырок *(Eln)* Löcherstrom *m*, Defektelektronenstrom *m (Halbleiter)*
~ дырок/обратный Löcherrückstrom *m (Halbleiter)*
~ заданий *(Dat)* Jobstrom *m*
~ заданий/входной *(Dat)* Jobeingabestrom *m*
~ замедления Bremsfluß *m*
~/звёздный *(Astr)* Sternstrom *m*
~ звуковой энергии Schalleistung *f*, akustische Leistung *f*
~ излучения Strahlungsfluß *m*, Strahlungsleistung *f*
~ индукции Induktionsfluß *m*
~ информации *(Dat)* Informationsfluß *m*
~/информационный *s.* **~ информации**
~ ионов *(Kern)* Ionenfluß *m*
~ источника *(Ph)* Quellfluß *m*

~/**каменный** *(Geol)* Steinstrom *m*
~/**квантовый** Quantenstrom *m*
~ **количества движения** Impulsfluß *m*
~/**кометный [метеорный]** *(Astr)* kometarischer Strom (Meteorstrom) *m*
~/**комплексный [строительный]** Komplextaktstraße *f*
~/**конвекционный** Konvektionsstrom *m*
~ **короткого замыкания/полезный** Kurzschlußnutzfluß *m*
~/**корпускулярный** *(Kern)* Teilchenstrom *m*, Partikelstrom *m*, Korpuskelstrom *m*
~/**лавовый** *(Geol)* Lavastrom *m*
~/**ламинарный** laminare Strömung *f*, Laminarströmung *f*
~ **листов/каскадный** *(Typ)* geschuppter Bogenstrom *m*
~/**лучевой** Strahlungsstrom *m* *(Wärmeübertragung)*
~ **лучистой энергии** Strahlungsenergiefluß *m*
~/**лучистый** Strahlungsfluß *m* *(Strahlungsgröße)*
~ **магнитной индукции** magnetischer Fluß *m* *(Weber)*
~ **массы** *(Ph)* Massenfluß *m*, Massenstrom *m*
~ **материала** Werkstofffluß *m*
~/**межзвёздный [метеорный]** *(Astr)* interstellarer Strom (Meteorstrom) *m*
~/**метеорный** *(Astr)* Meteorstrom *m*
~/**молекулярный** Molekularströmung *f*
~/**напорный** Druckströmung *f*
~/**невозмущённый** ungestörte Strömung *f*
~ **нейтральных частиц** *(Kern)* Neutralteilchenstrom *m*
~/**нейтронный** *(Kern)* Neutronen[diffusions]strom *m*; Neutronenfluß *m*, Neutronenflußdichte *f*
~ **нейтронов** *s.* ~/**нейтронный**
~ **неосновных носителей [заряда]** *(Eln)* Minoritätsträgerstrom *m*
~/**нисходящий** Abstrom *m*
~/**обратный** *(El)* Rückfluß *m*
~/**объектный** *(Bw)* Objekttaktstraße *f*
~ **основных носителей [заряда]** *(Eln)* Majoritätsträgerstrom *m*
~/**ответвлённый** *(Kern)* Teilstrom *m*, Zweigstrom *m*
~/**отдельный** *s.* ~/**частичный**
~/**относительный** Relativströmung *f*
~ **отражённых электронов** *(Kern)* Elektronenrückstrom *m*
~ **охладителя** *(Kern)* Kühlstofffluß *m*
~/**периодический [метеорный]** *(Astr)* periodischer Strom *m* *(Meteorstrom)*
~ **перфокарт** *(Dat)* Kartendurchlauf *m*
~ **плазмы** Plasmaströmung *f*, Plasmastrom *m*
~/**плоский** ebene Strömung *f*
~/**полезный** *(El)* Nutzfluß *m*
~/**полезный световой** Nutzlichtstrom *m*
~/**полный световой** *(El)* Gesamtlichtstrom *m*
~/**поперечный** *(El)* Querfluß *m*
~/**попутный** *(Schiff)* Nachstrom *m*, Mitstrom *m*
~/**постоянный [метеорный]** *(Astr)* permanenter Strom *m* *(Meteorstrom)*
~ **размножающей среды** *(Kern)* Brutmittelstrom *m*
~ **рассеяния** *(El)* Streufluß *m*
~ **рассеяния/магнитный** [magnetischer] Streufluß *m*
~ **резонансных нейтронов** *(Kern)* Resonanzfluß *m*
~ **решений** *(Kyb)* Entscheidungsfluß *m*
~ **самодиффузии** *(Ph)* Selbstdiffusionsstrom *m*
~/**сверхзвуковой** Überschallströmung *f*
~ **света** *s.* ~/**световой**
~/**световой** Lichtstrom *m* *(Lumen)*
~ **силовых линий** *(El)* Kraft[linien]fluß *m*
~ **смещения** *(El)* Verschiebungsfluß *m*
~ **сообщений** *s.* ~ **информации**
~ **тензорного поля** Fluß *m* des Tensorfeldes
~ **тепла** *s.* ~/**тепловой**
~/**тепловой** Wärmestrom *m*, Wärmeströmung *f*, Wärmefluß *m*
~/**транспортный** Verkehrsstrom *m*
~ **турбулентной энергии** Turbulenzenergiefluß *m*
~/**турбулентный** turbulente (wirbelige) Strömung *f*
~ **управляющих карт** *(Dat)* Steuerkartenstrom *m*
~ **упругой энергии** elastischer Energiefluß *m*
~/**фильтрационный** *(Hydt)* Unterströmung *f*
~/**фотонный** Photonenfluß *m*, Photonenstrom *m*; Photonenflußdichte *f*
~ **частиц** *s.* 1. ~/**корпускулярный**; 2. **плотность потока частиц**
~/**частичный** *s.* ~/**корпускулярный**
~/**эклиптический [метеорный]** *(Astr)* Ekliptikalstrom *m* *(Meteorstrom)*
~/**электрический** elektrischer Fluß *m*, elektrische Strömung *f*
~ **электрического смещения** [elektrischer] Verschiebungsstrom (Verschiebungsfluß) *m*
~ **электрического смещения в диэлектрике** dielektrischer Verschiebungsfluß *m*
~ **электронов** *(Kern)* Elektronenstrom *m*
~ **электронов/обратный** Elektronenrückstrom *m*
~ **энергии** Energiefluß *m*, Energiestrom *m*, Energieströmung *f*
~ **энтропии** Entropiestromdichte *f*, Entropiefluß *m*

~ **якоря/поперечный** *(El)* Ankerquerfluß *m*
потокосцепление *n* *(El)* Flußverkettung *f*
~ **взаимной индукции** Gegeninduktionsflußverkettung *f*
~ **самоиндукции** Selbstinduktionsflußverkettung *f*
потолкоуступный *(Bgb)* Firsten... *(z. B. Firstenbau)*
потолок *m* 1. *(Bw)* Decke *f*; 2. *(Flg)* Gipfelhöhe *f*, [höchste] Steighöhe *f*
~ **выработки** *(Bgb)* Firste *f*
~/**дощатый** *(Bw)* Holzdecke *f*
~/**кессонный** *(Bw)* Kassettendecke *f*
~/**крейсерский** *(Flg)* Reisegipfelhöhe *f*
~/**оштукатуренный** *(Bw)* Putzdecke *f*
~/**плоский** *(Bw)* Spiegeldecke *f*, Plafond *m*
~/**подвесной** *(Bw)* abgehängte (untergehängte) Decke *f*, Hängedecke *f*, Scheindecke *f*
~/**практический** *(Flg)* Dienstgipfelhöhe *f*
~ **самолёта/практический** *(Flg)* Dienstgipfelhöhe *f*
~/**теоретический** *(Flg)* theoretische (errechnete) Gipfelhöhe *f*, Rechnungsgipfelhöhe *f*
~ **топки** Feuerraumdecke *f*
потолочина *f* *(Bgb)* Schwebe *f*; Firste *f*
потопитель *m* Tupfer *m* *(des Vergasers)*
потопление *n* Versenkung *f* *(s. a.* **погружение***)*
потрава *f* Ätzmittel *n*, Beizmittel *n*
потравливание *n* *(Schiff)* Fieren *n* *(einer Trosse, des Ankers)*
потравливать *(Schiff)* fieren *(eine Trosse, den Anker)*
потребитель *m* 1. Verbraucher *m*, Abnehmer *m*; 2. Verbraucher *m*, Verbrauchsgerät *n*
~/**бытовой** Haushaltabnehmer *m*
~/**крупный** Großverbraucher *m*, Großabnehmer *m*
~ **тепла** Wärmeverbraucher *m*
~ **холода** Kälteverbraucher *m*
~ **электроэнергии** Elektroenergieverbraucher *m*
потребление *n* Verbrauch *m*; Bedarf *m*
~ **мощности** Leistungsbedarf *m*, Leistungsaufnahme *f*; Leistungsverbrauch *m*
~ **на душу** Prokopfverbrauch *m*
~/**собственное** Eigenverbrauch *m*; Eigenbedarf *m*
~ **тепла** Wärmebedarf *m*; Wärmeverbrauch *m*
~/**тепловое** *s.* ~ **тепла**
~ **тока** *s.* ~ **электроэнергии**
~ **электроэнергии** Elektroenergieverbrauch *m*, [elektrischer] Stromverbrauch *m*
~ **энергии** Energieverbrauch *m*
потребность *f* Bedürfnis *n*, Bedarf *m*
~ **в воздухе** Luftbedarf *m*
~ **в машинном времени** *(Dat)* Maschinenzeitbedarf *m*
~ **в основной памяти** *(Dat)* Hauptspeicherbedarf *m*
~ **в памяти** *(Dat)* Speicherbedarf *m*
~ **в паре** Dampfbedarf *m*
~ **в электроэнергии** Elektroenergiebedarf *m*, Strombedarf *m*
~ **в энергии** Energiebedarf *m*
потрескивание *n* *(Fmt)* Knacken *n*, Prasseln *n*
потрошить ausweiden, ausschlachten
потускнение *n* Anlauf *m*, Anlaufen *n*, Blindwerden *n* *(z. B. Glasscheiben)*
потускнеть *s.* **тускнеть**
потушить *s.* **тушить**
ПОУ *s.* **устройство/подъёмно-опускное**
початкоотделитель *m* *(Lw)* Maiskolbenköpfmaschine *f*
початкособиратель *m* *(Lw)* Maisstengelschneid- und Kolbenköpfmaschine *f*
початок *m* *(Text)* Kötzer *m*, Kops *m*, Cop *m* *(Spinnerei)*
почва *f* 1. Boden *m*, Erde *f* *(Der russische Begriff bezieht sich auf die oberen Bodenschichten, in der Hauptsache auf die Beschaffenheit des land- und forstwirtschaftlichen Kulturbodens; s. a. unter* **грунт** *und* **почвы***)*; 2. *(Bgb)* Liegendes *n*, Sohle *f*
~/**аллювиальная** Alluvialboden *m*
~ **богатая перегноем** humusreicher Boden *m*
~/**болотистая (болотная)** Moorboden *m*, Sumpfboden *m*, sumpfiger Boden *m*
~/**болотная низинная** Niederungsmoorboden *m*
~ **верещатников** Heideboden *m*
~/**влажная** feuchter (humider) Boden *m*
~/**влажная лесная** Naßfleckerde *f*
~/**выщелоченная** ausgelaugter Boden *m*
~/**вязкая** klebender Boden *m*, schmieriger Boden *m*
~/**галечниковая** Geröllboden *m*
~/**гипсоносная** gipshaltiger Boden *m*
~/**глеевая** Gleiboden *m*, Gleyboden *m*
~/**глинистая** Lehmboden *m*, Lettenboden *m*, Tonboden *m*, toniger Boden *m*, Kleiacker *m*
~/**глинисто-песчаная** tonhaltiger Sandboden *m*
~/**гумусовая** Humusboden *m*
~/**дерново-подзолистая** Podsolrasenboden *m*
~/**долинная** Talboden *m*
~/**дующая** *(Bgb)* quellende Sohle *f*
~/**железистая** eisenhaltiger Boden *m*
~/**жирная** fetter Boden *m*
~/**заражённая** Impferde *f*
~/**зернистая** körniger Boden *m*

~/**известковая** Kalkboden *m*, Kalkerde *f*, kalkiger Boden *m*
~/**илистая** Schlammboden *m*, schlammiger Boden *m*
~/**иловатая** Schlickgrund *m*
~/**каменистая** Steinboden *m*, steiniger Boden *m*
~/**карбонатная** Karbonatboden *m*
~/**каштановая** kastanienbrauner Boden *m*
~/**кислая** saurer Boden *m*
~/**кремнистая** Kiesboden *m*, Kieselboden *m*
~/**латеритная** Lateritboden *m*
~/**лёгкая** krümeliger Boden *m*, leichter Boden *m*
~/**лесная** Waldboden *m*
~/**лёссовая (лёссовидная)** Lößboden *m*
~/**лёссовидно-суглинистая** Lößlehmboden *m*
~/**ложная** *(Bgb)* falsche Sohle *f*
~/**маломощная** flachgründiger (seichtgründiger) Boden *m*
~/**меловая** Kreideboden *m*
~/**мергелистая (мергельная)** Mergelboden *m*
~/**минеральная** Mineralboden *m*
~/**мощная** tiefgründiger Boden *m*
~/**мягкая** weicher Boden *m*
~/**намывная (наносная)** Schwemmboden *m*, Schwemmland *n*, Aufschüttungsboden *m*
~, **насыщенная водой** wasserhaltiger Boden *m*
~/**непосредственная** *(Bgb)* unmittelbares Liegendes *n*
~/**непроизводительная** unproduktiver Boden *m*
~/**обрабатываемая** Nutzboden *m*
~/**основная** *(Bgb)* Hauptliegendes *n*
~/**парующая** Bracheboden *m*
~/**пахотная** pflügbarer Boden *m*
~/**перегнойная** Humusboden *m*
~/**песчаная** Sandboden *m*, sandiger Boden *m*, Sandland *n*
~ **пласта** *(Bgb)* Flözliegendes *n*
~/**плодородная** fruchtbarer Boden *m*
~/**поддувающая** *s.* ~/**дующая**
~/**подзолисто-глеевая** Gleipodsolboden *m*, Molkenboden *m*
~, **покрытая валунами (галькой)** Geröllboden *m*
~/**проницаемая** durchlässiger Boden *m*
~/**разрыхлённая** lockere Erde *f*, lockerer Boden *m*
~ **россыпи** *s.* **постель россыпи**
~/**рыхлая** lockerer Boden *m*, Wühlboden *m*
~ **с признаками грунтового увлажнения** Naßboden *m*
~/**скалистая** Felsboden *m*
~/**скелетная** Skelettboden *m*
~/**соляная** Salzboden *m*
~/**степная** Steppenboden *m*
~/**структурная** Strukturboden *m*
~/**суглинистая** Lehmboden *m*
~/**супесчаная** sandiger Lehmboden *m*
~/**сухая** entwässerter Boden *m*
~/**сырая** nasser Boden *m*
~/**твёрдая** fester (harter) Boden *m*
~/**торфянистая** Torfboden *m*
~/**торфяно-болотная** Torfmoorboden *m*
~/**травянистая** Grünland *m*
~/**удобренная** gedüngter Boden *m*
~/**хрящеватая (хрящевая)** Kiesboden *m*, Grusboden *m*, kies[el]haltiger Boden *m*
~/**чернозёмная** schwarze Erde *f*, Schwarzerdeboden *m*, Schwarzerde *f*
~/**щелочная** Alkaliboden *m*
~/**элювиальная** Eluvialboden *m*
~/**эоловая** äolischer (angewehter) Boden *m*

почвоаэратор *m (Lw)* Bodenlüfter *m*, Krustenbrecher *m*
почвозацеп *m (Kfz)* Greifer *m (Radtraktor)*
почвообрабатывающий Bodenbearbeitungs...
почвоуглубитель *m* Tieflockerer *m*, Untergrubber *m*, Untergrundlockerer *m*, Wühler *m (Pflug)*
почвоуступный *(Bgb)* Strossen... *(z. B. Strossenbau)*
почвоутомление *n (Lw)* Bodenmüdigkeit *f*
почвофреза *f (Lw)* Bodenfräse *f*
почвы *fpl* Böden *mpl*, Bodenarten *fpl* *(s. a. unter* **почва***)*
~/**аллювиально-дерновые** *s.* ~/**пойменные**
~/**болотные** Moorböden *mpl*
~/**бурые лесные** Braunerdewaldböden *mpl*
~/**бурые лугово-степные** Braunerde-Grassteppenböden *mpl*
~/**бурые пустынно-степные** Braunerde-Wüstensteppenböden *mpl*, aride Steppenböden *mpl*
~/**вторично-подзолистые** Sekundärpodsolböden *mpl*
~/**горно-луговые** Gebirgsgrasböden *m*
~/**горные лугово-степные** Gebirgsrasensteppenböden *mpl*
~/**дерново-глеевые** Rasengleiböden *mpl*
~/**дерново-карбонатные** Rasenkarbonatböden *mpl*
~/**дерново-подзолистые** Podsolrasenböden *mpl*
~ **желтозёмы** Lößböden *mpl*
~/**каштановые** Kastanienbraunerdeböden *mpl*
~ **краснозёмы** Roterdeböden *mpl*
~/**лугово-болотные** Wiesenmoorböden *mpl*
~/**лугово-каштановые** Kastanienbraunerde-Grasböden *mpl*

~/лугово-сероземные Grauerde-Graswüstenböden *mpl*
~/лугово-чернозёмные Schwarzerdegrasböden *mpl*
~/перегнойно-карбонатные s. **~/дерново-карбонатные**
~/подзолисто-болотные Podsolmoorböden *mpl*
~/подзолистые Podsolböden *mpl (Böden mit Bleichhorizont)*
~/пойменные Alluvialrasenböden *mpl*, Aueböden *mpl*
~/полигональные Wabenböden *mpl*, Polygonalböden *mpl (Strukturböden)*
~/такыровидные takyrartige Böden *mpl*
~/тундровые глеевые Tundragleiböden *mpl*
~ чернозёмы Schwarzerdeböden *mpl*
~/ячеистые s. **~/полигональные**
почернение *n (Foto)* Schwärzung *f*
~/максимальное maximale Schwärzung *f*
~/полезное nutzbare Schwärzung *f*
~/среднее mittlere Schwärzung *f*
починить s. **чинить** *und* **починять**
починка *f* Reparatur *f*, Ausbesserung *f*
починять reparieren, ausbessern
почка *f*/**рудная** *(Geol)* Erzniere *f*
почта *f* Post *f*
~/авиационная Luftpost *f*
~/пневматическая Rohrpost *f*
почти-равнина *f (Geol)* Fastebene *f*, Peneplain *f*
по-штормовому *(Schiff)* seefest
появление *n* Auftreten *n*, Erscheinen *n*
~ замирания Schwundeinbruch *m*
~ звезды *(Astr)* Emersion *f*, Wiederauftauchen *n (von Sternen nach der Bedeckung)*
~ из почвы *(Geol)* Emersion *f*, Auftauchen *n*
~ метеора *(Astr)* Auftauchen *n* eines Meteors
поярок *m* Lammwolle *f*
пояс *m* 1. Gürtel *m*; Zone *f (s. a. unter* **зона***)*; 2. Gurt *m*, Gurtung *f (Träger)*, Gurtsims *m(n)*; 3. *(Krist)* Zone *f*; 4. *(Schiff)* Gang *m*, Plattengang *m (Beplattung)*
~ балки *(Bw)* Trägergurt *m*
~/бортовой *(Schiff)* Seitengang *m*
~/броневой *(Schiff)* Panzergürtel *m*
~/верхний *(Bw)* Obergurt *m (Träger, Tragwerke)*
~ ветров *(Meteo)* Windgürtel *m*, Windzone *f*
~/восстановительный *(Met)* Reduktionszone *f (Schachtofen)*
~ высокого давления *(Meteo)* Hochdruckgürtel *m*, Hochdruckzone *f*
~ горения *(Met)* Verbrennungszone *f (Schachtofen)*
~/днищевый *(Schiff)* Bodengang *m*
~ жил s. **свита жил**
~ Зодиака s. **круг Зодиака**
~/зубчатый *(Masch)* Zahnkranz *m*
~ изделия/ластичный *(Text)* elastischer Patentrand *m (Jacquard-Rundstrickmaschine)*
~/килевой *(Schiff)* Kielgang *m*
~/климатический Klimazone *f*, Klimagürtel *m*
~ конвертера *(Met)* Konverter[trag]ring *m*, Birnen[trag]ring *m*
~/ледовый *(Schiff)* Eisgürtel *m*
~ лесозащитных насаждений Waldschutzgürtel *m*
~/накрывающий *(Schiff)* abliegender Plattengang *m*
~ наружной обшивки *(Schiff)* Plattengang *m* der Außenhaut
~ настила *(Schiff)* Plattengang *m (Deck, Innenboden)*
~ настила второго дна/средний Mittelplatte *f*, Mittelplattengang *m*
~/нижний *(Bw)* Untergurt *m (Träger, Tragwerke)*
~ обшивки *(Schiff)* Plattengang *m (Außenhaut, Schott)*
~ обшивки/шпунтовой *(Schiff)* Kielgang *m (Beplattung)*
~/переменный *(Schiff)* Wechselgürtel *m*
~ переменных ватерлиний *(Schiff)* Wechselgürtel *m*
~ плавления *(Met)* Schmelzzone *f (Schachtofen)*
~ подогрева *(Met)* Vorwärmzone *f (Schachtofen)*
~/потерянный *(Schiff)* verlorener Gang *m*
~/предохранительный Sicherheitsgurt *m*
~/привязной предохранительный *(Flg)* Sicherheitsgurt *m*
~/прилегающий *(Schiff)* anliegender Plattengang *m*
~/растянутый *(Bw)* Zuggurt *m*
~/рудный *(Geol)* Erzzone *f*
~/сжатый *(Bw)* Druckgurt *m*
~/скуловой *(Schiff)* Kimmgang *m*
~/спасательный *(Schiff)* Rettungsgürtel *m*
~/сублиторальный *(Geol)* Eulitoral *n*
~/сферический s. **~/шаровой**
~ фермы *(Bw)* Bindergurt *m*
~ фундаментной балки/верхний *(Schiff)* Toppplatte *f (am Maschinenfundament)*
~/фурменный *(Met)* Düsenebene *f*, Düsenzone *f*, Blasformebene *f (Schachtofen)*
~/часовой *(Astr)* Zeitzone *f*
~/шаровой *(Math)* Kugelzone *f*
~/ширстречный *(Schiff)* Schergang *m*
~/шпунтовой *(Schiff)* Kielgang *m (bei Balkenkiel)*

поясок *m* 1. Gurt *m*, Gurtung *f*; Streifband *n*; Rand *m*, Saum *m*; 2. *(Wlz)* Einschnürung *f* *(z. B. Mannesmannwalze)*; Führung *f* *(Ziehring beim Kaltziehen von Rohren und Stangen)*
~/верхний oberer Gurt *m*, obere Gurtung *f*
~ волочильной матрицы *(Met)* zylindrische Führung *f* des Ziehringes *(Kaltziehen von Rohren und Stangen)*
~ гранаты/ведущий *(Mil)* Führungsring *m (Granate)*
~/нижний unterer Gurt *m*, untere Gurtung *f*
~/приварной angeschweißter Gurt *m*
~/присоединённый *(Schiff)* mittragender Plattenstreifen *m*, mittragende Plattenbreite *f*
~ пулемёта/ведущий *(Mil)* Führungsring *m (Verschluß des SMG)*
~/рабочий *(Met)* Führungszone *f* *(der Matrize; Ziehen von Rohren und Stangen)*
~/свободный *(Schiff)* freier Gurt *m*
~ фундаментной балки/горизонтальный *(Schiff)* Toppplatte *f* *(am Maschinenfundament)*
ПП *s.* **пост/пожарный**
ППВ *s.* **правила пользования вагонами**
ППИЗУ *s.* **устройство/полупроводниковое интегральное запоминающее**
ППЛ *s.* **перфолента/полнокодовая**
ППП *s.* **пакет прикладных программ**
ППР *s.* **1. рефрижератор/приёмно-производственный; 2. проект производства работ**
правила *npl* Verordnung *f*, Ordnung *f*, Bestimmung *f*, Vorschrift *f* *(s. a. unter* **пра́вило***)*
~ безопасности Sicherheitsvorschriften *fpl*
~ внутреннего трудового распорядка Betriebsordnung *f*, Arbeitsordnung *f*
~ движения Verkehrsregeln *fpl*, Verkehrsvorschriften *fpl*; Fahrbetriebsvorschriften *fpl*
~ испытания Prüf[ungs]vorschriften *fpl*
~ Кирхгофа Kirchhoffsche Sätze *mpl (der Stromverzweigung)*, Kirchhoffsche Regeln *fpl*
~ контроля *s.* **~ испытания**
~ о грузовой марке *(Schiff)* Freibordvorschriften *fpl*
~ обмера *(Schiff)* Vermessungsvorschriften *fpl*
~ по уходу Wartungsvorschriften *fpl*; Bedienungsvorschrift *f*
~ пользования Gebrauchsanweisung *f*
~ пользования вагонами *(Eb)* Vorschrift *f* zur Benutzung von Wagen im internationalen Eisenbahnverkehr
~ приёмки Annahmeverfahren *n*
~/служебные Dienstvorschrift *f*, Verfügung *f*, Anordnung *f*
~ стабильности ядер Kernstabilitätsregeln *fpl*
~ техники безопасности Unfallverhütungsvorschriften *fpl*, Arbeitsschutzordnung *f*
~ технической эксплуатации Eisenbahnbetriebsordnung *f*
~ уличного движения Straßenverkehrsordnung *f*
~ Фаянса Fajanssche Regeln *fpl*
~ эксплуатации Betriebsregeln *fpl*, Betriebsvorschriften *fpl*
прави́ло *n* 1. *(Bw)* Richtscheit *n*; 2. *(Gieß)* Abstreicher *m*, Abstreichholz *n*, Abziehplatte *f*, Abstreichschiene *f*, Abstreichlineal *n*, Abstreicheisen *n*, Abstreichleiste *f* *(Formerei)*; 3. *(Mil)* Richtbaum *m (Panzerabwehrkanone)*
~/алмазное Diamantabrichtwerkzeug *n* *(Abrichten von Schleifscheiben)*
пра́вило *n* 1. Regel *f*, Grundsatz *m*; 2. Gesetz *n*; Beziehung *f* *(s. a. unter* **правила***)*
~ Ампера *(Ph)* Ampèresche Schwimmerregel *f*
~ Антонова *(Ph)* Antonowsche Regel *f*
~ Астона *s.* **~ изотопов [Астона]**
~ Бабине *(Ph)* Babinetsche Absorptionsregel *f*
~ безопасности Sicherheitsvorschrift *f*
~ Бертло *(Ph)* Berthelotsche Regel *f*
~ большого пальца *s.* **~ буравчика**
~ Брэгга *(Ph)* Bragg-Regel *f*, Braggsche Regel *f*
~ буравчика *(Ph)* Korkenzieherregel *f*, [Maxwellsche] Schraubenregel *f*, Daumenregel *f*
~ валентности *(Ph)* Valenzregel *f*
~ Вант-Гоффа *(Ph)* van't Hoffsche Regel *f*
~ вращательных сумм Rotationssummenregel *f*
~ вычисления *(Dat)* Rechenregel *f*
~ Гейгера-Неттола *(Kern)* Geiger-Nuttallsche Beziehung *f*
~ Гунда *s.* **~ Хунда**
~ дифференцирования *(Math)* Differentiationssatz *m*
~ дифференцирования произведения Produktregel *f*
~ дифференцирования степени Potenzregel *f*
~ дифференцирования суммы Summenregel *f*
~ дифференцирования частного Quotientenregel *f*
~ Жуковского *(Ph)* Joukowskische Regel *f*
~ Зайцева *(Ph)* Saizewsche Regel *f*, Saizew-Regel *f*

~ **заполнения** *(Ph, Ch)* Besetzungsvorschrift *f*
~ **знаков** Vorzeichenregel *f*, Vorzeichenfestsetzung *f*
~ **знаков Декарта** Descartessche Zeichenregel *f*
~ **изотопов [Астона]** *(Kern)* [Astonsche] Isotopenregel *f*, Astonsche Regel *f*
~ **интегрирования** *(Math)* Integrationssatz *m*
~ **интенсивностей** Intensitätsregel *f* *(Röntgenspektrum)*
~ **интервалов [Ланде]** [Landésche] Intervallregel *f*, Landésche Regel *f*
~ **квантования** *(Ph)* Quantelungsregel *f*, Quantelungsvorschrift *f*
~ **Клебша-Гордана** *(Ph)* Clebsch-Gordansche Regel *f*, Clebsch-Gordan-Regel *f*
~ **Комптона** Comptonsche Regel *f*
~ **левой руки** *s.* ~ **трёх пальцев левой руки**
~ **Лейбница** Leibnitzsche Regel *f*, Leibnitzscher Satz *m*
~ **Ленца** *(Ph)* Lenzsche Regel *f*, Lenzsches Gesetz *n*
~/**логическое** logische Regel *f*
~ **Лоренца** Lorenzsche Regel *f*
~ **Мак-Леода** *(Ph)* McLeodsche Gleichung (Regel) *f*
~ **Максвелла** *(Therm)* Maxwellsche Regel *f*, Maxwellsches Kriterium *n*
~ **Маттауха** *(Kern)* Mattauchsche Regel *f*, Isobarenregel *f*
~ **множителя** *(Math)* Faktorregel *f*
~ **Морзе** *(Ph)* Morsesche Regel *f*
~ **наложения** *(Math)* Überlagerungssatz *m (Laplace-Transformation)*
~ **обвода** Umfahrungsregel *f*, Umlaufregel *f*
~ **обращения** *(Math)* Umkehrregel *f*
~ **округления** *(Math)* Rundungsregel *f*
~ **октета** Oktettregel *f*
~ **осаждения** *(Ch)* Fällungsregel *f*
~ **отбора** Auswahlregel *f (Quantenmechanik)*
~ **Паскаля** *(Ph)* Pascalsche Regel *f*
~ **площадей** *(Math)* Querschnittsregel *f*, Flächenregel *f*
~ **поляризации** *(Ph)* Polarisationsregel *f*
~ **поперечных сечений** *s.* ~ **площадей**
~ **правой руки** *s.* ~ **трёх пальцев правой руки**
~ **преобразования** *(Dat)* Konvertierungsregel *f*
~ **проверки** *(Dat)* Testregel *f*
~ **радиоактивного смещения** *s.* ~ **сдвига [Содди-Фаянса]**
~ **рычага** 1. *(Mech)* Hebelgesetz *n*, Hebelsatz *m*; 2. *(Ch)* Hebelgesetz *n* (Hebelbeziehung *f*) der Phasenmengen, Hebelarmbeziehung *f*
~ **сверхотбора** *(Ph)* Superauswahlregel *f*, Überauswahlregel *f*
~ **сдвига [Содди-Фаянса]** *(Kern)* radioaktives Verschiebungsgesetz *n*, Soddy-Fajansscher Verschiebungssatz *m*, Soddy-Fajanssches Verschiebungsgesetz *n*
~ **смещения** *(Ph)* Verschiebungsregel *f* *(s. a.* ~ **сдвига [Содди-Фаянса]**)
~ **Стокса** *(Opt)* Stokessche Regel *m (Fotolumineszenzstrahlung)*
~ **сумм** *(Opt, Reg)* Summenregel *f*; *(Opt)* Summensatz *m*
~ **сумм колебаний** Schwingungssummenregel *f*
~ **сумм температур** Temperatursummenregel *f*
~ **суммирования** *s.* ~ **Эйнштейна**
~ **суперотбора** *s.* ~ **сверхотбора**
~ **Тициуса-Боде** *(Astr)* Titius-Bodesche Reihe *f (Kosmogonie)*
~ **трёх пальцев левой руки** *(Ph)* Dreifingerregel *f* der linken Hand, Linke-Hand-Regel *f*, Linkehandregel *f*
~ **трёх пальцев правой руки** *(Ph)* Dreifingerregel *f* der rechten Hand, Rechte-Hand-Regel *f*, Rechtehandregel *f*
~/**тройное** *(Math)* Dreisatz *m*, Dreisatzrechnung *f*, Regeldetri *f*
~ **умножения [вероятности]** *(Math)* Multiplikationssatz *m (der Wahrscheinlichkeitsrechnung)*
~ **устойчивости** *(Mech)* Stabilitätsregel *f*
~ **фаз [Гиббса]** *(Therm)* [Gibbssche] Phasenregel *f*, Gibbssches Phasengesetz *n*
~ **Флеминга** *s.* ~ **трёх пальцев левой (правой) руки**
~ **Хунда** *(Kern)* Hundsche Regel (Kopplungsregel) *f*
~/**цепное** *(Math)* Kettenregel *f*
~ **частот Бора** *(Kern)* Bohrsche Frequenzbedingung *f*
~ **чётности** *(Math)* Laportesche Regel *f*
~ **штриховки** Strichregel *f*
~ **Эйнштейна** *(Ph)* Einsteinsche Summation (Summationsbezeichnung) *f*, Einstein-Summation *f*
~ **эксплуатации** Bedienungsanleitung *f*, Bedienungsanweisung *f*

правильность *f (Math)* Richtigkeit *f*
~ **измерения** Richtigkeit *f* einer Messung

править 1. lenken, steuern; 2. abziehen *(Messer)*; 3. *(Eb)* richten *(Gleis)*
~ **алмазом** *(Fert)* abrichten *(Schleifscheibe)*
~ **набор** *(Typ)* Satz korrigieren

правка f 1. *(Typ)* Korrektur *f*; 2. *(Eb)* Richten *n (Gleis)*; 3. Richten *n (Richtpresse)*; 4. *(Fert)* Richten *n (Bleche, Profile)*; Abrichten *n (Schleifscheibe)*
~/**авторская** *(Typ)* Autorkorrektur *f*
~ **в горячем состоянии** *(Schm)* Warmrichten *n*

~ **в холодном состоянии** *(Schm)* Kaltrichten *n*, Richten *n* bei Raumtemperatur
~ **в штампе** *(Schm)* Gesenkrichten *n*, Richten *n* im Gesenk
~ **гибом** Biegerichten *n*
~/**горячая** *(Schm)* Warmrichten *n*
~/**издательская** *(Typ)* Verlagskorrektur *f*
~/**корректорская** *(Typ)* Hauskorrektur *f*
~ **на вальцах** Richtwalzen *n*
~ **на прессе** Richtpressen *n*
~ **набора** *(Typ)* Satzkorrektur *f*
~ **обжатием** Dressieren *n (Bleche)*; Friemeln *n (Rohre)*
~/**объёмная** 1. Richten *n* von kompakten Teilen im Gesenk; 2. *(Schm)* Kalibrieren *n* im Gesenk
~ **растяжением** Streckrichten *n*, Reckrichten *n (Bleche, Draht, Stabstahl)*
~/**редакторская** *(Typ)* redaktionelle Korrektur *f*
~/**холодная** *(Schm)* Kaltrichten *n*, Richten *n* bei Raumtemperatur
правка-калибровка *f (Schm)* Kalibrieren *n* im Gesenk; Richten *n* im Gesenk
право *n* Recht *n*
~/**авторское** *(Typ)* Urheberrecht *n*
~/**железнодорожное** Eisenbahnrecht *n*
~ **преимущественного проезда** Vorfahrt *f*, Vorfahrtsrecht *n (Straßenverkehr)*
правовращающий 1. rechtsdrehend, rechtsgängig; rechtsläufig; 2. *(Opt)* dextrogyr, rechtsdrehend *(Polarisationsebene)*
правополяризованный *(Opt)* rechtspolarisiert, rechtsdrehend polarisiert
праворежущий *(Fert)* rechtsschneidend *(Drehmeißel)*
празем *m (Min)* Prasem *m (lauchgrüne Abart des Quarzes)*
празеодим *m (Ch)* Praseodym *n*, Pr
празопал *m (Min)* Prasopal *m (apfelgrüner Opal)*
прачечная *f* Wäscherei *f*
ПрБ *s.* **борт/правый**
ПРД *s.* **двигатель/пороховой ракетный**
пребывание *n* Aufenthalt *m*, Verweilen *n*
превентер *m (Bgb)* Preventer *m*, Bohrlochsicherung *f*, Absperrschieber *m (Bohrung)*
~/**вращающийся** Drehpreventer *m*
~/**плашечный** Backenpreventer *m*
~/**трубный** Rohrpreventer *m*
превосходство *n* **в воздухе** *(Mil)* Luftüberlegenheit *f*
~/**воздушное** *(Mil)* Luftüberlegenheit *f*
превращаемость *f* Verwandelbarkeit *f*, Umwandelbarkeit *f*
превращать в уголь verkohlen
превращение *n* 1. Verwandlung *f*, Umwandlung *f*; Konversion *f*; 2. Transmutation *f*; Metamorphose *f*; 3. Umsatz *m*
~/**аллотропическое** allotrope Umwandlung (Kristallumwandlung) *f (z. B. bei der Wärmebehandlung von Stahl)*
~/**анизотермическое** anisotherme Umwandlung *f (des Gefüges)*
~ **атомного ядра** *s.* ~ **ядра**
~ **аустенита** *(Met)* Austenitumwandlung *f*
~ **аустенита в игольчатый троостит** Austenit-Bainit-Umwandlung *f*
~ **аустенита в мартенсит** Austenit-Martensit-Umwandlung *f*
~ **аустенита в перлит** Austenit-Perlit-Umwandlung *f*
~ **аустенита/изотермическое** isotherme Austenitumwandlung *f*
~ **аустенита при постоянной температуре** isotherme Austenitumwandlung *f*
~/**аустенитное** *s.* ~ **аустенита**
~/**аустенитно-мартенситное** *(Met)* Austenit-Martensit-Umwandlung *f*
~/**аустенитно-перлитное** *(Met)* Perlitumwandlung *f*
~/**бездиффузионное** diffusionslose Umwandlung *f (des Gefüges)*
~/**бейнитовое** *(Met)* Austenit-Bainit-Umwandlung *f*
~ **вещества** *(Kern)* Stoffumwandlung *f*
~ **второго рода/фазовое** Phasenübergang *m* zweiter Ordnung (Art)
~/**диффузионное** diffusionsartige Umwandlung *f (des Gefüges)*
~ **железа/аллотропическое** allotrope Eisenumwandlung *f*
~/**изотермическое** *(Met)* isotherm[isch]e Umwandlung *f (des Gefüges)*, ohne Temperaturänderung verlaufende Umwandlung *f*
~ **Канниццаро** *(Ch)* Cannizzarosche Reaktion *f*
~/**карбидное** *(Met)* Karbidumwandlung *f (Wärmebehandlung des Stahls)*
~/**мартенситное** *(Met)* martensitische Umwandlung *f*, Martensitumwandlung *f*
~ **массы** *(Kern)* Massenumkehr *f*
~/**общее** Gesamtumsatz *m*
~/**окислительно-восстановительное** *(Ch)* Redoxumwandlung *f*
~ **первого рода/фазовое** Phasenübergang *m* erster Ordnung (Art)
~/**перитектическое** *(Met)* peritektische Umwandlung *f*
~/**перлитное** *(Met)* Austenit-Perlit-Umwandlung *f*
~/**перлитно-трооститное** *(Met)* Perlit-Bainit-Umwandlung *f*
~/**промежуточное** *(Met)* Zwischen[gefüge]umwandlung *f*
~/**равновесное фазовое** *(Krist)* Gleichgewichtsphasenumwandlung *f*
~ **решётки** *(Krist)* Gitterumwandlung *f*
~/**структурное** *(Krist)* Gefügeumwandlung *f*

~ тепла/обратное Wärmerückverwandlung *f*
~/тепловое фазовое *(Krist)* thermische Phasenumwandlung *f*
~/фазовое *(Krist)* Phasenumwandlung *f*; *(Therm)* Phasenübergang *m*
~/эвтектоидное *(Met)* eutektoide Umwandlung *f*, Umwandlung *f* in der festen Lösung
~ элементов *(Kern)* Elementumwandlung *f*
~ энергии Energieumwandlung *f*, Energieumformung *f*, Energieumsatz *m*, Energieumsetzung *f*
~ ядра *(Kern)* Kernumwandlung *f*, Umwandlung *f* des Atomkerns, Transmutation *f*
~ ядра/естественное natürliche Kernumwandlung *f*
~ ядра/искусственное künstliche Kernumwandlung *f*
превысить *s.* **превышать**
превышать 1. übertreffen, übersteigen; überragen; 2. überhöhen; 3. überschreiten
превышение *n* 1. Überragung *f*; 2. Überhöhung *f*; 3. Überschreitung *f*; 4. *(Milflg)* Höhenstaffelung *f* *(im Flugverband)*; 5. *(Geod)* Höhenunterschied *m*
~ давления Drucküberschreitung *f*
преграда *f* Hindernis *n*, Schranke *f*; Damm *m*
~/водная *(Mil)* Wasserhindernis *n*
преградить *s.* **преграждать**
преграждать [ab]sperren, versperren, verlegen
преграждение *n* 1. Absperren *n*, Absperrung *f*; 2. Verriegelung *f*, Abriegelung *f*
предварение *n* 1. Zuvorkommen *n*; Voreilen *n*, Voreilung *f*; 2. *(Reg)* Vorhalt *m*
~ равноденствий *(Astr)* allgemeine Präzession *f* *(Verschiebung der Äquinoktialpunkte auf der Ekliptik)*
предвключать *(El)* vorschalten
предвключение *n (El)* Vorschaltung *f*
предвключить *s.* **предвключать**
предгорье *n (Geol)* Vorgebirge *n*
преддефекатор *m* Vorscheidepfanne *f* *(Zuckergewinnung)*
преддефекация *f* Vorscheidung *f* *(Zuckergewinnung)*
~/горячая warme Vorscheidung *f*
предел *m* 1. Grenze *f*; Begrenzung *f*; Schranke *f*; 2. *(Math)* Grenze *f*, Grenzwert *m*, Limes *m*
~ адсорбции Adsorptionsgrenze *f*
~/верхний контрольный Kontrollgrenze *f*
~ взвешивания/наибольший Höchstlast *f* *(Wägetechnik)*
~ взвешивания/наименьший Mindestlast *f* *(Wägetechnik)*
~ видимости Sichtgrenze *f*, [äußerste] Sichtweite *f*
~ воспламенения смеси Gemischzündgrenze *f* *(Verbrennungsmotor)*
~ воспламеняемости Zündgrenze *f*
~ воспламеняемости/верхний obere Zündgrenze *f*
~ воспламеняемости/нижний untere Zündgrenze *f*
~ выносливости Dauerschwing[ungs]festigkeit *f*, Dauer[wechsel]festigkeit *f*
~ выносливости на изгиб Biegewechselfestigkeit *f*, Biegeschwingfestigkeit *f*
~ выносливости на изгиб при знакопеременном цикле Wechselbiegefestigkeit *f*, Dauerbiegefestigkeit *f*
~ выносливости на изгиб при знакопостоянном цикле Biegeschwellfestigkeit *f*
~ выносливости при асимметричных циклах Schwellfestigkeit *f*, Ursprungsfestigkeit *f*
~ выносливости при знакопеременной нагрузке Wechselfestigkeit *f*, Schwingungsfestigkeit *f*
~ выносливости при изгибе для пульсирующего цикла Biegedauerfestigkeit *f* im Schwellbereich
~ выносливости при изгибе с симметричным циклом Biegewechselfestigkeit *f*
~ выносливости при кручении с симметричным циклом Verdrehwechselfestigkeit *f*
~ выносливости при несимметричном цикле Schwellfestigkeit *f*
~ выносливости при периодических ударах Dauerschlagfestigkeit *f*
~ выносливости при растяжении-сжатии Zug-Druck-Dauerfestigkeit *f*
~ выносливости при растяжении-сжатии с симметричным циклом Zug-Druck-Wechselfestigkeit *f*
~ выносливости при сжатии для пульсирующего цикла Dauerfestigkeit *f* im Druckschwellbereich
~ выносливости при симметричном цикле Wechselfestigkeit *f*
~ выносливости [при симметричных циклах]/ударный Dauerschlagfestigkeit *f*
~ выносливости/условный Zeitwechselfestigkeit *f*
~ диаграммы статической остойчивости *(Schiff)* Umfang *m* der statischen Stabilität, Stabilitätsumfang *m*
~ длительной прочности Dauerstandfestigkeit *f*, Zeitstandfestigkeit *f*, Standfestigkeit *f*, Kriechfestigkeit *f*; Dauerschwingfestigkeit *f*, Schwingungsfestigkeit *f*

~/**доверительный** Vertrauensgrenze *fpl*, Konfidenzgrenzen *fpl (statistische Qualitätskontrolle)*
~ **допускаемой абсолютной погрешности** Grenze *f* des zulässigen absoluten Fehlers
~ **допускаемой вариации показаний** zulässiger Größtwert *m* der Umkehrspanne
~ **допускаемой основной погрешности** *größter Fehler eines Meßmittels, bei dem es nach den technischen Vorschriften noch zugelassen wird*
~ **допускаемой погрешности** Gesamtfehlergrenzen *fpl*
~ **допускаемой систематической погрешности** größte zulässige Unrichtigkeit *f*
~/**допускаемый** zulässiger Höchstwert *m*
~ **излома** Bruchgrenze *f*
~ **измерения** Meßgrenze *f*; Meßbereich *m*, Meßbereichsgrenze *f*
~ **измерения/верхний** obere Meßbereichsgrenze *f*; Meßbereichsendwert *m*
~ **измерения/нижний** untere Meßbereichsgrenze *f*; Meßbereichsanfangswert *m*
~ **интегрирования** Integrationsgrenze *f*
~/**контрольный** Kontrollgrenzen *fpl*, Kontrollbereich *m*
~ **коррекции искажения** *(Fmt)* Entzerrungsgrenze *f*
~ **коррозионной усталости** Korrosionsermüdungsfestigkeit *f*, Korrosionsschwingungsfestigkeit *f*
~ **монотонной функции** *(Math)* Grenzwert *m* einer monotonen Funktion
~ **нагрузки** Belastungsgrenze *f*, Beanspruchungsgrenze *f*, Belastungsbereich *m*, Belastungsspitze *f*
~ **напряжения** Spannungsgrenze *f*, Beanspruchungsgrenze *f*
~ **напряжения/верхний** Grenzlinie *f* der Oberspannung *(Dauerschwingversuch)*
~ **напряжения/нижний** Grenzlinie *f* der Unterspannung *(Dauerschwingversuch)*
~/**непроходной** Ausschußseite *f*
~/**нижний контрольный** untere Kontrollgrenze *f*
~ **обнаружения** Nachweisbarkeitsgrenze *f*
~ **отрегулировки** *(Reg)* Verstellbereich *m*, Regelbereich *m*
~ **отсчёта** Anzeigebereich *m*
~ **ошибок** Fehlergrenze *f*
~ **пластичности** Plastizitätsgrenze *f*, Verformbarkeitsgrenze *f*, Trennfestigkeit *f*
~ **плато** *(Kern)* Plateaugrenze *f (Zählrohr)*
~ **погрешности** Fehlergrenze *f*
~ **показаний** Anzeigebereich *m*
~ **ползучести** Dauerstandfestigkeit *f*, Kriechgrenze *f*
~ **ползучести по равномерной скорости** Kriechgeschwindigkeitsgrenze *f*
~ **ползучести/условный** Zeitstandfestigkeit *f*
~ **положительной статической остойчивости** *(Schiff)* Umfang *m* der statischen Stabilität, Stabilitätsumfang *m*
~ **последовательности** *(Math)* 1. Grenzwert *m* einer Folge (Zahlenfolge); 2. Häufungsgrenze *f*
~ **последовательности/бесконечный** endlicher Grenzwert *m* einer Folge (Zahlenfolge)
~ **последовательности/верхний** obere Häufungsgrenze *f*
~ **последовательности/нижний** untere Häufungsgrenze *f*
~ **пропорциональности** Proportionalitätsgrenze *f*
~ **пропорциональности/технический (условный)** technische Proportionalitätsgrenze *f*
~ **прочности** Bruchfestigkeit *f*, Bruchgrenze *f*; Festigkeitsgrenze *f*, Festigkeit *f*
~ **прочности на...** *s.* ~ **прочности при...**
~ **прочности при изгибе** Biegefestigkeit *f*
~ **прочности при кручении** Verdrehfestigkeit *f*, Torsionsfestigkeit *f*, Verdrehgrenze *f*
~ **прочности при повышенных температурах** Warmstreckgrenze *f*
~ **прочности при продольном изгибе** Knickfestigkeit *f*
~ **прочности при растяжении** Zugfestigkeit *f*
~ **прочности при сжатии** Druckfestigkeit *f*, Quetschgrenze *f*
~ **прочности при симметрических циклах нагрузки** Wechselstreckgrenze *f*
~ **прочности при срезе** Scherfestigkeit *f*, Schubfestigkeit *f*
~ **прочности/технологический** aus technologischen Versuchen ermittelte Festigkeit *f*, technologische Festigkeit *f*
~ **прочности/физический** physikalische (theoretische) Streckgrenze *f*
~ **рассеивания** *(Mil)* Streuungsgrenze *f (Ballistik)*
~ **растворимости** Löslichkeitsgrenze *f*
~ **регулирования** Regelbereich *m*, Einstellbereich *m*
~ **Роша** *(Astr)* Rochesche Grenze *f (Saturnringe)*
~ **слышимости/болевой** *(Ak)* Schmerzschwelle *f*, obere Hörschwelle *f*
~ **текучести** Fließgrenze *f*, Plastizitätsgrenze *f*, Fließfestigkeit *f*
~ **текучести/верхний** obere Streckgrenze *f*
~ **текучести/нижний** untere Streckgrenze *f*

~ текучести при знакопеременной нагрузке Wechselfließgrenze *f*
~ текучести при знакопеременных напряжениях Wechselfließgrenze *f*
~ текучести при изгибе Biegefließgrenze *f*
~ текучести при кручении/условный technische Streckgrenze *f (beim Torsionsversuch)*
~ текучести при повышенной температуре Warmstreckgrenze *f*; Warmfließgrenze *f*
~ текучести при растяжении Streckgrenze *f (Fließgrenze beim Zugversuch)*
~ текучести при растяжении/условный technische Streckgrenze *f (beim Zugversuch)*
~ текучести при сжатии Quetschgrenze *f*, Stauchgrenze *f*
~ текучести при симметрических циклах нагрузки Wechselfließgrenze *f*
~ текучести/технический *s.* **~ текучести/условный**
~ текучести/условный Dehngrenze *f*, Formdehngrenze *f*, Fließgrenze *f*
~ температуры затвердения *(Gieß)* Erstarrungsbereich *m*, Erstarrungsintervall *n*
~ температуры отпуска *(Härt)* Anlaßstufe *f*
~ точности Genauigkeitsgrenze *f*
~ упругости Elastizitätsgrenze *f*
~ упругости/технический (условный) technische Elastizitätsgrenze *f*
~ усталости *s.* **~ выносливости**
~ усталости при знакопеременных напряжениях Dauerschwingfestigkeit *f*
~ усталости при изгибе Dauerbiegefestigkeit *f*
~ усталости при нагреве Dauerwarmfestigkeit *f*
~ усталости при статической нагрузке statische Festigkeit *f*
~ усталости при ударе Schlagdauerfestigkeit *f*
~ усталости/условный praktische Dauerwechselfestigkeit *f*, praktische Dauerschwing[ungs]festigkeit *f (bei einer bestimmten Lastspielzahl)*
~ усталости /физический theoretische Dauerwechselfestigkeit (Dauerschwingungsfestigkeit, Dauerschwingfestigkeit) *f (bei unendlich großer Lastspielzahl)*
~ устойчивости Stabilitätsgrenze *f*
~ фокусировки *(Opt)* Fokussierbereich *m*
~ функции *(Math)* Grenzwert *m* einer Funktion
~ функции/бесконечный unendlicher Grenzwert *m* einer Folge (Zahlenfolge)
~ функции/двусторонний beiderseitiger Grenzwert *m* einer Funktion
~ функции/несобственный uneigentlicher Grenzwert *m* einer Funktion
~ функции/односторонний einseitiger Grenzwert *m* einer Funktion
~ функции/повторный iterierter Grenzwert *m* einer Funktion
~ функции слева linksseitiger Grenzwert *m* einer Funktion
~ функции справа rechtsseitiger Grenzwert *m* einer Funktion
~ функции/частичный Partialgrenzwert *m* einer Funktion
~ цикла нагрузки *(Wkst)* Grenzspannung *f*, Spannungsgrenzwert *m*
~ цикла нагрузки/верхний Oberspannung *f*, obere Grenzspannung *f*
~ цикла нагрузки/нижний Unterspannung *f*, untere Grenzspannung *f*
~ цикла напряжения *(Wkst)* Grenzspannung *f*, Spannungsgrenzwert *m*
~ цикла напряжения/верхний Oberspannung *f*, obere Grenzspannung *f*
~ цикла напряжения/нижний Unterspannung *f*, untere Grenzspannung *f*
пределы *mpl* **интегрирования** *(Dat)* Integrationsgrenzen *fpl*
~ нагрузок *(Wkst)* Lastbereich *m*
~ при обязательной поверке Eichfehlergrenzen *fpl*
предзаторник *m* Vormaischer *m*, Vormaischbottich *m*
предионизация *f s.* **ионизация/предварительная**
предиссоциация *f* Prädissoziation *f*
предкамера *f* 1. Vorkammer *f (Vorkammer-Dieselmotor)*; 2. Vorbrennkammer *f (Strahltriebwerk)*
предклапан *m* Vorhubventil *n*, Entlastungsventil *n*
предконденсат *m* Vorkondensat *n*
предконденсатор *m* Vorkondensator *m*
предконденсация *f* Vorkondensation *f*
предкопильник *m* Vorsumpf *m (NE-Metallurgie)*
предкоррекция *f (Fs)* Vorverzerrung *f*, Preemphasis *f*, Voranhebung *f*
предкрылок *m (Flg)* Vorflügel *m*
предложение *n* 1. Angebot *n*, Anerbieten *n*; 2. Vorschlag *m*; 3. *(Dat)* Anweisung *f*
предмет *m* Objekt *n*, Ding *n*, Gegenstand *m*
~/плавающий *(Schiff)* Treibgut *n*, treibender Gegenstand *m*
предоставление *n* **памяти** *(Dat)* Speicherverteilung *f*, Speicherzuweisung *f*
предотвал *m (Bgb)* Vorkippe *f*
предохранитель *m* 1. Schutzvorrichtung *f*, Schutz *m*; Sicherungshebel *m*; 2. *(El)* Sicherung *f*; 3. Sicherung *f (Handfeuerwaffe)*

~/**безынерционный (быстродействующий)** *(El)* flinke (unverzögerte) Sicherung *f*
~ **взрывателя/инерционный** *(Mil)* Fliehsicherung *f (Zünder)*
~ **воздушной линии** *(El)* Freileitungssicherung *f*
~/**высоковольтный** *(El)* Hochspannungssicherung *f*
~ **высокого напряжения** *(El)* Hochspannungssicherung *f*
~/**главный** *(El)* Hauptsicherung *f*
~/**грубый** *(El)* Grobsicherung *f*
~/**двухполюсный [плавкий]** *(El)* zweipolige Sicherung *f*
~ **для домового ввода** *(El)* Hausanschlußsicherung *f*
~/**домовой** *(El)* Haussicherung *f*
~/**запасной** *(El)* Ersatzsicherung *f*
~/**инерционный** *(El)* träge (verzögerte) Sicherung *f*
~/**малочувствительный** *(El)* Grobsicherung *f*
~/**миллиамперный [плавкий]** *s.* ~/**слаботочный**
~ **мушки** *(Mil)* Kornschutz *m*
~ **наружной обстановки** *(El)* Freileitungssicherung *f*
~/**низковольтный** *(El)* Niederspannungssicherung *f*
~ **низкого напряжения** *(El)* Niederspannungssicherung *f*
~/**общедомовой** *(El)* Hausanschlußsicherung *f*
~/**общий** *(El)* Hauptsicherung *f*
~/**однополюсный [плавкий]** *(El)* einpolige Sicherung *f*
~/**патронный [плавкий]** *(El)* Patronensicherung *f*
~/**плавкий** *(El)* Schmelzsicherung *f*, Abschmelzsicherung *f*
~/**пластинчатый [плавкий]** *(El)* Streifensicherung *f*, Lamellensicherung *f*
~/**полупроводниковый** *(El)* Halbleitersicherung *f*
~/**пробковый [плавкий]** *(El)* Schraubpatronensicherung *f*, Stöpselsicherung *f*
~/**роговой** Hörnersicherung *f (Freileitungssicherung)*
~ **с сигнальным приспособлением** *(El)* Alarmsicherung *f*
~/**слаботочный** *(El)* Feinsicherung *f*, Schwachstromsicherung *f*
~/**токоограничивающий [плавкий]** *(El)* Strombegrenzungssicherung *f*
~/**трубчатый [плавкий]** *(El)* Rohrsicherung *f*, Röhrensicherung *f*
~/**установочный** *(El)* Installationssicherung *f*
~/**штепсельный** *s.* ~/**пробковый [плавкий]**

предплужник *m (Lw)* Vorschäler *m*, Vorschneider *m (Pflug)*
предприятие *n* Betrieb *m*; Unternehmen *n*
~ **бытового обслуживания** Dienstleistungsbetrieb *m*
~/**военно-промышленное** Rüstungsbetrieb *m*
~/**горнодобывающее** Bergbaubetrieb *m*, Grubenbetrieb *m*
~/**горное** Bergbaubetrieb *m*, Grubenbetrieb *m*
~ **общественного питания** Gaststättenbetrieb *m*, gastronomische Einrichtung *f*
~/**производственное** Produktionsbetrieb *m*
предпрочёс *m (Text)* Vorreißer *m (Walzenkrempel)*
предпрядение *n (Text)* Vorspinnen *n*
предразряд *m (El)* Vorentladung *f*
предсказание *n* **погоды** Wettervorhersage *f*
предсозревание *n (Text)* Vorreife *f*, Vorreifen *n (Viskosefaser)*
представление *n* 1. Darstellung *f*; 2. *(Dat)* Schreibweise *f*, Darstellung *f (s. a. unter* **запись** *und* **кодирование***)*
~/**алфавитно-цифровое** alphanumerische Darstellung *f*
~/**аналоговое** analoge Darstellung *f*
~ **в дополнительном коде** Komplementdarstellung *f*
~ **в параллельном коде** parallele Darstellung *f*
~ **в последовательном коде** serielle Darstellung *f*
~ **в приведённой форме** reduzierte Darstellung *f*
~ **в прямом коде** direktes Kodieren *n*
~ **в ряде** Reihenfolgedarstellung *f*
~ **взаимодействия** Wechselwirkungsdarstellung *f*, Wechselwirkungsbild *n*, Tomonaga-Darstellung *f*, Tomonaga-Bild *n (Quantentheorie)*
~/**внешнее** externe Darstellung *f*
~/**внутреннее** interne Darstellung *f*
~/**восьмеричное** Oktalschreibweise *f*, oktale Schreibweise *f*
~/**гармоническое** harmonische Darstellung *f*
~ **Гейзенберга** Heisenberg-Bild *n*, Heisenberg-Darstellung *f*, Matrixdarstellung *f (Quantenmechanik)*
~/**геометрическое** geometrische Darstellung *f (z. B. von Funktionen)*
~/**графическое** grafische Darstellung *f*
~ **данных** Datendarstellung *f*
~/**двоично-десятичное** binärdezimale Darstellung *f*
~/**двоичное** binäre Darstellung *f*
~/**двоично-кодированное десятичное** binär kodierte Dezimaldarstellung *f*

~/**десятичное** dezimale Darstellung *f*
~ **десятичных чисел/двоично-кодированное** dezimalbinäre Ziffernverschlüsselung *f*
~ **детерминантом** Determinantendarstellung *f*
~/**дискретное** diskrete Darstellung *f*
~ **знака** Vorzeichendarstellung *f*
~ **информации** Informationsdarstellung *f*, Datendarstellung *f*
~/**конкретное** konkrete Darstellung *f* *(Programmiersprache)*
~ **Лагранжа** Lagrangesche Darstellung *f*, Lagrangesches Bild *n*
~ **Майорана** Majorana-Darstellung *f* *(Dirac-Gleichung)*
~/**матричное** Matrizendarstellung *f*
~/**машинное** Maschinendarstellung *f*, Rechnerdarstellung *f*
~ **Паули** Pauli-Darstellung *f*
~/**позиционное** Basisschreibweise *f*, Radixschreibweise *f*, Stellenschreibweise *f*
~/**полулинейное** halblineare Darstellung *f*
~ **пространства-времени** Raum-Zeit-Vorstellung *f*
~ **с плавающей запятой** Darstellung *f* mit variablem Komma, Gleitkommadarstellung *f*
~ **с фиксированной запятой** Festkommadarstellung *f*
~/**символическое (символьное)** symbolische Darstellung *f*
~ **термами** Termdarstellung *f*
~/**тетрадное** Tetradenschreibweise *f*
~/**троичное** ternäre Darstellung (Schreibweise) *f*
~/**цифровое** digitale (numerische) Darstellung *f*
~ **чисел** Zahl[en]darstellung *f*
~ **чисел/полулогарифмическое** halblogarithmische Zahlendarstellung *f*
~/**шестнадцатеричное** hexadezimale Darstellung *f*
~ **Эйлера** Eulersche Darstellung *f*

представляющий darstellend; repräsentativ

предтопок *m* Vorfeuerung *f*

предупреждение *n* **о конце ленты** *(Dat)* Bandendewarnung *f*

предусиление *n (Rt)* Vorverstärkung *f*

предусилитель *m (Rt)* Vorverstärker *m*

предускорение *n s.* **ускорение/предварительное**

предшественник *m* 1. *(Math)* Vorgänger *m*; 2. Vorfrucht *f*

предыскажение *n* **[при частотной модуляции]** *(Rt)* Preemphasis *f*, Vorverzerrung *f*, Voranhebung *f*

предыскание *n (Fmt)* Vor[stufen]wahl *f*
~/**двойное** doppelte Vorwahl *f*

предыскатель *m (Fmt)* Vorwähler *m*
~/**вращающийся** Drehwähler *m (als Vorwähler)*
~/**групповой** Gruppenwähler *m (Keith-Vorwähler)*
~ **Кейта** Keith-Vorwähler *m*

прекратить *s.* **прекращать**

прекращать einstellen, abbrechen, beenden; aufhören; aufheben
~ **возбуждение** *(El)* aberregen, entregen
~ **разработку рудника** *(Bgb)* aufgeben, auflassen

прекращение *n* Aufhören *n*, Abbrechen *n*, Einstellung *f*; Aufhebung *f*; Abstellung *f*
~ **горения** *(Rak)* Brennschluß *m*
~ **колебаний** Abreißen *n* der Schwingungen
~ **производства** Außerbetriebsetzung *f*

преломление *n (Opt)* Brechung *f*, Refraktion *f* *(s. a. unter* **рефракция)**
~/**двойное (двухкратное)** *s.* **лучепреломление/двойное**
~ **звука** Schallbrechung *f*
~ **рентгеновских лучей** Brechung *f* von Röntgenstrahlen
~ **света** *(Opt)* Brechung *f* des Lichts, Lichtbrechung *f*

преломляемость *f (Ph)* Refraktivität *f*

преломлятель *m (Opt)* Lichtbrechungskörper *m*, Refraktor *m*
~/**призматический** Prismenglasrefraktor *m*

пренебрежение *n* Vernachlässigung *f*

пренебрежимый vernachlässigbar

пренит *m (Min)* Prehnit *m*

преобладание *n* Vorherrschen *n*, Übergewicht *n*

преобразование *n* 1. Umbildung *f*, Umformung *f*, Umgestaltung *f*, Überführung *f*, Veränderung *f*, Umwandlung *f*, Verwandlung *f*; 2. *(Math)* Transformation *f*; 3. *(Fmt)* Umsetzung *f*; 4. *(Dat)* Konvertierung *f*, Umwandlung *f*
~ **адресов** *(Dat)* Adressenumrechnung *f*
~/**аффинное** *(Math)* affine Transformation (Abbildung) *f*, Affinität *f*
~/**бирациональное** *(Math)* birationale Transformation *f*
~/**взаимно-однозначное** *(Math)* umkehrbar eindeutige Transformation *f*
~ **времени** Zeitkonvertierung *f*
~/**вырожденное** *(Math)* ausgeartete (degenerierte) Transformation *f*
~ **Галилея** *(Mech)* Galilei-Transformation *f*
~/**геометрическое** *(Math)* geometrische Transformation *f*
~/**гильбертово** Hilbert-Transformation *f*
~/**гомографическое** *(Math)* kollineare Transformation *f*
~ **данных** *(Dat)* Datenumwandlung *f*, Datenkonvertierung *f*

~ **движения** *(Math)* Bewegungstransformation *f*
~/**дробно-линейное** *(Math)* gebrochen lineare Transformation (Substitution) *f*
~ **излучения** *s.* ~ **радиации**
~ **изображения** *(Fs)* Bildumwandlung *f*
~/**калибровочное** *(Math)* Eichtransformation *f*
~/**каноническое** *(Mech)* kanonische Transformation *f*
~/**касательное** *(Math)* Berührungstransformation *f*
~ **кода** *(Dat)* Kodewandlung *f*, Kodeumsetzung *f*
~ **координат** *(Math)* Koordinatentransformation *f*
~/**коррелятивное** *(Math)* korrelative Transformation *f*
~/**круговое** Kreistransformation *f*
~ **Лапласа** *(Math)* Laplacesche Transformation *f*, Laplace-Transformation *f*
~/**линейное** *(Math)* lineare Transformation *f*; *(Kyb)* lineare Abbildung *f*, lineare Transformation *f*
~ **Лоренца** *(Math)* Lorentz-Transformation *f*
~ **многомерных пространств** *(Math)* Transformation *f* des mehrdimensionalen Raumes
~ **мощности** Leistungsumsetzung *f*, Leistungsumwandlung *f*
~ **напряжения** Spannungsumwandlung *f*
~/**непрерывное** *(Math)* stetige (kontinuierliche) Transformation *f*
~/**обратимое** *(Math)* umkehrbare Transformation *f*
~/**обратное** 1. Zurückverwandlung *f*, Rückwandlung *f*; 2. *(Math)* inverse Transformation *f*
~ **обратными радиусами-векторами** *(Math)* Transformation *f* durch reziproke Radien, Inversion *f*
~/**ортогональное** *(Math)* orthogonale Transformation *f*
~ **переменных** *(Math)* Variablentransformation *f*
~ **плоскости** *(Math)* Transformation *f* der Ebene
~ **подобия** *(Math)* Ähnlichkeitstransformation *f*, äquiforme Transformation *f*
~/**полярное** *(Math)* Polartransformation *f*
~ **прикосновения** Berührungstransformation *f*
~ **радиации** Strahlungs[um]wandlung *f*
~ **сигнала** *(Kyb)* Signalumwandlung *f*
~ **соприкосновения** *(Math)* Berührungstransformation *f*
~ **теплового потока** Wärmeflußtransformation *f*
~ **течения** *(Hydt)* Strömungsumbildung *f*
~/**тождественное** *(Math)* identische Transformation *f*
~ **тока** Stromumformung *f*
~/**точечное** *(Math)* Punkttransformation *f*
~ **трёхмерного пространства** *(Math)* Transformation *f* des dreidimensionalen Raums
~/**унитарное** *(Math)* unitäre Transformation *f*
~ **фаз** *s.* ~ **числа фаз**
~ **Фурье** *(Math)* Fourier-Transformation *f*, Fouriersche Transformation *f*
~ **частоты** *(El, Fmt)* Frequenztransformation *f*, Frequenzumsetzung *f*
~ **частоты/аддитивное** *s.* ~ **частоты/односеточное**
~ **частоты/двухсеточное** *(Fmt, Rf)* multiplikative Mischung (Frequenzumsetzung) *f*
~ **частоты/мультипликационное** *s.* ~ **частоты/двухсеточное**
~ **частоты/односеточное** *(Fmt, Rf)* additive Mischung (Frequenzumsetzung) *f*
~ **числа строк** *(Fs)* Zeilenumsetzung *f*
~ **числа фаз** *(El)* Phasenumformung *f*
~ **энергии** Energieumformung *f*, Energiewandlung *f*
~ **энергии/линейное** lineare Energieübertragung *f* *(phys.-techn. Einheit im SI)*

преобразователь *m* 1. *(El)* Umformer *m*, Konverter *m*; 2. *(Fmt)* Übersetzer *m*; 3. *(Dat)* Umsetzer *m*, Wandler *m*; 4. *(Meß)* Aufnehmer *m (von Meßwerten)*; Geber *m*
~/**активный** *(El)* aktiver Wandler *m*
~/**акустический** *(Ak)* Schallwandler *m*
~/**аналого-цифровой** *(Dat)* Analog-Digital-Wandler *m*, Analog-Digital-Umsetzer *m*, AD-Umsetzer *m*
~/**балансный** *(El)* Abgleichwandler *m*, Ausgleichwandler *m*
~/**вентильный** *(El)* Ventilumformer *m*, Diodenumformer *m*, Ventilstromrichter *m*
~/**вибрационный** Zerhackerumformer *m*
~/**вращающийся** *(El)* rotierender (umlaufender) Umformer *m*, Umformeraggregat *n*
~ **времени** Zeitkonverter *m*
~/**входной** *(Dat)* Eingabewandler *m*
~/**высокотемпературный измерительный** Hochtemperaturmeßwandler *m*, Hochtemperaturmeßeinrichtung *f*
~/**выходной** *(Dat)* Ausgabewandler *m*
~/**диодный** *s.* ~/**вентильный**
~ **для возбуждения** *(El)* Erregerumformer *m*
~ **для связи сетей** *(El)* Netzkupplungsumformer *m*, Umformer *m* zur Kupplung von Netzen *(ungleicher Frequenz)*
~/**ёмкостный** *(Meß)* kapazitiver Geber *m*

~ **излучения** Strahlungswandler *m*, Strahlungsumformer *m*
~/**измерительный** Meßwertumformer *m*, Meßwandler *m*
~ **измеряемой величины** Meßgrößenumformer *m*, Transmitter *m*
~ **измеряемой величины/первичный** Primärmeßgrößenumformer *m*
~ **изображения** *(Fs)* Bildwandler *m*
~ **изображения/электронно-оптический** *(Fs)* elektronenoptischer Bildwandler *m*, Bildwandlerröhre *f*
~ **изображения/электронный** *s.* ~ **изображения/электронно-оптический**
~/**индуктивный** *(Meß)* induktiver Geber *m*
~ **инфракрасных изображений** Infrarotbildwandler *m*, Infrarotteleskop *n*
~/**каскадный** *(El)* Kaskadenumformer *m*
~ **кода** Kodeumsetzer *m*, Kodekonverter *m*, Kodewandler *m*, Umkodierer *m*
~ **колебаний** Schwingungswandler *m*
~/**контактный** *(El)* Kontaktumformer *m*, Kontaktstromrichter *m*
~/**круговой** *(Meß)* Winkelschrittgeber *m*
~ **Леонарда** *(El)* Leonard-Umformer *m*
~/**манометрический** Druckmeßwandler *m*
~/**машинный** Maschinenumformer *m*
~ **мощности** Leistungswandler *m*, Leistungsumsetzer *m*
~ **напряжения** *(El)* Spannungswandler *m*
~/**нормирующий** *(El)* Eichumformer *m*
~/**однокорпусный** *(El)* Eingehäuseumformer *m*
~/**одноякорный** *(El)* Einankerumformer *m*
~/**оптический** optischer Umwandler *m*
~/**пассивный** *(El)* passiver Wandler *m*
~ **переменного тока в постоянный** *(El)* Wechselstrom-Gleichstrom-Umformer *m*
~ **перемещений/измерительный** Wegmeßsystem *n*
~/**пневматический** *(Meß)* pneumatischer Geber *m*
~ **положения** *(Meß)* Weggeber *m*; Wegaufnehmer *m*
~/**последовательно-параллельный** *(Dat)* Serien-Parallel-Umsetzer *m*
~ **постоянного напряжения/статический** *(Dat)* Gleichspannungsgegentakttransverter *m*
~ **постоянного тока** *(El)* Gleichstromumformer *m*
~ **результатов измерения** Meßwertumsetzer *m*
~ **с расщеплёнными полюсами** *(El)* Spaltpolumformer *m*
~/**сварочный** Schweißumformer *m*
~ **сигналов** *(Kyb)* Signalwandler *m*
~/**статический** *(El)* ruhender Umformer *m*
~ **телевизионного стандарта** Fernsehnormwandler *m*
~/**термоэлектрический** thermoelektrischer Umformer *m*, Thermoumformer *m*
~ **тока** *(El)* Stromrichter *m*, Umformer *m*
~ **тока/ионный** *(El)* Gasentladungsstromrichter *m*
~ **тока/электромашинный** Maschinenumformer *m*
~/**трансформаторный** Transformatorwandler *m*
~/**трёхфазный** Drehstromumformer *m*, Dreiphasenumformer *m*
~/**фазовый** *(El)* Phasenumformer *m*
~/**фотоэлектрический** fotoelektrischer (lichtelektrischer) Umformer *m*, Fotoumformer *m*; Fotoelement *n* *(s. a. unter* **фотоэлемент***)*
~/**функциональный** *(Dat, Reg)* Funktionswandler *m*
~/**цифро-аналоговый** *(Dat)* Digital-Analog-Wandler *m*, Digital-Analog-Umsetzer *m*, DA-Umsetzer *m*
~/**цифро-аналоговый струйный** hydraulischer Analog-Digital-Wandler *m*
~/**частотный** *s.* ~ **частоты**
~ **частоты** *(El)* Frequenzwandler *m*, Frequenzumformer *m*; *(Fs)* Frequenzumsetzer *m*
~ **частоты/групповой** *(Fs)* Gruppenumsetzer *m*
~ **частоты/коллекторный** Kommutator-Frequenzumformer *m*
~ **частоты/электромашинный** maschineller Frequenzumformer *m*
~ **числа строк** *(Fs)* Zeilenumsetzer *m*
~/**электроакустический** elektroakustischer Wandler *m*
~/**электродинамический** elektrodynamischer Wandler *m*
~/**электронно-оптический** elektronenoptischer Wandler *m*
~ **энергии** Energieumformer *m*, Energiewandler *m*

преобразовать *s.* **преобразовывать**
преобразовывать 1. umbilden, umgestalten; 2. *(Math)* transformieren; 3. *(El)* umformen, wandeln; 4. umwandeln; umformen; umsetzen, konvertieren; transformieren
препарат *m* Präparat *n*
~ **для мокрого протравливания** *(Lw)* Naßbeizmittel *n*
~ **для сухого протравливания** *(Lw)* Trockenbeizmittel *n*
препарировать *(Text)* präparieren
препарация *f* *(Text)* Präparation *f*, Präparierung *f*
препятствие *n*/**противодесантное** *(Mil)* Landungssperre *f*

~/**противопехотное** *(Mil)* Infanteriehindernis *n*
~/**противотанковое** *(Mil)* Panzerhindernis *n*
прервать *s.* **прерывать**
прерывание *n* Unterbrechung *f*, Unterbrechen *n*, Abbruch *m*, Abbrechen *m*; *(Dat)* Unterbrechung *f*
~/**внешнее** externe Unterbrechung *f*
~/**ждущее** wartende Unterbrechung *f*
~ **от ввода-вывода** Eingabe-Ausgabe-Unterbrechung *f*
~ **от схем контроля** Maschinenfehlerunterbrechung *f*
~ **от таймера** Zeitgeberunterbrechung *f*
~ **по машинному сбою** Maschinenfehlerunterbrechung *f*
~ **по обращению к супервизору** Supervisor-Rufunterbrechung *f*
~ **по сигналу «внимание»** Abrufunterbrechung *f*, Achtung-Unterbrechung *f*
~/**программное** Programmunterbrechung *f*
~ **программы** Programmunterbrechung *f*
~ **программы/многоступенчатое** mehrstufige Programmunterbrechung *f*
~ **тока** Stromunterbrechung *f*
прерыватель *m (El)* Unterbrecher *m*
~/**автоматический** Selbstunterbrecher *m*
~ **Вагнера** Wagnerscher Hammer *m*, Hammerunterbrecher *m*
~ **Венельта** *s.* ~/**электролитический**
~/**контактный** Kontaktunterbrecher *m*
~/**кулачковый** *s.* ~/**молотковый**
~/**молотковый** Hammerunterbrecher *m*, Wagnerscher Hammer *m*
~/**моторный** Motorunterbrecher *m*
~ **нейтронного пучка** *s.* ~ **пучка/механический**
~ **постоянного тока** Gleichstromunterbrecher *m*
~ **потока** *(Aero)* Störkante *f*
~ **пучка/механический** *(Kern)* Chopper *m*, mechanischer Unterbrecher (Zerhacker) *m*, Zerhacker *m*
~/**ртутный** Quecksilber[strahl]unterbrecher *m*
~ **тока** Stromunterbrecher *m*
~/**турбинный** Turbinenunterbrecher *m*
~/**электролитический** elektrolytischer Unterbrecher *m*, Wehnelt-Unterbrecher *m*
~/**электромагнитный** elektromagnetischer Unterbrecher *m*
прерывать unterbrechen, abbrechen
прерывистый unterbrochen, aussetzend, intermittierend; ruckweise
прерывность *f* Unstetigkeit *f*, Diskontinuität *f*
прерывный unstetig, diskontinuierlich
преселектор *m (Rf)* Vorselektionsstufe *f*, Hochfrequenzvorstufe *f*
преселекция *f (Rf)* Vorselektion *f*
пресс *m* Presse *f*
~/**арочный** Portalpresse *f*
~/**блокообжимный** Buchblockabpreßmaschine *f*, Abpreßmaschine *f (Buchbinderei)*
~/**болтоковочный** Bolzenschmiedepresse *f*, Bolzenschmiedemaschine *f*
~/**бортовальный** *s.* ~/**отбортовочный**
~/**бортовальный гидравлический** hydraulische Bördelpresse *f*
~/**брикетировочный** *(Met)* Brikettierpresse *f*, Paketierpresse *f (Schrott)*
~/**брикетный** *(Lw)* Brikettierpresse *f*; Pelletierpresse *f*
~ **Бринелля** Kugeldruckhärteprüfer *m*, Kugeldruckpresse *f*, Brinell-Presse *f*, Brinell-Härteprüfer *m*
~ **Бринелля с измерением глубины отпечатка** Kugeldruckpresse *f* mit Tiefenmessungen
~ **Бринелля с проекционным аппаратом** Kugeldruckpresse *f* mit Projektionsgerät
~/**быстродействующий ковочный** Schnellschmiedepresse *f*
~/**быстроходный** Schnellpresse *f*, schnelllaufende Presse *f*, Schnelläuferpresse *f*
~/**быстроходный вытяжной** Schnelläuferziehpresse *f*, schnellaufende Ziehpresse *f*
~/**вакуумный** Vakuumpresse *f*
~/**вакуумный ленточный** *(Ker)* Vakuumstrangpresse *f*
~/**валочный** Ziehpresse *f*
~/**вальцовый** *(Pap)* Walzenpresse *f*
~/**вальцовый короотжимный** *(Pap)* Walzenrindenpresse *f*
~/**вертикальный** stehende Presse *f*
~/**вертикальный кривошипный ковочно-штамповочный** Gesenkschmiedepresse *f* geschlossener Ausführung, Starrpresse *f*, Vertikalexzenterschmiedepresse *f*
~/**вертикальный кривошипный штамповочный** stehende Freiform- und Gesenkschmiedekurbelpresse *f*
~/**винтовой** 1. Spindelpresse *f*, Schraubenpresse *f*; 2. *s.* **шнек-пресс**
~/**винтовой короотжимный** *(Pap)* Schneckenrindenpresse *f*
~/**винтовой фрикционный** Reib[rad]-spindelpresse *f*, Friktionsspindelpresse *f*
~/**воздушно-гидравлический** lufthydraulische Presse *f*
~/**воздушный** Druckluftpresse *f*, druckluftbetriebene Presse *f*, pneumatische Presse *f*
~/**вулканизационный** *(Gum)* Vulkanisierpresse *f*
~/**выгибочный** *s.* ~/**отбортовочный**

~/вырубной Abtrennpresse *f*, Schnittpresse *f*, Schneidpresse *f*
~/вырубной кривошипный Abtrennkurbelpresse *f*
~/высадочный Stauchpresse *f*
~/вытяжной Ziehpresse *f*
~/вытяжной гидравлический hydraulische Tiefziehpresse *f*
~/вытяжной кулачковый Kurvenscheibenziehpresse *f*
~ Гагарина Gagarin-Presse *f* *(Prütmaschine für Zug-, Druck- und Biegebeanspruchung)*
~/гаечный Mutternstauchpresse *f*; Mutternstanzpresse *f*
~/гибочный Biegepresse *f*, Umbiegemaschine *f*
~/гидравлический hydraulische Presse *f*, Kolbenpresse *f*
~/гидравлический гибочный hydraulische Biegepresse *f*
~/гидравлический двухстоечный hydraulische Doppelständerpresse *f*
~/гидравлический ковочный hydraulische Freiformschmiedepresse *f*
~/гидравлический листоштамповочный котельный hydraulische Kümpelpresse *f*
~/гидравлический матричный *(Typ)* hydraulische Maternprägepresse *f*
~/гидравлический одностоечный hydraulische Einständerpresse (Auslegerpresse) *f*
~/гидравлический подгибочный hydraulische Abkantpresse *f*
~/гидравлический протяжной hydraulische Ziehpresse *f*
~/гидравлический прошивной hydraulische Lochpresse *f*
~/гидравлический прошивочно-протяжной [комбинированный] kombinierte hydraulische Loch- und Ziehpresse *f*
~/гидравлический прутковый hydraulische Strangpresse *f*
~/гидравлический рамный hydraulische Rahmenbiegepresse *f*
~/гидравлический штамповочный hydraulische Gesenkschmiedepresse *f*
~/гидромерейный *(Led)* hydraulische Chagrinierpresse *f*
~/гладкий *(Text)* volle Presse *f* *(Schnellläufer-Kettenwirkmaschine)*
~ глубокой вытяжки Tiefziehpresse *f*
~/гнутарный *(Holz)* Biegepresse *f*
~ Говарда Howard-Presse *f*
~/горизонтально-гибочный Horizontalbiegepresse *f*
~/горизонтальный 1. liegende Presse *f*; 2. *(Pap)* *s.* **~/прямой**
~ горячего прессования Warmpresse *f*
~ горячей штамповки 1. Gesenkschmiedepresse *f*, Gesenkwarmpresse *f*; 2. Tiefziehpresse *f*
~/горячий Warmpresse *f*
~ двойного действия doppeltwirkende Presse *f*
~ двойного действия/вытяжной doppeltwirkende Tiefziehpresse *f*
~ двойного действия/гидравлический листоштамповочный hydraulische doppeltwirkende Kaltstanze *f*
~ двойного действия/кривошипный doppeltwirkende Kurbelpresse *f*
~/двухдисковый фрикционный Zweischeibenspindelpresse *f*
~/двухколонный Zweisäulenpresse *f*
~/двухкривошипный Doppelkurbelpresse *f*
~/двухкривошипный коленный Presse *f* mit Kurbelschwingenantrieb
~/двухстоечный Doppelständerpresse *f*, Zweiständerpresse *f*
~/двухстоечный вытяжной Doppelständerziehpresse *f*
~/двухстоечный кривошипный Doppelständerkurbelpresse *f*
~/двухстоечный кривошипный вытяжной Doppelständerkurbelziehpresse *f*
~/двухстоечный эксцентриковый Doppelständerexzenterpresse *f*
~/двухударный Doppeldruckpresse *f*
~/двухшатунный Doppelexzenterpresse *f*
~ для броневых плит/кузнечный Panzerplattenschmiedepresse *f*
~ для выгибки и калибровки колёсных дисков Radscheibenkümpelpresse *f*
~ для выдавливания Strangpresse *f*
~ для выдавливания металла в горячем состоянии Warmfließpresse *f*
~ для выдавливания профилей Profilpresse *f*
~ для выдавливания прутков Stabpresse *f*, Stangenpresse *f*, Strangpresse *f*
~ для выдавливания труб Rohrpresse *f*
~ для вытяжки колёс Räderziehpresse *f*
~ для гибки броневых плит Panzerplattenbiegepresse *f*
~ для глубокой вытяжки Tiefziehpresse *f*
~ для горячего выдавливания Warmpresse *f*
~ для горячего прессования Warmpresse *f*
~ для колёсных дисков/прави́льный Radscheibenrichtpresse *f*
~ для листовой штамповки Stanzpresse *f*, Blechpresse *f*
~ для ломки слитков Blockbrecher *m*
~ для обработки металла в холодном состоянии Kaltpresse *f*
~ для осадки труб Rohrstauchpresse *f*
~ для осаживания и калибровки труб Rohrstauch- und Kaliberpresse *f*
~ для осаживания труб Rohrstauchpresse *f*

~**для пакетирования скрапа** Schrott[paketier]presse *f*
~ **для плющильных работ** Plattenpresse *f*
~ **для правки труб** Rohrrichtpresse *f*
~ **для прессования** Strangpresse *f*
~ **для сена** Heupresse *f*
~ **для соломы** Strohpresse *f*
~ **для стружечных плит/экструзионный** *(Holz)* Strangpresse *f* für Spanplatten
~ **для тиснения/коленчатый рычажный** *(Typ)* Kniehebelprägepresse *f*
~ **для тиснения с обогревом стола и прессующей головки** *(Typ)* kopf- und tischbeheizte Prägepresse *f*
~ **для формовки подошв и стелек** *(Led)* Sohlenformmaschine *f*
~ **для холодной штамповки** Stanzpresse *f*
~ **для штамповки выдавливанием** Fließpresse *f*
~ **для штамповки подошв** *(Gum)* Sohlenformpresse *f*
~ **для штамповки с подогревом** Halbwarmpresse *f*
~/**допрессовочный** Fertigpresse *f*, Nach[form]presse *f*
~/**дыровочный** *s.* ~/**дыропробивной**
~/**дыропробивной** Lochpresse *f*, Lochmaschine *f*; Perforierpresse *f*
~/**жомовый** *(Lw)* Schnitzelpresse *f*
~/**закалочный** Härtepresse *f*
~/**закаточный и бортовочный** Bördel- und Flanschierpresse *f*
~/**замыкающий** *(Plast)* Formschließeinheit *f* *(einer Spritzgießmaschine)*
~/**испытательный** Druckpresse *f* *(hydraulische Presse für Druckprüfungen)*
~/**калибровочный** Kalibrierpresse *f*
~/**кипный** Ballenpresse *f*
~/**кирпичеделательный** Ziegelpresse *f*
~/**клеильный** *(Pap)* Leimpresse *f*
~/**клепальный** Niet[en]presse *f*
~/**клиновой** Keilpresse *f*
~/**ковочно-гидравлический** hydraulische Schmiedepresse *f*
~/**ковочный** Schmiedepresse *f*, Schmiedemaschine *f*, Stauchpresse *f*, Freiformschmiedepresse *f*, Presse *f* für Freiform- und Gesenkschmieden
~/**коленный** Kniehebelpresse *f*
~/**коленчато-рычажный** Kniehebelpresse *f*
~/**коленчато-шарнирный** Kniehebelpresse *f*
~/**коленчатый** Kniehebelpresse *f*
~/**кольцевой** Ring[walzen]presse *f*
~/**кольцевой брикетный** *(Lw)* Pelletierpresse *f* mit Ringmatrize
~/**комбинированный** Verbundpresse *f*
~/**корзиночный** Korbpresse *f*
~/**короотжимный** *(Pap)* Rindenpresse *f*, Schalspänepreßwerk *n*
~/**котельный листоштамповочный** Kesselschuß- und Kümpelpresse *f*
~/**кривошипно-коленный** Kniehebelpresse *f*
~/**кривошипно-коленный чеканочный** Kniehebelprägepresse *f*
~/**кривошипный** Kurbelpresse *f*; Exzenterpresse *f*
~ **кривошипный вытяжной** Kurbelziehpresse *f*, Kurbeltriebpresse *f*
~/**кривошипный горячештамповочный** Warmgesenkschmiedepresse *f*
~/**кривошипный обрезной** Abgratexzenterpresse *f*, Entgrateexzenterpresse *f*; Abscherexzenterpresse *f*
~/**кривошипный рычажный** Kniehebelbreitziehpresse *f*
~/**кривошипный штамповочный** Kurbelgesenkschmiedepresse *f*; Exzentergesenkschmiedepresse *f*
~/**кромко[за]гибочный** Abkantpresse *f*; Falzpresse *f*
~/**кузнечный** *s.* ~/**ковочный**
~/**кулачковый** Kurvenscheibenpresse *f*
~/**ленточный [кирпичеделательный]** Strangpresse *f*, Ziegelstrangpresse *f*
~/**листогибочный** Plattenbiegepresse *f*, Blechbiegepresse *f*; Abkantpresse *f*
~/**листоштамповочный** Presse *f* für Kalt- und Warmumformung von dicken Blechen *(russischer Sammelbegriff für Tiefzieh-, Schneid- und Biegepressen sowie Gesenkschmiedepressen für Bleche in Ausführung als hydraulische, Kurbel-, Spindel- und Reibspindelpressen)*
~/**литьевой** *(Plast)* Spritzgießmaschine *f*
~/**лощильный** *(Pap)* Glättpresse *f*, Satinierwerk *n*
~/**малковочный** Schmiegepresse *f*
~/**матрично-сушильный** *(Typ)* Materntrockenpresse *f*
~/**матричный** *(Typ)* Maternprägepresse *f*, Matrizenprägepresse *f*
~/**маятниковый** Pendelschlagpresse *f*
~/**мерсеризационный** *(Text)* Merzerisierpresse *f*, Alkalisierpresse *f* *(Chemiefaserherstellung)*
~/**многодисковый фрикционный винтовой** Mehrscheiben-Reib[rad]spindelpresse *f*, Mehrscheiben-Friktionsspindelpresse *f*
~ **многократного действия** Stufenpresse *f*, Mehrstempelpresse *f*, Mehrfachpresse *f*, mehrfach wirkende Presse *f*
~/**многоплунжерный** Vielstempelpresse *f*
~/**многопозиционный** Stufenpresse *f*, Mehrstempelpresse *f*, mehrfach wirkende Presse *f*; Rundlaufpresse *f* *(Pulvermetallurgie)*
~/**многопуансонный** Mehrstempelpresse *f*, Mehrstößelpresse *f*

~/**многостоечный** Mehrständerpresse *f*
~/**многостоечный фрикционный винтовой** Mehrständer-Reib[rad]spindelpresse *f*, Mehrständer-Friktionsspindelpresse *f*
~/**многошпиндельный** Stufenpresse *f*, Mehrstempelpresse *f*, Mehrfachpresse *f*, mehrfach wirkende Presse *f*
~/**мокрый** *(Pap)* Naßpresse *f*
~/**мылохолодильный** Seifenkühlpresse *f*
~/**мылоштампующий** Seifen[präge]presse *f*
~/**ножной рычажный** Fußhebelpresse *f*, Trittpresse *f*
~/**обжимный** 1. *(Wlz)* Stauchpresse *f* *(Blockwalzen)*; 2. *(Typ)* Abpreßmaschine *f*
~/**обратный** *(Pap)* Wendepresse *f*
~/**обратный отсасывающий** *(Pap)* Saugwendepresse *f*
~/**обрезной** Abgratpresse *f*, Entgratepresse *f*; Abscherpresse *f*
~/**обтяжной** Reckziehpresse *f*, Streck[zieh]presse *f*
~ **одинарного действия** Einstempelpresse *f*, Einfachpresse *f*, einfach wirkende Presse *f*
~/**однодисковый фрикционный** Einscheibenspindelpresse *f*, Reibrollenpresse *f*, Spindelschlagpresse *f*
~/**одноколонный** Einständerpresse *f*, einhüftige Presse *f*
~/**однокорзиночный** Einfachkorbpresse *f*
~/**одноползунный** Einstempelpresse *f*, Einfachpresse *f*, einfach wirkende Presse *f*
~/**одностоечный** Einständerpresse *f*, einhüftige Presse *f*
~/**одностоечный винтовой** Einständer-Reib[rad]spindelpresse *f*, Einständer-Friktionsspindelpresse *f*
~/**одностоечный вытяжной** Einständerziehpresse *f*
~/**одностоечный кривошипный** Einständerkurbelpresse *f*, Stirnkurbelpresse *f*; Einständerexzenterpresse *f*
~/**одностоечный кузнечный** Einständerschmiedepresse *f*
~/**одностоечный эксцентриковый** Einständerexzenterpresse *f*
~ **одностороннего действия** einseitig wirkende Presse *f* *(Pulvermetallurgie)*
~/**освинцовочный** Bleipresse *f* *(Kabel)*
~/**отбортовочный** Bördelpresse *f*; Kümpelpresse *f*
~/**отжимный** *(Led)* Abwelkpresse *f*
~/**открытый двухстоечный** Doppelständerpresse *f*
~/**отсасывающий** *(Pap)* Saugpresse *f*
~/**отсасывающий экстракторный** *(Pap)* Saugextraktorpresse *f*
~/**пакетировочный** Paketierpresse *f*, Schrott[paketier]presse *f*
~/**паковально-обжимный** *(Typ)* Pack- und Schnürpresse *f*
~/**паровой гладильный** *(Text)* Dampfbügelpresse *f*
~/**парогидравлический** dampfhydraulische Presse *f*
~/**пачковязальный** *(Typ)* Bündelpresse *f*
~/**перевёрнутый** *(Pap)* Saugwendepresse *f*
~/**переплётно-обжимный** *(Typ)* Einbandabpreßmaschine *f*
~/**перфорационный** Lochpresse *f*, Lochmaschine *f*, Perforierpresse *f*
~/**плющильно-вытяжной** Breitziehpresse *f*
~/**пневматический** druckluftbetriebene Presse *f*, Druckluftpresse *f*
~/**подгибочный** Abkantpresse *f*
~/**позолотный** *(Typ)* Vergoldepresse *f*; *i.w.S.* Prägepresse *f*
~/**портальный** Portalpresse *f*
~/**поршневой короотжимный** *(Pap)* Kolbenrindenpresse *f*
~ **последовательного действия** Stufenpresse *f*, Mehrstempelpresse *f*, Mehrfachpresse *f*, mehrfach wirkende Presse *f*
~ **последовательного действия/двухстоечный** Doppelständerstufenpresse *f*
~/**пра́вильно-гибочный** Richt- und Biegepresse *f*
~/**пра́вильный** Richtpresse *f*
~/**предварительный** *(Pap)* Vorpresse *f*, Vorgautsche *f*
~/**прижимный** *(Wlz)* Andrückpresse *f*
~/**пробивной** Lochpresse *f*, Lochmaschine *f*; Perforierpresse *f*
~ **простого действия** Einstempelpresse *f*, Einfachpresse *f*, einfach wirkende Presse *f*
~ **простого действия/вытяжной** einfach wirkende Tiefziehpresse *f*
~ **простого действия/гидравлический листоштамповочный** hydraulische einfach wirkende Kaltstanze *f*
~ **простого действия для холодной ковки** Einfachkaltschmiedepresse *f*
~ **простого действия/кривошипный** einfach wirkende Kurbelpresse *f*
~/**протяжной** Ziehpresse *f*; [hydraulische] Rohrkaltziehpresse *f* *(Verminderung des Rohrquerschnitts und Abnahme der Wanddicke durch Ziehen)*
~/**профилировочно-гибочный** Abkantpresse *f*
~/**прошивной** 1. Lochpresse *f*, Lochmaschine *f*; Perforierpresse *f*; 2. Einsenkpresse *f* *(Pulvermetallurgie)*
~/**прошивной протяжной** Lochziehpresse *f*

~/**прошивочно-протяжной** kombinierte [hydraulische] Loch- und Ziehpresse *f* *(Herstellung z. B. von Hochdruckgefäßen aus Schmiedeblöcken im warmen Zustand)*
~/**прутковый** [hydraulische] Strangpresse *f* *(zur Herstellung von Stangen aus NE-Metallen)*
~/**прямой** *(Pap)* Liegepresse *f*
~/**разгонно-штамповочный** Kümpelpresse *f*
~/**рамный** Portalpresse *f*
~/**растяжной** Reckziehpresse *f*
~/**ребросклеивающий** *(Holz)* Kantenleimpresse *f*
~/**реечно-рычажный** Zahnstangenhebelpresse *f*
~/**реечный** Zahnstangenpresse *f*
~/**рельсогибочный** Schienenbiegepresse *f*, Schienenbiegemaschine *f*
~/**рельсоправильный** Schienenrichtpresse *f*
~/**роговой** Hornpresse *f*, Aufweitepresse *f*
~/**ротационный** Drehtischpresse *f* *(Pulvermetallurgie)*
~/**ручной винтовой** Handspindelpresse *f*
~/**ручной рычажный** Handhebelpresse *f*
~/**рычажно-коленный многопозиционный** Mehrstufenkniehebelpresse *f*
~/**рычажно-эксцентриковый** Hebelexzenterpresse *f*
~/**рычажный** Hebelpresse *f*, Kurbelpresse *f*, Kniehebelpresse *f*
~ **с верхним давлением** Oberdruckpresse *f*
~ **с верхним приводом** Presse *f* mit Oberantrieb
~ **с выравнивающим механизмом** Presse *f* mit Ausgleichtrieb
~ **с глухой матрицей** Stopfenpresse *f*
~ **с двухколонной станиной/гидравлический** hydraulische Doppelsäulenpresse *f*
~ **с коленчатым рычагом** Kniehebelpresse *f*
~ **с колоннами/гидравлический** hydraulische Säulenpresse *f*, hydraulische Presse *f* mit Säulenführung
~ **с кулачковым приводом** Kurvenscheibenpresse *f*
~ **с кулачковым приводом/вытяжной** Kurvenscheibenziehpresse *f*
~ **с нагревом для производства стружечных плит/ярусный** *(Holz)* Etagenheizpresse *f* für Spanplattenherstellung
~ **с нижним давлением** Unterdruckpresse *f*
~ **с нижним приводом** Presse *f* mit Unterantrieb
~ **с обогревом** Warmpresse *f*
~ **с подогревом/штамповочный** Halbwarmgesenk[schmiede]presse *f*
~ **с тремя коническими дисками/фрикционный** Vincent-Presse *f*, Kegelscheibenspindelpresse *f*
~ **с фрикционным роликовым приводом** Reibrollenspindelpresse *f*, Spindelpresse *f* mit Reibrollenantrieb
~ **с четырёхколонной станиной/гидравлический** hydraulische Viersäulenpresse *f*
~/**сварочный** *s.* **машина-пресс/контактная**
~/**сглаживающий** *s.* ~/**лощильный**
~/**сдвоенный** Doppelpresse *f*
~ **со столом/эксцентриковый** Tischexzenterpresse *f*
~/**сортогибочный** Profilbiegepresse *f*
~/**сплошной** *s.* ~/**гладкий**
~/**ступенчатый** Stufenpresse *f*, Mehrstempelpresse *f*, Mehrfachpresse *f*, mehrfach wirkende Presse *f*
~/**сукноведущий** *(Pap)* Filzleitpresse *f*
~/**сушильный** *(Pap)* Trockenpresse *f*
~/**таблеточный** Tablettenpresse *f* *(Pulvermetallurgie)*
~/**торфяной** Torfpresse *f*
~/**трёхдисковый фрикционный** Dreischeibenspindelpresse *f*
~ **тройного действия** Dreistufenpresse *f*, Dreistempelpresse *f*, Dreifachpresse *f*, dreifach wirkende Presse *f*
~ **тройного действия/вытяжной** dreifach wirkende Tiefziehpresse *f*
~/**трубный** [hydraulische] Strangpresse *f* *(zur Herstellung von Rohren aus NE-Metallen)*
~/**трубный гидравлический** hydraulische Rohrpresse *f*
~/**трубоволочильный** Rohrziehpresse *f*
~/**трубопрутковый** [hydraulische] Strangpresse *f* *(zur Herstellung von Rohren, Stangen und Profilen aus NE-Metallen)*
~ **ударного действия** *(Wkst)* Schlagpresse *f*, Hammerpresse *f*
~/**узорный** *(Text)* Musterpresse *f* *(Schnellläufer-Kettenwirkmaschine)*
~/**универсальный** Universal[werkstoff]-prüfmaschine *f*
~/**уникальный** Einzweckpresse *f*, Spezialpresse *f*, Sonderpresse *f*
~/**утюжно-мерейный** *(Led)* Platten-Chagrinier-, Satinier- und Bügelpresse *f*
~/**уширительный** Aufweitpresse *f*, Hornpresse *f*
~/**фальцовочный** Falzpresse *f*
~/**фанерно-гладильный** *(Holz)* Furnierplanpresse *f*
~/**фанерный** *(Holz)* Furnierpresse *f*
~/**формовочный** *(Gieß)* Preßformmaschine *f*, Form[en]presse *f*
~/**фрикционный** Reib[rad]presse *f*, Reibrollenpresse *f*, Friktionspresse *f*, Reibtriebpresse *f*
~/**фрикционный бездисковый** Reibrollenspindelpresse *f*, Spindelpresse *f* mit Reibrollenantrieb

~/**фрикционный винтовой** Reib[rad]-spindelpresse *f*, Friktionsspindelpresse *f*
~/**фрикционный роликовый** Reibrollen-spindelpresse *f*, Spindelpresse *f* mit Reibrollenantrieb
~ **Фультона/короотжимный** *s.* ~/**вальцовый короотжимный**
~/**холодно-высадочный** Kaltstauchpresse *f*, Kaltstauchmaschine *f*
~ **холодного выдавливания** Kaltfließ-presse *f*
~ **холодного осаживания** Kaltstauch-presse *f*, Kaltstauchmaschine *f*
~ **холодного прессования** Kaltpresse *f*, Kaltfließpresse *f*
~ **холодного прессования двойного действия** Doppeldruckkaltfließpresse *f*
~/**цепной короотжимный** *(Pap)* Kettenrindenpresse *f*
~/**чеканный** *s.* ~/**чеканочный**
~/**чеканочный** 1. Kalibrierpresse *f* *(Gesenkschmieden)*; 2. Prägepresse *f*, Prägemaschine *f*
~/**челюстной вулканизационный** Maul-[vulkanisier]presse *f*
~/**червячно-отжимный** Abstreich-Schneckenpresse *f*
~/**червячный** *s.* **шнек-пресс**
~/**четырёхдисковый фрикционный** Vierscheibenspindelpresse *f*
~/**четырёхколонный** Viersäulenpresse *f*
~/**четырёхколонный фрикционный винтовой** Viersäulen-Reib[rad]spindel-presse *f*, Viersäulen-Friktionsspindel-presse *f*
~/**четырёхстоечный кузнечный** Viersänderschmiedepresse *f*
~/**шнековый короотжимный** *(Pap)* Schneckenrindenpresse *f*
~/**шпиндельный** Spindelpresse *f*
~/**штамповочно-калибровочный** Gesenk-schmiedepresse *f*
~/**штамповочный** 1. Gesenk[schmiede]-presse *f*; 2. Stanze *f*, Stanzpresse *f*, Stanzmaschine *f*; 3. Prägepresse *f*, Prägemaschine *f*
~/**штамповочный гидравлический** hydraulische Gesenkpresse *f*
~/**штемпельный** Kurbelpresse *f*; Exzenterpresse *f*
~/**штемпельный прави́льный** Stempel-richtpresse *f*, Stempelrichtmaschine *f*
~/**экстракторный** *(Pap)* Extraktorpresse *f*
~/**эксцентриковый** Exzenterpresse *f*; Kurbelpresse *f*
~/**эксцентриковый вытяжной** Exzenter-ziehpresse *f*
~/**электрогидравлический** elektrohydraulische Presse *f*
~/**этажный вулканизационный** Etagen-[vulkanisier]presse *f*

пресс-автомат *m* Preßautomat *m*, automatische Presse *f*, Stufenpresse *f*
~/**многопозиционный** Mehrfachpreßautomat *m*, Mehrstufenpreßautomat *m*, Mehrfachpresse *f*
пресс-брикетировщик *m (Lw)* Brikettier-presse *f*; Pelletierpresse *f*
пресс-гранулятор *m (Lw)* Pelletierpresse *f*
пресс-инструмент *m*/**многократный** Mehrteilpreßwerkzeug *n (Pulvermetallurgie)*
пресс-котёл *m (Ch)* Kesselpresse *f*
пресс-магнит *m* Sintermagnet *m*
пресс-ножницы *pl* Pressenschere *f*, Sortenstahlschere *f (Gesenkschmieden von der Stange)*; *(Schiff)* Durchschiebeschere *f*
прессование *n* Pressen *n*
~ **без отходов** Fertigpressen *n*
~/**безоболочковое** Pressen *n* ohne Schale *(Pulvermetallurgie)*
~ **в вакууме** Vakuumpressen *n (Pulvermetallurgie)*
~ **в горячем состоянии** 1. Strangpressen *n*; 2. Warmfließpressen *n*
~ **в рубашке** Pressen *n* mit Schale *(Pulvermetallurgie)*
~ **в холодном состоянии** Kaltfließpressen *n*
~ **в штампах** Gesenkpressen *n*
~ **в эластичной оболочке** isostatisches Pressen *n (Pulvermetallurgie)*
~/**взрывное** Explosionspressen *n (Pulvermetallurgie)*
~ **выдавливанием** 1. Strangpressen *n*; 2. Fließpressen *n*
~/**газостатическое** isostatisches Pressen *n* mit Gas als Druckmedium *(Pulvermetallurgie)*
~/**гидростатическое** hydrostatisches Pressen *n (Pulvermetallurgie)*
~/**горячее** 1. Strangpressen *n*; 2. Warmfließpressen *n*; 3. Preßsintern *n*, Sinterpressen *n (Pulvermetallurgie)*; 4. *(Plast)* Formpressen *n*, Warmpressen *n*; 5. *(Lebm)* Warmpressen *n*, warmes Auspressen *n*
~/**двустороннее** beidseitiges (doppelseitiges) Pressen *n (Pulvermetallurgie)*
~/**двукратное** zweimaliges Pressen *n*, Doppelpressen *n (z. B. von Pulvern)*
~/**динамическое** dynamisches Pressen *n*, Hochgeschwindigkeitspressen *n (Pulvermetallurgie)*
~/**динамическое горячее** dynamisches Warmpressen *n (Pulvermetallurgie)*
~/**дополнительное** Nachpressen *n*
~ **жидкого металла** Flüssigpressen *n*
~/**изостатическое** isostatisches Pressen *n (Pulvermetallurgie)*
~/**инжекционное** *(Plast)* Spritzgießen *n*
~ **картона** Pappenpressen *n*
~ **картона/горячее** Heißpressen *n (Pappe)*

~/компрессионное *s.* ~/горячее 2.
~ листового картона Bogenpappenpressen *n*
~/литьевое 1. *(Plast)* Spritzpressen *n*, Transferpressen *n*; 2. *(Met)* Preßguß *m*
~/магнитоимпульсное Magnetimpulspressen *n (Pulvermetallurgie)*
~ металлов Strangpressen *n (Stangen, Rohre)*
~/многократное Mehrfachpressen *n (Pulvermetallurgie)*
~/мокрое *(Pap)* Naßpressen *n*
~/мундштучное Strangpressen *n (Pulvermetallurgie)*
~ на ленточном прессе *(Ker)* Strangpressen *n*
~/оболочковое Pressen *n* mit Schale *(Pulvermetallurgie)*
~/обратное 1. indirektes Strangpressen *n*, Hohlstempelstrangpreßverfahren *n*; 2. Gegenfließpressen *n*, Gegenfließpreßverfahren *n*
~/однократное einmaliges Pressen *n*, Einfachpressen *n (Pulvermetallurgie)*
~/одностороннее einseitiges Pressen *n (Pulvermetallurgie)*
~/одностороннее холодное Einfachkaltpressen *n (Pulvermetallurgie)*
~/окончательное Fertigpressen *n*
~ по обращённому методу *s.* ~/обратное
~ под высоким давлением *(Gieß)* Hochdruckpressen *n*, Hochdruckpreß[form]-verfahren *n*
~/полусухое *(Ker)* Halbnaßpressen *n*
~/предварительное Vorpressen *n*, Vorpressung *f (Pulvermetallurgie)*
~/прецизионное *s.* ~/точное
~ при кристаллизации Flüssigpressen *n*
~ профилей Strangpressen *n* von Profilmaterial
~ прутков Strangpressen *n* von Stangen
~/прямое direktes Strangpressen *n (Stangen, Rohre)*
~ ролевого картона Rollenkartonpressen *n*
~/сухое *(Ker)* Trockenpressen *n*, dosiertes Pressen *n*
~/точное Präzisionspressen *n*, Genaupressen *n (Strang- und Fließpressen)*
~/точное горячее 1. Präzisionsstrangpressen *n*; 2. Präzisionswarmfließpressen *n*
~/трансферное *s.* ~/литьевое 1.
~ увлажнённой массы *(Ker)* Feuchtpressen *n*, undosiertes Pressen *n*
~/холодное 1. Kaltpressen *n*, Pressen *n* unterhalb der Rekristallisationstemperatur; 2. Kaltfließpressen *n*; 3. *(Lebm)* Kaltpressen *n*, kaltes Auspressen *n*
~/центробежное Zentrifugalpressen *n (von Schlicker; Pulvermetallurgie)*

прессовать pressen
прессовка *f s.* 1. прессование; 2. Preßling *m (s. a.* ~/спечённая*)*
~/спечённая Sinterformteil *n*, Preßkörper *m (Pulvermetallurgie)*
прессовыдувание *n (Glas)* Preßblasen *n*
прессостат *m (Kält)* Pressostat *m*, Unterdrucksicherheitsschalter *m*
прессостаток *m (Met)* Preßrest *m*, Blockrest *m (beim Strang- und Fließpressen)*
пресс-отжим *m (Text)* Presse *f* mit Abschlag *(französische Rundwirkmaschine)*
пресспат *m (Pap)* Entwässerungsmaschine *f*; Holzschliffentwässerungsmaschine *f*; Zellstoffentwässerungsmaschine *f*
пресcплунжер *m (Gieß)* Preßstempel *m (Druckgießmaschine)*
пресс-подборщик *m (Lw)* Sammelpresse *f*, Räumpresse *f*
~/рулонный Rundballensammelpresse *f*, Rollballensammelpresse *f*
пресс-полуавтомат *m* halbautomatische Presse *f*, Preßteilautomat *m*
пресс-порошок *m* Preßpulver *n*, Pulver *n* zum Pressen *(Pulvermetallurgie)*
пресс-роллер *m*/вращающийся *(Lw)* Koller *m (Ringmatrize)*
прессуемость *f* Preßbarkeit *f*, Preßverhalten *n (Pulvermetallurgie)*
пресс-форма *f (Gieß)* Preßform *f*, Spritzform *f (Feingießverfahren)*; Druckgießform *f*, Druckgußform *f*; Preßwerkzeug *n (Pulvermetallurgie)*; *(Plast)* Preßform *f*
~ для литьевого прессования Spritzpreßform *f*
~ для литья под давлением Spritzgießform *f*, Spritzgußform *f*
~/калибровочная Kaliberpreßwerkzeug *n (Pulvermetallurgie)*
~/многогнёздная Mehrfachform *f*
~/многократная Mehrteilpreßwerkzeug *n (Pulvermetallurgie)*
~/одногнёздная Einfachform *f*
~/разъёмная geteilte Matrize *f (Pulvermetallurgie)*
пресс-шайба *f* 1. Druckscheibe *f*, Preßscheibe *f (Strangpressen)*; 2. Fließpreßstempel *m*
~/контрольная Ausstoßscheibe *f (beim Strangpressen)*
прессшпан *m* Preßspan *m*
префикс *m (Dat)* Präfix *m*
прецессия *f* 1. *(Mech)* Präzession *f (Kreisel)*; 2. *(Astr)* Präzession *f (Verlagerung der Schnittpunkte des Himmelsäquators mit der Ekliptik längs der Ekliptik)*
~ в экваторе/общая годичная *(Astr)* Präzessionskomponente *f* in Äquatorebene
~ в эклиптике/общая годичная *(Astr)* Präzessionskomponente *f* in Meridianebene

~ Лармора *(Kern)* Larmor-Präzession *f*
~/лунно-солнечная *(Astr)* Lunisolarpräzession *f*
~ Меркурия *(Astr)* Merkurpräzession *f*
~/обратная *(Mech)* retrograde Präzession *f*
~/общая *(Astr)* allgemeine Präzession *f*
~ орбиты *(Astr)* Bahnpräzession *f*, Präzession *f* der Bahn
~ от планет *(Astr)* Planetenpräzession *f*
~/планетная *(Astr)* Planetenpräzession *f*
~ по прямому восхождению/годичная *(Astr)* Präzessionskomponente *f* in Äquatorebene
~ по склонению/годичная *(Astr)* Präzessionskomponente *f* in Meridianebene
~/протонная *(Kern)* Proton[en]präzession *f*
~/прямая *(Mech)* progressive Präzession *f*
~/псевдорегулярная *(Mech)* pseudoreguläre Präzession *f (Kreisel)*
~/регулярная *(Mech)* reguläre Präzession *f (Kreisel)*
преципитат *m* 1. *(Ch)* Niederschlag *m*, Bodenkörper *m*; 2. *s.* **~/плавкий белый**; 3. *s.* **~/неплавкий белый**; 4. *(Lw)* Präzipitat *n*, Dikalziumphosphat *n*
~/неплавкий белый *(Ch)* unschmelzbares weißes Präzipitat *n*, Amidoquecksilber(II)-chlorid *n*
~/плавкий белый *(Ch)* schmelzbares weißes Präzipitat *n*, Diamminquecksilber(II)-chlorid *n*
преципитация *f (Ch)* Fällen *n*, Ausfällen *n*, Niederschlagen *n*, Präzipitieren *n*; Ausfallen *n (eines Niederschlages)*
преципитировать *(Ch)* [aus]fällen, niederschlagen, präzipitieren
прибавка *f* 1. Zulage *f*, Zugabe *f*; 2. Zunahme *f*, Zuwachs *m*
прибавление *n s.* **прибавка**
прибиваемость *f (Mil)* Durchschlagskraft *f*
приближение *n* 1. Herannahen *n*; 2. *(Math, Ph)* Näherung *f*, Annäherung *f*, Approximation *f (s. a. unter* **аппроксимация***)*
~ Бадера *(Math)* Badersche Näherung[sdarstellung] *f*
~ Борна-Оппенгеймера *(Ph)* Born-Oppenheimersche Näherung *f*
~/борновское *(Ph)* Bornsche Näherung *f*
~ Вигнера *(Math)* Wigner-Näherung *f*
~ Гейтлера-Лондона *(Krist)* Heitler-Londonsche Näherung *f*
~ геометрической оптики geometrisch-optische Näherung *f*
~ [квантовой механики]/квазиклассическое quasiklassische Näherung *f*, WKB-Näherung *f*, WKB-Methode *f*, Wentzel-Kramers-Brillouin-Näherung *f (Quantenmechanik)*
~/наилучшее *(Math)* beste Näherung (Approximation) *f*
~/нерелятивистское *(Ph)* nichtrelativistische Näherung *f*
~ Нернста *(Math)* Nernstsche Näherung *f*
~/низкотемпературное Tieftemperaturnäherung *f*
~/нулевое *(Math)* nullte Näherung *f*, Näherung *f* nullter Ordnung
~ Паули *(Math)* Pauli-Näherung *f*
~/последовательное *(Math)* sukzessive Approximation *f*
~/равномерное *(Math)* gleichmäßige Näherung *f*
~ спиновых волн *(Ph)* Spinwellennäherung *f*
~ теории столкновения/борновское *(Ph)* Bornsche Näherung *f*
~ Ферми *(Ph)* Fermi-Näherung *f*
~ Чебышева *(Math)* Tschebyscheffsche Näherung (Approximation) *f*
приближённый angenähert, approximativ
прибой *m* Brandung *f*; Wellenschlag *m*
~ батана *(Text)* Ladenanschlag *m (Webstuhl)*
~ уточины *(Text)* Anschlagen *n* des Schusses *(Weberei)*
прибор *m* 1. Gerät *n (Instrument mit Zubehör)*; Instrument *n*; 2. Zubehör *n*; 3. *(Bw)* Beschlag *m (Fenster, Türen)*; 4. Bauelement *n (Halbleiter)*; 5. *s. unter* **приборы**; *(vgl. auch* **аппарат, инструмент, приспособление, устройство***)*
~ Абеля Abelscher Petroleumprüfer *m (Erdöluntersuchung)*
~ автомобиля/сцепной *(Kfz)* Anhängerkupplung *f*
~ активного контроля *(Reg)* Meßsteuergerät *n*
~ активного контроля/пневматический pneumatisches Meßsteuergerät *n*
~/аналоговый вычислительный Analog[ie]rechengerät *n*
~/аналоговый измерительный analoges Meßgerät *n*
~ Астона *(Kern)* Astonsches Gerät *n*
~/аэронавигационный Flugüberwachungsgerät *n*
~ Баумана *(Wkst)* Kugelschlaghammer *m*, Schlaghärteprüfer *m* nach Baumann
~/бесконтактный berührungslos messendes Gerät *n*
~/болометрический измерительный *(Ph)* bolometrisches Meßgerät *n*, Bolometerbrücke *f*, Bolometer *n*
~ Бринелля *(Wkst)* Kugeldruckhärteprüfer *m*, Kugeldruckpresse *f*, Brinell-Härteprüfer *m*, Brinell-Presse *f*
~/бытовой электрический elektrisches Haushaltsgerät *n*, Elektrohaushaltgerät *n*

~/**бытовой электротепловой** Haushaltelektrowärmegerät *n*
~/**вакуумный** Vakuumgerät *n*
~/**виброизмерительный** mechanisches Schwingungsmeßgerät *n*
~/**визуальный** Sichtgerät *n*
~ **Виккерса** *(Wkst)* Vickers-Härteprüfer *m*
~ **включения [в газоразрядных лампах]** Vorschaltgerät *n (Vorrichtung zum Zünden und Stabilisieren der Entladung bei Entladungslampen)*
~/**возимый дегазационный** *(Mil)* fahrbares (transportables) Entgiftungsgerät *n*
~ **воспроизведения** Wiedergabegerät *n*
~ **воспроизведения звукозаписи** Tonwiedergabegerät *n*
~/**вторичный** 1. Sekundärgerät *n*; 2. nachgeschaltetes Anzeigegerät *n*, Peripheriegerät *n*
~/**выливной авиационный** Flugzeug-Absprühgerät *n*
~/**выливной дегазационный** *(Mil)* Absprühgerät *n*
~/**выпрямительный измерительный** Gleichrichtermeßgerät *n*
~/**высоковольтный измерительный** Hochspannungsmeßgerät *n*
~ **высокой вытяжки/вытяжной** *(Text)* Hochverzugsstreckwerk *n*
~ **высокой вытяжки/четырёхцилиндровый вытяжной** *(Text)* Vierzylinder-Hochverzugsstreckwerk *n* mit allmählich anwachsendem Verzug *(für Feinflyer)*
~ **высокой мощности** Hochleistungsgerät *n*, Hochleistungsinstrument *n*
~ **высокочастотного разряда/ионный** Hochfrequenzgasentladungsröhre *f*
~/**высокочастотный измерительный** Hochfrequenzmeßgerät *n*, HF-Meßgerät *n*
~/**вытяжной** *(Text)* Streckwerk *n (Spinnerei; Ringspinnmaschine)*
~/**вычислительный** Rechengerät *n*
~ **Вюста** *(Wkst)* Fallhärteprüfer *m* nach Wüst
~/**газоразрядный [электровакуумный]** *(Eln)* Gasentladungsröhre *f*
~/**газорежущий (газорезательный)** s. **машина-тележка/газорезательная**
~/**геодезический [измерительный]** geodätisches Meßinstrument *n*, Vermessungsgerät *n*
~ **Герберта** *(Wkst)* Pendelhärteprüfer *m* nach Herbert
~/**германиевый** *(Eln)* Germaniumbauelement *n*
~ **гирокомпаса/основной** *(Schiff)* Mutterkompaß *m (Kreiselkompaß)*
~/**гироскопический [торпедный]** *(Mar)* Kreiselgerät *n (Torpedo)*
~/**градуировочный** Eichgerät *n*, Eichinstrument *n*
~/**дверной** *(Bw)* Türbeschlag *m*
~/**двухконтактный измерительный** Zweipunktmeßgerät *n*
~/**двухремешковый вытяжной** *(Text)* Zweiriemchenstreckwerk *n*
~/**двухремешковый трёхцилиндровый вытяжной** *(Text)* Dreizylinder-Zweiriemchenstreckwerk *n*
~/**девиационный** *(Schiff)* Kompendierungseinrichtung *f (Magnetkompaß)*
~/**дегазационный** *(Mil)* Entgiftungsgerät *n*
~ **дефо** Deformations[meß]gerät *n*, Defometer *n*
~ **дистанционного управления** Fernbedienungsgerät *n*
~/**дифракционный** Beugungsgerät *n*, Diffraktometer *n*
~ **для автоматического выбрасывания детали** automatischer Auswerfer *m*, automatische Auswerfvorrichtung *f (Spitzenlosschleifmaschine beim Durchgangsschleifen)*
~ **для автоматического контроля и управления процессом** BMSR-Gerät *n*, Betriebsmeß-, Steuer- und Regelgerät *n*
~ **для анализа частиц** Teilchenanalysiergerät *n*
~ **для геометрической формы/измерительный** Formgestaltsmeßgerät *n*
~ **для замера микротвёрдости** Mikrohärteprüfer *m*, Mikrohärteprüfgerät *n*
~ **для защиты от перенапряжения** Überspannungsschutzgerät *n*
~ **для измерения блеска** Glanzmesser *m*
~ **для измерения ветра** Windmeßgerät *n*, Windmesser *m*
~ **для измерения влажности** Feuchtemeßgerät *n*, Feuchtemesser *m*
~ **для измерения депрессии** Zugmesser *m*, Unterdruckmesser *m*
~ **для измерения загрязнения** *(Kern)* Kontaminationsmesser *m*, Kontaminationsmeßgerät *n*
~ **для измерения искажений** Verzerrungsmeßgerät *n*, Verzerrungsmesser *m*
~ **для измерения колебаний** Schwingungsmeßgerät *n*, Schwingungsmesser *m*
~ **для измерения конусов** Kegelmeßgerät *n*
~ **для измерения направления зуба** Steigungsprüfgerät *n*, Schrägungswinkelmeßgerät *n (Zahnradmessung)*
~ **для измерения некруглости** Rundheitsmeßgerät *n*
~ **для измерения несоосности** Fluchtungsmeßgerät *n*
~ **для измерения обратного рассеяния** *(Kern)* Rückstreuungsmeßgerät *n*

~ для измерения окружного шага Kreisteilungsmeßgerät *n*, Kreisteilungsprüfgerät *n*

~ для измерения освещённости Beleuchtungsmesser *m*

~ для измерения ослабления излучения Extinktionsmeßgerät *n*

~ для измерения отклонения формы Formmeßgerät *n*

~ для измерения полного сопротивления *(El)* Scheinwiderstandsmeßgerät *n*, Impedanzmesser *m*

~ для измерения скольжения Schlupfmesser *m*

~ для измерения степени радиоактивного загрязнения (заражения) *(Kern)* Verseuchungsmeßgerät *n*

~ для измерения теплового потока Wärmeflußmesser *m*, Wärmestrommesser *m*

~ для измерения теплопроводности Wärmeleitfähigkeitsmesser *m*, Wärmeleitfähigkeitsmeßgerät *n*

~ для измерения толщины покрытия (слоя) Schichtdickenmeßgerät *n*, Schichtdickenmesser *m*

~ для измерения угловых делений Winkelteilungsmeßgerät *n*

~ для измерения ударной твёрдости *(Wkst)* 1. Fallhärteprüfer *m (z. B. nach Wüst oder Schwarz)*; 2. Schlaghärteprüfer *m*

~ для измерения шага Steigungsmeßgerät *n*

~ для измерения шероховатости поверхности Oberflächenmeßgerät *n*, Rauheitsmeßgerät *n*

~ для испытаний клиньями *(Wkst)* Druckkeilprüfgerät *n (indirekte Zugfestigkeitsprüfung von Grauguß)*

~ для испытаний на старение *(Wkst)* Alterungsprüfer *m*

~ для испытаний на усталость при низких температурах *(Wkst)* Gerät *n* zur Prüfung der Wechselfestigkeit bei niedrigen Temperaturen

~ для испытания Prüfgerät *n*, Prüfer *m*, Prüfmaschine *f*

~ для испытания на выдавливание Tiefungsprüfer *m*, Tiefungsprüfgerät *n*, Erichsen-Tiefungsprüfgerät *n*, Erichsen-Blechtiefungsprüfgerät *n*, Erichsen-Apparat *m*

~ для испытания на микротвёрдости Mikrohärteprüfer *m*

~ для испытания на перегиб Hin- und Herbiegeprüfgerät *n*, Hin- und Herbiegeprüfer *m*

~ для испытания на старение Alterungsprüfgerät *n*, Alterungsprüfer *m*

~ для испытания сопротивления продавливанию *(Typ)* Berstdruckprüfer *m*

~ для испытания твёрдости Härteprüfgerät *n*, Härteprüfer *m*, Härtemesser *m*

~ для коленчатых валов/измерительный Nockenwellenprüfgerät *n*

~ для контроля пыли/радиометрический radiometrischer Staubmonitor *m*

~ для контроля радиоактивности воды *(Kern)* Wasserüberwachungsgerät *n*, Wasserüberwachungsanlage *f*

~ для контроля радиоактивности воздуха *(Kern)* Luftüberwachungsgerät *n*, Luftüberwachungsanlage *f*

~ для кулачковых валов/измерительный Nockenwellenprüfgerät *n*

~ для линейного измерения Längenmeßgerät *n*

~ для линейных размеров/измерительный Längenmesser *m (s. a.* **длиномер***)*

~ для обнаружения меченых атомов *(Kern)* Spurenfinder *m*

~ для обнаружения твёрдости *(Wkst)* Härteprüfer *m*, Härteprüfgerät *n*

~ для обнаружения твёрдости методом обкатки Wälzhärteprüfer *m*

~ для обнаружения твёрдости микроскопических объектов Mikrohärteprüfer *m*

~ для обнаружения твёрдости по Мартелу Schlaghärteprüfer *m*, Fallhärteprüfer *m*

~ для обнаружения твёрдости по методу царапания Ritzhärteprüfer *m*

~ для обнаружения твёрдости по Роквеллу Rockwell-Härteprüfer *m*

~ для обнаружения твёрдости по Шору Shore-Härteprüfer *m*, Rückprallhärteprüfer *m*

~ для обнаружения утечек Lecksuchgerät *n*, Leckfinder *m*, Lecksucher *m*

~ для образования разрезных кромок *(Text)* Schnittleistenapparat *m*

~ для обтяжки барабанов кардолентой *(Text)* Aufziehapparat *m* für Tambourbandgarnitur *(Deckelkarde)*

~ для объёма/измерительный Volumenmeßgerät *n*

~ для определения крахмальности картофеля Kartoffelstärkegehaltsprüfer *m*

~ для определения малых деформаций Feindehnungsmesser *m*

~ для определения микротвёрдости *(Wkst)* Mikrohärteprüfer *m*

~ для определения сопротивления раздиранию Durchreißfestigkeitsprüfer *m (Papier)*

~ для определения твёрдости *(Wkst)* Härteprüfer *m*, Härteprüfgerät *n*

~ для определения твёрдости/маятниковый Pendelhärteprüfer *m*

~ для определения твёрдости по Бринеллю Brinell-Härteprüfer *m*

~ **для определения твёрдости по Мартелу** Schlaghärteprüfer *m*, Fallhärteprüfer *m*
~ **для определения твёрдости по Роквеллу** Rockwell-Härteprüfer *m*
~ **для определения твёрдости по Шору** Shore-Härteprüfer *m*, Rückprallhärteprüfer *m*
~ **для определения шероховатости поверхности/оптический** optisches Oberflächenprüfgerät *n*
~ **для отверстий/измерительный** Bohrungsmeßgerät *n*
~ **для отсчёта времени** Zeitmeßanlage *f*, Zeitmeßgerät *n*
~ **для очищения шляпок** *(Text)* Deckelausstoßvorrichtung *f* *(Deckelkarde)*
~ **для плоскостности/измерительный** Ebenheitsmeßgerät *n*
~ **для площадей/измерительный** Flächenmeßgerät *n*
~ **для подводки шляпок** *(Text)* Deckelstellvorrichtung *f* *(Deckelkarde)*
~ **для подслушивания** *(Mil)* Abhörgerät *n*, Mithörgerät *n*
~ **для посадки игл** *(Text)* Setzbock *m*
~ **для посадки початок** *(Text)* Kopsaufstecker *m* *(Weberei)*
~ **для проверки микрометров** Meßschraubenprüfgerät *n*
~ **для проверки на биение** Rundlaufprüfgerät *n*
~ **для проверки угольников** Winkelprüfgerät *n*
~ **для проверки шага резьбы** *(Fert)* Steigungsprüfer *m* *(Gewinde)*
~ **для протравливания** *(Lw)* Beizvorrichtung *f*
~ **для развода** Schränkapparat *m* *(Sägezähne)*
~ **для разрезания ткани** *(Text)* Gewebetrennapparat *m* *(Weberei)*
~ **для расклёпки зубцов** Zahnstauchapparat *m* *(Säge)*
~ **для редоксиметрии/измерительный** Redoxpotentialmeßgerät *n*
~ **для резьбы/измерительный** Gewindemeßgerät *n*
~ **для рихтовки пути** *(Eb)* Spurrichter *m*, Gleisrichtgerät *n*
~ **для чисел оборотов/измерительный** Drehzahlmeßgerät *n*
~/**дозиметрический** *(Kern)* Kernstrahlungsmeßgerät *n*
~/**дроссельный** *(Wmt)* Drosselgerät *n*, Drosseleinrichtung *f*
~/**дымообразующий** *(Mil)* Nebelsprühgerät *n*
~/**дымообразующий авиационный** *(Mil)* Flugzeug-Nebelabsprühgerät *n*
~/**замасливающий** *(Text)* Schmälzvorrichtung *f* *(Krempelwolf)*
~/**записывающий** schreibendes Gerät *n*, Registriergerät *n*, Schreiber *m*
~/**звукозаписывающий** Schallaufzeichnungsgerät *n*, Schallspeichergerät *n*
~/**звукометрический** *(Mil)* Schallmeßgerät *n*
~/**зеркально-линзовый** *(Opt)* Spiegellinseninstrument *n*, katadioptrisches System *n* *(z. B. Spiegellinsenobjektiv)*
~/**зеркальный** *(Opt)* Spiegelinstrument *n* *(z. B. Spiegelteleskop)*
~/**измерительный** Meßgerät *n* *(ein Meßinstrument mit Zubehör)*; Meßinstrument *n*; Meßzeug *n*
~/**измерительный контактный** Kontaktmeßgerät *n*, mechanisches Meßgerät *n*
~/**индикаторный** Anzeigegerät *n*, Sichtgerät *n*, Indikatorgerät *n*
~/**индукционный измерительный** Induktionsmeßgerät *n*
~/**интегрирующий** integrierendes Gerät *n*, Integrationsgerät *n*, Integrator *m*
~/**интерференционный спектральный** Interferenzspektralapparat *m*
~/**ионный** *s.* ~/**газоразрядный [электровакуумный]**
~/**испытательный** Prüfeinrichtung *f*, Prüfvorrichtung *f*, Prüfgerät *n*
~/**кабельный** Kabelmeßgerät *n*
~/**картирующий** Bildkartiergerät *n*, Kartiergerät *n*, Kartograf *m*
~ **Киппа** *(Ch)* Kippscher Apparat *m*
~/**кислородный [дыхательный]** Sauerstoff[atmungs]gerät *n*
~/**командный** Befehlsgerät *n*
~/**коммутационный** schaltbares Gerät *n*
~/**коммутирующий** Schaltgerät *n*
~/**компарирующий измерительный** Vergleichsgerät *n*, Vergleichsmeßgerät *n*
~ **компаса/периферийный** *(Schiff)* Kompaßnebengerät *n* *(z. B. Tochtergeräte)*
~/**контактный угломерный** mechanisches Winkelmeßgerät *n*
~/**контрольно-измерительный** Überwachungsmeßgerät *n*
~/**контрольно-обкатный** Wälzprüfgerät *n*; Abrollprüfgerät *n*
~ **контроля [за параметрами] орудий лова** Netzsonde *f* *(Schleppnetz)*
~/**координатно-измерительный** Koordinatenmeßgerät *n*
~ **кратности** *(Mar)* Zählkontakt *m* *(Mine)*
~/**ламельный** *(Text)* Lamellen-Kettfadenwächter *m* *(Webstuhl)*
~/**ламповый** *(Eln)* Röhrengerät *n*
~/**ламповый измерительный** Röhrenmeßgerät *n*
~ **линейных измерений** Längenmeßgerät *n*
~/**магнитоэлектрический измерительный** magnetelektrisches Meßgerät *n*, Meßgerät *n* mit Dauermagnetmeßwerk

~ **Мартенса** *(Wkst)* Ritzhärteprüfer *m* nach Martens
~ **Мартенс-Пенского** *(Ch)* Martens-Pensky-Flammpunktprüfer *m*
~/**метеорологический** meteorologisches Instrument *n*
~/**микропроекционный** *s.* **микропроектор**
~/**многодиапазонный** *(El)* Vielbereichgerät *n*, Vielfachgerät *n*
~/**многомерный измерительный** Universalmeßgerät *n*
~/**многоцилиндровый вытяжной** *(Text)* Mehrzylinderstreckwerk *n*
~/**многошкальный измерительный** Mehrskalenmeßgerät *n*
~ **на основе германия** Germaniumbauelement *n*
~ **наведения на цель** *(Schiff)* Zielfahrtgerät *n*
~/**навигационно-пилотажный** Flugüberwachungsgerät *n*
~/**нагревательный** Heizkörper *m*, Heizgerät *n*
~/**низкочастотный измерительный** Niederfrequenzmeßgerät *n*
~ **Николаева** *(Wkst)* Fallhärteprüfer *m* nach Nikolajew
~ **ночного видения** *(Mil)* Nachtsichtgerät *n*, Infrarotsichtgerät *n*
~ **ночного видения/активный** *(Mil)* aktives Nachtsichtgerät (Infrarotgerät) *n*
~ **ночного видения/пассивный** *(Mil)* passives Nachtsichtgerät (Infrarotgerät) *n*
~/**нулевой** *(El)* Nullgerät *n* *(Meßgerät für Nullmethoden)*
~ **обнаружения источников помех** Störsuchgerät *n*
~ **обнаружения неисправностей (повреждений)** Fehlerortungsgerät *n*, Fehlersuchgerät *n*
~/**образцовый** *s.* ~/**эталонный**
~/**образцовый измерительный** Vergleichsmeßgerät *n*, Vergleichsinstrument *n*
~ **обычной вытяжки/трёхцилиндровый вытяжной** *(Text)* Dreizylinderstreckwerk *n* mit Normalverzug
~/**одноремешковый вытяжной** *(Text)* Einriemchenstreckwerk *n*
~/**одноремешковый трёхцилиндровый вытяжной** *(Text)* Dreizylinder-Einriemchenstreckwerk *n*
~/**оконный** *(Bw)* Fensterbeschlag *m*
~ **опознавания** *(FO)* Kennungsgerät *n*
~ **опознавания/радиолокационный** Radarkenngerät *n*
~ **определения полярности** *(El)* Polprüfer *m*
~/**оптический квантовый** Laser *m*
~ **оптической звукозаписи** Lichttongerät *n*
~/**оптоэлектронный** 1. optoelektronisches Gerät *n*; 2. optoelektronisches Bauelement *n*
~ **Орса** Orsat-Apparat *m*
~/**осветительный** Beleuchtungsapparat *m*, Beleuchtungskörper *m*, Leuchte *f*
~ **отдачи крепления/гидростатический** *(Schiff)* Wasserdruckauslöser *m* *(Rettungsfloß)*
~/**отопительный** Heizkörper *m*
~ **ощупывания** Tast[schnitt]gerät *n*
~/**парашютный** *(Flg)* Fallschirmautomat *m*
~ **паровоза/перепускной** Überleitungsapparat *m*, Dampfüberleitungsapparat *m*
~ **переменного тока** Wechselstromgerät *n*
~ **переменного тока/измерительный** Wechselstrommeßgerät *n*
~/**периферийный** Nebengerät *n*, Anschlußgerät *n*
~/**печатающий** Drucker *m*
~/**пилотажно-навигационный** Flugüberwachungsgerät *n*
~/**плавучий** *(Schiff)* Rettungsgerät *n*
~/**планарный** *(Eln)* Planarbauelement *n*
~/**пластинчатый нагревательный** Lamellenheizkörper *m*
~/**подвесной дегазационный** *(Mil)* anhängbares Entgiftungsgerät *n*
~/**подогревательный** Heizgerät *n*
~/**поисковый** *(Kern)* Suchgerät *n*
~/**показывающий [измерительный]** Anzeigeinstrument *n*, Indikatorgerät *n*, zeigendes Meßgerät *n*, Anzeige[meß]gerät *n*, Indikator *m*
~/**показывающий стрелочный** Zeigeranzeigegerät *n*
~/**полупроводниковый** Halbleitergerät *n*; Halbleiterbauelement *n*
~ **Польди** *(Wkst)* Poldi-Schlaghärteprüfer *m*
~ **постоянного тока** Gleichstromgerät *n*
~ **постоянного тока/измерительный** Gleichstrommeßgerät *n*
~ **постоянного тока с подвижной катушкой/измерительный** Gleichstromdrehspulgerät *n*
~ **постоянно-переменного тока** Allstromgerät *n*
~ **постоянно-переменного тока/измерительный** Allstrommeßgerät *n*
~/**предвключённый** *(Typ)* Vorschaltgerät *n*
~/**прецизионный** Feinmeßgerät *n*, Präzisionsgerät *n*
~/**прецизионный измерительный** Präzisionsmeßgerät *n*, Feinmeßgerät *n*
~/**приёмный** *(Eln)* Empfangsgerät *n*, Empfängergerät *n*
~/**приёмный измерительный** Empfangsmeßgerät *n*, Empfängermeßgerät *n*
~ **проверки цепей** *(El)* Leitungsprüfer *m*

~/**проявочный** *(Foto)* Entwicklungsgerät *n*
~ **прямого отсчёта** direkt ablesbares Gerät *n*, Ablesegerät *n*
~ **прямого отсчёта/электроизмерительный** direktablesbares Elektromeßgerät *n*
~/**прямопоказывающий** direkt[an]zeigendes Gerät *n*
~/**путеизмерительный** *(Eb)* Gleismesser *m*
~/**рабочий** Arbeitsmeßgerät *n*
~/**радиолокационный** Radargerät *n*, Funkmeßgerät *n*
~/**радиометрический** radiometrisches Kontroll- und Meßgerät *n*
~/**радионавигационный** Funknavigationsgerät *n*
~/**радиотехнический** 1. funktechnisches (radiotechnisches) Gerät *n*; 2. funktechnisches Bauelement *n*, HF-Bauelement *n*
~/**разгоночный** *(Eb)* Schienenrücker *m*
~/**разностно-дальномерный навигационный** *(Schiff)* Hyperbel-Navigationsgerät *n*
~/**ранцевый дегазационный** *(Mil)* Tornisterentgiftungsgerät *n*
~/**реакционный** *(Ch)* Reaktionsapparat *m*, Stoffumsetzer *m*
~/**регистрирующий** registrierendes (selbstschreibendes) Meßgerät *n*, Meßschreiber *m*, Rekorder *m*, Registriergerät *n*
~/**регулирующий** Regelgerät *n*; Regelvorrichtung *f*
~ **Роквелла** *(Wkst)* Rockwell-Härteprüfer *m*
~/**рыбопоисковый** *(Schiff)* Fischortungsgerät *n*
~ **с вращающимся полем/индукционный [измерительный]** *(El)* Drehfeld[meß]gerät *n*
~ **с выпрямителем/электроизмерительный** *(El)* Gleichrichtermeßgerät *n*
~ **с зеркальным отсчётом** Spiegelfeinmeßgerät *n*, Instrument *n* mit spiegelunterlegter Skale
~ **с круглой катушкой/электромагнитный [измерительный]** *(El)* Rundspul-Dreheisen[meß]gerät *n*
~ **с лёгким валиком/четырёхцилиндровый вытяжной** *(Text)* Vierzylinderstreckwerk *n* mit Durchzugswalze
~ **с нагреваемой проволокой/тепловой измерительный** *(El)* Hitzdrahtmeßgerät *n*, Hitzdrahtmesser *m*
~ **с наклонной катушкой/электромагнитый [измерительный]** *(El)* Schrägspul-Dreheisen[meß]gerät *n*
~ **с плоской катушкой/электромагнитный [измерительный]** *(El)* Flachspul-Dreheisen[meß]gerät *n*
~ **с поворотным зеркалом** Drehspiegelinstrument *n* *(z. B. Spiegelgalvanometer)*
~ **с подвижной катушкой (рамкой)/магнитоэлектрический измерительный** *(El)* Drehspulmeßgerät *n* [mit Dauermagnet]
~ **с подвижным магнитом** *(El)* Drehmagnetmeßgerät *n*
~ **с рычажной нагрузкой/вытяжной** *(Text)* Streckwerk *n* mit Hebelbelastung
~ **с холодным катодом/ионный** *(Eln)* Kaltkatodenröhre *f*
~ **с цифровым отсчётом** digitales Meßgerät *n*
~/**самопишущий** *(Dat)* Registriergerät *n*, Registrierstreifenschreiber *m*, Schreiber *m*
~/**санитарный** *(Bw)* Sanitärobjekt *n*
~ **сверхвысокой вытяжки/четырёхцилиндровый двухзонный вытяжной** *(Text)* Vierzylinder-Zweizonenstreckwerk *n* mit besonders hohem Verzug *(für Grobmittelflyer)*
~ **светового сечения** *(Opt)* Lichtschnittgerät *n*
~ **связи** Nachrichtengerät *n*
~/**сигнальный** Meldegerät *n*
~ **со световым указателем** Lichtzeigergerät *n*
~ **со скрещёнными катушками/измерительный** *(El)* Kreuzspul[meß]gerät *n*
~/**спектральный** Spektralapparat *m* *(Sammelbegriff für Spektroskope, Spektrometer, Spektrografen)*
~/**стрелочный** Zeigerinstrument *n*, Zeigergerät *n*
~/**стрелочный измерительный** Zeigermeßgerät *n*
~/**стрелочный электромагнитный измерительный** elektromagnetisches Zeigermeßgerät *n*, Dreheisenzeigergerät *n*, Weicheisenzeigergerät *n*
~/**сцепной** *(Eb)* Kupplungsvorrichtung *f*
~/**счётно-решающий** *(Dat)* Rechengerät *n*
~/**тарировочный** Eichgerät *n*
~/**телеизмерительный** Fernmeßgerät *n*
~ **телеуправления** *(Reg)* Führungsleitgerät *n*
~/**тепловой измерительный** *s.* ~/**теплоизмерительный**
~/**теплоизмерительный (теплотехнический)** Wärmemeßgerät *n*, Wärmemesser *n* *(Kalorimeter, Pyrometer, Thermometer)*
~/**термоэлектрический измерительный** *(El)* thermoelektrisches Meßgerät *n*, Thermo[umformer]meßgerät *n*
~ **тлеющего разряда/ионный** *(Eln)* Glimm[entladungs]röhre *f*
~ **тональных частот/измерительный** Tonfrequenzmeßgerät *n*

~/**трёхконтактный измерительный** Dreipunktmeßgerät *n*
~/**трёхмерный измерительный** 3-D-Meßgerät *n*
~/**трёхцилиндровый вытяжной** *(Text)* Dreizylinderstreckwerk *n*
~/**тягово-сцепной** *(Eb)* Zug- und Kupplungsvorrichtung *f*
~/**тяговый** *(Eb)* Zugvorrichtung *f*
~ **угловых измерений** Winkelmeßgerät *n*
~/**угломерный** Winkelmeßgerät *n*
~/**ударно-тяговый** *(Eb)* Zug- und Stoßeinrichtung *f*, Zug- und Stoßvorrichtung *f*
~/**ударный** *(Eb)* Stoßvorrichtung *f*
~/**указательный (указывающий)** *s.* ~/**показывающий**
~/**универсальный измерительный** Mehrzweckmeßgerät *n*, Universalmeßgerät *n*
~/**универсальный кухонный электрический** elektrische Universalküchenmaschine *f*
~ **управления** Steuergerät *n*
~ **управления [артиллерийским] огнём** *(Mil)* Feuerleitgerät *n*
~ **управления огнём зенитной артиллерии** *(Mil)* Flak-Kommandogerät *n*, Flakfeuerleitgerät *n*
~ **управления стрельбой корабля** *(Mar)* Feuerleitgerät *n* *(Schiffsartillerie)*
~ **управления торпедной стрельбой** *(Mar)* Torpedofeuerleitgerät *n*
~, **управляемый на расстояние** ferngesteuertes Gerät *n*
~/**уравнительный** *(Eb)* Gehrungsstoß *m* *(stoßfreies Gleis)*
~/**утопленный** Einbaugerät *n*
~/**ферродинамический измерительный** *(El)* ferrodynamisches (eisengeschlossenes elektrodynamisches) Meßgerät *n*, eisengeschlossenes Dynamometer *n*
~/**фотоэлектрический полупроводниковый** fotoelektrisches (lichtelektrisches) Halbleitergerät *n*
~/**фотоэлектронный** fotoelektronisches Bauelement *n*
~/**фурменный** Düsenstock *m* *(Hochofen)*
~ **химической разведки** *(Mil)* Kampfstoffanzeiger *m*
~/**холстовой** *(Text)* Wickel[bildungs]apparat *m* *(Schlagmaschine)*
~/**цифровой** digitales (numerisches) Gerät *n*
~/**цифровой вычислительный** Ziffernrechengerät *n*, Digitalrechengerät *n*
~/**цифровой измерительный** Digitalmeßgerät *n*
~ **Шварца** *(Wkst)* Fallhärteprüfer *m* nach Schwarz
~/**шлаковый** Schlackenform *f* *(Schachtofen)*
~/**щитовой** *(El)* Schalttafelgerät *n*
~/**щуповой** Tast[schnitt]gerät *n*
~ **экстравысокой вытяжки/вытяжной комбинированный** *(Text)* Kombinationsstreckwerk *n* mit extrahohem Verzug
~ **экстравысокой вытяжки/четырёхцилиндровый двухзонный вытяжной** *(Text)* Vierzylinder-Zweizonenstreckwerk *n* mit extrahohem Verzug *(für Grobfeinflyer)*
~/**электрифицированный измерительный** elektrisches Meßgerät *n* für nichtelektrische Größen
~/**электрический нагревательный** Elektrowärmegerät *n*
~/**электрический нагревательный бытовой** Haushaltelektrowärmegerät *n*
~/**электробытовой** elektrisches Haushaltgerät *n*, Elektrohaushaltgerät *n*
~/**электродинамический измерительный** elektrodynamisches Meßgerät *n*, [elektrisches] Dynamometer *n*
~/**электроизмерительный** elektrisches Meßgerät *n*, Elektromeßgerät *n*
~/**электромагнитный измерительный** elektromagnetisches Meßgerät *n*, Dreheisenmeßgerät *n*, Weicheisenmeßgerät *n*
~/**электронно-лучевой** Elektronenstrahlgerät *n*
~/**электронный** 1. elektronisches Gerät *n*, Elektronengerät *n*; 2. Elektronenröhre *f*
~/**электростатический** elektrostatisches Gerät *n*
~/**электротепловой** Elektrowärmegerät *n*
~/**эталонный** Normalgerät *n*; Eichgerät *n*, Etalongerät *n*
~ **ядерной физики** kernphysikalisches Meßgerät *n*

приборостроение *n* Gerätebau *m*, Apparatebau *m*
~/**точное** Feingerätebau *m*

приборы *mpl* Geräte *npl*, Instrumente *npl*, Apparate *mpl* *(s. a. unter* **прибор***)*
~ **беспарного хода [паровоза]** Leerlaufeinrichtungen *fpl* *(Lokomotive)*
~ **инструментальной разведки** *(Mil)* Beobachtungsgerät *n*
~/**контрольно-измерительные** Kontroll- und Meßgeräte *npl*
~ **паровоза/смазочные** Schmierapparate *mpl* *(Lokomotive)*
~/**прицельные** *(Mil)* Richtgerät *n* *(Artillerie)*
~/**самолётные** *(Flg)* Bordgeräte *npl*
~/**смазочные** Schmierapparate *mpl* *(Lokomotive)*
~ **трогания с места [паровоза]** Anfahreinrichtungen *fpl* *(Lokomotive)*
~ **централизованной наводки** *(Mil)* Zentralrichtgerät *n*, Zentralrichtanlage *f* *(Artillerie)*

прибыль *f* 1. Gewinn *m*; 2. Nutzen *m*, Vorteil *m*; 3. *(Gieß)* Speiser *m*, Steiger *m*, Trichter *m*, Steigtrichter *m*, Nachsaugtrichter *m*; Blockkopf *m*, Steiger *m*, verlorener Kopf *m* *(Gußblock)*
~/**атмосферная** atmosphärischer Speiser (Steiger, Drucksteiger) *m*, Luftdruckspeiser *m*
~/**закрытая** geschlossener (verdeckter) Speiser *m*
~/**легкоотламывающаяся** Speiser *m* mit Trennkern
~/**открытая** offener Speiser *m*
~ **с атмосферным давлением** atmosphärischer Speiser (Steiger, Drucksteiger) *m*
~ **с газовым давлением** Druckspeiser *m*, Gasdruckspeiser *m*
~/**сверхатмосферная** Druckspeiser *m*, Gasdruckspeiser *m*
~/**шаров[идн]ая** Kugelspeiser *m*
прибыльность *f* 1. Rentabilität *f*, Wirtschaftlichkeit *f*; 2. Ergiebigkeit *f*; Vorteilhaftigkeit *f*
прибытие *n* Ankunft *f*
приваривать anschweißen; einschweißen
приварить *s.* **приваривать**
приварка *f* Anschweißen *n*, Anschweißung *f*
~ **шпилек/дуговая** Bolzenschweißen *n*
приварыш *m* Aufschweißflansch *m*, Anschweißflansch *m*
приведение *n* 1. Zurückführung *f*, Reduzierung *f*, Reduzieren *n*; 2. Überführung *f (in einen anderen Zustand)*; 3. Anführen *n*, Nennen *n*, Zitieren *n*; 4. *(Math)* Reduktion *f*
~ **в действие** Inbetriebsetzung *f*, Inbetriebnahme *f*; Betätigung *f*
~ **в исходное положение** Rückstellung *f*; Rückführung *f*
~ **в меридиан** *(Schiff)* Einschwingenlassen *n (Kreiselkompaß)*
~ **Делоне** *(Krist)* Delonay-Reduktion *f (Elementarzelle)*
~ **к нулю** Reduktion *f* auf Normalnull
~ **к уровню моря** Reduktion *f* auf den Meeresspiegel
~ **сил** *(Mech)* Kräftereduktion *f*
привёртка *f (Typ)* Schneidgut *n*
привес *m* Gewichtszunahme *f*, Massezunahme *f*
привести *s.* **приводить**
прививание *n s.* **прививка**
прививать 1. [ein]impfen, überimpfen *(Pflanzenzucht)*; 2. *(Plast)* pfropfen; 3. veredeln, inokulieren
прививка *f* Veredelung *f*, Inokulation *f*, Impfung *f (Pflanzenzucht)*; *(Plast)* Pfropfung *f*
~ **в корневую шейку** Pfropfen *n* in den Wurzelhals
~ **в крону** Pfropfen *n* in die Krone
~ **в приклад** Anschäften *n*, Anplatten *n*
~ **в ствол** Pfropfen *n* in die Seite, Einspitzen *n*, Einschilfen *n*
~ **в трёхгранный вырез** Pfropfen *n* in den Kerb, Triangulieren *n*
~ **глазком** Okulieren *n*, Okulation *f*
~ **за кору** Pfropfen *n* in die Rinde
~/**корневая** Pfropfen *n* in die Wurzel
~ **почкой** *s.* ~ **глазком**
~ **сближением** Ablaktieren *n*, Absäugen *n*, Ansäugen *n*, Pfropfen *n* durch Annäherung
~ **спящим глазком** Okulieren *n* aufs schlafende Auge
~/**черенковая** Kopulieren *n*, Kopulation *f*, Schäften *n*
привинтить *s.* **привинчивать**
привинчивать [an]schrauben
привить[ся] *s.* **прививать**
привод *m* Antrieb *m* • **с ядерным приводом** kernenergiegetrieben, mit Kernenergieantrieb
~ **автомобиля/рулевой** *(Kfz)* Lenkantrieb *m*, Lenkung *f*
~/**автономный** Eigenantrieb *m*, unabhängiger Antrieb *m*
~ **азимута** *(Mil)* Seitenrichtgetriebe *n (Artillerie)*
~/**аккумуляторный** Akkumulatorantrieb *m*
~/**безредукторный** getriebeloser Antrieb *m*
~/**быстроходный** *s.* ~/**скоростной**
~ **вертикальной наводки** *(Mil)* Höhenrichtgetriebe *n (Artillerie)*
~ **верхнего валка** *(Wlz)* Oberwalzenantrieb *m*
~/**винтовой** Spindelantrieb *m*
~ **всеми колёсами/рулевой** *(Kfz)* Allradlenkung *f*
~/**газотурбинный** Gasturbinenantrieb *m*
~ **геометрическим замыканием** formschlüssiger Antrieb *m*
~/**гибкий** elastischer Antrieb *m (Elektrolok)*
~/**гидравлический** hydraulischer Antrieb *m*
~/**гидравлический следящий** 1. Servoantrieb *m* mit hydraulischer Verstärkung; 2. Nachlaufregler *m* mit hydraulischer Verstärkung
~/**гидростатический** hydrostatischer Antrieb *m*
~ **горизонтальной наводки** *(Mil)* Seitenrichtgetriebe *n (Artillerie)*
~/**групповой** 1. *(Eb)* Gruppenantrieb *m*; Mehrachsenantrieb *m (beim Triebfahrzeug)*; 2. Gruppenantrieb *m (kontinuierliches Walzwerk)*
~/**дизель-электрический** dieselelektrischer Antrieb *m*

~/**дистанционный** Ferngestänge *n*, Fernantrieb *m*, Fernbetätigung *f*
~/**зубчатый** Zahngetriebe *n*, Zahnstangen[an]trieb *m*
~ **игольчатым валиком** *(Dat)* Stachelradführung *f*, Stachelwalzenführung *f*
~/**индивидуальный** individueller Antrieb *m*, Einzelantrieb *m*; Einzelachsantrieb *m (beim Triebfahrzeug)*
~/**ионный** Stromrichterantrieb *m* mit Gasentladungsventilen
~ **к задним ведущим колёсам** *(Kfz)* Hinterachsantrieb *m*
~ **к задним колёсам/рулевой** *(Kfz)* Hinterradlenkung *f*
~ **к передним ведущим колёсам** *(Kfz)* Vorderachsantrieb *m*
~ **к передним колёсам/рулевой** *(Kfz)* Vorderradlenkung *f*
~/**канатный** Seilantrieb *m*
~/**карданный** *(Kfz)* Gelenkwellenantrieb *m*
~/**клапанный** Ventilbetätigung *f*
~/**клиноремённый** Keilriemenantrieb *m*
~/**коленно-рычажный** Kniehebeltrieb *m (z. B. einer Presse)*
~/**кривошипно-рычажный** Kurbeltrieb *m* mit Hebel *(z. B. einer Presse)*
~/**кулачковый** Nockenantrieb *m*, Steuerscheibenantrieb *m*
~/**ленточный** Bandantrieb *m*
~ **Леонарда** *(El)* [Ward-]Leonard-Antrieb *m*
~/**маховиковый** Schwungradantrieb *m*
~/**механический** Kraftantrieb *m*
~/**механический следящий** 1. mechanischer Servoantrieb *m*; 2. mechanischer Nachlaufregler *m*
~/**многоосный** *(Kfz)* Mehrachsantrieb *m*
~ **на все колёса** *(Kfz)* Allradantrieb *m*
~ **на задние колёса** *(Kfz)* Hinterradantrieb *m*
~ **на заднюю ось** *(Kfz)* Hinterradantrieb *m*
~ **на передние колёса** *s.* ~/**передний**
~ **на управляемые колёса** *(Kfz)* Lenkradantrieb *m*
~/**небалансовый** Unwuchtantrieb *m*
~/**непосредственный** direkter (unmittelbarer) Antrieb *m*; Achsmotorantrieb *m (beim Triebfahrzeug)*
~/**непрямой** indirekter (mittelbarer) Antrieb *m*
~/**ножной** Fußantrieb *m*
~ **Ноуэлса** *(Text)* Knowles-Getriebe *n (Webstuhl; Schützenwechsel)*
~/**однодвигательный (одномоторный)** Einmotorenantrieb *m*
~/**односторонний** einseitiger Achsantrieb *m (beim Triebfahrzeug)*
~ **оси** *(Eb)* Achsantrieb *m*
~/**отключаемый** ausrückbarer Antrieb *m*
~/**паровой** Dampfantrieb *m*
~/**пароэлектрический** dampfelektrischer Antrieb *m*
~/**педальный** *s.* ~/**ножной**
~/**передний** *(Kfz)* Vorderradantrieb *m*
~/**пневматический** Druckluftantrieb *m*
~/**пружинный** Federantrieb *m*
~/**прямой** unmittelbarer Antrieb *m*
~/**реверсивный** Reversierantrieb *m*, Umkehrantrieb *m*
~/**регулируемый** regelbarer (variabler) Antrieb *m*
~ **регулирующих стержней** *(Kern)* Regelstabantrieb *m (Reaktor)*
~/**реечный** Zahnstangenantrieb *m*
~/**ремённый** Riemenantrieb *m*
~/**рулевой** 1. *(Kfz)* Lenkantrieb *m*, Lenkung *f*; 2. *(Schiff)* Ruderantrieb *m*
~ **руля/валиковый** *(Schiff)* Axiometer[wellen]leitung *f*
~/**ручной** Handantrieb *m*
~/**рычажный** Hebelantrieb *m*, Gestängeantrieb *m*
~ **с винтовой передачей/рулевой** *(Kfz)* Schraubenlenkung *f*
~ **с регулированием скорости вращения** drehzahlgeregelter Antrieb *m*
~ **с реечной передачей/рулевой** *(Kfz)* Zahnstangenlenkung *f*
~ **с сервомеханизмом/рулевой** *(Kfz)* Servolenkung *f*
~ **силовым замыканием** kraftschlüssiger Antrieb *m*
~/**скоростной** Schnellantrieb *m*
~/**следящий** 1. Nachlaufantrieb *m*, Servoantrieb *m*; 2. Nachlaufregler *m*
~ **стола станка** *(Wkzm)* Tischantrieb *m*
~/**стрелочный** *(Eb)* Weichenantrieb *m*
~ **талера** *(Typ)* Fundamentantrieb *m*
~/**тесёмочный** *s.* ~/**ленточный**
~/**трансмиссионный** Transmissionsantrieb *m*
~/**турбоэлектрический** turboelektrischer Antrieb *m*
~ **угла места** *(Mil)* Höhenrichtgetriebe *n (Artillerie)*
~/**фрикционный** reibschlüssiger Antrieb *m*, Reibscheiben[an]trieb *m*, Reib[rad]antrieb *m*, Friktionstrieb *m (z. B. einer Presse)*
~/**цепной** Kettenantrieb *m*
~/**червячный** Schneckenantrieb *m*
~/**шаговый** Schrittmotor *m*
~/**шестерёнчатый** Zahnradantrieb *m*
~ **шестерня-рейка/рулевой** *(Kfz)* Zahnstangenlenkung *f*
~/**эксцентриковый** Exzenterantrieb *m*
~/**электрический** Elektroantrieb *m*, elektrischer (elektromotorischer) Antrieb *m (s. a.* **электропривод***)*
~/**электрический следящий** 1. elektrischer Servoantrieb *m*; 2. elektrischer Nachlaufregler *m*

~/**электрогидравлический следящий** 1. elektrohydraulischer Servoantrieb *m*; 2. elektrohydraulischer Nachlaufregler *m*
~/**электромагнитный** Elektromagnetantrieb *m*
~/**электромеханический** elektromechanischer Antrieb *m*
~/**электронный** elektronischer Antrieb *m*, Elektronikantrieb *m*
~/**электропневматический** elektropneumatischer Antrieb *m*
~/**электропневматический следящий** 1. elektropneumatischer Servoantrieb *m*; 2. elektropneumatischer Nachlaufregler *m*
привод-замыкатель *m*/**стрелочный** *(Eb)* Weichenantrieb *m* mit Weichenverschluß (Verriegelung)
приводить 1. versetzen *(in einen anderen Zustand)*; 2. anführen, nennen, zitieren; 3. *(Math)* reduzieren
~ **в движение (действие)** in Betrieb setzen, betätigen, antreiben
~ **в меридиан** *(Schiff)* einschwingen lassen, zum Einschwingen bringen *(Kreiselkompaß)*
~ **во вращение** in Drehung versetzen, antreiben
~ **к ветру** *(Schiff)* in Luv wenden, in den Wind kommen
~ **к горизонтальному положению** *(Geod)* einwägen
~ **к общему знаменателю** *(Math)* gleichnamig machen, auf einen Nenner bringen *(Brüche)*
приводка *f (Typ)* 1. Passer *m*, Register *n*, Paßgenauigkeit *f (Druck, Falzen)*; 2. Registerhalten *n*
~ **по окружности** *(Typ)* Vorderregister *n*
~ **полос** *(Typ)* Standmachen *n*
~/**поперечная** *(Typ)* Seitenregister *n*, Querregister *n*
~/**продольная** *(Typ)* Längsregister *n*
приводнение *n (Flg)* Wasserung *f*
~/**вынужденное** Notwasserung *f*
привой *m* Reis *n*, Edelreis *n*, Impfreis *n*, Pfröpfling *m*, Pfropfen *m (Pflanzenzucht)*
привулканизация *f* Zusammenvulkanisation *f*
привязать *s.* **привязывать**
привязка *f* 1. Anpassung *f*; 2. *(Geod)* Anhängen *n*, Anschluß *m*, Einmessung *f*
~ **на полной топографической основе** *(Mil)* Vermessung *f* auf topografischer Grundlage
~ **наблюдательного пункта** *(Mil)* Vermessung *f* der Beobachtungsstelle
~/**нулевая** *(Bw)* Nullanpassung *f*
~ **огневой позиции** *(Mil)* Vermessung *f* der Feuerstellung
~ **основы** *(Text)* Andrehen *n* der Kettfäden *(Weberei)*
~/**топографическая** *(Mil)* topografische Vermessung *f*
привязывать 1. anbinden, anknoten, anknüpfen; 2. *(Geod)* anhängen, anschließen, einmessen
привязь *f*/**групповая** *(Lw)* Gruppenanbindevorrichtung *f*
пригар *m* 1. *(Met)* Zubrand *m*; 2. *(Gieß)* Anbrand *m*, Anfrittung *f*, Ansinterung *f*, Vererzung *f*; Festbrennen *n (z. B. Formstoff am Gußteil)*; 3. Brandhefe *f*
~/**механический** *(Gieß)* echte Penetration *f*
~ **песка** *(Gieß)* Formstoffansinterung *f*; Ansintern (Anbrennen) *n* des Formstoffs
~/**термический** 1. *(Gieß)* unechte Penetration *f*; 2. *s.* **пригар 2.**
~ **формовочной земли** *(Gieß)* Formstoffansinterung *f*; Ansintern (Anbrennen) *n* des Formstoffs
~/**химический** *(Gieß)* Anbrand *m (einschließlich Bildung chemischer Verbindungen zwischen Metall und Formstoff)*
пригнать *s.* **пригонять**
пригодность *f* Fähigkeit *f*, Tauglichkeit *f*
~ **к эксплуатации** Betriebsfähigkeit *f*, Betriebstauglichkeit *f*
пригонка *f* 1. *(Fert)* Einpassen *n*, Zusammenpassen *n*; 2. *(Typ)* Ausrichten *n (Form)*; Nachstellung *f (Walzen)*
~ **валков** *(Wlz)* Nachstellen (Adjustieren) *n* der Walzen
~ **подшипника** Lagerpassung *f*
пригонять *(Fert)* einpassen, zusammenpassen
пригорание *n* 1. Zubrennen *n*; 2. *(Gum)* [vorzeitige] Anvulkanisation *f*, Anbrennen *n*; 3. *s.* **пригар 2.**
пригорать 1. zubrennen; 2. anbrennen, anfritten, ansintern, vererzen *(z. B. Formstoff am Gußteil)*; 3. *(Gum)* anbrennen, anvulkanisieren; 4. *(Met)* festbrennen
пригореть *s.* **пригорать**
пригородный *(Eb)* Nah..., Vorort...
приготовить *s.* **приготовлять**
приготовление *n* 1. Vorbereitung *f*; 2. Zubereitung *f*, Bereitung *f*; Aufbereitung *f*
~ **горелой формовочной смеси/предварительное** *(Gieß)* Altformstoffvorbehandlung *f*
~ **горячей смеси** *(Kfz)* Gemischaufbereitung *f*
~ **к выходу в море** Seeklarmachen *n*
~ **массы** *(Pap)* Stoffbereitung *f*
~ **пасты** *(Ch)* Anpasten *n*, Anreiben *n (der Kohle bei der Hochdruckhydrierung)*

~ **питательной воды** Speisewasseraufbereitung *f*
~ **формовочного песка** *(Gieß)* Formstoffaufbereitung *f*, Formsandaufbereitung *f*
~ **формовочной земли (смеси)** *(Gieß)* Formstoffaufbereitung *f*, Formsandaufbereitung *f*
приготовлять 1. vorbereiten; 2. zubereiten, bereiten; 3. aufbereiten
придавать жёсткость aussteifen, steif machen
придание *n* **влагопрочности** *(Pap)* Naßfestmachung *f*, Naßfestleimung *f*
~ **гидрофобности** Hydrophobierung *f*
~ **формы** Formgebung *f*
приём *m* 1. Aufnahme *f*; 2. Arbeitsgang *m*; Verfahren *n*, Methode *f*; 3. *(En)* Abnahme *f (von Energie)*; 4. *(Eln, Rt)* Empfang *m*; Funkempfang *m*; Rundfunkempfang *m (s. a. unter* **радиоприём***)*
~/**автодинный** Selbstüberlagerungsempfang *m*
~ **багажа** *(Eb)* Gepäckannahme *f*
~/**всеволновый** *(Rt)* Allwellenempfang *m*
~/**гетеродинный** *(Rt)* Überlagerungsempfang *m*, Heterodynempfang *m*
~/**гомодинный** *(Rt)* Homodynempfang *m*
~/**двухполосный** *(Rt)* Zweiseitenbandempfang *m*
~/**дуплексный** *(Fmt)* Duplexempfang *m (Telegrafie)*
~ **измерений** Aufnahme *f* des Meßwertes; Meßeinstellung *f*
~/**коллективный** *(Rt, Fs)* Gemeinschaftsempfang *m*
~ **команды** Befehlsempfang *m*
~/**коротковолновый** *(Rt)* Kurzwellenempfang *m*
~/**местный** *(Rt)* Ortsempfang *m*
~/**многократный** *(Rt)* Mehrfachempfang *m*, Diversityempfang *m*
~ **мощности** Leistungsabnahme *f*
~ **на головной телефон** *(Rt)* Kopfhörerempfang *m*
~ **на нулевых биениях** *(Rt)* Homodynempfang *m*
~ **на разнесённые антенны** *(Rt)* Mehrfachempfang *m*, Diversityempfang *m*
~ **на слух** Hörempfang *m*
~ **на ультракоротких волнах** *(Rt)* Ultrakurzwellenempfang *m*, UKW-Empfang *m*
~/**направленный** Richtempfang *m*
~/**однополосный** *(Rt)* Einseitenbandempfang *m*, ESB-Empfang *m*
~/**поляризационно-разнесённый** *(Rt)* Polarisationsmehrfachempfang *m*
~/**пространственно-разнесённый** *(Rt)* Raummehrfachempfang *m*, Raumdiversityempfang *m*
~ **радиовещания** *s.* ~/**радиовещательный**
~/**радиовещательный** Rundfunkempfang *m*
~/**разнесённый** *(Rt)* Mehrfachempfang *m*, Diversityempfang *m*
~/**регенеративный** *(Rt)* Regenerativempfang *m*, Rückkopplungsempfang *m*
~/**ретрансляционный** *(Rt)* Relaisempfang *m*, Ballempfang *m*
~/**сверхрегенеративный** *(Rt)* Superregenerativempfang *m*, Pendelrückkopplungsempfang *m*, Pendelfrequenzempfang *m*
~/**слуховой** Hörempfang *m*
~/**супергетеродинный** *(Rt)* Superheterodynempfang *m*, Superhetempfang *m*, Überlagerungsempfang *m*, Zwischenfrequenzempfang *m*
~/**телевизионный** Fernsehempfang *m*
~/**телеграфный** Telegrafieempfang *m*
~/**телефонный** Telefonieempfang *m*
~/**частотно-разнесённый** *(Rt)* Frequenzmehrfachempfang *m*, Frequenzdiversityempfang *m*
~/**широкополосный** *(Rt)* Breitbandempfang *m*
~ **электроэнергии** Elektroenergieabnahme *f*
приёмистость *f* **[двигателя]** Beschleunigungsfähigkeit *f*, Beschleunigungsvermögen *n (Verbrennungsmotor)*
приёмка *f* 1. Abnahme *f*; Übernahme *f*; 2. *(Typ)* Ablegestapel *m*, Bogenanleger *m*, Auslage *f (Druckmaschine)*; 3. *(Eb)* Abnahme *f*, Übernahme *f (Lokomotive)*
~/**высокостапельная** *(Typ)* Großstapelauslage *f*
~/**двойная** *(Typ)* Wechselauslage *f*
~/**заводская** Werksabnahme *f*
~/**окончательная** Endabnahme *f*
~ **рулонов** *(Wlz)* Bundaufnahme *f*
приёмник *m* 1. *(Fmt, Fs, Rt)* Empfänger *m*, Empfangsgerät *n*; Funkempfänger *m*, Funkempfangsgerät *n*; Rundfunkempfänger *m*, Rundfunkgerät *n*, Radio *n*, Radiogerät *n (s. a. unter* **радиоприёмник***)*; 2. Auffänger *m*, Auffanggefäß *n*, Aufnahmegefäß *n*, Rezipient *m*; 3. *(En)* Abnehmer *m (von Energie)*; Abnehmeranlage *f*; 4. *(Met)* Vorherd *m*; 5. Trichter *m*; 6. Saugstutzen *m*, Übernahmestutzen *m* • **со стороны приёмника** empfangsseitig, empfängerseitig, auf der Empfängerseite
~/**автодинный** *(Rt)* Autodynempfänger *m*, Selbstüberlagerer *m*
~/**автомобильный** *(Rt)* Autoempfänger *m*, Kraftfahrzeugempfänger *m*
~ **АМ** *s.* ~ **амплитудно-модулированных сигналов**
~ **амплитудно-модулированных сигналов** AM-Empfänger *m*
~/**батарейный** *(Rt)* Batterieempfänger *m*

~/**бестрансформаторный** *(Rf)* Gleichstromempfänger *m*
~ **вакуум-аппарата** Vakuumvorlage *f*
~ **воздушного давления** Staugerät *n* [nach Prandtl], Staurohr *n* [nach Prandtl]
~/**всеволновый** *(Rf)* Allwellenempfänger *m*
~/**гетеродинный** *(Rf)* Überlagerungsempfänger *m*
~/**главный радиотелефонный** *(Schiff)* Hauptempfänger *m* für Telefonie, Hauptsprechfunkempfänger *m*
~ **градиента давления** *(Ak)* Druckgradientenempfänger *m*, Schallstrahlungsdruckempfänger *m*
~ **давления [звука]** *(Ak)* Druckempfänger *m*, Schall[wechsel]druckempfänger *m*
~/**двухконтурный** *(Rf)* Zweikreisempfänger *m*, Zweikreiser *m*
~/**двухполосный** *(Rf)* Zweiseitenbandempfänger *m*
~/**детекторный** *(Rf)* Detektorempfänger *m*
~ **дистиллята** *(Ch)* Destillat[ions]vorlage *f*, Vorlage *f*
~/**длинноволновый** *(Rf)* Langwellenempfänger *m*
~ **для направленного приёма** *(Rf)* Richt[ungs]empfänger *m*
~ **для шлака** *(Gieß)* Schlackenkübel *m*, Schlackentopf *m*
~/**домашний** *(Rf)* Heimempfänger *m*
~/**дорожный** Reise[rundfunk]empfänger *m*
~ **звука** *(Ak)* Schallempfänger *m*, Schallaufnehmer *m*
~ **звука/движущийся** Bewegungsempfänger *m*
~ **звуковой скорости** *(Ak)* Geschwindigkeitsempfänger *m*
~ **звуковых давлений** *(Ak)* Schalldruckempfänger *m*
~ **звуковых колебаний** *(Ak)* Schallempfänger *m*, Schallaufnehmer *m*
~/**избирательный** *(Rf)* trennscharfer (selektiver) Empfänger *m*
~ **излучения** *(Ph)* Strahlungsempfänger *m*
~ **излучения/тепловой** thermischer Strahlungsempfänger *m*
~ **излучения/фотохимический** fotochemischer Strahlungsempfänger *m*
~ **излучения/фотоэлектрический** auf dem äußeren Fotoeffekt beruhender Strahlungsempfänger *m* *(z. B. Vakuumfotozelle, Fotomultiplier)*
~ **инфракрасного излучения** Infrarot[strahlungs]empfänger *m*, IR-Empfänger *m*
~/**карманный** *(Rf)* Taschenempfänger *m*
~ **коллективного пользования** *(Rf, Fs)* Gemeinschaftsempfänger *m*
~/**консольный** *(Rf, Fs)* Standempfänger *m*
~/**консольный телевизионный** Fernsehstandempfänger *m*, Standgerät *n*
~/**контрольный телевизионный** Bildkontrollempfänger *m*, Fernsehkontrollempfänger *m*, Monitor *m*
~/**коротковолновый** *(Rf)* Kurzwellenempfänger *m*
~/**кристаллический** *s.* ~/**детекторный**
~/**ламповый** *(Rf, Fs)* Röhrenempfänger *m*, Empfänger *m* mit Röhrenbestückung
~/**любительский** Amateurempfänger *m*
~ **магазина [линотипа]** *(Typ)* Magazineintritt *m (Linotype)*
~/**маркерный** *(FO)* Markierungsempfänger *m*
~/**местный** *(Rf)* Ortsempfänger *m*
~/**миниатюрный** *(Rf)* Kleinempfänger *m*, Midget-Empfänger *m*, Westentaschenempfänger *m*
~/**многоламповый** Mehrröhrenempfänger *m*
~ **на полупроводниках (полупроводниковых триодах)** *s.* ~ **на транзисторах**
~ **на транзисторах** *(Rf, Fs)* Transistorempfänger *m*
~ **на транзисторах/портативный** Transistorkofferempfänger *m*
~/**настольный** Tischempfänger *m*
~/**нейтродинный** *(Rf)* Neutrodynempfänger *m*
~/**несетевой** *(Rf, Fs)* vom Stromnetz unabhängiger Empfänger *m*, Batterieempfänger *m*
~/**однодиапазонный** *s.* ~/**однополосный**
~/**однодиапазонный супергетеродинный** *(Rf)* Einbereichsuper *m*, Einwellensuper *m*
~/**одноконтурный** *(Rf)* Einkreisempfänger *m*, Einkreiser *m*
~/**одноламповый** *(Rf)* Einröhrenempfänger *m*
~/**однополосный** *(Rf)* Einseitenbandempfänger *m*, ESB-Empfänger *m*
~/**палубный** *(Schiff)* Decksübernahmestutzen *m*
~/**панорамный** *(Rf)* Panoramaempfänger *m*
~/**пеленгаторный** *(Rf)* Funkpeiler *m*
~ **перегонного аппарата** *(Ch)* Vorlage *f*, Destillationsvorlage *f*
~/**передвижной (переносный)** *(Rf, Fs)* portabler (tragbarer) Empfänger *m*, Kofferempfänger *m*; *(Rf)* Kofferradio *n*
~ **перфокарт** *(Dat)* Kartenablage *f*
~ **положения руля** *(Schiff)* RUZ-Empfänger *m*, Ruderlagenempfänger *m*
~ **полос** *(Wlz)* Stabfang *m*

~/портативный *s.* **~/передвижной**
~/портативный супергетеродинный *(Rf)* Koffersuper *m*
~/потенциометрический Potentiometerempfänger *m*
~/проекционный [телевизионный] Projektions[fernseh]empfänger *m*
~ прямого видения/телевизионный Direktsichtempfänger *m*
~ прямого излучения (усиления) *(Rf)* Geradeausempfänger *m*
~ прямого усиления/телевизионный Fernsehgeradeausempfänger *m*
~ пулемёта *(Mil)* Zuführung *f*, Zuführer *m*, Patronenzuführer *m* (MG)
~/равносигнальный *(FO)* Leitstrahlempfänger *m*
~ радиации Strahlungsempfänger *m*
~/радиовещательный Rundfunkempfänger *m*, Rundfunkgerät *n*, Radio[gerät] *n*
~/радиолокационный *(FO)* Funkmeßempfänger *m*, Radarempfänger *m*
~/радиопеленгаторный *(FO)* Peil[funk]-empfänger *m*, Funkortungsempfänger *m*
~ радиотелеграфных сигналов тревоги/автоматический *(Schiff)* automatischer Alarmzeichenempfänger *m* für Telegrafie
~/радиотелефонный Empfänger *m* für drahtlose Telefonie
~ радиотелефонных сигналов тревоги/автоматический *(Schiff)* automatischer Alarmzeichenempfänger *m* für Telefonie
~/регенеративный *(Rf)* Rückkopplungsempfänger *m*
~/ретрансляционный *(Rf)* Relaisempfänger *m*, Ballempfänger *m*
~/рефлексный *(Rf)* Reflexempfänger *m*
~ с объёмным звучанием *(Rf)* Raumklangempfänger *m*
~ с питанием от сети *s.* **~/сетевой**
~/самонастраивающийся *(Rf)* Selbstabstimmempfänger *m*
~/сверхвысокочастотный *(Rf)* Höchstfrequenzempfänger *m*
~/сверхрегенеративный *(Rf)* Superregenerativempfänger *m*, Pendel[rückkopplungs]empfänger *m*, Pendelfrequenzempfänger *m*
~ света Lichtempfänger *m*, Lichtdetektor *m*
~/сетевой *(Rf)* Netzempfänger *m*
~ сигналов на одной боковой частоте *(Fmt)* Einseitenbandempfänger *m*
~ сигналов тревоги/автоматический automatischer Alarmzeichenempfänger *m*
~ синоптических карт/фототелеграфный Wetterkartenschreiber *m*
~ словолитной машины *(Typ)* Winkelhaken *m* *(Schriftgießmaschine)*
~/средневолновый *(Rf)* Mittelwellenempfänger *m*
~ судовой вахты *(Schiff)* Wachempfänger *m*
~ судовой вахты/радиотелефонный Telefoniewachempfänger *m*
~/супергетеродинный *(Rf)* Superheterodynempfänger *m*, Super[het] *m*, Überlagerungsempfänger *m*, Zwischenfrequenzempfänger *m*
~/суперрегенеративный *s.* **~/сверхрегенеративный**
~/телевизионный Fernsehempfänger *m*
~/телевизионный супергетеродинный Fernsehüberlagerungsempfänger *m*
~/телеграфный Telegrafieempfänger *m*
~/телеизмерительный Fernmeßempfänger *m*
~/телемеханический *(Reg)* Fernwirkempfänger *m*
~ теплового излучения Wärmestrahlungsempfänger *m*
~/транзисторный *(Rf, Fs)* Transistorempfänger *m*
~/узкодиапазонный [узкополосный] *(Rf)* Schmalbandempfänger *m*
~ ультразвука Ultraschallempfänger *m*
~/ультракоротковолновый *(Rf)* Ultrakurzwellenempfänger *m*, UKW-Empfänger *m*
~ ультрафиолетового излучения Ultraviolettstrahlungsempfänger *m*, UV-Strahlungsempfänger *m*, Ultraviolettempfänger *m*, UV-Empfänger *m*
~/универсальный *(Rf)* Allstromempfänger *m*
~/фототелеграфный Bildfunkempfänger *m*, Bildtelegrafieempfangsgerät *n*
~ цветного телевидения Farbfernsehempfänger *m*
~ чёрно-белого телевидения Schwarzweiß[fernseh]empfänger *m*
~/чёрно-белый телевизионный Schwarzweiß[fernseh]empfänger *m*
~/четырёхламповый *(Rf)* Vierröhrenempfänger *m*
~ числа оборотов гребного вала *(Schiff)* SUZ-Empfänger *m*, Schiffswellendrehzahl-Empfänger *m*
~/широкодиапазонный (широкополосный) *(Rf)* Breitbandempfänger *m*
~/эксплуатационный Betriebsempfänger *m* *(Funkanlage)*
~/электрический 1. elektrischer Empfänger *m*; 2. *s.* **~ электроэнергии**
~/электроакустический *s.* **~ звука**
~ электронов Elektronenakzeptor *m*; Elektronen[auf]fänger *m*
~ электроэнергии Elektroenergieabnehmer *m*

приёмник *m*/**AM-** AM-Empfänger *m*
приёмник-передатчик *m (Rf)* Empfangs- und Sendegerät *n*
приёмоиндикатор *m* **[радионавигационной системы]** *(FO)* Funknavigationsanlage *f*, Funknavigationsgerät *n (Decca, Loran)*
приёмопередатчик *m* Sender-Empfänger *m*, Sende[-und]-Empfangs-Gerät *n*, SE-Gerät *n*
приёмщик *m* Abnehmer *m*
~ листов *(Typ)* Bogenfänger *m*
прижатие *n* Anpressen *n*, Andrücken *n*
прижать *s.* **прижимать**
прижим *m* 1. Niederhalter *m (Pressen, Scheren)*; Andrückvorrichtung *f*; 2. Niederhalten *n*, Andrücken *n*, Spannen *n*, Festspannen *n*, Anpressen *n*, Andruck *m*
~ ножа *(Lw)* Messerhalter *m (Schneidwerk)*
прижимать 1. andrücken, anpressen; festspannen; spannen; 2. niederdrücken, niederhalten
призабойный *(Bgb)* abbaustoßnah
приземление *n (Flg)* Landung *f*, Aufsetzen *n*
~ на парашюте Fallschirmlandung *f*
приземлиться *s.* **приземляться**
приземляться *(Flg)* landen, aufsetzen
призма *f* 1. *(Math, Opt, Krist)* Prisma *n (s. a. unter* **призмы***)*; 2. Schneide *f (einer Waage)*
~ Аббе *(Opt)* Abbe-Prisma *n*, Pellin-Broca-Prisma *n*
~/автоколлимационная *(Opt)* Autokollimationsprisma *n*
~ Амичи *(Opt)* Amici-Prisma *n*, Browning-Prisma *n*
~ Аренса *(Opt)* Ahrens-Prisma *n*
~/ахроматическая *(Opt)* achromatisches Prisma *n*
~/балластная Bettungskörper *m (Gleis)*
~ весов Schneide *f (Analysenwaage)*
~ весов/агатовая Achatschneide *f (Analysenwaage)*
~ весов/стальная Stahlschneide *f (Analysenwaage)*
~ Волластона *(Opt)* Wollaston-Prisma *n*, Viereckprisma *n* nach Wollaston
~/восьмигранная *(Krist)* ditetragonales Prisma *n*
~ второго рода *(Krist)* Prisma *n* zweiter Art, Deuteroprisma *n*
~ Гартнака-Празовского *(Opt)* Hartnack-Prasowski-Prisma *n*
~/гексагональная *(Krist)* hexagonales Prisma *n*
~ Глано-Томсона *(Opt)* Glan-Thompson-Prisma *n*, Glansches Prisma *n*
~/грузоприёмная Lastschneide *f (Waage)*
~ Гюета *(Opt)* Huetsches Prisma *n*
~/двенадцатигранная *(Krist)* dihexagonales Prisma *n*
~/двойная *(Opt)* Doppelbildprisma *n*
~/двоякопреломляющая *(Opt)* doppel[t]-brechendes Prisma *n*
~/двоякопреломляющая поляризационная doppel[t]brechendes Polarisationsprisma *n (Ahrens-Prisma, Sénarmont-Prisma u. a.)*
~ Деляборна *(Opt)* Delaborne-Prisma *n*
~/дигексагональная *(Krist)* dihexagonales Prisma *n*
~/дисперсионная *(Opt)* Dispersionsprisma *n*
~/дитетрагональная *(Krist)* ditetragonales Prisma *n*
~/дитригональная *(Krist)* ditrigonales Prisma *n*
~ Добреса *(Opt)* Daubresse-Prisma *n*
~ Дове *(Opt)* Dove-Prisma *n*
~/дренажная *(Hydt)* Sickerkörper *m (Erddamm)*
~/жидкостная *(Opt)* Flüssigkeitsprisma *n*
~/зенитная *(Astr)* Zenitprisma *n*, Steilsichtprisma *n*
~/зеркальная *s.* **~/отражательная**
~ каретки *(Text)* Schaftprisma *n*
~/качающаяся Pendelprisma *n*
~/квадратная *(Krist)* tetragonales Gitter *n*
~/клиновидная *(Opt)* Keilprisma *n*
~ Корню *(Opt)* Cornu-Prisma *n*, Cornu-Quarzprisma *n*
~ Кундта *(Opt)* Kundtsches Prisma *n*, Farbstoffprisma *n*
~ Лемана *(Opt)* Leman-Prisma *n*, Sprenger-Prisma *n*
~/многогранная Spiegelpolygon *n*
~/наклонная *(Math)* schiefes Prisma *n*
~ Наше *(Opt)* Nachet-Prisma *n*
~ Николя *(Opt)* Nicolsches Prisma *n*, Nicol *m*
~ Ньютона *(Opt)* Newton-Prisma *n*
~/оборачивающая *(Opt)* Umkehrprisma *n*
~ обратного зрения *(Opt)* Rücksichtprisma *n*
~ обратного зрения/четырёхгранная rücksichtiges Umkehrprisma *n*, Tetraederumkehrprisma *n*
~ обрушения *(Hydt)* Bodenprisma *n*, Bodenkeil *m (Stützmauer)*
~/окулярная *(Opt)* Okularprisma *n*, Zenitprisma *n*
~/опорная Stützschneide *f (Waage)*
~ Осипова-Кинга *(Opt)* Ossipow-King-Prisma *n*
~/отклоняющая *(Opt)* Umlenkprisma *n*
~/отражательная *(Opt)* Reflexionsprisma *n*, Spiegelprisma *n*, totalreflektierendes Prisma *n*
~ первого рода *(Krist)* Prisma *n* erster Art, Protoprisma *n*

~/поворотная *s.* **~/оборачивающая**
~ полного внутреннего отражения *s.* **~/отражательная**
~/поляризационная *(Opt)* Polarisationsprisma *n*
~ Порро *(Opt)* Porro-Prismensystem *n*, Porro-System *n*
~ постоянного отклонения *(Opt)* Prisma (Prismensystem) *n* mit konstanter Ablenkung *(Abbe-Prisma, Cornu-Prisma u. a.)*
~ постоянного отклонения/двойная Doppelprisma (Diprisma) *n* mit konstanter Umlenkung
~/правильная *(Math)* regelmäßiges Prisma *n*
~/прямая *(Math)* gerades Prisma *n*
~ прямого зрения *(Opt)* Geradsichtprisma *n*, geradsichtiges Prisma *n*
~/прямоугольная *(Opt)* rechtwinkliges Prisma *n*
~/пятигранная *(Opt)* Pentaprisma *n*
~/пятиугольная *(Math)* fünfseitiges Prisma *n*
~/равносторонняя *(Opt)* gleichseitiges Prisma *n*
~/разделительная *(Opt)* Teilungsprisma *n*
~/разметочная *(Fert)* Parallelstück *n (Anreißarbeiten)*
~/рассеивающая *(Opt)* Streuungsprisma *n*
~/реверсивная (реверсионная) *(Opt)* Reversionsprisma *n*, Wendeprisma *n*, Dove-Prisma *n*
~ Резерфорда *(Opt)* Rutherford-Prisma *n*, Kompoundprisma *n*
~ ромб *(Opt)* Rhomboidprisma *n*
~/ромбическая *(Krist)* rhombisches Prisma *n*
~ Рошона *(Opt)* Rochon-Prisma *n*
~ с крышей [/прямоугольная] *(Opt)* Dachkantprisma *n*
~ Сенармона *(Opt)* Sénarmont-Prisma *n*
~/солнечная *(Opt)* Sonnenprisma *n*
~/спектральная *s.* **~/дисперсионная**
~/тепловая *(Kern)* thermische Säule (Grube) *f*, Graphitsäule *f (Reaktor)*
~/тетрагональная *(Krist)* tetragonales Prisma *n*
~/тетраэдрическая *(Opt)* Nachet-Prisma *n*
~ третьего рода *(Krist)* Prisma *n* dritter Art, Tritoprisma *n*
~/треугольная *(Math)* dreiseitiges Prisma *n*
~/трёхгранная *(Opt)* dreiflächiges Prisma *n*, Triederprisma *n*, Dreikantprisma *n*
~/тригональная *(Krist)* trigonales Prisma *n*
~/угловая *(Opt)* Winkelprisma *n*
~ Уодсворта *(Opt)* Wadsworth-Spiegelprisma *n*, Fuchs-Wadsworth-Prisma *n*
~/усечённая *(Math)* schief abgeschnittenes Prisma *n*
~/установочная *(Fert)* Spannprisma *n (Einspannen runder Werkstücke)*
~ Фери *(Opt)* Féry-Prisma *n*, Férysches Prisma *n*
~ Франка-Риттера *(Opt)* Frank-Ritter-Prisma *n*
~ Фуко *(Opt)* Foucaultsches Prisma *n*, Foucault-Prisma *n*
~/четырёхугольная *(Math)* vierseitiges Prisma *n*
~/шестиугольная *(Math)* sechsseitiges Prisma *n*
~/электронно-оптическая elektronenoptisches Prisma *n*
~ Юнга *(Opt)* Young-Prisma *n*
призматин *m (Min)* Prismatin *m*, Kornerupin *m*
призматоид *m (Math)* Prismatoid *n*
призмодержатель *m (Opt)* Prismenhalter *m*
призмы *fpl (s. a. unter* **призма***)*
~ с одной выемкой/поверочные и разметочные *(Fert)* Prismenstücke *npl*, Prismenpaare *npl (für Anreißarbeiten)*
~ с четырьмя выемками/поверочные и разметочные *(Fert)* Parallelstücke *npl* [mit vier Einschnitten]
признак *m* 1. Kennzeichen *n*, Merkmal *n*; Markierung *f*; 2. Anzeichen *n*; 3. *(Math)* Kriterium *n*; 4. *s. unter* **признаки**
~ Д'Аламбера *(Math)* Quotientenkriterium *n*, d'Alembertsches Kriterium (Konvergenzkriterium) *n*
~ завершения *(Dat)* Beendigungsanzeiger *m*
~/качественный Qualitätsmerkmal *n*, Attributsmerkmal *n*
~ Коши *(Math)* Wurzelkriterium *n*, Konvergenzkriterium *n* von Cauchy
~ Лейбница *(Math)* Leibnizsches Konvergenzkriterium *n (alternierende Reihe)*
~ прохождения фронта *(Meteo)* Passagemerkmal *n*
~ расходимости Ермакова *(Math)* Jermakowsches Divergenzkriterium *n*
~ сортировки *(Dat)* Sortierbegriff *m*, Sortiermerkmal *n*
~ сходимости *(Math)* Konvergenzkriterium *n*
~ сходимости Ермакова Jermakowsches Konvergenzkriterium *n*
~ сходимости/интегральный Integralkriterium *n* für Konvergenz
~ сходимости ряда Konvergenzkriterium *n* [für Reihen]
~ цвета Farbmerkmal *n*
признаки *mpl* Anzeichen *npl*, Kriterium *npl (s. a. unter* **признак***)*
~ газоносности *(Geol)* Gasanzeichen *npl*, Gasspuren *fpl*
~ делимости *(Math)* Teilbarkeitskriterien *npl*

~ **нефтеносности** *(Geol)* Erdölanzeichen *npl*
~ **руды** *(Geol)* Erzanzeichen *npl*
~ **сбросов** *(Geol)* Verwerfungsanzeichen *npl*
~ **сходимости последовательностей** *(Math)* Konvergenzkriterien *npl* für Zahlenfolgen
~ **угленосности** *(Geol)* Kohleanzeichen *npl*
~ **эрозии** *(Geol)* Erosionsanzeichen *npl*
прииск *m (Bgb)* Mine *f*, Fundort *m*
прикатать *s.* **прикатывать 1.**
прикатить *s.* **прикатывать 2.**
прикатка *f* 1. *(Gum)* Anrollen *n*; 2. *(Glas)* Anwalzen *n*; 3. Anrollen *n*, Heranrollen *n*; 4. Walzen *n (Boden)*
прикатывание *n s.* **прикатка**
прикатывать 1. anrollen, heranrollen; 2. walzen *(Boden)*; 3. *(Gum)* anrollen; 4. *(Glas)* anwalzen
приклад *m* 1. *(Mil)* Kolben *m (Gewehr)*; 2. *(Text)* Zutaten *fpl (Schneiderei)*
~ **винтовки** Gewehrkolben *m*
~/**откидной** Schulterstütze *f*
~/**приставной** Anschlagkolben *m (Pistole)*
~/**ружейный** Flintenkolben *m*
прикладывать напряжение *(El)* eine Spannung anlegen
~ **силу** *(Mech)* eine Kraft anlegen (angreifen lassen)
приклеивание *n* Leimen *n*
~ **к папке** *(Typ)* Anpappen *n*
приклеивать ankleben, anleimen; *(Ker)* [an]garnieren
~ **марлю** *(Typ)* begazen
приклеить *s.* **приклеивать**
приклейка *f* **гильз** *(Typ)* Hülsen *n*, Einkleben *n* der Hülsen
приклепать *s.* **приклёпывать**
приклёпывать 1. annieten, aufnieten; 2. plattschlagen, umschlagen *(Nagelspitze)*
приключать *(El)* anschalten, anschließen
приключение *n (El)* Anschalten *n*, Anschließen *n*, Anschluß *m*
приключить *s.* **приключать**
приколыш *m*/**палаточный** Zelthering *m*
прикрепить *s.* **прикреплять**
прикреплять befestigen; anheften; ansetzen
прикрытие *n (Mil)* Deckung *f*, Sicherung *f*; Schutz *m*
~/**авиационное** Deckung *f* durch Fliegerkräfte
~ **границы** Grenzsicherung *f*
~/**истребительное** Jagdschutz *m*
~/**огневое** Feuerschutz *m*
прилавок *m* 1. Ladentisch *m*, Verkaufstisch *m*; 2. Truhe *f*
~/**низкотемпературный** Tiefkühltruhe *f*
~/**охлаждаемый** Kühltruhe *f*
прилавок-витрина *m* Schautruhe *f*
~/**охлаждаемый** Kühlschautruhe *f*
прилагать 1. beilegen, beifügen; 2. anlegen
~ **силу (усилие)** *(Mech)* eine Kraft anlegen (angreifen lassen)
приладить *s.* **прилаживать**
приладка *f (Typ)* Einrichten *n*, Einrichtung *f*
~ **бумажной ленты** Einstellung *f* der Papierbahn
~/**цветовая** Ausgleich *m* der Farben, Anpassen *n (Reproduktionstechnik)*
прилаживать *(Typ)* einpassen *(Stereos)*
прилегание *n* 1. Anschmiegung *f*; 2. Anlage *f*, Anliegen *n (einer Fläche)*; Schluß *m*; 3. Angrenzen *n*
~/**плотное** *(Fert)* satte Anlage *f*
прилегать 1. anliegen; 2. angrenzen, anstoßen
~ **плотно** *(Fert)* satt anliegen
прилечь *s.* **прилегать**
прилив *m* 1. *(Masch)* Anguß *m*, angegossener Ansatz (Vorsprung, Nocken) *m*, angegossene Konsole (Nase) *f*, Auge *n*; 2. *(Geoph, Schiff)* Flut *f (s. a. unter* **приливы***)*
~/**квадратурный** Nippflut *f*
~/**распорный** *(Masch)* Abstandsnocken *m*
~/**сизигийный** Springflut *f*
~/**штормовой** Sturmflut *f*
приливать angießen
приливка *f s.* **прилив 1.**
приливы *mpl (Meteo, Geoph)* Gezeiten *pl*
~/**атмосферные** Gezeiten *pl* (Gezeitenschwingungen *fpl*) der Atmosphäre
~ **в атмосфере** *s.* ~/**атмосферные**
~ **в твёрдом теле Земли** *s.* ~/**земные**
~/**земные** Erdgezeiten *pl*, Gezeiten *pl* der festen Erde
~ **и отливы** *mpl s.* ~/**морские**
~/**ионосферные** Gezeiten *pl* der Ionosphäre
~/**лунные** Mondgezeiten *pl*
~/**морские** Gezeiten *pl* des Meeres, Tiden *fpl*, Ebbe *f* und Flut *f*
~/**неправильные** unregelmäßige Gezeiten *pl*
~/**полусуточные** halbtägige Gezeiten *pl*
~/**правильные** regelmäßige Gezeiten *pl*
~/**равноденственные** Äquinoktialgezeiten *pl*
~/**резонансные** Mitschwingungsgezeiten *pl (bei Resonanz zwischen ganztägiger Erdnutation und ganztägigen Gezeiten)*
~/**смешанные** gemischte Gezeiten *pl*
~/**соколебательные [сопряжённые]** *s.* ~/**резонансные**
~/**солнечные** Sonnengezeiten *pl*
~/**суточные** ganztägige Gezeiten *pl*
~/**упругие** *s.* ~/**земные**
прилипаемость *f* Haftfähigkeit *f*, Haftvermögen *n*

прилипание *n* 1. Ankleben *n*, Anhaften *n*, Anbacken *n* *(z. B. Formstoff am Modell)*; 2. *(Typ)* Haften *n*, Haftigkeit *f*; 3. *(Eln)* Anlagerung *f* *(Störstellen)*
~ **краски** Farbhaftung *f*
~ **мерительных плиток** *(Fert)* Ansprengen *n* von Endmaßen
~ **электрода** *s.* **примерзание электрода**
прилипать anhaften, ankleben, festkleben, anbacken; hängenbleiben
прилипнуть *s.* **прилипать**
прилов *m* Beifang *m* *(Fischerei)*
~/**непищевой** für die menschliche Ernährung nicht verwertbarer Beifang *m*
~/**пищевой** für die menschliche Ernährung verwertbarer Beifang *m*
приложение *n* 1. Anlage *f*, Beilage *f*; 2. [praktische] Anwendung *f* *(einer Wissenschaft)*
~ **нагрузки** Kraftaufbringung *f* *(Härtemessung)*
~ **напряжения** *(El)* Anlegen (Aufdrücken, Aufprägen) *n* einer Spannung
~ **силы** *(Mech)* Kraftangriff *m*, Angreifen *n* der Kraft
~ **силы/внецентренное** außermittiger Kraftangriff *m*
~ **силы/центральное** mittiger Kraftangriff *m*
приложить *s.* **прилагать**
прима *f* 1. *(Ak)* Prime *f*; 2. *(Typ)* Prime *f* *(Bogenzahl)*
примаска *f* Beimengung *f* *(z. B. zur feuerfesten Masse oder zum Formstoff)*
применение *n* 1. Anwendung *f*, Verwendung *f*; 2. *(Mil)* Einsatz *m*
~/**боевое** *(Mil)* Gefechtseinsatz *m*
~/**массированное** *(Mil)* massierter Einsatz *m*
~/**практическое** Nutzanwendung *f*
~ **ядерного оружия** *(Mil)* Kernwaffeneinsatz *m*
применимость *f* Anwendbarkeit *f*, Verwendbarkeit *f*
примерзание *n* **электрода** *(Schw)* Festkleben (Kleben, Festschweißen) *n* der Elektrode
примеси *fpl* *(Met)* Begleitelemente *npl*, Begleitstoffe *mpl* *(s. a. unter* **примесь***)*
~/**местные** fundortbedingte Begleitelemente *npl* *(z. B. Kupfer in Eisenerzen des Nordurals bzw. in dem daraus erschmolzenen Gußeisen und Stahl)*
~/**обычные (постоянные)** ständige Begleitelemente *npl* *(z. B. Kohlenstoff, Silizium, Mangan, Schwefel, Phosphor, im Stahl)*
~/**скрытые** verdeckte (latente) Begleitelemente *npl* *(Gase wie Sauerstoff, Stickstoff, Wasserstoff)*
~/**случайные** *s.* ~/**местные**
~/**специальные** Legierungselemente *npl*
примесить *s.* **примешивать**
примесь *f* 1. Zumischung *f*, Beimischung *f*, Beimengung *f*, Zusatz *m*; 2. Begleitstoff *m*, Begleitelement *n* *(s. a. unter* **примеси***)*; 3. Fremdstoff *m*, Fremdkörper *m*; Fremdbestandteil *m*; 4. *(Krist)* Störstelle *f*
~/**акцепторная** *(Eln)* Akzeptorbeimischung *f*; Akzeptorstörstelle *f*
~/**атомная** *(Krist)* atomare Störstelle *f*
~/**балластная** *(Met)* unerwünschte (inaktive) Beimengung *f*, Ballaststoff *m*
~ **в междоузлии** *(Krist)* Zwischengitterverunreinigung *f*
~ **в стали** Stahlbegleiter *m*
~ **в чугуне** Roheisenbegleiter *m*; Eisenbegleiter *m*
~ **внедрения** *(Krist)* Fremdstörstelle *f*
~/**вредная** *(Met)* schädliche Beimengung *f*, schädlicher Begleitstoff *m*
~/**донорная** *(Eln)* Donatorbeimischung *f*; Donatorstörstelle *f*
~ **замещения** *(Krist)* Substitutionsstörstelle *f*
~ **ионов** *(Krist)* Ionenstörstelle *f*
~/**легирующая** *(Met)* Legierungszusatz *m*; Legierungselement *n*
~/**металлическая** metallisches Begleitelement *n*, metallische Beimischung *f*
~/**побочная** Nebenbestandteil *m*
~ **посторонних металлов** Begleitmetalle *npl*
~/**посторонняя** fremde Bestandteile *mpl*
~/**рудная** Beierz *n* *(Möller, Charge)*
~ **стали** Stahlbegleiter *m*
~ **стали/нормальная** natürlicher Stahlbegleiter *m*
~ **тетраэтиленового свинца** *(Ktz)* Verbleiung *f* *(des Kraftstoffes durch Zusatz von Bleitetraäthyl)*
~ **чугуна** Roheisenbegleiter *m*; Eisenbegleiter *m*
примечание *n* **[/подстрочное]** *(Typ)* Fußnote *f*
примешать *s.* **примешивать**
примешивание *n* Beimischen *n*, Beimengen *n*, Zumischen *n*
примешивать beimengen, beimischen, zusetzen
примкнуть *s.* **примыкать**
примыкание *n* Anschluß *m*; Angrenzen *n*
~/**береговое** *(Hydt)* Uferanschluß *m*
~ **ветвей** *(Eb)* Nebenstreckeneinmündung *f*
~ **линий** *(Eb)* Streckeneinmündung *f*
~ **плотины/береговое** *(Hydt)* Talanschluß *m* *(Talsperre)*
~ **пути** *(Eb)* Gleisanschluß *m*
примыкать 1. [sich] anschließen; 2. [an]grenzen, [an]stoßen
принадлежности *fpl* Zubehör *n*, Utensilien *pl*

~/**измерительные** Meßzubehör *n*
~ **к концевым мерам** Endmaßzubehör *n*
~/**сварочные** Schweißzubehör *n*, schweißtechnischer Bedarf *m*
принадлежность *f* 1. Zugehörigkeit *f*; 2. Zubehör *n*, Ausrüstung *f*, Utensilien *pl* *(s. a. unter* **принадлежности***)*
принайтовить *(Schiff)* verlaschen, laschen, zurren
принижение *n* *(Flg)* Tiefenstaffelung *f*
принимать 1. empfangen, in Empfang nehmen, entgegennehmen; 2. übernehmen, tragen *(z. B. Kosten)*; 3. abnehmen *(z. B. eine Maschine)*; 4. einstellen *(Arbeitskräfte)*; 5. *(Math)* annehmen, voraussetzen
~ **поезд** *(Eb)* den Zug einlassen
принудительный zwangsläufig, erzwungen, Zwangs ...
принуждение *n* Zwang[s]läufigkeit *f*
принцип *m* Prinzip *n*, Grundsatz *m*; Grundlage *f* *(s. a. unter* **начало***)*
~ **Аббе/компараторный** *(Opt)* Abbesches Komparatorprinzip *n*
~ **автофазировки** Prinzip *n* der Phasenstabilität
~ **агрегатирования** *(Masch)* Baukastenprinzip *n*
~ **адиабатической недостижимости Каратеодори** Carathéodory-Prinzip *n* der adiabatischen Unerreichbarkeit *(2. Hauptsatz der Thermodynamik)*
~/**активный** Aktionsprinzip *n* *(Dampfturbine)*
~ **аргумента** *(Math)* Argumentenprinzip *n*
~/**блочный** *(Masch)* Baukastenprinzip *n*
~ **Больцмана** *(Therm)* Boltzmannsches Prinzip *n*
~/**вариационный** *(Mech)* Variationsprinzip *n*, Extremalprinzip *n*, Aktionsprinzip *n*, Wirkungsprinzip *n*, Integralprinzip *n*
~ **верньера** *(Ph)* Nonienprinzip *n*
~ **взаимности** Reziprozitätsprinzip *n*; Reziprozitätssatz *m*; Reziprozitätstheorem *n*
~ **взаимности перемещений** 1. Bettischer Reziprozitätssatz *m*, Bettisches Reziprozitätstheorem *n*; 2. *s.* **теорема Максвелла**
~ **виртуальных перемещений** *(Mech)* Prinzip *n* der virtuellen Arbeit (Verrückungen, Verschiebungen, Geschwindigkeiten)
~ **вихревых токов** Wirbelstromprinzip *n*
~ **возможных перемещений** *s.* ~ **виртуальных перемещений**
~ **возрастания энтропии** *(Therm)* Satz *m* über die Entropiezunahme, Prinzip *n* der Entropievermehrung *(2. Hauptsatz der Thermodynamik)*
~ **Гамильтона** *(Mech)* Hamiltonsches Prinzip *n* *(der kleinsten Wirkung)*
~ **Гаусса** *(Mech)* Gaußsches Prinzip *n*, Prinzip *n* des kleinsten Zwanges
~ **Герца** *(Mech)* Hertzsches Prinzip *n* der geradesten Bahn
~ **Д'Аламбера** d'Alembertsches Prinzip *n* *(Prinzip der Dynamik)*
~ **Д'Аламбера-Лагранжа** d'Alembertsches Prinzip *n*, Prinzip *n* von d'Alembert *(Prinzip der Mechanik)*
~ **двойственности** *(Math)* Dualitätsprinzip *n* *(projektive Geometrie)*
~ **двойственности плоскости** ebenes Dualitätsprinzip *n*
~ **двойственности пространства** räumliches Dualitätsprinzip *n*
~ **действия** Wirkungsweise *f*, Funktionsweise *f*, Funktionsprinzip *n*
~ **действия средств измерений** Wirkungsweise *f* der Meßmittel
~ **действия Эйнштейна** *(Ph)* Einsteinsches Wirkungsprinzip *n*
~ **детального равновесия** Prinzip *n* des detaillierten Gleichgewichts
~/**дифференциальный [вариационный]** *(Mech)* Differentialprinzip *n*
~/**доплеровский** Doppler-Prinzip *n*, Dopplersches Prinzip *n*
~ **дополнительности** Komplementaritätsprinzip *n* *(Quantenmechanik)*
~ **жёсткой переменно-градиентной фокусировки** *(Kern)* Prinzip *n* des alternierenden Gradienten, AG-Prinzip *n*, starke Fokussierung *f* *(Teilchenbeschleunigung)*
~ **Журдена** *(Mech)* Jourdainsches Prinzip *n*
~ **запоминания** *(Dat)* Speicherprinzip *n*
~ **измерений** Meßprinzip *n*
~ **инерции** *s.* **закон механики/первый Ньютонов**
~/**интегральный [вариационный]** *(Mech)* Integralprinzip *n*
~ **исключения** *s.* ~ **Паули**
~/**кассетный** *(Typ)* Stauchprinzip *n*, Taschenprinzip *n*
~ **Клаузиуса** Clausius-Prinzip *n* *(2. Hauptsatz der Thermodynamik)*
~ **ковариантности** Kovarianzprinzip *n*
~/**компараторный** Komparatorprinzip *n*
~ **Кюри** Curiesches Prinzip *n*
~ **Ле-Шателье-Брауна** *(Therm)* Le-Chatelier-Braunsches Prinzip *n*, Prinzip *n* des kleinsten Zwanges
~ **магазина** *(Dat)* Kellerungsprinzip *n*
~ **максимума** *(Math)* Maximumprinzip *n*
~ **микроскопической обратимости** *(Therm)* Prinzip *n* der mikroskopischen Reversibilität (Umkehrbarkeit)
~ **минимакса** Minimaxprinzip *n*

~ минимума Minimumprinzip *n*
~/модульный *(Dat)* Baukastenprinzip *n*
~ Мопертюи *(Mech)* Maupertuissches Prinzip *n* [der kleinsten Wirkung], Euler-Maupertuis-Prinzip *n*
~ наибольшей работы *(Mech)* Prinzip *n* der maximalen Arbeit
~ наименьшего действия *(Mech)* 1. Prinzip *n* der kleinsten Wirkung; 2. *s.* **~ Гамильтона**
~ наименьшего действия в форме Гамильтона-Остроградского *s.* **~ Гамильтона**
~ наименьшего действия в форме Мопертюи-Лагранжа *s.* **~ Мопертюи**
~ наименьшего действия в форме Якоби *(Mech)* Jacobisches Prinzip *n* [der kleinsten Wirkung]
~ наименьшего принуждения *s.* **~ Гаусса**
~ наименьшей кривизны *s.* **~ Герца**
~ наименьшей потенциальной энергии [упругих деформаций] Prinzip *n* vom Minimum der potentiellen Energie
~ наименьших квадратов Prinzip *n* der kleinsten Quadrate
~ наложения *(Ph)* Überlagerungsprinzip *n*, Superpositionsprinzip *n*, Superpositionssatz *m*, Überlagerungssatz *m*, Unabhängigkeitsprinzip *n*
~ невозможности *(Mech)* Unmöglichkeitsprinzip *n*
~ независимости действия сил Unabhängigkeitsprinzip *n* der Kraftwirkung
~ неопределённости [Гейзенберга] Heisenbergsches Unbestimmtheitsprinzip *n* *(Quantenmechanik)*
~ неразличимости *(Ph)* Ununterscheidbarkeitsprinzip *n*
~ Нернста *s.* **теорема Нернста**
~/ножевой *(Typ)* Messerprinzip *n*, Schwertprinzip *n*
~ обратимости хода лучей *(Opt)* Prinzip *n* (Satz *m*) von der Umkehrbarkeit des Strahlenganges
~ обратной связи Rückkopplungsprinzip *n*; *(Reg)* Rückführungsprinzip *n*
~ общей ковариантности Prinzip *n* der allgemeinen Kovarianz
~ Остроградского-Гамильтона *s.* **~ Гамильтона**
~ относительности *(Ph)* Relativitätsprinzip *n*
~ относительности Галилея Relativitätsprinzip *n* nach Galilei und Newton, klassisches Relativitätsprinzip *n*
~ относительности/общий allgemeines Relativitätsprinzip *n*
~ относительности/специальный spezielles Relativitätsprinzip *n*
~ относительности Эйнштейна Einsteinsches Relativitätsprinzip *n*
~ Паули Pauli-Prinzip *n*, Ausschließungsprinzip *n*, Eindeutigkeitsprinzip *n* *(Quantenmechanik)*
~ подобия Ähnlichkeitsprinzip *n*, Ähnlichkeitsgesetz *n*
~ построения/агрегатный (блочный, модульный) Baukastensystem *n*, Baukastenprinzip *n*, Modulbauweise *f*
~ причинности Kausal[itäts]prinzip *n*
~ противотока Gegenstromprinzip *n*
~/противоточный Gegenstromprinzip *n*
~ прямотока Gleichstromprinzip *n*
~/прямоточный Gleichstromprinzip *n*
~ работы *s.* **~ действия**
~ рассеяния Dissipationsprinzip *n*
~/реактивный Rückstoßprinzip *n*
~ резина на резину *(Typ)* Gummi-Gummi-Prinzip *n*
~ Ритца/комбинационный *(Kern)* Ritzsches Kombinationsprinzip *n*
~ Рэлея Rayleighsches Prinzip *n*
~ симметрии *(Ph)* Symmetrieprinzip *n*
~ совмещения Koinzidenzprinzip *n*
~ соответствия [Бора] Korrespondenzprinzip *n* [von Bohr], Bohrsches Korrespondenzprinzip (Auswahlprinzip) *n* *(Quantenmechanik)*
~ специальной относительности [Эйнштейна] Einsteinsches [spezielles] Relativitätsprinzip *n*, spezielles Relativitätsprinzip *n*
~ стационарного действия *s.* **~ наименьшего действия**
~ стэка *(Dat)* Kellerungsprinzip *n*
~ суперпозиции *s.* **~ наложения**
~ сходимости *(Math)* Konvergenzprinzip *n*
~ Ферма Prinzip *n* des kürzesten Weges, Prinzip *n* der kürzesten Ankunft, Fermatsches Gesetz *n*, Fermatsches Prinzip *n* [des kürzesten Lichtweges] *(geometrische Optik)*
~ Франка-Кондона *(Kern)* Franck-Condon-Prinzip *n*
~ Френеля Fresnelsches Prinzip *n*
~ Френеля-Гюйгенса Fresnel-Huygenssches Prinzip *n* *(Wellenlehre)*
~ эквивалентности Austauschprinzip *n*
~ эквивалентности массы и энергии Masse-Energie-Äquivalenzprinzip *n*, Energie-Masse-Äquivalenzprinzip *n*
~ эквивалентности Эйнштейна Einsteinsches Äquivalenzprinzip *n*
~/энергетический *s.* **закон сохранения энергии**

принятие *n* 1. Annahme *f*, Empfang *m*, Entgegennahme *f*; 2. Abnahme *f* *(z. B. einer Maschine)*; 3. Übernahme *f* *(z. B. der Kosten)*; 4. *(Math)* Annahme *f*, Voraussetzung *f*
принять *s.* **принимать**
приорит *m* *(Min)* Priorit *m*

приоритет *m* Priorität *f*, Rangfolge *f*, Vorrang *m*; Vorzug *m*, Vorrecht *n*
~/**абсолютный** *(Dat)* voller Vorrang *m*
~ **задания** *(Dat)* Jobpriorität *f*
~/**максимальный** *(Dat)* Grenzpriorität *f*
~/**текущий** *(Dat)* Auswahlpriorität *f*
припаивать anlöten
припай *m* Küsteneis *n*, Strandeis *n*, Festeis *n*, festes Küsteneis *n*
~/**зимний** Winterfesteis *n*
~/**полярный** polares Küstenfesteis *n*
припасовать *s.* **припасовывать**
припасовка *f (Fert)* Nacharbeit *f*, Nachbearbeitung *f*
припасовывать nacharbeiten
припасы *pl*/**боевые** *s.* **боеприпасы**
припаять *s.* **припаивать**
припекание *n* Festbacken *n*, Anbacken *n*; Anbrennen *n*, Anfritten *n*, Ansintern *n*, Vererzen *n*, Festbrennen *n*
припекать festbacken, anbacken
припечь *s.* **припекать**
приплюснуть *s.* **приплющивать**
приплющивать plattschlagen, plattdrücken
приповерхностный *(Bgb)* oberflächennah, tagesnah
приподнимать abheben; anheben, lüften
приподнятие *n* Anhub *m*, Anheben *n*, Anlüften *n*
~ **груза** Lüften *n* der Last
приподнять *s.* **приподнимать**
припой *m* Lot *n*
~ **для алюминиевых сплавов** Lot *n* für Aluminiumlegierungen
~ **для лёгких сплавов** Lot *n* für Leichtmetallegierungen
~ **для магниевых сплавов** Lot *n* für Magnesiumlegierungen
~/**медно-цинковый** Hartlot *n* auf Kupfer-Zink-Grundlage
~/**мягкий** Weichlot *n*
~/**оловянно-свинцовистый** Weichlot *n* auf Zinn-Antimon-Blei-Grundlage
~/**свинцово-оловянно-сурьмянистый** Weichlot *n* auf Blei-Zinn-Antimon-Grundlage *f*
~/**свинцово-оловянный** Weichlot *n* auf Blei-Zinn-Antimon-Grundlage
~/**серебряный** Hartlot *n* auf Silber-Kupfer-Grundlage *f*
~/**твёрдый** Hartlot *n*
приправить *s.* **приправлять**
приправка *f (Typ)* Zurichtung *f*, Zurichten *n*
~/**выравнивающая** Ausgleichszurichtung *f*
~/**декельная** Zylinderzurichtung *f*, Egalisierung *f*
~/**мелорельефная** mechanische Kreidereliefzurichtung *f*
~/**механическая** mechanische Zurichtung *f*
~ **на декель** *s.* ~/**декельная**
~/**силовая** Kraftzurichtung *f*
~/**слабая** flaue Zurichtung *f*
приправлять *(Typ)* zurichten *(Satz)*
припрессовка *f (Typ)* Kaschieren *n*
~ **плёнки** Kaschieren *n*
~ **прозрачной плёнки** Kaschieren *n* mit Klarsichtfolie
припудривание *n (Typ)* Pudern *n*
припуск *m (Fert)* Bearbeitungszugabe *f*, Zugabe *f*; Übermaß *n*
~ **в отверстиях** *(Fert)* Überweite *f (Bohrungen)*
~ **на волочение** *(Met)* Ziehzugabe *f*
~ **на калибровку** *(Wlz)* Kaliberzugabe *f*
~ **на ковку** Schmiedezugabe *f*
~ **на обработку** Bearbeitungszugabe *f*
~ **на обрезку** Verschnittzugabe *f*, Schnittzugabe *f*
~ **на оплавление** *(Schw)* Abbrennzugabe *f (Teil der Gesamtlängenzugabe beim Abbrennschweißen)*
~ **на осадку** *(Schw)* Stauchzugabe *f (Längenzugabe beim Wulststumpfschweißen)*
~ **на подогрев** *(Schw)* Vorwärmzugabe *f (Teil der Längenzugabe beim Abbrennschweißen)*
~ **на поковку** Schmiedezugabe *f*
~ **на пригонку** *(Fert)* Einpaßzugabe *f*
~ **на усадку** *(Gieß)* Schwindzugabe *f*
~ **на центрирование** Zentrierzugabe *f*
~ **на чистовую обработку** Schlichtzugabe *f*
~ **на шлифовку** Schleifzugabe *f*
~ **под развёртку** Reibüberweite *f*
~/**технологический** Bearbeitungszugabe *f*
припыл *m* 1. *(Gieß)* Puder *m*, Formpuder *m*; 2. *(Wlz)* Aufstäubung *f*
~/**модельный** Formpuder *m (gegen Anbacken des Formsandes am Modell)*
~/**противопригарный** Formpuder *m* gegen Festbrennen *(des Gußstückes in Naßgußformen)*
припыливание *n* **[формы]** *(Gieß)* Einstäuben *n*, Bestäuben *n*, Pudern *n*, Einpudern *n (Form)*
припыливать [форму] *(Gieß)* einstäuben, bestäuben, pudern, einpudern *(Form)*
прирабатываться sich einlaufen *(Maschine)*
приработаться *s.* **прирабатываться**
приработка *f* Einlaufen *n (Maschine)*
прирастать 1. anwachsen, verwachsen; 2. zunehmen
прирасти *s.* **прирастать**
приращение *n* 1. Anwachsen *n*, Zunehmen *n*; Zuwachs *m*, Zunahme *f*; Vermehrung *f*; Anstieg *m*; *(Math, Ph, Dat)* Inkrement *n*, Zuwachs *m*; 3. *s. unter* **прирост**
~ **адреса** *(Dat)* Adressenzuwachs *m*, Adresseninkrement *n*
~/**геометрическое** geometrischer Zuwachs *m (Statistik)*

~ деформации *(Mech)* Formänderungsinkrement *n*, Formänderungszuwachs *m*
~ массы/релятивистское *(Ph)* relativistischer Massenzuwachs *m*
~ напряжения *(Mech)* Spannungszuwachs *m*
~ объёма Volumenzunahme *f*
~/полное *(Math)* vollständiger Zuwachs *m (Funktion)*
~ температуры Temperaturanstieg *m*, Temperaturzunahme *f*
~/частное *(Math)* partieller Zuwachs *m (Funktion)*
~ энергии *(Ph)* Energieinkrement *n*, Energiezuwachs *m*
~ энергии за оборот *(El)* Umlaufspannung *f*
приращивание *n s.* **приращение**
приржаветь anrosten, festrosten
природно-легированный *(Met)* naturlegiert *(Roheisen, Gußeisen, Stahl)*
прирост *m* 1. Zuwachs *m*, Zunahme *f*, Zugang *m*; 2. Anstieg *m*; 3. *s. unter* **приращение** *und* **возрастание**
~ давления Druckanstieg *m*
~ информации Informationsgewinn *m*
~ температуры Temperaturanstieg *m*, Temperaturzunahme *f*
~ уширения Breitungszunahme *f (z. B. beim Walzen)*
~ энтальпии Enthalpiezunahme *f*
присадить *s.* **присаживать**
присадка *f* 1. Zuschlag *m*, Zusatz *m*, Zusatzstoff *m*, Zuschlag[roh]stoff *m*, Zuschlagmaterial *n*; 2. Zugeben *n*, Zusetzen *n*; *(Gieß)* Legieren *n*, Zulegieren *n*; 3. Nachpflanzen *n (Forstwesen)*
~/антидетонационная Antiklopfmittel *n (Kraftstoff)*
~/антикоррозийная Korrosionsinhibitor *m*
~/антиокислительная *(Ch)* Antioxydationsmittel *n*, Antioxydans *n*
~ в ковш *(Gieß)* Pfannenzusatz *m*
~/депрессорная Stockpunkterniedriger *m (Öl)*
~ извести Kalkzuschlag *m*
~, измельчающая зернистость *(Met)* Kornfeinungsmittel *n*
~ легирующего элемента *(Gieß)* 1. Legierungszusatz *m*; 2. Legieren *n*, Zulegieren *n*
~/многофункциональная Universaladditiv *n (Schmieröl)*
~/моющая Detergentzusatz *m*, Reinigungszusatz *m*
~/науглероживающая *(Met)* Aufkohl[ungs]mittel *n*, kohlender Zusatz *m*
~/печная *(Met)* Schmelzzuschlag *m*, Ofenzuschlag *m*
~ при плавке *(Met)* Schmelzzuschlag *m*, Ofenzuschlag *m*
~/противопенная Schaumdämpfungsmittel *n*, Schaumdämpfer *m*, Antischaummittel *n*, Entschäumer *m*
~/травильная *(Met)* Beizzusatz *m*
~ шлаков *(Met)* Zusetzen *n* von Schlacken
присаживать 1. zuschlagen, zusetzen; 2. legieren, zulegieren; 3. nachpflanzen
присасывание *n* Aufsaugen *n*, Aufnahme *f*
присваивание *n (Dat)* Zuweisung *f*, Zuordnung *f*; Anweisung *f*
~ значений Wertzuweisung *f*
~/множественное mehrfache Ergibtanweisung *f*
~ устройства/временное temporäre Gerätezuweisung *f*
присвоение *n s.* **присваивание**
присечка *f (Bgb)* Umfahrung *f (bei Brükken im Abbauraum)*
присоединение *n* 1. Anschluß *m*, Angliederung *f*, Zuordnung *f*; Verbindung *f*; 2. *(El)* Anschließen *n*, Anschalten *n*, Anschaltung *f*, Anschluß *m*; *(Dat)* Verkettung *f*, Verknüpfung *f*; 3. *(Ch)* Anlagerung *f*, Addition *f*; 4. *(Math)* Adjunktion *f (Algebra)*
~ водорода *(Ch)* Wasserstoffanlagerung *f*
~ к массе *(El)* Massenanschluß *m*
~ к сети *(El)* Netzanschluß *m*
~ хлора *(Ch)* Chloranlagerung *f*
присоединить *s.* **присоединять**
присоединять 1. anschließen, angliedern, assoziieren, einverleiben; 2. beiordnen, zuordnen, adjungieren; 3. *(El)* anschließen, anschalten; elektrisch leitend befestigen; 4. *(Ch)* addieren, anlagern
присос *m* 1. Ansaugen *n*; 2. *(Typ)* Sauger *m*, Saugdüse *f (Anlegeapparat)*
~/вакуумный *(Schiff)* Vakuumspanner *m (für das Zusammenfügen von Platten und Verbänden)*
~ для передачи листа *(Typ)* Schleppsauger *m (Bogenförderung)*
~/электромагнитный *(Schiff)* Magnetspanner *m (für das Zusammenfügen von Platten und Verbänden)*
приспосабливать herrichten, vorrichten, zurichten; anpassen, einrichten [für]
приспособление *n* 1. Anpassung *f*, Zurichtung *f*; 2. Einrichtung *f*, Vorrichtung *f*, Gerät *n*, Apparat *m (s. a. unter* **аппарат, механизм, прибор, устройство***)*; 3. *(Wkzm) s.* **~/станочное**
~/балансировочное Auswuchtgerät *n*
~/быстродействующее Schnellspannvorrichtung *f*
~/быстрозажимное Schnellspannvorrichtung *f*
~/вводное *(Wlz)* Führungskasten *m*, Aufnahmekasten *m*, Einführungstrichter *m*
~/визирное Visiereinrichtung *f*
~/внутришлифовальное Innenschleifvorrichtung *f*

~/**встряхивающее** 1. *(Gieß)* Rütteleinheit *f (Formmaschine)*; 2. Rüttelvorrichtung *f*, Rütteleinrichtung *f*
~/**выдувательное** *(Glas)* Blaseinrichtung *f*
~/**гидравлическое зажимное** hydraulische Spannvorrichtung *f*
~/**грузозахватное** Lastaufnahmemittel *n*
~/**грузоподъёмное** Hebevorrichtung *f*
~ **двойного изображения** Doppelbildeinrichtung *f (Meßmikroskop)*
~/**делительное** Teilvorrichtung *f*, Teileinrichtung *f*, Teilgerät *n*
~ **для автоматической вставки шпонов** *(Typ)* automatischer Durchschießapparat *m*
~ **для взятия проб** Probenstecher *m*, Probenehmer *m (körnige Stoffe)*
~ **для вихревого нарезания резьбы** Gewindeschlagfräseinrichtung *f (Schlagfräsen auf der Drehmaschine)*
~ **для вкладки стержней** *(Gieß)* Kerneinlegevorrichtung *f*
~ **для вынимания модели** *(Gieß)* Modellaushebevorrichtung *f*
~ **для глубокого сверления** Tiefbohreinrichtung *f*, Tiefbohrgerät *n*
~ **для доводки развёрток** Reibahlenwetzgerät *n*
~ **для затылочного шлифования** *(Fert)* Hinterschleifvorrichtung *f*
~ **для изменения направления тяги** *(Rak, Flg)* Schubumkehreinrichtung *f*
~ **для наводки на резкость** *(Foto)* Scharfstelleinrichtung *f*, Scharfeinstellgerät *n*
~ **для накатки** Aufrollvorrichtung *f*, Rändelvorrichtung *f*
~ **для обкатки** *(Fert)* Wälzeinrichtung *f (Abwälzfräsen)*
~ **для обстукивания** Abklopfvorrichtung *f (z. B. für Bunker oder Formmaschinen)*
~ **для обточки с охлаждением жидкостью** *(Fert)* Naßdreheinrichtung *f*
~ **для овальной обточки** *(Fert)* Ovaldrehvorrichtung *f*
~ **для подачи охлаждающей эмульсии к фрезе** *(Fert)* Naßfräseinrichtung *f*
~ **для поддерживания детали при сквозном шлифовании** *(Fert)* Einlegevorrichtung *f* für das Durchgangsschleifen *(auf der Spitzenlosschleifmaschine)*
~ **для присучивания ленточки** *(Text)* Andrehvorrichtung *f*, Eklipsevorrichtung *f*
~ **для развёртки изображения** *(Typ)* Scanner *m*
~ **для розыска утка** *(Text)* Schußsuchvorrichtung *f (Weberei; Schaftmaschine)*
~ **для снятия мотка** Bundabschiebevorrichtung *f*, Bundabwurfvorrichtung *f*, Bundabwerfer *m (Bandhaspel)*
~ **для снятия фасок** *(Fert)* Abfasvorrichtung *f*
~ **для строгания зубьев конических колёс** *(Fert)* Kegelradhobelvorrichtung *f*
~ **для строгания криволинейных поверхностей** *(Fert)* Kurvenhobeleinrichtung *f*
~ **для съёма счёса** *(Text)* Wergfänger *m*
~ **для фрезерования** *(Fert)* Fräsvorrichtung *f*
~ **для фрезерования конических зубчатых колёс** Kegelradfräsapparat *m*, Kegelradfräsvorrichtung *f*
~ **для центрирования барабана** *(Text)* Trommeleinstellvorrichtung *f*
~ **для чистки валиков (цилиндров)** *(Text)* Zylinderputzvorrichtung *f (Streckwerk)*
~ **для шлифования затылков зубьев** *(Fert)* Hinterschleifapparat *m* für Verzahnungsfräser
~ **для электрода/зажимное** *(Schw)* Elektrodenspanner *m*, Elektrodenhalter *m*
~/**долбёжное** *(Fert)* Stoßvorrichtung *f*
~/**загрузочное** *(Met)* Beschickungsvorrichtung *f*, Begichtungsvorrichtung *f*, Chargiervorrichtung *f*; Aufgabevorrichtung *f*
~/**зажимное** *(Fert)* Spannvorrichtung *f*; Klemmvorrichtung *f*
~/**затылочное** *(Fert)* Hinterdrehvorrichtung *f*
~/**захватное** Anschlagmittel *n*, Lastanschlagmittel *n (Fördertechnik)*
~/**защитное** Schutzvorrichtung *f*
~/**индикаторное** Anzeigevorrichtung *f*
~/**копировальное** *(Fert)* Nachformeinrichtung *f*
~/**копировально-строгальное** *(Fert)* Nachformhobelvorrichtung *f*
~/**копировально-токарное** *(Fert)* Nachformdrehvorrichtung *f*
~/**копировально-фрезерное** *(Fert)* Nachformfräsvorrichtung *f*
~/**крепёжное** *s.* **~/зажимное**
~/**магнитное зажимное** *(Fert)* Magnetspannvorrichtung *f*
~/**многоместное зажимное** *(Fert)* Spannvorrichtung *f* für mehrere Werkstücke, Reihenspannvorrichtung *f*
~/**накаточное** 1. Aufrollvorrichtung *f*; 2. Rändelvorrichtung *f*
~/**нормализованное** *(Fert)* normalisierte Vorrichtung *f (nach russischer Definition: für die Bearbeitung verschiedener Werkstücke bestimmte Vorrichtung)*
~/**одноместное зажимное** *(Fert)* Spannvorrichtung *f* für ein Werkstück, Einstückspannvorrichtung *f*
~/**окантовочное** *(Typ)* Fälzelvorrichtung *f*
~/**опрокидное** Kippvorrichtung *f*
~/**питающее** 1. Aufgabevorrichtung *f*, Aufgeber *m*, Speiser *m*, Zubringer *m*; Dosiervorrichtung *f*, Dosierer *m*; 2. Abzugsvorrichtung *f*

~/**плоскошлифовальное** *(Fert)* Planschleifvorrichtung *f*
~/**пневматическое зажимное** *(Fert)* Druckluftspannvorrichtung *f*
~/**поворотное** Schwenkvorrichtung *f*, Wendevorrichtung *f*
~/**подъёмное** Abhebevorrichtung *f*
~/**подъёмно-спусковое** *(Schiff)* Heißvorrichtung *f* *(Rettungsboot)*
~/**полировочное** *(Fert)* Poliervorrichtung *f*
~/**полуавтоматическое зажимное** *(Fert)* halbautomatische Spannvorrichtung *f*
~/**посадочное** Landehilfe *f*
~/**предохранительное** Sicherheitsvorrichtung *f*, Schutzvorrichtung *f*
~/**притирочное** *(Fert)* Läppvorrichtung *f*
~/**прицельное** *(Mil)* Zieleinrichtung *f*, Visiereinrichtung *f*
~/**протяжное** *(Fert)* Räumvorrichtung *f*
~/**разгрузочное** *(Met)* Austragvorrichtung *f*, Abzugsvorrichtung *f*
~/**расточное** *(Fert)* Innendrehvorrichtung *f*, Ausdrehvorrichtung *f*
~/**резьбонарезное** *(Fert)* Gewindeschneidvorrichtung *f*
~/**резьбофрезерное** *(Fert)* Gewindefräsvorrichtung *f*
~/**резьбошлифовальное** *(Fert)* Gewindeschleifvorrichtung *f*
~ **с клиновым зажимом/пневматическое** *(Fert)* Druckluftvorrichtung *f* mit Keilspannung
~ **с кривошипным зажимом/пневматическое** *(Fert)* Druckluftvorrichtung *f* mit Kurbeltriebspannung
~ **с непосредственным зажимом/пневматическое** *(Fert)* Druckluftvorrichtung *f* mit unmittelbarer Spannwirkung
~ **с резиновой диафрагмой/пневматическое** *(Fert)* Druckluftspannvorrichtung *f* mit Gummimembran
~/**сверлильное** Bohrvorrichtung *f*, Bohrschablone *f*
~/**специализированное** *(Fert)* spezialisierte Vorrichtung *f* *(nach russischer Definition: für verschiedene auf verschiedenen Werkzeugmaschinen benutzbare Vorrichtungen, die jeweils für ein bestimmtes Werkstück eingerichtet sind)*
~/**специальное** *(Fert)* Spezialvorrichtung *f* *(nach russischer Definition: für eine bestimmmte mechanische Bearbeitungsart eines Werkstücks vorgesehene Vorrichtung, die nur für die Bearbeitung dieses Werkstücks benutzbar ist)*
~/**станочное** Vorrichtung *f* *(ergänzende Ausrüstungsteile für Werkzeugmaschinen)*
~/**стрипперное** *(Met)* Blockabstreifvorrichtung *f*, Strippervorrichtung *f*, Stripperwerk *n*
~/**строгальное** *(Fert)* Hobelvorrichtung *f*
~/**токарное** *(Fert)* Drehvorrichtung *f*, Vorrichtung *f* für Dreharbeiten
~/**торцешлифовальное** *(Fert)* Planschleifvorrichtung *f*
~/**универсальное** *(Fert)* Universalvorrichtung *f* *(nach russischer Definition: Vorrichtung für verschiedene Werkstücke zur Benutzung auf verschiedenen Werkzeugmaschinen)*
~/**фрезерное** *(Fert)* Fräsvorrichtung *f*
~/**хонинговальное** *(Fert)* Ziehschleifvorrichtung *f*
~/**центровочное** *(Fert)* Anbohrvorrichtung *f*
~/**шлифовальное** *(Fert)* Schleifvorrichtung *f*, Schleifansatz *m* *(zur Verwendung auf Drehmaschinen)*
приспособляемость *f* Anpassungsfähigkeit *f*
приспособлять *s.* **приспосабливать**
приспускать якорь *(Schiff)* Anker vorfieren
приставание *n* 1. Ankleben *n*, Anhaften *n*, Anbacken *n* *(z. B. Formstoff am Modell)*; Hängenbleiben *n*; 2. *(Schiff)* Anlegen *n*; Anlaufen *n* *(Hafen)*
приставать 1. ankleben, [an]haften, anbacken *(z. B. Formstoff am Modell)*; hängenbleiben, festsitzen; 2. *(Schiff)* anlegen; anlaufen *(Hafen)*
приставка *f* 1. Zusatz *m*; Zusatzeinrichtung *f*; 2. Anbaueinheit *f*, Anbauteil *n*; 3. *(Rf)* Zusatzgerät *n*, Vorsatzgerät *n*
~/**бульбовая** *(Schiff)* Wulstansatz *m*
~ **к приёмнику** *(Rf)* Empfängervorsatzgerät *n*, Empfängervorsatz *m*
~ **кинопроектора/звуковая** *(Kine)* Lichttongerät *n*
~/**коротковолновая** *(Rf)* Kurzwellenvorsatzgerät *n*, Kurzwellenvorsatz *m*
~/**проекционная** *(Opt)* Projektionsvorsatz *m*
~/**увеличительная** *(Typ)* Vergrößerungsvorsatzgerät *n*
~/**ультракоротковолновая** *(Rf)* Ultrakurzwellenvorsatzgerät *n*, Ultrakurzwellenvorsatz *m*
~/**усилительная** *(Rf)* Verstärkervorsatz *m*
приставлять *(Ker)* [an]garnieren
пристань *f* *(Schiff)* 1. Anlegestelle *f* *(Flußschiffahrt)*; 2. *s.* **причал 1.**
~/**лодочная** Bootsanlegestelle *f*
пристать *s.* **приставать**
пристегать *s.* **пристёгивать**
пристёгивать anheften
пристраивать anbauen
пристреливать *(Mil)* einschießen
пристрелка *f* *(Mil)* Einschießen *n*
~ **дальности** Einschießen *n* nach der Entfernung

~ **действительного репера** Einschießen *n* des wirklichen Einschießpunktes
~ **захватом цели в вилку** Einschießen *n* durch Eingabeln
~ **на воздушных разрывах** Einschießen *n* mit hochgezogenen Sprengpunkten
~ **направления** Einschießen *n* der Seite
~ **оружия** Anschießen *n* der Waffen
~ **по графику** Einschießen *n* nach Grafik
~ **по измеренным отклонениям** Einschießen *n* nach den gemessenen Abweichungen
~ **репера** Einschießen *n* des Einschießpunktes
~ **скачками** sprungweises Einschießen *n*
~/**ударная** Einschießen *n* mit Aufschlagzünder
~ **шкалой** Einschießen *n* nach Staffellagen
пристрелять *s.* **пристреливать**
пристроить *s.* **пристраивать**
пристройка *f (Bw)* 1. Anbau *m*, Nebengebäude *n*; 2. Anbauen *n*
присучальщик *m (Text)* Fadenanleger *m (Apparat zum Anlegen des Kokontadens)*
присучать *s.* **присучивать**
присучивание *n (Text)* Andrehen *n*, Anknüpfen *n (Faden)*
~ **нитей основы** *(Text)* Andrehen *n* der Kettfäden *(Weberei)*
присучивать *(Text)* andrehen, anknüpfen *(Faden)*
присучить *s.* **присучивать**
присучка *f s.* **присучивание**
притачивать *(Fert)* passend drehen; passend schleifen, einschleifen
притвор *m* 1. *(Bw)* Schlagleiste *f*; 2. *(Arch)* Narthex *m*
притереть *s.* **притирать 2.**
притир *m (Fert)* Läppdorn *m*; Läppscheibe *f*, Läppwerkzeug *n*
~/**алмазный** Diamantschleifwerkzeug *n (Superfinishbearbeitung)*
~ **со шлифовальным бруском** Honleiste *f (des Honkopfs)*
притираемость *f* **концевых мер** Ansprengen *n* der Parallelendmaße
притирать *(Fert)* 1. einschleifen *(Ventil)*; einfassen; 2. läppen *(Schneidwerkzeuge)*; 3. ansprengen *(Endmaße)*
~ **концевые меры** ansprengen, anschieben *(Parallelendmaße)*
~ **наждаком** einschmirgeln
притирка *f* 1. *(Fert)* Läppdorn *m*, Läppwerkzeug *n*; 2. *(Fert)* Läppen *n*, Einschleifen *n*; 3. Ansprengen *n*, Ansprengung *f*
~ **клапана** Einschleifen *n* des Ventils
приток *m* 1. Zufluß *m*, Zulauf *m*; Zufuhr *f*; 2. *(Hydrol)* Nebenfluß *m*
~ **воды** *(Bgb)* Wasserzufluß *m*, Zusitzen *n* von Wässern
~ **воздуха** Luftzufuhr *f*
~ **воздуха в шахту** *(Bgb)* Einfallen *n* von Grubenwettern
~ **нефти** Erdölzufluß *m*
~ **нефти/промышленный** industriell verwertbarer Erdölzufluß *m*
~/**суммарный** *(Hydrol)* Zuflußsumme *f*, Gesamtzufluß *m*
~ **тепла** Wärmezufuhr *f*, Wärmezuführung *f*, Wärmezufluß *m*, Wärmezustrom *m*
притолока *f (Bw)* Anschlag *m (Türen, Fenster)*
притопление *n* **плавучего дока** *(Schiff)* Absenken *n* des Schwimmdocks
приточить *s.* **притачивать**
приточка *f (Fert)* Passenddrehen *n*
притупить *s.* **притуплять**
притупление *n* 1. Abstumpfung *f*; Abflachung *f*; 2. *(Schw) s.* ~ **кромки**
~ **кромки** *(Schw)* nichtabgeschrägte Kante *f*, Stegflanke *f*, Steg *m (Schweißfuge)*
притуплять abstumpfen, stumpfmachen, abflachen; anflachen
притягивание *n* Anziehen *n*, Anziehung *f (s. a. unter* **притяжение***)*
притягивать anziehen
притяжение *n (Ph)* Anziehung *f*, Anziehungskraft *f*; Attraktion *f*
~/**ван-дер-ваальсово** *(Ph)* Van-der-Waals-Anziehung *f*, Van-der-Waals-Attraktion *f*
~/**взаимное** gegenseitige Anziehung *f*
~ **Земли** Erdanziehung *f*
~/**капиллярное** Kapillaranziehung *f*, Kapillarattraktion *f*
~/**магнитное** magnetische Anziehung (Anziehungskraft) *f*
~/**молекулярное** *(Ch)* Molekularattraktion *f*
~ **Солнца** Sonnenanziehung *f*
притянуть *s.* **притягивать**
прифланцовать *s.* **прифланцовывать**
прифланцовывать anflanschen
прихват *m* 1. Verklemmen *n*, Festsitzen *n*, Festwerden *n*; 2. *(Wkzm)* Spannpratze *f*
~/**эксцентриковый** Exzenterspannpratze *f*
прихватить *s.* **прихватывать**
прихватка *f (Schw)* 1. Heften *n*; 2. Heftnaht *f*
прихватывать *(Schw)* heften
приход *m* **в меридиан** *(Schiff)* Einschwingen *n (Kreiselkompaß)*
приходить ankommen, anlangen
~ **в меридиан** *(Schiff)* [sich] einschwingen *(Kreiselkompaß)*
~ **во вращение** in Drehung versetzt werden
прицел *m* 1. *(Opt)* Visier *n*, optisches Visier *n*; 2. *(Mil)* Zielvorrichtung *f*, Zielgerät *n*, Visier *n*, Visiereinrichtung *f*
~/**автоматический** automatisches Visier *n*, automatische Visiereinrichtung *f*

~/**автоматический зенитный** automatisches Flakvisier *n*
~ **барабанного типа** Trommelaufsatz *m*
~/**бомбардировочный** Bombenzielgerät *n*
~/**гироскопический** Kreiselvisier *n*
~/**диоптрический** Dioptervisier *n*
~/**дуговой** Richtbogenaufsatz *m*
~/**зенитный** Flakvisier *n*
~/**зеркальный** *s.* ~/**перископический**
~/**инфракрасный** *s.* ~/**ночной**
~/**коллиматорный** Kollimatorvisier *n*
~/**кольцевой** Kreisvisier *n*
~/**кольцевой дистанционный** Kreisentfernungsvisier *n*
~/**лазерно-телевизионный** Laser-Fernsehvisier *n*
~/**механический** mechanisches Visier *n*, mechanische Visiereinrichtung *f*
~/**наземный** Erdaufsatz *m* *(Geschütz)*
~/**ночной** Nachtvisiereinrichtung *f*, Infrarotvisier *n*
~/**оптический** optische Visiereinrichtung *f*, optisches Visier *n* *(Gruppenbegriff)*
~/**оптический бомбардировочный** Bombenzielfernrohr *n*
~/**откидной** Klappvisier *n*
~/**открытый** offenes (ungedecktes) Visier *n*
~/**панкратический** pankratisches Visier *n*
~/**панорамный** Panoramavisiereinrichtung *f*
~/**перископический** Reflexvisier *n*
~/**радиолокационный** Funkmeßvisier *n*
~/**ракурсный** Zielkursvisier *n*
~/**снайперский** Scharfschützenvisier *n*
~/**телескопический** teleskopisches Zielgerät *n* *(Panzer)*
прицеливание *n* Zielen *n*
прицеливаться *(Opt)* visieren, zielen
прицелка *f* **уступом** Einschießen *n* mit Staffellage
прицентровка *f* Einmitten *n*, Einmittung *f*, Zentrieren *n*, Zentrierung *f*
прицеп *m* *(Kfz)* Anhänger *m*, Anhängerwagen *m*
~/**большегрузный** Schwerlastanhänger *m*
~ **грузовика** Lastwagenanhänger *m*
~/**грузовой** Lastwagenanhänger *m*
~/**гусеничный** Raupenanhänger *m*
~/**двухосный** Zweiachsanhänger *m*
~/**заправочный** Tankanhänger *m*
~/**многоосный** Mehrachsanhänger *m*
~/**мотоциклетный** Beiwagen *m*, Seitenwagen *m* *(Kraftrad)*
~/**одноосный** Einachsanhänger *m*
~/**самосвальный** Kippanhänger *m*
~/**седельный** Sattelanhänger *m*
~/**тракторный** Schlepperanhänger *m*
~/**тракторный самосвальный** Schlepperkippanhänger *m*
прицеп-ёмкость *m* Großraumanhänger *m*
прицепить *s.* **прицеплять**
прицепка *f* Anhängen *n*; Ankuppeln *n*
~ **груза** Anschlagen *n* der Last
прицеплять anhängen, anhaken; ankuppeln
прицеп-навозоразбрасыватель *m* *(Lw)* Stalldungstreuer *m*
прицепной Anhänge . . ., angehängt
прицеп-разбрасыватель *m* *(Lw)* Anhängestreuer *m*
прицеп-тяжеловоз *m* Schwerlastanhänger *m*, Tieflader *m*
прицеп-цистерна *m* Tankanhänger *m*
причал *m* *(Schiff)* 1. Anlegestelle *f*, Liegeplatz *m* *(in Häfen)*; 2. Anlegetau *n*
~/**глубоководный** Tiefwasseranlegestelle *f*
~/**грузовой** Anlegestelle *f* für Frachtfahrzeuge, Anlegestelle *f* für den Güterverkehr
~/**грузо-пассажирский** Anlegestelle *f* für Passagier- und Frachtfahrzeuge, Anlegestelle *f* für Personen- und Güterverkehr
~ **общего пользования** Anlegestelle *f* für den öffentlichen Güterverkehr
~ **отправления** Anlegestelle *f* für abgehende Fahrzeuge *(Personen- und Stückgutverkehr)*
~/**пассажирский** Anlegestelle *f* für Passagierfahrzeuge, Anlegestelle *f* für den Personenverkehr
~/**плавучий** schwimmende Anlegestelle (Landungsbrücke) *f*
~ **прибытия** Anlegestelle *f* für ankommende Fahrzeuge *(Personen- und Stückgutverkehr)*
причалка *f* *(Bw)* Richtschnur *f*, Fluchtschnur *f*
пришабривать *(Fert)* einschaben, nachschaben
пришабрить *s.* **пришабривать**
пришивка *f* **шпал** *(Eb)* Heften *n* der Schwellen
пришлифовать *s.* **пришлифовывать**
пришлифовка *f* Einschleifen *n*; *(Min)* Anschliff *m*
пришлифовывать *(Fert)* einschleifen *(Welle, Ventilteller)*; aufschleifen *(Bohrung, Ventilsitz)*
приямок *m* 1. *(Bw)* Vertiefung *f*, Grube *f*; 2. *(Bw)* Lichtschacht *m* *(Kellerfenster)*; 3. *(Bgb)* Bühnloch *n*
~/**загрузочный** Füllgrube *f*, Beschikkungsgrube *f*
~ **насоса** Pumpensumpf *m*
проба *f* 1. Probe *f*, Probestück *n*, Muster *n*, Versuchsstück *n*, Probekörper *m*, Prüfstück *n*, Prüfgegenstand *m*; 2. *(Met)* Feingehalt *m* *(Edelmetallprüfung)*; 3. *s. unter* **испытание** *und* **опробование**
~ **благородных металлов** Probiergewicht *n*, Feingehalt *m*, Feinheit *f*, Korn *n*

~/**выборочная** Stichprobe *f*
~/**генеральная** Übersichtsprobe *f*, Gesamtprobe *f*, Probengesamtheit *f* *(Gegensatz zur Einzelprobe)*
~ **Гмелина** *(Ch)* Gmelinsche Probe (Reaktion) *f*
~ **жидкого металла** Abstichprobe *f*
~/**искровая** *(Met)* Funkenprobe *f*, Schleiffunkenprobe *f*
~/**капельная** *(Ch)* Tüpfelprobe *f*
~/**ковшовая** *(Met)* Schöpfprobe *f*, Löffelprobe *f*
~ **на волос** Fadenprobe *f* *(Zuckergewinnung)*
~ **на вытягивание нити** *(Text)* Fadenprobe *f*
~ **на кипячение** *(Ch)* Kochprobe *f*
~ **на ложку** Löffelprobe *f* *(Zuckergewinnung)*
~ **на мышьяк** *(Ch)* Arsenprobe *f*, Arsennachweis *m*
~ **на нитку** *s.* ~ **на волос**
~ **на осадку** *(Schm)* Stauchprobe *f*
~/**органолептическая** *(Lebm)* organoleptische Prüfung *f*
~ **плавки/последняя** *(Met)* Fertigprobe *f* *(Schmelzen)*
~/**плавочная** *(Met)* Schmelz[e]probe *f*, Ofenprobe *f*
~/**порошкообразная** Pulverprobe *f*
~/**разгонная** Polterprobe *f* *(Bleche)*
~/**средняя** Durchschnittsprobe *f*, Stichprobe *f*
~ **тормозов** *(Eb)* Bremsprobe *f*

пробег *m* 1. Lauf *m*; 2. Laufweg *m*, Laufstrecke *f*, Durchlaufstrecke *f*, durchlaufende Strecke *f*; 3. Verlauf *m*; 4. *(Eb)* Lauf *m*, Laufweg *m*, Laufleistung *f*; 5. *(Flg)* Ausrollen *n*; 6. *(Kern)* *s.* ~ **частицы**
~/**балластный** *(Schiff)* Ballastfahrt *f*
~ **в километрах** *(Eb)* Kilometerleistung *f*
~ **вагона** *(Eb)* Laufleistung *f*
~ **вследствие отдачи** *(Kern)* Rückstoßreichweite *f*
~/**годовой** *(Eb)* Jahreslaufleistung *f*
~/**гружёный** Laststrecke *f*, Lastkilometer *m*
~ **грузов** *(Eb)* Tonnenkilometer *m*
~/**инерционный** Nachlaufweg *m*
~/**ионизационный** *s.* ~ **частицы для ионизации**
~/**контрольный** *(Schiff)* Kontrollfahrt *f*
~ **носителей [заряда]** *(Kern)* Trägerreichweite *f*, Ladungsträgerreichweite *f*
~/**полезный** Nutzfahrt *f*
~/**порожний** *(Eb)* Leerstrecke *f*, Leerkilometer *m*
~/**пробный** Probelauf *m*, Probefahrt *f*
~ **распада** *(Kern)* [mittlere freie] Zerfallsweglänge *f*, Zerfallsweg *m*
~ **самолёта [при посадке]** *(Flg)* Ausrollen *n* *(nach dem Aufsetzen bei der Landung)*
~/**свободный** *(Kern)* freie Weglänge *f*; freie Wegstrecke *f*
~/**среднесуточный** *(Eb)* mittlere tägliche Laufleistung *f* *(Lok)*
~/**средний массовый** auf die Flächenmasse bezogene mittlere Reichweite *f*
~/**средний свободный** *(Kern)* mittlere freie Weglänge *f*
~ **транспортного средства** *(Eb)* Nutzstrecke *f*, Nutzkilometer *m*
~ **частицы** *(Kern)* Reichweite *f*
~ **частицы для ионизации** Ionisierungsreichweite *f*, Ionisationsreichweite *f*
~ **частицы/максимальный** maximale Reichweite *f*
~ **частицы/остаточный** Restreichweite *f*
~/**экспериментальный** *(Kern)* praktische Reichweite *f*
~/**экстраполированный** *(Kern)* extrapolierte Reichweite *f*
~/**эффективный свободный** *(Kern)* effektive freie Weglänge *f*

пробел *m* 1. Lücke *f*, Zwischenraum *m*; Abstand *m*; 2. *(Dat)* Leerzeichen *n*, Zwischenraum *m*, Zeilenvorschub *m*; 3. *(Typ)* Durchschuß *m* *(Satz)*
~/**звёздный** *(Astr)* Sternlücke *f*, Sternleere *f*
~/**межбуквенный** *(Typ)* Schriftweite *f*, Abstand *m* zwischen den Buchstaben
~/**междусловный** *(Typ)* Wortzwischenraum *m*
~/**палеонтологический** *(Geol)* paleontologische Lücke *f*
~/**стратиграфический** *(Geol)* stratigrafische Lücke (Unterbrechung) *f*, Schichtlücke *f*

пробелённый паром dampfgedeckt, mit Dampf gedeckt (gewaschen) *(Zuckergewinnung)*

пробеливание *n* Decken *n*, Deckvorgang *m*, Waschen *n* *(Zuckergewinnung)*
~ **водой** Decken (Waschen) *n* mit Wasser, Wasserdecke *f* *(Zuckergewinnung)*
~/**паровое** Decken (Waschen) *n* mit Dampf, Dampfdecke *f* *(Zuckergewinnung)*

пробеливать decken, waschen *(Zuckergewinnung)*
~ **водой** mit Wasser decken, eine Wasserdecke geben *(Zuckergewinnung)*
~ **паром** mit Dampf decken, eine Dampfdecke geben *(Zuckergewinnung)*

пробелить *s.* **пробеливать**

пробелка *f* 1. *(Bw)* Weißen *n*, Tünchen *n*; 2. *s.* **пробеливание**

пробиваемость *f* Lochbarkeit *f*, Durchlochbarkeit *f*

пробивание *n s.* **пробивка 1., 2., 3.**

пробивать 1. durchschlagen; 2. lochen; 3. *(Schm)* lochen ohne Lochgesenk
~ отверстия *(Fert)* lochen
пробивка *f* 1. Durchschlagen *n*; 2. *(Bgb)* Setzen *n* *(Stempelausbau)*; 3. *(Dat)* Lochung *f*; 4. Loch *n*
~ карт *(Text)* Kartenschlagen *n* *(Weberei)*
~/многократная *(Dat)* Mehrfachlochung *f*
~ на двенадцатой строке перфокарты *(Dat)* 12er-Loch *n*
~ на одиннадцатой строке перфокарты *(Dat)* Steuerloch *n*, 11er-Loch *n* *(Lochkarte)*
~ отверстий 1. Lochen *n*; 2. *(Schm)* Lochen *n* ohne Lochgesenk
~ со сдвигом *(Dat)* Lochung *f* zwischen den Zeilen einer Lochkarte
пробирание *n s.* **проборка**
пробирать *(Text)* einziehen *(Weberei)*
~ в бёрдо Blatt stechen *(Weberei)*
~ основные нити Kettfäden einziehen
~ основу Kettfäden einziehen
пробирка *f (Ch)* Reagenzglas *n*, Probierglas *n*
~/градуированная graduiertes Reagenzglas *n*
~/колориметрическая Kolorimeterrohr *n*
~/коническая Reagierkelch *m*
~/химическая Reagenzglas *n*, Probierglas *n*
пробка *f* 1. Kork *m*, Korkrinde *f* *(als Werkstoff aus der Rinde der Korkeiche)*; 2. Kork *m*, Korken *m* *(Flaschenverschluß)*; Pfropfen *m*, Stopfen *m*, Stöpsel *m*, Spund *m*; 3. Verstopfung *f* *(Verkehr)*; 4. *(Wlz)* Dorn *m*, Lochdorn *m*, Stopfen *m* *(Rohrwalzwerk)*; 5. *(El)* Stöpselsicherung *f*, Schraubpatronensicherung *f*; Patronensicherung *f*; Patrone *f* *(einer Sicherung)*; 6. Pfropfen *m*, Stopfen *m* *(Schmelzofen, Gießpfanne)*; 7. *(Meß) s.* **~/калиберная**
~/выбивная *(Bgb)* Schlagkopf *m* *(Bohrung)*
~/глухая Verschlußstopfen *m*, Dichtstopfen *m*
~/горная *(Min)* Bergkork *m*
~/двусторонняя предельная *(Meß)* Gut- und Ausschußlehrdorn *m*; Grenzlehrdorn *m* mit zwei Meßgliedern
~/деревянная Dübel *m*
~/донная Leckschraube *f* *(Rettungsboot)*
~/завилочная *s.* **~/цементировочная**
~/калиберная *(Meß)* Lehrdorn *m*, Kaliberdorn *m*; Bohrungslehre *f*
~/коническая Kegellehrdorn *m*
~ крана Hahnküken *n*, Hahnkegel *m*
~ наконечника продольной рулевой тяги *(Kfz)* Verschlußschraube *f* zu beiden Enden der Lenkstange
~/непроходная Ausschußlehrdorn *m*
~/нормальная калиберная Normallehrdorn *m*
~/нормальная резьбовая калиберная Normalgewindelehrdorn *m*
~/односторонняя предельная Grenzlehrdorn *m* mit einem Meßzylinder
~/предельная [калиберная] Grenzlehrdorn *m*
~/предельная резьбовая Gewindegrenzlehrdorn *m*
~/притёртая eingeschliffener Glasstopfen *m*
~/проходная Gutlehrdorn *m*
~ радиатора *(Kfz)* Kühler[füll]kappe *f*, Kühlerverschraubung *f*
~/резьбовая Verschraubung *f*, Verschlußschraube *f*
~/резьбовая калиберная Gewindelehrdorn *m*
~ с шестигранной головкой Sechskantverschlußschraube *f*
~/спускная *(Schiff)* Leckschraube *f*
~/цементировочная *(Bgb)* Zementierstopfen *m* *(Bohrung)*
пробка-заглушка *f* Verschlußstopfen *m*
пробкообразование *n (Bgb)* Pfropfenbildung *f* *(im Bohrloch)*
проблема *f* Problem *n*; Aufgabe *f* *(s. a. unter* **задача***)*
~ оценки производительности ВМ *(Dat)* Benchmark-Problem *n*, vergleichende Untersuchung *f*
~ эвристическая *(Kyb)* heuristisches Problem *n*
проблемно-ориентированный *(Dat)* problemorientiert
проблеск *m* Schimmer *m*, Lichtschimmer *m*
пробник *m* 1. Probenehmer *m*, Probenentnahmegerät *n*; 2. Spürgerät *n*; 3. *(El)* Leitungsprüfer *m*
~/карманный Taschenprüfer *m*
пробоина *f* 1. Durchschuß *m*, Einschuß *m*; 2. *(Schiff)* Leck *n*
пробой *m* 1. Krampe *f*; 2. *(El)* Durchschlag *m*, Überschlag *m*
~ в вакууме Vakuumdurchschlag *m*
~ в полупроводниках Durchbruch *m* in Halbleitern
~ в транзисторе Transistordurchbruch *m*
~ диэлектрика *(El)* Durchschlag *m*
~/диэлектрический *(El)* Durchschlag *m*
~ изоляции *(El)* Isolationsdurchschlag *m*
~/искровой *(El)* Funkendurchbruch *m*
~/лавинный *(Eln)* Lawinendurchbruch *m*, Avalanche-Durchbruch *m* *(Halbleiter)*
~/мягкий weicher Durchbruch *m*
~ носителей [заряда] *(Eln)* Trägerdurchbruch *m*, Ladungsträgerdurchbruch *m*
~/обратный *(Eln)* reversibler Durchbruch *m*

~/**поверхностный** *(El)* Oberflächendurchschlag *m*, Überschlag *m*
~/**тепловой (теплоэлектрический)** *(Eln)* wärmeelektrischer Durchschlag *m*, Wärmedurchschlag *m*
~/**электрический** elektrischer Durchschlag *m*; elektrischer Überschlag *m*
пробойник *m* 1. *(Schm)* Lochdorn *m*, Locheisen *n*, Lochhammer *m*, Durchtreiber *m*; 2. *(Schiff)* Kalfatereisen *n*
~/**квадратный** Vierkantlochhammer *m*
~/**круглый** runder Lochhammer *m*
~/**фигурный** *(Schm)* Fassonlochdorn *m*
пробоотборник *m* Probenehmer *m*, Probe[ent]nahmegerät *n*
~/**боковой** *(Bgb)* Bohrlochwand-Probeentnahmegerät *n*
~/**глубинный** *(Erdöl)* Tiefenprobenehmer *m*
~/**дистанционный** *(Kern)* manipulatorbetätigtes Gerät *n* zur Entnahme von Proben *(aus der heißen Kammer)*
~/**забойный** *(Erdöl)* Sohlennehmer *m*
пробоотсекатель *m* Probenehmer *m*, Probe[ent]nahmegerät *n* *(stetige Probenahme)*
проборка *f* *(Text)* Einziehen *n*, Einzug *m* *(Weberei)*
~ **в бёрдо** Blatteinzug *m*
~ **в ремиз[ки]** Schafteinzug *m*
~ **на двух ремизках/рядовая** Einzug *m* geradedurch bei zwei Schäften
~ **нитей основы** Kettfadeneinzug *m*
~/**обратная** verkehrter (spitzer) Einzug *m*
~/**обратная двойная** verkehrter (spitzer) Einzug *m* mit doppeltem Spitzfaden
~/**обратная простая** verkehrter (spitzer) Einzug *m* mit einfachem Spitzfaden
~ **основы** *s.* ~ **нитей основы**
~ **по одной нити** einfädiger Einzug *m*
~ **по три нити** dreifädiger Einzug *m*
~/**прерывная** sprungweiser Einzug *m*
~/**рассыпная** mehrfacher (mehrchöriger) Einzug *m*
~/**рядовая** Schafteinzug *m* geradedurch, gerader Einzug *m*
~/**сводная** gruppenweiser Einzug *m*
~/**сокращённая** reduzierter Einzug *m*
проборщик *m* *(Text)* Ketteneinzieher *m*, Einzieher *m* *(Weberei)*
пробрать *s.* **пробирать**
пробуксовка *f* Rutschen *n* *(Kupplung, Bremse)*
пробуравить *s.* **пробуравливать**
пробуравливать durchbohren
пробурённый *(Bgb)* gebohrt, durchbohrt
пробуривание *n* *(Bgb)* Durchbohren *n*, Bohren *n*
пробуривать 1. *s.* **бурить**; 2. *(Bgb)* [durch]bohren, durchteufen, niederbringen *(Bohrung)*

провал *m* 1. Einsturz *m*; 2. *(Geol)* Erdfall *m*; 3. *(Bgb)* Pinge *f*, Binge *f*; Tagebruch *m*; Erdfall *m*; 4. Durchfall *m* *(Brennstoffverlust in der Feuerung)*
~ **напряжения** *(El)* Spannungszusammenbruch *m*
~/**энергетический** *(Eln)* Energielücke *f*
проваливание *n* *(Aero, Flg)* Durchsacken *n*, Absacken *n*
провар *m* *(Schw)* Einbrand *m*
проваривать 1. durchkochen; 2. *(Schw)* einbrennen
проварить *s.* **проваривать**
проведение *n* 1. Ausführung *f* *(z. B. einer Arbeit)*; 2. Durchführung *f* *(z. B. eines Planes)*; 3. Leiten *n* *(eines Stromes in Metallen)*; 4. *(Bgb)* Auffahren *n*, Vortreiben *n*
~ **бремсберга ходким широким забоем** *(Bgb)* Breitauffahren *n* eines Bremsbergs mit Begleitstrecke
~ **брожения** Gärführung *f*
~ **выработки широким забоем** *(Bgb)* Breitauffahren *n*
~ **выработок** *(Bgb)* Auffahren *n* von Grubenbauen
~ **выработок встречными забоями** Auffahren *n* im Gegenortbetrieb
~ **горной выработки** *(Bgb)* Auffahren *n* eines Grubenbaues
~ **испытаний** Versuchsdurchführung *f*
~ **капитальных выработок** *(Bgb)* Ausrichtung *f*, Auffahren *n* von Ausrichtungsgrubenbauen
~ **наклонной выработки широким забоем** *(Bgb)* Breitauffahren *n* eines geneigten Grubenbaues
~ **наклонных выработок** *(Bgb)* Auffahren *n* geneigter Grubenbaue
~ **опытов** Versuchsdurchführung *f*
~ **параллельных штреков** *(Bgb)* Parallelstreckenvortrieb *m*
~ **парных выработок** *(Bgb)* Parallelstreckenvortrieb *m*
~ **печи** *(Bgb)* Auffahren *n* eines Aufhauens
~ **подготовительных выработок** *(Bgb)* Auffahren *n* von Vorrichtungsgrubenbauen, Vorrichtung *f*
~ **просеки** *(Bgb)* Auffahren *n* eines Durchhiebs
~ **ремонта** Ausführung *f* einer Reparatur
~ **ската** *(Bgb)* Auffahren *n* eines Rolloches
~ **скважины** *(Bgb)* Niederbringen *n* eines Bohrloches
~ **уклона с двумя ходками** *(Bgb)* Auffahren *n* eines Abhauens mit zwei Begleitstrecken
~ **уклона узким забоем** *(Bgb)* Schmalauffahren *n* eines Abhauens
~ **штрека** *(Bgb)* Streckenvortrieb *m*, Auffahren *n* einer Strecke

~ **штрека по тонким пластам широким забоем** Auffahren *n* einer Strecke in geringmächtigem Flöz
~ **штрека узким забоем** Schmalauffahren *n* einer Strecke
~ **штрека широким забоем** Breitauffahren *n* einer Strecke
~ **штреков** *(Bgb)* Auffahren *n* von Strecken
~ **штреков в мощных залежах** Auffahren *n* von Strecken in mächtigen Lagerstätten
~ **штреков/групповое** Parallelstreckenvortrieb *m*
~ **штреков по тонким пластам широким забоем** Schmalauffahren *n* von Strecken in geringmächtigen Flözen
~ **штреков при помощи взрывных работ** Auffahren *n* von Strecken durch Sprengarbeit
~ **штреков при помощи комбайнов** Auffahren *n* von Strecken mittels Schrämlademaschinen (Kombines)
~ **штреков при помощи отбойных молотков** Auffahren *n* von Strecken mit Abbauhämmern
проверить *s.* **проверять**
проверка *f* Prüfung *f*, Nachprüfung *f*, Überprüfung *f*, Kontrolle *f*, Revision *f*
~/**выборочная** Stichprobe *f*, Stichprobenkontrolle *f*
~ **гипотезы** *(Math)* Hypothesenprüfung *f (Wahrscheinlichkeitsrechnung)*
~/**дополнительная** Nachprüfung *f*
~ **изоляции** Isolationsprüfung *f*
~ **изоляции обмоток** Wicklungsprüfung *f*
~ **итога** *(Dat)* Summenkontrolle *f*, Summenprobe *f*
~ **калибров/контрольная** *(Fert)* Lehrenkontrolle *f (Überprüfung der Lehren)*
~ **качества** Güteprüfung *f*
~ **кода** *(Dat)* Kodeprüfung *f*
~ **комплектности** Komplexprüfung *f (statistische Qualitätskontrolle)*
~ **ламп** *(El)* Lampenprüfung *f*; *(Eln)* Röhrenprüfung *f*
~ **меток** *(Dat)* Kennsatzprüfung *f*
~ **на допустимость кодовых комбинаций** *(Dat)* Prüfung *f* auf unzulässige Kodekombinationen
~ **на достоверность** *(Dat)* Gültigkeitsprüfung *f*
~ **на значимость** *(Dat)* Gültigkeitsprüfung *f*
~ **на правильность** *(Dat)* Gültigkeitsprüfung *f*
~ **на чётность** *(Dat)* Paritätskontrolle *f*
~ **на чётность/вертикальная** vertikale Paritätskontrolle *f*
~ **на чётность/горизонтальная** horizontale Paritätskontrolle *f*
~ **отдельной перфокарты** *(Dat)* Einzelkartenprüfung *f*
~/**первичная** Erstprüfung *f (statistische Qualitätskontrolle)*
~ **по избыточности** *(Dat)* Redundanzkontrolle *f*
~ **по остатку** *(Dat)* Restprüfung *f*, Restkontrolle *f*
~ **по столбцам** *(Dat)* Querkontrolle *f*
~ **по сумме** *(Dat)* Summenkontrolle *f*, Summenprobe *f*
~/**повторная** Wiederholungsprüfung *f (statistische Qualitätskontrolle)*
~ **последовательности** *(Dat)* Sortierfolgeprüfung *f*
~ **правильности** *(Dat)* Gültigkeitsprüfung *f*
~ **правильности записи** Schreibgültigkeitsprüfung *f*
~ **правильности подборки** *(Typ)* Kollationieren *n*
~ **программы** *(Dat)* Programmtest *m*, Programmprüfung *f*
~ **радиального биения** *(Masch)* Rundlaufprüfung *f*, Rundlaufkontrolle *f*
~ **размеров** Nachmessen *n*, Nachmessung *f*, Maßkontrolle *f*, Aufmessen *n*
~ **резьбы** Gewindeprüfung *f*
~ **состояния кровли вибрационным способом** *(Bgb)* Hangendüberprüfung *f* im Schwingungsverfahren
~ **состояния кровли звуковым методом** *(Bgb)* Hangendüberprüfung *f* durch Abklopfen
~ **схемы** *(Eln)* Schaltungsprüfung *f*
~ **счётчика** *(Dat)* Zählerkontrolle *f*
~ **уровня качества/инспекционная** Qualitätsdarstellung *f (statistische Qualitätskontrolle)*
провернуть *s.* **провёртывать**
провёртывание *n* 1. Durchbohren *n*; 2. Durchdrehen *n*
провёртывать 1. durchbohren; 2. durchdrehen
проверять prüfen, nachprüfen, überprüfen, kontrollieren
~ **вызов** *(Fmt)* den Ruf prüfen
~ **занятость** *(Fmt)* auf besetzt prüfen
~ **размеры** nachmessen
~ **размеры калибром** *(Fert)* ablehren
~ **часы** die Uhr stellen
провес *m* 1. Einwaage *f*; 2. Untergewicht *n*; 3. Durchhang *m (z. B. Förderband, Freileitung)*
~ **контактного провода** *(Eb)* Fahrdrahtdurchhang *m*
~ **провода** *(El)* Leiterdurchhang *m*
провесить *s.* **провешивать**
провести *s.* **проводить**
проветривание *n* 1. Lüften *n*, Durchlüftung *f*, Belüftung *f*, Ventilation *f*; 2. *(Bgb)* Wetterführung *f*, Bewetterung *f*

~/**восходящее** aufsteigende Wetterführung *f*
~/**всасывающее** saugende Bewetterung *f*
~/**диагональное** grenzläufige Wetterführung *f*
~/**естественное** natürliche Bewetterung *f*
~/**искусственное** künstliche Bewetterung *f*
~/**местное** Sonderbewetterung *f*
~/**нагнетательное** blasende Bewetterung *f*
~/**нисходящее** abfallende Wetterführung *f*
~/**обособленное** 1. Separatventilation *f*; 2. Sonderbewetterung *f*
~ **при помощи вентиляционных труб** Luttenbewetterung *f*
~/**секционное** unabhängige Revierbewetterung *f*
~/**фланговое** *s.* ~/**диагональное**
~/**центральное** rückläufige Wetterführung *f*
~/**частичное** *s.* ~/**обособленное**
~ **шахт** Grubenbewetterung *f*
проветривать 1. lüften, belüften, durchlüften; 2. *(Bgb)* bewettern; 3. *(Led)* ablüften
проветрить *s.* **проветривать**
провешивать 1. zu knapp wiegen, falsch wiegen; 2. *(an der Luft)* dörren; 3. *(Geod)* abhaken, abfluchten
провисание *n* Durchhängen *n* *(s. a. unter* **провес***)*; Durchsacken *n*
провисать durchhängen; [durch]sacken
провиснуть *s.* **провисать**
провод *m* 1. *(El)* Draht *m*, Leiter *m* *(als Schaltelement, s. a. unter* **проводник** *und* **проволока***)*; 2. *(El)* Leitung *f*, Draht *m* *(als Übertragungsweg, s. a. unter* **линия***)*
~/**активный** *(El)* aktiver Leiter *m*
~/**антенный** Antennendraht *m*, Antennenleiter *m*
~/**арматурный** Fassungsader *f*
~/**биметаллический** Doppelmetalldraht *m*, Bimetalldraht *m*
~/**биметаллический сталемедный** *s.* ~/**сталемедный**
~/**блокировочный** *(Eb)* Blockleitung *f*
~ **в свинцовой оболочке** *s.* ~/**освинцованный**
~/**внешний** Außenleiter *m*
~/**внутренний** Innenleiter *m*
~ **воздушной линии** Freileiter *m*
~/**воздушный** 1. Windleitung *f*; Druckluftleitung *f*; 2. Freileiter *m*
~/**вспомогательный** 1. Hilfsleitung *f*, Hilfsleiter *m*; 2. Hilfstragseil *n*, Hilfstragdraht *m* *(bei Fahrleitungen)*
~/**высокочастотный многожильный** Hochfrequenzlitze *f*
~/**газовый** Gasleitung *f*
~/**гибкий** biegsamer Leiter *m*
~/**гибкий соединительный** Schaltdrahtverbindung *f*
~/**голый** blanker Draht (Leiter) *m*
~/**двойной контактный** Doppelfahrleitung *f*
~/**двухжильный** zweiadrige Leitung *f*
~/**двухжильный арматурный** Fassungsdoppelader *f*
~ **для люминесцентного освещения** Leuchtröhrenleitung *f*
~ **для сырых помещений** Feuchtraumleitung *f*
~ **зажигания** *(Kfz)* Zündkabel *n*
~ **заземления** *s.* ~/**заземляющий**
~/**заземляющий** Erd[ungs]leiter *m*, Erd[ungs]leitung *f*
~/**защитный** Schutzleiter *m*
~/**звонковый** Klingeldraht *m*
~/**земляной** *(Eb)* Erdleiter *m*, Erdleitung *f*, Erdungsleitung *f*, Erddraht *m* *(Sicherungstechnik)*
~/**калиброванный** Eichleitung *f*
~/**коаксиальный** Koaxialleitung *f*
~/**контактный** Fahrdraht *m*, Fahrleitung *f* *(Elektrotraktion)*
~/**крайний** *s.* ~/**внешний**
~/**кроссировочный** Schaltdraht *m*
~/**кроссовый** Schaltdraht *m*
~/**круглый медный** Kupferrunddraht *m*
~/**лакированный** Lackdraht *m*, lack[isol]ierter Draht *m*, Emaille[lack]draht *m*
~/**ленточный** Bandleitung *f*
~/**линейный** Leitungsdraht *m*
~/**лужёный** verzinnter Draht *m*
~/**массивный** massiver Leiter *m*, Massivdraht *m*, Volldraht *m*
~/**медно-стальной** *s.* ~/**сталемедный**
~/**медный** Kupferleitung *f*; Kupferleiter *m*, Kupferdraht *m*
~/**медный многопроволочный** Kupferlitze *f*
~/**медный эмалированный** Kupferlackdraht *m*
~/**многожильный** mehradrige (mehrdrähtige) Leitung *f*, Mehrfachleitung *f*, Litze *f*
~/**многожильный скрученный** verdrillter (verseilter) Draht *m*
~/**многопроволочный** *s.* ~/**многожильный**
~/**монтажный гибкий** Schaltlitze *f*
~/**монтажный однопроволочный** Schaltdraht *m*
~/**надземный** *s.* ~/**воздушный**
~/**неизолированный** *s.* ~/**голый**
~/**нейтральный** *s.* ~/**нулевой**
~/**нулевой** Nullleiter *m*, Neutralleiter *m*, Sternpunktleiter *m*
~/**обратный** Rückleitung *f*
~/**оголённый** abisolierter Draht *m*

~/**одножильный** einadrige Leitung *f*, Einfachleitung *f*
~/**оплетённый** umflochtener (umhüllter) Draht *m*
~/**освинцованный** Bleimantelleitung *f*
~/**ответвлённый** Abzweigleitung *f*
~/**питательный (питающий)** Speiseleitung *f*, Versorgungsleitung *f*
~ **под напряжением** spannungsführende Leitung *f*, unter Spannung stehender Leiter *m*
~/**подводящий** *s.* ~/**питательный**
~/**полый** Hohlleiter *m*
~/**прямой** direkte Leitung *f*
~/**пустотелый** *s.* ~/**полый**
~/**пучковый** Bündelleiter *m*, gebündelte Leitung *f*
~/**расщеплённый** *s.* ~/**пучковый**
~/**реостатный** Widerstandsdraht *m*
~ **с бумажной изоляцией** papierisolierter Draht *m*
~ **с лаковой изоляцией** *s.* ~/**лакированный**
~ **с оплёткой** *s.* ~/**оплетённый**
~ **с пластмассовой изоляцией** kunststoffisolierte (plastisolierte) Leitung *f*
~ **с противосыростной изоляцией** *s.* ~ **для сырых помещений**
~ **с резиновой изоляцией** gummiisolierte Leitung *f*
~ **с хлопчатобумажной изоляцией** baumwollisolierter Draht *m*, Baumwolldraht *m*
~ **с шёлковой изоляцией** seideisolierter Draht *m*, Seidendraht *m*
~/**световой** Lichtleiter *m*
~/**силовой** Starkstromleiter *m*
~/**соединительный** Verbindungsleitung *f*; Schaltdraht *m*
~/**сплошной** *s.* ~/**массивный**
~/**средний** Mittelleiter *m*
~/**сталеалюминиевый** Stahlaluminiumleiter *m*, Stahlalu-Leiter *m*
~/**сталемедный** Stahlkupferleiter *m*, Stakuleiter *m*
~/**телеграфный** Telegrafenleitung *f*
~/**токоведущий** stromführender Draht *m*
~/**транзитный** Fernleitung *f*
~/**трёхжильный** dreiadrige Leitung *f*, Drillingsleiter *m*
~/**троллейный** *s.* ~/**контактный**
~/**установочный** Installationsleitung *f*
~/**фасонный** Formdraht *m*, Profildraht *m*
~/**физический** Stammleitung *f*, Stamm *m*
~/**четырёхжильный** vieradrige Leitung *f*
~/**шланговый** Schlauchleitung *f*
~/**экранированный** abgeschirmte Leitung *f*
~/**эмалированный** Email[lack]draht *m*, Lackdraht *m*, lack[isol]ierter Draht *m*
провод *m* **«A»** *(Fmt)* A-Ader *f*
провод *m* **«B»** *(Fmt)* B-Ader *f*
провод *m* **«C»** *(Fmt)* C-Ader *f*, C-Leiter *m*
проводимость *f* *(El)* 1. Leitwert *m* *(reziproker elektrischer Widerstand, gemessen in Siemens)*; 2. [elektrische] Leitfähigkeit *f*, Leitvermögen *n* *(reziproker spezifischer elektrischer Widerstand)* • **с электронной проводимостью** *n*-leitend, elektronenleitend
~/**активная** Wirkleitwert *m*, Konduktanz *f*
~/**активная входная** Eingangswirkleitwert *m*
~/**активная электрическая** elektrischer Leitwert *m*
~ **база-коллектор** Basis-Kollektor-Leitwert *m*
~ **в запирающем направлении** Sperrleitwert *m*
~ **в запорном (обратном) направлении** *s.* ~/**обратная**
~ **в примесной зоне** *(Eln)* Störbandleitung *f*
~ **в пропускном (прямом) направлении** *s.* ~/**прямая**
~/**внутренняя** innerer Leitwert *m*
~/**входная** Eingangsleitwert *m*
~/**выходная** Ausgangsleitwert *m*
~ **границ зёрен** *(Krist)* Korngrenzenleitfähigkeit *f*
~/**дифференциальная** differentieller Leitwert *m*
~/**диффузионная** Diffusionsleitwert *m* *(Halbleiter)*
~/**дырочная** Lochleitung *f*, Defekt[elektronen]leitfähigkeit *f*, Defekt[elektronen]leitung *f*, *p*-Leitung *f* *(Halbleiter)*
~/**ёмкостная** *(El)* kapazitiver Leitwert *m*
~ **замещением** *(Eln)* Substitutionsleitung *f*; Substitutionsleitfähigkeit *f*
~/**избыточная** Überschußleitung *f*, *n*-Leitung *f* *(Halbleiter)*
~ **изоляции** *(El)* Isolationsleitwert *m*, Ableitung *f* *(bei Isolationsfehlern)*
~/**индуктивная** induktiver Leitwert *m*
~/**ионная** *(El, Ch)* 1. Ionenleitfähigkeit *f*, Ionenleitung *f*; 2. *(im Russischen zuweilen für* ~/**электролитическая**)
~ **ионосферы** Ionosphärenleitfähigkeit *f*
~/**кажущаяся** *s.* ~/**полная**
~ **короткого замыкания/входная** *(El)* Eingangskurzschlußleitwert *m*
~ **короткого замыкания/выходная** *(El)* Ausgangskurzschlußleitwert *m*
~/**магнитная** *(El)* magnetischer Leitwert *m*
~/**микроволновая** Mikrowellenleitfähigkeit *f*
~ **на высоких частотах** Hochfrequenzleitfähigkeit *f*, HF-Leitfähigkeit *f*
~ **на выходе/полная** *(Eln)* Ausgangsadmittanz *f*
~/**обратная** Sperrleitwert *m*, Rückwärtsleitwert *m*

~ **обратной связи** Rückwirkungsleitfähigkeit *f*
~/**односторонняя** einseitige (unipolare) Leitfähigkeit *f*
~ **по границам зёрен** *(Krist)* Korngrenzenleitfähigkeit *f*
~/**поверхностная** Oberflächenleitfähigkeit *f*
~/**полная** *(El)* Scheinleitwert *m*, Admittanz *f*
~/**полная входная** *(El)* Eingangs[schein]-leitwert *m*, Eingangsadmittanz *f*
~/**полная выходная** *(El)* Ausgangs-[schein]leitwert *m*, Ausgangsadmittanz *f*
~ **почвы** *(El)* Bodenleitfähigkeit *f*
~/**примесная** Stör[stellen]leitung *f*, Extrinsic-Leitfähigkeit *f* *(Halbleiter)*
~ **примесной зоны** Störbandleitung *f* *(Halbleiter)*
~/**прямая** Vorwärtsleitwert *m*, Flußleitwert *m* *(Gleichrichter)*
~/**реактивная** *(El)* [induktiver] Blindleitwert *m*, Suszeptanz *f*
~/**собственная** Eigenleitung *f*, Eigenleitfähigkeit *f*, Intrinsic-Leitfähigkeit *f* *(Halbleiter)*
~/**тепловая** Wärmeleitfähigkeit *f*
~/**термическая** thermischer Leitwert *m*
~ **типа n (n-типа)** *s.* ~/**электронная**
~ **типа p (p-типа)** *s.* ~/**дырочная**
~/**удельная** *(El)* spezifischer Leitwert *m*; Leitfähigkeit *f*
~/**униполярная** unipolare Leitfähigkeit *f*
~/**фотоэлектронная** Fotoelektronenleitfähigkeit *f*, Fotoelektronenleitung *f*
~/**шумовая** Rauschleitwert *m*
~/**эквивалентная [электрическая]** 1. *(El, Ch)* Äquivalentleitfähigkeit *f*; 2. *(El)* Ersatzleitwert *m*
~/**электрическая** elektrischer Leitwert *m* *(Siemens)*; elektrische Leitfähigkeit *f*
~/**электролитическая** elektrolytische Leitfähigkeit *f*
~/**электронная** *(Eln)* Elektronenleitfähigkeit *f*, Elektronenleitung *f*, *n*-Leitung *f*
~ **эмиттера/диффузионная** Emitterdiffusionsleitwert *m* *(Halbleiter)*

проводить 1. durchführen, ausführen; 2. ziehen *(Linie, Strich, Grenze)*; 2. bauen, anlegen *(Straße)*; legen *(Wasserleitung, elektrische Leitung)*; 4. leiten *(Strom in Metallen)*; 5. *(Bgb)* auffahren, vortreiben, niederbringen
~ **вертикальные врубы** *(Bgb)* kerben, einschlitzen
~ **выработку** *(Bgb)* einen Grubenbau auffahren
~ **выработку встречными забоями** im Gegenortbetrieb auffahren
~ **горизонтальную выработку** *(Bgb)* einen söhligen Grubenbau auffahren
~ **сбойки** *(Bgb)* durchschlägig machen
~ **широким забоем** *(Bgb)* breitauffahren, breitaufhauen
~ **штрек** *(Bgb)* eine Strecke auffahren

проводка *f* 1. Verlegen *n*, Legen *n*, Installieren *n* *(Leitungen, Kabel; s. a. unter* **прокладка***)*; Anlegen *n* *(Straßen)*; 2. *(El)* Leitung *f*, Leitungsanlage *f* *(als Gesamtheit der verlegten Drähte, Kabel usw. einschließlich des Installationsmaterials)*; Schaltung *f*, Verdrahtung *f*; 3. Ziehen *n* *(Linien, Grenzen)*; 4. *(Wlz)* Walzgutführung *f* *(am Walzgerüst)*; 5. *(Bgb)* Auffahrung *f*, Vortrieb *m*; Niederbringen *n*
~ **бумаги (бумажной ленты)** *(Typ)* Einziehen *n* der Papierbahn, Papierlauf *m*
~/**бытовая** *s.* ~/**домашняя**
~/**вводная** *(Wlz)* Einführarmatur *f*, Einführung *f*
~/**винтовая** *s.* ~/**кантующая**
~/**внутренняя [электрическая]** *(El)* Inneninstallation *f*, Innenleitung *f*
~/**воздушная** *(El)* Freileitung *f*
~/**входная** Walzguteinführung *f* *(Walzgerüst)*
~/**выводная** Ausführung *f*, Ausführarmatur *f*, Walzgutausführung *f* *(Walzgerüst)*
~/**выходная** Walzgutausführung *f* *(Walzgerüst)*
~/**геликоидальная** *s.* ~/**кантующая**
~/**домашняя** *(El)* Hausinstallation *f*, Installationsleitung *f*
~/**звонковая** *(El)* Klingelleitung *f*
~/**кабельная** Kabelführung *f*
~/**кантовальная** *(Wlz)* Drallführung *f*, Drallbüchse *f*, Kantführung *f*
~/**кантующая** *(Wlz)* Drallführung *f*, Drallbüchse *f*, Kantführung *f*, Drallarmatur *f*
~/**круговая** Bogenführung *f* *(Walzen und Stranggießen)*
~/**лоцманская** *(Schiff)* Lotsen *n*
~/**наружная** *(El)* Außenleitung *f*, Außeninstallation *f*
~/**обводная** *(Wlz)* Umführungsarmatur *f*, Umführung *f*
~/**осветительная** *(El)* Lichtleitung *f*, Lichtinstallation *f*
~/**открытая** *(El)* offen (auf Putz) verlegte Leitung *f*; Aufputzverlegung *f*, Aufputzinstallation *f*
~/**проволочная** *(Wlz)* Drahtführung *f*
~ **прокатного стана** Führung *f* *(am Walzgerüst)*; Abstreifmeißel *m*
~/**роликовая** *(Wlz)* Rolleneinführung *f*
~/**роликовая кантующая** *(Wlz)* Rollendrallarmatur *f*
~ **с открытым сверху обводным жёлобом/обводная** *(Wlz)* nach oben offene Umführungsarmatur *f*

~ системы Кваста/рычажная обводная *(Wlz)* Quastsche Klappenführung *f*
~/скрытая *(El)* verdeckte (unter Putz verlegte) Leitung *f*; Unterputzverlegung *f*, Unterputzinstallation *f*
~ управления Kontrollinie *f*
~/штуртросовая *(Schiff)* Ruderleitung *f*
~/электрическая *(El)* elektrische Leitung *f*, Leitungsanlage *f*
проводник *m* 1. *(El)* Leiter *m* *(s. a. unter* **провод** *und* **проволока***)*; 2. *(Bgb)* Spurlatte *f*, Leitbaum *m*; Führung *f*
~/внутренний Innenleiter *m*
~/гибкий biegsamer Leiter *m*
~/деревянный [hölzerne] Spurlatte *f*
~/заземляющий Erd[ungs]leiter *m*, Erd[leitungs]draht *m*
~/идеальный Idealleiter *m*
~/ионный Ionenleiter *m*
~/канатный Seilführung *f*
~/круглый Rundleiter *m*
~/линейный linearer Leiter *m*
~/медный Kupferleiter *m*
~/металлический Schienenführung *f*, Stahlführung *f*, Stahlspurlatte *f* *(Fördergefäße)*
~/нагревательный Heizleiter *m*
~/направляющий *(Bgb)* Spurlatte *f*, Leitbaum *m* *(s. a.* **~/рельсовый***)*
~/наружный Außenleiter *m*
~/печатный gedruckte Verdrahtung (Leitungsführung, Leitung) *f*, gedruckter Leiter *m*
~/положительный Plusleiter *m*
~/полый Hohlleiter *m*
~/прямоугольный Rechteckleiter *m*
~/рельсовый Schienenführung *f*, Stahlführung *f*, Stahlspurplatte *f* *(Fördergefäße)*
~/спиральный gewendelter Leiter *m*, Wendelleiter *m*
~ тепла Wärmeleiter *m*
~/токоведущий stromführender Leiter *m*
~/электрический [elektrischer] Leiter *m*, Elektrizitätsleiter *m*, Stromleiter *m*
~/электронагревательный *s.* **~/нагревательный**
~/элементарный *(El)* Teilleiter *m*, Einzelleiter *m*
проводниковый Leiter ..., Leitungs ...
проводной *(El)* drahtgebunden, leitungsgebunden, Draht ..., Leitungs ...
проводящий *(El)* leitend, leitfähig; Leit...
провозоспособность *f* Transportkapazität *f*
проволакивать ziehen *(Draht)*
проволока *f* Draht *m*
~/алюминиевая Aluminiumdraht *m*
~/анкерная Ankerdraht *m*, Verankerungsdraht *m*, Abspanndraht *m*
~/арматурная *(Bw)* Bewehrungsdraht *m*
~/бандажная Bindedraht *m*
~/бёрдовая *(Text)* Rietdraht *m*, Webeblattdraht *m* *(Weberei)*
~/биметаллическая Bimetalldraht *m*
~/броневая *(El)* Bewehrungsdraht *m* *(Kabel)*
~/волосная haardünner Draht *m*, Haardraht *m*
~/вольфрамовая Wolframdraht *m*
~ высокого омического сопротивления *(El)* Widerstandsdraht *m*
~/вязальная Bindedraht *m*
~/геодезическая [geodätischer] Meßdraht *m*
~/голая blanker Draht *m*, Blankdraht *m*, nicht isolierter Draht *m*
~ для измерения среднего диаметра резьбы Gewindemeßdraht *m*
~ для стержней *(Gieß)* Kerndraht *m*
~ для шитья *(Typ)* Heftdraht *m*
~/железная Eisendraht *m*
~/железоникелевая Eisennickeldraht *m*
~/золотая Golddraht *m*
~/измерительная Meßdraht *m*
~/калиброванная gezogener Draht *m*; kalibrierter (geeichter) Draht *m*; [kalibrierter] Meßdraht *m* *(für Meßbrücken)*
~/кардная *(Text)* Kratzendraht *m*, Kardendraht *m*
~/каркасная *(Gieß)* Kern[bewehrungs]draht *m*, Formdraht *m*
~/колючая Stacheldraht *m*
~/константановая Konstantandraht *m*
~/контактная Anschlußdraht *m*
~/круглая Runddraht *m*, Draht *m*
~/латунная Messingdraht *m*
~/линейная Leitungsdraht *m*
~/лужёная verzinnter Draht *m*
~/манганиновая Manganindraht *m*
~/массивная *(El)* Volldraht *m*, Massivdraht *m*
~/медная Kupferdraht *m*
~/медная эмалированная Kupferlackdraht *m*
~ мелкого калибра Feindraht *m*
~/мерная Meßdraht *m*
~/молибденовая Molybdändraht *m*
~/монелевая Moneldraht *m*
~/мягкоотожжённая weichgeglühter Draht *m*
~/мягкотянутая weichgezogener Draht *m*
~/нагревательная Heizdraht *m*
~/накаливаемая Glühdraht *m*
~/натяжная Abspanndraht *m*, Spanndraht *m*
~/обвязочная *s.* **~/вязальная**
~/обмоточная *(El)* Wicklungsdraht *m*, Wickeldraht *m*
~ общего назначения geglühter Draht *m* aus niedriggekohltem Stahl
~ огневой оцинковки feuerverzinkter Draht *m*
~/омеднённая Kupfermanteldraht *m*

~/**отожжённая** [aus]geglühter Draht *m*
~/**оттяжная** *s.* ~/**натяжная**
~/**оцинкованная** [feuer]verzinkter Draht *m*
~/**оцинкованная железная** [feuer]verzinkter Eisendraht *m*
~/**плавкая** Schmelzdraht *m*, Abschmelzdraht *m*
~/**платиновая** Platindraht *m*
~/**плоская** Flachdraht *m*
~ **плоского сечения** *s.* ~/**прямоугольная**
~/**подвесная** Hängedraht *m*
~/**полукруглая** Halbrunddraht *m*
~/**присадочная [сварочная]** *(Schw)* Zusatz[schweiß]draht *m*
~/**профильная** *s.* ~/**фасонная**
~/**прямоугольная** *(El)* Draht *m* mit rechteckigem Querschnitt, Vierkantdraht *m*, Rechteckdraht *m*, Flachdraht *m*
~/**распылительная** Spritzdraht *m*, Metallspritzdraht *m*
~/**расчалочная** Verspannungsdraht *m*
~/**реостатная** *(El)* Widerstandsdraht *m*
~ **с медной оболочкой/биметаллическая** *s.* ~/**омеднённая**
~ **с хлопчатобумажной изоляцией** *(El)* Baumwolldraht *m*, baumwollisolierter Draht *m*
~/**сварочная** Schweißdraht *m*
~/**светлая** Blankdraht *m*, nicht isolierter Draht *m*
~/**серебряная** Silberdraht *m*
~/**стальная** Stahldraht *m*
~/**стержневая** *(Gieß)* Kern[bewehrungs]-draht *m*, Formdraht *m*
~/**телеграфная** Telegrafendraht *m*
~/**фасонная** Profildraht *m*, Formdraht *m*
~ **фасонного профиля** *s.* ~/**фасонная**
~ **холодной оцинковки** *s.* ~ **электролитической оцинковки**
~/**холоднотянутая** kaltgezogener (kaltgereckter) Draht *m*
~/**цинковая** Zinkdraht *m*
~/**электродная** *(Schw)* Elektroden[kern]-draht *m*
~ **электролитической оцинковки** galvanisierter Draht *m*
~/**эмалированная** *(El)* emaillierter (lackierter) Draht *m*, Emaille[lack]draht *m*
проворачивание *n* Durchdrehen *n*
провулканизо[вы]ваться durchvulkanisieren, ausvulkanisieren
провязать *s.* **провязывать**
провязка *f (Text)* Fitzschnur *f*
провязывание *n (Text)* Vermaschen *n*, Vermaschung *f*
провязывать *(Text)* fitzen
прогалина *f* Waldlichtung *f*, Lichtung *f*
прогар *m* 1. Durchbrennen *n*; 2. Ausschmelzen *n (Futter)*
прогиб *m* 1. *(Fest)* Durchbiegung *f*; 2. *(Geol) s.* ~/**тектонический**
~ **вала** Wellendurchbiegung *f*
~ **каретки** *(Typ)* Karrendurchbiegung *f* *(Druckmaschine)*
~/**краевой** *s.* ~/**передовой**
~/**межгорный** *(Geol)* Innensenke *f*
~/**наибольший** größte Durchbiegung *f*
~/**нулевой** Nullbiegung *f*
~/**остаточный** bleibende (plastische) Durchbiegung *f*
~/**относительный** bezogene Durchbiegung *f (Probestab)*
~ **палубы** *(Schiff)* Decksbucht *f*, Balkenbucht *f*
~/**передовой** *(Geol)* Vortiefe *f*, Saumtiefe *f* , Randsenke *f*, Außensenke *f*
~/**поперечный** Querdurchbiegung *f*
~/**предгорный** *(Geol)* Vorsenke *f*
~/**тектонический** *(Geol)* Depression *f*, tektonische Senkung *f*
~/**упругий** elastische Durchbiegung *f*
прогибание *n* Durchbiegen *n*, Durchfederung *f*
прогибать durchbiegen
прогибомер *m* Durchbiegungsmesser *m*
прогладка *f* Schlichten *n*, Glätten *n*
проглаживание *n* Schlichten *n*, Glätten *n*
прогноз *m* Prognose *f*, Vorhersage *f*, Voraussage *f*
~/**авиационный** Flugwettervorhersage *f*
~ **погоды** *(Meteo)* Wettervorhersage *f*
~ **погоды/долгосрочный** langfristige Wettervorhersage *f*
~ **погоды/краткосрочный** kurzfristige Wettervorhersage *f*
~ **погоды общего пользования** allgemeine Wettervorhersage *f*
~/**синоптический** *(Meteo)* synoptische Vorhersage *f*
~ **синоптического положения** *(Meteo)* Vorhersage *f* der Großwetterlage
~ **условий радиосвязи** Funkwettervorhersage *f*
прогнуть *s.* **прогибать**
прогон *m* 1. *(Bw)* Dachpfette *f*, Pfette *f*; Unterzug *m*, Tragbalken *m*; 2. *(Bgb)* Firstenläufer *m*, Mittelläufer *m*, Unterzug *m (Holzausbau)*; 3. *(Dat)* Vorschub *m (Drucker)*; Durchlauf *m (Lochkarten, Programme)*; 4. *(Typ)* Druckgang *m*
~/**боковой** *(Bgb)* Seitenläufer *m (Zimmerung)*
~ **бумаги** *(Dat)* Papiervorschub *m*
~/**коньковый** *(Bw)* Firstpfette *f*, Firstbalken *m*
~/**крайний** *(Bw)* Ortbalken *m (Brücke)*
~ **моста** *(Bw)* Streckbalken *m (Brücke)*
~ **на вычислительной машине** *(Dat)* Rechnerlauf *m*, Maschinendurchlauf *m*
~/**нижний** *(Bw)* Fußpfette *f*
~ **перфокарт** *(Dat)* Lochkartendurchlauf *m*
~ **программы** *(Dat)* Programmdurchlauf *m*

~ программы/отладочный Probelauf *m*
~/промежуточный *(Bw)* Zwischenpfette *f*, Mittelpfette *f*
прогоны *pl (Bgb)* Wandruten *fpl (Bolzenschrotzimmerung)*
прогонять durchziehen, durchpressen, durchdrücken
прогорать durchbrennen
прогореть *s.* **прогорать**
прогоркание *n (Lebm)* Ranzigwerden *n*; Bitterwerden *n*
~/альдегидное Aldehydranzigkeit *f*, Aldehydigwerden *n*
~/кетонное Ketonranzigkeit *f*, Ketonigwerden *n*
прогоркать ranzig werden; bitter werden
проградуированный graduiert, mit genauer Einteilung versehen, in Grade [ein]geteilt
программа *f (Dat)* Programm *n*, Routine *f*
~/абсолютная absolutes Programm *n*
~/автономная unabhängiges Programm *n*
~ адресации Adressierungsprogramm *n*
~ анализа Analysierungsprogramm *n*
~ анализа изменения Aktualisierungsprogramm *n*
~ анализа ошибок Fehleranalyseroutine *f*
~/библиотечная Bibliotheksprogramm *n*
~ ввода Eingabeprogramm *n*
~ ввода-вывода Eingabe-Ausgabe-Programm *n*
~ ввода данных Dateneingabeprogramm *n*
~/вводная *s.* **~ ввода**
~/ведущая Leitprogramm *n*, Hauptprogramm *n*
~/внешняя externes (äußeres) Programm *n*; Rahmenprogramm *n*
~/вспомогательная Hilfsprogramm *n*
~/входная *s.* **~/исходная**
~ вывода Ausgabeprogramm *n*
~ вывода на печать Protokollprogramm *n*
~ вывода после [аварийного] останова Post-mortem-Programm *n*
~/вызванная aufgerufenes Programm *n*
~/вызывающая aufrufendes Programm *n*, Hauptprogramm *n*
~ вычислительной машины Maschinenprogramm *n*
~/генерирующая erzeugendes Programm *n*, generierendes Programm *n*
~ декодирования Dekodierungsprogramm *n*
~/диагностическая *s.* **~ обнаружения ошибок**
~/динамическая параллельная dynamisch-paralleles Programm *n*
~/динамическая последовательная dynamisch-serielles Programm *n*
~/диспетчерская Dispatcherprogramm *n*
~ для работы в реальном масштабе времени Echtzeitprogramm *n*
~/дополнительная Anhangsroutine *f*
~/жёсткая starres (festes) Programm *n*
~ загрузки Ladeprogramm *n*
~/закодированная kodiertes Programm *n*, Befehlsfolge *f*
~ записи Aufzeichnungsroutine *f*
~ записи данных Datenaufzeichnungsroutine *f*
~ и метод *m* **испытания** Prüfvorschrift *f*, Prüfprogramm *n*
~ изменения тяги Schubprogramm *n*, Schub[kraft]verlauf *m (Strahltriebwerk)*
~/измерительная Meßprogramm *n*
~ интегрирования Quadraturprogramm *n*
~/интегрирующая Integrierprogramm *n*
~/интерпретирующая interpretierendes Programm *n*
~/исполнительная Ausführungsroutine *f*, Exekutivroutine *f*
~/испытательная *s.* **~/тестовая**
~/исходная Quellprogramm *n*, Ursprungsprogramm *n*
~/канальная Kanalprogramm *n*
~/каталогизированная katalogisiertes Programm *n*
~/кодирующая Kodeerzeugungsprogramm *n*
~/компилирующая (комплектующая, компонующая) zusammenstellendes Programm *n*, Kompilierprogramm *n*, Compilerprogramm *n*
~/контролирующая (контрольная) Kontrollprogramm *n*, Überwachungsprogramm *n*
~ контроля Überwachungsprogramm *n*, Kontrollprogramm *n*
~ копирования Kopierprogramm *n*, Duplizierprogramm *n*
~/линейная lineares Programm *n*
~/машинная Maschinenprogramm *n*; Geradeausprogramm *n*
~/моделированная simuliertes Programm *n*
~/моделирующая Simulationsprogramm *n*, Simulator *m*
~/модульная Modularprogramm *n*
~/мониторная Monitorprogramm *n*
~/начальная Einleitungsprogramm *n*, Startroutine *f*
~ начальной загрузки Anfangsprogrammlader *m*
~/неотлаженная falsches Programm *n*
~/неперемещаемая absolutes (unverschiebbares) Programm *n*
~ обмена Austauschprogramm *n*, Datenübertragungsprogramm *n*
~ обнаружения ошибок Diagnoseprogramm *n*, Fehlersuchprogramm *n*

~/**обрабатывающая** Verarbeitungsprogramm *n*
~ **обработки** Verarbeitungsprogramm *n*
~ **обработки ошибок** Fehlerbehandlungsprogramm *n*
~ **обработки прерываний** Unterbrechungsbehandlungsprogramm *n*
~ **обслуживания** Dienstprogramm *n*
~ **обслуживания систем** Systemwartungsprogramm *n*
~/**объектная** Objektprogramm *n*
~ **опроса** Abrufprogramm *n*
~/**оптимальная** Bestzeitprogramm *n*
~/**оптимально закодированная** optimal kodiertes Programm *n*
~/**основная** Hauptprogramm *n*
~ **открытия** Dateieröffnungsroutine *f*
~/**отладочная** Testprogramm *n*; Fehlerbeseitigungsprogramm *n*; Fehlersuchprogramm *n*, Test[hilfs]programm *n*
~/**отлаженная** getestetes Programm *n*
~/**оттранслированная** übersetztes Programm *n*
~ **переадресации** Adressierungsprogramm *n*, Adressenänderungsprogramm *n*
~ **перевода** Übersetzungsprogramm *n*; interpretierendes (umdeutendes) Programm *n*, Interpretierprogramm *n*
~/**перемешаемая** ladbares (ladefähiges, verschiebbares, verschiebliches) Programm *n*
~ **печати** Druckprogramm *n*
~ **повторения** Wiederholprogramm *n*
~/**повторно используемая** seriell verwendbares Progamm *n*
~/**поисковая** Suchprogramm *n*
~ **пользователя** Benutzerprogramm *n*
~/**постоянная** Festprogramm *n*
~ **предварительной обработки** Vor[lauf]programm *n*
~ **преобразования** Konvertierungsprogramm *n*, Umsetzprogramm *n*
~/**прикладная** produktives Programm *n*, Anwendungsprogramm *n*
~ **проверки** *s.* **~/тестовая**
~ **проверки последовательности** Folgeprüfprogramm *n*
~/**программирующая** *s.* **компилятор**
~ **прокатки** Walzplan *m*, Walzprogramm *n*, Walzgrafik *f*
~ **пропусков** *(Wlz)* Stichplan *m*
~ **протоколирования** Protokollprogramm *n*
~ **проходов** *(Wlz)* Stichplan *m*
~/**рабочая** Arbeitsprogramm *n*; Objektprogramm *n*
~/**развёрнутая** gestrecktes Programm *n*
~/**разветвляющаяся** verzweigtes Programm *n*
~ **раскрутки** Startroutine *f* ins Ladeprogramm, Bootstrap-Routine *f*
~ **расшифровки** *s.* ~ **декодирования**
~ **регистрации ошибок** Fehleraufzeichnungsroutine *f*
~ **редактирования** *s.* **программа-редактор**
~/**редактирующая** *s.* **программа-редактор**
~/**резидентная** festliegendes Programm *n*
~/**самоперемещаемая** selbstverschiebliches Programm *n*
~/**сервисная** Dienstprogramm *n*, Serviceprogramm *n*
~/**символическая** symbolisches Programm *n*
~/**системная** Systemprogramm *n*
~ **сканирования** Prüfprogramm *n*, Durchmusterungsroutine *f*
~ **слияния** Mischprogramm *n*
~ **служебная** Dienstprogramm *n*
~ **сортировки и слияния** Sortier- und Mischprogramm *n*
~/**стандартная** Standardprogramm *n*
~ **считывания** *(Dat)* Abtastprogramm *n*, Leseprogramm *n*
~/**табличная** Listenprogramm *n*
~/**тестовая** Testprogramm *n*, Prüfprogramm *n*; Fehlersuchprogramm *n*
~ **технического обслуживания** technisches Wartungsprogramm *n*
~/**транзитная** Transientprogramm *n*
~ **трансляции** Übersetzungsprogramm *n*
~ **управления** Steuerprogramm *n*
~ **управления вводом-выводом** Eingabe-Ausgabe-Steuerprogramm *n*
~ **управления памятью** Speicherverwaltungsroutine *f*
~ **управления файлами** Dateisteuerungsroutine *f*
~/**управляющая** Steuer[ungs]programm *n*
~ **учёта** Abrechnungsroutine *f*
~/**фоновая** Background-Programm *n*, BG-Programm *n*
~/**циклическая** zyklisches Programm *n*
~/**эвристическая** heuristisches Programm *n*

программа-ассемблер *f (Dat)* Assembler *m*, Assemblierer *m*
программа-библиотекарь *f (Dat)* Bibliotheksverwaltungsprogramm *n*
программа-генератор *f (Dat)* Generatorprogramm *n*, Generator *m*
программа-директор *f (Dat)* Direktor *m*
программа-диспетчер *f (Dat)* Dispatcherprogramm *n*, Dispatcher *m*
программа-загрузчик *f (Dat)* Ladeprogramm *n*
программа-интерпретатор *f (Dat)* interpretierendes Programm *n*
программа-компилятор *f (Dat)* Compilerprogramm *n*
программа-модуль *f (Dat)* Modularprogramm *n*
программа-монитор *f (Dat)* Monitorprogramm *n*

программа-предпроцессор *f* *(Dat)* Vor[lauf]programm *n*
программа-редактор *f* *(Dat)* Aufbereitungsprogramm *n*, Editor *m*; Programmverbinder *m*
программа-резидент *f* *(Dat)* festliegendes Programm *n*
программа-стартер *f* *(Dat)* Startprogramm *n*, Starter *m*
программа-супервизор *f* *s.* **супервизор**
программа-транслятор *f* *s.* **транслятор**
программирование *n* *(Dat)* Programmieren *n*, Programmierung *f*
~/**автоматическое** automatische Programmierung (Programmfertigung) *f*, Selbstprogrammierung *f*
~/**адресное** Adressenprogrammierung *f*
~/**ассоциативное** assoziative Programmierung *f*
~/**безадресное** adressenfreie Programmierung *f*
~ **в абсолютных адресах** absolute Programmierung *f*, Progammierung *f* mit absoluten Adressen
~ **в относительных адресах** relatives Programmieren *n*
~ **в условных адресах** adressenfreie Programmierung *f*
~/**выпуклое** konvexe Programmierung *f* *(Optimierung)*
~ **вычислительных машин** Maschinenprogrammierung *f*, Rechnerprogrammierung *f*
~/**динамическое** dynamische Programmierung *f*
~/**квадратичное** quadratische Programmierung *f*
~/**линейное** lineare Programmierung *f*
~/**машинное** Maschinenprogrammierung *f*, Rechnerprogrammierung *f*
~/**модульное** modulares Programmieren *n*
~ **на машинном языке** Rechnerkodierung *f*, Maschinenkodeprogrammierung *f*
~ **набора** *(Typ)* Satzprogrammierung *f*, Herstellung *f* von Steuerlochstreifen
~/**нелинейное** nichtlineare Programmierung *f*
~/**непосредственное** direkte Programmierung *f*
~/**оптимальное** optimale Programmierung *f*; Bestzeitprogrammierung *f*
~/**параллельное** Parallelprogrammierung *f*
~/**параметрическое** parametrische Programmierung *f*
~/**последовательное** Serienprogrammierung *f*
~/**предварительное** Vorprogrammierung *f*
~/**рекурсивное** rekursive Programmierung *f*
~/**ручное** manuelle Programmierung *f*
~ **с минимальным временем выборки** Programmierung *f* mit minimaler Zugriffszeit, Bestzeitprogrammierung *f*
~/**символическое** adressenfreie (symbolische) Programmierung *f*
~/**системное** Systemprogrammierung *f*
~/**стандартное** normierte Programmierung *f*
~/**целочисленное** ganzzahlige Programmierung *f*
~/**циклическое** zyklische Programmierung *f*
~ **штепсельным коммутатором** Stecktafelprogrammierung *f*
программно-управляемый *(Dat)* programmgesteuert
прогрев *m* Durchwärmung *f*, Durchwärmen *n*
~ **двигателя** Warmlaufen *n* des Motors; Anwärmen *n* des Motors *(vor dem Starten)*
прогревание *n* *s.* **прогрев**
прогревать durchwärmen
прогресс *m*/**научно-технический** wissenschaftlich-technischer Fortschritt *m*
прогрессия *f* *(Math)* Reihe *f* *(s. a. unter* **ряд***)*
~/**арифметическая** arithmetische Reihe *f*
~/**возрастающая** steigende Reihe *f*
~/**геометрическая** geometrische Reihe *f*
~/**убывающая** fallende Reihe *f*
прогреть *s.* **прогревать**
продавливание *n* 1. Durchdrücken *n*, Durchpressen *n*; 2. Auspressen *n* *(von Polymeren aus einer Spinndüse)*
продавливать 1. durchpressen, durchdrükken; 2. auspressen *(Polymere aus einer Spinndüse)*
продвижение *n* Vorwärtsbewegung *f*; Vorschub *m* *(Film)*
~ **вперёд** *(Dat)* Vorsetzen *n*
продолжаемость *f* Fortsetzbarkeit *f*
продолжение *n* Fortsetzung *f*
~/**аналитическое** *(Math)* analytische Fortsetzung *f*
продолжительность *f* Dauer *f*, Zeit *f*, Länge *f* *(s. a. unter* **время** *und* **длительность***)*
~ **безотказной работы** *(Dat)* [fehlerfreie] Betriebszeit *f*
~ **брожения** *(Ch)* Gärdauer *f*
~ **включения [/относительная]** [relative] Einschaltdauer *f*
~ **возбуждения** *(El)* Anregungsdauer *f*
~ **впрыска** Einspritzdauer *f*, Einspritzzeit *f* *(Verbrennungsmotor)*
~ **выдержки** *(Met)* 1. Ausgleichszeit *f* *(Tiefofen)*; 2. Abstehzeit *f*, Stehzeit *f* *(Schmelze)*
~ **выдержки под давлением** Druckhaltezeit *f* *(Pulvermetallurgie)*
~ **выплавки** *(Met)* Schmelzzeit *f*, Schmelzdauer *f*

~ **горения** Brennzeit *f*, Brenndauer *f*
~ **горения/полезная** Nutzbrenndauer *f* *(einer Glühlampe)*
~ **горения/полная** volle Brenndauer *f* *(einer Glühlampe)*
~ **деформации** Deformationszeit *f*, Verformungszeit *f*
~ **дутья** *(Met)* Blaszeit *f*, Blasdauer *f*, Blasperiode *f* *(Ofen)*
~ **жизни** *(Kern)* Lebensdauer *f* *(Kerne, Isotope, Teilchen)*
~ **жизни/малая** Kurzlebigkeit *f* *(Teilchen)*
~ **жизни/средняя** mittlere Lebensdauer *f*
~ **заливки** Gießzeit *f*, Gießdauer *f*
~ **занятия** *(Fmt)* Belegungsdauer *f* *(Leitungen)*
~ **западания** *(Masch)* Einfallzeit *f* *(z. B. einer Klinke)*
~ **затирания** Maischdauer *f* *(Brauerei)*
~ **затухания** Abklingzeit *f*, Abklingdauer *f*
~ **зацепления** *(Masch)* Eingriffsdauer *f*, Überdeckungsgrad *m* *(Zahnräder)*
~ **звука** Schalldauer *f* *(eines Signals)*
~ **измерений** Meßdauer *f*
~ **импульса** Impulsdauer *f*, Impulszeit *f*, Impulsbreite *f*
~ **инжекции** *(Kern)* Einschußdauer *f*
~ **испытания** Prüfzeit *f*, Prüfdauer *f*; Versuchszeit *f*, Versuchsdauer *f*
~ **кампании** Standzeit *f* *(Ofen)*
~ **коксования** Verkokungsdauer *f*
~ **колебаний** Schwingungsdauer *f*, Periode *f*
~ **коммутации** *(El)* Schaltzeit *f* *(Relais)*
~ **контактирования** Kontaktdauer *f*, Verweilzeit *f* am Katalysator (Kontakt)
~ **кристаллизации** Kristallisationszeit *f*, Kristallisationsdauer *f*
~ **нагрева** Anwärmzeit *f*, Anwärmdauer *f*, Erhitzungszeit *f*, Aufheizzeit *f*, Erhitzungsdauer *f*
~ **нагрузки** Belastungszeit *f*, Belastungsdauer *f*
~ **непрерывной работы** Dauerbetriebszeit *f*
~ **обжига** Brennzeit *f*, Röstzeit *f*, Brenndauer *f*, Röstdauer *f* *(NE-Metallurgie)*
~ **осадков** *(Meteo)* Niederschlagdauer *f*
~ **остановки** Abschaltzeit *f*
~ **отстаивания** Haltezeit *f*, Abstehzeit *f* *(z. B. Metall in der Pfanne)*
~ **охлаждения** Abkühlzeit *f*, Kühlzeit *f*, Kühldauer *f*
~ **перестановки** *(Reg)* Stellzeit *f*, Umstellzeit *f*
~ **полезного горения** *s.* ~ **горения/полезная**
~ **полного затмения** *(Astr)* Totalitätsdauer *f*
~ **пребывания** Verweilzeit *f*, Retentionszeit *f*, Rückhaltezeit *f*
~ **прогрева** *(Met)* Durchwärmzeit *f*
~ **простоя** Standzeit *f*, Stillstandzeit *f*
~ **пуска [в ход]** Anfahrzeit *f*, Anlaufzeit *f*, Hochlaufzeit *f*, Anlaßzeit *f*
~ **работы** Betriebsdauer *f*, Betriebszeit *f*
~ **разговора/общая** *(Fmt)* Gesprächsdauer *f*
~ **разговора/оплачиваемая** *(Fmt)* gebührenpflichtige Gesprächsdauer *f*
~ **разгона** *s.* ~ **пуска**
~ **разогрева (разогревания)** Anheizzeit *f*, Aufheizzeit *f*, Anlaufzeit *f*
~ **растапливания** *(Met)* Anheizzeit *f*, Anheizdauer *f*
~ **службы** Lebensdauer *f*, Haltbarkeit *f*
~ **службы футеровки** *(Met)* Futterhaltbarkeit *f*
~ **солнечного сияния** *(Meteo)* Sonnenscheindauer *f*
~ **такта** *(Dat)* Taktzeit *f*
~ **ускорения** Beschleunigungszeit *f*
~ **успокоения стрелки [прибора]** Einstellzeit *f* *(Meßinstrument)*
~ **фиксирования** *(Foto)* Fixierdauer *f*
~ **хода станка** Laufzeit *f*
~ **цикла измерения** Dauer *f* des Meßvorganges
~ **эксплуатации** *s.* ~ **работы**
продольная *f* *(Bgb)* Strecke *f*
продольный Längs..., Lang..., longitudinal
продуб *m* *(Led)* Durchgerbung *f*
продубить *s.* **продублять**
продублённость *f* *s.* **продуб**
продублять *(Led)* durchgerben
продувание *n* *s.* **продувка**
продувать 1. durchblasen, durchlüften, auflockern; 2. abblasen; 3. *(Met)* [ver-]blasen, durchblasen *(Konverter)*; 4. ausspülen, spülen, auswaschen, entschlammen; 5. *(Kfz)* spülen *(Verbrennungsmotor)*
~ **котёл** einen Kessel entschlammen
~ **систему сжатого воздуха** *(Schiff)* das Druckluftsystem entwässern
продувка *f* 1. Durchblasen *n*, Durchlüften *n*, Auflockern *n*; 2. Abblasen *n*; 3. *(Met)* Blasen *n*, Verblasen *n*, Durchblasen *n* *(Konverter)*; 4. Spülen *n*, Ausspülen *n*, Entschlammen *n*; 5. *(Kfz)* Spülen *n*, Spülung *f* *(Verbrennungsmotor)*
~/**бесклапанная** ventillose Spülung *f*, Schlitzspülung *f* *(Zweitaktmotor)*
~ **блейштейна** *(Met)* Bleiverblasen *n*
~ **в конверторе** *(Met)* Windfrischen *n*, Windfrischverfahren *n*
~/**верхняя** Abschäumen *n* *(Kesselanlage)*
~/**двухканальная** *(Kfz)* Zweikanalspülung *(Verbrennungsmotor)*
~/**двухканальная возвратная** Zweikanalumkehrspülung *f*

~/**дополнительная** *(Met)* Nachblasen *n* *(Konverter)*
~ **жидкого металла** *(Met)* Verblasen *n* in flüssigem Zustand
~ **кислородом** *(Met)* Sauerstoffblasen *n*, Sauerstoffblasverfahren *n*
~/**клапанно-щелевая прямоточная** *(Kfz)* Gleichstromspülung *f* mit Auslaßdrehschieber *(Zweitaktmotor)*
~/**контурная** *(Kfz)* Spülung *f* mit umkehrendem Spülstrom *(Querstromspülung und Umkehrspülung bei Verbrennungsmotoren)*
~ **котла** *s.* ~/**нижняя**
~/**крестообразная** *(Kfz)* Kreuzstromspülung *f* *(Verbrennungsmotor)*
~/**нижняя** Abschlämmen *n*, Entschlammen *n* *(Kessel)*
~/**петлевая** *(Kfz)* Umkehrspülung *f* *(Verbrennungsmotor)*
~/**поперечная** *(Kfz)* Querspülung *f* *(Verbrennungsmotor)*
~/**предварительная** *(Met)* Vorfrischen *n* *(Konverter)*
~/**противоточная** *(Kfz)* Gegenstromspülung *f* *(Verbrennungsmotor)*
~/**прямоточная** *(Kfz)* Gleichstromspülung *f* *(Verbrennungsmotor)*
~ **системы сжатого воздуха** *(Schiff)* Entwässerung *f* des Druckluftsystems
~ **цилиндра** *(Kfz)* Spülung *f* *(Verbrennungsmotoren, besonders bei Zweitaktmotoren)*
~ **через днище** *(Met)* Bodenblasen *n*, Blasen *n* mit Bodenwind
~ **штейна [воздухом]** *(Met)* Steinverblasen *n*
~/**щелевая** *(Kfz)* Schlitzspülung *f* *(Verbrennungsmotor)*
~/**щелевая прямоточная** Gleichstromspülung *f* *(Gegenkolben-Zweitaktmotor)*

продукт *m* 1. Produkt *n*, Erzeugnis *n* *(s. a. unter* **продукты***)*; 2. Austrag *m* *(Aufbereitung)*
~ **ассимиляции** Assimilat *n*
~/**валовой** 1. Gesamtprodukt *n*; 2. Bruttoprodukt *n*, Rohprodukt *n*
~/**верхний** 1. *(Ch)* Kopfprodukt *n* *(Destillation)*; 2. *s.* ~/**надрешётный**
~/**вторичный** Unterprodukt *n*, Sekundärprodukt *n*, Nebenprodukt *n*
~/**высушенный** Trockenprodukt *n*
~/**высушиваемый** Trocknungsgut *n*, zu trocknendes Gut *n*
~ **высшего качества** Qualitätserzeugnis *n*, Spitzenerzeugnis *n*
~ **горения** Verbrennungsprodukt *n*
~/**готовый** Fertigprodukt *n*, Fertigerzeugnis, Fertigfabrikat *n*, Fertigware *f*
~/**гранулированный** Granulat *n*, Granalien *fpl*
~ **деления** *(Kern)* Spaltprodukt *n*
~ **деления/радиоактивный** radioaktives Spaltprodukt *n*
~ **диффузии** Diffusat *n*
~/**дочерний** *(Kern)* Tochterprodukt *n*, Tochtersubstanz *f*
~ **замещения** Substitutionsprodukt *n*
~/**исходный** Ausgangserzeugnis *n*, Vorprodukt *n*; Grundstoff *m*
~ **коксования** Verkokungsprodukt *n*
~ **конденсации** Kondensationsprodukt *n*
~/**конечный** Endprodukt *n*, Enderzeugnis *n*
~/**молочный** Molkereierzeugnis *n*
~/**надрешётный (надрешёточный, надситовый)** Siebüberlauf *m*, Siebrückstand *m*, Siebgrobes *n*, Überlaufprodukt *n*, Überkorn *n* *(körniges Gut)*
~/**начальный** *s.* ~/**исходный**
~/**нижний** *s.* ~/**подрешётный**
~ **обжига** 1. *(Met)* Röstprodukt *n*, Brennprodukt *n*, Röstgut *n*, Brenngut *n* *(NE-Metallurgie)*; 2. *(Ker)* Brand *m*, Brennprodukt *n*, Brenngut *n*
~ **обогащения** *(Bgb)* Aufbereitungsprodukt *n*, Aufbereitungsgut *n*, Anreicherungsprodukt *n*, Konzentrat *(Aufbereitung)*
~ **обогащения/промежуточный** Mittelprodukt *n*, Mittelgut *n* *(Aufbereitung)*
~/**обогащённый** *s.* ~ **обогащения**
~/**оборотный** *(Bgb)* Rücklaufprodukt *n*, Rück[lauf]gut *n* *(Aufbereitung)*
~ **первого обжига** *(Ker)* Rohbrand *m*
~ **перегонки** *(Ch)* Destillationsprodukt *n*, Destillat *n*
~/**побочный** Nebenprodukt *n*; Abfallprodukt *n*
~/**подрешётный (подрешёточный, подситовый)** Absiebung *f*, Siebunterlauf *m*, Siebdurchfall *m*, Siebfeines *n*, Unterlaufprodukt *n*, Unterkorn *n* *(körniges Gut)*
~ **поликонденсации** *(Plast)* Polykondensationsprodukt *n*
~ **полимеризации** *(Plast)* Polymerisat *n*, Polymerisationsprodukt *n*
~ **помола** Mahlprodukt *n*
~/**последний** Nachprodukt *n* *(Zuckergewinnung)*
~ **превращения** *(Kern)* Umwandlungsprodukt *n*
~ **присоединения** *(Ch)* Additionsprodukt *n*, Additionsverbindung *f*, Anlagerungsprodukt *n*
~/**промежуточный** Zwischenprodukt *n*, Zwischenerzeugnis *n*
~ **радиоактивного превращения (распада) ядра** *(Kern)* [radioaktives] Zerfallsprodukt *n*, Tochtersubstanz *f*
~ **разложения** Zersetzungsprodukt *n*, Abbauprodukt *n*
~ **размола** Mahlprodukt *n*

~ **распада ядра** *s.* ~ **радиоактивного превращения (распада) ядра**
~ **расщепления [ядра]** *s.* ~ **скалывания**
~/**рафинированный** Raffinat *n* *(NE-Metallurgie)*
~ **реакции** *(Ch)* Folgeprodukt *n*, Reaktionsprodukt *n*
~ **сгорания [топлива]** Verbrennungsprodukt *n*, Verbrennungsgas *n*, Feuerungsgas *n*, Rauchgas *n*, Abgas *n*
~/**сельскохозяйственный** landwirtschaftliches Erzeugnis *n*
~ **скалывания [ядра]** *(Kern)* Spallationsprodukt *n*, Spallationsbruchstück *n* *(Kernzertrümmerung)*
продукты *mpl* Produkte *npl*, Erzeugnisse *npl* *(s. a unter* **продукт***)*
~/**пищевые** Nahrungsmittel *npl*
~ **сгорания топлива/газовые** Verbrennungsgase *npl*, Feuergase *npl* *(Feuerungstechnik)*
продукция *f* 1. Produktion *f*, Erzeugung *f*, Fertigung *f*; 2. Erzeugnisse *npl*, Güter *npl*
~/**бракованная** 1. Ausschußproduktion *f*; 2. Ausschußerzeugnisse *npl*
~/**валовая** Bruttoproduktion *f*
~/**годная** einwandfreie Erzeugnisse *npl*
~/**годовая** Jahresproduktion *f*, Jahresleistung *f*
~/**конечная** Endproduktion *f*, Finalproduktion *f*
~/**массовая** Massenproduktion *f*, Massenerzeugung *f*, Massenfertigung *f*
~/**материалоёмкая** materialintensive (materialaufwendige) Produktion *f*
~/**нестандартная** nichtstandardisierte Erzeugnisse *npl*
~/**неходовая** nicht gängige (gefragte, absetzbare, verkäufliche) Erzeugnisse *npl* (Waren *fpl*)
~/**одноимённая** gleichartige Erzeugnisse *npl*
~/**освоенная** laufende Produktion *f*
~/**отечественная** 1. Inlandsproduktion *f*, Inlandserzeugung *f*; 2. Inlandserzeugnisse *npl*
~/**плановая** 1. geplante Produktion *f*; Produktionsziel *n*; 2. geplante Erzeugnisse *npl*
~/**промышленная** Industrieproduktion *f*
~/**промышленная товарная** industrielle Warenproduktion *f*
~/**сверхплановая** überplanmäßige Produktion *f*, überplanmäßige Herstellung *f* von Erzeugnissen, Mehrerzeugung *f*, Mehrproduktion *f*
~/**серийная** 1. Serienfertigung *f*, Serienproduktion *f*; 2. Serienerzeugnisse *npl*
~/**среднемесячная** durchschnittliche Monatsproduktion *f*, Produktion *f* im Monatsdurchschnitt
~/**стандартная** 1. standardisierte Produktion *f*; 2. standardisierte Erzeugnisse (Produkte) *npl*, Standardware *f*
~/**товарная** Warenproduktion *f*
~/**ходовая** gängige Ware *f*, gängige Erzeugnisse *npl*
~/**чистовая** Nettoproduktion *f*
продуть *s.* **продувать**
продух *m* 1. Luftloch *n*, Entlüftungsloch *n*; 2. *(Gieß)* *s.* **выпор**
проезд *m* 1. Durchfahren *n*, Vorbeifahrt *f*; *(Eb)* Fahrt *f*, Durchfahrt *f* *(Vorgang)*; 2. Durchfahrt *f* *(Stelle)*; Straße *f*, Fahrbahn *f*
~/**внутриквартальный** Anliegerstraße *f*
~ **закрытого сигнала** *(Eb)* Überfahren *n* eines Haltesignals
~/**местный** Ortsfahrbahn *f*
проезжий befahrbar
проект *m* Projekt *n*, Entwurf *m*, Plan *m*; Vorhaben *n*
~ **застройки** Bebauungsplan *m*
~/**индивидуальный** Einzelprojekt *n*
~/**окончательный** Endprojekt *n*, endgültiges Projekt *n*
~ **организации строительства** bautechnologisches Projekt *n*
~ **планировки** Flächennutzungsplan *m*
~ **планировки и застройки** Flächennutzungs- und Bebauungsplan *m*
~/**повторно применяемый** Wiederverwendungsprojekt *n*
~ **производства работ** Arbeitsablaufplan *m*, Bauablaufplan *m*
~/**рабочий** *(Bw)* endgültiges Projekt *n*, Durchführungsplan *m*
~ **районной планировки** *(Bw)* Gebietsplan *m*
~/**строительный** *(Bw)* Bauentwurf *m*; Bauprojekt *n*; Bauvorhaben *n*
~/**технический** *(Bw)* technisches Projekt *n*
~/**эскизный** Vorprojekt *n*, Vorentwurf *m*
проективность *f* *(Math)* Projektivität *f*, projektive Kollineation *f*
проектирование *n* 1. *(Math)* Projizieren *n* *(darstellende Geometrie)*; 2. *(Opt)* Projizieren *n* *(mit dem Bildwerfer)*; 3. Projektierung *f*, Planung *f*, Entwerfen *n*, Gestaltung *f*, Entwicklung *f*
~/**автоматическое** *(Dat)* automatischer Entwurf *m*
~/**логическое** *(Kyb)* logischer Entwurf *m*
~/**модельное** Modellprojektierung *f*, 3-D-Projektierung *f*
~ **на две плоскости** *(Math)* Zweitafelprojektion *f*
~ **на одну плоскость** *(Math)* Eintafelprojektion *f*, kotierte Projektion *f*
~ **на три плоскости** *(Math)* Dreitafelprojektion *f*

~/системное *(Dat)* Systementwurf *m*
~/фотомакетное *(Bw)* Fotomodellprojektierung *f*
проектировать 1. *(Math)* projizieren; 2. *(Opt)* projizieren *(mit dem Bildwerfer)*; 3. projektieren, entwerfen, planen
проектировка *f s.* **проектирование**
проектор *m* 1. *(Opt)* Projektionsapparat *m*, Bildwerfer *m*; 2. *(Math) s.* **оператор проектирования**
~/измерительный 1. *(Fert)* Profilprüfer *m*, Profilprojektor *m* *(optisches Gerät zum Prüfen der linearen und Winkelmaße von Schneidwerkzeugen, Gewinden und anderen Maschinenteilen am vergrößerten Schattenbild)*; 2. Meßprojektor *m*
~/ионный *s.* **микроскоп/автоионный**
~ микрофильмов Mikrofilmprojektor *m*
~/профильный Profilprojektor *m*
~ сравнения/зеркальный Spiegelvergleichsprojektor *m*
~/телевизионный Fernsehprojektor *m*
~/электронный Feldelektronenmikroskop *n*, Spitzenübermikroskop *n*
проекционная *f* *(Kine)* Filmvorführraum *m*, Vorführkabine *f*, Vorführ[ungs]raum *m*, Bildwerferraum *m*
проекция *f* 1. *(Opt, Foto, Kine)* Projektion *f* *(von Diapositiven und Kinofilmen)*; 2. *(Kart)* Kartennetzentwurf *m*, Kartenprojektion *f*; 3. *(Math)* Projektion *f* *(darstellende Geometrie)*
~/азимутальная *(Kart)* Azimutalentwurf *m*, Azimutalprojektion *f*
~/аксонометрическая *(Math)* axonometrische Darstellung (Projektion) *f*
~ Бонна/псевдоконическая равновеликая *(Kart)* Bonnescher Entwurf *m*
~/военная Militärperspektive *f*
~ Гаусса-Крюгера *(Kart)* Gauß-Krüger-Projektion *f*
~/гномоническая *(Kart)* gnomonische Projektion *f*
~/горизонтальная *(Math)* Grundriß *m* *(Zwei- und Dreitafelprojektion)*
~ диапозитивов Stehbildprojektion *f*, Standbildprojektion *f*, Diaprojektion *f*
~/диаскопическая *s.* **~ диапозитивов**
~/диметрическая *(Math)* dimetrische (zweimaßstäbliche) Darstellung *f* *(Axonometrie)*
~/зенитная *s.* **~/азимутальная**
~/изометрическая isometrische (einmaßstäbliche) Darstellung *f* *(Axonometrie)*
~/изоцилиндрическая *(Kart)* flächentreuer Zylinderentwurf *m*
~/кабинетная *s.* **~/косоугольная диметрическая**
~/коническая *(Kart)* Kegelentwurf *m*
~/косая *(Math)* schräge (schiefe) Parallelprojektion *f*, Schrägbild *n*
~/косая азимутальная *(Kart)* zwischenständiger Azimutalentwurf *m*
~/косая цилиндрическая *(Kart)* schiefachsiger Zylinderentwurf *m*
~/косоугольная аксонометрическая *(Math)* schiefwinklige axonometrische Darstellung *f*
~/косоугольная диметрическая schiefwinklige dimetrische Darstellung *f*, freiisometrische Darstellung *f*, Kavalierperspektive *f*
~ Ламберта *(Kart)* Lambertsche Projektion *f*
~ Ламберта/равновеликая азимутальная flächentreuer Azimutalentwurf *m* nach Lambert
~ Ламберта/равноугольная Lambert-Gaußscher winkeltreuer Kegelentwurf *m*
~/лягушечья Froschperspektive *f*
~ Меркатора *(Kart)* Mercator-Projektion *f*, Mercator-Entwurf *m*
~ Меркатора-Сансона *(Kart)* Mercator-Sansonsche Projektion *f*
~/меркаторская *s.* **~ Меркатора**
~/многогранная *(Kart)* Polyederentwurf *m*
~ Мольвейде/равновеликая гомалографическая (псевдоцилиндрическая) *(Kart)* Mollweidesche Projektion *f*, Mollweidescher flächentreuer kartografischer Entwurf *m*
~ на две плоскости/ортогональная *(Math)* Zweitafelprojektion *f*
~ на отражение *(Kart)* Aufprojektion *f*
~ на просвет *(Kart)* Durchprojektion *f*
~ на три плоскости/ортогональная *(Math)* Dreitafelprojektion *f*
~/нормальная *(Kart)* normaler (polarer) Entwurf *m*
~/нормальная азимутальная polarer Azimutalentwurf *m*
~/нормальная цилиндрическая normaler Zylinderentwurf *m*
~/ортогональная *(Math)* senkrechte (orthogonale) Projektion *f*
~/ортографическая *(Kart)* orthografische Projektion *f*
~/ортографическая азимутальная orthografischer polständiger Azimutalentwurf *m*
~/ортодромическая *(Kart)* orthodromische Projektion *f*, Geradwegprojektion *f*
~ отдельных неподвижных кадров Standbildprojektion *f*, Stehbildprojektion *f*
~/параллельная *(Math)* 1. Parallelprojektion *f* *(als Oberbegriff)*; 2. *i.e.S.* schräge (schiefe) Parallelprojektion *f*
~/перспективная *(Kart)* perspektiver (echter, wahrer) Entwurf *m*
~/покадровая *(Kart)* Einzelbildprojektion *f*, Einzelbildwiedergabe *f*

~/**поликоническая** *(Kart)* polykonischer Entwurf *m*
~/**поперечная** *(Kart)* transversaler (querachsiger, äquatorialer) Entwurf *m*
~/**поперечная азимутальная** äquatorialer Azimutalentwurf *m*
~/**поперечная цилиндрическая равноугольная** querachsiger winkeltreuer Zylinderentwurf *m*
~/**произвольная** *(Kart)* vermittelnder Entwurf *m*
~/**профильная** *(Math)* Seitenriß *m (Dreitafelprojektion)*
~/**прямоугольная** *(Math)* rechtwinklige (orthogonale) Darstellung *f*
~/**прямоугольная аксонометрическая** rechtwinklige (orthogonale) axonometrische Darstellung *f*
~/**прямоугольная диметрическая** rechtwinklige (orthogonale) dimetrische Darstellung *f (Axonometrie)*
~/**прямоугольная изометрическая** rechtwinklige (orthogonale) Darstellung *f (Axonometrie)*
~/**прямоугольная цилиндрическая** abstandstreuer Zylinderentwurf *m*
~/**псевдоконическая** *(Kart)* unechter Kegelentwurf *m*
~/**псевдоцилиндрическая** *(Kart)* unechter Zylinderentwurf *m*
~/**псевдоцилиндрическая произвольная** vermittelnder unechter Zylinderentwurf
~/**равновеликая** *(Kart)* flächentreuer Entwurf *m*
~/**равновеликая коническая** flächentreuer Kegelentwurf *m*
~/**равновеликая цилиндрическая** flächentreuer Zylinderentwurf *m*
~/**равноплощадная** *s.* ~/**равновеликая**
~/**равнопромежуточная** *(Kart)* abstandstreuer Entwurf *m*
~/**равнопромежуточная азимутальная** mittabstandstreuer Azimutalentwurf *m*
~/**равнопромежуточная коническая** abstandstreuer Kegelentwurf *m*
~/**равнопромежуточная цилиндрическая** abstandstreuer Zylinderentwurf *m*
~/**равноугольная** *(Kart)* winkeltreuer Entwurf *m*
~/**равноугольная азимутальная** *s.* ~/**стереографическая**
~/**равноугольная коническая** winkeltreuer Kegelentwurf *m*
~/**равноугольная цилиндрическая** *s.* ~ **Меркатора**
~/**сквозная** *(Kart)* Durchprojektion *f*
~/**стереографическая** *(Kart)* stereografische Projektion *f*
~/**стереографическая цилиндрическая** stereografische Zylinderprojektion *f*
~/**стереоскопическая** *(Kart)* stereoskopische Projektion *f*, Raumbildprojektion *f*
~ **телевизионного изображения на большой экран** Fernsehgroß[bild]projektion *f*
~/**трёхцветная** *(Kart)* Dreifarbenprojektion *f*
~/**триметрическая** *(Math)* trimetrische (dreimaßstäbliche, anisometrische) Darstellung *f (Axonometrie)*
~/**фронтальная** *(Math)* Aufriß *m (Zwei- und Dreitafelprojektion)*
~/**фронтальная диметрическая** *s.* ~/**косоугольная диметрическая**
~/**центральная** *(Math)* Zentralprojektion *f*, Perspektive *f*
~/**цилиндрическая** *(Kart)* Zylinderentwurf *m*
~/**эквивалентная** *s.* ~/**равновеликая**
~ **Эккерта/псевдоцилиндрическая равновеликая синусоидальная** *(Kart)* Tripelprojektion *f* (Tripelentwurf *m*) von Eckert
~/**эпископическая** *(Kart)* Epiprojektion *f*
~ **Ющенко/звёздная равноугольная** *(Kart)* sternförmige winkeltreue Projektion *f* nach Justschenko
проём *m (Bw, Bgb)* Öffnung *f*, Durchbruch *m*; Mannloch *n*
~/**дверной** Türöffnung *f*
~/**монтажный** Montageöffnung *f*
~/**оконный** Fensteröffnung *f*
~/**световой** Lichtöffnung *f*
проецирование *n s.* **проектирование 1.** *und* **2.**
проецировать *s.* **проектировать 1.** *und* **2.**
прожектор *m* Scheinwerfer *m (s. a. unter* **фара***)*
~/**аэрологический** *s.* ~/**облачный**
~ **заливающего света** Flutlichtscheinwerfer *m*
~/**зенитный** Flugabwehrscheinwerfer *m*, Flakscheinwerfer *m*
~/**зенитный радиолокационный** radargesteuerter Flakscheinwerfer *m*
~/**локомотивный** Lokomotivscheinwerfer *m*
~/**облачный** *(Meteo)* Wolkenscheinwerfer *m (zur Bestimmung der Wolkenhöhe)*
~/**паровозный** Lokomotivscheinwerfer *m*
~/**поисковый** Suchscheinwerfer *m*
~/**посадочный** Lande[bahn]scheinwerfer *m*, Rollbahnscheinwerfer *m*
~/**сигнальный** *(Flg, Schiff)* Signalscheinwerfer *m*
~/**следящий** Nachlaufscheinwerfer *m*
~ **Суэцкого канала** *(Schiff)* Suez-Kanal-Scheinwerfer *m*
прожектор-искатель *m (Kfz)* Suchscheinwerfer *m*, Sucher *m*
прожилка *f* 1. Ader *f (in Steinen, z. B. Marmor)*; 2. Faser *f (Holz)*; 3. Ausreißer *m (Extremwert bei einer Meßwertreihe)*

прожог *m* Durchbrennen *n*
прозвучивание *n (Ak)* Durchschallung *f*
прозорник *m (Eb)* Stoßlückenkeil *m*, Stoßlückeneisen *n*, Stoßlückenmeßkeil *m*
прозрачность *f* 1. *(Opt)* Transparenz *f*; Durchsichtigkeit *f*; 2. *(Foto)* Transparenz *f*, Durchlässigkeit *f (der fotografischen Schwärzung)*
~ **атмосферы** *(Geoph)* Strahlendurchlässigkeit *f* der Atmosphäre
~ **воды [/относительная]** *(Hydrol)* Sichttiefe *f*
~ **минералов** *(Min)* Pelluzidität *f*
проигрыватель *m* **[грампластинок]** Plattenspieler *m*
~/**стереофонический** Stereo-Plattenspieler *m*
~/**трёхскоростной** dreitouriger Plattenspieler *m*
произведение *n (Math)* Produkt *n (Multiplikation)*
~/**абсолютно сходящееся** unendlich absolut konvergentes Produkt *n*
~/**бесконечное** unendliches Produkt *n*
~ **бесконечности** unendliches Produkt *n*
~ **Буля** *s.* ~/**логическое**
~ **вектора/скалярное** *s.* ~/**векторно-скалярное**
~/**векторное** Vektorprodukt *n*, äußeres (vektorielles) Produkt *n*
~/**векторно-скалярное** *(Math)* Spatprodukt *n*
~/**геометрическое** geometrisches Produkt *n*
~/**двойное векторное** doppeltes Vektorprodukt *n*
~ **дробно-линейных преобразований** gebrochen lineare Produkttransformation *f*
~ **идеалов** Idealprodukt *n*
~ **инерции** Zentrifugalmoment *n*, Deviationsmoment *n*
~/**каноническое** kanonisches Produkt *n*
~/**логическое** Konjunktion *f*, Boolesches Produkt *n*
~ **матриц** Matrizenprodukt *n*
~/**матричное** Matrizenprodukt *n*
~/**остаточное** Restprodukt *n*
~ **перестановок** Permutationsprodukt *n*
~ **преобразований** Produkttransformation *f*
~ **пространств** Produktraum *m*
~/**прямое** direktes Produkt *n*
~ **растворимости** *(Ch)* Löslichkeitsprodukt *n*
~/**расходящееся бесконечное** divergentes unendliches Produkt *n*
~/**скалярное** Skalarprodukt *n*, inneres (skalares) Produkt *n*
~/**смешанное** *s.* ~/**векторно-скалярное**
~/**сходящееся бесконечное** konvergentes unendliches Produkt *n*
~/**тензорное** tensorielles Produkt *n*, Tensorprodukt *n*
~/**частичное** Teilprodukt *n*, Partialprodukt *n*
произвести *s.* **производить**
производительность *f* Leistung *f*, Leistungsfähigkeit *f*, Produktivität *f*
~ **весового устройства** Durchsatz *m (Wägetechnik)*
~/**годовая** Jahresleistung *f*
~/**заданная** Leistungsangabe *f*
~/**максимальная** Höchstleistung *f*, Spitzenleistung *f*
~ **машины** 1. Maschinenleistung *f (bezogen auf Arbeitsmaschinen)*; 2. *(Dat)* Rechnerleistung *f*
~/**минимальная** Mindestleistung *f*
~/**наивысшая** *s.* ~/**максимальная**
~/**наименьшая** Mindestleistung *f*
~/**номинальная** Nennleistung *f*
~/**нулевая** Nulleistung *f*
~/**общая** Gesamtleistung *f*
~/**перегрузочная** Umschlagleistung *f*
~/**повышенная** gesteigerte Leistung *f*, Mehrleistung *f*
~/**полная** Gesamtleistung *f*
~/**предельная** Grenzleistung *f*
~ **при длительной работе** Dauerleistung *f*
~/**расчётная** rechnerische (theoretische) Leistung *f*
~/**сварочная** Schweißleistung *f*
~/**сменная** Schichtleistung *f (des Arbeiters)*
~/**среднесуточная** durchschnittliche Tagesleistung *f*
~/**средняя** Durchschnittsleistung *f*
~/**суточная** Tagesleistung *f (auf 24 Stunden bezogen)*
~ **труда** Arbeitsproduktivität *f*
~/**удельная** spezifische (bezogene) Leistung *f*
~/**фактическая** Istleistung *f*
~/**часовая** Stundenleistung *f*
~/**эффективная** effektive (nutzbare) Leistung *f*, effektive Leistungsfähigkeit *f*
производить 1. erzeugen, herstellen, produzieren; 2. hervorrufen, hervorbringen, verursachen; 3. ausführen, durchführen, anstellen, vornehmen; 4. leisten
производная *f (Math)* Ableitung *f*, Differentialquotient *m*
~ **ареафункции** Ableitung *f* einer Areafunktion
~/**аэродинамическая** partielle Ableitung *f* aerodynamischer Kräfte (Momente)
~/**бесконечная** unendliche Ableitung *f*
~/**вариационная** Variationsableitung *f*
~ **вектор-функции** Ableitung *f* einer Vektorfunktion

~/**второго порядка** Ableitung *f* zweiter Ordnung
~ **второго порядка/частная** partielle Ableitung *f* zweiter Ordnung
~ **высшего порядка** höhere Ableitung *f*, Ableitung *f* höherer Ordnung
~ **высшего порядка/частная** partielle Ableitung *f* höherer Ordnung
~ **гиперболической функции** Ableitung *f* einer Hyperbelfunktion
~/**левосторонняя** linksseitige Ableitung *f*
~ **линейной функции** Ableitung *f* einer linearen Funktion
~/**логарифмическая** logarithmische Ableitung *f*
~ **логарифмической функции** Ableitung *f* einer logarithmischen Funktion
~/**локальная** lokale Ableitung *f* *(partielle Ableitung bei Differentiation eines Wechselfeldes)*
~ **независимой переменной** Ableitung *f* einer unabhängigen Variablen
~ **неявной функции** Ableitung *f* einer impliziten Funktion
~ **обратной гиперболической функции** Ableitung *f* einer Areafunktion
~ **обратной функции** Ableitung *f* einer inversen Funktion
~/**объёмная** *s.* ~/**пространственная**
~/**односторонняя** einseitige Ableitung *f*
~ **по времени** Zeitableitung *f*, zeitliche Ableitung *f*
~ **по направлению** Richtungsableitung *f*
~ **по области** Gebietsableitung *f* *(Gebietsintegrale)*
~ **показательной функции** Ableitung *f* einer Exponentialfunktion
~/**полная** *s.* ~/**субстанциальная**
~ **постоянной величины** Ableitung *f* einer Konstanten
~/**правосторонняя** rechtsseitige Ableitung *f*
~ **при параметрическом задании функции** Ableitung *f* einer Funktion in Parameterdarstellung
~ **произведения** Ableitung *f* eines Produktes
~/**пространственная** räumliche Ableitung *f*
~ **слева** *s.* ~/**левосторонняя**
~/**смешанная** gemischte Ableitung *f*
~/**смешанная частная** gemischte partielle Ableitung *f*
~ **справа** *s.* ~/**правосторонняя**
~ **степенной функции** Ableitung *f* einer Potenzfunktion
~/**субстанциальная** substantielle (materielle) Ableitung *f* *(Differentiation eines Wechselfeldes)*
~ **суммы** Ableitung *f* einer Summe
~ **функции** Ableitung *f* einer Funktion
~ **целой рациональной функции** Ableitung *f* einer ganzrationalen Funktion
~ **циклометрической функции** Ableitung *f* einer zyklometrischen Funktion
~/**частная** partielle Ableitung *f*
~ **частного** Ableitung *f* eines Quotienten

производное *n* *(Ch)* Abkömmling *m*, Derivat *n*

производный *(Math)* abgeleitet, deriviert

производственный 1. Betriebs ..., Arbeits ..., Produktions ...; 2. Gestehungs ... *(z. B. Gestehungskosten)*

производство *n* 1. Ausführung *f*, Durchführung *f* *(einer Arbeit)*; Abwicklung *f* *(von Geschäften)*; 2. Produktion *f*, Erzeugung *f*, Herstellung *f*, Fabrikation *f*, Gewinnung *f*, Fertigung *f*; 3. Produktionsprozeß *m*, Herstellungsprozeß *m*; 4. Betrieb *m*, Produktionsbetrieb *m*
~/**агрегатно-поточное** Aggregatfließfertigung *f*
~/**годичное (годовое)** Jahresproduktion *f*, Jahreserzeugung *f*
~/**добавочное** Überproduktion *f*
~/**доменное** Hochofenproduktion *f*, Roheisenerzeugung *f*
~/**дополнительное** Zusatzproduktion *f*
~/**единичное** Einzelfertigung *f*, Einzelherstellung *f*
~/**индивидуальное** *s.* ~/**единичное**
~ **испытаний** Versuchsdurchführung *f*
~/**кассетное** Batterieformfertigung *f*
~/**конвейерное** Fließbandfertigung *f*
~/**крупное** Großbetrieb *m*
~/**крупносерийное** Großserienfertigung *f*
~/**массовое** Massenfertigung *f*
~/**массово-поточное** Massenfließfertigung *f*
~/**мелкосерийное** Kleinserienfertigung *f*
~/**переменно-поточное** Wechselfließfertigung *f*
~/**поточное** Fließfertigung *f*
~ **потребительских товаров** Konsumgüterproduktion *f*
~ **предметов потребления** Konsumptionsmittelproduktion *f*
~/**серийное** Serienfertigung *f*
~/**серийно-поточное** Serienfließfertigung *f*
~/**среднесерийное** Mittelserienfertigung *f*
~ **средств производства** Produktion *f* der Produktionsmittel
~ **ширпотреба** Massenbedarfsproduktion *f*
~/**штучное** *s.* ~/**единичное**
~ **электроэнергии** Elektroenergieerzeugung *f*

происхождение *n* **звёзд** *(Astr)* Sternentstehung *f*

происшествие *n*/**дорожно-транспортное** Verkehrsunfall *m*

~/**лётное** Flugvorkommnis *n*
~/**чрезвычайное** *(Flg)* besonderes Vorkommnis *n*
пройти *s.* **проходить**
прокаливаемость *f* Durchhärtbarkeit *f*, Härtbarkeit *f*
прокаливание *n (Met)* 1. Glühen *n*; Ausglühen *n*; Verglühen *n*; 2. Durchhärten *n*
~ **в вакууме** Glühen *n* im (unter) Vakuum
~/**повторное** Nachglühen *n*
прокаливать *(Met)* 1. glühen; ausglühen; verglühen; 2. durchhärten
прокалить *s.* **прокаливать**
прокалывать durchstechen, durchlöchern, perforieren; einstechen
прокат *m (Wlz)* 1. Walzmaterial *n*, Walzerzeugnisse *npl*, Walzware *f*, Walzgut *n*; 2. *s. unter* **прокатка**
~ **бандажа** *(Eb)* Radreifenverschleiß *m*
~/**листовой** Blech *n*, Walzblech *n*
~ **переменного сечения** *s.* ~/**периодический**
~/**периодический** Walzgut *n* mit in Längsrichtung veränderlichen Querschnittsformen
~/**сортовой стальной** Formstahl *m*, Profilstahl *m*
~/**стальной** Walzstahl *m*
~/**фасонный стальной** Formstahl *m*, Profilstahl *m*
прокатка *f (Wlz)* Walzen *n*, Walzung *f*
~/**бесслитковая** Strangwalzen *n*, blockloses Walzen *n*, Gießwalzen *n*
~ **в калибрах** Formwalzen *n*, Kaliberwalzen *n*
~ **в один нагрев (передел)** Walzen *n* in einer Hitze
~/**вакуумная** Vakuumwalzen *n*, Vakuumwalzverfahren *n*
~/**вертикальная** Senkrechtwalzen *n*, Vertikalwalzen *n*
~/**винтовая** *s.* ~/**косая**
~/**горячая** Warmwalzen *n*
~ **жести** Blechwalzen *n*
~/**жидкая** Strangwalzen *n*, blockloses Walzen *n*, Gießwalzen *n*
~ **заготовок** Knüppelwalzen *n*
~/**косая** Schrägwalzen *n*, Schrägwalzverfahren *n*, Hohlwalzen *n (Rohre, Kugeln)*
~ **ленты** Bandwalzen *n*
~ **листов** Blechwalzen *n*
~ **листов/горячая** Warmwalzen *n* von Blechen
~/**листовая** Blechwalzen *n*
~ **листового металла** Blechwalzen *n*
~ **на ковочных вальцах** Walzschmieden *n*
~ **на минус** Walzen *n* in (auf) Minustoleranzen, Minustoleranzwalzen *n*
~ **на обжимном стане** Blockwalzen *n*
~ **на оправке** Dornen *n*
~ **на планетарном стане** Rollwalzen *n*
~ **на ребро** Hochkantwalzen *n*
~ **пакетами** Paketwalzen *n*
~/**периодическая** Walzen *n* periodischer Profile
~/**пилигримовая (пильгерная)** Pilgern *n*, Pilger[schritt]walzen *n*, Pilger[schritt]-verfahren *n*
~ **плоских заготовок** Flachwalzen *n*
~ **полосы** Bandwalzen *n*
~/**поперечная** Querwalzen *n*, Querwalzverfahren *n (mit Schrägwalzen)*
~/**поперечно-винтовая** *s.* ~/**косая**
~ **проволоки** Drahtwalzen *n*
~/**продольная** Längswalzen *n*, Längswalzverfahren *n*
~ **профилей** Formwalzen *n*, Profilwalzen *n*
~/**реверсивная** Umkehrwalzen *n*, Umkehrwalzverfahren *n*, Reversierwalzen *n*
~/**роликовая** Rollwalzen *n*
~ **с одного нагрева** Walzen *n* in einer Hitze
~ **с охлаждением** Kühlwalzen *n*, Kühlwalzverfahren *n*
~/**скоростная** Schnellwalzen *n*
~ **слитков в слябы** Brammenwalzen *n*, Walzen *n* zu Brammen
~ **слябов** Brammen *n*, Flachwalzen *n*
~ **сортового металла** Formwalzen *n*, Profilwalzen *n*
~ **сортовой стали** Profilstahlwalzen *n*
~/**точная** Präzisionswalzen *n*, Präzisionswalzverfahren *n*, Genauwalzen *n*, Genauwalzverfahren *n*
~ **труб** Rohrwalzen *n*, Rohrwalzverfahren *n*
~ **труб на оправке** Dornwalzen *n (Rohrwalzen)*
~/**уплотняющая** Dichtwalzen *n*, Verdichtungswalzen *n (Pulvermetallurgie)*
~ **фасонного прутка** Formstrangwalzen *n*, Profilstrangwalzen *n*
~ **фольги** Folienwalzen *n*
~/**холодная** Kaltwalzen *n*
~/**черновая** Vorwalzen *n*, Rohwalzen *n*
~/**чистовая** Fertigwalzen *n*, Kaltnachwalzen *n*
~/**штучная** Walzen *n* einzelner Erzeugnisse *(Radscheiben, Bandagen, Kugellagergehäuseringe, Kugeln u. dgl.)*
прокатостроение *n* Walzwerk[maschinen]-bau *m*
прокатываемость *f* Walzbarkeit *f*
прокатывать walzen
~ **в горячем состоянии** warmwalzen
~ **в один нагрев** in einer Hitze walzen
~ **в холодном состоянии** kaltwalzen
~ **начисто** fertigwalzen
прокачиваемость *f* Pumpfähigkeit *f*
прокачка *f* Durchpumpen *n*
прокидка *f (Text)* Eintragen *n*, Einführen *n (Schuß; Weberei)*

~ **уточины** Einführung *f* des Schußfadens
~/**уточная** eingeführter Schuß *m*
~ **уточной нити** Eintragen *n* des Schusses *(im Bindungsrapport)*
~ **челнока** Schützenwurf *m*, Schuß *m*
прокипятить durchkochen, aufkochen lassen
прокладка *f* 1. Auslegung *f*, Verlegen *n*, Verlegung *f*; Legung *f*; Installieren *n* *(Kabel, Rohrleitung)*; 2. Zwischenlage *f*, Einlage *f*; Packung *f*; Abdichtung *f*, Dichtung *f* *(s. a.* **уплотнение***)*; 3. Abstandsstück *n*, Abstandshalter *m*; 4. *(Schiff) s.* ~ **курса**; 5. *(Typ)* Durchschußpapier *n* *(zum Durchschießen bedruckter Bogen)*; *(Pap)* Bildschutzzwischenlage *f* aus Seidenpapier; 6. *(Bw)* Dichtung *f*; Einlage *f*, Zwischenlage *f*; Verlegen *n*, Einbau *m*
~/**асбестовая** *(Wmt)* Asbestdichtung *f*, Asbesteinlage *f* *(Asbestpappe, Asbestschnur)*
~/**асбометаллическая** *(Wmt)* Asbestmetalldichtung *f*, Asbestmetallpackung *f*
~ **в земле** Erdverlegung *f*
~ **в трубах** Rohrverlegung *f*, Verlegung *f* in Schutzrohren
~ **внутри помещений** Innenraumverlegung *f*
~/**войлочная** Filzdichtung *f*, Filzpackung *f*
~ **головки цилиндров** Zylinderkopfdichtung *f* *(Verbrennungsmotor)*
~/**истинная** Absolut-Zeichen *n*, Absolut-Plotten *n* *(Radar)*
~ **кабелей/вертикальная** *(El)* Kabelhochführung *f*
~ **кабеля** *(El)* Kabel[ver]legung *f*, Kabelauslegung *f*
~/**кожаная** Lederdichtung *f*
~ **курса** *(Schiff)* Absetzen *n* des Kurses
~ **линий** *s.* ~ **проводов**
~ **между фланцами** Flanschdichtung *f*
~/**металлическая** Metalldichtung *f*
~/**открытая** *(El)* Aufputzverlegung *f*, Aufputzinstallation *f*
~/**относительная** Relativ-Zeichen *n*, Relativ-Plotten *n* *(Radar)*
~ **поверх штукатурки** *s.* ~/**открытая**
~ **проводов** *(El)* Leitungsverlegung *f*
~/**резиновая** Gummidichtung *f*, Gummizwischenlage *f*
~ **рельсов** *(Eb)* Schienenverlegung *f*
~/**скрытая** *(El)* Unterputzverlegung *f*, Unterputzinstallation *f*
~ **труб** Rohrverlegung *f*
~ **труб/коридорная** *(Schiff)* Tunnelrohrverlegung *f*
~ **трубопровода** Rohrverlegung *f*
~ **трубопроводов/панельная** *(Schiff)* Bündelrohrverlegung *f*
~/**уплотнительная** Abdichtung *f*, Dichtung *f*, Packung *f*
~/**упругая** *(Eb)* Spannplatte *f* *(Schiene)*
~/**штабельная** Staupaßstück *n*, Stapelpaßstück *n* *(für Container)*
прокладчик *m*/**автоматический** *s.* **автопрокладчик**
~ **пути [судна/автоматический]** *(Schiff)* [automatischer] Kursabsetzer *m*, Plotter *m* *(Koppelrechner)*
прокладывание *n* **нити** *(Text)* Fadenlegen *n* *(Wirkerei; Maschenbildung)*
прокладывать 1. verlegen, installieren; 2. *(Typ)* durchschießen, einschießen; 3. *(Schiff)* absetzen *(Kurs)*; verlegen *(Rohrleitung)*
~ **путь** *(Eb)* das Gleis verlegen
проклеивание *n* 1. Leimen *n*, Durchleimen *n* *(Papier)* *(s. a. unter* **проклейка 3.***)*; 2. *(Text)* Leimen *n*, Schlichten *n* *(s. a.* **шлихтование***)*
~ **основ** *(Text)* Leimen (Schlichten) *n* der Kettgarne *(Weberei)*
проклеивать 1. leimen, mit Leim tränken; mit Leim bedecken; 2. *(Text)* leimen, schlichten *(s. a.* **шлихтовать***)*; 3. *(Pap)* leimen
проклеить *s.* **проклеивать**
проклейка *f* 1. Leimen *n*, Leimung *f*, Leimungsgrad *m*; 2. *(Text)* Leimen *n*, Schlichten *n* *(s. a.* **шлихтование***)*; 3. *(Pap)* Leimen *n*, Leimung *f*, Durchleimung *f*; 4. Klebstoff *m*, Leim *m*
~ **в массе** *(Pap)* Leimung *f* in der Masse, Leimung *f* im Stoff
~/**газовая** *(Pap)* Gasleimung *f*
~/**животная** *(Pap)* tierische Leimung *f*
~ **жидким стеклом** *(Pap)* Wasserglasleimung *f*
~/**канифольная** *(Pap)* Harzleimung *f*
~ **монтан-воском** *(Pap)* Bergwachsleimung *f*
~ **основы** *(Text)* Schlichten (Leimen) *n* des Kettfadens *(Weberei)*
~ **парафиновым клеем** *(Pap)* Paraffinleimung *f*
~/**поверхностная** *(Pap)* Oberflächenleimung *f*
~/**смоляная** *s.* ~/**канифольная**
прокованность *f* Grad *m* der Durchschmiedung
прокованный *(Schm)* geschmiedet, durchgeschmiedet, ausgeschmiedet
~ **в прутки** in Stäben geschmiedet
~ **«на заготовку»** in Blöcken geschmiedet
проковать *s.* **проковывать**
проковка *f* *(Schm)* Durchschmieden *n*, Ausschmieden *n*
~ **пакетами (пачками)** Packschmieden *n*
~ **при сварке давлением** *s.* **осадка/вторичная**
~/**холодная** Kaltschmieden *n*, Hartschmieden *n*
~ **шва** *s.* **проколачивание шва**

проковываемость *f* Durchschmiedbarkeit *f*
проковывать durchschmieden, ausschmieden
прокол *m* Durchstich *m*; Durchbruch *m*
~ базы Raumladungsdurchbruch *m (Halbleiter)*
~ ткани *(Text)* Rissigwerden *n* der Ware *(Weberei)*
проколачивание *n* **шва** *(Schw)* Hämmern *n* der Schweißnaht
проколка *f (Fert)* Stechen *n (beim Stanzen)*
проколоть *s.* **прокалывать**
проконопатить *s.* **проконопачивать**
проконопачивать kalfatern, Fugen *(mit Werg)* ausdichten
прокрас *m (Led)* Durchfärben *n*, Durchfärbung *f*
пролёжка *f (Led)* Abliegen *n*, Altern *n (erwünschter Vorgang)*
пролёт *m* 1. *(Bw)* Spannweite *f*, Stützweite *f (eines Balkens)*; 2. *(Bw)* Öffnung *f (Brücke)*; 3. *(Bw)* Halle *f*; Schiff *n*; 4. *(El)* Mastabstand *m*, Mastfeld *n*, Abstand *m*, Feld *n*
~/анкерный *(El)* Spannfeld *n*
~/береговой *(Bw)* Landöffnung *f (Brücke)*
~/боковой *(Bw)* Nebenschiff *n*, Seitenschiff *n*
~ в осях *s.* **~/расчётный**
~ в свету *(Bw)* lichte (freie, freitragende) Spannweite *f*
~ водозабора *(Hydt)* Entnahmefeld *n (Staubecken)*
~ воздушной линии *(El)* Spannfeld *n* (Spannweite *f*) einer Freileitung
~/горизонтальный *(El)* horizontales Spannfeld *n (Freileitung)*
~ затвора *(Hydt)* Wehröffnung *f*
~/конвертерный *(Met)* Konverterhalle *f*
~/косой *(El)* schräges Spannfeld *n (Freileitung)*
~/критический *(El)* kritische Spannweite *f (einer Freileitung)*
~ моста Spannweite *f* der Brücke
~ натяжки *(El)* Abspannabschnitt *m*, Abspannfeld *n*, Abspannstrecke *f (Freileitung)*
~/натяжной *s.* **~ натяжки**
~/расчётный Stützweite *f (einer Brücke)*
~/сборочный *(Masch)* Montagehalle *f*
~ челнока *(Text)* Schützenlauf *m*, Schützendurchgang *m (Weberei)*
~ челноков/встречный Kreuzschlag *m (Doppelwebstuhl; Bindungstechnik)*
пролин *m (Ch)* Prolin *n*, Pyrrolidin-2-karbonsäure *f*
проложить *s.* **прокладывать**
пролом *m* Durchbruch *m*, Durchschlag *m*
пролювий *m (Geol)* Proluvium *n*
промазать *s.* **промазывать**
промазка *f* 1. Schmieren *n (z. B. Stiefel)*; Einschmieren *n*; Einfetten *n (z. B. Maschinenteile, Waffen als Schutz gegen Verrosten)*; 2. Verschmieren *n (Ritzen)*; Verkitten *n (Fenster)*
промазывать 1. schmieren *(z. B. Stiefel)*; einschmieren; einfetten *(z. B. Maschinenteile, Waffen als Schutz gegen Verrosten)*; 2. verschmieren *(Ritzen)*; verkitten *(Fenster)*
~ клеем *(Typ)* anschmieren
промакать löschen *(mit Löschpapier)*
промакнуть *s.* **промакать**
промасленный geölt, ölgetränkt, Öl...
промасливать ölen, mit Öl tränken
промаслить *s.* **промасливать**
промачивание *n* Durchfeuchten *n*, Durchfeuchtung *f*, Durchnässen *n*, Durchnässung *f*
промачивать durchfeuchten, durchnässen, durchweichen
промежуток *m* 1. Zwischenraum *m*, Lücke *f*; Abstand *m*; Spanne *f*; Strecke *f*; 2. *(Math)* Intervall *n*
~ времени Zeitspanne *f*, Zeitraum *m*
~ времени между импульсами Impulsabstand *m*
~/замкнутый *(Math)* abgeschlossenes Intervall *n*
~/защитный (защищающий) искровой *(El)* Schutzfunkenstrecke *f*
~/измерительный искровой *(El)* Meßfunkenstrecke *f*
~/изоляционный Isolierabstand *m*, Isolierstrecke *f*
~/искровой *(El)* Funkenstrecke *f*, Entladungsfunkenstrecke *f*
~/искровой вспомогательный *(El)* Hilfsfunkenstrecke *f*
~ между блоками *(Dat)* Blockzwischenraum *m*
~ между записями *(Dat)* Aufzeichnungszwischenraum *m*
~ между полюсами *(El)* Pollücke *f*
~/многократный искровой *(El)* Mehrfachfunkenstrecke *f*
~/открытый *(Math)* offenes Intervall *n*
~/параллельный искровой *(El)* Parallelfunkenstrecke *f*
~/разрядный *(El)* Entladungsstrecke *f*, Entladestrecke *f*
~ сетка-анод *(El)* Gitter-Anoden-Strecke *f*
~ сетка-катод *(El)* Gitter-Katoden-Strecke *f*
~ тлеющего разряда *(El)* Glimmstrecke *f*
~/ускоряющий *(Kern)* Beschleunigungsspalt *m*, Beschleunigungszwischenraum *m*, Beschleunigungsstrecke *f*
промер *m* 1. Messung *f*, Vermessung *f*; 2. Meßfehler *m*

~ **глубин** *(Hydrol)* Peilung *f* *(Vermessung der Wassertiefe mittels Peilstange, Lot oder Echolot)*
промерзание *n* Einfrieren *n*, Zufrieren *n*; Vereisen *n*
~ **рек** *(Hydrol)* Zufrieren *n* der Flüsse bis zum Grund, Vereisung *f*
промерзать durchfrieren; einfrieren, zufrieren, vereisen
промёрзнуть *s.* **промерзать**
промеривать 1. messen, vermessen; 2. falsch (fehlerhaft) messen, Meßfehler begehen
промерить *s.* **промеривать**
промерять *s.* **промеривать**
прометий *m (Ch)* Promethium *n*, Pm
промоина *f s.* **полынья**
промой *m* Absüßwasser *n*
~ **волокна** *(Pap)* Abwasserstoffverlust *m*
промокаемый feuchtigkeitsdurchlässig
промока́ть durchnäßt werden, durchnässen, Feuchtigkeit durchlassen
промо́кнуть *s.* **промокать**
промокну́ть *s.* **промакать**
проморфизм *m s.* **девитрификация**
промотор *m (Ch)* Promotor *m*, Aktivator *m*, synergetischer Verstärker *m* *(Katalyse)*
промочить *s.* **промачивать**
промперегрев *m* Zwischenüberhitzung *f*
промпродукт *m s.* **продукт обогащения/промежуточный**
промывалка *f (Ch)* Spritzflasche *f*
~ **для газов** Gaswaschflasche *f*
промывание *n* 1. Abschwemmen *n*, Abschlämmen *n*; 2. *s.* **промывка 1.; 2.**
промыватель *m* Wascher *m*, Wäscher *m*, Waschanlage *f*, Waschvorrichtung *f*
~ **ацетиленовой установки** *(Schw)* Wäscher *m* *(Azetylenerzeugungsanlage)*
~/**водяной** Wasserwäscher *m*
~ **газа** Gaswäscher *m*
~ **газа абсорбера** Sättigergaswäscher *m* *(Ammoniak-Soda-Verfahren)*
~ **газа колонн** Kolonnengaswäscher *m* *(Ammoniak-Soda-Verfahren)*
~/**динамический** Zentrifugal[gas]wäscher *m*, Desintegrator *m*
~/**механический** Standardwäscher *m*
~/**противоточный** Gegenstromwäscher *m* *(Aufbereitung)*
~ **с перекрещивающимися жидкостными завесами** Kreuzschleierwäscher *m*, Ströder-Wäscher *m*
~ **Тейзена** Theisen-Wäscher *m*
~/**центробежный** Kreiselwäscher *m* *(Aufbereitung)*
промывать 1. waschen, auswaschen, durchwaschen, spülen; 2. *(Bgb)* [ab]läutern *(Aufbereitung)*; ausspülen *(Bohrloch)*; auslaugen
~ **дробину [горячей водой]** anschwänzen, überschwänzen *(Brauwesen)*
~ **фильтр-прессную грязь** den Scheideschlamm absüßen (auswaschen) *(Zuckergewinnung)*
промывка *f* 1. Waschen *n*, Waschung *f*, Auswaschung *f*, Spülen *n*, Spülung *f*; Ausspritzen *n*, Abspritzen *n* *(z. B. eines Schiffstanks)*; 2. *(Foto)* Wässern *n*, Wässerung *f* *(der Negative und Positive)*; 3. Waschanlage *f*; Laugerei *f*
~/**алкацидная** Alkazidwäsche *f*
~ **волокна на бобине** *(Text)* Spulenwäsche *f*
~ **газа** Gaswäsche *f*, Waschen *n* (Naßreinigung *f*) des Gases
~ **дробины [горячей водой]** Anschwänzen *n*, Überschwänzen *n* *(Brauwesen)*
~/**кислая** *(Foto)* saures Wässern *n*
~ **кислой водой** *(Foto)* saures Wässern *n*
~ **мокрых сукон** *(Pap)* Naßfilzwäsche *f*
~/**обратная** *(Bgb)* Linksspülen *n*, indirekte Spülung *f*, Umkehrspülung *f*, Verkehrtspülung *f*, Counterflush *m* *(Bohrlochspülung)*
~/**окончательная** *(Foto)* Schlußwässerung *f*
~ **полезных ископаемых** *(Bgb)* Läutern *n* von Nutzmineralen *(Aufbereitung durch Aufschlämmen toniger Bestandteile)*
~/**последующая** Nachwaschen *n*
~/**промежуточная** *(Foto)* Zwischenwässerung *f*
~/**противоточная** Gegenstromwaschung *f*
~/**прямая** *(Bgb)* Rechtsspülung *f*, Direktspülung *f* *(Bohrlochspülung)*
~ **руды** Erzwäsche *f* *(Aufbereitung)*
~/**совмещённая** *(Bgb)* Umkehrspülung *f* in Verbindung mit Air-Lift-Verfahren *(hierbei wird die Spültrübe im Ringraum zwischen Futter- und Steigrohr zur Bohrlochsohle gebracht und im Steigrohr mittels Air-Lift über Tage gefördert)*
~ **сукон** *(Pap)* Filzwäsche *f*, Filzreinigung *f*
~ **фильтрационной грязи** Kuchenabsüßung *f*, Absüßen (Auswaschen) *n* des Zuckers aus dem Scheideschlamm *(Zuckergewinnung)*
~ **шерсти** (Text) Wollwäscherei *f*
промыть *s.* **промывать**
промышленность *f* Industrie *f* *(die in Klammern stehenden Erläuterungen beziehen sich auf die Gegebenheiten in der Sowjetunion)*
~/**авиационная** Flugzeugindustrie *f*, Flugzeugbau *m*
~/**автомобильная** Kraftfahrzeugindustrie *f*, Kraftfahrzeugbau *m*

~/**алюминиевая** Aluminiumindustrie *f*
~/**анилинокрасочная** Anilinfarbenindustrie *f*, Teerfarbstoffindustrie *f*
~/**асбестовая** Asbestindustrie *f*
~/**асбестоцементная** Asbestzementindustrie *f*
~/**бродильная** Gärungsindustrie *f*, Gärungsgewerbe *n*
~/**бумажная** Papierindustrie *f*
~/**вагоностроительная** Waggonbauindustrie *f*, Waggonbau *m*
~/**винодельческая** Weinbereitungsindustrie *f* *(Herstellung von Traubenwein, Schaumwein, Weinbrand und anderen Getränken sowie von Rosinen)*
~/**витаминная** Vitaminindustrie *f* *(Herstellung von synthetischen Vitaminen sowie Vitaminpräparaten aus tierischen und pflanzlichen Rohstoffen; Herstellung vitaminisierter Nahrungsmittel)*
~/**военная** Rüstungsindustrie *f*
~/**газовая** Gasindustrie *f*, Industriezweig *m* Gaserzeugung und Gasverarbeitung *(umfaßt die Gewinnung von Erdgas und künstlich erzeugtem Gas als Energiequelle und chemischen Rohstoff)*
~/**гидролизная** hydrolytische Industrie *f* *(Gewinnung von Äthylalkohol, Holzzucker, Eiweißhefe, Furfurol, Lignin, „Trockeneis" durch hydrolytischen Abbau von Zellulose)*
~/**горная (горнодобывающая)** Bergbau *m*, Montanindustrie *f*
~/**горнорудная** Erzbergbau *m*
~/**горнохимическая** Mineralstoffbergbau *m* *(Gewinnung von Kali, Kochsalz und anderen Mineralstoffen)*
~/**деревообрабатывающая** holzverarbeitende Industrie *f*
~/**добывающая** Grundstoffindustrie *f*
~/**домашняя** Heimindustrie *f*
~/**дрожжевая** Hefeindustrie *f*
~/**железорудная** Eisenerzbergbau *m*
~/**жировая (жироперерабатывающая)** Fett[verarbeitungs]industrie *f*
~/**золотодобывающая** Goldbergbau *m*
~/**золоторудная** Goldbergbau *m*
~/**известковая** Kalkindustrie *f* *(liefert Kalk für chemische, metallurgische und Bauzwecke sowie für Schleifmittel und Chlorkalk)*
~/**инструментальная** Schneidwerkzeug- und Vorrichtungsbau *m* *(Metallbearbeitung)*
~/**кабельная** Kabelindustrie *f*
~/**калийная** Kalibergbau *m*; Kaliindustrie *f*
~/**каменноугольная** Steinkohlenbergbau *m*
~/**канифольно-скипидарная** Industriezweig *m* Kolophonium- und Terpentingewinnung und -verarbeitung
~/**картонажная и бумагоперерабатывающая** kartonagen- und papierverarbeitende Industrie *f*
~/**керамическая** Keramikindustrie *f*, keramische Industrie *f*
~/**кирпичная** Ziegelindustrie *f*
~/**кожевенная** Lederindustrie *f*
~/**коксохимическая** Industriezweig *m* Kokereien, Kokereiindustrie *f* *(Verarbeitung der Steinkohle zu Koks, Gas und chemischen Nebenprodukten)*
~/**комбикормовая** Futtermittelwirtschaft *f*
~/**кондиторская** Süßwarenindustrie *f*
~/**консервная** Konservenindustrie *f* *(Herstellung von Obst-, Gemüse-, Milch-, Fleisch- und Fischkonserven)*
~/**крахмало-паточная** Stärke- und Sirupindustrie *f*
~/**крупяная** Schälmüllerei *f* *(Herstellung von Schälprodukten wie Graupen und Grütze)*
~/**лакокрасочная** Lack- und Farbenindustrie *f*, Anstrichmittelindustrie *f*, Industriezweig *m* Lacke und Anstrichstoffe
~/**лёгкая** Leichtindustrie *f*
~/**лесная** holzverwertende Industrie *f* *(umfaßt die Beschaffung des Holzes und seine weitere mechanische, chemische oder mechanisch-chemische Verarbeitung in Sägewerken, Möbelfabriken usw. bzw. in Zellulose- und Papierfabriken)*
~/**лесодобывающая (лесозаготовительная)** Holzbeschaffungsindustrie *f*, Industriezweig *m* Holzwerbung *(liefert Rund- und Spaltholz zur weiteren mechanischen und chemischen Verarbeitung)*
~/**лесопильная** Sägewerksindustrie *f*
~/**лесохимическая** Industrie *f* der chemischen Holzverarbeitung, Industriezweig *m* chemische Holzverarbeitung
~/**литейная** Gießereiindustrie *f*, Gießereiwesen *n*
~/**локомотивостроительная** Lokomotivbauindustrie *f*, Lokomotivbau *m*
~/**льняная** Leinwarenindustrie *f*
~/**макаронная** Teigwarenindustrie *f*
~/**маргариновая** Margarineindustrie *f*
~/**маслобойная** Pflanzenölindustrie *f*
~/**маслодельная** Butterbereitungsindustrie *f* *(Butterherstellung in Spezialfabriken neben anderen Molkereierzeugnissen)*
~/**маслодобывающая** *s.* ~/**маслобойная**
~/**масложировая** Pflanzenöl- und Fettindustrie *f* *(Verarbeitung von pflanzlichen und tierischen Fettstoffen zu Margarine, Seife, Glyzerin, Firnis, gehärteten Fetten usw.)*
~/**мебельная** Möbelindustrie *f*
~/**меднорудная** Kupfererzbergbau *m*

~/**металлургическая** Hüttenindustrie *f*, metallurgische Industrie *f*, Hüttenwesen *n*
~/**меховая** Rauchwarenindustrie *f*
~/**молочная** Molkereiindustrie *f*
~/**мукомольно-крупяная** Müllerei *f* *(Herstellung von Mehl- und Schälprodukten)*
~/**мыловаренная** Seifenindustrie *f*
~/**мясная** Fleischwarenindustrie *f*
~/**нефтегазовая** Erdöl- und Erdgasindustrie *f*
~/**нефтедобывающая** erdölfördernde (erdölgewinnende) Industrie *f*
~/**нефтеперерабатывающая** erdölverarbeitende Industrie *f*
~/**нефтехимическая** petrolchemische Industrie *f*
~/**нефтяная** Erdölindustrie *f* *(umfaßt die petrolchemische und erdölverarbeitende Industrie)*
~/**обогатительная** *(Bgb)* Aufbereitungsindustrie *f*
~/**оборонная** Verteidigungsindustrie *f*
~/**обрабатывающая** [weiter]verarbeitende Industrie *f*; Veredlungsindustrie *f* *(Verarbeitung des Materials der Grundstoffindustrie)*
~/**обувная** Schuhwarenindustrie *f*
~ **огнеупорных веществ** Feuerfest[stoff]-industrie *f*, Industriezweig *m* feuerfeste Stoffe
~ **огнеупоров** *s.* ~ **огнеупорных веществ**
~/**отечественная** inländische Industrie *f*
~/**парфюмерно-косметическая** kosmetische Industrie *f*
~/**пенько-джутовая** Hanf- und Jutewarenindustrie *f*
~/**пивоваренная** Brauereiindustrie *f*, Industriezweig *m* Brauereien (Brauereiwesen)
~/**пищевая** Nahrungsmittelindustrie *f*
~ **пищевых концентратов** Fertiggerichte-Industrie *f* *(der russische Ausdruck bezieht sich nur auf Fertiggerichte in trockener Form, wie Gemüse-, Reis-, Graupen- und Nudelsuppen mit und ohne Fleischbeilagen, Grützen, Süßspeisen)*
~ **пластических масс** Plastindustrie *f*
~/**плодоовощная** obst- und gemüseverarbeitende Industrie *f*
~/**подшипниковая** Industriezweig *m* Lagerfertigung
~/**полиграфическая** [poly]grafische Industrie *f*
~/**приборостроительная** Geräteindustrie *f*
~/**прокатная** Walzwerkswesen *n*
~/**резиновая** Gummiindustrie *f*
~/**рудная** Erzbergbau *m*
~/**рудодобывающая** Erzbergbau *m*
~/**рыбная** Fischwarenindustrie *f* *(Fischfang und -verarbeitung)*
~/**сахарная** Zuckerindustrie *f*
~/**силикатная** Silikatindustrie *f*
~ **синтетических красителей** Farbstoffindustrie *f*
~/**сланцевая** Ölschieferbergbau *m*, Erdölbergbau *m*
~/**содовая** Sodaindustrie *f*
~/**соляная** Kochsalzindustrie *f* *(Kochsalzgewinnung und Aufbereitung für Speisezwecke)*
~/**спиртовая** Spiritusindustrie *f*, Spritindustrie *f* *(Herstellung von Roh- und rektifiziertem Spiritus)*
~/**спичечная** Zündholzindustrie *f*
~/**стекольная** Glasindustrie *f*
~/**строительная** Bauindustrie *f*
~ **строительных и дорожных машин** Bau- und Straßenbaumaschinen-Industrie *f*
~ **строительных материалов** Baustoffindustrie *f*
~/**сыроваренная (сыродельная)** Käsebereitungsindustrie *f* *(Käseherstellung in Spezialfabriken neben anderen Molkereierzeugnissen)*
~/**табачно-махорочная** Tabakwarenindustrie *f*
~/**танкостроительная** Panzerindustrie *f*
~/**текстильная** Textilindustrie *f*
~/**топливная** Brennstoffindustrie *f* *(Gewinnung und Verarbeitung von Kohle, Erdöl, Torf, Erdgas- und Ölschiefer, Kokerei, Herstellung von synthetischen Kraftstoffen und Gas)*
~/**торфяная** Torfindustrie *f* *(Torfgewinnung und Herstellung von Preßtorfsteinen)*
~/**трикотажная** Wirkwarenindustrie *f*
~/**тяжёлая** Schwerindustrie *f*
~/**угольная** Kohlebergbau *m*; Kohleindustrie *f*
~/**фанерная** Furnier- und Sperrholzindustrie *f*
~/**фарфоро-фаянсовая** Porzellan- und Steingutindustrie *f*
~/**химико-фармацевтическая** chemisch-pharmazeutische Industrie *f*
~/**химическая** chemische Industrie *f*
~/**хлопкоочистительная** Baumwollaufbereitungsindustrie *f*
~/**хлопчатобумажная** Baumwollindustrie *f*
~/**целлюлозная** Zelluloseindustrie *f*
~/**целлюлозно-бумажная** Zellstoff- und Papierindustrie *f*
~/**цементная** Zementindustrie *f*
~/**чайная** Teeindustrie *f* *(Behandlung und Abpackung des Rohtees in Spezialfabriken)*
~/**часовая** Uhrenindustrie *f*
~/**швейная** Bekleidungsindustrie *f*
~/**шёлковая** Seidenwarenindustrie *f*
~/**шерстяная** Wollindustrie *f*

~/электротехническая elektrotechnische Industrie *f*, Elektroindustrie *f*
проникание *n* Durchdringen *n*, Durchdringung *f*; Eindringen *n*
проникать durchdringen; eindringen
проникновение *n s.* **проникание**
проникнуть *s.* **проникать**
проницаемость *f* 1. Durchdringungsfähigkeit *f*; Durchdringbarkeit *f*; 2. Durchdringungsvermögen *n* *(Strahlung)*; Strahlungshärte *f* *(Röntgenstrahlen)*; 3. *(Eln)* Durchgriff *m* *(Röhre, Gitter)*; 4. Durchlässigkeit *f*, Permeabilität *f* *(Festkörper)*; 5. *(Ph)* Permeation *f* *(Diffundieren eines Gases aus der äußeren Atmosphäre durch das Wandmaterial z. B. einer Vakuumapparatur)*; 6. *(Mag) s.* **~/магнитная**
~/абсолютная диэлектрическая Dielektrizitätskonstante *f* *(Farad je Meter)*
~/абсолютная магнитная Permeabilität *f* *(Henry je Meter)*
~/активная магнитная *(Mag)* wirksame Permeabilität *f*, Wirkpermeabilität *f*
~/амплитудная *(Mag)* Überlagerungspermeabilität *f*
~/анодная *(Eln)* Anodendurchgriff *m*
~ балласта *(Eb)* Durchlässigkeit *f* der Bettung
~ барьера *(Ph)* Durchlässigkeit *f* des Potentialwalls, Durchdringungsfaktor *m*
~ вакуума/абсолютная диэлектрическая *(El)* absolute Dielektrizitätskonstante *f*, dielektrische Konstante *f* des Vakuums, elektrische Feldkonstante *f*
~ вакуума/абсолютная магнитная *(Mag)* absolute Permeabilität *f* des Vakuums, magnetische Feldkonstante *f*, Induktionskonstante *f*
~/вязкая *(El, Mag)* Reihenwiderstandspermeabilität *f*, Blindpermeabilität *f*
~/динамическая магнитная *(Mag)* Wechselfeldpermeabilität *f*
~/дифференциальная диэлектрическая *(El)* differentielle Dielektrizitätskonstante *f*
~/дифференциальная магнитная *(Mag)* differentielle Permeabilität *f*
~/диэлектрическая *(El)* Dielektrizitätskonstante *f*, elektrische Feldkonstante *f*, Influenzkonstante *f*, Verschiebungskonstante *f*, DK
~ для лучей *(Kern)* Strahlendurchlässigkeit *f*
~ для нейтронов *(Kern)* Neutronendurchlässigkeit *f*
~/кажущаяся магнитная *(Mag)* Scheinpermeabilität *f*
~/комплексная диэлектрическая *(El)* komplexe Dielektrizitätskonstante *f*
~/комплексная магнитная *(Mag)* komplexe Permeabilität *f*
~/консервативная *s.* **~/упругая**
~/консумптивная *s.* **~/вязкая**
~ лампы *(Eln)* Durchgriff *m* *(Elektronenröhre)*
~/магнитная *(Mag)* 1. Permeabilität *f*, Permeabilitätskonstante *f*, Induktionskonstante *f*, magnetischer Leitwert *m*, magnetische Leitfähigkeit *f*; 2. *s.* **~/относительная магнитная**
~/начальная магнитная *(Mag)* Anfangspermeabilität *f*
~/необратимая магнитная *(Mag)* irreversible Permeabilität *f*
~/обратимая магнитная *(Mag)* reversible Permeabilität *f*
~/оптическая optische Durchlässigkeit *f*
~/относительная диэлектрическая *(El)* relative Dielektrizitätskonstante *f*
~/относительная магнитная *(Mag)* relative Permeabilität *f*
~ переменного магнитного поля *s.* **~/динамическая магнитная**
~ постоянных магнитов/амплитудная *(Mag)* permanente Permeabilität *f* *(Permanentmagnete)*
~/реактивная [магнитная] *s.* **~/вязкая**
~/реверсивная диэлектрическая *(El)* reversible Dielektrizitätskonstante *f*
~/реверсивная магнитная *s.* **~/обратимая магнитная**
~ свободного пространства/магнитная *(El)* magnetische Feldkonstante *f*, Induktionskonstante *f*
~ сетки *(Eln)* Gitterdurchgriff *m* *(Elektronenröhre)*
~/статическая диэлектрическая *(El)* statische Dielektrizitätskonstante *f*
~/статическая магнитная *(Mag)* Gleichfeldpermeabilität *f*
~/температурная *(Eln)* Temperaturdurchgriff *m*
~/упругая *(Mag)* [Reihen-]Induktivitätspermeabilität *f* *(Realteil der komplexen Permeabilität)*
~ экранирующей (экранной) сетки *(Eln)* Schirmgitterdurchgriff *m*
проницание *n* Durchdringung *f*
проницать durchdringen
прообраз *m (Math)* Urbild *n*, Original *n*
проолифить firnissen
пропадание *n* **сигнала** *(Dat)* Signalausfall *m*
пропадиен *m (Ch)* Propadien *n*, Allen *n*
пропалывание *n s.* **прополка**
пропалывать jäten
пропан *m (Ch)* Propan *n*
пропанкислота *f (Ch)* Propansäure *f*, Propionsäure *f*
пропанол *m (Ch)* Propanol *n*, Propylalkohol *m*
пропанон *m (Ch)* Propanon *n*, Dimethylketon *n*, Azeton *n*

пропаривание *n* 1. Dämpfen *n*; 2. *(Bw)* Bedampfen *n*, Dampfbehandlung *f* *(Betonfertigteile)*; 3. *(Schiff)* Ausdämpfen *n* *(eines Tanks)*
~ бетона *(Bw)* Dampferhärtung *f* *(Beton)*
~/предварительное *(Text)* Vordämpfen *n*
пропариватель *m* Dämpfanlage *f*
~ фляг Dampfsterilisations- und Spülgerät *n* für Milchkannen und -flaschen
пропаривать dämpfen
пропарить *s.* **пропаривать**
пропарка *f s.* **пропаривание**
пропахать *s.* **пропахивать**
пропахивать 1. durchpflügen; 2. hacken, behacken *(mit der Hackmaschine)*
пропашка *f* 1. Durchpflügen *n*; 2. Hacken *n*, Verhacken *n* *(Bodenauflockerung der Kulturen mit der Hackmaschine)*
пропеллер *m* *(Flg)* Luftschraube *f*, Propeller *m*
пропен *m* *(Ch)* Propen *n*, Propylen *n*
пропенкислота *f* *(Ch)* Propensäure *f*, Akrylsäure *f*
пропил *m* 1. Sägeschnitt *m*; Schnittfuge *f*; Riefe *f*; 2. *(Ch)* Propyl *n*
~/хлористый *(Ch)* Propylchlorid *n*, 1-Chlorpropan *n*
пропиламин *m* *(Ch)* Propylamin *n*
пропилен *m* *(Ch)* Propylen *n*, Propen *n*
пропилитизация *f* *(Geol)* Propylitisierung *f*
пропиловый *(Ch)* Propyl . . .
пропилхлорид *m* *(Ch)* Propylchlorid *n*, 1-Chlorpropan *n*
пропин *m* *(Ch)* Propin *n*, Allylen *n*
пропионат *m* *(Ch)* Propionat *n*
~/целлюлозы Zellulosepropionat *n*
пропионитрил *m* *(Ch)* Propionitril *n*, Äthylzyanid *n*
пропитать *s.* **пропитывать**
пропитка *f* 1. Tränkung *f*, Durchtränkung *f*, Imprägnierung *f* *(Holzschutzverfahren)*; 2. *(Geol)* Imprägnation *f*; 3. Imprägnieren *n*, Imprägnierung *f*, Abdichten *n* *(Guß)*; 4. Tränken *n*, Tränkung *f* *(Pulvermetallurgie)*
~ автоклавным способом Kesseltränkung *f*, Drucktränkung *f*, Kesseldrucktränkung *f*
~ металлизационных покрытий chemische Nachbehandlung *f* der gespritzten Metallüberzüge, Imprägnierverfahren *n*
~ металлом Tränken *n* *(Pulvermetallurgie)*
~ на корню Lebendtränkung *f*
~ отливок Guß[teil]imprägnierung *f*, Guß[teil]imprägnation *f*, Guß[teil]abdichtung *f*
~ погружением в холодную или горячую ванну Trogtränkung *f*
~ с торца Saftverdrängungsverfahren *n*, Boucherieverfahren *n*
~ способом бандажей и суперобмазок Diffusionsverfahren *n*, Osmoseverfahren *n*
~ способом горяче-холодных ванн Heiß-Kalt-Tränkung *f*
пропитываемость *f* Tränkungsvermögen *n*
пропитывание *n s.* **пропитка**
пропитывать tränken, durchtränken; imprägnieren
проплав *m* *(Met)* Durchsatz *m* *(Schmelze)*
проплавление *n* Ausschmelzen *n* *(z. B. Ofenfutter, Wachsmodell)*; Durchschmelzen *n* *(z. B. Schweißgut)*
~ кромок Flankeneinbrand *m*
~ основного материала Einbrand *m* in den Grundwerkstoff
проплавлять *(Met)* [er]schmelzen, ausschmelzen
пропласток *m* *(Geol)* Zwischenmittel *n*, Bergemittel *n*
прополис *m s.* **клей/пчелиный**
прополка *f* Jäten *n*
~/химическая chemische Unkrautbekämpfung *f*
прополоть *s.* **пропалывать**
пропорциональность *f* *(Math)* Proportionalität *f*
~/обратная umgekehrte (indirekte) Proportionalität *f*
~/прямая direkte Proportionalität *f*
пропорциональный *(Math)* proportional
~/обратно umgekehrt (indirekt) proportional
~/прямо direkt proportional
пропорция *f* 1. Proportion *f*, Größenverhältnis *n*, Ebenmaß *n*, Gleichmaß *n*; 2. *(Math) s.* **~/геометрическая**
~/арифметическая Differenzengleichheit *f*
~/гармоническая harmonische Proportion *f*
~/геометрическая Proportion *f*, Verhältnisgleichung *f*
~/непрерывная stetige Proportion *f*
~/непрерывная гармоническая fortlaufende (stetige harmonische) Proportion *f*
~/производная abgeleitete Proportion *f*
~ эффективного профиля/несущая Profiltraganteil *m*, t_p *(bei der Rauheitsmessung)*
пропуск *m* 1. Durchlassen *n*; 2. Auslassen *n*; Versäumen *n*, Versäumnis *n*; 3. leere (freie) Stelle *f*, Lücke *f*; 4. Durchlaß *m*; 5. Passierschein *m*; 6. *(Mil)* Parole *f*; Kennwort *n*; 7. *(Wlz)* Stich *m*, Durchgang *m*, Walzstich *m*; 8. Stich *m* *(Ofengewölbe)*; 9. *(Schiff)* Leckage *f*
~ в обжимной клети Vor[walz]stich *m*
~ в серии импульсов Impulslücke *f*
~/верхний *(Wlz)* Oberstich *m*
~ вспышки *(Kfz)* Zündungsaussetzer *m* *(Gemischzündung; Verbrennungsmotor)*

~/**двойной** *(Wlz)* Doppelstich *m*
~/**единичный** *(Wlz)* Einzelstich *m*
~/**завершительный** *(Wlz)* Fertigstich *m*
~ **зажигания** *(Kfz)* Fehlzündung *f*
~ **импульса** Impulslücke *f*
~/**нижний** *(Wlz)* Unterstich *m*
~/**обратный** *(Wlz)* Rück[wärts]gang *m*, Rücklauf *m*, Rückwärtskaliber *n*, Rückwärtsstich *m*
~/**осаживающий** *(Wlz)* Stauchstich *m*, Hochkantstich *m*, Kantstich *m*
~/**отделочный** *(Wlz)* Schlichtstich *m*, Polierstich *m*, Glättstich *m*; Fertigstich *m*
~/**отдельный** *(Wlz)* Einzelstich *m*
~ **паводка** *(Hydt)* Hochwasserableitung *f*
~/**первый** *(Wlz)* Anstich *m*
~/**полирующий** *s.* ~/**отделочный**
~/**последний** *(Wlz)* Fertigstich *m*
~/**предотделочный** *(Wlz)* Vorschlichtstich *m*, Vorpolierstich *m*, Vorglättstich *m*
~/**пробный** *(Wlz)* Probestich *m*
~/**прогладочный** *s.* ~/**отделочный**
~/**продольный** *(Wlz)* Längsstich *m*
~/**профилирующий** *(Wlz)* Profilstich *m*
~/**ребровой** *(Wlz)* Stauchstich *m*, Hochkantstich *m*
~/**ручьевой** *(Wlz)* Kaliberstich *m*, Formstich *m*
~ **строк** *(Dat)* Zeilenvorschub *m (Drucker)*
~/**фасонный** *(Wlz)* Kaliberstich *m*, Formstich *m*
~/**холостой** *(Wlz)* Blindkaliber *n*, blindes (totes) Kaliber *n*
~ **частоты** *(El)* Frequenzlücke *f*
~ **через калибр** *(Wlz)* Kaliberstich *m*, Formstich *m*
~/**черновой** *(Wlz)* Formstich *m*, Vor[walz]stich *m*, Grobstich *m*, Rohgang *m*
~/**чистовой** *(Wlz)* Schlichtstich *m*, Polierstich *m*, Glättstich *m*; Fertigstich *m*
пропускаемость *f* Durchsichtigkeitsmodul *m*; *(Fotom)* Reintransmissionsmodul *m*
пропускание *n (Fotom)* Durchlassung *f*, Transmission *f (Durchgang von Strahlung durch ein Medium)*
~/**идеально рассеянное** vollkommen gestreute (diffuse) Durchlassung (Transmission) *f*
~/**направленное** gerichtete Durchlassung (Transmission) *f*
~/**рассеянное** gestreute (diffuse) Durchlassung (Transmission) *f*
~/**смешанное** gemischte Durchlassung (Transmission) *f*
пропускать 1. durchlassen, einlassen; 2. auslassen, fortlassen; 3. versäumen, verpassen; 4. *(Wlz)* anstecken; 5. *(Schiff)* durchführen, durchstecken *(Längsspanten durch Bodenwrangen)*
пропустить *s.* **пропускать**
проработка *f* **деталей** Detaildurchzeichnung *f (Film)*
~ **скважины** *(Bgb)* Kalibrieren *n* des Bohrloches
прорастить *s.* **проращивать**
проращивание *n* **семян** Vorkeimen *n*, Ankeimen *n*
проращивать vorkeimen, ankeimen
прорвать *s.* **прорывать**
проредить *s.* **прореживать**
прореживание *n (Lw)* Ausdünnen *n*, Vereinzeln *n*
~ **всходов** *s.* **прорывка**
~ **древостоя** *(Forst)* Durchforstung *f*
прореживатель *m (Lw, Forst)* Ausdünnmaschine *f*, Vereinzelungsmaschine *f*
прореживать *(Lw)* verziehen, verdünnen
прорез *m* Einschnitt *m*, Schlitz *m*, Kerbe *f*
прорезание *n (Fert)* Schlitzen *n*
~ **канавки (паза)** Nuten *n*
прорезать *s.* **прорезывать**
прорезинивание *n (Gum)* Gummieren *n*, Gummierung *f*
прорезинивать *(Gum)* gummieren
прорезинить *s.* **прорезинивать**
прорезка *f* **пазов** *(Fert)* Nuten *n*
прорезывать 1. durchschneiden; 2. einstechen; einschneiden, schlitzen; 3. kerben
~ **канавку (паз)** *(Fert)* nuten
~ **пилой** *(Fert)* einsägen
прорезь *f* Schlitz *m*, Einschnitt *m*, Kerbe *f*
~ **прицела** *(Mil)* Visierkimme *f*, Kimme *f*
пророcть *f* eingewachsene Rinde *f*, Rindeneinschluß *m (durch Beschädigung der Baumrinde entstandener Holzfehler)*
~/**закрытая** überwachsener Rindeneinschluß *m*, Wundüberwallung *f*
~/**открытая** Borkentasche *f*, Rindentasche *f*
прорубать 1. durchhauen, aufhauen, durchbrechen; 2. *(Schm)* schlitzen
~ **просеку** *(Forst)* eine Schneise schlagen
прорубить *s.* **прорубать**
прорыв *m* 1. Durchbruch *m*, Durchbrechung *f*; Ausbruch *m*; 2. *(Mil)* Durchbruch *m*; 3. *(Bgb)* Einbruch *m*, Ausbruch *m*
~ **воды** *(Bgb)* Wassereinbruch *m*
~ **газа** Gasausbruch *m*, Gaseruption *f*
~ **горна** Herddurchbruch *m (Schachtofen)*; Gestelldurchbruch *m (Hochofen)*
~ **плотины** *(Hydt)* Dammbruch *m*
~ **плывуна** *(Bw)* Schwimmsand[durch]bruch *m*; *(Bgb)* Schwimmsandeinbruch *m*
~ **пороховых газов** Vorbeischlagen *n* der Pulvergase *(Artillerie)*
~ **формы** *(Gieß)* Durchgehen *n* der Form
~ **футеровки плавильной печи** *(Met)* Durchbruch *m* eines Schmelzofens
прорывать 1. durchreißen, zerreißen; 2. *(Mil)* durchbrechen, durchstoßen

прорываться *(Mil)* durchschlagen *(Pulvergase)*
прорывка *f (Lw)* Verziehen *n*, Vereinzeln *n*, Verdünnen *n*
просадка *f* 1. Einsinken *n*, Absinken *n*, Senkung *f*; 2. *(Flg)* Durchsacken *n*
просадочность *f* **грунта** *(Bw)* Setzungsempfindlichkeit *f*
просаливать 1. durchsalzen, einsalzen, pökeln; 2. mit Fett durchtränken
просалить *s.* **просаливать 2.**
просачивание *n* 1. Durchsickerung *f*, Versickerung *f*; 2. Durchfeuchtung *f*
~ **воздуха** Lufteinbruch *m*
~ **кислорода** Sauerstoffeinbruch *m*
~ **краски через бумагу** *(Typ)* Versickern *n*, Durchschlagen *n* der Farbe
просачиваться [durch]sickern; versickern
просверливание *n (Fert)* Durchbohren *n*, Durchbohrung *f*
просвет *m* 1. Lichtstreifen *m*, Lichtschimmer *m*; 2. Lücke *f*, Zwischenraum *m*; Abstand *m*; Spalt *m*; 3. Durchsicht *f*; 4. lichte Weite *f*
~ **автомобиля** *(Kfz)* Bodenfreiheit *f*
~ **бумаги** *(Pap)* Durchsicht *f*
~ **бумаги/клочковатый** flockige Durchsicht *f*
~ **бумаги/облачный** wolkige Durchsicht *f*
~ **бумаги/ровный** klare Durchsicht *f*
~ **в насаждении** *(Forst)* Bestandslücke *f*
~ **в станине** *(Wlz)* Ständerfenster *n*
~ **грузового люка** *(Schiff)* Ladelukenöffnung *f*
~ **между валками** *(Wlz)* Walzspalt *m*
~ **сита** [lichte] Maschenweite *f* eines Siebes
~ **станины** *(Wlz)* Ständerfenster *n*
просветить *s.* **просвечивать**
просветление *n (Opt)* Aufhellung *f*; Vergütung *f (optischer Gläser und Linsen)*
~ **линзы** Linsenvergütung *f*
~ **объектива** Vergütung *f* des Objektivs
просвечивание *n* 1. Durchleuchtung *f*, Durchstrahlung *f*, Durchstrahlungsverfahren *n*; 2. *(Typ)* Durchschlagen *n (Farbe)*
~ **рентгеновскими лучами** Röntgendurchleuchtung *f*
~/**скважинное радиоволновое** Funkmutung *f (Bohrlochgeophysik)*
просвечивать durchleuchten
просвечивающий durchscheinend, diaphan; lichtdurchlässig, strahlungsdurchlässig
просев *m* 1. Durchsieben *n*, Durchsiebung *f*; 2. Unterkorn *n (beim Sieben)*; 3. *(Lw)* Lichte *f*, Bodenglatze *f (lichte Stelle im Saatbestand)*
просевание *n s.* **просеивание**
просеватель *m* Siebmaschine *f*
просевать *s.* **просеивать**
просеивание *n* Sieben *n*, Durchsieben *n*, Absieben *n*; Sichten *n*
~/**мокрое** Feuchtsieben *n*, Naßsieben *n*
~ **на грохоте** Rättern *n*
~/**сухое** Trockensiebung *f*
просеивать [durch]sieben, absieben; sichten; beuteln *(Mehl)*
~ **через грохот** rättern
просек *m (Bgb)* Begleitstrecke *f*, Nebenstrecke *f*; Durchhieb *m*, Wetterdurchhieb *m*
~/**косовичный** *s.* **косовичник**
~/**обходный** *(Bgb)* Umgehungsdurchhieb *m*
просека *f (Forst)* Gestell *n*, Durchhau *m*, Schneise *f*
~/**второстепенная** Nebenschneise *f*
~/**главная** Hauptschneise *f*, Hauptgestell *n*, Flügelstreifen *m*, Wirtschaftsstreifen *m*
~/**квартальная** Quergestell *n*, Einteilungslinie *f*
~/**охранная** Schutzgestell *n*
~/**поперечная** *s.* ~/**квартальная**
~/**противопожарная** Feuergestell *n*, Feuerschneise *f*
просечка *f* Lochen *n*, Durchbrechen *n (beim Schmieden oder Lochstanzen)*
просеять *s.* **просеивать**
проскальзывание *n (Eb)* Gleiten *n*, Schlupf *m (Rad)*
~ **ремня** Riemenschlupf *m*, Riemenrutsch *m*
~ **тормоза** Rutschen *n (Kupplung, Bremse)*
проскальзывать verrutschen, rutschen *(Riemen)*; rutschen *(Kupplung, Bremse)*
проскок *m* Zurückschlagen *n (der Gasbrennerflamme)*
~ **пламени** Flammenrückschlag *m*
проскользнуть *s.* **проскальзывать**
прослаивание *n* Zwischenlegung *f*, Zwischenschichtung *f*
проследование *n* **поезда** *(Eb)* Zugdurchfahrt *f*
прослеживание *n* Verfolgung *f (Spur)*
~ **пути** Bahnverfolgung *f*
прослоек *m* 1. *(Bgb, Geol)* Zwischenmittel *n*, Mittel *n*, Einlagerung *f*; 2. *s.* **прослойка 1.**
~/**породный** Zwischenmittel *n*, Bergemittel *n*, Bergemittelstreifen *m*, Gesteinsmittel *n*
~ **породы** *s.* ~/**породный**
~/**угольный** Kohlenschmitz *m*
прослой *m s.* **прослоек 1.**
прослойка *f* 1. Zwischenschicht *f*, Trennschicht *f*; Zwischenlage *f*; 2. *(Geol) s.* **пропласток**
~/**изоляционная** Isolationszwischenlage *f*
~/**смазочная** schmierende Zwischenschicht *f*, Schmier[mittel]schicht *f*
просмаливать teeren, mit Teer tränken, pichen, auspichen

просмолить *s.* **просмаливать**
просмотр *m* **таблицы** *(Dat)* Tabellensuchen *n*
~ файла Dateiabtastung *f*
просолить *s.* **просаливать 1.**
просорушка *f* 1. Hirsemühle *f* *(als Betrieb)*; 2. *s.* **станок/просорушальный**
просос *m* *(Text)* Lässigkeitsverlust *m* *(Chemiefaserherstellung)*
просочиться *s.* **просачиваться**
простенок *m* *(Bw)* Scheidemauer *f*, Zwischenmauer *f*, Zwischenwand *f*, Steg *m*
простереться *s.* **простираться**
простирание *n* **[пласта]** *(Geol)* Streichen *n* *(einer Schicht)*
простираться 1. sich erstrecken, sich ausdehnen; 2. *(Geol)* streichen
простой *m* 1. Stillstand *m*, Ausfall *m*; 2. Wartezeit *f*, Haltezeit *f*, Ausfallzeit *f*; 3. Standzeit *f*; Liegezeit *f*; 4. *(Dat)* Totzeit *f*, Stillstandzeit *f*, Leerlauf *m*
~/аварийный störungsbedingter Ausfall *m*
~ вагонов *(Eb)* Wagenstandzeit *f*, Standzeit *f*
~/производственный Betriebsunterbrechung *f*
пространственно-центрированный *(Krist)* raumzentriert, innenzentriert
пространственный räumlich, dreidimensional, Raum ..., Stereo ...
пространство *n* Raum *m*
~/абстрактное *(Math)* abstrakter Raum *m*
~/адсорбционное *(Ch)* Adsorptionsraum *m*
~/анодное *(El)* Anodenraum *m*
~/анодное тёмное Anodendunkelraum *m* *(Glimmentladung)*
~/астоново тёмное Astonscher Dunkelraum *m* *(Glimmentladung)*
~/аффинное *(Math)* affiner Raum *m*
~/банахово *(Math)* Banach-Raum *m*
~/бесконечномерное *(Math)* unendlichdimensionaler Raum *m*
~/бесконечномерное линейное unendlichdimensionaler linearer Raum *m*
~/бесстоечное призабойное *(Bgb)* stempelfreie Abbaufront *f*
~/векторное *(Math)* Vektorraum *m*, Vektorgebilde *n*
~ взаимодействия *(Ph)* Wechselwirkungsraum *m*
~/воздушное Luftraum *m*
~/вредное schädlicher Raum *m*, Schadraum *m* *(Dampfmaschine)*
~/выпарное Brüdenraum *m*
~/выпуклое *(Math)* konvexer Raum *m*
~/выработанное 1. *(Bgb)* Abbauhohlraum *m*, ausgekohlter Streb (Raum) *m*, Alter Mann *m*, offener Abbauraum *m*; 2. *(Glas)* Arbeitsraum *m* *(Schmelzofen)*
~/газоразрядное Gasentladungsraum *m*
~/гармоническое *(Math)* harmonischer Raum *m*
~/гильбертово *(Math)* Hilbert-Raum *m*
~/гиперболическое *s.* **~ Лобачевского**
~ группировки *(Eln)* Laufraum *m*, Driftraum *m*, Steuerraum *m*
~/грязевое Schlammraum *m* *(einer Reinigungszentrifuge)*
~ для обмотки *(Eln)* Wickelraum *m*, Wickelfenster *n*
~ дрейфа *s.* **~ группировки**
~/закладываемое *(Bgb)* Versatzraum *m*, Versatzfeld *n*
~/затрубное *(Erdöl)* Ringraum *m*, Raum *m* zwischen Verschlagsrohr und Bohrlochwand
~ изображений *(Opt)* Bildraum *m*
~ изображений функционального преобразования *(Math)* Resultatraum *m* *(Funktionaltransformation)*
~/изометрическое *(Math)* isometrischer Raum *m*
~ изотопического спина *s.* **~/изотопическое**
~/изотопическое *(Kern)* Iso[topen]spinraum *m*, Isoraum *m*, isotoper Raum (Spinraum) *m*, Isobarenspinraum *m*, isobarer Spinraum *m*
~ импульсов Impulsraum *m*
~/инвариантное *(Math)* invarianter Raum *m*
~ кадра *(Kine)* Bildraum *m*
~/катодное *(El)* Katodenraum *m*
~/катодное тёмное Katodendunkelraum *m*, Hittorfscher (Crookesscher) Dunkelraum *m*, innerer Dunkelraum *m* *(Glimmentladung)*
~/кольцевое 1. Ringspalt *m*, ringförmiges Brechmaul *n* *(eines Kegelbrechers)*; 2. *(Bgb)* Ringraum *m* *(Bohrloch)*
~/комплексное векторное *(Math)* komplexer Vektorraum *m*
~/конечномерное *(Math)* endlichdimensionaler Raum *m*
~ конфигураций *s.* **~/конфигурационное**
~/конфигурационное *(Math)* Konfigurationsraum *m*, Koordinatenraum *m*, Lagerraum *m*, Ortsraum *m*, Lagrangescher Raum *m*
~/космическое Weltraum *m*, Kosmos *m*
~/линейное *(Math)* linearer Raum *m*, Vektorraum *m*
~/линейное функциональное linearer Funktionenraum *m*
~ Лобачевского *(Math)* Lobatschewski-Raum *m*, hyperbolischer Raum *m*
~ лучей [между объектом и изображением] *(Opt)* Strahlenraum *m*
~/межбортное *(Schiff)* Wallgang *m* *(Zweihüllenschiff)*

~/**межгалактическое** *(Astr)* intergalaktischer Raum *m*
~/**междубунное** *(Hydt)* Buhnenfeld *n*
~/**междудендритное** *(Krist)* zwischenkristalliner (interkristalliner) Raum *m*
~/**междудонное** *(Schiff)* Doppelboden *m*
~/**междутрубное** Mantelraum *m (eines Wärmeaustauschers)*
~/**междуэлектродное** Zwischenelektrodenraum *m*
~/**межзвёздное** *(Astr)* interstellarer Raum *m*
~/**межпланетарное** *(Astr)* interplanetarer Raum *m*
~/**межтарелочное** Tellerzwischenraum *m (einer Tellerzentrifuge)*
~/**межтрубное** *(Bgb)* Ringraum *m (Bohrloch)*
~/*n*-**мерное** *(Math)* *n*-dimensionaler Raum *m*
~/*n*-**мерное арифметическое** *s.* ~/*n*-**мерное векторное**
~/*n*-**мерное векторное** *(Math)* *n*-dimensionaler Vektorraum *m*
~/**метрическое** *(Math)* metrischer Raum *m*
~ **Минковского** *(Math)* Minkowski-Raum *m*, Minkowski-Welt *f*
~/**многомерное** *(Math)* höherdimensionaler (mehrdimensionaler) Raum *m*
~ **молекулы/фазовое** Gasphasenraum *m*, μ-Phasenraum *m*
~/**накрывающее** *(Math)* Überlagerungsraum *m*
~ **невесомости** *(Astr)* schwereloser Raum *m*
~/**неэвклидово** *(Math)* nichteuklidischer Raum *m*
~/**нормированное** *(Math)* normierter Raum *m*
~ **Ньюкома** *(Math)* Newcombscher Raum *m*, elliptischer Raum *m*
~ **объектов** *s.* ~/**предметное**
~/**огневое** Heizkammer *f (Ofen)*
~/**оригинальное** *(Math)* Objektraum *m*, Objektbereich *m*
~/**очистное** *(Bgb)* Abbauraum *m*, Strebraum *m*
~/**паровое** Dampfraum *m*
~ **печи** Ofenraum *m*
~ **печи/рабочее** Ofennutzraum *m*, Ofenarbeitsraum *m*
~/**печное** Ofenraum *m*
~/**плавильное** Schmelzraum *m*, Schmelzkammer *f*; Schmelzzone *f (Schachtofen)*; Herdraum *m (Herdofen)*
~/**подпалубное** *(Schiff)* Unterstau *m*
~/**полное** *(Math)* vollständiger Raum *m*
~/**предметное** *(Opt)* Objektraum *m*, Dingraum *m*
~ **предметов** *s.* ~/**предметное**
~/**предпечное** *(Met)* Vorherd *m*, Sammler *m*
~/**призабойное** *(Bgb)* Abbauraum *m*, Strebraum *m*
~/**прикрытое** *(Mil)* gedeckter Raum *m*
~/**проективное** *(Math)* projektiver Raum *m*
~/**пролётное** *s.* ~ **группировки**
~/**рабочее** Arbeitsraum *m (Sammelbegriff für geschlossene Räume in Maschinen oder Öfen, in denen der technologische Vorgang abläuft, z. B. Ofenraum in Öfen oder Strahlraum in Strahlputzmaschinen)*
~/**разрежённое** Vakuum *n*, luftleerer (luftverdünnter) Raum *m*
~/**разрядное** *(El)* Entladungsraum *m*
~/**реакционное** *(Ch)* Reaktionsraum *m*
~/**реальное** *(Math)* realer (reeller) Raum *m*
~/**регулярное** *(Math)* regulärer Raum *m*
~/**риманово** *(Math)* Riemannscher Raum *m*
~/**рубашечное** Mantelraum *m (einer Kühltrommel)*
~ **сетка-анод** *(Eln)* Anoden-Gitter-Raum *m*
~ **сетка-катод** *(Eln)* Gitter-Katoden-Raum *m*
~ **сжатия** Verdichtungsraum *m (Verbrennungsmotor)*
~ **скоростей** *(Mech)* Geschwindigkeitsraum *m*
~ **событий** „Raum *m* der Ereignisse“, Weltkoordinaten *fpl (der vierdimensionalen Raum-Zeit-Welt mit den Lagekoordinaten x, y, z und der Zeitkoordinate t; geometrische Interpretation der Relativitätstheorie)*
~/**соковое** Saftraum *m*, Brüdenraum *m (Zuckergewinnung)*
~/**сопряжённое** *(Math)* dualer (adjungierter) Raum *m*
~/**сопряжённое векторное** *(Math)* dualer Vektorraum *m*
~ **состояний** Zustandsraum *m*
~/**спиновое** *(Kern)* Spinraum *m*
~ **счётчика/чувствительное** *(Kern)* Zählraum *m*, Zählvolumen *n (Zählrohr)*
~/**тёмное** *(Eln)* Dunkelraum *m (Glimmentladungen in verdünnten Gasen)*
~/**топологическое** *(Math)* topologischer Raum *m*
~/**топочное** Feuerraum *m*, Heizraum *m*, Verbrennungsraum *m (Ofen)*
~/**трёхмерное** *(Math)* dreidimensionaler Raum *m*
~/**фазовое** *(Mech)* Phasenraum *m (eines mechanischen Systems)*
~/**фарадеево тёмное** Faradayscher Dunkelraum *m (Glimmentladung)*
~ **Финслера** *(Math)* Finslerscher Raum *m*

~/функциональное *(Math)* Funktionenraum *m*
~ Фурье *(Math)* Fourier-Raum *m*
~ цилиндра/мёртвое *s.* **объём пространства сжатия**
~/четырёхмерное *(Math)* vierdimensionaler Raum *m*
~/эвклидово *(Math)* euklidischer Raum *m*
~ Эйнштейна *(Math)* Einstein-Raum *m*
~ Эйнштейна/сферическое Einsteinscher Kugelraum *m*
~/эллиптическое *s.* **~ Ньюкома**
пространство-время *n* *(Math)* Raum-Zeit *f*, Raumzeit *f*
пространство-оригинал *n* *(Math)* Objektraum *m*, Objektbereich *m*
прострел *m* **излучения** *(Kern)* Strahlungsdurchtritt *m*, Leckstrahlung *f* *(an undichten Stellen der Reaktorschutzschicht)*
~ скважины *(Bgb)* Auskesseln *n* eines Bohrlochs *(Kesselschießen)*
простреливание *n* 1. Durchschießen *n*; 2. *(Mil)* Bestreichen *n*
~ скважины *s.* **прострел скважины**
простреливать 1. durchschießen; 2. *(Mil)* bestreichen
прострелить *s.* **простреливать**
проступание *n* **[краски]** Durchschlagen *n* *(Farbe)*
проступь *f* Auftritt *m*, Trittbrett *n*, Trittstufe *f*
просушивать [aus]trocknen
протактиний *m* *(Ch)* Protaktinium *n*, Pa
проталкивать durchstoßen, durchdrücken
протамин *m* *(Ch)* Protamin *n*
протаскивание *n* Durchziehen *n*, Durchschleppen *n*
протаскивать 1. schleppen, schleifen; 2. *(El)* einziehen *(z. B. Leitungsdraht in ein Isolierrohr)*; durchfädeln *(Leitung)*
протащить *s.* **протаскивать**
протеид *m* *(Ch)* Proteid *n*
протеин *m* *(Ch)* Protein *n*
протеинопласт *m* Protein[o]plast *m*, Proteinkunststoff *m*
протёк *m* *(Schw)* durchgelaufenes (erstarrtes) Schweißgut *n* *(Nahtfehler)*
протекание *n* 1. Vorbeifließen *n*, Vorbeiströmen *n*; 2. Durchfließen *n*; Lecken *n*, Laufen *n*
~/безнапорное *(Hydt)* staufreier Durchfluß *m*
~ жидкого металла *(Schw)* Durchschweißen *n*, Durchschmelzen *n*, Durchbrechen *n* *(Schweißgut)*
~ кривой *(Math)* Kurvenverlauf *m*
~ реакции *(Ch)* Reaktionsverlauf *m*
~ сварочной ванны *(Schw)* Durchlaufen *n* des Schweißgutes
~ тока *(El)* Stromdurchgang *m*, Stromdurchfluß *m*
протекать 1. vorbeifließen, vorbeiströmen; 2. durchfließen, durchsickern; 3. undicht sein, lecken, laufen
протекающий undicht, leck *(Gefäße)*
протектор *m* 1. Schutzeinrichtung *f*; 2. *(Kfz)* *s.* **~ покрышки**; 3. *(Bgb)* Protektor *m* *(Bohrgestängeschutz)*
~ покрышки *(Kfz)* Lauffläche *f*, Protektor *m* *(Bereifung)*
~ с рисунком *(Kfz)* Gleitschutzlauffläche *f*
~/съёмный *(Kfz)* auswechselbarer Laufbandring (Profilring) *m*
~/цинковый Zinkschutzanode *f*
протеолиз *m* Proteolyse *f*, Eiweißspaltung *f*
протерозой *m* *(Geol)* *s.* 1. **группа/протерозойская**; 2. **эра/протерозойская**
протечь *s.* **протекать**
противобаллон *m* *(Text)* Faden[schleier]-trenner *m*, Antiballonvorrichtung *f* *(Ringspinnmaschine)*
противовес *m* Gegengewicht *n*, Ausgleichsgewicht *n*; Spanngewicht *n*
~ грузового шкентеля *(Schiff)* Seilbirne *f*
~ квадранта Neigungsgewichtsstück *n*
противовключение *n* *(El)* Gegen[einander]schaltung *f*
противовоздушный *(Mil)* Luftabwehr ..., Flugabwehr ..., Luftschutz ...; Luftverteidigungs ...
противогаз *m* Gasmaske *f*, Gasschutzgerät *n*, Schutzmaske *f*
~/кислородный изолирующий Sauerstoff[schutz]gerät *n*, Kreislaufgerät *n*
~/общевойсковой Heeresgasmaske *f*
~ специального назначения Sondergasmaske *f*
~/учебный Übungsmaske *f*
~/фильтрующий Filtergasmaske *f*, Absorptionsgasmaske *f*
противогазовый *(Mil)* Gasschutz ...
противогнилостный fäulnishindernd
противодавление *n* Gegendruck *m*
~ [фильтрационной] воды *(Hydt)* Wasserauftrieb *m*
противодействие *n* *(Mech)* Gegenwirkung *f*, Rückwirkung *f*, Reaktion *f*
~/радиотехническое *(Mil)* funktechnische Gegenwirkung *f*
противодесантный *(Mil)* Landeabwehr ...; Landungsabwehr ...
противодиффузия *f* Gegendiffusion *f*
противоизлучение *n* *(Kern)* Gegenstrahlung *f*
противоион *m* *(Kern)* Gegenion *n*
противокомпаундирование *n* *(En)* Gegenkompoundierung *f*
противокоррозионный korrosionsschützend, antikorrosiv, Korrosionsschutz ...; rostschützend, Rostschutz ...
противолодочный U-Boot-Abwehr ...

противолуна f *(Astr)* Gegenmond m
противоместность f *(Fmt)* Rückhördämpfung f
противомодуляция f *(El)* Gegenmodulation f
противомягчитель m *(Gum)* Versteifer m
противонамагничивание n *(El)* Gegenmagnetisierung f
противообледенитель m Enteiser m
противоокислитель m *(Ch)* Antioxydationsmittel n, Antioxygen n, Antioxydans n
противоореольный *(Foto)* lichthoffrei
противоосколочный *(Mil)* splittersicher, Splitterschutz ...
противопожарный Feuerschutz ..., Brandschutz ..., Feuerlösch ...
противорадиолокационный Antiradar ..., Antifunkmeß ...
противоракета f Raketenabwehrrakete f
противоракетный Raketenabwehr ...
противореакция f *(Ph)* Gegenreaktion f
противоросник m *(Astr)* Taukappe f *(Teleskop)*
противосветостаритель m Lichtschutzmittel n, Alterungsschutzmittel n gegen Lichteinwirkung
противосвязь f *(El)* Gegenkopplung f, negative Rückkopplung f • **с катодной противосвязью** mit Katodengegenkopplung, katodengegengekoppelt • **с противосвязью** gegengekoppelt, mit Gegenkopplung, Gegenkopplungs ...
~/анодная Anodengegenkopplung f
противосияние n *(Astr)* Gegenschein m *(Zodiakallicht)*
противосовпадение n *(Ph)* Antikoinzidenz f
противосолнце n *(Astr)* Gegensonne f
противостаритель m Alterungsschutzmittel n
противостояние n *(Astr)* Opposition f, Gegenschein m *(Konstellation bei Elongation = 180°)*
противосуммерки pl *(Meteo)* Gegendämmerung f
противотактный Gegentakt ...
противотанковый *(Mil)* Panzerabwehr ...
противотечение n Gegenströmung f
противоток m *(Wmt)* Gegenstrom m *(Flüssigkeiten oder Gase in Wärmeaustauschsystemen)*
противоторпедный *(Mil)* Torpedoabwehr ...
противоточный im Gegenstrom [geführt], nach dem Gegenstromprinzip, Gegenstrom ...
противоугон m *(Eb)* Gleisklemme f, Wanderschutz m, Wanderschutzklemme f *(Vorrichtung zur Verhinderung des Schienenwanderns)*
~/болтовой Schraubenklemme f
~/клиновой Keilklemme f
противоутомитель m Ermüdungsschutzmittel n
противофаза f *(El)* Gegenphase f, Phasenopposition f • **в противофазе** gegenphasig, um 180° phasenverschoben
противофазность f *(El)* Gegenphasigkeit f, entgegengesetzte Phasenlage f
противофазный *(El)* gegenphasig, mit entgegengesetzter Phase
противоходный gegenläufig
противоэлемент m *(El)* Gegenzelle f *(Akkumulator)*
протий m *(Ch)* Protium n, leichter Wasserstoff m
протирка f Reinigungsstock m *(für Handfeuerwaffen)*
проткнуть s. **протыкать**
протогалактика f *(Astr)* Protogalaxis f, Urgalaxis f
протозвезда f *(Astr)* Protostern m, Urstern m
протоземля f *(Astr)* Protoerde f, Urerde f
проток m 1. *(Hydrol)* Seitenarm m, Nebenarm m *(eines Flusses)*; 2. *(Hydrol)* Verbindungsflußlauf m *(zwischen zwei Seen)*; 3. *(Bgb, Hydr)* Vorfluter m, Vorflut f; 4. *(Glas)* Durchlaß m *(Wannenofen)*
протокол m **ассемблера** *(Dat)* Assemblerprotokoll n
~ в системном журнале/сборный *(Dat)* Dauerkopie f
~ вывода *(Dat)* Ausgabeprotokoll n
~ изменений *(Dat)* Änderungsprotokoll n
~ отладки программы *(Dat)* Programmprotokoll n
~ ошибок *(Dat)* Fehlerprotokoll n
~ проверки Prüfprotokoll n
~ трансляции *(Dat)* Übersetzungsprotokoll n
протокристаллизация f *(Geol)* Erstkristallisation f, Frühkristallisation f
протолкнуть s. **проталкивать**
протон m *(Kern)* Proton n
~ большой энергии energiereiches Proton n
~/вторичный sekundäres Proton n
~ малой энергии energiearmes Proton n
~/налетающий einfallendes Proton n
~ отдачи Rückstoßproton n
~ распада Zerfallsproton n
~/резонансный Resonanzproton n
~/ядерный Kernproton n
протопирамида f Protopyramide f
протопланета f *(Astr)* Protoplanet m, Urplanet m *(Kosmogonie)*
протопневматолиз m s. **автопневматолиз**
протосолнце n *(Astr)* Ursonne f *(Kosmogonie)*
протоспутник m *(Astr)* Urmond m, Protomond m *(Kosmogonie)*

прототип *m* Prototyp *m*, Urtyp *m*
~ лимба Mutterteilkreis *m*
~ метра Meterprototyp *m*
~ поверхности Oberflächenprototyp *m*
проточка *f* **резьбы** *(Masch)* Gewinderille *f*
протрава *f* 1. Beizen *n (z. B. Holz)*; Ätzen *n*, Einätzen *n (z. B. Verzierungen in Metalle) (s. a. unter* **протравливание***)*; 2. Beize *f*, Beizmittel *n*; Ätzmittel *n*; 3. *(Lw) s.* **протравитель**
~/алюминиевая Tonerdebeize *f*
~/масляная Ölbeize *f*
~/оловянная Zinnbeize *f*, Pinksalz *n (Ammoniumchlorostannat)*
протравитель *m* 1. Saat[gut]beizmittel *n*, Saatgutbeize *f*; 2. *s.* **протравливатель**
~/ртутный Quecksilberbeize *f*
протравить *s.* **протравливать**
протравка *f s.* **протравливание**
протравление *n s.* **протравливание**
протравливание *n* Beizen *n*, Beizung *f*, Beize *f*; Ätzen *n*, Ätzung *f*
~/влажное *(Lw)* Naßbeize *f*, Naßbeizung *f*, Feuchtbeizung *f*; Tauchbeize *f*
~/влажное термическое *(Lw)* Heißwasserbeize *f*
~/медное *(Glas)* Kupferbeizen *n*, Rotbeizen *n*
~/мокрое *(Lw)* Naßbeizung *f*
~/полусухое *(Lw)* Benetzungsbeize *f*, Benetzungsbeizung *f*, Kurznaßbeizung *f*
~ семян *(Lw)* Saatgutbeizung *f*
~/серебряное *(Glas)* Silberbeizen *n*, Gelbbeizen *n*
~/сухое *(Lw)* Trockenbeizung *f*
~/термическое *(Lw)* Heißnaßbeizung *f*, Heißwasserbeizung *f*
протравливатель *m (Lw)* Beizapparat *m*, Beizer *m*, Beiztrommel *f (Saatgutbeizung)*
~ для влажного протравливания Feuchtbeizapparat *m*
~ для полусухого протравливания Kurznaßbeizer *m*
~ для сухого протравливания Trockenbeizapparat *m*
~ непрерывного действия Beizapparat *m* für kontinuierliche (fortlaufende) Beschickung *(mit Beizgut)*
~ периодического действия *s.* **~/сухой порционный**
~/сухой порционный Trockenbeizapparat *m* für portionsweise Beschickung *(mit Beizgut)*
~/универсальный Universalbeizapparat *m (Gerät für Trocken-, Kurznaß- und Feuchtbeizung)*
протравливать ätzen, einätzen *(z. B. Verzierungen in Metalle)*
~ семена *(Lw)* Saatgut beizen
протравлять *s.* **протравливать**
протрактор *m (Schiff)* Doppelwinkelmesser *m*
протуберанец *m (Astr)* Protuberanz *f*
~/активный aktive Protuberanz *f*
~/восходящий aufsteigende Protuberanz *f*
~/высокоширотный Protuberanz *f* in hoher Breite
~/долгоживущий langlebige Protuberanz *f*
~/корональный koronale Protuberanz *f*
~/короткоживущий kurzlebige Protuberanz *f*
~/низкоширотный Protuberanz *f* in niedriger Breite
~/облачнообразный *s.* **~/спокойный**
~/спокойный Protuberanz *f* in ruhigem (stationärem) Zustand
~ типа солнечных пятен Fleckenprotuberanz *f*
~/эруптивный eruptive Protuberanz *f*
протуберанец-спектроскоп *m (Astr)* Protuberanzenspektroskop *n*
протыкать durchstechen
протягивание *n* 1. *(Met)* Ziehen *n*; Recken *n*, Strecken *n*; 2. *(Fert)* Ziehräumen *n*
~ бумажной ленты *(Dat)* Papier[band]-vorschub *m*
~ в горячем состоянии Warmziehen *n*
~ в холодном состоянии Kaltziehen *n*
~/вертикальное Senkrechträumen *n*
~/внутреннее Innenräumen *n*
~/горизонтальное Waagerechträumen *n*
~ кабеля Kabel[ver]legung *f (bei Erdkabeln)*; Einziehen *n* des Kabels *(bei Röhrenkabeln)*
~ красящей ленты *(Dat)* Farbbandtransport *m*
~/наружное Außenräumen *n*
~/черновое Schruppräumen *n*
~/чистовое Schlichträumen *n*
протягивать 1. durchziehen, ziehen; 2. *(Fert)* räumen *(beim Ziehräumen)*
~ кабель в канализации *(El)* ein Kabel einziehen
протяжение *n* 1. Ausdehnung *f*, Erstreckung *f*, Weite *f*, Strecke *f*; Länge *f*, Entfernung *f*; 2. Zeitspanne *f*, Zeitraum *m*
протяжённость *f* Länge *f*, Ausdehnung *f*
протяжка *f* 1. Ziehen *n*, Zug *m (Ziehpresse)*; 2. *(Schm)* Recken *n*, Strecken *n*, Reckung *f*, Streckung *f*; 3. Räumnadel *f*, Innenziehräumwerkzeug *n*
~/винтовая многошпоночная *s.* **~/круглая винтовая**
~/выглаживающая Glättnadel *f*
~ для наружного протягивания/твердосплавная hartmetallbestücktes Außenräumwerkzeug *n*
~/калибрующая Kalibriernadel *f*
~/квадратная Vierkanträumnadel *f*
~/круглая Rundräumnadel *f*

~/**круглая винтовая** Spiralräumnadel *f*
~ **ленты** *(Dat)* Bandvorschub *m*
~/**многошпоночная** *s.* ~/**шлицевая**
~ **модели** *(Gieß)* Modellziehen *n*
~/**наружная** Außenräumwerkzeug *n*
~/**одношпоночная** *s.* ~/**шпоночная**
~ **переменного резания/круглая** Rundräumnadel *f* mit Überlappstaffelung
~ **прогрессивного резания/круглая** Rundräumnadel *f* mit Rundschneidstaffelung
~ **профилей** Profilziehen *n*; Profilzug *m*
~ **с регулируемой калибрующей частью** Räumnadel *f* mit einstellbarem Kalibrierteil
~/**сборная** zusammengesetztes (gebautes) Räumwerkzeug *n*, zusammengesetzte (gebaute) Räumnadel *f*
~ **со спиральными зубьями** *s.* ~/**круглая винтовая**
~ **со съёмной калибрующей частью** Räumnadel *f* mit abnehmbarem (aufsteckbarem) Kalibrierteil
~/**составная** *s.* ~/**сборная**
~/**твердосплавная** hartmetallbestückte Räumnadel *f*
~ **труб** Rohrziehen *n*, nahtloses Ziehen *n* von Rohren
~/**уплотняющая** *s.* ~/**выглаживающая**
~/**цельная** einteiliges Räumwerkzeug *n*, einteilige Räumnadel *f*
~ **цельной конструкции** *s.* ~/**цельная**
~/**черновая** Schruppräumwerkzeug *n*
~/**чистовая** Schlichträumwerkzeug *n*
~/**шестигранная** Sechskanträumnadel *f*
~/**шлицевая** Vielnut-Innenräumnadel *f*, Keilnabenräumnadel *f*
~/**шпоночная** Keilnutenräumnadel *f*
протянуть *s.* **протягивать**
проушина *f* Auge *n*, Öse *f*
~ **крюка** Hakenöse *f*
профилактика *f* *(Dat)* vorbeugende Wartung *f*
профилакторий *m* prophylaktisches Betriebssanatorium *n* *(zur mehrtägigen Behandlung der Arbeiter ohne Berufsunterbrechung während der Freischichten)*
~/**дневной** prophylaktisches Tagessanatorium *n* *(für die Spätschichtarbeiter)*
~/**ночной** prophylaktisches Nachtsanatorium *n* *(für die Frühschichtarbeiter)*
профилирование *n* Profilieren *n*, Profilierung *f*
~ **боковой поверхности зуба** Profilierung *f* der Zahnflanke
~ **впадины зубьев** *(Fert)* Lückenprofilierung *f* *(Zahnradbearbeitung)*
~/**предварительное (черновое)** *(Wlz)* Vorprofilieren *n*, Vorprofilierung *f*
профилировать profilieren
профилировка *f* *s.* **профилирование**
профилограмма *f* Profilogramm *n*, Profildiagramm *n*; *(Fert)* Profilkurve *f*, Profilbild *n* *(Oberflächen eines bearbeiteten Werkstücks)*
профилограф *m* 1. Profilograf *m*, Profilschreiber *m*, Oberflächenschreiber *m*; 2. *(Bgb)* Kalibermeßgerät *n* *(Bohrlochgeophysik)*; 3. *(Fert)* Profiltast-Schnittgerät *n* *(Feststellung der Oberflächengüte bearbeiteter Werkstückflächen)*
~/**акустический** *(Hydrol)* Echolot-Profilschreiber *m*
~/**гидрометрический** *(Hydrol)* Profilschreiber *m* *(Feststellung des Bodenprofils von Gewässern)*
~/**гидростатический** *(Hydrol)* hydrostatischer Profilschreiber *m*
~/**железнодорожный** *(Eb)* Schienenkopfmesser *m* *(Profilprüfung neuer Schienen und Feststellung des Schienenverschleißes)*
~/**контактный щуповый** Tastschnittgerät *n*
профилометр *m* 1. Profilometer *n*; *(Fert)* Oberflächenmeßgerät *n* *(Bestimmung der Rauhtiefe, der Glättungstiefe und anderer Kenngrößen bearbeiteter Werkstückoberflächen)*; 2. *(Eb)* Schienenkopfmesser *m*
профиль *m* 1. Profil *n*, Schnitt *m*, Längsschnitt *m*; Form *f*; Fasson *f*; 2. Aufriß *m*, Seitenansicht *f*
~/**базовый** Bezugsprofil *n* *(bei der Rauheitsmessung)*
~ **балластного слоя** *(Eb)* Bettungprofil *n*
~ **бандажа** *(Eb)* Radreifenprofil *n*
~ **введённых примесей** Dotierungsprofil *n* *(Halbleiter)*
~ **ветра** Windgeschwindigkeitsprofil *n*
~ **волны** Wellenprofil *n*, Wellenkontur *f*
~ **габарита** *(Eb)* Umgrenzungsprofil *n*
~/**геологический** geologisches Profil *n*
~/**геометрический** geometrisches Profil *n*
~ **головки зуба** *(Masch)* Kopfflanke *f* *(Zahnrad)*
~/**горячекатаный** warmgewalzter Profilstahl *m*
~ **гребня [волны]** Kammprofil *n* *(Wasserwelle)*
~/**двояковыпуклый** s. ~/**чечевицеобразный**
~/**двутавровый** *(Met)* I-Profil *n*, Doppel-T-Profil *n*
~/**действительный** Istprofil *n*
~ **допирования** Dotierungsprofil *n* *(Halbleiter)*
~ **дороги** Straßenprofil *n*
~ **Жуковского** *(Aero)* Joukowski-Profil *n*, Joukowskisches Flügelprofil *n*
~/**зетовый** *(Met)* Z-Profil *n*
~ **зуба** *(Masch)* Zahnflanke *f*; Zahnprofil *n*, Zahnform *f* *(Zahnrad)*

~ **зуба/левый** Linksflanke *f (Zahnrad)*
~ **зуба/правый** Rechtsflanke *f (Zahnrad)*
~ **зуба/эвольвентный** *(Masch)* Evolventenzahnprofil *n (Zahnrad)*
~/**измеренный** gemessenes Profil *n*
~ **калибра** *(Wlz)* Kaliberform *f*, Kaliberprofil *n*
~/**квадратный** *(Met)* Vierkantprofil *n*
~/**классический** *(Flg)* klassisches Profil *n*
~ **клина** Keilprofil *n*
~/**клиновидный** *(Flg)* keilförmiges Profil *n (Überschallflugkörper)*
~/**круглый** *(Met, Wlz)* Rundprofil *n*
~/**круговой** Kreisprofil *n*; Kreisform *f*
~ **крыла** *(Flg)* Tragflügelprofil *n (Tragfläche)*
~ **крыла/выпукло-выгнутый** unsymmetrisch konkaves Profil *n*
~ **крыла/выпуклый** konvexes Profil *n*
~ **крыла/двояковыпуклый несимметричный** unsymmetrisch [bi]konvexes Profil *n*
~ **крыла/двояковыпуклый симметричный** symmetrisch [bi]konvexes Profil *n (z. B. linsenförmiges Profil)*
~ **крыла/плоско-выпуклый** plankonvexes Profil *n*
~ **крыла/ромбовидный** *(Flg)* rhombisches Profil *n (bei Überschallgeschwindigkeit)*
~ **крыла/симметричный** symmetrisches Profil *n*
~/**ламинаризованный** Laminar[strömungs]profil *n (Überschallflugkörper)*
~ **ламинарного пограничного слоя/скоростной** *(Aero)* laminares Geschwindigkeitsprofil *n*
~/**ламинарный** Laminar[strömungs]profil *n (Überschallflugkörper)*
~/**левый** Linksflanke *f*
~/**линзообразный** *s.* ~/**чечевицеобразный**
~ **металла** *s.* ~/**прокатный**
~ **ножки зуба** *(Masch)* Fußflanke *f (Zahnrad)*
~/**овальный** Eiprofil *n*
~ **отпечатки** Profil *n* des Eindruckes *(Härtemessung)*
~ **покрышки** *(Kfz)* Reifenquerschnitt *m*
~/**полособульбовый** Flachwulstprofil *n*
~/**полосовый** *(Wlz)* Flachprofil *n (einschließlich Brammen und Platinen)*
~/**поперечный** Querprofil *n*
~/**почвенный** Bodenprofil *n*
~/**правый** Rechtsflanke *f*
~/**прилегающий** angrenzendes Profil *n*
~/**примесный** Dotierungsprofil *n (Halbleiter)*
~ **примесных дефектов** Störstellenprofil *n (Halbleiter)*
~/**продольный** Längsprofil *n*
~ **производящей** *(Masch)* Bezugsprofil *n (Zahnstange)*
~/**прокатный** Walzprofil *n*
~ **простой геометрической формы** Walzprofil *n* mit einfachem geometrischen Querschnitt *(Oberbegriff für Vierkant-, Rund-, Sechskant- und Flachprofile)*
~ **пути/продольный** *(Eb)* Streckenprofil *n*
~ **равновесия реки** *(Hydrol)* Gleichgewichtsprofil *n*
~/**реальный** wirkliches Profil *n*, Istprofil *n*
~ **резьбы** Gewindeprofil *n*
~ **ручья** *(Wlz)* Kaliberform *f*, Kaliberprofil *n*
~/**сверхзвуковой** *(Flg)* Profil *n* für Überschallgeschwindigkeit *(linsenförmiges und rhombisches Profil)*
~ **скорости** *(Aero)* Geschwindigkeitsprofil *n (Grenzschicht)*
~/**скоростной** *s.* ~ **скорости**
~/**сложный** *(Met)* Formprofil *n (s. a.* ~/**фасонный***)*
~ **сортовой стали** *(Wlz)* Formstahlprofil *n*
~/**тавровый** *(Wlz)* T-Profil *n*
~ **температур** Temperaturprofil *n*
~ **травления/ступенчатый** *(Typ)* abgestuftes Ätzprofil *n*
~/**трёхгранный** *(Wlz)* Dreikantprofil *n*
~ **турбулентного пограничного слоя/скоростной** *(Aero)* turbulentes Geschwindigkeitsprofil *n*
~/**угловой** *(Wlz)* Winkelprofil *n*, L-Profil *n*
~/**удобообтекаемый** *(Aero)* Stromlinienprofil *n*
~ **фасонной стали** Formstahlprofil *n*
~/**фасонный** *(Met)* Formprofil *n*, Spezialprofil *n*, Sonderprofil *n (Oberbegriff für T-, I-, U-, L-, Z-, Spundwand- und Schienen-Profile und andere kompliziertere Formen von Walzprofilen)*
~ **фюзеляжа** *(Flg)* Rumpfquerschnitt *m*
~/**черновой** *(Wlz)* Vorprofil *n*
~/**чечевицеобразный** *(Flg)* linsenförmiges Profil *n*, bikonvexes Profil *n (symmetrisches Profil für Überschallgeschwindigkeit)*
~/**чистовой** *(Wlz)* Schlichtprofil *n*, Polierprofil *n*, Glättprofil *n*; Fertigprofil *n*
~/**швеллерный** *(Wlz)* U-Profil *n*
~/**шестигранный** *(Wlz)* Sechskantprofil *n*
~ **шины** *(Kfz)* Reifenprofil *n*, Laufflächenprofil *n*
~/**шпунтовый** *(Met)* Spundwandprofil *n*
профильтровать *s.* **профильтровывать**
профильтровывать durchfiltern; mehrmals filtern
проход *m* 1. Gang *m*, Durchgang *m*, Durchgangsöffnung *f*; 2. Innenweite *f*, lichte Weite *f*; 3. *(Schiff)* Passage *f*, Durchfahrt *f*; 4. *(Wlz)* Durchgang *m*, Stich *m*, Walzstich *m*; 5. Stich *m (Ofengewölbe)*; 6. Durchfall *m*, Siebdurchfall *m*; Unterkorn *n (körniges Gut)*

~/**безопасный** Sicherheitszwischenraum *m*
~ **вагона/боковой** *(Eb)* Seitengang *m*
~/**вспомогательный** Nebengang *m*
~/**вытяжной** *(Wlz)* Streckstich *m*
~/**дрессировочный** *(Wlz)* Nachwalzstich *m*
~/**единичный** *(Wlz)* Einzelstich *m*
~/**отделочный** *(Wlz)* Schlichtstich *m*, Polierstich *m*, Glättstich *m*; Fertigstich *m*
~/**отдельный** *(Wlz)* Einzelstich *m*
~/**первый** *(Wlz)* Anstich *m*
~/**предотделочный** *(Wlz)* Vorschlichtstich *m*, Vorpolierstich *m*, Vorglättstich *m*
~ **программы** *(Dat)* Programmdurchlauf *m*
~/**продольный** *(Wlz)* Längsstich *m*
~ **проката** *(Wlz)* Stich *m*
~/**ребровый** *(Wlz)* Stauchstich *m*, Hochkantstich *m*, Kantstich *m*
~ **резца** *(Fert)* Schnitt *m* *(beim Drehen, Hobeln usw.)*
~ **резца/черновой** *(Fert)* Schruppschnitt *m*
~ **резца/чистовой** *(Fert)* Schlichtschnitt *m*, Feinschnitt *m*
~/**ручьевой** *(Wlz)* Kaliberstich *m*, Formstich *m*
~/**северо-восточный** *s.* **путь/северный морской**
~/**сквозной** *(Eb)* Durchfahrt *f*
~ **сквозь стену** *(El)* Mauerdurchführung *f*
~ **тока через нуль** *(El)* Stromnulldurchgang *m*
~ **трубы/условный** Nennweite *f*, lichte Weite *f* *(Rohr)*
~/**фасонный** *(Wlz)* Kaliberstich *m*, Formstich *m*
~ **через калибр** *(Wlz)* Kaliberstich *m*, Formstich *m*
~/**черновой** *(Wlz)* Vor[walz]stich *m*, Rohgang *m*
~/**чистовой** *s.* ~/**отделочный**

проходимость *f* 1. Gangbarkeit *f*, Passierbarkeit *f*; 2. *(Kfz)* Geländegängigkeit *f*

проходить 1. durchgehen, passieren; 2. durchlaufen, zurücklegen *(einen Weg)*; 3. aufhören, vergehen; 4. verstreichen, vergehen *(Zeit)*; 5. *(Bgb)* niederbringen, durchteufen, abteufen *(Schacht)*; vortreiben, auffahren, durchfahren, durchörtern *(Strecke)*
~ **выработку** *(Bgb)* auffahren, vortreiben
~ **выработку сверху вниз** im Fallen auffahren
~ **выработку снизу вверх** im Steigen auffahren, überbrechen
~ **обходную выработку** *(Bgb)* umbrechen
~ **одновременно** *(Bgb)* mitnehmen
~ **одну выработку под другой** *(Bgb)* unterfahren, unterteufen
~ **скважину** *(Bgb)* ein Bohrloch niederbringen (abteufen)
~ **ствол** *(Bgb)* einen Schacht abteufen
~ **стрелку** *(Eb)* eine Weiche befahren

проходка *f* *(Bgb)* 1. Abteufen *n* *(Schächte)*, Abteufarbeit *f*, Abteufbetrieb *m*; 2. Vortreiben *n*, Vortrieb *m*, Auffahren *n* *(Strecken; s. a. unter* **проведение** *4.)*; 3. Niederbringung *f* *(Bohrungen)*; Bohrmarsch *m*, Bohrstrecke *f*
~ **вертикальных стволов** Abteufen *n* seigerer Schächte
~ **встречными забоями** Auffahren *n* im Gegenortbetrieb
~ **выработок** Auffahren *n* von Grubenbauen
~ **двумя забоями** Auffahren *n* mit Begleitort, Begleitortbetrieb *m*
~ **под опёртым сводом** *(Bw)* Unterfangungsvortrieb *m*, belgische Tunnelbauweise *f*
~ **полным профилем** *(Bw)* Vortrieb *m* in Vollausbruch, englische Tunnelbauweise *f*
~ **с замораживанием** Abteufen *n* im Gefrierverfahren, Gefrierverfahren *n*, Gefrierschachtbau *m*
~ **с оборудованием на рельсовом ходу** gleisgebundener Vortrieb *m*
~ **с опорным ядром** *(Bw)* Kernbauweise *f*, deutsche Tunnelbauweise *f*
~ **с тампонированием** Abteufen *n* im Versteinungsverfahren, Versteinung *f*
~ **сверху вниз** Auffahrung *f* im Fallen
~ **скважины** Niederbringung *f* einer Bohrung
~/**скоростная** Schnellauffahren *n*, Schnellvortrieb *m*
~ **снизу вверх** Auffahrung *f* im Steigen, Hochbrechen *n*
~ **ствола бурением** Schachtabbohren *n*
~ **ствола шахты** Schachtabteufung *f*, Schachtabteufen *n*
~ **туннеля** *(Bw)* Tunnelvortrieb *m*
~ **узким забоем** Schmalauffahren *n*
~ **уступным забоем** *(Bw)* Strossenvortrieb *m*, österreichische Tunnelbauweise *f*
~ **широким забоем** Breitauffahren *n*
~ **штольни** Auffahren *n* eines Stollens, Stollenbetrieb *m*, Stollenvortrieb *m*
~ **штрека** Auffahren *n* einer Strecke, Streckenvortrieb *m*, Streckenbetrieb *m*
~/**щитовая** Schildvortrieb *m*
~ **этажного штрека** Sohlenauffahrung *f*

проходческий *(Bgb)* Abteuf ..., Vortriebs ...

прохождение *n* 1. Durchgehen *n*, Durchgang *m*, Passieren *n*; 2. Durchlaufen *n*; Zurücklegen *n* *(einen Weg)*; 3. Vorbeigehen *n*; Verstreichen *n*, Vergehen *n* *(Zeit)*; 4. Durchgang *m*, Durchlauf *m* *(z. B. des Möllers durch den Hochofen)*; 5. *s. unter* **проходка**

~ заряда *(Eln)* Ladungsdurchtritt *m*, Ladungsdurchgang *m*
~ звука *(Ak)* Schalldurchgang *m*
~ импульсов Impulsdurchgang *m*
~ нейтронов *(Kern)* Neutronendurchgang *m*
~ облачной системы *(Meteo)* Vorbeizug *m* eines Wolkensystems
~ планет по диску Солнца *(Astr)* Durchgang *m* *(Vorübergang der Planeten Merkur und Venus vor der Sonnenscheibe)*
~ поезда без остановки *(Eb)* Durchfahrt *f*
~ программы/однократное *(Dat)* Lauf *m*, Durchlauf *m* *(Programm)*
~ фронта *(Meteo)* Frontdurchgang *m*, Frontpassage *f*
~ циклона *(Meteo)* Vorbeizug *m* einer Zyklone
~ частицы через потенциальный барьер *(Kern)* Durchgang *m* eines Teilchens durch eine Potentialschwelle, Durchtunnelung *f* des Potentialwalls
~ через меридиан *(Astr)* Durchgang *m* durch den Meridian *(Überschreiten des Meridians während der täglichen Bewegung eines Gestirns)*
~ через нуль (нулевое значение) *(El)* Nulldurchgang *m*
~ через перигелий *(Astr)* Durchgang *m* durch das Perihel *(Bewegung eines Himmelskörpers um die Sonne durch das Perihel)*
~ через щель *(Kern)* Spaltdurchtritt *m*
процедура *f* *(Dat)* Prozedur *f*, Verfahren *n*
~ анализа ошибок Fehlerprozedur *f*, Fehlerverfahren *n*
~ ввода Eingabeprozedur *f*, Eingangsprozedur *f*
~ ввода-вывода Eingabe-Ausgabe-Prozedur *f*
~ восстановления после ошибок Fehlernachprozedur *f*
~/встроенная Einfügungsprozedur *f*, Software-Prozedur *f*
~ входа Eingangsprozedur *f*
~/вызванная aufgerufene Prozedur *f*
~/вызывающая aufrufende Prozedur *f*
~/вычислительная Rechnerverfahren *n*
~ измерений Meßvorgang *m*
~ исправления Verbesserungsverfahren *n*
~/каталогизированная katalogisierte Prozedur *f*
~ над строками (строковыми данными) Zeilenprozedur *f*
~ обработки ошибок Fehlerprozedur *f*, Fehlerverfahren *n*
~ оптимизации Optimierungsverfahren *n*
~/основная Hauptprozedur *f*
~ повторного запуска Wiederanlaufverfahren *n*
~/рекурсивная rekursive Prozedur *f*
~ рестарта Wiederanlaufverfahren *n*
процедура-подпрограмма *f* *(Dat)* Prozedurunterprogramm *n*
процедура-функция *f* *(Dat)* Funktionsprozedur *f*
процедурно-ориентированный *(Dat)* verfahrensorientiert; verfahrensabhängig *(Sprache)*
процеживание *n* 1. Seihen *n*, Durchseihen *n*, Kolieren *n*; 2. Abläutern *n*, Abläuterung *f*
процеживать [durch]seihen, kolieren
процент *m* 1. Prozent *n*, Prozentsatz *m*; 2. Anteil *m*, Quote *f*, Satz *m*; Grad *m*
~ армирования *(Bw)* Bewehrungsanteil *m*, Bewehrungsverhältnis *n*
~ брака Ausschußquote *f*
~/весовой Masseprozent *n*
~ застройки Bebauungsverhältnis *n*, Bebauungsquote *f*
~/мольный Molprozent *n* *(Konzentrationsmaß)*
~/объёмный Volum[en]prozent *n*
~ по весу Masseprozent *n*
~ попаданий *(Mil)* Treffersatz *m*
процентил *m* Perzentil *n*, Prozentil *n*
процесс *m* 1. Prozeß *m*, Vorgang *m*; Zustandsverlauf *m*; 2. Verfahren *n* *(s. a. unter* **способ***)*; 3. *(Therm) s.* **~/термодинамический**
~/агломерационный *s.* **агломерация**
~ адаптации Adaptationsvorgang *m*
~/адаптивный *(Kyb)* adaptiver Prozeß *m*, selbstanpassender Prozeß *m*
~/адиабатический (адиабатный) *(Therm)* adiabatischer Prozeß *m*, adiabatische Zustandsänderung *f*
~ азотизации стали *(Härt)* Nitrierhärteverfahren *n* *(Stahl)*
~/альдольный *(Ch)* Aldolverfahren *n* *(Butadienherstellung)*
~/аммиачно-содовый *(Ch)* Ammoniak-Soda-Verfahren *n*, Solvay-Verfahren *n*
~/анодный Anodenprozeß *m*, Anodenvorgang *m*; elektrochemisches Verfahren *n*, Anodenverfahren *n* *(Elektrometallurgie)*
~/апериодический переходный *(El)* aperiodischer Ausgleichvorgang *m*
~ без последействия *s.* **~/марковский**
~/бездоменный *(Met)* Erzfrischen *n*, Erzfrischverfahren *n*
~/бессемеровский *(Met)* saures Windfrischen *n*, Bessemerverfahren *n*, Bessemerprozeß *m*, saures Blasstahlverfahren *n*
~ брожения Gärungsprozeß *m*
~/быстропротекающий schnellverlaufender Prozeß *m*
~ в кипящем слое Fließbettverfahren *n*, Wirbelschichtverfahren *n*, Staubfließverfahren *n*

~ **в псевдоожиженном слое** *s.* ~ **в кипящем слое**
~/**ваграночный** *(Gieß)* Kupolofen[schmelz]verfahren *n*, Kupolofenschmelzprozeß *m*
~ **варки** Kochprozeß *m* *(s. a.* ~/**варочный)**
~/**варочный** Sudprozeß *m*, Sudhausarbeit *f*; *(Pap)* Aufschlußverfahren *n*
~/**вероятностный** *s.* ~/**стохастический**
~/**ветвящийся** *(Kyb)* Verzweigungsprozeß *m*
~ **включения** *(El)* Einschaltvorgang *m*
~/**волновой** *(El)* Wellenvorgang *m*
~ **волочения** *(Met)* Ziehvorgang *m*
~/**восстановительный** Reduktionsprozeß *m*
~ **впрыска** *(Wmt)* Einspritzvorgang *m*
~/**вспомогательный** Hilfsprozeß *m*
~ **выбивания** *(Kern)* Anstoßprozeß *m*
~ **выборки** *(Dat)* Stichprobenauswahl *f*
~ **выветривания** *(Geol)* Verwitterungsbildung *f* *(Mineralbildung)*
~ **выплавки** Schmelzen *n*, Schmelzvorgang *m*
~ **выплавки металла** Verhüttungsvorgang *m*, Verhüttungsablauf *m*, Verhüttungsprozeß *m*
~ **вычислений** *(Dat)* Rechenprozeß *m*, Rechenvorgang *m*
~/**газотурбинный** *(Wmt)* Gasturbinenverfahren *n*, Gasturbinenprozeß *m*
~ **генерации** *(Eln)* Generationsprozeß *m*
~/**гидрометаллургический** naßmetallurgisches (hydrometallurgisches) Verfahren *n*
~/**гидротермальный** *(Geol)* hydrothermale Bildung *f* *(Mineralbildung)*
~ **гниения** Fäulnisvorgang *m*
~ **горения** Verbrennungsprozeß *m*, Verbrennungsvorgang *m*
~/**двухстадийный (двухступенчатый)** Zweistufenprozeß *m*, Zweistufenverfahren *n*
~ **деления/нерегулируемый** *(Kern)* ungeregelte Spaltung *f*
~ **деления/регулируемый** *(Kern)* geregelte Spaltung *f*
~/**дефекосатурационный** Scheidesaturation *f* *(Zuckergewinnung)*
~ **Дизеля** *(Wmt)* Dieselscher Kreisprozeß *m*, Diesel-Prozeß *m*
~ **дисперсионного твердения** *(Met)* Veredlungsverfahren *n* *(Aluminiumlegierungen)*
~/**доменный** Hochofenverfahren *n*, Hochofenprozeß *m*
~ **зажигания** Zündvorgang *m*
~/**замкнутый круговой** geschlossener (vollständiger) Kreisprozeß *m*
~/**замкнутый рабочий** *(Therm)* geschlossener Arbeitsprozeß *m*
~ **запуска [реактора]** *(Kern)* Anfahrmethode *f*
~/**зарядно-разрядный** *(El)* Lade-Entlade-Vorgang *m*
~ **затирания** *s.* ~/**заторный**
~/**заторный** Maischverfahren *n*
~/**затухающий** *(El)* Abklingvorgang *m*, Ausschwingvorgang *m*
~ **захвата** *(Kern)* Anlagerungsprozeß *m*, Einfangprozeß *m*, Kerneinfang *m*
~ **измерения** Meßvorgang *m*
~/**изобарический (изобарный)** *(Therm)* isobare Zustandsänderung *f*
~/**изопиетический** *s.* ~/**изобарический**
~/**изопикнический** *s.* ~/**изохорический**
~/**изоплерический** *s.* ~/**изохорический**
~/**изостерический** *s.* ~/**изохорический**
~/**изотермический** *(Therm)* isotherme Zustandsänderung *f*
~/**изохорический (изохорный)** *(Therm)* isochore Zustandsänderung *f*, isochorer Prozeß *m*
~/**изоэнтальпийный** *(Therm)* isenthalpische Zustandsänderung *f*
~/**изоэнтропийный** *(Therm)* isentropische Zustandsänderung *f*
~/**изэнтальпический** *(Therm)* isenthalpische Zustandsänderung *f*
~/**изэнтропический** *(Therm)* isentropische Zustandsänderung *f*
~ **инжекции** *(Kern)* Einschießvorgang *m*
~/**интерполяционный** *(Math)* Interpolationsprozeß *m*
~/**итерационный** *(Dat)* Iterationsprozeß *m*
~/**камерный** *(Ch)* Bleikammerverfahren *n* *(Schwefelsäureherstellung)*
~/**кислый** *(Met)* saures Verfahren *n*
~/**кислый мартеновский** saures Siemens-Martin-Verfahren (SM-Verfahren) *n*
~ **коксования** Kokereiprozeß *m*
~/**колебательный** *(El)* Schwing[ungs]vorgang *m*
~/**комбинированный** *(Met)* Mehrfachprozeß *m*, Mehrfachverfahren *n* *(Duplex und Triplex)*
~ **коммутации** *(El)* Kommutierungsvorgang *m*, Stromwendevorgang *m*; Schaltvorgang *m*
~/**коммутационный** *s.* ~ **коммутации**
~/**конвертерный** *(Met)* Konverter[frisch]-verfahren *n*, Konverterprozeß *m*, Windfrischen *n*, Windfrischverfahren *n* *(Bessemer- oder Thomasverfahren)*
~/**контактный** *(Ch)* 1. Kontaktkatalyse *f*, heterogene Katalyse *f*, Oberflächenkatalyse *f*; 2. Kontakt[schwefelsäure]verfahren *n*
~/**круговой** *(Therm)* Kreisprozeß *m*
~/**крупнозаводской** technischer Großprozeß *m*, großtechnisches Verfahren *n*

~ **Лебедева/одноступенчатый** *(Ch)* Einstufen-Lebedew-Verfahren *n* *(Butadienherstellung)*
~/**магматический** *(Geol)* liquidmagmatische Bildung *f* *(Mineralbildung)*
~/**марковский** *(Math)* Markowscher Prozeß *m*, Prozeß *m* ohne Nachwirkung *(Wahrscheinlichkeitstheorie)*
~/**мартеновский** *(Met)* Siemens-Martin-Verfahren *n*, SM-Verfahren *n*, Siemens-Martin-Prozeß *m*, SM-Prozeß *m*, Herdfrischverfahren *n*, Herdofenverfahren *n*, Herdofenprozeß *m*
~/**массообменный** *(Ch)* Stoffaustauschprozeß *m*
~/**медленнопротекающий** langsam verlaufender Prozeß *m*
~/**металлургический** metallurgischer Vorgang (Prozeß) *m*, Verhüttungsvorgang *m*, Verhüttungsprozeß *m*, Verhüttung *f*, Hüttenprozeß *m*
~ **минералообразования/экзогенный** *(Geol)* exogener Prozeß *m* *(Mineralbildung)*
~ **минералообразования/эндогенный** *(Geol)* endogener Prozeß *m* *(Mineralbildung)*
~ **нарастания колебания** *(El)* Aufschaukelvorgang *m*
~/**негативный** *(Foto)* Negativprozeß *m*, Negativverfahren *n*, Negativtechnik *f*
~/**нейтрально-сульфитный** *(Pap)* Neutralsulfitverfahren *n*, alkalisches Sulfitverfahren *n*
~/**необратимый** *(Therm)* irreversibler (nichtstatischer) Prozeß *m*
~/**непрерывный** kontinuierliches Verfahren *n*, Fließverfahren *n*
~/**нестабильный** 1. nichtstabiler Prozeß *m*; 2. nichtbeherrschter Fertigungsprozeß *m*, nichtbeherrschte Fertigung *f*
~/**нестатический** *s.* ~/**необратимый**
~/**нестационарный** *(El)* nichtstationärer Vorgang *m*
~/**неустановившийся** *(El)* Ausgleich[s]-vorgang *m*
~/**нитрозный** *(Ch)* Stickoxidverfahren *n*, Nitroseverfahren *n* *(Schwefelsäureherstellung)*
~ **обжига** Röstverfahren *n*, Röstvorgang *m*, Röstprozeß *m*, Röstarbeit *f* *(NE-Metallurgie)*
~/**обжигательно-восстановительный** Rösten *n* und reduzierendes Schmelzen *n* *(NE-Metallurgie)*
~/**обжигательный** *(Met)* Röstverfahren *n*; *(Ker)* Brennverfahren *n*
~ **обмена местами** *(Ph)* Platzwechselvorgang *m*
~/**обогатительный** *s.* ~ **обогащения**
~ **обогащения** 1. Anreichern *n*, Anreicherung *f*, Anreicherungsvorgang *m*; 2. Aufbereiten *n*, Aufbereitung *f*, Aufbereitungsvorgang *m*
~ **образования пегматитов** *(Geol)* pegmatitische Bildung *f* *(Mineralbildung)*
~ **образования электронно-позитронной пары** *(Kern)* Paarbildungsprozeß *m*
~/**обратимый** *(Therm)* reversibler (quasistatischer) Prozeß *m*
~ **обращения** Umkehrprozeß *m*, Umkehrverfahren *n*
~ **окисления** *(Ch)* Oxydationsvorgang *m*; *(Met)* Frischvorgang *m*, Frischprozeß *m*, Frischen *n*
~/**окислительно-восстановительный** Oxydations-Reduktions-Vorgang *m*, Redoxvorgang *m*
~/**окислительный** *s.* ~ **окисления**
~ **Оппенгеймера-Филипса** *(Kern)* Oppenheimer-Phillips-Prozeß *m* *(Strippingreaktion)*
~ **опреснения** Aussüßungsvorgang *m* *(Binnenmeere)*
~/**осадочный** *(Geol)* Sedimentationsvorgang *m* *(Mineralbildung)*
~/**основной** *(Met)* basisches Verfahren *n*
~/**основной мартеновский** basisches Siemens-Martin-Verfahren (SM-Verfahren) *n*
~ **отжига** 1. Glühen *n*, Glühverfahren *n*; 2. *(Gieß)* Tempern *n*, Glühfrischen *n*, Temperverfahren *n*, Glühfrischverfahren *n*
~/**открытый рабочий** *(Therm)* offener Arbeitsprozeß *m*
~/**пегматолито-гидротермальный** *(Geol)* pegmatolytisch-hydrothermale Bildung *f* *(Mineralbildung)*
~/**первичный фотохимический** fotochemischer Primärprozeß *m*
~/**перевозочный** *(Eb)* Transportprozeß *m*, Beförderungsprozeß *m*
~/**передельный** *(Met)* Stahlfrischverfahren *n*
~ **переключения** *(El)* Umschaltvorgang *m*
~ **перемотки** *(El)* Umspulvorgang *m*
~ **переплавки** *(Met)* Umschmelzverfahren *n*
~/**переходный** 1. *(Ph)* Übergangsvorgang *m*; 2. *(Reg)* Übergangsprozeß *m*, Übergangsvorgang *m*, Übergangsverhalten *n*, Zeitverhalten *n*; 3. *(El)* Einschwingvorgang *m*, Einschwingprozeß *m*, Ausgleich[s]vorgang *m*
~/**периодический** diskontinuierlicher Betrieb *m*, diskontinuierliches (periodisches, chargenweises) Verfahren *n*, Chargenverfahren *n*, Chargenbetrieb *m*
~ **перфорирования** *(Typ)* Tastprozeß *m*
~/**печатный** *(Typ)* Druckvorgang *m*, Druckprozeß *m*
~ **плавки** Schmelzprozeß *m*, Schmelzvorgang *m*

~ **плавки стали/рудный** Erz[stahl]verfahren *n*
~ **плавления** *s.* ~ **плавки**
~/**планарный** Planarverfahren *n* *(Halbleiter)*
~ **Планка-Томсона** *s.* **формулировка Планка-Томсона**
~/**погрузочно-разгрузочный** Umschlagprozeß *m*
~ **подъёмно-транспортный** Transportprozeß *m*
~/**позитивный** *(Foto)* Positivprozeß *m*, Positivtechnik *f*, Positivverfahren *n*
~ **поиска** *(Dat)* Suchprozeß *m*, Suchvorgang *m*
~/**политропический (политропный)** *(Therm)* polytrope Zustandsänderung *f*
~ **получения канальной сажи** Channel-Verfahren *n* *(Rußerzeugung)*
~ **получения сажи/печной** Furnace-Verfahren *n* *(Rußerzeugung)*
~/**предельный** *(Kyb)* Grenzwertprozeß *m*
~ **приближения** *(Dat, Math)* Näherungsverlauf *m*
~ **продувки** *(Met)* Blasvorgang *m*, Blasverfahren *n*
~ **производства** *s.* ~/**производственный**
~/**производственный** Produktionsprozeß *m*, Fertigungsprozeß *m*, Herstellungsprozeß *m*, Fertigungsvorgang *m*, Herstellungsvorgang *m*; Gewinnungsverfahren *n*
~ **прокатки** Walzen *n*, Walzverfahren *n*, Walzvorgang *m*
~/**рабочий** Arbeitsprozeß *m*, Arbeitsvorgang *m*, Arbeitsablauf *m*, Arbeitsfluß *m*
~/**равновесный** *(Therm)* Gleichgewichtsprozeß *m*
~ **разложения** Zersetzungsvorgang *m*
~ **размножения** *(Kern)* Brutprozeß *m*
~ **разряда (разрядки)** *(El)* Entladevorgang *m*
~ **рассеяния** Dissipationsprozeß *m*
~ **рафинирования** *(Met)* Frischprozeß *m*, Frischvorgang *m*, Frischverfahren *n*, Frischarbeit *f*, Raffinierarbeit *f*
~ **регулирования** *(Kyb)* Regelungsprozeß *m*, Regelungsvorgang *m*
~ **рекомбинации** Rekombinationsvorgang *m*
~ **решения** *(Kyb)* Entscheidungsprozeß *m*
~ **решения/многошаговый** mehrstufiger Entscheidungsprozeß *m*
~/**рудный** *(Met)* Roheisen-Erz-Verfahren *n* *(SM-Ofen)*
~ **с нерастворимыми анодами** elektrochemisches Verfahren *n* mit nichtlöslichen (unlöslichen) Anoden *(Elektrometallurgie)*
~ **с растворимыми анодами** elektrochemisches Verfahren *n* mit löslichen Anoden *(Elektrometallurgie)*
~ **с рециркуляцией газов** Wälzgasverfahren *n*
~ **с хроматированными коллоидами** *(Foto)* Chromatfarbverfahren *n*
~ **сварки** *(Schw)* Schweißprozeß *m*, Schweißvorgang *m*, Schweißablauf *m*, Schweißverfahren *n*
~ **сжатия** *(Wmt)* Verdichtungsvorgang *m*
~ **синтеза [ядер]** *(Kern)* Kernverschmelzungsprozeß *m*, Kernfusionsprozeß *m*, Kernsyntheseprozeß *m*
~/**скрап-рудный** *(Met)* Erz-Schrott-Verfahren *n* *(SM-Ofen)*
~/**скрап-чугунный** *(Met)* Schrott-Roheisen-Verfahren *n* *(SM-Ofen)*
~/**скрубберный** Waschprozeß *m*
~ **слежения** *(Kyb)* Verfolgungsprozeß *m*
~ **слияния [ядер]** *s.* ~ **синтеза [ядер]**
~/**случайный** *(Math, Kyb)* stochastischer (zufälliger) Prozeß *m*
~ **смешения** Mischvorgang *m*
~/**солодовенный** Mälzungsprozeß *m*
~ **сопровождения** *(Kyb)* Verfolgungsprozeß *m*
~ **спекания** *s.* **агломерация**
~ **срыва** *(Kern)* Strippingprozeß *m*
~/**статически управляемый** *(Reg)* statisch gesteuerter Prozeß *m*
~/**стационарный** *(Math)* stationärer Prozeß *m* *(Wahrscheinlichkeitstheorie)*
~/**стохастический** *(Math)* stochastischer (zufälliger) Prozeß *m* *(Wahrscheinlichkeitstheorie)*
~/**сульфатный** *(Pap)* Sulfat[aufschluß]verfahren *n*
~/**сульфитный** *(Pap)* Sulfit[aufschluß]verfahren *n*
~/**термодинамический** *(Therm)* Zustandsänderung *f*, thermodynamischer Prozeß *m*
~/**технологический** Arbeitsablauf *m*, Fertigungsablauf *m*, Bearbeitungsfolge *f*, technologischer Prozeß *m*, Fertigungsprozeß *m*
~/**тигельный** *(Met)* Tiegelschmelzverfahren *n*
~/**томасовский** *(Met)* basisches Windfrischen *n*, Thomasverfahren *n*, basisches Blasstahlverfahren *n*
~ **томления** *s.* ~ **отжига**
~ **травления** Ätzprozeß *m*
~/**трёхцветный** *(Foto)* Dreifarbenverfahren *n*
~ **триплекс** *(Met)* Triplex-Verfahren *n*
~/**ударный** Stoßprozeß *m*
~ **управления** *(Reg)* Steuerungsprozeß *m*, Steuerungsvorgang *m*
~/**уравнительный** *(El)* Ausgleich[s]vorgang *m*
~/**устанавливающийся** *(El)* Einschwingvorgang *m*
~/**установившийся** eingeschwungener (stationärer) Vorgang *m*

~ установления колебаний *(El)* Einschwingvorgang *m*
~ флотации *(Bgb)* Flotationsverfahren *n*, Flotation *f* *(Aufbereitung)*
~/флотационный *s.* **~ флотации**
~/флуктуационный *(El)* Schwankungsvorgang *m*
~/фотоядерный *s.* **реакция/фотоядерная**
~ фришевания *(Met)* Frischen *n*, Frischvorgang *m*; Frischverfahren *n*, Frischprozeß *m*
~ фришевания/нормальный *(Met)* Garfrischen *n*
~ фришевания стали Stahlfrischverfahren *n*
~ Хеганеса Höganäs-Verfahren *n* *(Pulvermetallurgie)*
~/чугунно-рудный *(Met)* Roheisen-Erz-Verfahren *n* *(SM-Ofen)*
~/шлако-возгоночный *(Met)* Schlackenverblasen *n*
~/экзогенный *(Geol)* exogener Prozeß *m* *(Mineralbildung)*
~/электросталеплавильный *(Met)* Elektrostahl[schmelz]verfahren *n*
~/электротермический elektrothermisches Verfahren *n* *(Elektrometallurgie)*
~/электрохимический elektrochemisches Verfahren *n*, Anodenverfahren *n* *(Elektrometallurgie)*
~/элементарный *(Kern)* Elementarprozeß *m* *(Hochelementarphysik; Plasma)*
~/эндогенный *(Geol)* endogener Prozeß *m* *(Mineralbildung)*
~/ядерный Kern[umwandlungs]prozeß *m*
LD-процесс *m* *(Met)* LD-Verfahren *n*, LD-Blasstahlverfahren *n*, LD-Prozeß *m*
LD-AC-процесс *m* *(Met)* LD-AC-Verfahren *n*, LD-AC-Blasstahlverfahren *n*, LD-AC-Prozeß *m*
процессор *m* *(Dat)* Prozessor *m*, Datenverarbeitungseinheit *f*
~/связной Kommunikationsprozessor *m*
~/центральный Zentraleinheit *f*
прочёс *m* *(Text)* 1. Kammzug *m*; 2. Vlies *n*
прочесать *s.* **прочёсывать**
прочёсыватель *m*/**предварительный** *(Text)* Vorreißer *m* *(Kammwollkrempel)*
прочёсывать *(Text)* 1. durchkämmen, kardieren, krempeln *(Wolle, Baumwolle)*; 2. hecheln, durchhecheln *(Flachs, Hanf)*
прочистить *s.* **прочищать**
прочистка *f* *(Forst)* Ausläuterung *f*, Durchläuterung *f*
~ насаждения Bestandsreinigung *f*
прочищать *(Forst)* durchläutern
прочность *f* 1. Festigkeit *f*, Widerstandsfähigkeit *f*; Sicherheit *f*; 2. Haltbarkeit *f*, Lebensdauer *f*, Dauerhaftigkeit *f*, Beständigkeit *f*; 3. Echtheit *f* *(z. B. Farbstoffe in bezug auf Licht- und andere Einflüsse)*
~ адгезии *s.* **~ прилипания**
~ бетона/кубиковая *(Bw)* Würfel[druck]-festigkeit *f* *(Beton)*
~ бетона/отпускная *(Bw)* Lieferfestigkeit *f*
~ бетона/призменная *(Bw)* Prismenfestigkeit *f* *(Beton)*
~ в непросушенном состоянии *(Gieß)* Grün[stand]festigkeit *f*
~ в петле *(Text)* Schlingenfestigkeit *f*
~ в просушенном (сухом) состоянии *(Gieß)* Trocken[stand]festigkeit *f*
~ в сыром состоянии *(Gieß)* Grünstandfestigkeit *f*
~ в условиях колебаний напряжения *(Fest)* Schwingungsfestigkeit *f*
~ вдоль поверхности/электрическая *(El)* Überschlagsfestigkeit *f*
~/вибрационная *(Fest)* Vibrationsfestigkeit *f*, Vibrofestigkeit *f*
~ во влажном состоянии Naßfestigkeit *f*
~/динамическая dynamische Festigkeit *f*, Schlagfestigkeit *f*
~/диэлектрическая *(El)* [di]elektrische Festigkeit *f*, Durchschlag[s]festigkeit *f*
~/длительная *(Fest)* Dauerstandfestigkeit *f*, Zeitstandfestigkeit *f*, Standfestigkeit *f*, Kriechfestigkeit *f*
~ изоляции/электрическая *(El)* Isolationsfestigkeit *f*
~/исходная Ausgangsfestigkeit *f*, Bezugsfestigkeit *f*
~/когезивная *s.* **~ на отрыв**
~/конструктивная Gestaltfestigkeit *f*
~/кратковременная kurzzeitige Festigkeit *f*
~/местная örtliche Festigkeit *f*
~/механическая mechanische Festigkeit *f*
~ на . . . *s. a.* **~ при . . .**
~ на выщипывание Rupffestigkeit *f* *(Papier beim Druck)*
~ на изгиб *(Fest)* Biegefestigkeit *f*
~ на изгиб при знакопеременной нагрузке Biegewechselfestigkeit *f* *(Dauerschwingversuch)*
~ на излом Bruchfestigkeit *f*
~ на истирание Abriebfestigkeit *f*
~ на отрыв Kohäsionsfestigkeit *f*, technische Kohäsion *f*, Trennfestigkeit *f*
~ на перегрузку Übersteuerungsfestigkeit *f*
~ на пробой *s.* **~/диэлектрическая**
~ на продольный изгиб *(Fest)* Knickfestigkeit *f*
~ на пульсирующий изгиб Biegeschwellfestigkeit *f* *(Dauerschwingungsversuch)*
~ на разрыв *(Fest)* Bruchfestigkeit *f*, Zerreißfestigkeit *f*, Zugfestigkeit *f*, Reißfestigkeit *f*
~ на расслоение Trennfestigkeit *f*, Abtrennungswiderstand *m*

~ **набухших слоёв** Naßfestigkeit *f* der Schichten *(Film)*
~/**общая** Gesamtfestigkeit *f*
~ **окрасок** *(Text)* Farbechtheit *f*
~ **по барабанной пробе** Trommelfestigkeit *f* *(Koks)*
~/**поверхностная** *(Fest)* Oberflächenfestigkeit *f*
~/**поперечная** Querfestigkeit *f*
~ **при** . . . *s. a.* ~ **на** . . .
~ **при знакопеременной нагрузке** Zug-Druck-Wechselfestigkeit *f*
~ **при коротких замыканиях** *(El)* Kurzschlußfestigkeit *f*, Kurzschlußsicherheit *f*
~ **при кручении** *(Fest)* Verdrehfestigkeit *f*, Torsionsfestigkeit *f*, Drillfestigkeit *f*
~ **при нагрузках растяжением и сжатием** *(Fest)* Zug-Druck-Wechselfestigkeit *f*
~ **при переменном изгибе** *(Fest)* Biegewechselfestigkeit *f*, Wechselbiegefestigkeit *f*
~ **при переменном скручивании** *(Fest)* Torsionswechselfestigkeit *f*, Verdrehwechselfestigkeit *f*
~ **при переменных напряжениях** *(Fest)* Schwingungsfestigkeit *f*
~ **при продольном изгибе** *(Fest)* Knickfestigkeit *f*
~ **при растяжении** *(Fest)* Zugfestigkeit *f*
~ **при сдвиге** *(Fest)* Scherfestigkeit *f*, Schubfestigkeit *f*, Abscherfestigkeit *f*
~ **при сжатии** *(Fest)* Druckfestigkeit *f*
~ **при скручивании** *s.* ~ **при кручении**
~ **при сложном сопротивлении (напряжённом состоянии)** *(Fest)* zusammengesetzte Festigkeit *f*
~ **при ударе** *(Fest)* Schlagfestigkeit *f*, Stoßfestigkeit *f*
~/**призменная** *(Bw)* Prismen[druck]festigkeit *f*
~ **прилипания** Adhäsionskraft *f*, Haftfestigkeit *f*
~/**пробивная [электрическая]** *s.* ~/**диэлектрическая**
~/**продольная** Längsfestigkeit *f*
~/**проектная** *s.* ~/**расчётная**
~/**разрывная** *s.* ~ **на разрыв**
~/**расчётная** rechnerische (projektierte) Festigkeit *f*, Sollfestigkeit *f*
~ **связи** 1. Bindungsstärke *f*; 2. Kopplungsstärke *f*
~ **сдвига** *s.* ~ **при сдвиге**
~/**средняя** mittlere Festigkeit *f*
~/**статическая** statische Festigkeit *f* *(Gegensatz zur Schlagfestigkeit)*
~ **сцепления** Adhäsionskraft *f*, Haftfestigkeit *f*
~/**условная** Festigkeit *f* auf Grund der Ergebnisse aus technologischen Versuchen, technologische Festigkeit *f*
~/**усталостная** *(Fest)* Gestaltfestigkeit *f*
~ **шва** *(Schw)* Nahtfestigkeit *f*
~/**электрическая** *s.* ~/**диэлектрическая**

прочный 1. fest, widerstandsfähig, sicher; 2. haltbar, dauerhaft, beständig; 3. echt *(Farben)*
~ **на износ** verschleißfest
~ **на пробой** *(El)* durchschlagfest
~ **при коротком замыкании** *(El)* kurzschlußfest, kurzschlußsicher

прошивание *n* *(Fert)* Druckräumen *n*, Stoßräumen *n*

прошивать 1. *(Fert)* druckräumen, räumen mit dem Räumdorn *(s. a.* **протягивать 2.**); 2. *(Schm)* lochen, dornen; 3. *(Wlz)* schrägwalzen, dornen, lochen, lochwalzen *(nahtlose Rohre)*

прошивень *m* *(Schm)* Lochdorn *m*, Auftreiber *m*
~/**бочкообразный** Auftreiber *m*
~/**калибровочный** Kegeldorn *m*
~/**клиновидный** keilförmiger Lochdorn *m*, Schlitzdorn *m*
~/**конический** kegeliger Vollochdorn *m*
~/**пустотелый** Hohllochdorn *m*
~/**сквозной (сплошной)** Vollochdorn *m*
~/**цилиндрический** Zylinderdorn *m*, zylindrischer Vollochdorn *m*

прошивка *f* 1. *(Wlz)* Hohlwalzen *n*, Schrägwalzen *n* *(Rohre)*; 2. Dornen *n*; 3. *(Schm)* Lochen *n* *(Lochgesenk)*; 4. Lochwerkzeug *n*; 5. *(Met)* Butzen *n* *(Rohrpressen)*; 6. Druckräumnadel *f*, Stoßräumnadel *f*, Räumdorn *m*; 7. *s.* **прошивание**
~/**выглаживающая** Glättdruckräumnadel *f*
~/**квадратная** Vierkantdruckräumnadel *f*
~/**круглая** Runddruckräumnadel *f*
~/**сглаживающая** *s.* ~/**выглаживающая**
~/**уплотняющая** *s.* ~/**выглаживающая**

прошить *s.* **прошивать**

проявитель *m* *(Foto)* Entwickler *m*
~/**амидоловый** Amidol-Entwickler *m*
~/**арктический** Polarentwickler *m*, kältefester Entwickler *m*
~/**бесщелочной** alkalifreier Entwickler *m*
~/**буферный** gepufferter Entwickler *m*
~/**быстроработающий** rasch arbeitender Entwickler *m*
~/**быстрый** *s.* ~/**быстроработающий**
~/**выравнивающий** ausgeglichen arbeitender Entwickler *m*
~/**гидрохиноновый** Hydrochinonentwickler *m*
~/**глициновый** Glyzinentwickler *m*
~/**глубинный** Tiefenentwickler *m*
~/**двухрастворный** Zweibäderentwickler *m*
~ **для фотобумаги** Fotopapierentwickler *m*
~ **для цветного проявления** *s.* ~/**цветной**

~/**железный** *s.* ~/**щавелевожелезный**
~/**контрастно работающий** hart arbeitender Entwickler *m*
~/**медленно работающий** langsam arbeitender Entwickler *m*
~/**медленный** *s.* ~/**медленно работающий**
~/**мелкозернистый** feinkörnig arbeitender Entwickler *m*, Feinkornentwickler *m*
~/**метолгидрохиноновый** Metolhydrochinon-Entwickler *m*
~/**метоловый** Metolentwickler *m*
~/**мягкий (мягко работающий)** weich arbeitender Entwickler *m*
~/**негативный** Negativentwickler *m*
~/**нормальный** Normalentwickler *m*
~/**обыкновенный** grobkörnig arbeitender Entwickler *m*
~/**особоконтрастный** kontrastreich arbeitender Entwickler *m*
~/**особомелкозернистый** Feinstkornentwickler *m*, Ultrafeinkornentwickler *m*
~/**поверхностный** Oberflächenentwickler *m*
~/**позитивный** Positiventwickler *m*
~/**рентгеновский** Röntgenentwickler *m*
~ **с большой вуалирующей способностью** stark verschleiernder Entwickler *m*
~ **с малой вуалирующей способностью** gering verschleiernder Entwickler *m*
~/**сверхбыстрый** sehr schnell arbeitender Rapidentwickler *m*
~/**сверхмелкозернистый** Superfeinkornentwickler *m*
~/**сенситометрический** sensitometrischer Entwickler *m*
~/**сухой** lösungsfest abgepackte Entwicklungssubstanz *f*
~/**тропический** Tropenentwickler *m*, tropenfester Entwickler *m*
~/**цветной** Farbenentwickler *m*
~/**щавелевожелезный** Eisenoxal[at]entwickler *m*
проявить *s.* **проявлять**
проявиться *s.* **проявляться**
проявление *n* 1. Erscheinen *n*, Auftreten *n*, Vorkommen *n*, Hervortreten *n*; 2. *(Foto)* Entwicklung *f*
~/**быстрое** Rapidentwicklung *f*
~ **в бачке** Dosenentwicklung *f*
~ **в ваночке (кювете)** Schalenentwicklung *f*
~/**вертикальное** Standentwicklung *f*, Tankentwicklung *f*
~/**визуальное** Entwicklung *f* nach Sicht
~/**глубинное** Tiefenentwicklung *f*, Korntiefenentwicklung *f*
~ **движущейся плёнки** Durchlaufentwicklung *f*
~/**двухрастворное** Zweibadentwicklung *f*
~/**дубящее** gerbende (härtende) Entwicklung *f*
~/**душевое** Sprühentwicklung *f*
~ **катушечных плёнок** Rollfilmentwicklung *f*
~/**медленное** langsame Entwicklung *f*
~/**мелкозернистое** Feinkornentwicklung *f*
~/**нормальное** normale Entwicklung *f*
~ **пластинок** Plattenentwicklung *f*
~ **плоских плёнок** Planfilmentwicklung *f*
~ **по времени** Entwicklung *f* nach Zeit, Zeitentwicklung *f*
~/**поверхностное** Oberflächenentwicklung *f*
~ **при ярком освещении** Hellichtentwicklung *f*
~ **с визуальным контролем** *s.* ~/**визуальное**
~ **с десенсибилизацией** Hellichtentwicklung *f*
~ **с обращением изображения** Umkehrentwicklung *f*
~/**скоростное** Schnellentwicklung *f*, Rapidentwicklung *f*
~ **струями** Sprühentwicklung *f*
~/**факториальное** Faktorenentwicklung *f*
~/**физическое** physikalische Entwicklung *f*
~/**химическое** chemische Entwicklung *f*
~/**цветное** Farbenentwicklung *f*, chromatogene (farbbildende) Entwicklung *f*
проявлять *(Foto)* entwickeln
проявляться 1. sich zeigen, erscheinen, hervortreten; 2. *(Foto)* sich entwickeln, entwickeln, entwickelt werden
прояснение *n (Meteo)* Aufklaren *n*
пруд *m* 1. Teich *m*; 2. Stausee *m*
~/**биологический** Klärteich *m*, Aufladungsteich *m*, Abwasserteich *m*
~/**выростной** Abwachsteich *m*
~/**зимовальный** Winterteich *m*
~/**иловый** Schlammteich *m*
~/**мальковый** Brutvorstreckteich *m*
~/**нагульный** Abwachsteich *m*
~/**нерестовый** Laichteich *m*
~/**рассадный** *s.* ~/**мальковый**
~/**рыбоводный** Fischteich *m*
~/**шламовый** Schlammteich *m*
прудить eindämmen
пруд-отстойник *m* Klärteich *m*
пруд-охладитель *m* Kühlteich *m*
пружина *f (Masch)* Feder *f*
~ **амортизатора** Stoßdämpferfeder *f*
~ **амортизатора поршня [пулемёта]** *(Mil)* Kolbenstoßdämpferfeder *f (lMG)*
~/**боевая** Schlagbolzenfeder *f (Schußwaffe)*
~/**буферная** Pufferfeder *f*
~/**быстрозапорная** Schnellschlußfeder *f*
~ **взвода** *(Mil)* Stechfeder *f (Abzug)*
~ **взрывателя/боевая** *(Mil)* 1. Schlagfeder *f (Zünder der Splitterhandgranate)*; 2. Schlagbolzenfeder *f (des Verzögerungszünders einer Schützensprengmine)*

~/**винтовая** Schraubenfeder *f*
~/**витая** gewundene Feder *f*
~ **возврата** *s.* ~/**возвратная**
~/**возвратная** Rückstellfeder *f*, Rückholfeder *f*
~/**возвратно-боевая** *(Mil)* Schließfeder *f* *(MG)*
~ **гнезда** *(Fmt)* Klinkenfeder *f*
~/**двойная скользящая** Doppelgleitfeder *f*
~/**двухконусная** Doppelkegelfeder *f*
~/**двухконусная матрацная** Taillenfeder *f* *(für Polsterungen)*
~/**добавочная** Zusatzfeder *f*
~/**заводная** Triebfeder *f*, Zugfeder *f*
~/**задающая** *(Reg)* Einstellfeder *f*
~/**запорная** Schließfeder *f*
~ **затвора [орудия]/боевая** *(Mil)* Schlagfeder *f* des Keilverschlusses
~/**захватная** Mitnehmerfeder *f*
~ **изгиба/пластинчатая** gerade Biegefeder *f*, einfache Blattfeder *f* *(z. B. Kontaktfeder, Pendelfeder)*
~ **изгиба прямоугольного сечения/пластинчатая** Rechteckfeder *f*
~ **изгиба трапецевидного сечения/пластинчатая** Trapezfeder *f*
~ **изгиба треугольного сечения/пластинчатая** Dreieckfeder *f*
~/**клапанная** Ventilfeder *f*
~/**клинчатая** *s.* ~/**кольцевая**
~/**кольцевая** Ringfeder *f*
~/**комбинированная** kombinierte Kegel- und Zylinderfeder *f* *(die Kegelform geht nach oben in eine zylindrische Form über)*
~/**коническая** Kegelfeder *f*
~/**контактная** Kontaktfeder *f*
~/**контактная прерывающая** *(El)* Unterbrechungsfeder *f* *(Klingel, Funkeninduktor)*
~/**контрпредохранительная** *s.* ~ **ударника взрывателя**
~/**конусная матрацная** Kegelfeder *f* *(für Polsterungen)*
~ **кручения** *s.* ~ **кручения/цилиндрическая**
~ **кручения/концентрическая** Drehungsfedersatz *m*
~ **кручения/стержневая** *s.* **рессора/торсионная**
~ **кручения/цилиндрическая** Schraubendrehungsfeder *f*, Schenkelfeder *f*, gewundene Biegungsfeder *f*
~ **кручения/цилиндрическая винтовая** *s.* ~ **кручения/цилиндрическая**
~ **люльки тележки/цилиндрическая** Schrauben-Wiegefeder *f* *(Eisenbahnwagen-Drehgestell)*
~ **люльки тележки/цилиндрическая двухрядная** Wiegen-Druckfedersatz *m* *(Eisenbahnwagen-Drehgestell)*
~/**матрацная** Polsterfeder *f* *(Oberbegriff für Taillen-, Schling- und Kegelfedern)*
~/**многожильная винтовая** Litzenschraubenfeder *f*
~/**нажимная** Andruckfeder *f*, Druckfeder *f*
~ **накатника** *(Mil)* Vorholfeder *f*, Rückholfeder *f* *(Federvorholer)*
~/**натяжная** Spannfeder *f*; Zugfeder *f*
~ **непрерывного плетения** Schlingfeder *f* *(Polsterung)*
~/**нитенатяжная** *(Text)* Fadenspanner *m* *(Flachstrickmaschine)*
~/**опорная** Stützfeder *f*
~/**отбойная** Rückschlagfeder *f*
~/**отжимная** Abdrückfeder *f*
~/**параболоидная** Evolutenfeder *f*
~ **переключателя** *(El)* Schaltfeder *f*
~ **пистолета/боевая** *(Mil)* Schlagfeder *f* der Pistole
~ **пистолета/возвратная** *(Mil)* Rückholfeder *f* der Pistole
~/**пластинчатая** Blattfeder *f*
~/**плоская спиральная** Spiralfeder *f*
~ **подавателя** *(Mil)* Zubringerfeder *f* *(Pistole, MG)*
~/**предохранительная** Sicherungsfeder *f*
~ **прицельной рамки [пулемёта]** *(Mil)* Visierblattfeder *f* *(sMG)*
~/**разгрузочная** Entlastungsfeder *f*
~/**размыкающая** Lösefeder *f*
~/**распорная** Spreizfeder *f*
~ **растяжения** Zugfeder *f*
~ **растяжения с витками закрытой навивки** Zugfeder *f* mit aufeinanderliegenden Windungen
~ **растяжения с витками квадратного сечения** Schraubenzugfeder *f* mit Vierkantquerschnitt
~ **растяжения с витками круглого сечения** Schraubenzugfeder *f* mit Kreisquerschnitt
~ **растяжения с витками открытой навивки** Zugfeder *f* mit Windungsspiel
~ **растяжения с витками прямоугольного сечения** Schraubenzugfeder *f* mit Rechteckquerschnitt
~ **растяжения с начальным межвитковым давлением** mit Vorspannung gewickelte Zugfeder *f*
~ **растяжения-сжатия** zug-druckbeanspruchte Feder *f*
~ **растяжения-сжатия/винтовая** zug-druckbeanspruchte Schraubenfeder *f*
~ **растяжения-сжатия с витками круглого сечения** zug-druckbeanspruchte Schraubenfeder *f* mit Kreisquerschnitt
~ **растяжения-сжатия с витками круглого сечения/цилиндрическая винтовая** zug-druckbeanspruchte zylindrische Schraubenfeder *f* mit Kreisquerschnitt

~ **растяжения-сжатия с витками прямоугольного сечения** zug-druckbeanspruchte Schraubenfeder *f* mit Rechteckquerschnitt
~ **растяжения-сжатия/цилиндрическая винтовая** zug-druckbeanspruchte zylindrische Schraubenfeder *f*
~/**регулирующая** Nachstellfeder *f*
~ **с витками круглого сечения** Schraubenfeder *f* mit Kreisquerschnitt
~ **с витками прямоугольного сечения** Schraubenfeder *f* mit Rechteckquerschnitt
~ **с постоянным углом подъёма витков/коническая** Kegelfeder *f* mit gleichbleibendem Steigungswinkel der Windungen
~ **с постоянным шагом витков/коническая** Kegelfeder *f* mit gleichbleibender Steigung der Windungen
~ **сжатия** Druckfeder *f*
~ **сжатия/бочкообразная** tonnenförmige Druckfeder *f*
~ **сжатия/концентрическая** *s.* ~ **сжатия/составная**
~ **сжатия/призматическая витая** Druckfeder *f* nichtzylindrischer (prismatischer) Wicklungsform *(Feder mit rechteckig, trapezförmig oder tonnenförmig gewickelten Windungen)*
~ **сжатия с витками квадратного сечения** Schraubendruckfeder *f* mit Vierkantquerschnitt
~ **сжатия с витками круглого сечения** Schraubendruckfeder *f* mit Kreisquerschnitt
~ **сжатия с прямоугольным сечением витка** Schraubendruckfeder *f* mit Rechteckquerschnitt
~ **сжатия/составная** Druckfedersatz *m*
~ **сжатия/цилиндрическая винтовая** zylindrische Schraubendruckfeder *f*
~/**специальная** Sonderfeder *f*
~ **спускового крючка** *(Mil)* Abzugsfeder *f (Pistole, MG)*
~ **сцепления** Kupplungsfeder *f*
~/**тарельчатая** Tellerfeder *f*
~/**телескопическая** Kegelfeder *f* mit abnehmendem Rechteckquerschnitt *(z. B. Pufferfeder)*
~/**токоподводящая** Stromzuführungsfeder *f*
~/**торсионная стержневая** Drehstabfeder *f*
~/**тугая** harte Feder *f*
~ **ударника взрывателя** *(Mil)* Sicherungsfeder *f (Granatzünder)*
~/**установочная** Einstellfeder *f*
~/**фигурная гнутая** Drahtformfeder *f*
~/**цилиндрическая винтовая** zylindrische Schraubenfeder *f*
~ **часового механизма** Uhrwerksfeder *f*
~/**ячейковая** zylindrische fünfwindige Polsterfeder *f*
пружинение *n* Federn *n*, Federung *f*
пружинить federn
прустит *m (Min)* Proustit *m*, lichtes Rotgültigerz *n*, Arsensilberblende *f*
прут *m s.* **пруток**
пруток *m* 1. Stab *m*, Stange *f*, Strang *m*; 2. *(Met)* Stabmaterial *n*, Stangenmaterial *n*
~/**прессованный** Preßstrang *m*, Preßstab *m*
~/**присадочный** *(Schw)* Zusatzstab *m*, stabförmiger Zusatzwerkstoff *m*
~/**сварочный** Schweißstab *m*, Schweißelektrode *f*
~/**фасонный** Profilstrang *m*, Profilstab *m*
~/**ценовой** Kreuzstab *m*, Kreuzschiene *f (Webstuhl)*
прыжок *m* 1. Sprung *m*; 2. *(Schiff)* Dumpen *n (beim Stapellauf)*
~/**гидравлический** *(Hydrod)* Wassersprung *m*
~/**затяжной** Verzögerungssprung *m (Fallschirm)*
прядение *n (Text)* Spinnerei *f (Verspinnen von Textilfasern)*; Spinnen *n*
~/**аппаратное** Grobspinnerei *f*, Streichgarnspinnerei *f*, Abfallspinnerei *f*, Vigognespinnerei *f (Baumwolle)*
~/**вигоневое** Vigognespinnerei *f*
~/**глубокованное** Spinnen *n* mit tiefem Spinntrog *(Chemiefaserherstellung)*
~ **грубогребенным способом** Grobspinnerei *f*
~ **длинной шерсти/гребенное** Langfaserkammgarnspinnerei *f*
~ **длинных волокон** Langfaserspinnerei *f*
~ **длинных волокон/гребенное** Langfaserkammgarnspinnerei *f*
~ **искусственного штапельного волокна** Zellwollspinnerei *f*
~/**камвольное** *s.* ~ **шерсти/гребенное**
~ **коротких волокон** Kurzfaserspinnerei *f*
~ **коротких волокон/гребенное** Kurzfaserkammgarnspinnerei *f*
~ **короткой шерсти/гребенное** Kurzfaserkammgarnspinnerei *f*
~ **кудели** Hanfwergspinnerei *f*
~ **лубяных волокон** Bastfaserspinnerei *f (Flachs- und Hanfspinnerei)*
~ **льна** *s.* **льнопрядение**
~ **льняных очёсов** Wergspinnerei *f (Flachs)*
~/**мелкованное** Spinnen *n* mit flachem Spinntrog *(Chemiefaserherstellung)*
~/**мокрое** Naßspinnen *n*
~ **непрерывного действия** kontinuierlicher (ununterbrochener) Spinnvorgang *m (Spinnen auf Ring-, Flügel-, Glocken- und Zentrifugal-Spinnmaschinen)*

~ **отходов шёлкопрядения** Schappespinnerei *f*, Florettspinnerei *f*
~/**очёсочное** Werggarnspinnerei *f*
~ **пеньковых очёсов** *s.* ~ **кудели**
~ **периодического (прерывного) действия** periodischer (unterbrochener) Spinnvorgang *m* *(Spinnen auf dem Wagenspinner)*
~ **ровницы** Vorgarnspinnerei *f*, Luntenspinnerei *f*
~/**сухое** Trockenspinnen *n*
~ **тонкогребенным способом** Feinspinnerei *f*
~/**угарно-вигоневое** *s.* ~/**вигоневое**
~/**угарное** Abfallspinnerei *f*
~ **хлопка** *s.* **хлопкопрядение**
~ **хлопка/аппаратное** Baumwollstreichgarnspinnerei *f*
~/**центрифугальное** Zentrifugalspinnerei *f* *(Naßspinnverfahren synthetischer Faserstoffe)*
~ **чёсаного льна** Flachslangfaserspinnerei *f*
~ **чёсаной пеньки** Hanflangfaserspinnerei *f*
~ **шёлка** *s.* **шёлкопрядение**
~ **шёлковых отходов** Seidenabfallspinnerei *f* *(Schappe- und Bourettespinnerei)*
~ **шерсти** *s.* **шерстопрядение**
~ **шерсти/аппаратное** Streichgarnspinnerei *f*, Grobspinnerei *f*
~ **шерсти/гребенное** Kammgarnspinnerei *f*
~ **шерсти/суконное** *s.* ~ **шерсти/аппаратное**

прядильня *f* Spinnerei *f* *(Betrieb)*

прядомый verspinnbar

прядь *f* 1. Strang *m*, Litze *f*, Seillitze *f*, Kardeel *f*; 2. Faserriste *f*, Faserbart *m*, Zopf *m*, Handvoll *f*
~/**арматурная** *(Bw)* Bewehrungslitze *f*
~/**джутовая** Juteriste *f*
~/**зажатая (заправленная)** eingespannte Riste *f*, angeschirrter Faden *m*
~/**круглая** Rundlitze *f*
~ **льна** Flachsriste *f*, Flachszopf *m*, Handvoll *f* Flachs
~ **нитей** Fadenbündel *n*
~/**пеньковая** Hanfriste *f*
~/**пеньковая смоляная** Teerstrick *m*
~/**плоская** Flachlitze *f*
~/**развёрнутая (расправленная)** auseinandergefaltete Riste *f*
~ **хлопка** Baumwollstapel *m*
~ **шерсти** Wollbüschel *n*

пряжа *f* *(Text)* Garn *n*, Zwirn *m*, Gespinst *n*
~ **альпака** Alpakagarn *n*, Alpaka *m*
~/**аппаратная хлопчатобумажная** Vigognegarn *n*, Vigogne *f*
~/**аппаратная шерстяная** Streichgarn *n*, Grobgarn *n*
~/**белёная** *s.* ~/**отбелённая**
~/**бумажная** *s.* ~/**хлопчатобумажная**
~/**буретная** Bourettegarn *n*, Bouretteseide *f*
~ **в мотках** Garn *n* im Strang *(Handelsform)*
~ **в початках** Kötzergarn *n*
~/**валяная** gewalktes Garn *n*
~/**ватерная** Ring[spinn]garn *n*, Water *n*, Drosselgarn *n*, Throstlegarn *n*
~/**вигоневая** Vigognegarn *n*, Vigogne *f*
~ **второго сорта** Sekundagarn *n*
~ **высоких номеров** hochfeines Garn *n*
~/**вышивальная** Stickgarn *n*
~/**вязальная** Wirkgarn *n*, Strickgarn *n*
~/**гладкая** glattes Garn *n*
~/**глянцевая** Glanzgarn *n*
~/**гребенная** gekämmtes Garn *n*
~/**гребенная хлопчатобумажная** gekämmtes Baumwollgarn *n*, Baumwollkammgarn *n*
~/**гребенная шерстяная** Kammgarn *n*, Kammwollgarn *n*
~ **гребенного прочёса** gekämmtes Garn *n*
~ **двукратной крутки** doppelter (zweidrähtiger) Zwirn *m*
~/**двухкруточная** doppelter (zweidrähtiger) Zwirn *m*
~/**двухцветная хлопчатобумажная** Moulinégarn *n*, Mouliné *m*
~/**джутовая** Jutegarn *n*
~ **для кружев/кручёная** Spitzenzwirn *m*
~ **для трикотажного производства** Wirk- und Strickgarn *n*
~/**запаренная** gedämpftes Garn *n*
~ **игольчатого прочёса** *s.* ~/**чёсаная**
~ **из верблюжьей шерсти** Kamelhaargarn *n*
~ **из египетского хлопка** Makogarn *n*
~ **из искусственного волокна** Kunstseidengarn *n*
~ **из шёлковых отходов** Florettseidengarn *n*, Florettseide *f*, Schappe *f*, Schapp[e]seide *f*
~/**кабельная** Kabelgarn *n*
~/**камвольная** Kammgarn *n*
~/**канатная** Seilgarn *n*, Seilfaden *m*, Leingarn *n*
~/**кардная** *s.* ~/**чёсаная**
~/**кардная хлопчатобумажная** kardiertes Baumwollgarn *n*
~/**катаная** *s.* ~/**валяная**
~/**кокосовая** Kokosgarn *n*
~ **кольцевого ватера** *s.* ~/**ватерная**
~/**конопляная** Hanfgarn *n*
~/**крашеная** gefärbtes Garn *n*
~ **крошэ** Häkelgarn *n*
~/**кружевная** Klöppelgarn *n*, Spitzengarn *n*
~/**кручёная** gezwirntes Garn *n*, Zwirn *m*

~/**кудельная** Werggarn *n*, Hedegarn *n*, Towgarn *n*
~/**лощёная** Eisengarn *n*, Glanzgarn *n*, Mustergarn *n*
~/**льняная** Leinengarn *n*
~/**машинная** Maschinenzwirn *m*
~ **«медио»** Mediogarn *n*, Medio *n*
~/**меланжевая** Melangegarn *n*, Melange *f*
~/**мериносовая** Merinogarn *n*, weiches Wollgarn *n*
~/**мерсеризованная** merzerisiertes Garn *n*
~ **многократной крутки** mehrfacher (mehrdrähtiger) Zwirn *m*
~/**многокруточная** mehrfacher (mehrdrähtiger) Zwirn *m*
~ **мулине** Mouliné *m*, Moulinégarn *n*
~ **мунго** Mungogarn *n*
~/**мунговая** Mungogarn *n*
~/**мюльная** Mule *f*, Selfaktorgarn *n*
~/**мягкая** weiches Garn *n*
~ **на конической бобине** Garn *n* auf kegeliger Kreuzspule *(Handelsform)*
~ **на навое** Garn *n* auf Bäumen *(Kett- und Zettelbaum; Handelsform)*
~ **на цилиндрической бобине** Garn *n* auf zylindrischer Kreuzspule *(Handelsform)*
~/**неокрашенная** ungefärbtes Garn *n*
~/**неотделанная** unveredeltes Garn *n*
~ **низких номеров** grobes Garn *n*
~/**обыкновенная** Glattzwirn *m*
~/**одиночная** einfaches Garn *n*
~/**однокруточная** einfacher (eindrähtiger) Zwirn *m*
~/**окрашенная** gefärbtes Garn *n*
~/**опалённая** gesengtes Garn *n*
~/**основная** Kettgarn *n*
~/**отбелённая** gebleichtes Garn *n*
~/**отделанная** veredeltes Garn *n*
~/**отчёсочная** *s.* ~/**кудельная**
~/**пеньковая** Hanfgarn *n*
~/**переслежистая** schnittiges Garn *n*
~/**полукамвольная (полушерстяная)** Wollmischgarn *n*, Halbwollgarn *n*, Halbkammgarn *n*
~/**пошивочная** Nähgarn *n*, Nähzwirn *m*
~/**пушистая** flauschiges (haariges, offenes) Garn *n*
~/**ремизная** Litzenzwirn *m*, Geschirrzwirn *m*
~ **рогульчатого ватера** Flügelgarn *n*
~ **с сукрутинами** überdrehtes Garn *n*
~/**сноповязальная** Garbenbindegarn *n*
~ **средней тонины** mittelfeines Garn *n*
~ **средних номеров** mittelfeines Garn *n*
~/**суконная** *s.* ~/**аппаратная шерстяная**
~/**суровая** Rohgarn *n*
~ **твёрдой крутки/основная** Warp *n* *(hartes Kettgarn)*
~/**тонкая** Feingarn *n*, feines Garn *n*
~ **третьего сорта** Tertiagarn *n*
~/**угарная** Barchentgarn *n*, Abfallgarn *n*
~/**угарная хлопчатобумажная** Baumwollabfallgarn *n*, Vigognegarn *n*
~/**угарно-вигоневая** *s.* ~/**аппаратная хлопчатобумажная**
~/**узелковая** Noppenzwirn *m*, Knotengarn *n* *(Effektzwirnart)*
~/**уточная** Schußgarn *n*
~/**фасонная** Effektzwirn *m*, Phantasiezwirn *m* *(Sammelbegriff für Schlingen-, Noppenzwirn u. dgl.)*
~ **фасонной крутки/петлистая** Schleifenzwirn *m*, Schlingenzwirn *m* *(Effektzwirnart)*
~/**фитильная** Dochtgarn *n*
~ **«фламмэ»** Flammengarn *n* *(Effektzwirnart)*
~/**хлопчатобумажная** Gespinst *n* aus Baumwolle; Baumwollgarn *n*
~/**чёсаная** kardiertes Garn *n*
~/**чистошерстяная** reinwollenes Garn *n*
~/**чулочная (чулочновязальная)** Strickgarn *n*
~/**шёлковая** Seidengarn *n*
~/**шерстяная** Wollgarn *n*
~/**штапельная** Zellwollgarn *n*
~/**эмульсированная** emulgiertes Garn *n*
прямая *f* *(Math)* Gerade *f*, gerade Linie *f*, Strahl *m*
~/**вертикальная** *(Math)* senkrechte Gerade *f*, Lot *n*
~ **впадин** *(Masch)* Fußlinie *f* *(Zahnstange)*
~ **выступов** *(Masch)* Kopflinie *f* *(Zahnstange)*
~/**делительная** *(Masch)* Teilbahn *f* *(Zahnstange)*
~ **зубчатой рейки/начальная** *(Masch)* Wälzgerade *f*, Wälzbahn *f* *(Zahnstange)*
~ **зубчатых колёс/полюсная** *(Masch)* Wälzgerade *f* *(Zahnradpaar)*
~/**качения** Wälzgerade *f*
~/**нагрузочная** Widerstandsgerade *f*
~/**направленная** *(Math)* orientierte Gerade *f*; Richtungsgerade *f*
~/**начальная** Wälzgerade *f*
~ **пересечения** Schnittgerade *f*
~/**полюсная** *(Masch)* Wälzgerade *f* *(Zahnradpaar)*
~/**прилегающая** angrenzende Gerade *f*
~ **проницаемости** Permeabilitätsgerade *f*
~ **симметрии** Symmetriegerade *f*
~ **сопротивления** Widerstandsgerade *f*
~/**фокальная** *(Opt)* Fokalgerade *f*
прямая-носитель *f* *(Math)* Trägergerade *f* *(eines Vektors)*
прямобочный geradflankig *(Zahnrad)*
прямоволновый *(El)* wellen[längen]-gerade, wellen[längen]linear
прямоёмкостный *(El)* kapazitätsgerade, kapazitätslinear
прямозубый geradverzahnt *(Zahnrad)*

прямой 1. gerade, geradlinig; 2. gerade, direkt, unmittelbar, Direkt...; 3. direktziehend, substantiv, Direkt... *(organische Farbstoffe)*; 4. *(Typ)* seitenrichtig
прямолинейность Geradlinigkeit *f*
прямонакальный *(El)* direkt geheizt
прямопоказывающий direkt[an]zeigend *(Meßgeräte)*
прямослойный *(Forst)* geradläufig, geradfaserig *(Holz)*
прямоствольный *(Forst)* geradstämmig, geradschäftig, geradwüchsig
прямоток *m* Gleichstrom *m* *(Flüssigkeiten oder Gase in Wärmeaustauschsystemen)*
прямоточный im Gleichstrom (Parallelstrom) [geführt], nach dem Gleichstromprinzip (Parallelstromprinzip), Gleichstrom... *(Flüssigkeiten, Gase)*
прямотрубный geradrohrig
прямоугольник *m* *(Math)* Rechteck *n*
~/магический magisches Rechteck *n*
~/решётчатый Gitterrechteck *n*
прямоугольность *f* Rechteckigkeit *f*, Rechtförmigkeit *f*
прямоугольный *(Math)* rechtwinklig, orthogonal, winkelrecht
прямочастотный *(El)* frequenzgerade, frequenzlinear
прямые *fpl*/**скрещивающиеся** *(Math)* windschiefe Geraden *fpl*
прясть *(Text)* spinnen
~ ровницу vorspinnen
псаммит *m* *(Geol)* Psammit *m*
псаммитолит *m s.* **песчаник**
псевдоадиабата *f s.* **адиабата/влажная**
псевдоадиабатический *s.* **влажно-адиабатический**
псевдоадрес *m* *(Dat)* Pseudoadresse *f*
псевдоатом *m* *(Kern)* Pseudoatom *n*
псевдовремя *n* Pseudozeit *f*
псевдодвойник *m* *(Krist)* Pseudozwilling *m*
псевдодислокация *f* *(Geol)* Pseudodislokation *f*
псевдозатухание *n* Pseudodämpfung *f*
псевдоизображение *n* *(Opt)* Pseudobild *n*
псевдокатализ *m* Pseudokatalyse *f*
псевдоквадруполь *m* Pseudoquadrupol *m*
псевдокислотность *f* Pseudoazidität *f*
псевдокод *m* *(Dat)* Pseudokode *m*
псевдокоманда *f* *(Dat)* Pseudobefehl *m*
псевдокристалл *m* Pseudokristall *m*
псевдомерия *f* Pseudomerie *f*
псевдомонокристалл *m* Pseudoeinkristall *m*
псевдоморфизм *m* *(Min)* Pseudomorphie *f*
псевдоморфоза *f* *(Min)* Pseudomorphose *f*; Afterkristall *m*
~ вытеснения (замещения) Verdrängungspseudomorphose *f*
~/изменения (превращения) Umwandlungspseudomorphose *f*
псевдонапряжение *n* Pseudospannung *f*
псевдоним *m* *(Dat)* Alias *n*
псевдоожижение *n* *(Ch)* Fließbettverfahren *n* *(Krackverfahren, bei dem pillenförmige Kontaktmasse durch den Reaktionsraum bewegt wird)*
~/кипящее Wirbelbettverfahren *n*, Wirbelschichtverfahren *n*, Staubfließverfahren *n* *(ein dem Fließbettverfahren ähnlicher Prozeß, der statt mit pillenförmigem mit staubförmigem Kontakt arbeitet, der, in den Reaktionsraum eingeblasen, eine Wirbelschicht bildet)*
~/неравномерное brodelndes (turbulentes) Fließen *n* *(Wirbelschichttechnik)*
~/поршневое stoßendes Fließen *n* *(Wirbelschichttechnik)*
псевдоожиженный scheinflüssig, flüssigkeitsähnlich, quasi-flüssig
псевдоосновность *f* Pseudobasizität *f*
псевдопеременная *f* *(Astr)* Pseudoveränderlicher *m*, uneigentlicher Veränderlicher *m* *(Gestirne)*
псевдопластичность *f* Pseudoplastizität *f*
псевдопотенциал *m* Pseudopotential *n*
псевдопрограмма *f* *(Dat)* Pseudoprogramm *n*
псевдоравновесие *n* Pseudogleichgewicht *n*
псевдосимметрия *f* Pseudosymmetrie *f*
псевдоскаляр *m* *(Math)* Pseudoskalar *m*
псевдосплав *m* Pseudolegierung *f* *(Pulvermetallurgie)*
псевдосфера *f* *(Math)* Pseudosphäre *f*
псевдотемпература *f* Pseudotemperatur *f*
псевдотензор *m* *(Math)* Pseudotensor *m*, Tensorschicht *f*
псиломелан *m* *(Min)* Psilomelan *m*, schwarzer Glaskopf *m*
психология *f* Psychologie *f*
~/авиационная Fliegerpsychologie *f*
~ поведения Verhaltenspsychologie *f*
психрометр *m* *(Meteo)* Psychrometer *n*, Feuchtemesser *m*
~ Ассмана/аспирационный Aßmannsches Aspirationspsychrometer *n*
~/дистанционный Fernmeßpsychrometer *n*
~/пращевой Schleuderpsychrometer *n*
~ с термометрами сопротивления Psychrometer *n* mit elektrischen Widerstandsthermometern
~ с термопарами/аспирационный Aspirationspsychrometer *n* mit Thermoelementen *(anstelle von Quecksilberthermometern)*

~/**самопишущий** Psychrograf *m*
~/**станционный** Hüttenpsychrometer *n*
псофометр *m (Fmt)* Geräuschspannungsmesser *m*, Psophometer *n*
ПСПК *s.* **станция/подводная пенетрационно-каротажная**
ПСТ *s.* **траулер/посольно-свежьевой**
ПТ *s.* **триод/полуприводниковый**
птицефабрика *f* Geflügelintensivhaltungsbetrieb *m*
ПТУ *s.* **установка/паротурбинная**
ПТУР *s.* **ракета/противотанковая управляемая**
ПТУРС *s.* **снаряд/противотанковый управляемый реактивный**
ПУ *s.* **1. пульт управления; 2. управление/программное**
пуаз *m* Poise *n*, P *(SI-fremde Einheit der dynamischen Viskosität)*
пуансон *m (Schm)* 1. Pressenstempel *m*, Preßstempel *m*, Druckstempel *m*, Oberstempel *m*, Gesenkoberteil *n*; Lochstempel *m*, Lochdorn *m*, Preßdorn *m*, Patrize *f*; 2. Stanzstempel *m*, Lochstempel *m*; Treibpunze *f*; 3. Fließpreßstempel *m*, Stempel *m*, Preßstempel *m (Preßgießen)*
~/**боковой** Seitenstempel *m*
~/**выдвижной** ausziehbarer (verschiebbarer) Stempel *m*
~ **вырубного штампа** Schnittstempel *m*, Schneidestempel *m*
~/**вырубной** Schnittstempel *m*, Schneidestempel *m*
~/**высадочный** Stauchstempel *m*, Absetzstempel *m*
~ **вытяжного штампа** Ziehstempel *m (Stanzen)*
~/**вытяжной** Tiefziehstempel *m*, Streckstempel *m*
~ **гибочного штампа** Biegestempel *m*
~/**гибочный** Biegestempel *m (Stanzen)*
~ **для выковки фигурных деталей** Senkstempel *m*
~ **комбинированного вытяжного штампа** Vorzieh- und Durchziehstempel *m*
~/**криволинейный** Kurvenstempel *m*
~/**наборный** Stauchstempel *m*, Absetzstempel *m*
~/**нижний** Unterstempel *m*
~/**обрезной** Abgratstempel *m*, Entgratestempel *m*
~/**подвижный** Schwebemantelmatrize *f (Pulvermetallurgie)*
~/**подпружиненный** abgefederter Stempel (Stauchstempel) *m*
~/**полый** Hohlstempel *m*
~ **предварительной высадки** Vorstauchstempel *m*
~/**предварительный** Vorstauchstempel *m*
~ **пресса** Pressenstempel *m*, Preßstempel *m*
~/**прессующий** *s.* ~ **пресса**
~/**пробивной** Lochstempel *m*
~/**просечной** Stechstempel *m (Stanzen)*
~/**прошивной** Lochstempel *m*, Einsenkstempel *m (Pulvermetallurgie)*
~/**разъёмный** unterteilter Stempel *m (Pulvermetallurgie)*
~ **с заплечиком** abgesetzter Stempel *m (Befestigung im Stempelhalter)*
~ **с лункой** Stempel *m* mit Kugelsicherung *(Befestigung im Stempelhalter)*
~ **с форточкой** Stempel *m* mit Einführungsklappe
~/**сборный** zusammengesetzter Stempel *m*
~ **со вставками/высечной** Lochstempel *m* mit Einsätzen
~/**удлиняющийся** Stempel *m* veränderlicher Länge
~/**фигурный** Fassonlochdorn *m*
~/**формовочно-прошивной** Verformungslochstempel *m*
~/**формовочный** Verformungsstempel *m*, Biegestempel *m (Stanzen)*
~/**чеканочный** Prägestempel *m*
пуансонодержатель *m* Stempelhalter *m*, Stempel[aufnahme]platte *f*, Locheisenhalter *m*, Kopfplatte *f (Presse)*
ПуВРД *s.* **двигатель/пульсирующий воздушно-реактивный**
пуддинг *m (Geol)* Puddingstein *m*
пудра *f* 1. *(Gieß)* Puder *m*; 2. staubförmiges Pulver *n (Pulvermetallurgie)*
~/**алюминиевая спекающаяся** Sinteraluminiumpulver *n*, SAP *n (Pulvermetallurgie)*
пузырь *m* Blase *f*
~/**воздушный** Luftblase *f*
~/**газовый** Gasblase *f*
~/**подкорковый** *(Met)* Randblase *f (z. B. beim Rohblock)*
пул *m*/**буферный** *(Dat)* Pufferkomplex *m*, Pufferpool *m*
пулемёт *m* Maschinengewehr *n*, MG *n*
~/**авиационный** Flugzeug-MG *n*, Bord-MG *n*
~/**зенитный** Fliegerabwehr-MG *n*, Fla-MG *n*
~/**крупнокалиберный** überschweres MG *n*
~/**крыльевой** Tragflächen-MG *n*, Flügel-MG *n*
~/**курсовой** Bug-MG *n*
~/**лобовой** Bug-MG *n*
~/**противотанково-зенитный** Panzer- und Fliegerabwehr-MG *n*
~/**противотанковый** Panzerabwehr-MG *n*
~/**ручной** leichtes MG *n*, lMG *n*
~ **с неподвижным стволом** MG *n* mit feststehendem Lauf
~ **с подвижным стволом** MG *n* mit beweglichem Lauf

~/**синхронный [авиационный]** gesteuertes MG *n*
~/**спаренный** Zwillings-MG *n*
~/**спаренный танковый** gekoppeltes [Panzer-]MG *n*
~/**станковый** schweres MG *n*, sMG *n*
~/**счетверённый** Vierlings-MG *n*
~ **танка/башенный** Turm-MG *n* *(Panzer)*
~/**танковый** Panzer-MG *n*
~/**тумбовый** *s.* ~/**станковый**
~/**турельный [авиационный]** Drehring-lafetten-MG *n* *(auf Drehkranz)*
пулестойкий kugelsicher
пулеуловитель *m* Kugelfang *m* *(Schießstand)*
пульверизатор *m* Zerstäuber *m*; Spritzpistole *f*
пульверизация *f* 1. Pulverisieren *n*, Zerkleinern *n*, Pulverisierung *f* *(Stoffe)*; 2. Zerstäuben *n*, Zerstäubung *f* *(Flüssigkeiten)*; 3. Spritzen *n* *(Anstrichtechnik)*
пульпа *f* 1. Pulpe *f*, Trübe *f* *(Aufbereitung)*; 2. Trübe *f* *(Hydrometallurgie)*; 3. *(Pap)* Faserbrei *m*; 4. *(Lebm)* Pülpe *f*, Pulpe *f*, Fruchtbrei *m*
~/**закладочная** Spülflüssigkeit *f*, Spülgut *n* *(Spülversatz)*
~/**плодовая** Fruchtbrei *m*, Pülpe *f*
~/**рудная** Erztrübe *f* *(Aufbereitung)*
~/**толчейная** Pochtrübe *f*
~/**флотационная** Flotationstrübe *f*
~/**шламовая** Schlammtrübe *f*
пульповод *m* Spülrohrleitung *f*, Schlammleitung *f* *(Saugbagger)*
~/**вакуумный** Saugleitung *f*
~/**напорный** Förderrohrleitung *f*
~/**плавучий** Schwimmrohrleitung *f*
пульподелитель *m* Trübeverteiler *m* *(Aufbereitung)*
пульполовушка *f* *(Lebm)* Pülpefänger *m*
~/**высокопроизводительная** Hochleistungspülpefänger *m*
~ **для диффузионного сока** Rohsaftpülpefänger *m* *(Zuckergewinnung)*
пульсар *m* *(Astr)* Pulsar *m*, pulsierende Radioquelle *f*
пульсатор *m* 1. Pulsator *m*, Vibrationsprüfstand *m*; 2. *(Bgb)* Pulsatorsetzmaschine *f* *(Setzmaschine mit aufsteigendem Wasserstrom, vornehmlich für Aufbereitung von Seifen geeignet)*; 3. *(Lw)* Pulsator *m* *(Melkmaschine)*; 4. *(Fmt)* Zahlengeber *m*
~ **двустороннего действия/гидравлический** hydraulische Wechselbelastungs-Schwingungsprüfmaschine *f*
~ **одностороннего действия/гидравлический** hydraulische Schwellbelastungs-Schwingungsprüfmaschine *f*
пульсатрон *m* *(Eln)* Pulsatron *n*, Impulsröhre *f*
пульсация *f* 1. Pulsation *f*; Pulsieren *n*; 2. Welligkeit *f* *(z. B. von Gleichstrom)*; 3. Schwankung *f* *(im Ablauf eines Vorgangs)*
~ **ветра** *(Meteo)* Windunruhe *f*
~ **напряжения** *(El)* Spannungspulsation *f*, Spannungsschwankung *f*
~ **насосика** *(Text)* Spinnpumpenimpuls *m*
~ **пучка** *(Kern)* Strahlwelligkeit *f*
~ **скорости [течения]** *(Hydrol)* Geschwindigkeitsschwankung *f* *(Strömung)*
~ **тока** *(El)* Strompulsation *f*, Stromschwankung *f*
~ **уровней воды** *(Hydrol)* Wasserstandsschwankung *f*
пульсировать puls[ier]en, Impulse senden; oszillieren
пульсометр *m* Pulsometer *n* *(einfache kolbenlose Gas- oder Dampfdruckpumpe)*
пульс-реле *n* *(El)* Relaisunterbrecher *m*
пульт *m* Pult *n*
~/**видеосмесительный** Bildmischpult *n*
~/**диспетчерский** Dispatcherpult *n*
~/**инженерный** *(Dat)* Bedienungsfeld *n*, Bedien[ungs]pult *n*
~/**коммутационный** *(El)* Schaltpult *n*
~/**контрольный** Überwachungspult *n*
~ **контроля** Überwachungspult *n*
~/**микшерный** *(Rf, Fs)* Mischpult *n*
~ **оператора** *(Dat)* Abfrageeinheit *f*
~/**смесительный** *(Rf, Fs)* Mischpult *n*
~/**судоводительский** *(Schiff)* Brückenfahrpult *n*
~ **управления** Steuerpult *n*, Schaltpult *n*; Regiepult *n*; Fahrpult *n* *(Lok, Schiff)*
~ **управления [главным двигателем] в рулевой рубке** *(Schiff)* Brückenfahrpult *n*
~ **управления/кнопочный** Knopf-Steuerpult *n*
~ **управления на мостике** *(Schiff)* Brückenfahrpult *n*
~ **управления промысловыми механизмами** *(Schiff)* Fischereiwindenfahrpult *n*
~ **управления судном** *(Schiff)* Brückenfahrpult *n*
~ **управления/центральный** Zentralsteuer[ungs]pult *n*
~/**штурманский** *(Schiff)* Navigationspult *n*
~/**экранный** *(Dat)* Bildschirmeinheit *f*, Display *n*
пуля *f* Kugel *f*, Geschoß *n* *(für Jagdgewehre und Handfeuerwaffen)*
~/**винтовая** 1. *(Mil)* Gewehrgeschoß *n*; 2. Büchsenkugel *f* *(Jagd)*
~/**зажигательная** Brandgeschoß *n*
~/**остроконечная** Spitzgeschoß *n*
~/**охотничья** Jagdgeschoß *n*
~/**пистолетная** Pistolengeschoß *n*
~/**пристрелочно-зажигательная** *(Mil)* Einschieß-Brandgeschoß *n*

~/пулемётная Maschinengewehrgeschoß *n*, MG-Geschoß *n*
~/разрывная *(Mil)* Sprenggeschoß *n*, Explosivgeschoß *n*
~/рикошетная Querschläger *m*
~/ружейная Gewehrkugel *f*
~ с неполной оболочкой Halbmantelgeschoß *n*
~ с оболочкой Mantelgeschoß *n*
~/сплошная свинцовая Bleivollgeschoß *n* *(für Jagdgewehre mit gezogenem Lauf)*
~/трассирующая Leuchtspurgeschoß *n*
~/трассирующая зажигательная Spurbrandgeschoß *n*

пункт *m* 1. Punkt *m (nicht im mathematischen Sinne)*; Ort *m*, Stelle *f*; Warte *f*; Amt *n*; 2. *(Typ)* [typografischer] Punkt *m (als Schriftmaß)*
~/абонентский *(Dat)* Datenstation *f*, Datenendplatz *m*
~/абонентский телефонный Sprechstelle *f*, Fernsprechstelle *f*
~/англо-американский *(Typ)* englisch-amerikanischer Punkt *m (0,351 mm)*
~/артиллерийский наблюдательный *(Mil)* Artilleriebeobachtungsstelle *f*
~/астрономический *(Geod)* astronomischer Punkt *m*
~/батальонный медицинский *(Mil)* Bataillonsverbandplatz *m*
~/батарейный командный *(Mil)* Batteriebefehlsstelle *f*
~/бензозаправочный (бензораздаточный) *(Kfz)* Tankstelle *f*
~/береговой командный *(Mar)* Küstenbefehlsstand *m*
~ боевого питания *(Mil)* Munitionsstelle *f*
~ боепитания *(Mil)* Munitionsstelle *f*
~/боковой наблюдательный *(Mil)* seitliche Beobachtungsstelle *f*
~ ввода-вывода данных *(Dat)* Datenendplatz *m*
~ высадки [морского] десанта *(Mar)* Landungspunkt *m*
~/геодезический *(Geod)* geodätischer Punkt *m*
~/главный командный *(Mar)* Hauptbefehlsstand *m*
~/гравиметрический *(Geoph)* gravimetrischer Punkt *m*, Schweremeßpunkt *m* *(Schwerenetz)*
~/дегазационный *(Mil)* Entgiftungsplatz *m*
~/дезинфекционный *(Eb)* Entseuchungsanstalt *f (Wagen)*
~/десантный *(Mil)* Landepunkt *m*
~/дивизионный медицинский *(Mil)* Divisionsverbandplatz *m*
~/диспетчерский Dispatcherzentrale *f*, Dispatcherpunkt *m*, Dispatcherleitstelle *f*, Kommandostelle *f*, Steuerwarte *f*
~ договора Vertragsbestimmung *f*, Vertragspassus *m*, Vertragsklausel *f*
~/донорский *(Med)* Blutspendezentrale *f*
~/заготовительный Beschaffungsstelle *f*
~ задания *(Dat)* Jobschritt *m*
~/запасной командный *(Mil)* Wechselgefechtsstand *m*
~/запасной наблюдательный *(Mil)* Wechselbeobachtungsstelle *f*
~ заправки автомашин *(Kfz)* Tankstelle *f*
~/заправочный 1. *(Kfz)* Tankstelle *f*; 2. *(Eb)* Betankungsstelle *f (Lokomotive)*
~/зерноочистительно-сушильный Getreidereinigungs- und -trocknungsstelle *f*
~/зерноочистительный Getreidereinigungsstelle *f*
~/инженерный наблюдательный *(Mil)* Pionierbeobachtungsstelle *f*
~ искусственного осеменения *(Lw)* Besamungsstation *f*
~/командирский наблюдательный *(Mil)* Kommandeursbeobachtungsstelle *f*, Kommandeurs-B-Stelle *f*
~/командно-диспетчерский 1. *(Flg)* Flugleitzentrale *f*, Flugleitstelle *f*, Kontrollpunkt *m*; 2. *(Milflg)* Dispatchergefechtsstand *m*
~/командно-наблюдательный *(Mil)* Kommandeursbeobachtungsstelle *f*, Kommandeurs-B-Stelle *f*, Hauptbeobachtungsstelle *f*
~/командный 1. *(Mil)* Gefechtsstand *m*; 2. *(Mar, Schiff)* Befehlsstand *m*; 3. *(Rak)* Lenkstand *m*; 4. *(Milflg)* Leitstelle *f*
~/коммутационный 1. *(Fmt)* Vermittlung *f*; 2. *(El)* Schaltstelle *f*, Schaltstation *f*
~/контрольно-измерительный *(El)* Meßwarte *f*
~/контрольно-пропускной 1. *(Mil)* Kontroll-Durchlaßposten *m*; 2. *(Milflg)* Kontroll-Überflugpunkt *m*; 3. Grenzübergangsstelle *f*
~/лесозаготовительный *(Forst)* Holzaufbereitungsstelle *f*
~/ложный наблюдательный *(Mil)* Scheinbeobachtungsstelle *f*
~ маршрута/исходный Anfangspunkt *m* der Flugstrecke
~/медицинский *s.* **~ медицинской помощи**
~ медицинской помощи 1. *(Mil)* Verbandplatz *m*; 2. Sanitätsstelle *f*, Stelle *f* für Erste Hilfe
~ мойки автомобилей Autowäscherei *f*
~/наблюдательный *(Mil)* Beobachtungsstelle *f*, B-Stelle *f*; *(Mar)* Beobachtungsstand *m*
~ наведения *(Rak, Flg, Milflg)* Leitstelle *f*
~ наведения истребителей Jägerleitstelle *f*
~ назначения Bestimmungsort *m*

~/населённый Ortschaft *f*, Ort *m*, Siedlung *f*
~/необслуживаемый промежуточный (усилительный) *(Fmt)* unbemanntes Verstärkeramt *n*, unbesetzte Zwischenverstärkerstelle *f*
~/обгонный *(Eb)* Überholungsstelle *f*
~/обслуживаемый промежуточный (усилительный) *(Fmt)* Hauptamt *n*, besetzte Zwischenverstärkerstelle *f*
~ общего пользования/переговорный öffentliche Fernsprechstelle *f*
~/опорный 1. *(Geod)* Festpunkt *m*; 2. *(Mil)* Stützpunkt *m*
~/основной командный *s.* **~/командно-наблюдательный**
~/остановочный *(Eb)* Haltestelle *f*, Haltepunkt *m*
~/откормочный *(Lw)* Mastanlage *f*
~ отправления *(Schiff)* Versandort *m*
~/отрывной *(Eb)* Ablaufpunkt *m*, Entkuppelstelle *f* *(Ablaufberg)*
~ отхода *s.* **~/отшедший**
~ отцепления *(Eb)* Entkuppelpunkt *m*, Entkuppelstelle *f* *(Wagen)*
~/отшедший *(Schiff)* verlassener Ort *m* *(Navigation)*
~ отшествия *s.* **~/отшедший**
~ ПВО/командный *(Mil)* Luftabwehrgefechtsstand *m*
~/перевалочный Umschlagplatz *m*
~/перегрузочный *(Eb)* Umladestelle *f*, Umladehalle *f*
~/передовой командный *(Mil)* vorgeschobener Gefechtsstand *m*
~/передовой наблюдательный *(Mil)* vorgeschobene Beobachtungsstelle *f*
~ переправы *(Mil)* Übersetzstelle *f*
~/погрузочный Ladeplatz *m*, Ladestelle *f*
~/полигонометрический *(Geod)* Polygonpunkt *m*
~/полковой медицинский *(Mil)* Regimentsverbandpunkt *m*
~ примыкания *(Eb)* Anschlußstelle *f*
~/пришедший *(Schiff)* erreichter Ort *m* *(Navigation)*
~ пришествия *s.* **~/пришедший**
~ прямой засечки *(Geod)* vorwärts eingeschnittener Punkt *m*
~ пупинизации *(Fmt)* Spulenpunkt *m*
~ радиоконтроля Funküberwachungsstelle *f*
~/радиопеленгаторный *(FO)* Funkpeilstelle *f*, Peilfunkbetriebsstelle *f*
~/радиопереговорный (радиотелефонный) Funksprechstelle *f*
~/радиотрансляционный Funkleitstelle *f*
~/распорядительный Betriebsorganisations- und -kommandostelle *f* *(in Industriebetrieben, auf Baustellen usw.)*
~/распределительный *(El)* Verteil[er]stelle *f*
~ регулирования Reglerwarte *f*
~/санитарно-контрольный Sanitätsüberwachungsstelle *f* *(für den Eisenbahn- und Binnenschiffsverkehr)*
~ сбора и подготовки данных *(Dat)* Datenerfassung- und -aufbereitungsstelle *f*
~/случной *(Lw)* Deckstation *f*, Besamungsstation *f* *(Tierzucht)*
~ стоянки *(Schiff)* Liegeplatz *m*, Ankerplatz *m*
~/твёрдый *(Geod)* Festpunkt *m*
~/телеграфный Fernschreibstelle *f*
~/телефонный переговорный Fernsprechstelle *f*, Sprechstelle *f*
~/типографский *(Typ)* typografischer Punkt *m*
~/топографический *(Geod)* topografischer Punkt *m*
~/трансляционный *(El)* 1. Relaispunkt *m*, Relaisstelle *f*; 2. *s.* **~/усилительный**
~ триангуляции *(Geod)* Triangulationspunkt *m*, trigonometrischer Punkt *m*
~/тригонометрический *s.* **~ триангуляции**
~/узловой *(Fmt)* Knoten[punkt] *m*
~ управления 1. *(Reg)* Steuerwarte *f*, Kommandostelle *f*; Schaltzentrale *f*; 2. *(Mil)* Führungsstelle *f*
~ управления/тыловой *(Mil)* rückwärtige Führungsstelle *f*
~/усилительный *(Fmt)* Verstärkeramt *n*
~ флота/упорный *(Mar)* Flottenstützpunkt *m*
~/энергодиспетчерский *(El)* Lastverteilerpunkt *m*, Lastverteilerstelle *f*
~ энергосистемы/диспетчерский *s.* **~/энергодиспетчерский**
пункты *mpl*/**взаимные** Gegenpunkte *mpl*
пунсон *m* 1. *(Schm)* Lochstempel *m*; 2. *(Typ)* Punzenstempel *m*, Punze *f* *(Gravierwerkzeug)*
пунцон *m s.* **пунсон**
пупинизация *f* *(Fmt)* Bespulung *f*, Pupinisierung *f* • **с весьма лёгкой пупинизацией** sehr leicht pupinisiert (bespult) • **с лёгкой пупинизацией** leicht pupinisiert (bespult) • **со средней пупинизацией** mittelschwer pupinisiert (bespult) • **с нормальной пупинизацией** normal pupinisiert (bespult)
~/сильная schwere Bespulung (Pupinisierung) *f*
~/слабая leichte Bespulung (Pupinisierung) *f*
~/средняя mittelschwere Bespulung (Pupinisierung) *f*
~ фантомной цепи Viererbespulung *f*, Viererpupinisierung *f*
пупинизировать *(Fmt)* bespulen, pupinisieren
пурин *m (Ch)* Purin *n*, Purinkörper *m*

пуриновый *(Ch)* Purin ...
пурка *f* Getreidewaage *f*, Kornwaage *f* *(zur Feststellung der Getreidequalität)*
ПУС *s.* **система приборов управления стрельбой**
пуск *m* 1. Anlassen *n*, Anlauf *m*, Anfahren *n*, Start *m*; 2. *(Met)* Anblasen *n (Schachtofen, Konverter)*
~/**автоматический** Selbstanlauf *m*
~/**автотрансформаторный** Anlassen *n* mit Spartransformator
~ **без нагрузки** Leeranlauf *m*
~ **в ход** Inbetriebnahme *f*, Inbetriebsetzung *f*, Ingangsetzung *f*
~ **в ход/предварительный** Vorlauf *m*
~ **в ход сжатым воздухом** Druckluftanlassung *f*
~ **в холодном состоянии** Kaltstart *m* *(Kfz-Motor)*
~ **в эксплуатацию** Inbetriebnahme *f*, Inbetriebsetzung *f*
~ **вхолостую** Leeranlauf *m*
~/**пневматический** Druckluftanlassung *f*
~ **под нагрузкой** Lastanlauf *m*
~ **при полной нагрузке** Vollastanlauf *m*
~ **при половинной нагрузке** Halblastanlauf *m*
~ **программы** *(Dat)* Programmstart *m*
~ **ракеты** *(Rak)* Raketenstart *m*
~ **реактора** *(Kern)* Reaktorstart *m*, Anfahren (Hochfahren) *n* des Reaktors
~/**реостатный** *(El)* Anlassen *n* mit Anlaß widerstand (Anlasser), Widerstandsanlauf *m*
пускатель *m (El)* Anlasser *m*
~/**автотрансформаторный** Anlaß[spar]-transformator *m*
~/**барабанный** Trommelbahnanlasser *m*, Schaltwalzenanlasser *m*
~/**дистанционный** Fernanlasser *m*
~/**жидкостный** Flüssigkeitsanlasser *m*
~ **закрытого исполнения** gekapselter Anlasser *m*
~/**кнопочный** Druckknopfanlasser *m*
~/**контакторный** Schützenanlasser *m*
~/**магнитный** Magnetanlasser *m*
~/**масляный** Ölanlasser *m*
~ **открытого исполнения** offener Anlasser *m*
~/**реверсивный** Umkehranlasser *m*, Wendeanlasser *m*
~/**реостатный** Widerstandsanlasser *m*
~/**роторный** Rotoranlasser *m*, Läuferanlasser *m*
~/**трёхфазный** Drehstromanlasser *m*
пускать 1. anlassen, in Bewegung setzen; 2. freilassen, loslassen, lassen; 3. erlauben, zulassen
~ **в работу** in Betrieb setzen, anlassen
~ **в ход** in Betrieb setzen, anlassen
~ **вручную** von Hand anwerfen (anlassen)
~ **вхолостую** leer anlassen
пуск-стоп *(Masch)* „Ein-Aus" *(Beschriftung von Bedienungsschildern)*
пустить *s.* **пускать**
пустографка *f (Typ)* Tabelle *f*
пустой 1. hohl, leer; 2. *(Bgb)* taub, unhaltig *(Gestein)*
пустота *f* 1. Leere *f*; 2. Hohlraum *m*, Kaverne *f*; 3. Luftleere *f*, Vakuum *n*
~/**карстовая** *(Geol)* Schlotte *f* *(Karsterscheinung)*
~/**коррозионная** *(Geol)* Lösungshohlraum *m*
~ **плотнейшей упаковки/октоэдрическая** *(Krist)* Oktoederlücke *f* *(einer dichten Kugelpackung)*
~ **плотнейшей упаковки/тетраэдрическая** *(Krist)* Tetraederlücke *f* *(einer dichten Kugelpackung)*
~ **растворения** *(Geol)* Lösungshohlraum *m*
~/**торричеллиева** *(Ph)* Torricellische Leere *f*
~/**усадочная** Schwindungshohlraum *m* *(Blockkristallisation)*
пустотелый hohl
пустотность *f* Hohlraumanteil *m*, Hohlraumgehalt *m*
пустотный luftleer, gasfrei; Vakuum ...
пустотообразователь *m (Bw)* Hohlraumbildner *m*
пустошь *f* 1. Heide *f*; 2. Ödland *n*, Heideland *n*, unbebautes Land *n*
~/**боровая** Nadelwaldheide *f*
~/**лугово-моховая** Moos- und Wiesenheide *f*
~/**травянистая** Grasheide *f*
пустыня *f* Wüste *f*
~/**глинистая** Lehmwüste *f*
~/**глинисто-солончаковая** *s.* ~/**солончаковая**
~/**горная** Felswüste *f*
~/**песчаная** Sandwüste *f*
~/**солончаковая** Salzwüste *f*
~/**субтропическая** subtropische Wüste *f*
~/**тропическая** tropische Wüste *f*
путенс *m (Schiff)* Pütting *f*, Püttingeisen *n*
путеочиститель *m (Eb)* Schienenräumer *m*, Bahnräumer *m*
путепередвигатель *m (Eb)* Gleisrückgerät *n*, Gleisrückmaschine *f*, Gleisrücker *m*
~/**консольный** Auslegergleisrückmaschine *f*
~/**мостовой** Brückengleisrückmaschine *f*
путепередвижка *f (Eb)* Gleisrücken *n*
путепогрузчик *m (Eb)* Gleisjochtransportwagen *m*
путеподъёмник *m (Eb)* Gleishebewinde *f*, Gleishebebock *m*, Gleisheber *m*, Gleishebegerät *n*
путепровод *m (Eb)* Kreuzungsbauwerk *n* *(Überführung bzw. Unterführung)*; Talbrücke *f*

путепрокладчик *m (Schiff)* Kursabsetzer *m*, Plotter *m (Koppelrechner)*
путеразрушитель *m (Eb)* Schienenwolf *m*, Schienenaufreißer *m*
путеукладчик *m (Eb)* Gleisverlegekran *m*, Gleisverlegemaschine *f*
~/**звеньевой** Gleisjochverleger *m*, Gleisjochverlegekran *m*
путешествие *n* Reise *f*, Fahrt *f*
ПУТС *s.* **прибор управления торпедной стрельбой**
путь *m* 1. Weg *m*, Bahn *f (s. a. unter* **траектория***)*; Strecke *f*; 2. *(Eb) s.* ~/**железнодорожный**
~/**бесстыковой** *(Eb)* stoßfreies Gleis *n*
~/**боевой** Zielanflugstrecke *f*
~/**боковой** *(Eb)* Nebengleis *n*
~ **бури** *(Meteo)* Sturmbahn *f*
~ **ветра** *(Meteo)* Windbahn *f*
~/**внутризаводской** Werksgleis *n*
~/**водный** Wasserstraße *f*
~/**водный внешний** äußerer Wasserweg *m*, Seewasserweg *m*
~/**водный внутренний** Binnenwasserstraße *f*
~ **выбега** *(Kfz)* Auslaufweg *m*
~/**выгрузочный** *(Eb)* Entladegleis *n*
~/**вытяжной** *(Eb)* Ausziehgleis *n*, Absetzgleis *n*, Stichgleis *n*
~/**выходной** *(Schiff)* Fluchtweg *m*
~/**главный** *(Eb)* Hauptgleis *n*
~/**главный сквозной** durchgehendes Hauptgleis *n*
~/**деповский** *(Eb)* Lok-Verkehrsgleis *n*
~ **для порожних вагонов** *(Eb)* Leerwagengleis *n*
~/**железнодорожный** *(Eb)* Gleis *n*
~/**забойный** *(Bgb)* Strossengleis *n (Tagebau)*
~/**занятый** *(Eb)* besetztes Gleis *n*
~/**запасный** Abstellgleis *n*, Reservegleis *n*
~ **звёзд/эволюционный** *(Astr)* Entwicklungsweg *m (Sternentwicklung)*
~/**карьерный** *(Bgb)* Tagebaugleis *n*
~/**критический** kritischer Weg *m (Netzplantechnik)*
~/**маневровый** *(Eb)* Rangiergleis *n*, Verschiebegleis *n*
~/**монорельсовый** *(Eb)* Einschienengleis *n*
~ **надвига на горку** *(Eb)* Berggleis *n*
~/**обгонный** *(Eb)* Überholungsgleis *n*
~/**объездной** *(Eb)* Umgehungsgleis *n*
~/**одноколейный** *(Eb)* eingleisige Strecke *f*
~/**отвальный** *(Bgb)* Kippengleis *n (Tagebau)*
~ **отката** *s.* ~ **выбега**
~/**откаточный** *(Bgb)* Fördergleis *n*
~/**отправочный** *(Eb)* Ausfahrgleis *n*
~/**передаточный** *(Eb)* Übergabegleis *n*
~/**передвижной** *(Eb)* Rückgleis *n (Tagebau)*
~/**перонный** *(Eb)* Bahnsteiggleis *n*
~ **поворота** *(Kfz)* Lenkweg *m*
~/**погрузочно-выгрузочный** *(Eb)* Ladegleis *n (Gleis für Güterwagenabstellung zur Be- und Entladung)*
~/**погрузочный** *(Eb)* Ladegleis *n*, Beladegleis *n*
~ **подвоза** *(Mil)* Nachschubweg *m*, Nachschubstraße *f*
~/**подгорочный** *(Eb)* Ablaufgleis *n*
~/**подкрановый** Krangleis *n*; Kranbahn *f*
~/**подмостовой** *(Bbg)* Brückengleis *n (Tagebau)*
~/**подпорный мостовой** *(Bgb)* Brückengleis *n (Tagebau)*
~/**подъездной** *(Eb)* Anschlußgleis *n*, Zufahrtgleis *n*
~/**подъездной железнодорожный** *(Eb)* Nebenbahn *f*
~/**подэкскаваторный** *(Bgb)* Baggergleis *n (Tagebau)*
~/**постоянный** *(Eb)* fest verlegtes Gleis *n*
~ **прибытия** *(Eb)* Einfahrgleis *n*
~/**приёмный** *(Eb)* Einfahrgleis *n*
~/**приёмо-отправочный** *(Eb)* Ein- und Ausfahrgleis *n*
~/**приёмочный** *(Eb)* Einfahrgleis *n*
~ **примыкания** *(Eb)* Anschlußgleis *n*
~ **расчёта** *(Dat)* Rechnungsgang *m*
~/**рельсовый** *(Eb)* Schienenweg *m*, Schienenstrang *m*, Schienenbahn *f*
~/**рельсовый крановый** Kranschienenbahn *f*
~/**свободный** *(Eb)* unbesetztes Gleis *n*
~/**северный морской** nordöstliche Durchfahrt *f*, Nordostpassage *f*, Nördlicher (Sibirischer) Seeweg *m*
~/**сквозной [железнодорожный]** *(Eb)* durchgehendes Gleis *n*
~ **скольжения** *(Mech)* Gleitweg *m*, Reibungsweg *m*
~ **скользящего разряда** *(El)* Kriechweg *m*
~ **следования** *(Eb)* Fahrweg *m*, Fahrstrecke *f*
~/**смежный** *(Eb)* Nebengleis *n*
~/**соединительный** *(Eb)* Verbindungsgleis *n*
~ **сообщения** Verkehrsweg *m*
~ **сообщения/военный** militärischer Transportweg *m*
~/**сортировочный** *(Eb)* Aufstellgleis *n*; Rangiergleis *n*, Verschiebegleis *n*
~/**сплавной** *(Forst)* Triftstraße *f (Flößerei)*
~/**станционный** *(Eb)* Stationsgleis *n*
~ **стоянки подвижного состава** *(Eb)* Abstellgleis *n*
~ **тока** *(El)* Stromweg *m*, Strombahn *f*, Strompfad *m*
~ **тока утечки** Kriechweg *m*
~ **торможения** *(Kfz, Eb)* Bremsweg *m*

~/**тормозной** *(Kfz, Eb)* Bremsweg *m*
~/**тракционный** *s.* ~/**деповский**
~/**тупиковый** *(Eb)* Stumpfgleis *n*, Stummelgleis *n*, Gleisstumpf *m*
~/**тупиковый перонный** stumpf endendes Bahnsteiggleis *n*
~/**узколинейный** *(Eb)* Schmalspurgleis *n*
~/**уступный** *(Bgb)* Strossengleis *n* *(Tagebau)*
~ **формирования поездов** *(Eb)* Zugbildungsgleis *n*
~/**ходовой** *(Eb)* Verkehrsgleis *n*
~/**циклонов** *(Meteo)* Zyklonenbahn *f*, Zyklonenweg *m*
~ **шквала с градом** *(Meteo)* Hagelzug *m*
~ **эвакуации** Fluchtweg *m*
пух *m* 1. Daune *f*, Flaum *m*; 2. *(Text)* Flug *m*, Anflug *m* *(beim Krempeln und Spinnen)*
~ **из-под барабана и вальяна** *(Text)* Faserstaub *m* vom Tambour und Abnehmer *(Kardenabfall)*
~ **с пыльного валика** *(Text)* Faserstaub *m* von der Staubwalze *(Kardenabfall)*
~/**хлопковый** *(Text)* Linters *pl*, Baumwollinters *pl*
пухлость *f* *(Pap)* Voluminosität *f*
пухоотделитель *m* *(Text)* Entwollmaschine *f*, Linter *m*
пуццолан *m* *(Bw)* Puzzolan *n*, hydraulischer Zuschlag *m*
пучение *n* Aufquellen *n*, Quellen *n*
пучина *f* 1. Strudel *m*; 2. Frostbeule *f*, Frostauftreibung *f* *(Straße)*
пучить [auf]quellen
пучность *f* 1. Anschwellung *f*; 2. *(Ph)* Bauch *m*, Schwingungsbauch *m* *(stehende Welle)*
~ **волны** Wellenberg *m*
~ **напряжения** Spannungsbauch *m*
~ **скоростей** Schnellbauch *m*
~ **тока** Strombauch *m*
пучок *m* 1. Bündel *n*; 2. *(Math)* Büschel *n*; 3. *(Kern)* Strahl *m*
~/**арматурный** *(Bw)* Bewehrungsbündel *n*
~/**астигматический** *(Opt)* astigmatisches Bündel *n*
~/**атомный** *(Kern)* Atomstrahl *m*
~ **атомов** *(Kern)* Atomstrahl *m*
~ **волн** *(Ph)* Wellenbündel *n*
~ **волокон** Faserstrang *m*, Faserbündel *n*, Faserbüschel *n*
~ **дымогарных труб** Heizrohrbündel *n*
~ **жил** *(El)* Adernbündel *n* *(Kabel)*
~/**звуковой** *(Ak)* Schallstrahlenbündel *n*
~/**ионный** *(Kern)* Ionenstrahl *m*
~ **керновых лучей** *(Kern)* Kern[strahlen]büschel *n*
~ **кипятильных труб** *(Wmt)* Siederohrbündel *n*
~ **линий** *(El)* Leitungsbündel *n*
~ **лучей** 1. *(Opt)* Strahlenbündel *n*, Lichtbündel *n*, Lichtsystem *n*; 2. *(Math)* Strahlenbüschel *n*
~ **лучей/астигматический** *(Opt)* astigmatisches Strahlenbündel *n*
~ **лучей/гармонический** *(Math)* harmonisches Strahlenbüschel *n*
~ **лучей/гомоцентрический** *(Opt)* homozentrisches Strahlenbündel *n*
~ **лучей/параллельный** *(Opt)* paralleles Strahlenbündel (Lichtbündel) *n*
~ **лучей/расходящийся** *(Opt)* divergentes Strahlenbündel *n*
~ **лучей/сходящийся** *(Opt)* konvergentes Strahlenbündel *n*
~/**мезонный** *(Kern)* Mesonenstrahl *m*
~ **мезонов** *(Kern)* Mesonenstrahl *m*
~ **молекул** *(Ph)* Molekularstrahl *m*, Molekularstrahlenbündel *n*
~/**моноэнергетический** *(Kern)* monoenergetisches Bündel *n*
~/**нейтронный** *(Kern)* Neutronenbündel *n*, Neutronenstrahl *m*
~ **окружностей** *(Math)* Kreisbüschel *n*
~/**отражённый** *(Krist)* reflektierter Strahl *m* *(Braggsche Reflexionsbedingung, Ewaldsche Konstruktion)*
~/**падающий** *(Krist)* einfallender Strahl *m* *(Braggsche Reflexionsbedingung, Ewaldsche Konstruktion)*
~ **параллельных плоскостей** *(Math)* Parallelebenenbüschel *n*
~ **параллельных прямых** *(Math)* Parallelgeradenbüschel *n*
~/**первичный** *(Krist)* Primärstrahl *m* *(Pulvermethoden in der Ewaldschen Konstruktion)*
~/**плазменный** Plasmastrahl *m*
~ **плоскостей** *(Math)* Ebenenbüschel *n*
~ **плоскостей/гармонический** harmonisches Ebenenbüschel *n*
~/**полезный** *(Kern)* Nutzstrahlenbündel *n*, Nutzstrahl *m*
~ **пороха/верхний** *(Mil)* obere Ladung (Teilladung) *f* *(Hülsenkartusche)*
~ **пороха/нижний** *(Mil)* untere Ladung (Teilladung) *f* *(Hülsenkartusche)*
~ **проводов** *(El)* Leitungsbündel *n*
~/**протонный** *(Kern)* Protonenstrahl *m*
~ **протонов** *(Kern)* Protonenstrahl *m*
~ **прямых** *(Math)* Geradenbüschel *n*
~ **путей** *(Eb)* Gleisbündel *n*
~ **рентгеновских лучей** Röntgen[strahlen]bündel *n*
~/**световой** *(Opt)* Lichtbündel *n*, Strahlenbündel *n*, Strahlensystem *n*
~ **стержней** *(Kern)* Stabbündel *n*
~ **сфер** *(Math)* Sphärenbüschel *n*
~ **тепловых электронов** *(Kern)* thermischer Elektronenstrahl *m*, thermisches Elektronenbündel *n*
~ **траекторий** *s.* **сноп траекторий**

~ труб Rohrbündel *n*
~/узкий *(Kern)* Fadenstrahl *m*
~/центральный *(Math)* zentrales Bündel (Strahlenbündel) *n*
~ частиц *(Kern)* Teilchenstrahl *m*
~ частиц/внутренний innerer Strahl (Teilchenstrahl) *m*
~ частиц/циркулирующий umlaufender Strahl (Teilchenstrahl) *m*
~/электронный *s.* **~ электронов**
~ электронов *(Kern)* Elektronenstrahl *m*, Elektronenbündel *n*
~ электронов/гетерогенный *(Kern)* weißer Strahl (Elektronenstrahl) *m*
пушение *n* *(Led)* Aufrauhen *n*
пушка *f* 1. Kanone *f*; 2. *s.* **~ Брозиуса**
~/автоматическая Maschinenkanone *f*
~ Брозиуса *(Met)* Stichlochstopfmaschine *f*, Stopfmaschine *f* *(Hochofen)*
~/гарпунная Harpunenkanone *f* *(Walfänger)*
~/горная Gebirgskanone *f*
~/дальнобойная weittragende Kanone *f*
~ для забивки лётки *(Met)* Stichlochstopfmaschine *f*, Stopfmaschine *f* *(Hochofen)*
~ для заделки чугунной лётки *(Met)* Stichlochstopfmaschine *f*, Stopfmaschine *f* *(Hochofen)*
~/доменная *(Met)* Stichlochstopfmaschine *f*, Stopfmaschine *f* *(Hochofen)*
~/зенитная Fliegerabwehrkanone *f*, Flak *f*
~/кобальтовая *(Kern)* Kobaltkanone *f*, Kobalteinheit *f*, Telekobalteinheit *f*, Gammatron *n*
~/многоствольная Salvengeschütz *n*
~/противотанковая Panzerabwehrkanone *f*, Pak *f*
~/противотанково-зенитная Panzer- und Flugabwehrkanone *f*
~/самоходная selbstfahrende Kanone *f*
~/скорострельная Schnellfeuerkanone *f*
~/спаренная Zwillingskanone *f*
~/танковая Panzerkanone *f*
~/цезиевая *(Kern)* Zäsiumkanone *f*, Zäsiumeinheit *f*
~/электронная *(Kern)* Elektronen[strahl]-kanone *f* *(Anordnung zur Erzeugung eines gebündelten Elektronenstrahls)*
пушка-гаубица *f* *(Mil)* Kanonenhaubitze *f*, KH *f*
пушка-инжектор *f*/**электронная** *(Kern)* Vorbeschleuniger *m*, Injektor *m* *(Elektronen-Einschußsystem des Betatrons und Elektronen-Synchrotrons)*
пушпулл *m* *(Rf)* Gegentaktschaltung *f*
пушпульный *(Rf)* Gegentakt . . .
пушсало *n* Waffenfett *n*
пчеловодство *n* Bienenwirtschaft *f*, Bienenzucht *f*, Imkerei *f*
~/кочевое Wanderbienenzucht *f*
~/рамочное Mobilzucht *f*
пчелосемья *f* Bienenvolk *n*; Bienenkörbe *mpl*
пчельник *m* Bienengarten *m*, Bienenstand *m*, Imkerei *f*
пыжик *m* Pijiki *n* *(Fell des Rentierkalbs)*
пылевыделение *n* Staubentwicklung *f*, Stauben *n*
пылемер *m* Staubmesser *m*, Staubmeßgerät *n*
пыленепроницаемый staubdicht
пыление *n* 1. Stauben *n*, Staubentwicklung *f*; 2. *(Typ)* Pulvern *n* *(Druckfarbe)*
~ бумаги *s.* **пылимость бумаги**
пылеобразование *n* Staubentwicklung *f*, Staubbildung *f*
пылеосадитель *m* Staub[ab]scheider *m*, Staubfänger *m*
пылеотделение *n* Staubabscheidung *f*, Entstaubung *f*
~/гравитационное Schwerkraftentstaubung *f*
~/грубое Grobentstaubung *f*
~/дополнительное Nachentstaubung *f*
~/мокрое Naßentstaubung *f*
~/предварительное Vorentstaubung *f*
~/сухое Trockenentstaubung *f*
~/центробежное Fliehkraftentstaubung *f*
пылеотделитель *m* 1. Staubabscheider *m* *(als selbständiger Apparat)*; 2. Staubsack *m* *(als Teil einer Entstaubungsanlage, z. B. für Gichtgase)*
~/батарейный Vielzellenentstauber *m*
~/гравитационный Schwerkraftentstauber *m*
~/инерционный Trägheits-Staubabscheider *m*
~/мокрый Naßentstauber *m*
~/сухой Trockenentstauber *m*
~/ультразвуковой Ultraschallentstauber *m*
~/центробежный Fliehkraftstaubabscheider *m*
~/электростатический Elektrofilter *n*
пылеподавление *n* Staubniederschlagen *n*; Staubbekämpfung *f*
пылепоток *m* Staubstrom *m*
пылеприготовление *n* Brennstaubaufbereitung *f* *(für Staubfeuerungen)*
пылеприёмник *m* *s.* **пылесборник**
пылепровод *m* Staubleitung *f* *(Kohlenstaubfeuerung)*
пылеразделитель *m* Kohlenstaubsichter *m* *(Feuerungstechnik)*
пылесборник *m* Staubsammler *m*, Staubsammelbehälter *m*
пылесжигание *n* Brennstaubverfeuerung *f*, Staubverfeuerung *f*
пылесобиратель *m* *s.* **пылесборник**
пылесос *m* Staubsauger *m*
~/напольный Bodenstaubsauger *m*

~/ручной Handstaubsauger *m*
~/универсальный Universalstaubsauger *m*
пылеулавливание *n* Staubabscheiden *n*, Staubabscheidung *f*, Entstaubung *f*
пылеуловитель *m* 1. Entstaubungsapparat *m (Sammelbegriff für verschiedene in Trocken- oder Naßverfahren arbeitende Apparate)*; 2. Staubfänger *m*, Staubsack *m*, Staubbehälter *m (als Teil einer Entstaubungsanlage)*
пылимость *f* **бумаги** *(Pap)* Stäuben *n*
пылинки *fpl*/**межпланетные** *(Astr)* interplanetare Staubkörnchen (Staubteilchen) *npl*
пыль *f* Staub *m*
~/абразивная schmirgelnder Staub *m*
~/агломерационная Sinterstaub *m*, Rückfälle *mpl (Aufbereitung)*
~/бумажная *(Typ)* Papierstaub *m*
~/витающая *(Bgb)* Schwebestaub *m (im Wetterstrom)*
~/горючая Brennstaub *m*
~/грубая Rohstaub *m*
~/древесноугольная Holzkohlenstaub *m*
~/инертная [сланцевая] *(Bgb)* Gesteinstaub *m (Schlagwetterverhinderung)*
~/каменноугольная Kohlenstaub *m*
~/колошниковая *(Met)* Gicht[gas]staub *m*
~/космическая *(Astr)* kosmischer Staub *m*
~/летучая Flugstaub *m*
~/межзвёздная [космическая] *(Astr)* interstellarer Staub *m*
~/межпланетная [космическая] *(Astr)* interplanetarer Staub *m*
~/метеоритная *s.* **~/метеорная**
~/метеорная *(Astr)* meteoritischer Staub *m*, Meteorstaub *m*
~/радиоактивная [radio]aktiver Staub *m*
~/рудничная *(Bgb)* Grubenstaub *m*; Erzmehl *n*, Erzstaub *m*
~/свинцовая *(Met)* Bleirauch *m*
~/тонкая Feinstaub *m*
~/угольная Kohlenstaub *m*
~/цементная Zementstaub *m*
~/цинковая Zinkstaub *m*, Zinkpulver *n*, Zinkmehl *n*
пыль-унос *f* Flugstaub *m*
пьедмонт *m (Geol)* Piedmont *m*
пьеза *f* pièze, pz *(französische Druckeinheit des MTS-Systems; = 10^3 N/m^2)*
пьезогромкоговоритель *m* piezoelektrischer Lautsprecher *m*, Kristallautsprecher *m*
пьезодатчик *m (Reg)* Piezogeber *m*, piezoelektrischer Geber *m*
пьезоид *m s.* **пьезокварц**
пьезокварц *m* schwingender Quarz *m*, Schwingquarz *m*, Piezoid *n*
пьезоклаз *m (Geol)* Druckspalte *f*, Piezoklase *f*
пьезокристалл *m* Piezokristall *m*, piezoelektrischer Kristall *m*
пьезолюминесценция *f* Piezolumineszenz *f*
пьезоманометр *m* piezoelektrisches Manometer *n*, Kristallmanometer *n*
пьезометр *m* Piezometer *n*
пьезомикрофон *m* piezoelektrisches Mikrofon *n*, Kristallmikrofon *n*
пьезомодуль *m* Piezomodul *m*
пьезоприёмник *m* **давления** Piezodruckmeßgeber *m*, Piezodruckaufnehmer *m*
пьезохимия *f* Piezochemie *f*, Druckchemie *f*
пьезоэлектрик *m* Piezoelektrikum *n*
пьезоэлектрический piezoelektrisch
пьезоэлектричество *n* Piezoelektrizität *f*, Druckelektrizität *f*
пьезоэлемент *m* piezoelektrisches Element *n*
пьезоэффект *m* Piezoeffekt *m*
ПЭС *s.* **электростанция/приливная**
пяртнерс *m (Schiff)* Mastfischung *f*
пята *f* 1. Ferse *f*; Fuß *m*; 2. *(Schiff) s.* **пятка**; 3. *(Masch)* Drucklager *n*; Stützzapfen *m*, Spurzapfen *m (Wellen, Achsen; vgl. hierzu* **цапфа, шейка, шип 3.**); 4. *(Bw)* Kämpfer *m (Bogen, Gewölbe)*, Widerlager *n (Brücke)*
~ арки *(Bw)* Kämpfer *m (Bogen, Gewölbe)*
~/гребенчатая Kammzapfen *m (am Wellenende)*
~/плоская voller Spurzapfen *m*
~/плоская кольцевая ringförmiger Spurzapfen *m*
~/плоская сплошная voller Spurzapfen *m*
~ рельса *s.* **подошва рельса**
~/центральная *(Bw)* Königsstuhl *m (Drehbrücke)*
~/шаровая kugeliger Stützzapfen *m*
~/шаровая кольцевая ringförmiger kugeliger Stützzapfen *m*
~/шаровая сплошная kugeliger Stützzapfen *m*
пятёрка *f (Dat)* Quintupel *n*, Fünfer *m*
пятиатомный fünfatomig
пятивалентный fünfwertig, pentavalent
пятигранник *m (Math)* Pentaeder *n*, Fünfflächner *m*
пятидневка *f (Meteo)* Pentade *f*
пятилемешный fünffurchig, Fünffurchen . . ., fünfscharig *(Pflug)*
пятилетка *f* Fünfjahrplan *m*
пятиокись *f (Ch)* Pentoxid *n*
~ азота Stickstoffpentoxid *n*
~ мышьяка Arsen(V)-oxid *n*, Arsenpentoxid *n*
~ сурьмы Antimon(V)-oxid *n*, Antimonpentoxid *n*
~ фосфора Phosphorpentoxid *n*
пятиосновный *(Ch)* fünfbasig *(Säuren)*

пятиугольник *m (Math)* Fünfeck *n*, Pentagon *n*
пятихлористый *(Ch)* ... pentachlorid *n (anorganisch)*; *(Ch)* Pentachlor ... *(organisch)*
пятка *f* 1. Ferse *f*, Hacke *f*; Sohle *f*; 2. Spurzapfen *m*, Druckzapfen *m*
~ **ахтерштевня** *(Schiff)* Stevensohle *f*
~ **борта** Wulstbreite *f*, Wulstfuß *m (Kfz-Reifen)*
~ **веретена** *(Text)* Spindelfuß *m*
~ **гафеля** *(Schiff)* Gaffelklau *f*
~ **иглы** *(Text)* Nadelfuß *m*
~ **микрометра** *(Meß)* Amboß *m (Außenmeßschraube)*
~ **плуга** *(Lw)* Schleifsohle *f*, Furchenräumer *m (Pflug)*
~ **руля** *(Schiff)* Ruderhacke *f*
~ **штевней** *(Schiff)* Stevensohle *f*
пятник *m (Eb)* Drehpfanne *f*, Drehkranz *m (Wagen)*
пятно *n* Fleck *m*
~/**бегающее** *s.* ~/**развёртывающее**
~/**ведущее [солнечное]** *(Astr)* P-Fleck *m (Sonne)*
~/**восточное [солнечное]** *(Astr)* F-Fleck *m (Sonne)*
~/**головное [солнечное]** *(Astr)* P-Fleck *m (Sonne)*
~/**диффракционное** *(Opt)* Beugungsfleck *m*
~/**западное [солнечное]** *(Astr)* P-Fleck *m (Sonne)*
~/**интерференционное** *(Opt)* Interferenzfleck *m*
~/**ионное** Ionen[brenn]fleck *m (störende Erscheinung auf dem Leuchtschirm von Oszillografen- und Fernsehbildröhren)*
~/**катодное** *(Eln)* Katodenbrennfleck *m*, Brennfleck *m*
~/**кровяное** Blutfleck *m (Lederfehler)*
~ **на экране/световое** *(Eln)* Leuchtpunkt *m (Katodenstrahlröhre)*
~/**развёртывающее** *(Fs)* Abtastfleck *m*
~/**ржавое** Rostfleck *m*
~/**световое** 1. Lichtfleck *m*, Lichtpunkt *m*, Lichtmarke *f*; 2. *(Foto) s.* **рефлекс**
~/**светящееся** Leuchtfleck *m*, Leuchtpunkt *m*
~/**смоляное** *(Pap)* Harzfleck *m (Papierfehler)*
~/**солнечное** *(Astr)* Sonnenfleck *m*
~/**тёмное** *s.* ~/**чёрное**
~/**фокальное** Brennfleck *m (Schallstrahlenfokussierung; Schalloptik)*
~/**фокусное** Brennfleck *m*
~/**хвостовое [солнечное]** *(Astr)* F-Fleck *m (Sonne)*
~/**чёрное** Dunkelfleck *m*, Dunkelpunkt *m*
пятнообразование *n* Fleckenbildung *f*

Р

работа *f* 1. Arbeit *f*, Arbeiten *n*, Tätigkeit *f*, Beschäftigung *f*; 2. Arbeit *f*, Werk *n (Arbeitsprodukt)*; Arbeitsleistung *f*, Leistung *f*; 3. *(Dat)* Arbeit *f*, Job *m*; 4. Betrieb *m (z. B. Dauerbetrieb; s. a. unter* **режим***)*; 5. *(Mech)* Arbeit *f (Joule)*; 6. *s. unter* **работы**
~ **адгезии** *(Mech)* Adhäsionsarbeit *f*, Haftarbeit *f*
~/**ажурная** *(Text)* durchbrochene Arbeit *f (Weberei)*
~ **без смазки** *(Masch)* Trockenlaufen *n (Gleitlager)*
~/**бездетонационная** klopffreier Betrieb *m (Verbrennungsmotor)*
~/**безотказная (бесперебойная)** störungsfreie (fehlerfreie) Arbeit *f*
~ **в забое** *(Bgb)* Arbeit *f* vor Ort
~ **в отражённом свете** Auflichtverfahren *n (Mikroskopie)*
~ **в пакетном режиме** *(Dat)* Stapelverarbeitung *f*
~ **в проходящем свете** Durchlichtverfahren *n (Mikroskopie)*
~ **в центрах** *(Fert)* Spitzenarbeit *f (Drehen)*
~/**взрывная** Sprengarbeit *f*
~/**виртуальная** *(Mech)* virtuelle Arbeit *f*
~/**внешняя** *(Therm)* äußere Arbeit *f*
~ **внутренних сил** *(Therm)* innere Arbeit *f*
~/**возможная** *s.* ~/**виртуальная**
~ **впуска** Einlaßarbeit *f*, Einströmungsarbeit *f (Dampfmaschine)*; Eintrittsarbeit *f (Dampfturbine)*
~ **всухую** *s.* ~ **без смазки**
~ **вхолостую** *(Masch)* Leerlaufarbeit *f*
~ **выбега** Auslaufarbeit *f (einer Maschine)*
~ **выпуска** Ausströmungsarbeit *f (Dampfmaschine)*; Austrittsarbeit *f (Dampfturbine)*
~ **вытеснения** *(Mech)* Verdrängungsarbeit *f*
~ **выхода** Austrittsarbeit *f*
~ **выхода электрона** *(El)* Austrittsarbeit *f*, Ablösearbeit *f*
~ **гашения [колебаний]** *s.* ~ **демпфирования**
~ **генератором** *(El)* Generatorbetrieb *m*, Betrieb *m* als Generator
~ **двигателем** *(El)* Motorbetrieb *m*, Betrieb *m* als Motor
~ **движения по инерции** *s.* ~ **выбега**
~ **демпфирования [колебаний]** Dämpfungsarbeit *f (in mechanischen Schwingungssystemen)*
~ **деформации** *(Fest)* Formänderungsarbeit *f*, Verformungsarbeit *f*
~ **деформации/полная** Gesamtformänderungsarbeit *f*, gesamte Formänderungsarbeit *f*

~ **деформации/средняя удельная** mittlere spezifische Formänderungsarbeit (Formänderungsenergie) *f*
~ **деформации/удельная** spezifische Formänderungsarbeit *f*, räumliche Dichte *f* der Formänderungsarbeit
~ **деформации/упругая** elastische Formänderungsarbeit *f*
~/**длительная** Dauerbetrieb *m*
~/**дневная** Tagarbeit *f*
~/**добычная** Gewinnungsarbeit *f*
~/**дуплексная** *(Fmt)* gleichzeitiger Betrieb *m*, Duplexbetrieb *m*
~/**дуплексная телеграфная** Gegenschreibbetrieb *m*, Fernschreibduplexbetrieb *m*
~/**дуплексная телефонная** Gegensprechbetrieb *m*, Fernsprechduplexbetrieb *m*
~ **дуплексом** *s.* ~/**дуплексная**
~/**затраченная** aufgewandte (verbrauchte) Arbeit *f*
~/**затрачиваемая** Arbeitsaufwand *m*; aufzubringende Arbeit *f*
~ **захвата** *s.* **энергия захвата**
~/**избыточная** Überschußarbeit *f*
~ **изменения объёма/полная** *(Fest)* Volumenänderungsarbeit *f*
~ **изменения объёма/удельная** *(Fest)* bezogene Raumänderungsarbeit *f*
~ **изменения формы** *(Fest)* Gestaltänderungsarbeit *f*
~ **испарения** *(Wmt)* Verdampfungsarbeit *f*
~/**карьерная** Tagebaubetrieb *m*
~/**квалифицированная** Facharbeit *f*
~/**кирковая** *(Bgb)* Ausschlägeln *n*
~/**клепальная** Nietarbeit *f*
~/**клиновая** *(Bgb)* Hereintreibearbeit *f*, Keilarbeit *f*
~/**кратковременная** Kurzbetrieb *m*, kurzzeitiger Betrieb *m*
~/**макроскопическая** *(Therm)* makroskopische Arbeit *f*
~/**маневровая** *(Eb)* Rangierdienst *m*, Rangieren *n*
~/**механическая** mechanische Arbeit *f*
~/**микроскопическая** *(Therm)* mikroskopische Arbeit *f*
~/**многоциклическая** *(Bgb)* mehrfache zyklische Arbeit *f*
~ **на выхлоп** Auspuffbetrieb *m* *(Dampfmaschine)*
~ **на конденсацию** Kondensationsbetrieb *m* *(Kondensationsturbine)*
~ **на коротких волнах** *(El)* Kurzwellenbetrieb *m*
~ **на кручение** *(Fest)* Torsionsarbeit *f*, Verdreh[ungs]arbeit *f*
~ **на одной боковой полосе [частот]** *(El)* Einseitenbandbetrieb *m*, ESB-Betrieb *m*
~ **на передачу** *(El)* Senden *n*, Geben *n*
~ **на переменном токе** Wechselstrombetrieb *m*
~ **на приём** *(El)* Empfangen *n*, Aufnehmen *n*
~ **на разрыв** *(Fest)* Brucharbeit *f*; Bruchschlagarbeit *f*
~ **на растяжение** *(Fest)* Zerreißarbeit *f*
~ **на скручивание** *(Fest)* Torsionsarbeit *f* Verdreh[ungs]arbeit *f*
~ **«на телефон»** *(Schiff)* Koppelbetrieb *m* *(Ladegeschirr)*
~ **насосных ходов** Ladungswechselarbeit *f* *(Verbrennungsmotor)*
~/**научно-исследовательская** Forschungsarbeit *f*, Forschungstätigkeit *f*
~/**ненормальная** unvorschriftsmäßige Arbeit *f*
~/**непрерывная** 1. kontinuierliche Arbeit *f*; 2. Dauerbetrieb *m*, kontinuierlicher Betrieb *m*
~/**неравномерная** schwankender Betrieb *m*
~/**нормальная** ordnungsgemäße (vorschriftsmäßige) Arbeit *f*
~/**ночная** Nachtarbeit *f*; Nachtbetrieb *m*
~ **образования** Bildungsarbeit *f*, Bildungsenergie *f*
~ **образования зародышей** *(Krist)* Keimbildungsarbeit *f*
~/**одиночная** *(Schiff)* Schwingbaumbetrieb *m*, Einzelbaumbetrieb *m* *(Ladegeschirr)*
~ **одиночной стрелой** *s.* ~/**одиночная**
~/**одноциклическая** *(Bgb)* einfache zyklische Arbeit *f*
~ **отбойным молотком** *(Bgb)* Hämmerbetriebsabbau *m*
~/**очистная** *(Bgb)* Hereingewinnung *f*, Verhieb *m*
~/**параллельная** Parallelbetrieb *m*; *(Dat)* Simultanarbeit *f*, Parallelverarbeitung *f*
~/**периодическая** *s.* ~/**прерывистая**
~ **печи** *(Met)* Ofengang *m*, Ofenbetrieb *m*
~ **плавления** *(Met)* Schmelzarbeit *f*
~ **пластических деформаций** *(Fest)* plastische Arbeit *f*
~ **по закладке** *(Bgb)* Versatzbetrieb *m*
~ **по схеме постоянного тока** *(Fmt)* Ruhestrombetrieb *m*
~ **по схеме рабочего тока** *(Fmt)* Arbeitsstrombetrieb *m*
~/**повременная** Zeitlohnarbeit *f*
~/**подрывная** Sprengarbeit *f*
~/**подсобная** Hilfsarbeit *f*
~ **подъёма** Hubarbeit *f*
~/**полезная** Nutzarbeit *f*
~/**поточная** Fließarbeit *f*
~/**пошаговая** *(Dat)* Schrittbetrieb *m*
~/**прерывистая** aussetzender (intermittierender) Betrieb *m*
~/**прецизионная** *s.* ~/**точная**
~/**продолжительная** 1. Dauerbetrieb *m*; 2. anhaltende (lang andauernde, durchgängige) Arbeit *f*
~ **прокатки** Walzarbeit *f*

~ **прокатки/полная** Gesamtwalzarbeit *f*, volle Walzarbeit *f*
~ **прокатки/суммарная** Gesamtwalzarbeit *f*, volle Walzarbeit *f*
~ **равнодействующей силы** *(Mech)* Arbeit *f* der resultierenden Kraft, Gesamtkraftarbeit *f*
~ **разделения** *(Fert)* Trennarbeit *f*
~ **растяжения** *(Fest)* Zerreißarbeit *f*
~ **расширения** Ausdehnungsarbeit *f*, Expansionsarbeit *f* *(Dampfmaschine)*
~ **реакции** Reaktionsarbeit *f*
~ **резания** *(Fert)* Schnittarbeit *f*, Schneidarbeit *f*
~/**ремонтная** Reparaturarbeit *f*, Instandsetzungsarbeit *f*, Ausbesserungsarbeit *f*
~/**ручная** Handarbeit *f*, manuelle Arbeit (Tätigkeit) *f*
~ **с воспламенением от сжатия** Dieselbetrieb *m* *(Verbrennungsmotor)*
~ **с наддувом по системе постоянного давления** Gleichdruckbetrieb *m* *(Verbrennungsmotor)*
~ **с несколькими дорожками** *(Dat)* Mehrfachspuroperation *f*
~ **с обрушением** *(Bgb)* Bruchbauverfahren *n*
~ **с одной боковой полосой** *(El)* Einseitenbandbetrieb *m*, ESB-Betrieb *m*
~ **с противодавлением** Gegendruckbetrieb *m* *(Dampfmaschine, Dampfturbine)*
~/**сверхурочная** Überstundenarbeit *f*
~/**сдельная** Stücklohnarbeit *f*
~ **сжатия** Verdichtungsarbeit *f*, Kompressionsarbeit *f* *(Kolbenkraftmaschinen)*
~ **сжатия/адиабатическая** adiabatische Verdichtungsarbeit *f*
~ **сжатия/изотермическая** isotherme Verdichtungsarbeit *f*
~ **силы тяжести** *(Mech)* Schwerkraftarbeit *f*
~ **силы/элементарная** *(Mech)* Elementararbeit *f* *(einer Kraft)*
~/**симплексная** *(Fmt)* wechselzeitiger Betrieb *m*, Simplexbetrieb *m*
~ **симплексом** *s.* ~/**симплексная**
~/**сменная** Schichtarbeit *f*
~ **со сбоями** fehlerhafte Arbeit *f*
~ **со шнуровыми усилителями** *(Fmt)* Schnurverstärkerbetrieb *m*
~ **сопротивления** *(Fest)* Widerstandsarbeit *f*
~/**спаренная** Zwillingsbetrieb *m*; *(Schiff)* Koppelbetrieb *m* *(Ladegeschirr)*
~ **спаренными стрелами** *s.* ~/**спаренная**
~/**такелажная** *(Schiff)* Takelarbeit *f*
~/**телеграфная** Telegrafiebetrieb *m*
~/**телефонная** Fernsprechbetrieb *m*
~ **током одного направления** *(Fmt)* Einfachstrombetrieb *m*
~/**точная** Präzisionsarbeit *f*
~ **трения** Reibungsarbeit *f*
~/**тросовая** *(Schiff)* Trossenschlag *m*
~/**трудоёмкая** Arbeit *f* mit hohem Zeit- und Kraftaufwand, zeit- und kraftraubende Arbeit *f*
~ **удара** *(Fest)* Schlagarbeit *f*; Stoßarbeit *f*
~ **удара/предельная** Grenzschlagarbeit *f*
~/**ударная** *s.* ~ **удара**
~/**умственная** geistige Arbeit *f*
~ **упругой деформации** *(Fest)* elastische Formänderungsarbeit *f*
~ **упругой деформации/удельная** *s.* **потенциал/упругий**
~ **упругой силы** *(Mech)* Federkraftarbeit *f*
~ **ускорения** *(Mech)* Beschleunigungsarbeit *f*
~/**физическая** körperliche Arbeit *f*
~/**фиктивная** *(Kyb)* Scheinaktivität *f*
~ **хода** Hubarbeit *f*
~ **холостого хода** *s.* ~ **вхолостую**
~ **центральной силы** *(Mech)* Zentralkraftarbeit *f*
~ **цикла/индикаторная** indizierte Arbeit *f* *(Verbrennungsmotor)*
~/**электромонтажная** Elektromontagearbeit *f*; Elektroinstallationsarbeit *f*
~/**элементарная** *(Mech)* Elementararbeit *f* *(einer Kraft)*
~/**эффективная** *s.* ~/**полезная**

работать 1. arbeiten, sich beschäftigen, tätig sein, in einem Arbeitsverhältnis stehen; 2. funktionieren, intakt sein, laufen; 3. betrieben (beansprucht) werden
~ **в энергосистеме** *(El)* im Verbundsystem arbeiten
~ **встречными забоями** *(Bgb)* Örter gegen Örter treiben, im Gegenortbetrieb arbeiten
~ **ключом** *(Fmt)* tasten, geben
~ **на автоматическом режиме** automatisch arbeiten
~ **на горячем дутье** *(Met)* heißblasen, blasen mit Heißwind *(Schachtofen)*
~ **на дутье** *(Met)* blasen
~ **на изгиб** *(Fest)* auf Biegung beansprucht werden
~ **на кручение** *(Fest)* auf Torsion (Verdrehung) beansprucht werden
~ **на передачу** senden
~ **на переменном токе** mit Wechselstrom betrieben werden
~ **на приём** empfangen, aufnehmen
~ **на растяжение** *(Fest)* auf Zug beansprucht werden
~ **на сжатие** *(Fest)* auf Druck beansprucht werden
~ **на срез** *(Fest)* auf Abscheren beansprucht werden
~ **«на телефон»** *(Schiff)* im Koppelbetrieb arbeiten *(Ladegeschirr)*

~ **на холодном дутье** *(Met)* kaltblasen, mit Kaltwind blasen *(Schachtofen)*
~ **одиночно** *(Schiff)* im Schwingbaumbetrieb arbeiten *(Ladegeschirr)*
~ **по одиночному способу траления** scheren *(Schleppen eines Schleppnetzes durch ein Schiff)*
~ **по падению** *(Bgb)* abhauen
~ **спаренно** *(Schiff)* im Koppelbetrieb arbeiten *(Ladegeschirr)*

работоспособность *f* 1. Arbeitsfähigkeit *f*; Arbeitsvermögen *n*; 2. Betriebsfähigkeit *f*

работоспособный 1. arbeitsfähig, leistungsfähig; 2. betriebsfähig

работы *fpl* Arbeiten *fpl* *(s. a. unter* **работа***)*
~/**аварийные** Bergungsarbeiten *fpl*
~/**буровзрывные** *(Bgb)* Bohr- und Sprengarbeiten *fpl*
~/**буровые** *(Bgb, Bw)* Bohrarbeiten *fpl*
~/**взрывные** *(Bgb, Mil)* Sprengarbeiten *fpl*
~/**восстановительные** *(Bw)* Wiederherstellungsarbeiten *fpl*; Wiederaufbauarbeiten *fpl*
~/**вскрышные** *(Bgb)* Abraumbetrieb *m*, Abraumbewegung *f*, Abraumarbeiten *fpl*
~/**выемочные** *(Bgb)* Gewinnungsarbeiten *fpl*
~/**выправительные** *(Hydt)* Regulierungsarbeiten *fpl* *(Flußregulierung)*
~/**геологоразведочные** *(Bgb, Geol)* geologische Erkundungsarbeiten *fpl*, geologische Erkundung *f*
~/**геологосъёмочные** *(Geol)* geologische Aufnahmearbeiten *fpl*
~/**гидроизоляционные** *(Hydt)* Isolierungsarbeiten *fpl*
~/**гидротехнические** *(Hydt)* wasserbauliche Arbeiten *fpl*
~/**глубокие открытые** *(Bgb)* Tagetiefbau *m*
~/**горно-капитальные** *(Bgb)* Ausrichtungsarbeiten *fpl*, Ausrichtung *f*
~/**горно-подготовительные** *(Bgb)* Vorrichtungsarbeiten *fpl*
~/**горноспасательные** *(Bgb)* Grubenrettungsarbeiten *fpl*
~/**горные** Bergbauarbeiten *fpl*, Bergbau *m*
~/**дноуглубительные** *(Bw)* Sohlenvertiefungsarbeiten *fpl*
~/**добычные** *(Bgb)* Gewinnungsarbeiten *fpl*
~/**дорожные** Straßenbauarbeiten *fpl*
~/**железобетонные** Stahlbetonarbeiten *fpl*
~/**жестяные** Klempnerarbeiten *fpl*
~/**закладочные** *(Bgb)* Versatzarbeiten *fpl*
~/**землеройные** Grundarbeiten *fpl*, Erdbau *m*
~/**земляные** Erdarbeiten *fpl*
~/**зимние** Winterbauarbeiten *fpl*
~/**исследовательские** Forschungsarbeiten *fpl*
~/**кадастровые геодезические** *(Geod)* Flurvermessung *f*
~/**каменные** Maurerarbeiten *fpl*
~/**камнетёсные** Steinmetzarbeiten *fpl*
~/**капитальные** 1. Investitionsarbeiten *fpl*; Investitionen *fpl*; Investitionsbau *m*; 2. Generalreparaturen *fpl*, Hauptinstandsetzungen *fpl*; 3. *(Bgb)* Ausrichtungsarbeiten *fpl*, Aufschlußarbeiten *fpl*
~/**крепёжные** *(Bgb)* Ausbauarbeiten *fpl*
~/**кровельные** Dachdeckerarbeiten *fpl*
~/**кузнечные** Schmiedearbeiten *fpl*
~/**лепные** *(Bw)* Stuckarbeiten *fpl*
~/**ловильные** *(Bgb)* Fangarbeiten *fpl* *(Bohrung)*
~/**малярные** Malerarbeiten *fpl*
~/**мелиоративные** Meliorationsarbeiten *fpl*
~/**монтажные** Montagearbeiten *fpl*
~/**нарезные** *(Bgb)* Schlitzarbeiten *fpl*, Kerbarbeiten *fpl*; Zurichtung *f*
~/**облицовочные** *(Bw)* Verkleidungsarbeiten *fpl*
~/**обойные** Tapezier[er]arbeiten *fpl*
~/**опалубочные** *(Bw)* Schalungsarbeiten *fpl*, Verschalungsarbeiten *fpl*
~/**отвальные** *(Bgb)* Kippenbetrieb *m*
~/**отделочные** 1. Abschlußarbeiten *fpl*; 2. *(Bw)* Ausbauarbeiten *fpl*; 3. *(Bw)* Putzarbeiten *fpl*; 4. *(Text)* Ausrüstungsarbeiten *fpl*
~/**открытые** *(Bgb)* Tagebau *m*
~/**очистные** *(Bgb)* Gewinnungsarbeiten *fpl*, Abbau *m*
~/**планировочные** *(Bw)* Planierungsarbeiten *fpl*
~/**плотничные** *(Bw)* Zimmermannsarbeiten *fpl*
~ **по вскрытию [месторождения]** *(Bgb)* Ausrichtung *f*, Ausrichtungsarbeiten *fpl*, Aufschlußarbeiten *fpl*
~ **по лесоразведению** Forstkulturarbeiten *fpl*
~ **по очистке** Reinigungsarbeiten *fpl*
~ **по реконструкции** Rekonstruktionsarbeiten *fpl*, Umbauarbeiten *fpl*
~ **по содержанию** Instandhaltungsarbeiten *fpl*, Unterhaltungsarbeiten *fpl*
~/**погрузочно-разгрузочные** Be- und Entladearbeiten *fpl*; Umschlagbetrieb *m*; *(Schiff)* Lade- und Löscharbeiten *fpl*, Lade- und Löschbetrieb *m*
~/**погрузочные** Beladearbeiten *fpl*, Ladearbeiten *fpl*; *(Bgb)* Wegfüllarbeiten *fpl*
~/**подготовительные** Vorbereitungsarbeiten *fpl*; *(Bgb)* Vorrichtungsarbeiten *fpl*
~/**подземные** 1. *(Bw)* Tiefbauarbeiten *fpl*; 2. *(Bgb)* Tiefbau *m*, Untertagearbeiten *fpl*
~/**подрывные** Sprengungen *fpl*

~/**подрядные** *(Bw)* Vertragsarbeit *f*
~/**поисковые** *(Geol, Bgb)* Sucharbeiten *fpl*
~/**полевые** Feldarbeit *f*
~/**предварительные** Vorarbeiten *fpl*
~/**проектно-изыскательные** 1. *(Bgb, Geol)* Erkundungsarbeiten *fpl*, Erschließungsarbeiten *fpl*, Schürfarbeiten *fpl*, Prospektierungsarbeiten *fpl*; Prospektieren *n*
~/**проходческие** *(Bgb)* Abteufarbeiten *fpl*, Abteufbetrieb *m*, Vortriebsarbeiten *fpl*
~/**путевые** Gleisarbeiten *fpl*
~/**разгрузочные** Entladearbeiten *fpl*; *(Schiff)* Löscharbeiten *fpl*
~/**ремонтно-строительные** Reparatur- und Bauarbeiten *fpl*
~/**ремонтные** Reparaturarbeiten *fpl*, Überholungsarbeiten *fpl*, Ausbesserungsarbeiten *fpl*, Instandsetzungsarbeiten *fpl*
~/**санитарно-технические** sanitärtechnische Installationsarbeiten *fpl*
~/**сборочные** Montagearbeiten *fpl*
~/**свайные** *(Bw)* Pfahlgründungsarbeiten *fpl*
~/**сварочные** Schweißarbeiten fpl
~/**скрытые** *(Bw)* verdeckte Arbeiten *fpl* *(Arbeiten, deren qualitätsgerechte Ausführung nach der Bauabnahme nicht mehr geprüft werden kann)*
~/**стекольные** Glaserarbeiten *fpl*
~/**столярные** Tischlerarbeiten *fpl*
~/**строительно-монтажные** Bau- und Montagearbeiten *fpl*
~/**строительно-столярные** Bautischlerarbeiten *fpl*
~/**строительные** Bauarbeiten *fpl*
~/**такелажные** Lastanschlagarbeiten *fpl* *(Montagearbeiten mit Kran)*; *(Schiff)* Taklerarbeiten *fpl*
~/**топографо-геодезические** *(Geod)* Vermessungsarbeiten *fpl*
~/**укрепительные** Befestigungsarbeiten *fpl*, Ausbauarbeiten *fpl*
~/**штукатурные** *(Bw)* Putzarbeiten *fpl*
~/**экскаваторные** Baggerarbeit *f*
~/**эксплуатационные** *(Bgb)* Abbauarbeiten *fpl*

рабочий *m* Arbeiter *m*, Werktätiger *m*
~/**временный** vorübergehend Beschäftigter *m*, Aushilfsarbeiter *m*
~/**индустриальный** Industriearbeiter *m*, Fabrikarbeiter *m*
~/**кадровый** Stammarbeiter *m*
~/**квалифицированный** Facharbeiter *m*, gelernter Arbeiter *m*
~/**неквалифицированный** ungelernter Arbeiter *m*
~/**подённый** Tagelöhner *m*
~/**подсобный** Hilfsarbeiter *m*
~/**строительный** Bauarbeiter *m*

рабочий-монтажник *m* Montagearbeiter *m*

рабсила *f* Arbeitskraft *f*

равенство *n* 1. Gleichheit *f*; Parität *f*; 2. *(Math)* identische Gleichung *f*, gleiche Gleichung *f* *(s. a. unter* **уравнение***)*
~ **Бесселя** *(Math)* Besselsche Identität *f*
~ **векторов** *(Math)* Gleichheit *f* von Vektoren *(Vektoren gleichen Betrages und gleicher Richtung)*
~ **Парсеваля** *(Math)* Parsevalsche Gleichung (Formel) *f*
~/**предельное** *(Math)* Limesgleichung *f*
~ **треугольников** *(Math)* Kongruenz *f* von Dreiecken
~ **цветов** Farb[en]gleichheit *f*

равнина *f* *(Geol)* Ebene *f*, Flachland *n*
~/**абразионная** Abrasionsplatte *f*, maritime Abrasionsebene *f*
~/**аккумулятивная** Aufschüttungsebene *f*
~/**аллювиальная** fluviatile Aufschüttungsebene *f*, Schwemmlandebene *f*
~/**береговая** Küstenebene *f*
~/**вогнутая** Hohlebene *f*
~/**водно-ледниковая** fluvioglaziale Aufschüttungsebene *f*
~/**волнистая** wellenförmige Ebene *f*
~/**вулканическая** vulkanische Aufschüttungsebene *f*, Lavafeld *n*
~/**дельтовая** Deltaebene *f* *(fluviatile Aufschüttungsebene an Flußmündungen)*
~/**денудационная** Rumpfebene *f*
~/**мелководная аккумулятивная** maritime Seichtwasser-Aufschüttungsebene *f*
~/**моренная** Moränenebene *f*
~/**морская** thalassogene Ebene *f*
~/**наклонная** abfallende (geneigte) Ebene *f* *(an Berghängen oder Küsten)*
~/**озёрная** lakustrische Ebene *f*, See-Ebene *f*
~/**остаточная** Rumpfebene *f*
~/**первичная** *s.* ~/**морская**
~/**первичная денудационная** Primärrumpf *m*
~/**подводная** *russischer Oberbegriff für Ebenen, die durch Tätigkeit des Meeres, Akkumulation, Abrasion und andere Prozesse entstehen*
~/**покатая** abschüssige (starkabfallende) Ebene *f*
~/**потамогенная** potamogene Ebene *f* *(fluviatile Aufschüttungsebene an Deltamündungen)*
~/**предгорная скалистая** Piedmontfläche *f*
~/**предельная** 1. Fastebene *f*, Peneplain *f*; 2. *s.* ~/**денудационная**
~/**прибрежно-аллювиальная** patamogene Ebene *f*
~/**прибрежно-морская** Küstenebene *f*
~/**расчленённая** zerschnittenes Flachland *n*

~/**скульптурная** *s.* ~/**денудационная**
~/**структурная** thalassogene Ebene *f*
~/**талассогенная** thalassogene Ebene *f*
~/**флювиогляциальная** fluvioglaziale Aufschüttungsebene *f*
равнитель *m (Pap)* Egoutteur *m*, Vordruckwalze *f*, Wasserzeichenwalze *f*
равноатомный *(Kern)* gleichatomig
равнобедренный *(Math)* gleichschenklig
равнобочный *(Math)* gleichseitig *(Hyperbel)*
равновеликий 1. gleich groß; gleichwertig; 2. *(Math)* flächengleich, inhaltsgleich *(geometrische Figuren)*; 3. flächentreu *(kartografischer Entwurf)*
равновероятный *s.* **равновозможный**
равновесие *n* 1. Gleichgewicht *n*; 2. *(Flg)* Trimmlage *f*
~ **адсорбции** *(Ch)* Adsorptionsgleichgewicht *n*
~/**адсорбционное** *(Ch)* Adsorptionsgleichgewicht *n*
~/**безвариантное** *(Therm)* nonvariantes Gleichgewicht (Phasengleichgewicht) *n (Gibbssche Phasenregel)*
~/**безразличное** *(Mech)* indifferentes Gleichgewicht *n*
~/**бивариантное** *s.* ~/**двухвариантное**
~/**внутрифазное** *s.* ~/**гомогенное**
~/**гетерогенное** *(Therm)* heterogenes Gleichgewicht *n*
~/**гомогенное** *(Therm)* homogenes Gleichgewicht *n*
~/**двухвариантное** *(Therm)* bivariantes Gleichgewicht (Phasengleichgewicht) *n (Gibbssche Phasenregel)*
~/**двухфазное** Zweiphasengleichgewicht *n*
~/**детальное** *(Therm)* detailliertes Gleichgewicht *n*
~/**динамическое** *(Ph)* dynamisches Gleichgewicht *n*
~ **диссоциации** *(Ch)* Dissoziationsgleichgewicht *n*
~/**диссоциационное** *(Ch)* Dissoziationsgleichgewicht *n*
~ **Доннана** *(Ph, Ch)* Donnan-Gleichgewicht *n*, Donnansches Gleichgewicht *n*
~/**зарядное** *(Ch)* Ladungsgleichgewicht *n*
~/**излучательное** Strahlungsgleichgewicht *n*
~ **излучения** Strahlungsgleichgewicht *n*
~ **изотопного обмена** *(Kern)* Isotopenaustauschgleichgewicht *n*
~/**изотопное** *(Kern)* Isotopengleichgewicht *n*
~/**инконгруентное** inkongruentes Gleichgewicht *n (einer inkongruent schmelzenden intermetallischen Verbindung)*
~/**ионизационное** Ionisationsgleichgewicht *n*
~ **испарения** *(Ch)* Verdampfungsgleichgewicht *n*, Verdunstungsgleichgewicht *n*
~/**кислотно-щелочное** Säure-Lauge-Gleichgewicht *n*
~/**конгруентное** kongruentes Gleichgewicht *n (einer kongruent schmelzenden intermetallischen Verbindung)*
~/**локальное термодинамическое** *(Therm)* lokales thermodynamisches Gleichgewicht *n*
~ **лучеиспускания** Strahlungsgleichgewicht *n*
~/**лучистое** Strahlungsgleichgewicht *n*
~/**междуфазное** *s.* ~/**гетерогенное**
~/**мембранное** *(Ph, Ch)* Membrangleichgewicht *n*
~/**метастабильное** *(Therm)* metastabiles (gehemmtes) Gleichgewicht *n*
~/**многовариантное** *(Therm)* multivariantes Gleichgewicht (Phasengleichgewicht) *n (Gibbssche Phasenregel)*
~ **моментов** *(Aero)* Momentengleichgewicht *n*, Momentenausgleich *m*
~ **моста** Brückengleichgewicht *n*, Gleichgewicht *n* der Brücke
~/**мультивариантное** *s.* ~/**многовариантное**
~ **насыщения** *(Ch)* Sättigungsgleichgewicht *n*
~/**неустойчивое** *(Mech)* labiles Gleichgewicht *n*
~/**нонвариантное** *s.* ~/**безвариантное**
~ **обмена** Austauschgleichgewicht *n*
~/**одновариантное** univariantes Gleichgewicht (Phasengleichgewicht) *n (Gibbssche Phasenregel)*
~/**перитектическое** peritektisches Gleichgewicht *n (einer Schmelze)*
~ **плавления** Schmelzgleichgewicht *n*
~/**поливариантное** *s.* ~/**многовариантное**
~/**предельное** Grenzgleichgewicht *n*
~/**радиационное** Strahlungsgleichgewicht *n*
~/**радиоактивное** radioaktives Gleichgewicht *n*
~/**седиментационное** *(Ph, Ch)* Sedimentationsgleichgewicht *n*
~ **сил** *(Mech)* Kräftegleichgewicht *n*
~ **системы** Gleichgewichtslage *f*, Ruhelage *f*
~/**статистическое** *s.* ~/**термодинамическое**
~ **тел** *(Mech)* Gleichgewicht *n (starrer Körper)*
~ **тел/относительное** relatives Gleichgewicht *n (starrer Körper)*
~/**тепловое** Wärmegleichgewicht *n*
~/**термическое** thermisches Gleichgewicht *n*
~/**термодинамическое** thermodynamisches Gleichgewicht *n*
~/**термохимическое** thermochemisches Gleichgewicht *n*

~/унивариантное *s.* **~/одновариантное**
~/упруго-пластическое plastisch-elastisches Gleichgewicht *n*
~/устойчивое *(Mech)* stabiles Gleichgewicht *n*
~ фаз *s.* **~/фазовое**
~/фазовое *(Therm)* Phasengleichgewicht *n (Gibbssche Phasenregel)*
~/химическое chemisches Gleichgewicht *n*
~/эвтектическое eutektisches Gleichgewicht *n (einer Schmelze)*
~/электронное *(Kern)* Elektronengleichgewicht *n*
равновозможность *f (Math)* Gleichwahrscheinlichkeit *f*, Gleichmöglichkeit *f (Wahrscheinlichkeitstheorie)*
равновозможный *(Math)* gleichwahrscheinlich, gleichmöglich
равнодействующая *f (Math)* Resultierende *f*
~ аэродинамических сил *(Aero)* Luftkraftresultierende *f*
~ давления Druckresultierende *f*
~ нагрузки Lastresultierende *f*
~ сил Kraftresultierende *f*
равноденственный *(Astr)* äquinoktial
равноденствие *n (Astr)* Äquinoktium *n*, Tagundnachtgleiche *f*
~/весеннее Frühlings-Tagundnachtgleiche *f*, Frühlingsäquinoktium *n*
~/осеннее Herbst-Tagundnachtgleiche *f*, Herbstäquinoktium *n*
равнозамедленный gleichförmig verzögert
равнозернистый gleichkörnig
равнозначность *f (Math)* Gleichwertigkeit *f*
равнозначный 1. gleichbedeutend; 2. *(Math)* gleichwertig
равномерность *f* Gleichmäßigkeit *f*, Gleichförmigkeit *f*
~ вращения Laufruhe *f*
~ давления Druckgleiche *f*
~ хода Laufruhe *f*
равномерный gleichmäßig, gleichförmig
равномощность *f (Math)* Äquivalenz *f (Mengenlehre)*
равноотстоящий äquidistant, abstandsgleich
равнопадаемость *f* Gleichfälligkeit *f (Aufbereitung)*
равнопадающий gleichfällig, Gleichfälligkeits ... *(Aufbereitung)*
равноплощадный flächengleich
равнопотенциальный gleichen Potentials, äquipotentiell, Äquipotential ...
равнопрочность *f* Gleichfestigkeit *f*, Festigkeitsgleichheit *f*
равнопрочный gleichfest
равноразмерный dimensionsgleich
равносигнальный *(FO)* Leitstrahl ...
равносильный 1. gleich stark; 2. *(Math)* gleichwertig, äquivalent *(Gleichung, Ungleichung)*
равностепенность *f (Math)* Gleichgradigkeit *f*
равноугольный 1. gleichwinklig; 2. winkeltreu, konform, isogonal
равноускоренный gleichförmig beschleunigt
равноцветный gleichfarbig, isochrom
равночастотный frequenzgleich, gleichfrequent
равноэнергетический isoenergetisch
рад *m* 1. Rad *n*, rd *(SI-fremde Einheit der Energiedosis)*; 2. *s.* **радиан**
рад/с *s.* **радиан в секунду**
рад/с² *s.* **радиан на секунду в квадрате**
радар *m s.* 1. **радиолокатор**; 2. **радиолокация**
радиалтриангулятор *m* Radialtriangulator *m*
радиалтриангуляция *f* Radialtriangulation *f*
радиальность *f* Strahlenförmigkeit *f*
радиальный radial, Radial ..., strahlig, strahlenförmig, speichenförmig
радиан *m* Radiant *m*, rad *(Einheit des ebenen Winkels)*
~ в секунду Radiant *m* je Sekunde, rad/s *(Einheit der Winkelgeschwindigkeit)*
~ на секунду в квадрате Radiant *m* je Quadratsekunde, rad/s²
радиант *m (Astr)* 1. Radiant *m*, Radiationspunkt *m (Meteorstrom)*; 2. Zielpunkt *m*, Fluchtpunkt *m (eines Bewegungshaufens)*
~/видимый scheinbarer Radiant *m*
~/истинный wahrer Radiant *m*
~ метеорного потока *s.* **радиант 1.**
радиатор *m* 1. *(Wmt)* Radiator *m*, Rippenheizkörper *m*; 2. Kühler *m (s. a. unter* **~ холодильник***)*
~/анодный *(El)* Anodenkühlkörper *m*
~ водяного отопления Warmwasserheizkörper *m*
~/водяной 1. Wasserkühler *m*; 2. *(Kfz)* Kühler *m*
~/двухколонный *(Wmt)* zweisäuliger Radiator *m*
~/крыльевой *(Flg)* Flügelkühler *m*
~/ленточный *s.* **~/пластинчатый**
~/лобовой *(Flg)* Stirnkühler *m*
~/масляный *(Kfz)* Ölkühler *m*
~/пластинчатый *(Kfz)* Lamellenkühler *m*
~/разборный *s.* **~/секционный**
~/ребристый Rippenheizkörper *m*, Rippenheizrohr *n*
~/секционный *(Kfz)* Teilblockkühler *m*
~/сотовой *(Kfz)* Wabenkühler *m*, Luftröhrenkühler *m*
~/трубчатый *(Kfz)* Wasserrohrkühler *m*, Röhrenkühler *m*

радиатор-конвектор *m (Wmt)* Konvektor *m (Konvektionsheizung)*
радиация *f* Strahlung *f (s. a. unter* **излучение***)*
~/**внеземная** extraterrestrische Strahlung *f*
~/**внеземная солнечная** extraterrestrische Sonnenstrahlung *f*
~/**волновая** Wellenstrahlung *f*
~/**вторичная** Sekundärstrahlung *f*
~/**глобальная [солнечная]** Globalstrahlung *f*
~ **Земли** *s.* **излучение/земное**
~ **Земли/уходящая** Ausstrahlung *f* der Erde *(aus der Atmosphäre in den Weltraum abgestrahlte IR-Strahlung der Erdoberfläche und der Atmosphäre)*
~/**земная** *s.* **излучение/земное**
~/**инфракрасная** Infrarotstrahlung *f*, IR-Strahlung *f*, Ultrarotstrahlung *f*
~ **неба** Himmelsstrahlung *f*
~/**общая [солнечная]** *s.* ~/**суммарная [солнечная]**
~/**остаточная** Rest[kern]strahlung *f (einer Kernwaffenexplosion)*
~/**первичная** Primärstrahlung *f*
~/**полная** *s.* ~/**суммарная**
~/**проникающая** 1. durchdringende Strahlung *f*; 2. *s.* ~ **термоядерного взрыва/проникающая**
~/**рассеянная** Streustrahlung *f*, gestreute (diffuse) Strahlung *f*
~/**солнечная** *s.* ~ **Солнца**
~ **Солнца** Sonnenstrahlung *f*
~ **Солнца/диффузная** *s.* ~ **Солнца/рассеянная**
~ **Солнца/корпускулярная** solare Korpuskularstrahlung (Teilchenstrahlung) *f*, Korpuskularstrahlung *f* der Sonne
~ **Солнца/прямая** direkte Sonnenstrahlung *f*
~ **Солнца/рассеянная** Streustrahlung *f* der Sonne, diffuse (gestreute) Sonnenstrahlung *f*
~ **Солнца/ультрафиолетовая** Ultraviolettstrahlung (UV-Strahlung) *f* der Sonne
~ **Солнца/электромагнитная** elektromagnetische Wellenstrahlung *f* der Sonne
~/**суммарная [солнечная]** Gesamtstrahlung *f*, Totalstrahlung *f*
~/**тёмная** Dunkelstrahlung *f*
~/**тепловая** Wärmestrahlung *f*
~ **термоядерного взрыва/проникающая** *(Kern)* Sofortkernstrahlung *f*, Anfangsstrahlung *f*, Initialstrahlung *f (Kernfusionsexplosion)*
~/**ультракрасная** *s.* ~/**инфракрасная**
~/**уходящая** *s.* ~ **Земли/уходящая**
~/**частичная** Teilstrahlung *f*
~ **ядерного взрыва/остаточная** Rest[kern]strahlung *f (einer Kernwaffenexplosion)*

радиевый radiumhaltig, radiumreich, Radium . . .
радий *m (Ch)* Radium *n*, Ra
~/**бромистый** Radiumbromid *n*
~/**сернокислый** Radiumsulfat *n*
радийсодержащий radiumhaltig
радикал *m* 1. *(Math)* Radikal *n*, Wurzelzeichen *n*; 2. *(Math)* Radikal *n (Zahl der Form* $\sqrt[n]{a}$*)*; 3. *(Ch)* Radikal *n*, Rest *m*
~/**кислотный** *(Ch)* Säureradikal *n*, Säurerest *m*
~ **кислоты** *s.* ~/**кислотный**
~/**свободный** *(Ch)* freies Radikal *n*
радикалоид *m (Ch)* Radikaloid *n*, inaktives Radikal *n*
радио *n* 1. Radio[gerät] *n*, Rundfunkgerät *n*; Funkgerät *n*; 2. Rundfunksendung *f*; Funksendung *f*; 3. Rundfunktechnik *f*; Funktechnik *f* • **по радио** auf dem Funkwege, über Funk
радиоавтограмма *f s.* **радиоавтограф**
радиоавтограф *m (Ph)* Autoradiogramm *n*, autoradiografische Aufnahme *f*, Autoradiografie *f*
радиоавтография *f (Ph)* Autoradiografie *f*, Radioautografie *f*
~/**количественная** quantitative Autoradiografie (Radioautografie) *f*
~/**контактная** Kontaktautoradiografie *f*
радиоаккумуляторная *f (Schiff)* Funkakkuraum *m*
радиоактивация *f (Kern)* Aktivierung *f*
радиоактивность *f (Kern)* Radioaktivität *f*
~ **в помещениях/газовая** Raumluftradioaktivität *f*
~/**высокая** hohe (heiße) Radioaktivität *f*
~/**естественная** natürliche Radioaktivität *f*
~/**наведённая** induzierte Radioaktivität *f*
~/**природная** *s.* ~/**естественная**
~ **продуктов деления** Spaltproduktaktivität *f*
радиоактиний *m (Ch)* Radioaktinium *n*
радиоакустика *f* Rundfunkakustik *f*
радиоальтиметр *m s.* **радиовысотомер**
радиоаппаратная *f (Schiff)* Senderraum *m*
радиоаппаратостроение *n* 1. Funkanlagenbau *m*; Funkgerätebau *m*; 2. Rundfunkanlagenbau *m*; Rundfunkgerätebau *m*
радиоаппаратура *f* 1. funktechnische (radiotechnische) Geräte *npl*, Funkgeräte *npl*, Funkanlage *f*; 2. Hochfrequenzgeräte *npl*
~/**бортовая** Bordfunkgeräte *npl*; Bordfunkanlage *f*
~/**двухполосная** Zweiseitenbandfunkgeräte *npl*, Zweiseitenbandtechnik *f*
~/**однополосная** Einseitenbandfunkgeräte *npl*, Einseitenbandtechnik *f*
~/**ответная** *(FO)* Antwortgerät *n*, Antwortsender *m*

~/самолётная Flugzeugbordfunkanlage *f*; Flugfunkgeräte *npl*, Bordfunkgeräte *npl*
радиоастрономия *f* Radioastronomie *f*
радиоаэронавигация *f (Flg)* Funknavigation *f*
радиобакан *m (Flg)* Funkbake *f*
радиобарит *m (Min)* Radiobaryt *m*, radiumhaltiger Schwerspat *m*
радиобашня *f* Funkturm *m*; Sendeturm *m*
радиобиология *f* Strahlenbiologie *f*, Radiobiologie *f*
радиобиохимия *f* Strahlenbiochemie *f*, Radiobiochemie *f*
радиобуй *m* Funkbake *f*, Funkboje *f*
~/аварийный Havariefunkboje *f*, Havariefunkbake *f*, Funkbake *f* zur Bestimmung der Seenotposition
радиовахта *f (Schiff)* Funkwache *f*
радиовеличина *f* **[звезды]** *(Astr)* Radiohelligkeit *f*, radiometrische Helligkeit *f* *(von Gestirnen)*
радиоветромер *m (Meteo, Mar)* selbsttätige drahtlose Sturmwarnanlage *f* *(Windmeßgeräte in Verbindung mit Funkapparatur, auf Schwimmboje untergebracht)*
радиовещание *n* Rundfunk *m*
~/звуковое Hör[rund]funk *m*, Tonrundfunk *m*
~/коротковолновое Kurzwellenrundfunk *m*
~ по проводам Draht[rund]funk *m*
~/проводное Draht[rund]funk *m*
~ с частотной модуляцией Frequenzmodulationsrundfunk *m*, FM-Rundfunk *m*
~/телевизионное Fernseh[rund]funk *m*
радиовещательный Rundfunk ...
радиовзрыватель *m (Mil)* Funk[meß]zünder *m*
радиоволна *f* Radiowelle *f*, Rundfunkwelle *f*, Funkwelle *f*
~/дециметровая Dezimeterwelle *f*
~/длинная Langwelle *f*, LW
~/короткая Kurzwelle *f*, KW
~/поверхностная Bodenwelle *f*
~/пространственная Raumwelle *f*
~/сантиметровая Zentimeterwelle *f*
~/сверхдлинная Längstwelle *f*
~/средняя Mittelwelle *f*, MW
~/ультракороткая Ultrakurzwelle *f*, UKW
радиоволновод *m* Hochfrequenzwellenleiter *m*, HF-Wellenleiter *m*
радиовооружение *n* 1. funktechnische Ausrüstung *f*, Funkausrüstung *f*; 2. Rundfunkausrüstung *f*
радиовысотомер *m (FO)* Funkhöhenmesser *m*
~ малых высот Funkfeinhöhenmesser *m*
радиовыставка *f* Funkausstellung *f*
радиогалактика *f (Astr)* Radiosternsystem *n*, Radiogalaxis *f*
радиогелиограмма *f* Radioheliogramm *n*
радиогенный radiogen, radioaktiven Ursprungs
радиогеодезия *f* Radiogeodäsie *f*
радиогониометр *m* Radiogoniometer *n*, Goniometer[funk]peilanlage *f*
радиогониостанция *f* Funkpeilstelle *f*
радиогоризонт *m* Radiohorizont *m*, Funkhorizont *m*
радиограмма *f* Funkspruch *m*, Funktelegramm *n*
~/кодированная verschlüsselter (geschlüsselter) Funkspruch *m*
~ открытого текста Klartextfunkspruch *m*
~/синоптическая Wetterfunkmeldung *f*
радиография *f* 1. Radiografie *f*; 2. Radiogramm *n*
~/нейтронная Neutronenradiografie *f*
радиодальномер *m* elektromagnetischer Entfernungsmesser *m*, Funkentfernungsmesser *m*
радиоданные *pl* Funkunterlagen *pl*
радиодевиация *f* Funkfehlweisung *f*
радиодеталь *f* funktechnisches Bauelement *n*; Rundfunkbauelement *n*, Radioeinzelteil *n*
радиодефектоскопия *f* [zerstörungsfreie] Werkstoffprüfung *f* mittels [radioaktiver] Strahlung, Gamma-Defektoskopie *f*
радиозатмение *n* Radiofinsternis *f*, Radioverfinsterung *f*
радиозащита *f s.* **служба/дозиметрическая**
радиозвезда *f s.* **радиоисточник**
радиозонд *m (Meteo)* Radiosonde *f*, Funksonde *f*
~/ракетный Raketenradiosonde *f*
радиоизлучение *n (Astr)* Radio[frequenz]-strahlung *f*
~ в сантиметровом диапазоне Radiostrahlung *f* im Zentimeterwellenbereich
~/внегалактическое extragalaktische Radiostrahlung *f*
~ возмущённого Солнца Radiostrahlung *f* der gestörten Sonne, gestörte Sonnenstrahlung *f*
~ Галактики galaktische Radiostrahlung *f*, Radiostrahlung *f* aus dem Milchstraßensystem
~ Галактики/общее allgemeine galaktische Radiostrahlung *f*
~/дециметровое Radiostrahlung *f* im Dezimeterwellenbereich
~/космическое kosmische Radiostrahlung *f*
~ Луны Radiostrahlung *f* des Mondes, lunare Radiostrahlung *f*
~/монохроматическое monochromatische (nichtkontinuierliche) Radiostrahlung *f*
~ на волне 21 см 21-cm-Radiostrahlung *f*

~ невозмущённого Солнца Radiostrahlung *f* der ruhigen Sonne, ungestörte Sonnenstrahlung *f*
~/нетепловое nichtthermische Radiostrahlung *f*
~ планет planetare Radiostrahlung *f*
~/реликтовое Reliktstrahlung *f*
~ с непрерывным спектром Radiostrahlung *f* mit kontinuierlichem Spektrum
~/солнечное Radiostrahlung *f* der Sonne, solare Radiostrahlung *f*
~ Солнца *s.* **~/солнечное**
~ спокойного Солнца *s.* **~ невозмущённого Солнца**
~/спорадическое sporadische Radiostrahlung *f*
~/тепловое thermische Radiostrahlung *f*
~/тепловое фоновое реликтовое *s.* **излучение/реликтовое**
~ фона *s.* **излучение/реликтовое**
радиоизмерение *n* radiotechnische (funktechnische, hochfrequenztechnische) Messung *f*, Hochfrequenzmessung *f*
радиоимпульс *m* Hochfrequenzimpuls *m*, HF-Impuls *m*
радиоиндикатор *m s.* **индикатор/радиоактивный**
радиоинтерферометр *m (Astr)* Radiointerferometer *n*, Interferometer *n*
радиоисточник *m (Astr)* [diskrete] Radioquelle *f*
~/квазизвёздный quasistellare Radioquelle *f*, Quasar *m*
радиоканал *m* Funkkanal *m*; Rundfunkkanal *m*
~ связи drahtloser Übertragungskanal *m*
радиокерамика *f* Hochfrequenzkeramik *f*, HF-Keramik *f*, keramische Hochfrequenzisolierstoffe *mpl* (Hochfrequenzmaterialien *npl*)
радиокладовая *f (Schiff)* Funkstore *m*, Funkstoreraum *m*
радиоколлоид *m (Ch)* Radiokolloid *n*
радиокомпас *m* Radiokompaß *m*, Funkkompaß *m*
радиокомпонент *m s.* **радиодеталь**
радиоконтроль *m* Funküberwachung *f*
радиокристаллография *f s.* **анализ/рентгеноструктурный**
радиола *f* **[с супергетеродинным приёмником]** Rundfunkempfänger *m* mit eingebautem Plattenspieler, Phonosuper *m*
~/настольная Tisch-Phonosuper *m*
~/сетевая Phonosuper *m* mit Netzanschluß
радиолампа *f* Rundfunkröhre *f*, Radioröhre *f*; Elektronenröhre *f*, Röhre *f* (*s. a. unter* **лампа 2.** *und* **трубка**)
радиолиз *m (Ch)* Radiolyse *f*
радиолиния *f* Funklinie *f*, Funkstrecke *f*, Funkweg *m*
~ большой протяжённости weitreichende Funkstrecke *f*
~/ретрансляционная Relaisstrecke *f*
радиология *f* **[/медицинская]** [medizinische] Radiologie *f*
радиолокатор *m* Funkmeßgerät *n*, Funkmeßanlage *f*; Funkmeßstation *f*, Radarstation *f*; Radaranlage *f*, Radargerät *n*, Radar *n(m)*
~/глиссадный Gleitwegfunkmeßgerät *n*
~ дальнего обнаружения Frühwarngerät *n*
~/допплеровский Doppler-Funkmeßgerät *n*
~ защиты хвоста *(Flg)* Heckschutzgerät *n*
~/импульсный Impulsfunkmeßgerät *n*, Impulsradargerät *n*; Impulsradarstation *f*
~ кругового обзора Panorama[funkmeß]-gerät *n*, Rundblickgerät *n*, Rundsuch[radar]anlage *f*, Rundblickradaranlage *f*; Rundsichtradarstation *f*
~/лучевой Leitstrahlfunkmeßgerät *n*
~ наведения Funkmeßleitgerät *n*
~ наведения истребителей Funkmeß-Jägerleitstation *f*
~ непрерывного действия Dauerstrichradargerät *n*; Dauerstrichradarstation *f*
~ непрерывного излучения Dauerstrichfunkmeßgerät *n*
~ обнаружения Funkmeßortungsgerät *n*
~ обнаружения воздушных целей Funkmeß-Luftraumbeobachtungsstation *f*
~ обнаружения надводных целей Funkmeß-Seeraumbeobachtungsstation *f*
~ опознавания Funkmeßkenn[ungs]gerät *n*
~ опознавания «свой-чужой» Freund-Feind-Kennungsgerät *n*
~/панорамный *s.* **~ кругового обзора**
~ раннего обнаружения Frühwarngerät *n*
~ с непрерывным излучением Dauerstrichfunkmeßgerät *n*
~/самолётный Flugzeugradar[gerät] *n*
~ сверхдальнего обнаружения Funkmeßgerät *n* übergroßer Reichweite
~ слежения Zielverfolgungsfunkmeßgerät *n*
~ сопровождения цели Zielbegleitungsfunkmeßgerät *n*
радиолокатор-высотомер *m* Funkhöhenmesser *m*
радиолокационная *f* Radarraum *m*
радиолокационный Funkmeß . . ., Radar . . .
радиолокация *f* Funkmeßwesen *n*, Funkmeßtechnik *f*, Radartechnik *f*, Radar *n(m)*
~/импульсная Impulsradar[verfahren] *n*
~ по способу непрерывного излучения Dauerstrichradar *n*, Dauerstrichfunkortung *f*
радиолуч *m* Funkstrahl *m*, Leitstrahl *m*

радиолюбитель *m* Funkamateur *m*; Radioamateur *m*
радиолюбитель-коротковолновик *m* Kurzwellenamateur *m*
радиолюбительский Funkamateur ...; Radioamateur ...
радиолюминесценция *f* Radiolumineszenz *f*
радиоляриты *mpl (Geol)* Radiolarite *mpl*
радиомаркер *m* Markierungsfunkfeuer *n*, Markierungsbake *f*, Einflugzeichen *n*
~/внешний Voreinflugzeichen *n*
~/промежуточный Platzeinflugzeichen *n*
радиомаскировка *f* Funktarnung *f*
радиомачта *f* Funkmast *m*, Antennenmast *m*
радиомаяк *m* Funk[meß]feuer *n*, Funk[meß]bake *f*, Radarbake *f*
~/аварийный Unfallfunkfeuer *n*, Notfunk *m*
~/аэродромный Platzfunkfeuer *n*
~/ближний приводной Nahfunkfeuer *n*, NFF
~/веерный Fächerfunkfeuer *n*, Fächer[markierungs]bake *f*
~/внешний маркерный Voreinflugzeichen *n*
~/вращающийся Drehfunkfeuer *n*, Dreh[funk]bake *f*
~/всенаправленный Allrichtungsfunkfeuer *n*, Allrichtungsbake *f*
~/глиссадный Gleitwegfunkfeuer *n*, Gleitwegbake *f*, Gleitwegsender *m*
~/граничный маркерный Grenzmarkierungsfeuer *n*, Grenzlinienfunkbake *f*
~ дальнего действия Fernfunkfeuer *n*, FFF
~/дальний приводной Fernfunkfeuer *n*, FFF
~/импульсный Impulsfunkfeuer *n*
~ кругового излучения [/морской] *(Schiff)* ungerichtetes Funkfeuer *n*, Kreisfunkfeuer *n*
~/курсовой Kursfunkfeuer *n*, Kursfunkbake *f*, Landekurssender *m*
~/маркерный Markierungsfunkfeuer *n*, Markierungsbake *f*
~ направленного действия (излучения) *s.* **~/направленный**
~/направленный Richtfunkfeuer *n*, Richtfunkbake *f*, gerichtetes Funkfeuer *n*, Kursfunkfeuer *n*
~ ненаправленного действия (излучения) *s.* **~/ненаправленный**
~/ненаправленный ungerichtetes (rundstrahlendes, ungerichtet strahlendes) Funkfeuer *n*, Kreisfunkfeuer *n*, Allrichtungsfunkfeuer *n*
~/опознавательный Kennungs[funk]feuer *n*
~/пограничный Grenzlinien[funk]bake *f*
~/посадочный Landefunkfeuer *n*, Lande[funk]bake *f*
~/приводной Ansteuerungsfunkfeuer *n*, Ansteuerungs[funk]bake *f*
~/промежуточный маркерный Platzeinflugzeichen *n*
~/равносигнальный Leitstrahlsender *m*, Leitstrahlfunkfeuer *n*
~ с вращающейся диаграммой Drehfunkfeuer *n*, Dreh[funk]bake *f*
~/секторный Allrichtungsfunkfeuer *n*, Allrichtungsbake *f*
~ системы Консол Consolfunkfeuer *n*
~/створный *s.* **~/направленный**
~/четырёхзонный курсовой *s.* **~/четырёхкурсовой**
~/четырёхкурсовой Vierkurs[leitstrahl]funkfeuer *n*, Vierkurs[leitstrahl]bake *f*
радиомаяк-отметчик *m* Markierungsfunkfeuer *n*, Markierungsbake *f*
радиомаячный Funkfeuer ..., Funkbaken ...
радиомерцание *n (Astr)* Szintillieren *n* (Szintillation *f*) der Radioquelle
радиометеор *m (Astr)* Radiometeor *m*
радиометеорограф *m* Radiometeorograf *m (Radiosonde in Verbindung mit Bodenfunkempfänger und durch diesen betätigtes Registriergerät)*
радиометеорология *f* Radiometeorologie *f*
радиометод *m* Radarverfahren *n*, Funkmeßverfahren *n*, Radar *n(m)*; Hochfrequenzverfahren *n*, HF-Verfahren *n*
радиометр *m* 1. Radiometer *n (Meßgerät für Strahlung, hauptsächlich Wärmestrahlung)*; 2. *(Geoph)* radiometrische Sonde *f (Gerät zur Untersuchung der Radioaktivität von Gesteinen und Gesteinsverbänden sowie zum Auffinden von Lagerstätten radioaktiver Minerale)*; 3. *(Astr)* Radiostrahlungsmesser *m*; 5. *(Mil)* Aktivitätsmesser *m (Kernstrahlungsmeßgerät)*
~/акустический Schallstrahlungsdruckmesser *m*
~/гамма-каротажный *(Geoph)* Gamma-Bohrlochmeßsonde *f (Gerät zur Untersuchung der natürlichen Gamma-Aktivität der Gesteine in Bohrlöchern)*
~/инфракрасный Infrarotradiometer *n*, IR-Radiometer *n*
~/микроволновый Mikrowellenradiometer *n*
~/поисковый (разведочный) *(Geoph)* radiometrische Prospektierungssonde *f (Aufsuchen radioaktiver Minerale und Bestimmung der quantitativen und qualitativen Verteilung nach Gamma- und Betastrahlung)*
~/тепловой Wärmestrahlungsempfänger *m*
радиометрировать radiometrisch bestimmen

радиометрический radiometrisch, Radiometer ...
радиометрия *f* Radiometrie *f*, Strahlungsmessung *f*, Strahlenmessung *f*
радиомолчание *n* Funkstille *f*
радионаблюдение *n* Funkbeobachtung *f*; Radiobeobachtung *f*; Radioechomethode *f*
радионавигация *f (Flg, Schiff)* Funknavigation *f*, Funkortung *f*
~/ближняя Kurzstreckenfunknavigation *f*
~/воздушная Flugfunknavigation *f*
~/гиперболическая Hyperbelfunknavigation *f*
~/дальняя Weitstreckenfunknavigation *f*
~ по методу равносигнальной зоны Funknavigation *f* nach dem Leitstrahlverfahren
~/разностно-дальномерная Hyperbelfunknavigation *f*
~/самолётная Flugfunknavigation *f*
радионаправление *n* Funkrichtung *f*
радионуклид *m (Ch)* Radionuklid *n*
радиообмен *m* Funk[verkehr] *m*
радиооборудование *n* Funkausrüstung *f*; Rundfunkausrüstung *f*
радиоокно *n* Radiofenster *n*
радиооператорная *f (Schiff)* Funkraum *m*, FT-Raum *m*
радиоореол *m* Radiohalo *m*
радиоосадкомер *m (Meteo)* Niederschlags-Funkmeß- und -Meldegerät *n* *(Hochwassermeldedienst)*
радиоответчик *m (FO)* Antwortgerät *n*
радиопеленг *m (Flg, Schiff)* 1. Funkpeilung *f*; 2. Peilwert *m*, Funkazimut *m*
~/боковой Funkseitenpeilung *f*
~/исправленный berichtigte Funkpeilung *f*
~/истинный geografische Funkpeilung *f*; Großkreisfunkpeilung *f*, rechtweisende Funkpeilung *f*
~/компасный Kompaßfunkpeilung *f*
~/магнитный mißweisende Funkpeilung *f*, Magnetfunkpeilung *f*
~/наблюдённый rohe Funkpeilung *f*
~/обратный Gegenfunkpeilung *f*
радиопеленгатор *m (Flg, Schiff)* 1. Funkpeilgerät *n*, Funkpeiler *m*, Funkpeileinrichtung *f*, Funkpeilanlage *f*; 2. Funkpeilstelle *f*, Peilfunkstelle *f*
~/автоматический automatischer Funkpeiler *m*
~/береговой Küstenfunkpeilgerät *n*, Küstenfunkpeiler *m*
~/бортовой Bordfunkpeilgerät *n*, Bordfunkpeiler *m*
~/визуальный Funksichtpeiler *m*, Sichtfunkpeiler *m*
~/гониометрический Goniometerfunkpeiler *m*
~/двухканальный визуальный Zweikanalsichtfunkpeiler *m*
~/корабельный Schiffsfunkpeiler *m*, Bordfunkpeiler *m*
~/коротковолновый Kurzwellenfunkpeiler *m*
~/навигационный Navigationsfunkpeiler *m*
~/наземный Bodenfunkpeiler *m*
~/оптический *s.* **~/визуальный**
~ по равносигнальной зоне Leitstrahlpeiler *m*
~/рамочный Rahmenpeiler *m*
~ с гониометром Goniometer[funk]peilanlage *f*, Radiogoniometer *n*
~ с гониометром/слуховой Goniometerpeiler *m* für Hörfunkpeilung
~/самолётный Bordfunkpeiler *m*
~/следящий Nachlaufpeiler *m*
~/слуховой Funkpeiler *m* für Hörpeilung, Hörfunkpeiler *m*
~/судовой Schiffsfunkpeiler *m*
радиопеленгаторный Funkpeil ...
радиопеленгация *f (Flg, Schiff)* Funkpeilung *f*
~/грубая Grobpeilung *f*
~ по равносигнальной зоне Vergleichspeilung *f*
~/посторонняя Fremdpeilung *f*
~/самолётная Flugfunkpeilung *f*
~/смешанная Mischpeilung *f*
~/собственная Eigenpeilung *f*
~/точная Feinpeilung *f*
радиопеленгование *n s.* **радиопеленгация**
радиопередатчик *m* Rundfunksender *m*, Sender *m (s. a. unter* **передатчик**); Funksender *m*
~/внестудийный Reportagesender *m*; Fernsehreportagesender *m*
~/высокочастотный Hochfrequenzsender *m*, HF-Sender *m*
~/главный Hauptsender *m*, Leitsender *m*, Muttersender *m*
~/двухполосный Zweiseitenbandsender *m*, ZB-Sender *m*
~/дециметровый Dezimeter[wellen]sender *m*
~/длинноволновый Langwellenrundfunksender *m*
~ звука (звукового сопровождения) Tonsender *m*
~ команд *(Rak)* Funkkommandosender *m*
~/коротковолновый Kurzwellenrundfunksender *m*
~/мощный радиовещательный Groß[rundfunk]sender *m*, Rundfunkgroßsender *m*
~/мощный средневолновый радиовещательный Mittelwellenrundfunkgroßsender *m*

~/**навигационный** Navigationssender *m*
~/**наземный** Bodensender *m*
~/**однополосный** Einseitenbandsender *m*, EB-Sender *m*
~ **помех** Stör[funk]sender *m*
~/**равносигнальный** Leitstrahlsender *m*
~/**радиолокационный** Radarsender *m*
~/**ретрансляционный** Relaissender *m*
~ **с амплитудной модуляцией** AM-Rundfunksender *m*, AM-Sender *m*
~ **с амплитудной модуляцией/ультракоротковолновый** AM-UKW-Rundfunksender *m*
~ **с частотной модуляцией** FM-Rundfunksender *m*, FM-Sender *m*
~ **с частотной модуляцией/ультракоротковолновый** FM-UKW-Rundfunksender *m*
~/**самолётный** Flugzeug[funk]sender *m*
~/**средневолновый** Mittelwellenrundfunksender *m*
~/**телефонный коротковолновый** Kurzwellentelefoniesender *m*
~/**трансляционный** Relaissender *m*
~/**ультракоротковолновый** UKW-Rundfunksender *m*
радиопередача *f* Funksendung *f*; Rundfunksendung *f*, Rundfunkübertragung *f* *(s. a. unter* **передача***)*
~/**звуковая** drahtlose Tonübertragung *f*, Rundfunktonübertragung *f*
~ **изображений** drahtlose Bildübertragung (Fernsehübertragung) *f*
~/**направленная** Richt[strahl]sendung *f*
~/**телевизионная** Fernsehübertragung *f*, Fernsehsendung *f*
радиоперехват *m (Mil)* Funkspruchabhörung *f*
радиоподслушивание *n* Abhören *n* von Funkverbindungen
радиопозывные *mpl* Funkrufzeichen *npl*
радиополукомпас *m* Funkhalbkompaß *m*, Radiokompaß *m*
радиопомеха *f* Funkstörung *f*; Rundfunkstörung *f*
~/**прицельная** gerichtete Funkstörung *f*
радиоприбор *m* Funkgerät *n*
радиоприём *m* Funkempfang *m*; Rundfunkempfang *m (s. a. unter* **приём***)*
~/**буквопечатающий** Fernschreibempfang *m*
~ **на длинных волнах** Langwellenempfang *m*
~ **на коротких волнах** Kurzwellenempfang *m*
~ **на средних волнах** Mittelwellenempfang *m*
~/**пишущий** Schreibempfang *m*
~ **по зеркальному каналу** Spiegelfrequenzempfang *m*
~ **по равносигнальной зоне** Leitstrahlempfang *m*
радиоприёмник *m* Funkempfänger *m*, Funkempfangsgerät *n*; Rundfunkempfänger *m*, Rundfunk[empfangs]gerät *n*, Radiogerät *n*, Radio *n*
~/**автомобильный** Autoempfänger *m*, Autoradio *n*
~/**батарейный** Batterieempfänger *m*
~/**глиссадный** Gleitwegempfänger *m*
~/**маркерный** Funkmarkierungsempfänger *m*
~ **на транзисторах/карманный** Transistortaschenempfänger *m*
~/**профессиональный** kommerzielles Funkempfangsgerät *n*, Betriebsempfänger *m*
~ **прямого усиления** Geradeausempfänger *m*
~/**равносигнальный** Leitstrahlempfänger *m*
~ **с кнопочной настройкой** Drucktastenempfänger *m*
~ **с питанием от батареи** Batterieempfänger *m*
~ **с питанием от сети** Netz[anschluß]empfänger *m*
~/**сетевой** Netz[anschluß]empfänger *m*
~/**супергетеродинный** Zwischenfrequenzempfänger *m*, Überlagerungsempfänger *m*, Superhet[erodyn]empfänger *m*, Super[het] *m*
~/**телевизионный** Fernsehempfänger *m*, Fernseh[empfangs]gerät *n*
~/**транзисторный** Transistorempfänger *m*
~/**универсального питания** Rundfunkallstromgerät *n*, Gleichstrom-Wechselstrom-Empfänger *m*
радиоприёмный Funkempfangs . . .; Rundfunkempfangs . . .
радиопрогноз *m* Funkwettervorhersage *f*
~/**долгосрочный** langfristige Funkwettervorhersage *f*
~/**краткосрочный** kurzfristige Funkwettervorhersage *f*
радиопрограмма *f* Rundfunkprogramm *n*
радиопрожектор *m* 1. Richtstrahler *m*, Richtstrahlsender *m*; 2. *(Mil)* Funkmeßscheinwerfer *m*
радиопромышленность *f* schwachstromtechnische Industrie *f*; Industrie *f* der Unterhaltungselektronik; Rundfunkindustrie *f*
радиопротиводействие *n (Mil)* funktechnische Gegenwirkung *f*, Funkgegenwirkung *f*
радиопульт *m* **дистанционного управления средствами судовой радиосвязи** *(Schiff)* Funkfernbedienpult *n*, Fernsteuerungspult *n* mittels Bordfunk
радиоразведка *f (Mil)* Funkaufklärung *f*
радиоразведывательный Funkaufklärungs . . .

радиорезистентность *f (Kern, Med)* Strahlenwiderstandsfähigkeit *f*, Strahlungswiderstandsfähigkeit *f*, Strahlenresistenz *f*, Strahlungsresistenz *f*, Strahlenbeständigkeit *f*, Strahlungsbeständigkeit *f*
радиорелейный Richtfunk ...; Relais ...
радиорепортаж *m* Rundfunkreportage *f*
радиоретрансляция *f* Relaisbetrieb *m*, Richtfunkbetrieb *m*
радиорефракция *f* Brechung *f* elektromagnetischer Wellen
~/ионосферная Brechung *f* elektromagnetischer Wellen in der Ionosphäre
~/тропосферная Brechung *f* elektromagnetischer Wellen in der Troposphäre
радиорубка *f* Funk[er]raum *m*, Funk[er]kabine *f*
~/аварийная Notfunkraum *m*
радиорупор *m* Trichterlautsprecher *m*, Hornlautsprecher *m*, Druckkammerlautsprecher *m*
радиосамолётовождение *n* Flugfunknavigation *f*
радиосамонаведение *n (Rak)* funkgesteuerte Zielsuchlenkung *f*
радиосвинец *m (Kern)* Radioblei *n*
радиосвязь *f* Funkverbindung *f*; Funk[verkehr] *m*; drahtlose Nachrichtentechnik (Fernmeldetechnik) *f*
~/авиационная Flugfunkverbindung *f*, Flugfunk *m*
~/ближняя Kurzstrecken[funk]verkehr *m*, Nah[funk]verkehr *m*; Nah[funk]verbindung *f*
~/внутриэскадренная Schiffsfunkverkehr *m*
~ во флоте Flottenfunk *m*
~/дальняя Weit[streckenfunk]verkehr *m*, Fern[funk]verkehr *m*; Fern[funk]verbindung *f*
~/двусторонняя (дуплексная) doppelseitiger Funkverkehr *m*, Duplex[funk]verkehr *m*
~/коротковолновая Kurzwellen[funk]verkehr *m*; Kurzwellen[funk]verbindung *f*
~/любительская Amateurfunk *m*; Amateurfunkverbindung *f*
~/маневровая [железнодорожная] *(Eb)* Rangierfunk *m*
~/микроволновая направленная Mikrowellenrichtfunk *m*
~/многоканальная Mehrkanalfunkverbindung *f*; Mehrkanalfunkverkehr *m*
~/морская Seefunkverbindung *f*; Seefunk[verkehr] *m*
~ на коротких волнах/телефонная KW-Funksprechverbindung *f*
~/направленная Richtfunk *m*
~/поездная *(Eb)* Zugfunk *m*, Streckenfunk *m*
~/релейная Funkrelaisverbindung *f*, Richtfunkverbindung *f*
~/симплексная Einweg[funk]verkehr *m*, Simplex[funk]verkehr *m*
~/телеграфная Funktelegrafieverkehr *m*; Funktelegrafieverbindung *f*
~/телефонная Funk[fern]sprechverkehr *m*, Funktelefonieverkehr *m*; Funk[fern]sprechverbindung *f*
~/фототелеграфная Bildfunk *m*, [drahtlose] Bildtelegrafie *f*; Bildfunkverbindung *f*
радиосекстан *m (Schiff)* Radiosextant *m*
радиосенсибилизация *f (Kern)* Strahlensensibilisierung *f*
радиосера *f (Ch)* Radioschwefel *m*
радиосеть *f* Funknetz *n*
~ взаимодействия *(Mil)* Funknetz *n* des Zusammenwirkens
~ донесений *(Mil)* Meldenetz *n*
~ оповещения *(Mil)* Benachrichtigungsnetz *n*
~ управления *(Mil)* Führungsnetz *n*
радиосигнал *m* Funksignal *n*; Rundfunksignal *n*
~ бедствия Notsignal *n*; SOS-Ruf *m*
радиослужба *f* Funkdienst *m*
~/авиационная Flugfunkdienst *m*
~/морская Seefunkdienst *m*
радиослушатель *m* Rundfunkteilnehmer *m*, Rundfunkhörer *m*
радиоспектрограф *m* Hochfrequenzspektrograf *m*, HF-Spektrograf *m*, Radiofrequenzspektrograf *m*
радиоспектрометр *m s.* **радиоспектроскоп**
радиоспектроскоп *m* Hochfrequenzspektroskop *n*, HF-Spektroskop *n*, Radio[wellen]spektrometer *n*, Radio[wellen]spektroskop *n*
радиоспектроскопия *f* Hochfrequenzspektroskopie *f*, HF-Spektroskopie *f*, Radiofrequenzspektroskopie *f*
радиосредство *n* Funkmittel *n*, funktechnisches (radiotechnisches) Mittel *n*
радиостанция *f* Funkanlage *f*; Funkstelle *f*, Funkstation *f*
~/аварийная Not[ruf]funkstelle *f*
~/авиационная Flugfunkstelle *f*
~/автомобильная fahrbare Funkstation *f*
~/аэродромная Flughafenfunkstelle *f*
~/береговая Küstenfunkstelle *f*
~/бортовая Bordfunkstelle *f*
~/вещательная Rundfunksendestelle *f*, Rundfunk[sende]station *f*
~/железнодорожная *(Eb)* Streckenfunkstelle *f*; Rangierfunkstelle *f*
~/коротковолновая Kurzwellenfunkstelle *f*
~/любительская Amateurfunkstelle *f*, Amateur[funk]station *f*
~/маломощная Kleinfunkstelle *f*

~/метеорологическая Wetterfunkstelle *f*
~/мешающая Störfunkstelle *f*
~/миниатюрная Kleinstfunkstelle *f*
~/морская Seefunkstelle *f*
~/мощная Großfunkstelle *f*
~ наведения *(Flg, Rak)* Funkleitstelle *f*
~/наземная Boden[funk]stelle *f*, Bodenstation *f*
~/неподвижная feste Funkstelle *f*, Festfunkstelle *f*
~/пеленгаторная Peilfunkstelle *f*
~/передающая Sendefunkstelle *f*, Funksendestelle *f*
~/передвижная bewegliche (ortsveränderliche) Funkstelle *f*
~/приёмная Funkempfangsstelle *f*, Funkempfangsstation *f*
~/приёмо-передающая Sende[-und]-Empfangs-Station *f*
~/промежуточная Zwischenfunkstelle *f*, Relaisfunkstelle *f*
~/ранцевая *(Mil)* Tornisterfunkstation *f*
~/трансляционная *s.* **~/промежуточная**
радиостойкость *f s.* **стойкость/радиационная**
радиостудия *f* Rundfunkstudio *n*, Rundfunkaufnahmeraum *m*, Rundfunksenderaum *m*, Studio *n*
радиосхема *f* Rundfunk[empfänger]schaltung *f*
радиотанк *m (Mil)* Funk[kampf]panzer *m*
радиотелеграмма *f* Funkspruch *m*, Radiogramm *n*
радиотелеграф *m* Funktelegraf *m*
радиотелеграфирование *n s.* **радиотелеграфия**
радиотелеграфия *f* drahtlose Telegrafie *f*, Funktelegrafie *f*
~/буквопечатающая Funkfernschreiben *n*
~/направленная Richtfunktelegrafie *f*
радиотелеграфный funktelegrafisch, Funktelegrafie ...
радиотелеизмерение *n s.* **радиотелеметрия**
радиотелеметрия *f* Funkfernmessung *f*, Hochfrequenzfernmessung *f*, HF-Fernmessung *f*
радиотелемеханика *f* Radiotelemechanik *f*, drahtlose Fernwirktechnik *f*
радиотелескоп *m (Astr)* Radioteleskop *n*
радиотелетайп *m* Funkfernschreibmaschine *f*
радиотелеуправление *n* Funkfernsteuerung *f*, drahtlose Fernsteuerung *f*; Funkfernlenkung *f*
радиотелефон *m* Funksprechgerät *n*, Sprechfunkgerät *n*
радиотелефонирование *n s.* **радиотелефония**
радиотелефония *f* drahtlose Telefonie *f*, Funk[fern]sprechen *n*, Funktelefonie *f*
~/двухполосная Zweiseitenband[funk]-telefonie *f*
~/однополосная Einseitenband[funk]telefonie *f*, ESB-Telefonie *f*
радиотелефонный funktelefonisch, Funk[fern]sprech ..., Sprechfunk ...
радиотень *f* Funkschatten *m*
радиотеодолит *m (Meteo)* Radiotheodolit *m*, Höhenwinkelpeiler *m*
радиотерапия *f* Strahlentherapie *f*, Strahlenbehandlung *f*
~/ротационная Rotationsbestrahlung *f*, Bewegungsbestrahlung *f*
радиотермолюминесценция *f* Radiothermolumineszenz *f*
радиотехника *f* Hochfrequenztechnik *f*, HF-Technik *f*; Rundfunktechnik *f*; Funktechnik *f*
радиотехнический hochfrequenztechnisch; funktechnisch
радиотовары *mpl* funktechnische Bauteile *npl*
радиотоксикология *f* Radiotoxikologie *f*
радиотоксичность *f* Radiotoxizität *f*
радиоторий *m (Ch)* Radiothorium *n*
радиотрансляционная *f* Rundfunkübertragungsraum *m*
радиотрансляция *f* Draht[rund]funk *m*; Rundfunk[direkt]übertragung *f*
~ на несущей частоте trägerfrequenter (hochfrequenter) Drahtfunk *m*
~ на низкой частоте/проводная niederfrequenter (tonfrequenter) Drahtfunk *m*
~/проводная Draht[rund]funk *m*
~/телевизионная Fernsehdrahtfunk *m*
радиотуманность *f s.* **радиогалактика**
радиоуглерод *m* Radiokohlenstoff *m*
радиоузел *m* Funkzentrale *f*, Funkleitstelle *f*
~/трансляционный Drahtfunkleitstelle *f*
радиоуправление *n* Funk[fern]steuerung *f*; Funk[fern]lenkung *f*
~ самолётом Flugzeugfernlenkung *f*
радиоуправляемый funkgesteuert, drahtlos gesteuert
радиоуровнемер *m (Hydrol)* drahtloser Fernpegel *m*
радиоустановка *f* Funkanlage *f*
~/бортовая Bordfunkanlage *f*
~/маневровая [железнодорожная] *(Eb)* Rangierfunkanlage *f*
~/поездная *(Eb)* Zugfunkanlage *f*
радиоустройство *n* Funkeinrichtung *f*
радиофарфор *m* Hochfrequenzporzellan *n*, HF-Porzellan *n*
радиофизика *f* Hochfrequenzphysik *f*, HF-Physik *f*; Funkphysik *f*
радиофитопатология *f* Radiophytopathologie *f*
радиофотограмма *f* Funkbild *n*
радиофотолюминесценция *f* Radiofotolumineszenz *f*

радиофототелеграфия *f* Bildfunk *m*, Funkbildübertragung *f*, drahtlose Bildtelegrafie *f*
радиохимический radiochemisch
радиохимия *f* Radiochemie *f*
радиохроматограмма *f* Radiochromatogramm *n*
радиохроматография *f* Radiochromatografie *f*
радиоцентр *m* Funkzentrale *f*; Funkhaus *n*
~/**передающий** Funksendezentrale *f*
~/**приёмный** Funkempfangszentrale *f*
радиочастота *f* Funkfrequenz *f*; Rundfunkfrequenz *f*; Hochfrequenz *f*
радиочастотный funkfrequent; Rundfunkfrequenz . . .; hochfrequent, Hochfrequenz . . ., HF- . . .
радиочасть *f* Funktruppenteil *m*
радиочувствительность *f* *(Kern, Med)* Strahlenempfindlichkeit *f*, Strahlungsempfindlichkeit *f*
радиошум *m*/**космический** *(Rt)* kosmisches Rauschen *n*, Radiorauschen *n*
радиоэлектроника *f* Funkelektronik *f*, Radioelektronik *f*
~/**космическая** Raumschiffelektronik *f*
радиоэлектронный funkelektronisch, radioelektronisch
радиоэлемент *m* *(Kern)* Radioelement *n*, radioaktives Element *n*
~/**искусственный** künstliches Radioelement *n*
~/**природный** natürliches Radioelement *n*
радиоэхо *n* Funkecho *n*
радировать funken, senden
радист *m* Funker *m*
~/**судовой** Schiffsfunker *m*, Bordfunker *m*
радиус *m* 1. *(Math)* Radius *m*, Halbmesser *m*; 2. Arm *m*
~ **Бора/атомный** *(Kern)* Bohrscher Atomradius *m*
~ **вершины скоса** *(Schw)* Schweißmuldenradius *m*
~/**внешний** Außenradius *m*, äußerer Radius *m*
~/**внутренний** Innenradius *m*, innerer Radius *m*
~/**водородный** *(Kern)* Wasserstoffradius *m*
~ **волны** *(Ph)* Wellenradius *m*
~ **вращения** *s.* ~ **инерции**
~ **вселенной** Weltradius *m*
~/**гидравлический** hydraulischer Radius *m*
~ **гирации** *s.* ~ **инерции**
~ **гирации атома** mittlerer Radius *m* der Elektronenhülle
~ **действия** 1. Wirkungsradius *m*, Wirkungsbereich *m*; Reichweite *f*; 2. *(Milflg, Mar)* Aktionsradius *m*
~ **загиба** *s.* ~ **изгиба**
~ **закругления** Abrundungsradius *m*, Ausrundungsradius *m*
~ **закругления иглы** Tastnadelradius *m*
~ **закругления при вершине [резца]** *(Fert)* Spitzenradius *m*, Spitzenabrundung *f* *(Drehmeißel)*
~ **заплечика** Abrundungsradius *m* am Stufenauslauf *(Spanleitstufe, Drehmeißel)*
~ **зеркала** *(Opt)* Spiegelradius *m*
~ **изгиба** *(Fest)* Biegehalbmesser *m*, Biegeradius *m*
~ **инерции** *(Mech)* Trägheitsradius *m*, Trägheitshalbmesser *m*, Gyrationsradius *m*
~ **иона** [scheinbarer] Ionenradius *m*
~ **квадратного профиля [фрезы]** *(Fert)* Radius *m* der Halbkreisform *(doppelt nach innen gewölbter Viertelkreisfräser)*
~ **кривизны** *(Math)* Krümmungsradius *m* *(Krümmungskreis)*
~ **кривой** *(Eb)* Bogenhalbmesser *m*, Krümmungshalbmesser *m* *(Gleis)*; *(Bw)* Kurvenradius *m* *(Straße)*
~ **кривошипа [коленчатого вала]** Hubradius *m* *(Kurbelwelle)*
~ **кручения** *(Fest)* Windungsradius *m*, Torsionsradius *m*
~/**метацентрический** metazentrischer Halbmesser (Radius) *m*
~ **молекулы** Molekülradius *m*
~ **поворота** 1. Wenderadius *m* *(eines Fahrzeugs)*; 2. Schwenkradius *m* *(z. B. eines Krans)*
~ **поворота/внешний** äußerer Wenderadius *m*
~ **поворота/внутренний** innerer Wenderadius *m*
~ **полукруглого профиля [фрезы]** *(Fert)* Radius *m* der Halbkreisform, Radius *m* des Halbkreisprofils *(nach außen bzw. nach innen gewölbter Halbkreisformfräser)*
~/**поперечный метацентрический** breitenmetazentrischer Halbmesser (Radius) *m*
~/**продольный метацентрический** längenmetazentrischer Halbmesser (Radius) *m*
~ **равновесной орбиты** Gleichgewichtsradius *m*, Sollkreisradius *m*
~ **разлёта осколков** *(Mil)* Splitterwirkungsradius *m*
~ **резания** *(Bw)* Schnittradius *m* *(eines Baggers)*
~ **светила/истинный** *(Astr)* wahrer (linearer) Radius *m* *(eines Himmelskörpers)*
~ **светила/угловой** *(Astr)* scheinbarer Radius *m*, Winkelradius *m* *(eines Himmelskörpers)*
~ **свода** Wölbungsradius *m*
~ **скругления** *s.* ~ **закругления**

~ **сопряжения задних поверхностей [резца]** *s.* ~ **закругления при вершине [резца]**
~ **столкновения** *(Mech)* Stoßradius *m*, Kollisionsradius *m*
~ **сходимости** *(Math)* Konvergenzradius *m (Potenzreihe)*
~ **циркуляции** *(Schiff)* Drehkreisradius *m*
~ **экранирования/дебаевский** Debyescher Abschirmradius *m*
радиус-вектор *m (Math)* Radiusvektor *m*, Leitstrahl *m*, Fahrstrahl *m (Zentralbewegung)*
~/**гелиоцентрический** *(Astr)* heliozentrischer Radiusvektor *m*
радон *m (Ch)* Radon *n*, Rn
разбавитель *m* Verdünner *m*, Verdünnungsmittel *n*; Streckmittel *n*; Verschnittmittel *m*
разбавить *s.* **разбавлять**
разбавление *n* Verdünnen *n*, Verdünnung *f*
~/**изотопное** Isotopenverdünnung *f*
разбавлять verdünnen
~ **водой** mit Wasser verdünnen, verwässern
разбег *m* 1. Anlauf *m*, Anfahren *n*; Hochlaufen *n*; 2. *s.* ~ **самолёта**
~ **резца** *(Fert)* Vorlauf *m (des Meißels beim Hobeln)*
~ **самолёта** *(Flg)* Anlauf *m*, Anrollen *n (1. Startphase)*
разбегание *n* **галактик** *(Astr)* Nebelflucht *f*
разбивать 1. zerschlagen, zertrümmern, brechen; 2. zerkleinern, zerlegen, aufteilen, untergliedern; 3. *(Geod)* abstecken *(z. B. einen Bauplatz)*; anlegen *(einen Garten)*; 4. *(Schiff)* aufschnüren *(Linienriß)*
~ **на волокна** zerfasern, defibrieren *(Papierherstellung)*
~ **на шпоны** *(Typ)* durchschießen *(Satz)*
~ **набор** *(Typ)* sperren
~ **пикетаж** *(Geod)* pflöcken
разбивка *f* 1. Zerschlagen *n*, Zertrümmern *n*; 2. Zerkleinern *n*, Zerlegen *n*; 3. Aufteilen *n*, Untergliedern *n*, Untergliederung *f*; 4. *(Geod)* Abstecken *n (Bauplatz, Streckenführung)*; Anlegen *n (Garten)*; 5. *(Typ)* Sperrung *f (Satz)*
~/**высотная** Höhenabsteckung *f*
~ **кривых** *(Geod)* Absteckung *f* von Kurven
~ **линий** *(Eb)* Linienführung *f*
~ **лома** Schrottzerkleinerung *f (Fallwerk)*
~ **на сегменты** *(Dat)* Segmentierung *f*
~ **[набора] на шпоны** *(Typ)* Durchschießen *n*
~/**плазовая** *(Schiff)* Aufschnüren *n (Linienriß)*
~ **сооружения** *(Bw)* Abstecken *n* eines Bauwerks
разбиение *n* 1. Unterteilung *f*, Zerlegung *f*; 2. *(Math)* Partition *f*; Zerlegung *f (des Vektors)*
~ **записи на сегменты** *(Dat)* Satzsegmentierung *f*
разбирание *n s.* **разборка**
~ **руды** *(Bgb)* Klassieren *n*, Klauben *n (Erz)*
разбирать 1. auseinandernehmen, zerlegen; 2. demontieren, abbauen *(eine Maschine)*; 3. abtragen, abreißen *(ein Bauwerk)*; 4. *(Met, Bgb)* [aus]klauben, klassieren, auslesen, sortieren *(Aufbereitung)*; *(Bgb)* bereißen *(den Stoß)*; 5. entziffern *(eine Handschrift)* • **не** ~ *(Typ)* stehenlassen *(den Satz)*
~ **забой** *(Bgb)* den Stoß bereißen
~ **на слом** abwracken *(Schiffe)*
~ **набор** *(Typ)* ablegen *(Satz)*
разбить *s.* **разбивать**
разбомбить durch Bomben zerstören, zerbomben
разбор *m (Typ)* 1. Ablegen *n* des Satzes; 2. Ablegesatz *m*, ausgedruckter Satz *m*, Ablegeschrift *f*
разборка *f* 1. Auseinandernehmen *n*, Zerlegen *n*; 2. Demontieren *n*, Demontage *f*, Abbau *m*, Abbauen *n (z. B. Maschinen)*; 3. *(Bw)* Abtragen *n*, Abreißen *n (Gebäude)*; 3. *(Met, Bgb)* Klauben *n*, Ausklauben *n*, Klassieren *n*, Auslesen *n (Aufbereitung)*; 4. *(Bgb)* Bereißen *n (Stöße)*; 5. *s.* **разбор 1.**
~ **здания** Gebäudeabbruch *m*, Gebäudeabriß *m*
~/**ручная** *(Met, Bgb)* Klauben *n*, Klaubarbeit *f (Aufbereitung)*
~/**сухая** *(Met, Bgb)* Trockenklassierung *f (Aufbereitung)*
разборный 1. auseinandernehmbar, lösbar; 2. mehrteilig
разбортовка *f* Umbördeln *n*
разборчивость *f* Verständlichkeit *f (der Sprache)*; Lesbarkeit *f (Zeichen)*
~ **знаков** Zeichenlesbarkeit *f*
~ **речи** Sprachverständlichkeit *f*, Sprechverständlichkeit *f*
~/**слоговая** Silbenverständlichkeit *f*
разбраковка *f* **партии продукции** Sortierung *f (bei der Fertigungskontrolle)*
разбрасывание *n (Lw)* Ausstreuen *n*, Streuen *n (Dünger usw.)*
~ **навоза/рядовое** Reihendüngung *f*
разбрасыватель *m (Lw)* Streuer *m*, Düngerstreuer *m*
~/**вальцовый** Walzendüngerstreuer *m*
~ **жидких органических удобрений** Gülletankfahrzeug *n*
~ **жидкого навоза** Güllewerfer *m*, Gülleverteiler *m*
~ **извести** Kalkstreuer *m*
~ **навоза** Stalldungstreuer *m*

~ **удобрений** Düngerstreuer *m*
~ **удобрений/дисковый (тарельчатый)** Tellerdüngerstreuer *m*
~ **удобрений/центробежный** Schleuderdüngerstreuer *m*
~/**цепной** Kettendüngerstreuer *m*
разброс *m* [statistische] Streuung *f*; Streubreite *f* *(von Meßwerten)*
~ **параметров** Parameterstreuung *f*
~ **по времени** zeitliche Streuung *f*
~ **по массам** Massendispersion *f*
~ **по углам** Winkelstreuung *f*, Richtungsstreuung *f*
~ **по энергии** Energiestreuung *f*
~ **попадания [снарядов]/случайный** *(Mil)* Zufallstrefferstreuung *f*
~ **пробегов** Reichweitenstreuung *f*
разбрызгать *s.* **разбрызгивать**
разбрызгивание *n* Spritzen *n*, Verspritzen *n*; Sprühen *n*, Versprühen *n*
разбрызгиватель *m* Sprüheinrichtung *f*; Spritzpistole *f* *(Anstrichtechnik)*
разбрызгивать [ver]spritzen, sprengen; [ver]sprühen
разбуривание *n* 1. Ausbohren *n*; 2. *(Bgb)* Aufbohren *n*, Nachbohren *n*, Erweitern *n* *(eines Bohrloches)*
разбуривать 1. ausbohren; 2. *(Bgb)* aufbohren, nachbohren, erweitern
~ **скважину** ein Bohrloch erweitern
разбурить *s.* **разбуривать**
разбурка *f* *s.* **разбуривание 2.**
разбухание *n* Aufquellen *n*, Quellen *n*; Treiben *n*, Auftreiben *n*; Anschwellen *n*, Schwellen *n*
разбухать [auf]quellen; [auf]treiben; [an]schwellen
разбухнуть *s.* **разбухать**
развал *m* 1. Einsturz *m*; Verfall *m*, Zusammenbruch *m*; 2. Schrägstellung *f*, Schräge *f*, Sturz *m*; 3. *(Bgb)* Haufwerk *n*; 4. *(Schiff)* ausfallende (ausladende) Form *f* *(Spanten, Bordwände)*
~ **волочильной матрицы** *(Met)* Ziehkegel *m*, Reduzierkegel *m*, Arbeitskegel *m* *(Ziehring beim Kaltziehen von Rohren und Stangen)*
~ **колёс** *(Kfz)* Radsturz *m*, Sturz *m*
~ **ручья** *(Met)* Kaliberaufweitung *f* *(Kaltwalzen von Rohren)*
разваливать umstürzen; abbrechen; einreißen, zerstören
разваливаться einstürzen, zusammenbrechen; zerfallen
развалить *s.* **разваливать**
развалиться *s.* **разваливаться**
развальцевание *n* *s.* **развальцовка**
развальцевать *s.* **развальцовывать**
развальцовка *f* *(Fert)* 1. Auswalzung *f*, Auswalzen *n*; 2. Aufweiten *n*, Ausweiten *n*; Aufwalzen *n* *(Rohre)*; 3. Einwalzen *n* *(Rohre)*
развальцовывать *(Fert)* 1. auswalzen; 2. aufweiten, ausweiten; aufwalzen, auswalzen; 3. auftreiben, einwalzen *(Rohre)*
~ **трубы вальцовкой** Rohre *(mit dem Rohreinwalzapparat)* einwalzen
разваривание *n* Zerkochen *n*
развевание *n* *s.* **дефляция**
разведанность *f* *(Bgb, Geol)* Erkundungsgrad *m*
разведать *s.* **разведывать**
разведение *n* 1. Zucht *f*, Aufzucht *f* *(Tiere)*; 2. Bau *m*, Anbau *m* *(Pflanzen)*; 3. *(Ch)* Verdünnen *n*, Verdünnung *f*, Konzentrationsverminderung *f*; 4. Öffnen *n* *(Drehbrücke)*
разведка *f* 1. *(Bgb, Geol)* Erkundung *f*, Schürfen *n*, Prospektierung *f*, Prospektieren *n*; 2. *(Meteo)* Erkundung *f*; 3. *(Mil)* Aufklärung *f*
~/**авиационная** Fliegeraufklärung *f*, Aufklärung *f* durch Fliegerkräfte
~/**артиллерийская** Artillerieaufklärung *f*
~/**артиллерийская инструментальная** Artillerie-Instrumentenaufklärung *f*
~/**бактериологическая** biologische Aufklärung *f*, B-Aufklärung *f*
~/**буровая** Erkundungsbohrung *f*
~ **воздушного противника** Aufklärung *f* des Luftgegners
~/**войсковая** Truppenaufklärung *f*
~/**геофизическая** geophysikalische Erkundung *f*
~/**гидравлическая** gravimetrische Erkundung *f*
~/**глубинная** Fernaufklärung *f*
~/**гравиметрическая (гравитационная)** gravimetrische Prospektierung *f*, Gravitationserkundung *f*
~/**дальняя** Fernaufklärung *f*
~/**детальная** *(Bgb, Geol)* Detailerkundung *f*
~ **засадами** Aufklärung *f* durch Hinterhalte
~/**звукометрическая** *(Mil)* Schallmeßaufklärung *f*, Schallmeßverfahren *n*
~/**инженерная** Pionieraufklärung *f*
~/**инструментальная** *s.* ~/**артиллерийская инструментальная**
~/**контрольная [воздушная]** *(Mil)* Kontrollaufklärung *f*
~/**магнитная (магнитометрическая)** magnet[ometr]ische Prospektierung (Untersuchung) *f*, Gravimetrie *f*
~/**медицинская** medizinische Aufklärung *f*
~ **местности** Aufklärung *f* des Geländes
~/**метеорологическая** meteorologische Aufklärung *f*, Wetteraufklärung *f*
~/**морская** Seeaufklärung *f*
~ **наблюдением** Aufklärung *f* durch Beobachtung
~/**наземная** Erdaufklärung *f*

~/**нефтяная** Erdölprospektierung *f*, Erdölerkundung *f*
~ **по методу отражённых волн** Prospektierung *f* nach der Reflexionsmethode, Reflexionsseismik *f*
~ **погоды** *s.* ~/**метеорологическая**
~/**предварительная** 1. *(Bgb, Geol)* Vorerkundung *f*; 2. *(Mil)* Voraufklärung *f*
~/**радиационная** Kernstrahlungsaufklärung *f*, K-Aufklärung *f*
~/**радиационная, химическая и бактериологическая** Kernstrahlungs-, chemische und biologische Aufklärung *f*, KCB-Aufklärung *f*
~/**радиолокационная** Funkmeßaufklärung *f*
~/**радиотехническая** funktechnische Aufklärung *f*
~/**санитарная** *s.* ~/**медицинская**
~/**сейсмическая** Seismik *f*, seismische Erkundungsmethode *f*
~ **средствами связи** Aufklärung *f* durch Nachrichtenmittel
~/**топографическая** topografische Aufklärung *f*
~/**тыловая** rückwärtige Aufklärung *f*
~ **у берега** Aufklärung *f* unter Land
~/**химическая** chemische Aufklärung *f*, C-Aufklärung *f*
~ **электрическим способом** Geoelektrik *f*, geoelektrische Erkundungsmethode *f*
разведочный *(Bgb, Geol)* Erkundungs..., Schürf...
разведчик *m* *(Mil)* Aufklärer *m*; Aufklärungsflugzeug *n*
разведчик-корректировщик *m* Artillerieaufklärer *m*
разведывательный *(Mil)* Aufklärungs...
разведывать 1. *(Bg, Geol)* erkunden, prospektieren, schürfen; 2. *(Mil)* aufklären
развернуть *s.* **развёртывать**
развернуться *s.* **развёртываться**
развёртка *f* 1. Abwicklung *f* *(Zylinder- oder Kegelmantel)*; 2. *(Fs)* Abtastung *f*; *(Eln)* Ablenkung *f*, Auslenkung *f* *(von Elektronenstrahlen; s. a. unter* **развёртывание***)*; Zerlegung *f* *(s. a. unter* **разложение***)*; 3. *(Wkz)* Reibahle *f*
~ **бегущим лучом** Lichtstrahlabtastung *f*
~ **без направляющей части/ручная разжимная** verstellbare geschlitzte Handreibahle *f* ohne Führungszapfen
~/**вертикальная** Vertikalablenkung *f*; *(Fs)* Bildablenkung *f*
~ **времени** Zeitablenkung *f*, zeitproportionale Ablenkung *f* *(Katodenstrahloszillograf)*
~/**временная** *s.* ~ **времени**
~/**временная ждущая** [fremd]gesteuerte (getriggerte) Zeitablenkung *f*, Triggerung *f*
~/**высококачественная** *(Fs)* Feinabtastung *f*
~/**горизонтальная** Horizontalablenkung *f*; *(Fs)* Zeilenablenkung *f*
~/**грубая** *(Fs)* Grobabtastung *f*
~ **для глухих отверстий/машинная** Maschinenreibahle *f* mit kurzem Anschnitt *(für Grundlöcher)*
~ **для сквозных отверстий/машинная** Maschinenreibahle *f* mit langem Anschnitt *(für Durchgangslöcher)*
~/**ждущая** *s.* **1.** ~/**временная ждущая; 2.** ~/**однократная**
~/**задержанная** verzögerte Abtastung *f*
~/**зеркальная** Spiegelauslenkung *f* *(Schleifenoszillograf)*
~ **изображения** Bild[feld]abtastung *f*, Bild[feld]zerlegung *f*
~ **изображения/барабанная** *(Fs)* Trommelabtastung *f*
~ **импульса** Impulsauslenkung *f*
~/**кадровая** *(Fs)* Bildablenkung *f*, Rasterablenkung *f*, Vertikalablenkung *f*; Bildabtastung *f*, Rasterabtastung *f*, rasterförmige Abtastung *f*
~/**качающаяся самоустанавливающаяся** Pendelreibahle *f*
~/**кольцевая** *s.* ~/**круговая**
~/**котельная коническая** Nietlochreibahle *f*, Kesselreibahle *f*
~ **кривой** *(Math)* 1. Abwicklung *f* einer ebenen Kurve; 2. *im Russischen zuweilen auch für* **эвольвента**, *s. dort*
~ **круга** *(Math)* Kreisevolvente *f*
~/**круговая** Kreisablenkung *f*, Kreisauslenkung *f* *(Elektronenstrahloszillograf)*
~/**левая** *s.* ~ **левого вращения**
~ **левого вращения** linkslaufende (linksschneidende) Reibahle *f*
~/**линейная** lineare Zeitablenkung *f*, Linearablenkung *f* *(Katodenstrahloszillograf)*
~ **листов** Plattenabwicklung *f*
~/**машинная** Maschinenreibahle *f*
~/**машинная коническая котельная** Maschinenreibahle *f* für Nietlöcher *(mit Kegelschaft)*
~/**машинная хвостовая разжимная** verstellbare geschlitzte Maschinenschaftreibahle *f*, Maschinenspreizreibahle *f* mit Schaft
~/**механическая** *(Fs)* mechanische Abtastung *f* *(Nipkow-Scheibe)*
~ **многогранника** *(Math)* Netz *n* eines Polyeders (Vielflächners)
~/**многократная чересстрочная** *(Fs)* Mehrfachzeilensprungabtastung *f*
~/**насадная** Aufsteckreibahle *f*
~/**нерегулируемая** unverstellbare Reibahle *f*
~/**низкокачественная** *s.* ~/**грубая**
~/**обдирочная** Schruppreibahle *f*

~/**однократная** einmalige Ablenkung (Auslenkung) *f*; einmalige Abtastung *f*
~/**однострочная** einzelige Abtastung *f*
~ **окружности** *s.* ~ **круга**
~, **оснащённая пластинками из твёрдого сплава/машинная насадная** unverstellbare hartmetallbestückte Maschinen-Aufsteckreibahle *f*
~/**перемежающаяся** *s.* ~/**чересстрочная**
~/**переходная** Vorreibahle *f*
~/**пилообразная** Sägezahnabtastung *f*
~ **под конические отверстия/коническая** Kegelreibahle *f* für Kegelbohrungen
~ **под конические штифты/коническая** Kegelreibahle *f* zu Kegelstiften
~ **под коническую резьбу/коническая** Kegelreibahle *f* für Kegelgewinde
~ **под конус Морзе/коническая** Kegelreibahle *f* für Morsekegel
~ **под метрические конуса/коническая** Kegelreibahle *f* für metrische Kegel
~/**последовательная** *(Fs)* Zeilenfolgeabtastung *f*, zeilenweise Abtastung *f*
~/**правая** *s.* ~ **правого вращения**
~ **правого вращения** rechtslaufende (rechtsschneidende) Reibahle *f*
~/**предварительная** Schruppreibahle *f*
~/**прогрессивная** *s.* ~/**последовательная**
~/**промежуточная** Vorreibahle *f*
~/**прям[олинейн]ая** Linearauslenkung *f*
~/**раздвижная** Reibahle *f* mit radial nachstellbaren eingesetzten Messern
~/**разжимная** verstellbare geschlitzte Reibahle *f*, Spreizreibahle *f*
~/**растровая** *s.* ~/**кадровая**
~/**регулируемая** verstellbare Reibahle *f*
~/**ручная** Handreibahle *f*
~/**ручная коническая котельная** Handreibahle *f* für Nietlöcher *(mit Zylinderschaft und Vierkant)*
~/**ручная цилиндрическая** Zylinderhandreibahle *f*
~ **с винтовыми зубьями/машинная** drallgenutete Maschinenreibahle *f*, Maschinenreibahle *f* mit wendelförmigen Schneidkanten, Schälreibahle *f*
~ **с винтовыми канавками** Reibahle *f* mit Drallnut, drallgenutete Reibahle *f*
~ **с вобуляцией** *(Fs)* gewobbelte Abtastung *f*
~ **с длинной заборной частью/машинная** Maschinenreibahle *f* mit langem Anschnitt *(für Durchgangslöcher)*
~ **с задней направляющей** Reibahle *f* mit Führung, Führungsreibahle *f*
~ **с качающей оправкой** Pendelreibahle *f*
~ **с квадратной головкой** Reibahle *f* mit Zylinderschaft und Vierkant
~ **с квадратной головкой/машинная** Maschinenreibahle *f* mit Zylinderschaft und Vierkant
~ **с квадратом** *s.* ~ **с квадратной головкой**
~ **с коническим хвостом** Kegelschaftreibahle *f*
~ **с коническим хвостом и с направляющей/машинная** Maschinenreibahle *f* mit Kegelschaft und Führung
~ **с коническим хвостом/машинная** Maschinenreibahle *f* mit Kegelschaft
~ **с коническим хвостом/цельная машинная** unverstellbare Maschinenreibahle *f* mit Kegelschaft
~ **с конусом Морзе/машинная** Maschinenreibahle *f* mit Morsekonus
~ **с конусом Морзе/цельная машинная** unverstellbare Maschinenreibahle *f* mit Morsekonus
~ **с короткой заборной частью/машинная** Maschinenreibahle *f* mit kurzem Anschnitt *(für Grundlöcher)*
~ **с левыми винтовыми канавками** Reibahle *f* mit Linksdrallnuten
~ **с направляющей частью/ручная раздвижная** verstellbare geschlitzte Handreibahle *f* mit Führungszapfen
~ **с переставными ножами** Reibahle *f* mit radial nachstellbaren Messern
~ **с переставными [рифлёными] ножами/машинная насадная** Maschinenaufsteckreibahle *f* mit radial nachstellbaren eingestemmten Messern
~ **с правыми винтовыми канавками** Reibahle *f* mit Rechtsdrallnuten
~ **с привинченными ножами** Reibahle *f* mit aufgeschraubten Messern
~ **с привинченными ножами/машинная** Maschinenreibahle *f* mit aufgeschraubten Messern
~ **с привинченными ножами/машинная насадная** Maschinenaufsteckreibahle *f* mit aufgeschraubten Messern
~ **с привинченными ножами/машинная насадная торцевая** Maschinenaufsteckreibahle *f* mit aufgeschraubten Messern für Grundbohrungen
~ **с привинченными ножами/регулируемая машинная** verstellbare Maschinenreibahle *f* mit aufgeschraubten Messern
~ **с прямыми канавками** geradgenutete Reibahle *f*
~ **с хвостиком, оснащённая пластинками из твёрдого сплава/машинная** unverstellbare Maschinenhartmetallreibahle *f* mit Schaft
~ **с цилиндрическим хвостом** Maschinenreibahle *f* mit Zylinderschaft, Zylinderschaftreibahle *f*
~ **с цилиндрическим хвостом/цельная машинная** unverstellbare Maschinenreibahle *f* mit Zylinderschaft

~ **сборной конструкции, оснащённая пластинками из твёрдого сплава/машинная** Maschinenaufsteckreibahle *f* mit eingesetzten Hartmetallschneiden
~ **световым лучом** Lichtstrahlabtastung *f*
~ **со вставными ножами** Reibahle *f* mit eingesetzten Messern (Schneiden)
~ **со вставными ножами/машинная насадная раздвижная** Maschinenaufsteckreibahle *f* mit radial nachstellbaren eingesetzten Messern für Durchgangsbohrungen
~ **со вставными ножами/машинная насадная раздвижная торцевая** Maschinenaufsteckreibahle *f* mit radial nachstellbaren eingesetzten Messern für Grundbohrungen
~ **со вставными ножами/машинная хвостовая раздвижная** Maschinenschaftreibahle *f* mit radial nachstellbaren eingesetzten Messern für Durchgangsbohrungen
~ **со вставными ножами/машинная хвостовая раздвижная торцевая** Maschinenschaftreibahle *f* mit radial nachstellbaren eingesetzten Messern für Grundbohrungen
~ **со вставными ножами/насадная** Aufsteckreibahle *f* mit eingesetzten Messern
~ **со вставными ножами/ручная раздвижная** Handreibahle *f* mit radial nachstellbaren eingesetzten Messern
~/**спиральная** *(Fs)* Spiralabtastung *f*; Spiralablenkung *f*; Schraubenlinienzerlegung *f*
~/**средняя** Vorreibahle *f*
~/**строчная** *(Eln)* Zeilenabtastung *f*; Zeilenablenkung *f*
~/**угловая** Winkelauffächerung *f*
~/**хвостовая** Schaftreibahle *f*, Reibahle *f* mit Schaft
~/**цельная** unverstellbare Reibahle *f*
~/**цельная машинная насадная** unverstellbare Maschinenaufsteckreibahle *f*
~/**цельная насадная** unverstellbare Aufsteckreibahle *f*
~/**цельная ручная** unverstellbare Handreibahle *f*
~/**цилиндрическая** Zylinderreibahle *f*
~/**цифровая** digitale Rasterung *f*
~/**чересстрочная** *(Fs)* Zeilensprungabtastung *f*, Zwischenzeilenabtastung *f*
~/**чересточечная** *(Fs)* Zwischenpunktabtastung *f*, Punktsprungabtastung *f*
~/**черновая** Schruppreibahle *f*
~/**чистовая** Fertigreibahle *f*
~/**электронная** *(Fs)* elektronische Abtastung *f*
развёртывание *n* 1. Abwickeln *n (Zylinder- bzw. Kegelmäntel) (s. a. unter* **развёртка 1.**); Abrollen *n*; 2. *(Fert)* Reiben *n*, Aufreiben *n (Bohrungsflächen)*; 3. *(Fs, Eln)* Abtasten *n*, Abtastung *f (s. a. unter* **развёртка 2.**); Zerlegen *n*, Zerlegung *f (s. a. unter* **разложение**); 4. *(Mil)* Entfaltung *f*
~ **изображения** Bild[feld]abtastung *f*
~/**окончательное** *s.* ~/**чистовое**
~/**предварительное** *(Fert)* Vorreiben *n*
~ **программы** *(Dat)* Strecken *n* eines Programms
~/**черновое** *(Fert)* Schruppreiben *n*
~/**чистовое** *(Fert)* Fertigreiben *n*
~/**электромеханическое** elektromechanisches Abtasten *n*
развёртыватель *m (Eln)* Abtaster *m*, Abtastvorrichtung *f*; Bild[feld]zerlegungseinrichtung *f*, Bildfeldzerleger *m*
развёртывать 1. abwickeln *(Zylinder- oder Kegelmäntel)*; abrollen, aufrollen; 2. *(Fert)* reiben, aufreiben *(Bohrungsflächen)*; 3. *(Eln)* abtasten; zerlegen
~ **изображение** *(Typ)* abtasten *(Druckvorlage)*
развёртываться *(Mil)* aufmarschieren, sich entfalten
развес *m* 1. Abwiegen *n*; 2. Wägestück *n*
развеска *f* **шихты** 1. Gattierung *f*; 2. Möllerzusammenstellung *f*, Möllerverwiegung *f*
развести *s.* **разводить**
разветвитель *m (El)* Verzweiger *m*; Abzweigdose *f*
~/**антенный** Antennenweiche *f*
~/**оконечный** Endverzweiger *m*
разветвиться *s.* **разветвляться**
разветвление *n* 1. Abzweigung *f*, Verzweigung *f*, Gabelung *f*, Verästelung *f*; 2. *(Eb)* Abzweigung *f (Strecke)*; 3. *(Dat)* Verzweigung *f*
~ **по безусловной передаче управления** *(Dat)* unbedingte Verzweigung *f*
~ **по минусу** *(Dat)* Verzweigung *f* bei Minus
~ **по нулю** *(Dat)* Verzweigung *f* bei Null
~ **по переполнению** *(Dat)* Verzweigung *f* bei Überlauf
~ **по условию** *(Dat)* bedingte Verzweigung *f*, Verzweigung *f* bei Bedingung
~ **программы** *(Dat)* Programmverzweigung *f*
~ **рудной жилы** *(Bgb)* Zergabeln *n* des Ganges
~ **тока** Stromverzweigung *f*
~ **штрека** *(Bgb)* Streckenabzweigung *f*
разветвляться sich verzweigen, sich verästeln, sich gabeln
развилина *f (Forst)* Zwiesel *m*
развилка *f* Gabel *f*, Verzweiger *m*
~/**кабельная** *(El)* Kabelverzweiger *m*
~ **трубы** Gabelstück *n*
развинтить *s.* **развинчивать**
развинчивать losschrauben, lockern

развод Auseinanderbringen *n*, Trennen *n* *(s. a. unter* **разводка***)*
разводить 1. auseinanderbringen, trennen; 2. *(Ch)* [auf]lösen; verdünnen; 3. *(Lw)* anbauen *(Pflanzen)*; züchten *(Tiere)*; 4. *s.* ~ **кожу**
~ **зубья пилы** *(Wkz)* schränken *(Säge)*
~ **кожу** *(Led)* ausrecken, ausstoßen
~ **огонь** Feuer anzünden, anfeuern *(Kesselfeuerung)*
~ **сад** anlegen *(Garten)*
разводка *f* 1. *(Wkz)* Schränken *n* *(Säge)*; 2. *(Wkz)* Schränkeisen *n*; 3. *(Led)* Ausrecken *n*; 4. *(Led)* Ausreckeisen *n*, Schlicker *m*; 5. *(Text)* Klemmpunktabstand *m* *(Streckwerk; Ringspinnmaschine)*; 6. Verteiler *m*, Verteilung *f*, Abzweig *m* *(Heizung)*
~/**верхняя** oberer Abzweig *m* *(der Heizung)*
~/**водопроводная** Wasserleitungsabzweig *m*
~/**газовая** Gasverteilerleitung *f*
~/**кабельная** Verkabelung *f*
~ **кожи** *(Led)* Ausrecken *n*, Ausstoßen *n*
~/**нижняя** unterer Abzweig *m* *(der Heizung)*
~ **паров** Aufmachen *n* des Dampfes, Dampfaufmachen *n*
~ **труб** Rohrabzweig *m*
~ **шляпки** *(Text)* Deckelabstand *m* *(Deckelkarde)*
развозбуждать entregen, aberregen
развозбуждение *n* Entregen *n*, Aberregen *n*
~/**быстрое** Schnellentregung *f*
~ **противотоком** Schwingungsentregung *f* *(eines Generators)*
разворот *m* 1. Entwicklung *f*, Entfaltung *f*; Aufschwung *m*; 2. *(Flg)* Kehre *f*, Kehrtkurve *f*, Kurve *f*; 3. *(Schiff)* Wendung *f*; 4. *(Kfz)* Wenden *n*
~/**боевой** *(Flg)* Kampfkurve *f*
~ **книги** *(Typ)* Doppelseite *f* *(linke und rechte Seite des aufgeschlagenen Buches)*
~/**крутой** *(Flg)* steile Kurve *f*
~ **на якоре** *(Schiff)* Schwojen *n*
~/**плоский** *(Flg)* flache Kurve *f*
~ **судна** *(Schiff)* Wendung *f* auf der Stelle
развязать *s.* **развязывать**
развязка *f* 1. *(El)* Entkopplung *f*, Auskopplung *f*; 2. Entflechtung *f* *(Verkehr)*
~/**транспортная** Verkehrsentflechtung *f*
развязывание *n* *s.* **развязка**
развязывать 1. lösen, losbinden; aufknoten, aufschnüren; 2. *(Rt)* entkoppeln, auskoppeln
разгар *m* Ausbrennen *n*, Verbrennen *n*
~ **футеровки** Futterabbrand *m*, Futterausbrand *m*
разгибатель *m* *(Mil)* Sicherungshülse *f* *(Aufschlagzünder)*
~ **ударного механизма** *(Mil)* Sperrstück *n* *(Zeitzünder)*
разгибать auseinanderbiegen; geradebiegen
разгладить *s.* **разглаживать**
разглаживание *n* Glattstreichen *n* *(Papierherstellung)*
разглаживать glätten; plätten
разговор *m* *(Fmt)* Gespräch *n*, Telefongespräch *n*
~/**бесплатный** gebührenfreies Gespräch *n*
~/**входящий** ankommendes Gespräch *n*
~/**исходящий** abgehendes Gespräch *n*
~/**междугородный** Ferngespräch *n*
~/**международный** zwischenstaatliches Gespräch *n*, Auslandsgespräch *n*
~/**местный** Ortsgespräch *n*
~/**несостоявшийся** nicht zustandegekommene Verbindung *f*
~/**обыкновенный частный** Privatgespräch *n*
~, **оплачиваемый вызываемым абонентом** R-Gespräch *n*, vom Verlangten zu zahlendes Gespräch *n*
~/**отложенный** zurückgestellte Verbindung *f*
~/**переходный** Nebensprechen *n*
~/**переходный внятный** verständliches Nebensprechen *n*
~/**переходный невнятный** unverständliches Nebensprechen *n*
~/**платный** gebührenpflichtiges Gespräch *n*
~ **с предварительным извещением** V-Gespräch *n*, Gespräch *n* mit Voranmeldung
~ **с уведомлением о вызове** XP-Gespräch *n*; Gespräch *n* mit Herbeiruf
~/**служебный** Dienstgespräch *n*
~/**сокращённый** Zweiminutenverbindung *f*
~/**срочный** dringendes Gespräch *n*
~/**телефонный** Gespräch *n*, Telefongespräch *n*
~/**транзитный** Durchgangsgespräch *n*
разговор-молния *m* *(Fmt)* Blitzgespräch *n*
разгон *m* 1. Anlauf *m*, Hochlauf *m*, Anfahren *n* *(einer Maschine)*; Beschleunigung *f*; Fahrtaufholen *n*; 2. Zwischenraum *m*, Abstand *m* *(zwischen zwei gleichartigen Gegenständen, z. B. Leitungsmasten)*; 3. keilartiges Einsatzstück *n* *(zwischen zwei Teilen eines Gegenstandes)*
~ **по мощности** Leistungsexplosion *f*, plötzlicher Leistungsanstieg *m*
~ **реактора** *(Kern)* Durchgehen *n* (Durchgang *m*) des Reaktors
~ **реактора/аварийный** störungsbedingte Leistungsexkursion *f* des Reaktors
~/**резкий** harter Anlauf *m*
~ **с места** Beschleunigen *n* aus dem Stand
~ **ядерной реакции** *(Kern)* Divergenz *f* *(zeitliche Zunahme der Kernreaktionsgeschwindigkeit)*

разгонка *f* 1. *(Schm)* Breiten *n*; Strecken *n*, Recken *n*; Treiben *n* *(Blech)*; 2. *(Ch)* Fraktionierung *f*, fraktionierte Destillation *f*; 3. *(Typ)* Zeilenfall *m*
~/**вакуумная** Vakuumdestillation *f*
~ **дёгтя** Teerdestillation *f*
~ **зазоров** *(Eb)* Stoßlückenerweiterung *f* *(Nachstellung der Stoßlückenweite auf normales Maß)*
~ **набора** *(Typ)* Durchschießen *n*
~ **пути** *(Eb)* Gleisverziehung *f*
~ **строки** *(Typ)* Ausbringen *n* der Zeile
разгонять 1. auf vollen Gang bringen *(Maschine)*; Vollgas geben; 2. *(Schm)* breiten, strecken, recken; treiben *(Blech)*
~ **строку** *(Typ)* eine Zeile ausbringen
разграждение *n* *(Mil)* Sperrenräumung *f*, Sperrenbeseitigung *f*, Räumung *f* von Sperren
разграничивать abgrenzen, umgrenzen
разграничить *s.* **разграничивать**
разграфить *s.* **разграфлять**
разграфка *f* Einteilung *f* *(Tabellen)*
разграфлять linieren
разгружатель *m* Entladungsgerät *n*, Entleerungsgerät *n* *(Sammelbegriff für Förderbänder, Krane u. dgl.; s. a. unter* **разгрузчик***)*
~/**бункерный** Bunkerentleerungsgerät *n*
~/**ковшовый** Becherwerksentlader *m*
разгружать 1. ausladen, entladen; löschen; 2. entlasten; 3. *(Bgb)* verkippen, austragen; 4. *(Dat)* entladen *(Datenträger)*
~ **судно** das Schiff löschen
~/**частично** leichtern *(Schiffe)*
разгрузить *s.* **разгружать**
разгрузка *f* 1. Entleerung *f*, Entleeren *n*, Entladung *f* *(Waggons)*; Löschen *n* *(Schiffe)*; 2. Entlastung *f*, Entspannung *f*; 3. *(Bgb)* Verkippung *f*, Verkippen *n*, Austrag *m*, Schüttung *f*; 4. *(Dat)* Speicherauszug *m*
~/**автоматическая** Selbstentladung *f*, Selbstentleerung *f*
~ **бадьёй** Kübelentleerung *f*, Gefäßentleerung *f*
~/**боковая** Seitenentladung *f*, Seitenentleerung *f*; Seitenschüttung *f*
~ **вперёд** Stirnentleerung *f*
~ **гравитационным способом** Schwerkraftentladung *f*
~/**донная** Bodenentleerung *f*
~ **от давления** Druckentlastung *f*
~ **печи** *(Met)* Ziehen *n* *(Ofen)*
~/**пневматическая** Druckluftentladung *f*, pneumatische Entladung *f*
~/**принудительная** Zwangsentladung *f*, Zwangsentleerung *f*
~/**самотёчная** Schüttentladung *f*
~ **скипа** Kübelentleerung *f*, Gefäßentleerung *f* *(Schachtofen)*
~/**центробежная** Zentrifugalentladung *f*
разгрузчик *m* Entladegerät *n*, Entladevorrichtung *f*, Entlader *m* *(s. a. unter* **разгружатель***)*
~/**боковой** Seitenentlader *m*
~/**донный** Bodenentlader *m*
~/**крупногабаритный** Großentladegerät *n*
раздавать 1. austeilen, verteilen; 2. aufweiten, auftreiben
~ **на оправке** ausdornen *(Bohrungen)*
раздаваться 1. krachen *(Schuß)*; 2. sich ausweiten, sich ausdehnen; in die Breite gehen
раздавливаемость *f* Zerdrückbarkeit *f*
раздавливание *n* Zerquetschen *n*; Zerdrücken *n*; Zermalmen *n*
раздавливать zerquetschen; zerdrücken; zermalmen
раздать *s.* **раздавать**
раздаться *s.* **раздаваться**
раздача *f* 1. Austeilung *f*, Verteilung *f*; Ausgabe *f*; 2. *(Fert, Wlz)* Aufweiten *n*, Aufweitung *f*, Ausdornen *n*, Auftreiben *n* *(Rohre)*; 3. *(Wlz)* Breiten *n*, Breitung *f*; 4. *(Schm)* Reckschmieden *n*, Recken *n*, Strecken *n*, Breiten *n*
~ **на оправке** Freiformschmieden *n* runder Hohlkörper bei unveränderlichen Innen- und Außendurchmessern, Strekken *n* über dem Dorn *(in Querrichtung)*
раздвижка *f* Spreizen *n*, Verspreizen *n*, Spannen *n*
раздвоение *n* Halbierung *f*, Zweiteilung *f*; Gabelung *f*, Spaltung *f*
~ **термов** *(Ph)* Termverdopplung *f*
раздвойникование *n* *(Krist)* Entzwillingen *n*
раздевалка *f* Umkleideraum *m*, Umkleidekabine *f*
раздевание *n* **слитка** *(Met)* Blockabstreifen *n*, Strippen *n* *(Rohblöcke)*
раздевать [слиток] *(Met)* abstreifen, strippen *(Gußblock)*
раздел *m* 1. Teilung *f*, Aufteilung *f*; 2. *(Typ)* Abschnitt *m*, Teil *m* *(eines Buches)*; *(Dat)* Programmbereich *m* *(Betriebssystem)*
~ **кодирования** *(Dat)* Kodierungsabschnitt *m*
~ **Мохоровичича** *(Ph)* Mohorovičić-Diskontinuität *f*, Moho *f*
~ **переднего плана** *(Dat)* Vordergrundbereich *m*
~ **представления данных** *(Dat)* Datendarstellungsteil *m*
~ **файла** *(Dat)* Unterbereich *m* einer Datei
~/**фоновый** *(Dat)* Hintergrundbereich *m*
разделать *s.* **разделывать**

разделение *n* 1. Einteilung *f*, Aufteilung *f*, Verteilung *f*, Teilung *f*; 2. Trennen *n*, Trennung *f*, Scheiden *n*, Scheidung *f*; Absonderung *f*; Sichten *n*, Sichtung *f*; Auflösung *f*; 3. *(Dat)* Splittung *f*, Aufteilung *f* *(Speicher)*; 4. *(Typ)* Abtrennung *f*

~ **в жидкостях большой плотности** Schwer[e]trübescheidung *f*, Sinkscheidung *f* *(Aufbereitung)*

~ **в потоке (струе среды)** Stromscheidung *f*, Stromklassierung *f* *(Aufbereitung)*

~ **в тяжёлых взвесях (средах)** Schwer[e]trübescheidung *f*, Sinkscheidung *f* *(Aufbereitung)*

~ **веществ** Substanztrennung *f*

~ **воздуха** Luftzerlegung *f*

~/**воздушное** Windsichten *n*, Windsichtung *f* *(Aufbereitung)*

~ **воздушной струи** *(Bgb)* Teilung *f* des Wetterstroms

~ **волнового диапазона** *(Rt)* Wellenbereichsaufteilung *f*

~ **времени** *s.* ~ **каналов по времени**

~/**гравитационное** Schwerkrafttrennung *f* *(Aufbereitung)*

~ **зарядов** *(Kern)* Ladungstrennung *f*

~ **изотопов** *(Kern)* Isotopentrennung *f*

~ **изотопов диффузией** Isotopentrennung *f* durch Diffusion

~ **изотопов диффузионным разделительным каскадом** *s.* ~ **изотопов/каскадное**

~ **изотопов/каскадное** Kaskadenmethode *f* der Isotopentrennung nach Hertz

~ **изотопов методом фракционированной перегонки** Isotopentrennung *f* durch fraktionierte Destillation

~ **изотопов методом центрифугирования** Isotopentrennung *f* durch Zentrifugierung

~ **изотопов/поперечное термодиффузионное** Isotopentrennung *f* durch Thermodiffusion in Verbindung mit Konvektion *(eigentliches Clusius-Dickel-Verfahren mit verstärkter Trennwirkung durch Konvektion)*

~ **изотопов термодиффузией** Isotopentrennung *f* durch Thermodiffusion, Trennrohrverfahren *n*, Clusius-Dickel-Verfahren *n*

~ **изотопов/химическое** chemische Isotopentrennung *f*

~ **изотопов/электромагнитное** elektromagnetische Isotopentrennung *f*

~ **импульсов** Impulstrennung *f*

~/**ионообменное** Ionenaustauschtrennung *f*

~ **каналов/временное** *s.* ~ **каналов по времени**

~ **каналов/кодовое** kodierte Kanaltrennung *f*, Kode-Staffelung *f*

~ **каналов по времени** zeitliche Kanaltrennung *f*, Zeitmultiplex n, Zeitstaffelung *f*, Zeitteilung *f*, Time-Sharing *n*

~ **каналов по частоте** Frequenzmultiplex *n*, Frequenzstaffelung *f*, Frequenzteilung *f*

~ **каналов/частотное** *s.* ~ **каналов по частоте**

~ **критической массы** *(Kern)* Zerlegung *f* in unterkritische Massen

~ **листов** *(Typ)* Bogenvereinzelung *f*

~ **луча** *(Opt)* Strahlenteilung *f*

~ **масс** *(Kern)* Massentrennung *f*

~/**мокрое** Naßscheiden *n*, Naßscheidung *f* *(Aufbereitung)*

~ **на два продукта** Zweigutscheidung *f* *(Aufbereitung)*

~ **на фракции** Fraktionierung *f*, Fraktionieren *n*

~ **на этажи** *(Bgb)* Sohlenbildung *f*

~/**огневое** *(Mil)* Feuerverteilung *f*

~ **переменных** *(Dat, Math)* Separierung (Separation, Trennung) *f* der Variablen

~ **по величине** Größeneinteilung *f*, Trennung *f* nach der Größe

~ **по сортам** Sorteneinteilung *f*, Trennung *f* nach Sorten

~ **по удельному весу** Wichteklassieren *n*, Wichteklassierung *f*, Wichtescheidung *f* *(Aufbereitung)*

~ **слов** *(Typ)* Worttrennung *f*

~ **слова на слоги** *(Typ)* Silbentrennung *f*

~ **ступеней** *(Rak)* Stufentrennung *f*

~/**термодиффузионное** Trennung (Entmischung) *f* durch Thermodiffusion, Trennrohrverfahren *n*

~ **тонов** *(Typ)* Tonwerttrennung *f*

~ **труда** Arbeitsteilung *f*

~ **фаз** *(El)* Phasenteilung *f*; Phasentrennung *f*

~/**фракционное** *s.* ~ **на фракции**

~ **целей** *(Mil)* Zielverteilung *f*

~ **эмульсий** Demulgieren *n*, Dismulgieren *n*, Entemulsionieren *n*

~ **ядерных изомеров** *(Kern)* Trennung *f* der Kernisomere

разделимый teilbar, trennbar

разделитель *m* 1. Scheider *m*, Scheidemittel *n*; Separator *m*; Trenner *m*; 2. *(Dat)* Trennsymbol *n*; 3. *(El)* Trennstufe *f*

~ **изотопов** *(Kern)* Isotopentrenner *m*, Isotopenseparator *m*

~ **импульсов** Impulstrennstufe *f*

~ **луча** *(Opt)* Strahlteiler *m*

~ **полей** *(Dat)* Feldtrennzeichen *n*

разделить *s.* **разделять**

разделка *f* Herrichtung *f*, Zurichtung *f*, Aufarbeitung *f*, Aufbereitung *f*

~/**кирпичная** *(Bw)* Ziegelausmauerung *f*

~ **кромок** *(Schw)* 1. Nahtvorbereitung *f*; 2. Nahtfuge *f*, Fuge *f*

~ **леса на сортименты** *(Forst)* Ausformung *f*, Holzausformung *f*, Holzaufbereitung *f*
~ **лома** *s.* ~ **скрапа**
~ **льна** *(Text)* Ribben (Risten) *n* des Flachses
~ **маршрута** *(Eb)* Auflösung (Freigabe) *f* der Fahrstraße, Fahrstraßenauflösung *f*
~ **скрапа** *(Met)* 1. Schrottaufbereitung *f*, Schrottzerkleinerung *f*; 2. Verschrotten *n*, Verschrottung *f*
~ **теста** Wirken *n (Teig)*
разделывать herrichten, zurichten, zurechtmachen
~ **кромки** *(Schw)* ausfugen *(die Nahtfuge vorbereiten)*
~ **скрап** 1. Schrott aufbereiten (zerkleinern); 2. verschrotten
раздельный getrennt, selektiv
раздельщик *m* **[льночесальной машины]** *(Text)* Handvollenmacher *m (Flachshechelmaschine)*
разделять 1. teilen, zerteilen; trennen, scheiden; 2. einteilen; verteilen, aufteilen; 3. *(Math)* dividieren, teilen; 4. *(Ch)* fraktionieren, entmischen, scheiden
~ **по сортам** nach Sorten trennen; abstufen
раздеть *s.* **раздевать**
раздражение *n* Reizung *f*, Reiz *m*
~/**акустическое** Schallreizung *f*
~ **замыканием тока** Schließreizung *f*
~/**зрительное** Sehreiz *m*
~/**цветовое** Farbreiz *m*
раздробить *s.* **раздроблять**
раздробление *n* 1. Zerkleinerung *f*, Zerkleinern *n*, Zerstückelung *f*, Zerstückeln *n*, Zersplitterung *f*, Zersplittern *n*, Zerquetschen *n*; 2. Brechen *n (Steine, Erze usw. im Brecher)*
раздроблять 1. zerstückeln, zerkleinern, zerteilen, zerquetschen; zermalmen; zertrümmern; 2. brechen *(Steine, Erze usw. im Brecher)*
раздув *m (Geol)* starke Mächtigkeitszunahme *f (einer Schicht oder eines Ganges)*
раздувание *n (Met)* Erblasen *n*, Blasen *n*
раздуватель *m (Typ)* Vorlockerdüse *f (Bogenförderung)*
раздувать *(Met)* erblasen, blasen
разер *m* Raser *m* (**r**adio *wave* **a**mplifica*tion by* **s**timulated **e**mission *of* **r**adia*tion)*
разжелобок *m (Bw)* Dachkehle *f*
разжечь *s.* **разжигать**
разжигание *n* 1. Anzünden *n*, Entzünden *n*; 2. Aufheizen *n*, Anheizen *n*
разжигать 1. anzünden, entzünden; 2. aufheizen, anheizen
разжидить *s.* **разжижать**
разжижать 1. verdünnen, verwässern; 2. verflüssigen
разжижение *n* 1. Verdünnen *n*, Verdünnung *f*, Verwässern *n*; 2. Verflüssigen *n*, Verflüssigung *f*
разжижитель *m* Verdünner *m*, Verdünnungsmittel *n*
раззенковка *f (Fert)* Aussenken *n*, Aussenkung *f*
разлагаемость *f* Zersetzbarkeit *f*; Zerlegbarkeit *f*; Aufschließbarkeit *f*
разлагать 1. zerlegen; zersetzen; 2. desorganisieren; 3. *(Fs)* zerlegen, abtasten
~ **в ряд** *(Math)* eine Reihe entwickeln
~ **на множители** *(Math)* in Faktoren zerlegen
~ **силу на составляющие** *(Mech)* eine Kraft in Komponenten zerlegen
разлагаться sich zersetzen, zerfallen
разладить *s.* **разлаживать**
разлаженность *f* Verstimmung *f*, gestörter Zustand *m*
разлаживать 1. verderben; in Unordnung bringen; 2. verstimmen; stören
разламывать 1. zerbrechen; abreißen, niederreißen *(Gebäude)*; aufreißen *(Pflaster)*; 2. brechen, zerbrechen, in Stücke brechen
разлёт *m* Auseinanderfliegen *n*
~ **осколков** Splitterstreuung *f (Geschoß)*
разлив *m* 1. Abziehen *n*, Abfüllen *n (auf Flaschen)*; 2. Verlaufen *n (eines Anstrichmittels)*; 3. *(Geol)* Diffluenz *f*
~ **реки** *(Hydrol)* Austritt *m* eines Flusses *(bei Hochwasser)*
разливать 1. ausgießen, vergießen, ausschütten; *(Met)* gießen, abgießen; 2. eingießen, einschenken; 3. abfüllen, abziehen *(auf Flaschen)*
~ **в неуспокоенном состоянии** unberuhigt vergießen *(Stahl)*
~ **в полууспокоенном состоянии** halbberuhigt vergießen *(Stahl)*
~ **в успокоенном состоянии** beruhigt vergießen *(Stahl)*
~ **горизонтально** *(Met)* waagerecht gießen
~ **горячо** *(Met)* heiß vergießen
~ **металл** *(Met)* vergießen, gießen, abgießen
~ **сверху** *(Met)* fallend gießen
~ **сифоном** *(Met)* steigend gießen
разливка *f (Met)* Vergießen *n*, Gießen *n*, Guß *m*, Abgießen *n*
~ **в водоохлаждаемый кристаллизатор** Stranggießen *n*, Strangguß *m*
~ **в изложницы** Blockgießen *n*, Blockguß *m*
~ **в слиток** Ausblocken *n*
~/**вертикальная** stehendes Gießen *n*, stehender Guß *m*
~/**верхняя** Kopfguß *m*
~/**горизонтальная** waagerechtes Gießen *n*, waagerechter Guß *m*

~/**горизонтальная непрерывная** Horizontalstranggießen *n*, Horizontalstrangguß *m*
~/**групповая** Gießen *n* im Gespann, Gespannguß *m*
~ **металла** Vergießen *n*, Gießen *n*, Guß *m*, Abgießen *n*
~ **на установках вертикального типа/непрерывная** Vertikalstranggießen *n*, Vertikalstrangguß *m*
~/**непрерывная** Stranggießen *n*, Strangguß *m*
~ **сверху** fallendes Gießen *n*, fallender Guß *m*
~/**сифонная** steigendes Gießen *n*, steigender Guß *m*, Bodenguß *m*
~ **сифоном** *s.* ~/**сифонная**
~ **снизу** *s.* ~/**сифонная**
~/**суспенсионная** Suspensionsgießen *n*
разливочная *f* Gießhalle *f* *(SM-Stahlwerk)*
разливочный 1. Abfüll . . .; 2. *(Met, Gieß)* Gieß . . .
разлинзование *n s.* **будинаж**
разлиновать *s.* **разлиновывать**
разлиновывать liniieren
разлить *s.* **разливать**
различение *n* Unterscheidung *f*, Unterschied *m*
~ **цветовых тонов** Farbunterscheidung *f*
~ **частиц** *(Kern)* Teilchendiskriminierung *f*, Teilchenunterscheidung *f*
различимость *f* Unterscheidbarkeit *f*
различия *npl* **в росте** *(Typ)* Höhendifferenzen *fpl*
разложение *n* 1. Zerlegung *f*; 2. Zersetzung *f*, Zerfall *m*; Verwesung *f*; 3. *(Math)* Zerlegung *f*; Entwicklung *f*; 4. *(Fs)* Zerlegung *f*, Abtastung *f* *(s. a. unter* **развёртка 2.** *und* **развёртывание 3.***)*
~/**асимптотическое** *(Math)* asymptotische Entwicklung *f*
~ **ацетилена** *(Ch)* Azetylenspaltung *f*
~ **бегущим пятном** Lichtfleckabtastung *f*, Leuchtfleckabtastung *f*
~ **бинома** *(Math)* Entwicklung *f* in eine binomische Reihe
~ **в ортогональный ряд** *(Math)* Orthogonalentwicklung *f*
~ **в ряд** *(Math)* Reihenentwicklung *f*
~ **в ряд Дирихле** *(Math)* Dirichlet-Entwicklung *f*
~ **в ряд Лорана** *(Math)* Laurent-Entwicklung *f*
~ **в ряд Тейлора** *(Math)* Taylor-Entwicklung *f*
~ **в ряд Фурье** *(Math)* Entwicklung *f* in eine Fourier-Reihe, Fourier-Entwicklung *f*
~ **в спектр** spektrale Zerlegung *f*, Spektralzerlegung *f*
~ **в степенные ряды** *(Math)* Potenzreihenentwicklung *f*
~ **воды** Wasserzersetzung *f*
~/**временное** Zeitauflösung *f*
~/**гидролитическое** *(Ch)* hydrolytische Zerlegung *f*
~/**горячее** Heißzersetzen *n* *(Kaliindustrie)*
~/**горячее шламовое** Heißschlämmen (Heißzersetzen) *n* auf Endlauge *(Kaliindustrie)*
~/**двойное** *(Fs)* Doppelabtastung *f*
~ **единицы** *(Math)* Zerlegung *f* der Eins
~ **изображения** 1. Bildauflösung *f*; 2. *(Fs)* Bild[feld]zerlegung *f*, Bild[feld]abtastung *f*
~ **кислотой** *(Ch)* Säureaufschluß *m*
~/**малострочное** *(Fs)* Grobabtastung *f*
~ **на множители** *(Math)* Zerlegung *f* in Faktoren, Faktorisierung *f*
~ **на простейшие (элементарные) дроби** *(Math)* Partialbruchzerlegung *f*
~/**обменное** *(Ch)* Umsetzung *f*
~ **пара** Dampfzersetzung *f*
~ **по мультиполям** *(Math)* Multipolentwicklung *f*
~ **полосы частот** *(Rt)* Frequenzbandzerlegung *f*, Frequenzbandaufteilung *f*
~/**последовательное** *(Fs)* Zeilenfolgeabtastung *f*, zeilenweise Abtastung *f*
~ **с большим числом строк** *(Fs)* Feinabtastung *f*
~ **самосопряжённых операторов/спектральное** *(Math)* Spektralzerlegung *f* selbstadjungierter Operatoren
~ **сил** *(Mech)* Kräftezerlegung *f*
~/**спектральное** *(Math)* Spektralzerlegung *f*
~/**термическое** thermische Zersetzung *f*
~ **унитарных операторов/спектральное** *(Math)* Spektralzerlegung *f* unitärer Operatoren
~/**ферментативное** fermentativer (enzymatischer) Abbau *m*
~ **фосфатов** *(Ch)* Phosphataufschluß *m*
~ **Фурье** *s.* ~ **в ряд Фурье**
~/**холодное** Kaltzersetzen (Kaltschlämmen) *n* auf Mutterlauge *(Kaliindustrie)*
~/**чересстрочное** *(Fs)* Zwischenzeilenabtastung *f*, Zeilensprungabtastung *f*
~/**чересточечное** *(Fs)* Zwischenpunktabtastung *f*, Punktsprungabtastung *f*
~/**электролитическое** elektrolytische Zersetzung *f*
разложить *s.* **разлагать**
разложиться *s.* **разлагаться**
разлом *m* 1. Bruch *m*, Bruchstelle *f*; 2. *(Geol)* Bruch *m* *(bei Verwerfungen)*
~/**глубинный** *(Geol)* Tiefenbruch *m*, Lineament *n*, Geofraktur *f*, Geosutur *f*, Erdnaht *f*
~ **глубокого заложения** *s.* ~/**глубинный**
~ **растяжения** *(Geol)* Aufweitungsbruch *m*, Zerrbruch *m*

~/**трансформный** *(Geol)* transformer Bruch *m*

разломить *s.* **разламывать 1., 2.**

размагнитить *s.* **размагничивать**

размагничивание *n (El)* Entmagnetisierung *f*, Entmagnetisieren *n*

~/**адиабатическое** adiabatische Entmagnetisierung *f*

размагничивать entmagnetisieren

размалываемость *f* Mahlbarkeit *f*, Mahlfähigkeit *f*

размалывание *n* Mahlen *n*, Vermahlen *n*, Vermahlung *f*, Zermahlen *n*, Feinzerkleinerung *f*

размалывать mahlen, vermahlen, zermahlen, feinzerkleinern

разматыватель *m (Wlz)* Entrollvorrichtung *f*, Ab[roll]haspel *f*, Ablaufhaspel *f*, Abrollkasten *m*

~/**двухбарабанный** Doppelkopfabhaspel *f*

разматывать 1. abwickeln, auseinanderwickeln; 2. abrollen; auslegen *(Kabel, Schlauch u. dgl.)*; 3. *(Text)* abspulen, abhaspeln, weifen; 4. *(Dat)* abspulen

размах *m* 1. Schwung *m*, Wucht *f*; 2. Bereich *m*, Ausschlag *m*, Amplitude *f*; Hub *m*; 3. Spanne *f*, Spannweite *f*; 4. Schwingung *f*, [periodische] Schwankung *f*; 5. *(Reg)* Ausschlag *m (z. B. eines Zeigers)*

~ **в партии** Streuung *f* innerhalb der Charge *(statistische Qualitätskontrolle)*

~ **варьирования** Variationsbreite *f*, Streubreite *f*, Streubereich *m (statistische Qualitätskontrolle)*

~ **колебаний** Schwingungsweite *f*, Schwingungsausschlag *m*

~ **крыльев** *(Flg)* Spannweite *f*, Flügelspannweite *f*

~ **маятника** *(Mech)* Pendelausschlag *m*

~ **показаний** Spannweite (Streuspanne) *f* der Anzeigen *(statistische Qualitätskontrolle)*

~ **процесса** Fertigungsspannweite *f*

~ **сигнала/полный** Spitzen-Spitzen-Wert *m*

~/**средний** mittlere Spannweite *f*

размачивание *n* Aufweichen *n*, Einweichen *n*

размежевание *n* 1. Vermessen *n*, Ausmessen *n*; 2. Abgrenzen *n*, Abgrenzung *f*

размежевать *s.* **размежёвывать**

размежёвывать 1. vermessen, ausmessen; 2. abgrenzen

размельчать feinzerkleinern, zermahlen

размельчение *n* 1. Mahlen *n*; Feinzerkleinerung *f*, Vermahlung *f (körniges Gut)*; 2. Feinen *n*, Feinung *f (Metallgefüge)*; 3. Schleifen *n (Holz)*

~ **зерна** Kornfeinung *f (Metallgefüge)*

размельчить *s.* **размельчать**

размер *m* 1. Maß *n*, Abmessung *f*; 2. Maßlinie *f (in Zeichnungen)*; 3. Ausmaß *n*; Umfang *m*; Größe *f*; Format *n*; Betrag *m*; Höhe *f*; 4. *s. unter* **размеры**

~ **абзацного отступа** *(Typ)* Einzugformat *n*

~/**базовый** *s.* ~/**исходный**

~ **в осях** Achsmaß *n*

~ **в свету** lichter Querschnitt *m*, lichte Weite *f*

~ **величины/физический** Betrag *m* einer physikalischen Größe

~/**внутренний** Innenmaß *n*

~ **волочильного очка** *(Met)* Schüsselweite *f*, Ziehdüsenweite *f*

~ **вчерне** Rohmaß *n*

~/**габаритный** Gesamtmaß *n*, Gesamtabmessung *f*; Außenmaß *n*; Baumaß *n*

~/**горизонтальный** Waagerechtmaß *n*

~/**грузовой** *(Schiff)* Verdrängungskurve *f*

~/**действительный** Istmaß *n*

~/**единичный** Einzelmaß *n*

~ **заготовки** Rohmaß *n*

~/**заданный** Sollmaß *n*

~ **записи** *(Dat)* Satzlänge *f*

~ **зёрен (зерна)** Korngröße *f*

~/**избыточный** Übermaß *n*

~ **изображения** Bildgröße *f*

~/**исходный** Bezugsmaß *n*, Ausgangsmaß *n*

~/**кадра** Bildgröße *f*

~ **кадрового окна** *(Kine)* Bildfenstergröße *f*, Bildfensterbemessungen *fpl*

~/**конечный** Endmaß *n*

~/**конструктивный** Richtmaß *n*, Bau[richt]maß *n*

~/**контрольный** Kontrollmaß *n*, Prüfmaß *n*

~/**линейный** Längenmaß *n*

~/**максимальный** Größtmaß *n*

~/**минимальный** Kleinstmaß *n*

~/**модульный** *(Bw)* Rastermaß *n*, modulgerechtes Maß *n*

~/**наибольший [предельный]** Größtmaß *n*

~/**наименьший [предельный]** Kleinstmaß *n*

~/**наружный** Außenmaß *n*

~/**непроходной** Ausschußmaß *n*

~/**номинальный** Nennmaß *n*

~ **области** *(Dat)* Bereichsgröße *f*

~/**окончательный** Fertigmaß *n*

~/**основной** Ausgangsmaß *n*, Bezugsmaß *n*

~ **отверстий [сита]** Maschenweite *f*, Siebmaschenweite *f*

~ **отверстия/угловой** *(Opt)* Öffnungswinkel *m*

~/**первоначальный** Ausgangsmaß *n*, Bezugsmaß *n*, Ursprungsmaß *n*

~ **по длине** Längenmaß *n*

~ по нормали Senkrechtmaß *n*
~ по роликам Zweirollenmaß *n (bei der Zahnradmessung)*
~ по шарикам Zweikugelmaß *n (bei der Zahnradmessung)*
~ повреждения по вертикали *(Schiff)* senkrechte Ausdehnung *f* einer Beschädigung *(Lecksicherheit)*
~ посадки/номинальный Paßmaß *n*
~/предельный Grenzmaß *n*, Toleranzmaß *n*
~/предпочтительный Vorzugsmaß *n*
~/предпочтительный модульный *(Bw)* Vorzugsrastermaß *n*
~/присоединительный Anschlußmaß *n*
~ пролёта *(Bw)* Spannweite *f*, Stützweite *f*
~/проходной Gutmaß *n*
~/расчётный Sollmaß *n*
~ реактора/критический *(Kern)* kritische Größe *f* des Reaktors
~ с припуском Rohmaß *n*
~/свободный Freimaß *n*
~ скобы/рабочий Arbeitsmaß *n*
~ файла *(Dat)* Dateigröße *f*
~/фактический Istmaß *n*
~ фракций *(Bgb)* Korngröße *f (Aufbereitung)*
~ частиц Teilchengröße *f*; Korngröße *f*
~/черновой Rohmaß *n*
~/чистовой Fertigmaß *n*
~ шрифта *(Typ)* Schriftgröße *f*
~ элемента изображения Bildpunktgröße *f*
размерность *f (Math, Ph)* Dimension *f*
~ величины Dimension *f* einer Größe
~/геометрическая geometrische Dimension *f*
~ физической величины Dimension *f* einer Größe
размеры *mpl* Maße *npl*, Abmessungen *fpl*, Maßangaben *fpl (s. a. unter* **размер***)*
~/габаритные 1. Hauptabmessungen *fpl (Länge × Breite × Höhe)*; Außenabmessungen *fpl*; 2. Durchgangsprofilmaße *npl*, Ladeprofilmaße *npl*
~ площади Flächenmaße *npl*, Flächenangaben *fpl*
разместить *s.* **размещать**
разметить *s.* **размечивать**
разметка *f* 1. Markierung *f*; 2. *(Fert)* Anreißen *n (Werkstücke)*; 3. *(Typ)* Auszeichnung *f* des Manuskripts, Markierung *f*
~ ленты *(Dat)* Bandinitialisierung *f*, Magnetbandmarkierung *f*
~ перфокарты *(Dat)* Lochkarteneinteilung *f*
~/плоскостная Anreißen *n* einer Werkstückfläche
~/пространственная Anreißen *n* mehrerer Werkstückflächen
~/фотопроекционная optisches Anreißen *n*
~ центра центроискателем Anreißen *n* der Mitte mit dem Zentrierwinkel *(beim Zentrieren von Stirnflächen zylindrischer Werkstücke)*
разметчик *m (Fert)* Anreißer *m*, Anreißgerät *n*
размечать *s.* **размечивать**
размечивать 1. mit Zeichen versehen, markieren; 2. *(Fert)* anreißen
размешивание *n* 1. Durchmischen *n*, Rühren *n*; 2. Durchkneten *n*
размещать aufstellen, [räumlich] verteilen, anordnen, unterbringen
размещение *n* Aufstellung *f*, Aufstellen *n*, [örtliche] Verteilung *f*, Anordnung *f*, Unterbringung *f*; Standortverteilung *f*
~ знаков *(Typ)* Zeichenanordnung *f*
~/квазиупорядоченное *(Geol)* quasigeordnete Verteilung *f*
~ системы *(Dat)* Systemresidenz *f*
размещения *npl (Math)* Variationen *fpl (Kombinatorik)*
разминирование *n (Mil)* Entminung *f*, Minenräumung *f*
разминовка *f (Bgb)* Ausweichstelle *f*
размножение *n* 1. Vermehrung *f*, Vervielfältigung *f*; 2. *(Dat)* Duplizierung *f*, Dopplung *f*
~ нейтронов *(Kern)* Neutronenvermehrung *f (bei Kernreaktionen)*
размол *m* 1. Mahlen *n*, Mahlung *f*, Vermahlung *f*, Ausmahlung *f*; 2. Mahlgut *n*, Mahlprodukt *n*
~ волокна (волокнистого материала) *(Pap)* Stoffmahlung *f*
~/грубый Grobmahlung *f*
~/крупный Vermahlen *n*, Abschroten *n*
~/мокрый Naßmahlen *n*, Naßvermahlung *f*
~ на жирную массу *(Pap)* schmierige Mahlung *f*, Schmierigmahlung *f*, Quetschmahlung *f*
~ на полумассу *(Pap)* Halbzeugmahlung *f*
~ на садкую массу *(Pap)* rösche Mahlung *f*, Röschmahlung *f*, Schneidmahlung *f*
~/сухой Trockenmahlen *n*, Trockenvermahlung *f*
размолоспособность *f* Mahlbarkeit *f*, Mahlfähigkeit *f*
размолоть *s.* **размалывать**
размораживание *n* Auftauen *n*
размотать *s.* **разматывать**
размотка *f* Abwickeln *n*, Abspulen *n*, Abhaspeln *n*
~ коконов *(Text)* Kokonhaspeln *n*
размотчик *m (Text)* Weifer *m*, Wickler *m*, Haspler *m*
размочаливание *n* Bartbildung *f*, Ausfaserung *f (Holz)*

размочка *f* Aufweichen *n*, Einweichen *n*
размыв *m (Hydrol)* Fortschwemmung *f*; Unterspülung *f*, Ausspülung *f*, Auswaschung *f*
~ **берега** Uferangriff *m*
~ **русла** Auskolkung *f* des Flußbetts
~/**устьевой** Mündungsausspülung *f*
~/**эрозионный** Erosionseinschnitt *m*, Erosionsausschnitt *m*
размывание *n* 1. *(Geol)* Auswaschung *f*, Ausspülung *f*, fluviatile Erosion *f*; 2. *(Meteo)* Auflösung *f*
~ **облаков** *(Meteo)* Wolkenauflösung *f*
~ **фронтов** *(Meteo)* Frontolyse *f*
~ **циклона** *(Meteo)* Zyklolyse *f*
размывать 1. auswaschen, erodieren, unterspülen; 2. aufweichen *(Straße)*; 3. verschleifen *(Flanken eines Impulses)*; verwaschen, trüben *(Fernsehbilder)*
размываться *(Meteo)* sich auflösen *(Wolken, Wetterfronten)*
размыкание *n* 1. Entriegelung *f*, Ausklinken *n*; 2. *(El)* Öffnen *n*, Trennen *n*, Auftrennen *n*, Unterbrechen *n*; Ausschalten *n*; 3. *(Eb)* Entblocken *n*, Freigeben *n*
~ **контактов** *(El)* Kontakttrennung *f*
~ **маршрута** *(Eb)* Auflösen *n* der Fahrstraße, Freigabe *f* der Fahrstraße, Fahrstraßenauflösung *f*
~ **маршрута/искусственное** Fahrstraßenhilfsauflösung *f*
~ **стрелки** *(Eb)* Entriegelung *f* der Weiche
размыкать 1. entriegeln, ausklinken; [auf]trennen; 2. *(El)* ausschalten; unterbrechen *(Strom)*; öffnen *(Stromkreis)*; auslösen *(Relais)*; 3. *(Eb)* entblocken, entriegeln
размытость *f* Verwaschenheit *f*, Unschärfe *f (Abbildungen)*
размыть *s.* **размывать**
размыться *s.* **размываться**
размягчать weichmachen, erweichen, aufweichen
~ **джут** *(Text)* batschen *(Jute)*
размягчение *n* Weichmachen *n*, Weichmachung *f*; Weichwerden *n*, Erweichen *n*, Erweichung *f*
~ **дерева** Weichmachen *n* des Holzes *(durch Dämpfen)*
~ **коконов** *(Text)* Aufweichen (Erweichen) *n* der Kokons *(Seide)*
~ **початков** *(Text)* Weichwerden *n* der Kötzer
размягчить *s.* **размягчать**
разнестись *s.* **разноситься**
разница *f*/**инвентаризационная** Inventurdifferenz *f*
разновес *m* Gewichtssatz *m*, Satz *m* der Wägestücke
~/**аналитический** analytischer Gewichtssatz *m*
разновидность *f* **атома** *s.* **нуклид**
разновременность *f* Ungleichzeitigkeit *f*
разноглубинный pelagisch *(Schleppnetz)*
разнозернистый gemischtkörnig
разноимённый ungleichnamig
разнородный 1. heterogen, ungleichartig; 2. artfremd
разнос *m* Durchgehen *n (z. B. eines Motors)*
~ **вант** *(Schiff)* Wantenspreiz *m*, Wantenspreizung *f*
~ **несущих [частот]** Träger[frequenz]abstand *m*
~ **по частоте** Frequenzabstand *m*
~ **частот** *s.* ~ **по частоте**
разноситься durchgehen *(Motoren)*
разность *f* 1. *(Math)* Differenz *f*; 2. Unterschied *m*; Verschiedenheit *f*
~/**астигматическая** *(Opt)* astigmatische Differenz *f*
~ **времён пробега (пролёта)** *(Eln)* Laufzeitunterschied *m*, Laufzeitdifferenz *f*
~ **высот** Höhendifferenz *f*
~ **главных напряжений** *(Wkst)* Hauptspannungsdifferenz *f*
~ **давлений** Druckunterschied *m*, Druckdifferenz *f*
~ **долгот** Längenunterschied *m*
~ **долгот двух пунктов** *(Schiff)* Längenunterschied *m (Navigation)*
~ **кубов** *(Math)* Kubendifferenz *f*
~ **напоров** Gefälledifferenz *f*
~ **окружных шагов** *s.* ~ **шагов**
~ **основных шагов** Eingriffsteilung *f*
~ **потенциалов** *(El)* Potentialdifferenz *f*
~ **потенциалов/контактная** Kontaktpotentialdifferenz *f*, Kontaktspannung *f*
~ **почернений** *(Foto)* Schwärzungsdifferenz *f*
~/**предельная** Grenzdifferenz *f*, maximale Differenz *f*
~ **скалярных магнитных потенциалов двух точек** magnetischer Spannungsabfall *m* zwischen zwei Punkten
~ **соседних шагов** Teilungssprung *m*
~ **температур** Temperaturunterschied *m*, Temperaturdifferenz *f*
~ **теплосодержания** Wärmegefälle *n*
~ **уровней** *(Hydt)* Spiegelhöhenunterschied *m*
~ **фаз** *(El)* Phasenunterschied *m*, Phasendifferenz *f*
~ **хода** *(Opt)* Gangunterschied *m (bei Interferenzen)*
~ **хода лучей** *(Opt)* Gangunterschied *m* der Strahlen
~ **шагов** Teilungsschwankung *f*
~ **широт двух пунктов** *(Schiff)* Breitenunterschied *m (Navigation)*
~ **широт/меридиональная** *s.* ~ **долгот двух пунктов**

разноцветица *f (Pap)* Farbabweichung *f (Fehler)*
разобрать *s.* **разбирать**
разобщать 1. trennen, absondern, isolieren; 2. ausrücken, auskuppeln, lösen, auslösen
разобщение *n* 1. Trennung *f*, Absonderung *f*, Isolierung *f*; 2. Auskupplung *f*, Ausrücken *n*, Lösung *f*, Auslösung *f*
~ **контактов** Kontakttrennung *f*
разобщить *s.* **разобщать**
разогрев *m* 1. Anwärmen *n*, Erwärmen *n*, Erwärmung *f*, Anheizen *n*, Aufheizen *n*, Erhitzen *n*, Erhitzung *f*; Aufwärmung *f*; 2. Warmblasen *n (Schachtofen, Konverter)*; 3. Tempern *n*, Auftempern *n*, Aufheizen *n (von Glasschmelzöfen)*
~/**собственный** Eigenerwärmung *f*
разогревание *n s.* **разогрев**
разогревать 1. anwärmen, erwärmen, anheizen, aufheizen, erhitzen; aufwärmen; 2. warmblasen *(Schachtofen, Konverter)*; 3. [auf]tempern, antempern, aufheizen *(Glasschmelzofen)*
разогреть *s.* **разогревать**
разойтись *s.* **расходиться**
разомкнуть *s.* **размыкать**
разорвать *s.* **разрывать**
разорваться *s.* **разрываться**
разоружать 1. *(Mil)* abrüsten; entwaffnen; 2. *(Mil)* entschärfen *(Minen)*; 3. *(Schiff)* abtakeln
разоружение *n* 1. *(Mil)* Abrüstung *f*; Entwaffnung *f*; 2. *(Mil)* Entschärfen *n (Minen)*; 3. *(Schiff)* Abtakelung *f*
разоружить *s.* **разоружать**
разрабатывать 1. bearbeiten *(Boden)*; 2. ausarbeiten *(Projekt)*; ausgestalten, entwickeln *(Konstruktion)*; 3. *(Bgb)* abbauen, ausbeuten
~ **раздельно** *(Bgb)* aushalten, selektiv abbauen
разработать *s.* **разрабатывать**
разработка *f* 1. *(Bgb)* Abbau *m*, Bau *m*, Abbaubetrieb *m (s. a.* **система разработки** *und* **выемка 6.**); 2. Bearbeitung *f*; Ausarbeitung *f*, Entwicklung *f*
~ **в лежачем боку** Liegendabbau *m*
~/**валовая** nicht getrennter Abbau *m*
~ **верхнего пласта** Hangendabbau *m*
~ **вскрыши** Abraumbaggerung *f*
~/**гидравлическая** Spülbetrieb *m*
~/**горная** Bergwerk *n*, Bergbaubetrieb *m*
~/**групповая** Gruppenbau *m*
~ **дневной поверхности** Tagesverhieb *m*
~ **зинкверками** Abbau *m* durch Sinkwerke, Sinkwerksbau *m*
~ **к завалу** Abbau *m* gegen den Alten Mann
~ **карьера** Abbau *m* im Tagebau, Tagebau *m*, offener Abbau *m*, Abraumarbeit *f*
~/**конструктивная** bauliche Durchbildung *f*
~ **конструкции** Entwicklung *f* einer Konstruktion; konstruktive Formung (Entwicklung) *f*
~ **метода** Erarbeitung (Entwicklung) *f* eines Verfahrens
~ **модели** *(Dat)* Modellprojektierung *f*
~ **нефтяных месторождений** Erdölgewinnung *f*
~ **ниже откаточного горизонта** Unterwerksbau *m*, Unterwerksbetrieb *m*
~ **обратным ходом** Rückbau *m*
~/**ортовая** Örterbau *m*
~/**открытая** Abbau *m* im Tagebau, Tagebau *m*
~ **переключательных схем** *(Dat)* Schaltkreisentwurf *m*
~ **плана** Planerarbeitung *f*
~ **пластовых месторождений** Flözbergbau *m*
~ **по восстанию** schwebender Bau *m*
~ **по падению** fallender Abbau *m*
~ **по простиранию** streichender Abbau *m*
~/**подземная** unterirdischer Abbau *m*, Tiefbau *m*
~ **программы** *(Dat)* Programmausarbeitung *f*, Programmherstellung *f*, Programmierung *f*
~ **проекта** Erarbeitung *f* eines Projektes
~ **протекторного профиля** Profilgebung *f (Reifenherstellung)*
~/**раздельная** getrennter Abbau *m*, selektive Gewinnung *f*, Aushalten *n*
~ **с оставлением целиков** Abbau *m* mit Stehenlassen von Pfeilern
~ **с применением бутовых штреков** Blindortbetrieb *m*
~ **свиты пластов** *s.* ~/**групповая**
~/**селективная** selektive Gewinnung *f*, getrennter Abbau *m*, Aushalten *n*
~/**слоевая** Scheibenbau *m*
~/**торфяная** Torfgewinnung *f*, Torfstecherei *f*, Austorfung *f*
~/**хищническая** Raubbau *m*
~/**частичная** Teilbau *m*
~ **шахтного поля обратным ходом** Rückbau *m*
~ **шахтного поля прямым ходом** Feldwärtsbau *m*
~ **штокверков** Stockwerksbergbau *m*
разравнивание *n* 1. Einebnung *f*, Planierung *f*; 2. Vertreiben *n (Anstrichmittel)*
~ **грунта** Einebnen *n* der Erdmassen, Einebnen *n* des Bodens
разравниватель *m* Verteilvorrichtung *f (Silo)*
разравнивать 1. einebnen, planieren; 2. vertreiben *(Anstrichmittel)*
разрежать 1. verdünnen *(Luft, Gase)*; 2. *(Forst)* lichten, auslichten, auflockern *(Baumbestand)*

разрежение *n* 1. Verdünnen *n*, Verdünnung *f* *(Luft, Gase)*; 2. Unterdruck *m*; 3. Vakuum *n* *(s. a. unter* **вакуум***)*
~/предварительное Vorvakuum *n*, Anfangsvakuum *n*
~/предельное Endvakuum *n*
разрежённость *f* **[газа]** Vakuum *n* *(s. a. unter* **вакуум***)*
~ газа/высокая Hochvakuum *n*
~ газа/низкая Grobvakuum *n*
~ газа/предварительная Vorvakuum *n*
~ газа/предельная Ultrahochvakuum *n*, Höchstvakuum *n*
~ газа/средняя Zwischenvakuum *n*
~/предельная Endvakuum *n*
разрежённый 1. verdünnt *(Luft, Gase)*; evakuiert; 2. *(Forst)* licht, gelichtet, aufgelockert *(Baumbestand)*
разреживание *n* **насаждений** *(Forst)* Bestandsauflockerung *f*
разрез *m* 1. Zerschneiden *n*, Durchschneiden *n*, Aufschneiden *n*; 2. Schnitt *m*, Riß *m*, Profil *n*; 3. *(Med)* Schnitt *m*, Sektion *f*; 4. *(Bgb)* Tagebau *m* *(s. a. unter* **карьер***)*; 5. *(Holz)* Schnitt *m* *(s. a. unter* **распиловка***)*
~/вертикальный 1. Vertikalschnitt *m*; 2. *(Bgb)* Seigerriß *m*
~/геологический geologisches Profil *n*
~/колонковый *(Geol)* Säulenprofil *n*
~/поперечный 1. Querschnitt *m*; 2. *(Schiff)* Innenbordquerschiffsschnitt *m*, Querschiffsplan *m*; 3. *(Holz)* *s.* **расторцовка**
~/продольный 1. Längsschnitt *m*, Längsprofil *n*; 2. *(Schiff)* Innenbordlängsschiffsansicht *f*
~/радиальный *(Holz)* Radialschnitt *m*, Quartierschnitt *m*, Spiegelschnitt *m*
~/тангенциальный *(Holz)* Fladerschnitt *m*, Sehnenschnitt *m*
разрезание *n s.* **разрез 1.**
разреза́ть zerschneiden
разре́зать *s.* **разреза́ть**
разрезаться *(Schiff)* unterbrochen werden, unterbrochen sein, interkostal angeordnet sein *(Schiffsverbände)*
разрезка *f* 1. Teilen *n*; 2. Teilung *f*, Einteilung *f*; 3. Zerschneiden *n*; 4. Abschnitt *m*, Arbeitsabschnitt *m*
~ на заготовки *(Typ)* Zuschneiden *n*
~ печатных листов *(Typ)* Durchschneiden *n* der Druckbogen
~ стен *(Bw)* Wandaufteilung *f*
разрезной 1. zerschnitten; 2. zusammengesetzt; *(Bw)* nicht durchlaufend *(Träger)*; 3. *(Schiff)* interkostal, unterbrochen *(Schiffsverband)*
разрезывать *s.* **разреза́ть**
разрешение *n* 1. Erlaubnis *f*, Genehmigung *f*; 2. *(Opt)* Auflösung *f*, Auflösungsvermögen *n*; 3. *(Math)* Lösung *f*
~/временное Zeitauflösung *f*
~/высокое *(Opt)* hohe Auflösung *f*
~ градации *(Opt)* Stufenauflösung *f*
~ исполнения Freigabe *f*
~ на взлёт Starterlaubnis *f*
~ на вход *(Schiff)* Einlaufgenehmigung *f*
~ на выход *(Schiff)* Auslaufgenehmigung *f*
~ на использование программы *(Dat)* Programmautorisierung *f*
~ на печатание Imprimatur *n*
~ на посадку Landeerlaubnis *f*
~ на производство [строительных] работ Baugenehmigung *f*
~ по времени Zeitauflösung *f*
~/предельное Grenzauflösung *f*
~/пространственное räumliche Auflösung *f*
~/точечное Punktauflösung *f*
~/угловое Winkelauflösung *f*
разровнять *s.* **разравнивать**
разрубать 1. zerhacken, zerhauen; spalten, aufspalten; 2. *(Schm)* schlitzen
разрубить *s.* **разрубать**
разрубка *f* *(Schm)* Schlitzen *n*
разрушаемость *f* Bruchanfälligkeit *f*, Angreifbarkeit *f*
разрушать zerstören; angreifen
разрушаться einstürzen *(Gebäude)*
разрушение *n* 1. Zerstörung *f*, Zerstören *n*; Reißen *n*; Angriff *m*; Zerfallen *n*, Zerfall *m*; 2. *(Fest)* Bruch *m*; 3. *(Dat)* Löschung *f*
~ в горячем состоянии Warmbruch *m*
~ грунта *(Bw, Geol)* Grundbruch *m*
~/кавитационное Kavitationsangriff *m*
~/коррозионное Zerstörung *f* durch Korrosion, Korrosionsanfressung *f*, Korrosionsangriff *m*
~ линии *(El, Fmt)* Leitungsbruch *m*
~/межкристаллитное interkristalliner Angriff *m*
~/усталостное *(Fest)* Dauerbruch *m*
~/хрупкое Sprödbruch *m*
~ цементита *(Met)* Zementitzerfall *m*
~/эрозионное Erosionszerstörung *f*
разрушить *s.* **разрушать**
разрушиться *s.* **разрушаться**
разрыв *m* 1. Riß *m*, Sprung *m*; Bruch *m*; Lücke *f*; Unterbrechung *f*; 2. Reißen *n*, Zerreißen *n*, Bersten *n*, Zerspringen *n*; 3. Diskrepanz *f*, Mißverhältnis *n*; 4. *(Math)* Unstetigkeit *f* *(einer Funktion)*
~ в канале ствола *(Mil)* Rohrkrepierer *m*
~/внутрикристаллический *(Met)* intrakristalliner Bruch *m*
~/воздушный *(Mil)* [hochgezogener] Sprengpunkt *m* *(Flak)*
~ жилы *(Fmt)* Aderbruch *m*
~ кабеля Kabelbruch *m*
~ между зданиями Gebäudeabstand *m*
~/наземный *(Mil)* Einschlag *m* *(Artillerieschießen)*
~/неполный *(Mil)* Fehlzerspringer *m*

~/низкий *(Mil)* Tiefzerspringer *m*, niedrige Sprenghöhe *f*
~/нормальный *(Mil)* richtige Sprenghöhe *f*
~ пласта/гидравлический *(Bgb)* hydraulisches Aufbrechen *n* der Schicht *(Erdölbohrung)*
~ поезда *(Eb)* Zugtrennung *f*
~/преждевременный *(Mil)* Frühzerspringer *m*
~/рикошетный *(Mil)* Abprallersprengpunkt *m*
~ смешиваемости Mischungslücke *f* *(bei Mischkristallbildung)*
~/тектонический *(Geol)* Verwerfungskluft *f*
разрывать 1. zerreißen; 2. aufgraben; aufwühlen; durchwühlen, durcheinanderbringen
разрываться reißen; zerspringen, bersten, explodieren, detonieren
разрывность *f* Unstetigkeit *f*, Diskontinuität *f*
разрыть *s.* **разрывать 2.**
разрыхление *n* 1. Auflockern *n*, Lockern *n*, Auflockerung *f*; Entwirren *n*; 2. *(Text)* Öffnen *n* *(Rohbaumwolle, Rohwolle)*; 3. *(Gieß)* Auflockerung *f*, Durchlüftung *f* *(Formstoff)*; 4. Vorlockern *n*, Vorlockerung *f* *(Saugbagger)*
~/окончательное *(Text)* Fertigauflösen *n* *(Fasergut)*
~/подпочвенное Untergrundlockerung *f* *(Boden)*
~ почвы *(Lw)* Bodenauflockerung *f*, Bodenlockerung *f*, Krümelung *f*
~ формовочной земли *(Gieß)* Formstoffauflockerung *f*
разрыхлитель *m* 1. *(Text)* Öffner *m* *(Spinnerei)*; 2. *(Lebm)* Lockerungsmittel *n*, Triebmittel *n*; Lockerungsgerät *n*; 3. *(Gieß)* Formstoffschleuder *f*, Sandwolf *m*
~/барабанный *(Text)* Trommelöffner *m*
~/вертикальный *(Text)* Vertikalöffner *m*, Kegelöffner *m*, Crightonöffner *m*
~/всасывающий *(Text)* Saugöffner *m*
~/горизонтальный *(Text)* Horizontalöffner *m*
~ для алкалицеллюлозы *(Text)* Vorreißer *m*, Zerkleinerer *m* *(Chemiefaserherstellung)*
~ для дробины Treberaufhackvorrichtung *f*, Treberschneid[e]maschine *f* *(eines Läuterbottichs)*
~/механический Schneidkopf *m* *(Saugbagger)*
~/ножевой *(Text)* Voröffner *m*
~/одинарный горизонтальный *(Text)* einfacher Horizontalöffner *m*
~ с большим ножевым барабаном *(Text)* Voröffner *m* mit großer Nasentrommel
~ с быстроходным конденсером/горизонтальный *(Text)* Horizontalöffner *m* mit schnellaufendem Siebtrommelabscheider
~ с одним барабаном/горизонтальный *(Text)* einfacher Horizontalöffner *m*
~ с пылеотделительным барабаном/горизонтальный *(Text)* Horizontalöffner *m* mit Siebtrommel
~/сдвоенный горизонтальный *(Text)* doppelter Horizontalöffner *m*
~/тонкий *(Text)* Feinöffner *m*
~ ударного действия *(Text)* Schlägeröffner *m*
~/фрезерный Fräsenschneidkopf *m* *(Saugbagger)*
разрыхлить *s.* **разрыхлять**
разрыхлять 1. *(Text)* öffnen *(Fasergut)*; 2. lockern, auflockern, krümeln *(Boden)*; 3. *(Gieß)* auflockern, durchlüften *(Formstoff)*; 4. vorlockern *(Saugbagger)*
разряд *m* 1. *(El)* Entladung *f*; 2. *(Math)* Ordnung *f*; 3. *(Dat)* Stelle *f*; 4. Stelle *f*; Klasse *f*, Kategorie *f*, Rang *m*
~/аномальный тлеющий *(El)* anomale Glimmentladung *f*
~/апериодический *(El)* aperiodische Entladung *f*
~/атмосферный *(El)* atmosphärische (luftelektrische) Entladung *f*
~/безэлектродный *(El)* elektrodenlose Entladung *f*
~/вспомогательный *(El)* Hilfsentladung *f*
~/высоковольтный *(El)* Hochspannungsentladung *f*
~/газовый *(El)* Gasentladung *f*
~/грозовой Gewitterentladung *f*, Blitzentladung *f*
~/двоичный *(Dat)* Binärstelle *f*, Dualstelle *f*
~/десятичный *(Dat)* Dezimalstelle *f*
~/длительный *(El)* Dauerentladung *f*
~/дуговой *(El)* Bogenentladung *f*
~/единичный 1. *(El)* Einzelentladung *f*; 2. *(Dat)* Einerstelle *f*
~/запоминаемый *(Dat)* Speicherstelle *f*
~/знаковый *(Dat)* Vorzeichenstelle *f*
~/импульсный *(El)* Stoßentladung *f*
~/искровой *(El)* Funkenentladung *f*
~ качества Güteklasse *f*
~/кистевой *(El)* Büschelentladung *f*
~/колебательный *(El)* Schwingentladung *f*
~/кольцевой *(El)* Ringentladung *f*
~ конденсатора *(El)* Kondensatorentladung *f*
~/контрольный *(Dat)* Prüfbit *n*, Testbit *n*; Kontrollstelle *f*, Prüfstelle *f*
~ контроля чётности *(Dat)* Paritätsziffer *f*
~/коронный *(El)* Korona[entladung] *f*, Sprühentladung *f*
~/краевой *(El)* Randentladung *f*

~/**лавинный** *(El)* Lawinenentladung *f*, Kanalentladung *f*
~/**младший** *(Dat)* niederwertige Stelle *f*
~/**нестабильный** *(El)* instabile Entladung *f*
~/**нормальный тлеющий** *(El)* normale Glimmentladung *f*
~/**поверхностный** *(El)* Oberflächenentladung *f*, Überschlag *m*
~/**поднормальный тлеющий** *(El)* subnormale Glimmentladung *f*
~/**предварительный** *(El)* Vorentladung *f*
~/**пробивной** *(El)* Durchschlag *m*, Durchbruchentladung *f*
~ **с острия** *(El)* Spitzenentladung *f*
~/**самостоятельный** selbständige Entladung *f*
~/**скользящий** Gleitentladung *f*
~ **слова** *(Dat)* Wortstelle *f*
~/**старший** *(Dat)* höherwertige Stelle *f*
~/**тёмный** *(El)* Dunkelentladung *f*, Townsend-Entladung *f*
~/**тихий** *(El)* stille Entladung *f*
~/**тлеющий** *(El)* Glimmentladung *f*
~/**точечный** *(El)* Spitzenentladung *f*
~ **точности** Ordnung *f*
~/**цифровой** *(Dat)* Ziffernstelle *f*
~/**частичный** *(El)* Teilentladung *f*
~/**числовой** *(Dat)* Zahlenstelle *f*
~/**электрический** elektrische Entladung *f*
~/**электронный** Elektronenentladung *f*
разрядить *s.* **разряжать**
разрядка *f* 1. *(Typ)* Sperrung *f*, Durchschuß *m (Satz)*; 2. *s.* **разряд 1.**
разрядник *m* 1. *(El)* Entladungsgefäß *n*, Entladungsraum *m*; Entladungsstrecke *f*; 2. *(Eln)* Sperröhre *f*; 3. *(El)* Überspannungsableiter *m*, Spannungsableiter *m*
~/**антенный** Antennenüberspannungsableiter *m*
~/**асинхронный искровой** Asynchronfunkenstrecke *f*
~ **блокировки передатчика** Sendersperrröhre *f*
~/**вентильный** Ventilableiter *m*
~/**грозовой** Überspannungsableiter *m*, Blitzableiter *m*
~/**защитный** 1. Überspannungsableiter *m*, Spannungsableiter *m*; 2. Sicherheitsfunkenstrecke *f*, Schutzfunkenstrecke *f*; 3. Sperröhre *f*
~/**защитный искровой** Schutzfunkenstrecke *f*
~ **защиты от перенапряжения** Überspannungsableiter *m*, Spannungsableiter *m*
~ **защиты [радио]приёмника** Empfängersperröhre *f*
~/**искровой** Funkenstrecke *f*
~/**искрогасящий** Löschfunkenstrecke *f*
~ **катодного падения** Katodenfallableiter *m*
~/**многократный искровой** Mehrfachfunkenstrecke *f*
~/**пластинчатый грозовой** Plattenblitzableiter *m*
~/**предохранительный искровой** Sicherheitsfunkenstrecke *f*
~/**роговой** Hörnerableiter *m (Fahrleitung)*
~/**трубчатый** Löschrohrableiter *m*
~/**узкополосный** Schmalbandsperröhre *f*
~/**шаровой** Kugelfunkenstrecke *f*
~/**широкополосный** Breitbandsperröhre *f*
разрядность *f (Dat)* stellenmäßige Rechenkapazität *f*, Stellenanzahl *f*, Stelligkeit *f*, Verarbeitungsbreite *f*, Aufrufbreite *f*, Stellenwert *m*
~ **арифметического устройства** Verarbeitungsbreite *f* des Rechenwerkes
~ **слова** Wortlänge *f*
разрядный 1. *(El)* Entlade..., Entladungs...; 2. *(Dat)* Stellen...
разряды *mpl* **образцовых средств измерений** Ordnung *f* der Referenznormale
разряжание *n (Mil)* Entladen *n (der Waffe)*; Entschärfen *n (der Munition)*
разряжать 1. *(El)* entladen, Überspannungen ableiten; 2. *(Mil)* entladen *(Waffe)*; entschärfen *(Geschoß)*; 3. *(Typ)* sperren; austreiben *(Satz)*
разубоживание *n (Bgb)* Verarmung *f*, Verdünnung *f (Erz)*
~/**видимое** sichtbare Verdünnung *f*
~/**истинное** wirkliche (effektive) Verdünnung *f*
разукрупнение *n* Verkleinerung *f*; Unterteilung *f*; Dezentralisierung *f*
разуплотнение *n* **застройки** Verringerung *f* der Bebauungsdichte
разупрочнение *n* Erweichen *n*, Nachlassen *n*, Nachgeben *n*; *(Met)* Entfestigung *f (Aufhebung einer Werkstoffverfestigung durch Glühen)*
разупрочнить *s.* **разупрочнять**
разупрочнять *(Met)* entfestigen
разъедаемость *f* Angreifbarkeit *f*; Korrosionsanfälligkeit *f*
разъедаемый angreifbar; korrosionsanfällig
разъедание *n* 1. Fressen *n*, Anfressen *n (durch Rost)*; Ätzung *f*, Ätzen *n (durch Säuren)*; 2. Auswaschung *f*, Erodierung *f*
~ **металлизационных покрытий** Abzehrung *f* der gespritzten Metallüberzüge
~ **футеровки** Ausfressen *n* des Futters
~ **шлаком** *(Met)* Schlackenangriff *m*
разъедать 1. angreifen, fressen, anfressen, durchfressen, zerfressen *(durch Rost)*; korrodieren, ätzen *(durch Säure)*; 2. ausfressen, auswaschen, erodieren
разъединение *n* 1. Lösung *f*, Auslösung *f*, Ausklinkung *f*; 2. *(El)* Abschaltung *f*; 3. *(Fmt)* Trennung *f*, Unterbrechung *f*, Auslösung *f*; 4. *(Masch)* Ausrückung *f*

~ **войск** *(Mil)* Truppenentflechtung *f*
разъединитель *m* 1. *(El)* Trenn[schalt]er *m*, Streckentrennschalter *m*; 2. *(Masch)* Ausrücker *m*
~/**вводный** Durchführungstrenn[schalt]er *m*
~ **внутренней установки** Innenraumtrenn[schalt]er *m*
~/**заземляющий** Erdungstrenn[schalt]er *m*
~ **контактной сети/секционный** *(Eb)* Fahrleitungsstreckentrenner *m*
~/**линейный** Netztrenn[schalt]er *m*
~ **мощности** Leistungstrenn[schalt]er *m*
~ **наружной установки** Freilufttrenn[schalt]er *m*
~/**одноколонковый** Einsäulentrenn[schalt]er *m*
~ **поворотного типа** Drehtrenn[schalt]er *m*
~/**поворотный** *s.* ~ **поворотного типа**
~/**рубящий** Messertrenn[schalt]er *m*
~/**ручной** handbedienter Trenn[schalt]er *m*
~/**секционный** Gruppentrenn[schalt]er *m*
~/**шинный** Schienentrenn[schalt]er *m*
разъединить *s.* **разъединять**
разъединять 1. trennen; 2. *(El)* abschalten, ausschalten; 3. *(Fmt)* auslösen, freigeben, trennen; 4. *(Masch)* ausrücken, entkuppeln
~ **соединение** *(Fmt)* eine Verbindung trennen (aufheben, unterbrechen)
разъезд *m* Ausweichstelle *f* *(z. B. bei Gegenverkehr)*; *(Eb)* Ausweichanschlußstelle *f*
~/**двухпутный** zweigleisige Ausweichanschlußstelle *f*
~/**трёхпутный** dreigleisige Anschlußausweichstelle *f*
разъём *m* 1. Auseinandernehmen *n*; Teilung *f*; Trennung *f*; 2. Stecker *m*, Steck[er]verbindung *f*
~ **валков** *(Wlz)* Walzenöffnung *f*, Höhe *f* des Walzenspalts
~ **вкладышей** *(Masch)* Schalenstoßfuge *f* *(Lagerschale)*
~/**кабельный** Kabelstecker *m*
~/**многоконтактный штепсельный** Vielfachstecker *m*
~ **формы** *(Gieß)* Form[en]teilungsfläche *f*, Form[en]teilung *f*, Form[en]teilungsebene *f*, Form[en]teilung *f*
~/**штекерный** *s.* ~/**штепсельный**
~/**штепсельный** Steckverbindung *f*, Flachstecker *m*
разъёмный 1. lösbar, teilbar, trennbar; auseinandernehmbar; 2. mehrteilig, geteilt
разъесть *s.* **разъедать**
разъюстировка *f* Dejustierung *f*, Dejustage *f*
разыскание *n* Aufsuchen *n*

райбер *m s.* **рейбер**
раймовка *f* Räumasche *f*
район *m* 1. Bezirk *m*; Distrikt *m*, Bereich *m*; 2. Gebiet *n*, Gegend *f*; 3. *s. unter* **зона** *und* **область**
~/**административный** Verwaltungsbezirk *m*
~ **армейского тыла** *(Mil)* rückwärtiger Raum *m* der Armee
~ **аэродрома** Flugleitungsbereich *m*
~ **базирования** *(Mil)* Basierungsraum *m*; Stationierungsraum *m*
~ **боевых действий** *(Mil)* Kampfgebiet *n*
~ **водоразбора** *(Hydt)* Wasserentnahmebereich *m*
~ **выброски десанта** *(Mil)* Absetzraum *m* *(Truppenluftlandung)*
~ **выгрузки [войск]** *(Mil)* Entladeraum *m*
~/**выжидательный** *(Mil)* Bereitstellungsraum *m*
~ **высадки [морского] десанта** *(Mil)* Landungsgebiet *n* *(Seelandung)*
~/**гололёдный** *(Eb)* Gebiet *n* mit Fahrleitungsvereisung
~/**горнодобывающий** Bergbaugebiet *n*, Bergbaurevier *n*
~/**горнопромышленный** Bergbaugebiet *n*, Bergbaurevier *n*
~ **города** Stadtteil *m*; Stadtbezirk *m*
~ **действия** Geltungsbereich *m* *(Gesetze)*
~ **десантирования** *(Mil)* Landeraum *m* *(Luftlandung)*; Landungsgebiet *n* *(Seelandung)*
~ **дренажа** *s.* ~ **осушения**
~/**жилой** Wohngebiet *n*, Wohnbezirk *m*
~/**запретный** *(Flg)* Sperrgebiet *n*
~ **затопления** Überschwemmungsgebiet *n*
~/**исходный** Ausgangsraum *m*
~/**льноводческий** *(Lw)* Flachsanbaugebiet *n*
~/**малоосвоенный** wenig erschlossenes Gebiet *n*
~/**морской** Seegebiet *n*
~/**несейсмический** erdbebenfreies Gebiet *n*
~/**нефтеносный** Erdölgebiet *n*
~ **облова** Fanggebiet *n*, befischtes Gebiet *n* *(Hochseefischerei)*
~ **обороны** *(Mil)* Verteidigungsraum *m*
~ **обслуживания** Versorgungsbezirk *m*, Versorgungsgebiet *n*; *(Fmt)* Anschlußbereich *m*
~ **огневых позиций** *(Mil)* Feuerstellungsraum *m*
~ **ожидания** *(Mil)* Warteraum *m*
~ **орошения** *(Hydt)* Bewässerungsgebiet *n*
~ **осушения** *(Hydt)* Entwässerungsgebiet *n*, Trockenlegungsgebiet *n*
~/**периферийный** Randgebiet *n*; Außenbezirk *m*
~ **питания** *(Hydt)* Entnahmegebiet *n*

~ **плавания** *(Schiff)* Fahrtbereich *m*, Fahrtgebiet *n*
~ **плавания/неограниченный** unbegrenzter Fahrtbereich *m*
~ **плавания/ограниченный** begrenzter Fahrtbereich *m*
~ **плотины** *(Hydt)* Wehrbereich *m*
~ **погрузки [войск]** *(Mil)* Verladeraum *m*
~/**позиционный** *(Mil)* Stellungsraum *m*
~ **поиска** *(Mil)* Suchgebiet *n*
~/**прибрежный** *(Mar)* Küstenvorfeld *n*, Küstengebiet *n*
~/**приграничный** *(Mil)* Grenzgebiet *n*
~ **промысла** Fanggebiet *n* *(Fischfang)*
~/**промышленный** Industriegebiet *n*; Industrieviertel *n*; Industriebezirk *m*
~ **развёртывания** *(Mil)* Entfaltungsraum *m*
~ **рассредоточения** *(Mil)* Dezentralisierungsraum *m*
~ **сбора [войск]** Sammelraum *m*
~ **сбора десанта** Sammelraum *m* der Landetruppen *(Luft- bzw. Seelandung)*
~/**сейсмический** Erdbebengebiet *n*, erdbebengefährdetes Gebiet *n*
~/**сельскохозяйственный** landwirtschaftliches Gebiet *n*
~ **сосредоточения** *(Mil)* Konzentrierungsraum *m*
~ **сосредоточения/промежуточный** Zwischenkonzentrierungsraum *m*
~/**степной** Steppengebiet *n*
~ **траления** *(Schiff)* Räumgebiet *n*
~/**труднодопустимый** schwer zugängliches Gebiet *n*
~/**тыловой** *(Mil)* rückwärtiger Raum *m*
~/**укреплённый** *(Mil)* befestigter Raum *m*
~/**экономический** Wirtschaftsgebiet *n*
~/**энергетический** Energie[versorgungs]bezirk *m*, Energieversorgungsgebiet *n*
районирование *n* Rayonierung *f* *(Aufteilung eines Territoriums nach administrativen, ökonomischen, physikalisch-geografischen, klimatischen und anderen Gesichtspunkten)*
~/**климатическое** Einteilung *f* in Klimagebiete
ракель *m* *(Typ)* Rakel *f*
ракет *m* *(Typ)* Auslegerrechen *n*
ракета *f* 1. Rakete *f*; 2. Leuchtpatrone *f*; *(Schiff)* Blitzhandnotsignal *n*
~/**авиационная** Flugzeugrakete *f*
~/**атомная** Rakete *f* mit nuklearem Sprengkopf, Atomrakete *f*
~/**баллистическая** ballistische Rakete *f*
~/**бескрылая** flügellose Rakete *f*
~ **ближнего действия** Kurzstreckenrakete *f*
~/**боевая** Kampfrakete *f*
~ **«воздух-воздух»/управляемая** Luft-Luft-Lenkrakete *f*
~ **«воздух-космос-поверхность»/управляемая** Luft-Raum-Boden-Lenkrakete *f*
~ **«воздух-поверхность»/управляемая** Luft-Boden-Lenkrakete *f*
~ **«воздух-под воду»/управляемая** Luft-Unterwasserziel-Lenkrakete *f*
~/**высотная** Höhenrakete *f*
~/**геофизическая** geophysikalische Rakete *f*
~/**глобальная** Globalrakete *f*
~/**грузовая** Lastrakete *f*
~ **дальнего действия** Langstreckenrakete *f*
~/**двухступенчатая** zweistufige Rakete *f*, Zweistufenrakete *f*
~ **для запуска спутника** Trägerrakete *f* *(für Satelliten)*, Satellitenträgerrakete *f*
~/**жидкостная** Flüssigkeitsrakete *f*
~/**звуковая** *(Schiff)* Blitz-Knall-Handnotsignal *n*
~/**зенитная** Fliegerabwehrrakete *f*, Fla-Rakete *f*
~/**зенитная управляемая** gelenkte Fla-Rakete *f*, Fla-Lenkrakete *f*
~/**зондирующая** Raketensonde *f*
~ **«из-под воды-поверхность»/управляемая** Unterwasserstart-Boden-Lenkrakete *f*
~ **«из-под воды-под воду»/управляемая** Unterwasserstart-Unterwasserziel-Lenkrakete *f*
~/**исследовательская** Forschungsrakete *f*; Raketensonde *f*
~ **класса «вода-воздух»** Wasser-Luft-Rakete *f*, W-L-Rakete *f*
~ **класса «воздух-воздух»** Luft-Luft-Rakete *f*, L-L-Rakete *f*
~ **класса «воздух-земля»** Luft-Boden-Rakete *f*, L-B-Rakete *f*
~ **класса «земля-воздух»** Boden-Luft-Rakete *f*, B-L-Rakete *f*
~ **класса «земля-земля»** Boden-Boden-Rakete *f*, B-B-Rakete *f*
~ **класса «земля-подводная лодка»** Boden-Unterwasser-Rakete *f*
~ **класса «самолёт-земля»** Luft-Boden-Rakete *f*
~/**космическая** Weltraumrakete *f*, Raum[flug]rakete *f*
~ **«космос-космос»/управляемая** Raum-Raum-Lenkrakete *f*
~/**крылатая** Flügelrakete *f*
~/**межконтинентальная** interkontinentale Rakete *f*
~/**межконтинентальная баллистическая** interkontinentale ballistische Rakete *f*
~/**межпланетарная** interplanetare Rakete *f*
~/**метеорологическая** Wetterrakete *f*, meteorologische Rakete *f*
~/**многоступенчатая** mehrstufige Rakete *f*, Mehrstufenrakete *f*

~ **на жидком топливе** Flüssigkeitsrakete *f*
~ **на твёрдом топливе** Feststoffrakete *f*
~ **на химических топливах** chemische Rakete *f*
~ **на ядерном топливе** Kernrakete *f*, Rakete *f* mit Kernenergieantrieb
~/**неуправляемая** ungelenkte Rakete *f*
~/**однозвёздная** *(Schiff)* Rakete *f* mit einem Stern *(Notsignal)*
~/**одноступенчатая** einstufige Rakete *f*, Einstufenrakete *f*
~/**оперативно-тактическая** operativ-taktische Rakete *f*
~/**оперённая** flügelstabilisierte Rakete *f*
~/**опытная** Versuchsrakete *f*
~/**орбитальная** Orbitalrakete *f*
~/**осветительная** Leuchtrakete *f*
~/**парашютная** *(Schiff)* Fallschirmhandnotsignal *n*, Fallschirmrakete *f*
~/**парашютная осветительная** Fallschirmleuchtrakete *f*
~/**парашютная судовая** *(Schiff)* Fallschirm-Handnotsignal *n*
~/**пиротехническая** Feuerwerksrakete *f*
~/**планирующая крылатая** flügelstabilisierte Gleitrakete *f*
~ **«поверхность-воздух»/управляемая** Boden-Luft-Lenkrakete *f*
~ **«поверхность-космос»/управляемая** Boden-Raum-Lenkrakete *f*
~ **«поверхность-поверхность»/управляемая** Boden-Boden-Lenkrakete *f*
~ **«поверхность-под воду»/управляемая** Boden-Unterwasserziel-Lenkrakete *f*
~/**пороховая** Pulverrakete *f*, Feststoffrakete *f*
~/**противолодочная управляемая** U-Boot-Abwehrlenkrakete *f*
~/**противорадиолокационная управляемая** gelenkte Antiradarrakete *f*
~/**противоракетная** Raketenabwehrrakete *f*, Antirakete *f*
~/**противотанковая** Panzerabwehrrakete *f*
~/**противотанковая управляемая** Panzerabwehr-Lenkrakete *f*
~/**разъёмная** Trennrakete *f*
~ **с воздушно-реактивным двигателем** Rakete *f* mit Luftstrahltriebwerk
~ **с головкой самонаведения** Rakete *f* mit Zielsuchkopf
~ **с двигателем на твёрдом топливе** Rakete *f* mit Feststofftriebwerk, Feststoffrakete *f*
~ **с жидкостным реактивным двигателем** Rakete *f* mit Flüssigtreibstoff-Triebwerk
~ **с командной системой наведения** Kommandorakete *f*, Rakete *f* mit Kommandolenkung
~ **с крестообразным оперением** Kreuzflügler *m*
~ **с людским экипажем на борту** bemannte Rakete *f*
~ **с параллельным соединением ступеней** Rakete *f* mit parallel (nebeneinander) angeordneten Stufen
~ **с пороховым двигателем** Feststoffrakete *f*
~ **с последовательным соединением ступеней** Rakete *f* mit hintereinander angeordneten Stufen, Tandemstufenrakete *f*
~ **с постоянным горением заряда (топлива)** Dauerbrandrakete *f*
~ **с постоянным давлением в камере сгорания** Gleichdruckrakete *f*
~ **с термоядерной головкой** Rakete *f* mit thermonuklearem Sprengkopf
~ **с электрическим двигателем** Rakete *f* mit elektrischem Triebwerk
~ **с ядерным ракетным двигателем** Rakete *f* mit Kernenergietriebwerk, Kernrakete *f*
~/**самонаводящаяся** [selbsttätig] zielsuchende Rakete *f*, Rakete *f* mit autonomer Lenkung
~/**сверхзвуковая** Überschallrakete *f*
~/**сигнальная** Signalrakete *f*, Leuchtkugel *f*
~/**составная** Mehrstufenrakete *f*, Stufenrakete *f*
~/**спасательная** *(Schiff)* Rettungsrakete *f* *(Seenotrettung)*
~ **среднего действия** Mittelstreckenrakete *f*
~ **средней дальности** Mittelstreckenrakete *f*
~/**стартовая** Startrakete *f*, Starthilfe *f*
~/**стратегическая** strategische Rakete *f*
~ **стратегического назначения/баллистическая** ballistische strategische Rakete *f*
~/**стратосферная** Stratosphärenrakete *f*
~/**ступенчатая** Stufenrakete *f*
~/**тактическая** taktische Rakete *f*
~/**твердотопливная** Feststoffrakete *f*
~/**тормозная** Bremsrakete *f*
~/**транспортная** Lastrakete *f*
~/**трёхступенчатая** dreistufige Rakete *f*, Dreistufenrakete *f*
~/**управляемая** gelenkte Rakete *f*, Lenkrakete *f*
~/**фотонная** Photonenrakete *f*
~/**химическая** chemische Rakete *f*
~/**экспериментальная** Versuchsrakete *f*
~/**ядерная** Kernrakete *f*, Rakete *f* mit Kernenergieantrieb

ракета-зонд *f s.* **ракета/исследовательская**
ракета-ловушка *f* Köderrakete *f*
ракета-носитель *f* Trägerrakete *f*

~/**возвращаемая** Rückkehr-Trägerrakete *f*
~ **искусственного спутника** Trägerrakete *f (für Satelliten)*, Satellitenträgerrakete *f*
ракета-приманка *f* Köderrakete *f*
ракетница *f* Leuchtpistole *f*
ракетодинамика *f* Raketendynamik *f*
ракетодром *m* Raketenversuchsgelände *n*, Raketenstartplatz *m*
ракетоносец *m* Raketenträger *m*
ракетоносный raketenbestückt, raketentragend
ракетоплан *m (Rak)* Raketengleiter *m*, Raumgleiter *m*
ракетостроение *n* Raketenbau *m*
ракля *f (Text)* Abstreicher *m (Zeugdrukkerei)*
раковина *f* 1. *(Bw, Gieß)* Blase *f*, Hohlraum *m*, Lunker *m (in Gußstücken, im Beton)*; 2. *(Met)* Narbe *f (Blech)*; 3. *(Bw)* Ausguß *m*, Ausgußbecken *n*; 4. *(Arch)* Koncha *f*, Konche *f*
~/**внешняя усадочная** *s.* ~/**поверхностная усадочная**
~/**внутренняя усадочная** Innenlunker *m*
~/**воздушная** Luftblase *f*
~/**вторичная усадочная** Sekundärlunker *m*
~/**газовая** Gasblase *f*
~/**земляная** Sandeinschluß *m*
~/**крупная усадочная** Makrolunker *m*, Groblunker *m*
~/**кухонная** *(Bw)* Spülbecken *n*, Küchenausguß *m*
~/**макроусадочная** Makrolunker *m*, Groblunker *m*
~/**мелкая усадочная** Mikrolunker *m*, Kristallunker *m*, Feinlunker *m*
~/**микроусадочная** Mikrolunker *m*, Kristallunker *m*, Feinlunker *m*
~/**первичная усадочная** Primärlunker *m*
~/**поверхностная усадочная** Außenlunker *m*, Oberflächenlunker *m*
~ **телефона** Hörmuschel *f*
~/**усадочная** Lunker *m*, Schwind[ungs]hohlraum *m*
~ **усталости** Ermüdungsgrübchen *n (Reifen)*
~/**шлаковая** Schlackenstelle *f*, Schlackeneinschluß *m*, Schlackennest *n*
раковистый 1. *(Gieß)* lunkerig, blasig, mit Lunkerstellen durchsetzt; 2. *(Met)* narbig *(Blech)*
ракорд *m* **фильма** *(Kine)* Vorspann *m*, Schutzstreifen *m (Film)*
ракс *m (Schiff)* Rack *n*
ракс-бугель *m* Leitring *m*, Laufring *m*
ракс-клот *m* Rackklotje *n*
ракс-слизы *pl* Rackschlitten *mpl*
ракс-тали *pl* Racktalje *f*
ракстов *m (Schiff)* Racktau *n (Gaffel)*
ракс-трос *m* Racktrosse *f*
ракурс *m* 1. perspektivische Verkürzung *f*; 2. *(Flg)* Zielkurs *m*; 3. *(Mil)* Flugwinkel *m (Flak)*
ракушечник *m (Geol)* Muschelkalk *m*
ракушник *m s.* **ракушечник**
рама *f* 1. Rahmen *m*, Umrandung *f*, Einfassung *f (s. a.* **рамка 1.**); 2. Rahmen *m*, Gestell *n*, Untergestell *n*; Tragwerk *n*; Ständer *m*, Gerüst *n*, Bett *n*, Gehäuse *n*, Platte *f*; 3. *(Wkzm) s.* ~/**лесопильная**; 4. *(Bgb) s.* ~/**крепёжная**
~/**автомобильная** *(Kfz)* Fahrgestellrahmen *m*
~/**арочная металлическая крепёжная** *(Bgb)* Stahlbogen *m (Stahlbogenausbau)*
~/**бесшарнирная** (Bw) eingespannter Rahmen *m (einer Rahmenbrücke)*
~/**брусковая [паровозная]** *(Eb)* Barrenrahmen *m (Lokomotive)*
~/**буровая** Bohrrahmen *m*
~/**вагонная** *(Eb)* Rahmen *m* des Wagenuntergestells
~/**вертикальная** *(Schiff)* senkrechter Träger *m (an Schotten)*
~/**вертикальная лесопильная** Vertikalgatter *n (Sägegatter)*
~/**вибрационная** Rüttelrahmen *m*
~/**внешняя [паровозная]** *(Eb)* Außenrahmen *m (Lokomotive)*
~/**внутренняя [паровозная]** *(Eb)* Innenrahmen *m (Lokomotive)*
~/**глухая** *(Bw)* Blendrahmen *m*
~/**горизонтальная** *(Schiff)* waagerechter Träger *m (an Schotten)*
~/**горизонтальная лесопильная** Horizontal[säge]gatter *n*
~/**дверная** *(Bw)* Türzarge *f*
~ **движущей [главной] тележки [паровоза]** *(Eb)* Rahmen *m* des Hauptgestells *(Lokomotive)*
~/**двойная** *(Bw)* Doppelfensterrahmen *m*
~/**двускатная** *(Bw)* Sattelrahmen *m (Satteldach)*
~/**двухпролётная** *(Bw)* zweifeldriger Rahmen *m*, Zweifeldrahmen *m*
~/**двухстоечная** *(Bw)* zweistieliger Rahmen *m*, Rahmen *m* auf zwei Stützen
~/**двухшарнирная** *(Bw)* Zweigelenkrahmen *m (einer Rahmenbrücke)*
~/**двухэтажная лесопильная** Hochgatter *n (Sägegatter)*
~/**декельная** *(Pap)* Formatwagen *m*
~/**делительная лесопильная** Trenn[säge]gatter *n*
~/**деревянная крепёжная** *(Bgb)* Türstock *m (Türstockausbau)*
~ **для вёрстки газет** *(Typ)* Schließsetzschiff *n*
~ **для заключки** *(Typ)* Schließrahmen *m*
~/**железобетонная** *(Bw)* Stahlbetonrahmen *m*

~/**заделанная** *(Bw)* eingespannter Rahmen *m*

~/**заключная** *(Typ)* Schließrahmen *m* *(Tiegelpresse)*

~/**замкнутая** *(Bw)* geschlossener Rahmen *m* *(Tragwerkkonstruktion)*

~ **затвора орудия** *(Mil)* Verschlußrahmen *m* *(Kolbenverschluß)*

~ **затвора пулемёта** *(Mil)* Schloßführung *f*

~/**искательная** *(Mil)* Suchrahmen *m* *(Minensuchgerät)*

~/**камерная** *(Bgb)* Kammerrahmen *m* *(Ausbau)*

~/**картовязальная** *(Text)* Schnürrahmen *m*

~/**ковшовая** Eimerleiter *f* *(Eimerkettenbagger)*

~/**колосниковая** Rosttraggestell *n* *(Kesselfeuerung)*

~ **кольцевой формы/металлическая** *(Bgb)* geschlossener Bogen *m*, Ringbogen *m* *(Stahlringausbau)*

~/**комбинированная листовая** *s.* ~/**коробчатая паровозная**

~/**контейнерная захватная** Spreader *m* *(Fördertechnik)*

~/**копировальная** *(Typ)* Kopierrahmen *m*

~/**коробчатая** Kastenrahmen *m*

~/**коробчатая паровозная** *(Eb)* zusammengesetzter Rahmen *m* *(Lokomotive)*

~/**крепёжная** *(Bgb)* Türstock *m* *(Türstockausbau)*

~/**лесопильная** Sägegatter *n*, Gattersäge *f*

~/**листовая [паровозная]** *(Eb)* Blechrahmen *m* *(Lokomotive)*

~/**лонжеронная** *(Ktz)* Kastenrahmen *m*

~/**металлическая крепёжная** *(Bgb)* Stahltürstock *m* *(Stahlausbau)*

~ **многократного контактного поля** *(Fmt)* Rahmen *m*, Kulisse *f* *(eines Kulissenwählers)*

~/**многопролётная** *(Bw)* mehrfeldriger Rahmen *m*, Mehrfeldrahmen *m*

~/**многоэтажная (многоярусная)** *(Bw)* Stockwerkrahmen *m*

~/**модельная** *(Gieß)* Modellrahmen *m*

~/**монолитная** *(Bw)* monolithischer (monolithisch gefertigter) Rahmen *m*

~/**монолитная железобетонная** monolithischer Stahlbetonrahmen *m*

~/**монолитная паровозная** *(Eb)* Stahlgußrahmen *m* *(Lokomotive)*

~/**наполнительная** *(Gieß)* Füllrahmen *m*, Aufsetzrahmen *m*

~/**натяжная** Spannrahmen *m*

~/**неполная крепёжная** *(Bgb)* offener Türstock *m* *(ohne Sohlholz)*

~/**неразрезная** *(Bw)* Durchlaufrahmen *m*

~/**несущая** *(Bw)* Tragwerkrahmen *m* *(Oberbegriff für Gelenk-, Durchlauf- und Stockwerkrahmen)*

~/**нижняя** Unterwagenrahmen *m* *(Drehkran)*

~/**ножевая** *(Text)* Messerkasten *m* *(Jacquardmaschine)*

~/**обделочная** *(Schiff)* Auskleidungsrahmen *m* *(Tür)*

~/**однопролётная** *(Bw)* Einfeldrahmen *m*

~/**одностоечная** *(Bw)* einstieliger Rahmen *m*

~/**одноэтажная (одноярусная)** *(Bw)* einstöckiger Rahmen *m*

~/**оконная** *(Bw)* Fensterzarge *f*

~/**опорная** Tragrahmen *m*, Traggerüst *n*, Untergestell *n*

~/**основная** Grundrahmen *m*, Grundplatte *f*, Fundamentrahmen *m*; *(Bw)* Hauptträgerrahmen *m* *(des Straßenhobels zur Aufnahme des Räumscharträgers mit Drehkranz, des Frontschildes und anderer Teilgruppen)*

~/**отливная** *(Typ)* Gießrahmen *m*

~/**паровозная** *(Eb)* Lokomotivrahmen *m*

~/**передвижная лесопильная** fahrbares Gatter *n* *(Sägegatter)*

~/**плоская** *(Bw)* ebener Tragwerksrahmen *m*

~/**поворотная** Drehsattel *m* *(Kabelkran)*; Schwenkrahmen *m* *(Drehkran)*

~/**подшипниковая** Lagerbock *m*

~/**подъёмная** Hubrahmen *m*

~/**полигональная крепёжная** *(Bgb)* Vieleckausbau *m*, Polygonausbau *m*

~/**полная крепёжная** *(Bgb)* voller (geschlossener) Türstock *m* *(mit Sohlholz)*

~/**поперечная** Querrahmen *m*

~/**портальная** *(Bw)* Portalrahmen *m*, Einfeldrahmen *m*

~ **пресса** Pressenrahmen *m*

~/**продольная** Längsrahmen *m*

~/**пространственная** *(Bw)* räumlicher Tragwerksrahmen *m*

~ **разрыхлителя** Schneidkopfleiter *f* *(Saugbagger)*

~ **распорной системы** *(Bw)* sprengwerkartiger Rahmen *m* *(einer Rahmenbrücke)*

~ **решётки/опорная** Rosttragrahmen *m* *(Feuerung)*

~ **с двускатным ригелем** *s.* ~/**двускатная**

~ **с заделанными (защемлёнными) стойками** *(Bw)* eingespannter Rahmen *m*

~ **с крестообразной поперечиной/лонжеронная** *(Ktz)* Kastenrahmen *m* mit Diagonalstrebe

~ **с к-образной поперечиной/лонжеронная** *(Ktz)* Kastenrahmen *m* mit Dreieckstrebe

~ **с прямыми поперечинами/лонжеронная** *(Ktz)* Kastenrahmen *m* mit [rechtwinklig zu den Längsträgern verlaufenden] Querstreben

~/сборная *(Bw)* Fertigteilrahmen *m*
~/сборная железобетонная vorgefertigter Stahlbetonrahmen *m*
~/сварная geschweißter Rahmen *m*
~/сновальная *(Text)* Schärrahmen *m (Weberei; Schären der Ketten)*
~/составная *(Bw)* zusammengesetzter Rahmen *m*
~ составного штампа для тиснения *(Typ)* Prägerahmen *m*
~/статически неопределимая *(Bw)* statisch unbestimmter Rahmen *m*
~/статически определимая *(Bw)* statisch bestimmter Rahmen *m*
~ тележки *(Eb)* Drehgestellrahmen *m*
~/тендерная *(Eb)* Tenderrahmen *m*
~/топочная *(Eb)* Bodenring *m (Lokomotivkesselfeuerung)*
~ топочной дверцы Geschränk *n* der Feuerungstür *(Kesselfeuerung)*
~/трёхшарнирная *(Bw)* Dreigelenkrahmen *m (einer Rahmenbrücke)*
~/трижды статически неопределимая *(Bw)* dreifach statisch unbestimmter Rahmen *m*
~/трубчатая центральная *(Kfz)* Zentralrohrrahmen *m*
~/тяговая *(Bw)* Räumscharträger *m (Straßenhobel)*
~/уплотнительная *(Hydt)* Abdichtungsrahmen *m*
~/фундаментная Grundrahmen *m*, Grundplatte *f*, Fundamentrahmen *m*
~ фюзеляжа *(Flg)* Rumpfspant *m*
~/ходовая Fahrgestellrahmen *m*, Fahrwerksrahmen *m*
~/хребтообразная *s.* **~/центральная**
~/цельнолитая *s.* **~/монолитная паровозная**
~/центральная *(Kfz)* Zentralrahmen *m*, Mittelträgerrahmen *m*
~/шарнирная *(Bw)* Gelenkrahmen *m*
~/шпангоутная *(Schiff)* Spantrahmen *m*
~/этажная (ярусная) *(Bw)* Stockwerkrahmen *m*
раман-спектр *m (Ph)* Raman-Spektrum *n*
раман-спектрометр *m (Ph)* Raman-Spektrometer *n*
раман-эффект *m (Ph)* [Smekal-]Raman-Effekt *m*
рама-платформа *f (Kfz)* Plattformrahmen *m*, Flurrahmen *m*
рами *n (Text)* Ramiefaser *f*
рамка *f* 1. Rahmen *m*, Einfassung *f (s. a. unter* **рама***)*; 2. Griffstück *n (Revolver, Pistole)*; 3. Schieber *m (Meßschieber)*; 4. *(Text)* Aufsteckgatter *n (Spinnmaschine)*
~/визирная Visierrahmen *m*
~ волочильной матрицы *(Met)* Ziehringhalter *m*, Ziehmatrizenhalter *m (Ziehmaschine)*
~/вращающаяся Drehrahmen *m (Antenne)*
~/двухъярусная *(Text)* zweistöckiges Gatter (Aufsteckgatter) *n*
~ для двойной ровницы *(Text)* Gatter *n* für doppelten Einlauf
~ из линеек *(Typ)* Linieneinfassung *f*
~/кадровая *(Foto)* Bildfensterrahmen *m*
~/кассетная Kassettenrahmen *m*
~/копировальная *(Foto)* Kopierrahmen *m*
~ крутильной машины *(Text)* Gatter *n* an Zwirnmaschinen
~/матричная *(Typ)* Matrizenrahmen *m*
~/одноярусная *(Text)* einstöckiges Gatter (Aufsteckgatter) *n*
~/поворотная Drehrahmen *m (Antenne)*
~/приёмная Empfangsrahmen *m (Antenne)*; Suchrahmen *m (eines Kabelsuchgeräts)*
~/прижимная *(Kine)* Andrückrahmen *m (Filmkanal)*
~/прикладная Anlegerahmen *m*
~/прицельная *(Mil)* Visierrahmen *m*
~/пульсирующая *(Kine)* Pendelfenster *n (Filmkanal)*
~ с гнёздами *(Fmt)* Klinkenstreifen *m*
~ с кнопками *(Fmt)* Tastenstreifen *m*
~ с лампами *(Fmt)* Lampenstreifen *m*
~ с отличительными обозначениями *(Fmt)* Bezeichnungsstreifen *m*
~/сновальная *(Text)* Schärgatter *n*, Schärrahmen *m (Schärmaschine)*
~ со штифтами *(Fmt)* Lötösenstreifen *m*
~/средняя *(Typ)* Mittelrahmen *m*
~/шрифтовая *(Typ)* Schriftrahmen *m*
рамник *m (Text)* Platinenschnur *f (Jacquardmaschine)*
рамп *m (Geol)* Graben *m* (Tal *n*) zwischen zwei Überschiebungseinheiten
рампа *f* Rampe *f (s. a. unter* **платформа***)*
~/автомобильная Kfz-Rampe *f*, Straßenrampe *f*
~/ацетиленовая [распределительная] *(Schw)* Einspeisungssystem *n* für Azetylenflaschenbatterien
~/водородная [распределительная] *(Schw)* Einspeisungssystem *n* für Wasserstoffflaschenbatterien
~/железнодорожная *(Eb)* Verladerampe *f*
~/кислородная [распределительная] *(Schw)* Einspeisungssystem *n* für Sauerstoffflaschenbatterien
~/перепускная *s.* **~/распределительная**
~/распределительная *(Schw)* Einspeisungssystem *n* für Gasflaschenbatterien
~/тупиковая Kopframpe *f*
ранг *m (Math)* 1. Rang *m*, Rangzahl *f*; 2. Tensorstufe *f*
рангоут *m (Schiff)* Mastwerk *n*, Bemastung *f*, Masten *mpl*, Rigg *n (Segelschiff)*
рандбалка *f (Bw)* Randträger *m*, Randbalken *m*

~/железобетонная Stahlbetonrandträger *m*
~/кольцевая Ringträger *m*
рандомизация *f (Reg)* Herstellung *f* einer Zufallsordnung, Randomisation *f*
ранец *m* Tornister *m*; Verpackungssack *m (für Fallschirme)*
~ парашюта Fallschirmpaket *n*
~ парашюта/грудной Brustpaket *n*
~ парашюта/спинной Rückenpaket *n*
ранжейка *f (Text)* verlängerte Maschenreihe *f*, Langreihe *f*, Aufstoßreihe *f (Wirkerei)*
рант *m (Led)* Rahmen *m (Schuhwerk)*
~/накладной Durchnährahmen *m*
~/несущий Einstechrahmen *m*
~/г-образный Racaflex-Rahmen *m*
~ с бортиком (валиком) Wulstrahmen *m*, Stufenrahmen *m*
~/фигурный *s.* **~ с бортиком (валиком)**
рантовой *(Led)* rahmengenäht *(Schuhwerk)*
ранцевый Tornister . . .
рапа *f (Hydrol)* [natürliche] Sole *f* der Salzseen
рапид-съёмка *f s.* **киносъёмка/скоростная**
раппорт *m (Text)* Rapport *m (Bindungen; Weberei)*
~/основный Kettfadenrapport *m*, Musterrapport *m (in gemusterten Bindungen)*
~ переплетения Rapport *m*
~ по основе *s.* **~/основный**
~ по утку *s.* **~/уточный**
~/поперечный *s.* **~/основный**
~ проборки Einzugsrapport *m*
~ проборки/прерывный unterbrochener Einzugsrapport *m*
~/продольный *s.* **~/уточный**
~ простой обратной проборки spitzartiger Einzugsrapport *m* mit einfachem Spitzfaden
~/сокращённый Musterrapport *m*
~/уточный Schußfadenrapport *m*
раскалённость *f* Glut *f*, Gluthitze *f*
раскалённый glühend
~ добела weißglühend
~ докрасна rotglühend
раскалить *s.* **раскалять**
раскалиться *s.* **раскаляться**
раскалывание *n* Spalten *n*, Spaltung *f*, Aufspalten *n*
~ растяжения Zugspaltung *f*
раскалять erhitzen, glühend machen, zum Glühen bringen
~ добела auf Weißglut bringen
~/докрасна auf Rotglut bringen
раскаляться glühend werden, sich erhitzen
раскат *m (Wlz)* vorgewalztes Walzgut *n*, Halbzeug *n*, Vorblock *m*, Vorbramme *f*, Rohprofil *n*; Rohblech *n*
~ краски *(Typ)* Farbverreibung *f*
раскатать *s.* **раскатывать**
раскатка *f* 1. Auswalzen *n*, Streckwalzen *n*, Ausweitewalzen *n*; 2. Walze *f (Rohrwalzen)*; 3. *(Schm)* Setzeisen *n*, Kehleisen *n*, Balleisen *n*; 4. Aufweiten *n (von Hohlkörpern)*; 5. Ausziehen *n*, Abziehen *n (eines Seils)*; 6. Auslegen *n (eines Kabels)*
~ для труб *(Wlz)* Rohrwalze *f*
~ кабеля с барабана Abtrommeln *n (Abwickeln des Kabels von der Trommel)*
~/квадратная Auflageklotz *m*
~/клиновая *(Schm)* Dreikantkehleisen *n*
~/круглая *(Schm)* rundes Kehleisen *n*, Balleisen *n*
~ на оправке *(Schm)* Aufweiten *n* über dem Dorn *(Ringe, Bandagen)*
~/овальная *(Schm)* halbrundes Kehleisen *n*, Kehleisen *n* ohne schräge Seitenflächen
~/овальная двусторонняя *(Schm)* zweiseitig schräges Kehleisen *n*
~/овальная односторонняя *(Schm)* einseitig schräges Kehleisen *n*
~/плоская *(Schm)* Auflageeisen *n*, Legeeisen *n*; Schlichteisen *n*, Glätteisen *n*
~/плоская трапецеидальная trapezförmiges Auflageeisen (Legeeisen) *n*
~/полукруглая *(Schm)* 1. Balleisen *n*; 2. *s.* **~/овальная**
~ труб *(Wlz)* Rohrwalzen *n*
~/цилиндрическая *s.* **~/круглая**
~/черновая *(Wlz)* Vorwalzen *n*, Vorstrekken *n*
раскатывание *n* Wälzen *n*, Marbeln *n (eines Glaspostens auf ebener Platte)*; Wulchern *n*, Motzen *n (eines Glaspostens in einer eiförmig ausgehöhlten Formhälfte)*
~ на оправке *(Schm)* Aufweiten *n* auf dem Dorn *(Ringe, Bandagen)*
раскатывать 1. auswalzen, streckwalzen, aufweiten; 2. *(Schm)* absetzen, einkehlen; 3. ausziehen, abziehen *(Seil)*; 4. auslegen *(Kabel)*
~ краску *(Typ)* Farbe verreiben
раскачать *s.* **раскачивать**
раскачивание *n* Aufschaukeln *n*, Aufschaukelung *f (einer Schwingung)*
раскачивать in Schwingungen versetzen, aufschaukeln *(eine Schwingung)*
раскачиваться pendeln *(Ladung)*
раскачка *f s.* **раскачивание**
раскисление *n (Met)* 1. Desoxydieren *n*, Desoxydation *f*, Sauerstoffentzug *m*; 2. Beruhigen *n*, Beruhigung *f (Schmelze)*; 3. Polen *n (Kupfer)*
~ в ковше Pfannendesoxydation *f*
~ жидкой ванны Beruhigung *f* der Schmelze
~/конечное Endoxydation *f*
~ стали Stahldesoxydation *f*

~ **стали/диффузионное** Diffusionsdesoxydation *f*
~ **стали/осаждающее** Fällungsdesoxydation *f*
~ **стали синтетическими шлаками** Desoxydation *f* mittels synthetischer Schlakken
раскислённость *f (Met)* Desoxydationsgrad *m*
раскислитель *m (Met)* 1. Desoxydationsmittel *n*, Desoxydationslegierung *f*; 2. Beruhigungsmittel *n (Schmelze)*
~/**комплексный** Desoxydationslegierung *f*
раскладка *f* 1. Verteilung *f*; 2. *(Typ)* Formatmachen *n*; 3. Halteleiste *f*
~/**единичная** Einheitenanordnung *f*
~ **и подбор** *m* **[перфокарт]** *(Dat)* Mischen *n*, Zusammenmischen *n (Lochkarten)*
~ **клавиатуры** Klaviaturbelegung *f (Satz)*
~ **шрифт-кассы** Schriftkasseneinteilung *f*, Kassenschema *n*
раскладчик *m*/**минный** *(Mil)* Minenleger *m*
расклейка *f* **при макетировании полос** *(Typ)* Kleben *n* des Umbruchs
расклепать *s.* **расклёпывать**
расклёпка *f* 1. Entnieten *n*; 2. *(Schiff)* Abschätzen *n (Ankerkette)*
расклёпывать 1. entnieten; 2. *(Schiff)* abschätzen *(Ankerkette)*
расклетневать *(Schiff)* entkleeden *(Tauwerk)*
расклинивать 1. einen Keil herausschlagen (entfernen), entkeilen, loskeilen; 2. mit einem Keil aufspalten (spreizen)
расклинить *s.* **расклинивать**
расклинцовка *f (Bw)* Absplittung *f (Straßenbau)*
расковать *s.* **расковывать**
расковка *f* Recken *n*, Strecken *n*, Breiten *n*, Ausschmieden *n (Verringerung der Querschnittsdicke eines Schmiedestückes durch Strecken oder Breiten)*
расковывать recken, strecken, breiten, ausschmieden
расколачивание *n (Gieß)* Losklopfen *n*, Losschlagen *n (Modell)*
расколачивать *(Gieß)* losklopfen, losschlagen *(Modell)*
расколот *m (Bgb)* Abspreizstempel *m*, Spreize *f*, Kappensteg *m (Ausbau)*
раскомплектовка *f (Typ)* Ablegen *n (Satz)*
~ **набора** Auseinandernehmen *n (des Satzes)*
раскос *m (Bw)* Strebe *f*, Spreize *f*; Schräge *f*, Diagonalstab *m*; schräge Stütze *f*
~/**ветровой** Windverbandstrebe *f*, Windrispe *f* Schwibbe *f*
~/**главный** Hauptstrebe *f*
~/**концевой** Kopfstrebe *f*
~/**обратный** Gegenstrebe *f*, Wechselstab *m*
~/**основной** Hauptstrebe *f*
~/**поперечный** Querstrebe *f*
~/**растянутый** Zugstrebe *f*, Zugdiagonale *f*, Druckschräge *f*
~/**сжатый** Druckstrebe *f*
~/**угловой** Eckstrebe *f*
раскоска *f (Bgb)* Versatzgasse *f*, Versatzdamm *m*, Bergedamm *m*, Dammort *n*
~/**двусторонняя** zweiflügelige Versatzgasse *f*
~/**односторонняя** einflügelige Versatzgasse *f*
раскрепить *s.* **раскреплять**
раскрепление *n* 1. Lockerung *f*, Lockern *n*; 2. *(Bgb)* Aufwältigung *f (von Verbrüchen)*; 3. *(Schiff)* Abstagung *f (Mast)*
~/**временное** provisorische Absteifung *f*
раскреплять 1. lockern; 2. *(Bgb)* aufwältigen *(Verbrüche)*; 3. *(Schiff)* abstagen, abspannen, verspannen *(Mast)*
раскреповка *f (Arch)* Kröpfung *f*, Verkröpfung *f*
раскрой *m* Ritzen *n*, Anreißen *n*; Zuschneiden *n*
~ **листов** Plattenzuschnitt *m*
раскружаливание *n (Bw)* Ausrüstung *f*, Ausschalung *f (Kuppel, Bogengewölbe u. dgl.)*
раскружаливать *(Bw)* ausschalen, ausrüsten
раскружалить *s.* **раскружаливать**
раскрутить *s.* **раскручивать**
раскрутка *f (Flg)* Überdrehzahl *f*
раскручивание *n (Text)* Aufdrehen *n (Dehnungsprüfung von Zwirn auf dem Dehnungszähler)*
раскручивать 1. losdrehen, loswinden; 2. *(Text)* aufdrehen
раскручивающийся nicht drallfrei, nicht drallarm *(Seil)*
раскрыв *m* Apertur *f*, Öffnung *f (Antenne)*
~ **антенны** Antennenöffnung *f*
~ **отражателя** Spiegelöffnung *f*
раскрытие *n* Öffnen *n*
~ **валков** 1. Öffnen *n* des Walzenspalts; 2. Walzenöffnung *f*, Höhe *f* des Walzenspalts
~ **витка** Windungsöffnung *f*
~ **палубы** *(Schiff)* Öffnungsgrad *m* des Decks
~ **скобок** *(Math)* Auflösung *f* der Klammern
раскряжевать *s.* **раскряжёвывать**
раскряжёвка *f (Holz)* Ablängen *n*
раскряжёвывать *(Holz)* ablängen
распад *m* 1. Zerfall *m*, Aufspaltung *f (s. a. unter* **распадение***)*; 2. Abbau *m*
~ **атомного ядра** *(Kern)* Zerfall *m* des Atomkerns, Kernzerfall *m*, radioaktiver Zerfall *m*
~/**атомный** *s.* ~ **атомного ядра**
~ **аустенита** *(Met)* Austenitzerfall *m*
~ **гиперонов** *(Kern)* Hyperonenzerfall *m*

~ **дочернего продукта** *(Kern)* Tochterzerfall *m*
~ **зёрен** *(Krist)* Kornzerfall *m*
~/**множественный** *s.* ~/**разветвлённый**
~/**радиоактивный** *s.* ~ **атомного ядра**
~/**разветвлённый [радиоактивный]** *(Kern)* verzweigter (dualer) Zerfall *m*, [radioaktive] Verzweigung *f*, Mehrfachzerfall *m*
~ **цементита** *(Met)* Zementitzerfall *m*, Zementitauflösung *f*
~/**эвтектоидный** *(Met)* eutektoider Zerfall *m*, Perlitumwandlung *f*
~/**ядерный** *s.* ~ **атомного ядра**
~ **ядра атома** *s.* ~ **атомного ядра**
распадаться zerfallen
распадение *n* Zerfallen *n*, Zerfall *m (s. a. unter* **распад 1.***)*
~ **горных пород** *(Geol)* Gesteinszerfall *m*
распайка *f* Loslöten *n*, Ablöten *n*
распалубить *(Bw)* ausschalen, ausrüsten, entformen *(Betonkonstruktionen)*
распалубка *f (Bw)* Ausschalung *f*, Ausrüstung *f*, Entformung *f (Betonkonstruktionen)*
распар *m* Kohlensack *m (Hochofen)*
распасться *s.* **распадаться**
распахать *s.* **распахивать**
распахивать *(Lw)* pflügen, aufpflügen, umbrechen, umackern
распашка *f* 1. *(Lw)* Aufpflügen *n*, Umbrechen *n*; 2. Schüssel *f (Ziehdüse)*
~ **целины** Urbarmachung *f*, Urbarmachen *n*
распереть *s.* **распирать**
распечатка *f (Dat)* Ausdruck *m*, Druckliste *f*, Rechnerausdruck *m*
~ **памяти** Speicherausdruck *m*
~ **программы** Programmliste *f*, Programmprotokoll *n*
распил *m* 1. Sägeschnitt *m*; Schnittfuge *f*; 2. Schwarte *f*, Schalholz *n*
распиливать sägen, zersägen, durchsägen
распилить *s.* **распиливать**
распилка *f* Zersägen *n*, Durchsägen *n*
распиловка *f (Holz)* Schneiden *n*, Schnitt *m*
~ **вразвал** Einfachschnitt *m*, Blockschnitt *m*, Rundschnitt *m*, Scharfschnitt *m*
~/**поперечная** Querschneiden *n*, Querschnitt *m*
~/**продольная** Aufschneiden *n*, Längsschnitt *m*
~/**радиальная** Kreuzschnitt *m*, Quartierschnitt *m*, Radialschnitt *m*, Riftschnitt *m*, Spiegelschnitt *m*
~ **с предварительной брусовкой** Modelschnitt *m*, Vormodeln *n*
~/**тангенциальная** Fladerschnitt *m*, Sehnenschnitt *m*
распирать 1. auseinanderspreizen, auseinandertreiben; 2. verspreizen, abspreizen, ausspreizen
расписание *n* 1. Liste *f*, Verzeichnis *n*; 2. Plan *m*, Stundenplan *m*, Dienstplan *m*
~/**авральное** *(Mar)* Alle-Mann-Rolle *f*
~/**боевое** *(Mar)* Gefechtsrolle *f*, Alarmrolle *f*
~ **движения поездов** *(Eb)* Fahrplan *m*
~/**корабельное** *(Mar)* Musterrolle *f*
~ **периодических измерений** *(Fmt)* Plan *m* für die regelmäßigen Messungen, Meßplan *m*
~ **по боевой готовности** *(Mar)* Gefechtsbereitschaftsrolle *f*
~ **по борьбе за живучесть корабля** *(Mar)* Schiffsicherungsrolle *f*
~ **по заведованиям** *(Mar)* Stationsrolle *f*
~ **по затемнению** *(Mar)* Abblendungsrolle *f*
~ **по каютам и кубрикам для жилья** *(Mar)* Kajüten- und Logierraumrolle *f*
~ **по постановке на якорь** *(Mar)* Rolle *f* für das Ankermanöver
~/**судовое** *s.* ~/**корабельное**
расплав *m* 1. Schmelze *f*, Schmelzbad *n*, Schmelzgut *n*, Schmelzprodukt *n*; 2. Schmelzfluß *m*; 3. Salzschmelze *f (Elektrolyse)*
~ **металла** Metallschmelze *f*
~/**остаточный** Restschmelze *f*
~/**прядильный** *(Text)* Spinnschmelze *f (Chemiefaserherstellung)*
~/**силикатный** *(Glas)* Silikatschmelze *f*
~ **соли** Salzschmelze *f*, Salzbad *n (Elektrolyse)*
~ **шлака** Schlackenbad *n*
~/**шлаковый** Schlackenbad *n*
~ **электролита** Elektrolytschmelze *f*
расплавитель *m* Schmelzvorrichtung *f*
расплавить *s.* **расплавлять**
расплавиться *s.* **расплавляться**
расплавление *n* 1. Verflüssigen *n*, Verflüssigung *f*, Flüssigwerden *n*; 2. *(Met)* Schmelzen *n*, Erschmelzen *n*, Einschmelzen *n*, Abschmelzen *n*, Niederschmelzen *n*, Herunterschmelzen *n*; 3. *(Schw)* Aufschmelzen *n*; 4. *s. unter* **плавление**
~/**предварительное** Vorschmelzen *n*
расплавлять 1. schmelzen, erschmelzen, einschmelzen, abschmelzen, niederschmelzen, herunterschmelzen; 2. *(Schw)* aufschmelzen
расплавляться schmelzen, zergehen
расплав-растворитель *m* Trägerschmelze *f*
распласт[ов]ать *s.* **распластывать**
распластывать abplatten
расплескивание *n* Verspritzen *n*
расплыв *m* **конуса** Ausbreitmaß *n (Beton- und Mörtelprüfung)*
расплывание *n* 1. Zerfließen *n*; 2. Verbreiterung *f*; 3. *(Opt)* Verschwimmen *n*; 4. Ineinanderlaufen *n*, Zerfließen *n (Farben)*

расплющивание *n* 1. Plattdrücken *n*, Abplatten *n*, Abflachen *n*; 2. Zerquetschen *n*; 3. *(Schm)* Breiten *n*, Recken *n*, Strecken *n*, Stauchen *n*; 4. Aufweiten *n* *(Rohre)*
расплющивать 1. plattdrücken, abplatten, abflachen; 2. zerquetschen; 3. anstauchen; 4. *(Schm)* breiten, recken, strecken, stauchen; 5. aufweiten *(Rohre)*
расплющить *s.* **расплющивать**
распознавание *n* Erkennen *n*, Erkennung *f*, Kennung *f*; Unterscheidung *f*
~ **знаков** *(Dat)* Zeichenerkennung *f*
~ **знаков/оптическое** optische Zeichenerkennung *f*
~ **ошибок** *(Dat)* Fehlererkennung *f*
~ **речи** *(Dat)* Spracherkennung *f*
~ **тома** *(Dat)* Datenträgererkennung *f*
расположение *n* Anordnung *f*, Stellung *f*, Lage *f*; Aufstellung *f*; Gruppierung *f*
~ **абсолютных адресов** *(Dat)* Adressenzuweisung *f*
~ **в ёлку** *(Holz)* Fischgrätenmuster *n*, Ährenwerk *n* *(Parkett)*
~ **в натуральном порядке** Anlagerung *f*, Juxtaposition *f*
~ **в плане** Grundrißanordnung *f*
~ **в шахматном порядке** *s.* ~**/шахматное**
~**/веерное** fächerförmige Anordnung *f*
~**/взаимное** gegenseitige Anordnung *f*
~ **волокон** *(Wkst)* Faserrichtung *f*
~ **вразбежку** Verschränkung *f*
~**/гармоническое** *(Math)* harmonische Anordnung *f* *(Geraden und Ebenen im Raum)*
~ **гнёздами** Schachtelung *f*, Verschachtelung *f*
~ **дислокаций** *(Krist)* Versetzungsanordnung *f*
~ **клапанов** Ventilanordnung *f* *(Verbrennungsmotor)*
~ **клапанов/боковое** stehende Ventilanordnung *f*
~ **клапанов/верхнее** hängende Ventilanordnung *f*
~ **клапанов/нижнее** *s.* ~ **клапанов/боковое**
~ **клапанов/подвесное** *s.* ~ **клапанов/верхнее**
~ **клапанов/смешанное** gemischte Ventilanordnung *f*
~ **клетей** *(Wlz)* Gerüstanordnung *f*, Gerüstfolge *f*
~ **клетей/непрерывное** kontinuierliche Gerüstanordnung *f*
~ **клетей/последовательно-возвратное (шахматное)** Cross-Country-Gerüstanordnung *f*, Zick-Zack-Anordnung *f*
~**/кольцевое** Ringanordnung *f*
~ **крыла/высокое** *(Flg)* Hochdeckeranordnung *f*
~ **крыла/низкое** *(Flg)* Tiefdeckeranordnung *f*
~ **крыла/среднее** *(Flg)* Mitteldeckeranordnung *f*
~**/линейное** Reihenanordnung *f*
~ **на ребро** Hochkantanordnung *f*, Hochkantlage *f*
~ **отделений шахтного ствола** *(Bgb)* Schachtscheibeneinteilung *f*
~**/попарное** paarweise Anordnung *f*
~**/последовательное** *s.* ~ **тандем**
~ **проводников (проводов)** Leiteranordnung *f*
~**/ступенчатое** stufenförmige Anordnung *f*
~ **тандем** Tandemanordnung *f*
~ **уступами** Abstufung *f*, Staffelung *f* *(vertikal)*
~ **фурм** *(Met)* Düsenanordnung *f* *(Schachtofen)*
~**/хордовое** Sehnenstellung *f*
~ **цилиндров/оппозитное** Boxerstellung *f* der Zylinder *(Verbrennungsmotor)*
~**/шахматное** [gegenseitig] versetzte Anordnung *f*, Staffelung *f* *(horizontal)*
~ **шпуров** *(Bgb)* Schußlochanordnung *f* *(Sprengarbeiten)*
~ **щёток** *(El)* Bürstenstellung *f*
~ **щёток/диаметральное** Durchmesserstellung *f* *(der Bürsten)*
~ **электродов** Elektrodenanordnung *f* *(Elektrometallurgie)*
распор *m* 1. Spreizung *f*; 2. Schub *m*, Schubkraft *f*; Seitenschub *m*; 3. *(Bgb)* Verspreizung *f*, Setzlast *f* *(Stempelausbau)*
~ **арки** *(Bw)* Bogenschub *m*
~**/воспринятый** *(Bw)* aufgehobener Schub *m*
~**/горизонтальный** *(Bw)* Horizontalschub *m*
~ **свода** *(Bw)* Gewölbeschub *m*
распорка *f* 1. Spreize *f*, Verstrebung *f*; 2. Abstandsstück *n*, Abstand[s]halter *m*, Distanzstück *n*; 3. Kesselstehbolzen *m*; 4. *(Bgb)* Spreize *f* *(Ausbau)*; 5. *(Wkz)* Steg *m* *(Spannsäge)*; 6. *(Schiff)* Steg *m* *(Ankerkette)*; Stützprofil *n* *(z. B. an Bodenwrangen)*
~**/верхняя** oberer Abstandhalter *m*
~**/винтовая** *(Schiff)* Spindelstütze *f* *(Hellingmontage)*
~**/жёсткая** versteifender Abstandhalter *m*
~ **звена цепи** Steg *m* *(Kettenglied)*
~**/концевая** Endabstandhalter *m*
~ **под верхняком [крепёжной рамы]** *(Bgb)* Kopfspreize *f*
~**/рельсовая** *(Eb)* Stegspurstange *f* *(Gleis)*
расправитель *m* **полотна** *(Text)* Warenbreithalter *m* *(Mehrschloßwirkmaschine)*

распределение *n* 1. Verteilung *f*; Aufteilung *f*; Einteilung *f*; 2. *(Math)* Verteilung *f* *(Wahrscheinlichkeitsrechnung, Statistik)*; 3. *(Masch)* Steuerung *f* *(s. a.* **газораспределение** *und* **парораспределение***)*; 4. *(Dat)* Belegung *f*, Verteilung *f*, Zuordnung *f*, Zuweisung *f*

~ **адресов** *(Dat)* Adressenzuordnung *f*, Adressenzuweisung *f*

~ **активности** *(Kyb)* Aktivitätsverteilung *f*

~ **амплитудов/спектральное** [spektrale] Amplitudenverteilung *f*

~ **аэродинамических сил** *(Aero)* Luftkraftverteilung *f*

~/**бароклинное** *(Meteo)* barokline Massenverteilung *f*, Barokline *f*

~ **Бернулли** *s.* ~/**биномиальное**

~/**биномиальное** *(Math)* Binomialverteilung *f*, Bernoullische (Newtonsche) Verteilung *f*

~ **Бозе-Эйнштейна** Bose-Einstein-Verteilung *f*

~ **Больцмана** Boltzmannsche Verteilung *f*

~ **вероятностей** *(Math)* Wahrscheinlichkeitsverteilung *f*

~ **взвесей** Trübungsverteilung *f*

~ **времени** *(Dat)* Zeitteilverfahren *n*

~ **Гаусса** Gauß-Verteilung *f*, Gaußsche Verteilung (Fehlerverteilung) *f*, [Gaußsche] Normalverteilung *f*

~/**геометрическое** *(Math)* geometrische Verteilung *f*

~ **Гиббса** *s.* ~ **Гиббса/каноническое**

~ **Гиббса/большое каноническое** großkanonische Verteilung *f*

~ **Гиббса/каноническое** kanonische Verteilung *f*

~ **Гиббса/микроканоническое** mikrokanonische Verteilung *f*

~ **давления** Druckverteilung *f*

~/**двумерное нормальное** *(Math)* zweidimensionale Normalverteilung *f*

~ **диапазонов волн** *(Rf)* Wellenplan *m*

~/**дискретное** *(Math)* diskrete Verteilung *f*

~ **доз** *(Kern)* Dosisverteilung *f*

~ **Доннана** Donnan-Verteilung *f*

~ **древесных пород** *(Forst)* Holzartenverteilung *f*

~ **зарядов** Ladungsverteilung *f*

~ **зёрен по крупности** Korn[größen]verteilung *f*

~ **зубьев по окружности развёртки/неравномерное** ungleiche Zahnverteilung *f* *(Reibahle)*

~ **источников** *(Hydrod)* Quellenverteilung *f*, Quellenbelegung *f*

~ **источников и вихрей** *(Hydrod)* Quelle-Wirbel-Verteilung *f*

~ **источников и стоков** *(Hydrod)* Quelle-Senken-Verteilung *f*, Belegungsfunktion *f*

~ **классов** Klasseneinteilung *f*

~ **Коши** *(Math)* Cauchy-Verteilung *f*

~/**кулачковое** *(Masch)* Nockensteuerung *f*

~ **Лапласа** *(Math)* Laplace-Verteilung *f*

~/**логарифмически-нормальное** *(Math)* logarithmisch-normale Verteilung *f*, logarithmische Normalverteilung *f*, Normalverteilung *f* zweiter Art

~ **масс[ы]** Massenverteilung *f*

~ **массы/баротропное** *s.* **баротропия**

~/**многомерное** *(Math)* mehrdimensionale Verteilung *f*

~ **нагрузки** Lastverteilung *f*

~/**накопленное** Häufigkeitssummenverteilung *f*

~ **напряжений** Spannungsverteilung *f*

~ **напряжённости магнитного поля** Verteilung *f* der magnetischen Feldstärke

~ **напряжённости электрического поля** Verteilung *f* der elektrischen Feldstärke

~/**непрерывное** *(Math)* stetige Verteilung *f*

~ **нити** *(Text)* Verteilen *n* *(Maschenbildung; Wirkerei)*

~/**нормальное** *s.* ~ **Гаусса**

~ **носителей [заряда]** *(Eln)* Ladungsträgerverteilung *f*

~ **обжатий** Druckverteilung *f* *(beim Walzen)*

~ **основной памяти** *(Dat)* Hauptspeicherzuordnung *f*

~ **ошибок** *(Math)* Fehlerverteilung *f*

~ **памяти** *(Dat)* Speicherzuweisung *f*, Speicherverteilung *f*

~ **памяти/динамическое** dynamische Speicherverteilung (Speicherzuordnung) *f*

~ **плотности тока** *(El)* Stromdichteverteilung *f*

~ **по высоте** Höhenverteilung *f*

~ **по скоростям** Geschwindigkeitsverteilung *f*

~ **по углам** Winkelverteilung *f*

~ **погрешностей** Fehlerverteilung *f*

~ **подъёмной силы** *(Aero)* Auftriebsverteilung *f*

~ **подъёмной силы по крылу** Auftriebsverteilung *f* am Tragflügel

~ **подъёмной силы по размаху** Auftriebsverteilung *f* über der Spannweite

~ **подъёмной силы/эллиптическое** elliptische Auftriebsverteilung *f*

~ **поля** *(Ph)* Feldverteilung *f*, Feldbild *n*; Feldverlauf *m*

~ **потенциала** *(Eln)* Potentialverlauf *m*, Spannungsverlauf *m*

~ **потока** *(El)* Flußlinienverteilung *f*

~ **примесей** Störstellenverteilung *f* *(Halbleiter)*

~ **Пуассона** *(Math)* Poisson-Verteilung *f*

~/**равномерное** *(Math)* gleichmäßige Verteilung *f*, Gleichverteilung *f*

~ **размеров зёрен** Korngrößenverteilung *f*
~ **размеров пор** Porengrößenverteilung *f*
~ **Рэлея** *(Math)* Rayleigh-Verteilung *f*
~ **света** Lichtverteilung *f*
~ **светового потока** Lichtstromverteilung *f*
~ **сечения снимаемой стружки** Querschnittsaufteilung *f (Gewindebohrer)*
~ **силовых линий** Feldlinienverteilung *f*, Kraftlinienverteilung *f*
~ **скоростей** *(Hydrod)* Geschwindigkeitsverteilung *f*
~ **скоростей в ядре плоского вихря** Geschwindigkeitsverteilung *f* im ebenen Wirbel
~ **скоростей/Максвелла** Maxwell-Verteilung *f*, Maxwellsche Geschwindigkeitsverteilung[sfunktion] *f*
~ **скоростей потока** Strömungsgeschwindigkeitsverteilung *f*
~ **скоростей фотоэлектрических электронов** Geschwindigkeitsverteilung *f* lichtelektrischer Elektronen
~ **слоёв корда** *(Gum)* Kordlagenversatz *m (Reifenherstellung)*
~ **случайной величины** *(Math)* Verteilung *f* einer Zufallsgröße
~ **случайной величины/дискретное** diskrete Verteilung *f* einer Zufallsgröße
~ **случайной величины/непрерывное** stetige Verteilung *f* einer Zufallsgröße
~/**статистическое** *(Math)* statistische Verteilung *f*
~ **твёрдости** Härteverlauf *m*, Härteverteilung *f*
~ **тепла** *(Schw)* Wärmeverteilung *f*
~ **тока** *(El)* Stromverteilung *f*
~/**угловое** Winkelverteilung *f*
~ **устройств** *(Dat)* Gerätezuordnung *f*
~ **Ферми[-Дирака]** Fermi-[Dirac-]Verteilung *f*
~ **частот** 1. Häufigkeitsverteilung *f*; 2. *(El)* Frequenzverteilung *f*
~ **энергии** Energieverteilung *f*
~ **энергии/спектральное относительное** Strahlenfunktion *f*, Strahlungsdichtefunktion *f*
~ **ядер по размеру** Korngrößenverteilung *f*
~ **ячеек памяти** *(Dat)* Speicher[zellen]-verteilung *f*

распределитель 1. Verteiler *m*; 2. *s.* ~ **зажигания**; 3. *(Hydr) s.* ~ **жидкости**; 4. *(Hydt)* Verteilungsgraben *m*
~ **активных нагрузок** *(El)* Wirklastverteiler *m*
~ **волокнистого материала** *(Text)* Fasergutverteiler *m (Öffner- und Schlagmaschinenaggregat)*
~ **вызовов** *(Fmt)* Anrufverteiler *m*
~/**грабельный** *(Text)* Rechenverteiler *m (Öffner- und Schlagmaschinenaggregat)*
~/**двухлинейный золотниковый** *(Hydr)* Zweiwege[längsschieber]ventil *n*, Wegeventil *n* mit zwei gesteuerten Anschlüssen
~/**двухпозиционный золотниковый** *(Hydr)* [Längsschieber-]Wegeventil *n* mit zwei Stellungen (Schaltstellungen)
~/**двухпозиционный крановый** *(Hydr)* Drehschieberwegeventil *n* mit zwei Stellungen (Schaltstellungen)
~/**двухпозиционный четырёхходовой золотниковый** *(Hydr)* [Längsschieber-]Vierwegeventil *n* mit zwei Stellungen (Schaltstellungen), Wegeventil *n* mit vier gesteuerten Anschlüssen und zwei Stellungen, 4/2-Wegeventil *n*
~/**двухходовой золотниковый** *s.* ~/**двухлинейный золотниковый**
~ **жидкости** *(Hydr)* Wegeventil *n*
~ **зажигания** Zündverteiler *m (Verbrennungsmotor)*
~/**золотниковый** *(Hydr)* [Längsschieber-]Wegeventil *n*
~ **искателей вызовов** *(Fmt)* Anrufordner *m*
~/**клапанный** *(Hydr)* Kegelwegeventil *n*, Sitzwegeventil *n*
~ **ковшовой турбины** verzweigte Druckrohrleitung *f (Freistrahlturbine mit zwei und mehr Düsen)*
~/**крановый** *(Hydr)* Wegeventil *n* mit Drehschieber, Drehschieberwegeventil *n*, Drehschieber *m*
~/**круговой** *(Text)* Kreisverteiler *m (Öffner- und Schlagmaschinenaggregat)*
~/**кулачковый** Sender[nocken]welle *f*, Nockenverteiler *m*
~/**ленточный** *(Text)* Bandverteiler *m (Öffner- und Schlagmaschinenaggregat)*
~/**магнитный** Magnetverteiler *m*
~/**пневматический** *(Text)* pneumatischer Verteiler *m (Öffner- und Schlagmaschinenaggregat)*
~/**реверсивный золотниковый** *(Hydr)* [Längsschieber-]Umsteuerwegeventil *n*
~ **с бункером/грабельный** *(Text)* Rechenverteiler *m* mit Reservekammer
~ **с гидроуправлением/золотниковый** *(Hydr)* [Längsschieber-]Wegeventil *n* mit hydraulischer Verstellung
~ **с кулачковым управлением/золотниковый** *(Hydr)* [Längsschieber-]Wegeventil *n* mit Nockensteuerung
~ **с пневмоуправлением/золотниковый** *(Hydr)* [Längsschieber-]Wegeventil *n* mit pneumatischer Verstellung
~ **с ручным управлением/золотниковый** *(Hydr)* [Längsschieber-]Wegeventil *n* mit Handverstellung
~ **с управлением от кулачка/золотниковый** *(Hydr)* [Längsschieber-]Wegeventil *n* mit Nockensteuerung

~ с управлением от электромагнита/золотниковый *s.* **~ с электроуправлением/золотниковый**
~ с электрогидровым управлением *(Hydr)* [Längsschieber-]Wegeventil *n* mit elektrohydraulischer Verstellung
~ с электромагнитным управлением/золотниковый *s.* **~ с электроуправлением/золотниковый**
~ с электроуправлением/золотниковый *(Hydr)* [Längsschieber-]Wegeventil *n* mit elektromagnetischer Verstellung
~/синхронный Synchronverteiler *m*, Synchronwähler *m*
~ служебных линий/автоматический *(Fmt)* selbsttätiger Dienstleitungsverteiler *m*
~/трёхлинейный золотниковый *(Hydr)* Dreiwege[längsschieber]ventil n, Wegeventil *n* mit drei steuerbaren Anschlüssen
~ трёхпозиционный золотниковый *(Hydr)* [Längsschieber-]Wegeventil *n* mit drei Stellungen (Schaltstellungen)
~/трёхпозиционный крановый *(Hydr)* Drehschieberwegeventil *n* mit drei Stellungen (Schaltstellungen)
~/трёхпозиционный четырёхходовой золотниковый *(Hydr)* [Längsschieber-]Vierwegeventil *n* mit drei Stellungen (Schaltstellungen), Wegeventil *n* mit vier gesteuerten Anschlüssen und drei Stellungen, 4/3-Wegeventil *n*
~/трёхходовой золотниковый *s.* **~/трёхлинейный золотниковый**
~/четырёхходовой золотниковый *(Hydr)* Vierwege[längsschieber]ventil *n*, Wegeventil *n* mit vier steuerbaren Anschlüssen
~/шаговый *(El)* Schritt[schalt]wähler *m*, Schrittschalter *m*
~/шнековый *(Text)* Schneckenverteiler *m* *(Öffner- und Schlagmaschinenaggregat)*
~ щебня Schotterverteiler *m*, Schotterverteilgerät *n*
~/щёточный *(El)* Bürstenverteiler *m*
~/электрический *(Text)* elektrischer Verteiler *m* *(Öffner- und Schlagmaschinenaggregat)*
распределительность *f* *(Math)* Verteilbarkeit *f*, Distributivität *f*
распределить *s.* **распределять**
распределять verteilen, aufteilen, einteilen
распредустройство *n* *(El)* Schaltanlage *f*, Verteilungsanlage *f*
~ высокого напряжения Hochspannungsschaltanlage *f*
~/главное Hauptschaltanlage *f*
~/закрытое Innenraumschaltanlage *f*, Gebäudeschaltanlage *f*
~/открытое Freiluftschaltanlage *f*
распространение *n* 1. Ausbreitung *f*, Fortpflanzung *f*; 2. Verbreitung *f*; 3. Erweiterung *f*
~ в свободном пространстве Freiraumausbreitung *f*
~ волн/сверхдальнее *(Rf, Fs)* Überreichweite *f*
~ волны Wellenausbreitung *f*
~ давлений Druckfortpflanzung *f*
~ звука Schallausbreitung *f*
~ ошибок (погрешностей) *(Dat)* Fehlerausbreitung *f*, Fehlerfortpflanzung *f*
~ прилива *(Geoph)* Gezeitendehnung *f*
~ радиоволн Funkwellenausbreitung *f*; Rundfunkwellenausbreitung *f*, Radiowellenausbreitung *f*
~ света *(Opt)* Lichtausbreitung *f*
~ тепла Wärmeausbreitung *f*, Wärmefortpflanzung *f*
~ ударов Stoßausbreitung *f*
распространённость *f* Verbreitung *f*, Vorkommen *n*; Häufigkeit *f*
~ изотопов *(Kern)* Isotopenhäufigkeit *f*
~ изотопов/абсолютная absolute Isotopenhäufigkeit *f*
~ изотопов/относительная relative Isotopenhäufigkeit *f*
~ элемента [/относительная] Element[en]häufigkeit *f*
распрямить *s.* **распрямлять**
распрямление *n* Strecken *n*; Geradebiegen *n*
~ волокон *(Text)* Entkräuseln (Geraderichten) *n* der Fasern *(auf der Strecke)*
распрямлённость *f* **волокон** *(Text)* prozentuale Entkräuselung (Geraderichtung) *f*, Entkräuselungsgrad *m* der Fasern
распрямлять 1. strecken; geradebiegen; 2. *(Text)* geraderichten, entkräuseln *(Fasern)*
распушка *f* 1. [kegelartige] Erweiterung *f*; 2. Auffaserung *f* *(Asbest)*
~ волочильной матрицы/входная *(Met)* Einlaufkegel *m* des Ziehringes *(Kaltziehen von Rohren und Stangen)*
~ волочильной матрицы/выходная *(Met)* Auslaufkegel *m* des Ziehringes
распыление *n* 1. Zerstäuben *n*, Zerstäubung *f* *(von Flüssigkeiten)*; 2. Verstäuben *n* *(von Pulvern)*; 3. Spritzen *n*, Verspritzen *n*; 4. Verdüsen *n* *(Pulverherstellungsverfahren)*
~/анодное Anodenzerstäubung *f*
~/катодное Katodenzerstäubung *f*
~ металла Metallspritzen *n*, Spritzmetallisieren *n*, Schoop[is]ieren *n*
~ струи впрыска Strahlzerstäubung *f* *(beim Strahleinspritzverfahren des Dieselmotors)*
~ топлива Kraftstoffzerstäubung *f* *(Verbrennungsmotoren)*

~/центробежное Fliehkraftzerstäubung *f*, Zentrifugalzerstäubung *f* *(Pulvermetallurgie)*
~ через форсунку Verdüsen *n* *(Pulverherstellung)*
распылённый zerstäubt, verstäubt, pulverisiert
распыливание *n* Zerstäubung *f* *(s. a. unter* **распыление***)*
~/механическое mechanische Zerstäubung *f*
~/пневматическое Druckluftzerstäubung *f*
~/электростатическое elektrostatische Zerstäubung *f*
распылитель *m* Zerstäuber *m*, Düse *f*
~/аэрозольный Vernebler *m*
~/бесштифтовый Spitzkegeldüse *f*, Kegelspitzdüse *f* *(Einspritzdüse; Dieselmotor)*
~/бесштифтовый многоструйный Mehrlochdüse *f* *(Dieselmotor)*
~/бесштифтовый одноструйный Einlochdüse *f* *(Dieselmotor)*
~ главного жиклёра Spritzrohr *n* der Hauptdüseneinrichtung *(Vergasermotor)*
~ дополнительного жиклёра Spritzrohr *n* der Ausgleichdüse *(Vergasermotor)*
~/жидкостный Flüssigkeitszerstäuber *m*
~ жиклёра холостого хода Spritzrohr *n* der Leerlaufdüse *(Vergasermotor)*
~ закрытой форсунки Düsenkörper *m* der geschlossenen Einspritzdüse *(Dieselmotor)*
~/колокольный Sprühglocke *f* *(für Anstrichstoffe)*
~ компенсационного жиклёра Spritzrohr *n* der Korrekturdüse *(Vergaser)*
~ открытой форсунки Düsenkörper *m* der offenen Einspritzdüse *(Dieselmotor)*
~/пневматический Druckluftzerstäuber *m*, Zweistoffdüse *f*
~ с несколькими отверстиями/бесштифтовый Mehrloch[spitzkegel]düse *f* *(Einspritzdüse; Dieselmotor)*
~ с одним отверстием/бесштифтовый Einloch[spitzkegel]düse *f* *(Einspritzdüse; Dieselmotor)*
~ с отражателем *s.* **~/ударный**
~ с перекрещивающимися струями Dralldüse *f*, Rundstrahldüse *f*
~/ударный Pralldüse *f*
~/ультразвуковой Ultraschallzerstäuber *m*
~ ускорительного насоса Spritzrohr *n* der Beschleunigerpumpe *(Vergasermotor)*
~ холостого хода Spritzrohr *n* der Leerlaufeinrichtung *(Vergasermotor)*
~/центробежный Fliehkraftzerstäuber *m*; Kegelstrahldüse *f*, Dralldüse *f*
~/штифтовый Zapfendüse *f*, Drosseldüse *f* *(Einspritzdüse; Dieselmotor)*
распылить *s.* **распылять**
распылять zerstäuben *(Flüssigkeiten)*; verstäuben *(Pulver)*; [ver]spritzen
распяливание *n* **каучука** *(Gum)* Reckung *f* des Kautschuks
рассада *f* *(Lw)* Setzling *m*
рассверливание *n* *(Fert)* Ausbohren *n*
рассверливать *(Fert)* aufbohren
рассверлить *s.* **рассверливать**
рассвет *m* Morgendämmerung *f*
рассев *m* 1. Sieben *n*, Siebung *f*; 2. Ausstreuen *n* *(von Düngemitteln)*; 3. Plansichter *m* *(Mühle)*
~/двенадцатирамный zwölfsiebiger Plansichter *m*
~/двухкорпусный zweiteiliger Plansichter *m*
~/кривошипный Plansichter *m* mit Kurbelantrieb
~ на стойках freistehender Plansichter *m*
~/однокорпусный einteiliger Plansichter *m*
~/подвесной hängender Plansichter *m*
~/самобалансирующий freischwingender Plansichter *m*
рассеивание *n* 1. Dissipation *f*, Zerstreuung *f*; Streuung *f* *(Strahlen; s. a. unter* **рассеяние***)*; 2. *(Lw)* Aussäen *n*; Streuen *n*; 3. *(Mil)* Streuung *f* *(Geschoßeinschläge)*
~/боковое *(Mil)* Seitenstreuung *f*, Breitenstreuung *f*
~ в глубину *(Mil)* Tiefenstreuung *f*
~/круговое *(Mil)* Rundumstreuung *f*
~ по высоте *(Mil)* Höhenstreuung *f*
~ по дальности *(Mil)* Längenstreuung *f*, Weitenstreuung *f*
~ по направлению *(Mil)* Seitenstreuung *f*
рассеиватель *m* 1. Streukörper *m*, Streusubstanz *f*; 2. Lichtstreukörper *m*, lichtstreuender Körper *m*
рассеивать 1. *(Lw)* aussäen; streuen; 2. streuen *(Licht, Strahlen)*
расселение *n* *(Bw)* Bevölkerungsverteilung *f*; Siedlungsgefüge *n*
расселина *f* *(Geol)* [offener] Riß *m*, Kluft *f*, Erdspalte *f*, Spalt *m* *(im Gestein)*
рассечка *f* *(Bgb)* Ausbrechen *n* *(eines Grubenbaues)*
~ бёрдом *(Text)* Zahnstreifen *m* *(Webfehler)*
рассеяние *n* *(Ph, Kern, Opt)* Streuung *f*; Zerstreuung *f*, Dispersion *f*
~ альфа-частиц Streuung *f* von Alpha-Strahlen
~ без образования составного ядра [компаунд-ядра]/упругое formelastische Streuung *f*
~/боковое *(Fl)* Flankenstreuung *f*
~ Бриллюэна Brillouin-Streuung *f*
~ Бриллюэна/вынужденное stimulierte Brillouin-Streuung *f*

~ **Бхабха** *s.* ~/**электронно-позитронное**
~ **в головках зубцов** *s.* ~/**зубцовое**
~ **в зазоре [/магнитное]** Spaltstreuung *f*
~ **в лобовых частях** *(El, Masch)* Stirnstreuung *f*
~ **внутрь** Hineinstreuung *f*
~ **волн** Wellenstreuung *f*
~ **вперёд** Vorwärtsstreuung *f*
~/**вынужденное рэлеевское** stimulierte Rayleigh-Streuung *f*
~ **гамма-лучей** Streuung *f* von Gamma-Strahlen
~ **гамма-лучей/резонансное** Resonanzstreuung *f* von Gamma-Strahlen
~/**двойное** Doppelstreuung *f*, Zweifachstreuung *f*
~/**двойное комптоновское** doppelte Compton-Streuung *f*
~/**дифракционное** Diffraktionsstreuung *f*, Beugungsstreuung *f*, Schattenstreuung *f*
~/**захватное** *s.* ~ **с образованием составного ядра/упругое**
~ **звука (звуковых волн)** Zerstreuung *f* der Schallwellen
~/**зона-зонное** *s.* ~/**межзонное**
~/**зубцовое** *(El, Masch)* Zahnkopfstreuung *f*
~/**ионосферное** ionosphärische Streuung *f*
~ **кинетической энергии** *s.* **диссипация кинетической энергии**
~/**когерентное** kohärente Streuung *f*
~/**комптоновское** Compton-Streuung *f*, Elektron-Photon-Streuung *f*
~/**кулоновское** *s.* ~/**резерфордовское**
~/**лобовое** *s.* ~ **в лобовых частях**
~/**магнитное** magnetische Streuung *f*
~/**магнитное нейтронное** magnetische Neutronenstreuung *f*
~ **Мандельштама-Бриллюэна** Brillouin-Streuung *f*
~/**междолинное** Intervalleystreuung *f*
~/**межзонное** Interbandstreuung *f*
~ **мезонов** Mesonenstreuung *f*
~ **мезонов на нуклонах** Meson-Nukleon-Streuung *f*
~ **мезонов нуклонами** Meson-Nukleon-Streuung *f*
~/**меллеровское** *s.* ~ **электронов на электронах**
~ **Ми** Mie-Streuung *f*
~/**многократное** Mehrfachstreuung *f*, Vielfachstreuung *f*
~ **на большие углы** Großwinkelstreuung *f*, Weitwinkelstreuung *f*
~ **на колебаниях решётки** Streuung *f* an Gitterschwingung
~ **на малые углы** Kleinwinkelstreuung *f*
~ **на малые углы/непрерывное** kontinuierliche Kleinwinkelstreuung *f*
~ **на малые углы/прерывистое (прерывное)** diskontinuierliche Kleinwinkelstreuung *f*
~ **на решётке** Gitterstreuung *f*
~ **наводки** Einstellstreuung *f*
~ **назад** *s.* ~/**обратное**
~/**нейтронов** Neutronenstreuung *f*
~ **нейтронов/критическое магнитное** kritische magnetische Neutronenstreuung *f*
~ **нейтронов на нейтронах** Neutron-Neutron-Streuung *f*
~ **нейтронов на протонах** Neutron-Proton-Streuung *f*
~ **нейтронов нейтронами** Neutron-Neutron-Streuung *f*
~ **нейтронов протонами** Neutron-Proton-Streuung *f*
~ **нейтронов/упругое магнитное** elastische magnetische Neutronenstreuung *f*
~ **нейтронов химически связанными ядрами** Neutronenstreuung *f* an gebundenen Kernen
~/**некогерентное** inkohärente Streuung *f*
~/**неупругое** unelastische (inelastische) Streuung *f* *(Neutronen-, Licht- bzw. Teilchen-Streuung)*
~ **носителей заряда в твёрдых телах** Streuung *f* von Ladungsträgern in Festkörpern
~ **носителей носителями [заряда]** Träger-Träger-Streuung *f*
~/**нуклон-нуклонное** Nukleon-Nukleon-Streuung *f*
~ **нуклонов нуклонами** Nukleon-Nukleon-Streuung *f*
~/**обратное** Rückstreuung *f*
~/**однократное** Einfachstreuung *f*
~/**пазовое** *(El, Masch)* Nut[en]streuung *f*
~/**поляризационно-оптическое** polare optische Streuung *f*, polaroptische Streuung *f*
~ **посторонними частицами** Störstellenstreuung *f*
~/**потенциальное** Potentialstreuung *f*
~ **примесными атомами** *s.* ~ **посторонними частицами**
~ **протонов** Protonenstreuung *f*
~ **протонов на протонах** Proton-Proton-Streuung *f*
~ **протонов протонами** Proton-Proton-Streuung *f*
~/**рамановское** *s.* ~ **света/комбинационное**
~/**резерфордовское** Rutherford-Streuung *f*, Coulomb-Streuung *f*
~/**ресонансное** Resonanzstreuung *f*
~ **рентгеновских лучей** Streuung *f* von Röntgenstrahlen
~ **решётки дислокацией** Streuung *f* von Versetzungen *(Gitterversetzungen)*
~/**рэлеевское** *s.* ~ **света/рэлеевское**

~ **с образованием составного ядра (компаунд-ядра)/упругое** compoundelastische Streuung *f*
~ **света** Lichtstreuung *f*
~ **света/боковое** Seitwärtsstreuung *f*
~ **света второго порядка/комбинационное** Raman-Streuung *f* zweiter Ordnung
~ **света/вынужденное комбинационное** stimulierte Raman-Streuung *f*
~ **света изолированными частицами** Lichtstreuung *f* an isolierten Teilchen
~ **света/когерентное** kohärente Lichtstreuung *f*
~ **света/комбинационное** 1. Raman-Streuung *f*; 2. [Smekal-]Raman-Effekt *m*, Landsberg-Mandelstam-Raman-Effekt *m*
~ **света малыми частицами вещества** Tyndall-Streuung *f*, Tyndall-Effekt *m*; Tyndall-Phänomen *n*
~ **света/модулированное** modulierte Lichtstreuung *f*
~ **света/молекулярное** molekulare Lichtstreuung *f*
~ **света/некогерентное** inkohärente Lichtstreuung *f*
~ **света первого порядка/комбинационное** Raman-Streuung *f* erster Ordnung
~ **света/резонансное** Resonanzstreuung (selektive Streuung) *f* des Lichts
~ **света/рэлеевское** Rayleigh-Streuung *f*, Luftstreuung *f*
~ **света светом** *s.* ~ **фотонов фотонами**
~ **света свободными электронами** Lichtstreuung *f* an freien Elektronen
~ **солнечной радиации** Streuung *f* der Sonnenstrahlung
~/**теневое** *s.* ~/**дифракционное**
~/**тепловое** thermische Streuung *f*
~/**упругое** elastische Streuung *f* *(Neutronen-, Licht- bzw. Teilchen-Streuung)*
~/**фоновое** Untergrundstreuung *f*
~ **фотонов фотонами** Photon-Photon-Streuung *f*, Streuung *f* Licht an Licht
~ **частиц** Teilchenstreuung *f*
~ **электромагнитных волн** Streuung *f* elektromagnetischer Wellen
~/**электронно-дырочное** Elektron-Loch-Streuung *f*, Elektron-Fehlelektron-Streuung *f*
~/**электронно-позитронное** Elektron-Photon-Streuung *f*, Bhabha-Streuung *f*
~ **электронов** Elektronenstreuung *f*
~ **электронов на позитронах** *s.* ~/**электронно-позитронное**
~ **электронов на электронах** Elektron-Elektron-Streuung *f*, Møller-Streuung *f*
~ **электронов электронами** *s.* ~ **электронов на электронах**
~/**электрон-фононное** Elektron-Phonon-Streuung *f*
~ **ядер** Kernstreuung *f*
~ **ядер/флуоресцентное** Kernfluoreszenzstreuung *f*
~/**ядерное** Kernstreuung *f*

рассеять *s.* **рассеивать**

расслаиваемость *f* **картона** Schichtspaltung *f* *(Pappe)*

расслаивание *n* 1. Abschichtung *f*, Abblättern *n*, schichtweise Ablösung *f*, Schieferung *f*; 2. Schichtspaltung *f*; Lamellierung *f*
~ **картона** Schichtspaltung *f* *(Pappe)*
~/**коррозионное** Schichtkorrosion *f*

расслаивать [ab]schichten, in Schichten zerlegen, [auf]spalten, [ab]trennen

расслаиваться sich abschichten, sich schichtweise trennen (ablösen), sich in Schichten zerlegen

расслоение 1. Abschichtung *f*, Schichtung *f*, schichtweise Trennung (Ablösung) *f*; 2. Spaltung *f*; 3. *(Ph)* Entmischung *f* *(Zerfall einer mehrkomponentigen Mischung in zwei oder mehrere Phasen)*; 4. *(Met)* Dopplung *f* *(Fehler, besonders in Stahlblechen, durch zusammengewalzte Rest- und Fadenlunker)*
~ **атмосферы** *(Meteo)* Schichtung *f* der Atmosphäre
~ **бетонной смеси** *(Bw)* Entmischung *f* des Betons
~ **латекса** *(Gum)* Aufrahmen *n* von Latex
~/**линейное** *(Math)* Garbenbündel *n*
~ **пароводяной смеси** *(Wmt)* Entmischung *f* des Dampf-Wasser-Gemischs, Entmischen *n* des Naßdampfes
~ **шихты** *(Glas)* Gemengeentmischung *f*

расслоённость *f* *(Geol)* Schichtung *f* *(eruptives Gestein)*

расслоить *s.* **расслаивать**

расслоиться *s.* **расслаиваться**

расслой *m* *s.* **расслоение 4.**

рассмотрение *n* **моделей** Modellbetrachtung *f*

рассогласование *n* 1. Abweichung *f*; Nichtübereinstimmung *f*; 2. *(Reg)* Regelabweichung *f*; 3. *(Rf)* Fehlanpassung *f*
~/**начальное** Anfangsabweichung *f*
~/**угловое** Winkelabweichung *f*, Abweichung *f* bei der Winkeleinstellung

рассогласованность *f* *(Rf)* Fehlanpassung *f*

рассогласованный *(Rf)* fehlangepaßt

рассол *m* Sole *f*, Salzsole *f*
~/**аммиачный** ammoniakalische Sole *f*
~/**охлаждающий** Kühlsole *f*
~/**термальный** Thermallösung *f*
~/**холодильный** *s.* ~/**охлаждающий**

рассортировка *f* Sortieren *n*, Aussortieren *n*

рассредоточение *n* Dezentralisieren *n*, Dezentralisierung *f*
~ **войск** *(Mil)* Dezentralisierung *f* (Auseinanderziehen *n*) von Truppen, Truppendezentralisierung *f*

~ **сил и средств** *(Mil)* Dezentralisierung *f* der Kräfte und Mittel
рассредоточивать dezentralisieren; auseinanderziehen *(Truppen)*
рассредоточить *s.* **рассредоточивать**
расстановка *f* **меток** *(Dat)* Etikettierung *f*
расстеклование *n* 1. *(Glas)* Entglasung *f*; 2. *(Geol)* *s.* **девитрификация**
расстекловываться *(Glas)* entglasen
расстил *m s.* **стланье**
расстояние *n* 1. *(Math)* Abstand *m*, Entfernung *f*, Distanz *f*; 2. Weite *f*; Strecke *f*
~/**апогейное** *(Astr)* Apogäumdistanz *f*, Apogäumentfernung *f* *(Entfernung des Apogäums vom Erdmittelpunkt)*
~/**афелийное** *(Astr)* Apheldistanz *f*, Aphelentfernung *f* *(Entfernung zwischen Aphel und Sonnenmittelpunkt)*
~/**вершинное фокусное** *(Opt)* Schnittweite *f*
~/**видимое зенитное** *(Astr)* scheinbare Zenitdistanz *f*
~ **видимости** Sichtweite *f*
~/**второе фокусное** *s.* ~/**заднее фокусное**
~/**гиперфокальное** *(Opt)* Hyperfokale *f*
~/**гипоцентральное** *(Geoph)* Herddistanz *f*, Herdentfernung *f* *(Erdbeben)*
~ **главных точек** Interstitium *n*
~/**дуговое** Durchschlagstrecke *f* *(einer Lichtbogenentladung)*
~/**заднее вершинное фокусное** *(Opt)* Bildschnittweite *f*, bildseitige Schnittweite *f*
~/**заднее фокусное** *(Opt)* Bildbrennweite *f*, bildseitige Brennweite *f*
~/**зенитное** *(Astr)* Zenitdistanz *f*
~/**изоляционное** *(El)* Isolationsabstand *m*, Überschlagstrecke *f*
~/**искровое** *(El)* Funkenschlagweite *f*
~/**истинное зенитное** *(Astr)* wahre Zenitdistanz *f*
~/**кодовое** *(Dat)* Kodeabstand *m*
~/**межатомное** *s.* ~/**междуатомное**
~/**межвалковое** *(Wlz)* Walzenabstand *m*, Walz[en]spalt *m*
~/**межгоризонтное** *(Bgb)* Sohlenabstand *m*
~ **между валками** Walzenöffnung *f*, Höhe *f* des Walzenspalts
~ **между веретенами** *(Text)* Spindelteilung *f* *(Spinnerei)*
~ **между двумя параллельными плоскостями** *(Math)* Abstand *m* zweier paralleler Ebenen
~ **между двумя параллельными прямыми** *(Math)* Abstand *m* zweier paralleler Geraden
~ **между двумя прямыми/кратчайшее** *(Math)* kürzester Abstand *m* zwischen zwei Geraden
~ **между двумя точками** *(Math)* Entfernung *f* zweier Punkte
~ **между дефектами** Störstellenabstand *m* *(Halbleiter)*
~ **между зажимными губками** Backenabstand *m* *(Abbrennschweißen)*
~ **между иглами** *(Text)* Nadelteilung *f*
~ **между непересекающимися прямыми в пространстве** *(Math)* Abstand *m* zwischen sich nicht schneidenden Geraden im Raum
~ **между опорами** *(Bw)* Stützweite *f*, Spannweite *f*
~ **между осями отверстий** Lochabstand *m*
~ **между осями путей** *(Eb)* Gleis[mitten]-abstand *m*
~ **между центрами** Spitzenweite *f* *(Drehmaschine)*
~ **между центрами отверстий** Lochabstand *m*
~ **между электродами** Elektrodenstrecke *f* *(Elektrometallurgie)*
~/**междуатомное** Atomabstand *m*, interatomarer Abstand *m*
~/**междувалковое** *(Wlz)* Walzenabstand *m*, Walz[en]spalt *m*
~/**междупутное** *(Eb)* Gleisabstand *m*
~/**междуэтажное** *s.* ~/**межгоризонтное**
~/**межосевое** Achsabstand *m*
~/**межплоскостное** *(Krist)* Netzebenenabstand *m* *(Braggsche Reflexionsbedingung)*
~/**межпроводн[иков]ое** *(El)* Leiterabstand *m*, Drahtabstand *m*
~/**межцентровое** 1. Spitzenweite *f* *(Drehmaschine)*; 2. Achs[en]abstand *m*, Achsmittenabstand *m*
~/**межшпальное** *(Eb)* Schwellenabstand *m*, Schwellenfeld *n*
~/**межъядерное** Kernabstand *m*, Atomabstand *m*
~/**межэлектродное** Elektrodenabstand *m*
~ **наилучшего зрения** Bezugssehweite *f*, Normalsehweite *f*, deutliche Sehweite *f*
~/**наклонное** Schrägabstand *m*
~/**ограждающее** *(Schiff)* Gefahrenabstand *m* *(Navigation)*
~/**ориентированное** *(Math)* orientierter Abstand *m*
~ **от точки до плоскости** *(Math)* Abstand *m* eines Punktes von einer Ebene, Abstand *m* Punkt–Ebene
~ **от точки до прямой** *(Math)* Abstand *m* eines Punktes von einer Geraden, Abstand *m* Punkt–Gerade
~ **отверстий/межцентровое** Loch[mitten]-abstand *m*
~ **очага** *(Geoph)* Herddistanz *f*, Herdentfernung *f* *(Erdbeben)*
~/**первое фокусное** *(Opt)* Dingbrennweite *f*, Objektbrennweite *f*, dingseitige (objektseitige) Brennweite *f*

~/переднее вершинное фокусное *(Opt)* Objektschnittweite *f*, objektseitige Schnittweite *f*
~/переднее фокусное *s.* **~/первое фокусное**
~/перигейное *(Astr)* Perigäumsdistanz *f*, Perigäumsentfernung *f* *(Entfernung zwischen Perigäum und Erdmittelpunkt)*
~/перигелийное *(Astr)* Periheldistanz *f*, Perihelentfernung *f* *(Entfernung zwischen Perihel und Sonnenmittelpunkt)*
~ перигелия (перицентра) от узла/угловое *(Astr)* Winkelabstand *m* des Perihels vom aufsteigenden Knoten *(Bahnelement)*
~ по наружной поверхности/разрядное *(El)* Überschlag[s]weg *m*, Überschlagstrecke *f*
~ по прямой Luftlinie *f*, Entfernung *f* in Luftlinie
~ полос Streifenabstand *m* *(bei Interferenzen)*
~/полюсное *(El)* Polabstand *m*
~/полярное 1. *(Math)* Polabstand *m* *(Kugel-Koordinatensystem)*; 2. *(Astr)* Poldistanz *f* *(astronomische Koordinaten, Stundenwinkelsystem)*
~ при беззазорном зацеплении/межосевое spielfreier (flankenspielfreier) Achsabstand *m*
~ при перекрытии исходного контура/межосевое Achsabstand *m* bei Bezugsprofildeckung
~/пробивное *s.* **~/разрядное**
~/проекционное *(Kine)* Bildabstand *m*
~/радиальное Radialabstand *m* *(Bahnkoordinatensystem eines künstlichen Erdsatelliten)*
~/разрядное *(El)* Schlagweite *f*, Funkenschlagweite *f*
~/растровое *(Typ)* Rasterabstand *m*
~/сверхфокальное *s.* **~/гиперфокальное**
~ скачка *(Rf)* Sprungentfernung *f*
~/сухоразрядное *(El)* Trockenüberschlag[s]weg *m* *(eines Isolators)*
~/тарифное *(Eb)* Tarifentfernung *f*
~ температурного скачка Temperatursprungdistanz *f*
~/угловое *(Astr)* Winkelabstand *m* *(geozentrisches Äquatorialsystem)*
~/фокусное 1. *(Opt)* Brennweite *f*; 2. *(Kern)* Brennweite *f* des Gamma-Defektoskops *(Abstand zwischen Gamma-Strahlenquelle und Detektor)*
~ Хэмминга/кодовое *(Dat)* Hamming-Abstand *m*, Hamming-Distanz *f*
~/эквивалентное фокусное *(Opt)* Äquivalenzbrennweite *f*
расстраивать *(Rf)* verstimmen
расстрел *m* *(Bgb)* Einstrich *m* *(Schachteinbau)*
~/вспомогательный Hilfseinstrich *m*
~/главный Haupteinstrich *m*
~/центральный Mitteleinstrich *m*
расстроить *s.* **расстраивать**
расстройка *f* *(Rf)* Verstimmung *f*
~ колебательного контура Schwingkreisverstimmung *f*
~/остаточная Restverstimmung *f*
~/частотная Frequenzverstimmung *f*
расстроповка *f* Lösen *n* vom Anschlagmittel, Aushängen *n*
расталкивание *n* **модели** *(Gieß)* Losschlagen (Losklopfen) *n* des Modells
расталкивать *(Gieß)* losschlagen, losklopfen *(Modell)*
растачивание *n* *s.* **расточка**
растачивать *(Fert)* ausdrehen, ausbohren *(auf der Drehmaschine oder auf dem Bohrwerk mit dem Bohrmeißel oder einem Fräser)*
раствор *m* 1. *(Ch)* Lösung *f*; Brühe *f*; Lauge *f*; Bad *n*; 2. *(Bw)* Mörtel *m*; 3. Öffnung *f*, Spannweite *f*, Weite *f* *(eines Strahlers)*
~/алебастровый *(Bw)* Alabastermörtel *m*, Stuckgipsmörtel *m*
~/алкацидный *(Ch)* Alkazidlauge *f*
~/аммиачный *(Ch)* ammoniakalische Lösung *f*
~/анализируемый *(Ch)* Untersuchungslösung *f*
~/аномальный твёрдый *(Krist)* anomaler Mischkristall *m*, Adsorptionsmischkristall *m*
~ антенны Antennenöffnung *f*
~/асфальтовый Sandasphaltbeton *m*
~/аэрированный *(Bgb)* belüftete Spülung *f* *(Bohrung)*
~/белильный *(Text)* Bleichlösung *f*, Bleichflüssigkeit *f*, Bleichlauge *f*
~/буровой *(Bgb)* Bohrspülung *f*
~/буферный *(Ch)* Pufferlösung *f*
~/быстросхватывающийся *(Bw)* schnellbindender Mörtel *m*
~ валков *(Wlz)* Walzenöffnung *f*, Höhe *f* des Walzenspaltes
~ внедрения/твёрдый *(Krist)* Einlagerungsmischkristall *m*, interstitieller Kristall *m*
~/водный *(Ch)* wäßrige Lösung *f*
~/воздушный *(Bw)* Luft[kalk]mörtel *m* *(Mörtel ohne hydraulische Zuschläge)*
~/выходящий *(Ch)* Endlösung *f*
~ вычитания/твёрдый *(Krist)* Subtraktionsmischkristall *m* *(nach Laves)*
~/гидравлический hydraulischer Mörtel *m* *(Zementmörtel, Wasserkalkmörtel)*
~ гипохлорита калия *(Ch)* Kaliumhypochloritlösung *f*, Eau de Javelle *n(f)*
~ гипохлорита натрия *(Ch)* Natriumhypochloritlösung *f*, Eau de Labarraque *n(f)*
~/гипсовый *(Bw)* Gipsmörtel *n*

~/**глинистый** *(Erdöl)* Dickspülung *f*, Tonspülung *f* *(Bohrbetrieb)*
~/**дегазационный** *(Mil)* Entgiftungslösung *f*
~ **деления/твёрдый** *(Krist)* Divisionsmischkristall *m* *(nach Laves)*
~/**децинормальный** *(Ch)* $^{1}/_{10}$-Normallösung *f*, Zehntelnormallösung *f*
~/**динасовый** *(Bw)* Silikamörtel *m*
~ **для протравливания семян** Beizlösung *f* für Saatgetreide
~ **для травления** *(Ch)* Ätzmittel *n*, Ätzlösung *f*; Beizlösung *f*, Beizbad *n*, Beizflüssigkeit *f*
~ **добавления/твёрдый** *(Krist)* Additionsmischkristall *m* *(nach Laves)*
~/**дубильный** Gerblösung *f*
~/**дубящий** *(Foto)* Härtefixierbad *n*, gerbendes Fixierbad *n*
~ **едкого кали/водный** Kalilauge *f*, Ätzkalilösung *f*
~ **едкого натра/водный** Natronlauge *f*, Ätznatronlösung *f*
~ **едкой щёлочи/водный** Ätzlauge *f*, Alkalilauge *f*
~/**жидкий** *(Bw)* dünnflüssiger Mörtel *m*, Schlempe *f*
~/**жирный** *(Bw)* fetter Mörtel *m*
~ **замещения/твёрдый** *(Krist)* Substitutionsmischkristall *m*
~/**запасной** *(Ch)* Vorrat[s]lösung *f*
~/**идеальный** *(Ch)* ideale Lösung *f*
~/**известково-гипсовый** *(Bw)* Gipskalkmörtel *m*
~/**известково-песчаный** *(Bw)* Kalksandmörtel *m*
~/**известковый** *(Bw)* Kalkmörtel *m*
~/**изоморфный твёрдый** *(Krist)* isomorpher Mischkristall *m*
~/**инъекционный** *(Bw)* Einpreßmörtel *m*
~/**испытуемый** *(Ch)* zu prüfende Lösung *f*, Versuchslösung *f*, Probelösung *f*
~/**истинный** *(Ch)* echte Lösung *f*
~/**исходный** *(Ch)* Ausgangslösung *f*, Stammlösung *f*
~ **йода** *(Ch)* Jodlösung *f*
~ **каустика** *s.* ~ **едкого натра/водный**
~/**кислый** *(Ch)* saure Lösung *f*
~/**кладочный** *(Bw)* Mauermörtel *m*
~ **ключа** *(Wkz)* Schlüsselweite *f* *(Mutterschlüssel)*
~ **Кнопа/питательный** Knopsche Nährlösung *f*
~/**коллоидный** *(Ch)* Kolloidlösung *f*, kolloid[al]e Lösung *f*
~/**концентрированный** *(Ch)* konzentrierte Lösung *f*
~/**красильный** *(Text)* Färbeflotte *f*, Flotte *f*; *(Led)* Farbe *f*, gerbstoffarme Gerbbrühe *f*
~/**маточный** *(Ch)* Mutterlauge *f* *(s. a.* ~/**межкристальный***)*
~/**медленно схватывающийся** *(Bw)* langsambindender Mörtel *m*
~/**межкристальный** Mutterlösung *f*, Muttersirup *m* *(Zuckergewinnung)*
~/**моечный** Waschmittellösung *f*
~/**моляльный** *(Ch)* 1molale Lösung *f*
~/**молярный** *(Ch)* Molarlösung *f*, 1m-Lösung *f*
~/**моющий** Waschmittellösung *f*
~/**мыльный** Seifenlösung *f*
~/**нагнетаемый** *(Bw)* Einpreßmörtel *m*
~/**насыщенный** *(Ch)* gesättigte Lösung *f*
~/**неводный** *(Ch)* nichtwäßrige Lösung *f*
~/**ненасыщенный** *(Ch)* ungesättigte Lösung *f*
~/**неограниченный твёрдый** *s.* ~/**непрерывный твёрдый**
~/**непрерывный твёрдый** *(Krist)* unbeschränkter (lückenloser, vollständiger) Mischkristall *m*
~/**неупорядоченный твёрдый** *(Krist)* ungeordneter (echter) Mischkristall *m*
~ **ножек циркуля** Zirkelöffnung *f*, Zirkelweite *f*
~/**нормальный** *(Ch)* Normallösung *f*
~/**нулевой** *(Ch)* Blindlösung *f*
~/**образцовый** *(Ch)* Eichlösung *f*
~/**обыкновенный** *(Ch)* echte Lösung *f*
~/**огнеупорный** *(Bw)* feuerfester Mörtel *m*
~/**ограниченный твёрдый** *s.* ~ **с разрывом сплошности/твёрдый**
~/**одномоляльный** *s.* ~/**моляльный**
~/**одномолярный** *s.* ~/**молярный**
~/**однонормальный** *(Ch)* [einfach]normale Lösung *f*, 1n-Lösung *f*
~/**окрашивающий** Farbbad *n*
~/**освежающий** *(Foto)* Regeneratorlösung *f*, Nachfüll-Lösung *f*
~/**основной** *(Ch)* Stammlösung *f*, Grundlösung *f*
~/**останавливающий** *(Foto)* Unterbrecherbad *n*, Stoppbad *n*
~/**отбеливающий** *(Foto)* Bleichbad *n*, Bleichlösung *f*
~/**отделочный** 1. Putzmörtel *m*; 2. Nachbehandlungsflüssigkeit *f*
~/**отработанный травильный** Beizablauge *f*, Beizabwasser *n*
~/**первоначальный** *s.* ~/**исходный**
~/**пересыщенный** *(Ch)* übersättigte Lösung *f*
~/**пикельный** *(Led)* Pickelbrühe *f*, Pickel *m*
~ **поваренной соли/физиологический** physiologische Kochsalzlösung *f*
~/**поглотительный** Absorptionsflüssigkeit *f*
~/**полностью неупорядоченный твёрдый** *(Krist)* vollkommen ungeordneter Mischkristall *m*
~ **присоединения/твёрдый** *s.* ~ **добавления/твёрдый**

~/**промывочный** *(Bgb)* Spülung *f* *(Bohrung)*
~/**пропитывающий** *(Text)* Imprägnierflotte *f*
~/**проявляющий** *(Foto)* Entwicklerlösung *f*
~/**прядильный** *(Text)* Spinnlösung *f* *(Chemiefaserherstellung)*
~ **пучка/угловой** *(Opt)* Bündelöffnung *f*, Bündelapertur *f*
~/**рабочий** *(Ch)* gebrauchsfertige Lösung *f*, Gebrauchslösung *f*; Betriebslösung *f*; *(Text)* Behandlungsflüssigkeit *f*, Waschflüssigkeit *f* *(Chemiefaserherstellung)*
~/**разбавленный (разведённый)** *(Ch)* verdünnte Lösung *f*
~ **с дефектами структуры/твёрдый** *(Krist)* Defektmischkristall *m* *(Oberbegriff für Additions-, Subtraktions-, Divisions- und gekoppelte Mischkristalle)*
~ **с разрывом сплошности/твёрдый** *(Krist)* beschränkter Mischkristall *m*
~/**сложный (смешанный)** *(Bw)* Mischmörtel *m* *(Gruppenbegriff für Kalkzement-, Lehmzement- und Gipskalkmörtel)*
~/**содовый** *(Ch)* Sodalösung *f*
~/**соляной** Salzlösung *f*; Sole *f*
~/**сопряжённый твёрдый** *(Krist)* gekoppelter Mischkristall *m* *(nach Laves)*
~/**спиртовой** alkoholische Lösung *f*
~/**стандартный** *(Ch)* Standardlösung *f*, Vergleichslösung *f*
~/**строительный** *(Bw)* Mörtel *m*
~/**сульфитный** Sulfit[ab]lauge *f*
~/**твёрдый** Mischkristall *m*, feste Lösung *f*
~/**титрованный (титрующий)** *(Ch)* Maßlösung *f*, Titratrationslösung *f*
~/**тонирующий** *(Foto)* Tonungslösung *f*
~/**топливный** *(Kern)* Spaltstofflösung *f*
~/**травильный** Beizlösung *f*, Beizflüssigkeit *f*, Beizbad *n*, Beizmittel *n*, Ätzmittel *n*, Ätzlösung *f*
~/**травящий** Ätzflüssigkeit *f*
~/**тяжёлый** *(Bw)* schwerer Mörtel *m* *(Mörtel auf Sandgrundlage mit einer Dichte über 1 500 kg/m^3)*
~/**увлажняющий** *(Typ)* Wischwasser *n*
~/**упорядоченный твёрдый** *(Krist)* geordneter Mischkristall *m*
~/**усиливающий** *(Foto)* Verstärkerlösung *f*
~/**утяжелённый** *(Bgb)* Schwerspülung *f* *(Bohrung)*
~ **Фелингова** *(Ch)* Fehlingsche Lösung *f*
~/**физиологический** physiologische Lösung *f*; physiologische Kochsalzlösung *f*
~/**фиксажный (фиксирующий)** *(Foto)* Fixierbad *n*
~/**формовочный** *(Bw)* Stuckmörtel *m*
~ **холостой пробы** *s.* ~/**нулевой**
~/**цементно-глинистый** Lehmzementmörtel *m*
~/**цементно-известковый** Kalkzementmörtel *m*
~/**цементный** Zementmörtel *m*
~/**цианистый** *(Ch)* Zyanidlösung *f*, Zyanidlauge *f*
~/**шлаковый** *(Bw)* Schlackezementmörtel *m*
~/**штукатурный** *(Bw)* Putzmörtel *m*
~ **щёлочи** *(Ch)* Alkalilösung *f*, Alkalilauge *f*
~ **щёлочи/концентрированный** Starklauge *f*
~/**щелочной** *(Ch)* alkalische Lösung *f*; Alkalilösung *f*, Alkalilauge *f*
~/**эквимолекулярный** *(Ch)* äquimolare (äquimolekulare) Lösung *f*
~/**электролитный** Elektrolytflüssigkeit *f*, Elektrolyt *m*
~/**эталонный** *s.* ~/**стандартный**
растворение *n* Lösen *n*, Lösung *f*, Auflösen *n*
~/**анодное** Anodenauflösung *f*
~ **цементита** Zementitauflösung *f*, Zementitzerfall *m*
растворённое *n* Gelöstes *n*, [auf]gelöster Stoff *m*
растворимо/весьма sehr löslich
~/**весьма легко** sehr leicht löslich
~/**весьма слабо** sehr wenig löslich
~/**весьма трудно** sehr schwer löslich
растворимость *f* Löslichkeit *f*, Lösbarkeit *f*
~ **в воде** Wasserlöslichkeit *f*
~ **в кислотах** Säurelöslichkeit *f*
~ **в щёлочи** Alkalilöslichkeit *f*
~/**ограниченная** beschränkte Löslichkeit *f*
растворимый löslich, [auf]lösbar
~ **в спирте** alkohollöslich
~ **в щёлочи** alkalilöslich
~ **в эфире** ätherlöslich
растворитель *m* Lösungsmittel *n*, Löser *m*; Löseapparat *m*
~ **жиров** Fettlösungsmittel *n*
~/**избирательный** *s.* ~/**селективный**
~/**селективный** Selektivlösungsmittel *n*
растворить *s.* **растворять**
растворомёт *m* *(Bw)* Mörtelspritzanlage *f*, Putzspritzgerät *n*
растворонасос *m* *(Bw)* Mörtelpumpe *f*
~/**диафрагменный (мембранный)** *(Bw)* Membranmörtelpumpe *f*
~/**плунжерный** Tauchkolbenmörtelpumpe *f*
растворосмеситель *m* *(Bw)* Mörtelmischer *m*
растворять 1. auflösen, lösen; 2. aufmachen, aufsperren, [weit] öffnen
растекаемость *f* Ausbreitmaß *n*, Fließfähigkeit *f*
растекание *n* 1. Auseinanderfließen *n*, Zerfließen *n*; 2. *(Ph)* Spreitung *f*, vollkommene Benetzung *f*

растекаться zerfließen, auseinanderfließen
растение *n* Pflanze *f*, Gewächs *n*
~/**волокнистое** *s.* ~/**прядильное**
~/**гуттаперченосное** Guttaperchapflanze *f*
~ **длинного дня** Langtagspflanze *f*
~/**дубильное** Gerbstoffpflanze *f*
~/**зерномасличное** Körnerölfrucht *f*
~/**злаковое** Getreidepflanze *f*, Getreide *n*
~/**инсектицидное** Insektizidpflanze *f*
~/**каучуконосное** Kautschukpflanze *f*
~/**кормовое** Futterpflanze *f*
~ **короткого дня** Kurztagspflanze *f*
~/**красильное** Farbpflanze *f*
~/**лекарственное** Arzneipflanze *f*
~/**масличное** Ölpflanze *f*, Ölgewächs *n*
~/**медоносное** Honigpflanze *f*, Trachtpflanze *f*
~/**подопытное** Versuchspflanze *f*
~/**прядильное** Gespinstpflanze *f*, Faserpflanze *f*
~/**сахароносное** zuckerliefernde Pflanze *f*
~/**текстильное** *s.* ~/**прядильное**
~/**техническое** Industriepflanze *f* *(Sammelbegriff für Arznei-, Faser-, Farb-, Gerbstoff-, Guttapercha-, Kautschuk-, Öl- und aromatische Ölpflanzen)*
~/**эфирномасличное** aromatische (ätherische) Ölpflanze *f*
растениеводство *n* 1. Pflanzenzüchtung *f*, Anbau *m* von Nutzpflanzen; 2. Pflanzenbaulehre *f*
растереть *s.* **растирать**
растечься *s.* **растекаться**
растирание *n* Zerreiben *n*, Zerstoßen *n*; Anreiben *n*, Verreiben *n* *(Anstrichmittel)*
растиратель *m (Text)* Zerreiber *m* *(Chemiefaserherstellung)*
~ **вискозы** Viskosezerreiber *m*
~ **вискозы/дисковый** Tellerradzerreiber *m*
~ **вискозы/лопастный** Schaufelradzerreiber *m*
растиратель-центрифуга *m* Passierzentrifuge *f*
растирать zerreiben, verreiben, zerstoßen *(im Mörser)*; anreiben, verreiben *(Anstrichmittel)*
растолочь *s.* **толочь**
растопка *f* 1. Aufheizen *n*, Anheizen *n* *(Ofen)*; 2. Schmelzen *n*, Zerlassen *n* *(Fette)*; Auslassen *n*
растормаживание *n (Kfz)* Bremslüftung *f*, Bremslösung *f*
расторможение *n s.* **растормаживание**
расторцовка *f (Holz)* Hirnschnitt *m*
расточить *s.* **растачивать**
расточка *f (Fert)* Innendrehen *n*, Bohren *n* *(mit dem Innendrehmeißel auf der Drehmaschine oder der Waagerechtbohrmaschine)*
~ **якоря** *(El)* Ankerbohrung *f*

растр *m (Typ, Opt, Fs)* Raster *m*
~/**автотипный** *(Typ)* Autotypieraster *m*
~ **высокой и плоской печати** *s.* ~/**автотипный**
~ **высокой линиатуры** *(Typ)* feiner Raster *m*
~ **глубокой печати** *(Typ)* Tiefdrucknetzraster *m (Kreuzraster, Backsteinraster)*
~/**двухлинейный** 1. *(Typ)* Kreuzraster *m*; 2. *(Opt) s.* ~/**параллельный**
~ **из горизонтальных строк** *(Fs)* Zeilenraster *m*
~/**кирпичный** *(Typ)* Backsteinraster *m*
~/**контактный** *(Typ)* Kontaktraster *m*
~/**корешковый** *(Opt, Typ)* Kornraster *m*
~/**крестообразный** *(Typ)* Kreuzraster *m*
~/**круглый (круговой)** *(Opt, Typ)* Kreisraster *m*
~/**линейный** *(Typ)* Kreuzlinien[glasgravur]raster *m*
~/**линзовый** *(Opt, Typ)* Linsenraster *m*
~/**нерегулярный** *(Opt)* unregelmäßiger Raster *m*
~ **низкой линиатуры** *(Typ)* grober Raster *m*
~/**однолинейный** *(Typ)* Linienraster *m*
~/**параллельный** *(Opt)* Kreuzraster *m*
~/**полосатый** *(Fs)* Streifenraster *m*
~/**проекционный** *(Typ)* Distanzraster *m*
~/**прямоугольный** *(Typ)* Rechteckraster *m*
~ **разложения** *(Fs)* Abtastraster *m*
~/**регулярный** *(Opt)* regelmäßiger Raster *m*
~/**сотовый** *(Opt)* Wabenraster *m*
~/**стеклянный гравированный** *(Typ)* Glasgravurraster *m*
~/**телевизионный** Fernsehraster *m*
~/**точечный** *(Fs)* Punktraster *m*
растравить ätzen, rastern
растраф *m (Text)* Fehldruck *m* *(beim Walzendruck)*
растрескивание *n* 1. Bersten *n*, Zerspringen *n*; 2. *(Krist)* Dekrepitieren *n*
растрирование *n (Typ)* Rastern *n*, Aufrasterung *f*
раструб *m* Rohrmuffe *f*
~/**вентиляционный** *(Schiff)* Lüfterkopf *m*
~/**двойной** Doppelmuffe *f*, MM-Stück *n*
~ **заднего моста** *(Kfz)* Hinterachstrichter *m (Trichterachse)*
~ **на иллюминатор** *(Schiff)* Fensterkasten *m*
~ **направляющей стойки** *(Schiff)* Einführungstrichter *m* der Containerführung
растягивание *n s.* **растяжение**
растягивать 1. auseinanderziehen, recken, strecken, dehnen, ausdehnen; 2. *(Flg) s.* **расчаливать**
растяжение *n* Dehnung *f*, Ausdehnung *f*, Streckung *f*, Reckung *f*, Zug *m*, Dehnen *n*, Ausdehnen *n*, Strecken *n*, Recken *n*, Ziehen *n*, Auseinanderziehen *n*

~/горячее *(Met)* Warmrecken *n*, Warmstrecken *n*
~ диапазона частот *s.* **~ полосы частот**
~ динамического диапазона *(Ak)* Dynamikdehnung *f*, Dynamikexpansion *f*
~ импульса Impulsdehnung *f*
~/линейное *(Met)* axiale (einachsige) Streckung (Dehnung) *f*
~ полосы частот *(Rf)* Frequenzbanddehnung *f*, Frequenzbandspreizung *f*
~ при асимметричных циклах *(Wkst)* Zugschwellbeanspruchung *f*
~/упругое elastische Dehnung *f*
растяжимость *f* Dehnbarkeit *f*, Streckbarkeit *f*
растяжка *f* 1. Ausspannen *n*, Auseinanderziehen *n*, Strecken *n*; Recken *n* *(s. a. unter* **растяжение***)*; 2. Spannseil *n*, Spanndraht *m*; 3. *(Flg) s.* **расчалка**
~ наружной обшивки *(Schiff)* Außenhautabwicklung *f*
растянуть *s.* **растягивать**
расфасованный in Packungen *(Ware)*, abgepackt, abgefüllt
расфасовать *s.* **фасовать**
расфасовка *f s.* **фасовка**
расфасовывать *s.* **фасовать**
расфокусировка *f* Defokussierung *f*
расформирование *n (Mil)* Auflösung *f*
~ поезда *(Eb)* Zugauflösung *f*, Zugzerlegung *f*
расхаживание *n (Bgb)* Auf- und Niederbewegen *n (des Bohrgestänges)*
расхаживать gangbar machen *(z. B. Rolle)*
расход *m* 1. Verbrauch *m*, Aufwand *m*, Ausgabe *f*, Aufzehrung *f*; 2. Durchsatz *m*; 3. *(Hydrom)* Durchflußmenge *f (in der deutschen Terminologie wegen nicht eindeutigen begrifflichen Inhalts nicht mehr zu verwendende Bezeichnung für Massendurchfluß und Volumendurchfluß, vgl. hierzu* **~/весовой, ~/массовый, ~/объёмный***)*
~ анода Anodenabnahme *f*, Anodenverbrauch *m*
~/весовой *(Hydrom)* Massendurchfluß *m*, Massenstrom *m (von Flüssigkeiten bzw. Gasen nach der Wichte γ bestimmt; vgl. hierzu* **~/массовый***)*
~ взвешенных наносов *(Hydrol)* Schwebstofführung *f*, Schwebstofftransport *m*
~ водозабора *(Hydt)* Entnahmemenge *f*
~ водосброса (водослива) *(Hydt)* Überlaufmenge *f*
~ воды *(Hydrol)* Abflußmenge *f*, Durchflußmenge *f*; Wasserverbrauch *m*
~ воды гидростанции/максимальный *(Hydt)* Werksvollwassermenge *f*
~ воды/каптируемый *(Hydt)* Fassungsmenge *f*
~ воды на шлюзование *(Hydt)* Schleusenverlust *m*
~ воды/установившийся полный *(Hydt)* Beharrungsvollwasser *n (Kanal)*
~ времени Zeitaufwand *m*
~ газа/весовой секундный in der Zeiteinheit austretende Gasmenge *f (Strahltriebwerk)*
~ газа/объёмный секундный zeitlich ausströmendes Gasvolumen *n (Strahltriebwerk)*
~ газа/секундный Gasdurchsatz *m* je Sekunde *(Strahltriebwerk)*
~ донных наносов *(Hydrol)* Geschiebeführung *f*, Geschiebetransport *m*
~ дутья *(Met)* Windverbrauch *m*, Verbrennungsluftverbrauch *m*
~/избыточный Mehrverbrauch *m*, Mehraufwand *m*
~ источника *(Hydrom)* Ergiebigkeit *f* einer Quelle (Quellenströmung)
~ масла/удельный spezifischer Schmierölverbrauch *m (Verbrennungsmotor)*
~ масла/циркуляционный Umlaufschmierölmenge *f (Verbrennungsmotor)*
~/массовый *(Hydrom)* Massendurchfluß *m*, Massenstrom *m (von Flüssigkeiten bzw. Gasen nach der Dichte ρ bestimmt; vgl. hierzu* **~/весовой***)*
~ материала/излишний Materialvergeudung *f*
~/меженный *(Hydrol)* Niedrigwassermenge *f*, Niedrigwasserdurchfluß *m*
~ мощности Leistungsverbrauch *m*, Leistungsaufnahme *f*; Kraftverbrauch *m*
~ на единицу длины *(Hydt)* Erguß *m* der Längeneinheit
~ на ремонт Reparaturkosten *pl*
~ наносов *(Hydrol)* Feststofführung *f*, Feststofftransport *m*, Schwemmstofführung *f*
~/номинальный Nenndurchsatz *m*, Nenndurchgang *m*
~/общий Gesamtverbrauch *m*; Gesamtaufwand *m*
~/объёмный *(Hydrom)* Volumendurchfluß *m*, Volumenstrom *m*
~ охладителя/удельный spezifischer Kühlflüssigkeitsverbrauch *m (Verbrennungsmotor)*
~ пара Dampfverbrauch *m*, Dampfbedarf *m*, Dampfdurchsatz *m*
~ пара на отопление Heizdampfverbrauch *m*
~ пара/удельный spezifischer Dampfverbrauch *m*
~/пиковый *(Hydt)* Scheiteldurchfluß *m*, Scheitelabfluß *m*
~ по массе *s.* **~/массовый**
~ по объёме *s.* **~/объёмный**
~ по энергии Energieverbrauch *m*
~/погонный *s.* **~ на единицу длины**
~/притекающий (приточный) *(Hydt)* Zuflußmenge *f*

~/протекающий (проточный) *(Hydt)* Durchströmungsmenge *f* *(z. B. eines Rohres)*
~ рабочего времени Arbeitszeitaufwand *m*
~ растворённых веществ *(Hydrol)* Führung *f* (Gesamtgehalt *m*) des Wassers an gelösten Stoffen
~ реки *(Hydrol)* Flußwassermenge *f*
~ реки/бытовой Flußdarbietung *f*
~/твёрдый *s.* **~ наносов**
~ тепла Wärmeverbrauch *m*, Wärmebedarf *m*, Wärmeaufwand *m*
~ теплоты/удельный spezifischer Wärmeverbrauch *m* *(Verbrennungsmotor)*
~ тока Stromverbrauch *m*, Stromaufnahme *f*
~ топлива 1. Brennstoffverbrauch *m*; Kraftstoffverbrauch *m*; 2. *(Rak)* Treibstoffdurchsatz *m*, Durchsatz *m*
~ топлива/индикаторный induzierter Kraftstoffverbrauch *m* *(Verbrennungsmotor)*
~ топлива по тяговой мощности/удельный spezifischer Kraftstoffverbrauch *m* bezogen auf Schubleistung *(Gasturbinentriebwerk)*
~ топлива/секундный *(Rak)* Treibstoffdurchsatz *m* *(in der Zeiteinheit kg/s)*
~ топлива/удельный 1. *(Rak)* spezifischer Treibstoffdurchsatz (Treibstoffverbrauch) *m*; 2. spezifischer Kraftstoffverbrauch *m* *(Verbrennungsmotor)*
~ топлива/удельный индикаторный spezifischer induzierter Kraftstoffverbrauch *m* *(Verbrennungsmotor)*
~ топлива/условный удельный spezifischer Kraftstoffverbrauch *m* bezogen auf Einheitskraftstoff *(Verbrennungsmotor)*
~ тРД/секундный Luftdurchsatz *m* je Sekunde *(Turboluftstrahltriebwerk)*
~/фильтрационный *(Hydt)* Sickerwassermenge *f*
~ электрода Elektrodenverbrauch *m*, Elektrodenabnahme *f*
~ электроэнергии Elektroenergieverbrauch *m*, Elektroenergieaufwand *m*
~ энергии 1. Leistungsbedarf *m*; 2. Energiebedarf *m*, Energieverbrauch *m*, Energieaufwand *m*
расходимость *f* *(Math)* Divergenz *f*
~ векторного поля *(Math)* Divergenz *f*, Ergiebigkeit *f* *(eines Vektorfeldes)*; *(Hydrom)* Quellendichte *f*
~ несобственного интеграла *(Math)* Divergenz *f* des uneigentlichen Integrals
~ пучка *(Ph)* Strahldivergenz *f*, Strahlstreuung *f*
расходиться 1. auseinandergehen, auseinanderstreben; 2. abweichen; 3. *(Math)* divergieren
расходовать aufwenden, verbrauchen
расходомер *m* 1. Durchfluß[mengen]messer *m*, Durchflußmeßgerät *n*; 2. Mengenmesser *m*
~/барабанный Trommelzähler *m*
~ Вентури *s.* **трубка Вентури**
~/вертушечный Flügelrad-Volumendurchflußmesser *m*
~ воздуха Luftmengenmesser *m*
~/гидродинамический hydrodynamischer Durchflußmesser *m*
~/гироскопический gyroskopischer Massendurchflußmesser *m*
~/дросселирующий Durchflußmeßgerät *n* nach dem Drosselverfahren, Drosselgerät *n* *(Wirkdruckmeßverfahren)*
~/индукционный induktiver (magnetischer) Durchflußmesser *m*, Induktionsdurchflußmesser *m*
~/ионизационный Ionisationsdurchflußmesser *m*
~/калориметрический kalorimetrischer Massendurchflußmesser *m*
~/кориолисов Coriolis-Durchflußmesser *m*, Massendurchflußmesser *m* nach dem Prinzip der Coriolis-Kraft
~ косвенного действия/массовый Massendurchflußmesser *m* nach dem indirekten Verfahren
~/лазерный Laser-Durchflußmesser *m*
~/массовый Massendurchflußmesser *m*
~/объёмный Volumendurchflußmesser *m*
~, основанный на ядерно-магнитном резонансе Durchflußmesser *m* nach dem Prinzip der kernmagnetischen Resonanz
~ переменного падения (перепада) давления Durchflußmeßgerät *n* (Durchflußmeßeinrichtung *f*) nach dem Wirkdruckverfahren
~/поплавковый Schwimmerdurchflußmesser *m*, Schwimmer-Auftriebskörpermesser *m*
~/поршневой Kolbendurchflußmesser *m* *(Durchflußmesser mit konstantem Druckabfall)*
~ постоянного перепада давления Durchflußmeßgerät *n* nach dem Auftriebsverfahren, Durchflußmeßgerät *n* mit konstantem Druckabfall
~ прямого действия/массовый Massendurchflußmesser *m* nach dem direkten Verfahren
~ с вращающейся Т-образной трубкой *s.* **~/кориолисов**
~ с каплевым телом обтекания/гидродинамический Durchflußmesser *m* mit tropfenförmigem Stromlinienkörper
~ с метками потока Durchflußmesser *m* nach dem Markierungsverfahren
~ с поворотным диском/гидродинамический Durchflußmesser *m* mit Drehscheibe

~ с поворотным крылом/гидродинамический Durchflußmesser *m* mit Drehflügel
~ с постоянным падением давления Durchflußmesser *m* mit konstantem Druckabfall, Durchflußmeßgerät *n* nach dem Auftriebsverfahren *(Oberbegriff für Schwebekörper-Durchflußmesser, Kolbendurchflußmesser, Schwimmer-Auftriebskörpermesser)*
~ скоростного напора Durchflußmeßgerät *n* nach dem Stauverfahren, Staugerät *n* *(Wirkdruckmeßverfahren)*
~/тахометрический *s.* **~/вертушечный**
~/тепловой thermischer Massendurchflußmesser *m* *(Oberbegriff für Hitzdrahtanemometer und kalorimetrischen Massendurchflußmesser)*
~/топливный Kraftstoffverbrauchsmesser *m*
~/турбинный Turbinendurchflußmesser *m*
~/турбинный массовый Turbinen-Massendurchflußmesser *m*
~/турбопоршневой Turbokolbendurchflußmesser *m* *(Massendurchflußmesser für gleichzeitige Messung der Volumen- und Massenströme sowie der Dichte der durchströmenden Flüssigkeit)*
~/ультразвуковой Ultraschalldurchflußmesser *m*
~/электромагнитный induktiver (magnetischer) Durchflußmesser *m*, Durchflußmesser *m* mit induktivem Meßgeber
расходы *mpl* Kosten *pl*, Unkosten *pl*, Aufwendungen *fpl*, Ausgaben *fpl*, Gebühren *fpl* *(s. a. unter* **расход***)*
~/аварийные Schadenskosten *pl*
~/административные Verwaltungskosten *pl*
~/добавочные Mehrkosten *pl*; Nebenkosten *pl*
~ на ... *s. a.* **~ по ...**
~ на заработную плату Lohnkosten *pl*
~ на личный состав Personalkosten *pl*
~ на поддержание в исправности Unterhaltungskosten *pl*, Instandhaltungskosten *pl*
~ накладные Gemeinkosten *pl*
~ по ... *s. a.* **~ на ...**
~ по изготовлению Herstellungskosten *pl*
~ по обновлению оборудования Neuanschaffungskosten *pl*
~ по перегрузке Umladungskosten *pl*, Umschlagkosten *pl*
~ по разборке Abbaukosten *pl*, Abbruchkosten *pl*
~ по текущему ремонту Kosten *pl* für laufende Reparaturen (Instandsetzungen)
~/почтовые Postspesen *pl*, Porto *n*
~ производства Betriebskosten *pl*
~/производственные Produktionskosten *pl*, Herstellungskosten *pl*
~/сверхсметные außerplanmäßige Kosten *pl*
~/сметные Kostenanschlag *m*
~/строительные Baukosten *pl*
~/текущие laufende Unkosten *pl*
~/цеховые Werkstattunkosten *pl*, Abteilungsgemeinkosten *pl*
~/эксплуатационные 1. Betriebskosten *pl*, Unterhaltungskosten *pl*; 2. *(Bgb)* Gewinnungskosten *pl*
расходящийся *(Math)* divergent
~/всюду nirgends konvergent *(Potenzreihe)*
расхождение *n* 1. Auseinandergehen *n*, Auseinanderlaufen *n*; 2. Divergieren *n*, Divergenz *f*; 3. Abweichung *f*
~ поля *s.* **расходимость векторного поля**
~ при фальцовке *(Typ)* Falzdifferenz *f*
~ пучка лучей *(Opt)* Divergenz *f* eines Strahlenbündels (Lichtbündels, Strahlensystems)
~ судов *(Schiff)* Ausweichen *n*, Ausweichmanöver *n*
расхолаживание *n* **[реактора]** *(Kern)* Restwärmeabfuhr *f* *(des stillgesetzten Reaktors)*
~ твэлов Abkühlung (Kühlsetzung) *f* der verbrauchten Brennstoffelemente des Reaktors *(vor Wiederaufarbeitung in Spezialkühlbehältern)*
расцветка *f* 1. Farbenzusammenstellung *f*, Farbmusterung *f*; 2. Farbkennzeichnung *f* *(z. B. Stahlsorten, Rohrleitungen u. dgl.)*
~ дневного цвета *(Schiff)* Tageslichtfarbe *f* *(eines Signals)*
~ жил Farbkennzeichnung *f* der Adern, Aderkennzeichnung *f*
расценка *f* 1. Abschätzung *f*, Schätzung *f*, Bewertung *f*, Taxierung *f*; Preisfestsetzung *f*; 2. [festgesetzter] Preis *m*; 3. Tarif *m*, Lohngruppe *f*
~/предварительная Voranschlag *m*
~/сдельная Lohnsatz *m* je Menge, Stücklohnsatz *m*
расцепитель *m* 1. *(Eb)* Entkuppler *m*, Loshänger *m* *(Rangieren)*; 2. *(El)* Auslöser *m*, Auslösevorrichtung *f*
~/биметаллический Bimetallauslöser *m*
~/быстродействующий Schnellauslöser *m*
~ в цепи главного тока Primärauslöser *m*
~ максимального тока Überstromauslöser *m*
~ масляного выключателя Ölschalterauslöser *m*
~ минимального напряжения Unterspannungsauslöser *m*

~ минимального тока Unterstromauslöser *m*
~ нулевого напряжения *s.* **~ минимального напряжения**
~/тепловой Wärmeauslöser *m*, thermischer Auslöser *m*
~/электромагнитный [elektro]magnetischer Auslöser *m*
расцепить *s.* **расцеплять**
расцепиться *s.* **расцепляться**
расцепка *f* 1. Auskupplung *f*, Entkupplung *f* *(Getriebe)*; 2. Abkupplung *f*, Abkuppeln *n*, Entkuppeln *n* *(Waggon, Anhänger)*; 3. *s.* **расцепление**
~ ступени ракеты Abtrennung (Trennung) *f* der Raketenstufe[n]
расцепление *n* 1. Auskuppeln *n*, Entkuppeln *n*, Ausrücken *n* *(Getriebe)*; 2. Entriegeln *n*, Ausklinken *n* *(Gesperre)*; 3. Auslösen *n* *(Schalter)*; 4. Abkuppeln *n*, Loskuppeln *n* *(Waggon, Anhänger)*
~/быстрое *(El)* Schnellauslösung *f*
~/зависимо-замедленное *(El)* abhängige verzögerte Auslösung *f*
~/замедленное *(El)* Zeitauslösung *f*
~ кулачков Klauenausrückung *f*
~/мгновенное *(El)* Momentauslösung *f*
~ падающим червяком Fallschneckenausrückung *f* *(Drehmaschine)*
~/свободное *(El)* Freiauslösung *f*
расцеплять 1. auskuppeln, ausrücken *(Getriebe)*; 2. entriegeln, ausklinken *(Gesperre)*; 3. auslösen *(Schalter)*; 4. abkuppeln, loskuppeln, entkuppeln *(Waggon, Anhänger)*
расцепляться außer Eingriff gehen *(Zahnräder)*
расчаливать *(Flg)* verspannen
расчалить *s.* **расчаливать**
расчалка *f* 1. Verspannen *n*, Verspannung *f*; 2. Spanndraht *m*
расчертить *s.* **расчерчивать**
расчерчивать 1. Linien in verschiedener Richtung ziehen, flächenmäßig aufteilen; 2. karieren *(Papier)*
~ монтажный лист *(Typ)* Standbogen ziehen
расчёт *m* 1. Rechnung *f*, Berechnung *f*, Errechnung *f*; Kalkulation *f*, Veranschlagung *f*; Bemessung *f*; Bewertung *f*; 2. Abrechnung *f*, Verrechnung *f*, Zahlung *f*, Begleichung *f*; 3. *(Mil)* *s.* **~/орудийный**
~/безналичный bargeldlose Zahlung (Verrechnung) *f*, bargeldloser Zahlungsverkehr *m*, Überweisungsverkehr *m*
~ механической прочности Festigkeitsberechnung *f*
~ на ветровые нагрузки Windlastberechnung *f*
~ на выносливость Berechnung *f* auf Dauerfestigkeit
~ на износ Verschleißberechnung *f*
~ на посадку *(Mil)* Landeberechnung *f*
~ на прочность Festigkeitsberechnung *f*
~ на сдвиг Schubberechnung *f*
~ на срез Scherberechnung *f*
~ на устойчивость Stabilitätsberechnung *f*, Standfestigkeitsberechnung *f*
~/наличный Barverrechnung *f*, Barzahlung *f*
~ непотопляемости *(Schiff)* Leckberechnung *f*
~/орудийный *(Mil)* Geschützbedienung *f*
~ по допускаемым напряжениям Berechnung *f* der zulässigen Spannung
~ по несущей способности Tragfähigkeitsberechnung *f*
~ по предельным нагрузкам Traglastverfahren *n*
~ посадки повреждённого судна *(Schiff)* Leckberechnung *f*
~/предварительный vorläufige Berechnung *f*, Grobberechnung *f*; Voranschlag *m*
~/примерный angenäherte Berechnung *f*
~/проверочный Kontroll[be]rechnung *f*, Prüfberechnung *f*, Nachrechnen *n*
~ прочности Festigkeitsberechnung *f*; Festigkeitsnachweis *m*
~ реакторов *(Kern)* Reaktorverhalten *n*
~ с излишним запасом Überdimensionierung *f*, Überbemessung *f*
~ сетей *(El)* Netz[werk]berechnung *f*
~/силовой *(Mech)* Kräfteberechnung *f*
~/хозяйственный wirtschaftliche Rechnungsführung *f*
~ шихты *(Met)* Möllerberechnung *f* *(Hochofen)*; Gattierungsberechnung *f* *(Kupolofen)*
расчётный 1. errechnet, berechnet, rechnungsmäßig, rechnerisch, theoretisch; 2. Entwurfs ... *(z. B. Entwurfsparameter)*; Auslegungs ... *(z. B. Auslegungsdrehzahl)*; 3. Rechen ..., Rechnungs ..., Berechnungs ...; 4. Abrechnungs ..., Verrechnungs ..., Zahlungs ...
расчистить *s.* **расчищать**
расчистка *f* 1. Reinigung *f*, Säuberung *f*; Entrümpelung *f*; 2. *(Forst)* Lichten *n*, Roden *n*
расчищать 1. säubern, reinigen; entrümpeln; 2. *(Forst)* lichten, roden
расчленение *n* Gliederung *f*, Aufgliederung *f*, Zerlegung *f*, Aufteilung *f*
расчленить *s.* **расчленять**
расчленять gliedern, aufgliedern, zerlegen, aufteilen
расшивать швы *(Bw)* verfugen, ausfugen *(Mauerwerk)*

расшивка *f (Bw)* Fugenkelle *f*, Fugeneisen *n*
~ швов кладки *(Bw)* Verfugen *n*, Ausfugen *n (Mauerwerk)*
расширение *n* 1. Verbreiterung *f*; 2. Erweiterung *f*, Ausweitung *f*; 3. Aufweiten *n*, Aufweitung *f*, Auftreiben *n (Rohre)*; *(Schm)* Breiten *n*; 4. Ausdehnung *f*, Dehnung *f*, Dilatation *f*; 5. Expansion *f*; 6. *(Math)* Erweiterung *f (Bruch)*; 7. *(Bgb)* Nachbohren *n*, Erweitern *n (Bohrloch)*
~/адиабатическое (адиабатное) adiabate Expansion *f*
~ Вселенной Expansion *f* des Weltalls
~/двойное (двухкратное) zweifache Expansion *f (Dampfmaschine)*
~ диапазона Bereichserweiterung *f (von Meßbereichen)*
~ диапазона громкости *(Ak)* Dynamikdehnung *f*, Dynamikexpansion *f*
~ диапазона измерений Meßbereichserweiterung *f*
~ динамического диапазона *s.* **~ диапазона громкости**
~ записи *(Dat)* Satzerweiterung *f*
~/изотермическое (изотермное) isotherme Expansion *f*
~/изоэнтропийное (изоэнтропическое) isentropische Expansion *f*
~ камеры Вильсона *(Kern)* adiabatisches Expansions- oder Ausdehnungsverhältnis *n* der Wilsonschen Nebelkammer
~ кода операции *(Dat)* Operationsergänzung *f*
~ колеи *(Eb)* Spurerweiterung *f*
~ команды *(Dat)* Befehlsergänzung *f*
~/линейное lineare Ausdehnung *f*, Längenausdehnung *f (Festkörper)*
~ линии [спектра] Linienverbreiterung *f (Spektroskopie)*
~/неполное unvollständige Expansion *f (Dampfmaschine)*
~/обратное Rückexpansion *f*
~/объёмное Volumendehnung *f*, Volumendilatation *f*, räumliche (kubische) Ausdehnung *f (Gase, Flüssigkeiten)*
~ основания сваи *(Bw)* Pfahlfußverbreiterung *f*
~ отверстий Lochaufweitung *f*
~ пара Dampfexpansion *f (Dampfmaschine)*
~/поверхностное Flächenausdehnung *f*
~/политропийное (политропическое) polytrope Expansion *f*
~/полное vollständige Expansion *f (Dampfmaschine)*
~ полосы частот Frequenzbanddehnung *f*, Frequenzbandspreizung *f*
~ поперечного сечения Ausbauchung *f (Druck- oder Stauchversuch)*
~ посевной площади Erweiterung *f* der Aussaatfläche
~ предприятия Betriebserweiterung *f*, Betriebsvergrößerung *f*
~ производства Produktionserweiterung *f*, Produktionsausweitung *f*
~ производственных мощностей Kapazitätserweiterung *f*, Kapazitätsvergrößerung *f*
~ ствола скважины Profilerweiterung *f* einer Bohrung
~/тепловое Wärmeausdehnung *f*, thermische Dehnung *f*, Dilatation *f*
~/тройное dreifache Expansion *f (Dampfmaschine)*
расширитель *m* 1. Expander *m*; 2. Ausdehnungsgefäß *n (Warmwasserheizung)*; 3. *(Bgb)* Nachnahmebohrer *m*, Nachräumer *m (Bohrlocherweiterung bei Erdölbohrungen)*; 4. *(Med)* Dilatator *m (Sammelbegriff für eine Reihe chirurgischer Instrumente zur Erweiterung von Körperhohlräumen und -kanälen)*
~ масляного трансформатора *(El)* Ölausdehnungsgefäß *n*, Ölausgleichgefäß *n*, Ölkonservator *m*
расширить *s.* **расширять**
расшириться *s.* **расширяться**
расширяемость *f* Dehnbarkeit *f*, Dehnfähigkeit *f*, Expansionsfähigkeit *f*
расширять 1. verbreitern; 2. erweitern, ausweiten; 3. aufweiten, auftreiben *(Rohre)*; *(Schm)* breiten; 4. dehnen, ausdehnen, dilatieren; 5. *(Math)* erweitern *(Brüche)*; 6. *(Bgb)* nachbohren *(Bohrlöcher)*
~ скважину eine Bohrung nachnehmen (nachräumen)
расширяться 1. sich ausbreiten, sich erweitern; sich ausdehnen; 2. expandieren *(Dampf, Gase)*
расшить *s.* **расшивать**
расшифровка *f* 1. Entzifferung *f*, Dechiffrierung *f*, Entschlüsselung *f*; 2. Auswertung *f*; 3. Aufschlüsselung *f*
~ данных *(Dat)* Datenverwertung *f*, Datenauswertung *f*
~ перфокарт *(Dat)* Lochkartenentschlüsselung *f*
~ перфоленты *(Dat)* Lochschriftübersetzung *f*
расшифровщик *m (Dat)* Übersetzer *m (z. B. für Lochkarten)*
расшлифование *n (Fert)* Ausschleifen *n*, Innenschleifen *n*
расшлифовка *f s.* **расшлифование**
расшлихтовать *s.* **расшлихтовывать**
расшлихтовка *f (Text)* Entschlichten *n (Gewebe, Gespinste)*
расшлихтовывать *(Text)* entschlichten

расштыбовщик *m (Bgb)* Schrämkleinräumer *m*, Schrämkleinlader *m (Schrämmaschine)*
расщебёнка *f (Bw)* Ausschotterung *f*
расщелина *f* 1. *(Holz)* tiefer Riß *m*; 2. *(Geol) s.* **расселина**
расщеп *m* Längsriß *m*
расщепить *s.* **расщеплять**
расщепиться *s.* **расщепляться**
расщепление *n* 1. Splitterung *f*, Zersplitterung *f*; 2. Aufspaltung *f*, Spaltung *f*; 3. *(Krist)* Spaltung *f*; 4. *(Ch)* Abbau *m*, stufenweise Zerlegung *f*; Fragmentierung *f*
~ **атома** Kernzersplitterung *f*, Atomzersplitterung *f*, Spallation *f*
~ **белка** Eiweißspaltung *f*, Proteolyse *f*
~ **в автоклаве** *(Ch)* Autoklavenspaltung *f*
~ **волны** *(Rf)* Wellenaufspaltung *f*
~/**восстановительное** *(Ch)* reduzierende Spaltung *f*
~/**гидролитическое** *(Ch)* hydrolytische Spaltung *f*, Hydrolyse *f*
~ **дислокации** *(Krist)* Versetzungsaufspaltung *f*
~/**дублетное** *(Kern)* Dublettaufspaltung *f*
~ **жира** Fettspaltung *f*
~/**квадрупольное** *(Kern)* Quadrupolaufspaltung *f*
~/**кетонное** *(Ch)* Ketonspaltung *f*
~/**кислотное** *(Ch)* Säurespaltung *f*
~/**кориолисово** Coriolis-Aufspaltung *f*
~ **краски** *(Typ)* Farbspaltung *f*
~ **линии** Linienaufspaltung *f (Spektroskopie)*
~/**мультиплетное** *(Kern)* Multiplettaufspaltung *f*
~ **на волокна** Zerfaserung *f*
~/**окислительное** *(Ch)* oxydative (oxydierende) Spaltung *f*
~ **под давлением** Druckspaltung *f*
~ **сложных эфиров** *(Ch)* Esterspaltung *f*, Esterverseifung *f*
~ **термов** *(Ph)* Termaufspaltung *f*
~ **тонкой структуры** *(Krist)* Feinstrukturaufspaltung *f*
~ **фаз** *(El)* Phasenaufspaltung *f*
~/**ферментативное** *(Ch)* fermentative Spaltung *f*, Fermentspaltung *f*
~ **цикла** *(Ch)* Ring[auf]spaltung *f*, Ringsprengung *f*
~ **щёлочью** *(Ch)* alkalische Spaltung *f*, Alkalispaltung *f*
~ **ядра** Kernzertrümmerung *f*, Kernexplosion *f*, Atomzertrümmerung *f*, Fragmentierung *f*
расщепляемость *f (Kern, Ch)* Spaltbarkeit *f*
расщеплять *(Ch)* [auf]spalten, abbauen *(Verbindungen)*; sprengen, öffnen *(Ringverbindungen)*
расщепляться rissig werden
расщипать *s.* **расщипывать**
расщипка *f* Abschnippen *n (Jute)*
расщипывать *(Text)* aufzupfen, zerzupfen, zerfasern, entwirren, auflösen *(Faserflocken, Faserklumpen, Textilabfälle)*
ратин *m (Text)* Ratin *m*, Ratinee *m*, Ratiné *m*
ратинирование *n* **ткани** *(Text)* Ratinieren *n (Gewebe)*
ратинировать *(Text)* ratinieren
ратьер *m (Schiff)* Richtblinker *m*
рафинад *m* Raffinade *f*, Raffinadezucker *m*
рафинат *m (Ch)* Raffinat *n*, Raffinatphase *f*
рафинация *f s.* **рафинирование**
~/**кислотная** *(Ch)* Säureraffination *f*
~/**щелочная** *(Ch)* Laugenraffination *f*, Alkaliraffination *f*, Laugung *f*
рафинёр *m (Pap)* Refiner *m*, Stoffaufschläger *m*, Ganzstoffmahlmaschine *f*
рафинирование *n* 1. Raffinieren *n*, Raffination *f*, Verfeinern *n*, Verfeinerung *f*; 2. *(Met)* Raffinieren *n*, Raffination *f (NE-Metallurgie)*; 3. *(Met)* Feinen *n*, Feinung *f*, Garen *n*, Garung *f*, Gararbeit *f*; Frischen *n (Stahl)*; Veredeln *n (Stahl)*; 4. *(Bgb)* Läutern *n*, Läuterung *f (Aufbereitung)*
~ **в печи** *(Met)* Schmelzflußraffination *f*
~ **жидкого металла путём отстаивания** Schwereseigern *n*, Schwereseigerung *f (NE-Metallurgie)*
~ **масел** Ölraffination *f*
~/**комплексное** Komplexveredeln *n*, Komplexreinigen *n (NE-Metallurgie)*
~ **меди** Kupferfrischen *n*, Kupfergarmachen *n*, Kupferraffination *f*
~/**огневое** Flammofenraffination *f*, Schmelzraffination *f*, trockene Raffination *f*, Feuerraffination *f*, oxydierende Raffination *f*
~/**окончательное** Fertigfeinen *n*, Fertigfrischen *n*
~/**первое** Vorraffination *f*
~/**пирометаллургическое** Flammofenraffination *f*, Schmelzraffination *f*, trockene Raffination *f*
~/**предварительное** Vorraffination *f*
~ **с нерастворимыми (пассивными) анодами [/электролитическое]** [elektrolytische] Raffination *f* mit nichtlöslichen (unlöslichen) Anoden
~ **с растворимыми анодами [/электролитическое]** [elektrolytische] Raffination *f* mit löslichen Anoden
~ **стали** Stahlveredelung *f*, Frischen *n* von Stahl
~/**тепловое** Flammofenraffination *f*, Schmelzraffination *f*, trockene Raffination *f*

~/**химическое** chemische Raffination *f*
~ **цветных металлов/огневое пирометаллургическое** *(Met)* Feuerraffination *f*, Flammofenraffination *f*, Schmelzraffination *f (Kupfer und andere NE-Metalle)*
~ **цветных металлов/электролитическое** *(Met)* elektrolytische Raffination *f (Kupfer und andere NE-Metalle)*
~/**электротермическое** *(Met)* elektrothermische Raffination *f*, Elektroofenraffination *f*
рафинировать 1. raffinieren, verfeinern; 2. *(Met)* raffinieren *(NE-Metallurgie)*; feinen, garen; frischen *(Stahl)*; veredeln, reinigen *(Stahl)*; 3. *(Bgb)* läutern
раффиноза *f (Ch)* Raffinose *f*, Melit[ri]ose *f*
рацемат *m (Ch)* Razemat *n*
рацемизация *f (Ch)* Razemisierung *f*
рацемизироваться *(Ch)* sich razemisieren; razemisiert werden
рацемический *(Ch)* razemisch
рациональный *(Math)* rational
рация *f s.* **радиостанция**
рашель-вертёлка *f (Text)* Kettenraschelmaschine *f*, Kettenraschel *f (Flachkettenwirkmaschine mit Spitzennadeln)*
рашель-машина *f (Text)* [einfache] Raschelmaschine *f*, Raschel *f (Flachkettenwirkmaschine mit Zungennadeln)*
рашкет *m (Typ)* Trennblasdüse *f (Bogenförderung)*
рашпиль *m (Wkz)* Raspel *f*
~ **второго класса** *s.* ~/**личной**
~/**драчевый** Schruppraspel *f (2 bis 3,6 Hiebe/cm)*
~/**круглый** Rundraspel *f*
~/**личной** Schlichtraspel *f (4,4 bis 6,0 Hiebe/cm)*
~ **первого класса** *s.* ~/**драчевый**
~/**плоский** Flachraspel *f*
~/**полукруглый** Halbrundraspel *f*
РБ *s.* **бот/рыболовный**
рванина *f (Met)* Riß *m*, Anriß *m*, Einriß *m*
рвань *f* Fetzen *m*, Lumpen *pl*, Abfall *m*
~/**ровничная** *(Text)* Vorspinnabfall *m*
~/**шёлковая** *(Text)* Seidenfitz *m*
рватель *m (Bgb)* Bohrkernzieher *m*
РД *s.* **двигатель/ракетный**
РДЖТ *s.* **двигатель на жидком топливе/ракетный**
рдп *s.* **расписание движения поездов**
РДТТ *s.* **двигатель на твёрдом топливе/ракетный**
реагент *m* 1. Reaktant *m*, reagierender Stoff *m*, Reaktionsteilnehmer *m*; 2. *(Ch)* Reagens *n*, Reaktiv *n*, [chemisches] Nachweismittel *n*, Prüf[ungs]mittel *n*
~/**антинакипной** Kesselsteinlösemittel *n*
~/**замещающий** Substitutionsreagens *n*
~/**нитрующий** Nitrierungsreagens *n*
~/**рафинирующий** 1. *(Met)* Feinungsmittel *n*; 2. *(Gieß)* Veredelungssalz *n*, Reinigungssalz *n*
~/**флотационный** Flotationsmittel *n*, Flotationszusatz *m*, Flotationsreagens *n*, Schwimmittel *n*, Schwimmzusatz *m (Aufbereitung)*
реагент-пенообразователь *m (Ch)* Schaum[erzeugungs]mittel *n*
реагирование *n* Reagieren *n*, Reaktion *f*; Ansprechen *n (z. B. Relais)*
реактанс *m (El)* Reaktanz *f*, Blindwiderstand *m*
реактанц *m s.* **реактанс**
реактив *m (Ch)* Reaktiv *n*, Reagens *n*, [chemisches] Nachweismittel *n*, Prüf[ungs]mittel *n*
~/**алкалоидный** Alkaloidreagens *n*
~ **Гриньяра** Grignardsches Reagens *n*
~/**групповой** Gruppenreagens *n*
~ **для травления** Beizlösung *f*, Beizmittel *n*, Ätzmittel *n*
~/**жидкий** Reaktionsflüssigkeit *f*
~ **Несслера** Neßlers Reagens *n*
~/**осадительный** Fällungsreagens *n*
реактивность *f* 1. Reaktivität *f*, Reaktionsfähigkeit *f*; 2. *(El)* Reaktanz *f*, Blindwiderstand *m*
~/**ёмкостная** kapazitiver Blindwiderstand *m*, Kapazitanz *f*
~/**избыточная** *(Kern)* überschüssige Reaktivität *f (Reaktor)*
~/**индуктивная** induktiver Blindwiderstand *m*, Induktanz *f*
~/**остаточная** *(Kern)* Restaktivität *f (des abgeschalteten Reaktors)*
~/**переходная** Übergangsreaktanz *f*, Transientreaktanz *f*
~/**поперечная** Querreaktanz *f*
~/**сверхпереходная** Subtransientreaktanz *f*
~/**синхронная** Synchronblindwiderstand *m*, Synchronreaktanz *f*
~/**ударная** *s.* ~/**сверхпереходная**
~/**управляемая** Steuerreaktivität *f*
~ **якоря** Ankerreaktanz *f*
реактивный 1. *(Ch)* reaktiv, reaktionsfähig, chemisch wirksam, Reagenz...; 2. *(Ph)* Reaktions..., Rückstoß..., Rückdruck...; 3. *(Masch)* Reaktions..., Überdruck...; 4. *(El)* induktiv, Blind..., Selbstinduktions...; 5. *(Flg)* strahlgetrieben, Strahl..., Düsen...; 6. *(Mil)* Raketen...
реактиметр *m (Kern)* Reaktimeter *n (Anzeige- und Meßgerät geringer Reaktivitätsänderungen des Reaktors bei dessen Anlauf und bei Spaltstoffwechsel)*
реактор *m* 1. *(Kern)* Reaktor *m*; 2. *(Ch)* Reaktor *m*, Reaktionsapparat *m*, Reaktionsgefäß *n*; Reaktionsofen *m (Anlage für großtechnischen Ablauf von chemischen Reaktionen)*; 3. *(El)* Drossel[spule] *f*

~/**атомный** *s.* ~/**ядерный**
~ **бакового типа** Tankreaktor *m*
~/**бассейновый** Swimmingpool-Reaktor *m*, Schwimmbadreaktor *m*, Wasserbadreaktor *m*
~ **бассейного типа** *s.* ~/**бассейновый**
~ **без отражателя** unreflektierter (nackter) Reaktor *m*, Reaktor *m* ohne Reflektor
~ **без отражателя/гомогенный** unreflektierter homogener Reaktor *m*
~/**бериллиевый** Berylliumreaktor *m*, berylliummoderierter Reaktor *m*
~/**быстрый** *s.* ~ **на быстрых нейтронах**
~/**водный гомогенный** homogener leichtwassermoderierter Reaktor *m*, wäßrighomogener Reaktor *m*, Wasserlösungsreaktor *m*
~/**водо-водяной** Wasser-Wasser-Reaktor *m*, wassermoderierter und -gekühlter Reaktor *m*, Druckwasserreaktor *m*
~/**вращающийся** Reaktionsdrehofen *m*
~/**высокотемпературный** Hochtemperaturreaktor *m*, HTR
~/**газоохлаждаемый** gasgekühlter Reaktor *m*
~/**гетерогенный** heterogener Reaktor *m*, Heterogenreaktor *m*
~/**«голый»** *s.* ~ **без отражателя**
~/**гомогенный** homogener Reaktor *m*, Homogenreaktor *m*, Lösungsreaktor *m*
~/**графито-водяной** graphitmoderierter leichtwassergekühlter Reaktor *m*
~/**графитовый** graphitmoderierter Reaktor *m*
~/**графито-газовый** graphitmoderierter gasgekühlter Reaktor *m*
~/**графито-натриевый** Natrium-Graphit-Reaktor *m*, graphitmoderierter natriumgekühlter Reaktor *m*
~ **двойного назначения** Zweizweckreaktor *m*
~/**двухзональный** *s.* ~ **двойного назначения**
~/**дейтерий-натриевый** schwerwassermoderierter Reaktor *m* mit Natrium als Wärmeträger
~ **деления** Spaltungsreaktor *m*
~ **для испытания [материалов]** *s.* ~/**испытательный**
~ **для производства** Produktionsreaktor *m*
~ **для производства изотопов** Isotopenproduktionsreaktor *m*
~ **для производства плутония** Plutoniumproduktionsreaktor *m*
~/**жидкофазный** Sumpf[phase]ofen *m*
~/**защитный** Schutzdrossel[spule] *f*
~/**испытательный** Materialprüf[ungs]-reaktor *m*, Prüfreaktor *m*
~/**исследовательский** Forschungsreaktor *m*
~ **канального типа** Druckröhrenreaktor *m*
~/**канальный** Druckröhrenreaktor *m*
~/**канальный кипящий** Druckröhren-Siedewasserreaktor *m*
~/**квазигомогенный** quasihomogener Reaktor *m*
~/**керамический** keramischer Reaktor *m*
~/**кипящий** Siede[wasser]reaktor *m*
~/**корпусный** Druckbehälterreaktor *m*
~/**корпусный кипящий** Siedewasserreaktor *m*
~/**легководный (легководяной)** Leichtwasserreaktor *m*, LWR
~/**линейный** Abzweigdrossel[spule] *f*
~/**маломощный** Reaktor *m* geringer Leistung, Kleinreaktor *m*
~ **на быстрых нейтронах** schneller Reaktor *m*, Schnellreaktor *m*
~ **на быстрых нейтронах без замедления/гетерогенный** unmoderierter heterogener schneller Reaktor *m*
~ **на быстрых нейтронах/однозональный** schneller Einzweckreaktor *m*
~ **на воде под давлением** Druckwasserreaktor *m*
~ **на естественном уране** *s.* ~ **на природном уране**
~ **на жидком топливе** Flüssigbrennstoffreaktor *m*
~ **на жидкометаллическом топливе** Reaktor *m* mit Flüssigmetallbrennstoff
~ **на керамическом ядерном топливе** Reaktor *m* mit keramischem Kernbrennstoff
~ **на малообогащённом уране** Reaktor *m* mit mäßig angereichertem Uran
~ **на медленных нейтронах** langsamer Reaktor *m*; thermischer Reaktor *m*
~ **на надтепловых нейтронах** *s.* ~ **на промежуточных нейтронах**
~ **на обогащённом уране** Reaktor *m* mit angereichertem Uran
~ **на оксидном топливе** Reaktor *m* mit oxidischem Brennstoff
~ **на природном уране** Natururanreaktor *m*
~ **на промежуточных нейтронах** mittelschneller (intermediärer) Reaktor *m*
~ **на сильнообогащённом уране** Reaktor *m* mit starkangereichertem Uran
~ **на слабообогащённом уране** Reaktor *m* mit leichtangereichertem Uran
~ **на тепловых нейтронах** *s.* ~/**тепловой**
~/**надтепловой** epithermischer Reaktor *m*
~/**натриевый** Reaktor *m* mit Natrium als Wärmeträger
~ **нулевой мощности** Null[eistungs]reaktor *m*
~/**органо-органический** *s.* ~ **с органическим замедлителем и теплоносителем**

~, охлаждаемый водой под давлением *s.* **~ под давлением/водо-водяной**
~/парофазный Gasphaseofen *m*
~/плавающий *s.* **~/бассейновый**
~/плутониевый Plutoniumreaktor *m*
~/погруженный *s.* **~/бассейновый**
~ под давлением/водо-водяной druckwassergekühlter Reaktor *m*, Druckwasserreaktor *m*, PWR
~/производящий *s.* **~ для производства**
~/промышленный Industriereaktor *m*
~/прямоточный Durchlaufreaktor *m* *(gasgekühlter Reaktor mit nur in einer Richtung verlaufendem Kühlmittelweg)*
~/растворный Lösungsreaktor *m*
~ с большим потоком [нейтронов] Reaktor *m* mit hohem Neutronenfluß
~ с водным раствором *s.* **~/водный гомогенный**
~ с водой под давлением Druckwasserreaktor *m*
~ с водяным замедлителем wassermoderierter Reaktor *m*
~ с водяным охлаждением wassergekühlter Reaktor *m*
~ с воздушным охлаждением luftgekühlter Reaktor *m*
~ с газовым охлаждением gasgekühlter Reaktor *m*
~ с графитовым замедлителем graphitmoderierter Reaktor *m*
~ с жидкометаллическим охлаждением flüssigmetallgekühlter Reaktor *m*
~ с замедлением обычной водой leichtwassermoderierter Reaktor *m*
~ с замедлением тяжёлой водой schwerwassermoderierter Reaktor *m*
~ с кипящей водой Siede[wasser]reaktor *m*
~ с легководным охлаждением leichtwassergekühlter Reaktor *m*
~ с натриевым охлаждением natriumgekühlter Reaktor *m*
~ с органическим замедлителем и теплоносителем organisch-moderierter Reaktor *m*
~ с принудительной циркуляцией теплоносителя Reaktor *m* mit Zwangsumlauf des Wärmeträgers
~ с разветвлённым потоком [газового теплоносителя] Reaktor *m* mit verzweigtem Kühlmittelfluß
~ с топливным раствором Lösungsreaktor *m*
~ с тяжёлой водой Schwerwasserreaktor *m*
~ с циркулирующим горючим *s.* **~ на жидком топливе**
~/саморегулирующийся selbstregelnder Reaktor *m*
~/секционный Gruppendrossel[spule] *f*
~/тепловой thermischer Reaktor *m*
~/ториевый Thoriumreaktor *m*
~/тяжеловодный Schwerwasserreaktor *m*
~/уран-графитовый Uran-Graphit-Reaktor *m*, graphitmoderierter Kernreaktor *m*
~/урановый *s.* **~/ядерный**
~/фидерный *s.* **~/линейный**
~/шламовый Suspensionsreaktor *m*
~/экспериментальный Forschungsreaktor *m*
~/экспоненциальный Exponentialreaktor *m*
~/энергетический Energiereaktor *m*, Leistungsreaktor *m*, Kraftwerksreaktor *m*
~/ядерный Kernreaktor *m*, Atomreaktor *m*
реактор-конвертер *m* Konverter *m*, Reaktorkonverter *m*, Konverterreaktor *m*, Kernversionsreaktor *m*
реактор-облучатель *m* *(Kern)* Bestrahlungsreaktor *m*
реактор-размножитель *m* *(Kern)* Brutreaktor *m*, Brüter *m*
~/двухзональный Zweizweck-Brutreaktor *m*
~ на быстрых нейтронах schneller Brüter *m*
~ на промежуточных нейтронах mittelschneller Brüter *m*
~ на промежуточных нейтронах/ториевый mittelschneller Thoriumbrüter *m*
~ на тепловых нейтронах thermischer Brüter *m*
~ с натриевым охлаждением на быстрых нейтронах и оксидном топливе natriumgekühlter schneller Brutreaktor *m* mit oxidischem Brennstoff
реакционноинертный *(Ch)* reaktionsträge
реакционноспособность *f* *(Ch)* Reaktionsfähigkeit *f*, Reaktionsvermögen *n*, Reaktivität *f*
реакционноспособный *(Ch)* reaktionsfähig, reaktiv
реакция *f* Reaktion *f*, Rückwirkung *f*, Gegenwirkung *f*; Gegenkraft *f*
~/аналитическая *(Ch)* analytische Reaktion *f*
~/анодная *(El)* Anodenrückwirkung *f*
~/бимолекулярная *(Ch)* bimolekulare (dimolekulare, 2molekulare) Reaktion *f*
~/биуретовая *(Ch)* Biuretreaktion *f*
~/бурная *(Ch)* heftige Reaktion *f*
~ в пяте/опорная *(Bw)* Kämpferdruck *m*, Kämpferreaktion *f*
~/восстановительно-окислительная *(Ch)* Redoxreaktion *f*, Reduktions-Oxydations-Reaktion *f*
~ гидроформилирования *(Ch)* Hydroformylierungsreaktion *f*, Roelen-Reaktion *f*
~/главная *(Ch)* Hauptreaktion *f*, Grundreaktion *f*

~ **гомологизации** *(Ch)* Homologisierungsreaktion *f*
~ **Гриньяра** *(Ch)* Grignardsche Reaktion (Synthese) *f*
~/**двумолекулярная** *s.* ~/**бимолекулярная**
~/**дейтрон-дейтронная** *(Kern)* Deuteron-Deuteron-Reaktion *f*
~/**дейтрон-протонная** *(Kern)* Deuteron-Proton-Reaktion *f*
~ **диазотирования** *(Ch)* Diazo[tierungs]-reaktion *f*
~ **Дильса-Альдера** *(Ch)* Diels-Alder-Reaktion *f*, Diensynthese *f*
~ **замещения** *(Ch)* Substitutionsreaktion *f*
~ **зарождения цепей** *(Kern)* Startreaktion *f*
~ **захвата** Einfangreaktion *f*
~ **захвата нейтрона** *(Kern)* Neutroneneinfangreaktion *f*, Neutroneneinfangprozeß *m*
~/**изонитрильная** *(Ch)* Isonitrilreaktion *f*
~/**изотопная обменная** Isotopenaustauschreaktion *f*
~/**ионная** Ionenreaktion *f*
~ **ионного обмена** Ionenaustauschreaktion *f*
~ **Канниццаро** *(Ch)* Cannizzaro-Reaktion *f*
~/**капельная** *(Ch)* Tüpfelreaktion *f*
~/**каталитическая** *(Ch)* katalytische Reaktion *f*
~/**качественная** *(Ch)* Nachweisreaktion *f*
~/**кислотно-основная** *(Ch)* Säure-Base-Reaktion *f*
~ **Кнорра** *(Ch)* Knorrsche Pyrrolsynthese *f*
~ **конденсации диеновых углеводородов** *(Ch)* Diensynthese *f*, Diels-Alder-Reaktion *f*
~/**консекутивная** *(Ch)* Folgereaktion *f*
~/**мономолекулярная** *(Ch)* monomolekulare (unimolekulare, 1molekulare) Reaktion *f*
~ **на импульс** *(Reg)* Impulsantwort *f*
~ **на скачок** *(Reg)* Sprungantwort *f*
~/**наведённая** *(Ch)* induzierte Reaktion *f*
~/**надтепловая** *(Kern)* epithermische Reaktion *f*
~/**начальная** *(Kern)* Startreaktion *f*
~/**необратимая** *(Ch)* nichtumkehrbare Reaktion *f*
~/**обменная [ядерная]** *(Kern)* Austauschreaktion *f*
~/**обратимая** *(Ch)* umkehrbare Reaktion *f*
~/**обратная** *(Ch)* Gegenreaktion *f*, Rückreaktion *f*, Rückwirkung *f*
~ **обрыва цепи** Abbruch[s]reaktion *f*
~/**одномолекулярная** *s.* ~/**мономолекулярная**
~/**окислительная** *(Ch)* Oxydationsreaktion *f*
~/**окислительно-восстановительная** *(Ch)* Redoxreaktion *f*, Oxydations-Reduktions-Reaktion *f*
~/**опорная** *(Bw)* Auflagerkraft *f*, Stützreaktion *f*, Stützendruck *m*, Auflagerdruck *m*, Auflagerwiderstand *m*, Auflagerreaktion *f*
~/**основная** Grundreaktion *f*, Hauptreaktion *f*
~/**первичная** Primärreaktion *f*
~/**побочная** Nebenreaktion *f*
~ **подбирания** *s.* ~ **захвата**
~/**пороговая** *(Kern)* Schwellenreaktion *f*, endotherme Kettenreaktion *f*
~/**последовательная (последующая)** Folgereaktion *f*
~ **при обжиге** Röstreaktion *f* *(NE-Metallurgie)*
~ **присоединения** *(Ch)* Anlagerungsreaktion *f*, Additionsreaktion *f*
~/**промежуточная** Zwischenreaktion *f*
~/**протон-протонная** *(Kern)* Proton-Proton-Reaktion *f*, HH-Reaktion *f*
~/**прямая ядерная** *(Kern)* direkte Kernreaktion *f*
~/**равновесная** *(Ch)* Gleichgewichtsreaktion *f*
~/**радиационно-химическая** strahlenchemische Reaktion *f*
~ **разложения** *(Ch)* Zersetzungsreaktion *f*
~ **распада** *(Kern)* Zerfallsreaktion *f*
~ **Рёлена** *(Ch)* Roelen-Reaktion *f*, Hydroformylierungsreaktion *f*
~ **ротора** *(El)* Rotorrückwirkung *f*, Läuferrückwirkung *f*
~ **связей** *(Mech)* Zwangskraft *f*, Zwang *m*, Reaktionskraft *f*, Führungskraft *f*
~ **синтеза [ядер]** *(Kern)* Kernverschmelzungsreaktion *f*, Fusionsreaktion *f*, Kernfusionsreaktion *f*
~/**сложная** *(Ch)* zusammengesetzte Reaktion *f*
~/**сопряжённая** *(Ch)* gekoppelte Reaktion *f*, Kopplungsreaktion *f*
~ **срыва** *(Kern)* Strippingreaktion *f*
~/**стартовая** Startreaktion *f*
~ **структурирования** *(Ch)* Vernetzungsreaktion *f*, vernetzende Reaktion *f*
~/**ступенчатая** *(Ch)* Stufenreaktion *f*
~ **сшивания** *s.* ~ **структурирования**
~/**термоядерная** *(Kern)* thermonukleare Reaktion (Fusionsreaktion) *f* *(vgl.* ~ **синтеза***)*
~/**топохимическая** topochemische Reaktion *f*
~/**тримолекулярная** *(Ch)* trimolekulare (3molekulare) Reaktion *f*
~/**фотохимическая** fotochemische Reaktion *f*, Fotoreaktion *f*, Lichtreaktion *f*
~/**фотоядерная** Kernfotoreaktion *f*, Kernfotoeffekt *m*, Kernfotoprozeß *m*, Fotokernreaktion *f*, Fotokerneffekt *m*, fotonukleare Reaktion *f*

~ **фришевания рудой** *(Met)* Erzfrischreaktion *f*
~/**характерная** *(Ch)* Nachweisreaktion *f*
~/**цепная** *(Kern, Ch)* Kettenreaktion *f*
~/**цепная ядерная** nukleare Kettenreaktion *f*
~/**частичная** *(Ch)* Teilreaktion *f*
~/**щелочная** *(Ch)* alkalische (basische) Reaktion *f*
~/**экзотермическая (экзоэнергетическая) ядерная** *(Kern)* exotherme Kernreaktion *f*
~/**эндотермическая (эндоэнергетическая) ядерная** *(Kern)* endotherme Kernreaktion *f*, Schwellenreaktion *f*
~/**ядерная** *(Kern)* Kernreaktion *f*
~/**ядерная обменная** Austauschreaktion *f*
~ **якоря** *(El)* Ankerrückwirkung *f*
реал *m (Typ)* Setzregal *n*, Regal *n (Handsetzerei)*
реализация *f* 1. Realisierung *f*, Verwirklichung *f*, Durchführung *f*; 2. Verwertung *f (z. B. einer Erfindung)*; 3. *(Dat)* Implementierung *f (Programmiersprachen)*
реборда *f* Bord *m*, Rand *m*, Wulst *m*; Flansch *m*; *(Schiff)* Trommelbordscheibe *f (Winde)*
~ **бандажа** *(Eb)* Spurkranz *m (Radreifen)*
рёбра *npl* **кристалла** Kristallkanten *fpl*
ребристый gerippt, rippig; verrippt, Rippen ...
ребро *n* 1. Rippe *f*; 2. Kante *f*; Grat *m*; 3. *(Schiff)* Schlinge *f*, Steife *f*
~ **анода/охлаждающее** *(El)* Anodenkühlrippe *f*, Anodenflügel *m*
~ **атаки** *(Flg)* Anströmkante *f*, Vorderkante *f*
~/**вицинальное** *(Krist)* Vizinalkante *f*
~ **возврата [развёртывающейся поверхности]** *(Math)* Gratlinie *f (einer abgewickelten Fläche)*
~/**горизонтальное** *(Schiff)* horizontale (waagerechte) Steife *f*; waagerechter Steg *m (Ruderkörper)*
~ **днища/поперечное** Querträger *m (eines Containers)*
~ **жёсткости** Aussteifung *f*; Versteifungsrippe *f*, Verstärkungsrippe *f*; *(Schiff)* Steife *f*, Schlinge *f*
~ **куба** Würfelkante *f*
~/**литое** Gußrippe *f*
~ **многогранного угла** *(Math)* Kante *f* des Zweifachwinkels
~/**накатанное** Walzrippe *f*
~ **обтекания** Abschlußleiste *f*
~/**охлаждающее** Kühlrippe *f*
~/**поперечное** Querrippe *f*, Steg *m*
~ **призмы** Schneidenkante *f (Waage)*
~ **свода** *(Bw)* Gewölberippe *f*
~/**среднее** Mittelsteg *m (der Seilscheibe)*
реверберация *f (Ak)* Nachhall *m*, Widerhall *m*
~/**искусственная** künstlicher Nachhall *m*
~/**стандартная** optimale Nachhallzeit (Nachhalldauer) *f*
~/**стереофоническая** Stereonachhall *m*
ревербероме́тр *m (Ak, Bw)* Nachhallmesser *m*, Nachhallmeßgerät *n*
реверс *m* 1. *(Masch)* Umsteuerung *f*, Umsteuervorrichtung *f*; 2. *zuweilen für* **реверсирование** *(s. dort)*
~/**аварийный** *(Schiff)* Notumsteuerung *f*
~ **ленты** *(Dat)* Bandrückzug *m*
реверсер *m s.* **реверсор**
реверсивность *f* **измерения** Umkehrbarkeit *f* einer Messung
реверсивный 1. reversibel, umkehrbar; 2. umsteuerbar, Umsteuer ...
реверсирование *n (Masch)* Reversieren *n*, Umsteuern *n*, Drehrichtungsumkehr *f*, Bewegungsumkehr *f*
~ **вхолостую** Reversieren *n* bei Leerlauf
~ **направления поездки** *(Eb)* Fahrtrichtungswendung *f*, Fahrtrichtungsänderung *f (Lok)*
~ **тяги** *(Flg, Rak)* Schubumkehr *f*
реверсировать *(Masch)* reversieren, [die Drehrichtung] umkehren, umsteuern
реверсограф *m (Schiff)* Manöverdrucker *m*, Manöverschreiber *m*
реверсор *m* 1. Umkehrschalter *m*, Wendeschalter *m*, Richtungswender *m*; 2. *(Eb)* Fahrtrichtungswender *m (Lok)*, Umsteuerung *f (Dampflok)*; 3. *(Wkst)* Zerreißvorrichtung *f (Zerreißmaschine)*
~ **тепловоза (электровоза)** Fahrtrichtungswender *m*, Wendeschalter *m (dieselelektrische Lokomotive, elektrische Lokomotive)*
реверс-редуктор *m* Wendegetriebe *n (Schiffsschraube)*
ревизия *f* 1. Revision *f*, Durchsicht *f*, Überprüfung *f*, Nachprüfung *f*; 2. *(Bw)* Flanschett *n* des Reinigungsrohrs, Reinigungsöffnung *f*; Revisionsschacht *m (Kanalisation)*
револьвер *m* Revolver *m*
ревун *m* Signalhupe *f*
рег. т. *s.* **тонна/регистровая**
регенерат *m* 1. *(Met)* Regenerat *n*, Gefrisch *n*; 2. *(Gum)* Regenerativgummi *m*
~ **водной варки** *(Gum)* Wasserentvulkanisationsregenerat *n*
~/**галошный** *(Gum)* Galoschenregenerat *n*
~/**измельчённый** *(Gum)* Mahlregenerat *n*
~/**камерный** *(Gum)* Luftschlauchregenerat *n*, Schlauchregenerat *n*
~/**кислотный (кислый)** *(Gum)* Säureregenerat *n*
~/**покрышечный** *(Gum)* Reifenregenerat *n*, Deckenregenerat *n*

~, полученный девулканизацией в паре *(Gum)* Heißdampfregenerat *n*
~, полученный методом набухания *(Gum)* Quellregenerat *n*
~, полученный методом растворения *(Gum)* Lösungsregenerat *n*
~/шинный *s.* **~/покрышечный**
~/щелочной *(Gum)* Alkaliregenerat *n*
регенеративный 1. regenerativ, Regenerativ ...; 2. *(Rt)* Rückkopplungs ...
регенератор *m* Regenerator *m*, Wärmespeicher *m (oder)* Kältespeicher *m (periodisch betriebener Wärmeaustauscher)*
~/горизонтальный *(Met)* liegende Regenerativkammer *f*
~ мартеновской печи *(Met)* Regenerativkammer *f (SM-Ofen)*
~/реверсивный Regenerator *m* mit Wechselbetrieb
~ Сименса Siemens-Regenerator *m*
регенерация *f* Regeneration *f*, Regenerierung *f*; Rückgewinnung *f*, Wiedergewinnung *f*; *(Bgb)* Wiedernutzbarmachung *f*
~ активного ила Schlammbelebung *f*
~ горелой земли *(Gieß)* Altsandregenerierung *f*, Altsandrückgewinnung *f*, Altformstoffregenerierung *f*, Formsandrückgewinnung *f*
~ горелой формовочной земли *s.* **~ горелой земли**
~ информации *s.* **восстановление информации**
~ масел Altölregenerierung *f (Schmieröle)*
~ плутония *(Kern)* Plutoniumrückgewinnung *f*
~ тепла Wärmerückgewinnung *f*
~ формовочных песков *s.* **~ горелой земли**
~ химикатов Chemikalienrückgewinnung *f*
~ щёлоков *(Pap)* Ablaugeregeneration *f*
~ ядерного топлива *(Kern)* Spaltstoffaufarbeitung *f*
регенерировать regenerieren, wiedergewinnen, [zu]rückgewinnen
регистр *m* 1. Register *n*, Verzeichnis *n*; 2. *(Dat, Fmt)* Register *n*; 3. *(Typ)* Register *n*, Tastenreihe *f*
~ абонента Teilnehmerregister *n*
~ адреса Adressenregister *n*
~ адреса канала Kanaladressenregister *n*
~ адреса команды Befehlsadressenregister *n*
~/алфавитный alphabetisches Register *n*
~/арифметический arithmetisches Register *n*
~/ассоциативный assoziatives Register *n*
~/базовый Basisregister *n*
~ ввода Eingaberegister *n*
~/верхний Großbuchstabenschreibung *f*
~ возврата Rückkehrregister *n*
~/вспомогательный Adressenhilfsregister *n*
~ выбора Auswahlregister *n*
~ вывода Ausgaberegister *n*
~ вычислительной машины Register *n*, Maschinenregister *n*, Rechnerregister *n*
~/двоичный binäres Register *n*
~/двоичный сдвигающий binäres Schieberegister *n*
~/десятичный dezimales Register *n*, Dezimalregister *n*
~/динамический dynamisches Register *n*
~/запоминающий Speicherregister *n*
~ индекса Indexregister *n*
~/индексный Indexregister *n*
~ кода операции Operationsregister *n*
~ команд Befehlsregister *n*
~ множимого Multiplikandenregister *n*
~ множимого делителя Multiplikand-Divisorregister *n*
~ множителя Multiplikatorregister *n*
~/нижний Kleinbuchstabenschreibung *f*
~ общего назначения allgemeines Register *n*, Universalregister *n*
~/общий *s.* **~ общего назначения**
~ операндов Operandenregister *n*
~ памяти Speicherregister *n*
~/параллельный Parallelregister *n*
~/последовательный Serienregister *n*
~/программный Programmregister *n*
~ произведения Produktregister *n*
~/промежуточный Zwischenregister *n*
~ связи Verbindungsregister *n*
~ сдвига *s.* **~/сдвигающий**
~/сдвигающий (сдвиговый) Schieberegister *n*, Verschiebungsregister *n*
~/универсальный Universalregister *n*, allgemeines Register *n*
~/центральный Zentralregister *n*
регистратор *m* Registriergerät *n*; Drukker *m*
~ выбегов параметров *(Schiff)* Störungsdrucker *m*
~ глубин *(Schiff)* Tiefenschreiber *m*
~ импульсов Impulsschreiber *m*
~ информации *(Dat)* Datenerfassungsgerät *n*, DEG
~ команд (манёвров) *(Schiff)* Manöverdrucker *m*
регистрация *f* Registrierung *f*, Aufzeichnung *f*
~ времени Zeitregistrierung *f*; Erfassung *f (Meßwerte)*
~ операций *(Schiff)* Manöverregistrierung *f*
~ результатов/автоматическая *(Kyb)* automatische Meßwerterfassung *f*
~ состояния *(Dat)* Zustandsaufzeichnung *f*
~/точечная punktweise Aufzeichnung *f*, punktförmige Registrierung *f*
регистрировать registrieren, eintragen, verzeichnen, aufzeichnen

~ импульсы *(Fmt)* im Register [auf]speichern

реглет *m (Typ)* Reglette *f*, Steg *m*

регрессия *f* 1. Regression *f*; Rückzug *m*; 2. *s.* **~ моря**

~ лунных узлов *(Astr)* Rückwärtsdrehung *f* der Knotenlinie *(Mondbewegung)*

~ моря *(Geol)* Regression *f* des Meeres, Meeresrückzug *m*

регс-каландр *(Gum)* Raggummikalander *m*, Fetzenmischungskalander *m*, Fetzenkalander *m*

регулирование *n* 1. Regelung *f*, Regeln *n*; 2. Einstellen *n*, Einstellung *f*, Stellen *n*; Justieren *n*, Justierung *f*

~/автоматическое automatische (selbsttätige) Regelung *f*, Selbstregelung *f*

~/автономное autonome (beeinflussungsfreie) Regelung *f*

~/адаптивное adaptive Regelung *f*

~ амплитуды кадровой развёртки Bildamplitudenregelung *f*

~/астатическое astatische Regelung *f* *(s. a.* **~/интегральное***)*

~/байпасное *s.* **~/обводное**

~/быстродействующее Schnellregelung *f*

~ вагонного парка *(Eb)* Güterwagenverteilung *f*

~ валков *(Wlz)* Walzenanstellung *f*

~ верхних частот Höhenregelung *f*

~/гидродинамическое hydraulische Steuerung *f*, Druckölsteuerung *f* *(Dampfturbine)*

~/грубое Grobregelung *f*; Grobeinstellung *f*

~/групповое Gruppenregelung *f*

~ давления Druckregelung *f*

~ давления наддува *(Flg)* Ladedruckregelung *f*

~/двухпозиционное Zweipunktregelung *f*, Auf-Zu-Regelung *f*, Ein-Aus-Regelung *f*

~/двухсвязное Zweifachregelung *f*

~ диапазона Bereichsregelung *f*, Bereichseinstellung *f*

~ динамического диапазона Dynamikregelung *f*

~/дистанционное Fernregelung *f*

~/дифференциальное Differentialregelung *f*, D-Regelung *f*

~ для стабилизации параметров *s.* **стабилизация/автоматическая**

~/дополнительное 1. Nachregelung *f*; 2. Zusatzregelung *f*

~/дроссельное Drosselregelung *f* *(Dampfturbine)*

~ избирательности Trennschärferegelung *f*, hochfrequente Bandbreite[n]-regelung *f*

~/изодромное isodrome Regelung *f*, Isodromregelung *f* *(s. a.* **~/пропорционально-интегральное***)*

~/импульсное Impulsregelung *f*

~/индивидуальное Einzelregelung *f*

~/интегральное I-Regelung *f*, Integralregelung *f*

~/каскадное 1. Kaskadenregelung *f*; 2. Reihensteuerung *f*

~ качества Qualitätskontrolltechnik *f*

~/комбинированное kombinierte Regelung *f*

~/конечное Endwertregelung *f*

~/косвенное indirekte Regelung *f*

~/многоконтурное mehrkreisige (mehrschleifige, vermaschte) Regelung *f*

~/многопозиционное Mehrpunktregelung *f*

~/многосвязное Mehrfachregelung *f*

~/многоуровневое Mehrebenenregelung *f*

~/мягкое weiche Regelung *f*

~ на повышение Vorwärtsregelung *f*

~ наддува кабины *(Flg)* Kabinendruckregelung *f*

~ наполнения цилиндра Füllungsregelung *f* *(Dampfmaschine)*

~ напряжения Spannungsregelung *f*, Spannungseinstellung *f*

~ натяжения контактного провода Einregulierung *f* des Fahrdrahtzuges, Nachspannen *n* der Fahrdrähte

~/независимое unabhängige Regelung *f*

~/непосредственное *s.* **~/прямое**

~/непрерывное stetige (kontinuierliche) Regelung *f*

~/непрямое indirekte Regelung *f*, Regelung *f* mit Hilfsenergie

~ нескольких величин Mehrfachregelung *f*

~ низких частот Tiefenregelung *f*

~/обводное Überlastregelung *f* durch Überspringen von Stufen *(durch Überbrückungsventil; Dampfturbine)*

~/оптимальное optimale Regelung *f*, Optimalregelung *f*

~ отбора Entnahmeregelung *f* *(Dampfturbine)*

~/параллельное Parallelregelung *f*

~ педальным регулятором *(Text)* Pedalmuldenregulierung *f*

~/плавное stufenlose Regelung *f*

~/пневматическое pneumatische Regelung *f*

~ по координате, производной и интегралу Proportional-Integral-Regelung *f* mit Vorhalt, PID-Regelung *f*

~ по нагрузке Lastregelung *f*

~ по принципу «включено-выключено» Ein-Aus-Regelung *f*, Auf-Zu-Regelung *f*, Zweipunktregelung *f*

~ по производной Regelung *f* mit Vorhalt *(s. a.* **~/дифференциальное***)*

~/повторное Nachregelung *f*

~ подачи *(Fert)* Vorschubregelung *f*

~ **подачи краски** *(Typ)* Farbregulierung *f*
~/**позиционное** Lageregelung *f*
~ **положения электродов** Elektrodenregulierung *f*, Elektrodennachstellung *f*, Elektrodenverstellung *f*
~ **полосы пропускания** Bandbreite[n]-regelung *f*
~/**поперечное** Querregelung *f*, Quereinstellung *f*
~/**поплавковое** Schwimmerregelung *f*
~ **поплавком** *s.* ~/**поплавковое**
~/**потенциометрическое** Potentiometerregelung *f*
~/**предварительное** Vorregelung *f*
~/**прерывистое** diskontinuierliche (unstetige) Regelung *f*
~ **привода** Antriebsregelung *f*
~ **приводки** *(Typ)* Registersteuerung *f*
~/**программное** Programmregelung *f*
~/**продольное** Längsregelung *f*, Längseinstellung *f*
~/**пропорциональное** Proportionalregelung *f*, P-Regelung *f*
~/**пропорционально-интегральное** proportional-integrale Regelung *f*, PI-Regelung *f*
~ **противодавлением** Abdampfregelung *f* *(Dampfmaschine)*
~ **процесса** Prozeßregelung *f*
~ **процесса/автоматическое** automatische Prozeßregelung *f*
~ **процессов** Prozeßregelung *f*
~/**прямое** direkte Regelung *f*, Regelung *f* ohne Hilfsenergie
~ **размера кадра** *s.* ~ **амплитуды кадровой развёртки**
~ **размера строк** Zeilenamplitudenregelung *f*
~ **реактора** *(Kern)* Reaktorsteuerung *f*
~ **рек** *(Hydt)* Flußregelung *f*, Flußverbesserung *f*
~/**релейное** Relaisregelung *f*
~/**реостатное** Widerstandsregelung *f*
~ **русел** *s.* ~ **рек**
~/**ручное** Handregelung *f*
~ **с гибкой обратной связью** Regelung *f* mit nachgebender Rückführung
~ **с жёсткой обратной связью** Regelung *f* mit starrer Rückführung
~ **с упреждающим воздействием** Regelung *f* mit Vorhalt *(s. a.* ~/**дифференциальное***)*
~/**связанное** abhängige Regelung *f*
~ **сети** Netzregelung *f*
~ **скорости** Geschwindigkeitsregelung *f*
~ **скорости вращения** Drehzahlregelung *f*
~/**следящее** Folgeregelung *f*; Nachlaufregelung *f*
~/**смешанное** Verbundregelung *f*; gemischte Regelung *f* *(Dampfturbine)*
~/**сопловое** Düsen[gruppen]regelung *f*, Füllungsregelung *f*, Mengenregelung *f* *(Dampfturbine)*
~ **состава смесей** Mischungsregelung *f*
~/**статическое** statische Regelung *f*
~ **стока** *(Hydt)* Abflußregelung *f*
~/**сходящееся** konvergierende Regelung *f*
~/**телеавтоматическое** automatische Fernregelung *f*
~ **тембра [звука]** Klangfarberegelung *f*
~ **температуры** Temperaturregelung *f*
~/**тепловое** Wärmeregelung *f*
~ **тока** Stromregelung *f*
~/**тонкое (точное)** Feinregelung *f*; Feineinstellung *f*
~/**трёхпозиционное** Dreipunktregelung *f*
~/**угловое** Winkelzentrierung *f*; Winkeleinstellung *f*
~ **уличного движения** Verkehrsregelung *f*
~ **уровня** Füllstandsregelung *f*, Pegelregelung *f*
~ **усиления** Verstärkungsregelung *f*
~ **усиления/автоматическое** automatische Verstärkungsregelung *f*
~ **уставок** Sollwertregelung *f*, Sollwerteinstellung *f*
~/**фазовое** Phasenregelung *f*
~/**цифровое** digitale Regelung *f*
~/**частотное** Frequenzregelung *f*, Frequenzeinstellung *f*
~ **чёткости изображения** Bildschärfeeinstellung *f*
~ **числа оборотов** Drehzahlregelung *f*
~/**шаговое** Schrittregelung *f*
~ **ширины изображения** Bildbreite[n]-regelung *f*, Bildbreiteneinstellung *f*
~/**экстремальное** Extrem[wert]regelung *f*
регулировать 1. *(Reg)* regeln, steuern; 2. regulieren, nachstellen, einstellen
регулировка *f s.* **регулирование**
~/**автоматическая поездная** selbsttätige Zugbeeinflussung *f*
~/**индуктивная автоматическая поездная** induktive Zugbeeinflussung *f*, Indusi *f*
~ **карбюратора** *(Kfz)* Vergasereinstellung *f*
~/**непрерывная автоматическая поездная** linienförmige Zugbeeinflussung *f*
~ **обтюратора** *(Kine)* Blendenverstellung *f*
~ **тормоза** Bremsnachstellung *f*
~/**точечная автоматическая поездная** punktförmige Zugbeeinflussung *f*
~ **уровня** *(Hydt)* Niveauregulierung *f*
~ **яркости/автоматическая** *(Fs)* Helligkeitsautomatik *f*
регулируемость *f* Regelbarkeit *f*, Regelfähigkeit *f*, Einstellbarkeit *f*; Nachstellbarkeit *f*
регулируемый Regel..., regelbar, einstellbar; nachstellbar

~/**непрерывно** stufenlos regelbar; stufenlos einstellbar, stufenlos verstellbar
~ **сеткой** *(Eln)* gittergesteuert
регулятор *m* 1. Regler *m*, Regulator *m*, Regelvorrichtung *f*, Regelinstrument *n*; 2. Regler *m*, regelndes Flotationsmittel *n*; 3. *(Gum, Plast)* Regler *m*, Kettenüberträger *m*; 4. *(Text)* Schaltwerk *n*, Regulator *m (Webstuhl)*
~/**автоматический** automatischer Regler *m*, selbsttätiger Regler *m*, Regelautomat *m*
~/**адаптивный** Adaptivregler *m*
~/**адаптивный пропорционально-интегральный** adaptiver Proportional-Integral-Regler *m*, adaptiver PI-Regler *m*
~/**астатический** astatischer Regler *m (s. a.* ~/**интегральный***)*
~ **без вспомогательного источника энергии** Regler *m* ohne Hilfsenergie
~ **безопасности** Sicherheitsregler *m*, Schnellschlußregler *m (Dampfturbine)*
~/**быстродействующий** Schnellregler *m*
~ **верхних частот** Höhenregler *m*, Hochtonregler *m*
~ **влажности** Feuchtigkeitsregler *m (Klimaanlage)*
~ **возбуждения** *(El)* Feldregler *m*
~ **впрыска** Einspritzregler *m (Dampfkessel)*
~/**временной программный** Zeitplanregler *m*
~/**вспомогательный** Hilfsregler *m*
~/**вторичный** Sekundärregler *m*
~/**высотный** *(Flg, Rak)* Höhenregler *m*
~/**гидравлический** hydraulischer Regler *m*
~ **громкости** *(Rt)* Lautstärkeregler *m*
~ **давления** Druckregler *m*
~ **давления «до себя»** Vordruckregler *m*
~ **давления наддува** *(Flg)* Ladedruckregler *m*
~ **давления «после себя»** Nachdruckregler *m*, Hinterdruckregler *m*
~ **движения сетки** *(Pap)* Sieblaufregler *m*
~/**двухпозиционный** Zweipunktregler *m*, Auf-Zu-Regler *m*, Ein-Aus-Regler *m*
~/**дискретный** diskreter Regler *m*
~/**дистанционный** Fernregler *m*
~/**дифференциальный (дифференцирующий)** Differentialregler *m*, Regler *m* mit Differentialverhalten (Vorhalt)
~/**добавочный** Zusatzregler *m*
~/**дроссельный** Drosselregler *m*
~ **дуговой электропечи** Elektrodenregler *m (Elektroofen)*
~ **дутья** Windabsperrschieber *m*
~/**золотниковый** Flachschieberregler *m (Dampflokomotive)*
~/**изодромный** Isodromregler *m (s. a.* ~/**пропорционально-интегральный***)*
~/**импульсный** Impulsregler *m*
~/**индукционный** *(El)* Induktionsregler *m*, Drehregler *m*
~/**интегральный** Integralregler *m*, I-Regler *m*, Regler *m* mit Integralverhalten
~ **кислотности** *(Ch)* pH-Wert-Regler *m*
~/**клапанный** Ventilregler *m (Dampflokomotive)*
~/**комбинированный** kombinierter Regler *m*
~/**компаундирующий** Verbundregler *m*
~/**компенсационный** Kompensationsregler *m*
~/**контактный** Kontaktregler *m*
~/**контакторный** Schütz[en]regler *m*
~ **контрастности [изображения]** Kontrastregler *m*
~ **коэффициента рассогласования** Verstimmungsregler *m*
~/**ламповый** Röhrenregler *m*
~/**линейный** linearer Regler *m*
~/**магнитный** Magnetregler *m*
~/**мембранный** Membranregler *m*
~/**многопозиционный** Mehrpunktregler *m*
~ **мотки** *(Text)* Windungsregler *m*, Aufwindungsregler *m*, Quadrantregler *m (Spinnerei)*
~ **мощности** Leistungsregler *m*
~ **наддува кабины** *(Flg)* Kabinendruckregler *m*
~ **напряжения** *(El)* Spannungsregler *m*
~ **напряжения автомобильного генератора/вибрационный** Spannungsschwingregler *m (Kfz-Lichtmaschine)*
~ **напряжения/индукционный** Induktionsspannungsregler *m*
~ **напряжения сети** Netzspannungsregler *m*
~ **натяжения** Nachspannvorrichtung *f (Leitungstechnik)*
~ **натяжения нити** *(Text)* Spannungsregler *m (Fadenspannung)*
~/**негативный** *(Text)* negativer Regulator *m (Buckskin-Webstuhl)*
~/**нелинейный** nichtlinearer Regler *m*
~ **непрерывного действия** stetiger Regler *m*
~ **непрямого действия** indirekt wirkender Regler *m*, Regler *m* mit Hilfsenergie
~ **нижних частот** Tiefenregler *m*, Tieftonregler *m*
~/**ограничивающий** Begrenzungsregler *m*
~ **опережения зажигания/всережимный** Gesamtbereichszündversteller *m*
~/**основной** Hauptregler *m*
~ **«открыто-закрыто»** Auf-Zu-Regler *m*, Ein-Aus-Regler *m*, Zweipunktregler *m*
~ **пара** Dampfregler *m*

~/**педальный** 1. Fußregler *m*; 2. *(Text)* Pedalmuldenregler *m*, Klaviermuldenspeiseregler *m* *(Schlagmaschine)*
~/**первичный** Primärregler *m*
~ **перегрева** Überhitzungsregler *m*
~ **питания котла** Kesselspeiseregler *m*, Speisewasserregler *m* *(Dampfkessel)*
~/**плоский** Flachregler *m*
~ **плотности краски** *(Typ)* Farbdichteregler *m*
~/**пневматический** pneumatischer Regler *m*
~ **подачи топлива** Treibstoffregler *m* *(Turbinen-Luftstrahltriebwerk, Propeller-Turbinenluftstrahltriebwerk)*
~/**позитивный** *(Text)* positiver Regulator *m* *(Hodgson-Webstuhl)*
~ **поперечного поля/электромашинный** Amplidyne *f*, Querfeldverstärkermaschine *f*
~ **поплавковый** Schwimmerregler *m*
~ **предельный** *s.* ~ **безопасности**
~ **прерывистого действия** diskontinuierlicher (unstetiger, unstetig arbeitender) Regler *m*
~/**прерывистый** *s.* ~ **прерывистого действия**
~/**программируемый** programmierbarer Regler *m*
~/**программный** Zeitplanregler *m*, Programmregler *m*
~ **продольного поля/электромашинный** Längsfeldmaschinenregler *m*
~/**пропорционально-дифференциальный** Proportional-Differential-Regler *m*, proportional-differential wirkender Regler *m*, PD-Regler *m*
~/**пропорционально-интегрально-дифференциальный** proportional-integral-differenzierend wirkender Regler *m*, PID-Regler *m*
~/**пропорционально-интегральный** proportional-integralwirkender Regler *m*, PI-Regler *m*
~/**пропорциональный** proportionalwirkender Regler *m*, Proportionalregler *m*, P-Regler *m*
~/**пружинный** Federkraftregler *m*
~ **прямого действия** direkt wirkender Regler *m*, Regler *m* ohne Hilfsenergie
~ **расхода** 1. Durchflußmengenregler *m* *(Gase, Flüssigkeiten)*; 2. *(Hydr)* Stromregler *m*, Stromregelventil *n*
~/**релейный** Relaisregler *m*
~/**реостатный** Widerstandsregler *m*
~ **с воздействием по производной** Regler *m* mit Vorhalt, D-Regler *m*
~ **с воздействием по производной/пропорциональный** *s.* ~/**пропорционально-дифференциальный**
~ **с гибкой обратной связью** Regler *m* mit nachgebender Rückführung
~ **с жёсткой обратной связью** Regler *m* mit starrer Rückführung
~ **с несколькими воздействиями** Mehrfachregler *m*
~ **с предварением** Regler *m* mit Vorhalt
~ **с предварением/изодромный** PID-Regler *m*, proportional-integral wirkender Regler *m* mit Vorhalt
~ **с предварением/пропорциональный** *s.* ~/**пропорционально-дифференциальный**
~ **с предварительной установкой** voreinstellbarer Regler *m*
~ **с торможением вихревыми токами** Wirbelstromregler *m*
~/**самонастраивающийся** Regler *m* mit Selbsteinstellung
~/**сериесный** Hauptstromregler *m*
~/**сильфонный** Wellrohrmembranregler *m*
~ **скольжения** Schlupfregler *m*
~ **скорости** Drehzahlregler *m*, Geschwindigkeitsregler *m*
~ **скорости потока** *(Hydr)* Durchflußstromregler *m*
~ **скорости с дозирующим клапаном** *(Hydr)* Durchflußstromregler *m* mit Zuflußsteuerventil
~ **скорости с редукционным клапаном** *(Hydr)* Durchflußstromregler *m* mit Druckminderventil
~/**скоростной** *s.* ~ **скорости**
~/**следящий** Folgeregler *m*; Nachlaufregler *m*
~ **со струйной трубкой** *s.* ~/**струйный**
~/**спусковой** Hemmregler *m* *(Uhr)*
~/**статический** statischer Regler *m* *(s. a.* ~/**пропорциональный**)
~ **стока** *(Hydrol)* Abflußregler *m*
~/**струйный** hydraulischer Regler *m*, Fluidik-Regler *m*; Strahlrohrregler *m*
~/**ступенчатый** Stufenregler *m*
~ **тембра** Klang[farbe]regler *m*, Tonblende *f*
~ **тембра звука** *(Kine)* Tonblende *f*, Klangblende *f*, Klangregler *m*
~/**термоэлектрический** thermoelektrischer Regler *m*
~ **технологических процессов** Prozeßregler *m*
~ **тока** Stromregler *m*
~ **тона** *s.* ~ **тембра звука**
~/**тормозной** *(Eb)* Bremsregler *m*
~/**трёхпозиционный** Dreipunktregler *m*
~ **тяги** Zugregler *m*
~/**угольный [автоматический]** Kohle[druck]regler *m*
~ **уровня** Füllstandsregler *m*, Pegelregler *m*, Niveauregler *m*
~ **уровня воды** *(Hydt)* Wasserstandsregler *m*
~ **уровня жидкости** Flüssigkeitsstandregler *m*

~ уровня/радиоактивный radioaktiv gesteuerter Füllstandsregler *m*
~ усиления Verstärkungsregler *m*
~ фазы Phasenregler *m*
~/фотоэлектрический fotoelektrischer Regler *m*
~/центробежный Fliehkraftregler *m*, Zentrifugalregler *m*
~/цифровой Digitalregler *m*, digitaler Regler *m*
~ частоты Frequenzregler *m*
~ частоты непрерывного действия stetiger Frequenzregler *m*
~ частоты прерывистого действия unstetiger Frequenzregler *m*
~ числа оборотов Drehzahlregler *m*
~ шага воздушного винта *(Flg)* Luftschraubensteigungsregler *m*
~ шагового типа Schrittregler *m*
~/шаговой Schrittregler *m*
~/широтно-импульсный Breit-Impulsregler *m*
~/шунтовой Nebenschlußregler *m*
~/экстремальный Extremalregler *m*, Extrem[wert]regler *m*
~/электрогидравлический elektrohydraulischer Regler *m*
~ электродов Elektrodenregler *m* *(Elektrooten)*
~ электродов/установочный Elektrodenführung *f*
~ яркости Helligkeitsregler *m*
П-регулятор *m s.* **регулятор/пропорциональный**
редактирование *n* Redigieren *n*, Redigierung *f*; *(Dat)* Aufbereitung *f*
~ данных для печати *(Dat)* Druckaufbereitung *f*
~ программы *(Dat)* Programmvorbereitung *f*, Programmverbindung *f*
редан *m (Schiff)* Stufe *f (Gleitboot)*
редкослойный weitporig *(Holz)*
редокс-волокна *npl* Fäden *mpl* mit Elektronenaustauscheigenschaften *(Pulvermetallurgie)*
редоксметр *m* Redoxmeter *n*
редоксограмма *f* Redoxogramm *n*
редокс-потенциал *m* Redoxpotential *n*
редуктор *m* 1. Reduktor *m*, Reduzierer *m*, Reduktionskessel *m*, Reduzierkessel *m*; 2. Reduzierventil *n*, Druckminderventil *n*, Minderventil *n*, Druckminderer *m* *(für Flüssigkeiten und Gase)*; 3. *(Masch)* Untersetzungsgetriebe *n*; *i. w. S.* Getriebe *n (s. a. unter* **передача***)*
~/ацетиленовый Azetylen[gas]druckminderer *m*
~/бесступенчато-регулируемый stufenlos regelbares Getriebe *n*
~/водородный Wasserstoffdruckminderer *m*
~/газовый Druckminderer *m* für Gase, Flaschengasdruckminderer *m*
~ давления Reduzierventil *n*, Druckminderventil *n*
~/двухкамерный (двухступенчатый) zweistufiger Druckminderer *m*
~/длительный Dauerbetrieb *m*
~/жидкостный Druckminderer *m* für Flüssigkeiten
~/кислородный Sauerstoffdruckminderer *m*
~/конический Kegelradgetriebe *n*
~/коническо-цилиндрический Kegelrad-Stirnrad-Getriebe *n*
~/конусный фрикционный Kegelreibradgetriebe *n*
~/однокамерный einstufiger Druckminderer *m*
~/одноступенчатый 1. einstufiger Druckminderer *m*; 2. einstufiges Getriebe *n*
~/осевой *(Eb)* Achsgetriebe *n (Lok)*
~/постовой Schweißplatzdruckminderer *m*
~/рамповый *s.* **~/центральный**
~/центральный Großdruckminderer *m*, Batteriedruckminderer *m*
~/цилиндрический Stirnradgetriebe *n*
~/червячный Schneckengetriebe *n*
редунданс *m* Redundanz *f*, Weitschweifigkeit *f (einer Nachrichtenquelle; s. a. unter* **избыточность***)*
редуцирование *n* **передачи** *(Masch)* Untersetzung *f (Getriebe)*
редька *f (Schiff)* Hundspünt *m*, Hundepint *m*, Schwieping *m (Tauendverflechtung)*
режеляция *f s.* **смерзание**
режим *m* 1. Arbeitsweise *f*, Betriebsweise *f*, Betriebsart *f*, Betrieb *m*; *(Dat auch)* Modus *m*; 2. Verfahren *n*, Verfahrensweise *f*, Führung *f*, Gang *m*; 3. Zustand *m*, Verhältnisse *npl*
~/аварийный Notbetrieb *m*, Störungsbetrieb *m*
~/автоколебательный Selbstschwingungszustand *m*, Eigenschwingungszustand *m*
~/автоматический automatischer Betrieb *m*
~ автоматического управления рулём *(Schiff)* automatische Steuerung *f (der Rudermaschine)*
~/автономный *(Dat)* autonomer (selbständiger, unabhängiger) Betrieb *m*
~/апериодический aperiodischer Zustand (Betrieb) *m*
~/асинхронный *(Dat)* Asynchronbetrieb *m*
~ атмосферной циркуляции *(Meteo)* Zirkulationsverlauf *m*, Zirkulationsverhältnisse *npl*
~/барический *(Meteo)* Luftdruckverteilung *f*, Luftdruckverhältnisse *npl*
~ безвахтенного обслуживания машинного отделения *(Schiff)* wachfreier Maschinenbetrieb *m*

~/**бездетонационный** klopffreier Betrieb *m (Verbrennungsmotor)*
~ **брожения** *(Ch)* Gärführung *f*
~ **бурения** *(Bgb)* Bohrregime *n*
~/**буферный** *(El)* Pufferbetrieb *m*
~ **вахтенного обслуживания машинного отделения** *(Schiff)* Maschinenbetrieb *m* mit besetztem Maschinenraum
~ **ввода** *(Dat)* Eingabemodus *m*
~ **ветров** *(Meteo)* Windregime *n*
~/**ветроволновой** *(Schiff)* Wind- und Wellenverhältnisse *npl*, Seegang *m* und Windstärke *f*
~/**взлётный** *(Flg, Rak)* Startleistung *f*
~ **висения** Standschwebe *f (Hubschrauber)*
~/**водный** 1. Wasserhaushalt *m*; 2. *(Hydrol)* Wasserverhältnisse *npl (zeitliche Veränderung des Wasserstandes und -volumens in Flüssen, Seen, Sümpfen)*
~/**водоизмещающий** *(Schiff)* Verdrängungsfahrt *f (Tragflächenboot)*
~/**волновой** *(Schiff)* Seegangszustand *m*
~ **вывода** *(Dat)* Ausgabemodus *m*
~/**вынужденный** erzwungener Zustand (Betrieb) *m*
~ **выполнения программы/одиночный** *(Dat)* Einzelprogrammbetrieb *m*
~/**выпрямительный** *(El)* Gleichrichterbetrieb *m*, GR-Betrieb *m*
~/**генераторный** *(El)* Generatorbetrieb *m*, Betrieb *m* als Generator
~ **генерации одной частоты** *(Opt)* Einmodenbetrieb *m*, Einfrequenzbetrieb *m (eines Lasers)*
~/**гидрологический** *(Hydrol)* hydrologische Verhältnisse *npl*
~/**гидрометеорологический** *(Hydrol)* hydrometeorologische Verhältnisse *npl*
~/**гидрохимический** *(Hydrol)* hydrochemische Verhältnisse *npl*
~ **горения** Flammenführung *f*
~/**двигательный** Motorbetrieb *m*, Betrieb *m* als Motor
~/**двухполюсный** *(El)* Doppelstrombetrieb *m*
~/**двухпроводной** *(Fmt)* Zweidrahtbetrieb *m*
~/**двухтактный** *(El)* Gegentaktbetrieb *m*
~/**детонационный** Betriebszustand *m* mit Klopferscheinungen, „Klopfbetrieb" *m (Verbrennungsmotor)*
~ **диалога** *(Dat)* Dialogbetrieb *m*
~/**диалоговый** *(Dat)* Dialogbetrieb *m*
~/**динамический** dynamischer Betrieb *m*
~/**длительный** Dauerbetrieb *m*
~/**дуплексный** *(Fmt)* Duplexbetrieb *m*
~ **дутья** *(Met)* Windführung *f*
~ **загрузки** *(Dat)* LOAD-Modus *m*
~ **заливки** *(Gieß)* Gießmethode *f*, Gießverfahren *n*
~ **замачивания (замочки)** Weichordnung *f*, Weicharbeit *f (Mälzerei)*
~ **запирания** Sperrbetrieb *m (eines Transistors)*
~ **запроса** *(Dat)* Abrufbetrieb *m*
~ **золения** *(Led)* Äschersystem *n*
~ **имитации** *(Dat)* Simulationsbetrieb *m*
~/**импульсный** *(El)* Impulsbetrieb *m*, Tastbetrieb *m*; *(Dat)* Stoßbetrieb *m*
~/**инверторный** *(El)* Wechselrichterbetrieb *m*, WR-Betrieb *m*
~ **испытания** Prüfvorgang *m*, Prüfverlauf *m*
~ **истинного движения** Betriebsart *f* Absolutdarstellung *(Radar)*
~/**кавитационный** Kavitationszustand *m*
~ **ключа** Schalterbetrieb *m (eines Transistors)*
~/**коммутационный** Schaltzustand *m*
~/**конденсационный** Kondensationsbetrieb *m*
~ **контрольного суммирования по столбцам** *(Dat)* Quersummenmodus *m*
~ **короткого замыкания/установившийся** *(El)* Dauerkurzschlußbetrieb *m*
~/**крановый** *(Schiff)* Schwingbaumbetrieb *m (Ladebäume)*
~/**критический** kritischer Betriebszustand *m*
~/**крыльевой** Tragflächenfahrt *f (Tragflächenboot)*
~/**лазерный** *(Opt)* Laserbetrieb *m*
~/**ледовый** *(Hydrol)* Eisverhältnisse *npl*
~/**лётный** Flugleistung *f*
~ **магазина** *(Dat)* Magazinbetrieb *m*
~/**монопольный** *(Dat)* Stoßbetrieb *m*, Einpunktbetrieb *m*
~/**мультиплексный** *(Dat)* Mehrpunktbetrieb *m*
~/**мультипрограммный** *(Dat)* Multiprogrammbetrieb *m*
~/**мультисистемный** *(Dat)* Multisystembetrieb *m*
~ **нагрева** *(Wmt)* Erhitzungsverfahren *n*, Anwärmverfahren *n*, Temperaturführung *f* beim Wärmen
~/**нагрузочный** *(El)* Lastbetrieb *m*, Betrieb *m* mit Leistungsabgabe
~ **наносов** *(Hydrol)* Geschiebe- und Schwebstoffverhältnisse *npl*
~/**недонапряжённый** *(El)* unterspannter Betriebszustand *m*
~ **незатухающих колебаний** *(FO)* Dauerstrichbetrieb *m*
~ **непосредственного управления** *(Dat)* abhängiger (gekoppelter, on-line) Betrieb *m*
~/**непрерывный** *(Dat)* Dauerbetrieb *m*
~/**нестабильный (нестационарный)** *s.* ~/**неустановившийся**
~/**неустановившийся (неустойчивый)** nichtstationärer (instabiler) Betrieb *m*

~/**номинальный** *(El)* Nenn[betriebs]zustand *m*, Nennbetrieb *m*
~/**номинальный генераторный** *(El)* Generatornennbetrieb *m*
~/**номинальный двигательный** *(El)* Motornennbetrieb *m*
~/**нормальный** normaler Betrieb (Verlauf) *m*; normale Verhältnisse *npl* (Bedingungen *fpl*)
~ **обеднения канала носителями** Betriebsweise *f* mit Verarmungs[rand]-schicht, Entblößungssteuerung *f* *(bei Feldeffekttransistoren)*
~ **обжатий** *(Wlz)* Stichplan *m*, Stichverteilung *f*
~ **обжига** *(Bw)* Brennverfahren *n* *(Baustoffe)*
~ **обогащения канала носителями** Betriebsweise *f* mit Anreicherungs[rand]-schicht, Anreicherungssteuerung *f* *(bei Feldeffekttransistoren)*
~ **обработки [данных]** *(Dat)* Verarbeitungszustand *m*, Verarbeitungsbetrieb *m*
~/**огневой** Feuerführung *f*
~ **огня** *(Mil)* Feuerregime *n*
~/**одноабонентный** *(Dat)* Einpunktbetrieb *m*
~/**однократный** einmaliger Betrieb *m*
~/**однополюсный** *(El)* Einfachstrombetrieb *m*
~/**однопрограммный** *(Dat)* Monoprogrammverarbeitung *f*
~/**однопроцессорный** *(Dat)* Einfachverarbeitung *f*
~ **«он-лайн»** *(Dat)* on-line Betrieb *m*
~ **опроса** *(Dat)* Abfragebetrieb *m*, Abrufbetrieb *m*
~/**оптимальный** *s.* ~/**экономический**
~ **отжига** *(Härt)* Glühverfahren *n*, Temperaturhaltung *f* beim Glühen, Glühkurve *f*, Glühzyklus *m*
~ **относительного движения** Betriebsart *f* Relativdarstellung *(Radar)*
~ **«офф-лайн»** *(Dat)* off-line Betrieb *m*
~ **охлаждения** Abkühlungsverlauf *m*, Abkühlungsbedingungen *fpl*
~ **пакетной обработки** *(Dat)* Stapelverarbeitungsbetrieb *m*
~/**пакетный** *(Dat)* Stapelbetrieb *m*
~ **параллельной обработки** *(Dat)* Parallelverarbeitung *f*
~/**параллельный** *(Dat)* Parallelbetrieb *m*
~ **перегрузки топлива** *(Kern)* Brennstoffumladung *f*
~/**переменный** *s.* ~/**неустановившийся**
~/**перенапряжённый** *(El)* überspannter Betriebszustand *m*
~ **пересылки** *(Dat)* Transportmodus *m*
~/**переходный** *s.* ~/**неустановившийся**
~/**периодический** *(Met)* Chargenbetrieb *m*
~ **печи** *(Met)* Ofengang *m*, Ofenführung *f*
~/**пиковый** *(El)* Spitzen[last]betrieb *m*
~/**пищевой** Nährstoffhaushalt *m* *(Bodenkunde)*
~ **плавки** *(Met)* Schmelzführung *f*, Schmelzbedingungen *fpl*, Schmelzgang *m*
~ **планирования** *(Flg)* Gleitfluglage *f*
~ **погоды** Wetterverhältnisse *npl*, Witterungsverlauf *m*
~ **подземных вод** *(Hydrol)* unterirdische Gewässerverhältnisse *npl*, Bodenwasserverhältnisse *npl*
~ **подстановки** *(Dat)* Substitutionsmodus *m*
~ **поиска** *(Dat)* Locate-Modus *m*, Sucharbeit *f*
~ **полёта** *(Flg)* Flugzustand *m*; Fluglage *f*
~ **полёта/второй** überzogener Flugzustand *m*, Sackzustand *m*
~ **поперечного контрольного суммирования** *(Dat)* Quersummenmodus *m*
~ **потока** *(Hydrod)* Strömungszustand *m*
~ **потока/ламинарный** laminarer Strömungszustand *m*
~ **потока/турбулентный** turbulenter Strömungszustand *m*
~ **почвы/воздушный** Lufthaushalt *m*, Luftverhältnisse *npl* *(Boden)*
~/**пошаговый** *(Dat)* Schrittbetrieb *m*
~ **при зарядке** *(El)* Ladebeanspruchung *f*
~ **простого управления рулём** *(Schiff)* Zeitsteuerung *f* *(der Rudermaschine)*
~ **работы** Arbeitsweise *f*, Betriebsweise *f*, Betriebsart *f*, Betriebsverhalten *n*; *(Dat auch)* Modus *m*
~ **работы/безаварийный** störungsfreier Betrieb *m*
~ **работы/бесперебойный** unterbrechungsfreier Betrieb *m*
~ **работы/групповой** *(Dat)* Stoßbetrieb *m*
~ **работы двигателя/взлётный** *(Flg)* Volllastbetrieb *m* *(des Triebwerks beim Start)*
~ **работы/длительный** Dauerbetrieb *m*
~ **работы/кратковременный** Kurzbetrieb *m*, Kurzzeitbetrieb *m*
~ **работы/непрерывный** ununterbrochener (kontinuierlicher, stetiger) Betrieb *m*
~ **работы/неравномерный** schwankender (unregelmäßiger) Betrieb *m*
~ **работы печи** Ofenführung *f*, Ofenbetrieb *m*
~ **работы/повторно-кратковременный** aussetzender Betrieb *m*, Aussetzbetrieb *m*
~ **работы/полуавтоматический** halbautomatischer (halbselbsttätiger) Betrieb *m*
~ **работы/поточный** *(Dat)* Stoßbetrieb *m*
~ **работы/продолжительный** Dauerbetrieb *m*

~ **работы реактора** *(Kern)* Betriebsverhalten *n* des Reaktors
~ **работы с несколькими дорожками** *(Dat)* Mehrfachspuroperation *f*
~ **работы с несколькими заданиями** *(Dat)* Multijobbetrieb *m*
~ **работы с несколькими задачами** *(Dat)* Multitaskoperation *f*
~ **работы с одной задачей** *(Dat)* Einaufgabenbetrieb *m*
~ **работы с постоянным циклом** *(Dat)* Taktgeberbetrieb *m*, Zeitgeberbetrieb *m*
~/**рабочий** *(Flg, Rak)* Vollastbetrieb *m*
~/**разговорный** *(Dat)* Dialogbetrieb *m*
~ **реактора** *(Kern)* Reaktor[betriebs]verhalten *n*
~ **реактора/временной** Zeitverhalten *n* des Reaktors
~ **реактора/критический** kritisches (stationäres) Verhalten *n* des Reaktors, kritischer (stationärer) Zustand *m* des Reaktors
~ **реактора/надкритический** überkritisches Verhalten *n* des Reaktors
~ **реактора/нестационарный** nichtstationäres Verhalten *n* des Reaktors, nichtstationärer Zustand *m* des Reaktors
~ **реактора/переходный** Übergangsverhalten *n* des Reaktors
~ **реактора/подкритический** unterkritisches Verhalten *n* des Reaktors
~ **реактора/пусковой** Anlaufverhalten (Startverhalten) *n* des Reaktors
~ **реактора/стационарный** *s.* ~ **реактора/критический**
~ **реального времени** *(Dat)* Echtzeitbetrieb *m*
~/**реверсивный** *(El)* Reversierbetrieb *m*, Umkehrbetrieb *m*
~ **редактирования [межпрограммных связей]** *(Dat)* LINK-Modus *m*
~ **резания** *(Fert)* Zerspanungsbedingungen *fpl*, Zerspanungsdaten *pl*
~ **реки** *(Hydrol)* Flußregime *n*
~ **руслового процесса** *(Hydrol)* Flußbettbildungsverhältnisse *npl*
~ **ручного управления** manueller Betrieb *m*, Handbetrieb *m*
~ **с несколькими дорожками** *(Dat)* Mehrfachspuroperation *f*
~ **с несколькими заданиями** *(Dat)* Multijobbetrieb *m*
~ **с одной задачей** *(Dat)* Einaufgabenbetrieb *m*
~ **с постоянным циклом** *(Dat)* Taktgeberbetrieb *m*, Zeitgeberbetrieb *m*
~ **сварки** *(Schw)* Schweißdaten *pl*; Schweißparameter *mpl*; Schweißbedingungen *fpl*
~/**селекторный** *(Dat)* Selektorbetrieb *m*, Stoßbetrieb *m*
~/**силовой** Kräfteverteilung *f*, Kräfteführung *f*, Kräfteverhältnisse *npl*, Kräfteeinteilung *f*
~/**симплексный** *(Fmt)* Simplexbetrieb *m*
~ **сканирования** *(Dat)* Durchmusterungsmodus *m*
~/**скоростной** Schnellarbeitsmethode *f*; wirtschaftliche Arbeitsbedingungen *fpl*
~ **следящего управления рулём** *(Schiff)* Wegsteuerung *f*, sympathische Steuerung *f*, Folgesteuerung *f* *(der Rudermaschine)*
~/**следящий** Folgebetrieb *m*
~ **совместной работы** *(Dat)* gekoppelte Arbeitsweise *f*, gekoppelter Betrieb *m*, on-line Betrieb *m*
~/**совмещённый** *(Dat)* gleichzeitiger Betrieb *m*
~ **солодоращения (соложения)** Haufenführung *f* *(Mälzerei)*
~/**средний** mittlerer Zustand *m*
~/**стабильный** *s.* ~/**установившийся**
~/**статический** statischer Betrieb *m*
~/**стационарный** *s.* ~/**установившийся**
~/**стационарный тепловой** stationärer Wärmezustand *m*
~ **стока** *(Hydrol)* Abflußverhältnisse *npl*
~/**стояночный** *(Schiff)* Hafenbetrieb *m*
~ **сушки солода** Darrführung *f*, Darrordnung *f* *(Mälzerei)*
~/**температурно-влажностный** Temperatur- und Feuchtigkeitsverhältnisse *npl*
~/**температурный** Temperaturführung *f*, Temperaturverhältnisse *npl*
~/**тепловой** Wärmehaushalt *m*, Wärmebilanz *f*, Wärmezustand *m*, Wärmehaltung *f*
~/**термический** *(Hydrol)* Temperaturverhältnisse *npl*
~/**технологический** technologische Führung *f*, Fahrweise *f*, Technologie *f* *(eines Prozesses)*; technologische Bedingungen *fpl*; technologische Vorschriften *fpl*
~ **течения** Strömungsart *f*
~ **топки** Feuerführung *f*
~/**тяговый** Fahrbetrieb *m*
~ **уровня** *(Hydrol)* Wasserstandsverhältnisse *npl*
~ **ускорения/бетатронный** *(Kern)* Betatron[beschleunigungs]betrieb *m* *(Teilchenbeschleunigung)*
~/**установившийся [рабочий]** eingeschwungener (stabiler, stationärer, gleichförmiger) Betrieb *m*, Beharrungszustand *m*
~/**устойчивый** stabiler Betrieb (Zustand) *m*
~/**устойчивый тепловой** Wärmestau *m*
~/**форсажный** *(Flg, Rak)* Nachbrennleistung *f*
~/**ходовой** *(Schiff)* Fahrbetrieb *m*, Fahrtbetrieb *m*

~/**циклический** *(Met)* Chargenbetrieb *m*; *(Dat)* repetierender Betrieb *m*
~ **шлака** *(Met)* Schlackenführung *f*, Schlackengang *m*, Schlackenarbeit *f*
~/**шлаковый** *s.* ~ **шлака**
~/**экономический** wirtschaftliche Bedingungen *fpl*
~ **эксплуатации** *(Dat)* Betriebsart *f*, Betriebszustand *m*
~/**электрический** elektrischer Betrieb[szustand] *m*
режущий schneidend, scharf; Schneid ..., Schnitt ...
рез *m* *(Typ)* Schnitt *m*
~/**вертикальный** Senkrechtschnitt *m*
~/**криволинейно-параллельный** Schrägschnitt *m*
~/**ножничный** Scherschnitt *m*
~/**параллельный** Parallelschnitt *m*
~/**сабельный** Schwingschnitt *m*
резак *m* 1. *(Schw)* Schneidbrenner *m*, Brenner *m*; 2. *(Typ)* Beschneidehobel *m*
~/**автогенный** Autogenschneidbrenner *m*
~/**ацетилено-кислородный** Azetylenschneidbrenner *m*
~/**безынжекторный** Gleichdruckschneidbrenner *m*, injektorloser Schneidbrenner *m*
~/**бензино-кислородный** Benzinschneidbrenner *m*
~ **внесоплового смешения/машинный** außenmischender Maschinenschneidbrenner *m*
~ **внутрисоплового смешения/машинный** innenmischender Maschinenschneidbrenner *m*
~/**водородно-кислородный** Wasserstoffschneidbrenner *m*
~/**вставной** Schneideinsatz *m* *(für Universalschweiß- und -schneidgeräte)*
~ **высокого давления** *s.* ~/**безынжекторный**
~/**газовый** *s.* ~/**кислородный**
~/**газовый разделительный** Maschinenschneidbrenner *m* für Trennschnitte
~/**газокислородный** *s.* ~/**кислородный**
~/**двухпламенный (двухфакельный)** Zweiflammenschneidbrenner *m*
~/**двухшланговый** Zweischlauchbrennschneider *m*
~ **для аргонодуговой резки** Argon-Lichtbogen-Schneidbrenner *m*, Argonarc-Schneidbrenner *m*
~ **для воздушно-дуговой резки** Druckluft-Lichtbogen-Schneidbrenner *m*
~ **для выплавки пороков** Spezialringdüsenbrenner *m* für die Ausbesserung von Stahlgußfehlern *(wie Oberflächenrisse, Poren, Lunker)*
~ **для вырезки отверстий** Lochschneidbrenner *m*
~ **для вырезки труб** *Spezialschneidbrenner mit Innenschneidkopfführung für den Ausbau von Dampfkessel-Rauchgasrohren*
~ **для жидких горючих** Schneidbrenner *m* für flüssige Brennstoffe *(Benzin, Petroleum, Benzol)*
~ **для кислородно-дуговой резки** Sauerstoff-Lichtbogen-Brenner *m*, Oxyarc-Brenner *m*
~ **для кислородной вырезки (вырубки) канавок** Fugenhobler *m*
~ **для кислородной строжки** *s.* ~/**обдирочный**
~ **для кислородно-флюсовой резки** Pulverschneidbrenner *m*
~ **для плазменно-дуговой резки** Wolfram-Inertgas-Brenner *m*, WIG-Brenner *m*, Plasmabrenner *m* mit übertragenem Lichtbogen
~ **для плазменной резки** Plasmabrenner *m* mit nicht übertragenem Lichtbogen
~ **для поверхностной воздушно-дуговой резки** Druckluftlichtbogenhobler *m*
~ **для поверхностной кислородной резки** *s.* ~/**обдирочный**
~ **для поверхностной кислородно-флюсовой резки** Pulverbrennhobler *m*
~ **для поверхностной резки** Brennhobler *m*
~ **для подводной резки** Unterwasserschneidbrenner *m*
~ **для подводной резки/водородно-кислородный** Wasserstoff-Unterwasserschneidbrenner *m*
~ **для разделительной воздушно-дуговой резки** Brenner *m* für Luft-Lichtbogen-Trennen
~ **для разделительной резки** *s.* ~/**газовый разделительный**
~ **для резки больших толщин при высоком давлении кислорода** Hochdruck-Starkschneidbrenner *m* *(für Dicken über 1 500 mm)*
~ **для резки больших толщин при низком давлении кислорода** Niederdruck-Starkschneidbrenner *m* *(für Dicken über 600 mm)*
~ **для срезки заклёпочных головок** *s.* ~/**заклёпочный**
~/**заклёпочный** Nietkopfbrennschneider *m*, Nietkopfabschneider *m*
~/**инжекторный** Injektorschneidbrenner *m*, Saugschneidbrenner *m*, Niederdruckschneidbrenner *m*
~/**кислородный** Schneidbrenner *m*
~/**машинный инжекторный** Injektormaschinenschneidbrenner *m*, Niederdruckschneidbrenner *m*
~/**машинный кислородный** Maschinenschneidbrenner *m*

~ низкого давления *s.* **~/инжекторный**
~/обдирочный Sauerstoffflächenhobler *m*
~/плазменно-дуговой Plasmabrenner *m*, Plasmaschneidgerät *n*
~/подводный газовый (газокислородный) *s.* **~/подводный кислородный**
~/подводный кислородный Unterwasserschneidbrenner *m*
~ равного давления/машинный Gleichdruckmaschinenschneidbrenner *m*, injektorloser Maschinenschneidbrenner *m*
~/ручной кислородный Handschneidbrenner *m*
~ с концентрическими каналами [/кислородный] Ringdüsenschneidbrenner *m*
~ с последовательно расположенными соплами/кислородный *s.* **~ с последовательными каналами**
~ с последовательными каналами Schneidbrenner *m* mit hintereinanderliegenden Düsen
~ с циркулем/кислородный Schneidbrenner *m* mit Zirkeleinrichtung für Rundschnitte
~/тангенциальный *s.* **~/обдирочный**
~/трёхвентильный двухниппельный машинный Zweischlauch-Maschinenschneidbrenner *m* mit drei Ventilen *(je ein Ventil für Azetylen, Vorwärm- und Schneidsauerstoff)*
~/трёхшланговый машинный Dreischlauch-Maschinenschneidbrenner *m*
резание *n* 1. Schneiden *n*, Schnitt *m*; 2. *s.* **~ металлов**
~ главной режущей кромкой *s.* **~/свободное**
~ металлов Spanen *n*, spanende (spangebende, spanabhebende) Formung *f*
~/несвободное *s.* **~/сложное**
~/прерывистое unterbrochener Schnitt *m*
~/свободное freies Spanen (Schneiden) *n*, freier Schnitt *m* *(Spanen nur mit der Hauptschneidkante)*
~/скоростное Schnellzerspanung *f*, wirtschaftliches Spanen *n*
~/сложное gebundener Schnitt *m* *(Spanen mit Haupt- und Nebenschneidkante)*
резать 1. schneiden; 2. *(Fert)* spanen *(Metalle)*
~ по дереву schnitzen
резачок *m* *(Wkz)* Drehling *m*, Drehzahn *m* *(Stück eines Stabes aus Schnellarbeitsstahl ohne besonderen Schneidenanschliff)*
резень-киль *m* *(Schiff)* Gegenkiel *m* *(Holzschiffbau)*
резерв *m* 1. Reserve *f*; Vorrat *m*; 2. Rücklage *f*; 3. *(Mil)* Reserve *f*
~/аварийный Notreserve *f* *(Energieerzeugung)*
~/вращающийся heiße (rotierende) Reserve *f* *(Energieerzeugung)*
~ времени Zeitreserve *f*
~/горячий 1. *(Schiff)* Startbereitschaft *f*, vorgewärmter Zustand *m* *(der Diesel-Generatoren)*; 2. *s.* **~/вращающийся**
~/мгновенный *(El)* Augenblicksreserve *f* *(Energieerzeugung)*
~ мощности Leistungsreserve *f*
~/огневой *(Mil)* Feuerreserve *f*
~/противотанковый *(Mil)* Panzerabwehrreserve *f*
~/холодный kalte (nicht eingesetzte) Reserve *f* *(Energieerzeugung)*
~/эксплуатационный Betriebsreserve *f* *(Energieerzeugung)*
резервирование *n* Reservenbildung *f*
~ насосов/автоматическое *(Schiff)* Stand-by-Schaltung *f* der Pumpen
резервировать 1. reservieren, aufbewahren, bevorraten; 2. *(Text)* reservieren *(das Anfärben einer bestimmten Faserart verhindern)*
резервуар *m* Behälter *m*, Speicher *m*, Gefäß *n*; Tank *m* *(s. a. unter* **ёмкость, сосуд** *und* **хранилище***)*
~/водонапорный Wasserhochbehälter *m*
~/водяной Wasserspeicher *m*
~/воздушный Luftbehälter *m*
~ высокого давления Hochdruckbehälter *m*, Hochdruckgefäß *n*, Druckbehälter *m*, Druckgefäß *n*
~/газовый Gasbehälter *m*
~/главный Hauptbehälter *m*
~/двухкамерный уравнительный *(Hydt)* Zweikammerwasserschloß *n*
~/дифференциальный уравнительный *(Hydt)* Differentialwasserschloß *n*
~/задерживающий Aufhaltebecken *n*
~/запасной Wasservorratsbehälter *m*, Reservebehälter *m* *(z. B. für Feuerlöschzwecke)*
~/контактный Kontaktfilterbecken *n*
~/красочный *(Typ)* Farbkasten *m* *(Druckmaschine)*
~/масляный Ölbehälter *m*, Öltank *m*
~/напорный Druckbehälter *m*, Druckgefäß *n*
~ низкого давления Niederdruckbehälter *m*
~/отстойный Absetzbehälter *m*, Absetzbecken *n* *(Abwasserklärung)*
~/пескодувный *(Gieß)* Blaskopf *m* *(Kernblasmaschine)*
~/пескострельный *(Gieß)* Schießkopf *m* *(Kernschießmaschine)*
~/подземный Tiefbehälter *m*
~/приёмный Sammelbehälter *m*; Einlaufbecken *n* *(Wasserkraftwerk)*
~/противопожарный Feuerlöschteich *m*
~/регулирующий *(Hydt)* Ausgleichbecken *n*, Ausgleichbehälter *m*
~/сборный Sammelbecken *n*, Sammelbehälter *m*, Speicher *m*

~/уравнительный Ausgleichbehälter *m*, Ausgleichbecken *n*; Wasserschloß *n*
~/цилиндрический zylinderförmiger (zylindrischer) Behälter *m*
резерфорд *m* Rutherford *n*, Rutherford-Einheit *f* *(Einheit der Radioaktivität)*
резерфордий *m* *s.* **курчатовий**
резец *m* 1. Meißel *m* *(spanendes Maschinenwerkzeug für das Drehen, Hobeln, Stoßen)*; 2. Einsatzschneide *f*, Einsatzmesser *n*, Einsatzzahn *m* *(für Fräswerkzeuge, besonders Messerköpfe)*
~/алмазный токарный Diamantdrehwerkzeug *n*
~/гальтельный Ausrunddrehmeißel *m*, Hohlkehlendrehmeißel *m*
~/гравировальный *(Typ)* Gravierstichel *m*
~/дисковый резьбовой runder Gewindeformdrehmeißel *m* *(für Außen- und Innengewinde)*
~ для внутреннего точения Innendrehmeißel *m*
~ для внутренней метрической резьбы/резьбовой Drehmeißel *m* für metrisches Innengewinde
~ для внутренней трапецеидальной резьбы/резьбовой Drehmeißel *m* für Trapezinnengewinde
~ для глухих отверстий/токарный расточный Bohrdrehmeißel *m* für Grundbohrungen
~ для наружного точения Außendrehmeißel *m*
~ для наружной метрической резьбы/резьбовой Drehmeißel *m* für metrisches Außengewinde
~ для наружной трапецеидальной резьбы/резьбовой Drehmeißel *m* für Trapezaußengewinde
~ для продольного обтачивания Langdrehmeißel *m*
~ для сквозных отверстий/токарный расточный Bohrdrehmeißel *m* für Durchgangsbohrungen
~ для строгания в обоих направлениях/проходной Meißel *m* zum Langhobeln im Vor- und Rücklauf
~ для строгания двугранных углов Prismenhobelmeißel *m* *(Hobeln spitzwinkliger Ecken, scharfer Absätze und von Schwalbenschwanznuten)*
~ для тонкого точения/токарный Feinstdrehmeißel *m* *(Diamantdrehwerkzeug; hartmetallbestückter Drehmeißel)*
~ для шпоночных пазов/долбёжный Keilnutenstoßmeißel *m*
~/долбёжный Stoßmeißel *m*
~/долбёжный прорезной Stoßstechmeißel *m*
~/долбёжный проходной двусторонний Spitzstoßmeißel *m*
~/долбёжный шпоночный Keilnutenstoßmeißel *m*
~/зуборезный Zahn[wälz]hobelmeißel *m* *(zur Herstellung von Geradzahnkegelrädern im Wälzverfahren)*
~/зуборезный прорезной Zahneinstechhobel[wälz]meißel *m*
~/зуборезный черновой Zahnschrupphobel[wälz]meißel *m*
~/зуборезный чистовой Zahnschlichthobel[wälz]meißel *m*
~/зубострогальный *s.* **~/зуборезный**
~/изогнутый вверх токарный Drehmeißel (Schlichtdrehmeißel) *m* mit nach oben vorgekröpftem Schaft, Schwanenhalsmeißel *m*
~/изогнутый вниз токарный Drehmeißel (Schlichtdrehmeißel) *m* mit nach unten zurückgekröpftem Schaft
~/изогнутый вперёд строгальный vorgekröpfter (vorwärts gekröpfter) Hobelmeißel *m*
~/изогнутый назад строгальный zurückgekröpfter (rückwärts gekröpfter) Hobelmeißel *m*
~/изогнутый отрезной токарный gekröpfter Abstechdrehmeißel *m*
~/изогнутый строгальный gekröpfter Hobelmeißel *m*
~/изогнутый токарный gekröpfter Drehmeißel *m*
~/канавочный токарный Einstechdrehmeißel *m*, Nutendrehmeißel *m*
~/комбинированный строгальный kombinierter Hobelmeißel *m* *(zur Bearbeitung der senkrechten und waagerechten Fläche eines Absatzes in einem Arbeitsgang ohne Umspannung des Werkzeugs)*
~/круглый многониточный резьбовой mehrschneidiger (mehrzahniger) runder Gewindeformdrehmeißel *m*
~/круглый однониточный резьбовой einschneidiger (einzahniger) runder Gewindeformdrehmeißel *m*
~/круглый радиальный фасонный runder Formdrehmeißel *m* für Vorschub radial (quer) zur Werkstückachse
~/круглый резьбовой runder Gewindeformdrehmeißel *m* *(für Außen- und Innengewinde)*
~/круглый тангенциальный runder Formdrehmeißel *m* für Vorschub parallel (längs) zur Werkstückachse
~/круглый фасонный runder Formdrehmeißel *m*, Scheibenrundmeißel *m*
~/нормальный чистовой проходной токарный Schlichtdrehmeißel *m*, Spitzschlichtdrehmeißel *m*
~/обдирочный токарный Schruppdrehmeißel *m*

~, оснащённый твёрдым сплавом/стержневой резьбовой hartmetallbestückter Außengewindedrehmeißel *m*

~/отогнутый подрезной gebogener Seitendrehmeißel *m*, Eckmeißel *m*

~/отогнутый прорезной строгальный Hakenmeißel *m*, T-Nutenmeißel *m* *(zum Aushobeln von T-Nuten und zur Bearbeitung zurückspringender Seitenflächen)*

~/отогнутый прорезной токарный gebogener Stechdrehmeißel *m*

~/отогнутый проходной токарный gebogener Schruppdrehmeißel *m*

~/отогнутый строгальный gebogener Hobeldrehmeißel *m*

~/отогнутый токарный gebogener Drehmeißel *m*

~/отрезной 1. Abstechhobelmeißel *m*; 2. Abstechdrehmeißel *m*

~ под выход резьбы/канавочный прорезной Außengewindeauslaufrillen-Einstechmeißel *m*

~ под выход резьбы/канавочный расточный Innengewindeauslaufrillen-Einstechdrehmeißel *m*

~/подрезной расточный Innenseitendrehmeißel *m* *(zur Herstellung von Grundbohrungen mit flachem Grund)*

~/подрезной строгальный Seitenhobelmeißel *m* *(zum Hobeln scharfkantiger Absätze und senkrechter Flächen)*

~/получистовой строгальный Halbschrupphobelmeißel *m*

~/получистовой токарный Halbschruppdrehmeißel *m*

~/правый токарный rechter Drehmeißel *m*

~/призматический многониточный резьбовой mehrschneidiger gerader Gewindeformdrehmeißel *m*

~/призматический однониточный резьбовой einschneidiger gerader Gewindedrehmeißel *m*

~/призматический резьбовой gerader Gewindeformdrehmeißel *m* *(für Außengewinde)*

~/призматический тангенциальный Tangentialrunddrehmeißel *m*

~/призматический фасонный gerader Formdrehmeißel *m*

~/прорезной канавочный расточный Hakendrehmeißel *m* *(zur Herstellung von Nuten in einer Bohrung)*

~/прорезной строгальный Stechhobelmeißel *m*, Nutenhobelmeißel *m*

~/прорезной токарный Einstechdrehmeißel *m*, Nutendrehmeißel *m*

~/проходной строгальный Langhobelmeißel *m* *(zur Bearbeitung waagerechter Flächen)*

~/проходной токарный Langdrehmeißel *m* *(zum Drehen zylindrischer Werkstücke mit Vorschub parallel zur Werkstückachse)*

~/проходной упорный токарный abgesetzter Seitendrehmeißel *m* *(Plandrehen mit Vorschub parallel zur Werkstückachse)*

~/пружинящий резьбовой federnder [nach oben gekröpfter] Schlichtdrehmeißel *m*, Schwanenhalsmeißel *m*

~/пружинящий строгальный Schlichthobelmeißel *m* in vorwärts gekröpftem federndem Meißelhalter

~/прямой подрезной токарный gerader Seitendrehmeißel *m*

~/прямой прорезной токарный gerader Stechdrehmeißel (Nutendrehmeißel) *m*

~/прямой проходной токарный gerader Schruppdrehmeißel *m*

~/прямой строгальный gerader Hobelmeißel *m*

~/прямой токарный gerader Drehmeißel *m*

~/радиусный 1. Radiushobelmeißel *m*, Rundungshobelmeißel *m*; 2. Radiusdrehmeißel *m*, Rundungsdrehmeißel *m*

~/расточный Bohrdrehmeißel *m*

~/расточный державочный Einsatzbohrdrehmeißel *m*, Bohrstangendrehmeißel *m*

~/расточный упорный державочный abgesetzter Einsatzbohrdrehmeißel (Bohrstangendrehmeißel)

~/резьбовой Gewindedrehmeißel *m*

~ с влево оттянутой головкой/строгальный links abgesetzter Hobelmeißel *m*

~ с влево оттянутой головкой/токарный links abgesetzter Drehmeißel *m*

~ с вправо оттянутой головкой/строгальный rechts abgesetzter Hobelmeißel *m*

~ с вправо оттянутой головкой/токарный rechts abgesetzter Drehmeißel *m*

~ с дугообразной режущей кромкой/алмазный токарный Bogenschneide-Diamantdrehwerkzeug *n*

~ с керамическими пластинками/токарный mit Keramikschneidplättchen bestückter Drehmeißel *m*

~ с многогранной режущей кромкой/алмазный токарный Facettenschneide-Diamantdrehwerkzeug *n*

~ с остроугольной режущей кромкой/алмазный токарный Einschneide-Diamantdrehwerkzeug *n*

~ с оттянутой головкой/строгальный abgesetzter Hobelmeißel *m* *(z. B. Stechhobelmeißel)*

~ с оттянутой головкой/токарный abgesetzter Drehmeißel *m* *(z. B. Stechdrehmeißel)*

~ **с пластинками из быстрорежущей стали/строгальный** mit Schnellarbeits-plättchen (SS-Plättchen) bestückter Hobelmeißel *m*
~ **с приваренными пластинками из быстрорежущей стали/токарный** Drehmeißel *m* mit eingeschweißten Schnellarbeitsstahlplättchen (SS-Plättchen)
~ **с радиусной вершиной/строгальный** Ausrundungshobelmeißel *m (Hobeln von Ausrundungen und Hohlkehlen)*
~ **с симметрично оттянутой головкой/строгальный** beiderseits abgesetzter Hobelmeißel *m*
~ **с симметрично оттянутой головкой/токарный** beiderseits abgesetzter Drehmeißel *m*
~ **с широкой режущей кромкой/чистовой проходной** Breitschlichtdrehmeißel *m*, Kopfdrehmeißel *m*
~/**составной токарный** zusammengesetzter Drehmeißel *m (Meißel aus unlegiertem Werkzeugstahl mit Schneidplättchen aus Schnellarbeitsstahl, Keramik oder Hartmetall bestückt)*
~/**стержневой быстрорежущий резьбовой** Außengewindedrehmeißel *m* aus Schnellarbeitsstahl
~/**стержневой отогнутый резьбовой** Innengewindedrehmeißel *m*
~/**стержневой резьбовой** Außengewindedrehmeißel *m*
~/**строгальный** Hobelmeißel *m*
~/**строгальный отрезной** Abstechhobelmeißel *m*
~/**строгальный подрезной** Seitenhobelmeißel *m*
~/**строгальный подрезной прямой** gerader Seitenhobelmeißel *m*
~/**строгальный прорезной** Stechhobelmeißel *m*, Nutenhobelmeißel *m*
~/**строгальный проходной** Schrupphobelmeißel *m*
~/**строгальный радиусный** Radiushobelmeißel *m*, Rundungshobelmeißel *m*
~/**строгальный радиусный вогнутый** Abrundungshobelmeißel *m*
~/**строгальный радиусный гальтельный** Ausrundungshobelmeißel *m (zum Hobeln von Ausrundungen und Hohlkehlen)*
~/**строгальный чистовой двусторонний** Spitzschlichthobelmeißel *m*
~/**строгальный чистовой широкий** Breitschlichthobelmeißel *m*
~/**токарный** Drehmeißel *m*
~/**токарный отрезной** Abstechdrehmeißel *m*
~/**токарный подрезной торцевой** Seitendrehmeißel *m (zum Plandrehen mit Vorschub quer zur Werkstückachse)*
~/**токарный подрезной упорный** abgesetzter Seitendrehmeißel *m (zum Plandrehen mit Vorschub parallel zur Werkstückachse)*
~/**токарный радиусный** Radiusdrehmeißel *m*, Rundungsdrehmeißel *m*
~/**токарный радиусный вогнутый** Abrunddrehmeißel *m*
~/**токарный радиусный гальтельный** Ausrunddrehmeißel *m*, Hohlkehlendrehmeißel *m*
~/**токарный расточный** Bohrdrehmeißel *m*
~/**токарный чистовой лопаточный** Breitschlichtdrehmeißel *m*, Kopfdrehmeißel *m*
~/**фасонный затыловочный** Hinterdrehformmeißel *m*
~/**фасонный строгальный** Formhobelmeißel *m*
~/**фасонный токарный** Formdrehmeißel *m*
~/**фасочный** Abfasdrehmeißel *m*
~/**фасочный двусторонний** zweiseitig schneidender Abfasmeißel *m*
~/**фасочный односторонний** einseitig schneidender Abfasmeißel *m*
~/**цельный токарный** Volldrehmeißel *m*, massiver Drehmeißel *m (Schaft und Schneidkopf bilden ein Ganzes aus unlegiertem Werkzeugstahl, zuweilen auch Schnellarbeitsstahl)*
~/**черновой расточный** Schruppbohrdrehmeißel *m*, Schruppinnendrehmeißel *m*
~/**черновой строгальный** Schrupphobelmeißel *m*
~/**черновой токарный** Schruppdrehmeißel *m*
~/**чистовой расточный** Schlichtbohrdrehmeißel *m*, Schlichtinnendrehmeißel *m*
~/**чистовой строгальный** Schlichthobelmeißel *m*
~/**чистовой токарный** Schlichtdrehmeißel *m*
резец-летучка *m* Schlagzahn *m*, Schlagzahnfräser *m*
резиденция *f* **системы** *(Dat)* Systemresidenz *f*
резилиометр *m (Gum)* Gummielastizitätsprüfer *m*
резильянс *m s.* **вязкость/ударная**
резина *f* Gummi *m*, [vulkanisierter] Kautschuk *m*, Vulkanisat *n*
~/**брекерная** Polstergummi *m*, Polsterkautschuk *m (Kfz-Bereifung)*
~/**вулканизированная** vulkanisierter Kautschuk *m*, Vulkanisat *n*, Gummi *m*
~ **горячей вулканизации** heißvulkanisierter Kautschuk *m*
~/**губчатая** Schaumgummi *m*, Schwammgummi *m*, Schwammkautschuk *m*

~ для прорезинивания тканей Gewebefriktioniergummi *m*, Gewebefriktionierkautschuk *m*
~/дублированная dublierter Gummi *m*
~/ископаемая *(Min)* Elaterit *m*
~/каблучная Schuhabsatzgummi *m*
~/камерная Luftschlauchgummi *m*, Luftschlauchkautschuk *m (Kfz-Bereifung)*
~/каркасная Karkassengummi *m*, Karkassenkautschuk *m*, Unterbaugummi *m (Kfz-Bereifung)*
~/латексная Latexkautschuk *m*
~/микропористая Schaumgummi *m*
~/монолитная Vollgummi *m*
~/монолитная подошвенная Vollsohlengummi *m*
~/мягкая Weichgummi *m*
~/натуральная Patentgummi *m*, Patentplatte *f*
~/паростойкая dampfbeständiger Gummi (Kautschuk) *m*
~/пенистая Schaumgummi *m*
~/подошвенная Schuhsohlengummi *m*
~/покровная Deckgummi *m (Kfz-Bereifung)*
~/полужёсткая (полутвёрдая) Halbhartgummi *m*
~/пористая Porengummi *m*
~/пористая губчатая Schwammgummi *m*
~/пористая подошвенная Kreppsohlengummi *m*, Kreppsohlenkautschuk *m*
~/прозрачная durchsichtiger Gummi (Kautschuk) *m*, Transparentgummi *m*
~/протекторная Laufflächengummi *m*, Laufflächenkautschuk *m (Kfz-Bereifung)*
~/рентгенозащитная Röntgen[schutz]-gummi *m*
~/роговая *s.* **~/твёрдая**
~ сдвига/резиновая Schubfeder *f*, Gummischubfeder *f*
~/сосковая *(Lw)* Zitzengummi *m (Melkmaschine)*
~/старая Altgummi *m*, Altkautschuk *m*
~/твёрдая Hartgummi *m*, Hartkautschuk *m*
~/уплотнительная Dichtungsgummi *m*
~ холодной вулканизации kaltvulkanisierter Kautschuk *m*
~/шинная Reifengummi *m*, Reifenkautschuk *m (Kfz-Bereifung)*
~/электроизолирующая (электроизоляционная) Isoliergummi *m*, elektrotechnischer Isolationsgummi *m*
резинат *m (Ch)* Resinat *n*
~/свинцовый Bleiresinat *n*
резинить *s.* **прорезинивать**
резиновый Gummi . . ., Kautschuk . . .
резиносмеситель *m* Gummimischer *m*, Gummikneter *m*
резиносодержание *n* Gummigehalt *m*
резистанс *m s.* **резистанц**
резистанц *m (El)* Resistanz *f*, Wirkwiderstand *m*, reeller (phasenreiner) Widerstand *m*
резистивный resistent, Wirkwiderstands . . .
резистор *m (El)* Widerstand *m (als Bauelement; Zusammensetzungen s. unter* **сопротивление***)*
резистрон *m (Fs)* Resistron *n*
резит *m (Ch)* Resit *n*, Phenolharz *n* im C-Zustand
резитол *m (Ch)* Resitol *n*, Phenolharz *n* im B-Zustand
резка *f* 1. Schneiden *n*; Schnitt *m*; Trennen *n*; 2. Sägen *n*, Scheren *n (Metalle)*; 3. *(Schw)* Trennen *n*, Schneiden *n*; Schnitt *m*; 4. *(Typ)* Schnitt *m*
~/автогенная *(Schw)* Autogenbrennschneiden *n*, Gasbrennschneiden *n*
~/азотно-водородная газодуговая gaselektrisches Stickstoff-Wasserstoff-Schneiden *n*, Stickstoff-Wasserstoff-Arcogen-Schneiden *n*
~/аргоно-водородная газодуговая gaselektrisches Argon-Wasserstoff-Schneiden *n*, Argon-Wasserstoff-Arcogen-Schneiden *n*
~/аргоно-дуговая Argonarc-Schutzgasschneiden *n*
~/ацетилено-кислородная Azetylenbrennschneiden *n*
~/безгратовая gratfreies Trennen *n*
~/бензино-кислородная Benzinbrennschneiden *n*
~/бензино-кислородная подводная Unterwasser-Benzinbrennschneiden *n*
~ больших толщин Starkbrennschneiden *n*
~ в среде защитных газов/дуговая Lichtbogenschutzgasschneiden *n*
~/водородная газодуговая gaselektrisches Wasserstoffschneiden *n*, Wasserstoff-Arcogen-Schneiden *n*
~/водородно-кислородная Wasserstoffbrennschneiden *n*
~/воздушно-дуговая Druckluft-Lichtbogenschneiden *n*, Druckluft-Lichtbogentrennen *n*
~/газовая *s.* **~/кислородная**
~/газовая подводная *s.* **~/кислородная подводная**
~/газовая разделительная *s.* **~/кислородная**
~/газодуговая gaselektrisches Schneiden *n*, Arcogen-Schneiden *n*
~/газокислородная *s.* **~/кислородная**
~/газоплавильная Gasschmelzschneiden *n*
~/газоэлектрическая *s.* **~/газодуговая**
~/дуговая [электрическая] Lichtbogenschneiden *n*, Lichtbogentrennen *n*, elektrisches Schneiden *n*

~/**керосинокислородная** Petroleumbrennschneiden *n*

~/**кислородная** Brennschneiden *n*, autogenes Schneiden (Trennen) *n*; Sauerstoffbrennschneiden *n*

~/**кислородная подводная** Unterwasserbrennschneiden *n*, autogenes Unterwasserschneiden *n*, autogenes Unterwassertrennen *n*

~/**кислородно-дуговая** Sauerstoff-Lichtbogenschneiden *n*, Sauerstoff-Lichtbogentrennen *n*, Oxyarc-Verfahren *n*, SL-Verfahren *n*

~/**кислородно-дуговая подводная** Unterwasser-Sauerstoff-Lichtbogen-Schneiden *n*, Unterwasser-Sauerstoff-Lichtbogen-Trennen *n*, elektrisches Unterwasserschneiden *n*

~/**кислородно-металлопорошковая** Metallpulverbrennschneiden *n*, Eisenpulverbrennschneiden *n*

~/**кислородно-песочная** Quarzsandpulverbrennschneiden *n*

~/**кислородно-флюсовая [разделительная]** Pulverbrennschneiden *n*

~/**кислородно-электрическая** Lichtbogenschneiden *n* mit Sauerstoffzuführung

~ **кислородным копьём** Bohren *n* mit der Sauerstofflanze, Brennbohren *n*

~ **кислородом низкого давления** Niederdruckbrennschneiden *n*

~/**контурная [кислородная]** Konturenschnitt *m*

~ **копьём/кислородная** *s.* ~**кислородным копьём**

~/**косая** Gehrungsschnitt *m*

~/**лазерно-кислородная** Laserstrahlbrennschneiden *n*

~/**машинная кислородная** Maschinenbrennschneiden *n*

~ **металлическими электродами/дуговая** Lichtbogenschneiden *n* mit Metallelektrode (Stahlelektrode)

~ **металлов вгорячую** *(Met)* Warmscheren *n*, Warmsägen *n*

~ **металлов/электрическая** Lichtbogenschneiden *n* von Metallen

~/**механизированная кислородная** Maschinenbrennschneiden *n*

~/**механическая** mechanisches Trennen *n*, Schneiden *n*

~/**многорезаковая** Mehrbrennerschneiden *n*

~ **на полосы** Streifenschnitt *m (Maschinenschnitt mit zwei und mehr Brennern zur Blechaufteilung)*

~/**огневая** thermisches Trennen *n*, Wärmeschneiden *n*

~/**пакетная [кислородная]** Paketbrennschneiden *n*, Stapelbrennschneiden *n*

~/**плазменная** Plasmaschneiden *n* mit nicht übertragenem Lichtbogen

~/**плазменно-дуговая** Plasmaschneiden *n* [mit übertragenem Lichtbogen], Wolfram-Inertgas-Schneiden *n*, WIG-Schneiden *n*

~ **плазменной струёй** *s.* ~/**плазменная**

~ **по криволинейной траектории** Kurvenschnitt *m*

~ **по окружности с помощью циркуля (циркульного устройства)** Kreisschnitt *m* mittels Zirkelführung

~ **по разметке с направлением вручную/криволинейная** handgeführter Kurvenschnitt *m* nach Anriß

~ **по стальному копиру** Brennschneiden *n* nach Stahlblechschablonen, Schablonenschnitt *m*

~/**поверхностная воздушно-дуговая** Druckluft-Lichtbogenhobeln *n*

~/**поверхностная кислородная** Sauerstoffhobeln *n*, Brennhobeln *n*

~/**поверхностная кислородно-флюсовая** Pulverbrennhobeln *n*

~/**подводная** Unterwasserschneiden *n*, Unterwassertrennen *n*

~/**подводная газокислородная** *s.* ~/**кислородная подводная**

~ **проникающей дугой** *s.* ~/**плазменно-дуговая**

~/**пропано-кислородная** Propanbrennschneiden *n*

~ **расплавлением** Schmelzschneiden *n*

~ **расплавлением/газовая** *s.* ~/**газоплавильная**

~ **расплавлением/дуговая (электрическая)** Lichtbogenschneiden *n*, Lichtbogentrennen *n*, elektrisches Schneiden *n*

~/**ручная кислородная** Handbrennschneiden *n*

~ **с подачей стальной проволоки** Brennschneiden *n* unter Zusatz von Stahldraht

~/**соломенная** *(Lw)* Häcksel *m*

~ **стальными электродами/дуговая** Lichtbogenschneiden *n* mit Metallelektrode

~/**тепловая** *s.* ~/**огневая**

~/**термическая [разделительная]** *s.* ~/**огневая**

~/**точная кислородная** Genaubrennschneiden *n*

~ **труб наклонно образующей** Rohrbrennschnitt *m* schräg zur Mantellinie, Gehrungsschnitt *m (Rohrbrennschneidmaschine)*

~ **труб перпендикулярно образующей** Rohrbrennschnitt *m* senkrecht zur Mantellinie *(Rohrbrennschneidmaschine)*

~/**угольно-воздушная** *s.* ~/**воздушно-дуговая**

~ **угольным электродом/дуговая** Lichtbogenschneiden *n* mit Kohleelektrode

~/**фигурная [кислородная]** Form[brenn]schnitt *m*

~/**флюсо-дуговая** Lichtbogenpulverschneiden *n*
~/**флюсо-кислородная** *s.* ~/**кислородно-флюсовая**
~/**фрикционная** Reibsägen *n*, Trennschleifen *n*
~/**электрокислородная** *s.* ~/**кислородно-дуговая**
~/**электрокислородная подводная** *s.* ~/**кислородно-дуговая подводная**
~/**электронно-лучевая** Elektronenstrahlschneiden *n*
резкость *f (Foto, Typ)* Schärfe *f*
~ **изображения** Bildschärfe *f*
~ **контуров** Konturenschärfe *f*
~ **растровой точки** Punktschärfe *f*
резнатрон *m (Eln)* Resnatron *n*, Resnotron *n (eine Sendetetrode)*
резол *m (Ch)* Resol *n*, Phenolharz *n* im A-Zustand
резольвента *f (Math)* Resolvente *f*
резольвометр *m (Foto)* Resolvometer *n*
резонанс *m* 1. *(Kern)* Resonanz *f*, Resonanzzustand *m (Elementarteilchen)*; 2. *(Ch)* Resonanz *f*, Strukturresonanz *f*, Mesomerie *f*
~ **Азбеля-Канера** *(Kern)* Azbel-Kaner-Resonanz *f*
~/**акустический парамагнитный** *(Kern)* akustische paramagnetische Resonanz *f (Hochfrequenzspektroskopie)*
~/**амплитудный** Amplitudenresonanz *f*
~/**антиферромагнитный** *(Kern)* antiferromagnetische Resonanz *f (Hochfrequenzspektroskopie)*
~/**барионный** *(Kern)* Baryonenresonanz *f*
~/**бозонный** *(Kern)* Bosonenresonanz *f*
~ **в металлах** *s.* ~ **Азбеля-Канера**
~/**вторично-электронный** *(Ph)* Sekundärelektronenresonanz *f*
~ **высокого разрешения/ядерный магнитный** *(Kern)* hochauflösende Kernresonanz *f*
~ **Гейзенберга** *(Kern)* Heisenberg-Resonanz *f*
~/**диамагнитный** *s.* ~/**циклотронный**
~/**ионный циклотронный** *(Kern)* Ionenzyklotronresonanz *f*
~ **корпуса** Gehäuseresonanz *f*
~/**магнитный** magnetische Resonanz *f*
~ **напряжений** *(El)* Spannungsresonanz *f*, Reihenresonanz *f*
~/**нейтронный** *(Kern)* Neutronenresonanz *f*
~/**паразитный** *(El)* Störresonanz *f*, parasitäre Resonanz *f*
~/**параллельный** *s.* ~ **токов**
~/**парамагнитный** *(Kern)* paramagnetische Resonanz *f*
~/**параметрический** parametrische Resonanz *f*
~/**плазменный** *(Kern)* Plasmaresonanz *f*
~ **по амплитуде** *s.* ~/**амплитудный**
~/**последовательный** *s.* ~ **напряжений**
~/**протонный** *(Kern)* Protonenresonanz *f*
~ **рассеяния** *(El)* Streuresonanz *f*
~ **связи** Kopplungsresonanz *f*
~ **скоростей** Geschwindigkeitsresonanz *f*
~/**собственный** *(El)* Eigenresonanz *f*
~/**спиновый** *(Kern)* Spinresonanz *f*
~ **токов** *(El)* Parallelresonanz *f*, Stromresonanz *f*, Sperresonanz *f*, Antiresonanz *f*
~/**фазовый** Geschwindigkeitsresonanz *f*
~/**фермиевский** *(Kern)* Fermi-Resonanz *f*
~/**ферромагнитный** *(Kern)* ferromagnetische Resonanz *f (Hochfrequenzspektroskopie)*
~/**циклотронный** *(Kern)* Zyklotronresonanz *f*, diamagnetische Resonanz *f*
~/**электронный парамагнитный (спиновый)** *(Kern)* Elektronenspinresonanz *f*, paramagnetische Elektronenresonanz *f*, ESR *(Hochfrequenzspektroskopie)*
~/**ядерный квадрупольный** *(Kern)* Kernquadrupolresonanz *f*, Quadrupolresonanz *f*
~/**ядерный магнитный (парамагнитный)** *(Kern)* magnetische (paramagnetische) Kernresonanz *f*, Kernspinresonanz *f*, NMR *(Hochfrequenzspektroskopie)*
~ **ящика** Gehäuseresonanz *f*
резонатор *m (Ph, El)* Resonator *m*
~/**акустический** Helmholtz-Resonator *m*
~/**волноводный** Hohlleiterresonator *m*
~/**волновой** λ-Resonator *m*, Ganzwellenresonator *m*
~/**входной** Eingangsresonator *m*
~/**выходной** Ausgangsresonator *m*
~ **Гельмгольца** Helmholtz-Resonator *m*
~/**горшкообразный** Topfkreis[resonator] *m*
~/**кварцевый** Quarzresonator *m*, Schwingquarz *m*
~/**лазерный** Laserresonator *m*
~/**объёмный** Hohlraumresonator *m*
~/**полуволновый** λ/2-Resonator *m*
~/**полый** *s.* ~/**объёмный**
~/**пьезоэлектрический** piezoelektrischer Resonator (Schwinger) *m*, Piezoresonator *m*
~/**сферический** Kugelresonator *m*
~/**тороидальный** Toroidresonator *m*, Ringresonator *m*
~/**цилиндрический** Zylinderresonator *m*
резонировать *(Ph)* resonieren, in Resonanz sein, mitschwingen, mittönen, widerhallen
резоноскоп *m* Resonoskop *n*
резорбция *f* Resorption *f*
резорцин *m (Ch)* Resorzin *n*, *m*-Dihydroxybenzol *n*
результант *m (Math)* Resultante *f (Auflösung algebraischer Gleichungen)*

результат *m* 1. Resultat *n*, Ergebnis *n*; 2. Befund *m*
~ взвешивания *(Ch)* Wägungsergebnis *n*
~ вычислений *(Dat)* Rechenergebnis *n*
~ замера (измерения) Meßergebnis *n*
~ измерения/исправленный korrigiertes Meßergebnis *n*
~ испытания Versuchsergebnis *n*
~ исследования Untersuchungsergebnis *n*, Untersuchungsbefund *m*
~/конечный Endergebnis *n*; Endwert *m*
~ контроля *s.* **~ проверки**
~ наблюдения Beobachtungsergebnis *n*
~ обработки *(Dat)* Bearbeitungsergebnis *n*
~/окончательный Gesamtergebnis *n*
~ проверки Prüf[ungs]ergebnis *n*, Prüf[ungs]befund *m*
~/производственный Produktionsergebnis *n*
~/промежуточный *(Dat)* Zwischenergebnis *n*
~ работы Arbeitsergebnis *n*
~ сравнения *(Dat)* Vergleichsergebnis *n*
~ труда Arbeitsergebnis *n*
~/частичный Teilergebnis *n*
~ экспертизы Befund *m*
результативность *f* Aussagegehalt *m*
результирующая *f* Resultierende *f*
~ давления Druckresultierende *f*
резцедержавка *f s.* **резцедержатель**
резцедержатель *m* Meißelhalter *m* *(Drehmaschine, Hobelmaschine, Stoßmaschine)*
~/быстросменный Schnellwechselmeißelhalter *m*
~/многоместный (многорезцовый) Vielfachmeißelhalter *m*
~/плавающий schwingender Meißelhalter *m*
~/поворотный schwenkbarer (drehbarer) Meißelhalter *m*
~ с двумя прижимными болтами Meißelhalter (Drehmeißelhalter) *m* mit zwei Druckschrauben
резьба *f* 1. *(Masch)* Gewinde *n*; 2. Schnitzen *n*; 3. Schnitzereien *fpl*, Schnitzwerk *n*
~/винтовая Schraubengewinde *n*, Gewinde *n*
~ Витворта *s.* **~/дюймовая**
~/внутренняя Innengewinde *n*
~/гаечная Muttergewinde *n*
~/газовая gas- und dampfdichtes Gewinde *n*
~/двухзаходная (двухходовая) zweigängiges Gewinde *n*
~ для передачи движения Bewegungsgewinde *n* *(Trapez- bzw. Flachgewinde)*
~/дюймовая Zollgewinde *n*, Whitworth-Gewinde *n*
~ ИСО ISO-Gewinde *n*
~/квадратная *s.* **~/прямоугольная**
~/коническая kegeliges (konisches) Gewinde *n*, Kegelgewinde *n*
~/крепёжная Befestigungsgewinde *n*
~/круглая Rundgewinde *n*
~/крупная Grobgewinde *n*
~/крутая steiles Gewinde *n*
~/левая linksgängiges Gewinde *n*, Linksgewinde *n*
~/ленточная *s.* **~/прямоугольная**
~/мелкая Feingewinde *n*
~/мелкая дюймовая Whitworth-Feingewinde *n*
~/мелкая метрическая metrisches Feingewinde *n*
~/метрическая metrisches Gewinde *n*
~/многозаходная (многоходовая) mehrgängiges Gewinde *n*
~/модульная Modulgewinde *n*, Schnekken[rad]gewinde *n*
~/накатанная gerolltes Gewinde *n*
~/нарезанная geschnittenes Gewinde *n*
~/наружная Außengewinde *n*, Bolzengewinde *n*
~/нормальная Normalgewinde *n*
~/однозаходная (одноходовая) eingängiges Gewinde *n*
~/основная Regelgewinde *n*
~/остроугольная *s.* **~/треугольная**
~/пилообразная Sägengewinde *n*
~/питчевая *s.* **~/модульная**
~ по дереву Holzschnitzerei *f*
~ по стандарту ИСО/дюймовая Zoll-ISO-Gewinde *n*
~ по стандарту ИСО/крупная метрическая metrisches ISO-Grobgewinde *n*
~ по стандарту ИСО/метрическая metrisches ISO-Gewinde *n*
~/полукруглая *s.* **~/круглая**
~/правая rechtsgängiges Gewinde *n*, Rechtsgewinde *n*
~/правая многозаходная [rechtes] mehrgängiges Gewinde *n*
~/прямоугольная Flachgewinde *n*, Quadratgewinde *n*
~ с зазором Spielgewinde *n*
~ с углом профиля 60°/коническая kegeliges Whitworth-Gewinde *n* mit Flankenwinkel 60°
~/специальная Spezialgewinde *n* *(Oberbegriff für Rohrgewinde, Trapezgewinde, Flachgewinde, Sägengewinde, Rundgewinde)*
~/стандартная standardisiertes Gewinde *n*
~/трапецевидная (трапецеидальная, трапецоидальная) Trapezgewinde *n*
~/треугольная Spitzgewinde *n*
~/трёхзаходная (трёхходовая) dreigängiges Gewinde *n*
~/трубная 1. Rohrgewinde *n*; 2. *s.* **~/газовая**
~/трубная дюймовая Whitworth-Rohrgewinde *n*

~/трубная коническая kegeliges Rohrgewinde *n*
~/трубная цилиндрическая zylindrisches Rohrgewinde *n*
~/тугая Festgewinde *n*
~/упорная Sägengewinde *n*
~/цилиндрическая zylindrisches Gewinde *n*
~/цилиндрическая метрическая крепёжная metrisches zylindrisches Befestigungsgewinde *n*
~/часовая Uhrengewinde *n*, BA-Gewinde *n*
~ шпилек Stiftgewinde *n*
~ Эдисона *(El)* Edison-Gewinde *n*
резьбомер *m* Gewinde[gang]lehre *f*, Gewindemeßgerät *n*
резьбонакатывание *n* Gewinderollen *n*
рей *m (Schiff)* Rah[e] *f*
~/сигнальный Signalrahe *f*, Flaggenausleger *m*
рейбер *m* 1. *(Wkz) seltener gebräuchliche Bezeichnung für* **зенкер** *(s. dort)*; 2. *(Typ)* Reiber *m (Steindruckhandpresse)*
рейд *m (Schiff)* Reede *f*; Ankerplatz *m*
~/внешний Außenreede *f*
~/внутренний Innenreede *f*, Binnenreede *f*
~/открытый offene Reede *f*
рейка *f* Leiste *f*; Latte *f*; Stange *f*
~/базисная *(Geod)* Basislatte *f*
~ верхнего элеватора *(Typ)* Matrizenführungsstange *f*
~/визируемая *(Geod)* Einsehlatte *f*
~/водомерная *(Hydrol)* Peilstange *f*
~/горизонтальная дальномерная *(Geod)* Querlatte *f*, Entfernungsmeßlatte *f*
~/дальномерная *(Geod)* Entfernungsmeßlatte *f*
~/двусторонняя *(Geod)* Wendelatte *f*
~/единичная *(Typ)* Einheitenschlitten *m*
~/зубчатая Zahnstange *f*
~/инварная *(Geod)* Invarlatte *f*
~/исходная инструментальная Zahnstangenwerkzeug *n*
~ каретки/зубчатая *(Text)* Wagenzahnstange *f*
~/нащельная *(Bw)* 1. Fugendeckleiste *f*; 2. Schlagleiste *f (Zweiflügeltür, Fenster)*
~/нивелирная *(Geod)* Nivellierlatte *f*, Setzlatte *f*
~/оборотная *(Geod)* Wendelatte *f*
~/пазовая Nahtleiste *f*, Nahtspant *n (Bootsbau)*
~/плазовая *(Schiff)* Straklatte *f*
~/разборочная *(Typ)* Ablegestange *f (Linotype)*
~/раздвижная *(Geod)* Schiebelatte *f*
~/распределительная *(Typ)* Verteilerstange *f*, Distributorstange *f (Linotype)*
~ с целью/нивелирная *(Geod)* Zielscheibenlatte *f*
~/складная *(Geod)* Klapplatte *f*
~/снегомерная *(Meteo)* Schneepegel *m*, Schneesonde *f*
~/счётная *(Typ)* Einheitenschlitten *m*
~/цилиндрическая зубчатая *(Masch)* Rundzahnstange *f*
~/червячная *(Masch)* Mutterzahnstange *f*
рейка-высотомер *f (Geod)* Setzlatte *f*
рейс *m* 1. *(Bgb)* Marsch *m (eines Bohrwerkzeuges)*; 2. *(Schiff)* Reise *f*, Überfahrt *f*; *(Flg)* Route *f*, Flugroute *f*
~/заграничный Auslandsreise *f*, Auslandsfahrt *f*
~/круговой Rundreise *f*
~/маневровый Rangierfahrt *f*
~/промысловый Fangreise *f*
~/стыковочный Anschlußflug *m*
рейсмас *m* 1. Parallelreißer *m (Anreißarbeiten)*; 2. Streichmaß *n (Tischler- und Zimmererarbeiten)*
~/универсальный Universalparallelreißer *m*
рейсмус *m s.* 1. **рейсмас**; 2. **станок/рейсмусовый**
рейстрек *m (Kern)* Racetrack *m*, Rennbahn *f*
рейсфедер *m* Reißfeder *f*, Ziehfeder *f (Reißzeug)*
рейсшина *f* Reißschiene *f*
рейтер *m* 1. Reiter *m*, Reitergewichtsstück *n (Analysenwaage)*; 2. Dreikantschiene *f (optische Bank)*
рейхардтит *m s.* **эпсомит**
река *f* Fluß *m*, Strom *m*
~/антецедентная antezedenter Fluß *m*
~/главная Hauptfluß *m*
~/горная Gebirgsfluß *m*
~/ледниковая Gletscherfluß *m*
~/обсеквентная obsequenter Fluß *m*
~/перехваченная angezapfter Fluß *m*
~/периодически исчезающая intermittierender Fluß *m*
~/пещерная Höhlenfluß *m*
~/подземная unterirdischer Fluß *m*
~/прибрежная Küstenfluß *m*
~/равнинная Flachlandfluß *m*
~/ресеквентная resequenter Fluß *m*
~/судоходная schiffbarer Fluß *m*
рекалесценция *f* Rekaleszenz *f (Wärmeabgabe beim Durchgang durch den Haltepunkt)*
рекарбонизация *f* **циркуляционной воды** Rekarbonisierung *f (Sättigung des Umlaufwassers mit freier Kohlensäure in Wärmekraftwerken)*
рекарбюризация *f (Met)* Rückkohlung *f*, Rückkohlen *n*
рекарбюризовать *(Met)* rückkohlen
реклама *f*/**световая (светящаяся)** Leuchtwerbung *f*, Lichtreklame *f*
рекогносцировать erkunden, rekognoszieren

рекогносцировка *f* Erkundung *f*, Rekognoszierung *f*
рекомбинатор *m* Rekombinationsanlage *f*
рекомбинационный Rekombinations...
рекомбинация *f* Rekombination *f* *(Umkehrprozeß zur Ionisierung durch Wiedervereinigung von Ionen und Elektronen zu neutralen Atomen)*
~/безызлучательная strahlungslose Rekombination *f* *(Halbleiter)*
~ в объёме *s.* **~/объёмная**
~ газа Gasrekombination *f*, Gaswiedervereinigung *f*
~ двух электронов Zweielektronenrekombination *f*
~/диссоциативная Rekombination *f* von Ionen mit Elektronen und nachfolgender Dissoziation
~/диэлектронная *s.* **~ положительных атомных ионов без излучения**
~/излучательная Strahlungsrekombination *f*, strahlende Rekombination *f* *(Halbleiter)*
~ иона с ионом Ion-Ion-Rekombination *f*
~ иона с электроном с излучением Strahlungsrekombination *f*
~/ион-ионная Ion-Ion-Rekombination *f*
~ ионов Ionenrekombination *f*
~ ионов с электронами Rekombination *f* von Ionen mit Elektronen *(Oberbegriff für Strahlungs-, Zweierstoß- und Dreierstoßrekombination)*
~ ионов с электронами с диссоциацией *s.* **~/диссоциативная**
~ на поверхности Oberflächenrekombination *f*
~ на стенке *s.* **~/поверхностная**
~/начальная anfängliche Rekombination *f*, Initialrekombination *f*
~ носителей заряда Ladungsträgerrekombination *f* *(Halbleiter)*
~/объёмная Volumenrekombination *f*
~/поверхностная Oberflächenrekombination *f*, Wandrekombination *f*
~ положительного иона и электрона *s.* **~/электрон-ионная**
~ положительных атомных ионов без излучения Rekombination *f* mit positiven Atomionen ohne Strahlung *(Umkehrprozeß der Autoionisation)*
~/преимущественная bevorzugte Rekombination *f*
~ при тройных столкновениях Dreierstoßrekombination *f*
~/пристеночная *s.* **~/поверхностная**
~/прямая direkte Rekombination *f*
~/радиационная *s.* **~ иона с электроном с излучением**
~ с излучением *s.* **~ иона с электроном с излучением**
~/ступенчатая Stufenrekombination *f*
~ трёх тел Dreikörperrekombination *f*
~/электрон-ионная Zweierstoßrekombination *f*
~/электронная Elektronenrekombination *f*
рекомбинировать rekombinieren, sich wiedervereinigen
реконструкция *f* Rekonstruktion *f*
реконфигурация *f* **устройств/динамическая** *(Dat)* dynamischer Geräteaustausch *m*
рекордер *m* *(Eln)* Recorder *m*
рекристаллизация *f* 1. *(Krist)* Rekristallisation *f*; 2. *(Härt)* Rekristallisationsglühen *n*
~/вторичная sekundäre Rekristallisation *f* *(unstetige Kornvergrößerung)*
~ обработки *s.* **~/первичная**
~/первичная primäre Rekristallisation *f*
~/собирательная Kornvergröberung *f*, Kornvergrößerung *f*, Sammelkristallisation *f*
рекристаллизовать rekristallisieren, umkörnen
ректификат *m* *(Ch)* Rektifikat *n*
ректификатор *m* Rektifikationsapparat *m*, Rektifizierapparat *m*
ректификация *f* Rektifikation *f*, Rektifizierung *f*, Gegenstromdestillation *f*
~/азеотропная azeotrope Rektifikation *f*, Azeotropdestillation *f*
~/двухкомпонентная Rektifikation *f* eines Zweistoffgemisches
~/двухкратная doppelte (zweistufige) Rektifikation *f*
~/экстрактивная extraktive Rektifikation *f*, Extraktivdestillation *f*
ректифицирование *n* *s.* **ректификация**
ректифицировать *(Ch)* rektifizieren
рекультивация *f* *(Bgb)* Wiederurbarmachung *f*, Rekultivierung *f*
~ карьера Wiederurbarmachung *f* eines Tagebaus
рекунг *m* **каучука** *(Gum)* Reckung *f* des Kautschuks
рекуператор *m* Rekuperator *m*, Winderhitzer *m*, Lufterhitzer *m*, Abwärmeverwerter *m*
~/радиационный Strahlungsrekuperator *m*, Radiationsrekuperator *m*
~ с перекрёстным потоком Kreuzstromrekuperator *m*
~ с противотоком Gegenstromrekuperator *m*
~ с прямотоком Gleichstromrekuperator *m*
рекуперация *f* Rekuperation *f*, Rückgewinnung *f*, Wiedergewinnung *f*; Lufterwärmung *f* *(durch Rekuperator)*
~ растворителей Lösungsmittelrückgewinnung *f*
~ тепла Wärmerückgewinnung *f*
~ энергии Energierückgewinnung *f*

рекуперирование *n s.* **рекуперация**
рекурсивность *f (Math)* Rekursivität *f*
рекурсия *f (Math)* Rekursion *f*
релаксация *f (Ph)* Relaxation *f*, Relaxationsprozeß *m*, Nachwirkungserscheinung *f*
~/**акустическая** Schallrelaxation *f*
~ **анизотропии** Anisotropierelaxation *f*
~/**вращательная** Rotationsrelaxation *f*
~ **деформации** *(Mech)* Formänderungsrelaxation *f*, Verzerrungsrelaxation *f*
~/**диамагнитная** *(Kern)* diamagnetische Relaxation *f*
~/**дипольная** Dipolrelaxation *f*, dielektrische Relaxation *f*
~ **дислокации** *(Krist)* Versetzungsrelaxation *f*
~/**диэлектрическая** dielektrische Relaxation *f*, Dipolrelaxation *f*
~ **звука** Schallrelaxation *f*
~/**колебательная** Schwingungsrelaxation *f*
~/**магнитная** magnetische Relaxation *f*
~ **напряжений** Spannungsrelaxation *f*
~/**парамагнитная** paramagnetische Relaxation *f*
~/**перекрёстная** *(Kern)* Kreuzrelaxation *f*, Crossrelaxation *f*
~/**поперечная** *(Kern)* Querrelaxation *f (magnetische Kernresonanz)*
~/**продольная** *(Kern)* Längsrelaxation *f (magnetische Kernresonanz)*
~/**спин-решёточная** *(Kern)* Spin-Gitter-Relaxation *f*
~/**спин-спиновая** *(Kern)* Spin-Spin-Relaxation *f*
~/**тепловая** thermische Relaxation *f*
~/**упругая** elastische Relaxation *f*
~/**ядерная** Kernrelaxation *f*
релаксированный ausgeschrumpft *(textile Gewebe)*
реле *n (El)* Relais *n*
~/**абонентское** Teilnehmerrelais *n*
~ **автоматического пуска** Anlaßwächter *m*
~/**анкерное** Stromrelais *n*
~/**безъякорное** Schutzkontaktrelais *n*, ankerloses Relais *n*
~/**бесконтактное** kontaktloses Relais *n*
~/**биметаллическое** Bi[metall]relais *n*
~/**блокирующее** Blockierungsrelais *n*, Sperrelais *n*
~/**быстродействующее** Schnellrelais *n*
~/**вибрационное** Vibrationsrelais *n*
~/**включающее** Einschaltrelais *n*
~ **включения стартера** Magnetschalter *m (Anlasser)*
~/**возвратное** Rückstellrelais *n*
~ **времени** Zeitrelais *n*
~/**вспомогательное** Hilfsrelais *n*
~ **выдержки времени** Zeitverzögerungsrelais *n*
~/**вызывное** Anrufrelais *n*, Rufrelais *n*
~/**высоковольтное защитное** Hochspannungsschutzrelais *n*
~/**гидравлическое** hydraulisches Relais *n*
~/**главное** Hauptrelais *n*
~/**групповое** Gruppenrelais *n*
~ **давления** Druckschalter *m*; [ölhydraulischer] Einschaltzylinder *m*
~/**дистанционное** Distanzrelais *n*
~/**дифференциальное** Differentialrelais *n*
~/**замедленное на отпускание** abfallverzögertes Relais *n*, Relais *n* mit Abfallverzögerung
~/**замедленное на притяжение (срабатывание)** ansprechverzögertes (anzugverzögertes) Relais *n*, Relais *n* mit Ansprechverzögerung (Anzugverzögerung)
~ **замыкания на землю** Erdschlußrelais *n*
~ **занятости** Besetztrelais *n*
~/**защитное** Schutzrelais *n*
~/**импеданцное** Impedanzrelais *n*
~/**импульсное** Stromstoßrelais *n*, Impulsrelais *n*
~/**индукционное** Induktionsrelais *n*
~/**ионное** Ionenrelais *n*
~/**исполнительное** Stellrelais *n*
~ **клапанной системы/электромагнитное** Klappankerrelais *n*
~/**коммутационное** Schaltrelais *n*
~/**контактное** Kontaktrelais *n*
~/**контакторное** Schaltrelais *n*
~/**контрольное** Überwachungsrelais *n*, Kontrollrelais *n*
~ **косвенного действия** indirekt wirkendes Relais *n*
~/**круглое** Rundrelais *n*
~/**ламповое** Röhrenrelais *n*
~/**линейное** Linienrelais *n*, Leitungsrelais *n*
~/**магнитное** magnetisches Relais *n*, Magnetrelais *n*
~/**магнитоэлектрическое** permanentmagnetisches Relais *n*, Drehspulrelais *n*
~ **максимального напряжения** Überspannungsrelais *n*, Spannungssteigerungsrelais *n*
~ **максимального тока** Überstromrelais *n*
~/**малогабаритное** Kleinrelais *n*
~/**манипуляторное** Tastrelais *n*
~ **мигающей лампы** Flackerrelais *n*
~/**микрофонное** Mikrofonrelais *n*
~ **минимального тока** Unterstromrelais *n*, Minimalrelais *n*
~/**многоконтактное** Mehrkontaktrelais *n*
~ **мощности** Leistungsrelais *n*
~ **направления мощности** Leistungsrichtungsrelais *n*
~ **напряжения** Spannungsrelais *n*
~ **напряжения/максимальное** Überspannungsrelais *n*, Spannungssteigerungsrelais *n*
~/**незамедленное** unverzögertes Relais *n*, Momentrelais *n*

~/**нейтральное (неполяризованное)** neutrales (ungepoltes) Relais *n*
~ **нулевого напряжения** Nullspannungsrelais *n*
~ **обратного сигнала** Rückmelderelais *n*
~ **обратного тока** Rückstromrelais *n*
~ **обратной мощности** Rückleistungsrelais *n*
~/**отбойное** Schluß[zeichen]relais *n*
~/**отключающее** Abschaltrelais *n*
~ **перегрузки** Überlast[ungs]relais *n*
~/**передающее** Übertragungsrelais *n*, Senderelais *n*
~/**переключающее** Umschaltrelais *n*
~ **переменного тока** Wechselstromrelais *n*
~ **переменного тока/путевое** Wechselstromgleisrelais *n*
~/**питающее** Speiserelais *n*
~/**плоское** Flachrelais *n*
~/**позиционное** Stellungsrelais *n*
~/**поляризованное** gepoltes (polarisiertes) Relais *n*
~/**поплавковое** Schwimmerrelais *n*
~ **постоянного тока** Gleichstromrelais *n*
~ **постоянного тока/путевое** Gleichstromgleisrelais *n*
~ **потока** Strömungsrelais *n*, Strömungsschalter *m*
~/**приёмное** Empfangsrelais *n*
~/**проблесковое** Flackerrelais *n*
~/**пробное** Prüfrelais *n*
~ **прямого действия** direkt wirkendes Relais *n*, Auslöser *m*
~/**пульсирующее** *s.* **~/проблесковое**
~/**пусковое** Anlaßrelais *n*
~/**путевое** Gleisrelais *n*, Gleismagnet *m*
~/**разделительное** Trennrelais *n*
~/**размыкающее** *s.* **~/расцепляющее**
~/**расцепляющее** Auslöserelais *n*
~/**реактивное** Blindleistungsrelais *n*
~ **реактивной мощности** Blindleistungsrelais *n*
~ **реверса** Reversierrelais *n*, Umkehrrelais *n*
~/**регулировочное (регулирующее)** Regelrelais *n*
~/**резонансное** Tonfrequenzrelais *n*, Zungenfrequenzrelais *n*; Resonanzrelais *n*
~ **с вращающимся якорем** Drehankerrelais *n*
~ **с выдержкой времени/максимальное токовое** Überstromzeitrelais *n*
~ **с двойным якорем** Doppelankerrelais *n*
~ **с задержкой** Relais *n* mit Haltekontakt
~ **с памятью** Speicherrelais *n*
~ **с поворотным якорем** Drehankerrelais *n*
~ **с подвижной катушкой** Drehspulrelais *n*
~ **с якорем на призматической опоре** Schneidenankerrelais *n*
~/**световое** Lichtrelais *n*
~ **связи** Fernmelderelais *n*
~/**сигнальное** Signalrelais *n*
~/**сильноточное** Starkstromrelais *n*
~/**сильфонное** Wellrohrmeßfühler *m*
~/**слаботочное** Schwachstromrelais *n*
~/**соленоидное** Tauchankerrelais *n*
~/**спаренное** Stützrelais *n*
~/**ступенчатое** Stufenrelais *n*
~/**счётное** Zählrelais *n*
~/**телеграфное** Telegrafenrelais *n*
~/**телефонное** Fernsprechrelais *n*
~/**тепловое (термическое)** Thermorelais *n*
~ **тока** Stromrelais *n*
~ **тока/максимальное** Überstromrelais *n*
~/**токовое** *s.* **~ тока**
~/**транзисторное** Transistorrelais *n*, Transistorschalter *m*
~/**трансляционное** *(Fmt)* Übertragungsrelais *n*
~/**трёхпозиционное** Dreistellungsrelais *n*
~/**тяговое** *s.* **~ включения стартера**
~/**удерживающее** Halterelais *n*
~ **управления** Steuerrelais *n*
~ **управления/позиционное** Steuerstellungsrelais *n*
~/**управляющее** Steuerrelais *n*
~ **установки маршрута** Fahrstraßensteller *m*
~/**фазное** Phasenrelais *n*
~/**фазочувствительное** phasenempfindliches Relais *n*
~/**фотоэлектрическое** fotoelektrisches (lichtelektrisches) Relais *n*, Fotorelais *n*
~/**частотное** Frequenzrelais *n*
~ **числа оборотов** Drehzahlschalter *m*
~/**электромагнитное** elektromagnetisches Relais *n*
~/**электромеханическое** Schaltrelais *n*
~/**электронное** elektronisches Relais *n*, Elektronenrelais *n*
~/**этажное** Stockwerk[s]relais *n* *(Fahrstuhl)*
реле-дроссель *m (Fmt)* Drosselrelais *n*
реле-искатель *m (Fmt)* Wählerrelais *n*
реле-клопфер *m (Fmt)* Klopf[er]relais *n* *(Telegrafie)*
реле-повторитель *m (El)* Wiederholerrelais *n*
реле-регулятор *m* Spannungsregler *m* *(Kfz-Lichtmaschine)*
реле-счётчик *m (Fmt)* Relais *n* für Stromstoßzählung, Zähl[er]relais *n*
релинг *m (Schiff)* Reling *f*
рельеф *m* 1. Relief *n*, Hochbild *n*, erhabene Arbeit *f*; 2. *(Kart)* Relief *n*, Geländemodell *n (plastische Darstellung der Erdoberfläche)*; 3. *(Geol)* Relief *n (Gesamtheit der Oberflächenformen der Erde)*; 4. Relief *n (Kristalloptik)*

~/**абразионный** *(Geol)* Abrasionsrelief *n*
~/**альпийский** *(Geol)* alpines Relief *n*, Hochgebirgsrelief *n*
~/**амплитудный** Amplitudenstruktur *f* *(Phasenkontrastverfahren; Mikroskopie)*
~/**балочный** *(Geol)* Balkarelief *n*
~ **берега** *(Geol)* Küstenform *f*, Küstengestalt *f*
~/**выработанный** *(Geol)* Denudationsrelief *n*, Abtragungsrelief *n*
~/**высокогорный** Hochgebirgsrelief *n*, alpines Relief *n*
~/**горно-долинный** *(Geol)* Gebirgstalrelief *n*
~/**горно-ледниковый** *(Geol)* Gebirgsgletscherrelief *n*
~/**горно-останцовый** *(Geol)* Inselberge *mpl*
~/**горно-таёжный** *(Geol)* Bergtaigarelief *n* *(Mittelgebirgsrelief mit stark entwickelter Waldbildung)*
~/**донно-моренный** *(Geol)* Grundmoränenrelief *n*
~/**друмлиновый** *(Geol)* Drumlinrelief *n*, Drumlinlandschaft *f*
~/**конечно-моренный** *(Geol)* Endmoränenrelief *n*
~/**ледниковый** *(Geol)* Glazialrelief *n*
~ **местности** Geländerelief *n*
~/**многоярусный** *(Geol)* mehrstufiges Relief *n*, Terrassentreppenrelief *n*
~/**моренный** *(Geol)* Moränenrelief *n*
~ **набухания** *(Typ)* Quellrelief *n*
~/**обратный (обращённый)** *(Geol)* Reliefumkehr *f*, Inversion *f*
~/**основной моренный** *(Geol)* Grundmoränenrelief *n*
~/**откопанный** *(Geol)* freigelegtes (abgedecktes) Relief *n*
~/**палимпсестовый** *(Geol)* Palimpsestrelief *n*
~/**погребённый** *(Geol)* überdecktes Relief *n*
~/**среднегорный** Mittelgebirgsrelief *n*
~/**техногенный** „technogenes" Relief *n* *(durch Kanal- und Talsperrenbau veränderte Oberflächengestalt der Erde)*
~/**фазогенный** Phasenstruktur *f* *(Phasenkontrastverfahren; Mikroskopie)*
~/**холмисто-моренный** *(Geol)* Grundmoränenrelief *n*
~/**эоловый** *(Geol)* Deflationsrelief *n*
~/**эрозионный** *(Geol)* Erosionsrelief *n*
рельефность *f* **изображения** *(Fs)* Bildplastik *f*
рельс *m* *(Eb)* Schiene *f*
~/**виньолевский** *s.* ~/**широкоподошвенный**
~ **Виньоля** *s.* ~/**широкоподошвенный**
~/**внутренний** Innenschiene *f* *(in Kurven)*
~/**двухголовый** Doppelkopfschiene *f*, Stuhlschiene *f*
~ **для стрелочных остряков** Zungenschiene *f* *(Weiche)*
~/**железнодорожный** Eisenbahnschiene *f*
~/**желобчатый** Rillenschiene *f*
~/**контактный** Stromschiene *f*
~/**направляющий** Führungsschiene *f*, Leitschiene *f*
~/**наружный** Außenschiene *f* *(in Kurven)*
~/**переходный** Übergangsschiene *f*
~/**подкрановый** Kranbahnschiene *f*
~/**рамный** Backenschiene *f* *(Weiche)*
~/**рыбообразный** Fischbauchschiene *f*
~/**трамвайный** Straßenbahnschiene *f*, Rillenschiene *f*
~/**третий** *s.* ~/**контактный**
~/**узкоколейный** Schmalspurschiene *f*
~/**укороченный** Kurzschiene *f*
~/**уравнительный укороченный** Ausgleichschiene *f* *(in Kurven)*
~/**ходовой** Laufschiene *f*, Fahrschiene *f*
~/**широкоподошвенный** Breitfußschiene *f*, Vignoles-Schiene *f*
рельсовый Schienen ..., schienengebunden, Gleis ...
рельсогибатель *m* Schienenbieger *m*, Schienenbiegepresse *f*
рельсоочиститель *m* Schienenräumer *m*, Bahnräumer *m*
рельсоукладчик *m* Schienenverleger *m*
рельсформа *f* *(Bw)* Schalungsschiene *f*
релюктанс *m* Reluktanz *f*, magnetischer Widerstand *m*
релюктанц *m s.* **релюктанс**
релятивизм *m s.* **относительность**
релятивирование *n* *(Ph)* Relativierung *f*
ремень *m* Riemen *m*, Gurt *m*
~/**бесконечный клиновой** endloser Keilriemen *m*
~/**бесконечный шитый хлопчатобумажный** endloser genähter Baumwollriemen *m*
~/**боевой** *(Text)* Schlagriemen *m* *(Schützenschlageinrichtung)*
~/**быстроходный** schnellaufender Riemen *m*
~/**двойной (двухслойный) кожаный** zweilagiger (doppellagiger) Lederriemen *m*
~/**декельный** *(Pap)* Deckelriemen *m*
~/**клиновой** Keilriemen *m*
~/**кожаный** Lederriemen *m*
~/**конечный клиновой** endlicher Keilriemen *m*
~/**кордтканевый клиновой** Normalkeilriemen *m*
~/**кордшнуровой клиновой** KC-Keilriemen *m*
~/**льняной тканый** gewebter Leinenriemen *m*

~ **механизма шарнирного боя/погоняльный** *(Text)* Schlagriemen *m* *(Knickschlageinrichtung; Webstuhl)*
~/**одинарный кожаный** einfacher Lederriemen *m*
~/**плоский [приводной]** Flachriemen *m*
~/**приводной** Treibriemen *m*
~/**привязной** Sicherheitsgurt *m*
~/**прорезиненный хлопчатобумажный** gummiimprägnierter Baumwollriemen *m*
~ **с гофрированной нижней поверхностью/зубчатый** Flachzahnriemen *m*
~/**собирательный** *(Typ)* Transportriemen *m*
~/**теребильный** Raufriemen *m*
~ **транспортёра собирателя** Sammlerriemen *m*
~/**трёхслойный кожаный** dreilagiger Lederriemen *m*
~/**трёхслойный текстильный** dreilagiger Textilriemen *m*
~/**уширенный клиновой** Breitkeilriemen *m*
~/**хлопчатобумажный тканый** gewebter Baumwollriemen *m*
~/**шёлковый тканый** gewebter Seidenriemen *m*
~/**шерстяной тканый** gewebter Haarriemen *m* *(z. B. Kamelhaarriemen)*
ремесло *n* Handwerk *n*; Gewerbe *n*
ремешок *m* Riemchen *n*
~/**делительный** *(Text)* Teilriemchen *n*
ремиз *m* *(Text)* Geschirr *n*; Schaftgeschirr *n*, Schaftwerk *n* *(Webstuhl)*
ремизка *f* *(Text)* Schaft *m* *(Webstuhl; zwei und mehr Schäfte bilden das Geschirr)*
~/**бумажная** Baumwollschnurschaft *m*, Schnurschaft *m*
~/**кромочная** Leistenschaft *m*
~/**металлическая** Drahtlitzenschaft *m*, Schaft *m* mit Metallitzen
~/**нитяная** Schnurschaft *m* *(Baumwoll- oder Leinenschnur)*
~/**проволочная** *s.* ~/**металлическая**
~/**стальная** Stahldrahtlitzenschaft *m*
ремизный *(Text)* Schaft . . .; Geschirr . . . *(Webstuhl)*
ремизодержатель *m* *(Text)* Schafthalter *m* *(Weberei)*
ремонт *m* Ausbesserung *f*, Erhaltung *f*, Reparatur *f*, Instandhaltung *f*, Instandsetzung *f*, Überholung *f*
~/**аварийный** Schadenbehebung *f*
~ **дороги/ямочный** *(Bw)* Flickarbeit *f*, Flickverfahren *n* *(Straßenunterhaltung)*
~/**капитальный** Generalüberholung *f*, Generalreparatur *f*
~/**планово-предупредительный** planmäßige vorbeugende Reparatur (Instandsetzung) *f*
~/**подъёмочный** *(Eb)* große Ausbesserung *f* *(Fahrzeuge)*
~/**средний** mittlere Reparatur (Instandsetzung) *f*
~/**текучий** laufende Reparatur *f*, Instandhaltungsreparatur *f*
ремонтировать reparieren, überholen, instandsetzen, ausbessern
ренат *m* *(Ch)* Rhenat *n*
рений *m* *(Ch)* Rhenium *n*, Re
~/**пятихлористый** Rheniumpentachlorid *n*
~/**трёххлористый** Rheniumtrichlorid *n*
ренит *m* *(Ch)* Rhenit *n*
реннин *m* *(Ch)* Rennin *n*, Labferment *n*
рентабельность *f* Rentabilität *f*; Wirtschaftlichkeit *f*
рентабельный rentabel; wirtschaftlich; gewinnbringend; einträglich, lohnend, vorteilhaft
рентген *m* Röntgen *n*, R *(SI-fremde Einheit der Exposition)*
рентгенгониометр *m* **Вайссенберга** *(Krist)* Weissenberg-[Röntgen-]Goniometer *n*
рентгенметр *m* *(Kern)* 1. Röntgenmeter *n*, Röntgenmeßgerät *n*; 2. Röntgenstrahlintensitätsmesser *m*, Ionometer *n*
~/**интегральный** Röntgenmeter *n* zur Bestimmung der Gesamtdosis
рентгеноанализ *m* **[/структурный]** *s.* **анализ/рентгеноструктурный**
рентгеновский Röntgen . . .
рентгеногониометр *m* *(Kern)* Röntgengoniometer *n*
рентгенограмма *f* 1. Röntgen[spektral]aufnahme *f*, Röntgenogramm *n*, Röntgenbild *n*, Röntgenfilm *m*; 2. Röntgendiagramm *n*, Röntgenbeugungsbild *n*
~ **вращения** *(Krist)* Drehkristallaufnahme *f*; Rotationsdiagramm *n*
~ **Дебая-Шеррера** *(Krist)* Debye[-Scherrer]-Aufnahme *f*, Debye[-Scherrer]-Diagramm *n*, Pulverbeugungsaufnahme *f*
~ **качания** *(Krist)* Schwenk[kristall]aufnahme *f*
~ **Лауэ** *s.* **лауэграмма**
~ **по Лэнгу** *(Krist)* röntgentopografische Aufnahme *f* nach der Lang-Methode
~ **порошка** *s.* ~ **Дебая-Шеррера**
~/**порошковая** *s.* ~ **Дебая-Шеррера**
рентгенография *f* Röntgenografie *f*
~ **металлов** Röntgenmetallografie *f*, Metallröntgenografie *f*
рентгенодефектоскопия *f* Röntgendefektoskopie *f*, Röntgenwerkstoffprüfung *f*, [zerstörungsfreie] Werkstoffprüfung *f* mit Röntgenstrahlen
рентгенодиагностика *f* Röntgendiagnostik *f*, Röntgenuntersuchung *f*
рентгенокинематография *f* Röntgenkinematografie *f* *(Verfahren)*
рентгенокиносъёмка *f* Röntgenkinematografie *f* *(Aufnahme)*

рентгенокристаллография *f s.* **анализ/рентгеноструктурный**
рентгенология *f* Röntgenologie *f*, Röntgen[strahlen]kunde *f*
рентгенолюминесценция *f* Röntgenlumineszenz *f*
рентгенометаллография *f* Röntgenmetallografie *f*
рентгенометрия *f* Röntgenometrie *f*
рентгеномикроскопия *f* Röntgenmikroskopie *f*
рентгеноскопия *f* Röntgenoskopie *f*, Röntgendurchleuchtung *f*, Radioskopie *f*
рентгеноснимок *m* Röntgenogramm *n*, Röntgenbild *n*, Röntgenaufnahme *f*
рентгеноспектрограф *m* Röntgenspektrograf *m*
рентгеноспектрометр *m* Röntgenspektrometer *n*
рентгенотерапия *f* Röntgentherapie *f*, Röntgenbehandlung *f*
рентгенофизика *f* Röntgenphysik *f*
рентгенофлуоресценция *f* Röntgenfluoreszenz *f*
рентгенофотометр *m* Röntgenfotometer *n*
рентген-эквивалент *m (Kern)* Röntgenäquivalent *n*
~/биологический biologisches Röntgenäquivalent *n*, rem
~/физический physikalisches Röntgenäquivalent *n*, rep
реодинамика *f* Rheodynamik *f*
реология *f* Rheologie *f*
реометр *m* Rheometer *n*
реометрия *f* Rheometrie *f*
реомойка *f (Bgb)* Stromwäsche *f*, Rheowäsche *f*, Rheorinne *f (Kohleaufbereitung)*
реостат *m (El)* Rheostat *m*, Regel[ungs]widerstand *m*
~/водяной *(Schiff)* Wasserwiderstandsanlage *f (zur Belastung der Generatoren bei Erprobung)*
~ возбуждения Feldregelwiderstand *m*, Feldregler *m*
~/движковый Schiebewiderstand *m*
~/двухползунковый Doppelschiebewiderstand *m*
~/жидкостный Flüssigkeits[regel]widerstand *m*
~/зарядный Ladewiderstand *m*
~/нагрузочный regelbarer Belastungswiderstand *m*
~ накала Heizwiderstand *m*
~/ползунковый *s.* **~/движковый**
~/проволочный Drahtwiderstand *m*
~/пусковой Anlaßwiderstand *m*
~/регулировочный Regel[ungs]widerstand *m*, Rheostat *m*
~ с плоским контактным ходом/пусковой Flachbahnanlasser *m*
~/угольный Kohlewiderstand *m*
~/центробежный пусковой Zentrifugalanlasser *m*, Fliehkraftanlasser *m*
~/шиберный *s.* **~/движковый**
реохорд *m* Schleifdraht *m*
~/измерительный Meß[schleif]draht *m*
репеллер *m s.* **колесо/турбинное**
репер *m* 1. *(Math)* n-Bein *n (Differentialgeometrie, Kurventheorie)*; 2. *(Geod)* Höhenmarke *f (durch Nivellement vermarkter Höhenpunkt)*; Bezugspunkt *m*; 3. *(Bgb)* Markscheidezeichen *n*; 4. *(Mil)* Einschießpunkt *m*
~/воздушный *(Mil)* Lufteinschießpunkt *m*
~/действительный *(Mil)* effektiver Einschießpunkt *m*
~/звуковой *(Mil)* Schallmeßeinschießpunkt *m*
~/косоугольный *(Math)* schiefwinkliges n-Bein *n*
~/криволинейный *(Math)* krummliniges n-Bein *n*
~/левый *(Math)* linkes (linksorientiertes) n-Bein *n*
~/наземный *(Mil)* Erdeinschießpunkt *m*
~/ортогональный *s.* **~/прямоугольный**
~/правый *(Math)* rechtes (rechtsorientiertes) n-Bein *n*
~/прямоугольный *(Math)* rechtwinkliges n-Bein *n*
~/стенной *(Geod)* Mauerbolzen *m*, Höhenbolzen *m*
~/фиктивный *(Mil)* fiktiver Einschießpunkt *m*
реперфоратор *m (Fmt)* Lochstreifenempfänger *m*, Empfangslocher *m*
репитер *m (Schiff)* Tochtergerät *n (Kreiselkompaß, Fahrtmeßanlage)*
~ гирокомпаса Tochterkompaß *m*, Kreiseltochterkompaß *m*, Kreiseltochter *f*
~ для пеленгования Peiltochterkompaß *m*, Peiltochter *f*
~/контрольный Kontrolltochter *f (Kreiselkompaß)*
~ курсовых углов Peiltochter *f (Kreiselkompaß)*, Tochterkompaß *m* mit Zielpeilung
~ лага Fahrt[- und Wege]empfänger *m*
~/пеленгационный Peiltochterkompaß *m*, Peiltochter *f*
~/путевой Steuertochterkompaß *m*, Steuertochter *f*
репка *f (Schiff)* Kreuzknoten *m*, Kreuzpfote *f*
реплика *f s.* **решётка/прозрачная дифракционная**
репортаж *m*/**телевизионный** Fernsehreportage *f*
репродуктор *m* 1. *(Rf)* Lautsprecher *m*; 2. *(Dat)* Kartendoppler *m*, Doppler *m*
репродукция *f (Foto, Typ)* Reproduktion *f*
репс *m (Text)* 1. Rips *m (Gewebe)*; 2. Ripsbindung *f*

~/**косой** 1. Schrägrips *m*; 2. Adrialbindung *f*
~/**основный** Kettrips *m*, Querrips *m*
~/**уточный** Schußrips *m*, Längsrips *m*
репсовый *(Text)* Rips . . .
ресивер *m* 1. Stahlgefäß *n (zur Speicherung von Gasen und Dämpfen)*; 2. Zwischenkammer *f (Verbunddampfmaschine)*; 3. Zwischenbehälter *m (für Druckausgleich und Zwischenkühlung in Kompressoren)*; 4. Empfänger *m (Telegrafie, Fernwirktechnik)*
~ **продувочного воздуха** Spülluftaufnehmer *m (Freikolbenverdichter)*
ресорбция *f* Resorption *f*, Aufsaugen *n*
респиратор *m* Respirator *m*, Atemschutzgerät *n*
респирометр *m (Med)* Respirationsapparat *m*
рессора *f* Feder *f*, Tragfeder *f*, Achsfeder *f (Oberbegriff für Blatt-, Drehstab- und Luftfedern der Kraft- und Schienenfahrzeuge)*
~/**буферная** Pufferfeder *f*
~/**винтовая** *s.* ~/**пружинная**
~/**витая** Schraubenfeder *f*
~/**гидропневматическая** hydraulisch regulierbare Luftfeder *f*, ölpneumatische Feder *f*, Gas-Flüssigkeits-Feder *f*
~/**главная** Hauptfeder *f (der zweistufigen Blattfeder)*
~/**двойная поперечная перевёрнутая** doppelte Querfeder *f*
~/**дополнительная** Zusatzfeder *f (der zweistufigen Blattfeder)*
~/**задняя** Hinterfeder *f*
~/**кантилеверная** Auslegerfeder *f*
~ **круглого сечения/торсионная** runde Drehstabfeder *f*
~ **кручения/резиновая** Drehfeder *f*, Gummidrehfeder *f*
~/**листовая** [geschichtete] Blattfeder *f*
~/**листовая подвесная** Achsblattfeder *f (Eisenbahnwagendrehgestell)*
~/**листовая продольная** Längsfeder *f*
~/**листовая эллиптическая** *s.* ~/**эллиптическая**
~/**люлечная эллиптическая** *s.* ~/**эллиптическая**
~/**набуксовая** Radsatzfeder *f*
~/**основная** *s.* ~/**главная**
~/**пневматическая** [pneumatisch regulierbare] Luftfeder *f*
~/**полуэллиптическая** Halbfeder *f*
~/**поперечная перевёрнутая** einfache Querfeder *f*
~/**продольная полуэллиптическая** Längsfeder *f*
~/**пружинная** Schrauben[wiege]feder *f (Eisenbahnwagendrehgestell)*
~ **прямоугольного сечения/торсионная** rechteckige Drehstabfeder *f*
~ **растяжения/резиновая** Zugfeder *f*, Gummizugfeder *f*
~/**резиновая** Gummifeder *f*
~ **с подрессорником/полуэллиптическая** zweistufige Blattfeder *f (Hauptfeder mit Zusatzfeder)*
~ **сжатия/резиновая** Druckfeder *f*, Gummidruckfeder *f*
~ **со скользящими [по опоре] концами** Abwälzfeder *f*, Wälzfeder *f*, Gleitfeder *f*
~/**стержневая** Drehstabfeder *f*
~/**торсионная** Drehstabfeder *f*
~/**трёхшарнирная консольная** *s.* ~/**кантилеверная**
~/**четвертная** Viertelfeder *f*
~/**эллиптическая** Doppelelliptik-Wiegenfeder *f (Eisenbahnwagendrehgestell)*
реставратор *m* **перфокарт** *(Dat)* Kartenglätteinrichtung *f*, Kartenbügler *m*
рестарт *m (Dat)* Wiederanlauf *m*
~ **контрольной точки** Wiederanlauf *m* des Prüfpunktes
~/**отсроченный** verzögerter Wiederanlauf *m*
~ **шага задания** Jobschrittwiederanlauf *m*
ресторан *m*/**дорожный** Raststätte *f*
ресурс *m* 1. *(Dat)* Ressource *f*; 2. *(Flg)* Sollbetriebszeit *f*; 3. *s. unter* **ресурсы**
~/**межремонтный** mittlere fehlerfreie Betriebszeit *f* zwischen zwei Ausfällen
ресурсы *mpl* 1. Ressourcen *fpl (Naturstoffe, Produktionsvorräte, Kapazitäten, Arbeitskräfte u. dgl.)*; zur Verfügung stehende Mengen *fpl* (Mittel *pl*); Vorräte *mpl*, Schätze *mpl*; Rohstoffquellen *fpl*; 2. Erwerbsquelle *f*, Einkommensquelle *f*; Bezugsquelle *f*, Versorgungsquelle *f*
~/**водные** Rücklage *f (im Wasserhaushalt die im Boden und an der Oberfläche gespeicherten Wassermengen)*
~/**водохозяйственные** Wasservorratswirtschaft *f*
~/**материальные** materielle Ressourcen *fpl*, vorhandene materielle Werte *mpl*
~/**минеральные** Mineralvorräte *mpl*
~/**природные** Naturschätze *mpl*, natürliche Ressourcen *fpl*
~/**трудовые** verfügbare (vorhandene) Arbeitskräfte *fpl*, Arbeitskräftepotential *n*, Arbeitskräfteressourcen *fpl*
~/**финансовые** finanzielle Mittel *pl* (Ressourcen *fpl*), Finanzmittel *pl*, Geldmittel *pl*
реторта *f (Ch)* Retorte *f*
~ **ацетиленового генератора** *(Schw)* Retorte *f (Schubkastenentwickler)*
~/**вагонная** Wagenretorte *f*
~/**вертикальная** Vertikalretorte *f*, stehende Retorte *f*
~/**газовая** Gasretorte *f*

~/горизонтальная Horizontalretorte *f*, liegende Retorte *f*
~/коксовальная Koksretorte *f*, Verkokungsretorte *f*
~/перегонная Destillationsretorte *f*
~/тубулярная Retorte *f* mit Tubus
ретранслировать weiterleiten, weiterübertragen, weiterstrahlen, wiederausstrahlen
ретранслятор *m* Zwischen[sende]station *f*, Zwischensender *m*, Relaisstation *f*, Relais[funk]stelle *f*, Relaissender *m*
~/телевизионный Fernsehzubringer *m*
ретрансляция *f* Weiterleitung *f*, Weiterübertragung *f*, Weiterstrahlung *f*, Wiederausstrahlung *f*
~ радиоизображений по кабелю Fernsehkabelübertragung *f*
~ телевизионных сигналов Fernsehübertragung *f*
ретушь *f (Foto, Typ)* Retusche *f*
~/позитивная Positivretusche *f*
рефайнер *m (Gum)* Refiner-Walzwerk *n*, Refiner *m*
рефайнервальцы *pl s.* **рефайнер**
рефлекс *m (Foto)* Reflexionsfleck *m*, Linsenlichtfleck *m (auf dem Bild)*
рефлексивность *f (Math)* Reflexivität *f*
рефлектограмма *f* Reflektogramm *n*
рефлектор *m* 1. *(Astr)* Spiegelteleskop *n*, Reflektor *m*; 2. *(Kern) s.* **отражатель реактора**
~/антенный Antennenreflektor *m*, Antennenspiegel *m*
~ Грегори Spiegelteleskop *n* nach Gregory
~ Кассегрена Spiegelteleskop *n* nach Cassegrain, Cassegrain-Spiegel *m*
~ куде Coudé-Spiegel *m*, Coudé-Spiegelteleskop *n*
~ Несмита Spiegelteleskop *n* nach Nasmyth, Nasmyth-Teleskop *n*
~ Ньютона Spiegelteleskop *n* nach Newton, Newton-Spiegel *m*
~/параболический parabolischer Reflektor *m (Radioastronomie)*
~/угловой (уголковый) Winkelreflektor *m*
~ Хэла Hale-Teleskop *n*
~ Шмидта Schmidt-Spiegelteleskop *n*, Schmidt-Spiegel *m*
~/эталонный Etalonreflektor *m*
рефрактометр *m (Opt)* Refraktometer *n*
~ Аббе Abbe-Refraktometer *n*, Abbesches Refraktometer *n*
~/интерференционный Interferenzrefraktometer *n*, Interferentialrefraktor *m*, Vierplattenrefraktometer *n*, Interferentialrefraktometer *n*, Interferenzrefraktor *m (diese Bezeichnung wird in beiden Sprachen auf Jamin-, Mach-Zehender- und Rayleigh-Haber-Löwe-Interferometer angewendet)*
~/масляный Butterrefraktometer *n*
~/молочный Milchrefraktometer *n*
~/погружной Eintauchrefraktometer *n*
~ Пульфриха Pulfrich-Refraktometer *n*
~/сахарный Zuckerrefraktometer *n*
рефрактометрия *f (Opt)* Refraktometrie *f*, Brechzahlbestimmung *f*
рефрактор *m (Opt)* Refraktor *m*, Linsenfernrohr *n*
~/визуальный visueller Refraktor *m*
~ куде Coudé-Refraktor *m*
~/фотографический fotografischer Refraktor *m*
рефракция *f* 1. *(Ph)* Refraktion *f*, Brechung *f*, Strahlenbrechung *f (Lichtstrahlen, elektromagnetische Wellen, Schallwellen; s. a. unter* **преломление***)*; 2. *(Ph, Ch) s.* **~/молекулярная**; 3. *(Astr) s.* **~ света в атмосфере**; 4. *(Astr) s.* **угол рефракции**
~/астрономическая astronomische Refraktion *f (Ablenkung der Lichtstrahlen beim Durchgang durch die Erdatmosphäre)*
~/атмосферная atmosphärische Refraktion *f (Ablenkung eines sich in der Erdatmosphäre bewegenden Himmelskörpers, z. B. eines Meteors)*
~/атомная *(Ph, Ch)* Atomrefraktion *f*
~/береговая *(FO, Rt)* Küstenbrechung *f*
~/боковая *(Astr)* Seitenrefraktion *f*, laterale Refraktion *f*; Azimutalrefraktion *f*
~/вертикальная земная *(Astr)* Höhenrefraktion *f*
~/внешняя коническая *(Krist)* äußere konische Refraktion *f*
~/внутренняя коническая *(Krist)* innere konische Refraktion *f*
~ внутри инструмента *(Astr)* Instrumentalrefraktion *f*
~/геодезическая *(Astr)* terrestrische Refraktion *f*
~ глаза Refraktion *f* des Auges
~/горизонтальная *(Astr)* Horizontalrefraktion *f*
~/дифференциальная *(Astr)* differentielle Refraktion *f*
~ звука Refraktion *f* des Schalles *(Krümmung der Schallstrahlen in inhomogenen Medien)*
~/земная *(Astr)* terrestrische Refraktion *f*
~/ионная *(Ph, Ch)* Ionenrefraktion *f*
~/ионосферная *s.* **~ радиоволн**
~/истинная *(Astr)* wahre Refraktion *f*
~/коническая *(Krist)* konische Refraktion *f (in zweiachsigen Kristallen)*
~/мол[екул]ярная *(Ph, Ch)* Mol[ekul]arrefraktion *f*
~/неправильная боковая *(Astr)* unregelmäßige (irreguläre) Seitenrefraktion *f*

~/нормальная *s.* **~/средняя**
~/параллактическая *(Astr)* parallaktische Refraktion *f*
~/правильная боковая *(Astr)* regelmäßige (reguläre) Seitenrefraktion *f*
~ радиоволн Brechung *f* elektromagnetischer Wellen
~ радиоволн/ионосферная Brechung *f* [elektromagnetischer Wellen] in der Ionosphäre
~ радиоволн/нормальная Normalrefraktion *f* [elektromagnetischer Wellen]
~ радиоволн/электронная *s.* **~ радиоволн**
~ света *(Opt, Astr)* Refraktion (Brechung) *f* des Lichtes, Lichtbrechung *f*
~ света в атмосфере atmosphärische Strahlenbrechung *f (Oberbegriff für astronomische und terrestrische Refraktion)*
~ связей *(Ph, Ch)* Bindungsrefraktion *f*
~/средняя *(Astr)* mittlere Refraktion *f*
~/удельная [молекулярная] *(Ph, Ch)* spezifische Refraktion *f*
~/хроматическая *(Astr)* chromatische Refraktion *f*
рефрижератор *m* 1. Gefrieranlage *f*, Refrigerator *m*; 2. *(Eb)* Maschinenkühlwagen *m*; 3. Kühlschiff *n*; 4. Verdampfer *m (Kältemaschine)*
~/приёмно-производственный Übernahme- und Transportkühlschiff *n*
~/приёмно-транспортный Übernahme-, Transport- und Kühlschiff *n*
~/производственный Gefrier- und Verarbeitungsschiff *n*
~/транспортно-производственный Transport-, Kühl- und Gefrierschiff *n*
~/транспортный Transport- und Kühlschiff *n*
рефрижератор-снабженец *m*/**транспортный** Transport-, Kühl- und Versorgungsschiff *n*
рефулёр *m* 1. *(Bw)* Saugbagger *m*, Schwemmbagger *m*, Spülbagger *m*; *(Schiff)* Schutensauger *m*, Spüler *m*, Spülbagger *m*; 2. Schwimmrohrleitung *f*
рефулирование *n* Naßbaggerung *f*, Spülbaggerung *f*
рецесс *m* **туннеля гребного вала** *(Schiff)* Wellentunnelrezeß *m*
реципиент *m (Vak)* Rezipient *m*
рециркуляция *f* Rückumlauf *m (Gase, Flüssigkeiten)*
решение *n* Beschluß *m*, Entscheidung *f*; *(Math)* Lösung *f*
~/вариационное Variationsproblem *n*, Variationsaufgabe *f*
~ методом парциальных волн Partialwellenlösung *f*, Teilwellenlösung *f*
~/нетривиальное nichttriviale Lösung *f*
~/общее allgemeine Lösung *f*
~/объёмно-планировочное *(Bw)* räumlich-gestalterische Lösung *f*, Raum- und Grundrißlösung *f*
~/особое singuläre Lösung *f*
~/приближённое Näherungslösung *f*
~/проектное *(Bw)* Projektlösung *f*
~/схемное *(Eln)* schaltungstechnische Lösung *f*
~/частное partikuläre (spezielle) Lösung *f*
решётка *f* 1. Gitter *n*, Gitterwerk *n*; Rost *m*, Horde *f*; 2. *(Schiff)* Gräting *f*; 3. *(Krist, Opt)* Gitter *n*, Beugungsgitter *n*; 4. *(Bw)* Fachwerk *n*; 5. *(Hydt)* *s.* **~/сороудерживающая**
~/активная Gleichdruckgitter *n (Strömungsmaschine)*
~/активная вращающаяся Gleichdrucklaufschaufelgitter *n (Dampfturbine)*
~/активная гидродинамическая Gleichdruckgitter *n (Strömungsmaschine)*
~/активная рабочая *s.* **~/активная вращающаяся**
~ активной зоны *s.* **~ реактора**
~/акустическая дифракционная *(Ak)* akustisches Gitter (Beugungsgitter) *n*
~/амплитудная [дифракционная] *(Opt)* Amplitudengitter *n*
~/антенная Antennengruppe *f*
~/атомная *(Krist)* Atomgitter *n*
~/базоцентрированная *(Krist)* basisflächenzentriertes Gitter *n*, *C*-Gitter *n*
~/базоцентрированная гексагональная basisflächenzentriertes hexagonales Gitter *n*
~/базоцентрированная моноклинная basisflächenzentriertes monoklines Gitter *n*
~/базоцентрированная ромбическая basisflächenzentriertes rhombisches (orthorhombisches) Gitter *n*
~/балочная Trägerrost *m*
~/беспровальная цепная Kipprost *m*, Klapprost *m (Feuerung)*
~ Браве *(Krist)* Bravais-Gitter *n*, Bravais-Netz *n*, [Bravaissches] Translationsgitter *n*
~/вакантная *(Krist)* Lückengitter *n*
~ вертикального разрыхлителя/колосниковая *(Text)* Stabrost *m* des Kegelöffners
~/взвешенная обратная *(Krist)* gewichtetes reziprokes Gitter *n*
~/вибрационная пневматическая *(Gieß)* Druckluftausleerrost *m*
~/внутренняя колосниковая Innenrost *m (Feuerung)*
~/вогнутая [дифракционная] *(Opt)* Konkavgitter *n*, Rowland-Gitter *n*
~/водоприёмная *(Hydt)* Einlaufgitter *n*
~/вращающаяся 1. Drehrost *m (Heizung)*; 2. Laufschaufelgitter *n (Strömungsmaschine)*

~/встряхивающая [выбивная] *(Gieß)* Ausleerrüttelrost *m*, Rüttelausschlagrost *m*, Auspackrüttler *m*
~/входная Eintrittsgitter *n*
~/выбивная *(Gieß)* Ausschlagrost *m*, Ausleerrost *m*, Putzrost *m*
~/выбивная вибрационная Ausleerschwingrost *m*, Vibrationsausschlagrost *m*, Vibrationsausleerrost *m*
~/выбивная вибрационная пневматическая Druckluftausleerrost *m*
~/выдвижная ausfahrbarer Rost *m* *(Feuerung)*
~/выходная Austrittsgitter *n*
~/гексагональная *(Krist)* hexagonales Gitter *n*
~/гидравлическая Schaufelgitter *n*, Strömungsgitter *n* *(Strömungsmaschine)*
~/гидродинамическая Schaufelgitter *n*, Flügelgitter *n* *(Strömungsmaschine)*
~ головного питателя/игольчатая *(Text)* Steiglattentuch *n* *(Kastenspeiser)*
~ головного питателя/нижняя питающая *(Text)* unteres Zuführlattentuch *n* *(Kastenspeiser)*
~ головного питателя/смесительная *(Text)* Mischlattentuch *n* *(Kastenspeiser)*
~/горизонтальная колосниковая Planrost *m* *(Feuerung)*
~ горизонтального разрыхлителя/колосниковая *(Text)* Stabrost *m* des Horizontalöffners
~/гранецентрированная *(Krist)* flächenzentriertes Gitter *n*, *F*-Gitter *n*
~/гранецентрированная кубическая flächenzentriertes kubisches Gitter *n*
~/гранецентрированная ромбическая flächenzentriertes rhombisches (orthorhombisches) Gitter *n*
~/грубая *(Hydt)* Grobrechen *m*
~/двойная горизонтальная Doppelplanrost *m*
~/двумерная *(Opt)* Flächengitter *n*, Kreuzgitter *n*, zweidimensionales Gitter *n*
~/деревянная *(Schiff)* Holzgräting *f*
~/диагональная Diagonalgitter *n* *(Strömungsmaschine)*
~/диагональная гидродинамическая diagonales Schaufelgitter *n* *(Strömungsmaschine)*
~/дифракционная Diffraktionsgitter *n*, Beugungsgitter *n*
~/диффузорная Diffusorgitter *n*, Verzögerungsgitter *n* *(Strömungsmaschine, Windkanal)*
~/диффузорная вращающаяся Diffusorlaufschaufelgitter *n*, rotierendes Verzögerungsgitter *n*
~/диффузорная неподвижная Diffusorleitschaufelgitter *n*, ruhendes Verzögerungsgitter *n*
~/диффузорная рабочая *s.* **~/диффузорная вращающаяся**
~ для насадки Füllkörperrost *m*
~ для приёмки рулонов *(Wlz)* Bundaufnahmerost *m*
~/донная *(Hydt)* Grundrechen *m*
~/дренажная Abtropfrost *m*
~/дугогасительная *(El)* Löschgitter *n*
~/жаккардовая *(Text)* Rost *m* *(Jacquardmaschine)*
~/жалюзийная Jalousiegitter *n*
~/заградительная Absperrgitter *n*
~/защитная *s.* **~/предохранительная**
~/игольчатая *(Text)* Steiglattentuch *n* *(Kastenspeiser)*
~/ионная кристаллическая *(Krist)* Ionengitter *n*
~/кингстонная *(Schiff)* Seekastensieb *n*
~/ковалентная кристаллическая *(Krist)* Kovalenzgitter *n*
~ колосников обезрепеивающей машины/регулируемая *(Text)* Messerrost *m* *(Klettenwolf)*
~/колосниковая Rost *m*, Stabrost *m*, Gitterrost *m*, Feuerungsrost *m*
~/колосниковая горизонтальная Plan[gitter]rost *m*, Planfeuerungsrost *m*
~/колосниковая движущаяся Wanderrost *m*
~/кольцевая гидродинамическая Kreisgitter *n* *(Strömungsmaschine)*
~/коническая колосниковая Kegelrost *m* *(Feuerung)*
~/конфузорная konfuses Gitter *n* *(Strömungsmaschine)*
~/координационная кристаллическая *(Krist)* Koordinationsgitter *n*
~/кормовая *(Lw)* Freßgitter *n*
~ котла/передняя Rauchkammerrohrwand *f* *(Lokomotivkessel)*
~/кристаллическая Kristallgitter *n*, Kristallgerüst *n*
~/круглая колосниковая Kreisrost *m* *(Feuerung)*
~/крупная *(Hydt)* Grobrechen *m*
~/кубическая *(Krist)* kubisches Gitter *n*
~/кубическая гранецентрированная flächenzentriertes kubisches Gitter *n*, kubisch flächenzentriertes Gitter *n*, kfz-Gitter *n*
~/кубическая объёмноцентрированная innenzentriertes (raumzentriertes) Gitter *n*, kubisch raumzentriertes Gitter *n*, krz-Gitter *n*
~/кубическая примитивная einfach kubisches Gitter *n*, kubisch einfaches Gitter *n*
~/ленточная цепная Kettenrost *m* *(Feuerung)*
~/линейная *(Opt)* lineares (eindimensionales) Gitter *n*
~/лопаточная *s.* **~/гидродинамическая**

~ **лопаточной машины/активная** Gleichdruckgitter *n* *(Strömungsmaschine)*
~/**мелкая** *(Hydt)* Feinrechen *m*
~/**металлическая [кристаллическая]** *(Krist)* Metallgitter *n*
~/**механическая колосниковая** mechanischer Rost *m* *(Feuerung)*
~/**молекулярная кристаллическая** *(Krist)* Molekülgitter *n*
~/**моноклинная** *(Krist)* monoklines Gitter *n*
~/**моноклинная базоцентрированная** flächenzentriertes (basiszentriertes) monoklines Gitter *n*
~/**моноклинная примитивная** einfach monoklines Gitter *n*
~/**наборная лопаточная** gebautes Schaufelgitter *n* *(Turbine)*
~/**наклонная [колосниковая]** Schrägrost *m* *(Feuerung)*
~/**наклонно-переталкивающая колосниковая** Vorschubtreppenrost *m*
~/**насадочная** Gitter[mauer]werk *n* *(Regenerator)*
~/**неподвижная колосниковая** feststehender (starrer) Rost *m* *(Feuerung)*
~/**нижняя [питающая]** *(Text)* unteres Zuführlattentuch *n*, Bodenlattentuch *n* *(Kastenspeiser)*
~/**обратная** *(Krist)* reziprokes Gitter *n*
~/**объективная** *(Opt)* Objektivgitter *n*
~/**объёмная** Raumgitter *n*
~/**объёмноцентрированная** *(Krist)* innenzentriertes (raumzentriertes) Gitter *n*, I-Gitter *n*
~/**объёмноцентрированная кубическая** raumzentriertes (innenzentriertes) kubisches Gitter *n*
~/**объёмноцентрированная ромбическая** raumzentriertes (innenzentriertes) rhombisches (orthorhombisches) Gitter *n*
~/**объёмноцентрированная тетрагональная** raumzentriertes (innenzentriertes) tetragonales Gitter *n*
~/**опрокидывающаяся** Kipphorde *f*
~/**оптическая** optisches Gitter *n*
~/**осевая гидродинамическая** axiales Schaufelgitter *n* *(Axialströmungsmaschine)*
~/**отбойная** *(Lw)* Abweisgitter *n*
~/**отводящая** *(Text)* Abführlattentuch *n* *(Ballenöffner, Kastenspeiser)*
~/**откидная колосниковая** Klapprost *m* *(Feuerung)*
~/**отражательная [дифракционная]** *(Opt)* Reflexionsgitter *n*
~/**очистная** *(Gieß)* Ausschlagrost *m*, Ausleerrost *m*, Putzrost *m*
~ **питателя-смесителя/игольчатая** *(Text)* Steiglattentuch *n*, Steignadeltuch *n* *(Ballenöffner)*
~ **питателя-смесителя/колосниковая** *(Text)* Abfallrost *m* *(Ballenöffner)*
~ **питателя-смесителя/питающая** *(Text)* Zuführlattentuch *n* *(Ballenöffner)*
~ **питателя-смесителя/питающая смесительная** *(Text)* Zuführ- und Mischlattentuch *n* *(Ballenöffner)*
~/**питающая** *(Text)* Zuführ[latten]tuch *n* *(Krempel)*
~/**плавучая** *(Hydt)* Schwimmrechen *m*
~/**плитчатая** Plattenrost *m* *(Feuerung)*
~/**плоская** 1. ebenes (gerades) Gitter *n* *(Strömungsmaschine)*; 2. *(Bw)* ebenes Fachwerk *n*; 3. *(Opt)* Plangitter *n*
~/**плоская гидродинамическая** ebenes (gerades) Schaufelgitter *n* *(Strömungsmaschine)*
~/**плоская дифракционная** *(Opt)* Plangitter *n*
~/**плоская колосниковая** Planrost *m* *(Feuerung)*
~ **под приёмным валиком/колосниковая** *(Text)* Vorreißerstabrost *m* *(Deckelkarde)*
~ **под трепалом/колосниковая** *(Text)* Querrost *m* unter dem Schläger
~/**полураскосная** *(Bw)* K-förmige Ausfachung *f*
~/**предохранительная** Schutzgitter *n*
~/**примитивная** *(Krist)* primitives (einfaches) Gitter *n*, *P*-Gitter *n*
~/**примитивная кубическая** primitives kubisches Gitter *n*
~/**примитивная моноклинная** primitives monoklines Gitter *n*
~/**примитивная ромбическая** primitives rhombisches (orthorhombisches) Gitter *n*
~/**примитивная ромбоэдрическая** primitives rhomboedrisches Gitter *n*
~/**примитивная тетрагональная** primitives tetragonales Gitter *n*
~/**примитивная трансляционная** primitives Translationsgitter *n*
~/**примитивная тригональная** *s.* ~/**примитивная ромбоэдрическая**
~/**примитивная триклинная** primitives triklines Gitter *n*
~/**проводящая** Leitgitter *n*
~/**продольная колосниковая** Langrost *m* *(Feuerung)*
~/**прозрачная дифракционная** *(Opt, Krist)* Transmissionsgitter *n*, Translationsgitter *n*
~/**простая** 1. einfaches Gitter *n*; 2. *(Bw)* einfaches Fachwerk *n*
~/**пространственная** 1. *(Krist, Opt)* Raumgitter *n*; 2. *(Bw)* räumliches Fachwerk *n*
~/**пространственная гидродинамическая** räumliches Schaufelgitter *n* *(Strömungsmaschine)*

~/пространственная кристаллическая Kristallraumgitter *n*
~/профильная Profilgitter *n (Strömungsmaschine)*
~/прядильная *(Text)* Spinnrost *m*
~/прямая *s.* **~/плоская**
~/путевая *(Eb)* Gleisgitter *n*
~/рабочая Laufschaufelgitter *n (Strömungsmaschine)*
~/радиальная radiales Gitter *n (Strömungsmaschine)*
~/радиальная гидродинамическая radiales Schaufelgitter *n (Radialströmungsmaschine)*
~ радиатора *(Kfz)* Kühlergrill *m*, Kühlergitter *n*
~/радиаторная *(Kfz)* Kühlergrill *m*, Kühlergitter *n*
~/раскосная *(Bw)* Ständerfachwerk *n*, Strebenfachwerk *n*
~/растровая *(Opt)* Rastergitter *n*
~/реактивная Überdruckschaufelgitter *n (Strömungsmaschine)*
~ реактора [/активная] *(Kern)* Reaktorgitter *n*
~/регулируемая *(Text)* Messerrost *m (Klettenwolf)*
~/регулярная дифракционная *(Opt)* Strichgitter *n*
~/ретортная колосниковая Muldenrost *m (Feuerung)*
~/рефлекторная *(Rf)* Rückstrahlwand *f*
~/ромбическая *(Krist)* rhombisches (orthorhombisches) Gitter *n*
~/ромбическая базоцентрированная basisflächenzentriertes rhombisches Gitter *n*
~/ромбическая гранецентрированная allseitig flächenzentriertes rhombisches Gitter *n*
~/ромбическая объёмноцентрированная *(Krist)* innenzentriertes (raumzentriertes) rhombisches Gitter *n*
~/ромбическая примитивная *(Krist)* einfach rhombisches Gitter *n*
~/ромбоэдрическая *(Krist)* rhomboedrisches Gitter *n*
~ Роуланда *(Opt)* Rowland-Gitter *n*
~/ручная колосниковая handbeschickter Rost *m (Feuerung)*
~ с вращающимися колосниками Drehrost *m*, Schüttelrost *m (Feuerung)*
~ с механическим забрасывателем Rost *m* mit mechanischer Wurfbeschickung *(Feuerung)*
~ с пневматическим забрасывателем Rost *m* mit Druckluftwurfbeschickung *(Feuerung)*
~ с ручным обслуживанием handbeschickter Rost *m (Feuerung)*
~ с ручным обслуживанием/плоская колосниковая handbeschickter Planrost *m (Feuerung)*
~/слоистая [кристаллическая] *(Krist)* Schicht[en]gitter *n*
~/смесительная *(Text)* Mischlattentuch *n (Kastenspeiser)*
~/сороудерживающая *(Hydt)* Rechen *m (Auffangen von Schwimmgut vor Einläufen in Wasserkraft- und Kläranlagen)*
~/спрямляющая *(Aero)* Gleichrichter *m (Windkanal)*
~/ступенчатая Stufenrost *m (Feuerung)*
~/ступенчатая дифракционная *s.* **эшелон Майкельсона**
~/ступенчатая колосниковая Stufenrost *m (Feuerung)*
~ сушилки Horde *f*
~/сферическая дифракционная *s.* **~/вогнутая [дифракционная]**
~/съёмная 1. abnehmbares Gitter *n*; 2. *(Opt)* Wechselgitter *n*
~/тетрагональная *(Krist)* tetragonales Gitter *n*
~/тетрагональная объёмноцентрированная innenzentriertes (raumzentriertes) tetragonales Gitter *n*
~/тетрагональная примитивная einfach tetragonales Gitter *n*
~/точечная *(Krist)* Punktgitter *n*
~/трансляционная *s.* **~ Браве**
~/треугольная *(Bw)* Strebenfachwerk *n*
~/тригональная *s.* **~/ромбоэдрическая**
~/триклинная пространственная *(Krist)* triklines Raumgitter *n*
~/трубная Feuerbüchsrohrwand *f (Lokomotivkesselfeuerung)*
~ турбины/конфузорная Beschleunigungsgitter *n (Dampfturbine)*
~ турбины/направляющая ruhendes Schaufelgitter *n*, Leitrad *n (Turbine)*
~ турбины/рабочая rotierendes Schaufelgitter *n*, Laufrad *n (Turbine)*
~/универсальная колосниковая Allesbrennerrost *m (Feuerung)*
~ уточной вилочки *(Text)* Schußwächtergitter *n (Gabelschußwächter; Webstuhl)*
~/фазовая дифракционная *(Opt)* Phasengitter *n*
~ фермы *(Bw)* Fachwerk *n (hier Sammelbegriff für Fachwerkträgerkonstruktionen wie Ständer-, Streben- und K-Fachwerk)*
~ фермы/полураскосная *(Bw)* K-Fachwerk *n*
~ фермы/простая раскосная *(Bw)* Ständerfachwerk *n*
~ фермы/простая треугольная *(Bw)* Strebenfachwerk *n*
~/центрированная *s.* **~/объёмноцентрированная**

~/центрогранная *s.* **~/гранецентрированная**
~/цепная 1. *(Krist)* Kettengitter *n*; 2. Kettenrost *m* *(Feuerung)*
~/цепная колосниковая Wanderrost *m* *(Feuerung)*
~/цепная кристаллическая *(Krist)* Kettengitter *n*
~/штриховая [дифракционная] *(Opt)* Strichgitter *n*
~/электродная *(El)* Elektrodengitter *n*
решётки *fpl*/**скрещённые** *s.* **решётка/двумерная**
решето *n* Sieb *n* *(s. a. unter* **грохот** *und* **сито***)*
~/вибрационное *(Bgb)* Rüttelsieb *n* *(Bohrlochspülungssäuberung)*
решофер *m* *(Ch)* Vorwärmer *m*
~/быстротечный Schnellstromvorwärmer *m*
~ диффузионного сока Diffusions[roh]-saftvorwärmer *m* *(Zuckergewinnung)*
рештак *m* Förderrutsche *f*, Förderrinne *f*, Rutsche *f* *(Fördertechnik)*
~/головной Angriffsrinne *f* *(Panzerförderer)*
~/качающийся Schüttelrutsche *f*
~/концевой *s.* **~/головной**
~/корытообразный Muldenrutsche *f*
~/соединительный *s.* **~/головной**
~/углообразный Winkelrinne *f*
~/уравнительный Versteckrinne *f* *(Panzerförderer)*
рея *f* *(Schiff)* Rah[e] *f*
ржаветь rosten
ржавление *n* Rosten *n*, Verrosten *n*, Rostbildung *f*
ржавчина *f* 1. Rost *m*; 2. Roststelle *f*
рибекит *m* *(Min)* Riebeckit *m* *(Alkali-Amphibol)*
рибофлавин *m* Riboflavin *n*
ригель *m* 1. *(Bw)* Riegel *m* *(Skelettbauweise)*; 2. Riegel *m* *(Türschlösser u. dgl.)*; 3. *(Geol)* Querschwelle *f* *(in Gletschertälern)*
~ лестничной площадки Treppenwechsel *m* *(Podest)*
~ над дверным (оконным) проёмом Sturzriegel *m* *(Fachwerkbau)*
~/подоконный Sohlbankriegel *m* *(Fachwerkbau)*
~ рамы Rahmenriegel *m*
~ стропильной фермы Kehlbalken *m* *(Kehlbalkendachstuhl)*
~ фахверка Fachwerkriegel *m*
~/фонарный Riegel *m* des Oberlichtes
ридберг *m* *(Ph)* Rydberg *n*, Ry
ризалит *m* *(Arch)* Risalit *m*
рикошет *m* 1. Abprall *m*, Abprallen *n*; 2. *(Mil)* Abpraller *m* *(Granate, Abprallerschießen)*; 3. *(Mil)* Querschläger *m* *(Infanteriegeschoß)*
рил[л]инг-стан *m* *(Wlz)* Friemelmaschine *f*, Abrollwalzwerk *n*, Reelingmaschine *f*, Reeler *m*
ринг-модуль *m* *(Gum)* Ringmodulus *m*
риолит *m* *(Geol)* Rhyolith *m*
риппель-аппарат *m* *s.* **аппарат/расцветочный**
риппель-маркс *m s.* **знаки ряби**
рипшайба *f* *(Text)* Rippscheibe *f* *(Interlockmaschine)*
рирпроекция *f* *(Kart)* Rückprojektion *f*, Durchprojektion *f*
рисайкл *m* Rücklauföl *n*, Rückführöl *n*
риск *m* Risiko *n*, Wagnis *n*
~ лучевого поражения *(Kern)* Strahlungsrisiko *n*, Strahlenrisiko *n*
~ опрокидывания *(Schiff)* Kenterrisiko *n*
~ столкновения *(Schiff)* Kollisionsrisiko *n*
риска *f* **[/разметочная]** Rißlinie *f* *(Anreißen der Werkstücke)*; Strichmarke *f*
рисс *m s.* **оледенение/рисское**
рисунок *m* 1. Zeichnung *f*; 2. *(Typ)* Abbildung *f*, Bild *n*; 3. *(Text)* Muster *n*, Dessin *n*; 4. Profil *n* *(Reifen)*
~/всеходный Geländeprofil *n* *(Kfz-Reifen)*
~/вышивной *(Text)* Broschiermuster *n* *(Wirkerei)*
~/жаккардовый *(Text)* Jacquardmuster *n*
~/заправочный *(Text)* Einzugs- und Einlegepatrone *f*, Vorrichtepatrone *f*
~ картона *s.* **~ подъёма ремизок**
~/накладной *(Text)* aufplattiertes Muster *n* *(Wirkerei)*
~ переплетения *(Text)* Bindungspatrone *f* *(Weberei)*
~ пером *(Typ)* Federzeichnung *f*
~ подъёма ремизок *(Text)* Schnürung *f* *(Weberei)*
~ порядка подъёма ремизок *(Text)* Schnürungspatrone *f* *(Weberei)*
~ проборки в бёрдо *(Text)* Blatteinzug *m* *(Weberei)*
~ проборки в ремизки *(Text)* Schafteinzug *m* *(Weberei)*
~ протектора Reifenprofil *n* *(Kfz-Reifen)*
~ ткани *(Text)* Muster *n*, Dessin *n*
~ травления *(Wkst)* Ätzfigur *f*, Ätzfiguren *fpl*
~ шрифта *(Typ)* Schriftbild *n*, Duktus *m*, Schriftschnitt *m*
риф *m* 1. *(Schiff)* Reff *n*, Reef *n*; 2. *(Geol)* Riff *n*
~/барьерный Barriereriff *n*
~/береговой Küstenriff *n*
~/кольцеобразный ringförmiges Riff *n*, Atoll *n*
~/коралловый Korallenriff *n*
рифайнер *m* *(Gum)* Refiner *m*
рифить reffen *(Segel)*
рифлевать riffeln, rändeln, kordieren, rippen
риф-леер *m* Reffleine *f* *(Segel)*

рифление *n* Riffeln *n*, Riffelung *f*, Kordieren *n*, Kordierung *f*
рифли *fpl* Riffelung *f*
~/**перекрёстно-косые** Kordierung *f*
~/**прямые** Rändelung *f*
рифлить *s.* **рифлевать**
рифля *f* Riffel *f*
риформинг *m* Reform[ier]en *n*, Reformierung *f*, Reforming *n* *(von Benzinkohlenwasserstoffen)*
риформинг-бензин *m* Reforming-Benzin *n*
риформинг-газ *m* Reforminggas *n* *(Pulvermetallurgie)*
риф-сезень *m* Reffzeiser *m* *(Segel)*
рихтовать richten, ausrichten
рихтовка *f* Richten *n*
~ **пути** Richten *n* der Gleise
РКУ *s.* **угол/радиокурсовой**
РЛС *s.* **станция/радиолокационная**
РМО *s.* **маяк-ответчик/радиолокационный**
РНС *s.* **система/радионавигационная**
робот *m* Roboter *m*
робот-бурильщик *m* Bohrroboter *m*, automatisch gesteuertes Bohrgestänge *n* *(Tiefbohrtechnik)*
роботехника *f* Robotertechnik *f*
робот-захват *m* Robotergreifer *m*
ров *m* 1. Graben *m*; 2. *(Bgb)* Rösche *f*
~/**океанский** Tiefseegraben *m*
~/**противотанковый** *(Mil)* Panzergraben *m*
ровница *f* *(Text)* Vorgarn *n*, Lunte *f* *(Spinnerei)*
~/**грубая** *s.* ~/**толстая**
~/**перегонная** mittleres Vorgarn *n*
~/**толстая** grobes Vorgarn *n*
~/**тонкая** feines Vorgarn *n*
ровничный *(Text)* Flyer . . ., Vorgarn . . .
ровнослойный reinfaserig *(Holz)*
ровность *f* Ebenheit *f*
рог *m* Horn *n*; Nase *f*; Zapfen *m*
~ **крюка** Hakenhorn *n*
~ **стрелы шлюпбалки** *(Schiff)* Nase *f* des Davitkopfes, Zapfen *m* des Davitkopfes *(Bootsdavit)*
~ **якоря** *(Schiff)* Ankerflunke *f*
рогатка *f* *(Mil)* spanischer Reiter *m*
роговик *m* *(Geol)* Hornfels *m*
~/**слоистый** Hornstein *m*
рогожа *f* Bastmatte *f*, Bastdecke *f*, Flechtmatte *f*
рогожка *f* 1. [kleine] Bastmatte *f*; 2. *(Text)* Panamabindung *f*, Würfelbindung *f*, Nattibindung *f*; 3. Panamastoff *m*, Panamagewebe *n*
рогулечный *(Text)* Flügelspinn . . .
рогулька *f* *(Text)* Flügel *m* *(Flügelspinnmaschine)*
~/**двухкрыльчатая** doppelarmiger Flügel *m*
~ **для вязания сетей** Netznadel *f* *(Fischnetz)*
рогульчатый *s.* **рогулечный**
род *m* 1. Art *f*, Gattung *f*; 2. *(Math)* Geschlecht *n*
~ **вагона** *(Eb)* Wagengattung *f*
~ **войск** *(Mil)* Waffengattung *f*
~ **груза** *(Eb)* Gutart *f*
~ **защитного исполнения** *s.* ~ **защиты**
~ **защиты** Schutzart *f* *(elektrischer Maschinen)*
~ **нагрузки** *(Mech)* Lastfall *m*, Belastungsfall *m*, Beanspruchungsart *f*
~ **облака** *(Meteo)* Wolkengattung *f*
~ **перевозки** *(Eb)* Beförderungsart *f*
~ **тока** *(El)* Stromart *f*
родамин *m* *(Ch)* Rhodamin *n*, Rhodaminfarbstoff *m*
родан *m* *(Ch)* Rhodan *n*
роданид *m* *(Ch)* Rhodanid *n*, Thiozyanat *n* *(s. a.* **тиоцианат***)*
роданистый *(Ch)* . . . rhodanid *n*, . . . thiozyanat *n*
родентицид *m* Rodentizid *n*, Nagetiergift *n*
родий *m* *(Ch)* Rhodium *n*, Rh
~/**сернокислый** Rhodiumsulfat *n*
родирование *n* *(Ch)* [galvanisches] Rhodinieren *n*
родник *m* *(Hydrol)* Quelle *f* *(s. a. unter* **источник***)*
родоначальник *m* *(Kern)* Vaterelement *n*, Muttersubstanz *f* *(einer Zerfallsreihe)*
родонит *m* *(Min)* Rhodonit *m* *(trikliner Pyroxen)*
родохрозит *m* *(Min)* Rhodochrosit *m*, Manganspat *m*
рождение *n* Erzeugung *f*, Bildung *f*, Generation *f*
~ **звезды** *(Astr)* Sterngeburt *f*
рожица *f* *(Gum)* Trikotzwischenblatt *n*
рожки *pl* **уточной вилочки** *(Text)* Schußgabelzinken *fpl* *(Schußeintragung)*
роза *f* **ветров** *(Meteo)* Windrose *f*
~/**железная** *(Min)* Eisenrose *f* *(Hämatit)*
роза-диаграмма *f* **трещин** *(Geol)* Kluftrose *f*
розанилин *m* *(Ch)* Rosanilin *n*, Fuchsin *n*
розетка *f* 1. *(Arch)* Rosette *f*; 2. *(El)* Steckdose *f*, Dose *f*
~/**абонентская** Teilnehmeranschlußdose *f*
~/**висячая присоединительная** Hängesteckdose *f*
~ **для открытой проводки/штепсельная** Überputzsteckdose *f*, Aufputzsteckdose *f*
~ **для скрытой проводки/штепсельная** Unterputzsteckdose *f*
~/**ответвительная** Abzweigdose *f*
~/**потолочная** Hängesteckdose *f*
~/**приборная [штепсельная]** Gerätesteckdose *f*
~/**разветвительная** Abzweigdose *f*

~ с защитным контактом/штепсельная Schutzkontaktsteckdose *f*, Schukosteckdose *f*
~/сетевая [штепсельная] Netz[steck]dose *f*
~/стенная [штепсельная] Wand[steck]-dose *f*
~/строенная штепсельная Dreifachsteckdose *f*
~/штепсельная Steckdose *f*
розжиг *m (Met)* Anheizen *n*, Aufheizen *n*, Warmblasen *n (Ofen)*
розлив *m* Abfüllen *n*, Abfüllung *f*; Verlaufen *n (eines Anstrichstoffs)*
розливно-зрелый abfüllreif
рой *m* Schwarm *m*, Cluster *m*, Haufen *m*
~/метеорный *(Astr)* Meteorschwarm *m*, Sternschnuppenschwarm *m*
ройер *m (Gieß)* Sandschleuder *f*, Sandauflockerungsmaschine *f*, Bandschleuder *f*
рокада *f (Mil)* Rochade *f (parallel zur Front verlaufende Chausseen, Autostraßen, Eisenbahnlinien)*
рокировка *f (Mil)* Umgruppierung *f* entlang der Front
рокотание *n* Schüttelresonanz *f*
ролик *m* Rolle *f*; Seilrolle *f*; Scheibe *f*
~/бороздной *(Lw)* Furchendruckrolle *f (Drillmaschine)*
~/бортовой *(Schiff)* Seitenrolle *f (Seitentrawler)*
~/бочкообразный Tonnenrolle *f (Federrollenlager)*
~ бумаги/направляющий *(Typ)* Papierleitrolle *f (Rotationsmaschine)*
~/ведомый angetriebene Rolle *f*
~/ведущий Antriebsrolle *f*, Treibrolle *f*, Transportrolle *f (beim Magnettongerät)*; *(Schiff)* Laufrolle *f*, Hebelrolle *f (Lukendeckel Single-Pull-System)*
~ вилки/захватывающий *(Typ)* Auffangrolle *f* der Fanggabel; Gabelrolle *f*
~/витой Federrolle *f (Federrollenlager)*
~/вытягивающий Einzugsrolle *f*
~/грузовой *(Typ)* Beschwerrolle *f (Bogenförderung)*
~/двойной 1. Doppelrolle *f*; 2. *(Typ)* Zwillingslaufrolle *f (Schnellpresse)*
~/двойной цепной Doppelkettenrolle *f*
~ для заключки *(Typ)* Schließrolle *f*, Nuß *f*
~ для измерения среднего диаметра резьбы Gewindemeßdorn *m*
~ для накатки Riffelrolle *f*, Kordierrolle *f*, Kordierrad *n*, Kordierrädchen *n*
~ для разматывания (раскатки) кабелей Kabelführungsrolle *f*
~/желобчатый Rillenrolle *f*, Rillenwalze *f*
~/зажимный Klemmrolle *f*
~/звёздчатый Sternrolle *f*
~/зубчатый прикаточный *(Gum)* Zack[en]rolle *f*
~/игольчатый *(Text)* Nadelwalze *f (Kammgarnspinnerei; Igelstrecke)*
~/измерительный Prüfdorn *m*
~/изолирующий *(El)* Isolierrolle *f*
~/канатный Seilrolle *f*
~/качающийся Pendelrolle *f*
~/квартропный *(Schiff)* Knüppeltaurolle *f (Seitentrawler)*
~/компенсирующий Ausgleichsrolle *f*
~/конический Kegelrolle *f (Kegelrollenlager)*
~/консольный fliegende Rolle *f*
~/контрольный Prüfdorn *m*, Kontrolldorn *m*
~/концевой Endrolle *f*
~/коренной *(Schiff)* Umlenkrolle *f*, Umleitrolle *f (am unteren Teil des Fischgalgens)*
~/ленточный Bandrolle *f*, Gurtrolle *f*
~/мерейный *(Led)* Chagrinierrolle *f*
~ механизма захватов *(Typ)* Greiferrolle *f*
~/нажимный Andruckrolle *f*, Druckrolle *f*
~ накатного валика/направляющий *(Typ)* Walzenlaufröllchen *n (Tiegeldruckpresse)*
~/накатный 1. Rändelrolle *f*; 2. *s.* **~/резьбонакатный**
~/направляющий Führungsrolle *f*, Leitrolle *f*, Lenkrolle *f*, Zentrierrolle *f (Bandagenwalzwerk)*; Bandführungsrolle *f (beim Magnettongerät)*
~/натяжной Spannrolle *f*; Riemenspannrolle *f*; Seilspanner *m*
~/несущий Tragrolle *f*, Stützrolle *f*
~/обводный Umlenkrolle *f*
~/обжимный Druckrolle *f (Bandagenwalzwerk)*
~/обратный Umkehrrolle *f*
~/опорный 1. Tragrolle *f*, Stützrolle *f*, Laufrolle *f*; 2. Stützwalze *f (Richtwalze)*; 3. Zentrierwalze *f (Bandagenwalzwerk)*
~/отклоняющий Ablenkrolle *f*
~/передвижной направляющий Wechselriemenleiter *m (Riemenschieber)*
~/перфорировальный *(Typ)* Perforierrädchen *n*
~/поворотный *s.* **~/обратный**
~/подающий 1. Zubringerrolle *f*, Zuführungsrolle *f*; 2. Einzugsrolle *f*; 3. Vorzugsrolle *f*, Vorschubrolle *f*
~/поддерживающий *s.* **~/несущий**
~/подталкивающий *(Typ)* Streichrad *n*, Ausstreicher *m (Anlegeapparat)*
~/подхватывающий *(Typ)* Abnehmerrolle *f (Anlegeapparat)*
~/потолочный направляющий Deckenriemenleiter *m*

~/**правильный** Richtrolle *f* *(Richtmaschine)*
~/**прижимный** Andruckrolle *f* *(beim Magnettongerät)*
~/**проступной** *(Text)* Trittrolle *f* *(Exzenterwebstuhl)*
~/**резьбонакатный** Gewinderolle *f* *(umlaufendes Rundwerkzeug der Gewinderollmaschine)*
~/**счётный** Zählrolle *f*, Ziffernrolle *f*
~ **токоприёмника** Stromabnehmerrolle *f*
~/**транспортёрный** Förderrolle *f*
~/**угловой** Winkelrolle *f*, Eckrolle *f*
~/**уравнительный** *s.* ~/**компенсирующий**
~/**фрикционный** Reibrolle *f*, Friktionsrolle *f*
~/**ходовой** Laufrolle *f*
~/**холостой** Leerlaufrolle *f*
~/**центральный** *(Schiff)* Königsrolle *f* *(Seitentrawler)*
~/**центрирующий** *(Schiff)* Kipprolle *f* *(Lukendeckel Single-Pull-System)*
~/**цепной** Kettenrolle *f*
~/**шнуровой** Schnurrolle *f*
ролики *mpl*/**бумагонажимные** *(Dat)* Papierandrückrollen *fpl*
~/**обводные** *(Wlz)* Umführungsrollen *fpl*
~/**опорные** Tragrollen *fpl*, Tragstation *f* *(Gurtförderer)*
~/**профилирующие нажимные** *(Wlz)* Profildruckrollen *fpl*
роликоопора *f* Tragrolle *f*, Trag[rollen]station *f* *(Gurtförderer)*
~/**весовая** Waagentragrolle *f*
~/**желобчатая** Muldentragrolle *f*
~/**холостая** Leergurttragrolle *f*
роликоподшипник *m* *(Masch)* Rollenlager *n* *(Das Wort „Radial" bei den Radiallagern braucht nur vorgesetzt zu werden, wenn die Deutlichkeit des Ausdrucks dies erfordert. Der Vorsatz „Axial" bei den Axiallagern ist stets notwendig)*
~ **без бортов на внутреннем кольце/радиальный** [Radial-]Rollenlager *n* mit Innentragring *(Zylinderrollenlager)*
~ **без бортов на наружном кольце/радиальный** [Radial-]Rollenlager *n* mit Außentragring *(Zylinderrollenlager)*
~/**двухрядный** zweireihiges Rollenlager *n*
~/**двухрядный конический** zweireihiges [Radial-]Kegelrollenlager *n*
~/**двухрядный радиальный сферический** zweireihiges [Radial-]Pendelrollenlager *n*
~/**двухрядный сферический** zweireihiges [Radial-]Pendelrollenlager *n*
~/**игольчатый** [Radial-]Nadellager *n*
~/**конический** [Radial-]Kegelrollenlager *n*
~/**однорядный конический** einreihiges [Radial-]Kegelrollenlager *n*
~/**однорядный упорно-радиальный** einreihiges Axial-Pendelrollenlager *n*
~/**радиально-упорный** [Radial-]Kegelrollenlager *n*
~/**радиальный** [Radial-]Rollenlager *n*
~/**радиальный игольчатый** [Radial-]Nadellager *n*
~/**радиальный сферический** [Radial-]Pendelrollenlager *n*
~/**радиальный сферический двухрядный** zweireihiges [Radial-]Pendelrollenlager
~ **с бортами на внутреннем кольце/радиальный** [Radial-]Innenbord-Rollenlager *n* *(Zylinderrollenlager)*
~ **с бортами на наружном кольце/радиальный** [Radial-]Außenbord-Rollenlager *n* *(Zylinderrollenlager)*
~ **с бочкообразными роликами/радиальный** [Radial-]Tonnenlager *n*
~ **с бочкообразными роликами/упорный** Axial-Tonnenlager *n*
~ **с витыми роликами/радиальный** [Radial-]Federrollen[dreh]lager *n*
~ **с длинными цилиндрическими роликами/радиальный** [Radial-]Zylinderrollenlager *n* mit langen Rollen
~ **с коническими роликами/упорный** einreihiges Axial-Kegelrollenlager *n*
~ **с короткими цилиндрическими роликами/радиальный** [Radial-]Zylinderrollenlager *n* mit kurzen Rollen
~ **с короткими цилиндрическими роликами/радиальный однорядный** einreihiges [Radial-]Zylinderrollenlager *n*
~ **с одним бортом на внутреннем кольце/радиальный** [Radial-]Rollenlager *n* mit Innenstützring *(Zylinderrollenlager)*
~ **с упорной плоской шайбой/радиальный** [Radial-]Rollenlager *n* mit Bordscheibe *(Zylinderrollenlager)*
~ **с упорной фасонной шайбой/радиальный** [Radial-]Rollenlager *n* mit Winkelscheibe *(Zylinderrollenlager)*
~ **с цилиндрическими роликами/радиальный** [Radial-]Zylinderrollenlager *n*
~ **с цилиндрическими роликами/радиальный двухрядный** zweireihiges [Radial-]Zylinderrollenlager *n*
~ **с цилиндрическими роликами/упорный** Axial-Zylinderrollenlager *n*
~ **с цилиндрическими роликами/упорный двухрядный** zweireihiges Axial-Zylinderrollenlager *n*
~/**самоустанавливающийся** [Radial-]Pendelrollenlager *n*
~ **со сфероконическими роликами/упорный** Axial-Pendelrollenlager *n* mit gewölbten Kegelrollen

~/**сферический** [Radial-]Pendelrollenlager *n*
~/**упорный** Axial-Rollenlager *n*
~/**четырёхрядный конический** vierreihiges [Radial-]Kegelrollenlager *n*
ролл *m* Holländer *m* *(Papierherstellung)*
~/**бракомольный** *s.* ~/**разбивной**
~/**дефибрационный** Auflöseholländer *m*
~/**дисковый** Scheibenholländer *m*
~/**макулятурный** Auflöseholländer *m*
~/**массный** Ganzstoffholländer *m*, Ganzzeugholländer *m*
~/**мешальный** Mischholländer *m*
~ **непрерывного действия** Stetigholländer *m*
~/**отбельный** Bleichholländer *m*
~/**полумассный** Halbstoffholländer *m*
~/**промывной** Waschholländer *m*
~/**разбивной** Auflöseholländer *m*
роль *f*/**судовая** *(Schiff)* Schiffsrolle *f*, Musterrolle *f*
рольганг 1. *(Wlz)* Rollgang *m*; 2. Roll[en]-bahn *f*, Roll[en]gang *m*
~/**выводной** Abführrollgang *m* *(Rohrwalzwerk)*
~ **для возврата стержней** Dornstangen-Rückführ[ungs]rollgang *m* *(Rohrwalzwerk)*
~ **для оправок (стержней)** Dornstangenrollgang *m* *(Rohrwalzwerk)*
~/**качающийся** absenkbarer Rollgang *m*, Wippe *f* *(Schere)*
~/**отводной (отводящий, откаточный)** *(Wlz)* Abführrollgang *m*
~/**охладительный** *s.* ~/**охлаждающий**
~/**охлаждающий** *(Wlz)* Kühlrollgang *m*, Abkühl[ungs]rollgang *m*
~ **печи** Ofenrollgang *m*
~/**печной** Ofenrollgang *m*
~/**сбор[оч]ный** *(Gieß)* Formenmontagerollgang *m*, Formenzusammenbaurollgang *m*
рольный *(Pap)* Holländer . . .
романцемент *m* *(Bw)* Romanzement *m*, Romankalk *m*
ромб *m* 1. *(Math)* Rhombus *m*; 2. *(Wlz)* Raute *f*, Spießkant *m*, Spießkantkaliber *n*, Rautenkaliber *n*
~/**магический** *(Math)* magischer Rhombus *m*
~/**сигнальный** *(Schiff)* Signaldoppelkegel *m*
ромбенпорфир *m* *s.* **порфир/ромбовый**
ромбованта *f* *(Schiff)* Jumpstag *n* *(Segeljacht)*
ромбододекаэдр *m* *(Krist)* Rhombododekaeder *n*
ромбоид *m* *(Krist)* Rhomboid *n*, Deltoid *n*, Drachenfigur *f*
ромбоэдр *(Krist)* Rhomboeder *n*
роса *f* *(Meteo)* Tau *m*
росомер *m* *(Meteo)* Tau[mengen]messer *m*
роспуск *m* 1. Auftrennen *n*, Trennen *n* *(z. B. Baumstämme)*; 2. Aufstoßrand *m* *(Strumpfwirkerei)*; 3. Nachläufer *m*, Nachlaufachse *f*; Langmaterialanhänger *m*; 4. *(Eb)* Ablauf *m* *(Wagen vom Ablaufberg)*
россыпи *fpl* *(Geol)* 1. Seifen *fpl*; 2. *Kurzwort für* **месторождение/россыпное** *(s. dort)*
~/**аллювиальные** alluviale Seifen *fpl*
~/**алмазоносные** diamantführende Seifen *fpl*, Diamantseifen *fpl*
~/**береговые** Strandseifen *fpl* *(Seifen limnischen oder marinen Ursprungs an Seeufern bzw. Meeresküsten)*
~/**береговые морские** marine Strandseifen *fpl*, Meeresküstenseifen *fpl*
~/**береговые озёрные** limnische Strandseifen *fpl*, Seeuferseifen *fpl*
~/**дельтовые** Flußdeltaseifen *fpl*
~/**делювиальные** deluviale Seifen *fpl*
~/**долинные** Flußtalbodenseifen *fpl*
~/**древнечетвертичные** altquartäre Seifen *fpl*
~/**золотоносные** goldführende Seifen *fpl*, Goldseifen *fpl*
~/**косовые** Nehrungsseifen *fpl*
~/**лагунные** lagunäre Seifen *fpl*
~/**ледниковые** Glazialgeschiebeseifen *fpl*, Gletscherschuttseifen *fpl*
~/**мезозойские** mesozoische Seifen *fpl*
~/**миоценовые** miozäne Seifen *fpl*
~/**моренные** *s.* ~/**ледниковые**
~/**морские** marine Seifen *fpl*
~/**неперемещённые** *s.* ~/**элювиальные**
~/**озёрные** limnische Seifen *fpl*
~/**оловоносные** Zinn[stein]seifen *fpl*
~/**перемещённые** *s.* ~/**аллювиальные**
~/**платиновые** Platinseifen *fpl*
~/**прибрежные** *s.* ~/**береговые**
~/**пролювиальные** proluviale Seifen *fpl* *(Seifen in Hangabtragungen; vgl.* **пролювий***)*
~/**речные** fluviatile Seifen *fpl*
~/**рубиновые** Rubinseifen *fpl*
~/**русловые** Flußbettseifen *fpl*
~/**рыхлые** lockere Seifen *fpl*
~/**современные** rezente Seifen *fpl*
~/**сцементированные** verkittete Seifen *fpl*
~/**террасовые** Terrassenseifen *fpl*
~/**флювиогляциальные** fluvioglaziale (glazifluviatile) Seifen *fpl*
~/**элювиальные** eluviale Seifen *fpl*
~/**эоловые** äolische Seifen *fpl*
россыпь *f* *(Geol)* 1. Trümmerlagerstätte *f*; 2. Seife *f* *(s. a. unter* **россыпи***)*
рост *m* 1. Vergrößern *n*, Wachsen *n*, Anwachsen *n*, Steigen *n*, Zunahme *f*, Zuwachs *m*; 2. Wachstum *n*, Gedeihen *n*; 3. Wuchs *m*, Größe *f*, Höhe *f*
~ **в высоту** *(Forst)* Längenwachstum *n*

~ **в толщину** *(Forst)* Dickenwachstum *n*, Dickenwuchs *m*
~/**вилообразный** *(Forst)* Zwieselwuchs *m*
~/**геометрический** geometrischer Zuwachs *m (Statistik)*
~ **грани кристалла** *(Krist)* Flächenwachstum *n*
~ **дендритов** *(Krist)* Dendritenwachstum *n*
~ **зёрен** *(Krist)* Kornwachstum *n*, Kornvergröberung *f*
~/**корявый** *(Forst)* Krüppelwuchs *m*
~ **кристалла** *(Krist)* Kristallwachstum *n*
~ **кристалла/эпитаксиальный** epitaktisches Kristallwachstum *n*
~ **литеры** *s.* ~ **шрифта**
~ **ножки литеры** *(Typ)* Achselhöhe *f*
~ **при спекании** Wachsen (Aufblähen, Schwellen) *n* während des Sinterns *(Pulvermetallurgie)*
~/**слоистый** *(Krist)* Schichtwachstum *n*
~/**спиральный** *(Krist)* Spiralwachstum *n*
~ **чугуна** *(Met)* Treiben *n* des Gußeisens
~ **шрифта** *(Typ)* Schrifthöhe *f*
ростверк *m (Bw)* Rostwerk *n*, Rost *m*, Pfahlrost *m (Pfahlrostgründung)*
~/**бетонный свайный** Betonpfahlrost *m*
~/**свайный** Pfahlrost *m (Gründung)*
ростомер *m (Typ)* Buchstabenhöhenmeßgerät *n*
~ **для клише** Druckstockhöhenmesser *m*
ростр-блок *m (Schiff)* Bootsklampe *f*
~/**односторонний** Patentbootsklampe *f*
~/**откидной** klappbare Bootsklampe *f*
рота *f (Mil)* Kompanie *f*
~/**мотострелковая** mot. Schützenkompanie *f*
ротаметр *m* Rotameter *n*, Rotamesser *m*, Schwebekörper[durchfluß]messer *m*, Schwebekegeldurchflußmesser *m*; pneumatisches Hochdruck[längen]meßgerät *n*
ротатор *m* 1. *(Mech)* Rotator *m*; 2. Wachsmatrizenvervielfältiger *m (Büromaschine)*
ротация *f* 1. *(Mech)* Rotation *f*, Drehbewegung *f*; 2. *(Typ)* Rotationsdruckmaschine *f*
~ **векторного поля** *s.* **вихрь векторного поля**
ротон *m (Ph)* Roton *n*, Rotationsquant *n*
ротонда *f (Arch)* Rotunde *f*
ротор *m* 1. Rotor *m*, Läufer *m (elektrische Maschinen)*; 2. Läufer *m (Dampfturbine)*; 3. rotierender Einsatz *m*; 4. Rührorgan *n*, Rotor *m*; 5. *(Math) s.* **вихрь векторного поля**
~/**активный** Gleichdruckläufer *m (Turbine)*
~/**барабанный** Trommelläufer *m (Dampfturbine)*
~ **высокого давления** Hochdruckläufer *m (Dampfturbine)*
~/**гладкий** *(El)* ungenuteter Läufer *m*
~/**глубокопазный** *(El)* Tiefnutläufer *m*, Hochstabläufer *m*
~/**двухкаскадный** Zweistufentrommel *f*
~/**двухклеточный** *(El)* Doppelkäfigläufer *m*, Doppelnutläufer *m*
~/**двухпоточный** zweiflutiger Läufer *m (Turbine)*
~ **компрессора** Verdichterlaufrad *n*
~/**короткозамкнутый** *(El)* Kurzschlußläufer *m*
~ **насоса** Pumpenläufer *m (Kreiselpumpe)*
~/**неявнополюсный** *(El)* Vollpolläufer *m*, Trommelläufer *m*
~ **низкого давления** Niederdruckläufer *m (Dampfturbine)*
~/**обмоточный** *(El)* gewickelter Rotor *m*
~/**однокаскадный** Einstufentrommel *f*
~/**перфорированный** Lochtrommel *f*, Siebtrommel *f (einer Siebzentrifuge)*
~/**полый** Hohlläufer *m*
~/**реактивный** Überdruckläufer *m (Turbine)*
~ **с вытеснением тока** *(El)* Stromverdrängungsläufer *m*, Wirbelstromläufer *m*
~ **с двойной «беличьей клеткой»** *(El)* Doppelnutläufer *m*
~ **с контактными кольцами [/фазный]** *(El)* Schleifringläufer *m*
~ **с лопастями** Schaufelrad *n*
~/**составной** gebauter Läufer *m*
~/**сплошной** Volltrommel *f (einer Zentrifuge)*
~/**ступенчатый** gestufter (abgesetzter) Läufer *m (Turbine)*
~/**турбинный** Turbinenlaufrad *n*
~/**фазовый** *(El)* Schleifringläufer *m*
~/**цельнокованый** Einstückläufer *m (Dampfturbine)*
~ **центрифуги** Zentrifugentrommel *f*, Schleudertrommel *f*
~/**явнополюсный** *(El)* Läufer *m* mit ausgeprägten Polen, Schenkelpolläufer *m*, Polrad *n*
рототрол *m (El)* Rototrol[verstärker]maschine *f*
роульс *m (Schiff)* Rolle *f*
~/**бортовой** Seitenrolle *f (Seitentrawler)*
~/**направляющий (палубный)** Umlenkrolle *f*, Bockleitrolle *f*
~/**центральный** Königsrolle *f (Seitentrawler)*
роштейн *m* Rohstein *m (NE-Metallurgie)*
~/**медноникелевый** Kupfer-Nickel-Rohstein *m*
~/**медный** Kupferrohstein *m*
РП *s.* **радиопеленг**
РС *s.* 1. **снаряд/реактивный**; 2. **станок/резательный**
РТ *s.* **траулер/рыболовный**
РТЛ *s.* **резисторно-транзисторная логика**
РТМ *s.* **рыболовный траулер-морозильщик**

ртутный 1. Quecksilber . . .; 2. Quecksilberdampf . . . *(z. B. Quecksilberdampfgleichrichter)*
ртуть *f (Ch)* Quecksilber *n*, Hg
~/**гремучая** Knallquecksilber *n*, Quecksilberfulminat *n*
~/**йодистая** Quecksilberjodid *n*
~/**самородная** *(Min)* gediegenes Quecksilber *n*, Quecksilberstein *m*
~/**селенистая** *(Min)* Quecksilberselenid *n*, Tiemannit *m*
~/**сернистая** Quecksilber(II)-sulfid *n*, Quecksilbersulfid *n*
~/**сернокислая** Quecksilber(II)-sulfat *n*
~/**углекислая** Quecksilber(I)-karbonat *n*
~/**уксуснокислая** Quecksilber(II)-azetat *n*
~/**фтористая** Quecksilber(II)-fluorid *n*
~/**фторная** *s.* ~/**фтористая**
~/**хлористая** Quecksilber(I)-chlorid *n*, Kalomel *n*; Quecksilber(II)-chlorid *n*, Sublimat *n*
~/**хлорная** *s.* ~/**хлористая**
~/**хлорноватокислая** Quecksilber(II)-chlorat *n*
~/**хромовокислая** Quecksilber(I)-chromat *n*
~/**чёрная сернистая** schwarzes Quecksilbersulfid *n*, Quecksilbermohr *m*
~/**щавелевокислая** Quecksilber(II)-oxalat *n*
ртутьорганический quecksilberorganisch, Organoquecksilber . . .
рубанок *m (Wkz)* Hobel *m*, Schlichthobel *m*
~/**двойной** Doppelhobel *m (mit Klappe)*
~/**длинный** Langhobel *m*
~ **для косых фасет** *s.* ~/**косой**
~ **для плоских фасет** *(Typ)* Flachfacettenhobel *m*
~/**карнизный** Karnieshobel *m (Abart des Kehlhobels)*
~/**косой** *(Typ)* Schrägfacettenhobel *m*
~/**одинарный** einfacher Hobel *m (ohne Klappe)*
~ **с двойной железкой** *s.* ~/**двойной**
~ **с одинарной железкой** *s.* ~/**одинарный**
~/**фасетный** *(Typ)* Facettenhobel *m*
рубанок-медведка *m (Wkz)* Zweimannhobel *m (normaler Hobel mit zwei Handgriffen)*
рубашка *f* Mantel *m*, Ummantelung *f* • **с греющей рубашкой** mantelbeheizt
~/**вакуумная** Vakuummantel *m*
~ **валка** Walzenmantel *m*
~/**водяная** Wassermantel *m (Ofen)*
~/**воздушная** Luftmantel *m*
~/**медная** Kupfermantel *m*; *(Typ)* Kupferhaut *f*
~/**нагревательная** Heizmantel *m*
~/**охлаждающая** Kühlmantel *m (z. B. Ofen)*
~/**паровая** Dampfmantel *m*
~/**пароводяная** Wasserdampfmantel *m*
~ [**пули, снаряда**]/**свинцовая** *(Mil)* [innerer] Bleimantel *m (über dem Stahlkern des Infanteriegeschosses)*; Bleihemd *n (Panzergranate)*
~/**термоизолирующая** Wärmeschutzmantel *m*
~/**фарфоровая** Porzellanüberwurf *m*
рубеж *m (Mil)* Linie *f*, Streifen *m*, Abschnitt *m*
~ **атаки** Angriffslinie *f*
~ **безопасного удаления** Sicherheitslinie *f*
~ **ввода в бой** Einführungsabschnitt *m*
~ **дымоспуска** Nebelabblaslinie *f*, Nebeleinsatzlinie *f*
~/**исходный** Ablauflinie *f (Marschregulierung)*
~/**оборонительный** Verteidigungsstreifen *m*
~ **огневого вала** Feuerwalzenstreifen *m*
~/**огневой** Feuerabschnitt *m*, Feuerlinie *f*
~ **огня** *s.* ~/**огневой**
~ **радиолокационного обнаружения** Grenze *f* des Radarerfassungsbereichs
~ **развёртывания** Entfaltungsabschnitt *m*
~ **регулирования** Regulierungsabschnitt *m (Marschregulierung)*
рубеллит *m (Min)* Rubellit *m (roter Turmalin)*
рубидий *m (Ch)* Rubidium *n*, Rb
~/**бромистый** Rubidiumbromid *n*
~/**йодистый** Rubidiumjodid *n*
~/**кислый сернокислый** Rubidiumhydrogensulfat *n*
~/**сернокислый** Rubidiumsulfat *n*
~/**углекислый** Rubidiumkarbonat *n*
~/**хлористый** Rubidiumchlorid *n*
~/**хлорноватокислый** Rubidiumchlorat *n*
~/**хромовокислый** Rubidiumchromat *n*
рубилка *f (Typ)* 1. Pappschere *f*; 2. Abreißmesser *n (Rotationsmaschine)*; 3. Schneidapparat *m*
~ **для линеек** Linienschneider *m*, Linienschneidapparat *m*
~ **для стереотипов/ручная** Plattenmesser *n (Stereotypieplatten)*
рубильник *m* Hebelschalter *m*, Messerschalter *m*
~/**газовый** *(Schw)* Schnellschlußventil *n*
~/**газовый пневматический** druckluftferngesteuertes Schnellschlußventil *n*
~/**газовый электромагнитный** elektromagnetisch ferngesteuertes Schnellschlußventil *n*
~/**главный** Haupttrennschalter *m*
~/**перекидной** *(El)* Hebelumschalter *m*
~ **с мгновенными (моментными) ножами** *(El)* Momenthebelumschalter *m*
~/**сдвоенный газовый** *(Schw)* Schnellschlußventil *n* für zwei Gase

~/трёхполюсный dreipoliger Hebelschalter *m*
рубин *m* 1. *(Min)* Rubin *m*; 2. *(Glas)* Rubinglas *n*
~/бразильский *(Min)* brasilianischer Rubin *m* *(falsche handelsübliche Bezeichnung für roten Topas)*
~/восточный *(Min)* orientalischer Rubin *m*
~/золотой *(Glas)* Goldrubin *m*
~/медный *(Glas)* Kupferrubin *m*
рубить 1. hacken, hauen; 2. fällen, schlagen *(Bäume)*
~ выборочно *(Forst)* durchfemeln, [durch]plentern
рубка *f* 1. Hacken *n*, Hauen *n*; 2. *(Schm)* Schroten *n*, Trennen *n*; 3. *(Forst)* Holzeinschlag *m*, Einschlag *m*, Fällung *f*, Hieb *m*; 3. *(Schiff, Mar)* Deckhaus *n*; Turm *m* *(U-Boot)*
~/багермейстерская *(Schiff)* Baggerleitstand *m*, Baggerfahrstand *m*
~/боевая *(Mar)* Kommandoturm *m*, Gefechtsturm *m*, Turm *m* *(U-Boot)*
~ в соку *(Forst)* Safthieb *m*
~/возобновительная *(Forst)* Verjüngungsschlag *m*
~/выборочная *(Forst)* Femelhieb *m*, Plenterschlag *m*
~/гидроакустическая *(Mar)* Horchraum *m*
~/главная *(Forst)* Haupteinschlag *m*
~ дерева Baumfällung *f*
~ дров Holzung *f*
~/зимняя *(Forst)* Winterhieb *m*
~/кормовая *(Mar)* Hinterschiffskommandoturm *m*
~/лебёдочная *(Schiff)* Windenhaus *n*
~ леса Holzfällen *n*
~/летняя *(Forst)* Sommerhieb *m*
~/носовая *(Mar)* Vorschiffskommandoturm *m*
~/очистная *(Forst)* Reinigungshieb *m*, Läuterungshieb *m*, Abräumungsschlag *m*
~/перископная *(Mar)* Periskopraum *m* *(U-Boot)*
~/повторная *(Forst)* Nachhieb *m*, Wiederholungshieb *m*
~ подводной лодки *(Mar)* Turm *m* mit Kommandobrücke *(U-Boot)*
~/подготовительная *(Forst)* Vorbereitungshieb *m*, Vorhieb *m*
~/проходная *(Forst)* Durchforstung *f*
~/радиолокационная *(Schiff)* Radarraum *m*
~/радиосиноптическая *(Schiff)* Wetterkartenstation *f*
~/рулевая *(Schiff)* Ruderraum *m*, Ruderhaus *n*, Steuerraum *m*, Steuerhaus *n*
~/совмещённая ходовая и штурманская *(Schiff)* kombinierter Ruder- und Kartenraum *m*
~/сплошная *(Forst)* Kahlhieb *m*, Kahlschlag *m*
~/сходная *(Schiff)* Niedergangskappe *f*
~/ходовая *s.* **~/рулевая**
~/шлюзовая *(Mar)* Taucherschleuse *f* *(U-Boot)*
~/штурманская *(Schiff)* Kartenraum *m*
рубрика *f* Rubrik *f*, Spalte *f*
рубрикация *f* Rubrikation *f*, Rubrizierung *f*
рубчик *m* **литеры** *(Typ)* Signatur *f* der Letter
руда *f* *(Min)* Erz *n* *(s. a. unter* **руды***)*
~/агрегативная *s.* **~/сплошная**
~/алюминиевая Aluminiumerz *n*
~/антимонитовая Antimonglanzerz *n*
~/апатитовая Apatitmineral *n*, Apatit *m*
~/арсенопиритовая Arsenkieserz *n*
~/баритовая Baryt *m*, Schwerspat *m*
~/бедная armes (geringhaltiges) Erz *n*, Armerz *n*
~/белая свинцовая Weißbleierz *n*, Bleispat *m*, Cerussit *m*
~/блёклая Fahlerz *n*
~/блёклая медистая цинковая Zinkfahlerz *n*
~/блёклая ртутная Quecksilberfahlerz *n*
~/блёклая сурьмяная Antimonfahlerz *n*, dunkles Fahlerz *n*, Schwarzerz *n*
~/бобовая Bohnerz *n*
~/богатая hochwertiges (reiches) Erz *n*, Reicherz *n*, Edelerz *n*
~/болотная Morasterz *n*, Sumpferz *n*, Bohnerz *n*
~/болотная железная Sumpf[eisen]erz *n*, Sumpfeisenstein *m*
~/боратовая Borerz *n*, Bormineral *n*
~/бурая железная Brauneisen[erz] *n*, Brauneisenstein *m*
~/бурая марганцевая Brauniterz *n*
~/бурожелезняковая Brauneisenerz *n*, Limonit *m*
~/вкрапленная Erzimprägnation *f*, Erzeinsprengung *f*; verwachsenes Erz *n*
~/волокнистая оловянная faseriges Zinnerz *n*
~/вольфрамовая Wolframerz *n*
~/вторичная sekundäres (deuterogenes) Erz *n*
~/галмейная Galmeierz *n*, Galmei *m* *(sekundäres Zinkmineral)*
~/гематитовая Hämatiterz *n*, Roteisenerz *n*, Roteisenstein *m*
~/гипергенная sekundäres Erz *n*, Sekundärerz *n*
~/гороховая Erbsenerz *n* *(Abart der Bohnerze)*
~/графитовая Naturgraphit *m*
~/грохочёная vorklassiertes Erz *n*
~/дерновая Rasen[eisen]erz *n*
~/дерновая железная *s.* **~/луговая железная**

~/**доменная** Hochofenerz *n*, Erz *n* zur Verhüttung im Hochofen
~/**желваковая** Knoll[en]erz *n*
~/**железная** Eisenerz *n*
~/**железомарганцевая** Eisenmanganerz *n*
~/**железоцинковая** Zinkeisenerz *n*, Franklinit *m*
~/**жёлтая железная** Gelbeisenerz *n*
~/**жильная** Gangerz *n*
~/**жильная оловянная** Bergzinn *n*
~/**замагазинированная** *(Bgb)* Magazinerz *n*
~/**землистая** mulmiges Erz *n*, Mulm *m*
~/**землистая железная** Eisenmulm *m*
~/**золотая** Golderz *n*
~/**золотоносная** goldführendes Erz *n*
~/**игольчатая** Nadelerz *n*
~/**игольчатая железная** Nadeleisenerz *n*, Goethit *m*
~/**известковая асфальтовая** Kalkasphalt *m*, Stampfasphalt *m* *(Kalkstein und Bitumen)*
~/**известковая железная** kalkhaltiges Eisenerz *n*
~/**квасцовая** Alaunerz *n*
~/**ключевая железная** Quellerz *n*
~/**кобальтовая** Kobalterz *n*
~/**кобальто-марганцевая** Kobaltmanganerz *n*, Schwarzkobalterz *n*
~/**кокардовая** Kokardenerz *n*, Ringelerz *n*
~/**колчеданистая** kiesiges Erz *n*
~/**колчеданная** Pyriterz *n*, Kies *m* *(NE-Metallurgie)*
~/**кольчатая** *s.* ~/**кокардовая**
~/**комплексная** Mischerz *n*, Komplexerz *n*, komplexes Erz *n*, polymetallisches Erz *n*
~/**коралловая** Korallenerz *n* *(Abart des Zinnobers)*
~/**красная медная** Rotkupfererz *n*, Kuprit *m*
~/**красная свинцовая** Rotbleierz *n*, Krokoit *m*
~/**красная серебряная** [lichtes] Rotgültigerz *n*, Proustit *m*
~/**красная сурьмяная** Rotspießglanz *m*, Kermesit *m*, Antimonblende *f*
~/**красная цинковая** Rotzinkerz *n*, Zinkit *m*
~/**кремнистая цинковая** Kieselzinkerz *n*, Kieselgalmei *m*, gemeiner Galmei *m*, Kalamin *m*, Hemimorphit *m*
~/**кристаллическая** kristallines Erz *n*
~/**кристаллическая железная** kristallines Eisenerz *n*
~/**крупная** Groberz *n*, Stückerz *n*
~/**крупновкрапленная** grobverwachsenes (grobeingesprengtes) Erz *n*
~/**купоросная** Vitriolerz *n*
~/**кусковатая** Wände *fpl*
~/**кусковая** *s.* ~/**крупная**

~/**легкоплавкая железная** leichtschmelzendes Eisenerz *n*, Quicksteinerz *n*
~/**луговая** Raseneisenstein *m*, Rasenerz *n*, Wiesenerz *n*
~/**луговая железная** Raseneisenerz *n*
~/**лучистая** Klinoklas *m*
~/**магнитная железная** Magneteisenerz *n*
~/**марганцевая** Manganerz *n*, manganhaltiges Erz *n*
~/**марганцовистая железная** manganreiches Eisenerz *n*
~/**марганцовистая цинковая** Troostit *m*
~/**мартеновская** Erz *n* für Roheisen-Erz-Verfahren; Zuschlagerz *n* für SM-Schmelze
~/**массивная** *s.* ~/**сплошная**
~/**медистая железная** kupferhaltiges Eisenerz *n*
~/**медная** Kupfererz *n*, kupferhaltiges Erz *n*
~/**медно-висмутовая** Wittichenit *m* *(Kupfer-Wismut-Erz)*
~/**мелкая** Kleinerz *n*, Feinerz *n*, Grießerz *n*, Stauberz *n*, Grieß *m*, Abhub *m*
~/**мелкозернистая железная** Eisensanderz *n*
~/**металлическая** metallisches (metallhaltiges) Erz *n*
~/**молибденовая** Molybdänerz *n*, molybdänhaltiges Erz *n*
~/**молибденовая свинцовая** Molybdänbleierz *n*, Gelbbleierz *n*, Wulfenit *m*
~/**мышьяковая** Arsenerz *n*, arsenhaltiges Erz *n*, Gifterz *n*
~/**мышьяковая красная серебряная** lichtes Rotgültigerz *n*, Arsensilberblende *f*, Proustit *m*
~/**мышьяковистая** *s.* ~/**мышьяковая**
~/**мышьяковистая железная** arsenhaltiges Eisenerz *n*
~/**мягкая марганцевая** *s.* ~/**бурая марганцевая**
~/**неметаллическая** Nichterz *n*, nichtmetallisches Erz *n*
~/**необогащённая** Roherz *n*, Fördererz *n*
~/**несортированная** Roherz *n*, Rohhaufwerk *n*
~/**никелевая** Nickelerz *n*, nickelhaltiges Erz *n*
~/**обжигаемая** Rösterz *n*, zum Rösten bestimmtes Erz *n*
~/**обогащённая** Scheiderz *n*, angereichertes Erz *n*
~/**обожжённая** geröstetes Erz *n*, Rösterz *n*, Garerz *n*
~/**озёрная** Seeerz *n*
~/**озёрная железная** Seeeisenerz *n*
~/**окислённая (окисная)** oxidisches Erz *n*
~/**оловянная** Zinnerz *n*
~/**оолитовая** Oolitherz *n*
~/**оолитовая железная** Minette *f*, oolithisches Eisenerz *n*

~/**осадочная** sedimentäres Erz *n*
~/**отбитая** *(Bgb)* Erzhaufwerk *n*
~/**отобранная** reingeklaubtes (handgeschiedenes) Erz *n*; Scheideerz *n*
~/**отсадочная** Setzerz *n*, Schurerz *n*
~/**первичная** primäres Erz *n*, Primärerz *n*
~/**пёстрая медная** Buntkupferkies *m*, Bornit *m*
~/**пёстрая свинцовая** Buntbleierz *n*
~/**песчаная** Sanderz *n*
~/**пиритная** Pyriterz *n*, Kies *m*
~/**питтиновая** Pittinerz *n* *(Abart der Pechblende)*
~/**платиновая** Platinerz *n*
~/**плитняковая** Plattenerz *n*
~/**плотная железная** dichtes Eisenerz *n*
~/**полиметаллическая** Mischerz *n*, Komplexerz *n*, komplexes Erz *n*, polymetallisches Erz *n*
~/**пористая железная** poriges Eisenerz *n*
~/**почковидная** Nierenerz *n*
~/**пурпуровая** Purpurerz *n*, Pyritabbrand *m*
~/**пылеватая** Stauberz *n*, Feinerz *n*
~/**рассеянная** *s.* **~/вкрапленная**
~/**россыпная** Seifenerz *n*, Erzseifen *fpl*
~/**россыпная оловянная** Seifenzinn *n*
~/**ртутная** Quecksilbererz *n*, Quickerz *n*
~/**ручейная железная** Bacherz *n*
~ **ручной разборки** Klauberz *n*
~/**рыхлая глинистая железная** lockeres toniges Eisenerz *n*
~/**рядовая** Roherz *n*, Frischerz *n*, Födererz *n*
~ **с раковистым изломом/железная** Muschelerz *n*
~/**самородная** gediegenes Erz *n*
~/**свинцовая** Bleierz *n*, bleihaltiges Erz *n*
~/**свинцовая блёклая** Rädelerz *n*, Bournonit *m*
~/**серебряная** Silbererz *n*, silberhaltiges Erz *n*
~/**серная** Schwefelerz *n*
~/**сернистая железная** schwefelhaltiges (sulfidisches) Eisenerz *n*
~/**сливная** *s.* **~/крупновкрапленная**
~/**слюдяная железная** Eisenglimmer *m*
~/**смешанная** 1. Mischerz *n*, Komplexerz *n*, komplexes Erz *n*, polymetallisches Erz *n*; 2. gemischtes Erz *n*, Erzmischung *f*
~/**смолистая железная** Pecheisenerz *n*
~/**сортированная** *s.* **~/обогащённая**
~/**сплошная** derbes Erz *n*, Derberz *n*, Gangerz *n*
~/**сплошная железная** derbes Eisenerz *n*
~/**сурьмяная** Antimonerz *n*, antimonhaltiges Erz *n*
~/**сурьмяная красная серебряная** dunkles Rotgültigerz *n*, Antimonsilberblende *f*, Pyrargyrit *m*
~/**сырая** *s.* **~/рядовая**
~/**танталовая** Tantalerz *n*
~/**твёрдая марганцевая** Braunit *m*
~/**теллуристая** Tellurerz *n*
~/**тёмная красная серебряная** *s.* **~/сурьмяная красная серебряная**
~/**титановая** Titanerz *n*
~/**товарная** verkaufsfähiges Erz *n*, Handelserz *n*
~/**тонкосернистая** feinkörniges Erz *n*
~/**тонкопроросшая** feinverwachsenes Erz *n*
~/**тонкопросеянная** Stauberz *n*
~/**тощая** geringhaltiges (armes) Erz *n*
~/**трудновосстанавливаемая** schwerreduzierbares Erz *n*
~/**тугоплавкая** strengflüssiges Erz *n*
~/**убогая** *s.* **~/бедная**
~/**упорная** widerspenstiges Erz *n*
~/**урановая** Uranerz *n*
~/**урановая смоляная** Uranpecherz *n*, Pechblende *f*, Uranitit *m*
~/**фосфористая железная** phosphorhaltiges Eisenerz *n*
~/**хромовая** Chromerz *n*
~/**хрупкая железная** sprödes Eisenerz *n*
~ **цветных металлов** Nichteisenerz *n*
~/**цинковая** Zinkerz *n*, zinkhaltiges Erz *n*
~/**цинково-железистая** *s.* **~/железоцинковая**
~/**чёрная медная** Schwarzkupfererz *n*, Melakonit *m* *(Abart des Temorit)*
~/**чёрная сурьмяная** Antimonbleiglanz *m*, Bournonit *m*
~/**черновая меланова**я Melanerz *n*
~/**чечевичная** Linsenerz *n*
~/**чистая** Reinerz *n*
~/**штуфная** Stufenerz *n*, Guterz *n*, Scheideerz *n*
рудерпис *m* *(Schiff)* Ruderpfosten *m* *(im Ruderkörper)*, Ruderherz *n*
рудерпост *m* *(Schiff)* Rudersteven *m*
~/**съёмный** Ruderpfosten *m* *(außerhalb des Ruders angeordnet)*
рудить плавку *(Met)* Erz zugeben *(zur Schmelze)*
рудник *m* Bergwerk *n*, Grube *f*, Mine *f* *(die russische Bezeichnung bezieht sich nur auf Erz- und Salzbergwerke, nicht auf Kohlebergwerke)*
~/**возобновлённый (восстановленный)** aufgebrachte Grube *f*
~/**железный** Eisenbergwerk *n*, Eisengrube *f*
~/**золотой** Goldmine *f*, Goldbergwerk *n*
~/**калийный** Kalibergwerk *n*
~/**квасцовый** Alaunbergwerk *n*
~/**медный** Kupfererzgrube *f*, Kupferbergwerk *n*
~/**металлический** Erzgrube *f*, Erzbergwerk *n*
~/**озокеритовый** Erdwachsgrube *f*

~/**оловянный** Zinnerzgrube *f*
~/**ртутный** Quecksilberbergwerk *n*
~/**свинцовый** Bleierzgrube *f*, Bleibergwerk *n*
~/**серебряный** Silbermine *f*, Silberbergwerk *n*
~/**серный** Schwefelgrube *f*, Schwefelbergwerk *n*
~/**соляной** Salzbergwerk *n*
~/**цинковый** Zinkerzgrube *f*, Zinkbergwerk *n*
рудничный Bergwerk ..., Gruben ...
рудный Erz ...
рудовоз *m (Schiff)* Erzfrachter *m*
рудодробилка *f* Erzbrecher *m*
рудоизмельчение *n* Erzzerkleinerung *f*
рудомойка *f* 1. Erzwäsche *f*, Erzwaschanlage *f*; 2. Erzwaschen *n*
рудоносность *f (Geol)* Erzhaltigkeit *f*, Erzführung *f*
рудоносный *(Geol)* erzführend
рудообогащение *n* Erzaufbereitung *f*
рудоотделитель *m* Erzabscheider *m*
рудоплавильный Erzschmelz ..., Erzhütten ...
рудоподготовка *f* Erzaufbereitung *f*
рудопромывка *f s.* **рудомойка**
рудопроявление *n (Geol)* Erzauftreten *n*
рудоразборка *f* Klaubarbeit *f (Erze)*
~/**вторичная ручная** Nachklauben *n* des Erzes
~/**ручная** Erzklauben *n*, Klauben *n*, Klaubarbeit *f*
рудоразборный Erzklaube ..., Klaube ..., Lese ...
рудосортировка *f* Erzklauben *n*, Klauben *n*, Klaubarbeit *f*
рудоспуск *m (Bgb)* Erzrolle *f*
руды *fpl* Erze *npl (s. a. unter* **руда***)*
~/**бедные** Kastengänge *mpl (Erze mit hohem Gehalt an taubem Gestein)*
~/**богатые** reiche Erze *npl (Erze mit hohem Metallgehalt)*
~/**жильные** Gangerze *npl*
~/**поверхностные** Tageerze *npl*
рудяк *m s.* **ортштейн**
ружейный Gewehr ...
ружьё *n* 1. Gewehr *n (s. a. unter* **винтовка***)*; 2. Büchse *f*; Flinte *f (die nachgenannten Arten beziehen sich in der Hauptsache auf Jagd- und Sportgewehre)*
~/**гладкоствольное дробовое** Flinte *f*, Schrotflinte *f (glatter Lauf)*
~/**двуствольное** Doppelflinte *f*
~/**дробовое** Schrotflinte *f*
~/**магазинное** Magazingewehr *n*; Mehrladegewehr *n*, Repetiergewehr *n*
~/**мелкокалиберное** Kleinkalibergewehr *n*, KK-Gewehr *n*
~/**многозарядное** *s.* ~/**магазинное**
~/**нарезное пулевое** Büchse *f (gezogener Lauf)*
~/**однозарядное** Einzellader *m*, Einzelladegewehr *n*
~/**охотничье** Jagdgewehr *n*
~/**пневматическое** Druckluftgewehr *n*, Luftgewehr *n*
~/**противотанковое** *(Mil)* Panzerbüchse *f*
~ **с вертикально-спаренными стволами/двуствольное** Doppelflinte *f* mit übereinanderliegenden Läufen
~ **с откидным стволом** Gewehr *n* mit Klapplauf
~ **с рядом расположенными стволами/двуствольное** Doppelflinte *f* mit nebeneinanderliegenden Läufen
~ **с чоком** Flinte *f* mit Chock-Bohrung *(Schrotflinte mit nach der Mündung zu abnehmendem Laufdurchmesser)*
~/**самозарядное** Selbstladegewehr *n*, Selbstlader *m*
~ **системы винчестер/магазинное** Winchesterbüchse *f*
~ **системы Дегтярева/однозарядное противотанковое** *(Mil)* Einlader-Panzerbüchse *f* System Degtjarow
~ **системы Симонова/самозарядное противотанковое** *(Mil)* Selbstlade-Panzerbüchse *f* System Simonow
~/**трёхствольное** Drilling *m (meist zwei glatte und ein gezogener Lauf)*
рукав *m* 1. Schlauch *m (s. a. unter* **шланг***)*; 2. Arm *m*, Querarm *m*, Ausleger[arm] *m*
~/**бензиностойкий (бензостойкий)** benzinfester Schlauch *m*
~/**буровой** *(Bgb)* Spülschlauch *m (Bohrung)*
~/**всасывающий** Saugschlauch *m*, Saugrohr *n*, Saugrüssel *m*
~ **Галактики** *(Astr)* Spiralarm *m*
~/**гибкий** biegsamer Schlauch *m*
~/**зажимный** Spannarm *m*
~/**заправочный** Laderohr *n (Sämaschine)*
~/**кислотоупорный** säurefester Schlauch *m*, Säureschlauch *m*
~ **кожаного валика** *(Typ)* Lederwalzenschlauch *m*
~/**напорный** Druckschlauch *m*
~ **оплёточной конструкции** Schlauch *m* mit Geflechteinlage
~ **отопления/соединительный** *(Eb)* Heizkupplung *f*
~/**очистительный** *(Text)* Putzschlauch *m*
~/**пневматический** Druckluftschlauch *m*
~/**пожарный** Feuerlöschschlauch *m*
~ **радиально-сверлильного станка/поворотный** Ausleger *m (Radialbohrmaschine)*
~/**резиновый** Gummischlauch *m*
~ **реки** *(Hydrol)* Flußarm *m*, Seitenarm *m*
~/**соединительный** Verbindungsschlauch *m*

~/спиральный *(Astr)* Spiralarm *m*
~/сучильный *(Text)* Nitschelhose *f* *(Nitschelapparat; Spinnerei)*
~/тормозной *(Eb)* Bremsluftkupplung *f*, Bremsschlauch *m*
~/фурменный Düsenstock *m*, Windstock *m*, Düsenrohr *n* *(Hochofen)*
руководство *n* Anleitung *f*; Leitfaden *m*; Handbuch *n*
~ о применении Gebrauchsanweisung *f*
~ по программированию Programmieranleitung *f*
~ по уходу Anweisung *f* zur Instandhaltung, Wartung und Pflege
~ по эксплуатации Betriebsanleitung *f*, Betriebsanweisung *f*
рукопись *f* Manuskript *n*
~/готовая к набору satzreifes Manuskript *n*
~/машинописная maschinengeschriebenes Manuskript *n*
~ на отдельных листах Zettelmanuskript *n*
~/отредактированная redigiertes Manuskript *n*
~/чистовая Reinschrift *f*, Klarschrift *f*
рукоятка *f* 1. Griff *m*, Handgriff *m*, Handhebel *m*; 2. Kurbel *f*, Handkurbel *f*, Aufsteckkurbel *f*; 3. Heft *n* *(Werkzeuge, z. B. Feilen)*; Stiel *m*
~ бдительности *(Eb)* Wachsamkeitstaste *f* *(induktive Zugbeeinflussung)*
~/безопасная Sperrklinkenkurbel *f*, Sicherheitskurbel *f*
~/винтовая Stellspindel *f*
~ винтовой стяжки *(Eb)* Knebel *m* *(Schraubenkupplung)*
~/восстановительная *(Eb)* Lösetaste *f* der Bremse, Bremslösetaste *f*
~ горелки *(Schw)* Griffstück *n* *(Schweißbrenner, Schneidbrenner)*
~/грибковая Sterngriff *m*
~/заводная Andrehkurbel *f*
~ контроллера *(Eb)* Fahrschalter *m*
~/кривошипная Kurbelgriff *m*
~/маршрутная *(Eb)* Fahrstraßenhebel *m*
~/маршрутно-сигнальная *(Eb)* Fahrstraßensignalhebel *m*
~/переводная *s.* **~/централизационная переводная**
~ переключателя *(El)* Schaltkurbel *f*
~ подъёмного механизма [миномёта] *(Mil)* Höhenrichtkurbel *f* *(Granatwerfer)*
~/пусковая Einrückhebel *m*
~/распорядительная маршрутная *s.* **~/маршрутная**
~/сигнальная *(Eb)* Signalhebel *m*
~/стрелочная *(Eb)* Weichenhebel *m* *(Stellwerk)*
~ управления Steuerhebel *m*, Steuergriff *m*
~/централизационная переводная *(Eb)* Stellhebel *m*, Bedienungstaste *f*
~/централизационная сигнальная *(Eb)* Signalhebel *m*
~/централизационная стрелочная *(Eb)* Weichenhebel *m*
рукоять *f* *s.* **рукоятка**
рулевой *(Schiff)* Ruder ...
рулёжка *f* *(Flg)* Rollen *n*, Anrollen *n*, Anlauf *m* *(erste Startphase)*
руление *n* *s.* **рулёжка**
рулета *f* *(Math)* Rollkurve *f*
рулетка *f* Meßband *n*, Bandmaß *n*
рулить *(Flg)* rollen
рулон *m* 1. Rolle *f*, Bund *n*, Ring *m* *(z. B. Draht)*; 2. Bahn *f* *(breiter Streifen)*, Stoffbahn *f*; 3. *(Typ)* Rolle *f*
~/бумажный Papierrolle *f*; Quittungsrolle *f* *(Registrierkasse)*
~/ленточный *(Text)* Bandwickel *m*
~ резины *(Gum)* Gummifladen *m*, Gummipuppe *f*
~ ткани Gewebebahn *f*, Stoffbahn *f*
~ холста *(Text)* Wickel *m*, Wattewickel *m* *(Spinnerei)*
рулоноразвёртыватель *m* *(Wlz)* Bundentrollmaschine *f*, Bundabrollmaschine *f*
руль *m* *(Schiff, Mar, Flg, Rak)* Ruder *n*
~/аварийный Notruder *n*; Steuerruder *n*
~/активный Aktivruder *n*
~/балансирный Balanceruder *n*
~/боковой Stabilisierungsflosse *f* *(Schlingerdämpfung)*
~ в положении на всплытие in Auftauchlage gestelltes Tiefenruder *n* *(U-Boot)*
~ Вагнера Leitflächenruder *n*
~/вертикальный Vertikalruder *n*, Senkrechtruder *n*
~/водоструйный Wasserstrahlruder *n*
~/вспомогательный Hilfsruder *n*
~ высоты [самолёта] Höhenruder *n*
~/газовый Strahlruder *n*
~/газоструйный Strahlruder *n*
~/главный Hauptruder *n*
~/горизонтальный Tiefenruder *n*, Horizontalruder *n*, Höhenruder *n*
~/двухопорный zweifach gelagertes Ruder *n*
~/двухперьевой Zweiflächenruder *n*, Doppelruder *n*
~/двухслойный Zweiplattenruder *n*
~/запасной Reserveruder *n*
~/кормовой Heckruder *n*
~/кормовой горизонтальный Hecktiefenruder *n*, Heckhorizontalruder *n*, Heckhöhenruder *n*
~ крена Querruder *n*
~ крена/концевой *s.* **элерон/концевой**
~ крена/плавающий *s.* **элерон/плавающий**
~/листовой 1. Flächenruder *n*; 2. Plattenruder *n*

~/**многоопорный** mehrfach gelagertes Ruder *n*
~/**многоперьевой** Mehrflächenruder *n*
~/**монолитный** Vollruder *n*
~ **на погружение** Tiefenruder *n* in Tauchlage *(U-Boot)*
~ **направления [самолёта]** Seitenruder *n*
~/**носовой** Bugruder *n*
~/**носовой горизонтальный** Bugtiefenruder *n*, Bughorizontalruder *n*, Bughöhenruder *n*
~ **обтекаемой формы** Stromlinienruder *n*, Profilruder *n*
~/**обтекаемый** *s.* ~ **обтекаемой формы**
~/**пластинчатый** Plattenruder *n*
~/**плоский** Plattenruder *n*
~ **поворота** Seitenruder *n*
~/**подвесной** Schweberuder *n*
~/**подъёмный** Senkruder *n* *(Segeljolle)*
~/**полубалансирный** Halbbalanceruder *n*
~/**полуподвесной** Halbschweberuder *n*
~/**профилированный** Profilruder *n*, Verdrängungsruder *n*
~/**пустотелый** Hohlruder *n*
~/**рубочный горизонтальный** Seiten- und Stabilisierungsruder *n* am Turm *(U-Boot)*
~ **с аэродинамической компенсацией** Ruder *n* mit dynamischem Ausgleich
~ **с весовой компенсацией** Ruder *n* mit Massenausgleich
~ **с роговой компенсацией** Ruder *n* mit Hornausgleich
~ **Симплекс** Simplex-Ruder *n*
~ **системы ориентации [метеорологического спутника]/струйный** Orientierungsstrahlruder *n* *(Wettersatellit)*
~ **типа Зеебек** Seebeck-Ruder *n*
~ **торпеды/верхний вертикальный** oberes Seitenruder *n* *(Torpedo)*
~ **торпеды/нижний вертикальный** unteres Seitenruder *n* *(Torpedo)*
~/**трёхопорный** dreifach gelagertes Ruder *n*
~/**трёхперьевой** Dreiflächenruder *n*
~ **управления по крену/струйный** Querneigungsstrahlruder *n* *(Senkrechtstarter)*
~ **управления по тангажу/струйный** Längsneigungsstrahlruder *n* *(Senkrechtstarter)*
~/**успокоительный** Stabilisierungsflosse *f*, Stabilisator *m* *(Schlingerdämpfungsanlage)*
~/**фланкирующий** Flankenruder *n* *(Schubschiffe)*
~ **Флеттнера** Flettner-Ruder *n*
~/**хвостовой** Heckruder *n*
руль-мотор *m (Schiff)* Außenbordmotor *m*, Ruderpropeller *m*
руль-насадка *m (Schiff)* Düsenruder *n*
руль-тали *pl (Schiff)* Rudertalje *f*
румб *m (Schiff)* Kompaßstrich *m*, Strich *m* *(11,25° der Kompaßrose)*
~/**главный (основной)** Hauptstrich *m* *(Kompaß)*
~/**четвертной** Hauptzwischenstrich *m* *(Kompaß)*
румбатрон *m (Rf)* Rhumbatron *n* *(ein Hohlraumresonator)*
румпель *m (Schiff)* Ruderpinne *f*
~/**поперечный** Ruderjoch *n*, zweiarmige Ruderpinne *f*, Querhaupt *n*
~/**продольный** einarmige Ruderpinne *f*
~/**разъёмный** zweiteiliges Ruderjoch *n*
~/**секторный** Ruderquadrant *m*
румпель-тали *pl (Schiff)* Entlastungstalje *f*, Notrudertalje *f*
румпель-штерт *m (Schiff)* Zeptertau *n*, Jochleine *f* *(Bootssteuerung)*
рундук *m (Schiff)* Backskiste *f*
~ **койки** Kojenunterbau *m*
руно *n (Text)* Vlies *n*, Wollvlies *n*
рупор *m* 1. Sprachrohr *n*; 2. *(El)* Horn *n*, Hornantenne *f*, Hornstrahler *m*; 2. *(Ak)* Schalltrichter *m*, Trichter *m*
~/**акустический** Schalltrichter *m*
~ **громкоговорителя** Lautsprechertrichter *m*
~/**конический** Konushornstrahler *m*, Konustrichter *m*
~ **микрофона** Mikrofontrichter *m*, Sprechtrichter *m*
~/**экспоненциальный** Exponentialtrichter *m*
русло *n* 1. Rinnsal *n*; 2. Flußbett *n*, Strombett *n*, Bett *n*
~ **водотока** *(Hydt)* Kanalbett *n*
~/**главное** Hauptlauf *m*
~/**меженное** Niedrigwasserbett *n*
~ **нижнего бьефа** *(Hydt)* Unterwasserbett *n*
~/**открытое** *(Hydt)* Tagesgerinne *n*
~ **реки** Flußbett *n*, Strombett *n*
руст *m (Bw)* Bosse *m*
рустика *f (Bw)* Rustika *f*, Bossage *f*, Bossenwerk *n*, Rustikamauerwerk *n*
рутенат *m (Ch)* Ruthenat *n*
рутений *m (Ch)* Ruthenium *n*, Ru
~/**хлористый** Rutheniumchlorid *n*
рутил *m (Min)* Rutil *m*
ручей *m* 1. *(Wlz)* Einschnitt *m*, Kalibereinschnitt *m*, Kaliber *n* *(einer Walze)*; Kaliberbahn *f*, Walzkaliberbahn *f*; 2. *(Schm)* Gravur *f* *(Gesenk)*; 3. *(Masch)* Nut *f*, Rille *f* *(Seilscheibe)*; 4. *(Hydrol)* Rinnsal *n*
~/**вальцовочный** *(Schm)* Walzgravur *f*, Walzform *f* *(in mehrteiligen Gesenken, z. B. für Nockenwellen)*
~/**вставной** *(Schm)* Einsatzgravur *f*, Einsatzform *f* *(in mehrteiligen Gesenken)*
~/**гибочный** *(Schm)* Biegesattel *m* *(in mehrteiligen Gesenken)*

~/**заготовительный** *(Schm)* Vorform *f*, Gesenksattel *m*, Gravur *f* des Vorschmiedegesenks *(in mehrteiligen Gesenken)*
~/**начальный** *s.* ~/**заготовительный**
~/**окончательный** *(Schm)* Fertiggravur *f*, Fertigform *f* *(Gesenk)*
~/**отрезной** *(Schm)* Messer *n*, Schneidkante *f* *(am Gesenkblock)*
~/**отрубной** *s.* ~/**отрезной**
~/**пережимной** *(Schm)* Verteilsattel *m*
~/**подкатной** *(Schm)* Rollform *f*, Rolle *f* *(in mehrteiligen Gesenken)*
~/**подкаточный** *s.* ~/**подкатной**
~/**предварительный** Vorgravur *f*, Vorform *f* *(Gesenk)*
~/**просечной** *s.* ~/**отрезной**
~/**протяжной** Strecksattel *m*, Recksattel *m* *(in mehrteiligen Gesenken)*
~/**формовочный** Gravur *f* des Vorformgesenks *(in mehrteiligen Gesenken)*
~/**черновой** *s.* ~/**предварительный**
~/**чистовой** *s.* ~/**окончательный**
~ **шкива** Scheibenrille *f* *(Seilscheibe)*
~/**штамповочный** *(Schm)* Gravur *f* der Endstufengesenke *(zusammenfassender Begriff für Vorgravur bzw. Vorform und Fertiggravur bzw. Fertigform)*

ручка *f* 1. Griff *m*, Handhabe *f*, Stiel *m*, Schaft *m*; Kurbel *f*; 2. Federhalter *m*; 3. *(Fmt)* Knopf *m*
~/**автоматическая** Füllfederhalter *m*, Füller *m* *(Schreibgerät)*
~/**вращающаяся** Drehgriff *m*
~/**дверная [нажимная]** Türklinke *f*
~/**игольчатая** Tintenkuli *m* *(Füllhalter mit Schreibröhrchen und Nadel)*
~ **напильника** Feilenheft *n*
~ **настройки** *(Rf)* Abstimmkopf *m*
~/**перьевая** *s.* ~/**автоматическая**
~ **регулятора громкости** Lautstärkereglerknopf *m*
~/**сменная** Wechselheft *n*
~ **управления** 1. Bedienungsknopf *m*; 2. *(Flg)* Steuerknüppel *m*
~/**шариковая** Kugelschreiber *m*

ручка-кнопка *f*/**дверная** *(Bw)* Türknopf *m*, Türknauf *m*

ручник *m* Hand[schmiede]hammer *m*, Fausthammer *m*

рушить hülsen *(Müllerei)*

РХ *s.* **хвост/рыбий**

РЩ *s.* **щит/распределительный**

рыбина *f* *(Schiff)* Sente *f*, Sentenlinie *f*; Seitenholz *n*, Leitholz *n* *(Stapellaufbahn)*
~/**спусковая** Leitholz *n* *(Ablaufbahn)*

рыбины *fpl* *(Schiff)* 1. Lattenwegerung *f* *(in Booten)*; 2. Wegerungsplatten *fpl*, Schweißplatten *fpl* *(in Laderäumen)*; 3. Senten *fpl* *(Linienriß)*

рыбозавод *m*/**плавучий** Verarbeitungsschiff *n*

рыболовный Fischfang . . ., Fischerei . . .

рыбонасос *m* Fischpumpe *f*

рыбоподъёмник *m* *(Hydt)* Fischaufzug *m*

рыбопромысловый Fischfang . . ., Fischerei . . .

рыбоход *m* *(Hydt)* Fischgasse *f*, Fischpaß *m*
~/**лестничный** Fischleiter *f*, Fischtreppe *f*
~/**лотковый** Fischrinne *f*, Fischgerinne *n*, Rinnenpaß *m*
~/**прудковый** Wildpaß *m*, Tümpelpaß *m*

рым *m* *(Schiff)* Tauring *m*, Zurring *m*, Laschauge *n*, Heißring *m*; Heißhaken *m*
~/**носовой** Bugring *m* *(Torpedo)*
~/**откидной плоский** klappbare Laschplatte *f* *(Containerzurrung)*
~/**палубный** Decksring *m*, Deckszurring *m*
~/**плоский** Laschplatte *f* *(Containerzurrung)*
~/**подъёмный** Heißring *m*, Heißöse *f*, Heißauge *n*
~/**приварной плоский** Laschplatte *f* zum Aufschweißen *(Containerzurrung)*
~ **«слоновая нога»** Elefantenfuß *m* *(Containerzurrung)*
~/**швартовный** Vertäuring *m*, Festmacherring *m*
~/**якорный** Ankerring *m*

рым-болт *m* Augbolzen *m*, Ringbolzen *m*; Ringschraube *f*

рым-кольцо *n* *(Schiff)* klappbares Laschauge *n* *(Containerzurrung)*
~ **с предохранительным кольцом** Laschauge *n* mit Schutzring *(Containerzurrung)*

рым-чаша *f* *(Schiff)* versenktes Laschauge *n* *(Containerzurrung)*

рында *f* Schiffsglocke *f*

рында-булинь *m* *(Schiff)* Glockensteert *m*

рыскание *n* *(Schiff, Rak, Flg)* Gieren *n*, Gierschwingungen *fpl*

рыскать *(Schiff, Rak, Flg)* gieren

рыскливость *f* Gierigkeit *f*, Gierbestreben *n*

рыскливый gierig; luvgierig *(bei Segelschiffen)*

рытвина *f* *(Geol)* Wasserriß *m*, Wassergrube *f*

рыть 1. graben, schaufeln; 2. wühlen, umwirbeln

рытьё *n* Graben *n*; Aushub *m*

рыхление *n* Lockern *n*, Lockerung *f*, Auflockerung *f*
~/**глубокое** *(Lw)* Tiefenlockerung *f*
~ **междурядий** *(Lw)* Hacken *n*
~ **мотыгой** *(Lw)* Kautenhacken *n*

рыхлитель *m* 1. *(Bw)* Bodenlockerer *m*, Lockerungsgerät *n* *(Verwendung bei Erdarbeiten zur Auflockerung fester Böden oder zum Aufreißen reparaturbedürftiger Straßendecken)*; 2. *(Lw)* Spurlockerer *m* *(Traktor)*; 3. *(Gieß)* Sandauflockerer *m*, Sandauflockerungsmaschine *f*, Formstoffschleuder *f*

рыхлить lockern

~ **междурядья** *(Lw)* zwischen den Reihen hacken

~ **почву культиватором** *(Lw)* grubbern

рыхлость *f* 1. Lockerheit *f*; poröse Stelle *f*, Porosität *f*; 2. Schlaffheit *f*; 3. *(Met)* Faulbrüchigkeit *f* *(Temperguß)*

~/**осевая** *(Met)* Mittellinienlunkerung *f*, Mittellinienporosität *f*, Mittellinienlunker *m* *(Rohblock)*

~ **по границам зёрен** *(Met)* Korngrenzenporosität *f*, Korngrenzenauflockerung *f*

~/**усадочная** *(Met)* Schwindungsporosität *f*, Mikrolunker *m*, Sekundärlunker *m*

рыхлота *f* Porosität *f*, Auflockerung *f*

~/**усадочная** *(Met)* Schwindungsporosität *f*, Mikrolunker *m*, Sekundärlunker *m*

рыхлый 1. locker, lose, leicht; 2. porös; mulmig; 3. *(Bgb)* gebräch *(Gestein)*

рычаг *m* Hebel *m*

~/**весовой** Waagenhebel *m*, Hebel *m* einer Waage

~ **взвода** *(Mil)* Spannhebel *m*

~ **второго рода** einarmiger (einseitiger) Hebel *m*

~ **выключки матрично-клиновой строки** *(Typ)* Ausschließstange *f*

~ **высотного газа** *(Flg)* Höhengashebel *m*

~/**грузоприёмный** Lasthebel *m* *(Waage)*

~ **двойного действия** *(Schiff)* Kettenspannhebel *m* *(Containerzurrung)*

~/**двуплечий** *s.* ~ **первого рода**

~/**дифференциальный** *(Text)* Summierhebel *m* *(Webstuhl; Schützenwechsel)*

~/**зажимный** *(Wkzm)* Klemmhebel *m*; Spannhebel *m*

~/**измерительный** Meßarm *m*, Meßhebel *m*

~ **катапультирования** *(Flg)* Katapultierungshebel *m*

~/**качающийся** Schwinghebel *m*

~/**клавишный** Tastenhebel *m* *(Schreib- bzw. Setzmaschine)*

~/**коленчатый** *s.* ~/**угловой**

~/**контактный** Kontakthebel *m*

~ **коробки передач** Schalthebel *m* *(Getriebeschaltung)*

~/**литерный** *(Dat)* Typenhebel *m*, Typenstange *f* *(Drucker)*

~ **натяжения** Spannarm *m* *(Magnetband)*

~/**неравноплечий** ungleicharmiger Hebel *m*

~/**ножной** Fußhebel *m*, Pedal *n*

~ **нормального газа** *(Flg)* Normalgashebel *m*

~ **обратного хода** Schalthebel *m* für den Rückwärtsgang *(Schaltgetriebe)*

~/**одноплечий** *s.* ~ **второго рода**

~/**основной** Haupthebel *m* *(Waage)*

~/**остановочный** *(Text)* Abstellhebel *m* *(Mittelschußwächter)*

~/**отводящий** Ausrückhebel *m* *(Riemenantrieb)*

~ **первого рода** zweiarmiger (zweiseitiger) Hebel *m*

~/**переводной** *(Eb)* Stellhebel *m* *(mechanisches Stellwerk)*

~/**переключающий** Wechselhebel *m* *(Getriebe)*

~ **переключения интервала** Zeilenschalter *m* *(Schreibmaschine)*

~ **переключения передач** Gangschalthebel *m* *(Getriebe)*

~ **поворота [гусеничного трактора]** Lenkknüppel *m* *(Kettenfahrzeug)*

~/**поворотный** Drehhebel *m*

~ **подавателя** Patronenzubringerhebel *m* *(MG)*

~ **поперечной рулевой тяги** *(Kfz)* Spurstangenhebel *m*

~/**промежуточный** Zwischenhebel *m*, Zwischenhebelwerk *n* *(Wägetechnik)*

~ **пулемёта/спусковой** *(Mil)* Abzug *m*, Abzugshebel *m* *(MG)*

~/**пусковой** Anlaßhebel *m*

~/**равноплечий** gleicharmiger Hebel *m*

~/**разобщающий** Ausrückhebel *m*

~/**расцепной** Ausrückhebel *m* *(Kupplung)*

~ **реверса** Umsteuerhebel *m*

~ **рулевого управления** *(Flg)* Steuerknüppel *m*

~ **ручного тормоза** Handbremshebel *m*

~/**сигнальный** *(Eb)* Signalhebel *m* *(mechanisches Stellwerk)*

~ **скоростей** Schalthebel *m* *(Getriebeschaltung)*

~/**стопорный** Sperrhebel *m*

~/**стрелочный** *(Eb)* Weichenhebel *m* *(mechanisches Stellwerk)*

~/**тормозной** Bremshebel *m*

~/**угловой** Winkelhebel *m*

~ **управления** Lenkhebel *m*

~ **управления коробки передач** *(Kfz)* Schalthebel *m* *(Getriebe)*

~ **управления шасси** *(Flg)* Fahrwerkshahn *m*

~/**управляющий** *(Text)* Steuerhebel *m* *(Webstuhl; Knickschlageinrichtung)*

~/**уравновешивающий** Auswägehebel *m*

~ **установки кадра в рамку** *(Kine)* Bildeinstellhebel *m*

~/**фигурный** *(Text)* Schlaghebel *m* *(Webstuhl; Knickschlageinrichtung)*

~/**централизационный переводной** *s.* ~/**переводной**

~/**централизационный сигнальный** *s.* ~/**сигнальный**
~/**централизационный стрелочный** *s.* ~/**стрелочный**
рычаги *mpl* 1. Hebel *mpl* (*s. a. unter* **рычаг**); 2. Gestänge *n*
~/**распределительные** Steuergestänge *n*
РЭА = **радиоэлектронная аппаратура**
РЭТ *s.* **ярус/рэтский**
рюкланд *m* (*Geol*) Rückland *n* (*Orogentheorie*)
рябизна *f* Narbigkeit *f* (*Pulvermetallurgie*)
рябь *f s.* **волны/капиллярные**
~/**ископаемая** (*Geol*) Wellenrippeln *fpl* (*Sandstein*)
~ **на обработанной поверхности** (*Fert*) Rattermarke *f*
ряд *m* 1. Reihe *f*, Serie *f*; Zeile *f*; 2. (*Bw*) Schicht *f* (*Mauerwerk*); 3. (*Ch*) Reihe *f*; 4. (*Math*) [unendliche] Reihe *f* (*s. a.* **прогрессия**); 5. (*Geol*) *s.* **тип пород**; 6. (*Krist*) Punktreihe *f*
~/**абсолютно сходящийся** (*Math*) absolut konvergente Reihe *f*
~ **актиния (актиноурана) [/радиоактивный]** (*Kern*) Aktinium[zerfalls]reihe *f*, Uran-Aktinium-Reihe *f*
~/**алифатический** (*Ch*) aliphatische Reihe *f*, Fettreihe *f*
~/**ароматический** (*Ch*) aromatische Reihe *f*, Benzolreihe *f*
~/**бензольный** *s.* ~/**ароматический**
~/**бесконечный** (*Math*) unendliche Reihe *f*
~ **бета-распадов** (*Kern*) Beta-Zerfallsreihe *f*
~/**биномиальный** (*Math*) Binomialreihe *f*, binomische Reihe *f*
~/**выборочный** Auswahlreihe *f*
~/**гармонический** (*Math*) harmonische Reihe *f*
~/**геометрический** (*Math*) geometrische Reihe *f*
~/**гипергеометрический** (*Math*) hypergeometrische Reihe *f*
~/**гомологический** (*Ch*) homologe Reihe *f*
~/**двойной** (*Math*) Doppelreihe *f*
~/**дезинтеграционный** *s.* ~/**радиоактивный**
~ **Дирихле** (*Math*) Dirichletsche Reihe *f*
~/**жирный** *s.* ~/**алифатический**
~/**знакопеременный (знакочередующийся)** (*Math*) alternierende Reihe *f*
~ **измерений** Meß[wert]reihe *f*
~ **импульсов** Impulsfolge *f*, Impulsreihe *f*
~ **испытаний** Versuchsreihe *f*
~ **кладки/ложковый** (*Bw*) Läuferschicht *f*, Läuferreihe *f*
~ **кладки/тычковый** (*Bw*) Binderschicht *f*
~/**конечный** (*Math*) endliche Reihe *f*
~ **Ламберта** (*Math*) Lambertsche Reihe *f*
~ **Лапласа** (*Math*) Laplacesche Reihe *f*
~ **Лорана** (*Math*) Laurentsche Reihe *f*
~/**мажорантный** (*Math*) Majorante *f*, Oberreihe *f*
~ **Маклорена** (*Math*) MacLaurinsche Reihe *f*
~ **мелких резьб** Feingewindereihe *f*
~/**минорантный** (*Math*) Minorante *f*, Unterreihe *f*
~ **наблюдений** Beobachtungsreihe *f*
~ **напряжений** *s.* ~ **электрохимических напряжений**
~ **напряжений/контактный** elektrische Spannungsreihe *f* (*Berührungsspannung metallischer Leiter*)
~ **напряжений/термоэлектрический** thermoelektrische Spannungsreihe *f*
~ **напряжений/трибоэлектрический** reibungselektrische Spannungsreihe *f*
~ **Неймана** (*Math*) Neumannsche Reihe *f*
~/**неопределённый** unbestimmte Reihe *f*
~ **нептуния [/радиоактивный]** (*Kern*) Neptunium[zerfalls]reihe *f*
~/**неравномерно сходящийся** (*Math*) ungleichmäßig konvergente Reihe *f*
~/**неравномерно сходящийся функциональный** (*Math*) ungleichmäßig konvergente Funktionenreihe *f*
~ **отклонений размеров** (*Fert*) Abmaßreihe *f*
~/**парафиновый** (*Ch*) Paraffinreihe *f*, Grenzkohlenwasserstoffreihe *f*
~ **петель** *s.* ~/**петельный**
~/**петельный** (*Text*) Maschenreihe *f* (*Wirkerei*)
~ **подач** (*Fert*) Vorschubreihe *f*
~ **положительный** (*Math*) positive Reihe *f*
~ **потенциалов** *s.* ~ **электрохимических напряжений**
~ **предельных углеводородов** *s.* ~/**парафиновый**
~/**равномерно сходящийся** (*Math*) gleichmäßig konvergente Reihe *f*
~/**равномерно сходящийся функциональный** (*Math*) gleichmäßig konvergente Funktionenreihe *f*
~/**радиоактивный** (*Kern*) [radioaktive] Zerfallsreihe *f*, radioaktive Familie *f*
~ **радиоактивных распадов** *s.* ~/**радиоактивный**
~ **радия** *s.* ~ **урана-радия**
~/**разделяющий** (*Text*) Trennreihe *f* (*Wirkerei*)
~ **размера** Meßreihe *f*
~ **распада** *s.* ~/**радиоактивный**
~/**расходящийся** (*Math*) divergente Reihe *f*
~/**регулярный** (*Math*) reguläre Reihe *f*
~/**рекомендуемый** Auswahlreihe *f*, Vorzugsreihe *f*
~ **с комплексными членами** (*Math*) Reihe *f* mit komplexen Gliedern

~ **сравнения** Vergleichsreihe *f*
~/**степенной** *(Math)* Potenzreihe *f*
~ **стоек** *(Bgb)* Stempelreihe *f*
~/**сходящийся** *(Math)* konvergente Reihe *f*
~ **Тейлора** *(Math)* Taylor-Reihe *f*, Taylorsche Reihe *f*
~ **Тейлора для векторных функций** Taylor-Reihe *f* für Vektorfunktionen
~ **Тейлора для гиперболических функций** Taylor-Reihe *f* für hyperbolische Funktionen
~ **Тейлора для логарифмических функций** Taylor-Reihe *f* für logarithmische Funktionen
~ **Тейлора для обратных гиперболических функций** Taylor-Reihe *f* für inverse hyperbolische Funktionen
~ **Тейлора для обратных тригонометрических функций** Taylor-Reihe *f* für inverse trigonometrische Funktionen
~ **Тейлора для показательных функций** Taylor-Reihe *f* für Exponentialfunktionen
~ **Тейлора для тригонометрических функций** Taylor-Reihe *f* für trigonometrische Funktionen
~ **Тейлора для функций комплексной переменной** Taylor-Reihe *f* für Funktionen einer komplexen Variablen
~/**терпеновый** *(Ch)* Terpenreihe *f*
~ **тория [/радиоактивный]** *(Kern)* Thorium[zerfalls]reihe *f*, Zerfallsreihe *f* des Thoriums
~ **точек** *(Krist)* Punktreihe *f*
~/**тригонометрический** *(Math)* trigonometrische Reihe *f*
~ **Тэйлора** *s.* ~ **Тейлора**
~ **урана [/радиоактивный]** *s.* ~ **урана-радия**
~ **урана-радия** *(Kern)* Uran[zerfalls]reihe *f*, Zerfallsreihe *f* des Urans, Uran-Radium-Reihe *f*, Radium[zerfalls]reihe *f*, Zerfallsreihe *f* des Radiums
~/**условно сходящийся** *(Math)* bedingt konvergente Reihe *f*
~ **Фарея** *(Math)* Fareysche Reihe *f*
~/**функциональный** *(Math)* Funktionenreihe *f*
~ **фурм** Winddüsenreihe *f* *(Schachtofen)*
~ **Фурье** *(Math)* Fourier-Reihe *f*, Fouriersche Reihe *f*
~ **Фурье для нечётной функции** Fourier-Reihe *f* für eine ungerade Funktion
~ **Фурье для разрывной функции** Fourier-Reihe *f* für eine unstetige Funktion
~ **Фурье для чётной функции** Fourier-Reihe *f* für eine gerade Funktion
~/**холостой** *(Text)* Leerreihe *f* *(Wirkerei)*
~/**числовой** *(Math)* numerische Reihe *f*
~/**шпунтовый** *(Hydt)* Pfahlreihe *f*, Spundwand *f*
~ **штабелей** Reihenstapelung *f*
~ **электрохимических напряжений** [elektrochemische] Spannungsreihe *f*, Redoxpotentialreihe *f*
рядок *m* 1. Reihe *f*; 2. *(Text)* Maschenreihe *f* *(Strumpfwirkerei)*; 3. *(Lw)* Drillreihe *f*; 4. *s. unter* **ряд**
~/**раздвижной** *(Text)* Expansionsblatt *n*, Expansionskamm *m* *(Schärmaschine)*
ряж *m* *(Hydt)* Steinkasten *m*, Steinkiste *f*

С

сабугалит *m* *(Min)* Sabugalit *m*
сагенит *m* *(Min)* Sagenit *m*
садить *s.* **сажать**
садка *f* *(Met)* 1. Setzen *n*, Beschicken *n*, Begichten *n*, Chargieren *n*, Einsetzen *n*; 2. Einsatz *m*, Einsatzgut *n*, Beschikkungsgut *n*, Gicht *f*, Charge *f*; Schmelze *f*
~ **конвертора** Konvertereinsatz *m*
~ **металла** Metalleinsatz *m*, Metallcharge *f*
~ **на ребро** *(Ker)* Hochkantsetzen *n* *(des Brenngutes)*
~/**трёхъярусная** *(Ker)* dreietagiges Setzen *n* *(des Brenngutes)*
~ **чугуна** Roheiseneinsatz *m* *(z. B. in den SM-Ofen)*
садкий *(Pap)* rösch
~ **длинный** langrösch
~ **короткий** kurzrösch
садоводство *n* Gartenbau *m*, Gartenbauwirtschaft *f*
~/**полевое** Feldgartenbau *m*, Feldgärtnerei *f*
садочный *(Met)* Einsatz..., Beschikkungs...
сажа *f* Ruß *m*
~/**ацетиленовая** Azetylenruß *m*
~/**белая** *(Gum)* weißer Ruß *m*
~/**высокоструктурная** Hochstrukturruß *m*
~/**газовая** Gasruß *m*
~/**канальная** Kanalruß *m*
~/**ламповая** Lampenruß *m*
~/**масляная** Ölruß *m*
~/**печная** Ofenruß *m*, Furnace-Ruß *m*
~/**пламенная** Flammruß *m*
~/**стеариновая** Stearinruß *m*
~/**термическая** thermischer Spaltruß *m*
сажалка *f* 1. Pflanzmaschine *f*, Setzmaschine *f*, Legemaschine *f* *(Gruppenbegriff für Kartoffellege-, Maispflanz-, Setzlingspflanz-, Baumpflanz- und ähnliche Maschinen; vgl.* **машина/посадочная 2.***)*; 2. Fischbehälter *m*, Behälter *m*
сажание *n* *(Lw)* Pflanzen *n*; Setzen *n*; Stecken *n*, Legen *n*
сажать *(Lw)* pflanzen; setzen; stecken, legen

сажевый Ruß . . .
саженаполненный *(Gum)* rußgefüllt
саженец *m* Pflanzling *m*, Setzling *m*, Steckling *m*
~/**крупный** *(Forst)* Heister *m*, Lo[h]de *f*
~ **питомника** *(Forst)* Saatkamppflanze *f*
~/**полукрупный** *(Forst)* Halbheister *m*
сажеобдуватель *m s.* **сажесдуватель**
сажеобразование *n* Rußbildung *f*
сажесдуватель *m* Rußbläser *m (Lokomotive)*
сайлент-блок *m* Gummimetallager *n*, Silent-Block *m*
салазки *pl* 1. Schlitten *m (als Fahrzeug)*; 2. Schlitten *m (als Maschinenteil, besonders von Werkzeugmaschinen)*; 3. Spannschienen *fpl (z. B. bei Elektromotoren)*; 4. Gleitklotz *m*; 5. Gleitbahn *f*, Gleitschienen *fpl*; Gleitvorrichtung *f*; 6. *s. unter* **каретка**
~/**верхние транспортные** *(Typ)* Überführungsschlitten *m (Setzmaschine)*
~ **выталкивателя** *(Typ)* Zeilenausstoßschlitten *m (Linotype)*
~/**двойные** Doppelschlitten *m*
~ **для передвижки судна** *(Schiff)* Versetzschlitten *m*
~ **для скольжения** *(Schiff)* Gleitkufen *fpl (am Rettungsboot)*
~/**крестообразные** Kreuzschlitten *m*
~/**направляющие** Führungsschlitten *m*
~/**натяжные** Spannschienen *fpl (Riemenantrieb)*
~/**нижние транспортные** *(Typ)* Beförderungsschlitten *m (Setzmaschine)*
~ **объектива** Objektivschlitten *m*
~ **отливного колеса** *(Typ)* Gußradschlitten *m (Linotype)*
~/**переводные** *(Typ)* Matrizenzeilen-Beförderungsschlitten *m (Linotype)*
~/**поворотные** Drehschlitten *m*
~/**поперечные** Querschlitten *m*
~ **разборочного аппарата** *(Typ)* Ablegeschlitten *m (Satz)*
~ **с ножами** *(Typ)* Messerschlitten *m (Setzmaschine)*
~/**скользящие** Gleitschlitten *m*
~ **собирателя** *(Typ)* Sammlerschlitten *m (Linotype)*
~/**спусковые** *(Schiff)* Stapellaufschlitten *m*, Ablaufschlitten *m (Helling)*
~ **суппорта/верхние** *s.* **часть суппорта/верхняя**
~ **суппорта/нижние** *s.* **каретка суппорта**
~ **суппорта/поворотные** *s.* **часть суппорта/средняя**
~ **суппорта/поперечные** *s.* **часть суппорта/нижняя**
~ **суппорта/продольные** *s.* **каретка суппорта**
~ **суппорта/промежуточные** *s.* **часть суппорта/нижняя**
~ **суппорта/резьбовые** *s.* **часть суппорта/средняя**
~ **элеватора** *(Typ)* Elevatorschlitten *(Linotype)*
~/**элеваторные** *(Typ)* Elevatorschlitten *m (Linotype)*
салеит *m (Min)* Saleit *m*
салинг *m (Schiff)* Saling *m*
салит *m (Min)* Salit *m*
салициламид *m (Ch)* Salizylamid *n*
салицилат *m (Ch)* Salizylat *n*
~ **натрия** Natriumsalizylat *n*
салициновокислый *(Ch)* . . . salizylat *n*; salizylsauer
сало *n* 1. Talg *m (festes Fett)*; Schmalz *n (halbfestes Fett)*; 2. *(Hydrol)* dünne Eisrinde *f*, Eisfilm *m (Anfangsstadium der Eisbildung auf Gewässern)*
~/**говяжье** Rindertalg *m*, Rindstalg *m*
~/**нетоплёное** *s.* **сало-сырец**
~/**пищевое** Speisefett *n (tierisches Fett)*
~/**прессованное** Preßtalg *m*; Preßfett *n*
~/**пушечное** Waffenfett *n*
~/**техническое** technisches Fett *n*
~/**топлёное** ausgelassenes Fett *n*, Schmalz *n*
саломас *m* Hartfett *n*, gehärtetes (hydriertes) Fett *n*
~/**пищевой** Speisehartfett *n*
сало-сырец *n* Rohtalg *m*
салотопка *f* Talgschmelze *f*, Schmalzsiederei *f*
салфетка *f* **фильтр-пресса** Filtertuch *n*
саль *m s.* **сиаль**
сальза *f (Geol)* Salse *f*, Schlammvulkan *m*, Schlammsprudel *m*
сальник *m* 1. *(Masch)* Stopfbuchse *f*; Dichtung *f*; 2. *(Bgb)* Spülkopf *m (Bohrung)*
~ **вала** Wellenstopfbuchse *f*
~ **вентиля** Ventilstopfbuchse *f*
~ **всаса** saugseitige Stopfbuchse *f*
~/**гельмпортовый** Ruderkokerstopfbuchse *f*
~ **дейдвудной трубы** Stevenrohrstopfbuchse *f*
~/**дейдвудный** Stevenrohrstopfbuchse *f*
~/**дополнительный** Vorstopfbuchse *f*
~ **коленчатого вала** Kurbelwellendichtung *f*
~/**лабиринтный** Labyrinthstopfbuchse *f*
~/**мембранный** Membrandichtung *f*
~/**металлический** Stopfbuchse *f* mit Metalldichtung
~/**напорный** druckseitige Stopfbuchse *f*
~/**переборочный** Schottstopfbuchse *f*
~/**промывочный** Spülkopf *m*
~ **с набивкой** Packungsstopfbuchse *f*
~ **с упругими кольцами** Stopfbuchse *f* mit Federringpackung
~/**штанговый** Gestängestopfbuchse *f (Erdölbohrgerät)*
сальный talgig, Talg . . .; *(Led)* schmierig

саман *m (Bw)* Luftziegel *m (ungebrannter Ziegel mit Strohzusatz)*
самарий *m (Ch)* Samarium *n*, Sm
~/азотнокислый Samariumnitrat *n*
~/двухлористый Samarium(II)-chlorid *n*, Samariumdichlorid *n*
~/трёххлористый Samarium(III)-chlorid *n*, Samariumtrichlorid *n*
~/хлористый Samariumchlorid *n*
самарскит *m (Min)* Samarskit *m*, Uranotantalit *m*
само... Selbst..., Auto... *(s. a. unter* **авто...***)*
самоактивация *f (Kern)* Eigenaktivierung *f*, Selbstaktivierung *f*
самобалансирующийся selbstausgleichend
самоблокировка *f* Selbstblockierung *f*
самоброжение *n* Selbstgärung *f*, Spontangärung *f*
самовентиляция *f* Eigenlüftung *f*
самовес *m (Text)* Wiegeapparat *m*, Waage *f (Krempel)*
самовозбуждаться *(El)* sich selbst erregen
самовозбуждение *n (El)* Selbsterregung *f* • **с самовозбуждением** selbsterregt, eigenerregt
самовозбуждённый *(El)* selbsterregt, eigenerregt
самовозврат *m* selbsttätiger Rückgang *m*
самовозгорание *n* Selbstentzündung *f (z. B. des Heus)*
самовозгораться sich von selbst entzünden, sich selbstentzünden
самовозгореться *s.* **самовозгораться**
самовоспламенение *n* Selbstentzündung *f*, Selbstentflammung *f*
~ от сжатия Kompressionszündung *f*, Selbstzündung *f*
самовоспламеняемость *f* Selbstentzündbarkeit *f*, Selbstentflammbarkeit *f*
самовоспламеняться sich [von] selbst entzünden (entflammen)
самовосстановление *n* 1. Selbstreduktion *f*; 2. *(Kyb)* Selbstreparatur *f*
самовулканизация *f (Gum)* Selbstvulkanisation *f*
самовыгружатель *m* Selbstentlader *m*
самовыключение *n* Selbstabschaltung *f*
самовыпрямление *n* Eigengleichrichtung *f*
самовыравнивание *n* Selbstausgleich *m*, Ausgleich *m*
самогасящийся selbstlöschend
самогашение *n* Selbstlöschung *f*; Selbstauslöschung *f*
самодвижущийся selbstfahrend
самодействие *n* Selbstwirkung *f*
самодействующий selbsttätig, automatisch
самодиффузия *f* Selbstdiffusion *f*, Eigendiffusion *f*
самозажимный 1. selbstklemmend; 2. selbstspannend *(Drehmaschinenfutter)*
самозакаливание *n s.* **самозакалка**
самозакаливающийся *(Met)* selbsthärtend
самозакалка *f (Met)* Selbsthärtung *f*; Selbstaushärtung *f (Legierung)*
самозакладка *f (Bgb)* Selbstversatz *m*
самозаклинивание *n* **керна** *(Bgb)* Kernverklemmung *f (Bohrung)*
самозаряд *m (El)* Selbst[auf]ladung *f*
самозарядный *(Mil)* Selbstlade...
самозахват *m* Selbstanlagerung *f*; Selbsteinfang *m*
самоизреживание *n (Forst)* Verlichtung *f*, natürliche Lichtstellung *f (Stammzahlverminderung)*
самоиндукция *f (El)* Selbstinduktion *f*
самоиспарение *n* Selbstverdampfung *f*
самокал *m (Met)* Selbsthärter *m*, selbsthärtender Stahl *m*
самокалибровка *f* Selbstkalibrierung *f*, Selbsteichung *f*
самокомпенсация *f* Eigenkompensation *f*, Selbstausgleich *m*
самоконтроль *m* Selbstkontrolle *f*, Selbstüberwachung *f*
самокормушка *f (Lw)* Futterautomat *m*, Selbstfütterungseinrichtung *f*
самокорректирующийся selbstkorrigierend, selbstverbessernd
самолёт *m* Flugzeug *n*
~/аэро[фото]съёмочный Bildflugzeug *n*, Luftbildflugzeug *n*, Vermessungsflugzeug *n*
~/безмоторный motorloses Flugzeug *n*
~ берегового базирования küstengestütztes Flugzeug *n*, Küstenflugzeug *n*
~/беспилотный unbemanntes Flugzeug *n*
~/бесхвостный schwanzloses Flugzeug *n*, Nurflügelflugzeug *n*
~ ближнего действия Kurzstreckenflugzeug *n*
~ ближней разведки Nahaufklärungsflugzeug *n*
~/боевой Kampfflugzeug *n*
~/бомбардировочный Bombenflugzeug *n*
~/бортовой Bordflugzeug *n*, bordgestütztes Flugzeug *n*
~/ведомый geführtes Flugzeug *n*
~/ведущий Führungsflugzeug *n*
~/вертикально взлетающий *s.* **~ вертикального взлёта и посадки**
~ вертикального взлёта и посадки VTOL-Flugzeug *n*, Senkrechtstartflugzeug *n*, Senkrechtstarter *m*
~/винтовой Propellerflugzeug *n*
~/военный Militärflugzeug *n*, Kriegsflugzeug *n*
~ войсковой авиации Heeresflugzeug *n*
~/всепогодный Allwetterflugzeug *n*
~/высотный Höhenflugzeug *n*
~/гиперзвуковой Hyperschallflugzeug *n* *($M \geqq 5$)*
~/гражданский Zivilflugzeug *n*
~/грузовой Frachtflugzeug *n*

~/**грузопассажирский** Fracht- und Passagierflugzeug *n*
~ **дальнего действия** Langstreckenflugzeug *n*
~/**двухбалочный** Doppelrumpfflugzeug *n*, Flugzeug *n* mit zwei Leitwerkträgern
~/**двухлодочный** Doppelrumpfflugboot *n*
~/**двухместный** zweisitziges Flugzeug *n*, Doppelsitzer *m*, Zweisitzer *m*
~/**двухмоторный** zweimotoriges Flugzeug *n*, Flugzeug *n* mit zwei Triebwerken
~/**двухосный** *s.* ~/**двухбалочный**
~/**двухпоплавковый** Doppelschwimmerflugzeug *n*
~/**двухфюзеляжный** Doppelrumpfflugzeug *n*
~ **для аэросъёмки** Meßflugzeug *n*, Bildmeßflugzeug *n*
~/**дозвуковой** Unterschallflugzeug *n* $(M < 1)$
~/**замыкающий** Schlußflugzeug *n*
~/**заокеанский** Überseeflugzeug *n*
~ **короткого взлёта и посадки** Kurzstart- und -landeflugzeug *n*
~/**лодочный** Flugboot *n*
~/**лыжный** Flugzeug *n* mit Kufen (Schneekufen)
~/**многомоторный** mehrmotoriges Flugzeug *n*, Flugzeug *n* mit mehreren Triebwerken
~/**многоцелевой** Mehrzweckflugzeug *n*
~ **морской авиации** Marineflugzeug *n*
~/**низколетящий** Tiefflieger *m*
~/**одноместный** einsitziges Flugzeug *n*, Einsitzer *m*
~/**однопоплавковый** Einschwimmerflugzeug *n*
~/**однофюзеляжный** einrumpfiges Flugzeug *n*, Flugzeug *n* mit einem Leitwerkträger
~/**околозвуковой** Flugzeug *n* mit schallnaher Geschwindigkeit
~/**опытный** Versuchsflugzeug *n*, Testflugzeug *n*
~/**орбитальный** Orbitalflugzeug *n*
~/**пассажирский** Passagierflugzeug *n*
~/**поплавковый** Wasserflugzeug *n*, Schwimmflugzeug *n*
~/**поршневой** Kolbenmotorflugzeug *n*
~/**почтово-пассажирский** Post- und Passagierflugzeug *n*
~/**противолодочный** U-Abwehrflugzeug *n*
~ **радиолокационного дозора** Funkmeßflugzeug *n*, Radarflugzeug *n*
~/**радиоуправляемый** unbemanntes ferngelenktes (ferngesteuertes, funkgesteuertes) Flugzeug *n*
~/**разведывательно-корректировочный** Artillerieflugzeug *n*
~/**разведывательный** Aufklärungsflugzeug *n*
~/**ракетный** Raketenflugzeug *n*
~/**реактивный** Strahlflugzeug *n*, Flugzeug *n* mit Luftstrahlantrieb, Düsenflugzeug *n*
~/**рекордный** „Rekordflugzeug" *n* *(Test- oder Versuchsflugzeug für flugtechnische Forschungszwecke zur Erprobung von höchsterreichbaren Flugparametern wie Geschwindigkeit, Flughöhe, Reichweite, Tragkraft)*
~ **с вертикальным взлётом и посадкой** *s.* ~ **вертикального взлёта и посадки**
~ **с воздушно-реактивным двигателем** Flugzeug *n* mit Luftstrahltriebwerk
~ **с двигателем прямой реакции** *s.* ~/**реактивный**
~ **с двухконтурным турбореактивным двигателем** Flugzeug *n* mit Zweistrom-TL-Triebwerk
~ **с кольцевым крылом** Ringflügelflugzeug *n*
~ **с поршневым двигателем** Kolbenmotorflugzeug *n*
~ **с прямоточным воздушно-реактивным двигателем** Flugzeug *n* mit Staustrahltriebwerk
~ **с ракетным двигателем** Raketenflugzeug *n*
~ **с турбовинтовым двигателем** Propellerturbinenflugzeug *n*, PTL-Flugzeug *n*
~ **с турбореактивным двигателем** Flugzeug *n* mit Turbinen-Luftstrahltriebwerk (TL-Triebwerk)
~ **с ядерным реактивным двигателем** Flugzeug *n* mit Kernenergieantrieb
~/**санитарный** Sanitätsflugzeug *n*
~/**сверхзвуковой** Überschallflugzeug *n*
~ **связи** Verbindungsflugzeug *n*, Kurierflugzeug *n*
~/**связной** *s.* ~ **связи**
~ **сельскохозяйственной авиации** Agrarflugzeug *n*
~/**сельскохозяйственный** Agrarflugzeug *n*
~/**скоростной** Hochgeschwindigkeitsflugzeug *n*
~ **специального назначения** Arbeitsflugzeug *n* *(Sammelbegriff für Flugzeuge zur Verwendung in Forst- und Landwirtschaft, Schiffahrt, Fischerei, Luftbildmessung, Wetterdienst, Sanitätswesen)*
~/**спортивный** Sportflugzeug *n*
~/**сухопутный** Landflugzeug *n*
~ **тактической разведки** *s.* ~ **ближней разведки**
~ **типа «бесхвостка»** Nurflügelflugzeug *n*, schwanzloses Flugzeug *n*
~ **типа «утка»** Entenflugzeug *n*, Ente *f*
~/**транспортно-десантный** Luftlande[truppen]transportflugzeug *n*
~/**транспортный** Transportflugzeug *n*
~/**турбовинтовой** Propellerturbinenflugzeug *n*, PTL-Flugzeug *n*

~/**турбореактивный** Turbinenluftstrahlflugzeug *n*, TL-Flugzeug *n*
~/**универсальный** Mehrzweckflugzeug *n*
~/**учебно-боевой** Schulkampfflugzeug *n*
~/**учебно-тренировочный** Schulflugzeug *n*, Trainer *m*
~/**учебный** Schulflugzeug *n*, Trainer *m*
~/**цельнометаллический** Ganzmetallflugzeug *n*
~/**штурмовой** Tiefflieger *m*, Erdkampfflugzeug *n*, Schlachtflugzeug *n*
~/**экспериментальный** Versuchsflugzeug *n*
самолёт-амфибия *m* Amphibienflugzeug *n*, Wasser-Land-Flugzeug *n*
самолёт-бесхвостка *m* schwanzloses Flugzeug *n*, Nurflügelflugzeug *n*
самолёт-бомбардировщик *m* Bombenflugzeug *n*, Bomber *m*
самолёт-буксировщик *m* Schleppflugzeug *n*
самолёт-диск *m* fliegender Diskus *m*
самолёт-заправщик *m* Tankflugzeug *n*
самолёт-зондировщик *m* Wettererkundungsflugzeug *n*, Wetterflugzeug *n*
самолёт-истребитель *m* Jagdflugzeug *n*
~/**реактивный** Düsenjäger *m*
самолёт-корректировщик *m* Artilleriebeobachtungsflugzeug *n*
самолёт-крыло *m s.* **самолёт-бесхвостка**
самолёт-летающее крыло *m s.* **самолёт-бесхвостка**
самолёт-матка *m* Mutterflugzeug *n*
самолёт-мишень *m* Zieldarstellungsflugzeug *n*, Drohne *f*
самолёт-нарушитель *m* Luftraumverletzer *m*
самолёт-носитель *m* Trägerflugzeug *n* *(für Kernwaffen, Raketen u. dgl.)*
~ **ядерного оружия** Kernwaffenträger *m*
самолётный Flugzeug . . ., Bord . . .
самолётовождение *n* Flugzeugführung *f*
самолётоподъёмник *m* Flugzeuglift *m*, Flugzeugaufzug *m (auf Flugzeugträgern)*
самолётостроение *n* Flugzeugbau *m*
самолёт-парасоль *m* Hochdecker *m*
самолёт-перехватчик *m* Abfangflugzeug *n*
самолёт-разведчик *m* Aufklärungsflugzeug *n*, Aufklärer *m*
~ **ближнего действия** *s.* **самолёт ближней разведки**
~ **погоды** Wetteraufklärungsflugzeug *n*
самолёт-ракетоплан *m* Raketengleiter *m*
самолёт-снаряд *m* Flügelrakete *f*
самолёт-торпедоносец *m* Torpedoflugzeug *n*, Torpedoträger *m*
самолёт-тральщик *m* Minenräumflugzeug *n*, Räumflugzeug *n*
самолёт-утка *m* Entenflugzeug *n*, Ente *f*
самолёт-фоторазведчик *m* Luftbildflugzeug *n*
самолёт-цель *m* Zieldarstellungsflugzeug
самолёт-штурмовик *m s.* **самолёт/штурмовой**
самоликвидатор *m (Mil)* Selbstzerleger *m*
~ **взрывателя** Zündzerleger *m*
самоликвидация *f (Mil)* Selbstzerlegung *f*
самонаведение *n (Rak, Flg)* Zielsuchlenkung *f*; Zielfluglenkung *f*; Selbstlenkung *f*
~/**активное** aktive Zielsuchlenkung *f*
~/**инфракрасное** Infrarot-Zielsuchlenkung *f*
~/**комбинированное** kombinierte Zielsuchlenkung *f*
~/**оптическое** optische Zielsuchlenkung *f*
~/**пассивное** passive Zielsuchlenkung *f*
~/**полуактивное** halbaktive (semiaktive) Zielsuchlenkung *f*
~/**радиолокационное** Radarzielsuchlenkung *f*
~/**световое** *s.* ~/**оптическое**
~/**тепловое** Wärme-Zielsuchlenkung *f*
самонаводящийся *(Rak)* selbstgesteuert, selbstlenkend, zielsuchend, Zielsuch . . ., Zielsuchlenk . . .
самонагрев *m* Selbsterwärmung *f*, Selbsterhitzung *f*
самонагревание *n s.* **самонагрев**
самонаклад *m (Typ)* Anleger *m*, Anlegeapparat *m*, Bogenapparat *m*
~ **воздушного действия** *s.* ~/**пневматический**
~/**круглостапельный** Rundstapelanleger *m*
~ **механического действия** *s.* ~/**фрикционный**
~/**плоскостапельный** Flachstapelanleger *m*
~/**пневматический** pneumatischer Bogenanleger *m*, Saugapparat *m*
~/**пневматический круглостапельный** Rundstapelsauganleger *m*
~/**пневматический плоскостапельный** pneumatischer Flachstapelanleger *m*
~/**фрикционный** mechanischer Bogenanleger *m*, Friktionsanleger *m*, Reibapparat *m*
~/**цепной выносной** Kettenausleger *m*, Kettenauslage *f*
самонапряжение *n (Bw)* Selbstvorspannung *f*
самонастраивающийся selbsteinstellend; selbstabstimmend
самонастройка *f* Selbsteinstellung *f*; Selbstabstimmung *f*
~ **параметров** Parameterselbsteinstellung *f*
~ **программы** Programmselbsteinstellung *f*
самонасыщение *n* Selbstsättigung *f*
самонатягивающийся selbstspannend
самооблучение *n (Kern)* Selbststrahlung *f*
самообмен *m* Eigenaustausch *m*

самообрушение *n (Bgb)* Zubruchgehen *n*, Zubruchgehenlassen *n*, Hereinbrechenlassen *n*
самоокисление *n (Ch)* Autoxydation *f*
самоопрокидывающийся selbstkippend, Selbstkipp ...
самооптимизация *f* Selbstoptimierung *f*
самоорганизация *f (Kyb)* Selbstorganisation *f*
самоостанов *m* selbsttätige Stoppeinrichtung *f*; *(Text)* selbsttätige Ausrückvorrichtung *f*, Selbstausrücker *m (Flyer)*
~/**механический** mechanischer Selbstausrücker *m (Flyer)*
~/**нижний** Fadenbruchabsteller *m (Mehrschloßwirkmaschine)*
~/**электрический** elektrischer Selbstausrücker *m*
самоотталкивание *n* Selbstabstoßung *f*
самоохлаждение *n* selbsttätige Kühlung *f*
самоочистка *f* Selbstreinigung *f*
самоочищаемость *f* Selbstreinigungsvermögen *n*
самоочищение *n* Selbstreinigung *f*
самопеленгация *f (FO)* Eigenpeilung *f*
самопересечение *n* Selbstdurchdringung *f*
самописец *m* Registrierapparat *m*, Selbstschreiber *m*, Schreiber *m*, Schreibgerät *n*, Schreibvorrichtung *f*; *(Dat)* Kurvenschreiber *m*, Plotter *m*
~/**барабанный** *(Dat)* Trommelschreiber *m*
~ **видимости** Sichtschreiber *m*
~ **времени** *s.* **хронограф**
~ **высоты** Höhenschreiber *m*
~ **деформаций** Dehnungsschreiber *m*
~/**интегрирующий** Integrationsschreiber *m*
~/**компенсационный** Kompensationsschreiber *m*
~/**координатный** Koordinatenschreiber *m*
~ **крутящего момента** Drehmomentschreiber *m*
~/**ленточный** Bandschreiber *m*, Streifenschreiber *m*
~/**многоканальный** *(Dat)* Vielfachschreiber *m*
~ **мощности** Leistungsschreiber *m*
~ **нейтронной мощности** *(Kern)* Neutronenleistungsschreiber *m*
~ **пути** Flugwegschreiber *m*
~ **сноса** Abdriftschreiber *m*
~ **стоимости** Preisauszeichner *m (z. B. an einer Dosiereinrichtung)*
~ **температур** Temperatur[selbst]schreiber *m*
~ **фишлупы** *(Schiff)* Fischlupenechograf *m*
~ **эхолота** *(Schiff)* Tiefenschreiber *m*, Tiefenschreibgerät *n*
самопишущий selbstschreibend, registrierend, Registrier ...
самоплавкий *(Met)* selbstgehend, selbstschmelzig *(Erz)*
самопоглощение *n* Selbstabsorption *f*, Eigenabsorption *f*, Eigenstrahlungsabsorption *f*
~ **излучения** *(Kern)* Selbstabsorption *f* einer Strahlung *(bei einer umfangreichen Strahlungsquelle innerhalb derselben)*
самопогрузчик *m (Lw)* Selbstladewagen *m*, Ladewagen *m*
самоподаватель *m* 1. Einlegevorrichtung *f*, Selbsteinleger *m*; 2. Selbstzuführer *m*
самоподающий 1. selbstzuführend, Selbstzuführ ...; 2. Selbstvorschub ...
самопресс *m (Text)* Muldenpresse *f*, Walzenpresse *f (Gewebeausrüstung)*
самоприёмка *f (Typ)* Selbstausleger *m*, Auslegeapparat *m*
~/**штапельная** Stapelausleger *m*, Stapelableger *m*
самопроверка *f* Selbstprüfung *f* • **с самопроверкой** selbstprüfend
самопроизвольный 1. spontan, aus eigenem Antrieb; 2. selbständig, Selbst ...
самопрялка *f (Text)* Spinnrad *n*
самопуск *m* 1. selbsttätiger Anlauf *m*, Selbstanlauf *m (Elektromotor)*; 2. *(Ktz)* Starter *m*, Startanlasser *m*
саморазгружатель *m* Selbstentladevorrichtung *f*
саморазгружающийся selbstentladend, Selbstentlade ...
саморазгрузка *f* Selbstentladung *f*
саморазгрузчик *m (Lw)* Selbstentladewagen *m*
саморазложение *n* Selbstzersetzung *f*
саморазмагничивание *n* Selbstentmagnetisierung *f*
саморазогревание *n s.* **самонагрев**
саморазряд *m (El)* Selbstsentladung *f*, Eigenentladung *f*
саморазрядный *(El)* Selbstentlade ...
саморазряжение *n s.* **саморазряд**
самораскачивание *n* Selbstaufschaukelung *f*
саморассеяние *n* Selbststreuung *f*, Eigenstreuung *f*
саморегулирование *n* Selbstregelung *f*
~ **реактора** Selbstregelung *f* des Reaktors
саморезка *f (Pap)* Querschneider *m*
самородный *(Min)* gediegen
самородок *m (Min)* gediegener Metallklumpen *m (z. B. Gold)*, Nugget *n*
~ **золота** Goldklumpen *m*
самосадка *f (Geol)* natürlich aus Salzgewässern ausgefälltes Salz *n*, Seesalz *n*
самосброска *f (Lw)* Mähmaschine *f* mit Selbstablage
самосвал *m (Ktz)* 1. Kipper *m*; Kippfahrzeug *n*; 2. kippbare Ladefläche *f (eines Kippers)*
~/**большегрузный** Großraumkipper *m*

~ с двусторонним опрокидыванием Zweiseitenkipper *m*
~ с опрокидыванием кузова назад Hinterkipper *m*
~/трёхсторонний Dreiseitenkipper *m*
самосветящийся selbstleuchtend
самосвечение *n* Selbstleuchten *n*
самосенсибилизация *f (Ph)* Autosensibilisierung *f*
самосжатие *n* Selbstkontraktion *f*, Selbstverdichtung *f*
самосинхронизация *f (El)* Selbstsynchronisation *f*, Selbstsynchronisierung *f*
самосинхронизирующийся *(El)* selbstsynchronisierend, Selbstsynchronisierungs . . .
самосквашивание *n* natürliche (freiwillige) Säuerung *f*
самоскидка *f (Lw)* Selbstablage *f*
самосмазывающийся selbstschmierend, mit Selbstschmierung
самосогревание *n* **зерна** Selbsterhitzung *f* des Getreides
самосопряжённый *(Math)* autokonjugiert, selbstadjungiert
самосохранение *n* Selbsterhaltung *f*
самосплав *m (Lw)* Fließentmistung *f*, Schwerkraftentmistung *f*, Treibmistverfahren *n*
самостабилизация *f* Selbststabilisierung *f*
самостирание *n* Selbstlöschung *f*
самосхват *m* Selbstgreifer *m*
самотаска *f* 1. *(Forst)* Seilriese *f*, Seilschlepper *m*, Kettenschlepper *m*, Blockaufzug *m (Seil- oder Kettenförderer für Stammholz u. dgl.)*; 2. Gurtbecherwerk *n*, Schaufler *m (für Getreide und anderes Schüttgut)*
самотёк *m* Selbstfluß *m (Bewegung einer Flüssigkeit ohne Einwirkung von Förderdruck)*; Fließen *n* unter Schwerkraftwirkung *(Schüttgut)*
самотканый *(Text)* hausgewebt
самоторможение *n (Mech)* Selbsthemmung *f (durch Reibung bedingte Bewegungsverhinderung)*
самоточка *f* Leit- und Zugspindeldrehmaschine *f*
самоукладка *f* **якорной цепи** *(Schiff)* selbständiges Stauen *n* der Ankerkette
самоуплотнение *n* Selbstdichtung *f*
самоуправление *n* Selbststeuerung *f*, automatische (selbsttätige) Steuerung *f*, Selbstlenkung *f*
самоускорение *n* Selbstbeschleunigung *f*, Eigenbeschleunigung *f*
самоустанавливаемость *f* Selbsteinstellbarkeit *f*
самоустанавливающийся selbsteinstellend
самоустановка *f* Selbsteinstellen *n*, Selbsteinstellung *f*
самофлюсующийся *(Met)* selbstgehend, selbstschmelzig *(Erz)*
самофокусировка *f (Opt)* Selbstfokussierung *f*
самоход *m* 1. Fahrzeug *n* mit Kraftantrieb *(Kraftfahrzeug im weiteren Sinne)*; 2. Selbstgang *m*, Selbstzug *m (Werkzeugmaschinen)*
самоходный selbstfahrend, Selbstfahr . . ., mit eigenem Fahrantrieb, mit Eigenantrieb, motorisiert
самоцвет *m (Min)* Edelstein *m*
самоциркулирующий selbstumlaufend, Selbstumlauf . . .
самочёс *m (Text)* Wanderdeckelkarde *f*, Wanderdeckelkrempel *f (Spinnerei)*
самочёски *fpl (Text)* Deckelausputz *m (Spinnerei, Krempel)*
самошлакующийся *(Met)* selbstschlackend
самоштивание *n* **(самоштивка** *f***) груза** *(Schiff)* Selbsttrimmen *n* der Ladung
самоэкранирование *n* Selbstabschirmung *f*
санатрон *m* Sanatron *n*
сангвинометр *m* Blutkörperchenzähler *m*
сандарак *m* Sandarak *m (Harz nordafrikanischer Nadelhölzer)*
сандотрен *m* Sandothrenfarbstoff *m*
сандрик *m (Arch)* Überdeckungsgesims *n*, Öffnungsgesims *n*, Verdachung *f (über Fenster und Türen)*
сани-амфибия *pl* Amphibien-Schlitten *m*
санидин *m (Min)* Sanidin *m (Kalifeldspat)*
сантехкабина *f (Bw)* Sanitärzelle *f*
сантехника *f* Sanitärtechnik *f*
сантиградус *m s.* **градус Цельсия**
сантиграмм *m* Zentigramm *n*, cg *(0,01 g)*
сантилитр *m* Zentiliter *n (0,01 l)*
сантиметр *m* Zentimeter *n(m)*, cm
~/кубический Kubikzentimeter *n*, cm^3
сантистокс *m* Zentistokes *n*
сантон *m s.* **ярус/сантонский**
санузел *m* Sanitärzelle *f*
САП *s.* **система автоматизации программирования**
сапка *f (Lw)* Jäthacke *f*
сапонин *m (Ch)* Saponin *n*
сапонит *m (Min)* Saponit *m*, Seifenstein *m*
сапропелит *m (Geol)* Sapropelit *m*, Sapropelgestein *n (erhärteter Faulschlamm)*
сапропель *m* Sapropel *m*, Faulschlamm *m*
сапун *m* **картера** Entlüfter *m (Kurbelgehäuse; Verbrennungsmotor)*
сапфир *m (Min)* Saphir *m*
САР *s.* **система автоматического регулирования**
сарай *m* 1. Schuppen *m*, Lagerschuppen *m*; 2. *(Lw)* Scheune *f*
~/хлопковый *(Text)* Baumwollschuppen *m*, Ballenhaus *n*
~/шлюпочный Bootshaus *n*
сардер *m (Min)* Sarder *m (brauner Chalzedon)*

сардоникс *m (Min)* Sardonyx *m (weißrot gestreifte Abart des Achats)*
саржа *f (Text)* 1. *Kurzbezeichnung für:* Köperbindung *f*, Köper *m*, Croisé *n* *(Weberei)*; 2. Serge *f*, Serche *f (Köperstoff)*
~/безличная gleichseitiger Köper *m*
~/двусторонняя Doppelköper *m*
~/двухличная *s.* **~/безличная**
~/основная kettseitiger Köper *m*
~/простая feiner Köper *m*
~/пятиремизная fünfbindiger (fünffädiger) Köper *m*
~/сложная Mehrgratköper *m*
~/усиленная grober Köper *m*
~/уточная schußseitiger Köper *m*
саржевый *(Text)* Köper . . .
саркозин *m (Ch)* Sarkosin *n*
сармат *m s.* **ярус/сарматский**
сарос *m (Astr)* Saroszyklus *m*
сарпинка *f (Text)* buntgestreifte Ware *f* *(leichtes bedrucktes Baumwollgewebe mit Leinwandbindung)*
сарторит *m (Min)* Sartorit *m*
сассолин *m (Min)* Sassolin *m*
сателлит *m* 1. *(Astr)* Satellit *m (Himmelskörper, der sich um einen Zentralkörper bewegt)*; Sputnik *m*; 2. *(Masch)* Planetenrad *n*, Umlaufrad *n (Umlaufgetriebe)*
~ дифференциала *(Kfz)* Ausgleichkegelrad *n (Ausgleichgetriebe)*
~ связи Nachrichtensatellit *m*
~/телевизионный Fernsehsatellit *m*
сателлоид *m (Astr)* Satelloid *m*
сатин *m (Text)* Satin *m*, Schußatlas *m*
~/основно-настилочный Kettatlas *m*
сатинёр *m (Pap)* Prägekalander *m*, Gaufrierkalander *m*
сатинирование *n (Pap)* Satinieren *n*, Glätten *n*
сатинировать *(Pap)* satinieren, glätten
сатиновый *(Text)* Satin . . .
сатуратор *m* Saturator *m*, Saturationsapparat *m*, Sättiger *m*; Saturationsgefäß *n*, Sättigungsgefäß *n*
~/аммиачный Ammoniaksättiger *m*
~/двухкамерный Zweikammersättiger *m*
~ для сульфата аммония Ammonsulfatsättiger *m*
сатурация *f* Saturieren *n*, Saturation *f* *(Zuckergewinnung)*
~ в отдельных котлах *s.* **~/периодическая**
~ в трубе Rohrsaturation *f*
~/вторая II. (zweite) Saturation *f*, Nachsaturation *f*
~/горячая Siedesaturation *f*
~/первая I. (erste) Saturation *f*, Vorsaturation *f*
~/периодическая periodische Saturation *f*, Einzel[pfannen]saturation *f*
сатурировать saturieren *(Zuckergewinnung)*
САУ *s.* **1. система автоматического управления; 2. установка/самоходная артиллерийская**
сафранин *m* Safranin *n (Farbstoff)*
сафрол *m* Safrol *n*
саффлорит *m (Min)* Safflorit *m (Kobalterz)*
сафьян *m* Saffianleder *n*
САХ *s.* **хорда/средняя аэродинамическая**
сахар *m* Zucker *m (Monosaccharid oder Oligosaccharid)*, Zucker *m*, Saccharose *f (Rohr- oder Rübenzucker)*
~/белый Weißzucker *m*
~/виноградный Traubenzucker *m*, D-Glukose *f*, Dextrose *f*
~/восстанавливающий reduzierender Zucker *m*
~/грибной Trehalose *f*
~/древесный Holzzucker *m*, D-Xylose *f*
~/инвертированный (инвертный) Invertzucker *m*
~/кристаллический Kristallzucker *m*
~/молочный Milchzucker *m*, Laktose *f*
~/пилёный Würfelzucker *m*
~/плодовый Fruchtzucker *m*, D-Fruktose *f*, Lävulose *f*
~/простой einfacher Zucker *m*, Einfachzucker *m*, Monosaccharid *n*
~/редуцирующий reduzierender Zucker *m*
~/свекловичный Rübenzucker *m*, Saccharose *f*
~/свинцовый Bleizucker *m*, Blei(II)-azetat *n*
~/сложный Vielfachzucker *m*, Polysaccharid *n*
~/солодовый Malzzucker *m*, Maltose *f*
~/тростниковый Rohrzucker *m*, Saccharose *f*
~/фруктовый *s.* **~/плодовый**
сахараза *f* Saccharase *f*, Invertase *f*
сахарат *m (Ch)* Saccharat *n*
~/известковый *s.* **~ кальция**
~ кальция Kalziumsaccharat *n*
сахариметр *m* Saccharimeter *n*, Zuckerpolarimeter *n*
сахариметрия *f* Saccharimetrie *f*
сахарин *m (Ch)* Saccharin *n*, *o*-Sulfobenzoesäureimid *n*
сахаристость *f* Zuckerhaltigkeit *f*, Zuckergehalt *m*
сахаристый zuckerhaltig
сахарит *m (Min)* Sacharit *m*
сахаровоз *m (Schiff)* Zuckerfrachter *m*
сахароза *f* Saccharose *f*, Zucker *m (Rohr- oder Rübenzucker)*
сахарометр *m* Saccharometer *n*, Zuckerwaage *f*
сахароносный zuckerspeichernd, zuckerliefernd
сахар-песок *m* Sandzucker *m*

сахар-рафинад *m* Raffinadezucker *m*
сахар-сатурн *m (Ch)* Bleizucker *m*, Blei(II)-azetat *n*
сахар-сырец *m* Rohzucker *m*
сбег *m* Ablauf *m*, Ablaufen *n*; Auslauf *m (Gewinde)*
~ **древесного ствола** *(Forst)* Abholz *n (Durchmesserabnahme des Baumstammes nach dem Wipfelende zu)*
~ **резьбы** *(Masch)* Gewindeauslauf *m*
сбежистость *f (Forst)* Abholzigkeit *f (Durchmesserabnahme des Baumstammes von mehr als 1 cm auf 1 m Länge)*
сбивание *n* Schlagen *n*; Abschlagen *n*
~ **масла** *(Lebm)* Buttern *n*, Butterung *f*
~ **окалины** Zunderbrechen *n*, mechanische Entzunderung (Entsinterung) *f*
~ **початков на станке** *(Text)* Abschlagen *n* der Kopse *(Weberei)*
сбиватель *m (Text)* Putzwalze *f (Krempel)*
сбивать 1. abschlagen, herunterschlagen; 2. abkommen *(vom Weg, vom Kurs)*; 3. *(Bgb)* durchschlägig machen, einen Durchhieb herstellen; 4. *(Mil) s.* ~ **самолёт**
~ **масло** *(Lebm)* buttern; Öl schlagen
~ **самолёт** ein Flugzeug abschießen
СБИС *s.* **схема/сверхбольшая интегральная**
сбить *s.* **сбивать**
сближение *n* Annäherung *f*, Näherung *f*, Approximation *f (s. a. unter* **аппроксимация***)*
сбоины *pl* Ölkuchen *mpl*
сбой *m* Fehler *m*, Störung *f*, Versagen *n*
~ **канала** *(Dat)* Kanalfehler *m*
~ **по нечёту** *(Dat)* Paritätsfehlerunterbrechung *f*
~/**случайный** Zufallsfehler *m*
сбойка *f (Bgb)* Durchhieb *m*, Durchschlag *m*, Durchbruch *m*
~/**вентиляционная** Wetterdurchhieb *m*
сболтить *s.* **сболчивать**
сболчивание *n* Verbolzen *n*
сболчивать verbolzen
сбор *m* 1. Sammeln *n*, Einsammeln *n*; 2. Ernte *f*; 3. Kassierung *f*
~/**аэропортный** Flughafengebühr *f*
~/**буксирный** *(Schiff)* Schleppergebühr *f*
~ **данных** *(Dat)* Datenerfassung *f*
~/**доковый** *(Schiff)* Dockgebühr *f*
~ **информации** *(Dat)* Informationserfassung *f*
~/**корабельный** *(Schiff)* Hafenabgabe *f*, Hafengeld *n*
~/**лоцманский** *(Schiff)* Lotsengebühr *f*
~ **первичных данных** *(Dat)* Primärdatenerfassung *f*
~/**портовый** *(Schiff)* Hafengebühr *f*
~/**причальный** *(Schiff)* Anlegegebühr *f*
~ **сведений** *(Mil)* Nachrichtenermittlung *f*
сборка *f* 1. Zusammenbau *m*, Montage *f (der Maschinenteile im Werk)*; 2. Aufstellung *f*, Montierung *f*, Montage *f*, Aufbau *m (ganzer Maschinen oder Teile am Aufstellungsort)*; 3. Rüstung *f (Baukonstruktionsteile)*; 4. *(Gum)* Konfektionieren *n (Reifen)*
~ **без подмостей** *(Bw)* Freivorbau *m*, freischwebende (gerüstlose) Montage *f*
~/**блочная** *(Schiff)* Blocksektionsmontage *f*
~/**грубая** Vormontage *f*, Grobmontage *f*
~/**заводская** Werksmontage *f*
~/**запальная** *(Kern)* Saatelement *n (des Reaktors)*
~/**индивидуальная** Einzelmontage *f*
~/**кабельная** *(El)* Kabelverbindung *f* der Kabelenden *(z. B. in Kabelmuffen)*
~/**клеммная** *(El)* Kabelverbindungs- und -abzweigstelle *f (unmittelbare Verbindung der Kabelenden, z. B. in Kabelmuffen)*
~/**компенсирующая топливная** *(Kern)* Kompensationsbrennstoffbündel *n*
~/**конвейерная** Fließbandmontage *f*
~/**контрольная** Vormontage *f*, Werkstattmontage *f*
~/**критическая** *(Kern)* kritische Anordnung *f*
~ **крупными секциями** *(Schiff)* Großsektionsbauweise *f*
~ **лампы** *(Eln)* Röhrenmontage *f*
~/**мягкодорновая** *(Gum)* Konfektionieren *n* mit weichem Dorn *(Reifen)*
~ **на построечном месте** *(Schiff)* Hellingmontage *f*
~/**навесная** *(Bw)* Freivorbau *m*; freischwebende (gerüstlose) Montage *f*
~/**окончательная** Endmontage *f*
~ **покрышек** *(Gum)* Reifenkonfektion *f*
~/**полудорновая** *(Gum)* Halbdornkonfektionieren *n*
~/**полуплоская** *(Gum)* Flachtrommelkonfektionieren *n (Reifen)*
~/**послойная** *(Gum)* Einzellagenkonfektionieren *n (Reifen)*
~/**поточная** Fließmontage *f*
~/**поэтажная** *(Bw)* etagenweise Montage *f*
~/**предварительная** Vormontage *f*
~/**предстапельная** *(Schiff)* Vormontage *f*
~ **секций/предварительная** *(Schiff)* Vormontage *f*
~/**секционная** *(Schiff)* Sektionsmontage *f*, Sektionsbau *m*
~/**секционно-блочная** *(Schiff)* Blocksektionsmontage *f*
~ **сердечника** *(El)* Kernaufbau *m*
~ **сердечника вперeплёт** Kernaufbau *m* mit geschachteltem (überlapptem) Stoß
~ **сердечника впритык** Kernaufbau *m* mit stumpfem Stoß

~/**спаренная** *(Gum)* gepaarte Reifenkonfektion f
~/**стапельная** *(Schiff)* Hellingmontage f
~/**стержневая** *(Kern)* Stabanordnung f
~ **стержней** *(Kern)* Stabanordnung f
~ **судна/крупная секционная** *(Schiff)* Zusammenbau m aus Großsektionen
~ **схемы** *(El, Eln)* Schaltungsaufbau m
~/**точная** Feinmontage f
~/**укрупнительная** *(Bw)* Vormontage f
сборник m 1. *(Typ)* Sammlung f, Sammelwerk n; 2. Sammelbehälter m, Sammelgefäß n, Sammelkasten m; Sammelbottich m; Sammelraum m; 3. *(Ch)* Vorlage f, Sammelgefäß n
~ **дистиллята** Destillatsammler m
~ **конденсата** Kondensatsammelbehälter m
~ **оборотной воды** *(Pap)* Abwasser[sammel]behälter m, Rückwasser[sammel]behälter m; *(Pap)* Siebwasser[sammel]behälter m
~ **регистровой воды** *(Pap)* Siebwasser[sammel]behälter m
~/**сиропный** Dicksafteinzugskasten m *(Zuckergewinnung)*
~ **фракции** Fraktionssammler m *(Destillation)*
сборник-мерник m Sammelmeßbehälter m
сборно-разборный zerlegbar, montagefähig
сборный 1. Sammel..., Sammler...; 2. zusammengesetzt, vermischt; 3. Auswahl...; 4. zusammensetzbar, montierbar, aus Großteilen bestehend *(z. B. Haus)*
сборочный 1. Zusammenstellungs..., Zusammenbau..., Montage..., Montier...; 2. Sammel...
сбраживаемость f *(Ch)* Vergärbarkeit f; Vergärungsgrad m
~/**действительная** wirklicher Vergärungsgrad m
~/**кажущаяся** scheinbarer Vergärungsgrad m
сбраживаемый vergärbar
сбраживание n *(Ch)* Vergären n, Vergärung f
сбраживать *(Ch)* vergären
сбрасывание n Abwerfen n, Abwurf m
~ **бомб** *(Milflg)* Bombenabwurf m
~ **бомб без прицеливания** Schüttabwurf m
~ **бомб/вынужденное** Notabwurf m
~ **петель** *(Text)* Abschlagen n *(Maschenbildung; Wirkerei)*
сбрасыватель m 1. Abwerfer m, Ausstoßer m, Auswerfer m; Abwerfer m, Abwurfvorrichtung f; 2. Abstreifer m *(Gurtförderer)*; 3. *(Mil)* Abwurfautomat m; 4. *(Geol)* Verwerfungsspalte f, Sprungkluft f
~/**вращающийся** rotierender Abstreicher m
~/**плужковый** *(Lw)* Abstreifer m
сбрасывать 1. ausstoßen, auswerfen; abwerfen; 2. abstreifen, abstreichen; 3. *(Geol)* verwerfen
~ **петли** *(Text)* abschlagen *(Maschenbildung; Wirkerei)*
сброс m 1. Auslaß m, Auswurf m; 2. *(Geol)* Sprung m, gegenfallende (gegensinnige) Verwerfung f, Störung f; 3. *(Hydt)* Überfall m, Sturzrinne f
~/**аварийный** Notauslaß m
~/**антитетический** s. ~/**несогласнопадающий**
~/**вертикальный** Seigersprung m
~ **воды** Wassersturz m, Wasserüberfall m
~/**вращательный** Drehverwerfer m, Drehsprung m
~/**горизонтальный** s. **сбрососдвиг**
~/**гравитационный** Abschiebung f
~ **давления** Druckentlastung f, Entspannung f
~/**диагональный** schräger Sprung m, Diagonalverwerfung f, Schrägverwerfung f, diagonale Störung f
~/**закрытый** 1. geschlossener Sprung m, geschlossene Verwerfung f; 2. Wasserablaß m in Rohren
~/**зияющий** s. ~/**открытый 1.**
~/**косой** s. ~/**диагональный**
~/**краевой** peripherischer Sprung m, Randstörung f *(eines tektonischen Bekkens)*
~/**круговой** periphere Störung f
~/**крутопадающий** steilfallende (steiler als 45° fallende) Verwerfung f
~/**кулисообразный** Kulissenverwerfung f
~/**наклонный** geneigte (schwebende) Verwerfung f
~/**несогласнопадающий** gegenfallender Sprung m, antithetische Abschiebung f
~/**нормальный** normaler Sprung m, Abschiebung f
~/**обратный** widersinnige Verwerfung f
~/**обыкновенный** s. ~/**нормальный**
~/**осевой** s. ~/**вращательный**
~ **оседания** s. ~/**нормальный**
~/**открытый** 1. offener Sprung m, geöffnete Verwerfung f; 2. offener Wasserablaß m
~ **памяти** *(Dat)* Speicherlöschung f
~/**параллельный** Parallelsprung m, Parallelverwerfung f
~/**периферический** s. ~/**краевой**
~ **по падению** s. ~/**поперечный**
~ **по простиранию** s. ~/**продольный**
~/**пологопадающий** flachfallende (flachwinklige) Verwerfung f
~/**поперечный** Querverwerfung f, transversale Verschiebung f

~/**продольный** streichende Verwerfung *f*, Längsverwerfung *f*
~/**простой** einfache Verwerfung *f*
~/**прямой** gerader Sprung *m*
~/**радиальный** Radialverwerfung *f*
~/**разветвляющийся** verzweigte (verästelte) Verwerfung *f*
~ **растяжения** *s.* **разлом растяжения**
~/**секущий** *s.* **сбрососдвиг**
~/**синтетический** *s.* ~/**согласнопадающий**
~ **системы** *(Dat)* Systemrücksetzen *n*
~ **скручивания** Scharnierverwerfung *f*
~/**сложный** *s.* ~/**ступенчатый**
~/**согласнопадающий** gleichfallende (gleichsinnige) Verwerfung *f*, homothetische (synthetische) Abschiebung *f*
~/**ступенчатый** Staffelbruch *m*
~/**шарнирный** Scharnierverwerfung *f*
сбросить *s.* **сбрасывать**
сбрососдвиг *m (Geol)* Horizontalverschiebung *f*, Blattverschiebung *f*, Transversalverschiebung *f*, Seitenverschiebung *f*
сброшюровать *(Typ)* broschieren
сваб *m (Bgb)* Swabkolben *m*, Förderkolben *m (Tiefbohrtechnik)*
свабирование *n (Bgb)* Swabben *n*, Kolben *n*, Pistonieren *n (Tiefbohrtechnik)*
свабировать *(Bgb)* kolben, swabben, pistonieren *(Tiefbohrtechnik)*
сваевыдёргиватель *m (Bw)* Pfahlauszieher *m*
свайка *f (Schiff)* Marlspieker *m*
свайный *(Bw)* Pfahl . . .
сваливание *n (Flg)* Abkippen *n*
~ **на нос** Vornüberkippen *n*
сваливаться 1. *(Flg)* abstürzen; 2. *(Schiff)* zusammenstoßen
свалить на крыло *(Flg)* über den Tragflügel abkippen
~ **на нос** vornüberkippen
свалиться *s.* **сваливаться**
свалка *f* Baggerentladestelle *f*
свалок *m (Text)* Walkfilz *m (Walken von wollenen Tuchen oder Wirkwaren)*
свалять *s.* **валять**
свариваемость *f* Schweißbarkeit *f*
свариваемый schweißbar
сваривание *n s.* **сварка**
сваривать schweißen, verschweißen, zusammenschweißen
~ **внахлёстку** überlappt schweißen
~ **встык** stumpfschweißen
~ **газовой сварки** gasschweißen
~ **точечной сварки** punktschweißen
сварить *s.* **сваривать**
сварка *f* Schweißen *n*, Schweißung *f*; Verschweißen *n*
~/**автовакуумная** Autodiffusionsschweißen *n (Diffusionssonderschweißverfahren)*
~/**автогенная** Autogenschweißen *n*, Gas[schmelz]schweißen *n*
~/**автоматическая** automatisches (selbsttätiges) Schweißen *n*
~/**автоматическая трёхфазная** automatisches Kael-Schweißverfahren *n*
~ **аккумулированной энергией** Impuls-Widerstandsschweißen *n* mittels gespeicherter Energie *(Oberbegriff für Impulsschweißverfahren)*
~/**алюминотермитная** aluminothermisches Schweißen *n (Schienen)*
~/**аргоно-дуговая** Argonarc-Schweißen *n*; Argon-Schutzgas-[Elektrolichtbogen-]Schweißen *n*
~/**атомно-водородная** Arcatom-Schweißen *n*, atomares Lichtbogenschweißen *n*, Langmuir-Verfahren *n*
~/**ацетиленовая (ацетилено-водородная)** Azetylen-Sauerstoff-Schweißen *n*, Gasschweißen *n* mit Azetylen-Sauerstoff-Gemisch
~ **без давления** *s.* ~ **плавлением**
~/**безогарковая** Schweißen *n* ohne Elektrodenreste, Schweißen *n* mit restloser Elektrodenausnutzung
~/**бензиновая (бензино-кислородная, бензокислородная)** Gasschweißen *n* mit Benzin-Sauerstoff-Gemisch
~/**бензоловая** Schweißen *n* mit Benzol-Sauerstoff-Gemisch
~ **в активных газах** Schutzgas-Lichtbogenschweißen *n* in aktiven Gasen *(z. B. CO_2-Schweißen)*
~ **в вакууме/диффузионная** *s.* ~/**диффузионная**
~ **в вертикальном положении** *s.* ~/**вертикальная**
~ **в горизонтальном положении** *s.* ~/**горизонтальная**
~ **в замок/кузнечная** Keilschweißung *f*, Kluppenschweißung *f (Feuerschweißverfahren)*
~ **в защитном газе** Schutzgasschweißen *n*
~ **в защитном газе/электродуговая** Schutzgas-Lichtbogen[schmelz]schweißen *n*
~ **в защитных газах** Schutzgas-Lichtbogenschweißen *n*, Elektrogasschweißen *n*, EG-Schweißen *n*
~ **в инертных газах** Lichtbogen-Inertgasschweißen *n (WIG- bzw. MIG-Schweißen)*
~ **в контролируемой атмосфере/диффузионная** Diffusionsschutzgasschweißen *n (Schutzgase: Wasserstoff, Argon, Helium)*
~ **в лодочку в нижнем положении** Schweißen *n* in Wannenposition
~ **в нижнем положении** *s.* ~/**нижняя**
~ **в паз/кузнечная** Keilschweißung *f*, Kluppenschweißung *f*
~ **в потолочном положении** *s.* ~/**потолочная**

~ **в стык** *s.* ~/**стыковая контактная**
~ **в углекислом газе** Schutzgas(CO_2)-Schweißen *n*, SG(CO_2)-Schweißen *n*
~ **в углекислом газе плавящимся электродом** SG(CO_2)-Schweißen *n* mit abschmelzender Elektrode
~ **в углекислом газе угольным электродом** SG(CO_2)-Schweißen *n* mit Kohleelektrode
~ **в шашку/кузнечная** Schwalbenschwanzschweißung *f* *(Feuerschweißverfahren)*
~ **валиковым швом** Kehlnahtschweißen *n*
~/**вертикальная** Senkrechtschweißen *n*, Schweißen *n* in Vertikalposition
~/**верхняя** *s.* ~/**потолочная**
~ **взрывом** Explosionsschweißen *n*, Ex-Schweißen *n*
~ **внахлёстку** Überlapptschweißen *n*
~/**водородная** Schweißen *n* mit Wasserstoff-Sauerstoff-Gemisch, Schweißen *n* mit Knallgas
~ **водяным газом** Wassergasschweißen *n*
~ **вольфрамовым электродом/азотнодуговая** WIG-Schweißen *n* in Stickstoff-Schutzgasatmosphäre, Nitroarc-Schweißen *n*
~ **вольфрамовым электродом/аргонодуговая** Wolfram-Inertgasschweißen *n*, WIG-Schweißen *n* *(bei Verwendung von Argon als Schutzgas)*, Argonarc-Verfahren *n*, Argonarc-Schweißen *n*
~ **вольфрамовым электродом/гелиеводуговая** WIG-Schweißen *n* mit Helium als Schutzgas, Helioarc-Schweißen *n*
~ **впритык/кузнечная** Hochkantschweißen *n*, „T-Schweißen" *n* *(Feuerschweißverfahren)*
~ **впритык/термитная** Thermitpreßschweißen *n*
~ **вращающейся дугой** *s.* ~/**дугоконтактная**
~ **встык** Stumpfschweißen *n*, Stoßschweißen *n*
~/**высокочастотная** Hochfrequenzschweißen *n*, HF-Schweißen *n*
~ **выступами** *s.* ~/**рельефная**
~ **газами-заменителями** Azetylenäquivalentgasschweißen *n*
~/**газовая (газоплавильная)** Gas[schmelz]schweißen *n*, G-Schweißen *n*, autogenes Schweißen *n*
~/**газопрессовая** Gaswulstschweißen *n*, autogenes Preßschweißen *n*, Gaspreßschweißen *n*
~/**газоэлектрическая** Schutzgas-Lichtbogenschweißen *n*
~/**горизонтальная** Schweißen *n* in Querposition *(bei waagerechtem Schweißen an senkrechter Wand)*
~ **горкой** Metallelektroden-Mehrlagenschweißen *n* mit nach oben zu abnehmender Lagenbreite *(Handschweißen bei gleichzeitiger Ausführung durch zwei Schweißer)*
~/**горновая** Feuerschweißen *n*, Schmiedeschweißen *n*, Hammerschweißen *n*
~ **давлением** Preßschweißen *n*
~ **давлением/термитная** Thermitpreßschweißen *n*
~ **двойным швом/односторонняя** einseitiges Schweißen *n* mit Doppelraupe
~/**двусторонняя** beiderseitiges Schweißen *n*
~/**двусторонняя двухточечная** beiderseitiges Doppelpunktschweißen *n* *(mit oberem beweglichem und unterem festem Elektrodenpaar)*
~/**двусторонняя точечная** beiderseitiges (direktes) Punktschweißen *n*
~/**двухтоковая** Doppellichtbogenschweißen *n*
~/**двухточечная** Doppelpunktschweißen *n*, Zweipunktschweißen *n*
~/**диффузионная** Diffusionsschweißen *n*, Vakuumdiffusionsschweißen *n* *(Preßschweißverfahren in Hochvakuumkammer)*
~/**диффузионно-вакуумная** *s.* ~/**диффузионная**
~/**дуговая** Lichtbogen[schmelz]schweißen *n*, Elektro[schmelz]schweißen *n*
~/**дугоконтактная** Lichtbogenpreßschweißen *n*, LP-Schweißen *n*
~ **заливкой** Gießschweißen *n*
~/**импульсная** Impulsschweißen *n*
~/**импульсная дуговая** Impulslichtbogenschweißen *n*
~/**импульсная контактная** Impulswiderstandsschweißen *n*
~/**импульсная стыковая (ударная)** Schlagschweißen *n*, Perkussionsschweißen *n*, Pe-Schweißen *n*
~ **импульсом выпрямленного тока** Impulswiderstandsschweißen *n* mittels gleichgerichteten Wechselstroms
~/**индукционная** induktives Längsnahtschweißen *n* *(von Rohren)*
~ **каскадом** Kaskadenschweißen *n* *(mehrlagiges Metallelektroden-Handschweißen mit stufenartig sich überdeckenden Lagen)*
~/**кислородная** Gasschweißen *n* *(Gasschmelz- und Gaspreßschweißen)*
~/**кислородно-ацетиленовая** Azetylen-Sauerstoff-Schweißen *n*, autogenes Schweißen *n*, Autogenschweißen *n*
~ **когерентным световым лучом** Laserschweißen *n*
~ **кольцевым швом** Ringnahtschweißen *n*
~/**комбинированная термитная** Thermit-Preß-Schmelzschweißen *n*
~/**конденсаторная** Kondensatorimpulsschweißen *n*, KI-Schweißen *n*

~/контактная Widerstandsschweißen *n*, [elektrisches] Widerstandspreßschweißen *n*
~/контактная ролико-стыковая *s.* **~/шовно-стыковая**
~/контактная точечная *s.* **~/точечная**
~/контактная шовная *s.* **~/шовная**
~/контактная шовно-стыковая *s.* **~/шовно-стыковая**
~ контактным нагревом *(Plast)* Heizelementschweißen *n*, Schweißen *n* durch Berührungswärme, Spiegelschweißung *f*, Preß-Stumpfschweißung *f*
~ косвенного действия/электродуговая Lichtbogenschweißen *n* unter mittelbarer Einwirkung des Lichtbogens
~ круговым швом Ringnahtschweißen *n*
~/кузнечная Feuerschweißen *n*, F-Schweißen *n*, Hammerschweißen *n*
~/лазерная Laserschweißen *n*
~/левая Nach-links-Schweißen *n*, NL-Schweißen *n*
~ лежачим электродом Unterschienenschweißen *n*, US-Schweißen *n*, Elin-Hafergut-Verfahren *n*
~/линейная *s.* **~/шовная**
~/магниевая термитная magnesiothermisches Schweißen *n*
~ металлическим электродом [/дуговая] Metall-Lichtbogenschweißen *n*, Slawjanow-Verfahren *n*
~/металлодуговая *s.* **~ металлическим электродом**
~/механизированная mechanisiertes Schweißen *n*
~/механическая maschinelles Schweißen *n*, Maschinenschweißen *n*
~/многодуговая Mehrfachlichtbogenschweißen *n*
~/многоимпульсная точечная Mehrimpulspunktschweißen *n*
~ многопламенными горелками (наконечниками) Gasschweißen *n* mit Mehrflammenbrenner, Mehrflammenschweißen *n*
~/многопроходная (многослойная) Mehrlagenschweißen *n*, Mehrschichtschweißen *n*
~/многослойная газовая Mehrschichtgasschweißen *n*, Mehrlagengasschweißen *n*
~/многоточечная [контактная] Mehrfachpunktschweißen *n*, Viel[fach]punktschweißen *n* *(gleichzeitiges Schweißen mittels mehrerer Elektroden bzw. Elektrodenpaare)*
~/многоэлектродная Mehrelektrodenschweißen *n*
~ на остающейся стальной подкладке Stumpfnahtschweißen *n* auf verbleibender Stahlunterlage
~ на подъём *automatisches UP-Schweißen in leicht geneigter Normalposition bei Aufwärtsbewegung der Elektrode und steigendem Schmelzbad*
~ на спуск *automatisches UP-Schweißen in leicht geneigter Normalposition bei Abwärtsbewegung der Elektrode und fallendem Schmelzbad*
~ наплавкой Auftragsschweißen *n*
~ наплавлением Auftragsschweißen *n*
~ науглероживающим пламенем Schweißen *n* mit reduzierender Flamme
~ неплавящимся электродом Schweißen *n* mit (mittels) nichtabschmelzender Elektrode
~ неплавящимся электродом/электродуговая Lichtbogenschweißen *n* mit (mittels) nichtschmelzender Elektrode
~/непрерывная Rollennahtschweißen *n*
~/непрерывная роликовая [шовная] Gleichlaufrollennahtschweißen *n*
~ непрерывным оплавлением/стыковая [Widerstands-]Abbrennstumpfschweißen *n* aus dem Kalten
~/нижняя Schweißen *n* in Horizontalposition, horizontales Schweißen *n* *(beim waagerechten Schweißen am liegenden Blech)*
~ обмазанным электродом/электродуговая Lichtbogenschweißen *n* mit umhüllter Elektrode
~/Т-образная senkrechtes Aufschweißen *n* von Teilen geringen Querschnitts im Widerstandspreßverfahren *(Stifte, Bolzen, Tragringe, Rohrstutzen u. dgl.)*
~/обратно-ступенчатая Gegenschrittschweißen *n*, Pilgerschrittschweißen *n*
~/одноимпульсная точечная Einimpulspunktschweißen *n*
~/однопроходная (однослойная) Einlagenschweißen *n*
~/односторонняя einseitiges Schweißen *n*
~/односторонняя двухточечная einseitiges Doppelpunktschweißen *n* *(Schweißen ohne unteres festes Elektrodenpaar auf Kupferunterlage)*
~/односторонняя одноточечная einseitiges Einzelpunktschweißen *n* *(Schweißen ohne untere feste Elektrode auf Kupferelektrode)*
~/односторонняя точечная einseitiges (indirektes) Punktschweißen *n*
~/одноточечная Einzelpunktschweißen *n* *(Schweißen mittels einer Elektrode bzw. eines Elektrodenpaares)*
~ окислительным пламенем Schweißen *n* mit oxydierender Flamme
~ оплавлением Schmelzschweißen *n*
~ оплавлением/газопрессовая Gasabbrennschweißen *n*, autogenes Abschmelzschweißen *n*
~ оплавлением с подогревом/стыковая [Widerstands-]Abbrennstumpfschweißen *n* mit Vorwärmung

~ **оплавлением/стыковая** [Widerstands-] Abbrennstumpfschweißen *n*, WA-Schweißen *n*
~ **открытой дугой** offenes Lichtbogenschweißen *n* *(Benardos- bzw. Slawjanow-Verfahren)*
~ **плавлением** Schmelzschweißen *n*
~ **плавлением/газовая** Gas[schmelz]-schweißen *n*, Autogenschweißen *n*, autogenes Schweißen *n*
~ **плавлением/термитная** Thermit-Gieß-[schmelz]schweißen *n*
~ **плавлением/электрическая** Elektroschmelzschweißen *n*
~ **плавящимся мундштуком [/электрошлаковая]** Elektroschlackeschweißen *n* mit abschmelzender Düse
~ **плавящимся электродом/аргонодуговая** Metall-Inertgasschweißen *n*, MIG-Schweißen *n*
~/**плазменная** Plasmaschweißen *n*
~/**плазменно-дуговая** Plasmalichtbogenschweißen *n*
~ **плазменной струёй** Plasmaschweißen *n*, Pl-Schweißen *n*
~ **пластинчатыми электродами/электрошлаковая** Elektroschlackeschweißen *n* mit Plattenelektroden von großem Querschnitt
~/**пластическая** Preßschweißen *n*
~/**пластическая газопрессовая** *s.* ~/**газопрессовая**
~ **по методу Игнатьева** Preßschweißen *n* nach Ignatjew
~ **по присадке** *Lichtbogenschweißen bei vorher in die Nahtfuge eingelegtem Zusatzwerkstoff*
~ **по ручной подварке** Gegennahtschweißen *n*, Kappnahtschweißen *n*
~ **по способу Бенардоса** *s.* ~/**угольно-дуговая**
~ **по способу Славянова** *s.* ~ **металлическим электродом**
~ **по флюсу** *s.* ~ **полуоткрытой дугой**
~ **погруженной дугой** Metallichtbogen-Tauchschweißen *n*
~ **под слоем гранулированного флюса/автоматическая** automatisches UP-Schweißen *n*
~ **под флюсом** Unterpulverschweißen *n*, UP-Schweißen *n*, verdecktes Schweißen *n*
~/**подводная** Unterwasserschweißen *n*
~ **покрытым армированным электродом/автоматическая дуговая** Netzmantelelektrodenschweißen *n*, Fusarc-Verfahren *n*, Fusarc-Schweißverfahren *n*
~/**полуавтоматическая** teilautomatisches (halbautomatisches) Schweißen *n*
~/**полуавтоматическая подводная** teilautomatisches Unterwasserschweißen *n*
~/**полуавтоматическая трёхфазная** teilautomatisches Kael-Schweißverfahren *n*
~ **полуоткрытой дугой** UP-Schweißen *n* mit teilverdecktem Lichtbogen
~/**полупотолочная** Halbüberkopfschweißen *n*
~/**поперечная роликовая [шовная]** Rollennahtschweißen *n* mit Nahtverlauf quer (senkrecht) zur Elektrodenarmachse
~/**последовательная многоточечная** Programmschweißen *n* *(Vielfachpunktschweißen mit aufeinanderfolgendem Andruck der einzelnen Elektroden)*
~/**последовательная точечная** Reihenpunktschweißen *n*
~/**потолочная** Überkopfschweißen *n*
~/**правая** Nach-rechts-Schweißen *n*, NR-Schweißen *n*
~/**прерывистая роликовая** *s.* ~/**шаровая**
~/**прессовая** Preßschweißen *n* *(bei gleichmäßiger Erwärmung und nachfolgendem Zusammendrücken der Werkstoffteile)*
~ **при нагреве трением** *(Plast)* Reib[ungs]schweißen *n*
~ **прихватками** Heftschweißen *n*
~/**пробочная** Loch[naht]verbindung *f*
~/**продольная роликовая [шовная]** Rollennahtschweißen *n* mit Nahtverlauf parallel zur Elektrodenarmachse
~/**продольно-стыковая** *s.* ~ **по методу Игнатьева**
~ **промежуточным литьём** Thermit-Gieß[schmelz]schweißen *n*
~/**пропан-бутано-кислородная** Gasschweißen *n* mit Propan-Butan-Sauerstoff-Gemisch
~ **прорезным швом в шип** Zapfenschweißen *n*
~ **прямого действия/электродуговая** Lichtbogenschweißen *n* unter unmittelbarer Einwirkung des Lichtbogens
~ **пучком проволок** teilautomatisches UP-Drahtbündelschweißen *n*
~ **пучком электродов** Bündelschweißen *n*, Elektrodenbündelschweißen *n*
~ **пятачками** Gasschmelztropfschweißen *n*
~/**радиочастотная** Hochfrequenzwiderstandsschweißen *n*
~ **расщеплёнными электродами** Mehrelektrodenschweißen *n*
~/**рельефная** Buckelschweißen *n*, Widerstandsbuckelschweißen *n*, WB-Schweißen *n*
~/**роликовая** *s.* ~/**шовная**
~/**ролико-стыковая** *s.* ~/**шовно-стыковая**
~/**ручная** 1. Handschweißen *n*; 2. Elektrolichtbogen-Handschweißen *n*
~ **с аккумулированной энергией** Impulsschweißen *n*
~ **с глубоким проплавлением** Tiefeinbrandschweißen *n*

~ **с голыми электродами/электродуговая** Lichtbogen[schmelz]schweißen *n* mit nichtumhüllten (nackten) Elektroden
~ **с двойной газовой защитой** kombiniertes MIG- und SC(CO_2)-Schweißen *n*
~ **с жидким присадочным металлом** Kohlelichtbogenschweißen *n* mit geschmolzenem Zusatzwerkstoff
~ **с заливкой металла** Durchgießschweißen *n*
~ **с опирающимся электродом** *s.* ~ **с глубоким проплавлением**
~ **с применением газовых теплоносителей** Heißgasschweißen *n*
~ **с трёхфазной дугой** *s.* ~**/трёхфазная**
~ **с угольным электродом** *s.* ~**/угольно-дуговая**
~ **сверху вниз/вертикальная** Schweißen *n* von oben nach unten, f-Schweißen *n* *(Fallnaht)*
~ **светильным газом** Schweißen (Gasschmelzschweißen) *n* mit Leuchtgas-Sauerstoff-Gemisch
~**/световая** Lichtstrahlschweißen *n*
~**/скоростная** Schnellschweißen *n*, Schnellschweißverfahren *n*
~ **снизу вверх/вертикальная** Schweißen *n* von unten nach oben, s-Schweißen *n* *(Steignaht)*
~ **сопротивлением** Widerstandsschweißen *n*, [elektrisches] Widerstandspreßschweißen *n*
~ **сопротивлением/стыковая** Wulststumpfschweißen *n*, Preßstumpfschweißen *n*
~ **спаренными электродами** Handschweißen *n* mittels Metallzwillingselektroden in gemeinsamer Umhüllung
~ **сплавлением** Schmelzschweißen *n*
~**/стыковая [контактная]** Widerstandspreßstumpfschweißen *n*, WP-Schweißen *n*
~**/стыковая холодная** Kaltpreßstumpfschweißen *n*
~**/термитная** aluminothermisches Schweißen *n*, AT-Schweißen *n*, Thermitschweißen *n*
~**/термокомпрессионная** Thermokompressionsschweißen *n*
~ **током высокой частоты** Hochfrequenzschweißen *n*, HF-Schweißen *n*
~ **тонколистовой стали** Dünnblechschweißen *n*
~**/торцовая** *s.* ~**/стыковая [контактная]**
~**/точечная** Punktschweißen *n*, Widerstandspunktschweißen *n*, WP-Schweißen *n*
~**/точечная дуговая** Lichtbogenpunktschweißen *n*
~**/точечная ультразвуковая** Ultraschallpunktschweißen *n*
~**/точечная холодная** Kaltpreßpunktschweißen *n*
~ **трением** Reibschweißen *n*, R-Schweißen *n*
~**/трёхфазная** Kael-Schweißverfahren *n* *(Verfahren nach Kjelberg-Lundin)*
~ **труб** Rohrschweißen *n*, Schweißen *n* von Rohren
~ **углом вперёд** *automatisches Lichtbogenschweißen bei gegen die Schweißrichtung geneigter Elektrode*
~ **углом назад** *automatisches Lichtbogenschweißen bei in Schweißrichtung geneigter Elektrode*
~**/угольно-дуговая** Kohlelichtbogenschweißen *n*, Benardos-Verfahren *n*
~ **угольной дугой** *s.* ~**/угольно-дуговая**
~ **угольным электродом [/дуговая]** *s.* ~**/угольно-дуговая**
~**/ударная конденсаторная** Schlagschweißen *n*, Perkussionsschweißen *n*, Pe-Schweißen *n*
~**/ультразвуковая** Ultraschallschweißen *n*
~ **ультракороткой дугой** *s.* ~ **с глубоким проплавлением**
~**/фотонная** *s.* ~**/световая**
~**/химическая** *Schweißen mittels Wärmeentwicklung durch gasförmige, flüssige oder feste Brennstoffe als Gegensatz zum Elektroschweißen*
~**/холодная [прессовая]** Kaltpreßschweißen *n*, KP-Schweißen *n*
~ **чугуна/горячая** Gußeisenwarmschweißen *n*
~ **чугуна комбинированным пучком электродов [способ Назарова]/холодная** Kaltschweißen *n* von Gußeisen mit kombiniertem Elektrodenbündel nach Nasarow *(die Elektrodenkombination setzt sich aus dickummantelten Stahlelektroden und Nacktelektroden aus Kupfer- und Messingstäben zusammen)*
~ **чугуна/холодная** Gußeisenkaltschweißen *n*
~**/шаговая** Rollennahtschrittschweißen *n*
~**/шланговая** *s.* ~**/полуавтоматическая**
~**/шовная** Rollennahtschweißen *n*, Widerstandsrollennahtschweißen *n*, WR-Schweißen *n*
~**/шовно-стыковая** Längsnahtschweißen *n* von Rohren mittels Rollentransformator
~**/электрическая** Elektroschweißen *n*, elektrisches Schweißen *n* *(Oberbegriff für* ~**/дуговая**; ~**/электрошлаковая**; ~**/электроннолучевая**; ~**/контактная***)*
~**/электрическая дуговая** *s.* ~**/электродуговая**
~**/электрическая контактная** *s.* ~**/контактная**

~ электродами большого сечения *s.* **~ пластинчатыми электродами/электрошлаковая**
~ электродной проволокой/электрошлаковая Elektroschlackeschweißen *n* mit Elektrodendraht
~/электродуговая Lichtbogen[schmelz]-schweißen *n*, Elektro[schmelz]schweißen *n*, elektrisches Schweißen *n*, Elektroschweißen *n*
~ электрозаклёпками Nietschweißen *n*, Lochschweißen *n*
~/электроконтактная *s.* **~/контактная**
~/электромагнитная точечная elektromagnetisches Impuls-Widerstandspunktschweißen *n*
~/электроннолучевая Elektronenstrahlschweißen *n*, Els-Schweißen *n*
~/электростатическая Kondensator-Impulsschweißen *n*
~/электрошлаковая Elektroschlackeschweißen *n*, ES-Schweißen *n*
сварной geschweißt, Schweiß . . .
сварочный Schweiß . . .
свартцит *m (Min)* Swartzit *m*
свая *f (Bw)* Pfahl *m (Pfahlgründung)*
~/анкерная Ankerpfahl *m*
~/береговая Uferpfahl *m*
~/бетонная Betonpfahl *m*
~/бетонная набивная Ortbetonpfahl *m*
~/винтовая Schraubenpfahl *m*, Bohrpfahl *m*
~/висячая schwebender Pfahl *m*, Schwebepfahl *m*, Haftpfahl *m*
~/водомерная *(Hydt)* Wasserspiegelpflock *m*
~/деревянная Holzpfahl *m*
~/дисковая Scheibenpfahl *m*
~/железобетонная Stahlbetonpfahl *m*
~/забивная Rammpfahl *m*
~/камуфлетная Sprengfußpfahl *m*
~/коническая konischer Pfahl *m*
~/коренная Grundjoch *n*
~/круглая Rundpfahl *m*
~/маячная Richt[ungs]pfahl *m*
~/мостовая Jochpfahl *m (Brückenbau)*
~/набивная Ortpfahl *m*
~/наклонная Schrägpfahl *m*
~/полая Hohlpfahl *m*
~/причальная Haltepfahl *m*
~/пробная Versuchspfahl *m*
~/пустотелая Hohlpfahl *m*
~ ростверка Rostpfahl *m*
~/сборная Fertigteilpfahl *m*
~/сжатая Druckpfahl *m*
~/сплошная Massivpfahl *m*
~/шпунтовая [деревянная] Spundbohle *f*
~/шпунтовая стальная Stahlspundbohle *f*
свая-оболочка *f (Bw)* Mantelpfahl *m*
~ с грунтовым ядром verlorenes Vortreibrohr *n (Pfahlgründung)*
свая-стойка *f (Bw)* fester Pfahl *m*, Festpfahl *m*
СВВП *s.* **самолёт вертикального взлёта и посадки**
свежьё *n (Lebm)* Frischprodukt *n* für Konservierung *(Fleisch, Fisch, Gemüse usw.)*
свёкла *f (Lw)* Rübe *f*
~/закагатированная eingemietete Rübe *f*
~/кормовая Futterrübe *f*, Runkelrübe *f*
~/малосахаристая Zuckerrübe *f* mit geringem Zuckergehalt
~/маточная Steckrübe *f*
~/сахарная Zuckerrübe *f*
~/столовая Speiserübe *f*
свекловица *f s.* **свёкла/сахарная**
свекловодство *n (Lw)* Rüben[an]bau *m*
свеклокомбайн *m (Lw)* Rübenvollerntemaschine *f*, Rübenkombine *f*, Köpfrodeschwader *m*, Bunkerköpfroder *m*
~/трёхрядный dreireihige Rübenvollerntemaschine *f*
свеклокопатель *m (Lw)* Rübenroder *m*
свеклопогрузчик *m (Lw)* Rübenschwadlader *m*
свеклоподъёмник *m (Lw)* Rübenroder *m*
свеклорезка *f (Lw)* Rübenschneid[e]maschine *f*, Rübenschneider *m*, Rübenschnitzelmaschine *f*
~/барабанная Trommelrübenschneider *m*
~/горизонтальная Schneid[e]maschine (Schnitzelmaschine) *f* mit waagerechter Schneidscheibe
~/двухконусная Doppelkegelrübenschneider *m*
~/дисковая *s.* **~/горизонтальная**
~/подвесная Schneid[e]maschine (Schnitzelmaschine) *f* hängender Bauart
свеклоуборка *f* Rübenernte *f*
свеклоутомление *n* Rübenmüdigkeit *f (des Bodens)*
сверка *f (Typ)* 1. Revision *f*, Maschinenrevision *f*; 2. Revision *f* der Hauskorrektur
~ перфокарт Lochkartenkontrolle *f*
сверление *n (Fert)* Bohren *n*
~/глухое Bohren *n* von Grundlöchern (Sacklöchern)
~/конусное Kegeligbohren *n*, Konischbohren *n*
~ на координатном расточном станке Lehrenbohren *n*, Bohren *n* auf dem Lehrenbohrwerk
~ по калибрам Lehrenbohren *n*, Bohren *n* nach der Lehre
~ по кондуктору Lehrenbohren *n*, Bohren *n* in der Lehrenbohrvorrichtung
~ по разметке Bohren *n* nach Anriß
~ по шаблону Bohren *n* nach der Schablone
~ под зенкер Vorbohren *n* zum Senken
~ под развёртку Vorbohren *n* zum Reiben

~ под резьбу Vorbohren *n* zum Gewindeschneiden
~/предварительное Vorbohren *n*
~/сквозное Bohren *n* von Durchgangslöchern
сверлить *(Fert)* bohren
~ начисто nachbohren, fertigbohren
сверло *n (Fert)* Bohrer *m*
~/быстрорежущее Bohrer *m* aus Schnellarbeitsstahl
~/витое спиральное gewundener Bohrer *m*
~ двустороннего резания zweilippiger Tiefbohrer *m (für Tiefbohrungen mittleren und großen Durchmessers)*
~/двухступенчатое спиральное Zweistufendrallbohrer *m*, zweifach (doppelt) abgesetzter Drallbohrer *m*
~ для глубоких отверстий/кольцевое Hohlbohrer *m*, Kronenbohrer *m*
~ для глубоких отверстий/спиральное составное Tieflochdrallbohrer *m* mit aufgesetztem Arbeitsteil
~ для отверстия под конический штифт/спиральное Stiftlochbohrer *m*, Kegelstiftbohrer *m*
~ для сверления глубоких отверстий Tief[loch]bohrer *m*
~ для центровых отверстий 60° без предохранительного конуса/комбинированное центровочное Zentrierbohrer *m* für 60°-Zentrierbohrungen ohne Schutzsenkung
~ для центровых отверстий 60° с предохранительным конусом/комбинированное центровочное Zentrierbohrer *m* für 60°-Zentrierbohrungen mit Schutzsenkung
~ для центровых отверстий/спиральное Anbohrer *m*
~ конструкции Жирова/бесперемычное спиральное Shirow-Bohrer *m (Drallbohrer mit Doppelkegelanschliff und ausgeschliffener Querschneide)*
~/ложечковое (ложечное) Löffelbohrer *m (Holzbohrer)*
~/ложечное улиткообразное Schneckenbohrer *m (Holzbohrer)*
~/нулевое Feinstbohrer *m (in der Uhren- und Feinwerktechnik gebräuchliche Drallbohrer in Längen des Arbeitsteils von 1,2 bis 16 mm und mit Durchmessern von 0,1 bis 1 mm, mit normalem oder verdicktem Zylinderschaft)*
~ одностороннего резания einlippiger Tiefbohrer *m (für Tiefbohrungen mittleren Durchmessers)*
~, оснащённое пластинками из твёрдых сплавов hartmetallbestückter Bohrer *m*
~/перовое Spitzbohrer *m*
~ по дереву Holzbohrer *m*
~ по дереву/винтовое (спиральное) Wendelbohrer *m* für Holz
~ по металлу Metallbohrer *m*
~/пушечное Kanonenbohrer *m*, einlippiger Tiefbohrer *m (zum Bohren kleiner, relativ tiefer Löcher)*
~/ружейное Laufbohrer *m*, Spindelbohrer *m (Bohren von Löchern großer Tiefe mit kleinem Durchmesser)*
~ с впаянными трубками для подвода масла Bohren *n* mit eingelöteten Ölröhrchen
~ с двойной заточкой/спиральное Drallbohrer *m* mit Doppelkegelanschnitt
~ с заточкой по методу Жирова Shirow-Bohrer *m (Drallbohrer mit Doppelkegelanschliff und ausgeschliffener Querschneide)*
~ с заточкой по методу Костыря Kostyr-Bohrer *m (Drallbohrer mit Normalanschliff und ausgeschliffener Querschneide)*
~ с зубчатым подрезателем Kunstbohrer *m (Holzbohrer)*
~ с каналами для подвода смазочно-охлаждающей жидкости Bohrer *m* mit Kühlflüssigkeitskanälen (Ölkanälen)
~ с коническим хвостовиком Bohrer *m* mit Kegelschaft
~ с коническим хвостовиком/спиральное Drallbohrer *m* mit Kegelschaft
~ с коническим хвостовиком/удлинённое спиральное Drallbohrer *m* mit verlängertem Arbeitsteil und Kegelschaft
~ с косыми канавками, оснащенное твёрдым сплавом, с цилиндрическим хвостовиком schrägnutiger hartmetallbestückter Bohrer *m* mit Zylinderschaft
~ с круговым подрезателем Universalbohrer *m*, Forstner-Bohrer *m (Holzbohrer)*
~ с левой винтовой канавкой linksdrallnutiger Bohrer *m*
~ с плоской заточкой и выступающим центром/спиральное Drallbohrer *m* mit Flachanschliff und Zentrierspitze
~ с подрезателями/спиральное *s.* **~/центровое шнековое**
~ с правой винтовой канавкой rechtsdrallnutiger Bohrer *m*
~ с прокатанными отверстиями для подвода масла Bohrer *m* mit eingewalzten Ölkanälen
~ с прорезанной поперечной кромкой Bohrer (Drallbohrer) *m* mit ausgeschliffener Querschneide *(Shirow-Bohrer, Kostyr-Bohrer)*
~ с прямыми канавками geradnutiger Bohrer *m*, Rundbohrer *m*, Löffelbohrer *m (Bohren von Kupfer, Messing, Bronze, dünnen Blechen)*

~ **с прямыми канавками и с двойной заточкой** geradnutiger Bohrer *m* mit Doppelkegelanschliff
~ **с прямыми канавками/составное** geradnutiger Bohrer *m* mit aufgesetztem Schneidenteil
~ **с усиленным коническим хвостовиком/укороченное спиральное** Drallbohrer *m* mit verkürztem Arbeitsteil und verstärktem Kegelschaft
~ **с цилиндрическим хвостовиком** Bohrer *m* mit Zylinderschaft
~ **с цилиндрическим хвостовиком/длинное спиральное** langer Drallbohrer *m* mit Zylinderschaft
~ **с цилиндрическим хвостовиком для автоматов/левое спиральное** linksgängiger (linksschneidender) Drallbohrer *m* mit Zylinderschaft für Automaten, Automatenbohrer *m*
~ **с цилиндрическим хвостовиком и с укороченной рабочей частью/спиральное** Drallbohrer *m* mit verkürztem Arbeitsteil und Zylinderschaft
~ **с цилиндрическим хвостовиком/короткое спиральное** kurzer Drallbohrer *m* mit Zylinderschaft
~ **с четырёхгранным суживающимся хвостовиком для трещёток/спиральное** Drallbohrer *m* mit verjüngtem Vierkantschaft, Knarrenbohrer *m*
~ **с четырёхгранным хвостовиком** Bohrer *m* mit Vierkantschaft
~/**сварное** Bohrer *m* in Schweißkonstruktion *(besteht aus mindestens zwei miteinander verschweißten Teilen)*
~/**составное** zusammengesetzter Bohrer *m (besteht aus mindestens zwei mechanisch miteinander verbundenen oder verlöteten Teilen)*
~/**составное кольцевое** Kronenbohrer (Hohlbohrer) *m* mit auf Baustahl geschweißtem Schneidkopf aus Schnellarbeitsstahl
~/**составное перовое** auf eine Bohrstange aufgesetzter plattenförmiger Spitzbohrer *m*
~/**составное ружейное** Laufbohrer (Spindelbohrer) *m* mit aufgesetztem Arbeitsteil
~/**составное спиральное** Drallbohrer *m* mit aufgeschweißtem Arbeitsteil *(aus Schnellarbeitsstahl auf einem Schaft aus Werkzeugstahl)*
~/**составное шпиндельное** Spindelbohrer (Laufbohrer) *m* mit aufgeschraubtem Arbeits- und Schneidteil
~/**спиральное** Drallbohrer *m*
~ **стандартной длины с усиленным коническим хвостовиком/спиральное** Drallbohrer *m* standardisierter Länge mit verstärktem Kegelschaft
~/**ступенчатое спиральное** Stufendrallbohrer *m*, abgesetzter Drallbohrer *m*
~/**твердосплавное** hartmetallbestückter Bohrer *m*
~/**трёхступенчатое спиральное** Dreistufendrallbohrer *m*, dreifach abgesetzter Drallbohrer *m*
~/**углеродистое** Bohrer *m* aus unlegiertem Werkzeugstahl
~/**улиткообразное** Schneckenbohrer *m (Holzbohrer)*
~/**центровое** Zentrumbohrer *m (Holzbohrer)*
~/**центровое скрученное** Universalbohrer *m*, Forstner-Bohrer *m (Holzbohrer)*
~/**центровое червячное** Schlangenbohrer *m* Form Douglas, Douglas-Bohrer *m*
~/**центровое шнековое** Schneckenbohrer *m* Form Irwin, Irwin-Bohrer *m (Holzbohrer)*
~/**центровое штопорное** Schlangenbohrer *m* Form Lewis, Lewis-Bohrer *m (Holzbohrer)*
~/**центровочное** Zentrierbohrer *m*, Anbohrer *m*
~/**черновое** Vorbohrer *m*
~/**шнековое** *s.* ~/**центровое шнековое**
~/**штопорное** *s.* ~/**центровое штопорное**
свернуть *s.* **свёртывать**
свернуться *s.* **свёртываться**
свертка *f (Math)* Faltung *f (Funktionen)*
свёрток *m* 1. Gerinnsel *n*, Koagulat *n*; 2. Rolle *f*, Tüte *f*
свёртываемость *f* Gerinnbarkeit *f*, Koagulierbarkeit *f*
свёртывание *n* 1. Wickeln *n*; Zusammenrollen *n*; 2. *(Ch)* Gerinnen *n*, Gerinnung *f*, Koagulieren *n*, Koagulation *f*; 3. *(Math)* Faltung *f (Funktionen)*; 4. *(Math)* Verjüngung *f*, Kontraktion *f (Tensoren)*; 5. *(Aero)* Aufrollen *n (Wirbel)*
~ **нагреванием** Hitzegerinnung *f*
свёртыватель *m (Wlz)* Aufwickelmaschine *f*
свёртывать 1. zusammenrollen; 2. abbiegen *(Richtung wechseln)*; 3. einstellen *(Betrieb)*
~ **в рулон** aufrollen
~ **молоко** Milch säuern (dicklegen)
свёртываться gerinnen, koagulieren
сверх... über ..., Über ..., hyper ..., Hyper ..., super ..., Super ...
сверхадиабатический *(Meteo)* überadiabatisch
сверхапериодический überaperiodisch
сверхболид *m (Astr)* Überbolid *m*, Riesenmeteorit *m*
сверхбыстродействующий überschnell, ultraschnell, mit [sehr] hoher Geschwindigkeit
сверхбыстрый überschnell, ultraschnell

сверхвосприимчивость *f* Hypersuszeptibilität *f*
сверхвысоковакуумный Ultrahochvakuum ...
сверхвысокочастотный höchstfrequent, Höchstfrequenz ...; ultrahochfrequent, Ultrahochfrequenz ..., UHF- ...
сверхвязкость *f* thermische (Jordansche) Nachwirkung *f*, Fluktuationsnachwirkung *f*
сверхгалактика *f (Astr)* Metagalaxis *f*, Hypergalaxis *f*
сверхгигант *m (Astr)* Überriese *m*, Übergigant *m*, Supergigant *m*, Superriese *m*
сверхдонор *m (Ph)* Superdonator *m*
сверхжёсткий überhart, extrem hart
сверхзвуковой über dem Hörbereich liegend, Ultraschall ..., Überschall ...
сверхкислотность *f (Ch)* stark saurer Charakter *m*, starke Azidität *f*
сверхкислотный *(Ch)* stark sauer
сверхкороткий ultrakurz, Ultrakurz ...
сверхкосмотрон *m (Kern)* Superkosmotron *n*
сверхкритический überkritisch
сверхкрутой übersteil
сверхлинейность *f* Superlinearität *f*
сверхминиатюрный Mikro[miniatur] ..., Subminiatur ...
сверхмолекула *f (Ch)* Übermolekül *n*, Übermolekel *n*, Molekülaggregat *n*
сверхмощный Hochleistungs ...
сверхмультиплет *m (Kern)* Supermultiplett *n*, Hypermultiplett *n*
сверхмягкий extrem weich
сверхнизкий extrem niedrig
сверхновая *f (Astr)* Supernova *f*
сверхпластичность *f* Superelastizität *f*
сверхпроводимость *f* Supraleitung *f*, Supraleitfähigkeit *f*
сверхпроводник *m* Supraleiter *m*, supraleitender Stoff *m*
сверхпроводящий supraleitend, Supraleit[ungs] ...
сверхпротон *m (Kern)* Superproton *n*
сверхрегенератор *m (Rf)* Superregenerativempfänger *m*, Pendel[rückkopplungs]empfänger *m*, Pendelfrequenzempfänger *m*
сверхрегенерация *f* Superregeneration *f*, Pendelrückkopplung *f*
сверхрешётка *f s.* **сверхструктура**
сверхсенсибилизация *f s.* **гиперсенсибилизация**
сверхсинхронный übersynchron
сверхскоростной überschnell, ultraschnell
сверхскорость *f* Übergeschwindigkeit *f*
сверхсметный über den Kostenanschlag hinaus (hinausgehend), Mehr ... *(gegenüber dem Kostenanschlag)*
сверхсоприкосновение *n* **[кривых]** *(Math)* Überoskulation *f*
сверхструктура *f (Krist)* Überstruktur *f*, Überstrukturbildung *f*, Überstrukturgitter *n (Mischkristalle)*
сверхсупертанкер *m* Großtanker *m*
сверхтвёрдость *f* Überhärte *f*, Superhärte *f*
сверхтвёрдый überhart, superhart
сверхтекучесть *f* Suprafluidität *f*, suprafluider (supraflüssiger) Zustand *m*; Hyperfluidität *f*
сверхток *m (El)* Über[schuß]strom *m*
сверхтонкий hyperfein, Hyperfein ..., Feinst ...
сверхтяжёлый überschwer
сверхурочный Überstunden ...
сверхустойчивость *f* Überstabilität *f*, Ultrastabilität *f*
сверхцентрифуга *f* Superzentrifuge *f*
~/**разделяющая трубчатая** Rohrdismulgierzentrifuge *f*
~/**тарельчатая** Tellerzentrifuge *f*, Tellerschleuder *f*
~/**трубчатая** Röhrenzentrifuge *f*
сверхчистый *(Ch)* hochrein, Reinst ...
сверхчувствительность *f* Überempfindlichkeit *f*
сверхэлектропроводность *f s.* **сверхпроводимость**
свес *m* 1. Überhang *m*; 2. *(Schiff)* Überhang *m*, Gillung *f*
~ **крыши** *(Bw)* Traufe *f*
свет *m (Opt)* Licht *n*
~/**белый** Weißlicht *n*, weißes Licht *n*
~/**ближний** *(Kfz)* Abblendlicht *n*
~/**боковой** Seitenlicht *n*
~/**видимый** sichtbares Licht *n*
~/**вполне поляризованный** vollständig polarisiertes Licht *n*
~/**габаритный** *(Kfz)* Seitenlicht *n*, Begrenzungslicht *n*
~/**дальний** *(Kfz)* Fernlicht *n*
~/**диффузный** *s.* ~/**рассеянный**
~/**дневной** Tageslicht *n*
~/**естественный** natürliches (unpolarisiertes) Licht *n*
~/**задний** *(Kfz)* Rücklicht *n*, Schlußlicht *n*, Schlußleuchte *f*
~/**заливающий** Flutlicht *n*
~/**инфракрасный** infrarotes (ultrarotes) Licht *n*, Infrarot *n*
~/**искусственный** künstliches Licht *n*
~/**кварцевый** *(El)* Quarzlicht *n*
~/**когерентный** kohärentes Licht *n*
~/**комбинированный** Mischlicht *n*
~ **линейно поляризованный** linear polarisiertes Licht *n*
~/**люминесцентный** Lumineszenzlicht *n*
~/**мигающий** *(Kfz)* Blinklicht *n*
~/**монохроматический** monochromatisches (einfarbiges) Licht *n*
~/**мягкий** weiches Licht *n*
~ **накаливания** Glühlicht *n*

~ накачки [лазера] Pumplicht *n* *(Laser)*
~/направленный gerichtetes Licht *n*
~/некогерентный inkohärentes Licht *n*
~/неполяризованный *s.* **~/естественный**
~/опознавательный Kennlicht *n*
~/отражённый 1. *(Opt)* reflektiertes (indirektes) Licht *n*; 2. Auflicht *n* *(Mikroskopie)*
~/падающий einfallendes (auffallendes) Licht *n*
~/пепельный *(Astr)* aschgraues Licht *n* *(Mond)*
~/плоскополяризованный *s.* **~/линейно поляризованный**
~ подкачки *s.* **~ накачки [лазера]**
~/поляризованный polarisiertes Licht *n*
~/поляризованный по кругу *s.* **~/циркулярно поляризованный**
~/посторонний Fremdlicht *n*, Fehllicht *n*
~/поступающий einfallendes Licht *n*
~/пропущенный durchgelassenes Licht *n*
~/проходящий Durchlicht *n* *(Mikroskopie)*
~/прямой direktes Licht *n*
~/рассеянный gestreutes (diffuses) Licht *n*, Streulicht *n*
~/смешанный Mischlicht *n*
~/солнечный Sonnenlicht *n*
~/стандартный ахроматический weißes Licht *n* *(im farbmetrisch vereinbarten Sinn)*
~/стояночный *(Kfz)* Parklicht *n*, Standlicht *n*
~/ультрафиолетовый ultraviolettes Licht *n*, UV-Licht *n*
~/циркулярно поляризованный zirkular polarisiertes Licht *n*
~/частично поляризованный teilweise polarisiertes Licht *n*
~ шахтёра *(Schiff)* „Bergmannslicht" *n*
~/эллиптически поляризованный elliptisch polarisiertes Licht *n*
света *pl*/**высокие** *(Typ)* Hochlichter *pl*
светило *n*/**небесное** *(Astr)* Himmelskörper *m*, Gestirn *n*
светильник *m* 1. Leuchter *m*, Handleuchter *m*; 2. *(El)* Leuchte *f*, Beleuchtungskörper *m*
~ аварийного освещения Notleuchte *f*
~/взрывозащищённый explosionsgeschützte Leuchte *f*
~/висячий Hängeleuchte *f*
~/встроенный integrierte Leuchte *f*
~ глубокого светораспределения Tiefstrahler *m*
~/зеркальный Spiegelleuchte *f*
~/каплезащищённый tropfwassergeschützte Leuchte *f*
~/круговой сигнальный *(Schiff)* Rundumleuchte *f* *(zentrale Signaleinrichtung)*
~/маскировочный Luftschutzleuchte *f*
~ местного освещения Platzleuchte *f*
~/многоламповый Mehrfachleuchte *f*, Mehrflammenleuchte *f*
~/надкоечный *(Schiff)* Kojenleuchte *f*
~/напольный Ständerleuchte *f*
~/настенный Wandleuchte *f*
~/настольный Tischleuchte *f*
~/несимметричный asymmetrische Leuchte *f*
~/операционный Operationsleuchte *f*
~ отражённого света Indirektleuchte *f*, indirekte Leuchte *f*
~/подвесной Hängeleuchte *f*
~/потолочный Deckenleuchte *f*
~ прямого света Direktleuchte *f*
~ равномерного светораспределения Gleichförmigleuchte *f*
~/рудничный *(Bgb)* Grubenleuchte *f*, Grubenlampe *f*, Geleucht *n*
~/ручной Handleuchte *f*
~/салинговый *(Schiff)* Salingleuchte *f*
~/симметричный symmetrische Leuchte *f*
~/универсальный Universalleuchte *f*
~ широкого светораспределения Breitstrahler *m*
светимость *f* *(Fotom)* spezifische Lichtausstrahlung *f*
~ звёзд Leuchtkraft *f* der Sterne
~/энергетическая spezifische Ausstrahlung *f* *(Strahlungsgröße)*
светлотянутый blankgezogen *(Draht)*
светлый hell; *(Typ)* mager, flau
светность *f* *s.* **светимость**
светобумага *f*/**самотонирующаяся** selbsttonendes Fotopapier *n*
световод *m* Lichtleiter *m*
~/одножильный einfacher Lichtleiter *m*
световозвращатель *m* Reflexreflektor *m*, Rückstrahler *m*
световой Licht..., Leucht...
световолокно *n* Lichtleitfaser *f*
световыход *m* Lichtausbeute *f*
светодальномер *m* lichtoptischer Entfernungsmesser *m*
светодиод *m* *(Eln)* Lumineszenzdiode *f*, Lichtemissionsdiode *f*, LED
~/инжекционный Injektionslumineszenzdiode *f*
светозащита *f* Lichtschutz *m*
светозащищённый lichtgeschützt
светоизлучатель *m* Lichtquelle *f*
светоизлучение *n* Lichtausstrahlung *f*, Lichtemission *f*
светоизмерительный Lichtmeß..., fotometrisch
светоиспускание *n* *s.* **светоизлучение**
светокопирование *n* Lichtpausverfahren *n*
светокопия *f* Lichtpause *f*
светомаскировка *f* *(Mil)* Lichttarnung *f*, Abblenden *n*; Verdunkelung *f*
светомасса *f* Leuchtstoff *m*
светомаяк *m* *(Flg)* Leuchtfeuer *n*
~/аэродромный Flughafenleuchtfeuer *n*

~/**аэронавигационный** Luftfahrtleuchtfeuer *n*
~/**кодовый** Kodeleuchtfeuer *n*
~/**оградительный** Gefahrenfeuer *n*
светометрия *f s.* **фотометрия**
свето-микросекунда *f* Lichtmikrosekunde *f*
светомузыка *f* Lichtmusik *f*
светонепроницаемость *f* Lichtundurchlässigkeit *f*, Lichtdichtheit *f*
светонепроницаемый lichtundurchlässig, lichtdicht
светооптический lichtoptisch
светоотдача *f* Lichtausbeute *f*, Lichtabgabe *f (eines Leuchtschirms)*
светоотрицательный lichtelektrisch negativ
светоощущение *n* Lichtempfindung *f*, Lichtsinn *m*
светопередача *f* Licht[fort]leitung *f*
светопоглощение *n* Lichtabsorption *f*
светоположительный lichtelektrisch positiv, lichtpositiv
светопотеря *f* Lichtverlust *m*
светопреломление *n* Lichtbrechung *f*
светоприёмник *m* Lichtempfänger *m*, Fotoempfänger *m*
светопровод *m* Lichtleiter *m*
светопроницаемость *f* Transparenz *f*
светопрочность *f* Lichtechtheit *f*
светораспад *m* Abbau *m* durch Licht, Lichtabbau *m*
светораспределение *n* Licht[strom]verteilung *f*
~/**отражённое** indirekte Lichtverteilung *f*
~/**прямое** direkte Lichtverteilung *f*
~/**равномерное** gleichförmige Lichtverteilung *f*
светорассеяние *n* Streuung (Zerstreuung) *f* des Lichtes
светосенсибилизатор *m* Lichtsensibilisator *m*, Fotosensibilisator *m*
светосила *f (Opt, Foto)* Lichtstärke *f*
~/**эффективная** effektive Lichtstärke *f*
светосильный lichtstark
светосостав *m* Leuchtstoff *m*, Luminophor *m*
светостарение *n* Lichtalterung *f*, Alterung *f* durch Licht
светостойкость *f* Lichtbeständigkeit *f*
светостол *m* Lichttisch *m*, Leuchttisch *m*
светосхема *f* **[путей]** *(Eb)* Leuchtbild *n*, Streckenleuchtbild *n*
светотермостойкий licht- und wärmebeständig
светотехника *f* Lichttechnik *f (Erzeugung und Anwendung von Licht)*; Leuchttechnik *f (Entwicklung und Bau von Lichtquellen)*
светотехнический lichttechnisch
светотравление *n (Geol)* Lichtbeizung *f*, Lichtbeizverfahren *n*
светофильтр *m (Opt, Foto)* Lichtfilter *n*, optisches Filter *n*; Farbfilter *n*
~/**абсорбционный** Absorptionsfilter *n*
~/**аддитивный** additives Filter *n*
~/**выделяющий** subtraktives Filter *n*, Auszugsfilter *n*
~/**герапатитовый поляризационный** Herapathit-Polarisationsfilter *n*
~/**голубой** Blaugrünfilter *n*
~/**дисперсионный** Dispersions[licht]filter
~ **для видимой области спектра/абсорбционный** Absorptionsfilter *n* für den sichtbaren Spektralbereich
~ **для видимой области спектра/дисперсионный** Dispersionsfilter *n* für den sichtbaren Spektralbereich
~ **для инфракрасной области спектра/дисперсионный** Dispersionsfilter *n* für den infraroten Spektralbereich
~ **для ультрафиолетовой области спектра/абсорбционный** Absorptionsfilter *n* für den ultravioletten Spektralbereich
~ **для ультрафиолетовой области спектра/дисперсионный** Dispersionsfilter *n* für den ultravioletten Spektralbereich
~ **дневного света** Tageslichtfilter *n*
~/**желатиновый** Gelatinefilter *n*
~/**жёлто-зелёный** Gelbgrünfilter *n*
~/**жёлтый** Gelbfilter *n*
~/**жидкостный** Flüssigkeitsfilter *n*
~, **задерживающий ультрафиолетовые лучи** Ultraviolettfilter *n*, UV-Filter *n*
~/**защитный** Schutzfilter *n*, Dunkelkammerfilter *n*
~/**зелёный** Grünfilter *n*
~/**интерференционно-поляризационный** Polarisationsinterferenzfilter *n*, Lyot-Filter *n*
~/**интерференционный** Reflexionsfilter *n*, Interferenzfilter *n*
~/**инфракрасный** Ultrarotfilter *n*, UR-Filter *n*
~/**компенсационный** Kompensationsfilter *n*, Ausgleichfilter *n*
~/**копировальный** Kopierfilter *n*
~/**корректирующий** Korrekturfilter *n*, Farbenkorrekturfilter *n*
~/**красный** Rotfilter *n*
~/**лабораторный** *s.* ~/**защитный**
~ **Лио** Lyot-Filter *n*, Polarisationsinterferenzfilter *n*
~/**мозаичный** Mosaikfilter *n*
~/**монохроматический** monochromatisches (einfarbiges) Filter *n*, Monochromatfilter *n*
~/**наружный** Vorsatzfilter *n*
~/**нейтрально-серый** Graufilter *n*
~/**нейтральный** Neutralfilter *n*, Graufilter *n*
~/**одноцветный** *s.* ~/**монохроматический**
~/**оранжевый** Orangefilter *n*

~/**ослабляющий** Graufilter *n*
~/**оттенённый** Verlauffilter *n*
~/**плотно-жёлтый** dunkles Gelbfilter *n*
~/**поглощающий** Absorptionsfilter *n*
~/**поливинильный поляризационный** Polyvinyl-Polarisationsfilter *n*
~/**поляризационно-интерференционный** Polarisationsinterferenzfilter *n*, Lyot-Filter *n*
~/**поляризационный** Polarisationsfilter *n*, Filterpolarisator *m*, Polaroid *n*
~/**пурпурный** Purpurfilter *n*
~/**светло-жёлтый** Hellgelbfilter *n*
~/**селективный** Selektionsfilter *n*
~/**синий** Blaufilter *n*
~/**солнечный** Sonnenfilter *n*
~ **средней плотности/жёлтый** Mittelgelbfilter *n*
~/**стеклянный** Glasfilter *n*
~/**субтрактивный** subtraktives Filter *n*, Auszugsfilter *n*
~/**съёмочный** Aufnahmefilter *n*
~/**тёмно-зелёный** dunkles Grünfilter *n*
~/**тёмно-красный** Dunkelrotfilter *n*
~/**ультрафиолетовый** Ultraviolettfilter *n*, UV-Filter *n*
~/**фотолабораторный** Dunkelkammerschutzfilter *n*
~/**цветной** Farbfilter *n*
~/**цветной корректирующий** Antifarbstichfilter *n*, Farbenkorrekturfilter *n*
светофор *m* 1. *(Eb)* Lichtsignal *n*; 2. *s.* **~/уличный**
~/**входной** Einfahr[licht]signal *n*
~/**выходной** Ausfahr[licht]signal *n*
~/**головной горочный** Abdrück[licht]-signal *n (am Scheitel des Ablaufberges)*
~/**горочный** Ablauf[licht]signal *n*
~/**двузначный** zweibegriffiges Signal *n*
~/**двухсекционный (двухточечный) уличный** Zweilicht-[Verkehrs-]Signalanlage *f (mit Rot- und Grünlicht)*
~/**карликовый** Zwergsignal *n*
~/**консольный** Auslegerlichtsignal *n*
~/**линзовый** Farblinsenlichtsignal *n*
~/**локомотивный** Führerstandsignal *n*
~/**маневровый** Rangier[licht]signal *n*
~/**маршрутный** Wegesignal *n*
~/**мачтовый** Lichtsignal *n* auf Mast, Mastsignal *n*
~/**мостиковый** Brücken-Lichtsignal *n*
~/**основной** Lichthauptsignal *n*
~/**остановочно-разрешительный** permissives Haltsignal *n*
~/**перегонный** Streckensignal *n*
~/**переездный** Blinklichtsignal *n*, Haltlichtsignal *n (Warnzeichen an Wegübergängen)*
~/**подвесной уличный** Verkehrsampel *f*, Signalampel *f (Straßenverkehr)*
~/**предупредительный** Lichtvorsignal *n*
~/**прикрывающий** Deckungssignal *n*
~ **продвижения** Nachrück[licht]signal *n*
~/**прожекторный** Blendensignal *n*
~/**проходной** Zwischen[licht]signal *n*
~/**рефлекторно-линзовый** *s.* **~/прожекторный**
~/**трёхзначный** dreibegriffiges Signal *n*
~/**трёхсекционный (трёхточечный)** Dreilicht-[Verkehrs-]Signalanlage *f (mit Rot-, Gelb- und Grünlicht)*
~/**уличный** [Verkehrs-]Lichtsignalanlage *f (Straßenverkehr)*
~/**условно-разрешительный** bedingt permissives Lichtsignal *n* für Durchfahrt bei verminderter Geschwindigkeit
~/**четырёхсекционный (четырёхточечный) уличный** Vierlicht-[Verkehrs-]Signalanlage *f (mit Rot- und Gelblicht und zwei Grünlichtern für das Doppelsignal „Geradeaus und Linksabbieger frei")*
светочувствительность *f* Lichtempfindlichkeit *f*
~ **бромистого серебра/дополнительная** gesteigerte (erhöhte) Lichtempfindlichkeit *f* des Silberbromids *(im Spektralbereich außerhalb der Eigenempfindlichkeit)*
~ **бромистого серебра/собственная** Eigenempfindlichkeit *f* des Silberbromids *(Farbempfindlichkeit des von chemischen und optischen Sensibilisatoren freien Silberbromids im Spektralbereich von Ultraviolett bis Grün)*
~/**естественная спектральная** natürliche Farbempfindlichkeit *f (Violett-, Blau- und Blaugrünempfindlichkeit unsensibilisierter Halogen-Aufnahmematerialien)*
~ **к жёлтой зоне спектра** Gelbempfindlichkeit *f*
~ **к зелёной зоне спектра** Grünempfindlichkeit *f*
~ **к синей зоне спектра** Blauempfindlichkeit *f*
~ **несенсибилизированного фотоматериала** Lichtempfindlichkeit *f* des unsensibilisierten Aufnahmematerials
~/**общая** Allgemeinempfindlichkeit *f*
~ **сенсибилизированного фотоматериала** Lichtempfindlichkeit *f* des sensibilisierten Aufnahmematerials
~/**спектральная** Farbempfindlichkeit *f*
~/**фотографическая** Lichtempfindlichkeit *f* fotografischer Schichten
~/**эффективная** effektive Lichtempfindlichkeit *f*
светочувствительный lichtempfindlich
светящийся leuchtend, Leucht...
свеча *f* 1. Kerze *f*; 2. *(Fotom)* Candela *f*, cd *(Einheit der Lichtstärke)*
~/**буровая** Gestängezug *m (Bohrgerät)*
~/**дымовая** *(Mil)* Nebelkerze *f*, Rauchkerze *f*

~/объячеивающая Kiemennetz *n* *(Sammelbegriff für Stell- und Treibnetze)*
~ оповощения Benachrichtigungsnetz *n*
~/опорная геодезическая *(Geod)* Festpunktnetz *n*
~ опорных точек Punktnetz *n*, Punktgitter *n*
~/оросительная Berieselungsnetz *n*, Bewässerungsnetz *n*
~/осветительная Licht[leitungs]netz *n*
~/осушительная *(Lw)* Entwässerungsnetz *n*
~/отопительная Heizungsnetz *n*
~/параллельная канализационная Längsentwässerungsnetz *n*
~ первичного обслуживания Netz *n* der Versorgungseinrichtungen des täglichen Bedarfs
~ передачи данных *(Dat)* Datenübertragungsnetz *n*
~ переменного тока Wechselstromnetz *n*
~ переменного тока/осветительная Wechselstromlichtnetz *n*
~/питательная (питающая) Versorgungsnetz *n*, [ein]speisendes Netz *n*, Speiseleitungsnetz *n*
~/плавная Floßgarn *n*, Treibnetz *n* *(Flußfischerei, Küstenfischerei)*
~/полигонометрическая *(Geod)* Polygonnetz *n*
~/предохранительная Schutznetz *n*
~ проводного [радио]вещания [/трансляционная] Drahtfunknetz *n*
~ проводов Leitungsnetz *n*
~/промышленная Industrienetz *n*
~/противолодочная *(Mar)* U-Boot-Abwehrnetz *n*
~/противоторпедная *(Mar)* Torpedoschutznetz *n*
~ путей сообщения Verkehrsnetz *n*
~/радиальная Radialnetz *n*, Strahlennetz *n*
~/радиотрансляционная Rundfunkleitungsnetz *n*; Drahtfunknetz *n*
~/районная Überlandnetz *n*
~/распределительная Verteilungsnetz *n*, Verteilernetz *n* *(allgemeiner Sammelbegriff für die Verteilung von Elektroenergie, Gas, Wasser, Dampf)*
~/речная *(Hydrol)* Flußnetz *n*
~/рыболовная Fischnetz *n* *(Sammelbegriff)*
~ связи Nachrichtennetz *n*, Fernmeldenetz *n*
~/сервисная Kundendienstnetz *n*
~/силовая Kraft[strom]netz *n*
~ сильного тока Starkstromnetz *n*
~/сложнозамкнутая *(El)* vermaschtes (mehrfach geschlossenes) Netz *n*
~ среднего давления/газовая Mitteldruckverteilungsnetz *n*, MD-Verteilungsnetz *n*
~/ставная Stellnetz *n*, Setzgarn *n* *(Küstenfischerei)*
~/телевизионная [радиотрансляционная] Fernsehnetz *n*
~/телевизионная ретрансляционная Fernsehzubringernetz *n*
~/телетайпная Fernschreibnetz *n*
~/телефонная Fernsprechnetz *n*, Telefonnetz *n*
~/тепловая Wärmeträgernetz *n* *(zentrale Versorgung mit Warmwasser und Dampf)*
~ точек Punktnetz *n*, Punktgitter *n*
~/траловая Schleppnetz *n*, Trawl *n* *(Fischereitechnik)*
~/транспортная Verkehrsnetz *n*
~/трёхфазная Dreiphasennetz *n*, Drehstromnetz *n*
~/трёхфазная трёхпроводная Dreileiter-Drehstromnetz *n*
~/триангуляционная *(Geod)* Triangulationsnetz *n*
~/электрическая elektrisches Netz (Versorgungsnetz *n*, Elektrizitäts[versorgungs]netz *n*, Elektroenergie[versorgungs]netz *n*, Stromnetz *n*
~/электросветильная *s.* **~/осветительная**
сечение *n* 1. Schnitt *m*, Durchschnitt *m*, Querschnitt *m*; Profil *n*; 2. *(Kern)* Wirkungsquerschnitt *m*
~ активации *(Kern)* Aktivierungsquerschnitt *m*
~ аннигиляции *(Kern)* Vernichtungsquerschnitt *m*
~ балки/опасное *(Fest)* gefährdeter Querschnitt *m*
~ в проходке *(Bgb)* Ausbruchsquerschnitt *m*
~ в свету lichter Querschnitt *m*
~/вертикальное 1. senkrechter Schnitt *m*, Vertikalschnitt *m*; 2. *(Bgb)* Seigerschnitt *m*
~ возбуждения *(Kern)* Anregungsquerschnitt *m*
~ воздуходувного сопла Winddüsenquerschnitt *m*, Blasquerschnitt *m*
~/впускное Einlaßquerschnitt *m*, Einströmquerschnitt *m* *(Verbrennungsmotor)*
~/входное *(Wmt)* Eintrittsquerschnitt *m*
~ вчерне *(Bgb)* Ausbruchsquerschnitt *m*
~ выведения [нейтронов из пучка] *(Kern)* removal-Querschnitt *m*, Removalquerschnitt *m*, Ausscheidquerschnitt *m*
~/выпускное Auslaßquerschnitt *m* *(Verbrennungsmotor)*
~/выходное поперечное Ausflußquerschnitt *m*
~/геодезическое коническое geodätischer Kegelschnitt *m*

~/**главное коническое** *(Math)* Hauptkegelschnitt *m*
~ **горизонталей** *(Geod)* Abstand *m* der Höhenlinien untereinander
~/**двутавровое** I-förmiger Querschnitt *m*, Doppel-T-Querschnitt *m*, Doppel-T-Profil *n* *(Träger)*
~ **дезактивации** *(Kern)* Entaktivierungsquerschnitt *m*, Desaktivierungsquerschnitt *m*
~ **деления** *(Kern)* Spaltquerschnitt *m*, Kernspaltungsquerschnitt *m*, Spalt[ungs]wirkungsquerschnitt *m*
~ **деления быстрыми нейтронами** Spaltungsquerschnitt *m* für schnelle Neutronen
~ **деления тепловыми нейтронами** Spaltquerschnitt *m* für thermische Neutronen
~/**дифференциальное** *(Kern)* differentieller Wirkungsquerschnitt *m*, Differential[wirkungs]querschnitt *m*
~/**дифференциальное спектральное эффективное** *(Kern)* differentieller spektraler Wirkungsquerschnitt *m*
~/**дифференциальное эффективное** *(Kern)* differentieller Wirkungsquerschnitt *m*
~ **диффузии** *(Ph)* Diffusionsquerschnittsfläche *f*
~/**дросселирующее** Drosselquerschnitt *m*
~/**живое** Durchgangsquerschnitt *m*, freier Querschnitt *m*, Abflußquerschnitt *m*
~ **замедления** *(Kern)* Brems[wirkungs]querschnitt *m*
~ **захвата** 1. *(Kern)* Einfangquerschnitt *m*; 2. *(Eln)* Haftungsquerschnitt *m*, Haftungswirkungsquerschnitt *m* *(Halbleiter)*
~ **захвата нейтронов** Neutroneneinfangquerschnitt *m*
~ **захвата, приводящего к делению** Spalteinfangquerschnitt *m*
~ **захвата тепловыделяющих нейтронов** Einfangquerschnitt *m* für thermische Neutronen
~/**золотое** *(Math)* goldener Schnitt *m*, stetige Teilung *f*
~/**изотопное** *(Kern)* isotoper Querschnitt *m*
~/**интегральное эффективное** *(Kern)* integraler Wirkungsquerschnitt *m*
~ **ионизации** *(Kern)* Ionisierungsquerschnitt *m*
~/**исходное поперечное** *(Wlz)* Ausgangsquerschnitt *m*, Anstichquerschnitt *m*, Ansteckquerschnitt *m*, Bezugsquerschnitt *m*
~ **калибра/поперечное** *(Wlz)* Kaliberquerschnitt *m*
~/**квадратное** quadratischer Querschnitt *m*
~ **когерентного рассеяния** *(Kern)* kohärenter Streuquerschnitt *m*
~ **колосниковой решётки/живое** freie Rostfläche *f* *(Feuerungstechnik)*
~ **комптоновского рассеяния** *(Kern)* Compton-Streuquerschnitt *m*
~/**конечное поперечное** *(Wlz)* Endquerschnitt *m*, Auslaufquerschnitt *m*
~/**коническое** *(Math)* Kegelschnitt *m*
~/**коробчатое** *(Bw)* zweiwandiger Querschnitt *m*, Kastenquerschnitt *m* *(Kastenträger)*
~ **корпуса/расчётное** *(Schiff)* tragender Querschnitt *m* des Schiffskörpers
~/**круглое** runder Querschnitt *m*
~ **луча [/поперечное]** Strahlquerschnitt *m*
~/**макроскопическое** *(Kern)* makroskopischer Wirkungsquerschnitt *m*
~/**меридиональное** *(Opt)* Meridionalschnitt *m*
~/**миделевое** *(Schiff)* Hauptspantquerschnitt *m*
~/**микроскопическое** *(Kern)* mikroskopischer Wirkungsquerschnitt *m*
~/**начальное** *(Wlz)* Ausgangsquerschnitt *m*, Anstichquerschnitt *m*
~/**нейтронное** *(Kern)* Neutronen[wirkungs]querschnitt *m*
~ **некогерентного рассеяния** *(Kern)* inkohärenter Streuquerschnitt *m*
~ **неупругого рассеяния** *(Kern)* unelastischer Streuquerschnitt *m*
~/**номинальное** Nennquerschnitt *m*
~/**нормальное** Normalschnitt *m*
~ **обмотки/поперечное** Wicklungsquerschnitt *m*
~ **образования** *(Kern)* Wirkungsquerschnitt *m* der Bildung (Erzeugung)
~ **образования пар** Paarbildungsquerschnitt *m*
~ **образования составного ядра** Compoundkern-Bildungsquerschnitt *m*
~ **образца** *(Wkst)* Probe[n]querschnitt *m*, Probestabquerschnitt *m*
~/**общее** *s.* ~/**полное**
~/**окончательное** *(Wlz)* Endquerschnitt *m*, Auslaufquerschnitt *m*
~/**опасное** *(Fest)* gefährdeter Querschnitt *m*
~/**осевое** axialer Querschnitt *m*
~ **ослабления** *(Fest)* Schwächungs[wirkungs]querschnitt *m*
~/**парциальное** *(Kern)* partieller Wirkungsquerschnitt *m*, Partialquerschnitt *m*
~ **передачи** Übertragungsquerschnitt *m*
~ **перезарядки** Umladungs[wirkungs]querschnitt *m*
~/**переменное** veränderlicher (abgestufter) Querschnitt *m*
~ **переноса нейтронов** *(Kern)* Neutronentransport[wirkungs]querschnitt *m*

~ **по высоте наплавки** *(Schw)* Kehlquerschnitt *m*
~ **поглощения** *(Kern)* Absorptionsquerschnitt *m*
~ **поглощения нейтронов** Neutronenabsorptions[wirkungs]querschnitt *m*
~ **поглощения рентгеновских лучей** Röntgenabsorptionsquerschnitt *m*
~/**полезное** Nutzquerschnitt *m*
~/**полное** *(Kern)* totaler Wirkungsquerschnitt *m*, Gesamtwirkungsquerschnitt *m*
~/**поперечное** Querschnitt *m*; Profil *n*
~/**постоянное** unveränderlicher (gleichbleibender) Querschnitt *m*
~ **потока/живое** *(Hydrol)* Strömungsquerschnitt *m*
~ **провода/поперечное** *(El)* Leitungsquerschnitt *m*
~/**продольное** Längsschnitt *m*
~ **пропускания** *(Kern)* Transmissionsquerschnitt *m*
~ **протон-протонного взаимодействия** *(Kern)* Proton-Proton-Wechselwirkungsquerschnitt *m*
~ **профиля** Profilschnitt *m*
~/**проходное** Durchgangsquerschnitt *m*
~ **пучка/поперечное** Strahlquerschnitt *m*
~/**рабочее** wirksamer Querschnitt *m*
~ **равного сопротивления** Querschnitt *m* gleichen Widerstands
~ **равного сопротивления изгибу** Querschnitt *m* gleicher Biegefestigkeit
~/**радиальное** Radialschnitt *m*
~ **радиационного захвата** *(Kern)* Strahlungseinfangquerschnitt *m*
~ **рассеяния** *(Kern)* Streuquerschnitt *m*
~ **рассеяния/дифференциальное** differentieller Streuquerschnitt *m*
~ **рассеяния электронов** Elektronenstreuquerschnitt *m*
~/**расчётное** *s.* ~/**полезное**
~ **реакции** *(Kern)* Reaktionsquerschnitt *m*, Wirkungsquerschnitt *m* der Reaktion (Kernreaktion)
~ **реакции скалывания** Spallations[wirkungs]querschnitt *m*
~ **реакции срыва** Stripping[wirkungs]querschnitt *m*
~ **реакции/эффективное** *s.* ~ **реакции**
~ **резонансного захвата** *(Kern)* Resonanzeinfangquerschnitt *m*
~ **резонансного поглощения** *(Kern)* Resonanzabsorptionsquerschnitt *m*
~ **резонансного рассеяния** *(Kern)* Resonanzstreuquerschnitt *m*
~ **русла при пропуске паводка** *(Hydt)* Hochwasserabflußprofil *n*
~/**сагиттальное** *(Opt)* Sagittalschnitt *m*
~/**свободное** *s.* ~ **в свету**
~ **сердечника/поперечное** *(El)* Eisen[kern]querschnitt *m*, Kernquerschnitt *m*
~ **сопла/выходное** *(Rak)* Endquerschnitt *m* der Schubdüse
~ **среза/поперечное** *(Fest)* Abscherungsquerschnitt *m*
~ **срыва** *(Kern)* Stripping[wirkungs]querschnitt *m*
~ **ствола шахты/поперечное** *(Bgb)* Schachtscheibe *f*
~ **стружки** *(Fert)* Spanquerschnitt *m*
~ **торможения** *(Kern)* Brems[wirkungs]querschnitt *m*
~ **упругого рассеяния** *(Kern)* elastischer Streuquerschnitt *m*
~/**фокальное коническое** *(Math)* Fokalkegelschnitt *m*
~ **фотоядерной реакции** *(Kern)* Wirkungsquerschnitt *m* der Fotokernreaktion
~ **фурм** *(Met)* Winddüsenquerschnitt *m*, Blasquerschnitt *m* *(Ofen)*
~ **шахтного ствола/круглое** *(Bgb)* runde Schachtscheibe *f*
~ **шахтного ствола/прямоугольное** *(Bgb)* rechteckige Schachtscheibe *f*
~ **шахтного ствола/эллиптическое** *(Bgb)* elliptische Schachtscheibe *f*
~ **штрека** *(Bgb)* Streckenquerschnitt *m*, Streckenprofil *n*
~ **штрека/арочное (круглое)** bogenförmiger Streckenquerschnitt *m*
~ **штрека/прямоугольное** rechteckiger Streckenquerschnitt *m*
~ **штрека/сводчатое** gewölbeförmiger Streckenquerschnitt *m*
~ **штрека/трапецевидное** trapezförmiger Streckenquerschnitt *m*
~/**эффективное** *(Kern)* effektiver Querschnitt *m*
~ **ядерного деления** *s.* ~ **деления**
~ **ядерной реакции** *s.* ~ **реакции**
~ **ярма/поперечное** *(El)* Jochquerschnitt *m*

сеялка *f* Drillmaschine *f*, Sämaschine *f*
~/**арахисовая** Erdnußsämaschine *f*
~/**гнездовая** Dibbelmaschine *f*
~/**дисковая зерновая** Scheibenschardrillmaschine *f*
~ **для квадратно-шахматного сева** *s.* ~/**квадратно-гнездовая**
~/**зерновая** Getreidesämaschine *f*
~/**зернотравяная** kombinierte Getreide- und Grassämaschine *f*
~/**зернотуковая** Sä- und Düngerstreumaschine *f*, Bestellmaschine *f*
~/**квадратно-гнездовая** Quadratdibbelmaschine *f*
~/**клеверная** Kleesämaschine *f*
~/**комбинированная универсальная** kombinierte Getreidesä-, Zuckerrübensä- und Mineraldüngerstreumaschine *f*
~/**кукурузная** Maislegemaschine *f*

~/**льнотуковая** Flachssä- und Düngerstreumaschine *f*
~/**льняная** Flachssämaschine *f*
~/**навесная** Anbausämaschine *f*
~/**овощная** Gemüsesämaschine *f*
~/**однозерновая** Einzelkornsämaschine *f*, Gleichstanddrillmaschine *f*
~/**полунавесная** Aufsattelsämaschine *f*
~/**прицепная** Anhängersämaschine *f*
~/**пунктирная** *s.* ~/**однозерновая**
~/**разбросная** Breitsämaschine *f*
~/**разбросная известковая** Kalkstreuer *m*
~/**разбросная туковая** Düngerstreuer *m*, Mineraldüngerstreuer *m*
~/**ручная** Handsämaschine *f*
~/**рядовая** Drillmaschine *f*, Reihensämaschine *f*
~ **с вальцовым высевающим аппаратом/туковая** Walzendüngerstreuer *m*
~ **с ворошильно-высевающим валиком/туковая** Rührwellendüngerstreuer *m*
~ **с выбрасывающим аппаратом цепного типа/туковая** Kettendüngerstreuer *m*
~ **с колебательными высевающими решётками/туковая** Schiebegitterdüngerstreuer *m*
~ **с тарельчатым высевающим аппаратом/туковая** Tellerdüngerstreuer *m*
~ **с центробежным разбрасывающим диском/туковая** Schleuderdüngerstreuer *m*
~/**свекловичная** Zuckerrübensämaschine *f*
~/**тарельчатая туковая** Tellerdüngerstreuer *m*
~ **точного высева** *s.* ~/**однозерновая**
~/**травяная** Grassämaschine *f*
~/**тракторная** Traktorsämaschine *f*, Traktorzug *m*
~/**туковая** Düngerstreuer *m*
~/**узкорядная** schmalspurige Drillmaschine *f*, Engdrillmaschine *f*
~/**хлопковая** Baumwollsämaschine *f*
~/**цепная туковая** Kettendüngerstreuer *m*
сеянец *m* *(Lw)* Saatpflanze *f*, Sämling *m*
сеять säen
~ **гнёздами** dibbeln
~ **рядами** drillen
сжатие *n* 1. Kompression *f*, Komprimieren *n*, Zusammendrücken *n*, Verdichten *n*, Verdichtung *f*; 2. Kontraktion *f*, Zusammenziehung *f*, Einschnürung *f*, Schwund *m*; 3. *(Fest)* Druck *m*; 4. Querkürzung *f* *(Umformung)*; 5. *(Math)* Schrumpfung *f* *(Ebene)*; Drall *m* *(Regelfläche)*; Abplattung *f* *(Ellipsoid)*; Stauchen *n* *(quadratische Funktion)*; 6. *(Astr)* Kontraktion *f* *(einer Nova)*
~ **библиотек** *(Dat)* Verdichten *n* von Bibliotheken
~/**боковое** Seitenkontraktion *f*, Seiteneinschnürung *f*
~/**внецентренное** außermittiger Druck *m*
~/**гидростатическое** hydrostatische elastische Kompression *f*
~/**гравитационное** *(Astr)* Gravitationskontraktion *f* *(Sternbildung)*
~ **данных** *(Dat)* Datenverdichtung *f*, Datenreduktion *f*
~/**двухосное** zweiachsige (ebene) elastische Kompression *f*
~ **диапазона громкости** *s.* ~ **динамического диапазона**
~ **динамического диапазона** *(Ak)* Dynamikpressung *f*, Dynamikkompression *f*
~ **до раздавливания** *(Fest)* Druckversuch *m* bis zum Bruch, Quetschversuch *m*
~ **Земли** Erdabplattung *f*
~ **информации** Informationsverdichtung *f*
~/**контактное** Walzenpressung *f*
~/**линейное** Längenkontraktion *f*, Längenschrumpfung *f*
~/**магнитное** magnetische Kontraktion *f*
~/**многоступенчатое** mehrstufige Verdichtung *f*
~ **объёма** *(Mech, Fest)* Volumenkompression *f*, Volumenkontraktion *f*, Kontraktion *f*, Schrumpfung *f*
~/**однократное** einstufige Verdichtung *f*
~/**одноосное** einachsige (lineare) elastische Kompression *f*
~/**одноступенчатое** einstufige Verdichtung *f*
~/**осевое** axialer Druck *m*
~/**относительное** *(Met)* Stauchung *f*, relative Verkürzung *f*
~ **полосы частот** *(Rt)* Frequenzbandpressung *f*, Frequenzbandkompression *f*
~/**поперечное** *(Mech)* Querkontraktion *f*; Einschnürung *f*
~/**предварительное** Vorverdichtung *f* *(Zweitakt-Ottomotor)*
~/**простое** *s.* ~/**одноосное**
~/**пространственное** *s.* ~/**трёхосное**
~ **равновесной орбиты** *(Kern)* Sollkreiskontraktion *f*
~ **струи** *(Hydrom)* Strahlkontraktion *f*, Strahleinschnürung *f*
~/**термическое** thermische Kontraktion *f*
~/**трёхосное** dreiachsige (räumliche) elastische Kompression *f*
~/**ударное** Schlagverdichtung *f* *(von Pulvern; Pulvermetallurgie)*
~/**электромагнитное** elektromagnetische Kontraktion *f*
сжать *s.* **сжимать**
сжаться *s.* **сжиматься**
СЖД Sowjetische Eisenbahnen *fpl*, SZD
сжигание *n* 1. Verbrennen *n*, Verbrennung *f*; 2. Verfeuern *n*, Verheizen *n* *(zur Wärmegewinnung)*
~ **жидкого топлива** Ölfeuerung *f*, Feuerung *f* mit Öl

~/**многоступенчатое** mehrfache Zwischenerhitzung *f*
~ **пылевидного топлива** Brennstaub[ver]feuerung *f*
сжигать verbrennen; verfeuern, verheizen
сжижаемость *f* Verflüssigungsfähigkeit *f*
сжижатель *m* **воздуха** Luftverflüssiger *m*, Luftverflüssigungsmaschine *f*
сжижать verflüssigen
сжижаться 1. sich verflüssigen, flüssig werden; 2. seigern, ausseigern *(NE-Metallurgie)*
сжижение *n* 1. Verflüssigen *n*, Verflüssigung *f*; 2. Seigern *n*, Ausseigern *n (NE-Metallurgie)*
~ **водорода** Wasserstoffverflüssigung *f*
~ **воздуха** Luftverflüssigung *f*
~ **газов** Gasverflüssigung *f*
сжим *m* 1. Zwinge *f*; 2. Klemme *f*
сжимаемость *f (Ph)* Kompressibilität *f*, Zusammendrückbarkeit *f*, Verdichtbarkeit *f*
~/**адиабатическая** adiabate Kompressibilität *f*
~ **грунта** Baugrundkompressibilität *f*
~/**изотермическая** isotherme Kompressibilität *f*
~/**линейная** lineare Kompressibilität *f*
~/**объёмная** räumliche Kompressibilität *f*
сжимаемый zusammendrückbar, kompressibel; elastisch
сжимание *n* Verdichten *n*, Komprimieren *n (s. a. unter* **сжатие***)*
сжиматель *m* **динамического диапазона** *(Ak)* Dynamikpresser *m*
сжимать 1. verdichten, komprimieren; 2. [zusammen]drücken, [zusammen]pressen
~ **льдами** *(Schiff)* im Eis einschließen
сжиматься schwinden, schrumpfen, sich zusammenziehen
СИ *s.* **система единиц/международная**
сиаль *m (Geol)* S[i]al *n*
сигма-аддитивность *f (Ph)* Sigma-Additivität *f*
сигма-звезда *f (Astr)* Sigma-Stern *m*
сигма-связь *f (Ph)* Sigma-Bindung *f*
сигма-функция *f (Math)* Sigma-Funktion *f*
сигмоида *f (Geol)* horizontale Flexur *f*
сигнал *m* 1. Signal *n*, Zeichen *n*; 2. *(Geod) s.* ~/**геодезический**; 3. *(Eb)* Signal *n*
~/**абсолютный** *(Eb)* absolutes Signal *n*
~/**абсорбционный** Absorptionssignal *n*
~/**аварийный акустический** akustische Warnung *f*, akustisches Warnsignal *n*
~/**автоматический отбойный** *(Fmt)* selbsttätiges Schlußzeichen *n*
~/**акустический** *s.* ~/**звуковой**
~/**акустический вызывной** *(Fmt)* hörbares Rufzeichen *n*
~/**аналоговый** analoges Signal *n*, Analogsignal *n*
~ **бедствия** *(Schiff)* Seenotsignal *n*, Seenotzeichen *n*, Notruf *m*
~/**бинарный** Binärzeichen *n*
~/**взрывной** *s.* **петарда**
~/**внешний** Fremdsignal *n*
~ **воздушной тревоги** Luftalarm *m*
~/**возмущающий** Störsignal *n*
~ **времени** Zeitzeichen *n*
~/**входной** 1. *(Eb)* Einfahrsignal *n*; 2. *(Dat)* Eingabesignal *n*, Eingangssignal *n*; 3. *(Reg)* Eingangssignal *n*
~/**вызывной** *(Fmt)* Anrufzeichen *n*, Rufzeichen *n*
~ **выключения** *(Eb)* Ausschaltsignal *n*
~/**высокочастотный** Hochfrequenzsignal *n*, HF-Signal *n*
~/**выходной** 1. *(Eb)* Ausfahrsignal *n*; 2. *(Dat)* Ausgabesignal *n*, Ausgangssignal *n*; 3. *(Reg)* Ausgangssignal *n*
~/**гасящий** *(Fs)* Austastsignal *n*
~ **гашения/полукадровый** *(Fs)* Bildaustastsignal *n*
~/**геодезический** *(Geod)* Signal *n*
~/**гидроакустический** *(Mar)* Unterwasserschallsignal *n*
~/**горочный** *(Eb)* Ablaufsignal *n*
~ **готовности** Bereitkennzeichen *n*, Bereitschaftszeichen *n*; Bereitschaftssignal *n*
~ **готовности к набору/зуммерный** Wählzeichen *n*, Amtszeichen *n*
~/**двухначный** *(Eb)* zweibildriges Signal *n*
~/**дисковый** *(Eb)* Scheibensignal *n*
~/**дискретный** *(Reg)* diskretes Signal *n*
~/**дневной** *(Eb)* Tageszeichen *n*
~/**дневной хвостовой** Schlußscheibe *f* *(Zugschlußsignal am Tage)*
~/**железнодорожный** Eisenbahnsignal *n*
~/**зависимый** *s.* ~/**централизованный**
~ **занято (занятости)** *(Fmt, Dat)* Besetztzeichen *n*
~/**запирающий** *s.* ~/**гасящий**
~/**звуковой** 1. *(Eb)* akustisches Signal *n*, hörbares Signal *n*; 2. *(Kfz)* Hupe *f*
~/**звуковой вибрационный** *(Kfz)* Aufschlaghorn *n*
~/**зрительный** Sichtsignal *n*
~ **измерительной информации** Signal *n* der Meßinformation
~ **изображения** *(Fs)* Bild[inhalts]signal *n*, Videosignal *n*
~/**импульсный** Impulssignal *n*
~/**испытательный** *(Fs)* Testsignal *n*, Prüfsignal *n*
~ **кадров/синхронизирующий** *(Fs)* Bildsynchron[isier]signal *n*
~/**кадровый гасящий** *(Fs)* Bildaustastsignal *n*
~ **квитирования** *(Fmt)* Rückmeldung *f*, Rückmeldesignal *n*
~/**круглосуточный** *(Eb)* ganztägiges Nachtzeichen *n*

~/**ламповый** *(Fmt)* Lampensignal *n*
~/**лоцманский** *(Schiff)* Lotsensignal *n*
~/**маневровый** *(Eb)* Rangiersignal *n*, Signal *n* für den Rangierdienst *(Gruppenbegriff)*
~/**маркерный** Einflugzeichen *n*
~/**мешающий** Störsignal *n*
~/**мигающий** *(Eb)* Blinksignal *n*
~/**модулирующий** Modulationssignal *n*
~ **набора [номерным диском]** *(Fmt)* Amtszeichen *n*, Wählzeichen *n*
~/**незатухающий** Dauersignal *n*
~/**непрерывный** kontinuierliches (stetiges) Signal *n*, ungestörtes Signal *n*
~/**ночной** *(Eb)* Nachtzeichen *n*
~/**обобщённый** *(Schiff)* Sammelmeldung *f*
~ **обратной связи** *(Reg)* Rückführungssignal *n*
~ **опасности** Notsignal *n*, Warnsignal *n*
~ **оповещения** *(Mil)* Signal *n* der Benachrichtigung und Warnung
~ **опознавания** *(Mil)* Erkennungssignal *n*
~/**опорный** Referenzsignal *n*, Bezugssignal *n*
~/**оптический** 1. *(Fmt)* Schauzeichen *n*; 2. *(Eb)* sichtbares (optisches) Signal *n*, Sichtsignal *n*
~/**основной** *(Eb)* Hauptsignal *n*
~ **остановки** *(Eb)* Halt[e]signal *n*
~ **от местного предмета** *(FO)* Festzeichen *n*
~/**отбойный** *(Fmt)* Schlußzeichen *n*
~ **отбоя** Entwarnung *f*
~ **отбоя/предварительный** Vorentwarnung *f*
~ **ответа станции/зуммерный** *(Fmt)* Amtszeichen *n*, Wählzeichen *n*
~/**ответный** *(FO)* Antwortsignal *n*
~/**открытый** *(Eb)* gezogenes Signal *n*
~ **отправления** *(Eb)* Abfahrtsauftrag *m*
~/**отражённый** *(FO)* Echo *n*
~/**отходящий** *(Reg)* abgehendes Signal *n*
~ **ошибки** *(Fmt)* Fehlersignal *n*; *(Reg)* Regelabweichungssignal *n*
~/**паразитный** *s.* ~/**мешающий**
~ **паузы** *(Rf)* Pausenzeichen *n*
~/**переносный** *(Eb)* ortsbewegliches Signal *n*
~/**пермиссивный** *(Eb)* Langsamfahrsignal *n*
~/**пилообразный** *(Fs)* Sägezahnsignal *n*
~/**пилообразный испытательный** Sägezahntestsignal *n*, Testsägezahn *m*
~ **поглощения** Absorptionssignal *n*
~/**поездной** *(Eb)* Signal *n* am Zug *(Spitzen- und Schlußsignal)*
~/**позывной** *(Rf)* Rufzeichen *n*, Anrufzeichen *n*
~/**полезный** Nutzsignal *n*
~/**полный** Gesamtsignal *n*, Summensignal *n*
~/**полный телевизионный** vollständiges (komplettes) Fernsehsignal *n*, Fernsehsignalgemisch *n*
~ **помехи** Störsignal *n*
~ **поправки** *(Rak)* Fehlerausgleichskommando *n*
~/**посадочный** Landesignal *n*
~/**постоянный** *(Eb)* ortsfestes Signal *n*
~ **посылки вызова** *(Fmt)* Freizeichen *n*
~/**предупредительный** 1. *(Eb)* Vorsignal *n*; 2. Warnsignal *n*, Warnungszeichen *n*
~ **прерывания** *(Dat)* Unterbrechungssignal *n*
~ **прерывания от оператора** Operatoreingriffssignal *n*
~/**прерывистый** *(Reg)* unstetiges (gestörtes) Signal *n*
~ **при пробе тормозов** *(Eb)* Bremsprobesignal *n*
~ **приближения** *(Eb)* Annäherungssignal *n*
~/**пригласительный** *(Eb)* Vorziehsignal *n*
~ **приёма** *(Eb)* Annahmesignal *n*
~ **приёмника** Empfängersignal *n*
~ **прикрытия** *(Eb)* Deckungssignal *n*
~/**приходящий** *(Reg)* ankommendes Signal *n*
~/**проблесковый** 1. *(Eb)* Blinksignal *n*; 2. *(Mar)* Lichtmorsezeichen *n*
~ **продвижения** *(Eb)* Nachrücksignal *n*
~/**продолжительный** Dauersignal *n*
~/**проходной** *(Eb)* Zwischensignal *n*
~ **пуска** *s.* ~/**пусковой**
~/**пусковой** Startsignal *n*, Startzeichen *n*, Anfangszeichen *n*; *(Fmt)* Anlaufschritt *m (Telegrafie)*
~ **равности** Gleichsignal *n*
~/**радиолокационный** Radarsignal *n*, Funkmeßsignal *n*
~/**радиопеленгаторный** Funkpeilsignal *n*
~/**разрешающий** *(Dat)* Freigabesignal *n*
~ **разрешения выхода в море** *(Schiff)* Auslaufsignal *n*
~ **рассогласования** *(Mil)* Fehlersignal *n*
~ **регулирования** Regelsignal *n*
~/**регулируемый** Steuersignal *n*
~/**ручной** *(Eb)* Handsignal *n*, wärterbedientes Signal *n*
~ **самолёта/аварийный** *(Flg)* Störungswarnsignal *n (Anzeige von Betriebsstörungen und Treibstoffmangel in den Tanks)*
~/**световой** Lichtsignal *n*, Lichtzeichen *n*; *(Mil)* Leuchtsignal *n*; *(Kfz)* Lichthupe *f*
~ **«свободно»** *(Fmt)* Freizeichen *n*
~ **связи** Nachrichtensignal *n*
~ **синхронизации** *(Fs)* Synchron[isations]-signal *n*, Gleichlaufzeichen *n*; *(Dat)* Taktgeberimpuls *m*, Taktsignal *n*
~ **синхронизации/кадровый** Bildsynchron[isations]signal *n*

~ **синхронизации цветов** Farbsynchron[isations]signal *n*
~/**синхронизирующий** Synchron[isations]signal *n*, Gleichlaufzeichen *n*
~/**случайный** *(Reg)* zufälliges Signal *n*
~/**телевизионный** Fernsehsignal *n*
~/**телеграфный** *(Fmt)* Telegrafiezeichen *n*
~/**телемеханический** Fernwirksignal *n*
~/**тестовый** Testsignal *n*
~ **тревоги** Alarmsignal *n*, Alarmzeichen *n*
~/**туманный** *(Schiff)* Nebelsignal *n*
~ **уменьшения скорости** *(Eb)* Langsamfahrsignal *n*
~ **управления** Steuersignal *n*
~/**управляющий** Steuersignal *n*
~/**флажный** *(Schiff)* Flaggensignal *n*
~/**хвостовой** *(Eb)* Schlußlicht *n*, Zugschluß *m*
~ **цветного изображения (телевидения)** Farb[bild]signal *n*
~/**цветоразностный** *(Fs)* Farbdifferenzsignal *n*
~/**централизованный** *(Eb)* abhängiges (zentralüberwachtes) Signal *n*
~/**цифровой** *(Reg)* Ziffernsignal *n*, Digitalsignal *n*, digitales Signal *n*
~/**частотно-модулированный** frequenzmoduliertes Signal *n*, FM-Signal *n*
~/**четырёхзначный** *(Eb)* vierbildriges Signal *n*
~/**широкополосный** Breitbandsignal *n*
~/**штормовой** Sturmsignal *n*
~/**штормовой предупреждающий** Sturmwarnungssignal *n*
~/**шумовой** Rauschsignal *n*
~ **яркости** *s.* ~/**яркостный**
~/**яркостный** *(Fs)* Helligkeitssignal *n*, Luminanzsignal *n*, Leuchtdichtesignal *n*
сигнал-генератор *m* Signalgenerator *m*, Meßsender *m*
сигнализатор *m* Signalgeber *m*, Zeichengeber *m*
~/**аварийный** Alarmgeber *m*; Warneinrichtung *f*
~ **неисправностей** Störmelder *m*
~ **падения давления** Druckabfallmelder *m*
~ **потока** Durchflußwächter *m*
~ **шасси** *(Flg)* Fahrwerkanzeiger *m*
сигнализация *f* 1. Signalisierung *f*, Signalübermittlung *f*, Zeichengabe *f*, Zeichengebung *f*; Rückmeldung *f*; Warnung *f*; 2. Signalverbindung *f*; 3. Signalwesen *n*; Signalsystem *n*
~/**аварийная** *(Dat)* Alarmanzeige *f*; Störungsmeldung *f*
~/**аварийно-предупредительная** 1. Störungsmeldung *f*; 2. Störungsmeldeanlage *f*
~/**авральная** 1. Schiffsalarm *m*; 2. Schiffsalarmanlage *f*
~/**автоматическая локомотивная** *(Eb)* automatische Lokomotivsignalisation *f*
~/**акустическая** *(Eb)* akustische Signalmittel *npl*
~/**видимая** *(Eb)* optische Signalmittel *npl*
~/**двухначная** *(Eb)* zweibegriffiges Signalsystem *n*
~/**железнодорожная** *(Eb)* 1. Eisenbahnsignalwesen *n*; 2. Signalmittel *npl*
~/**замедленная** *(Fmt)* verzögerte Zeichengebung *f*
~/**звуковая** 1. akustisches Signal *n*; 2. akustische Signalmittel *npl*
~/**локомотивная** *(Eb)* [automatisch-ferngesteuertes] Führerstandssignal *n*
~/**многозначная** *(Eb)* mehrbegriffiges Signalsystem *n*
~/**многократная** *(Fmt)* Vielfachzeichengebung *f*
~ **на переездах/аварийная** *(Eb)* Verkehrszeichen (Warnzeichen) *npl* an Wegübergängen
~/**немедленная** *(Fmt)* sofortige Zeichengebung *f*
~ **низкой частотой** *(Fmt)* Zeichengebung *f* mit Niederfrequenz
~ **об уровне в танках** 1. Tankfüllstandsmeldung *f*; 2. Tankfüllstandsmeldeanlage *f*
~ **обнаружения пожара/автоматическая** 1. selbsttätige Feuererkennung *f*; 2. selbsttätige Feuererkennungsanlage *f*
~/**обобщённая** *(Schiff)* Sammelmeldung *f*
~/**оптическая** *(Eb)* optische Signalmittel *npl*
~/**переездная** *(Kfz)* Warnlichtanlage *f*
~/**переменная** Warnlichtanlage *f*
~/**подводно-звуковая** *(Mar)* Unterwassertelegrafie *f*
~/**пожарная** 1. Feuermeldung *f*; 2. Feuermelder *m*, Feuermeldeanlage *f*
~/**предупредительная** *s.* ~ **предупреждения**
~ **предупреждения** 1. Warnung *f*; 2. Warnanlage *f*
~/**продолжительная** *(Reg)* dauernde Signalisierung *f*
~ **сбоя** *(Dat)* Fehleranzeige *f*
~/**светофорная** *(Eb)* Lichtsignalsystem *n*
~ **тональными частотами** *(Fmt)* Tonfrequenzzeichengebung *f*
сигнализировать signalisieren, Zeichen geben
сигнатура *f* *(Typ)* Signatur *f*, Bogenziffer *f*
~ **листа** Bogensignatur *f*
~ **литеры** Buchstabensignatur *f*
сиденье *n* Sitz *m* *(Fahrzeug)*
~ **водителя** Fahrersitz *m*
~ **капсюльного типа/катапультируемое** *(Milflg)* Kapselkatapultsitz *m*

~/**катапультируемое** *(Milflg)* Katapultsitz *m*
~/**кормовое** Hecksitz *m* *(im Boot)*
~/**откидное** Klappsitz *m*
~ **открытого типа/катапультируемое** *(Milflg)* Freikatapultsitz *m*
~ **пилота** *(Flg)* Pilotensitz *m*
~/**продольное** Längssitz *m* *(im Boot)*
сидерат *m (Lw)* Gründünger *m*
сидерация *f (Lw)* Gründüngung *f*
сидерит *m* 1. *(Min)* Siderit *m*, Eisenspat *m*, Spateisenerz *n*, Spateisenstein *m*; 2. *(Astr)* Siderit *m*, Eisenmeteorit *m*
сидерический *(Astr)* siderisch
сидеролит *m (Geol, Astr)* Siderolith *m* *(Stein-Eisen-Meteorit achondrischer Struktur mit mehr Silikat- als Nickel-Eisen-Gehalt)*
сидероплезит *m (Min)* Sideroplesit *m*
сидеростат *m (Astr)* Siderostat *m* *(Sonnenbeobachtung)*
сидеросфера *f (Geol)* Siderosphäre *f* *(schwerer Erdkern)*
сиенит *m (Geol)* Syenit *m*
~/**авгитовый** Augitsyenit *m*
~/**гаюиновый** Hauynsyenit *m*
~/**калиевый** Kalisyenit *m*
~/**канкринитовый** Cancrinitsyenit *m*
~/**кварцевый** Quarzsyenit *m*
~/**натровый** Natronsyenit *m*
~/**роговообманковый** Hornblendesyenit *m*
~/**слюдяной** Glimmersyenit *m*
~/**цирконовый** Zirkonsyenit *m*
~/**щелочной** Alkalisyenit *m*
~/**эгириновый** Ägirinsyenit *m*
сизаль *m (Text)* Sisal *m*, Agavefaser *f*
сиккатив *m (Ch)* Sikkativ *n*
~/**кобальто-марганцевый** Kobalt-Mangan-Sikkativ *n*
~/**свинцово-марганцевый** Blei-Mangan-Sikkativ *n*
сила *f* 1. *(Mech)* Kraft *f* *(Newton)*; 2. Stärke *f*; Potenz *f*, Vermögen *n*; 3. *s. unter* **силы** *und* **усилие**
~ **адгезии** *s.* ~ **сцепления**
~ **адсорбции** *(Ch)* Adsorptionsstärke *f*
~/**адсорбционная** *(Ph)* Adsorptionskraft *f*
~/**активная** *s.* ~/**задаваемая**
~/**архимедова [подъёмная]** *(Hydrom)* [hydro]statischer Auftrieb *m*
~/**аэродинамическая** *(Aero)* Luftkraft *f* *Gruppenbegriff für resultierende Luftkraft und ihre Komponenten Auftrieb, Luftwiderstand, Quertrieb)*
~/**бартлеттова** *(Kern)* Bartlett-Kraft *f*, Spinaustauschkraft *f*
~/**близкодействующая** Nahwirkungskraft *f*
~/**боковая** *(Aero)* Quertrieb *m* *(Komponente der resultierenden Luftkraft waagerecht zur Anströmungsrichtung)*
~/**ван-дер-ваальсова** *(Ph)* Van-der-Waals-Kraft *f*, van der Waalssche Kraft *f*
~ **вдоль замкнутого контура/магнитодвижущая** magnetische Randspannung *f*; Durchflutung *f*
~ **вдоль участка пути/магнитодвижущая** *s.* **разность скалярных магнитных потенциалов двух точек**
~ **ветра** *(Meteo)* Windstärke *f*
~ **ветра по шкале Бофорта** Beaufort-Windstärke *f*, Beaufort-Zahl *f*
~ **взаимодействия** Wechselwirkungskraft *f*
~ **взрыва/дробящая** Brisanz *f*
~/**виртуальная** virtuelle Kraft *f*
~ **влечения** *(Hydr)* Schleppkraft *f* *(Strömung)*
~/**внешняя** *(Mech)* äußere Kraft *f*
~/**внутренняя** *(Mech)* innere Kraft *f*
~/**возвращающая** *s.* ~/**восстанавливающая**
~/**возмущающая** *(Astr, Mech)* störende Kraft *f*, Störkraft *f*
~/**возрастающая** anwachsende Kraft *f*
~ **волнового сопротивления** *(Hydr)* Wellenwiderstand *m*
~/**восстанавливающая** *(Mech)* Richtgröße *f*, Richtkraft *f*, Direktionskraft *f*, Rückstellkraft *f*, Federkonstante *f*
~ **вращения Земли/центробежная** Zentrifugalkraft *f* infolge Rotation der Erde
~ **всасывания** Saugkraft *f*
~/**вспомогательная** Hilfskraft *f*
~/**вторичная** Sekundärkraft *f*, sekundäre Kraft *f*
~/**вяжущая** Bindekraft *f*
~ **Гейзенберга** *(Kern)* Heisenberg-Kraft *f*, Ladungsaustauschkraft *f*
~/**гидравлическая** Wasserkraft *f*, Wasserenergie *f*
~/**гидростатическая подъёмная** *(Hydrom)* [hydro]statischer Auftrieb *m*, Auftrieb *m*
~/**горизонтальная** Horizontalkraft *f*
~/**гравитационная** Schwerkraft *f*
~ **давления** Druckkraft *f*
~/**движущая** 1. *(Mech)* bewegende Kraft *f*; 2. Triebkraft *f*, Antriebskraft *f*, treibende Kraft *f*
~/**двухчастичная** *(Kern)* Zweinukleonenkraft *f*, Zweikörperkraft *f*
~/**держащая** *(Schiff)* Haltekraft *f* *(Anker)*
~/**динамическая подъёмная** *(Aero)* dynamischer Auftrieb *m*
~ **диполя** Dipolstärke *f*
~/**дисперсионная** Dispersionskraft *f*
~/**живая** *s.* **энергия/кинетическая**
~/**задаваемая** *(Mech)* eingeprägte Kraft *f* *(d'Alembertsches Prinzip)*
~/**заданная** *s.* ~/**задаваемая**
~ **замыкания** Schließkraft *f*

~/**замыкающая** Schließkraft *f*
~ **затухания** Dämpfungskraft *f*
~ **звука** *(Ak)* Schallintensität *f*, Schallstärke *f*
~/**звуковая** *s.* ~ **звука**
~ **землетрясения** Bebenstärke *f*, Erdbebenstärke *f*
~/**знакопеременная** Wechselkraft *f*
~ **извержения** *(Geol)* Eruptivkraft *f*, Eruptionsintensität *f* *(Vulkane)*
~ **изгиба** Biegekraft *f*
~/**изгибающая** Biegekraft *f*
~ **излучения** *s.* ~ **света/энергетическая**
~ **индукции** Induktionskraft *f*
~ **инерции** *(Mech)* 1. Trägheitskraft *f*, Trägheitswiderstand *m*, Scheinkraft *f*; 2. Trägheitskraft *f* *(Sammelbegriff für zusätzliche Trägheitskräfte in beschleunigten Bezugssystemen wie geradlinige Beschleunigung, Coriolis-Kraft, Zentrifugalkraft)*
~ **инерции/переносная** Führungskraft *f* *(Relativbewegung von Bezugssystemen)*
~ **инерции/свободная** freie Massenkraft *f*
~ **инерции/уравновешенная** ausgeglichene Massenkraft *f*
~/**инерционная** *s.* ~ **инерции**
~ **искривления** *(Mech)* Verzugskraft *f*
~/**касательная** Tangentialkraft *f*, tangential wirkende Kraft *f*
~/**компенсирующая** Kompensationskraft *f*
~/**консервативная** *(Mech)* konservative Kraft *f*, Potentialkraft *f*
~ **Кориолиса** *s.* ~/**кориолисова**
~/**кориолисова** *(Mech)* Coriolis-Kraft *f*, zweite Zusatzkraft *f*, zusammengesetzte Zentrifugalkraft *f*
~/**коэрцитивная** *(Magn)* Koerzitivkraft *f*, Koerzitiv[feld]stärke *f*
~/**краевая** Randkraft *f*
~/**кратковременная** kurzzeitig wirkende Kraft *f*
~/**критическая** *(Fest)* Knickkraft *f*, kritische Druckkraft *f*, Euler-Last *f*
~/**крутящая** Dreh[ungs]kraft *f*, [ver]drehende Kraft *f*
~ **кручения** *s.* ~/**крутящая**
~/**кулонова (кулоновская)** Coulombsche Kraft *f*, Coulomb-Kraft *f*
~ **лобового сопротивления** *(Aero)* Luftwiderstand *m*, Profilwiderstand *m*, Widerstand *m* *(Komponente der resultierenden Luftkraft längs zur Anströmrichtung)*
~ **Лоренца** *(Mech)* Lorentz-Kraft *f*
~/**лошадиная** Pferdestärke *f*, PS *(veraltet; nach SI 1 PS = 735,498 Watt)*
~ **магнитного поля** Magnetfeldstärke *f*
~/**магнитодвижущая** 1. magnetomotorische Kraft *f*, MMK; 2. magnetische Spannung *f* *(SI-Einheit)*
~ **Майорана** *(Kern)* Majorana-Kraft *f*, Ortsaustauschkraft *f*
~/**массовая** *(Mech)* Massekraft *f* *(an den einzelnen Masseteilen eines nicht homogenen Körpers angreifende Kraft)*
~/**маховая** Schwungkraft *f*
~/**мгновенная** *s.* ~/**ударная**
~/**межмолекулярная** *s.* ~/**молекулярная**
~/**многочастичная ядерная** *(Kern)* Vielteilchenkraft *f*, Vielnukleonenkraft *f*, Vielkörperkraft *f*
~/**молекулярная** Molekularkraft *f*, zwischenmolekulare Kraft *f*
~ **набухания** Quellungskraft *f*
~ **нажатия** Anpreßkraft *f*
~/**намагничивающая** magnetische Randspannung *f*; Durchflutung *f*
~/**направляющая** Richtkraft *f*
~ **натяжения** Spannkraft *f*
~/**неравномерная** ungleichmäßige Kraft *f*
~/**нормальная** Normalkraft *f*, normal wirkende Kraft *f*
~/**нулевая подъёмная** Nullauftrieb *m*
~/**обменная** Austauschkraft *f* *(Quantenchemie)*
~/**обратная электродвижущая** gegenelektromotorische Kraft *f*, Gegen-EMK *f*
~/**объёмная** Volumenkraft *f* *(an den Volumenelementen eines Körpers angreifende Kraft)*
~/**опорная** Auflagerkraft *f*
~/**оптическая** optische Kraft *f*, Brechkraft *f*
~/**осевая** Axialkraft *f*, Normalkraft *f*
~/**основная** Hauptkraft *f*
~ **осциллятора** *(Ph)* Oszillatorenstärke *f* *(quantenmechanische Dispersionstheorie)*
~ **отдачи** *(Mil)* Rückstoßkraft *f*
~/**отклоняющая** Ablenkungskraft *f*
~ **отталкивания** *(Ph)* abstoßende Kraft *f*, Abstoßungskraft *f*
~/**парная** Paarkraft *f*
~/**пассивная** *s.* ~ **реакции связей**
~/**переменная** veränderliche Kraft *f*
~/**переменная электродвижущая** Wechsel-EMK *f*
~/**перерезывающая** Querkraft *f*
~ **плавучести** *(Hydrom)* [hydrostatischer] Auftrieb *m*
~/**поверхностная** *(Mech)* Flächenkraft *f*
~ **подачи** Vorschubkraft *f*
~/**поддерживающая** *s.* ~/**гидростатическая подъёмная**
~/**подъёмная** 1. Hubkraft *f*, Hubvermögen *n* *(Hebezeuge)*; 2. *(Gieß)* Auftrieb *m*; 3. *(Aero)* [hydrodynamischer] Auftrieb *m* *(Komponente der resultierenden Luftkraft senkrecht zur Anströmungsrichtung)*; 4. *(Flg)* Auftrieb *m*
~/**полезная** Nutzkraft *f*

~/полная аэродинамическая *(Aero)* Luftkraftresultierende *f*, resultierende Luftkraft *f*, Resultierende *f* *(resultierende Kraft im System Auftrieb-Luftwiderstand-Quertrieb)*
~ поля Feldstärke *f*
~ поля помех Störfeldstärke *f*
~/поляризационная Polarisationskraft *f*
~/поперечная Querkraft *f*, in Querrichtung wirkende Kraft *f*
~/постоянная konstante (gleichbleibende) Kraft *f*
~/потенциальная *s.* **~/консервативная**
~/потребная подъёмная *(Flg)* Auftriebsbedarf *m*
~ преломления Brechkraft *f*
~ при продольном изгибе/критическая *(Fest)* Knickkraft *f*, kritische Druckkraft *f*, Euler-Last *f*
~ приёма *(Rf)* Empfangsstärke *f*
~/приливообразующая Gezeitenkraft *f*
~/приложенная *(Mech)* 1. angreifende Kraft *f*; 2. *s.* **~/задаваемая**
~/притягивающая *s.* **~ притяжения**
~ притяжения *(Mech)* Anziehungskraft *f*, Anziehung *f*
~ притяжения Земли Anziehungskraft *f* der Erde, Erdschwere *f*, gravitative Anziehung *f*
~ притяжения луны Mondschwerkraft *f*
~/продольная *(Fest)* Längskraft *f*, Normalkraft *f* *(Schnittreaktion)*
~/продольного сжатия стрелы *(Schiff)* Baumdruckkraft *f* *(Festigkeitsberechnung für Ladebaum)*
~/производительная Produktivkraft *f*
~/противодействующая Gegenkraft *f*; *(Meß)* Rückstellkraft *f*; *(Mech)* Gegenwirkungskraft *f* *(Newtonsches Axiom)*
~/рабочая 1. Arbeitskraft *f*; 2. Belegung *f*, Belegschaft *f*
~/равнодействующая *(Mech)* resultierende Kraft *f*, Gesamtkraft *f*
~/радиальная *(Mech)* Radialkraft *f* *(zum Zentrum hin gerichtete Kraft bei Radialbeschleunigung)*
~/разрешающая *(Astr, Opt)* Auflösungsvermögen *n*, Auflösung *f*
~ раствора/ионная Ionenstärke *f* *(SI-Einheit)*
~/растягивающая Zugkraft *f*
~ растяжения Zugkraft *f*
~/реактивная Rückwirkungskraft *f*, Rückstoßkraft *f*, Schubkraft *f*
~/реактивная электродвижущая Reaktanz-EMK *f*, Reaktanzspannung *f*, Blind[ur]spannung *f*
~ реакции связей *(Mech)* Reaktionskraft *f*, Zwangskraft *f*, Zwang *m*, Führungskraft *f*
~ резания *(Fert)* Schnittkraft *f*
~ резания/общая Gesamtschnittkraft *f*
~ резания/окружная Umfangskraft *f* *(tangential gerichtete Schnittkraft am Fräserzahn)*
~ резания/осевая Axialkraft *f*, Schubkraft *f* *(Schnittkraft an Fräsern mit Drall)*
~ резания/полная resultierende Kraft *f*, Gesamtkraft *f* *(beim Fräsen aus Senkrecht- und Vorschubkraft resultierende Schnittkraft)*
~ резания/радиальная Radialkraft *f*, Mittenkraft *f* *(radial gerichtete Schnittkraft am Fräserzahn)*
~ резания/результирующая *s.* **~ резания/полная**
~ резания/удельная 1. Schnittdruck *m*; 2. spezifische Schnittkraft *f*
~/результирующая *s.* **~/равнодействующая**
~ света 1. Lichtstärke *f* *(SI-Einheit; Candela)*; 2. Leuchtkraft *f* *(z. B. eines Signals)*
~ света/средняя горизонтальная *(Fotom)* mittlere horizontale Lichtstärke *f*
~ света/средняя сферическая *(Fotom)* mittlere räumliche (sphärische) Lichtstärke *f*
~ света/энергетическая Strahlstärke *f* *(SI-Einheit; Watt je Steradiant)*
~/связанная *s.* **~ реакции связей**
~/сдвигающая *(Fest)* 1. Scherkraft *f*, Schubkraft *f*; 2. *s.* **~/поперечная**
~ Сербера Serber-Kraft *f*
~/сжимающая Stauchkraft *f*
~ системы/оптическая *(Opt)* Brechkraft *f*, Brechwert *m* *(Kehrwert der Brennweite)*
~/скалывающая *s.* **~/поперечная**
~ сопротивления 1. *(Masch)* Widerstandskraft *f* *(Getriebe)*; 2. *(Aero)* *s.* **~ лобового сопротивления**
~/сосредоточенная *(Mech)* Punktkraft *f*, Einzelkraft *f*
~/составляющая *(Mech)* Seitenkraft *f*, Komponente *f* *(einer Gesamtkraft)*
~/срезающая *(Fest)* *s.* 1. **~/сдвигающая 1.**; 2. **~/поперечная**
~/статическая подъёмная *(Aero)* statischer Auftrieb *m*
~ статора/намагничивающая *(El)* Statordurchflutung *f*, Ständerdurchflutung *f*
~ сцепления Adhäsionskraft *f*, Haftkraft *f*, Haftvermögen *n*, Haftfestigkeit *f*
~/тангенциальная *s.* **~/касательная**
~ телескопа/проникающая (проницающая) *(Astr, Opt)* Bestrahlungsstärke *f* eines Fernrohrs
~/тензорная Tensorkraft *f*, nichtzentrale Kraft *f*, Nichtzentralkraft *f*
~/термоэлектродвижущая thermoelektrische Kraft *f*, Thermokraft *f*
~ тока *(El)* Stromstärke *f*
~ тока включения Einschaltstromstärke *f*

~ **тока/разрываемая** Abschaltstromstärke *f*, Ausschaltstromstärke *f*
~ **торможения** Bremskraft *f*
~/**тормозная** Bremskraft *f*
~ **трения** Reibungskraft *f*, Reibung *f*
~ **тяги** 1. Schub *m* *(Vortriebskraft von Schrauben-, Strahl- und Raketentriebwerken)*; 2. *(Eb)* Zugkraft *f*; 3. Zugkraft *f*, Zug *m*, Durchzugskraft *f* *(beim Walzen)*
~ **тяги/валовая** Bruttozugkraft *f*
~ **тяги/касательная** *(Eb)* Zugkraft *f* am Radumfang *(Lok)*
~ **тяги/удельная** spezifische Zugkraft *f*
~/**тяговая** *(Lw)* Zugkraft *f* *(Traktor)*
~ **тяготения** *(Mech)* Gravitationskraft *f*
~ **тяжести** *(Mech)* Schwerkraft *f*, Schwere *f*
~/**ударная** *(Mech)* Stoßkraft *f*
~/**удельная термоэлектродвижущая** spezifische thermoelektromotorische Kraft *f*
~/**уравновешенная** ausgeglichene Kraft *f*
~ **ускорения** Beschleunigungskraft *f*
~/**фотоэлектродвижущая** fotoelektromotorische Kraft *f*, Foto-EMK *f*
~/**центральная** *(Mech)* Zentralkraft *f*
~/**центробежная** *(Mech)* Fliehkraft *f*, Zentrifugalkraft *f*, Schwungkraft *f*
~/**центростремительная** *(Mech)* Zentripetalkraft *f*
~/**эйлерова** *s.* ~ **при продольном изгибе/критическая**
~/**электрического тока** elektrische Stromstärke *f* *(Ampere)*
~/**электродвижущая** elektromotorische Kraft *f* *(SI; Volt)*
~/**электромагнитная** elektromagnetische Kraft *f*
~/**электростатическая** elektrostatische Kraft *f*
~/**эталонная электродвижущая** Normal-EMK *f*
~/**эффективная** effektive Kraft *f*, Nutzkraft *f*
~/**ядерная** *(Kern)* Kern[feld]kraft *f*
силан *m* *(Ch)* Silan *n*, Siliziumwasserstoff *m*
силикагель *m* *(Ch)* Kiesel[säure]gel *n*, Silikagel *n*
силикат *m* Silikat *n*
~ **алюминия** Aluminiumsilikat *n*
~ **натрия** Natriumsilikat *n*
~ **свинца** Bleisilikat *n*
~/**щелочной** Alkalisilikat *n*
силикатизация *f* Silikatisieren *n* *(Verfahren der Ingenieurgeologie zur Erhöhung der Festigkeit und Wasserundurchlässigkeit von Gesteinen durch Einpressen von Silikagel)*
силикатный silikatisch, Silikat...
силикоалюминий *m* Silikoaluminium *n*
силикокальций *m* Silikokalzium *n*
силиколиты *mpl* *(Geol)* Kieselgesteine *npl*
силикомарганец *m* Silikomangan *n*
силикон *m* *(Ch)* Silikon *n*, Polysiloxan *n*, polymeres Siloxan *n*
силикопропан *m* *(Ch)* Silikopropan *n*
силикотермия *f* Silikothermie *f*
силикоцирконий *m* *(Met)* Silikozirkonium *n*
силикошпигель *m* Silikospiegel *m*
силикоэтан *m* *(Ch)* Silikoäthan *n*, Disilan *n*
силификация *f* *s.* **силицификация**
силицид *m* *(Ch)* Silizid *n*
силицирование *n* *(Met)* Silizieren *n*, Silizierung *f*, Aufsilizieren *n*, Aufsilizierung *f*
~/**газовое** Dampfsilizierung *f* *(Pulvermetallurgie)*
силицит *m* *(Min)* Silizit *m*
силицификация *f* *(Geol)* Verkieseln *n*, Silizifikation *f*, Silizifizierung *f*
силл *m* *(Geol)* Lagergang *m*, Intrusivlager *n*
силленит *m* *(Min)* Sillenit *m*
силлиманит *m* *(Min)* Sillimanit *m*
силомер *m* *s.* **динамометр**
силос *m* 1. Silo *n(m)* *(Großspeicher für Getreide, Zement, Kohle)*; 2. *(Lw)* *s.* **башня/силосная** *und* **траншея/силосная**; 3. *(Lw)* Gärfutter *n*, Silage *f*, siliertes Futter *n*
~/**коксовый** Koksturm *m*, Koksbunker *m* *(Hochofenbetrieb)*
~/**цементный** Zementbunker *m*, Zementsilo *n*
силосование *n* Silierung *f*, Silage *f*, Gärfutterbereitung *f*
силосовать silieren, einsäuern *(Futter)*
силосопогрузчик *m* Gärfutterelevator *m*
силосорезка *f* Silohäcksler *m*
~/**барабанная** Trommel[feld]häcksler *m*
~/**дисковая** Scheibenradhäcksler *m*
силосотрамбовщик *m* Gärfutterstampfer *m*
силосотрамбовщик-разгрузчик *m* Gärfutterstampf- und -entnahmemaschine *f*
силосохранилище *n* Gärfutterbehälter *m*, Silo *n(m)*
силочас *m* Pferdestärkestunde *f*, PS-Stunde *f* *(veraltete Einheit)*
силт *m* *(Geol, Erdöl)* Silt *m*, Schluff *m*
силумин *m* Silumin *n*
силур *m* *(Geol)* Silur *n* *(als System bzw. Periode)*
силы *fpl* Kräfte *fpl* *(s. a. unter* **сила***)*
~/**военно-воздушные** Luftstreitkräfte *fpl*, LSK
~/**военно-морские** Seestreitkräfte *fpl*, SSK
~/**вооружённые** Streitkräfte *fpl*

~ **межмолекулярного взаимодействия** *(Ph)* zwischenmolekulare Kräfte *fpl*, Molekularkräfte *fpl*
~/**наземные** Bodentruppen *fpl*; Landstreitkräfte *fpl*
~/**сухопутные** Landstreitkräfte *fpl*
силь *m s.* **сель**
сильванит *m (Min)* Sylvanit *m*, Schrifttellur *n*, Schrifterz *n*
сильвин *m (Min)* Sylvin *m (Kalisalz)*
сильвинит *m (Geol)* Sylvinit *m*
сильвинитолит *m (Geol)* Sylvinit *m*
сильвинолит *m (Geol)* Sylvinit *m*
сильновязкий *(Met)* steif *(Schlacke)*
сильнокарбонатный karbonatreich
сильнокисл[отн]ый *(Ch)* stark sauer
сильноклеёный *(Pap)* starkgeleimt, vollgeleimt
сильнолегированный starkdotiert, hochdotiert *(Halbleiter)*
сильноосновный *(Ch)* stark basisch
сильноперегретый hochüberhitzt *(Dampf)*
сильносмачиваемый stark benetzend
сильноточный *(El)* Starkstrom ...
сильнощелочной *(Ch)* stark alkalisch
сильфон *m* Faltenbalg *m*, Balg *m*, Wellrohrmembran *f*, Wellrohr *n*
~/**металлический** Metallbalg *m*
сильхром *m* Silchrom *n(m) (hochlegierter Cr-Si-Stahl)*
сима *f (Geol)* Sima *n (untere, vorwiegend aus Silizium und Magnesium zusammengesetzte Krustenzone der Erde)*
символ *m* 1. Symbol *n*, Kurzzeichen *n*; 2. *(Dat)* Zeichen *n*, Symbol *n*; 3. *(Krist) s.* **индекс 5.**
~/**буквенный** *(Dat)* Alphazeichen *n*, alphabetisches Zeichen *n*
~ **вставки** *(Dat)* Einfügungszeichen *n*
~ **Германа-Могена** *(Krist)* Hermann-Mauginsches Symbol *n*
~ **грани** *(Krist)* Flächensymbol *n*, Flächenindex *m*
~ **единиц** Einheitenzeichen *n*, Einheitensymbol *n*
~ **классов симметрии/международный** *(Krist)* internationales Symbol *n*
~ **конца записи** *(Dat)* Satzendekennzeichen *n*
~ **конца файла** *(Dat)* Dateiendekennzeichen *n*
~ **кристаллического ребра** *(Krist)* Zonensymbol *n*
~ **кристаллической грани** *(Krist)* Flächensymbol *n*, Flächenindex *m*
~/**логический** logisches Zeichen *n*
~/**математический** mathematisches Symbol (Zeichen) *n*
~ **ограничения слова** *(Dat)* Wortbegrenzungssymbol *n*
~ **операции** *(Dat)* Operationszeichen *n*
~ **плоскостей** *s.* ~ **грани**
~ **присваивания** *(Dat)* Ergibtzeichen *n*
~ **ребра** *(Krist)* Kantensymbol *n*
~/**редактирующий** *(Dat)* Aufbereitungszeichen *n*, Druckaufbereitungszeichen *n*
~ **рядов** *(Krist)* Richtungssymbol *n*
~/**специальный** *(Dat)* Sonderzeichen *n*
~ **суммы** *(Dat)* Summensymbol *n*
~ **узлов [решётки]** *(Krist)* Gitterpunktsymbol *n*
~/**управляющий** *(Dat)* Steuerzeichen *n*
~/**химический** chemisches Zeichen *n*, Elementsymbol *n*
~ **Шёнфлиса** *(Krist)* Schönfließsches Symbol *n*
~ **Шубникова** *(Krist)* Schubnikowsches Symbol *n*
сименс *m* Siemens *n*, S
~ **на метр** Siemens *n* je Meter, S/m
симистор *m (Eln)* Symistor *m*, symmetrischer Thyristor *m*, Vollwegthyristor *m*, Zweiwegthyristor *m*, Triac *m*
~/**двунаправленный** bidirektionale Triggerdiode *f*, Zweiwegschaltdiode *f*, Vollwegschaltdiode *f*, Diac *m*
симметрирование *n (Fmt)* Ausgleich *m*, Symmetrierung *f*
~ **ёмкостей** Kapazitätsausgleich *m*
~ **относительно земли** Ausgleich *m* (Symmetrierung *f*) gegen Erde
симметрировать *(Fmt)* ausgleichen, symmetrieren
симметрический относительно земли erdsymmetrisch
~ **относительно направления передачи** richtungssymmetrisch
симметрично-осевой axialsymmetrisch, achsensymmetrisch
симметричный symmetrisch, ebenmäßig; spiegelungsgleich, spiegelig
~ **относительно земли** erdsymmetrisch
~ **относительно направления передачи** richtungssymmetrisch
~ **относительно плоскости** symmetrisch in bezug auf eine Ebene *(räumliche Gebilde)*
~ **относительно прямой** axialsymmetrisch *(flächenhafte und räumliche Gebilde)*
~ **относительно точки** zentrischsymmetrisch *(flächenhafte und räumliche Gebilde)*
симметрия *f* 1. Symmetrie *f*, Ebenmäßigkeit *f*; Gleichförmigkeit *f (regelmäßige Zuordnung einzelner Teile eines Ganzen zueinander)*; 2. *(Math)* Symmetrie *f (spiegelbildliche Lage zu einem Punkt, zu einer Geraden oder zu einer Ebene)*; 3. *(Krist)* Symmetrie *f*, Symmetriegleichheit *f*; Spiegelung *f*
~ **восьмого порядка** *(Krist)* achtzählige Symmetrie *f*
~ **вращения** Rotationssymmetrie *f*

~ **кристаллической решётки** *s.* ~ **кристаллов**
~ **кристаллов** Kristallsymmetrie *f*, kristallografische Symmetrie *f*, Gittersymmetrie *f*
~ **Лауэ** *(Krist)* Laue-Symmetrie *f*
~/**осевая** *s.* ~ **относительно прямой**
~ **относительно земли** Erdsymmetrie *f*
~ **относительно плоскости** *(Math)* Symmetrie *f* in bezug auf eine Ebene *(räumliche Gebilde)*
~ **относительно прямой** *(Math)* axiale Symmetrie *f (flächenhafte und räumliche Gebilde)*
~ **относительно точки** *(Math)* zentrale Symmetrie *f (flächenhafte und räumliche Gebilde)*
~ **передачи** *(Eln)* Übertragungssymmetrie *f*, Kopplungssymmetrie *f*
~/**плоскостная** *s.* ~ **относительно плоскости**
~ **решётки** *s.* ~ **кристаллов**
~/**центральная** *s.* ~ **относительно точки**
~ **шестого порядка** *(Krist)* sechszählige Symmetrie *f*
~/**электрическая** elektrische Symmetrie *f*
симплекс *m* 1. *(Fmt)* Simplexbetrieb *m*, Richtungsbetrieb *m*; Simplexschaltung *f*; 2. *(Math)* Simplex *n (kombinatorische Topologie)*
~/**двумерный** *(Math)* zweidimensionales Simplex *n*
~/**нульмерный** *(Math)* nulldimensionales Simplex *n*
~/**одномерный** *(Math)* eindimensionales Simplex *n*
~/**трёхмерный** *(Math)* dreidimensionales Simplex *n*
симплекс-насос *m* Simplexpumpe *f*
симпьезометр *m* Sympiezometer *n*
сингенез *m (Geol)* Syngenese *f*
сингенетический, сингенетичный *(Geol)* syngenetisch, gleichaltrig, gleichzeitig entstanden
сингенит *m (Min)* Syngenit *m*
синглет *m s.* **сингулет**
сингония *f* Kristallsystem *n*, Syngonie *f*
~/**агирная** triklines Kristallsystem *n*
~/**гексагирная (гексагональная)** hexagonales Kristallsystem *n*
~/**дигирная** rhombisches Kristallsystem *n*
~/**кубическая** kubisches (reguläres) Kristallsystem *n*
~/**моногирная** monoklines Kristallsystem *n*
~/**моноклинная** monoklines Kristallsystem *n*
~/**полигирная** kubisches (reguläres) Kristallsystem *n*
~/**ромбическая** rhombisches Kristallsystem *n*
~/**тетрагирная (тетрагональная)** tetragonales Kristallsystem *n*
~/**тригирная (тригональная)** trigonales (hexagonal hemiedrisches) Kristallsystem *n*
~/**триклинная** triklines Kristallsystem *n*
сингулет *m* Singulett *n (Spektrum)*
сингулярность *f (Kyb)* Singularität *f*
синдиотактический syndiotaktisch *(Polymere)*
синева *f (Forst)* Bläue *f*
~ **древесины** Bläue *f* des Holzes, Blauschaden *m*
~ **кромок** Kantenbläue *f*
~/**поверхностная** oberflächliche Bläue *f*
синеватый bläulichweiß, fahl
сине-зелёный blaugrün
синеклиза *f (Geol)* Syneklise *f*
синелом *m (Met)* Blaubruch *m*
синеломкий *(Met)* blaubrüchig
синеломкость *f* Blaubrüchigkeit *f*, Blausprödigkeit *f (Stahl)*
синерезис *m (Ch)* Synärese *f*
синерод *m (Ch)* Zyan *n*, Dizyan *n*
синеродистый *(Ch)* ...zyanid *n*; zyanhaltig
синий *m* Blau *n*
~/**гидроновый** Hydronblau *n (Schwefelfarbstoff)*
~/**кислотный** Säureblau *n*
~/**метиленовый** Methylenblau *n*
~/**прямой** Direktblau *n*
синистор *m* Synistor *m*
синить blau färben
синклазы *pl (Geol)* Synklasen *pl*
синклиналь *f (Geol)* Synklinale *f*, Synkline *f*, Mulde *f (s. a. unter* **мульда***)*
синклинорий *m (Geol)* Synklinorium *n*
синодический *(Astr)* synodisch
синонимика *f* **пластов** *(Geol)* Parallelisierung *f* der Schichten
синоптика *f (Meteo)* Synoptik *f*
синорогения *f (Geol)* Synorogenese *f*
синтакс *m (Dat)* Syntax *f (der Programmiersprache)*
синтаксика *f (Dat)* Syntaktik *f*
синтаксический *(Dat)* syntaktisch
синтан *m* Syntan *n*, synthetischer Gerbstoff *m*
синтез *m (Ch)* Synthese *f*
~ **аммиака** Ammoniaksynthese *f*
~/**биологический** Biosynthese *f*
~ **высокого давления** Hochdrucksynthese *f*
~ **Дильса-Альдера/диеновый** Diensynthese *f*, Diels-Alder-Synthese *f*
~ **отдачей** *(Ph)* Rückstoßsynthese *f*
~ **Паттерсона** *(Krist)* Patterson-Synthese *f*, Patterson-Reihe *f*
~ **переключательных схем** *(Dat)* Schaltkreissynthese *f*

~ по Фишеру-Тропшу Fischer-Tropsch-Synthese *f*
~ речи *(Dat)* Sprachsynthese *f*
~ топлива Kraftstoffsynthese *f*
~ цепей Netzwerksynthese *f*
~ частот Frequenzsynthese *f*
~ электрических цепей Netzwerksynthese *f*
~ ядер *(Kern)* Kernfusion *f*, Fusion *f*, Kernverschmelzung *f*, Verschmelzung *f*, Kernaufbau *m*
~/ядерный *s.* **~ ядер**
синтезатор *m (Rf)* Synthesator *m*
синтез-газ *m* Synthesegas *n*
синтезировать synthetisieren
синтексис *m (Geol)* Syntexis *f*
синтер *m* Agglomerat *n*, Sinter *m*
синтер-магнезит *m* Sintermagnesit *m*
синус *m (Math)* Sinus *m*
~/обратный гиперболический *(Math)* Areasinus *m*, Areasinus hyperbolicus *m*
синус-буссоль *f (El)* Sinusbussole *f*
синус-гальванометр *m (El)* Sinusgalvanometer *n*
синус-датчик *m (Reg)* Sinusgeber *m*
синусоида *f* 1. *(Math)* Sinuskurve *f*, Sinuslinie *f*; 2. Sinuswelle *f*, sinusförmige Welle *f*
синусоидальный *(Math)* sinusförmig, Sinus . . .
синус-преобразование *n* **Фурье** *(Math)* Fourier-Sinustransformation *f*
синус-электрометр *m* Sinuselektrometer *n*
синфазировать *(El)* in Phase bringen, phasensynchronisieren
синфазность *f* Phasengleichheit *f*, Gleichphasigkeit *f*
синфазный phasengleich, gleichphasig
синхрогенератор *m (Fs)* Gleichlaufgenerator *m*, Synchronisiergenerator *m*
синхроимпульс *m (El)* Synchron[isier]-impuls *m*, Gleichlaufimpuls *m*
~/кадровый *(Fs)* Bildsynchron[isier]-impuls *m*, Bildgleichlaufimpuls *m*, Rastersynchron[isier]impuls *m*
~/строчный *(Fs)* Zeilensynchron[isations]-impuls *m*
синхрометр *m* Massensynchrometer *n* *(Massenspektroskopie)*
синхромикротрон *m (Kern)* Synchromikrotron *n*
синхронизатор *m* 1. *(El)* Synchronisator *m*, Synchronisiergerät *n*; 2. *(Kfz)* Synchroneinrichtung *f*, Gleichlaufeinrichtung *f (in Synchrongetrieben)*; Drehzahlverstellung *f*, Drehzahlverstellvorrichtung *f*
синхронизация *f* Synchronisation *f*, Synchronisierung *f*
~/внутренняя Eigensynchronisation *f*
~ горизонтальной развёртки *s.* **~/строчная**
~ изображения (кадровой развёртки) *(Fs)* Bildsynchronisierung *f*, Vertikalsynchronisation *f*
~ с сетью (частотой сети) *(El)* Netzsynchronisierung *f*
~ событий *(Dat)* Ereignissynchronisation *f*
~/стартстопная Start-Stop-Synchronisation *f*
~/строчная *(Fs)* Zeilensynchronisierung *f*, Horizontalsynchronisation *f*
~ строчной развёртки *s.* **~/строчная**
~/фазовая Phasensynchronisation *f*
~ частоты Frequenzsynchronisierung *f*
синхронизировать synchronisieren
синхронизм *m* Synchronismus *m*, Gleichlauf *m*; Gleichzeitigkeit *f*
~/волновой Wellensynchronismus *m*
синхроничность *f* Gleichzeitigkeit *f*; Zeitäquivalenz *f*
~ отложений *(Geol)* Gleichaltrigkeit *f* der Ablagerungen (Sedimentationen)
синхроничный synchron, gleichzeitig
синхронность *f* **отложений** *s.* **синхроничность отложений**
синхронный synchron, gleichlaufend, übereinstimmend, Synchro[n] . . .
~ с изображением bildsynchron
синхроноскоп *m (El)* Synchronoskop *n*
~/ламповый Lampensynchronoskop *n*
~/стрелочный Zeigersynchronoskop *n*
~/электромагнитный elektromagnetisches Synchronoskop *n*, Dreheisensynchronoskop *n*
синхросигнал *m* Synchron[isations]signal *n*, Gleichlaufzeichen *n*
синхротрон *m (Kern)* Synchrotron *n*
~/протонный *s.* **синхрофазотрон**
~/электронный Elektronensynchrotron *n*
синхрофазотрон *m (Kern)* Synchrophasotron *n (Synchrotron für schwere geladene Teilchen)*
синхроциклотрон *m (Kern)* Synchrozyklotron *n*, Phasotron *n*, frequenzmoduliertes Zyklotron *n*
синхрочастота *f (El)* Synchronisierfrequenz *f*, Gleichlauffrequenz *f*
синь *f* Blau *n (Farbstoff)*
~/кобальтовая Kobaltblau *n*
~/резорциновая Resorzinblau *n*
~/тенарова Thénards Blau *n*, Kobaltultramarin *n*
~/турнбуллева Turnbulls Blau *n*
синька *f* Blaupause *f*, Lichtpause *f*
сирена *f* Sirene *f*
~ с прерывистым сигналом *(Kfz)* Martinshorn *n*
сириометр *m* Siriometer *n*, Astron *n*, Stern[en]weite *f*
сирокко *n (Meteo)* Schirokko *m*, Sirokko *m*
СИС *s.* **схема/средняя интегральная**

сисаль *m s.* **сизаль**
система *f* 1. System *n*; Anordnung *f*; Gebilde *n*; 2. Gruppe *f*; Satz *m*; Schar *f*; 3. Verfahren *n*, Methode *f*; Art *f*; 4. Anlage *f*; Einrichtung *f*; 5. *(Geol) s.* **~/геологическая**; 6. *s.* **сингония**
~/абонентская вычислительная *(Dat)* Teilnehmerrechensystem *n*
~/абсолютно жёсткая *(Fest)* absolut starres System *n*
~ аварийно-предупредительной сигнализации *(Schiff)* Störungsmeldeanlage *f*
~ авральной сигнализации Schiffsalarmanlage *f*
~/автоколебательная selbstschwingendes System *n*
~ автоматизации программирования automatisiertes Programmiersystem *n*
~ автоматизированной обработки информации/интегрированная [централизованная] *(Dat)* integriertes System *n* der automatisierten Informationsverarbeitung
~/автоматическая automatisches System *n (s. a.* **~/автоматическая телефонная***)*
~/автоматическая спринклерная Sprinkler-Feuerlöschanlage *f*, Sprinkler-Anlage *f*
~/автоматическая телефонная Fernsprechwählsystem *n*
~ автоматического приспособления *(Reg)* adaptives System *n*
~ автоматического регулирования selbsttätiger Regelkreis *m*, selbsttätige Regelung *f*, Selbstregelungssystem *n*
~ автоматического регулирования/астатическая integral wirkendes Regelungssystem *n*, I-System *n*
~ автоматического регулирования/замкнутая geschlossener Regelkreis *m*
~ автоматического регулирования/многоконтурная vermaschter (mehrschleifiger) Regelkreis *m*
~ автоматического регулирования/статическая proportional wirkendes Regelungssystem *n*, P-System *n*
~ автоматического регулирования/экстремальная Extremwertregelung *f*
~ автоматического управления *(Reg)* selbsttätiger Steuerkreis *m*, selbsttätige Steuerung *f*, Selbststeuerungssystem *n*
~ автоматического управления курсом *(Schiff)* Kursregelungsanlage *f*, Selbststeueranlage *f*
~ автоматической обработки данных automatisches Datenverarbeitungssystem *n*
~ автоматической регистрации параметров полёта Flugdatenschreiber *m*
~ автоматической сигнализации обнаружения пожара selbsttätige Feuererkennungsanlage *f*
~ авторегулирования *s.* **~ автоматического регулирования**
~/адаптивная *(Reg)* adaptives System *n*
~/адаптивная телевизионная selbstanpassendes Fernsehsystem *n*
~ административного управления/автоматизированная *(Dat)* automatisiertes System *n* der organisatorischen Leitung
~ адресации *(Dat)* Adressiersystem *n*, Adreßsystem *n*; Adressiereinheit *f*
~ активного самонаведения *(Rak)* aktive Zielsuchlenkung *f*
~/альгонская *s.* **группа/альгонская**
~/анаморфотная оптическая *(Foto)* Zerroptik *f*
~ антенн *(Rt)* Antennenanordnung *f* [regelmäßiger Ausführung], Antennensystem *n*
~/антенная *s.* **~ антенн**
~/антропогеновая *(Geol)* Anthropogen *n*
~ армирования *(Bw)* Bewehrungssystem *n*
~/базовая операционная *(Dat)* Grundbetriebssystem *n*
~/балластная *(Schiff)* Ballastsystem *n*
~ банка данных/операционная *(Dat)* Datenbankbetriebssystem *n*, DBBS
~ без стоек/решетчатая *(Bw)* Strebenfachwerk *n*
~/безаберрационная *(Opt)* aberrationsfreies System *n*
~/безвариантная [термодинамическая] *(Ph, Ch)* nonvariantes Phasengleichgewicht *n (Gibbssche Phasenregel)*
~ безопасности Schutzsystem *n*, Sicherheitssystem *n*
~/безраскосная (безраспорная) решетчатая *(Bw)* Ständerfachwerk *n*
~/бивариантная [термодинамическая] *(Ph, Ch)* bivariantes Phasengleichgewicht *n (Gibbssche Phasenregel)*
~/бинарная *(Ch)* binäres System *n*, Zweistoffsystem *n*, Zweikomponentensystem *n*
~/бланкирующая Austastsystem *n*
~ ближнего действия/радионавигационная Decca-Funknavigationsanlage *f*
~ ближней радионавигации *(FO)* Shoran-Verfahren *n*, Shoran-System *n*, Kurzstreckennavigationsradar *n*
~ блокового обрушения *(Bgb)* Blockbruchbau *m (Erzbergbau)*
~/блочная Baukastensystem *n*
~/ботнинская *(Geol)* Bottnische Formation *f*, Bottnium *n*
~/бумагопроводящая *(Typ)* Papierführung *f*
~ бухгалтерского учёта *(Dat)* Buchhaltungssystem *n*
~ быстрой зарядки *(Foto)* Schnelladesystem *n*, SL-System *n*
~/вакуумная Vakuumsystem *n*

~ **вала** *(Fert)* System *n* Einheitswelle, Einheitswellensystem *n* *(Toleranzen und Passungen)*
~/**вантовая** *(Bw)* Wantensystem *n*, Seilsystem *n*
~/**вантовая пространственная** Seilnetzwerk *n*
~ **вариационных уравнений** *(Math)* System *n* der Variationsgleichungen
~ **ввода** *(Dat)* Eingabeeinheit *f*
~/**векторная** *(Math)* Vektorsystem *n*, Kräftesystem *n*
~ **вентиляции** Lüftungssystem *n*, Lüftungsanlage *f*
~/**вертикально отклоняющая** Vertikalablenksystem *n*
~/**водоотливная** *(Schiff)* Notlenzsystem *n*, Havarielenzsystem *n*, Notlenzanlage *f*, Havarielenzanlage *f*
~/**водопожарная** Wasserfeuerlöschanlage *f*
~ **водораспыления** Sprühwasserfeuerlöschanlage *f*
~ **водоснабжения** Wasserversorgungsanlage *f*, Wasserversorgungssystem *n*
~/**водосточная** *(Hydt)* Entwässerungssystem *n*
~/**водяная пожарная** Wasserfeuerlöschanlage *f*
~/**водяная противопожарная** Wasserfeuerlöschsystem *n*, Wasserfeuerlöschanlage *f*
~ **водяного орошения** Wasserberieselungsanlage *f*
~ **водяного охлаждения/принудительная** *(Kfz)* Flüssigkeitskühlsystem *n*
~ **водяных завес** *(Schiff)* Wasservorhänge *mpl*
~ **воздушного отопления** Luftheizungsanlage *f*
~ **воронок** *(Bgb)* Trichterbau *m* *(Abbauverfahren)*
~/**восьмеричная** *(Dat)* Oktalsystem *n*
~ **временного разделения (уплотнения) каналов** *(Dat)* Zeitmultiplexsystem *n*
~/**вторичная** *(Ph, Ch)* Sekundärsystem *n*
~ **второго порядка** *(Reg)* System *n* zweiter Ordnung
~ **вывода** *(Dat)* Ausgabeeinheit *f*
~ **выемки** *(Bgb)* Abbauverfahren *n*; Gewinnungsmethode *f*
~ **выпаривания** Ausdämpfsystem *n*, Ausdämpfanlage *f*
~/**высоковольтная энергетическая** *(Eln)* Hochspannungsverbundsystem *n*
~/**высокодисперсная** *(Ph, Ch)* feindisperses (hochdisperses, kolloiddisperses) System *n*
~ **высокочастотного телефонирования** Trägerfrequenz[fernsprech]system *n*
~ **высокочастотной связи** Trägerfrequenzsystem *n*, TF-System *n*
~ **вытягивания ионов** *(Kern)* Ionenextraktionssystem *n*, Extraktionssystem *n*
~/**вычислительная** Rechnersystem *n*, Rechensystem *n*
~/**газоотводная** *(Schiff)* Gasableitungssystem *n* *(Tanker)*
~/**галактическая** *(Astr)* Milchstraßensystem *n*, Galaxis *f*
~/**гармоническая координатная** harmonisches Koordinatensystem *n* *(allgemeine Relativitätstheorie)*
~/**гексагональная** *(Krist)* hexagonales Kristallsystem *n*
~/**генераторная** *(El)* Generatorsystem *n*
~/**геологическая** *(Geol)* System *n* *(während einer Periode entstandene Schichtenfolge)*
~/**гиперболическая [радио]навигационная** Hyperbel[navigations]system *n*
~/**гиперстатическая** *(Fest)* statisch überbestimmtes System *n*
~ **главных осей** Hauptachsensystem *n*
~/**гомогенная дисперсная** *(Ph, Ch)* homogenes (einphasiges) disperses System *n*
~ **горячего водоснабжения** Warmwasserversorgungssystem *n*
~ **государственной статистики/автоматизированная** *(Dat)* automatisiertes System *n* der staatlichen Statistik
~ **громкоговорящей [командной] связи** *(Schiff)* Kommandoübertragungsanlage *f*
~/**грубодисперсная** *(Ph, Ch)* grobdisperses (niedrigdisperses) System *n*
~ **Д'Аламбера** *(Math)* d'Alembertsches System *n*
~ **дальнего действия/радионавигационная** Loran-Funknavigationsanlage *f*, Loran-System *n*, Langstreckennavigationsradar *n*
~ **дальнего обнаружения** *(FO)* Frühwarnsystem *n*
~/**дальномерная** Entfernungsmeßsystem *n*, E-Meßsystem *n*
~ **дважды статически неопределимая** *(Fest)* zweifach statisch unbestimmtes System *n*
~/**двоичная** *(Dat)* Binärsystem *n*, Dualsystem *n*
~/**двоично-десятичная** *(Dat)* Binär-Dezimalsystem *n*
~/**двойная** *s.* ~/**бинарная**
~ **двусторонней громкоговорящей [командной] связи** *(Schiff)* Kommandowechselsprechanlage *f*
~/**двухадресная** *(Dat)* Zweiadreßsystem *n*
~/**двухвариантная [термодинамическая]** *(Ph, Ch)* bivariantes Phasengleichgewicht *n* *(Gibbssche Phasenregel)*
~/**двухкомпонентная** Zweistoffsystem *n*, Zweikomponentensystem *n*, binäres System *n*

~/**двухконтурная двухмагистральная тормозная** *(Kfz)* Zweikreisbremssystem *n*
~/**двухпозиционная** *(Reg)* Zweipunktsystem *n*
~/**двухполосная** Zweiseitenbandsystem *n*; *(Fmt)* Getrenntlagesystem *n*
~/**двухполосная двухпроводная** *(Fmt)* Zweidraht-Getrenntlagesystem *n*, Z-System *n*
~/**двухпроводная** *(El)* Zweileitersystem *n*
~/**двухпроводная однополосная** *(Fmt)* Zweidraht-Gleichlagesystem *n*
~/**двухтрубная** *(Wmt)* Zweirohrsystem *n* *(Heizung)*
~/**двухуровневая** Zweiniveausystem *n* *(Laser)*
~/**двухфазная** *(El)* Zweiphasensystem *n*
~/**двухчастичная** *(Kern)* Zweiteilchensystem *n*
~/**девонская** *(Geol)* Devon *n* *(als geologisches System)*
~ **Декка/радионавигационная** Decca-Funknavigationssystem *n*
~/**десятичная** *(Dat)* Dezimalsystem *n*, dekadisches System *n*
~/**детерминированная** *(Kyb)* deterministisches System *n*
~ **диагональной обшивки** *(Schiff)* Diagonalbeplankung *f*
~/**дивариантная [термодинамическая]** *(Ph, Ch)* bivariantes Phasengleichgewicht *n* *(Gibbssche Phasenregel)*
~/**динамическая** dynamisches System *n*
~/**диоптрическая** *(Opt)* dioptrisches System *n*
~/**дисковая операционная** *(Dat)* Plattenbetriebssystem *n*
~/**дискретная** Digitalsystem *n*
~ **дискретных данных с обратной связью** Abtastregelung *f*
~/**дисперсная** *(Ph, Ch)* disperses System *n*
~ **дистанционной передачи** *(Dat)* Fernübertragungssystem *n*
~/**дистрибутивная** *(Dat)* Ursystem *n*, Verteilungssystem *n*
~/**дифферент[овоч]ная** *(Schiff)* Trimmsystem *n*, Trimmanlage *f*
~ **для поворачивания листов** *(Typ)* Wendesystem *n*
~ **дожигания** *(Flg, Rak)* Nachbrenneranlage *f*
~/**доплеровская радиолокационная** Doppler-Radar[system] *n*, Doppler-Navigationssystem *n*
~ **допусков** *(Fert)* Toleranzsystem *n*
~ **допусков и посадок** Toleranz- und Passungssystem *n*
~ **дренажа** Dränagesystem *n*, Entwässerungssystem *n*
~ **дренажа/головная** Kopfdränung *f*, Querdränung *f*
~ **дренажа/кольцевая** Ringdränsystem *n*
~ **дренажа/площадочная** Längsdränung *f*, Paralleldränung *f*
~/**дуальная** binäres System *n*
~/**дуплексная** *(Fmt)* Gegensprechanordnung *f*, Duplexsystem *n* *(Telegrafie)*
~ **единиц** Einheitensystem *n*, Maßsystem *n*
~ **единиц/абсолютная** absolutes Maßsystem *n*
~ **единиц/Гауссова** Gaußsches Maßsystem *n*
~ **единиц Джорджи** *s.* ~ **единиц/МКСА**
~ **единиц/когерентная** kohärentes Einheitensystem (Maßsystem) *n*
~ **единиц/международная** Internationales Einheitensystem *n*, SI
~ **единиц МКГСС** m-kp-s-System *n*, Meter-Kilopond-Sekunde-System *n*
~ **единиц МКС** MKS-System *n*, Meter-Kilogramm-Sekunde-System *n*, metrisches System *n*
~ **единиц МКСА** MKSA-System *n*, Meter-Kilogramm-Sekunde-Ampere-System *n*, Giorgisches Maßsystem (Einheitensystem, System) *n*
~ **единиц МКСГ** m-kg-s-°K-System *n*, Meter-Kilogramm-Sekunde-Grad Kelvin-System *n*
~ **единиц МТС** MTS-System *n*, MTS-Maßsystem *n*, Meter-Tonne-Sekunde-System *n*
~ **единиц СГС** CGS-System *n*, Zentimeter-Gramm-Sekunde-System *n*
~ **единиц СГСМ** elektromagnetisches CGS-System *n*
~ **единиц СГСЭ** elektrostatisches CGS-System *n*
~ **единиц/согласованная** kohärentes Einheitensystem (Maßsystem) *n*
~ **единиц физических величин** Einheitensystem *n*
~ **единиц/электромагнитная** *s.* ~ **единиц СГСМ**
~ **единиц/электростатическая** *s.* ~ **единиц СГСЭ**
~/**ёмкостная опрашивающая** kapazitives Abtastsystem *n*
~/**желобчатая** *(Bgb)* Spülrinnensystem *n* *(Bohrung)*
~/**жёсткая** *(Fest)* starres System *n*
~ **жидкостного тушения** *(Schiff)* Flüssigkeitsgasfeuerlöschanlage *f*
~ **жил** *(Geol)* Gangzug *m*
~ **зажигания** 1. Zündanlage *f* *(Verbrennungsmotor)*; 2. Zündungsart *f*
~/**замедляющая** Verzögerungssystem *n*
~/**замкнутая** *(Kyb)* abgeschlossenes System *n*, Kreisschaltung *f*
~/**замкнутая телевизионная** Fernsehen *n* im Kurzschlußbetrieb, geschlossenes System *n* *(drahtgebundenes Fernsehen)*

~/**запоминающая** *(Dat)* Speichersystem *n*
~ **затопления** *(Schiff)* Fluteinrichtung *f* *(Brandschutz)*
~ **захватов** *(Typ)* Greifersystem *n*
~/**зачистная** *(Schiff)* Restlenzsystem *n*, Reinigungssystem *n* *(Tanker)*
~ **защиты** Schutzsystem *n*, Sicherheitssystem *n*
~ **защиты данных** Datensicherungssystem *n*
~ **земледелия** *(Lw)* [landwirtschaftliches] Betriebssystem *n*, Ackerbausystem *n*, Feldbausystem *n*
~ **земледелия/паровая** Brachfeldsystem *n*
~ **земледелия/плодосменная** Fruchtwechselsystem *n*, Fruchtwechselwirtschaft *f*
~ **земледелия/травопольная** Feldgraswirtschaft *f*
~/**зеркальная** *(Opt)* Spiegelsystem *n*
~/**зеркально-линзовая** *(Foto)* Spiegellinsensystem *n*
~/**идеализированная** *(Kyb)* idealisiertes System *n*
~/**идеальная** ideales System *n*; *(Kyb)* idealisiertes System *n*
~/**идеальная оптическая** ideales optisches System *n*
~/**измерительная** Meßsystem *n*
~/**измерительная информационная** Informationsmeßsystem *n*
~/**изображающая** *(Opt)* Abbildungssystem *n*
~/**изодисперсная** *(Ph, Ch)* isodisperses (monodisperses) System *n*
~/**изотопная** *(Kern)* isotopes System *n*
~/**импульсная телеизмерительная** Impulsfernmeßsystem *n*
~/**импульсно-доплеровская радиолокационная** Impuls-Doppler-Radar[system] *n*
~/**инвариантная [термодинамическая]** *(Ph, Ch)* nonvariantes Phasengleichgewicht *n* *(Gibbssche Phasenregel)*
~ **инвариантов** *(Math)* Invariantensystem *n*
~/**индивидуальная** *(Fmt)* Einzelkanalsystem *n*
~/**индикаторная** *(Mil)* Nachweissystem *n* *(Nachweis chemischer und radioaktiver Kampfstoffe)*
~ **индикации** Anzeigesystem *n*
~ **инструкций** *(Dat)* Befehlssystem *n*
~ **интегральных уравнений** Integralgleichungssystem *n*
~/**информационная** *(Dat)* Informationssystem *n*
~/**информационная интегрированная** *(Dat)* integriertes Informationssystem *n*
~/**информационно-поисковая** *(Dat)* Informations- und Suchsystem *n*
~/**информационно-справочная** *(Dat)* Informations- und Auskunftssystem *n*
~/**ионно-дисперсная** *(Ph, Ch)* molekulardisperses System *n*
~/**ирригационная** Bewässerungssystem *n*
~/**испытательная** Prüfsystem *n*
~ **испытательных программ** *(Dat)* Prüfprogrammsystem *n*
~ **источников** Quell[en]system *n*
~ **калибровки** *(Wlz)* Kaliberfolge *f*, Kaliberreihe *f*, Kalibersystem *n*
~/**каменноугольная** *(Geol)* Karbon *n* *(als geologisches System)*
~ **каналов** *(Hydt)* Kanalsystem *n*
~ **Карру** *(Geol)* Karru-Formation *f*
~/**каскадная** *(Reg)* Stufenschaltung *f*
~ **каскадного регулирования** *(Reg)* Kaskadenregelung *f*
~/**квадруплексная** *(Fmt)* Quadruplexbetrieb *m* *(Telegrafie)*
~/**кембрийская** *(Geol)* Kambrium *n* *(als geologisches System)*
~/**кипящая** Fluidsystem *n*, Staubfließsystem *n* *(Wirbelschichttechnik)*
~ **клиньев** *(Typ)* Keilsystem *n*
~/**клопферная** *(Fmt)* Klopfersystem *n* *(Telegrafie)*
~/**когерентная дисперсная** kohärentes disperses System *n*, kohärentdisperses (kompaktdisperses) System *n*
~ **кодирования** *(Dat)* Kodesystem *n*, Schlüsselsystem *n*
~/**кодоимпульсная** Impulskodesystem *n*
~/**колебательная** Schwingungssystem *n*
~ **коллективного пользования** *(Dat)* Mehrbenutzersystem *n*, Vielfachzugriffssystem *n*
~/**коллоидно-дисперсная** *(Ph, Ch)* feindisperses (hochdisperses, kolloiddisperses) System *n*
~/**кольцевая** *(Reg)* Ringschaltung *f*
~ **команд** *(Dat)* Befehlssystem *n*, Kommandosystem *n*
~ **команд/гибкая** flexibles Befehlssystem *n*
~/**коммутационная** *(Fmt)* Vermittlungssystem *n*
~/**конденсированная** *(Ch, Ph)* kondensiertes (anelliertes) Ringsystem *n*
~ **кондиционирования воздуха** Klimaanlage *f*
~ **конструкторской документации/единая** Einheitliches System *n* der Konstruktionsdokumentation *(ESKD)*
~ **контроля** *(Dat)* Überwachungssystem *n*, Kontrollsystem *n* *(des Rechners)*
~ **контроля и управления** Kontroll- und Steuerungssystem *n*
~ **координат** *(Math)* Koordinatensystem *n*
~ **координат/ареографическая** *(Astr)* areografisches Koordinatensystem *n* *(auf den Planeten Mars bezogen)*

~ **координат/барицентрическая** *(Astr)* baryzentrisches Koordinatensystem *n*, Schwerpunktskoordinatensystem *n* *(Dreikörperproblem)*
~ **координат/галактическая** *(Astr)* galaktisches Koordinatensystem *n*
~ **координат/гелиографическая** *(Astr)* heliografisches Koordinatensystem *n* *(der Sonne)*
~ **координат/геоэкваториальная** *(Astr)* Äquatorialsystem *n*
~ **координат/декартова** *(Math)* kartesisches Koordinatensystem *n*, Parallelkoordinatensystem *n*
~ **координат/зенографическая** *(Astr)* jovigrafisches Koordinatensystem *n* *(auf den Planeten Jupiter bezogen)*
~ **координат/инерциальная** *(Astr)* Inertialsystem *n*
~ **координат/йовицентрическая** *(Astr)* jovizentrisches Koordinatensystem *n*
~ **координат/марсоцентрическая** *(Astr)* areozentrisches Koordinatensystem *n* *(auf den Planeten Mars bezogen)*
~ **координат/планетографическая** *(Astr)* planetografisches Koordinatensystem *n*
~ **координат/планетоцентрическая** *(Astr)* planetozentrisches Koordinatensystem *n*
~ **координат/полярная** *(Math)* Polarkoordinatensystem *n*
~ **координат/прямоугольная** *(Math)* orthogonales (rechtwinkliges) Koordinatensystem *n*
~ **координат/сатурноцентрическая** *(Astr)* saturnozentrisches Koordinatensystem *n* *(auf den Planeten Saturn bezogen)*
~ **координат/селенографическая** *(Astr)* selenografisches Koordinatensystem *n* *(Mond)*
~ **координат/селеноцентрическая** *(Astr)* selenozentrisches Koordinatensystem *n* *(Mond)*
~/**координатная** *(Fmt)* Koordinatenschaltersystem *n*
~ **Коперника** kopernikalisches System *n*
~/**корпускулярно-дисперсная** *(Ph, Ch)* korpuskulardisperses System *n*
~/**креновая** *(Schiff)* Krängungsanlage *f*
~ **крепления двигателя** *(Flg, Rak)* Triebwerksaufhängung *f*
~/**кристаллографическая** *(Krist)* Kristallsystem *n*, Syngonie *f*
~/**кристаллографическая изометрическая** kubisches Kristallsystem *n*
~/**кристаллографическая квадратная** tetragonales Kristallsystem *n*
~/**кристаллографическая правильная** kubisches Kristallsystem *n*
~/**кристаллографическая ромбоэдрическая** trigonales Kristallsystem *n*
~ **кругового обзора** *(FO)* Rundsichtsystem *n*
~/**кубическая** *(Krist)* kubisches (reguläres) Kristallsystem *n*
~/**курсовая** Kurssteuerung *f*
~/**лазерная** Lasersystem *n*
~ **Леонарда** *(El)* Leonard-System *n*, Generator-Motor-System *n*
~ **Лехера** *(Rf)* Lecher-Leitung *f*, Lecher-System *n*
~/**линейная** *(Ph)* lineares (rheolineares) System *n*
~/**линейная дискретная** *(Kyb)* lineares diskretes System *n*
~/**линейная управляющая** lineares Steuersystem *n*
~/**линзовая** *(Opt)* Linsensystem *n*
~/**лиофильная дисперсная** *(Ph, Ch)* lyophyles disperses System *n*
~/**лиофобная дисперсная** *(Ph, Ch)* lyophobes disperses System *n*
~/**листоотделительная** *(Typ)* Bogentrennung *f*, Blattvereinzelung *f*
~/**литниковая** *(Gieß)* Gießsystem *n*
~/**логическая** Logiksystem *n*
~ **Лоран/радионавигационная** Loran-Funknavigationsanlage *f*, Loran-System *n*, Langstreckennavigationsradar *n*
~ **макрокоманд** *(Dat)* Makrosystem *n*
~ **маркировки времени** Zeitmarkierungssystem *n*
~ **математического обеспечения** *(Dat)* Systemunterlagen *fpl*, Software *f*
~ **материально-технического снабжения/автоматизированная** *(Dat)* automatisiertes Leitungssystem *n* der materiell-technischen Versorgung
~ **материальных точек** *(Mech)* Massepunktsystem *n*
~ **машин** Maschinensystem *n*
~ **МБ** *(Fmt)* Ortsbatteriesystem *n*, OB-System *n*
~/**мелиоративная** Meliorationssystem *n*
~/**меловая** *(Geol)* Kreide *f* *(als geologisches System)*
~ **Менделеева** *s.* ~ **элементов/периодическая**
~ **мер** *s.* ~ **единиц**
~ **мер/метрическая** metrisches System (Maßsystem) *n*
~ **мер/метрическая десятичная** dezimales metrisches System *n*
~ **местной батареи** *s.* ~ **МБ**
~/**метастабильная** *(Met)* metastabiles System *n*, System *n* $Fe\text{-}Fe_3C$
~ **метр-килограмм-секунда-ампер** *s.* ~ **единиц МКСА**
~ **метр-тонна-секунда** *s.* ~ **единиц МТС**
~ **мира** *(Astr)* Weltsystem *n*, Weltbild *n*
~ **мира/гелиоцентрическая** heliozentrisches Weltbild *n*

~ мира/геоцентрическая geozentrisches Weltbild *n*
~ МК *(Astr)* MK-System *n*, Morgan-Keenan-System *n (Spektralklassifikation der Sterne)*
~ МКК *(Astr)* MKK-System *n*, Morgan-Keenan-Kellman-System *n (Spektralklassifikation der Sterne)*
~ МКС *s.* **~ единиц МКС**
~ МКСА *s.* **~ единиц МКСА**
~ МКСГ *s.* **~ единиц МКСГ**
~/многовариантная термодинамическая *(Ph, Ch)* multivariantes Phasengleichgewicht *n (Gibbssche Phasenregel)*
~/многоканальная *(Eln)* Mehrkanalsystem *n*, Vielkanalsystem *n*
~/многоканальная телеизмерительная Mehrkanalfernmeßsystem *n*
~ многоканальной связи *s.* **~/многоканальная**
~/многокомпонентная Mehrstoffsystem *n*, Mehrkomponentensystem *n*
~/многоконтурная *(Eln)* mehrkreisiges (mehrschleifiges, vermaschtes) System *n*, Mehrkreissystem *n*
~/многокулачковая *(Wkzm)* Mehrkurvensystem *n (Automatensteuerung)*
~/многомашинная вычислительная *(Dat)* Mehrrechnersystem *n*
~/многопроводная *(El)* Mehrleitersystem *n*
~/многоуровневая Vielniveausystem *n (Laser)*
~/многофазная Mehrphasensystem *n*
~ модулей *(Dat)* Bausteinsystem *n*
~/модульная *(Bw)* Maßordnung *f*, Modulsystem *n*; *(Dat)* Bausteinsystem *n*
~/молекулярно-дисперсная *(Ph, Ch)* molekulardisperses System *n*
~/мониторная *(Dat)* Programmüberwachungssystem *n*, Monitorsystem *n*
~/моновариантная термодинамическая *(Ph, Ch)* univariantes Phasengleichgewicht *n (Gibbssche Phasenregel)*
~/монодисперсная *(Ph, Ch)* monodisperses (isodisperses) System *n*
~/моноклинная *(Krist)* monoklines Kristallsystem *n*
~ Моргана-Кинана *s.* **~ МК**
~ Моргана-Кинана-Келмана *s.* **~ МКК**
~ набора/поперечная *(Schiff)* Querspantbauweise *f*, Querspantsystem *n*
~ набора/продольная *(Schiff)* Längsspantbauweise *f*, Längsspantsystem *n*
~ набора/продольно-поперечная *(Schiff)* kombinierte Längs- und Querspantbauweise *f*, kombiniertes Längs- und Querspantsystem *n*
~ набора/смешанная *(Schiff)* kombinierte Quer- und Längsspantbauweise *f*, kombiniertes Quer- und Längsspantsystem *n*
~/наборно-программирующая буквопечатающая *(Typ)* Schreibsatzsystem *n*
~ наведения 1. *(Rak)* Leitsystem *n*, Lenkeinrichtung *f*, Lenksystem *n*; 2. *(Kyb)* Nachführsystem *n*
~ наведения/автономная Selbstlenkung *f*
~ наведения/астроинерционная Astroträgheitslenkung *f*
~ наведения/астронавигационная Astronavigation *f*
~ наведения/инерциальная Trägheitslenksystem *n (Lenkverfahren für Trägerraketen)*
~ наведения/командная Kommandolenkung *f*
~ наведения/наземная Bodenleitsystem *n*
~ наведения по лучу Leitstrahllenkung *f*
~ наведения/программная Programmlenkung *f*
~ наведения/радиоинерциальная *(Rak)* Funk[kommando]trägheitslenkung *f*
~ наведения/радиолокационная Funkmeßlenkung *f*
~ наведения/радионавигационная Funknavigationslenkung *f*
~ наддува кабины *(Flg)* Kabinendruckanlage *f*
~ направленной радиосвязи Richtfunksystem *n*
~ научно-технической информации/автоматизированная *(Dat)* automatisiertes System *n* der wissenschaftlich-technischen Information
~ небесных координат/вторая экваториальная *(Astr)* zweites (bewegliches) Äquatorialsystem *n*, Rektaszensionssystem *n (astronomische Koordinaten)*
~ небесных координат/горизонтальная *(Astr)* Horizontalsystem *n*, Azimutsystem *n*
~ небесных координат/первая экваториальная *(Astr)* erstes (festes) Äquatorialsystem *n*, Stundenwinkelsystem *n (astronomische Koordinaten)*
~ небесных координат/экваториальная *(Astr)* Äquatorialsystem *n (astronomische Koordinaten)*
~/невозмущённая ungestörtes System *n*
~/некогерентная дисперсная *(Ph, Ch)* inkohärentes disperses System *n*, inkohärentdisperses (diskretdisperses) System *n*
~/нелинейная nichtlineares System *n*
~ непосредственной обработки и передачи информации *(Dat)* On-line-System *n*
~/непрерывная *(Kyb)* stetiges System *n*
~/неупорядоченная ungeordnetes System *n*
~/нитевидная дисперсная *(Ph, Ch)* fibrilläres (fadenförmiges) disperses System *n*, fibrillardisperses System *n*

~ **нормализированных модулей** *(Dat)* standardisiertes Bausteinsystem *n*
~ **нумерации** *(Dat)* Numerierungssystem *n*
~ **нумерации/английская** *(Text)* englische Numerierung *f (Garn)*
~ **нумерации/метрическая** *(Text)* metrisches System *n (Garnnumerierung)*
~/**нуммулитовая** *(Geol)* Nummulitensystem *n (ältere Bezeichnung für Paläogen)*
~ **Ньютона** *(Opt)* Newton-System *n*
~ **Ньютона/зеркальная** Newtonsches Spiegelsystem *n*
~ **обеспечения единства измерений/государственная** Staatliches System *n* der Sicherung einheitlicher Messungen
~ **обмыва якорей** *(Schiff)* Ankerspüleinrichtung *f*
~ **обнаружения** 1. Meßwerterfassungssystem *n*; 2. *(Mil)* Nachweissystem *n*
~ **обнаружения/оптоэлектронная** optoelektronisches Erkennungssystem *n*
~ **обобщённой сигнализации дежурного механика** *(Schiff)* Ingenieuralarmanlage *f*
~ **обозначения** Bezeichnungsweise *f*
~/**оборачивающая** Umkehrsystem *n*
~ **обработки данных** Datenverarbeitungssystem *n*
~ **обработки информации** Informationsverarbeitungssystem *n*
~ **обработки с обрушением налегающих пород** *(Bgb)* Abbau *m* mit Zubruchwerfen des Deckgebirges
~ **обстройки/модульная** *(Schiff)* Rastereinrichtungssystem *n*
~/**обучающаяся** lernendes System *n*
~/**общая** Gesamtsystem *n*
~/**общегосударственная автоматизированная** gesamtstaatliches automatisiertes Leitungssystem *n*
~ **объёмного пожаротушения** *(Schiff)* Feuerlöschanlage *f* zur räumlichen Feuerlöschung
~ **объёмных гидропередач** *(Hydr)* hydraulisches Antriebssystem *n*
~ **огня** *(Mil)* Feuersystem *n*
~ **ограждения** *(Schiff)* Betonnungssystem *n*, Betonnung *f*
~ **ограждения/кардинальная** Kardinalbetonnungssystem *n*
~ **ограждения/латеральная** Lateralbetonnungssystem *n*
~/**одноадресная** *(Dat)* Einadreßsystem *n*
~/**одновариантная термодинамическая** *(Ph, Ch)* univariantes Phasengleichgewicht *n (Gibbssche Phasenregel)*
~/**однокомпонентная** *(Ph, Ch)* Einstoffsystem *n (Gibbssche Phasenregel)*
~/**однополосная** Einseitenbandsystem *n*; *(Fmt)* Gleichlagesystem *n*
~/**однородная** *(Kyb)* homogenes System *n*
~/**однотональная** Eintonsystem *n (Telegrafie)*
~/**однофазная** *(El)* Einphasensystem *n*
~/**однофазная дисперсная** *(Ph, Ch)* einphasiges (homogenes) disperses System *n*
~/**окислительно-восстановительная** *(Ch)* Redoxsystem *n*
~ **операций** *(Dat)* maschineninterner Befehlsvorrat *m*
~/**операционная** *(Dat)* Betriebssystem *n*
~ **оповещения о навигационных опасностях/международная** *(Schiff)* System *n* zur Verbreitung von Navigationswarnungen
~ **опознавания** *(FO)* Kennungsanlage *f*
~ **опроса** *(Dat)* Abfragsystem *n*
~/**оптимальная** optimales System *n*, Optimalsystem *n*
~/**оптическая** optisches System *n*
~ **оптической локации** optisches Ortungssystem *n*
~ **оптической обработки информации** optisches Informationsverarbeitungssystem *n*
~ **оптической связи** optisches Nachrichtenübertragungssystem *n*
~/**ордовикская** *(Geol)* Ordovizium *n (als geologisches System)*
~/**оросительная** Berieselungsanlage *f*, Bewässerungsanlage *f*, Bewässerungssystem *n*
~ **ортов** *(Bgb)* Örterbau *m (Erz- und Kalibergbau)*
~/**осветительная** Beleuchtungssystem *n*
~ **осушения машинного отделения** *(Schiff)* Maschinenraumlenzanlage *f*
~ **осушения сточных колодцев** *(Schiff)* Bilgenlenzanlage *f*
~/**осушительная** *(Schiff)* Lenzsystem *n*, Lenzanlage *f*
~ **отверстия** *(Fert)* Einheitsbohrungssystem *n (Toleranzen und Passungen)*
~ **отклонения** Ablenksystem *n*
~ **отклонения/дискретная** diskretes Ablenksystem *n*
~ **отклонения лазерного пучка** Laserstrahlablenksystem *n*
~ **отклонения луча** Strahlablenksystem *n*
~/**отклоняющая** Ablenksystem *n*
~/**откренивающая** *(Schiff)* Krängungsausgleichsystem *n*, Krängungsausgleichanlage *f*
~/**отопительная** *s.* ~ **отопления**
~ **отопления** *(Wmt)* Heizungssystem *n*
~ **отсчёта** *(Ph)* Bezugssystem *n*, Beobachtungssystem *n*
~ **отсчёта E** E-System *n*
~ **отсчёта M** M-System *n*
~ **отсчёта/гелиоцентрическая** *(Astr)* heliozentrisches Bezugssystem *n*

~/**охлаждающая трубная** Kühlrohrsystem *n*

~ **охлаждения/закрытая** geschlossenes Kühlsystem *n*

~ **охлаждения/термосифонная** *(Kfz)* Selbstumlaufkühlung *f*, Thermosiphonkühlung *f*

~ **охраны** Schutzsystem *n*; Schutzeinrichtung *f*

~ **очёсывания [кардмашины]/пневматическая** *(Text)* Absaugausstoßverfahren *n (Deckelkarde)*

~ **ощупывания с прямолинейным направляющим** Freitastsystem *n (an Rauheitsmeßgeräten)*

~/**ощупывающая** Tastsystem *n*

~ **памяти/голографическая** *(Dat)* holografisches Speichersystem *n*

~ **памяти/многоступенчатая** *(Dat)* mehrstufiges Speichersystem *n*

~ **пар сил** *(Mech)* Kräftepaarsystem *n*

~ **парашюта/подвесная** *(Flg)* Gurtzeug *n (Fallschirm)*

~/**паровая пожарная** *(Schiff)* Dampffeuerlöschanlage *f*

~ **паротушения** *(Schiff)* Dampffeuerlöschanlage *f*

~/**пенотушительная [пожарная]** Schaumfeuerlöschanlage *f*

~ **первого порядка** *(Reg)* System *n* erster Ordnung

~ **перевязки каменной кладки** *(Bw)* Fugenverband *m*

~ **перегрузки реактора** *(Kern)* Umladesystem *n* des Reaktors

~ **передачи** Übertragungssystem *n*

~ **передачи данных/лазерная** *(Dat)* Laserdatenübertragungssystem *n*

~ **передачи данных/общегосударственная** *(Dat)* gesamtstaatliches System *n* der Datenübertragung

~ **передачи с временным уплотнением [каналов]** Zeitmultiplexsystem *n*

~ **передачи с частотным уплотнением [каналов]** Frequenzmultiplexsystem *n*

~/**передающая телевизионная** Fernsehübertragungssystem *n*

~/**переключающая** Schaltsystem *n*

~ **переключения/интегрированная** integrierter Schaltkreis *m*

~ **перекрёстных связей** *(Schiff)* Trägerrost *m*

~/**периодическая** *s.* ~ **элементов/периодическая**

~/**пермская** *(Geol)* Perm *n (als geologisches System)*

~ **питания** Speise[r]system *n*

~ **питания двигателя** Kraftstoffsystem *n (Verbrennungsmotoren; Gesamtheit der Einrichtungen für Kraftstoff- und Luftzuführung und Abführung der Verbrennungsgase)*

~/**плёночная дисперсная** *(Ph, Ch)* laminares (blättchenförmiges) disperses System *n*, laminardisperses System *n*

~/**плоская** *(Bw)* ebenes System *n (Tragwerkkonstruktion)*

~ **поверхностного пожаротушения** *(Schiff)* Feuerlöschanlage *f* zur Oberflächenfeuerlöschung

~ **подачи топлива** *(Rak)* Treibstofförderung *f*, Treibstofförderungssystem *n*

~ **подачи топлива/баллонная** *(Rak)* Druckgasförderung *f*, Druckgasförderungssystem *n*

~ **подачи топлива/вытеснительная** *(Rak)* Verdrängerzuführung *f*, Verdrängerzuführungssystem *n*

~ **подачи топлива/газобаллонная** *(Rak)* Druckgasförderung *f*, Druckgasförderungssystem *n*

~ **подачи топлива/турбонасосная** *(Rak)* Turbopumpenförderung *f*, Turbopumpenförderungssystem *n*

~/**подвесная** Gurtzeug *n (Fallschirm)*

~ **подэтажного обрушения** *(Bgb)* Teilsohlenbruchbau *m*

~ **пожарной сигнализации** Feuermeldeanlage *f*

~/**позиционная** *(Dat)* Stellenwertsystem *n*

~/**полидисперсная** *(Ph, Ch)* polydisperses System *n*

~ **полос** *(Ph)* Bandensystem *n*

~/**полуавтоматическая телефонная** *(Fmt)* Halbwählsystem *n*

~ **поперечных стен** *(Bw)* Querwandbauweise *f*

~ **Порро** *(Opt)* Porro-Prismensystem *n (1. und 2. Art)*

~ **посадки** *(Flg)* Landesystem *n*

~ **посадки [самолёта] по приборам** Instrumentenlandesystem *n*, ILS

~ **посадок** *(Fert)* Paßsystem *n*

~ **посадок с основным валом** System *n* Einheitswelle

~ **посадок с основным отверстием** System *n* Einheitsbohrung

~/**последовательная переключающая** sequentielles Schaltsystem *n*

~ **послеускорения** Nachbeschleunigungssystem *n*

~ **представления чисел/позиционная** *(Dat)* Basisschreibweise *f*, Radixschreibweise *f*

~/**преломляющая** *(Typ)* Spiegelreflektor *m*

~ **прерываний** *(Dat)* Unterbrechungssystem *n*

~ **приборов управления стрельбой** *(Mar)* Feuerleitanlage *f (Schiffsartillerie)*

~/**прибыльная** *(Gieß)* Speise[r]system *n*

~/**призменная** *(Opt)* Prismensystem *n*

~ **принудительного блокового обрушения** *(Bgb)* Blockbruchbau *m*

~ **проводов** *(El)* Leitersystem *n*
~ **программ** *(Dat)* Programmsystem *n*
~ **программирования** *(Dat)* Programmiersystem *n*, Programmierungssystem *n*
~ **программного контура** *(Dat)* Programmüberwachungssystem *n*
~ **программного обеспечения** *(Dat)* System *n* der Programmunterstützung, SPU, Systemunterlagen *fpl*, Softwaresystem *n*
~ **программного регулирования** Zeitplan[regel]system *n*
~ **проективных координат** projektives Koordinatensystem *n*
~ **проектирования/автоматизированная** automatisiertes System *n* der Projektierung
~ **проектирования и организации строительства/автоматизированная** automatisiertes System *n* der Projektierung und Organisation des Bauwesens
~ **производства** Fertigungssystem *n*; Betriebssystem *n*, betriebliches System *n*
~ **пропаривания** *(Schiff)* Ausdämpfsystem *n*, Ausdämpfanlage *f*
~/**пространственная** *(Bw)* räumliches System *n*, Raumsystem *n* *(Tragwerkkonstruktion)*
~/**противокреновая** *(Schiff)* Antikrängungssystem *n*, Gegenflutanlage *f*, Krängungsausgleichsanlage *f*
~/**противопожарная** Feuerlöschanlage *f*
~/**пятеричная** *(Math)* Quinärsystem *n*, Quinarsystem *n* *(Zahlentheorie)*
~/**равнозначная** *(Math)* äquivalentes (gleichwertiges) System *n*
~/**радиолокационная** Funkortungssystem *n*, Radarsystem *n*, Funkmeßsystem *n*
~/**радиомаячная** Funkfeuersystem *n*
~ **радионавигации «Радан»** *(FO)* Radan-System *n*
~ **радионавигации «Ратран»** *(FO)* Ratran-System *n*
~/**радионавигационная** Funknavigationssystem *n*
~/**радиопеленгаторная** Funkpeilsystem *n*
~ **радиорелейной связи** Richtfunksystem *n*
~/**радиотелеизмерительная** drahtloses Fernmeßsystem *n*, Funkfernmeßsystem *n*
~ **развёртки** Abtastsystem *n*
~ **разделения времени** *(Dat)* Teilnehmerrechensystem *n*, Zeitschachtelung *f*, Time-sharing-System *n*
~ **разработки** *(Bgb)* Abbauverfahren *n*, Abbaumethode *f* *(s. a. unter* **выемка** *und* **разработка***)*
~ **разработки/бестранспортная** Direktversturz *m*, transportloses Abbauverfahren *n* *(Tagebau)*
~ **разработки блоками с обрушением кровли** Blockbruchbau *m*
~ **разработки блоковым обрушением** Blockbruchbau *m*
~ **разработки/веерная** Schwenkbetrieb *m*, Parallelbetrieb *m* *(Tagebau)*
~ **разработки вертикальными прирезками (слоями)** Abbau *m* in vertikalen Scheiben *(Erzbergbau)*
~ **разработки встречными лавами по простиранию** Gegenstrebbau *m* im Streichen
~ **разработки горизонтальными слоями** Abbau *m* in söhligen Scheiben
~ **разработки диагональными длинными столбами** Abbau *m* mit langen diagonalen Pfeilern
~ **разработки диагональными слоями** Abbau *m* in diagonalen (schrägen) Scheiben
~ **разработки длинными столбами** Langpfeilerbau *m*
~ **разработки длинными столбами по восстанию** schwebender Langpfeilerbau *m*
~ **разработки длинными столбами по простиранию** streichender Langpfeilerbau *m*
~ **разработки длинными столбами по простиранию с выемкой заходками** streichender Langpfeilerbau *m* mit Pfeilerverhieb in kurzen Abschnitten
~ **разработки длинными столбами по простиранию с выемкой полосами по восстанию** streichender Langpfeilerbau *m* mit schwebendem Verhieb in Streifen
~ **разработки длинными столбами с выемкой поперечными короткими лавами** Langpfeilerbau *m* mit Querstrebgewinnung
~ **разработки длинными столбами с выемкой продольными лавами** Langpfeilerbau *m* mit Längsstrebgewinnung
~ **разработки длинными столбами с потолкоуступным забоем** Langpfeilerbau *m* mit Firstenstoß
~ **разработки длинными столбами со спаренными лавами** Langpfeilerbau *m* mit zweiflügeligem Streb
~ **разработки/камерная** Kammerbau *m*
~ **разработки/камерно-столбовая** Kammerpfeilerbau *m* *(Erzbergbau)*
~ **разработки/комбинированная** kombiniertes Abbauverfahren *n* *(Verfahren mit Merkmalen zweier oder mehrerer verschiedener Methoden)*
~ **разработки короткими столбами** Kurzpfeilerbau *m*
~ **разработки короткими столбами с обрушением налегающих пород** Kurzpfeilerbau *m* mit Zubruchwerfen des Deckgebirges

~ **разработки короткими столбами с частичной закладкой выработанного пространства** Kurzpfeilerbau *m* mit Teilversatz des abgebauten Raums
~ **разработки лавами** Strebbau *m*
~ **разработки лавами по восстанию** schwebender Strebbau *m*
~ **разработки лавами по простиранию** streichender Strebbau *m*
~ **разработки лава-этаж/сплошная** Langstrebbau *m*
~ **разработки/магазинная** Magazinbau *m*, Speicherbau *m*
~ **разработки наклонными слоями** Abbau *m* in geneigten Scheiben
~ **разработки наклонными слоями по простиранию** streichender Abbau *m* in geneigten Streifen
~ **разработки наклонными слоями с выемкой полосами по простиранию** Abbauverfahren *n* in geneigten Scheiben mit streichendem Verhieb in Streifen
~ **разработки наклонными слоями с обрушением кровли** Bruchbau *m* in Scheiben parallel zum Einfallen
~ **разработки/ортовая** Örterbau *m*
~ **разработки открытым способом** Tagebauverfahren *n*
~ **разработки парными штреками** Abbau *m* in gepaarten Streben
~ **разработки по восстанию/сплошная** schwebender Strebbau *m*
~ **разработки по простиранию/сплошная** streichender Strebbau *m*
~ **разработки подземной газификацией** Untertagevergasung *f* *(Kohlelagerstätten)*
~ **разработки подземным способом** Untertagebauverfahren *n*, Tiefbau *m*
~ **разработки подземными воронками** Trichterbau *m*
~ **разработки подэтажным обрушением** Teilsohlenbruchbau *m*, Unteretagenbruchbau *m*
~ **разработки подэтажным обрушением наклонными заходками** Teilsohlenbruchbau *m* in schrägen Streifen
~ **разработки подэтажным обрушением с деревянным матом** Teilsohlenbruchbau *m* mit Holzmattenversatz
~ **разработки подэтажными штреками** Kammerbau *m* mit Teilsohlenstrecken
~ **разработки поперечными заходками (лентами)/слоевая** Scheibenbau *m* in Querstreifen, Querbau *m*
~ **разработки/потолкоуступная** Firstenbau *m* *(Erzbergbau)*
~ **разработки/почвоуступная** Strossenbau *m* *(Erzbergbau)*
~ **разработки принудительным обрушением** Abbauverfahren *n* mit [zwangsweisem] Zubruchwerfen des Hangenden
~ **разработки с веерным подвиганием лав** Strebbau *m* mit bogenförmigen Stößen
~ **разработки с выемкой горизонтальными слоями** Abbau *m* in söhligen Scheiben
~ **разработки с диагональным забоем** Schrägbau *m*
~ **разработки с закладкой выработанного (очистного) пространства** Abbau *m* mit Versatz des abgebauten Raums, Versatzbau *m*
~ **разработки с короткими забоями** Abbau *m* mit kurzen Stößen *(Variante des Pfeilerbruchbaus)*
~ **разработки с креплением станковой крепью** Abbau *m* mit Rahmenzimmerung *(Blockbau)*
~ **разработки с магазинированием** Magazinbau *m*, Speicherbau *m*
~ **разработки с минной отбойкой** Abbau *m* mit Minenkammern *(Erzbergbau)*
~ **разработки с нерегулярно оставляемыми столбами (целиками)/сплошная** Weitungsbau *m* *(Erzbergbau)*
~ **разработки с обрушением/камерностолбовая** Kammerpfeilerbruchbau *m*
~ **разработки с обрушением кровли** Strebbruchbau *m*, Bruchbau *m*, Bruchbauverfahren *n*
~ **разработки с обрушением кровли/камерная** Kammerbruchbau *m*
~ **разработки с обрушением кровли/сплошная** Strebbruchbau *m*
~ **разработки с обрушением кровли/столбовая** Pfeilerbruchbau *m*
~ **разработки с отбойкой руды глубокими скважинами** Abbau *m* mit Hereingewinnung des Erzes durch Langlöcher *(Magazinbau)*
~ **разработки с параллельным продвиганием смежных лав** Strebbau *m* im Parallelvortrieb, streichender Strebbau *m* mit abgesetzten Stößen
~ **разработки с подэтажным обрушением** Teilsohlenbruchbau *m*
~ **разработки с потолкоуступным забоем/сплошная** Strebbau *m* mit firstenartigem Verhieb
~ **разработки с радиальным подвиганием лав** Strebbau *m* mit bogenförmigen Stößen
~ **разработки с разделением на слои** Scheibenbau *m*
~ **разработки с слоевым магазинированием** Abbau *m* mit Magazinierung in Schichten
~ **разработки с частичной закладкой выработанного пространства** Abbau *m* mit Teilversatz des abgebauten Raums
~ **разработки сверху вниз** Strossenbau *m*

~ **разработки сводов** Weitungsbau *m*
~ **разработки/слоевая** Scheibenbau *m* *(Abbauweise)*
~ **разработки слоевым обрушением** Scheibenbruchbau *m*
~ **разработки/сплошная** Strebbau *m*
~ **разработки/столбовая** Pfeilerbau *m*
~ **разработки/транспортная** Bagger-Zug-Betrieb *m (Tagebau)*
~ **разработки/транспортно-отвальная** Abbau *m* mittels Abbauförderbrücke oder Absetzer *(Tagebau)*
~ **разработки штреками** Örterbau *m*
~ **разработки/щитовая** Schildbau *m* *(Kurzbezeichnung für ein sowjetisches Abbauverfahren nach Prof. N. A. Tschinakal)*
~ **разработки/этажно-камерная** Etagenkammerbau *m*
~ **разработки этажным естественным обрушением** Etagenbruchbau *m*
~ **разработки этажным обрушением** Etagenbruchbau *m*
~ **разработки этажными продольными штреками** Etagenbau *m (Erzbergbau)*
~/**разрешительная** Genehmigungsverfahren *n*
~/**ракетно-космическая** kosmisches Raketensystem *n*
~/**рамная** *(Bw)* Rahmensystem *n*
~/**раскосная решетчатая** *(Bw)* Ständerfachwerk *n*
~/**рассеивающая** Streusystem *n*
~ **реального времени** *(Dat)* Echtzeit[verarbeitungs]system *n*, Realzeitsystem *n*
~/**регенеративная** Regenerativsystem *n* *(SM-Ofen)*
~ **регулирования** Regel[ungs]system *n*
~ **регулирования/замкнутая** geschlossenes Regelungssystem *n*
~ **регулирования/многопозиционная** Mehrpunktregelungssystem *n*
~ **регулирования/одноконтурная** einfaches (unvermaschtes) Regelungssystem *n*
~ **регулирования/прерывная** unstetiges Regelungssystem *n*
~ **регулирования/разомкнутая** aufgetrenntes Regelungssystem *n*
~ **регулирования/релейная** Relaisregelungssystem *n*
~ **регулирования/синхронно-следящая** Nachlaufregelungssystem *n*
~ **регулирования/следящая** Folgeregelungssystem *n*, Nachlaufregelungssystem *n*
~ **резервирования мест** *(Dat)* Platzbuchungssystem *n*
~/**резонансная** Resonanzsystem *n*
~/**релейная** *(Fmt)* Relaissystem *n*
~/**релейная следящая** Relaisfolgesystem *n*
~/**речная** *(Hydrol)* Flußsystem *n*
~/**решетчатая** *(Bw)* Fachwerk *n*
~/**ромбическая** 1. *(Krist)* rhombisches Kristallsystem *n*; 2. *(Bw)* Rautenfachwerk *n*
~/**ромбоэдрическая** *(Krist)* rhomboedrisches Kristallsystem *n*
~/**ручная** *(Fmt)* Hand[vermittlungs]-system *n*
~ **с косвенным управлением** indirekt gesteuertes System *n*
~ **с нагнетательным насосом/красконодающая** *(Typ)* Pumpfarbwerk *n*
~ **с обратной связью** *(Reg)* rückgekoppeltes System *n*, Regelungssystem *n* mit Rückführung
~ **с одновременной передачей цветов/телевизионная** Simultanfarbfernsehsystem *n*
~ **с переменным числом задач (разделов)/операционная** *(Dat)* Betriebssystem *n* mit einer variablen Anzahl von Aufgaben, MVT-System *n*
~ **с последовательной передачей цветов/телевизионная** Farbwechselverfahren *n*, Farbfolgeverfahren *n*, Sequentialverfahren *n*
~ **с разделением времени** *s.* ~ **разделения времени**
~ **с фиксированным числом задач (разделов)/операционная** *(Dat)* Betriebssystem *n* mit einer festen Anzahl von Aufgaben, MFT-System *n*
~ **самонаведения/акустическая** *(Mil)* Schallpeil-Zielsuchsystem *n* *(Raketen, Torpedos)*
~/**самонастраивающаяся** *s.* ~/**адаптивная**
~ **сантиметр-грамм-секунда** *s.* ~ **единиц СГС**
~ **сбора данных** *(Dat)* Datenerfassungssystem *n*
~ **сбора данных/автоматическая** automatisches Datenerfassungssystem *n*
~ **сбора и обработки данных/автоматизированная** automatisiertes Datenerfassungs- und -verarbeitungssystem *n*
~ **связи** Nachrichtensystem *n*, Nachrichtenverbindung *f*
~ **СГС** *s.* ~ **единиц СГС**
~ **СГСМ** *s.* ~ **единиц СГСМ**
~ **СГСЭ** *s.* ~ **единиц СГСЭ**
~ **СЕКАМ** *(Fs)* SECAM-System *n*, Zeilensequentialverfahren *n*
~ **СИ** *s.* ~ **единиц/международная**
~ **СИД** *s.* ~ **станок-инструмент-деталь**
~ **сил** *(Mech)* Kraftsystem *n*, Kräftegruppe *f*
~/**силурийская** *(Geol)* Silur *n (als geologisches System; zuweilen auch Gotlandium, Ontarium, Bohemium genannt)*
~ **симметрии/гексагональная** *(Krist)* hexagonales Kristallsystem *n*

~ **симметрии/кубическая** *(Krist)* kubisches (reguläres) Kristallsystem *n*
~ **симметрии/моноклинная** *(Krist)* monoklines Kristallsystem *n*
~ **симметрии/ромбическая** *(Krist)* rhombisches Kristallsystem *n*
~ **симметрии/ромбоэдрическая** *(Krist)* rhomboedrisches Kristallsystem *n*
~ **симметрии/тетрагональная** *(Krist)* tetragonales Kristallsystem *n*
~/**сингулетная** *(Kern)* Singulettsystem *n*
~/**синийская** *(Geol)* Sinium *f* *(Bezeichnung für das Mittel- und Jungproterozoikum in China; entspricht etwa dem Riphäikum)*
~ **синхронной передачи** Synchronübertragungssystem *n*
~/**сквозная** *(Bw)* Fachwerk *n*
~/**складчатая** *(Geol)* Faltensystem *n*
~ **скольжения** *(Krist)* Gleitsystem *n*
~/**следящая** *(Reg)* Folgesystem *n*, Nachlaufsystem *n*, Nachführsystem *n*
~ **смазки** Schmieranlage *f*, Schmierung *f*, Schmiersystem *n*
~ **сменных зеркал** *(Typ)* Wechselspiegeleinrichtung *f*
~ **смены цветов** *(Fs)* Farbwechselsystem *n*
~ **совпадений** Koinzidenzkreis *m*
~/**солнечная** *(Astr)* Sonnensystem *n*; *i. w. S.* Planetensystem *n* *(Gesamtheit der Planeten des Sonnensystems)*
~/**сопряжённая** *(Math)* konjugiertes System *n*
~ **сортировки документов** *(Dat)* Belegsortiersystem *n*
~/**спарагмитовая** *s.* **формация/спарагмитовая**
~ **спинов** *(Kern)* Spinsystem *n*
~/**спринклерная** *(Schiff)* selbsttätige Wasserberieselungsanlage *f*
~ **средней линии** M-System *n* *(System der mittleren Linie)*
~/**стабильная** *(Met)* stabiles System *n*, System *n* Fe-C
~ **стандартных модулей** *(Dat)* Bausteinsystem *n*
~ **станок-инструмент-деталь** *(Fert)* System *n* Maschine-Werkzeug-Werkstück
~/**статически неопределимая** *(Fest)* statisch unbestimmtes System *n*
~/**статически определимая** *(Fest)* statisch bestimmtes System *n*
~/**стержневая** *(Bw)* Stabwerk *n*
~/**струйная** Fluidik-System *n*
~/**структурированная дисперсная** *(Ph, Ch)* strukturiertes disperses System *n*
~ **счисления** *(Dat)* Rechensystem *n*
~ **счисления/восьмеричная** Oktalsystem *n*
~ **счисления/двоичная** Dualsystem *n*, Binärsystem *n*, binäre Zahlendarstellung *f*
~ **счисления/двоично-десятичная** binäres dekadisches System *n*, Binär-Dezimalsystem *n*
~ **счисления/двоично-кодированная** Binär-Kode-Darstellung *f*, Dual-Kode-Schreibweise *f*, dualkodiertes (binärverschlüsseltes) System *n*
~ **счисления/десятичная** dezimale Zahlendarstellung *f*, Dezimalsystem *n*
~ **счисления/позиционная** *(Dat)* Stellenwertsystem *n*, Positionssystem *n*
~/**телевизионная** Fernsehsystem *n*
~/**телеграфная** Telegrafie[übertragungs]-system *n*
~/**телеизмерительная** Fernmeßsystem *n*
~/**телеметрическая** Telemetrieanlage *f*
~/**телемеханическая** Fernwirksystem *n*
~ **телеуправления** Fernsteuer[ungs]-system *n*
~ **телеуправления/многочастотная** Mehrfrequenzfernsteuersystem *n*, Frequenzmultiplexfernsteuersystem *n*
~/**телефонная** Fernsprechsystem *n*, Telefonsystem *n*
~/**телефонная высокочастотная** Trägerfrequenz[fernsprech]system *n*
~ **теплоснабжения** Wärmeversorgungssystem *n*
~ **термов** *(Kern)* Termsystem *n*
~/**тетрагональная** *(Krist)* tetragonales Kristallsystem *n*
~ **технологической документации/единая** *(Dat)* Einheitliches System *n* der technologischen Dokumentation
~/**типографская** typografisches System *n*
~ **типографских мер** typografisches Maßsystem *n*
~ **тонального телеграфирования** Wechselstromtelegrafiesystem *n*, WT-System *n*
~/**тонкодисперсная** *(Ph, Ch)* feindisperses (hochdisperses, kolloiddisperses) System *n*
~/**топливная** Brennstoffsystem *n*; Brennstoffleitung *f*
~ **тревожной сигнализации** Alarmsystem *n*
~/**третичная** *(Geol)* Tertiär *n* *(als geologisches System)*
~/**трёхадресная** *(Dat)* Dreiadreßsystem *n*
~/**трёхвариантная [термодинамическая]** *(Ph, Ch)* trivariantes Phasengleichgewicht *n* *(Gibbssche Phasenregel)*
~/**трёхкомпонентная** *(Ch)* ternäres System *n*, Dreistoffsystem *n*, Dreikomponentensystem *n*
~/**трёхпозиционная** *(El)* Dreipunktsystem *n*
~/**трёхпроводная** *(El)* Dreileitersystem *n*
~/**трёхуровневая** Dreiniveausystem *n* *(Laser)*
~/**трёхфазная** *(El)* Drehstromsystem *n*, Dreiphasensystem *n*

~/трёхфазная электроэнергетическая Dreiphasen-Elektroenergiesystem *n*, Drehstromverbundsystem *n*
~/трёхэлектродная Dreielektrodensystem *n*, Triodensystem *n*
~ трещин *(Geol)* Kluftsystem *n*
~/триасовая *(Geol)* Trias *f (als geologisches System)*
~/тривариантная [термодинамическая] *(Ph, Ch)* trivariantes Phasengleichgewicht *n (Gibbssche Phasenregel)*
~/триклинная *(Krist)* *triklines* Kristallsystem *n*
~/триодная Dreielektrodensystem *n*, Triodensystem *n*
~/триплетная *(Kern)* Triplettsystem *n*
~/троичная *(Dat)* ternäres System *n*, Ternärsystem *n*
~/тройная *s.* **~/трёхкомпонентная**
~ труб/выдвижная *(Wmt)* ausziehbares Rohrbündel *n*
~ тушения высокократной воздушно-механической пеной *(Schiff)* Leichtschaumfeuerlöschanlage *f*
~ тушения инертным газом *(Schiff)* Inertgasfeuerlöschanlage *f*
~ тушения мелкораспылённой водой *(Schiff)* Nebelwasserfeuerlöschanlage *f*
~ тушения парами легкоиспаряющейся жидкости *(Schiff)* Flüssigkeitsgasfeuerlöschanlage *f*
~ углекислотного тушения *(Schiff)* CO_2-Feuerlöschanlage *f*
~/углоизмерительная Winkelmeßsystem *n*
~ удаления навоза/шиберная самотечная *(Lw)* Staukanalentmistung *f*
~ удобрения Düngerwirtschaft *f*
~/унивариантная [термодинамическая] *(Ph, Ch)* univariantes Phasengleichgewicht *n (Gibbssche Phasenregel)*
~ управления 1. Steuer[ungs]system *n*, Regel[ungs]system *n*, Steuerkreis *m*; 2. Lenksystem *n*, Lenkeinrichtung *f* *(s. a. unter* **~ наведения***)*
~ управления/аналоговая analoges Steuerungssystem *n*
~ управления вводом-выводом/логическая *(Dat)* logisches Ein- und Ausgabesteuersystem *n*
~ управления и защиты Steuer- und Schutzsystem *n*
~ управления/инерциальная Trägheitslenksystem *n (Lenkverfahren für Trägerraketen)*
~ управления наукой и техникой/автоматизированная *(Dat)* automatisiertes Leitungssystem *n* für wissenschaftlich-technische Prozesse
~ управления/отраслевая автоматизированная *(Dat)* automatisiertes System *n* der Leitung eines Zweiges
~ управления/пневмогидравлическая *(Reg)* pneumatisch-hydraulisches Steuerungssystem *n*
~ управления/последовательная sequentielle Steuerung *f*, sequentielles Steuerungssystem *n*
~ управления производством/автоматизированная *(Dat)* automatisiertes Leitungssystem *n* der Produktion
~ управления/республиканская автоматизированная *(Dat)* automatisiertes Leitungssystem *n* einer Republik
~ управления рулём/простая *(Schiff)* Zeitsteuerungsanlage *f (für die Rudermaschine)*
~ управления рулём/следящая *(Schiff)* Wegsteuerungsanlage *f*, Folgesteuerungsanlage *f*, sympathische Steuerungsanlage *f (für die Rudermaschine)*
~ управления/сверхбыстродействующая superschnelles Steuersystem *n*
~ управления/следящая Folgesteuerungssystem *n*, Folgesteuerungskreis *m*
~ управления строительством/автоматизированная automatisiertes Leitungssystem *n* des Bauwesens
~ управления технологическими процессами/автоматизированная *(Dat)* automatisiertes Leitungssystem *n* für technologische Prozesse
~/уравновешивающая *(Flg)* Trimmanlage *f*
~ ускорителя/высокочастотная *(Kern)* Hochfrequenzbeschleunigungssystem *n (Teilchenbeschleuniger)*
~/фановая (фекальная) *(Schiff)* Abwässersystem *n*, Fäkaliensystem *n*, Fäkalienanlage *f*
~/фототелеграфная Bildtelegrafiesystem *n*
~ фундаментальных звёзд *(Astr)* Fundamentalsystem *n*
~ функций *(Math)* Funktionensystem *n*
~ функций/ортогональная orthogonales Funktionensystem *n*
~ ЦБ *s.* **~ центральной батареи**
~/цветная телевизионная Farbfernsehsystem *n*
~ цветного телевидения/совместная kompatibles (austauschbares) Farbfernsehsystem *n*
~ центра инерции (масс) Massenmittelpunktsystem *n*, Schwerpunktsystem *n*, baryzentrisches Bezugssystem *n*
~ централизованного контроля *(Schiff)* zentrale Überwachungsanlage *f*
~ централизованного контроля за работой механизмов машинного и котельного отделений *(Schiff)* zentrale Maschinenüberwachungsanlage *f*
~ центральной батареи *(Fmt)* Zentralbatteriesystem *n*, ZB-System *n*

~ **центральной смазки** Zentralschmiervorrichtung *f*
~/**циркуляционная** Zirkulationssystem *n*
~/**цифровая следящая** *(Reg)* 1. digitales Nachlaufsystem *n*; 2. digitales Folgesystem *n*
~ **цифровой связи** *(Dat)* digitales Kommunikationssystem *n*
~/**частичная** Teilsystem *n*
~/**частотная** Frequenzsystem *n*
~ **частотного разделения [каналов]** Frequenzmultiplexsystem *n*
~ **чёрно-белого телевидения** Schwarzweiß[fernseh]system *n*
~/**четверная** *s.* ~/**четырёхкомпонентная**
~/**четвертичная** *(Geol)* Quartär *n* *(als geologisches System)*
~/**четырёхкомпонентная** *(Ch)* quaternäres System *n*, Vierstoffsystem *n*, Vierkomponentensystem *n*
~/**четырёхуровневая** Vier-Niveau-System *n* *(Laser)*
~/**шаговая** *(Fmt)* Schrittwählersystem *n*
~/**шестнадцатеричная** *(Dat)* Hexadezimalsystem *n*
~ **шин** *(Dat)* Bussystem *n*
~/**шпренгельная** *(Bw)* Sprengwerk *n*
~/**эквивалентная** *(Math)* äquivalentes (gleichwertiges) System *n*
~/**эклиптическая** *(Astr)* Ekliptikalsystem *n* *(astronomischer Koordinaten)*
~/**экранная** *(Dat)* Bildschirmsystem *n*
~/**электродная** Elektrodensystem *n*
~/**электрожезловая** *(Eb)* elektrisches Stabblocksystem *n*
~/**электроизмерительная** elektrisches Meßsystem *n*
~/**электромагнитная** elektromagnetisches System *n*
~/**электронно-выпрямительная** Elektronengleichrichtersystem *n*
~ **электронных вычислительных машин/единая** *(Dat)* Einheitliches System *n* der elektronischen Rechentechnik, ESER
~/**электростатическая** elektrostatisches System *n*
~/**электроэнергетическая** Elektroenergie[versorgungs]system *n*, Elektroenergieverbundsystem *n*, Elektrizitätsverbundsystem *n*
~ **элементов** Bausteinsystem *n*
~ **элементов [Менделеева]/периодическая** *(Ch)* Periodensystem *n* [der Elemente], periodisches System *n* [der Elemente]
~/**энергетическая** Energie[versorgungs]-system *n*, Energieverbundsystem *n*, Verbundsystem *n*
~/**энергоснабжающая** *s.* ~/**энергетическая**
~ **энергоснабжения** *s.* ~/**энергетическая**
~/**юрская** *(Geol)* Jura *m* *(als geologisches System)*
~ **FAM** *(Fs)* FAM-Verfahren *n*, Frequenz-Amplituden-Modulations-Verfahren *n*
~ **PAL** *(Fs)* PAL-System *n*, PAL-Farbfernsehverfahren *n*

Система Управления Железнодорожным Транспортом/Автоматизированная *(Eb)* Automatisiertes System *n* für die Leitung des Eisenbahntransports, ASUŽT

систематика *f* **изотопов** *(Kern)* Isotopensystematik *f*
~ **ядер** *(Kern)* Kernsystematik *f*

системотехника *f* *(Dat)* Systemtechnik *f*

системы *fpl* Systeme *npl* *(s. a. unter* **система***)*
~/**голономные** *(Mech)* gesetzmäßige (holonome) Systeme *npl*
~/**диссипативные** *(Therm)* dissipative Systeme *npl*
~/**консервативные** *(Mech)* konservative Systeme *npl*
~/**неголономные** *(Mech)* nichtholonome (anholonome) Systeme *npl*
~/**реономные** *(Mech)* rheonome Systeme *npl*
~/**склерономные** *(Mech)* skleronome Systeme *npl*

ситаллы *mpl* Sitall *n*, Vitrokeram *n*, Glaskeramik *f*

ситец *m* *(Text)* Kattun *m*, Zitz *m*
~/**набивной** Druckkattun *m*
~/**подкладочный** Futterkattun *m*

сито *n* 1. Sieb *n* *(s. a. unter* **грохот***)*; 2. Siebbelag *m*
~/**барабанное** Trommelsieb *n*
~/**вибрационное** Vibrationssieb *n*, Vibrosieb *n*, Schwingsieb *n*, Schüttelsieb *n*
~/**вращающееся** Drehsieb *n*, Trommelsieb *n*, Siebtrommel *f*
~/**качающееся** Rüttelsieb *n*, Schwingsieb *n*
~/**крупное** Grobsieb *n*
~/**мелкое** Feinsieb *n*
~/**механическое** mechanisch (maschinell) bewegtes Sieb *n*, Siebmaschine *f*
~/**молекулярное** Molekularsieb *n*
~/**плоское** Plansieb *n*
~/**полигональное** Polygonsieb *n*
~/**сортировальное** Sortiersieb *n*, Klassiersieb *n*
~/**сортировочное** Sortiersieb *n*, Klassiersieb *n*
~/**щелевое** Spaltsieb *n*
~/**щёточное** Bürstensieb *n*

ситобурат *m* polygonale Siebtrommel *f*

ситоклассификатор *m* Klassiersieb *n*

ситоткань *f* Siebgewebe *n*, Siebbespannung *f*

ситуация *f* Situation *f*; Bedingung *f*
~/**аварийная** *(Dat)* abnormale Bedingung *f* *(Betriebssystem)*

~/исключительная *(Dat)* Ausnahmebedingung *f* *(Betriebssystem)*
ситцепечатание *n* *(Text)* Stoffdruck *m*, Zeugdruck *m*
~/вытравное Ätzdruck *m*
~/накладное (прямое) Direktdruck *m*
~/резервное Reservedruck *m*, Reserveverfahren *n*
сифон *m* 1. *(Mech)* Saugheber *m*; 2. *(Bw)* *s.* **затвор/водяной 2.**
~/паровозный Hilfsbläser *m* *(Lokomotive)*
сифон-рекордер *m* *(Fmt)* Heberschreiber *m*, Siphonrecorder *m* *(Telegrafie)*
сиштоф *m* Si-Stoff *m* *(Abfallstoff aus der Alaunherstellung; Zusatzstoff)*
сияние *n*/**полярное** Polarlicht *n*
~/северное Nordlicht *n*
СК *s.* **катер/сторожевой**
сказуемое *n* *(Math)* Attribut *n*, Prädikat *n*
скала *f* *(Geol)* Fels[en] *m* *(s. a. unter* **скалы***)*
скаленоэдр *m* *(Krist)* Skalenoeder *n*
~/гексагональный *s.* **~/дитригональный**
~/дитригональный *(Krist)* ditrigonales (hexagonales) Skalenoeder *n*
~/квадратный *s.* **~/дитригональный**
~/тетрагональный *(Krist)* tetragonales Skalenoeder *n*
~/тригональный *s.* **~/дитригональный**
скалка *f* 1. Rolle *f*, Mangel *f*; 2. Tauchkolben *m*, Plunger *m* *(Verdränger der Tauchkolbenpumpe)*; Schubstange *f*; Druckstift *m*; 3. *(Text)* Wickeldorn *m*, Wickelstab *m* *(Wickelapparat der Schlagmaschine)*
~ золотника *(Masch)* Schieberstange *f*
~ насоса Pumpenplunger *m*, Pumpenstößel *m*
~ холстового прибора [трепальной машины] *(Text)* Wickeldorn *m* *(Wickelapparat der Schlagmaschine)*
скало *n* *(Text)* Streichbaum *m* *(Webstuhl)*
скалы *fpl* *(Geol)* Felsen *mpl*
~/грибовидные Pilzfelsen *mpl*
~/курчавые Rundhöcker *mpl*
~/экзотические *(Geol)* exotische Klippen *fpl* (Blöcke *mpl*), Scherlinge *mpl* *(bei Überschiebungen)*
скалывание *n* 1. Abhacken *n*, Abhauen *n*, Abspalten *n*; Absplitterung *f*; Behauen *n*; 2. *(Fert)* Abscherung *f*; 3. Abstecken *n* *(Zeichnung)*
~ ядра *(Kern)* Kernzertrümmerung *f*, Kernzersplitterung *f*, Vielfachzerlegung *f*, Spallation *f*
скалывать 1. abhacken, abhauen, abspalten; absplittern; behauen; 2. *(Fert)* abscheren; 3. zusammenstecken, zusammenheften *(mit Nadeln)*
скальпель *m* *(Med)* Skalpell *n*
скальчатый *(Masch)* Tauch . . ., Tauchkolben . . ., Plunger . . .
скаляр *m* *(Math)* Skalar *m*
~ кривизны Krümmungsskalar *m*
скамья *f* Bank *f*
~/светомерная (фотометрическая) Fotometerbank *f*
скандий *m* *(Ch)* Skandium *n*, Sc
~/азотнокислый Skandiumnitrat *n*
~/бромистый Skandiumbromid *n*
~/сернистый Skandiumsulfid *n*
~/сернокислый Skandiumsulfat *n*
~/углекислый Skandiumkarbonat *n*
~/фтористый Skandiumfluorid *n*
~/хлористый Skandiumchlorid *n*
сканирование *n* *(Fs)* Abtastung *f*, Zerlegung *f*; *(FO)* [räumliche] Abtastung *f*, Suche *f*
~ данных *(Dat)* Datenabtastung *f*
сканировать *(Fs)* abtasten, zerlegen
скаполит *m* *(Min)* Skapolith *m*
скарификатор *m* *(Lw)* 1. Skarifikator *m*, Ritzmaschine *f* *(zum Anritzen des Saatguts zur Erleichterung des Keimvorgangs)*; 2. Tieflockerer *m* *(Grubbertyp)*
скарификация *f* **семян** Skarifizierung *f* (Anritzen *n*) des Saatguts
скарн *m* *(Geol)* Skarn *m*
скарпель *m* *(Bw)* Scharriereisen *n* *(Steinmetzarbeiten)*
скат *m* Hang *m*, Böschung *f*; *(Bgb)* Rollloch *n*, Sturzrolle *f*, Rolle *f* *(Erzbergbau)*
~/крутой Steilhang *m*
~ крыши *(Bw)* Dachneigung *f*, Dachgefälle *n*
~ крыши/прямоугольный rechteckige Dachfläche *f* *(Satteldächer, Pultdächer)*
~ крыши/трапецеидальный trapezförmige Dachfläche *f* *(Hauptflächen von Walmdächern)*
~ крыши/треугольный dreieckige Dachfläche *f* *(Zeltdächer, Schmalseiten von Walmdächern)*
~/неровный unebener Hang *m*
~/обратный Hinterhang *m*, Gegenhang *m*
~ паровоза Gesamtradsatz *m* der Lokomotive *(umfaßt Treib- und Kuppelradsätze)*
~/передний Vorderhang *m*
~/пологий ebener Hang *m*
~ рельефа местности Hang *m*
~/ровный ebener Hang *m*
скафандр *m* Skafander *m*, Schutzanzug *m*
~/водолазный Taucheranzug *m*
~/высотный Höhenflugdruckanzug *m*
~/глубоководный Tiefseetaucheranzug *m*
~/космический Raum[schutz]anzug *m*
скачивание *n* **[шлака]** *(Met)* Abschlacken *n*, Schlackeziehen *n*, Abschlackung *f*
скачивать [шлак] *(Met)* abschlacken, Schlacke ziehen

скачкообразный sprungartig, sprunghaft
скачок *m* Sprung *m*
~ **Бальмера** *(Ph)* Balmer-Sprung *m*
~ **Баркгаузена** *(Ph)* Barkhausen-Sprung *m*
~ **волнового сопротивления** Wellenwiderstandssprung *m*
~ **давления** Drucksprung *m*
~ **диффузии** Diffusionssprung *m*
~/**единичный** Einheitssprung *m*
~ **конденсации** *(Aero)* Kondensationsstoß *m (Sonderform des Verdichtungsstoßes bei beschleunigter Überschallströmung)*
~ **напряжения** *(El)* Spannungssprung *m*
~ **носителя [заряда]** *(Eln)* Ladungsträgersprung *m*
~ **поглощения** Absorptionssprung *m*
~ **потенциала** *(Ph)* Potentialsprung *m*
~ **температуры** Temperatursprung *m*
~ **уплотнения** *(Aero)* Verdichtungsstoß *m (unstetige Zustandsänderung in Überschallströmungen)*; Stoßwelle *f*; Schockwelle *f (Bezeichnung für einen starken Verdichtungsstoß)*
~ **уплотнения/косой** schräger Verdichtungsstoß *m*
~ **уплотнения/криволинейный** gekrümmter Verdichtungsstoß *m*
~ **уплотнения/прямой** senkrechter Verdichtungsstoß *m*
~ **частоты** Frequenzsprung *m*
~ **энергии** Energiesprung *m*
скашивание *n* 1. Abschrägen *n*; 2. *(Fert)* Abkanten *n*, Abfasen *n*
~ **кромок** *(Schw)* Abschrägen *n* der Kanten *(Nahtfugenkanten)*
скашивать 1. abschrägen, schmiegen; 2. *(Fert)* abfasen; abkanten, abecken; 3. *(Bw)* abböschen, dossieren
~ **кромки** 1. *(Schw)* die Kanten abschrägen *(Nahtfugen)*; 2. bestoßen *(Kanten)*
скважина *f* 1. Loch *n*, Öffnung *f*; Ritze *f*; Pore *f*; 2. *(Bgb)* Bohrloch *n*, Bohrung *f*; Sonde *f*
~/**безрезультатная** nichtfündige (unergiebige) Bohrung (Sonde) *f*
~/**брошенная** verlassene (aufgegebene, eingestellte) Bohrung *f*
~/**буровая** Bohrloch *n*, Bohrung *f*; Sonde *f*
~/**буровая разведочная** Schürfbohrung *f*
~/**вентиляционная** Wetterbohrloch *n*
~/**вертикальная** vertikale Bohrung *f*
~/**взрывная** Sprengbohrloch *n*
~/**водоотливная** Wasserhaltungsbohrung *f*
~/**водопонижающая (водопонизительная)** Wasserabsenkungsbohrung *f*, Tiefbrunnen *m*, Filterbrunnen *m*
~/**водоспускная** Wasserablaßbohrung *f*
~/**водяная** Wasserbohrung *f*
~/**воздухопроводная** Luftleitungsbohrung *f*
~/**вспомогательная** Hilfsbohrung *f*
~/**высокодебитная** hochproduktive Sonde *f*
~/**высоконапорная** Bohrung *f* unter hohem Druck, Hochdruckbohrung *f*
~/**газлифтная** Gasliftsonde *f*, im Gasliftverfahren arbeitende Bohrung *f*
~/**газовая** Gasbohrung *f*; Gassonde *f*, Gasquelle *f*
~/**газоотводящая** Gasableitungsbohrloch *n*
~/**гидрогеологическая** hydrogeologische Bohrung *f*
~/**глубокая** Tiefbohrung *f*
~/**горизонтальная** horizontale Bohrung *f*, Horizontalbohrung *f*, Söhligbohrung *f*
~/**двухпластовая** Sonde *f* mit zwei Horizonten
~/**дегазационная** Entgasungsbohrloch *n*
~/**действующая** Förderbohrloch *n*
~/**дренажная** Entwässerungsbohrloch *n*; Gasabsaugungsbohrloch *n*
~/**заглохшая** erschöpfte Bohrung *f*
~/**закрытая** geschlossene Sonde *f*
~/**замораживающая** Gefrierbohrloch *n*
~/**затопленная** verwässerte Bohrung *f*
~/**инжекционная** Injektionsbohrloch *n*, Einpreßbohrloch *n*
~/**истощённая** erschöpfte Bohrung *f*
~/**картировочная** Kartierungsbohrung *f*, Untersuchungsbohrung *f*
~/**компрессорная** Gasliftsonde *f*
~/**конденсатная** Kondensatsonde *f*
~/**контрольная** Kontrollbohrung *f*
~/**краевая** Randbohrung *f*
~/**малогабаритная** kleinkalibrige Bohrung *f*
~/**малодебитная (малопродуктивная)** wenig ergiebige Bohrung *f*
~/**многодебитная** gute Fördersonde *f*
~/**наблюдательная** Beobachtungssonde *f*
~/**нагнетательная** Injektionssonde *f*, Einpreßsonde *f*, Einpreßbohrung *f*
~/**наклонная** Schrägbohrung *f*, geneigte Bohrung *f*
~/**направленная** Richtbohrung *f*, gerichtete Bohrung *f*
~/**направленно искривлённая** gerichtet gekrümmte Bohrung *f*
~/**насосная** Pumpsonde *f*
~/**неглубокая** Flachbohrung *f*
~/**некаптированная фонтанирующая** nichtbeherrschte Bohrung *f*, nichtkontrollierbarer Ölspringer *m*
~/**необсаженная** offene Bohrung *f*, unverrohrtes Bohrloch *n*
~/**непродуктивная** nichtproduktive (unergiebige) Sonde *f*
~/**нефтяная** Erdölbohrloch *n*, Erdölbohrung *f*, Erdölsonde *f*
~/**обводнённая** verwässerte Bohrung *f*
~/**обсаженная** verrohrtes Bohrloch *n*
~/**оконченная бурением** bohrtechnisch abgeteufte Bohrung *f*

~/**опережающая** Vorbohrloch *n*
~/**опорная** *s.* ~/**стратиграфическая**
~/**осушающая (осушительная)** Entwässerungsbohrloch *n*
~/**отвесная** Seigerbohrung *f*
~/**параметрическая** *s.* ~/**стратиграфическая**
~/**переводная** Vorbohrloch *n*
~/**пилотная** Pilotbohrloch *n*, Führungsbohrloch *n*
~/**плоскоискривлённая** in einer Ebene gekrümmtes Bohrloch *n*
~ **подземного бурения** Untertagebohrung *f*
~/**поисковая** Suchbohrung *f*, Schürfbohrung *f*, Prospektionsbohrung *f*
~/**продуктивная** fündige Bohrung *f*
~/**простаивающая** vorübergehend geschlossene Sonde *f*
~/**пространственно искривлённая** räumlich gekrümmtes Bohrloch *n*
~/**пульсирующая** pulsierend (intermittierend) fördernde Sonde *f*, stoßweise eruptierende Bohrung *f*
~/**пьезометрическая** Druckbeobachtungssonde *f*
~/**разведочная** Explorationsbohrloch *n*, Aufschlußbohrung *f*, Erkundungsbohrung *f*, Erkundungssonde *f*
~/**сверхглубокая** übertiefe Bohrung *f*, übertiefes Bohrloch *n*
~/**стратиграфическая** Basisbohrung *f*, stratigrafische Bohrung *f*, Parameterbohrung *f*
~/**структурная** Strukturbohrung *f*
~/**тампонажная** Abdichtungsbohrung *f*
~/**фонтанирующая (фонтанная)** eruptierende Sonde (Bohrung) *f*, Eruptionsbohrung *f*, Springerbohrung *f*, Springer *m*
~/**эксплуатационная** Gewinnungsbohrung *f*, Förderbohrung *f*, Produktionsbohrung *f*, Produktionssonde *f*, Produktionsbohrloch *n*, Förderbohrloch *n*
скважистый porig, porös; schwammig; löcherig, durchlässig
скважность *f* Porosität *f*, Porigkeit *f*; Durchlässigkeit *f*
~ **импульсов** *(Kern)* Impulsverhältnis *n*, Stoßverhältnis *n*
сквер *m* Square *n*, Dach *n* *(Schleppnetz)*
сквидж *m (Gum)* Puffergummi *m*, Zwischengummi *m*, Gummizwischenplatte *f*
сквиджкаландр *m (Gum)* Zwischenplattenkalander *m*
сквизер *m (Gum)* Abquetschmaschine *f*
сквозной 1. durchscheinend; 2. *(Eb)* durchgehend, Durchgangs...; 3. *(Bw)* Gitter... *(Trägerkonstruktion)*
СКВП *s.* **самолёт короткого взлёта и посадки**
скелет *m* Skelett *n*, Gerippe *n*, Gerüst *n*
~ **грунта** Bodenskelett *n*, Bodenstruktur *f*
~/**карбидный** Hartstoffskelettkörper *m* *(Pulvermetallurgie)*
~/**кольцевой** *(Ch)* Ringskelett *n*, Ringgerüst *n*
~/**кристаллический** *s.* **кристалл/скелетный**
~/**углеродный** Kohlenstoffskelett *n*, Kohlenstoffgerüst *n*
~/**циклический** *(Ch)* Ringskelett *n*, Ringgerüst *n*
скиатрон *m (Fs)* Skiatron *n*, Blauschriftröhre *f*, Dunkelschriftröhre *f*
скиммер *m* Schlacke[ab]scheider *m*, Rinnenvertiefung *f* *(Hochofen)*
скин-эффект *m* Skineffekt *m*, Hauteffekt *m*, Stromverdrängung *f*
скип *m* 1. *(Bgb)* Skip *m*, Fördergefäß *n* *(Schachtförderung)*; 2. *(Met)* Skip *m*, Gichtwagen *m*, Kippgefäß *n* *(Hochofen)*
~/**опрокидной (опрокидывающийся)** Kippkübel *m*
~ **с донной разгрузкой** Skip *m* mit Bodenentleerung
~ **с откидной задней стенкой** Fördergefäß *n* mit rückseitiger Entleerung
~ **с откидным (открывающимся) днищем** Skip *m* mit Bodenentleerung
~ **с разгрузкой через дно** Skip *m* mit Bodenentleerung
скипидар *m* Terpentinöl *n*
~/**древесный** Holzterpentinöl *n*
~/**живичный** echtes Terpentinöl *n*, Balsamterpentinöl *n*
~/**паровой** dampfdestilliertes Terpentinöl *n*
~/**сухоперегонный** trockendestilliertes Terpentinöl *n*
~/**экстракционный** Extraktionsterpentinöl *n*
скирда *f (Lw)* Schober *m*, Feime *f*, Feim *m*, Diemen *m* *(Stapelung von Heu, Getreide, Stroh)*
скирдование *n (Lw)* Schobern *n*
скирдовать *(Lw)* schobern
скисание *n* Sauerwerden *n*
~/**молочнокислое** Milchsäurestich *m*
~/**уксусное** Essigstich *m*
скисать[ся] sauer werden
скиснуть[ся] *s.* **скисать[ся]**
склад *m* Lager *n*, Lagerschuppen *m*, Speicher *m*, Niederlage *f*
~/**арендуемый** Pachtlager *n*, Mietlager *n* *(Lagerwirtschaft)*
~/**береговой** Hafenspeicher *m*; Hafenlagerplatz *m*
~ **боеприпасов** *(Mil)* Munitionslager *n*
~/**брикетный** Brikethalde *f*
~/**вещевой** *(Mil)* Bekleidungs- und Ausrüstungslager *n*
~ **деталей** *(Schiff)* Einzelteillager *n*
~/**закрытый** überdachtes Lager *n*

~/**запасной** Vorratslager *n*, Vorratsspeicher *m*
~ **комплектации** *(Schiff)* Bereitstellungslager *n*, Zwischenlager *n*
~/**комплектовочный** *(Schiff)* Bereitstellungslager *n*, Zwischenlager *n*
~/**консигнационный** Konsignationslager *n*
~/**лесной** Holzlagerplatz *m*
~ **листового материала (проката)** Plattenlager *n*
~ **материалов** Materiallager *n*
~/**многоотраслевой** Mehrzweiglager *n*
~ **общего пользования** Dienstleistungslager *n*
~/**одноотраслевой** Einzweiglager *n*
~/**перегрузочный** Umschlagplatz *m*
~/**плавучий** schwimmendes Lagerhaus *n*
~/**приобъектный** *(Bw)* Baustellenlager *n*
~ **профильного материала (проката)** Profillager *n*
~/**проходной** Durchflußlager *n*
~ **сбыта** Absatzlager *n*
~ **слитков** *(Met)* Rohblocklager *n*, Blocklager *n*
~ **снабжения** Versorgungslager *n*
~ **строительных материалов** Baustofflager *n*
~ **судового оборудования** *(Schiff)* Ausrüstungslager *n*
~ **технического оборудования** *(Mil)* technisches Gerätelager *n*
~/**топливный** Brennstofflager *n*
~/**тупиковый** Kopflager *n*
~/**центральный** Zentrallager *n*
склад-бункер *m* Lagerbunker *m*, Vorratsbunker *m*
складирование *n* Lagerung *f*
~ **в стеллажах** Lagerung *f* in Regalen
~/**временное** Zwischenlagerung *f*
~ **запасов в штабелях** Stapellagerung *f*
~ **люковых крышек** *(Schiff)* Stauen *n* der Lukendeckel
~ **на лежнях** Lagerung *f* auf Unterleghölzern
~ **навалом** Bodenlagerung *f* von Schüttgut
складка *f* *(Geol)* Falte *f*
~/**аллохтонная** allochthone Falte *f*
~/**антивергентная** Antivergenzfalte *f*
~/**антиклинальная** Antiklinalfalte *f*, Sattelfalte *f*
~/**асимметричная** schiefe (geneigte) Falte *f*
~ **большого радиуса** *s.* ~ **основания**
~/**веерообразная** Fächerfalte *f*, Pilzfalte *f*
~/**воздушная** abgetragene Falte *f*
~ **волочения** Schleppfalte *f*
~/**вторичная** *s.* ~ **второго порядка**
~ **второго порядка** Nebenfalte *f*, Kleinfalte *f*, Sekundärfalte *f*
~/**второстепенная** *s.* ~ **второго порядка**
~/**гармоническая** harmonische Faltung *f*
~/**геосинклинальная** *(Geol)* Geosynklinale *f*, Erdgroßmulde *f*
~/**герцинская** herzynische Faltung *f*
~/**главная** Hauptfalte *f*
~/**глубинная** *s.* ~ **основания**
~/**голоморфная** *s.* ~/**геосинклинальная**
~/**гравитационная** Gravitationsfalte *f*
~/**гребневидная** Ejektivfalte *f*
~/**двойная** *(Typ)* Doppelfalz *m*
~/**диапировая** Diapirfalte *f*, Durchspießungsfalte *f*, Injektivfalte *f*
~/**дисгармоничная** disharmonische Falte *f*
~/**закрытая** steile Falte *f*
~/**идиоморфная** unstetige Falte *f*
~ **изгиба** Biegefalte *f*, Knickfalte *f*
~ **изгиба/параллельная** parallele (konzentrische) Biegefalte *f*
~ **изгиба со скольжением** Biegegleitfalte *f*
~/**изоклинальная** Isoklinalfalte *f*
~ **истечения** Fließfalte *f*
~/**килевая** *s.* ~/**гребневидная**
~/**килевидная** Isoklinalfalte *f*
~/**концентрическая** konzentrische Falte *f*, Parallelfalte *f*
~/**коробчатая** Kofferfalte *f*, Kastenfalte *f*
~ **коры** *s.* ~ **основания**
~/**косая** schiefe (geneigte) Falte *f*
~/**крутая** steile Falte *f*
~/**кулисовидная (кулисообразная)** Kulissenfalte *f*, gestaffelte Falte *f*
~/**куполовидная (куполообразная)** Kuppelfalte *f*
~/**лежачая** liegende Falte *f*
~/**линейная** linear (längs) gestreckte Falte *f*
~/**мелкая** *(Typ)* flacher Falz *m*
~/**моноклинальная** Monoklinalfalte *f*, Kniefalte *f*, Flexur *f*
~/**надвинутая** Überschiebungsfalte *f*
~/**наклонная** schiefe (geneigte) Falte *f*
~/**несимметричная** schiefe (geneigte) Falte *f*
~/**нормальная** *s.* ~/**прямая**
~/**ныряющая** Tauchfalte *f*
~/**опрокинутая** überkippte Falte *f*
~ **основания** Grundfalte *f*, Embryonalfalte *f* *(nach Argand)*; Undation *f* *(nach Stille)*
~/**остроугольная** Zickzackfalte *f*
~/**открытая** Flachfalte *f*, flache Falte *f*
~/**параллельная** Parallelfalte *f*, konzentrische Falte *f*
~ **первого порядка** Hauptfalte *f*
~/**перевёрнутая** Tauchfalte *f*
~/**пережатая** *s.* ~/**веерообразная**
~ **пластического волочения** Schleppfalte *f* in einer Schicht inkompetenter Gesteine
~/**подобная** kongruente Falte *f*
~ **покрова** Sedimentdeckenfalte *f*, Deckfalte *f*

~/покровная *s.* **~ покрова**
~/полная *s.* **~/геосинклинальная**
~/поперечная Querfalte *f*, Kreuzfalte *f*
~/прерывистая unstetige Falte *f*
~/прямая aufrechte (stehende, normale, symmetrische) Falte *f*
~/птигматическая ptygmatische Falte *f*
~ равнинного типа *s.* **плакантиклиналь**
~/разорванная Bruchfalte *f*
~ сжатия Quetschfalte *f*
~/симметричная *s.* **~/прямая**
~/синклинальная Synklinale *f*, Synkline *f*, Mulde *f*
~ скалывания Scherfalte *f*
~ скалывания и изгиба Biegescherfalte *f*
~/солянокупольная Salzdomfalte *f*
~/сорванная *s.* **~ покрова**
~/стоячая *s.* **~/прямая**
~/стрельчатая Zickzackfalte *f*
~/стулообразная Monoklinalfalte *f*, Kniefalte *f*, Flexur *f*
~/сундучная Kofferfalte *f*, Kastenfalte *f*
~ течения Fließfalte *f*
~/тройная *(Typ)* Dreifachfalz *m*
~/тройная перегнутая *(Typ)* Dreifachknickfalz *m*
~/угловатая Zickzackfalte *f*
~ фундамента *s.* **~ основания**
~/цилиндрическая *s.* **~/линейная**
~/эжективная Ejektivfalte *f*
~/эксцентрическая exzentrische Falte *f*
~/эмбриональная *s.* **~ основания**
~/эшелонированная *s.* **~/кулисовидная**
складка-взброс *f* Faltenüberschiebung *f*, Überfaltungsdecke *f*
складка-надвиг *f* *s.* **складка-взброс**
складкообразование *n* *(Geol)* Faltenbildung *f*, Faltung *f*
складной 1. zusammenlegbar, zusammenklappbar, Klapp ...; 2. bündig
складчатость *f* *(Geol)* Faltung *f*
~/альпийская (альпинотипная) alpidische (alpinotype) Faltung *f*
~/андийская (андская) andische Faltung *f*
~/аппалачская appalachische Faltung *f*
~/архейская archäische Faltung *f*
~/блоковая *s.* **~/германотипная**
~/варисская (варисцийская) variszische Faltung *f*
~/геосинклинальная Geosynklinalfalte *f*
~/германотипная germanotype Faltung *f*
~/голоморфная *s.* **~/геосинклинальная**
~/гравитационная Gleitfaltung *f*, Gravitationsfaltung *f*
~/гребневидная *s.* **~/эжективная**
~/дежективная dejektive Faltung *f*
~/диапировая Diapirfaltung *f*
~/дисгармоничная disharmonische Faltung *f*
~ жёстких пород Faltung *f* kompetenter Gesteine
~/идиоморфная *s.* **~/прерывистая**
~/иеншанская Yenshanfaltung *f*
~ изгиба Biegefaltung *f*, Knickfaltung *f*
~/изоклинальная Isoklinalfaltung *f*, parallelschenklige Faltung *f*
~/инконгруентная inkongruente Faltung *f*
~ истечения Fließfaltung *f*
~/каледонская kaledonische Faltung *f*
~/карельская karelidisch-svekofennidische Faltung *f*
~/киммерийская kimmerische Faltung *f*
~/компетентная Faltung *f* kompetenter Gesteine
~/конгруентная kongruente Faltung *f*
~/конседиментационная synsedimentäre Faltung *f*
~/концентрическая konzentrische Faltung *f*, Parallelfaltung *f*
~/кулисовидная (кулисообразная) *s.* **~/эшелонированная**
~/куполовидная Kuppelfaltung *f*
~/лаврентевская laurentische Faltung *f*
~/линейная *s.* **~/геосинклинальная**
~ малых радиусов *s.* **~/геосинклинальная**
~/мезозойская mesozoische Faltung *f*
~/невадийская nevadische Faltung *f*
~/некомпетентная Faltung *f* inkompetenter Gesteine, Fließfaltung *f*
~/параллельная Parallelfaltung *f*, konzentrische Faltung *f*
~/переходная intermediäre Faltung *f*
~ пластичных пород *s.* **~/некомпетентная**
~/платформенная Plattformfaltung *f*, Tafelfaltung *f*
~ подводных оползней subaquatische Faltung *f*
~/подобная ähnliche Faltung *f*
~/полная *s.* **~/геосинклинальная**
~/поперечная Querfaltung *f*
~/постумная posthume Faltung *f*, Nachfaltung *f*
~/прерывистая unstetige Faltung *f*
~/промежуточная intermediäre Faltung *f*
~/птигматическая ptygmatische Faltung *f*
~/рифейская riphäische Faltung *f*
~/саксонотипная germanotype Faltung *f*
~/салаирская salairische Faltung *f*
~/сжатая Quetschfaltung *f*
~ скалывания Scherfaltung *f*
~ скалывания и изгиба Biegescherfaltung *f*
~ течения Fließfaltung *f*
~/тихоокеанская pazifische Faltung *f*
~/тяншанетипная *s.* **~/иеншанская**
~/эжективная ejektive Faltung *f*, Ejektivfaltung *f*
~/эшелонированная Kulissenfaltung *f*, gestaffelte Faltung *f*
складывание *n* 1. Zusammenlegen *n*, Falten *n*; 2. *(Math)* Addieren *n*

складывать 1. zusammenlegen; zusammenfalten, falten; 2. *(Math)* addieren, zusammenzählen; 3. hinzufügen
~ в бурты einmieten *(Kartoffeln, Rüben)*
~ в погреб einkellern
~ в штабеля aufstapeln
склеивание *n* Verleimen *n*, Zusammenkleben *n*
~/электропроводящее *(El)* Leitkleben *n*
склейка *f* 1. Kleben *n*; 2. Klebestelle *f* *(Film, Magnetband)*
~ внахлёстку überlappte Klebung *f*
~ линз *(Opt)* Verkittung *f* von Linsen, Linsenkittung *f*
склепать *s.* **склёпывать**
склёпка *f* *(Fert)* Nieten *n*, Nietung *f* *(s. a. unter* **клёпка**)
~/плотная Dichtungsnietung *f*
~/поперечная Quernietung *f*, Quernaht *f*
склёпывать nieten, vernieten, zusammennieten
склероклаз *m* *(Min)* Skleroklas *m*
склерометр *m* *(Wkst)* Sklerometer *n*, Härteprüfer *m*, Ritzhärteprüfer *m*
склероскоп *m* *(Wkst)* Rücksprunghärteprüfer *m*, Rückprallhärteprüfer *m*, Schlaghärteprüfer *m*, Skleroskop *n*
~ Шора Skleroskop *n* (Rückprallhärteprüfer *m*) nach Shore
склиз *m* 1. Rutsche *f*, Schurre *f*; 2. *(Text)* Ladenbahn *f* *(Weblade)*
~ для слитков Blockrutsche *f*
склон *m* *(Geol)* Hang *m*, Abhang *m*; Böschung *f*
~/вертикальный senkrechter Hang *m*
~/вогнутый Gleithang *m*
~/выпуклый Prallhang *m*
~ долины Talhang *m*
~/континентальный Kontinentalhang *m*, Kontinentalböschung *f*
~/крутой Steilhang *m*
~/материковый Kontinentalhang *m*, Kontinentalböschung *f*
~/наветренный luvseitiger Hang *m* *(Düne)*
~/подветренный leeseitiger Hang *m* *(Düne)*
~/подводный Kontinentalhang *m*, Kontinentalböschung *f*
~/пологий flacher (flacheinfallender) Hang *m*
~/соляной Salzhang *m*
~/ступенчатый stufenförmiger Hang *m*, Stufenhang *m*
~ террасы Terrassenböschung *f*
склонение *n* 1. Neigung *f*; 2. *(Astr)* Deklination *f*, Abweichung *f*; 3. *s.* **~/магнитное**
~/восточное магнитное *(Geoph)* positive Deklination *f*
~/западное магнитное *(Geoph)* negative Deklination *f*
~/магнитное *(Geoph)* magnetische Deklination *f*, Mißweisung *f*
~ рудных тел *(Geol)* Einschieben *n* eines Erzfalles
~ светила *(Astr)* Deklination *f* *(Gestirn)*
~ светила/отрицательное negative Deklination *f* *(Gestirn)*
~ светила/положительное positive Deklination *f* *(Gestirn)*
склонность *f* Neigung *f*, Veranlagung *f*; Anfälligkeit *f*, Disposition *f*; Empfindlichkeit *f*
~ к выщипыванию *(Typ)* Rupfneigung *f* *(des Papiers während des Druckes)*
~ к детонации Klopfneigung *f* *(Verbrennungsmotor)*
~ к коррозии Korrosionsneigung *f*, Korrosionsanfälligkeit *f*, Korrosionsempfindlichkeit *f*
~ к образованию трещин Rißneigung *f*, Rißempfindlichkeit *f*
~ к подвулканизации Anvulkanisationsneigung *f*, Anbrenneigung *f*
~ к пылению *(Typ)* Neigung *f* zum Stäuben *(Papier)*
~ к старению Alterungsneigung *f*
~ металла шва к образованию трещин *(Schw)* Rißanfälligkeit *f*, Nahtrißanfälligkeit *f*
склянка *f* 1. *(Schiff)* Glas *n* *(pl:* Glasen; *halbstündliches Zeitmaß)*; 2. *(Ch)* [kleine] Flasche *f* *(Laborgerät)*
~/буферная *s.* **~/предохранительная**
~/газодобывающая Gasentwicklungsflasche *f*
~/газопромывная Gaswaschflasche *f*
~/двугорлая Woulffsche Flasche *f* mit zwei Hälsen
~/капельная Tropfflasche *f*, Tropfglas *n*
~/отсосная Saugflasche *f*
~/отстойкая Abklärflasche *f*
~/предохранительная Sicherheitsflasche *f*, Vorschaltflasche *f*
~/промывная Waschflasche *f*
~/трёхгорлая Woulffsche Flasche *f* mit drei Hälsen
~/узкогорлая Enghalsflasche *f*
~/широкогорлая Weithalsflasche *f*
СКО *s.* 1. **станция кругового обзора**; 2. **отклонение /среднее квадратическое**
скоба *f* 1. Bügel *m*; 2. Klammer *f*, Schelle *f*, Bügelschraube *f*; 3. Spanneisen *n*; 4. *(Meß)* Rachenlehre *f*; 5. *(Schiff)* *s.* **~/соединительная**
~/анкерная Ankerbügel *m*, Verankerungsklammer *f*
~/буксирная *(Schiff)* Schlepptrossenschäkel *m*
~/вертлюжная *(Schiff)* Wirbelschäkel *m*
~ винтовой стяжки *(Eb)* Kupplungsbügel *m* *(Schraubenkupplung)*
~/грузовая *(Schiff)* Ladeschäkel *m*

~/**грузоподъёмная** Lastbügel *m*, Lastschäkel *m*
~/**двойная** *(Typ)* Doppelklammer *f* *(Heften)*
~ **для крепления кабелей** Kabelschelle *f*
~ **для проверки конусов** *(Meß)* Kegelrachenlehre *f*, Außenkegelrachenlehre *f*
~/**закрепляющая** Befestigungsbügel *m*
~/**измерительная** Meßbügel *m*
~/**индикаторная** *(Meß)* Meßuhr *f* *(mit rachenlehrenähnlichem Bügel)*; Bügelfeinzeiger *m*
~/**калиберная** *(Meß)* Rachenlehre *f*, Außenlehre *f* *(s. a.* ~/**предельная***)*
~/**калиберная регулируемая** einstellbare Rachenlehre *f*
~/**калиберная роликовая резьбовая** Gewinderachenlehre *f* mit Meßrollen *(Außengewindelehre)*
~/**калибровочная** *s.* ~/**калиберная**
~/**катодная** *(El)* Katodenhaken *m*, Katodenbügel *m*
~ **Кентера [/соединительная]** *(Schiff)* Kenterschäkel *m*
~ **ковша/подвесная** *(Gieß)* Pfannengehänge *n*, Pfannenbügel *m*
~/**концевая** *(Schiff)* Endschäkel *m* *(Ankerkette)*
~ **микрометра** *(Meß)* Bügel *m* *(Bügelmeßschraube)*
~/**натяжная** Spannbügel *m*
~/**несущая** Tragbügel *m*
~/**ограничительная** Fangbügel *m*
~/**предельная** *(Meß)* Grenzrachenlehre *f* *(s. a.* ~/**калиберная***)*
~/**предельная двусторонняя** doppelseitige Grenzrachenlehre *f*
~/**предельная жёсткая (нерегулируемая)** feste Grenzrachenlehre *f*
~/**предельная односторонняя** einseitige Grenzrachenlehre *f*
~/**предельная односторонняя регулируемая гребенчатая** einseitige einstellbare Gewindegrenzrachenlehre *f* mit Kimme- und Spitzeneinsätzen *(Flankenrachenlehre)*
~/**предельная односторонняя резьбовая регулируемая роликовая** einseitige einstellbare Gewinderachenlehre *f* mit Meßrollen
~/**предельная регулируемая** einstellbare Grenzrachenlehre *f*
~/**предельная резьбовая** Gewindegrenzrachenlehre *f*
~/**предохранительная** Fangbügel *m*, Sicherungsbügel *m*
~/**приварная** Anschweißbügel *m*
~/**прицепная** Ackerschiene *f*
~ **производства выстрела** *(Milflg)* Abzuggriff *m* *(Freikatapultsitz)*
~/**регулируемая** einstellbare Rachenlehre *f*
~/**рычажная** *(Meß)* Fühlhebelrachenlehre *f*
~ **с винтом/приварная** Anschweißschraubbügel *m*
~ **с заострёнными концами** Krampe *f*
~ **с индикатором/измерительная** *s.* ~/**индикаторная**
~ **с клином/приварная** Anschweißbügel *m* mit Keil
~ **с концевыми мерами** Endmaßrachenlehre *f*
~ **с микрометром/калиберная** *(Meß)* Rachenlehre *f* mit Schraublehre *(für Vormessungen)*
~ **с отсчётным устройством** Meßbügel *m* mit Ableseeinrichtung (Anzeige)
~ **с расширяющейся мерительной губкой/калиберная** Rachenlehre *f* mit abgeschrägter Meßbacke *(für Vormessungen)*
~ **с шаровыми губками/калиберная регулируемая** *(Meß)* einstellbare Rachenlehre *f* mit Kugelmeßbacken
~ **со вставными губками/предельная односторонняя** einseitige Grenzrachenlehre *f* mit einsetzbaren Meßbacken
~/**соединительная** *(Schiff)* Schäkel *m*, Verbindungsschäkel *m*, Ankerkettenschäkel *m*
~/**спусковая** *(Mil)* Abzugsbügel *m*
~/**стопорная** *(Schiff)* Riegel *m* *(Lukendeckel)*
~/**строительная** *(Bw)* Bauklammer *f*
~/**такелажная** *(Schiff)* Schäkel *m*, Takelschäkel *m*
~ **трапа** *(Schiff)* Steigeisen *n*
~/**угловая** Keillehre *f*
~/**упорная** *(Wkzm)* Anschlagsteg *m*
~/**фертоинговая** *(Schiff)* Mooringschäkel *m*, Muringschäkel *m*
~/**якорная** *(Schiff)* Rö[h]ring *m*, Ankerschäkel *m*, Ankerrö[h]ring *m*
~ **якоря** *s.* ~/**якорная**
скоба-калибр *f* *s.* **скоба/калиберная**
скобель *m* 1. *(Wkz)* Zugmesser *n* *(Zimmermannswerkzeug)*; 2. *(Led)* Schabeisen *n*; 3. *(Forst)* Schälmesser *n* *(zum Entrinden)*
~/**столярный** Ziehklinge *f* *(Tischlerwerkzeug)*
скобить klammern, verklammern, mit Klammern befestigen
скобка *f* *(Math)* Klammer *f*
~/**квадратная** eckige Klammer *f*
~/**круглая** runde Klammer *f*
~ **Лагранжа** Lagrange-Klammer *f*, Lagrangesche Klammer *f* *(analytische Mechanik)*
~/**ломаная** eckige Klammer *f*
~/**прямая** eckige Klammer *f*
~ **Пуассона** Poisson-Klammer *f* *(analytische Mechanik)*

~ **Пуассона/квантовая** quantenmechanische Poisson-Klammer *f*
~/**фигурная** geschweifte Klammer *f*, Akkolade *f*
~ **Якоби** Jacobische Klammer *f* *(analytische Mechanik)*
скобочка *f* **кардоленты** *(Text)* Häkchenbügel *m* *(Kratzengarnitur)*
скоб-трап *m* Steigleiter *f*
скованный geschmiedet; zusammengeschmiedet
сковорода *f* Pfanne *f* *(Laborgerät)*
~/**выварочная (выпарная)** Siedepfanne *f*, Abdampfpfanne *f*
скокванты *pl* *(Schiff)* Jakobsleiter *f*
скол *m* *(Krist)* Spaltfläche *f*
сколецит *m* *(Min)* Skolezit *m*
сколка *f* **льда** *(Schiff)* Abschlagen *n* des Eises
сколоть *s.* **скалывать**
скольжение *n* 1. Gleiten *n*, Rutschen *n*; Schleifen *n*; 2. *(El)* Schlupf *m* *(Rotor von Asynchronmaschinen)*; 3. *(Flg)* Schieben *n*, Slippen *n*; 4. *(Krist)* Gleitung *f*; 5. *(Wkst)* Schub *m*; 6. *(Eb)* Gleiten *n*, Schlupf *m* *(Rad)*
~ **валков** *(Gieß)* Walzenschlupf *m* *(Kollergang)*
~ **вниз** Abwärtsgleiten *n*
~ **воздушного винта** *(Flg)* Schlupf *m* *(Luftschraube)*
~/**восходящее** *(Meteo)* Aufgleiten *n* *(Warmluft bei Wolkenbildung)*
~ **гребного винта** *(Schiff)* Propellerslip *m*, Propellerschlupf *m*
~/**двойниковое** *(Krist)* Zwillingsgleitung *f*
~ **дислокации** *(Krist)* Versetzungsgleiten *n*
~ **ионов** *(Kern)* Ionenschlupf *m*
~/**карандашное** *(Krist)* Stäbchengleiten *n*, pencil slide *(in Silberchlorid- und Silberbromidkristallen)*
~ **кристаллов** *(Min)* Kristallgleitung *f*
~/**лёгкое** *(Krist)* „easy-glide"-Bereich *m*
~ **на крыло** *(Flg)* Seitenflug *m*, Slip *m*
~ **на хвост** *(Flg)* Abrutschen *n*
~/**нисходящее** *(Meteo)* Abgleiten *n* *(Warmluft bei Wolkenauflösung)*
~/**номинальное** Nennschlupf *m*
~/**обратное** Rückgleiten *n*
~ **по границам зёрен** *(Krist)* Korngrenzenfließen *n*
~/**поперечное** *(Krist)* Quergleiten *n*, Quergleitung *f*
~/**рабочее** Arbeitsschlupf *m*
~ **ротора** *(El)* Läuferschlupf *m*
~/**тонкое** *(Krist)* Feingleitung *f*
~/**трансляционное** *(Krist)* Translationsgleiten *n*, Translationsgleitung *f*
~ **холостого хода** Leerlaufschlupf *m*
скользить 1. gleiten, rutschen, schlüpfen; abgleiten; 2. schleifen
скользкий schlüpfrig, glatt
скользкость *f* Schlüpfrigkeit *f*; Glätte *f*
скользун *m* *s.* **кулак 1.**
скользящий gleitend; beweglich; Gleit...; Schiebe...
скомплектовка *f* *(Typ)* Zusammentragen *n* von Bogen zu Blöcken
скоп *m* *(Pap)* Fangstoff *m*, Dickstoff *m*
скопление *n* 1. Ansammlung *f*, Anhäufung *f*, Häufung *f*; 2. Haufen *m*, Nest *n*, Cluster *m*
~ **волокон** *(Text)* Stocken *n* der Faser *(Streckwerk; Spinnerei)*
~ **галактик** *(Astr)* Nebelhaufen *m*, Galaxienhaufen *m*
~/**галактическое звёздное** *(Astr)* galaktischer Sternhaufen *m*
~ **графита [в чугуне]** *(Met)* Garschaum *m* *(Gußeisen)*
~/**движущееся звёздное** *(Astr)* Bewegungs[stern]haufen *m*
~ **дислокаций** *(Krist)* Versetzungsaufstauung *f*; Versetzungsanhäufung *f*
~/**звёздное** *(Astr)* Sternhaufen *m*
~ **ионов** *(Ph)* Ionennest *n*, Ionenschwarm *m*, Ionencluster *m*
~/**карбидное** *(Met)* Karbidanhäufung *f*
~ **карбидов** *(Met)* Karbidanhäufung *f*
~ **карбидов железа** Zementitanhäufung *f*, Eisenkarbidanhäufung *f*
~ **молекул** *(Ph)* Molekülschwarm *m*, Molekülcluster *m*
~/**открытое звёздное** *(Astr)* offener Sternhaufen *m*
~ **пассажиров у одного борта** *(Schiff)* Übertreten *n* der Fahrgäste auf eine Seite des Schiffes
~/**рассеянное звёздное** *(Astr)* offener Sternhaufen *m*
~/**рыбное** Fischschwarm *m*
~ **тепла** Wärmestauung *f*, Wärme[auf]-speicherung *f*
~ **туманностей** *s.* ~ **галактик**
~/**шаровое звёздное** *(Astr)* Kugel[stern]-haufen *m*
~ **электронов** *(Ph)* Elektronenschwarm *m*
скополамин *m* *(Ch)* Skopolamin *n* *(Alkaloid)*
скорлупа *f* Schale *f*, Scheibe *f*
скородит *m* *(Min)* Skorodit *m*
скоромешалка *f* Schnellmischer *m*, Schnellrührer *m*
скороморозильный Schnellgefrier...
скороподъёмность *f* Steigfähigkeit *f*, Steigleistung *f*, Steiggeschwindigkeit *f*
скоропортящийся leicht verderblich
скороспелость *f* Frühreife *f*, Frühzeitigkeit *f*
скоростемер *m* Geschwindigkeitsmesser *m*, Tachometer *n*
~/**регистрирующий** Geschwindigkeitsschreiber *m*

скорострельность *f (Mil)* Feuergeschwindigkeit *f*
скорострельный *(Mil)* Schnellfeuer...
скорость *f (Mech)* Geschwindigkeit *f (Meter je Sekunde)*
~/**абсолютная** Absolutgeschwindigkeit *f*
~ **акустических волн** Schall[wellen]-geschwindigkeit *f*
~ **астатического действия** *(Reg)* Stellgeschwindigkeit *f*
~/**барицентрическая** baryzentrische Geschwindigkeit *f*, Schwerpunktsgeschwindigkeit *f*
~ **бега волн** Wellengeschwindigkeit *f*
~ **бурения** *(Bgb)* Bohrgeschwindigkeit *f*, Bohrfortschritt *m*
~ **бурения/рейсовая** technische Bohrgeschwindigkeit *f*
~ **в апогее** *(Astr)* Apogäumsgeschwindigkeit *f*
~ **в афелии** *(Astr)* Aphelgeschwindigkeit *f*
~ **в грузу** *(Schiff)* Geschwindigkeit *f* in beladenem Zustand
~ **в конце активного участка траектории ракеты** *(Rak)* Brennschluß-geschwindigkeit *f*
~ **в перигее** *(Astr)* Perigäumsgeschwindigkeit *f*
~ **в перигелии** *(Astr)* Perihelgeschwindigkeit *f*
~ **ввода** *(Dat)* Eingabegeschwindigkeit *f*
~/**вертикальная** *(Flg)* Vertikalgeschwindigkeit *f*
~/**весовая** Durchflußmasse *f*, Massengeschwindigkeit *f*
~/**взлётная** *(Flg)* Abfluggeschwindigkeit *f*, Startgeschwindigkeit *f*
~ **витания** *(Bgb)* Schwebegeschwindigkeit *f (Schwebestaub im Wetterstrom)*
~/**вихревая** Wirbelgeschwindigkeit *f*
~/**внутренняя рабочая** *(Dat)* interne Arbeitsgeschwindigkeit *f*
~ **воздуха** *(Bgb)* Wetterstromgeschwindigkeit *f*
~/**воздушная** *(Flg)* Eigengeschwindigkeit *f*
~ **воздушного потока** 1. *(Flg)* Luftdurchsatzgeschwindigkeit *f*; 2. *(Bgb)* Wetterstromgeschwindigkeit *f*
~ **возрастания** *s.* ~ **роста/абсолютная**
~/**волновая** Ausbreitungsgeschwindigkeit *f* der Welle, Wellengeschwindigkeit *f*
~ **волны** *s.* ~/**волновая**
~ **восстановления** Erholungsgeschwindigkeit *f*
~ **восходящего потока** *(Flg)* Aufwind *m*
~ **впрыска** *(Plast)* Einspritzgeschwindigkeit *f*, Schußgeschwindigkeit *f*
~ **вращения** Umdrehungsgeschwindigkeit *f*, Umlaufgeschwindigkeit *f*, Rotationsgeschwindigkeit *f*, Drehzahl *f*
~ **вращения двигателя** Motordrehzahl *f*
~ **вращения/номинальная** Nenndrehzahl *f*
~ **вращения/основная** Grunddrehzahl *f*
~ **вращения/относительная** Relativdrehzahl *f*
~ **вращения/предельная** Grenzdrehzahl *f*
~ **вращения при холостом ходе** Leerlaufdrehzahl *f*
~ **вращения/рабочая** Betriebsdrehzahl *f*
~ **вращения/эксплуатационная** Betriebsdrehzahl *f*
~ **вращения якоря** Ankerdrehzahl *f*
~ **всасывания** *s.* ~ **откачки**
~ **всасывания насоса** Sauggeschwindigkeit *f*, Saugvermögen *n (Pumpe)*
~/**вторая космическая** zweite kosmische Geschwindigkeit *f*, Entweichungsgeschwindigkeit *f*, parabolische Geschwindigkeit *f*
~ **входа** Eintrittsgeschwindigkeit *f*
~ **входа струи на лопату/относительная** relative Eintrittsgeschwindigkeit *f* in die Laufschaufeln *(Dampfturbine)*
~/**входная** *s.* ~ **входа**
~ **выбирания** *(Schiff)* Hievgeschwindigkeit *f (Anker)*; Holgeschwindigkeit *f*
~ **выборки** 1. *s.* ~ **выбирания**; 2. *(Dat)* Zugriffsgeschwindigkeit *f*
~ **вывода** *(Dat)* Ausgabegeschwindigkeit *f*
~ **выгорания [ядерного топлива]** *(Kern)* Abbrandgeschwindigkeit *f*
~ **выдвижения** Ausfahrgeschwindigkeit *f (beim Schubgabelstapler)*
~ **выполнения внутренних операций** interne Operationsgeschwindigkeit *f*
~ **высушивания** Austrocknungsgeschwindigkeit *f*
~/**высшая** Höchstgeschwindigkeit *f*, Maximalgeschwindigkeit *f*
~ **вытеснения** Verdrängungsgeschwindigkeit *f*
~ **вытравливания** *(Schiff)* Fiergeschwindigkeit *f (Trosse, Ankerkette)*
~ **выхода** Austrittsgeschwindigkeit *f*
~/**выходная** Austrittsgeschwindigkeit *f*
~ **вычислений** *(Dat)* Rechengeschwindigkeit *f*
~ **газового потока** Gasströmungsgeschwindigkeit *f*
~/**геоцентрическая** *(Astr)* geozentrische Geschwindigkeit *f (Meteore)*
~/**гиперболическая** *(Astr)* 1. hyperbolische Geschwindigkeit *f*; 2. *s.* ~/**третья космическая**
~/**гиперзвуковая** Hyperschallgeschwindigkeit *f*
~ **глиссирования** Gleitgeschwindigkeit *f (eines Gleitboots)*
~ **горения** *(Rak)* Brenngeschwindigkeit *f*
~ **горизонтального полёта** *(Flg)* Horizontalgeschwindigkeit *f*

~/**групповая** *(Mech)* Gruppengeschwindigkeit *f (Wellengruppe)*
~ **движения** Fahrgeschwindigkeit *f*
~ **движения воздуха** Luftgeschwindigkeit *f*
~ **движения ионов** Ionen[wanderungs]-geschwindigkeit *f*
~ **движения [магнитной] ленты** Magnetbandgeschwindigkeit *f*
~ **движения плёнки** *(Kine)* Filmgeschwindigkeit *f*
~ **движения поездов** *(Eb)* Verkehrsgeschwindigkeit *f*
~ **движения электронов** Elektronengeschwindigkeit *f*
~/**действующая** wirksame Geschwindigkeit *f*
~ **деления** *(Kern)* Spalthäufigkeit *f*, Spaltrate *f*
~ **деформации** Formänderungsgeschwindigkeit *f*, Verformungsgeschwindigkeit *f*
~ **диффузии** Diffusionsgeschwindigkeit *f*
~/**длительная** Dauergeschwindigkeit *f*
~/**дозвуковая** Unterschallgeschwindigkeit *f*
~/**допустимая** zulässige Geschwindigkeit *f*
~ **дрейфа** 1. *(Schiff)* Abdriftgeschwindigkeit *f*; 2. *(Eln)* Driftgeschwindigkeit *f*
~/**дрейфовая** *s.* ~ **дрейфа**
~ **дутья** Blasgeschwindigkeit *f (Schachtofen, Konverter)*
~ **заднего хода** *(Kfz)* Rückwärtsgeschwindigkeit *f*
~ **зажигания** Zündgeschwindigkeit *f (Verbrennungsmotor)*
~ **закалки** *(Met)* Abschreckgeschwindigkeit *f*, Schreckgeschwindigkeit *f*
~ **заливки** Gießgeschwindigkeit *f*
~ **записи** *(Dat)* Schreibgeschwindigkeit *f*, Aufzeichnungsgeschwindigkeit *f*
~ **заполнения [формы]** *(Gieß)* Form[en]-füllgeschwindigkeit *f*
~/**заправочная** *(Wlz)* Einstichgeschwindigkeit *f*, Ansteckgeschwindigkeit *f*
~ **зарядки** *(El)* Aufladegeschwindigkeit *f*
~ **застывания** *(Met)* Erstarrungsgeschwindigkeit *f*; Kristallisationsgeschwindigkeit *f*
~ **затвердевания** *s.* ~ **застывания**
~ **затопления** *(Mar)* Flutungsgeschwindigkeit *f*, Flutleistung *f*
~ **затухания** Abklinggeschwindigkeit *f*
~ **захвата** *(Kern)* Einfangrate *f*
~ **зацепления** *(Masch)* Eingriffsgeschwindigkeit *f*
~ **звука** Schall[wellen]geschwindigkeit *f*
~ **звука/колебательная** Schallschnelle *f*
~ **звука/объёмная** Schallfluß *m*
~/**звуковая** *s.* ~ **звука**
~ **изменения тока** Stromänderungsgeschwindigkeit *f*
~ **изнашивания (износа)** Verschleißgeschwindigkeit *f*
~/**индикаторная** *(Flg)* Instrumentengeschwindigkeit *f*
~/**индуктивная** *(Aero)* induzierte Geschwindigkeit *f (Komponente der durch Abwind am Tragflügel, Leitwerk oder rotierenden Schraubenblatt entstehenden Strömungsgeschwindigkeit)*
~ **ионизации** *(Ph)* Ionisierungsgeschwindigkeit *f*, Ionisationsgeschwindigkeit *f*
~ **ионов** *(Ph)* Ionen[wanderungs]-geschwindigkeit *f*
~ **испарения** Verdampfungsgeschwindigkeit *f*
~ **истечения** *(Hydrom)* Ausströmungsgeschwindigkeit *f*, Ausflußgeschwindigkeit *f*
~ **истечения металла** *(Met)* Metallaustrittsgeschwindigkeit *f (z. B. beim Strangpressen)*
~ **источника нейтронов/объёмная** Neutronenquelldichte *f (phys.-techn. Einheit im SI)*
~ **касания земли** *(Flg)* Aufsetzgeschwindigkeit *f*
~ **качения шин** Reifengeschwindigkeit *f*
~ **коммутации** Schaltgeschwindigkeit *f*, Umschaltgeschwindigkeit *f*
~/**комплексная** *(Aero)* komplexe Geschwindigkeit *f*
~ **конденсации** Kondensationsgeschwindigkeit *f*
~/**конечная** Endgeschwindigkeit *f*
~/**конструкционная** *(Eb)* Konstruktionsgeschwindigkeit *f*, Höchstgeschwindigkeit *f*
~ **коррозии** Korrosionsgeschwindigkeit *f*
~/**крейсерская** Reisegeschwindigkeit *f*; Marschgeschwindigkeit *f*
~ **крипа** *s.* ~ **ползучести**
~ **кристаллизации** *(Met)* Kristallisationsgeschwindigkeit *f*; Erstarrungsgeschwindigkeit *f*
~/**круговая** *s.* ~/**первая космическая**
~ **Лаваля** *(Ak)* Laval-Geschwindigkeit *f*
~/**линейная** *(Mech)* lineare Geschwindigkeit *f*, Lineargeschwindigkeit *f*
~ **лова** Fanggeschwindigkeit *f (Fischfang)*
~/**лучевая** 1. Strahlengeschwindigkeit *f*; 2. *(Astr)* Radialgeschwindigkeit *f*
~/**максимальная** Maximalgeschwindigkeit *f*, Höchstgeschwindigkeit *f*
~/**маневровая** *(Eb)* Verschiebegeschwindigkeit *f*, Rangiergeschwindigkeit *f*
~/**маршевая** *(Mil)* Marschgeschwindigkeit *f*
~/**маршрутная** *(Eb)* Reisegeschwindigkeit *f*, Betriebsgeschwindigkeit *f*
~ **массообмена** Stoffaustauschgeschwindigkeit *f*

~/**мгновенная** *(Mech)* Momentangeschwindigkeit *f*
~ **меньше волновой скорости** *(Hydrom)* Unterschallgeschwindigkeit *f*
~/**меридиональная** Meridiangeschwindigkeit *f*
~ **метания** *(Bgb)* Schleudergeschwindigkeit *f* *(Schleuderversatzmaschine)*
~ **на входе** Eintrittsgeschwindigkeit *f*, Einströmgeschwindigkeit *f*
~ **на выходе** Auslaßgeschwindigkeit *f*
~ **на мерной линии** *(Schiff)* Geschwindigkeit *f* an der Meßmeile
~ **на траектории** *(Astr)* Bahngeschwindigkeit *f*
~ **на ходовых испытаниях** *(Schiff)* Probefahrtgeschwindigkeit *f*
~ **набегающего потока** *(Aero)* Anströmgeschwindigkeit *f*
~ **нагрева** Erwärmungsgeschwindigkeit *f*, Anwärmgeschwindigkeit *f*, Erhitzungsgeschwindigkeit *f*
~ **надвига состава** *(Eb)* Abdrückgeschwindigkeit *f* *(Ablaufberg, Rangieren)*
~/**надводная** *(Mar)* Überwasser[fahrt]-geschwindigkeit *f* *(U-Boot)*
~/**наименьшая** Kleinstgeschwindigkeit *f*
~/**наименьшая длительная** *(Eb)* kleinste Dauerfahrgeschwindigkeit *f* *(Lok)*
~ **нарастания давления** Druckanstiegsgeschwindigkeit *f*
~/**начальная** Anfangsgeschwindigkeit *f*
~/**неравномерная** ungleichförmige Geschwindigkeit *f*
~/**номинальная** Nenngeschwindigkeit *f*
~/**нормальная** Normalgeschwindigkeit *f*
~ **носителей заряда** *(Eln)* Ladungsträgergeschwindigkeit *f*
~ **обезуглероживания** *(Met)* Entkohlungsgeschwindigkeit *f*
~/**обобщённая** *(Mech)* verallgemeinerte (generalisierte) Geschwindigkeit *f*
~ **обработки** *(Dat)* Verarbeitungsgeschwindigkeit *f*
~ **образования** Erzeugungsgeschwindigkeit *f*, Erzeugungsrate *f*
~ **образования зародышей** Keimbildungsgeschwindigkeit *f*, Keimbildungshäufigkeit *f*
~ **образования частиц** *(Kern)* Entstehungsrate *f*
~/**обратная** Rücklaufgeschwindigkeit *f*
~ **обратного хода [станка]** *(Wkzm)* Rücklaufgeschwindigkeit *f*
~ **обтекания** *(Aero)* Anströmgeschwindigkeit *f*
~/**объёмная [колебательная]** Schall-[energie]fluß *m*
~ **объёмного расширения** *(Therm)* Volumendilatationsgeschwindigkeit *f*
~ **окисления** Oxydationsgeschwindigkeit *f*
~/**околозвуковая** schallnahe Geschwindigkeit *f*, Geschwindigkeit *f* im Schallbereich
~/**окружная** Umfangsgeschwindigkeit *f*
~ **опережения** Voreilgeschwindigkeit *f*
~ **оплавления** *(Schw)* Abbrenngeschwindigkeit *f* *(Abbrennschweißen)*
~/**орбитальная** *(Astr)* 1. Bahngeschwindigkeit *f*; Umlaufgeschwindigkeit *f*; 2. *s.* ~/**первая космическая**
~ **осадки** *(Schw)* Stauchgeschwindigkeit *f* *(Abbrennschweißen)*
~ **осаждения** 1. Niederschlagsgeschwindigkeit *f*; 2. Sinkgeschwindigkeit *f*, Absetzgeschwindigkeit *f* *(Hebezeuge)*
~ **откачки** Sauggeschwindigkeit *f*, Pumpgeschwindigkeit *f*, Fördergeschwindigkeit *f* *(Vakuumpumpe)*
~ **отклонения** Ablenkgeschwindigkeit *f*
~/**относительная** relative (bezogene) Geschwindigkeit *f*, Relativgeschwindigkeit *f*
~/**относительная входная** relative (bezogene) Eintrittsgeschwindigkeit *f* *(an Turbinenschaufeln)*
~/**относительная выходная** relative (bezogene) Austrittsgeschwindigkeit *f* *(an Turbinenschaufeln)*
~ **относительно воды** *(Schiff)* Geschwindigkeit (Fahrt) *f* durch das Wasser
~ **относительно воздуха** *(Flg)* relative Geschwindigkeit *f*
~ **относительно грунта** *(Schiff)* Geschwindigkeit (Fahrt) *f* über Grund
~ **относительно земли** *(Flg)* Weggeschwindigkeit *f*
~ **относительного удлинения** *s.* ~ **растяжения**
~ **отрыва** *(Flg)* Abhebegeschwindigkeit *f*
~ **охлаждения** Abkühlungsgeschwindigkeit *f*; Kühlgeschwindigkeit *f*
~ **охлаждения/критическая** *(Met)* kritische Abkühlungsgeschwindigkeit *f* *(Martensitbildung)*
~ **охлаждения при закалке** *(Met)* Abschreckgeschwindigkeit *f*, Schreckgeschwindigkeit *f*
~ **падения** *(Mech)* Fallgeschwindigkeit *f*
~/**параболическая** *s.* ~/**вторая космическая**
~ **парения** Schwebegeschwindigkeit *f*
~/**первая космическая** erste kosmische Geschwindigkeit *f*, Kreisbahngeschwindigkeit *f*
~ **передачи** Übertragungsgeschwindigkeit *f*, Sendegeschwindigkeit *f*
~ **передачи данных** Datenübertragungsgeschwindigkeit *f*, Geschwindigkeit *f* des Datenflusses
~ **передачи информации** Informationsübertragungsgeschwindigkeit *f*, Geschwindigkeit *f* des Informationsflusses

~ **передачи сигнала** Signalübertragungsgeschwindigkeit *f*
~ **передвижения** Fahrgeschwindigkeit *f*
~ **передвижения груза** Fördergeschwindigkeit *f*
~ **переднего хода** *(Kfz)* Vorwärtsgeschwindigkeit *f*
~ **переключения** *s.* ~ **коммутации**
~/**переменная** veränderliche Geschwindigkeit *f*
~ **перемещения** 1. *(Reg)* Verstellgeschwindigkeit *f*; 2. Fahrgeschwindigkeit *f*, Laufgeschwindigkeit *f*
~ **перемещения винта** Spindelgeschwindigkeit *f*
~ **перемещения поршня** Kolbengeschwindigkeit *f*
~ **перемещения точки старта** *(Rak)* Bodengeschwindigkeit *f* des Standorts *(infolge der Erdumdrehung)*
~ **печати** Druckgeschwindigkeit *f*
~ **пешехода** Schrittgeschwindigkeit *f*
~/**пиковая** Spitzengeschwindigkeit *f*
~ **плавления** Schmelzgeschwindigkeit *f*
~ **по вертикали** *(Flg)* Vertikalgeschwindigkeit *f*
~ **по лагу** *(Schiff)* Geschwindigkeit *f* nach Fahrtmeßanlage
~ **по прибору** Instrumentengeschwindigkeit *f*
~ **поверхностной рекомбинации** *(Eln)* Rekombinationsgeschwindigkeit *f*
~ **поворота** Drehgeschwindigkeit *f*, Schwenkgeschwindigkeit *f* *(Kran)*
~ **поворота крана** Krandrehgeschwindigkeit *f*
~ **поглощения** Aufnahmegeschwindigkeit *f*
~ **погружения** Tauchgeschwindigkeit *f* *(U-Boot)*
~ **подачи** *(Fert)* Vorschubgeschwindigkeit *f* *(Werkzeugmaschine)*
~ **подачи бумаги** *(Dat)* Papiervorschubgeschwindigkeit *f*
~ **подачи насоса** Fördergeschwindigkeit *f* *(Pumpe)*
~ **подвигания забоя** *(Bgb)* Verhiebsgeschwindigkeit *f*
~ **подвигания очистных работ** *(Bgb)* Verhiebsgeschwindigkeit *f*
~ **подлодки/подводная** *(Mar)* Unterwasser[fahrt]geschwindigkeit *f* *(U-Boot)*
~ **подъёма** 1. Hubgeschwindigkeit *f*; 2. *(Bgb)* Fördergeschwindigkeit *f* *(im Förderschacht)*; 3. *(Flg)* Steiggeschwindigkeit *f*
~ **поезда/коммерческая** *(Eb)* Reisegeschwindigkeit *f*
~ **поезда/техническая** *(Eb)* technische Geschwindigkeit *f* *(aus der sowjetischen Fachliteratur übernommener Begriff für mittlere Geschwindigkeit)*
~ **поиска** *(Dat)* Suchgeschwindigkeit *f*
~ **полёта** *(Flg, Rak)* Fluggeschwindigkeit *f*
~ **полёта/большая дозвуковая** große Unterschallgeschwindigkeit *f*, subsonische Geschwindigkeit *f* *(M 0,5 ... 1,0)*
~ **полёта/воздушная** Eigengeschwindigkeit *f*, [wahre] Fahrt *f*
~ **полёта/дозвуковая** Unterschallgeschwindigkeit *f*, subsonische Geschwindigkeit *f*
~ **полёта/критическая** kritische Fluggeschwindigkeit *f* *(bei Erreichung der örtlichen Schallgeschwindigkeit)*
~ **полёта/путевая** Grundgeschwindigkeit *f*, Geschwindigkeit *f* über Grund, Absolutgeschwindigkeit *f*
~ **ползучести** *(Wkst)* Kriechgeschwindigkeit *f*, Dehngeschwindigkeit *f* beim Dauerstandversuch
~ **поршня** Kolbengeschwindigkeit *f*
~ **поршня/средняя** mittlere Kolbengeschwindigkeit *f*
~/**посадочная** *(Flg)* Landegeschwindigkeit *f*
~/**постоянная** gleichbleibende Geschwindigkeit *f*
~/**поступательная** *(Schiff)* Fortschrittsgeschwindigkeit *f* *(Propulsionsberechnung)*
~ **потока** *(Hydrom)* Strömungsgeschwindigkeit *f* *(s. a. unter* ~ **течения***)*
~ **потока в диске** *(Schiff)* Eintrittsgeschwindigkeit *f* des Wassers in den Propeller *(Propulsionsberechnung)*
~ **потока/индуктивная** *(Aero)* induzierte Strömungsgeschwindigkeit *f* *(Geschwindigkeit des Luftstromes, die durch Wechselwirkung zwischen rotierendem Propeller und der Luft hervorgerufen wird)*
~ **превращения** Umwandlungsgeschwindigkeit *f*
~/**предельная** *s.* ~/**максимальная**
~ **прессования** Arbeitsgeschwindigkeit *f* der Presse, Pressengeschwindigkeit *f* *(Geschwindigkeit des Preßstempels beim Strangpressen)*
~ **притока** *(Hydt)* Zuströmgeschwindigkeit *f*, Zuflußgeschwindigkeit *f*
~ **пробега** *(Flg)* Ausrollgeschwindigkeit *f*
~ **проведения выработок** *(Bgb)* Vortriebsgeschwindigkeit *f*
~ **продувки** *(Met)* Blasgeschwindigkeit *f* *(Konverter)*
~ **прокатки** *(Wlz)* Austrittsgeschwindigkeit *f*, Auslaufgeschwindigkeit *f*
~ **просачивания** Perkolationsgeschwindigkeit *f*, Durchsickerungsgeschwindigkeit *f*
~ **протекания реакции** Reaktionsgeschwindigkeit *f*

~ **проходки** *(Bgb)* Vortriebsgeschwindigkeit *f*; Abteufgeschwindigkeit *f*
~ **псевдоожижения** Wirbelgeschwindigkeit *f (Wirbelschichttechnik)*
~ **псевдоожижения/рабочая** Arbeits-Wirbelgeschwindigkeit *f (Wirbelschichttechnik)*
~ **пули** *s.* ~ **снаряда**
~ **пульсации** *(Bgb)* Pulsgeschwindigkeit *f (Wetterstrom)*
~/**путевая** *(Flg)* Weggeschwindigkeit *f*
~ **рабочего хода** Arbeitsgeschwindigkeit *f*
~/**равновесная** Beharrungsgeschwindigkeit *f*
~/**равномерная** gleichförmige Geschwindigkeit *f*
~/**радиальная** *s.* ~/**лучевая 2.**
~ **разбегания галактик** *(Astr)* Fluchtgeschwindigkeit *f (Nebelflucht)*
~ **развёртки** *(El)* Ablenkgeschwindigkeit *f (Oszillograf)*; Kippgeschwindigkeit *f (Relaxationsgenerator)*; *(Fs)* Abtastgeschwindigkeit *f*
~ **развёртывания** *s.* ~ **развёртки**
~ **разливки** *(Gieß)* Gießgeschwindigkeit *f*
~ **разложения** Zersetzungsgeschwindigkeit *f*
~/**разносовая** Durchgangsdrehzahl *f (eines Motors)*
~ **разрядки** *(El)* Entladegeschwindigkeit *f*
~ **распада** 1. *(Kern)* Zerfallsgeschwindigkeit *f*; 2. *(Plast)* Abbaugeschwindigkeit *f*
~ **расплавления** Schmelzgeschwindigkeit *f*
~ **распространения** *(Ph)* Ausbreitungsgeschwindigkeit *f*, Fortpflanzungsgeschwindigkeit *f (z. B. Schall, Licht)*
~ **распространения в вакууме** Ausbreitungsgeschwindigkeit *f* im Vakuum, Vakuumgeschwindigkeit *f*
~ **распространения звука** Schall[wellen]geschwindigkeit *f*
~ **распространения импульса** Impulsausbreitungsgeschwindigkeit *f*
~ **распространения ударной волны** *(Kern, Mil)* Fortpflanzungsgeschwindigkeit *f* der Druckwelle *(bei einer nuklearen Explosion)*
~ **распространения фронта волны** Wellenfront[ausbreitungs]geschwindigkeit *f*
~ **рассеяния** Dissipationsgeschwindigkeit *f*
~ **растворения** *(Ch)* Lösegeschwindigkeit *f*, Lösungsgeschwindigkeit *f*
~ **растяжения** *(Fert)* Dehnungsgeschwindigkeit *f*
~/**расходная** Durchflußgeschwindigkeit *f*
~ **реактивной струи** *(Flg, Rak)* Ausströmgeschwindigkeit *f*
~ **реакции** 1. *(El)* Reaktionsgeschwindigkeit *f*, Ansprechgeschwindigkeit *f*; 2. *(Ch)* Reaktionsgeschwindigkeit *f*
~ **регулирования** Regelgeschwindigkeit *f*
~ **резания** *(Fert)* Schnittgeschwindigkeit *f*
~ **резания грунта** Schürfgeschwindigkeit *f*
~ **рекомбинации** Rekombinationsgeschwindigkeit *f*, Rekombinationsrate *f (Halbleiter)*
~ **рекристаллизации** *(Krist)* Rekristallisationsgeschwindigkeit *f*, Umkörnungsgeschwindigkeit *f*
~ **роста** Wachstumsgeschwindigkeit *f*, Wachstumsrate *f*
~ **роста/абсолютная** absolute Wachstumsrate *f*
~ **роста кристаллов** Kristallwachstumsgeschwindigkeit *f*
~ **самодиффузии** Selbstdiffusionsgeschwindigkeit *f*
~/**сверхзвуковая** *(Flg)* Überschallgeschwindigkeit *f*, supersonische Geschwindigkeit *f* *(M > 1)*
~/**сверхорбитальная** *(Astr)* Geschwindigkeit *f* größer als die Kreisbahngeschwindigkeit
~ **света** allgemeine Fundamentalgeschwindigkeit *f*, „Lichtgeschwindigkeit" *f*
~ **сгорания** Verbrennungsgeschwindigkeit *f*
~/**сектор[иаль]ная** *(Mech)* Flächengeschwindigkeit *f*
~ **сжатия** Kompressionsgeschwindigkeit *f*, Verdichtungsgeschwindigkeit *f*
~/**синхронная** synchrone Geschwindigkeit *f*, Gleichlaufgeschwindigkeit *f*
~ **сканирования** Abtastgeschwindigkeit *f*
~ **скольжения** 1. Schlupfdrehzahl *f (eines Motors)*; 2. *(Flg)* Schiebegeschwindigkeit *f*
~ **снаряда** *(Mil)* Geschoßgeschwindigkeit *f (Ballistik)*
~ **снаряда/конечная** Endgeschwindigkeit *f*
~ **снаряда/начальная** Anfangsgeschwindigkeit *f*
~ **снижения** *s.* ~ **спуска 1.**
~ **сноса** *(Flg)* Abdriftgeschwindigkeit *f*
~ **спуска** 1. *(Flg)* Sinkgeschwindigkeit *f*, Abstiegsgeschwindigkeit *f*; 2. Absenkgeschwindigkeit *f*, Senkgeschwindigkeit *f (Hebezeuge)*
~ **спуска пружины** Ablaufgeschwindigkeit *f (der Feder im Uhrwerk)*
~ **спуска судна на воду** *(Schiff)* Ablaufgeschwindigkeit *f (Stapellauf)*
~ **срабатывания** Ansprechgeschwindigkeit *f*, Auslösegeschwindigkeit *f (Relais)*
~/**среднетехническая** mittlere Arbeitsgeschwindigkeit *f*
~/**средняя** Durchschnittsgeschwindigkeit *f*
~/**стартовая** *(Rak)* Startgeschwindigkeit *f*

~ **стрельбы** Feuergeschwindigkeit *f*, Schußfolge *f*
~ **струи/абсолютная выходная** absolute Düsenaustrittsgeschwindigkeit *f* *(Dampfturbine)*
~ **струи/относительная выходная** relative Düsenaustrittsgeschwindigkeit *f* *(Dampfturbine)*
~ **судна/экономическая** *(Schiff)* wirtschaftliche Geschwindigkeit (Fahrt) *f*
~ **счёта** *(Kern)* Zählgeschwindigkeit *f*, Zählrate *f* *(Zählrohr)*
~ **счёта делений** Spaltzählrate *f*
~ **счёта/истинная** wahre Zählrate *f*
~ **счёта совпадений** Koinzidenzrate *f*
~ **считывания** *(Dat)* Lesegeschwindigkeit *f*
~ **телеграфирования** *(Fmt)* Telegrafiergeschwindigkeit *f*
~/**техническая** *s.* ~ **поезда/техническая**
~ **течения** *(Hydrod)* Strömungsgeschwindigkeit *f* *(s. a. unter* ~ **потока***)*
~ **течения/донная** *(Hydrol)* Sohlenströmungsgeschwindigkeit *f*
~ **тормозной волны** *(Eb)* Durchschlagsgeschwindigkeit *f* *(Druckluftbremse)*
~ **трассирования** Tastgeschwindigkeit *f* *(bei der Rauheitsmessung)*
~/**третья космическая** dritte kosmische Geschwindigkeit *f*
~ **у земли** *(Flg)* Geschwindigkeit *f* in Bodennähe
~/**угловая** Winkelgeschwindigkeit *f* *(Radiant je Sekunde)*
~ **удаления** Fluchtgeschwindigkeit *f*
~/**ударная** Schlaggeschwindigkeit *f*
~ **уноса** Austragsgeschwindigkeit *f* *(Wirbelschichttechnik)*
~ **ускользания** *s.* ~/**вторая космическая**
~/**установившаяся** Beharrungsgeschwindigkeit *f*
~ **утечки** Leckrate *f*, Undichtigkeit *f*
~/**участковая** *(Eb)* Reisegeschwindigkeit *f*
~/**фазовая** *(Mech)* Phasengeschwindigkeit *f* *(Ausbreitungsgeschwindigkeit einer ebenen Welle)*
~ **фильтрации/входная** *(Hydt)* Eintrittsgeschwindigkeit *f* *(Sickerwasser)*
~ **фильтрации/выходная** *(Hydt)* Austrittsgeschwindigkeit *f* *(Sickerwasser)*
~ **флотации** Flotationsgeschwindigkeit *f*
~ **фронта** Frontgeschwindigkeit *f*
~ **хода** 1. Laufgeschwindigkeit *f*, Ganggeschwindigkeit *f*, Gang *m*; 2. *(Masch)* Hubgeschwindigkeit *f* *(Kolbenhub, Tischhub einer Hobelmaschine usw.)*; 3. *(Schiff)* Fahrt *f*
~ **хода корабля/боевая** *(Mar)* Gefechtsgeschwindigkeit *f*
~ **хода корабля/назначенная** *(Mar)* befohlene Fahrt (Fahrgeschwindigkeit) *f*
~ **хода судна** *(Schiff)* Geschwindigkeit *f*, Fahrt *f*
~ **хода судна/крейсерская** Reisegeschwindigkeit *f*
~ **хода судна/наибольшая** höchste Geschwindigkeit (Fahrt) *f*
~ **хода судна/наименьшая** kleinste Geschwindigkeit (Fahrt) *f*
~/**ходовая** *(Eb)* Durchschnittsfahrgeschwindigkeit *f* *(mittlere Geschwindigkeit, bezogen auf die zurückgelegte Strecke und die reine Fahrzeit)*
~/**холостая** *(Masch)* Leerlaufgeschwindigkeit *f*
~ **частиц/акустическая (колебательная)** Schallschnelle *f*
~ **частиц/тепловая** *(Kern)* thermische Geschwindigkeit *f*
~ **черпания** Schöpfgeschwindigkeit *f* *(Becherwerke)*
~/**четвёртая космическая** vierte kosmische Geschwindigkeit *f*
~/**эволютивная** *(Flg)* Evolutionsgeschwindigkeit *f*
~/**экономическая** Sparfluggeschwindigkeit *f*
~/**эксплуатационная** Betriebsgeschwindigkeit *f*, Dienstgeschwindigkeit *f*
~ **электрона/собственная начальная** *(Kern)* Elektroneneigengeschwindigkeit *f*
~ **электронов/дрейфовая** *(Eln)* Driftgeschwindigkeit *f*
~/**эллиптическая** *s.* ~/**первая космическая**
~ **ядра течения** *(Kern)* Kerngeschwindigkeit *f*
скорчинг *m* *(Gum)* Scorch[ing] *n*, [vorzeitige] Anvulkanisation *f*, Anbrennen *n*, Anspringen *n*
скос *m* 1. Abschrägung *f*, Schräge *f*; 2. Gehrung *f*; 3. Zuschärfung *f*, Schärfung *f*; 4. Anzug *m* *(Keil)*; 5. Lippe *f*, Fase *f*
~ **броневой палубы** *(Mar)* Panzerdeckböschung *f*
~ **кромки** *(Schw)* Kantenabschrägung *f*
~/**V-образный** *(Schw)* V-förmige Kantenabschrägung *f* *(des Stoßes)*
~ **потока** *(Aero)* Abwind *m*; Abstrom *m*, abgehender Strom *m*
скосить *s.* **скашивать**
скот *m* Skot *n*, sk *(Einheit der Dunkelleuchtdichte)*
скотоводство *n* Viehzucht *f*
~/**мясное** Fleischviehzucht *f*
скотовоз *m* Tiertransportwagen *m*, Viehtransportwagen *m*
скошенный abgeschrägt, schräg, abgefast
скрап *m* Schrott *m*, Bruch *m*, Abfall *m*
~/**алюминиевый** Aluminiumschrott *m*, Aluminiumaltmetall *n*
~/**анодный** Anodenbruch *m*, Anodenabfall *m*, Anodenschrott *m*
~/**высококачественный** Kernschrott *m*
~/**железный** Eisenschrott *m*, Alteisen *n*

~/заводской Eigenschrott *m*
~ ковкого чугуна Tempergußschrott *m*
~/кузнечный Schmiedeabfall *m*
~/литейный Gußbruch *m*
~/металлический Metallschrott *m*, Metallabfall *m*, Schrott *m*
~/оборотный Rücklaufschrott *m*, Umlaufschrott *m*
~/привозной Fremdschrott *m*
~/проволочный Abdraht *m*
~/собственный Eigenschrott *m*
~/стальной Stahlschrott *m*
~/чугунный Gußeisenschrott *m*, Graugußschrott *m*
скрап-процесс *m* *(Met)* [reines] Schrottverfahren *n*; Roheisen-Schrott-Verfahren *n*
~/карбюраторный Schrott-Kohle-Verfahren *n*, reines Schrottverfahren *n* mit Aufkohlung
~ на жидком чугуне Schrott-Roheisen-Verfahren *n* *(mit flüssigem Einsatz)*
~ на твёрдом чугуне Schrott-Roheisen-Verfahren *n* *(mit festem Einsatz)*
скребковый *(Bgb)* Kratz[er] ..., Schräm ...
скребок *m* 1. Abstreifer *m*, Abstreicher *m* *(Gurtförderer)*; 2. Mitnehmerblech *n*, Mitnehmer *m*, Kratzer *m* *(Kratzförderer)*; Kratzeisen *n*; 3. Krählarm *m*, Krähler *m*; 4. Streichbrett *n*, Streicheisen *n* *(Formen)*; 5. *(Lw)* Kratzerleiste *f*, Abstreifer *m*
~/листовой Mitnehmerblech *n*
~/разравнивающий Glattstreicher *m*
скребок-сбрасыватель *m* Abstreicher *m*, Abstreifer *m* *(eines Trockners)*
скрепер *m* 1. Schrapper *m*; 2. Schrapperschaufel *f*; 3. Schrapper *m*, Schürfkübelwagen *m*, Scraper *m*
~/волокушный Schleppseilschrapper *m*
~/гребковый *(Bgb)* Zughakenschrapper *m*
~/гусеничный Schürf[kübel]raupe *f*
~/канатный *(Bgb)* Seilschrapper *m*, Seilförderer *m*
~/колёсный *(Bw)* Radschrapper *m*
~/погрузочный *(Bw)* Schrapplader *m*, Schürflader *m*
~/прицепной Anhängeschürfkübelwagen *m*
~ с гидравлическим управлением Schürfkübelwagen *m* mit hydraulischer Betätigung
~/самоходный колёсный Motorschürf[kübel]wagen *m*
~/скребковый *(Bgb)* Kratzschrapper *m*
скрепер-волокуша *m* *(Bw)* Schleppseilschrapper *m*
скреперование *n* *(Bgb)* Schrapperförderung *f*, Schrapperbetrieb *m*
скрепероструг *(Bgb)* Schälschrapper *m*
скрепить *s.* **скреплять**
скрепка *f* Klammer *f*, Verbindungsstück *n*; Riemenverbinder *m*
~/канцелярская Briefklammer *f*
скрепление *n* Befestigung *f*, Verbindung *f*, Bindung *f*, Verband *m*
~/анкерное Verankerung *f*
~/бесшвейное *(Typ)* Klebebinden *n*
~/болтовое Verbolzung *f*, Verschraubung *f*, Bolzenverbindung *f*
~/винтовое Schraubenverbindung *f*
~/клеевое *(Typ)* Klebebinden *n*
~ конусом и клином Kegelkeilverbindung *f*
~ крышки болтами Deckelverschraubung *f*
~ накладами Verlaschung *f*
~ подкосами Verstrebung *f*
~/рамное Rahmenverbindung *f*
~ раскосами *(Bw)* Verstrebung *f*
~/резьбовое Verschraubung *f*
~/рельсовое *(Eb)* Schienenbefestigung *f*
~ сквозными болтами Durchgangsschraubenverbindung *f*
~ термонитками *(Typ)* Fadensiegeln *n*
~/угловое Eckverbindung *f*
скрепления *npl* Befestigungsmaterial *n*, Kleineisenzeug *n* für Befestigungszwecke
~/рельсовые *(Eb)* Schienenbefestigungsmaterial *n*
скреплять verbinden, befestigen
~ болтами verbolzen, verschrauben
~ гвоздями zusammennageln
~ шпонками (штифтами) verdübeln
скрестить *s.* **скрещивать**
скрещивание *n* Kreuzen *n*, Kreuzung *f*
~ проводов *(Fmt)* Drahtkreuzung *f*, Verdrillung *f* *(Leitungen)*
~ фантомных цепей *(Fmt)* Platzwechsel *m*, Schleifenkreuzung *f*
скрещивать kreuzen, über Kreuz legen; verschränken
скруббер *m* *(Ch)* Turmwäscher *m*, Waschturm *m*, Skrubber *m*, Rieselturm *m*, Rieselwäscher *m*
~ без заполнителей *s.* **~/безнасадочный**
~/безнасадочный Rieselturm (Rieselwäscher) *m* ohne Einbauten
~ Вентури/струйный Venturi-Abscheider *m*, Venturi-Wäscher *m*
~/водяной Wasserskrubber *m*
~/механический Standardskrubber *m*
~/насадочный Rieselturm (Rieselwäscher) *m* mit Einbauten
~/оросительный Sprühturm *m*, Sprühwäscher *m*
~/разбрызгивающий Kreuzschleierwäscher *m*, Ströder-Wäscher *m*
~ с вращающейся насадкой Wäscher *m* mit rotierenden Einbauten
~ с заполнителями *s.* **~/насадочный**

~ с насадкой *s.* **~/насадочный**
~ с реечной насадкой Hordenwäscher *m*
~ с хордовой насадкой Hordenwäscher *m*
~/тарельчатый Tellerwäscher *m*
~/центробежный Schleuderwäscher *m*, Fliehkraftwäscher *m*, Kreiselwäscher *m*
скругление *n* Abrundung *f* *(Tätigkeit)*; Rundung *f* *(z. B. einer Linie)*; Biegung *f*, Kurve *f* *(z. B. einer Straße)*
скрутить *s.* **скручивать**
скрутка *f* 1. Verdrehung *f*, Verdrillung *f* *(s. a. unter* **скручивание***)*; 2. Verseilung *f* *(Kabel)*; 3. *(El, Fmt)* Würgestelle *f* *(im Kabel)* • **с двойной парной скруткой** DM-verseilt *(Kabel)* • **с парной скруткой** paarverseilt *(Kabel)* • **со скруткой жил по способу звезды** sternverseilt *(Kabel)*
~/двойная звёздная Doppelsternverseilung *f*
~/двойная парная Dieselhorst-Martin-Verseilung *f*, DM-Verseilung *f*
~ двойной звездой Doppelsternvierer *m*
~/двухзвёздная Doppelsternverseilung *f*
~/звёздная Sternverseilung *f*
~ звездой Sternverseilung *f*
~ кабеля/парная Paarverseilung *f*
~/круглая Rundschlag *m* *(des Seiles)*
~ парами Paarverseilung *f*
~/повивная lagenweise Verseilung *f*, Lagenverseilung *f*
~/проволочная *(Bw)* Rödelverbindung *f*
~ четвёрками *s.* **~/четвёрочная**
~/четвёрочная Verseilung *f* zu Vierern, Viererverseilung *f*
скрученный 1. verdreht, verdrillt; 2. verseilt *(Kabel)*
~ звездой sternverseilt
~ парами paarverseilt, paarig verseilt
~ четвёрками zu einem Vierer verseilt
скручивание *n* Verdrehung *f*, Verdrillung *f*, Torsion *f* *(s. a. unter* **скрутка***)* • **без скручивания** torsionsfrei, verdreh[ungs]frei
~ прядей Verlitzung *f* *(Drahtseil)*
скручивать 1. verdrehen, verdrillen; zusammendrehen; 2. *(El, Fmt)* verwürgen *(Kabel)*; 3. *(Text)* zwirnen
~ в пары paarig (zu einem Paar) verseilen
~ в четвёрки zu einem Vierer verseilen
~ звездой zum Sternvierer verseilen
~ повивами lagenweise (in Lagen) verseilen
скрытокристаллический kryptokristallin[isch]
скрытый 1. versteckt, verborgen, verdeckt; 2. latent *(Wärme)*
скрябка *f* Rostschaber *m*
скула *f* *(Schiff)* Kimm *f*
~/круглая runde Kimm *f*
~/острая scharfe Kimm *f*
скуловой *(Schiff)* Kimm ...
скупит *m* *(Min)* Schoepit *m*
скутер *m* *(Kfz)* Motorroller *m*
скуттерудит *m* *(Min)* Skutterudit *m*, Tesseralkies *m*
скучивание *n* Häufung *f*, Anhäufung *f*
слабина *f* 1. *(Schiff)* Lose *f* *(Tauwerk)*, Seillose *f*; 2. *(Masch)* Spiel *n*, Luft *f* *(Lager)*
слаблинь *m* *(Schiff)* Reihleine *f*, Marlleine *f*
слабовосстановительный *(Ch)* schwach reduzierend
слабокипящий niedrig (leicht) siedend
слабокисл[отн]ый *(Ch)* schwach sauer
слаболегированный schwachdotiert, niedrigdotiert *(Halbleiter)*
слабонатянутый 1. schwach gespannt, schlaff *(Seil)*; 2. schwach angezogen, locker *(Mutter)*
слабообогащённый *(Kern)* leicht (schwach) angereichert
слабоокислительный *(Ch)* schwach oxydierend
слабоосновный *(Ch)* schwach basisch
слаборастворимый schwerlöslich, wenig-löslich
слабосмачиваемый schwach benetzend *(Pulvermetallurgie)*
слабоспекающийся schwach backend *(Kohle)*
слаботочный *(El)* Schwachstrom ...
слабощелочной *(Ch)* schwach alkalisch
слагаемое *n* *(Math)* Addend *m*, Summand *m*
слагать addieren
слагающая *f* *(Math, Ph)* Komponente *f* *(s. a. unter* **составляющая***)*
слайд *m* *(Typ)* Diapositiv *n*, Dia *n* *(s. a.* **диапозитив***)*
~/цветной Farbdia *n*
слаженность *f* *(Mil)* Geschlossenheit *f*
~ подразделений Geschlossenheit *f* der Einheiten
~ расчёта Geschlossenheit *f* der Bedienung *(am Granatwerfer oder Geschütz)*
~ экипажа Geschlossenheit *f* der Besatzung *(von Panzern, Flugzeugen)*
сланец *m* *(Geol)* Schiefer *m*
~/актинолитовый Aktinolithschiefer *m*
~/амфиболитовый Amphibolitschiefer *m*
~/аспидный Tafelschiefer *m*
~/битуминозный Bitumenschiefer *m*, Ölschiefer *m*
~/вонючий *s.* **известняк/вонючий**
~/вспученный Blähschiefer *m*
~/габбровый Gabbroschiefer *m*
~/глинисто-слюдяной Tonglimmerschiefer *m*
~/глинистый Tonschiefer *m*
~/горючий Brennschiefer *m*, Ölschiefer *m*

~/графитный (графитовый) Graphitschiefer *m*
~/грифельный *s.* **~/аспидный**
~/диабазовый Diabasschiefer *m*
~/железисто-слюдяной Eisenglimmerschiefer *m*
~/железно-слюдяной Eisenglimmerschiefer *m*
~/известковый Kalkschiefer *m*
~/кварцитовый Quarzitschiefer *m*
~/квасцовый Alaunschiefer *m*
~/кристаллический kristalliner Schiefer *m*
~/кровельный Dachschiefer *m*
~/купоросный Vitriolschiefer *m*
~/медистый Kupferschiefer *m*
~/мергелистый Mergelschiefer *m*
~/песчаниковый (песчанистый) Sandschiefer *m*
~/полировальный geschliffener Schiefer *m*
~/порфировый Porphyrschiefer *m*
~/роговиковый Hornschiefer *m*
~/роговообманковый Hornblendeschiefer *m*
~/слюдяной Glimmerschiefer *m*
~/ставролитовый Staurolithschiefer *m*
~/тальковый Talkschiefer *m*
~/точильный Schleifschiefer *m*
~/турмалиновый Turmalinschiefer *m*
~/углистый Kohlenschiefer *m*, kohlehaltiger Tonschiefer *m*
~/шиферный *s.* **~/кровельный**
сланцевание *n (Bgb)* Einstauben *n (Gesteinsstaubsperren gegen Schlagwetter)*
сланцеватость *f (Geol)* 1. Schieferung *f*; 2. *s.* **текстура/сланцеватая**
~/вторичная *s.* **~/диагональная**
~/диагональная Transversalschieferung *f*, Querschieferung *f*
~/кристаллизационная Kristallisationsschieferung *f*
~/линейная Griffelschieferung *f*, grifflige Klüftung *f*, Griffelung *f*
~/ложная *s.* **~/диагональная**
~/первичная *s.* **~/кристаллизационная**
~/плоскостная ebene Schieferung *f*, schieferige Textur *f*
~/поперечная *s.* **~/диагональная**
слева по кроме *(Schiff)* Backbord achteraus
след *m* 1. Spur *f*; Fahrspur *f*; 2. Markierung *f*
~ альфа-частицы *(Kern)* Alpha-Spur *f*, Alpha-Teilchenspur *f*
~/аэродинамический *(Aero)* Nachlauf *m*, Nachstrom *m*, Wirbelschleppe *f*; Kielwasser *n*
~/вихревой *s.* **~/аэродинамический**
~/глётовый *(Met)* Glättegasse *f (NE-Metalle)*
~ дельта-частицы *(Kern)* Delta-Spur *f*, Delta-Bahn *f*
~ дребезжания *(Fert)* Rattermarke *f*
~ записи Schreibspur *f*
~/конденсационный *(Flg)* Kondensstreifen *m*
~ мезона *(Kern)* Mesonenspur *f*
~/метеорный *(Astr)* Meteorschweif *m*
~/одиночный *(Kern)* Einzelspur *f*
~ первичного электрона *(Kern)* primäre Elektronenspur *f*
~/попутный *(Schiff)* Kielwasser *n*
~ послесвечения Nachleuchtschleppe *f*, Nachleuchtschweif *m (Radar)*
~ протона *(Kern)* Protonenspur *f*
~ пути *(Kern)* Bahnspur *f*
~/пылевой *(Astr)* Dampfschweif *m*, Rauchschweif *m (Boloid)*
~/светящийся Leuchtspur *f*
~/сильный *(Kern)* schwere Spur *f*
~/слабый *(Kern)* leichte Spur *f*
~/трассирующий Leuchtspur *f*
~/туманный *(Kern)* Nebelkammerspur *f*
~ частицы в камере Вильсона *(Kern)* Nebelkammerspur *f*
~ электрона *(Kern)* Elektronenspur *f*
~ ядерной частицы *(Kern)* Kernspur *f*
следование *n* Folge *f*; Nachführung *f*; Fahrt *f*
~/дальнее Fernfahrt *f*
~ импульсов Impulsfolge *f*
~ поездов *(Eb)* Zugfolge *f*, Zuglauf *m*
следовать 1. folgen; 2. *(Eb)* fahren *(Zug)*
~ в составе соединения *(Schiff)* in Geleit fahren
~ по левому пути *(Eb)* links fahren
~ по правому пути *(Eb)* rechts fahren
следорыхлитель *m (Lw)* Spurlockerer *m*
следоуказатель *m (Lw)* Spurreißer *m*, Spurzeiger *m*, Spuranzeiger *m (Traktor-Drillmaschine)*
следствие *n* 1. Folgesatz *m*, Folgerung *f*; 2. Folge *f*, Konsequenz *f*; 3. Untersuchung *f*, Ermittlung *f*
следящий Folge . . ., Nachlauf . . .
слежение *n* Verfolgung *f (z. B. einer Spur)*
слеживание *n* Zusammenbacken *n*, Zusammenballen *n*
слеживаться zusammenbacken, sich zusammenballen
слезник *m* 1. *(Bw)* Wassernase *f*; 2. Tropfring *m*
слезоточивый Tränengas . . .
слеминг *m (Schiff)* Slamming *n*
слепец *m s.* **отлив/слепой**
слепимость *f (Licht)* Blendung *f*
~/вуалирующая Schleierblendung *f*
~/побочная indirekte Blendung *f*, Umfeldblendung *f*
~/прямая direkte Blendung *f*, Infeldblendung *f*
слепок *m* Abdruck *m*
~/гипсовый Gipsabdruck *m*
слёт *m (Text)* Absprenger *m*

слив *m* 1. Abfluß *m*, Ablauf *m*, Auslauf *m*; Überlauf *m*; Ausguß *m*; 2. Abguß *m*; 3. Abstich *m*, Ablaß *m*, Austrag *m*; 4. Trübe *f*
~ **за борт** *(Schiff)* Ausguß *m* nach außenbords
~ **массы** *(Pap)* Stoffablaß *m*, Stoffabfluß *m*
~ **моечной машины** Waschtrübe *f* *(Aufbereitung)*
~ **рудопромывки** Waschtrübe *f* *(Aufbereitung)*
сливание *n* 1. Abgießen *n*, Abgießung *f*; 2. Abziehen *n*, Abzapfen *n*
~ **сифоном** Anhebern *n*, Hebern *n*
сливать 1. abgießen; 2. abziehen *(z. B. Schlacke vom flüssigen Metall)*
сливки *pl* **латекса** *(Gum)* Latexrahm *m*
сливкоотделитель *m* Milchseparator *m*
слизистый schleimig, Schleim..., schmierig
слизь *f* **камеди** *(Gum)* Gummischleim *m*
слип *m* *(Schiff)* Aufschleppe *f* *(Hecktrawler)*; Slipanlage *f*
~/**двукрылый** Slipanlage *f* mit zwei Seitenflügeln
~/**двухъярусный** Doppelwagenslip *m*
~/**кормовой** Heckaufschleppe *f* *(Hecktrawler)*
~/**однокрылый** Slipanlage *f* mit einem Seitenflügel
~/**поперечный** Querslipanlage *f*, Querslip *m*
~/**продольный** Längsslipanlage *f*, Längsslip *m*
слипание *n* Zusammenkleben *n*
слипаться zusammenkleben
слипнуться *s.* **слипаться**
слитковоз *m* *(Wlz)* Blockaufleger *m*, fahrbarer Blockkipper *m*, Blockwagen *m*
слитколоматель *m* *(Wlz)* Blockbrecher *m*, Blockbrechpresse *f*
слиток *m* 1. *(Wlz)* Rohblock *m*; 2. *(Gieß)* Gußblock *m*, Metallblock *m*, Block *m*; 3. Barren *m*, Rohbarren *m*, Blöckchen *n* *(NE-Metallurgie)*
~/**алюминиевый** Aluminiumbarren *m*
~ **алюминия** Aluminiumbarren *m*
~/**безупречный** *s.* ~/**здоровый**
~ **для ковки** Schmiedeblock *m*
~/**здоровый** fehlerfreier Block *m*
~/**квадратный** Vierkantblock *m*; Vierkantknüppel *m*
~/**круглый** Rundblock *m*
~/**литой** Gußblock *m*
~/**неуспокоенный стальной** unberuhigter (unberuhigt vergossener) Block *m*
~/**обжатый** vorgewalzter Block *m*, Vorblock *m*, Walzblock *m*
~ **первичного металла** Hüttenblock *m*, Rohblock *m*, Rohbarren *m*, Barren *m*
~/**плоский** Bramme *f*
~/**стальной** Stahlblock *m*, Gußstahlblock *m*
~/**успокоенный стальной** beruhigter (beruhigt vergossener) Block *m*
слить *s.* **сливать**
сличение *n* Maßvergleich *m*, Vergleichsmessung *f*, Vergleich *m*, Vergleichen *n*
~/**круговое** Ringvergleich *m*
слияние *n* 1. Zusammenfließen *n*; Vereinigung *f*; Verschmelzung *f*, Fusion *f*; 2. *(Dat)* Mischen *n*
~ **данных** *(Dat)* Datenverknüpfung *f*
~ **пучков** Strahlenvereinigung *f*
~ **ядер** *s.* **синтез ядер**
~/**ядерное** *s.* **синтез ядер**
словарь *m* *(Dat)* Verzeichnis *n*
~ **внешних символов** Verzeichnis *n* der externen Symbole, externes Symbolverzeichnis *n*
~ **перемещаемых величин** Liste *f* der Verschiebungsinformationen
~ **перемещений** Schiebewörterbuch *n*, Schiebegrößenwörterbuch *n*
~/**управляющий** Steuerungsverzeichnis *n*
слово *n* *(Dat)* Wort *n*, Maschinenwort *n*
~ **данных** Datenwort *n*
~/**двойное** Doppelwort *n*
~ **двойной длины** Wort *n* (Zahl *f*) doppelter Länge
~/**зарезервированное** reserviertes Wort *n*
~ **инструкции** Befehlswort *n*
~/**информационное** Datenwort *n*
~ **канала/адресное** Kanaladreßwort *n*
~ **канала/командное** Kanalkommandowort *n*
~ **канала/управляющее** Kanalkommandowort *n*
~/**ключевое** Schlüsselwort *n*, Kennwort *n*
~/**командное** Befehlswort *n*
~/**машинное** *(Dat)* Maschinenwort *n*, Rechnerwort *n*
~ **переменной длины** variabel langes Wort *n*, Wort *n* mit variabler Länge
~/**полное** Vollwort *n*
~ **полной длины** Vollwort *n*
~ **программиста** Programmiererwort *n*
~/**программное** *s.* ~ **программы**
~ **программы** Routinewort *n*, Programmwort *n*
~ **состояния канала** Kanalstatuswort *n*
~ **состояния программы** Programmstatuswort *n*
~ **состояния программы/новое** neues Programmstatuswort *n*
~ **состояния программы/старое** altes Programmstatuswort *n*
~ **удвоенной длины** Doppelwort *n*
~ **фиксированной длины** Festwort *n*, Wort *n* fester Länge
словолитня *f* *(Typ)* Schriftgießerei *f*
слоеватость *f* *(Bgb)* Schichtung *f*

сложение *n* 1. Zusammenlegung *f*; 2. *(Math, Dat)* Addition *f*, Summierung *f*; 3. *(Ph)* Zusammensetzung *f (von Kräften, Bewegungen)*; 4. Gefüge *n*, Struktur *f*, Textur *f*; 5. Beschaffenheit *f*; 6. Körperbau *m*, Gestalt *f*
~/**векторное** *(Math)* vektorielle Addition *f*
~/**графическое** *(Math)* grafische Addition *f*
~ **матриц** *(Math)* Matrizenaddition *f*
~ **с плавающей запятой** *(Dat)* Gleitkommaaddition *f*
~ **с фиксированной запятой** *(Dat)* Festkommaaddition *f*
~ **цветов** *(Fs)* Farbenaddition *f*, additive (optische) Farbmischung *f*
~ **цветов/пространственное** raumsequentielle Farbmischung *f*
~/**циклическое** *(Dat)* zyklische Summation *f*
сложенный zusammengesetzt; zusammengelegt; gefaltet
сложить *s.* **1. складывать; 2. слагать**
сложнозамкнутый vermascht, mehrfach geschlossen *(Leitungsnetz)*
сложный zusammengesetzt; kompliziert, verwickelt
слои *mpl (Geol, Bgb)* Schichten *fpl*, Lagen *fpl (s. a. unter* **слой)**
~/**верфенские** Werfener Schichten *fpl (Trias)*
~/**верхние** hangende Schichten *fpl*
~/**дилювиальные** Diluvialschichten *fpl*
~/**иноцерамовые** Inoceramen-Schichten *fpl*
~/**кальцеоловые** Calceola-Schichten *fpl*
~/**кампильские** Campiler Schichten *fpl (Trias)*
~/**климениевые** Clymenien-Schichten *fpl*
~/**культриюгатовые** Cultrijugatus-Schichten *fpl*
~/**макроцефаловые** Makrocephalen-Schichten *fpl*
~/**палюдиновые** Paludinen-Schichten *fpl*
~/**рудоносные** Gangerze *npl (im Kreideschiefer)*
слоистость *f (Geol)* Schichtung *f*
~ **атмосферы** *(Meteo)* Luftschichtung *f*, Schichtung *f* in der Atmosphäre
~/**волнистая** Wulstschichtung *f*
~/**горизонтальная** waagerechte Schichtung *f*, söhlige Lagerung *f*, normale konkordante Schichtung *f* mit Gesteinswechsel
~/**горизонтальная параллельная** horizontale Parallelschichtung *f*
~/**дельтовая** Delta[ablagerungs]schichtung *f*
~/**диагональная** Diagonalschichtung *f*
~/**косая** Schrägschichtung *f*
~/**косвенная** Schrägschichtung *f*
~/**ленточная** gebänderte Schichtung (Parallelschichtung) *f*, Bänderschichtung *f*
~/**линзовидная** linsige (lentikulare) Schichtung *f*, Linsenschichtung *f*
~/**ложная** Schrägschichtung *f*
~ **морского типа** Übergußschichtung *f (Schrägschichtung an Riffflanken)*
~/**наклонная** geneigte Schichtung *f*
~/**несогласная** diskordante Schichtung *f*
~/**параллельная** Parallelschichtung *f*
~/**перекрёстная** Kreuzschichtung *f*
~/**перекрёстно-параллельная** Kreuzschichtung *f*
~/**перекрещивающаяся** Kreuzschichtung *f*
~/**полосовидная** streifige Schichtung (Parallelschichtung) *f*
~/**прерывистая** lückenhafte Schichtung (Parallelschichtung) *f*
~/**приливно-отливная** Gezeitenschichtung *f*
~/**прямая** *s.* ~/**горизонтальная**
~ **речного типа** fluviatile Schichtung *f (Schrägschichtung in Flußablagerungen)*
~/**ритмичная** Repetitionsschichtung *f*
~/**сложная** zusammengesetzte Schichtung *f (Kombination aus Parallel- und Schrägschichten)*
~ **течения** Schrägschichtung *f*
~/**эоловая** äolische Ablagerungsschicht *f (Schrägschichtung durch bewegte Luft, z. B. in Dünen)*
слоистый 1. geschichtet, lagenförmig, in Lagen; 2. geblättert, blättrig, laminar; feinstreifig; 3. zerklüftet; schiefrig
слоить schichten, in Schichten legen, lagenweise legen
слоиться 1. sich schichten, Schichten bilden, sich ablagern; 2. schiefern, abblättern
слой *m* 1. Schicht *f*, Überzug *m*; Lage *f*; 2. Blättchen *n*; Scheibe *f*; 3. Belag *m*; Hülle *f*, Mantel *m*; *(Kern)* Schale *f*; 4. *(Bgb, Geol)* Schicht *f*, Bank *f*, Lage *f*; Scheibe *f*; 5. Lage *f (eines Reifens)*; 6. *s. unter* **слои**
~/**абсорбционный** *(Ch)* Absorptionsschicht *f*
~/**адгезионный** *(Ch)* Adhäsionsschicht *f*
~/**адсорбционный** *(Ch)* Adsorptionsschicht *f*
~/**азотированный** *(Härt)* Nitrierschicht *f*
~/**антикоррозийный** Korrosionsschutzschicht *f*, Rostschutzschicht *f*
~ **Апльтона** *s.* ~ **Эпплтона**
~ **атмосферы/пограничный** *(Meteo)* planetarische Grenzschicht *f*
~/**базовый** Basisschicht *f (Halbleiter)*
~/**балластный** *(Eb)* Bettung *f*, Bettungsschicht *f*, Bettungskörper *m (Strecke)*
~/**баритовый** *(Foto)* Baryt[age]schicht *f*
~/**безотрывный пограничный** *(Aero)* anliegende Grenzschicht *f*
~ **бетона/защитный** Betonschutzschicht *f*
~/**богатый** *(Bgb)* edles Mittel *n*

~ **в сварном шве** *(Schw)* Schweißlage *f*
~ **валентных электронов** *(Ph, Ch)* Valenzschale *f*, äußere Schale *f*
~/**верхний** 1. Oberschicht *f*; 2. *(Bgb)* Oberbank *f*
~/**взвешенный** *s.* ~/**кипящий**
~/**вихревой** *(Aero, Meteo)* Wirbelschicht *f*
~/**водоносный** *(Geol)* wasserhaltende (wasserführende) Schicht *f*
~ **воздуха** *(Meteo)* Luftschicht *f*
~ **воздуха/приземный** bodennahe Luftschicht *f*
~ **возмущения** *(Meteo)* planetarische Grenzschicht *f*
~/**вскрышной** Abraumdecke *f*
~/**выемочный** *(Bgb)* Abbauscheibe *f*
~/**выращенный** Aufwachsschicht *f* *(Halbleiter)*
~/**вышележащий** *(Geol)* überlagernde Schicht *f*
~/**годичный** Jahresring *m* *(Holz)*
~/**горизонтальный** *(Bgb, Geol)* söhlige Scheibe *f*; horizontale (waagerechte, söhlige) Schicht *f*
~ **гравия** *(Eb)* Kiesbettung *f* *(Strecke)*
~/**графитный наружный** *(El)* Graphitüberzug *m* *(Bürsten)*
~/**грунтовочный** *(Bw)* Unterputz *m*
~/**гумусовый** *(Geol)* Humusschicht *f*
~/**движущийся** *(Ch)* Bewegtbett *n*, Wanderbett *n*
~/**двойной** Doppelschicht *f*
~/**двойной граничный** *(Eln)* Doppelrandschicht *f*
~/**двойной электрический** elektrische (elektrochemische) Doppelschicht *f*
~ **десятикратного ослабления** *(Kern)* Zehntelwert[s]schichtdicke *f*, Zehntelwert[s]dicke *f* *(Strahlung)*
~/**динамический пограничный** Geschwindigkeitsgrenzschicht *f*
~/**диффузионный** Diffusionsschicht *f* *(Halbleiter)*
~/**дренирующий** Filterschicht *f*, Dränageschicht *f*
~ **дымки** *(Meteo)* Dunstschicht *f*
~/**дырочный** *p*-leitende Schicht *f*, *p*-Schicht *f*
~ **жидкого кристалла** Flüssigkristallschicht *f*
~/**закалённый** *(Härt)* Härteschicht *f*
~/**запирающий** Sperrschicht *f*, Randschicht *f* *(Halbleiter)*
~/**запорный** *s.* ~/**запирающий**
~/**защитный** Schutzschicht *f*
~/**зеркальный** Spiegelschicht *f*, Reflexionsschicht *f*
~ **износа** *(Bw)* Verschleißschicht *f* *(Straßendecke)*
~/**изолирующий (изоляционный)** Isolierschicht *f*, Isolationsschicht *f*; Dämmschicht *f*
~/**изотермический** *(Meteo)* isotherme Schicht *f*
~/**инверсионный** *(Meteo)* Inversionsschicht *f*
~/**ионизированный** *(El)* ionisierte Schicht *f*, Ionisationsschicht *f*
~ **ионосферы** *(Geoph)* Gebiet *n* (Schicht *f*) der Ionosphäre
~ **ионосферы/спорадический** sporadische E-Schicht *f*, E_s-Schicht *f* *(Ionosphäre)*
~ **катализатора** *(Ch)* Katalysatorbett *n*, Kontaktbett *n*
~ **катализатора/движущийся** bewegtes (sich bewegendes) Katalysatorbett (Kontaktbett) *n*
~ **катализатора/стационарный** festes (festliegendes, ruhendes, stationäres) Katalysatorbett (Kontaktbett) *n*
~/**катодный** Katodenschicht *f*
~ **Кеннелли-Хевисайда** *s.* ~ **Хевисайда-Кеннелли**
~/**кипящий** *(Ch)* Wirbelschicht *f*, Wirbelbett *n*, Fließbett *n*; *(Plast)* Wirbelsinterbett *n*
~/**контактный** Kontaktschicht *f*
~/**корковый** *(Text)* Rindenschicht *f*, Hornschicht *f* *(Wollfaser)*
~/**крайний** Randschicht *f*, Randzone *f* *(eines Gußblocks)*
~/**ламинарно-турбулентный пограничный** *(Aero)* gemischte (laminar-turbulente) Grenzschicht *f*
~/**ламинарный пограничный** *(Aero)* laminare Grenzschicht *f*
~/**лицевой** *(Led)* Narbenschicht *f*
~/**люминофорный** Leuchtstoffschicht *f*, Leuchtstoffbelag *m*
~/**магнитный** Magnetschicht *f*, Magnetfilm *m*
~/**маскирующий** Maskierungsschicht *f* *(Halbleiter)*
~ **металла** Metallschicht *f*, Metallbelag *m*, Plattierung *f*
~/**металлизационный (металлизированный)** Spritzschicht *f*, Metallspritzschicht *f*, aufgespritzte Metallschicht *f* *(Metallspritzverfahren)*
~/**моноатом[ар]ный** *(Kern)* monoatomare Schicht *f*
~/**мономолекулярный** *(Ch)* monomolekulare Schicht *f*, Monomolekularfilm *m*
~ **на плоской пластинке/ламинарный пограничный** *(Aero)* laminare Grenzschicht *f* an der längs angeströmten Platte
~ **на плоской пластинке/турбулентный пограничный** *(Aero)* turbulente Grenzschicht *f* an der längs angeströmten Platte
~/**наваренный** *s.* ~/**наплавленный**
~/**надподушечный** *(Gum)* Unterprotektor *m* *(Reifenherstellung)*

~ **намотки** *(Text)* Windungsschicht *f* *(Kötzer)*
~/**наплавленный** *(Schw)* Schweißlage *f* *(Auftragschweißung)*
~/**напылённый** Aufdampfschicht *f* *(Halbleiter)*
~/**нейтральный** *(Wkst)* neutrale Faser (Schicht) *f*
~/**неподвижный** *(Ch)* Fest[stoff]bett *n*, ruhendes (statisches) Bett *n*
~/**несущий** tragende Schicht *f*
~/**нижележащий** *(Geol)* unterlagernde (liegende) Schicht *f*
~/**нижний** 1. Unterschicht *f*, untere Lage *f*; 2. *(Bgb)* Unterbank *f*, Unterpacken *m*, liegende Bank *f*
~ **нитей** *(Text)* Fadenschicht *f*, Fadenlage *f*
~/**нитрированный** *(Härt)* Nitrierschicht *f*
~ **обеднения** Verarmungsrandschicht *f* *(Halbleiter)*
~/**обеднённый** Verarmungsrandschicht *f* *(Halbleiter)*
~/**обменный** *(Meteo)* Austauschschicht *f* *(Luftmassen)*
~ **обогащения** Anreicherungsrandschicht *f* *(Halbleiter)*
~/**обогащённый** Anreicherungs[rand]-schicht *f* *(Halbleiter)*
~ **озона** *(Meteo)* Ozonschicht *f*, Ozonosphäre *f*
~ **окалины** *(Wlz)* Walzhaut *f*, Walzzunder *m*; *(Schm)* Schmiedesinter *m*
~/**окисный** Oxidschicht *f*, Oxidhaut *f*
~/**отбелённый** *(Härt)* Abschreckschicht *f*, abgeschreckte Schicht *f*, Härteschicht *f*; Hartgußschicht *f*, Weißeinstrahlung *f*
~/**отбойный** Prallschicht *f*
~/**отделочный** *(Bw)* Sichtschicht *f*, Sichtputz *m*, Außenputz *m*
~/**оторвавшийся пограничный** *(Aero)* abgelöste Grenzschicht *f*
~/**отражающий** *(Opt)* reflektierende (spiegelnde) Schicht *f*, Reflexionsschicht *f*
~ **пара** Dampfschicht *f*, Dampfhülle *f*
~/**пахотный** Krumenschicht *f*, Ackerkrume *f*, Bodenkrume *f*
~ **перемешивания** Mischungsschicht *f*, Vermischungsschicht *f*
~/**переходный пограничный** *(Aero)* gemischte (laminar-turbulente) Grenzschicht *f*
~/**периферийный** Randschicht *f*
~/**плакирующий** *(Met)* Plattierungsschicht *f* *(plattierte Bleche)*
~/**планетарный пограничный** *(Meteo)* planetarische Grenzschicht *f*
~/**поверхностный** 1. Oberflächenschicht *f*; 2. *(Ph)* Grenzschicht *f* *(allgemein der Bereich eines Körpers, der unmittelbar an seiner Grenzfläche liegt)*
~/**поглощающий** Absorptionsschicht *f* *(Film)*
~/**пограничный** *(Aero)* Grenzschicht *f*, Reibungsschicht *f*, Wandschicht *f*
~/**подвижный** *s.* ~/**кипящий**
~/**подканавочный** *(Gum)* Unterprotektor *m* *(Reifenherstellung)*
~/**подстилающий** 1. Bettung *f*, Bettschicht *f*; 2. *(Geol)* unterlagernde Schicht *f*
~/**покровный** Deckschicht *f*
~/**покрывный осадочный** Sedimentdeckschicht *f*
~ **половинного ослабления** *(Kern)* Halbwert[s]schichtdicke *f*, Halbwert[s]-schicht *f*, Halbwert[s]dicke *f* *(Strahlung)*
~ **половинного самопоглощения** *(Kern)* Selbstabsorptionshalbwertsdicke *f*
~/**полупроводниковый** Halbleiterschicht *f*
~/**полупроводящий** halbleitende Schicht *f*, Schicht *f* mit Halbleitercharakter
~/**полупрозрачный** halbdurchlässige Schicht *f*
~/**предохранительный** Schutzschicht *f*
~/**прерывный** *(Eln)* Unstetigkeitsschicht *f*
~/**приконтактный** Randschicht *f* *(Halbleiter)*
~/**притирочный** Anspringschicht *f*
~/**проводящий** *(El)* leitende Schicht *f*, Leitschicht *f*
~/**промежуточный** Zwischenschicht *f*
~/**промежуточный породный** *(Bgb)* Gesteinsmittel *n*, Mittel *n*
~ **пространственного заряда** *(Eln)* Raumladungsschicht *f*
~/**противокислотный** *(Typ)* Ätzgrund *m*
~/**противоореольный** Antilichthofschicht *f*
~/**псевдоожиженный** *s.* ~/**кипящий**
~ **пустой породы** *(Bgb)* taubes Mittel *n*
~/**разделительный** *(Ch)* Trennschicht *f*
~/**резистивный** Widerstandsschicht *f* *(Halbleiter)*
~ **роста** Wachstumsschicht *f*
~ **рукава/внутренний резиновый** *(Gum)* Gummischlauchseele *f*
~/**светочувствительный** lichtempfindliche Schicht *f*
~ **свечения** Emissionsschicht *f*
~ **скачка** 1. Temperatursprungschicht *f*; 2. *s.* ~ **температурного скачка**
~/**скоростной пограничный** *(Aero)* Geschwindigkeitsgrenzschicht *f*
~ **смазки** *s.* ~/**смазочный**
~/**смазочный** Schmier[mittel]schicht *f*, Schmier[mittel]film *m*
~/**смешанный пограничный** *(Aero)* gemischte (laminar-turbulente) Grenzschicht *f*
~ **собственной проводимости** Intrinsic-Schicht *f* *(Halbleiter)*
~ **сопротивления** Widerstandsschicht *f* *(Halbleiter)*

~ **стократного ослабления** *(Kern)* Hundertstelwert[s]breite *f*, Hundertstelwertschichtdicke *f*
~ **температурного скачка** *(Hydrol)* Sprungschicht *f*, Metalimnion *n*
~/**температурный (тепловой) пограничный** *(Aero)* Temperaturgrenzschicht *f*
~/**тонкий** dünne Schicht *f*, Film *m*
~ **транзистора/средний** Mittelschicht *f*, Basis[schicht] *f* *(Halbleiter)*
~ **трения** *(Meteo)* planetarische Grenzschicht *f*
~/**трёхмерный пограничный** *(Aero)* dreidimensionale Grenzschicht *f*
~/**турбулентный пограничный** *(Aero)* turbulente Grenzschicht *f*
~/**фильтрующий** *(Ch)* Filtrierschicht *f*
~/**фотопроводящий** fotoleitende Schicht *f*, Halbleiterfotoschicht *f*
~/**фоточувствительный** lichtempfindliche Schicht *f*
~ **Хевисайда** *s.* ~ **Хевисайда-Кеннелли**
~ **Хевисайда-Кеннелли** *(Geoph)* Heaviside-Schicht *f*, Heaviside-Kennelly-Schicht *f*, E-Schicht *f*, E-Gebiet *n* *(Ionosphäre)*
~/**хроможелатиновый копировальный** *(Typ, Foto)* Chromgelatineschicht *f*
~/**цемент[ир]ованный** *(Härt)* Zementationsschicht *f*, Aufkohlungsschicht *f*, Einsatzschicht *f* *(Einsatzhärtung)*
~/**шаровой** *(Math)* Kugelschicht *f*
~ **шихты** Beschickungssäule *f* *(Schachtofen)*
~/**шлаковый** Schlackenschicht *f*
~/**штукатурный** *(Bw)* Putzschicht *f*
~/**щебенчатый балластный** *(Eb)* Schotterbettung *f*, Schotterbett *n*
~ **щёточного контакта/переходный** *(El)* Bürstenübergangsschicht *f*
~/**электронный** *n*-leitende (elektronenleitende) Schicht *f*, *n*-Schicht *f*
~/**эмиссионный** *(El)* Emissionsschicht *f*
~ **эмиттера/запирающий** *(Eln)* Emittersperrschicht *f*, Emittergrenzschicht *f*
~/**эпитаксиальный** Epitaxieschicht *f* *(Halbleiter)*
~ **Эпплтона** *(Geoph)* Appleton-Schicht *f*, F-Schicht *f*, F-Gebiet n *(Ionosphäre)*
слой *n* **E** *s.* **слой Хевисайда-Кеннелли**
слой *n* **F** *s.* **слой Эпплтона**
слойность *f* *(Gum)* Lagenzahl *f* *(des Reifens)*
служба *f* Dienst *m*
~ **абонентского телеграфа** Teilnehmerfernschreibdienst *m*
~/**аварийно-спасательная** Bergungs- und Rettungsdienst *m*
~/**авиационная метеорологическая** 1. Flugwetterdienst *m*; 2. meteorologischer Dienst *m* der Luftstreitkräfte
~/**авиационно-диспетчерская** Flugsicherungsdienst *m*
~ **авиационной радиосвязи** Flug[navigations]funkdienst *m*
~/**агрометеорологическая** landwirtschaftlicher Wetterdienst *m*
~/**аэрофотографическая** Luftbilddienst *m*
~/**буксирная** *(Kfz)* Abschleppdienst *m*
~/**вагонная** *(Eb)* Wagendienst *m*
~ **вещевого снабжения** *(Mil)* Bekleidungs- und Ausrüstungsdienst *m*
~/**военно-топографическая** militärtopografischer Dienst *m*
~ **военных сообщений** Militärtransportwesen *n*
~ **воздушного наблюдения, оповещения и связи** *(Flg)* Flugmeldedienst *m*
~/**воздушно-опознавательная** Flugzeugerkennungsdienst *m*
~ **времени** Zeitdienst *m*
~/**гидрометеорологическая** Wetter- und Wasserstandsdienst *m* *(Beobachtung und Meldung)*
~/**грузовая** *(Eb)* Güterdienst *m*
~ **движения** *(Eb)* Fahrdienst *m*, Betriebsdienst *m*
~/**диспетчерская** *(Eb)* Zugüberwachungsdienst *m*, Dispatcherdienst *m*
~/**дозиметрическая** Strahlen[schutz]-überwachungsdienst *m*
~/**дозорная** 1. *(Mil)* Spähdienst *m*; 2. *(Mar)* Vorpostendienst *m*
~/**дорожно-эксплуатационная** Straßenunterhaltungsdienst *m*
~/**инженерно-авиационная** Fliegeringenieurdienst *m*, FID
~/**караульная** *(Mil)* Wachdienst *m*
~/**коммерческая** *(Eb)* Verkehrsdienst *m*
~ **контроля** *(Fmt)* Aufsichtsdienst *m*
~ **контроля линий** *(Fmt)* Leitungsüberwachungsdienst *m*
~/**локомотивная** *(Eb)* Lokomotivdienst *m*
~/**маневровая** *(Eb)* Rangierdienst *m*, Verschiebedienst *m*
~/**метеорологическая** meteorologischer Dienst *m*, Wetterdienst *m*
~/**морская гидрографическая** seehydrografischer Dienst *m*, SHD
~/**морская метеорологическая** Seewetterdienst *m*
~ **наблюдения за линиями** *(Fmt)* Leitungsüberwachungsdienst *m*
~ **обеспечения безопасности** Flugsicherungsdienst *m*
~ **организации движения поездов** *(Eb)* Zugfahrdienst *m*
~ **погоды** *(Meteo)* Wetterdienst *m*
~ **погоды/авиационная** Flugwetterdienst *m*
~ **погоды и времени** Uhrenvergleichs- und Wetterdienst *m*
~ **погоды/морская** Seewetterdienst *m*

~ **подвижного состава** *(Eb)* Fahrzeugdienst *m*
~ **прогнозов** vereinigter Wetter- und Wasserstandsmeldedienst *m* mit landwirtschaftlichem Wetterdienst
~ **продовольственного снабжения** *(Mil)* Verpflegungsdienst *m*
~/**радиолокационная** Radardienst *m*
~/**радиометеорологическая** Funkwetterdienst *m*
~ **радиосвязи** Funkdienst *m*
~/**ремонтная** Reparaturdienst *m*
~ **связи** Nachrichtendienst *m*,; Fernmeldedienst *m*; *(Mil)* Nachrichtenwesen *n*
~ **Солнца** *(Astr)* Sonnenüberwachungsdienst *m*, Sonnenüberwachung *f*
~/**телефонная** Fernsprechdienst *m*
~/**топографическая** militärtopografischer Dienst *m*
~ **тыла** Rückwärtige Dienste *pl*
~ **флота/конвойная** *(Mar)* Geleitdienst *m* der Flotte
~/**фотографическая патрульная** *(Astr)* fotografischer Meteorüberwachungsdienst *m*
~ **широты** *(Astr)* Breitendienst *m*, Polschwankungsdienst *m* *(Überwachung der Erdpolschwankung)*
случай *m* 1. Zufall *m*; 2. *(Kern)* Ereignis *n*, Akt *m*, Elementarereignis *n*
~/**доковый** *(Schiff)* Dockfall *m* *(Stabilität)*
~ **загрузки** *(Schiff)* Ladefall *m* *(Stabilität)*
~ **занятости** *(Fmt)* Besetztfall *m*
~ **нагрузки** *(Schiff)* Ladefall *m* *(Stabilität)*
~ **нагрузки/типовой** typischer Ladefall *m* *(Stabilität)*
~ **нагрузки/эксплуатационный** Betriebsladefall *m* *(Stabilität)*
~/**особый** *(Dat)* Ausnahmebedingung *f*
~/**предельный** Grenzfall *m*
случайность *f* Zufälligkeit *f*, zufälliger Charakter *m*, Stochastizität *f*
случайный stochastisch, zufällig
слышимость *f* Hörbarkeit *f*
слюда *f* *(Min)* Glimmer *m*, Mika *f*
~/**алюминиевая** Aluminiumglimmer *m* *(Gruppenbegriff für Muskowit und Paragonit)*
~/**биотитовая** Biotit *m*
~/**железистая** Eisenglimmer *m*, Lepidomelan *m*
~/**жемчужная** Kalkglimmer *m*, Margarit *m*, Perlglimmer *m*
~/**калиевая** Kaliglimmer *m*, Muskowit *m*
~/**листовая** *s.* ~/**пластинчатая**
~/**литиевая** Lithiumglimmer *m* *(Gruppenbegriff für Zinnwaldit und Lepidolit)*
~/**магнезиальная** Magnesiaglimmer *m*, Phlogopit *m*
~/**магнезиально-железистая** Magnesia-Eisenglimmer *m* *(Gruppenbegriff für Phlogopit, Biotit und Lepidomelan)*
~/**магниевая** Magnesiumglimmer *m*
~/**медная** Kupferglimmer *m*
~/**молотая** Glimmermehl *n*, Glimmerstaub *m*
~/**пластинчатая** Plattenglimmer *m*, Blattglimmer *m*
~/**природная** Naturglimmer *m*
~/**свинцовая** Bleiglimmer *m*
~/**урановая** Uranglimmer *m*, Uranit *m* *(Gruppenbegriff)*
~/**хромистая** Chromglimmer *m*
~/**щипаная** Spaltglimmer *m*
слюдистый glimmerhaltig, glimmerartig
слюдка *f* *(Min)* erzhaltiger Glimmer *m*
~/**железная** *s.* **гематит**
~/**медная урановая** Torbernit *m*, Kupferuranit *m*, Chalkolith *m*
~/**рубиновая** Rubinglimmer *m*, Lepidokrokit *m*
~/**урановая** Uranglimmer *m*
слюды *fpl* *(Min)* Glimmer *mpl* *(Mineralgruppe)*
сляб *m* *(Met)* Bramme *f*, Flachknüppel *m*, Platine *f*
~/**литой** Gußbramme *f*
слябинг *m* *(Wlz)* Brammenwalzwerk *n*, Brammenstraße *f*, Slabbing *m*
~ **дуо** Duo-Brammenwalzwerk *n*
~ **дуо/реверсивный универсальный** Duo-Umkehr-Universalbrammenwalzwerk *n*
~/**реверсивный** Umkehrbrammenwalzwerk *n*
~/**универсальный** Universalbrammenwalzwerk *n*
слякоть *f* Matsch *m*; Schneematsch *m*
См *s.* **сименс**
смазать *s.* **смазывать**
смазка *f* 1. Schmierung *f*, Schmieren *n*, Abschmieren *n*; 2. Schmiere *f*, Schmiermittel *n*, Schmierstoff *m*; 3. *(Gum)* Formeinstreichmittel *n*; 4. *(Bw)* Estrich *m*
~/**алюминиевая [пластичная]** Aluminiumseifen[schmier]fett *n*
~/**антиадгезионная** *(Plast)* Trennmittel *n*, Haftverminderer *m*
~/**антикоррозионная** Korrosionsschutzfett *n*
~/**антифрикционная консистентная** Gleitfett *n*
~/**вагонная** *(Eb)* Achsschenkelschmierfett *n*
~/**верхняя** Obenschmierung *f* *(Viertakt-Ottomotor)*
~/**высоковакуумная** Hochvakuumfett *n*
~/**граничная** Grenzschmierung *f*
~/**графитовая** Graphitschmierung *f* *(Verbrennungsmotoren)*
~/**групповая** *(Kfz)* Gruppenschmierung *f* *(Fahrwerk und Kraftübertragungsteile)*
~/**густая** Starrschmiere *f*, Schmierfett *n*

~ **для пресс-формы** Matrizengleitmittel *n* *(Pulvermetallurgie)*
~/**индивидуальная** *s.* ~/**местная**
~/**капельная** Tropfschmierung *f*
~/**кольцевая** Ring[lager]schmierung *f*
~/**комбинированная** Tauch-Druck-Schmierung *f* *(Verbrennungsmotoren)*
~/**консистентная** Starrschmiere *f*, Schmierfett *n*
~ **маслом** Ölschmierung *f*
~ **машин/автоматическая** selbsttätige (automatische) Schmierung *f*
~ **машин/местная** Maschineneinzelschmierung *f*
~ **машин/ручная** Handschmierung *f*
~ **машин/централизованная** Zentralschmierung *f*
~/**местная** *(Kfz)* Einzelschmierung *f* *(Fahrgestell und Kraftübertragungsteile)*
~/**орудийная** Geschützfett *n*
~/**оружейная** Waffenöl *n*
~/**пластичная** Schmierfett *n*, Konsistentfett *n*
~ **по системе сухого картера/циркуляционная** Trockensumpf[umlauf]schmierung *f* *(Verbrennungsmotoren)*
~ **по способу присадки масла к топливу** *(Kfz)* Mischungsschmierung *f* *(Zweitakt-Ottomotor)*
~ **под высоким давлением/местная** *(Kfz)* Hochdruckeinzelschmierung *f* *(Fahrwerk)*
~ **под давлением** Druckschmierung *f*
~ **под давлением/циркуляционная** *(Kfz)* Druckumlaufschmierung *f* *(Verbrennungsmotoren)*
~ **подшипников качения** Wälzlagerschmierung *f*
~ **подшипников скольжения** Gleitlagerschmierung *f*
~/**предохранительная консистентная** Korrosionsschutzfett *n*
~/**принудительная** Zwangsschmierung *f*, Druckschmierung *f*
~/**противокоррозионная** Korrosionsschutzfett *n*
~/**пушечная** Geschützfett *n*
~ **разбрызгиванием** Tauchschmierung *f* *(Verbrennungsmotoren)*
~ **разбрызгиванием и под давлением/комбинированная** Tauch-Druck-Schmierung *f* *(Verbrennungsmotoren)*
~ **с алюминиевыми мылами/консистентная** Aluminiumseifenfett *n*, aluminiumverseiftes Schmierfett *n*
~ **с бариевыми мылами/консистентная** Bariumseifenfett *n*, bariumverseiftes Schmierfett *n*
~ **с калиевыми мылами/консистентная** Kaliumseifenfett *n*, kaliumverseiftes Schmierfett *n*
~ **с кальциевыми мылами/консистентная** Kalkseifenfett *n*, Kalziumseifenfett *n*, kalziumverseiftes Schmierfett *n*
~ **с литиевыми мылами/консистентная** Lithiumseifenfett *n*, lithiumverseiftes Schmierfett *n*
~ **с натровыми мылами/консистентная** Natronseifenfett *n*, natronverseiftes Schmierfett *n*
~ **свежим маслом** Frischölschmierung *f* *(Verbrennungsmotoren)*
~/**силиконовая** Silikonfett *n*
~ **со свинцовыми мылами/консистентная** Bleiseifenfett *n*, bleiverseiftes Fett *n*
~ **тавотом** Fettschmierung *f*
~/**уплотняющая** Vakuumfett *n*
~/**фитильная** Dochtschmierung *f*
~/**централизованная** Zentralschmierung *f* *(Fahrwerk und Kraftübertragungsteile)*
смазывание *n s.* **смазка 1.**
смазывать schmieren *(Maschinen)*; abschmieren *(Fahrzeuge)*; einschmieren *(Metallteile)*
смальта *f* Smalte *f*, Schmalte *f*, Kobaltglas *n*
смальтин *m (Min)* Speiskobalt *m*, Smaltin *m*, Smaltit *m*
смарагд *m (Min)* Smaragd *m*
сматывание *n* 1. Aufwickeln *n*, Aufhaspeln *n*, Aufrollen *n*; 2. Abspulen *n*, Abwickeln *n*, Abwinden *n*
~/**холодное** *(Met)* Kalthaspeln *n*, Kaltwickeln *n*
сматыватель *m (Wlz)* Haspel *f*, Wickelvorrichtung *f*
~ **для широкой полосы** Breitbandhaspel *f*
сматывать 1. aufwickeln, aufhaspeln, aufrollen; 2. abspulen, abwickeln, abwinden
смачиваемость *f* 1. Anfeuchtbarkeit *f*, Benetzbarkeit *f*; 2. *s.* **липкость**
смачиваемый [be]netzbar
смачивание *n* Benetzen *n*, Benetzung *f*; Einweichen *n*
~/**кинетическое** kinetische Benetzung *f* *(bei Bewegung der Benetzungsgrenzfläche an der Festkörperoberfläche)*
~/**неполное** unvollkommene Benetzung *f*
~/**неравновесное** *s.* ~/**кинетическое**
~/**полное** vollkommene Benetzung *f*, Spreitung *f*
~/**равновесное** *s.* ~/**статическое**
~/**статическое** statische Benetzung *f* *(bei unveränderlicher linearer Benetzungsgrenzfläche)*
смачиватель *m* Netzmittel *n*, Benetzungsmittel *n*
смачивать netzen, benetzen, anfeuchten
смежный angrenzend, anstoßend

смена *f* 1. Wechsel *m*, Auswechselung *f*, Austausch *m*, Erneuerung *f* *(s. a. unter* **замена***)*; 2. Schicht *f*, Arbeitsschicht *f*; 3. Ablösung *f*; *(Schiff)* Törn *m*
~ **батареи** *(El)* Batteriewechsel *m*
~ **валков** Walzenwechsel *m*, Walzenumbau *m*
~/**вечерняя** Spätschicht *f*
~ **воздуха** Lufterneuerung *f*
~/**восьмичасовая** Achtstundenschicht *f* *(bei Dreischichtenbetrieb)*
~/**дневная** Tagschicht *f*
~ **зацепления** *(Masch)* Eingriffswechsel *m* *(Zahnräder)*
~ **изображений (кадров)** Bildwechsel *m*
~ **кадров/непрерывная** stetiger Bildwechsel *m*
~ **катушек** *(Text)* Spulenwechsel *m*
~ **красящей ленты** *(Dat)* Farbbandwechsel *m*
~ **лесных пород** *(Forst)* Holzartenwechsel *m*
~ **масла** *(Kfz)* Ölwechsel *m*
~/**ночная** Nachtschicht *f*
~ **огневой позиции** *(Mil)* Stellungswechsel *m*
~ **полярности** Pol[aritäts]wechsel *m*
~ **приливно-отливного движения** *(Hydrol)* Gezeitenwechsel *m*, Flutwechsel *m*
~/**рабочая** Arbeitsschicht *f*
~ **регистра** *(Typ)* Registerwechsel *m*
~/**ремонтная** Reparaturschicht *f*
~/**сверхурочная** Sonderschicht *f*
~ **сортов** *(Lw)* Sortenwechsel *m*, Saatgutwechsel *m*
~ **тома** *(Dat)* Datenträgerwechsel *m*
~ **управления** *(Dat)* Gruppenwechsel *m*
~/**утренняя** Frühschicht *f*
~ **фурм** *(Met)* Umformen *n*, Auswechseln *n* der Windformen *(Hochofen)*
~ **часовых** *(Mil)* Postenablösung *f*
~ **челноков** *(Text)* Schützenwechsel *m* *(Webstuhl)*
~ **челноков/двусторонняя** zweiseitiger Schützenwechsel *m* *(Webstuhl)*
~/**шестичасовая** Sechsstundenschicht *f* *(bei Vierschichtenbetrieb)*
~ **шин** *(Kfz)* Reifenwechsel *m*
сменять 1. wechseln, auswechseln, austauschen; ersetzen; 2. ablösen *(in der Arbeit)*
смерзание *n* Zusammenfrieren *n*
смертельность *f* *(Kern)* Letalität *f*
смертность *f* *(Kern)* Mortalität *f*, Sterblichkeit *f*
смерть *f* **Вселенной/тепловая** Wärmetod *m* des Weltalls
смерч *m* *(Meteo)* Trombe *f*, Windhose *f*
~ **на суше** Trombe *f* über Land
смесеобразование *n* Gemischbildung *f* *(Verbrennungsmotoren)*
~/**вихрекамерное** Wirbelkammerverfahren *n* *(Verbrennungsmotor)*
~/**внешнее** äußere Gemischbildung *f* *(Ottomotor)*
~/**внутреннее** innere Gemischbildung *f* *(Dieselmotor)*
~/**наружное** äußere Gemischbildung *f* *(Ottomotor)*
~/**предкамерное** Vorkammerverfahren *n* *(Verbrennungsmotor)*
смесеприготовление *n* 1. Gemischaufbereitung *f*; 2. *(Gieß)* Aufbereiten *n* des Formstoffs, Formstoffaufbereitung *f*
смеситель *m* 1. Mischer *m*, Mischapparat *m*; Mischmaschine *f*; Kneter *m*, Knetwerk *n*; Mischgefäß *n*; 2. *(Rf)* Mischstufe *f*, Mischteil *m*, Mischer *m*; 3. *(Rf)* Mischröhre *f*, Mischer *m*; 4. Zumischer *m* *(Schaumfeuerlöschanlage)*; 5. Mischbatterie *f* *(Sanitärtechnik)*
~/**асфальтобетонный** *(Bw)* Asphaltbetonmischer *m*
~/**барабанный** Trommelmischer *m*, Mischtrommel *f*
~/**бегунковый (бегунный)** Kollermischer *m*, Mischkollergang *m*
~/**быстроходный** Schnellmischer *m*
~/**вакуумный** Vakuummischer *m*
~/**валковый** Walzenmischer *m*
~/**вибрационный** Rüttelmischer *m*
~/**винтовой** Schneckenmischer *m*, Mischschnecke *f*
~ **вискозы** *(Text)* Viskosemischer *m*
~/**газовый** Gasluftmischer *m*
~/**гребковый** Schaufelmischer *m*
~/**двухвальный** Doppelwellenmischer *m*
~/**диодный** *(Rf)* Diodenmischer *m*
~/**закрытый** *(Gum)* Innenmischer *m*, Gummimischer *m*, Gummikneter *m*
~ **импульсов** Impulsmischer *m*
~ **кормов** *(Lw)* Futtermischer *m*
~/**корытный** Trogmischer *m*
~/**кристаллический** *(Rf)* Kristallmischer *m*
~/**ламповый** *(Rf)* 1. Röhrenmischstufe *f*; 2. Mischröhre *f*
~/**лопастный (лопаточный)** Schaufelmischer *m*, Flügelmischer *m*
~/**настенный** Wandmischbatterie *f* *(Sanitärtechnik)*
~ **непрерывного действия** Durchlaufmischer *m*
~ **непрерывного действия/барабанный** Durchlauftrommelmischer *m*
~/**пароструйный** Dampfstrahlmischer *m*
~/**пентагридный** *(Rf)* Heptodenmischer *m*
~ **периодического действия** diskontinuierlicher (periodischer) Mischer *m*, Chargenmischer *m*
~ **перфокарт** *(Dat)* Kartenmischer *m*
~/**предварительный** Vormischer *m*

~ принудительного действия Zwangsmischer *m*
~/противоточный Gegenstrommischer *m*
~ радиоприёмника *(Rf)* Mischer *m*, Mischorgan *n*
~/разностный Differenzmischer *m*
~/сборный Sammelmischer *m*
~/сдвоенный Tandemmischer *m*
~/скоростной Schnellmischer *m*
~/тарельчатый Tellermischer *m*, Mischteller *m*
~/триодный *(Rf)* Triodenmischer *m*
~/центробежный Zentrifugalmischer *m*, Kreiselmischer *m*
~/шнековый Schneckenmischer *m*, Mischschnecke *f*
смеситель-отстойник *m* Misch-Abscheider *m*, Mixer-Settler-Apparat *m*, Misch-Trenn-Behälter *m*
смеситель-пентагрид *m* *(Rf)* Heptodenmischer *m*
смеска *f* *(Text)* Gemisch *n*
сместить *s.* **смещать**
смесь *f* Mischung *f*; Gemisch *n*; Gemenge *n*, heterogenes Gemisch *n*; *(Gieß)* Formstoff *m*, Formmasse *f*, Formsand *m*
~/азеотропическая (азеотропная) *(Ch)* azeotropes Gemisch *n*, Azeotrop[gemisch] *n*
~/асфальтобетонная *(Bw)* Asphaltbetonmischung *f*
~/ацетилирующая *(Ch)* Azetylierungsgemisch *n*
~/бедная *(Kfz)* mageres (kraftstoffarmes, luftreiches) Gemisch *n*; *(Bw)* magere Mischung *f*
~/бензинобензольная Benzin-Benzol-Gemisch *n*
~/бетонная Frischbeton *m*
~/бинарная *(Ch)* binäres Gemisch *n*, Zweistoffgemisch *n*
~/богатая *(Kfz)* fettes Gemisch *n*
~/буферная *(Ch)* Puffergemisch *n*, Puffer *m*
~/взрывчатая газовая explosives Gasgemisch *n*
~/воздушно-цементная *(Bw)* Luft-Zement-Gemisch *n*
~/высотная *(Flg)* Höhengemisch *n*
~/газобетонная Gasbetonmischung *f*
~/газовая Gasgemisch *n*
~/газовоздушная Gas-Luft-Gemisch *n*
~/гетерогенная heterogenes Gemisch *n*, Gemenge *n*
~/глинистая формовочная *(Gieß)* Formmasse *f*
~/гомогенная homogenes Gemisch *n*
~/горелая *(Gum)* angebrannte (anvulkanisierte) Mischung *f*
~/горелая формовочная *(Gieß)* Altformstoff *m*, Altsand *m*
~/горючая *(Kfz)* Kraftstoff-Luft-Gemisch *n*
~/гравийно-песчаная *(Bw)* Kies-Sand-Gemisch *n*
~/двойная (двухкомпонентная) *s.* **~/бинарная**
~/детонирующая 1. Zündgemisch *n*; 2. klopffreudiges Gemisch *n* *(Kraftstoff)*
~ для обкладки *(Gum)* Belagmischung *f*, Aufpreßmischung *f*, Auflagemischung *f*
~ для оболочковых форм *(Gieß)* Maskenformstoff *m*, Maskenformsand *m*
~ для прорезинки *(Gum)* Friktionsmischung *f*
~ для прорезинки корда Kordgummierung *f*, Karkaßgummierung *f*
~/единая формовочная *(Gieß)* Einheitsformstoff *m*, Einheitsformsand *m*, Einheitsformmasse *f*
~/жидкая дегазационная *(Mil)* flüssiger Nebelstoff *m*
~/жидконаливная (жидкоподвижная) *(Gieß)* fließfähiger Formstoff *m*
~/жирная fette Mischung *f*, fettes Gemisch *n*
~/жирная бетонная *(Bw)* fetter Frischbeton *m*
~/жирная формовочная *(Gieß)* fette Formmasse *f*, fetter Formstoff *m*
~/жировальная (жировая) *(Led)* Fettgemisch *n*, Fettlicker *m*
~ звуков *(Ak)* Klanggemisch *n*
~ из сырого каучука *(Gum)* Rohkautschukmischung *f*
~/известково-песчаная *(Bw)* Kalk-Sand-Gemisch *n*
~/изоморфная isomorphes Gemisch *n*
~/изотопная *(Kern)* Isotopengemisch *n*
~ изотопов *(Kern)* Isotopengemisch *n*
~/исходная *(Ch)* Ausgangsgemisch *n*
~/каркасная *s.* **~ для прорезинки корда**
~ каучука с серой *(Gum)* reine Mischung *f*, Reingummimischung *f*, Kautschuk-Schwefel-Mischung *f*
~ конфигураций *(Kern)* Konfigurationsmischung *f*
~/конфигурационная *(Kern)* Konfigurationsmischung *f*
~/латексная Kautschukmilchmischung *f*, gefüllter Latex *m*
~/литая бетонная flüssiger Frischbeton *m*
~/малонаполненная füllstoffarme Mischung *f*
~/маточная *(Gum)* Vormischung *f*, Masterbatch *m*
~/многокомпонентная Mehrstoffgemisch *n*, Mehrkomponentengemisch *n*
~/модельная *(Gieß)* Modellformstoff *m*, Modell[form]sand *m*
~/наполненная füllstoffhaltige (beschwerte) Mischung *f*

~/**наполнительная [формовочная]** *(Gieß)* Füllformstoff *m*, Füllsand *m*, Füllmasse *f*, Haufensand *m*
~/**неоднородная** *s.* ~/**гетерогенная**
~/**нераздельнокипящая** *s.* ~/**азеотропическая**
~/**неуплотнённая** unverdichtetes Gemisch *n*
~/**нитрующая** *(Ch)* Nitrier[ungs]gemisch *n*, Nitriersäure *f*, Mischsäure *f*
~/**облицовочная [формовочная]** *(Gieß)* Modellformstoff *m*, Modell[form]sand *m*
~/**однородная** *s.* ~/**гомогенная**
~/**освежённая формовочная** *(Gieß)* regenerierter Formstoff (Formsand) *m*; aufgefrischter Formstoff *m*
~/**основная** *(Gum)* Grundmischung *f*
~/**отработанная формовочная** *(Gieß)* Altformstoff *m*, Altsand *m*
~/**охлаждающая** Kältemischung *f*
~/**пароводяная** Dampf-Wasser-Gemisch *n*
~/**паровоздушная** Dampf-Luft-Gemisch *n*
~/**парогазовая** Dampf-Gas-Gemisch *n*
~/**пенобетонная** Schaumbetonmischung *f*
~/**песчано-глинистая** *(Bw)* Sand-Ton-Gemisch *n*
~/**песчано-глинистая стержневая** *(Gieß)* tonbindiger Kernformstoff *m*
~/**песчано-гравелистая** *(Bw)* Sand-Kies-Gemisch *n*
~/**песчано-масляная стержневая** *(Gieß)* ölbindiger Kernformstoff *m*
~/**пластичная бетонная** plastischer Frischbeton *m*
~/**подвулканизованная** *s.* ~/**горелая**
~/**полусухая бетонная** halbtrockener (erdfeuchter) Frischbeton *m*
~/**постояннокипящая** *s.* ~/**азеотропическая**
~/**пригоревшая** *s.* ~/**горелая**
~/**промазочная** *s.* ~ **для прорезинки**
~/**пусковая** Startgemisch *n*
~/**рабочая** *(Kfz)* Arbeitsgemisch *n* *(im Russischen gebräuchlicher Begriff für das in den Zylinder eingeströmte, gezündete und mit Restgasen durchsetzte Kraftstoff-Luft-Gemisch während des Arbeitshubes des Kolbens)*
~ **разных фаз** Mehrphasengemisch *n*
~/**растворная** Mörtelmischung *f*, Mörtelgemisch *n*, Frischmörtel *m*
~/**рацемическая** *(Ch)* razemisches Gemisch *n*, Razemat *n*
~/**резиновая** *(Gum)* Kautschukmischung *f*
~ **с усилителем** *(Gum)* aktivierte Mischung *f*
~ **с ускорителем** *(Gum)* beschleunigte Mischung *f*
~/**сажевая** *(Gum)* Rußmischung *f*
~/**сажевая маточная** Rußvormischung *f*, Rußbatch *m*
~/**свежая формовочная** *(Gieß)* Neuformstoff *m*, Neusand *m*
~/**стержневая** *(Gieß)* Kernformstoff *m*, Kernformstoffmischung *f*, Kern[form]masse *f*
~/**сухая бетонная** trockener Frischbeton *m*, trockenes Gemisch *n*
~/**твёрдая дымовая** *(Mil)* fester Nebelstoff *m*
~/**текучая бетонная** flüssiger Frischbeton *m*
~/**топливная** Brennstoffgemisch *n*
~/**топливовоздушная** Brennstoff-Luft-Gemisch *n*
~/**тощая** magere Mischung *f*, mageres Gemisch *n*
~/**тощая бетонная** magerer Frischbeton *m*
~/**тройная** *(Ch)* ternäres Gemisch *n*, Dreistoffgemisch *n*
~/**тряпичная** *(Gum)* Fetzenmischung *f*, Raggummimischung *f*, Ragsatzmischung *f*, Raggummi *m*
~/**ускорительная маточная** *(Gum)* Beschleunigervormischung *f*, Beschleunigerbatch *m*
~/**формовочная** *(Gieß)* Formstoff *m*, Formmasse *f*, Formsand *m*
~/**фрикционная** *s.* ~ **для прорезинки**
~/**химически твердеющая формовочная** *(Gieß)* chemisch [aus]härtbarer Formstoff *m*
~/**холодильная** Kältemischung *f*
~/**холодно-твердеющая формовочная** *(Gieß)* kalt[aus]härtender Formstoff *m*, kalt[aus]härtende Formstoffmischung *f*
~ **холостого хода/рабочая** Leerlaufgemisch *n* *(Verbrennungsmotor)*
~/**цементационная** *(Härt)* Kohlungsmittel *n* *(Einsatzhärtung)*
~ **частот** *(El)* Frequenzgemisch *n*
~/**чистая** *s.* ~ **каучука с серой**
~/**шамотная** Schamottemasse *f*
~/**шинная** *(Gum)* Reifenmischung *f*
~/**шлакобетонная** Schlackenbetonmischung *f*
~/**эвтектическая** eutektisches Gemisch *n*, Eutektikum *n*
~/**экзотермическая** exotherme Mischung *f*
~/**эталонная** Testgemisch *n*
смета *f* Kostenanschlag *m*, Anschlag *m*
~/**предварительная** Kostenüberschlag *m*, Voranschlag *m*
~/**строительная** Baukostenvoranschlag *m*
смешать *s.* **смешивать**
смешение *n* 1. Mischen *n*, Mischung *f*; Vermischen *n*, Vermengen *n*; 2. *(Opt)* Überlagerung *f*, Interferenz *f*
~ **красок** Farbmischung *f*
~ **красок/аддитивное** additive Farbmischung *f*
~ **красок/вычитательное (субтрактивное)** subtraktive Farbmischung *f*

~/**оптическое** optische Mischung *f*
~/**подеревное** *(Forst)* Einzelmischung *f*
~ **света** Lichtmischung *f*
~ **цветов** Farb[en]mischung *f*
~ **цветов/аддитивное** additive (optische) Farbmischung *f*
~ **цветов/пространственное** raumsequentielle Farbmischung *f*
~ **цветов/субтрактивное** subtraktive (materielle, substantielle) Farbmischung *f*
~ **шрифтов** *(Typ)* Schriftmischung *f*
смешиваемость *f* Mischbarkeit *f*
смешиваемый [ver]mischbar
смешивание *n s.* **смешение**
~ **раствора** *(Bw)* Ansetzen *n (Mörtel)*
смешивать 1. [ver]mischen; vermengen; durchmischen; 2. verschneiden *(Wein)*
смещать verschieben, verrücken; verdrängen; versetzen, verlagern; bewegen
смещаться *(Schiff)* übergehen *(Ladung)*
смещение *n* 1. Verschieben *n*, Verschiebung *f*, Versetzung *f*, Verlagerung *f*; örtliche Veränderung *f*; Bewegung *f*; Verdrängung *f*; Translation *f*; 2. *(Rt)* Vorspannung *f*; 3. *(Dat)* relative Adresse *f*, Distanzadresse *f*, Verschiebung *f*
~/**аберрационное** *(Astr)* Aberrationswinkel *m*
~/**автоматическое** *(Rt)* automatische Verschiebung *f (des Arbeitspunktes einer Röhre)*
~ **атома** *(Krist)* Atomumlagerung *f*
~/**боковое** Querverschiebung *f*
~ **валопровода** *(Schiff)* Versatz *m* der Wellenleitung
~/**гравитационное красное** *(Astr)* relativistische Rotverschiebung *f*, Rotverschiebung *f* im Schwerefeld
~ **груза** *(Schiff)* Übergehen *n* der Ladung
~ **грунта** Bodenversetzung *f*
~/**доплеровское** Doppler-Verschiebung *f* *(Spektrallinien)*
~ **жидкости** Flüssigkeitsverschiebung *f*
~ **заряда** *(Ph)* Ladungsverschiebung *f*
~ **зоны пятен** *(Astr)* Verlagerung *f* der Fleckenzone
~/**изомерное** *(Kern)* Isomerieverschiebung *f (Atomspektrum)*
~/**изотопическое** *(Kern)* Isotopieverschiebung *f (Atomspektrum)*
~ **исходного контура** *(Masch)* Profilverschiebung *f (Zahnrad)*
~/**катодное** Katodenvorspannung *f*
~/**комптоновское** *(Kern)* Compton-Verschiebung *f*
~/**красное** *(Astr)* [kosmologische] Rotverschiebung *f*
~ **линии спектра** Verschiebung *f* der Spektrallinien, Linienverschiebung *f* *(Spektroskopie)*
~/**метагалактическое красное** *(Astr)* metagalaktische Rotverschiebung *f*, Rotverschiebung *f* in den Spektren extragalaktischer Sternsysteme
~ **на сетке** *(Rt)* Gittervorspannung *f*
~ **на управляющей сетке** *(Rt)* Steuergittervorspannung *f*
~ **нагрузки** Lastverlagerung *f*
~ **нуля** Nullpunktfehler *m*; Nullpunktverschiebung *f*
~/**обратное** *(El)* Sperrvorspannung *f*
~ **объёма** Volumenverschiebung *f*
~/**осевое** Axialschub *m*, Axialverschiebung *f*, Längsschub *m*, Längsverschiebung *f*
~ **оси** Achsversetzung *f*, Achsverlagerung *f*
~/**параллактическое** *(Astr)* Parallaxenverschiebung *f*, parallaktische Verschiebung *f*, Parallaxe *f*
~/**параллельное** Parallelverschiebung *f*
~ **по времени** *(Ph)* Zeitverschiebung *f*, Zeitversetzung *f*
~ **по фазе** Phasenverschiebung *f*
~/**поперечное** Querverschiebung *f*
~/**продольное** Längsverschiebung *f*
~ **рабочей точки** *(Eln)* Arbeitspunktverschiebung *f*, Arbeitspunktverlagerung *f*
~/**растра** *(El)* Rasterverschiebung *f*
~/**сеточное** *(Rt)* Gittervorspannung *f* *(Röhre)*
~ **спектральной линии** Verschiebung *f* der Spektrallinien, Linienverschiebung *f (Spektroskopie)*
~ **точки изображения** *(Opt)* Bildpunktverlagerung *f*
~/**угловое** *(Mech)* Winkelverschiebung *f*
~ **уровня** *(Ph)* Termverschiebung *f*, Niveauverschiebung *f*
~ **фаз** Phasenverschiebung *f*
~/**фазное** Phasenverschiebung *f*
~/**фиолетовое** *(Astr)* Violettverschiebung *f*
~/**частотное** Frequenzverschiebung *f*
~ **щёток** Bürstenverschiebung *f*, Bürstenverstellung *f*
~/**электрическое** elektrische Verschiebung *f (Coulomb je Quadratmeter)*
~ **элементов изображения** Bildpunktverschiebung *f*
смещённый по фазе phasenverschoben
сминаемость *f (Text)* Knitterneigung *f*
сминание *n* 1. Quetschen *n*, Abquetschen *n*, Zerquetschen *n*, Quetschung *f*; 2. *(Text)* Zerknittern *n*
сминать 1. quetschen, abquetschen, zerquetschen, zerdrücken; 2. *(Text)* zerknittern
смитсонит *m (Min)* Zinkspat *m*, Smithsonit *m*, Galmei *m*
СМО *s.* **система математического обеспечения**
смола *f* 1. Harz *n*; 2. Teer *m*; Pech *n* *(s. a. unter* **дёготь)**
~/**алкидная** Alkydharz *n*

~/**алкилфенольная** Alkylphenolharz *n*
~/**альдегидная** Aldehydharz *n*
~/**бензойная** Benzoeharz *n*
~/**благородная литая** Edelkunstharz *n*
~/**буроуголная** Braunkohlenteer *m*
~/**газовая** Gas[werks]teer *m*
~/**газогенераторная** *s.* ~/**генераторная**
~/**генераторная** Generatorteer *m*
~/**глиптaлевая (глифталевая)** *s.* ~/**глицерино-фталевая**
~/**глицерино-фталевая** Glyzerin-Phthalsäure-Harz *n*, Glyptal[harz] *n*
~/**древесная** Baumharz *n*; Holzteer *m*
~/**заливочная** Vergußharz *n*
~/**ионитовая** *s.* ~/**ионообменная**
~/**ионообменная** Ionenaustausch[er]harz *n*, Kunstharz[ionen]austauscher *m*
~/**искусственная** *s.* ~/**синтетическая**
~/**каменноугольная** Steinkohlen[kokerei]-teer *m*
~/**карбамидная** Karbamidharz *n*, Harnstoffharz *n*
~/**катионообменная** *(Kern)* Kationenaustauschharz *n*
~/**коксовая** Kokereiteer *m*, Koksofenteer *m*
~/**крезолоформальдегидная** Kresol-Formaldehyd-Harz *n*, Kresolharz *n*
~/**крезольная** *s.* ~/**крезолоформальдегидная**
~/**кумароновая** Kumaronharz *n*
~/**лаковая** Lackharz *n*
~/**мочевиноформальдегидная** Harnstoff-Formaldehyd-Harz *n*
~/**мягкая** Weichharz *n*
~ **на стадии А** Harz *n* im A-Zustand, A-Harz *n*; Resol[harz] *n (bei Phenolharzen)*
~ **на стадии В** Harz *n* im B-Zustand, B-Harz *n*; Resitol *n (bei Phenolharzen)*
~ **на стадии С** Harz *n* im C-Zustand, C-Harz *n*; Resit *n (bei Phenolharzen)*
~/**отверждаемая** *s.* ~/**термореактивная**
~/**поликонденсационная** Polykondensationsharz *n*
~/**полимеризационная** Polymerisationsharz *n*
~/**полистироловая (полистирольная)** Polystyrolharz *n*
~/**полиэфирная** Polyesterharz *n*
~/**природная** Naturharz *n*
~/**резольная** Resol[harz] *n*
~/**свободная** *(Pap)* Freiharz *n*
~/**силиконовая** Silikon[kunst]harz *n*, Organopolysiloxanharz *n*
~/**синтетическая** Kunstharz *n*
~/**сланцевая** Schieferteer *m*
~/**сосновая** Kiefernharz *n*
~/**твёрдая** Hartharz *n*
~/**термопластичная** thermoplastisches (nichthärtbares, wärmebildsames) Kunstharz *n*
~/**термореактивная** duroplastisches (härtbares, härtendes) Kunstharz *n*
~/**фенолоформальдегидная** Phenol-Formaldehyd-Harz *n*
~/**фенольная** Phenolharz *n*
~/**эпоксидная** Epoxi[d]harz *n*, Äthoxylinharz *n*
~/**этоксилиновая** *s.* ~/**эпоксидная**
~/**ячеистая мочевиноформальдегидная** Harnstoffharzschaumstoff *m*
смоление *n* Teeren *n*, Pichen *n*
смолистость *f* Harzgehalt *m*, Harzreichtum *m*
смолистый harz[halt]ig, harzreich; Harz . . .
смолить teeren, pichen
смолка *f (Min)* Pechblende *f*
~/**урановая** *(Min)* Uranpecherz *n*, Pechblende *f*, Uraninit *m*, Nasturan *n*
смоловарня *f* Teerbrennerei *f*, Teerschwelerei *f*
смолокурение *n* Teerschwelen *n*
смолообразование *n* Harzbildung *f*
смолоть *s.* **молоть**
смольё *n s.* **осмол**
смоляной harz[halt]ig, harzreich; Harz . . .; Teer . . .
смонтировать *s.* **монтировать**
смотать *s.* **сматывать**
смотка *f* Aufwickeln *n*, Auftrommeln *n*
смочить *s.* **смачивать**
Смш *s.* **огонь/смешанный**
смыв *m* Spülen *n*, Wegspülen *n*; *(Geol)* Abspülung *f (Form der Hangabtragung)*
~/**линейный** Rillenspülung *f*
~/**плоскостной** Flächenspülung *f*
смывать 1. abspülen, abwaschen, abspritzen; 2. fortschwemmen, abschwemmen, wegspülen
смыкание *n* **растровых точек** *(Typ)* Rasterpunktschluß *m*
~ **точек** *(Typ)* Punktschluß *m*
смысл *m* **вращения** Drehsinn *m*, Drehrichtung *f*
~ **движения** Richtungssinn *m*
смыть *s.* **смывать**
смычка *f (Schiff)* Kettenlänge *f*
~/**жвака-галсовая** Kettenkastenvorlauf *m*
~/**концевая** Vorlauf m *(der Ankerkette)*
~/**коренная** Kettenkastenvorlauf *m*, Endkettenlänge *f*
~ **лент** *(Text)* Bandfuge *f (Kämmen der Baumwolle; Spinnerei)*
~/**промежуточная** Zwischenkettenlänge *f*, Normalkettenlänge *f*
~/**якорная** Ankervorlauf *m*, Ankerkettenlänge *f*
смычок *m* **дрели** *(Wkz)* Drillbogen *m (Drillbohrer)*
смягчать 1. erweichen, weich werden; 2. enthärten *(Wasser)*; 3. dämpfen *(Stoß)*

смягчение *n* 1. Erweichen *n*, Weichmachen *n*; 2. Enthärten *n* *(Wasser)*; 3. Abschwächung *f*, Dämpfung *f* *(Stoß)*
~ **изображения** *(Foto)* Weichzeichnung *f* des Bildes
смягчитель *m* Weichmachungsmittel *n*, Weichmacher *m*
смягчить *s.* **смягчать**
смятие *n* Quetschung *f*, Verquetschung *f*, Zerquetschung *f*, Zerdrücken *n*
смять *s.* **сминать**
СН *s.* **стабилизатор напряжения**
снабжать 1. versorgen, beliefern; 2. ausstatten, ausrüsten
~ **арматурой** armieren, bewehren *(Kabel)*
~ **контактами** *(Eln)* kontaktieren
~ **лампами** *(Eln)* mit Röhren bestücken
~ **набивкой** verpacken *(Stopfbuchse)*
~ **цоколем** *(Eln)* [auf]sockeln
снабжение *n* 1. Versorgung *f*, Belieferung *f*; 2. *(Mil)* Nachschub *m* *(Lebensmittel, Munition)*; 3. Ausstattung *f*, Ausrüstung *f*
~/**аварийное** *(Schiff)* Lecksicherungsausrüstung *f*, Lecksicherungsinventar *n*
~ **боеприпасами** *s.* **боепитание**
~/**инвентарное** *(Schiff)* Inventar *n*
~ **лампами** *(Eln)* Röhrenbestückung *f*
~ **питьевой водой** Trinkwasserversorgung *f*
~/**продовольственное** 1. Lebensmittelversorgung *f*; 2. *(Mil)* Verpflegung *f*, Verproviantierung *f*
~/**противопожарное** Feuerlöschinventar *n* *(z. B. auf Schiffen)*
~ **электроэнергией** Elektroenergieversorgung *f*, Elektrizitätsversorgung *f*
снайпер *m* *(Mil)* Scharfschütze *m*
снаряд *m* 1. Gerät *n*; Maschine *f*; 2. *(Mil)* Geschoß *n*; Granate *f* *(s. a. unter* **граната***)*
~/**агитационный** Agitationsgranate *f*
~/**артиллерийский** Artilleriegeschoß *n*
~/**бетонобойный** Betongranate *f*
~/**бронебойно-зажигательно-трассирующий** Panzerbrand- und Leuchtspurgranate *f*
~/**бронебойно-зажигательный** Panzerbrandgranate *f*
~/**бронебойно-трассирующий** Panzerleuchtspurgranate *f*
~/**бронебойный** Panzergranate *f*
~/**бронебойный сплошной** Panzervollgranate *f*
~/**бронепрожигающий** *s.* ~/**кумулятивный**
~/**буровой** Bohrgerät *n*; *(Bgb)* Bohrgarnitur *f*, Bohrstrang *m*
~/**грейферный землечерпательный** Greifschwimmbagger *m*
~/**двойной колонковый** *(Bgb)* Doppelkernrohr *n*
~/**дистанционный** Zeitzündergranate *f*
~/**дноуглубительный** Schwimmbagger *m*, Naßbagger *m*
~/**дымовой (дымокурящий)** Nebelgranate *f*
~/**зажигательный** Brandgranate *f*
~/**землесосный** Saugbagger *m*, Pumpenbagger *m*
~/**землечерпательный** Schwimmbagger *m*, Naßbagger *m* *(Gruppenbegriff für Löffel- und Eimerketten-Schwimmbagger)*
~/**зенитный** Flakgranate *f*
~/**зенитный управляемый реактивный** Fla-Lenkrakete *f*, reaktives Fla-Lenkgeschoß *n*
~ **инфракрасных помех** Infrarotstörgranate *f*
~/**камнечерпательный** Eimerkettenschwimmbagger *m* für steinigen Grund
~/**карьерный** *(Bgb)* Tagebaugerät *n*
~/**кумулятивный** Hohlladungsgranate *f*
~/**многоковшовый (многочерпаковый) землечерпательный** Eimerkettenschwimmbagger *m*
~/**морской многочерпаковый землечерпательный** See-Eimerkettenschwimmbagger *m*
~/**надкалиберный** Überkalibergranate *f*
~/**неразорвавшийся** Blindgänger *m*
~/**одноковшовый (одночерпаковый) землечерпательный** Löffelschwimmbagger *m* *(Unterbegriff für Greif- und Schleppschaufel-Schwimmbagger)*
~/**осветительный** Leuchtgranate *f*
~/**осколочно-зажигательный** Splitterbrandgranate *f*
~/**осколочно-фугасный** Splittersprenggranate *f*
~/**осколочно-фугасный реактивный** reaktives Splittersprenggeschoß *n*, ungelenkte Feststoffrakete *f*
~/**осколочно-химический** chemische Splittergranate *f*
~/**осколочный** Splittergranate *f*
~/**остроголовый бронебойный** Panzergranate *f* mit spitzem Kopf
~/**плавучий** Schwimmgerät *n*
~/**плавучий землесосный** Schwimmbagger *m*
~/**плашкоутный землесосный** Spülbagger *m* *(Schwimmbagger, bestehend aus zwei Hydromonitoren und Saugbaggerpumpe, auf Ponton montiert, besonders beim Bau von Wasserkraftwerken eingesetzt)*
~/**подкалиберный** Unterkalibergranate *f*
~/**практический** Übungsgranate *f*
~/**противорадиолокационный** Radarabwehrgranate *f*
~/**противотанковый** Panzerabwehrgranate *f*

~/**противотанковый управляемый реактивный** Panzerabwehr-Lenkrakete *f*
~/**реактивный** *s. unter* **ракета**
~ **с разрыхляющей головкой/землесосный** Schleppkopf-Saugbagger *m*
~ **с фрезерным разрыхлителем/землесосный** Schneidkopf-Saugbagger *m*
~/**сплошной** Vollgeschoß *n*
~/**трассирующий** Leuchtspurgranate *f*, Leuchtspurgeschoß *n*
~/**управляемый реактивный** Lenkrakete *f*
~/**фугасный** Sprenggranate *f*
~/**химический** chemische Granate *f*
~/**штанговый землечерпательный** Schleppschaufelschwimmbagger *m*
~/**эжекторный колонковый** *(Bgb)* Ejektorkernrohr *n*, Wasserstrahlkernrohr *n*
~/**ядерный** Granate *f* mit Kernladung
снарядить *s.* **снаряжать**
снаряжать 1. ausrüsten, ausstatten; 2. *(Mil)* scharfmachen *(Munition)*
снаряжение *n* 1. Ausrüstung *f*, Ausstattung *f*; 2. *(Mil)* Geschoßfüllung *f*; 3. *(Mil)* Scharfmachen *n (Munition)*
снасть *f (Schiff)* Tauwerk *n*
~/**крючковая наживная** Langleine *f* mit Köderbesatz
~/**крючковая самоловная** Langleine *f* ohne Köderbesatz
~/**рыболовная** Fischereigerät *n*, Fischfanggerät *n*
~/**самоловная** *s.* ~/**крючковая самоловная**
снег *m (Meteo)* Schnee *m*
~/**мелкий** Pulverschnee *m*
~/**мокрый** nasser Schnee *m*, Schlack *m*
~/**талый** weicher Schnee *m*, Schneewasser *n*
снеговал *m (Forst)* Schneebruch *m*
снегозадержание *n* Aufhalten *n* des Schnees *(auf den Feldern im Frühjahr als Frostschutz und zur Feuchthaltung des Bodens)*
снеголом *m s.* **снеговал**
снегомер *m (Meteo)* Schneedichtemesser *m*
снегоочиститель *m* Schneeräumgerät *n*, Schneeräummaschine *f*, Schneepflug *m*, Schneeräumer *m*
~/**железнодорожный плуговой** *(Eb)* Schneepflug *m*
~/**железнодорожный роторный** *(Eb)* Schneeschleuder *f*
~/**навесной** Anbauschneepflug *m*
~/**плужный** Schneepflug *m*
~/**роторный** *(Eb)* Schneeschleuder *f*
~ **со щёткой/плужный** Schneepflug *m* mit Walzenbürste
~ **таранного типа/железнодорожный** Schienenräumer *m*, Bahnräumer *m (bei Schneeverwehungen bis zu 4 m Höhe)*
~/**шнеко-роторный** Schneeschleuder *f*, Schneefräse *f*
снегоочистка *f* Schneeräumung *f*
снегопад *m (Meteo)* Schneefall *m*, Schneewetter *n*
снегопах *m* Schneepflug *m (zum Aufhalten des Schnees auf den Feldern)*
снегопогрузчик *m* Schneelader *m*
снеготаялка *f* Schneeschmelzeinrichtung *f*
снегоуборка *f* Schneeräumung *f*
снегоуборщик *m* Schneeräum- und -lademaschine *f*, Schneeräumgerät *n*, Schneeräumer *m*
снегоход *m (Kfz)* schneegängiges Kraftfahrzeug *n (mit Raupenantrieb und vorderen Lenkrädern oder Lenkkufen)*
снежница *f (Hydrol)* 1. Tauwasseransammlung *f* auf Eisflächen; 2. im Wasser treibende verklumpte Schneemassen *fpl (bei starkem Schneefall auf abgekühlten Wasserflächen)*
снежура *f s.* **снежница**
снести *s.* **сносить**
снижать senken, herabsetzen, vermindern; ermäßigen
снижаться 1. sich senken, fallen, zurückgehen; 2. *(Flg)* niedergehen, landen; heruntergehen, tiefergehen
~ **в вираже** *(Flg)* in Kurven niedergehen
снижение *n* 1. Abnahme *f*, Minderung *f*, Senkung *f*, Herabsetzung *f*, Verminderung *f*, Ermäßigung *f*; 2. *(Flg)* Sinkflug *m*
~ **антенны** *(Rf, Fs)* Antennenniederführung *f*
~ **давления** Druckabnahme *f*, Drucksenkung *f*
~ **кислотности** *(Ch)* Säureminderung *f*
~ **нагрузки** Last[ab]senkung *f*
~ **напряжения** 1. *(El)* Spannungsabfall *m*; 2. *(Mech)* Entspannung *f*, Spannungsminderung *f*
~ **прочности** Festigkeitsabfall *m*
~ **себестоимости** Selbstkostensenkung *f*
~ **скорости** Geschwindigkeitsverminderung *f*, Geschwindigkeitsherabsetzung *f*
~ **стоимости** Kostensenkung *f*
~ **температуры застывания** Stockpunkterniedrigung *f*
~ **температуры кипения** Siedepunkterniedrigung *f*, Siedepunktdepression *f*
~ **цен** Preisherabsetzung *f*, Preissenkung *f*
~/**экранированное** *(Rf, Fs)* abgeschirmte Niederführung *f (Antenne)*
снизить *s.* **снижать**
снизиться *s.* **снижаться**
снимание *n* Abnehmen *n*, Abheben *n* *(s. a. unter* **снятие***)*
~ **грата** *(Fert)* Abgraten *n*, Entgraten *n*

сниматель *m* Abziehvorrichtung *f*, Abwerfer *m*
~ рулонов Bundabschiebevorrichtung *f*, Bundabwerfer *m*
снимать 1. abnehmen, abheben; 2. *(Foto)* aufnehmen; 3. *(Kine)* drehen, filmen; 4. *(Fert)* ausspannen *(Werkstück)*; 5. *(Wlz)* abziehen, abwerfen *(Bunde)*; 6. abstreichen, abziehen *(Schlacke, Schaum)*
~ влагу Feuchtigkeit entziehen
~ внутреннее напряжение entspannen *(bei inneren Spannungen im Metall durch Glühen u. dgl.)*
~ возбуждение *(El)* entregen, aberregen
~ грат *(Fert)* abgraten, entgraten
~ жир abfetten
~ заусенцы *(Fert)* abgraten, entgraten
~ изоляцию abisolieren, entisolieren
~ кальку durchpausen *(Zeichnungen)*
~ лыску *(Fert)* abflachen, anflächen
~ нагрузку entlasten
~ напряжение 1. *(El)* spannungslos (spannungsfrei) machen; eine Spannung abnehmen; 2. *(Mech)* entspannen
~ облой *(Fert)* abgraten, entgraten
~ оболочку abmanteln *(Kabel)*
~ пену abschäumen, abschlacken, abziehen
~ размер abmessen, abgreifen
~ стружку *(Fert)* [zer]spanen
~ съём *(Text)* abziehen *(Spinnerei)*
~ фаску *(Fert)* abfasen
~ шкуру *(Led)* häuten
~ шлак *(Met)* abschlacken, entschlacken, abschäumen, Schlacke abziehen
сниматься с якоря *(Schiff)* Anker lichten
снимок *m (Foto)* Aufnahme *f*, Fotografie *f*, [fotografisches] Bild *n (s. a. unter* **съёмка***)*
~/авторадиографический *s.* **радиоавтограф**
~ ближнего поля Nahfeldaufnahme *f*
~ в инфракрасных лучах Infrarotaufnahme *f*, IR-Aufnahme *f*, IR-Bild *n*
~ в ультрафиолетовых лучах Ultraviolettaufnahme *f*, UV-Aufnahme *f*, UV-Bild *n*
~ дальнего поля Fernfeldaufnahme *f*
~ дифракции электронов *(Kern)* Elektronenbeugungsaufnahme *f*, Elektronenbeugungsbild *n*
~/конгруэнтный seitenrichtige Aufnahme *f*
~/контрольный Kontrollbild *n*
~/макрофотографический Makroaufnahme *f*
~/маршрутный *(Flg)* Reihenbildaufnahme *f*, Reihenbild *n*
~/микрофотографический Mikroaufnahme *f*
~/неконгруэнтный seitenverkehrte Aufnahme *f*
~ оперативной памяти *(Dat)* dynamischer Hauptspeicherausdruck *m*
~/панорамный Panoramabild *n*
~/перспективный Schrägaufnahme *f (Luftbild)*
~/плановый Senkrechtaufnahme *f (Luftbild)*
~/радарный Radarbild *n*
~/радиографический *s.* **радиоавтограф**
~/радиолокационный Radarbild *n*
~/рентгеновский Röntgenogramm *n*, Röntgenaufnahme *f*, Röntgenbild *n*
~ с выдержкой Zeitaufnahme *f*
~/сверхширокоугольный Überweitwinkelbild *n*
~ следов частиц *(Kern)* Kernspuraufnahme *f*
~/спектральный *s.* **спектрограмма**
~/стереоскопический Raumbildaufnahme *f*, Stereoaufnahme *f*, Koppelaufnahme *f*, Raumbild *n*
~/тепловой Thermalbild *n*
~/фотограмметрический Meßbildaufnahme *f*, Meßbild *n*, Kartenaufnahme *f*
~/фотографический [fotografische] Aufnahme *f*, fotografisches Bild *n*
~/фототеодолитный terrestrisches Bild *n*
~/широкоугольный Weitwinkelbild *n*
~/штриховой Strichaufnahme *f*
снимок-оригинал *m* Originalbild *n*
СНиП = Строительные нормы и правила
сница *f (Lw)* Anschlußbock *m*, Anhängekupplung *f*
сновалка *f s.* **машина/сновальная**
снование *n (Text)* Schären *n*, Zetteln *n (Weberei, Wirkerei)*
~/ленточное Bandschären *n*
~ основы Schären (Zetteln) *n* der Ketten
~/партионное Baumschären *n*, Zetteln *n*
~/ручное Handschären *n*
~/секционное Sektionsschären *n*, Teilschären *n*
~/цветное buntfarbiges Schären *n*
сновать *(Text)* schären, zetteln *(Weberei, Wirkerei)*
сновка *f s.* **снование**
сноп *m* 1. Büschel *n*, Bündel *n*, Bund *n*; 2. *(Lw)* Garbe *f*; 3. *(Mil)* Garbe *f*, Geschoßgarbe *f*
~/сосредоточенный *(Mil)* geschlossene Garbe *f*
~ траекторий *(Mil)* Flugbahngarbe *f*, Flugbahnbündel *n*
сноповязалка *f (Lw)* Garbenbindemaschine *f*, Selbstbinder *m*, Bindemäher *m*
~/льняная Flachsbindemaschine *f*
~ с цапфовым приводом Zapfwellenbinder *m*
сноносушилка *f (Lw)* Garbendarre *f*

снос *m* 1. *(Bw)* Abbruch *m*, Abriß *m*, Abtragen *n*; 2. *(Flg, Schiff)* Abdrift *f*; 3. *(Schiff)* Versetzung *f* *(durch Strömung)*
~ здания Gebäudeabriß *m*, Gebäudeabbruch *m*
~ назад *(Flg)* Rückdrift *f*, Rückdrängung *f*
~ судна [при качке]/поперечный *(Schiff)* seitliches Versetzen *n*
~ судна [при качке]/продольный *(Schiff)* ab- und zunehmende Längsbewegung *f*
сносить 1. *(Bw)* abtragen, abbrechen; 2. abtreiben *(Schiffe)*
сноска *f* *(Typ)* Fußnote *f*
снюрревод *m* Snurrewade *f*, Schnurwade *f* *(Netz; Fischerei)*
снятие *n* Abnahme *f*, Abhebung *f*, Abheben *n* *(s. a. unter* **снимание***)*
~ возбуждения *(El)* Entregung *f*, Aberregung *f*
~ возбуждения/быстрое Schnellentregung *f*
~ давления Druckentlastung *f*
~ изоляции [с проводов] Abisolieren *n*, Entisolieren *n*
~ лыски *(Fert)* Anflächung *f*, Abflachung *f*
~ нагрузки Entlasten *n*, Entlastung *f*
~ напряжения 1. *(El)* Spannungsfreimachen *n*, Spannungsfreischaltung *f*; 2. *(Mech)* Entspannen *n*, Entspannung *f*
~ оболочки Abmanteln *n* *(Kabel)*
~ показаний Ablesen *n*
~ со станка *(Fert)* Ausspannen *n* *(Werkstück)*
~ стружки *(Fert)* Spanabnahme *f*, spangebende Bearbeitung *f*, Spanung *f*, Zerspanung *f*
~ фаски *(Fert)* Abfasung *f*
снять *s.* **снимать**
СО *s.* **образец/стандартный**
соапсток *m* *(Ch)* Soapstock *m*, Seifenfluß *m*
собачка *f* *(Masch)* Sperrklinke *f*, Schaltklinke *f* *(Zahngesperre, Klinkenschaltwerk)*; Arretiervorrichtung *f*
~/боевая *(Text)* Exzenterschlagfalle *f* *(Webstuhl; Schützenschlageinrichtung)*
собиратель *m* 1. Sammler *m*, Abnehmer *m*; 2. *(Typ)* Sammelelevator *m*, Sammler *m* *(Maschinensatz)*; 3. Sammler *m*, Kollektor *m* *(Flotation)*
~ очёса *(Text)* Kämmlingssammler *m*, Kämmlingsabnehmer *m*, Kämmlingswalze *f* *(Kämmaschine)*
собирать 1. sammeln; 2. *(Masch)* zusammenbauen, montieren
~ внакладку (внахлёстку, вперекрышку, вперeплёт) *(El)* geschachtelt aufbauen, überlappen, verschachteln, wechselseitig schichten *(Kernbleche)*
~ впритык (встык) *(El)* stumpf (auf Stoß) verbinden, gleichseitig schichten *(Kernbleche)*
~ живицу *(Forst)* harzen
соблюдение *n* 1. Beobachtung *f*, Verfolgung *f*; 2. Einhaltung *f* *(Vorschriften, Termine)*
~ приводки *(Typ)* Registerhalten *n*
собор *m* *(Bw)* Dom *m*
собрать *s.* **собирать**
событие *n* Ereignis *n*
совершенствовать *s.* **усовершенствовать**
Совет *m* **Экономической Взаимопомощи** Rat *m* für Gegenseitige Wirtschaftshilfe, RGW
совместимость *f* Kompatibilität *f*, Verträglichkeit *f*, Vereinbarkeit *f*
~/аппаратная *s.* **~ аппаратуры**
~ аппаратуры *(Dat)* Ausrüstungsverträglichkeit *f*
~ данных *(Dat)* Datenkompatibilität *f*
~ носителей данных *(Dat)* Kompatibilität *f* von Datenträgern
~/обратная *(Fs)* Rekompatibilität *f* *(Empfang von Schwarzweißsendungen mit Farbfernsehempfängern)*
~ по системе команд *(Dat)* Operationskompatibilität *f*
~/программная *(Dat)* Programmkompatibilität *f*
~/прямая *(Fs)* Kompatibilität *f* *(Empfang von Farbfernsehsendungen mit Schwarzweißempfängern)*
~ с пластификаторами *(Ch)* Weichmacherverträglichkeit *f*
~ сверху вниз *(Dat)* Abwärtskompatibilität *f*
~ снизу вверх *(Dat)* Aufwärtskompatibilität *f*
~/техническая *(Dat)* Ausrüstungsverträglichkeit *f*
совместимый verträglich, kompatibel
совмещаемость *f* Überdeckungsgenauigkeit *f*
совмещение *n* 1. Deckung *f*, Überdeckung *f*, Kongruenz *f*, Koinzidenz *f*; 2. *(Dat)* Überlappung *f*; 3. *(Math)* Deckung *f*; 4. *(Typ)* Standmachen *n*
~ [выполнения] команд *(Dat)* Befehlskettung *f*
совмещённый по времени *(Dat)* zeitverschachtelt, multiplex
совокупность *f* Gesamtheit *f* *(Statistik)*
~ вложенных интервалов *(Math)* Intervallschachtelung *f*
~/генеральная Grundgesamtheit *f*, Gesamtheit *f*
~ решений Lösungsgesamtheit *f*
~/стандартная генеральная Standardgrundgesamtheit *f*
совпадать zusammentreffen, zusammenfallen, koinzidieren; übereinstimmen

~ по фазе in Phase liegen, phasengleich (gleichphasig, konphas) sein
совпадение *n* Zusammentreffen *n*, Zusammenfallen *n*, Deckung *f*, Koinzidenz *f*; Übereinstimmung *f*
~/двойное *(Kern)* Zweifachkoinzidenz *f*, Zweierkoinzidenz *f*, Doppelkoinzidenz *f*
~/двукратное *s.* **~/двойное**
~/запаздывающее *(Kern)* verzögerte Koinzidenz *f*
~/истинное *(Kern)* echte Koinzidenz *f*
~ направлений Richtungskoinzidenz *f*
~/сдвинутое *s.* **~/запаздывающее**
~/случайное *(Kern)* zufällige Koinzidenz *f*
~/тройное *(Kern)* Dreifachkoinzidenz *f*
~ фаз *(El)* Phasengleichheit *f*, Konphasität *f*, Gleichphasigkeit *f*
~/частичное *(Kern)* Teilkoinzidenz *f*
~/четырёхкратное *(Kern)* Vierfachkoinzidenz *f*
совпасть *s.* **совпадать**
современный *(Geol)* rezent *(Gegensatz von fossil)*
согласнозалегающий *s.* **согласный 2.**
согласный 1. übereinstimmend; 2. *(Geol)* konkordant, gleichlaufend *(Lagerung jüngster geologischer Schichten auf älteren)*
согласование *n* 1. Vereinbarung *f*, Abkommen *n*; 2. Übereinstimmung *f*; Koordinierung *f*; Anpassung *f*
~/автоматическое *(Kyb)* Selbstabgleich *m*, automatische Korrektur *f*
~ антенны Antennenanpassung *f*
~ в широком диапазоне *s.* **~/широкополосное**
~/волновое Wellen[widerstands]anpassung *f*
~ мощности Leistungsanpassung *f*
~/широкополосное *(Rf)* Breitbandanpassung *f*
~ цветов Farbabgleich *m*, Farbabgleichung *f*
согласованность *f* Übereinstimmung *f*, Einklang *m*, Koordinierung *f*
~ поездов *(Eb)* Zuganschluß *m*
согласовать *s.* **согласовывать**
согласовывать 1. in Einklang bringen; anpassen, koordinieren; 2. vereinbaren
соглашение *n* Vereinbarung *f*
согнуть *s.* **сгибать**
согревание *n* Erwärmen *n*, Erwärmung *f*
согревать erwärmen, aufwärmen
согреть *s.* **согревать**
сода *f* *(Ch)* Soda *f* *(Natriumkarbonat)*
~/аммиачная Ammoniaksoda *f*
~/кальцинированная kalzinierte Soda *f*
~/каустическая kaustische Soda *f* *(Ätznatron)*
~/кристаллическая Kristallsoda *f*
~/очищенная Speisesoda *f*
содалит *m* *(Min)* Sodalith *m* *(Plagioklas)*
соддиит *m* *(Min)* Soddyit *m*
содержание *n* 1. Inhalt *m*; Inhaltsverzeichnis *n* *(eines Buches)*; 2. Gehalt *m* *(Teilbestand eines Stoffes; z. B. Wassergehalt)*; 3. Erhaltung *f*, Unterhaltung *f*, Instandhaltung *f* • **с низким содержанием золы** aschearm
~/абсолютное absoluter Gehalt *m*
~/беспривязное *(Lw)* Laufstallhaltung *f*
~ в исправности Instandhaltung *f*
~ в процентах по весу Masseprozentsatz *m*
~ воды Wassergehalt *m*
~ дорог/ремонтное Straßenunterhaltung *f*
~ животных Tierhaltung *f*
~ золы Aschegehalt *m*
~/избыточное Mehrgehalt *m*
~/клеточное *(Lw)* Käfighaltung *f*
~ мелкой фракции *(Pap)* Faserfeinstoffgehalt *m*
~ металла Metallgehalt *m*
~/общее Gesamtgehalt *m*
~/относительное relativer Gehalt *m*
~/пастбищное *(Lw)* Weidehaltung *f*
~ по весу (массе) Massegehalt *m*, Gehalt *m* in Masseeinheiten
~ по объёму Volumengehalt *m*, Gehalt *m* in Volumeneinheiten
~ примесей Störstellengehalt *m*; Fremdstoffgehalt *m* *(Halbleiter)*
~ свободной смолы *(Pap)* Freiharzgehalt *m*
~ серицина в коконе *(Text)* Bastgehalt *m* des Kokons *(Seidenraupenzucht)*
~ соли Salzgehalt *m*
~/среднее Durchschnittsgehalt *m*
~ сухого вещества Trocken[substanz]gehalt *m*, Gehalt *m* an Trockensubstanz
~/текущее laufende Unterhaltung *f*
~/техническое Unterhaltung *f*, Instandhaltung *f*, Wartung *f*
~ углерода Kohlenstoffgehalt *m*
~ углерода/общее Gesamtkohlenstoffgehalt *m*
~ чёрного Schwarzgehalt *m*, Schwarzanteil *m*
~ энергии Energieinhalt *m*, Energiegehalt *m*
содержащий enthaltend, ...haltig; ...führend *(Erze)*
~ кристаллизационную воду kristallwasserhaltig
~ руду erzhaltig
~ углерод kohlenstoffhaltig
содержимое *n* Volumen *n*, Inhalt *m* *(z. B. eines Gefäßes, eines Speichers)*
~ памяти *(Dat)* Speicherinhalt *m*
~ регистра *(Dat)* Registerinhalt *m*
~ ячейки Zelleninhalt *m*
содистилляция *f* *(Ch)* Kodestillation *f*, Destillation *f* mit Zusatzstoff[en]

соединение *n* 1. Verbinden *n*; Verbindung *f*; Zusammensetzung *f*; Vereinigung *f*; 2. Verbindungsstelle *f*, Stoß *m*; 3. Anschluß *m* *(Leitungsanschluß, Rohranschluß)*; 4. *(Astr)* Konjunktion *f*, Gleichschein *m*; 5. *(Ch)* Verbindung *f*; 6. *(Mil)* Verband *m*; 7. *(El, Fmt)* Verbindung *f*, Anschluß *m*; Schaltung *f*; 8. *(Masch)* Verbindung *f*, Kupplung *f*; 9. *(Schw)* Verbindung *f*; Stoß *m*; 10. *(Bw, Holz)* Verbindung *f* *(Zimmermannsarbeiten)*
~/**авианосное** *(Milflg)* Trägerverband *m*
~/**авиационное** *(Milflg)* Fliegerverband *m*
~/**аддитивное** *(Ch)* Additionsverbindung *f*, Anlagerungsverbindung *f*
~/**алифатическое** *(Ch)* aliphatische (azyklische) Verbindung *f*, Verbindung *f* der Fettreihe
~/**ароматическое** *(Ch)* aromatische Verbindung *f*, Aren *n*
~/**ациклическое** *s.* ~/**алифатическое**
~/**бескничное** *(Schiff)* knieblechfreier Anschluß *m*
~/**бесскосное** I-Stoß *m*
~/**бесшланговое** schlauchlose Verbindung *f*
~/**бинарное** *(Ch)* binäre Verbindung *f*
~/**боковое** Parallelstoß *m*
~/**болтовое** Verbolzung *f*; Verschraubung *f*; Durchsteck-Schraubenverbindung *f* *(Schraube und Mutter)*
~/**бортовое** Bördelstoß *m*
~ **бурильных труб** *(Bgb)* Bohrgestängeverbindung *f*
~/**быстроразъёмное** schnell lösbare Verbindung *f*
~ **в гребень и шпунт** Verbindung *f* mit Feder und Nut
~ **в лапу** *(Bgb)* Verblattung *f* *(Holzausbau)*
~ **в ласточкин хвост** Schwalbenschwanzverbindung *f*
~ **в паз** *(Bgb)* Scharverbindung *f* *(Holzausbau)*
~ **в сети** Vermaschung *f*, Verkopplung *f*
~ **в угол** Eckstoß *m*
~ **в ус** schräger Stoß *m* *(Lötverbindung)*
~ **в четверть** Falzverbindung *f*
~ **в шпунт** gespundete Verbindung *f*
~/**винтовое** Schraubenverbindung *f*, Verschraubung *f* *(ohne Mutter)*
~ **включения** *(Ch)* Einschlußverbindung *f*
~ **внакрой (внахлёстку)** Überlapp[t]stoß *m*, überlappter Stoß *m*, überlappte Verbindung *f*
~ **внахлёстку без скоса кромок листов** Kehlnahtüberlapp[t]stoß *m*
~ **внахлёстку/заклёпочное** Überlappungsnietung *f*
~ **внахлёстку/сварное** Überlapp[t]stoß *m*, überlappter Stoß *m*, überlappte Verbindung *f*
~/**внутрисхемное** *(Eln)* innere Leiterbahn *f*
~/**водородистое (водородное)** *(Ch)* Wasserstoffverbindung *f*
~ **военно-морского флота** Flottenverband *m*, Verband *m* der Seestreitkräfte
~/**войсковое** Truppenverband *m*, Verband *m* der Landstreitkräfte
~ **впритык** T-Stoß *m*
~/**встречное** *(El)* Gegen[einander]schaltung *f*, gegensinnige Schaltung *f*
~ **встык** Stumpfstoß *m*, Stumpfnahtverbindung *f*
~ **встык без скоса кромок** I-Stoß *m*
~ **встык с двусторонним скосом кромок** X-Stoß *m*
~ **встык с односторонним скосом кромок** V-Stoß *m*
~ **встык/сварное** Stumpfschweißnaht *f*, Stumpfstoß *m*
~ **втавр** T-Stoß *m*
~ **втулки** Nabenverbindung *f*
~/**высокополимерное** *(Ch)* hochpolymere Verbindung *f*, Hochpolymer[es] *n*
~/**галоидное** *(Ch)* Halogenverbindung *f*
~/**гетерополярное** *(Ch)* heteropolare Verbindung *f*, Ionenverbindung *f*
~/**гетероциклическое** *(Ch)* heterozyklische Verbindung *f*, Heterozyklus *m*
~/**гибкое** nachgiebige (elastische) Verbindung *f*
~/**гладкое цилиндрическое** Wellenverbindung *f*; Rundpassung *f*
~/**глухое** unlösbare Verbindung *f*
~/**гнутое** gekröpfter Überlapp[t]stoß *m*
~ **голым проводом** *(El)* Blankverdrahtung *f*
~/**гомеополярное** *(Ch)* homöopolare (unpolare) Verbindung *f*
~ **горячей посадкой** *s.* ~/**стяжное**
~/**гребенчатое сварное** Ausschnittschweißung *f*
~ **Гриньяра** *(Ch)* Grignard-Verbindung *f* *(eine metallorganische Verbindung)*
~/**двойное** *(Ch)* Doppelverbindung *f*
~ **двойным треугольником** *(El)* Doppeldreieckschaltung *f*
~/**двустороннее V-образное** Doppel-U-Stoß *m*
~/**дефектное сварное** Fehlschweißung *f*, fehlerhafte Schweißung (Schweißverbindung) *f*
~/**димерное** *(Ch)* dimere Verbindung *f*, Dimer[es] *n*
~/**жёсткое** starre Verbindung *f*, starre Kupplung *f*
~/**жёсткое кинематическое** kraftschlüssige Verbindung *f*
~ **жирного ряда** *s.* ~/**алифатическое**
~/**зажимное** *(El)* Klemm[en]verbindung *f*
~/**заклёпочное** Nietverbindung *f*
~ **заклинкой** Keilverbindung *f*

~/**замковое** *(Bw)* Klauenverbindung *f*
~ **звезда-звезда** *(El)* Doppelsternschaltung *f*
~ **звезда-треугольник** *(El)* Stern-Dreieck-Schaltung *f*
~ **звездой** *(El)* Sternschaltung *f*
~/**зенитное ракетное** *(Mil)* Fla-Raketenverband *m*
~ **зигзагом** *(El)* Zickzackschaltung *f*
~/**зубчатое** Kerbzahnverbindung *f*
~/**изомерное** *(Ch)* isomere Verbindung *f*, Isomer[es] *n*
~/**изоциклическое** *(Ch)* isozyklische (karbozyklische) Verbindung *f*
~/**интерметаллическое** intermetallische Verbindung *f*, intermediäre Phase *f*
~/**ионное** *(Ch)* Ionenverbindung *f*, heteropolare Verbindung *f*
~/**йодистое** *(Ch)* Jodverbindung *f*, Jodid *n*
~/**кабельное** Kabelverbindung *f*, Verkabelung *f*
~/**карбоциклическое** *s.* ~/**изоциклическое**
~/**каскадное** 1. *(Kyb)* Serienschaltung *f*; 2. *(El)* Kaskadenschaltung *f*
~/**кислородное** *(Ch)* Sauerstoffverbindung *f*
~/**клеевое** Leimverbindung *f*
~/**клёпаное** Nietverbindung *f*
~/**клешневидное (клешнеобразное)** *s.* ~/**хелатное**
~/**клиновое** Rundkeilverbindung *f*, Längsstiftverbindung *f*, Keilverbindung *f*
~/**кничное** *(Schiff)* Knieblechanschluß *m*
~/**кольцеобразное** *(Ch)* Ringverbindung *f*, zyklische Verbindung *f*
~/**компаундное** *(El)* Verbundschaltung *f*, Hauptschluß-Nebenschluß-Schaltung *f*
~/**комплексное** *(Ch)* Komplexverbindung *f*
~/**коническое** Kegelverbindung *f* *(z. B. Welle–Nabe)*; Kegelsitz *m*
~/**координационное** *(Ch)* Koordinationsverbindung *f*
~ **кораблей** *s.* ~ **военно-морского флота**
~ **кораблей/временное** zeitweiliger Flottenverband *m*
~ **кораблей/однородное** Flottenverband *m* einheitlicher Schiffsklassen
~ **кораблей/постоянное** ständiger Flottenverband *m*
~ **кораблей/разнородное** Flottenverband *m* verschiedener Schiffsklassen
~/**кремнийорганическое** *(Ch)* siliziumorganische Verbindung *f*, Organosiliziumverbindung *f*
~/**крестообразное** *(Schw)* Kreuzstoß *m*
~/**магнийорганическое** *(Ch)* magnesiumorganische Verbindung *f*, Organomagnesiumverbindung *f*
~/**мелкошлицевое** Kerbverzahnung *f*
~/**металлоорганическое** *(Ch)* metallorganische Verbindung *f*, Organometallverbindung *f*
~/**меченое** *(Kern)* markierte Verbindung *f*
~ **многоугольником** *(El)* Polygonschaltung *f*
~/**молекулярное** *(Ch)* Molekülverbindung *f*
~/**монтажное** Montageverbindung *f*, Schraubenbolzenverbindung *f*
~/**муфтово-замковое** *(Bgb)* Muffenverbindung *f* *(Bohrgestänge)*
~ **на забивной шпонке** Treibkeilverbindung *f*
~ **на клиновой шпонке** Längskeilverbindung *f*
~ **на корпус (массу)** *(El)* Anschluß *m* an Masse, Masseanschluß *m*
~ **на фланцах** Flanschverbindung *f*
~ **на шлифе** *(Ch)* Schliffverbindung *f* *(an Laborgeräten)*
~ **накладками** Verlaschung *f*, Laschenstoß *m*
~ **накладками/заклёпочное** Laschennietung *f*
~, **напряжённое на изгиб/заклёпочное** biegebeanspruchte Nietverbindung *f*
~/**насыщенное** *(Ch)* gesättigte Verbindung *f*
~/**нахлёсточное** Überlapp[t]stoß *m*, überlappter Stoß *m*, überlappte Verbindung *f*
~/**неполярное** *(Ch)* homöopolare (unpolare) Verbindung *f*
~/**непредельное** *(Ch)* ungesättigte Verbindung *f*
~/**неразъёмное** unlösbare Verbindung *f*
~/**несимметричное** *(Ch)* unsymmetrische Verbindung *f*
~/**несостоявшееся** *(Fmt)* nicht zustandegekommene (ausgeführte) Verbindung *f*
~/**нестехиометрическое** *(Ch)* nichtstöchiometrische (nichtdaltonide, berthollide) Verbindung *f*, Berthollid *n*
~/**ниппельное** *(Bgb)* Nippelverbindung *f* *(Bohrgestänge)*
~/**U-образное** U-Stoß *m*
~/**V-образное** V-Stoß *m*
~/**X-образное** X-Stoß *m*
~/**одностороннее X-образное сварное** *(Schw)* K-Stoß *m*
~/**оперативное** *(Mil)* operativer Verband *m*
~/**оперативно-тактическое** *(Mil)* operativ-taktischer Verband *m*
~/**отбортованное боковое** einfacher Bördelstoß *m*
~/**отбортованное стыковое** Bördelstoß *m*
~/**отсроченное** *(Fmt)* zurückgestellte Verbindung *f*

~/**пазовое** Nutverbindung *f*
~/**параллельное** *(El)* Parallelschaltung *f*, Neben[schluß]schaltung *f*
~/**паяное** *(Fert)* Lötverbindung *f*
~/**перекисное** *(Ch)* Peroxidverbindung *f*, Peroxid *n*
~/**плотничное** *(Bw)* zimmermannsmäßige Holzverbindung *f*
~/**плотное** spielfreie Verbindung *f*
~/**плотное заклёпочное** dichte Nietverbindung *f*
~/**подвижное** bewegliche (lose) Verbindung *f*
~/**подкосное** Strebenverbindung *f*, Verstrebung *f*
~/**полимерное** *(Ch)* polymere Verbindung *f*, Polymer[es] *n*
~/**полупроводниковое** *(Eln)* halbleitende Verbindung *f*
~/**полярное** *(Ch)* polare Verbindung *f*
~/**поперечное** Querverbindung *f*
~ **поперечной шпонкой** Querkeilverbindung *f*
~ **поперечными клиньями** Querkeilverbindung *f*
~/**последовательное** *(El)* Reihenschaltung *f*, Hintereinanderschaltung *f*; *(Kyb)* Serienschaltung *f*
~/**последовательно-параллельное** *(El)* Parallel-Reihenschaltung *f*
~/**прессовое** Preßverbindung *f*
~/**прихваточное заклёпочное** Haftnietverbindung *f*
~ **проводом** Verdrahtung *f*
~/**промежуточное** *(Ch)* Zwischenverbindung *f*, intermediäre Verbindung *f*
~/**прорезное** Schlitznahtverbindung *f*
~/**прочное заклёпочное** Kraftnietverbindung *f*, feste Nietverbindung *f*
~/**прочноплотное заклёпочное** dichte Kraftnietverbindung *f*, dichte und feste Nietverbindung *f*
~/**прошлифовальное** *(Ch)* Schliffverbindung *f* *(an Laborgeräten)*
~/**разъёмное** lösbare Verbindung *f*
~/**раструбное** Muffenverbindung *f*
~/**расширительное** *(Schiff)* Dehnungsfuge *f* *(im Schanzkleid)*
~/**рацемическое** *(Ch)* razemische Molekülverbindung *f*, Razemverbindung *f*
~/**резьбовое** Gewindeverbindung *f*, Schraub[en]verbindung *f*
~ **ремня** Riemenschloß *n*
~ **с геометрическим кинематическим замыканием** kraftschlüssige Verbindung *f*
~ **с двусторонним скосом** X-Stoß *m*
~ **с двусторонними накладками/заклёпочное** Doppellaschennietung *f*
~ **с накладкой** Laschenstoß *m*, Verlaschung *f*
~ **с односторонним скосом** V-Stoß *m*
~ **с параллельными плоскостями** Flachpassung *f*
~ **с предварительным натягом** vorgespannte Verbindung *f*
~ **с Солнцем/верхнее** *(Astr)* obere Konjunktion *f*
~ **с Солнцем/нижнее** *(Astr)* untere Konjunktion *f*
~/**сварное** Schweißstoß *m*; Schweißverbindung *f*
~ **сквозными болтами** Durchgangsschraubenverbindung *f*
~/**скользящее** *(Fert)* Gleitsitz *m*
~/**смешанное** *(El)* gemischte Schaltung *f*
~/**совмещённое** gekröpfter Überlapp[t]-stoß *m*
~/**состоявшееся** *(Fmt)* zustandegekommene (ausgeführte) Verbindung *f*
~/**стехиометрическое** *(Ch)* stöchiometrische (daltonide) Verbindung *f*, Daltonid *n*
~/**стыковое** *(Schw)* Stumpfstoß *m*
~/**стяжное** Schrumpfelementverbindung *f* *(Verbindung durch Schrumpfringe, Schrumpfbänder, Schrumpfklammern, Schrumpfanker)*
~/**тавровое** T-Stoß *m*
~/**тактическое** *(Mil)* taktischer Verband *m*
~/**танковое** *(Mil)* Panzerverband *m*
~/**телефонное** Fernsprechverbindung *f*
~/**тернарное** *(Ch)* ternäre Verbindung *f*
~/**торцовое** Parallelstoß *m*, Stirnstoß *m*
~ **тральщиков** *(Mar)* Minenräumverband *m*
~/**транзитное** *(Fmt)* Durchgangsverbindung *f*
~ **трением** *(Fert)* Reibverbindung *f*
~ **треугольник-звезда** *(El)* Dreieck-Stern-Schaltung *f*
~ **треугольник-зигзаг** *(El)* Dreieck-Zickzack-Schaltung *f*
~ **треугольником** *(El)* Dreieckschaltung *f*
~ **труб/быстроразъёмное** schnell lösbare Rohrverbindung *f*
~ **труб/муфтовое** Muffenverbindung *f* *(durch Überschieben einer Muffe über die zu verbindenden Rohrenden)*
~ **труб на резьбе** Rohrverschraubung *f*
~ **труб на фланцах** Flanschenrohrverbindung *f*
~ **труб/раструбное** Muffenrohrverbindung *f* *(Verbindung von Muffenrohren, d. h. von Rohren mit muffenartiger Aufweitung an einem Ende)*
~ **труб/резьбовое** Rohrverschraubung *f*
~/**трубное** Rohrverbindung *f*
~ **трубопроводов/фланцевое** Flanschverbindung *f* *(Rohre)*
~/**углеродистое** *(Ch)* Kohlenstoffverbindung *f*
~/**угловое** Eckstoß *m*, Winkelstoß *m*

~/**упругое** elastische Verbindung *f*
~/**фланцевое** *(Schiff)* Flanschkupplung *f* *(Wellenleitung, Ruder/Ruderschaft)*
~/**фрикционное** *(Fert)* Reibschlußverbindung *f*, Reibschluß *m*
~/**хелатное** *(Ch)* Chelatverbindung *f*, Chelat *n*, Chelatkomplex *m*, Scherenverbindung *f*
~/**хлористое** *(Ch)* Chlorverbindung *f*
~/**циклическое** *(Ch)* zyklische Verbindung *f*, Ringverbindung *f*
~/**шлицевое** Keilwellenverbindung *f*, Vielkeilverbindung *f*
~/**шпилечное** Stiftschraubenverbindung *f*
~/**шпоночное** Paßfederverbindung *f*; Dübelverbindung *f*, Verdübelung *f*
~/**штепсельное** *(El)* Steck[er]verbindung *f*
~/**штыковое** Bajonettverbindung *f*
соединения *npl*/**интерметаллические** *(Krist)* intermetallische Verbindungen *fpl*, intermediäre Phasen *fpl*
соединённый в звезду *(El)* in (als) Stern geschaltet, sterngeschaltet, in Sternschaltung
~ **в звезду и звезду** *(El)* in Stern-Stern geschaltet
~ **в треугольник** *(El)* in (als) Dreieck geschaltet, in Dreieckschaltung
~ **звездой** *s.* **соединённый в звезду**
~/**каскадно** *(El)* in (als) Kaskade geschaltet
~/**параллельно** *(El)* parallelgeschaltet, in Parallelschaltung, neben[einander]geschaltet
~ **последовательно** *(El)* in Reihe (Serie) geschaltet, hintereinandergeschaltet, in Reihenschaltung (Serienschaltung)
соединитель *m* Verbinder *m*, Verbindungsstück *n*
~/**координатный** *s.* ~/**многократный координатный**
~/**линейный** *(Fmt)* Leitungswähler *m*, Leitungssucher *m*
~/**многократный координатный** *(Fmt)* Koordinatenschalter *m*, Kreuzschienenwähler *m*, Koordinatenwähler *m*
~/**рельсовый** *(El)* Schienen[stoß]verbinder *m*
~/**стыковой** *s.* ~/**рельсовый**
~/**цепной** Kettenschloß *n*
~/**штепсельный рельсовый** *(Eb)* Einschlagverbinder *m* *(Schienenstoß)*
соединить *s.* **соединять**
соединять 1. verbinden, vereinigen; kuppeln; 2. *(El)* verbinden, anschließen, [an]schalten
~ **болтами** verschrauben, zusammenschrauben, verbolzen *(mit Schraube und Mutter)*
~ **в звезду** *(El)* in Stern schalten
~ **в лапу** *(Bw)* verblattet verbinden
~ **в треугольник** *(El)* in (als) Dreieck schalten
~ **в ус** *(Bw)* gehren
~ **винтами** verschrauben
~ **внакладку (внахлёстку, вперекрышку, вперёплет)** geschachtelt aufbauen, überlappen, überplatten, verschachteln, wechselseitig schichten
~ **впритык** im geraden Stoß verbinden, zusammenstoßen, stumpf (auf Stoß) verbinden, gleichseitig schichten
~ **встречно** *(El)* gegen[einander]schalten, entgegenschalten
~ **встык** *s.* ~ **впритык**
~ **заклёпками** vernieten
~ **звездой** *s.* ~ **в звезду**
~ **знаком равенства** *(Math)* gleichmachen, gleichsetzen
~ **муфтой** verkuppeln, mit einer Muffe verbinden
~ **наглухо** unlösbar (fest) verbinden
~ **накладками** anlaschen, verlaschen
~ **параллельно** *(El)* parallelschalten, nebeneinanderschalten, parallellegen
~ **последовательно** *(El)* hintereinanderschalten, in Reihe (Serie) schalten
~ **сваркой** verschweißen, zusammenschweißen
~ **скобой** zusammenschäkeln
~ **фланцами** flanschen, anflanschen
~ **шипом** *(Bw)* verzinken, verzapfen
~ **шлейфом [две цепи]** *(Fmt)* [zwei Leitungen] in Schleife schalten
~ **шпонками** *(Bw)* verdübeln *(Holz)*
созвездие *n* *(Astr)* Sternbild *n*
~/**зодиакальное** Tierkreissternbild *n*
~/**околополярное** zirkumpolares Sternbild *n*
созревание *n* Reifen *n*, Reifung *f*, Reifwerden *n*, Ausreifen *n*
~/**позднее** Spätreife *f*
~/**полное** Vollreife *f*
~/**последующее** Nachreifung *f*
~/**предварительное** *(Text)* Vorreife *f* *(Chemiefaserherstellung)*
~/**раннее** Frühreife *f*
~/**физическое** *(Foto)* physikalische (erste) Reifung *f*, Vorreifung *f*, Ostwald-Reifung *f*
~ **фотографической эмульсии** *(Foto)* Reifung *f* der Emulsion
~/**химическое** *(Foto)* chemische (zweite) Reifung *f*, Nachreifung *f*, chemische Sensibilisierung *f*
соизмеримость *f* **[/острая]** *(Astr)* Kommensurabilität *f* *(Planetoiden)*
СОИИ = **система обработки измерительной информации**
сок *m* Saft *m*
~/**виноградный** Traubensaft *m*, Traubenmost *m*
~/**грязный** Schlammsaft *m*

~/**дефекованный** geschiedener Saft *m*, Scheidesaft *m (Zuckergewinnung)*
~/**диффузионный** Rohsaft *m*, Diffusionssaft *m (Zuckergewinnung)*
~/**дубильный** *(Led)* Gerbbrühe *f*
~/**жидкий** Dünnsaft *m (Zuckergewinnung)*
~ **из колонны** Turmsaft *m (Zuckergewinnung)*
~/**кислый дубильный** *(Led)* Schwellbeize *f*, Sauerbrühe *f*
~/**клеточный** Zellsaft *m*
~/**концентрированный** Dicksaft *m (Zukkergewinnung)*
~/**лимонный** Zitronensaft *m*
~/**млечный** *(Gum)* Milchsaft *m*, Latex *m*
~/**мутный** Trüblauf *m*, trüber Saft *m (Zuckergewinnung)*
~ **основной дефекации** Hauptscheidesaft *m (Zuckergewinnung)*
~/**отработанный дубильный** ausgezehrte (gerbstoffarme) Brühe *f*
~/**предварительной дефекации** *s.* ~/**преддефекованный**
~/**преддефекованный** Vorscheidesaft *m (Zuckergewinnung)*
~/**сатурационный** Schlammsaft *m*, Saturationssaft *m (Zuckergewinnung)*
~/**сконцентрированный** eingedickter Saft *m (Zuckergewinnung)*
~/**старый дубильный** *(Led)* Treibbrühe *f*
~/**сырой** *s.* ~/**диффузионный**
~/**хромовый** *(Led)* Chrombrühe *f*
~/**чистый** Klarsaft *m (Zuckergewinnung)*
соковыжималка *f* Saftpresse *f*, Entsafter *m*
сокол *m (Bw)* Aufziehbrett *n*, Mörtelbrett *n (Putzarbeiten)*
соколебание *n* Mitschwingung *f*
сокомер *m* Rohsaftmeßbehälter *m*, Rohsaftmengenmesser *m (Zuckergewinnung)*
сократимость *f* Kontraktibilität *f*, Zusammenziehbarkeit *f*
сократить *s.* **сокращать**
сократиться *s.* **сокращаться**
сокращать 1. abkürzen, verkürzen, verringern; 2. *(Math)* kürzen *(Bruch)*
сокращаться schrumpfen, schwinden
сокращение *n* 1. Abkürzung *f*; Kürzung *f*; Kontraktion *f*; 2. Schwinden *n*, Schrumpfen *n*, Einschrumpfung *f*; 3. *(Math)* Kürzen *n (Brüche)*
~/**буквенное** Abkürzung *f*
~ **времени** Zeitkontraktion *f*, Zeitverkürzung *f*
~ **Лоренца-Фицджеральда** Längenkontraktion *f*, Lorentz-Kontraktion *f*, Fitzgerald-Lorentz-Kontraktion *f (Relativitätstheorie)*
~/**лоренцево** *s.* ~ **Лоренца-Фицджеральда**
~ **обмотки** *s.* ~ **шага обмотки**
~ **объёма** *(Gieß)* Schwinden *n*, Volumenschwindung *f*
~ **поперечного сечения** Querschnittsverengung *f*, Querschnittsverminderung *f*
~ **проб** *(Wlz)* Heruntervierteln *n* von Proben
~ **производства** Betriebseinschränkung *f*
~ **шага обмотки** *(El)* Verkürzung (Kürzung) *f* des Wicklungsschritts, Schrittverkürzung *f*, Sehnung *f*
сокристаллизация *f* Mitkristallisation *f*, Kokristallisation *f*
сок-самотёк *m* Vorlauf *m (Destillation)*
соланины *mpl (Ch)* Solanine *npl (Alkaloide der Nachtschattengewächse)*
солдат *m (Text)* Aufwinderstelze *f*, Verbindungshebel *m (Spinnerei; Mulemaschine)*
солеварня *f* Saline *f*, Salzsiederei *f*
соление *n* Einsalzen *n*, Salzen *n*
~/**сухое** *(Led)* Trockensalzen *n*
соленоид *m (El)* Solenoid *n*, Solenoidspule *f*
~/**включающий** Einschaltmagnet *m*, Einschaltspule *f*
~/**выключающий** Abschaltmagnet *m*, Abschaltspule *f*
соленомер *m* Salz[gehalt]messer *m*, Salinometer *n*
солёность *f* Salzigkeit *f*, Salzgehalt *m*
солеобразный salzartig, salzähnlich
солеобразование *n* Salzbildung *f*
солеотделитель *m* Salzabscheider *m*
солеотложение *n* Salzablagerung *f*
солерастворитель *m* Salzlöser *m*
солесодержание *n* Salzgehalt *m*
солидол *m* Staufferfett *n*, konsistentes Schmierfett *n*
солидолонагнетатель *m* Fettpresse *f*, Fettspritze *f*, Schmierapparat *m (für konsistente Schmierstoffe)*
солидус *m* Soliduslinie *f*, Soliduskurve *f*
солид-эффект *m (Kern)* Festkörpereffekt *m*, solid-state effect
солид-эхо *n* Solidecho *n*, Festkörperecho *n*
солион *m* Solion *n (Elektrochemie)*
солить [ein]salzen
солифлюкция *f (Geol)* Bodenfließen *n*, Solifluktion *f*
Солнце *n (Astr)* Sonne *f*
~/**ложное** *(Meteo)* Nebensonne *f*
~/**нижнее** *(Meteo)* Untersonne *f*
~/**побочное** *s.* ~/**ложное**
солнцестояние *n (Astr)* Sonnenwende *f*, Solstitium *n*
~/**зимнее** Wintersonnenwende *f*, Wintersolstitium *n*
~/**летнее** Sommersonnenwende *f*, Sommersolstitium *n*
солод *m* Malz *n*

~/высокодиастатический hochdiastatisches Malz *n*
~ длинного ращения Langmalz *n*
~/дроблёный Malzschrot *n*
~/жжёный Farbmalz *n*, Röstmalz *n*
~/зелёный Grünmalz *n*
~/карамельный Karamelmalz *n*
~ короткого ращения Kurzmalz *n*
~/меланоидиновый (меланоидный) Melanoidinmalz *n*
~/пивоваренный Braumalz *n*
~/стекловидный Glasmalz *n*
~/сухой (сушёный) Darrmalz *n*, Trockenmalz *n*
~/токовый Tennenmalz *n*
~/ячменный Gerstenmalz *n*
солодовать mälzen
солодовня *f* Mälzerei *f*, Malzfabrik *f*; Malzdarre *f*
~/барабанная Trommelmälzerei *f*
~/пневматическая pneumatische Mälzerei *f*
~ Саладина/ящичная Saladin-Mälzerei *f*
~/токовая Tennenmälzerei *f*
~/ящичная Kastenmälzerei *f*
солодоворошитель *m* Malzwender *m*, Malzwendevorrichtung *f*
~/лопастный Schaufelwender *m*
~/шнековый Schraubenwender *m*, Schneckenwender *m*
солододробилка *f* **[/вальцовая]** Walzenschrotmühle *f*, Malzquetsche *f*
солодоращение *n s.* **соложение**
солодосушилка *f* Malzdarre *f*, Darre *f*
~/двухъярусная Zweihordendarre *f*
~/многоярусная Mehrhordendarre *f*
солодосушильня *f* Malzdarre *f*, Darre *f*
соложение *n* Mälzung *f*, Mälzerei *f*, Malzbereitung *f*
~/барабанное Trommelmälzerei *f*
~ на току *s.* **~/токовое**
~/пневматическое pneumatische Mälzerei *f*
~ по способу Саладина Saladin-Mälzerei *f*
~/токовое Tennenmälzerei *f*
~/ящичное Kastenmälzerei *f*
соломка *f***/спичечная** Holzdraht *m* *(für Zündholzherstellung)*
соломокопитель *m* Strohableger *m*, Strohsammler *m* *(Mähdrescher)*
соломокрутка *f* Strohseilmaschine *f*
соломонабиватель *m* Stopfer *m* *(Mähdrescher)*
соломоподъёмник *m* Strohheber *m*, Strohelevator *m*
соломопресс *m* Glattstrohpresse *f*, Strohpresse *f*
соломорезка *f* Häckselmaschine *f*, Häcksler *m*, Strohschneider *m*
~/барабанная Trommelhäcksler *m*
~/дисковая Scheibenradfutterhäckselmaschine *f*
соломосепаратор *m (Lw)* Strohschüttler *m*
соломотранспортёр *m* Strohförderer *m*
соломотряс *m (Lw)* Strohschüttler *m (Zusatzgerät für größere Dreschmaschinen und Mähdrescher)*
~/добавочный Nachschüttler *m*
~/клавишный Hordenschüttler *m*
~/платформенный Schwingschüttler *m*
~/роторный Fingerschüttler *m*
солонец *m (Geol)* Solonez *m*, Salzboden *m* mit prismatischer Struktur des Untergrundes *(schwarzer Alkaliboden)*
~/ореховато-зернистый nußkörniger Alkaliboden *m*
~/призматический prismatischer Alkaliboden *m*
~/столбчатый pfahlartiger Alkaliboden *m*
солонец-солончак *m* Alkalisalzboden *m*
солончак *m* Solontschak *m*, Weißkaliboden *m (Salzbodentyp)*
соль *f* Salz *n*
~/азотнокислая Nitrat *n*
~/аммиачная (аммониевая, аммонийная) Ammoniumsalz *n*, Ammon[iak]salz *n*
~/анилиновая Anilinsalz *n*
~/Бертоллетова Bertholletsches Salz *n*, Kaliumchlorat *n*
~/бромистоводородная Hydrobromid *n*
~ бромистоводородной кислоты Bromid *n*
~ бромноватой кислоты Bromat *n*
~/водная kristallwasserhaltiges Salz *n*
~/выварочная Siedesalz *n*
~/галогеноводородная Hydrohalogenid *n*
~/гидразиниевая Hydraziniumsalz *n*
~ гидразиния Hydraziniumsalz *n*
~ гидроксония Hydroniumsalz *n*
~/Глауберова Glaubersalz *n (Natriumsulfat-10-Wasser)*
~/горькая *(Min)* Bittersalz *n*, Epsomit *m*
~/двойная Doppelsalz *n*
~/двойная сернокислая Doppelsulfat *n*
~/двуаммонийная Diammoniumsalz *n*
~/двууглекислая Hydrogenkarbonat *n*
~ двухромовой кислоты Dichromat *n*
~/двухромовокислая Dichromat *n*
~/денатурированная поваренная denaturiertes Salz *n*
~/диазониевая Diazoniumsalz *n*
~ диазония Diazoniumsalz *n*
~/железная Eisensalz *n*
~/жёлтая кровяная gelbes Blutlaugensalz *n (Kaliumzyanoferrat(II))*
~/желчнокислая Gallensäuresalz *n*
~ закиси железа Eisen(II)-salz *n*
~/защитная *(Gieß)* Schutzsalz *n*, Decksalz *n*
~ золота Goldsalz *n*
~/калиевая Kaliumsalz *n*; Kali[dünge]salz *n*

~/**калийная** Kaliumsalz *n*; Kali[dünge]-salz *n*
~/**кальциевая** Kalziumsalz *n*, Kalksalz *n*
~/**каменная** Steinsalz *n*, Halit *m*
~/**кислая** Hydrogensalz *n*
~/**кисличная** Kleesalz *n* *(Kaliumtetra-oxalat)*
~/**комплексная** Komplexsalz *n*
~/**красная кровяная** rotes Blutlaugensalz *n* *(Kaliumzyanoferrat(III))*
~ **кремневой кислоты** Silikat *n*
~/**кремнекислая** Silikat *n*
~/**кровяная** Blutlaugensalz *n*
~/**мелкая** Salzklein *n*
~/**мелкокристаллическая поваренная** Feinsalz *n*
~/**минеральная** Mineralsalz *n*
~ **Мора** Mohrsches Salz *n* *(Ammonium-eisen(II)-sulfat-6-Wasser)*
~/**морская** Meersalz *n*, Seesalz *n*
~/**натриевая** Natriumsalz *n*
~/**нейтральная** neutrales (normales) Salz *n*
~/**неорганическая** anorganisches Salz *n*
~/**неочищенная** Rohsalz *n*
~/**нормальная** neutrales (normales) Salz *n*
~/**оксониевая** Oxoniumsalz *n*
~/**оловянная** Zinnsalz *n*
~/**органическая** organisches Salz *n*
~/**осадочная** ausgefälltes Salz *n*
~/**основная** Hydroxidsalz *n*
~/**отбросная** Abraumsalz *n*
~/**первичная** primäres Salz *n*
~/**питательная** Nährsalz *n*
~/**пищевая** Speisesalz *n*
~/**поваренная** Kochsalz *n* *(Natrium-chlorid)*
~/**покровная** *(Gieß)* Schutzsalz *n*, Deck-salz *n*
~/**природная** Natursalz *n*, natürliches Salz *n*
~/**пропитывающая** Imprägniersalz *n*
~/**расплавленная** Salzfluß *m*, Salzschmelze *f*
~/**рафинирующая** *(Gieß)* Veredelungs-salz *n*; Reinigungssalz *n*
~/**ртутная** Quecksilbersalz *n*
~/**свинцовая** Bleisalz *n*
~/**Сегнетова** Seignette-Salz *n*
~/**Сеньетова** *s.* ~/**Сегнетова**
~/**сернистокислая** Sulfit *n*
~ **серной кислоты** Sulfat *n*
~/**сернокислая** Sulfat *n*
~/**смешанная** Mischsalz *n*
~/**солянокислая** Hydrochlorid *n*
~/**средняя** neutrales (normales) Salz *n*, Neutralsalz *n*
~/**столовая** Tafelsalz *n*, Speisesalz *n*
~/**сульфониевая** Sulfoniumsalz *n*
~/**сырая** Rohsalz *n*
~/**техническая поваренная** Gewerbesalz *n*
~ **тритиоугольной кислоты/калиевая** Kaliumthiokarbonat *n*
~/**тройная** Tripelsalz *n*
~/**углекислая** Karbonat *n*
~/**удобрительная** Düngesalz *n*
~/**фиксажная** *(Foto)* Fixiersalz *n*
~/**фосфорная** Phosphorsalz *n*
~/**хлористоводородная** Hydrochlorid *n*
~ **хлористоводородной кислоты** Chlorid *n*
~ **хлористой кислоты** Chlorit *n*, Chlorat(III) *n*
~ **хлорноватистой кислоты** *s.* ~/**хлор-новатистокислая**
~/**хлорноватистокислая** Hypochlorit *n*, Chlorat(I) *n*
~ **хлорноватой кислоты** *s.* ~/**хлорновато-кислая**
~/**хлорноватокислая** Chlorat *n*
~ **хромовой кислоты** Chromat *n*
~/**хромовокислая** *s.* ~ **хромовой кис-лоты**
~/**щелочная** Alkalisalz *n*
~ **щелочного металла** Alkalisalz *n*
сольват *m (Ch)* Solvat *n*
сольватация *f (Ch)* Solvatation *f*, Solvati-sierung *f*
сольвати[зи]рование *n s.* **сольватация**
сольватировать *(Ch)* solvatisieren
сольвент[-нафта] *f (Ch)* Solventnaphtha *n(f)*
сольволиз *m (Ch)* Solvolyse *f*
солюбилизация *(Ch)* Solubilisierung *f*, Solubilisation *f*
солянокислый *(Ch)* ...hydrochlorid *n*; chlorwasserstoffsauer, salzsauer
соляр *m (Ch)* Solaröl *n*
~/**крекинговый** Kracksolaröl *n*
соляризация *f (Foto)* Solarisation *f*
соляриметр *m* Solarimeter *n*
сомножитель *m (Dat, Math)* Faktor *m*
сообщение *n* 1. Nachricht *f*, Mitteilung *f*; Meldung *f*; 2. *(Fmt)* Verbindung *f*; Verkehr *m*; 3. *(Eb, Kfz)* Verkehr *m*; 4. *(El)* Schluß *m* *(Berührung zweier Leitun-gen)*
~/**автомобильное** Kraftverkehr *m*
~/**вентиляционное** *(Bgb)* Wetterverbin-dung *f*
~/**водное** Verkehr *m* zu Wasser
~/**воздушное** Flugverkehr *m*, Luftverkehr *m*
~/**грузовое** *(Eb)* Güterverkehr *m*; *(Schiff)* Frachtverkehr *m*
~/**диагностическое** *(Dat)* diagnostische Fehlermeldung *f*
~/**железнодорожное** Eisenbahnverkehr *m*
~/**земляное** *(El)* Erdschluß *m*
~/**контейнерное** Containerverkehr *m*

~/**контрольное** *(Dat)* Prüfhinweis *m*
~/**междугородное** 1. *(Fmt)* Fernverbindung *f*; Fernverkehr *m*; 2. *(Eb)* Städteschnellverkehr *m*, Intercity-Verkehr *m*
~/**международное** grenzüberschreitender (internationaler) Verkehr *m*
~/**морское** Seeverbindung *f*
~ **о погоде** Wettermeldung *f*, Wetterbericht *m*
~ **об ошибке** *(Dat)* Fehlernachricht *f*, Fehlermeldung *f*
~ **ответное** *(Dat)* Rückmeldung *f*, Rückantwort *f*
~/**пассажирское** *(Eb)* Reiseverkehr *m*; *(Schiff)* Passagierverkehr *m*, Fahrgastverkehr *m*
~/**предупредительное** *(Dat)* Warnung *f*
~/**пригородное** *(Eb)* Vorortverkehr *m*, Nahverkehr *m*
~ **проводов** *(El)* Leitungsschluß *m*; Nebenschluß *m* zwischen einzelnen Adern *(bei Fernsprechkabeln)*
~/**прямое** *(Eb)* Durchgangsverkehr *m*
~ **с землёй** *s.* ~/**земляное**
~/**скоростное** Schnellverkehr *m*
~/**телеграфное** Telegrafieverbindung *f*; Telegrafenverkehr *m*; telegrafische (fernschriftliche) Mitteilung *f*
~/**телефонное** Fernsprechverbindung *f*; Fernsprechverkehr *m*; telefonische (fernmündliche) Mitteilung *f*
~/**трансокеанское** *(Schiff)* Überseeverkehr *m*
сообщения *npl*/**военные** 1. Militärtransportwesen *n*; 2. militärische Transportwege *mpl*
сообщество *n* *(Geol)* Vergesellschaftung *f*
соорудить *s.* **сооружать**
сооружать errichten, erbauen
сооружение *n* 1. Errichtung *f*, Erbauung *f*, Bau *m*; 2. Bau *m*, Bauwerk *n*; Gebäude *npl*; 3. Anlage *f*; 4. *s. unter* **сооружения**
~/**антенное** Antennenanlage *f*
~/**аэродромное** Flugplatzanlage *f*
~/**береговое водозаборное** *(Hydt)* Uferentnahmebauwerk *n*
~/**берегозащитное гидротехническое** Küstenschutz[bau]werk *n*
~/**верхнепалубное** *(Schiff)* Oberdeckseinrichtung *f*
~/**водозаборное** *(Hydt)* Entnahmeanlage *f*, Entnahmebauwerk *n*; Wasserfassungsanlage *f*; Einlaufbauwerk *n*
~/**водозащитное** *(Hydt)* Wasserschutzbau *m*, Wasserschutzanlage *f*
~/**водонапорное** *(Hydt)* Stauanlage *f*
~/**водоотводное** Entwässerungsanlage *f*
~/**водоподпорное** *(Hydt)* Stauanlage *f*
~/**водоподъёмное** *(Hydt)* Wasserpumpwerk *n*
~/**водоприёмное** *s.* ~/**водозаборное**
~/**водоприёмное головное** *(Hydt)* Einlaufbauwerk *n*
~/**водосборное** *(Hydt)* Wassersammelanlage *f*
~/**водосливное** *(Hydt)* Überfallbauwerk *n*, Überlaufbauwerk *n*
~/**водостеснительное** *(Hydt)* Einschränkungsbauwerk *n*
~/**водохозяйственное** wasserwirtschaftliches Bauwerk *n*
~/**временное** Behelfsbau *m*, provisorisches Bauwerk *n*
~/**гидротехническое** *(Hydt)* Wasserbauwerk *n*
~ **гидроэлектростанции** Wasserkraftanlage *f*, Wasserkraftwerk *n*
~/**головное** *(Hydt)* Einlaßbauwerk *n*
~/**дноукрепительное** *(Hydt)* Sohlendeckwerk *n*
~/**закрытое складское** geschlossenes Lager *n*
~/**защитное** Schutzanlage *f*, Schutzbauwerk *n*
~/**земляное** Erdanlage *f*
~/**инженерное** Ingenieurbauwerk *n*
~/**канализационное** Entwässerungsanlage *f*, Kanalisationsanlage *f*
~/**лесосплавное** *(Hydt)* Floßgasse *f*, Floßdurchlaß *m*, Holzdurchlaß *m*
~/**надшахтное (наземное)** *(Bgb)* Tagesanlage *f*
~/**направляющее** *(Hydt)* Leitwerk *n*
~/**оросительное** *(Hydt)* Bewässerungsanlage *f*
~ **открытое складское** offener Lagerplatz *m*
~/**очистное** *(Bw)* Reinigungsanlage *f*, Kläranlage *f*, Klärwerk *n*
~/**очистное канализационное** Abwasserreinigungsanlage *f*
~/**плотинное** *(Hydt)* Wehrbau *m*, Sperrbauwerk *n*
~ **плотины** *(Hydt)* Staumauerbau *m*
~/**поверхностное** *(Bgb)* Tagesanlage *f*
~/**подземное** *(Bw)* Tiefbauanlage *f*
~/**подпорное** *(Hydt)* Stauanlage *f*, Stauwerk *n*, Staustufe *f*, Staukörper *m*
~/**полуоткрытое складское** halboffenes Lager *n*
~/**приёмное антенное** Empfangsantennenanlage *f*
~/**примыкающее** Anschlußbauwerk *n*
~/**причальное** *(Schiff)* Anlegestelle *f*, Anlegeanlage *f*
~/**регулирующее** *(Hydt)* Regelungswerk *n* *(Flußregulierung)*
~/**речное гидротехническое** Flußbauwerk *n*
~/**рыбопропускное** *(Hydt)* Fischdurchlaß *m*
~/**ряжевое** *(Hydt)* Steinkastenbau *m*
~/**сбросное** *(Hydt)* Auslaßwerk *n*

~/**спортивное** Sportanlage *f*
~/**спускное** *(Hydt)* Ausmündungsbauwerk *n*
~/**станционное** *(Eb)* Bahnhofsgebäude *n*
~/**судоподъёмное** Schiffshebewerk *n*
~/**транспортное** 1. Verkehrsbauwerk *n*; 2. Förderanlage *f*
~/**узловое** *(Hydt)* Knotenbauwerk *n*
~/**устьевое** *(Hydt)* Ausmündungsbauwerk *n*
~/**фашинное** *(Hydt)* Flechtwerk *n*, Faschinenbau *m*, Reuse *f*
сооружения *npl*/**берегозащитные** *(Hydt)* Uferdeckwerk *n*
~/**берегоукрепительные** *(Hydt)* Uferdeckwerk *n*
~/**выправительные** *(Hydt)* Regelungsbauwerk *n*
~/**портовые** Hafenanlage *f*
соосадить *s.* **соосаждать**
соосаждать *(Ch)* mitfällen, kopräzipitieren
соосаждение *n (Ch)* Mitfällung *f*, Kopräzipitation *f*
соосность *f* 1. Koaxialität *f*; 2. *(Geol)* Ausfluchtung *f*
соосный gleichachsig, koaxial
соответствие *n* 1. Entsprechen *n*, Übereinstimmung *f*; 2. Korrespondenzrelation *f*; 3. Angemessenheit *f*; 4. *(Math)* Zuordnung *f (Mengentheorie)*
~/**взаимно-однозначное** *(Math)* eineindeutige (umkehrbar eindeutige) Zuordnung *f (Mengentheorie)*
~/**многозначное** *(Math)* mehrdeutige Korrespondenz *f*
~/**одно-однозначное** *s.* ~/**взаимно-однозначное**
соотносительный korrelativ
соотношение *n* Verhältnis *n*; Beziehung *f (s. a. unter* **соотношения***)*
~/**атомное** *(Kern)* Atomverhältnis *n*
~ **Больцмана** *(Ph)* Boltzmannsche Beziehung *f*
~ **величин** Größenverhältnis *n*
~/**взаимное** Wechselbeziehung *f*, Korrelation *f*
~/**высотное** Höhenverhältnis *n*
~ **громкостей** Lautstärkeverhältnis *n*
~ **де-Бройля** *(Ph)* de-Broglie-Beziehung *f (Materiewellen)*
~ **интенсивностей** Intensitätsverhältnis *n*
~/**количественное** Mengenverhältnis *n*
~/**коммутационное** *(Ph)* Vertauschungsrelation *f*, Vertauschungsregel *f (Quantenmechanik)*
~ **концентраций** Konzentrationsverhältnis *n*
~ **неопределённости** *(Ph)* [Heisenbergsche] Unbestimmtheitsrelation (Unschärferelation) *f (Quantenmechanik)*
~ **обжатий** *(Wlz)* Abnahmeverhältnis *n*
~/**объёмное** Raumverhältnis *n*, Volumenverhältnis *n*
~/**основное** Grundbeziehung *f*
~/**перестановочное** *s.* ~/**коммутационное**
~ **пробег-энергия** *(Kern)* Reichweite-Energie-Beziehung *f*
~ **сигнал/шум** *(El)* Signal/Rauschverhältnis *n*, Signal/Störverhältnis *n*, Stör[geräusch]abstand *m*, Rauschabstand *m*
~ **скоростей валков** *(Gum)* Walzenfriktion *f*
~ **смеси** Mischungsverhältnis *n*
~ **срабатывания** *(Reg)* Steuerungsverhältnis *n*
~ **тепловосприятий** Wärmeaufnahmeverhältnis *n*
~ **Эренфеста** *(Krist)* Ehrenfestsche Gleichung *f (Phasenübergänge)*
~ **эффект-фон** *(Kern)* Anzeige-Untergrund-Verhältnis *n*, Anzeige-Nulleffekt-Verhältnis *n*
соотношения *npl* **взаимности Онсагера** *(Therm)* Onsagersche Reziprozitätsbeziehungen *fpl*
~ **главных размерений** *(Schiff)* Verhältniswerte *mpl*
сопка *f (Geol)* Sopka *f (russische Bezeichnung für einzelstehende meist kegelförmige Hügel oder Berge, waldlose Kuppen in Sibirien und Fernost, Vulkane in Kamtschatka sowie kleine Schlammvulkane oder Schlammsprudel im Kaukasus)*
~/**грязевая** kleiner Schlammvulkan *m*, Schlammsprudel *m*
~/**нефтяная** Erdölsalse *f*
сопла *npl (Schw)* Düsen *fpl*; Düsensystem *n (s. a. unter* **сопло***)*
~ **в одном мундштуке/последовательно расположенные** Stufendüsensystem *n (Schneidbrenner)*
~ **в отдельных мундштуках/последовательно расположенные** hintereinanderliegendes Düsensystem *n (Schneidbrenner)*
сопло *n* Düse *f (von Wasser-, Dampf- und Gasturbinen, Strahltriebwerken, Raketen)*
~ **аэродинамической трубы** Windkanaldüse *f*
~ **Вентури/нормальное** Normventuridüse *f*, Normdüse *f (Wirkdruckgeber)*
~/**воздуходувное** Blasdüse *f*, Blaskopf *m*, Blasmundstück *n (Schachtofen)*
~/**воздушное** 1. Luftdüse *f*; 2. Außendüsenmundstück *n (Düsensystem des Drahtspritzgeräts)*
~/**газовое** Gasbrennerdüse *f*
~ **горелки** Brennerdüse *f*, Brenneraustrittsöffnung *f*, Brennermundstück *n*

~/**дробеструйное** *(Gieß)* Schrotstrahldüse *f*
~/**игольчатое** Nadeldüse *f* *(Pelton-Turbine)*
~/**измерительное** Meßdüse *f*
~ **инжектора** Treibdüse *f*, Dampfdüse *f* *(Injektor; Kesselwasserspeisung)*
~ **инжектора/нагнетательное** Fangdüse *f*
~ **инжектора/паровое** Dampfdüse *f*
~ **инжектора/смесительное** Mischdüse *f*
~/**качающееся** Schwenkdüse *f* *(Wasserspülentaschung)*
~ **Лаваля** Laval-Düse *f*
~/**литое** [aus dem Vollen] gegossene Düse *f* *(Düsenbogen; Dampfturbine)*
~/**нерасширяющееся** nicht erweiterte Düse *f* *(Dampfturbine)*
~ **пВРД/регулируемое** Regeldüse *f* *(Staustrahltriebwerk)*
~ **пВРД с гибкими стенками** Regeldüse *f* mit Querschnittsänderung durch zwei biegsame Stahlblechwände *(Staustrahltriebwerk)*
~ **пВРД с подвижными стенками** Regeldüse *f* mit Querschnittsänderung durch zwei profilierte Klappwände *(Staustrahltriebwerk)*
~ **Пельтона** *s.* ~/**игольчатое**
~/**пескоструйное** Sandstrahldüse *f*
~/**побудительное** Spüldüse *f* *(Wasserspülentaschung)*
~/**поворотное** *(Rak)* Schwenkdüse *f*
~/**проволочное** Drahtdüse *f* *(Düsensystem des Drahtspritzgeräts)*
~/**разбрызгивающее** Sprühdüse *f*
~ **ракетного двигателя/реактивное** *(Rak)* Schubdüse *f* *(Turbinenluftstrahltriebwerk)*
~/**распылительное** Zerstäuberdüse *f*
~/**расходомерное** Normdüse *f*, Meßdüse *f* *(für Durchflußmessungen)*
~/**расширяющееся** erweiterte Düse *f* *(Dampfturbine)*
~ **реактивного двигателя/выходное** *(Rak)* Abdampfdüse *f* *(Strahltriebwerk)*
~/**реактивное** Schubdüse *f* *(Strahltriebwerk)*
~ **с косым срезом** Düse *f* mit Schrägabschnitt *(Dampfturbine)*
~ **с постоянным сечением** Düse *f* mit gleichbleibendem Querschnitt, parallelwandige Düse *f* *(Dampfturbine)*
~/**сверхзвуковое реактивное** *(Flg)* Überschalldüse *f*
~/**смесительное** Mischdüse *f* *(Druckwasserentaschung)*
~/**суживающееся** verjüngte Düse *f* *(Dampfturbine)*
~ **тРД с регулирующей иглой** Regeldüse *f* mit Querschnittsänderung durch Schubdüsenkegel (Schubdüsennadel) *(Turbinenluftstrahltriebwerk)*
~/**фрезерованное** eingefräste Düse *f* *(Düsenbogen; Dampfturbine)*
~/**фурменное** Düsenkopf *m*, Düsenmundstück *n*, Düsenöffnung *f*
~/**щелевое** Schlitzdüse *f*
~/**эжекторное** Ejektordüse *f*
сополиконденсация *f* *(Ch)* Kopolykondensation *f*, Mischpolykondensation *f*
сополимер *m* *(Ch)* Kopolymer[es] *n*, Kopolymerisat *n*, Mischpolymer[es] *n*, Mischpolymerisat *n*
~/**привитой** Pfropf[ko]polymer[es] *n*, Graftpolymer[es] *n*, Pfropfpolymerisat *n*
сополимеризация *f* *(Ch)* Kopolymerisation *f*, Mischpolymerisation *f*
~/**прививочная (привитая)** Pfropf[ko]polymerisation *f*, Graft[ko]polymerisation *f*
сополиэфир *m* *(Ch)* Mischpolyester *m*
соприкосновение *n* 1. Berührung *f*; 2. *(Math)* Oskulation *f*, Schmiegung *f*
~/**точечное** Punktberührung *f* *(Pulvermetallurgie)*
сопровождение *n* *(Dat)* Nachführung *f*, Begleitung *f*
~/**звуковое** *(Fs)* Tonbegleitung *f*
~ **программы** *(Dat)* Programmwartung *f*
~ **цели** *(FO)* Zielbegleitung *f*
сопротивление *n* 1. Widerstand *m*; Rückdruck *m*; Gegendruck *m*; 2. Beständigkeit *f* *(der Werkstoffe gegen chemische, mechanische und Wärmeeinflüsse usw.)*; 3. Festigkeit *f*; 4. *(El)* [elektrischer] Widerstand *m*, Widerstandswert *m*, Ohmwert *m*; 5. *(El)* Widerstand *m* *(als Bauelement)*
~/**активное** *(El)* Wirkwiderstand *m*, reeller (phasenreiner) Widerstand *m*
~/**активное входное** Eingangswirkwiderstand *m*
~/**активное выходное** Ausgangswirkwiderstand *m*
~/**активное электрическое** elektrischer Widerstand *m*
~/**акустическое** akustische Impedanz *f*, Schallimpedanz *f*; akustische Reaktanz *f*
~ **анодного контура** *(El)* Anoden[kreis]-widerstand *m*
~/**анодное** *s.* ~ **анодного контура**
~ **антенны/активное** Antennenwirkwiderstand *m*
~ **антенны/полное** Antennenscheinwiderstand *m*, Antennenimpedanz *f*
~/**аэродинамическое** *(Aero)* [aerodynamischer] Widerstand *m*, Luftwiderstand *m*, Strömungswiderstand *m*
~ **базы/внутреннее** Basiswiderstand *m* *(Halbleiter)*
~ **базы/добавочное** Basisvorwiderstand *m* *(Halbleiter)*
~/**балластное** *(El)* Vor[schalt]widerstand *m*

~ **в газовой динамике/волновое** *(Aero)* Wellenwiderstand *m (bei Bewegung eines Körpers, z. B. eines Flugzeugs, in stationärer reibungsfreier Überschallströmung bzw. mit Überschallgeschwindigkeit)*
~ **в запиле** *(Wkst)* Kerbfestigkeit *f*
~ **вагона** *(Eb)* Wagenwiderstand *m*
~/**вдавливанию** *(Wkst)* Eindringwiderstand *m*
~/**вихревое** *(Hydrod)* Wirbelwiderstand *m*, Druckwiderstand *m*
~/**внешнее** äußerer Widerstand *m*, Außenwiderstand *m*
~/**внешнее тепловое** äußerer Wärmewiderstand *m*
~ **внешней цепи** *s.* ~/**внешнее**
~ **внутреннего трения** *s.* ~/**вязкостное**
~/**внутреннее** innerer Widerstand *m*, Innenwiderstand *m*
~/**внутреннее тепловое** innerer Wärmewiderstand *m*
~ **воды** Wasserwiderstand *m*, Strömungswiderstand *m* des Wassers
~ **воды в каналах** *(Schiff)* Widerstand *m* bei Fahrt auf Kanälen
~ **воды движению судна** *(Schiff)* Schiffswiderstand *m*, Fahrtwiderstand *m*
~ **воды при движении на волнении** *(Schiff)* Widerstand *m* bei Fahrt im Seegang
~ **воздуха** Luftwiderstand *m*
~ **воздушной среды** Luftwiderstand *m*
~/**волновое** *(Hydrod)* Wellenwiderstand *m (bei Bewegung eines Körpers, z. B. eines Schiffes, an der freien Oberfläche einer reibungsfreien Flüssigkeit)*
~/**временное** statische Festigkeit *f (durch Kurzzeitversuch ermittelt)*
~/**входное** *(El)* Eingangswiderstand *m*
~/**входное полное** Eingangsimpedanz *f*, Eingangsscheinwiderstand *m*
~/**высокоомное** *(El)* Hochohmwiderstand *m*
~ **выступающих частей** *(Schiff)* Widerstand *m* der Anhänge
~/**выходное** *(El)* Ausgangswiderstand *m*
~/**выходное полное** Ausgangsimpedanz *f*, komplexer Ausgangswiderstand *m*, Ausgangsscheinwiderstand *m*
~/**вязкое** plastischer Verformungswiderstand *m*
~/**вязкостное** *(Fest)* Zähigkeitswiderstand *m*, Viskositätswiderstand *m*
~/**гидродинамическое** hydrodynamischer Widerstand *m (Widerstand eines Körpers gegenüber einer anströmenden Flüssigkeit oder Widerstand von Rohrwandungen gegenüber einer bewegten Flüssigkeit)*
~ **горных выработок/аэродинамическое (вентиляционное)** *(Bgb)* Wetterwiderstand *m*
~ **давлению** *(Fest)* Druckwiderstand *m*
~ **давления** *(Aero, Hydrod)* Druckwiderstand *m*
~ **движению** *(Eb)* Bewegungswiderstand *m*
~ **движению экипажа** Fahrzeugwiderstand *m*
~/**демпферное (демпфирующее)** Dämpfungswiderstand *m*
~ **деформации (деформированию)** *(Fest)* Formänderungswiderstand *m*
~/**динамическое** *(Fest)* dynamischer Widerstand *m*
~/**диффузионное** Diffusionswiderstand *m (Halbleiter)*
~/**добавочное [последовательное]** *(El)* Vor[schalt]widerstand *m*
~/**ёмкостное** *(El)* kapazitiver Widerstand *m*
~ **заземления** *(El)* Erd[ungs]widerstand *m*
~ **запирающего слоя** *(Ph)* Sperrschichtwiderstand *m*
~/**запирающее** Sperrwiderstand *m (Halbleiter)*
~ **изгибу** Biegefestigkeit *f*; Biegewiderstand *m*
~ **изгибу при знакопеременной нагрузке** Biegewechselfestigkeit *f (Dauerschwingversuch)*
~ **изгибу при пульсации в знакопостоянных циклах** Biegeschwellfestigkeit *f (Dauerschwingungsversuch)*
~ **изгибу/ударное** Schlagbiegefestigkeit *f*
~ **излому/временное** Biegungsfestigkeit *f*
~ **излому при длительной нагрузке в области пульсации в знакопостоянном цикле** Biegedauerfestigkeit *f* im Schwellbereich *(Dauerschwingungsversuch)*
~ **излучения** *(Rf)* Strahlungswiderstand *m (Antenne)*
~ **изнашиванию (износу)** Verschleißfestigkeit *f*, Verschleißbeständigkeit *f*, Verschleißwiderstand *m*
~ **изоляции** *(El)* Isolationswiderstand *m*
~ **изоляции/объёмное** Durchgangswiderstand *m (Isolation)*
~/**индуктивное** induktiver Widerstand *m*
~ **истиранию** Abriebfestigkeit *f*, Verschleißfestigkeit *f*, Abnutzungsfestigkeit *f*
~/**кажущееся** *s.* ~/**полное**
~ **качению колёс** *(Kfz)* Rollwiderstand *m*
~/**компенсационное** *(Eln)* Kompensationswiderstand *m*
~/**комплексно-сопряжённое** konjugiertkomplexer Widerstand *m*
~/**контактное** *(El)* Kontaktwiderstand *m*, Berührungswiderstand *m*
~ **короткого замыкания** *(El)* Kurzschlußwiderstand *m*

~ **короткого замыкания/полное** Kurzschlußscheinwiderstand *m*, Kurzschlußimpedanz *f*
~ **коррозии** *(Fest)* Korrosionswiderstand *m*, Korrosionsbeständigkeit *f*, Korrosionsfestigkeit *f*; Rostbeständigkeit *f*
~/**критическое** *(El)* kritischer Widerstand *m*, Grenzwiderstand *m*
~/**линейное** *(El)* linearer Widerstand *m*
~/**лобовое** *s.* ~/**аэродинамическое**
~ **локомотива** *(Eb)* Lokomotivwiderstand *m*
~/**магнитное** *(El)* magnetischer Widerstand *m*, Reluktanz *f*
~ **материалов** 1. Festigkeitslehre *f*; 2. Werkstoffestigkeit *f*
~/**металлизированное** *(El)* Metallschichtwiderstand *m*
~/**механическое [полное]** *(El)* mechanischer Scheinwiderstand *m*, mechanische Impedanz *f*
~ **на выходе/полное** *(El)* Ausgangsimpedanz *f*
~ **на глубокой воде** *(Schiff)* Tiefwasserwiderstand *m*
~ **на единицу длины [линии]** *(El)* Widerstand *m* je Längeneinheit, Widerstandsbelag *m*
~ **на мелководье** *(Schiff)* Flachwasserwiderstand *m*
~ **на раздавливание** Brechwiderstand *m* *(Gesteine)*; Druckfestigkeit *f* *(spröde Stoffe)*; Quetschfestigkeit *f*
~ **на разрыв/временное** Zugfestigkeit *f*, [statische] Zerreißfestigkeit *f*
~ **на сдвиг/временное** [statische] Schubfestigkeit *f*
~ **на сжатие/временное** [statische] Druckfestigkeit *f*
~ **на скручивание/временное** [statische] Torsionsfestigkeit *f*, [statische] Verdrehungsfestigkeit *f*
~ **на срез/временное** [statische] Scherfestigkeit *f*, [statische] Abscherfestigkeit *f*
~ **на тихой воде** *(Schiff)* Ruhigwasserwiderstand *m*, Glattwasserwiderstand *m*
~ **на ударный изгиб** *(Fest)* Schlagbiegefestigkeit *f*, Schlagbiegewiderstand *m*
~/**нагревательное** *(El)* Heizwiderstand *m*
~/**нагрузочное** *(El)* Belastungswiderstand *m*; Abschlußwiderstand *m* *(bei Vierpolen)*
~/**нагрузочное полное** Abschlußscheinwiderstand *m*, Abschlußimpedanz *f*
~/**нагрузочное реактивное** Abschlußblindwiderstand *m*, Abschlußreaktanz *f*
~ **надрыву** 1. *(Fest)* Kerbzähigkeit *f*; 2. *(Gum)* Einreißwiderstand *m*
~ **накала** *(Eln)* Heizwiderstand *m*
~ **направляющей поверхности** *(Masch)* Bahnwiderstand *m* *(Führungsbahnen)*
~/**нелинейное** *(El)* nichtlinearer (spannungsabhängiger) Widerstand *m*
~/**непроволочное** *(El)* Nichtdrahtwiderstand *m*, nicht drahtgewickelter Widerstand *m*
~/**номинальное** *(El)* Nennwiderstand *m*
~/**обратное** *(El)* Sperrwiderstand *m*, Widerstand *m* in Sperrichtung
~/**общее** *(El)* Gesamtwiderstand *m*
~/**общее тепловое** Gesamtwärmewiderstand *m*
~ **окислению при высоких температурах** *(Wkst)* Zunderbeständigkeit *f*
~/**оконечное** *(El)* Abschlußwiderstand *m*
~/**омическое** *(El)* ohmscher Widerstand *m*
~/**ослабляющее** *(El)* Schwächungswiderstand *m*
~ **основания** Basiswiderstand *m*
~/**остаточное** Restwiderstand *m*
~/**остеклованное** *(El)* glasierter Widerstand *m*
~ **от кривизны пути** *(El)* Krümmungswiderstand *m*
~ **от подъёма пути** *(Eb)* Steigungswiderstand *m*
~/**отводное** *s.* ~ **утечки**
~ **откачки** Pumpwiderstand *m*
~/**отрицательное** *(El)* negativer Widerstand *m*
~ **отрыву** 1. *(Fest)* Querzugfestigkeit *f* *(Holz quer zur Faser)*; 2. Haftspannung *f*
~/**параллельное** *(El)* Parallelwiderstand *m*, Neben[schluß]widerstand *m*, Shunt *m*
~ **паропровода/гидравлическое** Dampfleitungswiderstand *m*
~ **передачи** Übertragungs[wirk]widerstand *m*
~ **переменного тока** *s.* ~/**полное**
~/**переменное** *(El)* veränderlicher (variabler) Regel[ungs]widerstand *m*
~/**переменное проволочное** Drahtdrehwiderstand *m*, Drahtpotentiometer *n*
~/**переходное** *(Eln)* Übergangswiderstand *m*
~/**плёночное** *(El)* Schichtwiderstand *m*
~ **поверхностного слоя** Oberflächenwiderstand *m*
~ **поверхностного трения** *(Aero, Hydr)* Hautreibungswiderstand *m*, Wandreibungswiderstand *m*
~/**поверхностное** *(El)* Oberflächenwiderstand *m*
~/**повторное полное** *(El)* Ketten[schein]widerstand *m*, Kettenimpedanz *f*
~ **поглощения** *(Ph)* Schluckwiderstand *m*
~/**погонное** *(El)* Widerstand *m* je Längeneinheit, Widerstandsbelag *m*
~/**подстроечное** *(Eln)* Trimmerwiderstand *m*

~ **поезда движению** *(Eb)* Zugwiderstand *m*
~ **покоя** Ruhewiderstand *m*
~/**полезное** *(El)* Nutzwiderstand *m*
~ **ползучести** *(Fest)* Dauerstandfestigkeit *f*, Kriechfestigkeit *f*
~ **ползучести при длительной нагрузке** Zeitstandfestigkeit *f*, Dauerstandfestigkeit *f*
~/**полное** *(El)* Wechselstromwiderstand *m*, [elektrischer] Scheinwiderstand *m*, [elektrische] Impedanz *f*
~/**полное выходное** *(Eln)* Ausgangsimpedanz *f*
~/**полное электрическое** *s.* ~/**полное**
~/**положительное** *(El)* positiver Widerstand *m*
~/**поляризационное** *(El)* Polarisations-[wirk]widerstand *m*
~/**поперечное** *(El)* Transversalwiderstand *m*, Querwiderstand *m*
~ **поперечному изгибу** *(Wkst)* Querfestigkeit *f*
~/**последовательное** *(El)* Reihenwiderstand *m*, Serienwiderstand *m*
~/**постоянное** *(El)* Festwiderstand *m*
~ **постоянному току** *(El)* Gleichstromwiderstand *m*
~ **потерь** *(El)* Verlustwiderstand *m*
~ **потерь/активное** Verlust[wirk]widerstand *m*
~ **потерь/общее** Gesamtverlustwiderstand *m*
~/**предельное** *(Fest)* Bruchfestigkeit *f*, Grenzwiderstand *m*
~ **при длительной нагрузке** *(Fest)* Dauerfestigkeit *f*
~ **при знакопеременной нагрузке** *(Fest)* Wechselfestigkeit *f*
~ **при кручении/угловое** *(Fest)* Drillwiderstand *m*, Torsionswiderstand *m*
~ **при нагрузках растяжением и давлением** *(Fest)* Zug-Druck-Wechselfestigkeit *f*
~ **при постоянной нагрузке/временное** *(Fest)* Dauerfestigkeit *f*
~ **при сдвиге** *(Fest)* Verschiebungswiderstand *m*
~ **при трогании с места** *(Eb)* Anfahrwiderstand *m*
~ **при ударной нагрузке** *(Fest)* Schlagfestigkeit *f*
~ **при усталости** *(Fest)* Ermüdungsfestigkeit *f*
~ **приграничного слоя** *(Eln)* Randschichtwiderstand *m*, Grenzschichtwiderstand *m*
~/**пробивное** Durchbruchwiderstand *m*
~/**проволочное** *(El)* Drahtwiderstand *m*, drahtgewickelter Widerstand *m*
~ **продольному изгибу** *(Fest)* Knickfestigkeit *f*, Knickwiderstand *m*
~/**пропускное** Durchlaßwiderstand *m* *(Halbleiter)*
~ **противосвязи** *(El)* Gegenkopplungswiderstand *m*
~/**прямое** Durchlaßwiderstand *m* *(Halbleiter)*
~/**пусковое** Anlaßwiderstand *m*; Anfahrwiderstand *m*
~ **пути тока** *(El)* Bahnwiderstand *m*
~/**рабочее** *(El)* Arbeitswiderstand *m*
~ **раздавливанию** Druckfestigkeit *f*
~ **раздиранию** Zerreißfestigkeit *f* *(Gummi, Papier)*
~ **раздиранию/начальное** Einreißwiderstand *m*, Einreißfestigkeit *f*, Randfestigkeit *f* *(Papier)*
~ **размягчению при нагреве под давлением** Druckfeuerbeständigkeit *f* *(Feuerfeststoffe)*
~ **разрушению** *(Fest)* Bruchfestigkeit *f*
~ **разрыву [/временное]** Zugfestigkeit *f*, Zerreißfestigkeit *f*
~ **разрыву/действительное** tatsächliche Bruchfestigkeit (Bruchspannung) *f* *(bezogen auf den Einschnürungsquerschnitt)*
~ **разрыву/истинное** *(Fest)* Bruchfestigkeit *f*
~ **расслаиванию** *(Fest)* Trennfestigkeit *f*, Trennwiderstand *m*
~ **растрескиванию** Rißfestigkeit *f*, Rißbeständigkeit *f*
~ **растяжению [/временное]** [statische] Zugfestigkeit *f*, [statische] Zerreißfestigkeit *f*
~ **растяжению при асимметричных циклах** Zugschwellfestigkeit *f*, Zugursprungsfestigkeit *f*
~/**расчётное** rechnerische (rechnerisch ermittelte) Festigkeit *f*
~/**реактивное** *(El)* Blindwiderstand *m*, Reaktanz *f*
~/**реактивное входное** Eingangsblindwiderstand *m*, Eingangsreaktanz *f*
~/**реактивное электрическое** Blindwiderstand *m*
~/**регулируемое** *(El)* Regel[ungs]widerstand *m*, veränderlicher (variabler) Widerstand *m*
~ **резанию** *(Fert)* Schnittwiderstand *m* *(Metallzerspanung)*
~ **резанию/удельное** spezifischer Schnittwiderstand *m*
~ **самолёта/лобовое** *(Flg)* Gesamtwiderstand *m*, Rücktrieb *m* *(mit den Komponenten Form- oder Druckwiderstand und Reibungs- oder Oberflächenwiderstand)*
~ **самолёта/профильное** *(Flg)* Profilwiderstand *m*
~ **связи** *(Rf)* Koppelwiderstand *m*, Kopplungswiderstand *m*

~ **сдвигу [/временное]** *(Fest)* Schubfestigkeit *f*, Scherfestigkeit *f*
~ **сжатию [/временное]** [statische] Druckfestigkeit *f*
~ **скалыванию [/временное]** *(Fest)* Abscherfestigkeit *f*
~ **скольжению** *(Fest)* Gleitwiderstand *m*
~ **скручиванию [/временное]** *(Fest)* Verdrehfestigkeit *f*, Torsionsfestigkeit *f*, Torsionswiderstand *m*
~/**сложное** Festigkeit *f* bei mehreren Belastungsfällen, zusammengesetzte Festigkeit *f*, Festigkeit *f* bei zusammengesetzter Beanspruchung
~/**собственное** *(El)* Eigenwiderstand *m*
~/**согласующее** *(El)* Anpassungswiderstand *m*
~ **срезу [/временное]** *(Fest)* Scherfestigkeit *f*, Abscherfestigkeit *f*; Schnittfestigkeit *f*, Schnittwiderstand *m*
~ **старению** *(Wkst)* Alterungsbeständigkeit *f*, Alterungswiderstand *m*
~/**темновое** *(Eln)* Dunkelwiderstand *m*
~/**тепловое** Wärme[durchgangs]widerstand *m*
~/**тепловое наружное** *(Eln)* äußerer Wärmewiderstand *m*
~ **теплопередачи** Wärmeübergangswiderstand *m*
~ **теплоперехода** Wärmeübergangswiderstand *m*
~/**термическое** Wärme[durchgangs]-widerstand *m*
~/**толстоплёночное** *(Eln)* Dickfilmwiderstand *m*, Dickschichtwiderstand *m*
~/**тонкоплёночное (тонкослойное)** *(Eln)* Dünnfilmwiderstand *m*, Dünnschichtwiderstand *m*
~ **трения** *(Aero, Hydrod)* Reibungswiderstand *m*, Oberflächenwiderstand *m*, Schubwiderstand *m*
~/**тяговое** Zugwiderstand *m*
~ **удару** *(Fest)* Schlagfestigkeit *f*
~/**удельное** spezifischer Widerstand *m*
~/**удельное акустическое** spezifische Schallimpedanz *f*
~/**удельное электрическое** spezifischer elektrischer Widerstand *m*
~/**уравнительное** *(El)* Abgleichwiderstand *m*
~/**успокоительное** *(El)* Beruhigungswiderstand *m*
~/**установочное** Stellwiderstand *m*
~ **утечки** *(El)* Ableit[ungs]widerstand *m*, Leckwiderstand *m*
~ **утечки сетки** Gitterableitwiderstand *m*
~ **формы** Formwiderstand *m*
~ **формы самолёта** *(Flg)* Formwiderstand *m (hier Anteil des Profilwiderstands, bedingt durch Einwirkung von Druckkräften auf das Tragflügelprofil und abhängig von der Profildicke)*
~/**характеристическое** *(Fmt)* Kennwiderstand *m*; *(El)* Wellenwiderstand *m (Leitungstheorie)*
~/**холодное** Kaltwiderstand *m*
~ **холостого хода** *(El)* Leerlaufwiderstand *m*
~ **холостого хода/полное** Leerlaufscheinwiderstand *m*, Leerlaufimpedanz *f*
~/**шумовое** *(Fmt, Rt)* Rauschwiderstand *m*
~/**шунтирующее** *(El)* Neben[schluß]-widerstand *m*, Parallelwiderstand *m*, Shunt *m*
~ **щёток/переходное** *(El)* Bürstenübergangswiderstand *m*
~/**эквивалентное** *(El)* Ersatzwiderstand *m*
~/**электрическое** elektrischer Widerstand *m (Ohm)*
~ **эмиттера/добавочное** Emittervorwiderstand *m (Halbleiter)*
~/**эффективное** *(El)* effektiver (wirksamer) Widerstand *m*

сопротивляемость *f* Widerstandsfähigkeit *f*, Beständigkeit *f (gegen etwas)*
~ **высокой температуре** Wärmefestigkeit *f*, Warmfestigkeit *f*
~ **давлению** Druckbeständigkeit *f*
~ **деформации** Formänderungswiderstand *m*, Verformungswiderstand *m*
~ **износу** Verschleißwiderstand *m*
~ **истиранию** Abriebfestigkeit *f*, Verschleißfestigkeit *f*
~ **коррозии** Korrosionsbeständigkeit *f*; Rostbeständigkeit *f*
~ **при высокой температуре** Wärmefestigkeit *f*, Warmfestigkeit *f*
~ **разрыву** Zugfestigkeit *f*, Zerreißfestigkeit *f*
~ **разъеданию** 1. Korrosionsfestigkeit *f*, Korrosionsbeständigkeit *f*; 2. *(Met)* Futterhaltbarkeit *f*
~ **ржавлению** Rostbeständigkeit *f*
~ **усталости** Dauerwechselfestigkeit *f*, Dauerschwingfestigkeit *f*

сопротивляющийся коррозии korrosionsfest, korrosionsbeständig; rostbeständig
~ **сжатию** druckfest

сопряжение *n* 1. Verbindung *f*, Kopplung *f*, Zusammenfügung *f*; 2. *(Math)* Konjugation *f*; 3. *(Reg)* Verknüpfung *f*; 4. *(Dat)* Interface *n*, Anschlußbedingungen *fpl*, Schnittstelle *f*; Verkettung *f*, Verbindung *f (Programm)*; 5. *s. unter* **соединение**
~ **выработок** *(Bgb)* Streckenkreuzung *f*
~/**зарядовое** *(Kern)* Ladungskonjugation *f*
~/**логическое** logische Verknüpfung *f*
~ **настроек (настройки контуров)** *(Rt)* Abstimmungsgleichlauf *m*, Gleichlaufabgleich *m*

~ настройки контуров по двум точкам диапазона *(Rt)* Zweipunktabstimmungsgleichlauf *m*
сопряжённость *f* **фаз** *(El)* Phasenverkettung *f*
~ чётности *(Math)* Paritätskonjugation *f*
сопряжённый 1. gekoppelt, gekuppelt; 2. konjugiert; zugeordnet; 3. *(Math)* konjugiert, autopolar; 4. *(El)* gekoppelt, verkettet
~/равный *(Math)* äquikonjugiert
сопутствующий zugeordnet, assoziiert
сорбат *m (Ch)* Sorbat *n*, Sorptiv *n*, sorbierter (aufgenommener) Stoff *m*
сорбент *m (Ch)* Sorbens *n*, Sorptionsmittel *n*
сорбирование *n s.* **сорбция**
сорбировать *(Ch)* sorbieren
сорбит *m* 1. *(Met)* Sorbit *m (Gefüge)*; 2. *(Ch)* Sorbit *m (sechswertiger Alkohol)*
~ закалки *(Met)* Abschrecksorbit *m*
~ отпуска *(Met)* Anlaßsorbit *m*
сорбитизация *f (Härt)* Sorbitisieren *n*, Sorbitisierung *f*
сорбитовый *(Met)* sorbitisch *(Gefüge)*
сорбция *f (Ch)* Sorption *f*, Sorbieren *n*
сорвать *s.* **срывать**
соревнование *n* Wettbewerb *m*
сорлинь *m (Schiff)* Sorgleine *f*, Ruderfall *n (Segeljolle)*
сорокавосьмигранник *m s.* **гексоктаэдр**
сорт *m* 1. Klasse *f*, Sorte *f*; 2. *(Wlz)* Formstahl *m*, Profilstahl *m*
~ атома *s.* **нуклид**
~ бумаги по композиции Stoffklasse *f* des Papiers
~/верхний Siebüberlauf *m*, Siebübergang *m*, Überlaufprodukt *n*, Überkorn *n*
~/крупный *(Wlz)* Grobstahl *m*
~/мелкий *(Wlz)* Feinstahl *m*
~/нижний Siebunterlauf *m*, Siebdurchfall *m*, Siebfeines *n*, Unterlaufprodukt *n*, Unterkorn *n*
~ руды Erzsorte *f*
~/средний *(Wlz)* Mittelstahl *m*
сортамент *m* Sortiment *n*, Auswahl *f*
~ проката Walzstahlsortiment *n*
~ прокатки Walzsortiment *n*, Walzprogramm *n*
сортимент *m s.* **сортамент**
сортирование *n s.* **сортировка 1.; 2.**
сортировать klassieren, sortieren, auslesen, verlesen, sichten, scheiden; [aus-]klauben *(Erz)*
~ вручную [aus]klauben *(Erz)*
сортировка *f* 1. Sortieren *n*, Sortierung *f*, Scheidung *f*; Auslesen *n*, Sichten *n*, Sichtung *f*; 2. *(Bgb)* Klassierung *f (Kohle)*; Klauben *n (Erze)*; 3. *(Lw)* Auslesemaschine *f*, Saatgutbereiter *m*; 4. *(Pap)* Sortierer *m (Maschine zur Aufbereitung von Halbstoffen)*; Klassierer *m*, Klassierapparat *m*
~ адресов *(Dat)* Adressensortieren *n*
~/барабанная Sortiertrommel *f*, Trommelsortierer *m*
~ Биффара *(Pap)* Biffar-Sortierer *m*
~ в восходящем потоке воды Klassieren *n* im aufsteigenden Wasserstrom
~ в горизонтальном потоке воды Klassieren *n* im horizontalen Wasserstrom
~ в потоке Stromklassierung *f*
~ вагонов *(Eb)* Wagenumstellung *f*
~/вибрационная *(Pap)* Schüttelsortierer *m*, Vibrationssortierer *m*
~/грубая *s.* **~/предварительная**
~ грузов *(Eb)* Stückgutumladung *f*
~ документов *(Dat)* Belegsortierung *f*
~/мембранная *(Pap)* Membransortierer *m*, Feinschüttler *m*
~/мокрая Naßsortieren *n*; Naßklassieren *n*, Hydroklassierung *f*, Naßsichtung *f*, Naßscheidung *f*
~ перфокарт с помощью щупов *(Dat)* Nadelsortierung *f*
~ по крупности Korngrößenklassierung *f*, Korngrößentrennung *f*
~ по размеру зёрен *(Bgb)* Korngrößentrennung *f (Aufbereitung)*
~/предварительная 1. Vorsortieren *n*; 2. Vorklassieren *n*
~/проточная *(Pap)* Durchflußsichter *m*
~ руды *(Bgb)* Erzscheiden *n*
~/ручная *(Bgb)* Klaubarbeit *f*
~/сухая 1. Trockenscheidung *f*; 2. Trokkenklassierung *f*
~/тонкая Feinsortierung *f*
~ угля Kohlenklassierung *f*
~/центробежная *(Pap)* Zentrifugalsortierer *m*, Schleudersortierer *m*
~/центробежная трёхсекционная *s.* **~ Биффара**
~ щепы *(Pap)* Splittersortierer *m*, Holzsortierer *m*
~ щепы/барабанная Trommelsortierer *m*
~ щепы/плоская Plansortierer *m*
сортность *f* [ausgesuchte] Sorte *f*, Qualität *f*
сортоиспытание *n (Lw)* Sortenprüfung *f*
сосед *m (Kern)* Nachbar *m*, Nachbaratom *n*
соседний по частоте *(Rf, Fs)* frequenzbenachbart
соскабливание *n* Abschabung *f*, Abschaben *n*
соскакивание *n (Schiff)* Dumpen *n (beim Stapellauf)*
соскальзывание *n* Abgleiten *n*; *(Geol)* Abgleitung *f*
сосна *f* Kiefer *f*
сосредоточение *n* Konzentrierung *f*; Zusammenfassung *f*; Zusammenziehung *f*; Ansammlung *f*
~ огня *(Mil)* Feuerzusammenfassung *f*
~ огня/последовательное aufeinanderfolgendes zusammengefaßtes Feuer *n*

сосредоточенный 1. konzentriert, zusammengefaßt, vereinigt; 2. Einzel... *(z. B. Einzelkraft)*
сосредоточивать konzentrieren, zusammenfassen, vereinigen
сосредоточить *s.* **сосредоточивать**
соссюрит *m (Min)* Saussurit *m*
состав *m* 1. Zusammensetzung *f*; Bestand *m*; Masse *f*; 2. *(Mil)* Stärke *f*; 3. *(Eb)* Wagenzug *m*
~/антикоррозийный Rostschutzmittel *n*
~ аппаратуры *(Dat)* Gerätekonfiguration *f*
~ бетона *(Bw)* Betonmischung *f*, Betonrezeptur *f*
~/боевой *(Mil)* Gefechtsstärke *f*
~/большегрузный Großraumzug *m*
~/буксирный *(Schiff)* Schleppzug *m*
~/вещественный stoffliche Zusammensetzung *f*
~/воспламеняющий *(Milflg)* Zündsatz *m (Leuchtbombe)*
~/вскрышной железнодорожный *(Bgb)* Abraumzug *m*
~ горных пород/гранулометрический (гранулярный) *(Geol)* Kornzusammensetzung *f (Gesteine)*
~ горных пород/механический *s.* **~/гранулометрический**
~/гранулометрический Korn[größen]-zusammensetzung *f*, Korn[größen]aufbau *m*, Körnungsaufbau *m*, Körnung *f*, Korngrößenverteilung *f*
~/движущийся *(Eb)* rollender Wagenpark *m*
~ для пропитывания Imprägnierungsmittel *n*
~ для травления Beizmittel *n*, Beizlösung *f*, Beize *f*
~/зажигательный *(Mil)* Brandsatz *m*
~/зерновой *s.* **~/гранулометрический**
~/изгибаемый *(Schiff)* Gelenkverband *m (Schubschiffahrt)*
~ капсюля/ударный Zündpille *f (Zündhütchen der Patrone)*
~/контактный *(Mil)* Kontaktsatz *m (Tretmine)*
~/корабельный *(Schiff)* fahrendes Personal *n*
~/лётно-технический fliegertechnisches Personal *n*
~/лётный fliegendes Personal *n*
~/литологический *(Geol)* Gesteinszusammensetzung *f*, petrografische Zusammensetzung *f*
~/меловальный *(Pap)* Streichmasse *f*, Streichfarbe *f*
~/объёмный volumetrische Zusammensetzung *f*
~/окрасочный Anstrichstoff *m*
~/оптимальный гранулометрический Bestkörnung *f (Pulvermetallurgie)*
~/осветительный *(Mil)* Leuchtsatz *m*
~/откаточный *(Bgb)* Förderzug *m*
~/относительный prozentuale Zusammensetzung *f*
~/плавающий *(Schiff)* fahrendes Personal *n*
~ по волокну *(Pap)* Faserstoffzusammensetzung *f*
~/подвижной *(Eb)* rollendes Material *n*, Schienenfahrzeuge *npl*, Betriebsmittel *npl*, Wagenpark *m*
~ поезда *(Eb)* Wagengruppe *f*
~/поездной *(Eb)* Wagengruppe *f*
~/породный *(Bgb)* Abraumzug *m*
~/порожняковый *(Bgb)* Leerzug *m*
~/пропиточный Imprägnierlösung *f*; Imprägniermasse *f*
~/разделительный *(Plast)* Trennmittel *n*, Haftverminderer *m*
~ смеси Gemischzusammensetzung *f*
~/толкаемый *(Schiff)* Schubverband *m*, Schubeinheit *f*
~/травильный Beizmittel *n*, Beizlösung *f*, Beize *f*; Ätzmittel *n*
~ трассирующий *(Mil)* Leuchtspursatz *m*
~/тяжеловесный Schwerlastzug *m*
~/фракционный *(Erdöl)* Fraktionsbestand *m*
~/химический chemische Zusammensetzung *f*
~ шихты 1. *(Glas)* Gemengezusammensetzung *f*, Gemengesatz *m*; 2. *(Ker)* Versatz *m*; 3. *(Met)* Möllerzusammensetzung *f*, Gemengesatz *m*, Gemenge *n (Hochofen)*; 4. *(Met)* Gichtzusammensetzung *f (Kupolofen)*
~ шлака/химический *(Met)* Schlackenkonstitution *f*, Schlackenzusammensetzung *f*
~/эвтектический *(Met)* eutektische Zusammensetzung (Konzentration) *f*
~/эвтектоидный *(Met)* eutektoide Zusammensetzung (Konzentration) *f*
~/электрический подвижной *(Eb)* elektrische Schienenfahrzeuge *npl*, elektrische Triebfahrzeuge *npl*
~ электролита Elektrolytzusammensetzung *f*
составить *s.* **составлять**
составление *n* 1. Zusammenstellung *f*, Bildung *f*; 2. Ansatz *m*, Ansetzen *n (z. B. eines Gemisches)*; 3. Anfertigung *f*; Abfassung *f*
~ поездов *(Eb)* Zugbildung *f*
~ программы *(Dat)* Programmierung *f*, Programmzusammenstellung *f*
~ шихты *(Glas)* Gemengebereitung *f*; *(Met)* Möllerung *f*, Gattierung *f*
составлять 1. zusammenstellen, zusammensetzen; bilden; 2. anfertigen; abfassen; ausarbeiten
~ план planen, den Plan aufstellen

составляющая *f* Komponente *f*; Bestandteil *m* *(s. a. unter* **слагающая)**
~/**активная** *(El)* Wirkkomponente *f*
~ **анодного тока/переменная** *(El)* Anodenwechselstromkomponente *f*
~ **анодного тока/постоянная** *(El)* Anodengleichstromkomponente *f*
~/**горючая** brennbarer Bestandteil *m*, brennbare Komponente *f*
~ **давления резания/осевая** *(Fert)* Vorschubkraft *f*
~ **движения** Komponente *f* der Bewegung
~ **двойной звезды** *(Astr)* Doppelsternkomponente *f*
~ **деформации** Formänderungskomponente *f*
~/**летучая** flüchtiger Bestandteil *m*, Flüchtiges *n*
~/**мнимая** *s.* ~/**реактивная**
~ **напряжения** *(El)* Spannungskomponente *f*, Spannungsanteil *m*
~ **напряжения/постоянная** Gleichspannungskomponente *f*
~/**нормальная** *(El)* Normalkomponente *f*
~/**нулевая** *(El)* Nullkomponente *f*
~ **нулевой последовательности** *s.* ~/**нулевая**
~/**основная структурная** *(Met)* Gefügegrundmasse *f*
~/**переменная** *(El)* Wechselkomponente *f*
~ **переменного тока** *(El)* Wechselstromkomponente *f*
~/**плоская** *(Astr)* Population I *f* *(der Galaxis)*
~ **погрешности/систематическая** systematischer Beitrag (Anteil) *m* eines Fehlers
~ **погрешности/случайная** zufälliger Beitrag (Anteil) *m* eines Fehlers
~ **полного тока** *(El)* Durchflutungskomponente *f*
~ **поля** *(El)* Feldkomponente *f*
~/**поперечная** *(El)* Querkomponente *f*
~/**постоянная** *(El)* Gleichkomponente *f*
~/**продольная** *(El)* Längskomponente *f*
~/**промежуточная** *(Astr)* Zwischenpopulation *f*, Population *f* der galaktischen Scheibe
~/**реактивная** *(El)* Blindkomponente *f*, Blindanteil *m*
~ **ряда Фурье** Fourier-Komponente *f*, harmonische Komponente *f*, Harmonische *f*
~ **силы** Kraftkomponente *f*, Teilkraft *f*
~ **силы спускового веса** *(Schiff)* Komponente *f* der Ablaufmasse
~ **скорости системы/обобщённая** *(Mech)* verallgemeinerte Geschwindigkeitskomponente (Geschwindigkeitskoordinate) *f*
~ **спектра** Spektralkomponente *f*
~ **сплава** *(Met)* Legierungsbestandteil *m*, Legierungspartner *m*
~ **структуры** *(Met)* Gefügebestandteil *m*
~/**сферическая** *(Astr)* Population II *f*, Kernpopulation *f* *(der Galaxis)*
~ **тока** *(El)* Stromkomponente *f*, Stromanteil *m*
~ **тока/активная** Wirkstromkomponente *f*
~ **тока/переменная** Wechselstromkomponente *f*
~ **тока/реактивная** Blindstromkomponente *f*
~/**фазная симметрическая** *(El)* Phasensequenzkomponente *f*
~ **Фурье** *s.* ~ **ряда Фурье**
~ **шихты** *(Met)* Gattierungsbestandteil *m*; Möllerbestandteil *m*
~/**шумовая** Rauschkomponente *f*, Rauschanteil *m*

составной 1. zusammengesetzt, mehrteilig; 2. zusammensetzbar, kuppel ...; 3. gebaut *(Träger, Kurbelwelle)*

состояние *n* 1. Zustand *m*, Beschaffenheit *f*, Stand *m*; 2. Vermögen *n* • **в состоянии выделения (образования)** in statu nascendi • **в состоянии покоя** ruhend, in Ruhe, bewegungslos
~/**аварийное** Havariezustand *m*
~/**агрегатное** *(Ph)* Aggregatzustand *m*
~/**аморфное** *(Ph)* amorpher Zustand *m*
~/**анизотропное агрегатное** *(Ph)* anisotroper Aggregatzustand *m*
~/**антисимметрическое** *(Ph)* antisymmetrischer Zustand *m* *(Quantentheorie; Symmetrierungsprinzip)*
~ **атома** *(Kern)* Energiezustand *m* des Atoms, Atomzustand *m*
~ **атома/возбуждённое** Anregungszustand *m* des Atoms
~ **атома/метастабильное** metastabiler Zustand *m* des Atoms
~ **атомного ядра/метастабильное** *(Kern)* metastabiler Zustand *m* des Kerns
~ **бывшей новой** *(Astr)* Postnovazustand *m*
~ **в момент выделения** *(Ch)* naszierender Zustand *m*, Status *m* nascendi
~/**валентное** *(Ch)* Valenzzustand *m*
~/**взвешенное** *s.* ~/**псевдоожиженное**
~/**включённое** *(El)* Einschaltzustand *m*
~/**возбуждённое** *(Ph)* angeregter Zustand *m*, Anregungszustand *m*
~/**воздушно-сухое** lufttrockener Zustand *m*
~/**возмущённое** *(Reg)* Störverhalten *n*
~/**выключенное** *(El)* Ausschaltzustand *m*
~ **вырождения** entarteter Zustand *m*
~ **вычислительной машины** *(Dat)* Maschinenzustand *m*
~/**газообразное [агрегатное]** gasförmiger Zustand *m*
~/**гибридное** *(Ch)* Hybridorbital *n*, hybridisierter Valenzzustand *m*
~ **готовности** *(Dat)* Bereitzustand *m*

~/**двухосное напряжённое** *(Fest)* zweiachsiger Spannungszustand *m*
~/**длительное** Dauerzustand *m*
~/**дублетное спиновое** Dublettzustand *m* *(Atomspektrum)*
~/**жидкое [агрегатное]** flüssiger Zustand *m*
~/**жидкокристаллическое** liquokristalliner (mesomorpher) Zustand *m*
~ **задачи** *(Dat)* Problemstand *m* *(Betriebssystem)*
~/**запрещённое** *(Ph)* verbotener Zustand *m*
~ **заряда** Ladezustand *m* *(Verbrennungsmotor)*
~/**изотропное агрегатное** *(Ph)* isotroper Aggregatzustand *m*
~/**изоэлектрическое** *s.* **точка/изоэлектрическая**
~ **инерции** *(Mech)* Beharrungszustand *m*
~/**информационное** Informationszustand *m*
~/**ионизированное** Ionisierungszustand *m*, Ionisationszustand *m*
~/**исходное** Anfangszustand *m*
~ **канала** *(Dat)* Kanalzustand *m*, Kanalstatus *m*
~/**капельно-жидкое** Tropfzustand *m*
~/**квазистационарное** *(Ph)* quasistationärer Zustand *m*, Compoundzustand *m*, Zwischenzustand *m*, Resonanzniveau *n*
~ **кипящего слоя** *s.* ~/**псевдоожиженное**
~/**кипящее** *s.* ~/**псевдоожиженное**
~ **коммутации** *(El)* Schaltzustand *m*
~/**конечное** Endzustand *m*
~/**кратковременное** kurzzeitiger Zustand *m*
~/**кристаллическое** kristalliner Zustand *m*
~/**критическое** kritischer Zustand *m*
~/**линейное напряжённое** *(Fest)* einachsiger (linearer) Spannungszustand *m*
~/**литое** Gußzustand *m*
~/**мезоморфное** mesomorpher (liquokristalliner) Zustand *m*
~/**метастабильное** *(Therm)* metastabiler Zustand *m* *(eines Systems)*
~/**напряжённое** *(Fest)* Spannungszustand *m*
~/**начальное** Anfangszustand *m*
~ **невесомости** Zustand *m* der Schwerelosigkeit
~/**нейтронное** *(Kern)* Neutronenzustand *m*
~/**нерабочее** Ruhezustand *m*
~/**неравновесное** Nichtgleichgewichtszustand *m*
~/**неравновесное термодинамическое** thermodynamischer Nichtgleichgewichtszustand (Ausgleichzustand) *m*
~/**неустойчивое [агрегатное]** unstabiler (labiler) Zustand *m*
~/**одноосное напряжённое** *(Fest)* einachsiger (linearer) Spannungszustand *m*
~/**однородное** homogener Zustand *m*
~/**одночастичное** *(Kern)* Einteilchenzustand *m*
~ **ожидания** *(Dat)* Wartezustand *m*
~/**особое** *(Dat)* Ausnahme *f*
~/**переходное** Übergangszustand *m*
~/**пластическое** bildsamer (plastischer) Zustand *m*
~/**плоское напряжённое** *(Fest)* ebener (zweiachsiger) Spannungszustand *m*
~ **погоды** *(Meteo)* Wetterlage *f*, Wetterverhältnisse *npl*
~ **погоды/общее** Großwetterlage *f*
~ **покоя** *(Aero)* Kesselzustand *m*, Ruhezustand *m* *(eines homogenen Gases im Kessel bei Strömungsgeschwindigkeit $c = 0$)*
~ **поставки** Lieferungszustand *m*, Anlieferungszustand *m*
~/**предельное** Grenzzustand *m*
~ **программы** *(Dat)* Programmstatus *m*
~/**пространственное напряжённое** *(Fest)* räumlicher (dreiachsiger) Spannungszustand *m*
~ **процессора** *(Dat)* Verarbeitungszustand *m*
~/**псевдоожиженное** fließender (fluidisierter, scheinflüssiger, flüssigkeitsähnlicher) Zustand *m*, Fließzustand *m* *(Wirbelschichttechnik)*
~/**рабочее** Arbeitszustand *m*, Betriebszustand *m*
~/**равновесное** *(Therm)* Gleichgewichtszustand *m*
~ **развития** Entwicklungsstand *m*
~ **связи** Bindungszustand *m*
~/**симметричное** *(Ph)* symmetrischer Zustand *m* *(Symmetrisierungsprinzip; Quantentheorie)*
~/**сингулетное** *(Kern)* Singulettzustand *m*
~/**сингулетное спинное** Singulettspinzustand *m*
~ **системы** *(Ph)* Zustand *m* *(augenblicklicher Bewegungszustand eines physikalischen Systems)*
~ **системы/возбуждённое** *(Ph)* angeregter Zustand *m* *(eines quantenmechanischen Systems)*
~ **системы/квантовое [энергетическое]** *(Ph)* Quantenzustand *m*, quantenmechanischer Zustand *m*
~ **системы/макроскопическое** *(Ph)* Makrozustand *m* *(Maxwell-Boltzmann-Statistik)*
~ **системы/микроскопическое** Mikrozustand *m* *(Maxwell-Boltzmann-Statistik)*
~ **системы/несвободное** *(Ph)* gebundener Zustand *m*
~ **системы/основное** *(Ph)* Grundzustand *m*

~ **системы/стационарное** *(Ph)* stationärer Zustand *m*
~/**скрытое** latenter Zustand *m*
~/**стабильное** stabiler Zustand *m*
~/**стационарное** *(Ph)* Beharrungszustand *m*
~ **«супервизор»** *(Dat)* Supervisorzustand *m (Betriebssystem)*
~/**твёрдое [агрегатное]** *(Ph)* fester Zustand *m*
~/**термодинамическое** thermodynamischer Zustand *m*
~/**трёхосное напряжённое** *(Fest)* räumlicher (dreiachsiger) Spannungszustand *m*
~/**триплетное** *(Kern)* Triplettzustand *m (Atomspektrum)*
~/**турбулентное** Turbulenzzustand *m*, turbulenter Zustand *m*
~/**упругое напряжённое** *(Fest)* elastischer Spannungszustand *m*
~/**установившееся** eingeschwungener (stationärer, stetiger) Zustand *m*, Beharrungszustand *m*
~ **устройства** *(Dat)* Gerätestatus *m*, Gerätezustand *m (Betriebssystem)*
~/**фазовое** Phasenzustand *m*
~/**эксплуатационное** Betriebszustand *m*
~ **элементарных частиц/резонансное** *(Kern)* Resonanzteilchen *npl*, Resonanzen *fpl*
~/**энергетическое** Energiezustand *m (eines Elektrons)*
~ **ядра/возбуждённое** *(Kern)* angeregter Kernzustand *m*
состояния *npl*/**соответственные** *(Ph)* übereinstimmende (korrespondierende) Zustände *mpl*
сосуд *m* Behälter *m*, Gefäß *n*; Kessel *m*, Tank *m*
~/**аккумуляторный** *(El)* Akku[mulator]-gefäß *n*
~/**бадьевой подъёмный** *(Bgb)* Förderkübel *m*
~/**бродильный** Gärbehälter *m*, Gärgefäß *n*
~/**вакуумный** Vakuumgefäß *n*
~ **водяного отопления/расширительный** Ausdehnungsgefäß *n (Warmwasserheizung)*
~ **высокого давления** Druckgefäß *n*, Druckbehälter *m*
~/**двустенный** Doppelwand[ungs]gefäß *n*
~/**дождемерный** Regenmeßgefäß *n*
~ **Дьюара** Dewar-Gefäß *n*, Weinhold-Gefäß *n*
~/**засыпной** *(Gieß)* Schüttbehälter *m*, Schüttgefäß *n (Maskenformverfahren)*
~/**клетевой подъёмный** *(Bgb)* Fördergestell *n*, Förderkorb *m*
~/**кристаллизационный** Kristallisierungsgefäß *n*
~/**мерный** Meßgefäß *n*; Meßzylinder *m*, Mensur *f*
~/**напорный** Druckgefäß *n*, Hochbehälter *m*
~/**опрокидывающийся** *(Bgb)* Kippgefäß *n*
~/**откаточный** *(Bgb)* Fördergefäß *n (Streckenförderung)*
~/**отстойный** 1. *(Ch)* Dekantiergefäß *n*; 2. *(Pap)* Klärbütte *f*
~/**перегонный** *(Ch)* Destilliergefäß *n*
~/**плавильный** Schmelzgefäß *n*; Schmelztiegel *m*
~/**поглотительный** *(Ch)* Absorptionsgefäß *n*
~/**подъёмный** *(Bgb)* Fördergefäß *n*, Skip *m (Schachtförderung)*
~ **реактора** *(Kern)* Reaktorbehälter *m*, Reaktorkessel *m*, Reaktorgefäß *n*; Reaktordruckgefäß *n*
~/**реакционный** *(Ch)* Reaktionsgefäß *n*, Reaktionsbehälter *m*
~ **с открывающимся днищем/подъёмный** *(Bgb)* Fördergefäß *n* mit Bodenentleerung
~ **трансформатора/расширительный** *(El)* Ölausdehnungsgefäß *n*, Ölausgleichgefäß *n*, Ölkonservator *m*
~/**уравнительный** *(Ch)* Niveaugefäß *n*, Ausgleich[s]gefäß *n*
сосун *m* Sauger *m*, Saugdüse *f*; Saugrohr *n*, Saugrohrmündung *f (Saugbagger)*
~/**плоский** Plansauger *m*
сотообразный 1. wabenartig; 2. *(Met)* blasig, löcherig *(Oberfläche des Gußblocks)*
сотопласт *m (Bw)* kunstharzgetränkte Wabenbauplatte *f*; Wabenkernplatte *f*
сотрясать 1. rütteln, schütteln; 2. erschüttern
сотрясение *n* Erschütterung *f*; Vibration *f*
соударение *n* Zusammenstoß *m*, Stoß *m*, Aufprall *m (s. a. unter* **столкновение***)*
~/**неупругое** *(Kern)* unelastischer Zusammenstoß (Stoß) *m*
~/**упругое** *(Kern)* elastischer Zusammenstoß (Stoß) *m*
софит *m* 1. *(Arch)* Soffitte *f*; 2. Soffittenlampe *f*
сохранение *n* 1. Erhaltung *f*; Beibehaltung *f*; 2. Verwahrung *f*, Aufbewahrung *f*, Aufbewahren *n*; 3. Haltbarmachung *f*, Konservierung *f*
~ **заряда** *(El)* Erhaltung *f* der [elektrischen] Ladung
~ **количества движения** *(Mech)* Erhaltung *f* der Bewegungsgröße, Erhaltung *f* des Impulses
~ **размеров** Maßbeständigkeit *f (Meßzeug)*
~ **чётности** *(Ph)* Paritätserhaltung *f*
~ **электрического заряда** *(El)* Erhaltung *f* der elektrischen Ladung
~ **энергии** Erhaltung *f* der Energie

сохранить *s.* **сохранять**
сохранять 1. einhalten, wahren; 2. erhalten, beibehalten, aufrechterhalten; 3. aufbewahren, verwahren; 4. konservieren, haltbar machen
сочетание *n* 1. Verbindung *f*, Vereinigung *f*; 2. *(Math)* Kombination *f*; 3. Gelenk *n*, Gelenkverbindung *f*; 4. Kupplung *f* *(von Azofarbstoffen)*
~ без повторения *(Math)* Kombination *f* ohne Wiederholung
~ с повторением *(Math)* Kombination *f* mit Wiederholung
~/щелочное *(Ch)* alkalische Kupplung *f*, Kupplung *f* in alkalischem Medium
сочетать[ся] kuppeln *(Azofarbstoffe)*
сочленение *n* 1. Verbindung *f*, Kupplung *f*; 2. Gelenk *n*, Gelenkstück *n*
~/бортовое Randverbindung *f*
~/вилкообразное Gabelgelenk *n*
~/карданное Kardangelenk *n*
~/сферическое Kugelgelenk *n*
сочность *f* **изображения** *(Typ)* Brillanz *f* des Druckes
сошка *f*/**рулевая** *(Kfz)* Lenkstockhebel *m*
сошник *m* 1. *(Lw)* Drillschar *n* *(Sämaschine)*; 2. *(Mil)* Sporn *m* *(Geschützlafette)*
~/американский *s.* **~ с острым углом вхождения/анкерный**
~/анкерный *Oberbegriff für* Schleppschar *n bzw.* Hackenschar *n*
~/двухдисковый Zweischeibendrillschar *n*
~/дисковый Scheibendrillschar *n*
~/европейский *s.* **~/килевидный**
~/килевидный Stiefelschar *n*, Steppenschar *n*
~ лафеты *(Mil)* Erdsporn *m*
~/однодисковый Einscheibendrillschar *n*
~/полозовидный Säbelschar *n*
~/русско-американский *s.* **~ с тупым углом вхождения/анкерный**
~ с острым углом вхождения/анкерный Hackenschar *n* *(Schar mit sehr spitzem Bodeneintrittswinkel der Schneide)*
~ с тупым углом вхождения/анкерный Schleppschar *n* *(Schar mit weniger spitzem Bodeneintrittswinkel der Schneide)*
~/якорный *s.* **~/анкерный**
союзка *f* *(Led)* Vorderblatt *n*, Blatt *n* *(Schuh)*
СП *s.* **программа/стандартная**
спад *m* Abfall *m*, Abnahme *f*, Absenkung *f*, Senkung *f* *(s. a. unter* **спадание***)*
~ активности *(Kern)* Aktivitätsabfall *m*, Aktivitätsabnahme *f*
~/магнитный *(El)* magnetischer Schwund *m*
~ напряжения *(El)* Spannungsabfall *m*
~ по гиперболе *(Kern)* hyperbolischer Abfall *m*
~ потенциала *(El)* Potentialabfall *m*
~ радиоактивности *(Kern)* Abklingen *n* der Aktivität
~ температуры Temperaturabnahme *f*, Temperatur[ab]fall *m*
~ частотной характеристики при воспроизведении *(Ak)* Wiedergabeverluste *mpl*
~ частотной характеристики при записи *(Ak)* Aufzeichnungsverluste *mpl*
~ яркости Helligkeitsabfall *m*
спадание *n* Absinken *n*, Abfallen *n*, Fallen *n*; Abklingen *n* *(Aktivität)* *(s. a. unter* **спад***)*
~ импульса Impulsabfall *m*
~/монотонное *(Kern)* monotoner Abfall *m*
спадать fallen, sinken, abnehmen; nachlassen
спаивать zusammenlöten
спай *m* 1. Lötstelle *f*; 2. *(Gieß)* Kaltschweiße *f*, Ungänze *f* *(Fehler im Gußstück)*
~/горячий heiße (warme) Lötstelle *f*, Heißlötstelle *f*, Hauptlötstelle *f*
~/рабочий heiße Lötstelle *f* *(am Thermoelement)*
~ с керамикой Keramiklötung *f*
~ со стеклом Anglasung *f*
~ термопары Thermoelementlötstelle *f*
~/холодный kalte Lötstelle *f*, Kaltlötstelle *f*, Nebenlötstelle *f*
спайка *f* 1. Lötung *f*; 2. Lötstelle *f* *(s. a. unter* **спай***)*; 3. Spleißung *f*, Spleißen *n* *(Verbinden der Kabeladern)*; 4. Spleißstelle *f*, Verbindungsstelle *f* *(eines Kabels)*
~/разветвительная Abzweigspleißstelle *f*
~/соединительная Verbindungsspleißstelle *f*
спайность *f* 1. Spaltbrüchigkeit *f*, Spaltrissigkeit *f*; 2. *(Krist, Min)* Spaltbarkeit *f*
~/весьма несовершенная *(Krist, Min)* undeutliche Spaltbarkeit *f* *(z. B. Korund, Gold, Platin)*
~/весьма совершенная *(Krist, Min)* höchstvollkommene Spaltbarkeit *f* *(z. B. Glimmer)*
~/несовершенная *(Min, Krist)* deutliche Spaltbarkeit *f* *(z. B. Quarz, Apatit, gediegener Schwefel)*
~ по второму пинакоиду/весьма совершенная höchstvollkommene Spaltbarkeit *f* nach dem zweiten Pinakoid *(Gipskristalle)*
~ по одному направлению *(Min)* monotone Spaltbarkeit *f*, Spaltbarkeit *f* in nur einer Richtung
~ по первому пинакоиду/несовершенная deutliche Spaltbarkeit *f* nach dem ersten Pinakoid *(Gipskristalle)*
~ по пирамиде/средняя gute Spaltbarkeit *f* nach der Pyramide

~/**совершенная** *(Krist, Min)* vollkommene Spaltbarkeit *f (z. B. Bleiglanz, Kochsalz)*
~/**средняя** *(Min, Krist)* gute Spaltbarkeit *f (z. B. Hornblende, Feldspat)*
спарагмиты *mpl (Geol)* Sparagmite *mpl*
спарение *n s.* **спаривание**
спаривание *n* Kopplung *f*, Kupplung *f*, Verbindung *f*; Paarbildung *f*
~ **грузовых шкентелей** *(Schiff)* Kopplung *f* der Ladeläufer
~ **спинов** *(Kern)* Spinpaarung *f*
~ **стрелок** *(Eb)* Kuppeln *n* der Weichen
~ **строк** *(Fs)* Paarigkeit (Paarung) *f* der Zeilen
спаривать kuppeln, verbinden, zusammenfassen
спарить *s.* **спаривать**
спарка *f* Schulflugzeug *n*
спасание *n* Rettung *f*
спасатель *m* Bergungsschiff *n*, Seenotrettungsschiff *n*
~/**морской** Hochseebergungsschiff *n*
спасательный Rettungs . . .
спасть *s.* **спадать**
спаять *s.* **спаивать**
СПГТ *s.* **генератор газа/свободнопоршневой**
спейсистор *m (Eln)* Spacistor *m*, Transistortetrode *f*
спек *m* Agglomeratkuchen *m*, Sinter *m*
спекаемость *f (Met)* Sinterfähigkeit *f*, Agglomerierfähigkeit *f (Erz)*; Sinterfähigkeit *f (Pulvermetallurgie)*
~ **угля** Backfähigkeit *f (Kohle)*
спекание *n* 1. Backen *n*, Zusammenbacken *n*; Agglomerieren *n*, Agglomeration *f*; 2. *(Met)* Sintern *n*, Zusammensintern *n*, Sinterung *f*, Sinterbrennen *n*; 3. Fritten *n*, Zusammenfritten *n*, Anfritten *n (Feuerfeststoffe)*; 4. Klinkerbildung *f*; 5. Verschlackung *f*
~/**активированное** aktiviertes Sintern *n (Pulvermetallurgie)*
~ **в присутствии жидкой фазы** Sintern *n* mit flüssiger Phase, Flüssigphasensintern *n*, Flüssigphasensinterung *f (Pulvermetallurgie)*
~/**вакуумное** Vakuumsintern *n*, Vakuumsinterung *f (Pulvermetallurgie)*
~/**вихревое** *(Plast)* Wirbelsintern *n (Beschichtungsverfahren)*
~ **во взвешенном состоянии** Schwebesintern *n*, Schwebesinterung *f*
~ **во вращающихся печах** Drehofensintern *n*, Drehofensinterung *f*
~/**жидкофазное** nasse Sinterung *f*, Flüssigphasensintern *n*, Sintern *n* mit flüssiger Phase, Flüssigphasensinterung *f (Pulvermetallurgie)*
~ **изделий** Teilesintern *n (Pulvermetallurgie)*
~/**искровое** *s.* ~/**электроразрядное**
~/**кратковременное** Kurzzeitsintern *n*, Kurzzeitsinterung *f (Pulvermetallurgie)*
~ **методом просасывания** Saugzugsintern *n*, Saugzugsinterung *f*
~/**многократное** Mehrfachsintern *n*, Mehrfachsinterung *f (Pulvermetallurgie)*
~ **на ленточной машине** Bandsintern *n*, Bandsinterung *f*
~ **непосредственным пропусканием тока через спекаемый материал** Direktsintern *n*, Direktsinterung *f (Pulvermetallurgie)*
~/**непрерывное** kontinuierliches Sintern *n (Pulvermetallurgie)*
~ **под давлением** Drucksintern *n*, Drucksinterung *f (Pulvermetallurgie)*
~/**предварительное** Vorsintern *n*, Vorsinterung *f (Pulvermetallurgie)*
~ **при высокой температуре** Hochsintern *n*, Hochsinterung *f (Pulvermetallurgie)*
~/**пульсирующее** Pendelsintern *n*, Pendelsinterung *f (Pulvermetallurgie)*
~/**реакционное** Reaktionssintern *n*, Reaktionssinterung *f (Pulvermetallurgie)*
~ **свободно насыпанных порошков** Sintern *n* von Pulver im Füllstand *(Pulvermetallurgie)*
~/**твердофазное** trockene Sinterung *f*, Sintern *n* ohne flüssige Phase
~/**циклическое** diskontinuierliches Sintern *n (Pulvermetallurgie)*
~/**электроразрядное** Funkensintern *n*, Sintern *n* durch Elektrofunken, Funkensinterung *f (Pulvermetallurgie)*
спекаться 1. [zusammen]backen; agglomerieren; 2. *(Met)* [zusammen]sintern; 3. fritten, anfritten, zusammenfritten *(Feuerfeststoffe)*; 4. verschlacken
~/**плотно** dichtsintern
спектр *m* 1. *(Ph, Astr, Kern, Opt)* Spektrum *n*; 2. *(Math)* Spektrum *n (Eigenwertproblem, Hilbert-Raum)*
~/**абсорбционный** *(Ph)* Absorptionsspektrum *n*
~/**акустический** *(Ak)* akustisches Spektrum *n*, Schallspektrum *n*
~ **альфа-излучения** *(Kern)* Alpha-Spektrum *n*
~ **альфа-лучей** *(Kern)* Alpha-Spektrum *n*
~/**атомный** *(Kern)* Atomspektrum *n*
~/**аэродинамический** *(Aero)* Strömungsbild *n (Gase)*
~ **бета-излучения** *(Kern)* Beta-Spektrum *n*
~ **бета-лучей** *(Kern)* Beta-Spektrum *n*
~/**видимый** sichtbares Spektrum *n*
~ **водорода** *(Kern)* Wasserstoffspektrum *n*
~ **волн[ения]** *(Schiff)* Wellenspektrum *n*, Seegangsspektrum *n*

~/**вращательный** *(Kern)* [reines] Rotationsspektrum *n* *(Spektrum zwei- und mehratomiger Moleküle)*
~ **вспышки** *(Astr)* Flashspektrum *n*
~/**вторичный** *(Foto)* sekundäres Spektrum *n* *(Apochromat)*
~ **вторичных электронов** Sekundärelektronenspektrum *n*
~ **газа** Gasspektrum *n*
~ **газовых туманностей** *(Astr)* Gasnebelspektrum *n*
~ **гамма-излучения** *(Kern)* Gamma-Spektrum *n*
~ **гамма-лучей** *(Kern)* Gamma-Spektrum *n*
~ **двухатомных молекул** *(Kern)* Spektrum *n* zweiatomiger Moleküle
~/**двухэлектронный атомный** *(Kern)* Zweielektronenspektrum *n*
~/**дискретный** *(Ph)* diskretes Spektrum *n*
~/**дисперсионный** *(Ph)* Dispersionsspektrum *n*
~/**дифракционный** *(Opt)* Beugungsspektrum *n*
~/**диффузно-искровой** *(Astr)* diffuses Funkenspektrum *n* *(Eruptionsveränderliche)*
~/**диффузный** *(Opt)* Diffusionsspektrum *n*
~/**диффузный молекулярный** diffuses Molekülspektrum *n*
~/**дублетный** *(Kern)* Dublettspektrum *n*
~/**дуговой** *(Kern)* Bogenspektrum *n*
~/**звёздный** *(Astr)* Sternspektrum *n*
~ **звука** *(Ak)* akustisches Spektrum *n*, Schallspektrum *n*, Tonspektrum *n*
~ **звука/линейчатый** Klangspektrum *n*
~ **излучения** *(Kern)* Emissionsspektrum *n*, Strahlungsspektrum *n*
~ **излучения/дискретный [энергетический]** diskretes Strahlungsenergiespektrum *n*
~ **излучения/непрерывный [энергетический]** kontinuierliches Strahlungsenergiespektrum *n*
~ **излучения/энергетический** Strahlungsenergiespektrum *n*
~/**импульсный** Impulsspektrum *n*
~ **импульсов/амплитудный** Impulshöhenspektrum *n*
~/**инверсионный** Inversionsspektrum *n*, Umkehrspektrum *n*
~ **информации** Informationsspektrum *n*, Nachrichtenspektrum *n*
~ **инфракрасного поглощения** *(Kern)* Infrarot-Absorptionsspektrum *n*
~/**инфракрасный** *(Kern)* Infrarotspektrum *n*, Ultrarotspektrum *n*
~/**инфракрасный вращательный** Infrarot-Rotationsspektrum *n*
~/**искровой** *(Kern)* Funkenspektrum *n*
~ **испускания** *(Ph)* Emissionsspektrum *n*
~ **испускания/атомный** Emissionsatomspektrum *n*
~ **испускания/молекулярный** Emissionsmolekülspektrum *n*
~ **испускания/рентгеновский** Röntgenemissionsspektrum *n*
~/**колебательно-вращательный** *(Kern)* Rotationsschwingungsspektrum *n* *(Spektrum zwei- und mehratomiger Moleküle)*
~/**колебательный** *s.* ~/**колебательно-вращательный**
~ **комбинационного рассеяния света** *(Kern)* Raman-Spektrum *n*
~ **комбинационного рассеяния света/вращательный** *(Kern)* Rotations-Raman-Spektrum *n*
~ **конверсионных электронов** *(Kern)* Konversionselektronenspektrum *n*
~/**линейный** Linienspektrum *n*
~/**линейный частотный** Linienfrequenzspektrum *n*
~/**линейчатый** *(Ph)* Linienspektrum *n*
~ **масс** Massenspektrum *n*
~/**мессбауэровский** *(Kern)* Mößbauer-Spektrum *n*
~/**микроволновый** Mikrowellenspektrum *n*
~ **многоатомных молекул** *(Kern)* Spektrum *n* mehratomiger Moleküle
~/**модулирующий шумовой** Modulationsrauschspektrum *n*
~/**молекулярный** *(Kern)* Molekülspektrum *n*
~/**нейтронный** *(Kern)* Neutronenspektrum *n*
~/**непрерывный** *(Ph)* kontinuierliches Spektrum *n*, Kontinuum *n*
~/**непрерывный молекулярный** kontinuierliches Molekülspektrum *n*
~/**непрерывный рентгеновский** kontinuierliches Röntgenspektrum *n*
~/**одноэлектронный атомный** *(Kern)* Einelektronenspektrum *n*
~ **оператора** *(Math)* Spektrum *n* des Operators
~ **оператора/дискретный** *s.* ~/**точечный**
~ **оператора/непрерывный** *(Math)* kontinuierliches Spektrum *n*, Streckenspektrum *n*
~/**оптический** *(Ph)* Lichtspektrum *n*, sichtbares (optisches) Spektrum *n*
~ **планетарных туманностей** *(Astr)* planetarisches Nebelspektrum *n*
~ **поглощения** *(Ph)* Absorptionsspektrum *n*
~ **поглощения/атомный** *(Kern)* Absorptionsatomspektrum *n*
~ **поглощения/молекулярный** *(Kern)* Absorptionsmolekülspektrum *n*
~ **поглощения/рентгеновский** *(Kern)* Röntgenabsorptionsspektrum *n*

~ **поглощения/сплошной** *(Ph)* kontinuierliches Absorptionsspektrum *n*
~/**полосатый** *(Ph)* Bandenspektrum *n*
~/**полосатый молекулярный** *(Kern)* Molekülbandenspektrum *n*
~/**предельный** *(Math)* Grenzspektrum *n*
~/**призменный** *(Ph)* Prismenspektrum *n*
~/**простой** *(Math)* einfaches Spektrum *n*
~/**простой непрерывный** einfaches Streckenspektrum *n*
~ **протонов отдачи** *(Kern)* Rückstoßprotonenspektrum *n*
~ **протонов/энергетический** *(Kern)* Protonenenergiespektrum *n*
~/**равноэнергетический** *(Ph)* energiegleiches Spektrum *n*
~ **радиочастот** Funkfrequenzspektrum *n*
~/**разностный** Differenzspektrum *n*
~/**разрешённый** erlaubtes Spektrum *n*
~ **Рамана** *(Kern)* Raman-Spektrum *n*
~/**рамановский** *(Kern)* Raman-Spektrum *n*
~ **резонансного поглощения** *(Kern)* Mößbauer-Spektrum *n*
~/**резонансный** *(Kern)* Resonanzspektrum *n*
~/**рентгеновский** *(Kern)* Röntgenspektrum *n*
~/**ротационный** *(Kern)* Rotationsspektrum *n*
~ **самосопряжённого оператора** *(Math)* Spektrum *n* des selbstadjungierten Operators
~ **светимости ночного неба** *(Astr)* Nachthimmelslichtspektrum *n*
~/**световой** Lichtspektrum *n*
~/**сериальный (серийный)** *(Ph)* Serienspektrum *n*
~ **симметричного оператора** *(Math)* Spektrum *n* des symmetrischen Operators
~ **скоростей** *(Kern)* Geschwindigkeitsspektrum *n (Zerlegung nach der Geschwindigkeit eines Strahls geladener Teilchen)*
~/**смешанный** *(Math)* gemischtes Spektrum *n*
~ **собственных значений** *(Math)* Eigenwertspektrum *n*
~ **собственных частот** *(Mech)* Eigenfrequenzspektrum *n (Schwingungen elastischer Systeme)*
~ **совпадений** *(Kern)* Koinzidenzspektrum *n*
~ **солнечной короны** *(Astr)* Koronaspektrum *n (Sonne)*
~/**солнечный** *(Astr)* Sonnenspektrum *n*
~ **солнечных пятен** *(Astr)* Sonnenfleckenspektrum *n*, Fleckenspektrum *n*
~ **Солнца** *(Astr)* Sonnenspektrum *n*
~/**сплошной** *(Ph)* kontinuierliches Spektrum *n*, Kontinuum *n*
~ **тормозного излучения** *(Kern)* Brems[strahlungs]spektrum *n*
~/**точечный** *(Math)* Punktspektrum *n*, diskretes Spektrum *n*
~ **туманностей** *(Astr)* Nebelspektrum *n*
~/**ультрафиолетовый** *(Kern)* Ultraviolettspektrum *n*
~/**фазовый** *(Kern)* Phasenspektrum *n (Phasenverteilung der Teilchen)*
~ **фона** *(Eln)* Brummspektrum *n*
~ **фотоэлектронов** *(Kern)* Fotoelektronenspektrum *n*
~/**характеристический** charakteristisches Spektrum *n*
~/**характеристический рентгеновский** *(Kern)* charakteristisches Röntgenspektrum *n*
~ **частиц** *(Kern)* Teilchenspektrum *n*
~ **частот** Frequenzspektrum *n*
~/**частотный** Frequenzspektrum *n*
~/**чисто вращательный** *(Kern)* [reines] Rotationsspektrum *n*
~/**чисто непрерывный** *(Math)* reines Streckenspektrum *n*
~/**чисто точечный** *(Math)* reines Punktspektrum *n*
~/**широкополосный** Breitbandspektrum *n*
~ **шума** Rauschspektrum *n*
~/**шумовой** Rauschspektrum *n*
~/**электромагнитный** elektromagnetisches Spektrum *n*
~ **электронного парамагнитного резонанса** elektronenparamagnetisches Resonanzspektrum *n*, EPR-Spektrum *n*, ESR-Spektrum *n*
~/**электронно-колебательно-вращательный** *(Kern)* Elektronenspektrum *n (Spektren zwei- und mehratomiger Moleküle)*
~/**электронный** *s.* ~/**электронно-колебательно-вращательный**
~/**эмиссионный** Emissionsspektrum *n*
~/**энергетический** *(Kern)* Energiespektrum *n (Energieverteilung der Teilchen)*
~ **ЭПР** *s.* ~ **электронного парамагнитного резонанса**
~ **ядер отдачи** *(Kern)* Rückstoßspektrum *n*
~ **ядерного магнитного резонанса** kernmagnetisches Resonanzspektrum *n*, magnetisches Kernresonanzspektrum *n*, NMR-Spektrum *n*
~ **ЯМР** *s.* ~ **ядерного магнитного резонанса**
спектроболограф *m (Astr)* Spektrobolograf *m*
спектроболометр *m (Astr)* Spektrobolometer *n*
спектрогелиограмма *f (Astr)* Spektroheliogramm *n*
спектрогелиограф *m (Astr)* Spektroheliograf *m*

спектрогелиоскоп *m (Astr)* Spektrohelioskop *n*
спектрограмма *f* Spektrogramm *n*, Spektralaufnahme *f*, Spektralaufzeichnung *f*
спектрограф *m* Spektrograf *m*
~/**автоколлимационный** Autokollimationsspektrograf *m*
~/**астигматический** astigmatischer Spektrograf *m*
~/**бесщелевой** spaltenloser Spektrograf *m*
~/**вакуумный** Vakuumspektrograf *m*
~/**вакуумный дифракционный** Vakuumgitterspektrograf *m*
~/**дифракционный** Gitterspektrograf *m*, Beugungsspektrograf *m*
~ **для наблюдения ядерного квадрупольного резонанса** Kernquadrupolresonanzspektrogaf *m*
~ **для наблюдения ядерного магнитного резонанса** Kernresonanzspektrograf *m*
~/**звёздный** Sternspektrograf *m*, Astrospektrograf *m*
~/**интерференционный** Interferenzspektrograf *m*
~/**кварцевый** Quarzspektrograf *m*
~ **косового падения** Gitterspektrograf *m* für schrägeinfallendes Strahlenbündel
~/**линзовый** Linsenspektrograf *m*
~/**небулярный** *(Astr)* Nebelspektrograf *m*
~ **по времени пролёта** *(Kern)* Geschwindigkeitsspektrograf *m*
~/**призменный** Prismenspektrograf *m*
~/**рентгеновский** Röntgenspektrograf *m*
~ **с вогнутой дифракционной решёткой** Konkavgitterspektrograf *m*
~ **с двойным резонансом** Doppelresonanzspektrograf *m*
~ **с дифракционной решёткой** Beugungsspektrograf *m*
~ **с решёткой штрихов** Strichgitterspektrograf *m (Röntgentechnik)*
~/**стеклянный трёхпризменный** Dreiglasprismenspektrograf *m*
~/**трёхпризменный** Dreiprismenspektrograf *m*
~/**ультрафиолетовый** Ultraviolettspektrograf *m*, UV-Spektrograf *m*
~/**щелевой** Spaltspektrograf *m*
спектрография *f (Ph, Opt, Kern)* Spektrografie *f*
спектроденсограф *m (Opt)* Spektrodensometer *n (halbautomatisches Spektrofotometer)*
спектрокомпаратор *m (Opt)* Spektrokomparator *m*
спектрометр *m (Ph, Opt, Kern)* Spektrometer *n*
~ **Аббе** Abbe-Spektrometer *n*
~/**адсорбционный** Adsorptionsspektrometer *n*
~ **Брэгга** Braggsches Spektrometer (Röntgenspektrometer) *n*
~/**вакуумный** Vakuumspektrometer *n*, Vakuumspektroskop *n*
~ **для бета-лучей** Beta-Spektrometer *n*
~/**звуковой** *(Ak)* Tonfrequenzspektrometer *n*
~/**импульсный прямопролётный** Impulslaufzeitspektrometer *n*
~/**инфракрасный** Infrarotspektrometer *n*, IR-Spektrometer *n*
~/**кристаллический** Kristallspektrometer *n*
~/**кристаллический дифракционный** Gamma-Kristallspektrometer *n (Gamma-Spektrometrie)*
~/**линзовый** Linsenspektrometer *n*
~/**магнитный** Magnetspektrometer *n*
~/**многоканальный** Vielkanalspektrometer *n*, Mehrkanalspektrometer *n*
~/**многолучевой** Vielstrahlspektrometer *n*
~/**нейтронный** Neutronenspektrometer *n*
~/**нейтронный кристаллический** Kristallspektrometer *n*, Neutronenkristalldetektor *m (Neutronenspektrometrie)*
~ **нейтронов/механический** Chopperspektrometer *n*
~/**однолучевой** Einstrahlspektrometer *n*
~/**парный** Paarspektrometer *n*
~ **по времени пролёта** *s.* ~/**скоростной**
~/**полупроводниковый** Halbleiterspektrometer *n (z. B. Gamma-Spektrometer mit Li-gedrifteten Germaniumdetektoren)*
~/**призменный** Prismenspektrometer *n*
~/**растровый** Rasterspektrometer *n*
~/**скоростной** Flugzeitspektrometer *n*, Laufzeitspektrometer *n*
~/**сцинтилляционный** Szintillationsspektrometer *n*
~/**частотный** Frequenzspektrometer *n*
спектрометрия *f* Spektrometrie *f*
~/**атомная** Atomspektrometrie *f*
~/**вакуумная** Vakuumspektrometrie *f*
~/**инфракрасная** Infrarotspektrometrie *f*, IR-Spektrometrie *f*
~/**люминесцентная** Lumineszenzspektrometrie *f*
~/**нейтронная** Neutronenspektrometrie *f*
~/**ультрафиолетовая** Ultraviolettspektrometrie *f*, UV-Spektrometrie *f*
спектропроектор *m (Opt)* Spektroprojektor *m*
спектросенситограмма *f (Foto)* Spektrosensitogramm *n*
спектросенситометр *m (Foto)* Spektrosensitometer *n*
спектросенситометрия *f (Foto)* Spektralsensitometrie *f*
спектроскоп *m (Opt, Kern)* Spektroskop *n*
~/**автоколлимационный** [Pulfrichsches] Autokollimationsspektroskop *n*
~/**вакуумный** Vakuumspektroskop *n*, Vakuumspektrometer *n*

~/**дифракционный** Gitterspektroskop *n*, Gitterspektralapparat *m*
~/**интерференционный** Interferenzspektroskop *n*
спектроскопия *f (Ph, Opt, Kern)* Spektroskopie *f*, Spektrometrie *f*
~/**абсорбционная** Absorptionsspektroskopie *f*
~/**абсорбционная рентгеновская** Absorptionsröntgenspektroskopie *f*
~/**атомно-абсорбционная** Absorptionsatomspektroskopie *f*
~ **излучений** Emissionsspektroskopie *f*
~/**инфракрасная** Infrarotspektroskopie *f*, IR-Spektroskopie *f*, Ultrarotspektroskopie *f*
~ **комбинационного рассеяния света** Raman-Spektroskopie *f*
~/**магнитная** magnetische Spektroskopie *f*
~/**магнитная резонансная** paramagnetische Resonanzspektroskopie *f*, Elektronenspinresonanz *f*, PR, ESR
~/**мессбауэровская** Mößbauer-Spektroskopie *f*
~/**микроволновая** Mikrowellenspektroskopie *f*
~/**молекулярная** Molekülspektroskopie *f*
~/**нейтронная** Neutronenspektroskopie *f*
~/**пламенная** Flammenspektroskopie *f*
~/**радиочастотная** *s.* **радиоспектроскопия**
~/**рентгеновская** Röntgenspektroskopie *f*, Röntgenspektrometrie *f*
~/**ультрафиолетовая** Ultraviolettspektroskopie *f*
~/**флуоресцентная** Fluoreszenzspektroskopie *f*
~/**эмиссионная** Emissionsspektroskopie *f*
~/**эмиссионная рентгеновская** Emissionsröntgenspektroskopie *f*
~/**ядерная** Kernspektroskopie *f*
~/**ядерная гамма-резонансная** Mößbauer-Spektroskopie *f*
спектрофотометр *m* Spektralfotometer *n*, Spektrofotometer *n*
~/**автоматически регистрирующий** automatisch registrierendes Spektralfotometer *n*
~/**атомно-абсорбционный** Atomabsorptionspektrofotometer *n*
~/**визуальный** visuelles Spektralfotometer *n*
~/**двухлучевой** Zweistrahlspektralfotometer *n*
~/**двухчастотный** Zweifrequenzspektralfotometer *n*
~/**дифференциальный** Differentialspektrofotometer *n*
~/**инфракрасный** Ultrarotspektrofotometer *n*
~/**однолучевой** Einstrahlspektralfotometer *n*, Spektralfotometer *n* ohne Vergleichsstrahlengang
~/**подводный** Unterwasserspektrofotometer *n*
спектрофотометрия *f (Opt)* Spektralfotometrie *f*, Spektrofotometrie *f*
~/**абсорбционная** Absorptionsspektrofotometrie *f*
~/**отражательная** Reflexionsspektrofotometrie *f*
~/**эмиссионная** Emissionsspektrofotometrie *f*
спелость *f (Lw, Forst)* Reife *f*
~/**восковая** *s.* ~ **зерна/жёлтая**
~ **зерна/жёлтая** Gelbreife *f*
~ **зерна/молочная** Milchreife *f*, Grünreife *f*
~ **зерна/молочно-восковая** Milchwachsreife *f*, Siloreife *f*
~ **зерна/полная** Vollreife *f*
~ **леса** *(Forst)* Reife *f*, Schlagbarkeitsalter *n*
~ **леса/возобновительная** Verjüngungsreife *f*
~ **леса/естественная** natürliche Reife *f* *(Höchstalter eines Baumbestandes, bei dem sein Absterben beginnt; z. B. nach 120 Jahren bei Birken)*
~ **леса/количественная** Quantitätsreife *f*
~ **леса/техническая** technische Reife *f*, Haubarkeitsalter *n*
~ **льна/жёлтая** Gelbreife *f* *(Leinsamen)*
~ **льна/зелёная** Grünreife *f* *(Leinsamen)*
~ **льна/полная** Vollreife *f* *(Leinsamen)*
~ **почвы** Bodengare *f*, Gare *f*
~ **растений/биологическая** biologische (physiologische) Reife *f*
~ **растений/естественная** *s.* ~ **растений/биологическая**
~ **растений/хозяйственная** wirtschaftliche (erntefähige) Reife *f*
~/**съёмная** Pflückreife *f*, Baumreife *f*
~/**твёрдая** *s.* ~ **зерна/полная**
~/**техническая** Eßreife *f*, Genußreife *f*, Vollreife *f* *(Obst)*
спелый 1. reif, erntefähig *(Getreide)*; 2. gar *(Boden)*
~ **к рубке** *(Forst)* hiebsreif, haubar, schlagbar
спель *f (Met)* Garschaum *m*
сперрилит *m (Min)* Sperrylith *m*
спессартин *m (Min)* Spessartin *m (braunroter Granat)*
спессартит *m (Geol)* Spessartit *m*, Plagioklas-Amphibol-Lamprophyr *m*
спецификатор *m (Dat)* Bezeichner *m*, Spezifikationssymbol *n*
спецификация *f* 1. Spezifizierung *f*; 2. Aufstellung *f*; Stückliste *f*; Auszug *m*; 3. *(Dat)* Spezifikationssymbol *n*; Vereinbarung *f*; 4. *(Schiff)* Baubeschreibung *f*

~ адресов *(Dat)* Adressenangabe *f*
~ длины *(Dat)* Längenangabe *f*, Längenvereinbarung *f*
~ длины/неявная implizite Längenangabe *f*
~ неявной длины implizite Längenangabe *f*
~ формата *s.* **~ длины**
~ шаблоном *(Dat)* Abbildungsspezifikation *f*
спецовка *f s.* **спецодежда**
спецодежда *f* 1. Berufskleidung *f*, Arbeitskleidung *f*, Arbeitsanzug *m*; 2. *(Bgb)* Bergkleid *n*
спечься *s.* **спекаться**
спидометр *m* Geschwindigkeitsmesser *m*, Tachometer *n*
спилит *m (Geol)* Spilit *m*
спилок *m (Led)* Spalt *m*, Spaltleder *n*
~/бахтармяный Fleischspalt *m*
~/лицевой Narbenspalt *m*
~/мездряной *s.* **~/бахтармяный**
~/подкладочный Futterspalt *m*
спин *m (Kern)* 1. Spin *m*; 2. Eigendrehimpuls *m*, Spinmoment *n*
~/изобарический (изотопический) isobarer (isotoper) Spin *m*, Isobarenspin *m*, Isotopenspin *m*, Isospin *m*
~ нуклеона Nukleon[en]spin *m*
~ электрона Elektronenspin *m*
~/электронный Elektronenspin *m*
~/энергетический Energiespin *m*
~/ядерный Kernspin *m*
~ ядра Kernspin *m*
спинакер *m (Schiff)* Spinnaker *m (Vorwindsegel auf Jachten)*
спинакер-гик *m* Spinnaker-Baum *m (Segeljacht)*
спинка *f* 1. Rücken *m*, Rückenteil *n*; 2. Lehne *f*
~ зуба *(Masch)* Zahnrücken *m (Zahnrad)*
~ клина *(Masch)* Keilrücken *m*
~ лопасти Schaufelrücken *m*, Schaufelrückseite *f (Wasserturbine)*
~ ножа Messerrücken *m (Schneidwerk)*
спиннакер *m s.* **спинакер**
спинор *m (Math)* Spinor *m*
спинтарископ *m (Ph)* Spinthariskop *n*
спирализация *f* Wendelung *f*
~/вторичная (двойная) Doppelwendelung *f*
спирализовать wendeln
спираль *f* 1. *(Math)* Spirale *f*; 2. Spirale *f*, Wendel *f (z. B. Leuchtfaden, Bohrer)*; 3. Spirale *f (Kunstflugfigur)*; 4. *(Astr)* Spirale *f*, Spiralnebel *m*
~ Архимедова Archimedische Spirale *f*
~/бифилярная Bifilarwendel *f*, Kehrwendel *f*
~/бифилярная двойная Doppelkehrwendel *f*
~/вольфрамовая Wolframwendel *f*
~ Гамеля *(Math)* Hamelsche Spirale *f*, Hamel-Spirale *f*
~/гиперболическая hyperbolische Spirale *f*
~/дважды спирализованная *s.* **~/двойная**
~/двойная (двухходовая) Doppelwendel *f*
~ дислокаций *(Krist)* Versetzungsspirale *f*, Versetzungsschraube *f*
~/зигзагообразная Zickzackwendel *f*
~/калильная Glühwendel *f*
~ Корню *(Math)* Cornusche Spirale *f*, Cornu-Spirale *f*
~/логарифмическая *(Math)* logarithmische Spirale *f*
~/нагревательная Heizwendel *f*, Heizspirale *f*
~/одинарная (однократная) Einfachwendel *f*
~/опорная Tragwendel *f*, Stützwendel *f*
~/параболическая parabolische Spirale *f*
~/перевёрнутая *(Flg)* Rückenspirale *f*
~/пересечённая *(Astr)* Balkenspirale *f (Spiralnebeltyp)*
~/пластмассовая *(Typ)* Plastspirale *f*
~/плоская 1. Flachwendel *f*; 2. ebene Spirale *f*
~/проволочная Drahtwendel *f*
~/простая *s.* **~/одинарная**
~/пространственная Raumspirale *f*
~ Роже *(Math)* Rogetsche Spirale *f*, Roget-Spirale *f*
~ роста *(Krist)* Wachstumsspirale *f*
~/ферритовая Ferritwendel *f*
~/электронагревательная *s.* **~/нагревательная**
спиральный 1. spiralförmig, Spiral...; 2. Spiral..., wendelförmig, Wendel... *(in Form einer Schraubenlinie verlaufend)*
спирометр *m (Med)* Spirometer *n*, Atmungsmesser *m*
спиросоединение *n (Ch)* Spiroverbindung *f*, Spiran *n*
спирт *m (Ch)* Spiritus *m*, Sprit *m (industriell erzeugtes Äthanol)*; Alkohol *m*
~/абсолютный absoluter (reiner) Alkohol *m*
~/алифатический aliphatischer (kettenförmiger) Alkohol *m*
~/амиловый Amylalkohol *m*, Pentanol *n*
~/аминоэтиловый Aminoäthylalkohol *m*, Aminoäthanol *n*, Äthanolamin *n*
~/анисовый Anisalkohol *m*
~/ароматический aromatischer Alkohol *m*
~/ароматического ряда aromatischer Alkohol *m*
~/бензиловый Benzylalkohol *m*
~/борниловый Bornylalkohol *m*, Borneol *n*
~/виниловый Vinylalkohol *m*

~/**винный** Weingeist *m*, Weinspiritus *m*
~/**водный** verdünnter Alkohol *m*
~/**восковой** Wachsalkohol *m*
~/**вторичный** sekundärer Alkohol *m*
~/**высший** höherer (höhermolekularer) Alkohol *m*
~/**высший твёрдый** Wachsalkohol *m*
~/**гептиловый** Heptylalkohol *m*, Heptanol *n*
~/**двухатомный** zweiwertiger Alkohol *m*, Glykol *n*, Diol *n*
~/**денатурированный** vergällter (denaturierter) Spiritus *m*
~/**древесный** Holzspiritus *m*, Holzgeist *m*, Holzalkohol *m* *(rohes Methanol)*
~/**жирный** Fettalkohol *m*
~/**изоамиловый** Isoamylalkohol *m*
~/**изобутиловый** Isobutylalkohol *m*, 2-Methyl-1-propanol *n*
~/**изопропиловый** Isopropylalkohol *m*, 2-Propanol *n*
~/**камфарный (камфорный)** Kampferspiritus *m*
~/**коньячный** Weinbrand *m*
~/**кукурузный** Maisgeist *m*
~/**куминовый** Kuminalkohol *m*
~/**лавандовый** Lavendelspiritus *m*
~/**метиловый** Methylalkohol *m*, Methanol *n*
~/**многоатомный** mehrwertiger Alkohol *m*, Polyalkohol *m*, Polyol *n*
~/**муравьиный** Ameisenspiritus *m*, Ameisengeist *m*
~/**мыльный** Seifenspiritus *m*
~, **насыщенный хлористым водородом** alkoholische Salzsäure *f*
~/**нашатырный** Salmiakgeist *m*
~/**ненасыщенный (непредельный)** ungesättigter Alkohol *m*
~/**низший** niederer Alkohol *m*
~/**нониловый** Nonylalkohol *m*
~/**нормальный** *s.* ~/**первичный**
~/**одноатомный** einwertiger Alkohol *m*
~/**октиловый** Oktylalkohol *m*
~/**очищенный** gereinigter Spiritus *m*, Sprit *m*
~/**первичный** primärer Alkohol *m*
~ **поздней гонки** Spätbrand *m* *(beim Brennen von Fruchtsaftalkohol)*
~/**поливиниловый** Polyvinylalkohol *m*
~/**предельный** Grenzalkohol *m*
~/**прессованный** Hartbrennstoff *m*
~/**пропаргиловый** Propargylalkohol *m*
~/**пятиатомный** fünfwertiger Alkohol *m*, Pentit *m*
~/**разбавленный** verdünnter Alkohol *m*
~/**ректифицированный** rektifizierter Spiritus *m*
~ **сивушных масел** Fuselölalkohol *m*
~/**слабоградусный** alkoholarmer Spiritus *m*
~/**стандартный** Normalspiritus *m*
~/**сульфитный** Sulfitsprit *m*, Sulfitspiritus *m*
~/**сухой** *s.* ~/**твёрдый**
~/**сырой** Rohspiritus *m*, Rohsprit *m*
~/**твёрдый** Hartspiritus *m*; Trockenspiritus *m*
~/**терпеновый** Terpenalkohol *m*
~/**терпентинный** Terpentingeist *m*
~/**тиоэтиловый** Äthylthioalkohol *m*, Äthanthiol *n*
~/**третичный** tertiärer Alkohol *m*
~/**третичный амиловый** tertiärer Amylalkohol *m*
~/**трёхатомный** dreiwertiger Alkohol *m*
~/**тритерпеновый** Triterpenalkohol *m*
~/**фенилизопропиловый** Phenylisopropylalkohol *m*
~/**фур[фур]иловый** Furfuryl-(2)-alkohol *m*, Furfuralkohol *m*
~/**хлебный** Getreidespiritus *m*, Kornbranntwein *m*
~/**цериловый** Zerylalkohol *m*
~/**цетиловый** Zetylalkohol *m*, Zetanol *n*
~/**четырёхатомный** vierwertiger Alkohol *m*, Tetrit *m*
~/**чистый** reiner Alkohol *m*
~/**шестиатомный** sechswertiger Alkohol *m*, Hexit *m*
~/**этиловый** Äthylalkohol *m*, Äthanol *n*
спиртной spirituos, Spiritus . . ., Sprit . . .; alkoholisch, Alkohol . . .
спиртование *n* Alkoholisierung *f*, Zusatz *m* von Alkohol *(bei der Weinbereitung)*
спиртовать alkoholisieren
спиртовка *f* Spiritusbrenner *m* *(Laborgerät)*; Spirituslampe *f* *(Laborgerät)*
спиртокислота *f* *(Ch)* Alkoholsäure *f*
спиртомер *m* Alkoholometer *n*
спиртометр *m* Alkoholometer *n*
спиртометрия *f* Alkoholometrie *f*
спирторастворимый spirituslöslich, spritlöslich; alkohollöslich
спирт-ректификат *m* *(Ch)* rektifizierter Spiritus (Sprit) *m*, Feinsprit *m*, Primasprit *m*
~ **высшей очистки** Extrafeinsprit *m*
~/**этиловый** rektifizierter Äthylalkohol *m*
спирт-сырец *m* Rohspiritus *m*, Rohsprit *m*
список *m* Verzeichnis *n*, Liste *f*
~ **адресов** *(Dat)* Adreßliste *f*
~ **граничных пар** *(Dat)* Grenzenliste *f*, Indexgrenzenliste *f* *(ALGOL)*
~ **иллюстраций** *(Typ)* Abbildungsverzeichnis *n*
~ **имён** *(Dat)* Symbolverzeichnis *n*
~ **ошибок** *(Dat)* Fehlerprotokoll *n*
~ **перекрёстных ссылок** *(Dat)* Symbolnachweisliste *f*
~ **устройств** *(Dat)* Gerätetabelle *f*
~ **цикла** *(Dat)* Laufliste *f*
~ **экстентов** *(Dat)* Bereichsliste *f*

спица *f* Speiche *f*, Radspeiche *f* *(Fahrzeug- und Maschinenräder, Riemenscheiben)*
~/**вязальная** Stricknadel *f*
~/**литая** *(Kfz)* Stahlgußspeiche *f* *(Stahlgußspeichenrad)*
~/**проволочная** *(Kfz)* Drahtspeiche *f* *(Drahtspeichenrad)*
~ **рулевого колеса** *(Kfz)* Lenkradspeiche *f*
~/**тангентная** *s.* ~/**проволочная**
СПК *s.* **судно на подводных крыльях**
сплав *m* 1. *(Met)* Legierung *f*, Metallegierung *f*, Schmelze *f*; 2. *(Forst)* Flößen *n*, Flößerei *f*, Flößung *f*, Durchflößung *f*, Holztrift *f* *(s. a. unter* **лесосплав***)*; 3. *(Brau)* Schwimmgerste *f*, Abschöpfgerste *f*
~/**алюминиевый** Aluminiumlegierung *f*, Legierung *f* auf Aluminiumbasis
~/**алюминиевый деформируемый** Aluminiumknetlegierung *f*
~/**алюминиевый литейный** Aluminiumgußlegierung *f*
~ **алюминия/спечённый** Sinteraluminiumlegierung *f* *(Pulvermetallurgie)*
~/**антикоррозионный** korrosionsfeste (korrosionsbeständige) Legierung *f*
~/**антифрикционный** Lagermetall *n*, Gleitlagermetall *n*
~/**белый [антифрикционный]** Weißguß *m*, Weißmetall *n*, Lagerweißmetall *n*
~/**бериллиевый** Berylliumlegierung *f*
~/**бинарный** Zweistofflegierung *f*, binäre Legierung *f*
~/**благородный** Edelmetallegierung *f*
~ **в копелях** Flößung *f* in Bünden
~ **в плотах** Flößung *f* in Triften
~ **видия** Sinterhartmetall *n*
~/**вторичный** Umschmelzlegierung *f*, Sekundärlegierung *f*, Altmetallegierung *f*
~ **вторичных металлов** Umschmelzlegierung *f*, Sekundärlegierung *f*, Altmetalllegierung *f*
~ **Вуда** Woodsches Metall *n*, Woods Legierung *f*
~ **высокого электросопротивления** Widerstandslegierung *f*
~/**высоколегированный** hochprozentige Legierung *f* *(über 10 % Legierungsbestandteile)*
~/**высокоплавкий** hochschmelzende Legierung *f*
~/**высокопрочный** hochfeste Legierung *f*
~/**Гейслеров** Heuslersche Legierung *f*
~/**двойной** Zweistofflegierung *f*, binäre Legierung *f*
~/**двухкомпонентный** Zweistofflegierung *f*, binäre Legierung *f*
~ **двукратного переплава** Legierung *f* zweiter Schmelze (Schmelzung)
~/**деформируемый** Knetlegierung *f*
~/**дисперсионно-твердеющий** Ausscheidungslegierung *f*, selbstaushärtende (selbstaushärtbare) Legierung *f*
~ **для литья под давлением** Druckgußlegierung *f*
~ **для литья под давлением/алюминиевый** Aluminium-Druckgußlegierung *f*
~ **для модифицирования** Impflegierung *f*
~ **для нагревательных элементов** Legierung *f* für elektische Heizwiderstände, Heizleiterlegierung *f*
~/**доэвтектический** untereutektische Legierung *f*
~ **едкого натрия** Ätznatronschmelze *f*
~/**жаростойкий** hitzebeständige Legierung *f*
~/**жароупорный** hitzebeständige Legierung *f*
~/**жароустойчивый** hitzebeständige Legierung *f*
~/**железный** Eisenlegierung *f*
~/**железоникелевый** Eisen-Nickel-Legierung *f*
~/**железоникелехромовый** Eisen-Nickel-Chrom-Legierung *f*
~/**железоуглеродистый** Eisen-Kohlenstoff-Legierung *f*
~/**жидкий** flüssige Schmelze *f*
~ **замещения** Substitutionslegierung *f*
~/**заэвтектический** übereutektische Legierung *f*
~/**кадмиевый** Kadmiumlegierung *f*
~/**кальциевый** Kalziumlegierung *f*
~/**квазибинарный** quasibinäre Legierung *f*
~/**кислотоупорный** säurebeständige (säurefeste) Legierung *f*
~/**кобальтовый** Kobaltlegierung *f*
~/**коррозионно-устойчивый** korrosionsbeständige Legierung *f*
~/**лёгкий** Leichtmetallegierung *f*
~ **лёгких металлов** Leichtmetallegierung *f*
~/**легкоплавкий** niedrigschmelzende (leichtschmelzbare, leichtschmelzende) Legierung *f*
~ **леса** Holzflößerei *f*
~/**линотипный** *(Typ)* Zeilensetzmetall *n*, Linotypemetall *n*
~ **Липовица** Lipowitz-Legierung *f*, Lipowitz-Metall *n*
~/**литейный** Gußlegierung *f*
~/**литой** Gußlegierung *f*
~/**литой твёрдый** gegossenes Hartmetall *n*
~/**магниево-алюминиевый** Aluminium-Magnesium-Legierung *f*
~/**магниевый** Magnesiumlegierung *f*
~/**магниевый деформируемый** Magnesiumknetlegierung *f*
~/**магниевый литейный** Magnesiumgußlegierung *f*

~/**магнитный** magnetische Legierung *f*, Legierung *f* mit besonderen magnetischen Eigenschaften
~/**магнитомягкий** weichmagnetische Legierung *f*
~/**магнитотвёрдый** hartmagnetische Legierung *f*
~/**марганцевый** Manganlegierung *f*
~/**медноникелевый** Kupfer-Nickel-Legierung *f*
~/**медный** Kupferlegierung *f*
~/**металлический** Metallegierung *f*
~/**металлокерамический** metallkeramische Legierung *f*, Sintermetall *n*, gesinterte Legierung *f*
~/**металлокерамический твёрдый** Sinterhartmetall *n*, gesintertes Hartmetall *n*
~/**многокомпонентный** *s.* **~/сложный**
~/**молевой** Einzelstammflößerei *f*, Windholzflößerei *f*, Lastflößerei *f*
~/**монотипный** *(Typ)* Schriftmetall *n* für Einzelbuchstabensetzmaschine
~ **на основе алюминия** Aluminiumlegierung *f*, Legierung *f* auf Aluminiumbasis
~ **на основе магния** Magnesiumlegierung *f*, Legierung *f* auf Magnesiumbasis
~ **на основе меди** Kupferlegierung *f*, Legierung *f* auf Kupferbasis
~/**нестареющий** nicht aushärtbare Legierung *f*
~/**низколегированный** niedrigprozentige Legierung *f* *(unter 2,5 % Legierungsbestandteile)*
~/**низкоплавкий** niedrigprozentige Legierung *f* *(unter 2,5 % Zuschläge zum Grundmetall)*
~/**никелевый** Nickellegierung *f*
~/**никелемедный** Nickel-Kupfer-Legierung *f*
~/**оловянный** Zinnlegierung *f*
~/**первичный** Hüttenlegierung *f*, Primärlegierung *f*, Rohlegierung *f*, Erstlegierung *f*
~/**платиновый** Platinlegierung *f*
~/**подшипниковый** Lagermetall *n*, Lagermetallegierung *f*, Lagerlegierung *f*
~/**присадочный** Zusatzlegierung *f*, Zugabelegierung *f*
~/**промежуточный** Vorlegierung *f*
~/**раскисляющий** Desoxydationslegierung *f*
~/**реостатный** Widerstandslegierung *f*
~ **Розе** Rose[sche]s Metall *n*, Legierung *f* nach Rose
~ **россыпью** *s.* **~/молевой**
~/**ртутный** Quecksilberlegierung *f* *(Amalgam)*
~ **с высокой температурой плавления** Legierung *f* mit hohem Schmelzpunkt, hochschmelzende (schwerschmelzende) Legierung *f*
~ **с малым коэффициентом термического расширения** Legierung *f* mit geringem Wärmeausdehnungskoeffizienten
~ **с низкой температурой плавления** Legierung *f* mit niedrigem Schmelzpunkt, niedrigschmelzende (leichtschmelzende) Legierung *f*
~/**сверхлёгкий** überleichte (superleichte) Legierung *f*
~/**сверхтвёрдый** superharte Legierung *f*
~/**свинцово-оловянный** Blei-Zinn-Legierung *f*
~/**свинцовый** Bleilegierung *f*
~/**словолитный** *(Typ)* Komplettschriftmetall *n*, Handsatzschriftmetall *n*
~/**сложный** komplexe Legierung *f*, Mehrstofflegierung *f*
~/**среднелегированный** mittelprozentige Legierung *f* *(mit 2,5 bis 10 % Zuschlägen zum Grundmetall)*
~/**сурьмяносвинцовый** Blei-Antimon-Legierung *f*, Hartblei *n*
~/**твёрдый** 1. Hartlegierung *f*, Hartmetall *n*; 2. Hartmetall *n* *(Kurzbezeichnung für metallkeramische Legierungen)*
~/**твёрдый спекаемый** Sinterhartmetall *n*, gesinterte metallkeramische Legierung *f*
~/**твёрдый сплавляемый** schmelzbares Hartmetall *n*, Hartmetall *n* ohne keramische Bestandteile
~/**теплопроводный** wärmeleitende Legierung *f*
~/**термоэлектродный** Legierung *f* für Thermoelemente
~/**типографский** *(Typ)* Schriftmetall *n*
~/**титановый** Titanlegierung *f*
~/**трёхкомпонентный (тройной)** Dreistofflegierung *f*, Dreikomponentenlegierung *f*, ternäre Legierung *f*
~/**тугоплавкий** hochschmelzende (schwerschmelzbare, schwerschmelzende) Legierung *f*
~ **тяжёлого металла** Schwermetallegierung *f*
~/**цветной** Nichteisenmetallegierung *f*, Nichteisenlegierung *f*, NE-Metallegierung *f*; Buntmetallegierung *f*
~/**цинковый** Zinklegierung *f*
~/**четверной (четырёхкомпонентный)** quaternäre Legierung *f*, Vierstofflegierung *f*
~/**эвтектический** eutektische Legierung *f*
~/**эвтектоидный** eutektoide Legierung *f*, Eutektoid *n*

сплавить *s.* **сплавлять**
сплавление *n* 1. Legieren *n*; 2. Verschmelzen *n*, Zusammenschmelzen *n*; 3. Verbinden *n* *(durch Schmelzschweißen)*; 4. *(Forst)* Flößen *n* *(Holz)*; 5. *(Geol)* *s.* **синтексис**
~ **магмы** *s.* **синтексис**

сплавляемость *f (Met)* 1. Legierbarkeit *f*; 2. Verschmelzbarkeit *f*
сплавлять 1. legieren; 2. verschmelzen, zusammenschmelzen; 3. verbinden *(durch Schmelzschweißen)*; 4. *(Forst)* [ab]flößen, triften
сплавляться zusammenschmelzen, sich verschmelzen
сплавной Legierungs ...
спланировать *s.* **планировать 2.**
сплачивание *n (Bw)* Breitenverband *m*, Breitenverbindung *f (von Brettern an den Längskanten durch Fugen, Dübeln, Fälzen, Spunden, Federn oder Graten; Tischler- bzw. Zimmermannsarbeiten)*
сплачивать zusammenfügen, verbinden
сплесень *m* Spleiß *m (Seil)*
сплеснить spleißen *(Seile)*
сплетение *n* 1. Zusammenflechten *n*; 2. Gewebe *n*, Geflecht *n*; 3. Spleißen *n*, Spleißung *f*
~ **канатов** Seilspleißung *f*
~ **путей** *(Eb)* Gleisverschlingung *f*
сплинт *m (Bgb)* Blockkohle *f*
сплотить *s.* **сплачивать**
сплотка *f* 1. *s.* **сплачивание**; 2. *(Forst)* Verbindung *f* der Baumstämme zu Flößen
сплошной 1. dicht, geschlossen, massiv, kompakt, Voll ...; 2. *(Geol)* derb *(Erz)*; massig; 3. kontinuierlich *(z. B. Spektrum)*; ununterbrochen, zusammenhängend, ungeteilt; 4. ausgezogen *(Linie)*; 5. durchlaufend, durchgehend *(Träger)*
сплыв *m (Geol)* Abspülung *f*
сплывание *n* **откоса** *(Bgb)* Fließrutschung *f*, Böschungsfließen *n*
сплывать wegschwimmen, fortgeschwemmt werden
сплываться zusammmenfließen, ineinanderfließen
сплыть *s.* **сплывать**
сплыться *s.* **сплываться**
сплюснутость *f* Abplattung *f*
~ **земного шара** [polare] Abplattung *f* der Erde
сплюснутый abgeflacht, abgeplattet, plattgedrückt, platt
сплюснуть *s.* **сплющивать**
сплющение *n s.* **сплющивание**
сплющенный *s.* **сплюснутый**
сплющивание *n (Math)* Abplattung *f*
сплющивать flachschlagen, plattdrücken, abplatten
сплющить *s.* **сплющивать**
СПО *s.* **1. система программного обеспечения; 2. операции/спуско-подъёмные**
сподник *m (Schm)* Untergesenk *n*
сподручный griffbereit, handgerecht
сподумен *m (Min)* Spodumen *m*, Triphan *m*
спокойный 1. ruhig; 2. *(Met)* beruhigt *(Stahl)*; 3. *(Bgb)* ungestört *(Lagerung eines Flözes)*; 4. glatt *(Wasserfläche)*; 5. ruhend, bleibend, ständig *(Last)*
споласкивание *n* Abspülen *n*, Abspülung *f*, Ausspülen *n*
сползание *n* Abrutschen *n*, Rutschen *n*
~ **нуля** Nullpunktsdrift *f*
~ **откоса** *(Bgb)* Böschungsrutschung *f*
спонгиоз *m* Spongiose *f*, Graphitierung *f (Korrosion)*
спонг[и]олиты *mpl (Geol)* Spongiolithe *mpl*, Spongitengesteine *npl*
спонтанность *f* Spontan[e]ität *f*
спорадический sporadisch
способ *m* Verfahren *n*, Methode *f*; Vorgehen *n*, Art *f*, Weise *f*, Mittel *n (s. a. unter* **метод** *und* **процесс***)*
~/**абсорбционный** Absorptionsverfahren *n*
~/**аддитивный** 1. additives Verfahren *n*, additive Methode *f (Farbfotografie)*; 2. Additionsverfahren *n (Leiterplattenherstellung)*
~ **адресации** *(Dat)* Adressiersystem *n*, Adressierverfahren *n*, Adressierungstechnik *f*
~/**адсорбционный** *(Ch)* Adsorptionsverfahren *n*
~/**аммиачный** *(Ch)* Ammoniak-Soda-Verfahren *n*, Solvay-Verfahren *n*
~ **анионирования** Wasserenthärtung *f* nach dem Anionenaustauschverfahren
~/**анодно-механический** *(Fert)* anodenmechanisches Verfahren *n*
~/**башенный** Turmverfahren *n (Schwefelsäureherstellung)*
~ **борьбы с помехами** *(El)* Entstörverfahren *n*
~ **бурения** *(Bgb)* Bohrverfahren *n*
~ **бурения/алмазный** Diamantbohrverfahren *n*
~ **бурения/вращательный** Drehbohrverfahen *n*, Rotary-Bohrverfahren *n*
~ **бурения/дробовой** Schrotbohrverfahren *n*
~ **бурения/колонковый** Kernbohrverfahren *n*
~ **бурения/турбинный** Turbinebohrverfahren *n*, Turboverfahren *n*
~ **бурения/ударный** Schlagbohrverfahren *n*
~/**вакуумно-выдувной** *(Glas)* Saug-Blas-Verfahren *n*
~ **вакуумного литья** Vakuumgießen *n*, Vakuumgießverfahren *n*, Sauggießen *n*, Sauggießverfahren *n*
~/**вакуумный** Unterdruckverfahren *n*, Vakuumverfahren *n*
~ **вакуум-плавления** *(Met)* Vakuumschmelzen *n*, Vakuumschmelzverfahren *n*

~ **валкового литья** Gießwalzen *n*, Gießwalzverfahren *n*
~ **варки** Kochverfahren *n*; *(Pap)* Aufschlußverfahren *n*
~ **варки/азотнокислый** Salpetersäure[aufschluß]verfahren *n*
~ **варки/кислотный** saures Aufschlußverfahren *n*
~ **варки/натронный** Natron[aufschluß]verfahren *n*
~ **варки/сульфатный** Sulfat[aufschluß]verfahren *n*
~ **варки/сульфитно-щелочной** alkalisches Sulfitverfahren *n*, Neutralsulfitverfahren *n*
~ **варки/сульфитный** Sulfit[aufschluß]verfahren *n*
~ **варки/хлорно-щелочной** Chloraufschlußverfahren *n*
~ **варки/щелочной** alkalisches Aufschlußverfahren *n*
~ **ввода** *(Reg)* Eingabeverfahren *n*; *(Dat)* Eingabeart *f*, Eingabetechnik *f*
~ **вертикального вытягивания стекла/безлодочный** *(Glas)* Pittsburgh-Verfahren *n*
~ **вертикального вытягивания стекла/лодочный** *(Glas)* Vertikalziehverfahren *n* nach Fourcault, Fourcault-Verfahren *n*
~ **восстановления** *(Ch)* Reduktionsverfahren *n*
~ **вскрытия** *(Bgb)* Ausrichtungsart *f*
~ **выдувания/ручной** *(Glas)* Mundblasverfahren *n*
~ **выдувания с прессованием баночки** *(Glas)* Preßblasverfahren *n*
~ **выемки** *(Bgb)* Verhiebsweise *f*, Gewinnungsart *f*
~ **вызова** *(Fmt)* Anwahlverfahren *n*
~ **выплавки** Schmelzverfahren *n*
~ **выращивания дрожжей/воздушноприточный** *(Lebm)* Lufthefeverfahren *n*, Hefelüftungsverfahren *n*
~ **вытопки** *(Lebm)* Schmelzverfahren *n*
~ **вытопки/мокрый** Naßschmelzverfahren *n*
~ **вытопки/сухой** Trockenschmelzverfahren *n*
~/**газлифтный** *(Erdöl)* Gasliftverfahren *n*, Druckgasförderverfahren *n*
~ **гальванического осаждения металла** galvanisches Überziehen *n*, Elektroplattieren *n*
~ **гидравлической закладки** *(Bgb)* Spülversatzverfahren *n*
~/**гидрометаллургический** hydrometallurgisches (naßmetallurgisches, nasses) Verfahren *n*, Naßverfahren *n*
~ **горячей запрессовки** Heißpreßverfahren *n* *(Halbleiter)*
~ **Даннера** *(Glas)* Danner-Verfahren *n*, Dannersches Röhrenziehverfahren *n*
~/**двухванный** *(Text)* Zweibadverfahren *n*; *(Led)* Zweibad[chrom]gerbung *f*
~ **двухслойного литья** Verbundgießen *n*, Verbundgießverfahren *n*
~ **детектирования** *(El)* Gleichrichtungsverfahren *n*
~/**дистилляционный** *(Ch)* Destillationsverfahren *n*
~/**диффузионный** Diffusions[auslauge]verfahren *n* *(Zuckergewinnung)*
~ **добычи** *(Bgb)* Gewinnungsverfahren *n*
~ **добычи/валовой** durchgehender Abbau *m*
~ **добычи/открытый** Tagebauverfahren *n*
~ **добычи/подземный** Tiefbauverfahren *n*
~ **добычи/раздельный** selektive Gewinnung *f*
~/**дорновой** *(Gum)* Kernringmethode *f*, Kernringverfahren *n* *(Reifenherstellung)*
~ **доступа** *(Dat)* Zugriffsverfahren *n*, Zugriffstechnik *f*
~ **дубления** *(Led)* Gerbverfahren *n*
~ **дубления/двухванный** Zweibad[chrom]gerbung *f*
~ **дубления/однованный** Einbad[chrom]gerbung *f*
~/**дутьевой** Düsenblasverfahren *n* *(Glasfaserherstellung)*
~ **завихрения паром** *(Text)* Dampfwirbelverfahren *n*
~ **закладки** *(Bgb)* Versatzverfahren *n*
~ **замачивания** Weichordnung *f*, Weichschema *n*, Weicharbeit *f* *(Mälzerei)*
~ **замораживания** *(Bgb)* Gefrierverfahren *n* *(Schachtabteufen)*
~ **замочки** *s.* ~ **замачивания**
~ **записи** *(Dat)* Aufzeichnungsverfahren *n*
~ **записи/поперечный** Seitenschriftverfahren *n* *(beim Nadeltonverfahren)*; Quermagnetisierung *f* *(beim Magnettonverfahren)*
~ **записи/продольный** Längsmagnetisierung *f* *(beim Magnettonverfahren)*
~ **затирания** Maischverfahren *n*
~ **затирания/двухотварочный** Zweimaischverfahren *n*
~ **затирания/настойный** Aufgußverfahren *n*, Infusionsverfahren *n*
~ **затирания/одноотварочный** Einmaischverfahren *n*
~ **затирания/отварочный** Dekoktionsverfahren *n*, Verfahren *n* mit Maischekochung
~ **зонной очистки** *(Krist)* Zonenreinigungsverfahren *n*
~ **изготовления** Fertigungsverfahren *n*, Fertigungsart *f*, Herstellungsverfahren *n*, Fabrikationsverfahren *n*
~ **изготовления отливок под давлением** Druckgießen *n*, Druckgießverfahren *n*

~ **изготовления стержней** *(Gieß)* Kernformverfahren *n*, Kernherstellungsverfahren *n*
~ **измерения** Meßverfahren *n*, Meßmethode *f*
~ **измерения эхолотом** *(FO)* Echolotverfahren *n*
~/**инфузионный** *s.* ~ **затирания/настойный**
~ **испарения** Aufdampfverfahren *n* *(Herstellung von Leuchtschirmen)*
~ **испытания** Prüfverfahren *n*
~/**камерный** Bleikammerverfahren *n* *(Schwefelsäureherstellung)*
~ **катионирования** Wasserenthärtung *f* nach dem Kationenaustauschverfahren
~ **Клода** Claude-Verfahren *n* *(Ammoniaksynthese)*
~ **ковки** Schmiedeverfahren *n*
~ **кодирования** *(Dat)* Kodierverfahren *n*
~/**конвертерный** *(Met)* Konverter[frisch]-verfahren *n*, Bessemer-Verfahren *n*
~/**контактный** Kontakt[schwefelsäure]-verfahren *n*; *(Lebm)* Walzen[trocknungs]verfahren *n*, Filmverfahren *n*
~ **крепления** 1. Aufspannverfahren *n*, Befestigungsverfahren *n*; Befestigungsart *f*; 2. *(Bgb)* Ausbauverfahren *n*
~ **крепления/пневматический** *(Typ)* pneumatisches Aufspannverfahren *n*
~/**кумольный** *(Ch)* Kumol-Phenol-Verfahren *n* *(Phenol- und Azetongewinnung)*
~ **литья** *(Gieß)* Gießverfahren *n*, Gußverfahren *n*
~ **литья в кокиль** Kokillengießverfahren *n*, Kokillengußverfahren *n*
~ **литья в песчаные формы** Sandformverfahren *n*
~ **литья в сухие формы** Trockengießverfahren *n*, Trockengußverfahren *n*
~ **литья в сырые формы** Naßgießverfahren *n*, Naßgußverfahren *n*
~ **литья всухую** Trockengießverfahren *n*, Trockengußverfahren *n*
~ **литья всырую** Naßgießverfahren *n*, Naßgußverfahren *n*
~ **литья под давлением** 1. Druckgießverfahren *n*, Druckgußverfahren *n*; 2. Injection-moulding-Verfahren *n*, Spritzgußverfahren *n*
~/**лодочный** *s.* ~ **вертикального вытягивания стекла/лодочный**
~ **Лурги** Lurgi-Verfahren *n* *(NE-Metallurgie)*
~ **маскирования** Maskenverfahren *n*
~ **машинной формовки** *(Gieß)* Maschinenformverfahren *n*
~ **модифицирования** *(Gieß)* Impfverfahren *n*, Modifizier[ungs]verfahren *n*
~ **мокрого помола** Naßmahlverfahren *n*
~/**мокрый** Naßverfahren *n*
~ **Мон-Сени** *(Ch)* Mont-Cenis-Verfahren *n* *(Ammoniaksynthese)*
~ **монтажа/конвейерный** *(Bw)* Fließbandverfahren *n*
~ **монтажа/навесной** *(Bw)* Freivorbauverfahren *n*
~ **наименьших квадратов** *(Geod)* Methode *f* der kleinsten Quadrate
~/**настойный** *s.* ~ **затирания/настойный**
~ **непрерывной разливки** Stranggießverfahren *n*, Stranggußverfahren *n*
~/**нитрозный** Stickoxidverfahren *n*, Nitroseverfahren *n* *(Schwefelsäureherstellung)*
~ **обкатки** *(Fert)* Abwälzverfahren *n*
~ **обогащения** 1. Aufbereitungsverfahren *n*; Anreicherungsverfahren *n*; 2. Konzentrationsverfahren *n*
~ **обогащения/флотационный** Schwimmaufbereitungsverfahren *n*
~ **обработки** *(Fert)* Bearbeitungsverfahren *n*, Arbeitsverfahren *n*, Arbeitsvorgang *m*
~ **образования покровного трикотажа/вышивной** *(Text)* Broschiermusterverfahren *n* *(Wirkerei)*
~ **образования покровного трикотажа/накладной** *(Text)* Aufplattierverfahren *n* *(Wirkerei)*
~ **образования покровного трикотажа/перекидной** *(Text)* Hinterlegtplattierverfahren *n* *(Wirkerei)*
~ **образования покровного трикотажа/переменный** *(Text)* Wendeplattierverfahren *n* *(Wirkerei)*
~ **образования сливок** *(Gum)* Aufrahmungsmethode *f*
~/**однованный** *(Text)* Einbadverfahren *n*; *(Led)* Einbad[chrom]gerbung *f*
~/**однопроцессный** *(Text)* Einprozeßverfahren *n*, Komplettverfahren *n*, Kombiverfahren *n* *(Öffnen, Mischen und Reinigen der Baumwolle)*
~/**одноручьевой** Einstrangverfahren *n* *(Stranggießen)*
~ **определения твёрдости** Härteprüfverfahren *n*
~ **осаждения** Sedimentationsverfahren *n* *(Herstellung von Leuchtschirmen)*
~ **осланцевания** *(Bgb)* Gesteinsstaubverfahren *n* *(Schlagwetterverhütung)*
~ **отвалообразования** *(Bgb)* Kippverfahren *n*, Art *f* der Kippenführung
~ **отвалообразования/плужный** Pflugkippenbetrieb *m*
~ **отливки** Gießverfahren *n*
~ **отстаивания латекса** *s.* ~ **образования сливок**
~ **оценивания (оценки)** Auswerteverfahren *n*
~ **очистки литья** Gußputzverfahren *n*
~ **очистки отливок** Gußputzverfahren *n*

~ **передачи одной боковой полосой** *(Rf)* Einseitenbandverfahren *n*
~ **печатания/электромагнитный** *(Typ)* elektromagnetischer Druck *m*
~ **печатания/электрохимический** *(Typ)* elektrochemischer Druck *m*
~/**печной** *s.* ~**получения сажи/печной**
~ **пилоттона** *(Ak)* Pilotfrequenzverfahren *n*
~ **питания [электроэнергией]** *(El)* Betriebsart *f*, Art *f* der Stromversorgung
~ **плавки** *(Met)* Schmelzverfahren *n*
~/**плёночный** *(Lebm)* Filmverfahren *n*, Walzen[trocknungs]verfahren *n*
~ **погружения** Tauchverfahren *n*
~ **подготовки** *(Bgb)* Vorrichtungsverfahren *n*
~ **подъёма перекрытий** *(Bw)* Deckenhubverfahren *n*
~ **подъёма этажей** *(Bw)* Geschoßhebeverfahren *n*
~ **поиска** Suchtechnik *f*
~/**поколонно-двоичный** *(Dat)* Dualkartenmodus *m*
~ **покраски** Anstrichverfahren *n*
~ **получения желатинового рельефа** *(Typ)* Gelatineverfahren *n*
~ **получения сажи/канальный** Channel-Verfahren *n* *(Rußerzeugung)*
~ **получения сажи/печной** Furnace-Verfahren *n* *(Rußerzeugung)*
~ **полярных координат** *(Geod)* Anhängeverfahren *n*
~ **порошковой приправки** *(Typ)* Streupuderverfahren *n*
~/**поточно-агрегатный** *(Bw)* Aggregat-Fließverfahren *n*
~ **представления данных** *(Dat)* Datendarstellung *f*
~ **представления чисел** *(Dat)* Zahlendarstellung *f*, Zahlenschreibweise *f*
~ **преобразования** *(Math)* Transformationsweise *(Geometrie)*
~/**прессовыдувной** *(Glas)* Preßblasverfahren *n*
~ **прецизионного литья** *(Gieß)* Präzisionsgießverfahren *n*, Präzisionsgußverfahren *n*, Genaugießverfahren *n*, Genaugußverfahren *n*
~ **пробеливания (пробелки)** Deckverfahren *n* *(Zuckergewinnung)*
~ **проведения выработок** *(Bgb)* Vortriebsverfahren *n*
~ **проведения с применением забивной крепи** *(Bgb)* Getriebeverfahren *n*
~ **проверки** *(Dat)* Testverfahren *n*
~ **проветривания** *(Bgb)* Bewetterung *f*
~ **проветривания/всасывающий** saugende Bewetterung *f*
~ **проветривания/нагнетательный** blasende Bewetterung *f*
~ **проветривания/отсасывающий** saugende Bewetterung *f*
~ **продувки кислородом** Sauerstoffblasverfahren *n*
~ **прокатки** Walzverfahren *n*
~ **прокладки** Verlegungsart *f* *(Leitungen, Kabel)*
~ **проходки стволов** *(Bgb)* Abteufverfahren *n*
~ **прядения** *(Text)* Spinnverfahren *n*
~ **прядения/аэродинамический** pneumatisches Elementespinnverfahren *n*
~ **прядения/бобинный** Spulen[spinn]verfahren *n*
~ **прядения/мокрый** Naßspinnverfahren *n*
~ **прядения/пневмомеханический** Open-end-Spinnverfahren *n*
~ **прядения с вытяжкой** Streckspinnverfahren *n*
~ **прядения/сухой** Trockenspinnverfahren *n*
~ **прядения/центрифугальный** Zentrifugen[spinn]verfahren *n*, Topf[spinn]-verfahren *n*
~ **разведки/сейсмический** *(Geoph)* seismisches Schürfverfahren *n*
~ **разделения** Trennverfahren *n*
~ **разделения газов** Gastrennverfahren *n*, Gaszerlegungsverfahren *n*
~ **разделения изотопов** Isotopentrennverfahren *n*
~ **разливки** Gießverfahren *n*
~ **разработки** *(Bgb)* Abbauweise *f*, Abbauverfahren *n*
~ **разработки/боковой** Seitenbaggerung *f* *(Tagebau)*
~ **разработки/гидравлический** hydraulischer Abbau *m*
~ **разработки/торцовый (тупиковый)** Kopfbetrieb *m* *(Löffelbaggerung)*
~/**распылительный** *(Lebm)* Zerstäubungsverfahren *n*
~ **расслоения латекса** *s.* ~ **образования сливок**
~ **растворения** Lösungsverfahren *n*
~ **регенерации** Regenerierverfahren *n*
~ **Реппе** *(Ch)* Reppe-Verfahren *n*, Reppe-Synthese *f* *(Butadienherstellung)*
~/**репродукционный** Vervielfältigungsverfahren *n*
~ **с кипящим (псевдоожиженным) слоем** Fließbettverfahren *n*, Wirbelschichtverfahren *n*, Staubfließverfahren *n*
~ **самонаведения** *(Rak)* Zielsuchlenkverfahren *n*
~/**светокопировальный** Lichtpausverfahren *n*
~/**сеточнографический** Siebdruckverfahren *n* *(Leiterplattenherstellung)*
~ **сканирования** Abtastverfahren *n*
~ **скрепления термонитками** *(Typ)* Fadensiegelverfahren *n*

~/содово-известковый *(Ch)* Kalk-Soda-Verfahren *n*
~ Сольве *(Ch)* Solvay-Verfahren *n*, Ammoniak-Soda-Verfahren *n*
~ сплавления *s.* **~/сплавной**
~/сплавной Legierungsverfahren *n (Halbleitertechnik)*
~/стендовый *(Bw)* Standverfahren *n*
~/стендово-кассетный Standfertigungsverfahren *n* mit Batterieformen
~ строительства/подрядный Vertragsbauweise *f*
~ стыковой сварки сопротивлением Widerstandsschweißverfahren *n*
~/субтрактивный Subtraktivverfahren *n (Leiterplattenherstellung)*
~/сульфитно-щелочной *(Pap)* alkalisches Sulfitverfahren *n*, Neutralsulfitverfahren *n*
~/суспензионный Suspensionsverfahren *n*; *(Plast)* Suspensionspolymerisation *f*, Perlpolymerisation *f*, Kornpolymerisation *f*
~ сухого помола Trockenmahlverfahren *n*
~ сухого прядения *(Text)* Trockenspinnverfahren *n*
~ сушки Trocknungsverfahren *n*
~ сушки/барабанный *(Lebm)* Walzentrocknungsverfahren *n*, Filmverfahren *n*
~ сушки солода Darrführung *f*, Darrordnung *f (Mälzerei)*
~ считывания Ausleseverfahren *n*, Auslesemethode *f*
~ телесигнализации Fernsignalisierverfahren *n*
~ точного литья Genaugießverfahren *n*, Genaugußverfahren *n*, Präzisionsgießverfahren *n*, Präzisionsgußverfahren *n*
~ травления Beizverfahren *n*, Ätzverfahren *n*
~ трафаретной печати *(Typ)* Siebdruckverfahren *n*
~ флотации Flotationsverfahren *n (Aufbereitung)*
~ формирования корпуса/островной *(Schiff)* Inselbauweise *f*
~ формирования корпуса/пирамидальный *(Schiff)* Pyramidenbauweise *f*
~ формования Formgebungsverfahren *n*
~ формования/бобинный Spulenspinnverfahren *n*
~ формования волокна Spinnverfahren *n*
~ формования волокна/мокрый Naßspinnverfahren *n*
~ формования волокна/сухой Trockenspinnverfahren *n*
~ формования из расплава Schmelzspinnverfahren *n*
~ формования из раствора Lösungsspinnverfahren *n*
~ формования/мокрый Naßspinnverfahren *n*
~ формования/непрерывный Kontinuespinnverfahren *n*
~ формования/прямой Direktspinnverfahren *n*
~ формования/сухой Trockenspinnverfahren *n*
~ формования/центрифугальный Zentrifugenspinnverfahren *n*
~ формования/экструдерный Extrusionsspinnverfahren *n*
~ формовки *(Gieß)* Formverfahren *n*
~ формовки в оболочковые формы Maskenformverfahren *n*
~ формовки в песок Sandformverfahren *n*
~ формовки/кассетный *(Bw)* Batterieformfertigung *f*
~/фотомеханический *(Typ)* fotomechanisches Verfahren *n*
~ Фраша *(Ch)* Frasch-Verfahren *n (Schwefelgewinnung)*
~ фришевания чугуна Roheisenfrischverfahren *n*
~ Фурко *s.* **~ вертикального вытягивания стекла/лодочный**
~ хромового дубления/двухванный *(Led)* Zweibad[chrom]gerbung *f*
~ хромового дубления/однованный *(Led)* Einbad[chrom]gerbung *f*
~ цветной фотографии *(Foto)* Farbenverfahren *n*, Farbfotografie *f*
~ цветной фотографии/аддитивный additives Farbenverfahren *n*
~ цветной фотографии/двухцветный Zweifarbenverfahren *n*
~ цветной фотографии/линзово-растровый Linsenrasterverfahren *n*, Linsenrasterfarbfotografie *f*
~ цветной фотографии/прямой direktes fahren *n*, Rasterverfahren *n* der Farbfotografie
~ цветной фотографии/растровый Farbrasterverfahren *n*, Rasterfarbverfahren *n* der Farbfotogafie
~ цветной фотографии/субтрактивный subtraktives Farbenverfahren *n*, subtraktive Methode *f* der Farbfotografie
~ цветоделения *(Typ)* Farbauszugsverfahren *n*
~ цветоделения/косвенный indirekter Farbauszug *m*
~ центробежного литья Schleudergießverfahren *n*, Schleudergußverfahren *n*
~ шелкографии Siebdruckverfahren *n (Herstellung gedruckter Schaltungen)*
~ шитья термонитками *(Typ)* Fadensiegelverfahren *n*
~ эксплуатации/глубиннонасосный *(Bgb)* Tiefpumpenförderung *f (Erdöl)*

~ **эксплуатации/компрессорный** *(Bgb)* Liftförderung *f* *(Erdöl)*
~ **эксплуатации/фонтанный** *(Bgb)* Eruptivförderung *f* *(Erdöl)*
~/**электроискровой** *(Fert)* funkenerosives Verfahren *n*, Ausfunken *n*
~/**электроэрозионный** *(Fert)* elektroerosives Verfahren *n*
~/**эмульсионный** Emulsionsverfahren *n*; *(Plast)* Emulsionspolymerisation *f*
~/**эрлифтный** *(Erdöl)* Airliftverfahren *n*, Druckluftförderverfahren *n*
способность *f* Fähigkeit *f*, Vermögen *n*, Kraft *f*, Potenz *f*, Kapazität *f*
~/**абсорбционная** *(Ph)* Absorptionsvermögen *n*
~/**адгезионная** *(Ph)* Adhäsionsvermögen *n*, Haftvermögen *n*, Haftkraft *f*
~/**адсорбционная** *(Ph)* Adsorptionsvermögen *n*, Adsorptionskapazität *f*
~/**аккумулирующая** *(Dat)* Speicherfähigkeit *f*, Speichervermögen *n*
~/**атомная тормозная** *(Kern)* atomares Bremsvermögen *n*
~/**взмучивающая** Schlämmbarkeit *f*, Schlämmungsfähigkeit *f*
~ **водовыпуска/пропускная** *(Hydt)* Ergiebigkeit *f* des Wasserdurchlasses
~/**водоудерживающая** Wasserhaltevermögen *n*, Wasserhaltefähigkeit *f*
~/**восстанавливающая (восстановительная)** *(Ch)* Reduktionsfähigkeit *f*, Reduktionsvermögen *n*
~/**впитывающая** Saugfähigkeit *f* *(Papier)*
~/**вращательная** *(Opt)* Drehvermögen *n* *(Oberbegriff für optisches Drehvermögen und Faraday-Effekt oder magnetisches Drehvermögen)*
~/**всасывающая** Saugfähigkeit *f*
~ **вторичного источника/рассеивающая** *(Opt)* Streuvermögen *n* *(lichtstreuender Körper)*
~/**вулканизационная (вулканизирующая)** *(Gum)* Vulkanisationsfähigkeit *f*, Heizkraft *f*
~ **выдерживать нагрузку** Belastbarkeit *f*, Tragfähigkeit *f*
~/**выключающая** 1. *(El)* Ausschaltvermögen *n*, Abschaltvermögen *n*; 2. *(Typ)* Ausschließfähigkeit *f*
~/**высшая теплотворная** Verbrennungswärme *f*
~/**вяжущая** Bindevermögen *n*, Bindefähigkeit *f*
~/**газотворная** 1. Gasbildungsfähigkeit *f* *(z. B. einer Gießform)*; 2. Gehalt *m* an flüchtigen Stoffen *(in Brennstoffen)*
~/**дезактивирующая** *(Kern)* Entseuchungskapazität *f*
~ **для электронов/тормозная** *(Kern)* Elektronenbremsvermögen *n*
~/**загрузочная** Belastungsvermögen *n*
~/**замедляющая** *(Kern)* Bremskraft *f* *(Moderator)*
~ **заполнять литейную форму** *(Gieß)* Formfüllungsvermögen *n*; Vergießbarkeit *f*
~/**запоминающая** Speicherfähigkeit *f*, Speichervermögen *n*
~/**избирательная** Selektivität *f*
~/**излучательная (излучающая)** Strahlungsvermögen *n*, Ausstrahlungsvermögen *n*, Emissionsvermögen *n*
~/**изолирующая (изоляционная)** Isolationsvermögen *n*
~ **инструмента/режущая** *(Fert)* Schnittleistung *f* *(Schneidwerkzeuge)*
~/**ионизирующая** Ionisationsfähigkeit *f*, Ionisierungsvermögen *n*
~/**испускательная** *s.* ~/**излучательная**
~ **к волочению (вытяжке)** Ziehfähigkeit *f* *(Glas, Metall)*
~ **к глубокой штамповке** Tiefziehbarkeit *f*
~ **к деформации** Formänderungsvermögen *n*, Umformbarkeit *f*, Verformbarkeit *f*
~ **к дисперсионному твердению** *(Met)* Aushärtbarkeit *f* *(z. B. Duralumin)*
~ **к испарению** Verdampfbarkeit *f*; Verdunstbarkeit *f*
~ **к полимеризации** Polymerisationsfähigkeit *f*
~ **к послесвечению** Nachleuchtfähigkeit *f*
~ **к принятию решений** *(Dat, Kyb)* Entscheidungsfähigkeit *f*
~ **к твердению после закалки и старения** *(Met)* Aushärtbarkeit *f* *(Al-Legierungen)*
~ **к формоизменению** *(Met)* Formänderungsvermögen *n*, Umformbarkeit *f*, Verformbarkeit *f*
~ **канала [связи]/пропускная** *(Dat)* Kanalkapazität *f*, Übertragungsfähigkeit *f* eines Kanals
~/**коагулирующая** Koagulationsvermögen *n*, Koagulierbarkeit *f*
~/**коммутационная** Schaltvermögen *n*
~/**красящая** Färbevermögen *n*, Farbkraft *f*; Ausgiebigkeit *f* der Farbe
~/**кристаллизационная** Kristallisierbarkeit *f*, Kristallisationsfähigkeit *f*, Kristallisationsvermögen *n*
~/**кроющая** *(Foto)* Deckkraft *f* *(Kehrwert des fotometrischen Äquivalents)*
~/**линейная тормозная** *s.* **потеря энергии/линейная**
~/**лучеиспускательная** *s.* ~/**излучательная**
~/**лучепоглощательная** *(Ph)* Strahlungsabsorptionsvermögen *n*, Absorptionsvermögen *n*, Absorptionsgrad *m*

~/моющая Waschvermögen *n*, Waschkraft *f*; Reinigungsvermögen *n*, Reinigungskraft *f*
~/нагрузочная Belastungsfähigkeit *f*, Belastbarkeit *f*
~/накопительная Speicherfähigkeit *f*
~/несущая 1. *(Bw)* Tragfähigkeit *f*; 2. *(Aero)* Auftriebsvermögen *n*
~/низшая теплотворная Heizwert *m*
~/номинальная отключающая Nennausschaltvermögen *n*, Nennabschaltvermögen *n*
~/обменная Austauschvermögen *n*, Austauschfähigkeit *f*
~/окислительная (окисляющая) Oxydationsfähigkeit *f*
~ оптического прибора/разрешающая *(Opt)* optisches Auflösungsvermögen *n* *(lichtoptischer Geräte)*
~/отключающая Ausschaltvermögen *n*, Abschaltvermögen *n*
~/отражательная Reflexionsvermögen *n*, Reflexionsfähigkeit *f*
~/отсаливающая *(Ch)* Aussalzungsvermögen *n*
~ парения *(Aero)* Schwebevermögen *n*
~/пенообразующая Schaum[bildungs]-vermögen *n*
~/перегрузочная Überlastungsfähigkeit *f*, Überlastbarkeit *f*
~ передающей системы/пропускная Sendekapazität *f*, Übertragungskapazität *f*
~ пигментов/кроющая *s.* **укрывистость пигментов**
~ по вертикали/разрешающая *(Fs)* Vertikalauflösung *f*
~ по времени/разрешающая Zeitauflösung *f*
~ по глубине/разрешающая *(Opt)* Tiefenauflösungsvermögen *n* *(lichtoptische Geräte)*
~ по горизонтали/разрешающая Horizontalauflösung *f*
~ по дальности/разрешающая *(FO)* radiales Auflösungsvermögen *n*, radiale Auflösung *f*
~ по массе/разрешающая *(Kern)* Massenauflösung *f*
~ по углу/разрешающая *(FO)* azimutales Auflösungsvermögen *n*, Winkelauflösung *f*
~ по фазе/разрешающая *s.* **~/фазовая разрешающая**
~ по энергии/разрешающая *(Kern)* Energieauflösung *f*
~/поглощающая *(Ph)* Absorptionsvermögen *n*, Absorptionsgrad *m*, Absorptionszahl *f*
~/полезная теплотворная *s.* **~/низшая теплотворная**
~/поперечная разрешающая *(Opt)* laterales Auflösungsvermögen *n* *(lichtoptische Geräte)*
~ почвы/водоподъёмная *(Lw)* Bodenkapillarkraft *f*
~ почвы/водоудерживающая Wasserhaltefähigkeit *f* *(des Bodens)*
~ почвы/нитрификационная Nitrifikationsvermögen *n* des Bodens
~/преломляющая *(Opt)* Brechungsvermögen *n*
~ преодоления вертикальных препятствий *(Mil)* Übersteigungsfähigkeit *f* *(Panzer)*
~ преодоления подъёма *(Kfz)* Steigfähigkeit *f*
~/пробивная *(Mil)* Durchschlagskraft *f* *(Geschosse)*
~/проникающая *(Kern)* Durchdringungsvermögen *n*, Durchdringungsfähigkeit *f*, Durchstrahlungsleistung *f*, Penetrationskraft *f* *(Strahlung)*
~/пропускная 1. Durchsatzleistung *f*, Durchsatz *m*; 2. Aufnahmefähigkeit *f*, Durchlaßfähigkeit *f*; 3. *(El)* Übertragungsfähigkeit *f*, Kapazität *f* *(einer elektrischen Übertragungsleitung)*; 4. *(El)* Dauerstrom *m* *(eines Relaiskontakts)*; 5. *(Ch)* Belastungsfähigkeit *f*, Belastbarkeit *f* *(z. B. einer Rektifizierkolonne)*; 6. *(Eb)* Durchlaßfähigkeit *f* *(der Strecke)*
~/пространственная разрешающая *(Kern)* räumliches Auflösungsvermögen *n*, Raumauflösungsvermögen *n*
~/прядильная *(Text)* Spinnbarkeit *f*, Spinnfähigkeit *f*
~/разрешающая Auflösungsvermögen *n*, Auflösung *f*
~/разрывная Ausschaltvermögen *n*, Abschaltvermögen *n*
~/рассеивающая *(Ph)* Streuvermögen *n*, Zerstreuungsvermögen *n*
~ рассеяния *s.* **~/рассеивающая**
~/растворяющая *(Ph)* Lösevermögen *n*
~/реакционная *(Ch)* Reaktionsfähigkeit *f*
~/связующая Bindefähigkeit *f*, Bindekraft *f*
~/смазывающая Schmierfähigkeit *f*, Schmiergüte *f*, Schmierwert *m*
~/смачивающая Netzvermögen *n*, Benetzungsvermögen *n*, Benetzungsfähigkeit *f*
~ снаряда/бронебойная *(Mil)* Panzerdurchschlagskraft *f*
~/сорбционная *(Ch)* Sorptionsvermögen *n*
~ сортировочной горки/перерабатывающая *(Eb)* Betriebsleistung *f* eines Ablaufberges
~/спектральная разрешающая *(Ph)* spektrales Auflösungsvermögen *n*

~ **спектрометра/разрешающая** *(Kern)* Auflösungsvermögen *n* des Spektrometers
~ **сплавляться** *(Met)* Legierbarkeit *f*
~ **среды/замедляющая** Bremskraft *f* eines Stoffes
~ **схватывания** Bindefähigkeit *f* *(Zement)*
~ **схемы совпадений/разрешающая** *(Kern)* Koinzidenzauflösungsvermögen *n*
~ **счётчика частиц по времени/разрешающая** *(Kern)* Auflösungsvermögen *n* einer Zählanordnung nach der Zeit
~ **телеграфного аппарата/пропускная** Telegrafierleistung *f*, Fernschreibleistung *f*
~/**теплоотводная** Wärmeableitungsvermögen *n*
~/**теплотворная** [unterer] Heizwert *m*
~/**токоограничивающая** *(El)* Strombegrenzungsvermögen *n*
~/**удерживающая** Retentionsvermögen *n*
~/**фазовая разрешающая** *(Opt)* Phasenauflösungsvermögen *n* *(lichtoptische Geräte)*
~ **фильтроваться** *(Ch)* Filtrierbarkeit *f*
~/**фильтрующая** *(Ch)* Filterfähigkeit *f*, Filtriervermögen *n*, Filtrationsfähigkeit *f*
~/**флотационная** Flotierbarkeit *f*, Flotationsfähigkeit *f* *(Aufbereitung)*
~ **фотографического слоя/разрешающая** fotografisches Auflösungsvermögen *n*
~/**электроннооптическая разрешающая** *(Opt)* elektronenoptisches Auflösungsvermögen *n*
~/**эманирующая** *(Kern)* Emanierfähigkeit *f*, Emaniervermögen *n*
~/**эмиссионная** *s.* ~/**излучательная**
~ **ядерной фотоэмульсии/тормозная** *(Kern)* Bremsvermögen *n* einer Kernemulsion
способный диазотироваться *(Ch)* diazotierbar
~ **к замещению** *(Ch)* substituierbar
~ **к излучению (лучеиспусканию)** *(El)* strahlungsfähig
~ **к нагрузке** belastungsfähig, belastbar
~ **к перегрузке** überlastungsfähig, überlastbar
~ **к послесвечению** nachleuchtfähig
~ **реагировать** *(Ch)* reaktionsfähig
справедливость *f* Gültigkeit *f*
справочник *m* Nachschlagebuch *n*, Nachschlagewerk *n*, Handbuch *n*
~ **по радиолампам** Röhrenhandbuch *n*, Röhrentaschenbuch *n*
~/**телефонный** Fernsprechbuch *n*
спредер *m* 1. *(Gum)* Luftreifendehner *m*, Reifenspanner *m*, Reifenspreizmaschine *f*; 2. *(Schiff)* Spreader *m* *(Containerumschlag)*
~/**контейнерный** *(Schiff)* Container-Spreader *m*
спрессуемость *f* Preßbarkeit *f*
спринклер *m* Sprinkler *m*, Löschbrause *f*
спрыск *m* Strahlrohrmundstück *n*
спрямление *n* 1. *(Math)* Rektifikation *f*; 2. *(Hydt)* Begradigung *f* *(Flußlauf)*
~ **кривой** *(Math)* Rektifikation *f*
~ **судна** Aufrichten (Wiederaufrichten) *n* eines Schiffes
спуск *m* 1. Abstieg *m*; Herunterlassen *n*; Abwärtsbewegung *f*; 2. Ablassen *n* *(Wasser)*; Abfluß *m*; 3. Rutsche *f*, Schurre *f* *(Fördertechnik)*; 4. *(Forst)* Riese *f*; 5. *(Bgb)* Einfahren *n*; Abwärtsförderung *f*; Rolle *f*, Rolloch *n*, Sturzrolle *f*; Bremsberg *m*; 6. Abzug *m* *(Handfeuerwaffen)*; 7. *(Foto)* Auslöser *m*; 8. Hemmung *f* *(Uhr)*; 9. *(Typ)* Vorschlag *m* *(Setzen)*; 10. *(Eb)* Gefälle *n* *(Strecke)*; 11. *(Flg)* Sinken *n*; 12. *(Met)* Stich *m*, Stichöffnung *f* *(an Öfen)*; 13. *(Met)* Abstechen *n* *(Öfen)*
~/**аварийный** *(Hydt)* Notauslaß *m*
~/**автоматический** *(Foto)* Selbstauslöser *m* *(Verschluß)*
~/**балансовый** Ankerhemmung *f* *(Uhrwerk mit Unruh)*
~/**боковой** *(Schiff)* Querablauf *m*
~ **броском/боковой (поперечный)** *(Schiff)* Querablauf *m* mit Fall
~ **бурильных труб** *(Bgb)* Einbau *m* des Bohrgestänges
~ **в шахту** *(Bgb)* Einfahren *n*
~/**винтовой** Wendelrutsche *f*, Schurre *f*
~/**возвратный** rückfallende Hemmung *f* *(Uhrwerk)*
~ **всплытием** *(Schiff)* Zuwasserbringen *n* durch Aufschwimmen
~ **и подъём** *m*/**аварийный** *(Bgb)* Notfahrung *f*, Notfahrt *f*
~ **и подъём** *m* **людей** *(Bgb)* Seilfahrt *f*, Mannschaftsfahrt *f*
~/**каскадный** *(Bgb)* Bergefalltreppe *f*
~ **кровли** Dachtraufe *f*
~ **масла** Ölablaß *m*
~/**маятниковый** Ankerhemmung *f* *(Uhrwerk mit Pendel)*
~ **на воду** *(Schiff)* Zuwasserlassen *n*; Stapellauf *m*
~/**нормальный боковой** *(Schiff)* normaler Querablauf *m* *(Ablaufbahn verläuft noch unter dem Wasserspiegel)*
~ **обсадной колонны** *(Bgb)* Einbau *m* der Verrohrung
~ **оружия** *(Mil)* Abzug *m*, Abzugsstück *n* *(Geschütz, Gewehr)*
~ **пара** Abblasen *n* *(Dampf)*
~ **петель** *(Text)* Fallmaschen *fpl* *(Wirkerei)*
~ **печатной формы** *(Typ)* Druckformenausschießen *n*

~/плавный боковой *s.* **~/нормальный боковой**
~ по скату *(Bgb)* Rollochförderung *f*
~/поворотный Schwenkschurre *f*
~ полос *s.* **~ печатной формы**
~ при помощи камеры *(Schiff)* Zuwasserbringen *n* mittels Schleusenkammer
~ прыжком/боковой *(Schiff)* Querablauf *m* durch Abkippen
~ прыжком/поперечный *(Schiff)* Querablauf *m* mit Abkippen
~/прямой gerade Rutsche *f*
~/разветвляющийся *(Bgb)* Hosenschurre *f*
~/разгрузочный Austrag[s]schurre *f*, Entleerungsschurre *f*
~/распределительный Verteilerschurre *f*
~/роликовый Rollenrutsche *f*
~ с наклонного стапеля/боковой *(Schiff)* Querablauf *m*, Querstapellauf *m*
~ с наклонного стапеля/поперечный *(Schiff)* Querablauf *m*, Querstapellauf *m*
~ с наклонного стапеля/продольный *(Schiff)* Längsablauf *m*
~ с остановкой ruhende Hemmung *f* *(Uhrwerk)*
~/самотечный *(Bgb)* Schwerkraftförderung *f*
~/свободный freie Hemmung *f* *(Uhrwerk)*
~ со стапеля *(Schiff)* Stapellauf *m*
~/спиральный Wendelrutsche *f*
~ стрелы *(Schiff)* Abtoppen *n* des Ladebaums
~ судна всплытием в строительном доке *(Schiff)* Aufschwimmen *n* im Baudock
~ судна/гравитационный *(Schiff)* Stapellauf (Ablauf) *m* des Schiffs durch Eigengewicht *(russischer Oberbegriff für Längs- bzw. Querstapellauf)*
~ судна на воду *(Schiff)* Stapellauf *m*
~ судна на воду/поперечный Querstapellauf *m*, Querablauf *m*
~ судна на воду/продольный Längsstapellauf *m*, Längsablauf *m*
~ флага *(Schiff)* Einholen *n* der Flagge
~ формы *s.* **~ печатной формы**
~/холостой *(Hydt)* Freilaß *m*
~ шлака *(Met)* Schlackenabstich *m*
~ шлюпки Aussetzen *n* eines Bootes
спускать 1. herunterlassen, hinunterlassen, abwärtsbewegen; 2. loslassen; 3. ablassen *(Flüssigkeiten)*; entleeren *(Gefäße)*; 4. *(Mil)* entspannen *(Schußwaffen)*; 5. *(Schiff)* fieren *(Segel)*; 6. *(Typ)* ausschießen *(Satz)*; 7. *(Kfz)* die Luft verlieren *(Bereifung)*; 8. *(Bgb)* einhängen; einbauen, abwärtsfördern; 9. *(Met)* abstechen *(Metall, Schlacke)*; 10. abfließen, abziehen, ablaufen, austragen, ausfließen; auslassen
~ края *(Led)* schärfen
~ на воду vom Stapel laufen lassen, zu Wasser bringen *(Schiff)*; aussetzen *(Rettungsboot)*
~ пар abblasen *(Dampf)*
~ печатную форму *(Typ)* einheben *(Druckform)*
~ трубы Rohre einbringen *(Erdölbohrung)*
~ шлак *(Met)* abschlacken
~ штанги Gestänge einfahren *(Erdölbohrung)*
спускаться 1. heruntersteigen, hinuntersteigen, hinabsteigen; 2. *(Flg)* niedergehen, heruntergehen, landen; 3. flußabwärts fahren
~ в шахту *(Bgb)* einfahren
спуск-подъём *(Bgb)* Ein- und Ausbau *m* *(Bohrgestänge)*
спустить *s.* **спускать**
спуститься *s.* **спускаться**
спутник *m* 1. *(Ch)* Begleiter *m*, Begleitstoff *m*, Begleitsubstanz *f*; 2. Satellit *m*, Trabant *m*, Mond *m* *(im weiteren Sinne als Begleiter von Planeten)*; 3. Sputnik *m* *(künstlicher Erdsatellit)*
~ дальней связи Nachrichtensatellit *m*
~ Земли/искусственный künstlicher Erdsatellit *m*, Sputnik *m*
~ Земли с экипажем/искусственный bemannter künstlicher Erdsatellit *m*
~/метеорологический Wettersatellit *m*
~/неуправляемый nichtgesteuerter Satellit *m*
~/паровой *(Schiff)* Begleitheizung *f*
~/разведывательный Aufklärungssatellit *m*, Spionagesatellit *m*
ср *s.* **стерадиан**
срабатываемость *f* Ansprechvermögen *n* *(Relais)*
срабатывание *n* 1. Abnutzung *f*, Verschleißen *n*; 2. Ansprechen *n*, Auslösen *n* *(Relais)*
~/ложное (ошибочное) Fehlauslösung *f* *(Relais)*
~ реле Ansprechen *n* eines Relais
срабатывать 1. abnutzen, verschleißen; 2. auslösen, ansprechen *(Relais)*
сработать *s.* **срабатывать**
сравнение *n* 1. Vergleich *m*, Komparation *f*; 2. *(Math)* Kongruenz *f* *(Zahlentheorie)*
~/аддитивное additive Kongruenz *f* *(Zahlentheorie)*
~ бесконечно малых величин Vergleich *m* unendlich kleiner Größen *(mathematische Analyse)*
~/биноминальное binomische Kongruenz *f* *(Zahlentheorie)*
~/визуальное Sichtvergleich *m*
~ дробей Gleichnamigmachen *n* *(Brüche)*
~ заданной величины с истинной Sollwert/Istwert-Vergleich *m*
~/линейное lineare Kongruenz *f* *(Zahlentheorie)*

~/**логическое** *(Dat)* logischer Vergleich *m*
~/**мультипликативное** multiplikative Kongruenz *f* *(Zahlentheorie)*
~ **n-го порядка** Kongruenz *f* n-ten Grades *(Zahlentheorie)*
~/**определяющее** Bestimmungskongruenz *f* *(Zahlentheorie)*
~ **фаз** *(El)* Phasenvergleich *m*
~ **частот** *(El)* Frequenzvergleich *m*
сравнивание *n* 1. Ausgleichung *f*, Ausgleich *m*; 2. Gleichsetzung *f*
сравнивать 1. vergleichen, gegenüberstellen; 2. gleichsetzen, gleichstellen, gleichmachen; 3. einebnen, ebnen, glätten
сравнитель *m* **частот** *(El)* Frequenzvergleicher *m*
сравнить *s.* **сравнивать 1.**
сравнять *s.* **сравнивать 3.**
срастание *n* Zusammenwachsen *n*, Verwachsen *n*, Verwachsung *f*; *(Geol)* Konkretion *f*
~/**двойниковое** *(Krist)* Zwillingsverwachsung *f*
~ **кристаллов** *(Krist)* Kristallverwachsung *f*
срастаться verwachsen, zusammenwachsen
срастить *s.* **сращивать 1.**
сращение *n* *(Ch)* Kondensation *f*, Anellierung *f* *(von Ringen)*
~ **циклов** Ringkondensation *f*
сращивание *n* 1. Verbinden *n*, Verbindung *f*; 2. Verspleißen *n*, Spleißen *n* *(Kabel, Seile)*; 3. Anstückung *f*, Verlängerung *f*; *(Bw)* Längsverbindung *f*, Längsverband *m*
~ **замком** Verblatten *n*
~ **кабелей** Kabelspleißen *n*
~ **каната** Seilspleißen *n*
~ **проводов** Drahtverbindung *f*
сращивать 1. zusammenwachsen lassen; 2. verbinden; 3. [ver]spleißen *(Kabel, Seile)*
среда *f* Mittel *n*, Medium *n*; Stoff *m*
~/**агрессивная** Korrosionsmittel *n*; aggressives Medium *n*
~/**активная** aktives Medium *n*
~/**анизотропная** anisotropes Medium *n*
~ **в печи/газовая** Ofenatmosphäre *f*
~/**внешняя** externes (umgebendes) Medium *n*
~/**внутренняя** inneres Medium *n*
~/**восстановительная** *(Ch)* reduzierendes Mittel (Medium) *n*, Reduktionsmittel *n*; *(Met)* reduzierende Atmosphäre *f*
~/**газовая** *(Met)* gasförmiges Mittel (Medium) *n*, gasförmige Atmosphäre *f*
~/**гомогенная** homogenes Medium *n*
~/**диспергирующая (дисперсионная)** *(Ch)* Dispersionsmittel *n*, Dispergier[ungs]mittel *n*, Dispergens *n*
~ **для очистки металла** Reinigungsmittel *n* *(Schmelze)*
~/**естественно-анизотропная** *(Ph)* natürliches anisotropes Medium *n*
~/**закалочная** *(Härt)* Härtemittel *n*, Abschreckmittel *n*, Abschreckflüssigkeit *f*, Abschreckmedium *n*; Härtebad *n*
~/**запоминающая** *(Dat)* Speichermedium *n*
~/**защитная газовая** Schutz[gas]atmosphäre *f*
~/**идеальная рабочая** vollkommenes (ideales) Arbeitsmedium *n*
~/**изотропная** *(Ph)* isotropes Medium *n*
~/**кислая** *(Ph)* saures (sauer reagierendes) Medium *n*
~/**корродирующая** korrodierendes Mittel *n*, Korrosionsmedium *n*, Korrosionsmittel *n*, Angriffsmittel *n*, rostbildendes Mittel *n*
~/**коррозионная** *s.* ~/**корродирующая**
~/**краскопитающая** *(Typ)* farbgebendes Medium *n*
~/**краскоподающая** *(Typ)* farbgebendes Medium *n*
~/**межгалактическая** *(Astr)* intergalaktische Materie *f*
~/**межзвёздная** *(Astr)* interstellare Materie *f*
~/**межпланетная** *(Astr)* interplanetare Materie *f*
~/**мутная** trübes Medium *n*
~/**негомогенная** inhomogenes Medium *n*
~/**нейтральная** neutrales (neutral reagierendes) Mittel *n*
~/**необратимая** irreversibles Medium *n*
~/**неоднородная** inhomogenes Medium *n*
~/**непрозрачная** undurchsichtiges Medium *n*
~/**однородная** homogenes Medium *n*
~/**окислительная** *(Ch)* Oxydationsmittel *n*, oxydierendes Mittel (Medium) *n*; *(Met)* oxydierende Atmosphäre *f*
~/**окружающая** Umwelt *f*; umgebendes Medium *n*, Umgebung *f*
~/**оптическая** optisches Medium *n*
~ **отпуска** *(Härt)* Anlaßmittel *n* *(Stahl)*
~/**охлаждаемая** zu kühlendes Medium *n*
~/**охлаждающая** Kühlmedium *n*, Kühlmittel *n*
~/**пассивная** passives Medium *n*
~/**передающая** *(El)* Übertragungsmedium *n*
~/**перекачиваемая** Fördermedium *n*
~/**переломляющая** *(Opt)* brechendes Medium *n*
~ **печи/газовая** *s.* ~/**печатная**
~/**печная** *(Met)* Ofenatmosphäre *f*, Ofenmedium *n*
~/**питательная** *(Ch)* Nährmedium *n*, Nährboden *m*, Nährsubstrat *n*
~/**поглощающая** *(Ph)* Absorptionsmittel *n*, Absorbens *n*

~/**полупроводящая** halbleitendes Medium *n*
~/**проводящая** leitendes Medium *n*
~/**рабочая** Arbeitsmedium *n*
~/**рассеивающая** *(Opt)* streuendes Medium *n*
~/**реакционная** *(Ch)* Reaktionsmedium *n*, Reaktionsmilieu *n*
~/**сплошная** *(Mech)* deformierbares (kontinuierliches) Medium *n*, Kontinuum *n*
~/**теплоотводящая** Kühlmittel *n*, wärmeentziehendes Mittel (Medium) *n*
~/**теплопередающая** wärmeübertragendes Medium *n*
~/**уплотняющая** Dichtungsmittel *n*
~/**усиливающая** verstärkendes Medium *n*
~/**щелочная** *(Ch)* alkalisches (alkalisch reagierendes) Medium *n*
средневолновый Mittelwellen ...
средневязкий *(Ch)* mittelviskos, von mittlerer Viskosität
среднегодовой durchschnittlicher Jahres ..., Jahresdurchschnitts ..., im Jahresdurchschnitt
среднее *n* Mittel *n*, Mittelwert *m*, Durchschnitt *m*
~/**арифметическое** arithmetisches Mittel *n*, arithmetischer Mittelwert *m*
~/**взвешенное** gewogener Mittelwert *m*
~/**геометрическое** geometrisches Mittel *n*
~/**квадратичное** quadratisches Mittel *n*
~/**общее** Gesamtmittelwert *m*, Gesamtmittel *n*
среднекислый *(Ch)* mäßig sauer
среднелитражный *(Kfz)* mit mittelgroßem Hubraum
среднеплан *m* *(Flg)* Mitteldecker *m*
среднесмачиваемый mittelgut benetzend *(Pulvermetallurgie)*
среднесуточный durchschnittlicher Tages ..., Tagesdurchschnitts ..., im Tagesdurchschnitt
среднечастотный *(El)* mittelfrequent, Mittelfrequenz ...
средний 1. mittlerer, Mittel ..., Durchschnitts ...; 2. intermediär
средник *m* Mittelteil *n*; Mittelstück *n*
~ **оконного переплёта** Fensterkreuz *n*
средняя *f* Mittelwert *m*, Mittel *n*
средства *npl* Mittel *npl* *(s. a. unter* **средство***)*
~/**аппаратные** *(Dat)* Gerätetechnik *f*
~/**бортовые** *(Flg, Kosm)* Bordeinrichtungen *fpl*
~ **ввода [данных]** *(Dat)* Eingabemittel *npl*
~/**вспомогательные литейные** Gießereihilfsmittel *npl*
~/**десантно-переправочные** *(Mil)* Landeübersetzmittel *npl*
~ **защиты рабочих** Arbeitsschutzmitteltechnik *f*
~ **индивидуальной защиты** individuelle Arbeitsschutzmitteltechnik *f*
~/**индивидуальные переправочные** *(Mil)* Übersetzmittel *npl* für den Einzelkämpfer
~ **кодирования/вспомогательные** *(Dat)* Kodierungshilfen *fpl*
~/**маскировочные** *(Mil)* Tarnmittel *npl*
~/**местные переправочные** *(Mil)* örtliche Übersetzmittel *npl*
~/**оборотные** Umlaufmittel *pl*
~/**переправочные** *(Mil)* Übersetzmittel *npl*
~/**подручные переправочные** *(Mil)* behelfsmäßige Übersetzmittel *npl*
~ **программирования** Programmierungsunterlagen *fpl*, programmtechnische Mittel *npl*
~ **производства** Produktionsmittel *npl*
~/**противотанковые** *(Mil)* Panzerabwehrmittel *npl*
~/**сигнальные звуковые** *(Schiff)* akustische Signalmittel *npl*, Rufsignalmittel *npl*
~/**сигнальные пиротехнические** *(Schiff)* pyrotechnische Signalmittel *npl*
~/**сигнальные световые** *(Schiff)* optische Signalmittel *npl*
~/**системные** *(Dat)* Systemunterlagen *fpl*
~/**транспортные** 1. Verkehrsmittel *npl*, Beförderungsmittel *npl*, Transportmittel *npl*; 2. Fördermittel *npl*, Fördergeräte *npl*
средство *n* 1. Mittel *n*, Stoff *m* *(s. a. unter* **средства***)*; 2. Heilmittel *n*, Arznei *f*
~/**адсорбирующее** *(Ch)* Adsorbens *n*, Adsorptionsmittel *n*, adsorbierender (aufnehmender) Stoff *m*
~/**алкилирующее** *(Ch)* Alkylierungsmittel *n*
~/**антидетонационное** *(Kfz)* Antiklopfmittel *n* *(Erhöhung der Klopffestigkeit)*
~/**антикоррозийное** Korrosionsschutzmittel *n*, Rostschutzmittel *n*, Rostlockerungsmittel *n*
~/**антипенное** Schaumverhütungsmittel *n*
~/**антисептическое** antiseptisches Mittel *n*
~/**аппретирующее** *(Text)* Appreturmittel *n*, Ausrüstungsmittel *n*
~/**бактериологическое** *(Mil)* biologisches Mittel *n*
~/**белящее** *(Ch, Text)* Bleichmittel *n*
~ **ближнего боя** *(Mil)* Nahkampfwaffe *f*
~/**боевое** *(Mil)* Kampfmittel *n*
~ **борьбы** *(Mil)* Kampfmittel *n*
~ **борьбы с сорняками** *(Lw)* Unkrautbekämpfungsmittel *n*, Herbizid *n*
~ **воздушного нападения** *(Mil)* Luftangriffsmittel *n*
~/**воздушное транспортное** *(Mil)* Lufttransportmittel *n*

~/**восстанавливающее** Reduktionsmittel *n*, reduzierendes Mittel *n*
~/**вспомогательное** Hilfsstoff *m*, Hilfsmittel *n*
~/**вычислительное** Rechenmittel *n*
~/**газообразующее** Blähmittel *n*
~/**грунтоуплотняющее** Bodenverdichtungsmittel *n* *(Baugründung)*
~ **дегазации** *(Mil)* Entgiftungsmittel *n*
~/**дегазирующее** Entgasungsmittel *n*
~/**дезактивирующее** *(Kern)* Dekontaminierungsmittel *n*; *(Mil)* Entaktivierungsmittel *n*
~/**дезинфекционное (дезинфицирующее)** Desinfektionsmittel *n*, Desinfiziens *n*
~/**денатурирующее** *(Ch)* Denaturierungsmittel *n*, Vergällungsmittel *n*
~ **для борьбы за живучесть** *(Mil)* Schiffssicherungsmittel *n*
~ **для обезжиривания** Entfettungsmittel *n*
~ **для отладки/вспомогательное** *(Dat)* Testhilfe *f*
~ **для рафинирования** Reinigungsmittel *n* *(Schmelze)*
~/**зажигательное** *(Mil)* Brandmittel *n*
~/**закалочное** *(Härt)* Härtemittel *n*
~/**закрепляющее** Fixiermittel *n*, Fixativ *n*
~ **земного обеспечения самолётовождения** Navigationsbodenmittel *n*
~ **измерений** Meßmittel *n*
~ **измерений, допущенное к поверке** eichfähiges (zur Eichung zugelassenes) Meßmittel *n*
~ **измерений/образцовое** Referenznormal *n*
~ **измерений/рабочее** Betriebsmeßmittel *n*, Arbeitsmeßmittel *n*
~ **измерений температуры** Temperaturmeßmittel *n*
~ **измерений/уникальное** Unikatmeßmittel *n*
~/**измерительное** *s.* ~ **измерений**
~ **индикации** Anzeigemittel *n*
~/**инициирующее** Initiierungsmittel *n* *(Sprengladung)*
~/**инсектицидное** Insektizid *n*, insektizides Mittel *n*
~/**карбидообразующее** Karbidbildner *m*, karbidbildendes Mittel *n*
~ **квантования** *(Dat)* Zeitzuteilungseinrichtung *f*
~/**коагулирующее** Flockungsmittel *n*, Koagulant *m*
~/**корродирующее** Korrosionsbildner *m*, Rostbildner *m*
~/**лекарственное** Heilmittel *n*, Arznei *f*
~ **массового поражения** *(Mil)* Massenvernichtungsmittel *n*
~/**морское транспортное** *(Mar)* Seetransportmittel *n*
~ **настройки** Abstimmittel *n*
~/**обезвоживающее** wasserentziehendes Mittel *n*; Dehydratisierungsmittel *n*, Dehydratationsmittel *n* *(zur Wasserabspaltung aus chemischen Verbindungen)*
~/**огнезащитное** Feuerschutzmittel *n*
~/**оклеивающее** *(Lebm)* Schönungsmittel *n*
~/**осаждающее** *(Ch)* Fällungsmittel *n*, Fällungs[re]agens *n*
~/**осветляющее** 1. Klärmittel *n*; 2. *(Lebm)* Schönungsmittel *n*
~/**отбеливающее** Bleichmittel *n*
~/**отделочное** *s.* ~/**аппретирующее**
~/**откаточное** Fördermittel *n*
~ **отладки [программ]** *(Dat)* Fehlersuchhilfe *f*
~/**отстаивающее** *(Gum)* Aufrahmungsmittel *n*
~/**охладительное** Kühlmittel *n*, Kältemittel *n*
~/**очистительное** Reinigungsmittel *n*
~/**пенообразующее** Schaum[erzeugungs]mittel *n*, Schaumbildner *m*
~ **перестроения памяти** *(Dat)* Einrichtung *f* zur Speicherumordnung
~ **поверки** Prüfmittel *n*
~/**подрывное** Sprengmittel *n*
~ **поражения** *(Mil)* Kampfmittel *n*
~/**порообразующее** Porenbildner *m*
~/**промывочное** Spülmittel *n*
~/**пропитывающее** Imprägniermittel *n*, Abdichtmittel *n*
~/**противокоагулирующее** *(Ch)* Antikoagulans *n*
~/**пятновыводящее** Fleckentfernungsmittel *n*
~/**радиологическое боевое** *(Mil)* radiologisches Kampfmittel *n*
~/**радиолокационное** Funkmeßmittel *n*
~/**радионавигационное** Funknavigationsmittel *n*
~/**радиопеленгаторное** Funkpeilmittel *n*
~ **радиосвязи** Funknachrichtenmittel *n*
~/**радиотехническое** Funkmittel *n*, funktechnisches (radiotechnisches) Mittel *n*
~/**растворяющее** Lösungsmittel *n*, Lösemittel *n*
~ **связи** *(Fmt)* Nachrichtenmittel *n*, Verbindungsmittel *n*
~/**синтетическое моющее** synthetisches Waschmittel *n*, Detergens *n*, Detergent *n*, Syndet *n*
~/**смазочное** Schmiermittel *n*, Schmierstoff *m*
~/**травильное** Ätzmittel *n*
~/**транспортное** Transportmittel *n*
~/**удобрительное** Düngemittel *n*
~/**уплотняющее** Dichtungsmittel *n*
~ **управления** Steuermittel *n*

~/химическое деструктурирующее chemisches Abbaumittel (Plastiziermittel) *n*
~/цементирующее *(Härt)* Einsatzmittel *n* *(Einsatzhärtung)*
~ ядерного нападения Kernwaffeneinsatzmittel *n*
срез *m* 1. Abschneiden *n*; 2. *(Fest)* Scheren *n*, Abscheren *n*; 3. Schnittfläche *f*, Schnittstelle *f*; 4. Schnitt *m* *(mit dem Mikrotom hergestelltes mikroskopisches Präparat)*; 5. *(Mil)* Stoßfläche *f* *(Rohr, Verschluß)*; 6. *(Met)* Blockkopf *m*, verlorener Kopf *m*
~/косой *s.* **стык/косой**
~ орудия/дульный *(Mil)* Mündungsfläche *f* *(Geschütz)*
~/реактивного сопла *(Rak)* Düsenöffnung *f*, Schubdüsenöffnung *f*, Düsenmündungsfläche *f*, Endquerschnitt *m* der Schubdüse *(Strahltriebwerk)*
~/сверхтонкий Ultradünnschnitt *m* *(Mikroskopie)*
~ сопла/косой Schrägabschnitt *m* *(Düse; Dampfturbine)*
~/тонкий Dünnschnitt *m* *(Mikroskopie)*
~/ультратонкий Ultradünnschnitt *m* *(Mikroskopie)*
X-срез *m* *(Krist)* X-Schnitt *m*
Y-срез *m* *(Krist)* Y-Schnitt *m*
срезание *n* Abschneiden *n*; *(Schw)* Abbrennen *n*, Freischneiden *n*
~ «на ус» Abschrägen *n* *(z. B. von Schottsteifen)*
срезать *s.* **срезывать**
~ «на ус» *(Schiff)* abschrägen *(z. B. Schottsteife)*
срезывание *n* 1. Abschneiden *n*; 2. *(Wkst)* Abscheren *n*
срезывать 1. abschneiden; 2. *(Wkst)* abscheren; 3. *(Schw)* abbrennen, freischneiden
сровнять *s.* **сравнивать 3.**
сродство *n* 1. Verwandtschaft *f*; Ähnlichkeit *f*; 2. Entsprechen *n*; 3. Korrespondenz *f*, Korrelation *f*; 4. *(Ch)* Affinität *f*
~ к кислороду Sauerstoffaffinität *f*
~ к электрону Elektronenaffinität *f*
~/химическое chemische Affinität *f*
~/электронное Elektronenaffinität *f*
срок *m* Zeit *f*, Zeitspanne *f*, Zeitraum *m*; Dauer *f*; Termin *m*; Zeitpunkt *m*
~/агротехнический agrotechnischer Termin *m*
~ брожения Gärdauer *f*, Gärzeit *f*
~ выдержки Haltezeit *f* *(Beton)*
~/гарантийный 1. vertraglicher (vertraglich vereinbarter) Termin *m*; 2. Garantiezeit *f*
~ годности Haltbarkeitsdauer *f*
~ давности Verjährungsfrist *f*
~ доставки Lieferfrist *f*, Lieferzeit *f*; Liefertermin *m*
~ на изготовление Herstellungszeit *f*
~ на разработку Entwicklungszeit *f*
~ наблюдения Beobachtungstermin *m*
~ обработки Bearbeitungstermin *m*
~ окупаемости Amortisationszeit *f*
~ платежа Zahlungsfrist *f*, Zahlungstermin *m*
~ поставки *s.* **~ доставки**
~/предельный äußerste Frist *f*, äußerster Termin *m*
~/промежуточный Zwischentermin *m*
~ распалубки *(Bw)* Ausschalungsfrist *f* *(Betonarbeiten)*
~ сдачи Ablieferungstermin *m*, Übergabetermin *m*
~/сжатый gedrückter Termin *m*
~ службы Nutzungsdauer *f*, Lebensdauer *f* *(z. B. einer Maschine)*; Standzeit *f*, Standdauer *f* *(z. B. einer Zimmerung im Bergbau)*
~ службы/ожидаемый Lebensdauererwartung *f*
~ службы печи *(Met)* Ofenstandzeit *f*
~ службы/полезный Nutzlebensdauer *f*, Nutzbrenndauer *f* *(einer Glühlampe)*
~ службы/полный absolute Lebensdauer *f*
~ службы футеровки *(Met)* Futterhaltbarkeit *f*
~ службы шины Reifenlaufzahl *f*; Reifenwegstrecke *f*
~ сохраняемости Lagerungsdauer *f*
~ схватывания *(Bw)* Bindezeit *f*, Abbindezeit *f* *(Beton, Mörtel)*
~/установленный festgesetzter Termin *m*
~ хранения 1. Lagerungsfrist *f*; 2. *(Dat)* Sperrzeit *f*
~ хранения товара Lagerfrist *f*
сростки *mpl*/**кристаллические** Kristallverwachsungen *fpl*
сросток *m* 1. *(El)* Spleiß *m*, Spleißstelle *f* *(Kabel, Seil)*; Verbindungsstelle *f*; 2. Verwachsung *f* *(Kristalle)*
~/двойниковый *s.* **двойник 1.**
~/закономерный *(Krist)* gesetzmäßige (regelmäßige) Verwachsung *f*
~/параллельный *(Krist)* Parallelverwachsung *f*
СРП *s.* **радиопеленгатор/слуховой**
СРТ *s.* **траулер/средний рыболовный**
СРТМ = средний рыболовный траулер-морозильщик
СРТР = средний рыболовный траулер-рефрижератор
сруб *m* *(Bw)* Blockverband *m* *(Holzbauten in liegender Blockbauweise)*
срубать *(Forst)* fällen, schlagen, abholzen
срубить *s.* **срубать**
срыв *m* Abreißen *n*
~/бумажный Abriß *m* *(Papier)*
~ вихрей *(Hydrom)* Abreißen *n* der Strömung
~ пламени Abreißen *n* der Flamme

~ **пограничного слоя** *(Aero)* Grenzschichtablösung *f*
~ **потока [на крыле]** *(Aero)* Abreißen *n* der Strömung *(am Tragflügel)*
~ **электронов** *s.* **выход электронов**
срывать abreißen
~ **резьбу** ein Gewinde überdrehen
ССК *s.* **слово состояния канала**
ССП *s.* **слово состояния программы**
ССУ *s.* **установка/судовая силовая**
ссучивать *(Text)* nitscheln, würgeln *(Spinnerei)*
ссучить *s.* **ссучивать**
ссылка *f* *(Dat)* Bezugnahme *f*, Symbolnachweis *m*
~/**внешняя** externe Referenz (Bezugnahme) *f*
~/**перекрёстная** *(Dat)* Symbolnachweis *m*
ссыпание *n* Herunterrieseln *n* *(Schüttgut)*
ссыпать aufschütten
ссыпаться herunterrieseln, herabfallen *(Schüttgut)*
ссыпка *f* Aufschüttung *f*, Schüttung *f*
Ст *s.* **стокс**
стабилидин *m* *(El)* Stabilidyneschaltung *f*
стабилизатор *m* 1. Stabilisator *m*; 2. *(Flg)* Stabilisierungsfläche *f*, Flosse *f*, Höhenflosse *f*; 3. *(El)* Stabilisator *m*, Gleichhalter *m*; 4. *s.* **стабилизатор ракеты**; 5. *(Mil)* *s.* **стабилизатор бомбы**; 6. *(Ch)* Stabilisator *m*, Stabilisierungsmittel *n*; Alterungsschutzmittel *n*
~/**боковой** *(Flg)* Stützflosse *f*
~ **бомбы** Leitfläche *f*, Steuerflügel *m*, Flügel *m* *(Bombe)*
~/**вертикальный** *(Flg)* Seiten[leit]flosse *f*, Kielflosse *f*
~ **влажности** Feuchthaltemittel *n*
~/**газоразрядный** *(El)* Glimm[lampen]-stabilisator *m*
~/**гидравлический** *(Kfz)* hydraulischer Stabilisator *m*
~/**гироскопический** *(Schiff)* Schlingerkreisel *m*
~/**горизонтальный** *(Flg)* Höhenflosse *f*
~ **давления воздуха** *(Reg)* Luftdruckregler *m* *(bei der pneumatischen Längenmessung)*
~ **дисперсии** *(Ch)* Dispersionsstabilisator *m*
~/**кварцевый** *(Rf)* Quarzstabilisator *m*
~ **напряжения** *(El)* Spannungsstabilisator *m*, Spannungskonstanthalter *m*
~ **напряжения/полупроводниковый** Halbleiterspannungsstabilisator *m*
~ **напряжения/транзисторный** Transistorspannungsstabilisator *m*
~ **напряжения/ферромагнитный** magnetischer Spannungsstabilisator *m*
~ **пламени** *(Rak)* Flammhalter *m*
~ **ракеты** Raketenflügel *m*, Stabilisator *m*
~/**регулируемый** *(Flg)* Verstellflosse *f*
~ **силы тока** *s.* **бареттер 1.**
~/**стержневой** *(Kfz)* Drehstabilisator *m*
~ **тока** *(El)* Stromstabilisator *m*, Stromkonstanthalter *m*
~/**торсионный** *(Kfz)* Drehstabilisator *m*
~/**феррорезонансный** *(El)* Ferroresonanzstabilisator *m*
~/**хвостовой** *(Flg)* Heckflosse *f*, Schwanzflosse *f*
~ **частоты** *(El)* Frequenzstabilisator *m*
~/**электронный** *(El)* elektronischer Stabilisator *m*
стабилизация *f* 1. Stabilisierung *f*, Konstanthaltung *f*, Gleichhaltung *f*; Einhaltung *f*; 2. *(Text)* Fixierung *f*, Fixieren *n*; 3. *(Reg)* *s.* ~ **заданного значения** • **с амплитудной стабилизацией** amplitudenstabilisiert • **с мост[ик]овой стабилизацией** brückenstabilisiert • **с кварцевой стабилизацией [частоты]** quarzstabilisiert, quarzgesteuert • **со стабилизацией нуля** nullpunkt[s]konstant
~/**автоматическая** Festwertregelung *f*
~ **амплитуды** *(El)* Amplitudenstabilisierung *f*
~ **бензина** Benzinstabilisierung *f*
~ **вращением** *(Mil)* Drallstabilisierung *f* *(Geschoß)*
~ **горячим воздухом/тепловая** *(Text)* Thermofixierung *f* mit Hilfe von Heißluft, Heißluftfixierung *f*
~ **грунта** *(Bw)* Bodenverfestigung *f*
~ **заданного значения** Festwertregelung *f*
~/**импульсная** Impulsstabilisierung *f*
~ **качки** Schlingerdämpfung *f*
~/**кварцевая** Quarzstabilisierung *f*, Quarzsteuerung *f*
~/**мостовая** *(El)* Brückenstabilisierung *f*
~ **напряжения** *(El)* Spannungsstabilisierung *f*, Spannungskonstanthaltung *f*
~ **напряжения переменного тока** Wechselspannungsstabilisierung *f*
~ **насыщенным паром** *(Text)* Sattdampffixierung *f*
~ **скорости** *(Masch)* Drehzahlstabilisierung *f*, Drehzahlkonstanthaltung *f*
~/**тепловая (термическая)** *(Text)* Thermofixierung *f*
~ **тока** *(El)* Stromstabilisierung *f*, Stromkonstanthaltung *f*
~ **фазы** *(El)* Phasenstabilisierung *f*
~ **частоты** *(El)* Frequenzstabilisierung *f*
~ **частоты/кварцевая** Frequenzstabilisierung *f* durch Quarzsteuerung
~ **числа оборотов** *s.* ~ **скорости**
стабилизированный stabilisiert
~ **кварцем** quarzstabilisiert, quarzgesteuert
~ **по амплитуде** amplitudenstabilisiert

~ по току stromstabilisiert, stromkonstant
~ по частоте frequenzstabilisiert
стабилизировать 1. *(Ch)* stabilisieren; 2. *(Text)* fixieren; 3. *(Bw)* verfestigen *(Boden)*
~ горячим воздухом *(Text)* heißluftfixieren, mit Heißluft fixieren
~ насыщенным паром *(Text)* sattdampffixieren, mit Sattdampf fixieren
стабилизовать *s.* **стабилизировать**
стабилитрон *m (Eln)* Stabilisator *m*, Stabilisatorröhre *f*, Stabilisierungsröhre *f* *(für Spannungen)*
~ коронного разряда Koronastabilisator *m*
~/кремниевый Siliziumstabilisator *m*
~/полупроводниковый Halbleiterstabilitron *n*, Stabilisierungsdiode *f*
~ тлеющего разрядя Glimm[lampen]-stabilisator *m*, Stabilisatorglimmröhre *f*
стабиловольт *m (El)* Glimm[lampen]-stabilisator *m*, Glimm[röhren]spannungsstabilisator *m*, Stabilisatorglimmröhre *f*
стабильность *f* Stabilität *f*, Beständigkeit *f*, Konstanz *f*; Standfestigkeit *f*; Zuverlässigkeit *f*
~ напряжения *(El)* Spannungsstabilität *f*, Spannungskonstanz *f*
~ нуля Nullpunkt[s]konstanz *f*, Nullkonstanz *f*
~ орбиты Bahnstabilität *f*
~ размеров Maßhaltigkeit *f*, Maßbeständigkeit *f*
~/термическая thermische Stabilität (Festigkeit) *f*, Wärmestabilität *f*, Thermostabilität *f*
~ траектории Bahnstabilität *f*
~/фазовая *(El)* Phasenstabilität *f*
~ частоты *(El)* Frequenzstabilität *f*
~ ядер *s.* **~/ядерная**
~/ядерная *(Kern)* Kernstabilität *f*, nukleare Stabilität *f*
стабильный по частоте frequenzstabil
ставень *m (Bw)* Fensterladen *m*
ставить 1. setzen, stellen, einstellen; 2. anbringen; 3. liefern
~ опыт einen Versuch ansetzen (anordnen)
~ паруса Segel setzen
ставролит *m (Min)* Staurolith *m*
стадион *m* Stadion *n*
~/водный Schwimmstadion *n*
~/крытый überdachtes Stadion *n*
стадия *f* Stadium *n*
~/ботническая *(Geol)* Bottnisches Stadium *n*, mittelschwedisch-südfinnisches Stadium *n*, Finiglazial[stadium] *n*
~/бранденбургская *(Geol)* Brandenburger Stadium *n*
~ брожения Gärstadium *n*
~/бюльская *(Geol)* Bühlstadium *n*
~/вартинская *(Geol)* Warthestadium *n*
~ Герца *s.* **~/конденсационная**
~/готигляциальная *(Geol)* südschwedisches Stadium *n*, Gotiglazial[stadium] *n*
~ града *(Meteo)* Hagelstadium *n*
~/даниглациальная *(Geol)* Langelandstadium *n*, Daniglazial[stadium] *n*
~/даунская *(Geol)* Daun-Stadium *n*
~ дождя *(Meteo)* Regenstadium *n*
~ компиляции *(Dat)* Übersetzungsstadium *n*
~/конденсационная *(Meteo)* Kondensationsstadium *n*
~/ледниковая *(Geol)* Stadium *n* *(Zeitabschnitt einer Vereisungsperiode mit vorübergehendem Vorstoß des Eises)*
~ обработки *s.* **переход/технологический**
~/пластическая *(Fest)* plastisches Stadium *n*
~/померанская (поморская) *(Geol)* Pommersches Stadium *n*
~ реакции Reaktionsstadium *n*, Reaktionsstufe *f*
~ резита *(Plast)* Resitstadium *n*, Resitzustand *m*, C-Stadium *n*
~ резитола *(Plast)* Resitolstadium *n*, Resitolzustand *m*, B-Stadium *n*
~ резола *(Plast)* Resolstadium *n*, Resolzustand *m*, A-Stadium *n*
~ снега *(Meteo)* Schneestadium *n*
~/снеговая *s.* **~ снега**
~ состояния бетона/вторая *(Bw)* Zustand II *m* des Betons
~/сухая *(Meteo)* Trockenstadium *n*
~/финиглациальная *s.* **~/ботническая**
~/франкфуртская *(Geol)* Frankfurter Stadium *n*
стакан *m* 1. Glas *n*; Becher *m*; 2. *(Met)* Stopfenausguß *m*, Stopfenstein *m*, Ausgußstein *m*, Lochstein *m*, Auslaufstein *m (Gießpfanne)*; Abstichstein *m*, Kanalstein *m (Schmelzöfen)*; 3. *(Masch)* Laufbüchse *f*; 4. *(Bgb)* Pfeife *f (Sprengarbeiten)*; 5. *(Bw)* Hülse *f (Stützenfundament)*
~/буферный *(Eb)* Pufferhülse *f*
~/доильный Melkbecher *m*
~ мины/запальный *(Mil)* Initialladung *f* *(Wurfgranate)*
~/переборочный *(Schiff)* Schottdurchführung *f*, Schottstutzen *m*
~ разливочного ковша *s.* **стакан 2.**
~/разливочный *s.* **стакан 2.**
~/химический Becherglas *n*
стакер *m* fahrbarer Stapelförderer *m*
~/скребковый fahrbarer Stapelkratzförderer *m (für Holz im Holzlagerbetrieb)*
стаксель *m* Vorsegel *n*, Focksegel *n*, Stagfock *f (Segeljacht)*

~/**генуэзский** Genua-Fock *f*, Genua *f* *(Segeljacht)*

~/**штормовой** Sturmfock *f* *(Segeljacht)*

стаксель-фал *m* Vorsegel-Fall *n*, Fockfall *n* *(Segeljacht)*

стаксель-шкот *m* Vorsegelschot *f*, Fockschot *f* *(Segeljacht)*

стаксель-штаг *m* Vorstag *n* *(Segeljacht)*

сталагмит *m* *(Geol)* Stalagmit *m* *(vom Höhlenboden aufwachsende Tropfsteinbildung)*

сталагмометр *m* Stalagmometer *n* *(Tropfgerät zur Ermittlung der Oberflächenspannung von Flüssigkeiten)*

сталагнат *m* Stalagnat *m*, Tropfsteinsäule *f*

сталактит *m* *(Geol)* Stalaktit *m* *(von der Höhlendecke herabwachsende Tropfsteinbildung)*

сталеалюминиевый *(El)* Stahlaluminium . . ., Stalu . . .

сталебетон *m* *(Bw)* Stahlbeton *m* *(s. a.* **железобетон***)*

сталебронированный *(El)* stahlarmiert, eisenarmiert, eisenbeschwert *(Kabel)*

сталеварение *n* Stahlschmelzen *n*, Stahlfrischen *n*, Flußstahlgewinnung *f*

сталелитейная *f* Stahlgießerei *f*

сталелитейный Stahlguß . . ., Stahlgießerei . . .

сталеплавильный Stahlschmelz . . ., Stahlschmelzerei . . .

сталепрокатный Stahlwalz . . .

сталкивание *n* **листов** *(Typ)* Stauchen (Aufstoßen) *n* der Bogen *(manuell)*; Schütteln *n* *(maschinell)*

сталкиватель *m* *(Wlz)* Abschiebevorrichtung *f*

~ **блум[с]ов** Blockabschiebevorrichtung *f*

~ **бунтов** Bundabschiebevorrichtung *f*

~ **груза** Abschieber *m* *(Fördertechnik)*

~ **матриц** *(Typ)* Matrizenschieber *m*

~ **слябов** *(Wlz)* Brammenabschiebevorrichtung *f*

сталодикатор *m* *(Schiff)* Stalodikator *m* *(Gerät zur Kontrolle des Biegemoments, des Trimms und der Stabilität von Seeschiffen)*

сталь *f* *(Met)* Stahl *m*

~/**автоматная** Automatenstahl *m*

~/**азотированная** Nitrierstahl *m*, nitrierter Stahl *m*

~/**азотируемая** Nitrierstahl *m*, nitrierfähiger Stahl *m*

~/**алитированная** alitierter Stahl *m*

~/**антикоррозийная** korrosionsbeständiger (rostbeständiger, nichtrostender) Stahl *m*

~/**арматурная** Betonstahl *m*, Bewehrungsstahl *m*

~/**аустенитная** austenitischer Stahl *m*

~/**аустенитная [высоко]марганцевая** Manganhartstahl *m*

~/**бандажная** Bandagen[walz]stahl *m*, Radreifenstahl *m*

~/**безуглеродистая** technisch reiner, kohlenstoffarmer SM-Stahl *m* *(C = 0,025 %)*

~/**бессемеровская** Bessemerstahl *m*

~/**бимсовая** Wulststahl *m*, Bulbstahl *m*

~/**болтовая** Schraubenstahl *m*

~/**бористая** Borstahl *m* *(für kerntechnische Zwecke)*

~/**броневая** Panzerstahl *m*

~/**бульбовая** Bulbstahl *m*, Wulststahl *m*

~/**быстрорежущая** Schnell[arbeits]stahl *m*

~ **в прутках** Stangenstahl *m*

~ **в слитках** Blockstahl *m*, Gußblockstahl *m*, Flußstahl *m*

~/**ванадиевая** Vanadiumstahl *m*, Vanadinstahl *m*, vanadiumlegierter Stahl *m*

~/**воздушно-закаливающаяся** lufthärtender Stahl *m*

~/**волочёная** gezogener Stahl *m*

~/**вольфрамовая** Wolframstahl *m*, wolframlegierter Stahl *m*

~ **высокого электросопротивления** Stahl *m* mit hohem elektrischem Widerstand, hochohmiger Stahl *m*

~/**высококачественная** Qualitätsstahl *m*, Edelstahl *m*

~/**высококачественная листовая** Qualitäts[stahl]blech *n*

~/**высоколегированная** hochlegierter Stahl *m*, Edelstahl *m*, Qualitätsstahl *m*

~/**высокопрочная** hochfester Stahl *m*

~/**высокоуглеродистая** hochgekohlter (kohlenstoffreicher) Stahl *m*

~/**высокохромистая** hochlegierter Chromstahl *m*

~/**вязкая** zäher Stahl *m*

~ **Гадфильда** Hadfield-Stahl *m* *(Manganhartstahl)*

~/**горячекатаная** warmgewalzter Stahl *m*

~/**гофрированная листовая** Wellblech *n* *(besonderer Festigkeit und Steifheit)*

~/**графитизированная** Graphitstahl *m*

~/**двутавровая** Doppel-T-Stahl *m*, I-Stahl *m*

~/**декапированная [листовая]** dekapiertes (gebeiztes, entzundertes) Blech (Stahlblech) *n*

~/**динамная** Dynamostahl *m*

~/**динамная листовая** Dynamoblech *n*

~ **для сварных труб/штрипсовая** Schweißstahl *m* *(zur Herstellung von Rohren)*

~ **для цементации** Einsatzstahl *m*, Stahl *m* für Einsatzhärtung

~/**доэвтектоидная** untereutektischer (unterperlitischer) Stahl *m*

~/**жаропрочная** *s.* ~/**жаростойкая**

~/**жаростойкая (жароупорная)** hitzebeständiger (warmfester, zunder[ungs]beständiger) Stahl *m*

~/**закалённая** gehärteter Stahl *m*
~, **закаливаемая в воде** Wasserhärtungsstahl *m*, Wasserhärter *m*, Schalenhärter *m*, C-Stahl *m*
~, **закаливаемая в воздушной струе** Lufthärtungsstahl *m*, Lufthärter *m*
~, **закаливаемая в масле** Ölhärtungsstahl *m*, Ölhärter *m*, Durchhärter *m*
~/**закаливающаяся** härtbarer Stahl *m*
~/**заэвтектоидная** übereutektoider Stahl *m*
~/**зернистая** körniger Stahl *m*
~/**износостойкая (износоустойчивая)** verschleißfester Stahl *m*
~/**инструментальная** Werkzeugstahl *m*
~/**инструментальная быстрорежущая** Schnell[arbeits]stahl *m*
~/**инструментальная легированная** legierter Werkzeugstahl *m*
~/**инструментальная углеродистая** unlegierter Werkzeugstahl *m*
~/**инструментальная штамповая** Gesenkstahl *m*
~/**калиброванная** 1. gezogener Stahl *m*; 2. kalibriert gewalzter Stahl *m*
~/**карбидная** karbidischer Stahl *m*; Werkzeugstahl *m*
~/**каркасная** *(Gieß)* Kerneisen *n*, Kernbewehrung *f*
~/**катаная** gewalzter Stahl *m*, Walzstahl *m*
~/**катаная круглая** gewalzter Rundstahl *m*
~/**катаная сортовая** gewalzter Stabstahl *m*
~/**качественная** Qualitätsstahl *m*
~/**квадратная** Vierkantstahl *m*
~/**кипящая** unberuhigter (unberuhigt vergossener) Stahl *m*
~/**кислая** saurer (sauer erschmolzener) Stahl *m*
~/**кислотостойкая (кислотоупорная)** säurebeständiger (säurefester) Stahl *m*
~/**кобальтовая** Kobaltstahl *m*, kobaltlegierter Stahl *m*
~/**кованая** 1. geschmiedeter Stahl *m*; 2. Schmiedestück *n*, Schmiedeteil *n*
~/**ковкая** schmiedbarer Stahl *m*, Schmiedestahl *m*
~/**комплексно-легированная** komplexlegierter Stahl *m* *(mehr als zwei Legierungselemente)*
~/**конвертерная** Konverterstahl *m* *(Bessemer- und Thomasstahl)*
~/**конструкционная** Baustahl *m*, Konstruktionsstahl *m*
~/**конструкционная улучшаемая** Vergütungsbaustahl *m*
~/**конструкционная цементуемая** Einsatzbaustahl *m*
~/**коррозиеустойчивая (коррозионностойкая, коррозионно-устойчивая)** korrosionsbeständiger (rostbeständiger, nichtrostender) Stahl *m*
~/**котельная** Kesselblech *n*, Dampfkesselblech *n*
~/**красноломкая** warmbrüchiger (rotbrüchiger) Stahl *m*
~/**кремнемарганцевая** Mangansiliziumstahl *m*, Siliziummanganstahl *m*, silizium-manganlegierter Stahl *m*
~/**кремнистая** Siliziumstahl *m*, Stahl *m* mit erhöhtem Siliziumgehalt
~/**кричная** Herdfrischstahl *m*
~/**круглая** Rundstahl *m*
~/**крупнозернистая** grobkörniger Stahl *m*
~/**легированная** legierter Stahl *m*
~/**легированная инструментальная** legierter Werkzeugstahl *m*
~/**ледебуритная** ledeburitischer Stahl *m*
~/**ленточная** Bandstahl *m*
~/**листовая** Stahlblech *n*, Blech *n*
~/**листовая высококачественная** Qualitätsstahlblech *n*
~/**листовая толстая** Grob[stahl]blech *n* *(4 ... 60 mm Dicke)*
~/**листовая тонкая** Fein[stahl]blech *n* *(unter 4 mm Dicke)*
~/**листовая электротехническая** Elektro[magnet]blech *n*, Transformatorenblech *n*, Trafoblech *n*
~/**магнитная** Stahl *m* mit besonderen magnetischen Eigenschaften
~/**магнитно-мягкая** magnetisch weicher Stahl *m*
~/**маломагнитная** antimagnetischer Stahl *m*
~/**малоуглеродистая** niedriggekohlter Stahl *m*
~/**марганцевая** Manganstahl *m*
~/**марганцевая твёрдая** Manganhartstahl *m*, Hartmanganstahl *m*
~/**марганцовая** *s.* ~/**марганцевая**
~/**мартеновская** Siemens-Martin-Stahl *m*, SM-Stahl *m*
~/**мартеновская кислая** saurer Siemens-Martin-Stahl *m*, saurer SM-Stahl *m*
~/**мартеновская основная** basischer Siemens-Martin-Stahl *m*, basischer SM-Stahl *m*
~/**мартенситная** Martensitstahl *m*, martensitischer Stahl *m*
~ **мартенситного класса** Martensitstahl *m*, martensitischer Stahl *m*
~/**машиностроительная** Maschinenstahl *m*, Maschinenbaustahl *m*
~/**медистая** kupferhaltiger Stahl *m*, Kupferstahl *m*
~/**мелкосортная** Feinstahl *m*, Handelsstahl *m*
~/**многослойная** Verbundstahl *m*
~/**молибденовая** Molybdänstahl *m*, molybdänlegierter Stahl *m*
~/**мягкая** *s.* ~/**низкоуглеродистая**
~/**нагартованная** verfestigter Stahl *m*

~/**науглероженная** [auf]gekohlter Stahl *m*
~/**незащищённая** ungeschützter Stahl *m*
~/**нелегированная** unlegierter Stahl *m*, Kohlenstoffstahl *m*
~/**немагнитная** unmagnetischer Stahl *m*
~/**необработанная листовая** Rohstahlblech *n*
~/**нержавеющая** nichtrostender (rostfreier, rostsicherer) Stahl *m*, Nirosta *m*
~/**неуспокоенная** unberuhigter (unberuhigt vergossener) Stahl *m*
~/**низколегированная** niedriglegierter Stahl *m*
~/**низкоуглеродистая** niedriggekohlter (kohlenstoffarmer) Stahl *m*
~/**никелевая** Nickelstahl *m*, nickellegierter (nickelhaltiger) Stahl *m*
~/**никелемолибденовая** Nickel-Molybdän-Stahl *m*, nickel-molybdänlegierter Stahl *m*
~/**нитрированная** Nitrierstahl *m*, nitrierter Stahl *m*
~/**ножевая** normaler Schneidwerkzeugstahl *m*
~/**нормализованная** normalisierter (normalgeglühter) Stahl *m*
~/**огнестойкая** hitzebeständiger Stahl *m*
~/**окалиностойкая** zunderfester (zunderbeständiger, zunderungsbeständiger) Stahl *m*
~/**основная** basischer (basisch erschmolzener) Stahl *m*
~/**отожжённая** geglühter Stahl *m*
~/**отпущенная** angelassener Stahl *m*
~/**оцинкованная листовая** verzinktes Blech *n*
~/**перегретая** überhitzter Stahl *m*
~/**передутая** übergarer Stahl *m*
~ **переменного профиля/арматурная** Knotenstahl *m*
~/**переплавленная** umgeschmolzener Stahl *m*
~/**перлитная** perlitischer Stahl *m*
~/**плакированная** plattierter Stahl *m*
~ **повышенного качества** Stahl *m* erhöhter Qualität
~/**поделочная** Maschinen[bau]stahl *m*
~/**полосовая** Flachstahl *m*, Bandstahl *m*, Flachstahlprofil *n*
~/**полуаустенитная** halbaustenitischer Stahl *m*
~/**полуспокойная** halbberuhigter (halbberuhigt vergossener) Stahl *m*
~/**полуферритная** halbferritischer Stahl *m*
~/**природно-легированная** naturlegierter Stahl *m*
~/**профильная** Profilstahl *m*, Formstahl *m*
~/**пружинная** Federstahl *m*
~/**прутковая** Stabstahl *m*, Stangenstahl *m*
~/**пузырчатая** blasiger Stahl *m*
~/**раскислённая** *s.* ~/**спокойная**
~/**рафинированная** Raffinierstahl *m*
~/**рельсовая** Schienenstahl *m*
~/**рессорная** Federstahl *m*
~/**рессорно-пружинная** Federstahl *m*
~/**рифлёная** Riffelstahl *m*
~/**рифлёная листовая** Riffel[stahl]blech *n*
~/**рядовая** *s.* ~/**торговая**
~ **с зернистой структурой** körniger Stahl *m*
~ **с особыми свойствами** Sonderstahl *m*
~ **с поперечными рёбрами** quergerippter Stahl *m*
~/**самозакаливающаяся** selbsthärtender (lufthärtender) Stahl *m*, Selbsthärter *m*, Lufthärter *m*
~/**самозакальная** *s.* ~/**самозакаливающаяся**
~/**сваренная** geschweißter Stahl *m*
~/**свариваемая** schweißbarer Stahl *m*
~/**сварочная** Schweißstahl *m* *(im teigigen Zustand gewonnener Stahl)*
~/**сегментная** Halbrundstahl *m*
~/**серебристая** Silberstahl *m*
~/**силицированная** silizierter Stahl *m*
~/**слаболегированная** niedriglegierter (schwachlegierter) Stahl *m*
~/**слабоотожжённая** weichgeglühter Stahl *m*
~/**сложнолегированная** komplexlegierter Stahl *m* *(mehr als zwei Legierungselemente)*
~/**сорбитная** sorbitischer Stahl *m*
~/**сортовая** Formstahl *m*, Profilstahl *m*, Stabstahl *m* *(Flach-, Quadrat-, Mehrkant- und Rundstahl)*
~/**специальная** Sonderstahl *m*
~/**спечённая легированная** Sinterstahllegierung *f*
~/**сплошная буровая** Vollbohr[er]stahl *m*
~/**спокойная** beruhigter (beruhigt vergossener) Stahl *m*
~/**среднелегированная** mittellegierter Stahl *m* *(allgemeiner Anteil der Legierungselemente von 2,5 . . . 5,5 %)*
~/**среднеуглеродистая** mittelgekohlter Stahl *m*
~/**строительная** Baustahl *m*
~/**строительная листовая** Baustahlblech *n*
~/**тавровая** T-Stahl *m*
~/**твёрдая** Hartstahl *m*, harter Stahl *m*
~/**теплоустойчивая** warmfester Stahl *m*
~/**термически улучшенная** vergüteter Stahl *m*, Vergütungsstahl *m*
~/**тигельная** Tiegel[guß]stahl *m*
~/**титанистая** Titanstahl *m*, titanlegierter Stahl *m*
~/**толстолистовая** Grobblech *n*, dickes Stahlblech *n*

~/**томасовская** Thomasstahl *m*
~/**тонколистовая** Feinblech *n*, dünnes Stahlblech *n*
~/**торговая** Handelsstahl *m*, Massenstahl *m*, unlegierter Stahl (Baustahl) *m*, Normalstahl *m*
~/**травленная листовая** dekapiertes Stahlblech *n*
~/**трансформаторная листовая** Transformatorenblech *n*, Trafoblech *n*
~/**тройная** Ternärstahl *m* *(Stahl mit einem Legierungsbestandteil)*
~/**тро[о]ститная** troostitischer Stahl *m*
~/**тянутая** gezogener Stahl *m*
~/**углеродистая** Kohlenstoffstahl *m*, unlegierter Stahl *m*
~/**угловая** Winkelstahl *m*
~/**улучшаемая** Vergütungsstahl *m*
~/**улучшенная** vergüteter Stahl *m*
~/**уравновешенная** halbberuhigter (halbberuhigt vergossener) Stahl *m*
~/**успокоенная** beruhigter (beruhigt vergossener) Stahl *m*
~/**фасонная** Formstahl *m*, Profilstahl *m*
~/**фасонная листовая** Form[stahl]blech *n*
~/**ферритная** ferritischer Stahl *m*
~/**ферритно-аустенитная** ferritisch-austenitischer Stahl *m*
~/**холоднокатаная** kaltgewalzter Stahl *m*
~/**холоднокованая** kaltgehämmerter Stahl *m*
~/**холодноломкая** kaltbrüchiger Stahl *m*
~/**холоднотянутая** kaltgezogener Stahl *m*
~/**холодостойкая (холодоустойчивая)** kältefester (kältebeständiger) Stahl *m*
~/**хромистая** Chromstahl *m*, chromlegierter Stahl *m*
~/**хромованадиевая** Chrom-Vanadium-Stahl *m*, Chrom-Vanadin-Stahl *m*, chrom-vanadiumlegierter Stahl *m*
~/**хромовольфрамовая** Chrom-Wolfram-Stahl *m*, chrom-wolframlegierter Stahl *m*
~/**хромомарганцевая** Chrom-Mangan-Stahl *m*, chrom-manganlegierter Stahl *m*
~/**хромомолибденовая** Chrom-Molybdän-Stahl *m*, chrom-molybdänlegierter Stahl *m*
~/**хромоникелевая** Chrom-Nickel-Stahl *m*, chrom-nickellegierter Stahl *m*
~/**хрупкая** brüchiger (spröder) Stahl *m*
~/**цементованная** einsatzgehärteter (zementierter) Stahl *m*, im Einsatz gehärteter Stahl *m*
~/**цементуемая** Einsatzstahl *m*
~/**чёрная листовая** Schwarzblech *n*
~/**шарико- и роликоподшипниковая** Wälzlagerstahl *m*
~/**шарикоподшипниковая** Kugellagerstahl *m*
~/**швеллерная** U-Stahl *m*
~/**шестигранная** Sechskantstahl *m*
~/**шинная** Bandagenstahl *m*, Radreifenstahl *m*
~/**штамповая** Gesenkstahl *m*
~/**штрипсовая** 1. Bandstahl *m*; 2. Streifenblech *n* *(zum Herstellen geschweißter Rohre)*
~/**эвтектоидная** eutektoider Stahl *m*
сталь-заменитель *f* Austauschstahl *m*
сталь-инвар *f* Invarstahl *m*, Invar *n*
сталь-компаунд *f* Verbundstahl *m*
сталь-самокалка *f* *s.* **сталь/самозакаливающаяся**
сталь-серебрянка *f* Silberstahl *m*
стамеска *f* 1. *(Wkz)* Stechbeitel *m*, Beitel *m*; 2. Stichel *m* *(für Holzdrehmaschinen)*
стан *m* *(Wlz)* 1. Walzwerk *n* *(bestehend aus einem Walzgerüst)*; 2. Walz[en]straße *f*, Straße *f* *(mehrere Walzgerüste in kontinuierlicher, halbkontinuierlicher, offener, Staffel- oder Zickzack-Anordnung sowie in Zickzackordnung mit Vorstraße)*; 3. Walzwerk *n* *(als Betriebsteil eines Hüttenwerks)*
~/**автоматический [трубопрокатный]** automatisches Rohrwalzwerk *n*, Stopfenwalzwerk *n*
~/**балочный [прокатный]** Trägerwalzwerk *n*
~/**бандаж[епрокат]ный** Bandagenwalzwerk *n*, Radreifenwalzwerk *n*, Reifenwalzwerk *n*
~/**барабанный волочильный** *(Met)* Trommelziehbank *f* *(Draht)*
~ **без скольжения/многократный волочильный** *(Met)* Mehrfachtrommelziehbank *f* ohne Drahtschlupf
~/**бесслитковый** Gießwalzwerk *n*, Strangwalzwerk *n*, Walzwerk *n* zum Walzen aus dem Schmelzfluß
~/**бочкообразный прошивной** *s.* ~/**косовалковый прошивной**
~/**бронепрокатный** Panzerplattenwalzwerk *n*
~/**быстроходный** Schnellwalzwerk *n*, schnellaufendes Walzwerk *n*, Walzwerk *n* mit hoher Walzgeschwindigkeit
~ **в одну линию/прокатный** einachsige (offene) Walzstraße *f*
~/**валковый [трубо]сварочный** Rohr-Schweiß-Walzwerk *n*
~/**винтовой волочильный** Ziehbank *f* mit Spindelantrieb *(zum Ziehen von Rohren, Stangen und Profilen)*
~/**волочильный** Ziehmaschine *f*, Ziehwerk *n*, Ziehbank *f* *(zum Ziehen von Rohren, Stangen und Draht)*
~/**волочильный барабанный** Ziehbank *f* mit Ziehtrommel
~/**волочильный многократный** Mehrfachziehbank *f*

~/**волочильный однократный** Einfachziehbank *f*
~/**волочильный цепной** Mehrfachziehbank *f*
~ **Гаррета [/прокатный]** Garret-Walzwerk *n*
~/**гладильный** 1. Glättwalzwerk *n*, Polierwalzwerk *n*; 2. Friemelmaschine *f* *(Rohre)*
~ **горячей прокатки** Warmwalzwerk *n*
~/**грибовидный прошивной** Kegelhochapparat *m* nach Stiefel
~/**двадцативалковый** 20-Walzen-Walzwerk *n*, 20-Rollen-Walzwerk *n*
~/**двенадцативалковый** 12-Walzen-Walzwerk *n*, 12-Rollen-Walzwerk *n*
~ **двойное дуо [/прокатный]** Doppelduowalzwerk *n*; Doppelduostraße *f*, Doppelduo *n*
~/**двухвалковый [прокатный]** *s.* ~ **дуо**
~/**дисковый прошивной** Scheibenapparat *m* nach Stiefel
~ **Дишера [/трубопрокатный]** Diescher-Walzwerk *n*
~ **для волочения грубой проволоки** Grob[draht]ziehbank *f*, Grob[draht]zug *m* *(Trommeldurchmesser 500 . . . 600 mm)*
~ **для волочения наитончайшей проволоки** Superfeinst[draht]ziehbank *f*, Superfeinst[draht]zug *m* *(Trommeldurchmesser 150 . . . 200 mm)*
~ **для волочения средней проволоки** Mittelgrob[draht]ziehbank *f*, Mittelgrob[draht]zug *m* *(Trommeldurchmesser 400 . . . 500 mm)*
~ **для волочения толстой проволоки** Übergrob[draht]ziehbank *f*, Übergrob[draht]zug *m* *(Trommeldurchmesser 600 . . . 700 mm)*
~ **для волочения тонкой проволоки** Fein[draht]ziehbank *f*, Feinzug *m* *(Trommeldurchmesser 300 . . . 350 mm)*
~ **для волочения тончайшей проволоки** Feinst[draht]ziehbank *f*, Feinst[draht]zug *m* *(Trommeldurchmesser 200 . . . 250 mm)*
~ **для горячей прокатки труб** Rohrwarmwalzwerk *n*
~ **для горячей прокатки/широкополосный** Warmbreitbandstraße *f*
~ **для зубчатых колёс/прокатный** Zahnradwalzwerk *n*
~ **для подкатки листов** Dressierwalzwerk *n*, Nachwalzwerk *n*
~ **для получения гнутых профилей** Biegewalzwerk *n*
~ **для производства труб со швом** Rohrschweißwalzwerk *n*
~ **для прокатки мелких профилей и проволоки** Draht- und Feinstahlwalzwerk *n*
~ **для прокатки труб** Rohrwalzwerk *n*
~ **для прокатки труб на оправке** automatisches Rohrwalzwerk *n*, Stopfenwalzwerk *n*
~ **для прокатки труб на пробке** automatisches Rohrwalzwerk *n*, Stopfenwalzwerk *n*
~ **для прокатки угловой стали** Winkelstahlwalzwerk *n*
~ **для прокатки широкой ленты** Breitbandwalzwerk *n*; Breitbandstraße *f*
~ **для прокатки широкополосных балок/универсальный прокатный** Universalwalzwerk *n* für Breitgurtträger
~ **для сварки труб** Rohrschweißwalzwerk *n*, Rohrschweißmaschine *f*
~ **для толстостенных гильз/прошивной** Schrägwalzwerk *n*
~ **для холодной прокатки ленты (полосы)** Kaltbandwalzwerk *n*; Kaltband[walz]straße *f*
~/**дрессировочный** Dressierwalzwerk *n*, Nachwalzwerk *n*
~ **дуо** Duowalzwerk *n*, Zweiwalzenwalzwerk *n*; Duo[walz]straße *f*, Duo *n*
~ **дуо/заготовочный** Knüppelduo[walzwerk] *n*; Knüppelduowalzstraße *f*
~/**дуо/крупносортный** Grobstahlduowalzwerk *n*, Grobstahlduo *n*, Formstahlwalzwerk *n* für schweres Halbzeug
~ **дуо/листовой** Duoblechwalzwerk *n*; Duoblech[walz]straße *f*, Blechduo *n*
~ **дуо/листопрокатный** Duoblechwalzwerk *n*; Duoblech[walz]straße *f*, Blechduo *n*
~ **дуо/мелкосортный** Duofeineisenwalzwerk *n*; Duofeineisenstraße *f*, Feineisenduo *n*
~ **дуо/обжимной** Duoblockwalzwerk *n*, Duoblockstraße *f*; Blockduo *n*
~ **дуо/реверсивный** Duoumkehrwalzwerk *n*, Duoreversierwalzwerk *n*, Umkehrduo *n*, Reversierduo[walzwerk] *n*
~ **дуо/рельсопрокатный** Schienenduowalzwerk *n*
~ **дуо/сортовой** Duoformstahlwalzwerk *n*, Duoformeisenwalzwerk *n*, Formstahlduo *n*, Formeisenduo *n*
~ **дуо/толстолистовой** Grobblechduo[walzwerk] *n*; Grobblechduowalzstraße *f*
~ **дуо/тонколистовой** Feinblechduo[walzwerk] *n*; Feinblechduowalzstraße *f*
~/**жестепрокатный** Feinblechwalzwerk *n*; Feinblechstraße *f*
~/**заготовительный** Walzwerk *n* zum Walzen von leichtem Halbzeug; Vorstraße *f*, Halbzeugstraße *f*
~/**заготовочный [прокатный]** Knüppelwalzwerk *n*; Walzwerk *n* für leichtes Halbzeug

~/**калибровочный** Maßwalzwerk *n*, Kalibrierwalzwerk *n*
~ **кварто** Quarto[walzwerk] *n*, Vierwalzenwalzwerk *n*
~ **кварто/листовой** Blechquarto[walzwerk] *n*
~ **кварто/обжимной** Blockquarto[walzwerk] *n*
~ **кварто/полосовой** Bandquarto[walzwerk] *n*
~ **кварто/реверсивный** Quarto-Umkehrwalzwerk *n*, Quarto-Reversierwalzwerk *n*, Umkehrquarto *n*
~ **кварто/толстолистовой** Grobblechquarto[walzwerk] *n*, Plattenquarto *n*
~ **кварто/черновой** Quartovorwalzwerk *n*; Quartovorwalzstraße *f*
~/**колесопрокатный** Rad[scheiben]walzwerk *n*
~/**кольце- и бандажепрокатный** Ring- und Radreifenwalzwerk *n*
~/**комбинированный волочильный** Zieh-, Richt- und Poliermaschine *f*
~/**косовалковый прошивной** Mannesmann-Schrägwalzwerk *n*
~ **косой прокатки** Schrägwalzwerk *n*
~/**косоконический прошивной** *s.* ~/**грибовидный прошивной**
~ **кросс-коунтри/прокатный** Cross-Country-Straße *f*, Zickzack[walz]straße *f*
~/**крупносортный** Grobstahlwalzwerk *n*, Grobeisenwalzwerk *n*
~/**крупносортный прокатный** Grobwalzwerk *n* *(für schweres Halbzeug)*
~ **Лаута** Lauthsches Trio *n*
~/**лентопрокатный** Bandwalzwerk *n*
~/**линейный прокатный** offene Walzstraße (Straße) *f*
~/**листовой [прокатный]** Blechwalzwerk *n*; Blech[walz]straße *f*
~/**листовой холоднопрокатный** Blechkaltwalzwerk *n*; Blechkaltstraße *f*
~/**листовой широкополосный прокатный** Breitbandwalzwerk *n*; Breitband[walz]straße *f*
~/**листопрокатный** Blechwalzwerk *n*; Blech[walz]straße *f*
~/**мелкосортный [прокатный]** Feinstahlwalzwerk *n*, Feineisenwalzwerk *n* *(für leichtes Halbzeug)*
~/**многовалковый** Vielwalzenwalzwerk *n*
~/**многокалибровочный** Mehrkaliberwalzwerk *n*
~/**многоклетьевой [прокатный]** mehrgerüstige Walzstraße *f*; mehrgerüstiges Walzwerk *n*
~/**многократный барабанный волочильный** Mehr[fach]trommelziehbank *f*, Mehrfachdrahtziehmaschine *f*
~/**многопрутковый волочильный** *(Met)* Mehrfachstangenziehbank *f*
~/**многоручьевой** Mehrkaliberwalzwerk *n*
~ **наитончайшего волочения** Superfeinst[draht]ziehbank *f*, Superfeinst[draht]zug *m* *(Trommeldurchmesser 150 . . . 200 mm)*
~/**непрерывный [прокатный]** kontinuierliche Walzstraße (Straße) *f*
~/**нереверсивный** gleichlaufendes (durchlaufendes) Walzwerk *n*
~/**обжимной [прокатный]** Blockwalzwerk *n*; Walzwerk *n* für schweres Halbzeug
~/**обкатной** Abrollwalzwerk *n*, Friemelwalzwerk *n*, Reeling-Maschine *f*, Glättwalzwerk *n* für Rohre
~/**однокалибровый** Einkaliberwalzwerk *n*
~/**одноклетьевой [прокатный]** eingerüstiges Walzwerk *n*, Einzel[walz]gerüst *n*
~ **однократного волочения** Einfachtrommel[draht]ziehbank *f*
~/**однократный барабанный волочильный** Einfachtrommel[draht]ziehbank *f*
~/**отделочный [прокатный]** Schlichtwalzwerk *n*, Polierwalzwerk *n*, Glättwalzwerk *n*; Fertigwalzwerk *n*
~/**пилигримовый (пильгерный)** Pilger[schritt]walzwerk *n*
~/**планетарный [прокатный]** Walzwerk *n* mit Umlaufwalzen, Planetenwalzwerk *n*
~/**плющильный** Blattfederstahlwalzwerk *n* *(Walzendurchmesser 70 . . . 200 mm)*
~/**подготовительный** Vorwalzwerk *n*; Halbzeugstraße *f*, Vorstraße *f*
~/**полировочный** Schlichtwalzwerk *n*, Polierwalzwerk *n*, Glättwalzwerk *n*; Fertigwalzwerk *n*
~/**полосовой прокатный** Flach[stahl]walzwerk *n*, Band[stahl]walzwerk *n*; Flachstahlstraße *f*, Band[stahl]straße *f*
~/**полунепрерывный прокатный** kontinuierliche Walzstraße (Straße) *f*
~ **поперечно-винтовой прокатки** Schrägwalzwerk *n*
~/**последовательно-возвратный прокатный** *(Wlz)* Cross-Country-Straße *f*, Zickzackstraße *f*
~/**проволоковолочильный** Drahtziehbank *f*
~/**проволочно-прокатный** Drahtwalzwerk *n*; Drahtstraße *f*
~/**проволочный [прокатный]** Drahtwalzwerk *n*; Draht[walz]straße *f*
~/**прокатный** 1. Walzwerk *n*; 2. Walz[en]straße *f*, Straße *f*
~/**протяжной** Ziehmaschine *f*, Ziehbank *f*
~ **профилей переменного сечения/прокатный** Walzwerk *n* für Profile mit veränderlichem Querschnitt

~/**прошивной [косовалковый]** Schrägwalzwerk *n*
~/**прошивной трубопрокатный** Hohlwalzwerk *n*, Lochwalzwerk *n*, Vorlochwalzwerk *n*
~/**прутковый волочильный** Stangenziehbank *f*
~/**расширительный** Ausweitewalzwerk *n*, Aufweitewalzwerk *n* *(für Rohre)*
~/**реверсивный листопрокатный** Umkehrblechwalzwerk *n*, Reversierblechwalzwerk *n*
~/**реверсивный обжимной** Umkehrblockwalzwerk *n*, Reversierblockwalzwerk *n*
~/**реверсивный полосовой** Umkehrbandwalzwerk *n*, Reversierbandwalzwerk *n*
~/**реверсивный прокатный** Umkehrwalzwerk *n*, Reversierwalzwerk *n*
~/**редукционный** Reduzierwalzwerk *n*
~/**реечный волочильный** Ziehbank *f* mit Zahnstangenantrieb, Zahnstangenziehbank *f*
~ **Рёкнера** Roeckner-Walzwerk *n*, Trommelwalzwerk *n*
~/**рельсобалочный [прокатный]** Schienen- und Trägerwalzwerk *n*, Grob- und Trägerwalzwerk *n*; Schienen- und Träger[walz]straße *f*, Grob- und Träger-[walz]straße *f*
~/**рельсовый [прокатный]** Schienenwalzwerk *n*; Schienen[walz]straße *f*
~/**рельсопрокатный** Schienenwalzwerk *n*; Schienen[walz]straße *f*
~ **Рокрайта [/прокатный]** Rockright-Kaltwalzwerk *n*, Rockright-Straße *f*, Rockright-Kaltwalzstraße *f*, Kaltpilgerwalzwerk *n*, Kaltpilgerstraße *f* *(Rohrkaltwalzen)*
~/**роликовый обкатной** Rollenwalzwerk *n*
~ **с калиброванными валками** Formwalzwerk *n*, Profilwalzwerk *n*
~ **с плавающим средним валком/трёхвалковый** Lauthsches Trio[walzwerk] *n*
~ **с подвижной клетью/трубопрокатный** *s.* ~ **Рокрайта**
~ **с противонатяжением/многократный волочильный** Mehrfachtrommelziehbank *f* mit Gegenzug
~/**сдвоенный прокатный** Tandemwalzwerk *n*, zweigerüstiges Walzwerk *n*; Tandemstraße *f*, zweigerüstige Walzstraße (Straße) *f*
~ **системы Маннесман** Mannesmann-Walzwerk *n*
~ **со скольжением/многократный волочильный** Mehrfachtrommelziehbank *f* mit Drahtschlupf
~/**сортовой [прокатный]** Formstahlwalzwerk *n* für Halbzeug *(Gruppenbegriff, unter dem im Russischen Schienen-, Träger-, Draht- und Bandstahlwalzwerke sowie Formstahlwalzwerke für Quadrat-, Rund-, Winkel- und V-Stahl zusammmengefaßt sind)*
~/**сортозаготовочный прокатный** Knüppelwalzwerk *n*; Knüppel[walz]straße *f*
~/**сортопрокатный** *s.* ~/**сортовой**
~ **специального назначения/прокатный** Sonderwalzwerk *n* *(z. B. Radscheiben-, Radreifen-, Kugel-, Zahnradwalzwerk)*
~/**среднелистовой [прокатный]** Mittelblechwalzwerk *n*; Mittelblech[walz]-straße *f*
~/**среднесортный [прокатный]** Mittelstahlwalzwerk *n*; Mittelstahl[walz]-straße *f* *(für mittelschweres Halbzeug)*
~/**сталепрокатный** Stahlwalzwerk *n*, Eisenwalzwerk *n*; Stahlwalzstraße *f*
~/**ступенчатый [прокатный]** Staffel-[walz]straße *f*, gestaffelte Walzstraße (Straße) *f*, Zickzackstraße *f* mit kontinuierlicher Vorstraße
~/**сутуночно-заготовочный** Knüppel- und Platinenwalzwerk *n*
~/**сутуночный [прокатный]** Platinenwalzwerk *n*
~ **тандем** Tandemwalzwerk *n*
~/**толстолистовой [прокатный]** Grobblechwalzwerk *n*; Grobblech[walz]-straße *f*
~/**тонколистовой [прокатный]** Feinblechwalzwerk *n*; Feinblech[walz]straße *f*
~/**трёхвалковый** Dreiwalzen-Walzwerk *n*, Trio[walzwerk] *n*
~/**трёхвалковый вытяжной** Dreiwalzen-Schrägwalzwerk *n*, Schulterwalzwerk *n*
~/**трёхвалковый прокатный** Dreiwalzen-Walzwerk *n*, Trio[walzwerk] *n*
~/**трёхвалковый удлинительный** Dreiwalzen-Schrägwalzwerk *n*, Schulterwalzwerk *n*
~ **трио** Trio[walzwerk] *n*, Dreiwalzen-Walzwerk *n*
~ **трио/заготовочный** Knüppeltrio[walzwerk] *n*; Halbzeugtrio[walzwerk] *n*
~ **трио/крупносортный** Grobstahltrio[walzwerk] *n*
~ **трио Лаута** Lauthsches Trio *n*
~ **трио/листовой** Trioblechwalzwerk *n*, Trioblech[walz]straße *f*, Blechtrio *n*
~ **трио/листопрокатный** *s.* ~ **трио/листовой**
~ **трио/мелкосортный** Triofeinstahlwalzwerk *n*, Feinstahltrio *n*
~ **трио/обжимной** Trioblockwalzwerk *n*, Blocktrio *n*, Vorwalztrio *n*
~ **трио/проволочный** Triodrahtwalzwerk *n*
~ **трио/реверсивный** Trioumkehrwalzwerk *n*, Trioreversierwalzwerk *n*
~ **трио/рельсопрокатный** Schienentrio[walzwerk] *n*

~ **трио с плавающим валком** Lauthsches Trio *n*
~ **трио/сортовой** Trioformstahlwalzwerk *n*, Trioprofilstahlwalzwerk *n*, Formstahltrio *n*
~ **трио/сутуночный** Trioplatinenwalzwerk *n*
~ **трио/тонколистовой** Triofeinblechwalzwerk *n*, Feinblechtrio *n*
~ **трио/черновой** Triovorwalzwerk *n*; Triovorstraße *f*
~/**трубоволочильный** Rohrziehbank *f*, Rohrziehmaschine *f*
~/**трубозаготовочный прокатный** Rundknüppelwalzwerk *n* für Rohre
~/**трубопрокатный** Rohrwalzwerk *n*, Rohrwalzstraße *f*
~/**трубопрокатный раскатный** Glättwalzwerk *n*, Reelingstraße *f*
~/**трубосварочный** Rohrschweißwalzwerk *n*; Rohrschweißmaschine *f*; Rohrschweißanlage *f* *(Herstellung von Nahtrohren aus Bandstahl)*
~/**универсальный [прокатный]** Universalwalzwerk *n* *(z. B. zum Walzen von Trägern oder Flachstahl)*
~ **утолщённого волочения** Grob[draht]ziehbank *f*, Grob[draht]zug *m* *(Trommeldurchmesser 500 . . . 600 mm)*
~/**фольгопрокатный** Metallfolienwalzwerk *n*
~ **холодной обкатки/роликовый** Rollenkaltwalzwerk *n*
~ **холодной правки** Kaltrichtmaschine *f*
~ **холодной прокатки** Kaltwalzwerk *n*; Kaltwalzstraße *f* *(für Bleche, Bänder, Folien und Blattfederstahl)*
~ **холодной прокатки/листовой** Blechkaltwalzwerk *n*; Blechkaltstraße *f*
~ **холодной прокатки/роликовый** Rollenkaltwalzwerk *n*
~ **холодной прокатки/широкополосный** Breitbandkaltwalzwerk *n*
~/**холоднопрокатный** *s.* ~ **холодной прокатки**
~/**цепной волочильный** *(Met)* Ziehbank *f* mit Kettenantrieb, Kettenziehbank *f*
~/**чеканочный** Prägewalzwerk *n*
~/**черновой [прокатный]** Vorwalzwerk *n*; Vor[walz]straße *f*
~/**четырёхвалковый [прокатный]** Vierwalzenwalzwerk *n*, Quarto[walzwerk] *n*
~/**чистовой [прокатный]** Fertigwalzwerk *n*; Fertig[walz]straße *f*
~/**шаропрокатный** Kugelwalzwerk *n*
~/**шахматный [прокатный]** Staffel[walz]straße *f*, gestaffelte Walzstraße (Straße) *f*, Zickzackstraße *f* mit kontinuierlicher Vorstraße
~/**широкополосный [прокатный]** Breitbandwalzwerk *n*; Breitband[walz]straße *f*
~/**штрипсовый прокатный** Bandstahlwalzwerk *n*; Band[stahl]straße *f*

стандарт *m* 1. Standard *m*, Norm *f*; 2. Eichnormal *n*, Normal *n*
~/**государственный** staatlicher Standard *m (in der Sowjetunion)*, GOST *m*
~/**обязательный** verbindlicher Standard *m*
~ **передачи** *(Fmt)* Übertragungsnorm *f*
~/**рекомендуемый** Standardempfehlung *f*
~/**телевизионный** Fernsehnorm *f*
~/**фотометрический** *(Astr)* fotometrischer Standard *m (Polsequenz)*
~ **цветного телевидения** Farbfernsehnorm *f*
~ **частоты** *(El)* Frequenzstandard *m*, Frequenznormal *n*

стандартизация *f* 1. Standardisierung *f*, Normung *f*; 2. Vereinheitlichung *f*
стандартизировать 1. standardisieren, normen; 2. vereinheitlichen
стандартизовать *s.* **стандартизировать**
стандерс *m (Schiff)* Mastkoker *m*, Maststuhl *m*
стандоль *m* Standöl *n*, polymerisiertes Öl *n*

станина *f* 1. *(Masch)* Bett *n*, Ständer *m*, Gestell *n*, Rahmen *m*, Körper *m*; *(Wlz)* Walzenständer *m*, Ständer *m*; 2. Gehäuse *f* *(eines Brechers)*; 3. *(Mil)* Holm *m (Lafette)*
~ **балочного типа** offener Ständer *m*, offenes Gestell *n*
~ **волочильного станка** Ziehbett *n*
~/**двухстоечная** Doppelständer *m* *(z. B. einer Presse)*
~/**дугообразная** bügelförmiges Gestell *n*
~/**задняя** Hintergestell *n*
~ **замкнутого типа** *s.* ~ **рамного типа**
~ **клети** *(Wlz)* Gerüstständer *m*
~ **копра** *(Bw)* Rammgerüst *n*
~/**коробчатая** Kastenständer *m*
~ **лафета** *(Mil)* Lafettenholm *m*
~/**литая ребристая** Rippengußständer *m*
~ **молота** *(Schm)* Hammerständer *m*, Hammergesenk *n*, Hammergerüst *n*
~/**опорная** Lagerträger *m*
~ **открытого типа** *s.* ~ **балочного типа**
~/**передняя** Vordergestell *n*
~/**поперечная** *(Masch)* Querbett *n* *(Plandrehmaschine)*
~ **пресса** Pressenständer *m*
~ **прокатного стана** *(Wlz)* Walzenständer *m*
~/**пустотелая** Hohlständer *m*
~/**рабочая** Walzenständer *m*
~ **рамного типа** rahmenförmiges Gestell *n*, Rahmenständer *m*, geschlossener Ständer *m*
~ **с выемкой (гапом)** *(Masch)* gekröpftes Bett *n*

~ **стана дуо** *(Wlz)* Duo-Walzenständer *m*, Zweiwalzenständer *m*
~ **стана кварто** *(Wlz)* Quarto-Walzenständer *m*, Vierwalzenständer *m*
~ **стана трио** *(Wlz)* Trio-Walzenständer *m*, Dreiwalzenständer *m*
~/**цельная** *(Masch)* ungeteiltes Bett *n*
~ **шлюпбалки** *(Schiff)* Davitrahmen *m*
~ **штампа** Stanzgestell *n*
станкостроение *n* Werkzeugmaschinenbau *m*
станнан *m (Ch)* Stannan *n*, Zinnwasserstoff *m*
станнат *m (Ch)* Stannat *n*
~ **натрия** Natriumstannat *n*
станнин *m (Min)* Stannin *m*, Zinnkies *m*
станнит *m (Ch)* Stannit *n*, Stannat(II) *n*
~ **натрия** Natriumstannit *n*, Natriumstannat(II) *n*
станок *m* 1. Gestell *n*, Bock *m*; 2. Maschine *f*, Werkzeugmaschine *f*; 3. Stuhl *m (z. B. Webstuhl, Walzenstuhl)*; 4. Bank *f*, Werkbank *f*; 5. *(Mil)* Lafette *f (Geschütz)*; 6. *(Lw)* Stand *m*, Bucht *f*
~/**автоматизированный токарный** automatisierte Revolverdrehmaschine *f*, Revolverdrehautomat *m*
~/**автоматический ткацкий** automatischer Webstuhl *m*, Automaten[web]stuhl *m*
~/**автоматический токарный** Drehautomat *m*
~/**автосварочный** automatische Schweißmaschine *f*, Schweißautomat *m*
~/**агрегатно-фрезерный** nach dem Baukastenprinzip arbeitende Fräsmaschine *f*
~/**агрегатный** 1. Gruppenwerkzeugmaschine *f*; 2. Aggregat-Werkzeugmaschine *f*, Aggregatmaschine *f*
~/**агрегатный десятишпиндельный трёхсторонний вертикально-сверлильный** Zehnspindel-Aufbauständerbohrmaschine *f*
~/**агрегатный сверлильный** Aufbaubohrmaschine *f (Baukastensystem)*
~/**агрегатный шестидесятишпиндельный трёхсторонний сверлильный** Sechzigspindel-Dreiwegeaufbaubohrmaschine *f*
~/**ажурный** *s.* ~/**лобзиковый**
~/**алмазно-расточный** Diamantbohrwerk *n*, Diamant-Innendrehmaschine *f*
~/**балансирный [торцовочный]** *(Holz)* waagerechte Pendelkreissäge *f*
~/**балансировочный** 1. Auswuchtmaschine *f*; 2. Auswuchtgestell *n*
~/**бандажно-гибочный** Radreifenbiegemaschine *f*, Bandagenbiegemaschine *f*
~/**бандажно-расточный** Radreifenausdrehmaschine *f*, Radreifenbohrwerk *n*, Bandagenbohrmaschine *f*
~/**бандажно-токарный** Radreifendrehmaschine *f*
~/**барабанно-фрезерный** Sonderfräsmaschine *f* in Trommelbauweise mit kontinuierlichem Vorschub
~/**басонный** *(Text)* Bortenwebstuhl *m*
~ **без вертикального перемещения рукава [траверсы]/радиально-сверлильный** Radialbohrmaschine *f* ohne Höhenverstellung des Auslegers
~ **без подъёма траверсы/радиально-сверлильный** *s.* ~ **без вертикального перемещения рукава/радиально-сверлильный**
~ **без стола/горизонтально-расточный сверлильно-фрезерный** Waagerecht-Bohr- und Fräsmaschine *f* in Plattenausführung
~/**беззамочный ткацкий** Losblattstuhl *m*, Blattauswerfer *m (Webstuhl mit Losblatteinrichtung, d. h. mit ausschwenkbarem Blatt)*
~/**безчелночный ткацкий** schützenloser Webstuhl *m*
~/**бесконсольный вертикально-фрезерный** Senkrecht-Planfräsmaschine *f*
~/**бесконсольный фрезерный** Planfräsmaschine *f*
~/**бесцентрово-внутришлифовальный** Spitzenlos-Innenrundschleifmaschine *f*
~/**бесцентрово-круглошлифовальный** Spitzenlos-Außenrundschleifmaschine *f*
~/**бесцентрово-шлифовальный** Spitzenlosschleifmaschine *f*
~/**бимсогибочный** *(Schiff)* Decksbalkenbiegemaschine *f*
~/**боевой** *(Mil)* Lafette *f*
~/**болторезный** Schraubenschneidemaschine *f*
~/**бортовальный** 1. Bördelmaschine *f*; 2. Kümpelmaschine *f*
~/**бочкотокарный** *(Holz)* Faßabdrehmaschine *f*
~/**браслетный** *(Gum)* Taschenmaschine *f (Reifenherstellung)*
~/**букскиновый [ткацкий]** Buckskinwebstuhl *m (Webstuhl für schwere Tuche)*
~/**бурильный** Bohrmaschine *f*
~/**буровой** *(Bgb)* Bohrmaschine *f*, Bohrgerät *n (Tiefbohrungen)*
~/**бурозаправочный (бурозаточный)** Bohrerschärfmaschine *f*, Bohrerschleifmaschine *f*
~/**быстроходный настольно-сверлильный** Tischschnellbohrmaschine *f*
~/**быстроходный токарный** Schnelldrehmaschine *f*, Schnellaufdrehmaschine *f*, Fließspandrehmaschine *f*
~/**валковый правильный (рихтовальный)** *(Wlz)* Rollenrichtmaschine *f*
~/**вальценарезной** Riffelmaschine *f (für Müllereiwalzen)*
~/**вальцетокарный** Walzendrehmaschine *f*

~/**вальцешлифовальный** Walzenschleifmaschine *f*
~/**верстачный** Werkbank *f*
~/**верстачный токарный** Mechanikerdrehmaschine *f*
~/**вертикально-протяжной** Senkrechträummaschine *f*
~/**вертикально-расточный** Senkrechtbohrwerk *n*, Senkrecht-Innendrehmaschine *f*, Ständerbohrwerk *n*
~/**вертикально-сверлильный** 1. Senkrechtbohrmaschine *f*; 2. Kastenständerbohrmaschine *f*
~/**вертикально-фрезерный** Senkrechtfräsmaschine *f*
~/**вертикально-шлифовальный** Schleifmaschine *f* mit senkrechter Spindel
~/**вертикальный внутришлифовальный** senkrechte Innenrundschleifmaschine *f*
~/**вертикальный зубострогальный** Senkrecht-Zahnradhobelmaschine *f*
~/**вертикальный наружнопротяжной** Senkrecht-Außenräummaschine *f*
~/**вертикальный одношпиндельный хонинговальный** Einspindel-Senkrechthonmaschine *f*
~/**вертикальный отделочно-расточный** Senkrechtfeinbohrwerk *n*
~/**вертикальный хонинговальный** Senkrechthonmaschine *f*
~/**вертикальный четырёхшпиндельный хонинговальный** Vierspindel-Senkrechthonmaschine *f*
~/**вертикальный шпоночно-фрезерный** Senkrecht-Langlochfräsmaschine *f*, Senkrecht-Keilnutenfräsmaschine *f*
~/**верхнебойный [ткацкий]** Oberschläger *m*, Oberschlag[web]stuhl *m* *(Webstuhl mit oberem Schützenschlag)*
~ **вибрационно-вращательного бурения** *(Bgb)* Vibrationsdrehbohrgerät *n*
~/**винторезный** Schraubenschneidemaschine *f*
~/**внутрипротяжной** Innenräummaschine *f*
~/**внутришлифовальный** Innenrundschleifmaschine *f*
~/**волочильный** Ziehbank *f* *(Ziehen von Rohren, Stangen und Draht)*
~/**ворсовой ткацкий** *(Text)* Rutensamtstuhl *m*
~ **вращательного бурения** *(Bgb)* Rotarybohrmaschine *f*, Drehbohrgerät *n* *(Tiefbohrungen)*
~ **вращательно-шнекового бурения** *(Bgb)* Schneckenbohrgerät *n*
~/**высаживающий** Stauchmaschine *f* *(z. B. Schmiedepresse)*
~/**высокоточный токарно-винторезный** Präzisions-Leit- und Zugspindeldrehmaschine *f*
~/**вышивной ткацкий** Broschierwebstuhl *m*
~/**вязальный** *(Text)* Strickmaschine *f*
~/**газопрессовый** *s.* **машина/газопрессовая**
~/**газорежущий** Brennschneidmaschine *f*
~/**гайконарезной** Muttergewindeschneidmaschine *f*, Muttergewindebohrmaschine *f*, Gewindebohrmaschine *f*
~/**гибочный** Biegemaschine *f*, Umbiegemaschine *f*
~/**гидравлический (гидрофицированный) протяжной** hydraulische Räummaschine *f*
~/**гнутарный** Holzbiegemaschine *f*
~ **Годсона** Hodgson-Stuhl *m*, Hodgson-Webstuhl *m*
~/**гончарный** *(Kern)* Töpferscheibe *f*
~/**горизонтально-протяжной** Waagerechträummaschine *f*
~/**горизонтально-расточный** Waagerechtbohrwerk *n*
~/**горизонтально-сверлильный** Waagerechtbohrmaschine *f*
~/**горизонтальный долбёжный** Horizontalstoßmaschine *f*
~/**горизонтальный наружнопротяжной** Waagerecht-Außenräummaschine *f*
~/**горизонтальный фрезерный** Waagerechtfräsmaschine *f*
~/**горизонтальный хонинговальный** Waagerechthonmaschine *f*
~/**гравировально-фрезерный** Gravierfräsmaschine *f*
~/**гравировальный** Graviermaschine *f*
~/**давильный** Drückbank *f*
~/**двухдисковый шлифовальный** *(Holz)* doppelte Scheibenschleifmaschine *f*
~/**двухзевный ткацкий** Doppelfachwebstuhl *m*
~/**двухленточный шлифовальный** *(Holz)* Doppelbandschleifmaschine *f*
~/**двухстоечный карусельный** Zweiständer-Karusselldrehmaschine *f*
~/**двухстоечный продольно-строгальный** Zweiständer-Langhobelmaschine *f*
~ **двухцилиндровой конструкции с гидроприводом/вертикальный внутрипротяжной** hydraulische Senkrecht-Innenräummaschine *f* in Zweizylinderkonstruktion
~/**двухчелночный ткацкий** Doppelwechselwebstuhl *m*
~/**двухшпиндельный вертикальный продольно-фрезерный** zweispindelige Senkrecht-Langfräsmaschine *f*
~/**двухшпиндельный горизонтальный продольно-фрезерный** zweispindelige Waagerecht-Langfräsmaschine *f*
~/**двухшпиндельный копировально-фрезерный** zweispindelige Nachformfräsmaschine *f*

~/**двухшпиндельный продольно-фрезерный** zweispindelige Langfräsmaschine *f*
~/**двухшпиндельный токарный** Zweispindeldrehmaschine *f*
~/**деревообделочный (деревообрабатывающий)** Holzbearbeitungsmaschine *f*
~/**деревострогальный** Hobelmaschine *f* für Holz
~/**дисковый строгальный** *(Holz)* Scheibenhobelmaschine *f*
~/**дисковый шлифовальный** *(Holz)* Scheibenschleifmaschine *f*
~ **для анодно-механической резки** Elysierschleifmaschine *f* *(für Metalle)*
~ **для внутреннего протягивания/вертикально-протяжной** Senkrecht-Innenräummaschine *f*
~ **для внутреннего хонингования** Innenhonmaschine *f*
~ **для выделки колёс** *(Holz)* Radmaschine *f*
~ **для выпрямления крышек** *(Typ)* Decken[aus]biegemaschine *f*
~ **для выработки аксминстерских ковров** *(Text)* Axminsterteppichwebstuhl *m*
~ **для выработки двойного плюша** Doppelplüschwebstuhl *m*
~ **для выработки льняной ткани** Leinen[web]stuhl *m*
~ **для выработки махровых тканей** Frottierwebstuhl *m*
~ **для выработки плетёных ковров** mechanischer Teppichknüpfstuhl *m*
~ **для выработки плюшевой ткани** Plüschwebstuhl *m*
~ **для выработки шенилевого полотна/автоматический ткацкий** Chenillevorware-Webautomat *m*
~ **для высверливания сучков и заделки отверстий** Astlochausbohr- und Verdübelungsmaschine *f*
~ **для газопрессовой сварки** *s.* **машина/газопрессовая**
~ **для гибки арматуры** Betonstahlbiegemaschine *f*
~ **для гибки с растяжением** Tangential-Reckziehmaschine *f*
~ **для глубокого сверления** Tieflochbohrmaschine *f*
~ **для глубокого сверления/горизонтально-сверлильный** Waagerecht-Tieflochbohrmaschine *f*
~ **для гнутья дерева** Holzbiegemaschine *f*
~ **для длинных резьб/фрезерный** Langgewindefräsmaschine *f*
~ **для доводки** Läppmaschine *f*
~ **для доводки валов** Wellenläppmaschine *f*
~ **для доводки внутренних резьб** Innengewindeläppmaschine *f*
~ **для доводки калиберных скоб** Rachenlehrenläppmaschine *f*
~ **для доводки наружных резьб** Außengewindeläppmaschine *f*
~ **для доводки резцов** Meißelläppmaschine *f* *(Läppen von Dreh- und Hobelmeißeln u. dgl.)*
~ **для долбяков/заточный** Zahnschneidrad-Schleifmaschine *f*
~ **для загибания двойных фальцев** Doppelfalzmaschine *f*
~ **для закатки консервных банок** Dosenbördelmaschine *f*
~ **для заострения** Zuspitzmaschine *f*
~ **для заточки** Schleifmaschine *f*, Schärfmaschine *f*
~ **для заточки буровых коронок** [Gestein-]Bohrerkronenschleifmaschine *f*
~ **для заточки дисковых сегментных пил** Segmentkreissägenschleifmaschine *f*
~ **для заточки мелкомодульных червячных фрез** Kleinmodul-Walzfräserschleifmaschine *f*
~ **для заточки пил** Sägeschärfmaschine *f*
~ **для заточки протяжек** Räumwerkzeug-Schleifmaschine *f*
~ **для заточки ракелей** *(Typ)* Rakelschleifmaschine *f*
~ **для заточки режущего инструмента** Werkzeugschleifmaschine *f*
~ **для заточки резцов** Meißelschleifmaschine *f* *(Dreh-, Hobel- und Stoßmeißel)*
~ **для заточки свёрл** Bohrerschleifmaschine *f*
~ **для заточки строгальных ножей** *(Holz)* Hobelmesser-Schleifmaschine *f*
~ **для изготовления [много]цветной шенили/ткацкий** Vielfarbenwebstuhl *m* zur Herstellung der (von) Chenille
~ **для кислородной строжки** *(Schw)* Sauerstoffhobelmaschine *f*, Brennhobelmaschine *f*
~ **для контурного фрезерования/копировально-фрезерный** Nachformfräsmaschine *f* zum Fräsen von Umrißformen
~ **для конфекции покрышек** *(Gum)* Reifenmaschine *f*, Reifenaufbaumaschine *f*
~ **для коротких резьб/фрезерный** Kurzgewindefräsmaschine *f*
~ **для круглых пил/заточный** Kreissägeblatt-Schleifmaschine *f*
~ **для круглых плашек/заточный** Schleifmaschine *f* für runde Schneideisen
~ **для кулачков/копировальный** Nocken[nachform]fräsmaschine *f*
~ **для кулачковых шайб/копировально-шлифовальный** Kurvenscheiben-Nachformschleifmaschine *f*
~ **для ленточных пил/заточный** *(Holz)* Bandsägeblatt-Schleifmaschine *f*

~ **для листового металла/кромкообрезной** Blechkantenbeschneidemaschine *f*

~ **для нанесения покрытия пульверизатором/меловальный** *(Typ)* Sprühstreichmaschine *f*

~ **для нарезания конических колёс/зубострогальный** Kegelradhobelmaschine *f*

~ **для нарезания прямозубых конических колёс/зубострогальный** Hobelmaschine *f* für geradverzahnte Kegelräder

~ **для нарезания спиральнозубых конических колёс/зубострогальный** Hobelmaschine *f* für spiralverzahnte Kegelräder

~ **для нарезания спиральных зубьев на конических колёсах/зубофрезерный** Palloidkegelrad-Fräsmaschine *f*

~ **для нарезания цилиндрических колёс/зубострогальный** Stirnzahnrad-Hobelmaschine *f*

~ **для наружного протягивания** Außenräummaschine *f*

~ **для наружного протягивания/вертикально-протяжной** Senkrecht-Außenräummaschine *f*

~ **для наружного хонингования** Außenhonmaschine *f*

~ **для натяжки кардоленты** *(Text)* Kratzenaufziehmaschine *f*

~ **для ножовочных пил/заточный** [Metall-]Bügelsägeblattschleifmaschine *f*

~ **для обработки бандажей** Radreifendrehmaschine *f*, Bandagendrehmaschine *f*

~ **для обработки зубчатых колёс по методу обкатки** Zahnradwälzmaschine *f*

~ **для обработки коленчатых валов/многорезцовый токарный** Vielschnitt-Kurbelwellendrehmaschine *f*

~ **для обработки коленчатых валов/токарный** Kurbelwellendrehmaschine *f*

~ **для обработки колёсных пар/многорезцовый токарный** Vielschnitt-Radsatzdrehmaschine *f*

~ **для обработки колёсных скатов** Räderspitzendrehmaschine *f* *(Eisenbahnwagenräder)*

~ **для обработки колёсных центров** Radsterndrehmaschine *f* *(Eisenbahnwagenräder)*

~ **для обработки полускатов** Radsatzdrehmaschine *f*

~ **для обработки распределительных валов/многорезцовый токарный** Vielschnitt-Nockenwellendrehmaschine *f*

~ **для обработки снарядов/многорезцовый токарный** Vielschnitt-Granatendrehmaschine *f*

~ **для обточки колёсных бандажей/карусельный** Radreifen-Karusselldrehmaschine *f*

~ **для объёмного фрезерования/копировально-фрезерный** Nachformfräsmaschine *f* zum Fräsen von Raumformen

~ **для отбортовки** Bördelmaschine *f*

~ **для отливки ротационных стереотипов** *(Typ)* Rundgießmaschine *f*

~ **для патронных работ/токарный** *s.* ~**/патронный токарный**

~ **для перешлифовки кулачков распределительных валов** Steuernockenschleifmaschine *f* für Überholung *(durch Nachschliff)*

~ **для перешлифовки шеек коленчатых валов** Schleifmaschine *f* für Kurbel[wellen]zapfen-Überholung *(durch Nachschliff)*

~ **для плетения** Flechtmaschine *f*

~ **для поверхностного крашения погружением** *(Typ)* Tauchstreichmaschine *f*

~ **для попутного фрезерования/фрезерный** Gleichlauffräsmaschine *f*

~ **для правки валов** Wellenrichtmaschine *f*

~ **для притирки** Läppmaschine *f*

~ **для притирки зубчатых колёс** Zahnradläppmaschine *f*

~ **для прорезывания шлицев** Schlitzmaschine *f*

~ **для протачивания беговых дорожек внутренних колец бочкообразных подшипников** Tonnenlagerinnenring-Laufrollendrehmaschine *f*

~ **для протачивания сферы наружных колец бочкообразных подшипников** Tonnenlageraußenring-Rillenprofildrehmaschine *f*

~ **для проточки шпоночных канавок** Nuteneindrehmaschine *f*

~ **для протягивания шпоночных канавок** Nutenziehräummaschine *f*

~ **для протяжек/заточный** Räumwerkzeugschleifmaschine *f*

~ **для прошивания /вертикально-протяжной** Druckräummaschine *f*, Druckräumpresse *f*

~ **для прутковой работы/токарный** Drehmaschine *f* für Stangenarbeit

~ **для развальцовки труб** Rohrauswalzmaschine *f*

~ **для развёртывания** 1. Aufreibemaschine *f*; 2. Laufreibmaschine *f* *(für Gewehr- und Geschützläufe)*

~ **для расточки бандажей** Radreifenausdrehmaschine *f*

~ **для расточки калибров валков** Walzenkalibrierdrehmaschine *f*

~ **для расточки колёсных ободьев/одностоечный карусельный** Einständer-Radreifenbohrmaschine *f*

~ **для расточки колёсных центров** Radsterndrehmaschine *f* *(Eisenbahnwagenräder)*
~ **для расточки цилиндров** Zylinderbohrmaschine *f*
~ **для ребровой распиловки** *s.* ~/**ребровый**
~ **для резки целлюлозы** Zellstoffschneidemaschine *f*
~ **для резцов/анодно-механический заточный** anodenmechanische Meißelschleifmaschine *f*, Elysiermaschine *f* *(hartmetallbestückte Dreh-, Hobel- und Stoßmeißel)*
~ **для резцов/доводочный** Meißelläppmaschine *f* *(Drehmeißel)*
~ **для резцов/заточный** Meißelschleifmaschine *f* *(Dreh-, Hobel- und Stoßmeißel)*
~ **для сборки покрышек/конфекционный** *(Gum)* Reifen[aufbau]maschine *f*
~ **для сверления орудийных стволов** Geschützrohrbohrmaschine *f*
~ **для сверления осей** Achsenbohrmaschine *f*
~ **для сверления ружейных стволов** Gewehrlaufbohrmaschine *f*
~ **для сверловки . . .** *s.* ~ **для сверления . . .**
~ **для сгибания** Anbiegemaschine *f*
~ **для скашивания** *s.* ~ **для заострения**
~ **для скашивания кромок** Blechkantenzuschärfmaschine *f*
~ **для снятия заусенцев** Abgratmaschine *f*, Entgratemaschine *f*
~ **для сортировки чулок** *(Text)* Strumpfprüfapparat *m*
~ **для спиральных свёрл/заточный** Spiralbohrerschleifmaschine *f*
~ **для спичечной соломки/строгальный** Holzdrahthobelmaschine *f* *(Zündholzherstellung)*
~ **для строжки линеек** *(Typ)* Linienhobelmaschine *f*
~ **для суперфиниша (суперфиниширования)** Superfinishmaschine *f*, Feinhonmaschine *f*, Feinziehschleifmaschine *f*
~ **для тиснения/сатинировальный** *(Pap)* Prägekalander *m*, Gaufrierkalander *m*
~ **для точки шляпок** *(Text)* Deckelschleifmaschine *f* *(Deckelkarde)*
~ **для труб/развальцовочный** Rohrauswalzmaschine *f*
~ **для фрезерных головок/заточный** Messerkopfschleifmaschine *f*
~ **для фрезерования зубчатых валов** Ritzelfräsmaschine *f*
~ **для фрезерования зубчатых реек** Zahnstangenfräsmaschine *f*
~ **для фрезерования пазов** Nutenfräsmaschine *f*
~ **для фрезерования пластин по росту** *(Typ)* Plattenfräsmaschine *f*
~ **для фрезерования торцов рельс** Schienenfräsmaschine *f*
~ **для фрезерования шпоночных канавок** Keilnutenfräsmaschine *f*, Langlochfräsmaschine *f*
~ **для центрирования осей** Achsenzentriermaschine *f*
~ **для червячных фрез/заточный** Wälzfräserschleifmaschine *f*
~ **для черновой обработки блюмсов поверхностной резкой** *s.* **машина/огневая**
~ **для шлифования** Schleifmaschine *f*
~ **для шлифования бортиков колец подшипников** Bordringschleifmaschine *f* *(Rollenlager)*
~ **для шлифования клапанных конусов** Ventilkegelschleifmaschine *f*
~ **для шлифования клапанных сёдел** Ventilsitzschleifmaschine *f*
~ **для шлифования коленчатых валов** Kurbelwellenschleifmaschine *f* *(Sammelbegriff für Hublager-, Kurbelzapfenlager-, Kurbelwangenschleifmaschine usw.)*
~ **для шлифования колёсных пар** Radsatzschleifmaschine *f*
~ **для шлифования колец роликоподшипников** Schleifmaschine *f* für Rollenringe
~ **для шлифования конических зубчатых колёс** Kegelradschleifmaschine *f*
~ **для шлифования корпусов букс** Achsbuchsgehäuse-Schleifmaschine *f*
~ **для шлифования кулачков распределительных валов** Steuernockenschleifmaschine *f*
~ **для шлифования кулачковых валиков** *s.* ~ **для шлифования кулачков распределительных валов**
~ **для шлифования направляющих** Führungsbahnenschleifmaschine *f*
~ **для шлифования остряков стрелочных переводов** Weichenzungenschleifmaschine *f*
~ **для шлифования поршневых колец** Kolbenringschleifmaschine *f*
~ **для шлифования профиля зубьев** Zahnflankenschleifmaschine *f*
~ **для шлифования распределительных валов** Nockenwellenschleifmaschine *f*
~ **для шлифования сферических поверхностей** Balligschleifmaschine *f*
~ **для шлифования центровых шеек коленчатых валов** [Kurbelwellen-]Mittenlagerschleifmaschine *f*
~ **для шлифования шаровых цапф** Kugelzapfenschleifmaschine *f*
~ **для шлифования шатунных шеек коленчатых валов** [Kurbelwellen-]Hublagerschleifmaschine *f*

~ для шлифования шеек оси Achsschenkelschleifmaschine *f*
~ для шлифования шлицев валов Keilwellenschleifmaschine *f*
~ для шлифования щёк коленчатых валов Kurbelwangenschleifmaschine *f*
~ для шлифовки *s.* **~ для шлифования**
~ для шпунтования Spundmaschine *f*
~/доводочный Läppmaschine *f*
~/долбёжный 1. Senkrechtstoßmaschine *f*, Stoßmaschine *f* *(Metall)*; 2. *(Holz)* Stemmaschine *f*
~/долотозаправочный *(Bgb)* Bohrmeißelschleifmaschine *f*
~/донно-вырезной Bodenrundschneidemaschine *f* *(Böttcherei)*
~/донно-строгальный Faßbodenhobelmaschine *f* *(Böttcherei)*
~/донно-сшивательный Faßbodenbretter-Heftmaschine *f* *(Böttcherei)*
~/донно-фуговальный Faßbodenfügemaschine *f* *(Böttcherei)*
~/дорновой *(Gum)* Kernringmaschine *f* *(Reifenherstellung)*
~/древошерстный Holzwollmaschine *f*
~/дровокольный Holzspaltmaschine *f*
~ дугового сварочного автомата Schweißautomatenträger *m*
~/дугосварочный Schweißautomatenträger *m*
~ «дуплекс»/продольно-фрезерный zweispindelige Waagerecht-Langfräsmaschine *f*
~ дуплексного типа/вертикальный наружнопротяжной Senkrecht-Doppelschlitten-Außenräummaschine *f*
~/дыропробивной Perforiermaschine *f*; Lochmaschine *f*, Lochstanzmaschine *f*
~/жаккардовый прутковый ткацкий Jacquard-Rutenwebstuhl *m*
~/жаккардовый ткацкий Jacquard-Webstuhl *m*
~/загибочный Biegemaschine *f*
~/замочный ткацкий Festblatt[web]stuhl *m*, Webstuhl *m* mit feststehendem Blatt, Webstuhl *m* mit Stechschützenwächter
~/заточный [Werkzeug-]Schleifmaschine *f*, Schärfmaschine *f*
~/затыловочный Hinterdrehmaschine *f*, Hinterarbeitungsmaschine *f*
~/затыловочный токарный *(Fert)* Hinterdrehmaschine *f*
~/зубодолбёжный Zahnrad[senkrecht]-stoßmaschine *f*
~/зубоотделочный *s.* **~/шевинговальный**
~/зубопритирочный Zahnradläppmaschine *f*
~/зуборезный Zahnräderformmaschine *f*, Verzahnungsmaschine *f*
~/зубострогальный Zahnradhobelmaschine *f*
~/зубофрезерный Zahnradfräsmaschine *f*
~/зубошлифовальный Zahnflankenschleifmaschine *f*
~/инструментальный токарный Werkzeugmacherdrehmaschine *f*
~/калёвочно-строгальный *(Holz)* Kehlhobelmaschine *f*
~/калёвочный *(Holz)* Kehlmaschine *f*
~/камнесверлильный Steinbohrmaschine *f*
~/канатно-буровой *(Bgb)* Seilbohrgerät *n* *(Tiefbohrungen)*
~ канатного бурения *(Bgb)* Seilschlagkran *m* *(Tiefbohren)*
~/канатно-ударный *(Bgb)* Seilschlagbohrgerät *n* *(Tiefbohrungen)*
~/канатный *s.* **~ канатного бурения**
~/кантовальный Abkantmaschine *f*
~/кареточный ткацкий Schaftmaschinenwebstuhl *m*
~/карусельно-токарный Karusselldrehmaschine *f*
~/карусельно-фрезерный Drehtischfräsmaschine *f*, Rundtischfräsmaschine *f*
~/карусельный Karusselldrehmaschine *f*
~/карусельный протяжной Rundtischräummaschine *f*
~/клепальный Hammernietmaschine *f*
~/клёпкосгибочный Daubenbiegemaschine *f* *(Böttcherei)*
~/клёпкострогальный Faßdaubenhobelmaschine *f* *(Böttcherei)*
~/клёпкофуговальный Faßdaubenfügemaschine *f* *(Böttcherei)*
~/ковровый ткацкий Teppichwebstuhl *m*
~/ковроткацкий Teppichwebstuhl *m*
~/кокильный Kokillengießmaschine *f*
~/кокономотальный *(Text)* Haspelbank *f*, Seidenhaspel *f* *(Seidenspinnerei)*
~/колесо-токарный Radsatzdrehmaschine *f*
~ колонкого бурения [/буровой] *(Bgb)* Kernbohrgerät *n* *(Tiefbohren)*
~/комбинированный шлифовально-рифельный kombinierte Schleif- und Riffelmaschine *f* *(für Müllereiwalzen)*
~/комбинированный шлифовальный *s.* **~ с диском и бобиной/шлифовальный**
~/консольно-сверлильный Auslegerbohrmaschine *f*
~/консольный фрезерный Konsolfräsmaschine *f*
~/контактно-копировальный *(Typ)* Kontaktkopiergerät *n*
~/концеравнительный *(Holz)* Abkürzkreissäge *f*
~/координатно-расточный Lehrenbohrwerk *n*, Lehrenbohrmaschine *f*
~/копировально-долбёжный Nachformstoßmaschine *f*
~/копировально-строгальный Nachformhobelmaschine *f*

~/**копировально-токарный** Nachformdrehmaschine *f*
~/**копировально-фрезерный** Nachformfräsmaschine *f*
~/**копировально-шлифовальный** Nachformschleifmaschine *f*
~/**копировальный** 1. Nachformmaschine *f* *(Drehmaschine, Fräsmaschine, Schleifmaschine)*; 2. *(Kine)* Kopiermaschine *f*
~/**копировальный токарный** Nachformdrehmaschine *f*
~/**корообдирочный** Rindenschälmaschine *f*
~/**корректурный** *(Typ)* Korrekturpresse *f*, Abziehpresse *f*
~/**корректурный печатный** Korrekturabziehpresse *f*
~/**кривошипный ткацкий** Exzenterwebstuhl *m*
~/**кромкогибочный** *s.* ~/**кромкозагибочный**
~/**кромкодолбёжный** Blechkantenbestoßmaschine *f*, Kantenbestoßmaschine *f*
~/**кромкозагибочный** Bördelmaschine *f*; Falzmaschine *f*; Abkantmaschine *f*
~/**кромкообрубочный** Beschneidemaschine *f*
~/**кромкоотгибочный** *s.* ~/**кромкозагибочный**
~/**кромкострогальный** *(Schiff)* Blechkantenhobelmaschine *f*, Blechbesäummaschine *f*
~/**кромкошлифовальный** Blechkantenschleifmaschine *f*, Kantenschleifmaschine *f*
~ **Кромптона** Crompton-Webstuhl *m*
~ **Кромтона/буксиновый** Crompton-Bucksin[web]stuhl *m*
~/**кругловязальный** Rundwirk[web]stuhl *m*
~/**круглодоводочный** Rundläppmaschine *f*
~/**круглолущильный** Rundschälmaschine *f* *(für Furniere)*
~/**круглопалочный** *(Holz)* Rundstabhobelmaschine *f*
~/**круглопильный** *(Holz)* Kreissäge *f*
~/**круглострогальный** Rundhobelmaschine *f*
~/**круглоткацкий** Rundwebstuhl *m*, Rundwebmaschine *f*
~/**круглофрезерный** Rundfräsmaschine *f*
~/**круглошлифовальный** Außenrundschleifmaschine *f*
~/**круглошлифовальный врезной** Einstech-Außenrundschleifmaschine *f*, Einstechmaschine *f*
~/**круглый ткацкий** Rundwebstuhl *m*, Rundwebmaschine *f*
~/**кружевной ткацкий** *(Text)* Spitzenwebstuhl *m*
~/**крыльевой** *(Gum)* Wulstmaschine *f* *(Reifenherstellung)*
~/**кулирный** Rundkulier[web]stuhl *m*
~/**лабораторный токарный** *(Fert)* Versuchs-Leit- und Zugspindeldrehmaschine *f*
~ **лафета** *(Mil)* Lafettenkörper *m* *(Lafette)*
~ **лафета/верхний** Oberlafette *f* *(eines Geschützes)*
~ **лафета/нижний** Unterlafette *f*
~/**лентофрезерный** Band-Durchlauffräsmaschine *f*
~/**ленточно-пильный** Bandsägemaschine *f*, Bandsäge *f*
~/**ленточный [ткацкий]** Bandwebstuhl *m*
~/**ленточный шлифовальный** 1. *(Holz)* Bandschleifmaschine *f*; 2. Kontaktschleifmaschine *f* *(Dekorationsschliff von Metallteilen)*
~/**лесопильный** Sägegatter *n*, Gattersäge *f*
~/**лесопильный вертикальный ленточный** senkrechte Blockbandsäge *f*
~/**листогибочный** Blechbiegemaschine *f*, Plattenbiegemaschine *f*
~/**лобзиковый** *(Holz)* Ausschneidsäge *f*, Schweifsäge *f*, Dekupiersäge *f*
~/**лобовой токарный** *(Fert)* Kopfdrehmaschine *f*, Plandrehmaschine *f*
~/**лущильный** Furnierschälmaschine *f*
~/**малковочный** Schmiegemaschine *f*
~/**махровый ткацкий** Frottier[web]stuhl *m*
~/**маятниковый [шлифовальный]** Pendelschleifmaschine *f*, Hängeschleifmaschine *f*
~/**меловальный** *(Pap)* Streichmaschine *f*
~/**металлообрабатывающий** Metallbearbeitungsmaschine *f*
~/**металлорежущий** Zerspanungsmaschine *f*
~/**механизированный заточный** Werkzeugschleifmaschine *f* mit selbsttätigem Vorschub
~/**механический ткацкий** mechanischer Webstuhl *m*
~/**многопильный лесопильный** Sägegatter *n*
~/**многорезцовый одношпиндельный токарный** Vielschnitt-Einspindeldrehmaschine *f*
~/**многорезцовый токарный** Vielschnittdrehmaschine *f*, Vielmeißeldrehmaschine *f*
~/**многосторонний сверлильный** Mehrwegbohrmaschine *f*
~/**многосуппортный строгальный** Vielmeißel-Langhobelmaschine *f*
~/**многочелночный [ткацкий]** mehrschütziger Webstuhl *m*, Wechselstuhl *m* *(Weberei)*

~/**многошпиндельный** Gruppenwerkzeugmaschine *f*, Mehrspindelwerkzeugmaschine *f*
~/**многошпиндельный сверлильный** Mehrspindelbohrmaschine *f*
~/**многошпиндельный хонинговальный** Mehrspindelhonmaschine *f*
~/**монтажный** *(Typ)* Montagetisch *m*
~/**мультипликационный** *(Kine)* Zeichenfilmtisch *m* *(Trickfilm)*
~ **на колонне/вертикально-сверлильный** Ständerbohrmaschine *f*
~ **на круглой колонне/вертикально-сверлильный** Säulenbohrmaschine *f*
~ **на самоходной тележке/радиально-сверлильный** ortsveränderliche Radialbohrmaschine *f* auf Schienenfahrwerk mit Elektroantrieb
~/**навивальный** *(Text)* Bäumtisch *m* *(Schärmaschine)*
~/**намоточный** Wickelmaschine *f*, Wickelbank *f*
~/**насекательный (насечный)** Feilenhaumaschine *f*
~/**настенный вертикально-сверлильный** Wandbohrmaschine *f*
~/**настенный радиально-сверлильный** Wandradialbohrmaschine *f*
~/**настольно-сверлильный** Tischbohrmaschine *f*
~/**настольный вертикально-сверлильный** Tischbohrmaschine *f*
~/**настольный токарный** *(Fert)* Tischdrehmaschine *f*
~/**нижнебойный ткацкий** Unterschläger *m*, Unterschlag[web]stuhl *m* *(Webstuhl mit unterem Schützenschlag)*
~/**ножевой лущильный** *(Holz)* Messerspaltmaschine *f* *(Furniere)*
~/**ножеточильный** *(Holz)* Messerschleifmaschine *f*
~/**ножовочный** Bügelsäge *f* *(Metallsägemaschine mit hin- und hergehendem Sägeblatt)*
~/**обдирочно-шлифовальный** Grobschleifmaschine *f*, Gußputzschleifmaschine *f*
~/**обдирочно-шлифовальный подвесной** Pendel-Grobschleifmaschine *f* *(für Gußputzarbeiten)*
~/**обдирочный токарный** Schruppdrehmaschine *f*
~/**обёрточный** *(Gum)* Einwickelmaschine *f*
~ **обкатного типа/зубодолбёжный** Zahnradwälzstoßmaschine *f*
~/**обмоточный** *s.* ~/**намоточный**
~/**обрезной** *(Holz)* Besäumkreissäge *f*, Beschneidemaschine *f*
~/**овально-токарный** Ovaldrehmaschine *f*
~/**одноколонный** Einständermaschine *f* *(Langhobelmaschine, Fräsmaschine, Schleifmaschine)*
~/**однорядный многошпиндельный сверлильный** Reihenbohrmaschine *f*
~ **одностоечной конструкции с направляющими салазками/вертикальный внутрипротяжной** Senkrecht-Innenräummaschine *f* in Ständerkonstruktion
~/**одностоечный** *s.* ~/**одноколонный**
~/**одностоечный долбёжный** Einständer-Stoßmaschine *f*
~/**одностоечный карусельный** Einständer-Karusselldrehmaschine *f*
~/**одностоечный продольно-строгальный** Einständer-Langhobelmaschine *f*
~/**одночелночный** einschütziger Webstuhl *m*
~/**одношпиндельный вертикально-сверлильный** Einspindel-Ständerbohrmaschine *f*
~/**одношпиндельный горизонтальный продольно-фрезерный** einspindelige Waagerecht-Langfräsmaschine *f*
~/**одношпиндельный хонинговальный** Einspindelhonmaschine *f*
~/**окантовочный** *(Typ)* Fälzelmaschine *f*
~/**окорочный** Entrindungsmaschine *f*
~/**опиловочный** Feilmaschine *f*
~/**оптический профилешлифовальный** optische Profilschleifmaschine *f*
~/**орудийный** Lafette *f* *(Geschütz)*
~/**осетокарный** *(Fert)* Achsendrehmaschine *f*
~/**отбортовочный** Bördelmaschine *f*
~/**отделочно-расточный** Feinbohrwerk *n*
~/**отделочно-шлифовальный** Kurz[hub]-honmaschine *f*, Feinstschleifmaschine *f*
~/**отделочный** Abziehmaschine *f*
~/**отделочный токарный** Fertigdrehmaschine *f*
~/**отрезной** Metallkreissäge *f*
~/**отрезной токарный** Abstechdrehmaschine *f*
~/**отрезной шлифовальный** Trennschleifmaschine *f*
~/**офсетный пробопечатный** *(Typ)* Offsetandruckpresse *f*
~/**пазовальный (пазовочный)** *(Holz)* Langlochbohrmaschine *f*
~/**параллелограммный резательный** *s.* **машина/параллелограммная газорезательная**
~/**патронный внутришлифовальный** Innenrundschleifmaschine *f* mit Futter
~/**патронный токарный** Drehmaschine *f* für Futterarbeit
~ **передвижного типа с поворотным рукавом и шпиндельной головкой/радиально-сверлильный** ortsveränderliche [Universal-]Radialbohrmaschine *f* mit allseitig schwenkbarem Bohrschlitten *(Ausleger und Bohrschlitten sind um ihre waagerechten sich überkreuzenden Achsen schwenkbar)*

~/**перекатный радиально-сверлильный** ortsveränderliche Radialbohrmaschine *f* auf Schienenfahrwerk
~/**перемотно-резальный** *(Typ)* Rollenschneide- und Wickelmaschine *f*
~/**переносный радиально-сверлильный** transportable Radialbohrmaschine *f*, Montagebohrmaschine *f*
~/**переносный шарнирный резательный** transportable (fahrbare) Gelenkarm-Brennschneidmaschine *f*
~/**пилонасекательный** Feilenhaumaschine *f*
~/**пилоножеточильный** *(Holz)* Säge- und Messerschärfmaschine *f*
~/**пилоточильный (пилоточный)** *(Holz)* Sägeschärfmaschine *f*
~/**пильный** Sägemaschine *f* *(Bandsäge, Kreissäge)*
~/**плисовый ткацкий** Rutensamt[web]-stuhl *m*
~/**плоский** *(Gum)* Flachtrommelmaschine *f (Reifenherstellung)*
~/**плоскоприточный** Flachläppmaschine *f*
~/**плоскошлифовальный** Flachschleifmaschine *f*
~/**плющильный** Stauchmaschine *f*
~ **пневмоударного бурения** *(Bgb)* pneumatisches Schlagbohrgerät *n (Tiefbohrtechnik)*
~ **по дереву/токарный** Holzdrehmaschine *f*
~ **повышенной точности/круглошлифовальный** Genauschleifmaschine (Präzisionsschleifmaschine) *f* für Außenrundschliff
~ **повышенной точности/токарно-винторезный** Leit- und Zugspindel-Genaudrehmaschine *f*
~/**позументный [ткацкий]** Bortenwebstuhl *m*, Posamentenwebstuhl *m*
~/**полировальный** Poliermaschine *f*
~/**полировочный** Poliermaschine *f*
~/**полуавтоматический заточный** halbautomatische Werkzeugschleifmaschine *f*
~/**полуавтоматический хонинговальный** halbautomatische Honmaschine *f*
~/**полуплоский** *s.* ~/**плоский**
~/**поперечно-строгальный** Waagerecht-Stoßmaschine *f*, Shapingmaschine *f*
~ **портального типа/многошпиндельный вертикально-сверлильный** Mehrspindel-Doppelständerbohrmaschine *f*
~/**портально-строгальный** Portalhobelmaschine *f* *(Langhobelmaschine ohne Tisch für über 5 m lange Werkstücke)*
~/**портальный карусельный** Portal-Karusselldrehmaschine *f*
~/**портальный координатно-расточный** Zweiständer-Lehrenbohrmaschine *f*, Lehrenbohrmaschine *f* in Portalausführung
~/**портальный продольно-фрезерный** vierspindelige Langfräsmaschine *f*
~/**правильный** *(Fert)* Richtmaschine *f*
~/**прецизионный токарный** Präzisionsdrehmaschine *f*, Feinmechaniker-Drehmaschine *f*
~/**прирезной** Trennkreissäge *f*
~/**присучальный** Andrehgestell *n (Spinnerei)*
~/**притирочно-шлифовальный** *s.* ~/**хонинговальный**
~/**притирочный** Läppmaschine *f*
~/**пробопечатный** *(Typ)* Andruckpresse *f*
~/**проборный** *(Text)* Einziehgestell *n*
~/**проволоко-волочильный** Drahtziehmaschine *f*
~/**продольно-резательный** *(Typ)* Vorrichtung *f* zum Längsschneiden von Papierbahnen
~/**продольно-строгальный** Langhobelmaschine *f*
~/**продольно-фрезерный** Langfräsmaschine *f*, Planfräsmaschine *f*
~/**просорушальный** Hirseenthüls- und -schälmaschine *f (Müllerei)*
~/**протяжной** Räummaschine *f (Ziehräummaschine)*
~/**профилегибочный** Profilbiegemaschine *f*
~/**профилешлифовальный** Profilschleifmaschine *f*
~/**профилировочный** Profilbiegemaschine *f*
~/**прошивочный** Druckräummaschine *f*, Druckräumpresse *f*
~/**пружинонавивочный** Federwickelmaschine *f*
~/**прутковый ковроткацкий** Teppichruten[web]stuhl *m*
~/**пушечнорасточный** Geschützrohrbohrmaschine *f*
~/**радиально-сверлильный** Radialbohrmaschine *f*, Auslegerbohrmaschine *f*
~/**радиально-строгальный** Auslegerhobelmaschine *f (Hobeln gekrümmter oder zylindrischer Flächen)*
~/**разрывной** *(Wkst)* Zerreißmaschine *f*
~/**расточный** Bohrwerk *n*, Innendrehmaschine *f*
~/**ребровый** *(Holz)* Lattenkreissäge *f*
~/**револьверный** Revolverdrehmaschine *f*
~/**реечно-фрезерный** Zahnstangenfräsmaschine *f*
~/**реечный фрезерный** Zahnstangenfräsmaschine *f*
~/**резательный** stationäre Brennschneidmaschine *f*
~/**резьбонакатный** Gewindewalzmaschine *f*, Gewindedrückmaschine *f*
~/**резьбонарезной [токарный]** Gewindedrehmaschine *f*
~/**резьбопритирочный** Gewindeläppmaschine *f*

~/**резьбофрезерный** Gewindefräsmaschine *f*

~/**резьбошлифовальный** Gewindeschleifmaschine *f*

~/**рейконарезной** Zahnstangenschneidmaschine *f*

~/**рейкофрезерный** Zahnstangenfräsmaschine *f*

~/**рейсмусовый** *(Holz)* Dickenhobelmaschine *f*

~/**рельсогибочный** Schienenbiegemaschine *f*, Schienenbieger *m*

~/**рельсосверлильный** Schienenbohrmaschine *f*

~/**ремизный прутковый ткацкий** Schaft-Rutenwebstuhl *m*

~/**ремизоподъёмный ткацкий** Schaftwebstuhl *m*

~/**рифельный** *s.* **~/вальценарезной**

~/**рихтовальный** *(Fert)* Richtmaschine *f*

~/**ротационный протяжной** *s.* **~/карусельный протяжной**

~ **«рото-милл»/фрезерный** Rundfräsmaschine *f*

~/**роторный буровой** *(Bgb)* Rotarybohrgerät *n*

~/**рубильный спичечный** Abschlagmaschine *f*, Holzdrahtschneidemaschine *f* *(Zündholzherstellung)*

~/**рудопромывочный** Waschherd *m* *(Aufbereitung)*

~/**ручной печатный** *(Typ)* Handpresse *f*

~/**ручной ткацкий** Handwebstuhl *m*

~/**ручной часовой токарный** Spitzendrehstuhl *m* *(Uhrmacherarbeiten)*

~/**рядовый трёхшпиндельный сверлильный** Dreispindel-Reihenbohrmaschine *f*

~ **с автоматическим многоразовым (многопереходным) перемещением суппорта/копировальный токарный** Nachformdrehmaschine *f* mit Mehrschnittautomatik

~ **с барабанной револьверной головкой/токарный** Trommelrevolverdrehmaschine *f*

~ **с вальцовой подачей/трёхцилиндровый шлифовальный** *(Holz)* Dreiwalzenschleifmaschine *f* mit Walzenvorschub (Rollenvorschub)

~ **с вертикальной осью револьверной головки/токарный** Sternrevolverdrehmaschine *f*

~ **с вертикальным расположением шпинделя/хонинговальный** Honmaschine *f* mit senkrechter Schleifwelle

~ **с верхним боем/ткацкий** Oberschläger *m*, Oberschlag[web]stuhl *m* *(Webstuhl mit oberem Schützenschlag)*

~ **с вращающимся изделием/внутришлифовальный** Innenrundschleifmaschine *f* mit normaler Schleifspindel

~ **с вращающимся столом/вертикально-фрезерный** Drehtischfräsmaschine *f*, Rundtischfräsmaschine *f*

~ **с гибким валом/обдирочно-шлифовальный** Grobschleifmaschine *f* mit biegsamer Welle *(Putzen großer Formgußstücke)*

~ **с гидроприводом/протяжной** *s.* **~/гидравлический протяжной**

~ **с горизонтальной револьверной головкой/токарный** Trommelrevolverdrehmaschine *f*

~ **с горизонтальным расположением шпинделя/хонинговальный** Honmaschine *f* mit waagerechter Schleifwelle

~ **с гусеничной подачей и верхним расположением цилиндров/трёхцилиндровый шлифовальный** *(Holz)* Dreiwalzenschleifmaschine *f* mit Plattenbandvorschub und obenliegenden Schleifwalzen

~ **с гусеничной подачей/прирезной [круглопильный]** Trennkreissäge *f* mit automatischer Zuführung *(durch Raupenband)*

~ **с гусеничной подачей/трёхцилиндровый шлифовальный** *(Holz)* Dreiwalzenschleifmaschine *f* mit Plattenbandvorschub

~ **с двусторонней сменой/многочелночный** mehrschütziger zweiseitiger Wechsel[web]stuhl *m*

~ **с двусторонней сменой челнока/ткацкий** Webstuhl *m* mit beiderseitigem Wechsel

~ **с диском и бобиной/шлифовальный** *(Holz)* kombinierte Scheiben- und Senkrecht-Walzenschleifmaschine *f*

~ **с жёсткой станиной/одношпиндельный вертикально-сверлильный** Einspindel-Ständerbohrmaschine *f* für Bohrungen von 60 . . . 120 mm *(arbeitet bei geringster Aufbäumung und Verdrehung des Ständers)*

~ **с индивидуальным приводом** Werkzeugmaschine *f* mit Einzelantrieb

~ **с канатного бурения/буровой** *(Bgb)* Seilschlagbohrgerät *n*

~ **с кривошипным механизмом/долбёжный** Senkrechtstoßmaschine *f* mit Kurbelantrieb

~ **с круглым столом и вертикальным шпинделем/плоско-шлифовальный** Flachschleifmaschine *f* mit senkrechter Spindel für das Seitenschleifen mit Rundtisch

~ **с круглым столом и горизонтальным шпинделем/плоско-шлифовальный** Flachschleifmaschine *f* mit waagerechter Spindel für das Umfangschleifen mit Rundtisch

~ с механической подачей/мощный многоцилиндровый шлифовальный *(Holz)* Mehrwalzenschleifmaschine *f* mit mechanisiertem Vorschub für Großflächen

~ с накатывающимся валом/фланцегибочный *(Schiff)* Kielplattenbiegemaschine *f*

~ с наклонным расположением шпинделя/хонинговальный Honmaschine *f* mit geneigter Schleifwelle

~ с наклонным суппортом/многорезцовый токарный Vielschnittdrehmaschine *f* mit geneigtem Support

~ с неподвижным столом/ленточный шлифовальный *(Holz)* Bandschleifmaschine *f* mit festem Tisch

~ с несколькими суппортами/многорезцовый токарный Vielschnittdrehmaschine *f* mit mehreren Supporten

~ с нижним боем/ткацкий Unterschläger *m*, Unterschlag[web]stuhl *m* *(Webstuhl mit unterem Schützenschlag)*

~ с откидным бёрдом/ткацкий *s.* ~/**беззамочный ткацкий**

~ с пантографом/копировально-фрезерный Gravierfräsmaschine *f*

~ с планетарным движением шпинделя/вертикальный внутришлифовальный senkrechte Innenschleifmaschine *f* mit Planetenspindel

~ с планетарным движением шпинделя/внутришлифовальный Innenrundschleifmaschine (Zylinderschleifmaschine) *f* mit Planetenspindel

~ с планетарным движением шпинделя/горизонтальный внутришлифовальный waagerechte Innenschleifmaschine *f* mit Planetenspindel

~ с планетарным движением шпинделя/круглошлифовальный Außenrundschleifmaschine *f* mit Planetenspindel

~ с поворотной головкой/вертикально-фрезерный Senkrechtfräsmaschine *f* mit Schwenkkopf

~ с поворотным столом/фланцегибочный Abkantmaschine *f*

~ с поворотными направляющими ползуна/долбёжный Senkrechtstoßmaschine *f* mit verstellbarer Stößelführung

~ с подвижным столом/ленточный шлифовальный *(Holz)* Bandschleifmaschine *f* mit verschiebbarem Tisch

~ с поперечным суппортом/многорезцовый токарный Vielschnittdrehmaschine *f* mit Plansupport

~ с программным управлением/вертикально-сверлильный numerisch gesteuerte Ständerbohrmaschine *f*

~ с программным управлением/многошпиндельный сверлильный numerisch gesteuerte Mehrspindelbohrmaschine *f*

~ с продольным и поперечным суппортом/многорезцовый токарный Vielschnittdrehmaschine *f* mit Längs- und Plansupport

~ с прямоугольным столом и вертикальным шпинделем/плоско-шлифовальный Flachschleifmaschine *f* mit senkrechter Schleifspindel für das Seitenschleifen mit Langtisch

~ с прямоугольным столом и горизонтальным шпинделем/плоскошлифовальный Flachschleifmaschine *f* mit waagerechter Schleifspindel für das Umfangschleifen mit Langtisch

~ с роликовой подачей/трёхцилиндровый шлифовальный *(Holz)* Dreiwalzenschleifmaschine *f* mit Walzenvorschub (Rollenvorschub)

~ с ручной подачей/простой одноцилиндровый шлифовальный Einwalzen-Handschleifmaschine *f*, Hand-Walzenschleifmaschine *f*

~ с ручным управлением/заточный Werkzeugschleifmaschine *f* mit Handvorschub

~ с рядовым расположением шпинделей/многошпиндельный сверлильный Reihenbohrmaschine *f*

~ с суппортом/круглопильный торцовочный *(Holz)* Ausleger-Ablängsäge *f*

~ с универсальным патроном для овальной обточки/токарный Passigdrehmaschine *f*

~ с ходовым валиком/прецизионный токарный Präzisionszugspindeldrehmaschine *f*

~ с ходовым валиком/токарный Zugspindeldrehmaschine *f*

~ с ходовым винтом и ходовым валиком/токарный Leit- und Zugspindeldrehmaschine *f*

~ с ходовым винтом/токарный Leitspindeldrehmaschine *f*

~ с цифровым управлением numerisch gesteuerte Werkzeugmaschine *f*

~ с шарнирным рукавом (шарнирной траверсой)/радиально-сверлильный Radialbohrmaschine *f* mit Gelenkausleger

~ с шарнирными шпинделями/многошпиндельный сверлильный Mehrspindelbohrmaschine *f* mit Gelenkspindeln

~ с шарнирными шпинделями/сверлильный Gelenkspindelbohrmaschine *f*

~/сборочный *(Gum)* Konfektioniermaschine *f* *(Reifenherstellung)*

~/сверлильно-долбёжный *(Holz)* Langlochbohr- und Stemmaschine *f*

~/сверлильно-пазовальный *(Holz)* Langlochbohrmaschine *f*

~/сверлильно-револьверный Revolverbohrmaschine *f*

~/**сверлильный** Bohrmaschine *f*
~/**сдвоенный токарный** Zweispindeldrehmaschine *f*
~ **«симплекс»/продольно-фрезерный** einspindelige Waagerecht-Langfräsmaschine *f*
~/**скруточный** Verseilmaschine *f (für Kabel)*
~/**снарядный токарный** Geschoßdrehmaschine *f*, Granatendrehmaschine *f*
~ **со свободной лентой/ленточный шлифовальный** *(Holz)* waagerechte [Einständer-]Bandschleifmaschine *f* für die Bearbeitung gekrümmter Flächen
~ **со следящей гидравлической системой/вертикальный двухшпиндельный копировально-фрезерный** zweispindelige hydraulisch gesteuerte Senkrecht-Nachformfräsmaschine *f*
~ **со столом/горизонтально-расточный сверлильно-фрезерный** Waagerecht-Bohr- und Fräsmaschine *f* in Tischausführung
~/**специализированный фрезерный** Sonderfräsmaschine *f*
~/**столярный** Tischlereimaschine *f (Sammelbegriff)*
~/**строгально-калёвочный** *(Holz)* Hobel- und Kehlmaschine *f*
~/**строгальный** Hobelmaschine *f (für Holz, Metall oder andere Werkstoffe)*
~/**суконный ткацкий** Tuchwebstuhl *m*
~/**тартальный** *(Bgb)* Schlämmkran *m (Tiefbohrungen)*
~ **термического бурения** *(Bgb)* Flammstrahlbohrgerät *n*
~/**тесёмочный** Bandwebstuhl *m*
~/**ткацкий** Webstuhl *m*
~/**токарно-винторезный** Leit- und Zugspindeldrehmaschine *f*
~/**токарно-гайконарезной** Muttergewindedrehmaschine *f*
~/**токарно-давильный** Drückbank *f (drehmaschinenähnliche Werkzeugmaschine zur Herstellung von Rotationskörpern aus Blech mittels profilierter Druckwerkzeuge)*
~/**токарно-долбёжный** kombinierte Dreh- und Stoßmaschine *f*
~/**токарно-затыловочный** Hinterdrehmaschine *f*, Hinterbearbeitungsmaschine *f*
~/**токарно-копировальный** Kopierdrehmaschine *f*
~/**токарно-расточный** Bohrwerk *n*, Innendrehmaschine *f*
~/**токарно-револьверный** Revolverdrehmaschine *f*
~/**токарный** 1. Drehmaschine *f*; 2. *(Holz)* Drechslerbank *f*
~/**торцефрезерный** Langfräsmaschine *f* mit Tisch und bewegtem Werkzeugträger
~/**торцовочный [маятниковый]** Ablängpendelsäge *f*
~/**точильный** Schleifmaschine *f*
~/**трёхшпиндельный продольно-фрезерный** dreispindelige Langfräsmaschine *f*
~/**трубоволочильный** Rohrziehbank *f*
~/**трубогибочный** Rohrbiegemaschine *f*
~/**трубонарезной** Rohrgewindeschneidmaschine *f*
~/**трубо[от]резной** Rohrabstechmaschine *f*, Rohrtrennmaschine *f*
~/**трубосгибочный** Rohrbiegemaschine *f*
~/**тюлевый ткацкий** Tüllwebstuhl *m*
~/**ударно-вращательный буровой** *(Bgb)* Schlagdrehbohrgerät *n*
~ **ударного бурения** *(Bgb)* Schlagbohrgerät *n*
~ **ударно-канатного бурения** *(Bgb)* Seilschlagbohrgerät *n*
~/**универсально-заточный** Universal-Werkzeugschleifmaschine *f*
~/**универсально-затыловочный** kombinierte Hinterdreh- und Hinterschleifmaschine *f*
~/**универсально-фрезерный** Universalfräsmaschine *f*
~/**универсально-шлифовальный** Universalschleifmaschine *f*
~/**универсальный вертикально-протяжной** Universalsenkrechträummaschine *f*
~/**универсальный горизонтально-фрезерный** Universalwaagerechtfräsmaschine *f*
~/**универсальный доводочный** Universalläppmaschine *f*
~/**универсальный заточный** Universal-Werkzeugschleifmaschine *f*
~/**универсальный круглошлифовальный** Universalrundschleifmaschine *f (für Außen- und Innenrundschleifen mit drehbarem Schleifbock für das Kegelschleifen)*
~/**универсальный притирочный** Universalläppmaschine *f*, Flach- und Rundläppmaschine *f*
~/**универсальный резьбошлифовальный** Universalgewindeschleifmaschine *f (Schleifen von Innen- und Außen-Rund- und -Kegelgewinden sowie von eingängigen und mehrgängigen Gewinden)*
~/**универсальный токарно-винторезный** Universal-Leit- und Zugspindeldrehmaschine *f*
~/**универсальный токарный** Universaldrehmaschine *f*
~/**уторный** Daubenkrösemaschine *f (Böttcherei)*
~/**фальцовочный** Falzmaschine *f*, Blechfalzmaschine *f*
~/**фанеролущильный** Furnierschälmaschine *f*

~/фанерообрезной Furnierbeschneidmaschine *f*
~/фанеропильный Furniersäge *f*
~/фанерострогальный Furniermessermaschine *f*, Furnierhobelmaschine *f*
~/фасонно-токарный Formdrehmaschine *f*
~/фасонно-токарный Formdrehmaschine *f*
~/фланцегибочный Abkantmaschine *f*, Flanschbiegemaschine *f*
~/фланцезагибочный *s.* **~/кромкозагибочный**
~/фотокопировальный координатный резательный lichtelektrisch (fotoelektrisch) gesteuerte Koordinatenbrennschneidmaschine *f*
~/фрезерно-обточный Rundfräsmaschine *f*
~/фрезерно-отрезной Metallkreissäge *f*
~/фрезерно-расточный Formen-Nachformfräsmaschine *f*, Raumformfräsmaschine *f*
~/фрезерный Fräsmaschine *f*
~/фуговально-рейсмусовый *(Holz)* kombinierte Abricht- und Dickenhobelmaschine *f*
~/фуговальный *(Holz)* Abrichthobelmaschine *f*
~/хонинговальный Honmaschine *f*, Ziehschleifmaschine *f*, Lang[hub]honmaschine *f*
~/центровальный Zentrierbohrmaschine *f*, Ankörnmaschine *f*
~/центровой круглошлифовальный Außenrundschleifmaschine *f* für Spitzenarbeit
~/центровой токарный Spitzenmaschine *f*
~/центровочный *s.* **~/центровальный**
~/цепнодолбёжный *(Holz)* Kettenfräsmaschine *f*
~/цепной протяжной Kettenräummaschine *f*
~/цепнофрезерный *s.* **~/цепнодолбёжный**
~/циклевальный Ziehklingenmaschine *f* *(Holzhobelmaschine mit feststehendem Messer)*
~/цилиндровый шлифовальный *(Holz)* Walzenschleifmaschine *f*
~/цилиндрошлифовальный Zylinderschleifmaschine *f*
~/червячно-реечно-фрезерный Zahnstangen-Wälzfräsmaschine *f*
~/червячно-фрезерный Wälzfräsmaschine *f*
~/червячно-шлифовальный Schneckengewindeschleifmaschine *f*
~/четырёхсторонний паркетный строгальный *(Holz)* vierseitige Parketthobelmaschine *f*
~/четырёхсторонний строгальный *(Holz)* vierseitige Hobelmaschine *f*
~/четырёхшпиндельный продольно-фрезерный vierspindelige Langfräsmaschine *f*
~/четырёхшпиндельный хонинговальный Vierspindelhonmaschine *f*
~/шарнирный резательный Gelenkarmbrennschneidmaschine *f*
~/шарнирный торцовочный [круглопильный] Gelenkarmablängmaschine *f*
~/шевинговальный Zahnradschabmaschine *f*
~/шероховальный *(Gum)* Rauhmaschine *f (Reifenherstellung)*
~/шипорезный *(Holz)* Zapfenschneidemaschine *f*
~/широколенточный шлифовальный Breitbandschleifmaschine *f*
~/широкоуниверсально-фрезерный kombinierte Senkrecht- und Waagerecht-Universalfräsmaschine *f*
~/широкоуниверсальный фрезерный Universalfräsmaschine *f* mit schwenkbarem Spindelkopf
~/шлифовально-ленточный *(Holz)* Bandschleifmaschine *f*
~/шлифовально-обдирочный Grobschleifmaschine *f*, Gußputzschleifmaschine *f*
~/шлифовально-отделочный Kurz[hub]honmaschine *f*
~/шлифовально-отрезной Abstechschleifmaschine *f*
~/шлифовально-полировочный Pließtbock *m*
~/шлифовально-притирочный *s.* **~/хонинговальный**
~/шлифовальный Schleifmaschine *f* *(Schleifen von Metall, Holz und anderen Werkstoffen) (s. a. unter* **~ для шлифования . . .***)*
~/шлицевый фрезерный Keilwellenfräsmaschine *f*
~/шлицепрорезной (шлицепрорезно-фрезерный) Schlitzfräsmaschine *f* *(Schraubenherstellung)*
~/шлицефрезерный обкатной Keilwellen-Wälzfräsmaschine *f*
~/шлицешлифовальный Keilwellenschleifmaschine *f*
~/шпалосверлильный *(Eb)* Schwellenbohrmaschine *f*
~/шпиндельный буровой *(Bgb)* Spindelbohrgerät *n*, Craelius-Bohrgerät *n*
~/шпоночно-долбёжный Nutenstoßmaschine *f*
~/шпоночно-строгальный Keilnutenhobelmaschine *f*
~/шпоночный фрезерный Langlochfräsmaschine *f*, Keilnutenfräsmaschine *f*, Nutenfräsmaschine *f*

~/**штриховальный** *(Typ)* Falzeinbrennmaschine *f*
~/**щёточный шлифовальный** Bürstenwalzenschleifmaschine *f* *(sowjetische Sonderkonstruktion)*
~/**ямный продольно-строгальный** Portalhobelmaschine *f* mit unter Flur liegender Spannplatte *(Langhobelmaschine für Werkstücke bis zu 12 m Länge, 6 m Breite und 1,5 m Höhe)*
станок-автомат *m* automatische Werkzeugmaschine *f*
станок-качалка *m (Bgb)* Pumpenbock *m*
станок-полуавтомат *m* Halbautomat *m*
~/**копировально-фрезерный** halbautomatische Nachformfräsmaschine *f*
станок-тренога *m (Mil)* Dreibeinlafette *f*, Dreibein *n (schweres MG)*
стан-расширитель *m* Ausweitewalzwerk *n*, Aufweitewalzwerk *n (für Rohre)*
станция *f* 1. Station *f*; Stelle *f*; 2. *(Eb)* Station *f*, Bahnhof *m*; 3. *(El)* Werk *n*; Elektrizitätswerk *n*, Kraftwerk *n*, Elt-Werk *n*, E-Werk *n (s. a.* **электростанция***)*; 4. *(Fmt)* Amt *n*, Vermittlung *f*; 5. Funkstation *f*, Funkstelle *f (s. a.* **радиостанция***)* • **на приёмной станции** empfangsseitig, empfängerseitig, auf der Empfängerseite
~ **абонентского телеграфирования** Fernschreibvermittlung *f*
~ **абонентского телеграфирования/автоматическая** Fernschreibwählvermittlung *f*, Fernschreibwählamt *n*
~/**авиационная метеорологическая** Flugwetterwarte *f*
~/**автоматическая телефонная** *(Fmt)* Vermittlungsstelle *f* mit Wählbetrieb, VStW, Fernsprechzentrale *f*, Selbstwählfernsprechamt *n*
~ **артиллерийской инструментальной разведки/центральная** Meßzentrale *f (Artilleriebeobachtung)*
~/**бензозаправочная** Tankstelle *f*
~/**береговая шумопеленгаторная** *(Mar)* Küstenhorchanlage *f*, Küsten-Geräuschpeilanlage *f*
~ **биологической очистки** *(Bw)* biologisches Klärwerk *n*
~/**бортовая радиолокационная** Bordradargerät *n*, Bordfunkmeßgerät *n*
~ **в энергосистеме/электрическая** Verbundkraftwerk *n*, im Verbundsystem arbeitendes Kraftwerk *n*
~/**ведомая** *(FO)* Unterstation *f*; Nebensender *m (Decca, Loran)*
~/**ведущая** *(FO)* Leitstation *f*; Leitsender *m*, Hauptsender *m (Decca, Loran)*
~/**ветроэлектрическая** *(El)* Windelektrizitätswerk *n*, Windkraftwerk *n*
~/**водоподготовительная** Wasseraufbereitungsstation *f*
~/**водоподъёмная** Schöpfwerk *n*
~/**выпарная** Verdampfstation *f*
~ **высокого давления/электрическая** *(El)* Hochdruckkraftwerk *n*
~/**высоконапорная гидроэлектрическая** *(El)* Hochdruckkraftwerk *n (Wasserkraftwerk)*
~/**газонаполнительная** Gasflaschenfüllstation *f*
~/**газораздаточная** Flüssiggasverkaufsstelle *f*
~/**гелиоэлектрическая** Sonnenkraftwerk *n*
~/**гидроакустическая** *(Mar)* hydroakustische Anlage *f*
~/**гидролокационная** *(Mar)* Unterwasser-[schall]ortungsanlage *f*, Unterwasserortungsstation *f*
~/**гидроэлектрическая** Wasserkraftwerk *n (Zusammensetzungen s. unter* **гидроэлектростанция***)*
~/**глиссадная радиолокационная** *(Flg)* Gleitwegfunkmeßstation *f*, Gleitwegradar *n*
~/**головная** *(Eb)* Kopfbahnhof *m*; Kopfstation *f*
~/**горноспасательная** *(Bgb)* Grubenrettungsstation *f*, Grubenrettungsstelle *f*, Grubenwehr *f*
~/**городская телефонная** *(Fmt)* Ortsamt *n*
~/**грузовая** *(Eb)* Güterbahnhof *m*
~/**дальняя приводная радиолокационная** *(Flg)* Fernfunkfeuer *n*
~/**длинноволновая** Langwellen[funk]station *f*, LW-Funkstation *f*
~ **для внестудийных передач/передвижная телевизионная** Fernsehaufnahmewagen *m*
~/**дождемерная** Regenmeßstation *f*
~/**доплеровская радиолокационная** Doppler-Radar *n(m)*, Doppler-Radaranlage *f*
~/**железнодорожная** Eisenbahnstation *f*, Bahnhof *m*
~/**загрузочная** *(Bgb)* Füllstelle *f*
~/**замерная вентиляционная** *(Bgb)* Wettermeßstelle *f*
~/**заправочная** Tankstelle *f*
~/**зарядная** *(El)* Ladestation *f*
~/**звукометрическая** *(Mil)* Schallmeßstation *f*, Schallmeßanlage *f*
~/**измерительная** Meßstation *f*
~/**импульсная пеленгаторная** Impulspeilanlage *f*
~/**импульсная радиолокационная** Impulsradar *n*, Impulsfunkmeßgerät *n*
~/**инкубаторно-птицеводческая** *(Lw)* [staatliche] Brutzentrale *f*
~/**испытательная** Versuchsstation *f*
~/**каротажная** *(Geol, Bgb)* Meßanlage *f* für Bohrlochuntersuchungen

~/**кислотная** *(Text)* Säurestation *f*, Spinnbadstation *f* *(Chemiefaserherstellung)*
~/**когерентно-импульсная радиолокационная** Kohärentimpulsradar *n*
~/**компрессорная** Verdichterstation *f*
~ **кондиционирования воздуха/центральная** *(Schiff)* Klimazentrale *f*
~/**контейнерная** *(Eb)* Containerbahnhof *m*
~/**концевая** Endstation *f* *(z. B. einer Seilbahn)*
~/**координатная автоматическая телефонная** Koordinatenschalteramt *n*
~/**корабельная автоматическая телефонная** *(Schiff)* automatische Schiffsfernsprechzentrale *f*
~/**корабельная радиолокационная** Schiffsradarstation *f*; Schiffsradaranlage *f*; Schiffsradargerät *n*
~/**корабельная шумопеленгаторная** *(Mar)* Schiffsgeräuschpeilanlage *f*
~/**корреспондирующая** *(Fmt)* Gegenamt *n*
~/**космическая** Weltraumstation *f*, Raumstation *f*, Orbitalstation *f*
~ **кругового обзора** *(FO)* Rundblickstation *f*
~ **кругового обзора/наземная радиолокационная** Bodenrundsuchgerät *n*
~ **кругового обзора/радиолокационная** Rundsuchradaranlage *f*, Rundsichtradarstation *f*, Rundsichtradaranlage *f*, Rundsichtradar *n(m)*
~/**лёгкая переносная радиотелефонная** Handfunksprechgerät *n*, Klein[st]funkgerät *n*
~/**маломощная электрическая** *(El)* Kleinkraftwerk *n*
~/**маневровая** *(Eb)* Rangierbahnhof *m*
~/**машинно-испытательная** *(Lw)* Maschinenprüfungsstation *f*
~ **МБ** *s.* ~ **местной батареи**
~/**междугородная телефонная** Fernamt *n*
~/**межпланетная** interplanetare Station *f*
~/**местная радиовещательная** Orts[funk]station *f*, Ortssender *m*
~/**местная телефонная** Ortsamt *n*
~ **местной батареи** *(Fmt)* OB-Vermittlung *f*
~/**метеорологическая** meteorologische Station *f*, Wetterdienststelle *f*, Wetterwarte *f*
~/**метеорологическая радиолокационная** *s.* ~/**радиогидрометеорологическая**
~/**морская метеорологическая** Seewetterwarte *f*
~ **на сплошном уровне** Gefällebahnhof *m*
~ **наведения** *(Rak)* Leitstation *f*
~ **наведения истребителей** Jägerleitstation *f*
~ **наведения ракет** Raketenleitstation *f*
~/**наземная** Bodenstation *f*, Boden[funk]stelle *f*
~/**наземная радиолокационная** Bodenradarstation *f*
~/**наземная радиопеленгаторная** *(Flg)* Bodenpeilstelle *f*
~ **назначения** Bestimmungsbahnhof *m*
~/**насосная** Pumpstation *f*, Pumpwerk *n*
~/**насосно-аккумуляторная** Pumpspeicher[kraft]werk *n*
~/**натяжная** Spannstation *f* *(einer Seilbahn)*
~ **непрерывного излучения** *(FO)* Dauerstrichgerät *n*
~ **обнаружения** *(FO)* Ortungsstation *f*
~ **обнаружения воздушных целей/самолётная радиолокационная** *(Flg)* Luft-Luft-Funkmeßgerät *n*
~ **обнаружения наземных целей/самолётная радиолокационная** *(Flg)* Luft-Boden-Funkmeßgerät *n*
~ **обнаружения/радиолокационная** Suchfunkmeßgerät *n*, Suchradargerät *n*, Suchradar *n*, Suchgerät *n*, Überwachungsradaranlage *f*
~ **оборота** Wendebahnhof *m*
~ **общего (общественного) пользования/электрическая** Kraftwerk *n* der öffentlichen Elektrizitätsversorgung
~/**объединённая** Personen- und Güterbahnhof *m*
~/**оконечная** *(Fmt)* Endamt *n*, Endstelle *f*
~/**оконечная [междугородная] телефонная** Endfernamt *n*
~ **опознавания «свой — чужой»** *(Mil)* Freund-Feind-Kennungsgerät *n*
~/**опытная** Versuchsstation *f*
~/**орбитальная** Orbitalstation *f*
~ **орудийной наводки** Geschützrichtstation *f*
~ **орудийной наводки/радиолокационная** Radarfeuerleitanlage *f*, Radarrichtgerät *n*
~/**открытая электрическая** *(El)* Freiluftkraftwerk *n*
~ **отправления** Versandbahnhof *m*
~ **очистки [сточных] вод** Abwasserreinigungsanlage *f*, Abwasserkläranlage *f*, Klärwerk *n*, Kläranlage *f*, Reinigungsanlage *f*
~/**панорамная радиолокационная** Panoramafunkmeßgerät *n*, Panorama[radar]anlage *f*
~/**паротурбинная электрическая** Dampfturbinenkraftwerk *n*
~/**пассажирская** Personenbahnhof *m*
~/**пеленгаторная** *(FO)* Peilstelle *f*, Peiler *m*
~/**передаточная** Übergabebahnhof *m*
~/**передающая** Sende[funk]stelle *f*, Funksendestation *f*

~/пересадочная Umsteigebahnhof *m*
~/пиковая Spitzen[kraft]werk *n*, Spitzenlast[kraft]werk *n*
~/пилотируемая орбитальная bemannte Raumstation *f*
~/пограничная Grenz[übergangs]bahnhof *m*
~/погрузочная Füllstelle *f*
~/подвижная радиолокационная fahrbare Radaranlage *f*
~/подводная пенетрационно-каротажная *(Geol)* Unterwasser-Bodenerprobungssonde *f*
~ подслушивания *(Mil)* Horchanlage *f*
~ пожарной сигнализации Feuermeldezentrale *f*
~ пожарной сигнализации кольцевой системы Schleifenfeuermeldezentrale *f*, SFmZ
~ пожарной сигнализации лучевой системы Linienfeuermeldezentrale *f*, LFmZ
~/поисковая радиолокационная *s.* **~ обнаружения/радиолокационная**
~/предпортовая Seehafenbahnhof *m*
~ предупреждения о штормах/радиолокационная *(Meteo)* Radarsturmwarnstation *f*
~/приводная *(Flg)* Ansteuerungsfeuer *n*
~/пригородная телефонная Nahverkehrsamt *n*
~/приёмно-передающая Sende[-und]-Empfang-Station *f*
~/приливная гидроэлектрическая Gezeitenkraftwerk *n*, Flutkraftwerk *n*
~ приписки Heimatbahnhof *m*
~/пристанская Flußhafenbahnhof *m*
~/промежуточная 1. Zwischenbahnhof *m*; 2. *(Fmt)* Durchgangsamt *n*, Durchgangsanstalt *f*
~/промежуточная усилительная *(Fmt)* Zwischenverstärkeramt *n*
~/промышленная электрическая Industriekraftwerk *n*
~/промышленная ядерная электрическая Industriekernkraftwerk *n*
~/радиовещательная Rundfunk[sende]-station *f*, Rundfunksendestelle *f*
~/радиогидрометеорологическая Wetterradarstation *f*, Wetterradargerät *n*, Wetterradar *n(m)*
~/радиолокационная Radarstation *f*, Funkmeßstation *f*; Radar *n(m)*, Radargerät *n*, Funkmeßgerät *n*
~/радиолюбительская Amateur[funk]station *f*, Amateurfunkstelle *f*
~/радиометеорологическая Funkwetterwarte *f*
~/радионавигационная Funknavigationsstelle *f*; Funknavigationsgerät *n*
~/радиопеленгаторная Funkpeilstelle *f*
~/радиоприёмная Funkempfangsstation *f*, Funkempfangsstelle *f*
~/радиорелейная *(Rf)* Relaisstation *f*, Relaissender *m*, Zwischensender *m*
~/радиотелефонная *(Fmt)* Funksprechstelle *f*
~ ручного обслуживания/телефонная handbedientes Fernsprechamt *n*, handbediente Vermittlungsstelle *f*
~/рыбопоисковая *(Schiff)* Fischortungsanlage *f*, Fischortungsstand *m*
~ с водохранилищем/гидроэлектрическая Speicherwasserkraftwerk *n*
~ с частотной модуляцией/радиолокационная frequenzmoduliertes Radargerät *n* (Radar *n(m)*)
~/самолётная *(Flg)* Bordfunkgerät *n*
~/самолётная радиолокационная Flugzeugradargerät *n*, Flugzeugradar *n(m)*
~ сверхдального обнаружения Funkmeßstation *f* übergroßer Reichweite
~/сейсмическая Erdbebenwarte *f*
~/силовая Kraftstation *f*, Kraftwerk *n*
~/синоптическая *(Meteo)* synoptische Station *f*
~ скорой помощи Rettungsstelle *f*
~/содовая *(Text)* Laugenstation *f* *(Chemiefaserherstellung)*
~/сортировочная Rangierbahnhof *m*, Verschiebebahnhof *m*
~/сортировочная безгорочная Flach[rangier]bahnhof *m*
~/спасательная Seenotrettungsstation *f*
~/средневолновая Mittelwellen[funk]station *f*, MW-Funkstation *f*
~/судовая радиолокационная *s.* **~/корабельная радиолокационная**
~/телеграфная [центральная] Telegrafenamt *n*
~/телефонная [центральная] Fernsprechamt *n*, Fernsprechvermittlungsstelle *f*
~/тепловая электрическая Wärmekraftwerk *n*
~/теплопеленгаторная *s.* **теплопеленгатор**
~/теплофикационная электрическая Heizkraftwerk *n*, HKW
~/теплоэлектрическая Wärmekraftwerk *n*
~/техническая Betriebsbahnhof *m*
~/товарная Güterbahnhof *m*
~/транзитная *(Eb)* Durchgangsbahnhof *m*
~/транзитная междугородная телефонная *(Fmt)* Durchgangsamt *n*
~/тренировочная радиолокационная Radarübungsgerät *n*
~ уваривания Kochstation *f* *(Zuckergewinnung)*
~/узловая Knoten[punkt]bahnhof *m*
~/узловая телефонная Fernsprechknotenamt *n*, Durchgangsamt *n*
~/ультракоротковолновая Ultrakurzwellen[funk]station *f*, UKW-Funkstation *f*
~/ультракоротковолновая радиотелефонная UKW-Sprechfunkanlage *f*

~ **управления огнём** *(Mil)* Feuerleitstation *f*
~/**усилительная** *(Fmt)* Verstärkeramt *n*
~/**участковая** Übergangsbahnhof *m*
~ **формирования поездов** Zugbildungsbahnhof *m*
~ **ЦБ** *s.* ~ **центральной батареи**
~/**центральная** Vermittlungsstelle *f*, VSt, Vermittlungsamt *n*; Hauptamt *n*
~/**центральная электрочасовая** Uhrenhauptzentrale *f*
~ **центральной батареи** ZB-Vermittlung *f*
~/**широтная** *(Astr)* Polhöhenobservatorium *n* *(Polhöhenschwankungsdienst)*
~/**шумопеленгаторная** *(Mar)* [Unterwasser-]Geräuschpeilanlage *f*, Horchanlage *f*
~/**щелочная** *(Led)* Wasserwerkstatt *f*
~/**электрическая** Elektrizitätswerk *n*, Kraftwerk *n*, E-Werk *n* *(Zusammensetzungen s. unter* **электростанция***)*
~/**электрочасовая** Uhrenzentrale *f*
стапелеподъёмник *m* *(Typ)* Stapelheber *m*
стапель *m* *(Schiff)* Helling *f*
~/**боковой** Querablaufhelling *f*
~ **для спуска броском/боковой** Querhelling *f* für Ablauf mit Fall *(für leichte Überwasserschiffe)*
~ **для спуска прыжком/боковой** Querhelling *f* für Ablauf mit Abkippen
~ **обычного типа/боковой** übliche (normale) Querhelling *f*
~/**поперечный** Querablaufhelling *f*
~/**поперечный наклонный** schräge Querablaufhelling *f*
~/**продольный** Längsablaufhelling *f*
~/**продольный наклонный** schräge Längsablaufhelling *f*, geneigte Ablaufbahn *f*
стапель-блок *m* *(Schiff)* Stapel *m*, Palle *f*, Pallung *f* *(Oberbegriff für Kielstapel und Kimmstapel)*
стапель-кондуктор *m* *(Schiff)* Hellinglehrgerüst *n*
стапельный *(Schiff)* Helling ...
стапель-палуба *f* Pontondeck *n*, Stapeldeck *n* *(Schwimmdock)*
старение *n* *(Met)* Altern *n*, Alterung *f*, Ausscheidungshärten *n*, Ausscheidungshärtung *f*
~/**деформационное** Reckaltern *n*, Reckalterung *f*, Stauchaltern *n*, Stauchalterung *f*
~/**естественное** Kaltauslagern *n*, Kaltauslagerung *f*, natürliche Alterung *f*
~/**искусственное** Warmauslagern *n*, Warmaushärten *n*, Warmauslagerung *f*, künstliche Alterung *f*
~ **металлов** *(Met)* Auslagern *n* (Auslagerung *f*) von Metallen *(nach dem Aushärten)*
~ **под действием света** Sonnenlichtalterung *f* *(der Reifen)*
~ **при комнатной температуре** Kaltauslagern *n*, Kaltauslagerung *f*, natürliche Alterung *f*
~ **при повышенной температуре** Warmauslagern *n*, Warmaushärten *n*, Warmauslagerung *f*, künstliche Alterung *f*
стареть *(Met)* altern
старица *f* *s.* **староречье**
старн-кница *f* Achterstevenknie *n* *(Holzschiffbau)*
старн-пост *m* *(Schiff)* Schraubensteven *m*
старн-тимберс *(Schiff)* Heckstütze *f*
староречье *n* *(Hydrol)* Altwasser *n*, Altarm *m*, alter Flußarm *m*
старт *m* Start *m*
~ **ракеты** Raketenstart *m*
стартер *m* 1. *(Kfz)* Anlasser *m*, Starter *m*; 2. *(Dat)* Starterbetriebssystem *n*
~/**пневматический** Druckluftanlasser *m*
~ **с инерционным приводом** Anlasser *m* mit Schraubtrieb, Schraubtriebanlasser *m*, Anlasser *m* mit Bendix-Trieb
~ **с перемещающимся якорем** Schubankeranlasser *m*
~ **с принудительным приводом** Anlasser *m* mit Schubtrieb, Schubtriebanlasser *m*
~ **тлеющего разряда/биметаллический** *(Licht)* Glimmzünder *m*
~/**электрический инерционный** elektrischer Anlasser *m* mit Schraubtrieb
~/**электромагнитный** Magnetstarter *m*
стартер-генератор *m* Anlaßgenerator *m*
стат *m* *(Kern)* Stat *n*, St *(Maßeinheit für Radiumemanation)*
штатив *m* Stativ *n*, Gestell *n*, Rahmen *m*
~ **групповых искателей** *(Fmt)* Gruppenwählergestellrahmen *m*, GW-Gestellrahmen *m*
~ **предыскателей** *(Fmt)* Vorwählergestellrahmen *m*, VW-Gestellrahmen *m*
~ **реле** *(Fmt)* Relaisgestell *n*
статика *f* *(Mech)* Statik *f*
~/**графическая** Grafostatik *f*
~/**небесная** *(Astr)* Astrostatik *f*
~ **сооружений** Baustatik *f*
статикон *m* *(Fs)* Staticon *n* *(Aufnahmeröhre vom Vidikontyp)*
статистика *f* Statistik *f*
~/**антисимметричная** *s.* ~ **Ферми-Дирака**
~ **Бозе** *s.* ~ **Бозе-Эйнштейна**
~ **Бозе-Эйнштейна** *(Ph)* Bose-Einstein-Statistik *f*, Einstein-Bose-Statistik *f*, Bose-Statistik *f*
~ **Больцмана** *(Ph)* Boltzmann-Statistik *f*
~/**звёздная** *(Astr)* Stellarstatistik *f*
~/**квантовая** *(Ph)* Quantenstatistik *f*
~/**математическая** mathematische Statistik *f*
~ **отказов** *(Dat)* Ausfallstatistik *f*
~ **повреждений** *(Fmt)* Störungsstatistik *f*

~/**пространственная** *(Ph)* Raumstatistik *f*
~/**симметричная** *s.* ~ **Бозе-Эйнштейна**
~ **счёта** *(Kern)* Zählstatistik *f*
~ **трафика** *(Fmt)* Verkehrsstatistik *f*
~ **Ферми[-Дирака]** *(Ph)* Fermi-[Dirac-] Statistik *f*
~ **ядер** *(Kern)* Kernstatistik *f*
статометр *m (Ph)* Statometer *n*
статор *m (El)* Ständer *m*, Stator *m*
~ **гидромотора** *(Hydr)* Schwenkrahmen *m (Hydromotor)*
~ **радиально-поршневого насоса** *(Hydr)* Schwenkrahmen *m (Radialkolbenpumpe)*
статоскоп *m* Statoskop *n*, Differentialbarometer *n*
стачивать *(Fert)* abschleifen, wegschleifen
ствол *m* 1. Stamm *m (Bäume)*; 2. *(Bgb)* Schacht *m*; Schachtröhre *f*; 3. *(Mil)* Lauf *m (Handfeuerwaffen, Geschütze)*; Rohr *n (Geschütz)*; 4. Strahlrohr *n (Feuerlöschspritze)*
~/**аварийный** *(Bgb)* Notschacht *m*, Rettungsschacht *m*
~/**буровой** *(Bgb)* Bohrschacht *m*
~/**вентиляционный** *(Bgb)* Wetterschacht *m (als Oberbegriff)*
~/**вентиляционный слепой** Wetterüberhauen *n (durch Aufbruch)*
~/**вертикальный** *(Bgb)* seigerer Schacht *m*, Seigerschacht *m*
~/**водоотливной** *(Bgb)* Wasserhaltungsschacht *m*, Pumpenschacht *m*
~/**воздухоподающий** *(Bgb)* einziehender Wetterschacht *m*, Einziehschacht *m*
~/**воздушно-пенный** Schaumrohr *n*, Kometrohr *n (Schaumlöschverfahren)*
~/**вспомогательный** *(Bgb)* Hilfsschacht *m (Sammelbegriff für Wetterschacht, Blindschacht, Versatzschacht)*
~/**вставной** *(Mil)* Einsteckrohr *n*; Einstecklauf *m*
~/**вытяжной** *(Bgb)* ausziehender Wetterschacht *m*, Ausziehschacht *m*
~/**главный [подъёмный]** *(Bgb)* Hauptförderschacht *m*
~/**гладкий** glatter Lauf *m (Gewehr)*; glattes Rohr *n (Geschütz)*
~ **горелки** Griffstück *n (Schweißbrenner, Schneidbrenner)*
~ **двигателя ракеты** *(Rak)* Triebwerksrohr *n*
~ **дерева** Baumstamm *m*, Holzstamm *m*
~ **дуги** Lichtbogenkern *m*
~/**закладочный** *(Bgb)* Bergeversatzschacht *m*, Versatzschacht *m*
~/**запасной** *(Mil)* Ersatzlauf *m*, Reservelauf *m (Gewehr)*; Ersatzrohr *n*, Reserverohr *n (Geschütz)*
~/**затопленный** *(Bgb)* ersoffener Schacht *m*; gefluteter Schacht *m*
~ **колодца** Brunnenschacht *m*
~ **колонны** *(Arch)* Säulenschaft *m*, Schaft *m*
~/**круглый** *(Bgb)* Schacht *m* mit runder Schachtscheibe, Rundschacht *m*
~/**лафетный** Wasserkanone *f*, Strahlkanone *f*
~/**ломаный** *(Bgb)* gebrochener Schacht *m*
~/**наклонный** *(Bgb)* tonnlägiger Schacht *m*
~/**нарезной** gezogener Lauf *m (Gewehr)*; gezogenes Rohr *n (Geschütz)*
~/**орудийный** Geschützrohr *n*
~/**отводящий вентиляционный** *(Bgb)* ausziehender Wetterschacht *m*
~/**подающий** *(Bgb)* Wettereinziehschacht *m*, Einziehschacht *m*
~/**подъёмный** *(Bgb)* Förderschacht *m*
~/**приточный** *s.* ~/**воздухоподающий**
~/**прямоугольный** *(Bgb)* Schacht *m* mit rechteckiger Schachtscheibe
~ **с входящей струёй** *s.* ~/**воздухоподающий**
~ **с исходящей струёй** *s.* ~/**вытяжной**
~ **связи** Nachrichtenkanalbündel *n*
~/**сдвоенный** *(Bgb)* Zwillingsschacht *m*
~ **скважины** Bohrlochstrang *m*, Bohrlochführung *f*
~/**скиповый** *(Bgb)* Skipförderschacht *m*
~/**скреплённый** *(Mil)* aufgebautes Rohr *n*
~/**слепой [шахтный]** *(Bgb)* Blindschacht *m*
~ **стрелкового оружия** *(Mil)* Lauf *m (Schützenwaffen)*
~/**центральный** *(Bgb)* Hauptschacht *m*
~/**шахтный** *(Bgb)* Schacht *m*; Schachtröhre *f*
~ **шахты** *(Bgb)* Schacht *m*; Schachtröhre *f*
~/**эксплуатационный шахтный** *(Bgb)* Betriebsschacht *m*
створ *m* Meßstelle *f*, Meßstation *f*; *(Schiff)* Bake *f*, Richtbake *f*
~/**гидрометрический** *(Hydrol)* Abflußquerschnitt *m (Bestimmung der Abflußmenge je Sekunde in fließenden Gewässern)*
~ **плотины** *(Hydt)* Wehrstelle *f*, Staustelle *f*; Standort *m* der Talsperre
~/**секущий** *(Schiff)* Richtbake *f (Meßmeile)*
створаживание *n* Gerinnen *n*, Gerinnung *f*
створаживать gerinnen lassen
створка *f* 1. Klappe *f*; *(Foto, Opt)* Lamelle *f*; 2. *(Bw)* Flügel *m*
~ **вентиля** Ventilklappe *f*
~/**верхнеподвесная** *s.* ~/**подъёмная**
~/**верхняя оконная** Ober[licht]flügel *m (Fenster)*
~/**глухая** blinder Flügel *m (Fenster)*
~/**дверная** Türflügel *m*
~/**двойная** Doppelfenster *n*, Winterfenster *n*
~/**двухсекционная** *(Schiff)* Faltpaar *n (Lukendeckel)*

~/**донная** Bodenklappe *f*
~ **затвора** *(Foto)* Verschlußlamelle *f*
~/**зимняя** *s.* ~/**двойная**
~ **на три створки/оконная** dreifaltiges Fenster *n*, dreiteiliger Faltflügel *m*
~/**навесная** normaler Fensterflügel *m*, Drehflügel *m*
~/**нижнеподвесная** *s.* ~/**опускная**
~ **ниши носового колеса** *(Flg)* Bugradklappe *f*
~ **ниши шасси** *(Flg)* Fahrwerkklappe *f*
~/**оконная** Fensterflügel *m* *(Rahmen mit oder ohne Sprossen)*
~/**опускная** Kippflügel *m* *(beim Öffnen abwärtsklappender Fensterflügel)*
~/**поворотная** Wendeflügel *m* *(Fenster; Drehflügel mit senkrechter Achse)*
~/**подъёмная** Klappflügel *m* *(beim Öffnen aufwärtsklappender Fensterflügel)*
~/**раздвижная** Schiebeflügel *m* *(Schiebefenster)*
~/**среднеподвесная** Schwingflügel *m* *(Fenster; Drehflügel mit waagerechter Achse)*
~/**створная** Drehflügel *m*
~/**шведская** *s.* ~/**раздвижная**
стеарат *m* *(Ch)* Stearat *n*
~ **цинка** Zinkstearat *n*
стеарин *m* *(Ch)* Stearin *n*
стеариновокислый *(Ch)* . . . stearat *n*; stearinsauer
стеатит *m* 1. *(Min)* Steatit *m* *(Specksteinmineral)*; 2. *(El)* Steatit *m* *(Isoliermaterial)*
~/**высокочастотный** Hochfrequenzsteatit *m*
стеблеотвод *m* *(Lw)* Abteiler *m*, Halmteiler *m*
стеблеподъёмник *m* *(Lw)* Ährenheber *m*
стегать *(Text)* steppen
стёжка *f* *(Text)* 1. Steppen *n*; 2. gesteppte Fläche *f*
стежок *m* *(Text)* Stich *m* *(Näherei, Stickerei)*
~/**ажурный** Hohlsaum *m*
~ **в ёлочку** Fischgrätenstich *m*
~/**гладьевой** Plattstich *m*
~ **двойным крестиком** Hexenstich *m*
~ **крестиком** Kreuzstich *m*
~/**ниточный** Fadenstich *m* *(Buchbinderei)*
~/**обычный стачивающий** Regulärstich *m*
~/**однониточный цепной обметочный** einfädiger Säumkettenstich *m*
~/**однониточный цепной потайной** einfädiger Blindkettenstich *m*
~/**петельный** Schlingenstich *m*, Knopflochstich *m*, Langettenstich *m*
~/**потайной** Blindstich *m*
~/**стебельчатый** Stielstich *m*, Hinterstich *m*, Rückstich *m*
~/**строчевой** *s.* ~/**ажурный**
~/**тамбурный** Kettenstich *m*
~/**цепной** Kettenstich *m*
~/**цепной двухниточный** zweifädiger Kettenstich *m*
~/**цепной однониточный** einfädiger Kettenstich *m*
~/**челночный** Schiffchenstich *m*
стекание *n* Abfließen *n*, Ablaufen *n*
стекатель *m* Düsenkonus *m* *(Triebwerk)*
стекать abfließen, ablaufen
стёкла *npl* Brillengläser *npl*
~/**астигматические** astigmatische Brillengläser *npl*
стеклинь *m* *(Schiff)* Steckleine *f*
стекло *n* 1. Glas *n*; 2. Glasscheibe *f*
~/**алюмосиликатное** Alumosilikatglas *n*
~/**аппаратное** Geräteglas *n*, Apparateglas *n*
~/**армированное** Drahtglas *n*
~/**баритовое** Barytglas *n*
~/**безопасное** *s.* ~/**безосколочное**
~/**безосколочное** splittersicheres Glas *n*, Sicherheitsglas *n*
~/**бесщелочное** alkalifreies Glas *n*
~/**бифокальное** Bifokalglas *n*
~/**боратное** Boratglas *n*
~/**боросиликатное** Borosilikatglas *n*
~/**бутылочное** Flaschenglas *n*
~ **в твёрдом состоянии/растворимое** *(Ch)* Wasserglas *n* in Stücken, Stückglas *n*, Festglas *n*
~/**ветровое** *(Kfz)* Windschutzscheibe *f*
~/**витринное** Schaufensterglas *n*
~/**водомерное** Wasserstandsglas *n*
~/**волнистое** gewelltes Glas *n*
~ **гелиоматик** Heliomatic-Glas *n*
~/**двухслойное** Zweischichtenglas *n*, Verbundglas *n*
~/**доломитовое** Dolomitglas *n*
~/**дымчатое** Rauchglas *n*
~/**жидкое** *(Ch)* flüssiges Wasserglas *n*, Wasserglaslösung *f*
~/**заглушённое** Trübglas *n*
~/**закалённое** vorgespanntes Glas *n*
~/**защитное** Schutzglas *n*
~/**зеркальное** Spiegelglas *n*
~/**иенское** Jenaer Glas *n*
~ **избирательного поглощения** Glas *n* mit selektiver Absorption
~/**калийное жидкое** *(Ch)* flüssiges Kaliwasserglas *n*, Kaliwasserglaslösung *f*
~/**кварцевое** Quarzglas *n*
~/**кобальтовое** Kobaltglas *n*
~/**колбочное** Kolbenglas *n*
~/**контактное очковое** Kontaktlinse *f*, Kontaktglas *n* *(Augenoptik)*
~/**лабораторное** *s.* ~/**химико-лабораторное**
~/**листовое** Tafelglas *n*, Flachglas *n*
~/**литое** Gußglas *n*
~/**магнезиальное** Magnesiaglas *n*
~/**малощелочное** alkaliarmes Glas *n*

~/**масломерное** Ölstandglas *n*, Ölschauglas *n*
~/**матовое** Mattglas *n*
~/**метакрилатное органическое** organisches Glas *n* aus Polymethakrylsäureester
~/**многослойное** Mehrschichtenglas *n*
~/**многослойное безопасное** mehrschichtiges Sicherheitsglas *n*, Mehrschichten-Sicherheitsverbundglas *n*, Verbundsicherheitsglas *n*
~/**многощелочное** alkalireiches Glas *n*
~/**молочное** 1. Milchglas *n*; 2. Milchglasscheibe *f*
~/**накладное** Überfangglas *n*
~/**натровое жидкое** *(Ch)* flüssiges Natronwasserglas *n*, Natronwasserglaslösung *f*
~/**натровое растворимое** *(Ch)* Natronwasserglas *n*
~/**небьющееся** splittersicheres Glas *n*, Sicherheitsglas *n*
~/**однослойное безопасное** Einschichtensicherheitsglas *n*, Einscheibensicherheitsglas *n*
~/**оконное** Fensterglas *n*
~/**опаковое** Opakglas *n*
~/**опаловое** Opalglas *n*
~/**оптическое** optisches Glas *n*
~/**оптическое кварцевое** optisches Quarzglas *n*
~/**органическое** organisches Glas *n*
~/**орнаментное** Ornamentglas *n*
~/**пенистое** Schaumglas *n*
~/**поглощающее** Glasfilter *n*
~/**покровное** Deckglas *n*
~/**полое** Hohlglas *n*
~/**посудное** Wirtschaftsglas *n*, Haushalt[s]glas *n*, Behälterglas *n*
~/**предметное** Objektglas *n*, Objektträger *m (Mikroskopie)*
~/**прессованное** Preßglas *n*
~/**призматическое** Prismenglas *n*
~/**проволочное** Drahtglas *n*
~/**прозрачное** Klarglas *n*
~/**прокат[ан]ное** Walzglas *n*, gewalztes Glas *n*
~/**пуленепробиваемое** kugelsicheres (schußsicheres, schußfestes) Glas *n*
~/**пустотелое** *s.* ~/**полое**
~/**расплавленное** Glasfluß *m*, Glasschmelze *f*
~/**рассеивающее** Streuscheibe *f*
~/**растворимое** *(Ch)* Wasserglas *n*
~/**рифлёное** Riffelglas *n*
~/**рубиновое** Rubinglas *n*
~ **ручной выработки** mundgeblasenes Glas *n*
~ **с лункой/предметное** hohler Objektträger *m (Mikroskopie)*
~/**светотехническое** Beleuchtungsglas *n*
~/**светофильтровое** Lichtfilterglas *n*
~/**светочувствительное** lichtempfindliches (fotosensibles) Glas *n*
~/**свинцовое** Bleiglas *n*
~/**силикатное** Silikatglas *n*
~/**смотровое** Schauglas *n*
~/**строительное** Bauglas *n*
~/**тарное** Verpackungsglas *n*
~/**теплозащитное** Wärmeschutzglas *n*
~/**термометрическое** Thermometerglas *n*
~/**термостойкое** feuerfestes Glas *n*
~/**трубочное** Röhrenglas *n*
~/**тугоплавкое** schwerschmelzendes (schmelzhartes) Glas *n*, Hartglas *n*
~/**увеличительное** Vergrößerungsglas *n*, Lupe *f*
~/**увиолевое** Uviolglas *n*
~/**узорчатое** Ornamentglas *n*
~/**филигранное** Fadenglas *n*, Filigranglas *n*
~ **флинт** Flint[glas] *n*
~/**фоточувствительное** fotosensibles Glas *n*
~ **Фурко** Fourcault-Glas *n*
~/**химико-лабораторное** chemisches Geräteglas *n*, Laborglas *n*
~/**цветное** Farbglas *n*
~/**щёлочеустойчивое** alkalibeständiges (laugenfestes) Glas *n*
~/**электровакуумное (электроколбочное)** Elektro[vakuum]glas *n*
~/**электроламповое** Glühlampenglas *n*
~/**ячеистое** Schaumglas *n*
стеклобетон *m* Glasbeton *m*
стеклоблок *m* Glasbaustein *m*, Glasziegel *m*
~/**светопрозрачный** lichtdurchlässiger Glasbaustein *m*
~/**цветной** farbiger Glasbaustein *m*
стеклобой *m* Glasscherben *fpl*, Glasbruch *m*, Bruchglas *n*
стеклование *n* Vitrifizierung *f*, Vitrifikation *f*, Verglasung *f*
стеклованность *f* Verglasungsgrad *m*
стекловарение *n* Glasschmelzen *n*
стекловата *f* Glaswolle *f*
стекловатость *f* Glasigkeit *f*
стекловидность *f* Glasigkeit *f*
стекловидный glasartig, glasförmig
стекловойлок *m* Glaswolle *f*
стекловолокно *n* 1. Glasfaser *f*; 2. Glasfaserstoff *m*
~/**непрерывное** Elementarglasfaden *m*
~ **штапельное** Glasstapelfaser *f*
стекложгут *m* Glasseidenstrang *m*, Roving *m*
~/**рубленый** gehackte (geschnittene) Rovings *mpl*, Stapelglasseide *f*, geschnittene Glasseide *f*
стекложелезобетон *m* Glasbeton *m*
стеклокерамика *f* Glaskeramik *f*, glaskeramischer Stoff *m*
стекломасса *f* Glasfluß *m*, Glasschmelze *f*
стекломат *m* Glasfasermatte *f*
стеклонить *f* Glasfaden *m*

стеклоочиститель *m* 1. *(Schiff)* Klarsichtscheibe *f*; 2. *(Kfz)* Scheibenwischer *m*
стеклопакет *m* Verbundglasscheibe *f*
~/**оконный** Fensterverbundglas *n*
стеклопанель *f* Glasplatte *f*, Glastafel *f*
стеклопласт *m s.* **стеклопластик**
стеклопластик *m* Glasfaserplast *m*, Glasfaserkunststoff *m*, glasfaserverstärkter (glasfaserbewehrter) Plast (Kunststoff) *m*
~/**полиэфирный** glasfaserverstärkter (glasfaserbewehrter) Polyester *m*
~/**слоистый** Glasfaserschichtstoff *m*, Glasfaserlaminat *n*
стеклопряжа *f* Glasgespinst *n*
стеклорез *m (Wkz)* Glasschneider *m*
стеклосрезы *mpl s.* **стекложгут/рубленый**
стеклотара *f* Verpackungsglas *n*
стеклоткань *f* Glas[faser]gewebe *n*
стеклошёлк *m* Glasseide *f*
стеклошерсть *f* Glaswolle *f*
стеклоштапель *m* Glasstapelfaser *f*
стеклоэмаль *f* Email *n*, Emaille *f*; Emailleglasur *f*
стеллаж *m* Regal *n*, Gestell *n*; Ständer *m*; Gerüst *n*, Stapelgerüst *n*; Rost *m*
~/**гравитационный** Durchlaufregal *n*
~ **для аккумуляторной батареи** *(El)* Batteriegestell *n*
~ **для сушки стержней** *(Gieß)* Kerntrockengestell *n*
~/**консольный** Langgutregal *n*
~/**односторонний** einfaches Regal *n*
~/**передвижной** Verschieberegal *n*
~/**поддонный** Palettenregal *n*
~/**свободностоящий** umsetzbares Regal *n*
~/**сквозной** Blockstapelregal *n*
~/**стационарный** fest eingebautes Regal *n*
~/**стержневой** *(Gieß)* Kerntrockengestell *n*
~/**элеваторный** Paternosterregal *n*
стем *m* Vordersteven *m (Holzschiffbau)*
стемсон *m* Vorderstevenknie *n (Holzschiffbau)*
стена *f* 1. *(Bw)* Wand *f*, Mauer *f*; 2. Wandung *f*; 3. *(Bgb) s.* **стена штольни**; 4. *s. unter* **стенка**
~/**берегоукрепительная** *(Hydt)* Uferbefestigungmauer *f*
~/**бревенчатая** Balkenwand *f*
~/**бутовая** Bruchsteinmauer *f*
~ **в два кирпича** 2-stein-dicke Mauer (Wand) *f*
~ **в полкирпича** $^1/_2$-stein-dicke Mauer (Wand) *f*
~/**внутренняя** Innenwand *f*
~/**глухая** blinde (fensterlose) Wand *f*, Blindwand *f*
~/**двойная** Doppelwand *f*
~/**дощатая** Bretterwand *f*
~/**задняя** hintere Wand *f*, Rückwand *f*
~/**защитная** *(Kern)* Schutzwand *f*, Strahlungsschutzmauer *f*
~/**каменная** 1. *(Bw)* Ziegelmauer *f*, Ziegelwand *f*; 2. *(Bgb)* Scheibenmauer *f*
~/**капитальная** massive Wand *f*
~/**каркасная** Skelettwand *f*
~/**кирпичная** Ziegelwand *f*
~/**контрфорсная** Gegenmauer *f*, Pfeilermauer *f*
~/**массивная** Vollwand *f*
~/**многослойная** mehrschichtige Wand *f*
~/**напорная** Druckwand *f*
~/**наружная** Außenwand *f*
~/**ненесущая** nichttragende Wand *f*
~/**несущая** tragende Wand *f*, Tragwand *f*
~/**огнестойкая** Brandmauer *f*
~/**оградительная** Absperrmauer *f*
~/**ограждающая** Umfassungswand *f*; raumumschließende Wand *f*
~/**опорная** Stützwand *f*
~/**откосная** Flügelmauer *f*, Bekleidungsmauer *f*
~/**панельная** Plattenwand *f*
~/**подвальная** Kellerwand *f*
~/**поперечная** Querwand *f*
~/**породная** *(Bgb)* Bergedamm *m*
~/**продольная** Längswand *f*
~/**промежуточная** Zwischenmauer *f*, Zwischenwand *f*
~/**противопожарная** Brandmauer *f*
~/**пустотелая** Hohlwand *f*
~/**решетчатая** Fachwerkwand *f*
~/**самонесущая** selbsttragende Wand *f*
~/**сборная** vorgefertigte Wand *f*, Fertigteilwand *f*
~/**свайная** *(Bw)* Pfahlwand *f*
~/**свободнонесущая** freitragende Wand *f*
~ **свода/опорная** Widerlager *n (Gewölbe, Bogen)*
~/**складчатая** Faltwand *f*
~/**сплошная** massive Wand *f*, Vollwand *f*
~/**торцовая** Stirnwand *f*, Giebelwand *f*
~/**фасадная** Fassadenwand *f*; Fassadenwandelement *n*
~/**фахверковая** Fachwerkwand *f*
~/**фундаментная** Grundmauer *f*
~ **шахты** *(Bgb)* Schachtstoß *m*, Schachtwand *f*
~ **штольни [/боковая]** *(Bgb)* Ulm[e] *f*, Seitenstoß *m*, Stoß *m*
~ **штрека [/боковая]** *(Bgb)* Streckenstoß *m*
стенд *m* 1. Stand *m*; Prüfstand *m*, Versuchsstand *m*; 2. Ausstellungsstand *m*; 3. Haltegestell *n*, Universalstativ *n (Laborgerät)*
~/**вибрационный** *(Wkst)* Pulsator *m*, Schwingtisch *m*, Schwingtischmaschine *f*
~/**двигательный испытательный** *(Flg, Rak)* Triebwerksprüfstand *m*
~ **для испытания на изгиб/вибрационный** *(Wkst)* Schwingbiegemaschine *f*

~ для моторов/испытательный Motorenprüfstand *m*
~ для натяжения арматуры *(Bw)* Spannbahn *f*, Spannbett *n*
~/заводской Werkprüfstand *m*
~/измерительный Meßstand *m*, Meßanlage *f*
~/испытательный Prüfstand *m*, Versuchsstand *m*, Versuchsfeld *n*, Prüfeinrichtung *f*, Prüffeld *n*
~/ленточный измерительный Bandmeßplatz *m (für Magnettonbänder)*
~ машиниста Führerstand *m*
~/пакетный *(Bw)* Bündelspannanlage *f*
~/ракетный испытательный Raketenprüfstand *m*
~/роликовый сварочный Rollenbock *m* für das Rundnahtschweißen *(von Rundbehältern und Kesselschüssen)*
~/сборочно-сварочный Montagebock *m*; *(Schiff)* Montageschweißerei *f*
~/сварочный Aufspannbock *m* für Montage- und Schweißarbeiten *(für Stahlkonstruktionen mittlerer und großer Abmessungen)*
стендер *m* Standrohr *n (Feuerschutzhydrant)*
~/переносный transportables Standrohr *n (für Unterflurhydranten)*
~/стационарный ortsfestes Standrohr *n (für Überflurhydranten)*
стенка *f* 1. *(Bw)* Wand *f*, Wandung *f*; 2. *(Met, Bw)* Steg *m (Stahlträger)*; 3. *s. unter* **стена**
~ балки *(Met, Bw)* Steg *m (Stahlträger)*
~ барабана/дырчатая durchbrochener (perforierter, gelochter) Trommelmantel *m*, Siebtrommelmantel *m*
~ барабана/сплошная vollwandiger Trommelmantel *m*, Vollmantel *m*
~/боковая 1. Seitenwand *f*; 2. *(Bgb)* Seitenstoß *m*, Stoß *m*
~/бутовая *(Bgb)* Bergemauer *f*, Versatzmauer *f*; Versatzscheider *m*
~/внешняя Außenwand *f*
~/внутренняя Innenwand *f*
~/водобойная *(Hydt)* Stoßnase *f*
~/водосливная *(Hydt)* Überfallmauer *f*
~ выработки [/боковая] *(Bgb)* Ulm[e] *f*, Seitenstoß *m*, Stoß *m*
~/двойная Doppelwandung *f*, Doppelwand *f*
~/дислокационная *(Krist)* Versetzungswand *f*
~/достроечная *(Schiff)* Ausrüstungskai *m*
~/железобетонная Stahlbetonmauer *f*
~/забральная *(Hydt)* Tauchwand *f*, Tauchschild *m*
~/задняя hintere Wand *f*, Rückwand *f*
~/защитная Schutzwand *f*
~ камеры сгорания *(Rak)* Brennkammerwand[ung] *f*
~ котла Kesselwand *f*
~ котла/задняя Kesselrückwand *f*, Rückwand *f (Lokomotivdampfkesselfeuerung)*
~ котла/лицевая Kesselstirnwand *f*
~/массивная гравитационная подпорная *(Hydt)* Schwermauer *f*, Schwerkraftmauer *f*
~/органная *(Bgb)* Reihenstempel *m*
~ отверстия *(Fert)* Lochleibung *f (Bohrung)*
~/откидная Klappwand *f*
~ падения *(Hydt)* Abfallmauer *f*
~/передвижная защитная *(Kern)* fahrbarer Strahlenschutzschirm *m (mit Bleiglasfenster und zwei Manipulatoren)*
~/передвижная органная *(Bgb)* rückbarer Reihenstempel *m*
~/передняя Vorderwand *f*
~ перепада *(Hydt)* Abfallmauer *f (Gefällestufe)*
~ печи *(Met)* Ofenwandung *f*
~/подпорная *(Bw)* Stützmauer *f*, Stützwand *f*
~/породная *(Bgb)* Versatzstoß *m*, Bergemauer *f*, Bergedamm *m*
~/раздвижная Schiebewand *f*
~/разделительная Trennwand *f*, Scheidewand *f*
~/свайная *(Bw)* Pfahlwand *f*
~ скважины *(Bgb)* Bohrlochwandung *f*
~/сливная *(Hydt)* Ablaufwand *f*
~ счётчика *(Kern)* Zählrohrwand[ung] *f*
~/торцовая Stirnwand *f*, Giebelwand *f*
~ фюзеляжа/бортовая *(Flg)* Rumpfseitenwand *f*
~/шкафная Kammermauer *f (Brückenwiderlager)*
~/шпунтовая Spundwand *f*
~ штрека [/боковая] *(Bgb)* Streckenstoß *m*
~/экранирующая Abschirmwand *f*
стенкомер *m* Wanddickenmesser *m*, Dikkenmesser *m*
стеньга *f (Schiff)* Stenge *f*, Toppmast *m*
степень *f* 1. Stufe *f*, Grad *m*; Maß *n*; Zahl *f*; Klasse *f*; 2. *(Math)* Potenz *f*
~ агитации Durchmischungsgrad *m*, Misch[ungs]intensität *f (Aufbereitung)*
~ ассоциации Assoziationsgrad *m*
~ безопасности Sicherheitsgrad *m*
~ белизны *(Pap)* Weißgrad *m*, Weißgehalt *m*, Weiße *f*
~ влажности [насыщенного пара] Feuchtigkeitsgrad *m*, Nässegrad *m (Naßdampf)*
~ возврата *(Wmt)* Rückgewinnungsgrad *m*
~ вспенивания Verschäumungsgrad *m*
~/вторая *(Math)* Quadrat *n*, zweite Potenz *f*
~ вулканизации Vulkanisationsgrad *m*, Vulkanisationskoeffizient *m*

~ **вымола** Ausmahlungsgrad *m*
~ **вырождения** *(Kern)* Entartungsgrad *m*
~ **вытягивания (вытяжки)** *(Text)* Verstreckungsgrad *m*, Verstreckung *f*
~ **вязкости** Zähigkeitsgrad *m*, Viskositätsgrad *m*
~ **готовности** Verfügbarkeit *f*
~ **деполяризации** *(Opt)* Depolarisationsgrad *m*
~ **дефектов** Fehlordnungsgrad *m*
~ **деформации** Formänderungsgrad *m*, Verformungsgrad *m*
~ **дисперсности** *(Ch)* Dispersionsgrad *m*, Dispersitätsgrad *m*, Zerteilungsgrad *m*
~ **диссоциации** *(Ch)* Dissoziationsgrad *m*
~ **доброкачественности** Gütegrad *m*
~ **заводской готовности** industrieller Vorfertigungsgrad *m*
~ **заглушения** Dämpfungsgrad *m*
~ **загрязнения** Verunreinigungsgrad *m*, Verschmutzungsgrad *m*
~ **загрязнения примесями** *s.* ~ **легирования**
~ **замачивания** Weichgrad *m*, Quellreife *f* *(Mälzerei)*
~ **замочки** *s.* ~ **замачивания**
~ **заполнения** 1. Füllungsgrad *m*; 2. *(Ph, Ch)* Besetzungsgrad *m*
~ **запрета** Verbotenheitsgrad *m*, Verbotenheitsfaktor *m* *(Quantenmechanik)*
~ **защиты** *(El)* Schutzgüte *f*; Schutzgrad *m*
~ **зрелости** Reifegrad *m*
~ **идеала** *(Math)* Idealpotenz *f*
~ **измельчения** Zerkleinerungsgrad *m*; Vermahlungsgrad *m*, Mahlfeinheitsgrad *m* *(Aufbereitung)*
~ **износа** Verschleißgrad *m*, Abnutzungsgrad *m*
~ **ионизации** *(Ph)* Ionisierungsgrad *m*
~ **искажений** Verzerrungsgrad *m*
~ **использования** Ausnutzungsgrad *m*
~ **качества** Gütegrad *m*
~ **когерентности** *(Ph)* Kohärenzgrad *m*
~ **концентрации примесей** Dotierungsgrad *m* *(Halbleiter)*
~ **крутки** *(Text)* Drehungsgrad *m*
~ **легирования** Dotierungsgrad *m*, Dotierungsstärke *f* *(Halbleiter)*
~ **набухаемости (набухания)** Quellungsgrad *m*, Quellwert *m*
~ **нагружения (нагрузки)** Belastungsgrad *m*, Auslastung *f*
~ **надёжности** Sicherheitsfaktor *m*; Sicherheitsgrad *m*, Zuverlässigkeitsgrad *m*
~ **наполнения** 1. *(Pap)* Füllungsgrad *m*; 2. *s.* ~ **наполнения цилиндра**
~ **наполнения цилиндра** Füllungsgrad *m* *(Dampfmaschinenzylinder)*
~ **напряжённости** Ausnutzungsgrad *m* der Festigkeit *(eines Bauelements)*
~ **насыщенности** *(Ch)* Sättigungsgrad *m*
~ **насыщенности основаниями** Basensättigungsgrad *m*
~ **невосприимчивости** Unempfindlichkeitsgrad *m*
~ **неоднородности по энергии** *(Kern)* Energieunschärfe *f*
~ **неравномерности** Ungleichförmigkeitsgrad *m*
~ **неравномерности вращения** Ungleichförmigkeitsgrad *m* der Drehung
~ **неравномерности крутящего момента [двигателя]** Ungleichförmigkeitsgrad *m* des Drehmoments
~ **неравномерности регулятора** Ungleichförmigkeitsgrad *m* des Reglers
~ **неравномерности угловой скорости [коленчатого вала двигателя]** Ungleichförmigkeitsgrad *m* der Winkelgeschwindigkeit *(der Triebwerkskurbelwelle)*
~ **неустойчивости** Labilitätsgrad *m*
~ **нечувствительности** *s.* ~ **невосприимчивости**
~ **обезуглероживания** *(Met)* Entkohlungstiefe *f*
~ **обеспыливания** Entstaubungsgrad *m*
~ **обжатия** *(Wlz)* Stauchungsgrad *m*, Verformungsgrad *m*, Abnahme *f*
~ **обжига** Aböstgrad *m* *(NE-Metallurgie)*
~ **обжига/высокая** Scharfbrand *m*
~ **облачности** *(Meteo)* Bedeckungsgrad *m*, Bedeckung *f*
~ **обогащения** Anreicherung *f*, Anreicherungsgrad *m*, Konzentrationsgrad *m*
~ **обратной связи** Rückkopplungsgrad *m*
~ **огнестойкости** Feuerfestwiderstandsklasse *f* *(Feuerfeststoffe)*
~ **однородности** *(Kern)* Homogenitätsgrad *m*
~ **однородности по энергии** *(Kern)* Energieschärfe *f*
~ **окисления** Oxydationsstufe *f*
~ **окончательной сброженности** *s.* ~ **сбраживания/конечная**
~ **основности** *(Ch)* Basizität *f*
~ **отжима** Abpreßgrad *m*
~ **очистки** Reinheitsgrad *m*
~ **очистки от пыли** Entstaubungsgrad *m*
~ **перегрева** Überhitzungsgrad *m* *(Dampf, Schmelze)*
~ **пересыщения** Übersättigungsgrad *m*
~ **повышения давления в двигателе/общая** Gesamtdrucksteigerungsgrad *m* im Triebwerk *(Gasturbinentriebwerk)*
~ **повышения давления в компрессоре** Drucksteigerungsgrad *m* im Verdichter *(Gasturbinentriebwerk)*
~ **поглощения** Absorptionsgrad *m*
~ **подогрева** Vorwärmeverhältnis *n*
~ **покрытия** *(Meteo)* Bedeckungsgrad *m*

~ **полимеризации** *(Ch)* Polymerisationsgrad *m*
~ **полимеризации/средняя** Durchschnittspolymerisationsgrad *m*
~ **полноты** Völligkeitsgrad *m*
~ **поляризации** *(Opt)* Polarisationsgrad *m*
~ **поляризуемости** Polarisierbarkeitsgrad *m*
~ **помола** Vermahlungsgrad *m*, Mahlfeinheitsgrad *m (Aufbereitung)*
~ **понижения давления в двигателе/общая** Gesamtdruckminderungsgrad *m* im Triebwerk *(Gasturbinentriebwerk)*
~ **понижения давления в турбине** Druckminderungsgrad *m* in der Turbine *(Gasturbinentriebwerk)*
~ **приближения** Annäherungsgrad *m*
~ **провара** *(Pap)* Aufschlußgrad *m*
~ **проклейки** *(Pap)* Leimungsgrad *m*, Leimungszahl *f*
~ **проницаемости** Durchlässigkeitsgrad *m*
~ **прореживания** *(Forst)* Durchforstungsgrad *m*
~ **прочёса** *(Text)* Kämmungszahl *f (Dekkelkarde)*
~ **прочности** Echtheitsgrad *m*
~ **равномерности** Gleichförmigkeitsgrad *m*
~ **радиоактивного заражения** radioaktiver Verseuchungsgrad *m (des Geländes nach Kernexplosionen)*
~ **размола** Ausmahlungsgrad *m*
~ **разрежённости** Verdünnungsgrad *m (der Luft)*
~ **разрыхления** Auflockerungsgrad *m*
~ **раскислённости** Desoxydationsgrad *m*, Desoxydationszustand *m*
~ **раскрытия [палубы]** *(Schiff)* Öffnungsgrad *m* des Decks
~ **распада** Zerfallsgrad *m*
~ **расширения/действительная** effektives Expansionsverhältnis *n (Verbrennungsmotor)*
~ **сборности** *(Bw)* Vorfertigungsgrad *m*
~ **сбраживания** Vergärungsgrad *m*
~ **сбраживания/конечная** Endvergärungsgrad *m*
~ **свободы** Freiheitsgrad *m*
~ **свободы/вращательная** *(Therm)* Rotationsfreiheitsgrad *m*
~ **свободы/замороженная** *(Therm)* eingefrorener Freiheitsgrad *m*
~ **свободы/колебательная** *(Mech)* Schwingungsfreiheitsgrad *m*
~ **свободы/поступательная** *(Therm)* Translationsfreiheitsgrad *m*
~ **свободы/термодинамическая** thermodynamischer Freiheitsgrad *m (Gibbssche Phasenregel)*
~ **сжатия** Verdichtungsgrad *m*, Verdichtungsverhältnis *n*, Kompressionsgrad *m*, Kompressionsverhältnis *n*
~ **сжатия/действительная** effektives Verdichtungsverhältnis *n (Verbrennungsmotor)*
~ **сжатия/критическая** Motorklopfziffer *f (Verbrennungsmotor)*
~ **сжатия/номинальная** [nominelles] Verdichtungsverhältnis *n (Verbrennungsmotor)*
~ **сжатия/предельная** Grenzverdichtung *f (Verbrennungsmotor)*
~ **скручивания** *(Wkst)* bezogener Verdrehungswinkel *m*
~ **среза** Scherungsgrad *m*
~ **статической неопределённости** Grad *m* der statischen Unbestimmtheit
~ **суммарного обжатия** *(Wlz)* Gesamtverformungsgrad *m*, Gesamtabnahme *f*
~ **сухости пара** Trockenheitsgrad *m (Trockendampf)*
~ **сшивания** *(Gum)* Vernetzungsgrad *m*
~ **твёрдости** Härtegrad *m*, Härtestufe *f*
~ **текучести** Flüssigkeitsgrad *m*
~ **тонкости** Feinheitsgrad *m (Mahlgut)*
~ **точности** Genauigkeitsgrad *m*
~ **точности зубчатого колеса** Zahnradqualität *f*
~**/третья** *(Math)* dritte Potenz *f*
~ **уковки** Verschmiedungsgrad *m*
~ **укрепления** Verfestigungsgrad *m*
~ **уплотнения** *s.* ~ **сжатия**
~ **упругости** Elastizitätsgrad *m*
~ **усадки** *(Gieß)* Schwindungsgrad *m*, Schwindungsmaß *n*
~ **устойчивости** Stabilitätsgrad *m*
~ **черноты** Schwärzungsgrad *m*
~**/четвёртая** *(Math)* vierte Potenz *f*
~ **чистоты** Reinheitsgrad *m*
~ **чувствительности** Empfindlichkeitsgrad *m*
~ **шероховатости** Rauhigkeitsgrad *m*
~ **этерификации** *(Ch)* Veresterungsgrad *m*
степс [мачты] *m (Schiff)* Mastspur *f*
степь *f* Steppe *f*
~**/луговая** Grassteppe *f*
~**/настоящая** *s.* ~**/типичная**
~**/пустынная** Steinsteppe *f*
~**/солончаковая** Salzsteppe *f*
~**/типичная** eigentliche Grassteppe *f*
стерадиан *m (Math)* Steradiant *m*, sr *(Maßeinheit für den Raumwinkel)*
стереоавтограф *m* Stereoautograf *m*, Autostereograf *m (Auswertung von Raumbildern bei der Kartenherstellung)*
стереоакустический stereoakustisch
стереоблок *m* Stereoblock *m*
стереовысотомер *m* Raumbildhöhenmesser *m*
стереоголовка *f* Stereotonabnehmer *m*
стереограмма *f* Stereogramm *n*; axonometrisches Diagramm *n*

стереодальномер *m* Stereotelemeter *n*, Raumbildentfernungsmesser *m*
стереозвук *m* 3-D-Klang *m*, 3-D-Raumklang *m*, Raum[ton]klang *m*, Raumton *m*
стереозрение *n* stereoskopisches (räumliches) Sehen *n*
стереоизображение *n* Stereobild *n*
стереоизомер *m (Ch)* Stereoisomer[es] *n*, Raumisomer[es] *n*
стереоизомерия *f (Ch)* Stereoisomerie *f*, Raumisomerie *f*
стереоизомерный *(Ch)* stereoisomer, raumisomer
стереокадр *m (Kine)* Raumbild *n*, Stereobild *n*
стереокамера *f* **[/фотограмметрическая]** *(Foto)* Raumbild[meß]kammer *f*, Stereo[meß]kammer *f*, Doppelkammer *f*, Zweibildkammer *f*
стереокинематография *f* Stereokinematografie *f*
стереокино *n* Raumbildkino *n*
стереокомпаратор *m (Geod, Astr)* Stereokomparator *m (zur meßtechnischen Auswertung von Raumbildaufnahmen)*
стереомат *m* Stereomat *m*
стереометр *m* Stereometer *n (stereofotogrammetrisches Gerät zur meßtechnischen Auswertung von Luftbildaufnahmen)*
~/**топографический** fotografisches Stereometermeßgerät *n*
стереометрия *f (Math)* Stereometrie *f*, Geometrie *f* des Raumes
стереомикрометр *m* Stereomikrometer *n*
стереомикроскоп *m* Stereomikroskop *n*
стереонасадка *f (Foto)* Stereovorsatz *m*
стереоочки *pl* Stereobrille *f*
стереопара *f (Foto)* Stereobild *n*, stereoskopisches Bild *n*, Raumbild *n*, Bildpaar *n*
стереопланиграф *m* Stereoplanigraf *m (Auswertung fotogrammetrischer Aufnahmen)*
стереопреобразователь *m* Stereoraumbildgerät *n*
стереоприбор *m* Stereokartiergerät *n*
~/**оптический** Stereokartiergerät *n* mit optischer Projektion
стереоприставка *f (Foto)* Stereovorsatz *m*
стереопроектор *m* Stereoprojektor *m*
стереорадиография *f* Stereoradiografie *f*
стереорентгенография *f (Med)* Stereoröntgenografie *f*
стереоскоп *m (Opt)* Stereoskop *n*
~/**зеркальный** Spiegelstereoskop *n*
~/**измерительный** Meßstereoskop *n*
~/**линзовый** Linsenstereoskop *n*
~/**призменный** Prismenstereoskop *n*
стереоскопизм *m s.* **зрение/стереоскопическое**
стереосополимер *m (Ch)* Stereokopolymer *n*
стереосъёмка *f (Foto, Kine)* Raumbildaufnahme *f*, Stereoaufnahme *f*, Stereofotografie *f*
стереотелевидение *n* Raumbildfernsehen *n*, Stereofernsehen *n*
стереотип *m (Typ)* Stereo *n*
~/**гальванопластический** Galvano *n*
~/**круглый** Rundstereo *n*
~/**литой** gegossenes Stereo *n (Sammelbegriff für Flach- und Rundstereos)*
~/**пластмассовый** Plaststereo *n*
~/**плоский** Flachstereo *n*
~/**прессованный** gepreßtes Stereo *n (Sammelbegriff für Gummi- und Plaststereos)*
~/**резиновый** Gummistereo *n*
~/**ростовой** Flachstereo *n* in voller Schrifthöhe *(25,1 mm russisch bzw. 23,567 mm deutsch)*
~/**ротационный** Rundstereo *n*
~/**фацетный (цицерный)** Cicero-Stereo *n*, 12p-Flachstereo *n*
стереотипирование *n (Typ)* Stereotypieren *n*
стереотипия *f (Typ)* Stereotypie *f*
~ **литейным способом** im Gießverfahren hergestellte Stereotypie *f (Herstellung von Flach- und Rundstereos)*
~/**пластмассовая** Plaststereotypie *f*
~ **электролитическим способом** im elektrolytischen Verfahren hergestellte Stereotypie *f (Herstellung von Galvanos)*
стереотруба *f* 1. Scherenfernrohr *n*; 2. stereoskopischer Entfernungsmesser *m*
стереофонический stereofon[isch]
стереофония *f* Stereofonie *f*
~/**четырёхканальная** 4-Kanal-Stereofonie *f*, Quadrofonie *f*
стереоформула *f (Ch)* Stereoformel *f*, Raumformel *f*, Konfigurationsformel *f*, geometrische Strukturformel *f*
стереофотограмметр *m* Stereofotogrammmeter *n*, Raumbildmeßgerät *n*
стереофотограмметрия *f* Stereofotogrammetrie *f*, Raumbildmessung *f*
стереофотография *f* Stereofotografie *f*
стереофотометр *m* Stereofotometer *n*
стереохимический stereochemisch
стереохимия *f* Stereochemie *f*, Raumchemie *f*
стереоэкран *m (Kine)* Raumbildschirm *m*
стереоэффект *m s.* **эффект/стереоскопический**
стержень *m* 1. Stab *m*, Stange *f*, Stiel *m*, Schaft *m (s. a. unter* **брус***)*; 2. *(El)* Klöppel *m (eines Kappenisolators)*; Strunk *m (eines Langstabisolators)*; Bolzen *m (einer Durchführung)*; Schenkel *m (eines Transformators)*; 3. *(Gieß)* Kern *m*, Formkern *m*; 4. *(Wlz)* Dorn *m*, Dornstange *f (Pilgerschrittwalzwerk)*

~ **аварийной защиты** *s.* ~/**предохранительный**
~/**аварийно-компенсационный** *(Kern)* Sicherheits- und Kompensationsstab *m* *(Reaktortechnik)*
~/**аварийный** *s.* ~/**предохранительный**
~/**активный** bewickelter Schenkel *m* *(eines Transformators)*
~/**анодный** *(Met)* Anodenstange *f*, Anodenhalter *m* *(Elektrolyse)*
~ **антенны** Antennenstab *m*
~/**арматурный** *(Bw)* Bewehrungsstab *m*
~ **болта** *(Fert)* Schraubenschaft *m*
~ **большой кривизны** *(Fest)* stark gekrümmter Stab *m*
~ **веретена** *(Text)* Spindelseele *f*, Spindeldorn *m*
~/**внецентренно-сжатый** *(Fest)* außermittig gedrückter Stab *m*
~/**внешний** *(Gieß)* Außenkern *m*
~/**внутренний** *(Gieß)* Innenkern *m*
~/**габаритный** *s.* ~/**наружный**
~/**глиняный** *(Gieß)* Lehmkern *m*
~/**графитовый** Graphitstab *m*
~ **для испытания** *(Wkst)* Probestab *m*
~ **для испытания на разрыв** Zugstab *m*
~/**заделанный** Stab *m* mit eingespannten Enden *(Knickungsfall)*
~ **заклёпки** Nietschaft *m*
~ **из мягкой стали** *(Kern)* Weicheisenstab *m* *(Reaktortechnik)*
~/**измерительный** Meßbolzen *m*
~/**кадмиево-стальной** *(Kern)* Kadmiumstahlstab *m* *(Reaktortechnik)*
~/**кадмиевый** *(Kern)* Kadmiumstab *m* *(Reaktortechnik)*
~/**катодный** *(Met)* Katodenschiene *f* *(Elektrolyse)*
~/**кварцевый** Quarzstab *m*
~ **клапана** Ventilschaft *m* *(Viertakt-Ottomotor)*
~/**компенсирующий** *(Kern)* Kompensationsstab *m*, Ausgleichstab *m*, Anpassungsstab *m*, Trimmstab *m* *(Reaktortechnik)*
~/**контактный** *(El)* Kontaktstift *m*
~/**корковый** *(Gieß)* Formmaskenkern *m*, Maskenkern *m*, Schalenkern *m*
~/**корректировочный** *s.* ~/**компенсирующий**
~/**кривой** *(Fest)* gekrümmter Stab *m*
~/**криволинейный** *(Fest)* gekrümmter Stab *m*
~ **кругового сечения** Rundstab *m*
~ **крюка** Hakenschaft *m*
~/**лазерный** Laserstab *m*
~/**литейный** *(Gieß)* Kern *m*, Formkern *m*
~ **магнитопровода** *(El)* Kernschenkel *m* *(eines Transformators)*
~ **малой кривизны** *(Mech)* schwach gekrümmter Stab *m*
~/**масляный** *(Gieß)* Öl[sand]kern *m*
~/**нагревательный** *(Met)* Heizstab *m* *(Widerstandsofen)*
~/**нажимный** Druckstange *f*
~/**накатный** *(Pap)* Wickelstange *f*
~/**направляющий** Führungsdorn *m* *(Tellerfeder)*; Führungsstift *m*
~/**наружный** *(Gieß)* Außenkern *m*
~/**настроечный** *(El)* Abstimmstift *m*; Abgleichschraube *f*; Abgleichkern *m* *(einer HF-Spule)*
~/**необожжённый** *(Gieß)* Grün[sand]kern *m*
~/**непросушенный** *(Gieß)* Grün[sand]kern *m*
~/**оболочковый** *(Gieß)* Formmaskenkern *m*, Maskenkern *m*, Schalenkern *m*
~/**опёртый** *(Fest)* Stab *m* mit in der Stabachse geführten Enden *(Knickungsfall)*
~ **оправки** *(Wlz)* Dornstange *f*, Dorn *m*
~/**песчано-масляный** *(Gieß)* Öl[sand]kern *m*
~/**песчаный** *(Gieß)* Sandkern *m*
~/**плетёный** verdrillter Stab *m*, Kunststab *m*
~/**поглощающий** *(Ph)* Absorberstab *m* *(Reaktortechnik)*
~ **поршневого штока** *(Masch)* Kolbenstangenschaft *m*
~/**постоянный** *(Gieß)* Dauerkern *m*
~/**постоянный металлический** metallischer Dauerkern *m*
~/**поясной** *(Bw)* Gurtstab *m* *(Gitterträger)*
~/**предохранительный** *(Kern)* Sicherheitsstab *m*, Schnellschlußstab *m* *(Reaktortechnik)*
~/**прикрывающий** *(Gieß)* Abdeckkern *m*
~/**пусковой** *(Kern)* Startstab *m* *(Reaktortechnik)*
~/**пустотелый** *(Gieß)* Hohlkern *m*
~ **разливочного ковша/стопорный** *(Met)* Stopfenstange *f* *(Gießpfanne)*
~/**разовый** *(Gieß)* verlorener Kern *m*
~/**растянутый** *(Fest)* gezogener Stab *m*, Zugstab *m*
~ **Рёбеля** *(El)* Roebel-Stab *m*
~/**регулирующий** *(Kern)* Regelstab *m* *(Reaktortechnik)*
~ **резца** Meißelschaft *m* *(Drehmeißel, Hobelmeißel)*
~ **решётки** *(Bw)* Gitterstab *m* *(Fachwerk)*
~ **ручного управления** *(Kern)* Handsteuerstab *m* *(Reaktortechnik)*
~ **сердечника** *s.* ~ **магнитопровода**
~ **сердечника/средний** Mittelschenkel *m*, Mittelsteg *m*
~/**сжатый** *(Fest)* gedrückter Stab *m*, Druckstab *m*
~/**силитовый [нагревательный]** Silit[heiz]stab *m*
~ **со свободным концом** *(Fest)* Stab *m* mit einem frei beweglichen Ende *(Knikkungsfall)*

~/**составной** *(Bw)* Doppelstab *m*, mehrgliedriges Stabelement *n*
~ **стопора** *(Met)* Stopfenstange *f* *(Gießpfanne)*
~/**стопорный** *(Met)* Stopfenstange *f* *(Gießpfanne)*
~/**сырой** *(Gieß)* Grün[sand]kern *m*, grüner Kern *m*
~/**токоведущий** Durchführungsbolzen *m*
~ **тонкой регулировки** Feinregelstab *m*
~/**топливный** *(Kern)* Brennstoffstab *m* *(Reaktortechnik)*
~/**транспонированный** *s.* ~/**плетёный**
~/**упорный** Anschlagstange *f*
~ **управления** *(Kern)* Steuerstab *m* *(Reaktortechnik)*
~/**управляющий** *s.* ~ **управления**
~/**урановый** *(Kern)* Uranstab *m* *(Reaktortechnik)*
~ **шатуна** Pleuelschaft *m* *(Verbrennungsmotor)*
~ **якоря** *(El)* Ankerstab *m*
стержень-поглотитель *m* *(Kern)* Absorberstab *m* *(Reaktortechnik)*
стержневая *f* *(Gieß)* Kernmacherei *f*
стержнеизвлекатель *m* *(Wlz)* Dornstangenausziehvorrichtung *f*, Dornzieher *m* *(Rohrwalzen)*
стерилизатор *m* Sterilisator *m*, Entkeimungsapparat *m*
стерилизация *f* Sterilisation *f*, Sterilisierung *f*, Entkeimung *f*
~/**лучевая** Kaltsterilisierung *f* durch radioaktive Bestrahlung
~ **облучением** Radiosterilisierung *f*, Radiopasteurisierung *f*
~ **почвы** Bodensterilisation *f*, Bodensterilisierung *f*
стерилизовать sterilisieren, entkeimen
стерильность *f* Sterilität *f*, Keimfreiheit *f*
стерильный steril, keimfrei
стерин *m* *(Ch)* Sterin *n*
стерня *f* *(Lw)* 1. Stoppelfeld *n*; 2. Stoppeln *fpl*
стероид *m* *(Ch)* Steroid *n*
стерон *m* Steroidhormon *n*
стесать *s.* **стёсывать**
стёсывать abstemmen, bestoßen; abschwarten
стетоскоп *m* *(Med)* Stethoskop *n*
стефанит *m* *(Min)* Stephanit *m*, Melanglanz *m*, Sprödglaserz *n*
стехиометрический *(Ch)* stöchiometrisch
стехиометрия *f* *(Ch)* Stöchiometrie *f*
стибнит *m* *(Min)* Stibnit *m*, Antimonit *m*, Antimonglanz *m*, Grauspießglanz *m*
стигмастерин *m* *(Ch)* Stigmasterin *n* *(ein Phytosterin)*
стилобат *m* *(Arch)* Stylobat *m*, Säulenstuhl *m*
стилометр *m* *(Met)* Steelometer *n*
стилоскоп *m* *(Met)* Steeloskop *n*
стиль *m* *(Arch)* Stil *m*
~/**архитектурный** Baustil *m*
стильб *m* Stilb *n*, sb *(SI-fremde Einheit der Leuchtdichte)*
стильбит *m* *(Min)* Stilbit *m*, Heulandit *m*, Desmin *m* *(Zeolith)*
стильпносидерит *m* *(Min)* Pecheisenerz *n* *(schlackenartige Abart des Limonits)*
стимулятор *m* Stimulanz *n*, Anregungsmittel *n*, stimulierendes (anregendes) Mittel *n*, Reizmittel *n*
~ **роста** Wuchsstoff *m*
стирание *n* Löschen *n*, Löschung *f* *(magnetischer Aufzeichnungen, Speicher)*
~/**многократное** Mehrfachlöschung *f*
~/**однократное** Einfachlöschung *f*
~ **оттиска** *(Typ)* Auswischen *n* des Druckbildes
~ **перебиванием отверстий** *(Dat)* Überlochen *n*
~ **постоянным током** Gleichstromlöschung *f*
~/**частичное** Teillöschung *f*
стирать löschen *(magnetische Aufzeichnungen, Speicher)*
~ **информацию** die Information löschen
~ **с ленты** das Band löschen
стирол *m* *(Ch)* Styrol *n*, Vinylbenzol *n*, Phenyläthen *n*
стиффнер *m* *(Gum)* Verstärkungsstreifen *m*
стланец *m* 1. durch Rasenröste aufgeschlossene Bastfaserstengel *mpl* *(Flachs, Hanf)*; 2. Rasenflachs *m*
стлание *n s.* **стланье**
стланье *n* [**льна**] Rasenröste *f*, Tauröste *f*, Taurotte *f* *(Flachs)*
стог *m* *(Lw)* Schober *m*, Diemen *m*, Feimen *m*
стоговоз *m* *(Lw)* Schobertransportfahrzeug *n*
стогометатель *m* *(Lw)* Schobersetzer *m* *(Frontlader mit Heugabel und -zange)*
~/**крановый** Greiferaufzug *m* *(für Stroh und Heu)*
стогообразователь *m* *(Lw)* Ballenstapelwagen *m*
стоимость *f* Wert *m*; Kosten *pl*; Preis *m*; Gebühr *f*
~/**абсолютная прибавочная** absoluter Mehrwert *m*
~ **восстановления** Wiederbeschaffungspreis *m* *(von Grundfonds)*
~/**заготовительная** Anschaffungskosten *pl*, Anschaffungspreis *m*
~ **заготовки** *s.* ~/**заготовительная**
~/**меновая** Tauschwert *m*
~/**нарицательная** Nominalwert *m*
~/**начальная** Anschaffungswert *m*, Neuwert *m*
~/**номинальная** Nominalwert *m*
~/**покупная** Anschaffungskosten *pl*, Anschaffungswert *m*, Kaufpreis *m*

~/**полная** Bruttowert *m*
~ **постройки** Baukosten *pl*
~/**потребительная** Gebrauchswert *m*
~/**прибавочная** Mehrwert *m*
~ **проезда** Fahrpreis *m*, Fahrtkosten *pl*
~ **производства** 1. Erzeugungskosten *pl*, Produktionskosten *pl*; 2. Betriebskosten *pl*
~ **ремонта** Reparaturkosten *pl*, Wiederherstellungskosten *pl*, Instandsetzungskosten *pl*
~/**сметная** Voranschlag *m*, veranschlagte Kosten *pl*
~ **сооружения** Anlagekosten *pl*
~/**тарифная** Gebührenbetrag *m*, Tarifkosten *pl*
~/**товарная** Warenwert *m*
стойка *f* 1. Stütze *f*, Säule *f*; *(Eb)* Runge *f* *(Wagen)*; 2. Gestell *n*, Rahmen *m*; Halter *m*, Mast *m*, Ständer *m*; 3. Bock *m*, Tragbock *m*, Träger *m*, Tragfuß *m*, Stützbock *m*; 4. *(Bgb, Bw)* Stempel *m*; 5. *(Bw)* Vertikalstab *m* *(Gitterträger)*; 6. *(Bw)* Pfosten *m* *(Geländer)*; 7. *(Flg)* Strebe *f*, Stiel *m*; 8. Anstand *m* *(Jagd)*; 9. *(Lw)* Grießsäule *f* *(Scharpflug)*
~/**боковая** Seitenständer *m* *(Presse)*
~ **вагона** *(Eb)* Runge *f*
~/**винтовая** Spindelstütze *f*; *(Bgb)* Schraubenstempel *m*
~ **винтовой лестницы** *(Bw)* Spindel *f* *(Wendeltreppe)*
~/**вспомогательная** 1. *(Bgb)* Notstempel *m*, Hilfsstempel *m*; 2. *(Bw)* Beiständer *m*, Beistoß *m* *(Gerüst)*
~/**гидравлическая** *(Bgb)* hydraulischer Stempel *m*, Hydraulikstempel *m*
~/**гидравлическая посадочная** *(Bgb)* hydraulischer Bruchkantenstempel *m*
~/**главная** *(Bgb)* Ansteckstempel *m*
~ **грузовой стрелы** *(Schiff)* Ladebaumstütze *f*
~ **дверного оклада** *(Bgb)* Türstockstempel *m*
~/**дворная** *(Eb)* Türsäule *f* *(Waggon)*
~/**двухветвенная** *(Bw)* Zwillingsstütze *f*, zweistielige Stütze *f*
~/**двухклиновая** *(Bgb)* Zweikeilstempel *m*
~/**деревянная** *(Bgb)* Holzstempel *m*
~ **для микрометров** Meßschraubenständer *m*
~ **для перфокарт** *(Dat)* Lochkartenbehälter *m*
~ **для пробирок** *(Ch)* Reagenzglasständer *m*, Reagenzglasgestell *n*
~/**железобетонная** *(Bgb)* Stahlbetonstempel *m*
~/**жёсткая** *(Bgb)* starrer Stempel *m*
~/**жёсткая посадочная** starrer Bruchkantenstempel *m*
~/**забойная** *(Bgb)* Strebstempel *m*
~/**заваливающаяся леерная** *(Schiff)* umlegbare Relingstütze (Geländerstütze) *f*
~/**заделанная** *(Bw)* eingespannte Stütze *f*
~/**индивидуальная** *(Bgb)* Einzelstempel *m*
~/**индикаторная** Meßuhrständer *m*
~/**кабельная** *(El)* Kabelständer *m*
~ **кардмашины/боковая (холстовая)** *(Text)* Wickelhalter *m* *(Deckelkarde)*
~ **каркаса** *(Bw)* Skelettstütze *f*
~ **клети** *(Wlz)* Gerüstsäule *f*
~/**клиновая посадочная** *s.* ~ **трения/посадочная**
~/**консольная** Konsolstrebe *f* *(Tragflügelboot)*
~ **контейнерной ячейки/направляющая** *(Schiff)* Containerführung *f*, Containerstaugerüst *n*
~/**контрольная** *(Bgb)* Warnstempel *m*
~/**концевая** *(Schiff)* Endstütze *f* *(Reling)*
~/**крепёжная** *(Bgb)* Ausbaustempel *m*, Stempel *m*
~ **крепления** *s.* ~/**крепёжная**
~/**леерная** *(Schiff)* Relingstütze *f*, Geländerstütze *f*
~/**металлическая** *(Bgb)* Stahlstempel *m*
~ **молота** *(Schm)* Hammerständer *m*
~/**монтажная** *(Bw)* Montagestütze *f*
~ **на крыше** Dach[abspann]gestänge *n*, Dachträger *m* *(Leitungstechnik)*
~ **нарастающего сопротивления** *(Bgb)* Keilschloßstempel *m* *(Bruchkanten-Reibungsstempel)*
~/**неизвлекаемая** *(Bgb)* verlorener Stempel *m*
~/**несущая** *(Bgb)* Tragstempel *m*
~/**органная** *(Bgb)* Reihenstempel *m*, Orgelstempel *m*, Bruchstempel *m*
~ **переборки** *(Schiff)* vertikale Schottsteife *f*
~/**перильная** *(Bw)* Geländerpfosten *m* *(Treppengeländer)*
~ **перфоратора** *(Bgb)* Bohrsäule *f*
~/**плужная** *(Lw)* Grießsäule *f* *(Scharpflug)*
~/**податливая посадочная** *(Bgb)* nachgiebiger Bruchkantenstempel *m*
~ **подшипника** *(Masch)* Lagerbock *m*
~ **поперечины** *(Flg)* Auslegerstrebe *f*
~/**посадочная** *(Bgb)* Bruchkantenstempel *m*
~/**постоянная леерная** *(Schiff)* feste Relingstütze (Geländerstütze) *f*
~ **постоянного сопротивления** *(Bgb)* Klemmlaststempel *m*, Stempel *m* mit konstantem Einsinkwiderstand *(Bruchkantenreibungsstempel)*
~ **пресса** Pressensäule *f*
~/**рамная** *(Schiff)* senkrechter Rahmenträger (Träger) *m* *(an Schotten)*
~/**распорная** *(Bgb)* Spannsäule *f*

~/**рудничная** *(Bgb)* Grubenstempel *m*
~ **с самозатяжным устройством** *(Bgb)* Servostempel *m*
~/**сигнальная** *(Bgb)* Warnstempel *m*
~/**средняя** *(Bgb)* Mittelstempel *m (Türstock)*
~/**стальная** *(Bgb)* Stahlstempel *m*
~ **станины** *(Wlz)* Ständersäule *f*
~/**телескопическая (телескопная)** *(Bgb)* Teleskopstempel *m*, Teleskopstütze *f*
~ **тента** *(Schiff)* Sonnensegelstütze *f*
~/**тентовая** *(Schiff)* Sonnensegelstütze *f*
~ **трения** *(Bgb)* Reibungsstempel *m*
~ **трения/посадочная** Bruchkantenreibungsstempel *m*
~/**трубчатая** *(Bgb)* Rohrstempel *m*
~/**угловая** *(Eb)* Ecksäule *f (Waggon)*
~ **фальшборта** *(Schiff)* Schanzkleidstütze *f*
~ **фальшборта с отогнутым фланцем** gebördelte (geflanschte) Schanzkleidstütze *f*
~ **фюзеляжа** *(Flg)* Rumpfstrebe *f*
~ **хвостового оперения** *(Flg)* Leitwerkstrebe *f*
~ **центроплана** *(Flg)* Stütze *f* des Flügelmittelteils
~ **шасси** *(Flg)* Fahrwerkstrebe *f*
~/**шахтная** *(Bgb)* Grubenstempel *m*
~ **элерона** *(Flg)* Querruderstrebe *f*
стойка-гипулярник *f* **с выдвижной рамкой/сновальная** *(Text)* Zettelgatter *n* mit beweglichem Spulenfeld *(Weberei)*
стойкий 1. standhaft, beständig, widerstandsfähig, resistent; 2. schnitthaltig *(Schneidwerkzeuge)*
~ **к воздействию кислот** säurebeständig, säurefest
~ **к воздействию щелочей** alkalibeständig, alkalifest, laugenbeständig
~ **при коротком замыкании** kurzschlußsicher, kurzschlußstabil
~/**химически** chemisch beständig (stabil)
стойковыдёргиватель *m (Bgb)* Stempelraubgerät *n*, Raubgerät *n*
стойкость *f* 1. Beständigkeit *f*; Widerstandsfähigkeit *f*, Resistenz *f*; Festigkeit *f*, Stabilität *f*; 2. Haltbarkeit *f*; Lebensdauer *f*; 3. *(Fert)* Standzeit *f (Schneidwerkzeuge)*
~/**детонационная** Klopffestigkeit *f (Benzin)*
~ **к истиранию** *(Led)* Abnutzungsfestigkeit *f*, Reibfestigkeit *f*; *(Text)* Scheuerbeständigkeit *f*, Scheuerfestigkeit *f*; *(Plast)* Abriebfestigkeit *f*
~ **к облучению** *s.* ~/**радиационная**
~ **к окислению** Oxydationsbeständigkeit *f*
~ **к старению** Alterungsbeständigkeit *f*
~/**кавитационная** Kavitationsbeständigkeit *f*, Kavitationsfähigkeit *f*
~/**коррозийная (коррозионная)** Korrosionsbeständigkeit *f*, Korrosionsfestigkeit *f*; Rostbeständigkeit *f*
~ **красителей** Farbechtheit *f*
~ **мины/противотральная** *(Mar)* Räumstandkraft *f (Mine)*
~ **при воздействии кислот** Säurebeständigkeit *f*, Säurefestigkeit *f*
~ **при воздействии щелочей** Alkalibeständigkeit *f*, Laugenbeständigkeit *f*
~ **при коротких замыканиях** *(El)* Kurzschlußsicherheit *f*, Kurzschlußstabilität *f*
~ **против атмосферных влияний** Wetterbeständigkeit *f*, Wetterfestigkeit *f*
~ **против износа** Verschleißfestigkeit *f*, Verschleißbeständigkeit *f*
~ **против кавитации** *s.* ~/**кавитационная**
~ **против коррозии** *s.* ~/**коррозийная**
~ **против образования окалины** Zunderbeständigkeit *f*
~/**радиационная** *(Kern)* Strahlungsfestigkeit *f*, Strahlungsbeständigkeit *f*, Strahlungsresistenz *f*
~ **размеров** Maßbeständigkeit *f*
~ **режущего инструмента** *(Fert)* Standzeit *f*
~ **топлива/детонационная** Klopffestigkeit *f (Kraftstoff)*
~ **футеровки** Futterhaltbarkeit *f*
~/**химическая** chemische Beständigkeit (Stabilität) *f*, Chemikalienbeständigkeit *f*
сток *m* 1. *(Hydrod)* Senke *f (Quellen- und Senkenströmung)*; 2. *(Hydrol)* Abfluß *m*, Wasserabfluß *m*; 3. *(Hydrol)* Abflußmenge *f*; 4. *(Eln)* Drain *m*, Drainelektrode *f*, Senke *f (Eintrittselektrode des Feldeffekttransistors)*
~ **вихрей** *(Hydrol)* Wirbelsenke *f*
~/**годовой** *(Hydrol)* jährlicher Abfluß (Gesamtabfluß) *m*
~/**грунтовой** *(Hydrol)* Grundwasserabfluß *m*
~/**дождевой** *(Hydrol)* Regenabfluß *m*
~/**зарегулированный** *(Hydt)* korrigierter (geregelter) Abfluß *m*
~ **ледника** *(Geol)* Gletscherzehrung *f*
~/**ливневый** *(Hydrol)* Starkregenabfluß *m*
~/**паводковый** *(Hydrol)* Hochwasserabfluß *m*
~/**поверхностный** *(Hydrol)* oberirdischer Abfluß *m*, Oberflächenabfluß *m*
~/**подземный** *(Hydrol)* unterirdischer Abfluß *m*
~/**полный русловый** *(Hydrol)* Gesamtabfluß *m* im Bettnetz eines Flußsystems
~/**речной** *(Hydrol)* 1. Wasserführung *f (eines Flusses)*; 2. Abflußmenge *f* eines Flusses in der Zeiteinheit
~/**русловый** *(Hydrol)* Abfluß *m* im Bettnetz eines Flußsystems
~/**склоновый** *(Hydrol)* Hangabfluß *m*
~/**средний годовой** *(Hydrol)* mittlerer Jahresabfluß *m*

~/**тальвеговый** *(Hydrol)* Talwegabfluß *m*
~ **тепла** Wärmesenke *f*
~ **энергии** Energieabfluß *m*
стократный hundertfach, zentesimal
стокс *m* Stokes *n*, St *(SI-fremde Einheit der kinematischen Viskosität)*
стол *m* Tisch *m*
~/**верстальный** *(Typ)* Umbruchtisch *m*
~/**вибрационный** Schwingtisch *m*, Rütteltisch *m*
~/**воздушный** *(Bgb)* Luftherd *m (Aufbereitung)*
~/**вращающийся** *(Bgb)* Drehtisch *m (Rotarybohrgerät)*
~/**встряхивающий** *(Gieß)* Rütteltisch *m*; Rütteleinheit *f (Formmaschine)*
~/**двухкоординатный** Zweikoordinaten[meß]tisch *m*
~/**делительный** *(Opt)* Kreisteiltisch *m*
~/**дозировочный** Zuteiltisch *m*, Dosiertisch *m*, Dosierteller *m*, Tellerspeiser *m*, Abstreichteller *m*
~/**загрузочный** Aufgabetisch *m*
~ **заказов** *(Fmt)* Meldeplatz *m*, Meldetisch *m*
~ **звукооператора** *(Rf)* Regietisch *m*
~/**измерительный** Meßtisch *m*
~/**инструментальный** Gerätetisch *m*
~/**испытательный** *(Fmt)* Prüftisch *m*
~/**качающийся** *(Wlz)* Wipptisch *m*, Wippe *f*, Kipptisch *m*
~/**качающийся концентрационный** Konzentrationsschüttelherd *m*, Konzentrationsschwingherd *m*, Schüttelherd *m*, Schwingherd *m (Aufbereitung)*
~/**консольный** *(Fert)* Winkeltisch *m (z. B. einer Fräsmaschine)*
~/**контрольный** *(Fmt)* Kontrollplatz *m*, Aufsichtsplatz *m*
~/**концентрационный** Anreicher[ungs]herd *m*, Aufbereitungsherd *m*, Konzentrationsherd *m*, Herd *m (Aufbereitung)*
~/**координатный** *(Opt)* Koordinatentisch *m*
~/**крестовый** *(Opt)* Kreuztisch *m*
~/**круглый** Rundtisch *m (zur Winkelmessung)*
~/**лабораторный [рабочий]** Labor[atoriums]tisch *m*, Arbeitstisch *m*
~/**ледниковый** *(Geol)* Gletschertisch *m*
~/**ленточный концентрационный** Konzentrationsbandherd *m*, Bandherd *m (Aufbereitung)*
~/**магнитный** Magnetfuttertisch *m (Schleifmaschine)*
~/**маятниковый фрезерный** Pendelfrästisch *m*
~/**механический делительный** *(Opt)* mechanischer Kreisteiltisch *m*
~/**набойщицкий** *(Text)* Blockdrucktisch *m*
~/**накладной** *(Typ)* Anlegetisch *m*, Anlegeplatte *f*
~ **ниткошвейной машины** *(Typ)* Heftsattel *m (Fadenheftmaschine)*
~ **ниткошвейной машины/качающийся** schwingender Heftsattel *m*
~/**обогатительный** Sortiertisch *m*, Klaubetisch *m (Aufbereitung)*
~/**опрокидывающийся концентрационный** Konzentrationskippherd *m*, Kippherd *m (Aufbereitung)*
~/**оптический делительный** optischer Kreisteiltisch *m*
~/**опускной** *s.* ~/**подъёмный**
~/**откидной** Schwenktisch *m*, Klapptisch *m*
~/**отсадочный** Setzherd *m (Aufbereitung)*
~/**охладительный** Kühlrost *m (Rohrwalzen)*
~/**переборочный** *(Lw)* Verlesetisch *m*
~ **печи** *(Met)* Schaffplatte *f* des Ofens *(zum Erwärmen der Preßbolzen beim Rohr- und Stangenpressen)*
~/**плоский** Plantisch *m*
~/**пневматический отсадочный** Luftsetzherd *m (Aufbereitung)*
~/**поворотный** Drehtisch *m*, Schwenktisch *m*
~/**подавальный** *(Lw)* Einlegetisch *m (Stiftendrescher)*
~/**подъёмно-качающийся** *(Wlz)* Wipptisch *m*, Wippe *f*, Kipptisch *m*
~/**подъёмный** Hubtisch *m*
~/**поточный** Wandertisch *m*
~ **пресса** Pressentisch *m*, Preßtisch *m*
~/**прессующий** *(Typ)* Prägetisch *m*
~/**приёмный** 1. *(Wlz)* Aufnahmetisch *m*; 2. *(Typ)* Ablegetisch *m*
~/**прижимной** Einlaufführung *f (Blech-Kaltwalzgerüst)*
~/**прокладочный** *(Schiff)* Kartentisch *m*
~/**промывной** Waschherd *m (Aufbereitung)*
~ **просвета** durchleuchteter Zeichentisch *m*
~/**пусковой** *(Rak)* Raketenstarttisch *m*, Starttisch *m*
~/**разборный** Sortiertisch *m*, Klaub[e]tisch *m*, Lesetisch *m (Aufbereitung)*
~/**разметочный** *(Fert)* Anreißtisch *m*
~ **ракеты/пусковой (стартовый)** *(Rak)* Raketenstarttisch *m*, Starttisch *m*
~/**ребристый** Rippentisch *m*
~/**регистровый** *(Pap)* Registerteil *m*, Registerpartie *f*
~/**роторный** *(Bgb)* Drehtisch *m (Rotarybohrgerät)*
~/**рудопромывочный** Waschherd *m*, Erzwäsche *f (Aufbereitung)*
~/**рудоразборный** Erzklaub[e]tisch *m*, Klaub[e]tisch *m*, Scheidebank *f (Aufbereitung)*
~/**рудоразборочный** Erzklaub[e]tisch *m*, Klaub[e]tisch *m (Aufbereitung)*

~ **с воздушной подушкой** *(Typ)* Luftpolstertisch *m*
~/**сеточный** *(Pap)* Siebtisch *m*
~/**синусный** *(Opt)* Sinustisch *m*
~ **сноповязалки/вязальный** *(Lw)* Bindetisch *m* *(Garbenbinder)*
~/**сортировочный** 1. Sortiertisch *m*, Klaub[e]tisch *m* *(Aufbereitung)*; 2. *(Fmt)* Leitstelle *f*
~/**справочный** *(Fmt)* Auskunftsstelle *f*
~ **станка** Werkzeugmaschinentisch *m* *(von Fräs-, Hobel-, Bohr- und Schleifmaschinen)*
~/**стартовый** *(Rak)* Raketenstarttisch *m*, Starttisch *m*
~/**телескопический** Teleskoptisch *m*
~/**углеразборный** Kohleklaub[e]tisch *m* *(Aufbereitung)*
~/**угломерный** *(Opt)* Kreisteiltisch *m*
~/**центробежный концентрационный** Fliehkraftkonzentrationsherd *m* *(Aufbereitung)*
~/**чертёжный** Zeichentisch *m*
~/**шаровой** Kugeltisch *m*
~/**штурманский** *(Schiff)* Kartentisch *m*
столб *m* 1. Säule *f*, Pfeiler *m*; 2. Pfosten *m*, Pfahl *m*, Stange *f*; Mast *m*; 3. *(Bgb)* Pfeiler *m* *(Pfeilerbau)*; 4. *(Fmt, El)* Stange *f*, Gestänge *n*, Tragwerk *n*, Stützpunkt *m*
~/**анкерный** *(El)* Abspanngestänge *n*
~/**атмосферный** *s.* ~ **воздуха**
~/**барометрический** Barometersäule *f*
~/**вереяльный** *(Hydt)* Wendesäule *f* *(Schleusentor)*
~/**водяной** Wassersäule *f*
~ **воздуха** *(Meteo)* Luftsäule *f*
~/**выемочный** *(Bgb)* Abbaupfeiler *m*
~/**выпрямительный** *(El)* Gleichrichtersäule *f*
~/**двойной** *(El)* Doppelmast *m*
~/**деревянный** *(El)* Holzmast *m*
~ **жидкости** Flüssigkeitssäule *f* *(Flüssigkeitsbarometer)*
~/**закладочный** *(Bgb)* Versatzpfeiler *m*
~/**звуковой** Schallsäule *f*
~/**измерительный** Prüfsäule *f*
~/**камерный** *(Bgb)* Kammerpfeiler *m*
~/**километровый** *(Geod)* Kilometerpfosten *m*
~/**междукамерный** *(Bgb)* Zwischenkammerpfeiler *m*
~/**междуоконный** *(Bw)* Fensterpfeiler *m*
~/**межевой** *(Geod)* Grenzpfahl *m*, Grenzzeichen *n*
~/**межкамерный** *s.* ~/**междукамерный**
~/**А-образный** *(El)* A-Mast *m*
~/**оконечный** *(El)* Abspannstange *f*, Endgestänge *n*
~/**опорный** 1. *(El)* Abspannmast *m*; 2. *(Bw)* Widerlagerpfeiler *m*
~/**осветительный** Beleuchtungsmast *m*
~/**оттяжной** Abspannmast *m*
~/**подпорный** *(Bw)* Stützpfeiler *m*
~ **разряда** *s.* ~ **тлеющего разряда/положительный**
~/**решетчатый** Gittermast *m*
~/**ртутный** Quecksilbersäule *f* *(Quecksilberbarometer)*
~/**рудный** *(Bgb)* Erzpfeiler *m*
~/**слоистый** geschichtete Säule *f* *(Glimmentladung)*
~/**соляной** *(Bgb)* Salzpfeiler *m*
~/**створный** *(Hydt)* Schlagbalken *m*, Schlagsäule *f* *(Schleusentor)*
~/**телеграфный** *(Fmt)* Telegrafenstange *f*, Telegrafenmast *m*
~ **тлеющего разряда/положительный** positive Säule *f* *(Glimmentladung)*
~/**угольный** *(Bgb)* Kohlenpfeiler *m*
~/**фундаментный** *(Bw)* Fundamentpfeiler *m*
~ **шихты** *(Met)* Beschickungssäule *f*, Schmelzsäule *f* *(Schachtofen)*
столбец *m* *(Typ)* Spalte *f* *(einer Seite)*; Kolonne *f* *(einer Tabelle)*
~ **набора** Satzspalte *f*
~ **перфокарты** Lochkartenspalte *f*
столбик *m* Pfahl *m*, Pflock *m*, Stäbchen *n*
~ **выбуренной породы** *(Bgb)* Bohrkern *m*
~/**петельный** *(Text)* Maschenstäbchen *n* *(Wirkwarenstruktur)*
~/**пикетный** *(Eb)* Hektometerpfahl *m* *(Kilometrierungszeichen, das in Abständen von 100 m zwischen zwei Kilometersteinen gesetzt wird)*
~/**предельный** *(Eb)* Flankenschutzpfahl *m* *(Flankenschutzeinrichtung zwischen zusammenlaufenden Fahrwegen)*
~/**трассировочный** *(Eb)* Absteckpfahl *m*, Absteckpflock *m* *(Eisenbahnbau)*
столбостав *m* *(Bw)* Pfahlsetzgerät *n*
столик *m* Tisch *m*, Tischchen *n*
~/**вращающийся** Drehtisch *m*
~/**координатный предметный** Kreuztisch *m* *(Mikroskop)*
~/**питающий** 1. *(Text)* Einzugstisch *m* *(Deckelkarde)*; 2. *(Typ)* Einlaufplatte *f*
~/**предметный** 1. Objekttisch *m* *(Mikroskop)*; 2. Meßtisch *m*
~/**проекционный** Projektionstischchen *n*
~/**телевизорный** Fernsehtisch *m*
столкновение *n* Zusammenstoß *m*, Kollision *f*, Aufprall *m*, Anstoß *m*, Stoß *m*
~/**атомное** *(Kern)* Atomstoß *m*
~/**бинарное** *s.* ~/**двойное**
~/**боковое** *(Eb)* Flankenfahrt *f* *(Bahnbetriebsunfall an zusammenlaufenden Fahrwegen)*
~ **второго рода/атомное** *s.* ~/**обратное неупругое атомное**
~/**двойное** *(Kern)* Zweierstoß *m*, Zweiteilchenstoß *m*
~ **ионов** *(Kern)* Ionenstoß *m*

~/**лобовое** Frontalzusammenstoß *m*
~/**неупругое атомное** *(Kern)* unelastischer (inelastischer) Atomstoß *m*
~/**нуклон-нуклонное** *s.* ~ **нуклонов**
~ **нуклонов** *(Kern)* Nukleon-Nukleon-Stoß *m*
~/**обратное неупругое атомное** inverser unelastischer Atomstoß *m*
~/**парное** *s.* ~/**двойное**
~ **первого рода/атомное** *s.* ~/**прямое неупругое атомное**
~ **поездов** *(Eb)* Zugzusammenstoß *m*
~/**прямое неупругое атомное** gerader (geradliniger) unelastischer Atomstoß *m*
~ **судов** Schiffskollision *f*
~/**тройное** *(Kern)* Dreierstoß *m*, Dreikörperstoß *m*
~/**упругое атомное** elastischer Atomstoß *m*
NN-столкновение *n* *(Kern)* Nukleon-Nukleon-Stoß *m*
стол-концентратор *m* Anreicher[ungs]-herd *m*, Aufbereitungsherd *m*, Konzentrationsherd *m*, Herd *m*
столовая *f* **команды** *(Schiff)* Mannschaftsmesse *f*
стол-питатель *m* Aufgabetisch *m*
стопа *f* Stapel *m*, Lage *f*, Stoß *m*
~ **бумаги** *(Typ)* 1. Ries *n* *(nach russischer Lesart ältere Bezeichnung für 480 Bogen; nach deutscher Definition nicht exakte Mengeneinheit, die je nach Dicke oder Masse 250, 500 oder 1 000 Bogen umfaßt)*; 2. Stapelstoß *m*
~ **бумаги/метрическая** „metrisches" Ries *n* *(neuere sowjetische Bezeichnung für 1 000 Bogen)*
~ **листов** Bogenstapel *m*
стоп-анкер *m* *(Schiff)* Heckanker *m*, Hilfsanker *m*, Stromanker *m*
стопер *m* *(Bgb)* Teleskop-Druckluftbohrmaschine *f* *(Bohren nach oben gerichteter Löcher)*
стопка *f* **перфокарт** *(Dat)* Lochkartenpaket *n*, Lochkartenstapel *m*
~ **секций** *(Schiff)* Anschlagen *n* der Sektionen
стоп-кран *m* *(Eb)* Notbremse *f*, Notbremshahn *m*
стоп-механизм *m* Sperre *f*, Sperrvorrichtung *f*, Sperrorgan *n*
стопор *m* 1. *(Masch)* Rast *f*, Anschlag *m*, Sperre *f*, Arretierung *f*, Riegel *m*, Klinke *f*; Hubbegrenzer *m* *(s. a.* **фиксатор 2.***)*; 2. *(Mil)* Zurrung *f*; 3. *(Schiff)* Stopper *m*; Zurrung *f*, Sliphaken *m* *(Seitentrawler)*; 4. *(Gieß)* Stopfenstange *f*, Stopfen *m* *(Gießpfanne)*
~ **Булливана** Stahltrossenkneifer *m*, Stahltrossenstopper *m* *(Festlegung der Schlepptrosse von Eisbrechern und größeren Schleppern)*
~/**винтовой** Spindelkettenkneifer *m*, Spindelkettenstopper *m*
~/**двойной** *s.* ~/**дозирующий**
~/**дозирующий** *(Bgb)* Förderwagenvorsperre *f*, Abteilsperre *f*, Hauptsperre *f*, Doppelsperre *f*
~/**задерживающий** *(Bgb)* Hemmvorrichtung *f* *(beim Aufschieben der Wagen im Fördergestell)*; Förderwagensperre *f*
~/**зажимной палубный** *s.* ~/**подпалубный**
~/**зубчатый** Zahnriegel *m*
~ **крепления якоря по-походному** *(Schiff)* Ankerzurrung *f*
~ **Легофа** *(Schiff)* Patentstopper *m*, Sperrhebelkettenkneifer *m*
~/**палубный кулачковый** *s.* ~ **Легофа**
~/**подпалубный** Zwischendeckstopper *m* *(unterhalb der Einführungsöffnung des Ankerkettenkastens)*
~/**полупалубный** *s.* ~/**подпалубный**
~ **походного крепления якоря** Ankerzurrung *f*
~ **разливочного ковша** *(Met)* Pfannenstopfen *m*
~/**рулевой** *(Schiff)* Ruderlagestopper *m* *(Festlegung der Ruderlage bei Bruch oder Störung des Ruderantriebs)*
~ **с коническими фиксаторами** *(Schiff)* Kegelzapfenplatte *f*, Steckkonenplatte *f* *(Containerzurrung)*
~ **с пальцем/закладной** *(Schiff)* Sperrhebelkettenstopper *m*
~/**стволовой** *(Bgb)* Schachtsperre *f*
~/**тросовый** *(Schiff)* Taustopper *m*, Trossenstopper *m*
~/**управляемый** gesteuerte Verriegelung *f*
~/**храповой** Sperrwerk *n*
~/**цепной** *(Schiff)* Ankerzurrung *f*
~/**цепной переносный** transportabler Sliphakenkettenstopper *m*
~/**якорный** *(Schiff)* Kettenstopper *m*
стопор-блок *m* *(Schiff)* Sliphaken *m*, Sliprolle *f* *(Seitentrawler)*
стопор-гак *m* *(Schiff)* Ankerzurrhaken *m*
стопорезка *f* *(Pap)* Riesbeschneidemaschine *f*, Formatschneider *m*, Kantenschneider *m*
стопорение *n* 1. Sperren *n*; 2. Sicherung *f* *(einer lösbaren Verbindung)*
стопорить 1. stoppen, anhalten, feststellen, verriegeln, hemmen; 2. sichern *(eine lösbare Verbindung, z. B. eine Mutter)*; 3. *(Mil)* zurren
стопор-фиксатор *m* *(Schiff)* verriegelbares Staustück *n* *(Containerzurrung)*
стоп-сигнал *m* *(Kfz)* Bremslicht *n*
стоп-стержень *m* *s.* **стержень/предохранительный**
стоп-фиксаж *m*/**дубящий** Stopphärtefixierbad *n* *(Film)*
сторож *m* Wächter *m*
~/**железнодорожный** *(Eb)* Bahnwärter *m*
~/**линейный** *(Eb)* Streckenwärter *m*

~/**переездной** *(Eb)* Schrankenwärter *m*
~/**температурный** *(Reg)* Temperaturwächter *m*
~/**электронный** *(Reg)* elektronischer Wächter *m*
сторожевик *m* Küstenschutzschiff *n*
сторона *f* Seite *f* • **на передающей стороне** *(Rf)* sende[r]seitig, auf der Senderseite • **на приёмной стороне** *(Rf)* empfangsseitig, empfängerseitig, auf der Empfangsseite
~/**бахтармяная** *s.* ~/**мездряная**
~/**боковая** Seitenfläche *f*, Flanke *f*
~/**браковочная** *s.* ~/**непроходная**
~ **бумаги/верхняя** *(Typ)* Oberseite *f*, Filzseite *f*
~/**верная** *(Typ)* Anlageseite *f*
~ **впуска [клапана]** Einlaßseite *f* *(Ventil; Verbrennungsmotor)*
~/**впускная** Eintrittsseite *f* *(Walzgerüst)*
~ **всасывания** Saugseite *f* *(Pumpe)*
~/**вторичная** *(El)* Sekundärseite *f* *(Transformator)*
~/**входная** Eintrittsseite *f* *(Walzgerüst)*
~ **выпуска [клапана]** Auslaßseite *f* *(Ventil; Verbrennungsmotor)*
~/**выпускная** 1. *(Met)* Stichseite *f* *(Schmelzofen)*; 2. Auslaufseite *f* *(Walzgerüst)*
~/**высоковольтная** *(El)* Hochspannungsseite *f*, Hochvoltseite *f* *(Transformator)*
~ **высшего напряжения** *(El)* Oberspannungsseite *f* *(Transformator)*
~ **выхлопа двигателя** Auslaßseite *f*, Auspuffseite *f* *(Verbrennungsmotor)*
~/**выходная** Auslaufseite *f*, Austrittsseite *f* *(Walzgerüst)*
~/**глянцевая** *(Foto, Kine)* Blankseite *f* *(Film)*
~/**грузовая** Lastseite *f* *(Waage)*
~ **дамбы/речная** *(Hydt)* Stromseite *f* *(Deich)*
~/**забойная** *(Bgb)* Abbauseite *f*, Baggerseite *f* *(Tagebau)*
~/**завалочная** Einsatzseite *f* *(Ofen)*
~/**завальная** *(Bgb)* Bruchseite *f*
~ **загрузки [клети]** *(Bgb)* Aufschiebeseite *f* *(Förderkorb)*
~/**загрузочная** Beschickungsseite *f*
~/**заливная** Einlaufseite *f*
~ **зуба/боковая** Zahnflanke *f*
~ **калибра/проходная** *(Meß)* Gutseite *f* *(Rachenlehre)*
~ **канавки/боковая** *(Masch)* Nutflanke *f*
~ **катушки** *s.* ~/**секционная**
~/**коксовая** *(Met)* Ausstoßseite *f*, Löschplatzseite *f* *(Kokereiofen)*
~ **коллектора** *(El)* Kollektorseite *f*, Kommutatorseite *f*
~/**коллекторная** *s.* ~ **коллектора**
~ **контактных колец** *(El)* Schleifringseite *f*
~/**лицевая** 1. Stirnseite *f*, Ansichtsfläche *f*; 2. *(Bw)* Vorderseite *f*, Front *f*, Fassade *f* *(Gebäude)*; 3. *(Text)* rechte Seite *f* *(Gewebe)*; 4. *(Led)* Haarseite *f*, Narbenseite *f*; 5. Schönseite *f* *(Papier)*
~/**лобовая** Stirnseite *f*
~ **лопасти/задняя** *s.* ~ **лопасти/тыльная**
~ **лопасти/лицевая** Flügeldruckseite *f* *(Kreiselpumpenlaufrad)*
~ **лопасти/тыльная** Flügelrücken *m* *(Kreiselpumpenlaufrad)*
~ **лопатки/тыловая** Schaufelrücken *m* *(Strömungsmaschine)*
~ **магнитной ленты/рабочая** Aufzeichnungsseite (Schichtseite) *f* des Magnettonbands
~ **магнитных силовых линий/входная** *(El)* Eintrittsseite *f* der Kraftlinien
~/**мездряная** *(Led)* Aasseite *f*, Fleischseite *f*
~/**наветренная** *(Schiff)* Luvseite *f*, Luv *f*
~/**напорная** Druckseite *f*
~/**непроходная** *(Meß)* Ausschußseite *f* *(Rachenlehre)*
~/**низковольтная** *s.* ~ **низкого напряжения**
~ **низкого напряжения** *(El)* Niederspannungsseite *f*, Niedervoltseite *f* *(Transformator)*
~ **низшего напряжения** *(El)* Unterspannungsseite *f* *(Transformator)*
~, **обращённая к воде** Wasserseite *f* *(Dampfkessel)*
~, **обращённая к факелу** Feuerseite *f* *(Dampfkessel)*
~/**отвальная** *(Bgb)* Kippenseite *f* *(Tagebau)*
~ **пеленгования** Peilseite *f* *(Funkpeilung)*
~/**первичная** *(El)* Primärseite *f* *(Transformator)*
~/**передающая** 1. Sende[r]seite *f*; 2. Geberseite *f*
~ **плотины/напорная** *(Hydt)* wasserseitige Dammhälfte *f*
~/**подветренная** *(Schiff)* Leeseite *f*, Lee *f*
~ **подпорного сооружения/верховая** *(Hydt)* Wasserseite *f*, Oberwasserseite *f*, Bergseite *f*
~ **подъёма/загрузочная** *(Bgb)* Aufschiebeseite *f* *(Füllort)*
~/**приводная** Antriebsseite *f*, Kammwalzenseite *f* *(Walzgerüst)*
~/**приёмная** *(Rf)* Empfangsseite *f*, Empfängerseite *f*
~ **профиля/боковая** Profilflanke *f*
~/**проходная** Gutseite *f* *(z. B. einer Lehre)*
~/**разливочная** *(Met)* Stichseite *f*, Abstichseite *f* *(Schmelzofen)*
~ **разрежения** *s.* ~ **всасывания**
~/**секционная** Spulenseite *f*
~/**сеточная** *(Pap)* Siebseite *f*, Rückseite *f*, Unterseite *f*

~ **сооружения/воздушная** *(Hydt)* Luftseite *f*, Unterwasserseite *f*
~ **угла** *(Math)* Schenkel *m* *(Winkel)*
~ **угольника** Winkelschenkel *m*
~ **уравновешивания** Auswägeseite *f*
~/**шёрстная** *(Led)* Narbenseite *f*, Haarseite *f*
стохастичность *f* Stochastizität *f*, Regellosigkeit *f*
сточить *s.* **стачивать**
стояк *m* 1. *(Bw)* Steigrohr *n*, Fallrohr *n*; 2. *(Gieß)* Einlauf *m*, Einguß *m*, Einlaufkanal *m* *(Anschnittsystem)*; 3. *(El)* Steigleitung *f*; 4. *(Bgb)* Steigleitung *f*, Standrohr *n* *(Erkundungsbohrung)*
~/**канализационный** Abwasserfallrohr *n*
~/**литниковый** *(Gieß)* Eingußtrichter *m*; Eingußstengel *m*
~/**отопительный** Heizstrang *m*
стояние *n* **планеты** *(Astr)* Stillstand *m* *(Planeten)*
стоянка *f* 1. Standplatz *m*; 2. *(Kfz)* Parkplatz *m*; 3. *(Kfz)* Parken *n*; 4. Haltestelle *f*; 5. *(Schiff)* Liegeplatz *m*; 6. *(Schiff)* Liegen *n*; 7. *(Flg)* Abstellplatz *m*
~/**автомобильная** *(Kfz)* Parkplatz *m*
~ **на якоре** *(Schiff)* Ankern *n*, Vorankerliegen *n*
~ **плотов** Flößereistation *f*
~/**якорная** *(Schiff)* Anker[liege]platz *m*
~/**длительная** *(Kfz)* 1. Dauerparken *n*; 2. Dauerparkplatz *m*
~/**коротковременная** *(Kfz)* 1. Kurzzeitparken *n*; 2. Kurzzeitparkplatz *m*
стоять на якоре *(Schiff)* ankern, vor Anker liegen
стравливание *n* Wegätzen *n*
стравливать 1. abbeizen, wegätzen; 2. *(Lw)* abgrasen, abweiden
стравлять *s.* **стравливать**
страз *m* imitierter Edelstein *m* *(aus Bleiglas mit mineralischen Farbzusätzen)*
страна *f* Land *n*
~/**горная** Bergland *n*, Gebirgsland *n*
~/**равнинная** Flachland *n*
~/**развивающаяся** Entwicklungsland *n*
~ **света** *(Astr)* Himmelsgegend *f*
~/**складчатая** Faltengebirgsland *n*
~/**столовая** Tafelland *n*
~ **холмистая** Hügelland *n*
страница *f*/**образцовая** *(Typ)* Probeseite *f*
странность *f* *(Kern)* Strangeness *f*, Seltsamkeit *f*, Fremdheitsquantenzahl *f*
страс *m s.* **страз**
стратегия *f* *(Kyb, Reg)* Strategie *f*
~ **игры** Spielstrategie *f*, Spielweise *f*
~ **измерений** Meßstrategie *f*
~/**оптимальная** Optimalstrategie *f*
~ **поиска** Suchstrategie *f*
стратиграфия *f* *(Geol)* Stratigrafie *f*, Schichtenkunde *f*

стратификация *f* *(Geol)* Schichtung *f*
~ **атмосферы** *(Meteo)* Schichtung *f*
~ **атмосферы/безразличная** indifferente Schichtung *f*
~ **атмосферы/влагонеустойчивая** feuchtlabile Schichtung *f*
~ **атмосферы/неустойчивая** labile (instabile) Schichtung *f*
~ **атмосферы/устойчивая** stabile Schichtung *f*
~ **вод** *(Hydrol)* Schichtung *f* *(in Meeren und Seen)*
~ **вод/неустойчивая** labile (instabile) Schichtung *f*
~ **вод/обратная [температурная]** Schichtung *f* mit nach oben abnehmender Wassertemperatur *(in Süßwasserseen bei Temperaturen unter 4 °C)*
~ **вод/прямая [температурная]** Schichtung *f* mit nach oben zunehmender Wassertemperatur *(in Süßwasserseen bei Temperaturen nicht unter 4 °C)*
~ **вод/устойчивая** stabile Schichtung *f*
~ **семян** Stratifizierung *f* *(Vorkeimen des Saatgutes)*
стратифицировать 1. schichten, in Schichten einteilen; 2. stratifizieren *(Saatgut in Sand vorkeimen)*
стратиформис *m* *(Meteo)* Stratiformis *m*, schichtförmige Wolke *f*
стратовулкан *m* *(Geol)* Schichtvulkan *m*, Stratovulkan *m*
стратокумулюс *m* *(Meteo)* Stratokumulus *m*, Haufenschichtwolke *f*
стратометр *m s.* **керноскоп**
стратопауза *f* *(Meteo)* Stratopause *f*
стратоплан *m* *(Flg)* Stratosphärenflugzeug *n*, Höhenflugzeug *n*
стратостат *m* *(Flg)* Stratosphärenballon *m*, Stratostat *m*
стратосфера *f* Stratosphäre *f*
страты *pl* Schichtung *f* *(in Glimmentladungsröhren)*
стрежень *m* **реки** *(Hydrol)* Stromstrich *m*
стрейнер *m* 1. *(Plast, Gum)* Strainer *m*, Siebpresse *f*, Siebkopf-Spritzmaschine *f*; 2. Siebstopfenrohr *n* *(Erdölbohrungen)*
стрела *f* 1. Pfeil *m*; 2. Ausleger *m*; 3. *(Schiff)* Baum *m*, Bock *m* *(aus Spieren)*; Ausleger *m*
~ **арки** *(Bw)* Bogenstich *m* *(einer Bogenbrücke)*
~/**грейферная** Greiferausleger *m*
~/**грузовая** Ladebaum *m*, Lastausleger *m*
~/**двухтопенантная** *(Schiff)* Doppelhangerbaum *m* *(Ladegeschirr)*
~/**десантная** *(Schiff)* Springbaum *m* *(zum Anlandsetzen von Besatzung)*
~/**забортная** *(Schiff)* Außenbaum *m* *(Koppelbetrieb)*
~/**качающаяся** Wippausleger *m*
~ **конвейера** Bandausleger *m*

~ **копра** *(Bw)* Bärführung *f*, Laufrute *f*, Läufer *m*, Rute *f*, Mäkler *m* *(Ramme)*
~ **крана** Kranausleger *m*
~/**лёгкая (легковесная) грузовая** *(Schiff)* Leichtgut[lade]baum *m*
~/**люковая** *(Schiff)* Innenbaum *m* *(Koppelbetrieb)*
~/**одиночная** *(Schiff)* Schwingbaum *m*, Einzelbaum *m*
~/**перекидная тяжеловесная** *(Schiff)* durchschwenkbarer Schwergutladebaum *m*
~/**поворотная** Schwenkausleger *m* *(Kran)*
~ **подъёма** *(Bw)* Pfeilhöhe *f*, Stichhöhe *f* *(Bogen)*
~ **провеса** Durchhang *m*
~ **провеса контактного провода** Fahrdrahtdurchhang *m*
~ **прогиба** *(Fest)* Biegepfeil *m* *(Durchbiegung von Trägern und Stäben)*
~/**решетчатая** Fachwerkausleger *m*, Gitterausleger *m* *(Drehkran)*
~ **с двойными топенантами/грузовая** *(Schiff)* Doppelhangerladebaum *m*
~ **свода** *s.* ~ **подъёма**
~/**сплошная** vollwandiger Ausleger *m*, Vollwandausleger *m* *(Kran)*
~/**спусковая [упорная]** *(Schiff)* Stützbalkenstopper *m*, Stopperstützbalken *m*
~ **Темперлея** *(Schiff)* Temperley-Kran *m*
~/**тяжеловесная грузовая** *(Schiff)* Schwergutladebaum *m*
~/**шарнирно-сочленённая** *s.* ~/**качающаяся**
~ **шлюпбалки** *(Schiff)* Davitarm *m*, Davitausleger *m*
~ **экскаватора** Baggerausleger *m*
стрелка *f* 1. *(Eb)* Weiche *f* *(s. a.* **перевод/стрелочный***)*; 2. Zeiger *m* *(Uhr, Meßinstrument)*; Nadel *f* *(Kompaß, Bussole)*; 3. *(Hydt)* Sandbankstreifen *m*; 4. *(Hydt)* dreieckiger Anschwemmungsstreifen *m*; 5. *(Dat)* Positionsmarke *f*, Kursor *m* *(Display)* • **по часовой стрелке** im Uhrzeigersinn
~/**автоматическая** selbststellende Weiche *f*
~/**английская** doppelte Kreuzungsweiche *f*
~/**астатическая** *(Ph)* astatische Magnetnadel *f*
~/**воздушная** Fahrdrahtweiche *f*, Fahrleitungsweiche *f* *(Eisenbahn, Straßenbahn)*
~/**входная** Einfahrweiche *f*
~/**выходная** Ausfahrweiche *f*
~/**головная** Hauptweiche *f*
~/**двойная** Weiche *f* mit zwei Gleitungen
~/**дистанционно управляемая** ferngesteuerte (fernbediente) Weiche *f*
~/**контактная** *(El)* Kontaktzeiger *m*
~ **контактного провода** *s.* ~/**воздушная**
~/**контрольная** Schleppzeiger *m*
~/**магнитная** Magnetnadel *f*
~ **наклонения** *(Geoph)* Inklinationsnadel *f*
~/**основная** Hauptweiche *f*
~/**отжимная** Federzungenweiche *f*
~ **отсчёта** Meßzeiger *m*
~/**охранная** Schutzweiche *f*, Sicherheitsweiche *f*
~/**поворотная** Schwenkweiche *f*
~/**пошёрстная** stumpfbefahrbare Weiche *f*
~/**противошёрстная** spitzbefahrbare Weiche *f*
~/**размерная** Maßpfeil *m*, Maßlinie *f* *(in Zeichnungen)*
~/**ручная** ortsbediente Weiche *f*
~ **ручного обслуживания** *s.* ~/**ручная**
~ **с пружинящими остряками** *s.* ~/**отжимная**
~ **с прямыми остряками** gerade Weiche *f*
~/**сбрасывающая** Entgleisungsweiche *f*
~/**стирающая** *(Dat)* löschende Positionsmarke *f* *(Sichtanzeigegerät)*
~/**телеуправляемая** ferngesteuerte (fernbediente) Weiche *f*
~/**троллейная** *s.* ~/**воздушная**
~/**часовая** Uhrzeiger *m*
стрелковый *(Mil)* Schützen ..., Infanterie ...
стреловидность *f* *(Flg)* Pfeilform *f*, Pfeilung *f* *(der Tragflächen)*
~ **крыла** gepfeilte Flügelform *f*, Tragflächenpfeilung *f*
~ **крыла/отрицательная** negativ gepfeilte Flügelform *f* *(die Pfeilspitze zeigt entgegengesetzt zur Flugrichtung)*
~ **крыла/положительная** positiv gepfeilte Flügelform *f* *(die Pfeilspitze zeigt in die Flugrichtung)*
~/**обратная** negative Pfeilung *f*
~ **оперения** gepfeilte Leitwerkform *f*
~ **по передней кромке** Pfeilung *f* der Vorderkante
~/**прямая** positive Pfeilung *f*
стрелочный *(Eb)* Weichen ...
стрелы *fpl*/**спусковые** Stopperhölzer *npl* *(Abbremsung der Schlitten auf geschmierter Ablaufbahn)*
стрельба *f* *(Mil)* Schießen *n* *(s. a. unter* **огонь 2.***)*
~/**автоматическая** Dauerfeuer *n* *(Schnellfeuerwaffen)*
~ **артиллерии** Artillerieschießen *n*
~ **беглым огнём** laufendes Feuer *n*
~ **без упора** Schießen *n* freihändig
~/**беспорядочная** unregelmäßiges Schießen *n*
~/**боевая** Gefechtsschießen *n*, Scharfschießen *n*
~ **в условиях ограниченной видимости** Schießen *n* mit begrenzter Sicht

~/**воздушная** Luftschießen *n*
~/**дистанционная** Schießen *n* mit Zeitzünder
~ **залпами** Salvenfeuer *n*, Lagenfeuer *n*
~/**зенитная** Flakschießen *n*
~ **зенитной артиллерии** Flakschießen *n*
~ **зеркальным отворотом** Schießen *n* nach Spiegelbildverfahren, Spiegelbildschießen *n (Flak)*
~ **короткими очередями** Schießen *n* mit kurzen Feuerstößen
~ **лёжа** Schießen *n* liegend
~/**мортирная** Mörserschießen *n*
~ **на ходу** Schießen *n* in der Bewegung *(Panzer)*
~/**навесная** Steilfeuer *n*
~/**настильная** Flachfeuer *n*
~ **непрямой наводкой** Schießen *n* im indirekten Richten
~/**одиночная** Einzelfeuer *n*
~ **очередями** Abgabe *f* von Feuerstößen, Lagenfeuer *n*
~ **по воздушным целям** Schießen *n* auf Luftziele
~ **по движущимся целям** Schießen *n* auf bewegliche Ziele
~ **по маневрирующим целям** Schießen *n* auf manövrierende Ziele
~ **по мишени** Scheibenschießen *n*
~ **по морским целям** Schießen *n* auf Seeziele
~ **по надводным целям** Schießen *n* auf Überwasserziele
~ **по наземным целям** Schießen *n* auf Erdziele
~ **по неподвижным целям** Schießen *n* auf unbewegliche (feststehende) Ziele
~ **по низколетящим целям** Schießen *n* auf tieffliegende Ziele
~ **по площади/торпедная** *(Mar)* Torpedoflächenschießen *n*
~ **по площадям** Flächenschießen *n*
~/**пристрелочная** Einschießen *n*
~/**прицельная торпедная** *(Mar)* gezieltes Torpedoschießen *n*
~ **прямой наводкой** Schießen *n* im direkten Richten
~ **с закрытой позиции** Schießen *n* aus gedeckter Feuerstellung
~ **с колена** Schießen *n* kniend
~ **с коротких остановок** Schießen *n* aus dem kurzen Halt *(Panzer)*
~ **с места** Schießen *n* von der Stelle *(Panzer)*
~ **с остановки** Schießen *n* aus dem Halt
~ **с рассеиванием в глубину** Schießen *n* mit Tiefenstreuung
~ **с рассеиванием по фронту** Schießen *n* mit Breitenstreuung (wechselnder Seitenrichtung)
~ **с руки** Schießen *n* freihändig
~ **с упора** Schießen *n* aufgelegt
~ **с упреждением** Schießen *n* mit Vorhalt
~/**сопроводительная зенитная** Begleitfeuer *n (Flak)*
~ **стоя** Schießen *n* stehend
~/**торпедная** *(Mar)* Torpedoschießen *n*
~/**тренировочная** Übungsschießen *n*
~/**ударная** Aufschlagschießen *n*

стрельбище *n (Mil)* Schießplatz *m*
стреляние *n* **пород** *(Bgb)* Gesteinsschießen *n (plötzliche Entspannung kleinerer Gebirgsbereiche)*
стрелять *(Mil)* schießen, feuern
~ **лёжа** liegend schießen
~ **непрямой наводкой** indirekt schießen
~ **с колена** kniend schießen
~ **с упора** aufgelegt schießen
~ **стоя** stehend schießen
~ **холостыми зарядами** blind feuern

стремечко *n*/**ремизное** *(Text)* Schafthaken *m*
стремница *f (Hydrol)* Stromschnelle *f*, Katarakt *m*
стремянка *f* 1. transportable Leiter *f* für Montage- und Reparaturarbeiten; 2. Strickleiter *f*
~/**раздвижная** Schiebeleiter *f*
~/**рессорная** Federbügel *m*, Federband *n*
~/**складная** Bockleiter *f*, Stehleiter *f*

стрендь *f* Strang *m*, Strand *m*, Ducht *f (eines Taues)*; Kardeel *n (eines kabelweise geschlagenen Taues)*
стренер *m s.* **стрейнер**
стрептомицин *m* Streptomyzin *n (Antibiotikum)*
стрингер *m (Schiff)* Stringer *m*
~/**бортовой** Seitenstringer *m*
~/**днищевый** Seitenträger *m (Doppelboden)*; Seitenkielschwein *n (Einfachboden)*
~/**интеркостельный** interkostaler Stringer *m*
~/**палубный** Decksstringer *m*
~/**скуловой** Randplatte *f*, Kimmstringer *m*

стрип-каландр *m* Gummistreifenkalander *m*
стриппер[-кран] *m* Stripperkran *m*, Blockabstreiferkran *m*, Abstreifer *m*, Blockziehkran *m*
стриппинг *m (Kern)* 1. Stripping *n*, Abstreifen *n*; 2. Strippingreaktion *f*
стрихнин *m* Strychnin *n (Alkaloid)*
строб *m* Tor *n*, Gatter *n (s. a.* **схема/стробирующая***)*
строб-импульс *m* Strobimpuls *m*, Auftastimpuls *m*
стробирование *n (Eln)* Durchlaßsteuerung *f*
стробоскоп *m (Opt)* Stroboskop *n*
строгание *n* 1. *(Fert)* Hobeln *n*; 2. *(Led)* Falzen *n*
~ **вертикальных плоскостей** Senkrechthobeln *n*

~ **кромок** Besäumen *n*
~ **наклонных поверхностей** Schräghobeln *n*
~ **по копиру** Nachformhobeln *n*
~ **по способу обкатки** Wälzhobeln *n*
~/**предварительное** Vorhobeln *n*
~/**продольное** Langhobeln *n*
~/**тонкое** Feinhobeln *n*
~ **цилиндрических поверхностей** Rundhobeln *n*
строгать 1. *(Fert)* hobeln; 2. *(Led)* falzen
строевая *f* **по ватерлиниям** *(Schiff)* Wasserlinienflächenkurve *f*, Wasserlinienarealkurve *f*
~ **по шпангоутам** *(Schiff)* Spantarealkurve *f*
строение *n* 1. Aufbau *m*, Gefüge *n*; 2. *(Geol, Min)* Gefüge *n (umfaßt in beiden Sprachen die Begriffe „Struktur" und „Textur")*; 3. *(Ch)* Konstitution *f*; 4. *(Bw)* Bau *m*, Bauwerk *n*, Gebäude *n*
~ **атома** *(Ph, Ch)* Atombau *m*, Atomstruktur *f*
~/**верхнее** 1. *(Eb)* Oberbau *m*; 2. *(Met)* Oberofen *m (SM-Ofen)*
~ **волокна** *(Text)* Faserbau *m*, Stapelbau *m*
~/**волокнистое** *(Wkst)* Faserstruktur *f*, Fasergefüge *n*, faseriges Gefüge *n*
~/**дендритное** *(Wkst)* Dendritenstruktur *f*, Tannenbaumstruktur *f*, Dendritengefüge *n*
~ **звёзд** *(Astr)* Sternaufbau *m*
~ **зёрен** *(Wkst)* Korngefüge *n*, Kornaufbau *m*, Korngestalt *f*
~/**зернистое** *(Wkst)* körniges Gefüge *n*
~/**зонарное** *(Krist)* Zonarstruktur *f*
~ **излома** *(Wkst)* Bruchgefüge *n*
~/**консольное пролётное** Überbau *m* mit Kragarmen *(einer Fachwerkbalkenbrücke)*
~/**крупнозернистое** *(Wkst)* grobkörniges Gefüge *n*, Grobkorngefüge *n*
~/**мелкозернистое** *(Wkst)* feinkörniges Gefüge *n*, Feinkorngefüge *n*
~/**миндалевидное** *(Min)* mandelförmiges (amygdaloides) Gefüge *n*
~ **моста/пролётное** *(Bw)* Überbau *m (Brücke)*
~/**нижнее** 1. *(Eb)* Unterbau *m (Strecke)*; 2. *(Met)* Unterofen *m (SM-Ofen)*
~/**оболочечное** *(Kern)* Schalenstruktur *f (Elektronenhülle)*
~ **обработанной поверхности** *(Fert)* Oberflächengestalt *f*
~/**открытое пролётное** *(Bw)* offener Überbau *m (Brücke)*
~/**подвесное пролётное** eingehängter Überbau *m (einer Fachwerkbalkenbrücke)*
~/**пролётное** Überbau *m (einer Brücke)*
~ **пути/верхнее** *(Eb)* Oberbau *m (Strecke)*
~ **пути/нижнее** *(Eb)* Unterbau *m (Strecke)*
~ **раскосной системы/пролётное** *(Bw)* Überbau *m* mit Strebenfachwerk *(Brücke)*
~ **раскосной системы с полигональным верхним поясом/пролётное** *(Bw)* Strebenfachwerk *n* mit polygonalem Obergurt *(Brücke)*
~ **раскосной системы со шпренгелями/пролётное** *(Bw)* Strebenfachwerk *n* mit Hilfsdiagonalen *(Brücke)*
~ **с параллельными поясами/пролётное** *(Bw)* Überbau *m* mit parallelen Gurten *(Brücke)*
~ **с полигональным нижним поясом** *(Bw)* Überbau *m* mit polygonalem Untergurt *(Brücke)*
~/**сквозное пролётное** Brückenüberbau *m* mit Fachwerkträger
~ **слитка** *(Met)* Blockgefüge *n*, Gußblockgefüge *n*
~/**стальное пролётное** Stahlüberbau *m (Brücke)*
~ **точки** *(Typ)* Punktaufbau *m*
~/**химическое** *(Ch)* chemische Konstitution *f*
~/**циклическое** *(Ch)* Ringstruktur *f*
~ **ядра** *(Kern)* Kernaufbau *m*, Kernstruktur *f*
строенный Drillings . . .
строжка *f* Hobeln *n*
~/**кислородная** *(Schw)* Sauerstoffhobeln *n*, Brennhobeln *n*, Brennputzen *n*
строительство *n* 1. Bauen *n*, Bau *m*; Errichtung *f*; Bautätigkeit *f*; 2. Bauwesen *n*; 3. Bauunternehmen *n*, Baubetrieb *m*; 4. Aufbau *m*
~/**высотное** Hochhausbau *m*
~/**гидротехническое** Wasserbau *m*
~/**гражданское** Wohn- und Gesellschaftsbau *m*
~/**дорожное** Straßenbau *m*, Wegebau *m*
~/**железнодорожное** Eisenbahnbau *m*, Eisenbahnbauwesen *n*
~/**жилищное** Wohnungsbau *m*
~/**зелёное** Grünanlagenbau *m*
~/**индивидуальное** Eigenheimbau *m*
~/**индустриальное** Industriebau *m*
~/**капитальное** Investitionsbau *m*, Investbau *m*
~ **карьера** *(Bgb)* Tagebauaufschluß *m*
~/**коллекторное инженерное** Sammelkanalbauweise *f*, Kollektorbauweise *f*
~/**кооперативное жилищное** genossenschaftlicher Wohnungsbau *m*
~/**крупноблочное** Großblockbauweise *f*
~/**крупнопанельное** Großplattenbauweise *f*
~/**объёмно-блочное** Raumzellenbauweise *f*
~/**опытно-показательное** Versuchs- und Musterbau *m*
~/**подземное** Tiefbau *m*

~ **подземных сооружений** Tiefbau *m*
~/**полносборное** Vollmontagebauweise *f*
~/**поточно-скоростное** Schnellbau-Fließfertigung *f*, Schnellfließbauweise *f*, Taktbauweise *f*
~/**промышленное** Industriebau *m*
~ **промышленных предприятий** Industriebau *m*
~/**садово-парковое** Anlage *f* von Grünflächen, Grünflächengestaltung *f*
~/**сборное** Montagebau *m*
~/**сборно-монолитное** Mischbauweise *f*
~/**сельское** ländliches Bauwesen *n*
~/**скоростное** Schnellbau *m*
~/**шахтное** *(Bgb)* Schachtbau *m*
~/**энергетическое** Kraftwerksbau *m*
строить 1. *(Bw)* bauen, errichten; 2. aufbauen; 3. *(Mil)* aufstellen, formieren
строй *m* 1. Ordnung *f*, Organisation *f*, Aufbau *m*; 2. *(Mil)* Ordnung *f*; 3. *(Milflg)* Formation *f*; 4. *(Mar)* Verband *m*
~/**боевой** *(Mil)* Gefechtsform *f*
~ **дислокаций** *(Krist)* Versetzungsreihe *f*
~ **кильватера** *(Mar)* Kiellinie *f*
~/**кильватерный** *(Mar)* Kiellinie *f*
~ **фронта** *(Schiff)* Dwarslinie *f*
стройгенплан *m* Bauhauptplan *m*
стройка *f* 1. Bauen *n*, Bau *m*; 2. Bauplatz *m*, Baustelle *f*; 3. Baubetrieb *m*; 4. Bau *m (Gebäude)*
стройкорпус *m (Schiff)* Stahlplan *m*
стройматериалы *mpl (Bw)* Baustoffe *mpl*
стройплощадка *f* Bauplatz *m*, Baustelle *f*
строка *f* 1. *(Typ)* Zeile *f*; 2. *(Fs)* Bildzeile *f*
~/**безрёберная** *(Typ)* rippenlose Zeile *f (Linotype)*
~/**белая** *(Typ)* Blindzeile *f*
~ **битов** *s.* ~/**двоичная**
~/**висячая** *(Typ)* Hurenkind *n*
~/**втянутая** *(Typ)* eingezogene Zeile *f*
~/**гартовая** *(Typ)* Bleizeile *f*
~/**двоичная** *(Dat)* Bitfolge *f*, Bitkette *f*
~ **заборки** *(Typ)* Korrekturzeile *f*
~ **заголовка** *(Dat)* Kopfzeile *f*
~/**заключительная** *(Typ)* Schlußzeile *f*
~ **знаков** *(Dat)* Zeichenkette *f*
~ **изображения** *(Fs)* Bildzeile *f*
~/**концевая** *(Typ)* Ausgangszeile *f*
~/**красная** *(Typ)* zentrierte Zeile *f*, Alinea *f*, Absatzzeile *f*
~/**линотипная** *(Typ)* Linotypezeile *f*, Maschinensatzzeile *f*, Gußzeile *f*
~/**матричная** *(Typ)* Matrizenzeile *f (Setzmaschine)*
~/**матрично-клиновая** *(Typ)* ausgeschlossene Matrizenzeile *f*
~/**матрично-клиновая линотипная** ausgeschlossene Linotypematrizenzeile *f*
~ **на корешке книги** *(Typ)* Rückenzeile *f*
~ **наборной машины** *(Typ)* Setzmaschinenzeile *f*
~/**начальная** *(Typ)* Anfangszeile *f*
~/**отдельная** *(Typ)* freistehende Zeile *f*
~/**отступная** *s.* ~/**втянутая**
~ **перфокарты** *(Dat)* Lochkartenzeile *f*
~/**пористая** *(Typ)* poröse Zeile *f*
~/**пробельная** *(Typ)* Blindzeile *f*, Zeile *f* aus Blindmaterial, Durchschußzeile *f*
~ **программы** *(Dat)* Programmzeile *f*
~ **продолжения** *(Dat)* Fortsetzungszeile *f*
~/**пустотелая** *(Typ)* hohle Zeile *f*
~ **развёртки (разложения)** *(Fs)* Abtastzeile *f*
~/**ребристая** *(Typ)* Rippenzeile *f (Linotype)*
~/**самостоятельная** *(Typ)* freistehende Zeile *f*
~ **символов** *(Dat)* Zeichenkette *f*
~/**титульная** *(Dat)* Titelzeile *f*
строкомер *m (Typ)* Zeilenzähler *m*
строкорез *m (Typ)* Zeilensäge *f*
стронцианит *m (Min)* Strontianit *m*
стронциевый Strontium . . .
стронций *m (Ch)* Strontium *n*, Sr
~/**азотнокислый** Strontiumnitrat *n*
~/**бромистый** Strontiumbromid *n*
~/**йодистый** Strontiumjodid *n*
~/**сернокислый** Strontiumsulfat *n*
~/**углекислый** Strontiumkarbonat *n*
~/**хлористый** Strontiumchlorid *n*
строп *m* 1. *(Schiff)* Stropp *m*; Anschlagkette *f*; 2. *(Bw)* Seilgehänge *n*
~/**бочечный** *(Schiff)* Faßstropp *m*
~/**грузовой** *(Schiff)* Ladestropp *m*
~/**делёжный** Teilstropp *m (Schleppnetz)*
~/**канатный** Seilstropp *m*, Anschlagseil *n*
~/**парашютный** Tragseil *n*, Fangleine *f (Fallschirm)*
~/**тросовый** *(Schiff)* Taustropp *m*
~/**цепной** Anschlagkette *f*
~/**ящичный** *(Schiff)* Kistenstropp *m*
стропила *npl (Bw)* Dachverband *m*, Dachstuhl *m*, Sparrendachkonstruktion *f*; Tragwerk *n*
~/**висячие** Hängewerk *n*
~/**наслонные** Sprengwerk *n*
стропилина *f (Bw)* Bindersparren *m*, Sparren *m*
строповка *f* Anhängen *n*, Anschlagen *n (einer Last)*
строфоида *f (Math)* Strophoide *f (algebraische Kurve 3. Ordnung)*
строчение *n (Text)* Steppen *n*
строчечность *f (Wkst)* Streifigkeit *f (Gefüge)*
строчить *(Text)* steppen
строчка *f* 1. *s. unter* **строка**; 2. *(Text)* Steppnaht *f*
струбцина *f* Schraubzwinge *f*
~/**сборочная** Montageschraubzwinge *f*

струг *m* 1. *(Led)* Falzeisen *n*, Falzmesser *n*; 2. *(Wkz)* Zugmesser *n*; 3. *s.* **~/дорожный**
~ для сыромяти Weißgerbermesser *n*
~/дорожный *(Bw)* Straßenhobel *m*, Erdhobel *m*
~/мездрильный Entfleischmesser *n*
~/угольный *(Bgb)* Kohlenhobel *m*
струезащищённый spritzwassergeschützt
стружка *f* 1. *(Fert)* Span *m*, Späne *mpl*; 2. Schnitzel *pl (Futter)*
~/витая *(Fert)* wendelförmiger (gewundener) Span *m*
~/древесная Holzspan *m*
~/дроблёная *(Fert)* kurz gebrochener Span *m*, Bröckelspan *m*, Spanstück *n*
~/завивающаяся *(Fert)* Spanlocke *f*
~/коническая витая *(Fert)* kegelförmiger Wendelspan *m*
~/короткая витая *(Fert)* kurzer Wendelspan *m*
~/кручёная лентообразная *(Fert)* verdrehter Bandspan *m*
~/лентообразная *(Fert)* bandförmiger Span *m*, Bandspan *m*
~ надлома *(Fert)* Reißspan *m*
~/непрерывная витая ununterbrochener Wendelspan *m*
~/обессахаренная свекловичная ausgelaugte Schnitzel (Zuckerrübenschnitzel) *pl*
~/плоская витая (спиральная) *(Fert)* Spiralspan *m (Form einer Uhrfeder)*
~/путаная *(Fert)* Wirrspan *m*
~/путаная дроблёная gebrochener Wirrspan *m*
~/путаная лентообразная bandförmiger Wirrspan *m*
~/свекловичная Zuckerrübenschnitzel *pl*, Rübenschnitzel *pl*
~ скалывания *(Fert)* Scherspan *m*
~/сливная *(Fert)* Fließspan *m*
~/спиральная *s.* **~/витая**
~/токарная *(Fert)* Drehspäne *mpl*
~/шлифовальная *(Fert)* Schleifspäne *mpl*
~/элементная *s.* **~/дроблёная**
стружка-завиток *f***/дроблёная** Spanlocke *f*
стружка-полукольцо *f***/дроблёная** halbringförmiges Spanstück *n*
стружка-полушайба *f***/дроблёная** Spanstück *n* in Form einer halben Unterlegscheibe
стружка-спираль *f***/дроблёная** gebrochene Wendelspirale *f*, wendelförmiges Spanstück *n*
стружкодробление *n s.* **стружколомание**
стружкозавивание *n (Fert)* Bildung *f* von Spanlocken
стружколом *m s.* **стружколоматель**
стружколомание *n (Fert)* Spanbrechen *n*, Spanzerkleinerung *f*
стружколоматель *m (Wkz)* Spanbrecher *m (Drehmeißel)*
~/жёсткий накладной vom Meißelhalter gehaltener Spanbrecher *m* in unelastischer Ausführung
~/накладной vom Meißelhalter gehaltener Spanbrecher *m*
~/напайный aufgelöteter Spanbrecher *m*
~ постоянной установки am Meißelhalter angebrachter Spanbrecher *m* für ständige Einstellung
~/приваренный aufgeschweißter Spanbrecher *m*
~/пружинный накладной vom Meißelhalter gehaltener Spanbrecher *m* in elastischer Ausführung
~/регулируемый einstellbarer Spanbrecher *m*
~ с закруглённой рабочей поверхностью Spanbrecher *m* mit gekrümmter Leitfläche
~ с плоской рабочей поверхностью Spanbrecher *m* mit gerader Leitfläche
~/универсальный накладной zusammen mit dem Meißel im Meißelhalter spannbarer Spanbrecher *m* von universeller Anwendbarkeit *(die Leitfläche des Spanbrechers läßt sich dem Einstellwinkel der verschiedenen Meißel entsprechend einstellen)*
~/широкорегулируемый in weiten Grenzen einstellbarer Spanbrecher *m*
стружколоматель-колпак *m* kappenförmiger Spanbrecher *m*
стружколоматель-хомутик *m* bügelförmiger Spanbrecher *m*
стружкообразование *n (Fert)* Spanbildung *f*
стружкоприёмник *m (Fert)* Spanfänger *m*
стружкоудаление *n (Fert)* Spanabführung *f*
струйка *f***/элементарная** *(Hydrod)* Stromfaden *m*
структура *f* 1. Struktur *f*, Gefüge *n*, Aufbau *m*; 2. *(Math)* Struktur *f*
~/аллотриоморфная (аллотриоморфнозернистая) *(Min)* allotriomorphkörnige Struktur *f*
~ алмаза *(Krist)* Diamantstruktur *f*, Diamantgitter *n*
~/аплитовая *(Geol)* aplitische Struktur *f*
~/аустенитная *(Wkst)* austenitisches Gefüge *n*
~/афанитовая *(Geol)* aphanitische (kryptokristalline) Struktur *f*
~/байтовая *(Dat)* Bytesstruktur *f*
~/бластопорфировая *(Geol)* blastoporphyrische Struktur *f*
~/блочная *(Dat)* Blockstruktur *f*
~/валентная *(Ch)* Valenzstruktur *f*
~/вариолитовая *(Geol)* variolithische Struktur *f*

~ векторного пространства *(Math)* Vektorraumstruktur *f*
~/видманштеттенова *(Wkst)* Widmannstättensches Gefüge *n*, Widmannstättensche Figuren *fpl*
~/витрокластическая *(Geol)* 1. vitroklastische Struktur *f*; 2. *s.* **~/пепельная**
~/витрофировая *(Geol)* vitrophyrische Struktur *f*
~ внедрения *(Krist)* Zwischengitterstruktur *f*
~/волокнистая 1. *(Wkst)* Fasergefüge *n*, faseriges Gefüge *n*; 2. *(Geol)* faserige Struktur *f*
~/волокнисто-линзовидная *(Geol)* faserig-lentikulare Struktur *f*
~/вращательная *(Krist)* Rotationsstruktur *f*
~/вторичная Sekundärgefüge *n*
~/гармоническая *(Math)* harmonischer Verband *m*
~/гетеробластовая *(Geol)* heteroblastische Struktur *f*
~/гетеродесмическая *(Krist)* heterodesmische Struktur *f*
~/гиалиновая *(Geol)* hyaline (glasige) Struktur *f (vulkanische Gesteine)*
~/гиалопилитовая *(Geol)* hyalopilitische Struktur *f*
~/гипидиоморфная (гипидиоморфнозернистая) *(Geol)* hypidiomorphe (hypidiomorph-körnige) Struktur *f*
~/гипогиалиновая *(Geol)* hypohyaline Struktur *f*
~/гипокристаллическая *(Geol)* hypokristalline (halbkristalline) Struktur *f*
~/гипокристаллически-порфировая *(Geol)* hyalinkristallin porphyrische Struktur *f*
~/глазковая *s.* **~/оцелярная**
~/глобулярная *(Wkst)* globulares Gefüge *n*, Globulitengefüge *n*, Globulargefüge *n*
~/гломеробластическая (гломеробластовая) *(Geol)* glomeroblastische Struktur *f*
~/гломерогранулитовая *(Geol)* glomerogranulitische Struktur *f*
~/гломерозернистая (гломерокристаллическая) *(Geol)* glomerokristalline (glomerogranulare) Struktur *f*
~/гломероплазматическая *(Geol)* glomeroplasmatische Struktur *f*
~/гломеропорфировая *(Geol)* glomeroporphyrische Struktur *f*
~/гломеросферическая гипидиоморфно-зернистая *(Geol)* homerosphärische hypidiomorphogranulare Struktur *f*
~/гломерофировая *s.* **~/гломеропорфировая**
~/гломерофитовая *(Geol)* glomerophitische Struktur *f*
~/гологиалиновая *(Geol)* holohyaline (vollglasige) Struktur *f*
~/голокристаллическая *(Geol)* holokristalline (vollkristalline) Struktur *f*
~/гомеобластовая *(Geol)* homeoblastische Struktur *f*
~/гомодесмическая *(Krist)* homodesmische Struktur *f*
~/гранобластовая *(Geol)* granoblastische Struktur *f*
~/гранофировая *(Geol)* granophyrische Struktur (Verwachsung) *f*
~/гранулитовая *(Geol)* granulitische Struktur *f*
~/графическая *(Geol)* grafische Struktur (Verwachsung) *f*
~/гребенчатая *(Krist)* Kammstruktur *f*
~ грунта Bodenstruktur *f*
~ группы *(Math)* Gruppenstruktur *f*
~ данных *(Dat)* Datenstruktur *f*
~/дендритная 1. *(Wkst)* dendritisches Gefüge *n*, Dendritengefüge *n*, Tannenbaumstruktur *f*; 2. *(Min)* dendritische Struktur *f*
~/диабазовая *(Geol)* ophitische Struktur *f*
~/диабластическая (диабластовая) *(Geol)* diablastische Struktur *f*
~/динамическая *(Dat)* dynamische Struktur *f*
~/динамометаморфная *(Geol)* dynamometamorphe Struktur *f*
~/динамофлюидальная *(Geol)* dynamofluidale (metafluidale) Struktur *f*
~/долеритовая *(Geol)* doleritische (intergranulare) Struktur *f*
~/доменная *(Ph)* Domänenstruktur *f*
~/древовидная *s.* **~/дендритная**
~/друзоидная *(Min)* drusoide Struktur *f*
~/дублетная *(Kern)* Dublettstruktur *f*
~/закалочная Härtegefüge *n*
~ замещения *(Krist)* Substitutionsstruktur *f*
~ запланированного оверлея *(Dat)* geplante Überlagerungsstruktur *f*
~ земной коры/чешуйчатая *(Geol)* Schuppenaufbau *m* der Erdkruste
~ зёрен Korngefüge *n*, Kornaufbau *m*, Korngestalt *f*
~/зернистая *(Geol)* körnige Struktur *f*
~/иерархическая *(Dat)* hierarchische Struktur *f*
~ излома *(Wkst)* Bruchgefüge *n*
~/импликационная *(Geol)* Implikationsstruktur *f*
~/интергранулярная *(Geol)* intergranulare (doleritische) Struktur *f*
~/интерсертальная *(Geol)* intersertale Struktur *f*
~/катакластическая *(Geol)* kataklastisches Gefüge *n*
~/каталитическая *(Geol)* katalytische (chemischmetamorphe) Struktur *f*

~/**келифитовая** *(Geol)* kelyphitische Struktur *f*
~/**коалиционная** *(Kyb)* Koalitionsstruktur *f* *(Spieltheorie)*
~ **кода** *(Dat)* Koderahmen *m*, Kodestruktur *f*
~/**кокколитовая** *(Geol)* kokkolithische Struktur *f*
~/**колломорфная (коллоформная)** *(Min)* kollomorphe Struktur *f*
~ **команды** *(Dat)* Befehlsstruktur *f*
~/**криптодиабластическая** *(Geol)* kryptodiablastische (mikrodiablastische) Struktur *f*
~/**криптокристаллическая** *(Geol)* kryptokristalline (aphanitische) Struktur *f*
~/**криптоолитовая** *(Geol)* kryptoolithische Struktur *f*
~/**кристаллизационная** *s.* ~/**первичная**
~/**кристаллическая** Kristallgefüge *n*, Kristallstruktur *f*
~/**кристаллически-зернистая** *(Geol)* körnige Struktur *f*
~/**кристаллобластическая (кристаллобластовая)** *(Geol)* kristalloblastische Struktur *f*
~/**крупнозернистая** *(Wkst)* grobkörniges Gefüge *n*, Grobkorngefüge *n*
~/**кумуло[пор]фировая** *(Geol)* glomeroporphyrische Struktur *f*
~/**кучная** *(Geol)* glomeroplasmatische Struktur *f*
~/**лепидобластическая (лепидобластовая)** *(Geol)* lepidoblastische Struktur *f*
~/**литая** Gußgefüge *n*
~/**литоидитовая** *(Geol)* felsitische Struktur *f*
~/**литоидная** *s.* ~/**скрытокристаллическая**
~ **литья** Gußgefüge *n*
~/**ложнопорфировая** *(Geol)* porphyroklastische Struktur *f*
~/**лучистая** *(Wkst)* strahliges Gefüge *n*
~/**макровариолитовая** *(Geol)* makrovariolithische Textur *f*
~/**макрокристаллическая** *(Geol)* makrokristalline Struktur *f*
~/**макропорфировая** *(Geol)* makroporphyrische Struktur *f*
~/**мартенситная** *(Wkst)* martensitisches Gefüge *n*, Martensitgefüge *n*, Martensit *m*
~/**мегалофировая (мегапорфировая, мегафировая)** *(Geol)* makroporphyrische Struktur *f*
~/**межузельная** *(Krist)* Zwischengitterstruktur *f*
~/**мелкозернистая** *(Wkst)* feinkörniges Gefüge *n*, Feinkorngefüge *n*
~/**мелкокристаллическая** *(Geol)* mikrokristalline Struktur *f*
~ **металл-диэлектрик-полупроводник** *(Eln)* Metall-Isolator-Halbleiter-Struktur *f*, MIS-Struktur *f*
~ **металл-окисел-полупроводник** *(Eln)* Metall-Oxid-Halbleiter-Struktur *f*, MOS-Struktur *f*
~/**метасоматическая** *(Geol)* metasomatische Struktur *f*
~/**метафлюидальная** *(Geol)* metafluidale (dynamofluidale) Struktur *f*
~/**микрозернистая** *(Geol)* mikrogranulöse (mikrogranuläre) Struktur *f*
~/**микрокристаллическая** *(Geol)* mikrokristalline Struktur *f*
~/**микролитовая** *(Geol)* mikrolithische Struktur *f*
~/**микропойкилитовая** *(Geol)* mikropoikilitische Struktur *f*
~/**микрофлюидальная** *(Geol)* mikrofluidale (rhyotaxitische) Struktur *f*
~ **мод** *(Ph)* Modenstruktur *f*
~/**модульная** *(Dat)* Modulbauweise *f*, Modulorganisation *f*
~/**мозаичная** *(Geol)* Mosaikstruktur *f*
~/**мультиплетная** *(Kern)* Multiplettstruktur *f*
~/**направленная** *(Krist)* gerichtete Struktur *f*
~/**нематобластовая** *(Geol)* nematoblastische Struktur *f*
~/**неориентированная** *(Geol)* richtungslose Struktur *f*
~/**неполнокристаллическая** *(Geol)* hypokristalline (halbkristalline) Struktur *f*
~/**неполнокристаллически-порфировая** *(Geol)* hyalinkristallin porphyrische Struktur *f*
~/**неполностекловатая** *(Geol)* hypohyaline Struktur *f*
~/**неравномерно-зернистая** *(Geol)* ungleichkörnige Struktur *f*
~/**оверлейная** *(Dat)* Überlagerungsstruktur *f*
~/**оолитовая** *(Geol)* oolithische Struktur *f*
~/**ориентированная** *(Geol)* ausgerichtete Struktur *f*
~/**основная** *(Wkst)* Grundgefüge *n*
~/**остаточная** *(Geol)* Reliktstruktur *f*, Palimpsetstruktur *f*
~/**офитовая** *(Geol)* ophitische Struktur *f*
~/**офито-такситовая** *(Geol)* taxito-ophitische Struktur *f*
~/**оцелярная (оцеляровая)** *(Geol)* Ozelarstruktur *f*
~/**очковая** *(Geol)* Augenstruktur *f*
~/**палимпсетовая** *(Geol)* Palimpsetstruktur *f*, Reliktstruktur *f*
~ **памяти/иерархическая** *(Dat)* hierarchische Stufung *f* des Speichers, hierarchische Speicherstufung *f*

~/**паналлотриоморфная (паналлотриоморфно-зернистая)** *(Min)* allotriomorphkörnige Struktur *f*

~/**панидиоморфная (панидиоморфно-зернистая)** *(Geol)* panidiomorphe (vollidiomorphe, panidiomorph-körnige) Struktur *f*

~/**пегматитовая** *(Min)* pegmatitische Struktur *f (bei gleichzeitiger Kristallisation zweier Minerale, z. B. von Feldspat und Quarz)*

~/**пегматоидная** *(Geol)* pegmatitähnliche Struktur *f*

~/**пепельная (пепловая, пеплообразная)** *(Geol)* Aschenstruktur *f*

~/**первичная** 1. *(Geol)* Primärgefüge *n*, protosomatische (sinsomatische) Struktur *f*; 2. *(Wkst)* Primärgefüge *n*

~ **перекристаллизации** *(Geol)* Rekristallisationsstruktur *f*

~/**периодическая** periodische Struktur *f*

~/**перлитная** *(Wkst)* perlitisches Gefüge *n*, Perlit *m*

~/**перлитовая** *(Wkst)* perlitisches Gefüge *n*

~/**пизолитовая** *(Geol)* pisolithische Struktur *f*

~/**пилотакситовая** *(Geol)* pilotaxitische Struktur *f*

~/**писменно-графитовая** *(Geol)* grafophyrische Struktur (Verwachsung) *f*

~/**планарная** *(Eln)* Planarstruktur *f*

~/**пластинчатая** *(Min, Wkst)* Laminargefüge *n*, blättriges Gefüge *n*, Blättchengefüge *n*

~ **поверхности/геометрическая** geometrische Struktur *f* der Oberfläche

~/**пойкилитовая** *(Geol)* poikilitische Struktur *f*

~/**пойкилобластическая (пойкилобластовая)** *(Geol)* poikiloblastische Struktur *f*

~/**пойкилоофитовая** *(Geol)* poikiloophitische Struktur *f*

~/**полнокристаллическая** *(Geol)* holokristalline (vollkristalline) Struktur *f*

~/**полосатая флюидальная** *(Geol)* fluidaltaxitische Struktur *f*

~/**полосчатая** *(Ph)* Bandenstruktur *f*; *(Wkst)* streifiges Gefüge *n*, Streifengefüge *n*

~/**порфиробластовая** *(Geol)* porphyroblastische Struktur *f*

~/**порфировая** *(Geol)* porphyrische Struktur *f*

~/**порфировидная** *(Geol)* porphyroide Struktur *f*

~/**порфирокластическая** *(Geol)* porphyroklastische Struktur *f*

~ **после промежуточного превращения** *(Wkst)* Zwischenstufengefüge *n*

~ **после термообработки** *(Wkst)* Warmbehandlungsgefüge *n*, erzwungenes Gefüge *n*

~ **превращения металла** *(Wkst)* Umwandlungsgefüge *n*

~/**приразломная** *(Wkst)* bruchnahe Struktur *f*

~ **программы** *(Dat)* Programmstruktur *f*

~ **промежуточного типа** *(Wkst)* Zwischenstufengefüge *n*

~/**протокластическая** *(Geol)* protoklastische Struktur *f*

~/**протосоматичная** *s.* ~/**первичная 1.**

~/**псевдопорфировая** *(Geol)* porphyroklastische Struktur *f*

~/**равновесная** *(Wkst)* Gleichgewichtsgefüge *n (Gefüge mit Ferrit-, Perlit- oder Zementitphase)*

~/**равномерно-зернистая** *(Geol)* gleichkörniges Gefüge *n*

~/**радиально-лучистая (радиолитовая)** *(Geol)* radialstrahlige Struktur *f*

~/**растровая** *(Krist)* Rasterstruktur *f*

~/**резко ориентированная** *(Wkst)* ausgeprägtes grobes Primärgefüge *n*

~/**резонансная** *(Kern)* Resonanzstruktur *f*

~/**реликтовая** *(Geol)* Reliktstruktur *f*, Palimpsetstruktur *f*

~/**решётная** *(Wkst)* Zellengefüge *n*

~/**решетчатая** *(Kern)* Gitterstruktur *f*, Gitteraufbau *m*

~/**риотакситовая** *(Geol)* rhyotaxitische (mikrofluidale) Struktur *f*

~ **руд/скелетная** *(Min)* Skelettstruktur *f*

~ **руд/сферолитовая** *(Min)* sphärolithische Struktur *f*

~ **с наложением (перекрытием)** *(Dat)* Überlagerungsstruktur *f*

~/**сверхтонкая** *(Kern)* Hyperfeinstruktur *f*

~/**сетчатая** *(Wkst)* Netzgefüge *n*, Netz[werk]struktur *f*

~/**сидеронитовая** *(Geol)* sideronitische Struktur *f*

~/**силикатная** *(Min)* Silikat[gitter]struktur *f*

~/**синсоматичная** *s.* ~/**первичная 1.**

~/**скелетная** *(Min)* Skelettstruktur *f*

~/**скрытокристаллическая** *(Geol)* kryptokristalline (aphanitische) Struktur *f*

~/**скрытоолитовая** *(Geol)* kryptoolithische Struktur *f*

~/**слоистая** 1. Lamellargefüge *n*, Blättchengefüge *n*; 2. schiefriges Gefüge *n*, Schiefergefüge *n*

~/**сорбитная** *(Wkst)* sorbitisches Gefüge *n*, Sorbitgefüge *n*, Sorbit *m*

~/**сотовая** *(Geol)* Wabenstruktur *f (metamorphe Gesteine)*

~/**спаренная строчная** *(Fs)* paarige Zeilenstruktur *f*, Paarigkeit (Paarung) *f* der Zeilen

~ **спектральной серии** *(Kern)* Serienstruktur *f*
~/**спутанно-волокнистая** *(Min)* filzige Struktur *f*
~/**стекловатая** *(Geol)* hyaline (glasige) Struktur *f* *(vulkanische Gesteine)*
~/**столбчатая** *(Wkst)* Stengelgefüge *n*, stengeliges Gefüge *n*
~/**стро[ч]ечная** *(Wkst)* Zeilengefüge *n*, Zeilenstruktur *f*
~/**строчная** *(Fs)* Zeilenstruktur *f*
~/**суперпозиционная** *(Eln)* Überlagerungsstruktur *f*
~/**сфероидальная** *(Geol)* sphäroidische (kugelähnliche) Struktur *f*
~/**сферолитовая** *(Geol)* sphärolithische Struktur *f*
~ **сходимости** *(Math)* Konvergenzstruktur *f*
~/**таксито-офитовая** *(Geol)* taxito-ophitische Struktur *f*
~/**тектоническая** *(Geol)* tektonische Struktur *f* *(der Erdrinde)*
~/**тонкая** *(Kern)* Feinstruktur *f*
~/**тонкокристаллическая** *(Geol)* mikrokristalline Struktur *f*
~/**трахитовая** *(Geol)* Trachytstruktur *f* *(Porphyrgesteine)*
~/**трооститная** *(Wkst)* troostitisches Gefüge *n*, Troostit *m*
~/**улучшенная** *(Wkst)* Vergütungsgefüge *n*, vergütetes Gefüge *n*
~/**фанеритовая (фанерокристаллическая)** *(Geol)* phanerokristalline (makrokristalline) Struktur *f*
~/**фельзитовая** *(Geol)* felsitische Struktur *f*
~/**ферритная** *(Wkst)* ferritisches Gefüge *n*, Ferritgefüge *n*, Ferrit *m*
~/**ферритно-перлитная** *(Wkst)* ferritisch-perlitisches Gefüge *n*, Ferrit-Perlit-Gefüge *n*
~/**флюидальная** *(Geol)* Fluidalstruktur *f*, Fließstruktur *f*
~/**флюидально-микролитовая** *s.* **~/трахитовая**
~/**флюидально-акситовая** *(Geol)* fluidal-taxitische Struktur *f*
~/**флюктуационная** *s.* **~/флюидальная**
~/**химико-метаморфная** *(Geol)* chemisch-metamorphe (katalytische) Struktur *f*
~/**цементитная** *(Wkst)* zementitisches Gefüge *n*
~/**циклическая** *(Ch)* Ringstruktur *f*
~/**чешуйчатая** *(Geol)* lepidoblastische Struktur *f*
~/**шаровая** *(Geol)* kugelähnliche (sphäroidische) Struktur *f*
~/**эвпорфировая** *s.* **~/макропорфировая**
~/**эквигранулярная** *(Geol)* gleichkörniges Gefüge *n*
~ **электронных оболочек** *(Kern)* Elektronenhüllenstruktur *f*, Atomhüllenstruktur *f*
~/**эпитаксиальная** Epitaxiestruktur *f* *(Halbleiter)*
~/**эпитаксиально-планарная** Epitaxie-Planar-Struktur *f* *(Halbleiter)*
~/**эрмитовая** hermitische Struktur *f* *(Geometrie)*
~/**явнокристаллическая (яснокристаллическая)** *(Geol)* phanerokristalline (makrokristalline) Struktur *f*
~/**ячеистая** *(Wkst)* Wabengefüge *n*, Wabenstruktur *f*
структурирование *n* 1. Strukturierung *f*; 2. *(Gum, Plast)* Vernetzen *n*, Vernetzung *f*
структурировать 1. strukturieren; 2. *(Gum, Plast)* vernetzen
структурообразование *n* Strukturbildung *f*
струна *f* 1. Saite *f* *(eines Saitengalvanometers)*; 2. *(Fmt)* Kontaktdraht *m*; 3. Hängeseil *n*, Hänger *m*, Hängedraht *m* *(einer Fahrleitung)*
~/**жильная** Darmsaite *f*
~/**звеньевая** *(El)* kettenartiger Hängedraht *m*, Drahthänger *m*
~/**металлическая** Drahtsaite *f*, Stahlsaite *f*
~/**обвитая** drahtumsponnene Saite *f*
~/**подвесная** *(El)* Hängeseil *n*, Hängedraht *m*
струнка *f* Arm *m*, Hebel *m*; Führungsarm *m* *(Wägetechnik)*
струнобетон *m* *(Bw)* Stahlsaitenbeton *m*
струны *fpl* **салазок** *(Schiff)* Zuganker *mpl* zwischen den Läufern *(Ablaufschlitten)*
струя *f* 1. *(Hydrod)* Strahl *m* *(Flüssigkeiten, Gase)*; 2. *(Meteo)* *s.* **течение/струйное**
~/**винтовая** *(Schiff)* Propellerstrahl *m*, Schraubenstrahl *m*
~ **воздуха** *(Bgb)* Wetterstrom *m*
~ **воздуха/входящая** einziehender Wetterstrom *m*, Einziehstrom *m*, einziehende Wetter *pl*
~ **воздуха/исходящая** ausziehende (verbrauchte) Wetter *pl*, Ausziehstrom *m*, ausziehender Wetterstrom *m*
~ **воздуха/отработанная** Abwetter *pl*
~ **воздуха/свежая** Frischwetter *pl*, Frisch[wetter]strom *m*, einziehende Wetter *pl*, Haupteinziehstrom *m*, Einziehstrom *m*
~/**воздушная** 1. *(Bgb)* Wetterstrom *m*; 2. *(Aero)* Luftstrahl *m*
~/**выходящая** Austrittsstrahl *m*
~/**газовая** Gasstrom *m*
~ **гидромонитора** *(Hydt)* Spülstrahl *m*
~/**движущая** Treibstrahl *m* *(Wasserturbine)*
~/**кильватерная** *(Schiff)* Kielwasser *n*

~/**кумулятивная** *(Mil)* kumulativer Gasstrahl *m (Hohlraumgeschoß)*
~/**металлизационная** Spritzstrahl *m (Metallspritzgerät)*
~/**плазменная** Plasmastrahl *m*
~/**поступающая вентиляционная** *(Bgb)* Einziehstrom *m*
~ **протуберанца** *(Aero)* Protuberanzenfaden *m*
~/**рабочая** *s.* ~/**движущая**
~/**разливочная** *(Met)* Gießstrahl *m*
~/**реактивная** *(Rak)* Gasstrahl *m*
~/**режущая** *(Schw)* Schneidstrahl *m (Schneidbrenner)*
~ **рудничного воздуха** *(Bgb)* Grubenwetterzug *m*
~/**спутная** *(Aero)* Nachstrom *m*, Nachlauf *m*, Wirbelschleppe *f*; *(Schiff)* Kielwasser *n*
~/**частичная вентиляционная** *(Bgb)* Teilwetterstrom *m*
студенистый gallert[art]ig; gelartig
студень *m* Gallert *n*, Gallerte *f*; Gel *n*
~/**гремучий** Sprenggelatine *f*
студия *f (Rf)* Aufnahmeraum *m*, Studio *n*
~/**радиовещательная** Rundfunkstudio *n*, Rundfunkaufnahmeraum *m*, Rundfunksenderaum *m*
~/**телевизионная** Fernsehstudio *n*
студка *f* Abstehen[lassen] *n (der Glasschmelze)*
студтит *m (Min)* Studtit *m*
стук *m* Klopfen *n*, Schlagen *n*, Stoßen *n*
~ **двигателя** Klopfen (Stoßen) *n* des Motors
~ **клапанов** Ventilgeräusch *n*, Ventilklappern *n*
стул *m* Stuhl *m*; Bock *m*; Sattel *m*
~ **молота** *(Schm)* Schabotte *f*
~ **наковальни** *(Schm)* Amboßstock *m*, Amboßuntersatz *m*
~ **под наковальней** *(Schm)* Hammerstock *m (Amboß)*
~ **подшипника** Lagerbock *m*
~/**чеканочный** Prägeklotz *m*
~/**шпиндельный** *(Wlz)* Spindelstuhl *m*
ступа *f s.* **ступка**
ступени *fpl* **измерений** *(Meß)* Übertragungsstufen *fpl* der Einheit
ступенчатость *f* Abstufung *f*, Staffelung *f*
ступень *f* 1. Stufe *f*, Absatz *m (s. a. unter* **каскад**); Staffel *f*, Grad *m*; 2. *(Bgb)* Fahrtsprosse *f*
~/**активная** Gleichdruckstufe *f (Turbine)*
~/**буферная** *(Rf)* Pufferstufe *f*
~/**видеоусилительная** *(Fs)* Videoverstärkerstufe *f*
~/**входная** *(Bw)* Antrittsstufe *f*, Antritt *m (Treppe)*
~/**входная усилительная** *(Rf)* Eingangsverstärkerstufe *f*
~ **высокого давления** Hochdruckstufe *f (Turbine)*
~ **высокой частоты/усилительная** *(Rf)* Hochfrequenzverstärkerstufe *f*, HF-Verstärkerstufe *f*
~/**высокочастотная** *(Rf)* Hochfrequenzstufe *f*, HF-Stufe *f*
~/**выходная усилительная** *(Rf)* Ausgangsverstärkerstufe *f*
~/**геотермическая** *(Geoph)* geothermische Tiefenstufe *f (Tiefenspanne der Erdtemperatur in Metern – im Durchschnitt 30 . . . 35 m –, der beim Eindringen in die Erde eine Temperaturzunahme von je 1 °C entspricht)*
~ **группового искания** *(Fmt)* Gruppenwahlstufe *f*, GW-Stufe *f*
~ **группового преобразования частот** *(El)* Gruppenumsetzerstufe *f*
~/**давления** Druckstufe *f (Turbine)*
~/**двухтактная** *(El)* Gegentaktstufe *f*
~/**дисковая** Scheibenstufe *f (Turbine)*
~/**ездовая** Fahrstufe *f*
~/**забежная** *(Bw)* gewendelte Stufe *f*, Wendelstufe *f*, Winkelstufe *f*
~ **искания вызова** *(Fmt)* Anrufsucherstufe *f*, AS-Stufe *f*
~/**лестничная** *(Bw)* Treppenstufe *f*
~ **линейного искания** *(Fmt)* Leitungswahlstufe *f*, LW-Stufe *f*
~ **на твёрдом топливе/стартовая** *(Rak)* Feststoffstartstufe *f*
~/**нагнетающая** *(Flg)* Ladestufe *f (Triebwerk)*
~ **напряжения** *(El)* Spannungsstufe *f*
~/**неиспользуемая** *(Fmt)* unbesetzter (freier) Höhenschritt *m*
~ **низкого давления** Niederdruckstufe *f (Turbine)*
~/**низкочастотная** *(El)* Niederfrequenzstufe *f*, NF-Stufe *f*
~/**одновенечная** einkränzige Stufe *f (Turbine)*
~ **окисления** *(Ch)* Oxydationsstufe *f*
~/**откачивающая** *(Flg)* Saugstufe *f (Triebwerk)*
~ **падения** *(Hydt)* Fallstufe *f*
~ **памяти** *(Dat)* Speicherstufe *f*, Speicherkaskade *f*
~ **передатчика/мощная** *(El)* Senderleistungsstufe *f*
~ **переключения** *(El)* Schaltstufe *f*
~/**переходная** Übergangsstufe *f*
~ **подпора** *(Hydt)* Staustufe *f*
~/**посадочная** Landestufe *f (einer Rakete)*
~/**последняя** *(Rak)* Endstufe *f*
~/**предварительная** Vorstufe *f*
~/**предоконечная** *(Eln)* Vorendstufe *f*, Treiberstufe *f*, Treiber *m*
~/**предыдущая** Vorstufe *f*
~ **предыскания** *(Fmt)* Vorwahlstufe *f*

~/**промежуточная** Zwischenstufe *f (Turbine)*
~/**пусковая** Anlaßstufe *f*, Anlaufstufe *f*
~ **равновесия/теоретическая** *(Ch)* theoretische Trennstufe *f*, theoretischer Boden *m (Destillation)*
~/**реактивная** Überdruckstufe *f*, Reaktionsstufe *f (Turbine)*
~/**регулирующая** Regelstufe *f (Turbine)*
~ **рельефа [местности]** *(Geod)* Höhenschicht *f*
~ **реостата** *(El)* Widerstandsstufe *f*
~/**сверхзвуковая** Überschallstufe *f (Turbine)*
~ **скорости** Geschwindigkeitsstufe *f (Turbine)*
~/**стартовая** *(Rak)* Startstufe *f*
~ **схемы совпадений** *(Kern)* Koinzidenzstufe *f*
~ **умножения частоты** *(Rf)* Frequenzvervielfacherstufe *f*
~ **усиления** *(Rf)* Verstärkerstufe *f*
~ **усиления/двухтактная** Gegentaktverstärkerstufe *f*
~/**усилительная** *(Rf)* Verstärkerstufe *f*
~ **ускорения** *(El)* Beschleunigungsstufe *f*
~/**шлюзовая** *(Hydt)* Schleusenstufe *f*
ступенька *f* 1. Stufe *f (s. a. unter* **ступень***)*; 2. Sprosse *f (Leiter)*; 3. Trittstufe *f*, Trittbrett *n*, Tritt *m*; 4. Einsteigeisen *n (z. B. in Kabelschächten)*; 5. Steigerstütze *f (an Telegrafenmasten)*; 6. *(Bgb)* Fahrtsprosse *f*; 7. *(Krist)* Sprung *m*
~ **вакансии** *(Krist)* Leerstellensprung *m*
~ **внедрения** *(Krist)* Zwischengittersprung *m*
~ **на поверхности кристалла** *(Krist)* Versetzungssprung *m*
~ **скольжения** *(Krist)* Gleitstufe *f*
~/**стружкоотводящая** Spanleitstufe *f*, Spanleitrille *f (Drehmeißel)*
~ **эвольвентного профиля** *(Schiff)* evolventenförmig gekrümmte Stufe *f (Fallreep)*
ступица *f* Nabe *f*, Radnabe *f (s. a. unter* **втулка***)*
~ **барабана** Trommelnabe *f*
~ **блока** Rollennabe *f*
~ **колеса** Radnabe *f*
~ **кривошипа** Kurbelnabe *f*
~/**разъёмная** geteilte Nabe *f*
ступка *f (Ch)* Mörser *m*, Reibschale *f*
~/**агатовая** Achatmörser *m*
~/**фарфоровая** Porzellanmörser *m*
стусло *n (Wkz)* Gehrungs[schneide]lade *f*, Schneidelade *f*
стык *m* 1. Stoß *m*, Stoßfläche *f*, Stoßstelle *f*; 2. Teilfuge *f*, Fuge *f*; 3. *(Dat)* Schnittstelle *f*, Interface *n*; 4. *(Mil)* Naht *f (Geländeraum zwischen der Gefechtsordnung benachbarter Truppenkörper)*
~ **арматуры** *(Bw)* Bewehrungsstoß *m*
~ **без накладок** *(Eb)* nicht verlaschter Stoß *m*, laschenloser Stoß *m*
~ **в ножовку** *(Bw)* gemesserter Stoß *m (Holzverbindung)*
~ **в ус** *(Bw)* Gehrstoß *m*
~/**вертикальный** Stoßfuge *f*; Vertikalstoß *m*
~ **вкладышей** *(Masch)* Schalenstoßfuge *f (Lagerschalen)*
~ **внахлёстку** *(Bw)* Blattstoß *m (Holzverbindung)*
~ **вразбежку** *(Eb)* versetzter Stoß *m (Schiene)*
~/**горизонтальный** *(Bw)* Lagerfuge *f*; Horizontalfuge *f*, Horizontalstoß *m*
~/**дроссельный [рельсовый]** *(Eb, El)* Drosselstoß *m*
~/**заделанный** *(Bw)* vermörtelte Stoßfuge *f*
~/**замоноличенный** *(Bw)* vermörtelte Stoßfuge *f*
~/**изолирующий [рельсовый]** *(Eb, El)* Isolierstoß *m*
~/**косой** schräger Stoß *m (Lötverbindung)*
~ **листов** *(El)* Blechstoß *m (Transformator)*
~/**монтажный** Montagestoß *m*
~ **на весу/рельсовый** *(Eb)* hängender Stoß *m*
~ **на одиночной шпале/рельсовый** *(Eb)* fester (ruhender) Stoß *m*
~ **на опоре/рельсовый** *(Eb)* ruhender Breitschwellenstoß *m*
~ **на сближенных шпалах/рельсовый** *(Eb)* Schienenstoß *m* auf zwei angenäherten Stoßschwellen
~ **на сдвоенных шпалах/рельсовый** *(Eb)* Breitschwellenstoß *m*
~ **обода** Kranzstoß *m (Radkranz)*
~/**перекрытый** gedeckter Stoß *m*
~/**переходный рельсовый** *(Eb)* Übergangsstoß *m (Stoßverbindung von Schienen verschiedener Form mittels Übergangslaschen)*
~ **поршневого кольца** Kolbenringstoß *m*
~ **поршневого кольца/косой** Schrägstoß *m (Kolbenring)*
~ **поршневого кольца/прямой** Geradstoß *m (Kolbenring)*
~ **поршневого кольца/ступенчатый** überlappter Stoß *m (Kolbenring)*
~ **протектора** *(Gum)* Protektorstoß *m (Reifen)*
~/**расширительный** Dehnungsstoß *m*
~/**рельсовый** *(Eb)* Schienenstoß *m*
~ **с накладками** *(Bw)* verlaschter (gedeckter) Stoß *m*, Laschenstoß *m*, Überlaschung *f*
~/**сварной** Schweißfuge *f*, Schweißverbindung *f*, geschweißter Stoß *m*, Schweißstoß *m (einer Preßschweißverbindung)*

~/**сварной рельсовый** geschweißter Schienenstoß *m*
~/**электропроводящий [рельсовый]** Stromschienenstoß *m*
стыковка *f* 1. Stumpfschweißung *f*, Stoßverbindung *f*; 2. *(Kosm, Rak)* Ankopplung *f*, Kopplung *f*
~ **камеры** *(Gum)* Schlauchzusammensetzung *f*
~ **программ** *(Dat)* Zusammenschluß *m* der Programme
стынуть sich abkühlen, auskühlen, erkalten, kaltwerden
стыть *s.* **стынуть**
стэк *m (Dat)* Stapelspeicher *m*, Kellerspeicher *m*
стягивание *n* Zusammenziehen *n*, Kontraktion *f*; Einschnürung *f*; Querschnittsverminderung *f*
~ **бумаги** Schrumpfen *n* des Papiers
стяжение *n* 1. *(Geol, Min)* Konkretion *f*; 2. *s.* **стягивание**
стяжка *f* 1. Zusammenziehen *n*, Verklammerung *f*; 2. Spannschloß *n*; 3. *(Eb)* Kupplung *f*; 4. *(Fmt)* Strebenschraube *f*
~/**винтовая** 1. *(Eb)* Gewindekupplung *f*, Schraubenkupplung *f*; 2. *(Schiff)* Spannschraube *f (Hellingmontage)*
~/**выравнивающая** *(Bw)* Fußbodenestrich *m*, Fußbodenausgleichschicht *f*
~/**жёсткая** *(Eb)* starre Kupplung *f*
~/**цепная** *(Schiff)* Zurrkette *f*, Laschkette *f (Containerzurrung)*
СУ *s.* **система управления**
субавтомат *m* Subautomat *m*
субатомный *(Kern)* subatomar
субблок *m (Dat)* Untereinheit *f*
субволна *f (Opt)* Subwelle *f*
субвулкан *m (Geol)* Subvulkan *m*
субгармоника *f* subharmonische Schwingung *f*, Subharmonische *f*
субгигант *m (Astr)* Unterriese *m*, Untergigant *m*
субдетерминант *m (Math)* Subdeterminante *f*, Unterdeterminante *f*
суберин *m* Suberin *n*
субинтервал *m* Teilintervall *n*
субинтрузия *f* Subintrusion *f*
субкапилляр *m* Subkapillare *f*
субкарлик *m (Astr)* Unterzwerg *m*
сублимат *m* Sublimat *n*
сублиматор *m* Sublimieranlage *f*, Sublimator *m*
сублимационный Sublimier..., Sublimations...
сублимация *f s.* **сублимирование**
сублимирование *n* Sublimieren *n*, Sublimation *f*
сублимировать sublimieren
сублинейный sublinear
сублитораль *f (Geol)* Sublitoral *n*
субмикроанализ *m* submikroskopische Analyse *f*
субмикрон *m* Submikron *n*, Ultramikron *n*
субмикроскопический submikroskopisch, untermikroskopisch
субполярный subpolar
субрефракция *f* Subrefraktion *f*, Infrabrechung *f*
суброзия *f (Geol)* Subrosion *f*
субсателлит *m* Subsatellit *m*
субсистема *f s.* **подсистема**
субстантивный substantiv, direktziehend *(Farbstoffe)*
субстрат *m (Foto)* Substratschicht *f*, Haftschicht *f*, Substrat *n*
субстратосфера *f s.* **тропопауза**
субструктура *f* Unterstruktur *f*, Substruktur *f*
субцентр *m* Subkeim *m (Film)*
субъядерный *(Kern)* subnuklear
субъярус *m (Geol)* innerer Erdkern *m*
суглинистый *(Geol)* lehmig, tonig
суглинок *m (Geol)* Lehm *m*, Lehmboden *m*
~/**аллювиальный** Auelehm *m*
~/**валунный** Geschiebelehm *m*
~/**лёгкий** leichter Lehmboden *m*
~/**лессовидный** Lößlehm *m*
~/**пылеватый** Schlufflehm *m*
~/**речной** *s.* ~/**аллювиальный**
~/**флювиогляциальный** fluvioglazialer Lehm *m*
~/**эоловый** äolischer Lehm *m*
сугроб *m* Schneewehe *f*
судно *n* Schiff *n*, Wasserfahrzeug *n*
~/**аварийно-спасательное** Rettungs- und Bergungsschiff *n*
~/**алюминиевое** Aluminiumschiff *n*
~ **амфибийного типа** Amphibienschiff *n*
~ **арктического плавания** *s.* ~/**арктическое**
~/**арктическое** Polarschiff *n*, Arktikschiff *n*
~/**атомное** Schiff *n* mit Kernenergieantrieb
~ **береговой охраны** Küstenschutzschiff *n*
~/**беспалубное** offenes Schiff *n*
~/**буксирное** Schlepper *m*
~/**буксируемое** geschlepptes Schiff *n*
~/**быстроходное** schnelles Schiff *n*
~/**быстроходное грузовое** Schnellfrachtschiff *n*
~/**быстроходное парусное** Schnellsegler *m*, Klipper *m*
~/**верповальное** Verholschiff *n*
~/**винтовое** Schraubenschiff *n*, Propellerschiff *n*, Schraubenpropellerschiff *n*, Schiff *n* mit Propellerantrieb
~ **внутреннего плавания** Binnenschiff *n*

~ **водоизмещающего типа** Verdrängungsschiff *n*
~/**водоизмещающее** Verdrängungsschiff *n*
~/**водолазное** Taucherschiff *n*
~/**водомётное** Schiff *n* mit Wasserstrahlantrieb, Hydrojetschiff *n*
~ **вспомогательного назначения** Hilfsschiff *n*
~/**вспомогательное** Hilfsschiff *n*
~/**вспомогательное рыболовное** Fischereihilfsschiff *n*
~/**встречное** entgegenkommendes Schiff *n*
~/**высокобортное** hochbordiges Schiff *n*
~/**газотурбинное** Gasturbinenschiff *n*
~/**гидрографическое** Vermessungsschiff *n*, Seevermessungsschiff *n*
~/**гладкопалубное** Glattdeckschiff *n*
~/**глиссирующее** Gleitschiff *n*
~/**головное** Nullschiff *n*, Erstschiff *n* einer Serie
~/**госпитальное** Hospitalschiff *n*, Lazarettschiff *n*
~/**гражданское** ziviles Schiff *n*, Schiff *n* der zivilen Flotte *(Handelsschiff, Fahrgastschiff, Fischereifahrzeug oder Schiff der technischen Flotte)*
~/**грузовое** Frachtschiff *n*, Frachter *m*
~/**грузо-пассажирское** Fracht-Passagier-Schiff *n*, Fracht-Fahrgast-Schiff *n*
~ **дальнего плавания** Schiff *n* mit großer Aktionsweite
~/**двухвальное** Zweiwellenschiff *n*
~/**двухвинтовое** Doppelschraubenschiff *n*
~/**двухкорпусное** Doppelrumpfschiff *n*, Katamaran *m*
~/**двухмачтовое** Zweimastschiff *n*, Zweimaster *m*
~/**двухпалубное** Zweideckschiff *n*
~/**деревянное** Holzschiff *n*, Schiff *n* in Holzbauweise
~/**дизель-газотурбинное** Diesel-Gasturbinen-Schiff *n*
~/**дизельное** Dieselmotorschiff *n*; Motorschiff *n*
~ **для генерального груза** Stückgutfrachtschiff *n*, Stückgutfrachter *m*
~ **для массовых грузов** Massengutschiff *n*, Massengutfrachter *m*, Schüttgutschiff *n*, Schüttgutfrachter *m*, Bulkcarrier *m*, Bulker *m*
~ **для очистки акватории** Gewässerreinigungsschiff *n*
~ **для перевозки генеральных грузов** Stückgutfrachtschiff *n*, Stückgutfrachter *m*
~ **для перевозки навалочных грузов** Massengutfrachter *m*, Schüttgutfrachter *m*
~ **для перевозки тяжеловесных грузов** Schwergutschiff *n*
~ **дноуглубительного флота** Baggerschiff *n*, Schwimmmbagger *m*
~/**дноуглубительное** Baggerschiff *n*, Schwimmbagger *m*
~/**добывающее** Fangschiff *n*
~/**добывающее и обрабатывающее** Fang- und Verarbeitungsschiff *n*
~/**добывающе-морозильное** Fang- und Gefrierschiff *n*
~/**добывающе-перерабатывающее** Fang- und Verarbeitungsschiff *n*
~/**железобетонное** Stahlbetonschiff *n*
~/**зафрахтованное** Charterschiff *n*, gechartertes Schiff *n*
~/**зверобойное** Robbenfänger *m*, Robbenfangschiff *n*
~/**землечерпательное** Eimerschwimmbagger *m*
~/**кабелепрокладочное** Kabelleger *m*, Kabel[leger]schiff *n*
~/**кабелеремонтное** Kabelreparaturschiff *n*
~/**каботажное** Küstenschiff *n*
~/**квартердечное** Quarterdeckschiff *n*
~/**килеватое** Schiff *n* mit Aufkimmmung
~/**килекторное** Hebeschiff *n*
~/**китобойное** Walfangschiff *n*, Walfänger *m*
~/**китообрабатывающее** Walfangmutterschiff *n*
~/**колёсное** 1. Schaufelradschiff *n*; 2. Flügelradschiff *n*
~/**колодезное** Welldeckschiff *n*, Welldecker *m*
~/**композитное** Kompositschiff *n*, Schiff *n* in Kompositbauweise
~/**конвойное** Geleitschiff *n*
~/**контейнерное** Containerschiff *n*
~/**контрейлерное** Container- und Trailerschiff *n*
~/**крабообрабатывающее** Krabbenverarbeitungsschiff *n*
~/**крановое** Hebeschiff *n*
~/**круглоскуловое** Schiff *n* mit runder Kimm
~/**круизное** Kreuzfahrgastschiff *n*
~/**крупнотоннажное** Großschiff *n*, Superschiff *n*
~ **ледового плавания** Schiff *n* für Eisfahrt, Eisschiff *n*
~/**лесовозное** Holzfrachtschiff *n*, Holzfrachter *m*
~ **линейного плавания** im Liniendienst eingesetztes Schiff *n*, Linienschiff *n*
~/**лоцманское** Lotsenschiff *n*
~/**лоцмейстерское** Seezeichenkontrollschiff *n*
~ **малого каботажа** Schiff *n* in kleiner Küstenfahrt
~/**малотоннажное** kleines Schiff *n*
~/**мелководное** Wattschiff *n*
~/**мелкосидящее** flachgehendes Schiff *n*

~/**метеорологическое** Wetterbeobachtungsschiff *n*
~/**многовинтовое** Mehrschraubenschiff *n*
~/**многокорпусное** Mehrrumpfschiff *n*
~/**многопалубное** Mehrdeckschiff *n*
~/**многоцелевое грузовое** Mehrzweckfrachtschiff *n*
~/**мореходное** seegehendes (seetüchtiges) Schiff *n*
~/**морское** Seeschiff *n*, Hochseeschiff *n*
~/**морское буксирное** Hochseeschleppschiff *n*, Hochseeschlepper *m*
~/**морское торговое** Hochseehandelsschiff *n*
~/**моторно-парусное** Motorsegler *m*
~ **на воздушной подушке** Luftkissenschiff *n*, Luftkissenfahrzeug *n*, Hovercraft *n*
~ **на воздушной подушке/грузовое** Luftkissenfrachtschiff *n*
~ **на волнении** Schiff *n* im Seegang
~ **на подводных крыльях** Tragflächenschiff *n*, Tragflügelschiff *n*
~ **на подводных крыльях/пассажирское** Tragflächenfahrgastschiff *n*
~ **на ровном киле** Schiff *n* auf ebenem Kiel, Schiff *n* mit gleichlastigem Trimm
~/**навалочное** *s.* ~ **для массовых грузов**
~/**наливное** Tanker *m*, Tankschiff *n*
~/**научно-исследовательское** Forschungsschiff *n*
~/**некилеватое** Schiff *n* ohne Aufkimmung
~/**немагнитное** unmagnetisches Schiff *n*
~/**немореходное** seeuntüchtiges Schiff *n*
~ **неограниченного района плавания** Schiff *n* mit unbegrenztem Fahrtbereich
~/**неопрокидываемое** unkenterbares Schiff *n*
~/**непотопляемое** unsinkbares Schiff *n*
~/**несамоходное** Schiff *n* ohne Eigenantrieb, antriebsloses Schiff *n*
~ **несерийной постройки** in Einzelfertigung gebautes Schiff *n*
~/**неуправляемое** steuerloses Schiff *n*
~/**нефтеналивное** Rohöltanker *m*
~/**низкобортное** niederbordiges Schiff *n*
~/**обрабатывающее** Verarbeitungsschiff *n*, Fabrikschiff *n*
~/**обслуживающее** Versorgungsschiff *n*, Versorgungsfahrzeug *n*
~ **ограниченного района плавания** Schiff *n* mit begrenztem Fahrtbereich
~/**одновальное** Einwellenschiff *n*
~/**одновинтовое** Einschraubenschiff *n*
~/**однокорпусное** Einrumpfschiff *n*, Einkörperschiff *n*
~/**одномачтовое** Einmastschiff *n*, Einmaster *m*
~/**однопалубное** Eindeckschiff *n*, Eindecker *m*
~/**однотипное** Schwesterschiff *n*
~ **озёрного плавания** Binnenschiff *n*
~/**озёрное** Binnenseeschiff *n*
~/**островное** Inselversorgungsschiff *n*
~/**отходящее** abgehendes (auslaufendes) Schiff *n*
~/**палубное** gedecktes Schiff *n*
~/**паровое** Dampfschiff *n*, Dampfer *m*
~/**парусное** Segelschiff *n*, Segler *m*
~/**парусно-моторное** Motorsegler *m*
~/**пассажирское** Fahrgastschiff *n*, Passagierschiff *n*
~, **плавающее в водоизмещающем состоянии** Verdrängungsschiff *n*
~/**плоскодонное** flachbodiges Schiff *n*, Schiff *n* mit flachem Boden
~/**подводное** Unterwasserschiff *n*, Unterseeschiff *n*
~/**подводное грузовое** Unterwasserfrachtschiff *n*, Fracht-U-Boot *n*
~/**пожарное** Feuerlöschboot *n*
~/**поисковое** Suchschiff *n*
~/**поисково-спасательное** Such- und Rettungsschiff *n*, Seenotrettungsschiff *n*
~/**полнонаборное** Volldeckschiff *n*, Volldecker *m*
~/**полнопалубное** Volldeckschiff *n*, Volldecker *m*
~/**полуконтейнерное** Semi-Containerschiff *n*
~/**портовое** Hafenschiff *n*
~/**почтовое** Postschiff *n*
~ **прибрежного плавания** Küstenschiff *n*, Schiff *n* für den Küstenverkehr
~ **прибрежного плавания/пассажирское** Küstenfahrgastschiff *n*
~/**приёмно-транспортное** Übernahme- und Transportschiff *n*
~/**промерное** Vermessungsschiff *n*
~/**промысловое** Fangschiff *n*, Fischfangschiff *n*
~/**противопожарное** Feuerlöschschiff *n*
~/**реактивное** *s.* ~/**водомётное**
~/**рейдовое** Reedeschiff *n*
~ **рейсового плавания** Trampschiff *n*
~/**ремонтное** Reparaturschiff *n*
~/**рефрижераторное** 1. Kühl[fracht]schiff *n*; 2. Gefrierschiff *n* *(Fangübernahme von Fangschiffen)*
~/**рефрижераторное морозильное** Kühl- und Gefrierschiff *n*
~/**речное** Flußschiff *n*
~/**речное грузовое** Binnenfrachtschiff *n*, Binnenfrachter *m*
~/**рыбоконсервное** Fischkonservenschiff *n*
~/**рыболовное** Fischereifahrzeug *n*, Fischereischiff *n*
~/**рыболовно-обрабатывающее** Fang- und Verarbeitungsschiff *n*
~/**рыбообрабатывающее** Fischverarbeitungsschiff *n*
~/**рыбопоисковое** Fischsuchschiff *n*

~/рыбопромысловое Fischereifahrzeug *n*
~ с боковыми колёсами Seitenradschiff *n*
~ с вертикальной погрузкой Lift-in/Lift-out-Schiff *n*, Schiff *n* für den Lift-in/Lift-out-Verkehr
~ с горизонтальной грузообработкой Ro-Ro-Schiff *n*, Roll-on/Roll-off-Schiff *n*
~ с горизонтальной и вертикальной грузообработкой Ro-Lo-Schiff *n* *(Schiff für horizontalen und vertikalen Umschlag)*
~ с горизонтальной погрузкой Ro-Ro-Schiff *n*, Roll-on/Roll-off-Schiff *n*
~ с дифферентом на корму Schiff *n* mit achterlastigem (hecklastigem) Trimm
~ с дифферентом на нос Schiff *n* mit kopflastigem (buglastigem) Trimm
~ с ледовым подкреплением Schiff *n* mit Eisverstärkung
~ с нормальным дифферентом Schiff *n* mit gering achterlichem Trimm *(8° Achterlastigkeit)*
~ с нулевым дифферентом *s.* **~ на ровном киле**
~ с полными обводами völliges Schiff *n*
~ с самоштивкой selbsttrimmendes Schiff *n*, Selbsttrimmer *m*
~/саморазгружающееся selbstentladendes (selbstlöschendes) Schiff *n*, Selbstentlader *m*
~/самоходное Schiff *n* mit Eigenantrieb
~/санитарное Hospitalschiff *n*, Lazarettschiff *n*
~/серийное Serienschiff *n*
~ серийной постройки Serienschiff *n*
~/сетеподъёмное Netzeinholschiff *n*
~/служебно-вспомогательное Hilfsschiff *n*
~/служебное Dienstschiff *n*
~/спардечное Spardeckschiff *n*, Spardecker *m*
~/спасательное 1. Seenotfahrzeug *n*, Seenotschiff *n*; 2. Bergungsfahrzeug *n*, Bergungsschiff *n*
~ специального назначения Spezialschiff *n*
~/спортивное Sportschiff *n*, Wassersportfahrzeug *n*
~/среднескоростное mittelschnelles Schiff *n*
~/стальное Stahlschiff *n*
~/старое Second-hand-Schiff *n*, Gebrauchtschiff *n*
~/судоподъёмное Bergungshebeschiff *n*, Hebeschiff *n*
~/сухогрузное Trockenfrachtschiff *n*, Trockenfrachter *m*
~/таможенное Zollwachboot *n*
~ типа «ро-ро» Ro-Ro-Schiff *n*, Roll-on/Roll-off-Schiff *n*
~/типовое Standardschiff *n*
~/тихоходное langsames Schiff *n*
~/торговое Handelsschiff *n*, Kauffahrteischiff *n*, Kauffahrer *m*
~/трамповое Trampschiff *n*
~/транзитное Transitschiff *n*
~/транспортное Transportschiff *n*
~/трейлерное Trailerschiff *n*
~/трёхвальное Dreiwellenschiff *n*
~/трёхвинтовое Dreischraubenschiff *n*
~/трёхостровное Dreiinselschiff *n*
~/трёхпалубное Dreideckschiff *n*
~/трубоукладочное Rohrlegeschiff *n*, Rohrleger *m*
~/тунцеловное Thunfischfänger *m*, Thunfischfangschiff *n*
~/турбинное Turbinenschiff *n*
~/турбоэлектрическое turboelektrisches Schiff *n*, Turboelektroschiff *n*
~/учебное Schulschiff *n*
~/учебное рыбопромысловое Fischereischulschiff *n*
~/фидерное Zubringerschiff *n*, Zubringer *m*
~/шарнирное Gelenkschiff *n*
~/шельтердечное Schutzdecker *m*, Schutzdeckschiff *n*, Shelterdecker *m*
~/экспедиционное Expeditionsschiff *n*
~/ярусное Langleinenfischereifahrzeug *n*
судно-база *n* Mutterschiff *n*, Basisschiff *n*
судно-газовоз *n* Flüssiggastanker *m*
судно-ловец *n* Fangschiff *n*, Zubringerschiff *n*
судно-макет *n* Schiffsattrappe *f*
судно-мишень *n* Zielschiff *n*
судно-паром *n* Fährschiff *n*, Fähre *f*
судно-склад *n* Lagerschiff *n*
судовождение *n* Schiffsführung *f*
судовой Schiff[s] . . .
судоподъём *m* 1. Schiffshebung *f* *(bei Außenbordreparaturen)*; 2. Bergung *f* gesunkener Schiffe
судоподъёмник *m* Schiffshebewerk *n*
~/барабанный Trommelhebewerk *n*
~/вертикальный Hebe- und Absenkanlage *f*
~/гидравлический *s.* **~/плунжерный**
~/двухкамерный Doppelhebewerk *n*
~ для перевозки в воде (камере) Schiffshebewerk *n* für Naßförderung
~ для перевозки насухо Schiffshebewerk *n* für Trockenförderung
~/механический Gegengewichtshebewerk *n*
~/наклонный Schiffsschrägaufzug *m*, Schrägaufzughebewerk *n*
~/плунжерный Preßkolben-Schiffshebewerk *n*, hydraulisches Schiffshebewerk *n*
~/поплавковый Schwimmer-Schiffshebewerk *n*, Tauchschleuse *f*, Schwimmerhebewerk *n*

~ **с гидравлическим подъёмником** hydraulisches Hubwerk *n*, Druckwasserhubwerk *n*
~ **с противовесами** Gegengewichtshebewerk *n*
судоремонт *m* Schiffsreparatur *f*
судоремонтный Schiffsreparatur ...
судостроение *n* Schiffbau *m*
~/**гражданское** Zivilschiffbau *m*
~/**деревянное** Holzschiffbau *m*
~/**мелкое** Kleinschiffbau *m*, Bootsbau *m*
~/**морское** Hochseeschiffbau *m*
~/**речное** Binnenschiffbau *m*, Flußschiffbau *m*
~/**рыбопромысловое** Fischereifahrzeugbau *m*
~/**стальное** Stahlschiffbau *m*
~/**торговое** Handelsschiffbau *m*
судостроительный Schiffbau ..., schiffbaulich
судоходность *f* 1. Schiffbarkeit *f* *(von Wasserwegen)*; 2. Fahrtüchtigkeit *f* *(von Schiffen)*
судоходный schiffbar
судоходство *n* 1. Schiffahrt *f*, Seefahrt *f*; 2. Seewirtschaft *f*
~/**береговое** Küstenschiffahrt *f*
~/**грузовое** Frachtschiffahrt *f*
~/**канальное** Kanalschiffahrt *f*
~/**мировое** Weltschiffahrt *f*
~/**морское** Seeschiffahrt *f*, Hochseeschiffahrt *f*
~/**парусное** Segelschiffahrt *f*
~/**пассажирское** Fahrgastschiffahrt *f*
~ **по внутренним водным путям** Binnenschiffahrt *f*
~/**портовое** Hafenschiffahrt *f*
~/**речное** Flußschiffahrt *f*
~/**танкерное** Tankschiffahrt *f*
~/**торговое** Handelsschiffahrt *f*
судояма *f* *(Schiff)* Baugrube *f* *(einfachste Bauhelling)*
сужать einengen, einschnüren
сужение *n* 1. Einengen *n*, Einengung *f*, Einschnüren *n*, Einschnürung *f*, Zusammenziehung *f*; 2. Kontraktion *f*, Einziehung *f*; 3. Hals *m*; 4. Verjüngen *n*, Verjüngung *f*; 5. Verengen *n*, Schrumpfen *n*
~/**истинное** *(Fest)* bezogene Einschnürung *f*
~ **колеи** *(Eb)* Spurverengung *f*
~ **крыла** *(Aero)* Zuspitzung *f* *(Flügel)*
~/**местное** örtliche Einschnürung *f*
~/**остаточное относительное** *(Fest)* Brucheinschnürung *f*
~/**относительное** *(Fest)* Einschnürung *f*
~/**полное** *(Fest)* Gesamteinschnürung *f*
~ **полосы частот** *(Rf)* Frequenzbandverschmälerung *f*
~ **поперечного сечения** Querschnittsverengung *f*, Querschnittsverminderung *f*; Querschnittsverjüngung *f*
~ **после разрыва** [/**относительное**] *s.* ~ **при разрыве**
~ **при разрыве** *(Fest)* Einschnürung *f*, Brucheinschnürung *f*, Bruchquerschnittsverminderung *f*
~ **пути** *(Kern)* Bahneinengung *f*, Bahnkontraktion *f*
~/**равномерное** *(Fest)* Gleichmaßeinschnürung *f*
~ **сопла** *(Rak)* Düseneinschnürung *f*
~ **струи** Strahlkontraktion *f*, Strahleinschnürung *f*
СУЗ *s.* **система управления и защиты**
сузить *s.* **сужать**
сук *m* *(Forst)* Ast *m*, Knorren *m* *(s. a. unter* **сучок**)
сукно *n* 1. *(Text)* Tuch *n*; 2. *(Pap)* Filz *m* *(Papiermaschine)*
~/**бесконечное** *(Pap)* endloser Filz *m*
~/**валичное** *(Text)* Walzentuch *n*
~/**верхнее** *(Pap)* Oberfilz *m*, Obertuch *n*, oberer Abnahmefilz *m*
~/**грубое** *(Text)* grobes Tuch *n*
~/**маркировочное (маркирующее)** *(Pap)* Markierfilz *m*
~/**мокрое** *(Pap)* Naßfilz *m*
~/**мокрое прессовое** Naßpreßfilz *m*
~/**нижнее** *(Pap)* Unterfilz *m*, unterer Abnahmefilz *m*
~/**обезвоживающее** *(Pap)* Entwässerungsfilz *m*
~/**очистительное** *(Text)* Putztuch *n*, Putzschlauch *m* *(Spinnerei; Streckwerk)*
~/**самотканое** *(Text)* Hausmachertuch *n*
~/**сушильное** *(Pap)* Trockenfilz *m*
~/**съёмное** *(Pap)* Abnahmefilz *m*
~/**тонкое** *(Text)* Feintuch *n*
сукновалка *f* *(Text)* Walkmaschine *f*
сукновальня *f* *(Text)* Walkerei *f*
сукно-кастор *n* *(Text)* Kastor *m*, Coating *m*, Flaus *m*, Fries *m*
сукномойка *f* *(Pap)* Filzwäsche *f*, Filzwascheinrichtung *f*
сукносушитель *m* *(Pap)* Filztrockner *m*, Filztrockenzylinder *m*
сукцинат *m* *(Ch)* Sukzinat *n*
сулема *f* *(Ch)* Sublimat *n*, Quecksilber(II)-chlorid *n*
сулой *m* Kabbelung *f*, kabbelige See *f*, Kabbelsee *f* *(Meereskunde)*
сульфамид *m* *(Ch)* Sulfamid *n*
сульфат *m* *(Ch)* [normales] Sulfat *n*
~ **бария** Bariumsulfat *n*
~ **калия** Kaliumsulfat *n*
~ **кальция** Kalziumsulfat *n*
~ **кальция/двуводный** Kalziumsulfat-2-Wasser *n*, Kalziumsulfat-Dihydrat *n* *(Gips)*
~/**кислый** saures Sulfat *n*, Hydrogensulfat *n*
~ **натрия** Natriumsulfat *n*
сульфатация *f* *s.* **сульфатирование**

сульфатирование *n (Ch)* Sulfatierung *f*
сульфатировать *(Ch)* sulfatieren
сульфат-нитрат *m* **аммония** *(Ch)* Ammoniumnitratsulfat *n*, Ammonsulfatsalpeter *m*, Montansalpeter *m*
сульфатостойкий sulfatbeständig
сульфгидрат *m (Ch)* Hydrogensulfid *n*
~ **калия** Kaliumhydrogensulfid *n*
~ **кальция** Kalziumhydrogensulfid *n*
~ **натрия** Natriumhydrogensulfid *n*
сульфид *m (Ch)* [normales] Sulfid *n*
~ **аммония** Ammoniumsulfid *n*
~/**двойной** Doppelsulfid *n*
~ **калия** Kaliumsulfid *n*
~ **кальция** Kalziumsulfid *n*
~/**кислый** Hydrogensulfid *n*
~ **серебра** Silbersulfid *n*
~ **углерода** Kohlen[stoff]monosulfid *n*; Kohlen[stoff]disulfid *n*, Schwefelkohlenstoff *m*
сульфидирование *n (Ch)* Sulfidierung *f*
сульфит *m (Ch)* [normales] Sulfit *n*
~ **аммония** Ammoniumsulfit *n*
~ **калия** Kaliumsulfit *n*
~ **кальция** Kalziumsulfit *n*
~/**кислый** saures Sulfit *n*, Hydrogensulfit *n*
сульфитатор *m (Lebm)* Schwefelungsapparat *m*
сульфитация *f (Lebm)* Schwefeln *n*
~ **жидкого сока** Dünnsaftschwefelung *f*
~ **мокрая** Naßschwefeln *n*
~/**сухая** Trockenschwefeln *n*
сульфитирование *n s.* **сульфитация**
сульфитировать *(Lebm)* schwefeln
сульфитцеллюлоза *f (Pap)* Sulfitzellstoff *m*
сульфогидрат *m s.* **сульфгидрат**
сульфогруппа *f (Ch)* Sulfogruppe *f*
сульфокислота *f (Ch)* Sulfonsäure *f*
сульфоксид *m (Ch)* Sulfoxid *n*
сульфоксилат *m (Ch)* Sulfoxylat *n*
сульфон *m (Ch)* Sulfon *n*
сульфонамид *m (Ch)* Sulfonamid *n*
сульфонат *m (Ch)* Sulfonat *n*
сульфоний *m (Ch)* Sulfonium *n*
сульфоокисление *n (Ch)* Sulfoxydation *f*
сульфоокись *f (Ch)* Sulfoxid *n*
сульфосоль *f* Thiosalz *n*
сульфуризация *f (Met)* Schwefelung *f*, Aufschwefelung *f*
сумерки *pl (Astr, Geoph)* Dämmerung *f*
~/**астрономические** astronomische Dämmerung *f*
~/**вечерние** Abenddämmerung *f*
~/**навигационные** nautische Dämmerung *f*
~/**утренние** Morgendämmerung *f*
сумка *f*/**инструментальная** Werkzeugtasche *f*
~/**патронная** *(Mil)* Patronentasche *f*
~/**полевая** *(Mil)* Kartentasche *f*
сумма *f* Summe *f*, Betrag *m*
~ **атомных весов** Summe *f* der relativen Atommassen
~ **Зейделя** *(Opt)* Seidelsche Summe *f*, Seidelscher Flächenteilkoeffizient *m*
~/**итоговая** Endsumme *f*
~/**контрольная** Kontrollsumme *f*
~ **осадков** Niederschlagssumme *f*
~ **по времени** Zeitsumme *f*
~ **по состояниям** *(Ph)* [Plancksche] Zustandssumme *f*
~ **по столбцу/контрольная** Quersumme *f*
~/**поперечная [контрольная]** Quersumme *f*
~ **произведений** Produktsumme *f*
~ **простых форм кристалла** *(Krist)* Tracht *f*, Kristalltracht *f*
~ **радиации** Strahlungssumme *f*; Wärmesumme *f*
~/**статистическая** *(Ph)* [Plancksche] Zustandssumme *f*
~ **температур** Temperatursumme *f*
~ **тепла** Wärmesumme *f*
~ **тепла радиации/годовая** jährliche Wärmestrahlungssumme *f*
~ **тепла радиации/месячная** monatliche Wärmestrahlungssumme *f*
~ **тепла радиации/суточная** tägliche Wärmestrahlungssumme *f*
~ **тепла радиации/часовая** stündliche Wärmestrahlungssumme *f*
~ **тепла солнечной радиации** Wärmestrahlungssumme *f*
~/**хроматическая** Farbfehlersumme *f*
~ **цифр** Quersumme *f*
~/**частичная** *(Math)* Partialsumme *f*, Teilsumme *f*
сумматор *m* Adder *m*, Addierer *m*, Addierwerk *n*; Summator *m*, Summiergerät *n*, Summiereinrichtung *f*
~ **адресов** Adressenaddierer *m*
~/**алгебраический** algebraischer Adder (Addierer) *m*, algebraische Addiereinrichtung *f*
~/**аналоговый** analoger Adder (Addierer) *m*
~/**асинхронный цифровой** asynchroner Digitaladder (Digitaladdierer) *m*
~/**двоично-пятеричный** biquinärer Adder (Addierer) *m*
~/**двоичный** binärer Adder (Addierer) *m*
~/**десятичный** dezimaler Adder (Addierer) *m*
~/**комбинационный** Kombinationsaddierglied *n*, gewöhnlicher Adder *m*
~/**коммутационный** Kommutationssummator *m*
~/**многоразрядный** mehrstelliges Addierwerk *n*
~ **моментов** Momentensummator *m*
~/**накапливающий** speicherndes Addierwerk *n*, Speicheraddierwerk *n*

~/**одноразрядный** einstelliges Addierwerk *n*
~ **параллельного действия** paralleler Addierer *m*
~ **параллельно-последовательного действия** Parallel-Serienaddierer *m*
~/**полный** Volladder *m*, Volladdierer *m*
~ **последовательного действия** Serienadder *m*, Serienaddierer *m*
~/**троичный** Ternäradder *m*, Ternäraddierer *m*
~/**функциональный** Funktionsadder *m*, Funktionsaddierer *m*
~/**цифровой** Digitaladder *m*, Digitaladdierer *m*
~/**цифровой синхронный** synchroner Digitaladder (Digitaladdierer) *m*
суммирование *n (Math, Dat)* Summieren *n*, Summierung *f*, Summation *f*
~/**контрольное** Kontrollsummierung *f*
~ **моментов** Momentensummierung *f*
суммировать summieren
суммируемость *f (Math, Dat)* Summierbarkeit *f*
суперакцептор *m (Kern)* Superakzeptor *m*
супераэродинамика *f* Superaerodynamik *f*
супервизор *m (Dat)* Supervisor *m*, Überwachungsprogramm *n*
~ **ввода-вывода** Eingabe-Ausgabe-Unterbrechungssupervisor *m*
~ **основной памяти** Hauptspeicherüberwachung *f*
супергетеродин *m (Rf)* Zwischenfrequenzempfänger *m*, Überlagerungsempfänger *m*, Superhet[erodyn]empfänger *m*, Super[het] *m*
~/**малогабаритный** Klein[st]super *m*
~/**однодиапазонный** Einbereichsuper *m*, Einwellensuper *m*
~ **с двойным преобразованием частоты** Doppelsuper *m*, Überlagerungsempfänger (Super) *m* mit doppelter Transponierung (Mischung)
супердонор *m (Kern)* Superdonator *m*
супердуралюмин *m (Met)* Superduralumin *n*, Duralumin *n* erhöhter Festigkeit
супериконоскоп *m (Fs)* Superikonoskop *n*, Zwischenbildikonoskop *n*, Image-Ikonoskop *n*
суперинвар *m (Met)* Superinvar *n (Eisen-Nickel-Kobalt-Legierung)*
суперкавитация *f* Superkavitation *f*, Vollkavitation *f*
суперкаландр *m (Pap)* Superkalander *m*, Hochleistungs[rollen]kalander *m*
суперлайнер *m* Superliner *m*, Superlinienschiff *n*
супермультиплет *m (Kern)* Supermultiplett *n*
суперобложка *f (Typ)* Schutzumschlag *m*
супероксид *m (Ch)* Hyperoxid *n*
суперортикон *m (Fs)* Superorthikon *n*, Zwischenbildorthikon *n*, Image-Orthikon *n*
суперпарамагнетизм *m* Superparamagnetismus *m*
суперпозиция *f (Ph)* [additive] Überlagerung *f*, Superposition *f*
~/**когерентная** kohärente Superposition (Überlagerung) *f*
~/**некогерентная** inkohärente Superposition (Überlagerung) *f*
~ **состояния** Zustandsüberlagerung *f (Quantenmechanik)*
суперпотенциал *m (Ph)* Superpotential *n*, Überpotential *n*
суперпрограмма *f (Dat)* Superprogramm *n*
сверхрегенератор *m (Rf)* Pendel[rückkopplungs]empfänger *m*, Pendelfrequenzempfänger *m*, Superregenerativempfänger *m*
суперрегенерация *f (Rf)* Pendelrückkopplung *f*, Überrückkopplung *f*
суперсейнер *m (Schiff)* Superseiner *m*, Großseiner *m*
суперсенсибилизация *f* Übersensibilisierung *f*
супертанкер *m (Schiff)* Supertanker *m*, Großtanker *m*, Mammuttanker *m*
супертраулер *m (Schiff)* Supertrawler, Großtrawler *m*
суперфиниш *m (Fert)* Kurzhubhonen *n*
суперфиниширование *n (Fert)* Kurzhubhonen *n*
суперфинишировать *(Fert)* kurzhubhonen
суперфосфат *m (Ch)* Superphosphat *n*
~/**аммонизированный** Ammoniaksuperphosphat *n*
~/**борный** Borsuperphosphat *n*
~/**гранулированный** granuliertes Superphosphat *n*
~/**двойной** Doppelsuperphosphat *n*
~/**простой** einfaches Superphosphat *n*
суперцентрифуга *f* Superzentrifuge *f*
суперэнергия *f* Superenergie *f*
супесь *f (Geol)* lehmiger Feinsand *m*
суппорт *m* 1. Auflage *f*; 2. Werkzeugträger *m*, Werkzeugschlitten *m*, Support *m*
~/**верхний** *s.* **часть суппорта/верхняя**
~/**многорезаковый** Mehrbrennersupport *m (Brennschneidmaschine)*
~/**однорезаковый** Einbrennersupport *m (Brennschneidmaschine)*
~/**поворотный** *s.* **часть суппорта/поворотная**
~/**поперечный** *s.* **часть суппорта/нижняя**
~/**продольный** *s.* **каретка суппорта**
~/**резаковый** Brennersupport *m (Brennschneidmaschine)*

~ **с резцедержателем/резцовый** Oberschlitten *m* mit Drehmeißelhalter
~/**сновальный** *(Text)* Schärsupport *m* *(Weberei; Schärmaschine)*
супралитораль *f* *(Geol)* Eulitoral *n*, Supralitoral *n*
сурдин[к]а *f* Schalldämpfer *m*, Dämpfer *m*, Sordine *f*
суржа *f* Mengekorn *n*, Weizen-Roggen-Gemenge *n*
суржик *m s.* **суржа**
сурик *m* *(Min)* Mennige *f*, Minium *n* *(sekundäres Bleimineral)*
~/**железный** Eisenmennige *f* *(tonhaltiges Eisenoxidrot)*
~/**свинцовый** Mennige *f*, Bleimennige *f*, Minium *n*
суровый *(Text)* roh, ungebleicht
суровьё *n* *(Text)* Rohware *f* *(Gewebe)*
суррогат *m* Surrogat *n*, Ersatzstoff *m*, Austauschstoff *m*
сурьма *f* *(Ch)* Antimon *n*, Sb
~/**пятисернистая** Antimon(V)-sulfid *n*, Antimonpentasulfid *n*, Goldschwefel *m*
~/**сернистая** Antimonsulfid *n*
~/**трёхсернистая** Antimon(III)-sulfid *n*, Antimontrisulfid *n*
~/**трёххлористая** Antimon(III)-chlorid *n*, Antimontrichlorid *n*, Antimonbutter *f*
сурьмянистокислый *(Ch)* ...antimonit *n*, ...antimonat(III) *n*; antimonigsauer
сурьмянистый *(Ch)* ...antimonid *n*; antimonhaltig
сурьмянокислый *(Ch)* ...antimonat *n*; antimonsauer
сурьмяный *(Ch)* Antimon...
сусаль *m* Musivgold *n*, Muschelgold *n*
сусло *n* Würze *f*, Bierwürze *f*; Most *m*; Maische *f*
~/**конгрессное (лабораторное)** Kongreßwürze *f*
~/**начальное** Anstellwürze *f*
~/**основное** Stammwürze *f*
~/**охмелённое** gehopfte Würze *f*
~/**первое** Vorderwürze *f*, Hauptwürze *f*
~/**пивное** Bierwürze *f*, Würze *f*
~/**последнее** Nachwürze *f*
~/**солодовое** Malzwürze *f*
суслон *m* *(Lw)* Stiege *f* *(18...20 Garben)*
суспендирование *n* Suspendieren *n*, Aufschwemmen *n*, Aufschlämmen *n*
суспендировать suspendieren, aufschwemmen, aufschlämmen
суспензия *f* Suspension *f*, Aufschwemmung *f*, Aufschlämmung *f*
~/**абразивная** *(Glas)* Schleifmittelsuspension *f*
~/**волокнистая** *(Pap)* Fasersuspension *f*
~/**глиняная** *(Gieß)* Tonaufschlämmung *f*
~/**тяжёлая** Schwer[e]trübe *f*, schwere Trübe *f*
сусцептанц *m* *(El)* [induktiver] Blindleitwert *m*, Suszeptanz *f*
сутаж *m* *(Text)* Soutachelitze *f*
суташ *m s.* **сутаж**
сутки *pl* *(Astr)* Tag *m* *(24 Stunden)*
~/**звёздные** Sterntag *m*
~/**истинные солнечные** wahrer Sonnentag *m*
~/**солнечные** Sonnentag *m*
~/**средние звёздные** mittlerer Sterntag *m*
~/**средние солнечные** mittlerer Sonnentag *m*
сутунка *f* *(Wlz)* Platine *f*, Flachknüppel *m*
сутура *f* *(Geol)* Sutur[linie] *f*, Lobenlinie *f*
суть *f* **решения** *(Kyb)* Entscheidungsinhalt *m*, Entscheidungsgehalt *m*
суфлёр *m s.* **сапун картера**
суффозия *f* *(Geol)* Suffosion *f*
сухарик *m s.* **сухарь**
сухарики *mpl* *(Arch)* Zahnfries *m*, Zahnschnitt *m*
сухарь *m* 1. *(Masch)* Stein *m*, Gleitstein *m*; 2. Zwieback *m*
~ **клапана** Ventilkegelstück *n*
~ **люнета** Backen *m*
~/**морской** Schiffszwieback *m*
~/**нажимный** Druckbutzen *m*
сухобокость *f* *(Forst)* Seitendürre *f*
суховей *m* *(Meteo)* Trockenwind *m*, heißer Wind *m*
суховершинность *f* *(Forst)* Gipfeldürre *f*, Wipfeldürre *f*, Dürrsucht *f*
сухогруз *m* *(Schiff)* Trockenfrachter *m*
сухой 1. trocken; 2. arid, regenarm *(Klima)*
~/**абсолютно** absolut trocken
сухопарник *m* Dampftrockner *m*, Dampfdom *m*, Dom *m*
сухопутный Land...
сухосоление *n* *(Led)* Trockensalzen *n*, Konservierung *f* durch Trockensalzen
сухостой *m* *(Forst)* abständiges Holz *n*, Dürrholz *n*, Dürrling *m*. Totholz *n*, Trockenholz *n*
сухость *f* 1. *(Pap)* Trockengehalt *m*; 2. *(Meteo)* Aridität *f*, Trockenheit *f*
сухоустойчивость *f* Trockenstabilität *f*
сучение *n* Verdrehen *n*, Verdrehung *f*, Verwinden *n*, Verwindung *f* *(Drähte)*; *(Text)* Nitscheln *n* *(Streichgarnspinnerei)*
сучить verdrehen, verwinden *(Drähte)*; *(Text)* nitscheln, würgeln
сучковатость *f* *(Forst)* Ästigkeit *f*, Astknoten *mpl*
сучковатый *(Forst)* ästig, knorrig, gefladert
сучколовитель *m* *(Pap)* Astfänger *m*
сучкоотделитель *m* *(Pap)* Astfänger *m*
сучкорезка *f* *(Forst)* Entästungsmaschine *f*

сучняк *m (Forst)* Astholz *n*
сучок *m (Forst)* Ast *m*
~/**вросший** eingewachsener Ast *m*
~/**выпадающий** Durchfallast *m*, loser Ast *m*
~/**глубокий гнилой** tiefgehender Faulast *m*
~/**гнилой** angefaulter Ast *m*
~/**заросший** Einschlußast *m*
~/**здоровый** gesunder Ast *m*
~/**зелёный** Grünast *m*
~/**карандашный** Punktast *m*, Stiftästchen *n*
~/**лапчатый** Flügelast *m*, Nagelast *m*
~/**полусросший** halbeingewachsener Ast *m*
~/**рыхлый** Faulast *m*
~/**смолевой** Kienast *m*
~/**сухой** Dürrast *m*
~/**табачный** Tabakast *m*
~/**чёрный** Schwarzast *m*
сушение *n s.* **сушка**
сушилка *f* Trockner *m*, Trockenvorrichtung *f*, Trockenapparat *m*; Trockenraum *m*, Trockenkammer *f*, Trockenboden *m*, Darre *f (s. a. unter* **сушило***)*
~/**атмосферная** atmosphärischer (bei atmosphärischem Druck arbeitender) Trockner *m*
~/**атмосферная контактная** Kontakttrockner *m* mit atmosphärischem Druck *(russischer Oberbegriff für Walzen- und Zylindertrockner)*
~/**аэрофонтанная** Schwebetrockner *m*
~/**барабанная** Trommeltrockner *m*
~ **без воздухообмена** Trockner *m* ohne Luftwechsel, Trockner *m* mit geschlossener Luftzirkulation
~/**вакуумная** Vakuumtrockner *m*
~/**вакуумная вальцовая** Vakuumwalzentrockner *m*
~/**вальцовая** Walzentrockner *m*, Trommeltrockner *m*
~/**воздушная** Lufttrockner *m*
~/**вращающаяся** Drehtrommeltrockner *m*
~/**высокопроизводительная** Hochleistungsdarre *f*
~/**высокочастотная** Hochfrequenztrockner *m*
~/**гребковая** Schaufeltrockner *m*
~/**двухвальцовая** Doppelwalzentrockner *m*
~/**двухвальцовая вакуумная** Doppelwalzen-Vakuumtrockner *m*
~/**двухъярусная** Zweihordendarre *f*
~ **для основной пряжи/воздушная** *(Text)* Kettgarnlufttrockner *m*
~ **для стержней** *(Gieß)* Kerntrockner *m*, Kerntrockenofen *m*
~/**дымовая** Rauchdarre *f*
~/**индукционная** Hochfrequenztrockner *m*
~/**камерная** Trockenkammer *f*, Kammertrockner *m*, Kammertrockenofen *m*
~/**камерная воздушно-циркуляционная** Umlufttrockenkammer *f*, Umlufttrockenschrank *m*
~/**канальная** Kanaltrockner *m*, Tunneltrockner *m*
~/**кольцевая полочная** Ringetagentrockner *m*
~/**конвейерная** Fließbandtrockner *m*
~/**конвективная** Konvektionstrockner *m*
~/**конденсационная** Kondensationstrockner *m*
~/**контактная** Kontakttrockner *m*
~/**коридорная** Tunneltrockner *m*, Trokkentunnel *m*
~/**ламповая** [Ultrarot-]Lampentrockner *m*
~/**ленточная** Bandtrockner *m*
~/**ленточная многоярусная** Mehrbandtrockner *m*
~/**многоярусная** Mehrhordendarre *f*; *(Pap)* Etagentrockner *m*
~ **на дымовых газах** Rauchgastrockner *m*, Feuergastrockner *m*
~ **на перегретом паре** Heißdampftrockner *m*
~ **непрерывного действия** kontinuierlich (stetig) arbeitender Trockner *m*
~/**одновальцовая** Einwalzentrockner *m*
~/**однократная** Trockner *m* mit einmaliger Ausnutzung des Trockenmittels
~/**паровая трубчатая** Dampfröhrentrockner *m*
~/**передвижная шахтная** fahrbarer Schachttrockner *m*
~ **периодического действия** periodisch arbeitender Trockner *m*
~/**петлевая** Hänge[band]trockner *m*, Laufbandtrockner *m*; Schleifentrockner *m*
~/**пневматическая** pneumatischer Trockner *m*
~/**погружная вальцовая** Tauchwalzentrockner *m*
~/**подовая** Herdtrockner *m*
~/**противоточная** Gegenstromtrockner *m*
~/**прямоточная** Gleichstromtrockner *m*
~/**радиационная** Strahlungstrockner *m*
~/**распылительная** Zerstäubungstrockner *m*, Sprühtrockner *m*
~/**распылительная вальцовая** Sprühwalzentrockner *m*, Walzensprühtrockner *m*
~/**реверсивная** Umkehrstromtrockner *m*
~/**роликовая** Rollentrockner *m*
~ **с возвратом топочных газов** Trockner *m* mit Rückführung der Verbrennungsgase (Heizgase)
~ **с возвратом части воздуха** Trockner *m* mit Umluftverfahren, Umlufttrockner *m*
~ **с воздухообменом** Trockner *m* mit Luftwechsel

~ с естественной циркуляцией Trockner *m* mit natürlicher Luftströmung (Belüftung)
~ с замкнутой циркуляцией *s.* **~ без воздухообмена**
~ с кипящим слоем Fließbetttrockner *m*, Wirbelschichttrockner *m*
~ с мешалкой Rührwerkstrockner *m*
~ с однократным использованием сушильного агента *s.* **~/однократная**
~ с опрокидывающимися полками/шахтная Schachttrockner *m* mit Kippfächern *(sowjetische Konstruktion nach V. I. Stroganov)*
~ с параллельным током Parallelstromtrockner *m*
~ с паровым обогревом dampferwärmter (dampfbeheizter) Trockner *m*
~ с перекрёстным (поперечным) током Querstromtrockner *m*
~ с принудительной циркуляцией Trockner *m* mit erzwungener (künstlicher) Luftströmung
~ с противотоком Gegenstromtrockner *m*
~ с прямотоком Gleichstromtrockner *m*
~ с псевдоожиженным слоем Fließbetttrockner *m*, Wirbelschichttrockner *m*
~ с рециркуляцией . . . *s.* **~ с возвратом . . .**
~ с сетчатой лентой Siebbandtrockner *m*
~ с электронагревом elektrisch erwärmter (beheizter) Trockner *m*
~/сетчатая Siebtrockner *m*
~/сублимационная Gefriertrocknungsanlage *f*, Gefriertrockner *m*, Sublimationstrockner *m*
~/тарельчатая Tellertrockner *m*
~/тарельчатая шахтная Tellerschachttrockner *m*
~/трубчатая Röhrentrockner *m*
~/туннельная Tunneltrockner *m*, Kanaltrockner *m*, Trockentunnel *m*
~/туннельная вагонеточная Tunneltrockner *m* mit durchlaufenden Hordenwagen, Tunnelröhrentrockner *m*
~/фестонная *s.* **~/петлевая**
~/цилиндрическая Zylindertrockner *m*
~/шахтная Schacht[durchlauf]trockner *m*, Schachttrockenofen *m*, Trockenschacht *m*
сушило *n* Trockenraum *m*, Trockenkammer *f*, Trockner *m* *(s. a. unter* **сушилка***)*
~/башенное Turmtrockner *m*
~/вертикальное Schachttrockner *m*
~/вертикальное конвейерное Turmtrockner *m*
~/горизонтальное Trommeltrockner *m*, Trommeltrockenofen *m*
~ для стержней *s.* **~/стержневое**
~/инфракрасное Infrarottrockner *m*, Infrarottrockenofen *m*
~/камерное Trockenkammer *f*, Kammertrockner *m*
~/конвейерное Durchlauftrockner *m*, Durchlauftrockenofen *m*
~ непрерывного действия Durchlauftrockner *m*, Durchlauftrockenofen *m*
~/противоточное Gegenstromtrockner *m*
~/проходное Durchlauftrockner *m*, Durchlauftrockenofen *m*
~/прямоточное Gleichstromtrockner *m*
~/стержневое Kerntrockner *m*, Kerntrockenofen *m*, Kerntrockenkammer *f*
~ формовочной смеси Formsandtrockner *m*
сушить 1. trocknen; 2. darren, rösten *(Malz)*; 3. dörren *(Obst)*
~/предварительно vortrocknen
сушка *f* 1. Trocknen *n*, Trocknung *f*; 2. Darren *n (von Malz)*; 3. Dörren *n (von Obst)*
~/быстрая Schnelltrocknung *f*
~ в кипящем слое Fließbetttrocknung *f*, Wirbelbetttrocknung *f*
~/вакуумная Vakuumtrocknung *f*
~/вентиляционная Belüftungstrocknung *f*
~ возгонкой *s.* **~ сублимацией**
~/воздушная Lufttrocknung *f*, Trocknen *n* an der Luft
~ вымораживанием Gefriertrocknung *f*
~ выпариванием Verdampfungstrocknung *f*
~/высокочастотная Hochfrequenztrocknung *f*
~/дополнительная Nachtrocknung *f*
~ дымовыми газами Feuergastrocknung *f*
~/естественная natürliche Trocknung *f*, Freilufttrocknung *f*
~/индукционная Hochfrequenztrocknung *f*
~/искусственная künstliche (technische) Trocknung *f*
~ испарением Verdunstungstrocknung *f*
~/конвективная (конвекционная) Konvektionstrocknung *f*
~ конденсацией Kondensationstrocknung *f*
~/контактная Kontakttrocknung *f*
~ молока/вальцовая Walzentrocknung *f* *(Trockenmilchherstellung)*
~ молока/распылительная Sprühtrocknung *f* *(Trockenmilchherstellung)*
~ перегретым паром Heißdampftrocknung *f*
~/печная Ofentrocknung *f*
~ под вакуумом Vakuumtrocknung *f*
~/предварительная Vortrocknung *f*
~/противоточная Gegenstromtrocknung *f*
~/радиационная Strahlungstrocknung *f*
~ разложением воды Trocknung *f* durch Wasserzersetzung

~/**распылительная** Zerstäubungstrocknung *f*, Sprühtrocknung *f*
~ **распылительным способом** Zerstäubungstrocknung *f*, Sprühtrocknung *f*
~ **с частичной рециркуляцией воздуха** Trocknen *n* nach dem Umluftverfahren, Umlufttrocknung *f*
~/**сопловая** Trocknen *n* mit Düsentrocknern
~ **сорбцией** Sorptionstrocknung *f*
~ **стержней** *(Gieß)* Kerntrocknung *f*
~ **сублимацией** Gefriertrocknung *f*, Sublimationstrocknung *f*
~/**сублимационная** *s.* ~ **сублимацией**
~/**терморадиационная** Strahlungstrocknung *f*
~ **топочными газами** Heizgastrocknung *f*
~ **трав на сено** *(Lw)* Heuwerbung *f*
сфазировать *s.* **фазировать**
сфалерит *m (Min)* Sphalerit *m*, Zinkblende *f*, Blende *f*
сфен *m (Min)* Sphen *m*, Titanit *m*
сфеноид *m (Krist)* Sphenoid *n*
сфера *f* 1. Sphäre *f*, Bereich *m*, Zone *f*, Gebiet *n*; 2. *(Math)* Kugelfläche *f*
~ **ближней точки** Nahpunktskugel *f*
~/**гелиоцентрическая небесная** *(Astr)* heliozentrische Himmelskugel *f*
~/**геоцентрическая небесная** *(Astr)* geozentrische Himmelskugel *f*
~ **дальней точки** Fernpunktskugel *f*
~ **действия небесного тела** *(Astr)* Wirkungssphäre *f* (Wirkungsfeld *n*) eines Himmelskörpers
~ **действия тяготения небесного тела** *(Astr)* Schwerkraftfeld *n* eines Himmelskörpers
~ **диссипации** *s.* ~ **рассеяния**
~ **захвата** Einfangkugel *f*
~/**небесная** *(Astr)* Himmelskugel *f*, Himmelssphäre *f*, Sphäre *f*
~ **отражения** *s.* ~ **Эвальда**
~ **полюсов** *(Geoph)* Polkugel *f*
~ **рассеяния** *(Geoph)* Exosphäre *f*, äußere Atmosphäre *f*; Dissipationssphäre *f*
~/**следящая** *(Schiff)* Hüllenkugel *f (Kreiselkompaß)*
~/**соприкасающаяся** *(Math)* Schmiegkugel *f*, Oskulationskugel *f*
~/**топоцентрическая небесная** *(Astr)* topozentrische Himmelskugel *f*
~ **Эвальда** *(Krist)* Ewaldsche Kugel (Ausbreitungskugel) *f*
сфериты *mpl (Geol)* Sphärite *mpl*, Sphärolithe *mpl*
сферичность *f* Kugelgestalt *f*, Kugelform *f*
сфероид *m s.* ~ **вращения**
~ **вращения** Rotationsellipsoid *n*, Drehellipsoid *n*, Sphäroid *n*
сфероидизация *f (Met)* Glühen *n* auf kugeligen Zementit
~ **пор** Porenabrundung *f*
сферокобальтит *m (Min)* Sphaerokobaltit *m*, Kobaltspat *m*
сфероколлоид *m* Sphärokolloid *n*
сферокристалл *m* Sphärokristall *m*
сферолит *m* Sphärolith *m*
сферометр *m* Sphärometer *n*
сферометрия *f* Sphärometrie *f*
сферосидерит *m (Geol)* Sphärosiderit *m*, Toneisenstein *m*
сферостильбит *m (Min)* Sphärostilbit *m*
сфокусировать *s.* **фокусировать**
сформовать *s.* **формовать 2.**
сфуговать *s.* **фуговать**
схватиться *s.* **схватываться**
схватка *f* 1. *(Bw)* Zange *f*, Greifer *m*, Anschlagmittel *n*; 2. Gurtholz *n*; 3. Zangenbalken *m*; 4. Riegel *m*
схватывание *n (Bw)* Abbinden *n*, Erstarren *n (Beton, Mörtel)*
~ **краски** Farbhaftung *f*
~ **смеси** *(Gum)* Anvulkanisation *f*, Fixation *f*
~ **солода** *(Brau)* Angreifen *n (Mälzerei)*
схватываться *(Bw)* abbinden, erstarren *(Beton, Mörtel)*
схема *f* 1. Schema *n*, Plan *m*, Skizze *f*, Bild *n*; Aufbau *m*; 2. *(El)* Schaltung *f*; Schaltbild *n*; Schaltkreis *m*; Netzwerk *n*; Schaltungsanordnung *f*
~ **аварийного отключения** Alarm[ab]-schaltung *f*
~/**автоматическая** automatische Schaltung *f*
~ **алгоритма** *(Dat)* Programmablaufplan *m*, PAP
~ **алгоритма/логическая** logischer Programmablaufplan *m*
~ **альфа-распада** *(Kern)* Alpha-Zerfallsschema *n*
~ **анодного детектора** Anodengleichrichterschaltung *f*
~ **антисовпадений** Antikoinzidenzschaltung *f (Zählrohr, Ionisationskammer)*
~/**балансная** Balanceschaltung *f*, Ausgleichschaltung *f*
~/**безопасная** Sicherheitsschaltung *f*
~ **бета-распада** *(Kern)* Beta-Zerfallsschema *n*
~/**бинарная пересчётная** *s.* ~/**двоичная пересчётная**
~/**бистабильная** bistabile Schaltung *f*, Flip-Flop-Schaltung *f*, Triggerschaltung *f*
~ **блокировки** Sperrschaltung *f*, Verriegelungsschaltung *f*
~/**блокировочная** *s.* ~ **блокировки**
~/**блочная** Blockschaltung *f*, Block[schalt]-bild *n*
~/**болометрическая** Bolometerschaltung *f*
~/**большая интегральная** hochintegrierte Schaltung *f*, LSI-Schaltkreis *m*, Großintegrationsschaltung *f (100 . . . 1 000 logische Funktionen je Chip)*

~/**вентильная** Torschaltung *f*, Gatter *n*
~ **вентиляции** *(Bgb)* Wetternetz *n*, Wetterstammbaum *m*, Wetterriß *m*
~ **верхних частот** Hochpaßschaltung *f*
~ **видеоусилителя** Videoverstärkerschaltung *f*
~ **включения** Einschaltschema *n*, Schaltschema *n*
~ **возбуждения** Erregerschaltung *f*
~ **волочения** *(Met)* Ziehfolge *f* *(Ziehen von Stangen, Rohren und Profilen)*
~ **времени** Zeitschaltung *f*, Zeitglied *n*
~ **вскрытия** *(Bgb)* Aufschlußfigur *f* *(Tagebau)*; Aufschlußplan *m* *(Tiefbau)*
~/**вспомогательная** *(El)* Hilfsschaltung *f*
~/**встречно-параллельная** *(El)* Antiparallelschaltung *f*, Gegenparallelschaltung *f*
~/**входная** Eingangsschaltung *f*
~ **выдержки времени** *(Reg)* Zeitschaltung *f*, Zeitglied *n*
~/**вызывная** *(Fmt)* Anrufschaltung *f*
~ **выполнения программы** *(Dat)* Programmablaufplan *m*, PAP
~/**выпрямительная** Gleichrichterschaltung *f*
~/**высокочастотная** Hochfrequenzschaltung *f*, HF-Schaltung *f*
~/**выходная** Ausgangsschaltung *f*
~ **вычислений** Rechenschema *n*, Rechenschaltung *f*
~/**вычислительная** Rechenschema *n*, Rechenschaltung *f*
~ **вычитания** Subtraktionsschaltung *f*
~ **гашения** Löschschaltung *f*, Löschkreis *m*
~ **генератор-двигатель** *s.* ~ **Леонарда**
~ **гетеродинирования** Überlagerungsschaltung *f*
~/**гибридная интегральная** integrierte Hybridschaltung *f*, integrierter Hybridschaltkreis *m*
~ **Горнера** Hornersches Schema *n*, Horner-Schema *n*
~ **градуировки** Eichschaltung *f*
~ **Грейнахера/каскадная** *(El)* Greinacher-Schaltung *f*
~ **Греца** Graetz-Gleichrichterschaltung *f*
~/**групповая** *(Math)* Gruppenschema *n*
~/**двоичная пересчётная** *(Kern)* Zweifachuntersetzer *m*, binärer Untersetzer *m* *(Dosimeter)*
~/**двойная мостовая** Doppelbrückenschaltung *f*
~/**двойная триггерная** Doppeltriggerschaltung *f*
~/**двухпродуктовая** Zweiproduktschema *n*, Zweiproduktverfahren *n* *(Zuckergewinnung)*
~/**двухтактная** Gegentaktschaltung *f*, Push-Pull-Schaltung *f*
~/**двухтактная усилительная** Gegentaktverstärkerschaltung *f*
~/**двухтраловая промысловая** *(Schiff)* Wechselnetzfangtechnik *f* *(Schleppnetzfischerei)*
~/**декадная пересчётная** *(Kern)* Zehnfachuntersetzer *m*, dekadischer Untersetzer *m*, Dekadenuntersetzer *m* *(Dosimeter)*
~ **декодирования** Dekodier[ungs]schaltung *f*
~ **деления** Divisionsschaltung *f*
~/**делительная** Divisionsschaltung *f*
~ **демпфирования** Dämpfungsschaltung *f*
~/**детекторная** Detektorschaltung *f*, Demodulationsschaltung *f*
~ **деформации** Spannungszustand *m* der Verformung; Spannungszustandsdiagramm (Spannungszustandsschaubild) *n* der Verformung
~/**диодная** Diodenschaltung *f*
~/**диодно-транзисторная логическая** Dioden-Transistor-Logikschaltkreis *m*, DTL-Schaltkreis *m*
~/**диплексная** Diplexschaltung *f*
~/**дискретная** digitale Schaltung *f*
~ **дискриминатора** Diskriminatorschaltung *f*
~/**дифференциальная** Differentialschaltung *f*, Vergleichsschaltung *f*
~/**дифференцирующая** *(El)* Differenzierschaltung *f*
~/**дополнительная** Zusatz[be]schaltung *f*
~/**древовидная** verästelte Schaltung *f*
~/**дроссельная** Drosselschaltung *f*
~ **«дубль»/промысловая** *(Schiff)* Wechselnetzfangtechnik *f* *(Schleppnetzfischerei)*
~/**дуплексная телеграфная** Fernschreib-Duplexschaltung *f*, Gegenschreibschaltung *f*
~/**дуплексная телефонная** Fernsprech-Duplexschaltung *f*, Gegensprechschaltung *f*
~/**ёмкостная** kapazitive Schaltung *f*
~/**жёсткая** permanente (festverdrahtete) Schaltung *f*
~ **задержки** Verzögerungsschaltung *f*; Halteschaltung *f*
~ **зажигания** Zündschaltung *f*
~ **замещения** *s.* ~/**эквивалентная**
~/**запоминающая** *(Dat)* Speicherschaltung *f*
~ **запрета** *s.* ~/**запретительная**
~/**запретительная** *(Dat)* Verhinderungsschaltung *f*
~ **запрещения** *s.* ~/**запретительная**
~ **защиты** Schutzschaltung *f*
~ **звезда-звезда с выведенным нулём** Stern-Stern-Mittelpunktschaltung *f*
~ **звезда-звезда/трёхфазная мостовая** Stern-Stern-Brückenschaltung *f*
~ **звезда-зигзаг с выведенным нулём** Stern-Zickzack-Mittelpunktschaltung *f*
~ **звезды** Sternschaltung *f*, T-Schaltung *f*

~ **И** UND-Schaltung *f*
~/**идеальная измерительная** günstigste Meßanordnung *f*
~ **из активных сопротивлений/мостовая** Wirkwiderstandsbrückenschaltung *f*, ohmsche Brückenschaltung *f*
~/**избирательная** Auswahlschaltung *f*
~ **измерения** Meßschaltung *f*
~/**измерительная** Meßschaltung *f*
~ **И-ИЛИ** UND-ODER-Schaltung *f*
~ **ИЛИ** ODER-Schaltung *f*
~ **ИЛИ-И-ИЛИ/логическая** ODER-UND-ODER-Schaltung *f*
~ **ИЛИ-НЕ** NOR-Schaltung *f*
~/**импульсная счётная** *(El)* Impulszählschaltung *f*
~/**инверсионная** *(Bgb)* Umkehrschema *n* *(Tagebaubewetterung)*
~/**инверсная** Invers[ions]schaltung *f*, Umkehrschaltung *f*
~ **И-НЕ** UND-NICHT-Schaltung *f*
~/**интегральная** integrierte Schaltung *f*, integrierter Schaltkreis *m*, IS
~/**интегрирующая** Integrierschaltung *f*, Integrationsschaltung *f*
~ **информационных потоков** *(Dat)* Datenflußplan *m*
~/**искусственная** Kunstschaltung *f*
~/**испытательная** Prüfschaltung *f*
~/**исходная** Ausgangsschaltung *f*
~/**каноническая** kanonische Schaltung *f*
~/**каскадная** Kaskadenschaltung *f*
~/**каскодная** Kaskodeschaltung *f*
~/**кинематическая** *(Masch)* Getriebeplan *m*
~ **Колпитса (Колпитца, Кольпица)** Colpitts-Schaltung *f*, Colpitts-Oszillatorschaltung *f*
~/**кольцевая пересчётная** Ringzählschaltung *f*; Untersetzer *m* in Ringschaltung *(Dosimeter)*
~/**коммутационная (коммутирующая)** Kommutierungsschema *n*, Schaltbild *n*
~/**компенсационная (компенсирующая)** Kompensationsschaltung *f*, Ausgleichsschaltung *f*
~/**конденсаторная** Kondensatorschaltung *f*
~/**контакторная** Schützschaltung *f*
~ **контроля** Kontrollschaltung *f*, Überwachungsschaltung *f*
~ **коррекции искажений** Schaltung *f* zur Fehlerkorrektur
~/**ламповая** Röhrenschaltung *f*
~ **Леонарда** Leonard-Schaltung *f*, Ward-Leonard-Schaltung *f*
~/**логическая** logische Schaltung *f*, Logikschaltung *f*
~/**логическая полупроводниковая** logische Halbleiterschaltung *f*
~/**матричная** Matrixschaltung *f*
~ **Мейснера** Meißner-Schaltung *f*, Meißner-Oszillatorschaltung *f*
~/**микроминиатюрная [радиоэлектронная]** Miniaturschaltung *f*, Mikroschaltung *f*
~/**микромодульная** Mikromodulschaltung *f*
~/**микроэлектронная** Mikroelektronikschaltung *f*
~/**мнемоническая** Fließschema *n*
~/**мнемоническая световая** Leucht[schalt]-bild *n*
~/**многократная** Vielfachschaltung *f*
~/**многопредельная** Mehrbereichsschaltung *f*
~ **многоугольника** Polygonschaltung *f*, Vieleckschaltung *f*
~/**многофазная** Mehrphasenschaltung *f*
~/**многоэлементная** Mehrelementschaltung *f*
~/**множительная** Multiplikationsschaltung *f*
~/**молектронная** Festkörperschaltung *f*
~/**моностабильная** monostabile Schaltung *f*
~/**монтажная** 1. Bauplan *m*, Aufbauplan *m*; 2. Verdrahtung *f*; Verdrahtungsplan *m*, Schaltplan *m*
~/**мостовая** Brückenschaltung *f*
~/**мостовая измерительная** Brückenmeßschaltung *f*, Meßbrückenschaltung *f*
~/**мостовая Т-образная** Brücken-T-Schaltung *f*, Brückensternschaltung *f*
~ **на полупроводниковых приборах** Halbleiterschaltung *f*
~ **на твёрдом теле** Festkörperschaltung *f*
~/**накопительная** Speicherschaltung *f*
~ **НЕ** NICHT-Schaltung *f*
~ **НЕ-И** NICHT-UND-Schaltung *f*, NAND-Schaltung *f*
~ **НЕ-ИЛИ** NICHT-ODER-Schaltung *f*, NOR-Schaltung *f*
~/**нейтродинная** Neutrodynschaltung *f*, Neutrodyn[e] *n*
~/**низкочастотная** Niederfrequenzschaltung *f*, NF-Schaltung *f*
~ **обмотки** Wicklungsschaltbild *n*, Wickelschema *n*
~ **обратной связи** Rückkopplungsschaltung *f*
~/**ограничивающая (ограничительная)** Begrenzerschaltung *f*
~ **одновременного включения** Simultanschaltung *f*
~/**однокаскадная** einstufige Schaltung *f*
~/**одноконтурная** Einzelkreisschaltung *f*
~/**оперативная** Übersichtsschaltplan *m*
~/**оптическая** 1. optischer Aufbau *m*; 2. Strahlengang *m*
~ **ответвления** Abzweigschaltung *f*
~ **отклонения** Ablenkschaltung *f*
~ **отрицания равнозначности** Antivalenzschaltung *f* *(eines Logikbausteins)*
~ **отсеков** *(Schiff)* Tankplan *m*

~/**параллельная** Parallelschaltung *f*, Neben[schluß]schaltung *f*
~/**параллельно-последовательная** Parallelreihenschaltung *f*, Parallelserienschaltung *f*
~/**переключательная** Verknüpfungsschaltung *f*, Schaltkreis *m*
~ **переменного тока** Wechselstromschaltung *f*
~/**пересчётная** Zählschaltung *f*; Untersetzer *m* *(Dosimeter)*
~/**печатная** 1. gedruckte Schaltung *f*; 2. gedruckte Verdrahtung (Leitungsführung) *f*
~ **питания** Speiseschaltung *f*
~/**поверочная** Prüfschema *n*
~ **подавления обратной связи** Rückkopplungssperre *f*
~ **подключения** Klemmenschaltplan *m*
~/**полупроводниковая интегральная** integrierte Halbleiterschaltung *f*, integrierter Halbleiterschaltkreis *m*
~/**пороговая** Schwellwertschaltung *f*
~/**последовательная** Reihenschaltung *f*, Serienschaltung *f*
~/**последовательно-параллельная** Reihenparallelschaltung *f*, Serienparallelschaltung *f*
~ **постоянного тока** Gleichstromschaltung *f*
~/**потенциометрическая** Potentiometerschaltung *f*, Spannungsteilerschaltung *f*
~/**приведённая** reduziertes Schema *n* *(Wicklung)*
~ **привязки** *s.* ~/**фиксирующая**
~ **привязки уровня чёрного** *s.* ~ **фиксирования уровня чёрного**
~/**приёмная** Empfangsschaltung *f*
~/**принципиальная** Prinzipschaltbild *n*, prinzipielle Schaltung *f*; Stromlaufplan *m*
~ **проветривания** *(Bgb)* Wetternetz *n*, Wetterstammbaum *m*
~ **проветривания/фланговая** grenzläufige Wetterführung *f*
~ **проветривания/центральная** rückläufige Wetterführung *f*
~ **программы** *(Dat)* Programmablaufplan *m*, Programmschema *n*
~ **программы/логическая** logischer Programmablaufplan *m*
~/**промысловая** *(Schiff)* Fangsystem *n* *(Fischereiwesen)*
~ **противовключения** Gegenstromschaltung *f*
~/**противоместная [разговорная]** Rückhördämpfungsschaltung *f*
~ **противосовпадения** Antikoinzidenzschaltung *f*
~ **прохождения сигналов** Signalflußbild *n*
~ **прошивки памяти** Verdrahtungsschema *n*, Schaltschema *n*
~/**прямоугольная** Rechteckschaltung *f*
~ **пупинизации** Bespulungsplan *m*
~/**пусковая** Anfahrschaltung *f*, Anlaufschaltung *f*, Anlaßschaltung *f*, Startschaltung *f*
~ **путей** *(Eb)* Gleisbild *n*
~/**пушпульная** Gegentaktschaltung *f*, Push-Pull-Schaltung *f*
~ **равнозначности** Äquivalenzschaltung *f*
~/**развёрнутая** Abwicklungsschaltbild *n*, abgerolltes Schaltbild *n* *(Wicklung)*
~ **развёртки** Ablenkschaltung *f*
~ **разработки с оставлением целиков** *(Bgb)* Festenbau *m*
~ **разработки с подэтажной выемкой** *(Bgb)* Teilsohlenabbau *m*
~ **разряда** Entladeschaltung *f*
~ **распада** *(Kern)* Zerfallsschema *n*
~ **расположения** *(El)* Aufstellungsplan *m*, Belegungsplan *m*
~ **расположения дверей и сходных люков** *(Schiff)* Anordnungsplan *m* der Tür- und Decksöffnungen
~ **расположения иллюминаторов** *(Schiff)* Fensterplan *m*
~ **расположения шпуров** *(Bgb)* Schußanordnung *f*
~/**распределительная** Verteilerschaltung *f*
~ **распределителя** Verteilerschaltung *f*
~ **растяжки наружной обшивки** *(Schiff)* Außenhautabwicklung *f*
~ **реакции** Reaktionsschema *n*
~/**реверсивная** Reversierschaltung *f*
~/**регенеративная** Rückkopplungsschaltung *f*
~ **регулирования** Regelkreis *m*
~/**резисторно-транзисторная логическая** Widerstands-Transistor-Logikschaltkreis *m*, RTL-Schaltkreis *m*
~/**резонансная** Resonanzschaltung *f*
~/**резонансная мостовая** Resonanzbrükkenschaltung *f*
~/**релаксационная** Kippschaltung *f*
~/**релейная** Relaisschaltung *f*
~/**реостатная** Widerstandsschaltung *f*
~/**рефлексная** Reflexschaltung *f*
~ **с блокировкой** Blockierschaltung *f*
~ **с выдержкой времени** Verzögerungsschaltung *f*
~ **с двумя сменными тралами/промысловая** *(Schiff)* Wechselnetzfangtechnik *f* *(Schleppnetzfischerei)*
~ **с двумя устойчивыми состояниями** *s.* ~/**бистабильная**
~ **с заземлённой базой** *s.* ~ **с общей базой**
~ **с общей базой** Transistorschaltung *f* mit geerdeter Basis, Basis[grund]schaltung *f*, BS

~ с общей сеткой Gitterbasisschaltung *f*, GB-Schaltung *f*, GBS
~ с общим анодом Anodenbasisschaltung *f*, AB-Schaltung *f*, ABS
~ с общим катодом Katodenbasisschaltung *f*, KB-Schaltung *f*, KBS
~ с общим коллектором Transistorschaltung *f* mit geerdetem Kollektor, Kollektorschaltung *f*, KS
~ с общим основанием *s.* **~ с общей базой**
~ с общим эмиттером Transistorschaltung *f* mit geerdetem Emitter, Emitter[basis]schaltung *f*, Emittergrundschaltung *f*, ES
~ с одним устойчивым состоянием *s.* **~/моностабильная**
~ с пониженным потреблением анодного тока Anodenstrom-Sparschaltung *f*
~ с потуханием Dunkelschaltung *f*
~ с тремя тиристорами/трёхфазная мостовая halbgesteuerte Drehstrombrückenschaltung *f*
~ с шестью тиристорами/трёхфазная мостовая vollgesteuerte Drehstrombrückenschaltung *f*
~/сверхбольшая интегральная Schaltung *f* mit sehr hohem Integrationsgrad *(über 1 000 logische Funktionen je Chip)*
~/световая Leucht[schalt]bild *n*
~/сдвигающая *s.* **сдвигатель**
~/сериесная Reihenschaltung *f*, Serienschaltung *f*
~/симметричная *(Fmt)* Symmetrieschaltung *f*, symmetrische Schaltung *f*
~/симплексная Simplexschaltung *f*
~/симплексная телеграфная Fernschreib-Simplexschaltung *f*, Wechselschreibschaltung *f*
~/симплексная телефонная Fernsprech-Simplexschaltung *f*, Wechselsprechschaltung *f*
~/синусная *(Reg)* Sinusprinzip *n*
~ синхронизации Synchronisierschaltung *f*
~ синхронизации на свет Hellschaltung *f*
~ синхронизации на темноту Dunkelschaltung *f*
~ синхронной связи Gleichlaufschaltung *f*
~ скрещивания *(Fmt)* Kreuzungsplan *m*, Kreuzungsschema *n*
~/следящая *(Reg)* Folgeschaltung *f*; Nachlaufschaltung *f*
~/сложная komplexer Schaltkreis *m*
~/смесительная Mischschaltung *f*
~/собирательная ODER-Schaltung *f*, ODER-Glied *n*
~/совмещённая kompatible Schaltung *f*, kompatibler Schaltkreis *m*
~/совмещённая электронная integrierte elektronische Schaltung *f*
~ совпадений Koinzidenzschaltung *f*
~ согласования Anpassungsschaltung *f*
~ соединений Bauschaltplan *m*, Geräteschaltplan *m*
~ соединений выпрямителей/мостовая Gleichrichterbrückenschaltung *f*
~ соединений междугородных цепей *(Fmt)* Fernleitungs-Schaltplan *m*, Netzgestaltung *f*
~ соединений многоугольником Polygonschaltung *f*, Vieleckschaltung *f*
~ соединений/общая Anschlußplan *m*
~ соединений/последовательно-параллельная Reihenparallelschaltung *f*
~ соединений/шунтовая Nebenschlußschaltung *f*
~/спусковая *s.* **~/триггерная**
~ сравнения Vergleichsschaltung *f*
~ сравнения фаз Phasenvergleichsschaltung *f*
~ сравнения частот Frequenzvergleichsschaltung *f*
~/средняя интегральная Schaltung *f* mit mittlerem Integrationsgrad *(10 . . . 100 logische Funktionen je Chip)*
~ стабилизации Stabilisierungsschaltung *f* *(Transistor)*
~/стандартная Standardschaltung *f*
~/статическая statische Schaltung *f*
~/стробирующая Torschaltung *f*
~ строчной синхронизации Zeilensynchronisierschaltung *f*
~/струйная переключательная Fluidik-Schaltkreis *m*
~/струйная счётная Fluidik-Zählschaltung *f*
~/структурная Übersichtsschaltplan *m*, Schutzrelaisplan *m*, Gruppenverbindungsplan *m*
~/счётная Rechenschaltung *f*; Zählschaltung *f*, Zählkette *f*
~/твёрдая Festkörperschaltung *f*
~ термов Termschema *n*, Energieschema *n*, Energieniveaudiagramm *n*
~/тетродная Tetrodenschaltung *f*
~ технологического процесса Flußbild *n*, Flußdiagramm *n*, Ablaufplan *m*, Ablaufschema *n*
~ течения Strömungsbild *n*, Stromlinienbild *n*
~/тиристорная Thyristorschaltung *f*
~ токопрохождения Stromlauf[schalt]-plan *m*, Stromlaufschaltbild *n*
~/толстоплёночная Dickschichtschaltung *f*, Dickschichtschaltkreis *m*
~/тонкоплёночная Dünnschichtschaltung *f*, Dünnschichtschaltkreis *m*
~ торможения Bremsschaltung *f*
~ торможения постоянным током Gleichstrombremsschaltung *f*
~ торможения противотоком Gegenstrombremsschaltung *f*
~ траления/бортовая *(Schiff)* Seitenfangsystem *n* *(Schleppnetzfischerei)*

~ **траления/кормовая** *(Schiff)* Heckfangsystem *n (Schleppnetzfischerei)*
~ **транзистора/эквивалентная** Transistorersatzschaltung *f*
~/**транзисторно-транзисторная логическая** Transistor-Transistor-Logikschaltkreis *m*, TTL-Schaltkreis *m*
~/**транзитная** Durchschaltung *f*
~ **трансформатора/эквивалентная** Transformatorersatzschaltung *f*
~/**трансформаторная** Transformatorschaltung *f*
~ **трансформации** Transformationsschaltung *f*
~ **треугольника** Dreieckschaltung *f*
~/**трёхтактная** Dreitaktschaltung *f*
~/**трёхточечная** Dreipunktschaltung *f*
~/**трёхфазная** Dreiphasenschaltung *f*
~/**трёхфазная двухтактная** Dreiphasen-Doppelwegschaltung *f*
~/**триггерная** Trigger *m*, Triggerschaltung *f*, Triggerkreis *m*, Auslöseschaltung *f*
~ **умножения** Multiplikationsschaltung *f*
~ **управления** Steuerschaltung *f*, Steuerschaltkreis *m*
~/**управляющая** *s.* ~ **управления**
~ **уровней** *(Kern)* Niveauschema *n*
~/**усилительная** Verstärkerschaltung *f*
~/**фазоинверсная** *s.* ~/**фазоинверторная**
~/**фазоинверторная** Phasenumkehrschaltung *f*
~/**фантомная** Viererschaltung *f*, Phantomschaltung *f*
~ **фиксирования уровня чёрного** *(Fs)* Schwarzsteuerschaltung *f*
~/**фиксирующая** Klemmschaltung *f*, Clamping-Schaltung *f*
~ **фильтра** Siebschaltung *f*, Filterschaltung *f*
~ **фильтра низких частот** Tiefpaßschaltung *f*
~/**функциональная** Funktionsschaltplan *m*, Funktionsschaltbild *n*; Gatterschaltung *f*
~ **Хут-Кюна** Huth-Kühn-Schaltung *f*
~ **цепи** Kettenschaltung *f*
~ **цепи управления** Steuerkreisschaltung *f*
~/**цеп[очеч]ная** Kettenschaltung *f*
~/**цифровая** Digitalschaltung *f*
~/**эквивалентная** Ersatzschaltplan *m*, Ersatzschaltbild *n*
~/**эквивалентная гибридная** Hybridersatzschaltung *f (Transistor)*
~/**электроизмерительная** elektrische Meßschaltung *f*
~/**электрометрическая** Elektrometerschaltung *f*
~/**электромонтажная** Verdrahtungsplan *m*, Schaltplan *m*
~/**электронная** elektronische Schaltung *f*, elektronischer Schaltkreis *m*
~ **электрооборудования и проводки на планах** Installationsplan *m*
~ **электроснабжения и связи** Trassenplan *m*, Netzplan *m*, Kabel[lage]plan *m*
~ **энергетических уровней** *(Kern)* Termschema *n*, Energieschema *n*, Energieniveaudiagramm *n*
~ **ядерных уровней** *(Kern)* Kernniveauschema *n*, Kerntermschema *n*
схемный Schaltungs..., schaltungstechnisch
схемотехника *f (Eln)* Schaltungstechnik *f*, Schaltkreistechnik *f*
~/**интегральная** integrierte Schaltungstechnik *f*, IS-Technik *f*
~/**твердотельная** Festkörperschaltkreistechnik *f*
схемотехнический schaltungstechnisch, Schaltungs...
сход *m* 1. Ablauf *m*, Ablaufen *n*; 2. Überlauf *m*, Siebüberlauf *m*, Siebübergang *m*, Siebgrobes *n*, Siebrückstand *m*, Überkorn *n*
~ **колёс** *s.* **сходимость колёс**
~ **колош** *(Met)* Gichtengang *m (Hochofen)*
~ **нити с набоя** *(Text)* Ablaufen *n* (Ablauf *m*) vom Kettbaum
~ **с рельсов** *(Eb)* Entgleisung *f*
~ **стружки** *(Fert)* Spanablauf *m*
~ **шихты** *(Met)* Niedergehen (Nachgehen) *n* der Beschickung *(Schachtofen)*
сходимость *f* 1. Annäherung *f*; 2. *(Math)* Konvergenz *f (Reihen)*
~/**абсолютная** absolute Konvergenz *f*
~ **в гильбертовом пространстве/слабая** schwache Konvergenz *f* im Hilbertschen Raum
~ **в каждой точке** Konvergenz *f* überall
~ **в линейном нормированном пространстве** Konvergenz *f* im linearen normierten Raum
~ **в метрическом пространстве** Konvergenz *f* im metrischen Raum
~ **в среднем** Konvergenz *f* im Mittel *(Integralrechnung)*
~ **знакопеременного ряда** Konvergenz *f* der alternierenden Reihe
~ **измерений** Reproduzierbarkeit (Wiederholbarkeit) *f* von Messungen
~ **колёс** *(Kfz)* Vorspur *f (Vorderräder)*
~ **лучей** Strahlenkonvergenz *f*
~/**неравномерная** ungleichmäßige Konvergenz *f*
~ **по вероятности** Konvergenz *f* nach (in) Wahrscheinlichkeit
~ **почти всюду** Konvergenz *f* fast überall
~/**равномерная** gleichmäßige Konvergenz *f*
~ **с вероятности 1 (единица)** Konvergenz *f* mit Wahrscheinlichkeit 1
~/**средняя квадратичная** Konvergenz *f* im quadratischen Mittel
~/**условная** bedingte Konvergenz *f*

сходня f *(Schiff)* Laufbrett n, Laufsteg m, Laufplanke f, Stelling f, Landgang m, Landungssteg m, Gangway f
сходство n s. **подобие**
сходящийся *(Math)* konvergent
~/**абсолютно** absolut konvergent
~/**безусловно** unbedingt konvergent
~/**всюду** überall (beständig) konvergent *(Potenzreihe)*
~/**равномерно** gleichmäßig konvergent *(Potenzreihe)*
сцедить s. **сцеживать**
сцежа f *(Pap)* Kochergrube f, Stoffgrube f
сцеживать *(Ch)* abzapfen, abziehen; [vorsichtig] abgießen, dekantieren
сцеп m 1. Anhängen n, Kuppeln n *(Fahrzeuge)*; 2. Kuppelvorrichtung f, Kupplung f, Kuppelhaken m *(Fahrzeuge)*, Deichselhaken m
~/**тросовый** *(Schiff)* Trossenkupplung f *(Schubschiffahrt)*
сцепить s. **сцеплять**
сцепиться s. **сцепляться**
сцепка f 1. Kupplung f *(zwischen Fahrzeugen)*; 2. *(Lw)* Kopplungswagen m, Kopplungsbalken m
~/**автоматическая** 1. *(Eb)* automatische Kupplung f, automatische Mittelpufferkupplung f; 2. *(Lw)* Schnellkupplung f
~/**винтовая** *(Eb)* Schraubenkupplung f
~/**гидрофицированная** *(Lw)* Kraftheber m
~/**жёсткая** starre Kupplung f
сцепление n 1. Haftung f, Haften n, Anhaften n; Verkettung f, Verketten n; Bindung f; 2. *(Kfz)* Kupplung f; 3. *(Dat)* Verkettung f, Verbindung f; 4. *(Eb)* Haftreibung f *(Rad/Schiene)*; 5. *(Ph)* s. **когезия**
~/**выключаемое фрикционное** *(Kfz)* ausrückbare Reibungskupplung f
~/**гибкое** biegsame Kupplung f *(Hohlleiter)*
~/**граничное** *(Typ)* Grenzflächenspannung f
~ **данных** *(Dat)* Datenketten n, Datenverkettung f
~/**двухдисковое** *(Kfz)* Zweischeibenkupplung f
~/**дисковое** *(Kfz)* Scheibenkupplung f
~ **железнодорожного состава** *(Eb)* Ankuppeln n
~ **зубчатых колёс** *(Masch)* Kämmen n, Eingriff m *(Zahnräder)*
~ **команд** *(Dat)* Befehls[ver]kettung f
~ **магнитных потоков** *(El)* Flußverkettung f
~ **массивов** *(Dat)* Verkettung f von Dateien, Dateiverkettung f
~ **между волокнами** *(Pap)* Faser-zu-Faser-Bindung f
~/**механическое** [mechanische] Kupplung f
~/**многодисковое** *(Kfz)* Mehrscheibenkupplung f
~/**многодисковое масляное** Mehrscheibenölkupplung f
~/**непостоянно замкнутое** *(Kfz)* bewegliche Kupplung f
~/**однодисковое** *(Kfz)* Einscheibenkupplung f
~/**пластинчатое фрикционное** *(Kfz)* Lamellenkupplung f, Metallscheibenkupplung f
~/**полуцентробежное** *(Kfz)* halbzentrifugale Kupplung f, Kupplung (Einscheibenkupplung) f mit Fliehkraftausrückhilfe
~/**постоянно замкнутое** *(Kfz)* feste Kupplung f
~ **потоков** *(El)* Flußverkettung f
~ **с грунтом** Bodenhaftung f *(eines Fahrzeugs)*
~ **с конусным диском/фрикционное** *(Kfz)* Kegelkupplung f, Kegelreibungskupplung f
~ **с почвой** s. ~ **с грунтом**
~ **с пружиной диафрагменного типа/однодисковое** *(Kfz)* Einscheibenkupplung f mit geschlitzter Membrandruckfeder
~/**сухое двухдисковое** *(Kfz)* trockene Zweischeibenkupplung f, Zweischeibentrockenkupplung f
~/**сухое многодисковое** *(Kfz)* trockene Mehrscheibenkupplung f, Mehrscheibentrockenkupplung f
~/**сухое однодисковое** *(Kfz)* trockene Einscheibenkupplung f, Einscheibentrokkenkupplung f
~/**фрикционное** *(Kfz)* Reibungskupplung f *(Scheiben- bzw. Kegelkupplung)*
~/**центробежное** *(Kfz)* Fliehkraftkupplung f
сцепляемость f Haftkraft f, Haftvermögen n, Haftfähigkeit f
сцеплять kuppeln, einhaken, zusammenhaken
сцепляться 1. ineinandergreifen; 2. *(Masch)* kämmen, in Eingriff stehen *(Zahnräder)*; 3. zusammenhaften, kohärieren
сцинтиграмма f *(Kern)* Szintigramm n, Gammagramm n
сцинтиллятор m Szintillator m
сцинтилляционный Szintillations . . .
сцинтилляция f Szintillation f, Szintillieren n
СЧ s. **частота/сверхвысокая**
счал m Schleppzug m *(Wolgaschifffahrt)*
счёт m 1. Zählen n, Zählung f; 2. Rechnen n, Rechnung f
~/**двойной** Doppelrechnung f
~/**контрольный** Kontrollrechnung f
~ **полос** Streifenzählung f

~ **с плавающей запятой** *(Dat)* Gleitkommarechnung *f*
~ **с фиксированной запятой** *(Dat)* Festkommarechnung *f*
~ **сгустков** *(Kern)* Blobzählung *f*, Clusterzählung *f* *(Fotoemulsion)*
~ **совпадений** *(Kern)* Koinzidenzzählung *f*

счётчик *m* 1. Zähler *m*, Zählgerät *n*, Zählvorrichtung *f*, Zählwerk *n*; 2. *(Kern)* Zählrohr *n*, Strahlungszählrohr *n*
~/**абонентский** *(Fmt)* Gesprächszähler *m*, Teilnehmerzähler *m*
~ **адресов** *(Dat)* Adressenzähler *m*
~ **активной энергии** *(El)* Wirkarbeitszähler *m*, Wirkverbrauch[s]zähler *m*
~ **активной энергии/индукционный** Wirkverbrauch[s]induktionszähler *m*
~/**активный** *s.* ~ **активной энергии**
~ **альфа-частиц** *(Kern)* Alpha-Zähler *m*, Alpha-Zählglied *n*; Alpha-Zählrohr *n*
~ **ампер-часов** *(El)* Amperestundenzähler *m*
~ **антисовпадений** *(Kern)* Antikoinzidenzzähler *m*
~/**антраценовый** *(Kern)* Anthrazenzähler *m* *(Szintillationszähler)*
~ **Арона** *(El)* Aron-Zähler *m*
~/**барабанный** Trommel[flüssigkeits]zähler *m* *(vom Typ Auslaufzähler)*
~ **бета-частиц** *(Kern)* Beta-Zähler *m*, Beta-Zählrohr *n*
~/**бинарный** *s.* ~/**двоичный**
~ **блоков** *(Dat)* Blockzähler *m*
~/**борный** *(Kern)* Borzählrohr *n*
~/**бытовой [электрический]** Haushalts-[elektrizitäts]zähler *m*
~ **ватт-часов** *(El)* Wattstundenzähler *m*
~ **вольт-часов** *(El)* Voltstundenzähler *m*
~ **времени** *(Fmt)* Gesprächsuhr *f*, Gesprächszeitmesser *m*; Zeitzähler *m*; Betriebsstundenzähler *m* *(bei Fernschreibern)*
~ **времени/адресуемый** *(Dat)* adressierbare Uhr *f*
~ **времени работы** Betriebsstundenzähler *m*
~/**вспомогательный** Nebenzähler *m* *(des Verbund-Flüssigkeitszählers)*
~ **вызовов** *(Dat)* Benutzungszähler *m*
~/**высоковольтный** Hochspannungszähler *m*
~ **высокого давления** Hochdruckzählrohr *n*
~ **газа** *s.* ~/**газовый**
~/**газовый** Gaszähler *m*, Gasmesser *m*
~/**газопроточный** *(Kern)* Gasdurchflußzähler *m*
~/**газоразрядный** *(Kern)* Gasentladungszähler *m*
~/**галогенный** Halogenzähler *m*
~/**галоидный** *(Kern)* Halogenzähler *m*
~ **гамма-излучений** *(Kern)* Gamma-Strahlungszähler *m*
~ **гамма-квантов** *(Kern)* Gamma-Zählrohr *n*, Gamma-Zähler *m*
~ **Гейгера-Мюллера** *(Kern)* Geiger-Müller-Zählrohr *n*, GM-Zählrohr *n*, Geiger-Müller-Zähler *m*, Auslösezähler *m*
~/**главный** *(El)* Hauptzähler *m*
~ **групп** *(Fmt)* Gruppenzähler *m*
~/**двоично-кодированный** *(El)* binär kodierter Zähler *m*
~/**двоичный** *(El)* Binärzähler *m*, Dualzähler *m*, binärer (dualer) Zähler *m*
~/**двухдисковый** *(El)* Zweischeibenzähler *m*
~/**двухпоршневой [поступательный]** Zweikolbenzähler *m* *(Hubzähler)*
~/**двухпроводной** *(El)* Zweileiter[system]-zähler *m*
~/**двухсистемный** *(El)* Zweisystemzähler *m*, Zähler *m* mit zwei Triebsystemen
~/**двухтарифный** *(El)* Doppeltarifzähler *m*, Zweitarifzähler *m*
~/**декадный** *(Kern)* Dekadenzähler *m*
~/**декадный электронный** Dekadenzählröhre *f*
~ **деления** *(Kern)* Spalt[ungs]zähler *m*, Fissionszähler *m*
~/**десятичный** Dezimalzähler *m*
~/**диодный** Diodenzähler *m*
~/**дисковый** Scheibenzähler *m*, Taumelscheibenzähler *m* *(Verdrängungszähler)*
~ **длины вытравленной якорной цепи** *(Schiff)* Zählvorrichtung *f* für die gefierte Kettenlänge
~ **для жидкостей/ротационный** Drehkolbenflüssigkeitszähler *m*, Drehkolbenflüssigkeitsmesser *m*
~ **для измерения активности жидкости** *(Kern)* Flüssigkeitszähler *m*
~ **жидкостей/барабанный** Trommelzähler *m* *(Flüssigkeitsmengenzähler)*
~ **жидкостей/комбинированный** Verbundflüssigkeitszähler *m*
~ **жидкости** Flüssigkeitszähler *m*
~ **забортного лага** *(Schiff)* Loguhr *f* *(Schlepplog)*
~ **записей** *(Dat)* Satzzähler *m*
~ **заряжённых частиц** *(Kern)* Zählrohr *n*
~ **зоны и времени** Zeitzonenzähler *m*, ZZZ
~/**импульсный** *(Kern)* Impulszähler *m*, Impulszählgerät *n*
~ **импульсов** *s.* ~/**импульсный**
~/**индукционный** *(El)* Induktionszähler *m*
~/**ионизационный** *(Meteo)* Ionenzähler *m* *(Bestimmung des spezifischen Ionengehalts der Luft)*
~ **ионов** *s.* ~/**ионизационный**
~/**искровой** *(Kern)* Funkenzähler *m*
~ **кадров [киносъёмочной камеры]** *(Kine)* Bildzähler *m*, Bildzählwerk *n*
~ **капель** Tropfenzähler *m*

~ **киловатт-часов** *(El)* Kilowattstundenzähler *m*
~ **количества газа** *s.* **газосчётчик**
~ **количества жидкостей** Flüssigkeitsvolumenzähler *m*, unmittelbarer Volumenzähler *m*
~ **количества тепла** Wärmemengenzähler *m*
~ **количества электричества** Elektrizitätsmengenzähler *m*, Strommengenzähler *m*
~/**кольцевой** Ring[kolben]zähler *m (Flüssigkeitsmengenzähler mit ringförmigem Kolben)*
~ **команд** *(Dat)* Befehlszähler *m*, Befehlsfolgeregister *n*
~/**кристаллический** *(Kern)* Kristallzähler *m*
~ **крутки** *(Text)* Drehungszähler *m*, Drallapparat *m (Fadenprüfung)*
~ **листов** *(Typ)* Bogenzähler *m*
~/**лопастный пластинчатый ротационный** Treibschieberzähler *m (Flüssigkeitsmengenzähler)*
~/**лопастный ротационный** Planetenradzähler *m (Flüssigkeitsmengenzähler)*
~/**магнитомоторный** *(El)* Magnetmotorzähler *m*, permanentdynamischer Zähler *m*
~ **Маза** *(Kern)* Maze-Zähler *m*
~ **максимального тарифа** *(El)* Höchsttarifzähler *m*
~/**максимальный** *(El)* Zähler *m* mit Maximum[an]zeiger, Maximumzähler *m*, Höchstverbrauchszähler *m*
~/**маятниковый** *(El)* Pendelzähler *m*
~ **мерильной машины** *(Text)* Rektometer *n*
~/**метановый** *(Kern)* Methanzähler *m*, Methanzählrohr *n (mit Methan oder einem anderen mehratomigen Gas gefüllter Proportionalzähler)*
~ **метража кинофильма** *(Kine)* Filmmeterzähler *m*
~/**многотарифный** *(El)* Mehr[fach]tarifzähler *m*
~/**многофазный** Mehrphasenzähler *m*
~/**монетный** *(El)* Münzzähler *m*
~/**моторный** *(El)* Motorzähler *m*
~/**нейтронный** *(Kern)* Neutronenzähler *m*, Neutronenzählrohr *n*
~/**несамогасящийся** *(Kern)* nichtselbstlöschendes Zählrohr *n*
~ **нитей** *(Text)* Fadenzähler *m*
~ **оборотов** Drehzahlmesser *m*, Umdrehungszähler *m*, Tourenzähler *m*
~ **оборотов главного двигателя/суммарный** *(Schiff)* Hubzähler *m*
~/**объёмный** Verdrängungszähler *m*, Kolbenzähler *m (Flüssigkeitsmengenzähler)*
~/**однодисковый** *(El)* Einscheibenzähler *m*
~/**однопоршневой [поступательный]** Einkolbenzähler *m (Hubkolbenzähler)*
~/**односистемный** *(El)* Einsystemzähler *m*, Zähler *m* mit einem Triebsystem
~/**однотарифный** *(El)* Ein[fach]tarifzähler *m*
~/**однофазный индукционный** *(El)* Einphaseninduktionszähler *m*
~/**однофазный электрический** *(El)* einphasiger Zähler *m*, Einphasenzähler *m*
~/**одноэлементный** *s.* ~/**односистемный**
~ **осей** *(Eb)* Achszähler *m*
~/**основной** Hauptzähler *m (des Verbundzählers)*
~/**острийный** *(Kern)* Spitzenzähler *m*, Spitzenzählrohr *n*
~ **переменного тока** Wechselstromzähler *m*
~/**поверочный** *(El)* Prüfzähler *m*
~/**погружаемый (погружной)** *(Kern)* Tauchzählrohr *n*, Eintauchzählrohr *n*
~ **полос** Vorwärtszähler *m*
~/**поршневой дисковый** Scheibenzähler *m (Flüssigkeitsmengenzähler mit scheibenförmigem Kolben)*
~/**поршневой дисковый прецизионный** *s.* ~/**дисковый**
~/**поршневой кольцевой планетарный** *s.* ~/**кольцевой**
~/**поршневой цилиндрический** Kolbenzähler *m (Flüssigkeitsmengenzähler mit zylindrischem Kolben)*
~/**поршневой цилиндрический поступательный** Hubkolbenzähler *m (Verdrängungszähler)*
~ **постоянного тока** Gleichstromzähler *m*
~ **потерь** Verlustzähler *m*
~/**поточный** Durchflußzähler *m*
~ **предметов/радиоактивный** *(Kern)* radioaktiver Mengenzähler *m*
~/**прецизионный** Präzisionszähler *m*
~/**программный** *(Dat)* Programmzähler *m*
~ **продолжительности разговора** *(Fmt)* Gesprächszeitmesser *m*, Gesprächsuhr *f*
~ **пройденного расстояния** *(Schiff)* Wegzähler *m*
~/**пропорциональный [ионизационный]** *(Kern)* Proportionalzählrohr *n*, Proportional[itäts]zähler *m*
~/**проточный** *(Kern)* Durchflußzähler *m*
~/**пусковой** *(Kern)* Startzähler *m*, Reaktorstartzähler *m (Bor- oder Spaltzähler, der beim Reaktorstart in einen der Spaltzonenkanäle eingeführt wird)*
~/**пятипоршневой поступательный** Fünfkolbenzähler *m (Hubkolbenzähler)*
~ **разговоров** *s.* ~/**абонентский**
~ **распределения памяти** *(Dat)* Zuordnungszähler *m*
~ **рассогласования** Differenzzähler *m*
~ **реактивной энергии** *(El)* Blindarbeitszähler *m*, Blindverbrauch[s]zähler *m*
~/**реактивный** *s.* ~ **реактивной энергии**

~ **реального времени** *(Dat)* Echtzeituhr *f*
~/**реверсивный** Vor- und Rückwärtszähler *m*
~ **резервирования** *(Dat)* Reservierungszähler *m*
~/**ротационный газовый** Drehkolbengaszähler *m*
~/**ртутный** *(El)* Quecksilberzähler *m*
~/**ртутный вращающийся** *(El)* umlaufender Quecksilberzähler *m*, Quecksilbermotorzähler *m*, Quecksilberzähler *m*
~/**ртутный электролитический** *(El)* elektrolytischer Quecksilberzähler *m*
~ **с аксиальным подводом жидкости** Woltmann-Zähler *m* *(Turbinenzähler mit axialer Flügelradbeschaufelung)*
~ **с качающимися сосудами/весовой** Kippzähler *m*, Doppelgefäßkippmesser *m* nach Eckardt *(vom Typ Auslaufzähler)*
~ **с круглыми шестернями** Zahnradzähler *m* *(Flüssigkeitsmengenzähler)*
~ **с маятником** *s.* ~/**маятниковый**
~ **с монетным автоматом** *s.* ~/**монетный**
~ **с овальными шестернями [/ротационный]** Ovalradzähler *m*, Wälzkolbenzähler *m* *(Flüssigkeitsmengenzähler)*
~ **с параллельными электродами/искровой** *(Kern)* Parallelplattenfunkenzähler *m*
~ **с пластинчатыми лопастями** Treibschieberzähler *m* *(Flüssigkeitsmengenzähler)*
~ **с предварительной оплатой** *s.* ~/**монетный**
~ **с тангенциальным подводом жидкости** Flügelradzähler *m* *(Turbinenzähler mit tangentialer Flügelradbeaufschlagung)*
~/**самогасящийся** *(Kern)* selbstlöschendes Zählrohr *n*
~/**скоростной** Turbinenzähler *m* *(mittelbarer Volumenzähler)*
~ **совпадений** *(Kern)* Koinzidenzzähler *m*
~ **строк** *(Typ)* Zeilenzähler *m*
~ **суммарного числа оборотов** Hubzähler *m*
~/**суммарный** Summenzähler *m*
~/**сцинтилляционный** *(Kern)* Szintillationszähler *m*
~/**тонкостенный** *(Kern)* dünnwandiges Zählrohr *n*, Zählrohr *n* mit dünnem Fenster *(Typenbegriff für Alpha-Zähler und Glockenzählrohr)*
~/**торцовый** *(Kern)* Glockenzählrohr *n*, Endfensterzählrohr *n*
~/**трёхфазный** *(El)* Dreiphasenzähler *m*; Drehstromzähler *m*
~/**трёхфазный двухсистемный (двухэлементный)** zweisystemiger Drehstromzähler *m*, Drehstromzähler *m* mit zwei Triebsystemen
~/**трёхфазный индукционный** Dreiphaseninduktionszähler *m*; Drehstrominduktionszähler *m*
~ **фотонов** *(Kern)* Lichtquantenzähler *m*
~ **циклов** *(Dat)* Zykluszähler *m*, Umlaufzähler *m*
~/**цилиндрический** *(Kern)* Zylinderzähler *m*
~ **частиц** *(Kern)* Teilchenzähler *m*, Teilchenzählgerät *n*
~ **частиц/газовый** Gaszählrohr *n* *(Untersuchung eingeführter radioaktiver Gasproben)*
~ **частоты** Frequenzzähler *m*
~ **Черенкова** *(Kern)* Čerenkov-Zähler *m*, Čerenkov-Detektor *m*
~ **черпаков** Eimerzählgerät *n* *(Eimerkettenbagger)*
~/**четырёхпоршневой** Vierkolbenzähler *m* *(Hubkolbenzähler)*
~ **числа оборотов** *s.* ~ **оборотов**
~ **электричества** Elektrizitätszähler *m*
~/**электродинамический** elektrodynamischer (dynamoelektrischer) Zähler *m*
~/**электролитический** elektrolytischer Zähler *m*, Elektrolytzähler *m*
~/**электронный** elektronischer Zähler *m*, [elektronische] Zählröhre *f*
~ **электроэнергии** Elektrizitätszähler *m*
~ **электроэнергии переменного тока** Wechselstrom[elektrizitäts]zähler *m*
~ **электроэнергии постоянного тока** Gleichstrom[elektrizitäts]zähler *m*
~ **элементарных частиц** *(Kern)* Teilchenzähler *m*, Teilchenzählrohr *n*
~ **ядер конденсации** *(Meteo)* Kondensationskernzähler *m*
~ **ядер отдачи** *(Kern)* Rückstoßzähler *m*
счётчик-двигатель *m* Motorzähler *m*
счётчик-зонд *m* *(Kern)* Zählrohrsonde *f*
счётчик-частотомер *m* *(El)* Frequenzzähler *m*, Zählfrequenzmesser *m*
счётчик *m*/**четыре-пи-** *(Kern)* 4π-Zähler *m*
счислитель *m* Summator *m*, Summierer *m*, Summierglied *n*, Add[ier]er *m*, Addierwerk *n*
~ **координат/автоматический** automatischer Koordinatenrechner *m*, Koppelrechner *m*
считывание *n* Ablesen *n*, Lesen *n*; Abfühlen *n*, Abtasten *n*
~/**автоматическое** automatisches Lesen *n*
~ **без разрушения программы** *(Dat)* nichtlöschendes (zerstörungsfreies) Lesen *n*
~ **вагонов** *(Eb)* Identifikation (Identifizierung) *f* der Wagen
~/**двукратное** doppelte Abtastung *f*
~/**дистанционное** Fernablesung *f*
~/**диэлектрическое** dielektrische Abtastung *f*

~ **знаков/оптическое** *(Dat)* optische Zeichenabtastung *f*
~ **информации** *(Dat)* Informationslesen *n*, Informationsabfühlung *f*
~ **информации/неразрушающее** nichtzerstörendes (nichtlöschendes) Lesen *n*
~/**контрольное** *(Dat)* Kontrollesen *n*, Prüflesen *n*
~/**косвенное** *(Dat)* indirekte Ablesung *f*
~/**магнитное** *(Dat)* magnetische Abtastung *f*
~ **магнитной ленты** *(Dat)* Magnetbandabfühlung *f*
~ **маркеров** *(Dat)* Markierungslesung *f*
~/**механическое** *(Dat)* mechanische Abtastung *f*
~/**обратное** *(Dat)* Rückwärtslesen *n*
~/**оптическое** *(Dat)* optische Abtastung *f*
~/**параллельное** *(Dat)* Parallelabtastung *f*, Parallellesung *f*
~ **перфокарт** *(Dat)* Lochkarten[ab]lesen *n*, Lochkartenabfühlung *f*, Lochkartenabtastung *f*
~ **перфоленты** *(Dat)* Lochstreifen[ab]lesen *n*, Lochstreifenabtastung *f*
~/**поочерёдное** *(Dat)* sequentielles Lesen *n*
~/**последовательное** *(Dat)* serielle Abtastung *f*
~/**пословное** *(Dat)* Wortabfrage *f*
~/**прямое** *(Dat)* direkte Ablesung *f*, Vorwärtslesen *n*
~ **с магнитной ленты** *(Dat)* Magnetbandabfühlung *f*
~ **с перфокарт** *s.* ~ **перфокарт**
~ **с перфоленты** *s.* ~ **перфоленты**
~ **с разрушением [информации]** zerstörendes (destruktives, löschendes) Lesen *n*
~ **с экрана** *(Dat)* Bildschirmlesen *n*
~ **со стиранием информации** *s.* ~ **с разрушением**
~ **таблиц** *(Dat)* Tabellenlesen *n*
~ **файла** *(Dat)* Dateiabtastung *f*
~/**фотоэлектрическое** fotoelektrisches Ablesen (Abfühlen, Abtasten) *n*, Fotozellenabfühlung *f*, Fotozellenabtastung *f*
~ **цифр** *(Dat)* Ziffernlesung *f*
~/**электрическое** elektrische Abtastung *f*
~/**электромеханическое** elektromechanische Abtastung *f*
~/**электростатическое** elektrostatische Abtastung *f*
считыватель *m* *(Dat)* Leseeinrichtung *f*, Lesegerät *n*, Leser *m*
~/**оптический** optische Zeichenerkennungsanlage *f*, OCR-Anlage *f*
~ **с перфокарт** Lochkartenlesegerät *n*, Lochkartenleser *m*
~ **с перфоленты** Lochstreifenlesegerät *n*, Lochstreifenleser *m*
~/**фотоэлектрический** fotoelektrischer Leser *m*
считывать [ab]lesen; abfühlen, abtasten
сшивание *n* *(Gum)* Vernetzung *f*, Vernetzen *n*
~ **аминами** Aminvernetzung *f*, aminische Vernetzung *f*
~ **методом облучения** Strahlungsvernetzung *f*, Vernetzung *f* durch [energiereiche] Strahlen
~/**радиационное** *s.* ~ **методом облучения**
сшивать *(Gum)* vernetzen
сшивка *f* 1. Vernetzungsstelle *f*; 2. *s.* **сшивание**
~ **электронными лучами** Elektronenstrahlvernetzung *f*
сшитый в плоскости flächenhaft (zweidimensional) vernetzt
~ **нитками** *(Typ)* fadengeheftet
~ **термонитками** *(Typ)* fadengesiegelt
сшить *s.* **сшивать**
съезд *m* Abfahrt *f*, Ausfahrt *f*
съём *m* 1. Abnehmen *n*, Herunternehmen *n*; 2. Entnehmen *n*, Entnahme *f*; 3. *(Text)* Abzug *m*, Abziehen *n*; 4. *(Met)* Abnahme *f* der Wanddicke je Zug *(Rohrziehen)*; 5. *(Gieß)* Ausheben *n* *(Modell)*; 6. Schlicker *m*, Schaum *m* *(NE-Metallurgie)*
~ **мощности** *(El)* Leistungsentnahme *f*
~ **стали** *(Met)* Stahlausbringen *n* *(z. B. von einem m² Herdfläche)*
~ **тока** *(Eb)* Stromabnahme *f*
~ **шликеров** *(Met)* Schlickerarbeit *f* *(Bleiraffination)*
съёмка *f* 1. *(Geod)* Aufnahme *f*, Vermessung *f*; 2. *(Foto)* Aufnahme *f*; 3. *s.* **аэрофотосъёмка**
~/**аэрофотограмметрическая** *(Geod)* aerofotogrammetrische Aufnahme *f*, Luftbildmeßaufnahme *f*
~/**вертикальная** Reliefaufnahme *f*
~/**вертикальная маркшейдерская** *(Bgb)* Vertikalaufnahme *f*
~/**воздушная** Luftaufnahme *f*
~/**воздушная стереофотограмметрическая** stereofotogrammetrische Luftaufnahme *f*
~/**высотная** Höhenaufnahme *f*
~/**геологическая** geologische Aufnahme *f*
~/**глазомерная** *(Geod)* Aufnahme *f* nach Augenmaß, Augenmaßaufnahme *f*
~/**горизонтальная** Grundrißaufnahme *f*
~/**горизонтальная маркшейдерская** *(Bgb)* Horizontalaufnahme *f*
~/**государственная** *(Geod)* Landesaufnahme *f*
~/**гравиметрическая** Gravimeteraufnahme *f*, gravimetrische Aufnahme *f*
~/**замедленная** Zeitlupenaufnahme *f*

~/**инструментальная** *(Geod)* Instrumentenaufnahme *f*
~/**люминесцентная** Lumineszenzaufnahme *f*
~/**магнитная** magnetische Messung *f* *(örtliche Vermessung des magnetischen Erdfeldes)*
~/**макетная** *(Kine)* Modellaufnahme *f*
~/**маркшейдерская** *(Geol)* Markscheideaufnahme *f*; *(Bgb)* markscheiderisches Vermessen *n*, Grubenaufnahme *f*
~/**мензульная** *(Geod)* Meßtischaufnahme *f*
~/**микроволновая** Mikrowellenaufnahme *f*
~/**многозональная** Multispektralaufnahme *f*
~/**многоканальная** Multispektralaufnahme *f*
~/**на[д]земная** *(Geod, Bgb)* Erdbildaufnahme *f*, terrestrische Aufnahme *f*; Übertageaufnahme *f*, übertägige Aufnahme (Vermessung) *f*
~/**на[д]земная стереофотограмметрическая** *(Geod)* stereofotogrammetrische Erdbildaufnahme *f*, terrestrische Bildmeßaufnahme *f* *(Aufnahme mit dem Bildmeßtheodoliten)*
~ **оригиналов с низкой линиатурой** *(Foto, Typ)* Grobrasteraufnahme *f*
~/**панорамная** Panoramaaufnahme *f*
~/**перспективная** Schrägaufnahme *f*
~/**плановая** Senkrechtaufnahme *f*
~/**площадная** Flächenaufnahme *f*
~ **по Лауэ/рентгеновская** *(Krist)* Laue-Aufnahme *f*
~ **по методу Бургера (Бюргера)/рентгеновская (прецессионная)** *(Krist)* Präzessionsaufnahme *f* nach Buerger *(Bewegtfilmmethode)*
~ **по методу вращения/рентгеновская** *s.* **рентгенограмма вращения**
~ **по методу де-Ионга-Боумана/рентгеновская** *(Krist)* de-Jong-Bouman-Aufnahme *f* *(Bewegtfilmmethode)*
~ **по методу порошка/рентгеновская** *s.* **рентгенограмма Дебая-Шеррера**
~ **по методу Саутера/рентгеновская** *(Krist)* Schiebold-Sauter-Aufnahme *f* *(Bewegtfilmmethode)*
~ **по методу Шибольда/рентгеновская** *(Krist)* Schiebold-Aufnahme *f* *(Bewegtfilmmethode)*
~/**подводная** *(Foto)* Unterwasseraufnahme *f*
~/**подземная маркшейдерская** *(Bgb)* Untertageaufnahme *f*, untertägige Aufnahme (Vermessung) *f*
~ **подробностей** *(Geod)* Detailaufnahme *f*
~/**полуинструментальная** *(Geod)* kombinierte Augenmaß- und Instrumentenaufnahme *f*
~/**радиолокационная** Radaraufnahme *f*
~ **рельефа** *(Geod)* Reliefaufnahme *f*
~/**репродукционная** *(Foto, Typ)* Reproduktionsaufnahme *f*
~ **с длительной выдержкой** *(Foto)* Zeitaufnahme *f*
~ **с якоря** *(Schiff)* Ankerlichten *n*
~ **ситуации** *(Geod)* Situationsaufnahme *f*
~ **со швартовов** *(Mar)* Ablegen *n*
~/**стереоскопическая** *(Foto, Kine)* Raumbildaufnahme *f*, Stereoaufnahme *f*
~/**стереофотограмметрическая** stereofotogrammetrische Aufnahme *f*
~/**тахеометрическая** *(Geod)* tachymetrische Aufnahme *f*, Tachymeteraufnahme *f*
~/**теодолитная** *(Geod)* Theodolitaufnahme *f*
~/**топографическая** *(Geod)* topografische Aufnahme *f*
~/**трюковая** *(Kine)* Trickaufnahme *f*
~/**фотограмметрическая** *(Geod)* fotogrammetrische Aufnahme *f*, Bildmeßaufnahme *f*
~/**фототеодолитная** *s.* ~/**на[д]земная стереофотограмметрическая**
сыпучесть *f* Schüttbarkeit *f*, Schüttfähigkeit *f*, Rieselfähigkeit *f*; Fließvermögen *n* *(Pulvermetallurgie)*
сыпучий schüttbar, Schütt..., fließfähig *(Pulvermetallurgie)*
сыреть feucht werden; anlaufen
сырец *m* 1. Rohstoff *m*, Rohling *m*; 2. Formling *m* *(ungebrannter Ziegel)*
сырой 1. roh, Roh..., unbearbeitet; 2. feucht, naß; 3. schlecht durchgebacken, nicht gar
сыромять *f* *(Led)* Rohhaut *f*
~/**яловочная** Rinderrohhaut *f*
сырьё *n* Rohgut *n*, Rohstoff *m*, Rohmaterial *n*, Grundstoff *m*, Ausgangsmaterial *n*, Rohware *f*
~/**кожевенное** Rohleder *n*; Rohhäute *fpl*
~/**меховое** Rohpelz *m*
~/**нефтехимическое** petrolchemischer Rohstoff *m*
~/**основное** Grundstoff *m*
~/**топливное** *(Kern)* Spaltstoff *m*, Brutstoff *m*, Brutmaterial *n*
~/**химическое** chemischer Rohstoff *m*
сэбин *m* *(Ak)* Sabin *n*, Sabineeinheit *f* *(Maßeinheit für die Schallabsorption)*
СЭВ = **Совет экономической взаимопомощи**
СЭУ *s.* **установка/судовая энергетическая**

Т

таблетирование *n* Tablettieren *n*
таблетка *f* Tablette *f*; Pellet *n*, Granalie *f*
~ **газопоглотителя (геттера)** Getterpille *f*
~/**кремниевая** Siliziumtablette *f*

таблица *f* Tabelle *f*, Tafel *f*
~ **адресов** *(Dat)* Adressenliste *f*
~/**альфонсова** *(Astr)* Alfonsinische Tafel *f (Planetentafel)*
~/**астрономическая** *(Astr)* Planetentafel *f*
~ **вероятностей** *(Math)* Wahrscheinlichkeitstabelle *f*
~ **выдержки** *(Foto)* Belichtungstabelle *f*
~/**градуировочная** Eichtabelle *f*
~ **девиации** *(Schiff)* Deviationstabelle *f*, Ablenkungstabelle *f (Magnetkompaß)*
~ **для определения глубины резко отражаемого пространства** *(Foto)* Tiefenschärfetabelle *f*
~ **допусков** *(Fert)* Toleranztafel *f*
~ **замеров** Meßblatt *n*
~ **зависимости (замыкания)** *(Eb)* Verschlußplan *m*, Verschlußtafel *f (Sicherungstechnik)*
~ **изменения осадок оконечностей** *(Schiff)* Trimmtafel *f*
~ **истинности** *(Kyb)* Wahrheitstabelle *f*
~ **кодов** *(Dat)* Kodeliste *f*
~ **комплектовки** *(Typ)* Gießzettel *m (Satz)*
~ **логарифмов** *(Math)* Logarithmentafel *f*
~/**математическая** mathematische Tafel *f*
~ **Менделеева** *(Ch)* Tafel (Tabelle) *f* des Periodensystems [der Elemente]
~/**мореходная** *(Schiff)* nautische Tafel *f*
~/**намоточная** *(El)* Wickeltabelle *f*
~ **напоров** Tabelle *f* der Druckhöhen
~ **настройки** *(Rf, Fs)* Abstimmtabelle *f*
~ **объёмов цистерны** *(Schiff)* Tankinhaltstabelle *f*
~ **определения радиодевиации** Funkbeschickungstabelle *f*
~ **остаточной девиации** *(Schiff)* Deviationstabelle *f*, Ablenkungstabelle *f (Magnetkompaß)*
~ **остаточной радиодевиации** Funkbeschickungstabelle *f*
~/**переводная** Umrechnungstabelle *f*
~ **перекрёстных ссылок** *(Dat)* Zuordnungsliste *f*, Symbolnachweisliste *f*, Referenzliste *f*
~/**переменная** *(Dat)* hash-Tabelle *f*
~ **переходов** *(Dat)* Entscheidungstabelle *f*, Übergangstabelle *f*
~/**периодическая** Tafel (Tabelle) *f* des Periodensystems [der Elemente]
~ **плазовых ординат** *(Schiff)* Aufmaßtabelle *f*
~ **погрешностей** Fehlertabelle *f*
~/**полосная испытательная** *(Fs)* Balkenmuster *n*
~ **приливов** Gezeitentafel *f*
~ **прокатки** Stichplan *m*, Walzprogramm *n*
~ **распределения памяти** *(Dat)* Speicherverteilungstabelle *f*, Speicherbelegungstabelle *f*, Speicherverteilungsplan *m*, Speicherbelegungsplan *m*
~ **рефракции** *(Opt)* Refraktionstabelle *f*
~ **решений** *(Dat)* Entscheidungstabelle *f*
~/**рудольфова** *(Astr)* Rudolfinische Tafel *f (Planetentafel)*
~ **с поперечными линейками** *(Typ)* Tabelle *f* mit eingesetzten Querlinien
~ **сбежимости** *(Forst)* Abholzigkeitstabelle *f*
~ **сварки** Schweißtabelle *f*
~ **связей** *(Dat)* Verweisungstabelle *f*
~ **символов** *(Dat)* Symbolverzeichnis *n*
~ **случайных чисел** *(Math)* Zufallszahlentafel *f*
~ **стрельбы** *(Mil)* Schußtafel *f*
~/**телевизионная испытательная** Fernsehtestbild *n*
~ **тригонометрических функций** *(Math)* trigonometrische Tafel *f*
~ **умножения** *(Math)* Multiplikationstabelle *f*
~ **управления вводом-выводом** *(Dat)* Eingabe-Ausgabe-Block *m (Betriebssystem)*
~/**усадочная** *(Gieß)* Schwindmaßtabelle *f*
~ **устройств** *(Dat)* Gerätetabelle *f (Betriebssystem)*
~ **частот** Häufigkeitstabelle *f (Statistik)*
~ **энтропии** *(Ph)* Entropietafel *f*
таблица-пустографка *f (Typ)* Tabelle *f* mit separaten Querlinien
табличка *f* Schild *n*, Bezeichnungsschild *n*
~ **машины/фирменная** Maschinenschild *n*
~/**паспортная** Leistungsschild *n*
~/**типовая** Typenschild *n*
~/**фирменная** Firmenschild *n*
табличка-паспорт *f* Leistungsschild *n*
табло *n (Eb)* Gleisbild *n*, Gleisschautafel *f*, Fahrschautafel *f*
~ **с изображением путей** *(Eb)* Gleisbild *n*, Gleistafel *f*
~/**световое** Leuchtbild *n*, Leuchttableau *n*, Lampentableau *n*
табулятор *m* Tabelliermaschine *f*
~/**автоматический** automatische Tabelliermaschine *f*
~/**алфавитно-цифровой** alphanumerische Tabelliermaschine *f*
~/**печатающий** druckende Tabelliermaschine *f*
~/**цифровой** digitale Tabelliermaschine *f*
~/**электронный** elektronische Tabelliermaschine *f*
тавот *m* Staufferfett *n*, konsistentes Fett *n*
тавотница *f (Masch)* Staufferbüchse *f*, Fettschmierbüchse *f*
тавровый T-förmig, T- . . . *(z. B. T-Stahl)*
таган *m*/**газовый** Gaskocher *m*
таз *m* 1. Becken *n*, Schüssel *f*; 2. *(Text)* Kanne *f*, Spinnkanne *f*
~/**кокономотальный** *(Text)* Kokonhaspelbecken *n (Seidengewinnung)*

таймаут *m (Dat)* Zeitsperre *f*
таймер *m* 1. Timer *m*, Schaltuhr *f*; Zeitgeber *m*; Programmgeber *m*; 2. Zeitmeßgerät *n*
~/**интервальный** *(Dat)* Intervallzeitgeber *m*, Zeitgeber *m*
~/**электронный** elektronischer Zeitgeber (Zeitschalter) *m*
тайфун *m (Meteo)* Taifun *m*
такан *m* Tacan[-Verfahren] *n (ein Funkortungsverfahren)*
такелаж *m* Rüstzeug *n*, Geschirr *n*; *(Schiff)* Takelage *f*, Takelung *f*
~/**бегучий** laufendes Gut *n (Takelage)*
~/**погрузочный** Ladegeschirr *n*
~/**стоячий** stehendes Gut *n (Takelage)*
таксация *f* Abschätzung *f*, Taxation *f*, Taxierung *f*
~/**глазомерная** *(Forst)* Okularschätzung *f*
~ **леса** *(Forst)* Forsttaxation *f*, Waldabschätzung *f*
~/**лесная** *(Forst)* Holzmeßkunde *f*, Baummeßkunde *f*
~ **насаждения** *(Forst)* Bestandsschätzung *f*, Bestandsaufnahme *f*
такси *n (Kfz)* Taxi *n*, Taxe *f*
~/**грузовое** Gütertaxi *n*
~/**маршрутное** Linientaxi *n*
~ **с радиотелефоном** Funktaxi *n*
таксировать abschätzen, taxieren
таксометр *m* Taxameter *n(m)*, Fahrpreisanzeiger *m*; Zähluhr *f*
таксофон *m* Münzfernsprecher *m*, Fernsprechautomat *m*
такт *m* 1. *(Mech)* Takt *m*; 2. *(Ak)* Takt *m*, Zeitmaß *n*; 3. Takt *m (Verbrennungsmotoren)*
~ **впуска** Einlaßtakt *m*
~ **всасывания** Ansaugtakt *m*
~/**второй** Verdichtungstakt *m*
~ **выпуска** Ausstoßtakt *m*
~/**основной** Haupttakt *m*
~/**первый** Ansaugtakt *m*
~/**переменный** variabler Takt *m*
~ **печати** *(Dat)* Drucktakt *m*
~/**постоянный** fester Takt *m*
~/**рабочий** Arbeitstakt *m*
~ **расширения** Arbeitstakt *m*
~ **сжатия** Verdichtungstakt *m*
~/**третий** Arbeitstakt *m*
~/**холостой** Leertakt *m*
~/**четвёртый** Ausstoßtakt *m*
такыр *m (Geol)* 1. Takyr *m (turkmenische Bezeichnung für Salztonebene in Mittelasien)*; 2. Takyrboden *m*
талассократон *m s.* **кратон/океанский**
талер *m (Typ)* 1. Drucktisch *m*, Druckfundament *n*, Arbeitsplatte *f*, Platte *f*, Formbett *n*; 2. Heftsattel *m*, Anlegetisch *m (Heftmaschine)*
~ **для заключки [форм]** Schließplatte *f*
~ **золотильного пресса/нижний** Tiegel *m* der Vergolderpresse
~ **золотильного пресса/подвесной отапливаемый** Heizkasten *m* der Vergolderpresse
~ **позолотного пресса** Prägefundament *n*
~ **позолотного пресса для горючего тиснения** beheiztes Prägefundament *n*
~ **пресса** Arbeitstisch *m* der Presse, Prägeplatte *f*
~/**решетчатый** Gatterboden *m (Steindruckbandpresse)*
~ **сушильного пресса** Fundament *n* der Trockenpresse
~ **типографской скоропечатной машины** Druckfundament *n*, Drucktisch *m*, Formbett *n*, Fundament *n*, Satzfundament *n (Schnellpresse)*
~ **фототипной машины** Plattenfundament *n* der Lichtdruckschnellpresse
тали *pl (Schiff)* Talje *f*; Hubzeug *n*
~/**грузовые** Lade[läufer]talje *f*, Lasttalje *f*
~/**двухшкивные** zweifach geschorene Talje *f*, zweischeibige Talje *f*
~/**дифференциальные** Patenttalje *f*
~/**механические** Patenttalje *f* mit Zahnradvorlage und Gesperre *(für schwerste Lasten)*
~/**одношкивные** einscheibige Talje *f*
~ **оттяжки** Geientalje *f (mitunter fälschlicherweise als Preventertalje bezeichnet)*
~/**топенантные** Hangertalje *f*
~/**трёхшкивные** dreifach geschorene Talje *f*, dreischeibige Talje *f*
~/**цепные** Hebezeug *m*, Hubzug *m*
~/**четырёхшкивные** zweifach geschorene Talje *f*, vierscheibige Talje *f*
~/**шлюпочные** Bootstalje *f*
талик *m (Geol)* Auftauboden *m*, Mollisol *m*
таллиевый *(Ch)* Thallium ...
таллий *m (Ch)* Thallium *n*, Tl
~/**однохлористый** Thallium(I)-chlorid *n*
~/**сернокислый** Thalliumsulfat *n*
~/**трёххлористый** Thallium(III)-chlorid *n*
~/**углекислый** Thalliumkarbonat *n*
~/**хлористый** Thalliumchlorid *n*
талреп *m (Schiff)* Taljereep *n*
~/**винтовой** Wantschraube *f*, Want[en]-spanner *m*
~/**тросовый** Bindereep *n*, Taljereep *n*
таль *f* Flaschenzug *m*
~/**механическая** Flaschenzug *m* mit Elektromotorantrieb, Hebezeug *n* mit Druckluftantrieb
~/**ручная** Handflaschenzug *m*
~/**ручная червячная** Schraubenflaschenzug *m*
~/**ручная шестерённая** Stirnradflaschenzug *m*
тальбот *m* Talbot *n* (10^7 *lm erg)*

тальвег *m (Hydrol, Geol)* Talweg *m (Verbindungslinie der tiefsten Stellen eines Flußbetts oder eines Tals)*
тальк *m (Min)* Talk *m*; Speckstein *m*
тальманская *f (Schiff)* Tallybüro *n*
тамбур *m* 1. *(Bw)* Tambour *m (zylindrischer oder vieleckiger Sockel einer Kuppel)*; 2. *(Bw)* Windfang *m*; 3. *(Schiff)* Vorraum *m*; 4. *(Eb)* Einstiegraum *m (Wagen)*
~ вагона *(Eb)* Vorraum *m (Reisezugwagen)*
~ холодильной камеры Kälteschleuse *f*
тампонаж *m (Bgb)* Abdichten *n*, Abdichtung *f*, Tamponieren *n*, Zementieren *n*, Zementierung *f (Bohrloch)*
~ скважин *(Erdöl)* Tamponieren *n* mit Zement, Zementieren *n (Bohrungen)*
тампонирование *n s.* **тампонаж**
тангаж *m (Aero)* Längsneigung *f*; *(Hydr)* Stampfen *n*, Stampfbewegung *f*
~ самолёта *(Flg)* Nicken *n (Drehbewegung des Flugzeugs um seine Querachse)*
тангенс *m (Math)* Tangens *m*
~/обратный гиперболический *(Math)* Areatangens *m*, Areatangens hyperbolicus
~ угла планирования *(Flg)* Gleitzahl *f*
тангенс-буссоль *m (El)* Tangentenbussole *f*
тангенс-гальванометр *m (El)* Tangentengalvanometer *n*
тангенсоида *f (Math)* Tangentenkurve *f*, Tangenslinie *f*
тандем *m* Tandem *n*
~/сдвоенный Doppeltandem *n*
тандем-машина *f* Tandem[dampf]maschine *f*
~/вертикальная stehende Tandemmaschine *f*
~ высокого давления Hochdrucktandemmaschine *f*
~/горизонтальная liegende Tandemmaschine *f*
~ с противодавлением Gegendrucktandemdampfmaschine *f*
тандем-насос *m* Tandempumpe *f*
танид *m (Led)* pflanzlicher Gerbstoff *m*
танидоносный *(Ch)* gerbstoffhaltig
танин *m (Ch)* Tannin *n*, Gallusgerbsäure *f*
танк *m* 1. Tank *m (s. a. unter* **цистерна***)*; 2. *(Mil)* Panzer *m*
~/бродильный Gärtank *m*
~/воздушно-десантный Luftlandepanzer *m*
~/головной Spitzenpanzer *m*
~/грузовой *(Schiff)* Ladetank *m*
~/десантный Landungspanzer *m*
~/зенитный Flakpanzer *m*
~/инженерный Pionierpanzer *m*
~/кислородный *(Schw)* Tankbehälter *m* für flüssigen Sauerstoff
~/командирский Kommandeurspanzer *m*, Führungspanzer *m*
~/лёгкий leichter Panzer *m*
~/ложный Scheinpanzer *m*
~/мостовой Brückenlegepanzer *m*
~/напорный Drucktank *m*
~/огнемётный Flammenwerferpanzer *m*
~/плавающий Schwimmpanzer *m*, schwimmfähiger Panzer *m*
~/разливной Abfülltank *m*
~/тяжёлый schwerer Panzer *m*
~/центральный Mitteltank *m (Tankschiff)*
танк-амфибия *m* Schwimmpanzer *m*
танкер *m* Tanker *m*, Tankschiff *n*
~/большой крупнотоннажный Super-Großtanker *m (über 500 000 tdw)*
~/крупнотоннажный Supertanker *m*, Großtanker *m*, Mammuttanker *m*
~/нефтяной Öltanker *m*
~/подводный Unterwassertanker *m*
~/сверхкрупный *s.* **~/крупнотоннажный**
танкер-газовоз *m* Flüssiggastanker *m*
танкер-зерновоз *m* Öl-Getreide-Tanker *m*
танкер-снабженец *m* Versorgungstanker *m*
танкетка *f (Mil)* Kleinkampfwagen *m*
танк-мостоукладчик *m* Brückenlegepanzer *m*, BPz
танкодоступный panzergängig
танкодром *m* Panzerübungsplatz *m*
танконедоступный panzersicher
танконосец *m* Panzerträger *m*
танкоопасный panzergefährdet
танк-охладитель *m*/**молочный** *(Lw)* Milchkühlwanne *f*
танк-паровоз *m (Eb)* Tenderlokomotive *f*
танк-тральщик *m* Minenräumpanzer *m*
танк-тягач *m* Panzerzugmaschine *f*
таннин *m s.* **танин**
тантал *m (Ch)* Tantal *n*, Ta
~/пятифтористый Tantal(V)-fluorid *n*, Tantalpentafluorid *n*
~/углеродистый Tantalkarbid *n*
танталит *m (Min)* Tantalit *m*
тапиолит *m (Min)* Tapiolith *m*
ТАР *s.* **теория автоматического регулирования**
тара *f* 1. Verpackungsmittel *n*; 2. Leergewicht *n*; Eigenmasse *f (Fahrzeug)*
~/герметическая hermetische Verpackung *f*
~/групповая Sammelverpackungsmittel *n*
~/многооборотная Mehrwegeverpackungsmittel *n*
~/потребительская Verbraucherverpackungsmittel *n*
~/разовая Einwegverpackungsmittel *n*
~/транспортная Transportverpackungsmittel *n*
таран *m* Ramme *f*, Rammbock *m*

тарелка *f* 1. Teller *m*; 2. *(Ch)* Boden *m*, Kolonnenboden *m* *(Destillation)*
~ буфера *(Eb)* Pufferteller *m*, Federteller *m*
~/буферная *s.* **~ буфера**
~/верхняя *s.* **~ лентоукладчика/верхняя**
~/высеивающая *(Lw)* Streuscheibe *f* *(Düngerstreuer)*
~/действительная *s.* **~/реальная**
~/дырчатая *(Ch)* gelochter Austauschboden *m*, Siebboden *m*
~/идеальная [ректификационная] *(Ch)* theoretischer Boden *m*
~ клапана Ventilteller *m* *(Verbrennungsmotor)*
~ клапанной пружины Ventilfederteller *m* *(Verbrennungsmotor)*
~ колонны *(Ch)* Kolonnenboden *m*, Boden *m*
~/колпачковая *(Ch)* Glockenboden *m*
~/кольцевая *(Ch)* Ringboden *m*, ringförmiger Rektifizierboden *m*
~ лентоукладчика/верхняя *(Text)* Bandteller *m* *(Drehtopf der Deckelkarde)*
~ [лентоукладчика]/нижняя *(Text)* Fußteller *m* *(Drehtopf der Deckelkarde)*
~ окомкователя Pelletierteller *m* *(Aufbereitung)*
~/провальная *(Ch)* dynamischer Boden *m* *(einer Rektifizierkolonne)*
~ пружины Federteller *m*
~/разделительная Trennteller *m* *(Aufbereitung)*
~/распределительная Verteilungsteller *m*, Streuteller *m*
~/реальная *(Ch)* praktischer (wirklicher) Boden *m* *(einer Rektifizierkolonne)*
~/решетчатая *(Ch)* Gitterboden *m*
~/ситчатая *(Ch)* Siebboden *m*
~/теоретическая [ректификационная] *(Ch)* theoretischer Boden *m*
~/фонтанирующая *(Ch)* Sprudelboden *m*
~/холодильная Kühlschiff *n* *(Brauerei)*
тарирование *n* 1. Tarieren *n* *(Waage)*; 2. Eichung *f*; 3. Feststellung *f* des Verpackungsgewichtes
тарировать 1. tarieren; 2. eichen
тариф *m* 1. Tarif *m*; 2. Gebührensatz *m*, Gebühr *f*, Tarif *m*; 3. *(Eb)* Tarif *m*, Fracht *f*
~/авиационный Luftverkehrstarif *m*
~/автомобильный (автотранспортный) Kraftverkehrstarif *m*
~/багажный Gepäcktarif *m*
~/биноминальный Grundgebührentarif *m*
~/грузовой Gütertarif *m*
~/двойной Doppeltarif *m*
~ для мелких отправок Stückguttarif *m*
~ для перевозки в контейнерах Containertarif *m*
~/дневной Tagestarif *m*, Tagesgebühr *f*
~/железнодорожный Eisenbahntarif *m*
~/исключительный Ausnahmetarif *m*
~/льготный ermäßigter (verbilligter) Tarif *m*
~/местный Nahverkehrstarif *m* *(nach russischer Definition für Entfernungen bis 500 km für den Güterverkehr und 100 km für den Personenverkehr)*
~/ночной Nachttarif *m*, Nachtgebühr *f*
~/общий Regeltarif *m*, Normaltarif *m*
~/пассажирский Personentarif *m*
~/перерасходный Überverbrauchstarif *m*
~/повагонный Wagenladungstarif *m*
~/покилометровый Kilometertarif *m*, Tarif *m* je Kilometer
~/пригородный städtischer Personen-Nahverkehrstarif *m*
~/скидочный Staffeltarif *m*
~/специальный Sondertarif *m*
~/транспортный Transporttarif *m* *(Oberbegriff für Eisenbahn-, Luftverkehrs-, Kraftverkehrs- und Schiffahrtstarife)*
тарификация *f* *(Fmt)* Gebührenerfassung *f*
тарновицит *m* *(Min)* Tarnowitzit *m* *(Abart des Aragonit)*
тартание *n* *(Erdöl, Bgb)* Schöpfen *n*, Schlämmen *n* *(im Bohrloch)*
~/поршневое Kolben *n*, Swabben *n*, Pistonieren *n*
тартать löffeln, schlämmen, schöpfen *(Erdöl)*
тартрат *m* *(Ch)* Tartrat *n*
~ калия-натрия Kaliumnatriumtartrat *n*, Seignette-Salz *n*
таситрон *m* *(Eln)* Tacitron *n* *(eine Gasentladungsröhre)*
тастатура *f* Tastensatz *m*, Tastatur *f*
~/цифровая Zifferntastatur *f*
тау-мезон *m* *(Kern)* Tau-Meson *n*, τ-Meson *n*
тауметр *m* Taumeter *n*, τ-Meter *n*
таутозональный tautozonal
таутомер *m* *(Ch)* Tautomer[es] *n*, tautomere Form *f*
таутомеризация *f* *(Ch)* Tautomerisierung *f*
таутомерия *f* *(Ch)* Tautomerie *f*
~/валентная Valenztautomerie *f*
~/кетоенольная Keto-Enol-Tautomerie *f*
~/прототропная Prototropie *f*
~ связи Bindungstautomerie *f*
таутомерный *(Ch)* tautomer
таутохронизм *m* *(Ph)* Tautochronismus *m*
тафрогенез *m* *(Geol)* Taphrogenese *f*
тафрогеосинклиналь *f* *(Geol)* Taphrogeosynklinale *f*
тафта *f* *(Text)* Taft *m*
~/шёлковая Seidentaft *m*
тахгидрит *m* *(Min)* Tachhydrit *m*
тахеометр *m* *(Geod)* Tachymeter *n*, Tacheometer *n*
~/буссольный Tachymeterbussole *f*
~/кругловой Kreistachymeter *n*

тахеометрия *f (Geod)* Tachymetrie *f*
тахеон *m (Kern)* Tachyon *n*
тахиметр *m s.* **тахеометр**
тахиметрия *f s.* **тахеометрия**
тахион *m s.* **тахеон**
тахисейсмический tachyseismisch
тахистоскоп *m* Tachistoskop *n*
тахогенератор *m (El)* Tacho[meter]generator *m*, Tacho[meter]maschine *f*
~/асинхронный Asynchrontachogenerator *m*
~/индукционный Induktionstachogenerator *m*
~/магнитоэлектрический Tachogenerator *m* mit Dauermagnet
~ переменного тока Wechselstromtachogenerator *m*
~ постоянного тока Gleichstromtachogenerator *m*
~ с независимым возбуждением Tachogenerator *m* mit Fremderregung, fremderregter Tachogenerator *m*
~/синхронный Synchrontachogenerator *m*
тахограмма *f* Tachogramm *n*
тахограф *m* Tachograf *m*, Drehzahlschreiber *m*; Fahrtschreiber *m*
таходинамо *n s.* **тахогенератор**
тахомашина *f s.* **тахогенератор**
тахометр *m* Tachometer *n*, Drehzahlmesser *m*, Drehzahlanzeiger *m*, Geschwindigkeitsmesser *m*; Winkelgeschwindigkeitsmesser *m*
~/воздушный *s.* **~/пневматический**
~/генераторный Tacho[meter]generator *m*, Tacho[meter]maschine *f*
~/гидравлический Flüssigkeitstachometer *n*
~/дистанционный Ferndrehzahlmesser *m*
~/жидкостный *s.* **~/гидравлический**
~/импульсный Impulstachometer *n*
~/индукционный Wirbelstromtachometer *n*
~/контактный Kontakttachometer *n*
~ на принципе вихревых токов Wirbelstromtachometer *n*, Wirbelstromdrehzahlmesser *m*
~/пневматический pneumatisches Tachometer *n*
~/радиоактивный radioaktiver Drehzahlmesser *m*, radioaktives Tachometer *n* *(berührungsfreie Drehzahlmessung mittels Beta- oder Gamma-Strahlen)*
~/резонансный Resonanztachometer *n*
~ с дисковым ротором/магнитоиндукционный Wirbelstromtachometer *n*, Wirbelstromdrehzahlmesser *m*
~/стробоскопический stroboskopisches Tachometer *n*
~ типа центробежного маятника Fliehpendeltachometer *n*, Drehpendeldrehzahlmesser *m*
~/центробежный Fliehkrafttachometer *n*, Fliehkraftdrehzahlmesser *m*
~/электрический elektrisches Tachometer *n*, Elektrotachometer *n*
тачка *f* Karre *f*, Karren *m*
таяние *n* Tauen *n*; Schmelzen *n*, Abtauen *n (Eis, Schnee)*
ТБ *s.* **тралбот**
ТВД *s.* **1. турбина высокого давления; 2. двигатель/турбовинтовой**
твердение *n* Härten *n*, Härtung *f*; Erhärten *n*, Erstarren *n*; Verfestigen *n*, Aushärten *n*
~ бетона Betonerhärtung *f*
~/горячее *(Gieß)* Warmaushärten *n*, Warmaushärtung *f (Kernformstoff)*
~/дисперсионное *(Met)* Ausscheidungshärten *n*, Alterungshärten *n*, Ausscheidungshärtung *f*, Aushärten *n*, Aushärtung *f*
~ при закалке *(Met)* Abschreckhärtung *f*
~ при отпуске *(Met)* Anlaßhärtung *f*
~ стержней *(Gieß)* Kernverfestigung *f*, Kernaushärtung *f*
~/холодное *(Gieß)* Kaltaushärten *n*, Kaltaushärtung *f (Kernformstoff)*
твердеть härten, hart werden; erstarren
твердокристаллический festkristallin
твердомер *m* Härtemeßgerät *n*, Härtemesser *m*
твердопластический festplastisch
твердосемянность *f* Hartschaligkeit *f* der Samen
твёрдость *f* Härte *f*; Festigkeit *f (Werkstoffe)*
~/вторичная Anlaßhärte *f*
~/высокая hohe Härte *f*
~/маятниковая Pendelhärte *f (Pendelhärteprüfung nach Herbert)*
~ на вдавливание Eindringhärte *f*, Druckhärte *f*
~ на истирание Schleifhärte *f*
~/низкая niedrige Härte *f*
~ по Бринеллю Brinell-Härte *f*, Härtezahl *f* nach Brinell, Kugeldruckhärte *f*, HB
~ по Вайцману Kugelschubhärte *f* nach Waitzmann, Waitzmann-Härte *f*
~ по вдавливанию Eindringhärte *f*
~ по Виккерсу Vickers-Härte *f*, HV
~ по Герберту Pendelhärte *f (Pendelhärteprüfung nach Herbert)*
~ по Гродзинскому Härtegrad *m* nach Grodzinski
~ по Кнупу Knoop-Härte *f*, Härtegrad *m* nach Knoop
~ по Людвику Ludwik-Härte *f*, Härtegrad *m* nach Ludwik
~ по Мартенсу Martens-Härte *f*, Ritzhärte *f (nach Martens)*
~ по Мейеру Meyer-Härte *f*, Härtegrad *m* nach Meyer

~ по Моосу Mohs-Härte *f*, Härtegrad *m* nach Mohs
~ по Польди Poldi-Härte *f*
~ по Роквеллу Rockwell-Härte *f*, Härtewert *m* nach Rockwell, HR
~ по склероскопу *s.* **~/склероскопическая**
~ по царапанию Ritzhärte *f*
~ по шкале Мооса Mohs-Härte *f*, Härtegrad *m* nach Mohs
~ по Шору Shore-Härte *f*, Härtegrad *m* nach Shore
~ при малых нагрузках Kleinlasthärte *f* nach Vickers
~/природная Naturhärte *f* *(z. B. eines Stahls)*
~/склерометрическая Martens-Härte *f*, Ritzhärte *f* *(nach Martens)*
~/склероскопическая Rücksprunghärte *f*, Skleroskophärte *f*, Rückprallhärte *f*, Kugelrückprallhärte *f* *(nach Shore)*
~/средняя Mittelhärte *f*
~/ударная Schlaghärte *f*, Kugelschlaghärte *f* *(Schlaghärteprüfung mit dem Kugelschlag-Härteprüfer oder dem Kugelschlaghammer)*
твердотянутый *(Met)* hartgezogen
твёрдый 1. hart, Hart...; steif; 2. fest *(Lösung)*; 3. *(Forst)* kernfest *(Stammholz)*
ТВ-изображение *n* Fernsehbild *n*
твиндек *m (Schiff)* Zwischendeck *n*
творило *n (Bw)* Mörteltrog *m*, Mörtelkasten *m*; Mörtelgrube *f*
ТВ-система *f* Fernsehsystem *n*
ТВЭЛ *s.* **элемент/тепловыделяющий**
ТГ *s.* **тепловоз с гидравлической передачей**
ТГМ *s.* **тепловоз с гидравлической передачей/маневровый**
ТГП *s.* **тепловоз с гидравлической передачей/пассажирский**
тегелен *m (Geol)* Tegelenwarmzeit *f*
тезодифманометр *m* [elektrisches] Dehnungsmeßgeber-Widerstandsmanometer *n*
тезометрия *f* **электрическим методом** elektrische Dehnungsmessung *f*
теин *m* Tein *n*, Koffein *n*, 1,3,7-Trimethylxanthin *n*
текнетрон *m* Tec[h]netron *n* *(ein Feldeffekttransistor)*
тексопринт *m (Typ)* Texoprintverfahren *n*
тексроп *m (Masch)* Keilriemen *m*
текст *m (Typ)* 1. Text *m* *(reiner Schriftsatz ohne Bilder, Anmerkungen usw.)*; 2. Text *f* *(Schriftgrad von 20 Punkten)*
~/закодированный *(Dat)* Kodeschrift *f*
~/открытый *(Dat)* Klarschrift *f*
~ программы *(Dat)* Programmtext *m*
~/сплошной *(Typ)* laufender Text *m*
текстиль *m* Webware *f*, Faserstofferzeugnis *n*
текстура *f* 1. *(Krist)* Textur *f*; 2. *(Min)* Textur *f*; 3. *(Geol)* Textur *f* *(Gesteine)*; 4. *(Holz)* Maserung *f*
~/атакситовая *(Geol)* ataxitische (irreguläre) Textur *f*
~/беспорядочная *(Geol)* richtungslose Textur *f*
~/вариолитовая *(Geol)* variolithische Textur *f*
~/волокнисто-линзовидная *(Geol)* faserig-lentikulare Textur *f*
~ волочения *(Krist)* Ziehtextur *f*, Drahttextur *f*
~/гнейсов[идн]ая *(Geol)* Gneistextur *f*
~ деформации *(Krist)* Deformationstextur *f*
~/динамофлюидальная *(Geol)* dynamofluidale (metafluidale) Textur *f*
~ древесины *(Holz)* Maserung *f*
~ древесины/свилеватая gewimmerte Maserung *f*
~/друз[ит]овая *(Min)* Drusentextur *f*, miarolithische Textur *f*
~/кавернозная *(Geol)* kavernöse Textur *f* *(Erze)*
~/кокколитовая *(Geol)* kokkolithische Textur *f*
~/конгломератовидная *(Min)* konglomeratische Textur *f*
~/конкреционная *(Min)* Konkretionsstruktur *f*
~ «конус в конус» *(Geol)* Cone-in-cone-Textur *f*, Tütentextur *f*
~/концентрически-скорлуповатая *(Geol)* konzentrischschalige (zwiebelschalige) Textur *f*, Zwiebelstruktur *f*
~/кристаллическая Kristalltextur *f*
~/ленточная *(Geol)* Streifentextur *f*, Bändertextur *f*, Lagentextur *f*
~/линейно-параллельная *(Geol)* linearparallele Textur *f*
~/листоватая *(Geol)* blättrige (lamellare) Textur *f*
~/магнитная *(Krist)* magnetische Textur *f*
~/массивная *(Geol)* kompakte Textur *f*
~ метаморфических пород *(Geol)* Textur *f* der metamorphen Gesteine
~/метафлюидальная *(Geol)* metafluidale (dynamofluidale) Textur *f*
~/миаролитовая *s.* **~/друз[ит]овая**
~/миндалекаменная *(Geol)* Mandelsteintextur *f*
~/молекулярная *(Krist)* molekulare Textur *f*
~/монетная *(Min)* Münzentextur *f*
~/неправильно-такситовая *(Geol)* ataxitische (irreguläre) Textur *f*
~/ограниченная *(Krist)* begrenzte (unvollständige) Textur *f*
~/орбикулярная *(Geol)* Kugeltextur *f*

~ **отливки** *(Krist)* Gußtextur *f*
~/**очковая** *(Geol)* Augentextur *f* *(metamorphe Gesteine)*
~/**параллельная** *(Geol)* Paralleltextur *f*
~/**параллельно-такситовая** *s.* ~/**полос[ч]атая**
~/**пемзовая** *(Geol)* Bimssteintextur *f* *(Effusivgesteine)*
~/**перлитовая** *(Geol)* perlitische Textur *f*
~/**пещеристая** *(Geol)* kavernöse Textur *f* *(Erze)*
~/**плойчатая** *(Geol)* gefältelte Textur *f*
~/**плоскопараллельная** *(Geol)* planparallele Textur *f*
~/**полная** *(Krist)* Volltextur *f* *(bei Kristallisation unterkühlter Flüssigkeiten und bei Elektrolyse)*
~/**полос[ч]атая** *(Geol)* Streifentextur *f*, Bändertextur *f*, Lagentextur *f*
~/**пористая** *(Geol, Min)* porige (poröse) Textur *f*
~ **пород/корковая** *(Geol)* Brotkrustentextur *f* *(an der Oberfläche vulkanischer Bomben)*
~ **пород/массивная** *(Geol)* kompakte Textur *f*
~ **пород/пузыристая** *(Geol)* Blasentextur *f* *(Effusivgesteine)*
~ **проката** *(Krist)* Walztextur *f*
~ **протяжки** *(Krist)* Ziehtextur *f*
~/**пьезоэлектрическая** *(Krist)* piezoelektrische Textur *f*
~/**пятнистая** *(Geol)* fleckige Textur *f* *(metamorphes Gestein)*
~ **рекристаллизации** *(Krist)* Rekristallisationstextur *f*
~ **роста** *(Krist)* Wachstumstextur *f*
~ **руд** *(Min)* Textur *f* der Erze
~ **руд/кокардовая** Kokardentextur *f*
~ **руд/копеечная** Münzentextur *f*
~ **руд/корковая** Krustentextur *f*
~ **руд/ореховая** haselnußförmige Textur *f* *(Eisenerze)*
~ **руд/пузырчатая (шлаковидная)** blasige (schlackenartige) Textur *f*
~/**свилеватая** *s.* ~/**флазерная**
~/**сланцеватая** *(Geol)* schieferige Textur *f* *(metamorphe Gesteine)*
~/**слоистая** *(Geol)* Schichtentextur *f*, geschichtetes Gefüge *n* *(Sedimentgesteine)*
~/**слоисто-такситовая** *s.* ~/**полос[ч]атая**
~/**стекловолокнистая** *(Krist)* Glasfasertextur *f*
~/**сфероидальная** *(Geol)* Kugeltextur *f*
~/**такситовая** *(Geol)* taxitische Textur *f*
~ **течения** *(Geol)* Fließtextur *f*, Fluidaltextur *f*
~ **течения/линейная** lineare Fließtextur *f*
~ **течения/первичная** primäre Fließtextur *f*
~/**трахитоидная (трахитоподобная)** *(Geol)* trachytartige Textur *f*
~/**трубчатая** *(Geol)* röhrenförmige Textur *f*
~/**фибробластовая** *(Geol)* fibroblastische Struktur *f*
~/**флазерная** *(Geol)* Flasertextur *f*, Flaserschichtung *f*
~/**флюидальная** *(Geol)* Fluidaltextur *f*, Fließtextur *f*
~/**фунтиковая** *(Geol)* Tütentextur *f*, Cone-in-cone-Textur *f*
~ **хлебной корки** *s.* ~ **пород/корковая**
~ **холодного деформирования** *(Krist)* Kaltdeformationstextur *f* *(Rekristallisationstextur von Walzaluminium bei niedrigen Glühtemperaturen nach der Verformung)*
~/**шаровая** *(Geol)* Kugeltextur *f*
~/**шаровая такситовая** sphäroidaltaxitische Textur *f*
~/**шлаковая** *(Geol)* schlackige (krustige) Textur *f* *(vulkanische Bomben)*
~/**шлировая** *(Geol)* Schlierentextur *f*
~/**эвтакситовая** *s.* ~/**полос[ч]атая**
~/**ячеистая** *(Geol)* zellige Textur *f*
текстургониометр *m* *(Krist)* Texturgoniometer *n*
текстурирование *n* *(Geol, Krist)* Texturierung *f*
тектогенез *m* *(Geol)* Tekto[no]genese *f*
тектоника *f* *(Geol)* Tektonik *f*; Geotektonik *f*
~/**трещинная** Klufttektonik *f*
тектоносфера *f* *(Geol)* Tektonosphäre *f*
тектонофизика *f* *(Geol)* Tektonophysik *f*
текучесть *f* 1. [plastisches] Fließen *n* *(Werkstoffe)*; 2. Fließverhalten *n*, Fließeigenschaften *fpl*; 3. *(Hydrom)* Fluidität *f*, Fließvermögen *n* *(Kehrwert der Viskosität)*
~ **грунта** Bodenfließen *n*
текучий leichtflüssig, dünnflüssig
телевидение *n* Fernsehen *n*
~/**вещательное** Fernsehrundfunk *m*, Unterhaltungsfernsehen *n*
~/**высококачественное** hochzeiliges Fernsehen *n*
~/**кабельное** Kabelfernsehen *n*
~/**многострочное** *s.* ~/**высококачественное**
~/**объёмное** räumliches (plastisches) Fernsehen *n*, Raumbildfernsehen *n*, Stereofernsehen *n*
~/**одноцветное** Schwarzweißfernsehen *n*
~ **по проводам** Drahtfernsehen *n*
~/**подводное** Unterwasserfernsehen *n*
~/**проекционное** Projektionsfernsehen *n*
~/**промышленное** industrielles Fernsehen *n*, Industriefernsehen *n*
~/**стереоскопическое** *s.* ~/**объёмное**
~/**стереоцветное** räumliches (plastisches) Farbfernsehen *n*, Stereofarbfernsehen *n*
~/**цветное** Farbfernsehen *n*

~/**цветное объёмное** *s.* ~/**стереоцветное**
~/**чёрно-белое** *s.* ~/**одноцветное**
телевизор *m* Fernsehempfänger *m*, Fernseh[empfangs]gerät *n*
~/**консольный** Fernsehstandempfänger *m*
~/**контрольный** Bildkontrollempfänger *m*, Fernsehkontrollempfänger *m*, Monitor *m*
~/**настольный** Tisch[fernseh]empfänger *m*, Fernsehtischempfänger *m*
~/**проекционный** Projektions[fernseh]-empfänger *m*, Fernsehprojektionsempfänger *m*
~ **прямого видения** Direktsichtempfänger *m*
~ **прямого усиления** Fernsehgeradeausempfänger *m*
~/**цветной** Farbfernsehempfänger *m*
~/**чёрно-белый** Schwarzweiß[fernseh]-empfänger *m*
~/**шкафной** Fernsehtruhe *f*
телевыключатель *m (El)* Fern[aus]schalter *m*
телега *f* Karren *m*, Wagen *m*; Fuhrwerk *n*
телеграф *m (Fmt)* Telegraf *m*
~/**беспроволочный** drahtloser Telegraf *m*, Funktelegraf *m*
~/**буквопечатающий** Typendrucktelegraf *m*
~/**железнодорожный** Eisenbahntelegraf *m*
~/**машинный** Maschinentelegraf *m*
~/**стартстопный** Typendrucktelegraf *m*
телеграфирование *n* 1. Telegrafieren *n*, Fernschreiben *n*; 2. Telegrafie *f*, Telegrafiebetrieb *m*, Fernschreibdienst *m*
~/**абонентское** Teilnehmertelegrafie *f*
~ **автоматической системы/абонентское** Teilnehmerwähltelegrafie *f*
~/**высокочастотное** Trägerfrequenztelegrafie *f*, trägerfrequente Wechselstromtelegrafie *f*; Hochfrequenztelegrafie *f*
~/**двухполюсное** Doppelstromtelegrafie *f*, Doppelstrombetrieb *m*
~/**дуплексное** gleichzeitiger Gegenverkehr *m*, Duplexbetrieb *m*
~/**многократное** Mehrfachtelegrafie *f*
~ **на несущих частотах** Trägerfrequenztelegrafie *f*
~/**надтональное** Überlagerungstelegrafie *f*
~/**однополюсное** Einfachstromtelegrafie *f*, Einfachstrombetrieb *m*
~ **переменным током** Wechselstromtelegrafie *f*, WT, Wechselstromfernschreiben *n*
~ **по коду Морзе** Morsetelegrafie *f*
~/**подтональное** Unterlagerungstelegrafie *f*
~ **постоянным током** Gleichstromtelegrafie *f*
~/**радиочастотное** *s.* ~/**высокочастотное**
~/**симплексное** wechselzeitiger Gegenverkehr *m*, Simplexbetrieb *m*
~ **токами двух направлений** *s.* ~/**двухполюсное**
~ **токами одного направления** *s.* ~/**однополюсное**
~/**тональное** Tonfrequenztelegrafie *f*
~/**частотное** Trägerfrequenztelegrafie *f*
телеграфировать *(Fmt)* telegrafieren
телеграфить *s.* **телеграфировать**
телеграфия *f* 1. Telegrafie *f*, Telegrafiebetrieb *m*, Fernschreibdienst *m*; 2. Telegrafentechnik *f*, Fernschreibtechnik *f*
~/**беспроволочная** drahtlose Telegrafie *f*, Funktelegrafie *f*
~/**проводная** Drahttelegrafie *f*
тележечный Drehgestell . . .
тележка *f* 1. Wagen *m*, Karre *f*, Karren *m*; 2. *(Eb)* Fahrgestell *n*, Gestell *n*; Drehgestell *n*; 3. Katze *f*, Laufkatze *f* *(Kran)*; 4. *(Lw)* Fahrwerk *n* *(Beregnungsmaschine)*
~/**аккумуляторная** Elektrokarren *m* [mit Batteriespeisung], E-Karren *m*
~/**багажная** Gepäckwagen *m*
~/**бегунковая** Lenkgestell *n*
~/**бесчелюстная** *(Eb)* achshalterloses Drehgestell *n*
~/**буровая** *(Bgb)* Bohrwagen *m*
~/**вагонная** *(Eb)* Wagenfahrgestell *n*
~/**вагонная двухосная** zweiachsiges Fahrgestell *n*
~/**вагонная трёхосная** dreiachsiges Fahrgestell *n*
~/**ведомая самоходная** Gehlenkungskarren *m*
~/**весовая бункерная** *(Met)* Bunkerabzugswagen *m*; Möllerwagen *m*
~ **волочильного станка** *(Met)* Ziehwagen *m* *(Ziehbank)*
~/**вспомогательная** Hilfslaufkatze *f* *(Kran)*
~ **Гёрлица** *(Eb)* Görlitzer Drehgestell *n*
~ **гёрлицкого завода** *s.* ~ **Гёрлица**
~/**главная** Hauptlaufkatze *f* *(Kran)*
~/**грейферная** Greiferkatze *f*
~/**грузовая** 1. Lastkarre *f* *(als Sammelbegriff für Sackkarre, Elektrokarren usw.)*; 2. Laufkatze *f*, Krankatze *f*
~/**грузоподъёмная** Laufkatze *f*, Krankatze *f*
~/**двухпутная** Zweischienen[lauf]katze *f* *(Kran)*
~/**дизельная** Dieselkarren *m*
~/**загрузочная** *(Met)* Beschickungswagen *m*, Begichtungswagen *m*; Chargierwagen *m*
~/**запальная** *(Met)* Zündofen *m* *(Sintermaschine)*
~/**кабельная** *(Fmt)* Kabel[transport]wagen *m*
~ **ковша** Pfannenwagen *m*, Gießpfannenwagen *m*

~/**колошниковая** *(Met)* Gichtwagen *m*
~/**крановая** Laufkatze *f* *(Laufkran)*
~ **литейного ковша** *(Met)* Gieß[pfannen]-wagen *m*
~/**локомотивная** Lokomotivfahrgestell *n*
~/**механическая** Motorkarren *m*
~/**многогусеничная** Mehrraupenfahrwerk *n*
~/**монорельсовая (однорельсовая)** Einschienenlaufkatze *f*
~ **паровоза/главная (движущая)** Hauptfahrgestell *n* *(Lokomotive)*
~ **паровоза/задняя двухосная** hinteres zweiachsiges Fahrgestell *n* *(Lokomotive)*
~/**передвижная** Schiebebühne *f*
~/**переднерамная** *(Holz)* Gatterwagen *m*, Blockwagen *m* *(Sägegatter)*
~/**поворотная** Drehgestell *n*
~/**подбашенная** Turmfahrwerk *n*
~/**приподнимающая напольная** Hubwagen *m*
~/**прицепная** Anhänger *m*
~/**путевая** Schienenkarren *m*
~/**разливочная** *(Met)* Gießkatze *f*
~ **разливочного ковша** *(Met)* Gieß[pfannen]wagen *m*
~ **с грейфером/однорельсовая** Einschienenlaufkatze *f* mit Greiferwindwerk
~ **с двойным подвешиванием/вагонная двухосная** [zweiachsiges] Drehgestell *n*
~ **с двойным рессорным подвешиванием/вагонная** zweifach (doppelt) abgefedertes Fahrgestell *n*
~ **с одинарным рессорным подвешиванием/вагонная** einfach abgefedertes Fahrgestell *n*
~ **с подъёмной рамой/ручная** Handkarre *f* mit Hubrahmen (Hubgestell)
~ **с тягачом/портальная контейнерная** geschleppter Containerumsetzwagen *m*
~/**самоходная** Karren *m* mit Fahrantrieb *(durch Elektro- oder Verbrennungsmotor, s. a. unter* **электрокар** *bzw.* **автокар***)*
~/**самоходная контейнерная** selbstfahrender Containerumsetzwagen *m*
~ **сельфактора** *(Text)* Wagen *m* des Selbstspinners
~/**спусковая** *(Schiff)* Slipwagen *m*
~/**стапельная** *(Schiff)* Stapelwagen *m*
~/**судовозная** *(Schiff)* Stapelwagen *m*
~ **сушильной камеры** *(Gieß)* Trockenwagen *m* *(für Formen oder Kerne)*
~/**трансбордерная** *(Schiff)* Querverschiebebühne *f*
~/**узколинейная** *(Eb)* Schmalspurdrehgestell *n*
~/**ходовая** Fahrgestell *n*
~/**шлаковая** *(Met)* Schlacken[kübel]wagen *m*
тележка-выгружатель *f* *(Met)* Bunkerabzugswagen *m*; Möllerwagen *m*
тележка-дозатор *f*/**бункерная** *(Met)* Bunkerabzugswagen *m*; Möllerwagen *m*
тележка-опрокидыватель *f* *(Wlz)* fahrbarer Blockkipper *m*, Blockaufleger *m*
тележка-платформа *f* **с тягачом** Roll-Trailer *m*
тележка-скип *f* Kippkübel *m* *(Schachtofen)*
телеизмерение *n* Fernmessung *f*, Telemetrie *f*
~ **на несущей частоте** Trägerfrequenzfernmessung *f*
~/**частотно-импульсное** Impulsfrequenzfernmessung *f*
телеизмеритель *m* Fernmeßgerät *n*
телеизмерительный Fernmeß . . .
телекамера *f* Fernsehkamera *f*
~/**передающая** Fernsehaufnahmekamera *f*
~/**подводная** Unterwasserfernsehkamera *f*
~/**промышленная** Industrie[fernseh]-kamera *f*
телекино *n* Fernsehkino *n*
телекинопроектор *m* *(Fs)* Filmabtaster *m*
~ **на видиконе** Vidikon[film]abtaster *m*
телеметр *m* Entfernungsmesser *m*, Entfernungsmeßgerät *n*
телеметрический Fernmeß . . .
телеметрия *f* Fernmessung *f*, Telemetrie *f*
~ **на несущей частоте** Trägerfrequenzfernmessung *f*
телемеханизация *f* Telemechanisierung *f* *(Anwendung der Fernwirktechnik)*
телемеханика *f* Fernwirktechnik *f*, Telemechanik *f*
телемеханический telemechanisch, Fernwirk . . ., fernwirktechnisch
теленабор *m* *(Typ)* Fernsatz *m*
теленасадка *f* *(Foto, Fs)* Televorsatz *m*, Teleaufsatz *m*
телеоблучение *n* *(Kern)* Fernbestrahlung *f*
телеобработка *f* **[данных]** *(Dat)* Datenfernverarbeitung *f*
телеобъектив *m* *(Foto)* Teleobjektiv *n*, Fernobjektiv *n*
телеотключатель *m* Fernausschalter *m*
телеотключение *n* Fernausschaltung *f*
телепередатчик *m* Fernsehsender *m*
телепередача *f* 1. Fernübertragung *f*; 2. Fernsehübertragung *f*, Fernsehsendung *f*
~ **данных** *(Dat)* Datenfernübertragung *f*
~ **по проводам** Fernsehdrahtfunk *m*
телепередвижка *f* Fernsehaufnahmewagen *m*
телеприёмник *m* Fernsehempfänger *m*, Fernseh[empfangs]gerät *n* *(s. a.* **телевизор***)*
телепринтер *m*/**страничный** Blattfernschreiber *m*
телепускатель *m* Fernanlasser *m*
телерегистрация *f* Fernregistrierung *f*

телерегулирование *n* Fernregelung *f*
телерегулятор *m* Fernregler *m*
~ **напряжения** Spannungsfernregler *m*
телесигнал *m* Fernsehsignal *n*
телесигнализатор *m* Fernmelder *m*
телесигнализация *f* 1. *(Fmt)* Fernsignalisierung *f*, Fernmeldung *f*; 2. *(Dat)* Fernanzeige *f*
~/**аварийно-предупредительная** Not- und Warnfernsignalisierung *f*
~/**двухпозиционная** Zweistellungsfernsignalisierung *f*
~/**многопозиционная** Mehrstellungsfernsignalisierung *f*
~/**нескольких состояний** *s.* ~/**многопозиционная**
телескоп *m* Teleskop *n*, Fernrohr *n*
~/**астрономический** astronomisches Fernrohr *n*
~/**баллонный** Ballonteleskop *n*
~/**башенный** Turmteleskop *n*, Sonnenturm *m*
~/**вертикальный** Vertikalteleskop *n*
~ **Галилея** Galileisches (holländisches) Fernrohr *n*
~/**горизонтальный** Horizontalteleskop *n*
~/**горизонтальный солнечный** horizontales Sonnenteleskop *n*
~/**двойной** Zwillingsteleskop *n*
~/**зенитный** Zenitteleskop *n*
~/**зеркально-линзовый** Spiegellinsenteleskop *n*, katadioptrisches Teleskop *n*, Linsenfernrohr *n* mit Spiegelkompensation
~/**зеркальный** Spiegelteleskop *n*
~/**инфракрасный** Infrarotteleskop *n*
~/**катадиоптрический** *s.* ~/**зеркально-линзовый**
~/**космический** Raumteleskop *n*
~/**линзовый** Linsenfernrohr *n*
~/**любительский** Amateurfernrohr *n*
~ **Максутова/менисковый** Meniskusteleskop *n* nach Maksutov, Maksutov-Spiegel *m*, Maksutov-Teleskop *n*
~/**мезонный** Mesonenteleskop *n*
~ **Ньютона/отражательный** *s.* **рефлектор Ньютона**
~/**рентгеновский** Röntgenteleskop *n*
~/**солнечный** Sonnenteleskop *n*
~/**стратосферный** Ballonteleskop *n*
~ **счётчиков** *(Kern)* Zählrohrteleskop *n*
~/**фотографический** *s.* **астрограф**
телескоп-гид *m* Leitfernrohr *n*
телескоп-рефлектор *m* Reflektor *m*, Spiegelteleskop *n*, Spiegelfernrohr *n*
телескоп-рефрактор *m* Refraktor *m*, Linsenfernrohr *n*
телестереоскоп *m* Stereofernrohr *n*, Stereoteleskop *n*
телестудия *f* Fernsehstudio *n*
телесчётчик *m* Fernzähler *m*, Fernzählgerät *n*
~ **активной энергии** Wirkarbeitsfernzähler *m*, Wirkverbrauchsfernzähler *m*
~ **реактивной энергии** Blindarbeitsfernzähler *m*, Blindverbrauchsfernzähler *m*
телетайп *m* Blattschreiber *m*, Fernschreibmaschine *f*, Fernschreiber *m*
~/**опрашивающий** Abfrageblattschreiber *m*
телетайпный Fernschreib . . .
телетайпсеттер *m (Typ)* Teletypesetter *m*
телеуказатель *m* Fernanzeiger *m*
телеуправление *n* 1. Fernbedienung *f*, Fernbetätigung *f*; Fernsteuerung *f*; 2. Fernwirktechnik *f*; 3. *(Fmt)* Ferntastung *f*; 4. *(Rak)* Fernlenkung *f*
~/**автоматическое** automatische Fernsteuerung *f*
телеуправляемый ferngelenkt
телеустановка *f* Fernsehanlage *f*
~/**подводная** Unterwasserfernsehanlage *f*
телефон *m* 1. *(Fmt)* Telefon *n*, Fernsprecher *m*; 2. *(Schiff)* Mittelgei *f (mitunter fälschlicherweise als Gei bezeichnet)*
~/**автоматический монетный** Münzfernsprecher *m* für Wählbetrieb
~/**головной** Kopf[fern]hörer *m*
~/**капсюльный** Hörkapsel *f*
~/**конденсаторный** Kondensatorfernhörer *m*, elektrostatischer Fernhörer *m*
~/**монетный** *s.* **телефон-автомат**
~/**ручной монетный** Münzfernsprecher *m* für Handvermittlung
~/**стандартный** *s.* ~/**эталонный**
~/**электродинамический** elektrodynamischer Fernhörer *m*
~/**электромагнитный** [elektro]magnetischer Fernhörer *m*
~/**эталонный** Normal[fern]hörer *m*
телефон-автомат *m* Fernsprechautomat *m*
телефонирование *n (Fmt)* Fernsprechen *n* *(s. a. unter* **телефония***)*
~/**высокочастотное** Trägerfrequenzfernsprechen *n*, Trägerfrequenztelefonie *f*
~/**многоканальное** Mehrkanaltelefonie *f*
~/**многократное** Mehrfachtelefonie *f*
~/**низкочастотное** Niederfrequenzfernsprechen *n*
~ **токами несущей частоты** *s.* ~/**высокочастотное**
~ **тональными частотами** *s.* ~/**низкочастотное**
телефония *f* Telefonie *f*, Fernsprechwesen *n (s. a. unter* **телефонирование***)*; Fernsprech[vermittlungs]technik *f*
~/**автоматическая** Selbstwählbetrieb *m*
~/**беспроволочная** drahtlose Telefonie *f*, Funktelefonie *f*, Funk[fern]sprechen *n*
~/**двухполосная** Zweiseitenbandtelefonie *f*
~/**дуплексная** gleichzeitiger Betrieb *m*, Duplexverkehr *m*
~ **на несущей частоте** Trägerfrequenzfernsprechen *n*

~/**однополосная** Einseitenbandtelefonie *f*, ESB-Telefonie *f*
~/**радиочастотная** *s.* ~ **на несущей частоте**
~/**служебная** Betriebstelefonanlage *f*
телефонограмма *f* Fernspruch *m*
телефотография *f (Foto)* Telefotografie *f*
телефотометр *m* Telefotometer *n*
~/**визуальный** visuelles Telefotometer *n*
телецентр *m* Fernsehzentrum *n*, Fernsehsender *m*
телеэкран *m* Bildschirmeinheit *f*
теллур *m (Ch)* Tellur *n*, Te
~/**азотнокислый** Tellurnitrat *n*
~/**белый** *(Min)* Krennerit *m*
~/**двухлористый** Tellur(II)-chlorid *n*
~/**селенистый** *(Min)* Selentellur *n (gediegenes Tellur im Gemenge mit Selen)*
~/**хлористый** Tellurchlorid *n*
теллурат *m (Ch)* Tellurat *n*
~ **калия** Kaliumtellurat *n*
теллурид *m (Ch)* Tellurid *n*
~ **кадмия** Kadmiumtellurid *n*
теллурил *m (Ch)* Telluryl *n*
теллуристокислый *(Ch)* ...tellurit *n*; tellurigsauer
теллуристый *(Ch)* ...tellurid *n*; tellurhaltig
теллурит *m* 1. *(Ch)* Tellurit *n*, Tellurat(IV) *n*; 2. *(Min)* Tellurit *m*, Tellurocker *m*
теллуровисмутит *m (Min)* Tellurbismutit *m*
теллуроводород *m (Ch)* Tellurwasserstoff *m*
теллуровокислый *(Ch)* ...tellurat *n*, ...tellurat(VI) *n*; tellursauer
теллурокислый *(Ch)* ...tellurat *n*
тело *n* 1. Körper *m*, Rumpf *m*; 2. Schaft *m (Drehmeißel, Schraube, Welle)*; 3. *(Math) s.* ~/**алгебраическое** *und* ~/**геометрическое**
~/**абсолютно гладкое** [ideal] glatter Körper *m*
~/**абсолютно твёрдое** starrer Körper *m*
~/**абсолютно чёрное** schwarzer Strahler (Körper) *m*, Planckscher Strahler *m*, absolut schwarzer Körper *m*, Temperaturstahler *m*
~/**алгебраическое** *(Math)* Körper *m (Algebra)*
~/**аморфное** amorpher Körper *m (Gase, Flüssigkeiten)*
~/**анизотропное** *(Ph)* anisotroper Körper *m*
~/**ацетоновое** *(Ch)* Azetonkörper *m*
~/**белковое** *(Ch)* Eiweißkörper *m*, Albuminkörper *m*
~ **быка** *(Bw)* Pfeilerschaft *m*
~ **вала** *(Masch)* Wellenschaft *m*
~ **валка** *(Wlz)* Walzenkörper *m*
~ **вкладыша** *(Masch)* Schalenkörper *m (Lager)*
~ **вращения** *(Math)* Rotationskörper *m*
~/**геометрическое** *(Math)* Körper *m (Stereometrie)*
~/**дробящее** *s.* ~/**мелющее**
~/**жёсткопластическое** *(Ph)* starr-plastischer Körper *m*
~/**затупленное** Widerstandskörper *m*, stumpfer Körper *m*
~ **зубчатого колеса** *(Masch)* Radkörper *m*
~/**изотропное** isotroper Körper *m*
~/**инородное** Fremdkörper *m*
~/**интрузивное** *(Geol)* Intrusivkörper *m*
~ **качения** Wälzkörper *m*
~/**кетоновое** *(Ch)* Ketonkörper *m*
~ **клапана** Ventilkörper *m*
~/**красящее** Farbkörper *m*
~ **лопатки/промежуточное** Füllstück *n (Schaufelbefestigung; Dampfturbine)*
~/**материальное** *s.* **точка/материальная**
~/**мелющее** Mahlkörper *m*, Mahlorgan *n*
~/**метеорное** *(Astr)* Meteorkörper *m*, Meteorsplitter *m*
~/**мучнистое** Mehlkörper *m*
~ **накала** *(Licht)* Leuchtkörper *m (Glühlampe)*
~ **накала/плоское** flächenförmiger Leuchtkörper *m*
~/**начальное** *(Masch)* Wälzkörper *m (Zahnräder)*
~/**небесное** *(Astr)* Himmelskörper *m*
~/**неоднородное** *(Ph)* heterogener Körper *m*
~/**непросвечивающее** *(Fotom)* lichtundurchlässiger Körper *m*
~/**обтекаемое** *s.* ~/**удобообтекаемое**
~/**окрашенное** *s.* ~/**цветное**
~ **оси** *(Masch)* Achsschaft *m*
~ **отливки** *(Gieß)* Gußkörper *m*
~ **плотины** *(Hydt)* Wehrkörper *m*, Staumauerkörper *m*, Wehrmauer *f*
~/**поликристаллическое** vielkristalliner (polykristalliner) Körper *m*, Vielkristall *m*, Kristallhaufwerk *n*
~/**полимерное твёрдое** *(Ph)* polymerer Festkörper *m*
~/**полое** Hohlkörper *m*
~ **программы** *(Dat)* Programmrumpf *m*
~/**прозрачное** *(Fotom)* durchsichtiger Körper *m*
~/**просвечивающее** *(Fotom)* durchscheinender Körper *m*
~/**простое** einfacher Stoff (Körper) *m*; [chemischer] Grundstoff *m*, [chemisches] Element *n*
~ **процедуры** *(Dat)* Prozedurhauptteil *m*, Rumpf *m* der Prozedur
~ **резца** Schaft *m (Drehmeißel, Hobelmeißel)*
~/**рудное** *(Geol)* Erzstock *m*, Erzkörper *m*

~/**серое** *(Opt)* grauer Körper (Strahler) *m*
~/**сложное** zusammengesetzter Stoff (Körper) *m*; [chemische] Verbindung *f*
~/**твёрдое** fester Körper *m*, Festkörper *m*
~/**удобообтекаемое** *(Aero)* Stromlinienkörper *m*
~/**упругое** elastischer Körper *m*, Verformungskörper *m*
~/**фотометрическое** *s.* **поверхность силы света**
~/**цветное** *(Fotom)* farbiger Körper *m*
~/**цветовое** *(Opt)* Farbkörper *m (Farbenlehre)*
~/**центральное** *(Astr)* Zentralkörper *m*
~/**чёрное** *s.* ~/**абсолютно чёрное**
теломер *m (Ch)* Telomer[es] *n*
теломеризация *f (Ch)* Telomerisation *f*
тельфер *m* Elektro[flaschen]zug *m*
~/**электрический** Elektro[zug]katze *f*
тембр *m* **звука (звучания)** Klangfarbe *f*, Klangfärbung *f*
темп *m* Tempo *n*, Geschwindigkeit *f (s. a. unter* **скорость***)*
~ **добычи** *(Bgb)* Fördergeschwindigkeit *f (Erdöl)*
~ **отбора** *(Bgb)* Förderrate *f (Erdöl)*
температура *f* Temperatur *f*
~/**абсолютная** absolute Temperatur *f*, Kelvin-Temperatur *f*
~ **абсолютного чёрного тела** schwarze Temperatur *f*, Schwarzkörpertemperatur *f*
~ **агломерации** Sintertemperatur *f (NE-Metallurgie, Pulvermetallurgie)*
~ **антенны/шумовая** Antennenrauschtemperatur *f*
~ **антенны/эффективная** effektive Antennentemperatur *f*
~ **брожения** Gärtemperatur *f*
~ **в объёме** Volumentemperatur *f*
~ **в фотометрии/цветовая** *(Fotom)* Verteilungstemperatur *f*
~ **верха** *(Ch)* Kopftemperatur *f (Destillation)*
~ **визуального излучения** *(Ph)* visuelle Strahlungstemperatur *f*
~/**виртуальная** *(Meteo)* virtuelle Temperatur *f*
~ **возбуждения** *(Ph, Astr)* Anregungstemperatur *f*
~ **возгонки** *s.* ~ **сублимации**
~ **воздуха** *(Meteo)* Lufttemperatur *f*
~ **воспламенения** Zündtemperatur *f*, Entzündungstemperatur *f*, Zündpunkt *m (niedrigste Temperatur, bei der ein Stoff ohne äußere Energiezufuhr selbständig weiterbrennt)*
~ **восстановления** *(Ch)* Reduktionstemperatur *f*
~/**вращательная** *(Ph, Astr)* Rotationstemperatur *f*
~ **вспышки** Entflammungstemperatur *f*, Flammpunkt *m (bei Entzündung brennbarer Dämpfe an der Oberfläche erhitzter Flüssigkeiten)*
~ **выпуска [жидкого металла]** Abstichtemperatur *f*, Rinnentemperatur *f*
~ **выработки** Arbeitstemperatur *f*, Verarbeitungstemperatur *f*; *(Glas)* Ausarbeitungstemperatur *f*
~ **вырождения [электронов]** *(Kern)* Entartungstemperatur *f (Valenzelektronen von Metallen)*
~ **выше нуля** Temperatur *f* über Null, Plustemperatur *f*
~ **гелеобразования** *(Ch)* Gelbildungstemperatur *f*
~ **горения** Verbrennungstemperatur *f*
~/**градиентная** *(Ph, Astr)* Gradationstemperatur *f*
~/**дебаевская** *(Ph)* Debye-Temperatur *f*
~ **дутья** *(Met)* Wind[vorwärm]temperatur *f*
~ **закалки** Härtetemperatur *f*, Abschrecktemperatur *f*
~ **заливки** Gießtemperatur *f*
~ **замерзания** Gefrierpunkt *m*, Gefriertemperatur *f*
~ **запирающего слоя** *(Eln)* Sperrschichttemperatur *f*
~ **застывания** Stockpunkt *m (Öle)*
~ **затвердевания** *s.* ~ **отвердевания**
~ **излучения** *(Opt, Astr)* Strahlungstemperatur *f*
~ **инверсии** *(Therm)* Inversionstemperatur *f (Joule-Thomson-Effekt)*
~ **инфракрасного излучения** *(Ph, Astr)* infrarote Strahlungstemperatur *f*
~/**ионизационная** *(Ph, Astr)* Ionisationstemperatur *f*
~/**ионная** *(Ph, Astr)* Ionentemperatur *f*
~ **каплепадения** Tropfpunkt *m (Öle)*
~/**кинетическая** *(Ph, Astr)* kinetische Temperatur *f*
~ **кипения** *(Ph)* Siedetemperatur *f (Übergang vom flüssigen zum gasförmigen Zustand)*
~ **кипения/максимальная** Maximumsiedepunkt *m*
~ **кипения/минимальная** Minimumsiedepunkt *m*
~ **кипения/нормальная** *s.* **точка кипения**
~ **ковки** Schmiedetemperatur *f*
~/**колебательная** *(Ph, Astr)* Schwingungstemperatur *f*
~/**комнатная** Raumtemperatur *f*, Zimmertemperatur *f*
~/**компенсационная** Kompensationstemperatur *f*
~ **конденсации** Kondensationstemperatur *f*
~ **конца ковки** Schmiedeendtemperatur *f*

~/**кубовая** *(Ch)* Sumpftemperatur *f* *(Destillation)*

~ **Кюри** *(Ph)* Curie-Temperatur *f*

~ **ликвидуса** *(Met)* Liquidustemperatur *f*

~ **мокрого термометра** Temperatur *f* des feuchten Thermometers, Kühlgrenztemperatur *f*, Feuchtkugeltemperatur *f*

~ **на входе** Eintrittstemperatur *f*, Eingangstemperatur *f*

~ **на высоте** Höhentemperatur *f*

~ **на выходе** Austrittstemperatur *f*, Ausgangstemperatur *f*

~ **на уровне конденсации** *s.* ~ **конденсации**

~ **нагрева** Anheiztemperatur *f*, Aufheiztemperatur *f*, Aufwärmtemperatur *f*, Erhitzungstemperatur *f*

~ **накала** Glühfarbentemperatur *f* *(Stahl)*

~ **насыщения** Sättigungstemperatur *f* *(Übergang vom gasförmigen zum flüssigen Zustand)*

~ **начала ковки** Schmiedeanfangstemperatur *f*

~ **начала прокатки** *(Wlz)* Anstichtemperatur *f*, Ansteсktemperatur *f*

~ **ниже нуля** Temperatur *f* unter Null, Minustemperatur *f*

~ **низа** *s.* ~/**кубовая**

~ **нити накала** *(El)* Glühfadentemperatur *f*

~ **нормализации** *(Härt)* Normalglühtemperatur *f*, Normalisierungstemperatur *f*

~/**нормальная** Normaltemperatur *f*

~ **обжига** *(Ker)* Brenntemperatur *f*; *(Glas)* Kühltemperatur *f*, Entspannungstemperatur *f*

~ **образования перлита** *(Wkst)* Perlitpunkt *m*

~/**окружающая** Umgebungstemperatur *f*

~ **окружающей среды** Umgebungstemperatur *f*

~ **отвердевания** Verfestigungstemperatur *f*, Verfestigungspunkt *m*, Erstarrungstemperatur *f*, Erstarrungspunkt *m*

~ **отжига** *(Härt)* Glühtemperatur *f*; Tempertemperatur *f*; *(Glas)* Kühltemperatur *f*, Entspannungstemperatur *f*

~ **отпуска** *(Härt)* Anlaßtemperatur *f*

~ **отсушки солода** Abdarrtemperatur *f*

~ **отходящих газов** Abgastemperatur *f*, Rauchgastemperatur *f*

~ **падения конуса Зегера** Segerkegelfallpunkt *m*, Segerkegelschmelzpunkt *m*

~ **падения пироскопа** Seger-Kegelfallpunkt *m*, Seger-Kegelschmelzpunkt *m*

~ **парообразования** Verdampfungspunkt *m*, Verdampfungstemperatur *f*

~ **перегрева** *(Met)* Überhitzungstemperatur *f* *(Schmelze)*

~ **перехода** 1. Umwandlungstemperatur *f*; 2. *(Eln)* Sperrschichttemperatur *f*

~ **перехода в сверхпроводящее состояние/критическая** kritische Temperatur *f* eines Supraleiters, Übergangstemperatur (Sprungtemperatur, Umwandlungstemperatur) *f* eines Supraleiters

~ **перехода стекла в хрупкое состояние** *(Glas)* Transformationstemperatur *f*, Transformationspunkt *m*

~ **плавления** *(Ph)* Schmelztemperatur *f*, Schmelzpunkt *m*, Fließpunkt *m*

~ **плавления по Кремеру-Сарнову** *(Plast)* Fließtemperatur *f* nach Krämer-Sarnow

~ **по плотности излучения** *s.* ~/**радиационная**

~ **по шкале Кельвина** Kelvin-Temperatur *f*, absolute Temperatur *f*

~ **поверхности** Oberflächentemperatur *f*

~ **подогрева дутья** *(Met)* Wind[vorwärm]-temperatur *f*

~/**потенциальная** *(Meteo)* potentielle Temperatur *f*

~/**потенциальная эквивалентная** *(Meteo)* äquipotentielle Temperatur *f*

~ **почвы** *(Meteo)* Bodentemperatur *f*

~ **превращения** Umwandlungspunkt *m*, Umwandlungstemperatur *f*

~/**приведённая** *(Ph)* reduzierte Temperatur *f*, Bezugstemperatur *f*

~ **приграничного слоя** *(Ph)* Randschichttemperatur *f*, Grenzschichttemperatur *f*

~ **прокаливания** Glühtemperatur *f*

~ **прокатки** Walztemperatur *f*

~/**псевдопотенциальная** *(Meteo)* pseudopotentielle Temperatur *f*

~/**рабочая** Betriebstemperatur *f*

~ **равновесия** Gleichgewichtstemperatur *f*

~/**радиационная** *(Opt, Astr)* Strahlungstemperatur *f*

~ **разливки** *(Met)* Gießtemperatur *f*

~ **разложения** *(Ph, Ch)* Zersetzungstemperatur *f*

~ **размягчения** Erweichungstemperatur *f*, Erweichungspunkt *m*

~ **растворения** *(Ph, Ch)* Lösungstemperatur *f*

~ **растворения/критическая** kritische Lösungstemperatur *f*, kritischer Lösungspunkt *m*

~ **рекристаллизации** *(Krist)* Rekristallisationstemperatur *f*

~ **самовозгорания** Selbstentzündungstemperatur *f*

~ **самовоспламенения** Selbstentzündungstemperatur *f*

~/**сварочная** Schweißtemperatur *f*

~/**сверхвысокая** Höchsttemperatur *f*, höchste Temperatur *f* *(Plasma bei* 10^7 *°K)*

~/**сверхнизкая** tiefste Temperatur *f* *(z. B. flüssiges Helium bei 1 °K)*

~/**светофотометрическая** *(Opt, Astr)* Farbtemperatur *f*

~ **сгорания** Verbrennungstemperatur *f*
~ **сжигания** Verbrennungstemperatur *f*
~ **сжижения** Verflüssigungstemperatur *f*, Verflüssigungspunkt *m*
~ **синтеза ядер** *(Kern)* Kernfusionstemperatur *f*, Kernverschmelzungstemperatur *f*, Fusionstemperatur *f*
~ **смешения/критическая** *(Ph)* kritische Mischungstemperatur *f*, kritischer Mischungspunkt *m*
~ **смоченного термометра** *(Meteo)* Feuchttemperatur *f*
~ **смоченного термометра/потенциальная** potentielle Feuchttemperatur *f*
~ **смоченного термометра/псевдопотенциальная** pseudopotentielle Feuchttemperatur *f*
~/**собственная** Eigentemperatur *f*
~ **спекания** *(Met)* Sinter[ungs]temperatur *f*
~ **сравнения** Vergleichstemperatur *f*, Bezugstemperatur *f*
~/**статистическая** statistische Temperatur *f*
~ **стеклования [полимеров]** *(Ph, Ch)* Einfriertemperatur *f*, ET, Einfrierpunkt *m*
~ **сублимации** *(Ch)* Sublimationstemperatur *f*, Sublimationspunkt *m*
~ **схватывания** 1. *(Bw)* Abbindtemperatur *f (Beton)*; 2. *(Met)* Hafttemperatur *f (Pulvermetallurgie)*
~ **съёживания** *(Led)* Schrumpfungstemperatur *f*
~ **текучести** *(Gum, Plast)* Fließtemperatur *f*, Fließpunkt *m*
~/**термодинамическая** [thermodynamische] Temperatur *f (Kelvin)*
~ **торможения [газа]** *(Aero)* Kesseltemperatur *f*, Ruhetemperatur *f*, Gesamttemperatur *f (Gasströmung)*
~/**характеристическая** *(Ph)* charakteristische Temperatur *f (fester Aggregatzustand)*
~ **хрупкости** Sprödigkeitstemperatur *f*, Sprödigkeitspunkt *m*
~/**цветовая** *(Opt, Astr)* Farbtemperatur *f*
~ **Цельсия** Celsius-Temperatur *f (°C)*
~ **цементации** *(Härt)* Einsatztemperatur *f*
~/**чёрная** schwarze Temperatur *f*, Schwarzkörpertemperatur *f*
~ **штампа** *(Typ)* Prägetemperatur *f*
~/**шумовая** Rauschtemperatur *f* [der Antenne] *(Radioastronomie)*
~/**эвтектическая** *(Met)* eutektische Temperatur *f*, Erstarrungstemperatur *f* des Eutektikums
~/**эквивалентная** *(Meteo)* äquivalente Temperatur *f*
~/**экви[валентно-]потенциальная** *(Meteo)* äquipotentielle Temperatur *f*
~/**электронная** *(Ph)* Elektronentemperatur *f*
~/**эмпирическая** empirische Temperatur *f*
~/**энергетическая** *(Fotom)* Gesamtstrahlungstemperatur *f (schwarzer Körper)*
~/**эталонная** Bezugstemperatur *f*
~/**эффективная** *(Astr)* effektive Temperatur *f*
~/**яркостная** *(Opt, Astr)* schwarze Temperatur *f*
температуропроводность *f* Temperaturleitfähigkeit *f*
температуростойкий temperaturbeständig, temperaturfest
температуростойкость *f* Temperaturbeständigkeit *f*
темплет *m (Wlz)* Schablone *f*
темплеты *pl (Wkst)* Beizscheiben *fpl*, Polierscheiben *fpl*
тенакль *m (Typ)* Tenakel *n*, Manuskripthalter *m*
тенардит *m (Min)* Thenardit *m (Mineral der Salzlager)*
тенденция *f* Tendenz *f*, Trend *m*
~/**барометрическая** *(Meteo)* Drucktendenz *f (Luftdruck)*, barometrische Tendenz *f*
тендер *m* 1. Spannschloß *n*; 2. *(Eb)* Tender *m*
тензиметр *m* Sättigungsdruckmesser *m (Dampf)*
тензиометр *m* Tensiometer *n*, Oberflächenspannungsmesser *m*
тензиометрия *f* Tensiometrie *f*, Oberflächenspannungsmessung *f*
тензограф *m (Wkst)* Tensograf *m*, Dehnungsschreiber *m*
тензодатчик *m* Tensogeber *m*, Dehnungsgeber *m*; Dehnstreifengeber *m*, Dehnungs[meß]streifen *m*
~/**пластинчатый** Foliendehnungsmeßstreifen *m*
~ **сопротивления** Widerstandsdehnungsgeber *m*
тензодинамометр *m* Kraftmeßeinrichtung *f*
тензодиффузия *f (Ph)* Tensodiffusion *f*, Spannungsdiffusion *f*
тензометр *m* Tensometer *n*, Querdehnungsmesser *m*
~/**ёмкостный** kapazitiver Dehnungsmesser *m*
~/**звуковой** akustischer Dehnungsmesser *m*
~/**индикаторный** Meßuhrdehnungsmesser *m*
~/**индуктивный** induktiver Dehnungsmesser *m*
~ **Мартенса/зеркальный** Spiegelfeinmeßgerät *n* nach Martens
~/**механический** mechanischer Dehnungsmesser *m (Oberbegriff für Meßuhr- und Martens-Kennedy-Dehnungsmesser)*

~ **МИЛ[/рычажно-стрелочный]** Dehnungsmesser *m* nach Morosow-Iljin *(sowjetische Variante des Martens-Kennedy-Dehnungsmessers)*
~/**оптический** optischer Dehnungsmesser *m*, Spiegel[fein]dehnungsmesser *m*
~/**оптично-механический** mechanisch-optischer Dehnungsmesser *m (nach Martens)*
~ **переменного сопротивления** Widerstandsdehnungsmesser *m*
~ **переменной ёмкости** kapazitiver Dehnungsmesser *m*, Kapazitätsdehnungsmesser *m*
~ **переменной индуктивности** induktiver Dehnungsmesser *m*, Induktionsdehnungsmesser *m*
~/**полупроводниковый** Halbleiterdehnungsmesser *m*, Halbleitertensometer *n*
~/**рычажно-стрелочный** Feindehnungsmesser *m* nach Kennedy-Martens
~/**рычажный** Dehnungsmesser *m* nach Martens-Kennedy
~ **сопротивления** Widerstandsdehnungsmesser *m*
~/**электрический** elektrischer Dehnungsmesser *m (Oberbegriff für Widerstands-, Induktions- und Kapazitätsdehnungsmesser)*
~/**электромеханический** elektromechanischer Dehnungsmesser *m*
тензометрия *f* Dehnungsmessung *f*
~ **акустическим методом** akustische Dehnungsmessung *f*
~ **механическим методом** mechanische Dehnungsmessung *f*
~ **оптическим методом** optische Dehnungsmessung *f*
~ **электронным методом** elektronische Dehnungsmessung *f*
тензор *m (Math, Ph)* Tensor *m*
~/**антисимметрический** *(Mech)* antisymmetrischer (schiefsymmetrischer, alternierender) Tensor *m*
~ **восприимчивости** *(Mag)* Suszeptibilitätstensor *m*
~ **второго ранга** *s.* ~/**двухвалентный**
~ **второй валентности** *s.* ~/**двухвалентный**
~ **вязкости** *(Mech)* Viskositätstensor *m*, Zähigkeitstensor *m*
~ **Грина** *(Math)* Greenscher Tensor *m*
~ **давления** Drucktensor *m*
~/**двухвалентный** *(Mech)* Tensor *m* zweiter Stufe, zweistufiger Tensor *m*
~ **деформации** *(Mech)* Formänderungstensor *m*, Verzerrungstensor *m*
~/**единичный** *(Math)* Einheitstensor *m*
~ **инерции** *(Mech)* Trägheitstensor *m*, Tensor *m* der Trägheitsmomente
~ **квадрупольного момента** *(Kern)* Quadrupolmomenttensor *m*
~/**ковариантный** *(Math)* kovarianter Tensor *m*
~/**контравариантный** *(Math)* kontravarianter Tensor *m*
~/**кососимметрический** *s.* ~/**антисимметрический**
~ **коэффициентов корреляции** *(Math)* Korrelationskoeffizienttensor *m*
~ **кривизны** *(Math)* Krümmungstensor *m (gekrümmter Raum)*
~ **кривизны риманова пространства** *(Math)* Riemannscher (Riemann-Christoffelscher) Krümmungstensor *m (Riemannscher Raum)*
~ **кручения** *(Mech)* Torsionstensor *m*
~ **масс** *(Mech)* Massentensor *m*
~/**метрический** metrischer Tensor (Fundamentaltensor) *m (Riemannscher Raum)*
~ **моментов** *(Mech)* Momententensor *m*
~ **напряжений** *(Mech)* Spannungstensor *m*
~ **напряжений/шаровой** *(Mech)* Kugeltensor *m* des Spannungszustandes
~/**однородный** *(Math)* gleichartiger Tensor *m*
~ **подвижности** *(Mech)* Beweglichkeitstensor *m*
~ **полной проводимости** Admittanztensor *m*
~ **поляризации** *(Ph)* Polarisationstensor *m*
~ **Римана-Кристоффеля** *s.* ~ **кривизны риманова пространства**
~/**свёрнутый** *(Math)* verjüngter Tensor *m*
~/**симметрический** *(Mech)* symmetrischer Tensor *m*
~ **скольжения** *(Mech)* Gleittensor *m*
~/**смешанный** *(Math)* gemischter Tensor *m*
~/**сопряжённый** *(Math)* konjugierter Tensor *m*
~/**спиновый** *(Kern)* Spintensor *m*
~ **удельной электропроводности** Leitfähigkeitstensor *m*
~ **устойчивости** *(Mech)* Stabilitätstensor *m*
~/**фундаментальный** *s.* ~/**метрический**
~ **электромагнитного поля [/ четырёхмерный]** *(Ph)* [elektromagnetischer] Feld[stärke]tensor *m*
~ **энергии-импульса** *(Mech)* Energie-Impuls-Tensor *m*
тензорезистор *m* Dehn[ungs]meßstreifen *m*, Dehnstreifengeber *m*
тензоэлектрический tensoelektrisch
тени *fpl (Typ)* Tiefen *fpl*
теннантит *m (Min)* Tennantit *m*
тенорит *m (Min)* Tenorit *m*, Melaconit *m*
тент *m (Schiff)* Sonnensegel *n*; Zeltdach *n*, Verdeck *n (Rettungsfloß)*
тень *f* Schatten *m*

~/**дождевая** *(Meteo)* Regenschatten *m*
~ **Земли** *(Astr)* Erdschatten *m*
~ **Луны** Mondschatten *m*
~ **[солнечного] пятна** *(Astr)* Umbra *f (Sonnenflecken)*
теобромин *m (Ch)* Theobromin *n (Alkaloid)*
теодолит *m (Geod)* Theodolit *m*
~/**астрономический** astronomischer Theodolit *m*
~/**аэрологический** Ballontheodolit *m*
~/**высокоточный** Theodolit *m* höchster Meßgenauigkeit, Präzisionstheodolit *m*
~/**магнитный** magnetischer Theodolit *m (Bestimmung der Größe der erdmagnetischen Elemente)*
~/**нониусный** Nonientheodolit *m*
~/**оптический** optischer Theodolit *m*
~/**повторительный** Repetitionstheodolit *m*
~ **с верньерами** Nonientheodolit *m*
~/**самопишущий** Registriertheodolit *m (Ballontheodolit)*
~/**технический** Theodolit *m* geringerer (technischer) Meßgenauigkeit
~/**точный** Theodolit *m* hoher Meßgenauigkeit, Präzisionstheodolit *m*
~/**универсальный** Universaltheodolit *m*
~/**шаропилотный** Ballontheodolit *m*
теодолит-нивелир *m (Geod)* Nivelliertachymeter *n*
теодолит-самописец *m (Meteo)* Registriertheodolit *m (Ballontheodolit)*
теодолит-тахеометр *m (Geod)* Tachymetertheodolit *m*
теорема *f (Math, Ph)* Theorem *n*, Lehrsatz *m*, Satz *m*
~ **Абеля** Satz *m* von Abel *(Potenzreihen)*
~ **алгебры/основная** Fundamentalsatz (Hauptsatz) *m* der Algebra
~ **Бабине** Babinetsches Theorem (Prinzip) *n*
~ **Безу** Bézoutscher Satz *m (algebraische Geometrie)*
~ **Брианшона** Satz *m* von Brianchon *(projektive Geometrie)*
~ **Бэтти** Bettischer Satz *m*, Reziprozitätssatz *m* der Elastizitätstheorie
~ **взаимности** Reziprozitätssatz *m*, Reziprozitätstheorem *n*
~ **Вигнера** Wignersches Theorem *n*
~ **Вигнера-Эккерта** Wigner-Eckart-Theorem *n (Kopplung von Drehimpulsen)*
~ **вириала** Virialsatz *m*
~/**вихревая** Wirbelsatz *m*
~ **вихрей** Wirbelsatz *m*
~ **вложения** Einbettungssatz *m*
~ **вычетов** Residuensatz *m*
~ **Гаусса-Остроградского** Gaußscher Integralsatz *m*, Integralsatz *m* von Gauß-Ostrogradski
~ **Гиббса** Gibbssches Theorem *n*, Gibbsscher Satz *m*
~/**главная** Hauptsatz *m*, Fundamentalsatz *m*
~ **главных осей** Hauptachsentheorem *n*
~ **Гульдина** Guldinsches Theorem *n*, Guldinsche Regel *f*
~ **Гульдина/вторая** zweite Guldinsche Regel *f (Berechnung des Flächeninhaltes von Drehkörpern)*
~ **Гульдина/первая** erste Guldinsche Regel *f (Berechnung des Rauminhaltes von Drehkörpern)*
~ **Гюйгенса** Satz *m* von Huygens, Huygensscher Satz *m*
~ **Дезарга** Satz *m* von Desargues *(projektive Geometrie)*
~ **Дирихле** Satz *m* (Theorem *n*) von Dirichlet *(Fouriersche Reihen für unstetige Funktionen)*
~ **дифференциального исчисления/основная** Hauptsatz (Fundamentalsatz) *m* der Differentialrechnung
~ **дифференцирования** Differentiationssatz *m*
~ **единственности** Eindeutigkeitssatz *m*
~ **Жордана** Jordanscher Satz (Hilfssatz) *m*
~ **Жуге** Jouguetscher Satz *m*
~ **Жуковского** Shukowskischer (Joukowskischer) Satz *m*, Kutta-Joukowskischer Satz *m*
~ **интегрирования** Integrationssatz *m*
~ **Ирншоу** Satz *m* (Theorem *n*) von Earnshaw
~ **Карно** Carnotsches Theorem *n (Carnotscher Kreisprozeß)*
~ **Карно в теории удара** Carnotsches Theorem *n (Stoßtheorie, Carnotscher Stoßverlust)*
~ **Кастильяно** Castiglianoscher Satz *m (Elastizitätstheorie)*
~ **Кемпбелла** Campbellsches Theorem *n*
~ **Кориолиса** Coriolisscher Satz *m*
~ **косинусов** Kosinussatz *m (Trigonometrie)*
~ **Коши [/интегральная]** Cauchyscher Integralsatz *m*, Hauptsatz *m* der Funktionentheorie
~ **Кутта-Жуковского** Kutta-Shukowskische (Kutta-Joukowskische) Formel (Auftriebsformel) *f*
~ **Лагранжа** Lagrangescher Satz *m*, Satz *m* von Lagrange
~ **Лагранжа о среднем значении** Mittelwertsatz *m* von Lagrange, Mittelwertsatz *m* der Differentialrechnung
~ **Лапласа** Laplacescher Entwicklungssatz *m*, Laplacescher Satz *m*
~ **Лармора** Larmorscher Satz *m*, Larmor-Theorem *n*
~ **Максвелла** Maxwellscher Satz *m*, Reziprozitätssatz *m* von der Gegenseitigkeit der Verschiebungen

~ **максимума** Satz *m* (Prinzip *n*) vom Maximum
~ **моментов** Momentensatz *m*
~ **моментов количества движения** Drehimpulssatz *m*, Impulsmomentensatz *m*, Drehmomentensatz *m*
~ **Морера** Satz *m* von Morera
~ **мощности** Leistungstheorem *n*
~ **наложения** Überlagerungssatz *m*, Additionssatz *m*
~ **невозможности** Unmöglichkeitssatz *m*
~ **Нернста** Nernstsches Wärmetheorem *n*, Nernstscher Wärmesatz *m*, dritter Hauptsatz *m* der Thermodynamik
~ **Нернста/тепловая** *s.* ~ **Нернста**
~ **о вихрях** Wirbelsatz *m*
~ **о вычетах** Residuensatz *m*
~ **о движении центра масс** Schwerpunktsatz *m*, Satz *m* von der Erhaltung der Schwerpunktsbewegung, Erhaltungssatz *m* der Schwerpunktsbewegung
~ **о конечном приращении** [erster] Mittelwertsatz *m* der Differentialrechnung
~ **о среднем [значении]** Mittelwertsatz *m*
~ **о среднем значении [Коши]/обобщённая** erweiterter Mittelwertsatz *m* der Differentialrechnung
~ **обратимости хода лучей** Satz *m* von der Umkehrbarkeit des Strahlenganges
~**/обратная** Umkehrsatz *m*
~ **Онсагера** *s.* **соотношения взаимности Онсагера**
~**/основная** Hauptsatz *m*, Fundamentalsatz *m*
~ **Остроградского-Гаусса** Integralsatz *m* von Gauß-Ostrogradski, Gaußscher Integralsatz *m*
~ **Паппа** Satz *m* des Pappus *(Geometrie)*
~ **Паскаля** Satz *m* von Pascal *(projektive Geometrie)*
~ **Паули** Pauli-Theorem *n*, Paulisches Theorem *n*
~ **Пикара** Picardscher Satz *m*
~ **Пифагора** Satz *m* von Pythagoras, Pythagoräischer Lehrsatz *m*
~ **подобия** Ähnlichkeitssatz *m*
~ **прочности** Bruchhypothese *f*
~ **Птолемея** Ptolemäischer Satz *m*
~ **Пуанкаре** Poincarésches Wiederkehrtheorem *n*
~ **Пуассона** Satz *m* von Poisson, Poissonscher Satz *m* *(Sonderfall des Gesetzes der großen Zahlen)*
~ **разложения** Zerlegungssatz *m*; Entwicklungssatz *m*
~ **разложения Лапласа** Laplacescher Entwicklungssatz *m*
~ **Резаля** Résalscher Satz *m*
~ **римановой геометрии/основная** Hauptsatz (Fundamentalsatz) *m* der Riemannschen Geometrie
~ **Риччи** Satz *m* (Lemma *n*) von Ricci
~ **Ролля** Satz *m* von Rolle *(Differentialrechnung)*
~ **Рунге** Rungescher Satz *m* *(Approximation)*
~ **свёртки (свёртывания)** Faltungssatz *m*
~ **синусов** Sinussatz *m* *(Trigonometrie)*
~ **сложения** Additionstheorem *n*
~ **сложения скоростей** Additionstheorem *n* der Geschwindigkeiten
~ **сложения скоростей Эйнштейна** Einsteinsches Additionstheorem *n* der Geschwindigkeiten
~ **соответственных состояний** Gesetz *n* von den übereinstimmenden Zuständen
~ **Сореля** Saurel-Theorem *n*
~ **сравнения** 1. Vergleichssatz *m*; 2. Majorantenmethode *f* *(Differentialgleichungen)*
~ **существования** Existenzsatz *m*
~ **тангенсов** Tangenssatz *m* *(Trigonometrie)*
~ **Томсона [/динамическая]** Thomsonscher Satz (Zirkulationssatz) *m*
~ **Туэ** Satz *m* von Thue *(Zahlentheorie, diophantische Gleichungen)*
~ **Тэйлора** *s.* ~ **о среднем значении [Коши]/обобщённая**
~ **умножения** Faltungssatz *m*
~ **Фалеса** Satz *m* des Thales
~ **Ферма/великая** großer Fermatscher Satz *m*, Fermatsche Vermutung *f* *(Zahlentheorie, diophantische Gleichungen höheren Grades)*
~ **Ферма/малая** kleiner Fermatscher Satz *m*, Satz *m* von Fermat *(additive Zahlentheorie)*
~ **частица-дырка** Teilchen-Loch-Theorem *n*
~ **Штейнера** Steinerscher Satz *m*, Satz *m* von Steiner *(Rotationsbewegung fester Körper)*
~ **Эйлера** Satz *m* von Euler, Eulerscher Satz *m*
~ **эквивалентности** Äquivalenztheorem *n*; Äquivalenzsatz *m*
~**/эргодическая** Ergodensatz *m*, Ergodentheorem *n* *(statistische Physik)*
~ **Якоби** Jacobisches Theorem *n*, Jacobischer Satz *m*
~ **Янга** Yang-Theorem *n*

***H*-теорема** *f* **Больцмана** Boltzmannscher *H*-Satz *m* *(physikalische Kinetik)*

теория *f* Theorie *f*, Lehre *f* *(s. a. unter* **гипотеза***)*
~ **абсолютных возмущений** allgemeine Störungsrechnung *f*
~ **абстрактных автоматов** *(Kyb)* Theorie *f* abstrakter Automaten
~ **автоматического регулирования** Regelungstheorie *f*
~ **автоматов** *(Kyb)* Automatentheorie *f*

~ **аппроксимации** *(Math)* Approximationstheorie *f*
~ **атома Бора** *(Kern)* Bohrsche Atomtheorie *f*, Bohrsche Theorie *f* des Wasserstoffatoms
~ **безотказности** Zuverlässigkeitstheorie *f*
~ **ближнего порядка** Nahordnungstheorie *f*
~ **больших сигналов** Großsignaltheorie *f*
~ **вакуума** *(Ph)* Vakuumtheorie *f*
~ **валентности** *(Ph)* Valenztheorie *f*
~ **валентности/октетная** *(Ph)* Oktett-Theorie *f* der Valenz *(von Lewis)*, Oktett-Prinzip *n*
~ **вероятностей** Wahrscheinlichkeitstheorie *f*
~ **видимости** Sichttheorie *f*
~ **возбуждения/ионная** Ionentheorie *f* der Erregung *(Biophysik)*
~ **возмущений** *(Kern)* Störungstheorie *f*
~ **возраста/фермиевская** *(Kern)* Fermi-Alterstheorie *f*, [Fermische] Alterstheorie *f*, Fermische Theorie *f* der Neutronenbremsung
~ **волн** Wellentheorie *f*
~/**волновая** Wellentheorie *f*
~ **выгоды** Utilitytheorie *f*
~ **газов/кинетическая** kinetische Gastheorie *f*, Gaskinetik *f*
~ **Галуа** *(Math)* Galoissche Theorie *f*
~ **гироскопа** Kreiseltheorie *f*
~ **гомологий** *(Math)* Homologietheorie *f*
~ **горообразования/контракционная** *(Geol)* Kontraktionstheorie *f*, Schrumpfungstheorie *f* *(Gebirgsbildung)*
~ **групп** *(Math)* Gruppentheorie *f*
~ **движения Луны** *(Astr)* Mondtheorie *f*, Theorie *f* der Mondbewegung
~ **двойственности** *(Dat)* Dualitätstheorie *f*
~ **дефектов [решётки]** *(Krist)* Fehlordnungstheorie *f*
~ **деформаций** *(Ph)* Deformationstheorie *f*
~ **Дирака** *(Kern)* [Diracsche] Löchertheorie *f*, Diracsche Theorie *f* des Elektrons
~ **дифракции** *(Opt)* Beugungstheorie *f*
~ **дифракции Френеля** Fresnelsche Beugungstheorie *f*
~ **диффузии** *(Ph)* Diffusionstheorie *f*
~/**дрифтовая** *(Geol)* Drifttheorie *f*
~ **дырок [Дирака]** *s.* ~ **Дирака**
~ **замедления** *(Kern)* Bremstheorie *f*
~ **звука** Phonik *f*, Schallehre *f*
~/**зонная** Bändertheorie *f* [der Metalle]
~ **игр** *(Kyb)* Spieltheorie *f*
~ **излучения** Strahlungstheorie *f*
~ **инвариантов** *(Math)* Invariantentheorie *f*
~ **информации** Informationstheorie *f*
~/**каскадная** *(Kern)* Kaskadentheorie *f*
~/**квантовая** *(Ph)* Quantentheorie *f*
~ **колебаний** Schwingungstheorie *f*
~/**координационная** *(Ch)* Koordinationslehre *f*
~ **корабля** Schiffstheorie *f*
~/**корпускулярная** Korpuskulartheorie *f* *(Licht)*
~ **кривых** *(Math)* Kurventheorie *f*
~ **Ландау фазового превращения второго ряда** *(Krist)* Landau-Theorie *f* der Phasenübergänge zweiter Ordnung
~ **массового обслуживания** *(Dat)* Warteschlangentheorie *f*
~/**математическая** mathematische Theorie *f*
~ **материи/волновая** Wellentheorie *f* [der Materie]
~ **машин** Maschinentheorie *f*, Maschinenkunde *f*
~ **меры** Maßtheorie *f*
~ **механизмов** *(Masch)* Getriebelehre *f*
~ **многих тел** Mehrkörperproblem *n*, Vielkörperproblem *n*, n-Körperproblem *n*
~ **многих тел/квантовая** quantenmechanisches Mehrkörperproblem (Vielkörperproblem, n-Körperproblem) *n*
~ **множеств** Mengenlehre *f*
~ **надёжности** Zuverlässigkeitstheorie *f*
~ **нелинейной упругости** nichtlineare Elastizitätstheorie *f*
~ **неоднородности** *(Ph)* Inhomogenitätstheorie *f*
~ **оболочек** Schalentheorie *f*
~ **оптимизации** *(Kyb)* Optimierungstheorie *f*
~ **относительности** *(Ph)* Relativitätstheorie *f*
~ **относительности/общая** allgemeine Relativitätstheorie *f*
~ **относительности/специальная** spezielle Relativitätstheorie *f*
~ **очередей** *(Dat)* Warteschlangentheorie *f*
~ **переключательных схем** Schaltungstheorie *f*
~ **переноса [нейтронов]** *(Kern)* Transporttheorie *f*
~ **пластичности** *(Ph)* Plastizitätstheorie *f*
~ **поверхностей** *(Math)* Flächentheorie *f*
~ **подобия** Ähnlichkeitstheorie *f*
~ **полёта** *(Flg)* Fluglehre *f*
~ **полос** *(Aero)* Streifentheorie *f*
~ **пользы** Utilitytheorie *f*
~ **поля** *(Ph, El)* Feldtheorie *f*
~ **поля/квантовая** *(Ph)* Quantenfeldtheorie *f*, Quantentheorie *f* der Wellenfelder
~ **попадания** *(Kern)* Treffertheorie *f*
~ **потенциала** *(Math, Ph)* Potentialtheorie *f*
~ **предельных состояний** *(Fest)* Traglasttheorie *f*
~ **преобразования** Transformationstheorie *f* *(Quantenmechanik)*

~ **приближения** *(Math)* Approximationstheorie *f*
~ **принятия решений** *(Kyb)* Entscheidungstheorie *f*
~ **проектирования** *(Dat)* Entwurfstheorie *f*
~/**протолитическая (протонная)** *(Ch)* Protonentheorie *f*, Säure-Base-Theorie *f*
~ **прочности** Festigkeitshypothese *f*, Festigkeitstheorie *f*
~ **рассеяния [частиц]** Streutheorie *f*, quantenmechanische Streutheorie *f*
~ **реактора/двухгрупповая** *(Kern)* Zweigruppen[reaktor]theorie *f*
~ **реактора/одногрупповая** *(Kern)* Eingruppen[reaktor]theorie *f*
~ **реакции срыва** *s.* ~ **срыва**
~ **резания** *(Fert)* Zerspanungslehre *f*
~ **релаксации [упругости]** Relaxationstheorie *f* *(Elastizitätslehre)*
~ **света/волновая** Wellentheorie *f* des Lichts
~ **света/нейтринная** Neutrinotheorie *f* des Lichts
~ **света/электромагнитная** elektromagnetische Lichttheorie *f*
~ **связи** Nachrichtentheorie *f*, Theorie *f* der Nachrichtenübertragung
~ **связи/общая** allgemeine Nachrichtentheorie *f*
~ **сетей** *(Kyb)* Netzwerktheorie *f*
~ **систем** *(Kyb)* Systemtheorie *f*
~ **сооружений** Theorie *f* der Baukonstruktionen, Baumechanik *f*
~ **сопротивления материалов** Festigkeitslehre *f*
~ **срыва** *(Kern)* Strippingtheorie *f*, Abstreiftheorie *f*
~ **столкновений** *(Ch, Ph)* Stoßtheorie *f*
~ **стрельбы** *(Mil)* Schießlehre *f*
~/**структурная** *(Ph)* Strukturtheorie *f*
~ **тарелок** *(Ch)* Theorie *f* der Böden *(Destillation)*
~ **текучести** *(Ph)* Fließtheorie *f*
~ **тепла** Wärmetheorie *f*
~ **тепла/кинетическая** kinetische Wärmetheorie *f*
~ **теплового потока** Wärmeströmungstheorie *f*
~ **течения** *(Ph)* Fließtheorie *f*
~ **ударов** *(Kern)* Treffertheorie *f*
~ **упругости** Elastizitätstheorie *f*
~ **упругости/нелинейная** nichtlineare Elastizitätstheorie *f*
~ **устойчивости** Stabilitätstheorie *f*
~ **цветов** Farb[en]lehre *f*
~ **цепей** *(Dat)* Schaltungsanalyse *f*
~ **циклонообразования/волновая** *(Meteo)* Wellentheorie *f* der Zyklogenese
~ **чисел** *(Math)* Zahlentheorie *f*
~ **чисел/геометрическая** geometrische Zahlentheorie *f*
~/**эргодическая** Ergodentheorie *f*
~ **ядерных сил/мезонная** *(Kern)* Mesonentheorie *f* der Kernkräfte
~ **ядра** *(Kern)* Kerntheorie *f*

теофиллин *m* *(Ch)* Theophyllin *n*, 1,3-Dimethylxanthin *n* *(Purinalkaloid)*

теплица *f* Gewächshaus *n*, Treibhaus *n*

тепло *n* Wärme *f* *(s. a. unter* **теплота***)*
~ **выхлопных газов** Abgaswärme *f*
~/**джоулево** Joulesche Wärme *f*
~/**излучаемое** Strahlungswärme *f*
~/**отбросное** Abwärme *f*
~/**отходящее** Abwärme *f*
~ **отходящих газов** Ab[gas]wärme *f*
~/**радиогенное** *(Kern)* radiogene Wärme *f*
~ **реакции** *(Ch)* Reaktionswärme *f*

тепловлагомер *m* *(Text)* Feuchtschrank *m* *(Garnprüfung)*

тепловоз *m* Diesellokomotive *f*, Diesellok *f*, V-Lok *f*
~/**газогенераторный** Generatorgaslokomotive *f*
~ **непосредственного действия** starrgekuppelte Diesellokomotive *f* *(Motorwelle und Treibachse sind unmittelbar verbunden)*
~ **с гидравлической передачей** dieselhydraulische Lokomotive *f*
~ **с гидравлической передачей/маневровый** dieselhydraulische Rangierlokomotive *f*
~ **с гидравлической передачей/пассажирский** dieselhydraulische Reisezuglokomotive *f*
~ **с механической передачей** dieselmechanische Lokomotive *f*, Diesellokomotive *f* mit mechanischer Kraftübertragung
~ **с пневматической передачей** Druckluftlokomotive *f*
~ **с электрической передачей** dieselelektrische Lokomotive *f*, Dieselelektrolokomotive *f*
~ **с электрической передачей/маневровый** dieselelektrische Rangierlokomotive *f*
~ **с электрической передачей/пассажирский** dieselelektrische Reisezuglokomotive *f*

тепловозостроение *n* Diesellokomotivbau *m*

тепловыделение *n* Wärmeentwicklung *f*; Wärmeentbindung *f*, Wärmefreisetzung *f*; Wärmeausstrahlung *f*, Wärmeabstrahlung *f*

теплоёмкость *f* Wärmekapazität *f*
~/**атомная** Atomwärme *f*
~/**весовая [удельная]** gewichtsbezogene spezifische Wärmekapazität *f*
~/**изобарная** Wärmekapazität *f* bei konstantem Druck

~/**изохорная** Wärmekapazität *f* bei konstantem Volumen
~/**массовая [удельная]** massebezogene spezifische Wärmekapazität *f*
~/**молярная** molekulare (stoffmengenbezogene) Wärmekapazität *f*, Molwärme *f*, Molekularwärme *f* *(Joule je Mol und Kelvin)*
~/**объёмная [удельная]** volumenbezogene spezifische Wärmekapazität *f*
~ **при постоянном давлении** Wärmekapazität *f* bei konstantem Druck
~ **при постоянном объёме** Wärmekapazität *f* bei konstantem Volumen
~ **системы** Wärmekapazität *f* *(Joule je Kelvin)*
~ **системы/истинная** wahre Wärmekapazität *f*
~ **системы/средняя** mittlere Wärmekapazität *f*
~/**удельная** spezifische Wärmekapazität *f* *(Joule je Kilogramm und Kelvin)*
теплозащита *f* Wärmeschutz *m*, Wärmedämmung *f*, Wärmeisolierung *f*
теплоизлучение *n* Wärmestrahlung *f*, thermische Strahlung *f*; Wärmeabstrahlung *f*, Wärmeausstrahlung *f*
теплоизолирующий wärmeisolierend, wärmedämmend, Wärmeisolier ..., Wärmedämm ...
теплоизолятор *m* Wärmeisolator *m*, Wärmeisolierstoff *m*, Wärmedämmstoff *m*
теплоизоляция *f* Wärmedämmung *f*, Wärmeschutz *m*, Wärmeisolierung *f*
теплоиспользование *n* unmittelbare Wärmenutzung *f* *(Nutzung der Wärme ohne Umwandlung in andere Energieformen)*
тепломер *m* Wärme[verbrauchs]zähler *m* *(Fernheizung)*
теплонапряжение *n* Wärmespannung *f*, thermische Spannung *f*
теплонапряжённость *f* Wärmespannung *f*; Wärmebelastung *f*, Wärmebeanspruchung *f*
~ **камеры** *(Rak)* Wärmebelastung (Wärmespannung) *f* der Brennkammer
~ **камеры/приведённая** reduzierte Wärmebelastung *f* der Brennkammer
теплонепроницаемый wärmeundurchlässig, wärmedicht; wärmedämmend
теплоноситель *m* 1. *(Wmt)* Wärme[über]träger *m*, Wärme[übertragungs]mittel *n*; 2. *(Kern)* Kühlstoff *m* *(Reaktor)*
~/**горячий** Wärme[über]träger *m*, Heizmedium *n*, Heizmittel *n*
~/**жидкий** Wärmeübertragungsflüssigkeit *f*, Heizflüssigkeit *f*
~ **реактора/вторичный** *(Kern)* Sekundär[kreis]kühlstoff *m* *(Reaktor)*
~ **реактора/жидкометаллический** *(Kern)* Flüssigmetallkühlstoff *m* *(Reaktor)*
~ **реактора/натриевый** *(Kern)* Natriumkühlstoff *m* *(Reaktor)*
~ **реактора/первичный** *(Kern)* Primär[kreis]kühlstoff *m* *(Reaktor)*
~ **реактора/тяжеловодный** *(Kern)* Schwerwasserkühlstoff *m* *(Reaktor)*
~/**холодный** Kälte[über]trager *m*, Kühlmedium *n*, Kühlmittel *n*
теплообмен *m* Wärmeaustausch *m*, Wärmeübergang *m*; Wärmeübertragung *f*, Wärmetransport *m*
~/**конвективный** Wärmeaustausch *m* durch Konvektion
~/**лучистый** Wärmeaustausch *m* durch Strahlung
~ **при вынужденной конвекции** Wärmeübertragung *f* bei erzwungener Konvektion
~ **при естественной конвекции** Wärmeübertragung *f* bei freier Konvektion
~ **при изменении агрегатного состояния/конвекционный** Wärmeübertragung *f* bei Änderung des Aggregatzustands
~/**радиационный** Wärmeaustausch *m* durch Strahlung
теплообменник *m* Wärme[aus]tauscher *m*, Wärmeübertrager *m*
~/**змеевиковый** Rohrschlangenwärmeaustauscher *m*
~/**кожухотрубный** Röhrenkesselwärmeaustauscher *m*
~/**многоходовой** Mehrstrom[wärme]austauscher *m*, Mehrwegwärmeaustauscher *m*
~/**одноходовой** Einwegwärmeaustauscher *m*
~/**перекрёст[но-точ]ный** Kreuzstromwärmeaustauscher *m*
~/**пластинчатый** Plattenwärmeaustauscher *m*
~/**поверхностный** Oberflächenwärmeaustauscher *m*, indirekter Austauscher *m*
~/**противоточный** Gegenstromwärmeaustauscher *m*
~ **прямого тока** Gleichstromwärmeaustauscher *m*
~/**прямоточный** Gleichstromwärmeaustauscher *m*
~/**ребристый** Rippenrohrwärmeaustauscher *m*
~/**регенеративный** Regenerator *m*
~/**рекуператорный** Rekuperator *m*
~ **с рубашкой** Mantelwärmeaustauscher *m*
~/**смесительный** Mischvorwärmer *m*
~/**спиральный** Spiralschlangenwärmeaustauscher *m*
~/**трубчатый** Röhrenwärme[aus]tauscher *m*
~/**фреоновый** Freonwärmeaustauscher *m* *(Kältemaschinen)*

теплооборот *m (Meteo)* Wärmeumsatz *m*
теплообработка *f* Wärmebehandlung *f*
теплообразование *n* Wärmeerzeugung *f*, Wärmeentwicklung *f*
теплоотвод *m* Wärmeableitung *f*, Wärmeabfuhr *f*, Wärmeabführung *f*
теплоотдатчик *m* wärmeabgebendes (exothermes) System *n*, Wärmequelle *f*
теплоотдача *f* 1. Wärmeabgabe *f*, Wärmeabfluß *m*; Wärmeübergang *m*, Wärmeaustausch *m*; 2. Wärmeabgabevermögen *n*
~ излучением Wärmeausstrahlung *f*, Wärmeabstrahlung *f*
~/конвективная Wärmeübergang *m* durch Konvektion, konvektiver Wärmeübergang *m*
~ при испарении Wärmeübertragung (Wärmeaustausch) *m* bei Verdampfung
теплоотражение *n* Wärmerückstrahlung *f*, Wärmereflexion *f*
теплопаровоз *m* Dieseldampflokomotive *f*
теплопеленгатор *m* Infrarotpeiler *m*, Infrarot-Ortungsgerät *n*, Wärmepeiler *m*, Wärmepeilanlage *f*
теплопеленгация *f* Infrarotpeilung *f*
теплопередатчик *m* wärmeaufnehmendes (endothermes) System *n*, Kältequelle *f*
теплопередача *f* Wärmeübergang *m*, Wärmeübertragung *f*; Wärmedurchgang *m*
~ излучением Wärmeübertragung *f* (Wärmeübergang *m*) durch Strahlung
~/конвективная Wärmeübertragung *f* (Wärmeübergang *m*) durch Konvektion
~ теплопроводностью Wärmeübertragung *f* (Wärmeübergang *m*) durch Leitung
~ через стенку Wärmedurchgang *m*
теплопередающий wärmeübertragend
теплоперенос *m* Wärmetransport *m*, Wärmeübertragung *f*
теплоперепад *m* Wärmegefälle *n*
теплопереход *m* Wärmeübergang *m*
теплопоглощающий wärmeabsorbierend
теплопоглощение *n* Wärmeabsorption *f*, Wärmeaufnahme *f*
теплоподвод *m* Wärmezufuhr *f*, Wärmezuführung *f*
теплопотери *fpl* Wärmeverluste *mpl*
теплопоток *m* Wärmestrom *m*, Wärmefluß *m*
теплопровод *m* Heizleitung *f (Warmwasser- bzw. Dampfheizung)*
теплопроводник *m* Wärmeleiter *m*
теплопроводность *f* 1. Wärmeleitfähigkeit *f (Watt je Meter und Kelvin)*; 2. [innere] Wärmeleitung *f*
~/удельная spezifische Wärmeleitfähigkeit *f*, Wärmeleitvermögen *n*
теплопроводный wärmeleitend
теплопрозрачность *f* Diathermanität *f*, Diathermansie *f*, Durchlässigkeit *f* für Wärmestrahlung
теплопрозрачный diatherman, durchlässig für Wärmestrahlen
теплопроизводительность *f* 1. Wärmeleistung *f*, Wärme *f*; Heizwirkung *f (eines Ofens)*; 2. Heizwert *m*
~/высшая Verbrennungswärme *f*
~/низшая Heizwert *m*
теплопроницаемость *f* Wärmedurchlässigkeit *f*
теплорассеяние *n* Wärme[zer]streuung *f*, Wärmedissipation *f*
теплосмена *f* Wärmeaustausch *m*
теплоснабжение *n* Wärmeversorgung *f*
теплосодержание *n* Wärmeinhalt *m*, Enthalpie *f*
теплоспектр *m* Wärme[strahlungs]spektrum *n*
теплостойкий wärmebeständig
теплостойкость *f* Wärmefestigkeit *f*, Wärmebeständigkeit *f*
теплосъём *m* Wärmeentnahme *f*
теплота *f* Wärme *f (s. a. unter* **тепло***)*
~ адгезии Adhäsionswärme *f*
~ адсорбции Adsorptionswärme *f*
~ активации Aktivierungswärme *f*, Aktivierungsenergie *f*
~ атомизации *s.* **~ разложения**
~ взрыва Explosionswärme *f*
~ возгонки *s.* **~ сублимации**
~ гидратации Hydrationswärme *f*
~ горения Verbrennungswärme *f*
~ деления Spaltungswärme *f*
~ десублимации Desublimationswärme *f (bei Übergang aus dem gasförmigen in den festen Aggregatzustand)*
~ диссоциации Dissoziationswärme *f*
~ диффузии Diffusionswärme *f*
~ замерзания (затвердевания) Erstarrungswärme *f*
~ изотермического расширения isotherme Expansionswärme *f*
~ изотермического сдавливания isotherme Kompressionswärme *f*
~ изотермического сжатия isotherme Kompressionswärme *f*
~ ионизации Ionisationswärme *f*
~ испарения Verdunstungswärme *f*; Verdampfungswärme *f*
~ кипения *s.* **~ парообразования**
~ конденсации Kondensationswärme *f*
~ кристаллизации Kristallisationswärme *f*
~ набухания Quellungswärme *f*
~ нейтрализации Neutralisationswärme *f*
~ образования Bildungswärme *f*
~ осаждения Fällungswärme *f*
~ отвердевания Erstarrungswärme *f*
~ парообразования Verdampfungswärme *f*
~ Пельтье Peltier-Wärme *f*

~ **перегрева** Überhitzungswärme *f*
~ **плавления** Schmelzwärme *f*
~ **плавления/грамм-атомная** *s.* ~ **плавления/мольная**
~ **плавления/мольная** molare Schmelzwärme *f*
~ **плавления/скрытая** *s.* ~ **плавления**
~ **плавления/удельная** spezifische Schmelzwärme *f*
~ **полимеризации** Polymerisationswärme *f*
~ **полиморфного превращения** polymorphe Umwandlungswärme *f*
~ **превращения** *s.* ~ **фазового превращения**
~/**приведённая** reduzierte Wärme *f*, Wärmegewicht *n*
~ **разбавления** Verdünnungswärme *f*
~ **разбавления/дифференциальная** differentielle Verdünnungswärme *f*
~ **разбавления/ интегральная** integrale Verdünnungswärme *f*
~ **разведения** *s.* ~ **разбавления**
~ **разложения** Zersetzungswärme *f*
~ **распада** Zerfallswärme *f*
~ **рассеяния** Dissipationswärme *f*
~ **растворения** Lösungswärme *f*
~ **растворения/дифференциальная** differentielle Lösungswärme *f*
~ **растворения/интегральная** integrale Lösungswärme *f*
~ **реакции** Reaktionswärme *f*
~ **сгорания** Verbrennungswärme *f*
~ **сгорания топлива** *s.* **теплотворность/высшая**
~ **сжатия** Verdichtungswärme *f*, Kompressionswärme *f*
~ **сжижения** Verflüssigungswärme *f*
~/**скрытая** *s.* ~ **фазового превращения**
~ **смачивания** Benetzungswärme *f*
~ **смешения** Mischungswärme *f*
~ **смешения/дифференциальная** differentielle Mischungswärme *f*
~ **смешения/интегральная** integrale (totale) Mischungswärme *f*
~ **смешения/парциальная молярная** partielle molare Mischungswärme *f*
~ **смешения/средняя молярная** mittlere molare Mischungswärme *f*
~ **сольватации** Solvatationswärme *f*
~ **сублимации** Sublimationswärme *f*
~ **трения** Reibungswärme *f*
~/**удельная** spezifische Wärme (Wärmekapazität) *f*
~ **фазового превращения** Umwandlungswärme *f*, Umwandlungsenthalpie *f*
~ **фазового превращения/мольная** molare Umwandlungswärme *f*
~ **фазового превращения/удельная** spezifische Umwandlungswärme *f*
теплотворность *f s.* ~/**низшая**
~/**высшая** Verbrennungswärme *f*
~/**изобарная** Verbrennungswärme *f* bei konstantem Druck, Verbrennungsenthalpie *f*
~/**изохорная** Verbrennungswärme *f* bei konstantem Volumen, Verbrennungsenergie *f*
~/**низшая** Heizwert *m*
теплотворный wärmeerzeugend, exotherm
теплотехника *f* Wärmetechnik *f*
теплотрасса *f (Bw)* Heizleitungsstrang *m*
теплоустойчивость *f* Wärmebeständigkeit *f*; Warmfestigkeit *f (Stahl)*
теплоустойчивый wärmebeständig; warmfest *(Stahl)*
теплофизика *f* Thermophysik *f*; Wärmephysik *f*
теплофикация *f* kombinierte Erzeugung *f* von Elektroenergie und Wärme für Fernheizungszwecke *(Nutzung des Abdampfes von Turbogeneratoren)*; Fernheizung *f*
теплофильтр *m* Wärmefilter *n*
теплоход *m* Motorschiff *n (Antrieb durch Verbrennungsmotor)*
теплоцентраль *f* Fernheizwerk *n (erzeugt nur Dampf oder Heißwasser für Fernversorgung)*
теплоэлектровентилятор *m* Heizlüfter *m*
~/**ручной** [elektrische] Heißluftdusche *f*, Fön *m*
теплоэлектростанция *f s.* **теплоэлектроцентраль**
теплоэлектроход *m* Dieselelektroschiff *n*
теплоэлектроцентраль *f* Heizkraftwerk *n*, Fernheizkraftwerk *n*
~/**городская** Stadtheizkraftwerk *n*
~/**промышленная** Industrieheizkraftwerk *n*
~/**районная** Überland-Heizkraftwerk *n*
теплоэнергетика *f* Wärmeenergietechnik *f (mittelbare Nutzung der Wärme durch deren Umformung in andere Energieformen)*
тепляк *m* Frostschutz *m* zur Durchführung von Bauarbeiten im Winter, Frostschutzkonstruktion *f*
терапия *f* **короткими волнами** *(Med)* Kurzwellentherapie *f*
~/**микроволновая** *(Med)* Mikrowellentherapie *f*
тербий *m (Ch)* Terbium *n*, Tb
~/**азотнокислый** Terbiumnitrat *n*
~/**углекислый** Terbiumkarbonat *n*
~/**хлористый** Terbiumchlorid *n*
теребилка *f (Lw)* Raufmaschine *f*
теребить *(Lw)* raufen *(Flachs, Hanf)*
теребление *n (Lw)* Raufen *n (Flachs, Hanf)*
тёрка *f (Bw)* Glättkelle *f*
терм *m* 1. *(Kern)* Term *m*, Energieterm *m*; 2. *(Opt)* Term *m*, Spektralterm *m*; 3. *(Math, Dat)* Term *m*

~/**абсолютный** *(Dat)* absoluter Term *m*
~ **Бальмера** Balmer-Term *m*
~/**бальмеров** Balmer-Term *m*
~ **Буля** *(Dat)* logischer Ausdruck *m*, Boolescher Ausdruck *m*
~/**водородоподобный** wasserstoffähnlicher Term *m*
~/**вращательный** Rotationsterm *m*
~ **Деландра** Deslandres-Term *m*, Deslandresscher Term *m*
~/**дублетный** Dublett-Term *m*
~/**неритцевский** Nicht-Ritzscher (verschobener, gestrichener) Term *m*
~/**обращённый** umgekehrter (invertierter) Term *m*
~/**основной** Grundterm *m*
~/**отрицательный** negativer Term *m*
~/**переменный** Laufterm *m*
~/**перемещаемый** verschiebbarer Term *m*
~/**постоянный** konstanter Term *m*
~/**регулярный** regelrechter (regulärer) Term *m*
~/**рентгеновский** Röntgenterm *m*
~ **Ридберга** Rydberg-Term *m*
~/**ритцевский** Ritzscher (unverschobener, ungestrichener) Term *m*
~/**ротационный** *s.* ~/**вращательный**
~/**самоопределяющийся** Direktwert *m*
~/**синг[у]летный** Singulett-Term *m*
~/**спектральный** *s.* **терм 2.**
~/**текучий** Laufterm *m*
~/**триплетный** Triplett-Term *m*
~/**чётный** gerader Term *m*
~/**энергетический** Energieterm *m*
терма *f* Therme *f*, Thermalquelle *f*
термализация *f* *(Ph)* Thermalisierung *f*
термика *f* Thermik *f*
терминал *m* Datenendgerät *n*, Datenendplatz *m*, Terminal *n*
~/**диалоговый** Dialog-Terminal *n*, Datenendplatz *m* für Dialogbetrieb
~/**контейнерный** *(Schiff)* Container-Terminal *n*
~/**местный** Datenstation *f* mit Direktanschluß
~/**удалённый** Datenstation *f* mit Fernanschluß
терминатор *m* *(Astr)* Terminator *m*
термион *m* Thermion *n*
термистор *m* *(Eln)* Thermistor *m*; NTC-Widerstand *m*, Heißleiterwiderstand *m*, Heißleiter *m*
~/**бусинковый** Heißleiterperle *f*, Perlenthermistor *m*
~/**дисковый** Scheibenthermistor *m*
~/**измерительный** Meßthermistor *m*
~/**пусковой** Anlaßthermistor *m*, Anlaßheißleiter *m*
~ **с косвенным подогревом** fremdgeheizter (indirekt geheizter) Heißleiter *m*
~ **с прямым подогревом** eigengeheizter (selbstwärmender) Heißleiter *m*
термит *m* *(Schw)* Thermit *m*
термитный *(Schw)* Thermit . . ., aluminothermisch
термоадсорбция *f* *(Ph)* Thermoadsorption *f*
термоакустика *f* Thermoakustik *f*
термоамперметр *m* 1. Thermoamperemeter *n*, Thermo[umformer]strommesser *m*
термоанализ *m* Thermoanalyse *f*, thermische Analyse *f*
термоанемометр *m* Hitzdrahtanemometer n, Hitzdrahtdurchflußmesser *m* *(Durchflußmeßgerät)*
термобарограф *m* *(Meteo)* Thermobarograf *m*
термобарометр *m* *(Meteo)* Thermobarometer *n*
термобатарея *f* Thermobatterie *f*
~/**нейтронная** *(Kern)* Neutronenthermosäule *f*
термобатиграф *m* Bathythermograf *m* *(Tiefseeforschung; Tiefenwärmeverteilung)*
термобурение *n* *(Bgb)* thermisches Bohren *n*, Thermobohren *n*, Flammstrahlbohren *n*
термовакуумметр *m* Thermoelement-Vakuummeter *n*, thermoelektrisches Vakuummeter *n*
термоваттметр *m* Thermowattmeter *n*, Thermo[umformer]leistungsmesser *m*
термовесы *pl* Thermowaage *f*
термовольтметр *m* Thermovoltmeter *n*, Thermospannungsmesser *m*
термогальванометр *m* Thermogalvanometer *n*
термогашение *n* Temperaturlöschung *f*, thermische Löschung *f*
термогенератор *m* thermoelektrischer Generator *m*
термогигрограф *m* Thermohygrograf *m*
термограмма *f* Thermogramm *n*
термограф *m* Thermograf *m*, Temperaturschreiber *m*
термодатчик *m* Temperaturgeber *m*, Temperaturfühler *m*
~/**нейтронный** *(Kern)* Neutronenthermomeßgeber *m* *(z. B. Neutronenthermosäule, Neutronenelement)*
термодетектор *m* Thermodetektor *m*, thermoelektrischer Detektor *m*
термодинамика *f* Thermodynamik *f*, Wärmelehre *f*
~/**аксиоматическая** *s.* ~/**феноменологическая**
~ **необратимых процессов** Thermodynamik *f* irreversibler Prozesse
~/**релятивистская** relativistische Thermodynamik *f*
~ **сверхпроводности** Thermodynamik *f* der Supraleiter

~/**статистическая** statistische Thermodynamik *f*
~/**техническая** technische Thermodynamik *f*
~/**феноменологическая** phänomenologische Thermodynamik *f*
~/**физическая** physikalische Thermodynamik *f*
~/**химическая** chemische Thermodynamik *f*, Thermochemie *f*
термодиффузия *f* Thermodiffusion *f*
термозит *m (Bw)* Thermosit *m*, Schaumschlacke *f*, Hüttenbims *m (Leichtzuschlagstoff)*
термоизоляция *f s.* **теплоизоляция**
термоиндукция *f* Thermoinduktion *f*
термоионизация *f s.* **ионизация/термическая**
термокамера *f* Thermokopiergerät *n*
термокаротаж *m* Temperaturmessung *f* in Bohrlöchern
термокатод *m* Glühkatode *f*
термокинетика *f* Thermokinetik *f*
термоклей *m* Heißschmelzkleber *m*
термокомпрессия *f* Thermokompression *f*, Warmdruckverfahren *n*
термокомпрессор *m* Thermokompressor *m*
термоконтакт *m* Wärmekontakt *m*, Thermokontakt *m*
термокопирование *n* Thermokopie *f*
термокраска *f* Temperaturmeßfarbe *f*
термокрест *m (El)* Thermokreuz *n*
термокривая *f* Thermokurve *f*
термолиз *m* Thermolyse *f*, thermische Dissoziation *f*
термолюминесценция *f* Thermolumineszenz *f*
термомагнетизм *m* Thermomagnetismus *m*
термометаллургия *f* Pyrometallurgie *f*
термометаморфизм *m (Geol)* Thermometamorphose *f (Variante der Kontaktmetamorphose)*
термометр *m* Thermometer *n*
~/**акустический** akustisches Thermometer *n*
~ **Бекмана** Beckmann-Thermometer *n*
~/**биметаллический** Bimetallthermometer *n*
~/**водородный** Wasserstoffthermometer *n (Typ eines Gasthermometers in Verbindung mit einem Quecksilbermanometer)*
~/**газовый** Gasthermometer *n*
~/**газовый манометрический** Tensionsthermometer *n*
~/**гелиевый конденсационный** Helium-Dampfdruckthermometer *n*
~/**глубоководный опрокидывающийся** Tiefseekippthermometer *n*, Umkippthermometer *n*
~/**деформационный** Deformationsthermometer *n (Oberbegriff für Bimetall- und Federthermometer)*
~/**дистанционный** Fernthermometer *n*
~/**дифференциальный** Differentialthermometer *n*
~/**жидкостный** Flüssigkeits[ausdehnungs]thermometer *n (Alkohol-, Pentan- oder Quecksilberthermometer)*
~/**жидкостный манометрический** Flüssigkeitsfederthermometer *n*
~/**конденсационный** *s.* ~/**паровой манометрический**
~/**контактный** Kontaktthermometer *n*
~/**максимальный** Maximumthermometer *n*
~/**манометрический** Federthermometer *n (Flüssigkeits-, Gas- oder Dampfdruckthermometer in Verbindung mit Bourdon-Feder)*
~/**медицинский** Fieberthermometer *n*
~/**метастатический** *s.* ~ **Бекмана**
~/**минимальный** Minimumthermometer *n*
~ **насыщенных паров** *s.* ~/**паровой манометрический**
~/**паровой манометрический** Dampfdruckmanometer *n*, Dampfspannungsmanometer *n*, Spannungsmanometer *n*
~/**полупроводниковый** Halbleiterthermometer *n*
~ **постоянного давления/газовый** Gasthermometer *n* konstanten Drucks
~/**постоянного объёма/газовый** Gasthermometer *n* konstanten Volumens, Gasthermometer *n* konstanter Dichte
~/**психрометрический** Psychrometerthermometer *n*
~ **расширения** Ausdehnungsthermometer *n*
~/**ртутный** Quecksilberthermometer *n*
~ **с дифференциальным манометром/газовый** Differential[gas]thermometer *n*
~/**самопишущий** Temperaturschreiber *m*, registrierendes (schreibendes) Thermometer *n*, Thermograf *m*
~/**самопишущий газовый** Gastemperaturschreiber *m*
~ **со вложенной шкалой/стеклянный** Einschlußthermometer *n*
~ **сопротивления** Widerstandsthermometer *n*
~ **сопротивления/бронзовый** Bronzewiderstandsthermometer *n*
~ **сопротивления/малоинерционный** Widerstandsthermometer *n* geringer thermischer Trägheit
~ **сопротивления/медный** Kupferwiderstandsthermometer *n*
~/**сопротивления/платиновый** Platinwiderstandsthermometer *n*
~ **сопротивления/точный** Präzisionswiderstandsthermometer *n*

~ **сопротивления/электрический** elektrisches Widerstandsthermometer *n*
~ **сопротивления/эталонный платиновый** Normal-Platinwiderstandsthermometer *n*
~/**спиртовой** Alkoholthermometer *n*
~/**стеклянный** Glasthermometer *n*
~/**стеклянный палочный** Stabthermometer *n*
~ **теплового расширения** Ausdehnungsthermometer *n*
~/**точный** Feinthermometer *n*
~/**угловой** Winkelthermometer *n*
~/**угольный** Kohlewiderstandsthermometer *n*
~/**хвостовой жидкостный** Fadenthermometer *n*
~/**шумовой** Rauschthermometer *n*
~/**эталонный** Normalthermometer *n*
термометрия *f* Thermometrie *f* *(nach russischer Definition Teilgebiet der angewandten Physik, umfassend die Ausarbeitung von Temperaturmeßmethoden, Festlegung von Temperaturskalen, Konstruktion von Thermometern und Temperatureichinstrumenten)*
~ **скважин** *s.* **термокаротаж**
термометр-пращ *m* Schleuderthermometer *n*
термометр-самописец *m s.* **термометр/самопишущий**
термомеханика *f* Thermomechanik *f*
термонапряжение *n* Wärmespannung *f*, thermische Spannung *f* *(s. a.* **термо-э.д.с.***)*
термонатрит *m (Min)* Thermonatrit *m*
термообработка *f* Wärmebehandlung *f*; Wärmebearbeitung *f*
~/**поверхностная** Oberflächenwärmebehandlung *f* *(Stahl)*
термопара *f* Thermo[element]paar *n*; Thermoelement *n*
~/**биметаллическая** Bimetallthermoelement *n*
~/**дифференциальная** Differenzthermoelement *n*, Differentialthermoelement *n*; Thermosäule *f*
~/**железо-константановая** Konstantan-Eisen-Thermoelement *n*
~/**золото-платиновая** Gold-Platin-Thermoelement *n*
~/**медь-константановая** Kupfer-Konstantan-Thermoelement *n*
~/**нейтронная** *(Kern)* Neutronenthermoelement *n*
~/**платино-платинородиевая** Platin-Platinrhodium-Thermoelement *n*
~ **погружения** Tauchthermoelement *n*
~/**полупроводниковая** Peltier-Element *n*
~/**стандартная** Normalthermoelement *n*
термопереход *m* Thermoübergang *m* *(Halbleiter)*
термопласт *m* Thermoplast *m*
термопластикация *f (Gum)* Wärmeplastizieren *n*, thermische Plastizierung *f*
термопластичность *f* Thermoplastizität *f*, Wärmebildsamkeit *f*
термопластичный thermoplastisch, nichthärtbar, wärmebildsam
термополимер *m* Thermopolymerisat *n*
термополимеризация *f* Wärmepolymerisation *f*
термопрен *m (Gum)* Thermopren *n*
термопреобразователь *m* 1. Temperatur[meß]wandler *m*; 2. *(El)* Thermoumformer *m*
~/**бесконтактный** *s.* ~/**изолированный**
~/**вакуумный** Vakuumthermoumformer *m*
~/**внутренний** eingebauter Thermoumformer *m*
~/**воздушный** Luftthermoumformer *m*
~/**изолированный** isolierter (indirekt geheizter) Thermoumformer *m*
~/**контактный (неизолированный)** nichtisolierter (direkt geheizter) Thermoumformer *m*
термоприёмник *m* Temperaturfühler *m*
термопроявление *n* Temperaturentwicklungsverfahren *n (Film)*
термораспад *m (Plast)* thermischer Abbau *m*, Wärmeabbau *m*
термореактивный thermoreaktiv, wärmereaktiv, [hitze]härtbar, härtend, duroplastisch
терморегулирование *n* Thermoregelung *f*, Temperaturregelung *f*
терморегулятор *m* Temperaturregler *m*
~/**полупроводниковый** Halbleiter-Temperaturregler *m*
терморезистор *m s.* **термосопротивление**
термореле *n* Thermorelais *n*
термос *m* Thermosflasche *f*
термосигнализатор *m s.* **термометр/контактный**
термосила *f* Thermokraft *f*, thermoelektrische Kraft *f*
термосклеивающийся heißsiegelnd
термоскоп *m* Thermoskop *n*
термосопротивление *n* Heißleiter[widerstand] *m*, NTC-Widerstand *m*; Thermistor *m*
~/**подогревное** fremdgeheizter (indirekt geheizter) Heißleiter *m*
~ **с положительным температурным коэффициентом/полупроводниковое** Thermistor *m* mit positivem Temperaturkoeffizienten, PTC-Widerstand *m*, Kaltleiter *m*
термостарение *n (Plast, Gum)* Wärmealterung *f*, thermische Alterung *f*
термостат *m (Wmt)* Thermostat *m*
~/**адсорбционный** Adsorptionsthermostat *m*, Desorptionsthermostat *m*
~/**воздушный** Luftthermostat *m*

~ для расплавленного металла *(Gieß)* Warmhalteofen *m*
~/жидкостный Flüssigkeitsthermostat *m*
~/криогидратный Kryohydratthermostat *m*
~/масляный Ölthermostat *m*
~ с расплавленным металлом Flüssigmetallthermostat *m*
~/солевой Salzthermostat *m*
термостатика *f* Thermostatik *f*
термостойкий wärmebeständig, wärmefest, thermostabil; *(Glas, Ker)* temperaturwechselbeständig, temperaturwechselfest
термостойкость *f* Wärmebeständigkeit *f*, Wärmefestigkeit *f*, Thermostabilität *f*; *(Glas, Ker)* Temperaturwechselbeständigkeit *f*, Temperaturwechselfestigkeit *f*
термостолбик *m (El)* Thermosäule *f*
~ Рубенса Rubenssche Thermosäule *f*
термосфера *f (Ph)* Thermosphäre *f*, Ionosphäre *f*, Heaviside-Schicht *f*
термоток *m* Thermostrom *m*, thermoelektrischer Strom *m*
термоулучшать vergüten, wärmevergüten
термоулучшение *n* Vergüten *n*, Wärmevergüten *n*, Vergütung *f*
термоупругость *f* Thermoelastizität *f*
термофон *m* Thermophon *n*
термофосфат *m* Thermophosphat *n (Mineraldünger)*
термохимический thermochemisch
термохимия *f (Ph, Ch)* Thermochemie *f*
термохромирование *n* Thermochromieren *n*, Thermoverchromung *f (Stahl)*
термочувствительность *f* Temperaturempfindlichkeit *f*
термочувствительный wärmeempfindlich
термошкаф *m* Wärmeschrank *m*
термо-э.д.с. *m* Thermo-EMK *f*, thermoelektromotorische Kraft *f*, Thermospannung *f*
термоэластичность *f* Thermoelastizität *f*, Wärmeelastizität *f*
термоэлектрический thermoelektrisch
термоэлектричество *n* Thermoelektrizität *f*, Wärmeelektrizität *f*
термоэлектробатарея *f s.* **термобатарея**
термоэлектрогенератор *m* Thermoelektrogenerator *m*, thermoelektrischer Generator *m*
термоэлектродинамика *f* Thermoelektrodynamik *f*
термоэлектрон *m* Glühelektron *n*, Thermoelektron *n*
термоэлектрохолодильник *m* thermoelektrische Kühlanlage *f*
термоэлемент *m* Thermoelement *n*
~/вакуумный Vakuumthermoelement *n*
~/дифференциальный Differentialthermoelement *n*
~/крестообразный *(El)* Thermokreuz *n*
~/полупроводниковый Halbleiterthermoelement *n*
термоэмиссия *f* Thermoemission *f*, Glüh[elektronen]emission *f*
термоэффект *m*/**диффузионный** *s.* **эффект Дюфора**
термоядерный *(Kern)* thermonuklear
тернарный ternär, dreifach
терпен *m (Ch)* Terpen *n*
~/алифатический (ациклический) aliphatisches (azyklisches, olefinisches) Terpen *n*
~/бициклический (двуядерный) bizyklisches Terpen *n*
~/моноциклический (одноядерный) monozyklisches Terpen *n*
терпентин *m (Ch)* Terpentin *n*
терпеть бедствие *(Schiff)* in Seenot geraten; in Seenot sein
терпинеол *m* Terpineol *n (monozyklischer Terpenalkohol)*
терракота *f (Ker)* Terrakotta *f*
терраса *f (Geol, Lw, Bw)* Terrasse *f*
~/абразионная *(Geol)* Abrasionsplatte *f*
~/аккумулятивная *(Geol)* Akkumulationsterrasse *f*, Aufschüttungsterrasse *f*
~/аллювиальная *s.* **~/аккумулятивная**
~/береговая *(Geol)* Küstenterrasse *f*, Strandterrasse *f*
~ выветривания *s.* **~/денудационная**
~/высокогорная *(Geol)* Hochlandterrasse *f*
~/гольцовая *(Geol)* Hochlandterrasse *f*
~/денудационная *(Geol)* Denudationsterrasse *f*, Verwitterungsterrasse *f*, Schichtterrasse *f*
~/заливная *(Geol)* Talaue *f*
~/ложная *(Geol)* Pseudoterrasse *f*
~/луговая *(Geol)* Talaue *f*
~/морская *(Geol)* Küstenterrasse *f*, Strandterrasse *f (an Meeresküsten)*
~/нагорная *(Geol)* Hochlandterrasse *f*
~/надлуговая *(Geol)* erste Stufe *f* einer Talhangterrasse
~/надпойменная *(Geol)* Talhangterrasse *f*
~ накопления *s.* **~/аккумулятивная**
~/наплывная *s.* **~/солифлюкционная**
~/озёрная *(Geol)* Küstenterrasse *f*, Strandterrasse *f (an größeren Binnenseen)*
~/оползневая *(Geol)* Bergrutschterrasse *f*
~/открытая *(Bw)* Freiterrasse *f*
~/первая надпойменная *(Geol)* erste Stufe *f* einer Talhangterrasse
~/пойменная *(Geol)* Talaue *f*
~ размыва *s.* **~/эрозионная**
~/скульптурная *s.* **~/эрозионная**
~/смешанная *s.* **~/цокольная**
~/солифлюкционная *(Geol)* Solifluktionsterrasse *f*
~/структурная *s.* **~/денудационная**
~/цокольная *(Geol)* mit fluviatilen Ablagerungen bedeckte Erosionsterrasse *f*

~/**эрозионная** *(Geol)* Erosionsterrasse *f*, Felsterrasse *f*
~/**эрозионно-аккумулятивная** *s.* ~/**цокольная**
террасирование *n* **склонов** *(Lw)* Terrassierung *f* *(künstliche Abstufung steiler Hänge)*
террикон *m (Bgb)* Halde *f*
терриконик *m s.* **террикон**
территория *f* Territorium *n*, Gelände *n*
~/**жилая** Wohnbauland *n*
~/**застроенная** bebautes Gelände *n*
~/**парковая** Parkgelände *n*
~/**промышленная** Industriegebiet *n*
терция *f* 1. Tertie *f* *(1/60 Sekunde)*; 2. *(Typ)* Tertia *f* *(Schriftgrad von 16 Punkt Kegelstärke)*
тёс *m (Bw)* Bretter *npl*, Schnittholz *n*
тесание *n* Behauen *n*, Zuhauen *n*; Abstemmen *n*
тесать behauen, zuhauen; abstemmen
тесёмка *f* 1. *(Text)* Litze *f*, Band *n*; Zwirnband *n*; 2. *(Typ)* Heftband *n*
тёска *f s.* **тесание**
тесла *f* Tesla *n*, T
тесло *n (Wkz)* Dechsel *f* *(Zimmererwerkzeug)*
~/**бочарное** Küferdechsel *f*
теснина *f (Geol)* Felsschlucht *f*; Talverengung *f*
тест *m* Test *m*, Prüfung *f*
~/**комплексный** *(Dat)* Systemtest *m*
~/**контрольный** *(Dat)* Prüftest *m*
~/**приёмно-сдаточный** *(Dat)* Übergabetest *m*
~ **устройства** *(Dat)* Gerätetest *m*
тестер *m (Bgb)* Schichtentester *m* *(Erdölbohrung)*
~/**ламповый** *(Eln)* Röhrenprüfgerät *n*
тесто *n* 1. *(Lebm)* Teig *m*, Paste *f*; 2. *(Bw)* Brei *m*, Schlempe *f*
~/**известковое** *(Bw)* Kalkbrei *m*
~/**кислое** *(Lebm)* Sauerteig *m*
~/**цементное** *(Bw)* Zementbrei *m*
тестомесилка *f (Lebm)* Teigknetmaschine *f*
тестообразный teigartig, teigig, breiartig, breiig
тестостерон *m* Testosteron *n* *(ein Steroid)*
тест-программа *f (Dat)* Testprogramm *n*, Prüfprogramm *n*
тест-сигнал *m (Fs)* Testsignal *n*, Prüfsignal *n*
~/**пилообразный** Sägezahntestsignal *n*
тест-таблица *f* Fernsehtestbild *n*
тесьма *f (Text)* Litze *f*, Band *n*; Stirnband *n*; Gurt *m*
~/**височная** *(Mil)* Schläfenband *n* *(Schutzmaske)*
~/**затылочная** *(Mil)* Nackenband *n* *(Schutzmaske)*
~/**капитальная** *(Typ)* Kapitalband *n*

тетаграмма *f (Meteo)* Thetagramm *n* *(aerologisches Diagramm)*
тета-мезон *m (Kern)* Theta-Meson *n*, Theta-Teilchen *n*
тетардоэдрия *f (Krist)* Tetardoedrie *f* *(in Klammern sind die jeweils synonymen Kristallklassen angeführt)*
~ **второго рода/тетрагональная** Tetardoedrie *f* 2. Art des tetragonalen Systems *(tetragonal-disphenoidische Kristallklasse)*
~/**гексагональная** Tetardoedrie *f* 1. Art des hexagonalen Systems *(hexagonal-pyramidale Kristallklasse)*
~/**кубическая параморфная** paramorphe Tetardoedrie *f* des kubischen Systems *(tetraedrisch-pentagondodekaedrische Kristallklasse)*
~/**ромбоэдрическая** Tetardoedrie *f* 1. Art des trigonalen (rhomboedrischen) Systems *(trigonal-pyramidale Kristallklasse)*
~/**тетрагональная** Tetardoedrie *f* 1. Art des tetragonalen Systems *(tetragonal-pyramidale Kristallklasse)*
~/**тригональная гексагональная** rhomboedrische Tetardoedrie *f* *(rhomboedrische Kristallklasse)*
тета-состояние *n (Kern)* Theta-Zustand *m*, Theta-Punkt *m*
тета-частица *f s.* **тета-мезон**
тетива *f* 1. Leine *f*, Kordel *f*; 2. Bogensehne *f*; 3. Spannkordel *f* *(Spannsäge)*; 4. *s.* ~ **лестницы**
~ **лестницы** *(Bw)* Treppenwange *f*
~ **трапа** *(Schiff)* Leiterholm *m*, Treppenholm *m*, Leiterwange *f*
тетраацетат *m (Ch)* Tetraazetat *n*
~ **свинца** Blei(IV)-azetat *n*, Bleitetraazetat *n*
тетраборат *m (Ch)* Tetraborat *n*
~ **натрия** Natriumtetraborat *n*
тетрабромбензол *m (Ch)* Tetrabrombenzol *n*
тетрабромметан *m (Ch)* Tetrabromkohlenstoff *m*, Tetrabrommethan *n*
тетрабромэтан *m (Ch)* Tetrabromäthan *n*
тетрабромэтилен *m (Ch)* Perbromäthylen *n*, Tetrabromäthylen *n*
тетрагексаэдр *m (Krist)* Tetra[kis]hexaeder *n*, Pyramidenwürfel *m*
тетрагидрат *m (Ch)* Tetrahydrat *n*
тетрагидронафталин *m (Ch)* Tetrahydronaphthalin *n*
тетрагидросоединение *n (Ch)* Tetrahydrid *n*
тетрагон *m (Math)* Tetragon *n*, Viereck *n*
тетрагон-триоктаэдр *m (Krist)* Deltoidikositetraeder *n*, Ikositetraeder *n*, Leuzitoeder *n*
тетрагон-тритетраэдр *m s.* **дельтоид-додекаэдр**

тетрада *f (Dat)* Tetrade *f*
тетрадимит *m (Min)* Tetradymit *m*
тетрадь *f* 1. Heft *n*; 2. *(Typ)* Lage *f*, Buchbinderbogen *m*
тетразон *m (Ch)* Tetrazon *n*
тетрайодметан *m (Ch)* Tetrajodmethan *n*
тетрайодэтилен *m (Ch)* Tetrajodäthylen *n*, Perjodäthylen *n*
тетракарбонил *m* **никеля** *(Ch)* Nickeltetrakarbonyl *n*
тетракисгексаэдр *m s.* **тетрагексаэдр**
тетраметилдиарсин *m (Ch)* Tetramethyldiarsin *n*, Tetramethylbiarsyl *n*, Kakodyl *n*
тетраметилен *m (Ch)* Tetramethylen *n*
тетраметилмоносилан *m (Ch)* Tetramethylsilan *n*, Tetramethylsilizium *n*
тетраметилсвинец *m (Ch)* Tetramethylblei *n*
тетрамолекулярный tetramolekular
тетраоксинафталин *m (Ch)* Tetrahydroxynaphthalin *n*, Naphthalintetrol *n*
тетрасиликат *m (Ch)* Tetrasilikat *n*
тетрасульфид *m (Ch)* Tetrasulfid *n*
~ **натрия** Natriumtetrasulfid *n*
тетратоэдр *m s.* **пентагонтритетраэдр**
тетрафторид *m (Ch)* Tetrafluorid *n*
тетрафторметан *m (Ch)* Tetrafluormethan *n*, Tetrafluorkohlenstoff *m*, Kohlenstofftetrafluorid *n*
тетрафтормоносилан *m (Ch)* Tetrafluorsilan *n*, Siliziumtetrafluorid *n*
тетрафторэтилен *m (Ch)* Tetrafluoräth[yl]en *n*, Perfluoräth[yl]en *n*
тетрахлорид *m (Ch)* Tetrachlorid *n*
~ **кремния** Siliziumtetrachlorid *n*, Tetrachlorsilan *n*
~ **свинца** Bleitetrachlorid *n*, Blei(IV)-chlorid *n*
тетрахлорметан *m (Ch)* Tetrachlormethan *n*, Tetrachlorkohlenstoff *m*, Kohlenstofftetrachlorid *n*
тетрахлормоносилан *m (Ch)* Tetrachlorsilan *n*, Siliziumtetrachlorid *n*
тетрахлорпроизводное *n (Ch)* Tetrachlorderivat *n*
тетрахлорэтилен *m (Ch)* Tetrachloräth[yl]en *n*, Perchloräth[yl]en *n*
тетраэдр *m (Krist)* 1. Tetraeder *n*, Vierflächner *m (als Oberbegriff)*; 2. regelmäßiges Tetraeder **n** *(als Kurzbegriff für Tetraeder mit Begrenzungsflächen in Form von gleichseitigen Dreiecken)*
~/**кубический** *s.* **тетраэдр 2.**
~/**левый ромбический** rhombisches Tetraeder *n*, Linksform
~/**левый тригональный** trigonales Trapezoeder *n*, Linksform
~/**пирамидальный** *s.* **тригон-тритетраэдр**
~/**правильный** *s.* **тетраэдр 2.**
~/**правый ромбический** rhombisches Tetraeder *n*, Rechtsform
~/**преломлённый пирамидальный** *s.* **гексатетраэдр**
~/**ромбический** rhombisches Tetraeder *n* *(Tetraeder mit Begrenzungsflächen in Form von ungleichseitigen Dreiecken)*
~/**тетрагональный** tetragonales Tetraeder *n (Tetraeder mit Begrenzungsflächen in Form gleichschenkliger Dreiecke)*
тетраэдрит *m (Min)* Antimonfahlerz *n*, dunkles Fahlerz *n*, Schwarzerz *n*
тетраэтилсвинец *m* Tetraäthylblei *n (Antiklopfmittel)*
тетрил *m (Ch)* Tetryl *n*
тетрод *m (Eln)* Tetrode *f*
~/**высокочастотный** Hochfrequenztetrode *f*
~/**выходной** End[verstärker]tetrode *f*
~/**генераторный** Sendetetrode *f*
~/**лучевой** Strahltetrode *f*
~/**мощный** Leistungstetrode *f*
~/**полупроводниковый** Transistortetrode *f*, Halbleitertetrode *f*, Spacistor *m*
~/**полупроводниковый плоскостной** Flächentetrode *f*
~ **с полевым эффектом** Transistortetrode *f*
~ **с точечными контактами/полупроводниковый** Punkttetrode *f*
тефиграмма *f (Meteo)* Tephigramm *n* *(aerologisches Diagramm)*
техника *f* Technik *f*
~/**авиационная** 1. Flugtechnik *f*; 2. Flugzeuge *npl*, fliegertechnisches Gerät *n*, Luftfahrtgerät *n*
~ **автоматизации** Automatisierungstechnik *f*
~ **автоматического регулирования и управления** Regelungs- und Steuerungstechnik *f*, Automatisierungstechnik *f*
~ **автоматической телефонии** Wähltechnik *f*
~/**аналитическая измерительная** Analysenmeßtechnik *f*
~/**аналогово-цифровая** *(Dat)* Analog-Digital-Technik *f*
~/**антенная** Antennentechnik *f*
~ **безопасности** Arbeitsschutz *m*, Arbeitssicherheit *f*
~ **безопасности на строительстве** Bausicherheit *f*
~ **беспроволочной связи** drahtlose Nachrichtentechnik *f*
~/**боевая** *(Mil)* technische Kampfmittel *npl*, Kampftechnik *f*
~/**бронетанковая** *(Mil)* Panzertechnik *f*
~ **бурения** *(Bgb)* Bohrtechnik *f*
~/**буровая** *(Bgb)* Bohrtechnik *f*
~ **в производстве/измерительная** Fertigungsmeßtechnik *f*
~/**вакуумная** Vakuumtechnik *f*
~/**военная** Militärtechnik *f*, Kriegstechnik *f*

~ **воспроизведения** *(Eln)* Wiedergabetechnik *f*
~ **встреч** *(Kosm)* Rendezvoustechnik *f*
~/**высоковакуумная** Hochvakuumtechnik *f*
~/**высоковольтная** *(El)* Hochspannungstechnik *f*
~ **высокого напряжения** *(El)* Hochspannungstechnik *f*
~/**высокочастотная** *(El)* Hochfrequenztechnik *f*, HF-Technik *f*; Trägerfrequenztechnik *f*, TF-Technik *f*
~/**вычислительная** *(Dat)* Rechentechnik *f*
~/**горная** Bergbautechnik *f*
~ **диффузии** Diffusionstechnik *f* *(Halbleiter)*
~/**диффузионная** *s.* ~ **диффузии**
~/**дозиметрическая** *(Kern)* Strahlungsmeßtechnik *f*
~/**железнодорожная** Eisenbahntechnik *f*
~ **звукозаписи** Tontechnik *f*
~ **измерений** Meßtechnik *f*
~ **измерения расхода и количества жидкостей** Durchlaß- und Mengenmeßtechnik *f* der Fluide
~/**импульсная** Impulstechnik *f*
~/**инженерная** *(Mil)* Pioniertechnik *f*
~ **интегральных схем** Technik *f* der integrierten Schaltungen
~ **копирования** *(Fert)* Nachformtechnik *f*
~/**космическая** Raumfahrttechnik *f*
~/**криогенная** Kryotechnik *f*, Tieftemperaturtechnik *f*
~/**лазерная** Lasertechnik *f*
~/**лакокрасочная** Anstrichmitteltechnik *f*
~/**ламповая** Röhrentechnik *f*
~/**литейная** Gießereitechnik *f*
~/**малярная** Anstrichtechnik *f*
~/**микроволновая** *(Eln)* Mikrowellentechnik *f*
~/**микроминиатюрная** *(Eln)* Mikrominiaturtechnik *f*
~/**микромодульная** *(Eln)* Mikromodultechnik *f*
~ **микропрограммирования** *(Dat)* Mikroprogrammierungstechnik *f*
~/**микроскопическая** mikroskopische Technik *f*, Mikrotechnik *f*
~ **микрофильмирования** Mikrofilmtechnik *f*
~/**миниатюрная** *(Eln)* Miniaturtechnik *f*
~ **накопления и хранения данных** *(Dat)* Speichertechnik *f*
~/**наносекундная** Nanosekundentechnik *f*
~ **низких температур** Tieftemperaturtechnik *f*, Kryotechnik *f*
~/**низковольтная** *(El)* Niederspannungstechnik *f*
~ **обогащения** *(Bgb)* Aufbereitungstechnik *f*
~ **обработки данных** Datenverarbeitungstechnik *f*
~ **обработки перфокарт** Lochkartentechnik *f*
~ **обработки перфолент** Lochstreifentechnik *f*
~/**осветительная** Beleuchtungstechnik *f*
~ **открытых работ** *(Bgb)* Tagebautechnik *f*
~ **передачи данных** Datenübertragungstechnik *f*
~ **переключательных схем** Schaltkreistechnik *f*
~ **печати** *(Dat)* Drucktechnik *f*
~ **печатного монтажа** *(Eln)* Leiterplattentechnik *f*
~ **печатных схем** *(Eln)* Druckschaltungstechnik *f*
~/**пикосекундная** Pikosekundentechnik *f*
~ **пилотирования** *(Flg)* Steuertechnik *f*
~/**планарная** *(Eln)* Planartechnik *f*
~/**планарно-эпитаксиальная** *(Eln)* Planar-Epitaxial-Technik *f*
~/**плёночная** *(Eln)* Schichttechnik *f*
~ **подпрограмм** *(Dat)* Unterprogrammtechnik *f*
~/**полупроводниковая** Halbleitertechnik *f*
~/**преобразовательная** Stromrichtertechnik *f*
~ **проводной связи** drahtgebundene Fernmeldetechnik *f*, Drahtnachrichtentechnik *f*, Drahtfernmeldetechnik *f*
~ **программирования** Programmiertechnik *f*
~ **процесса/измерительная** Fertigungsmeßtechnik *f*
~ **радиовещания** Rundfunktechnik *f*
~/**радиолокационная** Radartechnik *f*
~/**радиолокационная импульсная** Radarimpulstechnik *f*
~/**радиоприёмная** Funkempfangstechnik *f*
~/**радиорелейная** Richtfunktechnik *f*
~/**ракетная** Raketentechnik *f*
~ **регулирования** Regelungstechnik *f*
~/**релейная** Relaistechnik *f*
~ **рендеву** *(Kosm)* Rendezvoustechnik *f*
~/**санитарная** Sanitärtechnik *f*
~ **сверхвысоких частот** *(Eln)* Höchstfrequenztechnik *f*
~ **связи** Nachrichtentechnik *f*; Fernmeldetechnik *f*
~/**сельскохозяйственная** Landtechnik *f*
~/**сильноточная** *(El)* Starkstromtechnik *f*
~ **сильных токов** *(El)* Starkstromtechnik *f*
~/**слаботочная** *(El)* Schwachstromtechnik *f*
~ **слабых токов** *(El)* Schwachstromtechnik *f*
~/**строительная** Bautechnik *f*
~/**струйная** 1. Fluid-Technik *f*; Fluidik *f*; 2. fluidische Informationsübertragung *f*
~/**схемная** Schaltungstechnik *f*
~ **твердотельных схем** *(Eln)* Festkörperschaltungstechnik *f*

~/**телевизионная** Fernsehtechnik *f*
~ **телеграфной связи** Fernschreibtechnik *f*
~/**телеизмерительная** Fernmeßtechnik *f*
~ **телеуправления** Fernwirktechnik *f*
~/**телефонная** Fernsprech[vermittlungs]-technik *f*
~ **телефонной передачи** Fernsprechübertragungstechnik *f*
~ **телефонной связи** Fernsprech[vermittlungs]technik *f*
~ **тонких плёнок** *(Eln)* Dünnschichttechnik *f*
~/**точная измерительная** Feinmeßtechnik *f*
~/**транзисторная** Transistortechnik *f*
~/**уборочная** Erntetechnik *f*
~/**углоизмерительная** Winkelmeßtechnik *f*
~/**ультразвуковая** Ultraschalltechnik *f*
~ **управления** Steuerungstechnik *f*
~/**химическая** chemische Technik *f*, Chemietechnik *f*
~/**холодильная** Kältetechnik *f*
~/**цифровая** *(Dat)* Digitaltechnik *f*
~/**электровакуумная** Elektrovakuumtechnik *f*
~/**электроизмерительная** Elektromeßtechnik *f*, elektrische Meßtechnik *f*
~/**эпитаксиальная** *(Eln)* Epitaxietechnik *f*, Epitaxialtechnik *f*
~/**ядерная** Kerntechnik *f*, Atomtechnik *f*
техникум *m* Technikum *n*, Ingenieurschule *f*
~/**машиностроительный** Maschinenbauschule *f*
~/**текстильный** Textilingenieurschule *f*
технологичность *f* **машины** Fertigungsgerechtheit (fertigungsgerechte Konstruktion) *f* einer Maschine
технология *f* Technologie *f*
~/**интегральная** *(Eln)* Schaltkreistechnologie *f*
~/**маршрутная** Fertigungsfluß *m*
~ **монтажа** Montagetechnologie *f*
~/**планарная** *(Eln)* Planartechnologie *f*
~/**плёночная** *(Eln)* Schichttechnologie *f*
~/**полупроводниковая** Halbleitertechnologie *f*
~ **производства вычислительных машин** Rechnertechnologie *f*
~/**совместимая** kompatible Technologie *f*
~/**сплавная** Legierungstechnologie *f* *(Halbleiter)*
~/**химическая** chemische Technologie *f*
~ **цветных металлов** Technologie *f* der Verhüttung von Nichteisenmetallen
~ **чёрных металлов** Eisenhüttentechnologie *f*
течебезопасный leckdicht, lecksicher
течеискание *n* *(Vak)* Lecksuche *f*
течеискатель *m* *(Vak)* Lecksuchgerät *n*, Lecksucher *m*
~/**звуковой** akustischer Lecksucher *m*
~/**искровой** Funkenentladungslecksucher *m*
~/**манометрический** Vakuummeterlecksucher *m*
~ **Тесла** *s.* ~/**искровой**
течение *n* 1. Fließen *n*, Strömen *n*; 2. *(Hydrol)* Strömung *f*, Strom *m*; 3. *(Aero, Hydrod, Meteo)* Strömung *f*
~/**атмосферное** *s.* ~/**воздушное**
~/**безвихревое** *(Hydrod)* wirbelfreie Strömung *f*, Potentialströmung *f*
~/**безнапорное** *(Hydrol)* freie Strömung *f*
~/**бурное** *(Hydrol)* reißende Strömung *f*
~ **в канале** Kanalströmung *f*
~ **в пограничном слое** *(Aero)* Grenzschichtströmung *f*
~ **в прибрежной зоне** Uferströmung *f*
~ **в трубе** Rohrströmung *f*
~/**верхнее** *(Hydrol)* Oberlauf *m* *(Fluß)*
~/**ветровое** Windströmung *f*, winderzeugte Strömung *f* *(Ozeanografie)*
~/**вихревое** *s.* ~/**турбулентное**
~/**воздушное** *(Meteo)* Luftströmung *f*
~/**возмущённое** *(Aero)* gestörte Strömung *f*
~/**вторичное** *(Hydrod)* Sekundärströmung *f*
~/**вязкое** *(Hydrod)* reibungsbehaftete (zähe, viskose) Strömung *f*, Reibungsströmung *f*
~ **вязкой жидкости** *s.* ~/**вязкое**
~/**вязкостное** *s.* ~/**вязкое**
~/**гиперзвуковое** *(Aero)* Hyperschallströmung *f*, Hypersonieströmung *f*
~/**глубинное** *(Hydrol)* Tiefenstrom *m*
~/**градиентное** *(Hydrol)* Gradientströmung *f*
~/**двумерное** *(Hydrol)* ebene (zweidimensionale) Strömung *f*
~/**двухфазное** *(Hydrod)* Zweiphasenströmung *f*
~/**дозвуковое** *(Aero)* Unterschallströmung *f*
~/**докритическое** *(Hydrod)* unterkritische Strömung *f*
~/**донное** *(Hydrol)* Grundstrom *m*
~/**дрейфовое** *(Hydrol)* Driftstrom *m*
~/**завихренное** *s.* ~/**турбулентное**
~/**изэнтропическое** *(Aero)* isentrope Strömung *f*
~/**кавитационное** Kavitationsströmung *f*
~/**квазистационарное** *(Hydrod)* quasistationäre Strömung *f*
~ **Кнудсена** *s.* ~/**разрывное**
~/**компенсационное** *(Hydrol)* Gegenströmung *f*, Gegenstrom *m*
~/**конвекционное** *(Hydrol)* Konvektionsströmung *f*
~/**континуальное** *(Aero)* Kontinuum-Strömung *f*

~/**ламинарное** laminare Strömung (Bewegung) *f*, Laminarströmung *f*, Laminarbewegung *f*
~/**многофазное** *(Hydrod)* Mehrphasenströmung *f*
~/**молекулярное** *(Aero)* Molekularströmung *f*
~/**морское** Meeresströmung *f*
~/**надкритическое** *(Hydrod)* überkritische Strömung *f*
~/**невязкое (невязкостное)** *(Hydrod)* reibungsfreie Strömung *f*
~/**неизентропическое** *(Aero)* anisentrope (nichtisentrope) Strömung *f*
~/**неразрывное** *(Aero)* Kontinuum-Strömung *f*
~/**несжимаемое** *(Hydrod)* inkompressible Strömung *f*
~ **несжимаемой среды** *(Hydrod)* inkompressible Strömung *f*
~/**нестационарное (неустановившееся)** *(Hydrod)* instationäre (nichtstationäre) Strömung *f*
~/**нижнее** *(Hydrol)* Unterlauf *m (Fluß)*
~/**одномерное** *(Hydrod)* eindimensionale Strömung *f*, Fadenströmung *f*
~/**однородное** *(Hydrod)* homogene Strömung *f*
~/**океанское** *s.* ~/**морское**
~/**околозвуковое** *(Aero)* transsonische (schallnahe) Strömung *f*
~/**осесимметричное** *(Hydrod)* axialsymmetrische (rotationssymmetrische) Strömung *f*
~/**относительное** *(Hydrod)* Relativströmung *f*
~/**отрывное** *(Hydrod)* abgerissene (abgelöste) Strömung *f*
~/**параллельное** *(Hydrod)* Parallelströmung *f*
~/**пассатное** *(Hydrol)* Passatstrom *m*
~ **первого (второго или третьего) рода/вторичное** *(Hydrod)* Sekundärströmung *f* erster (zweiter *oder* dritter) Art
~/**переходное** *(Aero)* Übergangsströmung *f*
~ **плазмы** *(Hydrom)* Plasmaströmung *f*
~/**плоское** *(Hydrod)* ebene (zweidimensionale) Strömung *f*
~/**плоскопараллельное** *(Hydrod)* ebene Parallelströmung *f*
~ **по колену трубопровода** *(Hydrod)* Krümmerströmung *f*
~/**поверхностное** *(Hydrol)* Oberflächenströmung *f*
~ **под давлением** *(Hydrom)* Druckströmung *f*
~/**ползучее** *(Hydrod)* schleichende Strömung *f*
~/**постоянное** *(Hydrol)* beständige Strömung *f*
~/**потенциальное** Potentialströmung *f*, wirbelfreie (drehungsfreie) Strömung (Bewegung) *f*, Potentialbewegung *f*
~ **Прандтля-Мейера** *(Aero)* Prandtl-Meyer-Strömung *f*
~/**прибрежное** Küstenströmung *f*
~/**придонное** Bodenstrom *m*
~/**приливо-отливное** Gezeitenstrom *m*
~/**пристенное** *(Hydrom)* Wandströmung *f*
~/**пространственное** *(Hydrod)* räumliche (dreidimensionale) Strömung *f*
~/**пространственно-параллельное** *(Hydrod)* räumliche Parallelströmung *f*
~/**равномерное** *(Hydrod)* homogene Strömung *f*
~/**разрывное** *(Aero)* Nichtkontinuum-Strömung *f*, Knudsen-Strömung *f*
~ **реакции** *(Ch)* Reaktionsverlauf *m*, Reaktionsablauf *m*
~/**сверхзвуковое** *(Hydrod)* Ultraschallströmung *f*, Strömung *f* mit Überschallgeschwindigkeit
~/**сверхкритическое** *(Hydrod)* überkritische Strömung *f*
~/**свободномолекулярное** *(Aero)* freie Molekularströmung *f*
~/**сезонное** *(Hydrol)* jahreszeitlich bedingte Strömung *f*
~/**сжимаемое** *(Aero)* kompressible Strömung *f*
~ **сжимаемой среды** *(Aero)* kompressible Strömung *f*
~ **со скольжением** *(Aero)* Schlüpfströmung *f*
~/**среднее** *(Hydrol)* Mittellauf *m (Fluß)*
~/**стационарное** *(Hydrod)* stationäre Strömung *f*
~/**стеснённое** *(Hydrol)* eingeengte (eingeschnürte) Strömung *f*
~/**струйное** 1. *(Meteo)* Strahlströmung *f*, „jet stream" *m*; 2. Fadenströmung *f*
~/**субкритическое** *(Hydrod)* unterkritische Strömung *f*
~ **тепла** Wärmeströmung *f*
~/**тепловое** *(Hydrol)* warme Strömung *f*
~/**трёхмерное** *(Hydrod)* dreidimensionale (räumliche) Strömung *f*
~/**турбулентное** *(Hydrod)* turbulente (wirbelige) Strömung *f*, Flechtströmung *f*
~/**установившееся** *(Hydrod)* stationäre Strömung *f*
~/**холодное** *(Hydrol)* kalte Strömung *f*
~/**экваториальное** *(Hydrol)* Äquatorialstrom *m*
течь 1. fließen, strömen; 2. laufen, lecken *(undichtes Gefäß)*; 3. verfließen, vergehen, verrinnen
течь *f* 1. Leck *n (undichte Stelle eines Gefäßes oder Schiffs)*; 2. Leckage *f*
ТЗХ *s.* **турбина заднего хода**
тиазин *m (Ch)* Thiazin *n*
тиазол *m (Ch)* Thiazol *n*
тиамин *m* Thiamin *n*, Vitamin B_1 *n*

тиаминдифосфат *m (Ch)* Thiamindiphosphat *n*, TDP, Thiaminpyrophosphat *n*, TPP, Kokarboxylase *f*
тиаминпирофосфат *m s.* **тиаминдифосфат**
тиамин-фермент *m (Ch)* Karboxylase *f*
тигель *m* 1. *(Ch, Met)* Tiegel *m*, Schmelztiegel *m*; Warmhaltetiegel *m*; Gießtiegel *m*; 2. *(Typ)* Tiegel *m (Tiegeldruckpresse)*; 3. *(Glas)* Hafen *m*
~/**вынимающийся** *(Met)* ziehbarer Tiegel *m*
~/**графитовый** *(Met)* Graphit[schmelz]-tiegel *m*
~ **для обжига** Rösttiegel *m*, Röstkonverter *m*, Röstgefäß *n (NE-Metallurgie)*
~/**кварцевый** *(Ch)* Quarztiegel *m*
~/**конусный** *(Schw)* Spitztiegel *m (Thermitschweißung)*
~/**литейный** Gießtiegel *m*
~/**плавильный** Schmelztiegel *m*
~/**платиновый** Platintiegel *m*
~/**поворачивающийся** *(Met)* kippbarer Tiegel *m*
~/**поворотный** *(Met)* kippbarer Tiegel *m*
~/**приёмный** Gießtiegel *m (Gießmaschine)*
~/**сталеплавильный** Stahlschmelztiegel *m*
~/**фарфоровый** Porzellantiegel *m*
~/**шамотный** Schamottetiegel *m*
тик *m (Text)* Drell *m*, Drillich *m*, Zwillich *m (köper- oder atlasbindige Gewebe aus Leinen, Halbleinen oder Baumwolle)*
~/**бумажный** Baumwolldrell *m*
~/**матрацный** Matratzendrell *m*
~/**мешочный** Sackzwillich *m*
тиксотропия *f (Ch)* Thixotropie *f*
тиксотропность *f (Ch)* Tixotropie *f*
тиксотропный *(Ch)* thixotrop
тильда *f (Typ)* Tilde *f*
тиманнит *m (Min)* Tiemannit *m*, Quecksilberselenid *n*
тимпан *m (Typ)* Preßdeckel *m*, Tympan *m (Handpresse)*; Deckelrahmen *m (Vergolderpresse)*
тинкал *m (Min)* Borax *m*, Tinkal *m*
тиоальдегид *m (Ch)* Thioaldehyd *m*
тиоантимонат *m (Ch)* Thioantimonat *n*
~ **натрия** Natriumthioantimonat(V) *n*, Schlippesches Salz *n*
тиоантимонит *m (Ch)* Thioantimonit *n*
тиоарсенат *m (Ch)* Thioarsenat *n*
тиоарсенит *m (Ch)* Thioarsenit *n*, Thioarsenat(III) *n*
тиогерманат *m (Ch)* Thiogermanat *n*
тиокарбамид *m (Ch)* Thiokarbamid *n*, Thioharnstoff *m*
тиокарбонил *m (Ch)* Thiokarbonyl *n*
тиокаучук *m (Ch)* Thiokautschuk *m*
тиокислота *f (Ch)* Thiosäure *f*
тиокумарон *m* Thiokumaron *n*
тиомочевина *f (Ch)* Thioharnstoff *m*, Thiokarbamid *n*
тиомышьяковистокислый *(Ch)* ...thioarsenit *n*, ...thioarsenat(III) *n*; thioarsenigsauer
тиомышьяковокислый *(Ch)* ...thioarsenat *n*, ...thioarsenat(V) *n*; thioarsensauer
тионовокислый *(Ch)* ...thionat *n*; thionsauer
тиопласт *m* Thioplast *m*
тиопроизводное *n (Ch)* Thioderivat *n*
тиосахар *m* Thiozucker *m*
тиосернокислый *(Ch)* ...thiosulfat *n*; thioschwefelsauer
тиосиликат *m (Ch)* Thiosilikat *n*
тиосоединение *n (Ch)* Thioverbindung *f*
тиосоль *f (Ch)* Thiosalz *n*
тиоспирт *m (Ch)* Thioalkohol *m*, Thiol *n*, Merkaptan *n*
тиосульфат *m (Ch)* Thiosulfat *n*
~ **натрия** Natriumthiosulfat *n*
тиофен *m (Ch)* Thiophen *n*
тиофенол *m* Thiophenol *n*
тиофосген *m (Ch)* Thiophosgen *n*, Thiokarbonylchlorid *n*
тиохром *m (Ch)* Thiochrom *n*
тиохромит *m (Ch)* Thiochromit *n*
тиоцианат *m (Ch)* Thiozyanat *n*, Rhodanid *n*
~ **железа** Eisen(II)-thiozyanat *n*, Eisen(II)-rhodanid *n*; Eisen(III)-thiozyanat *n*, Eisen(III)-rhodanid *n*
~ **меди** Kupfer(I)-thiozyanat *n*, Kupfer(I)-rhodanid *n*; Kupfer(II)-thiozyanat *n*, Kupfer(II)-rhodanid *n*
тиоэфир *m (Ch)* Thioäther *m*
тип *m* 1. Typ *m*, Typus *m*; Art *f*, Gattung *f*; Sorte *f*; Bauart *f*; 2. *(Geol)* Sippe *f (Gesteine)*
~ **адресаций** *s.* **система адресации**
~ **бланка** Formulartyp *m*
~ **весов** Gattung *f* einer Waage
~ **взаимодействия** Wechselwirkungsart *f*
~ **данных** *(Dat)* Datentyp *m*
~ **здания** Gebäudetyp *m*
~ **излучения** *(Ph)* Strahlungsart *f*, Strahlenart *f*
~ **команды** *(Dat)* Befehlstyp *m*
~ **операции** *(Dat)* Operationstyp *m*
~ **ошибки** *(Dat)* Fehlerart *f*
~ **перфокарты** *(Dat)* Lochkartenart *f*
~ **пород** *(Geol)* Sippe *f*, Gesteinssippe *f*
~ **пород/атлантический** atlantische Sippe (Gesteinssippe) *f*
~ **пород/средиземноморский** mediterrane Sippe (Gesteinssippe) *f*
~ **пород/тихоокеанский** pazifische Sippe (Gesteinssippe) *f*
~ **программы** *(Dat)* Programmart *f*
~ **распада** *(Kern)* Zerfallstyp *m*, Zerfallsart *f*
~ **регулирования** Regel[ungs]verfahren *n*, Regelungsart *f*

~ **симметрии** *(Krist)* Symmetrietyp *m*
~ **складчатости/альпийский** *(Geol)* alpidische Faltung *f*
~ **слова** *(Dat)* Wortart *f*
~ **сооружения** Gebäudetyp *m*
~ **средства измерений** Bauart *f* eines Meßmittels
~ **структуры** *(Krist)* Strukturtyp *m*, Gittertyp *m*
~ **углей/лимнический** *(Geol)* limnische Kohle *f*
~ **углей/озёрно-болотистый** limnische Kohle *f*
~ **углей/паралический** paralische Kohle *f*
~ **устройства** Gerätetyp *m*
~/**утверждённый** zugelassene Bauart *f* *(eines Meßmittels)*
~ **файла** *(Dat)* Dateityp *m*
типизация *f* Typisierung *f*, Typung *f*
типовой Einheits . . ., Muster . . ., typisiert
типография *f* *(Typ)* Druckerei *f*, Buchdruckerei *f*
~/**издательская** Verlagsdruckerei *f*
типолитография *f* Buch- und Steindrukkerei *f* *(Druckereibetrieb für Hoch- und Flachdruck)*
типометр *m* *(Typ)* Typometer *n* *(Meßvorrichtung für das typografische Schriftsystem)*
типоофсет *m* *(Typ)* Letterset *m*, indirekter Hochdruck *m*
типоразмер *m* 1. *(Typ)* Schriftmaß *n*; 2. Abmessung *f* [der Bauart], Typenmaß *n*, Typengröße *f*, Typenabmessung *f*
тир *m* *(Mil)* Schießstand *m*
тираж *m* *(Typ)* Auflage *f*
тиратор *m* *(Eln)* Thyrator *m*, Vierschicht-[schalt]diode *f*
тиратрон *m* *(El)* Thyratron *n*, Thyratronröhre *f*, Stromtor *n*
~/**водородный импульсный** Wasserstoffthyratron *n*
~/**двухсеточный** Doppelgitterthyratron *n*
~/**маломощный** Kleinthyratron *n*
~/**мощный** Leistungsthyratron *n*
~/**односеточный** Eingitterthyratron *n*
~/**полупроводниковый** Thyristor *m*
~/**ртутный** Quecksilberdampfthyratron *n*
~ **с накалённым катодом** Glühkatodenthyratron *n*
~ **с холодным катодом** Kaltkatodenthyratron *n*, Kaltkatodenröhre *f*
~ **тлеющего разряда** Glimmthyratron *n*
тире *n* 1. Bindestrich *m*; 2. *(Fmt)* Strich *m* *(Morsealphabet)*
тиреотропин *m* Thyreotropin *n*, thyreotropes Hormon *n*
тиристор *m* Thyristor *m*, Trinistor *m*, steuerbarer Kristallgleichrichter *m*, Siliziumstromtor *n*, Siliziumstromrichter *m*
~/**высоковольтный** Hochspannungsthyristor *m*
~/**высокочастотный** Hochfrequenzthyristor *m*
~/**двухоперационный** abschaltbarer Thyristor *m*, GTO-Thyristor *m*
~/**кремниевый** Siliziumthyristor *m*
~/**маломощный** Kleinleistungsthyristor *m*
~/**мощный** Leistungsthyristor *m*
~/**обратнозапирающий** rückwärts sperrende Thyristortriode *f*
~/**симметричный [триодный]** symmetrischer Thyristor *m*, Symistor *m*, Zweiwegthyristor *m*, Triac *m*
тиристорный *(Eln)* Thyristor . . .
тиристрон *m* *(Eln)* Thyristron *n*
тирит *m* *s.* **фергюсонит**
тировать *(Schiff)* schmieren, labsalben *(z. B. Trosse)*
тискание *n* *(Typ)* Abziehen *n*
тискать 1. prägen; 2. *(Typ)* abziehen
тиски *pl* 1. *(Wkz)* Schraubstock *m*; 2. *(Wkz)* Zwinge *f*; Spleißzange *f*, Spleißkluppe *f*; 3. *(Typ)* Preßbacke *f* *(Rückenrundmaschine)*
~/**быстрозажимные** Schnellspannschraubstock *m*
~/**верстачные** Bankschraubstock *m*
~/**газовые** Rohrschraubstock *m*
~ **гребнечесальной машины** *(Text)* Zange *f* *(Kämmaschine)*
~ **для зажима валов** Wellenspannstock *m*
~ **для труб** Rohrschraubstock *m*
~/**коленчатые** *s.* ~/**шарнирные**
~/**кузнечные** Schmiedeschraubstock *m*
~/**машинные** Maschinenschraubstock *m*
~/**параллельные** Parallelschraubstock *m*
~/**пневматические** Druckluftschraubstock *m*
~/**поворотные** *s.* ~/**универсальные**
~/**ручные** Feilkloben *m*
~/**слесарные** Schlosserschraubstock *m*
~/**станочные** Maschinenschraubstock *m*
~/**столярные** Schraubknecht *m* *(Tischlerarbeiten)*
~/**стуловые** Flaschenschraubstock *m* *(Schraubstock mit nichtparallelen Backen für grobe Schlosser- und Schmiedearbeiten)*
~/**универсальные** Universalschraubstock *m* *(dreh- und schwenkbarer Schraubstock)*
~/**шарнирные** Schraubstock *m* mit Kugelgelenk
~/**эксцентриковые** Schnellspann-Exzenterschraubstock *m*
тиснение *n* *(Typ)* 1. Prägen *n*; Prägung *f*; 2. Prägedruck *m*
~/**блинтовое** Blindprägung *f*
~/**горячее** Heißprägung *f*
~ **золотой фольгой** Goldprägung *f*
~ **золотом** Goldprägung *f*
~ **книжных крышек** Prägen *n* der Buchdecken

~/**красочное** Farbenprägung *f*, Farbenprägedruck *m*
~/**переплётное** Prägedruck *m (Buchdecken)*
~/**плоское** Prägetiefdruck *m*
~/**рельефное** Reliefprägung *f*, Reliefprägedruck *m*
~/**слепое** Blindprägung *f*
тиснуть *s.* **тискать**
титан *m (Ch)* Titan *n*, Ti
~/**азотистый** Titannitrid *n*
~/**трёххлористый** Titan(III)-chlorid *n*, Titantrichlorid *n*
~/**углеродистый** Titankarbid *n*
~/**четырёхфтористый** Titan(IV)-fluorid *n*, Titantetrafluorid *n*
~/**четырёххлористый** Titan(IV)-chlorid *n*, Titantetrachlorid *n*
титанат *m (Ch)* Titanat *n*
~ **бария** Bariumtitanat *n*
титанил *m (Ch)* Titanyl *n*
титанистый *(Ch)* titanhaltig, Titan ...
титанит *m (Min)* Titanit *m*, Sphen *m*
титановокислый *(Ch)* ... titanat *n*; titansauer
титановый Titan ...
титаномагнетит *m (Min)* Titanmagneteisenerz *n*
титанометрический *(Ch)* titanometrisch
титанометрия *f (Ch)* Titanometrie *f*
титон *m s.* **ярус/титонский**
титр *m* 1. Titer *m*; 2. *(Kine)* Titelstreifen *m (des Filmes)*
~/**шёлковый** *(Text)* Seidentiter *m*
титрант *m (Ch)* Meßflüssigkeit *f*, Titrationsflüssigkeit *f*
титратор *m (Ch)* Titrator *m*, Titrimeter *n*, Titriergerät *n*
~/**автоматический** Titrierautomat *m*
титриметр *m s.* **титратор**
титровальный Titrier ...
титрование *n (Ch)* Titration *f*, Titrieren *n*
~/**амперометрическое** amperometrische Titration *f*, Amperometrie *f*
~/**высокочастотное** Hochfrequenztitration *f*, HF-Titration *f*
~/**дифференциальное** Simultantitration *f*; Differentialtitration *f*
~/**кислотно-основное** Neutralisationstitration *f*
~/**кондуктометрическое** konduktometrische Titration *f*, Leitfähigkeitstitration *f*
~/**обратное** Rücktitration *f*, Restmethode *f*
~ **окислителями и восстановителями** Oxydations-Reduktions-Titration *f*
~/**оксидиметрическое** oxydimetrische Titration *f*
~ **по остатку** Rücktitration *f*, Restmethode *f*
~/**потенциометрическое (электрометрическое)** potentiometrische (elektrometrische) Titration *f*
титровать *(Ch)* titrieren
титрометр *m (Ch)* Titrimeter *n*, Titriermesser *m*
титул *m* 1. *(Typ)* Titel *m (s. a.* **заглавие***)*; 2. *zuweilen für* **лист/титульный**
~/**главный** *(Typ)* Sammeltitel *m (mehrbändiger Ausgaben)*
тифон *m* Typhon *n*, akustisches Signalgerät *n*
тихоходный langsamlaufend; langsamfahrend
ткани *fpl (Text)* Gewebe *npl*, Stoffe *mpl*, Textilien *pl (s. a. unter* **ткань***)*
~/**гладкие** schlichte Stoffe *mpl*
~/**узорчатые** dessinierte Stoffe *mpl*
~/**фасонные** gemusterte Stoffe *mpl*
ткань *f (Text)* Gewebe *n*, Stoff *m*, Tuch *n (s. a. unter* **ткани***)*
~/**ажурная** Drehergewebe *n*, durchbrochenes Gewebe *n*
~/**асбестовая** Asbestgewebe *n*
~/**асбестовая фильтровальная** Asbestfilterstoff *m*
~/**ацетатная** Azetatseidengewebe *n*
~/**бархатная** Samtgewebe *n*
~/**бельевая** Wäschestoff *m*
~/**брезентовая льняная** Steifleinen *n*
~/**бумажная** *s.* ~/**хлопчатобумажная**
~/**вальяная** gewalktes Gewebe *n*
~/**верхняя** Oberware *f*
~/**вискозная** Viskoseseidengewebe *n*
~/**водонепроницаемая** wasserdichter Stoff *m*
~/**ворсовая** Rauhware *f*
~/**газовая** Gaze *f*
~/**гардинная** Kongreßstoff *m*
~/**гладкая** glattes Gewebe *n*
~/**глазетная** Brillantstoff *m*, gemusterter Goldbrokat *m*
~/**двойная** Doppelgewebe *n*
~/**двойная плюшевая** Doppelplüschgewebe *n*
~/**двусторонняя** zweiseitiges (beidrechtiges) Gewebe *n*
~/**двусторонняя махровая** zweiseitige Frottierware *f*
~/**двухличная** zweiseitiges (beidrechtiges) Gewebe *n*
~/**декоративная** Dekorationsstoff *m*
~/**джутовая** Jutegewebe *n*
~/**джутовая паковочная** Jutepackleinen *n*
~/**жаккардовая махровая** Jacquard-Frottierware *f*
~/**женская платьевая** Damenkleiderstoff *m*
~/**камвольная** Kammgarnstoff *m*, Kammwollstoff *m*, Kammgarngewebe *n*
~/**камчат[н]ая** Damast *m*, Drellgewebe *n*, Zwillichgewebe *n*

~/кареточная Schaftgewebe *n*
~/киперная *s.* **~/саржевая**
~/клетчатая kariertes Gewebe *n*
~/ковровая Teppichstoff *m*
~/копировальная Farbtuch *n*
~/кордная Kordgewebe *n*
~/костюмная Anzugstoff *m*
~/лакированная Lackgewebe *n*, Lacktuch *n*
~/льняная Leinengewebe *n*, Leinen *n*, Leinwand *f*
~/махровая Frottiergewebe *n*, Schlingengewebe *n*, Schleifengewebe *n*
~/меланжевая Baumwollgewebe *n* aus Flammgarn
~/мельничная ситовая Müllergaze *f*
~/металлическая ситовая Drahtgaze *f*, Drahtgewebe *n*
~/мешочная 1. Sackleinwand *f*; 2. Schlauchgewebe *n*, Hohlgewebe *n*
~/мешочная брезентовая Plansackleinen *n*
~/многослойная Mehrfachgewebe *n*
~/набивная bedrucktes Gewebe *n*
~/нижняя Unterware *f*
~/обивочная Bezugstoff *m*, Möbelstoff *m*
~/обтирочная Putztuch *n*
~/одёжная Kleiderstoff *m*, Anzugstoff *m*
~/основовязаная Kettenwirkware *f*
~/отбелённая gebleichtes Gewebe *n*
~/палаточная Zeltstoff *m*
~/парашютная Fallschirmstoff *m*
~/парчовая Brokat *m*
~/пестротканая Buntware *f*
~/петельная *s.* **~/махровая**
~/платьевая Kleiderstoff *m*, Damenkleiderstoff *m*
~/плюшевая Plüschgewebe *n*
~/полосатая Streifenware *f*
~ полотняного переплетения leinwandbindiges Gewebe *n*
~/полубумажная Halbbaumwollstoff *m*
~/полульняная Halbleinen *n*
~/полушерстяная halbwollenes Gewebe *n*, Halbwollstoff *m*
~/прессовая Preßtuch *n*
~/проволочная Drahtgewebe *n*
~/продольно-полосатая langgestreiftes Gewebe *n*
~/пропитанная imprägniertes Gewebe *n*
~/прорезиненная gummierter Stoff *m*, Gummierungsgewebe *n*
~/просвечивающая durchbrochenes Gewebe *n*
~/прочная haltbares Gewebe *n*
~/ремнёвая Gummierungsgewebe *n* für Treib- und Keilriemen
~/рукавная 1. Schlauchgewebe *n (z. B. für Feuerwehrschläuche)*; 2. Gummierungsgewebe *n* für Schlaucheinlagen
~/саржевая köperbindiges Gewebe *n*
~/смешанная Mischgewebe *n*
~/специальная Spezialgewebe *n*
~/стеклянная Glas[faser]gewebe *n*
~/суровая Rohware *f*, Rohgewebe *n*
~/суровая хлопчатобумажная Nessel *m*
~/техническая technisches Gewebe *n*
~/тиковая *s.* **~/камчатая**
~/транспортёрная Gummierungsgewebe *n* für Transportbänder
~/трёхуточная махровая Dreischußfrottierware *f*
~/тюлевая Tüllware *f*, Bobinetgewebe *n*
~/угарная Abfallgewebe *n*
~/узорчатая gemustertes Gewebe *n*, Buntgewebe *n*
~/упаковочная Packleinwand *f*, Packtuch *n*
~/уточная Schußgewebe *n (z. B. Schußköper, Schußatlas)*
~/фильтровальная Filtergewebe *n*, Filtertuch *n*
~/хлопчатобумажная Baumwollgewebe *n*, Baumwollstoff *m*
~/шёлковая Seidengewebe *n*, Seidenstoff *m*
~/шерстяная Wollgewebe *n*, Wollstoff *m*
~/шерстяная гребенная Kammgarngewebe *n*, Kammgarnstoff *m*
~/шерстяная суконная Streichgarngewebe *n*, Streichgarnstoff *m*
~/шинная *(Gum)* Reifenstoff *m*, Reifengewebe *n*, Kord *m*
~/шпредингованная *(Gum)* gestrichenes Gewebe *n*
тканьё *n* 1. Weben *n*; 2. Gewebe *n*, Webware *f (s. a. unter* **ткань**)
ткать weben
ткацкая *f* Weberei *f (Betrieb)*
ткацкий Web . . ., Weber . . .
ткачество *n* Weberei *f*, Weben *n (als Fach)*
~/ворсовое Samtweberei *f*
~/жаккардовое Jacquardweberei *f*
~/механическое mechanische Weberei *f*
~/ремизное Schaftweberei *f*
~/ручное Handweberei *f*
~/фасонное Jacquardweberei *f*
~ фасонных тканей Jacquardweberei *f*
ТКВРД *s.* **двигатель/турбокомпрессорный воздушно-реактивный**
ткм *s.* **тонно-километр**
ткм брутто *(Eb)* Brutto-tkm *m*, Brutto-Tonnenkilometer *m*
ткм нетто *(Eb)* Netto-tkm *m*, Netto-Tonnenkilometer *m*
Тл *s.* **тесла**
тление *n* Glimmen *n*, Schwelen *n*; Verwesen *n*, Verwesung *f*; Faulen *n*, Fäulnis *f (bei gehemmtem Luftzutritt)*
тлеть glimmen, schwelen; verwesen; faulen *(bei gehemmtem Luftzutritt)*
ТНА *s.* **агрегат/турбонасосный**
ТНВД *s.* **насос высокого давления/топливный**

ТНД *s.* **турбина низкого давления**
ТО *s.* **обслуживание/текущее**
тоар *m s.* **ярус/тоарский**
товар *m* Gut *n*, Ware *f*
товарооборот *m* Warenumsatz *m*, Güterumschlag *m*
~/розничный Einzelhandelsumsatz *m*
~/складской Lagerumsatz *m*, Lagerumschlag *m (Lagerwirtschaft)*
товароотвод *m (Text)* Warenkessel *m (Doppelzylinder-Strumpfautomat)*
товаросборитель *m (Text)* Warenkessel *m (Interlockmaschine)*
товары *mpl*/**химические** Erzeugnisse *npl* der chemischen Industrie; Chemikalien *fpl*
~/электробытовые Elektrogeräte *npl* für den Haushalt
тодорокит *m (Min)* Todorokit *m*
тождественность *f* Identität *f*
~ частиц *(Kern)* Teilchenidentität *f*
тождественный identisch, gleichbedeutend
тождество *n* Identität *f*
~ Эйлера *(Math)* Eulersche Identität *f*
~ Якоби Jacobi-Identität *f (analytische Mechanik)*
ток *m* 1. Fließen *n*, Strömen *n*; Strömung *f (s. a. unter* **течение***)*; 2. *(El)* Strom *m*; Stromstärke *f (s. a. unter* **токи***)* • **на стороне переменного тока** wechselstromseitig
~/абсорбционный Absorptionsstrom *m*
~ автоэлектронной эмиссии Feldemissionsstrom *m*, Kaltemissionsstrom *m*
~/активный Wirkstrom *m*
~/анодный Anodenstrom *m*
~/антенный Antennenstrom *m*
~/безваттный *s.* **~/реактивный**
~ биений Schwebungsstrom *m*
~/блуждающий Streustrom *m*, Irrstrom *m*
~ в запирающем направлении Sperrstrom *m*
~ в нейтрали (нулевом проводе) Nullleiterstrom *m*
~ в рельсовой цепи Gleisstrom *m*
~/вихревой Wirbelstrom *m*
~ включения 1. Einschaltstrom *m*; 2. Zündstrom *m (Halbleiter)*
~ возбуждения Erregerstrom *m*
~ восстановления Reduktionsstrom *m*
~ впадины Talstrom *m*
~/встречный Gegenstrom *m*
~/вторично-электронный Sekundärelektronenstrom *m*, Sekundäremissionsstrom *m*
~/вторичный Sekundärstrom *m*
~/входной Eingangsstrom *m*
~/вызывной Rufstrom *m*
~ выключения Abschaltstrom *m*
~/выпрямленный gleichgerichteter Strom *m*
~/высоковольтный hochgespannter Strom *m*, Hochspannungsstrom *m*
~ высокого напряжения *s.* **~/высоковольтный**
~ высокой частоты *s.* **~/высокочастотный**
~/высокочастотный hochfrequenter Strom *m*, Hochfrequenzstrom *m*
~/выходной Ausgangsstrom *m*
~/гальванический galvanischer Strom *m*
~/генерационный Generationsstrom *m*
~ гистерезиса Hysteresisstrom *m*, Hysteresestrom *m*
~/главный Hauptstrom *m*
~/двухфазный Zweiphasenstrom *m*
~ действия Aktionsstrom *m*
~ диода Diodenstrom *m*
~/диффузионный Diffusionsstrom *m*
~/длительный Dauerstrom *m*, stationärer Strom *m*
~ дополнительной зарядки Wiederaufladestrom *m*
~ дрейфа Driftstrom *m*
~/дырочный Defektelektronenstrom *m*, Löcherstrom *m*
~/ёмкостный kapazitiver Strom *m*, Kapazitätsstrom *m*
~ зажигания Zündstrom *m*
~ заземления Erdschlußstrom *m*
~ замыкания на землю Erdschlußstrom *m*
~/запаздывающий по фазе nacheilender Strom *m*
~/запальный Zündstrom *m*
~ зарядки Ladestrom *m*
~/зарядный Ladestrom *m*
~ звуковой частоты Tonfrequenzstrom *m*, tonfrequenter Strom *m*
~/земной Erdstrom *m*
~/измерительный Meßstrom *m*
~/измеряемый zu messender Strom *m*, Meßstrom *m*
~/импульсный Stoßstrom *m*
~/индуктируемый (индукционный) Induktionsstrom *m*
~/ионизационный Ionisationsstrom *m*, Ionisierungsstrom *m*
~ ионного пучка Ionenstrahlstrom *m*
~/ионный Ionenstrom *m*
~/испытательный Prüfstrom *m*
~/исходный Ausgangsstrom *m*, Ruhestrom *m*
~/исходящий Sendestrom *m*
~/катодный Katodenstrom *m*
~ коллектора Kollektorstrom *m*
~ коллектора/обратный Kollektorsperrstrom *m*
~/конвекционный Konvektionsstrom *m*
~ короткого замыкания Kurzschlußstrom *m*
~ короткого замыкания/ударный Stoßkurzschlußstrom *m*

~ **короткого замыкания/установившийся** Dauerkurzschlußstrom *m*
~ **короткого замыкания/шумовой** Kurzschlußrauschstrom *m*
~/**коррозионный** Korrosionsstrom *m*
~/**круговой** Ringstrom *m*
~ **лампы/сеточный** Gitterstrom *m*
~/**линейный** Leitungsstrom *m*, Netzstrom *m*
~/**максимальный** 1. Maximalstrom *m*, Spitzenstrom *m*; 2. Höckerstrom *m* *(Elektronenröhre)*
~/**мешающий** Störstrom *m*
~/**многофазный** Mehrphasenstrom *m*
~/**модулированный** gemodelter Strom *m*
~/**модулирующий** Modulationsstrom *m*
~/**наведённый** Influenzstrom *m*
~/**нагрузочный** Belastungsstrom *m*
~ **накала** Heizstrom *m* *(Elektronenröhren)*
~ **накачки** Pumpstrom *m*
~/**намагничивающий** Magnetisierungsstrom *m*
~ **насыщения** Sättigungsstrom *m*
~ **насыщения запирающего слоя** Sättigungsstrom *m* einer Sperrschicht
~ **насыщения катода** Katodensättigungsstrom *m*
~ **насыщения/обратный** Sättigungssperrstrom *m*
~/**начальный** Anfangsstrom *m*; Anlaßstrom *m*
~/**несопряжённый трёхфазный** unverketteter Drehstrom *m*
~ **несущей частоты** Träger[frequenz]-strom *m*, trägerfrequenter Strom *m*
~/**несущий** Trägerstrom *m*
~/**несущий телефонный** Telefonieträgerstrom *m*
~ **низкого напряжения** Niederspannungsstrom *m*
~ **низкой частоты/вызывной** niederfrequenter Rufstrom *m*
~/**номинальный** Nennstrom *m*
~ **носителей [заряда]** Trägerstrom *m*, Ladungsträgerstrom *m*
~ **обмена зарядами** Ladungsaustauschstrom *m*
~ **обратного напряжения** 1. Rückstrom *m*; 2. Gegenstrom *m* *(Wasserumlaufrichtung in Dampfkesseln)*
~ **обратной связи** Rückkopplungsstrom *m*
~/**обратный** Rück[wärts]strom *m*; Sperrstrom *m*
~/**обратный сеточный** Rückgitterstrom *m* *(Elektronenröhre)*
~ **одного направления** Gleichstrom *m* *(Wasserumlaufrichtung in Dampfkesseln)*
~/**однофазный** Einphasenstrom *m*
~/**опережающий [по фазе]** voreilender Strom *m*
~/**остаточный** Reststrom *m*
~/**ответвлённый** Zweigstrom *m*
~/**отклоняющий** Ablenkstrom *m*
~ **отпускания** Abfallstrom *m* *(Relais)*
~ **отрицательной полярности** negativer Strom *m*, Minusstrom *m*
~/**отрицательный** *s.* ~ **отрицательной полярности**
~/**отстающий** nacheilender Strom *m*
~/**паразитный** Fremdstrom *m*
~/**параллельный** *s.* ~ **одного направления**
~/**переменный** Wechselstrom *m*
~ **переходного разговора** Nebensprechstrom *m*
~/**переходный** 1. Übergangsstrom *m*; 2. Nebensprechstrom *m*
~/**пиковый** 1. Spitzenstrom *m*, Maximalstrom *m*; 2. Höckerstrom *m* *(Elektronenröhre)*
~/**пилообразный** Sägezahnstrom *m*
~/**плавящий** Abschmelzstrom *m* *(Sicherungen)*
~ **поверхностной утечки** Oberflächenkriechstrom *m*, Kriechstrom *m*; Isolationsstrom *m*
~/**поверхностный** Oberflächenstrom *m*
~ **повреждения** Fehlerstrom *m*
~ **повторной зарядки** Wiederaufladestrom *m*
~ **поглощения** Absorptionsstrom *m*
~ **подкачки** Pumpstrom *m*
~ **подогрева** Heizstrom *m*
~ **покоя** Ruhestrom *m*
~/**полезный** Nutzstrom *m*
~ **положительной полярности** *s.* ~/**положительный**
~/**положительный** positiver Strom *m*, Plusstrom *m*
~ **поляризации** Polarisationsstrom *m*
~/**поляризационный** Polarisationsstrom *m*
~ **помехи** Störstrom *m*
~/**пороговый** Schwellstrom *m*
~ **последействия** Nachstrom *m*; Nachwirkungsstrom *m*
~ **последующего нагрева** Nachwärmstrom *m* *(Punkt-, Buckel- und Rollennahtschweißen)*
~/**постоянный** Gleichstrom *m*
~ **предварительного подогрева** Vorwärmstrom *m* *(Punkt-, Buckel- und Rollennahtschweißen)*
~/**предельный диффузионный** Diffusionsgrenzstrom *m*
~/**предразрядный** Vor[entladungs]strom *m*
~/**прерывистый** intermittierender (unterbrochener) Strom *m*, Unterbrechungsstrom *m*
~ **проводимости** Leitungsstrom *m*

~/**пропускной** Durchlaßstrom *m* *(Halbleiter)*
~ **пространственного заряда** Raumladungsstrom *m*
~/**противодействующий** Sperrstrom *m* *(Halbleiter)*
~ **противоположного направления** Gegenstrom *m* *(Wasserumlaufrichtung in Dampfkesseln)*
~/**прямой** 1. Durchlaßstrom *m*; 2. *s.* ~ **одного направления**
~/**пульсирующий** pulsierender Strom *m*
~/**пульсирующий постоянный** pulsierender Gleichstrom *m*
~/**пусковой** Anfahrstrom *m*; Anlaßstrom *m*, Anlaufstrom *m*; Anzugstrom *m*
~ **пучка [электронов]** Strahlstrom *m*
~/**рабочий** Arbeitsstrom *m*, Betriebsstrom *m*
~ **развёртки** Ablenkstrom *m*
~/**разговорный** Sprechstrom *m*
~/**разговорный переменный** Sprechwechselstrom *m*
~ **размыкания** Abreißstrom *m*, Öffnungsstrom *m*
~/**разрядный** Entladestrom *m*
~ **рассеяния** Streustrom *m*
~ **расцепления** Auslösestrom *m*
~ **реагирования** Ansprechstrom *m*
~/**реактивный** Blindstrom *m*
~/**регулирующий** Steuerstrom *m*
~/**рекомбинационный** Rekombinationsstrom *m*
~/**сверхвысокочастотный** Höchstfrequenzstrom *m*; Ultrahochfrequenzstrom *m*, UHF-Strom *m*
~/**сигнальный** Signalstrom *m*
~/**сильный** Starkstrom *m*
~/**синусоидальный** sinusförmiger Strom *m*, Sinusstrom *m*
~ **скользящего разряда** *s.* ~ **утечки 2.**
~/**слабый** Schwachstrom *m*
~/**смещения** [dielektrischer] Verschiebungsstrom *m*
~ **срабатывания** Ansprechstrom *m*
~ **статора** Ständerstrom *m*
~/**стационарный** stationärer Strom *m*, Dauerstrom *m*
~/**телеграфный** Telegrafierstrom *m*
~/**телефонный** Fernsprechstrom *m*
~/**темновой** Dunkelstrom *m* *(Fotozelle)*
~/**термоэлектрический** thermoelektrischer Strom *m*, Thermostrom *m*
~/**термоэлектронный** Glühelektronenstrom *m*
~ **технической частоты/переменный** technischer Wechselstrom *m*
~ **течения** Strömungsstrom *m* *(Elektroosmose)*
~ **тлеющего разряда** Glimmstrom *m*
~ **тональной частоты** Tonfrequenzstrom *m*, tonfrequenter Strom *m*
~ **тональной частоты/вызывной** Tonfrequenzrufstrom *m*, tonfrequenter Rufstrom *m*
~/**тормозной** Bremsstrom *m*
~ **трения** Reibungsstrom *m*
~/**трёхфазный** Dreiphasenstrom *m*, Drehstrom *m*
~/**туннельный** Tunnelstrom *m*, Esaki-Strom *m*
~/**тяговый** Fahrstrom *m*
~/**удерживающий** Haltestrom *m*
~/**ультравысокочастотный** Ultrahochfrequenzstrom *m*, UHF-Strom *m*
~ **управления** Steuerstrom *m*, Stellstrom *m*
~/**управляющий** *s.* ~ **управления**
~/**уравнительный** Ausgleich[s]strom *m*
~/**установившийся** Dauerstrom *m*, stationärer Strom *m*
~ **утечки** 1. Leckstrom *m*, Fehlstrom *m*, Verluststrom *m*; 2. Kriechstrom *m*, Isolationsstrom *m*
~/**фазный** Phasenstrom *m*
~/**фотоэлектронный** Foto[elektronen]-strom *m*, lichtelektrischer (fotoelektrischer) Strom *m*
~ **Фуко** Foucault-Strom *m*
~ **холодной эмиссии** Kaltemissionsstrom *m*, Feldemissionsstrom *m*
~ **холостого хода** Leerlaufstrom *m*
~/**шумовой** Rauschstrom *m*
~/**щёточный** Bürstenstrom *m*
~ **экранирующей сетки** Schirmgitterstrom *m*
~/**электрический** elektrischer Strom *m*
~/**электронный** Elektronenstrom *m*
~ **эмиссии** Emissionsstrom *m*
~/**эмиссионный** Emissionsstrom *m*
~ **эмиттера/обратный** Emitterrückstrom *m* *(Halbleiter)*
~/**эмиттерный** Emitterstrom *m* *(Halbleiter)*
~ **якоря** Ankerstrom *m*
токамак *m* *(Kern)* Tokamak-Anlage *f* *(sowjetische Kernfusionsanlage)*
токи *mpl* Ströme *mpl* *(s. a.* **ток 2.)**
~/**блуждающие** Kriechströme *mpl*
~ **в земле** Erdströme *mpl*
~ **в море** Meeresströme *mpl*
~/**вихревые** Wirbelströme *mpl*
~ **высших гармоник** Oberströme *mpl*
~/**гармонические** Ströme *mpl* der Harmonischen
~/**земные** *s.* ~ **в земле**
~/**неуравновешенные (остаточные)** Restströme *mpl* *(auf einer Dreiphasen-Starkstromleitung)*
~/**паразитные** Wirbelströme *mpl*
~/**почвенные** Erdströme *mpl*
~/**уравновешенные** symmetrische Ströme *mpl* *(auf einer Dreiphasen-Starkstromleitung)*

~ **Фуко** *s.* ~/**вихревые**
токоведущий stromführend, stromdurchflossen
токовращатель *m (Fmt)* Polwechsler *m*
токовый Strom . . .
токоограничитель *m (El)* Strombegrenzer *m*
токопитание *n* Stromzuführung *f*, Stromspeisung *f*
токоподвод *m* Stromzuführung *f*
токоподводящий stromzuführend, Stromzuführungs . . .
токопотребляющий stromverbrauchend, Stromverbrauchs . . .
токоприёмник *m* 1. *(El)* Stromverbraucher *m (z. B. ein Motor)*; 2. *(El, Eb)* Stromabnehmer *m*
~/**дуговой** Bügel[strom]abnehmer *m*, Bügel *m*
~/**катящийся** *s.* ~/**роликовый**
~/**пантографный** Scherenstromabnehmer *m*, Parallelogramm[strom]abnehmer *m*
~/**роликовый** Rollenstromabnehmer *m*
~ **с роликовым контактом** Rollenstromabnehmer *m*
~/**штанговый** Stangenstromabnehmer *m*
токопровод *m* Stromleiter *m*, Elektrizitätsleiter *m*, [elektrischer] Leiter *m*
~/**печатный** gedruckter Leiterzug *m*
токопроводящий stromleitend, elektrisch leitend
токопрохождение *n* Stromdurchgang *m*, Stromfluß *m*; Stromlauf *m*
токораспределение *n* Stromverteilung *f*
токосниматель *m s.* **токоприёмник 2.**
токосъём *m* Stromabnahme *f*
токоферол *m* Tokopherol *n (E-Vitamin-Komplexbildner)*
токсикант *m* Giftstoff *m*, Toxikum *n*
токсикологический toxikologisch
токсикология *f* Toxikologie *f*
~/**промышленная** Industrietoxikologie *f*
токсин *m (Ch)* Toxin *n*
~/**бактерийный** Bakterientoxin, *n*, Bakteriengift *n*
токсический toxisch, giftig
токсичность *f* Toxizität *f*, Giftigkeit *f*
толерантность *f* 1. Verträglichkeit *f (eines Präparates)*; 2. Resistenz *f (gegenüber Giften)*
толкание *n* **барж** Schubbetrieb *m*, Schubverkehr *m (Schubschiffahrt)*
толкатель *m* 1. Stößel *m*, Stoßdaumen *m*; Aufschieber *m*; Stoßvorrichtung *f*; 2. *(Wlz)* Blockdrücker *m*; 3. *(Bgb)* Aufschiebevorrichtung *f*, Vorstoßvorrichtung *f*, Wagendrücker *m*
~ **блумов** *(Wlz)* Blockdrücker *m*
~ **верхнего действия** *(Bgb)* an der Kippmuldenstirnwand angreifender Wagenaufschieber *m*
~/**канатный** *(Bgb)* Wagenaufschieber *m* mit Seilantrieb, Seilzugwagenaufschieber *m*, Seilstößel *m*
~ **клапана** Ventilstößel *m (Verbrennungsmotor)*
~/**клетевой** *(Bgb)* Aufschiebevorrichtung *f*
~ **нижнего действия** *(Bgb)* am Fahrgestell angreifender Wagenaufschieber *m*
~/**печной** *(Met)* Ofenstoßvorrichtung *f*, Ofenstoßer *m*
~/**пневматический** *(Bgb)* Druckluftwagendrücker *m*, Druckluftwagenaufschieber *m*
~/**рудничный** *(Bgb)* Aufschiebevorrichtung *f*, Vorstoßvorrichtung *f*, Wagendrücker *m*
~ **слитков** *(Wlz)* Blockdrücker *m*
~ **слябов** *(Wlz)* Brammendrücker *m*
~/**цепной** *(Bgb)* Kettenwagendrücker *m*
~/**штанговый** *(Bgb)* Schubstangenwagenaufschieber *m (Antrieb durch pneumatischen oder hydraulischen Kolben)*
~/**электрический** *(Bgb)* elektrischer Wagenaufschieber *m*
~/**электрогидравлический** *(Bgb)* hydraulischer Wagenaufschieber *m*
толкать stoßen; schieben
толкач *m* 1. Schlepper *m*, Raupenschlepper *m*; 2. Schubboot *n*, Schubschlepper *m*, Schubschiff *n*; 3. *(Eb)* Schiebelokomotive *f*; 4. Stampfer *m*, Rammer *m*, Handramme *f*
~/**морской** seegehendes Schubschiff *n*, Hochseeschubschiff *n*
~/**речной** Flußschubboot *n*
толкач-катамаран *m (Schiff)* Katamaranschubschlepper *m*
толочь pochen, zerpochen, zerstoßen, zerstampfen
толстомер *m*/**лесной** *(Forst)* 1. Baumdickemesser *m*; 2. Starkholz *n*
толстостенный dickwandig
толуидин *m (Ch)* Toluidin *n*, Aminotoluol *n*
толуол *m (Ch)* Toluol *n*, Methylbenzol *n*, Phenylmethan *n*
толуолсульфокислота *f (Ch)* Toluolsulfonsäure *f*, Methylbenzolsulfonsäure *f*
толуольный Toluol . . .
толчение *n* Pochen *n*, Zerpochen *n*, Zerstoßen *n*
толчея *f* 1. Kabbelsee *f*, kabbelige See *f*; 2. *(Hydrol)* Schlagwelle *f*; 3. *(Bgb)* Pochwerk *n*; Pochmühle *f*, Stampfmühle *f*
толчок *m* Stoß *m*; Ruck *m*; Anstoß *m*
~ **Гофмана** Hoffmannscher Stoß *m (Stromstoß in einer Ionisationskammer, der zu Elektronenschauern, Auslösung von Anstoßelektronen und anderen Reaktionen führt)*
~/**индукционный** *(El)* Induktionsstoß *m*

~/**ионизационный** Ionisationsstoß *m* *(Stoß auf ein Elektron eines neutralen Atoms oder Moleküls, der die Ionisation des Systems bewirkt)*
~ **нагрузки** Belastungsstoß *m*
~/**сейсмический** Erd[beben]stoß *m*
~ **тока** *(El)* Stromstoß *m*
~ **тока при включении** Einschaltstromstoß *m*
~ **тока/пусковой** Anlaufstromstoß *m*, Anlaßstromstoß *m*
~/**ускоряющий** *(Kern)* Beschleunigungsstoß *m*
толща *f* 1. Dicke *f*, Mächtigkeit *f*; 2. *(Geol)* Schichtenfolge *f*, Schichtengruppe *f*, Schichtenkomplex *m*, Schichtenreihe *f*, Schichtenserie *f*
~/**нефтематеринская** Erdölmuttergesteine *npl*
~/**нефтеносная** Ölträgerschichtenfolge *f*
~ **пласта** Lagermasse *f*, Schichtmächtigkeit *f*
~ **пластов** Flözkörper *m*
~ **породы** Gesteinsmächtigkeit *f*
~ **породы/сплошная** Lagerwand *f*
~ **почвы** Bodenmasse *f*
~/**соляная** Salzmittel *n*
~/**угленосная** Kohlenserie *f*, Kohlenschichten *fpl*, Kohlengebirge *npl*
~ **угля** Kohlenmittel *n*
толщина *f* 1. Dicke *f*; 2. Kaliber *n* *(Blech, Draht)*; 3. *(Typ)* Dickte *f*
~ **в комле** *(Forst)* Dicke *f* am Wurzelanlauf *(des Stammes)*, Stockdicke *f*
~ **в середине** *(Forst)* Mitteldicke *f* *(Baumstamm)*
~ **верхнего отруба** *(Forst)* Zopfdicke *f* *(Baumstamm)*
~ **вершины** *(Forst)* Gipfeldicke *f*
~ **вытеснения пограничного слоя** *(Aero)* Verdrängungsdicke *f* der Grenzschicht
~ **запирающего слоя** Sperrschichtdicke *f* *(Halbleiter)*
~ **защитного слоя** Deckschichtdicke *f*
~ **защиты** *(Kern)* Abschirmdicke *f* *(Strahlenschutz)*
~ **зуба [по дуге делительной окружности]** *(Masch)* Zahndicke *f* *(Zahnrad)*
~ **нижнего отруба** *(Forst)* Durchmesser *m* am unteren Stammende
~ **обода** *(Masch)* Randdicke *f* *(Riemenscheibe)*
~ **обратного рассеяния** Rückstreudicke *f*
~/**одинаковая** gleiche Dicke *f* *(bei Interferenzen)*
~ **плёнки** Schichtdicke *f*, Filmdicke *f*
~ **пограничного слоя** *(Aero)* Grenzschichtdicke *f*
~ **покрытия** *s.* ~ **плёнки**
~ **потери импульса** *(Aero)* Impulsverlustdicke *f* *(Grenzschicht)*
~ **потери энергии в пограничном слое** *(Aero)* Energieverlustdicke *f* der Grenzschicht
~ **проката** *(Wlz)* Walzguthöhe *f*
~ **слоя** Schichtdicke *f*
~ **слоя половинного ослабления** *(Kern)* Halbwertsschichtdicke *f* *(phys.-techn. Einheit im SI)*
~ **среза** *(Fert)* angestellte Spandicke *f*
~ **стружки** *(Fert)* Spandicke *f*
~ **стружки/серединная** Mittenspandicke *f*
~/**фактическая** *(Text)* Ist-Feinheit *f*
~ **шва** Nahtdicke *f*
~ **штриха** Strichdicke *f*
~ **штриха/видимая** sichtbare (scheinbare) Strichdicke *f*
толщиномер *m* Dickenmesser *m*, Außentaster *m*, Meßrachen *m*, Fühlerlehre *f*
~/**вихретоковый** Wirbelstromdickenmesser *m*, Dickenmesser *m* nach dem Wirbelstromverfahren
~ **для клише** *(Typ)* Druckstockhöhenmesser *m*
~ **для покрытия** Schichtdickenmeßgerät *n*
~/**ёмкостный** kapazitiver Dickenmesser *m*
~/**индикаторный** Meßuhr-Feindickenmesser *m* *(Dickenmessung von Erzeugnissen aus Gummi, Plasten u. dgl.)*
~/**индукционный** Induktionsdickenmesser *m*
~/**микрометрический** Mikrometertaster *m*
~**, основанный на принципе обратного рассеяния** Rückstreudickenmesser *m*
~**, основанный на прохождении излучения** Durchgangsmesser *m* *(Strahlung)*
~/**радиоактивный** *(Kern)* radioaktiver Dickenmesser *m*, Durchstrahlungsdickenmesser *m*
толь *m* *(Bw)* Teerpappe *f*
~/**кровельный** Dach[teer]pappe *f*
том *m* *(Dat)* Datenträger *m* *(Betriebssystem)*
~/**многофайловый** Datenträger *m* mit mehreren Dateien
~/**рабочий** Arbeitsdatenträger *m*
~/**резервируемый** reservierter Datenträger *m*
~ **с прямым доступом** Datenträger *m* für Direktzugriff
~/**сменный** austauschbarer Datenträger *m*
~ **технического обслуживания** Wartungsdatenträger *m*
~/**управляющий** Steuerdatenträger *m*, Katalogdatenträger *m*
~/**фиксированный** nicht austauschbarer Datenträger *m*
томасирование *n* **[чугуна]** *s.* **томасование [чугуна]**
томасировать *(Met)* nach dem Thomasverfahren windfrischen *(Stahl)*

томасование *n* **[чугуна]** *(Met)* Thomasverfahren *n*
томасшлак *m* Thomas[phosphat]schlacke *f*, Thomasphosphat *n*
томбуй *m* *(Schiff)* Ankerboje *f* *(Kennzeichnung der Lage eines unter Wasser liegenden Ankers)*
томить *(Met)* glühen; tempern, glühfrischen
томление *n* *(Met)* Glühen *n*; Tempern *n*, Glühfrischen *n*
~ в железной руде Erztempern *n*
томограмма *f* Tomogramm *n*, Schichtaufnahme *f*
~/ультразвуковая Ultraschalltomogramm *n*
томограф *m* Tomograf *m*, Stratigraf *m*
~/горизонтальный Horizontalschichtgerät *n*
томография *f* Tomografie *f*, Schichtaufnahmeverfahren *n*, Körperschichtaufnahmeverfahren *n*
томофотография *f* Tomofotografie *f*, Schirmbildschichtverfahren *n*
томсонит *m* *(Min)* Thomsonit *m* *(Zeolith)*
тон *m* 1. Ton *m*, Tönung *f*, Farbton *m*; 2. *(Ak)* Ton *m*
~/ахроматический achromatischer Ton *m* *(weiß, grau, schwarz)*
~ биений Überlagerungston *m*; Schwebungston *m*
~/воющий Wobbelton *m*
~/зуммерный *(Fmt)* Summerton *m*
~/интерференционный Interferenzton *m*
~/комбинационный Kombinationston *m*
~/непрерывный Dauerton *m*
~/основной Tonika *f*; Grundton *m*
~/разностный Differenzton *m*
~ сепии Sepiaton *m*
~/серый *(Typ)* Grauton *m*
~/сложный *s.* **~/комбинационный**
~/сравнительный Vergleichston *m*
~/суммарный (суммовой) Summationston *m*
~/хроматический (цветовой) Farbton *m*, Farbwert *m*
тональность *f* 1. *(Foto)* Tonwert *m*; Farbtönung *f*; 2. *(Ak)* Tonalität *f*; Tonart *f*
тонина *f* Dünne *f*; Feinheit *f* *(s. a. unter* **тонкость***)*
~ волокна *(Text)* Faserfeinheit *f*
~ волоса шерсти *(Text)* Wollfeinheit *f*
~ рассева Siebfeinheit *f*
тонирование *n* *(Foto)* Bildtonung *f*, Tonung *f*, Tonungsverfahren *n*
~ в двух растворах indirekte Tonung *f*
~ в коричневый цвет Brauntonung *f*
~/косвенное *s.* **~ в двух растворах**
~ осернением Schwefeltonung *f*
~/прямое direkte Tonung *f*
тонкий 1. dünn; fein; 2. schlank; 3. scharf *(Gehör)*
тонковолокнистый feinfaserig; langstapelig, langstaplig
тонковолоченный *(Met)* dünngezogen *(Draht)*
тонкодисперсный feindispers, feinzerteilt
тонкозаострённый scharfgespitzt
тонкозернистый feinkörnig
тонкоизмельчённый feinzerkleinert
тонкокерамический feinkeramisch
тонкокожий 1. dünnhäutig; 2. dünnschalig, dünnhülsig
тонколистовой *(Met)* Feinblech . . .
тонкомер *m* *(Forst)* dünnes Nutzholz *n*
тонкомолотый feingemahlen
тонконтроль *m* *(Rf)* Klangfarberegelung *f*
тонкоплёночный Dünnschicht . . ., Dünnfilm . . .
тонкопористый engporig, feinporig, mikroporös
тонкопрядение *n* *(Text)* Feinspinnerei *f*, Dreizylinderspinnerei *f*, Streckwerkspinnerei *f*, Flyerspinnerei *f*
тонкоррекция *f* *(Rf)* Klangfarberegelung *f*
тонкослойность *f* 1. Dünnschichtigkeit *f*; 2. *(Forst)* Feinringigkeit *f* *(Jahresringe)*
тонкослойный 1. dünn, dünnschichtig; 2. *(Forst)* feinringig
тонкоствольный *(Forst)* stammschwach
тонкостенный dünnwandig *(z. B. Rohre)*; dünnstegig *(T-Träger)*
тонкость *f* Feinheit *f* *(s. a. unter* **тонина***)*
~ зернового состава Kornfeinheit *f*
~ помола Mahlfeinheit *f*
~ просева Siebfeinheit *f*
~ пряжи *(Text)* Garnfeinheit *f*
~ пыли Staubfeinheit *f*
~ размола Mahlfeinheit *f*
~ структуры Strukturfeinheit *f*
тонкотянутый *(Met)* dünngezogen *(Draht)*
тонкошёрстный feinwollig
тонна *f* Tonne *f*, t *(SI-fremde Einheit der Masse)*
~/американская amerikanische Tonne *f* *(907 kg)*
~/английская englische Tonne *f* *(1016 kg)*
~/брутто-регистровая *(Schiff)* Bruttoregistertonne *f*, BRT
~ водоизмещения *(Schiff)* Verdrängungstonne *f*
~ годовой добычи *(Bgb)* Jahrestonne *f* *(Förderung)*
~ дедвейт *(Schiff)* Tragfähigkeitstonne *f*, tdw
~/метрическая metrische Tonne *f* *(1 000 kg)*
~/нетто-регистровая *(Schiff)* Nettoregistertonne *f*
~/погруженная *(Schiff)* verladene Tonne *f*
~/регистровая *(Schiff)* Registertonne *f* *(= 2,83 m^3)*

~ **суточной добычи** *(Bgb)* Tagestonne *f* *(Förderung)*
тоннаж *m (Schiff)* Tonnage *f*; Schiffsraum *m*, Frachtraum *m*
~/**брутто-регистровый** *(Schiff)* Brutto[register]tonnage *f*, Bruttoraumgehalt *m*
~/**валовой [регистровый]** *(Schiff)* Brutto[register]tonnage *f*, Bruttoraumgehalt *m*
~/**избыточный** *(Schiff)* Übertonnage *f*
~/**мировой** *(Schiff)* Welttonnage *f*
~/**наливной** *(Schiff)* Tankertonnage *f*
~/**нетто-регистровый** *(Schiff)* Netto[register]tonnage *f*, Nettoraumgehalt *m*
~/**обмерный** Vermessungstonnage *f*
~/**общий** Gesamttonnage *f*
~/**регистровый** *(Schiff)* Registertonnage *f*, Registerraumgehalt *m*
~/**рыболовный** Fischereitonnage *f*
~/**сухогрузный** *(Schiff)* Trockenfracht[er]tonnage *f*
~/**танкерный** *(Schiff)* Tankertonnage *f*
~/**торговый** Handelsschiffstonnage *f*
~/**чартерный** *(Schiff)* Chartertonnage *f*
~/**чистый [регистровый]** *(Schiff)* Netto[register]tonnage *f*, Nettoraumgehalt *m*
тоннель *m s.* **туннель**
тонно-километр *m* Tonnenkilometer *m*, tkm
тонно-миля *f (Schiff)* Tonnenmeile *f*
тонометр *m (Opt)* Tonometer *n*, Druckmesser *m*
тонометрия *f (Opt)* Tonometrie *f*, Druckmessung *f*
тоня *f* 1. Fischerei *f*, Fischplatz *m*; 2. Fischzug *m*
~/**постоянная** ständiger Zugnetzfangplatz *m*
топ *m (Schiff)* Topp *m*
~ **брам-стеньги** Bramstengetopp *m*
~ **грот-мачты** Großtopp *m*
~ **мачты** Untermasttopp *m*, Masttopp *m*
~ **стеньги** Marsstengetopp *m*
~ **фок-мачты** Vortopp *m*
топаз *m (Min)* Topas *m*
~/**дымчатый** Rauchtopas *m* *(handelsübliche falsche Bezeichnung für Rauchquarz)*
топдек *m s.* **топ-палуба [дока]**
топенант *m (Schiff)* Hanger *m (Ladegeschirr)*; Dirk *f (Segelboot)*; Toppnant *f*
топенант-блок *m* Toppnantblock *m*
топенант-тали *pl (Schiff)* Hangertalje *f*, Ladebaumtalje *f*
топенант-шкентель *m (Schiff)* Ladebaumaufholer *m*
топенанты *mpl*/**двойные** *(Schiff)* Doppelhanger *m*
топить 1. [be]heizen *(einen Ofen)*; 2. schmelzen, auslassen *(Fett)*; 3. *(Schiff)* [auf]toppen *(Rahen, Spieren, Ladebäume)*

топка *f* 1. Feuern *n*, Heizen *n (Vorgang)*; 2. Feuerung *f*; 3. *(Eb)* Feuerbüchse *f (Dampflok)*
~/**вихревая** Wirbelfeuerung *f*, Zyklonfeuerung *f*
~/**внутренняя** Innenfeuerung *f*
~/**выносная** Außenfeuerung *f*, Vorfeuerung *f*
~/**газовая** Gasfeuerung *f*
~/**газогенераторная** Generatorgasfeuerung *f*
~/**генераторная** Schwelrost *m*
~/**двухкамерная** Zweikammerfeuerung *f*
~/**дровяная** Holzfeuerung *f*
~/**камерная** Kammerfeuerung *f*
~/**колосниковая** Rostfeuerung *f*
~/**котельная** Kesselfeuerung *f*
~/**механическая** mechanische Feuerung *f*, Feuerung *f* mit mechanischer Beschikkung
~/**механическая слоевая** [voll]mechanische Rostfeuerung *f*
~ **на жидком топливе** Feuerung *f* für flüssige Brennstoffe *(meist Ölfeuerung)*
~/**наружная** Außenfeuerung *f*
~/**нефтяная** Rohölfeuerung *f*, Ölfeuerung *f*
~/**нижняя** Unterfeuerung *f*
~/**паровозная** Lokomotivfeuerung *f*
~/**передняя** Vorfeuerung *f*
~/**печная** Ofenfeuerung *f*
~/**пневматическая** Druckluftfeuerung *f* *(Rostfeuerung mit Gebläseluft)*
~/**подкотельная** Kesselfeuerung *f*
~/**полугазовая** Halbgasfeuerung *f*
~/**полумеханическая слоевая** halbmechanische Rostfeuerung *f*
~/**пылесжигательная** Staubfeuerung *f*
~/**пылеугольная** Kohlenstaubfeuerung *f*
~/**регенеративная** Regenerativfeuerung *f*
~/**рекуперативная** Rekuperativfeuerung *f*
~/**ручная** Handfeuerung *f*, Feuerung *f* mit Handbeschickung
~ **с верхней подачей топлива** Schüttfeuerung *f*
~ **с горизонтальной колосниковой решёткой** Planrostfeuerung *f*
~ **с качающимися колосниками** Schüttelrostfeuerung *f*
~ **с колосниковой решёткой** Rostfeuerung *f*
~ **с лоткообразной колосниковой решёткой** Muldenrostfeuerung *f*
~ **с механическим забрасыванием топлива** Wurffeuerung *f*
~ **с наклонной колосниковой решёткой** Schrägrostfeuerung *f*
~ **с непрерывной засыпкой** Feuerung *f* mit kontinuierlicher Beschickung
~ **с нижней подачей топлива** Unterschubfeuerung *f*
~ **с нижним дутьём** Unterwindfeuerung *f*

~ **с обратным пламенем** Pultfeuerung *f*
~ **с роликовыми колосниками** Walzenrostfeuerung *f*
~ **с цепной колосниковой решёткой** Kettenrostfeuerung *f*, Wanderrostfeuerung *f*
~ **с шахтной мельницей** Mühlenfeuerung *f*
~ **с ярусной колосниковой решёткой** Staffelrostfeuerung *f*, Treppenrostfeuerung *f*
~/**слоевая** Feuerung *f* für rostgeeignete Brennstoffe mit Verbrennung im geschichteten, ruhenden Zustand
~ **со ступенчатой колосниковой решёткой** Stufenrostfeuerung *f*
~ **сушилки** Darrfeuerung *f*
~/**торфяная** Torffeuerung *f*
~/**угольная** Kohlenfeuerung *f*
~/**факельная** Schwebefeuerung *f*
~/**циклонная** Zyklonfeuerung *f*
~/**шахтная** Schachtfeuerung *f*
~/**шахтно-цепная** Schachtkettenrostfeuerung *f*
топливник *m* Feuerraum *m*; Ofenrost *m* *(Heizofen)*
~ **непрерывного горения** Dauerbrandeinsatz *m*
топливо *n* 1. Brennstoff *m*; 2. Feuerungsstoff *m*, Heizstoff *m*, Heizmaterial *n* *(Beheizung von Öfen und Kesseln)*; 3. Kraftstoff *m*, Treibstoff *m* *(Antrieb von Verbrennungsmotoren)*; 4. *(Kern)* Brennstoff *m*
~/**авиационное** Flugmotorenkraftstoff *m*
~/**атомное** *s.* ~/**ядерное**
~/**беззольное** aschenfreier Brennstoff *m*
~/**бытовое** Hausbrand *m*
~/**вторичное ядерное** *(Kern)* sekundärer Spaltstoff *m*
~/**высокобалластное** ballastreicher Brennstoff *m*
~/**высокозольное** hochaschehaltiger (aschenreicher) Brennstoff *m*
~/**высококалорийное** heizwertreicher Brennstoff *m*
~/**высокооктановое** Hochoktankraftstoff *m*, hochoktan[zahl]iger (hochklopffester) Kraftstoff *m*
~/**высокосернистое** schwefelreicher Brennstoff *m*
~/**высокосортное** hochwertiger Brennstoff *m*
~/**газогенераторное** Generatorgas *n*
~/**газообразное** gasförmiger Brennstoff *m*
~/**гоночное** Rennkraftstoff *m* *(für Motorsport)*
~/**дизельное** Dieselöl *n*, Dieselkraftstoff *m*
~/**естественное** natürlicher Brennstoff *m* *(im unbehandelten Rohzustand verwendeter Brennstoff)*
~/**естественное газообразное** gasförmiger natürlicher Brennstoff *m* *(Erdgas)*
~/**естественное жидкое** flüssiger natürlicher Brennstoff *m* *(Erdöl)*
~/**естественное твёрдое** natürlicher fester Brennstoff *m* *(Holz, Kohle, Torf, Brennschiefer usw.)*
~/**жидкое** flüssiger Brennstoff *m*; flüssiger Kraftstoff (Treibstoff) *m*, Flüssigtreibstoff *m*
~/**жидкое моторное** flüssiger Kraftstoff *m* für Verbrennungsmotoren, flüssiger Treibstoff *m*
~/**жидкое ядерное** flüssiger Kernbrennstoff (Brennstoff) *m*, flüssiges Spaltmaterial *n*
~/**жидкометаллическое ядерное** Flüssigmetall-Spaltstoff *m*
~/**золосодержащее (зольное)** aschenhaltiger Brennstoff *m*
~/**искусственное** künstlicher Brennstoff *m* *(in irgendeiner Form behandelte oder umgewandelte natürliche Brennstoffe)*
~/**карбюраторное** Vergaserkraftstoff *m*
~/**керамическое** keramischer Brennstoff *m*
~/**коллоидальное (коллоидное)** 1. Kolloidbrennstoff *m*, kolloidaler Brennstoff *m*; 2. gelierter Brennstoff *m* *(Hartspiritus, Hartbenzin)*
~/**котельное** Heizöl *n*
~/**крупнокусковое** grobstückiger Brennstoff *m*
~ **местного значения** Brennstoff *m* von ortsgebundenem wirtschaftlichem Wert
~/**металлическое ядерное** metallischer Brennstoff *m*
~/**минеральное** Mineralbrennstoff *m*
~/**многокомпонентное** Mehrkomponententreibstoff *m*
~/**моторное** Kraftstoff *m* für Verbrennungsmotoren, Treibstoff *m*
~/**недетонирующее** klopffester Kraftstoff *m*
~/**нефтяное** Rohöltreibstoff *m*
~/**низкозольное** aschenarmer Brennstoff *m*
~/**низкокалорийное** Brennstoff *m* von geringem Heizwert
~/**низкосортное** minderwertiger Brennstoff *m*
~/**обогащённое ядерное** angereicherter Brennstoff *m*
~/**однокомпонентное** Einkomponententreibstoff *m*
~/**отработанное** *(Kern)* Abschlämmung *f*
~/**подвижное ядерное** zirkulierender (umlaufender) Spaltstoff *m*
~/**природное** Naturbrennstoff *m*, natürlicher Brennstoff *m*
~/**пылевидное** Brennstaub *m*
~/**пылеугольное** Kohlen[brenn]staub *m*

~/**ракетное** Raketentreibstoff *m*
~/**регенерированное** *(Kern)* aufgearbeiteter Brennstoff *m*
~/**самовоспламеняющееся** selbstreagierender Treibstoff *m*
~/**синтетическое** 1. *s.* ~/**искусственное**; 2. synthetischer Kraftstoff *m (im engeren Sinne)*
~/**смесевое** *(Rak)* Mischtreibstoff *m*
~/**спиртовое** klopffester Vergaserkraftstoff *m* mit Zusatz von Äthylalkohol *oder* Alkohol und Benzol
~/**твёрдое** fester Brennstoff *m*, Festbrennstoff *m*; fester Kraftstoff (Treibstoff) *m*, Festtreibstoff *m*
~/**твёрдое ракетное** Raketenfesttreibstoff *m*
~ **типа фрезерного торфа**/**парусное** Brennstoff *m* für Zyklonfeuerungen
~/**тяжёлое** schwerer Kraftstoff *m*, Schweröl *n*
~/**тяжёлое жидкое** Schweröl *n*, Treibstoff *m* für Schwerölmotoren *(Glühkopfmotoren)*
~/**условное** Einheitsbrennstoff *m*
~/**утечное** *(Schiff)* Leckkraftstoff *m*, Lecköl *n*
~/**энергетическое** Energiebrennstoff *m (Klassifikationsbegriff für Brennstoffe zur Gewinnung von Wärmeenergie durch unmittelbare Verbrennung)*
~/**эталонное** Eichkraftstoff *m*
~/**этилированное** klopffester Vergaserkraftstoff *m* mit Bleitetraäthylzusatz, gebleiter Kraftstoff *m*
~/**ядерное** Kernbrennstoff *m*, Kernmaterial *n*, Reaktorbrennstoff *m*, Spaltstoff *m*, Spaltmaterial *n*, Brennelement *n*, Kerntreibstoff *m*
топливо-заправщик *m* Kraftstoffwagen *m*; *(Kfz)* Tankwagen *m*
топливопровод *m* Brennstoffleitung *f*, Kraftstoffleitung *f*; Heizölleitung *f*
топляк *m* Senkholz *n*, Sinkholz *n (Flößerei)*
топовый *(Schiff)* Topp ...
топограмма *f (Krist)* Topogramm *n*
топография *f* Topografie *f*
~/**военная** *(Mil)* Militärtopografie *f*
~ **уровней излучения** *(Kern)* Strahlenrelief *n*
топология *f (Math)* Topologie *f*
~/**геометрическая** geometrische Topologie *f*
~/**линейная** lineare Topologie *f*
~/**тождественная** identische Topologie *f*
топор *m* 1. Beil *n*; Axt *f*; 2. *(Schm) s.* ~/**кузнечный**
~/**двусторонний [клиновидный]** zweiseitig schräges Haueisen *n*
~/**кузнечный** Haueisen *n*, Schrotbeil *n*, Haumesser *n*
~/**односторонний [клиновидный]** einseitig schräges Haueisen *n*
~/**плотничный** Zimmermannsbeil *n*
~/**пожарный** Feuerwehrbeil *n*
~/**полукруглый** halbkreisförmiges Haueisen *n*
~/**столярный** Schreinerbeil *n*
~/**трапецеидальный** zweiseitig schräges Haueisen *n* mit trapezförmigem Blatt
~/**угловой** Winkelhaueisen *n*
~/**универсальный** Klauenbeil *n (Beil mit Hammerbahn und Nagelzieher)*
~/**фасонный** Formhaueisen *n*, halbkreisförmiges Haueisen *n*
~/**хозяйственный** Haushaltbeil *n*
топорик *m (Wkz)* Hammerbeil *n*
топорик-молоток *m* **с гвоздодёром** *(Wkz)* Klauenbeil *n*
топорище *n* Axtstiel *m*, Beilstiel *m*, Axthelm *m*
топор-колун *m* Spaltaxt *f*
топотермограмма *f* Topothermogramm *n*
топохимия *f* Topochemie *f*
топоцентр *m (Astr)* Topozentrum *n*
топ-палуба *f* **[дока]** oberes Turmdeck *n*, Oberdeck *n (Schwimmkran)*
топреп *m (Schiff)* Toppreep *n*
топрик *m (Schiff)* Nockstander *m*; Mittelgei *f (Koppelbetrieb der Ladebäume)*; Verbindungsstander *m*, Davitstander *m (Rettungsbootsanlage)*
топрик-тали *pl (Schiff)* Mittelgeientalje *f (mitunter fälschlicherweise als Geientalje bezeichnet)*
топсель *m (Schiff)* Toppsegel *n*
топтимберс *m* verkehrter Auflanger *m*, Toppstück *n (gebautes Spant, Holzschiffbau)*
топь *f (Hydrol)* Moor *n*, Bruch *m(n)*, sumpfiger Boden *m*, Sumpfland *n*
тор *m (Math)* Torus *m*, Ringkern *m*
торбернит *m (Min)* Torbernit *m*, Kalkuranit *m*, Chalkolith *m*, Kupferuranit *m*
торговля *f* Handel *m*
~/**внешняя** Außenhandel *m*
~/**внутренняя** Binnenhandel *m*
~/**государственная** staatlicher Handel *m*
~/**заморская (заокеанская)** Überseehandel *m*
~/**мировая** Welthandel *m*
~/**оптовая** Großhandel *m*
~/**розничная** Kleinhandel *m*
торец *m* 1. Stirn *f*, Stirnseite *f*; Stirnfläche *f*, Stirnwand *f*; 2. *(Forst)* Kopfende *n (des Baumes)*, Hirnseite *f*; 3. *(Bw)* sechskantiger Holzpflasterklotz *m*; Holzpflaster *n*
~/**буровой коронки** *(Bgb)* Bohrkronenlippe *f*
~ **карьера** *(Bgb)* Strossenende *n (Tagebau)*
~ **коронки** *(Bgb)* Bohrkronenlippe *f*

~ **обмотки** *(El)* Wicklungsstirn *f*
~ **плунжера** Kolbenstirn *f*
~ **полюса** *(El)* Polende *n*
~ **уступа** *(Bgb)* Strossenende *n* *(Tagebau)*
~ **шейки** *(Masch)* Zapfenende *n* *(Welle)*
торианит *m* *(Min)* Thorianit *m*
ториеносный thoriumhaltig
торий *m* *(Ch)* Thorium *n*, Th
~/**азотнокислый** Thoriumnitrat *n*
~/**хлористый** Thoriumchlorid *n*
торировать thorieren, mit Thorium überziehen
торит *m* *(Min)* Thorit *m*
торкрет-бетон *m* *(Bw)* Torkretbeton *m*, Spritzbeton *m*
торкретирование *n* *(Bw)* Torkretieren *n*, Torkretierverfahren *n*
торкретировать *(Bw)* torkretieren
торможение *n* Bremsen *n*, Bremsung *f*, Abbremsen *n*, Abbremsung *f*
~/**аварийное** Notbremsung *f*
~/**автоматическое** *(Eb)* selbsttätige Bremsung *f*
~/**автостопное** *(Eb)* Zwangsbremsung *f*
~ **вихревыми токами** *(Eb)* Wirbelstrombremsung *f*
~/**вынужденное** Zwangsbremsung *f*
~/**высокочастотное** Hochfrequenzbremsung *f*
~ **двигателем** *(Kfz)* Motorbremsung *f*
~/**длительное** *(Eb)* Dauerbremsung *f*
~ **излучением** Strahlungsdämpfung *f*
~/**интервальное** *(Eb)* Intervallbremsung *f*, Abstandsbremsung *f* *(Ablaufbetrieb)*
~ **колебаний/внутреннее** *(Wkst)* Dämpfung *f* *(Dauerschwingungsversuch)*
~ **коротким замыканием** Kurzschlußbremsung *f*
~ **космического аппарата/атмосферное** atmosphärisch bedingte Abbremsung *f* des Raumflugkörpers
~ **космического аппарата/аэродинамическое** aerodynamische Abbremsung *f* des Raumflugkörpers
~ **космического аппарата/баллистическое** ballistische Abbremsung *f* des Raumflugkörpers
~ **космического аппарата двигателем** Triebwerkbremsung *f* des Raumflugkörpers
~ **космического аппарата парашютом** Fallschirmabbremsung *f* des Raumflugkörpers
~/**максимальное** Notbremsung *f*
~/**одностороннее** *(Eb)* Einbackenbremsung *f*
~/**плавное** stoßfreies Bremsen *n*
~/**пневматическое** *(Eb)* Druckluftbremsung *f*
~/**полное** *(Eb)* Vollbremsung *f*
~ **постоянным током** Gleichstrombremsung *f*
~/**предохранительное** Sicherheitsbremsung *f*
~/**принудительное** Zwangsbremsung *f*
~/**прицельное** *(Eb)* Laufzielbremsung *f*, Zielbremsung *f*
~/**противотоковое** Gegenstrombremsung *f*
~ **противотоком** Gegenstrombremsung *f*
~ **проявления** *(Foto)* Hemmung *f* der Entwicklung
~/**радиационное** *(Kern)* Strahlungsbremsung *f* *(Verringerung der Energie und dementsprechend der Geschwindigkeit geladener Teilchen bei Emission einer elektromagnetischen Strahlung)*
~/**реверсивное** *(Eb)* Rücklaufbremsung *f*
~/**регенеративное** *s.* ~/**рекуперативное**
~/**регулировочное** *(Eb)* Fahrtregelungsbremsung *f*
~/**рекуперативное** Rekuperationsbremsung *f*, Nutzbremsung *f*
~/**рекуперативно-реостатное** gemischte Rekuperationswiderstandsbremsung *f*
~/**реостатное** *(Eb)* [elektrische] Widerstandsbremsung *f*, Kurzschlußbremsung *f*
~/**ручное** *(Eb)* Handbremsung *f*
~/**служебное** *(Eb)* Betriebsbremsung *f*, Fahrtregelungsbremsung *f*
~/**смешанное** *(Eb)* gemischte Bremsung *f* *(im vorderen Teil des Zuges: Selbstbremsung; im Zugschluß: Handbremsung)*
~/**смешанное электрическое** gemischte Rekuperationswiderstandsbremsung *f*
~/**ступенчатое** *(Eb)* Lastabbremsung *f*
~/**экстренное** *(Eb)* Notbremsung *f*; Schnellbremsung *f*; Zwangsbremsung *f*
~/**электрическое** *(Eb)* elektrische Bremsung *f* *(Sammelbegriff für Rekuperations- und Widerstandsbremsung)*
тормоз *m* Bremse *f*
~/**аварийный** Sicherheitsbremse *f*
~/**автоматический** *(Eb)* selbsttätige Bremse *f*
~/**аэродинамический** *(Flg)* aerodynamische Bremse *f*, Luftwiderstandsbremse *f* *(Sammelbegriff für Bremsklappen und Bremsschirme)*
~ **балансирного типа/электрический динамометрический** Pendelgenerator *m*
~ **барабанного типа/центральный [трансмиссионный]** Getriebe-Trommelbremse *f* mit von innen und außen gleichzeitig angreifenden Backen
~/**барабанный** *(Kfz)* Trommelbremse *f* *(Sammelbegriff für Backen- und Bandbremse im Gegensatz zur Scheibenbremse)*
~/**бензельный** *(Schiff)* Bändselbremse *f* *(Ablaufbremsung)*
~/**быстродействующий** *(Eb)* Schnellschlußbremse *f*

~ **Вестингауза** *(Eb)* Westinghouse-Bremse *f*
~/**винтовой** Spindelbremse *f*
~/**вихревой** *(Eb)* Wirbelstrombremse *f*
~/**внутренний колодочный** *(Kfz)* Innenbackenbremse *f*
~/**внутренний ленточный** *(Kfz)* Innenbandbremse *f*
~/**воздушно-вихревой** *(Flg)* Luftwirbelbremse *f*
~/**воздушный** 1. pneumatische Bremse *f* *(Sammelbegriff für Saugluft- und Druckluftbremsen)*; 2. *(Flg)* Bremsklappe *f*
~/**воздушный динамометрический** hydrodynamisches Bremsdynamometer *n* *(Drehmomentmessung mittels einer Luftschraube)*
~/**гидравлический** *(Kfz)* hydraulische Bremse *f*, Flüssigkeitsbremse *f*, Öldruckbremse *f*
~/**гидравлический двухмагистральный** Zweikreisbremse *f*
~/**гидравлический динамометрический** hydraulisches Bremsdynamometer *n*
~/**гидравлический одномагистральный** Einkreisbremse *f*
~/**гидродинамический** *(Eb)* hydrodynamische Bremse *f*, Strömungsbremse *f*
~/**гидропневматический** *(Kfz)* kombinierte Luft-Flüssigkeitsbremse *f*
~ **двустороннего действия с самоусилением** *(Kfz)* in beiden Drehrichtungen wirkende selbstverstärkende Bremse *f*, Duo-Servobremse *f*
~/**двухкамерный** Zweikammerbremse *f*
~/**двухколодочный** *(Kfz)* Zweibackenbremse *f*
~/**динамометрический** Bremsdynamometer *n*
~ **дисково-колодочного типа/центральный [трансмиссионный]** *(Kfz)* Getriebe-Scheibenbackenbremse *f* mit beiderseitig angreifenden Backen
~/**дисковый** *(Kfz)* Scheibenbremse *f*
~/**дульный** Mündungsbremse *f*, Rohrmündungsbremse *f* *(Geschütz)*
~ **заднего колеса** *(Kfz)* Hinterradbremse *f*
~/**инерционный** *(Eb)* Auflaufbremse *f*
~/**карданный** Getriebebremse *f*
~/**клещевой** *(Eb)* Zangenbremse *f*
~/**колёсный** Radbremse *f*
~/**колодочный** 1. *(Kfz)* Backenbremse *f*; 2. *(Eb)* Klotzbremse *f*
~/**колодочный динамометрический** Backenbremsdynamometer *n*, Backenbremse *f*
~/**конический** Kegelbremse *f*
~/**кулачковый внутренний** *(Kfz)* Innenbackenbremse *f*
~/**ленточный** Bandbremse *f*
~/**ленточный внутренний** *(Kfz)* Innenbandbremse *f*
~/**ленточный динамометрический** Bandbremsdynamometer *n*, Bandbremse *f*
~/**ленточный наружный** *(Kfz)* Außenbandbremse *f*
~/**магнитный** Magnetbremse *f*
~/**магнитный рельсовый** Magnetschienenbremse *f*
~/**механический** *(Kfz)* mechanische Bremse *f* *(Sammelbegriff für Backen-, Band-, Scheiben- und Getriebebremsen)*
~/**механический динамометрический** mechanisches Bremsdynamometer *n*, Bremszaum *m*
~/**мягкий** *(Eb)* einlösige Bremse *f* *(z. B. Westinghouse-Bremse)*
~ **на четырёх колёсах** Vierradbremse *f*
~/**навойный** *s.* ~/**основной**
~ **наката орудия** Rohrvorlaufbremse *f* *(Geschütz)*
~ **наката прицепа** *(Kfz)* Auflaufbremse *f* *(Anhänger)*
~/**наружный колодочный** *(Kfz)* Außenbackenbremse *f*
~/**наружный ленточный** *(Kfz)* Außenbandbremse *f*
~/**ножной** Fuß[hebel]bremse *f*
~ **обрыва с впуском сжатого воздуха [в тормозной цилиндр]** *(Kfz)* Einlaßbremse *f* *(Anhänger)*
~ **обрыва с выпуском сжатого воздуха [из тормозного цилиндра]** *(Kfz)* Auslaßbremse *f* *(Anhänger)*
~ **одностороннего действия с самоусилением** *(Kfz)* in einer Drehrichtung wirkende selbstverstärkende Bremse *f*
~/**осевой** *(Kfz)* Axialbremse *f* *(Sammelbegriff für Vollscheiben- und Zangenbremsen mit parallel zur Achse wirkender Bremskraft; vgl.* ~/**радиальный***)*
~/**основный** *(Text)* Kettbaumbremse *f* *(Webstuhl)*
~ **основы** *s.* ~/**основный**
~ **отката [орудия]** Rohrrücklaufbremse *f* *(Geschütz)*
~ **переднего колеса** *(Kfz)* Vorderradbremse *f*
~ **пикирования** *s.* ~/**аэродинамический**
~/**пластинчатый** Lamellenbremse *f*
~/**пневматический** *(Eb)* Druckluftbremse *f*
~/**полужёсткий** *(Eb)* mehrlösige Bremse *f* *(z. B. Kunze-Knorr-Bremse)*
~ **Прони** Pronyscher Zaum *m*, Bremszaum *m*, Bremsdynamometer *n*
~/**простой** *(Kfz)* einfachwirkende Bremse *f* *(unverstärkte Bremse im Gegensatz zur Servobremse)*
~/**радиальный** *(Kfz)* Radialbremse *f* *(Sambegriff für Außen- und Innenbackenbremsen, deren Bremskraft radial zur Achse hin bzw. von der Achse weg wirkt; vgl.* ~/ **осевой***)*

~ **разрежённого воздуха** *(Kfz, Eb)* Saugluftbremse *f*
~/**рекуперативный** *(Eb)* Rekuperationsbremse *f*, Nutzbremse *f*
~/**рельсовый** Schienenbremse *f*
~/**рельсовый скользящий** *s.* ~/**соленоидный**
~/**реостатный** *(Eb)* Widerstandsbremse *f*, elektrische Widerstandsbremse *f*, Kurzschlußbremse *f*
~/**ручной** Handbremse *f*
~ **с самоусилением** *(Kfz)* selbstverstärkende Bremse *f*, Servobremse *f*
~ **с самоусилением/двухколодочный** selbstverstärkende Zweibackenbremse *f*, Zweibackenservobremse *f*
~ **самолёта/воздушный** *s.* ~/**аэродинамический**
~ **сжатого воздуха** *(Kfz, Eb)* Druckluftbremse *f*
~ **сжатого воздуха с двухкамерным цилиндром** Zweikammer[druckluft]bremse *f*
~ **сжатого воздуха с однокамерным цилиндром** Einkammer[druckluft]bremse *f*
~/**скородействующий** schnellwirkende Bremse *f*, Schnellbremse *f*
~/**соленоидный** *(Eb)* Magnetschienenbremse *f*
~ **станка/электромагнитный** elektromagnetische Bremse *f*, Magnetbremse *f* *(Werkzeugmaschinen)*
~ **стоянки** *(Kfz)* Feststellbremse *f* *(Anhänger)*
~/**стояночный** *s.* ~ **стоянки**
~/**трансмиссионный** *(Kfz)* Getriebebremse *f*
~ **трения** Reibungsbremse *f*
~/**тросовый** *(Kfz)* Seilbremse *f*
~/**тяговый** Gestängebremse *f*
~/**фрикционный** Reibungsbremse *f*
~/**центральный трансмиссионный** *(Kfz)* Getriebebremse *f*
~/**центробежный** Fliehkraftbremse *f*, Zentrifugalbremse *f*
~ **шасси самолёта/колёсный** *(Flg)* Radbremse *f*
~/**экстренный** *(Eb)* Notbremse *f*
~/**электрический** *(Eb)* elektrische Bremse *f* *(Sammelbegriff für Rekuperations- und Widerstandsbremsen)*
~/**электрический динамометрический** elektrisches Bremsdynamometer *n*
~/**электромагнитный** *(Eb)* Magnetschienenbremse *f*
~/**электромагнитный динамометрический** Wirbelstrombremsdynamometer *n* *(Drehmomentmessung mittels einer im Magnetfeld rotierenden Metallscheibe)*
~/**электропневматический** *(Eb)* elektrisch betätigte Druckluftbremse *f* *(Betätigung der Bremse durch eine auf der Lokomotive befindliche Stromquelle über eine durch den ganzen Zug gehende Leitung)*

тормозить bremsen; abbremsen; moderieren

торнадо *m (Meteo)* Tornado *m*

тороид *m* 1. *(Math)* Toroid *n*; 2. *(El)* Toroid *n*, Ringspule *f*

торон *m* Rhadon-220 *n*, Thoron *n*, Thoriumemanation *f*

торосы *mpl* aufgepreßtes Eis *n*, Höckereis *n*

торошение *n* **льдов** Bildung *f* von Eisaufpressungen, Höckereisbildung *f*

торпеда *f* 1. *(Mar)* Torpedo *m*; 2. *(Erdöl)* Torpedo *m (Sprengladung von 5 ... 60 kg zur Durchschießung von Gesteinsschichten im Bohrloch, die über dem Erdöl liegen)*; 3. *(Plast)* Torpedo *m*, Verdränger *m*
~/**авиационная** Lufttorpedo *m*
~/**корабельная** Schiffstorpedo *m*
~/**подлодочная** U-Boot-Torpedo *m*
~/**противолодочная** U-Boot-Abwehrtorpedo *m*
~/**прямоидущая** geradlaufender Torpedo *m*
~/**реактивная** reaktiver Torpedo *m*
~ **с контактным взрывателем** Torpedo *m* mit Aufschlagzündung
~ **с неконтактным взрывателем** Torpedo *m* mit Fernzündung
~/**самонаводящаяся** zielsuchender Torpedo *m*
~/**управляемая** ferngelenkter Torpedo *m*
~/**циркулирующая** zirkulierender Torpedo *m*

торпедирование *n* 1. *(Mar)* Torpedieren *n*; 2. *(Erdöl)* Bohrlochsprengen *n*, Torpedieren *n*
~ **скважин** Bohrlochtorpedierung *f*

торпедовоз *m (Mar)* Torpedotransportboot *n*

торпедолов *m (Mar)* Torpedofangboot *n*

торпедометание *n (Mar, Flg)* Torpedoabwurf *m*, Lufttorpedoangriff *m*
~/**высокое** [gezielter] Torpedoabwurf *m* aus großer Höhe
~/**низкое** [gezielter] Torpedoabwurf *m* aus geringer Höhe

торпедоносец *m (Milflg)* Torpedo[waffen]träger *m*

торр *m* Torr *n*, torr *(SI-fremde Einheit des Druckes)*

торсиограмма *f (Ph)* Torsiogramm *n*

торсиограф *m (Ph)* Torsiograf *m*, Torsionsschwingungsschreiber *m*, Verdrehschwingungsschreiber *m (Registrierung von Torsionsschwingungen in rotierenden Wellen und bewegten Maschinenteilen)*

торсиометр *m (Ph)* Torsiometer *n*, Torsionsmomentenmesser *m*, Drehmomentmesser *m (Messung des Drehmoments an Wellen)*
~/ёмкостный kapazitiver Torsionsmesser *m*
~/индуктивный induktiver Torsionsmesser *m*
торсион *m* Drehstabfeder *f*
торф *m (Geol)* Torf *m*
~/берёзовый Birkenwaldtorf *m*
~/болотный Moortorf *m*
~/бумажный Papiertorf *m*, Blättertorf *m*
~/верховой Hochmoortorf *m*
~/воздушно-сухой кусковой lufttrockener Stücktorf *m*
~/волокнистый Fasertorf *m*
~ гидравлического добывания Hydrotorf *m*
~/гипновый Hypnumtorf *m*
~/грязевой Schlammtorf *m*
~/деревянистый (древесный) Holztorf *m*
~/еловый Fichtenwaldtorf *m*
~/кусковой Stücktorf *m*
~/лесной Waldtorf *m*
~/лесотопяной gemischter Wald- und Moortorf *m*
~/листоватый *s.* **~/бумажный**
~/луговой Grastorf *m*
~/малозольный aschearmer Torf *m*
~/межледниковый Interglazialtorf *m*
~/моховой Moostorf *m*
~/низинный Niedermoortorf *m*
~/ольховый Erlenbruchwaldtorf *m*
~/осоковый Riedtorf *m*, Seggentorf *m*
~/переходный Übergangsmoortorf *m*
~/погребённый *s.* **~/межледниковый**
~/пушицевый Wollgrastorf *m*
~/резной Stichtorf *m*
~/смоляной Pechtorf *m*
~/сухой Trockentorf *m*
~/сфагновый Sphagnumtorf *m*
~/топяной *s.* **~/болотный**
~/травянистый *s.* **~/луговой**
~/тростниковый Schilftorf *m*
~/фрезерный Frästorf *m*
~/хвощовый Equisetumtorf *m*, Schachtelhalmtorf *m*
~ экскаваторного добывания Baggertorf *m*
торфодобывание *n* Torfgewinnung *f*
торфодобыча *f* Torfgewinnung *f*
торфоразработка *f* 1. Torfstecherei *f*, Enttorfung *f*; 2. Torfwerk *n*
торфорез *m* Torfstechmaschine *f*
торфорезка *f* Torfstechmaschine *f*
торфосос *m* Torfschlammpumpe *f (Hydrotorfgewinnung)*
торфяник *m (Geol)* Moor *n*, Luch *n*, Fenn *n*
~/верховой Hochmoor *n*, Torfmoor *n*, Moosmoor *n*, Heidemoor *n*
~/низинный Flachmoor *n*, Niedermoor *n*, Wiesenmoor *n*, Ried *n*
~/переходный Zwischenmoor *n*, Übergangsmoor *n*
торцевание *n s.* **торцовка 1.**
торцевать 1. *(Fert)* plandrehen, planen; 2. abkappen, kappen *(Rundholz, Bretter)*
торцовка *f* 1. *(Fert)* Plandrehen *n*, Planen *n*; 2. Ablängen *n*; Kappen *n (Rundholz, Bretter)*; 3. Ablängsäge *f*, Kappsäge *f (Kreissäge)*
~/маятниковая Pendelsäge *f (Kreissäge)*
торшер *m* Stehleuchte *f*
тостер *m* **[/электрический]** Brotröster *m*
точение *n (Fert)* Drehen *n (Bearbeitung auf der Drehmaschine)*
~/алмазное Feindrehen *n (mit Diamantwerkzeugen)*
~ бочкообразных тел Balligdrehen *n*
~ внутренних поверхностей *s.* **расточка**
~ вогнутых поверхностей Hohldrehen *n*
~ выпуклых поверхностей Balligdrehen *n*
~/затылочное Hinterdrehen *n*
~ конических поверхностей Kegeldrehen *n*
~/мокрое Naßdrehen *n*
~ наружных цилиндрических поверхностей Langdrehen *n* außen
~ овальных поверхностей Ovaldrehen *n*, Unrunddrehen *n*
~ по копиру Nachformdrehen *n*
~ по копиру/автоматическое чистовое selbsttätiges Nachformdrehen *n*
~ по упорам Anschlagdrehen *n*
~/получистовое Vorschlichtdrehen *n*, Vorschlichten *n*
~/поперечное *s.* **~ торцов**
~/продольное Langdrehen *n*
~/скоростное Schnelldrehen *n*, wirtschaftliches Drehen *n*
~ сферических поверхностей Kugeldrehen *n*; Kugelflächendrehen *n*
~ торцов Plandrehen *n*, Planen *n (Stirnflächen)*
~ уступов Plandrehen *n*, Planen *n (Absätze)*
~/фасонное Formdrehen *n*
~ фасонных поверхностей Formdrehen *n*
~ фасонных поверхностей по копиру Nachformdrehen *n*
~/черновое Schruppdrehen *n*
~/чистовое Schlichten *n*, Schlichtdrehen *n*, Fertigdrehen *n*
~/эксцентрическое (эксцентричное) Außermittedrehen *n*
точилка *f* Wetzstein *m*
точило *n* Schleifstein *m*; Schleifbock *m (Handbetrieb)*; Schleifmaschine *f*, Schleifwerk *n*
~/наждачное Schleifbock *m* (Schleifmaschine *f*) *(für Werkzeug)* mit Schmirgelscheibe

точильня *f (Fert)* Schleiferei *f*, Schleifwerkstatt *f (Werkzeug)*
точильщик *m (Fert)* Schleifer *m (Werkzeug)*
точить *(Fert)* schärfen, wetzen, schleifen *(Werkzeug)*; drehen *(Metall)*; drechseln *(Holz)*
точка *f* 1. Punkt *m (s. a. unter* **точки**); 2. *(Fert)* Schärfen *n*, Schleifen *n*, Wetzen *n (Werkzeug)*
~/**азеотропная** *(Ch)* azeotrop[isch]er Punkt *m*, Azeotroppunkt *m*, gleichbleibender (konstanter) Siedepunkt *m*
~/**аналлактическая** *(Opt)* anallaktischer Punkt *m*
~/**анилиновая** *(Ch)* Anilin[trübungs]punkt *m*, AP
~/**антиподэрная** *(Math)* Gegenfußpunkt *m (Fußpunktkurve)*
~/**апланатическая** *(Opt)* aplanatischer Punkt *m*
~/**асимптотическая** *(Math)* Asymptotenpunkt *m*
~ **Бабине** *(Math)* Babinet-Punkt *m*
~/**базовая** *(Fert)* Bezugspunkt *m*
~ **базы/внутренняя** innerer Basispunkt *m*
~/**бегающая фокусная** *(Opt)* wandernder Fokuspunkt *m*
~ **безразличия** indifferenter Punkt *m*
~ **Бойля** *(Ph)* Boyle-Punkt *m*
~ **Браве** *(Opt)* Bravais-Punkt *m*
~ **в пространстве изображений/фокальная** *s.* **фокус/передний**
~ **в пространстве предметов/фокальная** *s.* **фокус/передний**
~ **весеннего равноденствия** *(Astr)* Frühlingspunkt *m*, Widderpunkt *m*
~ **ветвления** Verzweigungspunkt *m*
~ **визирования** *(Mil)* Haltepunkt *m*, Visierpunkt *m*; Zielpunkt *m*
~/**визируемая** *(Geod)* Ziel *n*
~ **вихря** Wirbelpunkt *m*
~ **возврата** 1. Umkehrpunkt *m*; Totpunkt *m*; 2. *(Math)* Rückkehrpunkt *m*, Spitze *f (singulärer Punkt)*; 3. *(Dat)* Rücksprungstelle *f*
~ **возврата второго рода** *(Math)* Umkehrpunkt *m* (Spitze *f*) zweiter Art, Schnabelspitze *f*
~ **возврата первого рода** *(Math)* Umkehrpunkt *m* (Spitze *f*) erster Art
~ **воспламенения** Flammpunkt *m*, Entflammungspunkt *m*, Entflammungstemperatur *f*
~ **востока** *(Astr)* Ostpunkt *m*
~ **вращения** Drehpunkt *m*
~/**вспомогательная** *(Geod)* Abgebepunkt *m*, Hilfspunkt *m*
~ **вспышки** *s.* ~ **воспламенения**
~ **встречи** *(Mil)* Treffpunkt *m*, Auftreffpunkt *m (Flugbahnelement)*
~/**вторая главная** *s.* ~/**задняя главная**
~/**вторая узловая** *s.* ~/**задняя узловая**
~ **входа** Eingangspunkt *m*
~ **вылета [снаряда]** *(Mil)* Abgangspunkt *m (Ballistik)*
~ **выноса** *(Mil)* Vorhaltepunkt *m*
~ **выстрела** *(Mil)* Abschußpunkt *m*
~ **выхода** Ausgangspunkt *m*
~/**главная** *(Opt)* Hauptpunkt *m*
~/**граничная** Grenzpunkt *m*
~/**двоичная** *(Dat)* Binärpunkt *m*
~/**двойная особая** *(Math)* Doppelpunkt *m (singulärer Punkt)*
~/**десятичная** *(Dat)* Dezimalpunkt *m*
~/**жёсткая** fester (starrer) Punkt *m*
~ **загрузки** *(Dat)* Ladepunkt *m*
~/**задняя главная** *(Opt)* Bildhauptpunkt *m*, bildseitiger (hinterer) Hauptpunkt *m*
~/**задняя критическая** *(Hydr)* hinterer Staupunkt *m*, Abflußpunkt *m*
~/**задняя узловая** *(Opt)* Bildknotenpunkt *m*, bildseitiger (hinterer) Knotenpunkt *m*
~ **зажигания** Zünd[zeit]punkt *m*, Zündeinsatzpunkt *m*
~ **заземления** *(El)* Erd[ungs]punkt *m*, Massepunkt *m*
~/**заземлённая нейтральная** *(El)* geerdeter Sternpunkt (Nullpunkt) *m*
~/**закреплённая** Aufhängepunkt *m*
~ **заложения** Ansatzpunkt *m*
~ **замера** *s.* ~ **измерения**
~ **замерзания** Gefrierpunkt *m*, Gefriertemperatur *f*
~ **заострения** *s.* ~ **возврата**
~ **запада** *(Astr)* Westpunkt *m*
~/**засекаемая** *(Geod)* Einschneidepunkt *m*
~ **затвердевания** *s.* ~ **отвердевания**
~ **затвердевания золота** Goldpunkt *m*, Erstarrungspunkt *m* des Goldes
~ **затвердевания серебра** Silberpunkt *m*, Erstarrungspunkt *m* des Silbers
~ **затвердевания сурьмы** Antimonpunkt *m*, Erstarrungspunkt *m* des Antimons
~ **захлёбывания** Überflutungsgrenze *f*, Spuckgrenze *f*, obere Belastungsgrenze *f (Destillation)*
~ **зацепления** *(Masch)* Eingriffspunkt *m*, Berührungspunkt *m (Zahnräder)*
~/**звездовая** *(El)* Sternpunkt *m*, Nullpunkt *m*, neutraler Punkt *m*
~ **звезды/нулевая (узловая)** *s.* ~/**звездовая**
~ **зенита** *(Astr)* Zenitpunkt *m*
~ **зимнего солнцестояния** *(Astr)* Wintersolstitialpunkt *m*
~ **зимы** *(Astr)* Wintersolstitialpunkt *m*
~ **излома** 1. *(Mech)* Knick *m*; 2. *(Math)* Knickpunkt *m (singulärer Punkt)*
~ **измерения** Meßpunkt *m*, Meßstelle *f*
~ **измерений/центральная** zentrale Meßstelle *f*

~ **изображения** Bildpunkt *m*, Bildelement *n*, Rasterelement *n*
~ **изображения/гаусова (параксиальная)** *(Opt)* paraxialer (Gaußscher) Bildpunkt *m*
~/**изолированная** *(Math)* isolierter Punkt *m*, Einsiedlerpunkt *m (singulärer Punkt)*
~/**изопланатическая** *(Opt)* isoplanatischer Punkt *m*
~/**изоэлектрическая** *(Ph, Ch)* isoelektrischer Punkt *m (amphotere Elektrolytlösung)*
~ **инверсии** *(Ph)* thermischer Umkehrpunkt *m (Joule-Thomson-Effekt)*
~ **инея** *(Meteo)* Reifbildungspunkt *m*
~ **интерференции** *(Opt)* Interferenzpunkt *m*
~ **испарения** Verdampfungspunkt *m*, Verdampfungstemperatur *f*
~/**исходная** Anfangspunkt *m*, Ausgangspunkt *m*; Anhaltspunkt *m*, Bezugspunkt *m*
~ **касания** *(Math)* Berührungspunkt *m (singulärer Punkt)*
~ **качания** Drehpunkt *m*
~ **кипения** Siedepunkt *m*, Kochpunkt *m*, Siedetemperatur *f*
~ **кипения/нормальная** normaler Siedepunkt *m*, Siedetemperatur *f* bei Normaldruck
~ **конвергенции** *s.* ~ **сходимости**
~ **конденсации** 1. Kondensationspunkt *m*, Verdichtungspunkt *m*; 2. *s.* ~ **сжижения**
~/**контрольная** *(Dat)* Prüfpunkt *m*
~ **конца титрования** *(Ch)* Endpunkt *m* der Titration
~/**кратная** *(Math)* mehrfacher Punkt *m*, Kreuzungspunkt *m*
~/**критическая** 1. *(Math)* kritischer Punkt *m (singulärer Punkt)*; 2. *(Therm)* Umwandlungspunkt *m*, Haltepunkt *m (Metall)*; 3. *(Aero)* Staupunkt *m*
~/**круговая** *s.* ~ **округления**
~/**кульминационная** *(Astr)* Kulminationspunkt *m*
~ **Кюри** Curie-Punkt *m*, Curie-Temperatur *f*
~ **ламинарно-турбулентного слоя** *(Aero)* laminar-turbulenter Umschlagpunkt *m*
~ **лета** *(Astr)* Sommersolstitialpunkt *m*
~ **летнего солнцестояния** *(Astr)* Sommersolstitialpunkt *m*
~ **либрации** *(Astr)* Librationspunkt *m*, Gleichgewichtspunkt *m (Dreikörperproblem)*
~ **либрации/коллинеарная** kollinearer Librationspunkt *m*
~ **либрации/треугольная** Dreieckslibrationspunkt *m*
~/**мартенситная** *(Met)* Martensitpunkt *m*
~/**материальная** *(Mech)* Massepunkt *m*
~/**мёртвая** Totpunkt *m (Kolbenverbrennungsmotoren)*
~ **наводки** *(Mil)* Festlegepunkt *m (Artillerieschießen)*
~ **наводки орудия** Haltepunkt *m (Ballistik)*
~ **насыщения** *(Ch)* Sättigungspunkt *m*, Sättigungsgrenze *f*
~/**нейтральная** *(El)* Nullpunkt *m*, neutraler Punkt *m*, Sternpunkt *m*
~/**неподвижная** 1. *(Math)* Fixpunkt *m*; 2. *(Geod)* Markzeichen *n*
~/**неустойчивая** *(Math)* labiler Punkt *m*
~/**нисходящая** absteigende Flugbahn *f*
~/**нулевая** Nullpunkt *m*, Null *f*
~ **нулевого биения** *(El)* Schwebungsnull *f*
~ **нулевого потенциала** *(El)* Potentialnullpunkt *m*
~ **нулевых искажений** *(Opt)* Fokalpunkt *m*
~ **обмотки трансформатора/средняя** *(El)* Mittelanzapfung *f*, Mittelabgriff *m*
~/**объектная** *s.* ~ **предмета**
~/**огневая** *(Mil)* Feuernest *n*
~ **ожижения** *s.* ~ **сжижения**
~ **окклюзии** *(Meteo)* Okklusionspunkt *m*
~ **округления** *(Math)* Nabelpunkt *m*, Kreispunkt *m (Kurvenkrümmungen auf Flächen)*
~/**омбилическая** *s.* ~ **округления**
~/**опорная** 1. Festpunkt *m*, Fixpunkt *m*, Ruhepunkt *m*; 2. *(Geod)* Anschlußpunkt *m*; Paßpunkt *m*; 3. *(Mech)* Auflagepunkt *m*, Unterstützungspunkt *m*, Stützpunkt *m*, Abstützpunkt *m*
~ **оптической системы/кардинальная** *(Opt)* Kardinalpunkt *m*
~ **осеннего равноденствия** *(Astr)* Herbstpunkt *m*, Waagepunkt *m*
~/**основная** Fixpunkt *m*, Temperaturfixpunkt *m*
~/**особая** *(Math)* singulärer Punkt *m (einer Kurve)*
~ **останова** Anhaltepunkt *m*; Haltepunkt *m*
~/**острая световая** *(Typ)* spitzer Lichtpunkt *m*
~ **отвердевания** Verfestigungspunkt *m*, Verfestigungstemperatur *f*, Erstarrungspunkt *m*, Erstarrungstemperatur *f*
~ **отвода** Anzapfungspunkt *m*
~ **относимости** Bezugspunkt *m*
~ **отрыва** *(Aero)* Ablösungspunkt *m (Grenzschichtablösung)*
~ **отрыва ламинарного пограничного слоя** laminarer Ablösungspunkt *m (der Grenzschicht am Tragflügel)*
~ **отрыва пограничного слоя** Ablösungspunkt *m (Grenzschichtablösung)*
~ **отсчёта** Bezugspunkt *m*; *(Dat)* Benchmark *f*

~ **падения** 1. Einfallpunkt *m*; Inzidenzpunkt *m*; 2. *(Mil)* Fallpunkt *m* *(Ballistik)*
~ **падения конуса Зегера** *(Met)* Segerkegelfallpunkt *m*, Segerkegelschmelzpunkt *m*
~ **падения пироскопа** *(Met)* Segerkegelfallpunkt *m*, Segerkegelschmelzpunkt *m*
~/**первая главная** *(Opt)* Objekthauptpunkt *m*, objektseitiger (dingseitiger, gegenstandsseitiger, vorderer) Hauptpunkt *m*
~/**первая узловая** *(Opt)* Objektknotenpunkt *m*, objektseitiger (dingseitiger, gegenstandsseitiger, vorderer) Knotenpunkt *m*
~ **перегиба** *(Math)* Wendepunkt *m* *(Kurve)*
~ **перегрузки** Überlastungspunkt *m*, Überlastungsstelle *f*
~/**передняя главная** *s.* ~/**первая главная**
~/**передняя узловая** *s.* ~/**первая узловая**
~ **пересечения** Schnittpunkt *m*
~ **пересечения лучей (электронного пучка)** Strahlenkreuzungspunkt *m*, Überkreuzungspunkt *m*
~ **перехода** 1. Übergangspunkt *m*; 2. *(Aero)* Umschlagpunkt *m* *(Übergang von laminarer in turbulente Strömung der Grenzschicht)*; 3. *s.* ~ **превращения 1.**
~ **питания** *(El)* Anschlußpunkt *m*, Speisepunkt *m*
~ **плавления** Schmelzpunkt *m*, Schmelztemperatur *f*, Fließpunkt *m*
~/**плотная растровая** *(Typ)* gedeckter Rasterpunkt *m*
~ **поворота [полигонометрического хода]** *(Geod)* Brechpunkt *m* *(Polygonzug)*
~ **повторения** Wiederholungspunkt *m*
~ **повторного запуска** *(Dat)* Wiederanlaufpunkt *m*
~ **подвисания** *(Ch)* untere Belastungsgrenze *f* *(Destillation)*
~ **подключения** *(El)* Anschlußpunkt *m*, Anzapfpunkt *m*, Anschlußstelle *f*
~ **покоя** Arbeitsruhepunkt *m*
~/**полированная растровая** *(Typ)* polierter Rasterpunkt *m*
~ **помутнения** *(Ch)* Trübungspunkt *m*
~ **попадания** *(Mil)* Auftreffpunkt *m*
~ **потока/критическая** *(Aero)* Staupunkt *m*
~/**правильная** *(Math)* regulärer Punkt *m*
~ **превращения** 1. *(Ph)* Umwandlungspunkt *m*, Umwandlungstemperatur *f*, Transformationspunkt *m*, Transformationstemperatur *f*; 2. *(Met)* Haltepunkt *m*
~ **предмета** *(Opt)* Objektpunkt *m*, Dingpunkt *m*, Gegenstandspunkt *m*
~/**предметная** *s.* ~ **предмета**
~ **предметного пространства** *s.* ~ **предмета**
~ **прекращения** *(Math)* Endpunkt *m* *(singulärer Punkt)*
~ **прерывания** Unterbrechungspunkt *m*
~ **привязки** *s.* ~/**узловая**
~ **приземления** *(Flg)* Aufsetzpunkt *m*
~ **приложения** *(Mech)* Angriffspunkt *m* *(z. B. einer Kraft)*
~ **приложения силы тяги** *(Flg, Rak)* Antriebsmittelpunkt *m*, Schubmittelpunkt *m*
~ **примыкания [пограничного слоя]** *(Aero)* Wiederanlegepunkt *m* *(der abgelösten Grenzschicht am Tragflügel)*
~ **присоединения** *s.* ~ **подключения**
~ **прихвата** Verankerungspunkt *m*
~ **прицеливания** *(Mil)* Haltepunkt *m*; Zielpunkt *m*
~ **проверки** *(Dat)* Testpunkt *m*
~ **прогорания** Durchbrennpunkt *m*
~/**промежуточная** Zwischenpunkt *m*
~ **просветления** *(Ch)* Klarpunkt *m* *(bei der titrimetrischen Fällungsanalyse)*
~ **пространства изображения** *(Opt)* Bildpunkt *m*
~/**рабочая** *(Eln)* Arbeitspunkt *m* *(einer Röhrenkennlinie)*
~ **равноденствия** *(Astr)* Äquinoktialpunkt *m*
~/**развёртывающая световая** *(Typ)* Abtastlichtpunkt *m*
~ **разветвления** 1. *(Math)* Verzweigungspunkt *m*; 2. *(El)* Verzweigungspunkt *m*, Knotenpunkt *m*; 3. *(Hydr)* vorderer Staupunkt *m*
~ **разветвления электрической цепи** Strom[kreis]knotenpunkt *m*, Stromverzweigungspunkt *m*
~ **разложения** Zersetzungspunkt *m*, Zersetzungstemperatur *f*
~ **размягчения** *(Ph)* Erweichungspunkt *m*, Erweichungstemperatur *f*
~ **разрыва** *(Ph)* Unstetigkeitspunkt *m*, Unstetigkeitsstelle *f*
~ **рассеяния** *(Opt)* Zerstreuungspunkt *m*, virtueller Brennpunkt *m*
~ **расслоения** *(Ch)* Entmischungspunkt *m* *(einer Emulsion)*
~ **растворения/верхняя критическая** *(Ch)* oberer kritischer Lösungspunkt (Mischungspunkt) *m*, obere kritische Lösungstemperatur *f*
~ **растворения/нижняя критическая** *(Ch)* unterer kritischer Lösungspunkt (Mischungspunkt) *m*, untere kritische Lösungstemperatur *f*
~ **растра/закрытая** *(Typ)* gedeckter Rasterpunkt *m*

~/**растровая** *(Typ)* Rasterpunkt *m*
~ **расходимости** *(Mech, Meteo)* Divergenzpunkt *m (singulärer Punkt im zweidimensionalen Geschwindigkeitsfeld bzw. im Windfeld)*
~/**реперная** *s.* ~/**основная**
~ **рестарта** *(Dat)* Wiederanlaufpunkt *m*
~ **роста** *(Math)* Wachstumspunkt *m*
~ **росы** Taupunkt *m*
~ **самовозбуждения** *(Rf)* Pfeifpunkt *m*, Schwingungseinsatzpunkt *m*
~ **самопересечения** *(Math)* Selbstdurchdringungspunkt *m (s. a.* ~/**узловая**)
~/**светящаяся** Leuchtpunkt *m*, Leuchtfleck *m*
~ **сгущения** *(Math)* Häufungspunkt *m*
~ **севера** *(Astr)* Nordpunkt *m (Himmelskugel)*
~ **седловины** *(Meteo)* Sattelpunkt *m*
~ **сети/опорная** *(Geod)* Netzpunkt *m*
~ **сжижения** *(Ph)* Verflüssigungspunkt *m*, Verflüssigungstemperatur *f*
~/**силовая** *(Mech)* Angriffspunkt *m* der Kraft
~ **системы/узловая** *(Opt)* Knotenpunkt *m*
~ **солнцестояния** *(Astr)* Solstitialpunkt *m*
~ **соприкосновения** Berührungspunkt *m*, Kontaktpunkt *m*
~ **срыва** *s.* ~ **отрыва пограничного слоя**
~ **сублимации** Sublimationstemperatur *f*, Sublimationspunkt *m*
~ **схода** 1. *(Geod)* Fluchtpunkt *m*; 2. *(Hydr)* hinterer Staupunkt *m*, Abflußpunkt *m*
~ **сходимости** *(Mech, Meteo)* Konvergenzpunkt *m (singulärer Punkt im zweidimensionalen Geschwindigkeitsfeld bzw. im Windfeld)*
~ **таяния льда** *(Meteo)* Schmelzpunkt *m*
~ **текучести** *(Ph)* Fließpunkt *m*, Fließtemperatur *f*
~ **температурной шкалы/дополнительная** Hilfsfixpunkt *m*, sekundärer Festpunkt *m*
~ **температурной шкалы/основная** Temperaturfixpunkt *m*, Fixpunkt *m*, Festpunkt *m*
~ **торможения потока** *(Aero)* Staupunkt *m*
~ **трансформатора/средняя** *(El)* Mittelanzapfung *f*, Mittelabgriff *m*
~/**тригонометрическая** *(Geod)* trigonometrischer Punkt *m*, Netzpunkt *m*
~/**тройная** *(Ch)* Tripelpunkt *m*
~/**тройная особая** *(Math)* dreifacher [singulärer] Punkt *m*
~/**угловая** *(Math)* Knickpunkt *m (singulärer Punkt)*
~/**узловая [особая]** *(Math)* Knotenpunkt *m (singulärer Punkt)*
~ **упреждения** *(Mil)* Vorhaltepunkt *m*
~ **условного перехода** Verzweigungspunkt *m*
~/**фокальная** *(Opt)* Brennpunkt *m (s. a. unter* **фокус**)
~ **хрупкости** *(Met)* Sprödigkeitspunkt *m*, Sprödigkeitstemperatur *f*
~ **цели** Zielpunkt *m*
~/**эвтектическая** *(Ph, Ch)* eutektischer Punkt *m (Schmelzdiagramm)*
~/**эвтектоидная** *(Ph, Ch)* eutektoider Punkt *m (Schmelzdiagramm)*
~ **эквивалентности** *(Ch)* Äquivalenzpunkt *m*, stöchiometrischer Punkt *m*
~ **юга** *(Astr)* Südpunkt *m*

точки *fpl* Punkte *mpl (s. a. unter* **точка**)
~/**амфидромические** Punkte *mpl* gleichen Fluteintritts, Amphiedromiepunkte *mpl (Meereskunde)*
~ **горизонта** *(Astr)* Himmelsgegenden *fpl*, Himmelsrichtungen *fpl*
~ **оптической системы/кардинальные** *(Opt)* [optische] Kardinalelemente *npl*

точность *f* 1. Genauigkeit *f*, Präzision *f*; 2. *(Opt)* Schärfe *f*; 3. Empfindlichkeit *f (z. B. eines elektrischen Meßinstruments)*
~ **воспроизведения** *(Fmt)* Wiedergabegenauigkeit *f*, Wiedergabetreue *f*
~ **вращения** Laufgenauigkeit *f (bei umlaufender Bewegung)*
~/**градационная** *(Typ)* Tonwertrichtigkeit *f*
~/**двойная** *(Dat)* doppelte Genauigkeit *f*
~ **замера** Meßgenauigkeit *f*
~ **измерения** Meßgenauigkeit *f*
~ **наводки** Einstellgenauigkeit *f*, Richtungsgenauigkeit *f*
~ **настройки** Einstellgenauigkeit *f*
~ **обработки** Bearbeitungsgenauigkeit *f*
~/**одинарная** *(Dat)* einfache Genauigkeit *f*
~ **отсчёта** Ablesegenauigkeit *f*
~ **передачи информации** Genauigkeit *f* der Informationsübertragung
~ **перемещения** Laufgenauigkeit *f (bei geradliniger Bewegung)*
~ **по отношению** Verhältnisgenauigkeit *f*
~ **поверки** Prüfgenauigkeit *f*
~ **попаданий** *(Mil)* Treffgenauigkeit *f*
~ **приводки** *(Typ)* Passergenauigkeit *f*, Passerhaltigkeit *f*
~ **размеров** Maßgenauigkeit *f*, genaue Maße *npl*, genaue Abmessungen *fpl*
~ **регулирования** Regelgenauigkeit *f*
~/**средняя** Treffgenauigkeit *f (eines Einzelmeßwertes, bezogen auf den Mittelwert)*
~ **стрельбы** *(Mil)* Treffgenauigkeit *f*
~/**увеличенная** doppelte Genauigkeit *f*
~/**удвоенная** *s.* ~/**двойная**
~ **фальцовки** *(Typ)* Falzgenauigkeit *f*
~ **хода** Ganggenauigkeit *f*

тощий mager, Mager ..., Schwach ...; *(Pap)* rösch
~ длинный *(Pap)* langrösch
~ короткий *(Pap)* kurzrösch
ТП *s.* **термопара**
ТПР *s.* **рефрижератор/транспортно-производственный**
траверз *m* *(Schiff)* Querablage *f*, Dwarslinie *f*, Dwarsrichtung *f*
траверс *m s.* **траверса**
~/броневой *(Mar)* Panzerquerwand *f*, Panzerschott *n*, Panzersüll *n*
траверса *f* Traverse *f*, Querstück *n*, Querhaupt *n*, Querträger *m*, Querriegel *m*; Querstrebe *f*
~/грузовая Last[haken]traverse *f*
~ для изоляторов *(El)* Querträger *m*, Traverse *f*, Ausleger *m*
~ мачты Mastausleger *m*
~/односторонняя *(El)* einseitiger Querträger *m*
~/прессующая *(Gieß)* Preßhaupt *n*, Preßholm *m* *(Preßformmaschine)*
~ рамы *(Kfz)* Querversteifung *f* *(Fahrgestellrahmen)*
~/щёточная *(El)* Bürsten[halter]brücke *f*, Bürsten[halte]stern *m*
~/электромагнитная *(Schiff)* Magnettraverse *f*, Magnetbalken *m*
травертин *m* *(Geol)* Travertin *m*, Kalktuff *m*
травитель *m* Ätzmittel *n*, Ätzlösung *f*; Beizmittel *n*, Beizflüssigkeit *f*
травить 1. ätzen; beizen; 2. *(Met)* dekapieren *(Blech)*; 3. *(Text)* chemisch reinigen, Flecken entfernen; 4. *(Ch)* abbrennen; 5. *(Schiff)* fieren; 6. abblasen *(Dampf, Luft, Gas)*; 7. vergiften, vertilgen, ausrotten *(Ratten und andere Schädlinge)*
травление *n* 1. Ätzen *n*, Ätzung *f*; Beizen *n*, Abbeizen *n*, Beizbehandlung *f*; 2. *(Met)* Dekapieren *n*; 3. *(Ch)* Abbrennen *n*; 4. *(Schiff)* Fieren *n*, Wegfieren *n* *(einer Leine)*
~/анодное *(Typ)* elektrolytisches Ätzen *n*
~ без запудривания *(Typ)* puderloses Ätzen *n*
~/глубокое Tiefätzen *n*, Tiefätzung *f*; Reliefätzen *n*, Reliefätzung *f*
~/декоративное *(Glas)* Dessinätzen *n*, Musterätzen *n*
~ для макроскопического исследования *(Wkst)* Grobätzen *n*, Grobätzung *f* *(Makroschliff)*
~ для многокрасочной печати *(Typ)* Farb[en]ätzung *f*
~/матовое Mattbeizen *n*, Mattbeizung *f*; Mattätzen *n*, Mattätzung *f*
~ металлов *(Met)* Ätzen *n*; Dekapieren *n*
~ на цинке *(Typ)* Zinkätzung *f*
~/однопроцессное *(Typ)* Einstufenätzung *f*
~/поверхностное *s.* **~/предварительное**
~/повторное *(Typ)* Zweitätzung *f*
~/полутоновое *(Typ)* Halbtonätzung *f*
~/предварительное *(Typ)* Anätzung *f*, Vorätzung *f*
~ растровых клише *(Typ)* Netzätzung *f*
~/рельефное *(Typ)* Hochätzung *f*
~/светлое *(Met)* Blankbeizen *n*, Blankbeizung *f*
~ стекла Glasätzung *f*
~/ступенчатое *(Typ)* stufenweises Ätzen *n*
~/химическое chemisches Ätzen *n*
~/чистое *(Typ)* Reinätzung *f*
~ шлифов *(Wkst)* Gefügeätzung *f* *(Schliffe)*
~/штриховое *(Typ)* Strichätzung *f*
~/электролитическое elektrolytisches Ätzen *n*
~/электрохимическое elektrolytisches Ätzen *n*
травокосилка *f* Grasmähmaschine *f*, Grasmäher *m*
травополье *n* Feldgraswirtschaft *f*
травосмесь *f* Grasgemisch *n*
травостой *m* Grasbestand *m*, Pflanzenbestand *m*
травы *fpl* Gräser *npl*; Kräuter *npl*
~/лекарственные Arzneikräuter *npl*, Heilkräuter *npl*
~/сеяные Saatgräser *npl*
траектория *f* 1. *(Math)* Trajektorie *f*; 2. *(Kern)* Bahnspur *f*; 3. Bahnkurve *f*, Bahn *f*; Flugbahn *f*; Wurfbahn *f*; 4. *(Mil)* Geschoßbahn *f*
~/баллистическая ballistische Flugbahn *f*
~ бури *(Meteo)* Sturmbahn *f*
~ вихря *(Aero, Hydr)* Wirbelbahn *f*
~ воздуха Luftbahn *f*, Lufttrajektorie *f*
~/восходящая aufsteigende Flugbahn *f*
~ выбрасывания Ejektionsbahn *f*
~ головки зуба *(Masch)* Kopfbahn *f* *(Zahnrad)*
~/заданная Sollflugbahn *f*
~ звука *(Ak)* Schallbahn *f*, Schallweg *m*
~/изогональная *(Math)* isogonale Trajektorie *f*
~/криволинейная gekrümmte Bahn *f*
~/круговая Kreisbahn *f*
~/крутая steile Flugbahn *f* *(Ballistik)*
~ лучей *(Kern)* Strahlenweg *m*
~ метеора *(Astr)* Meteorbahn *f*
~/навесная *s.* **~/крутая**
~/настильная *s.* **~/отлогая**
~/нисходящая absteigende Flugbahn *f*
~/орбитальная Kreisbahn *f*
~/ортогональная *(Math)* orthogonale Trajektorie *f*
~/отлогая gestreckte (rasante) Flugbahn *f* *(Ballistik)*

~ падения Fallkurve *f*
~ пассивного полёта [ракеты] Freiflugbahn *f*
~ планирования Gleit[flug]bahn *f*
~ подъёма Steigbahn *f*
~ полёта Flugbahn *f*
~ полёта ракеты *(Rak)* Raketenbahn *f*
~/пространственная räumliche Bahnkurve *f*
~/прямолинейная geradlinige Bahn *f*
~/размытая *(Kern)* verwischte Bahn *f*
~/расчётная Sollflugbahn *f*
~ свободного движения Trägheitsbahn *f*
~ свободного полёта Freiflugbahn *f*
~ скольжения Gleitbahn *f*
~ снаряда Flugbahn *f* *(Ballistik)*
~ совмещения Deckungsbahn *f*
~/спиральная Spiralbahn *f*
~ стрелы Auslegerweg *m*
~ торпеды *(Mar)* Torpedolaufbahn *f*
~/фазовая *(Mech)* Phasenbahn *f*, Phasentrajektorie *f* *(Phasenraum)*
~ частицы *(Kern)* Teilchenbahn *f*
~ частицы/фазовая *s.* **~/фазовая**
~ челнока *(Text)* Schützenbahn *f* *(Webstuhl)*
~ электрона Elektronenbahn *f*
трак *m (Kfz)* Kettenglied *n (Raupenkette)*
тракт *m (El)* Kanal *m*, Weg *m*, Leitungszug *m*, Übertragungsweg *m*
~/водяной Wasserweg *m*
~/высокочастотный Hochfrequenzkanal *m*
~/выхлопной *(Schiff)* Abgasleitung *f*
~ магнитного компаса/оптический *(Schiff)* optisches Übertragungssystem *n* eines Magnetkompasses
~ механизма пробивки перфокарт *(Dat)* Stanzbahn *f*
~ передачи *(Fmt, Rf)* Übertragungsweg *m*
~ подачи [перфо]карт *(Dat)* Kartenbahn *f*
~/приёмный Empfangskanal *m*, Empfangsweg *m*
~/проводной drahtgebundener Übertragungsweg *m*
~/радиовещательный Rundfunkkanal *m*
~ телефонной передачи Fernsprechübertragungsweg *m*
трактор *m* Traktor *m*
~/болотный (болотоходный) sumpfgeländegängiger Traktor *m*
~/гусенично-колёсный Halbraupentraktor *m*
~/гусеничный Gleiskettentraktor *m*
~/дизельный Dieseltraktor *m*
~/дорожно-строительный Straßenbautraktor *m*
~/дорожный Straßentraktor *m*, Straßenzugmaschine *f*
~/жидкотопливный Traktor *m* für flüssigen Treibstoff
~/карбюраторный Traktor *m* mit Vergasermotor
~/колёсно-гусеничный Halbkettentraktor *m*
~/колёсный Radtraktor *m*
~/колёсный пропашной Ackerradtraktor *m*
~/крутосклонный Hangtraktor *m*
~/маломощный Kleintraktor *m*
~/нефтяной Rohöltraktor *m*, Glühkopftraktor *m*
~ общего назначения Allzwecktraktor *m*, Universaltraktor *m*
~/огородный Gemüsebautraktor *m*
~/одноколёсный [садовый] Einradtraktor *m (für Gartenbau)*
~/одноосный Einachstraktor *m*
~/полугусеничный Halbkettentraktor *m*
~/пропашной Pflegetraktor *m*
~/садово-огородный Traktor *m* für Garten- und Gemüsebau
~/садовый Gartenbautraktor *m*
~/сварочный Schweißtraktor *m (transportables UP-Lichtbogenschweißgerät mit elektromotorischem Antrieb)*
~/сельскохозяйственный Traktor *m* für die Landwirtschaft, landwirtschaftlicher Traktor *m*
~/скреперный Schrappertraktor *m*
~ со всеми ведущими колёсами Traktor *m* mit Allradantrieb, Allradtraktor *m*
~ специального назначения Sonderzwecktraktor *m*, Einzwecktraktor *m*
~ типа «самоходное шасси» Geräteträger *m*
~/транспортный Straßentraktor *m*, Straßenzugmaschine *f*
~/трелёвочный Holzrücktraktor *m (Forstwirtschaft)*
~/универсальный Universaltraktor *m*, Allzwecktraktor *m*
~/цепной Gleiskettentraktor *m*
~/электрический Elektrotraktor *m*, Elektrozugmaschine *f*
трактор-корчеватель *m* Traktor *m* mit Stubbenheber *(für Rodearbeiten)*
трактороприцепка *f* Traktor[en]anhänger *m*
тракторостроение *n* Traktorenbau *m*
трактор-погрузчик *m* Ladetraktor *m*
трактор-подъёмник *m* Krantraktor *m*
трактор-толкач *m* Schubtraktor *m*
трактор-тягач *m* Zugmaschine *f*, Zgm
трактриса *f (Math)* Traktrix *f*, Schleppkurve *f*
трал *m* 1. Schleppnetz *n*, Trawl *n (Fischerei)*; 2. *(Mar)* Minenräumgerät *n*; 3. *(Mil) s.* **~/танковый**
~/авиационный *(Mar)* Flugzeugräumgerät *n*, Hubschrauberräumgerät *n*
~/акустический *(Mar)* akustisches Räumgerät *n*

~/**акустический неконтактный** akustisches Fernräumgerät *n*
~/**баржевый** *(Mar)* Räumprahm *m*
~/**береговой** *(Mar)* Küstensperrenräumgerät *n*
~/**близнецовый** Tuckschleppnetz *n* *(Fischerei)*
~/**буйковый** *(Mar)* Bojen-Fernräumgerät *n*
~/**буксирующий [контактный]** *(Mar)* schleppendes Kontakträumgerät *n*
~/**быстроходный** *(Mar)* Schnellkontakträumgerät *n*
~/**гидрографический** *(Schiff)* hydrografisches Räumgerät *n* *(Ortung von Unterwasserhindernissen und deren Abgrenzung mit Baken)*
~/**гидродинамический [неконтактный]** *(Mar)* hydrodynamisches Fernräumgerät *n*
~/**глубоководный** *(Mar)* Tiefräumgerät *n* *(Räumung von Abwehrminen gegen U-Boote in Unterwasserfahrt)*
~/**двусторонний одинарный** *(Mar)* Einschiff-Kontakträumgerät *n* mit zwei Schneid- oder Sprenggreifern
~/**донный** Grundschleppnetz *n* *(Fischerei)*
~/**катерный** *(Mar)* Minensuchboot-Räumgerät *n*, Räumboot-Suchgerät *n*
~/**комбинированный [неконтактный]** *(Mar)* kombiniertes Fernräumgerät *n*
~/**контактный** *(Mar)* Kontakträumgerät *n*, mechanisches Räumgerät *n* *(Gruppenbegriff für Oberflächen-, Boden-, Tief-, Einschiff- und verbundene Räumgeräte)*
~/**корабельный** *(Mar)* Minensuchschiff-Räumgerät *n*
~/**кормовой** Hecktrawl *n*, Heckschleppnetz *n* *(Fischerei)*
~/**магнитный [неконтактный]** *(Mar)* magnetisches Fernräumgerät *n*
~/**минный** *(Mar)* Minenräumgerät *n*
~/**неконтактный** *(Mar)* Fernräumgerät *n* *(Gruppenbegriff für akustische, hydrodynamische, elektromagnetische und magnetische Räumgeräte)*
~/**обозначающий [контактный]** *(Mar)* bezeichnendes Kontakträumgerät *n*
~/**одинарный** *(Mar)* Einschiff-Kontakträumgerät *n*
~/**односторонний одинарный** *(Mar)* Einschiff-Kontakträumgerät *n* mit Schneid- oder Sprenggreifer
~/**параванный** *(Mar)* Otterräumgerät *n*, Ottertrawl *n*
~/**парный** *(Mar)* verbundenes Räumgerät *n* *(von mindestens zwei Fahrzeugen geschlepptes Kontakt- oder Fernräumgerät)*
~/**патронный** *(Mar)* sprengendes Räumgerät *n*, Räumgerät *n* mit Sprenggreifern
~/**пелагический** pelagisches Schleppnetz *n*, Schwimmnetz *n*, Schwimmtrawl *n* *(Fischerei)*
~/**петлевой** *(Mar)* Schleppspulräumgerät *n* *(Fernräumgerät)*
~/**поверхностный** *(Mar)* Oberflächenräumgerät *n*
~/**подсекающий** *(Mar)* schneidendes (reißendes) Räumgerät *n*, Räumgerät *n* mit Schneidgreifer
~/**подсекающий змейковый** *(Mar)* Scherdrachen[räum]gerät *n*
~/**полудонный** Schwimmnetz *n*, Schwimmtrawl *n* *(auf verschiedene Tiefen einstellbares Netz)*
~/**придонный** *(Mar)* Grundminenräumgerät *n*
~/**противоминный** *(Mil)* Minenräumgerät *n* *(Anbauvorrichtung für mittlere und schwere Panzer zur Räumung von Panzer- und Infanterieminen)*
~/**разноглубинный** pelagisches Schleppnetz *n*, Schwimmnetz *n*, Schwimmtrawl *n* *(Fischerei)*
~/**речной** *(Mar)* Flußsperrenräumgerät *n*
~/**рыболовный** Schleppnetz *n*, Trawl *n*
~/**сельдяной** Heringsschleppnetz *n*
~/**сменный** Wechselnetz *n* *(Schleppnetzfischerei)*
~/**соленоидный** *(Mar)* Hohlstabräumgerät *n* *(Fernräumgerät)*
~/**соленоидный [неконтактный]** *(Mar)* Hohlstab[fern]räumgerät *n*
~/**танковый** *(Mil)* Minenräumpanzer *m*
~/**тресковый** Kabeljauschleppnetz *n*
~/**шлюпочный** *(Mar)* Bootsräumgerät *n*
~/**электромагнитный [неконтактный]** *(Mar)* elektromagnetisches Fernräumgerät *n*
трал-баржа *m* *(Mar)* Räumprahm *m*
тралбот *m* Fischerboot *n* *(für Schleppnetzfischerei)*
траление *n* 1. Schleppnetzfischerei *f*; 2. *(Mar)* Räumen *n* *(Minen)*
~/**близнецовое** Tucken *n*, Tuckfischerei *f*
~/**бортовое** Seitenschleppnetzfischerei *f*, Seitenfang *m*
~/**донное** Grundschleppnetzfischerei *f*
~/**кормовое** Heckschleppnetzfischerei *f*, Heckfang *m*
~ **мин** Minenräumung *f*
~/**одиночное** Scheren *n* *(Schleppnetzfischerei mit einem Fahrzeug)*
~/**парное** Tucken *n*, Tuckfischerei *f*
~/**разведывательное** *(Mar)* Aufklärungsräumen *n*
~/**разноглубинное** pelagische Fischerei *f*, pelagisches Fischen *n*, pelagische Schleppnetzfischerei *f*
трал-искатель *m* Minensuchgerät *n*
тралить 1. mit dem Schleppnetz fischen; 2. *(Mar)* Minen räumen

трал-отводитель *s.* **трал/параванный**
трал-разрядитель *m (Mar)* Entschärfungsräumgerät *n*
трал-уничтожитель *m (Mar)* Geleitschutz-Minenräumgerät *n (Vernichtung von Minensperren durch Geleiträumfahrzeug vor dem nachfolgenden Schiffsverband oder Geleitzug)*
тральщик *m (Mar)* Minenräumboot *n*
~/быстроходный schnelles Minenräumboot *n*
~/катерный Minenräumboot *n (Räumen von Reeden und Küstengebieten)*
~/морской Hochseeminenräumboot *n*
~/рейдовый Reederäumboot *n*
~/речной Flußräumboot *n*
~/эскадреный Begleitminenräumboot *n*
тральщик-искатель *m* Minensuchschiff *n*
трамбование *n* Rammen *n*; Stampfen *n*, Feststampfen *n*
~ забоя скважины *(Bgb)* Verfüllen *n* des Bohrlochtiefsten *(Abdichtung)*
трамбовать rammen; [fest]stampfen
трамбовка *f* 1. Rammen *n*; Stampfen *n*, Feststampfen *n*; 2. Ramme *f*, Rammklotz *m*; Stampfer *m*
~/взрывная Explosionsramme *f*
~ взрывного действия *s.* **~/взрывная**
~/заострённая Spitzstampfer *m*
~/плоская Flachstampfer *m*
~/пневматическая 1. *(Bw)* Druckluftramme *f*; 2. *(Gieß)* Druckluftstampfer *m*
~/ручная 1. *(Bw)* Handramme *f*; 2. *(Gieß)* Handstampfer *m*
трамвай *m* Straßenbahn *f*
~/речной Wasserbus *m*
~/скоростной Schnell-Straßenbahn *f*
трамп *m* Trampschiff *n*
трампинг *m (Kfz)* Trampelschwingung *f*
транец *m (Schiff)* Spiegel *m*
транзистор *m (Eln)* Transistor *m* • **на транзисторах** auf Transistorbasis, transistorisiert, transistorbestückt, Transistor . . .
~/аналоговый Analogtransistor *m*
~/бездрейфовый Diffusionstransistor *m*
~/билатеральный Bilateraltransistor *m*
~/биполярный Bipolartransistor *m*
~/внутренний innerer Transistor *m*
~ входного каскада Vorstufentransistor *m*
~/высокочастотный Hochfrequenztransistor *m*, HF-Transistor *m*
~/вытягиваемый gezogener Transistor *m*
~ Гука Hook-Transistor *m*
~/диффузионный Diffusionstransistor *m*
~/диффундированный diffundierter Transistor *m*
~/дрейфовый Drifttransistor *m*
~/дрейфующий Drifttransistor *m*
~/канальный Feld[effekt]transistor *m*, Feldsteuerungstransistor *m*, Unipolartransistor *m*
~/кремниевый Siliziumtransistor *m*
~/лавинный Lawinentransistor *m*
~/линейный linearer Transistor *m*
~/маломощный Kleinleistungstransistor *m*
~/металло-оксидно-кремниевый Metall-Oxid-Silizium-Transistor *m*
~/металло-оксидно-полупроводниковый MOS-Transistor *m*, Metall-Oxid-Halbleiter-Transistor *m*
~/микролегированный mikrolegierter Transistor *m*
~/микролегированный диффундированный Mikro-Alloy-Diffusionstransistor *m*
~/микросплавной Mikrolegierungstransistor *m*
~/мощный Leistungstransistor *m*
~/нитевидный Fadentransistor *m*, Unijunction-Transistor *m*
~/нитевой *s.* **~/нитевидный**
~/одномерный eindimensionaler Transistor *m*
~/оконечный Endtransistor *m*
~/переключающий Schalttransistor *m*
~/планарный Planartransistor *m*
~/плёночный Dünnschichttransistor *m*, Dünnschichttriode *f*
~/плоский Flächentransistor *m*
~/плоскостной Flächentransistor *m*
~/поверхностно-барьерный Randschichttransistor *m*, Oberflächensperrschichttransistor *m*
~/поверхностный канальный Oberflächenfeldeffekttransistor *m*
~/полевой Feld[effekt]transistor *m*, Feldsteuerungstransistor *m*, Unipolartransistor *m*
~/полевой поверхностный Oberflächenfeldeffekttransistor *m*
~ с барьерным слоем Sperrschichttransistor *m*
~ с двойной базой Zweibasistransistor *m*
~ с диффундированной базой Drifttransistor *m*
~ с заземлённым коллектором Transistor *m* in Kollektorschaltung
~ с крючковым коллектором Hakentransistor *m*
~ с точечным контактом Spitzentransistor *m*
~ с управлением поля Feldeffekttransistor *m*
~ с четырьмя электродами Transistortetrode *f*
~/симметричный symmetrischer Transistor *m*, Zweirichtungstransistor *m*
~ со сплавным переходом Diffusionsflächentransistor *m*
~/сплавной Legier[ungs]transistor *m*
~ типа меза Mesatransistor *m*
~/тонкоплёночный канальный Dünnschicht-Feldeffekttransistor *m*

~/**тонкослойный** Dünnschichttransistor *m*, Dünnfilmtransistor *m*, TFT
~/**точечно-контактный** *s.* ~/**точечный**
~/**точечный** Punkt[kontakt]transistor *m*, Spitzentransistor *m*
~/**туннельный** Tunneltransistor *m*
~/**униполярный** *s.* ~/**полевой**
~/**четырёхзонный** Vierzonentransistor *m*
~/**четырёхпереходный** Tetrajunction-Transistor *m*
~/**четырёхэлектродный** Vierpoltransistor *m*, Transistortetrode *f*, Doppelbasistetrode *f*
~/**эпитаксиальный** Epitaxietransistor *m*, Epitaxialtransistor *m*
транзисторизация *f* *(Eln)* Transistorisierung *f*, Transistorbestückung *f*
транзисторизованный *(Eln)* transistorisiert, transistorbestückt
транзистор-тетрод *m* Transistortetrode *f*
транзистор-тиратрон *m* Thyratron-Transistor *m*
транзисторы *mpl*/**парные** Transistorpärchen *n*, Zwillingstransistor *m*
транзит *m* 1. Durchgangsverkehr *m*, Durchgang *m*; Umschlag *m* *(Güterverkehr)*; 2. *(Fmt)* Durchschaltung *f*, Durchgangsverbindung *f*, durchgehende Fernverbindung *f*
транзитивность *f* *(Math)* Transitivität *f*
транзитивный *(Math)* transitiv
транзитрон *m* *(El)* Transitron *n*
трансактин[о]ид *m* *(Kern)* Transaktin[o]id *n*
трансаминирование *n* *(Ch)* Transaminierung *f*, Umaminierung *f*
трансбордер *m* *(Schiff)* Querverschiebebühne *f*
трансвекция *f* *(Math)* Transvektion *f*
трансверсальность *f* *(Math)* Transversalität *f*
трансгрессия *f* *(Geol)* Transgression *f*, Ingression *f*
~/**беломорская** Weißmeer-Transgression *f*
~ **моря** marine Transgression *f*
трансдуктор *m* *(Fmt)* Transduktor *m* *(ein Magnetverstärker)*
трансепт *m* *(Arch)* Transept *n*, Querschiff *n* *(der Basilika)*, Kreuzschiff *n*
трансзвуковой schallnah, transsonisch
транскристаллизация *f* *(Krist)* Transkristallisation *f*
транслировать *(Fmt, Rt)* übertragen, transformieren; *(Dat)* übersetzen
транслятор *m* 1. *(Dat)* Übersetzungsprogramm *n*, Sprachübersetzer *m*, Übersetzer *m*; 2. *(Fmt)* Übertrager *m*
~ **с мнемокода** *(Dat)* Assembler *m*
трансляция *f* 1. *(Ph)* Translation *f*; 2. *(Krist)* Translation *f*, Parallelverschiebung *f*, Verschiebung *f*; 3. *(Fmt, Rt)* Übertragung *f*; 4. *(Rt)* Ballsendung *f*; 5. *(Dat)* Übersetzung *f*
~/**дуплексная** *(Fmt)* Gegensprechübertragung *f*
~/**командная** *(Schiff)* Kommandoübertragung *f*
~ **программы** *(Dat)* Programmübersetzung *f*
~ **радиовещания** Rundfunk[programm]-übertragung *f*
~/**релейная** *(Fmt)* Relaisübertragung *f*
~ **решётки** *(Krist)* Gittertranslation *f*
~ **с исправлением сигналов** *(Rt)* entzerrende Übertragung *f*
~/**телевизионная** Fernseh[programm]-übertragung *f*
~ **телевизионных передач по проводам** Fernsehdrahtfunk *m*, Drahtfernsehen *n*
~/**чистая** *(Krist)* reine Translation *f*
трансметилаза *f* *(Ch)* Transmethylase *f*, Methyltransferase *f*
трансмиссия *f* 1. *(Ph)* Transmission *f*, Übertragung *f*; 2. *(Masch)* Transmission *f*; 3. *(Kfz)* Antrieb *m* *(Kupplung-Getriebe-Kardanwelle-Ausgleichsgetriebe-Radachse)*
трансмиттер *m* 1. Transmitter *m*, Meßumformer *m*; 2. Lochstreifensender *m*
~/**автономный** Lochstreifensender *m* *(als selbständiges Gerät)*
транспарентность *f* Transparenz *f*, Durchsichtigkeit *f*
трансплана *f* *s.* **плоскость скользящего отражения**
транспозиция *f* Verdrillung *f* *(von Leitungen)*; Transponieren *n*, Umsetzen *n* *(einer Frequenz)*; Kreuzung *f* *(von Leitungen)*
транспонировать transponieren, umsetzen *(Frequenzen)*
транспорт *m* 1. Transport *m*, Beförderung *f*; Versendung *f*; 2. Verkehr *m*; Verkehrswesen *n*; 3. Transportmittel *npl*; Verkehrsmittel *npl*; 4. *(Bgb)* Födereinrichtungen *fpl*, Abförderung *f*, Förderbetrieb *m*; 5. Transportschiff *n*; Transporter *m*, Frachter *m*
~/**авиационный** *(Mil)* 1. Lufttransport *m*; 2. Lufttransportmittel *npl*
~/**автомобильный** Kraftverkehr *m*
~/**артиллерийский** *(Mar)* Munitionsschiff *n*, Munitionstransporter *m*
~/**багажный** Gepäckverkehr *m*
~/**безрельсовый** *(Bgb)* gleislose Förderung *f*
~/**быстроходный** Schnellfrachter *m*
~ **вещества** Massentransport *m*, Stofftransport *m*
~/**внешний** außerbetrieblicher Transport *m*
~/**внутренний** Binnenverkehr *m*
~/**внутризаводской** innerbetrieblicher Transport *m*, innerbetriebliches Förderwesen *n*

~/**водоналивной** *(Mar)* Gebrauchswassertransporter *m* *(Trinkwasser, Kesselspeisewasser)*
~/**военный** Militärtransport *m*
~/**воздушный** 1. Lufttransport *m*, Luftverkehr *m*, Beförderung *f* auf dem Luftwege; 2. Lufttransportmittel *npl*
~/**войсковой** *(Schiff)* Truppentransporter *m*
~/**высокоскоростной** *(Eb)* Schnellverkehr *m*
~/**гидравлический** *(Bgb)* hydraulische Förderung *f*, Spülförderung *f*
~/**гравитационный** Schwerkraftförderung *f*
~/**грузовой** Güterverkehr *m*, Güterbeförderung *f*
~/**дальнепробежный** Fernverkehr *m*
~/**десантный** *(Mar)* Landungstransporter *m*
~/**дорожный** Straßentransport *m*
~/**железнодорожный** Eisenbahntransport *m*, Eisenbahnverkehr *m*; Eisenbahnverkehrswesen *n*
~/**канатный** *(Bgb)* Seilförderung *f*
~/**карьерный** *(Bgb)* Tagebauförderung *f*
~/**конвейерный** Bandförderung *f*
~/**контейнерный** Containertransport *m*
~/**коротконпробежный** Nahverkehr *m*
~/**локомотивный** *(Bgb)* Lokförderung *f*
~/**местный** Nahverkehr *m*
~/**наземный** Flurförderung *f*
~/**наклонный** Schrägförderung *f*
~/**напольный** Flurförderung *f*
~/**непрерывный** Stetigförderung *f*, Stromförderung *f*
~/**нефтяной** *(Mar)* Öltransporter *m*, Tanker *m*
~/**пассажирский** *(Eb)* Personenverkehr *m*, Personenbeförderung *f*; Reiseverkehr *m*
~/**пневматический** Druckluftförderung *f*
~ **по падению** *(Bgb)* Abwärtsförderung *f*
~/**подземный** *(Bgb)* Untertageförderung *f*
~/**поточный** Fließförderung *f*, Stetigförderung *f*
~/**рельсовый** Gleisförderung *f*, Schienentransport *m*; Schienenverkehr *m*
~/**рудничный** *(Bgb)* Grubenförderung *f*, Förderung *f*
~ **самотёком** *(Bgb)* Schwerkraftförderung *f*, Gefälleförderung *f*
~/**самотечный** *s.* ~ **самотёком**
~/**скреперный** Schrapperförderung *f*
~/**сухопутный** Landtransport *m*, Landverkehr *m*, Beförderung *f* auf dem Landwege
~/**трубопроводный** Rohrleitungstransport *m*
~/**шахтный** *(Bgb)* Schachtförderung *f*
транспортёр *m* 1. Fließförderer *m*, Förderer *m*, Transporteinrichtung *f*, Transportvorrichtung *f*; Fördereinrichtung *f* *(s. a. unter* **конвейер***)*; 2. *(Eb)* Tiefladewagen *m*
~/**барабанный** *(Lw)* Hubrad *n* *(Sammelroder)*
~/**боковой** Seitenförderer *m*
~/**ботвоотводящий** *(Lw)* Krautkette *f*, Trennkette *f* *(Sammelroder)*
~/**вертикальный** Elevator *m*
~/**вибрационный** Wuchtförderer *m*, Schüttelrinne *f*
~/**винтовой** Schneckenförderer *m*; Förderschnecke *f*, Förderspirale *f*
~ **вороха комбайна** *(Lw)* Greenelevator *m* *(Mähdrescher)*
~/**выводной тесёмочный** *(Typ)* Gurtausleger *m*
~/**выгрузной** Querförderer *m*
~/**выдающий** Austragförderer *m*, Abwurfförderer *m*
~/**высокоподъёмный** *(Lw)* Höhenförderer *m*
~/**высокоподъёмный воздуходувный** Gebläsehöhenförderer *m*
~/**высокоподъёмный стальной** Stahlhöhenförderer *m*
~/**гидравлический** hydraulischer Förderer *m*, Spülförderer *m*, Schwemmrinne *f*
~/**горизонтальный** Horizontalförderer *m*, Längsförderer *m*
~/**желобчатый** Trogförderer *m*
~/**забойный** *(Bgb)* Abbauförderer *m*
~/**закрытый цепной скребковый** *(Bgb)* Redlerkettenförderer *m*, Redler *m*
~/**канатно-ленточный** Seilgurtförderer *m*
~/**канатный** Seilförderer *m*
~/**канатный ковшовый** Becherkabel *n*
~/**качающийся** Schwingförderer *m*; Schüttelrutsche *f*; Schüttelrinne *f*, Schwingrinne *f*, Wurfrinne *f*
~/**ковшовый** Becherförderer *m*, Elevator *m*, Becherwerk *n*; Schaukelbecherwerk *n*
~ **комбайна/главный** *(Lw)* Haupttransporttuch *n* *(Mähdrescher)*
~ **комбайна/приёмный** *(Lw)* Einlegetransporteur *m*, Einziehtuch *n* *(Mähdrescher)*
~/**круговой** Rundförderer *m*
~/**ленточный** Gurtförderer *m*, Bandförderer *m*, Förderband *n*
~/**ленточный ковшовый** Bandbecherwerk *n*
~/**лопастный** Kratz[er]bandförderer *m*
~/**лоткообразный** Muldengurtförderer *m*
~/**охладительный** Kühlförderer *m*, Kühlband *n*
~/**панцирный скребковый** *(Bgb)* Panzerförderer *m*
~/**питательный ленточный** Aufgabegurtförderer *m*
~/**плавающий** *(Mil)* Schwimmwagen *m*

~/**пластинчатый** Plattenbandförderer *m*
~/**пневматический** pneumatischer Förderer *m*, Luftförderer *m*; Druckluftförderer *m*
~/**пневматический всасывающий** Saugluftförderer *m*
~/**погрузочный ленточный** Verladeband *n*
~/**подающий ленточный** Zubringerband *n*
~/**поперечный** Querförderer *m*, Querförderband *n*
~/**приёмный** Übernahmeförderer *m*
~/**прутковый** Siebkette *f* *(Kartoffelerntemaschine)*
~/**пульсирующий** Schwingförderer *m*
~/**реверсивный** Reversierförderer *m*
~/**роликовый** Roll[en]bahn *f*, Roll[en]gang *m*
~/**сетчатый** Netzbandförderer *m*
~/**скребково-ковшовый** Kratzbecherförderer *m*
~/**скребковый** Schleppkettenförderer *m*, Kratz[er]kettenförderer *m*, Kratzerkette *f*, Kratzerband *n*
~/**тормозной** Bremsförderer *m*
~/**цепной** Kettenförderer *m*, Kettenschlepper *m*
~/**цепной ковшовый** Becherkette *f*
~/**цепной передаточный** *(Typ)* Kettengreifer *m*
~/**цепочно-скребковый** Kratzkettenförderer *m*, Schleppkettenförderer *m*
~/**червячный** Schneckenförderer *m*, Förderschnecke *f*
~/**шихтовочный** *(Met)* 1. Gattierungsbandförderer *m*, Gattierungsband *n*, Beschickungsförderer *m*, Begichtungsförderer *m*; 2. Förderer *m* unter den Beschickungsbunkern, Mischgutförderer *m*
~/**шнековый** *s.* ~/**винтовой**
~/**штангово-скребковый** *(Lw)* Schubstangenentmistungsanlage *f*
транспортёр-загрузчик *m* Boxenbeschikker *m* *(Kartoffellagerhaus)*
транспортёр-зерноподъёмник *m*/**винтовой** *(Lw)* Entladeschnecke *f*, Körnerschnecke *f*
транспортёр-переборщик *m* *(Lw)* Verleseband *n*
транспортёр-погрузчик *m* *(Lw)* Aufladeförderer *m*
транспортир *m* Transporteur *m*, Winkelmesser *m*
~/**штурманский** *(Schiff)* Navigationswinkelmesser *m*, Kursdreieck *n*
транспортирование *n s.* **транспортировка**
транспортировать 1. transportieren, befördern, versenden; 2. *(Bgb)* fördern
транспортировка *f* 1. Beförderung *f*, Transportierung *f*; 2. *(Bgb)* Abbauförderung *f*, Förderung *f*
~/**вертикальная** Senkrechtförderung *f*
~/**гидравлическая** hydraulische Förderung *f*
~/**горизонтальная** Waagerechtförderung *f*
~/**контейнерная** Behältertransport *m*
~/**наклонная** Schrägförderung *f*
~ **сыпучих материалов** Schüttgutförderung *f*
~/**штучных грузов** Stückgutförderung *f*
транспортируемость *f* Transportfähigkeit *f*
трансузел *m* *(Schiff)* Rundfunkübertragungsraum *m*
трансуран *m* *(Ch)* Transuran *n*, transuranisches Element *n*
трансферкар *m* *(Met)* Zubringerwagen *m* *(selbstentladendes Fahrzeug mit elektrischem Antrieb für innerbetrieblichen Transport von Erz, Kalk und Koks zum Hochofen)*
трансфлюксор *m* *(Dat)* Transfluxor *m*, Mehrlochkern *m*
~/**трёхдырочный** Dreilochtransfluxor *m*
~/**ферритовый** Ferrittransfluxor *m*
трансформатор *m* 1. Transformator *m*, Trafo *m*, Umspanner *m* *(Starkstromtechnik)*; 2. Transformator *m*, Übertrager *m* *(Schwachstromtechnik)*; *(Meß)* Transformator *m*, Wandler *m*; 3. *(Foto)* Entzerrungsgerät *n*
~/**броневой** Manteltransformator *m*
~/**бустерный** *s.* ~/**вольтодобавочный**
~/**воздушный** Trockentransformator *m*, Luftkerntransformator *m*
~/**вольтодобавочный** spannungserhöhender Zusatztransformator *m*
~/**вольтопонижающий** spannungserniedrigender Zusatztransformator *m*, Zusatztransformator *m* für Gegenschaltung
~ **времени** Zeittransformator *m*
~/**вспомогательный** Hilfstransformator *m*
~/**входной** Eingangstransformator *m* *(Starkstromtechnik)*; *(Fmt)* Eingangsübertrager *m*, Vorübertrager *m*
~/**выпрямительный** *s.* ~ **выпрямителя**
~ **выпрямителя** Gleichrichtertransformator *m*
~/**высоковольтный** Hochspannungstransformator *m*
~ **высокого напряжения/испытательный** Hochspannungsprüftransformator *m*
~/**высокочастотный** Hochfrequenztransformator *m*, Hochfrequenzübertrager *m*
~/**выходной** Ausgangstransformator *m* *(Starkstromtechnik)*; *(Fmt)* Ausgangsübertrager *m*, Nachübertrager *m*
~/**гидродинамический** *s.* **гидротрансформатор**
~/**грозоупорный** gewitterfester (stoßspannungsfester) Transformator *m*
~/**групповой** Transformatorenbank *f*
~/**двухобмоточный** Zweiwicklungstransformator *m*

~/**двухстержневой** Zweischenkeltransformator *m*
~/**двухтактный** Gegentakttransformator *m*
~/**дифференциальный** *(Fmt)* Differentialübertrager *m*
~/**дополнительный** Hilfstransformator *m*
~/**ежовый** Igeltransformator *m*
~/**звонковый** Klingeltransformator *m*
~/**измерительный** Meßtransformator *m*, Meßwandler *m*
~/**изолирующий** Isoliertransformator *m*
~/**импульсный** Impulstransformator *m*
~/**испытательный** Prüftransformator *m*
~ **кадровой развёртки/выходной** Bild[ausgangs]transformator *m*
~/**каскадный [измерительный]** Kaskaden[meß]wandler *m*
~/**кольцевой** Ring[kern]transformator *m*
~/**кольцевой переходный** *(Fmt)* Ringübertrager *m*
~/**компенсационный** Ausgleichstransformator *m*
~/**линейный переходный** *(Fmt)* Leitungsübertrager *m*
~/**маломощный (малый)** Kleintransformator *m*
~/**маслонаполненный (масляный)** Öltransformator *m*, ölgekühlter Transformator (Umspanner) *m*
~/**межкаскадный (межламповый)** *(Rf)* Zwischentransformator *m*, Zwischenübertrager *m*
~/**микрофонный** Mikrofontransformator *m*
~/**многообмоточный** Mehrwicklungstransformator *m*
~/**многофазный** Mehrphasentransformator *m*
~/**модуляционный** *(Rf)* Modulationstransformator *m*
~/**мощный** Großtransformator *m*, Leistungstransformator *m*
~ **накала** Heiz[strom]transformator *m* *(Elektronenröhre)*
~ **напряжения** Spannungstransformator *m*; *(Meß)* Spannungswandler *m*
~ **напряжения/измерительный** Meßspannungswandler *m*, Spannungs[meß]wandler *m*
~ **напряжения/сверхвысоковольтный** Höchstspannungstransformator *m*, Höchstspannungswandler *m*
~ **напряжения/эталонный** Normalspannungswandler *m*
~/**низковольтный** Niederspannungstransformator *m*
~ **низкой частоты** Niederfrequenztransformator *m*, Niederfrequenzübertrager *m*
~/**низкочастотный** *s.* ~ **низкой частоты**
~ **обратной связи** *(Rf)* Rückkopplungstransformator *m*
~/**однокатушечный** Spartransformator *m*, Autotransformator *m*
~/**однофазный** Einphasentransformator *m*
~/**оптический** Entzerrungsgerät *n*
~/**осветительный** Beleuchtungstransformator *m*
~/**отклоняющий** Ablenktransformator *m*
~/**отсасывающий** Saugtransformator *m*
~/**переходный [линейный]** *(Fmt)* Leitungsübertrager *m*
~/**печной** Ofentransformator *m*
~/**пиковый** Spitzentransformator *m*
~/**питающий** Speisetransformator *m*
~/**плавнорегулируемый** stetig (stufenlos) regelbarer Transformator *m*
~/**поворотный** Drehtransformator *m*
~/**повысительный (повышающий)** Aufwärtstransformator *m*, Aufspanntransformator *m*
~/**подпорный** *s.* ~/**вольтодобавочный**
~/**ползунковый** Gleittransformator *m*
~/**понижающий (понизительный)** Abwärtstransformator *m*, Abspanntransformator *m*
~/**последовательный** Reihentransformator *m*
~ **постоянного тока/измерительный** Gleichstrom[meß]wandler *m*
~/**продуваемый** Trockentransformator *m* mit Fremdbelüftung
~ **промежуточной частоты** *(Rf)* Zwischenfrequenztransformator *m*
~/**промежуточный** Zwischentransformator *m* *(Starkstromtechnik)*; *(Fmt)* Zwischenübertrager *m*
~/**пусковой** Anlaßtransformator *m*
~/**пушпульный** *s.* ~/**двухтактный**
~/**пятисердечниковый (пятистержневой)** Fünfschenkeltransformator *m*
~/**радиочастотный** *s.* ~/**высокочастотный**
~/**раздвижной** Schubtransformator *m*
~/**разделительный** Trenntransformator *m*, Trennübertrager *m*
~/**распределительный** Verteilungstransformator *m*
~/**регулировочный (регулируемый)** Stelltransformator *m*
~/**регулируемый под нагрузкой** belastet (unter Last) schaltbarer Stelltransformator *m*
~/**резонансный** Resonanztransformator *m*
~ **с выдвижным сердечником/регулировочный** Schubtransformator *m*
~ **с железным сердечником** Eisenkerntransformator *m*
~ **с консерватором** Transformator *m* mit Ölausgleichgefäß
~ **с масляным охлаждением** ölgekühlter Transformator (Umspanner) *m*, Öltransformator *m*

~ **с отводами** Anzapftransformator *m*
~ **с расширительным баком** Transformator *m* mit Ölausgleichgefäß
~ **с сердечником** Kerntransformator *m*
~/**сварочный** Schweißtransformator *m*
~ **связи** Kopplungstransformator *m*
~/**секционированный** Transformator *m* mit unterteilter Wicklung
~/**сетевой** Netz[anschluß]transformator *m*
~/**силовой** Leistungstransformator *m*
~/**синхронизационный** Synchronisierungstransformator *m*
~/**сменный** *(Rf)* Stecktransformator *m*
~/**согласующий** Anpassungstransformator *m*
~/**стабилизирующий** Stabilisier[ungs]-transformator *m*
~/**станционный** Kraftwerkstransformator *m*, Kraftwerksumspanner *m*
~/**стержневой** Kerntransformator *m*
~/**столбовой** Masttransformator *m*
~ **строчной развёртки** Zeilen[ablenk]-transformator *m*
~ **строчной развёртки/выходной** Zeilen-[ausgangs]transformator *m*
~/**строчный** *(Fs)* Zeilen[ablenk]transformator *m*
~/**сухой** Trockentransformator *m*
~/**телефонный** *(Fmt)* Fernsprechübertrager *m*
~ **тока** Stromtransformator *m*; *(Meß)* Stromwandler *m*
~ **тока/высоковольтный** Hochspannungsstromwandler *m*
~ **тока/измерительный** Meßstromwandler *m*, Strom[meß]wandler *m*
~ **тока/многовитковый** Mehrleiterstromwandler *m*
~ **тока/многопредельный** Vielbereichstromwandler *m*
~ **тока/многосердечниковый** Mehrkernstromwandler *m*
~ **тока/проходной** Durchführungsstromwandler *m*
~/**тороидальный** *s.* ~/**кольцевой**
~/**трёхобмоточный** Dreiwicklungstransformator *m*
~/**трёхфазный** Dreiphasentransformator *m*, Drehstromtransformator *m*
~/**трёхфазный стержневой** Drehstromkerntransformator *m*
~/**фазный (фазовый)** Phasentransformator *m*
~/**фазосдвигающий** Phasenschiebertransformator *m*
~/**широкополосный** Breitbandtransformator *m*, Breitbandübertrager *m*
~/**электросварочный** Schweißtransformator *m*
трансформаторостроение *n* Transformatorenbau *m*
трансформация *f* 1. *(Math)* Transformation *f*; 2. *(El)* Transformation *f*; Umspannung *f*, Umformung *f*
~ **звезды в треугольник** Stern-Dreieck-Umformung *f*, Stern-Dreieck-Transformation *f*
~ **напряжения** Spannungsübersetzung *f*
~/**повышающая** Aufwärtstransformation *f*, Herauftransformierung *f*
~/**понижающая** Abwärtstransformation *f*, Heruntertransformierung *f*
~ **Фурье** *(Math)* Fourier-Transformation *f*
~ **частоты** Frequenztransformation *f*
~ **энергии** Energieumwandlung *f*
трансформирование *n* 1. Umformen *n*, Umbilden *n*; 2. *(Foto)* Entzerrung *f*; 3. *(El) s.* **трансформация 2.**
~ **аэроснимков** *(Foto, Geod)* Luftbildentzerrung *f*
трансформировать transformieren, umwandeln, umformen, umsetzen, umbilden
~ **аэроснимки** *(Foto, Geod)* entzerren *(Luftbildaufnahmen)*
~ **напряжение** *(El)* transformieren, umspannen
~ **с повышением** *(El)* herauftransformieren
~ **с понижением** *(El)* heruntertransformieren
трансформируемость *f* Transformierbarkeit *f*
трансцендентность *f* Transzendenz *f*
траншеекопатель *m* Grabenbagger *m*
~/**роторный** Schaufelradgrabenbagger *m*
~/**цепной** Eimerkettengrabenbagger *m*
траншея *f* 1. Graben *m*; 2. *(Mil)* Schützengraben *m*; 3. *(Bgb)* Einschnitt *m (Tagebau)*
~/**внешняя** *(Bgb)* außerhalb der Lagerstätte angesetzter Haupteinschnitt *m (Tagebau)*
~/**внутренняя** *(Bgb)* innerhalb der Lagerstätte angesetzter Haupteinschnitt *m (Tagebau)*
~/**вскрышная** *(Bgb)* Abraumeinschnitt *m (Tagebau)*
~/**въездная** *(Bgb)* Einfahrt *f (Tagebau)*
~/**выдачная (выездная)** *(Bgb)* Ausfahrt *f (Tagebau)*
~/**грузовая** *(Bgb)* Ausfahrt *f (Tagebau)*
~ **для зуба [плотины]** *(Hydt)* Herdgraben *m*
~/**заходная** *(Bgb)* Einfahrt *f (Tagebau)*
~/**кабельная** *(El)* Kabelgraben *m*
~/**капитальная** *(Bgb)* Haupteinschnitt *m*, Aufschlußeinschnitt *m (Tagebau)*
~/**разрезная** *(Bgb)* Strosseneinschnitt *m (Tagebau)*
~/**силосная** Flachsilo *m*, Fahrsilo *m*, Horizontalsilo *m*; Gärfuttergrube *f*
~/**трубопроводная** *(Bw)* Rohrgraben *m*

трап *m* 1. *(Erdöl)* Gas-Öl-Separator *m*, Gas-Öl-Abscheider *m*, Gas-Öl-Trennvorrichtung *f*; 2. *(Bw)* Fußbodeneinlauf *m*; Traps *m*, Geruchverschluß *m*; 3. *(Schiff)* Treppe *f*; Leiter *f*; 4. Falle *f*, Trap *m* *(Transistor)*
~/**аварийный** *(Schiff)* Notausstiegsleiter *f*
~/**вертикальный** *(Schiff)* Leiter *f*, Steigleiter *f*
~/**двухмаршевый парадный** *(Schiff)* zweiteiliges Fallreep *n*
~/**забортный** *(Schiff)* Einstiegsleiter *f*
~/**мачтовый** *(Schiff)* Mastleiter *f*
~/**наклонный** *(Schiff)* Treppe *f*, Schiffstreppe *f*
~/**наружный** *(Schiff)* Außenleiter *f*
~/**парадный** *(Schiff)* Fallreep *n*
~/**пассажирский** *(Schiff)* Fahrgasttreppe *f*
~ **с двухпрутковыми ступенями** *(Schiff)* zweisprossige Leiter *f*
~ **с однопрутковыми ступенями** *(Schiff)* einsprossige Leiter *f*
~/**сходный** *(Schiff)* Landgang *m*, Gangway *f*
~/**телескопический** Teleskopgangway *f*
~/**трюмный** *(Schiff)* Laderaumleiter *f*, Lukenleiter *f*
~ **фальшборта** *(Schiff)* Schanzkleidtreppe *f*
трап-балка *f* *(Schiff)* Fallreepdavit *m*
трапеция *f* *(Math)* Trapez *n*
~/**равнобедренная (равнобочная)** gleichschenkliges Trapez *n*
~/**рулевая** *(Kfz)* Lenktrapez *n*
трапецоид *m* *(Math)* Trapezoid *n*
трапецоэдр *m* *(Math, Krist)* Trapezoeder *n*
~/**гексагональный** *(Krist)* hexagonales Trapezoeder *n*
~/**левый гексагональный** hexagonales Trapezoeder *n*, Linksform
~/**левый тетрагональный** tetragonales Trapezoeder *n*, Linksform
~/**правый гексагональный** hexagonales Trapezoeder *n*, Rechtsform
~/**правый тетрагональный** tetragonales Trapezoeder *n*, Rechtsform
~/**правый тригональный** trigonales Trapezoeder *n*, Rechtsform
~/**тетрагональный** *(Krist)* tetragonales Trapezoeder *n*
~/**тригональный** *(Krist)* trigonales Trapezoeder *n*
трапп *m* *(Geol)* Trapp *m*, Flutbasalt *m*, Plateaubasalt *m* *(Eruptivgestein)*
трап-тали *pl* *(Schiff)* Fallreeptalje *f*
трасс *m* Traß *m*
трасса *f* *(Geod, Bw)* Trasse *f*, Linienführung *f* *(Straßen-, Eisenbahn- und Kanalbau)*
~/**авиационная** Luftstraße *f*
~/**воздушная** Luftstraße *f*
~ **железнодорожной линии** *(Eb)* Streckenführung *f*
~ **кабеля** *(El)* Kabelweg *m*, Kabeltrasse *f*
~ **каскада гидростанций** *(Hydt)* Kraftstufenstraße *f*
~ **линии** *(Eb)* Streckenführung *f*, Linienführung *f*
~ **линий** *(El, Fmt)* Leitungsführung *f*, Leitungstrasse *f*, Leitungsstrecke *f*
~/**нагнетательная** Druckförderweg *m*
~ **ощупывания** *(Meß)* Taststrecke *f*, Tastweg *m*
~/**радиорелейная** Richtfunkstrecke *f*
~/**регуляционная** *(Hydt)* Regelungslinie *f*
~/**скоростная** Schnellstraße *f*
трассёр *m* *(Mil)* Leuchtsatz *m* *(Leuchtspurgeschosse)*
трассирование *n s.* **трассировка**
трассировать 1. *(Geod, Bw)* trassieren, abstecken, aufpflocken *(Straßen-, Eisenbahn- und Kanalbau)*; 2. *(Mil)* spuren *(Leuchtspurgeschosse)*
трассировка *f* 1. *(Bw)* Trassierung *f*, Linienführung *f*, Absteckung *f*; 2. *(Eb)* Trassierung *f*, Streckenabsteckung *f*
трассоискатель *m* *(Lw)* Dränortungsgerät *n*
траулер *m* Trawler *m* *(Schleppnetzfischerei)*
~/**автономный** Einzeltrawler *m*
~ **ближнего лова** Kurzstreckentrawler *m*
~/**близнецовый** Tucktrawler *m*
~/**большой морозильно-свежьевой** Gefrier- und Frischfischtrawler *m*
~/**большой морозильный рыболовный** Gefriertrawler *m*
~/**большой рыболовный** Supertrawler *m*
~ **бортового траления** Seitentrawler *m*, Seitenfänger *m*
~/**бортовой** Seitentrawler *m*
~ **дальнего лова** Hochseetrawler *m*
~/**добывающе-перерабатывающий** Fang- und Verarbeitungstrawler *m*
~/**консервно-морозильный** Konserven- und Gefriertrawler *m*
~/**консервный** Konserventrawler *m*
~ **кормового траления** Hecktrawler *m*, Heckfänger *m*
~/**кормовой** Hecktrawler *m*
~/**малый [рыболовный]** Kleintrawler *m*
~/**многоцелевой** Mehrzwecktrawler *m*
~/**морозильно-мучной** *(Schiff)* Gefrier- und Fischmehltrawler *m*
~/**морозильный** Gefriertrawler *m*
~/**подводный** Unterwassertrawler *m*
~/**посольно-свежьевой** Salz- und Frischfischtrawler *m*
~/**посольный** Salzfischtrawler *m*
~/**пресервно-свежьевой рыболовный** Präserven- und Frischfischtrawler *m*
~ **прибережного лова** Küstentrawler *m*
~/**рефрижераторный** Kühltrawler *m*

~/рыболовно-морозильный Fang- und Gefriertrawler *m*
~/рыболовный Fischtrawler *m*
~/рыболовный морозильный Gefriertrawler *m*
~/рыбомучной Fischmehltrawler *m*
~/рыбообрабатывающий Verarbeitungstrawler *m*, Fabriktrawler *m*
~ с бортовым тралением Seitentrawler *m*, Seitenfänger *m*
~ с кормовым тралением Hecktrawler *m*, Heckfänger *m*
~/свежьевой Frischfischtrawler *m*
~/средний рыболовный Mitteltrawler *m*
траулер-дрифтер *m* [mittelgroßer] Trawler *m* für Grundschleppnetz- und Treibnetzfischerei
траулер-завод *m (Schiff)* Fabriktrawler *m*, Verarbeitungstrawler *m*
траулер-катамаран *m (Schiff)* Katamarantrawler *m*
траулер-ловец *m (Schiff)* Fangtrawler *m*
траулер-морозильщик *m*/**рыболовный** *(Schiff)* Fang- und Gefriertrawler *m*
траулер-рыбозавод *m*/**большой морозильный** Gefrier- und Verarbeitungstrawler *m*
трафарет *m* Schablone *f*, Schriftschablone *f*, Signierschablone *f*
трафик *m (Fmt)* Verkehr *m*
~/ближний Nahverkehr *m*
~/внутренний Inlandsverkehr *m*
~/междугородный Fernverkehr *m*
~/местный Ortsverkehr *m*
~/оконечный Endverkehr *m*
~/пригородный Vorortsverkehr *m*
~/служебный Dienstverkehr *m*
~/телефонный Fernsprechverkehr *m*
~/транзитный Durchgangsverkehr *m*
трафление *n (Text)* Druckwalzenfeinabstimmung *f (Mehrwalzendruckmaschine)*
трахит *m (Geol)* Trachyt *m (syenitisches Erstarrungsgestein)*
ТРД *s.* **двигатель/турбореактивный**
требование *n* 1. Forderung *f*, Anforderung *f*; 2. *(Math, Ph)* Postulat *n*
требования *npl* **[техники] безопасности** Sicherheitsanforderungen *fpl*
тревога *f* Alarm *m*; Alarmsignal *n*
~/атомная Atomalarm *m*
~/боевая 1. Gefechtsalarm *m*; 2. *(Mar)* Klarschiff *n*
~/воздушная Fliegeralarm *m*
~/ложная blinder Alarm *m*
~/пожарная Feueralarm *m*
~/учебная Übungsalarm *m*
~/химическая Gasalarm *m*
трёгерит *m (Min)* Trögerit *m*
«трезубец» *m (Kern)* Dreizackereignis *n*, Dreierstern *m*
трейбование *n (Met)* Treiben *n*, Abtreiben *n*, Treibarbeit *f*, Kupellation *f*
трейбофен *m* Kapellenofen *m*, Treibeofen *m (NE-Metallurgie)*
трейлер *m* Tieflader *m*, Trailer *m*
~/шлюпочный Bootsanhänger *m*
трейлеровоз *m* Trailerschiff *n*
трек *m* 1. *(Kern)* Spur (Bahn) *f* eines Teilchens; 2. *(Dat)* Spur *f*
~ звёзд/эволюционный *(Astr)* Entwicklungsweg *m (Sternentwicklung)*
трелевать *(Forst)* Holz rücken, den Holzschlag räumen
трелёвка *f (Forst)* Rücken *n* des Holzes *(vom Schlag zu den Abfuhrwegen)*; Schlagräumen *n*
~/лебёдочная Rücken *n* des Holzes mittels Winde
~/тракторная Rücken *n* des Holzes mittels Traktors
тремадок *m s.* **ярус/тремадокский**
тремолит *m (Min)* Tremolit *m (Amphibol)*
тренажёр *m*/**лётный (пилотажный)** Flugsimulator *m*
трензель *m (Wkzm)* Wendeherz *n (Wendeherzgetriebe)*
трение *n* Reibung *f*, Reibungskraft *f* • **без трения** reibungslos, reibungsfrei
~/абразивное Schleifreibung *f*
~ в опорах Lagerreibung *f*
~ в трубе Rohrreibung *f*
~ верчения Gleitreibung *f* als Sonderfall *(z. B. in Spurlagern)*
~/виртуальное virtuelle Reibung *f*
~/внешнее äußere Reibung *f*
~/внутреннее innere Reibung *f*, Eigenreibung *f*
~ воздуха Luftreibung *f*
~ второго рода *s.* **~ качения**
~/граничное Feststoffreibung *f*
~ жидкости *s.* **~/жидкостное**
~/жидкостное Flüssigkeitsreibung *f*, flüssige (schwimmende) Reibung *f*
~ качения Wälzreibung *f (Kombination von Gleit- und Rollreibung; vgl. hierzu* **~ «чистого» качения***)*; Wälzwiderstand *m*, Rollwiderstand *m*
~/ламинарное *(Aero)* laminare Reibung *f*
~/опорное Auflagereibung *f*
~ первого рода *s.* **~ скольжения**
~ поверхностей Flächenreibung *f*
~ подшипника Lagerreibung *f*
~ покоя Ruhereibung *f*, Haftreibung *f*
~ покоя при качении Haftreibung *f* gegen Rollen
~/полужидкостное Mischreibung *f*, gemischte Reibung *f (Kombination von Fließ- und Feststoffreibung oder Fließ- und Trockenreibung)*
~/полусухое Mischreibung *f (Kombination von Trocken- und Feststoffreibung)*
~/приливное *(Astr)* Gezeitenreibung *f*
~ скольжения Gleitreibung *f*, gleitende Reibung *f*

~/смешанное *s.* 1. **~/полужидкостное**; 2. **~/полусухое**
~/собственное Eigenreibung *f*, innere Reibung *f*
~/статическое Ruhereibung *f*, Haftreibung *f*
~ стенок Wandreibung *f*
~/сухое Trockenreibung *f*, trockene Reibung *f*
~ сцепления Haftreibung *f*
~/турбулентное *(Aero)* turbulente Reibung *f*
~ «чистого» качения Rollreibung *f* *(als Komponente der Wälzreibung; vgl.* **~ качения***)*
тренировка *f (Met)* Trainieren *n (Werkstoffe)*
тренога *f* Dreibein *n*, Dreibock *m*; dreibeiniges Bockgerüst *n*
~/буровая *(Bgb)* Bohrgerüst *n*, Bohrbock *m*, Dreibock *m*
тренцевание *n (Schiff)* Trensen *n (Leinen)*
тренцевать *(Schiff)* trensen *(Leinen)*
треонин *m* Threonin *n*, α-Amino-β-hydroxybuttersäure *f*
трепало *n (Text)* 1. Schwinge *f (zum Schwingen von Flachs oder Hanf)*; 2. Schläger *m*, Schlagflügel *m*
~/двухбильное планочное Zweischienenschläger *m*, zweischieniger Schlagflügel *m*
~/ножевое Nasenschläger *m*
~/пильчатое Sägezahnschläger *m*
~/планочное Schienenschläger *m*
~/трёхбильное планочное Dreischienenschläger *m*, dreischieniger Schlagflügel *m*
трепел *m (Geol)* Tripel *m*
треск *m* 1. Knall *m*; Knacken *n*; 2. *(Fmt)* Knackgeräusch *n*, Knacken *n*
~/оловянный *(Met)* Zinngeschrei *n*
тресковый Kabeljau ..., Dorsch ...
трест *m*/**разведочный** *(Bgb)* Erkundungsbetrieb *m*
третичный 1. tertiär; 2. *(Geol)* tertiär, Tertiär ..., braunkohlenzeitlich; 3. *(Ch, Met)* ternär, Dreistoff ...
третник *m* Lötzinn *n*, Schnellot *n*, Weichlot *n*
треугольник *m* 1. *(Math)* Dreieck *n*; 2. *(Schiff)* Dreieckplatte *f (Ladebaum)*
~/векторный Vektordreieck *n*
~/вечерний зодиакальный *(Astr)* Abendhauptlicht *n (Zodiakallicht)*
~/входной Eintrittsdreieck *n (Wasserturbine)*
~/выходной Austrittsdreieck *n (Wasserturbine)*
~/геодезический geodätisches Dreieck *n*
~/концентрационный Konzentrationsdreieck *n (Dreistoffsystem)*
~ мощностей Leistungsdreieck *n*
~ напряжений Spannungsdreieck *n*
~ нитей *(Opt)* Fadendreieck *n*, Strichwinkel *m*
~ основной триангуляции *(Geod)* Hauptdreieck *n*
~/остроугольный spitzwinkliges Dreieck *n*
~/параллактический *(Astr)* nautisches Dreieck *n*
~ Паскаля Pascalsches Zahlendreieck *n*
~/поворотный *(Eb)* Gleisdreieck *n*
~/подобный ähnliches Dreieck *n*
~/правильный *s.* **~/равносторонний**
~/присоединительный *(Lw)* Kupplungsdreieck *n*
~/проволочный *(Ch)* Drahtdreieck *n (Laborgerät)*
~ прямоидущей торпеды/торпедный *(Mar)* Torpedodreieck *n (geradlaufender Torpedo)*
~/прямоугольный rechtwinkliges Dreieck *n*
~/равнобедренный gleichschenkliges Dreieck *n*
~/равносторонний gleichseitiges Dreieck *n*
~/силовой *(Mech)* Kräftedreieck *n*
~ скоростей Geschwindigkeitsdreieck *n*
~/скоростной Geschwindigkeitsdreieck *n*
~/соединительный *(Geod)* Anschlußdreieck *n*
~ сопротивлений Widerstandsdreieck *n*
~/сферический sphärisches Dreieck *n*
~ триангуляционной сети *(Geod)* Meßdreieck *n*
~/тупоугольный stumpfwinkliges Dreieck *n*
~/утренний зодиакальный *(Astr)* Morgenhauptlicht *n (Zodiakallicht)*
~/фарфоровый *(Ch)* Porzellandreieck *n (Laborgerät)*
~ цветов *(Opt)* Farbendreieck *n*
треугольный dreieckig, trigonal, triangular
треф *m (Wlz)* Kuppelzapfen *m*, Kreuzzapfen *m*, Kleeblatt *n*, Kleeblattzapfen *m*, Treffer *m (Walze)*
трёхатомность *f (Ch)* Dreiatomigkeit *f*; Dreiwertigkeit *f*, Trivalenz *f*
трёхатомный *(Ch)* dreiatomig; dreiwertig, trivalent
трёхвалентность *f (Ch)* Dreiwertigkeit *f*, Trivalenz *f*
трёхвалентный *(Ch)* dreiwertig, trivalent
трёхгранник *m* 1. *(Math)* Dreibein *n*, Koordinatendreibein *n*; 2. *(Krist)* Trieder *n*, Dreiflach *n*; 3. Dreikant *m*
~/сопровождающий begleitendes Dreibein *n*
~ цветов Farb[en]dreikant *m*
трёхгранники *mpl (Geol)* Dreikanter *mpl*
трёхгранный dreiseitig; dreikantig, Dreikant ...
трёхжильный *(El)* dreiadrig, Dreileiter ...

трёхзамещённый *(Ch)* trisubstituiert
~ ортофосфорнокислый ... [ortho]phosphat *n*
трёхкатушечный dreispulig
трёхкислотный *(Ch)* dreisäurig *(Basen)*
трёхконтурный *(Rf)* dreikreisig, Dreikreis ...
трёхкратный dreifach
трёхламповый *(Rf)* Dreiröhren ..., mit drei Röhren [bestückt]
трёхмагазинка *f* *(Typ)* Dreidecker *m*, Dreimagazin-Setzmaschine *f*
трёхмерный *(Math)* dreidimensional, räumlich
трёхниточный *(Masch)* dreigängig *(Gewinde)*
трёхобмоточный *(El)* Dreiwicklungs ..., mit drei Wicklungen
трёхоборотный *s.* **трёхниточный**
трёхокись *f* *(Ch)* Trioxid *n*
~ железа Eisen(III)-oxid *n*, Eisentrioxid *n*, Eisenoxid *n*
~ мышьяка Arsen(III)-oxid *n*, Arsentrioxid *n*
~ серы Schwefeltrioxid *n*, Schwefel(VI)-oxid *n*
~ урана Uran(VI)-oxid *n*, Urantrioxid *n*
~ фосфора Phosphortrioxid *n*, Phosphor(III)-oxid *n*
~ хрома Chrom(VI)-oxid *n*, Chromtrioxid *n*
трёхосновный *(Ch)* dreibasig *(Säuren)*
трёхосный *(Eb)* dreiachsig, Dreiachs ...
трёхполье *n* Dreifelderwirtschaft *f*
трёхполюсник *m* *(El)* Dreipol *m*
трёхпредельный Dreibereich ..., mit drei Bereichen (Meßbereichen)
~ по напряжению mit drei Spannungs[meß]bereichen
трёхпроводный *(El)* dreidrähtig, Dreidraht ..., Dreileiter ...
трёхпролётный *(Bw)* dreischiffig; dreifeldrig
трёхсекционный *(El)* dreispulig
трёхсернистый *(Ch)* ... trisulfid *n*
трёхстворчатый *(Bw)* dreiflügelig *(Fenster)*
трёхсторонний dreiseitig; trilateral
трёхступенчатый 1. dreistufig; 2. *(Masch, Kfz)* Dreigang ... *(Getriebe)*
трёхфазный *(El)* dreiphasig, Dreiphasen ...; Drehstrom ...
трёхходовой 1. dreigängig *(Schraube)*; 2. Dreiwege ... *(Hahn, Ventil)*
трёхчлен *m* *(Math)* Trinom *n*
трёхчленный *(Math)* trinomisch, dreigliedrig
трёхшарнирный Dreigelenk ...
трёхъярусный dreietagig, Dreietagen ... *(z. B. Dreietagenofen)*; dreistöckig *(z. B. dreistöckiges Gatter der Ringspinnmaschine)*
трёхэлектродный Dreielektroden ..., Trioden ...
трещина *f* 1. Riß *m*, Anriß *m*, Einriß *m*; 2. Sprung *m*; 3. *(Geol)* Steinkluft *f*, Kluft *f*, Diaklase *f*; 4. *(Geol)* Steinspalte *f*, Spalte *f*, Paraklase *f*; 4. *(Bgb)* Schlechte *f*
~ без смещения *s.* **~ отдельности**
~/вертикальная *(Geol)* seigere Kluft *f*
~/внутренняя Innenriß *m*
~/внутрикристаллическая interkristalliner Riß *m*; Mikroriß *m*
~/волосная *(Met)* Haarriß *m*
~ выветривания *(Geol)* Verwitterungskluft *f*
~ высыхания *(Geol)* Trockenriß *m*
~/горячая *(Met)* Warmriß *m*
~/гравитационная *(Geol)* Störungskluft *f*
~ давления *(Geol)* Druckkluft *f*
~/диагональная *(Geol)* Diagonalkluft *f*
~/дислокационная *(Geol)* Störungskluft *f*
~/закалочная *(Met)* Härteriß *m*
~/закрытая *(Geol)* geschlossene Kluft *f*
~ излома *(Geol)* Bruchspalte *f*
~/карстовая *(Geol)* Karstkluft *f*
~/кливажная *(Bgb, Geol)* Druckschlechte *f*, Schieferungskluft *f*
~/коррозионная Korrosionsriß *m*
~/косая *(Geol)* Diagonalkluft *f*
~/краевая *(Geol)* Randkluft *f*
~/крутая *(Geol)* steile (steil fallende) Kluft *f*
~ кручения *(Geol)* Torsionsspalte *f*
~/ледниковая *(Geol)* Gletscherspalte *f*
~/межкристаллическая *(Wkst)* Korngrenzenriß *m*; Mikroriß *m*
~ Мора *(Geol)* Mohrsche Flächen *fpl*
~/морозобойная *(Geol)* Frostriß *m*, Frostspalte *f*
~ напластования *(Geol)* Schichtfuge *f*
~ нарушения *(Geol)* Störungskluft *f*
~ обрыва *(Geol)* Abrißspalte *f*
~ оперения *(Geol)* Fiederspalte *f*, Fiederkluft *f*
~ оседания *(Bgb)* Senkungsspalte *f*, Setzungsriß *m*
~ от усталости *(Wkst)* Ermüdungsriß *m*, Dauerriß *m*
~ отдельности *(Geol)* Ablösungskluft *f*, Absonderungskluft *f*
~/открытая *(Geol)* offene Spalte *f*
~ отрыва *(Geol)* Zugkluft *f*, Trennkluft *f*, Reißkluft *f*
~ охлаждения *(Geol)* Abkühlungsspalte *f*, Erstarrungsspalte *f*, Schwundkluft *f*
~/первичная *(Geol)* primäre Kluft *f*
~ пережога *(Met)* Brandriß *m*, Brandrisse *mpl*
~/перистая *s.* **~/оперения**
~/пластовая *(Geol)* Lagerkluft *f*, L-Kluft *f* *(nach Cloos)*

~ по границам зерён *(Wkst)* Korngrenzenriß *m*; Mikroriß *m*
~ по падению *(Geol)* Kluft *f* im Fallen (Einfallen) der Schichten
~ по простиранию *(Geol)* Kluft *f* im Streichen der Schichten
~/поверхностная Oberflächenriß *m*
~/пологая (пологозалегающая) *s.* **~/пластовая**
~/поперечная 1. Querriß *m*; 2. *(Geol)* Querkluft *f*, Q-Kluft *f* *(nach Cloos)*
~ поперечной системы *s.* **~/поперечная 2.**
~/продольная 1. Längsriß *m*; 2. *(Geol)* Längskluft *f*, S-Kluft *f* *(nach Cloos)*
~ продольной системы *s.* **~/продольная 2.**
~/прототектоническая *(Geol)* primäre Kluft *f*
~/радиальная *(Forst)* Strahlenriß *m*, Radialriß *m*, Spiegelkluft *f*
~ разрыва *(Geol)* Zugkluft *f*
~ растяжения *(Geol)* Dehnungsspalte *f* *(Gruppenbegriff für Reiß-, Zug- und Druckklüfte)*
~/рудоносная *(Geol)* erzführende Spalte *f*, Erzgang *m*
~ сброса (Geol) Verwerfer *m*, Verwerfungskluft *f*, Sprungkluft *f*
~/световая *(Gum)* Lichtriß *m*, Sonnenlichtriß *m*
~ сдвига *(Geol)* Scherkluft *f*
~/секущая Querriß *m*
~/сердцевинная *(Forst)* Herzriß *m*, Kernriß *m*, Markriß *m*
~ сжатия *(Geol)* Druckkluft *f*, Druckschlechte *f*
~ скалывания *(Geol)* Scherkluft *f*
~ скола *(Geol)* Mohrsche Flächen *fpl*
~/скрытая *(Geol)* latente Kluft *f*
~ сплющивания Längsriß *m*
~ старения *(Gum, Met)* Alterungsriß *m*
~/тектоническая *(Geol)* tektonische Kluft *f* *(im Russischen Oberbegriff für Zug- und Druckklüfte sowie Mohrsche Flächen)*
~/термическая *(Met)* Warmbehandlungsriß *m*
~/тонкая *(Met)* Haarriß *m*
~/угловая *(Met)* Kantenriß *m* *(Gußblock)*
~ усадки *s.* **~/усадочная**
~/усадочная *(Met)* Schwind[ungs]riß *m*; Schrumpfriß *m*
~ усталости *s.* **~/усталостная**
~/усталостная *(Wkst)* Ermüdungsriß *m*, Dauerriß *m*
~ усушки *(Holz)* Trockenriß *m*, Schwindriß *m*
~ усыхания *(Geol)* Trockenriß *m*
~/холодная *(Wkst)* Kaltriß *m*
~/экзогенная *(Geol)* exogene (außenbürtige) Kluft *f*
~/экзокинетическая *(Geol)* exokinetische Kluft *f*
~/эндогенная *(Geol)* endogene (innenbürtige) Kluft *f*
~/эндокинетическая *(Geol)* endokinetische Kluft *f*
трещиноватость *f* 1. Rissigkeit *f*; 2. *(Geol)* Klüftung *f*
трещинообразование *n* Rißbildung *f*
трещиностойкость *f* Rißbeständigkeit *f*
трещины *fpl***/околошовные** *(Schw)* Nahtrisse *mpl*
трещотка *f* *(Wkz)* Knarre *f*, Ratsche *f*
ТРЗ *s.* **завод/тепловозоремонтный**
триада *f* **красок для цветного печатания** *(Typ)* Dreifarbensatz *m*
триак *m* *(Eln)* Triac *m*, symmetrischer Thyristor *m*, Symistor *m*, Zweiwegthyristor *m*, Vollwegthyristor *m*
триакисоктаэдр *m s.* **тригон-триоктаэдр**
триакистетраэдр *m s.* **тригон-тритетраэдр**
триалкилфосфат *m* *(Ch)* Trialkylphosphat *n*
триангель *m***/тормозной** *(Eb)* Bremsdreieck *n* *(Fahrzeug)*
триангулирование *n s.* **триангуляция**
триангуляция *f* *(Geod)* Triangulation *f*, Dreiecks[ver]messung *f*
~/заполняющая vermittelnde Triangulation *f*, Detailtriangulation *f*
~/основная Haupttriangulation *f*, Triangulation *f* erster Ordnung
~/первого класса *s.* **~/основная**
триас *m* *(Geol)* Trias *f*
~/альпийский alpine Trias *f*
~/верхний obere Trias *f*, Keuper *m* *(Abteilung)*
~/нижний untere Trias *f*, Buntsandstein *m* *(Abteilung)*
~/средний mittlere Trias *f*, Muschelkalk *m* *(Abteilung)*
триацетат *m* *(Ch)* Triazetat *n*
~ целлюлозы Zellulosetriazetat *n*
триацетилцеллюлоза *f s.* **триацетат целлюлозы**
трибка *f* *(Masch)* Zahntrieb *m*, Triebling *m*; Ritzel *n*
трибоабсорбция *f* Triboabsorption *f*
трибодесорбция *f* Tribodesorption *f*
триболюминесценция *f* Tribolumineszenz *f*, Reibungslumineszenz *f*, Trennungsleuchten *n*
трибометр *m* Tribometer *n*, Reibungsmesser *m*
трибометрия *f* Tribometrie *f* *(Bestimmung der Reibungszahl)*
трибоплазма *f* Triboplasma *n*
триборинтриимин *m* *(Ch)* Triborintriamin *n*, Borazol *n*, anorganisches Benzol *n*
трибосублимация *f* Tribosublimation *f*
трибофизика *f* Reibungsphysik *f*, Tribophysik *f*

трибохимия *f* Tribochemie *f*
трибоэлектричество *n* Triboelektrizität *f*, Reibungselektrizität *f*
трибромид *m (Ch)* Tribromid *n*
триброметан *m (Ch)* Tribrommethan *n*, Bromoform *n*
триброммоносилан *m (Ch)* Tribromsilan *n*
трибромэтанол *m (Ch)* Tribromäthanol *n*, Tribromäthylalkohol *m*
тривектор *m (Math)* Trivektor *m*; Dreiervektor *m*
тригатрон *m (El)* Trigatron *n*
триггер *m (Dat)* Trigger *m*, Auslöser *m*; Flipflop *n*
~/динамический dynamischer Trigger *m*; dynamisches Flipflop *n*
~ на двойном триоде Doppeltriodentrigger *m*
~ на транзисторах Transistortrigger *m*; Transistorflipflop *n*
~/статический statischer Trigger *m*; statisches Flipflop *n*
~/электронный elektronischer Trigger *m*; elektronisches Flipflop *n*
триглицерид *m (Ch)* Triglyzerid *n*, Neutralglyzerid *n*
тригонометрия *f (Math)* Trigonometrie *f*
~/плоская ebene Trigonometrie *f*
~/сферическая sphärische Trigonometrie *f*
тригон-триоктаэдр *m (Krist)* Tri[aki]soktaeder *n*, Pyramidenoktaeder *n*
тригон-тритетраэдр *m (Krist)* Tri[aki]stetraeder *n*, Pyramidentetraeder *n*
тридимит *m (Min)* Tridymit *m (Quarz)*
триер *m (Lw)* Trieur *m*, Ausleser *m*, Auslesemaschine *f*, Zellenausleser *m*
~/барабанный *s.* **~/цилиндрический**
~/быстроходный (высокопроизводительный) Hochleistungstrieur *m*, Hochleistungszellenausleser *m*
~ двойного действия Zweifach-Zellenausleser *m*
~/двойной *s.* **~ двойного действия**
~/дисковый Scheibentrieur *m*, Carter-Trieur *m*
~ для отделения дроблёных семян Halbkörnerauslesemaschine *f*
~/контрольный Nachlesetrieur *m*
~/обыкновенный (тихоходный) normaler Zellenausleser *m*
~/универсальный Universaltrieur *m*
~/цилиндрический Trommeltrieur *m*, Zylindertrieur *m*
~/червячный Wendelausleser *m*, Schnekkentrieur *m*
~/ячеистый Zellenausleser *m*, Zellentrieur *m*
триеровать mit dem Trieur reinigen *(Getreide)*
трийодид *m (Ch)* Trijodid *n*
трийодметан *m (Ch)* Trijodmethan *n*, Jodoform *n*
трийодмоносилан *m (Ch)* Trijodsilan *n*, Silikojodoform *n*
трикальцийфосфат *m (Ch)* Trikalziumphosphat *n*, tertiäres (normales) Kalziumphosphat *n*, Kalziumorthophosphat *n*
трикетогидринденгидрат *m (Ch)* Triketohydrindenhydrat *n*, Ninhydrin *n*
триклинический *(Krist)* triklin
трико *n (Text)* Trikot *m(n)*
трикотаж *m (Text)* Trikotage *f*, Wirk- und Strickware *f*
~/ажурный Petinetmusterware *f*
~/верхний Obertrikotage *f*
~/винтовой ohne Ringelapparat hergestellte Ringelware *f*
~/гладкий glatte Ware *f (Kulierware)*
~/гладкий покровный glatte Plattierware *f*
~/двойной doppeltfonturige Wirk- *oder* Strickware *f*, doppeltfonturige Ware *f*
~/двухгребёночный малорастягивающийся zweimaschige wenig dehnfähige Kettenwirkware *f*
~/двухизнаночный Links-Links-Ware *f*
~/двухлицевой Rechts-Rechts-Ware *f*, 1+1-Ware *f*, Ränderware *f*
~/двухфонтурный жаккардовый Jacquarddoppelware *f*
~/двухцветный полный жаккардовый zweifarbige Jacquardware *f* mit glatter Bindung
~/жаккардовый Jacquardware *f*
~/интерлочный Interlockware *f*
~/кольцевой mit dem Ringelapparat hergestellte Ringelware *f*
~/кулирный *s.* **~/основовязальный**
~/малорастягивающийся основовязальный wenig dehnfähige Kettenwirkware *f*
~/накладной покровный Ware *f* mit aufplattierten Mustern
~/начёсный Futterware *f*, gerauhte Ware *f*
~/нашивной покровный Ware *f* mit Broschiermustern
~/неполный поперечно-вязальный жаккардовый Jacquardware *f* mit Köperbindung
~/одинарный einfonturige Wirk- *oder* Strickware *f*, einfonturige Ware *f*
~/основовязальный Ketten[wirk]ware *f*, Kettengewirk *n*
~/основовязальный двойной Doppelketten[wirk]ware *f*
~/основовязальный жаккардовый Jacquard-Ketten[wirk]ware *f*
~/основовязальный одинарный einfache Ketten[wirk]ware *f*

~/**перекидной покровный** Ware *f* mit hinterlegtplattiertem Muster, Hinterlegtplattierware *f*
~/**переменный покровный** Ware *f* mit wendeplattiertem Muster, Wendeplattierware *f*
~/**покровный** plattierte Wirkware *f*, Plattierware *f*
~/**полный поперечно-вязальный жаккардовый** Jacquardware *f* mit glatter Bindung
~/**полосатый** gestreifte Wirkware *f*
~/**полуфанговый** Perlfangware *f*
~/**поперечно-вязальный** Kulierware *f*, Kuliergewirk *n*
~/**поперечно-вязальный двойной** Ränderware *f*, Rippware *f*
~/**поперечно-вязальный одинарный** einfonturige Kulierware *f*
~/**поперечнополосатый** Ringelware *f*
~/**пресс-жаккардовый** Jacquard-Noppenware *f*
~/**прессовый** Preßmusterware *f*, Preßmuster *n*
~/**продольнополосатый** Langstreifenware *f*, Langstreifenmuster *n*
~/**простой двухлицевой** gewöhnliche Ränderware (Rippware) *f*
~/**простой рельефный жаккардовый** einfache Jacquard-Preßmusterware *f*
~/**рельефный вышивной основовязальный** Jacquard-Kettenware *f* mit Noppenmuster
~/**рельефный жаккардовый** Reliefware *f*, Welle *f*
~/**рисунчатый** gemusterte Ware *f*
~/**рисунчатый покровный** gemusterte Plattierware *f*
~/**трёхгребёночный малорастягивающийся** dreimaschige wenig dehnfähige Kettenwirkware *f*
~/**фанговый** Fangware *f*
трикотажный Wirk ..., Wirkwaren ..., Trikotagen ...
тример *m (Ch)* Trimer[es] *n*
тримеризация *f (Ch)* Trimerisation *f*, Trimerisierung *f*
тримерный *(Ch)* trimer
триметиламин *m (Ch)* Trimethylamin *n*
триметиларсин *m (Ch)* Trimethylarsin *n*, Kakodyl *n*
триметилмочевина *f (Ch)* Trimethylharnstoff *m*
триметилфосфин *m (Ch)* Trimethylphosphin *n*
триметрия *f (Math)* Trimetrie *f (darstellende Geometrie)*
триммер *m* 1. *(Holz)* mehrblättrige automatische Besäum- und Lattenkreissäge *f*, Walzensäumer *m (Mehrblattkreissäge mit automatischem Vorschub)*; 2. Trimmer *m (Bandförderer für gleichmäßige Verteilung von Schüttgut in Lagern, Schiffsladeräumen und gedeckten Eisenbahnwagen)*; 3. *(Flg)* Trimmklappe *f*, Trimmruder *n*; 4. *(Rf)* Trimmkondensator *m*, Trimmer *m*, Abgleichkondensator *m*
~/**аэродинамический** *(Flg)* Trimmruder *n*
~/**верхний** *(Holz)* oberschnittiger Walzensäumer *m (Zustellung der Kreissägeblätter von oben)*
~/**керамический** Keramiktrimmer[kondensator] *m*
~/**нижний** *(Holz)* unterschnittiger Walzensäumer *m (Zustellung der Kreissägeblätter von unten)*
~ **руля высоты** *(Flg)* Höhenrudertrimmklappe *f*
~/**шайбовый** Scheibentrimmer[kondensator] *m*
~ **элерона** *(Flg)* Querrudertrimmklappe *f*
тримолекулярный *(Ch)* trimolekular
триморфизм *m (Krist)* Trimorphie *f*
триморфный *(Krist)* trimorph
тринатрийфосфат *m (Ch)* Trinatriumphosphat *n*, tertiäres (normales) Natriumphosphat *n*, Natriumorthophosphat *n*
тринистор *m* Trinistor *m*
тринитрат *m (Ch)* Trinitrat *n*
~ **глицерина** Glyzerintrinitrat *n*, Glyzerilnitrat *n*
~ **целлюлозы** Zellulosetrinitrat *n*
тринитрование *n (Ch)* Trinitrierung *f*
тринитротолуол *m (Ch)* Trinitrotoluol *n*, TNT, Trotyl *n*
тринитрофенол *m (Ch)* Trinitrophenol *n*, Pikrinsäure *f*
тринитроэфир *m* **глицерина** *s.* **тринитрат глицерина**
трином *m (Math)* Trinom *n*
трио *n (Wlz)* Trio *n*, Triowalzwerk *n*
~/**ложное** blindes Trio (Triowalzwerk) *n*
~ **стан** *s.* **трио**
триод *m (Eln)* Triode *f* • **на полупроводниковых триодах** auf Transistorbasis, transistorisiert, transistorbestückt, Transistor ...
~/**вакуумный** Vakuumtriode *f*
~/**высоковакуумный** Hochvakuumtriode *f*
~/**высокочастотный** Hochfrequenztriode *f*, HF-Triode *f*, Hochfrequenztransistor *m*, HF-Transistor *m*
~/**высокочастотный диффузионный** HF-Diffusionstransistor *m*
~/**высокочастотный сплавной** HF-Legierungstransistor *m*
~/**выходной** Endtriode *f*
~/**генераторный** Sendetriode *f*
~/**двойной** Doppeltriode *f*
~/**дисковый** Scheibentriode *f*
~/**длинноволновый генераторный** Langwellen[sende]triode *f*

~/**дрейфовый** Drifttransistor *m*
~/**коротковолновый генераторный** Kurzwellen[sende]triode *f*
~/**кремниевый** Siliziumtransistor *m*
~/**кристаллический** *s.* ~/**полупроводниковый**
~/**лавинный** Lawinentransistor *m*
~/**маломощный генераторный** Kleinsendetriode *f*
~/**миниатюрный** Miniaturtriode *f*
~/**мощный** Leistungstriode *f*
~/**мощный генераторный** Leistungssendetriode *f*
~/**низкочастотный** Niederfrequenztransistor *m*, NF-Transistor *m*
~/**оконечный** Endtriode *f*
~/**переключающий** Schalttriode *f*
~/**плёночный** Dünnschichttriode *f*
~/**плоскостной** Flächentriode *f*, Flächentransistor *m*
~/**полупроводниковый** Halbleitertriode *f*, Transistor *m*, Transistordiode *f*
~/**полупроводниковый униполярный** Unipolartransistor *m*
~/**пушпульный** Gegentakttriode *f*
~ **с всплавленными переходами** Legierungstransistor *m*
~ **с дисковыми впаями** Scheibentriode *f*
~/**сверхвысокочастотный** Ultrahochfrequenztriode *f*, UHF-Triode *f*
~/**сдвоенный** *s.* ~/**двойной**
~/**сдвоенный оконечный** Doppelendtriode *f*
~/**сплавной** Legierungstransistor *m*
~/**точечно-контактный** Spitzentransistor *m*, Punkt[kontakt]transistor *m*
~/**туннельный** Tunneltriode *f*
~/**ультракоротковолновый** Ultrakurzwellentriode *f*, UKW-Triode *f*
~/**униполярный** Unipolartransistor *m*, Feld[effekt]transistor *m*, Feldsteuerungstransistor *m*
~/**усилительный** Verstärkertransistor *m*
триод-гексод *m (Eln)* Triode-Hexode *f*
триод-пентод *m (Eln)* Triode-Pentode *f*
триод-смеситель *m (Eln)* Mischtriode *f*
триод-тетрод *m (Eln)* Triode-Tetrode *f*
триоза *f (Ch)* Triose *f (Monosaccharid mit 3 Sauerstoffatomen)*
триоксид *m (Ch)* Ozonid *n*
~ **натрия** Natriumozonid *n*
триортогональный *(Krist)* dreifach-orthogonal
трипальмитин *m (Ch)* Tripalmitin *n*, Glyzerintripalmitinsäureester *m*
триплан *m (Flg)* Dreidecker *m*
триплекс *m (Typ)* Triplexdruck *m*, Triplexreproduktion *f*
триплекс-картон *m (Pap)* Triplexkarton *m*
триплекс-процесс *m (Met)* Triplex-[schmelz]verfahren *n*
триплет *m* 1. *(Opt)* Triplett *n (Spektrallinien)*; 2. *(Foto)* dreilinsiges Objektiv *n*, Dreilinser *m*
~ **Зеемана** *(Opt)* Zeeman-Triplett *n*
~ **Лоренца** *(Opt)* Lorentz-Triplett *n*
~/**нечётный** *(Math)* ungerader Term *m*
триплит *m (Min)* Triplit *m*, Eisenpecherz *n*
трипсин *m (Ch)* Trypsin *n (Ferment)*
трисазокраситель *m (Ch)* Trisazofarbstoff *m*
трисахарид *m (Ch)* Trisaccharid *n*
трисекция *f* **[угла]** *(Math)* Trisektion *f* [des Winkels]
трисель *m* 1. Trysegel *n (Sturmsegel auf seegehenden Jachten)*; 2. Gaffelsegel *n (an Vor-, Groß- und Besanmast)*; 3. *allgemeine Bezeichnung für Fock, Großsegel und Bagiensegel auf Schonern*
~/**штормовой** Sturm-Trysegel *n*, Sturmsegel *n (Segelschiff)*
трисельмачта *f* Trysegelmast *m*
трисилан *m (Ch)* Trisilan *n*
трисиликат *m (Ch)* Trisilikat *n*
трисоктаэдр *m s.* **тригон-триоктаэдр**
тристетраэдр *m s.* **тригон-тритетраэдр**
трисульфид *m (Ch)* Trisulfid *n*
~ **молибдена** Molybdäntrisulfid *n*
тритерпен *m (Ch)* Triterpen *n*
тритетраэдр *m (Krist)* Triakistetraeder *n*, Pyramidentetraeder *n*
тритид *m (Ch)* Tritid *n*, überschweres Hydrid *n*
тритий *m (Ch)* Tritium *n*, überschwerer Wasserstoff *m*
тритон *m (Kern)* Triton *n*, Tritiumkern *m*
трифенилкарбинол *m (Ch)* Triphenylkarbinol *n*, Triphenylmethanol *n*
трифенилметан *m (Ch)* Triphenylmethan *n*
трихлорид *m (Ch)* Trichlorid *n*
~ **сурьмы** Antimontrichlorid *n*, Antimon(III)-chlorid *n*
~ **фосфора** Phosphortrichlorid *n*, Phosphor(III)-chlorid *n*
~ **хрома** Chromtrichlorid *n*, Chrom(III)-chlorid *n*
трихлорметан *m (Ch)* Trichlormethan *n*, Chloroform *n*
трихлорметилхлорформиат *m (Ch)* Perchlorameisensäuremethylester *m*, Perchlormethylformiat *n*, Diphosgen *n*
трихлормоносилан *m (Ch)* Trichlorsilan n, Silikochloroform *n*
трихлорнитрометан *m (Ch)* Trichlornitromethan *n*, Chlorpikrin *n*
трихлорэтилен *m (Ch)* Trichloräth[yl]en *n*
триэдр *m (Krist)* Trieder *n*
триэтаноламин *m (Ch)* Triäthanolamin *n*
триэтилфосфат *m (Ch)* Triäthylphosphat *n*, Phosphorsäuretriäthylester *m*

триэтилфосфин *m (Ch)* Triäthylphosphin *n*, *tert.*-Äthylphosphin *n*
триэфир *m (Ch)* Triester *m*; Triäther *m*
трог *m* 1. *(Geol)* Trog *m*, Trogtal *n*; 2. *(Meteo)* Tiefdrucktrog *m*, Trog *m*
трогание *n* 1. Anfahren *n*; Anlauf *m*, Anlaufen *n*; 2. Berühren *n*
~/**толчкообразное** hartes Anfahren *n*
тройник *m* 1. T-Stück *n*, T-Muffe *f*, Dreiwegestück *n*; Dreischenkelrohr *n*; 2. *(Fmt)* Bockgestänge *n*, pyramidenförmiges Gestänge *n*; 3. *(Krist)* Drilling *m*, Drillingskristall *m*; 4. *(Schiff)* Dreieckplatte *f* *(Ladebaum)*
~/**соединительный** Verbindungs-T-Stutzen *m*
~/**шаровой** Kugelformstück *n*
тройничный 1. dreigeteilt; 2. Drillings ...
тройной dreifach; ternär
троллей *m (El)* 1. Rollenstromabnehmer *m*, Stromabnehmerrolle *f*; 2. Oberleitung *f*, Fahrdraht *m*
троллейбус *m* Trolleybus *m*, Oberleitungs-[auto]bus *m*, O-Bus *m*
троллейвоз *m* elektrischer Lastkraftwagen *m* für Fahrdrahtbetrieb *(zur Überbrükkung fahrdrahtloser Strecken erfolgt Antrieb durch Verbrennungsmotor)*
троллейкар *m* Elektrokarren *m* für Fahrdrahtbetrieb
тромб *m (Meteo)* Trombe *f*, Windhose *f*
~/**песчаный** Sandhose *f*
~/**пыльный** Staubtrombe *f*
тромбин *m* Thrombin *n* *(Ferment der Blutgerinnung)*
трона *f (Min)* Trona *m*
троостит *m* Troostit *m* *(Stahlgefüge)*
~ **закалки** Abschrecktroostit *m*
~/**игольчатый** nadeliger Troostit *m*
~/**отпуска** Anlaßtroostit *m*
троостито-сорбит *m (Wkst)* Troostit-Sorbit *m*
тропеолин *m (Ch)* Tropäolin *m* *(saurer Monoazofarbstoff)*
тропик *m (Astr)* Wendekreis *m*
тропики *pl* Tropen *pl*, Tropenzone *f*
тропикостойкий *s.* **тропикоустойчивый**
тропикоустойчивый tropenbeständig, tropenfest; klimabeständig, klimafest
трополон *m (Ch)* Tropolon *n*
тропопауза *f (Geoph, Meteo)* Tropopause *f*
тропосфера *f (Meteo)* Troposphäre *f*
трос *m* Seil *n*; Tau *n*; Trosse *f* *(s. a. unter* **канат***)*
~/**буксирный** Schlepptrosse *f*
~/**восемнадцатипрядный** achtzehnlitziges Seil *n*
~/**вытяжной** Beihiever *m* *(Trawler)*
~/**гарпунный** Walleine *f* *(Walfang)*
~ **«Геркулес»** Herkulestau *n*, Herkulesseil *n*
~/**грозозащитный** Blitz[schutz]seil *n*, Erdseil *n*
~/**задний становой** Hintertau *n*, Achtertau *n* *(Schwimmbagger)*
~/**заземляющий** *s.* ~/**грозозащитный**
~ **закрытой конструкции** vollverschlossenes Seil *n* *(mit Runddrahtkern und Z-förmigen Formdrähten)*
~ **из синтетического волокна** Chemiefaserseil *n*, Chemiefasertrosse *f*
~ **кабельного спуска,** ~ **кабельной работы** Kabelschlagseil *n*, Kabelschlagtau *n*
~ **комбинированной свивки** Linksschlag-Rechtsschlag-Seil *n*
~ **крестовой свивки** Kreuzschlagseil *n*
~/**круглопрядный** Rundlitzenseil *n*
~/**круглый** Rundseil *n*
~ **левого спуска** Linksschlagseil *n*
~ **левой свивки** Linksschlagseil *n*
~/**манильский** Manilatau *n*
~/**натяжной** Spanndraht *m*, Zugdraht *m*, Abspannseil *n*
~/**некрутящийся** drallfreies Seil *n*
~/**несущий** Tragseil *n*, Tragkabel *n*
~ **обратного спуска** *s.* ~ **кабельного спуска**
~/**овальнопрядный** Ovallitzenseil *n*
~/**однопрядный** einlitziges Seil *n*, Spiralseil *n*
~ **односторонней свивки** Gleichschlagseil *n*
~/**оттяжной** Abspannseil *n*
~/**папильонажный** Seitentau *n* *(Schwimmbagger)*
~/**пеньковый** Hanfseil *n*, Hanftau *n*
~/**передний становой** Vortau *n* *(Schwimmbagger)*
~/**плоский** Bandseil *n*
~/**плоскопрядный** Flachlitzenseil *n*
~/**подвесной** *(El)* Tragseil *n* *(für Kabel)*
~/**поддерживающий** Spannseil *n*
~/**подъёмный** Förderseil *n*, Hubseil *n*
~ **полузакрытой конструкции** halbverschlossenes Seil *n*
~/**поперечный несущий** Quertragseil *n*, Quertragdraht *m*
~ **правого спуска** Rechtsschlagseil *n*
~ **правой свивки** Rechtsschlagseil *n*
~/**привязной** Befestigungsseil *n*, Bindeseil *n*
~/**проволочный** Drahtseil *n*, Drahttrosse *f*
~/**продольный несущий** Längstragseil *n*
~ **прямого спуска** *s.* ~ **тросового спуска**
~/**рамоподъёмный** Eimerleiterhebeseil *n* *(Eimerkettenbagger)*; Schneidkopfleiterhebeseil *n* *(Saugbagger)*
~/**растительный** Naturfaserseil *n*
~/**рулевой** *(Flg)* Ruderkabel *n*
~ **руля высоты** *(Flg)* Höhenrudersteuerseil *n*

~ руля направления *(Flg)* Seitenrudersteuerseil *n*
~ с металлическим сердечником/шестипрядный sechslitziges Seil *n* mit Stahldrahtseele
~ с одним центральным сердечником Rundlitzenseil *n* Form A
~ с цельнометаллическим сердечником Seil *n* mit Stahldrahtseele
~/сетеотводящий *(Mar)* Sperrnetzabweiser *m (U-Boot)*
~/синтетический Chemiefaserseil *n*
~/смолёный (смольный) geteertes Tau *n*
~ со многими сердечниками Rundlitzenseil *n* Form C
~/спиральный Spiralseil *n*
~/стальной Stahlseil *n*; Stahltrosse *f*
~/страховочный *(Schiff)* Sorgleine *f*, Sicherungsleine *f*
~/стяжной Schnürleine *f (Ringwade)*
~ топенанта/ходовой *(Schiff)* Baumaufholer *m*, „Faulenzer" *m (Ladegeschirr)*
~/трёхграннопрядный Dreikantlitzenseil *n*
~/трёхпрядный dreilitziges Seil *n (ohne Seele)*
~/трёхстрендный dreikardeeliges Trossenschlagtau *n*
~ тросового спуска, ~ тросовой работы Trossenschlagtau *n (Fasertau)*; Trossenschlagseil *n (Drahtseil)*
~/тяговый Zugseil *n*, Zugdraht *m*; Verholtrosse *f*
~ управления *(Flg)* Steuerseil *n*
~/четырёхпрядный vierlitziges Seil *n*
~/четырёхстрендный vierkardeeliges Tau *n*, Wantschlagtau *n*
~/швартовный *(Schiff)* Verholtrosse *f*, Festmachertrosse *f*
тросовая *f (Schiff)* Trossenraum *m*
тросоукладчик *m (Schiff)* Trossenaufspuleinrichtung *f*, Trossenleger *m*
тростит *m s.* **троостит**
тротил *m* Trotyl *n*, Trinitrotoluol *n*, TNT
тротуар *m (Bw)* Gehweg *m*
~/движущий Rollsteig *m*
трохоида *f* Trochoide *f*, Trochoidale *f*
трохотрон *m (Eln)* Trochotron *n*
трощение *n (Text)* Fachen *n*, Dublieren *n*
троянцы *pl (Astr)* Trojaner *pl*
ТРП *s.* **таблица распределения памяти**
труб *m* Trub *m (Brauerei)*
~/горячий (грубый) Grobtrub *m*, Heißtrub *m*, Kochtrub *m*
~/тонкий (холодный) Feintrub *m*, Kühltrub *m*, Kältetrub *m*
труба *f* 1. Rohr *n*, Röhre *f (s. a. unter* **трубка 1.** *und* **трубы***)*; 2. Trompete *f (Musikinstrument)*; 3. *(Fmt)* Kabelkasten *m (an Brücken oder Tunneln)*; 4. *(Opt)* Fernrohr *n*; 5. *(Aero)* Windkanal *m*; 6. *(Bw)* Vortreibrohr *n (Pfahlgründung)*
~/автоколлимационная *(Opt)* Autokollimationsfernrohr *n*
~/анкерная Ankerrohr *n (Flammrohrkessel)*
~/асбестоцементная Asbestzementrohr *n*
~/астрономическая astronomisches Fernrohr *n*
~/аэродинамическая *(Aero)* Windkanal *m*, Windtunnel *m*
~/байпасная Überströmrohr *n (Dampfturbine)*
~/бесшовная nahtloses Rohr *n*
~/бесшовная цельнотянутая nahtlos gezogenes Rohr *n*
~/бетонная Betonrohr *n*
~/бинокулярная *(Opt)* Doppelfernrohr *n*
~ больших дозвуковых скоростей/аэродинамическая *(Aero)* Windkanal *m* für schallnahe Geschwindigkeiten unterhalb der Schallgrenze
~/брезентовая вентиляционная *(Bgb)* Tuchwetterlutte *f*
~/бронированная Panzerrohr *n*
~/бурильная (буровая) Bohrstange *f (Erdölbohrung)*
~/ведущая 1. *(Astr)* Leitrohr *n (Fernrohrnachführung)*; 2. *(Bgb)* Mitnehmerstange *f*, Kelly *n (Bohrung)*
~/вентиляционная 1. Entlüftungsrohr *n*; Dunstrohr *n*, Dunstabzug *m*; 2. *(Bgb)* Lutte *f (Bewetterung)*
~ Вентури *(Aero, Hydr)* Venturi-Rohr *n*, Venturi-Düse *f*
~/вертикальная Steilrohr *n*
~/вертикальная аэродинамическая *(Aero)* Trudelwindkanal *m*
~/вертикальная сточная *(Bw)* Fallrohr *n*
~/вестовая Schwadenrohr *n*, Wrasenrohr *n (Labyrinthstopfbuchse; Dampfturbine)*
~/визирная 1. *(Geod, Mil)* Zielfernrohr *n*; 2. *(Astr)* Suchfernrohr *n*
~/вилкообразная Gabelrohr *n*, Hosenrohr *n*
~/вихревая Wirbelrohr *n*
~/водопроводная Wasser[leitungs]rohr *n*, Leitungsrohr *n*
~/водопропускная Rohrdurchlaß *m*, Wasserdurchlaß *m (Straßenbau)*
~/водосточная *(Bw)* Regenfallrohr *n*; Abflußrohr *n*
~/воздушная *(Schiff)* Luftrohr *n*
~/волнистая gewelltes Rohr *n*, Wellrohr *n*
~/впускная Einlaßrohr *n*, Einlaufrohr *n*
~/всасывающая Saugrohr *n (Saugbagger)*
~/всасывающая вентиляционная *(Bgb)* saugende Lutte *f (Bewetterung)*
~/выгрузная Auswurfkrümmer *m*
~/выпускная Ablaufrohr *n*, Auslaufrohr *n*
~/вытяжная Abluftrohr *n*, Abzugsrohr *n*, Abzugsschlot *m*; Absaugschlot *m*, Abzugskanal *m*, Abzugsschacht *m*; Wrasenrohr *n*

~/**вытяжная вентиляционная** Dunstrohr *n*, Entlüftungsrohr *n*
~/**выхлопная** 1. Auspuffrohr *n* *(Verbrennungsmotor)*; 2. Austrittsrohr *n* *(Turbinen)*; 3. Ausblaserohr *n* *(Dampf)*
~/**газовая** Gasrohr *n*
~/**газоотводная** Gasabführungsrohr *n*
~ **Галилея** Galileisches (holländisches) Fernrohr *n*
~/**гельмопортовая** *(Schiff)* Ruderkoker *m*, Ruderkokerrohr *n*
~/**гибкая** biegsames Rohr *n*
~/**гиперзвуковая аэродинамическая** *(Aero)* Hyperschallwindkanal *m* *(Erzielung höchster Schallgeschwindigkeiten im Machzahlenbereich M = 20 . . . 25)*
~/**голландская** *s.* ~ **Галилея**
~/**гончарная** Tonrohr *n*, Steingutrohr *n*
~/**грязевая** Spülrohr *n*, Schlammrohr *n*
~/**двойная колонковая** *(Bgb)* Doppelkernrohr *n*
~/**двухколенчатая** Doppelknierohr *n*
~/**дейдвудная** *(Schiff)* Stevenrohr *n*
~ **для защиты стержня стопора** Stopfenstangenrohr *n* *(Gießpfanne)*
~ **для отвода сгустка** *(Pap)* Dickstoffabführung *f*
~ **для свободнолетающих моделей** *(Aero)* Freiflugkanal *m*
~ **дозвуковых скоростей/аэродинамическая** *(Aero)* Unterschallwindkanal *m*
~ **доменной печи/воздушная** *(Met)* Hochofenwindring *m*, Windring *m*, Windleitung *f*
~/**дренажная** Dränrohr *n*, Drän *m*, Sikkerrohr *n*, Entwässerungsrohr *n*, Entwässerungsleitung *f*
~/**дымовая** Schornstein *m*, Esse *f*
~/**дымовая спускная** Klappschornstein *m*
~/**дымогарная** Heizrohr *n*, Rauchrohr *n*, Feuerrohr *n* *(Rauchrohrkessel)*
~/**дымоотводная** Rauchabzugsrohr *n*
~/**дырчатая** perforiertes Rohr *n*
~/**жаровая** Flammrohr *n* *(Flammrohrkessel)*
~/**заборная** Entnahmerohr *n*
~/**загрузочная** *(Kern)* Laderohr *n* *(Reaktor)*
~/**заземляющая** *(El)* Erdleitungsrohr *n*
~/**закладочная** *(Bgb)* Versatzrohr *n*
~/**заливная** Einfüllrohr *n*
~ **землесоса/всасывающая** Saugrohr *n* *(Saugbagger)*
~/**зрительная** Fernrohr *n*
~/**измерительная** *(Schiff)* Peilrohr *n*
~/**измерительная зрительная** Prüffernrohr *n*
~/**изолирующая (изоляционная)** Isolierrohr *n*, Installationsrohr *n*
~/**испарительная** Verdampferrohr *n*
~/**канализационная** Entwässerungsrohr *n*
~/**карданная** *(Kfz)* Gelenkwellenrohr *n*
~/**квадратная** *(Bgb)* Mitnehmerstange *f*, Kelly *n* *(Bohrung)*
~ **Кеплера** Keplersches (astronomisches) Fernrohr *n*
~/**керамическая** Tonrohr *n*, Steingutrohr *n*
~/**керноприёмная** *(Bgb)* Kernrohr *n* *(Tiefbohrung)*
~/**кипятильная** Siederohr *n*, Verdampfungsrohr *n*
~/**клюзовая** *(Schiff)* Klüsenrohr *n*
~/**коленчатая** Knierohr *n*, Kniestück *n*, Knie *n*, Bogenrohr *n*, Krümmer *m*
~/**колонковая** *(Bgb)* Kernrohr *n* *(Tiefbohrung)*
~/**компенсаторная (компенсационная)** Ausgleichrohr *n*; Federrohr *n*; Dehnungsrohr *n*
~/**конденсационная** Kondensrohr *n*
~/**котельная** Kesselrohr *n*
~ **котла/питательная** Kesselspeiserohr *n*, Wasserspeiserohr *n*
~/**латунная** Messingrohr *n*
~/**литая** Gußrohr *n*
~/**мерительная (мерная)** *(Schiff)* Peilrohr *n*
~/**монокулярная** Monokularfernrohr *n*
~/**наблюдательная** Beobachtungsfernrohr *n*
~/**нагнетательная** Druckrohr *n*; Steigrohr *n*
~/**наполнительная** Füllrohr *n*
~/**напорная** Druckrohr *n*
~/**направляющая** *(Bgb)* Standrohr *n*, Konduktor *m* *(Tiefbohrung)*
~/**насадная подъёмная** Aufsatzrohr *n* *(Pumpen)*
~/**натурная аэродинамическая** *(Aero)* Windkanal *m* für Versuchsobjekte mit der Wirklichkeit entsprechenden Abmessungen
~/**несъёмная колонковая** *(Bgb)* Einfachkernrohr *n* *(Tiefbohren)*
~/**нивелирная** *(Geod)* Nivellierfernrohr *n*
~/**обводная** Umführungsrohr *n*; Umgehungsleitung *f*
~/**обсадная** Verschalungsrohr *n*, Futterrohr *n*, Casing *f* *(Tiefbohrung)*
~/**огневая** *s.* ~/**жаровая**
~ **околозвуковых скоростей/аэродинамическая** *(Aero)* Windkanal *m* für schallnahe Geschwindigkeiten *(unterhalb bzw. oberhalb der Schallgrenze)*
~/**опускная** Fallrohr *n* *(Kessel)*
~/**оребрённая** Rippenrohr *n*
~/**осушительная** *(Schiff)* Lenzrohr *n*
~/**отводная (отводящая)** Ableitungsrohr *n*, Abflußrohr *n*
~ **открытого типа/аэродинамическая** *(Aero)* Freistrahlwindkanal *m*, offener Windkanal *m*
~/**отливная** Ausgußrohr *n*

~/**отсасывающая** Saugrohr *n*
~/**паровая** Dampfrohr *n*
~/**паровыпускная** Dampfablaßrohr *n*, Dampfaustrittsrohr *n*
~/**парогенерирующая** Verdampferrohr *n*
~/**паоотборная** Dampfentnahmerohr *n*
~/**пароотводная** Dampfableitungsrohr *n*, Abdampfrohr *n*
~/**пароотводящая** Ausblaserohr *n* *(Dampf)*
~/**пароперепускная** Dampfüberströmrohr *n*
~/**пароподводная** Dampfzuleitungsrohr *n*, Dampfzuführungsrohr *n*
~/**паропроводная** *s.* ~/**паровая**
~/**паропускная** Abblaserohr *n*
~/**парораспределительная** Dampfverteilungsrohr *n*
~/**паросборная** Dampfsammelrohr *n*
~ **паротурбины/перепускная** Überströmrohr *n* *(Dampfturbine)*
~ **перегревателя** Überhitzerrohr *n*
~/**переливная** Überlaufrohr *n*, Überströmrohr *n*
~ **переменной плотности/аэродинамическая** *(Aero)* Windkanal *m* für veränderliche Luftdichte, Überdruckwindkanal *m*, Höhenwindkanal *m*
~ **печи/дымовая** Ofenkanal *m*
~/**печная** Ofenrohr *n*
~/**поворотная** Schwenkrohr *n*
~ **под насыпью** Rohrdurchlaß *m*
~/**подачная** *(Mar)* Munitions[aufzugs]-schacht *m* *(Geschützturm)*
~/**подающая** Vorschubseele *f* *(Revolver-Drehmaschinen und -Automaten)*
~/**подъёмная** Steigrohr *n* *(Kessel)*
~ **пониженного давления/аэродинамическая** *(Aero)* Unterdruckkanal *m*
~/**приёмная** Übernahmerohr *n*; Saugrohr *n*
~/**пролётная** *(Eb)* Durchgangsleitung *f* *(Bremsleitung)*
~/**рабочая** *(Bgb)* Mitnehmerstange *f*, Kelly *n* *(Erdölbohrung)*
~/**разборная** Schnellkupplungsrohr *n*
~/**раздвижная** Teleskoprohr *n*, Auszugsrohr *n*; Auszugswelle *f*
~/**раздвоенная** Gabelrohr *n*, Hosenrohr *n*
~/**распорная** Distanzrohr *n*
~/**распределительная** Verteilerrohr *n*; Sammelstück *n*
~/**распыляющая** Sprührohr *n*
~/**рассоло-распределительная** *(Kält)* Soleverteilungsrohr *n*
~/**раструбная** Muffenrohr *n*
~/**реактивная** *(Rak)* Schubrohr *n*
~/**реакционная** *(Ch)* Reaktionsrohr *n*
~/**ребристая** Rippenrohr *n*
~ **с закрытой рабочей частью/аэродинамическая** *(Aero)* geschlossener Windkanal *m*
~ **с фланцем** Flanschrohr *n*
~/**самотечная** Fallrohr *n*
~/**сборная** Sammelrohr *n*
~/**сварная** geschweißtes Rohr *n*
~ **сверхзвуковых скоростей/аэродинамическая** *(Aero)* Überschallwindkanal *m*
~/**сифонная** Heberrohr *n*
~/**сливная** Überlaufrohr *n*, Überfallrohr *n*
~/**соединительная** Anschlußrohr *n*, Verbindungsrohr *n*
~/**соковая** Saftleitung *f* *(Zuckergewinnung)*
~/**соприкасательная** *(Astr)* Fluchtfernrohr *n*
~/**сосуновая** Saugrohr *n* *(Saugbagger)*
~/**спиральная** Spiralrohr *n*
~/**спирально-сварная** spiralgeschweißtes Rohr *n*
~/**стальная** Stahlrohr *n*
~/**сточная** Abflußrohr *n*
~ **тахеометра/дальномерная** *(Geod)* Entfernungsmeßrohr *n* *(Tachymeter)*
~/**телескопическая** *s.* ~/**раздвижная**
~/**теплообменная** Austauschrohr *n* *(in einem Wärmeaustauscher)*
~/**толстостенная** dickwandiges Rohr *n*
~/**тонкостенная** dünnwandiges Rohr *n*
~ **трансзвуковых скоростей/аэродинамическая** *(Aero)* Transsonik-Windkanal *m*, Windkanal *m* für schallnahe Geschwindigkeiten oberhalb der Schallgrenze
~/**утяжелённая бурильная** *(Bgb)* Schwerstange *f* *(Tiefbohrung)*
~/**фановая** *(Schiff)* Fäkalienrohr *n*, Abwässerrohr *n*
~/**фасонная** Profilrohr *n*
~/**фланцевая** Flanschrohr *n*
~/**холоднотянутая** kaltgezogenes Rohr *n*
~/**цельнокатаная** nahtlos gewalztes Rohr *n*
~/**цельнотянутая** nahtlos gezogenes Rohr *n*, nahtloses (ganzgezogenes) Rohr *n*
~/**цепная** *(Schiff)* Kettenfallrohr *n*
~/**шарнирная** Gelenkrohr *n*
~/**шламовая** *(Bgb)* Schlammrohr *n*, Sedimentrohr *n* *(Tiefbohrung)*
~/**шпигатная** *(Schiff)* Speigattrohr *n*
~/**штопорная аэродинамическая** *(Aero)* Trudelwindkanal *m*
~/**экранная** Kühlrohr *n* *(Kesselheizung)*
~/**якорная** *(Schiff)* Klüsenrohr *n*
труба-вытеснитель *f* Verdrängerrohr *n*
труба-сушилка *f* Röhrentrockner *m*, Stromtrockner *m*
трубка *f* 1. Rohr *n*, Röhrchen *n* *(s. a. unter* **труба 1.**); 2. *(Eln)* Röhre *f* *(s. a. unter* **лампа**); 3. *(El)* Röhrchenkondensator *m*; 4. *(Fmt)* Hörer *m* *(Telefon)*; 5. *(Mil)* Zünder *m* *(Granate)*
~ **Бенетта** Benett-Massenspektrometer *n*
~ **Брауна** *(Eln)* Braunsche Röhre *f*

~/**бродильная** *(Ch)* Gär[ungs]röhrchen *n*, Gärröhre *f*
~ **Бурдона** Bourdon-Rohr *n*, Bourdon-Röhre *f*, Bourdon-Manometer *n*
~/**вакуумная** Vakuumröhre *f*
~ **Вентури** *(Aero, Hydr)* Venturi-Rohr *n*, Venturi-Düse *f*
~ **взрыва** *(Geol)* Schlot *m*, Schlotgang *m*, Stielgang *m*, Schußkanal *m*, Diatrema *f*, Durchschlagsröhre *f*
~/**вихревая** *(Hydrod)* Wirbelröhre *f*
~/**водомерная** 1. Wasserstandsrohr *n*, Flüssigkeitsstandrohr *n*; 2. *(Hydt)* Peilrohr *n*
~ **воздухоудаления** *(Bw)* Entlüftungsrohr *n*, Entlüfter *m*
~/**газоотводная** Gasauslaßrohr *n*, Gasabzugsrohr *n*
~/**газоразрядная** *(Eln)* Gasentladungsröhre *f*, Entladungsröhre *f*
~/**газосветная** *(El)* Gasentladungslampe *f* in Röhrenform
~ **Гейслера** Geißlersche Röhre *f*
~/**гибкая** *(Vak)* Wellrohr *n*
~/**гидрометрическая** *s.* ~ **Пито**
~ **горючей смеси** Mischrohr *n* *(Injektorschneidbrenner)*
~/**диоптрийная** Dioptrienfernrohr *n*
~ **для прокаливания** *(Ch)* Glühröhrchen *n*
~ **для сожжения** *(Ch)* Verbrennungsrohr *n*, Verbrennungsröhre *f*
~/**дрейфовая** *(Kern)* Triftröhre *f*, Klystron *n*
~/**запоминающая** *(Dat)* Speicherröhre *f*
~/**индикаторная** Anzeigeröhre *f*
~/**капиллярная** Kapillarrohr *n*, Haarröhrchen *n*
~ **Кариуса** *(Ch)* Bombenrohr (Einschmelzrohr) *n* nach Carius
~/**кислородная режущая** *(Met)* Sauerstofflanze *f* *(Brennschneiden von Stahlblöcken)*
~ **Крукса** Crookessche Röhre *f*
~ **Кулиджа** Coolidge-Röhre *f* *(Röntgenröhre)*
~ **Кулиджа/двуфокусная** Dofok-Coolidge-Röhre *f* *(Röntgenröhre)*
~ **лага/приёмная** *(Schiff)* Staudruckrohr *n*, Fahrtmeßrohr *n* *(Staudruckfahrtmeßanlage)*
~/**люминесцентная** Leucht[stoff]röhre *f*
~/**масочная** Masken[farbbild]röhre *f*
~/**многолучевая** Mehrstrahlröhre *f*
~/**многолучевая осциллографическая** Mehrstrahloszillografenröhre *f*
~/**мягколучевая рентгеновская** Weichstrahlröntgenröhre *f*
~ **наконечника** *(Schw)* Mischrohr *n* *(Saugbrenner)*
~/**неоновая** Neon[leucht]röhre *f*
~ **оптиметра** Optimeterfernrohr *n*, Optimetertubus *m*
~/**передающая** Aufnahmeröhre *f*
~/**передающая телевизионная** Fernsehaufnahmeröhre *f*, Bildaufnahmeröhre *f*
~ **переменного вакуума** *(Lw)* kurzer Pulsschlauch *m* *(Melkzeug)*
~ **Пешеля** *(El)* Peschel-Rohr *n*
~ **Пито** Pitot-Rohr *n*, Pitotsches Rohr *n*, Staurohr *n* *(Staudruckmessung)*
~/**пневмометрическая** *s.* ~ **Пито**
~ **поля** *(Eln)* Feldröhre *f*
~ **Прандтля** Prandtlsches Staurohr *n*, Prandtl-Rohr *n*
~/**приёмная** 1. Empfängerröhre *f*; 2. *(Wlz)* Ausführungsrohr *n*
~/**приёмная телевизионная** Fernseh[bild]-röhre *f*, Bild[wiedergabe]röhre *f*
~/**проекционная приёмная** Projektions-[empfangs]röhre *f*
~ **прямого видения/телевизионная** Direktsicht[bild]röhre *f*
~/**разрядная** *s.* ~/**газоразрядная**
~/**реакционная** *(Ch)* Reaktionsrohr *n*
~ **режущего кислорода** Schneidsauerstoffrohr *n* *(Injektorschneidbrenner)*
~ **Рентгена** Röntgenröhre *f*
~/**рентгеновская** Röntgenröhre *f*
~ **с автоматической защитой** Strahlenschutzröhre *f* *(Röntgenröhre)*
~ **с благородным газом/светящаяся** Edelgasleuchtröhre *f*
~ **с вращающимся дисковым анодом/рентгеновская** Drehanoden[röntgen]-röhre *f*
~ **с накаливаемым катодом** Glühkatodenröhre *f*
~ **с накоплением зарядов** *(Dat)* Speicherröhre *f*
~ **с накоплением зарядов/телевизионная** Bildspeicherröhre *f*
~ **с плоским экраном/телевизионная** Planschirmröhre *f*
~ **с полым анодом/рентгеновская** Hohlanoden[röntgen]röhre *f*
~ **с прямоугольным экраном/приёмная телевизионная** Rechteck[bild]röhre *f*
~ **с темновой записью** Dunkelschriftröhre *f*, Blauschriftröhre *f*, Skiatron *n*
~ **с трёхцветным экраном/приёмная телевизионная** Dreifarben[bild]röhre *f*
~ **с холодным катодом** Kaltkatodenröhre *f*
~/**самозащищённая рентгеновская** *s.* ~ **с автоматической защитой**
~/**светящаяся** Leuchtröhre *f*
~/**семепроводная** *(Lw)* Saatleitungsrohr *n* *(Sämaschine)*
~/**силовая** *(Eln)* Feldröhre *f*
~/**сливная** 1. Abflußrohr *n*, Ablaßrohr *n*; 2. *(Ch)* Ablaufrohr *n*, Rückflußrohr *n* *(Destillation)*
~/**слуховая** *s.* ~/**телефонная**
~/**счётная** *(Kern)* Zählrohr *n*

~/**телевизионная** Fernseh[bild]röhre *f*, Bild[wiedergabe]röhre *f*
~/**телевизионная передающая** Fernsehaufnahmeröhre *f*, Bildaufnahmeröhre *f*
~/**телефонная** *(Fmt)* Hörer *m*
~/**терапевтическая рентгеновская** Therapieröhre *f*, Röntgenröhre *f* für Therapiezwecke
~/**термодиффузионная** *(Ch)* Trennrohr *n* *(zur Trennung durch Thermodiffusion)*
~ **тлеющего разряда** Glimm[entladungs]röhre *f*, Glimmlampe *f*
~ **тлеющего разряда/аргоновая** Argonglimmröhre *f*
~ **тока [/элементарная]** *(Hydrod)* Stromröhre *f* *(Strömungsfeld)*
~/**трёхцветная телевизионная** Dreifarben[fernseh]röhre *f*
~ **ударника [затвора орудия]** *(Mil)* Schlagbolzenhülse *f* *(Geschützverschluß)*
~/**ускорительная** *(Kern)* Beschleunigungsrohr *n* *(Teilchenbeschleuniger)*
~/**цветная масочная** Masken[farbbild]röhre *f*
~ **цветного телевидения/приёмная** Farbbild[wiedergabe]röhre *f*, Farbfernsehbildröhre *f*
~/**цельностеклянная** Allglasröhre *f*
~/**центральная** *(Mil)* Zünder *m* *(Hohlraumgranate)*
~/**чёрно-белая приёмная** Schwarzweißbildröhre *f*
~/**черпаковая (черпательная)** *(Hydr)* Schöpfrohr *n*
~/**электронная** Elektronenröhre *f*, Röhre *f*
~/**электроннолучевая** Elektronenstrahlröhre *f*, Katodenstrahlröhre *f*
~/**электростатическая запоминающая** *(Dat)* Speicherröhre *f*
трубловка *f* Rohrkrebs *m* *(Erdölbohrgerät)*
трубобур *m* Turbinenbohrer *m*
трубобурение *n* Turbinebohren *n*, Turbobohren *n*
трубодёр *m* Rohrzieher *m* *(Erdölbohrgerät)*
трубодолото *n* *(Bgb)* Turbinenmeißel *m* *(Tiefbohrung)*
трубокол *m* Rohrlocher *m* *(Erdölbohrgerät)*
труболовка *f* *(Bgb)* Rohrfangkrebs *m* *(Tiefbohrung)*
~/**пиковая** Rohrfänger *m*
трубоотвод *m* Abzweigrohr *n*
трубоочиститель *m* Rohrreiniger *m*, Rohrkratze *f*
трубопровод *m* Rohrleitung *f*, Leitung *f*; Rohrstrang *m*
~/**аварийный питательный** Notspeiseleitung *f*
~/**балластный** *(Schiff)* Ballastleitung *f*
~/**бензиновый** *(Kfz)* Benzinleitung *f*, Kraftstoffleitung *f*
~/**вакуумный** Vakuumleitung *f*
~/**вентиляционный** *(Bgb)* Luttenstrang *m*, Luttenleitung *f*, Luttentour *f* *(Bewetterung)*
~ **верхнего продувания** *(Schiff)* Abschäumleitung *f* *(Kesselanlage)*
~/**возвратный** Rück[lauf]leitung *f*
~/**всасывающий** Ansaugleitung *f*
~/**всасывающий вентиляционный** *(Bgb)* saugende Luttenleitung *f* *(Bewetterung)*
~ **высокого давления** Hochdruckleitung *f*
~/**газоотводной** *(Schiff)* Gasableitungsleitung *f* *(Tanker)*
~/**гидрозакладочный** *(Bgb)* Spülversatzleitung *f*
~ **горючей смеси/впускной** *(Kfz)* Kraftstoffeinlaßleitung *f*
~ **горячего дутья** *(Met)* Heißwindleitung *f*
~/**закладочный** *(Bgb)* Versatzrohrleitung *f* *(Spülversatz)*
~ **затопления** *(Schiff)* Flutleitung *f*
~/**кабельный** *(El, Fmt)* Kabelrohr *n*
~/**колёсный дождевальный** *(Lw)* rollender Regnerflügel *m*, rollende Regnerleitung *f*
~/**кольцевой** Ringleitung *f*
~/**конденсационный** Kondenswasserleitung *f*, Kondensatableitung *f*
~/**магистральный** Haupt[rohr]leitung *f*
~/**маслонапорный** Drucköllleitung *f*
~ **мятого пара** Abdampfleitung *f*
~/**нагнетательный (напорный)** Druckleitung *f*, Steigleitung *f*
~/**напороуравнительный** Druckausgleichleitung *f*
~ **нижнего продувания** *(Schiff)* Abschlämmleitung *f* *(Kesselanlage)*
~/**обводной** Umführungsleitung *f*
~/**обратный** Rück[lauf]leitung *f*
~/**осушительный** *(Schiff)* Lenzleitung *f*
~/**ответвлённый** Zweigrohrleitung *f*, Abzweigleitung *f*
~ **отработанного пара** Abdampfleitung *f*
~ **отработанных газов/выпускной (выхлопной)** *(Kfz)* Abgasleitung *f*, Auspuffleitung *f*
~/**питательный** Speiseleitung *f*; Speisewasserleitung *f*
~/**пневматический** Druckluftleitung *f*
~/**подающий** Vorlaufleitung *f* *(Heizung)*
~/**подъёмный** Steigleitung *f*
~/**поливной** *(Lw)* Regnerleitung *f*
~/**приёмный** *(Schiff)* Übernahmeleitung *f*; Saugleitung *f*
~/**приёмный осушительный** Lenzsaugleitung *f*
~/**проводящий** Saug[rohr]leitung *f* *(Pumpenanlage)*

~/**продувной [вентиляционный]** *(Bgb)* blasende Luttenleitung *f* *(Bewetterung)*
~/**рабочий** Förderleitung *f*
~/**разборный** Schnellkupplungsrohrleitung *f*
~/**распределительный** Verteilleitung *f*
~/**рассольный** *(Kält)* Soleleitung *f*
~/**рефулёрный** Druckleitung *f*, Spülleitung *f* *(Spüler)*
~/**самотечный** Gefälleleitung *f*
~/**сборный** Sammelleitung *f*, Sammelrohr *n*
~ **свежего пара** Frischdampfleitung *f*
~ **сжатого воздуха** *s.* ~/**пневматический**
~/**транспортный** Förderleitung *f*
~/**уравнительный** Ausgleichleitung *f*
~ **холодного дутья** *(Met)* Kaltwindleitung *f*
~/**шпигатный** *(Schiff)* Speigattleitung *f*
трубопрокатка *f* *(Wlz)* Rohrwalzen *n*
трубопрокатный Rohrwalz . . .
труборасширитель *m* *(Wlz)* Rohr[aufweit]-walze *f*
труборез *m* *(Wkz)* Rohrschneider *m*
трубоукладчик *m* Rohrleger *m*, Rohrlegekran *m*, Rohrlegemaschine *f*
трубочка *f*/**предохранительная** *(Fmt)* Feinsicherungspatrone *f*
трубчатка *f* *(Ch)* Röhren[ofen]destillationsanlage *f*
трубы *fpl*/**бурильные** *(Bgb)* Bohrstangen *fpl*, Bohrgestänge *n*
~/**легкосплавные бурильные** *(Bgb)* Leichtmetallbohrgestänge *n*
~/**обсадные** *(Bgb)* Futterrohre *npl*, Verrohrung *f* *(Bohrung)*
труд *m* Arbeit *f*
~/**квалифицированный** qualifizierte Arbeit *f*
~/**научный** wissenschaftliche Arbeit *f*
~/**овеществлённый** vergegenständlichte Arbeit *f*
~/**умственный** geistige Arbeit *f*
~/**физический** körperliche Arbeit *f*
трудноколкий *(Forst)* schwerspaltig
труднолетучий *(Ch)* schwerflüchtig
труднообогатимый schwer aufbereitbar (anreicherungsfähig)
труднообрабатываемый schwerbearbeitbar
трудноокисляемый schwer oxydierbar (oxydabel)
труднорастворимый schwerlöslich
трудносмываемый schwer abwaschbar (auswaschbar)
трудодень *m* Arbeitseinheit *f* *(in landwirtschaftlichen Produktionsgenossenschaften)*
трудоёмкий zeit- und kraftfordernd, arbeitsintensiv
трудоёмкость *f* Arbeitsaufwand *m*
трудоспособность *f* Arbeitsfähigkeit *f*; Leistungsfähigkeit *f*
трудоспособный arbeitsfähig, erwerbsfähig
труха *f* Mulm *m*; morsches Holz *n*
трухлявость *f* Destruktionsfäule *f* *(Holz)*
трухлявый verfault, mürbe, morsch, mulmig
трущийся reibend; gleitend
трюм *m* *(Schiff)* Laderaum *m*; Stauung *f*; Bilge *f* *(Segeljacht)*
~/**грузовой** Laderaum *m*
~/**грунтовой** Baggergutraum *m*
~ **для сетей** Netzraum *m*
~ **машинного отделения** Maschinenraumstauung *f*
~/**мучной** Fischmehlbunker *m*, Fischmehlraum *m*
~/**рефрижераторный** Ladekühlraum *m*, Kühlladeraum *m*
~/**рудный** Erzladeraum *m*
~/**рыбный** Fischbunker *m*
~/**самоштивующийся** selbsttrimmender Laderaum *m*
~/**сетевой** Netzraum *m*
~/**сетной** Netzraum *m*
трюмный *(Schiff)* Laderaum . . ., Raum . . .; Bilgen . . .
трюмсель *m* *(Schiff)* Skysegel *n*
трясение *n* Beben *n*; Zittern *n*; Schütteln *n*, Rütteln *n*
трясилка *f* *(Text)* Wergschüttelmaschine *f*
тряска *f* 1. Schütteln *n*, Rütteln *n*; 2. *(Pap)* Siebschüttelung *f*, Schüttelwerk *n*
трясти rütteln, schütteln
трясун *m* Schüttelrinne *f*, Wurfförderrinne *f*, Schwingrinne *f*; Rüttelsieb *n*
ТС *s.* 1. **система/телеметрическая**; 2. **термометр сопротивления**
ТТЛ *s.* **логика/транзисторно-транзисторная**
тубокурарин *m* Tubokurarin *n* *(Kurarealkaloid)*
тубус *m* Tubus *m*
~ **микроскопа** Mikroskoptubus *m*
тугой gespannt, straff
тугоплавкий 1. strengflüssig, schwerflüssig; 2. schwerschmelzbar, hochschmelzbar; 3. hitzebeständig, feuerbeständig
тугоплавкость *f* 1. Schwerflüssigkeit *f*, Strengflüssigkeit *f*; 2. Schwerschmelzbarkeit *f*; 3. Hitzebeständigkeit *f*, Feuerbeständigkeit *f*, Feuerfestigkeit *f*
тузик *m*/**гребной** Jachtbeiboot *n*
тузлук *m* Salzlake *f*, Kochsalzlake *f* *(für Fische, Rohhäute u. dgl.)*
тузлукование *n* *(Led)* Salzlakenbehandlung *f*
тук *m* Mineraldünger *m*
~/**азотистый** Stickstoffdünger *m*
~/**гранулированный** körniger Mineraldünger *m*, Düngergranulat *n*
~/**естественный** natürlicher Dünger *m*, Naturdünger *m*

~/**искусственный** Mineraldünger *m*
~/**калийный** Kalidünger *m*
~/**стандартный** Handelsdünger *m*
тукодробилка *f* Mineraldüngermühle *f*
тукоразбрасыватель *m* Düngerstreuer *m*
~/**центробежный** Schleuderdüngerstreuer *m*
тукораспределитель *m* Dungstreuer *m*, Düngereinleger *m*
тукосмеситель *m* Mineraldüngermischer *m*
тулий *m (Ch)* Thulium *n*, Tm
~/**хлористый** Thuliumchlorid *n*
туман *m* 1. *(Meteo)* Nebel *m*; Dunst *m*; 2. *(Ch)* Nebel *m*, Flüssigkeitsaerosol *n*; 3. Schleier *m (z. B. auf Fotos)*
~/**адвективный** Advektionsnebel *m*
~/**внутримассовый** luftmasseneigener Nebel *m (innerhalb der Luftmasse ohne frontale Einflüsse entstehender Nebel; Sammelbegriff für Abkühlungs-, Verdunstungs- und Hangnebel)*
~/**водяной** Wasserschleier *m*
~/**высокий** Hochnebel *m*
~/**высокий радиационный** Strahlungshochnebel *m*
~/**городской** Stadtnebel *m*
~/**густой** dichter Nebel *m*
~/**долинный** Talnebel *m*
~ **испарения** Verdunstungsnebel *m*, Dampfnebel *m*
~/**лёгкий** leichter Nebel *m*
~/**ледяной** Eisnebel *m*, Frostnebel *m*
~, **лежащий тонким слоем** seichter Nebel *m*
~/**мокрый** nässender (feuchter) Nebel *m*
~/**моросящий** Nebelreißen *n*, nieselnder Nebel *m*
~/**морской** Seenebel *m*
~/**муссонный** Monsunnebel *m*
~ **над сущей** Landnebel *m*
~/**низкий** niedriger Nebel *m*
~ **охлаждения** Abkühlungsnebel *m (Sammelbegriff für Advektions- und Strahlungsnebel)*
~/**поземный** Bodennebel *m*
~/**поземный радиационный** Strahlungsbodennebel *m*
~/**прибрежный** Küstennebel *m*
~/**приморский** Küstennebel *m*
~/**приподнятый** gehobener Nebel *m*
~/**радиационный** Strahlungsnebel *m*
~ **склонов** Hangnebel *m*
~ **смешения** Mischungsnebel *m*
~/**умеренный** mäßiger Nebel *m*
~/**утренний** Morgennebel *m*
~/**фронтальный** Frontalnebel *m*
туманность *f (Astr)* Nebel *m*, Sternnebel *m*
~ **Андромеды** Andromedanebel *m*
~ **в созвездии Ориона** Orionnebel *m*
~/**внегалактическая** extragalaktischer (außergalaktischer) Nebel *m*, Sternnebel *m* außerhalb der Milchstraße
~/**волокнистая** Fasernebel *m*
~/**газовая** Gasnebel *m*, Gaswolke *f*, Gasansammlung *f (im Milchstraßensystem)*
~/**газово-пылевая** Gas- und Staubnebel *m*, gas-staubförmiger Nebel *m*
~/**галактическая** galaktischer Nebel *m*, Nebel *m* im Milchstraßensystem
~/**диффузная** diffuser Nebel *m*
~/**диффузная эмиссионная** diffuser Emissionsnebel *m*
~/**кольцеобразная планетарная** Ringnebel *m*
~/**кометообразная** kometenähnlicher Nebel *m*
~/**неправильная** unregelmäßiger Nebel *m*
~ **Ориона** Orionnebel *m*
~/**отражённая** Reflexionsnebel *m*
~/**планетарная** planetarischer Nebel *m*
~/**протопланетарная** protoplanetarer Nebel *m*, planetarer Urnebel *m (Kosmogonie)*
~/**пылевая** Staubnebel *m*, Staubwolke *f*, Staubansammlung *f (im Milchstraßensystem)*
~/**разрежённая** diffuser Nebel *m*
~/**светлая** heller Nebel *m*
~/**светлая отражательная** angestrahlter heller Nebel *m (mit kontinuierlichem Spektrum)*
~/**светлая эмиссионная** selbstleuchtender heller Nebel *m (mit Linienspektrum)*
~/**спиральная** Spiralnebel *m*
~/**тёмная** Dunkelnebel *m*
~/**тёмная пылевая** dunkler Staubnebel *m*
~/**шаровая** Kugelnebel *m*
~/**эллиптическая** elliptischer Nebel *m*
~/**эмиссионная** Emissionsnebel *m*
тумба *f*/**квартропная** „Toter Mann" *m (Seitentrawler)*
~ **крана** *(Schiff)* Kransäule *f*
~/**причальная (швартовая)** *(Schiff)* Festmachpoller *m*, Vertäupoller *m*
~/**штурвальная** *(Schiff)* Steuersäule *f*
тундра *f (Geol)* Tundra *f*, Moorland *n*
~/**кустарниковая** Buschtundra *f*
~/**лишайниковая** Flechtentundra *f*
~/**моховая** Moostundra *f*
туннель *m* 1. *(Bgb, Bw)* Tunnel *m*; Stollen *m*; 2. *(Fmt) s.* ~/**кабельный**
~/**аэродинамический** Windkanal *m*, Windtunnel *m*
~/**базисный** Sohltunnel *m (Gebirgstunnel)*
~/**безнапорный** *(Hydt)* druckloser Tunnel *m*
~ **валопровода** *(Schiff)* Wellentunnel *m*
~/**вершинный** Firsttunnel *m (Gebirgstunnel)*
~/**водосливный** *(Hydt)* Überlaufstollen *m*
~/**водосточный** *(Hydt)* Entnahmestollen *m*

~/**гидротехнический** *(Hydt)* Wasserstollen *m*, Wasserleitungstunnel *m*
~/**горный** Gebirgstunnel *m*
~ **гребного вала** *(Schiff)* Wellentunnel *m*
~/**деривационный** *(Hydt)* Umlaufstollen *m*, Umleitungsstollen *m*, Umgangsstollen *m*
~ **для отвода воды** Vorflutstollen *m*
~/**железнодорожный** Eisenbahntunnel *m*
~/**кабельный** Kabelkanal *m*, Leitungskanal *m*, Sammelleitungstunnel *m* *(für Starkstrom- und Fernmeldekabel)*
~/**коллекторный** *(Bw)* Sammelkanal *m*, Leitungstunnel *m*
~/**лавовый** *(Geol)* Lavatunnel *m*
~/**напорный** *(Hydt)* Druckstollen *m*
~/**обходный** *s.* ~/**деривационный**
~/**перронный** *(Eb)* Bahnsteigtunnel *m*, Unterführung *f*
~/**подводный** Unterwassertunnel *m*
~/**подводящий** *(Hydt)* Zulaufstollen *m*, Zugangsstollen *m*
~/**подошвенный** Sohltunnel *m* *(Gebirgstunnel)*
~/**проходной** regelbarer Kabelkanal *m*
~/**трубный** *(Schiff)* Rohrkanal *m*
~ **трубопроводов** *(Schiff)* Rohrkanal *m*
тунцелов *m* *(Schiff)* Thunfischfänger *m*
тупик *m* 1. Sackgasse *f*; 2. *(Hydt)* Sackrohr *n*; 3. *(Eb)* Stumpfgleis *n*, Gleisstumpf *m*, Kopfgleis *n*; totes Gleis *n*
тупоугольный stumpfwinklig
турачка *f* *(Schiff)* Spillkopf *m* *(Winde)*
турбидиметр *m* Turbidimeter *n*, Trübungsmesser *m*
турбидиметрический turbidimetrisch
турбидиметрия *f* Turbidimetrie *f*, Trübungsmessung *f*
турбина *f* 1. Turbine *f* *(Die Hinweise D, G, W besagen, daß sich der betreffende Ausdruck auf eine Dampf-, Gas- oder Wasserturbine bezieht)*; 2. *s.* **колесо/турбинное**
~/**авиационная** Flugturbine *f*
~/**авиационная газовая** Flugzeuggasturbine *f*
~/**аккумуляторная паровая** Speicherturbine *f*
~/**аксиальная** Axialturbine *f*
~/**аксиально-радиальная паровая** Turbine *f* mit gekuppeltem Axial- und Radialteil
~/**активная** 1. Gleichdruckturbine *f*, Aktionsturbine *f* *(D, W)*; 2. *zu W s. a.* ~/**свободноструйная**
~/**активная гидравлическая** Wassergleichdruckturbine *f*, Aktionswasserturbine *f*
~/**активная паровая** Gleichdruckturbine *f*, Aktionsturbine *f*
~/**активно-реактивная паровая** kombinierte Gleichdruck-Überdruckturbine *f*
~/**базисная** Grundlastturbine *f* *(D, W)*
~ **Банки** Banki-Turbine *f*, Durchströmturbine *f* *(W)*
~/**бесподвальная паровая** Turbine *f* mit Überflurkondensator
~/**быстроходная** Schnelläuferturbine *f* *(D, W)*
~/**вертикальная** stehende Turbine *f*, Turbine *f* mit stehender (senkrechter) Welle *(W)*
~ **взрывного типа/газовая** Gleichraumgasturbine *f*, Verpuffungsturbine *f*
~/**винтовая** Propellerturbine *f* *(W)*
~/**вихревая** Wirbelstrahlturbine *f*
~ **внутреннего сгорания** Gasturbine *f*
~/**водяная** Wasserturbine *f* *(s. a.* **гидротурбина***)*
~ **возбудителя** Erregerturbine *f* *(Kraftwerks-Dampfturbine)*
~/**воздушная** *s.* ~ **с замкнутым циклом/газовая**
~/**вспомогательная** Eigenbedarfsturbine *f* *(Dampf- bzw. Wasserturbine zur Dekkung des innerbetrieblichen Energiebedarfs des Kraftwerks)*
~ **высокого давления** Hochdruckturbine *f* *(D, G)*
~ **высокого давления/газовая** Hochdruckgasturbine *f*
~ **высокого давления/паровая** Hochdruckturbine *f*
~/**высокооборотная одноступенчатая паровая** schnellaufende einstufige Turbine *f*
~/**газовая** Gasturbine *f*
~/**гидравлическая** Wasserturbine *f* *(s. a.* **гидротурбина***)*
~/**главная** Grundlastturbine *f* *(D, W)*
~/**главная судовая** *(Schiff)* Propellerturbine *f*
~/**горизонтальная** liegende Turbine *f*, Turbine *f* mit liegender (waagerechter) Welle *(W)*
~/**двойная** *s.* ~/**сдвоенная**
~/**двукратная** Durchströmturbine *f*, Banki-Turbine *f* *(W)*
~ **двух давлений/паровая** Zweidruckturbine *f*, Mehrdruckturbine *f*, Abdampfturbine *f* für Betrieb mit zusätzlichem Frischdampf
~/**двухколёсная** *s.* ~/**сдвоенная**
~/**двухрядная** Verbundturbine *f* *(W)*
~/**двухсопловая [свободноструйная]** zweidüsige Freistrahlturbine *f* *(W)*
~/**двухступенчатая газовая** Gasturbine *f* mit zwei Brennstufen, zweistufige Gasturbine *f*
~/**дисковая** Scheibenturbine *f*, Räderturbine *f*
~ **заднего хода** *(Schiff)* Rückwärtsturbine *n*
~/**закрытая** Turbine (Überdruckturbine) *f* in geschlossener (überdeckter) Wasserkammer *(W)*

~/**избыточная** Überdruckturbine *f*, Reaktionsturbine *f*
~ **Каплана** Kaplan-Turbine *f*
~/**ковшовая** Becher[rad]turbine *f*, Pelton-Turbine *f* *(Freistrahlturbine, W)*
~/**комбинированная активно-реактивная паровая** kombinierte Gleichdruck-Überdruckturbine *f*
~/**комбинированная паровая** kombinierte Gleichdruckturbine *f*
~/**конденсационная [паровая]** Kondensationsturbine *f*
~/**котельная** Kesselturbine *f* *(W)*
~/**крейсерская** *s.* ~ **экономического хода**
~/**лопастная** Flügelradturbine *f*
~/**лопастно-регулируемая** Thomann-Turbine *f* *(W)*
~ **Люнгстрема/паровая** Ljungström-Turbine *f* *(Radialturbine)*
~/**маломощная** Kleinturbine *f*
~/**многовальная [паровая]** Mehrwellenturbine *f*
~/**многокорпусная [паровая]** mehrgehäusige Turbine *f*
~/**многопоточная** mehrflutige Turbine *f*
~/**многоступенчатая** Mehrstufenturbine *f*, Mehrfachturbine *f* *(W)*
~/**многоступенчатая газовая** Gasturbine *f* mit mehreren Brennstufen, mehrstufige Gasturbine *f*
~ **мятого пара** Abdampfturbine *f*
~/**наклонная** Turbine *f* mit geneigt liegender Welle *(W)*
~/**напорноструйная** Wasserüberdruckturbine *f*, Preßstrahlturbine *f*, Reaktionsturbine *f* *(W)*
~ **низкого давления** Niederdruckturbine *f*, *(D, G)*
~ **низкого давления/газовая** Niederdruckgasturbine *f*
~ **низкого давления/паровая** Niederdruckturbine *f*
~/**одновальная [паровая]** Einwellenturbine *f*
~/**однодисковая активная паровая** einstufige Gleichdruckturbine *f* *(Laval-Turbine)*
~/**однокорпусная [паровая]** eingehäusige Turbine *f*
~/**однопоточная** einflutige Turbine *f*
~/**осевая** Axialturbine *f*
~/**осевая газовая** Axialgasturbine *f*
~/**открытая** Turbine (Überdruckturbine) *f* in offener Wasserkammer *(W)*
~/**паровая** Dampfturbine *f*
~ **Пельтона** Pelton-Turbine *f*
~ **переднего хода** Vorwärtsturbine *f* *(Schiffsdampfturbine)*
~/**пиковая паровая** Spitzenlastturbine *f*
~ **подвального типа/паровая** Turbine *f* mit Unterflurkondensator
~/**полная** Vollturbine *f*
~/**последовательная** Mehrfachturbine *f* *(W)*
~ **постоянного горения/газовая** Gleichdruckgasturbine *f*
~ **постоянного давления** Gleichdruckturbine *f*
~/**предвключённая [паровая]** Vorschaltturbine *f*
~/**приводная** Antriebsturbine *f*
~/**пропеллерная** Propellerturbine *f* *(W)*
~/**прямо[по]точная** Rohrturbine *f* *(W)*
~/**радиальная** Radialturbine *f*
~/**радиальная газовая** Radialgasturbine *f*
~/**радиальная паровая** Radialturbine *f* *(Ljungström-Turbine, SSW-Radialturbine, Überdruckturbine)*
~/**реактивная** 1. Überdruckturbine *f* *(D, G, W)*; 2. *zu W s. a.* ~/**напорноструйная**
~/**реактивная гидравлическая** Wasserüberdruckturbine *f*, Reaktionswasserturbine *f*
~/**реактивная паровая** Überdruckturbine *f*, Reaktionsturbine *f* *(Parsons-Turbine)*
~/**редукторная** *s.* ~ **с зубчатой передачей**
~ **с замкнутым циклом (контуром)/газовая** Gasturbine *f* mit geschlossenem Kreislauf, Heißluftturbine *f*
~ **с зубчатой передачей** Getriebeturbine *f* *(mittelbarer Schiffsschraubenantrieb durch Dampf- oder Gasturbine über ein Zahnradgetriebe)*
~ **с отбором пара** Entnahmeturbine *f*, Anzapfturbine *f*
~ **с постоянным давлением/газовая** Gleichdruckgasturbine *f*
~ **с постоянным объёмом сгорания/газовая** Gleichraumgasturbine *f*, Verpuffungsturbine *f*
~ **с промежуточным отбором пара/конденсационная паровая** Entnahme-Kondensationsturbine *f*
~ **с промежуточным отбором пара/паровая** Entnahmeturbine *f*
~ **с противодавлением** Gegendruckturbine *f*
~ **с противодавлением/активная** Gleichdruck-Gegendruckturbine *f*
~ **с противодавлением/паровая** Gegendruck-Dampfturbine *f*
~ **с противодавлением/радиальная паровая** Radialgegendruck-Dampfturbine *f*
~ **с регенератором (регенерацией тепла)/газовая** Gasturbine *f* mit Wärmeaustauscher (Wärmerückgewinnung)
~ **с регулируемыми отборами и противодавлением/паровая** Gegendruck-[dampf]turbine *f* mit geregelter Entnahme

~ **с регулируемыми отборами пара [/паровая]** Turbine *f* mit geregelter Entnahme
~ **сверхвысокого давления [/паровая]** Höchstdruckturbine *f*
~/**свободноструйная** Freistrahlturbine *f* *(W)*
~/**сдвоенная** Doppelturbine *f* *(W)*
~ **Сименса/паровая** SSW-Radialturbine *f*
~ **со ступенчатым сгоранием/газовая** Brennstufengasturbine *f*
~ **со ступенями давления/активная паровая** Gleichdruckturbine *f* mit Druckstufung *(Zoelly-Turbine, Turbine Brunner Bauart)*
~ **со ступенями давления/реактивная паровая** Überdruckturbine *f* mit Druckstufung
~ **со ступенями скорости/активная паровая** Gleichdruckturbine *f* mit Geschwindigkeitsstufung *(Curtis-Turbine)*
~ **со ступенями скорости и давления/активная паровая** Gleichdruckturbine *f* mit Geschwindigkeits- und Druckstufung
~ **со ступенями скорости и давления/комбинированная паровая** kombinierte Turbine *f* mit Geschwindigkeits- und Druckstufung
~ **со ступенями скорости/реактивная паровая** Überdruckturbine *f* mit Geschwindigkeitsstufung
~ **собственных нужд/паровая** Eigenbedarfsturbine *f* *(Deckung des innerbetrieblichen Energiebedarfs des Kraftwerks)*
~/**спаренная** Zwillingsturbine *f* *(W)*
~ **специального назначения/паровая** Sonderzweck[dampf]turbine *f*
~/**спиральная** Spiralturbine *f* *(W, Kaplan- oder Francis-Turbine im Spiralgehäuse)*
~ **среднего давления/паровая** Mitteldruck[dampf]turbine *f*
~/**судовая** Schiffsturbine *f*
~/**тангенциальная** *s.* ~/**ковшовая**
~/**теплофикационная [паровая]** Heizdampfentnahmeturbine *f*
~/**тихоходная** Langsamläuferturbine *f*
~ **Томанна** Thomann-Turbine *f* *(W)*
~/**транспортная** Fahrzeugturbine *f* *(D, G; Schiffsturbine, Lokomotivturbine)*
~/**трёхкорпусная паровая** dreigehäusige Turbine *f*
~ **Френсиса** Francis-Turbine *f*
~/**фронтальная** Stirnkesselturbine *f* *(W)*
~/**чистая конденсационная паровая** Turbine *f* für reinen Kondensationsbetrieb
~ **экономического хода** Marschturbine *f* *(Schiffsdampfturbine)*
~ **Юнгстрема/паровая** *s.* ~ **Люнгстрема/паровая**
турбинка *f* Kleinturbine *f*
~ **металлизатора/воздушная** Druckluftturbine *f* *(Flammspritzgerät)*
турбиностроение *n* Turbinenbau *m*
турбоагрегат *m* Turbinensatz *m*, Turbosatz *m*, Turbinenaggregat *n*
~/**аварийный** Notstromturbosatz *m*
~/**приводной** Antriebsturbosatz *m*
~/**энергетический** Kraftwerksturbosatz *m*
турбоальтернатор *m* *(El)* Turboalternator *m*, Wechselstromturbogenerator *m*
турбовинтовой *(Flg)* Propellerturbinen . . ., PTL- . . .
турбовоз *m* Turbinenlokomotive *f*, Turbolokomotive *f*
турбогазодувка *f* Kreiselgebläse *n*, Turbogebläse *n*
турбогенератор *m* *(El)* Turbogenerator *m*, Turbostromerzeuger *m*
~ **переменного типа** Turboalternator *m*, Wechselstromturbogenerator *m*
~ **постоянного тока** Turbodynamo *m*, Gleichstromturbogenerator *m*
~/**утилизационный** Abgasturbogenerator *m*
турбогенераторостроение *n* Turbogeneratorenbau *m*
турбодетандер *m* Expansionsturbine *f*
~ **активного типа** Gleichdruckexpansionsturbine *f*
~ **радиального типа** Expansionsturbine *f* radialer Bauart
~ **реактивного типа** Überdruckexpansionsturbine *f*
~/**реактивно-радиальный** Überdruckexpansionsturbine *f* radialer Bauart
турбодизельэлектроход *m* Turbodieselelektroschiff *n*, Schiff *n* mit turbodieselelektrischem Antrieb
турбодинамо *n* *(El)* Turbodynamo *m*, Gleichstromturbogenerator *m*
турбокомплект *m* *s.* **турбоагрегат**
турбокомпрессор *m* 1. Turbokompressor *m*, Kreiselkompressor *m*; 2. *(Flg)* Turbolader *m* *(Antrieb durch Abgasturbine)*
турбомашина *f* Strömungsmaschine *f*
~/**активная** Gleichdruckströmungsmaschine *f*
турбомешалка *f* Turbomischer *m*; Turborührer *m*, Turbinenrührer *m*
турбомуфта *f* Strömungskupplung *f*, Turbokupplung *f*
турбонагнетатель *m* *s.* **турбокомпрессор 2.**
турбонаддув *m* Abgasturboaufladung *f*
~ **постоянного потока** Stauaufladung *f*
турбонасос *m* Turbopumpe *f*
~/**высоконапорный** Hochdruckturbopumpe *f*
турбопередача *f* *(Masch)* dynamisches Flüssigkeitsgetriebe *n*, Strömungsgetriebe *n*
турбопоезд *m* *(Eb)* Gasturbinentriebzug *m*

турборасходомер *m*/**массовый** Turbinenmassendurchflußmeßgerät *n*
турбореактивный *(Flg)* Turbinenluftstrahl . . ., TL- . . .
турборотор *m* Turboläufer *m*
турбоход *m* Turbinenschiff *n*
турбоэлектрический turboelektrisch
турбоэлектроход *m* Turbo-Elektroschiff *n*, Schiff *n* mit turboelektrischem Antrieb
турбулентность *f* Turbulenz *f*, Verwirbelung *f*
~/**анизотропная** *(Aero)* anisotrope Turbulenz *f*
~ **атмосферы** *(Meteo)* Turbulenz *f* in der Atmosphäre
~/**изотропная** *(Aero)* isotrope Turbulenz *f*
~/**однородная** *(Aero)* homogene Turbulenz *f*
~ **потока/начальная** *(Aero)* Anfahrverwirbelung *f*
~ **приливного течения** *(Astr)* Gezeitenstromturbulenz *f*
~/**свободная** *(Aero)* freie Turbulenz *f*
турбулентный turbulent, verwirbelt, Wirbel . . .
турбулизация *f* **пограничного слоя** *(Aero)* Verwirbelung *f* der Grenzschicht
тургит *m s.* **турьит**
турель *f (Mil, Mar)* Drehkranzlafette *f*; Drehturm *m*
~/**кормовая** *(Flg)* Heckkanzel *f*
турилла *f (Ch)* Tourill *n*, Turille *f*
турма *f (Met)* Koksturm *m*
турмалин *m (Min)* Turmalin *m*
турне *n s.* **ярус/турнейский**
турникет *m (Eb)* Drehschemel *m (Wagen)*
турон *m s.* **ярус/туронский**
турьит *m (Min)* Turgit *m (Mischmineral aus Goethit, Limonit und Hydrohämatit)*
тусклый trübe; matt, glanzlos
тускнеть 1. trübe werden; 2. matt (glanzlos) werden, anlaufen
туф *m (Geol)* Tuff *m*
~/**андезитовый** Andesittuff *m*
~/**базальтовый** Basalttuff *m*
~/**витрокластический** *s.* ~/**стекловатый**
~/**вулканический** vulkanischer Tuff *m*
~/**диабазовый** Diabastuff *m*
~/**известковый** Kalktuff *m*, Tuffkalk *m*
~/**кварцевый** Quarzsinter *m*
~/**кремнёвый (кремнистый)** Kieseltuff *m*, Geyserit *m*
~/**липаритовый** Liparittuff *m*
~/**мергельный** Mergeltuff *m*
~/**палагонитовый** Palagonittuff *m*
~/**пелитовый** Tontuff *m*
~/**пемзовый** Bimssteintuff *m*
~/**порфировый** Porphyrtuff *m*
~/**стекловатый** Glastuff *m*
~/**трахитовый** Trachyttuff *m*
~/**фонолитовый** Phonolithtuff *m*
туфолава *f s.* **игнимбрит**
туффит *m (Geol)* Tuffit *m*
тухолит *m (Min)* Tucholit *m (Mineral der Uraninitgruppe)*
тучка *f* Wölkchen *n*
тушевать tuschen, schattieren
тушёвка *f* 1. Schattierung *f*; 2. Schummerung *f (auf Landkarten)*
тушение *n* 1. Löschen *n*; 2. Löschung *f*, Ablöschen *n (Koks, Schlacke)*
~ **кокса** Kokslöschen *n*
~/**мокрое** Naßlöschen *n*
~/**объёмное** *(Schiff)* räumliche Feuerlöschung *f*
~/**поверхностное** *(Schiff)* Oberflächenfeuerlöschung *f*
~/**сухое** Trockenlöschen *n*
тушить 1. löschen; 2. ablöschen *(Koks)*
туяплицин *m* Thujaplizin *n*, Isopropyltropolon *n*
Т/Х *s.* **теплоход**
тыл *m (Mil)* 1. Rücken *m*; 2. rückwärtiger Raum *m*, Hinterland *n*; 3. rückwärtiger Dienst *m*
тыловой *(Mil)* rückwärtig
тысячная *f (Eb)* Promille *n (Steigung)*
тычок *m (Bw)* Binder *m (Mauerwerksverband)*
ТЭ *s.* **тепловоз с электрической передачей**
ТЭМ *s.* **тепловоз с электрической передачей/маневровый**
ТЭП *s.* **тепловоз с электрической передачей/пассажирский**
ТЭС *s.* **тетраэтилсвинец**
тэта-функция *f (Math)* Theta-Funktion *f*
ТЭЦ *s.* **теплоэлектроцентраль**
тюбинг *m (Bgb, Bw)* Tübbing *m (Schachtausbau, Tunnelbau)*
~/**венцовый** Kranztübbing *m*
~/**каркасный** Verbundtübbing *m*
~/**накладной** Aufbautübbing *m*
~/**подвесной** Unterhängetübbing *m*
тюк *m* Ballen *m*
тюковать in Ballen verpacken *(z. B. Wolle, Tuche)*
тюкометатель *m (Lw)* Ballenschleuder *f*
тюкоподборщик *m (Lw)* Ballenwerfer *m*
тюкошвырялка *f (Lw)* Ballenschleuder *f*
тюль *m (Text)* Tüll *m*, Bobinetgewebe *n*
~/**гардинный** Gardinentüll *m*
~/**гладкий** glatter Tüll *m*
~/**полушёлковый** halbseidener Tüll *m*
~/**узорчатый** Gardinentüll *m*
~/**хлопчатобумажный** Baumwolltüll *m*
~/**шёлковый** Seidentüll *m*
тюрингит *m (Min)* Thuringit *m*
тюфяк *m* 1. Matratze *f*; 2. *(Hydt)* Packwerk *n*, Senkstück *n*, Sinkstück *n*
~/**дренажный** Filterbett *n*
~/**опускной** Sinkstück *n*
~/**фашинный** *(Hydt)* Faschinenpackwerk *n*, Faschinenmatratze *f*

~/**хворостяной фашинный** Reisigpackwerk *n*
тюямунит *m (Min)* Tujamonit *m*
тяга *f* 1. Zug *m*, Zugkraft *f*, Zugleistung *f*; 2. Zug *m*, Zugstange *f*, Triebstange *f*; 3. *(Eb)* Zugförderung *f*, Traktion *f*; 4. *(Flg, Rak)* Schub *m*; Impuls *m*; Schubkraft *f*; 5. Zug *m*; Abzug *m (Feuerungstechnik, Belüftungsanlagen)*; 6. *(Arch)* Gurtgesims *n*, Gurtsims *m(n)*; 7. *s.* **сила/движущая**
~ **в печи** Ofenzug *m*
~ **валков** *(Wlz)* Walzenzug *m*
~/**вентиляционная** Druckzug *m*
~/**верхняя** Oberlenker *m*
~/**взлётная** *(Flg, Rak)* Startschub *m*
~ **вилки переключения коробки передач** *(Kfz)* Schaltstange *f (Getriebe)*
~ **винта** *(Flg)* Luftschraubenzug *m*
~ **воздуха** Luftzug *m*
~/**воздушная** Luftzug *m*
~ **воздушного винта** *(Flg)* Luftschraubenzug *m*
~/**вытяжная** Saugzug *m*
~ **двигателя** *(Flg)* Triebwerkschub *m*
~/**двойная** *(Eb)* Doppeltraktion *f*
~ **дымовой трубы** Schornsteinzug *m*
~/**естественная** natürlicher Zug *m*
~/**золотниковая** *(Masch)* Schieberstange *f*
~/**искусственная** künstlicher Zug *m*, Saugzug *m*
~/**косвенная** indirekter Zug *m (Feuerungstechnik)*
~/**крейсерская** *(Flg)* Reiseschub *m*
~/**крейсерская статическая** Reisestandschub *m*
~ **крейцкопфа** *(Masch)* Kreuzkopfstange *f*
~/**кулисная** *(Masch)* Kulissenstange *f*, Schwingstange *f*
~/**направляющая** *(Masch)* Führungsstange *f*
~/**непрямая** indirekter Zug *m (Feuerungstechnik)*
~/**нижняя** Unterlenker *m*
~/**опрокинутая** umgekehrter Zug *m*, Rückstau *m (Heizung)*
~/**осевая** Axialschub *m*
~/**паровая** *(Eb)* Dampfzugförderung *f*, Dampftraktion *f*
~/**педальная** Fußhebelgestänge *n*
~/**переводная** *(Eb)* Stellgestänge *n (Weiche)*
~ **печи** Ofenzug *m*, Zug *m*
~ **подъёмного механизма** *(Masch)* Ausrückestange *f*
~ **поездов** *(Eb)* Zugförderung *f*
~ **поездов/электрическая** elektrische Zugförderung *f*, Elektrotraktion *f*
~/**полезная** Nutzschub *m*
~/**поперечная рулевая** *(Kfz)* Spurstange *f*
~/**проволочная** *(Text)* Zugdraht *m (Webstuhl; Knickschlageinrichtung)*
~/**продольная рулевая** *(Kfz)* Lenkstange *f*
~/**проступная** *(Text)* Zugstab *m*
~/**прямая** direkter Zug *m (Feuerungstechnik)*
~ **ракеты** *(Rak)* Schub *m*; Impuls *m*
~/**располагаемая** Schubvermögen *n*
~/**распределительная** *(Masch)* Steuerstange *f*
~/**реактивная** *(Flg, Rak)* Schub *m*, Schubkraft *f*
~ **реактивного двигателя** *(Flg, Rak)* Schub *m*, Schubkraft *f*
~ **реверса** *(Masch)* Steuerstange *f*
~/**регулировочная** *(Masch)* Nachstellstange *f*
~/**рулевая** 1. *(Kfz)* Lenkgestänge *n*; 2. *(Flg)* Steuerseil *n*; 3. *(Schiff)* Rudergestänge *n*
~/**соединительная** *(Masch)* Verbindungsstange *f*, Kuppelstange *f*
~/**статическая** *(Rak)* statischer Schub *m*, Standschub *m*
~/**сцепная** *(Masch)* Kupplungsstange *f*
~/**тепловозная** *(Eb)* Dieselzugförderung *f*, Dieseltraktion *f*
~/**тормозная** Bremsgestänge *n*
~/**тракторная** Traktorenantrieb *m*
~/**удельная** *(Rak)* spezifischer Schub *m*, spezifischer Impuls *m*
~ **управления** 1. Steuerstange *f*; 2. Schaltstange *f*
~/**упряжная** *(Eb)* Zugstange *f (Fahrzeug)*
~/**эксцентриковая** *(Masch)* Exzenterstange *f*, Schwingenstange *f*
~/**электрическая** *(Eb)* elektrische Zugförderung *f*, Elektrotraktion *f*
~/**эффективная** *(Rak)* effektiver (wirksamer) Schub *m*
тягач *m* Zugmaschine *f*
~/**артиллерийский** Artillerie-Zugmaschine *f*
~/**бронированный** *(Mil)* Zugpanzer *m*
~/**танковый** *(Mil)* Panzerzugmaschine *f*
тяги *pl*/**рулевые** *(Flg)* Rudergestänge *n*
~/**тормозные** Bremsgestänge *n*
тяговооружённость *f (Flg, Rak)* Schub-Masse-Verhältnis *n*
тягомер *m* 1. Zugkraftmesser *m*; 2. Zugmesser *m (Feuerungstechnik)*
~/**водяной** Wassersäulenzugmesser *m*
~/**дифференциальный** Differenzzugmesser *m*
тяготение *n (Mech)* Gravitation *f*, Massenanziehung *f*
~/**всемирное** Newtonsche Gravitation *f (klassische Mechanik)*
~ **на поверхности** Schwerebeschleunigung *f* an der Oberfläche
тягун *m (Glas)* Wagenzugofen *m (ein Kanalkühlofen)*
тягучесть *f* Dehnbarkeit *f*, Duktilität *f*

тягучий 1. duktil, dehnbar; 2. zäh, zähflüssig *(Schlacke)*
тяжеловесный Schwergut ...
тяжник *m (Text)* 1. Wagenauszugseil *n*, Auszugseil *n*, Ausfahrtseil *n*; 2. Wageneinzugseil *n*, Einzugseil *n*
тянуть ziehen; schleppen
~ **вхолодную** *(Met)* kaltziehen, hartziehen

У

убавить vermindern, verringern, verkleinern; kürzen
убавлять *s.* **убавить**
убежище *n (Mil)* Unterstand *m*, Bunker *m*
~/**вентилируемое** belüfteter Unterstand *m*
~/**жилое** Wohnunterstand *m*
~/**противоатомное** atomsicherer Unterstand *m*
~/**противоосколочное** splittersicherer Unterstand *m*
~/**санитарное** Sanitätsunterstand *m*
убирать 1. aufräumen, wegräumen, bergen; 2. ernten, Ernte einbringen; 3. *(Bgb)* wegfüllen, wegräumen *(Gestein)*
~ **паруса** *(Schiff)* Segel einholen
~ **шасси** *(Flg)* das Fahrwerk einziehen (einfahren)
уборка *f* 1. Wegräumen *n*, Aufräumen *n*; Bergung *f*; 2. Ernte *f*, Einbringen *n* der Ernte; 3. *(Bgb)* Wegfüllen *n*
~ **навоза** *(Lw)* Entmisten *n*
~ **тканей** *(Text)* Zusammenlegen *n*
~ **хлеба** Getreideernte *f*
убрать *s.* **убирать**
УБТ *s.* **труба/утяжелённая бурильная**
убывание *n* 1. Abnahme *f*, Verminderung *f*; 2. Fallen *n*, Sinken *n (Wasser)*
~ **Луны** *(Astr)* Abnehmen *n (Mond)*
убывать 1. abnehmen; 2. fallen, sinken *(Wasser)*
убывающий abnehmend, absteigend, fallend
убыль *f* 1. Abnahme *f*, Verringerung *f*; 2. Abgang *m*, Verlust *m*, Schwund *m*
~ **в весе** Masseverlust *m*, Masseschwund *m*
~/**весовая** *s.* ~ **в весе**
убыток *m* Schaden *m*, Verlust *m*
~ **от града** Hagelschaden *m*
~ **от пожара** Brandschaden *m*
убыточный nachteilig, verlustbringend
убыть *s.* **убывать**
увальчивость *f* Leegierigkeit *f (Segelschiff)*
увальчивый leegierig *(Segelschiff)*
уваривание *n* Einkochen *n*, Verkochen *n*
~ **на кристалл** Verkochen *n* auf Korn *(Zuckergewinnung)*
уваривать на кристалл auf Korn verkochen *(Zuckergewinnung)*
уваровит *m (Min)* Uwarowit *m*, Kalkchromgranat *m*

УВВ *s.* 1. **устройство ввода/вывода**; 2. **уровень высоких вод**
увеличение *n* Vergrößerung *f*, Steigerung *f*, Zunahme *f*, Anwachsen *n*, Zuwachs *m*
~ **валентного угла** *(Ph)* Valenzwinkelaufweitung *f*
~ **веса** Massezunahme *f*
~ **выхода металла** *(Met)* Zubrand *m*
~ **глубины модуляции** *(Rf)* Modulationsvertiefung *f*, Modulationsgraderhöhung *f*
~ **давления** Druckanstieg *m*
~/**двойное** *(Opt)* doppelte Vergrößerung *f*
~ **жёсткости** 1. Verfestigung *f*, Erhärtung *f*; 2. *(Gum)* Verstrammen *n*
~ **жёсткости излучения** *(Kern)* Strahlungshärtung *f*, Strahlenhärtung *f*
~ **жёсткости спектра [нейтронов]** *(Kern)* Spektrumshärtung *f*
~ **зернистости** Kornvergröberung *f*, Kornvergrößerung *f (Aufbereitung körniger Stoffe)*
~ **интервалов** Zeitverlängerung *f*
~ **контрастности** *(Fs)* Kontrastanhebung *f*
~ **объёма** Volumenzunahme *f*, Volumenvergrößerung *f*
~ **отношения сигнал/шум** *(Rf)* Rauschabstandsvergrößerung *f*, Verbesserung *f* des Rausch/Signalverhältnisses
~ **поперечного сечения** Querschnittserweiterung *f*
~ **потенциала** *(Ph)* Potentialanstieg *m*
~ **размера зёрен** *(Wkst)* Kornvergröberung *f*, Kornvergrößerung *f*
~ **трубы** *(Opt)* Fernrohrvergrößerung *f*
~/**угловое** Winkelvergrößerung *f*; Winkelverhältnis *n*
увеличивать vergrößern
увеличиваться zunehmen
увеличитель *m (Foto)* Vergrößerungsapparat *m*, Vergrößerungsgerät *n*
увеличить *s.* **увеличивать**
~ **разрядку** *(Typ)* Zeilen erweitern (austreiben)
увеличиться *s.* **увеличиваться**
УВК *s.* **комплекс/управляющий вычислительный**
увлажнение *n* Feuchten *n*, Anfeuchten *n*, Anfeuchtung *f*, Befeuchten *n*; Annässen *n*, Netzen *n*; Durchfeuchten *n*; *(Bgb)* Tränken *n (Gebirge, Kohle)*
~ **воздуха** Luftbefeuchtung *f*
увлажнитель *m* Befeuchtungsvorrichtung *f*
~ **воздуха** Luftbefeuchter *m*
увлажнить *s.* **увлажнять**
увлажнять befeuchten, [be]netzen; durchfeuchten
увлечение *n* 1. Mitreißen *n*, Mitnehmen *n*; 2. *(El)* Frequenzziehen *n*, Frequenzmitnahme *f*

~ **воздуха** Luftmitführung *f*
~ **звука** Schallmitführung *f*
~ **электронов фононами** *(Kern)* Phonondrag *m*
~ **эфира** Äthermitführung *f*
УВМ *s.* **машина/управляющая вычислительная**
увод *m (Fert)* Verlaufen *n (des Bohrers)*
угар *m* 1. Abgang *m*, Abfall *m*; 2. *(Met)* Abbrand *m*; Zunder *m*, Sinter *m*; 3. Kohlenoxid *n*, Kohlendunst *m*; 4. *(Text)* *s.* **угары**
~ **при плавлении** Schmelzverlust *m*
~ **электродов** Elektrodenabbrand *m*
угары *mpl (Text)* Abfälle *mpl*, Abgänge *mpl*
~ **кардочесальной машины** Krempelabfälle *mpl*
~ **ленточных машин** Streckenabgang *m*
~ **мотальной машины** Spulereiabfälle *mpl*
~/**невозвратные** nicht wiederverwendbare Abfälle (Kardenabfälle) *mpl*
~/**непрядомые** Krempelabfälle *mpl*
~ **с барабана** Walzenabfälle *mpl*
~ **с чесальной машины** Kardenabfälle *mpl*
~ **трепальных машин** Schlägerabfälle *mpl*
~/**хлопчатобумажные** Baumwollabfälle *mpl*
~/**шерстяные** Wollabfälle *mpl*
угасание *n* Erlöschen *n*, Auslöschen *n*
угасать erlöschen, auslöschen
угаснуть *s.* **угасать**
углевод *m (Ch)* Kohlenhydrat *n*; Saccharid *n*
~/**высший** höheres (zuckerähnliches) Polysaccharid *n*
~/**простой** einfaches Kohle[n]hydrat *n*, Einfachzucker *m*, Monosaccharid *n*
~/**сложный** zusammengesetztes (komplexes) Kohle[n]hydrat *n*, Vielfachzucker *m*, Polysaccharid *n*
углеводистый *(Ch)* kohle[n]hydrathaltig
углеводный *(Ch)* Kohle[n]hydrat ...
углеводород *m (Ch)* Kohlenwasserstoff *m*
~/**алифатический** aliphatischer (azyklischer, kettenförmiger) Kohlenwasserstoff *m*
~/**алициклический** alizyklischer (zykloaliphatischer) Kohlenwasserstoff *m*
~/**ароматический** aromatischer Kohlenwasserstoff *m*, Benzolkohlenwasserstoff *m*
~/**ацетиленовый** Azetylenkohlenwasserstoff *m*, Äthinkohlenwasserstoff *m*, Alkin *n*
~/**ациклический** *s.* ~/**алифатический**
~/**бензольный** *s.* ~/**ароматический**
~/**гидроароматический** hydroaromatischer Kohlenwasserstoff *m*
~/**диеновый** Dien *n*, Diolefin *n*
~/**жирноароматический** araliphatischer (aromatisch-aliphatischer, fettaromatischer) Kohlenwasserstoff *m*
~/**жирный** *s.* ~/**алифатический**
~/**кольчатый** *s.* ~/**циклический**
~/**конденсированный полициклический** kondensierter (anellierter) polyzyklischer Kohlenwasserstoff *m*
~/**насыщенный** gesättigter (paraffinischer) Kohlenwasserstoff *m*, Grenzkohlenwasserstoff *m*, Paraffinkohlenwasserstoff *m*, Alkan *n*
~/**нафтеновый** naphthenischer Kohlenwasserstoff *m*
~/**ненасыщенный** ungesättigter Kohlenwasserstoff *m*
~/**непредельный** *s.* ~/**ненасыщенный**
~/**парафиновый** *s.* ~/**насыщенный**
~/**полиметиленовый** Naphthen *n*, Zykloparaffin *n*, Zykloalkan *n*
~/**полициклический** polyzyklischer Kohlenwasserstoff *m*
~/**предельный** *s.* ~/**насыщенный**
~ **с открытой цепью** offenkettiger Kohlenwasserstoff *m*
~/**тяжёлый** schwerer Kohlenwasserstoff *m*
~/**хлорированный** chlorierter Kohlenwasserstoff *m*, Chlorkohlenwasserstoff *m*
~/**циклический** Zyklokohlenwasserstoff *m*, Ringkohlenwasserstoff *m*, zyklischer (ringförmiger) Kohlenwasserstoff *m*
~/**эт[ил]еновый** Äth[yl]enkohlenwasserstoff *m*, Alken *n*, Olefin *n*
~/**этиновый** *s.* ~/**ацетиленовый**
углеводородный *(Ch)* Kohlenwasserstoff ...
углевоз *m (Schiff)* Kohlefrachter *m*
угледобыча *f (Bgb)* Kohleförderung *f*, Kohlegewinnung *f*
угледробилка *f (Bgb)* Kohlenbrecher *m*, Kohlenzerkleinerungsmaschine *f*
угледробление *n (Bgb)* Kohlenzerkleinerung *f*
углежжение *n (Ch)* Holzverkohlung *f*, Holzdestillation *f*
~ **в ретортах** Retortenverkohlung *f*, Holzverkohlung *f* in Retorten[öfen]
~/**ямное** Grubenverkohlung *f*, Holzverkohlung *f* in Gruben
углекислота *f* Kohlensäure *f*
~/**агрессивная** aggressive (überschüssige) Kohlensäure *f*, Überschußkohlensäure *f* *(Wasseraufbereitung)*
~/**карбонатная** Karbonatkohlensäure *f* *(Wasseraufbereitung)*
~/**твёрдая** festes Kohlendioxid *n*, Kohlendioxidschnee *m*
углекислый *(Ch)* ...karbonat *n*; kohlensauer
углемойка *f (Bgb)* Kohlenwäsche *f (Aufbereitungsbetrieb)*

угленосность f *(Bgb)* Kohleführung f, Kohlegehalt m
угленосный *(Bgb)* kohleführend
углеобогащение n Kohleaufbereitung f
углеобразование n Kohle[n]bildung f
углеобразователь m Kohle[n]bildner m
углепогрузчик m Kohlelader m
углерод m *(Ch)* Kohlenstoff m, C
~/**аморфный** schwarzer Kohlenstoff m
~/**блестящий** *(Gieß)* Glanzkohlenstoff m
~/**избыточный** *(Met)* sekundär *oder* tertiär ausgeschiedener Kohlenstoff m
~/**меченый** *(Kern)* radioaktiv markierter Kohlenstoff m
~/**несвязанный (несвязный)** ungebundener Kohlenstoff m
~ **отжига** *(Met)* Temperkohle f
~/**радиоактивный** radioaktiver Kohlenstoff m, Radiokohlenstoff m
~/**свободный** freier Kohlenstoff m
~/**связанный** gebundener Kohlenstoff m
~/**четырёххлористый** Kohlenstofftetrachlorid n, Tetrachlorkohlenstoff m, Tetrachlormethan n
~/**шестихлористый** Hexachloräthan n, Perchloräthan n
углеродистый *(Ch)* ...karbid n; kohlenstoffhaltig
углеродный Kohlenstoff...
углеродсодержащий kohlenstoffhaltig, Kohlenstoff...
углерудовоз m *(Schiff)* Kohleerzfrachter m
углеснабжение n Bekohlung f, Kohlenversorgung f
углесос m *(Bgb)* Kohlepumpe f
углефикация f *(Geol)* Inkohlung f
углехранилище n Kohlenbunker m
угловатость f Eckigkeit f, Kantigkeit f
угловатый spratzig *(Pulverform; Pulvermetallurgie)*
угломер m *(Meß)* Winkelmeßgerät n, [verstellbarer] Winkelmesser m; Teilring m, Teilkreis m
~/**зеркальный** Winkelmesser m mit Spiegelablesung
~/**индикаторный** Winkelmesser m mit Meßuhr
~/**механический** mechanischer Winkelmesser m
~/**оптико-электронный** optisch-elektronischer Winkelmesser m, optisch-elektronisches Winkelmeßgerät n
~/**оптический** optischer Winkelmesser m, optisches Winkelmeßgerät n
~/**показывающий** anzeigender Winkelmesser m, anzeigendes Winkelmeßgerät n
~ **с нониусом** [mechanischer] Winkelmesser m mit Nonius
~ **с транспортиром** *s.* ~/**универсальный**
~/**универсальный** *(Meß)* Universalwinkelmesser m
угломер-квадрант m *(Mil)* Winkelmeßquadrant m, Richtquadrant m
углубить *s.* **углублять**
углубка f *(Bgb)* Weiter[ab]teufen n *(von Schächten)*
~ **ствола шахты сверху вниз** Weiter[ab]teufen n von oben nach unten
углубление n 1. Vertiefung f; Aushöhlung f, Höhlung f; Einsenkung f, Senkung f; Delle f, Eindruck m; 2. *(Schiff)* Tiefgang m
~ **мины** *(Mar)* Tiefeneinstellung f *(Mine)*
~ **пробелов между точками** *(Typ)* Punkttieflegung f
~ **русла** Flußbettvertiefung f
углублять 1. vertiefen, tiefermachen; 2. *(Bgb)* weiterteufen
углы *mpl* 1. Ecken *fpl*; 2. Winkel *mpl*; 3. *s. unter* **угол**
~/**вертикальные** Scheitelwinkel *mpl*
~/**внешние накрестлежащие** äußere Wechselwinkel *mpl*
~/**внешние односторонние** äußere entgegengesetzte Winkel *mpl*
~/**внутренние накрестлежащие** innere Wechselwinkel *mpl*
~/**внутренние односторонние** innere entgegengesetzte Winkel *mpl*
~/**двойниковые** *(Krist)* Zwillingsecken *fpl*
~/**дополнительные** Komplementwinkel *mpl (Winkelsumme 90°)*
~ **кристалла/конечные (полярные)** *(Krist)* Endecken *fpl*
~/**накрестлежащие** Wechselwinkel *mpl*
~/**односторонние** entgegengesetzte Winkel *mpl*
~/**противоположные** Scheitelwinkel *mpl*
~ **режущей части инструмента** Winkel *mpl* an der Werkzeugschneide
~/**смежные** Nebenwinkel *mpl*, Supplementwinkel *mpl (Winkelsumme 180°)*
~/**соответствующие** Stufenwinkel *mpl*, Gegenwinkel *mpl*, gleichliegende Winkel *mpl*
угнетение n *(Forst)* Schirmdruck m, Unterdrückung f
~/**боковое** Seitendruck m
угодье n 1. Grundstück n, Landstück n; 2. Gelände n; 3. Flur f
угол m 1. *(Math)* Winkel m *(Planimetrie)*; Kante f *(Stereometrie; vgl.* ~/**двугранный**); Ecke f *(Stereometrie; vgl.* ~/**многогранный** *und* ~/**трёхгранный**); 2. Spannweite f; 3. *s. unter* **углы**
~ **аберрации** Aberrationswinkel m, Abweichungswinkel m
~ **азимута** Azimutwinkel m
~ **атаки** Anstellwinkel m, Anströmwinkel m *(Verstellpropeller)*
~ **атаки/критический** kritischer Anstellwinkel m

~ **бокового отклонения** *(Mil)* Seitenabweichwinkel *m*
~ **бокового скольжения** *(Flg)* Seitengleitwinkel *m*
~ **бортовой качки** *(Schiff)* Rollwinkel *m*, Schlingerwinkel *m*
~ **бросания** *(Mil)* Abgangswinkel *m*
~ **в плане** *(Wkzm)* Einstellwinkel *m* *(Drehmeißel, Stirnfräser, Messerköpfe)*
~ **в плане вспомогательной режущей кромки** Einstellwinkel *m* der Stirn- oder Nebenschneide
~ **в плане/вспомогательный** Einstellwinkel *m* der Nebenschneide, Nebeneinstellwinkel *m* *(Drehmeißel)*
~ **в плане главной режущей кромки** Einstellwinkel *m* der abgeschrägten Hauptschneide
~ **в плане/главный** Einstellwinkel *m* [der Hauptschneide]
~ **в плане уступа** Winkel *m* der Stufenschräge *(Abrollwinkel)* einer Spanleitstufe *oder* eines Spanbrechers
~ **валентности** *s.* ~**/валентный**
~**/валентный** *(Ch)* Valenzwinkel *m*, Bindungswinkel *m*
~ **вертикального наведения/полный** voller Höhen[richt]winkel *m* *(Schiffsartillerieschießen)*
~ **вертикального упреждения** *(Mil)* Höhenvorhaltewinkel *m*
~**/вертикальный** *(Geod)* Höhenwinkel *m*
~ **визирования** *(Mil)* Visierwinkel *m*; Ortungswinkel *m*
~ **винтовой линии** Steigungswinkel *m* der Schraubenlinie; Drallwinkel *m*
~**/внешний** Außenwinkel *m*
~ **внутреннего трения** Winkel *m* der inneren Reibung
~**/внутренний** Innenwinkel *m*
~ **возвышения** 1. *(Astr)* Elevationswinkel *m*, Höhenwinkel *m*, Höhe *f* *(Horizontalsystem)*; 2. *(Mil)* Erhöhungswinkel *m* *(Flugbahnelement)*; Steigungswinkel *m*
~ **волнового конуса** *s.* ~ **Маха**
~ **волочения** Zielwinkel *m*
~**/вписанный** *(Math)* Umfangswinkel *m*, Peripheriewinkel *m*
~**/вращающийся** drehbarer Winkel *m*
~ **вращения** Drehwinkel *m*
~**/вспомогательный** Hilfswinkel *m* *(Trigonometrie)*
~**/вспомогательный задний** *(Wkzm)* Freiwinkel *m* der Hilfs- oder Nebenschneide, Hilfsfreiwinkel *m*, Nebenwinkel *m* *(Drehmeißel, Hobelmeißel)*
~ **встречи** *(Mil)* Auftreffwinkel *m*
~ **второй кривизны** *s.* ~ **кручения**
~ **входа** Eintrittswinkel *m*
~ **входа в плотные слои атмосферы** *(Kosm)* Wiedereintrittswinkel *m*, Wiedereintauchwinkel *m*
~ **входа палубы в воду** *(Schiff)* Eintauchwinkel *m* Seite Deck
~ **выбега** Lastwinkel *m* *(Turbine)*
~ **вылета** 1. Startwinkel *m* *(Elektronen)*; 2. *(Mil)* Abgangsfehlerwinkel *m* *(Ballistik)*
~**/выпуклый многогранный** *(Math)* konvexer Vielflachwinkel *m*
~ **выхода** 1. Austrittswinkel *m*; 2. *(Geol)* Emergenzwinkel *m*; 3. *s.* ~ **испускания**
~**/галсовый** *(Schiff)* Hals *m* *(Segel)*
~**/главный задний** *(Fert)* Freiwinkel *m* der Hauptschneide, Hauptfreiwinkel *m* *(Drehmeißel, Hobelmeißel)*
~ **головки зуба** *(Masch)* Zahnkopfwinkel *m*, Kopfwinkel *m*
~ **горизонтального наведения/полный** voller Seitenrichtwinkel *m* *(Schiffsartillerieschießen)*
~ **горизонтального обстрела** *(Mil)* horizontaler Beschußwinkel *m*
~ **горизонтальной наводки** *(Mil)* Seitenrichtfeld *n*
~**/граничный** Grenzwinkel *m*
~ **гужа** Busenecke *f* *(des Schleppnetzes)*
~ **давления** Pressungswinkel *m*, Druckwinkel *m*; Eingriffswinkel *m* *(Zahnräder)*
~ **двугранного угла/линейный** *(Math)* Kantenwinkel *m* *(Stereometrie; Winkelmaß einer Kante; vgl.* ~**/двугранный***)*; linearer Winkel *m* des Zweiflachwinkels
~**/двугранный** *(Math)* Kante *f* *(Stereometrie; Figur, gebildet durch zwei von einer Geraden ausgehende Halbebenen)*; Winkel *m* zwischen zwei Flächen, zweiflächiger Winkel *m*, Flächenwinkel *m*
~ **деривации** *(Mil)* Drall[abweichungs]winkel *m*, Derivationswinkel *m*
~**/дифракционный** *(Opt)* Beugungswinkel *m*
~ **дифферента** *(Schiff)* Trimmwinkel *m*
~ **диэлектрических потерь** dielektrischer Verlustwinkel *m*
~ **доворота** *(Mil)* Seite *f* *(Artillerieschießen)*
~**/дополнительный** *(Math)* Komplementwinkel *m*
~ **дрейфа** *(Schiff)* Abdriftwinkel *m*
~ **естественного откоса** natürlicher Böschungswinkel *m*, Schüttwinkel *m*
~ **загиба [резца]** *(Wkzm)* Kröpfungswinkel *m* *(Drehmeißel)*
~**/заданный путевой** *(Flg)* beabsichtigter Wegwinkel *m*
~**/задний** *(Wkzm)* Freiwinkel *m* *(allgemein für Drehmeißel, Hobelmeißel, Fräser)*
~ **зажигания** *s.* ~ **запаздывания зажигания**

~ **заката [диаграммы статической остойчивости]** Stabilitätsumfang *m (Hebelarmkurve)*
~ **заклинивания кривошипа** *(Masch)* Kurbelversetzung *f*
~/**закруглённый** ausgerundete Ecke *f*
~ **закрутки** *s.* ~ **закручивания**
~ **закручивания** *(Fest)* Verdreh[ungs]winkel *m*, Torsionswinkel *m*
~ **закручивания/абсолютный** *s.* ~ **закручивания**
~ **закручивания на единицу длины** Drillung *f*
~ **закручивания/относительный** *(Fest)* Drillung *f*; spezifischer Verdrehungswinkel *m*
~ **закручивания/полный** *s.* ~ **закручивания**
~ **заливания** *(Schiff)* Einströmwinkel *m*, Wassereinbruchwinkel *m*
~ **заострения** *(Wkz)* 1. Zuschärfungswinkel *m (Säge)*; 2. Keilwinkel *m (Drehmeißel, Hobelmeißel)*
~ **заоткоски** Böschungswinkel *m*
~ **запаздывания зажигания** Zündverzögerungswinkel *m*; *(Kfz)* Spätzündungswinkel *m*
~ **заплечиков** Rastwinkel *m (Hochofen)*
~ **запуска ракеты** Raketenstartwinkel *m*, Startwinkel *m*
~ **засечки** *(FO)* Peilwinkel *m*
~ **заточки** *s.* 1. ~ **заострения 1.**; 2. ~ **затылка**
~ **затылка** *(Wkz)* Hinterschleifwinkel *m*, Hinterschliffwinkel *m*, Hinterwetzwinkel *m*
~ **захвата [металла валками]** *(Wlz)* Greifwinkel *m*
~ **захода** *(Flg)* Anflugwinkel *m*
~ **зацепления** *(Masch)* Eingriffs[linien]winkel *m*, Verzahnungswinkel *m*
~ **зацепления резьбы** Flankenwinkel *m (am Gewinde)*
~/**защитный** Schutzwinkel *m*
~ **зенкования** *(Fert)* Senkwinkel *m*, Versenkwinkel *m*
~ **зрения** Sehwinkel *m*; Gesichtswinkel *m*
~ **излучения** *s.* ~ **испускания**
~ **изображения** *(Kine)* Bildwinkel *m*
~ **испускания** *(Ph)* Emissionswinkel *m*, Strahlungswinkel *m*, Ausstrahlungswinkel *m*
~/**истинный путевой** *(Flg)* geografischer Wegwinkel *m*
~ **кабрирования** *(Flg)* Steigungswinkel *m*, Steigung *f*
~ **качания** *(Mech)* Kipp[ungs]winkel *m*
~ **качения** *(Fert)* Wälzwinkel *m*
~ **килевой качки** *(Schiff)* Stampfwinkel *m*
~ **клина** Keilwinkel *m*
~ **конического углубления** *(Fert)* Senkwinkel *m*, Versenkwinkel *m*
~ **контакта** *(Wkz)* Eingriffswinkel *m (Fräserschneide)*
~ **конуса** Kegelwinkel *m*
~ **конуса впадин** *(Masch)* Fußkegelwinkel *m (Zahnrad)*
~ **конуса разлёта** *(Mil)* Streuungs[kegel]winkel *m*
~ **конусности** Kegelwinkel *m*
~ **конусности центра** *(Wkz)* Spitzenwinkel *m (Körnerspitze, Drehmaschine)*
~/**краевой** *(Ph, Ch)* Randwinkel *m*, Kontaktwinkel *m (Benetzung)*
~ **крена** *(Schiff)* Krängungswinkel *m*; *(Flg)* Querneigungswinkel *m*
~/**критический** kritischer Winkel *m*, Grenzwinkel *m*
~ **кручения** 1. *(Math)* Windungswinkel *m*, Schmiegungswinkel *m*; 2. *s.* ~ **закручивания**
~/**курсовой** *(FO)* Seitenpeilung *f*, Peilwinkel *m*
~ **лопатки/внешний** Schaufelaustrittswinkel *m (Turbine)*
~ **лопатки/внутренний** Schaufeleintrittswinkel *m (Turbine)*
~ **магнитного склонения** *s.* ~ **склонения**
~/**магнитный путевой** *(Flg)* Magnetwegwinkel *m*
~ **малковки** *(Schiff)* Schmiegewinkel *m*
~ **Маха** *(Aero, Flg)* Machscher Winkel *m (Machscher Konus)*
~ **между гранями** *(Krist)* Grenzflächenwinkel *m*
~ **между двумя направлениями** *(Math)* Winkel *m* zwischen zwei Richtungen
~ **между двумя параллельными прямыми** *(Math)* Winkel *m* zwischen zwei parallelen Geraden
~ **между двумя пересекающимися прямыми** *(Math)* Winkel *m* zwischen zwei sich schneidenden Geraden
~ **между осями** [optischer] Achsenwinkel *m*
~ **места** 1. *(Flg)* Positionswinkel *m*; Höhenwinkel *m (eines Luftzieles)*; Höhe *f*; 2. *s.* ~ **возвышения**
~ **места цели** *(Mil)* Geländewinkel *m (Ballistik)*
~ **многогранного угла/плоский** *(Math)* Kantenwinkel *m (einer Ecke, Stereometrie)*
~/**многогранный** *(Math)* mehrseitige [körperliche] Ecke *f (Stereometrie)*
~ **на вспомогательной кромке/задний** *(Wkzm)* Stirnfreiwinkel *m*, Freiwinkel *m* der Neben- oder Stirnschneide *(Stirnfräser)*
~ **набегания потока** *(Aero)* Anströmwinkel *m*
~ **наблюдения** Betrachtungswinkel *m*
~ **набора высоты** *(Flg)* Steigwinkel *m*
~ **наведения** *(Mil)* Richtwinkel *m*

~ **наведения/вертикальный** Höhenrichtwinkel *m*
~ **наведения/горизонтальный** Seitenrichtwinkel *m*
~ **наводки** *s.* ~ **наведения**
~ **наибольшей дальности** *(Mil)* Winkel *m* der größten Schußentfernung
~ **наклона** Neigungswinkel *m*, Neigung *f*
~ **наклона винтового зуба** 1. *(Masch)* Schrägungswinkel *m* *(schrägverzahnte Zahnräder)*; 2. *(Wkz)* Drallwinkel *m*, Schneidenneigung *f* *(Walzen- und Stirnfräser mit gewundenem Zahn)*
~ **наклона винтовой канавки** *(Wkz)* 1. Steigungswinkel *m* der Drallnute, Drallsteigungswinkel *m* *(Spiralbohrer)*; 2. Drallwinkel *m*, Schneidenneigung *f* *(Walzenfräser mit gewundenen Schneiden)*
~ **наклона винтовой линии** *s.* ~ **винтовой линии**
~ **наклона делительного конуса** *(Wkz)* Teilkegelwinkel *m*
~ **наклона косового зуба** *s.* ~ **наклона винтового зуба 1.**
~ **наклона кромки лопатки** Schaufelwinkel *m* *(Turbine)*
~ **наклона наклонного зуба** *s.* ~ **наклона винтового зуба 2.**
~ **наклона орбиты** *s.* ~ **наклона траектории**
~ **наклона откоса** Böschungsgrad *m*
~ **наклона рабочей поверхности [резца]** *(Wkz)* Spanleitwinkel *m* *(Spanleitstufe, Spanbrecher)*
~ **наклона режущей кромки [резца]** *(Wkz)* Neigungswinkel *m* der Hauptschneide *(Drehmeißel)*
~ **наклона спирали** *s.* ~ **наклона винтовой канавки 1.; 2.**
~ **наклона сторон профиля** *(Masch)* Neigungswinkel *m* der Profilflanken *(am Gewinde)*
~ **наклона стрелы к горизонту** *(Schiff)* Auftoppwinkel *m* des Ladebaums, Neigungswinkel *m* des Baums zur Waagerechten
~ **наклона траектории** *(Rak)* Bahnneigungswinkel *m*, Bahnneigung *f*, Neigung *f* der Flugbahn
~ **наклона траектории к горизонту** *(Rak)* Bahntangentenwinkel *m*
~ **наклона упорной поверхности** *s.* ~ **наклона рабочей поверхности [резца]**
~ **наклонения** *(Geoph)* Inklinationswinkel *m* *(Erdmagnetismus)*
~ **намотки** *(Text)* Anlaufwinkel *m*
~ **направления зуба** Schrägungswinkel *m*, Steigungswinkel *m* *(Zahnradmessung)*
~ **направления течения** Strömungswinkel *m*
~/**наружный** Außenwinkel *m*
~ **насекания** *(Wkz)* Hauwinkel *m* *(Feile)*
~ **несогласованности** Fehlanpassungswinkel *m*
~/**номинальный** Nennwinkel *m*
~/**нормальный задний** Normalfreiwinkel *m*, senkrecht zur Hauptschneide gemessen *(Walzen- und Stirnfräser mit Schneidenneigung)*
~/**нормальный передний** Normalspanwinkel *m*, senkrecht zur Schneidkante gemessen *(Walzen- und Stirnfräser mit Schneidenneigung)*
~ **нулевой подъёмной силы** *(Aero)* Nullauftriebswinkel *m*
~ **нутации** *(Mil)* Nutationswinkel *m* *(Geschoß)*
~ **обзора** Blickwinkel *m*
~ **обратного рассеяния** *(Ph)* Rückstreuwinkel *m*
~ **обрушения** *(Bgb)* Bruchwinkel *m* *(Bergschadenkunde)*
~ **обстрела** *(Mil)* Beschußwinkel *m*; Richtfeld *n*
~ **обхвата** 1. Umspannungswinkel *m*; 2. *(Masch)* Umschlingungswinkel *m* *(Treibriemen)*
~ **обхвата якоря** *(El)* Öffnungswinkel *m*
~/**ограждающий** *(Schiff)* Gefahrenwinkel *m* *(Navigation)*
~ **одного шага** Winkel *m* einer Teilung *(einem Teilschritt zugeordneter Winkel einer Kreisteilung)*
~ **опасности** *(Schiff)* Warnungswinkel *m*, Gefahrenwinkel *m*
~ **опережения** *(El)* Voreil[ungs]winkel *m*
~ **опережения впрыска** Voreinspritzwinkel *m* *(Verbrennungsmotor)*
~ **опережения выпуска** Vorauslaßwinkel *m* *(Verbrennungsmotor)*
~ **опережения зажигания** *(Kfz)* Frühzündungswinkel *m*
~ **опережения открытия** Voröffnungswinkel *m* *(Verbrennungsmotor)*
~ **опережения по фазе** Phasenvoreilungswinkel *m*
~/**описанный** *(Math)* Tangentenwinkel *m* des umbeschriebenen Kreises *(Winkel, gebildet von zwei Seiten eines Tangentenvielecks)*
~ **оптических осей** optischer Achsenwinkel *m*
~ **оси наклона сопла** *(Rak)* Düsenneigung *f*
~/**острый** *(Math)* spitzer Winkel *m*
~ **отбортовки (отгиба)** *(Fert)* Bördelwinkel *m*
~ **отклонения** 1. Ausschlag *m*, Auslenkung *f* *(eines Zeigers)*; Abweichung *f*; 2. Ablenkungswinkel *m*, Auslenkungswinkel *m*; 3. *(Opt)* Ablenk[ungs]winkel *m* *(prismatische Ablenkung des Lichts)*

~ **отклонения валентности** Valenzablenkungswinkel *m*
~ **отклонения стрелки** Zeigerausschlag *m*, Zeigerauslenkung *f*
~ **отклонения шатуна** *(Masch)* Schubstangenwinkel *m*, Schubstangenausschlag *m*
~ **откоса** Böschungswinkel *m*, Hangneigung *f*
~ **отражения** *(Ph)* Reflexionswinkel *m*
~ **отрыва** *(Aero)* Abreißwinkel *m*
~ **отставания** Nacheil[ungs]winkel *m*, Verzögerungswinkel *m*
~ **отставания по фазе** Phasennacheil[ungs]winkel *m*, Phasenverzögerungswinkel *m*
~ **охвата звёздочки** *(Schiff)* Umschlingungswinkel *m* der Kettennuß
~ **падения** 1. *(Ph)* Einfallswinkel *m*; 2. *(Mil)* Fallwinkel *m (Geschoß)*
~ **падения/главный** *(Opt)* Haupteinfallswinkel *m*
~ **падения/табличный** *(Mil)* tafelmäßiger Fallwinkel *m (Ballistik)*
~/**параллактический** *(Astr)* parallaktischer Winkel *m (im nautischen Dreieck)*
~ **пеленга** *(FO)* Peilwinkel *m*
~/**передний** *(Wkz)* Spanwinkel *m (Drehmeißel, Hobelmeißel, Fräser)*
~ **перекладки руля** *(Schiff)* Ruderausschlagwinkel *m*
~ **перекрытия** Überlappungswinkel *m*
~ **переноса огня** *(Mil)* Verlegwinkel *m*
~ **пересечения** Schnittwinkel *m*
~ **пикирования** *(Flg)* Sturzflugwinkel *m*
~ **планирования** *(Flg)* Gleitwinkel *m*
~/**плоский** ebener Winkel *m (Radiant)*
~/**поверяемый** Prüfwinkel *m*
~ **поворота** 1. Drehwinkel *m*; Schwenkungswinkel *m*; 2. *(Mech)* Kippwinkel *m*
~ **поворота колёс** *(Kfz)* Einschlagwinkel *m (Vorderräder)*, Lenkeinschlag *m*
~ **поворота крана** Krandrehwinkel *m*
~ **поворота кривошипа** *(Masch)* Kurbeldrehwinkel *m*
~ **поворота растра** *(Typ)* Rasterwink[e]lung *f*
~ **погасания** *(Krist)* Auslöschungsschiefe *f*
~ **погрешности** Fehlwinkel *m*, Phasenwinkelfehler *m*
~ **подъёма** Steigungswinkel *m (am Gewinde)*
~ **подъёма винтовой линии** *s.* ~ **винтовой линии**
~ **подъёма по внутреннему диаметру резьбы** Grundsteigungswinkel *m (Gewinde)*
~ **подъёмной силы** *(Aero)* Auftriebswinkel *m*
~/**позиционный** *(Astr)* Positionswinkel *m*
~/**полный** Vollwinkel *m*
~ **положения** *(Astr)* Positionswinkel *m*
~ **поля зрения** *(Opt)* Gesichtsfeldwinkel *m*, Dingfeldwinkel *m*
~ **поля изображения** *(Opt)* Bild[feld]winkel *m*
~ **поперечного наклона** *s.* ~ **развала шкворня**
~/**поперечный передний** *(Wkz)* Spanwinkel *m* der Stirnschneide, Spanwinkel *m* der Nebenschneide an der Stirnfläche *(Stirnfräser, Messerköpfe)*
~/**посадочный** *(Flg)* Landewinkel *m*
~ **потерь** *(El)* Verlustwinkel *m (Dielektrikum)*
~ **потока** Strömungswinkel *m*
~ **предварения** Vor[eil]winkel *m*
~/**предельный** Grenzwinkel *m*
~ **преломления** *(Opt)* 1. Brechungswinkel *m*, Refraktionswinkel *m*; 2. brechender Winkel *m*, Prismenwinkel *m*
~ **преломления/предельный** *(Opt)* Grenzwinkel *m* der Brechung
~ **при вершине** 1. Scheitelwinkel *m*; Spitzenwinkel *m*; 2. *s.* ~ **раствора**
~ **при вершине в плане** *(Wkz)* Spitzenwinkel *m (Drehmeißel)*
~ **при вершине сверла** *(Wkz)* Spitzenwinkel *m (Bohrer)*
~ **при основании** *(Math)* Basiswinkel *m (Dreieck)*
~/**примычный** *(Geod)* Anschlußwinkel *m*
~ **притекания** *(Aero)* Anströmwinkel *m*
~ **прицеливания** *(Mil)* Visierwinkel *m*, Aufsatzwinkel *m (Ballistik)*
~/**программный** *(Rak)* Programmwinkel *m*
~ **продольного наклона шкворня** *(Kfz)* Nachlaufwinkel *m (bei Schrägstellung des Achsschenkelbolzens oben nach hinten)*
~ **проекции** *(Math)* Projektionswinkel *m*
~/**пространственный** *(Math)* Raumwinkel *m (Stereometrie, hier im weiteren Sinne russischer Oberbegriff für* ~/**двугранный**, ~/**многогранный**, ~/**телесный**)
~ **профиля** Profilwinkel *m*
~ **профиля резьбы** Flankenwinkel *m (Gewinde)*
~/**прямой** *(Math)* rechter Winkel *m*
~/**путевой** *(Flg)* Wegwinkel *m*; *(Rak)* Bahnwinkel *m*
~/**рабочий** Prüfwinkel *m*, Funktionswinkel *m*
~/**радиокурсовой** *(Schiff)* Funkseitenpeilung *f*, Funkpeilwinkel *m*
~ **развала колёс** *(Kfz)* Radsturzwinkel *m*, Sturz *m*
~ **развала шкворня** *(Kfz)* Spreizwinkel *m (Achsschenkelbolzensturz)*
~ **развёрнутости** Wälzwinkel *m*
~/**развёрнутый** *(Math)* gestreckter Winkel *m*
~ **разворота** *(Flg)* Kurvenwinkel *m*

~ **разделки кромок** *(Schw)* Öffnungswinkel *m*
~ **разрешения/предельный** *(Opt, Foto)* Grenzauflösungswinkel *m*
~ **разрыва** 1. Reißwinkel *m*; 2. *(Bgb)* Bruchwinkel *m (Bergschadenkunde)*
~ **раскрытия шва** *(Schw)* Öffnungswinkel *m*
~ **рассеяния** *(Opt)* Streuwinkel *m*; *(Mil)* Streuungswinkel *m*
~ **рассеяния вперёд** Vorwärtsstreuwinkel *m*
~ **рассеяния назад** Rück[wärts]streuwinkel *m*
~ **рассогласования (расстройки)** Verstimmungswinkel *m*
~ **раствора** Öffnungswinkel *m*
~ **раствора диаграммы [направленности] на уровне 0,5** Halbwert[s]winkel *m (einer Antenne)*
~ **раствора диаграммы [направленности] по точкам половинной мощности** Leistungshalbwert[s]winkel *m (einer Antenne)*
~ **раствора диаграммы [направленности] по точкам половинной напряжённости поля** Feldstärkehalbwert[s]winkel *m (einer Antenne)*
~ **раствора конуса** Öffnungswinkel *m* des Kegels
~ **раствора сопла** *(Rak)* Düsenöffnungswinkel *m*
~ **расхождения** Divergenz *f*, Divergenzwinkel *m*; Streuungswinkel *m*
~ **расхождения топенантов** *(Schiff)* Hangerspreiz *m (beim Doppelhanger)*
~ **расхождения шкентелей** *(Schiff)* Spreizwinkel *m* zwischen den Lastseilen
~/**расчётный** Rechenwinkel *m*
~ **регулирования** Stellwinkel *m*
~ **резания** *(Wkz)* Schnittwinkel *m (Drehmeißel, Hobelmeißel)*
~ **рефракции** *(Astr)* Refraktionswinkel *m*
~ **рождения** *(Kern)* Erzeugungswinkel *m*
~ **рыскания** *(Flg)* Gierwinkel *m*
~ **сброса** *(Geol)* Verwerfungswinkel *m*, Sprungwinkel *m*
~ **сгиба** Abbiegewinkel *m*, Abbiegungswinkel *m (Stranggießen)*
~ **сдвига** *(Fest)* 1. Schiebung *f (bei Schubbeanspruchung rechteckiger Stäbe)*; 2. Gleitwinkel *m (bei Torsion kreiszylindrischer Stäbe)*; 3. Scherungswinkel *m (Elastizitätstheorie)*; 4. Verschiebungswinkel *m*
~ **сдвига фаз** *(El)* Phasenverschiebungswinkel *m*
~ **сдвига щёток** *(El)* Bürstenverschiebungswinkel *m*, Bürstenstellwinkel *m*
~ **сдвижения** *(Bgb)* Grenzwinkel *m (Bergschadenkunde)*
~ **скалывания** Scherwinkel *m (bei der Spanabhebung)*
~ **сканирования** Abtastwinkel *m*
~ **ската** *s.* ~ **откоса**
~ **скачка уплотнения** *(Aero)* Stoßfrontwinkel *m*
~ **склонения** *(Geoph)* Deklinationswinkel *m (Erdmagnetismus)*
~ **скольжения** 1. Schiebewinkel *m*; 2. *(Aero)* Gleitwinkel *m*
~ **скольжения [уравнения Брэгга-Вульфа]** *(Krist)* Glanzwinkel *m*, Braggscher Reflexionswinkel *m (Braggsche Gleichung)*
~ **скоса** *(Aero)* induzierter Anstellwinkel *m*
~ **скоса кромки** *(Schw)* Flankenwinkel *m*
~ **скручивания** *(Fest)* Torsionswinkel *m*, Verdrehungswinkel *m*
~ **слепимости** Blendungswinkel *m*
~ **смачивания/краевой** *(Ph, Ch)* Randwinkel *m*, Kontaktwinkel *m (Benetzung)*
~/**смежный** *(Math)* Nebenwinkel *m*
~ **смещения** Verschiebungswinkel *m*
~ **сноса** 1. Vorhaltewinkel *m*; 2. *(Flg)* Abdriftwinkel *m*
~/**срезанный** abgefaste Ecke *f*, Fase *f*
~ **стоянки** *(Flg)* Standwinkel *m*
~/**стояночный** *(Flg)* Standwinkel *m*
~ **стреловидности** *(Flg)* Pfeil[form]winkel *m (Tragflügel)*
~ **строя** *(Mar)* Formationswinkel *m*
~ **стыкового шва** *(Schw)* Stoßwinkel *m (V-Stoß)*
~/**сферический** *(Math)* sphärischer Winkel *m*, Kugelwinkel *m*
~ **схода колёс** *(Kfz)* Vorspurwinkel *m*
~ **схождения** *(Math)* Konvergenzwinkel *m*
~ **съёмки** *(Geod)* Aufnahmewinkel *m*
~ **тангажа** *(Flg)* Längsneigungswinkel *m*
~ **танка/курсовой** *(Mil)* Fahrwinkel *m (Panzer)*
~/**телесный** *(Math)* Raumwinkel *m (Stereometrie)*
~/**торпедный** *(Mar)* Torpedoschußwinkel *m*, Torpedovorhaltewinkel *m (geradlaufender Torpedo)*
~ **трапеции** *(Math)* Trapezecke *f*
~ **трения** *(Mech)* Reibungswinkel *m*, Gleitwinkel *m*
~/**трёхгранный** *(Math)* dreiseitige [körperliche] Ecke *f*
~/**трёхгранный вершинный** *(Krist)* trigonale Ecke *f*
~/**тупой** *(Math)* stumpfer Winkel *m*
~ **удара** *(Mech)* Stoßwinkel *m*
~ **уклона** Anzugswinkel *m (Keil)*
~ **уклона конуса** Kegelneigung *f*
~ **упреждения** *(Mil)* Vorhaltewinkel *m*, Vorhalt *m*

~ **установки** *(Flg)* Einstellwinkel *m*, Anstellwinkel *m (Tragflügel)*
~ **установки колёс** Radeinstellwinkel *m*
~ **установки крыла** Flügeleinstellwinkel *m*
~ **установки лопатки** Schaufeleinstellwinkel *m (Turbine)*
~ **установки профиля** Profileinstellwinkel *m*
~ **установки профиля лопасти** Einstellwinkel *m* des Schraubenflügels, Staffel[ungs]winkel *m*
~/**установочный** Einstellwinkel *m*
~/**фазовый** *(El)* Phasenwinkel *m*
~/**фактический путевой** *(Flg)* tatsächlicher Wegwinkel *m*
~/**фаловый** *(Schiff)* Kopf *m (Segel)*
~ **фронта волны** *(Ph)* Wellenfrontwinkel *m*
~ **Холла** Hall-Winkel *m*
~/**центральный** 1. *(Math)* Zentriwinkel *m*; 2. *(Fert)* Teilkreiswinkel *m (Kegelräder)*
~/**часовой** *(Astr)* Stundenwinkel *m*
~/**шаговый** *(Schiff)* Steigungswinkel *m (Propellerberechnung)*
~/**шкотовый** *(Schiff)* Schothorn *n (Segel)*
уголок *m* 1. Winkelstahl *m*; 2. Winkel *m*, Winkeleisen *n*; 3. *(Typ)* Heftsattel *m (Fadenheftmaschine)*
~/**качающийся** *(Typ)* schwingender Heftsattel *m (Fadenheftmaschine)*
~/**наборный** *(Typ)* Setzschiff *n*
~/**неравнобокий** ungleichschenkliger Winkel *m*
~/**поясной** Gurtwinkel *m (eines Vollwandträgers)*
~/**равнобокий** gleichschenkliger Winkel *m*
уголь *m* Kohle *f*
~/**адсорбирующий** Adsorptionskohle *f*
~/**активизированный** Aktivkohle *f*, aktive Kohle *f*
~/**актив[ирован]ный** Aktivkohle *f*, aktive Kohle *f*
~/**бардяной** Schlempekohle *f*
~/**бездымный** rauchlose (rauchfreie) Kohle *f*
~/**битуминозный** bituminöse Kohle *f*
~/**блестящий** Glanzkohle *f*
~/**блестящий бурый** Glanzbraunkohle *f*
~/**брикетированный** Preßkohle *f*
~/**бурый** Braunkohle *f*
~/**волокнистый** Faserkohle *f*
~/**восковый** Wachskohle *f*, Pyropissit *m*
~/**высокозольный** hochasche[n]haltige Kohle *f*
~/**газовый** Gaskohle *f*
~/**глянцевый бурый** Glanzbraunkohle *f*
~/**горошковый** Perlkohle *f*
~/**грохочёный** gesiebte Kohle *f*, Siebkohle *f*
~/**гумусовый** Humuskohle *f*
~/**длиннопламенный** langflammige Kohle *f*
~ **для дуговых ламп** Bogenlampenkohle *f*
~/**доменный** Hüttenkohle *f*
~/**древесный** Holzkohle *f*
~/**животный** Tierkohle *f*
~/**жирный** fette Kohle *f*, Fettkohle *f*
~/**жирный бурый** Pechbraunkohle *f*
~/**земляной** Erdbraunkohle *f*
~/**зольный** aschereiche (asche[n]haltige) Kohle *f*
~/**ископаемый** Mineralkohle *f*, mineralische Kohle *f*
~/**каменный** Steinkohle *f*
~/**кеннельский** Kännelkohle *f*
~/**коксовый** Kokskohle *f*
~/**коксующийся** kokende (verkokbare) Kohle *f*, Kokerkohle *f*
~/**короткопламенный** kurzflammige Kohle *f*
~/**костровый** Meilerkohle *f*
~/**костяной** Knochenkohle *f*
~/**котельный** Dampfkesselkohle *f*
~/**кровяной** Blutkohle *f*
~/**крупный** Grobkohle *f*
~/**кузнечный** Schmiedekohle *f*
~/**кусковой** Stückkohle *f*
~/**лигнитовый** xylitische (holzartige) Braunkohle *f*, Xylitkohle *f*
~/**малозольный** asche[n]arme Kohle *f*
~/**матовый** Mattkohle *f*
~/**мелкий** Kleinkohle *f*, Feinkohle *f*, Gruskohle *f*, Kohlenklein *n*
~/**минеральный древесный** *s.* **фюзен**
~/**некоксующийся** nichtkokende (unverkokbare) Kohle *f*
~/**необогащённый** nichtaufbereitete Kohle *f*
~/**несортированный** Rohkohle *f*, Förderkohle *f*, grubenfeuchte Kohle *f*
~/**неспекающийся** nichtbackende Kohle *f*
~/**низкозольный** asche[n]arme Kohle *f*
~/**низкосортный** minderwertige Kohle *f*
~/**обесцвечивающий** Entfärbungskohle *f*, Bleichkohle *f*
~/**обогащённый** aufbereitete Kohle *f*, Aufbereitungskohle *f*
~/**орешковый** Nußkohle *f*
~/**отрицательный** negative Kohle *f*, Katodenkohle *f*
~/**паровично-жирный** Dampfkesselfettkohle *f*, Kesselfettkohle *f*
~/**паровично-спекающийся** Dampfkesselbackkohle *f*, Kesselbackkohle *f*
~/**паровичный** Dampf[kessel]kohle *f*, Kesselkohle *f*
~/**переувлажнённый** Naßkohle *f*
~/**пермский** Permkohle *f*
~/**пиритовый** Pyritkohle *f*, Schwefelkohle *f*
~/**пламенный [каменный]** Flammkohle *f*

~/**пластинчатый** Plattenkohle *f*
~/**положительный** positive Kohle *f*, Anodenkohle *f*
~/**полосчатый** Streifenkohle *f*
~/**полублестящий** Halbglanzkohle *f*
~/**полужирный** halbfette Kohle *f*, Halbfettkohle *f*
~/**растительный** Pflanzenkohle *f*
~/**ретортный** Retortenkohle *f*
~/**рядовой** Förderkohle *f*
~/**рядовой бурый** Förderbraunkohle *f*
~/**рядовой каменный** Fördersteinkohle *f*
~/**сажистый** Rußkohle *f*
~/**сапропелевый (сапропелитовый)** Sapropel[it]kohle *f*, Faulschlammkohle *f*
~/**сильноспекающийся** starkbackende Kohle *f*
~/**слабоспекающийся** schwachbackende Kohle *f*
~/**сланцеватый** Schieferkohle *f*
~/**смолистый** Pech[glanz]kohle *f*
~/**спекающийся** Backkohle *f*, backende Kohle *f*, Sinterkohle *f*
~/**тощий** Magerkohle *f*, magere Kohle *f*; gasarme Kohle *f*
~/**фитильный** *(El)* Dochtkohle *f*
~/**чистый** Reinkohle *f*
~/**шлакующийся** schlackende Kohle *f*
~/**электродный** Elektrodenkohle *f*
~/**эффективный** *(El)* Effektkohle *f* *(eine Bogenlampenkohle)*
угольник *m* 1. Winkel *m* *(als Konstruktionselement)*; Rohrkrümmer *m*; 2. Winkel *m* *(als Werkzeug)*
~/**анашлажный** *(Wkz)* Anschlagwinkel *m*
~/**бимсовый** *(Schiff)* Decksbalkenwinkel *m*
~ **ватервейса** *(Schiff)* Rinnsteinwinkel *m*
~/**лекальный** Haarwinkel *m*
~/**наборный** *(Typ)* Winkelhaken *m*
~/**плотничный** *(Wkz)* Zimmermannswinkel *m*
~/**размалькованный** *(Wkz)* Schmiege *f*
~ **с уровнем** *(Wkz)* Winkel *m* mit Libelle
~/**слесарный** Werkstattwinkel *m*, Stahlwinkel *m* [niederer Genauigkeit]
~ **со шкалой** *(Wkz)* Winkel *m* mit Gradeinteilung
~/**стальной** *s.* ~/**слесарный**
~/**стрингерный** *(Schiff)* Stringerwinkel *m*
~/**тавровый** Kreuzwinkel *m*
~/**трубный** Rohrkrümmer *m*
~/**установочный** Einstellwinkelmaß *n*
~/**цилиндрический** Prüfsäule *f*
~/**шпангоутный** *(Schiff)* Spantwinkel *m*
~ **90°** Winkel (Stahlwinkel) *m* 90°
~ **90°/поверочный** Stahlwinkel *m* höherer Genauigkeit; Normalwinkel *m* 90°
у́гольный Kohle[n] . . .
уго́льный eckig, kantig
Угольный Мешок *m (Astr)* Kohlensack *m* *(Gebiet der südlichen Milchstraße)*
уголь-орех *m* Nußkohle *f*
угон *m* Wandern *n*, Abtreiben *n*; Durchgehen *n (Turbine)*
~ **пути** *(Eb)* Gleiswandern *n*
~ **рельсов** *(Eb)* Schienenwanderung *f*
угроза *f* **столкновения** Kollisionsgefahr *f*
удавка *f* Zimmermannstek *m* *(seemännischer Knoten)*
удаление *n* Entfernen *n*, Beseitigen *n*, Entziehen *n*, Entzug *m*
~ **бензола** Entbenzol[ier]ung *f*
~ **бутана** Entbutanisierung *f*, Debutanisierung *f*
~ **влаги** Entfeuchten *n*, Entfeuchtung *f*
~ **воды** Wasserentfernung *f*, Entwässerung *f*
~ **воздуха** Entlüften *n*, Entlüftung *f*
~ **вуали** *(Foto)* Schlierenentfernung *f*
~ **грата** Entgraten *n*, Abgraten *n*
~ **двуокиси углерода** Kohlendioxidentfernung *f*; Entfernung *f* der Überschußkohlensäure (aggressiven Kohlensäure), Entsäuerung *f* *(Wasseraufbereitung)*
~ **железа** Enteisenen *n*
~ **жира** Entfetten *n*
~ **запаха** Geruchsentfernung *f*, Geruchsbeseitigung *f*, Desodor[is]ierung *f*
~ **заусенцев** Entgraten *n*, Abgraten *n*
~ **золы** Ascheziehen *n*, Entaschen *n*, Entaschung *f*
~ **изоляции** Entisolieren *n*, Abisolieren *n*
~ **карбонатов** Entkarbonisierung *f*, Ausscheidung *f* der Karbonathärte
~ **кислорода** Sauerstoffbeseitigung *f*, Sauerstoffentfernung *f*; Entgasung *f* *(des Wassers)*
~ **кислоты** Entsäuerung *f*
~ **красителя** *(Text)* Abziehen *n* der Färbung
~ **кремния** Entsilizieren *n*, Entsilizierung *f*
~ **лишних нулей** *(Dat)* Nullenunterdrükkung *f*
~ **марганца** Entmanganen *n*
~ **накипи** Kesselsteinbeseitigung *f*
~ **облоя** Entgraten *n*, Abgraten *n*
~ **оболочки [кабеля]** *(El)* Abmanteln *n*
~ **окалины** 1. Entzundern *n*, Entzunderung *f*, Entsintern *n*, Entsinterung *f*; 2. Entrosten *n*
~ **отходов** Abfallbeseitigung *f*
~ **пены** Abschäumen *n*, Abkrätzen *n* *(NE-Metallurgie)*
~ **пропана** Entpropanisierung *f*, Depropanisierung *f*
~ **пыли** Staubabscheidung *f*
~ **пятен** Fleckenentfernung *f*, Entflecken *n*, Detachieren *n*
~ **ржавчины** Entrosten *n*, Entrostung *f*
~ **серы** *s.* **обессеривание**
~ **следов серы** Restentschwefelung *f*
~ **солей** Entsalzen *n*

~ **стержней [из отливок]** *(Gieß)* Entkernen *n*
~ **сточных вод** Abwasserbeseitigung *f*
~ **стружки** *(Fert)* Spanabförderung *f*
~ **углекислоты** *s.* ~ **двуокиси углерода**
~ **фенолов** Entphenol[ier]ung *f*
~ **фосфора** Entphosphoren *n*, Entphosphorung *f*, Phosphorentfernung *f*
~ **шлака** Schlackenabzug *m*, Schlackenziehen *n*, Schlackenaustragung *f*, Entschlackung *f*, Abschlackung *f*
удалить *s.* **удалять**
удалять entfernen, beseitigen, entziehen
~ **бензол** entbenzol[ier]en
~ **бутан** entbutanisieren, debutanisieren
~ **железо** enteisenen
~ **жир** entfetten
~ **золу** entaschen
~ **из формы** *(Plast)* entformen
~ **изоляцию** entisolieren, abisolieren
~ **кислоту** entsäuern
~ **краситель** *(Text)* die Färbung abziehen
~ **оболочку** *(El)* abmanteln
~ **окалину** *(Met)* entzundern, abzundern, dekapieren
~ **пену** abschäumen, abkrätzen *(NE-Metallurgie)*
~ **прибыльную часть** *(Met)* schopfen *(Gußblock)*
~ **пропан** entpropanisieren, depropanisieren
~ **пыль** abstäuben
~ **ржавчину** entrosten
~ **серу** entschwefeln, abschwefeln
~ **соли** entsalzen
~ **фенолы** entphenol[ier]en
~ **шлак** die Schlacke abziehen, entschlakken, abschlacken
~ **шлихту** entschlichten
удар *m* 1. Schlag *m*, Stoß *m*; Aufprall *m*; 2. *(Mil)* Vorstoß *m*
~/**водяной** *s.* ~/**гидравлический**
~/**воздушный** Luftangriff *m*
~ **волны** Wellenschlag *m*; Wellenstoß *m*
~/**входной** Eintrittsstoß *m* *(Turbine)*
~/**выходной** Austrittsstoß *m* *(Turbine)*
~/**гидравлический** Flüssigkeitsschlag *m*, Wasserschlag *m*, Wasserstoß *m*, hydraulischer Stoß *m*
~/**горный** *(Bgb)* Gebirgsschlag *m*, Bergschlag *m*
~ **землетрясения** *s.* ~/**подземный**
~/**косой** *(Ph)* schiefer Stoß *m*
~/**массированный** *(Mil)* massierter Schlag *m*
~ **метеорита** Meteoriteneinschlag *m*, Meteoritenaufschlag *m*
~ **молнии** Blitz[ein]schlag *m*
~/**неупругий** nichtelastischer (unelastischer) Stoß *m*
~ **о землю** *(Flg)* Landestoß *m*
~/**огневой** *(Mil)* Feuerschlag *m*
~/**ответный** *(Mil)* Vergeltungsschlag *m*
~ **пламени/обратный** *(Schw)* Flammenrückschlag *m* *(Brenner)*
~ **по клавише** *(Typ)* Anschlagen *n* *(Setzen)*
~/**подземный** *(Geoph)* Erdstoß *m*, seismischer Stoß *m*
~ **приземления** *(Flg)* Landestoß *m*
~/**ракетно-ядерный** *(Mil)* Raketen-Kernwaffenschlag *m*
~/**сосредоточенный** *(Mil)* konzentrierter (zusammengefaßter) Schlag *m*
~/**тепловой** Wärmeschock *m*, Thermoschock *m*, Wärmestoß *m*
~/**упругий** elastischer Stoß *m*
~/**центральный** zentraler Stoß *m*
~/**электрический** elektrischer Schlag *m*
~/**электронный** Elektronenstoß *m*
~/**ядерный** *(Mil)* Kernwaffenschlag *m*
ударить *s.* **ударять**
ударник *m* 1. *(Bgb)* Schlagkolben *m* *(Abbauhammer)*; 2. *(Mil)* Schlagbolzen *m*
~ **взрывателя** Aufschlagzünderschlagbolzen *m*
~/**дистанционный** Zeitzünderschlagbolzen *m*
~ **запала ручной осколочной гранаты** Schlagbolzen *m* der Splitterhandgranate
~/**инерционный** Schlagstück *n* *(Aufschlagzünder)*
~ **клинового затвора** Keilverschlußschlagbolzen *m* *(Geschütz)*
~ **пристрелочно-зажигательной пули** Schlagbolzen *m* des Einschießbrandgeschosses *(Gewehrmunition)*
~ **с бойком** 1. Zündbolzen *m* mit Schlagstift; 2. *(Fmt)* Klöppel *m* *(Wecker)*
ударопрочность *f* *(Fest)* Stoßfestigkeit *f*, Schlagfestigkeit *f*
ударопрочный *(Fest)* stoßfest, schlagfest
удароустойчивость *f* *s.* **ударопрочность**
удароустойчивый *s.* **ударопрочный**
ударять 1. schlagen, stoßen; 2. *(Mil)* aufschlagen *(Geschoß)*
удваивание *n* Doppeln *n*, Dublieren *n*
удваивать doppeln, verdoppeln, dublieren
удвоение *n* Verdopp[e]lung *f*
~ **напряжения** *(El)* Spannungsverdopplung *f*
~ **частоты** *(El)* Frequenzverdopplung *f*
удвоенный doppelt, zweifach
удвоитель *m* Verdoppler *m*
~ **напряжения** *(El)* Spannungsverdoppler *m*
~ **частоты** *(El)* Frequenzverdoppler *m*
удвоить *s.* **удваивать**
удельный spezifisch, bezogen
удержание *n* 1. Zurückhaltung *f*; 2. Halten *n* *(Relais)*
~ **изотопов** *(Kern)* Isotopenretention *f*
~ **плазмы** *(Ph)* Einschließung (Isolation) *f* des Plasmas

удержать *s.* **удерживать**
удерживать [zurück]halten
удифферентовка *f (Schiff)* Trimmen *n*
удифферентовывать *(Schiff)* trimmen
удлинение *n (Fest)* Dehnung *f*, Längung *f*, Längenzunahme *f*, Verlängerung *f*, Streckung *f*
~/**абсолютное** Verlängerung *f*, Längenzunahme *f*
~/**главное** Hauptdehnung *f*, Hauptdilatation *f*, Hauptverlängerung *f*
~ **импульса** Impulsverlängerung *f*
~/**истинное** bezogene Dehnung *f*
~ **крыла** *(Flg)* Flügelstreckung *f*, Flügelseitenverhältnis *n*
~ **крыла/относительное** *(Flg)* Seitenverhältnis *n*
~/**остаточное** bleibende Dehnung *f*
~/**остаточное относительное** Bruchdehnung *f*
~/**остающееся** bleibende Dehnung *f*
~/**относительное** prozentuale (relative) Dehnung *f*
~/**полное** gesamte (resultierende) Dehnung *f*
~ **при разрыве [/относительное]** Bruchdehnung *f*
~ **разрыва** Bruchdehnung *f*
~/**тепловое** Wärmedehnung *f*
~/**упругое** elastische Dehnung *f*
удлинённый verlängert, gedehnt, langgestreckt, gestreckt
удлинитель *m* 1. Verlängerungsstück *n*; 2. *(Fmt)* Verlängerungsleitung *f*
~ **вил** Gabelverlängerung *f (z. B. für Gabelstapler)*
удлинить *s.* **удлинять**
удлинять verlängern; längen, strecken, dehnen
удобообрабатываемость *f* Verarbeitbarkeit *f*
удобообтекаемость *f* 1. Umströmbarkeit *f*; 2. *(Aero)* Stromlinienform *f*
удобообтекаемый windschnittig, stromlinienförmig, Stromlinien . . .
удоборегулируемый leicht regulierbar (einstellbar)
удобоуправляемый leicht lenkbar (steuerbar)
удобрение *n* 1. Dung *m*, Düngemittel *n*, Dünger *m*; 2. Düngen *n*, Düngung *f*
~/**азотистое** Stickstoffdünger *m*
~/**азотное** Stickstoffdünger *m*
~/**амидное** Amiddüngemittel *n*, Amid[stickstoff]dünger *m*
~/**аммиачное** Ammoniakdünger *m*, Ammoniumdünger *m*
~/**аммиачно-нитратное** Ammoniaksalpeterdünger *m*, Ammoniumnitratdünger *m*
~/**бактериальное** 1. Bakterienimpfung *f*; 2. Impfdünger *m*, Bakteriendünger *m*
~/**гнездовое** Nestdüngung *f*, Punktdüngung *f*
~/**двойное** zweigliedriger Dünger *m*, Zweigliederdünger *m*
~ **для заправки почвы** Vorratsdünger *m*
~/**добавочное** Zusatzdüngung *f*
~/**дополнительное** Zusatzdüngung *f*
~/**допосевное** Krumendüngung *f*
~/**естественное** Stalldünger *m*
~/**жидкое** 1. flüssige Düngung *f*; 2. Flüssigdünger *m*, flüssiger Dünger *m*
~/**зелёное** Gründüngung *f*, Gründung *m*
~ **золой** Aschendüngung *f*
~/**зольное** Aschendünger *m*
~/**избыточное** Überschußdüngung *f*
~/**известковое** Kalkdünger *m*, Kalkdüngemittel *n*, Düngekalk *m*
~ **известью** Kalkdüngung *f*
~/**искусственное** Handelsdünger *m*, Handelsdüngemittel *n*
~/**калиевое (калийное)** 1. Kalidünger *m*, Kalidüngemittel *n*, Kalidüngesalz *n*; 2. Kalidüngung *f*
~/**кислое** saures Düngemittel *n*
~/**комбинированное** Mehrnährstoffdünger *m*, Kombinationsdünger *m*
~/**комплексное** Komplexdünger *m*, Umsetzungsdünger *m*
~/**компостное** 1. Kompostdüngung *f*; 2. Kompostdung *m*
~/**косвенное** indirekt wirkendes Düngemittel *n*, Bodendünger *m*
~ **костяной мукой** Knochenmehldüngung *f*
~ **люпином/зелёное** Lupinengründüngung *f*
~/**магнезиальное** Magnesiadünger *m*
~/**марганцевое** Mangandüngung *f*
~ **мергелем** Mergeldüngung *f*
~/**местное** Hofdünger *m*; Stalldünger *m*; Wirtschaftsdünger *m*
~/**минеральное** Mineraldünger *m*, mineralisches (anorganisches) Düngemittel *n*
~/**многостороннее** *s.* ~/**комбинированное**
~/**нитратное** Nitratdünger *m*, Salpeterdünger *m*
~/**одинарное (одностороннее)** Einzeldünger *m*, Einkomponentendünger *m*, Einnährstoffdüngemittel *n*
~/**органическое** organischer Dünger *m*
~/**основное** Grunddüngung *f*
~ **поваренной солью** Kochsalzdüngung *f*
~/**поверхностное** Kopfdüngung *f*
~/**подпочвенное** Untergrunddüngung *f*
~/**пожнивное зелёное** Stoppelgründüngung *f*
~/**полное** 1. Volldünger *m*; 2. Volldüngung *f*
~/**послепосевное** 1. Kopfdünger *m*; 2. Kopfdüngung *f*
~/**припосевное** Krumendüngung *f*

~/**промышленное** Handelsdünger *m*, Mineraldünger *m*
~/**прямое** direktwirkendes Düngemittel *n*, Pflanzendünger *m*
~/**раздельное** Stufendüngung *f*
~/**рядковое** Reihendüngung *f*, Banddüngung *f*
~/**сборное** Kompost *m*
~/**сидеральное** *s.* **~/зелёное**
~/**сложное** Komplexdünger *m*, Umsetzungsdünger *m*; Mehrnährstoffdünger *m*, Kombinationsdünger *m*
~/**смешанное** Mischdünger *m*
~/**стимулирующее** Reizdüngemittel *n*
~/**суперфосфатное** Superphosphatdünger *m*
~/**торфяное** Torfdünger *m*
~/**тройное** dreigliedriger Dünger *m*, Dreigliederdünger *m*, Volldünger *m*, NPK-Dünger *m*
~/**туковое** *s.* **~/минеральное**
~/**фекальное** Abortdünger *m*
~/**физиологически кислое** physiologisch saures Düngemittel *n*
~/**физиологически щелочное** physiologisch alkalisches Düngemittel *n*
~/**фосфатное (фосфорное)** 1. Phosphatdünger *m*, Phosphorsäuredünger *m*; 2. Phosphatdüngung *f*
~/**фосфорнокислое** *s.* **~/фосфатное**
~/**химическое** Handelsdünger *m*, Handelsdüngemittel *n*
~/**чрезмерное** Überdüngung *f*
удобрить düngen
~ **гипсом** gipsen
~ **мергелем** mergeln
удобрять *s.* **удобрить**
удой *m* Milchertrag *m*
удойность *f* Milchergiebigkeit *f*
удостоверение *n* Beglaubigung *f*
удушливый 1. erstickend, schwül, drückend heiß; 2. *(Bgb)* matt *(Wetter)*
УЗ-генератор *m (El)* Ultraschallgenerator *m*
узел *m* 1. Knoten *m*, Bund *n*; Bündel *n*; 2. Anlage *f*, System *n*; 3. Bau[teil]gruppe *f*, Baueinheit *f*, Konstruktionsgruppe *f*; Bauelement *n*, Einheit *f*; 4. *(Fmt)* Knotenamt *n*; Zentrale *f*; 5. *(El)* Verzweigungspunkt *m*, Knotenpunkt *m (Leitungstechnik)*; 6. *(Ph)* Knoten *m*, Knotenstelle *f*, Knotenfläche *f*, Knotenlinie *f*; 7. *(Krist)* Gitterpunkt *m*, Massenpunkt *m*, materieller Punkt *m*, Baustein *m*; 8. *(Schiff)* Stek *m*, Stich *m*, Wurf *m (seemännischer Knoten)*; 9. *(Schiff)* Knoten *m*, Schifferknoten *m*; 10. *(Schiff)* Knoten *m*, kn *(SI-fremde Einheit der Geschwindigkeit, = 1 852 m je Stunde)*; 11. *(Ch)* Brückenkopf *m*, Brückenkopfatom *n*, Verzweigungsatom *n*
~/**аэродромный** *(Mil)* Flugplatzknoten *m*
~/**беседочный** *(Schiff)* Palstek *m*
~/**брамшкотовый** *(Schiff)* doppelter Schotstek *m*
~/**вакантный** *s.* **вакансия**
~ **волны** *(Ph)* Wellenknoten *m*
~/**восходящий** *(Astr)* aufsteigender Knoten *m*
~/**вспомогательный** *(Masch)* Hilfsgruppenteil *n*
~ **входящего сообщения** *(Fmt)* ankommendes Knotenamt *n*
~/**выбленочный** *(Schiff)* Webleinstek *m*
~/**гачный** *(Schiff)* Hakenschlag *m*, Nackenschlag *m*
~/**главный** *(Masch)* Hauptgruppenteil *n*
~/**двойной беседочный** *(Schiff)* doppelter Palstek *m*
~/**двойной гачный** *(Schiff)* doppelter Hakenschlag *m*
~ **дислокации** *(Krist)* Versetzungsknoten *m*
~/**железнодорожный** Eisenbahnknotenpunkt *m*
~/**запасной** *(Eln)* Reservebaueinheit *f*
~/**затяжной** *(Schiff)* Slipstek *m*, Slipknoten *m*; Zimmermannsstek *m*, Zimmermannsknoten *m*
~/**измерительный** Meßbacke *f*
~ **исходящего сообщения** *(Fmt)* abgehendes Knotenamt *n*
~/**канатный** Seilknoten *m*, Gehänge *n*
~ **колебаний** *(Ph)* Schwingungsknoten *m*
~/**командный трансляционный** *(Schiff)* Kommando-Übertragungszentrale *f*
~/**конструктивный** *(Bw)* Konstruktionsknotenpunkt *m*
~/**контактный** *(Ch)* Kontaktsystem *n (Schwefelsäureherstellung)*
~/**концевой** Endknotenpunkt *m*
~ **кристаллической решётки** Gitterplatz *m (Halbleiter)*
~ **крутка** *(Schiff)* Steertknoten *m*
~/**лифтовой** *(Bw)* Aufzugskern *m*
~/**лунный** *(Astr)* Mondknoten *m*, Drachenpunkt *m (Mondbewegung)*
~/**микроминиатюрный** *(Eln)* Subminiaturbaustein *m*
~/**микромодульный** *(Eln)* Mikromodulbaustein *m*
~/**морской** seemännischer Knoten *m*, Seemannsknoten *m*, Schifferknoten *m*
~/**наполняющий** Füllstation *f*
~ **напряжения** *(El)* Spannungsknoten *m*
~/**нисходящий** *(Astr)* absteigender Knoten *m*
~ **обратной решётки** *(Krist)* reziproker Gitterpunkt *m*
~/**одинарный беседочный** *(Schiff)* einfacher Palstek *m*
~/**опорный** *(Bw)* Auflagerknotenpunkt *m*
~ **орбиты Луны** *s.* **~/лунный**
~/**основной** Hauptbaugruppe *f*
~/**печатный** *(Eln)* gedruckte Baugruppe *f*

~/плотинный *(Hydt)* Wehranlage *f*
~ прибора Geräteteil *n*
~ привода *(Masch)* Antriebseinheit *f*
~ продольной волны *(Ph)* Druckknoten *m*
~/промышленный Industriekomplex *m*
~ протуберанца *(Astr)* Protuberanzenknoten *m*
~/прямой *(Schiff)* Kreuzknoten *m*
~/пустой Gitterlücke *f*, Bindungslücke *f*, Gitterleerplatz *m*, Leerstelle *f*, Fehlstelle *f* *(Halbleiter)*
~/радиорелейный Richtfunkzentrale *f*
~/радиотрансляционный Funkleitstelle *f*
~ рамы *(Bw)* Rahmenknoten *m*
~/распределительный *(Masch)* Schaltgruppe *f*
~/растворный *(Bw)* Mörtelwerk *n*, Mörtelmischanlage *f*
~ решётки 1. *(Krist)* Gitterpunkt *m*; Gitterplatz *m*, Gitterstelle *f*; 2. *(Math)* Gitterpunkt *m*
~ решётки/вакантный *s.* **вакансия**
~/рифовый *(Schiff)* Reffknoten *m*
~/рыбацкий *(Schiff)* Fischerstek *m*, Fischerknoten *m*
~ с двумя нитями *(Schiff)* Zweibeinknoten *m*
~ с четырьмя нитями *(Schiff)* Vierbeinknoten *m*
~/санитарный *(Bw)* Sanitärzelle *f*
~/сваечный *(Schiff)* Marlspiekerstek *m*
~ связи Nachrichtenzentrale *f*
~/силовой *(Masch)* Antriebsgruppe *f*
~ сквозной системы *(Bw)* Fachwerkknoten *m*
~ со шлагом *(Schiff)* Knoten *m* mit Schlag
~/стандартный *(Masch)* Baugruppe *f*, Baukasteneinheit *f*
~/стопорный *(Schiff)* Stopperstek *m*
~ схемы *(El)* Schalt[ungs]gruppe *f*
~/талрепный *(Schiff)* Taljereepsknoten *m*
~/телеграфный Fernschreibzentrale *f*
~/телефонный Fernsprechzentrale *f*
~ тока *(El)* Stromknoten *m*
~/транспортный Verkehrsknotenpunkt *m*
~ управления Steuer[ungs]gruppe *f*, Steuereinheit *f*
~ фермы *(Bw)* Fachwerksknoten *m*
~/функциональный *(Eln)* Funktionsbaugruppe *f*, Funktionseinheit *f*
~ цепи *s.* **~ электрической цепи**
~/шарнирный *(Masch)* gelenkartige Baugruppe *f*
~/шкотовый *(Schiff)* Schotstek *m*
~/шлюзовой *(Hydt)* Schleusenkomplex *m*
~/шлюпочный *(Schiff)* Slipstek *m*
~ электрической цепи Strom[kreis]knotenpunkt *m*, Stromverzweigungspunkt *m*
узел-восьмёрка *m* *(Schiff)* Achtknoten *m*
узкодиапазонный schmalbandig, Schmalband ...
узкоколейка *f* *(Eb)* 1. Schmalspurgleis *n*; 2. Schmalspurbahn *f*, Kleinbahn *f*
~/полевая Feldbahn *f*
узкоколейный *(Eb)* schmalspurig, Schmalspur ...
УЗ-колебание *n* Ultraschallschwingung *f*
узкополосный schmalbandig, Schmalband ...
узкослойность *f* *(Forst)* Engringigkeit *f* *(Baumstamm)*
узлование *n* *(Fmt)* Knoten[amts]bildung *f*
узловязатель *m* 1. *(Lw)* Bindevorrichtung *f*, Knüpfapparat *m* *(Garbenbindemaschine)*; 2. *(Text)* Knoter *m*
~/бобинный *(Text)* Spulenknoter *m* *(Kett- und Schußgarnvorbereitung)*
~/ткацкий *(Text)* Weberknoter *m* *(Kett- und Schußgarnvorbereitung)*
узлоловитель *m* *(Text)* Knotenfänger *m*
~/плоский *(Pap)* Planknotenfänger *m*, Plansortierer *m*
узлоуловитель *m* *(Lw)* Auslösegabel *f* *(Quadratdibbelverfahren)*
узор *m* 1. Verzierung *f*, Ornament *n*; 2. *(Text)* Muster *n*
~/ажурный Petinetmuster *n* *(Wirkerei)*
~/клетчатый Steinmuster *n*, Damebrettmuster *n*
~/ткацкий Webmuster *n*
узорчатость *f* **древесины** Holzmaserung *f*
УЗ-техника *f* *s.* **техника/ультразвуковая**
УИМ *s.* **микроскоп/универсальный измерительный**
указание *n* Hinweis *m*, Instruktion *f*
~/корректурное *(Typ)* Korrekturanweisung *f*
~ по набору *(Typ)* Satzanweisung *f*
~ попаданий *(Mil)* Trefferanzeige *f*
~ размера Maßangabe *f*
~/управляющее *(Dat)* Steueranweisung *f*
указатель *m* 1. Anzeiger *m*, Zeiger *m*, Markierer *m*; 2. Anzeigevorrichtung *f*, Zeigervorrichtung *f*, Nachweisgerät *n*, Indikator *m*, Index *m* *(s. a.* **индикатор**); 3. Verzeichnis *n*, Register *n*
~ аварийного остатка топлива *(Flg)* Kraftstoffrestanzeiger *m*
~/аварийный Stör[ungs]meldegerät *n*, Störungsmelder *m*
~/альфавитный *s.* **~/предметный**
~ амплитудных значений Höchstwertanzeiger *m*, Maximumanzeiger *m*
~ веса *s.* **дриллометр**
~ воздушной скорости *(Flg)* Luftgeschwindigkeitsmesser *m*
~ волн Wellenanzeiger *m*
~ времени стоянки *(Kfz)* Parkscheibe *f*
~ вылета *(Schiff)* Ausladungsanzeiger *m*
~ глубины 1. *(Schiff)* Tiefenanzeigegerät *n* *(Echolot)*; 2. *(Bgb)* Teufenanzeiger *m*
~ глубины/проблесковый *(Schiff)* Rotlicht[tiefen]anzeigegerät *n* *(Echolot)*

~ **глубины резкости** *(Foto)* Schärfentiefenanzeiger *m*, Schärfentiefenrechner *m*
~ **глубины/стрелочный** *(Schiff)* Analog[tiefen]anzeigegerät *n (Echolot)*
~ **глубины/цифровой** *(Schiff)* Digital[tiefen]anzeigegerät *n (Echolot)*
~ **графы** *(Dat)* Spaltenanzeiger *m*
~ **громкости** Lautstärkeanzeiger *m*, Volum[en]zeiger *m*
~/**дистанционный** Fernanzeigegerät *n*, Fernanzeiger *m*
~ **дифферента** *(Schiff)* Trimm[lage]anzeiger *m*
~ **длины** Längenanzeiger *m*, Längenindikator *m*
~ **длины волн** Wellen[längen]messer *m*
~ **длины вытравленной якорной цепи** *(Schiff)* Anzeigegerät *n* für die gesteckte Kettenlänge
~ **длины хода** Hublängenanzeiger *m* *(Querhobelmaschine)*
~/**дорожный** Wegweiser *m*
~ **железнодорожных сообщений** *(Eb)* Kursbuch *n*
~ **замыкания на землю** *(El)* Erdschlußanzeiger *m*
~ **заполнения бункера** Bunker[füll]-standsanzeiger *m*
~ **излучений** Strahlungsanzeiger *m*, Strahlungsindikator *m*
~ **колонки** *(Dat)* Spaltenanzeiger *m*
~ **короткого замыкания** *(El)* Kurzschlußanzeiger *m*
~ **курса** Kursanzeiger *m*
~/**маршрутный** Fahrtstreckenanzeiger *m*
~ **местонахождения** Standortanzeiger *m*
~ **мощности** Leistungs[an]zeiger *m*
~ **направления** Richtungsanzeiger *m*
~ **направления вращения** Drehrichtungsanzeiger *m*
~ **направления/световой** optischer Richtungsanzeiger *m*
~ **направления тока** *(El)* Stromrichtungsanzeiger *m*
~ **напряжения** *(El)* Spannungs[an]zeiger *m*
~/**нулевой** Nullanzeiger *m*, Nullindikator *m*
~ **обрыва провода** *(El)* Drahtbruchmelder *m*, Leitungsbruchmelder *m*
~/**оптический** optischer Anzeiger *m*
~ **перегрузки** Überlastungsanzeiger *m*
~ **переключателя** *(Dat)* Verteiler *m* *(ALGOL)*
~ **перепада давления** *(Flg)* Differenzdruckmesser *m*
~ **периода реактора** *(Kern)* Periodenindikator *m (des Leistungsperiodenmessers des Reaktors)*
~ **пиковых значений** *(El)* Spitzen[wert]-anzeiger *m*
~ **поворота** 1. *(Kfz)* Blinker *m*, Blinkleuchte *f*; 2. *(Flg)* Wende[an]zeiger *m*
~ **поворота и скольжения** *(Flg)* Wende- und Schiebewinkelanzeiger *m*
~ **положения** Positionsanzeiger *m*
~ **положения руля** *(Schiff)* Ruderlage[n]-anzeiger *m*
~ **положения стержня** *(Kern)* Stabstandanzeiger *m (Reaktor)*
~ **полярности** *(El)* Pol[aritäts]anzeiger *m*
~ **порядка следования фаз** *(El)* Phasenfolgeanzeiger *m*, Drehfeldrichtungs[an]-zeiger *m*
~ **предела (пределов поля)** Toleranzmarke *f*
~/**предметный** *(Typ)* Sachregister *n*, Sachverzeichnis *n*, Stichwörterverzeichnis *n*
~ **приливного течения** Gezeitenstrommesser *m*
~/**проблесковый** Blink[licht]anzeiger *m*
~ **равновесия** Einspielmarke *f (z. B. an einer Waage)*
~ **расстояния** Entfernungsanzeiger *m*
~/**рулевой** *(Schiff)* Ruderlagenanzeiger *m*
~ **рыскания** Gierungsmesser *m*
~/**световой** 1. Licht[an]zeiger *m*; 2. Lichtsignal *n*; 3. *(Dat)* Lichtmarke *f*, Lichtfleck *m*
~ **скольжения** *(Flg)* Schiebe[winkelan]zeiger *m*
~ **скорости** 1. Geschwindigkeitsanzeiger *m*, Geschwindigkeitsmesser *m*, Fahrtmesser *m*; 2. *(Schiff)* Fahrtempfänger *m*, Fahrtanzeigegerät *n (Fahrtmeßanlage)*
~ **скорости и пройденного расстояния** *(Schiff)* Fahrt- und Wegeempfänger *m*, Fahrt- und Weganzeigegerät *n (Fahrtmeßanlage)*
~ **сноса** *(Flg)* Abdriftanzeiger *m*
~ **солнечных часов** *(Astr)* Gnomon *m*, Schattenstab *m*
~ **стоимости** Preisanzeiger *m*
~/**стрелочный** *(Eb)* Weichensignal *n*
~ **строки** *(Dat)* Zeilenanzeiger *m*
~ **тангажа** *(Flg)* Längsneigungs[an]zeiger *m*
~ **температуры** Temperaturanzeiger *m*
~ **угла атаки** *(Flg)* Anstellwinkel[an]zeiger *m*
~ **уровня** 1. Niveauanzeiger *m*, Standzeiger *m*, Füllstandsanzeiger *m*; 2. Pegelzeiger *m*, Pegelmesser *m (ein Spannungsmesser)*
~ **уровня бензина** *(Kfz)* Benzinstandanzeiger *m*, Benzinuhr *f*
~ **уровня воды** *(Hydrol)* Wasserstandsanzeiger *m*
~ **уровня громкости** Lautstärkeanzeiger *m*, Volum[en]anzeiger *m*
~ **уровня жидкости** Füllstandanzeiger *m (für Flüssigkeiten)*, Flüssigkeitsstandanzeiger *m*
~ **уровня засыпи** *(Met)* Teufenanzeiger *m (Hochofen)*

~ **уровня масла** Ölstandzeiger *m*
~ **уровня/самопишущий** *(El, Fmt)* Pegelschreiber *m*
~ **уровня топлива** *(Kfz)* Kraftstoffvorratsanzeiger *m*
~ **уровня шихты** *(Met)* Teufenanzeiger *m* *(Hochofen)*
~ **ускорения** Beschleunigungsanzeiger *m*
~ **фаз** *(El)* Phasen[an]zeiger *m*
~ **частоты** *(El)* Frequenz[an]zeiger *m*
~ **числа M (Маха)** *(Flg)* Mach-Zahl-Messer *m*, Machmeter *n*
~ **числа оборотов** *(Masch)* Umdrehungsanzeiger *m*, Drehzahlmesser *m*
~ **шага воздушного винта** *(Flg)* Luftschraubenstellungsanzeiger *m*
укатать *s.* **укатывать 1.**
укатить *s.* **укатывать 2.**
укатка *f* Walzen *n*, Glattwalzen *n*, Ebnen *n*
укатывать 1. walzen, glattwalzen, ebnen; 2. fortrollen, wegrollen
УКВ-диапазон *m* UKW-Bereich *m*, Ultrakurzwellenbereich *m*; UKW-Band *n*, Ultrakurzwellenband *n*
УКВ-передатчик *m* UKW-Sender *m*, Ultrakurzwellensender *m*
УКВ-приёмник *m* UKW-Empfänger *m*, Ultrakurzwellenempfänger *m*
УКВ-радиовещание *n* UKW-Rundfunk *m*, Ultrakurzwellenrundfunk *m*
укладка *f* 1. Einpacken *n*; 2. Lagerung *f*; Einlagern *n*; 3. Verlegen *n*, Legen *n*
~ **бетона (бетонной смеси)** Betoneinbringen *n*, Betonieren *n*
~ **груза** *(Schiff)* Stauen *n* der Ladung
~ **кабеля** *(El)* Kabel[ver]legung *f*
~ **на поддоны** Palettisieren *n*
~/**плотнейшая шаровая** *(Krist)* dichte Kugelpackung *f*
~ **пути** *(Eb)* Gleisverlegung *f*
~ **рельсов** *(Eb)* Schienenverlegung *f*
~ **труб** Rohrverlegung *f*
укладчик *m* 1. *(Bw)* Fertiger *m*, Betonfertiger *m*; 2. *(Eb)* Gleisverlegekran *m*; 3. Stapelgerät *n* *(Lagerhaltung)*
~/**кабельный** Kabellegemaschine *f*
~ **плит** *(Bw)* Platten[ver]leger *m*
укладывать 1. packen, einpacken; 2. legen, verlegen *(Kabel, Schienen)*; 3. lagern; 4. *(Schiff)* stauen *(Ladung)*
~ **в клетку** aufschränken *(Schnittholz)*
~ **в штабеля** stapeln
~ **вразбежку** versetzen
~ **слоями** in Lagen schütten
уклон *m* 1. Neigung *f*; Neigungsverhältnis *n*; Schrägung *f*, Schräge *f*; Abdachung *f*; 2. Gefälle *n* *(Fluß)*; 3. Steigung *f* *(Straße)*; 4. Anzug *m* *(Keil)*; 5. *(Eb)* Neigung *f*, Steigung *f*; 6. *(Bgb)* Haspelberg *m*, Flaches *n*, Bandberg *m* *(im Einfallen aufgefahrene Strecke)*
~/**боковой** Quergefälle *n*
~ **водной поверхности** *(Hydrol)* Wasserspiegelgefälle *n*
~/**гидравлический** *(Hydr)* Druckgefälle *n*, hydraulischer Gradient *m*
~ **днища** *(Schiff)* Aufkimmung *f*
~ **дороги** Straßengefälle *n*
~ **крыши** *(Bw)* Dachneigung *f*
~/**литейный** *(Gieß)* Gußschräge *f*; Formschräge *f*, Aushebeschräge *f*, Modellschräge *f*
~/**обратный** Gegenneigung *f*, Gegengefälle *n*
~/**поперечный** *(Hydrol)* Quergefälle *n* *(Wasserspiegel)*
~/**продольный** *(Hydrol)* Längsgefälle *n* *(Wasserspiegel)*
~ **пути** *(Eb)* Gleissteigung *f*
~ **реки** *(Hydrol)* Flußgefälle *n*
~ **спускового пути** *(Schiff)* Neigung *f* der Ablaufbahn
~ **стапеля** *(Schiff)* Neigungswinkel *m* der Helling
~/**формовочный** *s.* ~/**литейный**
~ **фурм** *(Met)* Windformenneigung *f*, Winddüsenneigung *f* *(Schachtofen)*
~ **шпоночной канавки** Keilwinkel *m* *(Keilnute)*
~/**штамповочный** Gesenkschräge *f* *(Gesenkschmiedeteil)*
уклонение *n* Abweichen *n*, Abweichung *f*
~/**наиболее** *(Math)* größte Abweichung *f*
~ **от атаки** *(Mar)* Ausweichmanöver *n*
уклономер *m* Neigungsmesser *m*
уключина *f* *(Schiff)* Dolle *f*, Riemendolle *f*
уковка *f* *(Schm)* Einschmiedung *f*, Einschmieden *n*
уковывать einschmieden
укомплектование *n* Vervollständigung *f*, Komplettierung *f*
укомплектованный лампами *(Eln)* röhrenbestückt, mit Röhrenbestückung
укорачивание *n s.* **укорочение**
укорачивать [ab]kürzen, verkürzen
укоротить *s.* **укорачивать**
укорочение *n* 1. Abkürzung *f*, Verkürzung *f*, Kürzen *n*; 2. Stauchung *f*
~/**относительное** auf die Ausgangslänge bezogene Stauchung *f*
~ **шага [обмотки]** *(El)* Schrittverkürzung *f*, Sehnung *f* *(einer Wicklung)*
укосина *f* 1. Kniestütze *f*; 2. Strebe *f*, Spreize *f*; Diagonalstab *m*; 3. Ausleger *m* *(Hebezeuge)*
~/**вращающаяся** Schwenkausleger *m*
~/**жёсткая** fester Ausleger *m*
~/**качающаяся** Wippausleger *m*
~/**поворотная** Schwenkarm *m*
~ **рукоятки** *(Lw)* Sterzstrebe *f* *(Pflug)*
украсить *s.* **украшать**
украшать 1. verzieren; 2. [aus]schmücken; dekorieren

украшение *n* 1. Verzierung *f*, Ornament *n*; 2. Dekoration *f*, Ausschmückung *f*
укрепить *s.* **укреплять**
укрепление *n* 1. Festigung *f*, Stärkung *f*, Kräftigung *f*; 2. Verstärkung *f*; Versteifung *f*; 3. Befestigung *f*, Festmachen *n*, Festlegen *n*; Sichern n; 4. *(Mil)* Befestigung *f*, Befestigungsanlage *f*
~/**анкерное** Verankerung *f*
~ **анкерными болтами** Verankerung *f*
~ **берега** *(Hydt)* Uferbau *m*, Uferbefestigung *f*
~/**береговое** 1. *(Hydt)* Uferbefestigung *f*, Uferschutz *m*; 2. *(Mil)* Küstenbefestigung *f*
~ **грунта** Bodenverfestigung *f*, Baugrundverfestigung *f*
~/**долговременное** *(Mil)* ständige Befestigung (Befestigungsanlage) *f*
~/**ложное** *(Mil)* Scheinbefestigung *f*
~ **откосов** *(Bw)* Böschungsbefestigung *f*, Hangbefestigung *f*
~ **песков** *(Lw)* Flugsandbefestigung *f*, Flugsandbindung *f*
~ **пластин** *(Typ)* Plattenaufspannung *f*
~/**полевое** *(Mil)* Feldbefestigung *f*
~/**предмостное** *(Mil)* Brückenkopf *m*
~ **прессформы на прессе** *(Gum)* Aufspannen *n* der Preßform
укреплять 1. festigen, stärken; 2. verstärken, versteifen; 3. festmachen, befestigen; sichern; 4. *(Bgb)* ausbauen; 5. *(Mil)* befestigen, verschanzen
укрупнение *n* **зёрен** *(Krist)* Kornvergröberung *f*, Kornvergrößerung *f*
укрутка *f* **[нити]** *(Text)* Einzwirnung *f* *(Verkürzung der Gespinstlänge durch Draht)*
укрывистость *f* Deckkraft *f*, Deckfähigkeit *f*
~ **пигментов** Deckfähigkeit *f* *(Anstrichtarben)*
укрывистый deckkräftig, deckstark
укрытие *n (Mil)* Deckung *f*
уксус *m (Ch)* Essig *m*
~ **брожения** Gärungsessig *m*
~/**винный** Weinessig *m*
~/**древесный** Holzessig *m*
~/**пищевой** Speiseessig *m*
~/**солодовый** Malzessig *m*
~/**спиртовой** Spritessig *m*
уксуснокислый *(Ch)* . . . azetat *n*; essigsauer
уксусный *(Ch)* Essig[säure] . . .
улавливание *n* Abfangen *n*, Auffangen *n*; Abscheiden *n*
~ **аммиака** Ammoniakgewinnung *f* *(aus Gasen)*
~ **волокна** *(Pap)* Faser[stoff]rückgewinnung *f*
~ **пыли** Staubabscheidung *f*, Entstaubung *f*
улавливатель *m s.* **уловитель**
улей *m* Bienenstock *m*, Bienenkorb *m*, Bienenhaus *n*
улексит *m (Min)* Ulexit *m*
улетучивание *n* Verflüchtigen *n*, Entweichen *n*, Verdunsten *n*
~ **в вакууме** Vakuumverflüchtigung *f*
улетучиваться sich verflüchtigen, entweichen, verdunsten
улетучиться *s.* **улетучиваться**
улитка *f* 1. *(Math)* Schneckenlinie *f*; 2. Schnecke *f*, Spirale *f*
~ **центробежного насоса** *s.* **отвод/спиральный**
улица *f*/**стрелочная** *(Eb)* Weichenstraße *f*
улов *m* Fang *m (Fischereiwirtschaft)*
~/**дневной** Tagesfang *m*
уловистость *f* Fängigkeit *f (Fischereiwirtschaft)*
уловитель *m* 1. Fänger *m*, Fangvorrichtung *f*, Fangschirm *m*; 2. Abscheider *m*, Scheider *m*
~/**гравитационный** Schwerkraftabscheider *m*
~/**магнитный** 1. Magnetauffangvorrichtung *f*; 2. Magnet[aus]scheider *m*, Eisenausscheider *m*
~/**механический** mechanischer Abscheider *m*
~/**мокрый** Naßabscheider *m*
~/**сухой** Trockenabscheider *m*
~/**центробежный** Fliehkraftabscheider *m*
уложить *s.* **укладывать**
улучшать 1. verbessern; veredeln; 2. vergüten *(Stahl)*
улучшение *n* 1. Verbesserung *f*, Veredlung *f*; 2. Vergütung *f (Stahl)*
~ **воздушной закалкой** *(Härt)* Luftvergüten *n*, Luftvergütung *f*
~ **качества** Qualitätsverbesserung *f*
~ **с закалкой в масле** *(Härt)* Ölvergüten *n*, Ölvergütung *f*
~ **с охлаждением в горячих средах** *(Härt)* Warmbadvergüten *n*, Warmbadvergütung *f*
~/**термическое** *(Härt)* Vergüten *n*, Vergütung *f*, Rückfeinen *n*, Rückfeinung *f*
улучшить *s.* **улучшать**
ульманит *m (Min)* Nickelantimonkies *m*, Antimonnickelglanz *m*, Nickelspießglanzerz *n*
ульрихит *m s.* **уранинит**
ультраакустика *f* Ultraschallehre *f*, Ultraschallakustik *f*
ультраакустический *s.* **ультразвуковой**
ультрабазиты *pl (Geol)* Ultrabasite *pl*, ultrabasische Gesteine *npl*
ультравакуум *m* Ultravakuum *n*
ультравысокий ultrahoch
ультравысокочастотный höchstfrequent, Höchstfrequenz . . .; ultrahochfrequent, Ultrahochfrequenz . . ., UHF- . . .

ультрадин *m* Ultradyneempfänger *m*
ультражёсткий ultrahart
ультразвук *m* Ultraschall *m*
ультразвуковой Ultraschall . . ., Überschall . . .
ультразвукография *f* Ultraschallaufzeichnung *f*
ультракороткий ultrakurz, Ultrakurz . . .
ультракоротковолновый Ultrakurzwellen . . ., UKW- . . .
ультракрасный ultrarot, infrarot, Ultrarot . . ., Infrarot . . .
ультрамарин *m* 1. *(Min)* Ultramarin *m*, Lazurit *m*; 2. Ultramarin *n* *(Farbstoff)*
~/**зелёный** Ultramaringrün *n*
~/**кобальтовый** Kobaltultramarin *n*, Thénards Blau *n*
~/**красный** Ultramarinrot *n*
~/**синий** Ultramarinblau *n*, Lasurblau *n*
ультрамелкий ultrafein *(Pulver; Pulvermetallurgie)*
ультраметаморфизм *m* *(Geol)* Ultrametamorphose *f*
ультрамикроанализ *m* Ultramikroanalyse *f*
ультрамикровесы *pl* *(Ch)* Ultramikrowaage *f*
ультрамикроопределение *n* Ultramikrobestimmung *f*
ультрамикроскоп *m* Ultramikroskop *n*
ультрамикроскопический ultramikroskopisch
ультрамикроскопия *f* Ultramikroskopie *f*
ультрамикротомия *f* Ultramikrotomie *f*
ультрамикрохимический ultramikrochemisch
ультрамикрохимия *f* Ultramikrochemie *f*
ультрамикрошлиф *m* Ultradünnschliff *m*
ультрамягкий ultraweich
ультраоптиметр *m* Ultraoptimeter *n*
ультрастабильность *f* Ultrastabilität *f*
ультратонкий ultrafein, Ultrafein[st] . . .
ультраускоритель *m* Ultrabeschleuniger *m*
ультрафильтр *m* Ultrafilter *n*
ультрафильтрация *f* Ultrafiltration *f*
ультрафиолет *m* Ultraviolett *n*, UV
~/**ближний** nahes (langwelliges) Ultraviolett *n*
~/**дальний** fernes (kurzwelliges) Ultraviolett *n*
ультрафиолетовый ultraviolett, Ultraviolett . . ., Uviol . . .
ультрахроматография *f* *(Ch)* Ultrachromatografie *f*
ультрацентрифуга *f* *(Ch)* Ultrazentrifuge *f*
ультрацентрифугирование *n* *(Ch)* Ultrazentrifugierung *f*
ультрачистый ultrarein, hochrein, extrem rein, Reinst . . .
умангит *m* *(Min)* Umangit *m*
умбра *f* Umbra *f* *(Farbe)*
~/**жжёная** gebrannte Umbra *f*

уменьшаемое *n* *(Math)* Minuend *m*
уменьшать 1. [ver]mindern, verringern, verkleinern, reduzieren, herabsetzen; 2. dämpfen *(Stöße, Schwingungen)*
~ **нагрузку цепи** *(El)* eine Leitung entlasten
уменьшение *n* 1. Verminderung *f*, Minderung *f*, Verringerung *f*, Verkleinerung *f*, Reduzierung *f*, Herabsetzung *f*; Abnahme *f*; Verjüngung *f*; Zusammenschrumpfung *f*; 2. *(Foto)* Verkleinerung *f*
~ **активности** *(Kern)* Aktivitätsabfall *m*, Aktivitätsabnahme *f*
~ **давления** Druckminderung *f*, Druckabfall *m*, Drucknachlaß *m*
~ **дальности** Reichweitenverkürzung *f*
~ **диаметра** Einhalsung *f*, Einschnürung *f*
~ **замираний** Schwundverminderung *f*
~ **зернистости** Kornzerkleinerung *f* *(Aufbereitung)*
~ **контрастности** Kontrastminderung *f*
~ **кристалла** Kristallschrumpfung *f*
~ **нагрузки** Entlastung *f*
~ **объёма** Raumverminderung *f*, Volumenverminderung *f*, Volumenkontraktion *f*
~ **поперечного сечения** Querschnittsverminderung *f*, Querschnittsabnahme *f*
~ **размера зёрен** 1. Kornzerkleinerung *f*, Kornverringerung *f* *(Aufbereitung)*; 2. *(Krist)* Kornverfeinerung *f* *(Metallgefüge)*
~ **сечения** *(Wlz)* Querschnittsabnahme *f*
~ **скорости** Geschwindigkeitsverminderung *f*, Geschwindigkeitsabnahme *f*
уменьшитель *m* *(Foto)* Verkleinerungsgerät *n*, Verkleinerungsapparat *m*
уменьшить *s.* **уменьшать**
умножать *(El)* vervielfachen *(Spannung, Elektronen)*; *(Dat)* multiplizieren
умножение *n* 1. Vervielfachung *f*; 2. *(Math)* Multiplikation *f*
~/**вторично-электронное** *(Ph)* Sekundärelektronenvervielfachung *f*
~/**двоичное** *(Dat)* binäre Multiplikation *f*
~/**десятичное** *(Dat)* dezimale Multiplikation *f*
~/**лавинное** *(Eln)* Lawinenvervielfachung *f*, Lawineneffekt *m*
~/**логическое** *(Dat)* logische Multiplikation *f*
~/**матричное** *(Math)* Matrizenmultiplikation *f*
~ **напряжения** *(El)* Spannungsvervielfachung *f*
~ **носителей [заряда]** *(Eln)* Trägervervielfachung *f*, Trägermultiplikation *f*, Ladungsträgervervielfachung *f*
~ **с двойной точностью** *(Dat)* erweiterte (doppelte) Multiplikation *f*
~ **с плавающей запятой** *(Dat)* Gleitkommamultiplikation *f*

~ с фиксированной запятой *(Dat)* Festkommamultiplikation *f*
~ цепей *(Math)* Kettenmultiplikation *f*
~ частоты *(Rf)* Frequenzvervielfachung *f*
умножитель *m (El)* Vervielfacher *m*
~/вторично-электронный Sekundärelektronenvervielfacher *m*, SE-Vervielfacher *m*, SEV
~/каскадный Kaskadenvervielfacher *m*
~ напряжения Spannungsvervielfacher *m*
~/фотоэлектронный Foto[elektronen]vervielfacher *m*, Fotomultiplier *m*, Fotosekundärelektronenvervielfacher *m*, Vervielfacherfotozelle *f*
~ частоты Frequenzvervielfacher *m*
~/электронный *s.* **~/вторично-электронный**
умолот *m (Lw)* Drusch, *m*, Ausdrusch *m*, Dreschertrag *m*
умформер *m* Gleichstromumformer *m*
~/сварочный Einzelschweißumformer *m*
умывальная *f* Waschraum *m*
умягчение *n* Erweichen *n*, Weichmachen *n*; Enthärtung *f* *(Wasser)*
~ воды Wasserenthärtung *f*
~ питательной воды Speisewasserenthärtung *f*
умягчитель *m* Enthärter *m*, Enthärtungsmittel *n*
умягчить erweichen; enthärten *(Wasser)*
унавоживание *n* Düngen *n*, Düngung *f* *(mit Stalldünger)*, Misten *n*
унавоживать *(Lw)* düngen *(mit Stalldünger)*, misten
унавозить *s.* **унавоживать**
УНВ *s.* **уровень низких вод**
ундуляция *f (Geol)* 1. Undulation *f* *(nach Stille)*; 2. Welligkeit *f* *(wechselnde Hoch- und Tieflage der Sattel- und Faltenachsen)*
универсал *m (Geod)* Universalinstrument *n*, Universaltheodolit *m*
~/астрономический astronomischer Universaltheodolit *m*
универсальность *f* Universalität *f*, Vielseitigkeit *f*
уникальный unikal, Spezial . . .
уникурсальный *(Math)* unikursal *(Kurven)*
униполиконденсация *f (Ch)* Unipolykondensation *f*
униполиприсоединение *n (Ch)* Unipolyaddition *f*
униполярный *(El)* unipolar, einpolig, Einpol . . .
унисон *m (Ak)* Prime *f*
унитаз *m (Bw)* Klosettbecken *n*
~/тарельчатый Flachspülbecken *n*
унитарность *f* Unitarität *f*
унификация *f* Vereinheitlichung *f*, Normung *f*
унифилярный einfädig, Einfaden . . .
унифицирование *n s.* **унификация**
унифицировать vereinheitlichen
уничтожение *n* 1. Vernichtung *f*, Vertilgung *f*; 2. Aufheben *n*
~ девиации магнитного компаса Kompensieren *n* des Magnetkompasses
унос *m* 1. Mitreißen *n*; 2. Flugstaub *m*; 3. Funkenflug *m* *(Lokomotive)*; 4. *(Met)* Austragverlust *m*, Auswurfverlust *m* *(aus dem Ofen)*
упакованный *(Dat)* gepackt *(Dezimalzahlen)*
упаковка *f* 1. Einpacken *n*; Verpacken *n*; 2. Verpackung *f*; Leergut *n*; 3. *(Krist)* Packung *f*
~/гексагональная (двухслойная) плотнейшая *(Krist)* hexagonal dichteste Kugelpackung *f*, hexagonale Dichtestpackung *f*
~/кубическая плотнейшая kubisch dichteste Kugelpackung *f*, kubische Dichtestpackung *f*
~/плотная dichte Packung *f*, Dichtpackung *f*
~/плотная шаровая dichte Kugelpackung *f*
~/плотнейшая *(Krist)* dichteste Packung *f*, Dichtestpackung *f*
~/плотнейшая шаровая dichteste Kugelpackung *f*
~/трёхслойная плотнейшая *s.* **~/кубическая плотнейшая**
упаковочная *f* Packerei *f* *(als Betriebsabteilung)*
упаковщик *m (Lw)* Packer *m* *(Sammelpresse)*
упаковывание *n* **в мешки** Absacken *n*
упаривание *n* Eindampfen *n*
упаривать eindampfen
~ досуха zur Trockne eindampfen
упарить *s.* **упаривать**
упасть под ветер *(Schiff)* vom Winde abfallen
УПД *s.* **устройство подготовки данных**
уплотнение *n* 1. Verdichtung *f*, Verdichten *n*; 2. Abdichtung *f*, Dichten *n*; 3. Dichtung *f*, Liderung *f*; 4. *(Fmt)* Mehrfachausnutzung *f*
~/альдольное *(Ch)* Aldolkondensation *f*, Aldoladdition *f*, Aldolisation *f*
~/бесконтактное berührungsfreie Dichtung *f*
~ вала Wellendichtung *f*
~ взрывом Explosivverdichten *n*, Explosionsverdichten *n* *(Pulvermetallurgie)*
~ вибратором (вибрацией) Vibrationsverdichten *n*, Vibrationsverdichtung *f*
~/водяное *s.* **~/гидравлическое**
~/войлочное Filzdichtung *f*
~ встряхиванием Rüttelverdichten *n*, Rüttelverdichtung *f*
~/гидравлическое hydraulische Dichtung *f*, Flüssigkeitsdichtung *f*

~ **грунта** Bodenverdichtung *f*
~ **данных** *(Dat)* Datenverdichtung *f*, Datenreduktion *f*
~/**дейдвудное** *(Schiff)* Stevenrohrdichtung *f*
~ **закладки** *(Bgb)* Versatzverdichtung *f*
~ **информации** Informationsverdichtung *f*
~/**кожаное** Lederdichtung *f*, Lederliderung *f*, Lederpackung *f*
~ **кожуха** Gehäusedichtung *f*
~/**кольцевое** Ringdichtung *f*
~ **кольцом** Ringdichtung *f*
~/**контактное** Berührungsdichtung *f*
~/**конусное** Konusdichtung *f*, Kegeldichtung *f*
~/**лабиринтное** Labyrinthdichtung *f*
~/**лабиринтное концевое** Labyrinthenddichtung *f* *(Dampfturbine)*
~/**лабиринтное прямоточное** Labyrinth-Gleichstromdichtung *f* *(Dampfturbine)*
~/**маслоплёночное** Ölfilm[ab]dichtung *f*
~ **медной прокладкой** Kupferabdichtung *f*
~ **металлизацией** Dichtspritzen *n*
~ **металлизационных покрытий** mechanische Nachbehandlung *f* der gespritzten Metallüberzüge, Verdichtungsverfahren *n*
~/**ножевое** Spitzendichtung *f*
~ **отливок** Abdichten (Imprägnieren) *n* von Gußteilen
~/**паронепроницаемое** Dampfdichtung *f*, dampfdichter Abschluß *m*
~ **пескомётом** *(Gieß)* Sandslingern *n*
~ **поршня** Kolbendichtung *f*, Kolbenliderung *f*
~/**последующее** Nachverdichten *n*, Nachverdichtung *f*
~/**послойное** schichtweise Verdichtung *f* *(des Bodens)*
~ **почвы** *(Lw)* Bodenverdichtung *f*
~/**предварительное** Vorverdichten *n*, Vorverdichtung *f*
~ **прессованием** *(Gieß)* Preßverdichten *n*, Preßverdichtung *f*
~/**пылезащитное** Staubdichtung *f*
~/**резиновое** Gummidichtung *f*
~/**сальниковое** Packungsstopfbuchse *f*
~ **сетки** *(Math)* Verfeinerung *f* der Unterteilung
~ **слоем песка** *(Härt)* Sandabdichtung *f* *(beim Einsetzen)*
~/**фетровое** Filzdichtung *f*
~ **формовочной смеси** *(Gieß)* Verdichten *n* des Formstoffs, Formstoffverdichtung *f*
~ **цепей/высокочастотное** *(Fmt)* trägerfrequente Mehrfachausnutzung *f*
~ **шва/противофильтрационное** *(Bw)* wasserdruckhaltende Dichtung *f*
~ **шнуром** Schnurdichtung *f*
уплотнённость *f* Dichtheit *f*
уплотнённый 1. verdichtet; 2. abgedichtet, gedichtet
уплотнитель *m* 1. Dichtungsmittel *n*; 2. Eindicker *m*; 3. *(Lw)* Garbenzubringer *m* *(Bindemäher)*
~ **ленты** *(Text)* Bandverdichter *m* *(Drehtopf der Deckelkarde)*
~/**ценовый** *(Text)* Fadenkreuzwalke *f* *(Webstuhl)*
~ **щепы/паровой** *(Pap)* Hackschnitzeldampfverdichter *m*
уплотнить *s.* **уплотнять**
уплотняемость *f* Verdichtbarkeit *f*
уплотнять 1. verdichten; eindicken; 2. verfestigen; 3. abdichten, dichten; 4. *(Fmt)* [mehrfach] ausnutzen
~ **пескомётом** *(Gieß)* sandslingern
упор *m* 1. Stütze *f*, Stützpunkt *m*; 2. Widerlager *n*; 3. Anschlag *m*, Begrenzungsanschlag *m*, Begrenzung *f*; 4. *(Wlz)* Vorstoß *m* *(Rollgang)*; 5. *(Eb)* Prellbock *m*; 6. *(Schiff)* Schub *m*, Schubkraft *f*
~ **автоматической подачи** *(Fert)* Anschlag *m* des selbsttätigen Vorschubs, Selbstganganschlag *m*
~/**боевой** *(Mil)* Stützklappe *f* *(Maschinengewehr)*
~ **боевой пружины** *(Mil)* Schlagbolzenfedergegenlager *n* *(Keilverschluß)*
~/**буферный** *(Eb)* Mittelpufferprellbock *m*
~/**втулочный** *(Wkzm)* Anschlagring *m* *(Bohren von Grundlöchern)*
~ **гребного винта** *(Schiff)* Propellerschub *m*
~ **для люковых крышек** *(Schiff)* Lukendeckelanschlag *m*, Lukendeckelstopper *m*
~ **дроссельной заслонки** *(Kfz)* Drosselklappenanschlag *m*
~/**жёсткий** *(Wkzm)* fester Anschlag *m*
~/**качающийся** *(Wkzm)* schwingender Anschlag *m*
~ **клина затвора** *(Mil)* Verschlußsperre *f* *(Keilverschluß)*
~ **микрометра/неподвижный** Meßamboß *m*, Amboß *m* *(Mikrometer)*
~ **на полозе** *(Schiff)* Stützschuh *m* *(am Stapellaufschlitten für Stopperbalken)*
~/**неподвижный** *s.* ~/**жёсткий**
~ **номеронабирателя** *(Fmt)* Fingeranschlag *m* *(Wählscheibe)*
~/**нулевой** Nullschub *m* *(des Propellers)*
~/**ограничительный** Begrenzungsanschlag *m*
~ **оправки** Dornwiderlager *n* *(Pilgerschrittwalzwerk)*
~/**передний** *(Typ)* Vordermarke *f*
~/**плечевой** Schulterstütze *f* *(einer Handfeuerwaffe)*
~/**подвижный** *(Wlz)* Längenvorstoß *m*
~/**постоянный** *(Eb)* Festprellbock *m*

~/**предохранительный** *(Wkzm)* Sicherheitsanschlag *m*
~/**продольный** *(Wlz)* Längenvorstoß *m*
~/**пружинный** *(Wkzm)* federnder Anschlag *m*
~ **пружины [клинового затвора]/боевой** *(Mil)* Schlagfedergegenlager *n (Keilverschluß)*
~/**раздвижной** *(Schiff)* Schraubwinde *f (Lecksicherungsausrüstung)*
~ **рельсового пути** *(Eb)* Bremsprellbock *m*
~ **рыбины/деревянный** *(Schiff)* Holzknie *n (Abstützung der Leithölzer)*
~/**рычажно-пружинный чувствительный** *(Meß)* Feinzeigeranschlag *m*
~/**суммарный** Gesamtschub *m (des Propellers)*
~/**сферический** Kugelkalotte *f (am Drucksegment eines Drucklagers)*
~ **ткацкого станка** *(Text)* Stecher *m (Stecheinrichtung; Webstuhl)*
~ **толкача** Schubschulter *f* eines Schubschiffs
~ **тормозной колодки** *(Kfz)* Bremsbakkenanschlag *m*
~/**торцовый** Endanschlag *m*; *(Schiff)* Stempel *m*
~/**тупиковый** *(Eb)* Gleisabschluß *m*, Prellbock *m*
упор-ограничитель *m* Begrenzer *m*, Endanschlag *m*
упоромер *m (Schiff)* Schub[kraft]meßgerät *n*, Schubmesser *m*
упорядочение *n* Anordnung *f*; Ordnung *f*
УПП *s.* **устройство подготовки перфокарт**
управление *n* 1. Steuerung *f*; Lenkung *f*; 2. Vorwärtsregelung *f*; 3. Bedienung *f*, Betätigung *f*; 4. Verwaltung *f*, Amt *n*; Leitung *f* • **с программным управлением** programmgesteuert • **с ручным управлением** handbedient, handgesteuert • **с сеточным управлением** gittergesteuert • **с управлением от магнитной ленты** magnetbandgesteuert • **с управлением от перфокарт** lochkartengesteuert • **с управлением от перфоленты** lochstreifengesteuert
~/**автоматическое** automatische Steuerung *f*
~/**автоматическое следящее** selbsttätige Folgesteuerung *f*
~/**автономное** autonome Steuerung *f*; *(Rak)* Selbstlenkung *f*
~/**адаптивное** Adaptivsteuerung *f*, adaptive Steuerung *f*
~ **архивом** *(Dat)* Archivverwaltung *f*
~/**асинхронное** asynchrone Steuerung *f*
~/**астроинерционное** *(Rak)* Astroträgheitslenkung *f*
~/**астронавигационное** *(Rak)* Astronavigationslenkung *f*
~ **банком данных** *(Dat)* Datenbankverwaltung *f*
~ **библиотекой** *(Dat)* Bibliotheksverwaltung *f*
~ **буферами** *(Dat)* Pufferverwaltung *f*
~/**внешнее** zentrale Einzelsteuerung *f*
~ **войсками** *(Mil)* Truppenführung *f*
~ **восстановлением** *(Dat)* Fehlerverwaltung *f*
~ **вращением** Drehsteuerung *f*
~ **выбором кармана** *(Dat)* Fachauswahlsteuerung *f*
~ **выполнением операций** *(Dat)* Steuerung *f* der Operationen
~ **выполнением программ** *(Dat)* Programmverwaltung *f*
~ **выполнением программы** *(Dat)* Programmablaufsteuerung *f*
~/**гироскопическое** *(Rak)* Kreiselsteuerung *f*
~/**главное** Hauptverwaltung *f*
~ **горизонтальными рулями** *(Mar)* Tiefensteuerung *f (U-Boot)*
~ **горным давлением** *(Bgb)* Beeinflussung (Beherrschung) *f* des Gebirgsdrucks
~ **данными** *(Dat)* Datenverwaltung *f*
~/**двухполярное** Bipolaransteuerung *f*
~/**двухсеточное** *(Eln)* Doppelgittersteuerung *f*
~/**дистанционное** Fernsteuerung *f*; Fernbetätigung *f*; Fernbedienung *f*; *(Fmt)* Ferntastung *f*; *(Rak)* Fernlenkung *f*
~/**дифференциальное** Differentialsteuerung *f*
~ **доступом** *(Dat)* Zugriffssteuerung *f*
~/**дуальное** binäre Steuerung *f*
~/**жёсткое** 1. festverdrahtete Steuerung *f*; 2. festprogrammierte Steuerung *f*
~ **заданиями** *(Dat)* 1. Jobverwaltung *f*; 2. Jobsteuerung *f*
~ **задачами** *(Dat)* Aufgabenverwaltung *f*
~ **запоминающими устройствами** *(Dat)* Speicherverwaltung *f*
~ **затвердеванием** *(Met)* Erstarrungslenkung *f*
~ **золотниками** Schiebersteuerung *f*
~ **из кабины** Kabinensteuerung *f (z. B. eines Krans)*
~ **из кабины/адресное** Kabinenzielsteuerung *f (z. B. eines Krans)*
~/**импульсное** Impulssteuerung *f*
~/**инерционное** *(Rak)* Trägheitslenkung *f*
~ **исканием** *(Fmt)* Wählersteuerung *f*
~ **кареткой** *(Dat)* Schreibwagensteuerung *f*, Vorschubeinrichtung *f*
~ **каталогом** *(Dat)* Katalogverwaltung *f*
~ **качеством** Qualitätssteuerung *f*
~ **качеством продукции** Steuerung *f* der Erzeugnisqualität
~/**кнопочное** *(El)* Knopfsteuerung *f*, Druckknopfsteuerung *f*

~ **кодовым ключом** kodierte Schaltersteuerung *f*
~/**командное** *(Rak)* Kommandolenkung *f*
~/**контакторное** *(El)* Schütz[en]steuerung *f*
~ **кровлей** *(Bgb)* Beeinflussung (Beherrschung) *f* des Hangenden, Dachbehandlung *f*
~/**кулачковое** Nockensteuerung *f*
~ **лучом** Strahlführung *f*
~/**макропрограммное** *(Dat)* Makroprogrammsteuerung *f*
~ **массивами** *(Dat)* Dateiverwaltung *f*
~/**местное** örtliche (dezentralisierte) Steuerung *f*
~/**механическое** mechanische Steuerung *f*
~/**микропрограммное** *(Dat)* Mikroprogrammsteuerung *f*
~/**многоканальное** *(Eln)* Mehrkanalsteuerung *f*
~/**многомерное** mehrdimensionale Steuerung *f*
~/**многополярное** Unipolaransteuerung *f*
~/**многосеточное** Mehrgittersteuerung *f*
~/**монопольное** *(Dat)* exklusive Steuerung *f*
~ **на расстоянии** *(Rak)* Fernlenkung *f*
~ **напряжением** *(El)* Spannungssteuerung *f*
~ **напряжением трёхфазного тока** Drehstromsteller *m*
~/**наружное** Außensteuerung *f*
~/**непрерывное** stetige (kontinuierliche) Steuerung *f*
~ **несущей** *(Eln)* Trägersteuerung *f*
~ **огнём** *(Mil)* Feuerleitung *f*
~/**одноканальное** *(Eln)* Einkanalsteuerung *f*
~/**оперативное** Operativsteuerung *f*
~/**оптимальное** Optimalwertsteuerung *f*
~ **памятью** *(Dat)* Speicherplatzverwaltung *f*
~/**педальное** *(Masch)* Fußbedienung *f*, Fußbetätigung *f*
~/**переселективное** *(Masch)* Vorwählerschaltung *f*
~ **по проводам** *(Rak)* Drahtlenkung *f*
~ **по радио** Funk[fern]steuerung *f*, drahtlose Steuerung *f*; *(Rak)* Funklenkung *f*
~ **по радиолучу** *(Rak)* Leitstrahllenkung *f*
~ **поведением** *(Kyb)* Verhaltenssteuerung *f*
~ **пограничным слоем** *(Aero)* Grenzschichtbeeinflussung *f*
~ **положением** Positionieren *n*; Lagesteuerung *f*
~/**полуавтоматическое** Halbsteuerung *f*
~/**последовательное** *(Dat)* Folgesteuerung *f*
~ **приоритетами** *(Dat)* Vorrangsteuerung *f*
~ **программами** *(Dat)* Programmverwaltung *f*
~/**программное** Programmsteuerung *f*; Zeitplansteuerung *f*
~ **производственными процессами** *(Dat)* Verfahrensregelung *f*
~/**простое** *(Schiff)* Zeitsteuerung *f (Rudermaschine)*
~ **процессом** Prozeßsteuerung *f*
~/**радиоинерциальное** *(Rak)* Funkträgheitslenkung *f*
~ **ракетой** Raketenlenkung *f*
~ **ракетой/дистанционное** Fernlenkung *f*
~ **ракетой/командное** Befehlslenkung *f*, Kommandosteuerung *f*
~ **реактором** *(Kern)* Reaktorsteuerung *f*
~/**реверсивное** Reversiersteuerung *f*, Umkehrsteuerung *f*
~/**релейное** Relaissteuerung *f*
~/**рулевое** *(Kfz)* Lenkung *f*
~/**ручное** Handsteuerung *f*; *(Flg)* Knüppelsteuerung *f*
~ **с передачей «винт, гайка и сектор»/рулевое** *(Kfz)* Kugelumlauflenkung *f*, Lavine-Lenkung *f*
~ **с передачей «винт и гайка»/рулевое** *(Kfz)* Schraubenlenkung *f*
~ **с передачей «винт и кривошип с шипом»/рулевое** *(Kfz)* Zapfenlenkung *f*
~ **с передачей «червяк и ролик»/рулевое** *(Kfz)* Gemmer-Lenkung *f*, Schneckenrollenlenkung *f*
~ **с передачей «червяк и сектор»/рулевое** *(Kfz)* Schneckenlenkung *f*
~ **с передачей «червяк и червячное кольцо»/рулевое** *(Kfz)* Schneckenlenkung *f* mit nachstellbarem Schneckenrad *(die Lenkung hat anstatt eines Schnekkenradsegments ein volles Schneckenrad, das bei Verschleiß der im Eingriff stehenden Zahnpartie nachgestellt werden kann)*
~ **с пола/ручное** Flursteuerung *f* *(z. B. eines Hebezeugs)*
~ **с помощью тиристоров** Thyristorsteuerung *f*
~ **с помощью тока** Stromsteuerung *f*
~ **с реечной передачей/рулевое** *(Kfz)* Zahnstangenlenkung *f*
~ **самолётом** Flugzeugsteuerung *f*
~ **световым потоком** Lichtstromregelung *f*
~/**сеточное** *(Eln)* Gittersteuerung *f*
~ **скоростью** Geschwindigkeitssteuerung *f*
~ **скоростью вращения** Drehzahlsteuerung *f*
~/**следящее** Folgesteuerung *f*, Nachlaufsteuerung *f*; *(Schiff)* Wegsteuerung *f*, Folgesteuerung *f*, sympathische Steuerung *f (Rudermaschine)*
~ **станком** Maschinenbedienung *f*

~/**телеавтоматическое** automatische Fernsteuerung *f*
~/**телемеханическое** Fernwirksteuerung *f*
~ **технологическим процессом** Prozeßsteuerung *f*, Fertigungssteuerung *f*
~/**тиратронное** Thyratronsteuerung *f*
~ **форматом** *(Dat)* Formatsteuerung *f*
~/**фотокопировальное** lichtelektrische (fotoelektrische) Steuerung *f* *(Brennschneidmaschine)*
~ **ходом печи** *(Met)* Ofenführung *f*
~/**цифровое** digitale Steuerung *f*
~/**цифровое программное** Ziffernprogrammsteuerung *f*, digitale Programmsteuerung *f*
~/**частотное** Frequenzsteuerung *f*
~/**шаговое** Schrittsteuerung *f*
~ **шагом воздушного винта** *(Flg)* Luftschraubensteuerung *f*
~/**экстремальное** optimierende Steuerung *f*, Extremwertsteuerung *f*
управляемость *f* Regelbarkeit *f*, Steuerbarkeit *f*; *(Schiff)* Steuerfähigkeit *f*, Steuereigenschaften *fpl*; Manövrierfähigkeit *f*
управляемый gesteuert; gelenkt; *(Schiff)* manövrierfähig
~ **вычислителем** rechnergesteuert
~ **импульсами** impulsgesteuert
~ **магнитной лентой** magnetbandgesteuert
~ **на расстоянии** ferngesteuert; fernbedient, fernbetätigt; ferngelenkt
~ **перфокартами** lochkartengesteuert
~ **перфолентой** lochstreifengesteuert
~ **по радио** funk[fern]gesteuert, drahtlos gesteuert; funk[fern]gelenkt
~ **сеткой** gittergesteuert *(Elektronenröhre)*
~ **током** stromgesteuert
управлять 1. steuern, lenken, führen; 2. verwalten, leiten
~ **судном** ein Schiff manövrieren
упреждение *n* *(Mil)* Vorhalt *m*, Vorhalten *n*
~/**боковое** Seitenvorhalt *m*
~/**линейное** Vorhaltstrecke *f*
~ **по высоте** Höhenvorhalt *m*
~ **по дальности** Entfernungsvorhalt *m*, Längenvorhalt *m*
~ **цели** Zielauswanderung *f*
упростить *s.* **упрощать**
упрочнение *n* *(Fest)* Verfestigung *f* *(Erhöhung der Fließspannung durch vorangegangene plastische Verformungen)*
~/**деформационное** *s.* **наклёп**
~/**линейное** lineare Verfestigung *f*
~/**механическое** *s.* **наклёп**
~ **наклёпом** *s.* **наклёп**
~/**поверхностное** Oberflächenverfestigung *f*
~ **при старении** Alterungshärtung *f*, Nachhärtung *f* durch Alterung
упрочнить *(Met)* verfestigen *(Metall)*
упрощать vereinfachen
упрощение *n* Vereinfachung *f*
упругий federnd, elastisch; nachgiebig, fügsam
упругость *f* 1. Elastizität *f*, Biegsamkeit *f*, Federung *f*; 2. Nachgiebigkeit *f*, Geschmeidigkeit *f*, Schmiegsamkeit *f*; 3. Spannkraft *f*, Spannung *f* *(Gase)*; Druck *m*, Pressung *f*
~/**аэротермическая** Aerothermoelastizität *f*
~ **водяных паров** Wasserdampfdruck *m*, Wasserdampfspannung *f*, Sättigungsdruck *m* des Wasserdampfes
~ **газов** Gasspannung *f*, Gasdruck *m*
~ **диссоциации** Dissoziationsdruck *m*, Dissoziationstension *f*
~ **дутья** *(Wmt)* Gebläsedruck *m*, Winddruck *m*
~ **насыщения** Sättigungs[dampf]druck *m*
~ **насыщенного пара** Sättigungs[dampf]-druck *m*
~/**недостаточная** unvollkommene Elastizität *f*
~/**объёмная** *s.* **сжимаемость**
~ **паров** *(Wmt)* Dampfdruck *m*, Dampfspannung *f*
~/**предельная** vollkommene (ideale) Elastizität *f*
~ **при изгибе** Biegungselastizität *f*
~ **при кручении** Torsionselastizität *f*
~ **при растяжении** Zugelastizität *f*
~ **растворения** Lösungsdruck *m*, Lösungstension *f*
упряжь *f* 1. Pferdegeschirr *n*, Geschirr *n*; 2. *(Ktz, Eb)* Zugvorrichtung *f*, Zuggeschirr *n*; 3. Gehänge *n* *(Hebezeuge)*
~/**несквозная** *(Eb)* nichtdurchgehende (geteilte) Zugvorrichtung *f*
~/**сквозная** *(Eb)* durchgehende Zugvorrichtung *f*
УПТ *s.* **усилитель постоянного тока**
УР *s.* **ракета/управляемая**
уработка *f* *(Text)* Einarbeiten *n* *(Gewebe)*
уравнение *n* *(Math)* Bestimmungsgleichung *f*, Gleichung *f* *(mit Unbekannten)*
~ **Абеля [/интегральное]** *(Math)* Abelsche Integralgleichung *f*
~/**алгебраическое** *(Math)* algebraische Gleichung *f*
~ **ампервитков** *(El)* Amperewindungsgleichung *f*
~ **баланса** *(El)* Bilanzgleichung *f*
~ **Бернулли** 1. *(Hydrod)* Bernoullische Gleichung *f*, Druckgleichung *f*, Bernoullisches Theorem *n*; 2. *s.* ~ **Бернулли/дифференциальное**
~ **Бернулли/дифференциальное** *(Math)* Bernoullische Differentialgleichung *f*
~ **Бертло** Berthelotsche Gleichung (Zustandsgleichung) *f*, Berthelot-Gleichung *f* *(Physik der realen Gase)*

~ **Бесселя [/дифференциальное]** *(Math)* Besselsche Differentialgleichung (Gleichung) *f*
~/**биквадратное** *(Math)* Biquadratgleichung *f*, Gleichung *f* vierten Grades
~ **Блазиуса** *(Math)* Blasiusscher Satz *m*, Blasiussche Formel *f*
~ **Блоха** *(Math)* Blochsche Gleichung (Integralgleichung) *f*, Bloch-Gleichung *f*
~ **Больцмана [/кинетическое]** *(Mech)* Boltzmann-Gleichung *f*, Boltzmannsche Stoßgleichung *f*
~/**буквенное** *(Math)* Buchstabengleichung *f*
~ **в вариациях** *(Math)* Variationsgleichung *f*
~ **в конечных разностях** *(Math)* Differenzengleichung *f* *(Differenzenrechnung)*
~ **в частных производных** *(Math)* Gleichung *f* mit partiellen Ableitungen, partielle Gleichung *f*
~ **Ван-дер-Ваальса** van-der-Waalssche Zustandsgleichung *f*, van-der-Waals-Gleichung *f* *(Physik der realen Gase)*
~ **Вант-Гоффа** van't-Hoffsche Gleichung *f*, van't-Hoffsches Gesetz *n*
~/**вариационное** *(Math)* Variationsgleichung *f*
~/**вековое** *(Math)* Säkulargleichung *f*, charakteristische (säkulare) Gleichung *f* *(Hauptachsentransformation)*
~ **величин** *(Math)* Größengleichung *f*
~ **вихря** *(Geoph)* Wirbelgleichung *f*
~/**возвратное** *(Math)* reziproke Gleichung *f*
~/**возмущённое** *(Math)* gestörte Gleichung *f*
~ **возраста** *(Kern)* Agegleichung *f*, Altersgleichung *f*, Bremsgleichung *f*, Fermische Differentialgleichung *f*
~/**волновое** 1. Wellengleichung *f* *(Wellenlehre)*; 2. *s.* ~ **Шредингера**
~ **времени** *(Astr)* Zeitgleichung *f*
~/**вспомогательное** *(Math)* Hilfsgleichung *f*
~ **второго порядка/линейное неоднородное дифференциальное** *(Math)* lineare inhomogene Differentialgleichung *f* zweiter Ordnung
~ **второго порядка/линейное однородное дифференциальное** *(Math)* lineare homogene Differentialgleichung *f* zweiter Ordnung
~ **второго порядка с постоянными коэффициентами/линейное неоднородное дифференциальное** *(Math)* lineare inhomogene Differentialgleichung *f* zweiter Ordnung mit konstanten Koeffizienten
~ **второго порядка с постоянными коэффициентами/линейное однородное дифференциальное** *(Math)* lineare homogene Differentialgleichung *f* zweiter Ordnung mit konstanten Koeffizienten
~ **второй степени** *(Math)* Gleichung *f* zweiten Grades, quadratische Gleichung *f*
~ **Вульфа-Брэгга** *(Krist)* Braggsche Gleichung (Reflexionsbedingung) *f*
~/**вырожденное** *(Math)* entartete Gleichung *f*
~ **высшего порядка/дифференциальное** *(Math)* Differentialgleichung *f* höherer Ordnung
~ **высшего порядка/линейное дифференциальное** *(Math)* lineare Differentialgleichung *f* höherer Ordnung
~ **высшего порядка с постоянными коэффициентами/линейное дифференциальное** *(Math)* lineare Differentialgleichung *f* höherer Ordnung mit konstanten Koeffizienten
~ **высших степеней** Gleichung *f* höheren Grades
~/**вязкоупругое волновое** viskoelastische Wellengleichung *f*
~ **Гамильтона** *s.* ~ **механики/каноническое**
~ **Гамильтона-Якоби** *(Math)* Hamilton-Jacobische Differentialgleichung *f*, Hamiltonsche partielle Differentialgleichung *f*
~ **Гаусса** *(Math)* Gaußsche Gleichung *f*; Gaußsche Differentialgleichung *f*
~ **Гельмгольца** Helmholtzsche Gleichung *f*, Helmholtz-Gleichung *f*
~ **Гиббса** Gibbssche Gleichung *f*
~ **Гиббса-Гельмгольца** *(Therm)* Gibbs-Helmholtz-Gleichung *f*
~ **Гиббса-Дюгема** *(Therm)* [Gibbs-]Duhemsche Gleichung *f*, Gibbs-Duhem-Gleichung *f*
~ **гиперболического типа** *(Math)* hyperbolische Gleichung *f*
~ **гиперболы/каноническое** *(Math)* kanonische Gleichung *f* der Hyperbel
~/**гипергеометрическое** *(Math)* hypergeometrische Gleichung (Differentialgleichung) *f*
~ **горения** Verbrennungsgleichung *f*
~ **Гюгоньо** *(Aero)* Hugoniot-Gleichung *f*; Hugoniotsche Beziehung *f*
~ **Д'Аламбера** *(Math)* D'Alembertsche Differentialgleichung *f*
~ **движения** *(Mech)* Bewegungsgleichung *f*
~ **движения гироскопа** Bewegungsgleichung *f* des Kreisels
~ **движения/ньютоново** Newtonsche Bewegungsgleichung *f*
~ **двух тел** *(Mech)* Zweikörpergleichung *f*
~/**двучленное** *(Math)* binomische Gleichung *f*
~ **Дебая** *(Ph)* Debye-Gleichung *f* *(Dielektrikum)*

~/**диафантовое** *(Math)* diaphantische Gleichung *f*
~ **динамики/общее** *(Mech)* allgemeine Gleichung *f* der Dynamik, Lagrange-D'Alembertsches Prinzip *n*
~ **динамики/основное** *(Mech)* Newtonsche Bewegungsgleichung *f*, dynamisches Grundgesetz *n*, dynamische Grundgleichung *f* *(2. Newtonsches Axiom)*
~ **диода** *(Eln)* Diodengleichung *f*
~ **Дирака** *(Ph)* Diracsche Gleichung (Wellengleichung) *f*
~/**дифференциальное** *(Math)* Differentialgleichung *f*
~/**дифференциально-разностное** *(Math)* Differential-Differenzengleichung *f*
~ **диффузии** *(Kern)* Diffusionsgleichung *f* *(Neutronendiffusion)*
~, **допускающее численное решение** *(Dat)* numerisch ausgewertete Gleichung *f*
~ **единиц** Einheitengleichung *f*
~ **замедления** *(Ph)* Bremsgleichung *f*
~ **импульсов** Impulsgleichung *f*
~/**интегральное** *(Math)* Integralgleichung *f*
~/**интегро-дифференциальное** *(Math)* Integraldifferentialgleichung *f*
~/**иррациональное** *(Math)* irrationale Gleichung *f*, Wurzelgleichung *f*
~/**каноническое** *(Math)* kanonische Gleichung *f*
~ **Кармана** *(Math)* Carmansche Gleichung *f*
~/**квадратное** *(Math)* quadratische Gleichung *f*, Gleichung *f* zweiten Grades
~/**квазилинейное** *(Math)* quasilineare Gleichung *f*
~ **квазинепрерывности** *(Math)* Quasikontinuitätsgleichung *f*
~ **Кеплера** *(Astr)* Keplersche Gleichung *f*
~/**кинетическое** *(Ph)* kinetische Gleichung *f*
~ **Клапейрона** *(Ph, Ch, Therm)* Clapeyronsche Zustandsgleichung *f*
~ **Клапейрона-Клаузиуса** *(Therm)* Clausius-Clapeyronsche Gleichung *f*
~ **Клапейрона-Менделеева** *(Ph, Ch)* Clapeyronsche Zustandsgleichung *f*
~ **класса Фукса** *s.* ~ **Фукса**
~ **классов** *(Math)* Klassengleichung *f*
~ **Клаузиуса-Моссотти** *(Ph)* Clausius-Mossottische Gleichung *f* *(Dielektrikum)*
~ **Клейна-[Фока-]Гордона** *(Kern)* Klein-Gordon-Gleichung *f*, Fock-Gleichung *f*
~ **Клеро [/дифференциальное]** *(Math)* Clairautsche Differentialgleichung *f*
~ **колебаний** *(Ph)* Schwingungsgleichung *f*
~ **короткого замыкания** *(El)* Kurzschlußgleichung *f*
~ **Коши-Римана** *(Math)* Cauchy-Riemannsche Differentialgleichung *f*
~ **кривой** *(Math)* Kurvengleichung *f*
~ **кривой/естественное** natürliche Kurvengleichung *f*
~/**кубическое** *(Math)* kubische Gleichung *f*, Gleichung *f* dritten Grades
~ **Лагранжа** Lagrangesche Gleichung *f* *(Himmelsmechanik)*
~ **Лагранжа второго рода** *(Mech)* Lagrangesche Gleichung (Bewegungsgleichung) *f* zweiter Art, Euler-Lagrangesche Gleichung *f*
~ **Лагранжа/дифференциальное** *(Math)* Langrangesche Differentialgleichung *f*
~ **Лагранжа параболической интерполяции** *(Math)* Lagrangesche Interpolationsgleichung *f*
~ **Лагранжа первого рода** *(Mech)* Lagrangesche Gleichung (Bewegungsgleichung) *f* erster Art
~ **Ламе** *(Mech)* Lamésche Gleichung *f*
~ **лампы/внутреннее** Röhrengleichung *f*, Barkhausensche Röhrenformel *f*
~ **Ландау** Landausche Gleichung *f*, Landau-Gleichung *f*
~ **Ландау-Лифшица** *(Ph)* Landau-Lifschitzsche Gleichung *f*, Landau-Lifschitz-Gleichung *f*
~ **Ланжевена** *(Ph)* Langevinsche Gleichung *f*
~ **Лапласа** 1. *(Math)* Laplacesche Differentialgleichung (Potentialgleichung) *f*, Potentialgleichung *f*; 2. *(Ph)* Laplacesche Gleichung *f*, Laplace-Gleichung *f*
~/**линейное** *(Math)* lineare Gleichung *f*, Gleichung *f* ersten Grades
~/**линейное дифференциальное** *(Math)* lineare Differentialgleichung *f*
~/**линейное неоднородное** *(Math)* inhomogene lineare Gleichung *f*
~/**личное** 1. persönliche Gleichung *f* *(bei Zeitmessung mit der Stoppuhr)*; 2. *(Astr)* *s.* **ошибка/личная**
~/**логарифмическое** *(Math)* logarithmische Gleichung *f*
~ **луча** *(Ph)* Strahl[en]gleichung *f*
~ **Майера-Боголюбова** *(Therm)* Mayer-Bogoljubowsche Zustandsgleichung *f*
~ **Максвелла** *(Ph)* Maxwellsche Gleichung *f*
~ **Матье** *(Math)* Mathieu-Gleichung *f*
~/**машинное** *(Dat)* Maschinengleichung *f*
~ **маятника** *(Mech)* Pendelgleichung *f*
~ **Менделеева-Клапейрона** *s.* ~ **Клапейрона**
~/**метациклическое** *(Math)* bis zum 4. Grad durch Radikale auflösbare algebraische Gleichung *f* *(Galoissche Theorie)*
~ **механики/каноническое** *(Mech)* Hamiltonsche (kanonische) Gleichung (Bewegungsgleichung) *f*, kanonisches Differentialgleichungssystem *n*

~ **механики/Лагранжа** *(Mech)* Lagrangesche Gleichung *f*
~ **минимальных поверхностей** *(Math)* Minimalflächengleichung *f*
~ **моментов** *(Mech)* Momentengleichung *f*
~ **Монжа** *(Math)* Mongesche Gleichung (Differentialgleichung) *f*
~ **Монжа-Ампера** *(Math)* Monge-Ampèresche Gleichung (Differentialgleichung) *f*
~ **мощности** *(El)* Leistungsgleichung *f*
~ **наветренных волн** *(Hydrod)* Luvwellengleichung *f*
~ **Навье-Стокса** *(Hydrod)* Navier-Stokes-Gleichung *f*
~ **напряжений** *(El)* Spannungsgleichung *f*
~/**неоднородное** *(Math)* inhomogene Gleichung *f*
~/**неоднородное волновое** *(Ph)* inhomogene Wellengleichung *f*
~/**неоднородное линейное** *(Math)* inhomogene lineare Gleichung *f*
~/**неопределённое** *(Math)* unbestimmte Gleichung *f*
~ **непрерывности** *(Mech)* Kontinuitätsgleichung *f*
~/**непроводимое** *(Math)* irreduzible Gleichung *f*
~ **неразрывности** *(Mech)* Kontinuitätsgleichung *f*
~ **Нернста** *(Mech)* Nernstsche Gleichung (Formel) *f*
~ **Нернста-Эйнштейна** Nernst-Einsteinsche Beziehung *f*
~/**несовместимое** *(Math)* unverträgliche Gleichung *f*
~/**нормальное** *(Math)* Normalgleichung *f*
~/**обобщённое волновое** *(Ph)* verallgemeinerte Wellengleichung *f*
~/**обыкновенное** *(Math)* gewöhnliche Gleichung *f*
~/**однородное** *(Math)* homogene Gleichung *f*
~ **Онсагера** *(Ph)* Onsager-Gleichung *f*
~/**определяющее** *(Math)* definierende Gleichung *f*, Definitionsgleichung *f*, Fundamentalgleichung *f*
~ **орбиты** *(Astr)* Bahngleichung *f*
~/**основное** *(Math)* Grundgleichung *f*
~ **ошибок** *(Math)* Fehlergleichung *f*
~ **параболического типа** *(Math)* parabolische Gleichung *f*
~ **параболы/каноническое** *(Math)* kanonische Gleichung *f* der Parabel
~/**параметрическое** *(Math)* Parametergleichung *f*
~ **Паули** *(Kern)* Pauli-Gleichung *f*
~ **Пелла** *(Math)* Pellsche Gleichung *f*
~ **первого начала термодинамики** Gleichung *f* des ersten Hauptsatzes der Thermodynamik
~/**первого порядка/дифференциальное** *(Math)* Differentialgleichung *f* erster Ordnung
~ **первого порядка/линейное дифференциальное** *(Math)* lineare Differentialgleichung *f* erster Ordnung
~ **первого порядка/однородное дифференциальное** *(Math)* homogene Differentialgleichung *f* erster Ordnung
~ **первого порядка с частными производными/нелинейное дифференциальное** *(Math)* partielle nichtlineare Differentialgleichung *f* erster Ordnung
~ **первого рода/Лагранжа** *(Mech)* Lagrangesche Gleichung *f* erster Art
~ **первой степени** *(Math)* Gleichung *f* ersten Grades, lineare Gleichung *f*
~ **передачи** *(El)* Leitungsgleichung *f*
~ **переноса** *(Kern)* Transportgleichung *f*
~ **переноса Больцмана** Boltzmannsche Transportgleichung *f*
~ **переноса вихря** Wirbeltransportgleichung *f*
~ **переноса импульса** Impulstransportgleichung *f*
~ **переноса массы** Massentransportgleichung *f*
~ **переноса энергии** Energietransportgleichung *f*
~ **пластичности** *(Fest)* Plastizitätsgleichung *f*
~ **поверхности** *(Math)* Gleichung *f* einer Oberfläche
~ **поверхности в векторной форме** Gleichung *f* einer Oberfläche in Vektorform
~ **поверхности в неявной форме** Gleichung *f* einer Oberfläche in impliziter Form
~ **поверхности в параметрической форме** Gleichung *f* einer Oberfläche in Parameterform
~ **поверхности в явной форме** Gleichung *f* einer Oberfläche in expliziter Form
~ **поверхности с тремя переменными** Gleichung *f* einer Oberfläche mit drei Variablen
~ **погрешностей** *(Math)* Fehlergleichung *f*
~/**показательное** *(Math)* Exponentialgleichung *f*
~/**полигармоническое** *(Math)* polyharmonische Gleichung *f*
~ **поля** *(El)* Feldgleichung *f*
~/**полярное** *(Math)* Polargleichung *f*
~ **постоянства секундного массового расхода** *s.* ~ **непрерывности**
~ **преобразования** *(Math)* Transformationsgleichung *f*
~/**приближённое** *(Math)* angenäherte Gleichung *f*
~ **приграничного слоя** Randschichtgleichung *f*

~ **притока тепла** *s.* ~ **первого начала термодинамики**
~ **проводимости** *(Ph)* Leitwertgleichung *f*
~ **Прока** Procasche Gleichung *f*
~ **Пуассона** *(Math)* Poisson-Gleichung *f*, Poissonsche Gleichung (Potentialgleichung) *f*
~ **пятой степени** *(Math)* Gleichung *f* fünften Grades
~ **равновесия** *(Mech)* Gleichgewichtsgleichung *f*
~/**равносильное** *(Math)* gleichwertige (äquivalente) Gleichung *f*
~ **размерностей** *(Math)* Einheitenrechnung *f*
~/**разностное** *(Math)* Differenz[en]gleichung *f* *(Differenzenrechnung)*
~/**разрешающее** *(Math)* lösende Gleichung *f*, Resolvente *f*
~ **расхода** *s.* ~ **непрерывности**
~ **реактора/кинетическое** *(Kern)* kinetische Reaktorgleichung *f*
~ **реакции** Reaktionsgleichung *f*
~ **реакции горения** Verbrennungsgleichung *f*
~ **регрессии** *(Math)* Regressionsgleichung *f*
~ **регулирования** Regelungsgleichung *f*
~/**релаксационное** *(Math)* Relaxationsgleichung *f*
~ **Риккати** *(Math)* Riccatische Gleichung (Differentialgleichung) *f*
~ **Римана** *(Aero)* Riemannsche Gleichung *f* *(Gasdynamik)*
~ **Рэлея [для групповой скорости]** Rayleighsche Gleichung *f* [für die Gruppengeschwindigkeit]
~ **с двумя неизвестными** *(Math)* Gleichung *f* mit zwei Unbekannten
~ **с двумя переменными** *(Math)* Gleichung *f* mit zwei Veränderlichen, binäre Gleichung *f*
~ **с одним неизвестным** *(Math)* Gleichung *f* mit einer Unbekannten
~ **с отделяющимися переменными/дифференциальное** *(Math)* Differentialgleichung *f* mit getrennten Variablen
~ **с частными производными** *(Math)* partielle Gleichung *f*, Gleichung *f* mit partiellen Ableitungen
~ **с частными производными/дифференциальное** *(Math)* partielle Differentialgleichung *f*, Differentialgleichung *f* mit partiellen Ableitungen
~ **с частными производными/линейное дифференциальное** *(Math)* partielle lineare Differentialgleichung *f*, lineare Differentialgleichung *f* mit partiellen Ableitungen
~/**самосопряжённое дифференциальное** *(Math)* selbstkonjugierte Differentialgleichung *f*
~/**световое** *(Astr)* Lichtgleichung *f*; Lichtzeit *f*
~ **связи** *(Mech)* Bedingungsgleichung *f*, Bindungsgleichung *f* *(Bindung von Massepunktsystemen)*
~ **связи между единицами** Einheitengleichung *f*
~/**сингулярное интегральное** *(Math)* singuläre Integralgleichung *f*
~/**совместимое** *(Math)* verträgliche Gleichung *f*
~ **сопротивления** *(El)* Widerstandsgleichung *f*
~ **состояния** *(Therm)* Zustandsgleichung *f*
~ **состояния Бертло** Berthelotsche Zustandsgleichung *f*
~ **состояния Битти-Бриджмена** Beattie-Bridgmansche Zustandsgleichung *f*, Beattie-Bridgman-Gleichung *f* *(Physik der realen Gase)*
~ **состояния веществ/реологическое** *(Ph)* rheologische Zustandsgleichung *f*
~ **состояния/вириальное** *(Therm)* Virialform *f*, thermische Zustandsgleichung *f*
~ **состояния/динамическое** *(Ph)* dynamische Zustandsgleichung *f*
~ **состояния Дитерици (Дитеричи)** Dietericische Zustandsgleichung *f*, Dieterici-Gleichung *f* *(Physik der realen Gase)*
~ **состояния/калорическое** *(Therm)* kalorische Zustandsgleichung *f*
~ **состояния Камерлинг-Оннеса** Kamerlingh-Onnessche Zustandsgleichung *f* *(Physik der realen Gase)*
~ **состояния/каноническое** *(Therm)* kanonische Zustandsgleichung *f* [nach Planck]
~ **состояния Клапейрона** *(Therm)* Clapeyronsche Zustandsgleichung *f*
~ **состояния/приведённое** *(Therm)* reduzierte Zustandsgleichung *f*
~ **состояния/термическое** *(Therm)* thermische Zustandsgleichung *f*
~ **состояния Эйкена** *(Therm)* Euckensche Zustandsgleichung *f*
~ **сплошности** *s.* ~ **непрерывности**
~ **статики/основное** *(Mech)* statische Grundgleichung *f* *(Druckänderung in ruhenden Flüssigkeiten oder Gasen)*
~ ***n*-ой степени** *(Math)* Gleichung *f* n-ten Grades
~/**телеграфное** *(Ph)* Telegrafengleichung *f*, verallgemeinerte Wellengleichung *f*
~ **тенденции** *(Meteo)* Tendenzgleichung *f*
~ **теплопроводности** *(Therm)* Wärmeleitungsgleichung *f*
~ **тетраэдра** *(Math)* Tetraedergleichung *f*
~ **токов** *(El)* Stromgleichung *f*
~ **траектории** *(Astr)* Bahngleichung *f*
~/**трансцендентное** *(Math)* transzendente Gleichung *f*
~ **третьей степени** *(Math)* Gleichung *f* dritten Grades, kubische Gleichung *f*

~ **трёх моментов** Dreimomentengleichung *f*, Clapeyronscher Dreimomentensatz *m*
~/**тригонометрическое** *(Math)* trigonometrische Gleichung *f*
~/**условное** *(Math)* Bedingungsgleichung *f*
~ **Фредгольма** *(Math)* Fredholmsche Integralgleichung *f*
~ **Фукса** *(Math)* Fuchssche Differentialgleichung *f*, Differentialgleichung *f* der Fuchsschen Klasse
~/**функциональное** *(Math)* Funktionalgleichung *f*, Operatorgleichung *f*
~ **Фурье/интегральное** *(Math)* Fouriersche Integralgleichung *f*
~/**характеристическое** *(Math)* charakteristische (säkulare) Gleichung *f*, Säkulargleichung *f*
~/**химическое** chemische Gleichung (Reaktionsgleichung) *f*
~ **центра** *(Astr)* Mittelpunktsgleichung *f*
~ **циркуляции** Zirkulationsgleichung *f*
~ **Чебышева** *(Math)* Tschebyscheffsche Differentialgleichung *f*
~ **четвёртой степени** *(Math)* Biquadratgleichung *f*, Gleichung *f* vierten Grades
~ **четырёх моментов** *(Mech)* Viermomentengleichung *f*
~/**числовое** *(Math)* Zahlenwertgleichung *f*
~ **числовых значений** *(Math)* Zahlenwertgleichung *f*
~ **Шредингера** Schrödinger-Gleichung *f* *(Quantenmechanik)*
~ **Эйлера** *(Math)* Eulersche Gleichung *f*
~ **Эйлера/дифференциальное** Eulersche Differentialgleichung *f*
~ **Эйнштейна** Einsteinsche Gleichung *f* [des Fotoeffekts]
~ **электрического состояния** elektrische Zustandsgleichung *f*
~ **эллипса/каноническое** kanonische Gleichung *f* der Ellipse
~ **эллиптического типа** *(Math)* elliptische Gleichung *f*
~ **ядерной реакции** Kernreaktionsgleichung *f*, Kernreaktionsformel *f*
~ **Якоби** *(Math)* Jacobische Gleichung (Differentialgleichung) *f*
уравнивание *n* Abgleichen *n*, Abgleich *m*, Ausgleich *m*, Kompensation *f*, Kompensierung *f*
~ **уровней** *(Fmt)* Pegelausgleich *m*
уравнивать ausgleichen, kompensieren, abgleichen; gleichsetzen
уравновесить *s.* **уравновешивать**
уравновешивание *n* Ausgleich *m*; Abgleich *m*, Abgleichen *n* *(eines Meßgerätes)*
~/**динамическое** *(Masch)* Auswuchten *n*, Auswuchtung *f*
~ **золотника** Schieberentlastung *f* *(Dampfmaschine)*
~ **масс** *(Eb)* Massenausgleich *m* *(Lok)*
~ **моста** *(El)* Brückenabgleich *m*
~/**неполное** unvollständiger Abgleich *m*
~/**нулевое** *(El)* Nullabgleich *m*
~ **по фазе** *(El)* Phasenabgleich *m*
~ **фаз** *s.* ~ **по фазе**
уравновешивать 1. ausgleichen, ins Gleichgewicht bringen; ausmitteln; 2. *(Masch)* auswuchten; 3. *(Schiff)* [aus]trimmen
уравнять *s.* **уравнивать**
ураган *m* *(Meteo)* Orkan *m*
уралит *m* *(Min)* Uralit *m*
уран *m* *(Ch)* Uran *n*, U
~/**двусернистый** Urandisulfid *n*
~/**пятихлористый** Uran(V)-chlorid *n*, Uranpentachlorid *n*
~/**трёххлористый** Uran(III)-chlorid *n*, Urantrichlorid *n*
~/**хлористый** Uranchlorid *n*
~/**четырёххлористый** Uran(IV)-chlorid *n*, Urantetrachlorid *n*
~/**шестифтористый** Uran(VI)-fluorid *n*, Uranhexafluorid *n*
уранат *m* *(Ch)* Uranat *n*
~ **урана** Triuranoktoxid *n*, Uran(IV)-uranat(VI) *n*
уранил *m* *(Ch)* Uranyl *n*
~/**азотнокислый** *s.* **уранилнитрат**
~/**хлористый** *s.* **уранилхлорид**
уранилацетат *m* *(Ch)* Uranylazetat *n*
уранилнитрат *m* *(Ch)* Uranylnitrat *n*
уранилхлорид *m* *(Ch)* Uranylchlorid *n*
уранинит *m* *(Min)* Uraninit *m*, Pechblende *f*, Uranpecherz *n*
уранит *m* *(Min)* Uranglimmer *m*, Uranit *m*
~/**известковый** Kalkuranglimmer *m*
~/**кальциевый** *(Min)* Kalkuranit *m*, Kalkuranglimmer *m*, Autunit *m*
~/**медный** Kupferuranglimmer *m*, Torbernit *m*
урановокислый *(Ch)* ...uranat *n*; uransauer
урановый Uran...
ураноскопия *f* *(Astr)* Uranoskopie *f*, Himmelsbeobachtung *f*
ураноспинит *m* *(Min)* Uranospinit *m* *(Uranglimmer)*
ураноталлит *m* *(Min)* Uranothallit *m*
уранотил *m* *s.* **уранофан**
уранторианит *m* *(Min)* Uranothorianit *m*
уранторит *m* *(Min)* Uranothorit *m* *(Abart des Thorit)*
уранофан *m* *(Min)* Uranophan *m*
ураноцирцит *m* *(Min)* Uranocircit *m* *(Uranglimmer)*
ураношпатит *m* *(Min)* Uranospathit *m*
урансодержащий uranhaltig
урат *m* *(Ch)* Urat *n*
урдокс-сопротивление *n* *(El)* Urdoxwiderstand *m*, Urandioxidwiderstand *m*
урез *m* **[воды]** *(Hydt)* Uferlinie *f*, Küstenlinie *f*, Strandlinie *f*
уреид *m* *(Ch)* Ureid *n*

уретан *m (Ch)* Urethan *n*, Karbamidsäureester *m*, Karbamat *n*
уровень *m* 1. Niveau *n*; Pegel *m*; Stand *m*, Standhöhe *f*; 2. Höhenstufe *f*, Höhenlage *f*; 3. Wasserspiegel *m*, Spiegel *m (Flüssigkeiten)*; 4. *(Wkz)* Wasserwaage *f*, Libelle *f*, Richtwaage *f*; 5. *(El, Fmt)* Pegel *m*, Höhenschritt *m*, Stufe *f*
~/**абсолютный** *(El, Fmt)* absoluter Pegel *m*
~/**аварийный** *(Schiff)* Havariewasserstand *m (in Bilgen und Lenzbrunnen)*
~ **амплитуд** *(Ph)* Amplitudenpegel *m*
~/**атомный** *(Kern)* Atomniveau *n*
~ **барометра** Barometerstand *m*
~ **белого** *(Fs)* Weißpegel *m*, Weißwert *m*
~ **бланкирования** *(Eln)* Austastpegel *m*
~/**брусковый** Richtwaage *f* mit Röhrenlibelle
~ **в рамке** Rahmenrichtwaage *f*
~ **вертикального круга** Höhenkreislibelle *f*, Noniuslibelle *f*
~ **верхнего бьефа** *(Hydt)* Wehroberwasser *n*
~/**верхний** *s.* ~ **насоса/верхний**
~ **внешних помех** *(Fmt)* äußerer Störpegel *m*
~ **внутренних помех** *(Fmt)* innerer Störpegel *m*
~ **воды** *(Hydt)* Wasserspiegel *m*, Wasserstand *m*
~ **воды в нижнем бьефе** Wasserstand *m* der unteren Haltung
~ **воды в период строительства** Bauwasserstand *m*
~ **воды в подпорном бьефе** Staubeckenspiegel *m*
~ **воды верхнего бьефа** Wasserstand *m* der oberen Haltung
~ **воды/меженный (низкий)** niedriger Wasserstand *m*, Tiefstand *m* des Wassers
~ **воды/нормальный** Normalwasserstand *m*, Mittelwasser *n*
~ **воды/подпорный** Stauspiegel *m*
~ **воды/пониженный** gesenkter Wasserspiegel *m*
~ **воды/статический** Ruhespiegel *m*
~/**входной** *(El)* Eingangspegel *m*
~ **выпускного отверстия** *(Met)* Stichsohle *f*, Abstichsohle *f (Schmelzofen)*
~ **высоких вод** *(Hydt)* Hochwasserstand *m*
~/**выходной** *(El)* Ausgangspegel *m*
~/**гидростатический** *(Hydt)* hydrostatischer Spiegel *m*
~ **глаз** Augenhöhe *f*
~ **громкости** *(Ak)* Lautstärkepegel *m*, Lautstärke *f (gemessen in Phon)*
~ **грунтовых вод** *(Hydt)* Grundwasserspiegel *m*, Grundwasserstand *m*
~ **для приборов** Gerätelibelle *f*
~ **жидкости** Flüssigkeitsspiegel *m*, Flüssigkeitsstand *m*, Flüssigkeitsoberfläche *f*
~/**жидкостный** flüssigkeitsgefüllte Libelle *f (Röhren- oder Dosenlibelle)*
~ **заплечиков** *(Met)* Rastlinie *f*, Rastebene *f (Hochofen)*
~ **засыпи** *(Met)* Gichtebene *f*, Schichthöhe *f (Hochofen)*
~ **захвата** *(Eln)* Haftstellenniveau *n*, Haftterm *m*, Trapniveau *n*
~ **звука** *(Ak)* Schallpegel *m*, Tonpegel *m*
~ **звукового давления** *(Ak)* Schall[druck]pegel *m*
~ **звуковой мощности** *(Ak)* Schallleistungspegel *m*
~/**зимний** *(Hydt)* Winterspiegel *m*
~ **значимости** 1. Sicherheitsschwelle *f*, statistische Sicherheit *f*; 2. Überschreitungswahrscheinlichkeit *f*, Irrtumswahrscheinlichkeit *f*; 3. Ablehnungsschwelle *f*, Signifikanzgrenze *f*
~ **иерархии** *(Kyb)* hierarchische Stufung *f*
~ **излучения/допустимый** *(Kern)* zulässiger Strahlenpegel *m*
~ **изменений** *(Dat)* Änderungsstand *m*
~/**измерительный** Meßpegel *m*
~ **интеграции** *(Eln)* Integrationsgrad *m*
~ **интенсивности звука** *(Ak)* Schallintensitätspegel *m*, Schallstärkepegel *m*
~ **качества** Qualitätsgrenze *f*
~ **качества/приемлемый** Gutlage *f*, Annahmegrenze *f*
~ **конвекции** *(Meteo)* Konvektionshöhe *f*
~ **конденсации** *(Meteo)* Kondensationsniveau *n*, Kondensationshöhe *f*
~/**круглый** *(Wkz)* Dosenlibelle *f*
~/**лазерный** *(Eln)* Laserniveau *n*
~ **Ландау** *(Ph)* Landau-Niveau *n*
~ **лётки** *(Met)* Stichsohle *f*, Abstichsohle *f*
~/**ловушечный** *(Eln)* Haftstellenniveau *n*, Haftterm *m*, Trapniveau *n*
~ **ловушки** *s.* ~/**ловушечный**
~/**микрометрический** *(Wkz)* Richtwaage *f* mit Meßschraube
~/**молекулярный энергетический** *(Ph)* Energieniveau *n* des Moleküls, Molekülniveau *n*
~ **моря** Meeresspiegel *m*
~ **мощности** *(El)* Leistungspegel *m*
~ **мощности реактора** *(Kern)* Leistungsniveau *n (Reaktor)*
~ **надёжности** Zuverlässigkeitsgrad *m*
~/**накладной** Einbaurichtwaage *f*, Kontrollrichtwaage *f*; Kurbelzapfenrichtwaage *f*
~ **наполнения** Füllstand *m*
~ **напряжения** *(El, Fmt)* Spannungspegel *m*
~ **напряжения/абсолютный** absoluter Spannungspegel *m*

~ насоса/верхний Druckwasserspiegel *m*, druckseitiger Flüssigkeitsspiegel *m* *(Pumpe)*
~ насоса/нижний saugseitiger Flüssigkeitsspiegel *m* *(Pumpe)*
~ нижнего бьефа *(Hydt)* Unterspiegelhöhe *f*, Unterwasserstand *m*, Unterwasserspiegel *m*
~/нижний *s.* **~ насоса/нижний**
~ низких вод *(Hydt)* Niedrigwasserhöhe *f*
~/нулевой 1. Nullebene *f*, Bezugsebene *f*; 2. Nullpegel *m*
~/облачный *(Meteo)* Wolkenetage *f*, Wolkenstockwerk *n*
~ околоствольного двора *(Bgb)* Anschlagniveau *n* im Schacht
~/оптический *(Wkz)* Koinzidenzlibelle *f*
~ оптическим совмещением Koinzidenzlibelle *f*
~ оптического контакта Koinzidenzlibelle *f*
~/относительный *(Fmt)* relativer Pegel *m*
~/паводочный *(Hydt)* Hochwasserstand *m*
~ памяти *(Dat)* Speicherstufe *f*
~ перегрузки *(Ak)* Überlastungsgrenze *f*
~ передачи *(Fmt)* Übertragungspegel *m*
~ поверхности земли Erdgleiche *f*
~/поверхностный Oberflächenniveau *n* *(Halbleiter)*
~ подземных вод Grundwasserspiegel *m*
~ помех *(Fmt)* Störpegel *m*
~ понижения воды *(Hydt)* Senkungsspiegel *m*
~ прерывания [программ] *(Dat)* Programmunterbrechungsebene *f*
~ приёма *(Fmt)* Empfangspegel *m*
~/приёмный *(Fmt)* Empfangspegel *m*
~ прилипания *(Eln)* Haftstellenniveau *n*, Haftterm *m*, Trapniveau *n*
~/примесный Stör[stellen]niveau *n*, Stör[stellen]term *m*, Verunreinigungsniveau *n* *(Halbleiter)*
~ программирования/логический *(Dat)* logische Ebene *f* [der Programmierung]
~ программирования/физический *(Dat)* physikalische Ebene *f* [der Programmierung]
~/проектный подпорный *(Hydt)* zukünftiger Stauspiegel *m*
~/промежуточный *(Eln)* Zwischenniveau *n*
~/пьезометрический *(Hydt)* Piezometerstand *m*, Standrohrspiegel *m*
~ радиации *(Kern)* Strahlungsgrad *m*, Strahlungsdosis *f*
~/разговорный Sprachpegel *m*
~/рамный *(Wkz)* Rahmenrichtwaage *f*
~ расположения фурм *(Met)* Düsenebene *f*, Düsenhöhe *f*, Ebene (Höhe) *f* der Windformen *(Schachtofen)*
~/реверсивный поворотный *(Wkz)* Wendelibelle *f*
~ с зеркалом *(Wkz)* Spiegelkreuzlibelle *f*
~ с микрометрической подачей ампулы *(Wkz)* Richtwaage *f* mit Meßschraube
~ с отвесом *(Wkz)* Pendelwaage *f*
~ сигнала Signalpegel *m*
~ силы звука *(Ak)* 1. Tonpegel *m*; 2. Schall[stärke]pegel *m*
~ складчатости *(Geol)* Faltenspiegel *m*
~ слухового восприятия *(Ak)* Hörpegel *m*, Empfindungspegel *m*
~ совпадения *(Wkz)* Koinzidenzlibelle *f*
~/статический *(Erdöl)* statischer Spiegel *m*
~ управления *(Dat)* Steuerebene *f*
~/установившийся *(Hydt)* Beharrungsspiegel *m*
~/установочный *(Wkz)* Stehachsenlibelle *f*
~ Ферми *(Kern)* Fermi-Grenze *f*, Fermi-Kante *f* *(Fermi-Dirac-Statistik)*
~ фона *(Rf)* Brummpegel *m*
~ фурм *s.* **~ расположения фурм**
~ фурменной зоны *(Met)* Düsenebene *f*, Düsenhöhe *f*, Ebene (Höhe) *f* der Windformen *(Schachtofen)*
~/цилиндрический *(Wkz)* Röhrenlibelle *f*
~ чёрного *(Fs)* Schwarzpegel *m*, Schwarzwert *m*
~ шума *(Fmt)* Rauschpegel *m*, Rauschhöhe *f*; *(Ak)* Geräuschpegel *m*
~/электрический *(Wkz)* elektronische Libelle *f*
~/электронный 1. *(Wkz)* elektronische Libelle *f*; 2. *s.* **~/энергетический электронный**
~/энергетический *s.* **~ энергии**
~/энергетический электронный *(Ph)* Elektronen[energie]niveau *n*
~ энергии *(Ph)* Energieniveau *n* *(quantenmechanische Systeme)*
~ энергии атома Energieniveau *n* des Atoms, Atomniveau *n* *(Atomspektren)*
~ энергии ядра Kernniveau *n*, Kernzustand *m*
~/ядерный *(Kern)* Kern[energie]niveau *n*, Kernterm *m*
~/ядерный вращательный Rotationsniveau *n*, Kernrotationsniveau *n*
~/ядерный резонансный Kernresonanzniveau *n*
уровнеграф *m* Pegelstandsschreiber *m*; Füllstandsschreiber *m*
уровнедержатель *m* Füllstandsregler *m*
уровнемер *m* Pegel[stands]messer *m*, Füllstandsanzeiger *m*, Füllstandsmesser *m*, Füllstandsmeßgerät *n*, Niveaumesser *m*, Niveaumeßgerät *n*
~/гидростатический hydrostatischer Füllstandsmesser *m*
~/дискретный diskreter Pegelmesser (Füllstandsmesser) *m*

~/**ёмкостный** kapazitiver Flüssigkeitsstandmesser *m*
~/**резонансный** Resonanzfüllstandsmesser *m*
~ **с радиоактивными изотопами** radiometrischer Füllstandsmesser *m*
урожай *m* Ernte *f*, Ernteertrag *m*, Ernteergebnis *n*
~/**валовой** *s.* ~/**общий**
~/**высокий** Vollernte *f*
~/**наивысший** Höchstertrag *m*
~/**обильный** reiche Ernte *f*
~/**общий** Gesamternte *f*, Gesamtertrag *m*, Bruttoertrag *m*
~/**средний** Mittelernte *f*
~/**устойчивый** beständige Ernte *f*, beständiger Ertrag *m*
урожайность *f* Ergiebigkeit *f*, Ausgiebigkeit *f*, Fruchtbarkeit *f*, Ertragsfähigkeit *f*, Ertragsvermögen *n*
урсиграмма *f (FO, Meteo)* Ursigramm *n*
усадка *f* 1. *(Ker, Met)* Schwinden *n*, Schwindung *f*, Schrumpfen *n*, Schrumpfung *f*; 2. *(Text)* Krumpfen *n*, Krumpfung *f*, Einlaufen *n*, Eingehen *n (s. a.* **укрутка [нити]***)*
~ **бетона** *(Bw)* Schwinden *n* des Betons
~ **в твёрдом состоянии** *(Gieß)* Schrumpfung *f*
~/**воздушная** Luftschwindung *f*, Trockenschwindung *f*
~ **волокна** Faserschrumpfung *f*
~ **горячим воздухом** Heißluftschrumpfung *f*
~ **груза** Nachsacken *n* der Ladung *(Schüttgut)*
~/**дополнительная** Nachschwinden *n*, Nachschwindung *f*
~ **закладки (закладочного массива)** *(Bgb)* Versatzfaktor *m*, Mächtigkeitsschwund *m* des Versatzes
~/**затруднённая** behinderte Schwindung *f*
~/**линейная** lineare Schwindung *f*, Längsschwindung *f*
~ **литья** *(Gieß)* Gußschwindung *f*, Schwindung *f* der Gußstücke
~/**объёмная** räumliche (kubische) Schwindung *f*, Raumschwindung *f*, Volum[en]schwindung *f*, Volum[en]kontraktion *f*
~/**огневая** Brennschwindung *f*
~ **плёнки** Filmschrumpfung *f*
~/**поперечная** *(Gieß)* Querschrumpfung *f*, Querschwindung *f*; Querkürzung *f*, Querzusammenziehung *f*, Querkontraktion *f*
~ **при затвердевании** *(Gieß)* Erstarrungsschwindung *f*
~ **при обжиге** Brennschwindung *f*
~ **при охлаждении** *(Met)* Abkühlschrumpfung *f*, Schrumpfung *f*
~ **при спекании** Schwund *m*, Schrumpfung *f (Pulvermetallurgie)*
~ **при сушке** Trockenschwindung *f*
~ **сварочного шва** *(Schw)* Nahtschrumpfung *f*
~ **свежесформированного волокна** *(Text)* Spinnschrumpf *m*
~ **стружки** *(Fert)* Spanstauchung *f*, Spanschrumpfung *f*
~ **стружки/поперечная** Veränderung *f* der Spandicke, Spanschiebung *f*
~ **течения** *(Met)* Fließschwindung *f (Pulvermetallurgie)*
~ **тканей** *(Text)* Einlaufen *n*, Krumpfen *n*
~ **утка** *(Text)* Einarbeiten *n* (Einsprung *m*) des Schusses, Schußeinarbeitung *f (Weberei)*
усадочность *f (Text)* Krumpfneigung *f*
усаживаться 1. *(Met, Ker)* schwinden, schrumpfen; 2. *(Text)* krumpfen, einlaufen, eingehen
усваивать 1. behalten; begreifen, meistern; 2. assimilieren, aufnehmen; ausnutzen, verwerten
усвоение *n* 1. Aneignung *f*, Erlernung *f*; 2. Assimilation *f*, Aufnahme *f*; Ausnutzung *f*, Verwertung *f*
усвоить *s.* **усваивать**
усекать abschneiden, kürzen, abstumpfen
усечённый 1. abgeschnitten, abgekürzt; 2. *(Math)* . . . stumpf *m (z. B. Kegelstumpf)*
усечь *s.* **усекать**
усик *m* Balancearm *m*
усиление *n* 1. Verstärkung *f*; Verschärfung *f*; Steigerung *f*; 2. *(El)* Verstärkung *f*
~ **антенны** *(Rt)* Antennen[richtungs]gewinn *m*
~ **больших сигналов** Großsignalverstärkung *f*
~ **ветра** *(Meteo)* Windzunahme *f*
~ **высокой частоты** *(Rt)* Hochfrequenzverstärkung *f*, HF-Verstärkung *f*
~/**газовое** *(Kern)* Gasverstärkung *f (Zählrohr)*
~/**замыкающее** *(Plast)* Werkzeugzuhaltekraft *f*, Formschließkraft *f*
~ **импульсов** Impulsverstärkung *f*
~/**ионизационное** *s.* ~/**газовое**
~/**линейное** *(Fmt)* lineare Verstärkung *f*
~ **микроволн** Mikrowellenverstärkung *f*
~ **мощности** *(El)* Leistungsverstärkung *f*
~ **мощных сигналов** Großsignalverstärkung *f*
~ **на каскад** *(El)* Stufenverstärkung *f*
~ **на несущей частоте** *(Rt)* Trägerfrequenzverstärkung *f*
~ **на проход** Durchgangsverstärkung *f*
~ **на сопротивлениях** Widerstandsverstärkung *f*
~ **на электродах** *(Schw)* Elektrodenkraft *f (beim Punktschweißen)*

~ **напряжения** *(El)* Spannungsverstärkung *f*
~ **низкой частоты** Niederfrequenzverstärkung *f*
~/**общее** Gesamtverstärkung *f*
~/**оконечное** Endverstärkung *f*
~ **переменного тока** Wechselstromverstärkung *f*
~ **по видеочастоте** *(Fs)* Videofrequenzverstärkung *f*
~ **по мощности** *(El)* Leistungsverstärkung *f*
~ **по току** Stromverstärkung *f*
~/**полное** Gesamtverstärkung *f*
~/**предварительное** Vorverstärkung *f*
~ **препятствием** Wellenverstärkung *f* am Hindernis
~ **при преобразовании** Mischverstärkung *f*
~ **приёма** Empfangsgewinn *m*
~ **промежуточной частоты** Zwischenfrequenzverstärkung *f*
~/**прямое** Geradeausverstärkung *f*
~/**рабочее** *(Fmt)* Betriebsverstärkung *f*
~/**регенеративное** Rückkopplungsverstärkung *f*
~/**резонансное** Resonanzverstärkung *f*
~/**реостатное** Widerstandsverstärkung *f*
~/**рефлексное** Reflexverstärkung *f*
~ **сверхвысоких частот** Höchstfrequenzverstärkung *f*, Mikrowellenverstärkung *f*
~ **сильных сигналов** Großsignalverstärkung *f*
~ **токов** Stromverstärkung *f*
~/**фотографическое** Verstärkung *f* *(Negativ)*
~ **шва** *(Schw)* Nahtüberhöhung *f*
~/**широкополосное** *(Rf)* Breitbandverstärkung *f*
усиливать 1. verstärken; verschärfen; 2. bewehren
усилие *n* Kraft *f*; Beanspruchung *f*; Druck *m*; Last *f* *(s. a. unter* **сила***)*
~/**аксиальное** *s.* ~/**осевое**
~/**боковое** Seitenkraft *f*
~ **в стреле/осевое сжимающее** *(Schiff)* Baumdruckkraft *f*
~ **в целом/разрывное** *(Schiff)* im Strang ermittelte Bruchlast *f* *(einer Trosse)*, Bruchlast *f* einer im Strang zerrissenen Trosse
~ **вдавливания** Eindringkraft *f* *(Härtemessung)*
~/**возвращающее** Rückstellkraft *f*
~ **вторичной осадки** Nachpreßkraft *f* *(Abbrennschweißen)*
~ **деформации** Verformungsdruck *m*
~/**деформирующее** *s.* ~ **деформации**
~/**дробящее** Brechdruck *m*; Brechkraft *f* *(Brecher)*
~/**зажимное** *(Fert)* Spannkraft *f* *(beim Spannen von Werkstücken)*
~/**замыкающее** *(Gieß)* Form[en]schließkraft *f*, Schließkraft *f*, Schließlast *f* *(Kokillen- und Druckgießmaschinen)*; *(Plast)* Werkzeughaltekraft *f*
~/**запорное** Schlußkraft *f* *(Ventil)*
~/**знакопеременное** *(Fest)* Wechselkraft *f*, Schwingungskraft *f*; Wechsellast *f*
~/**изгибающее** *(Fest)* Biegekraft *f*, Biegebeanspruchung *f*
~/**измерительное** Meßkraft *f*
~/**касательное** 1. *(Fest)* Schubkraft *f*; 2. *(Fert)* Umfangskraft *f* *(am Fräser)*; 3. Tangentialkraft *f*, Tangentialbeanspruchung *f*
~/**кольцевое растягивающее** *(Bw)* Ringzugkraft *f*
~/**крутящее** *(Fest)* Verdrehkraft *f*; Verdrehbeanspruchung *f*, Torsionsbeanspruchung *f*
~ **на повторяющее качание** *(Fest)* Dauerschwingbeanspruchung *f*
~ **нажатия** *(Fert)* Anpreßdruck *m*
~ **насаживания** *(Fert)* Aufpreßdruck *m*, Montierungsdruck *m* *(beim Aufpressen oder Aufschrumpfen auf Wellen)*
~/**окружное** Tangentialkraft *f*, Umfangskraft *f*
~ **осадки** Stauchkraft *f* *(Abbrennschweißen, Gaspreßschweißen)*
~/**осевое** Axialkraft *f*, Längskraft *f* *(am Fräser)*
~/**перерезывающее** Querkraft *f*, Schubkraft *f* *(bei Biegebeanspruchung)*
~ **подачи** *(Fert)* 1. Vorschubkraft *f* *(Teilkraft am Drehmeißel)*; 2. Vorschubdruck *m*, Vorschubkraft *f* *(beim Bohren)*
~ **подачи неподвижной плиты** am Stauchschlitten angreifende Vorschubkraft *f* *(Widerstandsstumpfschweißen)*
~ **подачи при бурении** *(Bgb)* Bohrdruck *m*, Sohlenandruck *m*
~/**поперечное** Querkraft *f*
~ **предварительного обжатия** Vorpreßkraft *f* *(Preßschweißen)*
~ **прессования** Preßdruck *m*; Preßkraft *f*
~/**прессующее** Preßdruck *m*; Preßkraft *f*
~ **при нагреве** Anwärmkraft *f* *(Reibschweißen)*
~ **при предварительном подогреве** Vorwärmkraft *f* *(Abbrennschweißen)*
~/**прижимное** *(Fert)* Anpreßdruck *m*
~/**продавливающее** Berstdruck *m*
~/**противодействующее** Gegenkraft *f*
~ **протягивания** *(Fert)* Zugkraft *f* *(beim Räumen)*
~/**пусковое** Anzug *m*, Anzugskraft *f*, Anfahrkraft *f*
~/**радиальное** Radialkraft *f* *(am Fräser)*
~/**раздавливающее** Quetschdruck *m*
~/**разрушающее** Bruchlast *f*
~/**разрывное** Bruchlast *f*, Zerreißlast *f*

~/**растягивающее** Zug *m*, Zugkraft *f*, Zugbeanspruchung *f*; Zugwirkung *f*; Dehnungskraft *f*; Reckkraft *f*
~/**расчётное** rechnerische Kraft *f*
~/**режущее** Durchzugskraft *f* *(Schneidwerkzeuge)*
~ **резания** *(Fert)* 1. Schnittdruck *m*; Schnittkraft *f*; 2. Hauptschnittkraft *f* *(Teilkraft am Drehmeißel)*
~ **резания/вертикальное** Senkrechtkraft *f* *(am Fräser)*
~ **резания/номинальное** Mittenkraft *f* *(am Fräser)*
~/**сварочное** Schweißpreßkraft *f* *(Punktschweißen)*
~/**сдвигающее** *s.* ~/**срезывающее**
~ **сжатия** 1. Druckkraft *f*; Druckbeanspruchung *f*; 2. Pressung *f*, Anpressungskraft *f*
~/**сжимающее** *s.* ~ **сжатия**
~/**скалывающее** *s.* ~/**срезывающее**
~/**скручивающее** *(Fest)* Verdrehkraft *f*; Verdrehbeanspruchung *f*, Torsionsbeanspruchung *f*
~/**срезывающее** *(Fest)* 1. Scherkraft *f*, Schubkraft *f*; Schubbeanspruchung *f*; 2. Querkraft *f*
~/**статическое измерительное** statische Meßkraft *f*
~/**тангенциальное** *(Fest)* Tangentialkraft *f*, Tangentialdruck *m*
~/**тяговое** 1. Zugkraft *f*; 2. *(Wlz)* Schleppkraft *f*; 3. Zug *m*, Zugkraft *f* *(Schornstein)*
~ **ускорения** Beschleunigungskraft *f*
~/**центробежное** Fliehkraftbeanspruchung *f*
~/**элементарное** 1. Elementarkraft *f*; 2. Einzelkraft *f*
усилитель *m* 1. *(El, Fmt, Rt)* Verstärker *m*; 2. *(Ch)* Aktivator *m* *(Katalyse)*; 3. *(Foto)* Verstärker *m*; 4. *(Reg)* *s.* **серво-усилитель**
~ **аварийной защиты** Störschutzverstärker *m* *(Reaktor)*
~/**антенный** Antennenverstärker *m*
~/**апериодический** aperiodischer Verstärker *m*
~ **бегущей волны** Wanderfeldverstärker *m*, Wanderwellenverstärker *m*
~ **боковой полосы** Seitenbandverstärker *m*
~ **вертикального отклонения** Vertikal[ablenk]verstärker *m*
~ **видеосигнала** *s.* ~ **видеочастоты**
~ **видеосигнала/предварительный** Videovorverstärker *m*
~/**видеочастотный** *s.* ~ **видеочастоты**
~ **видеочастоты** Videoverstärker *m*, Bild[signal]verstärker *m*
~ **видимого света** Lichtverstärker *m*
~/**вихревой** Wirbelstromverstärker *m*
~ **воспроизведения** *(Ak)* Wiedergabeverstärker *m*
~ **вращающего момента** Drehmomentverstärker *m*
~/**входной** Eingangsverstärker *m*
~/**выравнивающий** Ausgleichsverstärker *m*
~ **высокой частоты** Hochfrequenzverstärker *m*, HF-Verstärker *m*
~/**высокочастотный** Hochfrequenzverstärker *m*, HF-Verstärker *m*
~/**выходной** Endverstärker *m*, Ausgangsverstärker *m*
~/**газовый квантовый** Gasmaser *m*
~/**гидравлический** hydraulischer Verstärker *m*, Hydraulikverstärker *m*
~/**главный** Hauptverstärker *m*
~ **горизонтального отклонения** Horizontal[ablenk]verstärker *m*
~ **громкости** Lautverstärker *m*
~/**групповой** Gruppenverstärker *m*
~/**двухкаскадный** Zweistufenverstärker *m*
~/**двухпроводный** Zweidrahtverstärker *m*
~/**двухпроводный оконечный** Zweidrahtendverstärker *m*
~/**двухпроводный промежуточный** Zweidrahtzwischenverstärker *m*
~/**двухтактный** Gegentaktverstärker *m*
~/**двухтактный оконечный** Gegentaktendverstärker *m*
~/**дифференциальный** Differentialverstärker *m*, Differenzverstärker *m*
~/**дроссельный** Drosselverstärker *m*, LC-Verstärker *m*
~/**дроссельный гидравлический** hydraulischer Drosselverstärker *m*
~/**дроссельный пневматический** pneumatischer Drosselverstärker *m*
~/**запирающий** Sperrverstärker *m*
~/**звуковой** Lautverstärker *m*
~ **звуковой частоты** Tonfrequenzverstärker *m*
~/**золотниковый** Kolbenverstärker *m*
~/**избирательный** Selektivverstärker *m*
~/**измерительный** Meßverstärker *m*
~ **измеряемых величин** Meßwertverstärker *m*
~ **изображения** *s.* ~ **видеочастоты**
~/**импульсный** Impulsverstärker *m*
~/**интегрирующий** integrierender Verstärker *m*, Integrationsverstärker *m*
~ **кадровой развёртки** Vertikal[ablenk]verstärker *m*
~ **канала звукового сопровождения/оконечный** Tonendverstärker *m*
~ **канала изображения/оконечный** Bildendverstärker *m*
~/**каскадный** Stufenverstärker *m*, Kaskadenverstärker *m*
~/**квантовый** Quantenverstärker *m*, Aser *m*

~ **класса А/однотактный** Eintakt-A-Verstärker *m*
~/**клистронный** Klystronverstärker *m*
~/**коммутационный** Schaltverstärker *m*
~/**кристаллический** *s.* ~/**полупроводниковый**
~/**ламповый** Röhrenverstärker *m*
~/**линейный** linearer Verstärker *m*; Leitungsverstärker *m*
~/**магнитный** magnetischer Verstärker *m*, Magnetverstärker *m*
~/**малошумящий** rauscharmer Verstärker *m*
~ **микроволн** Mikrowellenverstärker *m*, Höchstfrequenzverstärker *m*
~/**микрофонный** Mikrofonverstärker *m*
~/**многокаскадный (многоступенчатый)** Mehrstufenverstärker *m*
~ **момента** Momentenverstärker *m*
~ **мощности** Leistungsverstärker *m*
~ **мощности/низкочастотный** Niederfrequenzleistungsverstärker *m*, NF-Leistungsverstärker *m*
~ **мощности/оконечный** Leistungsendverstärker *m*
~ **мощности/предварительный** Leistungsvorverstärker *m*
~/**мощный** Leistungsverstärker *m*
~ **на клистронах** Klystronverstärker *m*
~ **на сопротивлениях** Widerstandsverstärker *m*, RC-Verstärker *m*
~ **на транзисторах** Transistorverstärker *m*
~ **на туннельном диоде** Tunneldiodenverstärker *m*
~ **напряжения** Spannungsverstärker *m*
~ **напряжения развёртки** Ablenkspannungsverstärker *m*
~ **несущей частоты** Trägerfrequenzverstärker *m*
~ **низкой частоты** Niederfrequenzverstärker *m*, NF-Verstärker *m*
~/**низкочастотный** Niederfrequenzverstärker *m*, NF-Verstärker *m*
~ **обратной волны** Rückwärtswellenverstärker *m*
~/**однокаскадный** Einstufenverstärker *m*
~/**одноламповый** Einröhrenverstärker *m*
~/**одноступенчатый** Einstufenverstärker *m*
~/**однотактный** Eintaktverstärker *m*
~/**однофазный** Einphasenverstärker *m*
~/**оконечный** Endverstärker *m*
~/**операционный** Operationsverstärker *m*
~/**оптоэлектронный** optoelektronischer Verstärker *m*
~/**основной** Hauptverstärker *m*
~ **отклонения** Ablenkverstärker *m*
~/**параметрический** parametrischer Verstärker *m*, Parameterverstärker *m*
~ **передатчика** Senderverstärker *m*
~ **передачи** Sendeverstärker *m*
~/**переключающий** Schaltverstärker *m*
~ **переменного тока** Wechselstromverstärker *m*
~/**переходный** Übergangsverstärker *m*
~/**подводный** Unterwasserverstärker *m*
~/**полосовой** Bandfilterverstärker *m*
~/**полупроводниковый** Halbleiterverstärker *m*, Kristallverstärker *m*
~ **поперечного поля/электромашинный** Querfeld-Elektromaschinenverstärker *m*
~ **постоянного напряжения** Gleichspannungsverstärker *m*
~ **постоянного тока** Gleichstromverstärker *m*
~/**предварительный** Vorverstärker *m*
~/**предварительный низкочастотный** Niederfrequenzvorverstärker *m*, NF-Vorverstärker *m*
~/**прерывный** unstetiger Verstärker *m*
~ **приёма** Empfangsverstärker *m*
~ **продольного поля/электромашинный** Längsfeld-Elektromaschinenverstärker *m*
~ **промежуточной частоты** Zwischenfrequenzverstärker *m*
~/**промежуточный** Zwischenverstärker *m*
~/**пушпульный** *s.* ~/**двухтактный**
~/**радиовещательный** Rundfunkverstärker *m*
~/**радиолокационный** Radarverstärker *m*
~/**развёртывающий** Ablenkverstärker *m*
~/**регенеративный** Rückkopplungsverstärker *m*, rückgekoppelter Verstärker *m*
~/**резистивный** Widerstandsverstärker *m*, RC-Verstärker *m*
~/**резонансный** Resonanzverstärker *m*
~/**релейный** Relaisverstärker *m*
~/**реостатный** *s.* ~/**резистивный**
~/**решающий** Rechenverstärker *m*
~/**ртутный** *(Foto)* Quecksilberchloridverstärker *m*
~ **с дроссельной нагрузкой (связью)** Drosselverstärker *m*, LC-Verstärker *m*
~ **с заземлённой сеткой** Gitterbasisverstärker *m*
~ **с заземлённым анодом** Anodenbasisverstärker *m*
~ **с заземлённым катодом** Katodenbasisverstärker *m*
~ **с катодной связью** Katodenverstärker *m*
~ **с низким уровнем шума** rauscharmer Verstärker *m*
~ **с обратной связью** rückgekoppelter Verstärker *m*, Rückkopplungsverstärker *m*
~ **с обратной связью/магнитный** rückgekoppelter Magnetverstärker *m*
~ **с обратной связью по напряжению** spannungs[rück]gekoppelter Verstärker *m*
~ **с обратной связью по току** strom[rück]gekoppelter Verstärker *m*

~ с отрицательной обратной связью gegengekoppelter Verstärker *m*, Gegenkopplungsverstärker *m*
~ с положительной обратной связью/магнитный mitgekoppelter Magnetverstärker *m*
~ с трансформаторной связью transformatorgekoppelter Verstärker *m*, Transformator[en]verstärker *m*
~ сверхвысоких частот Mikrowellenverstärker *m*, Hochfrequenzverstärker *m*
~ света Lichtverstärker *m*
~/силовой Kraftverstärker *m*
~/симметричный symmetrischer Verstärker *m*
~/следящий Nachlaufverstärker *m*
~/струйный hydraulischer Verstärker *m*, Flüssigkeitsverstärker *m*; Strömungsverstärker *m*
~/телевизионный Fernsehverstärker *m*
~/телеизмерительный Fernmeßverstärker *m*
~/телефонный Fernsprechverstärker *m*
~/транзисторный Transistorverstärker *m*
~/трансформаторный Transformator[en]-verstärker *m*, transformatorgekoppelter Verstärker *m*
~/трёхфазный Drehstromverstärker *m*
~/узкополосный *(Rf)* Schmalbandverstärker *m*
~/универсальный Allverstärker *m*; Kombiverstärker *m* *(für Aufnahme und Wiedergabe bei Magnettongeräten)*
~ фототока Fotozellenverstärker *m*, Fotostromverstärker *m*
~/четырёхпроводный *(Fmt)* Vierdrahtverstärker *m*
~/четырёхпроводный оконечный Vierdrahtendverstärker *m*
~/широкополосный Breitbandverstärker *m*
~/шнуровой Schnurverstärker *m*
~/электромагнитный elektromagnetischer Verstärker *m*
~/электромашинный Elektromaschinenverstärker *m*
~/электрометрический *(El)* Elektrometerverstärker *m*
~/электроннолучевой Elektronenstrahlverstärker *m*
~/электронный elektronischer Verstärker *m*

усилительный Verstärker . . .
усилитель-ограничитель *m* Begrenzerverstärker *m*
усилитель-смеситель *m* Mischverstärker *m*
усилить *s.* **усиливать**
ускорение *n* Beschleunigung *f* *(Meter je Quadratsekunde)*; *(Astr)* Akzeleration *f*
~ вдоль орбиты *(Rak)* Bahnbeschleunigung *f*
~/вековое *(Astr)* säkulare Akzeleration (Beschleunigung) *f* *(Mondbewegung)*
~ вулканизации Vulkanisationsbeschleunigung *f*
~ высшего порядка *(Mech)* Beschleunigung *f* höherer Ordnung
~ заряжённых частиц *(Kern)* Teilchenbeschleunigung *f*
~/касательное *(Mech)* Tangentialbeschleunigung *f*, Bahnbeschleunigung *f*
~ колебаний *(Mech)* Schwingungsbeschleunigung *f*
~ Кориолиса *(Mech)* Coriolis-Beschleunigung *f*, Zusatzbeschleunigung *f*
~/массовое *(Mech)* Massenbeschleunigung *f*
~ на траектории *(Rak)* Bahnbeschleunigung *f*
~/начальное Anfangsbeschleunigung *f*
~/нормальное Normalbeschleunigung *f*, Zentripetalbeschleunigung *f*
~/отрицательное negative Beschleunigung *f*, Verzögerung *f*, Geschwindigkeitsabnahme *f*
~ падения Fallbeschleunigung *f* *(freier Fall)*
~ по касательной *(Mech)* Tangentialbeschleunigung *f*
~ по радиусу *s.* **~/радиальное**
~/поворотное *s.* **~ Кориолиса**
~/поперечное *s.* **~/трансверсальное**
~/предварительное Vorbeschleunigung *f*
~ при взлёте *(Flg)* Startbeschleunigung *f*
~ при запуске *(Rak)* Startbeschleunigung *f*
~/пусковое Anfahrbeschleunigung *f*
~/путевое *(Rak)* Bahnbeschleunigung *f*
~/радиальное *(Mech)* Radialbeschleunigung *f*; Normalbeschleunigung *f*
~ свободного падения *(Mech)* Fallbeschleunigung *f* *(freier Fall)*
~ силы тяжести Erdbeschleunigung *f*
~/тангенциальное *(Mech)* Tangentialbeschleunigung *f*
~/трансверсальное *(Mech)* Transversalbeschleunigung *f* *(senkrecht zur Radialbeschleunigung gerichtet)*
~/угловое Winkelbeschleunigung *f* *(Radiant je Quadratsekunde)*
~/центростремительное Zentripetalbeschleunigung *f*, Normalbeschleunigung *f*

ускоритель *m* 1. *(Ch)* Beschleuniger *m*, Reaktionsbeschleuniger *m*, Beschleunigungsmittel *n*; 2. *(Kern)* Beschleuniger *m*; 3. *(Flg, Rak)* Hilfstriebwerk *n*, Beschleuniger *m*
~/быстродействующий *(Gum)* Rapidbeschleuniger *m* *(Vulkanisation)*
~/волноводный *(Kern)* Wanderwellenbeschleuniger *m*

~ вулканизации *(Gum)* Vulkanisationsbeschleuniger *m*
~/высокоактивный *(Gum)* Rapidbeschleuniger *m*
~/высоковольтный *(Kern)* Hochspannungsbeschleuniger *m*
~/высокочастотный *(Kern)* Hochfrequenzbeschleuniger *m*
~ заряжённых частиц *(Kern)* Teilchenbeschleuniger *m*
~/импульсный [высоковольтный] *(Kern)* Impulsbeschleuniger *m*, Hochspannungsimpulsbeschleuniger *m*
~/индукционный *(Kern)* Induktionsbeschleuniger *m*
~ ионов *(Kern)* Ionenbeschleuniger *m*
~/каскадный *(Kern)* Kaskadenbeschleuniger *m*
~/линейный *(Kern)* Linearbeschleuniger *m*
~/линейный индукционный linearer Induktionsbeschleuniger *m*
~/линейный резонансный linearer Resonanzbeschleuniger *m*, Linearresonanzbeschleuniger *m*
~ на высокую энергию *(Kern)* Hochenergiebeschleuniger *m*
~ на жидком топливе/ракетный *(Rak)* Flüssigkeitsstartrakete *f*
~ на сверхвысокую энергию *(Kern)* Höchstenergiebeschleuniger *m*
~ отверждения *(Ch)* Härtungsbeschleuniger *m*
~/открытый каскадный *(Kern)* Kaskadenbeschleuniger *m* mit außen unter atmosphärischem Druck angeordneten Hochspannungselektroden
~/открытый электростатический *(Kern)* elektrostatischer Beschleuniger *m* mit außen unter atmosphärischem Druck angeordneten Hochspannungselektroden
~/перезарядный *(Kern)* Tandembeschleuniger *m*, Tandemgenerator *m*
~/плазменный *(Kern)* Plasmabeschleuniger *m*
~ пластификации *(Gum)* Plastifizierungsbeschleuniger *m*, Weichmacher *m*
~ под давлением/каскадный *(Kern)* Kaskadenbeschleuniger *m* mit innen unter Gasdruck angeordneten Hochspannungselektroden
~ под давлением/электростатический *(Kern)* elektrostatischer Beschleuniger *m* mit innen unter Gasdruck angeordneten Hochspannungselektroden, Statitron *n*
~ полимеризации *(Ch)* Polymerisationsbeschleuniger *m*
~/пороховой стартовый *(Rak)* Feststoff-Raketenstarttriebwerk *n*, Feststoffstartstufe *f*
~ реакции *(Ch)* Reaktionsbeschleuniger *m*
~/резонансный *(Kern)* Resonanzbeschleuniger *m*
~/резонаторный *s.* **~ со стоячими волнами/линейный резонансный**
~ с бегущими волнами/линейный резонансный *(Kern)* Wanderwellenbeschleuniger *m*
~ с жёсткой фокусировкой *(Kern)* starkfokussierender Teilchenbeschleuniger *m*
~ с переменным полем *(Kern)* Wechselfeldbeschleuniger *m* *(Betatron, Synchrotron, Synchrophasotron)*
~ с постоянным полем *(Kern)* Gleichfeldbeschleuniger *m* *(Zyklotron, Phasotron, Mikrotron)*
~ с трубками дрейфа/линейный резонансный *(Kern)* linearer Resonanzbeschleuniger *m* mit Triftröhren
~/сильнофокусирующий *(Kern)* Teilchenbeschleuniger *m* mit starker Fokussierung, starkfokussierender Teilchenbeschleuniger *m*
~/слабофокусирующий *(Kern)* Teilchenbeschleuniger *m* mit schwacher Fokussierung, schwachfokussierender Teilchenbeschleuniger *m*
~ со стоячими волнами/линейный резонансный *(Kern)* linearer Resonanzbeschleuniger *m* mit stehenden Wellen, Hochfrequenz-Linearbeschleuniger *m* nach Alvarez
~/стартовый *(Flg)* Starthilfe *f*, Start[hilfs]triebwerk *n*, Startbeschleuniger *m*
~ схватывания Abbindebeschleuniger *m*
~/тандемный *s.* **~/перезарядный**
~ твердения Erhärtungsbeschleuniger *m*
~/циклический zyklischer Beschleuniger (Teilchenbeschleuniger) *m*, Mehrfachbeschleuniger *m*, Vielfachbeschleuniger *m*
~/циклический резонансный *(Kern)* zyklischer Resonanzbeschleuniger *m*
~ частиц *(Kern)* Teilchenbeschleuniger *m*
~/электростатический *(Kern)* elektrostatischer Beschleuniger *m*
ускорить *s.* **ускорять**
ускорять beschleunigen
условие *n* 1. Bedingung *f*; Klausel *f*; Voraussetzung *f* *(s. a. unter* **условия***)*; 2. Vereinbarung *f*, Abmachung *f*
~ апланатизма *(Opt)* Aplanasiebedingung *f*
~ ахроматизма *(Opt)* Achromasiebedingung *f*
~/благоприятное температурное günstige Temperaturbedingung *f*
~ Брэгга-Вульфа *(Krist)* Braggsche Reflexionsbedingung *f*, Wulff-Braggsche Bedingung *f*
~ взаимности Reziprozitätsbedingung *f*
~ второго рода/краевое *s.* **~ Неймана**

~ Вульфа-Брэгга *s.* **~ Брэгга-Вульфа**
~/граничное 1. Grenzbedingung *f*; 2. *(Therm)* Randbedingung *f* *(Wärmeleitungsgleichung)*; 3. *s.* **~/краевое**
~ Дирихле/краевое *(Math)* Dirichletsche Randbedingung *f*, Randbedingung *f* erster Art *(Randwertproblem)*
~ излучения *(Ph)* Ausstrahlungsbedingung *f*
~ изопланизма *(Opt)* Isoplanasiebedingung *f*
~ изоэнтропичности *(Ph)* Isentropiebedingung *f*
~ когерентности *(Opt)* Kohärenzbedingung *f*
~ Коши/краевое *(Math)* Cauchysche Randbedingung *f* *(Randwertproblem)*
~/краевое *(Math)* Rand[wert]bedingung *f* *(Randwertproblem)*
~/логическое logische Bedingung *f*
~ максимальности *(Math)* Maximumbedingung *f*
~ минимальности *(Math)* Minimumbedingung *f*
~ монохроматизма (монохроматичности) *(Opt)* Monochromatizitätsbedingung *f*, Monochromasiebedingung *f*
~/начальное 1. *(Math)* Anfangsbedingung *f* *(Randwertproblem)*; 2. *(Therm)* Anfangsbedingung *f* *(Wärmeleitungsgleichung)*
~ Неймана [/краевое] *(Math)* Neumannsche Randbedingung *f*, Randbedingung *f* zweiter Art *(Randwertproblem)*
~ нейтральности Neutralitätsbedingung *f*
~ непрерывности *(Math)* Stetigkeitsbedingung *f*
~ однородности *(Ph)* Homogenitätsbedingung *f*
~/особое Ausnahmebedingung *f*
~/ошибочное *(Dat)* Fehlerbedingung *f*
~ первого рода/краевое *s.* **~ Дирихле/краевое**
~ перехода *(Dat)* Sprungbedingung *f*
~ пластичности *s.* **~ текучести**
~ подобия Ähnlichkeitsbedingung *f*
~/предельное *(Math)* Grenzbedingung *f* *(Randwertproblem)*
~ прилипания *(Mech)* Haftbedingung *f*
~ причинности Kausalitätsbedingung *f*
~ разветвления *(Dat)* Verzweigungsbedingung *f*
~ развязки *(Kyb)* Entkopplungsbedingung *f*
~ совпадения UND-Bedingung *f*
~ сходимости *(Math)* Konvergenzbedingung *f*
~ текучести Fließbedingung *f*, Plastizitätsbedingung *f*
~/температурное Temperaturbedingung *f*
~ углов Winkelbedingung *f*
~ устойчивости Stabilitätsbedingung *f*
~/фазовое Phasenbedingung *f*
условия *npl* Bedingungen *fpl*; Lage *f*; Verhältnisse *npl*; Zustände *mpl*
~/атмосферные *(Meteo)* Witterung *f*, Wetterlage *f*
~ ветров *(Meteo)* Windverhältnisse *npl*
~ внешней среды Umweltbedingungen *fpl*, Umweltverhältnisse *npl*
~ выпадения осадков *(Meteo)* Niederschlagsverhältnisse *npl*
~/горногеологические *(Bgb)* Gebirgsverhältnisse *npl*
~/горнотехнические *(Bgb)* bergbauliche Verhältnisse *npl*
~/горноэксплуатационные *(Bgb)* Abbauverhältnisse *npl*
~ давления *(Bgb)* Druckverhältnisse *npl* *(Gebirgsdruck)*
~ договора Vertragsbedingungen *fpl*, vertragliche Bedingungen *fpl*
~/договорные *s.* **~ договора**
~ закрепления Einspannbedingungen *fpl*
~ залегания *(Bgb, Geol)* Lagerungsbedingungen *fpl*
~ затвердевания Erstarrungsbedingungen *fpl*
~ измерений Meßbedingungen *fpl*
~ измерений/стандартные standardisierte Meßbedingungen *fpl*
~ испытания/технические Prüfungsvorschriften *fpl*
~ качества Gütebedingungen *fpl*
~/климатические klimatische Verhältnisse *npl*, Klimaverhältnisse *npl*
~/ледовые *(Hydt)* Eisverhältnisse *npl*
~/льготные günstige Bedingungen *fpl*, Vorzugbedingungen *fpl*
~ местности Geländeverhältnisse *npl*, Geländebeschaffenheit *f*
~ местности насаждения *(Forst)* Standortverhältnisse *npl*, Standortbedingungen *fpl*
~/метеорологические Witterungsverhältnisse *npl*
~/нормальные Normalbedingungen *fpl*
~ окружающей среды Umweltbedingungen *fpl*, Umweltverhältnisse *npl*
~ опыта Versuchsbedingungen *fpl*
~ отложения *(Bgb, Geol)* Ablagerungsverhältnisse *npl*
~ охлаждения Abkühl[ungs]bedingungen *fpl*
~ платежа Zahlungsbedingungen *fpl*
~/подпочвенные *(Lw)* Untergrundverhältnisse *npl*
~ поставки Lieferbedingungen *fpl*
~/почвенные Bodenverhältnisse *npl*
~ приёмки Abnahmebedingungen *fpl*; Zulassungsbedingungen *fpl*
~ применения/нормальные Bezugsbedingungen *fpl* *(eines Meßmittels)*

~ продажи Verkaufsbedingungen *fpl*
~/производственные Betriebsverhältnisse *npl*
~ произрастания Wachstumsbedingungen *fpl*, Wachstumsverhältnisse *npl*
~ прочности Festigkeitsbedingungen *fpl*, Festigkeitsverhältnisse *npl*
~ пуска в ход Anlaufbedingungen *fpl*
~/рабочие Arbeitsbedingungen *fpl*
~ среды Umweltbedingungen *fpl*, Umweltverhältnisse *npl*
~/технические 1. technische Bedingungen *fpl*; Gütevorschrift *f (bei der Abnahme)*; 2. Zulassungsbedingungen *fpl*
~ труда Arbeitsbedingungen *fpl*
~ труда/санитарно-гигиенические Arbeitshygiene *f*; sanitäre Verhältnisse *npl* eines Betriebs
~ хранения Lagerungsbedingungen *fpl*
~ эксплуатации Betriebsbedingungen *fpl*, Anwendungsbedingungen *fpl*
усложнение *n* Verwicklung *f*, Komplizierung *f*, Erschwerung *f*
усложнить *s.* **усложнять**
усложнять komplizieren, erschweren
услуги *fpl*/**складские** Lagerhaltungsdienstleistungen *fpl*
усовершенствовать verbessern, vervollkommnen
усовик *m* **крестовины** *(Eb)* Flügelschiene *f* *(Herzstück der Weiche)*
усохнуть *s.* **усыхать**
успешность *f* **поисков** Fündigkeitsrate *f* *(Tiefbohrungen)*
успокаивать 1. beruhigen; 2. dämpfen
успокоение *n* 1. Beruhigung *f*, Beruhigen *n*; 2. Dämpfung *f*
~/апериодическое aperiodische Dämpfung *f*
~ волны *(Hydt)* Wellendämpfung *f*, Wellenberuhigung *f*
~/жидкостное Flüssigkeitsdämpfung *f*
~ качки *(Schiff)* Schlingerdämpfung *f*
~ плавки *(Met)* Beruhigen *n* (Beruhigung *f*) der Schmelze
успокоитель *m* 1. Dämpfer *m*; Dämpfung *f (Vorrichtung)*, Puffer *m*; 2. Beruhigungsmittel *n*, Desoxydationsmittel *n*
~/воздушный Luftdämpfer *m*
~/воздушный крыльчатый Luftflügeldämpfer *m*
~/жидкостный Flüssigkeitsdämpfer *m*
~ качки *(Schiff)* Schlingerdämpfungsanlage *f*
~ качки/гироскопический Schiffskreisel *m*, Schlingerkreisel *m*
~ колебаний Schwingungsdämpfer *m*
~/магнитоиндукционный *(El)* Induktionsdämpfer *m*
~/поршневой Kolbendämpfer *m*
успокоить *s.* **успокаивать**

усреднение *n* 1. Mitteln *n*, Mittelung *f*, Mittelwertbildung *f*; 2. *(Ch)* Homogenisieren *n*
~ руд *(Met)* Mitteln *n* von Erzen, Erzmittelung *f*
усреднить *s.* **усреднять**
усреднять 1. mitteln; 2. *(Ch)* homogenisieren
уставка *f* 1. Einstellung *f*; 2. Einstellwert *m*; Sollwert *m*
~ напряжения *(El)* Spannungseinstellung *f*
~/точная Feineinstellung *f*
усталость *f* 1. Müdigkeit *f*, Ermattung *f*; 2. Ermüdung *f (Werkstoffe)*
~/коррозионная Korrosionsermüdung *f*, Ermüdung *f* durch interkristalline Korrosion
~ материала Werkstoffermüdung *f*
~ от переменных нагрузок Wechsellastermüdung *f*, Schwinglastermüdung *f*
~ от скручивания Torsionsermüdung *f*
~ при ударе Ermüdung *f* bei (durch) Stoßbelastung
~/термическая thermische Ermüdung *f*
устанавливаемость *f* Einstellbarkeit *f*
устанавливать 1. aufstellen, montieren; einbauen; 2. *(Fert)* einspannen *(Werkstück)*; 3. [ein]stellen, justieren; 4. herstellen, aufnehmen *(z. B. Verbindung)*; 5. bestimmen, festsetzen, festlegen *(Termine, Preise usw.)*
~ верхняки *(Bgb)* Kappen aufhängen
~ между центрами *(Fert)* zwischen Spitzen einspannen
~ расстрелы *(Bgb)* vereinstrichen *(Schachtausbau)*
~ связь (соединение) *(Fmt)* eine Verbindung herstellen
~ стойки *(Bgb)* Stempel setzen
~ тарифы *(Fmt)* die Gebühren festsetzen
установившийся stationär
установить *s.* **устанавливать**
установка *f* 1. Anlage *f*, Werk *n*; Einrichtung *f*, Vorrichtung *f*; 2. Aufstellung *f*; Montage *f*, Montierung *f*; Installation *f*; Einbau *m*, Einbauen *n*; 3. Einstellung *f*, Einstellen *n*, Justierung *f*, Justage *f*; 4. *(Fert)* Einspannen *n* *(Werkstück)*; 5. *(Fert)* Zustellung *f* *(Drehmeißel)*; 6. *(Bgb)* Einbringen *n*, Setzen *n (Ausbau)*
~ абонентская *(Fmt)* Teilnehmersprechstelle *f*
~ абсорбционная холодильная Absorptionskälteanlage *f*
~/автоматическая коммутаторная *(Fmt)* Wählvermittlungsanlage *f*
~/автоматическая проявочная Entwicklungsmaschine *f (für Filme)*
~/автоматическая сортировочная automatische Trennanlage *f*

~/**автоматическая телетайпная** Fernschreibwählanlage *f*
~/**автоматическая телефонная** Fernsprechwählanlage *f*
~/**автосварочная** automatische Schweißmaschine *f*, Schweißautomat *m*
~/**агломерационная** *(Met)* Erzsinteranlage *f*, Sinteranlage *f*
~/**адсорбционная** *(Ch)* Adsorptionsanlage *f*
~/**азимутальная** *(Astr)* azimutale Fernrohrmontierung *f*
~ **анкеров** *(Bgb)* Einbringen (Setzen) *n* von Ankern
~/**антенная** Antennenanlage *f*
~/**артиллерийская** *(Mil)* Geschütz *n* *(Schiff)*
~/**асфальтобетоносмесительная** Asphaltbetonmischanlage *f*
~/**атомная силовая** 1. Kernenergieanlage *f*; 2. Kerntriebwerk *n*, Kernantrieb *m*; *(Schiff)* Kernantriebsanlage *f*
~/**ацетиленовая** *(Schw)* Azetylenerzeugungsanlage *f*
~/**бетоносмесительная** Betonmischanlage *f*
~/**бомбомётная** *(Mil)* Wasserbombenwerfer *m*
~/**буровая** Bohranlage *f* *(Tiefbohrtechnik)*
~ **в нуль** Nullstellen *n*
~ **в очередь** *(Dat)* Bilden *n* einer Warteschlange
~/**вакуум-выпарная** Vakuumverdampf[ungs]anlage *f*
~ **вакуумного напыления** Vakuumbedampfungsanlage *f*
~ **валков** Anbringen (Einstellen, Anstellen) *n* der Walzen, Walzeneinbau *m*, Walzenanstellung *f*
~ **величины угла** Winkeleinstellung *f*
~/**вентиляторная** 1. Belüftungsanlage *f*; 2. Ventilatoranlage *f*, Lüfter *m*
~/**вертикальная пусковая** *(Rak)* Startturm *m*
~/**ветросиловая** Windkraftanlage *f*, Windkraftwerk *n*
~/**вибрационная** Schwingtischmaschine *f*
~/**видеотерминальная корректурно-редакционная** *(Typ)* Korrigier- und Redigierterminal *n*
~/**внутренняя** Innen[raum]aufstellung *f*; Innenraumanlage *f*
~/**водоотливная** *(Hydt, Bgb)* Wasserhaltungsanlage *f*
~/**водоочистительная** Wasserkläranlage *f*, Wasserreinigungsanlage *f*
~/**водоподготовительная** Wasseraufbereitungsanlage *f*
~/**водопонизительная** *(Bw, Hydt)* Grundwasserabsenkungsanlage *f*
~/**водоумягчительная** Wasserenthärtungsanlage *f*
~/**воздухоохладительная** *(Bgb)* Wetterkühlmaschine *f*
~/**воздухоразделительная** Luftzerlegungsanlage *f*
~/**воздушная морозильная** *(Schiff)* Luftgefrieranlage *f*
~/**воздушно-морозильная** *(Schiff)* Luftgefrieranlage *f*
~/**воздушно-реактивная силовая** Luftstrahltriebwerk *n*
~ **времени/предварительная** Zeitvorwahl *f*
~ **всасывающего бурения** Saugbohranlage *f*
~/**вспомогательная силовая (энергетическая)** *(Schiff)* Hilfsantriebsanlage *f*
~/**вторичная** Anlage *f* für zweite Fraktionierung *(Ausscheidung von Leichtbenzin bei der Erdöldestillation)*
~/**входная** Eingabegerät *n*
~/**вызывная** *(Fmt)* Rufanlage *f*
~/**выпарная** Verdampf[ungs]anlage *f*
~/**выпрямительная** *(El)* Gleichrichteranlage *f*
~/**высоковольтная** *(El)* Hochspannungsanlage *f*
~ **высокого напряжения** *(El)* Hochspannungsanlage *f*
~/**высокочастотная** *(El)* Hochfrequenzanlage *f*, HF-Anlage *f*
~/**выходная** Ausgabegerät *n*
~/**вычислительная** Rechenanlage *f*
~ **вычислительной машины** *(Dat)* Rechnerinstallation *f*
~/**газогенераторная** Generatorgasanlage *f*
~/**газоочистительная** Gasaufbereitungsanlage *f*, Gasreinigungsanlage *f*
~/**газотурбинная** Gasturbinenanlage *f*
~/**газоулавливающая** Gasauffangeinrichtung *f* *(Erdölbohrungen)*
~/**гальваническая** Galvanisierungsanlage *f*
~/**генераторная** Generator[en]anlage *f*, Stromerzeugungsanlage *f*
~ **гидравлической очистки [литья]** *(Gieß)* Naßputzanlage *f*
~/**гидроаккумулирующая** *(En)* Pumpspeicheranlage *f*
~/**гидрогенизационная** *(Ch)* Hydrieranlage *f*
~/**гидрозакладочная** *(Erdöl)* Spülversatzanlage *f*
~/**гидроэлектрическая [силовая]** hydroelektrische Anlage *f*, elektrische Wasserkraftanlage *f*
~/**гирорулевая** *(Schiff)* Selbststeueranlage *f*
~/**главная силовая (энергетическая)** *(Schiff)* Hauptantriebsanlage *f*
~/**глубиннонасосная** *(Erdöl)* Tiefpumpanlage *f*
~ **глубокого бурения** *(Erdöl)* Tiefbohranlage *f*
~/**грануляционная** Granulationsanlage *f*

~/**гребная электрическая** *(Schiff)* elektrische Propellerantriebsanlage (Schraubenantriebsanlage) *f*
~/**громкоговорительная** Lautsprecheranlage *f*
~ **грузовых трюмов/рефрижераторная (холодильная)** *(Schiff)* Ladekühlanlage *f*
~/**грунтонасосная** Baggerpumpenanlage *f* *(Saugbagger)*
~/**дальнеструйная дождевальная** *(Lw)* Weitstrahlberegnungsanlage *f*
~/**двигательная** Triebwerk *n*
~/**движительная** *(Schiff)* Vortriebsanlage *f*, Propulsionsanlage *f*
~/**двухконцевая подъёмная** *(Bgb)* zweitrümige Förderanlage *f*
~/**двухкорпусная выпарная** *(Ch)* Zweikörperverdampf[er]anlage *f*, Zweistufenverdampf[ungs]anlage *f*
~/**двухступенчатая** Zweistufenanlage *f*
~/**дельта-скреперная** *(Lw)* Faltschieberentmistungsanlage *f*
~/**деревопропиточная** Holzimprägnieranlage *f*
~ **диафрагмы/автоматическая** *(Foto)* Blendenvollautomatik *f*
~/**дизельная** Diesel[motoren]anlage *f*
~/**дизельная силовая** Dieselantriebsanlage *f*
~/**дизель-электрическая силовая** dieselelektrische Antriebsanlage *f*
~/**дистилляционная** *(Ch)* Destillationsanlage *f*, Destillieranlage *f*
~/**диффузионная** *(Ch)* Diffusionsanlage *f*
~ **для азотирования** *(Met)* Nitrieranlage *f*
~ **для брикетирования** *(Met)* Brikettieranlage *f* *(Schrott)*
~ **для бурения шахтных стволов** *(Bgb)* Schachtbohranlage *f*
~ **для выпойки телят** *(Lw)* Kälbertränkanlage *f*
~ **для вырезки полос** *(Typ)* Streifenausschneideinrichtung *f*
~ **для выщелачивания** *(Met)* Laugerei *f*, Laugeanlage *f*
~ **для грануляции шлака** *(Met)* Schlackengranulieranlage *f*
~ **для доения в молокопровод/доильная** *(Lw)* Rohrmelkanlage *f*
~ **для доения во фляги** *(Lw)* Kannenmelkanlage *f*
~ **для испытания материалов** Werkstoffprüfanlage *f*
~ **для кокильного литья/карусельная** *(Gieß)* Kokillengießkarussell *n*
~ **для колонкового бурения** *(Erdöl)* Kernbohranlage *f*
~ **для кондиционирования воздуха** Klimaanlage *f*
~ **для кондиционирования воздуха на подвижном составе** *(Eb)* Fahrzeugklimaanlage *f*
~ **для крупного дробления** Vorbrechanlage *f* *(Aufbereitung)*
~ **для литья под низким давлением** *(Gieß)* Niederdruckkokillengießanlage *f*, Niederdruckkokillengießeinrichtung *f*
~ **для мокрой очистки [литья]** *(Gieß)* Naßputzanlage *f*
~ **для нагрева дутья** *(Met)* Windvorwärmanlage *f*
~ **для непрерывной разливки** *(Met)* Stranggießanlage *f*
~ **для обезжиривания ленты (полосы)** *(Wlz)* Bandentfettungsanlage *f*
~ **для обессоливания** Entsalzungsanlage *f*
~ **для обжига** Röstanlage *f* *(NE-Metallurgie)*
~ **для обогащения в тяжёлой жидкости** Anlage *f* für Schweretrübeaufbereitung
~ **для обогащения руд** Erzaufbereitungsanlage *f*
~ **для обработки сточных и фекальных вод** *(Schiff)* Abwässer- und Fäkalienaufbereitungsanlage *f*
~ **для однопостовой сварки** Einzelschweißanlage *f*
~ **для окомкования** Pelleti[si]eranlage *f* *(Aufbereitung)*
~ **для очистки и грунтовки листов** *(Schiff)* Plattenentzunderungs- und Vorkonservierungsanlage *f*
~ **для очистки и грунтовки профилей** *(Schiff)* Profilentzunderungs- und Vorkonservierungsanlage *f*
~ **для очистки листовой стали/дробемётная** *(Schiff)* Stahlkiesplattenentzunderungsanlage *f*
~ **для очистки литья** Gußputzanlage *f*
~ **для очистки профильного материала/дробемётная** *(Schiff)* Stahlkiesprofilentzunderungsanlage *f*
~ **для очистки трюмных вод/сепарационная** *(Schiff)* Bilgenwasserentölungsanlage *f*
~ **для подготовки руды** Erzaufbereitungsanlage *f*
для полукоксования *(El)* Schwelanlage *f*
~ **для предварительного дробления** Vorbrechanlage *f* *(Aufbereitung)*
~ **для реверсирования воздуха** *(Bgb)* Wetterumstelleinrichtung *f*
~ **для регенерации отработанного песка** *(Gieß)* Altsandregenerieranlage *f*
~ **для роторного бурения** *(Erdöl)* Rotarybohranlage *f*
~ **для сбивания окалины** *(Met)* Entzunder[ungs]anlage *f*, Entsinter[ungs]-anlage *f*
~ **для смены объектива** Objektivwechseleinstellung *f*
~ **для сухого обогащения** Trockenaufbereitungsanlage *f*

~ **для травления** *(Met)* Beizanlage *f*, Beizeinrichtung *f*
~ **для удаления навоза** *(Lw)* Entmistungseinrichtung *f*
~ **для усреднения руды** *(Met)* Erzmischanlage *f*, Erzmischerei *f*
~ **для центробежного литья** *(Gieß)* Schleudergießanlage *f*, Schleudergießeinrichtung *f*
~/**дождевальная** *(Lw)* Beregnungsanlage *f*
~/**дозаторная** Dosiervorrichtung *f*, Zuteileinrichtung *f*
~/**доильная** *(Lw)* Melkanlage *f*
~/**домовая** Hausinstallation *f*
~/**дробелитейная** Schrotgießanlage *f*, Granaliengießanlage *f*
~/**дробемётная** *(Gieß)* Schleuderstrahl[guß]putzanlage *f* *(mit metallischen Strahlmitteln)*; Stahlkiesschleuderentzunderungsanlage *f*
~/**дробеструйная** *s.* ~/**дробемётная**
~/**дробильная** Brechwerk *n*, Brechanlage *f*, Brecher *m*
~/**дробильно-обогатительная** Brech- und Aufbereitungsanlage *f*
~/**дробильно-сортировочная** Brech- und Klassieranlage *f*, Brech- und Siebanlage *f*
~/**жиротопная** *(Schiff)* Trankochanlage *f*
~ **заданного значения** *(Reg)* Sollwerteinstellung *f*
~ **зажигания** *(Kfz)* Zündeinstellung *f*, Zündverstellung *f*
~/**заземляющая** *(El)* Erdungsanlage *f*
~/**закладочная** *(Bgb)* Versatzanlage *f*
~/**закрытая** *s.* ~/**внутренняя**
~/**заливочная** Gießeinrichtung *f*
~ **запятой** *(Dat)* Kommaeinstellung *f*
~/**звукоусилительная** Tonverstärkeranlage *f*
~/**землеприготовительная** *(Gieß)* Formstoffaufbereitungsanlage *f*
~/**землесосная** Saug[pumpen]bagger *m*, Pumpenbagger *m*
~/**зенитная** Fla-Lafette *f*
~/**зенитная самоходная** Fliegerabwehr-Selbstfahrlafette *f*, Fla-SFL, Flakpanzer *m*
~/**зерноочистительная** *(Lw)* Kornreinigungsanlage *f*, Getreidereinigungsanlage *f*, Getreidereiniger *m*
~/**золоудаляющая** Entaschungsanlage *f*
~/**измельчительная** Feinzerkleinerungsanlage *f*, Mahlanlage *f*
~/**измерительная** Meßanlage *f*, Meßeinrichtung *f*
~ **изображения по центру** Bildmitteneinstellung *f*
~/**испарительная** Verdampferanlage *f*
~/**испарительная вакуумная** Entspannungsverdampferanlage *f*
~/**испытательная** Prüfeinrichtung *f*
~/**калориферная** *(Bgb)* Wettererhitzeranlage *f*, Wetterheizung *f* *(Anwärmen der in den Schacht eintretenden Luft im Winter während der Abteufung)*
~ **камеры** Kameraeinstellung *f*
~/**канатно-скреперная** Seilschrapperanlage *f*
~/**карусельная доильная** *(Lw)* Melkkarussell *n*
~/**каталитическая** *(Ch)* katalytische Anlage *f*
~/**клетевая подъёмная** *(Bgb)* Gestellförderanlage *f*
~/**коксовальная** Kokerei *f*
~/**коллективная антенная** Gemeinschaftsantennenanlage *f*
~ **колонкового бурения** *(Erdöl)* Kernbohranlage *f*
~/**командовещательная** Kommando[übertragungs]anlage *f*
~/**коммутаторная** *(Fmt)* Vermittlungsanlage *f*
~/**компрессорная** Kompressoranlage *f*
~/**конвейерная** Bandanlage *f*
~/**конвейерная разливочная** Fließband-Abfüllanlage *f*
~/**конвейерно-кольцевая доильная** *(Lw)* Melkkarussell *n*
~ **кондиционирования воздуха** Klima[tisierungs]anlage *f*, Luftkonditionieranlage *f*
~ **контрольной точки** *(Dat)* Prüfpunkteingangserstellen *n*
~/**координатно-измерительная** Koordinatenmeßeinrichtung *f*, Koordinatenmeßsystem *n*
~/**кормовая** *(Flg)* Heckstand *m*
~/**котельная** Kesselanlage *f*
~ **крепи** *(Bgb)* Einbringen *n* des Ausbaus
~/**круговая доильная** *(Lw)* Melkkarussell *n*
~/**крупнодробильная** Vorbrechwerk *n*, Vorbrechanlage *f* *(Aufbereitung)*
~/**крупнокегельная фотонаборная** *(Typ)* Titel-Lichtsetzgerät *n*, Titel-Fotosetzgerät *n*, Titelsetzgerät *n*
~/**линеметательная** *(Schiff)* Leinenwurfgerät *n*
~/**литейная** Gießereianlage *f*
~ **литья с противодавлением** *(Gieß)* Gegendruckgießanlage *f*, Gegendruckgießeinrichtung *f*
~ **маршрута** *(Eb)* Festlegen *n* der Fahrstraße
~/**машинная** *(Schiff)* Maschinenanlage *f*
~/**металлизационная** Metallspritzanlage *f*
~/**механическая** *(Schiff)* Maschinenanlage *f*
~/**многоканатная подъёмная** *(Bgb)* Mehrseilförderanlage *f*

~/**многокорпусная выпарная** *(Ch)* Mehrkörperverdampf[er]anlage *f*, Mehrstufenverdampf[ungs]anlage *f*
~/**многопроводная** *(El)* Mehrleiteranlage *f*
~/**многоручьевая** Mehrstranganlage *f* *(Stranggießen)*
~/**мокрая золоудаляющая** Naßentaschungsanlage *f*
~ **мокрого обогащения** Naßaufbereitungsanlage *f*
~/**молниеотводная** Blitzschutzanlage *f*
~/**морозильная** *(Schiff)* Gefrieranlage *f*
~/**мощная выпрямительная** *(El)* Hochleistungsgleichrichteranlage *f*
~/**мощная передающая** Großsenderanlage *f*
~/**мусоросжигательная** Müllverbrennungsanlage *f*
~ **на глубину** *(Fert)* Tiefeinstellung *f*; Spanzustellung *f*, Spananstellung *f*, Tiefenzustellung *f*
~ **на нуль цепи** Ketten-Nullstelleinrichtung *f* *(Wägetechnik)*
~ **на открытом воздухе** *s.* ~/**наружная**
~ **на резкость** Scharfeinstellung *f*
~ **на толщину стружки** *s.* ~ **на глубину**
~/**надводная стартовая** *(Rak)* Überwasserstartanlage *f*
~ **наклона стола** *(Fert)* Tischschrägstellung *f*
~ **направленной радиосвязи** Richtfunkanlage *f*
~/**наружная** Freiluftaufstellung *f*, Aufstellung *f* im Freien; Freiluftanlage *f*
~/**насосная** Pumpenanlage *f*
~ **непрерывного действия/пропарная** *(Lw)* kontinuierliche Dämpfmaschine *f*
~ **непрерывного отжига** *(Härt)* Durchlaufglühanlage *f*
~/**нефтеперегонная** Erdöldestillationsanlage *f*
~/**низковольтная** *(El)* Niederspannungsanlage *f*
~ **нуля** 1. Nullstellung *f*; 2. Nullpunkteinstellung *f*
~/**обеспыливающая** Entstaubungsanlage *f*, Entstaubungseinrichtung *f*
~/**обжигательная** Röstanlage *f* *(NE-Metallurgie)*
~/**обогатительная** Aufbereitungsanlage *f*
~/**одноканатная подъёмная** Einseilförderanlage *f*
~/**однокорпусная выпарная** Einkörperverdampf[er]anlage *f*, Einstufenverdampf[ungs]anlage *f*
~/**одноручьевая** Einstranganlage *f* *(Stranggießen)*
~/**одноступенчатая холодильная** einstufige Kälte[maschinen]anlage *f*
~/**опреснительная** *(Schiff)* Frischwassererzeugungsanlage *f*, Verdampferanlage *f*
~/**опытная** Versuchsanlage *f*
~/**оросительная** Berieselungsanlage *f*
~/**осветительная** Lichtanlage *f*; Beleuchtungsanlage *f*
~/**осветлительная** *(Bw)* Klärwerk *n*, Kläranlage *f*
~/**откачная** Pumpautomat *m*
~/**открытая** *s.* ~/**наружная**
~ **открытого типа** *s.* ~/**наружная**
~/**отопительная** Heizanlage *f*
~/**отражательная увлажнительная** *(Text)* Einsprengmaschine *f* mit Druckwasserstrahl-Sprüheinrichtung
~/**охлаждающая** Kühlanlage *f*, Kühleinrichtung *f*
~ **пакера** *(Bgb)* Setzen *n* des Packers *(Bohrung)*
~/**парогенераторная** Dampferzeugungsanlage *f*
~/**парокомпрессионная холодильная** Kompressionskälteanlage *f*
~/**паросиловая** Dampfkraftanlage *f*; Dampfantriebsanlage *f*
~/**паросиловая отопительная** Heizdampf- und Dampfkraftanlage *f*
~/**паротурбинная** Dampfturbinenanlage *f*
~/**пароэжекторная холодильная** Dampfstrahlkühlanlage *f*, Dampfstrahlkälteanlage *f*
~/**пастбищная доильная** *(Lw)* Weidemelkstand *m*
~/**пеленгаторная** Peilanlage *f*
~/**перегонная** *s.* ~/**дистилляционная**
~/**передающая** *(Fmt, Rf)* Sendeanlage *f*, Übertragungsanlage *f*
~/**передвижная буровая** *(Erdöl)* fahrbare Bohranlage *f*
~/**передвижная дождевальная** *(Lw)* mobile Beregnungsanlage *f*
~/**передвижная доильная** *(Lw)* Weidemelkstand *m*
~/**передвижная силовая** fahrbare Kraftanlage (Leistungsanlage) *f*
~/**передвижная сушильно-брикетная** *(Lw)* mobile Trocken- und Pelletieranlage *f*
~/**передвижная телевизионная** fahrbare Fernsehaufnahmeanlage *f*, Fernsehaufnahmewagen *m*
~/**передвижная холодильная** fahrbare Kühlanlage *f*, Kühlzug *m*
~ **переменного тока** *(El)* Wechselstromanlage *f*
~ **перемычки перед спуском** *(Schiff)* Hellingabspundung *f* vor dem Stapellauf
~/**пескоструйная** *(Gieß)* Sandstrahlanlage *f*, Sandstrahlgebläse *n* *(Putzerei)*
~/**печная** Ofenanlage *f*
~/**плавильная** Schmelz[ofen]anlage *f*
~/**плавучая буровая** Bohrinsel *f* *(für Erdöl- oder Erdgasbohrungen)*

~/пневмозакладочная *(Bgb)* Blasversatzanlage *f*
~/пневмотранспортная Druckluftfördereinrichtung *f*
~ по отвесу Einloten *n*; Ablotung *f*
~ по схеме «отец и сын»/энергетическая *(Schiff)* Vater-und-Sohn-Antriebsanlage *f*
~ по уровню Einwägung *f*
~ по центру Mitteneinstellung *f*
~ под углом Schrägstellung *f*
~/подводная телевизионная Unterwasserfernsehanlage *f*
~/подъёмная Förderanlage *f* *(Schachtförderung)*
~ пожарной сигнализации Feuermeldeanlage *f*
~/полузаводская halbtechnische Anlage *f*, Pilotanlage *f*, Großversuchsanlage *f*
~/помольно-сушильная Mahltrocknungsanlage *f*
~ постоянного тока *(El)* Gleichstromanlage *f*
~/приёмная *(Fmt, Rt)* Empfangsanlage *f*
~/приёмно-передающая Sende[-und]-Empfangs-Anlage *f*
~/прикладная телевизионная Industriefernsehanlage *f*
~/проверочная Prüfeinrichtung *f*
~/провизионная рефрижераторная (холодильная) *(Schiff)* Proviantkühlanlage *f*
~ провизионных камер/рефрижераторная (холодильная) *(Schiff)* Proviantkühlanlage *f*
~/промывочная Waschwerk *n*, Waschanlage *f*, Wäsche *f* *(Aufbereitung)*
~/пропульсивная *(Schiff)* Propulsionsanlage *f*, Vortriebsanlage *f*
~/пульверизационная увлажнительная *(Text)* Zerstäubereinsprengmaschine *f*
~/пусковая *(Rak)* Startrampe *f*, Startanlage *f*, Startvorrichtung *f*
~/пылеотсасывающая Staubabsaugvorrichtung *f*
~/пылеуловительная Entstaubungsanlage *f*
~/рабочая Betriebsanlage *f*
~/радарная *s.* **~/радиолокационная**
~/радиолокационная Radaranlage *f*
~/радионавигационная Funknavigationsanlage *f*
~/радиопеленгаторная Funkpeilanlage *f*
~/радиопередающая Funksendeanlage *f*
~/радиоприёмная Funkempfangsanlage *f*
~/радиотелеграфная *(Fmt)* Funktelegrafieanlage *f*
~/радиотрансляционная Rundfunkübertragungsanlage *f*
~/разгрузочная Austrag[s]vorrichtung *f*, Austrag[s]einrichtung *f*; Ablaßvorrichtung *f*, Entladevorrichtung *f*, Entleerungsvorrichtung *f*
~/размольная Mahlanlage *f*
~/разрыхлительно-трепальная *(Text)* Öffner- und Schlagmaschinenaggregat *n*, Einprozeßanlage *f*
~/распределительная Schaltanlage *f*
~ рассольного охлаждения/холодильная Kälteanlage *f* mit Solekühlung, Solekühler *m*
~/расходомерная Durchflußmeßeinrichtung *f*
~/реактивная пусковая (стартовая) *(Rak)* Raketenstartrampe *f*
~/реакторная Reaktoranlage *f*
~ регистрации выбегов параметров *(Schiff)* zentrale Meßwerterfassungsanlage *f*
~ резца *(Fert)* Anstellen *n* des Meißels
~/ректификационная Rektifikationsanlage *f*, Gegenstromdestillieranlage *f*
~/рентгеновская Röntgenanlage *f*
~/рефрижераторная Kühlanlage *f*
~ роторного бурения *(Erdöl)* Rotarybohranlage *f*
~/рудодробильная Erzzerkleinerungsanlage *f*
~/рудоизмельчительная Erzzerkleinerungsanlage *f*
~/рудоотделительная Erzscheideanlage *f*, Erzklassieranlage *f* *(Aufbereitung)*
~/рудопромывочная Erzwäscherei *f*, Erzwaschanlage *f*
~/рудосмесительная Erzmischanlage *f*
~/рудоусреднительная Erzmischanlage *f*
~/рулевая *(Schiff)* Ruderanlage *f*
~/ручная коммутаторная *(Fmt)* handbediente Vermittlungsanlage *f*
~/рыбомучная *(Schiff)* Fischmehlanlage *f*
~ с гибким питающим шлангом/дождевальная *(Lw)* Schlauchberegnungsanlage *f*
~ с использованием отработанного тепла Wärmerückgewinnungsanlage *f*
~ с принудительной циркуляцией/выпарная Zwangsumlaufverdampf[ungs]anlage *f*
~ с прямым управлением/фотонаборная *(Typ)* On-line-Lichtsetzanlage *f*
~ с термокомпрессией вторичного пара/выпарная Verdampfungsanlage *f* mit Thermokompression (Brüdenverdichtung)
~/самоходная [артиллерийская] *(Mil)* Selbstfahrlafette *f*, SFL
~/самоходная буровая selbstfahrende Bohranlage *f* *(Tiefbohrtechnik)*
~/самоходная зенитная *(Mil)* Fliegerabwehr-Selbstfahrlafette *f*, Fla-SFL, Flakpanzer *m*
~/сварочная Schweißanlage *f*
~/светомаячная *(Milflg)* Flugstreckenbefeuerung *f*
~ светофильтра Filterradeinstellung *f*

~ **связи** Fernmeldeanlage *f*
~/**сигнальная** Signalanlage *f*
~/**силовая** *(Flg)* Triebwerk *n*; *(Schiff)* Antriebsanlage *f*
~/**сильноточная** Starkstromanlage *f*
~ **скорости подачи проволоки** *(Schw)* Einstellen *n* des Drahtvorschubs, Einstellen *n* der Drahtvorschubgeschwindigkeit
~/**скребковая золоудаляющая** Kratzerbandentaschungsanlage *f*
~/**скреперная** *(Lw)* Faltschieberentmistungsanlage *f*
~/**скреперная золоудаляющая** Schrapperentaschungsanlage *f*
~/**смывная золоудаляющая** Spülentaschungsanlage *f*
~/**солнечная энергетическая** Sonnenenergieanlage *f* *(Bordenergieversorgung)*
~/**сортировочная** Sortieranlage *f*; Klassieranlage *f* *(zum Trennen nach der Korngröße)*
~/**спаренная** *(Mil)* Zwillingslafette *f* *(Geschütz)*
~/**спаренная пусковая** *(Rak)* Zwillingsstartrampe *f*
~/**спекательная** Erzsinteranlage *f*, Sinteranlage *f*
~/**стабилизационная** Stabilisier[ungs]anlage *f*
~/**сталеплавильная** Stahlschmelzbetrieb *m*, Stahlschmelzanlage *f*
~ **станка**/**вторичная** *(Fert)* Neueinstellung *f*, Nachstellung *f*
~/**стартовая** *(Rak)* Startrampe *f*, Startanlage *f*, Abschußrampe *f*
~/**стационарная буровая** *(Bgb)* stationäre (ortsfeste) Bohranlage *f*
~/**стационарная дождевальная** *(Lw)* stationäre Beregnungsanlage *f*
~/**стереотелевизионная** Stereofernsehanlage *f*
~ **стержней [в форму]** *(Gieß)* Kern[e]einlegen *n*
~ **стоек** *(Bgb)* Setzen *n* von Stempeln
~ **стола под углом** *s.* ~ **наклона стола**
~/**строённая** *(Mil)* Drillingslafette *f* *(Flak)*
~/**судовая радиолокационная** Schiffsradaranlage *f*
~/**судовая силовая** Schiffsantriebsanlage *f*
~/**судовая энергетическая** Schiffsantriebsanlage *f*, Schiffsmaschinenanlage *f*
~/**сушильная** Trockenanlage *f*
~/**телевизионная** Fernsehanlage *f*
~/**телевизионная репортажная** Fernsehreportageanlage *f*
~/**телеграфная** Telegrafenanlage *f*
~/**телеизмерительная (телеметрическая)** Fernmeßanlage *f*
~/**телемеханическая** Fernwirkanlage *f*
~/**телефонная** Fernsprechanlage *f*
~ **типа «ёлочка»/доильная** *(Lw)* Fischgrätenmelkanlage *f*
~ **типа «тандем»/доильная** *(Lw)* Tandemmelkanlage *f*
~/**точная** Feineinstellung *f*
~/**травильная** Beizanlage *f*
~/**транспортная** *(Bgb)* Fördereinrichtung *f* *(Streckenförderung)*
~ **тревожной сигнализации** Gefahrenmeldeanlage *f*
~ **трёхфазного тока** Drehstromanlage *f*
~/**трубчатая** Röhrenerhitzer m *(Erdöldestillation)*
~/**турбо-электрическая силовая** *(Schiff)* turboelektrische Antriebsanlage *f*
~/**турельная** *(Mar, Flg)* Drehkranzlafette *f*
~/**тяговая** Bahnanlage *f*
~/**увлажнительная** *(Text)* Einsprengmaschine *f* *(Ausrüstung von Baumwoll- und Leinengeweben)*
~/**углеобогатительная** Kohlenaufbereitungsanlage *f*
~/**углепромывочная** Kohlenwäsche *f*, Kohlenwäscherei *f*
~/**угломерная** Winkelmeßeinrichtung *f*
~ **управления** *(Reg)* Steueranlage *f*
~/**фекальная** *(Schiff)* Fäkalienanlage *f*
~/**филетировочная** Filetieranlage *f* *(Fischverarbeitung)*
~/**флотационная** Flotationsanlage *f*, Schwimmaufbereitungsanlage *f*
~/**формовочная** *(Gieß)* Formanlage *f*
~/**форсуночная увлажнительная** *(Text)* Düseneinspritzmaschine *f*
~/**фотоверстальная** *(Typ)* Montagegerät *n*
~/**фотопроекционная** Fotoprojektionsanlage *f*
~ **фурм** *(Met)* Düsenanordnung *f*, Windformenanordnung *f*
~/**хлораторная** *(Ch)* Chlorungsanlage *f*
~/**холодильная** 1. Kühlanlage *f*, Gefrieranlage *f*; 2. *(Bgb)* Wetterkühlanlage *f*
~/**центральная часовая (электрочасовая)** Uhrenzentrale *f*
~ **частоты** Frequenzeinstellung *f*
~ **чёткости** Scharfeinstellung *f*
~/**четырёхствольная** *(Mil)* Vierling *m*, Vierlingslafette *f*; Vierlingsrohrgruppe *f*
~/**шлюзовая** *(Hydt)* Schleusenanlage *f*
~ **штриха** Stricheinfang *m*, Stricheinstellung *f* *(mit dem Mikroskop)*
~/**щёточная увлажнительная** *(Text)* Bürsteneinsprengmaschine *f*
~/**электроннолучевая** Elektronenstrahlanlage *f*
~/**электропитающая** Stromversorgungsanlage *f*
~/**электроплавильная** *(Met)* Elektroschmelzanlage *f*
~/**электрочасовая** elektrische Uhrenanlage *f*

~/**электроэнергетическая** Stromerzeugeranlage *f*
~/**энергетическая** 1. Energieanlage *f*; 2. Antriebsanlage *f*
~/**эрлифтная** *(Schiff)* Airlift-Anlage *f* *(Fischpumpe)*
~/**эталонная** Etaloneinrichtung *f*, Normaleinrichtung *f*
~/**эталонная измерительная** Normalmeßeinrichtung *f*
~/**ядерная силовая** *s.* ~/**атомная силовая**
установление *n* 1. Bestimmung *f*, Festsetzung *f*, Festlegung *f*; 2. Herstellung *f*, Aufnahme *f* *(z. B. einer Verbindung)*; 3. Feststellung *f*, Konstatierung *f*
~ **допусков** *(Fert)* Tolerierung *f*
~ **на бесконечность** Einstellung *f* auf Unendlichkeit
~ **пределов** Begrenzung *f*
~ **равновесия** Gleichgewichtseinstellung *f*, Einstellung *f* des Gleichgewichts
~ **режима** *(Dat)* Einstellung *f* der Betriebsart
~ **соединения (сообщения)** *(Fmt)* Herstellung *f* (Aufbau *m*) einer Verbindung, Verbindungsaufbau *m*
установленный 1. festgelegt, festgesetzt, bestimmt; 2. festgestellt, konstatiert; 3. installiert; aufgestellt; 4. eingestellt
устой *m* *(Bw)* Endpfeiler *m*, Uferpfeiler *m*, Widerlager *n* *(Brückenbau)*
~/**береговой** Anlegepfeiler *m*, Landpfeiler *m*
~ **плотины/береговой** *(Hydt)* Wehrwiderlager *n*, Wehrwange *f*, Talhangwiderlager *n*, Endwiderlager *n* *(Dammbahn, Neuwehr)*
~/**рамный** Brückenjoch *n*, Joch *n*
~/**свайный** Pfahljoch *n*
устойчивость *f* 1. Stabilität *f*, Standfestigkeit *f*, Sicherheit *f*; 2. Standsicherheit *f*; 3. Widerstandsfähigkeit *f*, Festigkeit *f*, Steifigkeit *f*; 4. Beständigkeit *f*; Stetigkeit *f*; Beharrlichkeit *f*; 5. *(Fmt)* Pfeifsicherheit *f*, Stabilität *f*; 6. *(Ch)* Persistenz *f*
~/**абсолютная** *(Kyb)* absolute Stabilität *f*
~/**асимптотическая** *(Kyb)* asymptotische Stabilität *f*
~ **в циклических ускорителях частиц/фазовая** *(Kern)* Phasenstabilität *f*; Phasenkonstanz *f* *(s. a.* **автофазировка***)*
~/**вибрационная** Vibrationsfähigkeit *f*, Schwingungsfestigkeit *f*
~/**виражная** *(Flg)* Kurvenstabilität *f*
~/**временная** zeitliche Konstanz *f*, Zeitkonstanz *f*
~ **движения** *(Mech)* Stabilität *f* der Bewegung, dynamische Stabilität *f*
~/**динамическая** *s.* ~ **движения**
~ **изображения** *(Kine)* Stehen *n* der Bilder
~ **к атмосферным воздействиям** Atmosphärilienbeständigkeit *f*, Beständigkeit *f* gegen Atmosphärilien (atmosphärische Einflüsse)
~ **к высоким температурам** Hochtemperaturbeständigkeit *f*, Hochtemperaturfestigkeit *f*
~ **к действию атмосферы** Atmosphärilienbeständigkeit *f*, Beständigkeit *f* gegen Atmosphärilien (atmosphärische Einflüsse)
~ **к действию низких температур** Tieftemperaturbeständigkeit *f*, Tieftemperaturfestigkeit *f*
~ **к действию растворителей** Lösungsmittelbeständigkeit *f*, Lösungsmittelfestigkeit *f*
~ **к действию света** Lichtbeständigkeit *f*, Lichtechtheit *f*
~ **к действию щелочей** Alkalibeständigkeit *f*, Laugenbeständigkeit *f*
~ **к детонации** Klopffestigkeit *f* *(Kraftstoff)*
~ **к изгибу** *(Fest)* Biegefestigkeit *f*
~ **к излому** *(Fest)* Bruchfestigkeit *f*
~ **к лаку** *(Typ)* Lackbeständigkeit *f*
~ **к стирке** Waschechtheit *f*
~/**коррозионная** Korrosionsbeständigkeit *f*, Korrosionsfestigkeit *f*; Rostbeständigkeit *f*
~ **на курсе** *(Schiff)* Kursbeständigkeit *f*, Kursstabilität *f*
~ **на продольный изгиб** *(Fest)* Knickbeiwert *m*, Knickzahl *f*, Knicksicherheit *f*
~/**орбитальная** *(Astr, Kosm)* Bahnstabilität *f*, orbitale Stabilität *f*
~ **от самовозбуждения** *(Fmt)* Pfeifsicherheit *f*
~/**относительная** relative Stabilität *f*
~ **по крену** *(Flg)* Querstabilität *f*
~ **по тангажу** *(Flg)* Längsstabilität *f*
~ **по частоте** *(El)* Frequenzstabilität *f*, Frequenzbeständigkeit *f*
~ **погоды** Wetterbeständigkeit *f*, Witterungsbeständigkeit *f*
~/**поперечная** Querstabilität *f*
~/**предельная** Grenzstabilität *f*
~ **при коротких замыканиях** *(El)* Kurzschlußfestigkeit *f*
~/**продольная** Längsstabilität *f*
~ **против отпуска** *(Härt)* Anlaßbeständigkeit *f*
~/**путевая** *(Flg)* Kursstabilität *f*
~ **работы** Betriebssicherheit *f*
~/**радиационная** *(Ch)* Strahlenbeständigkeit *f*
~ **самолёта/путевая** *(Flg)* Kursstabilität *f*, Richtungsstabilität *f*
~/**собственная** Eigenstabilität *f*
~/**статическая** statische Stabilität *f*
~/**термическая** thermische Stabilität *f*
~/**упругая** elastische Stabilität *f*

~ **частоты** Frequenzstabilität *f*, Frequenzbeständigkeit *f*

устойчивый 1. stabil, standfest, sicher; 2. standsicher; 3. widerstandsfähig, resistent; 4. beständig, stetig, beharrlich

~ **к атмосферным воздействиям** atmosphärilienbeständig, gegen Atmosphärilien (atmosphärische Einflüsse) beständig

~ **к действию кислот** säurebeständig, säurefest, säureresistent

~ **к действию растворителей** lösungsmittelbeständig, lösungsmittelfest

~ **к действию света** lichtbeständig, lichtecht

~ **к действию щелочей** alkalibeständig, laugenbeständig

~ **к сминанию** *(Text)* knitterbeständig, knitterfest

~ **на продольный изгиб** knickfrei, knickfest

~ **при коротких замыканиях** kurzschlußfest

~ **при нагреве** wärmebeständig, wärmefest

~ **против коррозии** korrosionsbeständig, korrosionsfest; rostbeständig, nichtrostend

~/**химически** chemisch beständig (stabil)

устранение *n* 1. Entfernung *f*, Beseitigung *f*; Behebung *f*; 2. Vermeidung *f*, Verhütung *f*

~ **возбуждения** *(El)* Aberregung *f*, Entregung *f*

~ **давления** Druckentlastung *f*

~ **девиации магнитного компаса** *(Schiff)* Kompensieren *n* *(Magnetkompaß)*

~ **жёсткости воды** Beseitigung (Entfernung, Ausscheidung) *f* der Wasserhärte, Wasserenthärtung *f*

~ **искажения** Entzerrung *f*

~ **люфта** *(Fert)* Spielbeseitigung *f*

~ **неисправностей (неполадок)** Stör[ungs]beseitigung *f*, Störungsbehebung *f*

~ **обледенения** Enteisung *f*

~ **ошибок** *(Dat)* Fehlerbeseitigung *f*

~ **повреждений** Stör[ungs]beseitigung *f*, Störungsbehebung *f*

~ **помех** *(Rf, Fmt)* Entstörung *f*

~ **помех радиоприёму** Funkentstörung *f*

~ **связи** *(Fmt)* Entkopplung *f*

~ **сминаемости** *(Text)* Knitterfestmachen *n*, Knitterfestausrüsten *n*

устройства *npl* **ввода-вывода информации** *(Dat)* periphere Geräte *npl*

~/**судовые** *(Schiff)* Schiffsausrüstung *f*, Ausrüstung *f* *(Anlagen und Maschinen für den Schiffsbetrieb)*

~/**упорные** *(Schiff)* Pallungen *fpl*

устройство *n* Anlage *f*; Einrichtung *f*, Vorrichtung *f* *(s. a. unter* **приспособление** *und* **установка***)*

~ **аварийной сигнализации** *(Dat)* Alarmeinrichtung *f*

~ **автоматического ответа** *(Dat)* automatischer Anrufbeantworter *m*

~ **автоматического регулирования** automatische Regelungseinrichtung *f*

~/**автоматическое загрузочное** selbsttätige Beschickungsvorrichtung *f*

~/**автосцепное** automatische Kupplungseinrichtung *f* *(Schubschiffahrt)*

~ **адаптации** Regelkreis *m* mit Selbstabgleich

~/**алфавитно-цифровое печатающее** *(Dat)* alphanumerischer Drucker *m*

~/**аналоговое вычислительное** analoge Recheneinrichtung *f*, Analog[ie]rechengerät *n*

~/**аналоговое счётно-решающее** Analogrechner *m*, Simulator *m*

~/**аналого-цифровое вычислительное** analog-digitale Recheneinrichtung *f*

~/**аппарельное** *(Schiff)* Rampenanlage *f* *(Ro-Ro-Schiff)*

~/**арифметическое** Rechenwerk *n*

~/**ассоциативное запоминающее** *(Dat)* Assoziativspeicher *m*

~/**балансное** Abgleicheinrichtung *f*

~/**барабанное запоминающее** *(Dat)* Magnettrommelspeicher *m*, Trommelspeicher *m*

~ **бегущего луча** *(Fs)* Lichtpunktabtaster *m*, Lichtstrahlabtaster *m*

~/**блокировочное** 1. *(Eb)* Blockeinrichtung *f*; 2. *s.* ~/**блокирующее**

~/**блокирующее** Verriegelungseinrichtung *f*, Sperreinrichtung *f*, Sperre *f*, Sperrvorrichtung *f*; Feststellvorrichtung *f*; Riegelsperre *f* *(Wägetechnik)*; *(Bgb)* Hemmvorrichtung *f*, Festhaltevorrichtung *f* *(für Wagen im Fördergestell)*

~/**буквенное счётное** *(Typ)* Buchstabenzähleinrichtung *f*

~/**буквопечатающее** *(Dat)* Typendrucker *m*; Schreibeinheit *f*

~/**буксирное** *(Schiff)* Schleppgeschirr *n*

~ **бульдозера/толкающее** *(Bw)* Planierschildträger *m* *(Bulldozer)*

~/**буферное** 1. *(Eb)* Puffervorrichtung *f*, Prellvorrichtung *f*; 2. *(Dat)* gepuffertes Gerät *n*

~/**буферное запоминающее** Pufferspeicher *m*

~/**быстродействующее** *(Dat)* schnelles Gerät *n*

~/**быстродействующее зажимное** *(Fert)* Schnellspannvorrichtung *f*

~/**быстродействующее запоминающее** schneller Speicher *m*, Schnellspeicher *m*

~/**быстродействующее печатающее** Schnelldrucker *m*

~/**быстрое** *(Dat)* schnelles Gerät *n*

~/**быстропечатающее** Schnelldrucker *m*

~ **в режиме ожидания** *(Dat)* wartendes Gerät *n*

~/**валоповоротное** *(Schiff)* Törnvorrichtung *f*, Wellendrehvorrichtung *f*

~ **ввода** *(Dat)* Eingabeeinrichtung *f*, Eingabegerät *n*, Eingabeteil *n*, Eingabeblock *m*

~ **ввода-вывода** Ein[gabe]-Ausgabe-Einrichtung *f*, Ein- und Ausgabegerät *n*

~ **ввода-вывода/диалоговое** Dialogstation *f*

~ **ввода-вывода запросов** Abfragestation *f*

~ **ввода-вывода/перфолентное** Lochbandstation *f*

~ **ввода запросов** Abfrageplatz *m*, Abfragestelle *f*

~ **ввода команд** Befehlseingabevorrichtung *f*

~ **ввода программы** Programmeingabevorrichtung *f*

~ **ввода с перфокарт** Kartenleser *m*

~ **ввода с перфоленты** Streifenleser *m*

~ **ввода/системное** Systemeingabeeinheit *f*

~ **ввода чисел** Zahleneingabevorrichtung *f*

~/**вводное** *s.* ~ **ввода**

~/**верньерное** Feineinstellvorrichtung *f*

~ **вертикального отклонения** Vertikalablenkgerät *n*

~/**весовое** Wiegeeinrichtung *f*

~/**весодозировочное** Dosierwaage *f*

~/**вибрационное испытательное** Vibrationsprüfeinrichtung *f*, Schwingungsprüfeinrichtung *f*

~/**видеоконтрольное** Bildkontrolleinrichtung *f*, Monitor *m*

~/**видеоприёмное** Bildempfangseinrichtung *f*, Bildempfangsgerät *n*, Bildwiedergabegerät *n*

~ **визуального вывода** visuelle Auswerteeinrichtung *f*

~ **визуального отображения [данных]** *(Dat)* Sichtgerät *n*, Darstellungseinheit *f*, Display *n*

~/**визуальное выходное** *(Dat)* Sichtanzeige *f*

~/**внешнее** *(Dat)* externes (peripheres) Gerät *n*

~/**внешнее запоминающее** äußerer (externer) Speicher *m*, Außenspeicher *m*, Zubringerspeicher *m*

~/**внутреннее запоминающее** *(Dat)* innerer (interner) Speicher *m*, Internspeicher *m*

~/**водозаборное** *(Hydt)* Wasserfassungsmaßnahme *f*

~/**водоотливное** *(Schiff)* Lenzeinrichtung *f*

~ **водослива** *(Schiff)* Lenzeinrichtung *f*

~ **возврата карт** *(Dat)* Kartenwendeeinrichtung *f*

~/**вспомогательное** Hilfseinrichtung *f*, Hilfsgerät *n*

~/**вспомогательное запоминающее** Hilfsspeicher *m*

~/**встряхивающее** Rüttelvorrichtung *f*, Rütteleinrichtung *f*, Rüttler *m*

~/**втаскивающее** *(Wlz)* Einzugsvorrichtung *f*

~/**входное** 1. Eingangsgerät *n*; 2. *(Dat)* Eingabegerät *n*, Eingabeeinheit *f*, Eingabeblock *m*; 3. *(Reg)* Eingabeglied *n* *(Signaleingabe)*

~ **выборки данных** Datenauswahlgerät *n*

~ **вывода [информации]** *(Dat)* Ausgabegerät *n*, Ausgabeteil *n*, Ausgabeblock *m*

~ **вывода на перфорацию** Lochkartenstanzer *m*, Stanzer *m*, Stanzeinrichtung *f*

~ **вывода на печать** *s.* ~/**печатающее**

~ **вывода речи** Sprachausgabegerät *n*

~ **вывода/системное** Systemausgabeeinheit *f*

~/**выключающее** *(Typ)* Ausschließeinheit *f*

~ **высокого напряжения** *(El)* Hochspannungsanlage *f*

~ **высокого напряжения/распределительное** Hochspannungsschaltanlage *f*

~ **высокочастотной связи** Hochfrequenzfernmeldeeinrichtung *f*

~/**выходное** 1. Ausgangseinrichtung *f*; 2. *(Dat)* Ausgabegerät *n*, Ausgabeblock *m*; 3. *(Reg)* Ausgabeglied *n* *(Signalausgabe)*

~/**выходное видеоконтрольное** Ausgangsbildkontrollgerät *n*, Ausgangsmonitor *m*

~/**вычислительное** *(Dat)* Rechenanlage *f*, Rechner *m*, Rechengerät *n*

~/**вычислительное запоминающее** Rechenspeicher *m*

~ **вычислительной машины** *(Dat)* Block *m*, Einheit *f* *(Rechenmaschine)*

~/**газогорелочное** Gasbrenneranlage *f*

~/**герметизирующее** *(Bgb)* Futterrohrstopfbuchse *f* *(Linksspülbohrverfahren)*

~/**гибридное вычислительное** *(Dat)* Hybridrechner *m*, Hybridrechenmaschine *f*

~/**гидравлическое** Hydraulikanlage *f*

~/**гидростатическое разобщающее** *(Schiff)* Wasserdruckauslöser *m* *(Rettungsfloß)*

~/**гироскопическое** Kreiselanlage *f* *(Navigation)*

~/**главное дозирующее** Hauptdüseneinrichtung *f* *(Vergasermotor)*

~/**главное запоминающее** *(Dat)* Hauptspeicher *m*

~/**главное распределительное** *(El)* Hauptschaltanlage *f*

~/**глубоководное якорное** *(Schiff)* Tiefseeankerausrüstung *f*

~ **графического ввода-вывода** *(Dat)* grafisches Ein- und Ausgabegerät *n*

~/**графическое регистрирующее** *(Dat)* grafisches Ausgabegerät *n (automatische Informationsaufzeichnung in Diagrammform)*
~/**грузовое** *(Schiff)* Ladegeschirr *n*
~/**грузовое натяжное** Gewichtsspannvorrichtung *f (Förderband)*
~/**грузоподъёмное** Hebezeug *n*
~/**грузоприёмное** Lastträger *m*, Lastaufnahmeeinrichtung *f (Wägetechnik)*
~/**грунтозаборное** Saugeinrichtung *f (Saugbagger)*
~/**дальнодействующее** Fernwirkanlage *f*
~/**дальномерное** Entfernungsmeßeinrichtung *f*
~/**двоичное вычислительное** *(Dat)* binäre (duale) Recheneinrichtung *f*, Binärrecheneinrichtung *f*, Dualrecheneinrichtung *f*
~/**двухпроводное** Zweileiteranlage *f*
~/**дейдвудное** *(Schiff)* Stevenrohranlage *f*
~/**декодирующее** Dekodier[ungs]einrichtung *f*, Entschlüsselungseinrichtung *f*
~/**делительное** Teileinrichtung *f*
~/**дешифрирующее** Kodeleser *m*
~/**дисковое запоминающее** *(Dat)* Magnetplattenspeicher *m*
~/**дискретное** diskrete Anlage (Einrichtung) *f*; digitale Anlage (Einrichtung) *f*
~/**дискретное вычислительное** *(Dat)* diskrete Rechenanlage (Recheneinrichtung) *f*, diskreter Rechner *m*; digitale Rechenanlage (Recheneinrichtung) *f*, digitaler Rechner *m*, Digitalrechner *m*
~ **дистанционной обработки** Datenfernverarbeitungseinrichtung *f*
~ **дистанционной отдачи якорей** *(Schiff)* Ankerfalleinrichtung *f*
~ **дистанционной передачи [данных]** Datenfernübertragungseinheit *f*
~ **для двусторонней групповой связи** *(Fmt)* Sammelgesprächseinrichtung *f*, Rundgesprächseinrichtung *f*
~ **для дополнительного зажима** *(Fert)* Nachspannvorrichtung *f*
~ **для закрывания форм** *(Gieß)* Zulegeeinrichtung *f*
~ **для замыкания кокилей** *(Gieß)* Kokillenschließgerät *n*, Kokillenschließaggregat *n*
~ **для захвата слитка** *(Met)* Blockgreifer *m*
~ **для измерения волнистости** Welligkeitsmeßeinrichtung *f*
~ **для искания «раза»/поворотное** *(Text)* Schußsuch-Rückdreheinrichtung *f (Weberei; Schaftmaschine)*
~ **для испытания на срез** *(Wkst)* Scherprüfvorrichtung *f*
~ **для испытания на удар/пружинное** *(Wkst)* Federschlagwerk *n*
~ **для корректуры/терминальное** *(Typ)* Korrekturterminal *n*
~ **для котлоагрегатов/распределительное** Kesselschaltanlage *f*
~ **для набора вразрядку** *(Typ)* Spationiervorrichtung *f*
~ **для наматывания** Aufwickelvorrichtung *f*
~ **для насадки початков** *(Text)* Kötzeraufsteckvorrichtung *f (Schärmaschine)*
~ **для натягивания формы** *(Typ)* Plattenaufspannvorrichtung *f*
~ **для оптического считывания знаков** *(Dat)* Klarschriftleser *m*
~ **для отдачи [коренного конца] якорной цепи** *(Schiff)* Kettenslipvorrichtung *f*
~ **для охлаждения дорнов** Dornstangenkühlvorrichtung *f (Rohrwalzen)*
~ **для очистки валков** Walzenputzmaschine *f*
~ **для передачи нагрузки** Lastübertragungseinrichtung *f (Wägetechnik)*
~ **для передвижения бойка** *(Schm)* Sattelverschiebevorrichtung *f*
~ **для перезаписи звука** Umspieleinrichtung *f (Tonaufnahme)*
~ **для питания** Schaltungsanordnung *f* zur Einspeisung
~ **для поворачивания листов** 1. *(Wlz)* Blechwendevorrichtung *f*, Blechwendegerät *n*; 2. *(Typ)* Wendevorrichtung *f*
~ **для поворота слябов** *(Wlz)* Brammenwendevorrichtung *f*
~ **для подсчёта штучного количества** Stückzähleinrichtung *f (Wägetechnik)*
~ **для подтягивания** Nachspannvorrichtung *f*
~ **для подъёма фонаря** *(Schiff)* Laternen-Heißvorrichtung *f*
~ **для поперечного затопления/автоматическое** *(Schiff)* selbsttätige Querflutanlage *f*
~ **для правки** *(Fert)* Abrichteinrichtung *f (Schleifscheibe)*
~ **для реверсирования** *(Flg)* Schubumkehrvorrichtung *f*
~ **для смены валков** *(Wlz)* Walzenausbauvorrichtung *f*, Walzenaushebevorrichtung *f*, Walzenausfahrvorrichtung *f*
~ **для смены рулонов** *(Typ)* Rollenwechselvorrichtung *f*
~ **для считывания меток** *(Dat)* Markierungsleser *m*
~ **для съёмки связок** *(Wlz)* Bundabnahmevorrichtung *f*
~ **для уничтожения девиации** *(Schiff)* Kompensierungseinrichtung *f (Magnetkompaß)*
~ **для установки нуля** Nullstelleinrichtung *f*
~ **для холостого хода** Leerlaufeinrichtung *f (Vergasermotor)*

~ для хранения констант/запоминающее Festwertspeicher *m*
~ для цветоделения *(Typ)* Farbauszugsgerät *n*
~ для чтения микрофильмов Mikrofilmlesegerät *n*
~ для шитья термонитками Fadensiegeleinrichtung *f (Buchbinderei)*
~ для шлифовки валков Walzenschleifvorrichtung *f*
~/дноуглубительное Baggereinrichtung *f*, Baggergerät *n*
~/дозирующее Dosiervorrichtung *f*, Zuteileinrichtung *f*
~/долговременное запоминающее *(Dat)* permanenter Speicher *m*
~/дополнительное Zusatzeinrichtung *f*
~/душирующее *(Härt)* Abschreckbrause *f (Oberflächenhärtung)*
~ дымосигнальной автоматической системы обнаружения пожара *(Schiff)* selbsttätige Rauch-Feuererkennungsanlage *f*
~/железнодорожное *(Eb)* Bahnanlage *f*
~/завалочное *s.* **~/загрузочное**
~/загрузочное 1. Beschickungseinrichtung *f*, Fülleinrichtung *f*, Aufgabevorrichtung *f*; 2. *(Met)* Beschick[ungs]vorrichtung *f*, Chargiervorrichtung *f*, Ofenbeschickvorrichtung *f*
~/задающее Sollwertgeber *m*
~/задерживающее 1. *(Reg)* Verzögerungsglied *n*; 2. *(Schiff)* Stoppereinrichtung *f (Stapellauf)*
~ зажигания Zündeinrichtung *f*, Zündvorrichtung *f*, Zündgerät *n*
~/зажимное 1. Klemmeinrichtung *f*; 2. *(Fert)* Spannvorrichtung *f*
~/закрытое распределительное *(El)* Innenraumschaltanlage *f*, Gebäudeschaltanlage *f*
~/заливочно-дозирующее *(Gieß)* Dosier- und Gießvorrichtung *f*
~/заливочное *(Gieß)* Gießvorrichtung *f*, Vergießeinrichtung *f*
~ замера уровня в цистернах Tankfüllstandsmeßanlage *f*
~/замкнутое geschlossener Regelkreis *m*
~/запирающее *s.* **~/блокировочное**
~ записи 1. Aufzeichnungseinrichtung *f*, Aufzeichnungsgerät *n*; 2. Schreibvorrichtung *f*, Schreibwerk *n*
~/записывающее *s.* **~ записи**
~/запоминающее *(Dat)* Speicher *m*, Speichereinrichtung *f (s. a. unter* **память***)*
~/запорное *(Hydt)* Absperrvorrichtung *f*
~/зарядное Ladeeinrichtung *f (für Akkumulatoren)*
~/засыпное *(Met)* Begichtungsvorrichtung *f*, Gichtverschluß *m*, Beschick[ungs]anlage *f*, Begichtungsanlage *f (Hochofen)*
~/заталкивающее Einstoßvorrichtung *f (Rohrwalzen)*
~/защитное 1. Schutzeinrichtung *f*, Schutzvorrichtung *f*; Schütz *n*; 2. Schutzschranke *f*
~ защиты данных Datensicherungsgerät *n*
~/звуковоспроизводящее Tonwiedergabeeinrichtung *f*
~/звукозаписывающее Tonaufzeichnungseinrichtung *f*
~/золоудаляющее Entaschungsanlage *f*
~ измерения наполнения кутка рыбой *(Schiff)* Steertfüllgradmeßeinrichtung *f*
~ измерения проводимости Leitfähigkeitsmeßeinrichtung *f*, Leitwertmeßeinrichtung *f*
~/измерительное Meßeinrichtung *f*, Meßanordnung *f*
~/импульсное Impulseinrichtung *f*
~/индикаторное Anzeigegerät *n*, Sichtgerät *n (Radar)*; Anzeigevorrichtung *f*; anzeigendes Gerät *n*, Anzeigeeinheit *f*
~ индукционного лага/приёмное *(Schiff)* Meßsonde *f* des elektrodynamischen Logs (Induktionslogs)
~/интегрирующее *(Dat)* Integrieranlage *f*, integrierendes Gerät *n*
~/информационное вычислительное Informationsrechengerät *n*
~/исполнительное 1. Stellglied *n*; Stellorgan *n*, Steller *m*; 2. Regeleinrichtung *f*; Regelanlage *f*; 3. *(Rak)* Lenkeinrichtung *f*
~/исправное *(Dat)* fehlerfreie Einheit *f*
~/испытательное Prüfeinrichtung *f*
~/калибровочное Eicheinrichtung *f*
~/кантовальное *(Wlz)* Kantvorrichtung *f*, Kanter *m*
~/каптажное *s.* **~/водозаборное**
~/карманное вычислительное Taschenrechner *m*
~/клавишное *(Dat)* Tastatur *f*, Tasteinrichtung *f*
~/кодирующее Kodier[ungs]einrichtung *f*, Kodierer *m*, Verschlüsselungseinrichtung *f*, Verschlüßler *m*
~/колошниковое *(Met)* Gichtverschluß *m (Hochofen)*
~/колошниковое загрузочное *(Met)* Schüttvorrichtung *f (Hochofen)*
~/командное *(Reg)* Steuereinrichtung *f*; Kommandostand *m*; Kommandoanlage *f*; Kommandogerät *n*
~/командное вычислительное *(Dat)* Kommandorechengerät *n*, Befehlsrechengerät *n*
~/командное трансляционное *(Reg)* Kommandoübertragungsanlage *f*, Kommandoanlage *f*
~/коммутационное *(Fmt)* Vermittlungseinrichtung *f*

~/**компенсирующее** Nachstelleinrichtung *f*
~/**компенсирующее вычислительное** Kompensationsrechengerät *n*
~/**комплектное распределительное** fabrikfertige Schaltanlage (Schrankschaltanlage) *f*
~ **кондиционирования воздуха** Klimaanlage *f*
~ **констант/запоминающее** *(Dat)* Festwertspeicher *m*
~/**контрольно-измерительное** Meß- und Prüfeinrichtung *f*, Kontrollmeßeinrichtung *f*
~/**контрольно-испытательное** Prüfeinrichtung *f*
~/**контрольно-считывающее** Prüf- und Ableseeinrichtung *f*, Kontroll-Leseeinrichtung *f*
~ **контроля параметров трала** *(Schiff)* Netzsonde *f*
~/**копировальное** *(Fert)* Nachformeinrichtung *f*, Nachformvorrichtung *f*
~/**копирующее** *(Lw)* Schleifschuh *m*
~/**корабельное переговорное** *(Schiff)* Bordsprechanlage *f*
~/**кормовое подруливающее** *(Schiff)* Heckstrahlruder *n*
~/**крановое грузовое** *(Schiff)* Kranladegeschirr *n*
~/**крыльевое** *(Schiff)* Tragflächenanlage *f*, Tragflügelanlage *f*
~/**леерное** *(Schiff)* Reling *f*, Geländer *n*
~/**лентопитающее** *(Typ)* Abrollung *f*
~/**линеметательное** *(Schiff)* Leinenwurfgerät *n*
~/**листопитающее** *(Typ)* Bogenförderer *m*
~/**логическое** logische Schaltung *f*, Logikeinrichtung *f*
~/**лоткозатворное** Schüttrinnenschließvorrichtung *f (Eimerkettenschwimmbagger)*
~/**лоткоподъёмное** Schüttrinnenhebevorrichtung *f (Eimerkettenschwimmbagger)*
~/**лядовое** *(Schiff)* Bodenklappenanlage *f (Klappschute)*
~/**магнитное барабанное запоминающее** *(Dat)* Magnettrommelspeicher *m*
~/**магнитное ленточное запоминающее** *(Dat)* Magnetbandspeicher *m*
~ **максимального тока/расцепляющее** *(El)* Überstromauslöser *m*
~/**маскирующее** *(Typ)* Maskeneinrichtung *f*
~/**массовое запоминающее** *(Dat)* Massenspeicher *m*
~/**массоулавливающее** *(Pap)* Faser[stoff]-rückgewinnungsanlage *f*
~/**матричное запоминающее** *(Dat)* Matrixspeicher *m*
~/**матричное печатающее** Matrixdrucker *m*, Drahtdrucker *m*, Stiftdrucker *m*; Mosaikdrucker *m*
~/**медленное** *(Dat)* langsames Gerät *n*
~/**микрофильмовое** Mikrofilmgerät *n*
~ **минимального напряжения/расцепляющее** *(El)* Unterspannungsauslöser *m*
~ **минимального тока/расцепляющее** *(El)* Unterstromauslöser *m*
~/**множительно-делительное** *(Dat)* Multiplikations- und Divisionseinrichtung *f*
~/**множительное** *(Dat)* Multipliziereinrichtung *f*, Multiplikationseinrichtung *f*, Multiplikator *m*
~/**моделирующее** *(Dat)* Simulator *m*, Nachbildungseinrichtung *f*
~/**мозаичное печатающее** *(Dat)* Mosaikdrucker *m*
~/**молниезащитное** Blitzschutzanlage *f*
~/**монтируемое** *(Dat)* Gerät *n* mit austauschbarem Datenträger
~ **на диодах/запоминающее** *(Dat)* Diodenspeicher *m*
~ **на кольцевых сердечниках/запоминающее** *(Dat)* Ringkernspeicher *m*
~ **на магнитной ленте/запоминающее** *(Dat)* Magnetbandspeicher *m*
~ **на магнитном барабане/запоминающее** *(Dat)* Magnettrommelspeicher *m*
~ **на магнитных дисках/запоминающее** *(Dat)* Magnetplattenspeicher *m*
~ **на магнитных сердечниках/запоминающее** *(Dat)* Magnetkernspeicher *m*
~ **на оптическом генераторе** Lasergerät *n*
~ **на твисторах/запоминающее** *(Dat)* Twistorspeicher *m*
~ **на транзисторах/запоминающее** *(Dat)* Transistorspeicher *m*
~ **на триггерах/запоминающее** *(Dat)* Flip-Flop-Speicher *m*
~ **на ферритовых сердечниках/запоминающее** *(Dat)* Ferritkernspeicher *m*
~/**навесное** *(Lw)* Dreipunktanbau *m*, Dreipunktaufhängung *f*
~/**нагрузочное** 1. Belastungsvorrichtung *f (Werkstoffprüfmaschine)*; 2. *(Schiff)* Belastungswiderstandsanlage *f (zur Belastung von Generatoren bei der Erprobung)*
~/**нажимное** *(Wlz)* Anstellvorrichtung *f*
~/**направляющее** Lenker *m (Wägetechnik)*
~/**настроечное** Abstimmvorrichtung *f*
~/**натяжное** Spannvorrichtung *f*, Spannwerk *n (Förderband)*
~/**неавтономное** *(Dat)* gekoppeltes Gerät *n*, On-line-Gerät *n*
~ **недогруза/предохранительное** Unterlastsperre *f (Waage)*
~ **непрерывного действия/пневматическое вычислительное** *(Dat)* pneumatischer Analogrechner *m*

~/непрерывное вычислительное *(Dat)* Analogrechner *m*, analoge Recheneinrichtung *f*; Stetigrechner *m*
~ низкого напряжения/распределительное *(El)* Niederspannungsschaltanlage *f*
~/низкочастотное *(El)* niederfrequente Einrichtung *f*
~/нитеподающее *(Text)* Fadenzubringer *m (Interlockmaschine)*
~/носовое подруливающее *(Schiff)* Bugstrahlruder *n*
~ обработки *(Dat)* Verarbeitungsgerät *n*, Verarbeitungseinheit *f*
~ обработки данных Datenverarbeitungsanlage *f*
~ обработки перфокарт *(Dat)* Lochkartenanlage *f*
~ обработки радиолокационной информации Radardatenverarbeitungsanlage *f*
~ обработки/центральное *(Dat)* zentrale Verarbeitungseinheit *f*
~/окантовочное *(Typ)* Fälzeleinrichtung *f*
~/оконечное *(Dat)* Endgerät *n*
~/оперативное запоминающее *(Dat)* operativer Speicher *m*, Operationsspeicher *m*, Arbeitsspeicher *m*
~ опрашивания *(Dat)* Abfrageeinheit *f*
~ опроса *(Dat)* Abfrageeinheit *f*
~ оптического считывания и сортировки документов *(Dat)* optischer Belegleser-sortierer *m*
~/оптическое запоминающее *(Dat)* optischer Speicher *m*
~/оптическое читающее optisches Lesegerät *n*
~/оросительное *(Lw)* Beregnungsvorrichtung *f*, Bewässerungsanlage *f*
~/осветительное Beleuchtungseinrichtung *f*
~/основное запоминающее *(Dat)* Hauptspeicher *m*
~/отгибочное Abbiegevorrichtung *f* *(Stranggießen)*
~/отказавшее gestörtes Gerät *n*
~/отклоняющее *(Bgb)* Ablenkvorrichtung *f (Bohrung)*
~/открытое распределительное *(El)* Freiluftschaltanlage *f*
~ отображения информации *(Dat)* Datensichtstation *f*; Datensichtgerät *n*
~ отображения/экранное *(Dat)* Bildschirmgerät *n*
~/отсчётное Anzeigeeinrichtung *f*, Ableseeinrichtung *f*
~/отсчётно-командное *(Reg)* Anzeige- und Steuereinrichtung *f*
~/охлаждающее Kühlvorrichtung *f*
~/параллельное вычислительное *(Dat)* Parallelrechner *m*
~/параллельное запоминающее *(Dat)* Parallelspeicher *m*
~/парашютное *(Bgb)* Fangvorrichtung *f (Schachtförderung)*
~/пассивное запоминающее *(Dat)* permanenter Speicher *m*, Dauerspeicher *m*
~/пеленгаторное *(FO)* Peileinrichtung *f*
~/переводное 1. Wechselklappe *f*, Kippventil *n (SM-Ofen)*; 2. Umsetzgerät *n (Lagerwirtschaft)*
~/переговорно-вызывное *(Dat)* Abfrageeinrichtung *f*
~/переговорное *(Fmt)* Wechselsprechanlage *f*
~ перегрузки/предохранительное Überlastsperre *f (Waage)*
~/передающее Sende[r]einrichtung *f*, Sender *m*, Übertragungseinrichtung *f*; Datenübertrager *m*; Gebervorrichtung *f*, Geber *m*
~ перезаписи *(Dat)* Übersetzer *m*, Umsetzer *m (Übertragung einer Information von einem Träger auf einen anderen, z. B. von Karte auf Band)*
~ перезаписи звука Umspieleinrichtung *f*
~ перезаписи с карт на ленту *(Dat)* Karte-Band-Umsetzer *m*
~ перезаписи с перфокарт на ленту *(Dat)* Karte-Band-Umsetzer *m*
~/переключающее 1. Umschalteinrichtung *f (z. B. an einer Waage)*; 2. *(Dat)* Umschalteinheit *f*
~ переключения *s.* **~/переключающее**
~ переменной связи Variokoppler *m*
~ перемотки Umspulvorrichtung *f*
~/переносное измерительное transportable Meßanlage (Meßeinrichtung) *f*
~/пересчётное *(Kern)* Untersetzereinrichtung *f (Zählrohr)*
~/переходное *(Dat)* Anpassungseinheit *f*
~/периодическое запоминающее *(Dat)* periodischer Speicher *m*
~/периферийное *(Dat)* peripheres Gerät *n*
~/перфорирующее *(Dat)* Locher *m*, Stanzer *m*
~/печатающее *(Dat)* Drucker *m*, Zeilendrucker *m*, Schreibwerk *n*, Druckwerk *n*
~ печати *s.* **~/печатающее**
~/печатно-кодирующее *(Typ)* Tastomat *m*
~/пишущее 1. Schreibvorrichtung *f*, Schreibeinrichtung *f*, Schreibwerk *n*; 2. *(Fmt)* Rekorder *m (Funktelegrafie)*
~/пневматическое аналоговое вычислительное *(Dat)* pneumatischer Analogrechner *m*
~/поворотно-вываливающееся спусковое *(Schiff)* drehbare Bootsaussetzvorrichtung *f*
~ поворотного включения насосов *(Schiff)* Pumpenwiedereinschaltvorrichtung *f*
~/поворотное Drehvorrichtung *f*, Wendeeinrichtung *f*, Wendevorrichtung *f*; Schwenkvorrichtung *f*
~ подачи *(Dat)* Vorschubeinrichtung *f*
~/подвесное Aufhängevorrichtung *f*, Aufhängung *f*

~ **подводного наблюдения** Unterwasserortungsanlage *f*
~ **подготовки данных** *(Dat)* Datenerfassungsgerät *n*
~ **подготовки перфокарт** *(Dat)* Lochkartenstanzer *m*
~ **подключения к сети** *(El)* Netzanschlußgerät *n*
~/**подналаживающее** *(Fert)* Meßsteuerung *f (spitzenlose Schleifmaschinen und Automaten)*
~/**подрессоривающее** Federaggregat *n*, Abfederungsvorrichtung *f*, Tragfedervorrichtung *f (Blattfedern)*
~/**подруливающее** *(Schiff)* Querschubanlage *f*, Strahlruder *n*
~ **подслушивания** Mithöreinrichtung *f*
~ **подтягивания вываленной спасательной шлюпки к борту** *(Schiff)* Beiholvorrichtung *f* (Beiholer *m*) für Rettungsboote
~/**подъёмное** *(Schiff)* Heißvorrichtung *f*, Hebevorrichtung *f*, Hievvorrichtung *f*
~/**подъёмно-опускное** *(Schiff)* Ausfahrvorrichtung *f (Fahrtmeßrohr)*
~/**подъёмно-поворачивающее** *(Wlz)* Hub- und Wendevorrichtung *f*
~/**поисковое** Suchgerät *n*, Suchvorrichtung *f*
~/**полуавтоматическое измерительное** halbautomatische Meßvorrichtung *f*
~/**полупроводниковое запоминающее** *(Dat)* Halbleiterspeicher *m*
~/**полупроводниковое интегральное запоминающее** *(Dat)* integrierter Halbleiterspeicher *m*
~/**последовательное вычислительное** *(Dat)* Serienrechner *m*
~/**последовательное запоминающее** Serienspeicher *m*
~/**последовательно-печатающее** *(Dat)* Seriendrucker *m*
~/**постоянное запоминающее** *(Dat)* Dauerspeicher *m*, Permanentspeicher *m*, Fest[wert]speicher *m*
~/**постоянно-печатающее** *(Dat)* Blattschreiber *m*
~/**построчно-печатающее** *(Dat)* Zeilendrucker *m*
~/**предохранительное** Sicherheitseinrichtung *f*, Schutzvorrichtung *f*
~/**предупреждающее** Voreiler *m (Wägetechnik)*
~ **приёма** *(Dat)* Empfänger *m*, Datenempfänger *m*
~/**приёмное** Empfänger *m*, Empfangseinrichtung *f*; Datenempfänger *m*
~/**приёмное печатающее** *(Typ)* Klarschriftempfangsgerät *n*
~/**приёмно-передающее** Sende[-und]-Empfangs-Einrichtung *f*, Sende[-und]-Empfangs-Gerät *n (Radar)*
~/**прижимно-вытяжное** Ziehkissen *n (Ziehen)*
~/**прижимное** Spannvorrichtung *f*
~/**прицепное** *(Bgb)* Zwischengeschirr *n (Förderkorb)*
~/**пробивное** *(Dat)* Stanzmechanismus *m*
~ **проверки перфокарт** *(Dat)* Lochkartenprüfer *m*
~/**программное** *(Reg)* Programm[steuer]-einrichtung *f*
~/**программное запоминающее** *(Dat)* Programmspeicher *m*
~/**продувочное** Spüleinrichtung *f (Durchspülung von Zylindern, Rohrsystemen u. dgl.)*
~/**проекционное** Projektionseinrichtung *f*
~/**проигрывающее** Abspieleinrichtung *f*
~/**промежуточное запоминающее** Zwischenspeicher *m*
~/**промысловое** Fischfangausrüstung *f*, Fischereiausrüstung *f*
~/**противообледенительное** *(Flg)* Enteisungseinrichtung *f*, Enteiser *m (s. a.* **противообледенитель***)*
~/**противоугонное** Windsicherung *f (Kran)*
~/**прошивное** Lochvorrichtung *f (Stanzerei)*
~/**пружинное** Federaggregat *n*, Abfederungsvorrichtung *f (Schraubenfedern)*
~ **прямого доступа** *(Dat)* Direktzugriffsgerät *n*
~ **прямого доступа/запоминающее** Direktzugriffsspeichergerät *n*
~ **прямого доступа коллективного пользования** *(Dat)* gemeinsam benutztes Direktzugriffsgerät *n*
~/**пусковое** Anlaßvorrichtung *f*
~/**путевое** Bahnanlage *f*; Gleisanlage *f*
~/**рабочее** *(Dat)* Arbeitsgerät *n*
~/**радионавигационное** Funknavigationseinrichtung *f*
~/**радиопеленгаторное** Funkpeileinrichtung *f*
~/**радиопередающее** Funksendeeinrichtung *f*
~/**радиоприёмное** Funkempfangseinrichtung *f*
~/**радиотехническое** funktechnische Einrichtung *f*, Hochfrequenzgerät *n*
~/**развёртывающее** 1. Abtasteinrichtung *f*, Abtastgerät *n*; 2. Ablenkeinrichtung *f*, Ablenkgerät *n*
~ **разгрузки/предохранительное** Abgleichssicherung *f (Wägetechnik)*
~/**разгрузочное** Entleerungseinrichtung *f*; Entlastungseinrichtung *f*
~/**размагничивающее** *(Mar)* Mineneigenschutzanlage *f*
~/**размалывающее (размольное)** Mahleinrichtung *f*, Mahlwerk *n*, Mahlgeschirr *n*

~/**размоточно-намоточное** Entroll- und Aufwickelvorrichtung *f*, Wickelvorrichtung *f* *(Draht)*
~/**разомкнутое** offener Regelkreis *m*
~/**разрыхлительное** Schneidkopfanlage *f* *(Saugbagger)*
~/**распознающее** *(Dat)* Erkennungsanlage *f*, Erkennungsgerät *n*
~/**распорное** *(Bgb)* Setzvorrichtung *f* *(Stempelausbau)*
~/**распределительное** Verteilungsanlage *f*, Schaltanlage *f*
~/**растровое печатающее** *(Dat)* Mosaikdrucker *m*
~/**расцепляющее** Ausklinkvorrichtung *f*, Auslöser *m*, Ausklinkwerk *n*
~/**расчётное** Abrechnungsanlage *f*
~ **реактора/загрузочное** *(Kern)* Beschikkungseinrichtung *f*, Ladegerät *n* *(Reaktor)*
~/**реверсивное** *(Masch)* Umsteuerungsvorrichtung *f*
~/**регистрирующее** Registriereinrichtung *f*
~/**регулирующее** 1. Regeleinrichtung *f*, Regelvorrichtung *f*, Regulator *m*; Nachstelleinrichtung *f*; 2. Regelglied *n*, Regelorgan *n*
~/**резально-перфорирующее** *(Typ)* Schneid- und Perforiereinrichtung *f*
~/**рейтерное** Reitereinrichtung *f* *(Waage)*
~/**рессорное** *s.* ~/**подрессоривающее**
~/**рудоподготовительное** Erzaufbereitung *f*, Erzaufbereitungsanlage *f*
~/**рудосортировочное** Klaubeanlage *f* *(Aufbereitung)*
~ **рулевого управления** *(Kfz)* Lenkvorrichtung *f* *(Sammelbegriff für Lenkrad, Lenksäule, Lenkgetriebe, Spurstangen und Lenkstockhebel)*
~/**рулевое** *(Schiff)* Ruderanlage *f*
~ **рулонного типа/графическое регистрирующее** *(Dat)* Trommelzeichengerät *n*, Plotter *m*
~/**ручное счётное** Handrechenmaschine *f*
~ **с бегущим лучом/развёртывающее** Lichtpunktabtaster *m*, Lichtstrahlabtaster *m*
~ **с буферной памятью/печатающее** *(Dat)* Blockdrucker *m*
~ **с воздушной заслонкой** Starteinrichtung *f* mit Starterklappe *(Vergasermotor)*
~ **с защитой файлов** *(Dat)* Gerät *n* mit Dateischutz
~ **с передвижными уравновешивающими грузами** Laufgewichtseinrichtung *f* *(Waage)*
~/**самолётное переговорное** *(Flg)* Bordsprechanlage *f*
~/**самоликвидирующее** *(Rak)* Selbstzerleger *m*
~ **сбора данных** Datenerfassungsgerät *n*
~/**сбрасывающее** Auswerfer *m*, Auswerfvorrichtung *f*; Abwurfvorrichtung *f*, Abwerfer *m*
~/**сверхоперативное запоминающее** *(Dat)* Schnellspeicher *m*
~ **связи** *(Dat)* Kommunikationsgerät *n*
~/**секторное рулевое** *(Schiff)* Quadrantruderanlage *f*
~/**силоизмерительное** Kraftmeßeinrichtung *f*
~/**симметрирующее** *(Rf)* Symmetriereinrichtung *f*
~ **синоптических карт/самозаписывающее** Wetterkartenschreiber *m*
~ **системного ввода** *(Dat)* Systemeingabeeinheit *f*
~ **системного вывода** *(Dat)* Systemausgabeeinheit *f*
~/**системное логическое** *(Dat)* logische Systemeinheit *f*, systemlogisches Gerät *n*
~/**сканирующее** Scanner *m*
~/**складывающее** Stapelvorrichtung *f*, Stapler *m*
~/**следящее** *(Reg)* Folgeeinrichtung *f*, Nachlaufeinrichtung *f*
~/**смазочное** Schmiervorrichtung *f*
~/**сматывающее** Wickelmaschine *f* *(Draht)*
~/**сменное** *(Text)* Schützenwechseleinrichtung *f* *(Webstuhl)*
~/**смесительное** *(Fmt)* Mischeinrichtung *f*
~ **согласования** *s.* ~/**согласующее**
~/**согласующее** *(Reg)* Anpassungsgerät *n*, Adapter *m*
~ **сопряжения** *(Dat)* Anpassungseinheit *f*, Interface *n*
~/**сортировочное** Sortiervorrichtung *f*, Sortiereinrichtung *f*; Scheidevorrichtung *f* *(Aufbereitung)*
~ **спроса** *(Dat)* Abfrageeinheit *f*
~/**спусковое** 1. *(El)* Auslösemechanismus *m*; 2. *(Eln)* Kippschaltung *f*, Trigger *m*, Triggerschaltung *f*; 3. *(Schiff)* Ablaufeinrichtung *f*, Absenkanlage *f*; 4. *(Schiff)* Aussetzvorrichtung *f* *(Rettungsboote, Rettungsflöße)*
~ **сравнения** *s.* ~/**сравнивающее**
~/**сравнивающее** Vergleichsglied *n*, Vergleicher *m*; Vergleichseinrichtung *f*, Vergleichsvorrichtung *f*
~/**стандартное сужающее** genormter Wirkdruckgeber *m*
~ **стержневого типа/печатающее** *(Dat)* Drucker *m* mit Typenrolle
~/**стопорное** *s.* ~/**блокировочное**
~/**стреловое грузовое** *(Schiff)* Ladebaumgeschirr *n*
~/**стripperное** *(Met)* Blockabstreifvorrichtung *f*, Blockabstreifer *m*, Abstreifvorrichtung *f*, Abstreifer *m*
~/**стружкоотсасывающее** *(Fert)* Späneabsauganlage *f*

~/**судовое радионавигационное** Schiffsnavigationsanlage *f*
~/**сужающее** Stau- und Drosselgerät *n*, Wirkdruckgeber *m*
~/**суммирующее** Addiereinrichtung *f*, Summierglied *n*, Addierglied *n*, Adder *m*
~/**[сцепно-]счальное** Kupplung *f*, Kupplungseinrichtung *f* *(Schubschiffahrt)*
~/**счётное** Zähleinrichtung *f*, Zählwerk *n*
~ **считывания** *(Dat)* Ableseeinrichtung *f*, Lesegerät *n*
~ **считывания данных с документов** Belegleser *m*
~ **считывания с магнитной ленты** Magnetbandleser *m*
~ **считывания с перфокарт** Lochkartenleser *m*, Lochkarten[ab]leseeinrichtung *f*, Kartenlesegerät *n*
~ **считывания с перфоленты** Lochbandleser *m*
~/**такелажное** Anschlagvorrichtung *f*, Lastmittel *n* *(für Hebezeuge)*
~/**твисторное запоминающее** *(Dat)* Twistorspeicher *m*
~/**телеизмерительное** Fernmeßeinrichtung *f*
~/**телеизмерительное приёмное** Fernmeßempfangseinrichtung *f*
~/**телеметрическое** Fernmeßeinrichtung *f*
~/**телемеханическое** Fernwirkeinrichtung *f*, Fernwirkanlage *f*, Fernwirkgerät *n*
~/**тентовое** *(Schiff)* Sonnenschutzeinrichtung *f*, Sonnensegel *n*
~/**технологическое** verfahrenstechnische Anlage *f*
~/**толкающее** *(Bw)* Planierschildträger *m* *(Bulldozer)*
~/**тормозное** Bremsvorrichtung *f*, Bremsanlage *f*
~ **тормозов** *s.* ~/**тормозное**
~/**траловое** Schleppausrüstung *f*, Schleppeinrichtung *f* *(für Schleppnetzfischerei)*
~/**транзисторное запоминающее** *(Dat)* Transistorspeicher *m*
~/**транспортное** *(Bgb)* Fördereinrichtung *f*, Fördermittel *n* *(Streckenförderung)*
~/**тягальное** *(Bgb)* Ziehvorrichtung *f* *(Ausbau)*
~/**тянущее** Abzugvorrichtung *f* *(z. B. für das Drahtziehen)*
~/**ударное поворотное** *(Lw)* Schlaghebel *m*, Schwinghebel *m*
~/**ударно-тяговое** *(Eb)* Zug- und Stoßvorrichtung *f*
~/**улавливающее** Auffangvorrichtung *f*, Fangvorrichtung *f*
~/**упорное** *(Text)* Stecher[schützen]einrichtung *f* *(Webstuhl)*
~ **управления [/внешнее]** *(Dat)* Gerätesteuereinheit *f*, Steuereinheit *f*
~ **управления каналом** Kanalsteuereinheit *f*
~ **управления/местное** eigentliche Steuereinheit *f*
~ **управления/центральное** Zentralsteuereinheit *f*
~/**управляющее** *(Reg)* Steuereinrichtung *f*; Steuerglied *n*
~/**уравновешивающее** Auswägeeinrichtung *f*
~/**усилительное** *(El)* Verstärkereinrichtung *f*
~ **ускорителя/впускное** *(Kern)* Einschußvorrichtung *f*, Injektor *m*
~/**успокоительное** Dämpfungsvorrichtung *f*
~ **установки на нуль** *(Reg)* Nullstelleinrichtung *f*
~/**установочное** Einstellvorrichtung *f*
~/**фазоизмерительное** *(El)* Phasenmeßeinrichtung *f*
~/**физическое** *(Dat)* physisches Gerät *n*
~/**фиксирующее** *s.* ~/**блокировочное**
~/**фотопечатающее** fotografische Aufzeichnungseinheit *f*
~/**фотоэлектрическое считывающее** fotoelektrische (lichtelektrische) Ableseeinrichtung *f*, Fotoabtasteinrichtung *f*, Fotoleser *m*
~/**функциональное** Funktionseinrichtung *f*
~/**холодильное** 1. Kühlvorrichtung *f*; 2. Kühlanlage *f*, Gefrieranlage *f*
~/**храповое** Sperrwerk *n*
~/**хронирующее** Zeitgeber *m*
~/**центральное запоминающее** *(Dat)* zentraler Speicher *m*
~ **центральной смазки** *(Masch)* Zentralschmiervorrichtung *f*
~/**центрально-рычажное** *(Schiff)* Zentralverschluß *m* *(Schiffstür)*
~/**центрирующее** Zentriervorrichtung *f*
~ **центробежной смазки** *(Masch)* Schleuderschmier[vorricht]ung *f*, Zentrifugalschmier[vorricht]ung *f*
~/**цепное печатающее** *(Dat)* Kettendrukker *m*
~/**циркуляционное запоминающее** *(Dat)* Umlaufspeicher *m*
~/**цифро-аналоговое вычислительное** Digital-Analog-Rechner *m*, digital-analoge Recheneinrichtung *f*, digital-analoger Rechner *m*
~/**цифровое** digitale Einrichtung *f*, Digitalanlage *f*
~/**цифровое вычислительное** digitale Recheneinrichtung *f*, Digitalrechner *m*, Digitalrechenmaschine *f*
~/**цифровое запоминающее** *(Dat)* digitaler Speicher *m*
~/**цифровое измерительное** digitale Meßeinrichtung *f*

~/**цифровое печатающее** *(Dat)* Digitaldrucker *m*, Digitalschreiber *m*
~/**частотоизмерительное (частотомерное)** Frequenzmeßeinrichtung *f*
~/**читающее** *(Dat)* Leser *m*, Leseeinrichtung *f*
~/**читающе-сортирующее** *(Dat)* Sortierleser *m*
~ **чтения-перфорации** *(Dat)* Lese-Stanz-Einheit *f*
~/**швартов[н]ое** *(Schiff)* Verhol- und Vertäuausrüstung *f*, Verholgeschirr *n*
~/**широколенточное гофрирующее** *(Text)* Breitbandstauchkräuselmaschine *f*
~/**шлихтовальное** *(Text)* Schlichtvorrichtung *f* *(Webstuhl)*
~/**шлюпочное** *(Schiff)* Bootsaussetzeinrichtung *f*, Rettungsbootsanlage *f*
~ **штангового типа/печатающее** *(Dat)* Drucker *m* mit Typenstange
~/**штевневое приёмное** *(Schiff)* Stevenlogfahrtmeßanlage *f*
~/**штепсельное** *(El)* Steckvorrichtung *f*
~/**штуртросовое рулевое** *(Schiff)* Ruderleitung *f*
~/**щёткоподъёмное** *(El)* Bürstenabnehmer *m*
~/**экипировочное** *(Eb)* Behandlungsanlage *f* *(Lok)*
~/**экранирующее** Abschirmvorrichtung *f*; Abblendevorrichtung *f*, Blende *f*
~ **экстренной остановки главного двигателя** *(Schiff)* Notstoppeinrichtung *f* für die Hauptmaschine
~/**электроизмерительное** elektrische Meßeinrichtung *f*
~/**электронное аналоговое** elektronischer Analogrechner *m*
~/**электронное вычислительное** elektronischer Rechenautomat (Rechner) *m*, elektronische Recheneinrichtung *f*, Elektronenrechner *m*
~/**якорное** *(Schiff)* Ankergeschirr *n*, Ankereinrichtung *f*

уступ *m* 1. Absatz *m*, Stufe *f*, Staffel *f*; Abstufung *f*; Sprung *m*; 2. *(Typ)* Einzug *m*; 3. *(Bw)* Rücksprung *m*; 4. *(Bgb)* Strosse *f*; Abbaustufe *f*, Schnitt *m* *(Tagebau)*
~/**абразионный (волноприбойный)** *(Geol)* Kliff *n* *(Steilküste)*
~/**вскрышной** *(Bgb)* Abraumstrosse *f*
~/**выемочный** *(Bgb)* Baggerstrosse *f*
~ **для дробления стружки** Spanleitstufe *f* *(Drehmeißel)*
~ **карьера** *(Bgb)* Strosse *f* *(Tagebau)*
~/**мостовой** *(Bgb)* Brückenstrosse *f*
~/**отвальный** *(Bgb)* Kippenstrosse *f*
~ **палубы** *(Schiff)* Stufe *f* des Decks
~/**передовой** *(Bgb)* Vorschnitt *m* *(Tagebau)*
~/**породный** *(Bgb)* Abraumstrosse *f*
~/**рабочий** *(Bgb)* Strosse *f*, Schnitt *m* *(Tagebau)*
~ **террасы** *(Geol)* Terrassenstufe *f*
~/**экскаваторный** *(Bgb)* Baggerstrosse *f*

уступами 1. absatzweise; stufenförmig, terrassenförmig; abgetreppt; 2. *(Bgb)* strossenförmig; strossenweise

устье *n* 1. Mündung *f* *(Fluß)*; 2. Ausmündung *f*; Mundloch *n*, Ausflußöffnung *f*; Mundstück *n*
~ **бункера** Bunkerauslauf *m*
~ **выработки** *(Bgb)* Tagesöffnung *f*
~ **горелки** Brennerdüse *f*
~ **долины** *(Geol)* Talausgang *m*, Talmündung *f*
~ **скважины** Bohrlochmündung *f*, Bohrlochmund *m* *(Erdölbohrung)*
~ **сопла** Düsenendstück *n*, Düsenmündung *f*
~ **ствола** *(Bgb)* 1. Schachtmund *m*; 2. Vorschacht *m* *(beim Senkschachtverfahren)*
~ **штольни** *(Bgb)* Stollenmundloch *n*

усушка *f* Schwinden *n*, Schwund *m*; Schwundverlust *m*, Masseverlust *m*; *(Ker)* Trockenschwindung *f*, Luftschwindung *f*

усы *mpl* 1. *(Fert)* Kopfverdickung *f*, Protuberanzen *fpl* *(Abwälzfräser)*; 2. *(Krist)* *s.* **кристалл/нитевидный**

усынок *m* **[вентеря]** Kehle *f* *(Fischfang; Kammerreuse)*

усыхание *n* Eintrocknen *n*, Schwinden *n*, Schwund *m*
~ **дерева** Schwinden *n* des Holzes

усыхать 1. eintrocknen; 2. schwinden *(Holz)*

утверждение *n* Zulassung *f* *(s. a.* **допущение***)*

УТГ *s.* **турбогенератор/утилизационный**

утекать 1. ausfließen, ausströmen, auslaufen; 2. *(El)* *(durch Erdschluß oder Streuung)* entweichen *(Strom)*

утеплитель *m* 1. Wärmedämmstoff *m*; 2. *(Met)* Warmhaltehaube *f* *(Blockkokille)*

утечка *f* 1. Ausfließen *n*, Ausströmen *n*, Verströmen *n*, Sickern *n*; 2. Leckage *f*, Verlust *m* *(bei flüssigen Stoffen)*; 3. *(El)* Ableitung *f*; Erdschluß *m*; Streuung *f*; 4. *(Wmt)* Ladungsverlust *m* *(im Zylinder von Dampfmaschinen und Verbrennungsmotoren durch schlechte Kolbenabdichtung)*
~ **быстрых нейтронов** *(Kern)* Ausfluß *m* schneller Neutronen *(Reaktor)*
~ **в диэлектрике** *(El)* dielektrischer Verlust *m*
~ **газов** Entweichen (Verströmen) *n* von Gasen, Gasverlust *m*
~ **заряда** Ladungsverlust *m*; Ladungsableitung *f*

~ нейтронов *(Kern)* Neutronenverlust *m*, Neutronenausfluß *m*, Neutronenabwanderung *f* *(Reaktor)*
~/поверхностная *(El)* Kriechstrom *m*
~ сетки *(El)* Gitterableitung *f*
~/сеточная *(El)* Gitterableitung *f*
~ тока *(El)* Stromverlust *m* [durch Ableitung]
утечь *s.* **утекать**
утилизация *f* Verwertung *f*, Nutzbarmachung *f*
~ отбросов Abfallverwertung *f*
~ отработавшего пара *(Wmt)* Abdampfverwertung *f*
~ отходов Abfallverwertung *f*
~ отходящего тепла Abwärmeverwertung *f*, Abhitzeverwertung *f*
~ тепла Wärmeausnutzung *f*
утилизировать ausnutzen, verwerten *(Abfälle, Altstoffe)*
утилита *f* *(Dat)* Dienstprogramm *n*
утиль *m* verwertbarer Abfall *m*, verwertbare Altstoffe *mpl*
утильзавод *m* Altstoffverwertungswerk *n*
утиль-машина *f* Zerreißwolf *m* *(Verarbeitung von Fischabfällen zu Fischmehl)*
утиль-резина *f* Altgummi *m*
утка *f* 1. *(Bw)* Etagenbogen *m*, S-Stück *n* *(Rohrleitung)*; 2. *(Schiff)* Belegklampe *f*
утлегарь *m* *(Schiff)* Klüverbaum *m*
уток *m* *(Text)* Schuß *m*, Einschuß *m*, Einschlag *m*, Eintrag *m* *(Weberei)*
~/ворсовой Florschuß *m*
~/грунтовой Hauptschuß *m*
~/кручёный шёлковый Kettseide *f*, Tramseide *f*, Trame *f*
~/толстый dicker Schuß *m*
~/тонкий feiner Schuß *m*
утолстить *s.* **утолщать**
утолститься *s.* **утолщаться**
утолщать verdicken, dicker machen
утолщаться 1. dicker werden; 2. *(Geol)* mächtiger werden *(Schichten)*
утолщение *n* 1. Verdicken *n*, Verstärken *n* *(Vorgang)*; 2. Verdickung *f*, Verstärkung *f*; Wulst *m(f)*; Ausbauchung *f*; 3. Dickenwachstum *n*; 4. Querdehnung *f*
~ за счёт выдавливаемого металла Stauchwulst *m* *(Widerstandsstumpfschweißen)*
~/кольцевое *(Text)* Ausbuchtung *f* *(Spinnerei; Kötzer)*
~ образца/относительное *(Wkst)* Querschnittszunahme *f*
~ покрышки/бортовое *(Kfz)* Reifenwulst *m*
~ шва *(Schw)* Nahtverstärkung *f*
утолщённый verdickt; wulstartig
утомление *n* Ermattung *f*, Ermüdung *f*, Müdigkeit *f*, Erschöpfung *f*
~ зрения Augenermüdung *f*
~ почвы Bodenmüdigkeit *f*
утомляемость *f* *(Fest)* 1. Widerstandskraft *f*, Widerstandsfestigkeit *f*; 2. Dauer[stand]festigkeit *f*
утонение *n* 1. Verdünnung *f*, Schwächung *f*; Einhalsung *f*, Querschnittsabnahme *f*; 2. Verfeinerung *f*
утонить *s.* **утонять**
утониться *s.* **утоняться**
утонять dünner machen, verjüngen, den Querschnitt verringern
утоняться sich verjüngen, dünner werden
утопить *s.* **топить**
уточина *f* *(Text)* Schuß[faden] *m*
уточный *(Text)* Schuß . . ., Einschuß . . ., Einschlag . . ., Eintrag . . . *(Weberei)*
утраивание *n* Verdreifachung *f*
утрамбовать *s.* **утрамбовывать**
утрамбовывать [fest]stampfen; einstampfen
утроение *n* Verdreifachung *f*
~ частоты *(El)* Frequenzverdreifachung *f*
утроитель *m* Verdreifacher *m*
утфелемешалка *f* Weißzuckermaische *f*, Kristallisationsmaische *f*, Sudmaische *f*
утфель *m* Füllmasse *f* *(Zuckergewinnung)*
утюг *m* Bügeleisen *n*
~/дорожный *(Bw)* Wegeegge *f*
~ с терморегулятором/электрический Reglerbügeleisen *n*
~ с увлажнителем/электрический elektrisches Dampfbügeleisen *n*
~/электрический elektrisches Bügeleisen *n*
утяжеление *n* Beschweren *n*, Beschwerung *f*
утяжелитель *m* Beschwerungsmittel *n*, Schwerstoff *m* *(Dickspülungszusätze bei Erdölbohrungen)*
утяжка *f* **[/поперечная]** 1. Zusammenziehen *n*, Verkürzen *n*; 2. *(Wlz)* Verkürzung *f*, Querverkürzung *f* *(Formprofile)*; Zusammenziehen *n*, Zusammenziehung *f* *(infolge ungleichmäßiger Walzstreckung)*; 3. Quer[schnitts]verkürzung *f* *(Biegen)*
~ при гибке Schwächung *f* des Querschnitts *(beim Biegen von Stäben)*
УУ *s.* **устройство управления**
уфазер *m* Uvaser *m*, UV-Laser *m*
УФ-видикон *m* Ultraviolett-Vidikon *n*, UV-Vidikon *n*
УФ-излучение *n s.* **излучение/ультрафиолетовое**
УФ-поглотитель *m* UV-Absorber *m*
УФ-спектр *m* Ultraviolettspektrum *n*, UV-Spektrum *n*
ухват *m* *(Gieß)* Traggabel *f*, Tragschere *f*, Tragstange *f* *(Gießpfanne)*
~ для ковшей Gießpfannentraggabel *f*, Gießpfannentragschere *f*, Gießpfannentragstange *f*
~/тигельный Tiegeltraggabel *f*, Tiegeltragschere *f*, Tiegeltragstange *f*

ухо *n* **молотка** *(Wkz)* Auge *n (Hammer)*
уход *m* 1. Weggang *m*; Abfahrt *f*; 2. Abweichung *f*; 3. Weglaufen *n*, Verschiebung *f*, Drift *f*; 4. Behandlung *f*, Pflege *f*, Wartung *f (s. a.* **обслуживание***)*; 5. Verlust *m*
~ бурового раствора Spülungsverlust *m (Erdölbohrung)*
~ в сторону Abweichung *f* von der Vertikalen *(einer Bohrung)*, Schiefe *f* des Bohrlochs
~ за бетоном *(Bw)* Nachbehandlung *f* von Beton
~ за котлом Kesselwartung *f*
~ за машиной (станком) Maschinenwartung *f*, Maschinenpflege *f*
~ напряжения *(El)* Spannungsdrift *f*
~ нуля *(El)* Nullpunkt[s]wanderung *f*, Null[punkts]drift *f*
~ промывочного раствора Spülungsverlust *m (Erdölbohrung)*
~/профилактический Wartung *f*
~ угольных уступов *(Bgb)* Zusammenbruch *m* der Abbaustrossen
~ частоты *(El)* Frequenzabwanderung *f*, Frequenzdrift *f*
ухудшение *n* Verschlechterung *f*; Nachlassen *n*, Minderung *f*
~ видимости Sichtverschlechterung *f*
участник *m* **реакции** *(Ch)* Reaktionsteilnehmer *m*, Reaktionspartner *m*
участок *m* 1. Abschnitt *m*; Gebiet *n*, Bereich *m*; 2. Streckenabschnitt *m*, Strecke *f*; 3. Grundstück *n*; 4. *(Bgb)* Abteilung *f*, Feld *n*
~/анкерный *(Eb)* Abspannabschnitt *m (der Fahrleitung)*
~ базовой длины Teilbezugstrecke *f*
~/блокированный *(Eb)* Blockabschnitt *m*
~/вскрышной *(Bgb)* Abraumbetrieb *m*
~ выведения *(Rak)* Aufstiegsabschnitt *m*
~/выемочный *(Bgb)* Baublock *m*, Bauabteilung *f (Teil des Abbaufeldes)*
~ высадки *(Flg)* Landungsabschnitt *m*
~ диска *(Dat)* Plattenbereich *m*
~/дорожный Straßenabschnitt *m*
~/железнодорожный Eisenbahnstrecke *f*, Strecke *f*
~ заливки *(Gieß)* Gießplatz *m*, Gießstelle *f*, Gießstrecke *f*
~ заражения *(Mil)* vergifteter (befallener) Abschnitt *m*
~/защитный *(Eb)* Schutzblockstrecke *f*
~/земельный Grundstück *n*; Bauland *n*
~ измерений Prüflänge *f*
~ измерений/отдельный Teilprüflänge *f*
~/измерительный Meßstrecke *f*
~/коммутационный Schaltweg *m*
~/комплектовочный *(Schiff)* Bereitstellungslagerplatz *m*, Zwischenlagerplatz *m*
~/конечный Endbereich *m (z. B. einer Skale)*
~ ленты/повреждённый *(Dat)* Fehlstelle *f (Magnetband)*
~/лесной Forstrevier *n*, Waldrevier *n*
~ линии *(El, Fmt)* Leitungsabschnitt *m*
~ линии зацепления/активный (рабочий) Eingriffsstrecke *f (Zahnräder)*
~ линии/скрещённый *(Fmt)* Kreuzungsabschnitt *m*
~/минированный *(Mil)* Minenfeld *n*, verminter Abschnitt *m*
~/начальный Anfangsbereich *m (z. B. einer Skale)*
~/очистной *(Bgb)* Abbauabteilung *f*, Abbaubetrieb *m*
~ первичной обработки листового и профильного проката *(Schiff)* Richt-, Entzunderungs- und Vorkonservierungsbereich *m* für Bleche und Profile
~ поверхности Flächenelement *n*
~ поворота траектории *(Rak)* Umlenkbahn *f*
~/полевой Feldstück *n*, Flurstück *n*
~/пологопадающий *(Bgb)* Flaches *n*
~/предохранительный *s.* **~/защитный**
~/предстапельный *(Schiff)* Vormontageplatz *m*
~ приближения *(Eb)* Annäherungsstrecke *f*, Einschaltstrecke *f*
~/пробельный *(Typ)* nichtdruckender Teil *m*
~ проводника *(El)* Leiterabschnitt *m*
~ программы *(Dat)* Programmstück *n*, Programmteil *m*
~ программы/линейный gerades (lineares) Programmstück *n*
~ пупинизации *(Fmt)* Spulenfeld *n*, Spulenabschnitt *m*
~ пупинизации/начальный *(Fmt)* Anlauflänge *f (Pupinisierung)*
~/пупинизованный *s.* **~ пупинизации**
~ пути *(Eb)* Streckenabschnitt *m*
~/разведочный *(Bgb)* Schurffeld *n*
~/регулируемый Regelstrecke *f*
~ русла/плёсовый *(Hydt)* Kolkstrecke *f*
~ ручья/калиб[ри]рующий Kalibrierteil *n*, Auslaufteil *n (Rohrwalzen)*
~ ручья/отделочный Glättkaliber *n*, Ausgleichskaliber *n (Rohrwalzen)*
~ ручья/предотделочный Ausgleichskaliber *n*, Glättkaliber *n (Rohrwalzen)*
~ ручья/черновой Kaliberkonus *m*, Vorkaliber *n (Rohrwalzen)*
~ секционной сборки *(Schiff)* Vormontageplatz *m*
~/сетевой *(El)* Netzabschnitt *m*, Netzteil *m*
~ спектра Spektralbezirk *m*, Spektralbereich *m (Spektroskopie)*
~/стартовый *(Rak)* Startabschnitt *m*
~/стрелочный *(Eb)* Weichenbereich *m*
~/строительный Bauabschnitt *m*
~ траектории *(Rak, Flg)* Bahnabschnitt *m*

~ **траектории/активный** Antriebsbahn *f*, aktiver Bahnabschnitt *m*
~ **траектории/вертикальный** Aufstiegsbahn *f*
~ **траектории/пассивный** Freiflugbahn *f*, passiver Bahnabschnitt *m*
~ **трубопровода** *(Bw)* Rohrstrang *m*, Rohrstrecke *f*
~/**усилительный** *(Fmt)* Verstärkerfeld *n*
~ **успокоения** Beruhigungsstrecke *f*
~/**шахтный** *(Bgb)* Grubenrevier *n*, Grubenabteilung *f*
~ **шкалы** Skalenabschnitt *m*
~/**электрифицированный** *(Eb)* elektrifizierter Streckenabschnitt *m*, elektrifizierte Strecke *f*
учёт *m* 1. Berechnung *f*, Abrechnung *f*, Bestimmung *f*; 2. Erfassen *n*, Erfassung *f*
~ **выполненных работ** *(Dat)* Auftragsabrechnung *f* *(Betriebssystem)*
учетверение *n* Vervierfachung *f*
учетверитель *m* Vervierfacher *m*
уширение *n* 1. Verbreitern *n*, Verbreiterung *f*; 2. *(Wlz, Schm)* Breiten *n*, Breitung *f*; 3. *(Schm)* Recken *n*
~ **давлением** Druckverbreiterung *f*
~ **колеи** *(Eb)* Spurerweiterung *f*
~ **спектральных линий/доплеровское** *(Ph)* Doppler-Verbreiterung *f*
уширить *s.* **уширять**
уширять verbreitern, erweitern, weiter machen
ушко *n* Öhr *n*, Öse *f*, Auge *n*; Schäkel *m*; Kausche *f*
~/**вертлюжное** Wirbelauge *n*
~ **рессоры** Federauge *n* *(Blattfeder)*
ушковина *f* *(Text)* Lochnadel *f*
УЭ *s.* **электрод/управляющий**
уязвимость *f* Anfälligkeit *f*

Ф

Ф *s.* **фарад**
Ф/м *s.* **фарад на метр**
фабрика *f* Fabrik *f*, Werk *n*, Betrieb *m* *(s. a. unter* **завод***)*
~/**бумажная** Papierfabrik *f*
~/**мезонная** *(Kern)* Mesonenfabrik *f*
фабрика-кухня *f* Großküche *f*
фабрикат *m* Fabrikat *n*, Produkt *n*, Fertigerzeugnis *n*, Erzeugnis *n*
фабрикация *f* Fabrikation *f*, Fertigung *f*, Herstellung *f*
фаза *f* 1. Phase *f*, Stadium *n*; Entwicklungsstufe *f*; 2. Phase *f* *(in Schwingungssystemen)*; 3. *(El)* Phase *f*, Phasenanlage *f*; 4. *(El)* Wicklungsstrang *m*, Strang *m* • **в фазе** *(El)* in Phase, gleichphasig, phasengleich • **со сдвигом фаз** *(El)* phasenverschoben, phasengedreht
~/**арктическая** *(Geol)* Arktikum *n* *(klimatischer Zeitabschnitt des Pleistozäns in Nordwesteuropa)*
~/**атлантическая** *(Geol)* Atlantikum *n* *(klimatischer Zeitabschnitt des Holozäns)*
~/**бореальная** *(Geol)* Boreal *n* *(klimatischer Zeitabschnitt des Holozäns)*
~/**водная** wäßrige Phase *f*, Wasserphase *f*
~ **волны** *(Hydrol)* Wellenphase *f*, Wellenstadium *n*
~ **выполнения программы** *(Dat)* Programmphase *f*
~/**газовая (газообразная)** gasförmige Phase *f*, Gasphase *f*
~ **Гримма-Зоммерфельда** *(Krist)* Grimm-Sommerfeldsche Phase *f*, Grimm-Sommerfeld-Phase *f*
~/**дисперсионная** *(Ch)* Dispersionsphase *f*, Dispersionsmittel *n*, Dispergier[ungs]mittel *n*, Dispergens *n*, äußere Phase *f*
~/**дисперсная** *(Ch)* disperse (dispergierte, innere, zerteilte) Phase *f*, disperser Bestandteil (Anteil) *m*, Dispersum *n*
~/**жидкая** flüssige Phase *f*
~/**жирная** *(Ch)* Fettphase *f*
~ **загрузки** *(Dat)* Zuordnungsphase *f*
~ **запирания** *(El)* Sperrphase *f*
~/**избыточная** *(Met)* Sekundärphase *f*, Sekundärausscheidung *f* *(unterhalb der Soliduslinie ausgeschiedene Phase)*
~/**исходная** *(El)* Ausgangsphase *f*
~/**кислотная** *(Ch)* Säurephase *f*
~ **колебания** Schwingungsphase *f*
~ **кристаллизации** kristallisierender (ausscheidender) Bestandteil *m*, kristallisierende (ausscheidende) Komponente *f*, Kristallisationsphase *f* *(Legierungen)*
~/**кристаллическая** *(Ph)* kristalline Phase *f*, Kristallphase *f*
~/**критическая** *s.* **состояние/критическое**
~ **крутизны** *(Eln)* Steilheitsphase *f*
~ **Лавеса** *(Krist)* Laves-Phase *f*
~/**лиофильная** *(Krist)* lyophile Phase *f*
~/**лунная** *(Astr)* Mondphase *f*
~ **Луны** *(Astr)* Mondphase *f*
~/**мезоморфная** *s.* **кристалл/жидкий**
~ **напряжения** *(El)* Spannungsphase *f*, spannungsführende Phase *f*
~/**неводная** *(Ch)* nichtwäßrige Phase *f*
~/**нематическая** *(Krist)* nematische Phase *f*
~/**неподвижная** *(Ch)* stationäre Phase *f* *(Chromatografie)*
~/**опережающая** *(El)* voreilende Phase *f*
~/**опорная** *(FO)* Bezugsphase *f*
~ **определения** *(Dat)* Definitionsphase *f*
~ **оптимизации** *(Dat)* Optimierungsphase *f*
~/**остаточная жидкая** *(Met)* Restschmelze *f* *(einer Legierung)*
~ **отработки** *(Dat)* Bearbeitungszeit *f*

~/**отстающая** *(El)* nacheilende Phase *f*
~/**паровая** Dampfphase *f*, dampfförmige Phase *f*, Dampfform *f*
~/**подвижная** *(Ch)* mobile Phase *f* *(Chromatografie)*
~ **прилива** Gezeitenphase *f*
~/**промежуточная** *(Krist)* Zwischenphase *f*
~/**противоположная** *(El)* entgegengesetzte Phase *f*, Gegenphase *f*
~ **развития** Entwicklungsstufe *f*
~ **распределения** 1. Steuerzeit *f* *(Verbrennungsmotor; Steuerdiagramm)*; 2. *(Dat)* Zuordnungsphase *f*
~ **рассеяния** *(Ph)* Streuphase *f*
~ **расслабления** *(Ph)* Erschlaffungsphase *f*
~/**реагирующая** *(Ch)* reagierende Phase *f*
~ **реакции** *(Ch)* Reaktionsphase *f*
~/**сдвинутая** *(El)* verschobene Phase *f*
~ **сигналов развёртки** *(Fs)* Ablenkphase *f*
~ **складчатости** *(Geol)* Faltungsphase *f*
~ **складчатости/австрийская** austrische Faltungsphase *f*
~ **складчатости/арденнская** ardennische Faltungsphase *f*
~ **складчатости/ассинтская** assyntische Faltungsphase *f*
~ **складчатости/астурийская** asturische Faltungsphase *f*
~ **складчатости/аттическая** attische Faltungsphase *f*
~ **складчатости/байкальская** baikalische Faltungsphase *f*
~ **складчатости/бретонская** bretonische Faltungsphase *f*
~ **складчатости/валлахская** wallachische Faltungsphase *f*
~ **складчатости/дальсландская** dalslandi[di]sche Faltungsphase *f*
~ **складчатости/донецкая** Donez-Faltungsphase *f*
~ **складчатости/древнекиммерийская** altkimmerische Faltungsphase *f*
~ **складчатости/заальская** saalische Faltungsphase *f*
~ **складчатости/карельская** karelidische Faltungsphase *f*
~ **складчатости/лабинская** labinische Faltungsphase *f*
~ **складчатости/ларамическая** laramische Faltungsphase *f*
~ **складчатости/пасаденская** pasadenische Faltungsphase *f*
~ **складчатости/пиренейская** pyrenäische Faltungsphase *f*
~ **складчатости/позднекаледонская** jungkaledonische Faltungsphase *f*
~ **складчатости/позднекиммерийская** jungkimmerische Faltungsphase *f*
~ **складчатости/пфальцкая** pfälzische Faltungsphase *f*
~ **складчатости/роданская** rhodanische Faltungsphase *f*
~ **складчатости/савская** savische Faltungsphase *f*
~ **складчатости/сардинская** sardische Faltungsphase *f*
~ **складчатости/субгерцинская** subherzynische Faltungsphase *f*
~ **складчатости/судетская** sudetische Faltungsphase *f*
~ **складчатости/таконская** takonische Faltungsphase *f*
~ **складчатости/уральская** uralische Faltungsphase *f*
~ **складчатости/штирская** steirische Faltungsphase *f*
~ **складчатости/эрийская** erische Faltungsphase *f*
~ **складчатости/эстерельская** esterelische Faltungsphase *f*
~/**смектическая** *(Krist)* smektische Phase *f*
~/**смещённая** *s.* ~/**сдвинутая**
~/**стекловидная** glasförmige Phase *f*, Glasphase *f*
~/**субарктическая** *(Geol)* Präboreal *n*, Vorwärmezeit *f* *(klimatischer Zeitabschnitt des Holozäns)*
~/**субатлантическая** *(Geol)* Subatlantikum *n*, Nachwärmezeit *f* *(klimatischer Zeitabschnitt des Holozäns)*
~/**суббореальная** *(Geol)* Subboreal *n* *(klimatischer Zeitabschnitt des Holozäns)*
~/**твёрдая** feste Phase *f* *(disperse Systeme)*
~/**твердокристаллическая** *(Krist)* festkristalline Phase *f*
~/**термотропная** *(Krist)* thermotrope Phase *f*
~/**холестерическая** *(Krist)* cholesterische (cholesterinische) Phase *f*
~ **Цинтля** *(Krist)* Zintlsche Phase *f*
~/**эталонная** *(El)* Vergleichsphase *f*
~ **Юм-Розери** *(Krist)* Hume-Rotherysche Phase *f*
σ-фаза *f* *(Krist)* σ-Phase *f* *(intermediäre Phase)*
χ-фаза *f* *(Krist)* χ-Phase *f* *(intermediäre Phase)*
фазирование *n s.* **фазировка**
фазировать *(El)* in Phase bringen, phasensynchronisieren
фазировка *f* *(El)* Phaseneinstellung *f*, Phasenabstimmung *f*
фазитрон *m* Phasitron *n* *(ein Phasenmodulator)*
фазово-модулированный *(El)* phasenmoduliert
фазово-частотный *(El)* Phasenfrequenz ...
фазовращатель *m* *(El)* Phasendreher *m*, Phasenschieber *m* *(Schwachstromtechnik)*
~/**мостовой** Phasenschieber *m* in Brückenschaltung, Phasenbrücke *f*

~/**широкополосный** Breitbandphasenschieber *m*, Breitbandphasendreher *m*
RC-фазовращатель *m (El)* RC-Phasenschieber *m*, RC-Phasendreher *m*
фазоинверсия *f (El)* Phasenumkehr *f*
фазоинвертор *m (El)* Phasenumkehrstufe *f*
фазоиндикатор *m s.* **фазоуказатель**
фазокомпенсатор *m (El)* Phasenschieber *m*, Phasenkompensator *m (Starkstromtechnik)*; Phasenentzerrer *m*, Phasenausgleichsglied *n*
~/**статический** Phasenschieberkondensator *m*, ruhender Phasenschieber *m*
~/**электромашинный** umlaufender Phasenschieber *m*, Blindleistungsmaschine *f*
фазокомпенсация *f (El)* Phasenausgleich *m*, Phasenkompensation *f*, Phasenentzerrung *f*
фазокорректор *m (El)* Phasenentzerrer *m*, Phasenausgleichsglied *n*
фазометр *m (El)* Phasenmesser *m*; Leistungsfaktormesser *m*, cos φ-Messer *m*
~/**однофазный** Phasenmesser *m* für Einphasensysteme; Einphasen-Leistungsfaktormesser *m*
~/**трёхфазный** Phasenmesser *m* für Dreiphasensysteme, Drehstromphasenmesser *m*; Drehstrom-Leistungsfaktormesser *m*
~/**щитовой** Schalttafelphasenmesser *m*; Schalttafel-Leistungsfaktormesser *m*
~/**электромагнитный** elektromagnetischer Phasenmesser *m*, Dreheisenphasenmesser *m*
~/**эталонный** Normalphasenmesser *m*
фазомодулированный *(El)* phasenmoduliert
фазоопережающий *(El)* phasenvoreilend, Phasenvorhalt ...
фазопреобразователь *m (El)* Phasenumformer *m*
фазоразличитель *m (El)* Phasendiskriminator *m*
фазорасщепитель *m (El)* Phasenspalter *m*, Phasentrenner *m*
фазорасщепление *n (El)* Phasenaufspaltung *f*, Phasenteilung *f*; Phasentrennung *f*
фазорегулятор *m (El)* Phasenregler *m*
фазосдвигающий *(El)* phasenschiebend, Phasenschieber ...
фазосмещатель *m s.* **фазовращатель**
фазотрон *m (Kern)* Phasotron *n*, frequenzmoduliertes Zyklotron *n*
~/**кольцевой** Ringmagnet-Synchrozyklotron *n*
фазоуказатель *m (El)* Phasen[an]zeiger *m*, Phasenindikator *m*
фазочастотный *(El)* Phasenfrequenz ...
фазочувствительный phasenempfindlich

файл *m (Dat)* Datei *f*
~/**библиотечный** Bestandsdatei *f*, untergliederte Datei *f*
~ **буквенно-цифровых данных** alphanumerische Datei *f*
~/**буферный** Zwischendatei *f*
~ **ввода** Eingabedatei *f*
~/**вводной** Eingabedatei *f*
~/**возобновляемый** zurückzuschreibende Datei *f*
~/**временный** temporäre Datei *f*
~/**вспомогательный** Hilfsdatei *f*
~/**входной** Eingabedatei *f*
~ **вывода** Ausgabedatei *f*
~ **вывода на дисплей** Bildschirmdatei *f*
~ **вывода на печать** Druckdatei *f*
~ **вывода на экран** Bildschirmdatei *f*
~/**выводной** *s.* ~ **вывода**
~ **изменений** Änderungsdatei *f*
~/**индексно-последовательный** indexsequentielle Datei *f*
~/**исторический** Stammdatei *f*
~/**исходный** Stammdatei *f*
~/**каталогизированный** katalogisierte Datei *f*
~/**логический** logische Datei *f*
~/**многотомный** Datei *f* auf mehreren Datenträgern
~/**многоучастковый** Datei *f* mit mehreren Bereichen
~ **на дисках** Magnetplattendatei *f*
~ **на картах** Kartei *f*
~ **на ленте** Magnetbanddatei *f*
~ **на магнитной ленте** Magnetbanddatei *f*
~ **на магнитных дисках** Magnetplattendatei *f*
~ **на перфокартах** Kartei *f*
~, **независимый от устройства** geräteunabhängige Datei *f*
~/**непомеченный** Datei *f* ohne Kennsätze
~/**обновляемый** Fortschreibungsdatei *f*, Änderungsdatei *f*
~/**основной** zentrale Datei *f*
~/**открытый** eröffnete Datei *f*
~/**перемещаемый** verschiebbare Datei *f*
~/**последовательный** sequentielle Datei *f*
~/**постоянный** nichttemporäre Datei *f*
~ **постоянных данных** nichttemporäre Datei *f*
~ **промежуточных результатов** Zwischendatei *f*
~ **прямого доступа** Direktzugriffsdatei *f*
~/**рабочий** Arbeitsdatei *f*
~/**свободный** entladene Datei *f*
~/**составной** gekettete Datei *f*
~/**стандартный** Standarddatei *f*
файнштейн *m* Feinstein *m (NE-Metallurgie)*
~/**медноникелевый** Kupfer-Nickel-Feinstein *m*
~/**никелевый** Nickel-Feinstein *m*

факел *m* 1. Fackel *f*; 2. Flamme *f* *(s. a. unter* **пламя 1.***)*; Flammenbahn *f*, Flammenweg *m*, Flammenstrahl *m*; 3. Einspritzstrahl *m* *(Verbrennungsmotoren)*; 4. *(Rf)* Leuchterscheinung *f* an Langwellenantennen *(bei hoher Spannung des umgebenden elektrischen Feldes)*; 5. *(Astr)* s. **факелы**
~/**ацетиленовый** *(Schw)* Azetylenfackel *f*
~/**завихренный** Ringflamme *f*, Kreisflamme *f*
~/**мазутный** Ölflamme *f* *(Ölfeuerung)*
~/**пусковой** *(Flg, Rak)* Anlaßfackel *f*
~/**пылеугольный** Kohlenstaubflamme *f* *(Kohlenstaubfeuerung)*
~ **раскалённых газов** Flammenstrahl *m* *(Feuerungstechnik)*
факелы *mpl* *(Astr)* Sonnenfackeln *fpl*, Fakkeln *fpl*
~/**фотосферные** fotosphärische Fackeln *fpl*
~/**хромосферные** chromosphärische Fakkeln *fpl*
факолит *m* 1. *(Geol)* Phakolith *m*, Linse *f* *(beiderseits auskeilende Schicht)*; 2. *(Min)* Chabasit *m*
фактис *m* *(Gum)* Faktis *m*
~/**светлый** weißer Faktis *m*
~/**тёмный (чёрный)** brauner Faktis *m*
фактор *m* 1. Faktor *m*, bestimmende Kraft *f*, mitwirkender Umstand *m*; 2. *(Math)* Faktor *m* *(s. a. unter* **постоянная***)*
~/**атомный** *(Kern)* Atom[streu]faktor *m*, atomarer Streufaktor *m*
~ **влияния** Einflußfaktor *m*; Beeinflussungsfaktor *m*
~ **восстановления** *(Ch)* Reduktionsfaktor *m*
~/**вредный производственный** pathogener Arbeitsfaktor *m*
~ **деления** *(Schiff)* Abteilungsfaktor *m* *(Lecksicherheit)*
~ **жёсткости** Härtefaktor *m*
~ **зернистости** *(Foto)* Körnigkeitszahl *f*
~ **магнитного расщепления** *s.* **множитель Ланде**
~ **мутности** Trübungsfaktor *m*
~ **накопления** *(Kern)* Dosiszuwachsfaktor *m*
~ **неопределённости** Unsicherheitsfaktor *m*
~/**опасный производственный** arbeitsbedingter Unfallfaktor *m*
~ **осадков** *(Meteo)* Niederschlagsfaktor *m*
~/**переводный** *(Math)* Umrechnungswert *m*
~ **пересчёта** Umrechnungsfaktor *m*
~ **подразделения** *(Schiff)* Abteilungsfaktor *m* *(Lecksicherheit)*
~ **полнодревесности** *(Forst)* Vollholzigkeitsfaktor *m*
~/**поражающий** *(Mil)* Vernichtungsfaktor *m*
~/**пространственный** *s.* ~/**стерический**
~ **профильной кривой поверхности** *(Fert)* Formfaktor *m* *(Oberflächengestalt)*
~ **профиля поверхности** *(Fert)* Formfaktor *m* *(Oberflächengestalt)*
~ **разделения** Trennfaktor *m*, Beschleunigungsverhältnis *n* *(von Zentrifugen)*
~ **роста** *(Krist)* Wachstumsfaktor *m*
~/**стерический** sterischer Faktor *m*, Wahrscheinlichkeitsfaktor *m* *(Reaktionskinetik)*
~/**частотный** *s.* ~ **частоты**
~ **частоты** *(Ch)* Frequenzfaktor *m*, Aktionskonstante *f*, Stoßfaktor *m* *(Reaktionskinetik)*
~/**шумовой** *(Rf)* Rauschfaktor *m*
g-фактор *m* g-Faktor *m*, Landé-Faktor *m*
Rh-фактор *m* Rh-Faktor *m*, Rhesusfaktor *m*
фактор-группа *f* *(Math)* Untergruppe *f* *(Gruppentheorie)*
факториал *m* *(Math)* Fakultät *f*
фактор-кольцо *n* *s.* **кольцо вычетов**
фактурирование *n* Fakturierung *f*
фал *m* *(Schiff)* Fall *n*
~/**антенный** Antennenaufholer *m*
~/**сигнальный** Signalfall *n*, Signalaufholer *m*, Flaggleine *f*
фалинь *m* *(Schiff)* 1. Fangleine *f*; 2. Schleppleine *f* *(des Schleppankers)*
фалреп *m* *(Schiff)* Fallreepstau *n*
фалстем *m* Binnenvorsteven *m* *(Holzschiffbau)*
фалунит *m* *(Min)* Falunit *m*
фальбанд *m* *(Geol)* Fahlband *n*
фальсификация *f* Verfälschung *f*
фальц *m* 1. *(Typ)* Falz *m*; 2. *(Fert)* Falz *m* *(Blechverbindung)*; 3. *(Led)* Falzmesser *n*, Falzeisen *n*
~/**валиковый** *(Fert)* Wulstfalz *m*
~/**вертикальный** *(Fert)* Stehfalz *m*
~/**горизонтальный** *(Fert)* liegender Falz *m*
~/**двойной** *(Fert)* Doppelfalz *m*
~ **зигзагом/поперечный** *(Typ)* Querzickzackfalz *m*
~/**клапанный** *(Typ)* Klappenfalz *m*
~/**корешковый** *(Typ)* tiefer Falz *m*
~ **крест на крест** *(Typ)* Kreuzbruch *m*, Kreuzfalzung *f*
~/**лежачий** *(Fert)* liegender Falz *m*
~/**параллельный** *(Typ)* Parallelfalz *m*
~/**перпендикулярный** *(Typ)* Kreuzbruchfalz *m*
~/**поперечный** *(Typ)* Querfalz *m*
~ **посредством зубчаток** *(Typ)* Räderfalz *m* *(Rotationsmaschine)*
~/**продольный** *(Typ)* Längsfalz *m*
~/**простой** *(Fert)* einfacher Falz *m*
~/**стоячий** *(Fert)* Stehfalz *m*
~/**угловой** *(Fert, Bw)* Winkelfalz *m*

~/**ударный** *(Typ)* Stanzfalz *m*, Hauerfalz *m (Rotationsmaschine)*
фальцаппарат *m (Typ)* Falzapparat *m*, Falzer *m (Rotationsmaschine)*
~/**безленточный (бестесёмочный)** bänderloser Falzapparat *m*
~/**вращающийся** rotierender Falzer *m*
~/**двойной** Doppelfalzapparat *m*
~/**одинарный** einfacher Falzapparat *m*
~ **переменного формата** formatvariabler Falzapparat *m*
~ **постоянного формата** festformatiger Falzapparat *m*
~/**простой** einfacher Falzapparat *m*
~ **с вращающимся фальцовочным цилиндром** rotierender Falzer *m*
~ **с двумя выходами листов** Falzapparat *m* mit zwei Bogenausgängen
~ **с малым числом лент** bänderarmer Falzapparat *m*
~/**ударный** Stanzfalzer *m*
фальцворонка *f (Typ)* Falztrichter *m*
фальцгебель *m (Wkz)* Falzhobel *m*
~/**Т-образный** Doppelfalzhobel *m*
фальцгобель *m s.* **фальцгебель**
фальцевание *n* 1. *(Fert)* Falzen *n (Blechbearbeitung)*; 2. *(Bw)* Fälzen *n*, Nuten *n (Holzbearbeitung)*; 3. *(Typ)* Falzen *n (Druckbogen) (s. a.* **фальцовка***)*
фальцевать 1. *(Fert)* falzen *(Blech)*; 2. *(Typ)* falzen *(Druckbogen)*; 3. fälzen, nuten *(Holzbearbeitung)*
фальцеобразование *n (Typ)* Falzbildung *f*
фальцмашина *f (Typ)* Falzmaschine *f*
~/**многотетрадная** Mehrbogenfalzmaschine *f*
~/**ножевая** Messerfalzmaschine *f*
фальцовка *f* 1. *(Typ)* Falzen *n*, Fälzeln *n*; 2. *(Fert)* Falzen *n (Blechverbindung)*
~ **в три сгиба** *(Typ)* Dreifalz *m*, Dreibruch *m*, Dreibruchfalzung *f*
~ **гармошкой** *(Typ)* Zickzackfalzung *f*, Leporellofalzung *f*
~ **зигзагом** *s.* ~ **гармошкой**
~/**кассетная** *(Typ)* Stauchfalzung *f*, Taschenfalzung *f*
~/**машинная** *(Typ)* maschinelles Falzen *n*, Maschinenfalzung *f*
~ **миниатюрных форматов** *(Typ)* Miniaturfalzung *f*
~ **на уголок** *(Typ)* Eckenfalzung *f*
~/**параллельная** *(Typ)* Parallelfalzung *f*
~/**ручная** *(Typ)* Handfalzung *f*
~ **салфеткой** *s.* ~ **гармошкой**
фальцубель *m s.* **фальцгебель**
фальчик *m (Typ)* Fälzel *n*
фальшборт *m (Schiff)* Schanzkleid *n*
~/**заваленный** eingezogenes Schanzkleid *n*
~/**подвесной** hochgesetztes Schanzkleid *n*
~/**съёмный** loses Schanzkleid *n*
фальшкиль *m* 1. *(Schiff)* Ballastkiel *m*; 2. *(Flg)* Rumpfflosse *f*
фальшфейер *m* [**бедствия**] *(Schiff)* Handfackel *f*, Handnotsignal *n*
фальэрц *m s.* **руда/блёклая**
фаматинит *m (Min)* Famatinit *m*
фамен *m s.* **век/фаменский**
фанг *m (Text)* Fang *m*, Fangware *f (Preßmusterware)*
~ **со сдвигом** Fang *m* mit Versatz, versetzte Fangware *f*
фангломерат *m (Geol)* Fanglomerat *n*, Schlammbrekzie *f*
фанера *f* 1. Furnier *n*; 2. Sperrholz *n*
~/**армированная** Panzerholz *n*
~/**венированная** Furnierplatte *f* mit aufgeleimten Außenfurnieren aus Edelholz
~/**гофрированная** Sperrholz *n* mit gewellter Deckschicht
~/**декоративная** Sperrholz *n* mit Zierholzdecklage *(für Möbelherstellung)*
~/**клеёная** Furnierplattensperrholz *n*
~/**лущёная** Schälfurnier *n*
~/**металлизированная** Sperrholz *n* mit metallgespritzter Deckschicht
~/**многослойная** mehrschichtiges Sperrholz *n*
~/**неклеёная** Furnier *n*
~/**ножевая** Messerschnittfurnier *n*, Deckfurnier *n*
~/**облицовочная** *s.* ~/**ножевая**
~/**пилёная** Sägefurnier *n*
~/**прирезная** zugeschnittener Sperrholzsatz *m (Halbfabrikat zur Herstellung von Koffern, Versandkisten u. dgl.)*
~/**радиальная** Spiegelfurnier *n*
~/**строганая** *s.* ~/**ножевая**
~/**тёплая** Sperrholz *n* mit [wärmedämmender] Mittellage aus Preßtorf
~/**фасонная** Furnier *n* für spanlose Verformung
фанера-переклейка *f* Furnierplattensperrholz *n*
фанерит *m (Min)* phanerokristallines Gestein *n*
фанеритовый phanerokristallin
фанерокристаллический phanerokristallin
фантастрон *m (El)* Phantastron *n (ein astabiler Multivibrator)*
фантом *m (Kern)* Phantom *n*
фара *f* Scheinwerfer *m*
~/**авиационная** Flugzeugscheinwerfer *m*
~/**автомобильная** Kraftfahrzeugscheinwerfer *m*
~ **ближнего света** Abblendscheinwerfer *m*
~ **дальнего света** Fernlichtscheinwerfer *m*
~ **заднего хода** Rückfahrscheinwerfer *m*
~/**поворотная** Suchscheinwerfer *m*
~/**поисковая** Suchscheinwerfer *m*
~/**посадочная** Landescheinwerfer *m*
~/**противотуманная** Nebelscheinwerfer *m*, Nebelleuchte *f*
~/**рулёжная** Rollscheinwerfer *m*

~/**самолётная** Flugzeugscheinwerfer *m*
фарад *m* Farad *n*, F
~ **на метр** Farad *n* je Meter, F/m
фарада *f s.* **фарад**
фарадей *m (Ph)* Faraday *n*, F; Faraday-Konstante *f*
фарадметр *m (El)* Kapazitätsmesser *m*
~/**ферродинамический** ferrodynamischer (eisengeschlossener elektrodynamischer) Kapazitätsmesser *m*
~/**электродинамический** elektrodynamischer Kapazitätsmesser *m*
~/**электромагнитный** elektromagnetischer Kapazitätsmesser *m*
фарватер *m* 1. *(Schiff)* Fahrwasser *n*; Fahrrinne *f*; 2. *(Mar)* Zwangsweg *m*
~/**вспомогательный** Nebenfahrwasser *n*
~/**запасной** *(Mar)* Reservezwangsweg *m*
~/**ложный** *(Mar)* Scheinzwangsweg *m*
~/**мелкий** flaches Fahrwasser *n*
~/**ограждённый** *(Schiff)* gekennzeichnetes (betonntes) Fahrwasser *n*
~/**основной** *(Mar)* Hauptzwangsweg *m*
~/**прибрежный** *(Mar)* Küstenzwangsweg *m*
~/**углублённый** ausgebaggertes Fahrwasser *n*
фарингоскоп *m* Pharyngoskop *n*, Rachenspiegel *m*
фаринотом *m (Lw)* Farinotom *m*, Kornprüfer *m*
фармаколит *m (Min)* Pharmakolith *m*
фармакологический pharmakologisch
фармакология *f* Pharmakologie *f*, Arzneimittellehre *f*
фармакосидерит *m (Min)* Pharmakosiderit *m*
фармакотерапия *f* Pharmakotherapie *f*
фармакохимия *f* Pharmakochemie *f*, pharmazeutische Chemie *f*
фармацевтический pharmazeutisch
фармация *f* Pharmazie *f*
фартук *m* Schloßplatte *f (Drehmaschine)*
~ **бумагоделательной машины** *(Pap)* Auflauftuch *n*, Siebtuch *n*
фарфор *m* Porzellan *n*
~/**бисквитный** Biskuit[porzellan] *n (unglasiert gutgebrannte Ware)*
~/**бытовой** Haushaltporzellan *n*
~/**высоковольтный** *(El)* Hochspannungsporzellan *n*
~/**декоративный** Zierporzellan *n*
~/**зегеровский** Seger-Porzellan *n*
~/**изоляторный** Isolatorenporzellan *n*
~/**костяной** Knochenporzellan *n*
~/**лабораторный** Labor[atoriums]porzellan *n*
~/**мягкий** Weichporzellan *n*
~/**радиотехнический** *(El)* Hochfrequenzporzellan *n*
~/**санитарный** sanitäres Porzellan *n*, Sanitärporzellan *n*
~/**твёрдый** Hartporzellan *n*
~/**технический** technisches Porzellan *n*
~/**фриттовый** Frittenporzellan *n*
~/**хозяйственный** Wirtschaftsporzellan *n*
~/**художественный** Kunstporzellan *n*
~/**электроизоляционный (электротехнический)** elektrotechnisches Porzellan *n*, Elektroporzellan *n*
фарфоровый Porzellan ...
фарштуль *m (Bgb)* Fahrstuhl *m (Bohrung)*
фасад *m (Bw)* Fassade *f*, Front *f*, Vorderansicht *f*, Aufriß *m*
~/**боковой** Seitenfront *f*, Seitenansicht *f*, Seitenaufriß *m*
~/**главный** Vorderfront *f*
~/**задний** Hinterfront *f*, Hinteransicht *f*
фасет *m* Facette *f*, Schleiffläche *f (s. a.* **фацет***)*
фаска *f* 1. *(Fert)* Fase *f*; Abschrägung *f*, Schrägung *f*, Schrägkante *f*; 2. *(Met)* Ziehringauslaufkegel *m*, Ziehringauslaufkonus *m (Kaltziehen von Rohren und Stangen)*
~/**опорная** Ventilsitz *m (kegelige Dichtfläche des Ventiltellers von Viertakt-Ottomotoren)*
фасовать Waren abpacken; Waren abfüllen
фасовка *f* Abpacken *n*; Abfüllen *n (Waren)*
фасонка *f (Bw)* Knotenblech *n*, Versteifungsblech *n (Stahlkonstruktionen)*
фаут *m (Forst)* Holzfehler *m*
фаутовый *(Forst)* fehlerhaft, krank *(Holz)*
фахбаум *m (Hydt)* Fachbaum *m*
фахверк *m (Bw)* Fachwerk *n*
фацет *m (Typ)* Facette *f (abgeschrägter Klischeerand)*
~/**двойной** Doppelfacette *f*
~/**медный** Messingfacette *f*
~/**направляющий** Gleitfacette *f*
~/**переставляемый** verstellbare Facette *f*, Schiebefacette *f*
~/**плоский** Flachfacette *f*
~ **стереотипа** Stereotypiefacette *f*
~/**травленый** Ätzfacette *f*
фацетирование *n (Typ)* Facettieren *n*, Anbringen *n* einer Facette
фация *f (Geol)* Fazies *f*
~/**абисальная** *s.* ~/**глубоководная**
~/**батиальная** bathyale Fazies *f (in Meerestiefen über 1 000 m)*
~/**болотная** Moorfazies *f*
~/**геохимическая** geochemische Fazies *f*
~/**глинистая** Tonfazies *f*
~/**глубоководная** abyssische Fazies *f (in Meerestiefen zwischen 200 und 1 000 m)*
~/**зеленокаменная** Grünschieferfazies *f*
~/**известковая** Kalksteinfazies *f*
~/**континентальная** kontinentale Fazies *f*, Landfazies *f*
~/**лагунная** lagunäre Fazies *f*

~/**ледниковая** glaziale Fazies *f*
~/**лимническая** *s.* ~/**озёрная**
~/**литоральная** *s.* ~/**прибрежная**
~/**мелководная** Flachseefazies *f*, Seichtwasserfazies *f*
~/**морская** Meeresfazies *f*, marine Fazies *f*
~/**наземная** Landfazies *f*, terrestrische Fazies *f*
~/**озёрная** Seefazies *f*, lakustrische Fazies *f*
~/**пелагическая** pelagische Fazies *f*
~/**песчаная** Sandfazies *f*, sandige Fazies *f*
~/**пресноводная** Süßwasserfazies *f*, limnische Fazies *f*
~/**прибрежная** Strandfazies *f*, Küstenfazies *f*, Litoralfazies *f*, litorale Fazies *f*
~/**пустынная** aride Fazies *f*, Wüstenfazies *f*
~/**речная** fluviatile Fazies *f*, Flußfazies *f*
~/**угленосная** Kohlefazies *f*
фашина *f (Hydt)* Faschine *f*
фаянс *m (Ker)* Fayence *f*; Steingut *n*
~/**бытовой** Haushaltsteingut *n*
~/**глинозёмный** Feuerton *m*, Tonsteingut *n*
~/**известковый (мягкий)** Kalksteingut *n*, Weichsteingut *n*
~/**полевошпатовый** Feldspatsteingut *n*, Hartsteingut *n*
~/**санитарный** Sanitärsteingut *n*
~/**твёрдый** *s.* ~/**полевошпатовый**
~/**хозяйственный** Wirtschaftssteingut *n*
фаянсовый Steingut ...
федеркерн *m* Federkern *m (Uhrwerk)*
фединг *m (Rt)* Fading *m(n)*, Schwund *m*, Schwunderscheinung *f*
~/**избирательный** selektiver Fading (Schwund) *m*, Selektivschwund *m*
~/**интерференционный** Interferenzfading *m*, Interferenzschwund *m*
~ **несущей** Trägerschwund *m*
~/**поляризационный** Polarisationsfading *m*, Polarisationsschwund *m*
фейнштейн *m s.* **файнштейн**
фельдшпатид *m (Min)* Feldspatoid *m*, Feldspatvertreter *m*, Foid *m*
фельдшпатизация *f* Feldspatisierung *f*, Feldspatanreicherung *f (des Gesteins mit Feldspatneubildungen durch Injektion entsprechender Lösungen)*
фельдшпатоид *m s.* **фельдшпатид**
фельзит *m (Geol)* Felsit *m*
фемтометр *m* Femtometer *n*, Fermi *n*
фен *m* 1. *(Meteo)* Föhn *m*; 2. Fön *m*, elektrische Heißluftdusche *f*
феназин *m (Ch)* Phenazin *n*
фенакит *m (Min)* Phenakit *m*
фенантрен *m (Ch)* Phenantren *n*
фенацетин *m (Ch)* Phenazetin *n*
фенетидин *m (Ch)* Phenetidin *n*
фенетол *m (Ch)* Phenetol *n*, Äthylphenyläther *m*
фенил *m (Ch)* Phenyl *n (einwertiger Benzolrest)*
фенилаланин *m (Ch)* Phenylalanin *n*
фениламин *m (Ch)* Phenylamin *n*, Anilin *n*, Aminobenzol *n*
фениламмоний *m (Ch)* Phenylammonium *n*
фениланилин *m (Ch)* Phenylanilin *n*, Diphenylamin *n*
фенилбензол *m (Ch)* Phenylbenzol *n*, Diphenyl *n*
фенилгидразин *m (Ch)* Phenylhydrazin *n*
фенилгидразон *m (Ch)* Phenylhydrazon *n*
фенилглицин *m (Ch)* Phenylglyzin *n*, Phenylglykokoll *n*
фенилен *m (Ch)* Phenylen *n*
фенилизотиоцианат *m (Ch)* Phenylisothiozyanat *n*, Phenylsenföl *n*
фенилирование *n (Ch)* Phenylierung *f*
фенилировать *(Ch)* phenylieren
фенилметан *m (Ch)* Phenylmethan *n*, Methylbenzol *n*, Toluol *n*
фенилмоносилантриол *m (Ch)* Phenylmonosilantriol *n*, Silikobenzoesäure *f*
фенилмочевина *f (Ch)* Phenylharnstoff *m*, Phenylkarbamid *n*
фенилозазон *m (Ch)* Phenylosazon *n*, Osazon *n*
фенилсернокислый *(Ch)* ... phenylsulfat *n*; phenylschwefelsauer
фенилтолуол *m (Ch)* Phenyltoluol *n*, Methylbiphenyl *n*
фенилхлорид *m (Ch)* Chlorbenzol *n*, Phenylchlorid *n*
фенилцианид *m (Ch)* Phenylzyanid *n*, Benzonitril *n*
фенилэтан *m (Ch)* Phenyläthan *n*, Äthylbenzol *n*
фенилэтилен *m (Ch)* Phenyläthen *n*, Vinylbenzol *n*, Styrol *n*
фенокрист[алл] *m s.* **вкрапленник**
фенол *m (Ch)* Phenol *n*, Hydroxybenzol *n*
~/**многоатомный** mehrwertiges Phenol *n*, Polyphenol *n*
~/**синтетический** synthetisches Phenol *n*, Synthesephenol *n*
фенолаза *f s.* **фенолоксидаза**
феноловый *(Ch)* phenolisch, Phenol ...
фенолокислота *f (Ch)* Phenolkarbonsäure *f*, Hydroxybenzolsäure *f*
фенолоксидаза *f (Ch)* Phenol[oxyd]ase *f*
фенолоспирт *m (Ch)* Phenolalkohol *m*
фенолсодержащий phenolhaltig
фенолсульфокислота *f (Ch)* Phenolsulfonsäure *f*
фенолфталеин *m (Ch)* Phenolphthalein *n*
фенолят *m (Ch)* Phenolat *n*
~ **натрия** Natriumphenolat *n*
феномен *m* Phänomen *n*
феноментрия *f* Phänometrie *f*
фенопласт *m* Phenoplast *m*, Phenolharz *n*
фен[о]тиазин *m (Ch)* Phenothiazin *n*

фераза *f (Ch)* Transferase *f*, gruppenübertragendes Ferment *n*
фергюсонит *m (Min)* Fergusonit *m*
ферма *f* 1. *(Bw)* Fachwerkträger *m*, Träger *m*, Tragwerk *n*; Binder *m (Dachkonstruktionen) (s. a. unter* **балка**); 2. *(Lw)* Farm *f*
~/**арочная** Bogenträger *m*, Bogenbinder *m*
~/**арочная двухшарнирная** Zweigelenkbogen *m*
~/**арочная серповидная** Fachwerksichelbogen *m*
~/**балочная** Balkenbinder *m*
~/**балочно-консольная** Auslegerbalkenträger *m*
~/**безраскосная** strebenloser Fachwerkträger *m*, Rahmenträger *m*
~/**безраспорная арочная** Bogenbalkenträger *m*
~/**вантовая** verankerter Hängeträger *m*, verankertes Hängetragwerk *n*
~/**ветровая** Windträger *m*
~ **Виренделя** *s.* ~/**безраскосная**
~/**висячая** Hängeträger *m*, Hängetragwerk *n*
~/**висячая распорная** *s.* ~/**вантовая**
~/**гиперстатическая** statisch überbestimmter Träger *m*
~/**главная** Hauptträger *m*
~/**дважды статически неопределимая** zweifach statisch unbestimmter Träger *m*
~/**двухраскосная (двухрешётчатая)** Fachwerkträger *m* mit einfach gekreuzten Streben
~/**животноводческая** Tierzuchtfarm *f*
~/**звероводческая** Pelztierfarm *f*
~/**клеёная** Holzleimbinder *m*
~/**клёпаная** genieteter Träger *m*
~/**колхозная** Kollektivwirtschaftsfarm *f*
~/**коневодческая** Pferdezuchtfarm *f*
~/**консольная** Kragträger *m*, Auslegerträger *m*
~ **коробчатого сечения** Kastenträger *m*, zweiwandiger Träger *m*
~ **крупного рогатого скота** Rinderfarm *f*
~ **крыла** Tragflügelfachwerk *n*
~/**многораскосная (многорешётчатая)** Kreuzstreben-Fachwerkträger *m*, Fachwerkträger *m* mit mehrfach gekreuzten Streben
~/**молочная** Milchfarm *f*
~/**мостовая** Brückenträger *m*, Brückentragwerk *n*
~ **на трёх опорах/неразрезная** durchlaufender Träger *m* über drei Felder
~/**неразрезная** durchgehender (durchlaufender) Träger *m*
~/**неразрезная шарнирная балочная** durchlaufender Gelenkträger *m*, Gerber-Träger *m*
~/**овцеводческая** Schafzuchtfarm *f*
~/**одностенчатая** einwandiger Träger *m*
~/**опытная** Versuchsfarm *f*, Versuchswirtschaft *f*
~/**параболическая** Parabelträger *m*
~/**племенная** Rasseviehfarm *f*
~/**плоская** ebenes Tragwerk *n*
~/**подстропильная** Unterzug *m*, Unterzugbinder *m*
~/**полигональная** Polygonalträger *m*, Vieleckträger *m*
~ **Полонсо/стропильная** *s.* ~/**французская**
~/**полупараболическая** Halbparabelträger *m*
~/**полураскосная** Halbstrebenträger *m*, K-Fachwerkbinder *m*
~/**промежуточная стропильная** Zwischenbinder *m*, Freigebinde *n*
~/**пространственная** räumliches Fachwerk *n*
~/**птицеводческая** Geflügelfarm *f*
~/**рамная** *s.* ~/**безраскосная**
~/**раскосная** Ständerfachwerkträger *m*
~/**распорная** Fachwerkträger *m* mit Horizontalschub *(Sammelbegriff für Bogenträger)*
~/**решётчатая** Fachwerkträger *m*, Fachwerkbinder *m*
~ **с двумя балками/висячая** zweifaches Hängewerk *n*
~ **с дополнительными шпренгелями** *s.* ~/**шпренгельная**
~ **с ездой поверху/мостовая** Tragwerk *n* mit obenliegender Fahrbahn *(Brückenbau)*
~ **с ездой понизу/мостовая** Tragwerk *n* mit untenliegender (versenkter) Fahrbahn *(Brückenbau)*
~ **с ездой посредине/мостовая** Tragwerk *n* mit halbversenkter Fahrbahn *(Brükkenbau)*
~ **с затяжкой/арочная** Bogenträger *m* mit aufgehobenem Horizontalschub
~ **с затяжкой/стропильная** Vollbinder *m*, Vollgesperre *n*
~ **с криволинейными поясами** Träger *m* mit gekrümmtem Gurt
~ **с одной бабкой/висячая стропильная** einfaches Hängewerk *n*
~ **с параболическими поясами** Parabelträger *m*
~ **с параллельными поясами** Parallelträger *m*
~ **с параллельными поясами/трёхпоясная** Paralleldreigurtträger *m*
~ **с полигональным поясом** Polygonalträger *m*, Vieleckträger *m*
~ **с полураскосной решёткой** *s.* ~/**полураскосная**
~ **с ромбической решёткой** Rautenträger *m*, Rautenfachwerk *n*
~ **с симметрическими кривыми поясами** Linsenträger *m*, Pauli-Träger *m*

~ **с тремя бабками/висячая стропильная** dreifaches Hängewerk *n*
~/**свиноводческая** Schweinefarm *f*
~/**сегментная** Bogensehnenträger *m*, Segmentträger *m*
~/**серповидная** Sichelbogen *m*
~/**сквозная** *s.* ~/**решётчатая**
~/**сквозная арочная** Fachwerkbogen *m*
~ **со сплошной стенкой/арочная** Vollwandbogenbinder *m*
~/**сплошная** Vollwandträger *m*, Vollwandbinder *m*
~/**статически неопределимая** statisch unbestimmter Träger *m*
~/**стропильная** Dachbinder *m*, Binder *m*
~/**тормозная** Bremsträger *m (Eisenbahnbrücken)*
~/**треугольная** Dreieckträger *m*, Dreieckbinder *m*
~/**трёхпоясная сквозная** dreigurtiger Fachwerkträger *m*
~/**трёхраскосная (трёхрешётчатая)** Fachwerkträger *m* mit doppelt gekreuzten Streben
~/**французская** Polonceau-Träger *m*, Polonceau-Binder *m*
~/**хвостовая** Heckträger *m*
~/**шарнирная** Gelenkträger *m*
~ **Шведлера** Schwedler-Träger *m*, Hyperbelträger *m*
~/**шпренгельная** unterspannter Träger *m*
фермент *m (Ch)* Ferment *n*, Enzym *n*
~ **Варбурга/жёлтый** Warburgsches (gelbes) Atmungsferment *n*, Zytochromoxydase *f*
~/**гидролизующий (гидролитический)** hydrolysierendes Ferment *n*, Hydrolase *f*
~/**десмолитический** Desmolase *f*
~/**диастатический** Amylase *f*, α-1,4-Glukanase *f*
~/**дыхательный** Atmungsferment *n*
~/**жёлтый [дыхательный]** *s.* ~ **Варбурга/жёлтый**
~ **изомеризации** Isomerase *f*
~/**липолитический** fettspaltendes Ferment *n*, Lipase *f*
~/**окислительно-восстановительный** Oxydoreduktase *f*, Redoxase *f*
~/**окислительный** Oxydationsferment *n*, Oxydase *f*
~ **переноса** gruppenübertragendes Ferment *n*, Transferase *f*
~/**протеолитический** proteolytisches (eiweißspaltendes) Ferment *n*, Protease *f*
~/**сычужный** Lab[ferment] *n*, Chymosin *n*, Rennin *n*
ферментативный fermentativ, enzymatisch, Ferment . . ., Enzym . . .
ферментация *f (Ch)* Fermentation *f*, Fermentierung *f*
ферментировать *(Ch)* fermentieren
ферментология *f* Fermentchemie *f*, Enzymologie *f*
фермент-переносчик *m s.* **фермент переноса**
ферми *s.* **фемтометр**
ферми-взаимодействие *n (Ph)* Fermi-Wechselwirkung *f*
ферми-газ *m (Ph)* Fermi-[Dirac-]Gas *n*
фермий *m (Ch)* Fermium *n*, Fm
фермион *m (Kern)* Fermion *n*, Fermi-Teilchen *n*
ферми-оператор *m* Fermi-Operator *m*
ферми-частица *f (Kern)* Fermi-Teilchen *n*, Fermion *n*
фермовоз *m* Spezialfahrzeug *n* für Dachbinder
фернико *n* Fernico *n (Eisen-Nickel-Kobalt-Legierung)*
ферон *m (Ch)* Pheron *n*, Apoferment *n*
феррат *m (Ch)* Ferrat *n*
~ **бария** Bariumferrat *n*
~ **калия** Kaliumferrat *n*
ферригранат *m (Min)* Eisengranat *m*
ферримагнетизм *m* Ferrimagnetismus *m*
ферримагнетик *m* Ferrimagnetikum *n*
феррит *m* 1. *(Ch)* Ferrit *n*, Ferrat(III) *n*; 2. *(Met)* Ferrit *m (Eisen-Mischkristall)*; 3. Ferrit *n (keramischer Magnetwerkstoff)*; 4. *(Min)* Ferrit *m*
~ **калия** Kaliumferrit *n*, Kaliumferrat(III) *n*
~/**магниевый** Magnesiumferrit *n*
~/**магнитомягкий** weichmagnetisches Ferrit *n*
~/**медный** Kupferferrit *n*
~ **натрия** Natriumferrit *n*, Natriumferrat(III) *n*
ферритный ferritisch
ферритовый Ferrit . . .
феррицианид *m (Ch)* Hexazyanoferrat(III) *n*
~ **калия** Kalium[hexa]zyanoferrat(III) *n (rotes Blutlaugensalz)*
ферришпинель *f (Min)* Eisenspinell *m*
ферроалюминий *m* Ferroaluminium *n*
ферробор *m* Ferrobor *n*
феррованадий *m* Ferrovanadin *n*
ферровольфрам *m* Ferrowolfram *n*
феррогранат *m* Ferrogranat *m (Ferrit mit Granatstruktur)*
ферродиэлектрик *m* Ferrodielektrikum *n*, ferrodielektrischer Stoff *m*
ферромагнетизм *m* Ferromagnetismus *m*
ферромагнетик *m* Ferromagnetikum *n*, ferromagnetischer Stoff (Werkstoff) *m*
ферромагнитный ferromagnetisch
ферромагнитоэлектрический ferromagnetoelektrisch
ферромарган[ец] *m* Ferromangan *n*
феррометр *m (El, Meß)* Ferrometer *n*
ферромолибден *m* Ferromolybdän *n*
ферроникель *m* Ferronickel *n*

феррорезонанс *m (El)* ferromagnetische Resonanz *f*, Ferroresonanz *f*
ферросилид *m* Ferrosilid *n (Gußeisen mit 14 . . . 16 % Si)*
ферросилиций *m* Ferrosilizium *n*
ферросплав *m* Ferrolegierung *f*
~/**доменный** Hochofenferrolegierung *f*
ферротитан *m* Ferrotitan *n*
феррохром *m* Ferrochrom *n*
ферроцианид *m (Ch)* Hexazyanoferrat(II) *n*
~ **калия** Kalium[hexa]zyanoferrat(II) *n (gelbes Blutlaugensalz)*
ферроэлектрик *m* Ferroelektrikum *n*
ферроэлектрический ferroelektrisch
ферроэлектричество *n* Ferroelektrizität *f*, Seignetteelektrizität *f*
фестон *m* 1. Siederohrbündel *n*; 2. *(Met)* Zipfel *m*, Falte *f*; 3. *(Schiff)* Fächerplatte *f*
фестонистость *f (Met)* Zipfelbildung *f*, Faltenbildung *f (Tiefziehen)*
фибра *f* Vulkanfiber *f*, Fiber *f*
фибриллярный fibrillär, Fibrillar . . ., Fibrillen . . .
фибрин *m (Ch)* Fibrin *n*
фибриноген *m (Ch)* Fibrinogen *n*
фиброзный fibrös, faserig
фиброин *m (Text)* Fibroin *n (Seidensubstanz)*
фибролит *m* 1. *(Min)* Fibrolith *m*, Faserkiesel *m (Erscheinungsform des Sillimanit)*; 2. *(Bw)* Holzwolle-Leichtbauplatte *f*
фиброферрит *m (Min)* Fibroferrit *m*
фигура *f* Figur *f*, Gestalt *f*
~ **высшего пилотажа** Kunstflugfigur *f*
~ **вытеснения** *(Ph)* Verdrängungsfigur *f*
~ **давления** *(Krist)* Druckfigur *f*
~ **интерференции** Interferenzfigur *f*
~/**мнимая** *(Math)* imaginäre Figur *f*
~/**носовая** *(Schiff)* Gallionsfigur *f (Figur am Bug)*
~/**обратная полюсная** *(Krist)* inverse (reziproke) Polfigur *f*
~/**пилотажная** Flugfigur *f*
~ **плавления** Schmelzfigur *f*
~/**полюсная** *(Krist)* Polfigur *f*
~ **рассеяния** *(Opt)* Zerstreuungsfigur *f*
~ **растворения** *(Krist)* Lösungsfigur *f*
~/**сигнальная** *(Schiff)* Signalkörper *m*
~/**топовая** *(Schiff)* Toppzeichen *n (an Seezeichen)*
~ **травления** *(Krist)* Ätzfigur *f*
~/**трёхмерная пространственная** Darstellung *f* im räumlichen Koordinatensystem
~ **удара** *(Krist)* Schlagfigur *f*
фигуры *fpl* **Лиссажу** *(Krist)* Lissajous-Figuren *fpl*
~ **травления** *(Krist)* Ätzfiguren *fpl*
фидер *m* 1. *(El)* Speiseleitung *f*; Energieversorgungsleitung *f*; 2. *(Glas)* Speiser *m (Speisermaschine)*; 3. Brennstoffspeisevorrichtung *f (Feuerungstechnik)*; 4. *(Schiff)* Füllschacht *m*
~/**антенный** Antennenspeiseleitung *f*
~/**волноводный** *(Rt)* Hohlleiterspeiseleitung *f*
~/**высокочастотный** Hochfrequenzspeiseleitung *f*
~/**главный** *(El)* Hauptspeiseleitung *f*
~/**двухпроводной** *(Rt)* Zweileiterspeiseleitung *f*, Zweidraht[speise]leitung *f*
~/**кольцевой** *(El)* Ringspeiseleitung *f*
~/**обратный** *(El)* Rückspeiseleitung *f*
~/**ответвляющий** *(El)* Stichleitung *f*
~/**отсасывающий** *(El)* Rückspeiseleitung *f*
~ **питания с берега** *(Schiff)* Landanschlußleitung *f*
~/**тупиковый** *(El)* Stichleitung *f*
~/**четырёхпроводной** Vierdrahtspeiseleitung *f*
~/**экранированный** *(Rt)* abgeschirmte Speiseleitung *f*
физика *f* Physik *f*
~/**агрономическая** Agrophysik *f*, landwirtschaftliche Physik *f*
~/**атомная** Atomphysik *f*
~/**барионная** Baryon[en]physik *f*
~ **вакуума** Vakuumphysik *f*
~ **высоких давлений** Physik *f* hoher Drücke, Hochdruckphysik *f*
~ **высоких температур** Hochtemperaturphysik *f*
~ **высоких частот** Hochfrequenzphysik *f*, HF-Physik *f*
~ **высоких энергий** Hochenergiephysik *f*, hochenergetische Kernphysik *f*
~ **грунтов** Bodenphysik *f*
~ **излучений** Strahlungsphysik *f*
~ **инфракрасного излучения** Infrarotphysik *f*, IR-Physik *f*
~ **ионосферы** Ionosphärenphysik *f*
~ **коллоидов** Kolloidphysik *f*
~/**мезонная** Meson[en]physik *f*
~ **металлов** Metallphysik *f*
~/**молекулярная** Molekularphysik *f*
~ **низких давлений** Physik *f* niedriger Drücke, Niederdruckphysik *f*
~ **низких температур** Tieftemperaturphysik *f*
~ **плазмы** Plasmaphysik *f*
~ **полупроводников** Halbleiterphysik *f*
~/**прикладная** angewandte Physik *f*
~ **сверхвысоких энергий** Höchstenergiephysik *f*
~ **Солнца** Sonnenphysik *f*, Physik *f* der Sonne
~/**статистическая** statistische Physik *f*, Statistik *f*, mechanische Physik *f*
~ **твёрдого тела** Festkörperphysik *f*
~/**теоретическая** theoretische Physik *f*
~ **тепла** Wärmephysik *f*
~ **течения** Strömungsphysik *f*

~/**химическая** chemische Physik *f*
~/**экспериментальная** Experimentalphysik *f*
~/**электронная** Elektronenphysik *f*
~ **элементарных частиц** Physik *f* der Elementarteilchen
~/**ядерная** Kernphysik *f*
физико-химический physikochemisch, physikalisch-chemisch
физикохимия *f* physikalische Chemie *f*, Physikochemie *f*
фиксаж *m (Foto)* Fixierbad *n*, Fixierlösung *f*
~/**быстроработающий** *s.* ~/**быстрый**
~/**быстрый** schnell arbeitendes Fixierbad *n*, Schnellfixierbad *n*
~/**дубящий** Härtefixierbad *n*, gerbendes (härtendes) Fixierbad *n*
~/**кислый** saures Fixierbad *n*
~/**обыкновенный (простой)** neutrales (nicht angesäuertes) Fixierbad *n*
фиксанал *m (Ch)* Urtitersubstanz *f*
фиксатор *m* 1. Feststeller *m*, Klemmvorrichtung *f*; Halterung *f*, Halter *m*; 2. Riegel *m*, Raste *f*; 3. Arretiervorrichtung *f*; 4. Montagehalterung *f*; 5. Sicherung *f (z. B. für Gießformen oder Kerne)*; 6. Einstellsicherung *f (für Waagen)*; 7. *(Ch)* Fixierungsmittel *n*, Fixierungsflüssigkeit *f*; 8. *(Schiff)* Containerhalterung *f (Containerzurrung am Süll)*
~ **для стержней** *(Gieß)* Kernsicherung *f*, Kernarretierung *f*
~/**конический** *(Schiff)* Steckkonus *m*, Bodenkonus *m (Containerzurrung)*
~ **контактного провода** *(El, Eb)* Seitenhalter *m (Fahrleitung)*
~ **нулевого положения** Nullstellsicherung *f (Wägetechnik)*
фиксация *f* 1. Fixieren *n*, Fixierung *f*; 2. *(Foto)* Fixieren *n*, Fixierung *f*, Fixage *f*; 3. Festlegung *f (von Nährstoffen)*; 4. Bindung *f (von Luftstickstoff durch Mikroorganismen)*
~ **азота** *(Lw)* Stickstoffixierung *f*, Stickstoffbindung *f*
~ **уровня белого** *(Fs)* Weißpegelhaltung *f*, Weißsteuerung *f*
~ **уровня чёрного** *(Fs)* Schwarzpegelhaltung *f*, Schwarzsteuerung *f*
~ **формы** Formfestmachen *n*, Fixierung *f (von Textilwaren)*
фиксирование *n s.* **фиксация**
фиксировать 1. fixieren, festlegen; 2. *(Foto)* fixieren *n*; 3. festlegen *(Nährstoffe)*; 4. binden *(Luftstickstoff)*
филата *f s.* **верхняк/вспомогательный**
филдистор *m s.* **фильдистор**
филёнка *f (Bw)* Füllung *f (in Holztüren, Zwischenwänden und Paneelen)*
~/**выбивная** *(Schiff)* herausschlagbares Türfutter *n*, heraustretbare Türfüllung *f*
филлер *m (Kfz)* Gummischnur *f* des Wulstes *(Bereifung)*
филлинг-машина *f (Text)* Fillingmaschine *f*, Ristenmaschine *f*, Bartmaschine *f (Seidenspinnerei)*
филлит *m (Min)* Phyllit *m (kristalliner Schiefer)*
филлохинон *m (Ch)* Phyllochinon *n*, Vitamin K_1 *n*
фильдистор *m (Eln)* Feld[effekt]transistor *m*, Feldsteuerungstransistor *m*, Unipolartransistor *m*, Fieldistor *m*
~/**поверхностный** Oberflächenfeldeffekttransistor *m*
фильера *f* 1. *(Text)* Spinndüse *f (Chemiefaserherstellung)*; 2. *(Plast)* Gießtrichter *m*; 3. *(Plast)* Mundstück *n (einer Spritzmaschine)*; 4. *(Met)* Düse *f*, Ziehdüse *f*, Ziehring *m*
~/**вращающаяся** *(Text)* Drehdüse *f*
~/**дутьевая** Blasdüse *f (bei der Glasfaserherstellung)*
~/**щелевидная** Schlitzdüse *f*
фильеродержатель *m* Düsenhalter *m*, Düsenlager *n (Ziehen)*
фильм *m (Kine)* Film *m*
~/**документальный** Dokumentarfilm *m*
~/**дублированный** synchronisierter Film *m*
~/**звуковой** Tonfilm *m*
~/**короткометражный** Kurzfilm *m*
~/**мультипликационный** Trickfilm *m*
~/**научно-популярный** populärwissenschaftlicher Film *m*
~/**немой** Stummfilm *m*
~/**полнометражный** abendfüllender Film *m*
~/**телевизионный** Fernsehfilm *m*
~/**узкоплёночный** Schmalfilm *m*
~/**учебный** Lehrfilm *m*
~/**художественный** Spielfilm *m*
~/**цветной** Farbfilm *m*
~/**широкоплёночный** Breitfilm *m*, Normalfilm *m*
~/**широкоэкранный** Breitwandfilm *m*
фильмотека *f* Filmarchiv *n*
фильмпак *m (Foto)* Filmpack *n*
фильтр *m* 1. Filter *n*; 2. *(Fmt, Rt)* Filter *n*, Sieb *n*
~/**абсорбционный** *(Opt)* Absorptionsfilter *n*
~/**акустический** akustisches Filter *n*, Schallfilter *n*
~/**амплитудный** *(Rt)* Amplitudenfilter *n*, Amplitudensieb *n*
~/**анионитовый** *(Ch)* Anionenaustauschfilter *n*, Anionenaustauscher *m*
~/**асбестовый** Asbestfilter *n*
~/**асбестовый рамный** *(Text)* Anschwemmfilter *n (Chemiefaserherstellung)*
~/**барабанный** *(Ch)* Trommelfilter *n*

~/**барабанный ячейковый** Trommelzellenfilter *n*
~/**беззольный** aschefreies Filter *n*
~/**безнапорный** druckloses Filter *n* *(Kesselwasseraufbereitung)*
~/**биологический** biologisches Filter *n*, Biofilter *n* *(Abwasserreinigung)*
~/**бумажный** Papierfilter *n*
~/**быстродействующий** *(Ch)* Schnellfilter *n*
~/**вакуумный** Vakuumfilter *n*
~ **верхних частот** *(Rf)* Hochpaßfilter *n*, Hochpaß *m*
~/**водопроводный** Wasserreinigungsfilter *n*, Wasseraufbereitungsfilter *n* *(Trink- und Industriewasseraufbereitung)*
~/**водяной** Wasserreiniger *m*, Wasserfilter *n*
~/**воздушный** Luftfilter *n*, Luftreiniger *m*
~/**волноводный** *(Rf)* Wellenleiterfilter *n*, Hohlleiterfilter *n*
~/**волновой** *(Rf)* Wellenfilter *n*, Wellensieb *n*
~/**вращающийся** *(Ch)* Drehfilter *n*
~ **высокой частоты** *(Rf)* Hochpaßfilter *n*, Hochpaß *m*
~/**гравийный** *(Ch)* Kiesfilter *n*
~ **грубой очистки** Grobfilter *n* *(für technisch reines Wasser)*
~/**двухпоточный** Gegenstromfilter *n* *(Kesselwasseraufbereitung)*
~/**двухрезонаторный** *(Rf)* Zweiquarzfilter *n*; Doppelresonatorfilter *n*
~/**дисковый** *(Ch)* Scheibenfilter *n*
~/**дискретный** digitales Filter *n*
~/**добавочный** Zusatzfilter *n*
~/**дроссельный** *(Fmt)* Spulenkette *f*, Drosselkette *f*
~/**забивной** *(Hydt)* Steckfilter *n*
~/**заграждающий** *(Fmt)* Sperr[kreis]filter *n*, Sperrsieb *n*
~/**заграждающий полосовой** Bandsperrfilter *n*, Bandsperre *f*
~/**закрытый** geschlossenes Filter *n*
~ **из объёмных резонаторов** *(Rf)* Hohlraumfilter *n*
~/**индуктивно-ёмкостный** *(Rf)* LC-Filter *n*, LC-Siebglied *n*
~/**интерференционный** *(Opt)* Interferenzfilter *n*
~/**ионитовый** *(Ch)* Ionenaustauschfilter *n*, Ionenaustauscher *m*
~/**канальный** *(Rf)* Kanalfilter *n*
~/**карманный** *(Ch)* Taschenfilter *n*, Sackfilter *n*, Beutelfilter *n*
~/**катионитовый** *(Ch)* Kationenaustauschfilter *n*, Kationenaustauscher *m*
~/**Н-катионитовый** *(Ch)* Wasserstoff[ionen]austauschfilter *n*, Wasserstoffaustauscher *m*, H-Austauscher *m*
~ **Кауэра** Cauer-Filter *n* *(in Wechselstromschaltungen)*
~/**кварцевый** Quarzfilter *n*
~/**кварцевый мостиковый** Quarzbrückenfilter *n*
~/**керамический** Keramikfilter *n*
~/**коаксиальный** Koaxialfilter *n*
~/**коксовый** Koksfilter *n*
~/**конденсаторный** *(Fmt)* Kondensatorkette *f*, Kondensatorleitung *f*
~/**контактный** *(Ch)* Kontaktfilter *n*
~/**ленточный** *(Ch)* Bandfilter *n*
~/**листовой** *(Ch)* Blattfilter *n*
~/**масляный** Ölfilter *n*
~/**медленный** *(Ch)* Langsamfilter *n*
~/**мембранный** *(Ch)* Membranfilter *n*
~/**мешочный** *s.* ~/**карманный**
~/**многозвенный** *(Rf)* mehrgliedriges Filter *n*, Siebkette *f*, Filterkette *f*
~/**многоконтурный** *(Rf)* Mehrkreisfilter *n*
~/**многослойный** *(Ch)* Vielschichtfilter *n*, viellagiges Filter *n*
~/**мостиковый (мостовой)** *(El)* Brückenfilter *n*
~/**напорный** Druckfilter *n*
~/**непрерывно действующий** kontinuierliches Filter *n*
~ **нижних частот** *(Rf)* Tiefpaßfilter *n*, Tiefpaß *m*
~/**обратный** *(Hydt)* Schutzschichtfilter *n* *(Schutz der wasserseitigen Böschung von Erddämmen gegen Ausschwemmung kleinster Teilchen durch Sickerung mittels einer abgestuften Sand-Kies-Splitt-Schotter-Schüttung; vgl.* ~/**откосный**)
~/**объёмный** *(Rf)* Hohlraumfilter *n*
~/**однозвенный** *(Rf)* eingliedriges Filter *n*
~/**октавный** Oktavfilter *n*, Oktavsieb *n*
~/**оптический** *s.* **светофильтр**
~/**осветляющий** *(Ch)* Klärfilter *n*
~/**откосный** *(Hydt)* Böschungsschutzschichtfilter *n* *(an der unterwasserseitigen Böschung eines Erdstaudammes in der Zone des Sickerwasseraustritts; vgl.* ~/**обратный**)
~/**пароочистительный** Dampfreinigungssieb *n*
~/**патронный** *(Ch)* Patronenfilter *n*, Kerzenfilter *n*
~/**песочный** *(Ch)* Sandfilter *n*
~/**плоёный** *s.* ~/**складчатый**
~/**плоский** *(Ch)* Planfilter *n*
~/**поглощающий** *(Opt)* Absorptionsfilter *n*
~/**погружной** Tauchfilter *n*
~/**полосный (полосовой)** *(Rf)* Band[paß]filter *n*, Bandpaß *m*
~/**полосовой заграждающий** *(Fmt)* Sperr[kreis]filter *n*, Sperrsieb *n*
~/**поляризационный** *(Opt)* Polarisationsfilter *n*, Filterpolarisator *m*
~/**порошковый металлический** Sintermetallfilter *n* *(Pulvermetallurgie)*
~/**предварительный** Vorfilter *n*
~/**приёмный** *(Rf)* Empfangsfilter *n*, Empfangssieb *n*

~/**проволочный** Drahtfilter *n*
~/**пропускающий** *(Rf)* Durchlaßfilter *n*, Durchgangsfilter *n*
~/**пропускающий полосовой** *s.* ~/**полосный**
~/**простой** einfaches Filter *n*, Einfachsieb *n*
~/**противопомеховый** *(Rf)* Störschutzfilter *n*
~/**разветвительный (разветвляющий)** *(El)* Abzweigfilter *n*
~/**разделительный** *(Rf)* Frequenzweiche *f*
~/**рамный** *(Ch)* Rahmenfilter *n*
~ **рассогласования** *(Rf)* Verstimmungsfilter *n*
~/**регенеративный** *(Opt)* Entzerrungsfilter *n*
~ **рентгеновских лучей** Röntgen[strahlen]filter *n*
~/**реостатно-ёмкостный** *(Rf)* RC-Filter *n*
~/**рукавный** *(Ch)* Schlauchfilter *n*
~/**световой** Lichtfilter *n (s. a. unter* **светофильтр***)*
~/**сглаживающий** *(Rf)* Glättungsfilter *n*
~/**селективный** *(Foto)* Farbenauszugfilter *n*
~/**сетевой** *(Rf)* Netzfilter *n*, HF-Filter *n (Schutz gegen HF-Störungen aus dem Netz)*
~/**сетчатый** *(Ch)* Siebfilter *n*
~ **системы Келли** *(Ch)* Kelly-Filter *n*, Kelly-Filterpresse *f*
~/**складчатый** *(Ch)* Faltenfilter *n*
~/**скорый** *(Ch)* Schnellfilter *n*
~/**сталестружечный** Stahlspänefilter *n (Desoxydation des aufzubereitenden Kesselwassers)*
~/**стеклянный** Glasfilter *n*
~/**стерилизационный** *(Ch)* Sterilfilter *n*
~/**сухой** Trockenfilter *n*
~/**теплозащитный** *s.* **теплофильтр**
~/**тонкий** Feinfilter *n*
~/**топливный** Kraftstoffilter *n (Verbrennungsmotoren)*
~/**трубный** *(Hydt)* Filterrohr *n*; Rohrfilter *n*
~/**угольно-свечевой** *(Text)* Filter *n* mit Kohlekerzen *(Spinnlösung)*
~/**угольный** Kohlefilter *n*
~/**угольный обезмасливающий** Entölungskohlefilter *n (Entölung des Kesselspeisewassers durch aktive Kohle)*
~/**узкополосный** *(Rf)* Schmalbandfilter *n*
~/**ультратонкий** *(Ch)* Ultrafein[st]filter *n*
~/**фазовыравнивающий** *(Rf)* Phasenausgleichsfilter *n*
~/**фарфоровый** Porzellanfilter *n*
~/**цветной** Farbfilter *n*
~/**цветоделительный** Farbauszugsfilter *n*, Farbfilter *n*
~/**цепочечный** *s.* ~/**многозвенный**
~/**частотный** *(Rf)* Frequenzfilter *n*, Frequenzsieb *n*
~/**частотный разделительный** Frequenzweiche *f*
~/**широкополосный** *(Rf)* Breitbandfilter *n*
~/**электрический** 1. elektrisches Filter (Sieb) *n*; 2. Elektrofilter *n (Gasreinigungsanlage; s. a.* **электрофильтр***)*
~/**ячейковый** Zellenfilter *n*
фильтрат *m (Ch)* Filtrat *n*
фильтрация *f* 1. Filtrierung *f*, Filtern *n*; Reinigung *f*; 2. *(Hydt)* Sickern *n*, Versickerung *f*; 3. *(El, Fmt)* Filterung *f*, Siebung *f*; 4. Läutern *n*, Läuterung *f (Aufbereitung)*
~/**горячая** Heißfiltration *f*
~ **затора** Abläutern *n*, Abläuterung *f (Brauerei)*
~/**осветляющая** Klärfiltration *f*
~/**поверхностная** Oberflächenfiltration *f*
~/**предварительная** Vorfiltration *f*
~ **с образованием осадка** Trennfiltration *f*, Scheidefiltration *f*
~ **тепла** Wärmefilterung *f*
~/**центробежная** Zentrifugalfiltration *f*
фильтр-буж *m (Text)* Spinnlösungskerzenfilter *n (Herstellung synthetischer Fäden)*
фильтрмасса *f (Ch)* Filtermasse *f*, Filtrationsmasse *f*
фильтрование *n s.* **фильтрация**
фильтровать 1. filtrieren, filtern; seihen; abklären; 2. *(Rf)* sieben; 3. *(Hydt)* sikkern; 4. läutern *(Aufbereitung)*
фильтрпалец *m (Ch)* Filterkerze *f*
фильтрпресс *m (Ch)* Filterpresse *f*
~/**камерный** Kammerfilterpresse *f*
~/**масляный** Ölfilterpresse *f*
фильтр-сгуститель *m (Ch)* Eindickfilter *n*, Filtereindicker *m*
фильтруемость *f (Ch)* Filtrierbarkeit *f*
фильтрчан *m (Ch)* Läuterbottich *m*
финишер *m (Bw)* Ausgleichmaschine *f*, Betonstraßenfertiger *m*
финн *m* Finn-Dingi *n (Sportboot)*
фиолетовый *m* Violett *n (Farbstoff)*
~/**метиловый** Methylviolett *n*
~/**хромовый** Chromviolett *n*
фиорд *m (Geol)* Fjord *m*
фирн *m (Geol)* Firn *m*, Firnschnee *m*
фирнизация *f (Geol)* Verfirnung *f*
фитиль *m* 1. Lunte *f*; 2. Docht *m*
~ **для смазки** Ölerdocht *m (Schmierung)*
фитинг *m* Fitting *n(m)*, Rohrverbindungsstück *n*, Rohrverschraubungsstück *n (Sammelbegriff für Muffen, Winkelstücke, T-Stücke, Stopfen usw.)*
~ **мостового типа** Brückenstück *n (Containerzurrung)*
~ **мостового типа/регулируемый** verstellbares Brückenstück *n (Containerzurrung)*
~/**Т-образный палубный** *(Schiff)* Einweiser *m* in T-Form *(Containerzurrung)*

~/палубный *(Schiff)* Einweiser *m (Containerzurrung)*
~/прямоугольный палубный *(Schiff)* Einweiser *m* in gerader Ausführung *(Containerzurrung)*
~ с фиксирующим штырем/палубный *(Schiff)* Einweiser *m* mit Sicherungsstift *(Containerzurrung)*
~/угловой *(Schiff)* Eckbeschlag *m*, Eckfitting *n (Containerzurrung)*
~/угловой палубный Einweiser *m* in Winkelform *(Containerzurrung)*
фитокамера *f* Klimakammer *f*
фитол *m (Ch)* Phytol *n (Diterpenalkohol)*
фитостерин *m (Ch)* Phytosterin *n*, pflanzliches Sterin *n*
фитотоксический, фитотоксичный phytotoxisch, pflanzenschädigend
фитохимия *f* Phytochemie *f*, Chemie *f* der Pflanzenstoffe
фиш *m (Schiff)* Fischgien *n*, Ankergien *n*
фиш-балка *f* Ankerdavit *m*, Lichtdavit *m*
фиш-блок *m* Fischblock *m*, Fischtakelblock *m*
фишка *f (El)* Hängesteckdose *f*
фишлупа *f (Schiff)* Fischlupe *f*
фиш-тали *pl* Fischtakel *n*, Ankergien *n*
фиш-шкентель *m* Fisch[takel]reep *n*
флавазин *m* Flavazin *n (Farbstoff)*
флавин-фермент *m (Ch)* Flavinferment *n*, Flavoproteid *n*
флавон *m (Ch)* Flavon *n*, 2-Phenylchromon *n*
флавопротеин *m (Ch)* Flavoprotein *n*, gelbes Oxydationsferment *n*
флаг *m* Flagge *f*; Fahne *f*
~/карантинный *(Schiff)* Quarantäneflagge *f*
~/лоцманский *(Schiff)* Lotsenflagge *f*
~ международного свода сигналов *(Schiff)* internationale Signalflagge *f*
~/облачный *(Meteo)* Wolkenfahne *f*
~ «Опасный груз» *(Schiff)* Pulverflagge *f*
~/отходной *(Schiff)* Ausfahrtsflagge *f*, Auslaufflagge *f*, Blauer Peter *m*
~/сигнальный Signalflagge *f*
флаги *mpl*/**удобные** *(Schiff)* billige Flaggen *fpl*
флаглинь *m (Schiff)* Flaggleine *f*
флагман *m* Flaggschiff *n*
флаг-фал *m (Schiff)* Flaggleine *f*
флагшток *m (Schiff)* Flaggenstock *m*
~/кормовой Heckflaggenstock *m*
флажок *m* 1. Fahne *f*, Fähnchen *n*; Flagge *f*; 2. Fähnchen *n (eines Zungenfrequenzmessers)*; 3. Hemmfahne *f*, Bremszunge *f (eines Elektrizitätszählers)*; 4. Steuerfahne *f (eines Potentiometergebers)*; 5. Schauzeichen *n (eines Melderelais)*; 6. *(Dat)* Anzeiger *m*, Kennzeichen *n*
~/семафорный (сигнальный) Winkerflagge *f*, Handflagge *f*
фланг *m* 1. *(Mil)* Flanke *f*; 2. *(Bgb)* Feldesgrenze *f*
фланель *f (Text)* Flanell *m*
фланец *m* Flansch *m*; Kranz *m*; Bund *m*
~ вентиля Ventillappen *m*, Ventilplakette *f (Bereifung)*
~/вращающийся *s.* **~/свободный**
~/глухой Blindflansch *m*, Deckelflansch *m*
~/затворный *s.* **~/глухой**
~ катушки *(Text)* Begrenzungsscheibe *f*, Stirnscheibe *f (Spule)*
~ кожуха Gehäuseflansch *m*
~/кольцевой Ringflansch *m*
~ крышки сальника Brillenflansch *m (Stopfbüchse)*
~ муфты Kupplungsflansch *m*
~/наварной geschweißter Flansch *m*
~/неподвижный fester Flansch *m*
~/овальный Ovalflansch *m*
~/опорный Stützflansch *m*, Auflageflansch *m*
~/откованный заодно с валом *(Schiff)* angeschmiedeter Flansch *m (Wellenleitung)*
~/отогнутый abgekanteter Flansch *m*, Bördelflansch *m*, Bördel *m*
~ патрубка Rohrstutzenflansch *m*
~/промежуточный Zwischenflansch *m*
~/развальцованный Aufwalzflansch *m*
~ рамы Rahmenflansch *m*
~ с выступами Vorsprungflansch *m*
~ с центрирующим краем Flansch *m* mit Zentrierrand
~/свободноглухой Brillenflansch *m*
~/свободный loser Flansch *m*, Drehflansch *m*
~ со впадиной Rücksprungflansch *m*
~/соединительный Kupplungsflansch *m*, Verbindungsflansch *m*
фланец-восьмёрка *f (Schiff)* Brillenflansch *m*
фланжировать *s.* **фланцевать**
фланцевание *n (Fert)* Bördeln *n*, Umbördeln *n (Rohre)*; Kümpeln *n (Kesselschüsse)*; Flanschen *n*, Anflanschen *n*
фланцевать *(Fert)* bördeln, umbördeln; kümpeln
флаттер *m (Flg)* Flattern *n*, Flattererscheinung *f*; Flattereffekt *m*
флегма *f* Rücklauf *m*, Phlegma *n (Destillation)*
флегматизатор *m* Verbrennungsverzögerer *m*
флегматизация *f* Phlegmatisierung *f (Sprengstoffe)*
флексография *f (Typ)* Flexodruck *m*
флексометр *m* Flexometer *n*
флексура *f (Geol)* Flexur *f*, Monokline *f*
флеп *m (Kfz)* Felgenband *n (Tiefbettfelge)*; Wulstband *n (Flachbettfelge)*
флет *m* Flachpalette *f*, Ladepalette *f*, Flat *f (Plattenart)*

фликер-шум *m (Rf)* Flickerrauschen *n*, Funkelrauschen *n*
фликер-эффект *m (Rf)* Flickereffekt *m*, Funkeleffekt *m*
флинт *m* Flint *n*, Flintglas *n*
~/**борный** Borflint *n*
~/**лёгкий** Leichtflint *n*
~/**тяжёлый** Schwerflint *n*
флиш *m (Geol)* Flysch *m*
флобафен *m (Led)* Phlobaphen *n (Gerbstoff)*
флогопит *m (Min)* Phlogopit *m (ein Glimmer)*
флокен *m* Flocke *f*, innerer Riß *m* im Stahl
флоконне *n (Text)* Flockenstoff *m*, Floconné *m*
флокс *m (Text)* Flox *m (Viskosestapelfaser)*
флокула *f* Flocke *f*
флокулировать [aus]flocken
флокулянт *m* Flockungsmittel *n*, Ausflockungsmittel *n*; Flockenbildner *m*
флокуляция *f* Ausflockung *f*, Ausflocken *n*, Flockung *f*
флор *m (Schiff)* Bodenwrange *f*
~/**бракетный** offene (gebaute) Bodenwrange *f*
~/**водонепроницаемый** wasserdichte Bodenwrange *f*
~/**интеркостельный** interkostale Bodenwrange *f*
~/**облегчённый** volle Bodenwrange *f* mit großen Erleichterungslöchern
~/**открытый** leichte Bodenwrange *f*
~/**проницаемый** nicht wasserdichte Bodenwrange *f*
~/**сплошной** volle Bodenwrange *f*
~/**транцевый** Transomplatte *f*
флорет *m (Text)* Florettgarn *n (Seidengarn)*
флот *m* Flotte *f*
~ **внутреннего плавания** Binnen[schiffahrts]flotte *f*
~/**военно-морской** Seestreitkräfte *pl*, Seekriegsflotte *f*, Marine *f*
~/**воздушный** Luftflotte *f*
~/**гражданский** zivile Flotte *f*
~/**морской торговый** Seehandelsflotte *f*
~/**пассажирский** Fahrgastflotte *f*
~/**речной** Flußschiffahrtsflotte *f*
~/**рыбопромысловый** Fischereiflotte *f*, Fischfangflotte *f*
~/**технический** technische Flotte *f*
~/**торговый** Handelsflotte *f*
~/**траловый** Schleppnetzfischereiflotte *f*
~/**транспортный** Transportflotte *f*
флотатор *m* Schwimmittel *n*, Flotationsmittel *n (Aufbereitung)*
флотационный flotativ, Flotations . . ., Flotier . . ., Schwimm . . .; Schwimmaufbereitungs . . .
флотация *f* Flotation *f*, Flotationsaufbereitung *f*, Schwimmaufbereitung *f*
~/**избирательная** selektive Flotation *f*
~/**масляная** Ölflotation *f*
~/**пенная** Schaumflotation *f*, Schaumschwimmverfahren *n*, Schaumschwimmaufbereitung *f*
~/**плёночная** Filmflotation *f*
~/**селективная** selektive Flotation *f*, Selektivflotation *f*
флотилия *f (Mar)* Flottille *f*
~ **подводных лодок** U-Bootflottille *f*
~ **торпедных катеров** Torpedoschnellbootflottille *f*, TS-Bootflottille *f*
флотировать flotieren *(Aufbereitung)*
флотируемость *f* Flotierbarkeit *f (Aufbereitung)*
~/**искусственная** künstliche Flotierbarkeit *f*
~/**природная** natürliche Flotierbarkeit *f*
флотируемый flotierbar, flotationsfähig *(Aufbereitung)*
флотконцентрат *m* Flotationskonzentrat *n*, Schwimmkonzentrat *n*
флотогравитация *f* Kombination *f* von Flotations- und Massekraftaufbereitungsprozessen
флотоконцентрат *m* Flotationskonzentrat *n*, Schwimmkonzentrat *n (Aufbereitung)*
флотомасло *n* Flotationsöl *n*
флотомашина *f* Flotationsmaschine *f*, Flotationsgerät *n (Aufbereitung)*
флотореагент *m* Flotationsreagens *n*, Flotationschemikalie *f*, Flotationsmittel *n*, Flotiermittel *n*
флуктуация *f (Ph)* Schwankung *f*, Fluktuation *f*
~ **в обратном направлении** Rückwärtsschwankung *f*
~/**временная** zeitliche Schwankung *f*
~ **напряжения** *(El)* Spannungsschwankung
~/**радиационная** *(Kern)* Strahlungsschwankung *f*
~ **температуры** Temperaturschwankung *f*
~ **тока** *(El)* Stromschwankung *f*
~ **энергии** Energieschwankung *f*
~ **яркости** Helligkeitsschwankung *f*
флуорен *m (Ch)* Fluoren *n*
флуоресцеин *m (Ch)* Fluoreszein *n (Farbstoff)*
флуоресценция *f (Ph)* Fluoreszenz *f*
~/**поляризованная** polarisierte Fluoreszenz *f*
~/**резонансная** Resonanzfluoreszenz *f*
~/**собственная** Eigenfluoreszenz *f*
флуоресцировать fluoreszieren
флуориметр *m s.* **флуорометр**
флуориметрия *f s.* **флуорометрия**
флуорограмма *f* Schirmbild *n*, Schirmbildaufnahme *f*
флуорограф *m* Schirmbildgerät *n*
флуорография *f* Schirmbildverfahren *n*, Schirmbildfotografie *f*

флуорометр *m* Fluorometer *n*, Fluorimeter *n*
флуорометрия *f* Fluorometrie *f*, Fluorimetrie *f*
флуороскоп *m* Fluoroskop *n*
флуороскопия *f* Durchleuchtung *f*, Durchstrahlung *f*
флуорофотометр *m* Fluo[ro]fotometer *n*
флюат *m (Ch)* Fluat *n*, Fluorosilikat *n*
флюатировать *(Ch)* fluatieren
флюгарка *f* 1. *(Bw)* drehbarer Schornsteinaufsatz *m*; 2. *(Eb)* Weichensignal *n*; 3. *(Meteo)* Windfahne *f* *(s. a.* **флюгер Вильда***)*
флюгер *m* **Вильда** *(Meteo)* Wildsche Wetterfahne *f* *(Windfahne mit Windrose und Pendelanemometer)*
флюидпроцесс *m (Ch)* Fluidverfahren *n*, Wirbelschichtverfahren *n*, Staubfließverfahren *n*, Fließbettverfahren *n*
флюксия *f (Math)* Fluxion *f*
флюксметр *m (El)* Fluxmeter *n*, Flußmesser *m* *(zur Messung des magnetischen Flusses)*
флюксоид *m (Kern)* Fluxoidquant *n*, Fluxon *n*
флюктуация *f s.* **флуктуация**
флюо . . . *s. a. unter* **флуо** . . .
флюорит *m (Min)* Fluorit *m*, Flußspat *m*
флюоцерит *m (Min)* Fluozerit *m*
флюс *m* Flußmittel *n*, Fluß *m*, Schmelzmittel *n*, Zuschlag *m*, Schmelzzuschlag *m* • **под флюсом** *(Schw)* Unterpulver . . ., UP- . . . *(UP-Schweißung)*
~/**алюминиевый** Aluminiumflußmittel *n*
~/**глинистый** Tonzuschlag *m*
~/**защитный** Abdeckmittel *n*, Abdecksalz *n* *(NE-Metallschmelze)*
~/**известковый** Kalkzuschlag *m*
~/**кислотный** Lötwasser *n*
~/**кислый** saures Flußmittel *n*, saurer Zuschlag *m*
~/**кремнеземнистый** Kieselzuschlag *m*
~/**магниевый** Magnesiumflußmittel *n*
~/**нейтральный** neutrales Flußmittel *n*
~/**окислительный** oxydierendes Flußmittel *n*
~/**основный** basisches Flußmittel *n*, basischer Zuschlag *m*
~/**паяльный** Lötpulver *n*, Lötpaste *f*
~/**покровный** Abdeckmittel *n*, Abdecksalz *n* *(NE-Metallschmelze)*
~/**сварочный** Schweißpulver *n*, Schweißpaste *f*
флюсовать mit Flußmitteln versetzen, Flußmittel zuschlagen
флютбет *m (Hydt)* Wehrsohle *f*, Wehrboden *m*, Wehrplatte *f*
~ **камеры шлюза** Vorkammerboden *m* *(Schiffskammerschleuse)*
~ **подпорного сооружения** Staukörperfluß *m*
~ **разборной плотины** Wehrmauer *f* *(Schützenwehr)*
~ **шкафной части шлюза** Torkammerboden *m* *(Schiffskammerschleuse)*
флютерит *m s.* **ураноталлит**
флянец *m s.* **фланец**
фок *m (Schiff)* Fock *f*, Focksegel *n*
фока-брасы *pl* Fockbrassen *fpl*
фок-ванты *pl (Schiff)* Fockwanten *pl*
фок-мачта *f (Schiff)* Fockmast *m*, Vormast *m*
фокометр *m (Opt)* Fokometer *n*, Brennweitenmesser *m*
фокометрия *f (Opt)* Fokometrie *f*, Brennweitenmessung *f*
фок-рей *m (Schiff)* Fockrah[e] *f*
фокус *m* 1. *(Math)* Brennpunkt *m* *(Ellipse, Hyperbel, Parabel)*; 2. *(Math)* Strudelpunkt *m* *(singulärer Punkt von Differentialgleichungen)*; 3. *(Opt)* Brennpunkt *m*, Fokus *m*
~/**аэродинамический** *s.* ~ **крыла/аэродинамический**
~/**второй** *s.* ~/**задний**
~/**главный** *(Opt)* Hauptbrennpunkt *m*
~/**действительный** *(Opt)* reeller Brennpunkt *m*
~/**задний** *(Opt)* Bildbrennpunkt *m*, bildseitiger (hinterer) Brennpunkt *m*
~/**задний главный** bildseitiger (hinterer) Hauptbrennpunkt *m*
~ **землетрясения** *(Geoph)* Erdbebenherd *m*, Hypozentrum *n*
~ **изображения** *s.* ~/**задний**
~ **крыла/аэродинамический** *(Aero)* Druckpunkt *m* *(Tragflügel)*
~/**мнимый** *(Opt)* virtueller Brennpunkt *m*
~/**мягкий** *(Foto)* Soft-focus *m*
~/**первый** *s.* ~/**передний**
~/**первый главный** *s.* ~/**передний главный**
~/**передний** *(Opt)* Objektbrennpunkt *m*, objektseitiger (dingseitiger, gegenstandsseitiger, vorderer) Brennpunkt *m*
~/**передний главный** objektseitiger (dingseitiger, vorderer) Hauptbrennpunkt *m*
~/**сопряжённый** *(Opt)* Brennpunkt *m*
фокусирование *n s.* **фокусировка**
фокусировать *(Opt)* fokussieren, bündeln; den Brennpunkt einstellen
фокусировка *f* Fokussierung *f*, Bündelung *f*; Scharfeinstellung *f*; Lichtpunkteinstellung *f*
~/**внешняя** *(Opt)* Außenfokussierung *f*
~/**внутренняя** *(Opt)* Innenfokussierung *f*
~/**газовая** Gasfokussierung *f*
~/**двойная** Doppelfokussierung *f*
~ **изображения** Bildschärfeeinstellung *f*
~/**магнитная** *(Kern)* magnetische Fokussierung *f*
~ **по направлениям** Richtungsfokussierung *f*

~/**последующая** *(Fs)* Nachfokussierung *f*
~/**предварительная** *(Fs)* Vorfokussierung *f*
~ **пучка** Strahlenfokussierung *f*, Strahlenbündelung *f*
~/**скоростная** Geschwindigkeitsfokussierung *f*
~ **частиц** Fokussierung *f* der Teilchen *(Beschleuniger)*
~ **электронного луча (пучка)** Elektronenstrahlfokussierung *f*, Elektronen[strahl]bündelung *f*
фок-штаг *m (Schiff)* Fockstag *m*
фольга *f* 1. Folie *f*, Blättchen *n*; 2. Blattmetall *n*
~/**алюминиевая** 1. Aluminiumfolie *f*, Blattaluminium *n*; 2. *(Bw)* Alfol *n (Wärmeisolation)*
~/**ацетатная** *(Typ)* Azetatfolie *f*
~ **для тиснения** *(Typ)* Prägefolie *f*
~/**золотая** Goldfolie *f*, Blattgold *n*
~/**клейкая** *(Typ)* Klebefolie *f*
~/**красочная** *(Typ)* Farbfolie *f (Buchbinderei)*
~/**медная** Kupferfolie *f*, Blattkupfer *n*
~/**металлическая** Metallfolie *f*, Blattmetall *n*
~/**монтажная** *(Typ)* Montagefolie *f*
~/**недеформирующаяся пластмассовая** dimensionsstabile Plastfolie *f*
~/**обёрточная** Verpackungsfolie *f*
~/**оловянная** Zinnfolie *f*, Blattzinn *n*, Stanniol *n*
~/**полупроводниковая** Halbleiterfolie *f*
~/**приправочная** *(Typ)* Zurichtefolie *f*
~/**свинцовая** Bleifolie *f*
~/**серебряная** Silberfolie *f*, Blattsilber *n*
~/**стравленная приправочная** *(Typ)* abgeätzte Zurichtefolie *f*
~/**усиливающая** *(Kern)* Verstärkerfolie *f (Gamma-Defektoskopie)*
фольгированный metallkaschiert *(Herstellung gedruckter Schaltungen)*
~ **медью** kupferkaschiert
фольгировать eine Metallfolie *(auf einen Isolierstoff)* aufkaschieren
фон *m* 1. Hintergrund *m*; Grundfarbe *f*; 2. *(Typ)* Untergrund *m*, Unterdruck *m*; 3. *(Kern)* Hintergrund *m*, Untergrundstrahlung *f*, Untergrund *m*, Nulleffekt *m*; 4. *(El)* Brummstörung *f*, Brummen *n*, Brumm *m*; 5. *(Ak)* Phon *n (Einheit der Lautstärke)* • **с малым фоном** *(Eln)* brummarm
~ **в лампах** *(Eln)* Röhrenbrummen *n*
~ **гамма-лучей** *(Kern)* Gamma-Strahlenuntergrund *m*, Gamma-Untergrund *m*
~ **естественной радиации** *(Kern)* natürliche Untergrundstrahlung *f*
~ **звука** Geräuschkulisse *f*
~ **космических лучей** Drei-Grad-Kelvin-Strahlung *f*, 3-°K-Strahlung *f*, kosmische Urstrahlung (Hintergrundstrahlung, Untergrundstrahlung) *f*
~ **лампы** *(Eln)* Röhrenbrummen *n*
~ **помех** *(El)* Störuntergrund *m*
~ **сети [переменного тока]** *(El)* Netzbrummen *n*
~/**сплошной** *(Typ)* [glatte] Farbfläche *f*
~/**шумовой** *(Rf)* Rauschhintergrund *m*; *(Fmt)* Grundgeräusch *n*
фонари *mpl*/**сигнально-отличительные** *(Schiff)* Positions- und Signallaternen *fpl*, Positions- und Navigationslaternen *fpl*
фонарик *m (Typ)* umrahmte Marginale *f*
фонарная *f (Schiff)* Lampenraum *m*, Hellegat *n*
фонарь *m* 1. Laterne *f*, Leuchte *f*; Scheinwerfer *m*; 2. Lampengehäuse *n*; 3. *(Bw)* Oberlicht *n*
~/**аварийный** *(Schiff)* Havarielaterne *f*, Fahrtstörungslaterne *f*
~/**аэрационный** *(Bw)* Oberlicht *n* mit Entlüftungsflügeln
~/**бортовой отличительный** *(Schiff)* Seitenlaterne *f*
~/**буксирный** *(Schiff)* Schlepplaterne *f*
~/**верхний световой** *(Eb)* Oberlicht *n*, Oberlichtfenster *n (Wagen)*
~/**габаритный** *(Kfz)* Begrenzungsleuchte *f*, seitliche Begrenzungslampe *f (Standlicht)*
~/**гакобортный** *(Schiff)* Hecklaterne *f*
~/**глобусный** *(Schiff)* „Globuslaterne" *f*
~/**двускатный** *(Bw)* satteldachförmiges Rampenoberlicht *n*
~/**двухцветный соединённый** *(Schiff)* kombinierte Zweifarbenlaterne *f*
~ **дневной сигнализации** *(Schiff)* Tageslichtsignallampe *f*, Tageslichtsignalscheinwerfer *m*
~, **дублирующий звуковые сигналы** *(Schiff)* mit akustischen Signalen gekoppelte Laterne *f*, Typhonlaterne *f*
~/**задний** *(Kfz)* Schlußleuchte *f*, Rücklicht *n*; *(Eb)* Schlußlicht *n*, Zugschluß *m*
~/**запасной** *(Schiff)* Ersatzlaterne *f*
~/**зенитный треугольный** *(Bw)* Rampenoberlicht *n* mit schrägen Glasflächen *(dreieckiges Dachprofil)*
~ **кабины** *(Flg)* Kabinendach *n*
~/**карманный** Taschenlampe *f*
~/**клапанный** Ventilkorb *m*, Ventilgehäuse *n*
~/**клотиковый** *(Schiff)* Flaggenknopflicht *n*
~/**коньковый** *(Bw)* Firstoberlicht *n*
~/**кормовой** *(Schiff)* Hecklaterne *f*
~/**лабораторный** *(Foto)* Dunkelkammerleuchte *f*
~ **левого борта**/**отличительный** *(Schiff)* Backbordseitenlaterne *f*
~/**лоцманский** *(Schiff)* Lotsenlaterne *f*, Lotsenlicht *n*

~ **маневроуказания** *(Schiff)* Manöverlaterne *f*
~/**масляный** *(Schiff)* Petroleumlaterne *f*
~/**мигающий** *(Schiff)* Blinklaterne *f*
~ **на пульпопроводе** *(Schiff)* Markierungslaterne *f* für die Schlammleitung
~ **насоса** *(Schiff)* Pumpenlaterne *f*
~ **«не могу управляться»** *(Schiff)* Havarielaterne *f*, Fahrtstörungslaterne *f*
~ **«не могу уступить дорогу»** *(Schiff)* Wegerechtlaterne *f*, Laterne *f* „Schiff der technischen Flotte" *(nach OTAK-Vorschrift)*
~/**незадуваемый** *(Bw)* Oberlicht *n* mit windgeschützten Entlüftungsöffnungen
~ **номерного знака** *(Kfz)* Kennzeichenleuchte *f*
~/**отличительный** *(Schiff)* Positionslaterne *f*
~/**парусный** *(Schiff)* Segellaterne *f*
~ **пилообразного профиля** *s.* ~/**шедовый**
~/**пиронафтовый** *(Schiff)* Öllaterne *f*
~/**поднимаемый** *(Schiff)* aufheißbare Laterne *f*
~ **правого борта/отличительный** *(Schiff)* Steuerbordseitenlaterne *f*
~/**проблесковый** *(Schiff)* Funkellicht *n*
~/**проекционный** Bildwerfer *m*
~/**рыболовный** Treibnetzfischereilaterne *f*
~/**рыболовный отличительный** Fischereipositionslaterne *f*
~/**рыболовный траловый** Schleppnetzfischereilaterne *f*
~ **с угольными электродами/дуговой** *(Typ)* Kohlelichtbogenlampe *f*
~/**световой** *(Bw)* Oberlicht *n*
~/**сигнально-отличительный** *(Schiff)* Positionslaterne *f*
~/**сигнально-проблесковый** *(Schiff)* Signalblinklaterne *f*, Signallaterne *f*
~/**сигнальный** *(Eb)* Signallaterne *f*, Signallampe *f*
~/**соединённый двухцветный** *(Schiff)* kombinierte Zweifarbenseitenlaterne *f*
~/**створный** *(Schiff)* Steuerlaterne *f*
~/**стояночный** *(Schiff)* Ankerlaterne *f*, Ankerlicht *n*
~ **«судно ограничено в возможности маневрировать»** *(Schiff)* Laterne *f* „manövrierbehindertes Schiff"
~ **«судно стеснено своей осадкой»** *(Schiff)* Laterne *f* „tiefgangsbeschränktes Schiff"
~/**топовый** *(Schiff)* Topplaterne *f*
~/**траловый** Schleppnetzfischereilaterne *f*
~/**трапецеидальный** *(Bw)* Rampenoberlicht *n* mit schrägen Glasflächen *(trapezförmiges Dachprofil)*
~/**фотолабораторный** *s.* ~/**лабораторный**
~/**хвостовой** *(Eb)* Schlußlicht *n*, Zugschluß *m*
~/**центрирующий** *(Bgb)* Zentralisator *m* *(Bohrlochverrohrung)*
~/**шедовый** *(Bw)* Sägedachoberlicht *n*, Sheddachoberlicht *n*
~/**шлюпочный** Bootslaterne *f*
~/**штаговый** *(Schiff)* Staglaterne *f*
~/**якорный** *(Schiff)* Ankerlaterne *f*, Ankerlicht *n*
фонарь-вспышка *f* *(Schiff)* Blinklaterne *f*, Flackerfeuer *n*
фонарь-отмашка *f* *(Schiff)* Taktlicht *n*, Bleibweg-Laterne *f*, Laternenabwinker *m*
фонд *m* *(Ök)* Fonds *m*; Reserve *f*
~/**амортизационный** Amortisationsfonds *m*
~/**материальный** Materialfonds *m* *(eines Produktionsbetriebes)*
~ **машинного времени** Maschinenzeitfonds *m*
~ **накопления** Akkumulationsfonds *m*
~/**оборотный** Umlauffonds *m*
~/**общественный** gesellschaftlicher Fonds *m*
~/**основной** Grundmittelfonds *m*
~ **потребления** Konsumtionsfonds *m*
~/**премиальный** Prämienfonds *m*
~/**социально-культурный** Kultur- und Sozialfonds *m*
фонды *mpl*/**основные** Grundmittel *pl*
фонограмма *f* Fonogramm *n*, Tonschrift *f*, Tonspur *f*, Tonaufzeichnung *f*
~/**симметричная трансверсальная** Doppelzackenschrift *f*
~/**трансверсальная** Zackentonspur *f* *(Film)*
~/**фотографическая** Licht[ton]spur *f* *(Film)*
фонограф *m* Fonograf *m*, Tonaufnahmegerät *n*
фонокардиограмма *f* *(Med)* Fonokardiogramm *n*, Herzschallbild *n*
фонокардиография *f* *(Med)* Fonokardiografie *f*, Herzschallaufzeichnung *f*
фонолит *m* *(Geol)* Phonolith *m*, Klingstein *m*
фонометр *m* *(Ak)* Fonometer *n*, Hörschärfemesser *m*
~/**фотоэлектрический** lichtelektrisches Fonometer *n*
фонон *m* *(Ph)* Phonon *n*, Schallquant *n*
фоносинтез *m* *(Ak)* Fonosynthese *f*
фонтан *m* 1. Fontäne *f*, Springbrunnen *m*; 2. Ausbruch *m*, Fontäne *f*, Springer *m* *(Erdöl)*
~/**газовый** Gasausbruch *m* *(Erdöl)*
~/**газонефтяной** Gas-Erdöl-Ausbruch *m*
~/**лавовый** *(Geol)* Lavaausbruch *m*
~/**неурегулированный** ungeregelter Ausbruch *m* *(Erdöl)*
~/**нефтяной** Erdölausbruch *m*
~/**открытый** offener Ausbruch *m* *(Erdöl)*
фонтанирование *n* Eruption *f*, Ausbruch *m* *(Erdöl, Erdgas)*; *(Geol)* Springen *n* der Quelle

фонтанировать eruptieren, ausbrechen *(Erdöl, Erdgas)*; *(Geol)* hervorquellen
форвакуум *m* Vorvakuum *n*, Anfangsvakuum *n*
форвакуум-насос *m* Vor[vakuum]pumpe *f*
фордевинд *m (Schiff)* Vor-dem-Wind-Kurs *m*
форзац *m (Typ)* Vorsatz *n*
форкамера *f* 1. *(Glas)* Vorherd *m*, Vorbau *m (der Arbeitswanne)*; 2. *(Rak)* Vorbrennkammer *f*
форланд *m (Geol)* Vorland *n*
форма *f* 1. Form *f*, Gestalt *f*; Gebilde *n*; 2. Formular *n*, Vordruck *m*; 3. Uniform *f*; 4. *(Schm)* Loch- und Gesenkplatte *f*; Prägeform *f*; 5. *(Math)* Form *f*; 6. *(Wkz)* Form *f*, Werkzeug *n*; 7. *(Gieß)* Form *f*, Gießform *f*; 8. *(Typ)* Form *f*, Druckform *f* • **в форме куба** würfelförmig
~/**безопочная** *(Gieß)* kastenlose Form *f*, Sandblockform *f*
~/**биметаллическая** *(Typ)* Bimetalldruckform *f*
~/**бисферическая** Doppelschalenform *f*
~/**буквоотливная** *(Typ)* Gießform *f*
~ **в нескольких опоках** *(Gieß)* mehrteilige Form *f*
~ **в полу** *(Gieß)* Herdform *f*
~ **в почве** *(Gieß)* Herdform *f*
~ **в яме** *(Gieß)* Grubenform *f*
~ **волны** Wellenform *f*, Wellenkontur *f*
~/**вторая печатная** *(Typ)* Sekunde *f (Form mit der dritten Kolumne)*
~/**вулканизационная горячая** *(Gum)* Vulkanisierform *f*, Heizform *f*
~ **вывода на печать** *(Dat)* Druckbild *n*
~/**высекальная** *(Typ)* Stanzform *f*
~/**гармоническая** *(Math)* harmonische Form *f*
~/**гемиэдрическая** *(Krist)* hemiedrische Form *f*
~/**гибкая печатная** *(Typ)* Wickelplatte *f*
~/**гидратная** *(Ch)* Hydratform *f*
~/**гипсовая** Gipsform *f*
~/**глиняная** *(Gieß)* Lehmform *f*
~ **глубокой печати** *(Typ)* Tiefdruckform *f*
~ **движения** Bewegungsform *f*
~/**двойная печатная** *(Typ)* Doppelform *f*
~/**двухопочная** *(Gieß)* zweiteilige Kastenform *f*
~/**деревянная** Holzform *f*
~ **для валиков/отливная** *(Typ)* Walzengießform *f*, Walzengießhülse *f*, Gießhülse *f*, Gießflasche *f*, Gußflasche *f*
~ **для конгревной печати/печатная** *(Typ)* Trägerplatte *f*
~ **для литья под давлением** *(Gieß)* Spritzgußform *f*, Druckgußform *f*
~ **для отливки линеек** *(Typ)* Liniengießform *f*
~/**дутьевая** *s.* ~/**чистовая**
~/**закрытая** *(Gieß)* verdeckte Form *f*
~/**земляная** *(Gieß)* Sandform *f*, Masseform *f*
~ **зёрен** Kornform *f*
~ **зерна порошка** Pulverteilchenform *f* *(Pulvermetallurgie)*
~/**изменяемая отливная** *(Typ)* verstellbare Gußform *f (Setzmaschine)*
~/**изометрическая** *(Krist)* isometrische Form *f*
~/**иллюстрационная печатная** *(Typ)* Illustrationsform *f*
~ **импульса** Impulsform *f*
~/**инвариантная** *(Math)* invariante Form *f*
~ **кадра** *(Fs)* Bildformat *n*, Bildgröße *f*
~/**каноническая** kanonische Form *f*
~/**кассетная** *(Bw)* Batterieform *f*
~/**керамическая** *(Gieß)* Keramikform *f*
~ **колебаний** Schwingungsform *f*
~ **контура** Umrißform *f*
~/**корковая** *(Gieß)* Maskenform *f*, Formmaske *f*, Schalenform *f*
~ **кривой** Verlauf *m* einer Kurve, Kurvenform *f*
~ **кристалла** *(Krist)* Kristallform *f (s. a. unter* ~ **кристаллов***)*
~ **кристалла/общая простая** allgemeine Kristallform *f*
~ **кристалла/простая** einfache Kristallform *f*
~ **кристалла/частная простая** spezielle Kristallform *f*
~ **кристаллов** Kristallform *f (s. a. unter* ~ **кристалла***)*
~ **кристаллов/неравновесная** Ungleichgewichtsform *f* von Kristallen
~ **кристаллов/равновесная** Gleichgewichtsform *f* von Kristallen
~ **кручения** Twistform *f*
~/**кузнечная** *(Schm)* Lochplatte *f*
~ **линий** *(Kern)* Linienform *f (parametrische Elektronenresonanz)*
~/**литейная** Form *f*, Gießform *f*
~/**литографская печатная** *(Typ)* lithografische Form *f*, Steindruckform *f*
~/**литьевая** *(Plast)* Spritz[gieß]werkzeug *n*, Spritzgießform *f*, Spritzgußform *f*
~/**ложкообразная** löffelförmige Form *f*
~/**макательная** *(Gum)* Tauchform *f*
~/**маточная** *(Ker)* Mutterform *f*
~/**металлическая** *(Gieß)* Kokille *f*, Metallform *f*
~/**многогнёздная** *(Plast)* Mehrfachwerkzeug *n*, Mehrfachform *f*
~/**монотипная отливная** *(Typ)* Monotypegießform *f*
~/**наборная печатная** *(Typ)* Satzform *f*
~/**неизменяемая отливная** *(Typ)* feste Gießform *f (Setzmaschine)*

~/**непросушенная** *(Gieß)* Grünsandform *f*, Naßgußform *f*
~/**оболочковая** *(Gieß)* Maskenform *f*, Formmaske *f*, Schalenform *f*
~/**обтекаемая** Stromlinienform *f*; windschnittige Form *f*
~ **огранки** *(Meß)* Gleichdickform *f*
~/**одногнёздная** *(Plast)* Einfachwerkzeug *n*, Einfachform *f*
~/**опочная** *(Gieß)* Kasten[guß]form *f*
~/**опрокидная** *(Bw)* Kippform *f*
~/**открытая** *(Gieß)* offene Form *f*
~/**открытая почвенная** offene Herdform *f*
~/**отливная** *(Typ)* Gießform *f*
~/**отпечатанная** *(Typ)* Ablegeform *f*
~/**первая печатная** *(Typ)* Prime *f* *(Form mit der ersten Kolumne)*
~/**переходная** Übergangsform *f*
~/**песочная** *s.* ~/**песчаная**
~/**песчаная** *(Gieß)* Sandform *f*, Masseform *f*, verlorene Form (Gießform) *f*
~/**песчано-глинистая** *s.* ~/**песчаная**
~/**печатная** *(Typ)* Druckform *f*
~/**плоская** Flachform *f*
~ **плоской печати** *(Typ)* Flachdruckform *f*
~ **поверхности** Oberflächengestalt *f*
~/**подсушенная** *(Gieß)* oberflächengetrocknete (angetrocknete) Form *f*
~/**полупостоянная** *(Gieß)* keramische Dauerform *f*, Halbdauerform *f*
~ **поперечного сечения** Querschnittsform *f*
~/**постоянная** *(Gieß)* [metallische] Dauerform *f*
~/**почвенная** *(Gieß)* Herdform *f*
~ **представления данных** *(Dat)* Datenschreibweise *f*, Datendarstellungsweise *f*
~ **представления чисел** *(Dat)* Zahlenschreibweise *f*
~/**прессовая** Preßform *f*; *(Glas)* Vorform *f*
~/**приводочная** *(Typ)* Paßform *f*
~/**простая** *(Krist)* einfache Kristallform *f*
~/**просушенная** *(Gieß)* Trockengußform *f*
~ **профиля** 1. Umrißlinie *f*; 2. Profilform *f* *(Walz- und Ziehgut)*
~ **равновесия** 1. Gleichgewichtsart *f*; 2. Gleichgewichtsform *f*
~/**разовая** *(Gieß)* verlorene Form *f*
~ **резонансной кривой** Resonanzkurvenform *f*
~/**руководящая** *(Geol)* Leitfossil *n*
~/**сборная** *(Gieß)* zusammengesetzte Form *f*, Zusammenbauform *f*
~/**синусоидальная** Sinusform *f*
~/**ситцепечатная** *(Text)* Kattundruckform *f*
~/**скорлупчатая** *(Gieß)* Maskenform *f*, Formmaske *f*, Schalenform *f*
~ **скручивания кабеля** Form *f* der Verkabelung, Kabelform *f*
~/**сменная** Wechselform *f*
~ **смещённости** *(Forst)* Mischungsform *f*
~ **спецификации ввода** *(Dat)* Eingabebestimmungsblatt *n*
~ **спецификации выходных данных** *(Dat)* Ausgabebestimmungsblatt *n*
~ **спецификации вычислений** *(Dat)* Rechenbestimmungsblatt *n*
~ **спецификации файла** *(Dat)* Dateibestimmungsblatt *n*
~/**сплошная печатная** *(Typ)* kompresse Form *f*
~/**стереотипная** *(Typ)* Stereodruckform *f*
~/**стреловидная** *(Flg)* Pfeilform *f*, Pfeilung *f*
~/**сухая** *(Gieß)* Trockengußform *f*
~/**сырая [литейная]** *(Gieß)* Grünsandform *f*, Naßgußform *f*
~/**таутомерная** *(Ch)* tautomere Form *f*
~/**текстовая [печатная]** *(Typ)* Schriftform *f*, Satzform *f*
~/**тектоническая** *(Geol)* tektonische Grundform *f*
~/**типографская** *(Typ)* Hochdruckform *f*, Buchdruckform *f*
~/**трёхопочная** *(Gieß)* dreiteilige Kastenform *f*
~/**триметаллическая** *(Typ)* Trimetalldruckform *f*
~/**удобообтекаемая** *s.* ~/**обтекаемая**
~/**флексографская** *(Typ)* Flexodruckform *f*
~/**цветоделённая печатная** *(Typ)* Teildruckplatte *f*
~/**черпальная** *(Typ)* Handschöpfform *f*
~/**чётная** *(Math)* gerade Form *f*
~/**четырёхгнёздная литьевая** *(Plast)* Vierfachspritz[gieß]werkzeug *n*
~/**чистовая** *(Glas)* Fertigform *f*, Blaseform *f*
~/**шамотная** *(Gieß)* Schamotteform *f*
~/**эластическая печатная** *(Typ)* Flexodruckform *f*
~/**энантиоморфная** *(Ch)* enantiomorphe Form *f*, Antipode *m*
~/**энольная** *(Ch)* Enolform *f*
~/**явная** *(Dat)* explizite Form *f*
формальдегид *m (Ch)* Formaldehyd *m*, Ameisensäurealdehyd *m*, Methanal *n*
формамид *m (Ch)* Formamid *n*, Ameisensäureamid *n*, Methanamid *n*
форманта *f (Ak)* Formant *m*
формат *m* Format *n*, Form *f*
~/**альбомный** *(Typ)* Querformat *n*
~ **без зоны** *(Dat)* gepacktes Format *n*
~ **блока** *(Dat)* Blockformat *n*
~/**выкроенный** *(Typ)* zugeschnittenes Format *n*
~ **данных** *(Dat)* Datenformat *n*
~ **до обрезки** *(Typ)* unbeschnittenes Format *n*
~ **записи** *(Dat)* Satzformat *n*

~/**зонированный** *(Dat)* gezontes Format *n*
~ **изображения** *(Fs)* Bildformat *n*, Bildgröße *f*
~ **инструкции** *(Dat)* Befehlsformat *n*
~/**книжный** Buchformat *n*
~ **кода** *(Dat)* Koderahmen *m*
~ **команды** *(Dat)* Befehlsformat *n*
~ **листа** Bogengröße *f*
~/**машинный** *(Dat)* Maschinenformat *n*
~ **набора** *(Typ)* Satzspiegel *m*
~/**необрезной** *(Typ)* Rohformat *n*
~/**необрезной книжный** unbeschnittenes Buchformat *n*
~ **отчёта** *(Dat)* Berichtsart *f*
~ **передаваемого изображения** *(Typ)* Übertragungsformat *n*
~/**переменный** variables (veränderliches) Format *n*
~ **перфокарты** *(Dat)* Lochkartenformat *n*
~ **печатного бланка** *(Dat)* Druckformat *n*
~ **по высоте** *(Typ)* Hochformat *n*
~ **распечатки** *(Dat)* Druckformat *n*
~ **с зоной** *(Dat)* ungepacktes Format *n*
~ **слова** *(Dat)* Wortformat *n*
~ **сообщения** *(Dat)* Nachrichtenformat *n*
~ **страницы** *(Typ)* Seitengröße *f*
~ **строки** *(Typ)* Zeilenlänge *f*
~ **съёмки** *(Foto, Typ)* Aufnahmeformat *n*
~ **файла** *(Dat)* Dateiformat *n*
~/**французский** *(Typ)* Hochformat *n*
~/**чистый** *(Typ)* beschnittenes Format *n*
~ **экрана** *(Fs)* Bildschirmformat *n*
формация *f (Geol)* Formation *f*
~/**вулканическая** vulkanische Formation *f*
~/**габбро-перидотитовая** Gabbro-Peridotitformation *f*
~/**гнейсовая** Gneisformation *f*
~/**гранитная** Granitformation *f*
~/**джеспилитовая железорудная** Jaspilitformation *f*
~/**зеленокаменная** Grünsteinformation *f*
~ **краевых прогибов/красноцветная** Buntsandsteinformation *f (in Randsenken)*
~/**молассовая** Molasseformation *f (in Randsenken)*
~/**нефтематеринская (нефтепроизводящая)** Erdölmuttergestein *n*
~/**осадочная** sedimentäre Formation *f*, Sedimentationsformation *f*
~ **писчего мела** Schreibkreideformation *f*
~/**соленосная** Salzformation *f*
~/**спарагмитовая** Sparagmitformation *f*
~/**спилитовая** Spilitformation *f*
~/**флишовая** Flyschformation *f*
формиат *m (Ch)* Formiat *n*
~ **аммония** Ammoniumformiat *n*
~ **калия** Kaliumformiat *n*
~ **кальция** Kalziumformiat *n*
~ **натрия** Natriumformiat *n*
формилгидразид *m (Ch)* Formohydrazid *n*, Formylhydrazin *n*
формилирование *n (Ch)* Formylierung *f*, Formylieren *n*
формилировать *(Ch)* formylieren
формилпроизводное *n (Ch)* Formylderivat *n*
формирование *n* 1. Formierung *f*, Formieren *n*; Bildung *f*; Gestaltung *f*, Formgebung *f*; 2. *(Text)* Formfestmachen *n*, Fixierung *f*; 3. *(Mil)* Aufstellen *n (einer Einheit)*
~ **библиотеки** *(Dat)* Bibliothekserstellung *f*
~ **импульсов** Impulsformgebung *f*
~ **качества** Qualitätsentwicklung *f*
~ **команды** *(Dat)* Programmbildung *f*
~/**контактное** *(Schiff)* Handauflegeverfahren *n*, Kontaktverfahren *n (Bau von GFP-Booten)*
~ **массива данных** *(Dat)* Dateierstellung *f*
~ **петель** Formen *n (Maschinenbildung; Wirkerei)*
~ **поездов** *(Eb)* Zugbildung *f*
~ **понятия** *(Kyb)* Begriffsbildung *f*, Konzeptbildung *f*
~ **программы** *(Dat)* Programmbildung *f*
~ **строк** *(Typ)* Zeilenbildung *f*
~ **файла данных** *(Dat)* Dateierstellung *f*
~ **цели** Formulierung *f* des Zieles
~ **шва** *(Schw)* Nahtgestaltung *f*
формирователь *m* **[импульсов]** Impulsformer *m*
~ **сигналов** Signalformer *m*
формировать 1. formieren, sich [heraus-] bilden; 2. *(Text)* formfestmachen, fixieren; 3. *s.* **формовать 3.**
формование *n* 1. Formen *n*, Formung *f*, Formgebung *f*, Umformen *n*, Umformung *f*, Verformen *n*, Verformung *f*; 2. Erspinnen *n*, Spinnen *n (von Chemiefaserstoffen)*; 3. *s.* **формовка 2.**
~/**вакуумное** *(Plast)* Vakuum[ver]formen *n*, Vakuum[ver]formung *f*, Warmformung (spanlose Formung) *f* durch Unterdruck
~ **волокна** Faserbildung *f*, Faserherstellung *f*, Erspinnen (Spinnen) *n* des Fadens *(bei Chemiefaserstoffen)*
~/**восьминиточное** Achtfachspinnen *n*
~/**высокоскоростное** Schnellspinnen *n*
~/**горячее** Heißformung *f*
~ **из расплава** Erspinnen (Spinnen) *n* aus der Schmelze, Schmelz[eer]spinnen *n*
~ **из раствора** Erspinnen (Spinnen) *n* aus der Lösung
~ **из раствора мокрым способом** Naßspinnverfahren *n*
~ **из раствора мокрым способом с дополнительной вытяжкой** Naßstreckspinnverfahren *n*
~ **из раствора мокрым способом с наматыванием на бобины** Spulenspinnverfahren *n*

~ из раствора сухим способом Trockenspinnverfahren *n*

~/пневматическое *(Plast)* Preßluftformung *f*, Blasverformung *f*, Warmformung (spanlose Formung) *f* durch Überdruck

~/предварительное Vorformen *n*, Vorformung *f*

~/свободное freie Formung *f* *(ohne Verwendung formender Flächen)*

формовать 1. [um]formen, verformen; 2. [er]spinnen *(Chemiefaserstoffe)*; 3. formieren *(elektrisch wirksame Schichten herstellen oder verbessern)*; 4. *(Gieß)* [ab]formen; 5. *(Schm)* breiten *(im Gesenk)*

~ вращением шаблона mit Drehschablonen formen; Drehkörper schablonieren

~ из расплава aus der Schmelze [er]spinnen, schmelzeerspinnen

~ по шаблону schablonieren

~/предварительно vorformen

формовка *f* 1. Formung *f*, Formen *n*, Formgebung *f*; 2. [elektrisches] Formieren *n*, [elektrische] Formierung *f* *(Herstellung oder Verbesserung elektrisch wirksamer Schichten)*; 3. *(Gieß)* Formen *n*, Einformen *n*, Abformen *n*, Formerei *f*; Formverfahren *n*; 4. Runden *n* *(Rohre)*; 5. *(Schm)* Formen *n*; Breiten *n* *(im Gesenk)*; 6. Formen *n*, Verdichten *n* *(Pulvermetallurgie)*

~/безопочная *(Gieß)* kastenloses Formen *n*, Sandblockformverfahren *n*

~/блочная *(Gieß)* Blockformverfahren *n*; Außenkernformverfahren *n*, Kernblockformverfahren *n*

~ в глине [по кирпичу] *(Gieß)* Lehmformen *n*, Lehmformverfahren *n*, Lehmformerei *f*

~ в жирном песке *(Gieß)* Masseformverfahren *n*, Masseformerei *f*

~ в земле *(Gieß)* Sandformen *n*, Sandformverfahren *n*, Sandformerei *f*

~ в ковочных вальцах Walzschmieden *n*, Reckwalzen *n*

~ в нескольких опоках Formen *n* im mehrteiligen Formkasten

~ в опоках *(Gieß)* Kastenformen *n*, Kastenformverfahren *n*, Kastenformerei *f*

~ в песке *(Gieß)* Sandformen *n*, Sandformverfahren *n*, Sandformerei *f*

~ в почве *(Gieß)* Herdformen *n*, Herdformerei *f*

~ в стержнях *(Gieß)* Kernblockformverfahren *n*, Blockformverfahren *n*, Außenkernformverfahren *n*

~ в стопку *s.* **~/стопочная**

~ в яме *(Gieß)* Grubenformen *n*, Grubenformerei *f*

~/вибрационная Vibrationsverdichten *n* *(Pulvermetallurgie)*

~ вручную *(Gieß)* Handformen *n*, Handformverfahren *n*, Handformerei *f*

~ всухую *(Gieß)* Trockensandformen *n*, Trockensandformverfahren *n*, Trockensandformerei *f*

~ всырую *(Gieß)* Grünsandformen *n*, Grünsandformverfahren *n*, Grünsandformerei *f*

~/вторичная *(El)* Wiederformierung *f*

~ вытяжкой Streckformen *n*

~/горячая heißes Tauchverfahren *n*

~/дополнительная *(El)* Nachformierung *f*

~/кессонная *(Gieß)* Grubenformen *n*, Grubenformerei *f*

~ корковых форм *(Gieß)* Maskenformen *n*, Maskenformverfahren *n*, Maskenformerei *f*

~/машинная *(Gieß)* Maschinenformen *n*, Maschinenformverfahren *n*, Maschinenformerei *f*

~ оболочковых форм *(Gieß)* Maskenformen *n*, Maskenformverfahren *n*, Maskenformerei *f*

~/опочная *(Gieß)* Kastenformen *n*, Kastenformverfahren *n*, Kastenformerei *f*

~/пескомётная *(Gieß)* Slingerformverfahren *n*, Slingerformerei *f*

~ по выплавляемым моделям *(Gieß)* Modellausschmelzverfahren *n*, Wachsausschmelzverfahren *n*

~ по модели (моделям) *(Gieß)* Modellformerei *f*

~ по сухому *(Gieß)* Trockensandformen *n*, Trockensandformverfahren *n*, Trockensandformerei *f*

~ по сырому *(Gieß)* Grünsandformen *n*, Grünsandformverfahren *n*, Grünsandformerei *f*

~ по шаблону *(Gieß)* Schablonenformen *n*, Schablonenformerei *f*

~/почвенная Herdformen *n*, Herdformerei *f*

~/почвенная закрытая abgedecktes Herdformen *n*

~/почвенная открытая offenes Herdformen *n*

~/предварительная 1. Vorformung *f*, Vorformen *n*; 2. *(El)* Vorformierung *f*

~ прессованием *(Gieß)* Preßformen *n*, Preßformverfahren *n*

~ растяжением *(Schm)* Reckformen *n*

~/рельефная *(Gieß)* Sicken *n*

~/ручная *(Gieß)* Handformen *n*, Handformverfahren *n*, Handformerei *f*

~ с применением песчано-цементной смеси *(Gieß)* Zementsandformverfahren *n*, Zementsandformerei *f*

~/стопочная *(Gieß)* Stapelform[verfahr]en *n*, Stapel[guß]formerei *f*

~/ступенчатая стопочная *(Gieß)* unechtes Stapelformverfahren *n*

~/холодная kaltes Tauchverfahren *n*

~/**шаблонная** *s.* ~ **по шаблону**
~/**электрическая** *s.* **формовка 2.**
~/**этажная** *(Gieß)* echtes Stapelformverfahren *n*
формовочная *f (Gieß)* Formerei *f (Abteilung)*
~ **стержней** Kernmacherei *f*
формовочный *(Gieß)* Form . . ., Formerei . . .
формодержатель *m (Typ)* Gießrad *n (Setzmaschine)*
формоизменение *n* Formänderung *f*
формоизменяемость *f* Umformbarkeit *f*, Verformbarkeit *f*, Formbarkeit *f*
формообразование *n* Formgebung *f*, Formung *f*, Formen *n*
~ **струи** Strahl[aus]bildung *f*
формоустойчивость *f* Formbeständigkeit *f*, Deformationsbeständigkeit *f*
~ **при повышенных температурах** Formbeständigkeit *f* in der Wärme, Wärmeformbeständigkeit *f*
формуемость *f* 1. Formbarkeit *f*, Bildsamkeit *f*; Umformbarkeit *f*, Verformbarkeit *f*; Einformbarkeit *f*; 2. *(Text)* Erspinnbarkeit *f*
формула Formel *f*, Ansatz *m*
~ **Ампера** *(El)* Ampèresche Formel *f*
~/**атомная** *(Ch)* Atomformel *f*
~ **Бальмера** *(Kern)* Balmer-Formel *f (Wasserstoffspektrum)*
~ **Бачинского** *(Ph)* Batschinskische Beziehung *f*
~ **бензола** *(Ch)* Benzolformel *f*
~ **Бера** *(Ph)* Beersche Formel *f*
~ **Бесселя [/интерполяционная]** *(Math)* Besselsche Formel (Interpolationsformel) *f*
~ **бинома** *(Math)* binomische Formel *f*, Binomialformel *f*
~ **Брейта** *(Kern)* Breitsche Formel *f*
~ **Брейта-Вигнера** *(Kern)* Breit-Wigner-Formel *f*
~ **Брейта-Раби** *(Kern)* Breit-Rabi-Formel *f*
~ **Брэгга** *s.* ~ **Вульфа-Брэгга**
~/**валовая** Bruttoformel *f*, Summenformel *f*, empirische Formel *f*
~ **вихря** Wirbelformel *f*
~ **Вульфа-Брэгга** *(Krist)* Braggsche Gleichung (Formel, Reflexionsbedingung) *f*
~ **Гаусса** *(Math)* Gaußsche Formel *f*; *(Opt)* Gaußsche Gleichung *f*
~ **Грегори** *(Math)* Gregorysche Integrationsformel *f*
~ **Д'Аламбера** *(Math)* d'Alembertsche Formel *f*
~ **дальности** Reichweitenformel *f*
~ **дисперсии энергии** Energiedispersionsformel *f*
~/**дисперсионная** *(Ch)* Dispersionsformel *f*
~ **Жуковского** *(Aero)* Joukowskische Formel *f*
~ **Зоммерфельда** *(El)* Sommerfeldsche Formel *f*
~ **излучения** *(Ph)* Strahlungsgesetz *n*, Strahlungsformel *f*
~ **изображения** *(Math)* Abbildungsgleichung *f*, Abbildungsformel *f*
~/**интерполяционная** *(Math)* Interpolationsformel *f*
~/**истинная** *(Ch)* wahre Formel *f*, empirische Molekularformel *f*
~ **Кекуле** *(Ch)* Kekulésche Benzolformel *f*
~/**кольцевая** *(Ch)* Ringformel *f*
~ **конечных приращений** *(Math)* Mittelwertsgleichung *f* der Differentialrechnung
~/**конституционная** *s.* ~/**структурная**
~ **Лагранжа** *s.* ~ **конечных приращений**
~ **Лагранжа-Гельмгольца** *(Opt)* Helmholtz-Lagrangesche Invariante *f*
~ **Ланжевена** *(Ph)* Langevinsche Formel *f*
~ **Линдемана** *(Ph)* Lindemannsche Beziehung *f*
~/**молекулярная** *(Ch)* Molekularformel *f*
~ **Неймана** *(El)* Neumannsche Formel *f*
~ **обращения** *(Math)* Umkehrformel *f*
~ **объёма ствола** *(Forst)* Stammkubierungsformel *f*
~/**осевая** *(Eb)* Achsformel *f*, Achsfolge *f*
~/**основная** *(Math)* Grundformel *f*, grundlegende Formel *f*
~ **остаточного тепловыделения** *(Kern)* Restwärmeformel *f (des abgeschalteten Reaktors)*
~ **Планка** *(Ph)* Plancksche Strahlungsformel (Strahlungsgleichung) *f*
~ **половинных углов** Halbwinkelsatz *m (Trigonometrie)*
~/**предельная** Grenzformel *f*
~/**приближённая** Näherungsformel *f*
~/**приведённая** *s.* ~/**рекуррентная**
~/**простейшая** *(Ch)* einfachste Formel *f*, stöchiometrische Grundformel *f*
~/**пространственная** *(Ch)* Raumformel *f*, Stereoformel *f*, Konfigurationsformel *f*, geometrische Strukturformel *f*
~ **прямоугольников** *(Math)* Rechteckformel *f*
~/**развёрнутая** *(Ch)* rationelle (aufgelöste) Formel *f*
~ **размерности** *(Math)* Dimensionsformel *f*, Dimensionssymbol *n*, Dimensionszeichen *n*
~ **распределения памяти** *(Dat)* Speicherbelegungsformel *f*
~/**рациональная** *(Ch)* rationelle (aufgelöste) Formel *f*
~/**реакционная** *(Ch)* Reaktionsformel *f*
~ **Резерфорда** *(Kern)* Rutherford-Formel *f*, Rutherfordsche Streuformel *f*

~/**рекуррентная** *(Math)* Rekursionsformel *f*
~ **рефракции** *(Opt)* Refraktionsformel *f*
~ **самовозбуждения** *(El)* Selbsterregungsformel *f*
~ **светимости** Leuchtkraftformel *f*
~ **состояния** Zustandsformel *f*
~ **спектральной серии** Serienformel *f*, Seriengesetz *n* *(Spektroskopie)*
~/**стехиометрическая** *s.* ~/**простейщая**
~ **Стокса** *(Math)* Satz *m* von Stokes, Stokesscher Satz (Integralsatz) *m*, Stokessche Formel (Integralformel) *f*
~ **строения** *s.* ~/**структурная**
~/**структурная** *(Ch)* Strukturformel *f*, Konstitutionsformel *f*, Valenzstrichformel *f*
~/**суммарная** *(Ch)* Summenformel *f*, Bruttoformel *f*, empirische Formel *f*
~ **суммирования** *(Math)* Summationsformel *f*
~ **суммирования Пуассона** Poissonsche Summenformel (Summationsformel) *f*
~ **суммирования Эйлера-Маклорена** Euler-Maclaurinsche Formel (Summationsformel) *f*
~ **трапеций** *(Math)* Trapezformel *f*, Trapezregel *f*
~ **трохоиды** *(Math)* Trochoidenformel *f*, Trochoidengleichung *f*
~ **тяги** *(Flg, Rak)* Schubformel *f*
~ **Уатта** *(Math)* Wattsche Gleichung *f*
~/**химическая** chemische Formel *f*
~ **Циолковского** *(Rak)* Ziolkowskische Gleichung *f*, Grundgleichung *f* der Raketenbewegung
~ **Эйлера** *(Math)* 1. Eulersche Formel (Gleichung) *f*; 2. Eulersche Turbinengleichung *f*
~ **Эйнштейна** *(Ph)* Einsteinsches Viskositätsgesetz *n*
~/**электронная** *(Ch)* Elektronenformel *f*
~/**элементарная** *s.* ~/**суммарная**
~/**эмпирическая** *s.* ~/**суммарная**
~ **Юнга** *(Math)* Youngsche Gleichung *f*
формулировка *f* **Планка-Томсона** *(Therm)* Formulierung *f* von Planck und Thomson *(zweiter Hauptsatz der Thermodynamik)*
формуляр *m*/**бесконечный** Leporelloformular *n*, Endlosformular *n*
формфактор *m* *(El)* Formfaktor *m*
~/**атомный** *(Kern)* Atomformfaktor *m*, Atomstreufaktor *m*
~/**телефонный** Fernsprechformfaktor *m*
формфункция *f* Gestalt[s]funktion *f*
форономия *f* *(Ph, Math)* Phoronomie *f*, Bewegungsgeometrie *f* *(Teilgebiet der Kinematik)*
форпик *m* *(Schiff)* Vorpiek *f*
форсировка *f* **возбуждения** *(El)* Übererregung *f*
форстерит *m* *(Min)* Forsterit *m* *(Olivin)*
форсунка *f* 1. Zerstäuberdüse *f*, Zerstäuber *m*, Düse *f*; Brenner *m*; 2. Einspritzdüse *f* *(Dieselmotor)*
~/**бесштифтовая** Spitzkegeldüse *f* *(Einspritzdüse; Dieselmotor)*
~/**боковая** Nebendüse *f*
~/**вихревая** *s.* ~/**центробежная**
~/**двухсопловая** selbstregulierende Doppeldralldüse *f*
~/**двухступенчатая** selbstregulierende zweistufige Dralldüse *f*
~/**запальная** Zündbrenner *m* *(Kesselanlage)*
~/**испарительная** Kraftstoff-Verdampfungsdüse *f*
~/**кольцевая топливная** Brennstoffringdüse *f*
~/**литьевая** *(Plast)* Spritzdüse *f*
~/**мазутная** Ölbrenner *m* *(Ölfeuerung)*
~/**масляная** Schmierstoffdüse *f*
~/**механическая** Druckzerstäuberdüse *f*, Einspritzdüse *f* mit Betätigung durch Einspritzpumpe *(kompressorloser Dieselmotor)*
~/**многоструйная** Mehrlochdüse *f* *(Dieselmotor)*
~/**открытая [механическая]** nadellose Einspritzdüse *f* *(kompressorloser Dieselmotor)*
~/**паровая распыливающая** Dampf[strahl]zerstäuber *m*
~/**пневматическая** Drucklufteinspritzdüse *f*, druckluftbetätigte Einspritzdüse *f* *(Dieselmotor mit Kompressor)*
~/**пусковая** Starterkraftstoffdüse *f*
~/**разрезная** Schlitzdüse *f*
~/**распылительная** Verstäubungsdüse *f*
~/**смесительная** Mischdüse *f*
~/**струйная** Strahlzerstäuber *m*
~/**топливная** Kraftstoffeinspritzdüse *f*
~/**центральная** Hauptdüse *f*
~/**центробежная** Dralldüse *f*, Drallzerstäuber *m*
~/**штифтовая** Zapfendüse *f* *(Einspritzdüse; Dieselmotor)*
форсунка-распылитель *m* Spritzdüse *f*, Zerstäuberdüse *f*
форсуночный Düsen ...
фортификация *f* *(Mil)* Befestigungsanlage *f*; Stellungsbau *m*
~/**долговременная** ständige Befestigungsanlage *f*
~/**полевая** Feldbefestigung *f*
ФОРТРАН *(Dat)* FORTRAN *(Programmiersprache)*
форфришевание *n* *(Met)* Vorfrischen *n*
форфришер *m* *(Met)* Vorfrischer *m*
форшальтер *m* *(Fmt)* Fernvermittlungsplatz *m*, Fernvermittlungsschrank *m*, Vorschaltplatz *m*, V-Platz *m*
форштевень *m* *(Schiff)* Vorsteven *m*

~/**брусковый** Balkenvorsteven *m*
~/**бульбовый** Wulstvorsteven *m*
~/**клипперский** Klippersteven *m*
~/**кованый** geschmiedeter Vorsteven *m*
~/**ледокольный** Eisbrechervorsteven *m*
~/**листовой** Plattenvorsteven *m*
~/**литой** Gußvorsteven *m*, gegossener Vorsteven *m*
~/**наклонный** ausfallender Vorsteven *m*
~/**прямой** gerader Vorsteven *m*
~/**сварной** geschweißter Vorsteven *m*
~/**составной** gebauter Vorsteven *m*
~/**таранный** Rammsteven *m*
форштос *m (Ch)* Vorstoß *m*, Destilliervorstoß *m*
фосген *m* Phosgen *n*, Karbonylchlorid *n*, Kohlenoxidchlorid *n*, Kohlensäuredichlorid *n*
фосгенит *m (Min)* Phosgenit *m*, Hornbleierz *n*
фосфаген *m (Ch)* Phosphagen *n*
фосфат *m (Ch)* Phosphat *n*
~ **аммония** Ammoniumphosphat *n*
~/**вторичный (двузамещённый)** Hydrogenphosphat *n*, sekundäres (zweibasiges) Phosphat *n*
~ **кальция** Kalziumphosphat *n*
~ **натрия** Natriumphosphat *n*
~/**однозамещённый** *s.* ~/**первичный**
~/**осаждённый** *(Lw)* Dikalziumphosphat *n*, Präzipitat *n*
~/**первичный** Dihydrogenphosphat *n*, primäres (einbasiges) Phosphat *n*
~/**плавленый** Schmelzphosphat *n*
~/**природный** Naturphosphat *n*, Mineralphosphat *n*, Rohphosphat *n*
~/**средний (третичный, трёхзамещённый)** neutrales (normales, tertiäres, dreibasiges) Phosphat *n*
~/**удобрительный** Dünge[r]phosphat *n*
фосфатаза *f (Ch)* Phosphatase *f*
фосфатид *m (Ch)* Phosphatid *n*
фосфатирование *n* Phosphatieren *n*, Phosphatierung *f*
~ **котловой воды** Phosphatierung *f* des Kesselwassers
фосфид *m (Ch)* Phosphid *n*
~ **кальция** Kalziumphosphid *n*
фосфин *m (Ch)* Phosphin *n*, Monophosphin *n*, Phosphan *n*; Phosphin *n (Derivat des Monophosphins)*
~/**вторичный** sekundäres Phosphin *n*
~/**первичный** primäres Phosphin *n*
~/**третичный** tertiäres Phosphin *n*
фосфит *m (Ch)* Phosphit *n*
~/**вторичный** sekundäres Phosphit *n*, Monohydrogenphosphit *n*
~ **кальция** Kalziumphosphit *n*
~ **натрия** Natriumphosphit *n*
~/**первичный** primäres Phosphit *n*, Dihydrogenphosphit *n*
фосфопротеид *m (Ch)* Phosphoproteid *n*
фосфопротеин *m (Ch)* Phosphoproteid *n*
фосфор *m (Ch)* Phosphor *m*, P
~/**азотистый** Phosphorstickstoff *m*, Triphosphorpentanitrid *n*
~/**алый** hellroter Phosphor *m (Modifikation des roten Phosphors)*
~/**белый (бесцветный)** weißer (gelber, farbloser) Phosphor *m*
~/**двухлористый** Phosphordichlorid *n*
~/**жёлтый** *s.* ~/**белый**
~ **замещения** Substitutionsphosphor *m*
~/**красный** roter Phosphor *m*
~/**полуторасернистый** Tetraphosphortrisulfid *n*
~/**пятисернистый** Phosphorpentasulfid *n*
~/**пятихлористый** Phosphorpentachlorid *n*
~/**радиоактивный** Radiophosphor *m*
~/**трёххлористый** Phosphortrichlorid *n*
~/**фиолетовый** violetter Phosphor *m (Modifikation des roten Phosphors)*
~/**чёрный** schwarzer Phosphor *m*
фосфоресценция *f* Phosphoreszenz *f*, Nachleuchten *n*
фосфоресцировать phosphoreszieren, nachleuchten
фосфоризация *f*/**вторичная** *(Met)* Rückphosphorung *f*
фосфорилирование *n (Ch)* Phosphorylierung *f*
фосфорилировать *(Ch)* phosphorylieren
фосфориметрия *f* Phosphorimetrie *f*, Phosphoreszenzmessung *f*
фосфористокислый *(Ch)* ...phosphit *n*; phosphorigsauer
фосфористый *(Ch)* ...phosphid *n*; phosphorhaltig
фосфорит *m (Geol)* Phosphorit *m*
~/**пластовой** geschichteter Phosphorit *m*
фосфоритование *n* Phosphoritdüngung *f*
фосфорноватистокислый *(Ch)* ...hypophosphit *n*; hypophosphorigsauer
фосфорноватокислый *(Ch)* ...hypophosphat *n*; hypophosphorsauer
фосфорнокислый *(Ch)* ...phosphat *n*; phosphorsauer
фосфорный *(Ch)* Phosphor...
фосфоролиз *m (Ch)* Phosphorolyse *f*
фосфоролит *m s.* **фосфатид**
фосфорорганический *(Ch)* phosphororganisch, Organophosphor...
фосфорсесквисульфид *m (Ch)* Tetraphosphortrisulfid *n*
фосфорсодержащий phosphorhaltig
фосфор-сырец *m* roher Phosphor *m*
фотистор *m (Eln)* Fotistor *m*, Fototransistor *m*
фото *n* Foto *n*, Lichtbild *n*
фотоактивация *f* Fotoaktivierung *f*
фотоамперметр *m* Fotoamperemeter *n*, fotoelektrisches Amperemeter *n*
фотоаппарат *m s.* **фотокамера**

фотоаппаратура *f*/**многозональная** *(Opt)* Multispektralkamera *f*
фотобатарея *f* Sonnenbatterie *f*, Solarbatterie *f*
фотобачок *m* Entwicklungsdose *f* *(Film)*
фотобромирование *n* *(Ch)* Fotobromierung *f*, fotochemische Bromierung *f*, Lichtbromierung *f*
фотобумага *f* Fotopapier *n*, fotografisches Papier *n*
~/**альбуминная** Albuminpapier *n*
~/**аристотипная** Aristopapier *n*
~ **без проявления** Auskopierpapier *n*, Tageslichtpapier *n*
~/**бромосеребряная** Bromsilberpapier *n*
~/**галоидосеребряная** Halogensilberpapier *n*
~/**глянцевая** Glanzpapier *n*
~/**диазотипная** Lichtpauspapier *n*, Diazotypiepapier *n*
~ **для контактной печати** Kontaktpapier *n*
~ **для светонаборных машин** Lichtsatzpapier *n*
~/**дневная** *s.* ~ **без проявления**
~/**крупнозернистая** grobkörniges Fotopapier *n*, Grobkornpapier *n*
~/**матовая** Mattpapier *n*
~/**мелкозернистая** Feinkornpapier *n*
~/**многослойная цветная** Mehrschichten[farb]papier *n*
~/**негативная** Negativpapier *n*
~/**обратимая** *s.* ~/**реверсивная**
~/**особоглянцевая** Hochglanzpapier *n*
~/**платиновая** Platinpapier *n*
~/**позитивная** Positivpapier *n*
~/**полуматовая** halbmattes Fotopapier *n*
~/**полутоновая** Halbtonpapier *n*
~/**противоореольная** lichthoffreies Fotopapier *n*
~/**реверсивная** Umkehrpapier *n*
~/**рентгеновская** Röntgenpapier *n*
~/**репродукционная** Reproduktionspapier *n*
~/**рефлексная** Reflexpapier *n*
~ **с проявлением** Entwicklungspapier *n*
~/**сверхконтрастная** ultrahartes Fotopapier *n*
~/**структурная** Strukturpapier *n*
~/**хлористая** *s.* ~/**хлоросеребряная**
~/**хлоробромосеребряная** Chlorbromsilberpapier *n*
~/**хлоросеребряная** Chlorsilberpapier *n*
~/**цветная** Farb[foto]papier *n*
~/**чёрно-белая** Schwarzweißpapier *n*
фотовосстановление *n* Fotoreduktion *f*, fotochemische Reduktion *f*
фотовспышка *f* *(Foto)* Blitzlicht *n*
~/**электронная** Elektronenblitz *m*, Elektronenblitzgerät *n*
фотогелиограф *m* Heliograf *m*, Sonnenscheinautograf *m*
фотогель *m* Fotogel *n*
фотогирация *f* Fotogyration *f*
фотогравюра *f* *(Typ)* Fotogravüre *f*, Heliogravüre *f*
фотограмма *f* *(Geod)* Fotogramm *n*, Meßbild *n*
фотограмметрия *f* *(Geod)* Fotogrammetrie *f*, Lichtbildmessung *f*, Meßbildtechnik *f*
~/**наземная** Erdbildmessung *f*, terrestrische Fotogrammetrie *f*
~/**промышленная** Industriefotogrammetrie *f*
фотографирование *n* *s.* **фотография 2.**
фотография *f* 1. Fotografie *f*; 2. Fotografieren *n*
~/**астрономическая** Astrofotografie *f*, Sternfotografie *f*, Himmelsfotografie *f*
~ **в инфракрасных лучах** Infrarotfotografie *f*, IR-Fotografie *f*
~ **в ультрафиолетовых лучах** Ultraviolettfotografie *f*, UV-Fotografie *f*
~ **звёзд** Sternfotografie *f*, Stellarfotografie *f*
~/**инфракрасная** Infrarotfotografie *f*, IR-Fotografie *f*
~ **пламени** Flammenfotografie *f*
~/**сверхскоростная** Höchstgeschwindigkeitsaufnahme *f*
~/**трёхцветная** Dreifarbenfotografie *f*
~/**цветная** Farb[en]fotografie *f*
~/**чёрно-белая** Schwarzweißfotografie *f*
~/**ядерная** Kern[spur]fotografie *f*
фотодейтерон *m* *(Kern)* Fotodeuteron *n*
фотодетектор *m* Fotodetektor *m*, fotoelektrischer (lichtelektrischer) Detektor *m*
фотодиод *m* *(Eln)* Fotodiode *f*
~/**германиевый** Germaniumfotodiode *f*
~/**двойной** Fotodoppeldiode *f*
~/**кремниевый** Siliziumfotodiode *f*
~/**лавинный** Lawinenfotodiode *f*, Avalanchefotodiode *f*
~/**плоскостной [полупроводниковый]** Flächenfotodiode *f*
~/**полупроводниковый** Halbleiterfotodiode *f*, Sperrschichtfotodiode *f*
~ **с запирающим слоем** *s.* ~/**полупроводниковый**
~/**точечный [полупроводниковый]** Punktfotodiode *f*
фотодиссоциация *f* Fotodissoziation *f*, Fotolyse *f*, fotochemische Zersetzung *f*
фотодозиметр *m* *(Kern)* Filmdosimeter *n*
фотодырка *f* Fotodefektelektron *n*, Fotoloch *n*
фотозапись *f* fotografische Aufzeichnung *f*
фотоизображение *n* Lichtbild *n*
фотоимпульс *m* *(Ph)* Fotostoß *m*, Quantenstoß *m*
фотоиндукция *f* Fotoinduktion *f*
фотоинжекция *f* Fotoinjektion *f*
фотоионизация *f* Fotoionisation *f*
фотокалька *f* Fotokopierpapier *n*

фотокамера *f* Fotoapparat *m*, Fotokamera *f*, Kamera *f*
~/**вертикальная репродукционная** Vertikal[reproduktions]kamera *f*
~/**горизонтальная** Horizontalkamera *f*
~/**горизонтальная двухкомнатная** Zweiraumhorizontalkamera *f*
~/**двухобъективная зеркальная** zweiäugige Spiegelreflexkamera *f*
~ **для маршрутной аэросъёмки** *(Geod)* Reihenbildkamera *f*, Reihenbildner *m*
~ **для съёмки через стереотрубу** Scherenfernrohrkamera *f*
~/**жёсткая** *s.* ~/**ящичная**
~ **жёсткой конструкции** *s.* ~/**ящичная**
~/**зеркальная** Spiegelreflexkamera *f*
~/**зеркальная малоформатная** Kleinbildspiegelreflexkamera *f*
~/**зеркальная стереоскопическая** Spiegelreflex-Stereokamera *f*
~/**измерительная** Meßkammer *f*
~/**малоформатная** Kleinbildkamera *f*
~/**миниатюрная** Miniaturkamera *f*
~/**многозональная** Multispektralkamera *f*
~/**однообъективная зеркальная** einäugige Spiegelreflexkamera *f*
~/**панорамная** Rundblickkamera *f*
~/**пластиночная** Plattenkamera *f*
~/**плёночная** Rollfilmkamera *f*
~/**репродукционная** Reprokamera *f*
~ **с дальномером** Kamera *f* mit [eingebautem] Entfernungsmesser
~/**стереоскопическая** Stereokamera *f*, stereofotografische Kamera *f*, Raumbildkamera *f*
~/**универсальная складная** Universalklappkamera *f*
~/**широкоплёночная** Großformatkamera *f*
~/**ящичная** Kastenkamera *f*, Box *f*
фотокатализ *m* Fotokatalyse *f*, fotochemische Katalyse *f*
фотокатализатор *m* Fotokatalysator *m*, fotochemischer Katalysator *m*
фотокатод *m* Fotokatode *f*
~/**двухщелочной** Bialkalifotokatode *f*
~/**многощелочной** Multialkalifotokatode *f*
~/**мозаичный** Mosaikfotokatode *f*
~/**прозрачный** durchsichtige (durchscheinende) Fotokatode *f*, Durchsichtfotokatode *f*
~/**сурьмяно-цезиевый** Zäsium-Antimon-Fotokatode *f*
~/**цезиевый** Zäsiumfotokatode *f*
фотокинотехника *f* Fotokinotechnik *f*
фотоколориметр *m* lichtelektrisches (objektives) Kolorimeter *n*
фотоколориметрия *f* lichtelektrische (objektive) Kolorimetrie *f*
фотокопирование *n* Fotokopieren *n*
фотокопия *f* Fotokopie *f*
фотокювета *f* *(Foto)* Entwicklerschale *f*, Fotoschale *f*
фотолак *m* Fotolack *m*, Fotoresist *m*, lichtempfindlicher Lack *m*
фотолиз *m* *(Ch)* Fotolyse *f*
фотолитера *f* *(Typ)* Lichtsatzmatrize *f*
~/**негативная** negative Lichtsatzmatrize *f*
~/**позитивная** positive Lichtsatzmatrize *f*
фотолитический fotolytisch
фотолитография *f* *(Typ)* Fotolithografie *f*, Lichtsteindruck *m*
фотолюминесценция *f* Fotolumineszenz *f*
фотоматериал *m* Fotomaterial *n*, fotografisches Material *n*
~/**диапозитивный** Diapositivmaterial *n*
~/**негативный** Negativmaterial *n*
~/**позитивный** Positivmaterial *n*
~/**реверсивный** Umkehrmaterial *n*
фотоматрица *f* *(Typ)* Lichtsatzmatrize *f*
фотомезон *m* *(Kern)* Fotomeson *n*
фотометр *m* *(Licht)* Fotometer *n*
~ **Бехштейна** Bechstein-Fotometer *n*
~ **Бунзена** Fettfleckfotometer *n* [von Bunsen], Bunsen-Fotometer *n*
~ **Вебера [/тубусный]** Tubusfotometer *n* [von Weber], Weber-Fotometer *n*
~/**визуальный** visuelles (subjektives) Fotometer *n*
~ **для измерения видимости** Sichtfotometer *n*
~ **для рентгеновских лучей** Röntgenfotometer *n*
~ **дневного света** Tageslichtfotometer *n*
~/**зрительный** visuelles (subjektives) Fotometer *n*
~/**интегрирующий** Integralfotometer *n*, integrierendes Fotometer *n*
~/**контрастный** Kontrastfotometer *n*
~/**линейный** Fotometerbank *f*, Bankfotometer *n*
~ **Мартенса [/поляризационный]** Polarisationsfotometer *n* [von Martens]
~/**мерцающий** Flimmerfotometer *n*
~/**мигающий** Flimmerfotometer *n*
~/**пламенный** Flammfotometer *n*
~ **полного излучения** Gesamtstrahlungspyrometer *n*
~/**поляризационный** Polarisationsfotometer *n*
~ **Пульфриха** Pulfrich-Fotometer *n*, Stufenfotometer *n*
~ **равной яркости** Gleichheitsfotometer *n*
~ **Румфорда** Schattenfotometer *n* nach Rumford
~ **с диафрагмой** Blendenfotometer *n*
~ **с коллиматором** Tubusfotometer *n*
~ **с кубиком Люммера-Бродхуна** Fotometerwürfel *m* nach Lummer-Brodhun
~ **с масляным пятном** Fettfleckfotometer *n*
~ **с равнояркостными полями** Gleichheitsfotometer *n*
~ **с фотометрическим клином** Keilfotometer *n*

~ со смежными полями Gleichheitsfotometer *n*, Kontrastfotometer *n*
~ спектральных линий Spektrallinienfotometer *n*
~/ступенчатый Stufenfotometer *n*, Pulfrich-Fotometer *n*
~/тубусный Tubusfotometer *n*
~ Ульбрихта/шаровой *s.* **~/шаровой**
~/физический physikalisches (objektives) Fotometer *n*
~/шаровой Kugelfotometer *n*, Ulbricht-kugel *f*
фотометрирование *n* Fotometrierung *f*
фотометрировать fotometrisch bestimmen
фотометрия *f (Licht)* Fotometrie *f*
~/астрономическая astronomische Fotometrie *f*, Astrofotometrie *f*
~/визуальная visuelle (subjektive) Fotometrie *f*
~/гетерохромная heterochrome Fotometrie *f*
~/звёздная Astrofotometrie *f*, Sternfotometrie *f*, astronomische Fotometrie *f*
~/зрительная visuelle (subjektive) Fotometrie *f*
~/инфракрасная Infrarotfotometrie *f*, IR-Fotometrie *f*
~/объективная objektive (physikalische) Fotometrie *f*
~ пламени/абсорбционная Absorptionsflammenfotometrie *f*
~/субъективная subjektive (visuelle) Fotometrie *f*
~/ультрафиолетовая Ultraviolettfotometrie *f*, UV-Fotometrie *f*
~/физическая physikalische (objektive) Fotometrie *f*
~/фотографическая fotografische Fotometrie *f*
~/эмиссионная Flamm[en]fotometrie *f*, Flammenspektrometrie *f*, Flammenanalyse *f*
фотометр-окуляр *m* Fotometerokular *n*
фотомикрография *f* Fotomikrografie *f*
фотомонтаж *m* Fotomontage *f*
фотон *m (Ph)* Photon *n*, Lichtquant *n*, Strahlungsquant *n*
фотонабор *m (Typ)* Fotosatz *m*, Lichtsatz *m*
фотонапряжение *n* Fotospannung *f*, fotoelektrische (lichtelektrische) Spannung *f*
фотонейтрон *m (Kern)* Fotoneutron *n*
фотоноситель *m (Ph)* fotoinduzierter Ladungsträger *m*
фотоокисление *n (Ch)* Fotooxydation *f*, fotochemische Oxydation *f*
фотоокуляр *m* Projektionsokular *n*
фотоотлипание *n* **электронов** *s.* **фотоотщепление электронов**
фотоотпечаток *m* Fotokopie *f*, Abzug *m*
фотоотщепление *n* **электронов** *(Kern)* lichtelektrische Elektronenablösung *f*, Elektronenablösung *f* durch Photonenabsorption
фотоперегруппировка *f* fotochemische Umlagerung *f*
фотопечать *f* Fotokopie *f*, Abzug *m*
фотопластинка *f (Foto)* Platte *f*, fotografische Platte *f*
~/диапозитивная Diapositivplatte *f*
~/негативная Negativplatte *f*
~/рентгеновская Röntgenplatte *f*
фотопластичность *f* Fotoplastizität *f*
фотоплёнка *f* fotografischer Film *m*, Fotofilm *m*
~/безопасная Sicherheitsfilm *m*, nichtentflammbarer Film *m*
~/инфрахроматическая Infrarotfilm *m*, IR-Film *m*, infrarotsensibilisierter Film *m*
~/катушечная Rollfilm *m*
~/многослойная Mehrschichtenfarb[en]-film *m*
~/негативная Negativfilm *m*
~/ортохроматическая orthochromatischer (orthochromatisch sensibilisierter) Film *m*
~/панхроматическая panchromatischer (panchromatisch sensibilisierter) Film *m*
~/позитивная Positivfilm *m*
~/реверсивная Umkehrfilm *m*
~/рентгеновская Röntgenfilm *m*
~/цветная Farbfilm *m*
~/чёрно-белая Schwarzweißfilm *m*
фотопоглощение *n* Fotoabsorption *f*, fotoelektrische (lichtelektrische) Absorption *f*
фотоподложка *f* fotografische Unterlage *f*, Filmunterlage *f*, Filmschichtträger *m*
~/бумажная Papierschichtträger *m*
~/стеклянная Glasschichtträger *m*
фотополимеризация *f (Ch)* Fotopolymerisation *f*, Lichtpolymerisation *f*
фотополупроводник *m* Fotohalbleiter *m*, fotoelektrischer (lichtelektrischer) Halbleiter *m*
фотопотенциал *m* Fotopotential *n*
фотопреобразователь *m* Fotoumformer *m*, fotoelektrischer (lichtelektrischer) Umformer (Wandler) *m*
фотоприёмник *m* Fotoempfänger *m*, Lichtempfänger *m (optoelektronisches Bauelement)*
фотоприсоединение *n* Fotosynthese *f*
фотопроводимость *f* Fotoleitfähigkeit *f*, lichtelektrische Leitfähigkeit *f*, lichtelektrisches Leitvermögen *n*
~/темновая Dunkelleitfähigkeit *f*
~/электронная Fotoelektronenleitfähigkeit *f*
фотопроцесс *m* fotochemischer Prozeß *m*
фотопулемёт *m (Mil)* Schußkamera *f*, Foto-MG *n*
фоторадиограмма *f* Funkbild *n*

фоторазведка *f (Flg)* Lichtbilderkundung *f*, Bildaufklärung *f*
~/воздушная Luftbildaufklärung *f*
фоторазложение *n s.* **фотодиссоциация**
фotoраспад *m s.* **фотодиссоциация**
фоторасщепление *n s.* **реакция/фотоядерная**
фотореактивация *f* Fotoreaktion *f*
фотореакция *f* Fotoreaktion *f*, Lichtreaktion *f*, fotochemische Reaktion (Umsetzung) *f*
~/ядерная *s.* **реакция/фотоядерная**
фоторезист *m s.* **фотолак**
фоторезистор *m s.* **фотосопротивление**
фотореле *n* Fotorelais *n*, fotoelektrisches (lichtelektrisches, lichtgesteuertes) Relais *n*, Lichtrelais *n*
фоторепортаж *m* Fotoreportage *f*
фотосенсибилизатор *m* Fotosensibilisator *m*, Lichtsensibilisator *m*
фотосенсибилизация *f* Fotosensibilisierung *f*, fotochemische Sensibilisierung *f*
фотосинтез *m* Fotosynthese *f*
фотосинтезировать fotosynthetisieren
фотосинтетический fotosynthetisch
фотослой *m (Eln)* Fotoschicht *f*
~/полупроводящий Halbleiterfotoschicht *f*
фотоснимок *m* Lichtbild *n*
~ в инфракрасных лучах Infrarotaufnahme *f*, IR-Aufnahme *f*, Infrarotfotografie *f*, IR-Fotografie *f*
~ в ультрафиолетовых лучах Ultraviolettaufnahme *f*, UV-Aufnahme *f*, Ultraviolettfotografie *f*, UV-Fotografie *f*
~ следов частиц *(Kern)* Kernspuraufnahme *f*
фотосопротивление *n* Fotowiderstand *m*, Fotowiderstandszelle *f*, lichtelektrischer (fotoelektrischer) Widerstand *m* *(als Bauelement)*
~/германиевое Germaniumfotowiderstand *m*, Germanium[widerstands]zelle *f*
~/селеновое Selenfotowiderstand *m*, Selen[widerstands]zelle *f*
фотостарение *n* Lichtalterung *f*; Sonnenlichtalterung *f (der Reifen)*
фотостат *m* Fotokopiergerät *n*, Fotokopiermaschine *f*
фотострельба *f (Mil)* Fotoschießen *n*
фотосфера *f (Astr)* Fotosphäre *f (Sonne)*
фотосъёмка *f* Lichtbildaufnahme *f*, Aufnahme *f*
~/стереоскопическая *(Foto)* Stereoaufnahme *f*, Raumbildaufnahme *f*
~ финишей Zielfotografie *f*
фототелеграф *m (Fmt)* Bildtelegraf *m*, Bildfunkgerät *n*; Faksimiletelegraf *m*
фототелеграфия *f (Fmt)* Bildtelegrafie *f*, Bildfunk *m*; Faksimiletelegrafie *f*
фототеодолит *m (Geod)* Fototheodolit *m*, Bildtheodolit *m*
фототермоупругость *f* Fotothermoelastizität *f*
фототипия *f (Typ)* Lichtdruck *m*
~ дуплекс Duplexlichtdruck *m*
~/многокрасочная Mehrfarbenlichtdruck *m*
~/трёхцветная Dreifarbenlichtdruck *m*
фототиристор *m (El)* Fotothyristor *m*
фототок *m (Ph)* Foto[elektronen]strom *m*, fotoelektrischer (lichtelektrischer) Strom *m*
фототопография *f (Geod, Flg)* Fototopografie *f*, Fotogrammetrie *f*, Meßbildtechnik *f*
фототранзистор *m* Fot[otrans]istor *m*, Halbleiterfotodiode *f*
~/кремниевый Siliziumfototransistor *m*
~/полевой Fotofeldeffekttransistor *m*
фототрансформатор *m (Geod, Flg)* Lichtbildentzerrungsgerät *n*, Luftbildentzerrungsgerät *n*, Entzerrungsgerät *n*
фототрансформация *f* Lichtbildentzerrung *f*, Luftbildentzerrung *f*
фототриангуляция *f (Geod)* Bildtriangulation *f*
~ из главных точек Hauptpunkttriangulation *f*, Bildpunkttriangulation *f*
~ из точки надира Nadir[punkt]triangulation *f*
~ из фокусной точки Fokalpunkttriangulation *f*
~/надирная Nadir[punkt]triangulation *f*
~ по фокальным точкам Fokalpunkttriangulation *f*
фототриод *m s.* **фотосопротивление**
фототроника *f* Fototronik *f*
фотоувеличитель *m (Foto)* Vergrößerungsgerät *n*
фотоуменьшение *n* fotografische Verkleinerung *f*
фотоумножитель *m* Foto[elektronen]vervielfacher *m*, Sekundärelektronenvervielfacher *m*, Fotomultiplier *m*
~/многокаскадный Foto[elektronen]vervielfacher *m* mit Dynodenkaskade
фотоупругость *f* Spannungsoptik *f*, fotoelastisches (spannungsoptisches) Meßverfahren *n*
фотоустойчивость *f* Lichtbeständigkeit *f*, Lichtechtheit *f*
фотофильмпечать *f (Text)* Filmschablonendruck *m*
фотоформа *f (Typ)* Kopiervorlage *f*
~/цветоделённая Rasterauszug *m*
фотохимикат *m* Fotochemikalie *f*
фотохимия *f* Fotochemie *f*
фотохлорирование *n* Fotochlorierung *f*, fotochemische Chlorierung *f*
фотоцинкография *f (Typ)* Fotozinkografie *f*
фоточувствительность *f* Fotoempfindlichkeit *f*, lichtelektrische Empfindlichkeit *f*

фотоэлектрик *m* fotoelektrischer (lichtelektrischer) Stoff *m*
фотоэлектричество *n* Fotoelektrizität *f*, Lichtelektrizität *f*
фотоэлектрон *m (Ph)* Fotoelektron *n*
фотоэлектроника *f* Fotoelektronik *f*
фотоэлектропроводность *f* Fotoleitung *f*
фотоэлемент *m* Fotoelement *n*, Fotozelle *f*
~/**вакуумный** Hochvakuumfotozelle *f*
~/**вентильный** Sperrschichtfotozelle *f*
~/**газовый (газонаполненный, газоразрядный)** gasgefüllte Fotozelle *f*, Gas[foto]zelle *f*
~/**железо-селеновый** Eisen-Selen-Fotozelle *f*
~/**ионный** *s.* ~/**газовый**
~/**калиевый** Kalium[foto]zelle *f*
~/**кремниевый** Siliziumfotoelement *n*
~/**кристаллический** *s.* ~/**полупроводниковый**
~/**купроксный (меднозакисный)** Kupfer(I)-oxid[foto]zelle *f*
~/**полупроводниковый** Halbleiterfotoelement *n (mit Sperrschicht)*; Halbleiterfotowiderstand *m (ohne Sperrschicht)*
~/**пустотный** Hochvakuumfotozelle *f*
~/**развёртывающий** Abtastfotoelement *n*, Abtastfotozelle *f*
~/**резистивный** *s.* ~ **с внутренним фотоэффектом**
~ **с внешним фотоэффектом** Foto[emissions]zelle *f*, Fotozelle *f* mit äußerem lichtelektrischem Effekt
~ **с внутренним фотоэффектом** Fotowiderstandszelle *f*, Fotowiderstand *m*, Fotozelle *f* mit innerem lichtelektrischem Effekt
~ **с запирающим слоем** Fotosperrschichtzelle *f*, Halbleiterfotozelle *f*, Halbleiterfotoelement *n*
~/**селеновый** Selen[foto]zelle *f*, Selen[foto]element *n*
~ **тёмного разряда** *s.* ~/**газонаполненный**
~/**цезиевый** Zäsium[foto]zelle *f*
~/**щелочной** Alkalimetall[foto]zelle *f*, Alkalizelle *f*
~/**электролитический** Elektrolyt[foto]-zelle *f*
~/**эмиссионный** *s.* ~ **с внешним фотоэффектом**
фотоэмиссия *f s.* **фотоэффект/внешний**
фотоэмиттер *m* Foto[elektronen]emitter *m*
фотоэмульсия *f* Fotoemulsion *f*, fotografische (lichtempfindliche) Emulsion *f*
~/**толстослойная** *s.* ~/**ядерная**
~/**ядерная** *(Kern)* Kern[spur]emulsion *f* *(für Kernspurplatten)*
фотоэффект *m* Fotoeffekt *m*, fotoelektrischer (lichtelektrischer) Effekt *m*
~ **в запирающем (запорном) слое** *s.* ~/**вентильный**
~/**вентильный** Sperrschicht[foto]effekt *m*, Foto-Volta-Effekt *m*, Fotospannungseffekt *m*
~/**внешний** äußerer Fotoeffekt (lichtelektrischer Effekt) *m*, Fotoemissionseffekt *m*, Hallwachs-Effekt *m*
~/**внутренний** innerer Fotoeffekt (lichtelektrischer Effekt) *m*, Fotoleitungseffekt *m*
~ **запирающего (запорного) слоя** *s.* ~/**вентильный**
~/**избирательный** *s.* ~/**селективный**
~ **кристаллов** Kristallfotoeffekt *m*
~/**нормальный** *s.* ~/**внешний**
~/**полупроводниковый** Halbleiterfotoeffekt *m*
~/**прямой** direkter Kernfotoeffekt *m*, Direkteffekt *m*
~/**селективный** selektiver Fotoeffekt *m*, selektiver lichtelektrischer Effekt *m*
~/**эмиссионный** *s.* ~/**внешний**
~/**ядерный** Kernfotoeffekt *m*, Fotoumwandlung *f*
фотоячейка *f* Foto[emissions]zelle *f*, fotoelektrische (lichtelektrische) Zelle *f*
фрактура *f (Typ)* Fraktur *f (Schrift)*
фракционирование *n s.* **фракционировка**
фракционировать *(Ch)* fraktionieren, fraktioniert destillieren
фракционировка *f (Ch)* Fraktionieren *n*, Fraktionierung *f*
~/**предварительная** Vorfraktionierung *f*
фракционирующий fraktionierend, Fraktionier . . .
фракция *f* 1. Fraktion *f (Aufbereitung)*; 2. *(Ch) s.* ~/**дистиллятная**
~/**ароматическая** Aromatenfraktion *f*
~/**бензиновая** Benzinfraktion *f*
~/**бензольная** Benzolfraktion *f*
~/**газовая** Gasfraktion *f*
~/**газойлевая** Gasölfraktion *f*
~/**главная** Hauptfraktion *f*
~/**головная** *s.* ~/**начальная**
~/**гранулометрическая** Korngruppe *f*, Kornfraktion *f*
~/**дистиллятная** Destillat[ions]anteil *m*, Destillatfraktion *f*
~/**длинноволокнистая** *(Pap)* Faserlangstoff *m*
~ **зернового состава** Kornstufe *f*, Korngrößenintervall *n*
~/**илистая** *(Lw)* Schlämmfraktion *f (Bodenuntersuchung)*
~/**керосиновая** Petrol[eum]fraktion *f*, Kerosinfraktion *f*
~/**концевая** Nachlauf *m (Destillation)*
~/**коротковолокнистая** *(Pap)* Faserkurzstoff *m*
~/**крупная** Grobfraktion *f*, Grobkorn *n (Haufwerk)*
~/**лёгкая** leichte (tiefsiedende) Fraktion *f*, Leichtfraktion *f*

~/**масляная** Ölfraktion *f*
~/**мелкая** Feinkorn *n (Hautwerk)*
~/**надситовая** Siebrückstand *m*, Siebüberlauf *m*, Überlauf *m*
~/**начальная** Vorlauf *m (Destillation)*
~/**нефтяная** Erdölfraktion *f*
~/**последняя** *s.* ~/**концевая**
~/**преобладающая** Hauptkörnung *f (körniger Stoff)*
~/**промежуточная** Zwischenfraktion *f*, Übergangsfunktion *f*
~ **прямой гонки** Straightrun-Fraktion *f*
~ **смазочного масла** Schmierölfraktion *f*
~/**соляровая** Solarölfraktion *f*
~/**толуольная** Toluolfraktion *f*
~ **топлива** Treibstofffraktion *f*
~/**тяжёлая** schwere (hochsiedende) Fraktion *f*, Schwerfraktion *f*
~/**хвостовая** *s.* ~/**концевая**
фрамуга *f (Bw)* Ober[licht]flügel *m (Fenster)*
франклинит *m (Min)* Franklinit *m*, Zinkeisenerz *n*
франций *m (Ch)* Frankium *n*, Fr
фрегат *m (Mil)* Fregatte *f*, Geleitzerstörer *m*
фреза *f* 1. Fräser *m (Werkzeug für die Bearbeitung von Metall, Holz und Plast)*; 2. Fräse *f (für Landwirtschaft und Straßenbau)*
~/**болотная** Moorfräse *f (zum Auflockern von Moor- und Wiesenböden und zum Fräsen von Torfvorkommen)*
~/**быстрорежущая** Fräser *m* aus Schnellarbeitsstahl
~, **выполненная заодно (из одного целого) с оправкой/червячная** Wälzfräser *m* aus einem Stück mit Dorn für Schneckenräder
~/**высокопроизводительная** Hochleistungsfräser *m*
~/**гребенчатая резьбовая** walzenförmiger Gewindefräser *m*, Rillenfräser *m*, Gewinderillenfräser *m*
~/**гребенчатая резьбовая концевая** walzenförmiger Gewindefräser *m* mit Schaft
~/**гребенчатая резьбовая насадная** walzenförmiger Aufsteckgewindefräser *m*
~/**двухугловая несимметричная** doppelseitiger Winkelfräser *m* mit unsymmetrischem Profil *(zum Fräsen von Drallnuten in Fräsern, Reibahlen, Spiralbohrern)*
~/**двухугловая симметричная** Prismenfräser *m*, gleichseitiger Winkelfräser *m*, doppelseitiger Winkelfräser *m* mit symmetrischem Profil *(zum Fräsen von Führungsprismen und verschiedenen Nuten)*
~/**дисковая** Scheibenfräser *m*
~/**дисковая двусторонняя** zweiseitig schneidender Scheibenfräser *m*
~/**дисковая зуборезная** scheibenförmiger Zahnformfräser *m*
~/**дисковая пазовая** scheibenförmiger Nutenfräser *m*
~/**дисковая регулируемая** nachstellbarer Scheibenfräser *m*
~/**дисковая резьбовая** scheibenförmiger Gewindefräser *m*
~/**дисковая трёхсторонняя** dreiseitig schneidender Scheibenfräser *m*
~/**дисковая трёхсторонняя регулируемая** nachstellbarer dreiseitig schneidender Scheibenfräser *m*
~/**дисковая трёхсторонняя составная** dreiseitig schneidender gekuppelter Scheibenfräser *m*
~ **для вихревого фрезерования внутренней резьбы** Fräser *m* zum Innengewindewirbeln
~ **для выемки силоса** Silofräse *f*
~ **для звёздочек/червячная** Kettenradwälzfräser *m*
~ **для нарезания зубчатых колёс/модульная** Zahnformfräser *m*
~ **для нарезания косозубых цилиндрических колёс/червячная** Wälzfräser *m* für schrägverzahnte Stirnräder
~ **для нарезания прямозубых цилиндрических колёс/червячная** Wälzfräser *m* für Geradzahnstirnräder
~ **для нарезания спиральнозубых конических колёс паллоидного зацепления/червячная коническая** Wälzfräser *m* für Kegelräder mit Palloidverzahnung
~ **для нарезания червячных колёс/червячная** Schneckenradwälzfräser *m*
~ **для обдирочных работ/концевая** Schaftfräser *m* für Schruppbearbeitung von Flächen mit hohen Bearbeitungszugaben *(Spezialkonstruktion mit hinterdrehten Zähnen und Spiralspanbrechernuten)*
~ **для обработки зубьев цепных колёс/червячная** Kettenradwälzfräser *m*
~ **для пазов сегментных шпонок** Scheibenkeilnutfräser *m*, Scheibenfedernutfräser *m*
~ **для разгрузки силосной башни сверху** Oberfräse *f*
~ **для разгрузки силосной башни снизу** Unterfräse *f*
~ **для станочных Т-образных пазов** T-Nutfräser *m*
~ **для фрезерования наружной резьбы методом охватывания** Fräser *m* zum Außengewinde-Schälfräsen
~ **для цилиндрических зубчатых колёс/червячная** Stirnradwälzfräser *m*
~ **для шлицевых валиков/червячная** Keilwellenwälzfräser *m*
~ **для штампов/концевая** Gesenkfräser *m*

~/**дорожная** Straßenfräse *f*
~/**затылованная** hinterdrehter (hinterschliffener) Fräser *m*
~/**зуборезная** Zahnformfräser *m*
~/**зуборезная ступенчатая** Zahnformfräser *m* mit stufenförmig abgesetzten Flanken
~ **из быстрорежущей стали** *s.* ~/**быстрорежущая**
~ **из двух половинок/составная** zweiteiliger Walzenfräser *m*
~ **из углеродистой стали** Fräser *m* aus Kohlenstoffstahl (unlegiertem Stahl)
~/**комплектная** Satzfräser *m*
~/**концевая** Schaftfräser *m*
~/**концевая копирная** Nachformschaftfräser *m*
~/**копирная** Nachformfräser *m*
~/**крупнозубая** grobgezahnter Fräser *m*, Fräser *m* mit grober Zahnteilung
~/**кукурузная** *s.* ~ **для обдирочных работ/концевая**
~/**леворежущая** linksschneidender Fräser *m*
~/**летучая двузубая** zweischneidiges Schlagzahnfräswerkzeug *n*
~/**летучая однозубая** einschneidiges Schlagzahnfräswerkzeug *n*
~/**лобовая** Stirnfräser *m*
~/**мелкозубая** feingezahnter Fräser *m*, Fräser *m* mit feiner Zahnteilung
~/**многониточная резьбовая** *s.* ~/**гребенчатая резьбовая**
~/**насадная** Aufsteckfräser *m*
~/**Т-образная** T-Nutfräser *m*
~/**одноугловая** einseitiger Winkelfräser *m* *(für gerade Spannuten in Fräsern, Reibahlen, Gewindebohrern)*
~/**отрезная** Abstechfräser *m*, Metallkreissägeblatt *n*
~/**пазовая** Nutenfräser *m*
~/**пальцевая** Fingerfräser *m*
~/**пальцевая зубозакруглительная** Zahnabrundfräser *m*
~/**пальцевая зуборезная (зубофрезерная)** Zahnformfingerfräser *m*
~/**пальцевая модульная** Zahnformfingerfräser *m*
~/**почвенная** Bodenfräse *f*
~/**праворежущая** rechtsschneidender Fräser *m*
~/**пропашная** Hackfräse *f*
~/**прорезная** Schlitzfräser *m*, Einstechfräser *m*
~/**радиусная вогнутая** konkaver (nach innen gewölbter) Viertelkreisformfräser *m*, Radiusprofilfräser *m*
~/**радиусная полукруглая вогнутая** konkaver Halbkreisformfräser *m*
~/**радиусная полукруглая выпуклая** konkaver Halbkreisformfräser *m*
~/**резьбовая** Gewindefräser *m*
~ **с винтовыми зубьями** drallverzahnter (drallgenuteter) Fräser *m*
~ **с винтовыми зубьями/гребенчатая резьбовая** drallgenuteter walzenförmiger Gewinde[rillen]fräser *m*
~ **с винтовыми зубьями/цилиндрическая** drallverzahnter (drallgenuteter) Walzenfräser *m*, Walzenfräser *m* mit Schneidenneigung
~ **с винтовыми канавками** drallverzahnter (drallgenuteter) Fräser *m*
~ **с винтовыми канавками/червячная** drallgenuteter Wälzfräser *m*
~ **с заборным конусом/червячная** Wälzfräser *m* mit kegeligem Anschnitt
~ **с затылованными зубьями** Fräser *m* mit hinterdrehten (hinterschliffenen) Zähnen
~ **с затылованными зубьями/дисковая** hinterdrehter Scheibenfräser *m*
~ **с коническим хвостом/концевая** Schaftfräser *m* mit Kegelschaft
~ **с крупными зубьями** grobgezahnter Fräser *m*, Fräser *m* mit grober Zahnteilung
~ **с левыми [винтовыми] канавками** linksdrallgenuteter Fräser *m*, Fräser *m* mit Linksdrall
~ **с мелкими зубьями** feingezahnter Fräser *m*, Fräser *m* mit feiner Zahnteilung
~ **с наклонными зубьями** Fräser *m* mit Schneidenneigung
~ **с напаянными винтовыми зубьями из твёрдосплавных пластинок/концевая** drallverzahnter Schaftfräser *m* mit hartmetallbestückten Zähnen
~ **с незатылованными (остроконечными) зубьями** Fräser *m* mit gefrästen Zähnen, spitzverzahnter Fräser *m*
~ **с остроконечными зубьями/дисковая** spitzverzahnter Scheibenfräser *m*, Scheibenfräser *m* mit gefrästen Zähnen
~ **с отрицательным передним углом/дисковая твердосплавная** hartmetallbestückter Scheibenfräser *m* mit negativem Spanwinkel
~ **с отрицательным передним углом/торцевая твердосплавная** hartmetallbestückter Stirnfräser *m* mit negativem Spanwinkel
~ **с положительным передним углом/дисковая твердосплавная** hartmetallbestückter Scheibenfräser *m* mit positivem Spanwinkel
~ **с положительным передним углом/торцевая твердосплавная** hartmetallbestückter Stirnfräser *m* mit positivem Spanwinkel
~ **с полукругловогнутым профилем/фасонная** konkaver Halbkreisformfräser *m*
~ **с полукругловыпуклым профилем/фасонная** konvexer Halbkreisformfräser *m*

~ с правыми [винтовыми] канавками rechtsdrallgenuteter Fräser *m*, Fräser *m* mit Rechtsdrall
~ с прямыми зубьями Fräser *m* mit geraden Zähnen, Fräser *m* mit Zähnen ohne Schneidenneigung
~ с прямыми зубьями/гребенчатая резьбовая geradegenuteter walzenförmiger Gewinde[rillen]fräser *m*
~ с радиальной подачей/червячная Schneckenradwälzfräser *m* für Radialvorschub
~ с разнонаправленными зубьями kreuzverzahnter Fräser *m*
~ с разнонаправленными зубьями/дисковая kreuzverzahnter Scheibenfräser *m*
~ с разнонаправленными зубьями/дисковая трёхсторонняя dreiseitig schneidender kreuzverzahnter Scheibenfräser *m*
~ с тангенциальной подачей/червячная Schneckenradwälzfräser *m* für Tangentialvorschub (Axialvorschub)
~ с цилиндрическим хвостом/концевая Schaftfräser *m* mit Zylinderschaft
~/садовая Gartenfräse *f*
~/сборная *s.* ~ со вставными зубьями
~/сдвоенная цилиндрическая zweiteiliger Walzenfräser *m*
~ со вставными зубьями (ножами) Fräser *m* mit eingesetzten (auswechselbaren) Zähnen (Messern) *(aus Hartmetall oder Schnellarbeitsstahl)*
~ со вставными ножами/дисковая составная трёхсторонняя gekuppelter, dreiseitig schneidender Scheibenfräser *m* mit eingesetzten Messern
~ со вставными ножами/сборная gekuppelter (zusammengesetzter) Fräser *m* mit eingesetzten Messern
~ со вставными ножами/цилиндрическая сборная Walzenfräser *m* mit eingesetzten Messern
~ со вставными резцами Fräser *m* mit eingesetzten (auswechselbaren) Zähnen (Messern) *(aus Hartmetall oder Schnellarbeitsstahl)*
~ со вставными резцами с припаянными пластинками из твёрдого сплава Fräser *m* mit eingesetzten hartmetallbestückten Messern
~ со стружколомательными канавками Fräser *m* mit Spanbrechernuten
~/составная gekuppelter (zusammengesetzter) Fräser *m*
~/спаренная цилиндрическая zweiteiliger Walzenfräser *m*
~/твердосплавная hartmetallbestückter Fräser *m*
~/торфяная Torffräse *f* *(Auflockerung der Torfschicht vor dem Abbau)*
~/торцевая Stirnfräser *m*
~/торцевая ступенчатая Stirnfräser *m* mit stufenförmig angeordneten Zähnen
~/торцево-коническая „Kegel-Stirnfräser" *m (sowjetische Spezialkonstruktion eines messerkopfartigen Stirnfräsers mit hoher abgeschrägter Hauptschneide und kleinem Einstellwinkel ϰ der Messer)*
~/торцовая *s.* ~/торцевая
~/углеродистая Fräser *m* aus Kohlenstoffstahl (unlegiertem Stahl)
~/угловая Winkelfräser *m*
~/фасонная Formfräser *m*
~/фасонная затылованная hinterdrehter Formfräser *m*
~/фасонная незатылованная Formfräser *m* mit gefrästen Zähnen, spitzverzahnter Formfräser *m*
~/хвостовая Schaftfräser *m*
~/цельная aus dem Ganzen hergestellter Fräser *m*
~/цилиндрическая Walzenfräser *m*
~/червячная Wälzfräser *m*, Abwälzfräser *m*
~/червячная комбинированная kombinierter Schrupp- und Fertig-Schneckenradwälzfräser *m* mit kegeligem Anschnitt
~/червячная коническая kegeliger Wälzfräser *m*
~/червячная сборная Wälzfräser *m* mit eingesetzten Zähnen
~/червячная черновая Schruppwälzfräser *m*, Vorwälzfräser *m*
~/червячная чистовая Fertigwälzfräser *m*
~/червячная шлицевая Keilwellenwälzfräser *m*
~/черновая Schruppfräser *m*, Vorfräser *m*
~/чистовая Fertigfräser *m*
~/шлицевая Schlitzfräser *m*, Einstechfräser *m*
~/шпоночная Langlochfräser *m*
фреза-коронка *f*/твердосплавная Schaftfräser *m* mit aufgelöteter Schneidenkrone aus Hartmetall *(Kronendurchmesser 6 ... 30 mm)*
фрезер *m s.* фреза 2.
~/магнитный *(Bgb)* Magnetfräser *m (Bohrung)*
фрезерование *n (Fert)* Fräsen *n*
~ винтовых канавок Drallnutenfräsen *n*
~ винтовых канавок большого шага Drallnutenfräsen *n* bei hoher Steigung
~/вихревое Wirbeln *n*, Rundschlagfräsen *n*
~ внутренней резьбы/вихревое Innengewindewirbeln *n*, Innengewindeschlagzahnfräsen *n*
~ внутренней резьбы гребенчатой фрезой Innengewindefräsen *n* mit dem walzenförmigen Gewinde[rillen]fräser
~/врезное Tauchfräsen *n*
~/встречное Gegenlauffräsen *n*

~ замкнутых пазов Langlochfräsen *n*
~ зубчатых венцов/фасонное Zahnformfräsen *n*
~ квадратов Vierkantfräsen *n*
~/контурное Umfangfräsen *n*, Kurvenfräsen *n (beim Nachformfräsen)*
~/маятниковое Pendelfräsen *n*
~ методом непрерывной подачи на глубину *s.* **~/врезное**
~ методом обкатки Wälzfräsen *n*, Abwälzfräsen *n*
~ методом поперечных строчек Nachformfräsen *n* in Querzeilen
~ методом продольных строчек Nachformfräsen *n* in Längszeilen
~ методом строчек Zeilenfräsen *n*, Zeilenfräsverfahren *n (Nachformfräsverfahren)*
~ многогранников Vielkantfräsen *n*
~ наружной резьбы гребенчатой фрезой Außengewindefräsen *n* mit dem walzenförmigen Gewinde[rillen]fräser
~ наружной резьбы дисковой фрезой Außengewindefräsen *n* mit dem Scheibenfräser
~ наружной резьбы методом обхватывания/вихревое Außengewindeschälfräsen *n*
~/обдирочное *s.* **~/черновое**
~ Т-образных пазов T-Nutenfräsen *n*
~/объёмное Raumformfräsen *n*
~/окончательное *s.* **~/чистовое**
~ пазов Nutenfräsen *n*
~ пазов «ласточкин хвост» Fräsen *n* von Schwalbenschwanznuten
~ плоскостей Planfräsen *n*
~ по копиру Nachformfräsen *n*
~ по маятниковому циклу *s.* **~/маятниковое**
~ по подаче Gleichlauffräsen *n*
~/попутное Gleichlauffräsen *n*
~/продольное Langfräsen *n*
~ против подачи Gegenlauffräsen *n*
~/рациональное wirtschaftliches Fräsen *n*
~ резьбы Gewindefräsen *n*
~ с применением универсальной делительной головки Fräsen *n* unter Verwendung eines Universalteilkopfes
~/скоростное Schnellfräsen *n*
~ сопряжённых плоскостей *s.* **~ многогранников**
~/строчечное *s.* **~ методом строчек**
~ тел вращения Rundfräsen *n (Fräser und Werkstück, z. B. Kolbenring, rotieren gegenläufig)*
~/тонкое Feinstfräsen *n*
~ торцевой фрезой Stirnen *n*, Fräsen *n* mit stirnverzahnten Umfangsschneiden
~ торцевой фрезой/несимметричное unsymmetrisches Stirnen *n (Fräserachse liegt versetzt zur Mittellinie des Werkstücks)*
~ торцевой фрезой/симметричное symmetrisches Stirnen *n (Fräserachse liegt auf der Mittellinie des Werkstücks)*
~/трёхкоординатное Raumformfräsen *n*
~ уступов Stufenfräsen *n*
~/фасонное Formfräsen *n*
~ фасонными фрезами Formfräsen *n*
~ цилиндрической фрезой Fräsen *n* mit Umfangsschneiden
~ червячной фрезой Wälzfräsen *n*, Abwälzfräsen *n*
~ червячных колёс с радиальной подачей Schneckenradwälzfräsen *n* mit Radialvorschub, Radialverfahren *n*
~ червячных колёс с тангенциальной подачей Schneckenradwälzfräsen *n* mit Tangentialvorschub, Tangentialverfahren *n*, Axialverfahren *n*
~/черновое Vorfräsen *n*, Schruppfräsen *n*
~/чистовое Fertigfräsen *n*
~ шестигранников Sechskantfräsen *n*
~ шлица Schlitzfräsen *n*, Schlitzen *n*
~ шпоночной канавки Keilnutenfräsen *n*
фрезеровать fräsen
фрезеровка *f s.* **фрезерование**
фрейбергит *m (Min)* Freibergit *m (stark silberhaltiges Fahlerz der Tetraedritgruppe)*
фрейтер *m* Trampschiff *n*
фреон *m* Freon *n (Kältemittel)*
фреска *f (Arch)* Freske *f*
фреттинг-коррозия *f* Reibkorrosion *f*
фриз *m (Arch)* Fries *m*
~/арочный Bogenfries *m*
фризон *m (Text)* Frisons *pl*, Strusi *pl*, Flockenseide *f (Rohseidenabfälle)*
фрикцион *m* Reibungskupplung *f*
~/бортовой *(Mil)* Seitenkupplung *f*, Lenkkupplung *f (Panzer)*
~/главный *(Mil)* Hauptkupplung *f (Panzer)*
фрикционирование *n (Gum)* Friktionieren *n*, Friktionierung *f*, Gummieren *n*
фрикционировать *(Gum)* friktionieren, gummieren
фрикция *f (Gum)* Friktion *f*, Walzenfriktion *f*
фритта *f (Ker)* Fritte *f*
фриттер *m (Fmt)* Fritter *m*; Fritt[er]sicherung *f*
фриттование *n* Fritten *n*, Frittung *f*, Sintern *n*, Anfritten *n*, Anfrittung *f (z. B. Formstoff oder Ofenfutter)*
фриттовать fritten, sintern
~/предварительно vorfritten
фришевание *n (Met)* Frischen *n*; Feinarbeit *f*, Windfrischen *n*; Feinen *n*; Feintreiben *n*
~ стали Stahlfrischen *n*, Stahlfrischverfahren *n*
фришевать *(Met)* frischen, windfrischen; feinen; feintreiben

фронт *m* 1. *(Mil)* Front *f*; 2. *(Mar)* Dwarslinie *f*; 3. *(Milflg)* Linie *f*; 4. *(Meteo)* Front *f*, Wetterfront *f*; 5. *(Bgb)* Front *f*, Strosse *f*
~/**антарктический** *(Meteo)* Antarktikfront *f*
~/**арктический** *(Meteo)* Artikfront *f*
~/**атмосферный** *(Meteo)* Wetterfront *f*
~/**волновой** *s.* ~ **волны**
~ **волны** *(Meteo)* Wellenfront *f*, Wellenstirn *f*, Wellenkopf *m*
~ **восходящего скольжения** *(Meteo)* Aufgleitfläche *f*, Aufgleitfront *f*, Anafront *f*
~/**вскрышной** *(Bgb)* Abraumstrosse *f*
~/**вторичный** *(Meteo)* Nebenfront *f*
~ **головной ударной волны** *(Kern)* Front *f* der Hauptdruckwelle *(Kernexplosion)*
~ **горения** Verbrennungsfront *f*
~/**грозовой** Gewitterfront *f*
~ **детонационной волны** Detonationswellenfront *f*
~ **диффузии** Diffusionsfront *f* *(Halbleiter)*
~/**добычный** *(Bgb)* Gewinnungsstrosse *f*, Abbaufront *f*
~ **допирования** Dotierungsfront *f* *(Halbleiter)*
~ **затвердевания** *(Krist)* Erstarrungsfront *f*
~ **импульса** Impulsfront *f*, Impulsflanke *f*
~ **импульса/задний** Impulshinterflanke *f*
~ **импульса/передний** Impulsvorderflanke *f*, Impulsstirn *f*
~ **концентрации примесей** Dotierungsfront *f*
~ **кристаллизации** Kristallisationsfront *f*
~/**кристаллизационный** Kristallisationsfront *f*
~/**крутой** steile Flanke *f*, Steilflanke *f* *(eines Impulses)*
~ **Маха** *s.* **конус Маха**
~/**мнимый** *(Meteo)* Scheinfront *f*
~/**наклонный** geneigte (schräge) Flanke *f*, Flankenneigung *f* *(eines Impulses)*
~ **нисходящего скольжения** *(Meteo)* Abgleitfläche *f*, Abgleitfront *f*, Katafront *f*
~ **окклюзии** *(Meteo)* Okklusionsfront *f*
~ **окклюзии/тёплый** Okklusionsfront *f* mit Warmfrontcharakter
~ **окклюзии/холодный** Okklusionsfront *f* mit Kaltfrontcharakter
~/**отвальный** *(Bgb)* Kippenstrosse *f*
~ **отражённой ударной волны [ядерного взрыва]** *(Kern)* Front *f* der Reflexionsdruckwelle *(Kernexplosion)*
~/**очистной** *(Bgb)* Abbaufront *f*
~ **очистных работ** *(Bgb)* Abbaufront *f*
~ **падающей ударной волны [ядерного взрыва]** *(Kern)* Front *f* der einfallenden Druckwelle *(Kernexplosion)*
~ **пламени** Flammenfront *f* *(Verbrennungsmotor)*
~ **погрузки** *(Eb)* Ladestraße *f*
~/**полярный** *(Meteo)* Polarfront *f*
~/**рабочий** Baufreiheit *f*
~ **растворителя** Laufmittelfront *f* *(Chromatografie)*
~ **скачка** Stoßfront *f*
~ **скачка уплотнения** *(Aero)* Stoßfront *f*, Stoß *m*
~/**тёплый** *(Meteo)* Warmfront *f*
~/**тропический** *(Meteo)* Warmfront *f*
~ **у земли** *(Meteo)* Bodenfront *f*
~ **ударной волны** *(Aero)* Stoß[wellen]front *f*
~ **ударной волны ядерного взрыва** *(Kern)* Druckwellenfront *f* *(Kernexplosion)*
~/**фиктивный** *s.* ~/**мнимый**
~/**холодный** *(Meteo)* Kaltfront *f*
~/**шквалистый** *(Meteo)* Böenfront *f*
~ **ядерного взрыва/вертикальный** *(Kern)* Front *f* der Hauptdruckwelle *(Kernexplosion)*
фронтиспис *m* *(Typ)* Frontispiz *n*, Titelbild *n*
фронтогенез *m* *(Meteo)* Frontogenese *f*
фронтолиз *m* *(Meteo)* Frontolyse *f*
фронтон *m* *(Arch)* Fronton *n*, Frontispiz *n*, [flacher] Giebel *m*
фронтообразование *n* *s.* **фронтогенез**
фроттер *m* *(Text)* Frottierstrecke *f*
***d*-фруктоза** *f* D-Fruktose *f*, Fruchtzucker *m*, Lävulose *f*
фрукты *mpl* Obst *n*; Früchte *fpl*
~/**косточковые** Steinobst *n*
~/**ранние** Frühobst *n*
~/**семечковые** Kernobst *n*
~/**сушёные** Backobst *n*
фталамид *m* *(Ch)* Phthalamid *n*, Phthalsäurediamid *n*
фталат *m* *(Ch)* Phthalat *n*
фталеин *m* *(Ch)* Phthalein *n* *(Farbstoff)*
фталодинитрил *m* *(Ch)* Phthalodinitril *n*, Phthalsäuredinitril *n*
фталоилхлорид *m* *(Ch)* Phthaloylchlorid *n*, Phthalsäuredichlorid *n*
фталоцианин *m* *(Ch)* Phthalozyanin *n*, Phthalozyaninfarbstoff *m*
~ **меди** Kupferphthalozyanin *n*
фтанит *m* *(Min)* Phtanit *m*
фторазид *m* *(Ch)* Fluorazid *n*
фторалкил *m* *(Ch)* Fluoralkan *n*, Alkylfluorid *n*
фторамин *m* *(Ch)* Fluoramin *n*
фторангидрид *m* **кислоты** *(Ch)* Säurefluorid *n*
фторапатит *m* *s.* **фтороапатит**
фторбензол *m* *(Ch)* Fluorbenzol *n*
фторзамещённое *n* *(Ch)* Fluorsubstitutionsprodukt *n*
фторид *m* *(Ch)* Fluorid *n*
~ **азота** Stickstoff(III)-fluorid *n*, Stickstofftrifluorid *n*
~ **аммония** Ammoniumfluorid *n*

~ **аммония/кислый** Ammoniumhydrogenfluorid *n*
~/**двойной** Doppelfluorid *n*
~ **калия** Kaliumfluorid *n*
~ **кислорода** Sauerstoff(II)-fluorid *n*, Sauerstoffdifluorid *n*; Sauerstofffluorid *n*, Disauerstoffdifluorid *n*
~/**кислый** Hydrogenfluorid *n*
~ **натрия** Natriumfluorid *n*
~ **углерода** Kohlenstoffmonofluorid *n*; Kohlenstoffdifluorid *n*; Kohlenstofftetrafluorid *n*, Tetrafluormethan *n*
~ **щелочного металла** Alkalifluorid *n*
~ **щёлочноземельного металла** Erdalkalifluorid *n*
фторирование *n (Ch)* Fluorieren *n*, Fluorierung *f*
~ **в ядро** Kernfluorierung *f*
фторировать *(Ch)* fluorieren
фтористоводородный *(Ch)* ... hydrofluorid *n*; fluorwasserstoffsauer
фтористый *(Ch)* ... fluorid *n*; fluorhaltig
фторметан *m (Ch)* Fluormethan *n*
фторнитробензол *m (Ch)* Fluornitrobenzol *n*
фторный Fluor ...
фтороалюминат *m (Ch)* Fluoroaluminat *n*
~ **натрия** Natriumhexafluoroaluminat *n*
фтороапатит *m (Min)* Fluorapatit *m*
фтороаурат *m (Ch)* Fluoroaurat(III) *n*, Tetrafluoroaurat(III) *n*
фтороборат *m (Ch)* Fluoroborat *n*
фторованадат *m (Ch)* Fluorovanadat(V) *n*
фторованадеат *m (Ch)* Fluorovanadat(IV) *n*
фторованадиат *m (Ch)* Fluorovanadat(III) *n*
фтороводород *m (Ch)* Fluorwasserstoff *m*
фторозамещённый *(Ch)* fluorsubstituiert
фторокись *f (Ch)* Oxidfluorid *n*
~ **ванадия** Vanadin(IV)-oxidfluorid *n*, Vanalyl(IV)-fluorid *n*; Vanadin(V)-oxidfluorid *n*, Vanalyl(V)-fluorid *n*
~ **углерода** Kohlenoxidfluorid *n*, Karbonylfluorid *n*
фторокобальтат *m (Ch)* Fluorokobaltat *n*
фторокобальтиат *m (Ch)* Fluorokobaltat(III) *n*
фторокобальтоат *m (Ch)* Fluorokobaltat(II) *n*
фтороокись *f s.* **фторокись**
фторопласт *m (Ch)* Fluorkunststoff *m*, Fluorkarbon *n*
фторопластовый *(Ch)* Fluorkunststoff ..., Fluorkarbon ...
фторопроизводное *n (Ch)* Fluorderivat *n*
фторорганический *(Ch)* fluororganisch, Organofluor ...
фторосиликат *m (Ch)* Fluorosilikat *n*, Hexafluorosilikat *n*
~ **алюминия** Aluminium[hexa]fluorosilikat *n*
~ **магния** Magnesium[hexa]fluorosilikat *n*
фторосодержащий fluorhaltig
фтороуглерод *m (Ch)* Fluorkohlenstoff *m*
фтороформ *m (Ch)* Fluoroform *n*, Trifluormethan *n*
фторсульфонат *m (Ch)* Fluorosulfat *n*
фторсульфоновокислый *(Ch)* ... fluorosulfat *n*; fluoroschwefelsauer
фторуглеводород *m (Ch)* Fluorkohlenwasserstoff *m*, fluorierter Kohlenwasserstoff *m*
фуганок *m* 1. *(Wkz)* Rauhbank *f*, Langhobel *m*; 2. *(Holz)* Abrichthobelmaschine *f*
фугас *m (Mil)* [eingebaute] Sprengladung *f*
~/**зажигательный** Brandsprengladung *f*
~/**химический** chemische Mine *f*
~/**ядерный** Kernsprengladung *f*, Kernmine *f*, Mine *f* mit Kernladung
фугасный Spreng ...
фугативность *f s.* **фугитивность**
фугитивность *f* Fugazität *f*, Flüchtigkeit *f*
фугование *n (Holz)* 1. Abrichten *n (Bretterflächen mit der Rauhbank bearbeiten)*; 2. Fügen *n (Bretter an den Kanten zur Verkleinerung bestoßen)*
фуговать *(Holz)* 1. abrichten; 2. fügen
фуговка *f s.* **фугование**
фуз *m* Ölschlamm *m*, Trub *m (ein Preßrückstand)*
фузоотделитель *m* Trubabscheider *m*, Trubschleuder *f*
фузулиниды *pl (Geol)* Fusulinen *fpl (Ablagerungen im Karbon)*
фуксин *m (Ch)* Fuchsin *n (Farbstoff)*
фульгурит *m (Geol)* Fulgurit *m*, Blitzröhre *f*
фульгурометр *m* Fulgurometer *n*
фульминат *m (Ch)* Fulminat *n*
~ **ртути** Quecksilberfulminat *n*, Knallquecksilber *n*
~ **серебра** knallsaures Silber *n*, Silberfulminat *n*
фуляр *m (Text)* Foulard *m*
фумарат *m (Ch)* Fumarat *n*
фумаровокислый *(Ch)* ... fumarat *n*; fumarsauer
фумарола *f (Geol)* Fumarole *f (Vulkan)*
фумиганты *pl* Vergasungsmittel *npl (Schädlingsbekämpfung)*
фумигация *f s.* **окуривание**
фумигировать beräuchern; begasen, durchgasen, vergasen
фунгицидный fungizid, pilztötend
фунгициды *mpl* Pflanzenschutzmittel *npl*, Pilzvertilgungsmittel *npl*
~ **для окуривания** Räuchermittel *npl*
~ **для опрыскивания** Spritzmittel *npl*
~ **для опыливания** Stäubemittel *npl*
фундамент *m (Bw)* Fundament *n*, Gründung *f*; Grundwerk *n*, Unterbau *m*, Bett *n*

~ вертлюга *(Schiff)* Lümmellagerstuhl *m* *(Schwergutbaum)*
~ глубокого заложения *(Bw)* Tiefgründung *f*
~/кесонный Druckluftgründung *f*
~ кнехта *(Schiff)* Pollerunterbau *m*, Pollerbank *f*
~/ленточный Streifenfundament *n*
~/массивный 1. massives Fundament *n*; 2. Ortbetonfundament *n*
~ мелкого заложения Flachgründung *f*
~/наплавной *(Schiff)* aufschwimmbare Vorhelling *f*
~/наплавной подводный aufschwimmbare Ablaufbahn *f*
~/отдельный Einzelfundament *n*
~ печи Ofenfundament *n*
~/плитный Plattenfundament *n*
~ под колонну Säulengrundwerk *n*
~/свайный Pfahlgründung *f*, Pfahlfundament *n*
~/сплошной Plattenfundament *n*
~/спусковой *(Schiff)* Hellingsohle *f*
~/стаканный Hülsenfundament *n*
~/столбчатый Säulenfundament *n*
фуникулёр *m* Seilbahn *f*, Seilaufzug *m*, Schwebebahn *f*
функтор *m* *(Math)* Funktor *m*
~/тождественный identischer Funktor *m*
функционал *m*/**линейный** *(Math)* lineares Funktional *n*, Linearform *f*
функция *f* 1. *(Math)* Funktion *f*; 2. *(Ch)* Funktion *f* *(substituierte Verbindung)*; Funktion *f*, funktionelle Gruppe *f*
~/абсолютно непрерывная absolut stetige Funktion *f*
~/автокорреляционная *(Reg)* Autokorrelationsfunktion *f*
~/автоморфная *(Math)* automorphe Funktion *f*
~/аддитивная *(Math)* additive Funktion *f*
~/адресная *(Dat)* Adressenfunktion *f*
~/алгебраическая *(Math)* algebraische Funktion *f*
~ алгебры логики *(Dat)* logische (Boolesche) Funktion *f*
~/аналитическая *(Math)* analytische Funktion *f*
~/антисимметрическая *(Math)* antisymmetrische Funktion *f*
~ атомного рассеяния *(Kern)* Atomstreufaktor *m*, atomarer Streufaktor *m*
~/бесконечнозначная *(Math)* unendlich vieldeutige Funktion *f*
~/бесселева *(Math)* Bessel-Funktion *f*, Zylinderfunktion *f* erster Art
~ бесселевых функций/производящая *(Math)* Erzeugende *f* der Besselschen Funktionen
~ Бесселя *s.* **~/бесселева**
~ Бесселя/модифицированная *s.* **~ мнимого аргумента/цилиндрическая**
~ Бесселя от мнимого аргумента *s.* **~ мнимого аргумента/цилиндрическая**
~ Бесселя/сферическая *(Math)* sphärische (halbzahlige) Bessel-Funktion *f*
~/библиотечная *(Dat)* Software-Funktion *f*
~/бигармоническая *(Math)* biharmonische Funktion *f*
~/бинарная *(Math, Dat)* binäre Funktion *f*
~/биортогональная *(Math)* biorthogonale Funktion *f*
~/булева *(Dat)* logische Funktion *f*, Boolesche Funktion *f*
~ Вебера *(Math)* Weber-Funktion *f*, Zylinderfunktion *f* zweiter Art
~ Вейерштрасса *(Math)* Weierstraßsche Funktion *f*
~ Вейерштрасса/эллиптическая Weierstraßsche elliptische Funktion *f*
~ векового возмущения *(Astr)* säkulare Störungsfunktion *f*
~/векторная собственная *(Math)* Vektor-Selbstfunktion *f*
~ вероятностей *(Math)* Wahrscheinlichkeitsfunktion *f*
~/вещественная *(Math, Dat)* reelle Funktion *f*
~/взаимная *(Math)* gegenseitige (reziproke) Funktion *f*
~/взаимно-обратная *(Math)* zueinander inverse Funktion *f*
~ влияния *(Math)* 1. Einflußfunktion *f*; 2. Kern *m* *(der Integralgleichung)*
~/внешняя *(Dat)* externe Funktion *f*
~ возбуждения Anregungsfunktion *f*
~ воздействия Eingriffsfunktion *f*
~/возмущающая *(Astr)* Stör[ungs]funktion *f*
~/возрастающая *(Math)* wachsende Funktion *f*
~/волновая *(Ph)* 1. Wellenfunktion *f* *(Wellenlehre)*; 2. Wellenfunktion *f*, Zustandsfunktion *f*, Psi-Funktion *f*, Schrödinger-Funktion *f*, Schrödingersche Wellenfunktion *f* *(Quantenmechanik)*
~/временная Zeitfunktion *f*
~/вспомогательная *(Math)* Hilfsfunktion *f*
~/встроенная *(Dat)* Software-Funktion *f*
~ второго рода/цилиндрическая Zylinderfunktion *f* zweiter Art, Neumann-Funktion *f*, Weber-Funktion *f*
~/выпуклая *(Math)* konkave Funktion *f*
~/вырожденная гипергеометрическая *(Math)* konfluente hypergeometrische Funktion *f*
~/вычислимая *(Math)* berechenbare Funktion *f*
~ Гамильтона *(Math)* Hamiltonsche Funktion *f*, Hamilton-Funktion *f*
~ Гамильтона/главная *s.* **действие по Гамильтону**

~ Ганкеля *s.* **~ Ханкеля**

~/гармоническая *(Math)* harmonische Funktion *f*

~ Гегенбауэра *(Math)* Gegenbauer-Funktion *f*, Gegenbauersche Funktion *f*

~ Гиббса/тепловая Gibbssche Wärmefunktion *f*, Enthalpie *f*, Wärmeinhalt *m*

~/гиперболическая *(Math)* hyperbolische Funktion *f*, Hyperbelfunktion *f*

~/гипергеометрическая *(Math)* hypergeometrische Funktion *f*

~/гладкая *(Math)* glatte Funktion *f*

~/голоморфная *(Math)* holomorphe Funktion *f*

~ Грина *(Math)* 1. Greensche Funktion (Potentialfunktion) *f*, Einflußfunktion *f* *(Potentialtheorie, Randwertproblem)*; 2. *s.* **~ распространения**

~ Грина/аффинорная Greensche Tensorfunktion *f*

~ Грина/продольная аффинорная Greensche longitudinale Tensorfunktion *f*

~ Грина/сопряжённая konjugierte Greensche Funktion *f*

~ Грина/тензорная Greensche Tensorfunktion *f*

~/двоичная *(Math, Dat)* binäre Funktion *f*

~/двоякопериодическая *(Math)* doppeltperiodische Funktion *f*

~/двухзначная *(Math)* zweideutige Funktion *f*

~/действительная *(Math, Dat)* reelle Funktion *f*

~ Дирака *(Math)* Dirac-Funktion *f*, Diracsche Funktion *f*

~/диссипативная 1. *(Mech)* [Rayleighsche] Dissipationsfunktion *f*, Zerstreuungsfunktion *f*; 2. *(Therm)* Dissipationsfunktion *f*, Energiedissipation *f*

~/дифференцируемая *(Math)* differenzierbare Funktion *f*

~ для больших аргументов/цилиндрическая *(Math)* Zylinderfunktion *f* für große Argumente

~/дробная *(Math)* gebrochene Funktion *f*

~/дробная рациональная gebrochene rationale Funktion *f*

~/дробно-линейная *(Math)* linear gebrochene Funktion *f*

~/единичная *s.* **~/единичная импульсная**

~/единичная импульсная (ступенчатая) *(Math)* Heavisidesche Einheitsfunktion (Treppenfunktion, Stufenfunktion) *f*, Heaviside-Funktion *f*, Einheitsimpulsfunktion *f*

~ Жуковского *(Ph)* Joukowskische Funktion *f*

~ затухания Dämpfungsfunktion *f*

~ звена/передаточная (переходная) *(Reg)* Übertragungsfunktion *f*

~ зеркального изображения Spiegelbildfunktion *f*

~/зональная сферическая *(Math)* zonale Kugelfunktion *f*

~ И/логическая *(Dat)* UND-Funktion *f*

~/измеримая *(Math)* meßbare (Lebesguesche) Funktion *f*

~ изображения *(Opt)* Bildfunktion *f*

~ ИЛИ/логическая *(Dat)* ODER-Funktion *f*

~/импульсная *(Ph)* Impulsfunktion *f*

~/инвариантная *(Math)* invariante Funktion *f*

~/индуцированная *(Math)* induzierte Funktion *f*

~/интегральная показательная *(Math)* Integralexponentialfunktion *f*, Exponentialintegral *n*

~/интегрируемая *(Math)* integrierbare Funktion *f*

~ интервала *(Math)* Intervallfunktion *f*

~/интерполирующая *(Math)* interpolierende Funktion *f*

~/иррациональная *(Math)* irrationale Funktion *f*

~ истинности *(Math)* Wahrheitsfunktion *f* *(Logik)*

~/исходная *(Math)* Ausgangsfunktion *f*

~/квадратичная *(Math)* quadratische Funktion *f*

~/квазипериодическая *(Math)* quasiperiodische Funktion *f*

~/кислородная *(Ch)* Sauerstoffunktion *f*, O-Funktion *f*

~/кислотная *(Ch)* Säurefunktion *f*

~ кислотности *(Ch)* Aziditätsfunktion *f*

~ ковалентности *(Math)* Kovalenzfunktion *f*

~ колебаний Schwingungsfunktion *f*

~/комплексная *(Math, Dat)* komplexe Funktion *f*

~ комплексного переменного *(Math)* Funktion *f* einer komplexen Variablen

~/конфлюентная гипергеометрическая *(Math)* konfluente hypergeometrische Funktion *f*

~ координат *(Math)* Koordinatenfunktion *f*, Ortsfunktion *f*

~ корреляции *s.* **~/корреляционная**

~ корреляции пар Paarkorrelationsfunktion *f*

~/корреляционная *(Ph)* Korrelationsfunktion *f*, Einflußfunktion *f*

~/круговая *(Math)* Kreis[bogen]funktion *f*, zyklometrische Funktion *f*, Arkusfunktion *f*

~/кубическая kubische Funktion *f*, Funktion *f* dritten Grades

~/кулоновская волновая *(Ph)* Coulombsche Wellenfunktion *f*

~/кусочно-постоянная *(Math)* stückweise konstante Funktion *f*, Treppenfunktion *f*

~ Лагерра *(Math)* Laguerresche Funktion *f*

~ **Лагранжа** *(Mech)* Lagrange-Funktion *f*, kinetisches Potential *n*
~ **Ламе** Lamésche Funktion *f*
~ **Лежандра** *(Math)* Legendresche Funktion *f*
~ **Лежандра/присоединённая** *(Math)* zugeordnete Legendresche Funktion (Kugelfunktion) *f*
~/**линейная** *(Math)* lineare Funktion *f*
~/**линейно-независимая** *(Math)* linear unabhängige Funktion *f*
~/**логарифмическая** *(Math)* logarithmische Funktion *f*
~/**логическая выборочная** *(Math)* logische Auswahlfunktion *f*
~ **Матьё** *(Math)* Mathieusche Funktion *f*
~/**мероморфная** *(Math)* meromorphe Funktion *f*
~ **мнимого аргумента/цилиндрическая** *(Math)* modifizierte Bessel-Funktion *f* [erster Art], modifizierte Besselsche Funktion *f* [erster Art]
~ **многих переменных/абсолютно непрерывная** *(Math)* absolut stetige Funktion *f* mit mehreren Variablen
~/**многозначная** *(Math)* mehrdeutige Funktion *f*
~/**многочленная** *(Math)* Polynomfunktion *f*
~ **множеств** *(Math)* Mengenfunktion *f*
~ **множеств/абсолютно непрерывная** absolut stetige Mengenfunktion *f*
~ **множеств/аддитивная** additive Mengenfunktion *f*
~ **множеств/сингулярная** singuläre Mengenfunktion *f*
~ **множества/характеристическая** charakteristische Funktion *f (einer Menge)*, Indikatorfunktion *f*
~/**модулярная** *(Math)* Modulfunktion *f*
~/**моногенная** *(Math)* monogene Funktion *f*
~/**монодромная** *(Math)* monodrome Funktion *f*
~/**монотонная** *(Math)* monotone Funktion *f*
~/**монотонно возрастающая** monoton wachsende Funktion *f*
~/**монотонно невозрастающая** monoton nichtwachsende Funktion *f*
~/**монотонно неубывающая** monoton nichtfallende Funktion *f*
~/**монотонно убывающая** monoton fallende Funktion *f*
~ **Морзе** *(Math)* Morsesche Funktion (Potentialfunktion) *f*
~ **нагружения** *(Ph)* Belastungsfunktion *f*
~ **наклона экстремалей** *(Math)* Funktion *f* der Extremalneigung
~ **НЕ/логическая** *(Dat)* NICHT-Funktion *f*
~/**недифференцируемая** *(Math)* nichtdifferenzierbare Funktion *f*
~ **Неймана** *(Math)* Neumann-Funktion *f*, Zylinderfunktion *f* zweiter Art
~/**необратимая** *(Math)* nichtumkehrbare Funktion *f*
~/**неоднозначная** *(Math)* nichteindeutige Funktion *f*
~/**неопределённая** *(Math)* indefinite Funktion *f*
~/**непрерывная** *(Math)* stetige Funktion *f*
~/**неприводимая** *(Math)* irreduzible Funktion *f*
~ **нескольких переменных** *(Math)* Funktion *f* mehrerer Variabler
~/**нечётная** *(Math)* ungerade Funktion *f*
~/**неявная** *(Math)* implizite Funktion *f*
~/**нижняя** *(Math)* untere Funktion *f*
~ **нулевого порядка и второго рода/цилиндрическая** *(Math)* Zylinderfunktion *f* nullter Ordnung und zweiter Art
~ **нуля** *(Math)* Nullfunktion *f*
~/**обобщённая** *(Math)* verallgemeinerte Funktion *f*
~/**обобщённая силовая** *(Mech)* verallgemeinerte Kräftefunktion *f*
~ **обработки** *(Dat)* Verarbeitungsfunktion *f*
~/**обратимая** *(Math)* umkehrbare Funktion *f*
~/**обратная** *(Math)* inverse Funktion *f*, Umkehrfunktion *f*
~/**обратная гиперболическая** *(Math)* Areafunktion *f*, ar-Funktion *f*
~/**обратная круговая** *(Math)* Kreisbogenfunktion *f*, Arkusfunktion *f*
~/**обратная тригонометрическая** *s.* ~/**круговая**
~ **объекта** *(Opt)* Objektfunktion *f*
~/**ограниченная** *(Math)* beschränkte Funktion *f*
~ **ограниченной вариации** *(Math)* Funktion *f* veränderlicher Schwankung
~/**однозначная** *(Math)* eindeutige Funktion *f*
~/**однолистная** *(Math)* 1. einwertige (schlichte) Funktion *f*; 2. eindeutige analytische Funktion *f*, einblättrige Funktion *f*
~/**одноместная** *(Math)* einstellige Funktion *f*
~/**однопериодическая** *(Math)* einfach periodische Funktion *f*
~/**однородная** *(Math)* homogene Funktion *f*
~ **округления** *(Dat)* Rundungsfunktion *f*
~/**ортогональная** *(Math)* orthogonale Funktion *f*
~/**основная** *(Math)* Grundfunktion *f*
~ **от функции** *s.* ~/**сложная**
~ **параболического цилиндра** *(Math)* parabolische Zylinderfunktion *f*
~ **Паули** *(Math)* Pauli-Funktion *f*

~ первого рода/цилиндрическая *(Math)* Zylinderfunktion *f* erster Art, Bessel-Funktion *f*
~/первообразная *(Math)* Stammfunktion *f*
~/передаточная *(Reg)* Übertragungsfunktion *f*
~ переключения *(Math)* Schaltfunktion *f*
~/переходная *(Reg)* Übergangsfunktion *f*
~/периодическая *(Math)* periodische Funktion *f*
~/пертурбационная *(Astr)* Stör[ungs]funktion *f*
~ Планка [/характеристическая] *(Therm)* Plancksche Funktion *f*, Plancksches thermodynamisches Potential *n*
~ плотности *(Math)* Dichtefunktion *f*, Wahrscheinlichkeitsdichte *f*
~ по выбору *(Dat)* wahlweise Funktion *f* *(Betriebssystem)*
~/подкоренная *(Math)* Wurzelfunktion *f*
~/подынтегральная *(Math)* Integrand *m*
~/показательная *(Math)* allgemeine Exponentialfunktion *f*
~ ползучести Kriechfunktion *f*
~/полигармоническая *(Math)* polyharmonische Funktion *f*
~ полиномов Лагерра/производящая *(Math)* erzeugende Funktion *f* der Laguerre-Polynome
~ полиномов Лежандра/производящая *(Math)* erzeugende Funktion *f* der Legendreschen Polynome
~ полиномов Эрмита/производящая *(Math)* erzeugende Funktion *f* der Hermiteschen Polynome
~ положения *(Math)* Ortsfunktion *f*
~/полунепрерывная *(Math)* halbstetige Funktion *f*
~ полуоткрытых промежутков *(Math)* halboffene Intervallfunktion *f*
~/полупериодическая *(Math)* halbperiodische Funktion *f*
~/полуцилиндрическая *(Math)* Halbzylinderfunktion *f*
~/поперечная аффинорная *(Math)* transversale Greensche Tensorfunktion *f*
~/пороговая *(Reg)* Schwellwertfunktion *f*
~/порождающая *(Dat)* erzeugende Funktion *f*
~ последовательности/производящая erzeugende Funktion *f* einer Folge
~/потенциальная *(Math)* Potentialfunktion *f*
~ потерь Verlustfunktion *f*
~/почти-периодическая *(Math)* fastperiodische Funktion *f*
~/предельная *(Math)* Grenzfunktion *f*
~/пробная *(Math)* Probefunktion *f*, Testfunktion *f*, Vergleichsfunktion *f*
~/продольная векторная собственная *(Math)* longitudinale Vektor-Eigenfunktion *f*
~/производная *(Math)* abgeleitete Funktion *f*
~/производящая *(Math)* erzeugende Funktion *f*, Erzeugende *f*
~ промежутков *(Math)* Intervallfunktion *f*
~/псевдопотенциальная *(Math)* pseudopotentiale Funktion *f*
~/равностепенная непрерывная *(Math)* gleichgradig stetige Funktion *f*
~/разрывная *(Math)* unstetige Funktion *f*
~ распределения *(Reg)* Verteilungsfunktion *f*
~ распределения/интегральная Summenhäufigkeitsfunktion *f*
~ распределения/совместная gemeinsame Verteilungsfunktion *f*
~ распределения Ферми-Дирака *(Ph)* Fermi-Dirac-Verteilungsfunktion *f*
~ распространения *(Ph)* 1. Ausbreitungsfunktion *f*, Propagator *m*, spezielle Greensche Funktion *f* *(quantenmechanische Feldtheorie)*; 2. Zweipunktfunktion *f*, Kontraktion *f*, kausaler (Feynmanscher) Propagator *m* *(Quantenfeldtheorie)*
~ рассеяния *s.* **~/диссипативная**
~ рассеяния Рэлея Rayleighsche Streufunktion *f*
~ рассеяния энергии *s.* **~ Рэлея/диссипативная**
~/рациональная *(Math)* rationale Funktion *f*
~/регулярная *(Math)* reguläre Funktion *f*
~ регулятора Reglerkennlinie *f*
~/результирующая *(Reg)* Ergebnisfunktion *f*
~/рекурсивная *(Math)* rekursive Funktion *f*
~ решения *(Kyb)* Entscheidungsfunktion *f*
~ риска *(Kyb)* Risikofunktion *f*
~ роста Wachstumsfunktion *f* *(Statistik)*
~ Рэлея/диссипативная *(Hydr)* Rayleighsche Dissipationsfunktion *f*
~ с конечным (ограниченным) изменением *s.* **~ ограниченной вариации**
~ сверху/полунепрерывная *(Math)* von oben halbstetige Funktion *f*
~ светимости *(Astr)* Leuchtkraftfunktion *f*
~/секториальная сферическая *(Math)* sektorielle Kugelfunktion *f*
~/сервисная *(Dat)* Servicefunktion *f*
~ сигнала Signalfunktion *f*
~/силовая *(Mech)* Kräftefunktion *f*
~/симметрическая *(Math)* symmetrische Funktion *f*
~/сингулярная *(Math)* singuläre Funktion *f*
~/системная *(Dat)* Software-Funktion *f*
~ скачков *(Math)* [Heavisidesche] Sprungfunktion *f*
~/скачкообразная *(Reg)* Sprungfunktion *f*

~ **сложения цветов** *(Opt)* 1. Spektralwert *m*; 2. Spektralwertfunktion *f* *(Farbwertmessung)*
~/**сложная** *(Math)* mittelbare Funktion *f*, Funktion *f* von Funktion
~/**случайная** *(Math)* zufällige (stochastische) Funktion *f*, Zufallsfunktion *f* *(Wahrscheinlichkeitstheorie)*
~ **случайной последовательности** *(Math)* Funktion *f* einer Zufallsfolge *(Wahrscheinlichkeitstheorie)*
~ **снизу/полунепрерывная** *(Math)* von unten halbstetige Funktion *f*
~/**собственная** *(Math)* Eigenfunktion *f*
~/**собственная нормированная** normierte Eigenfunktion *f*
~/**сопряжённая** *(Math)* konjugierte Funktion *f*
~/**сопряжённая волновая** konjugierte Wellenfunktion *f*
~/**сопряжённая гармоническая** konjugierte harmonische Funktion *f*
~ **состояния** *(Therm)* Zustandsfunktion *f*, kalorische Zustandsgröße *f*
~ **состояния/характеристическая** charakteristische Zustandsgleichung *f*
~/**спектральная** *(Math)* Spektralfunktion *f*
~/**специальная** spezielle Funktion *f*
~/**спиновая** *(Kern)* Spinfunktion *f*
~ **сравнения** *s.* ~/**пробная**
~ **статистического распределения** statistische Verteilungsfunktion *f*
~ **стационарного поля/силовая** Kräftefunktion *f* des stationären Feldes
~ **Стеклова** *(Math)* Steklowsche Funktion *f*
~/**степенная** *(Math)* Potenzfunktion *f*
~/**стохастическая** *s.* ~/**случайная**
~ **Струве** *(Math)* Struve-Funktion *f*
~/**ступенчатая** 1. *(Kyb)* Sprungfunktion *f*; 2. *s.* ~/**кусочно-постоянная**
~/**субгармоническая** *(Math)* subharmonische Funktion *f*
~/**супергармоническая** *(Math)* superharmonische Funktion *f*
~/**сферическая** *(Math)* Kugelfunktion *f*
~/**сфероидальная** *(Math)* Sphäroidfunktion *f*, zugeordnete Mathieusche Funktion *f*
~/**сфероидальная волновая** *(Ph)* Sphäroidwellenfunktion *f*
~/**схемная** *(El)* Schaltungsfunktion *f*
~/**табличная** *(Dat, Math)* Tabellenfunktion *f*
~ **текучести** Fließfunktion *f*
~ **термодинамики/характеристическая** *(Therm)* thermodynamisches Potential *n*, thermodynamische Funktion *f*
~/**тессеральная сферическая** *(Math)* tesserale Kugelfunktion *f*
~ **течения** *s.* ~ **тока**
~ **течения/характеристическая** *s.* **потенциал/комплексный**
~ **тока** *(Aero)* Stromfunktion *f*, Strömungsfunktion *f*
~ **Томсона** Thomsonsche (Kelvinsche) Funktion *f*
~ **точки** 1. Punktfunktion *f*; 2. *s.* ~ **координат**
~/**трансцендентная** *(Math)* transzendente Funktion *f*
~ **третьего рода/цилиндрическая** *(Math)* Zylinderfunktion *f* dritter Art, Hankel-Funktion *f*
~/**тригонометрическая** *(Math)* trigonometrische Funktion *f*, Winkelfunktion *f*
~ **убытка** *(Kyb)* Verlustfunktion *f*
~ **Уиттекера** *(Math)* Whittaker-Funktion *f*
~ **управления** *(Reg)* Steuerfunktion *f*
~/**условно-периодическая** *(Math)* bedingt periodische Funktion *f*
~ **Ферми** *(Ph)* Fermische Funktion *f*
~/**финитная** *(Math)* finite (endliche) Funktion *f*
~/**фундаментальная** *s.* ~/**собственная**
~ **Ханкеля** *(Math)* Hankel-Funktion *f*, Zylinderfunktion *f* dritter Art
~/**характеристическая** *s.* 1. *(Math)* ~/**собственная**; 2. *(Therm)* **потенциал/термодинамический**
~ **Хевисайда [/единичная]** *s.* ~/**единичная импульсная**
~/**целая** *(Math)* ganze Funktion *f*
~/**целая алгебраическая** ganze algebraische Funktion *f*
~/**целая периодическая** ganze periodische Funktion *f*
~/**целая рациональная** ganze rationale Funktion *f*
~/**целая трансцендентная** ganze transzendente Funktion *f*
~/**целевая** *(Kyb)* Zielfunktion *f*
~ **ценности** 1. Wertfunktion *f*; 2. *(Kern)* Einflußfunktion *f*
~/**циклометрическая** *(Math)* zyklometrische Funktion *f*, Arkusfunktion *f*
~/**частично-рекурсивная** *(Math)* partiell rekursive Funktion *f*
~/**частотная** Frequenzfunktion *f*
~ **Чебышева** *(Math)* Tschebyscheffsche Funktion *f*, Tschebyscheff-Funktion *f*
~/**чётная** *(Math)* gerade Funktion *f*
~/**шаровая** *(Math)* Kugelfunktion *f*
~/**экспоненциальная** *(Math)* 1. spezielle Exponentialfunktion *f*, e-Funktion *f*; 2. *s.* ~/**показательная**
~/**элементарная [математическая]** elementare Funktion *f*
~/**эллиптическая** *(Math)* elliptische Funktion *f*
~/**явная** *(Math)* explizite Funktion *f*
~/**ядерно-спиновая** *(Kern)* Kernspinfunktion *f*
~ **Якоби [/эллиптическая]** *(Math)* Jacobische [elliptische] Funktion *f*

функция-высказывание *f (Math)* Aussagenfunktion *f (Logik)*
функция-оригинал *f (Math)* Originalfunktion *f*, Stammfunktion *f*, Oberfunktion *f*
фуражир *m (Lw)* Fräslader *m*
фуражка *f* Schirmmütze *f*
фуран *m (Ch)* Furan *n*, Furfuran *n*
фураноза *f (Ch)* Furanose *f (Monosaccharid)*
фургон *m (Kfz)* Liefer[kraft]wagen *m*
~/**грузопассажирский** Kombi[nationskraft]wagen *m*
фурма *f (Met)* Windform *f*, Blasform *f*, Winddüse *f (Hochofen, Konverter)*; Düse *f*, Winddüse *f*, Form *f (Kupolofen)*
~/**верхняя** Oberwindform *f*, Oberwinddüse *f (Hochofen)*; obere Düse (Form) *f (Kupolofen)*
~/**воздуходувная** *s.* **фурма**
~/**воздушная** *s.* **фурма**
~/**запасная** Notform *f (Schachtofen)*
~ **конвертера** Konverterwinddüse *f*
~/**нижняя** Unterwindform *f*, Unterwinddüse *f (Hochofen)*; untere Düse (Form) *f (Kupolofen)*
~/**охлаждаемая** Kühlform *f (Schachtofen)*
~/**шлаковая** Schlackenform *f (Schachtofen)*
фурфураль *m (Ch)* Furfural *n*, Furyl-(2)-aldehyd *m*
фурфуран *m s.* **фуран**
футерование *n (Met)* Auskleiden *n*, Ausfüttern *n*, Zustellen *n*
футеровать *(Met)* ausfüttern, auskleiden, zustellen
футеровка *f (Met)* Futter *n*, Verkleidung *f*, Auskleidung *f*, Zustellung *f*; Ausmauerung *f* • **с кислой футеровкой** sauer zugestellt • **с основной футеровкой** basisch zugestellt
~/**бесшовная** Stampffutter *n*, Stampfauskleidung *f*, fugenlose Ausfütterung (Zustellung) *f*
~ **вагранки** Kupolofenfutter *n*, Kupolofenausfütterung *f*, Kupolofenauskleidung *f*
~ **ванны** Badauskleidung *f*, Schmelzbadauskleidung *f*, Badfutter *n*, Schmelzbadfutter *n*
~/**доломитовая** Dolomitfutter *n*, Dolomitzustellung *f*, Dolomitauskleidung *f*
~ **доменной печи** Hochofenfutter *n*
~/**кислая** saures Futter *n*, saure Auskleidung (Zustellung) *f*
~/**кислотоупорная** säurefeste Auskleidung (Zustellung) *f*
~ **ковша** Pfannenauskleidung *f*
~ **конвертора** Konverterauskleidung *f*, Konverterfutter *n*, Birnenfutter *n*
~/**магнезитовая** Magnesitauskleidung *f*, Magnesitfutter *n*, Magnesitzustellung *f*
~/**набивная** Stampffutter *n*, Stampfauskleidung *f*
~/**нейтральная** neutrales Futter *n*, neutrale Auskleidung (Zustellung) *f*
~/**огнеупорная** feuerfeste Auskleidung *f*, Feuerfestauskleidung *f*
~/**основная** basische Auskleidung (Zustellung) *f*
~ **печи** Ofenfutter *n*, Ofenauskleidung *f*, Ofenzustellung *f*, Ofenausmauerung *f*
~ **подины** Herdfutter *n*, Herdauskleidung *f*, Herdzustellung *f*
~ **разливочного ковша** Gießpfannenauskleidung *f*
~ **трубы** Rohrfutter *n*
~/**углеродистая** Kohlenstoffzustellung *f*
~ **углеродистым кирпичом** Kohlenstoffzustellung *f*
~/**шамотная** Schamottefutter *n*, Schamotteauskleidung *f*, Schamottezustellung *f*
~ **шахты** Schachtfutter *n (Schachtofen)*
футшток *m (Hydrol)* Lattenpegel *m*; Gezeitenpegel *m*; Peilstab *m*, Peilstange *f*
фьорд *m (Geol)* Fjord *m*
фэдинг *m s.* **фединг**
ФЭУ *s.* **умножитель/фотоэлектронный**
фюзеляж *m (Flg)* Rumpf *m*
~ **балочной схемы** Rumpf *m* in Schalenträgerbauweise
~/**балочно-лонжеронный** Vollwand-Holmrumpf *m*
~/**балочно-обшивочный** Vollwand-Hautrumpf *m*, Schalenrumpf *m*
~ **балочно-стрингерный** Vollwand-Stringerrumpf *m*
~/**балочный** Vollwandrumpf *m*
~/**двухбалочный** Doppelrumpf *m*
~ **полумонококовой конструкции** Halbschalenrumpf *m*
~/**раскосно-расчалочный** Rumpf *m* mit Streben und Auskreuzungen
~/**раскосно-стрингерный** Diagonal-stringerrumpf *m*
~ **типа монокок** Schalenrumpf *m*
~ **трубчатой конструкции** Rohrrumpf *m*
~/**ферменный** Fachwerkrumpf *m*, Gitterrumpf *m*
~/**ферменный раскосный** Diagonalfachwerkrumpf *m*
фюзеляж-монокок *m (Flg)* Schalenrumpf *m*
фюзеляж-полумонокок *m (Flg)* Halbschalenrumpf *m*
фюзен *m (Geol)* Fusein *m*, Faserkohle *f*, Fusit *m (faseriger Anteil der Steinkohle)*

X

хабазит *m (Min)* Chabasit *m*, Chabazit *m (Glied der Mineralfamilie der Zeolithe)*
хадрон *m (Kern)* Hadron *n*
халат *m*/**маскировочный** *(Mil)* Tarnumhang *m*

халцедон *m (Min)* Chalzedon *m (Quarzabart)*
~ **с дендритами** Nadelstein *m*, Haarstein *m*
~/**шароводный** Achat *m (farbig gebänderter Chalzedon)*
халькантит *m (Min)* Chalkanthit *m (natürlicher Kupfervitriol)*
халькозин *m (Min)* Chalkosin *m*, Kupferglanz *m*
хальколит *m (Min)* Kalkuranit *m (Mineralgruppe Uranglimmer)*
халькопирит *m (Min)* Chalkopyrit *m*, Kupferkies *m*
халькотрихит *m (Min)* Chalkotrichit *m*, Kupferblüte *f (Abart des Rotkupfererzes oder Kupirits)*
хальмование *n (Glas)* Abfehmen *n*, Abfeimen *n*, Abschäumen *n*
хальмовать *(Glas)* abfehmen, abfeimen, abschäumen
хальцедон *m (Min)* Chalzedon *m (Quarz)*
хаотичность *f (Ph)* Zufallscharakter *m*, zufälliger Charakter *m*, Zufälligkeit *f*
характер *m* 1. Charakter *m*, Wesen *n*, Wesensart *f*; Verhalten *n*; Eigenart *f*; Beschaffenheit *f*; 2. Verlauf *m (Kurve)*; Gang *m (einer Größe)*
~ **атмосферы в печи** *(Met)* Ofenatmosphäre *f*, Flammenführung *f*
~ **вкрапленности** Verwachsungsgrad *m*; Verwachsungsart *f (Erz)*
~ **грунта** Charakter *m* des Bodens, Bodenbeschaffenheit *f*, Bodenart *f*
~ **излучения** *(Kern)* Strahlungsart *f*, Strahlenart *f*
~ **изменений во времени** *(Reg)* Zeitverhalten *n*
~ **изменений скоростей** Geschwindigkeitsverlauf *m*
~ **изменений ускорений** Beschleunigungsverlauf *m*
~ **истечения металла** Metallfließverfahren *n*
~/**кислотный** saurer Charakter *m*, Säurecharakter *m*
~ **нагрузки** Belastungsfall *m*, Lastfall *m*, Belastungsart *f*, Beanspruchungsart *f*
~ **оптической активности** optischer Charakter *m*
~/**основный** basischer Charakter *m*, Basencharakter *m*
~ **почвы** *s.* ~ **грунта**
~ **работы** Arbeitsweise *f*; Betriebsart *f*
~/**фенольный** *(Ch)* Phenolcharakter *m*
~ **шрифта** *(Typ)* Schriftart *f*
характериограф *m (El)* Kennlinienschreiber *m*, Koordinatenschreiber *m*
характеристика *f* 1. Charakteristik *f*; 2. *(Math)* Charakteristik *f (Kennziffer von Logarithmen)*; 3. Kennzeichen *n*, Kennziffer *f*; 4. charakteristische Kurve *f*, Kennlinie *f*
~/**амплитудная** Amplitudenkennlinie *f*, Amplitudengang *m*
~/**амплитудная фазовая** Amplituden-Phasenkennlinie *f*
~/**амплитудно-фазовая** Ortskurve *f (des Frequenzganges)*
~/**амплитудно-частотная** Amplitudenfrequenzkennlinie *f*, Amplitudenfrequenzcharakteristik *f*, Amplitudengang *m*
~/**анодная [вольтамперная]** Anodenstrom-Anodenspannungskennlinie *f*
~ **анодного тока** Anodenstrom-Anodenspannungskennlinie *f*
~/**анодно-сеточная** Anodenstrom-Gitterspannungskennlinie *f*
~/**аэродинамическая** aerodynamische Eigenschaften *fpl*
~/**безразмерная** dimensionslose Kennlinie *f*
~/**взлётная** *(Flg)* Startfähigkeit *f*
~/**винтовая** *(Flg)* Luftschraubenleistung *f*; *(Schiff)* Propellerkennlinie *f*
~/**внешняя** äußere Kennlinie *f (Motor, Dynamo)*
~/**внутренняя** innere Kennlinie *f (Motor, Dynamo)*
~ **возврата** Rückfallkurve *f*
~/**возрастающая** ansteigende Kennlinie *f*
~/**вольтамперная** Stromspannungskennlinie *f*, Voltamperecharakteristik *f*
~ **воспроизведения** Wiedergabecharakteristik *f*
~ **времени действия** Zeitkennlinie *f*
~/**временная** Zeitverhalten *n (z. B. eines Reglers)*
~/**входная** Eingangscharakteristik *f*, Eingangskennlinie *f*
~ **выборки** Stichprobencharakteristik *f*
~ **выборки/статистическая** Stichprobenmaßzahl *f*
~ **выпрямителя** Gleichrichterkennlinie *f*, Detektorkennlinie *f*
~/**высотная** Höhenleistung *f*, Höhenverhalten *n (eines Flugmotors)*
~/**выходная** Ausgangskennlinie *f*
~/**гиперболическая** hyperbelförmige Kennlinie *f (Elektronenröhre)*
~ **двигателя** Motorcharakteristik *f (Verbrennungsmotor)*; *(Rak)* Triebwerksgüte *f*
~ **детектирования** Detektorkennlinie *f*, Gleichrichterkennlinie *f*
~/**детонационная** Klopfverhalten *n (des Verbrennungsmotors)*
~/**динамическая** dynamische Kennlinie *f*
~ **диода** Diodenkennlinie *f*
~/**диодная** Diodenkennlinie *f*
~/**дроссельная** *(Flg)* Drosselleistung *f*
~ **ёмкость-напряжение** Kapazitäts-Spannungs-Charakteristik *f*
~ **зажигания** Zündkennlinie *f*, Zündcharakteristik *f*

~ **замирания** Schwundkennlinie *f*
~ **замкнутой системы/частотная** Frequenzgang *m* eines geschlossenen Regelkreises
~ **затухания** Abklingcharakteristik *f*, Abfallcharakteristik *f*
~ **звёзд/физическая** *(Astr)* Zustandsgrößen *fpl* der Sterne
~/**идеализированная** idealisierte Kennlinie *f*
~ **избирательности** Trennschärfecharakteristik *f*
~ **инерционности** *s.* ~ **послесвечения**
~/**интегральная** *(Dat)* integrierende Charakteristik *f*
~/**ионосферная** Ionensphärenkennlinie *f*, Ionogramm *n*, Durchdrehkurve *f*
~ **ионосферы/высотно-частотная** *s.* ~/**ионосферная**
~ **качества** Qualitätsmerkmal *n*, Gütecharakteristik *f*
~/**колебательная** Schwing[kenn]linie *f*
~ **короткого замыкания** Kurzschlußkennlinie *f*
~ **крепи** *(Bgb)* Ausbaukennlinie *f*
~/**крутопадающая** steil abfallende Kennlinie *f*
~/**ламповая** Röhrenkennlinie *f*
~ **лампы** Röhrenkennlinie *f*
~/**лётная** Flugleistung *f*
~/**лётно-баллистическая** *(Rak)* Flugleistung *f* der Rakete
~/**линейная** lineare Kennlinie *f*
~ **магнитной проницаемости** Permeabilitätskurve *f*
~ **машины** Maschinendaten *pl*
~/**модуляционная** Modulationskennlinie *f*
~/**мощностная** Leistungskennlinie *f*
~ **мутности** Trübungsmaß *n*
~/**нагрузочная** Belastungskennlinie *f*, Belastungscharakteristik *f* *(Verbrennungsmotor)*
~ **направленности** Richtkennlinie *f*, Richt[ungs]charakteristik *f*, Richtdiagramm *n*
~ **напряжения** *(El)* Spannungscharakteristik *f*, Spannungskennlinie *f*
~ **настройки** Abstimmcharakteristik *f*, Abstimmkurve *f*
~ **насыщения** Sättigungscharakteristik *f*, Sättigungskennlinie *f*
~/**нелинейная** nichtlineare Kennlinie *f*
~/**несимметричная** unsymmetrische Kennlinie *f*
~ **отражения** Rückstrahlcharakteristik *f*
~/**падающая** fallende Kennlinie *f*
~ **передачи** Übertragungskennlinie *f*
~/**переходная** Übergangscharakteristik *f*, Übergangskennlinie *f*
~ **плана приёмочного контроля/оперативная** Annahmestichprobenplan *m*
~/**пологая** flache Kennlinie *f*
~ **помех** Störcharakteristik *f*
~ **послесвечения** Nachleuchtkennlinie *f*
~ **постоянного напряжения** *(El)* Gleichspannungscharakteristik *f*, Gleichspannungskennlinie *f*
~ **потерь** Verlustkurve *f*
~ **приводного механизма** *(Masch)* Antriebskennlinie *f*
~ **проводимости** Leitwertcharakteristik *f*
~ **проницаемости** Permeabilitätskurve *f*
~/**прочностная** Festigkeitseigenschaft *f*, Festigkeitswerte *mpl*
~/**пусковая** Zündkennlinie *f*, Zündcharakteristik *f*; *(Masch)* Anlaßkennlinie *f*, Anlaufkennlinie *f*, Anlaufcharakteristik *f*
~/**рабочая** *(El)* Arbeitskennlinie *f*, Betriebskennlinie *f*
~ **разомкнутой системы/частотная** Frequenzgang *m* eines offenen Regelkreises
~/**разрядная** *(El)* Überschlagscharakteristik *f*
~ **распада** *(Kern)* Zerfallscharakteristik *f*
~/**регулировочная** Regelcharakteristik *f*
~/**регулирующая** Regelcharakteristik *f*
~ **регулятора** Reglerkennlinie *f*, Reglerkennwert *m*
~ **реле** *(El)* Relaiskennlinie *f*
~/**релейная** *(El)* Relaiskennlinie *f*
~/**световая** 1. optische Kennlinie *f*; 2. Strom-Lichtstärke-Charakteristik *f* *(einer Fotozelle)*
~/**сериесная** *(El)* Reihenschlußkennlinie *f*, Reihenschlußverhalten *n*
~/**сеточная** Gitter[strom]kennlinie *f*, Gitterstrom-Gitterspannungslinie *f*
~/**скоростная** *(Flg)* Geschwindigkeitsleistung *f*
~ **снабжения** *(Schiff)* Ausrüstungsleitzahl *f*
~ **сопротивления** *(El)* Widerstandskennlinie *f*
~/**спектральная** Spektralkennlinie *f*, Empfindlichkeitscharakteristik *f*
~/**статическая** statische Kennlinie *f*
~/**счётная** *(Kern)* Zähl[rohr]charakteristik *f*
~/**тактико-техническая** *(Mil)* taktisch-technische Daten *pl*
~ **текучести** Fließverhalten *n*
~/**температурная** Temperaturverhalten *n*, Temperaturverlauf *m*, Temperaturgang *m*
~/**техническая** technische Daten *pl*
~/**токовая** *(El)* Stromkennlinie *f*, Stromverlauf *m*
~/**тормозная** Bremskurve *f*
~/**тяговая** *(Eb)* Zugkraftcharakteristik *f*
~ **управления** Steuerkennlinie *f*
~ **усилителя** *(El)* Verstärkerkennlinie *f*
~ **устойчивости** Stabilitätskriterium *n*
~/**фазовая** *(El)* Phasengang *m*, Phasenkennlinie *f*

~/**фазово-частотная** *(El)* Phasenfrequenzkennlinie *f*
~ **функции** *(Reg)* Funktionsverlauf *m*
~ **холостого хода** *(Masch)* Leerlaufkennlinie *f*, Leerlaufcharakteristik *f*
~/**частотная** Frequenzgang *m*, Frequenzkennlinie *f*
~/**частотно-модуляционная** Frequenzmodulationskennlinie *f*, FM-Charakteristik *f*
~ **шумов** *s.* ~/**шумовая**
~/**шумовая** Rauschcharakteristik *f*, Rauschkennlinie *f*
~/**шунтовая** *(El)* Nebenschlußkennlinie *f*, Nebenschlußverhalten *n*
~/**эмиссионная** Emissionskennlinie *f*
характрон *m* Charaktron *n* *(eine Elektronenstrahlröhre)*
хвойные *pl* Nadelhölzer *pl*
хвост *m* 1. Schwanz *m* *(z. B. eines Flugzeugs)*; 2. Schaft *m* *(eines Bohrers; s. a. unter* **хвостовик 1.**); 3. *s.* **хвосты**
~/**вильчатый** Gabelfuß *m* *(einer Turbinenschaufel)*
~ **волны** Wellenschwanz *m*
~ **кометы** *(Astr)* Kometenschweif *m*
~/**конический** Kegelschaft *m* *(eines Bohrers)*
~/**ласточкин** 1. *(Masch)* Schwalbenschwanz *m*; 2. *(Krist)* Schwalbenschwanz[zwilling] *m*; 3. *(Ch)* Schwalbenschwanz *m*, Breitbrenneraufsatz *m* *(Laborgerät)*
~/**лисий** *(Wkz)* Fuchsschwanz *m*
~ **лопатки** Schaufelfuß *m* *(Dampfturbine)*
~ **лопатки/вильчатый** gegabelter Schaufelfuß *m* *(Dampfturbine)*
~ **лопатки/раздвоенный** Reiterfuß *m* *(Dampfturbine)*
~ **молота** *(Wkz)* Finne *f* *(Hammer)*
~ **наковальни** *(Schm)* eckiges Amboßhorn *n*
~ **поезда** *(Eb)* Zugschluß *m*
~/**рыбий** *(Bgb)* Fischschwanzmeißel *m* *(für Bohrungen)*
~ **самолёта** Schwanz *m* *(des Flugzeugs)*
~ **сверла** Bohrerschaft *m*
~ **фрезы** Fräserschaft *m*
~/**цилиндрический** zylindrischer Schaft *m*, Zylinderschaft *m* *(Bohrer)*
хвостик *m*/**свиной** *(Text)* Fadenführer *m*, Schweineschwänzchen *n*, Sauschwanz *m* *(Ringspinnmaschine)*
хвостовик *m* 1. *(Wkz)* Schaft *m* *(Maschinenwerkzeuge wie Bohrer, Schaftfräser; s. a. unter* **хвост 2.**); 2. *s.* ~ **колонны**
~ **коленчатого вала** hinteres Kurbelwellenende *n* mit Flansch und Zentrierung *(zur Befestigung des Schwungrades von Verbrennungsmotoren)*
~ **колонны** *(Bgb)* verlorene Rohrtour *f*, Liner *m* *(Erdölbohrung)*
~ **колонны/перфорированный** perforierter Liner *m*
~ **колонны/щелевой** geschlitzter Liner *m*
~ **пуансона** Stempelschaft *m* *(Schnittwerkzeug)*
хвостовой *(Ch)* Nachlauf . . . *(Destillation)*
хвосты *pl* Abgänge *mpl*, Rückstände *mpl* *(Aufbereitung)*
~ **после выщелачивания** Laugeabgänge *mpl*
~ **после промывки угля** Waschberge *pl*
~/**флотационные** Flotationsberge *pl*, Flotationsrückstände *mpl*
хедер *m* *(Lw)* Schneidwerk *n*, Header *m* *(Mähdrescher)*
хедреократон *m* *(Geol)* Hochkraton *m*
хелат *m* *(Ch)* Chelat *n*, Chelatverbindung *f*
хелатировать *(Ch)* ein Chelat bilden, Chelatbindung eingehen
хелатометрия *f* *(Ch)* Komplexometrie *f*, Kompleximetrie *f*, Chelatometrie *f*
хелатообразование *n* *(Ch)* Chelatbildung *f*
хемилюминесцентный Chemilumineszenz . . ., Chemolumineszenz . . .
хемилюминесценция *f* Chemilumineszenz *f*, Chemolumineszenz *f*
хемолиз *m* Chemolyse *f*
хемолюминесцентный *s.* **хемилюминесцентный**
хемонастия *f* Chemonastie *f*
хемосорбент *m* *(Ch)* Chemosorptionsmittel *n*
хемосорбция *f* *(Ch)* Chemosorption *f*, Chemisorption *f*, chemische (aktivierte) Adsorption *f*
хемостат *m* Chemostat *m*
хемостойкость *f* Chemikalienbeständigkeit *f*, Beständigkeit *f* gegen Chemikalien
хемосфера *f* Chemosphäre *f*
хемотрон *m* Chemotron *n*, elektrochemischer Wandler *m*
хемотроника *f* Chemotronik *f*
херрисон *m* *(Text)* Igelwalze *f* *(Kämmmaschine, Krempel)*
хескер *m* Maiskolbenschälmaschine *f*
хескер-пиккер *m* Maiskolbenköpf- und -schälmaschine *f*
хескер-шеллер *m* Maiskolbenschäl- und -dreschmaschine *f*
хескер-шреддер *m* kombinierte Maiskolbenköpf- und -schälmaschine *f* mit Maisstengelschrotmaschine
хи-мезон *m* *(Kern)* Chi-Meson *n*, χ-Meson *n*
химизация *f* Chemisierung *f*
химизировать chemisieren
химикалия *f* Chemikalie *f*
химикат *m* *s.* **химикалия**
химико-технологический chemisch-technologisch
химико-фармацевтический chemisch-pharmazeutisch
химиотерапевтический chemotherapeutisch

химия *f* Chemie *f*
~/**агрономическая** Agrikulturchemie *f*
~/**аналитическая** analytische Chemie *f*
~/**белковая** Eiweißchemie *f*
~/**биологическая** Biochemie *f*
~ **брожения** Gärungschemie *f*
~ **высоких давлений** Hochdruckchemie *f*
~ **высоких энергий** Chemie *f* hochangeregter Atome, heiße Chemie *f*
~ **древесины** Holzchemie *f*
~ **жиров** Fettchemie *f*
~ **изотопов** Isotopenchemie *f*
~/**квантовая** Quantenchemie *f*
~/**коллоидная** Kolloidchemie *f*
~ **красителей** Farbstoffchemie *f*
~/**макромолекулярная** makromolekulare Chemie *f*
~/**неорганическая** anorganische Chemie *f*
~/**нефтяная** Erdölchemie *f*; Petrolchemie *f*
~/**общая** allgemeine Chemie *f*
~/**органическая** organische Chemie *f*
~ **пищи** Lebensmittelchemie *f*
~/**препаративная** präparative Chemie *f*, Präparatenchemie *f*
~/**прикладная** angewandte Chemie *f*
~/**пространственная** Stereochemie *f*, Raumchemie *f*
~/**радиационная** Strahlenchemie *f*, Radiationschemie *f*
~/**судебная** gerichtliche (forensische) Chemie *f*, Gerichtschemie *f*
~/**текстильная** Textilchemie *f*
~/**теоретическая** theoretische Chemie *f*
~/**техническая** technische (industrielle) Chemie *f*, Industriechemie *f*
~/**физическая** physikalische Chemie *f*, Physikochemie *f*
~/**фотографическая** fotografische Chemie *f*
~ **целлюлозы** Zellulosechemie *f*
~/**ядерная** Kernchemie *f*
~ **ядерных реакций** Kernchemie *f*
химогнетушитель *m* Feuerlöscher *m*
химозин *m (Ch)* Chymosin *n*, Labferment *n*
химотаксис *m* Chemotaxis *f*
химотрипсин *m (Ch)* Chymotrypsin *n*
химотрипсиноген *m (Ch)* Chymotrypsinogen *n (inaktive Vorstufe des Chymotrypsins)*
химпродукт *m* chemisches Erzeugnis (Produkt) *n*
химстойкий chemisch beständig (stabil)
химстойкость *f* chemische Beständigkeit (Stabilität) *f*, Chemikalienbeständigkeit *f*
химсырьё *n* chemischer Rohstoff *m*, Chemierohstoff *m*
химчистка *f* chemische Reinigung *f*, Chemischreinigung *f*
хинидин *m* Chinidin *n*
хинин *m* Chinin *n (Alkaloid)*
хинолин *m (Ch)* Chinolin *n*
хинолинизирование *n (Ch)* Chinolinisierung *f*
хинон *m (Ch)* Chinon *n*
~/**двуядерный** Zweikernchinon *n*
~/**одноядерный** Einkernchinon *n*
хитин *m (Ch)* Chitin *n*
хитиназа *f* Chitinase *f*
хитиновый *(Ch)* Chitin . . .
хладагент *m* Kältemittel *n*, Kälteträger *m*
хладноломкий *(Met)* kaltbrüchig, kaltspröde
хладноломкость *f (Met)* Kaltbrüchigkeit *f*, Kaltsprödigkeit *f*
хладностойкий kältebeständig, kältefest, kälteresistent
хладностойкость *f* Kältebeständigkeit *f*, Kältefestigkeit *f*, Kälteresistenz *f*
хладокомбинат *m* Großkühlhaus *n*
хладостойкий kältebeständig, kältefest, kälteresistent
хладостойкость *f* Kältebeständigkeit *f*, Kältefestigkeit *f*, Kälteresistenz *f*
хладотехника *f* Kältetechnik *f*
хлоантит *m (Min)* Chloanthit *m*, Ni-Skutterudit *m*, Weißnickelkies *m*
хлопководство *n* Baumwoll[an]bau *m*
хлопковоз *m (Schiff)* Baumwollfrachter *m*
хлопкокомбайн *m* Baumwoll-Vollerntemaschine *f*, Baumwollkombine *f*
хлопколесовоз *m (Schiff)* Baumwoll-Holzfrachter *m*
хлопкоочиститель *m* Baumwollentkörner *m*, Baumwollentkörnungsmaschine *f*
хлопкопрядение *n* Baumwollspinnerei *f (Verspinnen der Baumwolle)*
хлопкоуборка *f* Baumwollernte *f*
хлопок *m* Baumwolle *f (Faser)*
~/**длинноволокнистый** langstapelige Baumwolle *f*
~/**египетский** ägyptische Baumwolle *f*, Makobaumwolle *f*
~/**коллодионный** Kollodiumwolle *f*, Kolloxylin *n*
~/**коротковолокнистый** kurzstapelige (merzerisierte) Baumwolle *f*
~/**средневолокнистый** Baumwolle *f* mittlerer Stapellänge
хлопок-сырец *m* Samenbaumwolle *f*, nichtentkörnte Baumwolle *f*
хлопушка *f (Eb)* Knallkapsel *f (Knallsignal)*
хлопчатобумажный baumwollen, Baumwoll . . .
хлопьевидный flockenförmig, flock[enart]ig
хлопьеобразование *n* Flockenbildung *f*, Ausflockung *f*, Flockung *f*; Ausflockung *f (Kesselwasseraufbereitung)*
хлопья *pl* 1. Flocken *fpl*; 2. Bruch *m (Flokkenbildung in der Bierwürze)*
хлор *m (Ch)* Chlor *n*, Cl

~/**активный** aktives (wirksames) Chlor *n*
~/**атомарный** atomares Chlor *n*, Monochlor *n*
хлоразид *m (Ch)* Chlorazid *n*
хлораль *m* Chloral *n*, Trichlorazetaldehyd *m*
хлоральгидрат *m* Chloralhydrat *n*
хлораммонизация *f* Chloraminverfahren *n (Chlorung des Wassers unter Ammoniakzusatz)*
хлорамфеникол *m* Chloramphenikol *n (Antibiotikum)*
хлорангидрид *m (Ch)* Chlorid *n (einer Säure)*
~ **бензосульфоновой кислоты** Benzolsulfo[nsäure]chlorid *n*
~ **кислоты** Säurechlorid *n*
~ **сульфоновой кислоты** Sulfo[nsäure]-chlorid *n*
~ **угольной кислоты** Karbonylchlorid *n*, Kohlensäuredichlorid *n*, Phosgen *n*
хлоранил *m (Ch)* Chloranil *n*
хлорапатит *m s.* **хлороапатит**
хлораргирит *m (Min)* Chlorargyrit *m*, Hornsilber *n*
хлорат *m (Ch)* Chlorat *n*
~ **калия** Kaliumchlorat *n*
~ **натрия** Natriumchlorat *n*
хлоратор *m (Ch)* Chlorierapparat *m*, Chlorierer *m*, Chlorierungskessel *m*, Chlorier[ungs]ofen *m*
хлорацетальдегид *m (Ch)* Chlorazetaldehyd *m*, Chloräthanal *n*
хлорацетилхлорид *m (Ch)* Chlorazetylchlorid *n*, Chloräthanyolchlorid *n*
хлорацетон *m (Ch)* Chlorazeton *n*
хлорацетофенон *m (Ch)* Chlorazetophenon *n*
хлорбензол *m (Ch)* Chlorbenzol *n*
хлорвинил *m (Ch)* Vinylchlorid *n*, Chloräth[yl]en *n*
хлоргидрин *m (Ch)* Chlorhydrin *n*
~ **гликоля** Glykolchlorhydrin *n*, Äthylenchlorhydrin *n*
хлорзамещённое *n (Ch)* Chlorsubstitutionsprodukt *n*
хлорзамещённый *(Ch)* chlorsubstituiert
хлорид *m (Ch)* Chlorid *n*
~ **аммония** Ammoniumchlorid *n (Salmiak)*
~ **калия** Kaliumchlorid *n*
~ **натрия** Natriumchlorid *n (Kochsalz)*
~ **ртути** Quecksilber(I)-chlorid *n (Kalomel)*; Quecksilber(II)-chlorid *n (Sublimat)*
хлорин *m (Text)* PC-Faser *f (Chemiefaser)*
хлорирование *n (Ch)* 1. Chlorieren *n*, Chlorierung *f (Einführen von Chlor in chemische Verbindungen)*; 2. Chloren *n*, Chlorung *f (Behandlung mit Chlor)*
~ **в боковую цепь** Seitenkettenchlorierung *f*, Chlorierung *f* in die Seitenkette
~ **в жидкой фазе** *s.* ~/**жидкофазное**
~ **в ядро** Kernchlorierung *f*
~/**дополнительное** Nachchlorierung *f*
~/**жидкофазное** Flüssigphase[n]chlorierung *f*, Chlorierung *f* in der flüssigen Phase
~/**замещающее** substituierende Chlorierung *f*, Chlorsubstitution *f*
~ **на свету** *s.* ~/**фотохимическое**
~/**парофазное** Dampfphase[n]chlorierung *f*, Gasphase[n]chlorierung *f*, Chlorierung *f* in der Dampfphase (Gasphase)
~/**периодическое** diskontinuierliche Chlorierung *f*, Chargenchlorierung *f*
~/**полное** vollständige Chlorierung *f*, Totalchlorierung *f*
~/**предварительное** Vorchlorierung *f*
~/**прямое** direkte Chlorierung *f*
~/**фотохимическое** fotochemische Chlorierung *f*, Fotochlorierung *f*
хлорировать *(Ch)* 1. chlorieren *(Chlor in eine chemische Verbindung einführen)*; 2. chloren, chlorieren *(mit Chlor behandeln)*
хлористоводородный *(Ch)* ... hydrochlorid *n*; chlorwasserstoffsauer, salzsauer
хлористокислый *(Ch)* ... chlorit *n*, ... chlorat(III) *n*; chlorigsauer
хлористый *(Ch)* ... chlorid *n*; chlorhaltig
хлорит *m* 1. *(Ch)* Chlorit *n*, Chlorat(III) *n*; 2. *(Min)* Chlorit *m*
~ **калия** Kaliumchlorit *n*, Kaliumchlorat(III) *n*
~ **натрия** Natriumchlorit *n*, Natriumchlorat(III) *n*
хлоритоид *m (Min)* Chloritoid *m (glimmerartiges Mineral)*
хлориты *pl (Min)* Chlorite *mpl (glimmerartige Mineralgruppe)*
хлоркаучук *m* Chlorkautschuk *m*
хлорноватистокислый *(Ch)* ... hypochlorit *n*, ... chlorat(I) *n*; hypochlorigsauer
хлорноватокислый *(Ch)* ... chlorat *n*, chlorat(V) *n*; chlorsauer
хлорнокислый *(Ch)* ... perchlorat *n*, ... chlorat(VII) *n*; perchlorsauer
хлорный Chlor ...
хлороапатит *m (Min)* Chlorapatit *m*
хлороаурат *m (Ch)* Chloroaurat *n*
~ **аммония** Ammoniumchloroaurat *n*
~ **калия** Kaliumchloroaurat *n*
хлороводород *m (Ch)* Chlorwasserstoff *m*, Hydrogenchlorid *n*
хлорокальцит *m (Min)* Chlorokalzit *m*, Hydrophilith *m*
хлорокись *f* Oxidchlorid *n*
~ **углерода** Kohlenoxidchlorid *n*, Karbonylchlorid *n*, Phosgen *n*
~ **фосфора** Phosphoroxidchlorid *n*, Phosphorylchlorid *n*
хлороплатинат *m (Ch)* Chloroplatinat(IV) *n*, Hexachloroplatinat(IV) *n*
~ **натрия** Natriumhexachloroplatinat(IV) *n*

хлороплатинит *m (Ch)* Chloroplatinat(II) *n*, Tetrachloroplatinat(II) *n*
~ натрия Natrium[tetra]chloroplatinat(II) *n*
хлоропрен *m (Ch)* Chloropren *n*, Chlorbutadien *n*
хлоростаннат *m (Ch)* Chlorostannat(IV) *n*, Hexachlorostannat(IV) *n*
хлоростойкий chlorbeständig, chlorfest
хлорофилл *m* Chlorophyll *n*, Blattgrün *n*
хлорофиллаза *f* Chlorophyllase *f (Ferment)*
хлорофиллит *m (Min)* Chlorophyllit *m*
хлороформ *m (Ch)* Chloroform *n*, Trichlormethan *n*
хлорохромат *m (Ch)* Chlorochromat *n*
хлорохромовокислый *(Ch)* ... chlorochromat *n*; chlorochromsauer
хлорошпинель *f (Min)* Chlorospinell *m*
хлороэтаналь *m (Ch)* Chloräthanal *n*, Chlorazetaldehyd *m*
хлорпикрин *m (Ch)* Chlorpikrin *n*, Trichlornitromethan *n*
хлорпроизводное *n (Ch)* Chlorderivat *n*
хлорсульфированный *(Ch)* chlorsulfoniert
хлортетрациклин *m* Chlortetrazyklin *n (Antibiotikum)*
хлорфенол *m (Ch)* Chlorphenol *n*, Chlorhydroxybenzol *n*
хлорфторуглеводород *m (Ch)* Chlorfluorkohlenwasserstoff *m*
хлорэтан *m (Ch)* Chloräthan *n*
хлорэтен *m (Ch)* Chloräthen *n*, Vinylchlorid *n*
хлыст *m (Forst)* Langholz *n*, entasteter Stamm *m (liegend)*
хмелеводство *n* Hopfenbau *m*
хмелеотделитель *m s.* **хмелецедильник**
хмелецедильник *m* Hopfenseiher *m*
хмельник *m* Hopfengarten *m*, Hopfenfeld *n*
хобот *m* Rüssel *m*
~ лафета *(Mil)* Lafettenschwanz *m*, Schwanz *m*
ход *m* 1. Gang *m*, Lauf *m*; Verlauf *m*; Betrieb *m*; 2. Fahrwerk *n*, Laufwerk *n*; 3. *(Masch)* Hub *m (Kolben, Stößel der Stoßmaschine)*; Gang *m (Tisch der Waagerechthobelmaschine)*; 4. *(Met)* Gang *m (Schmelzofen, Hochofen)*; Zug *m (Ofen)*; 5. Gang *m*; Hemmung *f (Uhr)*; 6. *(Geod)* Zug *m*; 7. *(Eb)* Fahrt *f*, Betrieb *m* • **по ходу часовой стрелки** im Uhrzeigersinn
~/аварийный *(Schiff)* Notbetrieb *m (der Hauptmaschine bei Betriebsstörung)*
~ амплитуды Amplitudengang *m*
~ анализа *(Ch)* Analysengang *m*
~/английский englischer Hakengang *m*, rückfallende Hakenhemmung *f (Uhrwerk)*
~/анкерный Ankergang *m (Uhrwerk)*
~/балансовый Hemmung *f (Uhrwerk)*
~/беспарный Leerlauf *m (Dampflokomotive)*
~/бесшумный geräuschloser Gang *m*
~/боковой анкерный Ankergang *m* mit seitlicher Gabelstellung *(Uhrwerk)*
~ брожения *(Ch)* Gärungsverlauf *m*
~ в балласте *(Schiff)* Ballastfahrt *f*
~ в грузу *(Schiff)* Fahrt *f* in beladenem Zustand
~ в осевом направлении/мёртвый *(Masch)* Axialspiel *n*, Längsspiel *n*
~ в полном грузу *(Schiff)* Fahrt *f* voll beladen
~ валков Walzenhub *m*
~/вертикальный *(Masch)* Senkrechthub *m*
~/виляющий *(Eb)* schlingernder Gang *m (Lokomotive)*
~ винта Gewindegang *m*; Drall *m*
~ вниз *(Wkzm)* Abwärtsgang *m*, Abwärtsbewegung *f (z. B. der Bohrspindel)*
~ вперёд 1. *(Schiff)* Fahrt *f* voraus; 2. *(Wkzm)* Vorlauf *m (Waagerechthobelmaschine)*
~/временной Zeitablauf *m*, zeitlicher Ablauf *m*
~ всасывания Saughub *m*
~ вычислений Rechengang *m*, Rechenablauf *m*
~/годовой Jahresgang *m (Uhrwerk)*
~/гусеничный *(Kfz)* Gleiskettenantrieb *m*
~ двигателя/холостой Leerlauf *m (Verbrennungsmotor)*
~ долбяка Stößelhub *m (Senkrecht- und Waagerechtstoßmaschine)*
~ доменной печи *(Met)* Hochofengang *m*
~/дополнительный *(Geod)* Nebenzug *m*
~ дуплекс Duplexhemmung *f*, Doppelradhemmung *f (Uhrwerk)*
~/задний 1. *(Kfz)* Rückwärtsgang *m (Schaltgetriebe)*; 2. *(Schiff)* Rückwärtsfahrt *f*, Fahrt *f* achteraus
~/замедленный Kriechgang *m*
~ золотника Schieberhub *m (Dampfmaschine)*
~ кадровой развёртки/обратный *(Fs)* Bildrücklauf *m*
~ клапана Ventilhub *m*
~ компрессора Verdichtergang *m*
~ компрессора/мокрый nasser Verdichtergang *m*
~ компрессора/сухой trockener Verdichtergang *m*
~/косовичный *(Bgb)* Verbindungsgasse *f (zwischen Begleitort und Hauptförderstrecke)*
~ кривой Kurvenzug *m*
~/левый Linksgang *m (Schraube)*
~/литниковый *(Gieß)* Einlauf *m*
~ луча Strahlenverlauf *m*, Strahlengang *m*
~/малый *(Schiff)* langsame (kleine) Fahrt *f*

~ **массы** *(Pap)* Stofflauf *m*, Stofffluß *m*
~ **машины** *(Masch)* Gang *m*, Lauf *m*
~/**маятниковый** Pendeluhrhemmung *f*
~/**мёртвый** *(Masch)* toter Gang *m*, Spiel *n*
~/**надводный** *(Mar)* Überwasserfahrt *f* *(U-Boot)*
~ **назад** *(Schiff)* Fahrt *f* achteraus
~/**обратный** 1. Rücklauf *m*, Rückgang *m*; 2. *s.* **разработка шахтного поля обратным ходом**
~/**огневой** Flammenzug *m*, Heizzug *m* *(Ofen)*
~/**осевой** Mittelgängigkeit *f* *(Schachtofen)*
~/**основной** *(Geod)* Hauptzug *m*
~ **остряка/недостаточный** *(Eb)* ungenügender Ausschlag *m* der Weichenzunge
~ **относительно воды** *(Schiff)* Fahrt *f* durch das Wasser
~ **относительно грунта** *(Schiff)* Fahrt *f* über Grund
~/**передний** 1. *(Kfz)* Vorwärtsgang *m* *(Schaltgetriebe)*; 2. *(Schiff)* Vorausfahrt *f*, Fahrt *f* voraus
~ **печи** Ofengang *m* *(Schacht- und Schmelzofen)*
~ **печи/неустойчивый** wechselnder Ofengang *m*
~ **печи/холодный** kaltgarer Ofengang *m*
~ **плавки** *(Met)* Schmelzgang *m*, Schmelzverlauf *m*; Chargengang *m* *(Schmelz- und Schachtofen)*
~ **плавки/нормальный** garer Gang *m*, Gargang *m*
~/**плавный** leichter (stoßfreier) Gang *m*
~ **плиты при оплавлении** Abbrennweg *m* *(Abbrennschweißen)*
~ **плиты при осадке** Stauchweg *m* *(Widerstandsstumpfschweißen, Abbrennschweißen)*
~ **по кадру/обратный** *(Fs)* Bildrücklauf *m*
~ **по строке/обратный** *(Fs)* Zeilenrücklauf *m*
~ **подвижной плиты** Stauchschlittenweg *m* *(Differenz zwischen kleinstem und größtem Backenabstand beim Abbrennschweißen)*
~/**подводный** Unterwasserfahrt *f* *(U-Boot)*
~ **ползуна** *s.* ~ **долбяка**
~/**полигональный (полигонный)** *(Geod)* Polygonzug *m*, Vieleckzug *m*
~/**полный** *(Schiff)* volle (große) Fahrt *f*
~ **порожнём** *(Schiff)* Leerfahrt *f*
~ **поршня** Kolbenhub *m* *(Dampfmaschine, Verbrennungsmotor)*
~/**поступательный** Vor[wärts]lauf *m* *(beim Magnettongerät)*
~ **примыкания** *(Geod)* Anschlußzug *m*
~/**пробный** Probelauf *m*
~ **программы** *(Dat)* Programmablauf *m*
~ **процесса** Prozeßablauf *m*
~/**прямой** *s.* **разработка шахтного поля прямым ходом**
~/**прямой анкерный** Ankergang *m* mit gerader Gabelstellung *(Uhrwerk)*
~ **работы** Arbeitsgang *m*, Arbeitsverlauf *m*, Arbeitsablauf *m*
~/**рабочий** 1. *(Typ)* Druckgang *m*; 2. *s.* ~/**поступательный**
~/**равномерный** gleichmäßiger Gang *m*, Gleichgang *m*
~ **расчёта** Rechengang *m*
~ **реакции** *(Ch)* Reaktionsverlauf *m*, Reaktionsablauf *m*
~ **резания/рабочий** *(Fert)* Schnittweg *m*
~ **резца/рабочий** *(Fert)* Schnittgang *m*
~ **резьбы** Gewindegang *m*
~ **с защёлкой/хронометровый** Chronometerwippengang *m*
~ **с покоем** Ruhegang *m* *(Uhrwerk)*
~ **с потерянным ударом** Hemmung *f* mit totem (verlorenem) Schlage *(Uhrwerk)*
~ **с трением на покое** Hemmung *f* mit Ruhereibung *(Uhrwerk)*
~/**самый малый** *(Schiff)* ganz langsame Fahrt *f*
~/**самый полный** *(Schiff)* volle Fahrt *f*
~/**свободный** Freilauf *m*
~ **сетки** *(Pap)* Sieblauf *m*
~ **сжатия** Verdichtungshub *m* *(Verbrennungsmotor)*
~/**синхронный** Gleichlauf *m*
~/**соединительный** *s.* ~ **примыкания**
~/**соковой** *(Led)* Farbengang *m*, Hängefarbe *f*
~ **спирали** Spiralwindung *f*
~/**средний** *(Schiff)* halbe Fahrt *f*
~ **станка/возвратный** *(Wkzm)* Rücklauf *m* *(Waagerechthobelmaschine)*
~ **станка/рабочий** *(Wkzm)* Arbeitsgang *m*; Arbeitshub *m*
~ **станка/ускоренный** Eilgang *m*, Schnellgang *m* *(Werkzeugmaschinen)*
~ **станка/холостой** Rücklauf *m* *(Tisch der Waagerechthobelmaschine)*
~ **стола/полезный** Nutzhobellänge *f* *(Hobelmaschine)*
~ **строчной развёртки/обратный** *(Fs)* Zeilenrücklauf *m*
~/**стылый** *(Met)* Rohgang *m*, Dichtgehen *n* des Ofens *(Hochofens)*
~ **судна/крейсерский** *(Schiff)* Reisegeschwindigkeit *f*
~/**съёмочный маркшейдерский** *(Bgb, Geod)* Markscheiderzug *m*
~/**тахеометрический** *(Geod)* Tachymeterzug *m*
~ **температуры** Temperaturgang *m*, Temperaturablauf *m*
~/**теодолитный** *(Geod)* Theodolitzug *m*
~/**тихий** ruhiger (langsamer) Gang *m*
~/**тряский** *(Eb)* stoßender Gang *m* *(Lokomotive)*

~ **уровня воды** *(Hydt)* Spiegelgang *m*, Spiegelbewegung *f*, Wasserstandsbewegung *f*
~/**холостой** 1. Leerlauf *m*, Leergang *m*; 2. Freilauf *m*; 3. Rücklauf *m (z. B. des Hobeltisches oder Stößels)*; 4. *(Bgb)* Leerfahrt *f*; 5. *(Reg)* Steuern *n* ohne Wirkung
~/**хронометровый** Chronometergang *m*
~/**хронометровый пружинный** Chronometerfedergang *m*
~ **часов** Gang *m (Uhrwerk)*
~ **часов/суточный** Tagesgang *m (Uhrwerk)*
~ **часов/штифтовой** Stiftankergang *m (Uhrwerk)*
~ **часов/электрический** elektrische Hemmung *f (Uhrwerk)*
~ **червяка** Schneckensteigung *f*, Schneckenteilung *f*
~ **шляпок/обратный** *(Text)* Deckelgegenlauf *m (Deckelkarde)*
~ **штампа** *(Schm)* Stanzhub *m*; Gesenkhub *m*
~ **эксцентрика** Exzenterhub *m*
ходкость *f (Schiff)* Fahrverhalten *n*, Fahrteigenschaften *fpl*; Fahrtfähigkeit *f*
ходовой 1. Gang ..., Lauf ...; 2. *(Eb)* Lauf ...; Laufwerks ...; 3. *(Schiff)* Fahrt ...; Fahr ...
ходок *m (Bgb)* Fahrort *n*
~/**конвейерный** Förderbandgasse *f*
ходоуменьшитель *m* Kriechgang *m*
хозяйство *n* Wirtschaft *f*, Betrieb *m*
~/**водное** *(Hydrol)* Wasser[vorrats]wirtschaft *f*, Wasserhaushalt *m*
~/**выгонное** Koppelwirtschaft *f*, Weidenwirtschaft *f*
~/**животноводческое** Tierzuchtwirtschaft *f*
~/**залежное** Brachfeldwirtschaft *f*
~/**земледельческое** Ackerbauwirtschaft *f*, Landwirtschaft *f*
~/**коллективное** Kollektivwirtschaft *f*; Produktionsgenossenschaft *f*
~/**лесное** Forstbetrieb *m*, Forstwirtschaft *f*
~/**молочное** Milchwirtschaft *f*, Molkerei *f*
~/**народное** Volkswirtschaft *f*
~/**полевое** Feldwirtschaft *f*
~/**прудовое** Teichwirtschaft *f*
~/**птицеводческое** Geflügelwirtschaft *f*
~/**сельское** Landwirtschaft *f*
~/**семеноводческое** Saatzuchtbetrieb *m*
~/**складское** Lagerwirtschaft *f*
~/**травопольное** Feldgraswirtschaft *f*, Futteranbauwirtschaft *f*
~/**электрическое (электроэнергетическое)** Elektrizitätswirtschaft *f*, Elektroenergiewirtschaft *f*, elektrische Energiewirtschaft *f*
холестерин *m* Cholesterin *n (ein Zoosterin)*
холестерол *m s.* **холестерин**
холин *m (Ch)* Cholin *n*
холлотрон *m* Hall-Effekt-Bauelement *n*, Hall-Element *n*
холм *m* Hügel *m*
холмик *m* Bülte *f*, Bodenerhebung *f*
холодильник *m* 1. Kühler *m*; Kühlanlage *f*; Kälteerzeuger *m*; Kältespeicher *m*; 2. Kühlraum *m*, Kühlhalle *f*; Gefrierraum *m*; 3. Gefrieranlage *f*, Kühlanlage *f*; 4. *(Wlz)* Kühlbett *n*, Kühler *m*, Kühlgerüst *n*; 5. *(Gieß)* Kühleisen *n*, Kokille *f*, Kühlkörper *m*
~/**абсорбционный** Absorptionskältemaschine *f*, Sorptionskältemaschine *f*
~ **Аллина** *(Ch)* Allihn-Kugelkühler *m*
~/**базисный** Kühlhaus *n* für langfristige Lagerung
~/**башенный** Turmkühler *m*, Kühlturm *m*
~/**бытовой** Kühlschrank *m*, Haushaltskühlschrank *m*
~/**вертикальный** Rücklaufkühler *m*, Rückflußkühler *m*
~/**внешний** *(Gieß)* Anlegeeisen *n*, äußerer Kühlkörper *m*
~/**внутренний** *(Gieß)* Kühleinlage *f*, innerer Kühlkörper *m*
~/**воздушный** Luftkühler *m*
~/**газовый** Gaskühler *m*
~/**газовый бытовой** Gas[haushalts]kühlschrank *m (Absorptionsprinzip)*
~ **Димрота** *(Ch)* Dimroth-Kühler *m*
~/**домашний** Kühlschrank *m*, Haushaltskühlschrank *m*
~/**дрожжевой** Hefenschwimmer *m*
~/**заготовительный** Kühlhaus *n* der landwirtschaftlichen Aufkauf- und Beschaffungsstellen *(vorübergehende Lagerung von Schlachtgeflügel, Eiern, Obst)*
~ **заплечиков** *(Met)* Rastkühlkasten *m (Hochofen)*
~/**змеевиковый** Schlangenkühler *m*
~ **из двойных концентрических труб** Doppelröhrenkühler *m*
~/**испарительный** Verdunstungskühler *m*
~/**квартирный** Kühlschrank *m*, Haushaltskühlschrank *m*
~/**кислотный** Säurekühler *m*
~/**кожухотрубный** Röhrenbündelkühler *m*
~/**кольцевой** Ringlaufkühler *m*, Ringkühler *m*
~/**компрессионный [бытовой]** Kompressions[haushalts]kühlschrank *m*, Verdichterkühlschrank *m*
~/**конечный** Schlußkühler *m*
~/**лабораторный** *(Ch)* Labor[atoriums]-kühler *m*
~ **Либиха** *(Ch)* Liebig-Kühler *m*
~ **листов** *(Wlz)* Blechkühlbett *n*
~/**листовой** *(Wlz)* Blechkühlbett *n*
~/**наружный** *(Gieß)* Anlegeeisen *n*, äußerer Kühlkörper *m*
~/**нисходящий** *(Ch)* absteigender Kühler *m*, Destillationskühler *m*
~/**обратный** Rücklaufkühler *m*, Rückflußkühler *m*

~/**оросительный** Berieselungskühler *m*, Rieselkühler *m*, Rieselkühlturm *m*
~/**пароструйный** Strahlkondensator *m*
~/**передний** Vorderkühler *m*
~/**пластинчатый** Plattenkühler *m*, Lamellenkühler *m*
~/**плитовой** *(Met)* Kühlnische *f (Hochofen)*
~/**поверхностный** Flächenkühler *m*
~/**поверхностный оросительный** Oberflächenrieselkondensator *m*
~/**поглотительный** Absorptionskältemaschine *f*, Sorptionskältemaschine *f*
~/**полупроводниковый** Halbleiterkühlschrank *m*, Transistorkühlschrank *m*
~/**портовой** Hafenkühlhaus *n*, Hafenkühlspeicher *m*
~/**предварительный** Vorkühler *m*
~/**производственный** Kühlhaus *n* für Fleisch- und Molkereiprodukte *(Fleischkombinate, Molkereien)*
~/**производственный рыбный** Fischverarbeitungskühlhaus *n (Fischverarbeitungsbetriebe)*
~/**противоточный** Gegenstromkühler *m*
~/**проточный** *(Ch)* Durchlaufkühler *m*
~/**проточный пластинчатый** Durchlaufplattenkühler *m*
~/**проточный трубчатый** Durchlaufröhrenkühler *m*
~/**прямоточный** Parallelstromkühler *m*
~/**распределительный** Hortungs- und Verteilungskühlhaus *n*
~/**рассольный** Solekühler *m*
~/**реечный** *(Wlz)* Rechenkühlbett *n*
~/**роликовый** *(Wlz)* Rollenkühlbett *n*
~ **с водяным охлаждением** Wasserkühler *m*
~ **с поперечными трубками** Querrohrkühler *m*
~ **с противотоком** Gegenstromkühler *m*
~/**секционный** Taschenkühler *m*
~/**спиральный** Spiralkühler *m*, Schlangenkühler *m*
~/**тепловозный** *(Eb)* Diesellokomotivkühler *m*
~/**термоэлектрический [бытовой]** thermoelektrischer Kühlschrank (Haushaltskühlschrank) *m (Kälteerzeugung auf der Grundlage des Peltier-Effekts mittels Thermo- und Halbleiterelementen)*
~/**трубчатый** Rohrkühler *m*, Röhrenkühler *m*
~/**фасонный** *(Gieß)* Formkühleisen *n*, Profilkühleisen *n*
~/**фурменный** *(Met)* Windformkühlkasten *m*, Formkühlkasten *m*, Formnischenkasten *m (Hochofen)*
~/**шариковый (шаровидный)** *(Ch)* Kugelkühler *m*
~ **Шотта** *(Ch)* Wellrohrkühler *m* nach Schott
~/**электрический** elektrischer Kühlschrank *m*, Elektrokühlschrank *m (s. a. unter* **электрохолодильник***)*
~/**ярусный** Zonenkühler *m*
~/**ячейковый** Zellenkühler *m*
холодильник-ледник *m* Eisschrank *m*
холоднодеформированный kaltverformt
холоднокатаный *(Wlz)* kaltgewalzt
холоднотянутый *(Wlz)* kaltgezogen
холодоноситель *m* Kühlmittel *n*
холодопроизводительность *f* Kälteleistung *f*
холодостойкость *f s.* **холодоустойчивость**
холодоустойчивость *f* Kältebeständigkeit *f*, Kältefestigkeit *f*, Kälteresistenz *f*
холодоустойчивый kältebeständig, kältefest, kälteresistent
холст *m (Text)* 1. Leinen *n*, Leinwand *f*; 2. Wickel *m (Spinnerei)*
~/**белёный** gebleichte Leinwand *f*
~ **большой паковки** Wickel *m* von großem Format *(Deckelkarde)*
~/**ваточный** Vlies *n*, Pelz *m (Spinnerei)*
~/**грубый** grobe Leinwand *f*, Grobleinen *n*
~/**ленточный** Bandwickel *m (Spinnerei)*
~/**наждачный** Schmirgelleinwand *f*
~ **с грубой кардмашины** Rohpelz *m (Spinnerei)*
~ **с кардочесальной машины** Flor *m*, Krempelflor *m*, Faserflor *m (Spinnerei)*
~ **с отделочной машины** Endwickel *m*, Schlußwickel *m (Spinnerei)*
~/**тонкий** feine Leinwand *f*, Feinleinen *n*
~/**упаковочный** Packleinen *n*
холстик *m (Text)* Bandwickel *m (Spinnerei)*
холстина *f* Leinwand *f*
холстинный *s.* **холщовый**
холщовый leinen, Leinwand ...
хомата *f s.* **кальдера**
хомут *m* 1. *(Lw)* Kumt *n*; Joch *n*; 2. Bügel *m*; Schelle *f*; Spannbügel *m*; Band *n*, Tragband *n (s. a. unter* **хомутик***)*
~ **для крепления кабеля** Kabelschelle *f*
~/**зажимный** Klemmschelle *f*
~/**заземляющий** *(El)* Erd[ungs]schelle *f*
~/**закрепляющий** Befestigungsbügel *m*
~ **лаза** Mannlochbügel *m*
~/**направляющий** *(Schiff)* Führungsbügel *m*, Leitbügel *m (am Ladebaum)*
~/**подвесной** Aufhängebügel *m*; *(Bgb)* Linerhänger *m (Bohrung)*
~ **рессоры** Federbund *m*; *(Kfz)* Federbügel *m*, Brücke *f*
~/**стяжной** Spannklammer *f*, Spannbügel *m*
~/**трубный** Rohrschelle *f*
~/**шарнирный** *(Bgb)* Gestängedreher *m*, Krückel *m (Bohrung)*
~ **эксцентрика** Exzenterbügel *m*

хомутик *m* Schelle *f*, Bügel *m* (*s. a. unter* **хомут 2.**)
~ бегунка (*Text*) Herz *n* (*traversierende Schleifscheibe der Deckelkarde*)
~/безопасный (*Wkzm*) Sicherheitsdrehherz *n* (*Drehmaschine*)
~ для труб Rohrschelle *f*
~ прицельной планки (*Mil*) Visierschieber *m* (*MG*)
~ рессоры (*Kfz*) Federklammer *f*
~/токарный (*Wkzm*) Drehherz *n*, Mitnehmer *m* (*Drehmaschine*)
хон *m* (*Wkz*) Ziehschleifahle *f*
хонинг *m s.* **хонингование**
хонингование *n* (*Fert*) Lang[hub]honen *n*
~/внутреннее Innenhonen *n*
~/наружное Außenhonen *n*
хонинговать (*Fert*) lang[hub]honen
хонингпроцесс *m s.* **хонингование**
хонинг-станок *m* Lang[hub]honmaschine *f*
хоппер *m* Trichterwagen *m* (*Selbstentladewagen für Schüttgut*)
хорда *f* (*Math*) Sehne *f*
~/аэродинамическая (*Flg*) Nullauftriebslinie *f*
~ вертикального оперения (*Flg*) Seitenleitwerktiefe *f*
~ горизонтального оперения (*Flg*) Höhenleitwerktiefe *f*
~ закрылка (*Flg*) Landeklappentiefe *f*
~ крыла *s.* **~ профиля**
~ крыла/средняя аэродинамическая (*Flg*) aerodynamische Bezugsflügeltiefe *f*
~ крыла/средняя геометрическая (*Flg*) mittlere geometrische Bezugsflügeltiefe *f*
~ нулевой подъёмной силы (*Flg*) Nullauftriebslinie *f*
~ профиля (*Flg*) Profiltiefe *f*, Profilsehne *f*, Flügeltiefe *f*, Flügelsehne *f*
~ профиля/концевая Flügeltiefe *f* außen, äußere Flügeltiefe *f*
~ профиля/корневая Flügeltiefe *f* innen, innere Flügeltiefe *f*
~ руля высоты (*Flg*) Höhenrudertiefe *f*
~ руля направления (*Flg*) Seitenrudertiefe *f*
~/средняя аэродинамическая (*Flg*) mittlere Flügeltiefe *f*
~ стабилизатора (*Flg*) Höhenflossentiefe *f*
~ элерона (*Flg*) Querrudertiefe *f*
хордоугломер *m* (*Mil*) Sehnenwinkelmesser *m*, Transversalmaßstab *m*
хранение *n* Aufbewahrung *f*; (*Dat*) Speicherung *f*
~ багажа Gepäckaufbewahrung *f*
~ в архиве (*Dat*) Archivierung *f*
~ времени (*Astr*) Zeitbewahrung *f* (*Zeitdienst*)
~ данных (*Dat*) Datenspeicherung *f*
~ данных в символьной форме (*Dat*) Zeichenspeicherung *f*
~ документов (*Dat*) Belegsicherung *f*
~/долгосрочное langfristige Lagerung *f* (*über 12 Monate*)
~ информации (*Dat*) Informationsspeicherung *f*
~ информации на магнитных носителях magnetische Speicherung *f*
~/краткосрочное kurzfristige Lagerung *f* (*bis max. 6 Monate*)
~ переноса (*Dat*) Übertragsspeicherung *f*
~ перфолент (*Dat*) Lochstreifenaufbewahrung *f*
~/полупостоянное (*Dat*) semipermanente Speicherung *f*
~/среднесрочное mittelfristige Lagerung *f* (*6 ... 12 Monate*)
~ текстов (*Dat*) Textspeicherung *f*
хранилище *n* Vorratsbehälter *m*, Lagerbehälter *m*, Lagertank *m*
~ боеприпасов Munitionsbunker *m*
~/подземное (*Bgb*) Untergrundspeicher *m*; Kavernenspeicher *m*
~ сжиженных газов/ледопородное Gefriergrundspeicher *m* für Flüssigerdgas
храповик *m* (*Masch*) Klinkenschaltwerk *n*; Klinkensperre *f*
~ замка банкаброша/сменный (*Text*) Wendungswechsel *m* (*Vorspinnmaschine*)
~ коленчатого вала/пусковой (*Kfz*) Anwerfklaue *f*
~ трещётки Ratschenrad *n*
храпок *m* Saugkorb *m*
хребет *m* (*Geol*) Kamm *m*, Grat *m*, Rükken *m*
~ антиклинальной линии Sattelrücken *m*
~/горный Kammgebirge *n*
~ седловины Sattelrücken *m*
хребтина *f* Hauptleine *f* (*Fischereiwirtschaft*)
хризен *m* (*Ch*) Chrysen *n*, 1,2-Benzophenanthren *n*
хризоберилл *m* (*Min*) Chrysoberyll *m*
хризоидин *m* (*Ch*) Chrysoidin *n*, 2,4-Diaminoazobenzol *n*
хризоин *m* (*Ch*) Chrysoin *n*, Resorzingelb *n*
хризоколл *m* (*Min*) Chrysokoll *m*, Kupfergrün *n*
хризоколла *f* (*Min*) Chrysokoll *m*, Kupfergrün *n*
хризолит *m* (*Min*) Chrysolith *m* (*Olivin*)
хризопраз *m* (*Min*) Chrysopras *m* (*Chalzedon*)
хризотил *m* (*Min*) Chrysotil *m*, Faserserpentin *m*
хризотил-асбест *m* (*Min*) Serpentinasbest *m*
хром *m* 1. (*Ch*) Chrom *n*, Cr; 2. (*Led*) Chromleder *n*, chromgares Leder *n*
~/двухлористый Chrom(II)-chlorid *n*
~/трёххлористый Chrom(III)-chlorid *n*, Chromtrichlorid *n*, Chromchlorid *n*

~/хлорный *s.* **~/трёххлористый**
хромат *m (Ch)* Chromat *n*
~ бария Bariumchromat *n*
~ натрия Natriumchromat *n*
~ свинца Bleichromat *n*
хроматермография *f (Ch)* Chromathermografie *f*, Thermo-Gaschromatografie *f*
хроматизм *m (Opt)* chromatische Aberration *f*, Farbabweichung *f*, chromatischer Abbildungsfehler *m*
~ положения Farbenortsfehler *m*
хроматический *(Opt)* chromatisch
хроматограмма *f (Ch)* Chromatogramm *n*
~/бумажная Papierchromatogramm *n*
хроматограф *m (Ch)* Chromatograf *m*, Fraktometer *n*
~/газовый Gaschromatograf *m*
~/двухступенчатый Zweistufenchromatograf *m*
хроматографирование *n (Ch)* Chromatografieren *n*
хроматография *f (Ch)* Chromatografie *f*
~/адсорбционная Adsorptionschromatografie *f*
~/бумажная Papierchromatografie *f*
~/газо-абсорбционная Gas-Fest[stoff]-Chromatografie *f*, Gas-Solidus-Chromatografie *f*, GSC, Gas-Adsorptionschromatografie *f*
~/газовая Gaschromatografie *f*
~/газо-жидкостная Gas-Flüssig[keit]-Chromatografie *f*, Gas-Liquidus-Chromatografie *f*, GLC, Gas-Verteilungschromatografie *f*
~/жидкостно-адсорбционная Flüssig-Fest[stoff]-Chromatografie *f*, Liquidus-Solidus-Chromatografie *f*, LSC, Flüssigkeits-Adsorptionschromatografie *f*
~/жидкостно-жидкостная Flüssig-Flüssig-Chromatografie *f*, Liquidus-Liquidus-Chromatografie *f*, LLC, Flüssigkeits-Verteilungschromatografie *f*
~/ионообменная Ionenaustauschchromatografie *f*, Austauschchromatografie *f*
~ исключения *s.* **~ на геле**
~/колонная Säulenchromatografie *f*
~ на геле Gel-Permutations-Chromatografie *f*, Gelchromatografie *f*, Ausschlußchromatografie *f*
~ на слоях Schichtchromatografie *f*
~ на тонком слое Dünnschichtchromatografie *f*, TLC
~/препаративная präparative Chromatografie *f*
~/проявительная *s.* **~/элюционная**
~/распределительная Verteilungschromatografie *f*
~/ступенчатая Stufenchromatografie *f*
~/твёрдо-жидкостная Fest-Flüssig-Chromatografie *f*
~/тонкослойная Dünnschichtchromatografie *f*, TLC
~/элюционная Elutionschromatografie *f*, Durchlaufchromatografie *f*
хроматометрия *f* Chromatometrie *f*
хроматотермография *f s.* **хроматермография**
хроматрон *m (Fs)* Chromatron *n*, Farbbildröhre *f* mit Farblinienraster
~/трёхлучевой Dreistrahl-Chromatron *n*
хромилхлорид *m (Ch)* Chromylchlorid *n*, Chromoxidchlorid *n*
хромирование *n* 1. Verchromen *n*, Verchromung *f*; 2. *(Led)* Vorchromieren *n*, Chromvorgerbung *f*; Chromnachgerbung *f*; 3. *(Farb)* Chromieren *n*, Chromierung *f*
~/блестящее Glanzverchromen *n*
~/диффузионное Diffusionsverchromen *n*, Inchromieren *n*, Einsatzverchromung *f*
~/износоупорное (твёрдое) Hartverchromen *n*, Hartverchromung *f*
хромировать 1. verchromen; 2. *(Led)* vorchromieren, chromvorgerben; chromnachgerben; 3. *(Farb)* chromieren
хромировка *f s.* **хромирование**
хромистый *(Met)* Chrom . . ., chromlegiert
хромит *m (Min)* Chromeisenstein *m*, Chromeisenerz *n*, Chromit *m*
хромовокислый *(Ch)* . . . chromat *n*; chromsauer
хромоген *m (Ch)* Chromogen *n*
хромокремнистый *(Met)* Chromsilizium . . ., chrom-siliziumlegiert
хромоксан *m* Chromoxanfarbstoff *m*
хромолитография *f* Chromolithografie *f*
хромопечать *f (Typ)* Chromodruck *m*
хромопротеид *m* Chromoproteid *n*
хромород *m (Ch)* Chromophor *m*, Farbträger *m*, chromophore (farbtragende) Gruppe *f*
хромоскоп *m (Opt)* Chromoskop *n*
хромосфера *f (Astr)* Chromosphäre *f* *(Schicht der Sonnenatmosphäre)*
хромотипия *f (Typ)* Chromotypie *f* *(im Deutschen veraltete Bezeichnung für den Drei- und Vierfarbenbuchdruck und i. w. S. für jeden Mehrfarbendruck, unabhängig vom Druckverfahren. Im Russischen bezieht sich der Ausdruck 1. auf Mehrfarbendruck, 2. auf farbige, im Buchdruckverfahren hergestellte Reproduktion)*
хромпик *m* Dichromat *n*
~/калиевый Kaliumdichromat *n*
~/натриевый Natriumdichromat *n*
хромсодержащий chromhaltig
хронизатор *m* Zeitgeber *m*, Taktgeber *m*
хроногеометрия *f* Chronogeometrie *f*
хронограмма *f* Chronogramm *n*
хронограф *m* Chronograf *m*, Zeitschreiber *m*
хронология *f* 1. Chronologie *f*, Zeitfolge *f*; 2. Chronologie *f*, Zeitbestimmung *f*

хронометр *m* Chronometer *n*
хронометраж *m* Zeitstudie *f*, Zeitnahme *f*, Arbeitszeitermittlung *f*
хронометрия *f* Chronometrie *f*, Zeitmessung *f*
хроноскоп *m* Chronoskop *n*, Zeitmesser *m*
хронотрон *m* Chronotron *n* *(Massenspektroskopie)*
хрупкий 1. brüchig, spröde; 2. *(Bgb)* gebräch
хрупкость *f* *(Met)* Brüchigkeit *f*, Sprödigkeit *f*
~ в горячем состоянии Heißbrüchigkeit *f*, Warmbrüchigkeit *f*
~ в холодном состоянии Kaltbrüchigkeit *f*, Kaltsprödigkeit *f*
~/водородная Wasserstoffbrüchigkeit *f*, Wasserstoffsprödigkeit *f*, Wasserstoffkrankheit *f* *(s. a.* **~/травильная***)*
~ вследствие внутренних напряжений Spannsprödigkeit *f*
~/каустическая *s.* **~/щелочная**
~/межкристаллическая interkristalline Sprödigkeit *f*
~ отпуска Anlaßsprödigkeit *f*
~/отпускная Anlaßsprödigkeit *f*
~ при травлении *s.* **~/травильная**
~/тепловая Heißbrüchigkeit *f*, Warmbrüchigkeit *f*, Warmsprödigkeit *f*
~/травильная Beizsprödigkeit *f*, Beizbrüchigkeit *f* *(s. a.* **~/водородная***)*
~/щелочная Laugenbrüchigkeit *f*, Laugensprödigkeit *f*, kaustische Brüchigkeit *f*
хрусталь *m* 1. *(Min)* Kristall *m*; 2. *(Glas)* Kristallglas *n*
~/горный *(Min)* Bergkristall *m*
~/дымчатый горный *(Min)* Rauchtopas *m*
~/свинцовый *(Glas)* Bleikristall *n*

Ц

цанга *f* 1. *(Wkzm)* Spannzange *f*; 2. *(Fert)* Einziehspannfutter *n*
цангобель *m*, **цанобель** *m* *s.* **цинубель**
ЦАП *s.* **преобразователь/цифро-аналоговый**
цапонлак *m* Zaponlack *m*
цапфа *f* Zapfen *m*; *(Masch)* Tragzapfen *m* *(Wellen, Achsen)*; Lagerzapfen *m*
~/ведущая Triebzapfen *m*; Mitnehmerstift *m*
~/вращающаяся Drehzapfen *m*
~/гребенчатая Kammzapfen *m*
~/коническая Kegelzapfen *m*
~/направляющая Führungszapfen *m*
~/поворотная 1. Drehbolzen *m*; 2. *(Kfz)* Achsschenkelzapfen *m* *(Lenkung)*; 3. Königszapfen *m* *(eines Drehkrans)*
~/цилиндрическая Zylinderzapfen *m*
~ шарнира Drehgelenkzapfen *m*
~/шаровая Kugel[trag]zapfen *m*
царапанье *n* Ritzen *n*, Ritzung *f*
царапина *f* Kratzer *m*, Ritz *m*
царапины *fpl*/**ледниковые** *(Geol)* Gletscherschrammen *fpl*, Kritzen *pl*
ЦБС *s.* **центр бокового сопротивления**
ЦВ, ц. в. *s.* **центр величины**
цвет *m* 1. Farbe *f*; 2. *(Min)* Blüte *f* *(s. a. unter* **цветы***)*
~/ахроматический *(Opt)* achromatische Farbe *f*
~/дополнительный Komplementärfarbe *f*; *(Typ)* Sekundärfarbe *f*
~/интерференционный Interferenzfarbe *f*
~ каления *(Härt)* Glühfarbe *f*
~/крупный intensive Färbung *f*
~/мелкий schwache Färbung *f*
~/насыщенный gesättigte (satte) Farbe *f*
~/основной Grundfarbe *f*; *(Typ)* Primärfarbe *f*
~ побежалости *(Härt)* Anlaßfarbe *f*, Anlauffarbe *f*
~/серный *(Ch)* Schwefelblüte *f*
~/спектральный Spektralfarbe *f*
~/урановый *(Min)* Uranblüte *f*, Zippeit *m*
~ черты *(Min)* Strichfarbe *f*, Strich *m*
цветность *f* Farbigkeit *f*, Farbe *f*, Färbung *f*, Kolorit *n*; Farbtiefe *f*
цветоаномалия *f* Farbanomalie *f*
цветоведение *n* Farbkunde *f*
цветоделение *n* 1. Farbtrennung *f*; 2. *(Typ)* Farbauszug *m*
цветоделитель *m* *(Typ)* Farbauszugsgerät *n*
~/электронный *(Typ)* Farbabtaster *m*, Farbabtastgerät *n*
цветоделитель-цветокорректор *m* *(Typ)* Farbauszugs- und Korrekturgerät *n*
цветоискажение *n* Farbverzerrung *f*
цветокорректировка *f* Farbabstimmung *f*, Farbausgleich *m* *(Film)*
цветокорректор *m*/**электронный** *(Typ)* Farbdiascanner *m*
цветомер *m* *(Ph)* Farbenmeßgerät *n*; *(Ch)* Kolorimeter *n*
цветометрия *f* Farbmessung *f*
цветоощущение *n* Farbempfindung *f*
цветопередача *f* Farb[en]wiedergabe *f*; *(Fs)* Farb[en]übertragung *f*, Tonwertwiedergabe *f*
~/правильная *(Foto)* Tonwertrichtigkeit *f*
цветосмеситель *m* 1. Farbmischer *m*; 2. *(Fs)* Farbmischstufe *f*
цветоспособность *f* Farbtüchtigkeit *f* *(Film)*
цветостойкость *f* Farbechtheit *f*, Farbenbeständigkeit *f*
цветочувствительность *f* Farbempfindlichkeit *f*
цветочувствительный farbempfindlich
цветы *mpl* *(Min)* Blüte *f* *(Verwitterungsprodukt verschiedener Erze)*
~/железные Eisenblüte *f* *(Aragonit)*
~/кобальтовые Kobaltblüte *f*, Erythrin *m*

~/**мышьяковые** Arsenikblüte *f*, Arsenolith *m*
~/**никелевые** Annabergit *m*, Nickelblüte *f*, Nickelocker *m*
~/**цинковые** Zinkblüte *f*, Hydrozinkit *m*
цвиттерион *m* Zwitterion *n*, dipolares (bipolares) Ion *n*
ЦВМ *s.* **машина/цифровая вычислительная**
ЦВУ *s.* **устройство/цифровое вычислительное**
ЦДА *s.* **анализатор/цифровой дифференциальный**
ц-диод *m* Z-Diode *f*
цевка 1. Spule *f*; 2. *(Masch)* Triebstock *m*, Zapfenzahn *m* *(Triebstockverzahnung)*
цевьё *n* *(Mil)* Vorderschaft *m* *(Karabiner)*; Handschutz *m* *(MG)*; unterer Handschutz *m* *(MPi)*
цедилка *f* Seiher *m*
цедильник *m*/**хмелевой** Hopfenseiher *m*
цедить seihen
цежение *n* Seihen *n*
цезий *m* *(Ch)* Zäsium *n*, Cs
~/**азотнокислый** Zäsiumnitrat *n*
~/**кислый углекислый** Zäsiumhydrogenkarbonat *n*
~/**сернокислый** Zäsiumsulfat *n*
~/**углекислый** Zäsiumkarbonat *n*
~/**хлористый** Zäsiumchlorid *n*
цейнерит *m* *(Min)* Zeunerit *m*
цекование *n* *(Fert)* Ansenken *n*, Plansenken *n* *(der Stirnfläche von Augen, Naben, Ringen u. dgl.)*
цековать *(Fert)* ansenken, plansenken, stirnsenken, anflächen
цековка *f* 1. *s.* **цекование**; 2. *(Fert)* Ansenker *m*, Plansenker *m*, Stirnsenker *m* *(Bearbeitung der Stirnflächen von Augen, Naben, Ringen u. dgl.)*
цел *m* Cel *n* *(= 1 cm/s)*
целестин *m* *(Min)* Zölestin *m*
целеуказание *n* *(Mil)* Zielzuweisung *f*
целик *m* 1. *(Mil)* Kimme *f*; 2. *(Bgb)* Pfeiler *m*, Feste *f*
~ **базисного прибора** *(Geod)* Zielbolzen *m*, Zieldorn *m* *(Basisapparat)*
~/**барьерный** *(Bgb)* Barrierepfeiler *m*
~/**междукамерный** *(Bgb)* Zwischenkammerpfeiler *m*
~/**оградительный** *(Bgb)* Grenzpfeiler *m*
~/**околоствольный** *(Bgb)* Schachtpfeiler *m*
~/**околоштрековый** *(Bgb)* Streckenfeste *f*
~/**охранный** *s.* ~/**предохранительный**
~/**породный** *(Bgb)* Bergfeste *f*; Schwebe *f*
~/**предохранительный** *(Bgb)* Sicherheitspfeiler *m*, Schutzpfeiler *m*
~/**угольный** *(Bgb)* Kohlenpfeiler *m*
~/**шахтный** *s.* ~/**околоствольный**
целина *f* Neuland *n*
~/**поднятая** Neubruchland *n*, Neubruch *m*, Reute *f*

целительность *f* Zuträglichkeit *f*
целлобиоза *f* *(Ch)* Zellobiose *f*
целлоза *f* *s.* **целлобиоза**
целлопласт *m* Zelluloseplast *m*, Zellulosekunststoff *m*
целлулоид *m* Zelluloid *n*
целлюлаза *f* *(Ch)* Zellulase *f*
целлюлоза *f* Zellulose *f*; Zellstoff *m*
~/**белёная** gebleichte Zellulose *f*; gebleichter Zellstoff *m*
~/**древесная** Holzzellulose *f*; Holzzellstoff *m*
~/**натронная** Natronzellulose *f*; Natronzellstoff *m*
~/**небелёная** ungebleichte Zellulose *f*; ungebleichter Zellstoff *m*
~/**нитрованная** nitrierte Zellulose *f*, Nitratzellulose *f*
~/**облагороженная** Edelzellstoff *m*
~ **с высоким выходом** Hochausbeute[zell]stoff *m*
~/**соломенная** Stroh[zell]stoff *m*
~/**сульфатная** Sulfatzellulose *f*; Sulfat[zell]stoff *m*
~/**сульфитная** Sulfitzellulose *f*; Sulfit[zell]stoff *m*
~/**техническая** technisch gewonnene Zellulose *f*, Zellstoff *m*
~/**хлопковая** Baumwollzellulose *f*
~/**щелочная** Alkalizellulose *f*; Alkalizellstoff *m*
целлюлозный Zellulose . . .; Zellstoff . . .
целое *n* *(Math)* ganze [rationale] Zahl *f* • **в целом** im Großen
целостат *m* *(Astr)* Zölostat *m*
целостность *f* Ungeteiltheit *f*, Ganzheit *f*, Gesamtheit *f*, Einheit *f*, Integrität *f*
целочисленный *(Math)* ganzzahlig
цель *f* 1. Ziel *n*; 2. Zweck *m*
~/**береговая** Küstenziel *n*
~ **боя** Gefechtsziel *n*
~/**бронированная** gepanzertes Ziel *n*
~/**воздушная** Luftziel *n*
~/**глубокая** tiefes Ziel *n*
~/**групповая** Gruppenziel *n*
~/**движущаяся** bewegliches Ziel *n*
~/**закрытая** verdecktes Ziel *n*
~/**звучащая** schallendes Ziel *n*
~/**линейная** lineares Ziel *n*
~/**ложная** Scheinziel *n*
~/**маскированная** getarntes Ziel *n*
~/**морская** Seeziel *n*
~/**наблюдаемая** zu beobachtendes Ziel *n*
~/**надводная** Überwasserziel *n*
~/**наземная** Erdziel *n*; Ziel *n* am Boden
~/**небронированная** ungepanzertes Ziel *n*
~/**ненаблюдаемая** nicht zu beobachtendes Ziel *n*
~/**непилотированная воздушная** unbemanntes Luftziel *n*
~/**неподвижная** feststehendes (unbewegliches) Ziel *n*

~/**неукреплённая** unbefestigtes Ziel *n*
~ **нивелирной рейки** *(Geod)* Zielscheibe *f*
~/**низколетающая** tieffliegendes Ziel *n*
~/**одиночная** Einzelziel *n*
~/**открытая** offenes Ziel *n*
~/**пилотируемая воздушная** bemanntes Luftziel *n*
~/**площадная** Flächenziel *n*
~/**подвижная** bewegliches Ziel *n*
~/**подводная** Unterwasserziel *n*
~/**появляющаяся** auftauchendes Ziel *n*
~/**пристреленная** eingeschossenes Ziel *n*
~/**радиолокационная** Radarziel *n*
~/**скрывающаяся** verschwindendes Ziel *n*
~/**точечная** Punktziel *n*
~/**укреплённая** befestigtes Ziel *n*
~/**укрытая** gedecktes Ziel *n*
цельнокатаный ganzgewalzt, nahtlos gewalzt
цельнокованый ganzgeschmiedet, aus einem Stück geschmiedet
цельнометаллический Ganzmetall . . .
цельнопрессованный ganzgepreßt, aus einem Stück gepreßt
цельносваренный allseitig geschweißt
цельносварной vollgeschweißt
цельнотянутый ganzgezogen, nahtlos [gezogen] *(Rohre)*
цемент *m (Bw)* Zement *m*
~/**алитовый** Allitzement *m*
~/**алюминатный** *s.* ~/**глинозёмистый**
~/**ангидритовый** Anhydritzement *m*
~/**аэрированный** belüfteter Zement *m*
~/**баритовый** Barytzement *m*
~/**безусадочный** schwindfreier Zement *m*
~/**белый** weißer Zement *m*
~/**бесклинкерный** klinkerfreier Zement *m*
~/**бестарный** unverpackter Zement *m*
~/**бокситовый** Bauxitzement *m*
~/**быстросхватывающийся** Schnellbinder *m*, schnellabbindender Zement *m*
~/**водонепроницаемый** wasserundurchlässiger Zement *m*
~/**воздушный** Lufthärter *m*, Luftbinder *m*, nichthydraulisches Bindemittel *n*
~/**высокоактивный** hochwertiger (hochaktiver) Zement *m*
~/**высокопрочный** hochfester Zement *m*
~/**гидравлический** hydraulischer Zement *m*
~/**гидрофобный** lagerfähiger (wasserabweisender) Zement *m*
~/**гипсоглинозёмистый** Gips-Tonerde-Zement *m*
~/**гипсошлаковый** Sulfathüttenzement *m*
~/**глинозёмистый** Tonerde[schmelz]-zement *m*, Schmelzzement *m*
~/**домолотый** nachgemahlener Zement *m*
~/**затаренный** verpackter Zement *m*
~/**известковый** Kalkzement *m*, Naturzement *m*
~/**кислотоупорный** säurefester Zement *m*, Säurezement *m*
~/**клинкерный шлаковый** Hüttenzement *m*
~/**магнезиально-известковый** Magnesia-Kalkzement *m*
~/**магнезиальный** Sorelzement *m*, magnesiareicher Zement *m*
~/**медленносхватывающийся** Langsambinder *m*
~ **насыпью** *s.* ~/**бестарный**
~/**невыдержанный** Frischzement *m*
~/**нормально схватывающийся** Normalbinder *m*
~/**огнеупорный** feuerbeständiger Zement *m*, Feuerzement *m*
~/**остуженный** abgekühlter Zement *m*
~/**плавленный** Schmelzzement *m*
~/**пластифицированный** plastifizierter Zement *m*
~/**портландский** Portlandzement *m*
~/**пуццолановый** Puzzolanzement *m*
~/**расширяющийся** Quellzement *m*, schwindfreier Zement *m*
~/**рудный** Erzzement *m*
~ **с активными минеральными добавками/силикатный** Portlandzement *m* mit aktiven mineralischen Zuschlägen, Puzzolanportlandzement *m*
~ **с добавками** gestreckter Zement *m*, Mischzement *m*
~/**силикатный** Portlandzement *m*
~ **Сореля** *s.* ~/**магнезиальный**
~/**строительный** Bauzement *m*
~/**сульфатостойкий** sulfatbeständiger (sulfatunempfindlicher, sulfatresistenter) Zement *m*
~/**сульфатошлаковый** *s.* ~/ **гипсошлаковый**
~/**тампонажный** Bohrlochzement *m*
~/**трассовый** Traßzement *m*
~/**цветной** farbiger Zement *m*
~/**шлаковый силикатный** Schlackenportlandzement *m*
цементаж *m (Bgb)* Zementation *f (Bohrloch)*
цементация *f* 1. *(Härt)* Einsatzhärten *n*, Einsetzen *n*, Aufkohlen *n*, Zementieren *n*; 2. Zementation *f (NE-Metallurgie; Fällung eines Metalls aus seiner Lösung durch ein unedleres)*; 3. *(Bw, Hydt)* Zementinjektion *f*, Zementeinspritzung *f*, Zementeinpressung *f*; 4. *(Geol)* Zementation *f*; 5. *(Bw)* Zementieren *n*; 6. *(Glas)* Beizfärben *n*, Farbbeizen *n*
~ **в газовой среде** Gaseinsatzhärten *n*, Gaseinsatzhärtung *f*
~ **в соляной ванне** *s.* ~/**жидкостная**
~ **в твёрдом карбюризаторе** Einsetzen (Zementieren) *n* in festem Einsatzmittel
~/**газовая** Gasaufkohlen *n*, Gaszementieren *n*, Gaseinsetzen *n*; Gaseinsatzhärtung *f*

~/глубокая Tiefeinsatzhärten *n*, Tiefeinsatzhärtung *f*, Tiefzementieren *n*, Tiefzementierung *f*
~ грунта Bodenvermörtelung *f*, Zementstabilisierung *f* des Bodens
~/жидкостная *(Härt)* Badaufkohlen *n*, Salzbadaufkohlen *n*, Salzbadzementieren *n (Einsetzen in feuerflüssigen zyanidhaltigen Salzen)*; Salzbadeinsatzhärten *n*
~ затрубного пространства Ringraumzementation *f (Bohrloch)*
~ стали в твёрдом карбюризаторе *s.* **~/твёрдая**
~/твёрдая Aufkohlen *n* in festen Kohlungsmitteln, Pulveraufkohlen *n*, Zementieren *n* in festen Einsatzmitteln, Einsetzen *n* in festen Mitteln, Pulvereinsetzen *n*
~ твёрдым карбюризатором Pulveraufkohlen *n (Kasteneinsatz)*
цементирование *n s.* **цементация**
цементировать 1. *(Härt)* [auf]kohlen, zementieren, einsetzen; *(Met)* einsatzhärten, im Einsatz[verfahren] härten; 2. *(Met)* [aus]zementieren *(ein Metall durch ein unedleres aus seiner Lösung fällen)*; 3. *(Geol)* zementieren; 4. *(Bw)* zementieren; 5. *(Glas)* beizfärben, farbbeizen
цементит *m* Zementit *m*, Eisenkarbid *n (Metallgefüge)*
~/вторичный Sekundärzementit *m*
~/зернистый körniger (kugeliger, kugelförmiger) Zementit *m*
~/избыточный Sekundär- *und/oder* Tertiärzementit *m*
~/первичный Primärzementit *m*
~/перлитовый perlitischer Zementit *m*
~/сфероидальный kugeliger (kugelförmiger) Zementit *m*
~/третичный Tertiärzementit *m*
~/шаровидный kugeliger (sphärolithischer) Zementit *m*
~/эвтектический eutektischer (ledeburitischer) Zementit *m*
цементобетон *m (Bw)* Zementbeton *m*
цементовоз *m* 1. Zementbehälterfahrzeug *n*, Zementsilofahrzeug *n*; 2. *(Schiff)* Zementfrachter *m*
цемент-пушка *f (Bw)* Torkretkanone *f*, Torkretpumpe *f (Maschine für das Torkretverfahren)*
цéна *f (Text)* Rute *f (Rutensamtweberei)*
ценá *f* 1. Preis *m*; 2. Wert *m*
~ деления Skalenwert *m*, Skalenteilwert *m*
~ деления/поверочная Eichskalenwert *m*
~ деления шкалы wirklicher (reeller) Skalenwert *m*
~ деления шкалы/условная konventioneller Skalenwert *m*
~/единая Einheitspreis *m*
~/заготовительная Anschaffungspreis *m*, Beschaffungspreis *m*
~/закупочная Aufkaufpreis *m*
~/магазинная *s.* **~/розничная**
~ на электроэнергию/отпускная Energieabgabepreis *m*, Strompreis *m*
~/нарицательная Nennwert *m*
~ нетто Nettopreis *m*
~/оптовая Großhandelspreis *m*
~/ориентировочная Richtpreis *m*
~/отпускная Verkaufspreis *m*
~ по себестоимости Selbstkostenpreis *m*
~/покупная Kaufpreis *m*
~/продажная *s.* **~/отпускная**
~ раздела Stellenwert *m*
~/розничная Einzelhandelspreis *m*, Ladenpreis *m*
~/рыночная Marktpreis *m*
~/сметная veranschlagter Preis *m*
~/твёрдая Festpreis *m*
~/угловая Winkel[teilungs]wert *m*
ценник *m* Preisliste *f*, Preisverzeichnis *n*
ценность *f* Wert *m*
~/калорийная Kalorie[n]wert *m*, kalorischer Wert *m*, Kaloriengehalt *m*
~/кормовая Nährwert *m*; Futterwert *m*
~/относительная relativer Wert *m*
~/реальная Sachwert *m*, Realwert *m*
~/световая Lichtwert *m*, Leuchtwert *m*
ценоман *m s.* **ярус/сеноманский**
центнер *m* Dezitonne *f (100 kg)*
~/метрический Dezitonne *f (100 kg)*
~/немецкий Zentner *m (50 kg)*
центр *m* 1. Mittelpunkt *m*, Zentrum *n*; 2. Spitze *f (Drehmaschine)*; 3. Keim *m*
~/агрохимический agrochemisches Zentrum *n*
~ активирования *s.* **~/примесный**
~/активный *(Ch)* Polymerisationskeim *m*; Kettenträger *m (bei Kettenreaktionen)*
~/акцепторный Akzeptor *m*
~ антициклона *(Meteo)* Hochdruckkern *m*, Hochdruckschwerpunkt *m*
~/атомный научно-исследовательский *(Kern)* Kernforschungszentrum *n*
~/аэродинамический Neutralpunkt *m*
~ бокового сопротивления *(Schiff)* Lateral[plan]schwerpunkt *m*
~ бури *(Meteo)* Sturmzentrum *n*
~ величины *(Schiff)* Formschwerpunkt *m*, Verdrängungsschwerpunkt *m*, Auftriebsschwerpunkt *m*
~ взрыва [ударной волны] *(Kern)* Detonationspunkt *m (Druckwelle einer nuklearen Explosion)*
~ вихреобразования *(Meteo)* Wirbeltopf *m*
~ возгонки *(Ph)* Sublimationskern *m*, Sublimationskeim *m*
~ волны Wellenzentrum *n*
~/вращающийся mitlaufende Spitze *f (Drehmaschine)*

~ **вращения** *(Mech)* Drehpunkt *m*, Drehzentrum *n*; Drehmitte *f*
~ **вращения [скоростей]/мгновенный** *(Mech)* Momentanpol *m*, Geschwindigkeitspol *m*
~ **высокого давления** *s.* ~ **антициклона**
~/**вычислительный** Rechenzentrum *n*
~ **Галактики** *(Astr)* galaktisches Zentrum *n*
~ **гашения** Löschzentrum *n*, Tilgungszentrum *n*
~ **горения** Verbrennungskern *m*, Verbrennungszentrum *n*
~/**государственный вычислительный** staatliches Rechenzentrum *n*
~ **давления** *(Aero)* Druck[mittel]punkt *m*
~ **давления на крыло** Flügeldruckpunkt *m*
~ **действия** Aktionszentrum *n*
~ **депрессии** *s.* ~ **циклона**
~ **жёсткости** *s.* ~ **изгиба**
~ **завихрения** *(Meteo)* Wirbeltopf *m*
~ **задней бабки** Reitstockspitze *f* *(Drehmaschine)*
~/**задний** *s.* ~ **задней бабки**
~ **землетрясения** Erdbebenherd *m*, Hypozentrum *n*
~ **изгиба** *(Fest)* Schubmittelpunkt *m*, Querkraftmittelpunkt *m*
~ **излучения** *(Kern)* Emissionszentrum *n*
~ **инверсии** *(Krist)* Symmetriezentrum *n*, Inversionszentrum *n*
~ **инерции** *(Mech)* Massenmittelpunkt *m*, Schwerpunkt *m* *(in Massenpunktsystemen, Punkthaufen)*
~ **испускания** *(Kern)* Emissionszentrum *n*
~ **кабельной скрутки** Kabelkern *m*, Kabelherz *n*
~ **качания** *(Mech)* Schwingungsmitte *f* *(Pendel)*
~ **колебания** Schwingungsmittelpunkt *m*
~ **коллективного пользования/вычислительный** Rechenzentrum *n* kollektiver Nutzung
~ **конденсации** *(Ph)* Kondensationskern *m*
~ **кривизны** *(Math)* Krümmungsmittelpunkt *m*
~ **кристалла** *s.* ~ **кристаллизации**
~ **кристаллизации** Kristall[isations]keim *m*, Keim *m*; Kristall[isations]kern *m*; Impfkristall *m*, Kristallisationszentrum *n*
~ **круга** *(Math)* Kreismittelpunkt *m*
~ **кручения** *(Fest)* Drillmittelpunkt *m*, Torsionsmittelpunkt *m*
~ **линзы [/оптический]** *(Opt)* Linsenmittelpunkt *m*
~ **люминесценции** *(Ph)* Lumineszenzzentrum *n*
~/**магнитный** magnetisches Zentrum *n*
~ **масс** *s.* ~ **инерции**
~ **масс Солнца** *(Astr)* Massenmittelpunkt *m* der Sonne
~/**мёртвый** *s.* ~/**упорный**
~ **мульды** *(Geol)* Muldentiefstes *n*
~ **наведения** *(Rak)* Leitzentrale *f*
~ **напряжения** *(Mech)* Spannungszentrum *n*
~/**научно-исследовательский** Forschungszentrum *n*
~/**неподвижный** *s.* ~/**упорный**
~ **низкого давления** *s.* ~ **циклона**
~ **области высокого давления** *s.* ~ **антициклона**
~ **области низкого давления** *s.* ~ **циклона**
~ **обработки** *(Wkzm)* Bearbeitungszentrum *n*
~/**обратный** Spitze *f* mit Innenkegel, Hohlspitze *f* *(Drehmaschine)*
~ **обращения** *s.* ~ **инверсии**
~/**общегосударственный информационный вычислительный** gesamtstaatliches Informations- und Rechenzentrum *n*
~/**общественный** gesellschaftliches Zentrum *n*, Wohngebietszentrum *n*
~ **объёма** Volumenschwerpunkt *m*, Volumenmittelpunkt *m*
~ **окраски (окрашивания)** *(Krist)* Farbzentrum *n* *(vgl. hierzu* **F-центр)**
~/**опорный** Aufnahmespitze *f*
~ **отталкивания** abstoßendes Zentrum *n*, Abstoßungszentrum *n*
~ **парусности** *(Schiff)* 1. Winddruckschwerpunkt *m*, Schwerpunkt *m* der Windangriffsfläche, Seitenflächenschwerpunkt *m*; 2. Segelschwerpunkt *m* *(Segeljacht)*
~ **перспективы** *(Math)* Augenpunkt *m*, Hauptpunkt *m* *(darstellende Geometrie)*
~ **плавучести** *s.* ~ **парусности**
~ **поворота** Kurvenmittelpunkt *m*
~ **подводного взрыва** *(Kern, Mil)* Unterwassersprengpunkt *m*
~ **прилипания** Haftstelle *f*, Fangstelle *f*, Trap *m* *(Halbleiter)*
~ **прилипания дырок** Defektelektronenhaftstelle *f*; Defektelektronentrap *m*
~/**примесный** Stör[stellen]zentrum *n*, Störstelle *f*, Zentrum *n* mit Verunreinigungen *(Kristallaufbaufehler durch Einbau fremder Atome)*
~ **притягивающих сил** *s.* ~ **притяжения**
~ **притяжения** *(Ph)* Anziehungszentrum *n*, anziehendes Zentrum *n*
~ **проектирования** *(Math)* Projektionszentrum *n* *(darstellende Geometrie)*
~/**промышленный** Industriezentrum *n*
~ **проявления** *(Foto)* Entwicklungskeim *m*, Entwicklungszentrum *n*
~ **пучка** *(Math)* Zentrum *n* des Büschels *(Geradenbüschel)*, Träger *m*
~/**радиовещательный** Rundfunkzentrum *n*
~/**радиопередающий** Funksendezentrale *f*
~/**радиоприёмный** Funkempfangszentrale *f*

~ **рассеяния** *(Mil)* Streuungsmittelpunkt *m*
~/**реакционный** *(Ch)* Reaktionszentrum *n*, Reaktionsmittelpunkt *m*
~ **рекомбинации** *(Kern)* Rekombinationsstelle *f*, Rekombinationszentrum *n*, Haftstelle *f*, Trapniveau *n*
~/**рекомбинационный** *s.* ~ **рекомбинации**
~ **рекристаллизации** *(Krist)* Rekristallisationszentrum *n*, Rekristallisationskeim *m*, Rekristallisationskern *m*
~/**светочувствительный** Empfindlichkeitskeim *m (Film)*
~ **свободного вращения** *s.* ~ **вращения**
~ **сдвига** *s.* ~ **изгиба**
~ **сил притяжения** *s.* ~ **притяжения**
~/**силовой** Kraftzentrum *n*, Zentrum *n* der Kraft
~ **симметрии** *(Krist)* Symmetriezentrum *n*, Inversionszentrum *n*
~ **скалывания** *s.* ~ **изгиба**
~ **скоростей/мгновенный** *(Mech)* Momentangeschwindigkeitspol *m*, momentanes Geschwindigkeitszentrum *n*
~ **скручивания** *s.* ~ **кручения**
~ **со спицами/колёсный** *(Eb)* Radstern *m*
~ **созревания [эмульсии]** *(Foto)* Reifkeim *m*
~ **сотрясения** *(Mech)* Stoßzentrum *n*, Perkussionszentrum *n*
~/**спортивный** Sportzentrum *n*
~ **среза** *s.* ~ **изгиба**
~ **сублимации** *(Ph)* Sublimationskern *m*, Sublimationskeim *m*
~/**телевизионный** Fernsehzentrum *n*
~/**торговый** Einkaufszentrum *n*
~ **тяготения** *(Mech)* Schwerezentrum *n*, Gravitationszentrum *n*
~ **тяжести** *(Mech)* Schwerpunkt *m*, Massenmittelpunkt *m*
~ **тяжести водоизменения** Auftriebszentrum *n*, Auftriebsmittelpunkt *m*, Auftriebsschwerpunkt *m*
~ **тяжести груза** Lastschwerpunkt *m*
~ **тяжести объёма** *s.* ~ **объёма**
~ **тяжести площади ватерлинии** *(Schiff)* Wasserlinienschwerpunkt *m*, Schwerpunkt *m* der Wasserlinienfläche
~/**упорный** feste Spitze *f*, Körnerspitze *f* *(Drehmaschine)*
~ **управления** 1. Steuerzentrale *f*, Steuerzentrum *n*; 2. *(Rak)* Leitzentrale *f*, Lenkzentrale *f*
~ **управления огнём** *(Mil)* Feuerleitzentrale *f*
~ **управления полётом** *(Rak)* Flugleitzentrale *f*
~ **ускорений/мгновенный** *(Mech)* Momentanbeschleunigungspol *m*, momentanes Beschleunigungszentrum *n*
~ **фюзеляжа** Rumpfmittelstück *n*
~ **циклона** *(Meteo)* Tiefdruckkern *m*, Tiefdruckschwerpunkt *m*, Tiefdruckzentrum *n*
F-центр *m (Krist)* F-Zentrum *n (einfachstes Farbzentrum; weitere, kompliziertere Formen sind:* F'-, M-, N-, R- *und* V-*Zentrum; im Russischen* **F'-центр, M-центр** *usw.)*
централиды *pl (Geol)* Zentraliden *pl*
централизация *f* 1. Zentralisation *f*, Zentralisierung *f*; Zusammenfassung *f*; 2. *(Eb)* zentrale Zugleitung *f*, Fernsteuerung *f*; 3. *(Eb)* Stellwerk[sanlage *f*] *n*
~/**автоматическая** automatische Stellwerksanlage *f*
~/**горочная автоматическая** selbsttätiges (automatisches) Ablaufstellwerk *n*
~/**диспетчерская** 1. zentrale Zugleitung (Zugsteuerung) *f*; 2. Streckenzentralstellwerk *n*
~/**маршрутная** Fahrstraßenstellwerk *n*
~/**механическая** mechanisches Stellwerk *n*
~/**релейная** Relaisstellwerk *n*, Gleisbildstellwerk *n*
~ **с радиоуправлением** Funkstellwerk *n*
~/**электрическая** elektrisches Stellwerk *n*
централизовать zentralisieren; zusammenfassen
центрирование *n* Zentrieren *n*, Zentrierung *f*, Einmitteln *n*; Einloten *n*
~ **изображения** *(Fs)* Bild[mitten]einstellung *f*, Bildlageeinstellung *f*
~ **луча** *(Ph)* Strahlzentrierung *f*, Strahlausrichtung *f*
~/**принудительное** Zwangszentrierung *f*
центрировать zentrieren; einmitteln; einloten
центрировка *f s.* **центрирование**
центрифуга *f* Zentrifuge *f*, Trennschleuder *f*, Schleuder *f*
~/**аффинационная** Affinationszentrifuge *f*, Affinationsschleuder *f (Zuckergewinnung)*
~/**большегрузная** Groß[raum]zentrifuge *f*, Großraumschleuder *f*
~/**быстроходная** Schnellzentrifuge *f*
~/**вибрационная** Schwingungszentrifuge *f*, Schwingschleuder *f*
~/**вместительная** *s.* ~/**большегрузная**
~/**высокопроизводительная** Hochleistungszentrifuge *f*, Großleistungszentrifuge *f*
~ **для осветления** Klärschleuder *f*, Klärseparator *m*
~/**карусельная** Karussellzentrifuge *f*
~/**многоступенчатая** Mehrstufenzentrifuge *f*
~/**молочная** Milchzentrifuge *f*, Milchschleuder *f*, Milchseparator *m*, Entrahmungszentrifuge *f*, Entrahmungsschleuder *f*
~/**обезвоживающая** Entwässerungszentrifuge *f*

~/**осадительная** Absetzzentrifuge *f*, Absetzschleuder *f*, Sedimentierzentrifuge *f*
~/**осадочная** Trennschleuder *f*, Rohmilchschleuder *f* *(Stärkeherstellung)*
~/**осветляющая** *s.* ~ **для осветления**
~/**подвесная** Hängezentrifuge *f*, hängende (hängend gelagerte) Zentrifuge *f*
~/**прядильная** Spinnzentrifuge *f*
~/**пульсирующая** Schubzentrifuge *f*, Schubschleuder *f*
~/**разделительная** *s.* ~/**осадочная**
~ **с автоматической выгрузкой** *s.* ~/**саморазгружающаяся**
~ **с верхней выгрузкой** Zentrifuge *f* mit Obenentleerung, oben entleerende Zentrifuge *f*
~ **с верхней подвеской вала** durchhängende Zentrifuge *f*
~ **с вращающимся сетчатым (перфорированным) барабаном** Siebmantelzentrifuge *f*
~ **с двойными стенками барабана** Doppelmantelzentrifuge *f*
~ **с нижней разгрузкой** Zentrifuge *f* mit unterer Entleerung
~ **с ножевым съёмом** Schäl[messer]zentrifuge *f*
~ **с ручной выгрузкой** Zentrifuge *f* mit Handaustrag (manueller Rückstandsentnahme)
~ **с сетчатым барабаном** Siebzentrifuge *f*, Siebschleuder *f*
~/**саморазгружающаяся** selbstentleerende (selbstaustragende) Zentrifuge *f*, Zentrifuge *f* mit Selbstaustrag
~/**сепарирующая** Dismulgierzentrifuge *f*, Separatorschleuder *f*
~ **со сплошным барабаном** Vollmantelzentrifuge *f*, Vollmantelschleuder *f*
~/**сушильная** Trockenzentrifuge *f*, Trokkenschleuder *f*
~/**тарельчатая скоростная** Tellerzentrifuge *f*, Trommelzentrifuge *f* mit Einsatztellern
~/**фильтрующая** Filterzentrifuge *f*, Filterschleuder *f*
центрифугирование *n* Zentrifugieren *n*, Schleudern *n*
~/**очистное** Fliehkraftreinigung *f*
~ **тяжёлого топлива** Schwerölseparierung *f*
центрифугировать zentrifugieren, schleudern
центробежный zentrifugal, Zentrifugal . . ., Flieh[kraft] . . .
центрование *n* *(Fert)* Ankörnen *n*
центровать 1. *(Fert)* ankörnen; 2. *(Schiff)* ausrichten *(z. B. Wellenleitung)*; 3. *(Schiff)* trimmen *(eine Segeljacht, die Segelfläche)*
центровка *f* 1. *(Aero)* Schwerpunktlage *f*; 2. *s.* **центрирование**
~ **валопровода** *(Schiff)* Ausrichten *n* der Wellenleitung
~/**задняя** *(Flg)* Schwanzlastigkeit *f*, Hecklastigkeit *f*
~/**критическая** *(Flg)* Gleichlastigkeit *f*
~ **парусности** *(Schiff)* Trimmen *n* der Segel[fläche]
~/**передняя** *(Flg)* Kopflastigkeit *f*, Buglastigkeit *f*
~ **яхты** *(Schiff)* Trimmen *n* einer Segeljacht *(Besegelung)*
центроида *f* *(Mech)* Polbahn *f* *(Kinematik)*
~/**неподвижная** *(Mech)* Herpolhodiekurve *f*, Rastpolkurve *f*, ruhende Polkurve *f*, Rastpolbahn *f*, ruhende Polbahn *f*
центроискатель *m* *(Fert)* Zentrierwinkel *m*
центронамётчик *m* *(Fert)* Glockenkörner *m*
центроплан *m* *(Flg)* 1. Mitteldecker *m*; 2. Tragflügelmittelstück *n*
центростремительный *(Mech)* zentripetal
центросфера *f* *(Geol)* Erdkern *m*
цеолит *m* *(Min)* Zeolith *m*
~/**лучистый** Faserzeolith *m*
~/**пластинчатый** Blätterzeolith *m*
цеолитный zeolithisch
цепочка *f* 1. Kette *f*; 2. Aufeinanderfolge *f*, Serie *f*; 3. *(Kern)* Zerfallskette *f*, Zerfallsreihe *f*
~ **бета-распадов** *(Kern)* Beta-Zerfallsreihe *f*
~ **данных** *(Dat)* Datenketten *n*, Datenkettung *f*
~ **записей** *(Dat)* Satzfolge *f*
~ **изоляторов** *(El)* Isolator[en]kette *f*; Abspannkette *f*
~ **команд** *(Dat)* Kommandoketten *n*, Kommandokettung *f*
~ **линз** *(Kern)* Linsenkette *f* *(im Beschleuniger)*
~ **продуктов деления** *(Kern)* Spalt[produkt]kette *f*
~/**радиоактивная** *s.* **ряд/радиоактивный**
~ **радионавигационной системы** Funknavigationskette *f*
~ **элементов действия** Wirk[ungs]kette *f*
~ **RC** *(Reg)* RC-Glied *n*
цепь *f* 1. Kette *f*; 2. *(El)* Kreis *m*, Kette *f*, Netzwerk *n*; Stromkreis *m*; Leitung *f* *(s. a. unter* **линия***)*
~/**анкерная** Spannkette *f*
~ **анода** Anoden[strom]kreis *m*
~/**анодная** Anoden[strom]kreis *m*
~ **без контрафорсов (распорок)/якорная** *(Schiff)* steglose Ankerkette *f*
~/**безъёмкостная** kapazitätsfreier Stromkreis *m*
~/**безындуктивная** induktionsfreier Stromkreis *m*
~/**бесшумная** *(Masch)* geräuschlose Kette *f*

~/**блокировочная** Halte[strom]kreis *m (Relais)*
/**буксирная** *(Schiff)* Schleppkette *f*
~/**ведущая** Treibkette *f*, Zugkette *f*
~/**внешняя** Außen[strom]kreis *m*
~/**внутренняя** Innen[strom]kreis *m*
~/**возбуждающая** Erreger[strom]kreis *m*
~ **возбуждения** Erreger[strom]kreis *m*
~/**волочильная** Schleppkette *f*
~/**врубовая** Schrämkette *f*
~/**вспомогательная** Hilfs[strom]kreis *m*
~/**вторичная** Sekundär[strom]kreis *m*
~/**втулочно-роликовая** *(Masch)* Büchsenkette *f* mit Laufrollen
~/**входная** 1. Eingangs[strom]kreis *m*, Vorkreis *m*; 2. *s.* ~/**входящая**
~/**входящая** *(Fmt)* ankommende Leitung *f*, Eingangsleitung *f*
~/**вызывная** *(Fmt)* Rufstromkreis *m*
~/**выходная** Ausgangs[strom]kreis *m*
~ **вычитания** Subtraktionsschaltung *f*
~ **Галля** *(Masch)* Gallsche Kette *f*, Gelenkkette *f*
~/**главная** Haupt[strom]kreis *m*
~/**главная эталонная** *(Fmt)* Haupteichkreis *m*
~ **главного тока** *s.* ~/**главная**
~/**горная** *(Geol)* Kettengebirge *n*
~/**грузовая** Ladekette *f*, Hebezeugkette *f*
~/**грузоподъёмная** Hubkette *f*; Lastkette *f*
~/**гусеничная** *(Kfz)* Gleiskette *f*
~ **дальней связи** *(Fmt)* Weitverkehrsleitung *f*, Fernleitung *f*
~/**дальняя** *s.* ~ **дальней связи**
~/**двухпроводная** Doppelleitung *f*, Zweidrahtleitung *f*
~/**двухпроводная основная** *(Fmt)* Zweidrahtstammleitung *f*
~/**двухрядная** Zweifachkette *f*, Doppelkette *f*
~/**двухшарнирная** *(Masch)* Zweifach-Hülsenkette *f*
~/**демпфирующая** Dämpfungskreis *m*
~/**длиннозвенная** Langglied[er]kette *f*
~ **для одновременного телефонирования и телеграфирования** *(Fmt)* Simultanleitung *f*
~/**ёмкостная** kapazitiver (kapazitiv belasteter) Stromkreis *m*, kapazitiv belastete Leitung *f*
~ **задержки** Verzögerungsschaltung *f*
~ **зажигания** *(Kfz)* Zündstromkreis *m*
~ **заземления** Erd[ungs]leitung *f*
~/**заземлённая** geerdete Leitung *f*
~/**замкнутая** 1. geschlossener Stromkreis *m*; 2. *(Fmt)* Ringschaltung *f*; 3. *(Reg)* geschlossenes Netzwerk *n*
~/**запасная** Vorratsleitung *f*, Reserveleitung *f*
~/**зарядная** Lade[strom]kreis *m*
~ **защиты** Schutz[strom]kreis *m*
~/**звенная** Gliederkette *f*
~/**землемерная** *(Geod)* Meßkette *f*
~ **знаков** *(Dat)* Zeichenkette *f*
~/**игольчатая** *(Text)* Nadelkette *f (Spann- und Trockenmaschine; Gewebeausrüstung)*
~/**избирательная** *(Rf)* Trennkreis *m*
~/**измерительная** Meßkreis *m*, Meßkette *f (Gesamtheit aller an der Messung beteiligten Meßelemente und Geräte)*
~/**импульсная** Impuls[strom]kreis *m*
~/**индуктивная** induktiver (induktiv belasteter) Stromkreis *m*
~/**искусственная** Kunstleitung *f (s. a.* ~/**фантомная***)*
~/**исходящая** *(Fmt)* abgehende Leitung *f*, Ausgangsleitung *f*
~/**калиброванная** *(Masch)* kalibrierte Kette *f*
~/**катодная** Katoden[strom]kreis *m*
~/**кинематическая** *(Mech)* kinematische Kette *f*
~/**ковшовая** 1. Eimerkette *f*; 2. Becherkette *f*
~/**колебательная** *(El)* Schwing[ungs]kreis *m*
~/**кольцевая** Rundgliederkette *f*
~/**конвейерная** Förderkette *f*
~ **контактов** *(Fmt)* Kontaktkette *f*
~/**контрольная** *(Fmt)* Prüfstromkreis *m*
~/**корабельная** Schiffskette *f*
~/**короткозамкнутая** Kurzschlußkreis *m*, Kurzschlußbahn *f*
~/**короткозвенная** Kurzgliederkette *f*
~/**корректирующая** ausgleichendes Netzwerk *n*
~/**крановая** Krankette *f*
~/**крарупизированная** *(Fmt)* Krarup-Leitung *f*, Krarup-Kabel *n*
~/**круглозвенная** Rundgliederkette *f*
~/**крючковая** Hakenkette *f*
~/**магнитная** *(El)* magnetischer Kreis *m*
~ **Маркова** *(Math)* Markowsche Kette *f (Wahrscheinlichkeitstheorie)*
~/**междугородная** *(Fmt)* Fernleitung *f*
~/**мерная** *(Geoph)* Meßkette *f*
~/**местная** *(Fmt)* Ortsleitung *f*
~/**многозвенная** Maschennetzwerk *n*
~/**многорядная** Mehrfachkette *f*
~/**многофазная** Mehrphasenstromkreis *m*
~/**нагрузочная** Belastungs[strom]kreis *m*, Lastkreis *m*
~ **накала** *(Eln)* Heiz[strom]kreis *m*
~/**накальная** *(Eln)* Heiz[strom]kreis *m*
~ **напряжения** *(El)* Spannungskreis *m*, Spannungspfad *m*
~ **настройки** Abstimmkreis *m*
~/**натяжная** Abspannkette *f*, Zugkette *f*
~ **несущего тока** Träger[strom]kreis *m*
~/**неуплотнённая** *(Fmt)* einfach ausgenutzte Leitung *f*
~/**обратная** 1. *(El)* Rückleitung *f*; 2. *(Reg)* reziprokes Netzwerk *n*

~ **обратной связи** 1. *(Rf)* Rückkopplungskreis *m*; 2. *(Reg)* Rückführ[ungs]kreis *m*, Rückführ[ungs]netzwerk *n*
~ **обратных импульсов** *(Fmt)* Stromkreis *m* für rückwärtige Stromstoßgabe
~/**овальнозвенная** Langgliederkette *f*
~/**одинарная** Einfachkette *f*
~/**однопроводная** *(El)* Einzelleitung *f*, Eindrahtleitung *f*
~/**однородная** *(Math)* homogene Kette *f*
~ **односторонней связи** *(Fmt)* einseitig (in einer Richtung) betriebene Leitung *f*, Leitung *f* für gerichteten Verkehr, Einwegleitung *f*
~ **округления** *(Dat)* Abrundungskreis *m* *(Rechenwerk)*
~ **оперативного тока** Steuerstromkreis *m*
~/**оптоэлектронная** optoelektronische Übertragungskette *f*
~/**основная** *(Fmt)* Hauptleitung *f*, Stammleitung *f*, Stamm *m*
~/**первичная** Primär[strom]kreis *m*
~/**передаточная** Getriebekette *f*
~ **переноса** *(Dat)* Übertragungskreis *m*
~ **переполнения** *(Dat)* Überlaufkette *f*
~/**питающая** *(El)* Speiseleitung *f*
~/**пластинчатая** Laschenkette *f*
~/**плоскозвенная** Laschenkette *f*
~/**повреждённая** *(El, Fmt)* gestörte Leitung *f*
~/**подъёмная** Förderkette *f*; Hebezeugkette *f*, Lastkette *f*
~/**последовательная** Serien[strom]kreis *m*, Reihenkreis *m*
~ **потребителя** Verbraucher[strom]kreis *m*
~/**предохранительная** Fangkette *f*
~/**приводная** Antriebskette *f*, Treibkette *f*, Transmissionskette *f*
~/**пригородная** *(Fmt)* Nahverkehrsleitung *f*
~/**противоскользящая** Gleitschutzkette *f*; Schneekette *f*
~/**пупинизированная** *(Fmt)* pupinisierte (bespulte) Leitung *f*, Pupin-Leitung *f*
~/**пусковая** Anlasserkreis *m*, Anlaß[strom]-kreis *m*
~/**рабочая поверочная** *(Fmt)* Arbeitseichkreis *m*
~ **рабочего тока** Arbeits[strom]kreis *m*
~/**радиотелефонная** Funksprechstromkreis *m*, Funksprechstrecke *f*
~ **развёртки** *(Fs)* Ablenkkreis *m*
~/**разветвлённая** verzweigter Stromkreis *m*, Netzwerk *n*
~/**разговорная** *(Fmt)* Sprechstromkreis *m*
~/**размерная** Maßkette *f*
~/**разомкнутая** offener Stromkreis *m*; offene Leitung *f*
~ **разряда** *(El)* Entladungsweg *m*, Entladungskanal *m*
~ **распределительного вала/приводная** *(Kfz)* Steuerkette *f* *(Verbrennungsmotor)*
~ **реакций** *(Ph, Ch)* Reaktionskette *f*, Reaktionsfolge *f*
~ **регулирования** Regel[ungs]kreis *m*
~ **регуляторов** Reglerkette *f*
~/**режущая** *(Bgb)* Schrämkette *f*
~/**резиностальная тракторная** *(Kfz)* Gummi-Stahl-Schlepperkette *f*
~/**рельсовая** *(Eb)* Gleisstromkreis *m*
~/**роликовая** Rollenkette *f*
~ **ротора** Läufer[strom]kreis *m*
~ **с автоматическим обслуживанием** *(Fmt)* Fernwahlleitung *f*
~ **с ёмкостью** *(El)* Kapazitätskreis *m*
~ **с контрафорсами (распорками)/якорная** *(Schiff)* Stegankerkette *f*
~ **с реактивностью** *(Ch)* Reaktanzkreis *m*
~ **сетки** *(Eln)* Gitterkreis *m*
~/**сеточная** *(Eln)* Gitterkreis *m*
~/**скребковая** *(Bgb)* Kratzerkette *f*, Förderkette *f*
~/**сложная электрическая** vermaschter Stromkreis *m*, [elektrisches] Netzwerk *n*
~/**снеговая** *(Kfz)* Schneekette *f*
~ **соединений** Verbindungsstromkreis *m*
~ **сравнения фаз** Phasenvergleichsschaltung *f*
~/**стальная шарнирная** Stahlgelenkkette *f*
~/**суперфантомная [телефонная]** *(Fmt)* Phantomachter *m*, Achterleitung *f*, Achter[kreis] *m*
~/**счётная** *(Text)* Zählkette *f* *(Doppelzylinderstrumpfautomat)*
~/**телеграфная** Telegrafenleitung *f*, Telegrafenstromkreis *m*
~/**телефонная** Fernsprechleitung *f*, Fernsprechstromkreis *m*
~/**толкающая** Schleppkette *f*
~/**топенантная** *(Schiff)* Hangerkette *f*
~/**тормозная** Hemmkette *f*
~/**транзитная** *(Fmt)* Durchgangsleitung *f*, Transitstromkreis *m*
~/**трансляционная** *(Rf)* Übertragungsleitung *f*
~/**трёхфазная** Dreiphasenstromkreis *m*, Dreiphasennetz *n*
~/**тяговая** Zugkette *f*; Förderkette *f*; Verholkette *f*
~/**удерживающая** *(Fmt)* Haltestromkreis *m*
~/**уплотнённая** *(Fmt)* mehrfach ausgenutzte Leitung *f*
~ **управления** Steuer[strom]kreis *m*; Regelkreis *m*, Kontrollschleife *f*
~ **управления станком** *(Reg)* Maschinensteuerkreis *m*
~/**управляющая** Steuerschaltung *f*
~/**фантомная [телефонная]** *(Fmt)* Phantomvierer *m*, Phantomleitung *f*, Viererkreis *m*, Vierer *m*
~/**физическая** *(Fmt)* Hauptleitung *f*, Stammleitung *f*, Stamm *m*

~/**фильтрующая** *(El)* Siebkreis *m*; Siebkette *f*
~/**черпаковая** Eimerkette *f* *(Bagger)*
~/**чётная** *(Math)* gerade Kette *f*
~/**четырёхпроводная** *(Fmt)* Vierdrahtleitung *f*
~/**шарнирная** Gelenkkette *f*, Gallsche Kette *f*
~/**швартовная** *(Schiff)* Festmachekette *f*
~/**штыревая** Bolzenkette *f*
~/**экскаваторная** Eimerkette *f*
~/**электрическая** elektrischer Stromkreis *m*, elektrisches Netzwerk *n*, elektrische Kette *f*
~/**эталонная** *(El)* Eichkreis *m*
~/**якорная** *(Schiff)* Ankerkette *f*
~ **якоря** *(El)* Anker[strom]kreis *m*
цепь-ОС *f* *(Reg)* Rückkopplungsschaltung *f*
церезин *m* *(Ch)* Zeresin *n*, gereinigtes Erdwachs *n*
церий *m* *(Ch)* Zer *n*, Ce
~/**трёхфтористый** Zer(III)-fluorid *n*, Zertrifluorid *n*
~/**углекислый** Zer(III)-karbonat *n*
~/**фтористый** Zerfluorid *n*
~/**четырёхфтористый** Zer(IV)-fluorid *n*, Zertetrafluorid *n*
цериметрия *f* *(Ch)* Zerimetrie *f*
церит *m* *(Min)* Zerit *m*
цернь *f*/**кобальтовая** *(Min)* Kobaltmanganerz *n*, schwarzer Erdkobalt *m*, Asbolan *m*
цетан *m* *(Ch)* Zetan *n*, Hexadekan *n*
цефер *m* Wulstleinen *n*
цех *m* 1. Werkstatt *f*, Abteilung *f*, Betrieb *m*, Betriebsabteilung *f*, Werkabteilung *f*, Produktionsabteilung *f*; 2. Zeche *f*
~/**агломерационный** Sinterbetrieb *m*, Sinterei *f*
~/**аппаратный** *(Fmt)* Wählersaal *m*, Wählerraum *m*
~/**аппретурный** *(Text)* Appreturabteilung *f*, Ausrüsterei *f*
~/**бандажепрокатный** Bandagenwalzerei *f*, Bandagenwalzwerk *n*
~/**бессемеровский** *(Met)* Bessemerei *f*, Bessemerbetrieb *m*, Bessemer[stahl]werk *n*
~ **блоков** *(Schiff)* Blocksektionshalle *f*
~/**бродильный** Gärkeller *m*, Gärraum *m*
~/**бронзолитейный** Bronzegießerei *f*
~/**брошюровочный** Einzelbogenabteilung *f* *(Buchbinderei)*
~/**вальцелитейный** Walzengießerei *f*
~/**варочный** 1. *(Pap)* Kocherei *f*; 2. Sudhaus *n* *(Brauerei)*; 3. Großküche *f*
~/**ворсовальный** *(Text)* Rauherei *f*
~/**газетный наборный** *(Typ)* Zeitungssetzerei *f*
~ **горячего прессования** Warmpresserei *f*
~ **горячей прокатки** Warmwalzbetrieb *m*
~/**деревообделочный** *(Schiff)* Holzbauhalle *f*, Holzbauwerkstatt *f*
~/**деревообрабатывающий** *(Schiff)* Holzbauhalle *f*, Holzbauwerkstatt *f*
~ **для прокатки слябов** Brammenwalzwerk *n*
~/**достроечно-монтажный** *(Schiff)* Ausrüstungsmontagehalle *f*, Ausrüstungsmontagewerkstatt *f*
~/**достроечно-сдаточный** *(Schiff)* Ausrüstungs- und Erprobungshalle *f*, Ausrüstungs- und Erprobungswerkstatt *f*
~/**достроечный** *(Schiff)* Ausrüstungshalle *f*, Ausrüstungswerkstatt *f*
~/**дробильный** Brecherabteilung *f* *(Aufbereitung)*
~/**закалочный** Härterei *f*, Härtereibetrieb *m*
~ **звукозаписи** *(Kine)* Tonabteilung *f*
~/**изоляционный** *(Schiff)* Isoliererei *f*, Isolierhalle *f*, Isolierwerkstatt *f*
~/**инструментальный** Werkzeugmacherei *f*
~/**кислотный** *(Pap)* Säurestation *f*, Kochsäureanlage *f*
~/**книжный наборный** *(Typ)* Werksetzerei *f*
~ **ковкого чугуна** Tempergießerei *f*
~ **кокильного литья** *(Gieß)* Kokillengießerei *f*
~/**коммутаторный** *(Fmt)* Vermittlungsraum *m*
~/**конвертерный** *(Met)* Konverterbetrieb *m*, Konverterhalle *f*, Konverterei *f*
~/**корпусный** *(Schiff)* Schiffbauhalle *f*
~/**корпусодостроечный** *(Schiff)* Schiffsschlosserei *f*
~/**корпусообрабатывающий** *(Schiff)* Schiffbauhalle *f*
~/**котельный** Kesselschmiede *f*, Blechschmiede *f*
~/**красильный** *(Text)* Färberei *f*
~/**крутильный** *(Text)* Zwirnerei *f*
~/**крышкоделательный** *(Typ)* Deckenmacherei *f*
~/**кузнечно-прессовый** Schmiedepresserei *f*, Schmiedepressenbetrieb *m*
~/**кузнечный** Schmiede[werkstatt] *f*
~/**латуннолитейный** Messinggießerei *f*
~/**листоотделочный** *(Met)* Blechzurichterei *f*
~/**листопрокатный** Blechwalzwerk *n*, Blechwalzerei *f*
~/**литейный** 1. *(Gieß)* Gießerei *f*, Gießereibetrieb *m*; 2. *(Glas)* Gießhalle *f* *(Spiegelglasfabrik)*
~ **литья в ковковые формы** Formmaskengießerei *f*
~ **литья в оболочковые формы** Formmaskengießerei *f*
~ **литья в скорлупчатые формы** Formmaskengießerei *f*
~ **литья под давлением** Druckgießerei *f*

~ **литья цветных металлов** Buntmetallgießerei *f*
~/**малярно-изоляционный** *(Schiff)* Konservierungs- und Isolierhalle *f*, Konservierungs- und Isolierwerkstatt *f*
~/**малярный** *(Schiff)* Konservierungshalle *f*, Konservierungswerkstatt *f*, Malerei *f*
~/**мартеновский** *(Met)* Siemens-Martin-Stahlwerk *n*, SM-Stahlwerk *n*, Siemens-Martin-Betrieb *m*, SM-Stahlbetrieb *m*
~ **машинного набора** *(Typ)* Maschinensetzerei *f*
~ **машинной формовки** *(Gieß)* Maschinenformerei *f*
~ **медеплавильного завода/конвертерный** *(Met)* Kupferkonverterei *f*, Kupferbessemerei *f*
~/**медерафинировочный** Kupferraffinerie *f*
~/**меднорафинировочный** Kupferraffinerie *f*
~/**месительный** *(Gum)* Mischwalzwerk *n*
~/**металлургический** Hüttenbetrieb *m*, Hüttenwerk *n*, Hütte *f*
~/**механический** mechanische Werkabteilung *f* *(Dreherei, Fräserei usw.)*
~/**механомонтажный** *(Schiff)* Maschinenmontagehalle *f*, Maschinenmontagewerkstatt *f*, Maschinenschlosserei *f*
~/**механосборочный** Montageabteilung *f*, Montagehalle *f*; Maschinenmontagehalle *f*, Maschinenmontagewerkstatt *n*, Maschinenschlosserei *f*
~/**модельный** *(Gieß)* Modelltischlerei *f*, Modellbaubetrieb *m*, Modellbauabteilung *f*, Modellbau *m*
~/**мотальный** *(Text)* Haspelei *f*; Spulerei *f*
~/**набивной** *s.* ~/**печатный**
~/**наборный** *(Typ)* Setzerei *f*
~/**обжиговый** Rösthütte *f* *(NE-Metallurgie)*
~/**обрубной** *(Gieß)* Putzerei *f*
~/**опытный** Versuchswerkstatt *f*; Versuchsabteilung *f*
~/**отбельный** *(Text, Pap)* Bleich[erei]anlage *f*, Bleicherei *f*
~/**отделочный** Putzerei *f* *(Stahlwerk)*
~/**отжигательный** *(Härt)* Glüherei *f*
~/**отмочно-зольный** *(Led)* Wasserwerkstatt *f*
~ **очистки заготовок** *(Wlz)* Knüppelputzerei *f*
~/**очистной** *(Gieß)* Putzerei *f*
~/**переплётный** *(Typ)* Buchbinderei *f*
~/**печатный** *(Typ)* Druckmaschinensaal *m*
~/**печной** *(Met)* Ofenhaus *n*
~/**плавильный** Schmelzbetrieb *m*, Schmelzerei *f*
~ **по отливке слитков** Blockgießerei *f*
~ **покрытий** galvanische Werkstatt *f* und Verzinkerei *f*
~/**прессов[очн]ый** Presserei *f*
~/**проволочно-прокатный** Drahtwalzwerk *n*, Drahtwalzerei *f*
~/**производственный** Fertigungsabteilung *f*, Produktionsabteilung *f*
~/**прокатный** Walzwerk *n*, Walzbetrieb *m* *(als Betriebsabteilung eines Hütten- oder Stahlwerks)*
~/**промывочный** Schlämmerei *f*, Erzwäscherei *f*, Erzwäsche *f* *(Aufbereitung)*
~/**прядильный** Spinnerei *f*, Spinnbetrieb *m*
~/**разливочный** Gießhalle *f*, Gießbetrieb *m*
~/**ремонтный** Reparaturwerkstatt *f*, Reparaturabteilung *f*, Instandsetzungswerkstatt *n*
~/**рудодробильный** Erzbrecherei *f*, Erzbrechwerk *n*, Erzbrechanlage *f*
~/**рудообжигательный** Rösthütte *f*, Röstbetrieb *m* *(NE-Metallurgie)*
~/**рудопромывочный** Erzwäscherei *f*, Erzwäsche *f* *(Aufbereitung)*
~ **ручного набора** *(Typ)* Handsetzerei *f*
~ **ручной формовки** *(Gieß)* Handformerei *f*
~/**сборочно-сварочный** *(Schiff)* Schiffbauschweißerei *f*, Schiffbauschweißhalle *f*
~/**сборочный** Montagehalle *f*, Montageschlosserei *f*
~/**сварочный** Schweißerei *f*, Schweißbetrieb *m*; *(Schiff)* Schweißhalle *f*
~ **свободной ковки** Freiformschmiede *f*, Freiformschmiedebetrieb *m*
~/**слесарно-корпусный** Schiffsschlosserei *f*
~/**слесарный** Schlosserei *f*
~/**сталелитейный** Stahl[form]gießerei *f*
~/**сталеплавильный** Stahlwerk *n*
~ **стального литья** Stahl[form]gießerei *f*
~/**стапельный** *(Schiff)* Helling *f*, Hellingmontagebereich *m*
~/**стекловаренный** *(Glas)* Schmelzhalle *f*
~/**стереотипный** *(Typ)* Stereotypieabteilung *f*
~/**стripперный** *(Met)* Stripperhalle *f*
~/**судостроительный** *(Schiff)* Helling *f*, Hellingmontagebereich *m*
~/**сукновальный** *(Text)* Walkerei *f*
~/**такелажно-парусный** *(Schiff)* Taklerei *f* und Segelmacherei *f*
~/**термический** Vergüterei *f*, Härterei *f*
~ **термообработки** Härterei *f*, Vergüterei *f*
~/**ткацкий** Weberei *f*, Webereibetrieb *m*
~/**токарный** Dreherei *f*
~/**томасовский** Thomasstahlwerk *n*
~/**травильный** Ätzerei *f*; Beizerei *f*, Beizbetrieb *m*
~/**труболитейный** Rohrgießerei *f*
~/**трубопрокатный** Rohrwalzwerk *n*, Rohrwalzerei *f*

~/**трубосварочный** Rohrschweißerei *f*, Rohrschweißbetrieb *m*, Rohrschweißwerk *n*
~/**турбинный** Turbinenhaus *n* *(Energieerzeugung)*
~ **фасонного стального литья** Stahl[form]gießerei *f*
~/**фасонно-сталелитейный** Stahl[form]gießerei *f*
~/**формовочный** *(Gieß)* Formerei *f*, Formereibetrieb *m*, Form[erei]halle *f*
~ **холодной прокатки** Kaltwalzerei *f*, Kaltwalzbetrieb *m*
~ **центробежного литья** Schleudergießerei *f*
~ **чугунного литья** Graugießerei *f*
~/**чугунолитейный** Graugießerei *f*
~/**швейный** *(Text)* Näherei *f*
~/**шихтосоставной** *(Glas)* Gemengehaus *n*
~/**шлифовальный** Schleiferei *f*
~/**шлихтовальный** *(Text)* Schlichterei *f*
~/**штамповочный** 1. Gesenkschmiede *f*, Gesenkschmiedebetrieb *m*; 2. Presserei *f*; 3. *(Led)* Stanzerei *f*
~/**электромонтажный** Elektromontagehalle *f*, Elektromontagewerkstatt *f*
~/**электросталеплавильный** Elektrostahlwerk *n*
цехбюро *n* Betriebsbüro *n*; Werkstattschreiberei *f*
цехштейн *m* *(Geol)* Zechstein *m*, Thuring *n* *(s. a.* **отдел/верхнепермский** *und* **эпоха/позднепермская***)*
циан *m* *(Ch)* Zyan *n*, Dizyan *n*
~/**бромистый** Zyanbromid *n*
~/**йодистый** Zyanjodid *n*
~/**хлористый** Zyanchlorid *n*
цианамид *m* *(Ch)* Zyanamid *n*
~ **кальция** Kalziumzyanamid *n*, Kalkstickstoff *m*
цианат *m* *(Ch)* Zyanat *n*
~ **аммония** Ammoniumzyanat *n*
~ **серебра** Silberzyanat *n*
циангидрин *m* *(Ch)* Zyanhydrin *n*, α-Hydroxynitril *n*
цианид *m* *(Ch)* Zyanid *n*
~ **калия** Kaliumzyanid *n*, Zyankali *n*
~ **натрия** Natriumzyanid *n*
~ **серебра** Silberzyanid *n*
цианизация *f s.* **цианирование**
цианин *m* *(Ch)* Zyanin *n*, Zyaninfarbstoff *m*
цианирование *n* 1. Zyanidlaugung *f*, Zyanidlaugerei *f* *(Gold- und Silbergewinnungsverfahren)*; 2. Zyanieren *n*, Zyanhärtung *f*, Karbonitrieren *n*, Karbonitrierung *f* *(von Stahl)*
~ **в твёрдой среде** Karbonitrieren *n* in festen Mitteln *(trockenes Gemisch aus Holzkohle, Natriumkarbonat und Kaliumferrizyanid)*
~ **в твёрдых средах** Zyanieren *n* in festen Stoffen
~/**высокотемпературное** Karbonitrieren *n* bei 750 . . . 850 °C des Mittels
~/**газовое** Karbonitrieren *n* in gasförmigen Mitteln *(Gemisch aus einem aufkohlenden Gas und Ammoniak)*
~/**жидкостное** Karbonitrieren *n* in flüssigen Mitteln *(Natriumzyanid- oder Kaliumzyanidbad)*
~/**низкотемпературное** Karbonitrieren *n* bei 550 . . . 650 °C des Mittels
цианистый *(Ch)* . . . zyanid *n*; zyanhaltig
циановокислый *(Ch)* . . . zyanat *n*; zyansauer
циановый *(Ch)* Zyan . . .
цианометр *m* Zyanometer *n*
цианометрия *f* Zyanometrie *f*
цианотипия *f* *(Foto)* Zyanotypie *f*, Blaupause *f*
цианоферрат *m* *(Ch)* Zyanoferrat *n*, Hexazyanoferrat *n*
~ **калия** Kaliumzyanoferrat(III) *n*, Kaliumhexazyanoferrat(III) *n*, rotes Blutlaugensalz *n*; Kaliumzyanoferrat(II) *n*, Kaliumhexazyanoferrat(II) *n*, gelbes Blutlaugensalz *n*
цианплав *m* *(Ch)* Zyanidschmelze *f*
циейзен *m* *(Met)* Zieheisen *n* *(Ziehen)*
цикл *m* 1. Zyklus *m*, Kreislauf *m*, Umlauf *m*, Kreisprozeß *m*; 2. Wechselfolge *f*, Gang *m*, Spiel *n*; 3. Periode *f*, Schwingung[speriode] *f*; 4. *(Ch)* Ring *m*, Kern *m*; 5. *(Wkst)* Arbeitsspiel *n*, Lastspiel *n*
~/**бензольный** Benzolring *m*, Benzolkern *m*
~/**бинарный** *(Wmt)* Zweistoffverfahren *n* *(Wasserdampf-Quecksilberdampf-Turbine)*
~ **в программе** *(Dat)* Programmzyklus *m*
~/**воздушный** aerodynamischer Kreisprozeß *m*
~ **выполнения команды** *(Dat)* Befehlszyklus *m*
~/**газовый** Gasprozeß *m*
~/**газотурбинный** Gasturbinenprozeß *m*
~/**геотектонический** *(Geol)* geotektonischer Zyklus *m*
~ **двигателя** Arbeitsspiel *n* des Motors
~/**двухтактный** Zweitaktarbeitsspiel *n* [des Motors]
~ **действия измерительного прибора** Arbeitsbereich *m* eines Meßgerätes
~ **Дизеля** Dieselscher Kreisprozeß *m*, Diesel-Prozeß *m*
~/**жидкостный** Flüssigkeitskreisprozeß *m*
~/**замкнутый** geschlossener (vollständiger) Kreislauf *m*; geschlossener Kreisprozeß *m*
~ **замораживания и оттаивания** Frostwechselzyklus *m* *(Baustoffprüfung)*
~ **записи** *(Dat)* Schreibzyklus *m*

~/**знакопеременный** *(Wkst)* Lastspiel *n* mit wechselndem Vorzeichen
~/**знакопостоянный** *(Wkst)* Schwellbeanspruchung *f*, Spannungsspiel *n* bei Schwellbeanspruchung, Lastspiel *n* mit gleichbleibendem (konstantem) Vorzeichen
~/**знакопостоянный предельный** reine Schwellbeanspruchung *f*, Ursprungsbeanspruchung *f*
~/**идеальный** *(Therm)* verlustloser Vergleichsprozeß *m*
~ **изменения напряжения** *(Wkst)* Spannungsspiel *n*, Lastspiel *n*, Schwingungsperiode *f* *(des belasteten Stabes)*
~ **изменения напряжения/асимметричный** Spannungsspiel *n* mit ungleicher Ober- und Unterspannung
~ **изменения напряжения/симметричный** Spannungsspiel *n* mit gleicher Ober- und Unterspannung
~/**имидазоловый (имидазольный)** *(Ch)* Imidazolring *m*
~/**индольный** *(Ch)* Indolring *m*, Indolkern *m*
~ **итерации** *s.* ~/**итерационный**
~/**итерационный** *(Kyb, Dat)* Iterationsschleife *f*, Iterationszyklus *m*
~ **Карно** Carnotscher Kreisprozeß *m*, Carnot-Prozeß *m*
~/**командный** *(Dat)* Befehlszyklus *m*
~/**коммутационный** Schaltspiel *n*
~ **крана/рабочий** Kranspiel *n*
~ **Кребса [/лимоннокислый]** *(Ch)* Zitronensäurezyklus *m*, Krebs-[Martius-]Zyklus *m*
~/**круговой** Kreisprozeß *m*
~/**лактонный** *(Ch)* Laktonring *m*
~ **левого вращения** Linksprozeß *m*
~ **Линде** *(Ch)* Lindescher Kreisprozeß *m*, Linde-Prozeß *m*
~/**литьевой** *s.* ~ **литья**
~ **литья** *(Plast)* Spritzgußzyklus *m*
~/**лунный** *(Astr)* Mondzyklus *m*
~/**магнитный** *s.* ~ **Хейла**
~ **нагружения** *s.* ~ **нагрузки**
~ **нагрузки** *(Wkst)* Lastspiel *n* *(Dauerschwingungsversuch)*
~ **нагрузки/предельный знакопостоянный** *(Wkst)* Ursprungsfestigkeit *f*
~ **нагрузок/знакопеременный** *(Wkst)* schwingende Belastung *f*
~ **нагрузок/односторонний** *(Wkst)* schwellende Belastung *f*
~ **намагничивания** *(Kern)* Magnetisierungszyklus *m*
~ **напряжений** *(Wkst)* Schwingungsperiode *f* *(des belasteten Probestabes)*
~ **напряжений/асимметричный** 1. Schwellbeanspruchung *f*; 2. Wechselbeanspruchung *f* mit ungleicher Ober- und Unterspannung
~ **напряжений/знакопеременный** Wechselbeanspruchung *f*, Schwingungsbeanspruchung *f*, Spannungsspiel *n* bei Wechselbeanspruchung
~ **напряжений/симметричный** Spannungsspiel *n* bei Schwingungsbeanspruchung mit gleicher Ober- und Unterspannung
~ **напряжения** Schwingungsbeanspruchung *f*, Schwingungsspannungen *fpl* *(der Schiffskonstruktion)*
~/**нафталиновый** *(Ch)* Naphthalinring *m*
~/**нейтронный** *(Kern)* Neutronenzyklus *m* *(im Reaktor)*
~/**несимметричный** *(Wkst)* Wechselbeanspruchung *f* mit ungleicher Ober- und Unterspannung, Spannungsspiel *n* mit ungleichen Werten der Ober- und Unterspannung
~ **обработки** *(Dat)* Verarbeitungsgang *m*
~ **обработки или передачи слова** *(Dat)* Wortzeit *f*
~ **обработки перфокарты** *(Dat)* Kartengang *m*
~/**обратимый** reversibler Kreisprozeß *m*
~ **обращения** *(Dat)* Zugriffszyklus *m*
~ **обращения по орбите** *(Kern)* Bahnumlauf *m*
~ **ожидания** *(Dat)* Wartezyklus *m*
~ **оперативной памяти** *(Dat)* Hauptspeicherzyklus *m*
~/**орнитиновый** *(Ch)* Ornithinzyklus *m*
~/**основной** *(Dat)* Hauptschleife *f*
~/**открытый** offener Kreisprozeß *m*
~ **Отто** Ottoscher Kreisprozeß *m*, Otto-Prozeß *m*
~/**паровой** Dampfprozeß *m*
~/**паротурбинный** Rankine-Clausius-Prozeß *m*, Rankine-Clausiusscher Kreisprozeß *m*
~/**первичный** *(Kern)* Primärkreislauf *m*
~ **перемагничивания** *(Kern)* Magnetisierungszyklus *m*
~ **печати** *(Dat)* Schreibzyklus *m*
~/**пиридиновый** *(Ch)* Pyridinring *m*
~/**пиримидиновый** *(Ch)* Pyrimidinring *m*
~/**плутониевый** *(Kern)* Plutoniumzyklus *m*
~ **поиска** *(Dat)* Wiederauffindungszyklus *m*
~/**полный** *(Kern)* Vollumlauf *m*
~/**правовращающийся** Rechtsprozeß *m*
~/**предельный знакопостоянный** *(Wkst)* Ursprungsbeanspruchung *f*
~/**программный** *(Dat)* Programmschleife *f*
~/**проходческий** *(Bgb)* Abschlag *m*
~/**пуриновый** *(Ch)* Purinring *m*
~ **работы** *s.* ~/**рабочий**
~ **работы камеры** *(Kern)* Kammerzyklus *m*
~/**рабочий** 1. Arbeitszyklus *m*, Arbeitsspiel *n*; 2. *(Dat)* Operationszyklus *m*, Arbeitszyklus *m* *(des Rechners)*

~/**равновесный** *(Kern)* Gleichgewichtskreis *m*
~/**разомкнутый** unterbrochener (offener) Kreislauf *m*
~ **Ранкина** *s.* ~/**паротурбинный**
~/**расчётный** *(Therm)* Vergleichsprozeß *m*
~ **расширенного воспроизводства** *(Kern)* Brutzyklus *m*
~ **резания** Schnittfolge *f*
~ **ремонта** *(Eb)* Ausbesserungsfrist *f*, Instandhaltungsfrist *f* *(Fahrzeug)*
~ **Ренкина** *s.* ~/**паротурбинный**
~ **с воспроизводством/топливный** *(Kern)* Blutkreislauf *m*
~/**симметричный** *(Wkst)* Wechselbeanspruchung *f* mit gleicher Ober- und Unterspannung, Spannungsspiel *n* mit gleichen Werten der Ober- und Unterspannung
~ **слова** *(Dat)* Wortzeit *f*
~ **сновки** *(Text)* Herunter- und Heraufschären *n* *(Weberei)*
~ **солнечной активности** *(Astr)* Zyklus *m* der Sonnenaktivität, Aktivitätszyklus *m*
~ **солнечных пятен** *(Astr)* Sonnenfleckenzyklus *m*, Sonnenfleckenperiode *f*
~/**сравнительный** *(Therm)* Vergleichsprozeß *m*
~ **считывания** *(Dat)* Lesezyklus *m*
~/**тепловой** Wärmekreislauf *m*
~ **теплоносителя/двухтактный** *(Kern)* geschlossener Kreislauf *m* des Wärmeträgers, geschlossener Kühlmittelkreislauf *m* *(Reaktor)*
~ **теплоносителя/разомкнутый** *(Kern)* unterbrochener Kreislauf *m* des Wärmeträgers, offener Kühlmittelkreislauf *m* *(in Reaktoren für nichtenergetische Zwecke)*
~ **теплоносителя реактора** *(Kern)* Kreislauf *m* des Wärmeträgers, Kühlmittelkreislauf *m* *(Reaktor)*
~/**термодинамический** *s.* ~/**тепловой**
~/**тиазиновый** *(Ch)* Thiazinring *m*
~/**тиазоловый** *(Ch)* Thiazolring *m*
~/**топливный** *(Kern)* Brennstoffkreislauf *m*; Spaltstoffkreislauf *m*
~/**транспортный** *(Bgb)* Förderspiel *n*
~/**трёхчленный** *(Ch)* Drei[er]ring *m*, dreigliedriger Ring *m*
~ **трикарбоновых кислот** *s.* ~ **Кребса [/лимоннокислый]**
~ **ускорения** Beschleunigungszyklus *m*
~/**фурановый** *(Ch)* Furanring *m*
~ **Хейла** *(Astr)* Halescher Zyklus *m* *(22jähriger Sonnenfleckenzyklus)*
~/**холодильный** Kühlkreislauf *m*, Kühlmittelkreislauf *m*
~/**холостой** *(Dat)* Leerlaufgang *m*
~/**четырёхтактный** Viertaktarbeitsspiel *n* [des Motors]
циклёвка *f* Abziehen *n* *(des Fußbodens)*
циклида *f* *(Math)* Zyklide *f*, Zyklid *n*
циклизация *f* *(Ch)* Zyklisierung *f*, Ringschließung *f*
циклизовать *(Ch)* zyklisieren, einem Ringschluß unterwerfen, „ringschließen"
циклизоваться *(Ch)* sich zyklisieren, sich zum Ring schließen
циклический *(Ch)* zyklisch, Zyklo . . ., ringförmig, Ring . . .
цикличность *f* 1. *(Bgb)* zyklische Arbeitsmethode *f*; Periodizität *f*; 2. *(Meteo)* Zyklizität *f*, Kreisläufigkeit *f* *(Vorhandensein oder Auftreten zyklischer Prozesse in der Atmosphäre oder im Naturgeschehen überhaupt)*
циклоалкан *m* *(Ch)* Zykl[oalk]an *n*, Zykloparaffin *n*, Naphthen *n*
циклобутан *m* *(Ch)* Zyklobutan *n*
циклогексадиен *m* *(Ch)* Zyklohexadien *n*, Dihydrobenzol *n*
циклогексан *m* *(Ch)* Zyklohexan *n*, Hexahydrobenzol *n*
циклогексанол *m* *(Ch)* Zyklohexanol *n*, Hexahydrophenol *n*
циклогексанон *m* *(Ch)* Zyklohexanon *n*, Pimelinketon *n*
циклогенез *m* *(Meteo)* Zyklogenese *f*
циклограмма *f* Zyklogramm *n*
циклограф *m* Zyklograf *m*; Zykloskop *n*
циклоида *f* *(Math)* Zykloide *f*, Radkurve *f*
циклолиз *m* Zyklolyse *f*, Auflösung *f* der Zyklone
цикломер *m* Periodenzähler *m*
циклометр *m* *(Meß)* Zyklometer *n*
циклон *m* 1. Zyklon *m*, Zyklon[ab]scheider *m*, Wirbel[ab]scheider *m*, Wirbelsichter *m*; 2. *(Meteo)* Zyklone *f*, Tief *n*, Tiefdruckgebiet *n*
~/**батарейный** Multi[aero]zyklon *m*, Aeromultizyklon *m*
~/**вторичный** *(Meteo)* Randtief *n*
~ **низкого давления** *s.* **циклон 2.**
~/**пылевой** Zyklonstaubabscheider *m*
~ **тропопаузы** *(Meteo)* Tropopausenzyklone *f*
~ **с водяной плёнкой** Fliehkraftnaßabscheider *m*
~ **с двумя ядрами** *(Meteo)* Zwillingstief *n*
~/**частный** *(Meteo)* Randtief *n*
циклонообразование *n* *s.* **циклогенез**
циклооктан *m* *(Ch)* Zyklooktan *n*
циклоолефин *m* *(Ch)* Zykloolefin *n*
циклопарафин *m* *(Ch)* Zykloparaffin *n*, Zykl[oalk]an *n*, Naphthen *n*
циклопентан *m* *(Ch)* Zyklopentan *n*
циклополимеризация *f* *(Ch)* zyklisierende Polymerisation *f*
циклопропан *m* *(Ch)* Zyklopropan *n*
циклоскоп *m* Zykloskop *n*, Zyklograf *m*
циклотрон *m* Zyklotron *n*
~/**изохронный** Isochronzyklotron *n*

~/**мигающий** Impulszyklotron *n* *(Geschwindigkeitsselektor mit modulierter Neutronenquelle in Form eines Zyklotrons)*
~/**радиально-синхронный** Radialsektorzyklotron *n*, Isozyklotron *n* nach Thomas
~ **с азимутальной вариацией [магнитного поля]** AVF-Zyklotron *n*
~ **с сильной фокусировкой** starkfokussierendes Zyklotron *n*
~ **с частотной модуляцией** frequenzmoduliertes Zyklotron *n*, Phasotron *n*
~/**секторный** *s.* ~ **с азимутальной вариацией**
~ **со слабой фокусировкой** schwachfokussierendes Zyklotron *n*
~/**спирально-гребневой** Spiralrückenzyklotron *n*, Spiralsektorzyklotron *n*
~/**спирально-секторный** Spiralrückenzyklotron *n*, Spiralsektorzyklotron *n*
~ **Томаса** Isochronzyklotron *n* nach Thomas
~/**электронный** Elektronenzyklotron *n*, Mikrotron *n*
цикля *f* *(Wkz)* Ziehklinge *f*
цилиндр *m* 1. Zylinder *m*, Trommel *f*, Walze *f* *(s. a. unter* **барабан***)*; 2. *(Math)* Zylinder *m*; 3. *(Dat)* Zylinder *m* *(Plattenspeicher)*
~/**анодный** Anodenzylinder *m*
~ **Венельта** *(Eln)* Wehnelt-Zylinder *m*
~ **воздушного накатника** *(Mil)* Verdrängerzylinder *m* *(Geschütz)*
~ **высокого давления** Hochdruckzylinder *m* *(Dampfmaschine)*
~ **вытяжного прибора** *(Text)* Verzugszylinder *m* *(Streckwerk; Spinnerei)*
~/**газовый** *(Mil)* Gaskolbenführungsrohr *n* *(lMG)*
~/**гидравлический** Hydraulikzylinder *m*
~/**главный тормозной** *(Kfz)* Hauptbremszylinder *m*
~/**гравируемый** *(Typ)* Tiefdruckzylinder *m*
~/**двойной главный** *(Kfz)* Zweikreis-Hauptzylinder *m* *(Zweikreisbremse)*
~/**двусторонний силовой** *s.* **гидроцилиндр с двусторонним штоком**
~/**делительный** Teilzylinder *m*
~ **для осевого раската краски** *(Typ)* Querverreiber *m*
~ **для прикрепления стереотипов** *(Typ)* Aufspannzylinder *m* *(Stereotypieplatten-Fräsmaschine)*
~/**дукторный** *(Typ)* Duktorzylinder *m*
~/**замыкающий** Schließzylinder *m* *(Druckgießmaschine)*
~/**золотниковый** Schieberzylinder *m* *(Dampfmaschine)*
~/**игольный** *(Text)* Nadelzylinder *m* *(Rundstrickstrumpfautomat)*
~/**измерительный** Meßzylinder *m*, Standglas *n*
~ **каландра** *(Pap)* Kalanderwalze *f*
~/**катодный** Katodenzylinder *m*
~ **колеса/тормозной** *(Kfz)* Radbremszylinder *m*
~ **компрессора** *s.* ~ **тормоза отката**
~/**контрольный** Prüfzylinder *m* *(z. B. am Zahnrad)*
~/**красочный** *(Typ)* Farbzylinder *m*
~/**мерный** *(Ch)* Meßzylinder *m*, Maßzylinder *m*
~ **меток** *(Dat)* Kennsatzzylinder *m*
~/**нажимный** 1. *(Typ)* Gegendruckzylinder *m*; 2. *(Text)* Druckzylinder *m* *(Streckwerk; Spinnerei)*; 3. Anstellzylinder *m* *(Bandagenwalzwerk)*
~/**начальный** *(Masch)* Wälzzylinder *m* *(Verzahnung)*
~ **низкого давления** Niederdruckzylinder *m* *(Dampfmaschine)*
~/**однокамерный** Einkammerzylinder *m*
~/**односторонний силовой** *s.* **гидроцилиндр с односторонним штоком**
~/**отводящий** *(Typ)* Ableitzylinder *m*
~/**отделительный** *(Text)* Abreißwalze *f* *(Kämmaschine)*
~/**охлаждающий** Kühlzylinder *m*, Kühltrommel *f*
~/**паровой** Dampfzylinder *m*
~/**передаточный** *(Typ)* Übergabetrommel *f*, Übergabezylinder *m*, Überführzylinder *m*, Heber *m*
~/**передний вытягивающий** *(Text)* vordere Streckwalze *f*, Auswalze *f*, Auszylinder *m* *(Streckwerk; Spinnerei)*
~/**печатающий** *(Dat)* Typenwalze *f* *(Drukker)*
~/**печатный** *(Typ)* 1. Druckzylinder *m*; 2. Gegendruckzylinder *m*
~/**питающий** *(Text)* 1. Lieferzylinder *m*, Lieferwalze *f* *(Streckwerk; Spinnerei)*; 2. Speisewalze *f* *(Deckelkarde)*
~/**пластиночный** *(Typ)* Plattenzylinder *m*, Formzylinder *m*
~/**пневматический** Druckluftzylinder *m*
~/**подающий** *(Typ)* Zuführzylinder *m*
~/**подъёмный** Hubzylinder *m*
~/**прессовый** *(Typ)* Prägezylinder *m*
~/**прилегающий** angrenzender Zylinder *m*
~/**присасывающий** *(Typ)* Ansaugzylinder *m*
~/**протравленный формный** *(Typ)* geätzter Formzylinder *m*, geätzter Druckzylinder *m*
~ **прямого хода** Vorschubzylinder *m* *(Bandagenwalzwerk)*
~/**прямоточный** Gleichstromzylinder *m*
~/**рабочий** Arbeitszylinder *m*, Kraftzylinder *m*, Stellzylinder *m*
~ **развёртки** *(Typ)* Abtastzylinder *m*
~/**разделённый** *(Dat)* Splittzylinder *m*, geteilter Zylinder *m*

~/распределительный 1. Steuerzylinder *m* *(Dampfturbinenregelung)*; 2. Kolbenschieberbüchse *f*, Steuerzylinder *m* *(Dampfmaschine)*
~/растирающий *(Typ)* Reibzylinder *m*, Verreibzylinder *m*
~/растирочный *(Typ)* Stahlreiber *m*
~/регистрирующий Schreibtrommel *f*
~/резальный *(Typ)* Schneidzylinder *m*
~ с золотником Schieberzylinder *m* *(Dampfmaschine)*
~ с клапанами Ventilzylinder *m* *(Dampfmaschine)*
~ с кранами Корлисса Corliß-Zylinder *m* *(Dampfmaschine)*
~ с формой *(Typ)* 1. Plattenzylinder *m* *(Rotationsbuchdruck, Offsetdruck)*; 2. Formzylinder *m* *(Offset- und Tiefdruck)*
~/сгустительный *(Typ)* Eindickzylinder *m*
~/сеточный Siebzylinder *m*, Siebwalze *f*
~/силовой *s.* **гидроцилиндр/силовой**
~/собирающий *(Typ)* Sammelzylinder *m*, Sammeltrommel *f*, Kollektor *m*
~/сортировальный *(Lw)* Sortierzylinder *m*
~ среднего давления Mitteldruckzylinder *m* *(Dampfmaschine)*
~/сушильный Trockenzylinder *m*
~ тормоза отката *(Mil)* Bremszylinder *m* *(Geschütz)*
~/тормозной *(Kfz)* Bremszylinder *m*
~ триера *(Lw)* Auslesezylinder *m*
~/усечённый *(Math)* Zylinderstumpf *m*
~/ускорительный *(Kern)* Beschleunigungszylinder *m*
~/фальцевальный *(Typ)* Falzzylinder *m* *(Rotationsmaschine)*
~/фальцующий *(Typ)* Falzzylinder *m*
~/формный *(Typ)* Plattenzylinder *m*
~/цинковый *(Typ)* Plattenzylinder *m*, Zinkplattenzylinder *m* *(Offsetdruck)*
~/экранирующий Abschirmzylinder *m*
~/эллиптический *(Math)* elliptischer Zylinder *m*
~/ячеистый Zylindermantel *m* *(Auslesemaschine)*
цилиндричность *f* Zylindrizität *f*
цилиндроид *m* *(Math)* Zylindroid *n*
цилиндр-распределитель *m* *(Typ)* Verteilerzylinder *m*, Verteiler *m*
цимол *m* *(Ch)* Zymol *n*, Isopropyltoluol *n*
цимология *f* 1. Zymologie *f*; 2. Zymotechnik *f*, Gärtechnik *f*
цинк *m* *(Ch)* Zink *n*, Zn
~/гранулированный Zinkgranalien *fpl*, Zinkgranulat *n*
~/дистилляционный Destillationszink *n*
~/листовой Zinkblech *n*
~/нерафинированный Rohzink *n*
~/рафинированный Raffinatzink *n*
~/сернистый Zinksulfid *n*
~/сернокислый Zinksulfat *n*, Zinkvitriol *n*
~/сырой Rohzink *n*
~/уксуснокислый Zinkazetat *n*
~/хлористый Zinkchlorid *n*
~/хлорноватокислый Zinkchlorat *n*
~/чистый Feinzink *n*
~/чушковый Barrenzink *n*, Zinkbarren *mpl*
~/электролитический (электролитный) Elektrolytzink *n*
цинкенит *m* *(Min)* Bleiantimonglanz *m*, Zin[c]kenit *m*
цинкит *m* *(Min)* Zinkit *m*, Rotzinkerz *n*
цинкование *n* Verzinken *n*, Verzinkung *f*
~/гальваническое galvanisches (elektrolytisches) Verzinken *n*
~/диффузионное Sherardisieren *n*
~/металлизационное Spritzverzinken *n*
~/огневое Feuerverzinken *n*
цинковать verzinken
цинкография *f* *(Typ)* 1. Chemigrafie *f*; 2. Zinkätzerei *f* *(Herstellungsbetrieb)*
~/полутоновая Rasterätzung *f*
~/штриховая Strichätzung *f*
цинкозит *m* *(Min)* Zinkosit *m*
цинколитейная *f* *(Met)* Zinkgießerei *f*
циннабарит *m* *(Min)* Zinnabarit *m*, Zinnober *m*
циннамат *m* *(Ch)* Zinnamat *n*
~ кальция Kalziumzinnamat *n*
циннвальдит *m* *(Min)* Zinnwaldit *m*
цинубель *m* *(Wkz)* Zahnhobel *m*
циппеит *m* *(Min)* Zippeit *m*, Uranblüte *f*
цирк *m*/**горный** *(Geol)* Kar *n*; Gebirgsbecken *n*
~/лунный *(Astr)* Ringgebirge *n*, Wallebene *f*
циркон *m* *(Min)* Zirkon *m*
цирконий *m* *(Ch)* Zirkonium *n*, Zr
~/азотистый Zirkoniumnitrid *n*
~/азотнокислый Zirkoniumnitrat *n*
~/бористый Zirkoniumborid *n*
~/кремнекислый Zirkoniumsilikat *n*
циркулировать zirkulieren, umlaufen
циркуль *m* Zirkel *m* *(Reißzeug, Werkzeug)*
~/гиперболический Hyperbolograf *m*
~/делительный Teilzirkel *m*
~/измерительный Handzirkel *m*, Stechzirkel *m*
~/инструментальный пружинный Zirkel *m* mit Spannmutter
~/круговой Bleistiftzirkel *m*, Einsatzzirkel *m* *(Reißzeug)*
~/мерительный *s.* **~/измерительный**
~/микрометрический Teilzirkel *m*
~/параллельный Parallelzirkel *m*
~/пропорциональный *s.* **~/редукционный**
~/разметочный Anreißzirkel *m*
~/редукционный Reduktionszirkel *m*
~/эллиптический Ellipsenzirkel *m*
циркулярный zirkular, Zirkular ..., zirkulär
циркулятор *m* *(Rf)* Zirkulator *m*

~/**микроволновый** Mikrowellenzirkulator *m*

~/**трёхплечий** Dreiarmzirkulator *m*

циркуляционный Drehkreis . . .; Umwälz . . ., Umlauf . . .

циркуляция *f* 1. Zirkulation *f*, Kreislauf *m*; Umlaufen *n*, Umlauf *m*, Kreisen *n*; Umwälzung *f*; 2. *(Schiff)* Drehkreis *m*; 3. *(Hydrod) s.* ~ **скорости** • **без циркуляции** zirkulationsfrei, ohne Zirkulation • **с циркуляцией** zirkulationsbehaftet, Zirkulations . . .

~ **векторного поля** *(Math)* Umlaufintegral *n* (Zirkulation *f*) eines Vektorfeldes

~ **воды** Wasserumlauf *m*, Wasserzirkulation *f*

~/**естественная** natürliche Zirkulation *f*

~/**искусственная** Zwangsumlauf *m*

~ **массы** *(Pap)* Stoffumtrieb *m*, Stoffumlauf *m*, Stoffbewegung *f*

~/**местная (призабойная)** *(Bgb)* örtlicher Spülungsumlauf *m*, Sohlenzirkulation *f* *(Bohrung)*

~/**принудительная** Zwang[s]umlauf *m*

~ **скорости** *(Hydrod)* Zirkulation *f* *(Linienintegral der Geschwindigkeit in Strömungen längs einer geschlossenen Kurve)*

~ **сока** Saftstromführung *f*, Saftzirkulation *f* *(Zuckergewinnung)*

~/**установившаяся** *(Schiff)* stabiler Drehkreis *m*

цир толит *m* *(Min)* Zirtolit *m* *(uran- und thoriumhaltige Abart des Zirkons)*

цис-соединение *n* *(Ch)* cis-Verbindung *f*

циссоида *f* *(Math)* Zissoide *f*, Efeublattlinie *f*

цистеин *m* *(Ch)* Zystein *n*, α-Amino-β-merkaptopropionsäure *f*

цистерна *f* 1. Zisterne *f*, Behälter *m* *(für Wasser und andere flüssige Stoffe)*; 2. *(Schiff)* Tank *m*, Zelle *f*, Bunker *m*; 3. *(Kfz)* Tankwagen *m*; 4. *(Eb)* Kesselwagen *m*

~/**активная успокоительная** *(Schiff)* aktiver Schlingertank *m*

~/**балластная** 1. *(Schiff)* Ballasttank *m*; 2. *(Mar)* Tauchtank *m* *(U-Boot)*

~/**бортовая** *(Schiff)* Seitentank *m*

~/**бортовая подпалубная** Toppseitentank *m*, Topptank *m*

~/**бортовая скуловая** Kimmtank *m*

~ **быстрого погружения** *(Mar)* Alarmtauchtank *m* *(U-Boot)*

~/**вкладная** *(Schiff)* loser Tank *m*, Behälter *m*

~/**водяная** *(Schiff)* Wassertank *m*

~/**глубокая** *(Schiff)* Hochtank *m*

~/**гравитационная** *(Schiff)* Falltank *m*, Fallbehälter *m*

~/**грузобалластная** *(Schiff)* Lade- und Ballasttank *m*

~/**грузовая** *(Schiff)* Ladetank *m*

~ **дизельного топлива** *(Schiff)* Dieselöltank *m*

~/**дифферент[овоч]ная** *(Schiff)* Trimmtank *m*

~ **для сжиженных газов** *(Schiff)* Flüssiggastank *m*

~/**донная** *(Schiff)* Bodentank *m*

~ **забортной воды** *(Schiff)* Seewassertank *m*

~/**заместительная** *(Mar)* Ausgleichtank *m* *(U-Boot)*

~ **котельного топлива** *(Schiff)* Heizöltank *m*

~/**креновая** *(Schiff)* Krängungstank *m*

~/**междудонная** *(Schiff)* Doppelbodentank *m*

~ **мытьевой воды** *(Schiff)* Waschwassertank *m*

~/**наклонная бортовая** *(Schiff)* Wingtank *m*

~/**наклонная подпалубная** schräger Topptank *m* *(Massengutschiff)*

~/**напорная** Drucktank *m*

~/**незамещаемая** *(Schiff)* „reiner" Tank *m* *(bei dem verbrauchter Kraftstoff nicht durch Ballastwasser ersetzt wird)*

~/**нефтяная** *(Schiff)* Öltank *m*, Rohöltank *m*

~ **основного запаса топлива** *(Schiff)* Kraftstoffvorratstank *m*, Kraftstoffbunker *m*

~/**отстойная** Setztank *m*, Absetztank *m*, Absitztank *m*

~ **охлаждающей воды** Kühlwassertank *m*

~/**пассивная успокоительная** *(Schiff)* Frahmscher [passiver] Schlingertank *m*

~/**переменная** *(Schiff)* Wechseltank *m*

~/**пиковая** *(Schiff)* Piektank *m*

~ **питательной воды** Speisewassertank *m*

~ **питьевой воды** Trinkwassertank *m*

~ **плавучести** *(Mar)* Auftriebstank *m* *(U-Boot)*

~/**плоская килеватая** *(Schiff)* flacher Kieltank *m*

~ **погружения** *(Mar)* Tauchtank *m* *(U-Boot)*

~/**подпалубная** Topptank *m* *(Massengutschiff)*

~ **пресной воды** *(Schiff)* Frischwassertank *m*

~ **растительного масла** *(Schiff)* Süßöltank *m*

~/**расходная** *(Schiff)* Tagestank *m*

~ **с борта, противоположного крену** *(Schiff)* Luvtank *m*

~ **с накренного борта** *(Schiff)* Leetank *m*

~ **сбора протечек топлива** *(Schiff)* Lecköltank *m*

~/**скуловая** *(Schiff)* Kimmtank *m*

~/**сливная** Ablaßtank *m*

~/**средняя** *(Mar)* Sicherheitstank *m* *(U-Boot)*

~/**суточная** Tagestank *m*
~/**съёмная** *(Schiff)* loser Tank *m (z. B. für Rettungsboote)*
~/**топливная** *(Schiff)* Kraftstofftank *m*
~/**топливно-балластная** *(Schiff)* Wechseltank *m*
~/**торпедозаместительная** *(Mar)* Torpedoausgleichstank *m (U-Boot)*
~ **тяжёлого топлива** *(Schiff)* Schweröltank *m*
~/**уравнительная** 1. Ausdehnungstank *m*, Ausgleichbehälter *m*; 2. *(Mar)* Reglertank *m*, Trimmtank *m (U-Boot)*
~/**успокоительная** *(Schiff)* Schlingerdämpfungstank *m*
~ **утечного топлива** *(Schiff)* Lecköltank *m*
~ **Фрама** *(Schiff)* Frahm-Tank *m* (Schlin*gerdämpfungstank)*
~/**циркуляционная** *(Schiff)* Umlauftank *m*
~/**чисто балластная** *(Schiff)* reiner Ballasttank *m*
цистерна-отстойник *f* Absetztank *m*
цистерны *fpl* **ледокола/дифферентные** Stampfanlage *f (Eisbrecher)*
~ **ледокола/креновые** Krängungsanlage *f (Eisbrecher)*
цистин *m (Ch)* Zystin *n (Disulfid des Zysteins)*
цистоскоп *m (Med)* Zystoskop *n*
цистоскопия *f (Med)* Zystoskopie *f*
цис-транс-изомер *m (Ch)* cis-trans-Isomer[es] *n*
цис-транс-изомерия *f (Ch)* cis-trans-Isomerie *f*, geometrische Isomerie *f*
цитокинез *m* Zytokinese *f*, Zytoplasmateilung *f*
цитрат *m (Ch)* Zitrat *n*
~ **аммония** Ammoniumzitrat *n*
~/**кислый** Hydrogenzitrat *n*
~ **натрия** Natriumzitrat *n*
цитратнорастворимый *(Ch)* zitratlöslich
цитрин *m (Min)* Zitrin *m (gelbe Quarzart)*
циферблат *m* Skalenscheibe *f*, Zeigerplatte *f*
~/**часовой** Zifferblatt *n (Uhr)*
цифра *f (Math, Dat)* Ziffer *f*, Zahl *f*
~/**верная** gültige Ziffer *f*
~/**восьмеричная** Oktalziffer *f*
~/**двоичная** Binärziffer *f*
~/**десятичная** Dezimalziffer *f*
~ **десятков** Zehnerziffer *f*, Zehner *m*
~ **единиц** Einerziffer *f*, Einer *m*
~ **знака** Vorzeichenziffer *f*
~/**значащая** gültige Ziffer *f*
~ **кода защиты** Schutzziffer *f*
~/**контрольная** Prüfziffer *f*, Kontrollziffer *f*
~/**прямая** *(Typ)* Antiquaziffer *f*
~ **сотен** Hunderterziffer *f*, Hunderter *m*
~ **тысяч** Tausenderziffer *f*, Tausender *m*
цифровой digital, Digital ..., Ziffern ..., numerisch
цицеро *(Typ)* Cicero *f*, 12-Punkt-Schrift *f (Schriftgrad)*
ЦМВ *s.* **вагон/цельнометаллический**
цоизит *m (Min)* Zoisit *m*
цоколевать *(El)* [auf]sockeln *(Glühlampen und Röhren)*
цоколёвка *f (El)* Sockeln *n*
цоколь *m* 1. *(El)* Sockel *m (Glühlampe, Röhre)*; 2. *(Bw)* Sockel *m*; Unterbau *m*, Postament *n*
~/**винтовой** *(El)* Gewindesockel *m*, Schraubsockel *m*
~/**выступающий** *(Bw)* Banksockel *m*
~ **Голиаф** *(El)* Goliath-Sockel *m*
~/**двухштырьковый** *(El)* Zweistiftsockel *m*
~/**девятиштырьковый** *(El)* Novalsockel *m*, Neunstiftsockel *m*
~ **для сверхминиатюрной лампы** *(El)* Subminiatursockel *m*
~/**ламповый** Röhrensockel *m*; Glühlampensockel *m*
~ **лампы** *s.* ~/**ламповый**
~/**миниатюрный** *(El)* Miniatursockel *m*
~/**многоштырьковый** *(El)* Mehr[fach]stiftsockel *m*
~/**одноконтактный** *(El)* Zentralkontaktsockel *m*
~/**октальный** *(El)* Oktalsockel *m*, Achtstiftsockel *m*
~/**резьбовой** *(El)* Schraubsockel *m*, Gewindesockel *m*
~/**штифтовой (штыковой, штыревой, штырьковый)** *(El)* Stiftsockel *m*
ЦП *s.* 1. **процессор/центральный**; 2. **пирометр/цветовой**
ЦПП *s.* **пост/центральный пожарный**
ЦПУ *s.* **пост управления/центральный**
ЦТ, ц. т. *s.* **центр тяжести**
ЦУ *s.* **управление/цифровое**
ЦУГ *s.* **указатель глубины/цифровой**
цуг *m* Zug *m*
~ **волн** Schwingungszug *m*, Wellenzug *m*
~ **волн/затухающий** gedämpfter Wellenzug *m*

Ч

чад *m* Dunst *m*, Qualm *m*
чаеводство *n* Teeanbau *m*
чалить 1. vertäuen; 2. anschlagen *(Lasten)*
чан *m* Kübel *m*, Bottich *m*, Bütte *f*, Zuber *m*, Kufe *f*
~/**бродильный** Gärbottich *m*
~/**варочный** Siedebottich *m*
~/**головной** *(Led)* Farbgrube *f* mit der Kopffarbe, Kopffarbe *f (Grube mit höchstem Gerbstoffgehalt)*

~/**деревянный** Holzbottich *m*, Holzbütte *f*
~ **для выщелачивания** Laugebottich *m*
~ **для золения** *(Led)* Äschergrube *f*
~ **для смешивания** Mischbottich *m*, Rührbottich *m*
~/**дрожжерастильный** Hefebottich *m*, Hefebütte *f*
~/**дубильный** *(Led)* Gerbgrube *f*
~/**заквасочный** Sauerteigkübel *m*
~/**замерный** Meßtank *m*
~/**замочный** Einweichbottich *m*, Quellbottich *m*
~/**запарной** Brühbottich *m*
~/**заторно-фильтрационный** Maisch- und Läuterbottich *m (Brauerei)*
~/**заторный** Maisch[e]bottich *m*
~/**золильный** *(Led)* Äschergrube *f*
~/**квасильный** *s.* ~/**бродильный**
~/**красильный** *s.* ~ **сокового хода**
~/**мочильный** *s.* ~/**замочный**
~/**осадительный** Absetzbehälter *m*, Absetzbottich *m*, Klärbehälter *m*
~/**осветительный** Klärbottich *m*
~/**отстойный** *s.* ~/**осадительный**
~/**пивоваренный** Braubottich *m*, Braukufe *f*
~/**приточный** Zulaufbottich *m*
~/**рудоотсадочный** Setzbütte *f (Aufbereitung)*
~/**сборочный** Sammelbottich *m*
~/**сгустительный** *(Pap)* Eindickbütte *f*
~/**смесительный** Mischbottich *m*, Mischbehälter *m*
~ **сокового хода** *(Led)* Farb[engang]grube *f*, Farbe *f*
~/**травильный** Beizbottich *m*
~/**фильтрационный (цедильный)** Seihbottich *m*, Läuterbottich *m*
чан-мешалка *m* Mischbütte *f*
чан-отстойник *m* Klärbehälter *m*, Eindickergefäß *n*
чартер *m (Schiff)* Charter *f*
~/**грузовой** Frachtcharter *f*
~/**портовый** Hafencharter *f*
~/**танкерный** Tankercharter *f*
час *m* Stunde *f (s. a. unter* **часы***)*
~/**звёздный** *(Astr)* Sternstunde *f*
~/**лётный** Flugstunde *f*
~ **наибольшей нагрузки станции** *(Fmt)* Hauptverkehrsstunde *f*
~/**сверхурочный** Überstunde *f*
часо-занятие *n (Fmt)* Belegungsstunde *f*
части *fpl* Teile *npl (s. a. unter* **часть***)*
~/**выступающие** *(Schiff)* Anhänge *mpl*
~/**запасные** Ersatzteile *npl*
~/**неуравновешенные** *(Masch)* unausgeglichene Teile *npl*
частица *f* 1. Teilchen *n*, Partikel *f*; 2. *(Ph, Kern)* Masseteilchen *n*, Korpuskel *n*; 3. *s. unter* **частицы**
~ **Бозе** Bose-Teilchen *n*, Boson *n*
~/**бозевская** *s.* ~ **Бозе**
~ **большой энергии** energiereiches (durchdringendes) Teilchen *n*, Teilchen *n* hoher Energie
~/**бомбардируемая** beschossenes Teilchen *n*, Targetteilchen *n*
~/**бомбардирующая** Geschoßteilchen *n*, einfallendes Teilchen *n*
~/**быстрая** schnelles Teilchen *n*
~/**векторная** vektorielles Teilchen *n*, Vektron *n*
~/**виртуальная** virtuelles Teilchen *n*
~/**вторичная** Sekundärteilchen *n*
~/**горячая** „heißes" (hochangeregtes, energiereiches) Teilchen *n*
~/**закатанная** *(Text)* Knöllchen *n (Chemiefaserherstellung)*
~/**заряжённая** [elektrisch] geladenes Teilchen *n*
~/**заряжённая элементарная** geladenes Elementarteilchen *n*
~/**исходная** Urteilchen *n*
~/**каналовая** Kanalstrahlteilchen *n*
~ **космического излучения** Ultrastrahlungsteilchen *n*, Höhenstrahlungsteilchen *n*
~/**лёгкая** leichtes Teilchen *n*
~/**ливневая** Schauerteilchen *n*
~ **на равновесной орбите** Gleichgewichtselektron *n*
~/**налетающая** einfallendes Teilchen *n*
~/**незаряжённая** ungeladenes Teilchen *n*
~/**нейтральная** neutrales Teilchen *n*
~/**неупруго-рассеянная** unelastisch gestreutes Teilchen *n*
~/**однократно заряжённая** einfach geladenes Teilchen *n*
~ **отдачи** Rückstoßteilchen *n*, Rückstoßpartikel *f*
~/**первичная** Primärteilchen *n*, Urteilchen *n*
~/**поглощённая** eingestrahltes Teilchen *n*
~/**проникающая** *s.* ~ **большой энергии**
~/**пылевая** Staubteilchen *n*, Staubpartikel *f*
~ **распада** *(Kern)* Zerfallsteilchen *n*
~/**релятивистская** relativistisches Teilchen *n*
~ **с конечной массой покоя** Teilchen *n* endlicher Ruhemasse
~/**сажевая** Rußteilchen *n*
~/**свободная** freies Teilchen *n*
~/**сложная** zusammengesetztes Teilchen *n*
~/**твёрдая** Feststoffteilchen *n*
~/**тяжёлая** schweres Teilchen *n*
~/**упругорассеянная** elastisch gestreutes Teilchen *n*
~ **Ферми** Fermi-Teilchen *n*, Fermion *n*
~/**элементарная** Elementarteilchen *n*
~/**ядерно-активная** kernaktives Teilchen *n*
частица-источник *f (Kern)* Quellteilchen *n*
частица-мишень *f s.* **частица/бомбардируемая**

частица-продукт *f (Kern)* Produktteilchen *n*
~ **распада** Zerfallsteilchen *n*
частицы *fpl* Teilchen *npl (s. a. unter* **частица***)*
~/**твёрдые спекшиеся** *(Gum)* Grit *m*
~/**тождественные** *(Kern)* identische Teilchen *npl*
частное *n (Math)* Quotient *m*
~ **дифференциалов** Differenzquotient *m*
частопупинизированный *(El)* kurzbespult
частость *f* Häufigkeit *f*
частота *f* 1. Häufigkeit *f (s. a. unter* **повторяемость***)*; 2. *(El)* Frequenz *f (Hertz)*
~ **бедствия** *(Schiff)* Seenotfrequenz *f (Funk)*
~ **биений** *(Ph)* Schwebungsfrequenz *f*, Schwebungszahl *f*
~ **валентного колебания** *(Ph)* Valenzschwingungsfrequenz *f*
~ **вихря** *(Ph)* Wirbelfrequenz *f*
~ **включений** *(El)* Schaltfrequenz *f*, Einschaltfrequenz *f*; *(Masch)* Schalthäufigkeit *f*
~ **вобуляции** *(El)* Wobbelfrequenz *f*
~ **вращения** Drehzahl *f*, Rotationsfrequenz *f*, Umlauffrequenz *f*
~/**выделенная** *(El)* zugeteilte (zur Verfügung stehende) Frequenz *f*, Verfügungsfrequenz *f*
~ **вызова и бедствия/международная** *(Schiff)* internationale Anruf- und Notfrequenz *f (Funk)*
~/**вызывная** *(Fmt)* Ruffrequenz *f*
~ **вызывного тока** *(Fmt)* Rufstromfrequenz *f*
~/**высокая** *(El)* Hochfrequenz *f*
~ **генератора кадровой развёртки** *(Fs)* Bildkippfrequenz *f*
~ **генератора строчной развёртки** *(Fs)* Zeilenkippfrequenz *f*
~ **гетеродина** *(El)* Überlagererfrequenz *f*
~/**гироскопическая** Gyrofrequenz *f (Plasma)*
~/**граничная** Grenzfrequenz *f*
~/**групповая** Gruppenfrequenz *f*
~ **де-Бройля** *(Ph)* de-Brogliesche Frequenz *f (Materiewellen)*
~ **диапазона/средняя** *(Rt)* Bandmitte[nfrequenz] *f*
~ **диффузии** *(Ph)* Diffusionsfrequenz *f*
~ **звука/промежуточная** Tonzwischenfrequenz *f*
~/**звуковая** *(Ph)* Tonfrequenz *f*, Hörfrequenz *f*
~ **звуковых сигналов/несущая** Tonträgerfrequenz *f*, Tonträger *m*
~/**зеркальная** Spiegelfrequenz *f*
~/**измерительная** Meßfrequenz *f*
~ **изображения/несущая** *(Fs)* Bildträgerfrequenz *f*, Bildträger *m*
~ **импульсов** Impulsdichte *f*, Impulsfrequenz *f*
~ **кадров** *(Fs)* Bild[wechsel]frequenz *f*, Rasterfrequenz *f*
~/**кадровая** *s.* ~ **кадров**
~ **канала изображения/промежуточная** *(Fs)* Bildzwischenfrequenz *f*
~ **канала/средняя** *(Fs)* Kanalmitte[nfrequenz] *f*
~/**качающаяся** *(El)* Wobbelfrequenz *f*
~ **кинопроекции (киносъёмки)** *(Kine)* Bildwechselzahl *f*
~ **колебаний** Frequenz *f*, Schwingungsfrequenz *f*, Schwingungszahl *f*
~ **колебаний напряжения** Beanspruchungsfrequenz *f*
~/**контрольная** Kontrollfrequenz *f*, Steuerfrequenz *f*, Pilotfrequenz *f*
~/**критическая** kritische Frequenz *f*
~/**круговая** Kreisfrequenz *f (Kreisbewegung)*
~ **лазера** Laserfrequenz *f*
~ **Лармора** *(Kern)* Larmor-Frequenz *f*
~/**ларморова** *(Kern)* Larmor-Frequenz *f*
~/**максимальная** maximale Frequenz *f*
~/**максимальная применимая** *(FO)* höchste brauchbare Frequenz *f*, MUF
~/**мешающая** *(El)* Störfrequenz *f*
~ **мигания** Flimmerfrequenz *f (Flimmerfotometer)*
~/**модулирующая (модуляционная)** *(Rf)* Modulationsfrequenz *f*
~ **на входе** *(El)* Eingangsfrequenz *f*
~/**назначенная** *s.* ~/**выделенная**
~/**наименьшая применимая** *(FO)* niedrigste brauchbare Frequenz *f*, LUF
~ **накачки** Pumpfrequenz *f (Lasertechnik)*
~/**накопленная** Summenhäufigkeit *f*, Häufigkeitssumme *f*
~/**несущая** *(Fmt)* Trägerfrequenz *f*, Träger *m*
~/**низкая** Niederfrequenz *f*
~/**номинальная** Sollfrequenz *f*, Nennfrequenz *f*
~/**нормальная** Normalfrequenz *f*
~/**нулевая** Nullfrequenz *f*
~ **нулевых биений** Nullschwebungsfrequenz *f*
~/**опорная** Bezugsfrequenz *f*, Referenzfrequenz *f*
~/**оптимальная применимая (рабочая)** *(FO)* günstigste (optimale) Betriebsfrequenz (Arbeitsfrequenz) *f*, OWF
~/**основная** *(El)* Grundfrequenz *f*
~ **отказов** Ausfallrate *f*, Ausfallhäufigkeit *f*
~ **отказов/средняя** mittlere Ausfallrate *f*
~ **отметок времени** Zeitmarkenfrequenz *f*
~/**относительная** relative Häufigkeit *f*
~ **ошибок** Fehlerhäufigkeit *f*

~ **передатчика/несущая** Sende[r]frequenz *f*, Sende[r]träger *m*
~ **переключений** *(El)* Schaltfrequenz *f*
~ **перехода** Übergangsfrequenz *f*
~/**плазменная** *(Kern)* Plasmafrequenz *f*
~/**побочная** *(El)* Nebenfrequenz *f*
~ **повторения** *(Dat)* Wiederholfrequenz *f* *(Analogrechner)*
~ **погрешности** Fehlerhäufigkeit *f*
~/**поднесущая** Zwischenträgerfrequenz *f*
~ **полосы пропускания/средняя** *s.* ~ **диапазона/средняя**
~ **полукадров** *(Fs)* Teilbildfrequenz *f*
~/**пороговая** Grenzfrequenz *f*
~ **поставок** Lieferhäufigkeit *f* *(Lagerwirtschaft)*
~/**постоянная** Festfrequenz *f*, Konstantfrequenz *f*
~ **появления ошибок** *(Dat)* Fehlerhäufigkeit *f*, Fehlerquote *f*
~/**предельная** Grenzfrequenz *f*
~/**предельная выходная** Ausgangsfrequenz *f*
~/**предельная круговая** Grenzkreisfrequenz *f*
~/**принимаемая** Empfangsfrequenz *f*
~/**промежуточная** Zwischenfrequenz *f*
~/**промышленная** *(El)* Industriefrequenz *f*, technische Frequenz *f*
~/**рабочая** *(El)* Betriebsfrequenz *f*, Arbeitsfrequenz *f*
~ **радиовещания** Rundfunkfrequenz *f*
~ **развёртки** 1. Ablenkfrequenz *f*; 2. Abtastfrequenz *f*; 3. *(Rf)* Kippfrequenz *f*
~/**разностная** Differenzfrequenz *f*
~ **резонанса** *(El)* Resonanzfrequenz *f*
~ **резонанса токов** Antiresonanzfrequenz *f*
~/**резонансная** *(El)* Resonanzfrequenz *f*
~ **релаксационных колебаний** Kippfrequenz *f*
~/**сверхвысокая** Höchstfrequenz *f* *(Frequenz > 300 MHz)*; Ultrahochfrequenz *f*, UHF *(Frequenz von 0,3 bis 3 GHz)*
~/**сверхзвуковая** überhörfrequente Hilfsfrequenz *f*; Ultraschallfrequenz *f*
~/**сетевая** *(El)* Netzfrequenz *f*
~ **сети** *(El)* Netzfrequenz *f*
~/**синхронизирующая** Synchronisierfrequenz *f*, Gleichlauffrequenz *f*
~ **скачков** Sprungfrequenz *f*
~ **следования групп** Gruppenfrequenz *f*
~ **следования импульсов** Impulsfolgefrequenz *f*, Impulswiederhol[ungs]frequenz *f*, Puls[folge]frequenz *f*
~ **слияния мельканий/критическая** Verschmelzungsfrequenz *f* *(Flimmerfotometer)*
~/**смежная** Nachbarfrequenz *f*
~/**собственная** Eigenfrequenz *f*, Eigenschwingungszahl *f* *(lineare mechanische Schwingungen)*
~ **собственных колебаний** *s.* ~/**собственная**
~/**средняя** *(El)* Mittelfrequenz *f*, mittlere Frequenz *f*
~ **среза** 1. *(Fmt)* Grenzfrequenz *f*; 2. *(Reg)* Schnittfrequenz *f*
~ **строк** *(Fs)* Zeilenfrequenz *f*
~/**строчная** *(Fs)* Zeilenfrequenz *f*
~/**тактовая** *(Dat)* Zeitgeberfrequenz *f*, Taktimpulsfrequenz *f*
~ **телевизионных сигналов/несущая** Fernsehträgerfrequenz *f*
~/**телефонная** Fernsprechfrequenz *f*
~/**тональная** Tonfrequenz *f*, Hörfrequenz *f*
~/**угловая** Winkelgeschwindigkeit *f*
~/**ультравысокая** Ultrahochfrequenz *f*, UHF
~/**ультразвуковая** Ultraschall[wellen]frequenz *f*
~/**фиксированная** Festfrequenz *f*, Konstantfrequenz *f*
~ **фона** Brummfrequenz *f*
~/**характеристическая** Kennfrequenz *f*
~/**цветовая поднесущая** *(Fs)* Farb[hilfs]trägerfrequenz *f*, Farb[zwischen]träger *m*
~/**циклическая** *s.* ~/**круговая**
~/**циклотронная** *(Kern)* Zyklotronfrequenz *f*
~/**эталонная** Eichfrequenz *f*, Bezugsfrequenz *f*
~ **ядерного квадрупольного резонанса** *(Kern)* Kernquadrupol-Resonanzfrequenz *f*
частотно-зависимый frequenzabhängig
частотно-зависящий frequenzabhängig
частотно-импульсный Impulsfrequenz . . ., Pulsfrequenz . . .
частотно-модулированный frequenzmoduliert, FM- . . .
частотно-независимый frequenzunabhängig
частотно-статистический häufigkeitsstatistisch
частотно-чувствительный frequenzempfindlich
частотный Frequenz . . .
частотомер *m* *(El)* Frequenzmesser *m*
~/**абсорбционный** Absorptionsfrequenzmesser *m*
~/**вибрационный [язычковый]** Zungenfrequenzmesser *m*
~/**выпрямительный** Gleichrichterfrequenzmesser *m*
~/**гетеродинный** Überlagerungsfrequenzmesser *m*
~/**двойной** Doppelfrequenzmesser *m*
~/**импульсный** Impulsfrequenzmesser *m*
~/**конденсаторный** Kondensatorfrequenzmesser *m*

~/**контрольный** Kontrollfrequenzmesser *m*
~/**ламповый** Röhrenfrequenzmesser *m*
~/**логометрический** Quotientenfrequenzmesser *m*
~/**поглотительный** *s.* ~/**абсорбционный**
~/**прецизионный** Präzisionsfrequenzmesser *m*
~/**прямопоказывающий** direkt[an]zeigender Frequenzmesser *m*
~/**регистрирующий** Registrierfrequenzmesser *m*
~/**резонансный** Resonanzfrequenzmesser *m*
~/**самопишущий** Frequenzschreiber *m*
~/**самопишущий язычковый** Zungenfrequenzschreiber *m*
~/**сетевой** Netzfrequenzmesser *m*
~/**стрелочный** Zeigerfrequenzmesser *m*
~/**точный** *s.* ~/**прецизионный**
~/**цифровой** Digitalfrequenzmesser *m*
~/**электромагнитный** Dreheisenfrequenzmesser *m*, Weicheisenfrequenzmesser *m*
~/**эталонный** Normalfrequenzmesser *m*
~/**язычковый** *s.* ~/**вибрационный [язычковый]**

частоты *fpl* Frequenzen *fpl (s. a. unter* **частота**)
~/**комбинационные** Kombinationsfrequenzen *fpl (nichtlineare Schwingungen)*
~/**основные** *(Ak)* Formanten *pl (Stimme)*

часть *f* 1. Teil *m(n)*, Element *n*; Anteil *m (s. a. unter* **части**); 2. *(Mil) s.* ~/**воинская**
~ **автомобиля/ходовая** *(Kfz)* Fahrgestell *n (Zusammenfassung von Trieb-, Trag- und Fahrwerk zu einer Baugruppe)*
~/**активная** *(Masch)* Gleichdruckteil *m (Turbine)*
~/**аликвотная** aliquoter Teil *m*
~ **анода/наращиваемая** Ergänzungsanode *f (NE-Metallurgie)*
~/**аппаратурная** gerätetechnischer Teil *m*
~/**атомная боевая** *(Mil)* Kernsprengkopf *m*
~ **аэродинамической трубы/рабочая** *(Aero)* Meßstrecke *f (Windkanal)*
~/**беговая** Lauffläche *f*, Protektor *m (Kfz-Reifen)*
~/**боевая** *(Mil)* Gefechtsteil *m*, Gefechtskopf *m*
~/**бортовая** Wulst *m(f) (Kfz-Reifen)*
~ **вала/головная** *(Hydt)* Dammkopf *m*
~/**верхняя** *(Met)* Blockkopf *m*, verlorener Kopf *m*, Speiserteil *m*, Steigerteil *m*, Schopf *m*
~/**весовая** Masse[an]teil *m*
~/**воинская** *(Mil)* Truppenteil *m*
~/**войсковая** *(Mil)* Truppenteil *m*
~ **выборки** Teilprobe *f (statistische Qualitätskontrolle)*
~/**высокочастотная** *(El)* Hochfrequenzteil *m*, HF-Teil *m*
~ **генеральной совокупности** Teilgesamtheit *f (statistische Qualitätskontrolle)*
~/**главная составная** Hauptbestandteil *m*
~/**головная** 1. *(Met)* Blockkopf *m*, verlorener Kopf *m*, Speiserteil *m*, Steigerteil *m*, Schopf *m*; 2. *(Rak)* Bugzelle *f*, Spitze *f*
~ **головного погона/составная** *(Ch)* Vorlaufbestandteil *m*, Vorlaufanteil *m (Destillation)*
~ **головы шлюза/упорная** *(Hydt)* Torpfeiler *m (Schleuse)*
~ **горна/верхняя** *(Met)* Obergestell *n*, Oberherd *m (Hochofen)*
~ **горна/нижняя** *(Met)* Untergestell *n (Hochofen)*
~/**горноспасательная** *(Bgb)* Grubenwehrtrupp *m*, Grubenrettungsabteilung *f*, Grubenrettungsmannschaft *f*
~/**горячая** *(Ch)* brennbarer Anteil *m*, Verbrennliches *n*
~ **дока/шлюзная** *(Hydt)* Dockhaupt *n*
~/**докритическая** *(Kern)* unterkritischer Teil *m (z. B. der Ladung eines nuklearen Geschosses)*
~/**дульная** *(Mil)* Mündung *f (Waffe)*
~/**жировая** Fettanteil *m*; Fettansatz *m*, Fettmischung *f (Margarineherstellung)*
~/**заменяемая** *(Masch)* austauschbares Teil *n*
~/**запасная** Ersatzteil *n*, Reserveteil *n*
~ **затора** Teilmaische *f*, Kochmaische *f*
~ **затора/густая** Dickmaische *f*
~ **затора/жидкая** Dünnmaische *f*
~ **затора/кипячёная** Kochmaische *f*, Teilmaische *f*
~ **здания/надземная** oberirdischer Gebäudeteil *m*
~ **здания/подземная** unterirdischer Gebäudeteil *m*
~/**зенитная ракетная** Fla-Raketentruppenteil *m*
~/**исчерпывающая** *s.* ~/**отгонная**
~ **картера/верхняя** Kurbelgehäuseoberteil *m*
~ **картера/несъёмная** *(Masch)* Kurbelgehäuseunterteil *m*
~ **команды/адресная** *(Dat)* Adressenteil *m* des Befehls
~ **команды/операционная** *(Dat)* Operationsteil *m* des Befehls
~/**консольная** *(Flg)* Außenflügel *m*
~/**концевая** *(Flg, Rak)* Flügelende *n*
~/**концентрационная** *(Ch)* Rektifikationsteil *m*, Rektifikationszone *f (Destillation)*
~/**кормовая** *(Flg, Rak, Schiff)* Heck *n*
~ **крыла/отъёмная** *(Flg)* Flügelzwischenstück *n*
~ **крыла/хвостовая** *(Flg)* Tragflügelhinterkante *f*

~/**левая** *(Schiff)* Backbord *n*
~/**лобовая** 1. Stirnseite *f*; 2. *(Rak)* Bugteil *m*
~/**мнимая** *(Math)* Imaginärteil *m*
~ **модели** *(Gieß)* Modellteil *n*, Modellhälfte *f*
~ **модели/знаковая** Modellkernmarke *f*
~ **модели/отъёмная** Modellansteckteil *n*
~/**мокрая** *(Pap)* Naßpartie *f*
~ **молота/боевая** *(Wkz)* Hammerbahn *f*, Bahn *f*
~ **молота/падающая** Fallbär *m*, Schlagbär *m*, Block *m*, Bär *m*, Klotz *m* *(Schmiedehammer)*
~/**мотопехотная (мотострелковая)** *(Mil)* mot. Schützentruppenteil *m*
~/**негорючая** nichtbrennbarer (unverbrennlicher) Anteil *m*, Unverbrennliches *n*
~/**неподвижная опорная** festes Lager *n* *(einer Balkenbrücke)*
~/**носовая** *(Flg, Rak)* Spitze *f*, Bug *m*
~ **обмотки/лобовая (торцовая)** *(El)* Wickelkopf *m*
~/**окулярная** *(Opt)* Okularteil *m*, Okularfassung *f*
~/**опорная** *(Bw)* Lagerstück *n*, Auflager *n*
~ **отварки** *s.* ~ **затора**
~ **отверстия/раззенкованная** *(Fert)* Aussenkung *f*
~/**отгонная** Abtriebsteil *m*, Abstreiferzone *f* *(Destillation)*
~ **оттяжки/тросовая** *(Schiff)* Geienstander *m*, Geerenstander *m*
~/**пазовая** Nutteil *m*
~/**парашютно-десантная** Fallschirmjägertruppenteil *m*
~ **паровоза/ходовая** Laufwerk *n* *(der Lokomotive; Baugruppe, bestehend aus Radsätzen mit Lagerung und Führung, sowie mit Tragfedern)*
~/**передающая** *(El)* Sendeteil *m*
~/**передняя** Bug *m*
~/**переходная** Übergangsstück *n*, Zwischenstück *n*
~/**поворотная** drehbarer Teil *m*
~/**подвижная** beweglicher Teil *m*, bewegliches Organ *n*
~/**подвижная опорная** bewegliches Lager *n* *(einer Balkenbrücke)*
~ **покрышки** *(Gum)* Wulstpartie *f* des Reifens
~ **покрышки/плечевая** *(Gum)* Schulterpartie *f* des Reifens
~ **порядков интерференции/дробная** *(Opt)* Interferenz[soll]bruchteil *m*
~ **порядков интерференции/рассчитанная дробная** *(Opt)* berechneter Sollbruchteil *m* der Interferenz
~ **потока** *(Kern)* Teilstrom *m*, Zweigstrom *m*
~/**прессовая** *(Pap)* Pressenpartie *f*
~/**прибыльная** *s.* ~ **слитка/прибыльная**
~/**приёмная** *(El)* Empfangsteil *m*
~ **программы** *(Dat)* Programmteil *m*
~/**проезжая** *(Bw)* Fahrbahn *f* *(Straße, Brücke)*
~/**промежуточная** Zwischenstück *n*
~/**противорежущая** Gegenschneide *f*
~/**рабочая** Funktionsteil *n* *(z. B. eines Meßgerätes)*
~ **разрядного промежутка/анодная** Anodenfallraum *m* *(Glimmentladung)*
~ **разрядного промежутка/катодная** Katodenfallraum *m* *(Glimmentladung)*
~/**реактивная** *(Masch)* Überdruckteil *m* *(Turbine)*
~ **резца/заборная** *(Wkzm)* Anschnittsteil *n* *(Schneidwerkzeug)*
~ **самолёта/хвостовая** *(Flg)* Heck *n*, Heckteil *n*
~/**сверхтекучая** *(Hydrom)* suprafluider Anteil *m* *(Helium II)*
~ **связи** *(Mil)* Nachrichtentruppenteil *m*
~/**сеточная** *(Pap)* Siebpartie *f*
~ **слитка/нижняя** *(Met)* Blockfuß *m* *(Gußblock)*
~ **слитка/прибыльная** *(Met)* Blockkopf *m*, verlorener Kopf *m*, Speiserteil *m*, Steigerteil *m*, Schopf *m*
~ **слитка/средняя** *(Met)* Blockmitte *f* *(Gußblock)*
~/**соединительная** Verbindungsstück *n*, Verbindungselement *n*
~/**составная** Bestandteil *m*, Element *n*
~ **спускового фундамента/подводная** *(Schiff)* Vorhelling *f*
~ **ствола/дульная** *(Mil)* Laufmündung *f*; Rohrmündung *f*
~ **ствола/казённая** *(Mil)* Laufmundstück *n*, Rohrmundstück *n*
~ **ствола/нарезная** *(Mil)* gezogener Teil *m* des Rohres
~ **стержня/знаковая** *(Gieß)* Kernmarke *f* *(am Kern)*
~ **судна/кормовая** Achterschiff *n*
~ **судна/миделевая** Mittschiffsbereich *m*
~ **судна/надводная** Überwasserschiff *n*
~ **судна/носовая** Vorschiff *n*
~ **судна/подводная** Unterwasserschiff *n*
~ **суппорта/верхняя** Oberschlitten *m* *(Drehmaschine)*
~ **суппорта/нижняя** Planschlitten *m* *(Drehmaschine)*
~ **суппорта/поворотная (средняя)** Drehteil *n* *(Drehmaschine)*
~/**сушильная** *(Pap)* Trockenpartie *f*
~/**танковая** Panzertruppenteil *m*
~ **телевизора/звуковая** Tonteil *m*
~ **топенанта/тросовая** *(Schiff)* Hangerstander *m*
~ **торпеды/хвостовая** *(Mar)* Schwanzende *n* *(Torpedo)*
~ **трала/раскрытая** *(Schiff)* Netzmaul *n* *(Schleppnetz)*

~/**тралящая** *(Mar)* Räumleine *f*, Räumtrosse *f* *(Kontakträumgerät)*
~/**укрепляющая** *s.* ~/**концентрационная**
~ **уравнения/правая** *(Math)* zweites Glied *n* *(Gleichung)*
~/**усилительная** *(El)* Verstärkerteil *m*
~/**фасонная** Formstück *n*
~ **формы** *(Gieß)* Form[en]teil *n*, Formkasten *m*, Form[en]hälfte *f*
~ **формы/верхняя** Deckform *f*
~ **формы/нижняя** Form[en]unterteil *n*, Unterkasten *m*
~/**хвостовая** Heck *n*
~ **хвостового погона/составная** *(Ch)* Nachlaufbestandteil *m*, Nachlaufanteil *m* *(Destillation)*
~/**ходовая** Fahrwerk *n*; *(Eb)* Laufwerk *n* *(Schienenfahrzeug)*
~ **шахтной печи/конусная** *(Met)* Ofenkegel *m* *(Schachtofen)*
~ **шахты/верхняя** *(Met)* Oberschacht *m* *(Hochofen)*
~ **шахты/цилиндрическая** *(Met)* Oberschacht *m* *(Hochofen)*
~ **шихты/металлическая** *(Met)* metallische Einsatzkomponente *f*, metallischer Einsatz *m*
~ **шихты/рудная** *(Met)* Erzmöller *m* *(Hochofen)*
~ **шихты/составная** *(Glas)* Gemengebestandteil *m*, Gemengekomponente *f*
~ **шкалы/рабочая** Meßbereich *m*
~ **шлюза/входная** *(Hydt)* Vorschleuse *f*
~ **шлюзных ворот/шкафная** *(Hydt)* Tornische *f*, Torkammer *f* *(Schleuse)*
~ **шпинделя станка/приёмная** *(Wkzm)* Spindelaufnahme *f*
~ **штампа/верхняя** Obergesenk *n* *(Schmieden, Pressen)*
~ **штампа/нижняя** Untergesenk *n* *(Schmieden, Pressen)*
~/**шумовая** Rauschanteil *m*
~/**экипажная** *(Eb)* Laufteil *n*, Laufwerk *n*
~ **элеватора/несъёмная** Elevatorfuß *m*, Fußkasten *m*, Schöpfteil *n*
~/**ядерная боевая** *(Rak)* Kernsprengkopf *m*, nuklearer Sprengkopf *m*
~ **ядра/центральная** *(Kern)* Kerninneres *n*
часы *pl* 1. Uhr *f*; 2. Zeit *f*, Stunden *fpl*
~/**анкерные** Ankeruhr *f*
~/**атомные** Atomuhr *f*
~/**ведущие электрические первичные** Betriebshauptuhr *f*
~/**водяные** Wasserzähler *m*
~/**вторичные** Nebenuhr *f* *(elektrische Zentraluhranlage)*
~/**групповые** elektrische Uhrenanlage *f*
~ **для мирового времени** Weltzeituhr *f*
~/**звёздные** Sternzeituhr *f*
~/**индивидуальные электромеханические** elektrische Einzeluhr *f*
~/**камертонные** elektrische Schwingkreisuhr *f* mit Stimmgabelregelung
~/**карманные** Taschenuhr *f*
~/**кварцевые** Quarzuhr *f*
~/**контактные** Schaltuhr *f*, Zeitsteuergerät *n*
~/**контрольные** Kontrolluhr *f*, Steckuhr *f*
~/**маятниковые** Pendeluhr *f*
~ **наибольшей нагрузки** *s.* ~ **пик 1.**
~/**наручные** Armbanduhr *f*
~/**первичные** Hauptuhr *f*, Mutteruhr *f* *(elektrische Zentraluhranlage)*
~/**песочные** Sanduhr *f*
~ **пик** 1. Spitzen[belastungs]zeit *f*; 2. *(Fmt)* verkehrsstarke Zeit *f*
~ **пиковой нагрузки** *s.* **часы пик 1.**
~/**пружинные** Uhr *f* mit Federtriebwerk
~/**пылеводонепроницаемые** staub- und wassergeschützte Uhr *f*
~ **реального времени** Echtzeituhr *f*
~/**резервные электрические первичные** Reservehauptuhr *f*
~/**ручные** Armbanduhr *f*
~ **с баланс[ир]ом** Unruhuhr *f*
~ **с боем** Uhr *f* mit Schlagwerk
~/**синхронные** Synchronuhr *f*
~ **слабой нагрузки** *(Fmt)* verkehrsschwache Zeit *f*
~/**сличительные** *(Schiff)* Beobachtungsuhr *f*
~/**солнечные** Sonnenuhr *f*
~/**сравнительные** Vergleichsuhr *f*
~/**стенные** Wanduhr *f*
~/**судовые** *(Schiff)* Borduhr *f*
~ **экспозиции** Belichtungsschaltuhr *f*
~/**электрические** elektrische Uhr *f* *(s. a.* **электрочасы***)*
~/**электронные** elektronische Uhr *f*; Digitaluhr *f*
чаша *f* Schale *f*, Becher *m*, Schüssel *f*, Pfanne *f*, Teller *m*, Tasse *f*
~/**агломерационная** Sinterpfanne *f*, Sintertopf *m*
~/**амальгамационная** Amalgamierpfanne *f*, Amalgamationspfanne *f*
~ **бегунов** Kollergangsschale *f*, Läuferteller *m*, Mahlschüssel *f*, Mahlgang *m*, Bodenstein *m* *(Kollergang)*
~ **для кристаллизации** Kristallisierschale *f*
~ **для спекания** Sintertopf *m*, Sinterpfanne *f*, Sinterteller *m*
~/**заливочная** *s.* ~/**литниковая**
~/**литниковая** *(Gieß)* Gießtümpel *m*, Eingußtümpel *m*, Gießtrichter *m*, Tümpel *m*, Einguß *m*, Eingußsumpf *m*, Sumpf *m*
~ **окомкователя** Pelleti[si]erteller *m* *(Aufbereitung)*
~/**отливная** Gießschale *f*

~/**спекательная** *s.* ~/**агломерационная**
~/**шлаков[озн]ая** Schlackenkübel *m*
чашка *f* [kleine] Schale *f*
~/**анемометрическая** *(Meteo)* Anemometerschale *f*
~ **весов** Waagschale *f*
~/**выпар[иватель]ная** *(Ch)* Abdampfschale *f*
~/**конусообразная** *(Mil)* Hohlraumtrichter *m*
~ **Петри** *(Ch)* Petri-Schale *f*
~/**платиновая** *(Ch)* Platinschale *f*
~/**приёмная** Auffangschale *f*
~/**стеклянная** *(Ch)* Glasschale *f*
~/**фарфоровая** Porzellanschale *f*
чека *f* Vorstecker *m*, Splint *m*; Querkeil *m*, Hakenkeil *m*
~/**колёсная** Achsennagel *m*
~/**натяжная** Spannkeil *m*; Stellkeil *m*; Befestigungskeil *m*
~/**упорная** Fangkeil *m*
чекан *m* 1. *(Wkz)* Stemmeißel *m*, Verstemmeißel *m*; 2. *(Fert)* Prägestempel *m*, Prägewerkzeug *n*
чеканить 1. treiben *(Treibarbeit)*; 2. ziselieren; 3. stemmen; verstemmen *(Nietnähte)*; 4. prägen *(Münzen)*; 5. *(Schm)* kalibrieren; gesenkkalibrieren; 6. stutzen, abwipfeln *(Bäume, Sträucher)*
чеканка *f* 1. Treiben *n*, Treibarbeit *f*; 2. Ziselieren *n*; 3. Prägen *n*; 4. *(Schm)* Kalibrieren *n*, Genauschmieden *n* im Gesenk, Schlichten *n*; Präzisionsschmieden *n*
~/**горячая** Warmprägen *n*
~ **монет** Prägen *n*, Prägung *f* *(Münzen)*
~/**объёмная** Gesenkkalibrieren *n*
~ **растений** Stutzung *f* *(Bäume, Sträucher)*
~/**холодная** Kaltprägen *n*
челнок *m* 1. Kahn *m*; 2. *(Text)* Schützen *m*; Webschützen *m* *(Weberei)*; 3. Greifer *m* *(Nähmaschine)*
~/**вращающийся** Rundschiffchen *n* *(Nähmaschine)*
~/**колебательный** Schwingschiffchen *n*, Langschiffchen *n* *(Nähmaschine)*
~/**перекидной** Wurfschützen *m* *(Webstuhl)*
~/**роликовый** Rollschützen *m* *(Webstuhl)*
~ **с крышкой** Deckelschützen *m* *(Webstuhl)*
~/**скоростной** Schnellschützen *m* *(Webstuhl)*
челнок-самолёт *m* *(Text)* Schnellschützen *m* *(Webstuhl)*
челюсть *f*/**буксовая** *(Eb)* Achslagerführung *f*
чепрак *m* *(Led)* Krupon *m*, Croupon *m*, Kernstück *n*
чепракование *n* *(Led)* Kruponieren *n*, Crouponieren *n*
червивость *f* Wurmstichigkeit *f* *(Obst)*
червоводня *f* Seidenraupenzüchterei *f*
червоточина *f* Wurmfraß *m*, Wurmgang *m*, Wurmstich *m*
червяк *m* *(Masch)* Schnecke *f* *(Schneckengetriebe)*
~/**глобоидальный** Globoidschnecke *f*, Hindley-Schnecke *f*
~/**двухзаходный** zweigängige Schnecke *f*
~/**дозирующий** Dosierschnecke *f*
~/**лев[озаходн]ый** linksgängige Schnecke *f*
~/**многозаходный (многоходовой)** mehrgängige Schnecke *f*
~/**однозаходный (одноходовой)** eingängige Schnecke *f*
~/**падающий** Fallschnecke *f* *(Drehmaschine)*
~/**подающий (подводящий)** Zubringeschnecke *f*
~/**подъёмный** Hubschraube *f*
~/**прав[озаходн]ый** rechtsgängige Schnecke *f*
~/**расцепляющий** *s.* ~/**падающий**
~ **рулевого механизма** *(Kfz)* Lenkschnecke *f*
~/**рулевой** *(Kfz)* Lenkschnecke *f*
~/**с фильерой** *(Text)* Spinnrohr *n* mit Düse *(Chemiefaserherstellung)*
~/**самотормозящий** selbsthemmende Schnecke *f*
~/**транспорт[ёр]ный** Förderschnecke *f*
~/**эвольвентный** Evolventenschnecke *f*
чердак *m* *(Bw)* Dachboden *m*, Boden *m*
чередование *n* Reihenfolge *f*, Reihenordnung *f*; Aufeinanderfolge *f*
~ **интенсивностей** Intensitätswechsel *m*
~ **искр** *(Kfz)* Funkenzahl *f* *(der Zündkerze)*
~ **команд** *(Dat)* Reihenfolge *f*, Folge *f*
~ **культур** *(Lw)* Fruchtfolge *f*
~ **плотноупакованных слоёв** *(Krist)* Stapelfolge *f*
~ **рубок** *(Forst)* Hiebfolge *f*, Schlagordnung *f*
~ **сигналов** *(Eb)* Signalfolge *f*
~ **фаз** *(El)* Phasenfolge *f*
чередоваться abwechseln
черепица *f* *(Bw)* Dachziegel *m*, Dachstein *m*
~/**армированная** bewehrter Dachziegel *m*
~/**вальмовая** Walmziegel *m*
~/**глиняная** Tondachziegel *m*
~/**голландская** Dachpfanne *f*, Pfanne *f*
~/**желобчатая** Hohlziegel *m*
~/**квадратная** Rautenziegel *m*
~/**коньковая** Firstziegel *m*, Firstreiter *m*
~/**кровельная** Dachziegel *m*
~/**пазовая** Falzziegel *m*
~/**плоская** Biberschwanz *m*, Flachziegel *m*
~/**стеклянная** Glasdachstein *m*

~/**цементно-песчаная** Betondachstein *m*
~/**штампованная** Preßziegel *m*
чернение *n* 1. *(Foto)* Schwärzung *f*; 2. *(Met)* Brünierung *f*, Brünieren *n*
чернила *pl* Tinte *f*
~/**графитовые** *(Gieß)* Graphitschwärze *f*
~/**железодубильные** Eisengallustinte *f*
~/**копировальные** Kopiertinte *f*
~/**магнитные** *(Dat)* magnetische Tinte *f*, magnetische Druckfarbe *f*
~/**симпатические** Geheimtinte *f*
~/**токопроводящие** *(Dat)* leitfähige Tinte *f*
~/**формовочные** *(Gieß)* Formschwärze *f*, Formschlichte *f*, Schwärze *f*, Schlichte *f*
чернилоустойчивость *f* *(Pap)* Tintenfestigkeit *f*
чернилоустойчивый *(Pap)* tintenfest
чернильница *f* Tintenbehälter *m*, Tintenvorratsgefäß *n*
чернить 1. *(Foto)* schwärzen; 2. *(Met)* brünieren
черновой 1. grob, roh, unbearbeitet; 2. *(Fert)* Schrupp . . .
чернозём *m* Tschernosjom *m*, Schwarzerde *f*
~/**выщелоченный** ausgelaugter Tschernosjom *m*
~/**малогумусный** Tschernosjom *m* mit geringem Humusgehalt
~/**обыкновенный** gewöhnlicher Tschernosjom *m*
~/**солонцеватый** Schwarzalkaliboden *m*
~/**суглинистый обыкновенный** gewöhnlicher lehmiger Tschernosjom *m*
~/**типичный** typischer Tschernosjom *m*
~/**тучный** fruchtbarer Tschernosjom *m*
~/**южный** südlicher Tschernosjom *m*
чернолом *m* *(Met)* Schwarzbruch *m*
черноломкий *(Met)* schwarzbrüchig
чёрный *m* Schwarz *n*
~/**анилиновый** Anilinschwarz *n*
~/**кислотный** Säureschwarz *n*
~/**нафтиламиновый** Naphthylaminschwarz *n*
~/**прямой** Direktschwarz *n*
чернь *f* Schwärze *f*, Schwarz *n*
~/**костяная** Knochenschwarz *n*, Beinschwarz *n*
~/**палладиевая** Palladiumschwarz *n*
~/**платиновая** Platinschwarz *n*
~/**серебряная** *(Min)* Silberschwärze *f* *(pulvriger Argentit)*
~/**урановая** *(Min)* Uranschwärze *f*
черпак *m* 1. Eimer *m*, Schaufel *f*; Elevatorbecher *m*; Schöpfgefäß *n*; 2. *(Gieß)* Schöpfkelle *f*, Schöpflöffel *m*, Handlöffel *m*, Löffel *m*
черпалка *f* Kelle *f*, Schöpfkelle *f*
черпание *n* 1. Baggern *n*, Baggerung *f*; Schnitt *m*; 2. *(Pap)* Schöpfen *n*
~ **бороздами** Schlitzbaggerung *f*
~/**верхнее** *(Bgb)* Hochschnitt *m*
~/**нижнее** *(Bgb)* Tiefschnitt *m*
~/**ручное** *(Pap)* Handschöpfen *n*
~ **экскаватором** Baggerung *f*
черпать 1. schöpfen *(Flüssigkeiten)*; schaufeln *(z. B. Sand)*; 2. baggern *(z. B. Sand)*
~ **бортом** *(Schiff)* See übernehmen
~ **воду носом** *(Schiff)* stampfen
черпачок *m* **шатуна** *(Kfz)* Schöpfbecher *m* am Pleuellagerdeckel *(Tauchschmierung)*
черпнуть *s.* **черпать**
черта *f* Strich *m*
~ **дроби** Bruchstrich *m*
~ **дроби/горизонтальная** gerader Bruchstrich *m*
~ **дроби/косая** schräger Bruchstrich *m*
~/**дробная** Bruchstrich *m*
~/**кормовая курсовая** *(Schiff)* Hecksteuerstrich *m* *(Kompaß)*
~/**косая** *(Dat)* Schrägstrich *m*
~ **минерала** Strich *m*, Strichfarbe *f*
~/**носовая курсовая** *(Schiff)* Bugsteuerstrich *m* *(Kompaß)*
~/**нулевая** Nullstrich *m*
~/**склерометрическая** *(Wkst)* Ritzlinie *f*
чертёж *m* Zeichnung *f*, Skizze *f*; Riß *m*; Entwurf *m*
~ **бокового вида** *(Schiff)* Seitenriß *m*
~ **в масштабе** maßstäbliche Zeichnung *f*
~ **гидростатических кривых** *(Schiff)* Formkurvenblatt *n*
~ **двойного дна/конструктивный** *(Schiff)* Stahlplan *m* Doppelboden
~/**детальный** Teilzeichnung *f*
~ **калибровки** *(Wlz)* Walzen[kaliber]-zeichnung *f*, Kalibrierungszeichnung *f*
~/**конструктивный** Konstruktionszeichnung *f*; *(Schiff)* Stahlplan *m*
~ **корпуса/конструктивный** *(Schiff)* Stahlplan *m*
~ **корпуса/плазовый теоретический** *(Schiff)* Bauspantenriß *m*
~ **кривых элементов теоретического чертежа** *(Schiff)* Formkurvenblatt *n*
~/**монтажный** Montagezeichnung *f*
~ **на кальке** Pauszeichnung *f*
~/**обмерный** *(Schiff)* Vermessungsplan *m*
~ **общего вида** Übersichtszeichnung *f*
~ **общего расположения** *(Schiff)* Generalplan *m*
~ **отливки** Gußteilzeichnung *f*
~/**перспективный** perspektivische (panoramische) Zeichnung *f*
~/**плазовый** *(Schiff)* Bauspantenriß *m*
~/**плазовый теоретический** Konstruktionsspantenriß *m*, Schnürbodenlinienriß *m*
~ **по ватерлиниям** *(Schiff)* Wasserlinienriß *m*
~/**поковочный** Schmiede[teil]zeichnung *f*

~/рабочий Werkstattzeichnung *f*, Bauzeichnung *f*
~/разбивочный *(Bw)* Absteckungsskizze *f* *(Vermessung)*
~ расположения грузовых помещений *(Schiff)* Stauungsplan *m*
~ растяжки наружной обшивки *(Schiff)* Außenhautabwicklung *f*
~ с нанесёнными размерами Maßzeichnung *f*
~/сборочный *(Schiff)* Zusammenstellungszeichnung *f*; Montagezeichnung *f*
~ сечения Schnittzeichnung *f*
~/строительный *s.* **~/конструктивный**
~ [судна]/теоретический *(Schiff)* Linienriß *m*
~/ткацкий *(Text)* Gewebebild *n*, Bindungsbild *n* *(Weberei)*
~/увеличенный vergrößerte Zeichnung *f*
чертежи *mpl* **палуб и платформ/конструктивные** *(Schiff)* Stahlplan *m* Decks und Plattformdecks
чертёжная *f* Zeichensaal *m*
чертёж-шаблон *m* *(Schiff)* Schablonenzeichnung *f*
чертилка *f* Reißnadel *f*
чертить zeichnen; aufreißen
чёрточка *f* *(Typ)* Divis *n*
черчение *n* Zeichnen *n*
~/техническое technisches Zeichnen *n*
чесалка *f* *(Text)* Wollkamm *m*, Kamm *m*, Hechel *f* *(Flachs)*
~/ворсильная Rauhkarde *f*
~/мелкая Feinhechel *f*
~/проволочная Drahtbürste *f*
~/средняя Mittelhechel *f*
чесало *n* *(Text)* Hechel *f*
чесальщик *m* *(Text)* 1. Krempler *m* *(Wolle, Baumwolle)*; 2. Hechler *m* *(Flachs)*
чесанец *m* *(Text)* lange Fasern *fpl* *(Flachs)*
чесание *n* *(Text)* Kämmen *n*
~/гребенное *s.* **гребнечесание**
~ льна Hecheln *n*
~ льна/обдирочное Vorhecheln *n*, Vorspitzen *n* *(Flachs)* *(s. a.* **гребнечесание***)*
~ на кардмашине Krempeln *n*, Kardieren *n* *(s. a.* **кардочесание***)*
чёсаный *(Text)* gekämmt; gekrempelt; gehechelt
чесать *(Text)* kämmen; krempeln; hecheln
чёска *f* *s.* **чесание**
четвёрка *f* 1. Vier *f*; 2. *(Fmt)* Vierer *m*, Viererseil *n*
~ Дизельхорст-Мартина DM-Vierer *m*
~/звёздная Sternvierer *m*
~ звёздной скрутки Sternvierer *m*
~ с двойной парной скруткой DM-Vierer *m*
четверной vierfach
четвертичный 1. quartär, quaternär *(chemische Verbindungen)*; 2. *(Geol)* quartär, Quartär ...
четверть *f* **длины волны** Viertelwelle *f*, Viertelwellenlänge *f*
~ листа *(Typ)* Viertelbogen *m*, Quart *n*
четвертьволновый *(El)* Viertelwellen ..., λ/4-lang, λ/4- ...
чёткость *f* Deutlichkeit *f*; Leserlichkeit *f*
~ изображения *(Fs)* Bildschärfe *f*, Bildauflösung *f*
~ изображения в горизонтальном направлении Bildauflösung *f* in der Zeilenrichtung, Horizontalauflösung *f*
~ изображения в углах Eckenschärfe *f*
~ изображения по краям Randschärfe *f*, Randauflösung *f*
~ контуров *(Typ)* Konturenschärfe *f*
~ разделения Trennschärfe *f*
~ разложения *(Fmt)* Rasterfeinheit *f*
~ телевизионного изображения *s.* **~ изображения**
чётно-нечётный *(Math)* gerade-ungerade
чётность *f* *(Dat)* Parität *f*; *(Ph)* Parität *f* *(Quantenmechanik)*
~/вертикальная *(Dat)* vertikale Parität *f*, Querparität *f*
~/внутренняя *(Ph)* innere Parität *f*, Eigenparität *f*
~/горизонтальная *(Dat)* horizontale Parität *f*, Längsparität *f*
~/зарядовая *(Ph)* Ladungsparität *f*, *C*-Parität *f*
~/комбинированная *(Ph)* kombinierte Parität *f*
~/отрицательная *(Ph)* negative (ungerade) Parität *f*
~/отрицательная внутренняя negative innere Parität *f* *(Pi-Mesonen)*
~ по столбцам *s.* **~/поперечная**
~ по строкам *s.* **~/продольная**
~/положительная *(Ph)* positive (gerade) Parität *f*
~/положительная внутренняя positive innere Parität *f* *(Protonen, Neutronen)*
~/поперечная *(Dat)* Querparität *f*
~/продольная *(Dat)* Längsparität *f*
~/пространственная *(Ph)* räumliche Parität *f*
~ состояния *(Ph)* Zustandsparität *f*
CP-чётность *f* *CP*-Parität *f*
G-чётность *f* *G*-Parität *f*
чётно-чётный *(Math)* gerade-gerade
чётный *(Math)* gerade, geradzahlig; paarig
четыре-вектор *m* *(Math)* vierdimensionaler Vektor *m*, Vierervektor *m*
четыре-пи-счётчик *m* *(Kern)* 4π-Zähler *m*
четырёхатомность *f* *(Ch)* Vieratomigkeit *f*; Vierwertigkeit *f*, Tetravalenz *f*
четырёхатомный *(Ch)* vieratomig; vierwertig, tetravalent

четырёхвалентность *f* *(Ch)* Vierwertigkeit *f*, Tetravalenz *f*
четырёхвалентный *(Ch)* vierwertig, tetravalent
четырёхвалковый Vierwalzen . . .
четырёхводный *(Ch)* . . . -4-Wasser *n*, . . . tetrahydrat *n*
четырёхгранник *m* *(Math, Krist)* Tetraeder *n*, [regelmäßiger] Vierflächner *m*, Vierflach *n*
четырёхгранный 1. vierflächig; vierseitig; 2. vierkantig, Vierkant . . .
четырёхжильный *(El)* vieradrig, Vierleiter . . .
четырёхзамещённый *(Ch)* tetrasubstituiert
четырёхзарядный *(Ph)* vierfach geladen
четырёхзвенный viergliedrig
четырёхзначный *(Dat)* vierstellig
четырёхковалентный *(Ch)* vierfach kovalent gebunden
четырёхкратный vierfach
четырёхкремнекислый *(Ch)* . . . tetrasilikat *n*; tetrakieselsauer
четырёхламповый *(Eln)* mit vier Röhren, Vierröhren . . .
четырёхмерный *(Math)* vierdimensional
четырёхобмоточный *(El)* mit vier Wicklungen, Vierwicklungs . . .
четырёхокись *f* *(Ch)* Tetroxid *n*
~ **азота** Distickstofftetroxid *n*, Stickstofftetroxid *n*
~ **осмия** Osmiumtetroxid *n*, Osmium(VIII)-oxid *n*
~ **рутения** Rutheniumtetroxid *n*, Ruthenium(VIII)-oxid *n*
~ **сурьмы** Antimontetroxid *n*, Antimon(III)-antimonat(V) *n*
~ **фосфора** Phosphortetroxid *n*
четырёхосновный *(Ch)* vierbasig *(Säuren)*
четырёхосный vierachsig, Vierachs . . .
четырёхполюсник *m* *(El)* Vierpol *m*
~ **без потерь** verlustloser Vierpol *m*
~/**корректирующий** Korrekturvierpol *m*
~/**нагруженный** belasteter Vierpol *m*
~/**несимметричный** unsymmetrischer Vierpol *m*
~/**обратимый** umkehrbarer (übertragungssymmetrischer) Vierpol *m*
~/**оконечный** Endvierpol *m*
~/**пассивный** passiver Vierpol *m*
~/**реактивный** Reaktanzvierpol *m*
~/**резонансный** Resonanzkreisvierpol *m*
~ **с потерями** verlustbehafteter Vierpol *m*
~/**связывающий** Kopplungsvierpol *m*
~/**симметричный** symmetrischer Vierpol *m*
~/**согласующий** Anpassungsvierpol *m*
~/**трансформирующий** Transformationsvierpol *m*
~/**шумящий** Rauschvierpol *m*
~/**эквивалентный** Ersatzvierpol *m*, äquivalenter Vierpol *m*
~/**эквивалентный шумящий** äquivalenter Rauschvierpol *m*
~/**элементарный** Elementarvierpol *m*
четырёхполюсный *(El)* vierpolig
четырёхпредельный *(Meß)* mit vier Bereichen (Meßbereichen), Vierbereichs . . .
~ **по напряжению** mit vier Spannungs[meß]bereichen
~ **по току** mit vier Strom[meß]bereichen
четырёхпроводный *(El)* vierdrähtig, Vierdraht . . ., Vierleiter . . .
четырёхсернистый *(Ch)* . . . tetrasulfid *n*
четырёхскоростной *(Kfz)* Viergang . . . *(Getriebe)*
четырёхслойный vierschichtig, Vierschicht . . .
четырёхугольник *m* *(Math)* Tetragon *n*, Viereck *n*
~ **Маха** Machsches Viereck *n*
четырёхугольный *(Math)* tetragonal, viereckig
четырёхфтористый *(Ch)* . . . tetrafluorid *n*; Tetrafluor . . .
четырёххлористый *(Ch)* . . . tetrachlorid *n*; Tetrachlor . . .
четырёхчетвёрочный *(El)* mit vier Vierern *(Kabel)*
четырёхчлен *m* *(Math)* Quadrinom *n*
четырёхэлектродный *(Eln)* mit vier Elektroden, Vierelektroden . . ., Tetroden . . .
чехол *m* 1. Überzug *m*, Bezug *m*, Ummantelung *f*; Futteral *n*; 2. Haube *f*, Kappe *f*, Abschlußkappe *f*
~/**анодный** Anodensack *m* *(NE-Metallurgie)*
~/**дульный** *(Mil)* Mündungskappe *f*
~ **парашюта** Verzögerungssack *m* *(Fallschirm)*
~/**предохранительный** Schutzhaube *f*; Schutzkappe *f*
~ **радиатора** *(Kfz)* Kühlerschutzhaube *f*
~ **тепловыделяющего элемента** *(Kern)* Brennstoffschutzhülle *f*
чешуйчатый geschuppt, schuppig
чизелевание *n* *(Lw)* Tieflockerung *f* *(des Bodens mit dem Tiefgrubber)*
чизель-культиватор *m* *(Lw)* Tiefgrubber *m*, Wühlgrubber *m*
чинить 1. ausbessern, reparieren; 2. spitzen
числа *npl*/**несоизмеримые** *(Math)* inkommensurable Zahlen *fpl*
~/**неупакованные десятичные** *(Dat)* ungepackte Dezimalzahlen *fpl*
численность *f* Zahl *f*, Anzahl *f*; Stärke *f*
численный zahlenmäßig; numerisch
числитель *m* **[дроби]** *(Math)* Zähler *m* *(eines Bruches)*

число *n* 1. Zahl *f*; Anzahl *f*; 2. Monatsdatum *n*, Datum *n*
~ **Аббе** *(Opt)* Abbesche Zahl *f*, Abbe-Zahl *f*
~/**абсолютное рациональное** *(Math)* absolut rationale Zahl *f*
~/**абстрактное** *(Math)* abstrakte Zahl *f*
~ **Авогадро** Loschmidtsche Zahl *f*, Loschmidtsche Konstante *f*, Loschmidt-Konstante *f*
~/**азимутальное квантовое** *(Kern)* azimutale Quantenzahl *f*, Azimutalquantenzahl *f*, Nebenquantenzahl *f*
~/**алгебраическое** *(Math)* algebraische Zahl *f*
~ **ампер-витков** *(El)* Amperewindungszahl *f*, Aw-Zahl *f*
~ **ампер-стержней** *(El)* Amperestabzahl *f*, Ampereleiterzahl *f*
~ **Архимеда** Archimedische Zahl *f*, Archimed-Zahl *f*
~/**ассимиляционное** Assimilationszahl *f*
~/**атомное** *(Ch)* Ordnungszahl *f*
~/**ацетильное** *(Ch)* Azetylzahl *f*
~/**барионное** *(Kern)* Baryonenzahl *f*, Baryonenladung *f*, baryonische Ladung *f*, Atommassezahl *f*
~ **без знака** *(Dat)* Zahl *f* ohne Vorzeichen
~/**безразмерное** *(Math)* abstrakte Zahl *f*
~/**бернуллево** *(Ph)* Bernoullische Zahl *f*, Bernoulli-Zahl *f*
~ **блеска** Glanzzahl *f*
~/**браковочное** Rückweisezahl *f* *(Qualitätskontrolle)*
~/**бромное** *(Ch)* Bromzahl *f*
~ **Бэтти** *(Math)* Bettische Zahl *f*
~ **Вебера** *(El)* Webersche Zahl *f*, Weber-Zahl *f*
~ **вершин извитков** *(Text)* Kräuselbogen *m*
~/**вещественное** *(Math)* reelle Zahl *f*
~ **витков** *(El)* Windungszahl *f*
~ **витков вторичной обмотки (цепи)** Sekundärwindungszahl *f*
~ **витков/номинальное** Nennwindungszahl *f*
~ **витков первичной обмотки (цепи)** Primärwindungszahl *f*
~ **включений-отключений** *(El)* Zahl *f* der Ein- und Ausschaltungen (Schaltungen, Schaltspiele), Schaltzahl *f*
~ **включений-отключений в час** Schaltzahl *f* je Stunde, Schalthäufigkeit *f*
~/**внутреннее квантовое** *(Kern)* innere Quantenzahl *f*
~ **возбуждений** *(Ph)* Anregungszahl *f*
~/**волновое** *(Ph)* Wellenzahl *f*
~/**восьмеричное** *(Dat)* Oktalzahl *f*
~/**вращательное квантовое** *(Kern)* Rotationsquantenzahl *f* *(Rotationsspektren)*
~ **гидратации** *(Ch)* Hydratationszahl *f*
~/**гидроксильное** *(Ch)* Hydroxylzahl *f*
~/**главное квантовое** *(Kern)* Hauptquantenzahl *f*
~ **Грасгофа** *(Hydrod)* Grashofsche Zahl *f*, Grashof-Zahl *f*
~/**двоичное** *(Dat)* Binärzahl *f*, Dualzahl *f*
~/**двоично-кодированное** *(Dat)* binärkodierte Zahl *f*
~/**двоично-пятеричное** *(Dat)* biquinäre Zahl *f*
~/**действительное** *(Dat)* reelle Zahl *f*
~ **делений шкалы** Anzahl *f* der Skalenteile
~/**десятичное** *(Dat)* Dezimalzahl *f*
~/**дробное** *(Math)* gebrochene Zahl *f*, Bruch *m*
~ **единиц переноса** *(Ch)* Austauschzahl *f* *(Destillation)*
~/**закодированное** *(Dat)* verschlüsselte Zahl *f*
~ **заполнения** *(Ph)* Besetzungszahl *f* *(eines Energieniveaus)*
~ **зародышей** *(Krist)* Keimzahl *f*, Kristallisationskeimzahl *f*, Kernzahl *f*
~ **зарядов атомного ядра** *(Kern)* Kernladungszahl *f*
~/**зарядовое** *(Kern)* Kernladungszahl *f*
~/**защитное** *(Ch)* Schutzzahl *f* *(eines Schutzkolloids)*
~/**золотое** *(Ch)* Goldzahl *f* *(eines Schutzkolloids)*
~ **зубьев** *(Masch)* Zähnezahl *f* *(Zahnrad)*
~ **извитков** *(Text)* Kräuselungszahl *f*
~ **измерений** *s.* **размерность**
~ **изотопа/массовое** *(Kern)* Isotopenzahl *f*
~/**изотопическое** *(Kern)* Isotopiezahl *f*
~/**именованное** *(Dat)* benannte Zahl *f*
~/**иррациональное** *(Math)* irrationale Zahl *f*
~/**йодное** *(Ch)* Jodzahl *f*
~ **кавитации** Kavitationszahl *f*
~ **кадров** Bildwechselzahl *f*
~/**кардинальное** *(Math)* Kardinalzahl *f*, Mächtigkeit *f* *(Mengenlehre)*
~ **каскадов** *(El)* Stufenzahl *f* *(eines Frequenzvervielfachers)*
~ **качаний** Schwingungszahl *f*
~/**квантовое** *(Kern)* Quantenzahl *f* *(Quantentheorie)*
~/**кислородное** *(Ch)* Sauerstoffzahl *f*
~/**кислотное** *(Ch)* Säurezahl *f*
~ **кислотности** *(Ch)* Säurezahl *f*
~/**кларковское** Clarke-Zahl *f* *(prozentuales Vorkommen der Elemente in der Erdkruste)*
~ **классов** Klassenzahl *f*
~/**кодированное** *(Dat)* verschlüsselte Zahl *f*
~/**коксовое** Verkokungszahl *f*, Verkokungswert *m*
~ **колебаний нагрузки в единицу времени** *(Wkst)* Lastspielfrequenz *f* *(Dauerschwingversuch)*

~/**колебательное квантовое** *(Kern)* Schwingungsquantenzahl *f* *(Rotationsspektren)*
~/**количественное** *s.* ~/**кардинальное**
~ **коммутации** *s.* ~ **включений-отключений**
~ **коммутации в час** *s.* ~ **включений-отключений в час**
~/**комплексное** *(Math)* komplexe Zahl *f*
~/**конечное** *(Math)* endliche Zahl *f*
~ **кручений** *(Text)* Drehungszahl *f*
~ **Лошмидта** Avogadrosche Zahl *f*
~ **Льюиса[-Семёнова]** *(Aero)* Lewis-Zahl *f*, Lewissche Kennzahl *f*, *Le*
~/**магическое** *(Kern)* magische Zahl (Neutronenzahl) *f*
~/**магнитное квантовое** *(Kern)* magnetische (räumliche) Quantenzahl *f*
~ **Маргулиса** *s.* ~ **Стантона**
~/**массовое** *(Kern)* Massenzahl *f*, Nukleonenzahl *f*
~ **Маха** *(Aero)* Mach-Zahl *f*, Machsche Zahl *f*, Mach *n*, *M*
~ **Маха/критическое** *(Aero)* kritische Mach-Zahl *f*, M_{kr}
~/**менделеевское** *s.* ~/**атомное**
~/**минимальное флегмовое** *(Ch)* Mindestrücklaufverhältnis *n* *(Destillation)*
~/**мнимое** *(Math, Dat)* imaginäre Zahl *f*
~/**многоразрядное** *(Dat)* mehrstellige Zahl *f*
~ **молей** *(Ch)* Molzahl *f*
~/**наибольшее** Höchstzahl *f*
~/**натуральное** *(Math)* natürliche Zahl *f*
~/**неименованное** *(Dat)* abstrakte (unbenannte) Zahl *f*
~ **нейтронов [в ядре]** *(Kern)* Neutronenzahl *f*
~ **нейтронов/магическое** magische Zahl (Neutronenzahl) *f*
~/**нечётное** *(Math)* ungerade Zahl *f*
~ **нулей** *(Dat)* Nullstellen[an]zahl *f*
~ **Нуссельта** *(Aero)* Nußelt-Zahl *f*, Nußeltsche Kennzahl *f*, Nußeltsche Zahl *f*, Biot-Zahl *f*, *Nu*
~ **Ньютона** *(Ph)* Newton-Zahl *f*, Newtonsche Zahl *f*, *Ne*
~ **оборотов** *(Masch)* Drehzahl *f*
~ **оборотов в минуту** Umdrehungen *fpl* je Minute, U/min
~ **оборотов гребного винта** Propellerdrehzahl *f*
~ **оборотов на взлёте** Startdrehzahl *f* *(Flugmotor)*
~ **оборотов на единицу времени** Drehzahl (Umdrehungszahl) *f* je Zeiteinheit
~ **оборотов/начальное** *(Masch)* Primärdrehzahl *f*, Anfangsdrehzahl *f*, Anlaufdrehzahl *f*
~ **оборотов/номинальное** Nenndrehzahl *f*
~ **оборотов/первичное** *s.* ~ **оборотов/начальное**
~ **оборотов/пусковое** Startdrehzahl *f*
~ **оборотов/рабочее** Betriebsdrehzahl *f*
~ **оборотов/удельное** spezifische Drehzahl *f*
~/**общее** Gesamtzahl *f*
~ **окисления** Oxydationszahl *f*, Oxydationsstufe *f*
~/**октановое** Oktanzahl *f* *(Kraftstoff)*
~ **омыления** *(Ch)* Verseifungszahl *f*
~/**орбитальное квантовое** *(Kern)* Bahndrehimpulsquantenzahl *f*, Nebenquantenzahl *f*
~/**основное** *(Math)* Grundzahl *f*
~ **отверстий фильер** *(Text)* Düsenlochzahl *f*
~/**относительное** *(Math)* relative Zahl *f*
~/**отрицательное** *(Math)* negative Zahl *f*
~ **Пекле** *(Aero)* Péclet-Zahl *f*, Pécletsche Kennzahl *f*, *Pe*
~/**пенное** *(Ch)* Schaumzahl *f*
~/**первоначальное** *(Math)* Primzahl *f*
~/**передаточное** *(Masch)* Übersetzungsverhältnis *n*, Übersetzungszahl *f*; Eingriffsverhältnis *n*
~ **переменной длины** *(Dat)* Zahl *f* veränderlicher Länge
~ **переноса** *(Ch)* Überführungszahl *f* *(Elektrolyse)*
~ **переноса аниона** Anionenüberführungszahl *f*
~ **переноса Гитторфа** Hittorfsche Überführungszahl *f*
~ **переноса ионов** Ionenüberführungszahl *f*
~ **переноса/истинное** wahre Überführungszahl *f*
~ **переноса катиона** Kationenüberführungszahl *f*
~ **переноса электронов** Elektronenüberführungszahl *f*
~ **периодов** *(El)* Periodenzahl *f*
~ **периодов собственных колебаний** *(Mech)* Eigenschwingungszahl *f*
~ **пластичности** *(Ph)* Plastizitätszahl *f*
~ **по избытку/приближённое** aufgerundete Zahl *f*
~ **по недостатку/приближённое** abgerundete Zahl *f*
~/**побочное квантовое** *(Kern)* Nebenquantenzahl *f*
~/**подкоренное** *(Math)* Radikand *m*
~/**положительное** *(Math)* positive Zahl *f*
~ **пор** Porenzahl *f*
~/**порядковое** *(Math)* Ordnungszahl *f*
~ **Прандтля** *(Aero)* Prandtl-Zahl *f*, *Pr*
~ **Прандтля/диффузионное** *s.* ~ **Шмидта**
~/**приближённое** *(Math)* angenäherte (runde) Zahl *f*
~/**приёмочное** Annahmezahl *f* *(statistische Qualitätskontrolle)*
~/**простое** *(Math)* Primzahl *f*

~ **протонов** *(Kern)* Protonenzahl *f*
~ **проходов** *(Wlz)* Stichzahl *f*
~/**пятеричное** *(Dat)* quinäre Zahl *f*
~/**рабочее флегмовое** *(Ch)* praktisches Rücklaufverhältnis *n* *(Destillation)*
~/**радиальное квантовое** *(Kern)* radiale Quantenzahl *f*
~ **разбавления** Verdünnungsverhältnis *n*, Verdünnungsgrad *m*
~/**n-разрядное** *(Dat)* n-stellige Zahl *f*
~ **разрядов** *(Dat)* Stellenanzahl *f*
~ **распадов** *(Kern)* Zerfallszahl *f*
~ **растворимости** Löslichkeitszahl *f*
~/**рациональное** *(Math)* rationale Zahl *f*
~ **Рейнольдса** *(Aero)* Reynolds-Zahl *f*, *Re*, *R*
~ **Рейнольдса/критическое** kritische Reynolds-Zahl *f*, Re_{kr}
~/**родановое** *(Ch)* Rhodanzahl *f*
~ **Рэлея** *(Ph)* Rayleigh-Zahl *f*, *Ra*
~ **сдвигов** *(Dat)* Schiebefaktor *m*
~ **симметрии** *(Math)* Symmetriezahl *f*
~ **следов** *(Kern)* Spurenzahl *f*
~ **слоев** Schichtenzahl *f*
~/**сложное** *(Math)* zusammengesetzte Zahl *f*
~/**случайное** *(Dat)* Zufallszahl *f*
~/**смешанное** *(Math)* gemischte Zahl *f*
~ **смешения/октановое** Mischoktanzahl *f*, Misch-OZ *f*
~ **со знаком** *(Dat)* algebraische Zahl *f*
~ **солнечных пятен** *(Astr)* Sonnenfleckenzahl *f*, Fleckenzahl *f*
~/**сопряжённое** *(Math)* konjugierte Zahl *f*
~/**сопряжённое комплексное** konjugierte komplexe Zahl *f*
~/**составное** teilbare Zahl *f*, in Faktoren zerlegbare Zahl *f* *(Gegenteil einer Primzahl)*
~/**спиновое** *(Kern)* Kerndrallwert *m*
~/**спиновое квантовое** *(Kern)* Spinquantenzahl *f*
~ **Стантона** *(Aero)* Stanton-Zahl *f*, Stantonsche Zahl *f*, *St*, Margoulis-Zahl *f*, *Mg*
~ **степеней свободы системы** *(Ph)* Freiheitsgrad *m*
~ **столкновений** Stoßzahl *f* *(kinetische Gastheorie)*
~ **строк** *(Fs)* Zeilenzahl *f*
~ **строк/общее** Gesamtzeilenzahl *f*
~ **строк разложения** Zeilenzahl *f*
~ **Струхаля** *(Aero)* Strouhal-Zahl *f*, Strouhalsche Zahl *f*, *S*
~ **ступеней разделения** *(Ch)* Trennstufenzahl *f* *(Destillation)*
~ **Стэнтона** *s.* ~ **Стантона**
~ **тарелок** *(Ch)* Bodenzahl *f* *(Destillation)*
~ **тарелок/наименьшее** Mindestbodenzahl *f*, Mindesttrennstufenzahl *f* *(Destillation)*
~ **твёрдости** *(Fest)* Härtezahl *f*, Härtewert *m*
~ **твёрдости по Бринеллю** Brinell-Härte *f*
~ **твёрдости по Виккерсу** Vickers-Härte *f*
~ **твёрдости по Моосу** Mohs-Härte *f*
~ **твёрдости по Роквеллу** Rockwell-Härte *f*
~ **твёрдости по Шору** Shore-Härte *f*
~ **теоретических тарелок** *(Ch)* theoretische Bodenzahl (Trennstufenzahl) *f* *(Destillation)*
~ **термовязкости** Thermoviskositätszahl *f*
~ **тонн на 1 см осадки** *(Schiff)* Verdrängungszunahme *f* je cm Tauchungsunterschied
~ **топлива/октановое** Kraftstoffoktanzahl *f*, Kraftstoff-OZ *f*
~/**трансфинитное** *(Math)* transfinite Zahl *f*
~/**трансцендентное** *(Math)* transzendente Zahl *f*
~/**троичное** *(Dat)* ternäre Zahl *f*
~/**упакованное** *(Dat)* gepackt verschlüsselte Zahl *f*
~ **Фарадея** *(Ph)* Faraday-Konstante *f*, Faraday-Zahl *f*, *F*
~/**флегмовое** *(Ch)* Rücklaufverhältnis *n*, Rücklaufzahl *f* *(Rektifikation)*
~ **Фруда** *(Aero)* Froude-Zahl *f*, Froudesche Zahl (Kennzahl) *f*, *Fr*
~ **Фурье** *(Ph)* Fouriersche Zahl *f*, Fourier-Zahl *f*, *Fo*
~/**хлорное** *(Ch)* Chlorzahl *f*
~ **ходов** *(Masch)* Hubzahl *f*
~/**целое** *(Math)* ganze Zahl *f*, Ganzes *n*
~ **центров кристаллизации** Keimzahl *f*, Kristallisationskeimzahl *f*
~/**цетановое** Zetanzahl *f* *(Dieselkraftstoffe)*
~ **циклов нагрузки [/предельное]** *(Wkst)* Lastspielzahl *f*, Grenzlastspiel *n*
~ **циклов напряжения** Lastspielzahl *f* *(Dauerschwingversuch)*
~ **частиц** *(Kern)* Teilchenzahl *f*
~ **частиц/объёмное** Teilchenkonzentration *f*
~/**чётное** *(Math)* gerade Zahl *f*
~/**широтное квантовое** *(Kern)* Breitenquantenzahl *f* *(nach Schpolski)*
~ **Шмидта** *(Aero)* Schmidt-Zahl *f*, Schmidtsche Zahl *f*, *Sc*
~ **Эйлера** *(Math)* Eulersche Zahl *f*
~/**экваториальное квантовое** *(Kern)* äquatoriale Quantenzahl *f* *(nach Schpolski)*
~ **электрона/волновое** *(Kern)* Elektronenwellenzahl *f*
~ **элементов изображения** *(Fs)* Bildpunktzahl *f*
~/**эфирное** *(Ch)* Esterzahl *f*

~ *M* *s.* ~ **Маха**
***M*-число** *n s.* **число Маха**
числовой numerisch
чиститель *m* Reiniger *m*, Reinigungsmaschine *f*
~/**барабанно-пильчатый** *(Text)* Sägezahntrommelreiniger *m* *(Reinigung der Rohbaumwolle)*
~ **мальезной машины** *(Text)* Abstreichrädchen *n*, Abstreifrädchen *n* *(französische Rundwirkmaschine)*
чистить reinigen, säubern, putzen
~ **наждаком** schmirgeln
~ **щётками** bürsten
чистка *f* Reinigung *f*, Reinigen *n*, Putzen *n*
~/**химическая** chemische Reinigung *f*, Trockenreinigung *f*
чистовой *(Fert)* Schlicht... *(Bearbeitung, z. B. Schlichtdrehen)*
чистота *f* 1. Reinheit *f*, Feinheit *f*; Klarheit *f*; 2. Reinlichkeit *f*; Sauberkeit *f*
~ **звука** *(Ak)* Tonreinheit *f*, Reinheit *f* des Tones
~ **звучания** *(Ak)* Klangreinheit *f*
~ **изотопа** *(Kern)* Isotopenreinheit *f*
~/**колориметрическая** Reinheitsgrad *m* *(Farben)*
~ **конфигурации** *(Kern)* Konfigurationsreinheit *f*
~ **отмывки** Läuterungserfolg *m* *(Aufbereitung)*
~ **поверхности** Oberflächengüte *f*
~ **цвета** 1. Farbreinheit *f*; 2. [spektrale] Farbdichte *f*
чистотянутый blankgezogen *(Draht)*
чистый для анализа *(Ch)* analysenrein, zur Analyse *(Reinheitsbezeichnung)*
~/**спектрально** *(Ch)* spektroskopisch rein, spektralrein
~/**химически** chemisch rein *(Reinheitsbezeichnung)*
читаемость *f* Lesbarkeit *f*, Leserlichkeit *f*
читать в обратном направлении *(Dat)* rückwärtslesen
~ **в прямом направлении** *(Dat)* vorwärtslesen
~ **корректуру** *(Typ)* korrigieren, Korrektur lesen
читка *f* **корректуры** *(Typ)* Korrekturlesen *n*
член *m* *(Math, Ph)* Glied *n*, Term *m*
~ **возмущения** Störungsglied *n*, Störungsterm *m*
~ **высшего порядка** Glied *n* höherer Ordnung
~/**измерительный** Meßglied *n*
~/**крайний** Außenglied *n* *(Proportion)*
~/**линейный** lineares Glied *n*, Linearglied *n*
~ **обмена** Austauschglied *n*, Austauschterm *m*
~/**остаточный** Restglied *n*, Rest *m*
~ **перезарядки** Überladungsterm *m*
~ **переноса** Transportterm *m*, Transportglied *n*
~/**поправочный** Korrekturterm *m*, Korrektionsglied *n*
~/**последующий** Hinterglied *n* *(Proportion)*
~/**предыдущий** Vorderglied *n* *(Proportion)*
~ **преломления** Brechungsterm *m*
~ **пропорции** Proportionale *f*
~ **рассеяния** Streuterm *m*, Streuglied *n*
~ **связи** Kopplungsglied *n*, Kopplungsterm *m*
~ **спин-орбитальной связи** Spin-Bahn-Kopplungsterm *m*, Spin-Bahn-Term *m*
~/**средний** Innenglied *n* *(Proportion)*
~ **цепи** *(Ch)* Kettenglied *n*
~ **цикла** *(Ch)* Ringglied *n*
~/**четвёртый пропорциональный** vierte Proportionale *f*
~ **экипажа** Besatzungsmitglied *n*
членение *n* Gliederung *f*
ЧМ *s.* **1. частотно-модулированный; 2. модуляция/частотная**
ЧМ-детектор *m* *(El)* FM-Detektor *m*, Frequenzdetektor *m*, FM-Gleichrichter *m*
ЧМ-колебание *n* *(El)* FM-Schwingung *f*, frequenzmodulierte Schwingung *f*
ЧМ-помеха *f* *(El)* FM-Störung *f*, frequenzmodulierte Störung *f*
ЧМ-приёмник *m* *(Eln)* FM-Empfänger *m*
ЧМ-радиовещание *n* FM-Rundfunk *m*, Frequenzmodulationsrundfunk *m*
ЧМ-сигнал *m* FM-Signal *n*, frequenzmoduliertes Signal *n*
чтение *n* Lesen *n*; *(Dat)* Erkennen *n* *(von Zeichen)*
~/**автоматическое** *(Typ)* Zeichenerkennung *f*, automatisches Lesen *n*
~ **в обратном направлении** *(Dat)* Rückwärtslesen *n*
~ **в прямом направлении** *(Dat)* Vorwärtslesen *n*
~/**корректурное** *(Typ)* Korrekturlesen *n*
~ **таблиц** *(Dat)* Tabellenlesen *n*, Tabellensuchen *n*
чувствительность *f* 1. Empfindlichkeit *f*, Sensibilität *f*, Feinfühligkeit *f*; 2. Anfälligkeit *f*
~ **глаза/спектральная** *(Opt)* spektrale Augenempfindlichkeit *f*, spektraler Hellempfindlichkeitsgrad *m*
~/**излишняя** Überempfindlichkeit *f*
~ **измерений** Meßempfindlichkeit *f*
~ **индикации [прибора химической разведки]** *(Mil)* Nachweisempfindlichkeit *f*, Indikationsempfindlichkeit *f* *(chemischer Aufklärungsgeräte)*
~ **к влаге** Feuchtigkeitsempfindlichkeit *f*

~ **к воздействию воздуха** Luftempfindlichkeit *f*
~ **к гамма-излучению** *(Kern)* Gammaempfindlichkeit *f*
~ **к запилам** *s.* ~ **к надрезам**
~ **к инфракрасному излучению** Infrarotempfindlichkeit *f*, IR-Empfindlichkeit *f*
~ **к кислоте** Säureempfindlichkeit *f*
~ **к морозу** Frostempfindlichkeit *f*
~ **к нагреву** Wärmeempfindlichkeit *f*, Hitzeempfindlichkeit *f*
~ **к надрезам** *(Wkst)* Kerbempfindlichkeit *f*
~ **к напряжениям** *(Fest)* Spannungsempfindlichkeit *f*
~ **к облучению** Strahlensensibilität *f*, Strahlenempfindlichkeit *f*
~ **к отклонению** *(Eln)* Ablenkempfindlichkeit *f*
~ **к помехам** Störempfindlichkeit *f*, Störanfälligkeit *f*
~ **к рентгеновским лучам** Röntgenstrahlempfindlichkeit *f*
~ **к свету** Lichtempfindlichkeit *f*
~ **к току** Stromempfindlichkeit *f*
~/**контрастная** *(Foto)* Kontrastempfindlichkeit *f*
~ **обнаружения** Nachweisempfindlichkeit *f*
~ **приёмника** *(Rt)* Empfängerempfindlichkeit *f*
~ **приёмника/номинальная** verstärkungsbegrenzte Betriebsempfindlichkeit *f* eines Empfängers
~ **приёмника/относительная** Bezugsempfindlichkeit *f* eines Empfängers
~ **приёмника/реальная** Betriebsempfindlichkeit *f* eines Empfängers
~ **приёмника/реальная предельная** geräuschbegrenzte Betriebsempfindlichkeit *f* eines Empfängers
~ **приёмника света/спектральная** spektrales Ansprechvermögen *n*
~ **радиоприёмника** *(Rt)* Empfängerempfindlichkeit *f*
~/**различительная** *(Foto)* Kontrastempfindlichkeit *f*
~/**спектральная** Spektralempfindlichkeit *f*; Farbempfindlichkeit *f*
~ **срабатывания** Ansprechempfindlichkeit *f*, Ansprechvermögen *n* *(eines Relais)*
~ **фотоплёнки/спектральная** *(Foto)* Farbenempfindlichkeit *f* des Films

чувствительный empfindlich; anfällig; fühlbar
~ **к инфракрасному излучению** infrarotempfindlich, IR-empfindlich
~ **к помехам** störempfindlich, störanfällig
~ **к рентгеновским лучам** röntgenstrahlempfindlich
~ **к свету** lichtempfindlich
~ **к температуре** temperaturempfindlich
~ **к току** stromempfindlich
~ **к ультрафиолетовому излучению** ultraviolettempfindlich, UV-empfindlich

чугун *m (Met)* 1. Roheisen *n*; 2. Gußeisen *n*; Grauguß *m*
~/**антифрикционный** Antifriktionsgußeisen *n*, Gußeisen *n* mit guten Gleiteigenschaften
~/**белый** 1. weißes Roheisen *n*; 2. weißes Gußeisen *n*
~/**бессемеровский** Bessemer-Roheisen *n*
~ **в чушках** Massel[roh]eisen *n*, Roheisenmassel *f*
~/**ваграночный** im Kupolofen erschmolzenes Gußeisen *n*, Kupolofeneisen *n*
~ **второй плавки** Gußeisen *n* zweiter Schmelzung
~/**высококремнистый** Roheisen *n* mit hohem Siliziumgehalt, hochsiliziertes Roheisen *n*
~/**гематитовый** Hämatit[roh]eisen *n*
~/**доменный** im Hochofen erschmolzenes Roheisen *n*, Hochofen[roh]eisen *n*
~/**древесноугольный** Holzkohlenroheisen *n*
~/**закалённый** Hartguß *m*
~/**зеркальный** Spiegeleisen *n*
~/**ковкий** Tempergußeisen *n*, Temperguß *m*; Temperrohguß *m*
~/**коксовый** Koksroheisen *n*
~/**кремнистый** 1. hochsiliziertes Roheisen *n*; 2. hochsiliziumhaltiges Gußeisen *n*
~/**крупнозернистый** 1. grobkörniges Roheisen *n*; 2. grobkörniges Gußeisen *n*
~/**литейный** Gießerei[roh]eisen *n*
~/**малоуглеродистый** 1. niedriggekohltes Roheisen *n*; 2. Gußeisen *n* mit niedrigem Kohlenstoffgehalt *(Tempergußerzeugung)*
~/**малофосфористый** 1. Roheisen *n* mit niedrigem Phosphorgehalt, Hämatitroheisen *n*; 2. Gußeisen *n* mit niedrigem Phosphorgehalt
~/**мартеновский** Stahl[roh]eisen *n*, SM-Roheisen *n (für SM-Ofen)*
~/**мелкозернистый** 1. feinkörniges (feingekörntes) Roheisen *n*; 2. feinkörniges Gußeisen *n*
~/**миксерный** Mischer[roh]eisen *n*
~/**модифицированный** modifiziertes Gußeisen *n*
~/**низкокремнистый** 1. Roheisen *n* mit niedrigem Siliziumgehalt; 2. Gußeisen *n* mit niedrigem Siliziumgehalt
~/**низкоуглеродистый** 1. niedriggekohltes (kohlenstoffarmes) Roheisen *n*; 2. Gußeisen *n* mit niedrigem Kohlenstoffgehalt
~/**обессеренный** 1. entschwefeltes Roheisen *n*; 2. entschwefeltes Gußeisen *n*
~/**первичный** Roheisen *n*

~ первой плавки Roheisen *n*
~/передельный Stahl[roh]eisen *n*
~/передельный бессемеровский Bessemer-Stahlroheisen *n*
~/передельный мартеновский Siemens-Martin-Roheisen *n*, SM-Roheisen *n*
~/передельный томасовский Thomas-Stahlroheisen *n*
~/перлитный perlitisches Gußeisen *n*, Perlitguß *m*
~/перлитный ковкий perlitischer Temperguß *m*
~/половинчатый 1. meliertes Roheisen *n*; 2. meliertes Gußeisen *n*
~ с белой сердцевиной/ковкий weißes Tempergußeisen *n*, weißer Temperguß *m*
~ с отбелённой поверхностью Schalenhartguß *m*
~ с пластинчатым графитом Gußeisen *n* mit lamellarem Graphit, Grauguß *m*
~ с чёрной сердцевиной/ковкий Schwarzkerntemperguß *m*
~ с шаровидным графитом Gußeisen *n* mit Kugelgraphit, globulares (sphärolithisches) Gußeisen *n*
~/серый 1. graues Roheisen *n*; 2. graues Gußeisen *n*, Grauguß *m*
~/серый литейный graues Gußeisen *n*, Grauguß *m*
~/специальный 1. Sonderroheisen *n*; 2. Sondergußeisen *n*
~/среднелегированный 1. mittellegiertes Roheisen *n*; 2. mittellegiertes Gußeisen *n*
~/томасовский Thomas-Roheisen *n*, basisches Roheisen *n*
~/ферритный ferritisches Gußeisen *n*
~/ферритно-перлитный ferritisch-perlitisches Gußeisen *n*
~/чушковый Massel[roh]eisen *n*
чугунный 1. gußeisern, Gußeisen ...; 2. Grauguß ...
чугуновоз *m* Roheisenpfannenwagen *m*
чулок *m* Strumpf *m*
~/кабельный *(El)* Kabelziehstrumpf *m*
~/круглый *(Text)* rundgestrickter Strumpf *m*
~/плосковязаный *(Text)* flachgewirkter Strumpf *m*
~ с двухшовным следом *(Text)* Strumpf *m* mit zwei Fußnähten *(englischer Fuß)*
~ с довязанным следом *(Text)* Strumpf *m* mit angearbeitetem Fuß
~ с круглой пяткой *(Text)* Strumpf *m* mit runder Ferse
~ с одношовным следом *(Text)* Strumpf *m* mit einer Fußnaht *(französischer Fuß)*
~ с прямоугольной пяткой *(Text)* Strumpf *m* mit rechtwinkliger Ferse
~/сквозной кабельный *(El)* Kabelziehstrumpf *m* mit zwei Schlaufen, Kabelnachziehschlauch *m*
чума *f*/**оловянная** *(Ch)* Zinnpest *f*
чушка *f* Massel *f* *(Roheisen)*; Barren *m*, Block *m*, Metallbarren *m*, Rohbarren *m*, Metallblock *m*, Blöckchen *n* *(NE-Metalle)*
~/чугунная Roheisenmassel *f*, Eisenmassel *f*
чушколом[атель] *m* *(Met)* Masselbrecher *m*
ЧЭ *s.* **элемент/чувствительный**

Ш

шабазит *m* *s.* **хабазит**
шабер *m* 1. *(Wkz)* Schaber *m*, Schabeisen *n*; 2. Abstreicher *m*
~/желобчатый Hohlschaber *m*
~/механический Schabmaschine *f*
~/плоский Flachschaber *m*
~/плоский прямой Flachschaber *m* mit gerader Schneide
~/полировальный (полировочный) Polierschaber *m*
~/полукруглый Hohlschaber *m*
~ с отогнутым концом/плоский Flachschaber *m* mit gebogener Schneide
~/сердцевидный Herzformschaber *m*
~/трёхгранный Dreikantschaber *m*
~/фасонный Formschaber *m* *(z. B. Herzformschaber)*
~/четырёхгранный Vierkantschaber *m*
шаблон *m* 1. *(Fert)* Schablone *f*, Lehre *f*; 2. *(Wlz)* *s.* **~ прокатного калибра**; 3. *(Schiff)* Mall *n*; *i. e. S.* Lehrspant *n*
~/вогнутый радиусный Radienlehre (Radienschablone) *f* für Außenradius
~/вращающий[ся] *(Gieß)* Drehschablone *f* *(Schablonenformen)*
~/выпуклый радиусный Radienlehre (Radienschablone) *f* für Innenradius
~/вытяжной 1. *(Gieß)* Ziehschablone *f* *(Schablonenformen)*; 2. Ziehkaliber *n* *(Ziehen)*
~/габаритный Lademaß *n*
~ для вывода на печать *(Dat)* Druckmaske *f*
~ для изготовления кулачков *(Fert)* Kurvenschablone *f*, Exzenterschablone *f*
~ для контроля линий шрифта *(Typ)* Schriftlinienmeßgerät *n*
~ для контроля направляющих *(Fert)* Führungslehre *f*
~ для контроля остряков *(Eb)* Zungenprüfer *m* *(Weichenkontrolle)*
~ для проверки заточки спиральных свёрл *(Wkz)* Spiralbohrerschleiflehre *f*, Spiralbohrerschleifschablone *f*
~ для проверки центров Spitzenlehre *f* *(Drehmaschine)*
~ для профилей резцов *(Wkz)* Schleiflehre *f*, Meißelanschlifflehre *f* *(Drehmeißel, Hobelmeißel)*

~ **для резки** *(Schw)* Brennschneidschablone *f*
~ **для стержней/вращающийся** *(Gieß)* Kerndrehschablone *f*
~ **для стержней/протяжной** *(Gieß)* Kernziehschablone *f*
~ **для тиснения** *(Typ)* Molette *f*
~ **для установки вытяжных пар** Streckzylinderlehre *f (Streckwerk; Spinnerei)*
~ **для формовки** *(Gieß)* Formschablone *f*, Formlehre *f*
~/**кольцевой** Ringschablone *f*
~/**прикрывающий** Deckschablone *f*
~ **прокатного калибра** *(Wlz)* Kaliberschablone *f*, Kalibrierschablone *f*, Walzendrehschablone *f*
~/**прокатный** *s.* ~ **прокатного калибра**
~/**протяжной** *(Gieß)* Ziehschablone *f*, Ziehlehre *f*
~/**профильный** *(Gieß)* Formlehre *f*, Formschablone *f*
~/**путевой** *(Eb)* Spurmeßgerät *n (Spurweitekontrolle)*
~/**радиусный** *(Fert)* Radienschablone *f*, Konkav- und Konvexlehre *f*
~/**резьбовой** *(Fert)* Gewindeschablone *f*, Gewinde[gang]lehre *f*
~/**рельсовый** *(Eb)* Schablone *f* zur Prüfung des Schienenprofils und -verschleißes
~/**скребковый** *s.* ~/**протяжной**
~/**стержневой** *(Gieß)* Kernlehre *f*, Kernschablone *f*
~/**угловой** *(Fert)* Winkellehre *f*, Winkelschablone *f*
~/**формовочный** *(Gieß)* Formschablone *f*, Formlehre *f*; *(Ker)* Eindrehschablone *f*
шаблонодержатель *m (Gieß)* Schablonenarm *m (Schabloniergerät)*
шабот *m (Schm)* Schabotte *f (Maschinenhammer)*
~ **наковальни** Amboßklotz *m*
шабрение *n (Fert)* Schaben *n*, Tuschieren *n*
шабрить *(Fert)* schaben, tuschieren
шаг *m* 1. Schritt *m*; 2. *(Masch)* Gang *m (Schraube)*; Steigung *f (Gewinde; Schiffspropeller; Luftschrauben)*; Teilung *f (Zahnrad)*; 3. Mittenabstand *m (z. B. zwischen Bohrungen)*
~/**вертикальный** *(Fmt)* Höhenschritt *m (Wähler)*
~ **винта** *(Masch)* Ganghöhe (Steigung) *f* der Schraube
~ **винтовой линии** *(Math)* Ganghöhe *f* der Schraubenlinie
~ **воздушного винта** *(Flg)* Luftschraubensteigung *f*
~/**вращательный** *(Fmt)* Drehschritt *m (Wähler)*
~ **вращения** *s.* ~/**вращательный**
~ **втулочно-роликовой цепи** Rollenkettenteilung *f*
~ **гребного винта** *(Schiff)* Propellersteigung *f*
~/**диаметральный** *(Masch)* Pitchteilung *f*, Pitch *m (Zahnteilung; Zähnezahl je Zoll des Teilkreisdurchmessers)*
~ **дорожки** *(Dat)* Spurabstand *m*, Spurteilung *f*
~ **задания** *(Dat)* Jobschritt *m*
~ **заклёпочного шва** *s.* ~/**заклёпочный**
~/**заклёпочный** Nietteilung *f*, Lochteilung *f*
~ **зацепления** Eingriffsteilung *f (Zahnrad)*
~/**зубцовый** Zahnteilung *f*
~ **зубчатой цепи** Zahnkettenteilung *f*
~ **интегрирования** *(Math)* Integrationsschritt *m*
~ **итерации** *(Dat)* Iterationsschritt *m*
~ **кадра** *(Kine)* Bildschritt *m*
~ **колонн** *(Bw)* Stützenabstand *m*
~ **крепи** *(Bgb)* Bauabstand *m (Ausbau)*
~/**круговой** Kreisteilung *f*
~ **минирования** *(Mar)* Minenabstand *m*
~ **накатки** *(Masch)* Rändelteilung *f*
~ **насечки напильника** *(Wkz)* Hiebteilung *f (Feile)*
~/**нормальный** *(Masch)* Normaleingriffsteilung *f*
~ **обмотки** *(El)* Wicklungsschritt *m*, Wikkelschritt *m*
~ **обмотки/второй** zweiter Wicklungsschritt *m*, Schalt[ungs]schritt *m*
~ **обмотки/диаметральный** Diametralschritt *m (Wicklung)*
~ **обмотки/коллекторный** Kollektorschritt *m*, Kommutatorschritt *m*, Stromwenderschritt *m*
~ **обмотки/первый** erster Wicklungsschritt *m*, Schritt *m* der Spulenweite
~ **обмотки по пазам** Nuten[wicklungs]schritt *m*
~ **обмотки/полный** ungesehnter Wicklungsschritt *m*
~ **обмотки/результирующий** resultierender Wicklungsschritt *m*, Gesamtschritt *m*
~ **обмотки/укороченный** verkürzter Wicklungsschritt *m*
~ **обмотки/частичный** Teil[wicklungs]schritt *m*
~ **обработки** *(Dat)* Verarbeitungsschritt *m*
~/**окружной** *s.* ~/**торцевой**
~/**осевой** Axialsteigung *f (am Gewinde)*; Achsteilung *f (Schraubengetriebe)*
~/**основной** *(Masch)* Grundkreisteilung *f*, Eingriffsteilung *f*
~/**петельный** *(Text)* Maschenreihe *f*
~/**планировочный** *(Bw)* Achsmaß *n*
~ **поворота [искателя]** *s.* ~ **вращения**
~ **подъёма** *(Fmt)* Hebschritt *m*, Hubschritt *m (Wähler)*
~/**подъёмный** *s.* ~ **подъёма**

~/полюсный *(El)* Polteilung *f*
~ посадки *(Lw)* Setzweise *f* *(von Pflanzmaschinen)*
~ прицела *(Mil)* Aufsatzsprung *m* *(Geschütz)*
~ программы *(Dat)* Programmschritt *m*
~ пупинизации *(Fmt)* Spulenfeldlänge *f*, Spulenabstand *m*
~ резьбы *(Masch)* Gewindesteigung *f*, Ganghöhe *f*
~ решётки Gitterschritt *m*, Gitterteilung *f*
~ рисунка протектора Profilteilung *f*, Dessinteilung *f* *(Kfz-Reifen)*
~ скрутки *(El, Fmt)* Kabelschritt *m*, Verseilschlaglänge *f*
~ таблицы *(Dat)* Tafelschritt *m*
~/торцевой (торцовый) *(Masch)* Stirneingriffsteilung *f* *(Zahnrad)*
~/угловой *(Masch)* Teilkreisteilung *f* *(Zahnrad)*
~ ходового винта *(Wkzm)* Leitsteigung *f*, Leitspindelsteigung *f* *(Drehmaschine)*
шагание *n* Schreiten *n*, Schreitbewegung *f*
шагомер *m* 1. *(Fert)* Steigungsprüfer *m*, Steigungsprüfgerät *n*, Steigungsmeßgerät *n*; 2. Schrittzähler *m*
шайба *f* *(Masch)* Scheibe *f*, Unterlegscheibe *f*; Ring *m*
~/анкерная Ankerscheibe *f*
~/войлочная Filzring *m*
~/вставная Einsatzscheibe *f*
~ Гровера *s.* **~/пружинная**
~ замка банкаброша Wendestück *n* *(Vorspinnmaschine)*
~/замыкающая Abschlußring *m*
~/зубчатая Zahnscheibe *f*
~/качающаяся Taumelscheibe *f*
~/квадратная Vierkantscheibe *f*
~/клиновидная Keilscheibe *f*
~/колеблющаяся Taumelscheibe *f*
~/контактная Kontaktscheibe *f*
~/кривошипная Kurbelscheibe *f*, Exzenterscheibe *f*
~/кулачковая Nockenscheibe *f*, Kurvenscheibe *f*
~/наклонная Vierkantscheibe *f* für Verschraubungen an Schrägflanschen
~/нитенатяжная Fadenspanner *m* *(Doppelzylinderstrumpfautomat)*
~/поворотная Ringschieber *m*
~ под гайку Unterlegscheibe *f*
~/предохранительная Sicherungsblech *n*
~/промежуточная Zwischenscheibe *f*
~/промежуточная многозубчатая Zahnscheibe *f*
~/пружинная glatter Federring *m*
~ пружины *(Kfz)* Federsitz *m*, Federteller *m* *(Ventil)*
~ разобщающего клапана Abschlußscheibe *f*
~/распорная Distanzring *m*
~ с внутренним носком/стопорная Sicherungsblech *n* mit Innennase
~ с двумя лапками/стопорная Sicherungsblech *n* mit zwei Lappen
~ с зубчатым венцом federnde Zahnscheibe *f*
~ с лапкой/стопорная Sicherungsblech *n* mit Lappen
~ с наружным носком/стопорная Sicherungsblech *n* mit Außennase
~ с потайным зубчатым венцом federnde Zahnscheibe *f* für Senkkopfschrauben
~ с приливами Warzenscheibe *f*
~ с утопленным зубчатым венцом federnde Zahnscheibe *f* für Senkkopfschrauben
~/слюдяная Glimmerscheibe *f*
~/уплотняющая Dichtungsscheibe *f*
~/упорная Begrenzungsscheibe *f*
~/упругая federnde Unterlegscheibe *f*, Federscheibe *f*
~/уравнительная Ausgleichscheibe *f*
~/установочная Stellscheibe *f*
~/чёрная rohe Scheibe *f*
~/чистая blanke Scheibe *f*
~/эксцентриковая *s.* **~/кривошипная**
шаланда *f* *(Schiff)* Prahm *m*, Schute *f*
~/буровая Bohrprahm *m*
~/грузовая Lastprahm *m*
~/грунтоотвозная *(Schiff)* Baggerschute *f*
~ с откидными днищевыми дверцами *(Schiff)* Klappschute *f*, Klappprahm *m*
шальштейн *m* *(Geol)* Schalstein *m*
шамозит *m* *(Min)* Chamosit *m*
шамот *m* 1. Schamotte *f*; 2. *(Gieß)* Schamottemehl *n*
~/высокоогнеупорный hochfeuerfeste Schamotte *f*
~/глинозёмистый Tonerdeschamotte *f*
~ для изготовления стального литья Stahlformschamotte *f*
~/каолиновый Kaolinschamotte *f*
~/легковесный Leichtschamotte *f*
~/низкообожжённый Schwachbrandschamotte *f*
~/размельчённый Schamottemehl *n*
~/слабообожжённый Schwachbrandschamotte *f*
шапка *f* 1. Kappe *f*; 2. *(Typ)* *s.* **заголовок**
~/газовая Gaskappe *f* *(einer erdölführenden Schicht)*
~ изолятора Isolatorenkappe *f*
~ кучевого облака *(Meteo)* Wolkenkappe *f*, Wolkenhaube *f* *(Haufenwolke)*
~/ледниковая *(Geol)* Eiskappe *f*
~ таблицы *(Dat)* Tabellenkopf *m*
~ формуляра *(Dat)* Formularkopf *m*
шар *m* 1. *(Math)* Kugel *f*; 2. *(Schiff)* Ball *m*, Signalball *m*; 3. *(Typ)* Kugelkopf *m*

~/**воздушный** Luftballon *m*
~/**вписанный** *(Math)* Inkugel *f*
~/**запальный** *(Kfz)* Glühkopf *m (Glühkopfmotor)*
~ **клапана** Ventilkugel *f*
~/**огненный** *(Kern)* Feuerball *m (Kernexplosion)*
~/**привязной воздушный** Fesselballon *m*
~/**светомерный** *s.* ~ **Ульбрихта**
~ **Ульбрихта** *(Licht)* Ulbrichtsche Kugel *f*
~/**ходовой** *(Schiff)* Fahrtball *m*
шаржир-машина *f (Schm)* Chargiermaschine *f*, Ofenbeschickungsmaschine *f*
шар-зонд *m (Meteo)* Ballonsonde *f*
шарик *m* Kügelchen *n*; Granalie *f*
~/**жировой** Fettkügelchen *n*
~/**измерительный** Meßkugel *f*
~ **термометра** Thermometerkugel *f*
шарикоподшипник *m (Masch)* Kugellager *n (Das Wort „Radial" bei den Radiallagern braucht nur vorgesetzt zu werden, wenn die Deutlichkeit des Ausdruckes dies erfordert. Der Zusatz „Axial" bei den Axiallagern ist stets vorzusetzen.)*
~ **без канавки для вставления шариков/однорядный радиальный** einreihiges [Radial-]Rillenkugellager *n* ohne Füllnut
~/**двухрядный неразборный радиально-упорный** zweireihiges selbsthaltendes [Radial-]Schrägkugellager *n*
~/**двухрядный сферический** zweireihiges [Radial-]Pendelkugellager *n*
~/**магнетный** einreihiges [Radial-]Schulterkugellager *n*
~/**несамоустанавливающийся** *s.* ~/**радиальный**
~/**радиально-упорный** [Radial-]Schrägkugellager *n*
~/**радиально-упорный магнетный** einreihiges [Radial-]Schulterkugellager *n*
~/**радиально-упорный однорядный неразборный (неразъёмный)** einreihiges selbsthaltendes [Radial-]Schrägkugellager *n*
~/**радиальный** [Radial-]Rillenkugellager *n*
~/**радиальный несамоустанавливающийся** [Radial-]Rillenkugellager *n*
~/**радиальный самоустанавливающийся** [Radial-]Pendelkugellager *n*
~/**радиальный сферический** [Radial-]Pendelkugellager *n*
~ **с двумя защитными шайбами/однорядный радиальный** einreihiges [Radial-]Rillenkugellager *n* ohne Füllnut mit zwei Deckscheiben
~ **с двусторонним фетровым уплотнением/однорядный радиальный** einreihiges [Radial-]Rillenkugellager *n* mit zwei Filz[dichtungs]ringen
~ **с защитными шайбами/однорядный радиальный** [Radial-]Rillenkugellager *n* mit Deckscheiben
~ **с канавкой для вставления шариков/однорядный радиальный** einreihiges [Radial-]Rillenkugellager *n* mit Füllnut
~ **с одной защитной шайбой/однорядный радиальный** einreihiges [Radial-]Rillenkugellager *n* ohne Füllnut mit einer Deckscheibe
~ **с односторонним фетровым уплотнением/однорядный радиальный** einreihiges [Radial-]Rillenkugellager *n* mit einem Filz[dichtungs]ring
~ **с плоскими желобчатыми кольцами/двойной** zweiseitig wirkendes Axial-Rillenkugellager *n* mit ebenen Gehäusescheiben
~ **с плоскими желобчатыми кольцами/однорядный упорный** einreihiges einseitig wirkendes Axial-Rillenkugellager *n*
~ **с фетровыми уплотнениями/однорядный радиальный** einreihiges [Radial-]Rillenkugellager *n* mit Filz[dichtungs]ringen
~/**самоустанавливающийся** [Radial-]Pendelkugellager *n*
~/**сдвоенный однорядный неразборный радиально-упорный** selbsthaltendes [Radial-]Doppel- oder Zwillings-Schrägkugellager *n*
~ **со стопорной шайбой на наружном кольце/однорядный радиальный** einreihiges [Radial-]Rillenkugellager *n* mit Ringnut und Spurplatte
~/**сферический** *s.* ~/**радиальный сферический**
~/**упорный** Axial-Rillenkugellager *n*
шарнир *m (Masch)* Gelenk *n*, Scharnier *n*
~ **антиклинали** *(Geol)* Sattelachse *f (einer Verfaltung)*
~/**балансирный** *(Bw)* Pendelgelenk *n*
~ **в замке** *(Bw)* Scheitelgelenk *n*
~ **в пятах** *(Bw)* Kämpfergelenk *n*
~ **в своде** *(Bw)* Scheitelgelenk *n*
~/**вильчатый** Gabelgelenk *n*
~/**врезанный** *s.* ~/**утопленный**
~/**действительный** wirkliches Gelenk *n*
~/**замковый** *(Bw)* Scheitelgelenk *n*
~/**карданный** Kardangelenk *n*, Wellengelenk *n*
~/**карданный листовой** Kreuzfedergelenk *n*
~/**опорный** *(Bw)* Auflagergelenk *n*; *(Masch)* Stützgelenk *n*
~ **полозьев/носовой** *(Schiff)* Ablaufwiege *f*, Wiege *f*
~/**пружинный** Federgelenk *n*
~/**пятовый** *(Bw)* Kämpfergelenk *n*; *(Masch)* Fußlager *n*

~/**резинометаллический** *(Ktz)* Silentblockgelenk *n* *(Kupplungsgelenk)*
~/**роликовый** Walzengelenk *n*
~ **руля высоты** *(Flg)* Höhenrudergelenk *n*
~ **руля направления** *(Flg)* Seitenrudergelenk *n*
~ **синклинали** *(Geol)* Muldenachse *f* *(einer Verfaltung)*
~ **складки** *(Geol)* Faltenachse *f* *(Sattel- bzw. Muldenachse)*
~/**угловой** Winkelgelenk *n*
~/**универсальный** Kardangelenk *n*, Kreuzgelenk *n* mit zwei Bewegungsfreiheiten (Drehungen)
~/**утопленный** Blindgelenk *n*
~/**цилиндрический** Zwischengelenk *n*
~/**шаровой** Kugelgelenk *n*
шарнирность *f* **крепи** *(Bgb)* Ausbaugelenkigkeit *f*
шаровидный *s.* **шарообразный**
шаровка *f* Verhacken *n* *(z. B. Zuckerrüben)*
шаровой kugelförmig, Kugel . . .
шарообразный kugelförmig, kugelig, Kugel . . .
шарошка *f* Kugel *f* *(am Rollenmeißel; Bohrgerät)*
шарпи *m* *(Schiff)* Scharpie *f*; Knickspantbauweise *f* *(Bootsbau)*
шар-пилот *m* *(Meteo)* Pilotballon *m*, Windrichtungsweiserballon *m*
шары *mpl*/**спасательные** Rettungskugeln *fpl* *(Korkkugelpaar)*
шарьяж *m s.* **1. надвиг; 2. покров/тектонический**
шасси *n* 1. *(Ktz)* Fahrgestell *n*; 2. *(Flg)* Fahrwerk *n*; 3. Gestell *n*, Untergestell *n*; 4. *(Rf)* Chassis *n* *(zur Aufnahme der Bauelemente des Rundfunkgerätes)*
~/**вездеходное** *(Ktz)* geländegängiges Fahrgestell *n*
~ **велосипедного типа** *(Flg)* Tandemfahrwerk *n*
~ **для монтажа** Montagechassis *n*
~/**лыжное** *(Flg)* Landekufen *fpl*
~/**неубирающееся** *(Flg)* festes (nichteinziehbares) Fahrwerk *n*
~/**низкорамное** *(Ktz)* Niederrahmenfahrgestell *n*
~/**поплавковое** *(Flg)* Schwimmwerk *n*
~ **приёмника** *(Rf)* Empfängerchassis *n*
~ **с гусеницами** *(Flg)* Gleiskettenfahrwerk *n*
~ **с носовым (передним) колесом** *(Flg)* Bugradfahrwerk *n*
~ **с хвостовым колесом** *(Flg)* Heckradfahrwerk *n*
~/**самоходное** *(Ktz)* Geräteträger *m*, Maschinenträger *m* *(Traktor mit vorgebautem Fahrgestell zur Aufnahme verschiedener Geräte für Landwirtschaft und Straßenbau)*
~/**сбрасываемое** *(Flg)* abwerfbares Fahrwerk *n*
~/**трёхколёсное** *s.* ~ **с носовым колесом**
~/**трёхстоечное** *(Flg)* Dreibeinfahrwerk *n*
~/**убирающееся** *(Flg)* Einziehfahrwerk *n*
шасталка *f* *(Lw)* Entgranner *m* *(Putzdreschmaschine)*
шатировка *f* Schattierung *f*
шатун *m* *(Masch)* Pleuel *m*; Pleuelstange *f*, Schubstange *f*, Kolbenstange *f*, Treibstange *f*
~/**ведущий** Triebstange *f*, Treibstange *f*, Kuppelstange *f* *(Lok)*
~/**вильчатый** Gabelpleuelstange *f*
~/**главный** Hauptpleuel *m*
шахматный schachbrettartig; versetzt, Versatz . . ., Staffel . . .; Zickzack . . .
шахта *f* 1. Schacht *m* *(in allgemeiner Bedeutung, z. B. Aufzugsschacht, Oberlichtschacht, Ofenschacht)*; 2. *(Bgb)* Bergwerk *n*, Grube *f*, Schachtanlage *f*, Schacht *m* *(s. a. unter* **ствол***)*
~ **вагранки** *(Gieß)* Kupolofenschacht *m*
~/**вентиляционная** *(Bw)* Entlüftungsschacht *m*, Luftschacht *m*; *(Bgb)* Wetterschacht *m*
~/**воздушная** Luftschacht *m*
~/**волочильная** *(Glas)* Zieh[maschinen]-schacht *m*
~/**всасывающая** Ansaugschacht *m*
~/**вытяжная** Abluftschacht *m*; Absaugschacht *m*
~/**газовая** *(Bgb)* gasgefährdete Grube *f*
~/**грузовая** Ladeschacht *m*
~ **доменной печи** *(Met)* Hochofenschacht *m*
~/**замораживающая** *(Bgb)* Gefrierschacht *m*
~ **запасного выхода** *(Schiff)* Notausgangsschacht *m*
~/**затопленная** *(Bgb)* ersoffene Grube *f*
~/**кабельная** *(El)* Kabelschacht *m*
~ **лифта** *(Bw)* Aufzugsschacht *m*
~/**машинная** *(Schiff)* Maschinen[raum]-schacht *m*
~ **машинного отделения** Maschinen-[raum]schacht *m*
~/**насосная** Pumpenschacht *m*, Pumpengrube *f*
~/**опасная по газу** *(Bgb)* gasgefährdete Grube *f*
~ **печи** *(Met)* Ofenschacht *m*
~/**подъёмная** Förderschacht *m*
~/**приёмная** Einfallsschacht *m*
~/**прядильная** *(Text)* Spinnschacht *m*
~/**пусковая** Startschacht *m*
~/**разведочная** *(Bgb)* Schürfschacht *m*
~/**расширительная** *(Schiff)* Ausdehnungsschacht *m*, Expansionsschacht *m*
~/**световая** Lichtschacht *m*
~/**спасательная** Rettungsschacht *m*

~/**уравнительная** *(Hydt)* Schachtwasserschloß *n*
~ **холодильника** *(Eb)* Kühlerschacht *m* *(Diesellok)*
шахтоуправление *n (Bgb)* Grubenverwaltung *f*
шашка *f* 1. Blöckchen *n*, Klötzchen *n*, Würfel *m*; 2. *(Met)* Stangenabschnitt *m*, Rohling *m (beim Ziehen von Stangen)*; 3. *(Mil)* Sprengkörper *m*
~ **для шкале рейки** *(Geod)* Feld *n (Nivellierlatte)*
~/**дымовая** *(Mil)* Nebelkörper *m*, Rauchkörper *m*; Rauchsignal *n*; *(Lw)* Schwelkörper *m*
~/**зажигательная** *(Mil)* Brandkörper *m*
~/**пироксилиновая** *(Mil)* Pyroxilinsprengkörper *m*
~/**подрывная** *(Mil)* Sprengkörper *m*
~/**пороховая** *(Rak)* Pulverstange *f*
~/**тротиловая** *(Mil)* Trotylsprengkörper *m*
швабра *f (Schiff)* Schwabber *m*, Dweil *m*
швартов *m (Schiff)* Festmacher *m*, Festmache[r]leine *f*
~/**кормовой** Achterleine *f*
~/**кормовой прижимный** achtere Querleine (Dwarsleine) *f*
~/**кормовой продольный** Achterleine *f*
~/**носовой** Vorleine *f*
~/**носовой прижимный** vordere Querleine (Dwarsleine) *f*
~/**носовой продольный** Vorleine *f*
швартоваться *(Schiff)* anlegen, festmachen
швартовка *f (Schiff)* Anlegen *n*, Festmachen *n*, Vertäuen *n*; *(Flg)* Verankerung *f*
~ **бортом к борту** Längsseitsgehen *n*, Längsseitsanlegen *n*
швартовный *(Schiff)* Verhol . . ., Vertäu . . ., Festmach . . .
швацит *m (Min)* Schwazit *m*, Hermesit *m* *(Fahlerz)*
швелевание *n* Schwelen *n*, Verschwelung *f*, Tieftemperaturverkokung *f*, Halbverkokung *f*
швелевать [ver]schwelen
швеллер *m (Met)* U-Stahl *m*; *(Bw)* U-Träger *m*
швельгаз *m* Schwelgas *n*
швелькокс *m* Schwelkoks *m*, Halbkoks *m*, Tieftemperaturkoks *m*
швельшахта *f* Schwelschacht *m*
шверт *m* Schwert *n*, Kielschwert *n (Jolle)*
швертбот *m* Schwertboot *n*, Jolle *f*
шверт-тали *m (Schiff)* Schwertfall *n (Segeljolle)*
швицевание *n (Led)* Schwitzen *n*, Schwitze *f*
шворень *m s.* **шкворень**
швырялка *f (Lw)* Schleuderroder *m*, Schleuder *f*; Wurfhäcksler *m*
~/**картофельная** Schleuderradroder *m*
шевер *m (Wkz)* Zahnradschabwerkzeug *n*
~/**дисковый** Schabrad *n*
~/**реечный** Schabkamm *m*
шевер-рейка *m* Schabkamm *m*
шевингование *n* Zahnradschaben *n (Feinbearbeitung von Zahnrädern im Hobelverfahren auf Zahnschabmaschinen)*
шевиот *m (Text)* Cheviot *m*
шеврет *m* Chevrette[leder] *n*
шевро *n* Chevreau[leder] *n*
шевронный pfeilverzahnt, Pfeil . . . *(Zahnräder)*
шед *m* 1. Shed *n* (= 10^{-24} *barn*); 2. *(Bw)* Schutzdach *n*, Wetterdach *n*; 3. *(Bw)* Sheddach *n*, Sägedach *n*
шеелит *m (Min)* Scheelit *m*, Tungstein *m*, Scheelerz *n*, Scheelspat *m*
шейка *f* 1. Hals *m*, Einschnürung *f*; 2. *(Masch)* Zapfen *m*
~ **вала** *(Masch)* Halszapfen *m (Welle, Achse)*
~ **вала/свободная** freier Wellenstumpf *m*
~ **валка** Walzenzapfen *m*, Laufzapfen *m*
~ **изолятора** *(El)* Isolatorenhals *m*
~ **коленчатого вала/коренная** Lagerzapfen *m (Kurbelwelle von Verbrennungsmotoren)*
~ **коленчатого вала/шатунная** Pleuelzapfen *m*, Hubzapfen *m (Kurbelwelle von Verbrennungsmotoren)*
~/**коренная** Wellenzapfen *m*, Lagerzapfen *m (der Kurbelwelle von Verbrennungsmotoren)*
~ **оси** *s.* ~ **вала**
~ **прокатного валка** Walzenzapfen *m*, Laufzapfen *m*
~ **рельса** *(Eb)* Schienensteg *m*, Steg *m*
~ **ствола** *(Bgb)* Schachtkragen *m*
~ **трубки** *(Eln)* Röhrenhals *m*
~/**шатунная** Pleuelzapfen *m*, Hubzapfen *m (Kurbelwelle von Verbrennungsmotoren)*
~ **штепселя** *(El)* Stöpselhals *m*
шёлк *m (Text)* Seide *f*
~/**ацетатный** Azetatseide *f*
~/**бахромный** Fransenseide *f*
~/**бобинный искусственный** Spulenseide *f*
~/**варёный** Cuitseide *f*, entbastete Seide *f*
~/**вечный** Kunstseide *f* aus Naturseidensubstanz
~/**вискозный** Viskoseseide *f*
~/**воздушный** Leichtseide *f*, Luftseide *f*
~/**высокопрочный** hochfeste Kunstseide *f*
~/**вышивальный** Stickseide *f*
~/**вязальный** Strickseide *f*
~ **гренадиновой крутки** Grenadineseide *f*
~ **диких шелкопрядов** wilde Seide *f*
~ **дубового шелкопряда** Eichenseide *f*, Tussah *f*
~/**дубовый** Eichenseide *f*, Tussah *f*

~/**искусственный** Chemieseide *f* aus natürlichen Polymeren
~/**казеиновый** Kaseinseide *f*
~ **клещевинного шелкопряда** Eriaseide *f* *(wilde Seide vom Rhizinusspinner)*
~/**кручёный** Seidenzwirn *m*, gezwirnte Seide *f*
~/**кручёный натуральный** Mulinierseide *f*
~/**медноаммиачный** Kupferkunstseide *f*
~/**морской** Seeseide *f*, Muschelseide *f*, Byssusseide *f*
~/**натуральный** Naturseide *f*
~/**неварёный** Ecruseide *f*
~/**нитратный** Nitratseide *f*
~/**обесклеенный** *s.* ~/**варёный**
~/**отяжелённый** beschwerte (chargierte) Seide *f*
~/**прочёсный** Florettgarn *n*, Florettseide *f*
~/**пряденый** Schappe *f*, Schappseide *f*
~/**раковинный** *s.* ~/**морской**
~/**сучёный** Nähseide *f*, Seidenzwirn *m*
~/**сырой** Rohseide *f*, Bastseide *f*, Grège *f*
~/**упрочнённый** Festkunstseide *f*
~/**центрифугальный** Zentrifugenseide *f*
шелковина *f* *(Text)* Kokonfaden *m*
шелковка *f* Seidenpapier *n*
шелководство *n* Seidenbau *m*, Seidenkultur *f*, Seidenraupenzucht *f*
шёлкокрутильщик *m* Seidendreher *m*, Seidenzwirner *m*
шёлкокручение *n* Seidenzwirnerei *f*
шёлкомотальня *f* Seidenhasplerei *f*
шёлкопрядение *n* Seidenspinnerei *f*
шёлкопрядильня *f* Seidenspinnerei *f* *(Textilbetrieb)*
шёлкоткачество *n* Seidenweberei *f* *(Textilfach)*
шёлк-сырец *m* *s.* **шёлк/сырой**
шёлк-хлорин *m* PeCe-Seide *f*
шеллак *m* Schellack *m*
шелушение *n* 1. Abblättern *n*, Abschuppung *f*, Desquamation *f*; 2. Enthülsen *n*, Schälen *n*
~ **горных пород** *(Geol)* Abschuppung *f*, Desquamation *f* *(des Gesteins)*
шелушить enthülsen, schälen
шелушиться abblättern, schuppen
шелыга *f* *(Bw)* Scheitel *m* *(Gewölbe, Bogen)*
~ **свода** Gewölbescheitel *m*, Gewölbeschluß *m*
шельтердек *m* *(Schiff)* Shelterdeck *n*, Schutzdeck *n*
шельтердечный *(Schiff)* Schutzdeck[er]..., Shelterdeck[er] ...
шельф *m* 1. *(Geol)* Schelf *n*; 2. *(Schiff)* Horizontalträger *m*, waagerechter Träger *m* *(an Schotten)*
шенит *m* *(Min)* Schönit *m*
шепинг *m* *(Wkzm)* Waagerechtstoßmaschine *f*, Shaper *m*
шепит *m* *(Min)* Schoepit *m*
шептало *n* *(Mil)* Abzugsstollen *m* *(MG)*; Unterbrecher *m* *(MPi)*; Abzugshebel *m* *(Pistole)*; Druckstück *n* *(Karabiner)*
шерардизация *f* Sherardisieren *n*, Diffusionsverzinkung *f*
шерл *m* *(Min)* Schörl *m* *(schwarzer Turmalin)*
шерохование *n* *(Gum)* Rauhen *n*, Aufrauhen *n*
шероховатость *f* 1. Rauhigkeit *f*, Unebenheit *f*; 2. Griffigkeit *f*
~/**относительная** Rauhigkeitsverhältnis *n*
~ **поверхности** Oberflächenrauhigkeit *f*
~/**поперечная** *(Fert)* Querrauhigkeit *f* *(bearbeiteter Flächen)*
~/**продольная** *(Fert)* Längsrauhigkeit *f* *(bearbeiteter Flächen)*
шероховатый 1. rauh, uneben; krispelig; 2. griffig; 3. zottig, wollig; 4. *(Text)* genarbt
шероховка *f* *s.* **шерохование**
шерстезаготовки *pl* Wollbeschaffung *f*, Wollaufkauf *m*
шерстинка *f* Wollhaar *n*
шерстоведение *n* Wollfachkunde *f*
шерстомойка *f* 1. Wollwäscherei *f* *(Vorgang)*; 2. Wollwaschmaschine *f*
шерстомойня *f* Wollwäscherei *f* *(Betrieb)*
шерстопрядение *n* Wollspinnerei *f*
~/**аппаратное** Streichwollspinnerei *f*
~/**гребенное** Kammwollspinnerei *f*
~/**камвольное** Kammwollspinnerei *f*
~/**суконное** Streichwollspinnerei *f*
шерстопрядильня *f* Wollspinnerei *f* *(Betrieb)*
шерстоткачество *n* Wollweberei *f* *(Fach)*
шерсть *f* *(Text)* 1. Wolle *f*; Haar *n*; 2. Wollgarn *n*; Wollstoff *m*
~/**ангорская** Angorawolle *f*, Angoraziegenhaar *n*, Mohairwolle *f*
~/**аппаратная** Streichwolle *f*
~/**баранья** Schafwolle *f*
~/**верблюжья** Kamelhaar *n*
~/**вигоневая** Vikunjawolle *f*, Vigogne *f*
~/**гребенная** Kammwolle *f*
~/**грубая** grobe (dichthaarige, harsche) Wolle *f*
~/**древесная** Holzwolle *f*
~/**жирная** Schweißwolle *f*, Fettwolle *f*, ungewaschene Wolle *f*
~/**заводская** Fellwolle *f*, Sterblingswolle *f*
~/**зимняя** Winterwolle *f*
~ **из лоскута** *s.* ~/**регенерированная**
~/**искусственная** 1. *s.* ~/**регенерированная**; 2. Zellwolle *f*
~/**камвольная** *s.* ~/**гребенная**
~/**кардная** *s.* ~/**аппаратная**
~/**козья** Ziegenhaar *n*
~/**конская** Roßhaar *n*
~/**коровья** Kuhhaar *n*
~ **ламы** Lamawolle *f*

~/**мериносовая** Merinowolle *f*
~/**минеральная** Mineralwolle *f*
~/**немытая** *s.* ~/**жирная**
~/**овечья** Schafwolle *f*
~/**полугребенная** Halbkammwolle *f*
~/**растительная** Pflanzenwolle *f*
~/**регенерированная** Reißwolle *f*
~/**репеистая** klettige Wolle *f*, Klettenwolle *f*
~/**свалявшаяся** strickige Wolle *f*
~ **снятая со шкур** *s.* ~/**заводская**
~/**стеклянная** Glaswolle *f*
~/**стриженая** Scherwolle *f*, Schur *f*, Schurwolle *f*
~/**суконная** Streichwolle *f*
~/**тонкая** Flaum *m*
~/**утильная** Reißwolle *f*
~/**чёсаная** Kammwolle *f*
~/**шлаковая** Schlackenwolle *f*
~ **ягнят** Lammwolle *f*
шерсть-однострижка *f (Text)* Einschurwolle *f*
шерстяной wollen, Woll...
шерхебель *m (Wkz)* Schrupphobel *m*
шест *m* Stange *f*, Stab *m*; Latte *f*
~/**гидрометрический** *(Hydrol)* Stabschwimmer *m*
~/**измерительный** Meßlatte *f*
~/**трассировочный** Aussteckstab *m*, Absteckstab *m*
шестерённый, шестерёнчатый *(Masch)* Zahn..., Zahnrad..., Ritzel...
шестерня *f* Zahnrad *n*
~ **банкаброша/подъёмная** *s.* ~/**сменная подъёмная**
~/**вальянная** *(Text)* Warenbaumrad *n* *(Webstuhl)*
~/**ведомая** 1. getriebenes Rad *n*; 2. *(Kfz)* Tellerrad *n* des Ausgleichgetriebes
~/**ведущая** Treibrad *n*, Ritzel *n*
~/**веретённая** *(Text)* Spindeltriebrad *n*
~/**винтовая** Schraubenrad *n*
~/**вытяжная** Nummerwechsel *m*, Verzugswechselrad *n (Streckwerk; Spinnerei)*
~/**гипоидная** Zahnrad *n* mit Klingelnberg-Verzahnung; bogenverzahntes Rad *n*
~/**дифференциальная** Differentialrad *n*
~ **кардмашины/вытяжная [сменная]** *(Text)* Verzugswechsel *m (Deckelkarde)*
~ **кардмашины/мажорная** *(Text)* Nummerwechsel *m (Krempel)*
~ **кардмашины/ходовая [сменная]** *(Text)* Abnehmerwechsel *m (Deckelkarde)*
~/**коническая** Kegelrad *n*
~/**коронная** Kronrad *n*
~/**косозубая** Schrägzahnrad *n*, schrägverzahntes Rad *n (z. B. Schraubenrad)*
~/**крутильная** *(Text)* Drahtwechselrad *n*
~/**кулачковая** *(Kfz)* Nockenwellenrad *n*
~/**накидная** 1. Schwenkrad *n*; 2. Räderschwinge *f (Nortongetriebe)*
~/**накладная** *s.* ~/**вытяжная**
~ **натяжного прибора** *s.* ~/**вытяжная**
~/**отмоточная** *(Text)* Abwinderrad *n*
~/**паразитная** *s.* ~/**промежуточная**
~ **перебора** Vorgelegerad *n*
~/**планетарная** Umlaufrad *n*, Planetenrad *n*
~ **подачи** Vorschubritzel *n*
~/**полуосевая** *(Kfz)* Achswellenzahnrad *n* *(Ausgleichgetriebe)*
~/**промежуточная** Zwischenrad *n*, „Faulenzer" *m*
~/**распределительная** Steuerrad *n*, Nokkenwellenantriebsrad *n (des Verbrennungsmotors)*
~ **рулевой передачи/ведущая** Lenkritzel *n*
~ **с внутренним венцом (зацеплением)** innenverzahntes Rad *n (Umlaufgetriebe)*
~ **с косыми зубьями** *s.* ~/**косозубая**
~ **с торцовыми зубьями** Kronrad *n*
~ **с шевронными зубьями/коническая** Pfeilkegelrad *n*
~/**скользящая** Schieberad *n*
~/**сменная** Wechselrad *n*
~/**сменная подъёмная** *(Text)* Hubrad *n*, Steigrad *n*, Steigwechsel *m (Spulenbankgetriebe der Vorspinnmaschine)*
~ **со спиральными зубьями** *s.* ~/**винтовая**
~/**солнечная** Mittenrad *n (Umlaufgetriebe)*
~/**ступенчатая** Stufenrad *n*
~ **съёмного барабана** *(Text)* Zahnrad *n* der Abnehmerwalze *(Kastenspeiser)*
~/**тарельчатая** Tellerrad *n*
~/**ходовая** Gangrad *n*, Marschrad *n*
~/**ходовая сменная** *(Text)* Abnehmerwechsel *m (Deckelkarde)*
~ **холостого хода** Leerlaufrad *n*
~/**цевочная** Zapfenzahnrad *n*, Hohltrieb *m*
~/**цепная** Kettenrad *n*
~/**цилиндрическая** Stirnrad *n*
~/**червячная** Schneckenrad *n*
~/**шевронная** Pfeilrad *n*
шестиатомность *f (Ch)* Sechsatomigkeit *f*; Sechswertigkeit *f*, Hexavalenz *f*
шестиатомный *(Ch)* sechsatomig; sechswertig, hexavalent
шестивалентный *(Ch)* sechswertig, hexavalent
шестиводный *(Ch)* ...-6-Wasser *n*, ...hexahydrat *n*
шестигранник *m (Math)* Hexaeder *n*, regelmäßiger Sechsflächner *m*, Würfel *m*
шестигранный 1. *(Math)* hexaedrisch, sechsflächig; 2. sechskantig, Sechskant... *(z. B. Schraubenkopf, Stahlprofil)*

шестидесятеричный *(Dat)* sexagesimal
шестизамещённый *(Ch)* hexasubstituiert
шестиламповый *(Eln)* mit sechs Röhren, Sechsröhren ...
шестиокись *f (Ch)* Hexoxid *n*
~ хлора Chlorhexoxid *n*
шестиосновный *(Ch)* sechsbasig *(Säuren)*
шестиполюсный *(El)* sechspolig
шестиугольник *m (Math)* Hexagon *n*, Sechseck *n*
шестиугольный hexagonal, sechseckig
шестихлористый *(Ch)* ... hexachlorid *n*; Hexachlor ...
шестичленный *(Ch)* sechsgliedrig
шестиэлектродный *(Eln)* mit sechs Elektroden, Sechselektroden ..., Hexoden ...
шестнадцатеричный *(Dat)* hexadezimal, sedezimal
шибер *m* Schieber *m*, Klappe *f (in Rohrleitungen, Öfen; s. a. unter* **задвижка***)*
~/входной Eingangsschieber *m*
~/выходной Ausgangsschieber *m*
~ для горячего дутья Heißwindschieber *m*
~ для холодного дутья Kaltwindschieber *m*
~/запорный Absperrschieber *m*
~ колошникового газа Hochofengasschieber *m*
~/перекидной Stellklappe *f*, Umstellklappe *f*
~/спускной Ablaßschieber *m*
шизолит *m (Geol)* Schizolith *m*, Ganggefolge *n*
шило *n (Wkz)* 1. Vorstecher *m*, Ahle *f*, Pfriem *m*; 2. Marlspieker *m*
ШИМ *s.* **модуляция/широтно-импульсная**
шина *f* 1. Reifen *m (für Fahrzeuge)*; Radreifen *m*; 2. *(El)* Schiene *f (z. B. Verteilerschiene)*; 3. *(Dat)* Bus *m*, Leitung *f*; 4. *(Schiff)* Schalklatte *f (bei älteren Lukenabdeckungen)*; 5. *s. unter* **шины**
~/автомобильная Kfz-Reifen *m*, Autoreifen *m*
~/автомобильная грузовая Kraftfahrzeugreifen *m*
~ адресов Adreßbus *m*, Adreß[sammel]-leitung *f*
~/анодная Anodenstange *f*, Anodenschiene *f (Elektrolyse)*
~/баллонная Ballonreifen *m*
~/бескамерная schlauchloser Reifen *m*
~/бесшумная geräuscharmer Reifen *m*
~/большегрузная Schwerlastwagenreifen *m*
~/велосипедная Fahrradreifen *m*
~ высокого давления Hochdruckreifen *m*
~/гоночная Rennreifen *m*
~/грузовая Lastkraftwagenreifen *m*, LKW-Reifen *m*
~ грядиля Gründelstrebe *f (Pflug)*
~ данных Datenbus *m*, Daten[sammel]-schiene *f*
~ держателя сошников Hebelhalterschiene *f (Drillschar)*
~ для дорог и бездорожья S+G-Reifen *m*
~ для езды по грязи и снегу M+S-Reifen *m*
~/заземляющая *(El)* Erdungssammelleitung *f*
~/информационная Datensammelleitung *f*
~/катодная Katodenbalken *m*, Katodenschiene *f (Elektrolyse)*
~/клинчерная Klincherreifen *m*, Gummiwulstreifen *m*
~/колёсная Radreifen *m*
~/кордная Kordreifen *m*
~/легковая Personenkraftwagenreifen *m*, PKW-Reifen *m*
~/массивная [грузовая] Vollgummireifen *m*
~/металлическая Eisenreifen *m*, Stahlreifen *m (Fahrzeuge)*
~/металлокордная Stahlkordreifen *m*
~/мотоциклетная Motorradreifen *m*
~/накачанная aufgepumpter Reifen *m*
~/нескользящая gleitsicherer Reifen *m*
~/низкого давления Niederdruckreifen *m*, Ballonreifen *m*
~/общая Sammelschiene *f*, Sammelleitung *f*
~/общая сборная gemeinsame Sammelschiene *f*
~/однотрубная Schlauchreifen *m*
~/отрицательная сборная negative Sammelschiene *f*, Minus-Sammelschiene *f*
~/плюсовая сборная *s.* **~/положительная сборная**
~/пневматическая Luftreifen *m*
~ повышенной проходимости geländefähiger Reifen *m*
~ подстанции/сборная Unterwerkssammelschiene *f*
~/полушечная Elastikreifen *m*
~/положительная сборная positive Sammelschiene *f*, Plus-Sammelschiene *f*
~/полумассивная *s.* **~/полупневматическая**
~/полупневматическая Elastikreifen *m*, Hohlraumreifen *m*, Gollertreifen *m*
~/проколоустойчивая durchschlagfester Reifen *m*
~/распределительная Verteilerschiene *f*
~/резиновая Gummireifen *m*
~ с грунтозацепами Reifen *m* mit Geländeprofil, Hochstollenreifen *m*
~ с губчатой камерой Schaumgummireifen *m*
~ с двойным крылом Doppelwulstkernreifen *m*

~/**сборная** Sammelschiene *f*
~/**сборная анодная** Anodensammelschiene *f*, Anodenanschluß *m (NE-Metallurgie)*
~/**спущенная** entlüfteter Reifen *m*
~ **среднего давления** Semiballonreifen *m*
~ **станции/сборная** Kraftwerkssammelschiene *f*
~/**сырая** Reifenrohling *m*
~/**тракторная** Traktorreifen *m*
~/**штормовая** *(Schiff)* Lukenriegel *m (bei älteren Lukendeckelkonstruktionen)*
шина-сверхбаллон *f* Superballonreifen *m*
шинколобвит *m (Min)* Sklodowskit *m*
шиноремонт *m* Reifeninstandsetzung *f*; Runderneuerung *f*
шины *fpl* 1. *(Kfz)* Bereifung *f*; 2. *(El)* Schienen *fpl*; Sammelschienen *fpl*, Sammelschiene *f*; 3. *s. unter* **шина**
~/**вспомогательные [сборные]** *(El)* Hilfssammelschienen *fpl*
~/**генераторные [сборные]** *(El)* Generatorsammelschienen *fpl*
~/**пневматические** Luftbereifung *f*
~/**резиновые** Gummibereifung *f*
~/**сдвоенные** doppelte Bereifung *f*, Zwillingsbereifung *f*
шип *m* 1. Dorn *m*; 2. *(Masch)* Stirnzapfen *m (Wellen, Achsen)*; 3. *(Bw)* Zapfen *m*, Zinken *m (Holzverbindungen)*
~/**вставной** kegeliger Stirnzapfen *m* mit Langloch für Querkeilbefestigung
~ **крестовины кардана** *(Kfz)* Gelenkkreuzlagerzapfen *m (Zapfenkreuzgelenk)*
~/**модельный** *(Gieß)* Modelldübel *m*
~/**шаровой** Kugelstirnzapfen *m*
шипование *n* Bestiftung *f (Kesselrohre)*
ширение *n* Strecken *n*, Streckung *f*; Verbreiterung *f*
~ **тканей** *(Text)* Breitstrecken *n*, Gewebestrecken *n*
ширилка *f* 1. *(Text) s.* **машина/ширильная**; 2. *(Gum)* Spreizrolle *f*
ширина *f* 1. Breite *f*; Weite *f*; 2. *(Ph)* Wertbreite *f (z. B. der Resonanz)*
~ **базы** *(Eln)* Basisbreite *f*, Basisdicke *f (Halbleiter)*
~ **беговой дорожки** Laufbreite *f*, Kopfbreite *f (des Kfz-Reifens)*
~ **бёрда** *(Text)* Blattbreite *f (Sektionsschärmaschine)*
~ **блока** *(Bgb)* Blockbreite *f*
~ **боковой полосы** *(Eln)* Seitenbandbreite *f*
~ **борозды** *(Lw)* Furchenbreite *f*
~ **в свету** lichte Weite *f*
~ **воздушного зазора** *(El)* Polschuhabstand *m*, Luftspaltbreite *f*
~ **впадины между зубьями** *(Masch)* Zahnweite *f (Zahnräder)*
~/**врубовая** *(Bgb)* Schrämbreite *f*
~ **выкашиваемой полосы** *(Lw)* Schwadenbreite *f*
~ **выпускной щели** Spaltbreite *f (Brecher)*
~/**габаритная** 1. Außenmaßbreite *f*; 2. *(Eb)* Lademaßbreite *f*; 3. *(Schiff)* Breite *f* über alles *(unter Einschluß aller festen seitlichen Anbauten)*, Breite *f* über größte Seitenausladung
~ **деления** *(Kern)* Spaltungsbreite *f*
~ **деления/видимая** sichtbarer Abstand *m* der Teilstriche
~ **дислокации** *(Krist)* Versetzungsbreite *f*
~ **для диаграммы направленности антенны на половинном уровне** Antennenhalbwertsbreite *f*
~ **живого сечения потока** *(Hydt)* Querschnittbreite *f (Flußquerschnittprofil)*
~ **задаваемой полосы** *(Wlz)* Anstichbreite *f* des Walzgutes
~ **зазора** *(Dat)* Spaltbreite *f (Magnetkopf)*
~ **запирающего слоя** *(Eln)* Sperrschichtbreite *f*, Sperrschichtdicke *f*
~/**заправочная** *(Text)* Einzugsbreite *f (Webblatt)*
~ **захвата** 1. *(Kern)* Einfangbreite *f*; 2. *(Lw)* Arbeitsbreite *f (Landmaschinen)*, Schnittbreite *f (Vollerntemaschine)*, Schwadenbreite *f (Mähmaschine)*, Spurbreite *f (Sämaschine)*; 3. *(Bgb)* Verhiebsbreite *f*
~ **захвата трала** *(Mar)* Räumbreite *f (Minenräumer)*
~ **заходки** *(Bgb)* Feldesbreite *f*, Schnittbreite *f*
~ **зева** *(Wkz)* Maulweite *f*, Maulöffnung *f (Schraubenschlüssel; Brecher)*
~ **зоны пеленгования** *(FO)* Peilbreite *f*
~ **импульса** Impulsbreite *f*, Impulsdauer *f*
~ **интервала группировки** *(Dat)* Klassenbreite *f*
~ **канала** *(Rf)* Kanalbreite *f*
~ **колеи** *(Eb)* Spurweite *f*
~ **колеи/нормальная** *(Eb)* Normalspurweite *f*, Normalspur *f (in der UdSSR 1 520 mm, sonst gewöhnlich 1 435 mm)*
~ **колонки** *(Typ)* Spaltenbreite *f*
~ **контура линии** *(Opt)* Linienprofilbreite *f*
~ **лавы** *(Bgb)* Strebbreite *f*
~ **ленточки износа** Verschleißmarkenbreite *f (an Schneidwerkzeugen)*
~ **ленты пульсации** *(Wkst)* Lastschwingbreite *f (Dauerschwingversuch)*
~ **ленты пульсаций напряжения** Schwingbreite *f* der Spannung
~ **ленты пульсаций напряжения усталости** Schwingbreite *f* der Dauerfestigkeit
~ **лепестка [диаграммы]** Keulenbreite *f (einer Antenne)*

~ **линий** *(Opt)* Linienbreite *f*
~ **линий/действительная** natürliche (wirkliche) Linienbreite *f*
~ **литеры** *(Typ)* Buchstabenbreite *f*, Dickte *f*
~ **луча антенны** *s.* ~ **лепестка [диаграммы]**
~ **междурядий** *(Lw)* Drillweite *f*, Reihenabstand *m*, Reihenbreite *f*
~/**наибольшая** *(Schiff)* Breite *f* über alles *(ohne seitliche feste Anbauten)*
~ **направляющей лопатки** Leitschaufelbreite *f* *(Turbine)*
~/**нейтронная** *(Kern)* Neutronenbreite *f*
~ **основания уступа** *(Wkzm)* Stufenbreite *f* *(Spanleitstufe, Spanleitrille am Drehmeißel)*
~/**парциальная** *(Kern)* partielle Weite *f*
~ **перемычки** *(Wkzm)* Stegbreite *f* *(Spanleitrolle am Drehmeißel)*
~ **печати** *(Dat)* Druckbreite *f*
~/**планетоцентрическая** *(Astr)* planetozentrische Breite *f*
~ **плато** *(Kern)* Plateaubreite *f*
~ **по бёрду** *(Text)* Kammbreite *f*, Blattbreite *f* *(Webstuhl)*
~ **по грузовой ватерлинии** *(Schiff)* Breite *f* über Ladelinie
~ **по палубе** *(Schiff)* Breite *f* über Deck
~ **по урезу воды** Wasserspiegelbreite *f* *(Flußquerschnittprofil)*
~ **пограничного слоя** *(Ph)* Randschichtdicke *f*, Randschichtbreite *f*, Grenzschichtbreite *f*
~ **подпёртого бьефа (русла)** *(Hydt)* Staubreite *f* des Gerinnes
~ **полос** *(Opt)* Streifenbreite *f* *(bei Interferenzen)*
~ **полосы** 1. *(Rf)* Bandbreite *f*; 2. *(Bgb)* Feldesbreite *f*, Streifenbreite *f*
~ **полосы пропускания** *(Rf)* Durchlaß[band]breite *f*
~ **полосы пропускания усилителя** *(Rf)* Verstärkerbandbreite *f*
~ **полосы спектра шумов** *(Rf)* Rauschbandbreite *f*
~ **полосы частот** *(Rf)* Frequenzbandbreite *f*
~ **полосы частот канала** *(Rf)* Kanalbreite *f*
~ **полотнища** *(Wkz)* Blattbreite *f* *(Säge)*
~ **потенциального барьера** *(Eln)* Potentialbreite *f*, Breite *f* des Potentialwalls
~ **приграничного слоя** *(Eln)* Randschichtbreite *f*, Randschichtdicke *f*
~ **призабойного пространства лавы** *(Bgb)* Streböffnung *f*, Strebbreite *f*
~ **провара** *(Schw)* Einbrandbreite *f*
~ **проезшей части** Fahrbahnbreite *f*
~ **профиля [шины]** Querschnittsbreite *f*, Reifenbreite *f*
~ **пучка** *(Opt)* Strahlbreite *f*
~/**радиационная** *(Kern)* Strahlungsbreite *f*
~ **развода пилы** *(Wkz)* Schränkweite *f*, Schränkung *f* *(Säge)*
~ **рассеяния** *(Opt)* Streubreite *f*
~/**расчётная** *(Schiff)* Breite *f* auf Spanten, Konstruktionsbreite *f*
~ **реакции** *(Kern)* Reaktionsbreite *f*
~/**регистровая** *(Schiff)* Vermessungsbreite *f*
~ **резания** *(Fert)* Schnittbreite *f*
~ **резонанса** *(Ph)* Resonanzbreite *f*
~ **ремиза** *(Text)* Geschirrbreite *f* *(Sektionsschärmaschine)*
~ **ручья** *(Wlz)* Kaliberbreite *f*
~ **салазок суппорта** *(Wkzm)* Schlittenbreite *f* *(Drehmaschine)*
~ **сброса** *(Geol)* [söhlige] Sprungweite *f*
~ **седла** Sitzbreite *f* *(Ventil)*
~ **следа** *(Kern)* Spur[en]breite *f*
~ **следа износа** *s.* ~ **ленточки износа**
~ **сновки** *(Text)* Bäumbreite *f* *(Zettelmaschine)*
~ **совпадения** *(Kern)* Koinzidenzbreite *f*
~ **спектра** Spektralbreite *f*
~ **спектральной линии** Spektrallinienbreite *f*, Linienbreite *f*
~ **стеллажа** Regalbreite *f*; Querscheibenbreite *f*
~ **столбца** *(Typ)* Spaltenbreite *f*
~ **строки** *(Fs)* Zeilenbreite *f*
~ **стружки** *(Fert)* Spanbreite *f*, Schnittbreite *f*
~ **стыка** *(Schw)* Fugenweite *f*
~/**теоретическая** *(Schiff)* Breite *f* auf Spanten, Konstruktionsbreite *f*
~ **ткани** *(Text)* Warenbreite *f* *(Gewebe)*
~ **уровня** *(Ph)* Niveaubreite *f*, Breite *f* des Energieniveaus
~ **фаски** *(Fert)* Breite *f* der Fase *(an der Hauptschneide des Drehmeißels)*
~ **фрезерования** *(Fert)* Fräsbreite *f*
~ **холста** *(Text)* Bandbreite *f* *(Schlagmaschine)*
~ **шва** *(Schw)* Fugenweite *f*
~ **шкива/рабочая** *(Masch)* Laufbreite *f* *(Riemenscheibe)*
~ **шпоночных канавок** *(Masch)* Keilnutenbreite *f* *(Keilwelle)*
~ **шрифта** *(Typ)* Schriftbreite *f*
~ **штриха** Strichbreite *f*
~ **ячейки стеллажа** Regalfachbreite *f*
ширитель *m* *(Text)* Breithalter *m*, Breitstrecker *m* *(Webstuhl)*
~/**дуговой** Bogenbreitstrecker *m*
ширить 1. [aus]breiten; 2. *(Text)* spannen
широкогорлый *(Ch)* weithalsig, Weithals ... *(Laborflaschen)*
широкозахватный *(Lw)* mit großer Arbeitsbreite, Breit ...
широкоизлучатель *m* Breitstrahler *m*
ширококолейный *(Eb)* Breitspur ..., breitspurig

широкополосность *f* *(Rf)* Breitbandigkeit *f*, Breitbandeigenschaften *fpl*
широкополосный 1. *(Rf)* breitbandig, Breitband ...; 2. *(Met)* Breitband ... *(Stahl)*
широкополочный *(Met)* breitflanschig, Breitflansch ... *(Stahlträger)*
широкопористый weitporig, großporig
широкослойность *f* *(Forst)* Breitringigkeit *f* *(Jahresringe)*
широкослойный *(Forst)* grobjährig, grobringig, weitringig
широта *f* Breite *f*, Weite *f*; Spielraum *m*
~/астрономическая *(Astr)* astronomische Breite *f*
~/галактическая *(Astr)* galaktische Breite *f*
~/гелиографическая *(Astr)* heliografische Breite *f* *(Sonne)*
~/географическая geografische Breite *f*
~/геоцентрическая *(Astr)* geozentrische (verbesserte) Breite *f*
~/магнитная *(Geoph)* magnetische Breite *f*
~/небесная *(Astr)* ekliptikale Breite *f*
~/северная nördliche Breite *f*
~/селенографическая *(Astr)* selenografische Breite *f* *(Mond)*
~/фотографическая *(Foto)* Belichtungsspielraum *m* *(Sensitometrie)*
~/эклиптическая *s.* **~/небесная**
~/южная südliche Breite *f*
ширпотреб *m* Massenbedarfsgüter *npl*, Gebrauchsgegenstände *mpl*, Gegenstände *mpl* des täglichen Bedarfs
ширстрек *m* *(Schiff)* Schergang *m*
ширстречный *(Schiff)* Schergangs ...
шит *m* *(Gum)* Sheet[kautschuk] *m*
~/копчёный (рифлёный) geräucherter (geriffelter) Sheet *m*
шитьё *n* 1. *(Typ)* Heften *n*, Heftung *f*, Heftarbeit *f*; 2. *(Text)* Nähen *n*; Näherei *f*, Näharbeit *f*; 3. *(Text)* Sticken *n*, Stickerei *f*
~ без марли gazelose Heftung *f*
~ блока нитками Fadenblockheftung *f*
~ в край листов seitliche Heftung *f*, Blockheftung *f*
~ внакидку Heftung *f* von außen nach innen
~ вразьём Heftung *f* von innen nach außen, Rückstichheftung *f*
~ втачку seitliche Heftung *f*, Blockheftung *f*
~/выпуклое Hochstickerei *f*, Reliefstickerei *f*
~/гладкое Flachstickerei *f*
~ двойной ниткой Heftung *f* mit Doppelfaden
~/кружевное Spitzenstickerei *f*
~ на марле Heftung *f* auf Gaze
~ на тесьмах Heftung *f* auf Bänder
~ на шнурах Heftung *f* auf Bindfaden
~ на шнурах, погруженных в прорезы корешка Fadenheftung *f* mit vertieften Bünden, Fadenheftung *f* mit Sägeschnitt
~/накладное *s.* **~/выпуклое**
~ нитками Fadenheftung *f*
~ нитками без завязывания узлов Fadenheftung *f* ohne Verknotung, Holländern *n*
~ нитками без пропилки корешка Fadenheftung *f* mit erhabenen Bünden, Fadenheftung *f* ohne Sägeschnitt
~ нитками втачку seitliche Fadenheftung *f*
~ параллельно краю Längsheftung *f*
~ поперечно краю Querheftung *f*
~ проволокой Drahtheftung *f*
~ проволокой на прокол seitliche Heftung *f*, Blockheftung *f*
~/ручное Handheftung *f*
~ с сильной затяжкой straffe Heftung *f*
~ термонитками Fadensiegeln *n*
~ через фальц Falzheftung *f*, Heftung *f* durch den Falz
шифер *m* *(Bw)* Dachschiefer *m*
~/асбоцементный Asbestschiefer *m*
~/кровельный Dachschiefer *m*
шифон *m* *(Text)* Chiffon *m*
шифр *m* *(Dat)* Schlüssel *m*, Kennzeichen *n*; *(Fmt)* Chiffre *f*
~ пользователя *(Dat)* Benutzeranzeige *f*
~ устройства *(Dat)* Gerätetypkode *m*
шифратор *m* *(Fmt)* Chiffrator *m*, Verschlüsselungsgerät *n*
шифрование *n* Chiffrierung *f*, Verschlüsselung *f*, Kodierung *f*
шифровать chiffrieren, verschlüsseln
шифтинг-бордс *m* *(Schiff)* Kornschott *n*, Getreideschott *n*
шихта *f* *(Met)* 1. Einsatz *m*, Satz *m*, Beschickung *f*, Beschickungsgut *n*, Gicht *f*, Möller *m* *(Schachtofen)*; 2. Charge *f* *(Herdschmelzofen)*
~/агломерационная Sinter[gut]charge *f* *(Hochofen)*
~ вагранки *s.* **~/ваграночная**
~/ваграночная Kupolofensatz *m*, Kupolofenbeschickung *f*
~/доменная Hochofenmöller *m*, Möller *m*, Hochofensatz *m*, Hochofenbeschikkung *f*, Hochofengicht *f*
~/закладочная *(Bgb)* einzubringendes Versatzgutgemisch *n*
~ из скрапа Schrottcharge *f*
~/стекольная *(Glas)* Gemengesatz *m*, Gemenge *n*, Glassatz *m*
~/чугунная Roheisengicht *f*, Roheiseneinsatz *m*
шихтарник *m* *(Met)* Gichtboden *m*, Gichtbühne *f*
шихтование *n* *(Mech)* Möllern *n*, Möllerung *f*; Gattieren *n*, Gattierung *f*

~ **руд** Erzmöllern *n*, Erzmöllerung *f*
шихтовать möllern; gattieren
шихтовка *f s.* **шихтование**
шихтовый *(Met)* Beschickungs..., Gicht..., Chargier...
шишка *f (Gieß)* Kern *m (s. a. unter* **стержень***)*
~/**глиняная** *(Gieß)* Lehmkern *m*
шкала *f* 1. Skala *f (Stufenfolge, Reihe)*; 2. Skale *f*, Maßeinteilung *f*, Gradeinteilung *f (an Meßgeräten)*; Maßstab *m*
~ **абсолютных температур** absolute Temperaturskale *f*, Kelvin-Skale *f*
~ **атомных весов** *(Ph, Ch)* Atommassenskala *f*
~ **атомных масс/физическая** physikalische Atommassenskala *f*
~ **атомных масс/химическая** chemische Atommassenskala *f*
~/**барабанная** Trommelskale *f*
~/**биквадратная** biquadratische Teilung *f*, Skale *f* mit biquadratischer Teilung
~ **Боме** Baumé-Skale *f (Aräometerskale)*
~ **Бофорта** Beaufort-Skala *f*, Windstärkeskala *f*
~/**верньерная** Noniusskale *f*
~ **ветра** Windstärkeskala *f*
~ **времени** Zeitskale *f*
~/**вспомогательная** Hilfsteilung *f*
~ **высоты стола** Höhenverstellungsskale *f (Werkzeugmaschinentisch)*
~/**гипсометрическая** *(Geod)* Höhenschichtskale *f*
~ **глубины резкости** *(Foto)* Schärfentiefenskale *f*
~/**градационная** *(Typ)* Tonwertskale *f (Druckfarben)*
~/**градуированная** geeichte Skale *f*
~/**грузовая** *(Schiff)* Ladeskala *f*, Lastenmaßstab *m*
~ **давления** Druckskale *f*
~/**дистанционная** *(Mil)* Entfernungsskale *f*, Entfernungsteilung *f*, Trommelteilung *f*
~/**дополнительная** Nebenskale *f*; Hilfsskale *f*
~ **звёздных величин/международная** *(Astr)* internationale Helligkeitsskale *f*
~ **землетрясений** *(Geoph)* Erdbeben[stärke]skale *f*
~/**зеркальная** spiegelunterlegte Skale *f*
~ **изменения осадок оконечностей** *(Schiff)* Trimmskala *f*
~/**квадратичная** quadratische Skale *f*, Skale *f* mit quadratischer Teilung
~ **Кельвина** Kelvinskale *f*, absolute Temperaturskale *f*
~/**кодовая** kodierter Maßstab *m*
~/**комбинированная** Verbundskale *f*
~/**контрольная серая многоступенчатая** *(Typ)* Grauskala *f*, Stufengraukeil *m*
~/**контрольная цветная** *(Typ)* Farbprüftafel *f*
~/**криволинейная** krummlinige Skale *f*
~/**круговая** Kreisskale *f*; Teilscheibe *f*; Zifferblatt *n*
~/**круговая штриховая** Teilkreis *m*
~ **Кюри** Curiesche Temperaturskale *f*
~ **лимба** Teilung *f* des Teilkreises
~/**линейная** lineare (linear geteilte) Skale *f*
~/**логарифмическая** logarithmische Skale *f*, Skale *f* mit logarithmischer Teilung
~/**международная [температурная]** Internationale Skale (Temperaturskale) *f*
~/**метражная** Entfernungsskale *f*
~ **Мооса** Mohssche Skale *f (Härteprüfung)*
~ **настройки** *(Rt)* Abstimmungsskale *f*
~/**нелинейная** nichtlineare Skale *f*
~/**неравномерная** ungleichmäßige Skale *f*
~/**нониусная** Noniusskale *f*
~/**основная** Hauptskale *f*; Hauptmaßstab *m (Meßgerät)*
~ **отражателя** *(Mil)* Kopfteilung *f (Rundblickzielfernrohr)*
~/**отсчётная** Skale *f*, Maßeinteilung *f*, Gradeinteilung *f*
~/**поперечная** Quermaßstab *m*
~/**продольная** Längenmaßstab *m*
~/**пропорциональная** proportionale Skale *f*
~/**процентная** Prozentskale *f*
~/**прямая** gerade Skale *f*
~/**равномерная** gleichmäßige Skale *f*, Skale *f* mit gleichmäßiger (linearer) Teilung
~ **радиоприёмника** Empfängerskale *f*
~ **рассеивания** *(Mil)* Streuungsskala *f*
~/**рейтерная** Reiterskale *f (Waage)*
~ **Реомюра** Réaumur-Skale *f*
~/**светящаяся** Leuchtskale *f*
~ **силы ветра** *s.* ~ **Бофорта**
~/**стеклянная** Glasskale *f*, Glasmaßstab *m*
~/**стоградусная** Celsiusskale *f*, zentesimale Skale *f*
~ **твёрдости** *(Min)* Härteskala *f*
~/**температурная** Temperaturskale *f*
~ **точного отсчёта [орудийного квадранта]** *(Min)* Feinskale *f (Libellenquadrant)*
~ **углов возвышения** *(Mil)* Erhöhungsteilscheibe *f*, Erhöhungswinkelskale *f*
~/**угловая** Winkelskale *f*
~/**угломерная** Winkelmeßteilung *f*, Winkelskale *f*, Teilstrichteilung *f*
~/**усадочная** *(Gieß)* Schwindmaßstab *m*
~/**установочная** Nachstellskale *f*; Einstellskale *f (Wägetechnik)*
~ **Фаренгейта** Fahrenheit-Skale *f*

~/**форматная** *(Typ)* Formatskala *f*
~ **цветных тонов** Farbtonskale *f*
~/**цветовая** *(Typ)* Farbkeil *m*
~ **цветового охвата** *(Typ)* Farbkarte *f*
~ **Цельсия** Celsius-Skale *f*
~/**частотная** Frequenzskale *f*
~/**штриховая** Strichskale *f*, Strichmaßstab *m*, Strichmaß *n*
шкалоноситель *m* Teilungsträger *m*
шкант *m* Fingerzapfen *m*, eingebohrter (eingestemmter) Dübel *m* *(stumpfgestoßene Holzverbindung)*
шкаторина *f (Schiff)* Liek *n (Segel)*
шкаф *m* Schrank *m*; Kammer *f*
~ **блока питания** Stromversorgungsschrank *m*
~/**вакуум-сушильный** Vakuumtrockenschrank *m*
~/**вытяжной** *(Ch)* Abzugsschrank *m*, Digestorium *n*
~ **для запудривания клише** *(Typ)* Puderkammer *f*
~/**домашний холодильный** Haushaltskühlschrank *m*
~/**инструментальный** Werkzeugschrank *m*
~/**кабельный** *(El, Fmt)* Überführungskasten *m*, Kabelschrank *m*
~/**кабельный распределительный** *(El, Fmt)* Kabelverzweiger *m*
~/**несгораемый** feuersicherer Schrank *m*
~/**плиточный морозильный** Plattengefrierschrank *m*
~/**релейный** Relaisschrank *m*
~ **с циркуляцией воздуха/сушильный** Umlufttrockenschrank *m*
~/**сушильный** Trockenschrank *m*
~/**холодильный** Kühlschrank *m*
шкаф-перегородка *m* Schranktrennwand *f*
шкаф-электрохолодильник *m* [elektrischer] Kühlschrank *m*, Elektrokühlschrank *m*
шквал *m (Meteo)* Bö *f*, Windbö *f*
~/**грозовой** Gewitterbö *f*
~/**дождевой** Regenbö *f*
~/**нисходящий** Fallbö *f*
~ **с градом** Hagelbö *f*, Hagelzug *m*
~/**снежный** Schneebö *f*
~/**фронтальный** Frontbö *f*
шквалистость *f* 1. *(Meteo)* Böigkeit *f*; 2. *(Flg)* Bockigkeit *f (des Windes)*
шквалистый 1. *(Meteo)* böig; 2. *(Flg)* bockig *(Wind)*
шкворень *m* Bolzen *m*, Zapfen *m*, Stecker *m*; *(Eb)* Drehzapfen *m (Wagen, Lok)*
~/**передковый** *(Mil)* Protznagel *m*, Stangenbolzen *m*
~ **поворотной цапфы** *(Kfz)* Achsschenkelbolzen *m*
~ **сцепления** Kupplungszapfen *m*, Kupplungsbolzen *m*
~ **тележки** *(Eb)* Drehzapfen *m (des Drehgestells)*
шкентель *m (Schiff)* Taljenläufer *m*; Stander *m*, Drahtseil *n*
~/**грузовой** Ladeläufer *m*
~ **лапок траловой доски** Brettstander *m* *(Schleppnetz)*
~ **оттяжки** Geienstander *m*, Geerenstander *m*
~/**спасательный** Manntau *n (Rettungsboot)*; Rettungsleine *f*
~ **топенанта** Hangerstander *m*
шкив *m* 1. Scheibe *f*; 2. *(Masch)* Riemenscheibe *f*; Seilscheibe *f*
~/**барабанный** Trommelscheibe *f*
~/**бороздчатый** Rillenscheibe *f*
~/**ведомый** getriebene Scheibe *f*
~/**ведущий** Treibscheibe *f*, Antriebscheibe *f*
~/**врезной** *(Schiff)* Scheibgatt *n*
~/**выпуклый** ballig gedrehte Riemenscheibe *f*
~/**грузовой** Belastungsrolle *f*
~/**деревянный ремённый** Holzriemenscheibe *f*
~ **для клиновых (клинчатых) ремней** Keilriemenscheibe *f*
~ **для круглого ремня** Schnurscheibe *f*
~ **для пенькового каната** Hanfseilscheibe *f*
~ **для противовеса** Gegengewichtsscheibe *f*
~/**желобчатый** Rillenscheibe *f*
~/**канатный** Seilscheibe *f*
~/**конический** Kegelscheibe *f*
~/**копровый** *(Bgb)* Seilscheibe *f (des Fördergerüstes)*, Turmrolle *f*
~/**маховой** Schwungscheibe *f*
~/**многожелобчатый** Mehrrillenscheibe *f*
~/**многоступенчатый** mehrstufige Riemenscheibe *f*
~/**направляющий** Führungsscheibe *f*, Leitscheibe *f*
~/**натяжной** Spannscheibe *f*
~/**неразъёмный** ungeteilte Riemenscheibe *f*
~/**одноручьевой** Einrillenscheibe *f*
~/**отклоняющий** Ablenkscheibe *f*
~/**приводной** Antriebsscheibe *f*
~/**проволочно-канатный** Drahtseilscheibe *f*
~/**рабочий** Festscheibe *f*, Triebscheibe *f*
~/**рабочий и холостой** Fest- und Losscheibe *f*
~/**разъёмный** geteilte Riemenscheibe *f*
~/**ремённый** Riemenscheibe *f*
~/**рифлёный тормозной** Rillenbremsscheibe *f*
~ **с закраинами (ребордами)** Randscheibe *f*, Flanschscheibe *f*
~/**ступенчатый** Stufenscheibe *f*
~/**текстропный** Keilriemenscheibe *f*

~/**тормозной** Bremsscheibe *f*
~/**трансмиссионный** Transmissionsscheibe *f*
~ **трения/многоканатный** *(Bgb)* Mehrseiltreibscheibe *f*
~/**фрикционный** Reibscheibe *f*
~/**холостой** Losscheibe *f*
~/**цельный** ungeteilte Riemenscheibe *f*
~/**цепной** Kettenscheibe *f*
~/**цилиндрический** gerade gedrehte Riemenscheibe *f*
~/**широкий** Seiltrommel *f*
~/**шнуровой** Schnurscheibe *f*
шкив-маховик *m* Schwungscheibe *f*
шкимушгар *m (Schiff)* Schiemannsgarn *n*
шкимушка *f (Schiff)* Leine *f* aus zwei oder drei Kabelgarnen
шкиперская *f (Schiff)* Bootsmannslast *f*, Bootsmannsstore *m*
шкиперский *(Schiff)* Bootsmanns . . ., Decks . . .
шкиф *m*/**приводной** Antriebstrommel *f*, Antriebs[gurt]scheibe *f (Gurtförderer)*
шкот *m (Schiff)* 1. Schot *f (Segelschiff)*; 2. Schotstander *m (Lecksegel)*
шкура *f (Led)* Fell *n*, Decke *f*, Rohhaut *f*
~/**мокросолёная** naßgesalzene (salzlakenkonservierte) Haut *f*
~/**неконсервированная (парная)** grüne Haut *f*
~/**пресносухая** ungesalzen getrocknete Haut *f*
~/**сухосолёная** trockengesalzene (salztrockene) Haut *f*, Salzstrichhaut *f*
~/**тузлукованная** *s.* ~/**мокросолёная**
шкурка *f* 1. Schleifleinen *n*; 2. *s.* **шкура**
~/**бумажная шлифовальная** Schleifpapier *n*
~/**бязевая шлифовальная** Schleifnessel *m*
~ **в листах/шлифовальная** Schleifpapier (Schleifgewebe) *n* in Blättern
~ **в рулонах/шлифовальная** Schleifpapier (Schleifgewebe) *n* in Rollen
~/**водоупорная шлифовальная** wasserfestes Schleifpapier *n (zum Naßschleifen)*
~/**диагональная шлифовальная** Schleifdiagonalgewebe *n*
~ **каучука** *(Gum)* Kautschukfell *n*
~/**кремнёвая шлифовальная** Schleifpapier (Schleifgewebe) *n* mit Siliziumdioxidauflage *(z. B. Quarz, Kieselgur)*
~/**микронная шлифовальная** Schleifpapier (Schleifgewebe) *n* mit staubfeiner Korngröße der Schleifmittelauflage
~ **на бумаге (бумажной основе)/шлифовальная** Schleifpapier *n*
~ **на бязе (бязевой основе)/шлифовальная** Schleifnessel *m*
~ **на ткани (тканевой основе)/шлифовальная** Schleifgewebe *n*
~/**наждачная** Schmirgelleinen *n*
~/**нанковая шлифовальная** Schleifnankinggewebe *n*
~/**полировальная** Polierfilz *m*
~/**саржевая шлифовальная** Schleifköper *m*
~/**стеклянная шлифовальная** Glaspapier (Schleifgewebe) *n* mit gekörntem Glasbelag
~ **сырого каучука** *(Gum)* Kautschukfell *n*
~/**тканевая шлифовальная** Schleifgewebe *n*
~/**шлифовальная** biegsamer Schleifkörper *m*
~/**электрокорундовая шлифовальная** Schleifpapier (Schleifgewebe) *n* mit Normalkorundbelag
шлаг *m (Schiff)* Törn *m (eines Seils um einen Poller)*, Schlag *m*
шлагбаум *m (Eb)* Schranke *f*, Schrankenbaum *m*
~/**поворотный** Drehschranke *f*
шлак *m (Met)* 1. Schlacke *f*; 2. Abstrich *m (NE-Metallurgie)*
~/**антрацитовый** Anthrazitschlacke *f*
~/**белый** Fertigschlacke *f*, Einschmelzschlacke *f (Elektrometallurgie)*
~/**бессемеровский** Bessemer-Schlacke *f*, Konverterschlacke *f*
~/**ваграночный** Kupolofenschlacke *f*
~/**восстановительный** Reduktionsschlacke *f*, Desoxydationsschlacke *f*
~/**вспученный** geblähte Schlacke *f*, Blähschlacke *f*
~/**вторичный (второй)** Zweitschlacke *f*, Sekundärschlacke *f*
~/**вязкий** zähflüssige (strengflüssige) Schlacke *f*
~/**глинозёмистый** tonerdehaltige Schlacke *f*
~/**гранулированный** granulierte Schlacke *f*, Schlackengranulat *n*
~/**густой** *s.* ~/**вязкий**
~/**доводочный** Feinungsschlacke *f*
~/**доменный** Hochofenschlacke *f*
~/**дроблёный** *s.* ~/**гранулированный**
~/**жёсткий** steife Schlacke *f*
~/**жидк[оплавк]ий** Laufschlacke *f*, dünne Schlacke *f*
~/**жидкотекучий** Laufschlacke *f*, dünne Schlacke *f*
~/**известково-кремнезёмистый** Kalk-Silikat-Schlacke *f*
~/**известково-магнезиальный** Kalzium-Magnesium-Schlacke *f*
~/**известковый** Kalkschlacke *f*
~/**карбидный** Karbidschlacke *f (Elektrometallurgie)*
~/**кислый** saure Schlacke *f*
~/**конвертерный** Konverterschlacke *f*, Birnenschlacke *f*
~/**конечный** Feinungsschlacke *f*, Endschlacke *f*

~/**котельный** Kesselschlacke *f*
~/**кремн[езём]истый** kieselsäurehaltige (siliziumhaltige) Schlacke *f*, Silikatschlacke *f*, „lange" Schlacke *f*
~/**кричный** Feinschlacke *f*, Frischschlacke *f*, Garschlacke *f*
~/**кружевной** spitzenartige Schlacke *f* *(stark poröse schwammartige Basaltschlacke)*
~/**кузнечный** Schmiedeschlacke *f*
~/**кусковатый** Stückschlacke *f*, Schmiedesinter *m*
~/**мартеновский** Siemens-Martin-Schlacke *f*, SM-Schlacke *f*
~/**медный** Kupferschaum *m*, Kupferschlacke *f*
~/**металлургический** Hüttenschlacke *f*
~/**наведённый** Zweitschlacke *f*, Sekundärschlacke *f*
~/**начальный** Erstschlacke *f*, Anfangsschlacke *f*, Primärschlacke *f*, Einschmelzschlacke *f*
~/**оборотный** Retourschlacke *f*
~/**окислительный** Oxydationsschlacke *f*, Frischschlacke *f*
~/**основной** basische Schlacke *f*
~/**остаточный** Restschlacke *f*
~/**отвальный** Absetzschlacke *f*, Haldenschlacke *f*
~/**паровозный** *(Eb)* Lösche *f*
~/**пенистый** Schaumschlacke *f*
~/**перв[ичн]ый** *s.* ~/**начальный**
~/**печной** Ofenschlacke *f*
~/**плавающий** *s.* ~/**жидк[оплавк]ий**
~/**раскислительный** Desoxydationsschlacke *f*
~ **рафинирования меди** Kupfergarschlacke *f*
~/**сварочный** Schweißschlacke *f*
~/**свинцовый** Bleiabgang *m*, Abstrichblei *n*
~/**серый** 1. Erstschlacke *f*, Anfangsschlacke *f*, Primärschlacke *f*, Einschmelzschlacke *f*; 2. Rückstand *m (Erzrösten)*
~/**силикатный** kieselsäurehaltige (siliziumhaltige) Schlacke *f*, Silikatschlacke *f*, „lange" Schlacke *f*
~/**сильновязкий** *s.* ~/**жёсткий**
~/**спелый** Garschlacke *f*
~/**стекловидный** glasige Schlacke *f*
~/**сырой** rohe Schlacke *f*
~/**томасовский** Thomas-Schlacke *f*
~/**тягучий** *s.* ~/**вязкий**
~/**увлечённый** mitgerissene Schlacke *f*
~/**угольный** Kohlenschlacke *f*
~/**цинковый** Zinkschaum *m*
шлакобетон *m (Bw)* Schlackenbeton *m*
шлакоблок *m (Bw)* Schlackenstein *m*
шлакование *n* Schlacken *n*, Verschlacken *n*, Verschlackung *f*
шлаковата *f* Schlackenwolle *f*
шлаковать *(Met)* verschlacken
шлаковидный schlack[enart]ig
шлаковик *m* Schlackenfang *m*, Schlackensammler *m*; Schlackenkammer *f*, Schlackenkasten *m*
шлаковина *f* Schlackeneinschluß *m*, Schlakkenstelle *f (im Metall)*
шлаковоз *m* Schlacken[transport]wagen *m*
шлаковыпор *m* *(Gieß)* Schlackenkopf *m*, Schaumkopf *m*, Schlackenleiste *f*, Schaumleiste *f*, Schlackenkamm *m*, Schaumkamm *m*
шлакодробилка *f* Schlackenbrecher *m*
шлаколоматель *m* Schlackenbrecher *m*
шлакообразование *n* Schlackenbildung *f*, Verschlackung *f*
шлакообразователь *m* Schlackenbildner *m*
шлакоотделение *n s.* **шлакоудаление**
шлакоотделитель *m s.* **шлакоуловитель**
шлакопортландцемент *m (Bw)* Hochofen[schlacken]zement *m*, Hüttenzement *m*
шлакосиликатцемент *m (Bw)* Schlackensilikatzement *m*
шлакосниматель *m* Schlackenhaken *m*; Abstreiferende *n*
шлакоуборка *f s.* **шлакоудаление**
шлакоудаление *n* Entschlackung *f*, Abschlacken *n*, Schlackenabzug *m (Feuerungstechnik)*; *(Met)* Abschlacken *n*, Ziehen *n* der Schlacke
~/**механическое** selbsttätige Entschlakkung *f*
~/**ручное** Handentschlackung *f*
шлакоуловитель *m* 1. *(Met)* Schlacken[ab]scheider *m*, Schlackenstau[er] *m*, Rinnenvertiefung *f*; 2. *(Gieß)* Schlackenfang *m*, Schlackenlauf *m*, Zackenlauf *m (Gießtechnik)*; 3. Vorherd *m (Kupolofen)*
шлакоустойчивость *f* Verschlackungsbeständigkeit *f*, Schlackenbeständigkeit *f*
шлакоустойчивый verschlackungsbeständig, schlackenbeständig
шлакоцемент *m (Bw)* Schlackenzement *m*
~/**доменный** Hochofen[schlacken]zement *m*
шлам *m* 1. Schlamm *m*; 2. tonhaltige Trübe *f (Aufbereitung)*
~/**абразивный** *(Fert)* Schleifschlamm *m*, Schleifschmant *m*
~/**анодный** *(El)* Anodenschlamm *m*
~/**буровой** *(Bgb)* Bohrschmant *m*
~/**железный** Eisenschlamm *m*
~/**жидкий** Dünnschlamm *m*
~/**известковый** Kalkschlamm *m*
~/**камерный** *(Ch)* Bleikammerschlamm *m*
~/**котловой** Kesselschlamm *m*
~/**марганцевый** Manganschlamm *m*
~/**обогатительный** Aufbereitungsschlamm *m*, Läuterschlamm *m (Aufbereitung)*

~/отмученный Durchlaßschlamm *m (Aufbereitung)*
~/сгущённый Dickschlamm *m (Aufbereitung)*
~/толчейный *(Bgb)* Raß *m*, Pochschlamm *m*
~/фильтровальный Filterschlamm *m*
~/электролитный Elektrolysenschlamm *m*
шламоотделитель *m* Schlamm[ab]scheider *m*
шламопровод *m* Schlammleitung *f*
шламоудаление *n* Entschlammung *f*
шламоуловитель *m* Schlammfänger *m*, Schlammfang *m*, Schlammsammler *m*, Schlammbecken *n*
шламоуплотнитель *m* Schlammverdichter *m*
шламохранилище *n (Bgb)* Schlammteich *m*
шланг *m* 1. Schlauch *m*; 2. Schlange *f*, Schlangenrohr *n*
~/бронированный Panzerrohrschlauch *m*
~/буровой [промывочный] *(Bgb)* Spülschlauch *m (Bohrung)*
~/водопроводный Wasserschlauch *m*
~/водяной Wasserschlauch *m*
~/воздушный Luftschlauch *m*
~/всасывающий Saugschlauch *m*, Schlauch *m* mit Spiraleinlage, Unterdruckschlauch *m*
~/выкидной Druckschlauch *m*
~/гибкий biegsamer Schlauch *m*
~/закидный *s.* **~/всасывающий**
~/матерчатый Schlauch *m* mit Geflechteinlage *(Druckschlauch)*
~/молочный *(Lw)* [langer] Milchschlauch *m*
~/напорный Druckschlauch *m*
~ переменного вакуума *(Lw)* langer Pulsschlauch *m*
~/пожарный Brandschlauch *m*, Feuerwehrschlauch *m*
~/резиновый Gummischlauch *m*
шлангбалка *f (Schiff)* Schlauchdavit *m (Tankschiff)*
шлейф *m* 1. *(El)* Schleife *f*, Leiterschleife *f*; 2. *(Geol)* Schuttgebirge *n*; 3. *(Typ)* Überfalz *m*
~/измерительный *(El)* Meßschleife *f*
~/контурный *(El)* Kreisschleife *f*
~/магнитоэлектрический magnetelektrische Schleife *f*, Schleife *f* mit Dauermagnet
~/симметрирующий *(El)* Symmetrier[ungs]schleife *f*
шлейф-антенна *f (El)* Faltdipol *m*, Schleifendipol *m*
шлейф-борона *f*, **шлейф-волокушка** *f (Lw)* Schlepprechen *m*, Ackerschleppe *f*, Ackerschleife *f*
шлейф-диполь *m*/**полуволновой** *(El)* Schleifendipol *m*, Schleifenantenne *f*, Faltdipol *m*
шлейфование *n (Lw)* Bodenbearbeitung *f* mit der Ackerschleppe
шлейф-осциллограф *m (El)* Schleifenoszillograf *m*
шлем *m* 1. Helm *m*; 2. Helm *m*, Abzugshelm *m*, Abzugshaube *f*
~/герметический *(Kosm)* Druckhelm *m*
~/лётный Flieger[kopf]haube *f*
~ перегонного куба *(Ch)* Helm *m*, Helmaufsatz *m*, Blasenhelm *m*
~/противоударный Sturzhelm *m*, Schutzhelm *m*
~/стальной *(Mil)* Stahlhelm *m*
шлем-маска *m (Mil)* Maskenhaube *f*
шлемофон *m (Mil, Flg)* Kopfhaube *f (mit Telefon und Kehlkopfmikrofon für Flugzeug- und Panzerwagenführer)*
шлик *m*/**обожжённый свинцовый** Herdblei *n (NE-Metallurgie)*
шликер *m* 1. *(Ker)* Schlicker *m*; 2. Schlikker *m*, Abschöpfkrätze *f*, Schaum *m (NE-Metallurgie)*; 2. Aufschlämmung *f*, Schlicker *m (Pulvermetallurgie)*
~/глиняный Tonschlicker *m*
~/грунтовый Grundemailschlicker *m*
~/литейный Gießschlicker *m*
~/медный Kupferschaum *m*, Kupferschlicker *m (NE-Metallurgie)*
~/покровный Deckemailschlicker *m*
шлипс *m* Fangrutschenschere *f*, Gestängefangkrebs *m (Erdölbohrung)*
~/канатный Seilfanggerät *n*
шлипсокет *m* Keilfänger *m (Erdölbohrgerät)*
шлир *m* Schliere *f*
шлирен-диафрагма *f (Opt)* Schlierenblende *f*
шлирен-камера *f (Foto)* Schlierenkammer *f*
шлирен-метод *m (Foto)* Schlierenverfahren *n*, Schlierenmethode *f*
шлирен-микроскоп *m* Schlierenmikroskop *n*
шлирен-микроскопия *f* Schlierenmikroskopie *f*
шлирен-оптика *f* Schlierenoptik *f*
шлирен-съёмка *f (Foto)* Schlierenaufnahme *f*
шлиф *m* 1. *(Met)* Schliffbild *n*, Schliff *m*; Schliffstück *n*, Schliffprobe *f (für die makro- oder mikroskopische Untersuchung vorbereiteter Probekörper)*; 2. *(Min)* Dünnschliff *m*; Schliff *m*, Schliffverbindung *f*; 3. *(Ch)* Schliff *m*, Schliffform *f (an gläsernen Laborapparaturen)*
~/внутренний *(Ch)* Schliffhülse *f*
~/конусный *(Ch)* Kegelschliff *m*
~/непрозрачный *(Min)* Anschliff *m*

~/**нормальный** *s.* ~/**стандартный**
~/**полированный** *(Min)* Anschliff *m*
~/**прозрачный** *(Min)* Dünnschliff *m*
~/**рудный** *(Min)* Erzanschliff *m*, Anschliff *m*
~/**стандартный** Normschliff *m*
~/**сферический** *(Ch)* Kugelschliff *m*
шлифование *n (Fert)* Schleifen *n*
~/**анодно-механическое** anodenmechanisches Schleifen *n*
~/**анодно-химическое** Elysierschleifen *n*, Elysieren *n*
~ **без охлаждения** Trockenschleifen *n*, Trockenschliff *m*
~/**бесцентровое** Spitzenlos-Rundschleifen *n*
~ **в центрах** Außenrundschleifen *n* zwischen Spitzen
~ **валков** Walzenschleifen *n*
~/**внутреннее** Innenrundschleifen *n*, Innenschliff *m*
~/**внутреннее бесцентровое** Spitzenlos-Innenrundschleifen *n*
~/**внутреннее круглое** Innenrundschleifen *n*
~ **внутренней конической поверхности** Innenkegelschleifen *n*
~ **вогнутой фасонной поверхности** Hohlschleifen *n*, Hohlschliff *m*
~ **врезанием** Einstechschleifen *n*
~ **врезанием/внутреннее** Innenrund-Einstechschleifen *n*
~ **врезанием/круглое наружное** Außenrund-Einstechschleifen *n*
~ **врезанием/наружное бесцентровое** Spitzenlos-Einstechschleifen *n*
~ **выпуклой фасонной поверхности** Balligschleifen *n*
~ **до упора/наружное бесцентровое** Spitzenlos-Außenrundschleifen *n* mit Anschlag (Stirnanschlag) *(der Anschlag ist zuweilen als automatischer Auswerter ausgebildet)*
~ **конусов поворотом бабки шлифовального круга** Kegelschleifen *n* durch Schwenken des Schleifbocks
~ **конусов поворотом верхнего стола** Kegelschleifen *n* durch Schwenken des Obertisches
~ **конусов поворотом передней бабки** Kegelschleifen *n* durch Schwenken des Werkstück-Spindelstocks
~/**круглое внутреннее** Innenrundschleifen *n*, Innenschliff *m*
~/**круглое внутреннее бесцентровое** Spitzenlos-Innenrundschleifen *n*
~/**круглое наружное** Außenrundschleifen *n*
~/**круглое наружное бесцентровое** Spitzenlos-Außenrundschleifen *n*
~ **многократными проходами/внутреннее** Innenrund-Längsschleifen *n*
~ **на проход/наружное бесцентровое** Durchgangsschleifen *n (beim Außenrundschleifen)*
~/**наружное** Außenrundschleifen *n*
~ **наружных конических поверхностей** Außenkegelschleifen *n*
~ **наружных цилиндрических поверхностей** Außenrundschleifen *n*
~/**обдирочное** Grobschleifen *n*
~/**окончательное** Fertigschleifen *n*
~/**отделочное** Feinstschleifen *n*, Feinstschliff *m*
~/**отрезное** Trennschleifen *n*
~ **периферией [круга/плоское]** *s.* ~/**периферийное**
~/**периферийное** Umfangsschleifen *n*, Umfangsschliff *m*
~/**плоское** Flachschleifen *n*
~ **плоскостей** Flachschleifen *n*
~/**подрезное** Einstechschleifen *n*
~/**предварительное** Vorschleifen *n*
~ **при вращающемся изделии/внутреннее** Innenrundschleifen *n* mit normaler Innenschleifspindel
~ **при неподвижной детали/внутреннее** Innenrundschleifen *n* mit Planetenspindel
~ **при помощи копира/фасонное** Formschleifen *n* mit unveränderter Schleifscheibe im Nachformverfahren
~/**притирочное** Läppschleifen *n*
~ **продольными проходами** Längsschleifen *n*
~ **продольными проходами/внутреннее** Innenrund-Längsschleifen *n*
~/**протяжное** *s.* **хонингование**
~ **профилированным кругом/фасонное** Formschleifen *n* mit profilierter Schleifscheibe
~ **резьбы** Gewindeschleifen *n*
~ **резьбы многониточным кругом глубинным методом** Gewindelängsschleifen *n* mit Mehrprofilscheibe
~ **резьбы многониточным кругом по методу врезания** Gewindeeinstechschleifen *n* mit Mehrprofilscheibe
~ **резьбы однониточным кругом** Gewindelängsschleifen *n* mit Einprofilscheibe
~ **с охлаждением** Naßschleifen *n*
~ **с поперечной подачей/круглое наружное** Außenschleifen *n* mit Quervorschub
~ **с продольной подачей/круглое внутреннее** Innenrundschleifen *n* mit Längsvorschub
~ **с продольной подачей/круглое наружное** Außenrundschleifen *n* mit Längsvorschub
~/**сквозное** Durchgangsschleifen *n (beim Außenrundschleifen)*

~/скоростное Schnellschleifen *n*, rationelles Schleifen *n*, Schleifen *n* mit hohen Umfangsgeschwindigkeiten
~ способом врезания/бесцентровое Spitzenlos-Einstechschleifen *n*
~ способом сквозного прохода/бесцентровое Durchgangsschleifen *n* *(beim Außenrundschleifen)*
~/тонкое Feinschleifen *n*, Feinstschleifen *n*, Feinstschliff *m*
~/торцовое Seitenschleifen *n*, Seitenschliff *m*, Seitlichschleifen *n*
~ торцом круга/плоское *s.* **~/торцовое**
~ установленным кругом/периферийное Umfangsflachschleifen *n* mit Zustellung der Schleifscheibe nach jedem Tischhub
~ уступами Außenrundschleifen *n* in sich überdeckenden Abschnitten von Schleifscheibenbreite
~/фасонное Formschleifen *n*, Profilschleifen *n*
~ фасонных поверхностей Formschleifen *n*, Profilschleifen *n*
~/черновое Schruppschleifen *n*, Schruppschliff *m*
~/чистовое Grobschleifen *n*, Schlichtschleifen *n*, Schlichten *n*
~/электроискровое Funkenerosionsschleifen *n*, elektroerosives Schleifen *n*
~/электролитическое (электрохимическое) Elysierschleifen *n*, Elysieren *n*
~/электроэрозионное Funkenerosionsschleifen *n*, elektroerosives Schleifen *n*
шлифовка *f* 1. Schliff *m*, Schliffbild *n* *(s. a. unter* **шлиф***)*; 2. *s.* **шлифование**
~/глубокая Tiefschliff *m*
~/грубая Grobschleifen *n*
~/двусторонняя beidseitiges Schleifen *n*
~/ледниковая *(Geol)* Gletscherschliff *m*
шлифпорошок *m* Schleifpulver *n*
шлифтик *m* *(Wkz)* Putzhobel *m* *(Tischlerei)*
~/горбатый Schiffshobel *m*
~/регулируемый einstellbarer Putzhobel *m*
шлифуемость *f* Schleifbarkeit *f*
шлих *m* Schlich *m* *(Aufbereitung)*
~/крупнозернистый Kernschlich *m*
~/обожжённый свинцовый Herdblei *n*
шлихта *f* *(Text)* Schlichte *f*
шлихтик *m* *s.* **шлифтик**
шлихтовалка *f* *(Text)* Schlichterei *f*
шлихтовальная *f* *(Text)* Schlichterei *f*
шлихтование *n* 1. *(Text)* Schlichten *n*; 2. Putzen *n* *(mit dem Schlichthobel bearbeiten; Tischlerei)*
~ мотков Strangschlichterei *f*
~ основ Schlichten (Leimen) *n* der Ketten
шлихтовать 1. *(Text)* schlichten; 2. putzen *(mit dem Schlichthobel bearbeiten; Tischlerei)*
шлихтовка *f* *s.* **шлихтование**
шлицевание *n* Schlitzen *n*
шлицевать *(Fert)* [auf]schlitzen
шлюз *m* 1. *(Hydt)* Schleuse *f*; 2. *(Bgb)* *s.* **~/обогатительный**
~/вакуумный Vakuumschleuse *f*
~/вентиляционный *(Bgb)* Wetterschleuse *f*
~/верхний Oberschleuse *f*
~/водозаборный Einlaßschleuse *f*
~/воздушный *(Bw)* Luftschleuse *f* *(Senkkasten)*
~/входной Einfahrtschleuse *f*
~/головной Einlaßschleuse *f*
~/двухкамерный Zweikammerschleuse *f*, Doppelschleuse *f*
~/двухниточный Zwillingsschleuse *f*
~ докового типа Dockschleuse *f*
~/закрытый geschlossene Schleuse *f*
~/камерный Kammerschleuse *f*
~/канальный Kanalschleuse *f*
~/караванный Schleppzugschleuse *f*
~/людской *(Bw)* Personenschleuse *f* *(Senkkasten)*
~/многокамерный Koppelschleuse *f*, Kuppelschleuse *f*
~/многокамерный двухниточный Zwillingskoppelschleuse *f*
~/многоступенчатый Koppelschleuse *f*, Kuppelschleuse *f*
~/морской Seeschleuse *f*
~/нижний Unterschleuse *f*
~/обогатительный *(Bgb)* Gerinne *n* *(Aufbereitung)*
~/однокамерный Einkammerschleuse *f*
~/парный Zwillingsschleuse *f*
~/поворотный Kesselschleuse *f*
~/подпорный Stauschleuse *f*
~/портовый Hafenschleuse *f*
~/приливный Gezeitenschleuse *f*
~/речной Flußschleuse *f*
~/рыбоходный Fischschleuse *f*
~ с контрфорсными стенами Schleuse *f* mit Widerlagerwänden
~ с металлическими шпунтовыми стенами Schleuse *f* mit Stahlspundwänden
~ с ряжевыми стенами Schleuse *f* mit Steinkastenwänden
~ со сберегательным бассейном Speichersparschleuse *f*, Sparschleuse *f*
~/судоходный Schiffahrtsschleuse *f*
~/тепловой Wärmeschleuse *f*
~/трёхкамерный Dreikammerschleuse *f*
~/шахтный Schachtschleuse *f*
шлюзование *n* *(Hydt)* Schleusung *f*, Durchschleusung *f*
~ вверх Aufwärtsschleusung *f*
~ вниз Abwärtsschleusung *f*
~ реки Kanalisierung *f*
~ судов Schiffsschleusung *f*
шлюзовать *(Hydt)* 1. kanalisieren; 2. durchschleusen

шлюз-регулятор *m (Hydt)* Regulierschleuse *f*, Bewässerungsschleuse *f (Melioration)*
шлюп *m (Schiff)* Slup *f*, Sloop *f*, Schlup *f*; Slup-Takelung *f*
~/**бермудский** Slup *f* mit Hochtakelung
~/**гафельный** Slup *f* mit Gaffeltakelung
шлюпбакштаг *m (Schiff)* Davitsbackstag *m*, Davitgei *f*
шлюпбалка *f (Schiff)* Bootsdavit *m(n)*, Davit *m(n)*
~/**гравитационная** Schwerkraftbootsdavit *m*
~/**заваливающаяся** Klappbootsdavit *m*, Schwenkbootsdavit *m*
~/**S-образная** Schwanenhalsbootsdavit *m*
~/**откидная** Klappbootsdavit *m*, Schwenkbootsdavit *m*
~/**патентованная** Patentsbootsdavit *m*
~/**поворотная** Drehbootsdavit *m*
~ **с винтовым приводом/заваливающаяся** Spindeldavit *m*
~/**секторная** Quadrantdavit *m*
~/**скатывающаяся** Gleitbootsdavit *m*, Schwerkraftrollbahnbootsdavit *m*
шлюпка *f* Boot *n*; Kutter *m*
~/**береговая спасательная** Küstenrettungsboot *n*
~/**беспалубная** Ruderboot *n*
~ **вельботного типа** Spitzgattboot *n*
~/**гребная** Ruderboot *n*
~/**гребная спасательная** Ruderrettungsboot *n*
~/**дежурная** Bereitschaftsboot *n (z. B. Fahrgastschiff)*
~/**десантная** Landungsboot *n*
~/**дозорная** Wachboot *n*
~/**корабельная** Beiboot *n*
~/**моторная спасательная** Motorrettungsboot *n*
~/**надувная** Schlauchboot *n*
~/**надувная спасательная** aufblasbares Rettungsboot *n*
~/**несамовыпрямляющаяся спасательная** nichtselbstaufrichtendes Rettungsboot *n*
~ **общего назначения** Mehrzweckboot *n*
~/**парусная** Segelboot *n*
~/**поисковая** Suchboot *n*
~/**прибойная** Brandungsboot *n*
~/**промысловая** Fangboot *n*
~/**рабочая** Arbeitsboot *n*
~ **с острой кормой** Spitzgattboot *n*
~ **с ручным приводом на гребной вал/спасательная** Rettungsboot *n* mit Handpropellerantrieb
~/**самовосстанавливающаяся спасательная** selbstaufrichtendes Rettungsboot *n*
~/**спасательная** Rettungsboot *n*
~/**спасательно-разъездная** Rettungs- und Beiboot *n*
~/**стеклопластиковая спасательная** Rettungsboot *n* aus glasfaserverstärktem Plast
~/**транцевая** Spiegelheckboot *n*
шлюпочный *(Schiff)* Boots . . ., Rettungsboots . . .
шлюпталп *pl (Schiff)* Bootstalje *f*
шлямбур *m (Wkz)* Meißel *m* für Felsbearbeitung, [spitzer] Steinmeißel *m*; Steinbohrer *m*
шляпа *f* Hut *m*
~/**гипсовая** *(Geol)* Gipshut *m (Residualgebirge)*
~/**железная** *(Geol)* Eiserner Hut *m*
~/**соляная** *(Geol)* Salzhut *m*
шляпка *f* 1. Hut *m*, Hütchen *n*; 2. *(Text)* Deckel *m (Deckelkarde)*
~ **гвоздя** Nagelkopf *m*, Nagelkuppe *f*
~ **гильзы** *(Mil)* Hülsenboden *m (Patrone)*
~/**движущаяся** *(Text)* Laufdeckel *m*, wandernder Kratzendeckel *m*
~ **кардочесальной машины** *(Text)* Kratzendeckel *m*
шмальта *f* Smalte *f*, Schmalte *f*, Kobaltglas *n*
шмауховапие *n (Ker)* Schmauchen *n (Vorwärmen der ungebrannten Ziegelformlinge durch heiße Abgase des Ziegeleiofens)*
шмуцтитул *m (Typ)* Schmutztitel *m*
шнек *m (Förd)* Schnecke *f*; Schneckenbohrgestänge *n*
~/**бурачный** Rübenschnecke *f*
~/**быстроходный** Schnellgangschnecke *f*
~/**винтовой** Schneckenförderer *m*, Förderschnecke *f*
~/**водоподъёмный** Wasserschnecke *f*
~/**выгрузной** Entladeschnecke *f*
~/**дифференциальный** Differentialschneckenmischer *m*
~/**дозировочный (дозирующий)** Dosierschnecke *f*
~/**дробильный** Brechschnecke *f*, Schraubenmühle *f*
~/**зерновой распределительный** Körnerverteilerschnecke *f*
~/**колосовой** Ährenschnecke *f*
~/**ленточный** Schneckenband *n*
~/**лопастный** Schaufelradschnecke *f*
~/**магазинный** Magazinschnecke *f*
~/**питающий** Schneckenspeiser *m*, Schnekkenaufgeber *m*; Halmschnecke *f (Mähdrescher)*
~/**погрузочный** Aufgabeschnecke *f*, Beladeschnecke *f*
~/**подающий** Schneckenspeiser *m*, Schnekkenaufgeber *m*; Halmschnecke *f (Mähdrescher)*
~/**разгрузочный** Austragschnecke *f*, Entleerungsschnecke *f*
~/**распределительный** Verteilerschnecke *f*

~/**свекольный** Rübenschnecke *f*
~/**смесительный** 1. Mischschnecke *f*; 2. Trogmischmaschine *f*
~/**сушильный** Schneckentrockner *m*, Trokkenschnecke *f*
~/**тормозной** Bremsschnecke *f*
~/**транспортирующий (транспортный)** Förderschnecke *f*, Schneckentransporteur *m*
шнекпресс *m (Pap)* Schneckenpresse *f*
шнек-рыхлитель *m* Auflockerungsschnecke *f*
шноркель *m* Schnorchel *m (U-Boot)*
шнорхель *m s.* **шноркель**
шнур *m* Schnur *f*; Litze *f*, Kordel *f*
~/**аркатный** *s.* **шнурок-аркат**
~/**асбестовый** Asbestschnur *f*
~/**бикфордов** *s.* ~/**огнепроводный**
~/**веретённый** Spindelschnur *f (Spinnerei)*
~/**витой** verdrillte Schnur *f*
~/**вихревой** *(Aero)* Wirbelfaden *m*
~/**воспламенительный** Zündschnur *f*
~/**вызывной** *(Fmt)* Rufschnur *f*, Verbindungsschnur *f*
~/**гибкий** *(El)* flexible Anschlußschnur *f*
~/**детонирующий** Sprengschnur *f*
~/**запальный** Zündschnur *f*
~ **испытательного стола** *(Fmt)* Prüfschnur *f*
~/**маркшейдерский** *(Bgb)* Vorziehschnur *f*
~/**микротелефонный** *(Fmt)* Handapparatschnur *f*, Hörerschnur *f*
~/**набивочный** Dichtungsschnur *f*, Packschnur *f*
~/**огнепроводный** Zeitzündschnur *f*
~/**опросный** *(Fmt)* Abfrageschnur *f*
~ **отвеса** Lotschnur *f*
~/**переключающий** *(Fmt)* Umschalteschnur *f*
~/**пироксилиновый огнепроводный** Schießwollezündschnur *f*
~/**плазменный** *(Kern)* Entladungszylinder *m*, Ionenschlauch *m*; Plasmastrahl *m*
~/**плетёный** geflochtene Schnur *f*; geflochtenes Seil *n*
~/**подвесной** *(El)* Pendelschnur *f*
~/**позументный** *(Text)* Paßkordel *f*
~/**проволочный** Drahtlitze *f*
~/**прокладочный** *s.* ~/**набивочный**
~/**рамный** *(Text)* Platinenschnur *f (Jacquard-Maschine)*
~/**розеточный** Anschlußschnur *f (für Fernsprechgehäuse)*
~/**сетевой** *(El)* Netzschnur *f*
~/**скрученный** verdrillte Schnur *f*
~/**соединительный** *(El)* Verbindungsschnur *f*, Anschlußschnur *f*
~/**спусковой** *(Mil)* Abzugsleine *f*
~/**телефонный** Fernmeldeschnur *f*
~/**удлинительный** *(El)* Verlängerungsschnur *f*
~/**уплотнительный** Dichtungsschnur *f*, Packschnur *f*
~/**шёлковый** Seidenschnur *f*
~/**шерстяной** Wollfaden *m (für Dichtungszwecke)*
~/**электрический** Schnur *f*
шнурок-аркат *m (Text)* Harnischschnur *f (Jacquard-Maschine)*
шов *m* 1. Naht *f*; 2. Fuge *f (Mauerwerk)*; 3. *(Geol)* Lobenlinie *f*
~/**ажурный** *(Text)* Hohlsaumnaht *f*
~/**армированный** *(Bw)* bewehrte Fuge *f*
~/**барьерный заклёпочный** *(Schiff)* Rißfängernaht *f (genietet)*
~ **без подварки/U-образный** *(Schw)* [einseitige] U-Naht *f* ohne Kapplage
~ **без подварки/V-образный** *(Schw)* V-Naht *f* ohne Kapplage
~ **без скоса кромок** *s.* ~/**бесскосный**
~ **без скоса кромок/двусторонний** I-Naht *f*, Doppel-T-Naht *f*
~ **без скоса кромок/двусторонний стыковой** beiderseitige I-Naht *f*
~ **без скоса кромок на остающейся подкладке/односторонний стыковой** einseitige I-Naht *f* mit Unterlage
~ **без скоса кромок/односторонний стыковой** einseitige I-Naht *f*
~ **без скоса кромок с подваркой/стыковой** I-Naht *f* mit Kapplage
~ **без скоса кромок/стыковой** *(Schw)* I-Naht *f*, Doppel-T-Naht *f*
~/**бесскосный** *(Schw)* Naht *f* ohne Kantenabschrägung
~ **бокового соединения** *(Schw)* Stirnnaht *f (bei Parallelstoß)*
~/**боковой** *(Schw)* Flankenkehlnaht *f*
~ **в ёлочку** *(Text)* Fischgrätenstichnaht *f*
~/**валиковый** *s.* ~/**угловой**
~/**вертикальный** 1. *(Schw)* senkrechte Naht *f*, in vertikaler Position geschweißte Naht *f (stehende Bleche)*; 2. *(Bw)* Stoßfuge *f*
~ **внакрой (внапуск)/заклёпочный** Überlappungsnietung *f*
~ **внахлёстку без скоса кромок** *(Schw)* Überlappkehlnaht *f*
~ **внахлёстку без скоса кромок/двусторонний** beiderseitige Überlappkehlnaht *f*
~ **внахлёстку без скоса кромок/односторонний** einseitige Überlappkehlnaht *f*
~ **внахлёстку/двухразрядный заклёпочный** zweireihige Überlappungsnietung *f*, zweireihige überlappte Naht *f*
~ **внахлёстку/заклёпочный** Überlappungsnietung *f*
~ **внахлёстку/однорядный заклёпочный** einreihige Überlappungsnietung *f*, einreihige überlappte Naht *f*

~ **внахлёстку/трёхрядный заклёпочный** dreireihige Überlappungsnietung *f*, dreireihige überlappte Naht *f*
~/**вогнутый** *(Schw)* Hohlnaht *f*
~/**водонепроницаемый** *(Bw)* wasserdichte Fuge *f*
~ **встык** *(Schw)* Stumpfnaht *f*
~ **встык с двусторонними накладками/двухразрядный заклёпочный** zweireihige Doppellaschennietung *f*, zweireihige doppeltgelaschte Naht *f*
~ **встык с двусторонними накладками/заклёпочный** Doppellaschennietung *f*, doppeltgelaschte Naht *f*
~ **встык с накладкой/заклёпочный** Laschennietung *f*
~ **встык с отбортовкой кромок** Bördelnaht *f*
~, **выполняемый сверху вниз/вертикальный** *(Schw)* Fallnaht *f* *(in vertikaler Position von oben nach unten geschweißte Naht)*
~, **выполняемый снизу вверх/вертикальный** *(Schw)* Steignaht *f* *(in vertikaler Position von unten nach oben geschweißte Naht)*
~/**выпуклый** *(Schw)* Wölbnaht *f*, überwölbte Naht *f*
~/**галтельный** *(Schw)* 1. Kehlnaht *f*; 2. Ecknaht *f* *(außen)*
~/**гладкий** *(Bw)* abgeplattete Fuge *f*
~/**гладьевой** *(Text)* Plattstichnaht *f*
~/**горизонтальный** 1. *(Schw)* Quernaht *f*, in Querposition geschweißte Naht *f* *(beim waagerechten Schweißen an senkrechter Wand)*; 2. *(Bw)* Lagerfuge *f*, Horizontalfuge *f*
~/**двойниковый** *(Krist)* Zwillingsnaht *f*
~/**двойной U-образный** *(Schw)* Doppel-J-Naht *f*
~ **двойным крестиком** *(Text)* Hexenstichnaht *f*
~/**двусторонний** *(Schw)* beiderseitige Naht *f*
~/**двусторонний непрерывный** beiderseitig durchlaufende Naht *f*, beiderseitig durchlaufende Schweißung *f*
~/**двусторонний стыковой U-образный** Doppel-U-Naht *f*
~/**двухрядный заклёпочный** zweireihige Nietung *f*, zweireihige Naht *f*
~/**двухсрезный заклёпочный** zweischnittige Nietung *f*
~/**деформационный** 1. *(Schw)* Dehnungsnaht *f*, Schwindnaht *f*; 2. *(Bw)* Bewegungsfuge *f*, Dehnungsfuge *f*
~/**заклёпочный** Nietung *f*, Nietnaht *f*
~/**замыкающий** *(Bw)* Schlußfuge *f*
~/**кеттельный** *(Text)* Kettelnaht *f*
~ **кладки** *(Bw)* Mauerfuge *f*
~/**клеевой** Klebefuge *f*, Leimfuge *f*
~/**кольцевой** *(Schw)* Rundnaht *f*
~/**комбинированный** *(Schw)* kombinierte Stirn- und Flankenkehlnaht *f*
~/**косой** *(Schw)* schräge Kehlnaht *f* *(bei Überlappstoß)*
~ **крестиком** *(Text)* Kreuzstichnaht *f*
~/**круговой** *(Schw)* Rundnaht *f*
~/**литейный** Gußgrat *m*, Gußnaht *f*
~/**лобовой** *(Schw)* Stirnkehlnaht *f*
~/**лобовой заклёпочный** Quernietung *f*, Quernaht *f*
~/**ложный** *(Bw)* Scheinfuge *f*
~/**многопроходный** *(Schw)* mehrlagige Naht *f*, Mehrlagennaht *f*
~/**многорядный заклёпочный** mehrreihige Nietung *f*, mehrreihige Naht *f*
~/**многослойный** *(Schw)* mehrlagige Naht *f*, Mehrlagennaht *f*
~/**многосрезный заклёпочный** mehrschnittige Nietung *f*
~/**наклонный** geneigte Naht *f* *(in geneigter Ebene geschweißte Naht)*
~ **нахлёсточного соединения** Überlappkehlnaht *f*
~/**непрерывный** *(Schw)* durchgehende (durchlaufende) Naht *f*
~/**нижний** in Horizontalposition geschweißte Naht *f* *(beim waagerechten Schweißen am liegenden Blech)*
~/**нормальный** *(Schw)* Flachnaht *f*
~/**облегчённый** *(Schw)* Hohlnaht *f*
~/**K-образный** *(Schw)* K-Naht *f*
~/**U-образный** *(Schw)* U-Naht *f*
~/**V-образный** *(Schw)* V-Naht *f*
~/**X-образный** *(Schw)* X-Naht *f*
~/**однопроходный** *(Schw)* einlagige Naht *f*, Einlagennaht *f*
~/**однорядный заклёпочный** einreihige Nietung *f*
~/**однослойный** *(Schw)* einlagige Naht *f*, Einlagennaht *f*
~/**односрезный заклёпочный** einschnittige Nietung *f*
~/**односторонний** *(Schw)* einseitige Naht *f*
~/**односторонний непрерывный** einseitig durchlaufende Naht *f*, einseitig durchlaufende Schweißung *f*
~/**односторонний прерывистый** einseitige unterbrochene Naht *f*, einseitige unterbrochene Schweißung *f*
~/**односторонний стыковой U-образный** U-Naht *f*
~/**односторонний точечный** einseitige Punktnaht *f*, einseitige Punktschweißung *f*
~/**осадочный** *(Bw)* Setzfuge *f*
~/**ослабленный** *(Schw)* Hohlnaht *f*
~/**основной** *(Schw)* Grundnaht *f*, Wurzelnaht *f* *(einer beiderseitigen Naht)*
~/**отбортованный сварной** *(Schw)* Bördelnaht *f*, Kantennaht *f*
~ **отливки** Gußnaht *f*, Gußgrat *m*

~/**параллельный заклёпочный** Kettennietung *f*
~/**паяный** Lötnaht *f*
~/**петельный** *(Text)* Schlingenstichnaht *f*
~/**плоский [сварной]** *(Schw)* Flachnaht *f*
~/**плотный заклёпочный** dichte Nietung *f*
~ **по отбортовке** *(Schw)* Bördelnaht *f*
~/**подварочный** *(Schw)* Kappnaht *f*, Kapplage *f*
~/**полупотолочный** *(Schw)* Halbüberkopfnaht *f*
~/**поперечный** *(Schw)* Stirnkehlnaht *f*
~/**поперечный заклёпочный** Quernietung *f*
~/**потолочный** *(Schw)* Überkopfnaht *f*
~/**прерывистый** *(Schw)* unterbrochene Naht *f*
~/**пробочный** *s.* ~/**проплавной**
~/**продольный** *(Schw)* Längsnaht *f*; *(Bw)* Längsfuge *f*
~/**продольный заклёпочный** Längsnietung *f*
~/**продольный температурный** Längsdehnungsfuge *f*
~/**проплавной** *(Schw)* Lochnaht *f*, Rundlochnaht *f*
~/**прорезной** *(Schw)* Schlitznaht *f*, Langlochnaht *f*
~/**прочноплотный заклёпочный** dichte Kraftnietung *f*
~/**прочный заклёпочный** Kraftnietung *f*, feste Nietung *f*
~/**рабочий** *(Schw)* tragende (beanspruchte) Naht *f*; *(Bw)* Arbeitsfuge *f*, Baufuge *f*
~/**разделительный** *(Bw)* Trennfuge *f*
~/**растворный** *(Bw)* Mörtelfuge *f*
~ **расширения** *(Bw)* Dehnungsfuge *f*, Dilatationsfuge *f*
~/**роликовый [сварной]** *(Schw)* Rollennaht *f*
~ **с двумя криволинейными скосами двух кромок/стыковой** *(Schw)* Doppel-U-Naht *f*
~ **с двумя криволинейными скосами одной кромки/стыковой** *(Schw)* Doppel-J-Naht *f*
~ **с двумя накладками/заклёпочный** Doppellaschennietung *f*
~ **с двумя несимметричными скосами двух кромок/стыковой** *(Schw)* 2/3-X-Naht *f*
~ **с двумя несимметричными скосами одной кромки/стыковой** *(Schw)* 2/3-K-Naht *f*
~ **с двумя симметричными скосами двух кромок/стыковой** *(Schw)* X-Naht *f*
~ **с двумя симметричными скосами одной кромки/стыковой** *(Schw)* K-Naht *f*
~ **с криволинейным скосом двух кромок/стыковой** *(Schw)* U-Naht *f*
~ **с накладкой/продольный заклёпочный** Laschenlängsnietung *f*
~ **с одной накладкой/заклёпочный** einseitige Laschennietung *f*
~ **с односторонним скосом обоих кромок** *(Schw)* V-Naht *f*
~ **с подварочным швом/V-образный** *(Schw)* V-Naht *f* mit Kapplage
~/**сварной** Schweißnaht *f*, Naht *f*
~/**связующий** *(Schw)* Verbindungsnaht *f*
~ **сжатия** *(Bw)* Preßfuge *f*
~/**сквозной** *(Bw)* durchgehende Fuge *f*
~/**скрытый** Deckfuge *f* *(Holz)*
~ **со скосом двух кромок/стыковой** *(Schw)* V-Naht *f*
~ **со скосом одной кромки/стыковой** *(Schw)* HV-Naht *f*
~ **соединения внахлёстку** *(Schw)* Überlappkehlnaht *f*
~/**сплошной** *(Schw)* durchgehende (durchlaufende) Naht *f*
~/**стачный** Heftnaht *f*
~/**стебельчатый** *(Text)* Stielstichnaht *f*, Hinterstichnaht *f*
~/**строительный** Baufuge *f*, Arbeitsfuge *f*
~/**строчевой** *s.* ~/**ажурный**
~ **стыкового соединения/бесскосный** *(Schw)* Naht *f* ohne Kantenabschrägung
~/**стыковой** 1. *(Schw)* Stumpfnaht *f*; 2. *(Bw)* Stoßfuge *f*
~ **таврового соединения** *(Schw)* Kehlnaht *f*
~ **таврового соединения/двусторонний** Doppelkehlnaht *f* *(T-Stoß)*
~/**тамбурный** *s.* ~ **цепочкой**
~/**тектонический** *(Geol)* Geosutur *f*
~/**температурный** 1. *(Schw)* Dehnungsnaht *f*, Schwindnaht *f*; 2. *(Bw)* Dehnungsfuge *f*, Dilatationsfuge *f*
~ **торцового соединения** *(Schw)* Stirnnaht *f* *(bei Parallelstoß)*
~ **торцового соединения без скоса кромок** Stirnflachnaht *f*
~ **торцового соединения со скосом кромок** Stirnfugennaht *f*
~/**торцовый** Stirnkehlnaht *f*
~/**точечный** *(Schw)* Punktnaht *f*, Punktschweißung *f*
~/**трёхрядный заклёпочный** dreireihige Nietung *f*, dreireihige Naht *f*
~ **углового соединения** *(Schw)* Ecknaht *f*, äußere Kehlnaht *f* *(bei Eckstoß)*
~/**угловой** *(Schw)* Kehlnaht *f*
~/**угловой лобовой** Stirnkehlnaht *f*
~/**угловой фланговый** Flankenkehlnaht *f*
~/**уплотняющий сварной** Dichtungsschweißnaht *f*
~/**усадочный** *(Bw)* Schwindfuge *f*

~/**усиленный** *s.* ~/**выпуклый**
~/**усиленный сварной** *(Schw)* überwölbte Naht *f*
~/**фланговый (фланковый)** *(Schw)* Flankenkehlnaht *f*
~/**цепной** *(Schw)* Kettennaht *f*
~/**цепной заклёпочный** Kettennietung *f*
~ **цепочкой** *(Text)* Kettenstichnaht *f*
~/**чеканенный** Stemmnaht *f*, Stemmfuge *f*
~/**шахматный** *(Schw)* Zickzacknaht *f*, versetzte Naht *f*
~/**шахматный заклёпочный** Zickzacknietung *f*
~/**шахматный точечный** Zickzack-Punktnaht *f*, Zickzack-Punktschweißung *f*
шомполование *n* *(Erdöl)* Kolben *n*, Swabben *n*, Pistonieren *n*
шоопирование *n* *s.* **металлизация распылением**
шоран *m (FO)* Shoran-Verfahren *n*, Shoran *n*
шорломит *m (Min)* Schorlomit *m*, Melanit *m (Granat)*
шорох *m*/**микрофонный** Mikrofongeräusch *n*
шоссе *n (Bw)* 1. Steinschlagstraße *f*, Makadamstraße *f*; 2. Landstraße *f*
шотландка *f (Text)* Schottenstoff *m*
шпагат *m* Bindfaden *m*
~/**сноповязальный** *(Lw)* Bindegarn *n*
шпаклевать spachteln
шпаклёвка *f* 1. Spachteln *n*; 2. Spachtel *m*, Spachtelkitt *m*, Spachtelmasse *f*
~/**клеевая** Leimspachtelmasse *f*
~/**нитролаковая** Nitrospachtelmasse *f*
шпала *f (Eb)* Schwelle *f*
~/**брусковая** nur an Trag- und Auflagefläche beschnittene Schwelle *f*; Halbrundschwelle *f*
~/**деревянная** Holzschwelle *f*
~/**железная** Stahlschwelle *f*
~/**железобетонная** Stahlbetonschwelle *f*, Betonschwelle *f*
~/**металлическая** *s.* ~/**стальная**
~/**обрезная** allseitig beschnittene Holzschwelle *f*
~/**полукруглая** Halbrundschwelle *f*
~/**продольная** Langschwelle *f*
~/**пропитанная** getränkte Schwelle *f*
~/**просевшая** eingesunkene (lose) Schwelle *f*
~/**стальная** Stahlschwelle *f*
~/**стыковая** Doppelschwelle *f*, Stoßschwelle *f*
~/**узколинейная** Schmalspurschwelle *f*
шпалоноска *f (Eb)* Schwellentragzange *f*
шпалоподбойка *f (Eb)* Schwellenstopfer *m (Werkzeug)*; Gleisstopfmaschine *f*
шпалопропитка *f (Eb)* Schwellentränkung *f*, Tränken *n* der Schwellen
шпалоразгрузчик *m (El)* Schwellenentlademaschine *f*
шпальник *m (Forst)* Schwellenholz *n*
шпангоут *m (Schiff)* Spant *n*
~/**бортовой** Seitenspant *n*
~/**интеркостельный** interkostales (nicht durchlaufendes) Spant *n*
~/**кормовой** Heckspant *n*
~/**междупалубный** Zwischendecksspant *n*
~/**неразрезной** durchlaufendes Spant *n*
~/**носовой** Bugspant *n*, Vorschiffsspant *n*
~/**U-образный** U-Spant *n*
~/**V-образный** V-Spant *n*
~/**округлый** Rundspant *n*
~/**основной** normales Spant *n*
~/**остроскулый** Knickspant *n*
~/**очковый** Nußspant *n (Wellenhose)*
~/**поворотный** Kantspant *n*, Gillungsspant *n*
~/**подкрепительный** Zwischenspant *n*
~/**полособульбовый** Flachwulstspant *n*
~/**практический** Bauspant *n*
~/**промежуточный** Zwischenspant *n*
~/**разрезной** interkostales (nicht durchlaufendes) Spant *n*
~/**рамный** Rahmenspant *n*
~ **с выкружкой** Nußspant *n (Wellenhose)*
~/**составной** gebautes Spant *n*
~/**тавровый** T-Spant *n*, T-Profilspant *n*
~/**твиндечный** Zwischendecksspant *n*
~/**теоретический** Konstruktionsspant *n*
~/**трюмный** Raumspant *n*
~ **фюзеляжа** *(Flg)* Rumpfspant *m*
шпарутка *f (Text)* Breithalter *m (Webstuhl; s. a. unter* **ширитель***)*
~/**автоматическая** selbsttätiger Breithalter *m*
~ **без крышки** deckelloser Breithalter *m*
~/**валичная** Walzenbreithalter *m*
~/**дисковая** Stachelscheibenbreithalter *m*
~/**кольцевая** Rädchenbreithalter *m*
~/**кольцевая игольчатая** Stachelringbreithalter *m*
~ **с крышкой** Deckelbreithalter *m*
~ **с присасывающей резиной** Sauggummibreithalter *m*
~/**самодействующая** selbsttätiger Breithalter *m*
шпат *m (Min)* Spat *m*
~/**бариевый полевой** Bariumfeldspat *m*
~/**бурый** Braunspat *m*
~/**железный** Eisenspat *m*, Siderit *m*
~/**известковистый тяжёлый** Kalkbaryt *m*
~/**известково-натриевый полевой** Kalknatronfeldspat *m*
~/**известковый** Kalkspat *m*, Kalzit *m*
~/**известковый полевой** Kalkfeldspat *m*, Anorthit *m*
~/**исландский** Isländischer Spat *m*, Islandspat *m*
~/**кали-бариевый полевой** Kalium-Bariumfeldspat *m*
~/**калиевый полевой** Kaliumfeldspat *m*, Feldspat *m*

~/**кали-натриевый полевой** Kalinatronfeldspat *m*
~/**кобальтовый** Kobaltspat *m*, Sphaerokobaltit *m*
~/**ледяной** Adular *m*, Eisspat *m* *(Abart des Orthoklas)*
~/**магнезиальный (магнезитовый)** Magnesit *m*, Bitterspat *m*
~/**марганцевый** Manganspat *m*, Himbeerspat *m*
~/**натриево-кальциевый полевой** Natronkalkfeldspat *m*, Kalknatronfeldspat *m*, Plagioklas *m*
~/**олигоновый** Oligonit *m*
~/**плавиковый** Flußspat *m*, Fluorit *m*
~/**полевой** Feldspat *m* *(Mineralgruppe mit den Untergruppen: Plagioklase, Orthoklase und Hyalophane)*
~/**тяжёлый** Schwerspat *m*, Baryt *m*
~/**цинковый** Zinkspat *m*, Smithsonit *m*, Edler Galmei *m*
шпатель *m* 1. Spachtel *m*; 2. Spatel *m*
~/**фарфоровый** *(Ch)* Porzellanspatel *m*
шпатлевание *n* Spachteln *n*
шпатлевать [aus]spachteln
шпатлёвка *f s.* **шпаклёвка**
шпатовый *(Min)* Spat . . .
шпаты *mpl*/**полевые** *(Min)* Feldspate *mpl*, Feldspäte *mpl* *(Mineralfamilie)*
шпахтель *m s.* **шпатель 1.**
шпация *f* 1. *(Typ)* Spatium *n*, Blindtype *f*; 2. *(Schiff)* Spantenabstand *m*
~/**волосная** Haarspatium *n*
~/**двухпунктовая** Zweipunktspatium *n*
~/**клиновидная** Spatienkeil *m* *(Linotype)*
~ **линовальной машины** Liniierspatium *n*
~/**медная** Messingspatium *n*
~ **на 1/3 кегля** Drittelgeviert *n*
~/**полукегельная** Halbgeviert *n*
~/**практическая** Bauspantabstand *m*, Bauspantentfernung *f*
~/**пунктовая** Punktspatium *n*
~/**теоретическая** Konstruktionsspantabstand *m*, Konstruktionsspantentfernung *f*
шпейза *f* *(Met)* Speise *f* *(NE-Metalle)*
~/**кобальтовая** Kobaltspeise *f*
~/**колокольная** Glockenspeise *f* *(Glockenguß)*
~ **концентрационной плавки** Konzentrat[ions]speise *f*
~/**мышьяковистая** Arsenspeise *f*
~/**никелевая** Nickelspeise *f*
~/**первичная** Hüttenspeise *f*, Rohspeise *f*
~/**свинцовая** Bleispeise *f*
~/**сурьмян[ист]ая** Antimonspeise *f*
~/**черновая** *s.* ~/**первичная**
шпигат *m* *(Schiff)* Speigatt *n*
~/**штормовой** Sturmspeigatt *n*, Wasserpforte *f*
шпигель *m* *(Met)* Spiegeleisen *n*
шпиль *m* 1. *(Schiff)* Spill *n*; 2. *(Arch)* Spitze *f*
~/**безбаллерный** Spill *n* in Eindeckausführung
~/**буксирный** Schleppspill *n*
~/**дрифтерный** Drifterspill *n*, Reepspill *n* *(Treibnetzfischerei)*
~/**кормовой** Heckspill *n*
~/**кормовой якорный** Heckankerspill *n*
~/**носовой** Bugspill *n*
~/**носовой якорный** Bugankerspill *n*
~/**однопалубный** Spill *n* in Eindeckausführung
~/**ручной** Gangspill *n*
~/**швартовный** Verholspill *n*
~/**якорно-швартовный** Ankerverholspill *n*, kombiniertes Verhol- und Ankerspill *n*
~/**якорный** Ankerspill *n*
шпилька *f* 1. Stift *m*; Bolzen *m*; 2. *(Masch)* Stiftschraube *f*; 3. *(Gieß)* Formerstift *m*
~ **ввода** *(El)* Durchführungsbolzen *m* *(eines Durchführungsisolators)*
~ **компаса** *(Schiff)* Pinne *f*, Nadelträger *m* *(Magnetkompaß)*
~/**направляющая** Führungsstift *m*, Führungsbolzen *m*
~/**нарезная** Gewindestift *m*
~ **с проточкой** Stiftschraube *f* mit Rille
~ **со сферическим концом** Stiftschraube *f* mit Linsenkuppe
~/**стопорная** Feststellstift *m*, Sicherungsstift *m*
~/**стяжная** Kupplungsstift *m*
~/**установочная** Einstellstift *m*, Justierstift *m*, Paßstift *m*
шпингалет *m* *(Bw)* Basküle *f*, Baskülverschluß *m*
шпиндель *m* *(Masch)* Spindel *f*
~/**винтовой** Schraubenspindel *f*
~/**вспомогательный фрезерный** Nebenfrässpindel *f*
~ **делительной головки** Teilspindel *f* *(Teilkopf)*
~ **домкрата** Hubspindel *f* *(Hebebock)*
~/**дополнительный фрезерный** Nebenfrässpindel *f*
~/**запорный** Absperrspindel *f*
~/**затворный** Abschlußspindel *f*
~/**копировальный** Kopierspindel *f* *(Nachformeinrichtung)*
~/**направляющий** *s.* ~/**копировальный**
~/**натяжной** Spannspindel *f*
~/**планетарный** Planetenspindel *f*
~/**подъёмный** Hubspindel *f*
~/**полый** Hohlspindel *f*
~/**пустотелый** Hohlspindel *f*
~ **разборочного аппарата** *(Typ)* Ablegespindel *f* *(Satz)*
~/**расточный** Bohrspindel *f* *(für Bohrmeißel)*

~ с винтовой резьбой Gewindespindel *f*
~/сверлильный Bohrspindel *f*
~/тормозной Bremsspindel *f*
~/трефовый (трефообразный) *(Wlz)* Spindel *f* mit Kleeblattzapfen
~/фрезерный Frässpindel *f*
~ шлифовального круга Schleifspindel *f*
шпинель *f (Min)* Spinell *m*; Magnesiospinell *m*
~/благородная Edelspinell *m*
~/красная Roter (Edler) Spinell *m*
~/прозрачная durchsichtiger Spinell *m*
~/цинковая Zinkspinell *m*
шпицен-масштаб *m (Hydt)* Stechpegel *m*
шплинт *m* Splint *m*
шплинтование *n* Versplinten *n*
шплинтовка *f* Versplinten *n*
шплинтон *m (Met)* Preßstempel *m (Strangpresse)*
шпон *m* 1. *(Holz)* Schälfurnier *n*, Messerfurnier *n*, Sperrholzblatt *n*, Deckblatt *n*; 2. *(Typ)* Durchschußstück *n*, Durchschuß *m*
~/радиальный *(Holz)* Spiegelfurnier *n*
~/строгальный Messerschnittfurnier *n*
шпонка *f* 1. *(Holz)* Dübel *m (Verbindungselement aus Holz oder Metall für Holzverbindungen)*; 2. *(Masch) Verbindungselement für Wellen und Naben in folgender Bedeutung:* Keil *m (bei Spannungsverbindung mit Anzug)*; Feder *f (bei Mitnehmerverbindungen ohne Anzug)*
~/вертикальная Vertikaldübel *m*
~/вставная Einlaßdübel *m*
~ Вудруфа Scheibenfeder *f*
~/выдвижная (вытяжная) Ziehkeil *m*, Schubkeil *m*, Springkeil *m*
~/двойная Doppelkeil *m*, Keilpaar *n*
~/деревянная натяжная Anzugdübel *m*
~/деревянная поперечная Querdübel *m*
~/деревянная продольная Längsdübel *m*
~/дисковая Tellerdübel *m*
~/забивная Treibkeil *m*
~/закладная Einlegkeil *m*
~/затяжная *s.* **~/клиновая**
~/зубчатая Zahndübel *m*, Bulldoggdübel *m*, Bulldogg-Holzverbinder *m*
~/зубчатая пластинчатая Krallenplatte *f*
~/зубчато-кольцевая Alligator-Zahnringdübel *m*
~/квадратная Quadratkeil *m*, Spießkantkeil *m*
~/клиновая Keil *m*, Keilfeder *f*
~/клиновая низкая Nasenflachkeil *m*
~/когтевая Krallendübel *m*
~/кольцевая Ringdübel *m*
~/круглая Rundkeil *m*; *(Holz)* Runddübel *m*
~/ледовая Eissporn *m*
~/металлическая Metalldübel *m*, Einpreßdübel *m (Sammelbegriff für Ring-, Krallen-, Zahn- und Tellerdübel)*
~ на лыске Flachkeil *m*
~ на лыске с головкой/клиновая Nasenflachkeil *m*
~ на лыске с плоскими торцами/клиновая Flachkeil *m*
~/полукруглая Scheibenfeder *f*
~/призматическая 1. Paßfeder *f*; 2. Rechteckdübel *m (Holzdübel)*
~ с головкой 1. Treibkeil *m*; 2. Nasenflachkeil *m*
~ с головкой/клиновая фрикционная Nasenhohlkeil *m*
~ с контрклином Doppelkeil *m*
~ с плоскими торцами/клиновая врезная Treibkeil *m*
~ с плоскими торцами/призматическая направляющая geradstirnige Gleitfeder *f*, geradstirnige Paßfeder *f* für Halteschrauben und Abdruckschrauben
~ с плоскими торцами/призматическая обыкновенная geradstirnige Paßfeder *f (ohne Halteschraube)*
~ с углублённой посадкой в вал/призматическая Paßfeder *f* mit großer Wellennuttiefe
~/сегментная Scheibenfeder *f*
~/скользящая Gleitfeder *f*
~ со скруглёнными торцами/клиновая врезная Einlegkeil *m*
~ со скруглёнными торцами/призматическая направляющая rundstirnige Gleitfeder *f*, rundstirnige Paßfeder *f* für Halteschrauben und Abdruckschrauben
~ со скруглёнными торцами/призматическая обыкновенная rundstirnige Paßfeder *f (ohne Halteschraube)*
~/соединительная Kuppelfeder *f*
~/тангенциальная Tangentialkeil *m*
~/торцевая Stirnkeil *m*
~/установочная Stellkeil *m*
~/фрикционная 1. Hohlkeil *m*; 2. Nasenhohlkeil *m*
~/цилиндрическая *s.* **~/круглая**
шпор *m* **грузовой стрелы** *(Schiff)* Ladebaumfuß *m*
~ мачты Mastfuß *m*
шпора *f* 1. Sporn *m*; 2. *(Ktz)* Spornblech *n (Schlepperrad)*; 3. *(Hydt)* kurze Buhne *f*
~/колёсная Radgreifer *m*, Greifer *m (Radtraktor)*
шпредер *m (Gum)* Spreadingkalander *m*, Friktionierkalander *m*
шпредерование *n (Gum)* Kalanderfriktionieren *n*
шпрединг-машина *f (Gum)* Spreadingmaschine *f*
шпредингование *n (Gum)* Kalanderfriktionieren *n*

шпредкаландр *m (Gum)* Spreadingkalander *m*, Friktionierkalander *m*
шпренгель *m* 1. *(Bw)* Hilfsdiagonale *f*, Sprengel *m (eines Strebenfachwerks)*, Sprengwerkstütze *f*; 2. *(Eb)* Sprengwerk *n (Wagen)*
шпринг *m (Schiff)* Spring *f*
~/**кормовой** Achterspring *f*
~/**носовой** Vorspring *f*
шприцевание *n* Spritzen *n*, Ausspritzen *n*, Spritzung *f*; *(Gum, Plast)* Spritzen *n*, Extrudieren *n*, Strangpressen *n*
~ **трубок** *(Gum)* Schlauchspritzen *n*
шприцевать [aus]spritzen; *(Gum, Plast)* spritzen, extrudieren, strangpressen
шприцмашина *f* Spritzmaschine *f*; *(Gum, Plast)* Schneckenspritzmaschine *f*, Extruder *m*
~/**одночервячная** Einschneckenextruder *m*
~ **с листующей головкой** Platten-Spritzmaschine *f*, Slab-Extruder *m*
~/**червячная** Schneckenspritzmaschine *f*, Extruder *m*
шприцмашина-гранулятор *f* Pelletiser *m*
шприцуемость *f* Spritzbarkeit *f*
шприцформа *f (Gieß)* Spritzform *f*, Druckgußform *f*
шпрынка *f* **челнока** *(Text)* Spulenspindel *f (Weberei)*
шпуледержатель *m (Text)* Spulenhalter *m*
шпулька *f* **шпулярника** *(Text)* Aufsteckspindel *f (Spulengatter)*
шпуля *f (Text)* Spule *f*
~ **крестовой мотки** Kreuzspule *f*
~/**основная** Kettenspule *f*
~/**полновесная** Vollspule *f*
~/**уточная** Schußspule *f*
~/**флянцевая** Scheibenspule *f*
~/**челночная** Schützenspule *f*
шпулярник *m (Text)* 1. Spulengestell *n*, Spulengatter *n (Schärmaschine)*; 2. Spulenständer *m (Doppelzylinderstrumpfautomat)*; 3. Kanter *m*, Kantergestell *n (Teppichweberei)*
шпунт *m* 1. *(Bw)* Spund *m*, Spundung *f*, Spundbohle *f*; 2. *(Hydt)* Spundwandprofilstahl *m*; 3. *(Schiff)* Kielfuge *f*, Sponung *f (Holzschiffbau)*
~/**бродильный** *(Lebm)* Gärspund *m*
~/**брусчатый** *(Bw)* Spundbohle *f*
~/**деревянный** *(Bw)* Spundbrett *n*
~/**железобетонный** *(Bw, Hydt)* Stahlbetonspundbohle *f*
~ **и гребень** *m (Bw)* Feder *f* und Nut *f*
~/**металлический** *(Bw, Hydt)* Profilstahlspundbohle *f*
~/**односторонний** *(Bw)* einseitiger Spund *m*
~/**противофильтрационный** *(Bw)* Dichtungsspund *m*
~/**прямоугольный** *(Bw)* rechteckige Spundung *f*
~/**треугольный** *(Bw)* dreieckige Spundung *f*, Schweinsrücken *m*
шпунтгебель *m* Nuthobel *m (Nut- und Federverbindungen)*
шпунтгобель *m s.* **шпунтгебель**
шпунтина *f (Bw)* Spundbohle *f*
~/**коробчатая** Kastenspundbohle *f*
шпунтование *n s.* **шпунтовка**
шпунтовка *f (Bw)* Spundung *f*
шпур *m* 1. *(Bgb)* Bohrloch *n (für Sprengschüsse)*; 2. *(Met)* Abstichloch *n (Flammöfen, Wassermantelöfen)*
~/**вертикальный** seigeres (senkrechtes) Bohrloch *n*
~/**восстающий** [an]steigendes Bohrloch *n*
~/**врубовый** Einbruchloch *n*
~/**вспомогательный** Helferloch *n*, Hilfsbohrloch *n*
~/**горизонтальный** waagerechtes (söhliges) Bohrloch *n*
~/**заряжаемый** besetztes Bohrloch *n*
~/**наклонный** schräges Bohrloch *n*
~/**незаряжаемый** unbesetztes Bohrloch *n*
~/**оконтуривающий** Kranzloch *n*
~/**отбойный** Abschlagbohrloch *n*, Kranzloch *n*
~/**падающий** abfallendes (einfallendes, fallendes) Bohrloch *n*
~/**центральный** Mittel[bohr]loch *n (Sprengbohrloch)*
шрамы *mpl*/**ледниковые** *s.* **царапины/ледниковые**
шрапнель *f (Mil)* Schrapnell *n*
шратты *pl (Geol)* Schratten *fpl*, Karren *fpl*
шредер *m* Maisstrohhäcksler *m*
шрекингерит *m (Min)* Schröckingerit *m*
шрифт *m (Typ)* Schrift *f*
~/**акцидентный** Akzidenzschrift *f*
~/**афишный** Plakatschrift *f*
~ **без засечек** serifenlose Schrift *f*
~ **вразрядку** gesperrte Schrift *f*
~/**выворотный** Negativschrift *f*
~/**выделительный** Auszeichnungsschrift *f*
~/**выпуклый** erhabene Schrift *f (Blindenschrift)*
~/**готический** gotische Schrift *f*
~/**греческий** griechische Schrift *f*
~ **для машинного чтения** maschinenlesbare Schrift *f*
~/**древний** Groteskschrift *f*, serifenlose Linearantiqua *f*
~/**жирный** fette Schrift *f*
~ **Кириллица** kyrillische Schrift *f*
~/**крупнокегельный** Großkegelschrift *f*
~/**крупный** grobe Schrift *f*
~/**курсивный** Kursivschrift *f*, Kursiv *f*
~/**латинский** Lateinschrift *f*; lateinische Schrift *f*

~/**нормальный** gewöhnliche Schrift *f*
~/**основной** Grundschrift *f*
~/**оттенённый** schattierte Schrift *f*
~/**плакатный** Plakatschrift *f*
~/**плотный** schmale Schrift *f*
~/**полужирный** halbfette Schrift *f*
~/**прописной** Kapitalschrift *f*
~/**прямой** geradstehende Schrift *f*
~/**прямой прописной** römische Kapitalschrift *f*
~/**раздавленный** abgequetschte Schrift *f*
~/**растиснутый** abgequetschte Schrift *f*
~/**римский прописной** römische Kapitalschrift *f*
~/**рисованный** gezeichnete Schrift *f*
~/**рубленый** Groteskschrift *f*, Grotesk *f*, serifenlose Linearantiqua *f*
~/**ручной** Handsatzschrift *f*
~ **с тонкими штрихами** Haarschrift *f*
~/**сбитый** abgequetschte Schrift *f*
~/**светлый** magere (lichte) Schrift *f*
~/**смешанный** vermischte Schrift *f*
~/**текстовый** Werkschrift *f*
~/**текстовый книжный** Brotschrift *f*
~/**титульный** Titelschrift *f*
~/**узкий** *s.* ~ **узкого начертания**
~ **узкого начертания** enge (schmale) Schrift *f*
~/**широкий** breite (breitlaufende, weite) Schrift *f*
шрифт-касса *f (Typ)* Schriftkasten *m*
шрифтоноситель *m (Typ)* Schriftträger *m*; Typenträger *m*
шрот-эффект *m (Rf)* Schroteffekt *m*
штабелёвка *f* Stapeln *n*, Stapelung *f*
штабелер *m* Stapler *m*, Stapelvorrichtung *f*, Stapelgerät *n*
штабелеукладчик *m* Stapelförderer *m*, Höhenförderer *m*
~ **с грузозахватом/стеллажный** Regalstapelgerät *n*
~/**стеллажный** Regalförderzeug *n*
~/**стеллажный комплектовочный** Regalsortiergerät *n*
~/**стеллажный напольный** flurverfahrbares Regalförderzeug *n*
~/**стеллажный подвесной** regalverfahrbares (hängendes) Regalförderzeug *n*
штабелирование *n* Stapelung *f*; Stapellagerung *f*
штабель *m* Stapel *m*, Stoß *m*; Lage *f*
~ **тюков** Ballenstapel *m*
штабик *m s.* **штапик**
штаг *m (Schiff)* Stag *n*
штаг-карнак *m (Schiff)* Genickstag *n*
штамб *m (Forst)* Baumstamm *m*, Stamm *m*
штамп *m* 1. *(Schm)* Gesenk *n*, Schmiedegesenk *n*, Schmiedepreßgesenk *n*, Schmiedepreßwerkzeug *n*; 2. Stanzwerkzeug *n (Schnitt- oder Preßwerkzeug)*; 3. Ziehwerkzeug *n*
~ **без прижима/вырубной** Ziehwerkzeug *n* ohne Niederhalter
~/**боковой обрезной** Seitenschneider *m*
~/**верхний** Obergesenk *n*, Gesenkoberteil *n*, Patrize *f*, Oberstempel *m*
~/**верхний ковочный** Gesenkhammer *m*
~/**вставной** Einsatzgesenk *n*
~/**вырубной** Schnittwerkzeug *n*
~/**вырубочный** Schnittwerkzeug *n*
~/**высадочный** Stauchgesenk *n*, Stauchwerkzeug *n*, Preßgesenk *n*
~/**вытяжной** Ziehwerkzeug *n*, Ziehgesenk *n*
~/**гибочный** 1. Biegegesenk *n*; 2. Biegestanze *f*
~/**гибочный молотовой** Biegeschlaggesenk *n*
~ **глубокой вытяжки** Tiefziehgesenk *n*, Tiefziehwerkzeug *n*
~/**горячий** Warmgesenk *n*
~ **для вырубки и вытяжки/комбинированный** Schnitt- und Ziehwerkzeug *n (Vereinigung beider Arbeitsvorgänge in einem Werkzeug)*
~ **для высадки** Stauchwerkzeug *n*, Stauchgesenk *n*
~ **для глубокой вытяжки** Tiefziehwerkzeug *n*
~ **для горячей штамповки** Warmschmiedegesenk *n*
~ **для листовой штамповки** Stanzwerkzeug *n (Blechformung)*
~ **для мастер-штампов** Meister-Meister-Gesenk *n*, Meister-Meister *m*
~ **для отбортовки** Bördelwerkzeug *n*
~ **для последующих вытяжек/вырубной** Weiterschlagwerkzeug *n*, Ziehwerkzeug *n* für Weiterzüge
~ **для тиснения** *(Typ)* Prägematrize *f*
~ **для фасонной вытяжки** Formschlagwerkzeug *n*
~ **для холодной высадки** Kaltschlagwerkzeug *n*, Kaltschlaggesenk *n*
~ **для холодной обрезки** Kaltabgratwerkzeug *n*
~ **для холодной штамповки** 1. Schnittwerkzeug *n*, Schnitt *m*; Stanzwerkzeug *n*; 2. Kaltpreßgesenk *n*, Kaltdrückgesenk *n*, Kaltbiegegesenk *n*, Kaltfalzgesenk *n*; 3. Kaltziehgesenk *n*
~ **для штамповки выдавливанием** Strangpreßgesenk *n*; Fließpreßgesenk *n*
~/**дыропробивной** Locher *m*, Lochschnitt *m*
~/**загибочный** 1. Biegegesenk *n*; 2. Falzgesenk *n*
~/**заготовительный** Vorgesenk *n*, Vorform *f*
~/**заготовительный молотовой** Vorformschlaggesenk *n*
~/**заклёпочный** Döpper *m (Nietwerkzeug)*

~/**закрытый** gratbahnloses Gesenk *n*, Gesenk *n* ohne Gratbahn
~/**зачистной** Schaberschnitt *m*
~/**калибровочный** Fertiggesenk *n*
~ **ковочной машины** Schmiedegesenk *n*, Gesenk *n*
~/**ковочный** Schmiedegesenk *n*, Gesenk *n*
~ **ковочных вальцов** Walzschmiedegesenk *n*, Walzengesenk *n*
~/**комбинированный** 1. Verbundwerkzeug *n (Vereinigung von Schnitt- und Stanzvorgängen in einem Werkzeug)*; 2. Mehrfachgesenk *n*, Mehrfachpreßwerkzeug *n (Pulvermetallurgie)*
~/**комбинированный вырубной** Verbundschnitt *m (Vereinigung verschiedener Schnittvorgänge in einem Werkzeug)*
~/**компаундный** Gesamtwerkzeug *n*, Verbundgesenk *n (meist Gesamtschnittwerkzeug)*
~/**кромкозагибочный** Falzgesenk *n*
~/**круглый** Rundgesenk *n*
~/**кузнечный** Schmiedegesenk *n*, Gesenk *n*
~/**листовой** Stanzwerkzeug *n*
~/**литой** gegossenes Gesenk *n*
~/**многооперационный** Mehrfachwerkzeug *n*, Gruppenwerkzeug *n (meist Mehrfachschnittwerkzeug)*
~/**многооперационный вырубной** Mehrfachschnittwerkzeug *n*, Mehrfachschnitt *m*, Gruppenschnittwerkzeug *n*, Gruppenschnitt *m*, Folgeschnittwerkzeug *n*, Folgeschnitt *m*
~/**многопуансонный** *s.* ~/**многооперационный**
~/**многопуансонный вырубной** Gruppenschnittwerkzeug *n*
~/**многопуансонный гибочный** Mehrstempelbiegestanze *f*
~/**многопуансонный листовой** Gruppenstanzwerkzeug *n*
~/**многоручьевой** *s.* ~/**многооперационный**
~/**многоштемпельный** *s.* ~/**многооперационный**
~/**молотовой** Hammergesenk *n*, Schlaggesenk *n*
~ **на колонках/гибочный** Biegestanze *f* mit Säulenführungen
~/**неподвижный** Anpreßstempel *m*, Vorhalter *m (Nietmaschine)*
~/**нижний** Untergesenk *n*, Gesenkunterteil *n*
~/**обжимный** Preßgesenk *n*, Stauchgesenk *n*
~/**оборотный** Konterpunze *f*
~/**обрезно-гибочный** Abgratbiegegesenk *n*
~/**обрезной** Schnittwerkzeug *n*, Schnitt *m*, Schnittgesenk *n*, Abgratgesenk *n*, Abgratwerkzeug *n*
~/**обрезно-правúльный** Abgratrichtgesenk *n*
~/**обрезно-пробивной** Abgratlochgesenk *n*
~/**одинарный [объёмный]** einfaches (einteiliges) Gesenk *n*
~/**однооперационный** Einfachwerkzeug *n (meist Einfachschnittwerkzeug)*
~/**одноручьевой** Einfachgesenk *n*, einteiliges Gesenk *n*
~/**отделочный** Fertiggesenk *n*, Poliergesenk *n*, Kalibriergesenk *n*, Schlichtgesenk *n*
~/**открытый** Gesenk *n* mit Gratbahn
~/**открытый вырубной** Freischnitt *m*
~/**открытый объёмный** offenes Gesenk *n*
~/**отрезной** Trennschnitt *m*
~/**первичный** Meistergesenk *n*, Urgesenk *n*
~/**плунжерный** Schnitt *m* mit Zylinderführung
~/**поверочный** Prüfgesenk *n*, Kalibriergesenk *n*
~/**подкладной** Unterleggesenk *n*
~/**полировочный** *s.* ~/**калибровочный**
~ **последовательного действия** Folgewerkzeug *n (Vereinigung aufeinanderfolgender Arbeitsgänge in einem Werkzeug)*
~ **последовательного действия/гибочный** Folgestanze *f*
~ **последовательного действия для вырубки и многопереходной вытяжки/комбинированный** folgewirkendes Schnitt- und mehrstufiges Ziehwerkzeug *n*
~ **последовательного действия для вырубки и пробивки/комбинированный** folgewirkendes Schnitt- und Lochwerkzeug *n*
~ **последовательного действия для отрезки, пробивки и гибки/комбинированный** folgewirkendes Loch-, Biege- und Trennwerkzeug *n*
~ **последовательного действия/комбинированный** Verbundfolgewerkzeug *n*, folgewirkendes Verbundwerkzeug *n (Vereinigung aufeinanderfolgender Schnitt- und Stanzvorgänge in einem Werkzeug)*
~/**последовательный вырубной** *s.* ~/**многооперационный вырубной**
~/**правúльный** Richtwerkzeug *n*, Richtgesenk *n*, Richtstempel *m*
~/**правúльный молотовой** Schlagrichtgesenk *n*, Schlaggesenk *n* zum Richten
~/**правочный** Flachstanzwerkzeug *n*, Planierwerkzeug *n*, Planierstanze *f*
~/**прессовый** 1. Schmiedepreßwerkzeug *n*, Schmiedepreßgesenk *n*; 2. Stanzwerkzeug *n (zum Pressen)*; 3. Preßwerkzeug *n*, Preßgesenk *n (Pulvermetallurgie)*

~/пробивной Lochstanze *f*, Lochgesenk *n*, Locher *m*; Perforierwerkzeug *n*
~/промежуточный Zwischengesenk *n*
~/просечной 1. *s.* **~/прошивной**; 2. Stechwerkzeug *n*
~ простого действия Einfachwerkzeug *n* *(meist Einfachschnittwerkzeug)*
~/прошивной Lochgesenk *n*
~/разделительный Trennschnitt *m*
~/рихтовочный Richtwerkzeug *n*, Richtstempel *m*
~/ручной Handgesenk *n*
~ с вафельными поверхностями/правочный Flachstanzwerkzeug *n* mit gewaffelten Platten, Waffelrichtstanze *f*
~ с гладкими поверхностями/правочный Flachstanzwerkzeug *n* mit glatten Platten
~ с направляющей плитой/вытяжной Plattenführungsschnitt *m*
~ с направляющими колонками/вырубной Säulenführungsschnitt *m*
~ с нижним направлением/обрезной Schnitt *m* mit Unterführung
~ с прижимом/вырубной Ziehwerkzeug *n* mit Niederhalter
~ с сопряжёнными направляющими Schnitt *m* mit Verbundführung
~ с точечными поверхностями/правочный Flachstanzwerkzeug *n* mit gerauhten Platten
~ с формовочным пуансоном Biegeschnitt *m*
~ с шероховатыми поверхностями/правочный Flachstanzwerkzeug *n* mit gerauhten Platten
~/сегментный Walzschmiedegesenk *n*, Walzengesenk *n*
~/секторный Walzschmiedegesenk *n*, Walzengesenk *n*
~ со съёмником/вырубной Schnitt *m* mit Abstreifer
~ совмещённого действия Gesamtwerkzeug *n* *(meist Gesamtschnittwerkzeug)*
~ совмещённого действия для вырубки и вытяжки/комбинированный gleich[zeitig]wirkendes Schnitt- und Ziehwerkzeug *n*
~ совмещённого действия для вырубки и пробивки/комбинированный gleich[zeitig]wirkendes Schnitt- und Lochwerkzeug *n*
~ совмещённого действия/комбинированный gleich[zeitig]wirkendes Verbundwerkzeug *n* *(Vereinigung gleichzeitig durchzuführender Schnitt- und Stanzvorgänge in einem Werkzeug)*
~/совмещённый Verbundgesenk *n*, Mehrstufengesenk *n*, Mehrfachgesenk *n*
~/совмещённый вырубной Gesamtschnitt *m*, Komplettschnitt *m*, Blockschnitt *m* *(Vereinigung verschiedener gleichzeitig durchzuführender Schnittvorgänge in einem Werkzeug)*
~/универсальный Mehrstufengesenk *n*, Mehrfachgesenk *n*
~/фальцовочный Falzwerkzeug *n*, Falzgesenk *n*
~/фасонный Formgesenk *n*
~/холодный Kaltgesenk *n*, Kaltmatrize *f*
~/чеканочный Prägewerkzeug *n*, Prägegesenk *n*
~/черновой Vorgesenk *n*, Vorform *f*
~/чистовой Schlichtgesenk *n*, Poliergesenk *n*, Fertiggesenk *n*, Kalibriergesenk *n*
~/штамповочный Gesenk *n* zum Warmeinpressen von Gravuren *(in Gesenken)*, Warmeinpreßgesenk *n*
штамп-автомат *m* *(Fert)* Stanzwerkzeug *n* mit automatischem Werkstoffvorschub
~/вырубной Schnittwerkzeug *n* (Schnitt *m*) mit automatischem Werkstoffvorschub
штампование *n s.* **штамповка 1.; 2.**
штамповать 1. im Gesenk schmieden; 2. pressen; 3. stanzen
штамповка *f* 1. Herstellung *f* von Metallfertigteilen durch spanlose Formung mittels Werkstofftrennung *(z. B. Ausschneiden, Lochen)* oder Werkstoffumformung *(z. B. Biegen, Tiefziehen, Pressen)* im warmen Zustand *(Gesenkschmieden, Warmpressen)* oder kalten Zustand *(z. B. Kaltpressen, Prägen)*; 2. *im engeren Sinne auch:* Gesenkschmieden *n*; Pressen *n*; Stanzen *n*; 3. *im engeren Sinne auch:* Gesenkschmiedestück *n*; Preßteil *n*; Stanzteil *n*
~ в упор/фасонная Formschlagen *n*, Formschlag *m* *(im Gesenk)*
~ взрывом Explosivumformung *f*
~ выдавливанием Fließpressen *n*
~ выдавливанием в холодном состоянии Kaltfließpressen *n*
~ выдавливанием/горячая Warmfließpressen *n*
~/гидровзрывная *(Schiff)* Explosiv-Plattenumformung *f* unter Wasser
~/глубокая Tiefziehen *n*
~/горячая 1. spanlose Warmformung *f* durch Werkstoffabtrennung *(z. B. Warmstanzen)*; 2. spanlose Warmumformung *f* *(z. B. Gesenkschmieden, Warmpressen, Warmfließpressen)*; 3. *im engeren Sinne auch* Warmstanzen *n*, Warmpressen *n* *(Blech)*; 4. *im engeren Sinne auch* Strangpressen *n*
~/горячая листовая Warmstanzen *n* blechartiger Werkstoffe
~/горячая объёмная Gesenkschmieden *n*, Warmpressen *n*
~/жидкая Flüssigpressen *n*, Preßgießen *n*, Verdrängungsgießen *n*

~ **истечением** Fließpressen *n*
~ **истечением/горячая** Warmfließpressen *n*
~ **истечением по комбинированному способу** Fließpressen *n* mit Werkstoffverdrängung im Gleich- und Gegendruckverfahren
~ **истечением по обратному способу** Fließpressen *n* mit Werkstoffverdrängung im Gegendruckverfahren
~ **истечением по прямому способу** Fließpressen *n* mit Werkstoffverdrängung im Gleichdruckverfahren
~/**комбинированная** 1. Vorschmieden *n* durch Freiformschmieden und Fertigschmieden *n* im Gesenk; 2. aufeinanderfolgendes Schmieden *n* in Einzelgesenken verschiedener Maschinen bzw. Pressen *n* in Fertigstraßen-Anordnung
~ **комбинированным способом** *s.* ~/**комбинированная**
~/**листовая** Stanzen *n (dünner flächiger Werkstücke wie z. B. Bleche)*
~/**листовая горячая** Warmstanzen *n*
~/**местная объёмная** Pressen *n* im Stauchverfahren *(z. B. Schrauben-, Bolzen-, Nietköpfe)*
~ **методом растяжки** Streckziehen *n*
~/**многоручьевая (многоштучная)** Mehrfachgesenkschmieden *n*, Gesenkschmieden *n* in Folgegesenken (Stufengesenken)
~ **на прессах** 1. Preßschmieden *n*; 2. Pressen *n*, Ziehen *n*, Stanzen *n (z. B. dünner flächiger Werkstücke wie Bleche)*
~/**общая объёмная** Pressen *n* im Quetschverfahren, Quetschpressen *n (z. B. Muttern)*
~/**объёмная** spanlose Formung *f* durch Werkstoffumformung in Gesenken *(hauptsächlich Gesenkschmieden, Warmpressen und Kaltpressen)*
~/**объёмная горячая** 1. Formschmieden *n (Gesenk- und Freiformschmieden)*; 2. Formpressen *n* im warmen Zustand *(z. B. Warmfließpressen)*
~/**окончательная** Fertigschmieden *n* im Gesenk *(nach dem Freiformschmieden oder dem Vorschmieden im Gesenk)*
~/**последовательная** Mehrfachgesenkschmieden *n*, Gesenkschmieden *n* in Folgegesenken (Stufengesenken)
~/**поточная** aufeinanderfolgendes Schmieden *n* in Einzelgesenken verschiedener Maschinen bzw. Pressen *n* in Fertigstraßen-Anordnung
~ **поточным способом** *s.* ~/**поточная**
~/**предварительная** Vorschmieden *n* im Gesenk
~ **прошивкой** Fließpressen *n* von Hohlkörpern
~/**разгонная [листовая]** Kümpeln *n*
~/**растяжная** Streckziehen *n*
~/**точная** 1. Präzisionsgesenkschmieden *n*; 2. Maßprägen *n*
~/**холодная** 1. spanlose Kaltformung *f* durch Werkstofftrennung *(z. B. Schneiden, Lochen)* oder durch Werkstoffumformung *(z. B. Biegen, Tiefziehen)*; 2. Kaltstanzen *n*
~/**холодная листовая** Kaltstanzen *n* dünner flächiger Werkstoffe *(Werkstofftrennung, z. B. Lochen, und Werkstoffumformung, z. B. Tiefziehen im kalten Zustand)*
~/**холодная объёмная** 1. Kaltpressen *n*; 2. Kaltprägen *n*
~/**чистовая** 1. Fertigschmieden *n* im Gesenk *(nach dem Freiformschmieden oder dem Vorschmieden im Gesenk)*; 2. Feinstanzen *n*
~ **штампов** Schmieden *n* von Gesenken oder Gesenkeinsätzen im Meistergesenk; Warmeinpressen *n* von Gravuren in Schmiedegesenken

штампуемость *f* 1. Tiefziehbarkeit *f*; 2. Stanzbarkeit *f*

штанга *f* 1. Stange *f*, Stab *m*; 2. Maßstabträger *m (des Meßschiebers)*; 3. *(Bgb, Erdöl)* Anker *m*, Ankerstange *f*
~/**бурильная (буровая)** Bohrstange *f*
~/**ведущая** Mitnehmerstange *f*, Kelly *n*
~/**дальномерная** Basismeßlatte *f*
~/**железобетонная** Stahlbetonanker *m*
~ **затравки** Absenkrohr *n (Stranggießen)*
~/**изолирующая** Isolierstange *f*
~/**катодная** Katodenstange *f*, Katodenhalter *m (Elektrolyse)*
~/**квадратная** Mitnehmerstange *f*, Kelly *n*
~/**клиновая** *(Bgb)* Keilanker *m (Ausbau)*; Schlitzkeilausbau *m*
~/**клино-щелевая** *(Bgb)* Schlitzkeilanker *m (Ausbau)*
~/**коммутационная** *(El)* Schaltstange *f (Trennschalter)*
~/**ловильная** Fangstange *f (Erdölbohrgerät)*
~/**мерная** Meßstange *f*, Meßlatte *f*
~/**направляющая** Führungsstange *f (Erdölbohrgerät)*
~/**насосная** Pumpenstange *f*, Kolbenstange *f (Kolbenpumpe)*
~/**отбойная** *(Bgb)* Schrämstange *f*
~/**печатающая** *(Dat)* Typenstange *f*
~/**полевая** *(Lw)* Spritzbalken *m*
~ **присосов/листоприёмная** *(Typ)* Saugstangenausleger *m (Tiegelpresse)*
~ **присосов/накладная** *(Typ)* Saugstangenausleger *m (Tiegelpresse)*
~/**рабочая** Mitnehmerstange *f*, Kelly *n*
~/**раздвижная** Rutschschere *f (Schlagbohren)*

~/**распорная** *(Bgb)* Spreizhülsenanker *m*; Spreizanker *m (Ankerausbau; sowjetischer Sammelbegriff für Spreizhülsen- und Doppelkeilanker)*
~/**распределительная** *(Lw)* Spritzbalken *m*
~/**расточная** *(Wkzm)* Bohrstange *f (Bohrarbeiten auf der Drehmaschine)*
~ **с двойным распорным клином** *(Bgb)* Doppelkeilanker *m (Ankerausbau)*
~ **с распорной гильзой** *(Bgb)* Spreizhülsenanker *m (Ankerausbau)*
~/**силовая** *(Schiff)* Schubstange *f (Verstellpropeller)*
~ **токоприёмника** *(El)* Stromabnehmerstange *f*
~/**ударная** Schlagstange *f*, Schwerstange *f (Erdölbohrgerät)*
~/**форматная** *(Typ)* Formatstange *f*
штангенглубиномер *m (Meß)* Tiefenmesser *m*, Tiefenmeßschieber *m*
штангензубомер *m (Meß)* Zahndickenmeßschieber *m*, Zahnweitenmeßschieber *m*
штангенинструменты *mpl (Meß)* „Schiebermeßzeuge" *npl (russischer Sammelbegriff für Schieblehren, Tiefenmesser, Zahndickenmeßschieber, Parallelreißer)*
штангенрейсмус *m (Meß)* kombinierter Parallelreißer *m* und Höhenmeßschieber *m (das Gerät ist mit auswechselbarer Reißnadel für Anreißarbeiten und Meßschenkel für Höhenmessungen ausgestattet)*
штангенциркуль *m (Meß)* Schieblehre *f*, Meßschieber *m*
~/**разметочный** Stangenzirkel *m (für Anreißarbeiten)*
штангоукладчик *m (Bgb)* Gestängeabstellvorrichtung *f (Bohrung)*
штандоль *m* Standöl *n*
штаны *pl (Schiff)* 1. Wellenhosen *fpl*; 2. Rauchkammerzusammenführung *f* zweier Kessel
штапель *m (Text)* Stapel *m*, Stapellänge *f*, Faserlänge *f*
штапелька *f (Text)* Faserbündel *n*, Schnittbündel *n*
штапик *m (Holz)* Deckleiste *f*
штатив *m* Stativ *n*, Gestell *n*, Ständer *m*
~ **для пипеток** Pipettenständer *m*
~ **для пробирок** *(Ch)* Reagenzglasständer *m*
~ **камеры** Kamerastativ *n*
~/**параллактический** parallaktisches Stativ *n (für astronomische Instrumente)*
~/**передвижной** *(Kine)* Dolly *m (fahrbares Stativ mit Kamera)*
штауфер *m (Masch)* Staufferbüchse *f (Schmierung)*
штевень *m (Schiff)* Steven *m*
~/**кованый** geschmiedeter Steven *m*
~/**листовой** Plattensteven *m*
~/**литой** gegossener Steven *m*
~/**монолитный** aus einem Stück gefertigter Steven *m*
~/**сварной** geschweißter Steven *m*
штевень-лаг *m (Schiff)* Stevenlog *n*
штевневой *(Schiff)* Steven ...
штейгорт *m (Bgb)* Steigort *n*
штейн *m* Stein *m (NE-Metallurgie)*
~/**бедный** armer Stein *m*
~/**белый** Konzentrat[ions]stein *m*, Spurstein *m*
~/**богатый** reicher Stein *m*
~/**железо-свинцовый** Blei-Eisen-Stein *m*
~ **концентрационной плавки** Konzentrationsstein *m*
~/**медно-никелевый** Nickel-Kupfer-Stein *m*
~/**медный** Kupferstein *m*, Blaustein *m*
~/**никелевый** Nickelstein *m*
~/**обогащённый** Konzentrationsstein *m*
~/**свинцовый** Bleistein *m*
~/**сульфидно-медный** Roh[kupfer]stein *m*
~/**тощий** armer Stein *m*
~/**шлаковый** Schlackenstein *m*
штеккер *m (El)* Stecker *m*; Stöpsel *m (s. a. unter* **штепсель***)*
~/**многополюсный** Mehrfachstecker *m*
штемпелевать stempeln
штемпель *m* 1. *(Schm)* Gesenkoberteil *n*; 2. *s.* **пуансон**
штенгель *m (El)* Pumpstengel *m*, Pumpröhrchen *n (Glühlampe)*
штепсель *m (El)* Stöpsel *m*; Stecker *m*
~/**аппаратный** Gerätestecker *m*
~/**банановый** Bananenstecker *m*
~/**вызывной** *(Fmt)* Rufstöpsel *m*, Vermittlungsstöpsel *m*
~/**двойной** Doppelstecker *m*
~/**двухштифтовый** Doppelstiftstecker *m*
~/**избирательный** Wählstöpsel *m*
~/**испытательный** Prüfstöpsel *m*
~/**короткозамыкающий** Kurzschlußstecker *m*
~/**многоконтактный** Mehrfach[kontakt]-stecker *m*
~/**опросный** *(Fmt)* Abfragestöpsel *m*
~/**патронный** Abzweigstöpsel *m*
~/**переключающий** Um[schalt]stecker *m*; Umschaltstöpsel *m*
~/**промежуточный** Zwischenstecker *m*
~ **с гнездом** *(Fmt)* Stecker *m* mit Buchse (Klinke)
~/**соединительный** Verbindungsstecker *m*; Verbindungsstöpsel *m*
~/**трёхконтактный** Dreifachstecker *m*, Dreistiftstecker *m*
~/**трёхштифтовый** *s.* ~/**трёхконтактный**
штепсельный 1. einsteckbar, ansteckbar; 2. *(El)* Stöpsel ...; Steck[er] ...
штерт *m (Schiff)* 1. kurze Leine *f*; 2. kurzes dünnes Tauende *n*

~/контрольный Kontrollseil *n (Lecksegel)*
~/пусковой Reißleine *f (z. B. am aufblasbaren Rettungsfloß)*
штивать *(Schiff)* stauen *(Ladung)*
штивка *f (Schiff)* Stauen *n (von Ladung)*
штиль *m* 1. *(Meteo)* Stille *f*, Windstille *f (Windstärke 0)*; 2. *(Schiff)* spiegelglatte See *f*, Flaute *f*
штифт *m* Stift *m*; Bolzen *m*; Finger *m*
~/анодный Anodenstift *m*
~/ведущий Führungsstift *m*
~/выталкивающий Auswerferstift *m*
~ для припайки [провода] *(Fmt)* Lötstift *m*
~/закладной Vorsteckstift *m*
~/закрепляющий Fixierungsstift *m*, Einsteckstift *m*
~/запорный Haltestift *m*
~/захватывающий *s.* **~/пальцевый**
~/измерительный Meßstift *m*
~/импульсный Hebestift *m (Uhrwerk)*
~/конический Kegelstift *m*
~/конический разводной Kegelstift *m* mit geschlitztem Spreizende
~/контактный 1. *(El)* Kontaktstift *m*; 2. *(Meß)* Tastspitze *f (z. B. einer Meßuhr)*
~/модельный *(Gieß)* Modelldübel *m*
~/направляющий Führungsstift *m*, Führungsbolzen *m*; Abhebestift *m*
~/ограничительный Begrenzungsstift *m*
~/паечный *(Fmt)* Lötstift *m*
~/пальцевой Mitnehmerstift *m*
~/переключающий Abhebestift *m*
~/подгоночный Paßstift *m*
~/поддерживающий Haltestift *m*
~/предохранительный Abscherstift *m*, Scherstift *m*, Brechstift *m (z. B. in Kupplungen)*
~/приподнимающий Abhebestift *m*
~/разжимный полый Spannstift *m*
~/разрезной geschlitzter Stift *m*
~/распределительный Steuerfinger *m*
~ с насечками и полукруглой головкой Halbrundkerbstift *m*
~ с насечками и потайной головкой Senkkerbnagel *m*
~ с насечками/конический Kegelkerbstift *m*
~ с насечками/цилиндрический Zylinderkerbstift *m*
~ с насечкой Kerbstift *m*
~ с потайной головкой Senkstift *m*
~ с прорезью/контактный geschlitzter Kontaktstift *m*
~ с пружиной Federstift *m*
~ с резьбой/конический Kegelstift *m* mit Gewindezapfen
~/соединительный *(El)* Verbindungsstift *m*
~/срезной *s.* **~/предохранительный**
~/стопорный 1. Haltestift *m*; 2. Sicherungsstift *m*, Anschlagfinger *m*
~/съёмный *(Gieß)* Zulegestift *m*, Abhebestift *m*
~/упорный 1. Prellstift *m*, Arretierbolzen *m*, Klebstift *m*; 2. Taststift *m (Meßuhr)*
~ управления Steuerstift *m*, Steuerfinger *m*
~/установочный Stellstift *m*, Adjustierstift *m*, Stellfinger *m (Teilkopf)*
~/фиксирующий Fixierungsstift *m*
~/цилиндрический Zylinderstift *m*
~/цокольный *(Eln)* Röhren[sockel]stift *m*, Sockelstift *m*
~/юстировочный Adjustierstift *m*, Adjustierschraube *f*
штифт-фиксатор *m* Anlagestift *m (Presse)*
штихель *m (Wkz)* Stichel *m*
~/гравировальный *(Typ)* Gravierstichel *m*
~/ксилографический Holzschnittstichel *m*
штихмас *m (Meß)* Stichmaß *n*, Innenmeßschraube *f*
штицер *m (Gum)* Zackenrolle *f*
штицеровать *(Gum)* aufpressen, anrollen
шток *m* 1. Kolbenstange *f (Dampfmaschine)*; *(Met)* Schwengel *m (Chargiermaschine)*; 2. *(Geol)* Stock *m*
~ вентиля *(Masch)* Ventilschaft *m*
~/гидротермальный *(Geol)* Sedimentstock *m*
~ золотника Schieberstange *f (Dampfmaschine)*
~/лежачий *(Geol)* liegender Stock *m*
~/магматический *(Geol)* Eruptivstock *m*
~ накатника *(Mil)* Vorholerstange *f (Kolbenschraubverschluß)*
~ поршня накатника *(Mil)* Vorholerkolbenstange *f (Geschütz)*
~/рудный *(Geol)* Erzstock *m*
~/соляной *(Geol)* Salzstock *m*, Salzekzem *n*
~/стопорный *(Mil)* Sperrstift *m (Infanteriemine)*
~/стоячий *(Geol)* stehender Stock *m*
~ тормоза отката *(Mil)* Kolbenstange *f* der Rücklaufbremse *(Geschütz)*
~ якоря *(Schiff)* Ankerstock *m*
штокверк *m (Geol)* Stockwerk *n*
шток-отвес *m* Zentrierstab *m*
шток-тали *m (Schiff)* Ankertakel *n*
штольня *f (Bgb)* Stollen *m*
~/вентиляционная Wetterstollen *m*, Wetterausziehstollen *m*; Wettereinziehstollen *m*
~/водоотливная Wasserlösungsstollen *m*, Lösungsstollen *m*
~/вспомогательная Hilfsstollen *m*
~/входная (въездная) Einfahrtstollen *m*
~/главная Hauptstollen *m*
~/главная подготовительная Richtstollen *m*

~/дренажная *s.* ~/водоотливная
~/капитальная *s.* ~/главная
~/наклонная tonnlägiger Stollen *m*
~/откаточная Förderstollen *m*
~/путевая Fahrstollen *m*
~/разведочная Schürfstollen *m*, Ausrichtungsstollen *m*
~/эксплуатационная Betriebsstollen *m*
штопанье *n (Text)* Stopfen *n*, Ausbessern *n*
штопать *(Text)* stopfen, ausbessern
штопка *f (Text)* 1. Stopfen *n*, Ausbessern *n*; 2. Stopfgarn *n*; 3. gestopfte (ausgebesserte) Stelle *f*
~/хлопчатобумажная Baumwollstopfgarn *n*
~/шерстяная Wollstopfgarn *n*, Stopfwolle *f*
штопор *m* 1. Korkenzieher *m*; 2. *(Flg)* Trudeln *n*
~ для ловли каната Seilsperre *f*, Krätzer *m (Erdölbohrgerät)*
~/крутой Steiltrudeln *n (bei Neigungswinkeln über 50°)*
~/левый linksgängiges Trudeln *n*
~/ловильный *(Bgb)* Seilfangspirale *f (Bohrung)*
~/непреднамеренный unbeabsichtigtes (ungewolltes) Trudeln *n (bei fehlerhafter Steuerung)*
~/неустойчивый labiles Trudeln *n*
~/нормальный normales Trudeln *n*
~/перевёрнутый Rückentrudeln *n*
~/плоский Flachtrudeln *n (Trudeln bei Winkeln unter 30°)*
~/пологий stark geneigtes Trudeln *n (bei Neigungswinkeln zwischen 30 und 50°)*
~/правый rechtsgängiges Trudeln *n*
~/преднамеренный beabsichtigtes (gewolltes) Trudeln *n (zwecks Kennenlernens des Trudelverhaltens des Flugzeugs und Trainings in der Beherrschung des Trudelns)*
~/произвольный *s.* ~/непреднамеренный
~/устойчивый stabiles Trudeln *n*
штопорить *(Flg)* abtrudeln
штора *f* 1. Jalousie *f*; 2. *(Foto)* *s.* **шторка затвора**
шторка *f (Foto)* Vorhangblende *f*
~ затвора Rollo *n (Verschluß)*
~ радиатора *(Kfz)* Kühlerklappen *fpl*
шторки *fpl (Kine)* Blenden *fpl*
шторм *m (Meteo)* Sturm *m (Windstärke 9)*
~/жёсткий schwerer Sturm *m (Windstärke 10)*
~/жестокий orkanartiger Sturm *m (Windstärke 11)*
~/сильный schwerer Sturm *m (Windstärke 10)*
~/ураганный orkanartiger Sturm *m (Windstärke 11)*
штормпортик *m (Schiff)* Wasserpforte *f*
штормтрап *m (Schiff)* Sturmleiter *f*, Lotsenleiter *f*, Jakobsleiter *f*
~/лоцманский Lotsenleiter *f*
штосбанк *m* Stoßbank *f*, Rohrziehpresse *f*, Rohrziehbank *f (Ziehen nahtloser* Rohre)
штосгерд *m* Stoßherd *m (Aufbereitung)*
штраба *f (Bw)* Verzahnung *f*, Abtreppung *f (Mauerwerk)*
штревень *m (Bgb)* Schießnadel *f (Sprengungen)*
штрек *m (Bgb)* Strecke *f*
~/боковой Seitenstrecke *f*, Anschlußstrecke *f*
~/бортовой Grenzstrecke *f*
~/бутовый Versatzstrecke *f*, Blindort *n*, Blindstrecke *f*, Blindortstrecke *f*
~/вентиляционный Wetterstrecke *f*
~/вентиляционный этажный Wettersohlenort *n*
~/верхний Kopfstrecke *f*
~/водоотливной Wasserlösungsstrecke *f*
~/восстающий steigende Strecke *f*
~/вспомогательный Hilfsstrecke *f*
~/выемочный Abbaustrecke *f*
~/вытяжной вентиляционный Ausziehstrecke *f (Wetterstrecke)*
~/главный Hauptstrecke *f*; Sohlenstrecke *f*
~/главный вентиляционный Hauptwetterstrecke *f*
~/главный транспортный Hauptförderstrecke *f*
~/головной Kopfstrecke *f*
~/горизонтальный söhlige Strecke *f*
~/групповой Richtstrecke *f*
~/двойной Doppelstrecke *f*
~/диагональный Diagonalstrecke *f*, Diagonale *f*
~ для откатки транспорта пустой породы Bergeförderstrecke *f*
~ для откатки угля Kohlenförderstrecke *f*
~/завальный Bruchort *n*
~/конвейерный Bandstrecke *f*
~/концентрационный Richtstrecke *f*
~/коренной Grundstrecke *f*, Sohlenstrecke *f*
~/коренной откаточный Hauptförderstrecke *f*
~/крылевой Flügelort *n*
~/междуэтажный Teilsohlenstrecke *f*
~/наклонный fallende Strecke *f*
~/нижний Fußstrecke *f*
~/обводной (обходной) Umbruchstrecke *f*, Abzweigstrecke *f*
~/откаточный Förderstrecke *f*
~/панельный Abteilungsstrecke *f*
~/пар[аллель]ный Parallelstrecke *f*, Begleitstrecke *f*, Begleitort *n*
~/пластовой Flözstrecke *f*

~ **по пласту** Flözstrecke *f*
~ **по пласту/откаточный** Flözförderstrecke *f*
~ **по простиранию** streichende Strecke *f*
~ **по углю** Kohlenstrecke *f*
~/**погрузочный** Füllstrecke *f*, Ladestrecke *f*
~/**подготовительный** Vorrichtungsstrecke *f*
~/**подсечный** Unterfahrung *f*, Unterfahrungsstrecke *f*, Unterschneidungsstrecke *f*
~/**подэтажный** Teil[sohlen]strecke *f*
~/**полевой** Gesteinsstrecke *f*, Feld[ort]-strecke *f*
~/**поперечный** Querstrecke *f*, Querort *n*
~/**промежуточный** Zwischenstrecke *f*
~/**разведочный** Schürfstrecke *f*
~/**разминовочный** Abzweigstrecke *f*
~/**сборочный транспортный** Sammelförderstrecke *f*
~/**скреперный** Schrapperstrecke *f*
~/**слепой** *s.* ~/**бутовый**
~/**слоевой** Stoßabbaustrecke *f*, Scheibenstrecke *f*
~/**соединительный** Verbindungsstrecke *f*
~/**спаренный** Doppelstrecke *f*
~/**спасательный** Fluchtstrecke *f*, Rettungsort *n*
~/**транспортный** Förderstrecke *f*
~/**этажный** Sohlenstrecke *f*, Grundstrecke *f*
штрек-водосборник *m* Wasserstrecke *f*
штрек-отстойник *m* Sumpfstrecke *f*
штрипс *m* [warm]gewalzter Streifen *m*, [warm]gewalztes Band *n*, Röhrenstreifen *m* *(zur Herstellung geschweißter Rohre)*
штрих *m* Strich *m*, Schraffe *f*; *(Dat)* Strichsymbol *n*
~/**валентный** *(Ch)* Valenzstrich *m*
~/**установочный** Einstellstrich *m*
~ **Шеффера** *(Dat)* Shefferscher Strich *m*, Sheffer-Strich *m*
штрихи *mpl* **скольжения** *(Geol)* Rutschschrammen *fpl*, Rutschstreifen *mpl*, Rillungen *fpl*
штриховать schraffieren, stricheln
штриховка *f* 1. Schraffierung *f*, Strichelung *f*; 2. Schattierung *f*, Schummerung *f*; 3. *(Krist)* Streifung *f*; 4. *(Typ)* Falzeinbrennen *n*
~/**вицинальная** *(Krist)* Vizinalstreifung *f*
~/**двойниковая** *(Krist)* Zwillingsstreifung *f*
~/**комбинационная** *(Krist)* Kombinationsstreifung *f*
~/**ледниковая** *s.* **царапины/ледниковые**
штриховой Strich ..., gestrichelt, schraffiert

штукатурить *(Bw)* [ver]putzen, berappen
штукатурка *f* *(Bw)* 1. Putz *m*, Verputz *m*; 2. Putzen *n*
~/**акустическая** Schälldämmputz *m*
~/**внутренняя** Innenputz *m*
~/**высококачественная** Qualitätsputz *m*
~/**гладкая** glatter Putz *m*
~/**двухслойная** zweilagiger Putz *m*
~/**декоративная** Zierputz *m*
~/**звукоизоляционная** schalldämmender Putz *m*
~/**известковая** Kalkputz *m*
~/**мокрая** Naßputz *m*
~ **набрызгом** Spritzputz *m*
~/**наружная** Außenputz *m*
~ **начёсом** Kratzputz *m*
~ **по [проволочной] сетке** Drahtgeflechtputz *m*
~/**растворная** Mörtelputz *m*
~/**сухая** Trockenputztafeln *fpl*
~/**теплоизоляционная** wärmedämmender Putz *m*
~/**торкретная** Spritzputz *m*, Torkretputz *m*
~/**трёхслойная** dreilagiger Putz *m*
~/**фасадная** Außenputz *m*
~/**цементная** Zementputz *m*
штурвал *m* 1. *(Masch)* Handrad *n*, Handstern *m*; 2. *(Schiff)* Steuerrad *n*
~/**перекидной** *(Flg)* Steuerrad *n* an der Steuersäule
~ **рулевого управления** *(Flg)* Querrudersteuerrad *n*
штурвальный *m* *(Schiff)* Rudergänger *m*, Rudergast *m*
штурвальный *(Schiff)* Steuer ..., Ruder ...
штурман *m* 1. *(Schiff)* Steuermann *m*, nautischer Offizier *m*; Navigationsoffizier *m*; 2. *(Flg)* Navigator *m*
штурмовик *m* Erdkampfflugzeug *n*; Jagdbombenflugzeug *n*
штуртрос *m* *(Schiff)* Ruderleitung *f*
штур-тросик *m* *s.* **румпель-штерт**
штуф *m* *(Min)* Stufe *f* *(kristallisiertes Mineralstück)*
штуцер *m* 1. Stutzen *m* *(Ansatzrohrstück an Rohrleitungen oder Behältern)*; 2. Stutzen *m* *(Handfeuerwaffe)*
~/**водоспускной** Entwässerungsstutzen *m*
~/**двуствольный** Doppelstutzen *m*
~/**фонтанный** Förderdüse *f*, Eruptionsdüse *f* *(Erdölgewinnung)*
штучный Stück[gut] ...
штыб *m* *(Bgb)* Bohrklein *n*, Schrämklein *n*
~/**зарубной** Schrämklein *n*, Ausschram *m*
~/**угольный** Kohlenklein *n*, Staubkohle *f* *(Körnung bis 3 mm, Verwendung in Staubfeuerungen)*
штыбопогрузчик *m* *(Bgb)* Schrämkleinladevorrichtung *f*

штык *m* 1. Barren *m* *(NE-Metalle)*; 2. Massel *f* *(Roheisen)*; 3. *(Mil)* Bajonett *n*
~/**клинковый отъёмный** *(Mil)* Seitengewehr *n*
~/**неотъёмно-откидной** *(Mil)* klappbares Bajonett *n*
~/**простой** *(Schiff)* einfacher Rundtörn *m*
~ **с двумя шлагами** zwei halbe Schläge *pl (seemännischer Knoten)*
штыковка *f* *(Lw)* Umgraben *n* des Bodens auf Spatenstichtiefe
штырёк *m* **лампы (цоколя)** *(Eln)* Röhren[sockel]stift *m*, Sockelstift *m*
штырь *m* Stift *m* *(zylindrischer Form mit kegelig zugespitztem Ende)*; Stab *m*; Stütze *f*; *(Gieß)* Dübel *m* *(Modell)*
~ **антенный** *(Kfz)* Antennenstab *m* *(Stabantenne)*
~ **вертлюга** *(Schiff)* Lümmelbolzen *m* *(Ladegeschirr)*
~ **изолятора** Isolator[en]stütze *f*
~/**направляющий** *(Gieß)* Führungsstift *m*, Führungsbolzen *m*; Zulegestift *m*, Abhebestift *m*
~/**прямой** gerade Stütze (Isolator[en]-stütze) *f*
~ **руля** *(Schiff)* Ruderfingerling *m*
~ **соединительной скобы** *(Schiff)* Schäkelbolzen *m*
~/**штепсельный** *(El)* Steckerstift *m*
шуга *f* *(Hydrol)* Eisbrei *m*, Sulzeis *n*, Rogeis *n*, Treibeis *n*
шугосброс *m* *(Hydt)* Treibeisüberfall *m*
шум *m* Geräusch *n*; Rauschen *n* • **с малым шумом** rauscharm; geräuscharm
~/**аддитивный** s. ~/**гауссов**
~/**акустический** akustisches Rauschen *n*
~/**амплитудный** Amplitudenrauschen *n*
~ **антенны** Antennenrauschen *n*
~/**аэродинамический** aerodynamisches Rauschen *n*
~/**белый** weißes Rauschen *n*
~ **в цепи** *(Fmt)* Leitungsgeräusch *n*
~/**внутренний** Eigenrauschen *n*
~ **всасывания** Ansauggeräusch *n* *(Verbrennungsmotor)*
~ **вследствие эффекта Баркгаузена** Barkhausen-Rauschen *n*, Barkhausen-Geräusch *n*
~ **вторичной [электронной] эмиссии** *(Eln)* Sekundäremissionsrauschen *n*
~/**входной** *(Rf)* Eingangsrauschen *n*
~ **выпуска [отработавших газов]** Auspuffgeräusch *n* *(Verbrennungsmotor)*
~/**выходной** *(Rf)* Ausgangsrauschen *n*
~ **Галактики** galaktisches Rauschen *n* *(Radioastronomie)*
~/**гауссов** Gaußsches Rauschen *n*
~/**генерационно-рекомбинационный** Generations-Rekombinationsrauschen *n* *(Halbleiter)*
~ **диода** *(Eln)* Diodenrauschen *n*
~/**дробовой** *(Eln)* Schrotrauschen *n*, Schroteffekt *m*
~/**железнодорожный** Eisenbahnlärm *m*
~/**звуковой** s. ~/**акустический**
~/**ионный** *(Eln)* Ionenrauschen *n*
~/**катодный** *(Eln)* Katodenrauschen *n*
~/**контактный** *(El)* Kontaktrauschen *n*
~/**космический** kosmisches Rauschen *n* *(Radioastronomie)*
~/**ламповый** *(Eln)* Röhrenrauschen *n*
~/**линейный** *(Fmt)* Leitungsgeräusch *n*
~/**механический** *(Ak)* Körperschall *m*
~/**микрофонный** *(Fmt)* Mikrofongeräusch *n*
~/**модуляционный** *(Eln)* Modulationsrauschen *n*
~ **моря** Meeresrauschen *n*
~ **на входе [радиоприёмника]** s. ~/**входной**
~ **на выходе [радиоприёмника]** s. ~/**выходной**
~ **на несущей частоте** *(Eln)* Trägerrauschen *n*
~/**наведённый** *(Eln)* Influenzrauschen *n*
~ **насыщения** *(Eln)* Sättigungsrauschen *n*
~/**нестационарный** *(Eln)* nichtstationäres Rauschen *n*
~ **от ионизации** *(Eln)* Ionisationsrauschen *n*
~ **от источников питания** *(Fmt)* Stromversorgungsrauschen *n*
~ **от линии сильного тока** Starkstromgeräusch *n*
~ **от машины** Maschinengeräusch *n*
~ **плазмы/высокочастотный** *(Kern)* Plasmarauschen *n*, Mikrowellenrauschen *n* des Plasmas
~/**побочный** *(Ak)* Nebengeräusch *n*
~/**поверхностный** *(Ak)* Nadelgeräusch *n*, Nadelrauschen *n* *(Tonaufnahme)*
~ **полупроводниковых триодов** Transistorenrauschen *n*, Halbleiterrauschen *n*, Funkelrauschen *n*
~ **помещения** *(Ak)* Raumgeräusch *n*, Saalgeräusch *n*
~/**посторонний** *(Ak)* Nebengeräusch *n*
~ **приёмника** *(Rf)* Empfängerrauschen *n*
~/**рабочий** *(Ak)* Laufgeräusch *n*, Arbeitsgeräusch *n*
~/**радиационный** *(Ph)* Strahlungsrauschen *n*
~ **реактора** *(Kern)* Reaktorrauschen *n*
~/**смешанный** Mischrauschen *n*
~/**собственный** Eigenrauschen *n*
~ **солнечного излучения** solares Rauschen *n* *(Radioastronomie)*
~ **сопротивлений** *(El)* Widerstandsrauschen *n*
~/**статический** *(Eln)* statisches Rauschen *n*

~/**стационарный** *(Eln)* stationäres Rauschen *n*
~/**тепловой** *(Eln)* Wärmerauschen *n*, Nyquist-Rauschen *n*
~/**термический** *(Eln)* thermisches Rauschen *n*, Wärmerauschen *n*
~ **токораспределения** *(Eln)* Stromverteilungsrauschen *n*
~/**транзистора** Transistorrauschen *n*
~/**уличный** Straßenlärm *m*, Verkehrslärm *m*
~/**фоновый** *(Fmt)* Grundgeräusch *n*
~/**частотный** Frequenzrauschen *n*
~/**электронный** Elektronenrauschen *n*
~/**эмиссионный** Emissionsrauschen *n*
шум-генератор *m (El)* Rauschgenerator *m*
шуметь rauschen
шумоглушитель *m* 1. *(Rt)* Geräuschunterdrücker *m*, Krachtöter *m*, Krachsperre *f*; 2. Schalldämpfer *m*
шумомер *m* Geräuschmesser *m*, Schallpegelmesser *m*
шумопеленгатор *m (Mil)* Geräuschpeiler *m*
шумопеленгация *f (Mil)* Schallortung *f*, Geräuschpeilung *f*
шумоподавление *n (Eln)* Rauschunterdrückung *f*
шум-фактор *m (Eln)* Rauschfaktor *m*, Rauschzahl *f*
~/**спектральный** spektrale Rauschzahl *f*
шунт *m (El)* Shunt *m*, Parallelwiderstand *m*, Neben[schluß]widerstand *m*
~/**образцовый** *s.* ~/**эталонный**
~/**приборный** Instrumentennebenwiderstand *m*
~/**эталонный** Normalnebenwiderstand *m*
шунтирование *n (El)* Shunten *n*, Parallelschalten *n*
шунтированный *(El)* geshuntet, parallelgeschaltet, mit Nebenschluß versehen
шунтировать *(El)* shunten, parallelschalten, mit Nebenschluß versehen
шунтовой *(El)* Nebenschluß . . .
шуровать schüren, anschüren, stochern
шуровка *f* Schüren *n*, Stochern *n*
шуруп *m* Holzschraube *f (der russische Ausdruck gilt zuweilen allgemein für Verbindungsschrauben, und zwar auch für solche für Maschinenteile)*
~/**потайной** *s.* ~ **с потайной головкой**
~/**рельсовый** *(Eb)* Schienenschraube *f*
~ **с конической головкой** Senkholzschraube *f*
~ **с овальной головкой** Linsensenkholzschraube *f*
~ **с плоской головкой** Senkholzschraube *f*
~ **с повышенной головкой** Linsensenkholzschraube *f*
~ **с полукруглой головкой** Halbrundholzschraube *f*
~ **с полупотайной головкой** Linsensenkholzschraube *f*
~ **с потайной головкой** Senkholzschraube *f*
~ **с потайной уменьшенной головкой и накатной резьбой** Senkholzschraube *f* mit kleinem Kopf und gerolltem Gewinde
~ **с утопленной головкой** Senkholzschraube *f*
~ **с цилиндрической головкой** Zylinderholzschraube *f*
шурф *m (Bgb)* Schurfschacht *m*, Schurf *m*
~/**опытный** Versuchsschurf *m*
holzschraube *f*
~/**эксплуатационный** Betriebsschurf *m* *(für Bewetterung, Wasserhaltung, Materialförderung und Fahrung)*
шурфование *n (Bgb)* Schürfen *n*, Schürfarbeit *f*
шурфовать *(Bgb)* schürfen
шхеры *pl (Geol)* Schären *pl*
шхуна *f (Schiff)* Schoner *m*, Schooner *m*
~/**бермудская** Hochtakelschoner *m*
~ **бермудского вооружения** Hochtakelschoner *m*
~/**гафельная** Gaffelschoner *m*
~/**марсельная** Toppsegelschoner *m*
~/**стаксельная** Stagsegelschoner *m*
~/**торговая** Handelsschoner *m*
шхуна-барк *f (Schiff)* Schonerbark *f*, Barkentine *f*
шхуна-бриг *f (Schiff)* Schonerbrigg *f*
шхуна-кеч *f (Schiff)* Schonerketsch *f*
шхуна-сейнер *f (Schiff)* Seinerschoner *m*
шхуна-яхта *f (Schiff)* Jachtschoner *m*

Щ

щавелевокислый *(Ch)* . . . oxalat *n*; oxalsauer
щебень *m* 1. *(Geol)* Steinschlag *m (durch Verwitterung entstandenes Trümmergestein in kantigen Stücken von 1 bis 10 cm Größe)*; 2. *(Bw)* Schotter *m (durch Zerkleinerung von Gesteinen gewonnener Straßenbaustoff in Stückgrößen von 25 bis 80 mm)*; Splitt *m (als Zuschlagstoff für Beton in kleineren, grusartigen Stücken von etwa 3 bis 5 mm)*; 3. *(Eb)* Schotter *m*
~/**бетонный** Betonschotter *m*, Betonbruch *m*
~/**дорожный** Straßenschotter *m*
~ **из бетонного лома** Betonbruch *m*, Betonschotter *m*
~/**кирпичный** Ziegelsplit *m*
щека *f* Wange *f (z. B. Kurbelwange)*; Backen *m*, Backe *f (z. B. eines Backenbrechers)*
~ **блока** Blockwange *f*, Blockbacken *m*

~/буксовая *(Eb)* Achslagersteg *m*, Achslagerwange *f*
~/зажимная *(Masch)* 1. Greifbacken *m*; 2. Klemmbacke *f*
~ коленчатого вала *(Masch)* Kurbelwange *f*, Kurbelarm *m*
~/мотылёвая Kurbelwange *f*
~/накатная Rollbacken *m*
~/неподвижная fester (feststehender) Backen *m (Backenbrecher)*
~ остряка *(Eb)* Zungenkloben *m (Weiche)*
~/подвижная *(Masch)* beweglicher Backen *m*, Schwinge *f (Backenbrecher)*
~ свода *(Bw)* Stirn *f (Bogen)*
~/скользящая Gleitbacken *m*
~ тисков Schraubstockbacken *m*
~ щековой дробилки Brechbacken *m*
щеколда *f* Riegel *m*, Abschluß *m*
~ замка Falle *f (Schloß)*
щелевой geschlitzt, Schlitz . . .
щёлок *m* 1. Lauge *f*; 2. *(Glas)* Galle *f*, Glasgalle *f*
~/анодный Anodenlauge *f*
~/белильный Bleichlauge *f*
~/белый *(Pap)* Weißlauge *f*, Frischlauge *f*
~/бучильный *(Text)* Beuchlauge *f*
~/варочный *(Pap)* Kochlauge *f*, Aufschlußlauge *f*
~/готовый Fertiglauge *f*
~/густой *s.* **~/сгущённый**
~/едкий alkalische Lauge *f*, Alkalilauge *f*, Ätzlauge *f*
~/жидкий Dünnlauge *f*
~/зелёный *(Pap)* Grünlauge *f*
~/калийный Kalilauge *f*, Ätzkalilauge *f*
~/конечный Endlauge *f*
~/концентрированный Starklauge *f*
~/маточный Mutterlauge *f*
~/мыльный Seifenlauge *f*
~/натриевый (натровый) Natronlauge *f*
~/остаточный Restlauge *f*
~/отбросный (отработанный) Ablauge *f*, Abfallauge *f*
~/подмыльный Unterlauge *f (Seifenherstellung)*
~/промывной Waschlauge *f*
~/свежий *s.* **~/белый**
~/сгущённый Dicklauge *f*
~/слабый *(Pap)* Schwachlauge *f*; Dünn[ab]lauge *f*
~/сульфатный 1. *(Pap)* Sulfat[koch]lauge *f*; 2. *(Glas)* Sulfatgalle *f*
~/сульфитный *(Pap)* Sulfitablauge *f*, Absäure *f*
~/чёрный *(Pap)* Schwarzlauge *f*
~/электролитный Elektrolytlauge *f*
щёлокоотделитель *m (Ch)* Laugenabscheider *m*
щелочение *n (Ch)* Alkalisieren *n*, Alkalisierung *f*; Laugenbehandlung *f*
щёлочерастворимый alkalilöslich, laugenlöslich
щёлочестойкий *s.* **щёлочеупорный**
щёлочестойкость *f s.* **щёлочеупорность**
щёлочеупорность *f* Alkalibeständigkeit *f*, Laugenbeständigkeit *f*
щёлочеупорный alkalibeständig, laugenbeständig
щёлочеустойчивый s. **щёлочеупорный**
щёлочноземельный *(Ch)* erdalkalisch, Erdalkali . . .
щелочной alkalisch
щёлочнорастворимый *s.* **щёлочерастворимый**
щёлочнореагирующий alkalisch reagierend
щёлочность *f (Ch)* Alkalität *f*
~/натуральная natürliche Alkalität *f*
~/общая Gesamtalkalität *f*
~/остаточная Restalkalität *f*, Endalkalität *f*
щёлочь *f (Ch)* Alkali *n*; Alkalilauge *f*, Alkalilösung *f*
~/безводная wasserfreies Alkali *n*
~/водная wäßriges Alkali *n*, [wäßrige] Lauge *f*
~/едкая Ätzalkali *n*, kaustisches Alkali *n*
~/летучая flüchtiges Alkali *n*
~/мягкая mildes Alkali *n*
~/расплавленная Alkalischmelze *f*, geschmolzenes Alkali *n*
~/свободная freies Alkali *n*
щёлочьсодержащий alkalihaltig
щелчок *m* Knackstörung *f*, Knackgeräusch *n*
щель *f* 1. Schlitz *m*, Spalt *m*, Spalte *f*, Ritze *f*; 2. *(Opt)* Blende *f*, Spaltblende *f*; 3. Riß *m*; 4. *(Mil)* Deckungsgraben *m*, Splittergraben *m*
~/бункерная Bunkerschlitz *m*
~/впускная Einlaßschlitz *m*
~/врубовая *(Bgb)* Schram *m*, Schrämschlitz *m*, Schrämnut *f*
~/входная Eintrittsspalt *m*
~/выгрузочная Austragschlitz *m (eines Bunkers)*
~/выпускная Austrittsspalt *m*
~/выходная Austrittsspalt *m*
~/двойная Doppelspalt *m*
~ диоптра Visierspalt *m*
~ для измерений Meßspalt *m*
~ для отбора мощности Auskoppelschlitz *m*, Auskoppelspalt *m*
~/закрытая *(Mil)* überdeckter Deckungsgraben (Splittergraben) *m*
~/зарубная *s.* **~/врубовая**
~ интерферометра/входная Interferometerblende *f*
~/искрывлённая gekrümmter Spalt *m*
~ Кассини *(Astr)* Cassinische Teilung *f (Saturnringe)*
~/кольцевая Ringspalt *m*, Düsenspalt *m*
~ крыла *(Flg)* Flügelspalt *m*, Flügelschlitz *m*

~/**крытая** *s.* ~/**закрытая**
~ **между валками** Walzspalt *m*, Walzenöffnung *f*
~/**мелющая** Mahlspalt *m*
~/**механическая [модуляционная]** *(Kine)* Lichttonspalt *m*
~/**монетная** Einwurfschlitz *m (am Münzfernsprecher)*
~ **монетной личинки** *s.* ~/**монетная**
~/**оптическая** *(Foto)* Abtastspalt *m (z. B. am Fotokopierapparat)*
~/**открытая** *(Mil)* offener Deckungsgraben (Splittergraben) *m*
~/**подвижная** beweglicher Spalt *m*
~/**постоянная** fester Spalt *m*
~/**прицельная смотровая** *(Mil)* Richtspalt *m (Panzer)*
~/**промежуточная** Zwischenspalt *m*
~/**противотанковая** *(Mil)* Panzerdeckungsgraben *m*, Panzerdeckungsloch *n*
~/**разгрузочная** Austrittspalt *m (z. B. bei Brechern)*; Austragspalt *m (eines Bunkers)*
~/**смотровая** *(Mil)* Sehschlitz *m*
~/**ступенчатая** Stufenspalt *m*
~ **читающей оптики** *(Kine)* Abtastspalt *m*
~ **Энке** *(Astr)* Enkesche Teilung *f (Lücke im Außenring des Saturns)*
щепа *f* 1. Span *m*, Späne *mpl*; 2. *(Pap)* Hackspäne *mpl*, Holzschnitzel *npl*, Kochschnitzel *npl*
щепколовка *f (Pap)* Splitterfänger *m*, Grobsortierer *m*, Spänefänger *m*
щеповоз *m (Schiff)* Holzspänetransporter *m*
щетина *f* Borsten *fpl (Schwein)*; Haare *npl (Dachs)*
~/**боковая** Seitenborsten *fpl (Schwein)*
~/**хребтовая** Kammborsten *fpl (Schwein)*
щётка *f* 1. Bürste *f*; 2. *(El, Masch)* Bürste *f*; 3. *(Pap)* Trennbürste *f (Papierförderer)*; 4. *(Min)* Druse *f*
~/**графитовая** *(El)* Graphitbürste *f*
~ **для выколачивания матриц** *(Typ)* Abziehbürste *f*, Klopfbürste *f* für Matern
~ **для очёсывания шляпок** *(Text)* Deckelausstoßbürste *f (Deckelkarde)*
~/**дорожная** Straßenkehrmaschine *f*
~/**закорачивающая** *s.* ~/**короткозамкнутая**
~/**коллекторная** *(El)* Kollektorbürste *f*, Kommutatorbürste *f*
~/**контактная** *(El)* Kontaktbürste *f*, Kontaktarm *m*
~/**короткозамкнутая** *(El)* Kurzschlußbürste *f*
~/**листовая** *(El)* Blätterbürste *f*
~/**медная** *(El)* Kupferbürste *f*
~/**медносетчатая** *(El)* Kupfergazebürste *f*
~/**металлографитовая** *(El)* Metallgraphitbürste *f*
~/**опущенная** *(El)* aufliegende Bürste *f*
~/**переставная** *(El)* verstellbare Bürste *f*
~/**поднятая** *(El)* abgehobene Bürste *f*
~/**проволочная** Drahtbürste *f*
~/**разрезная (расслоённая, расщеплённая)** *s.* ~/**слоистая**
~/**ручная кардная** *(Text)* Handputzkratze *f*
~/**слоистая** *(El)* Schichtbürste *f*, geschichtete (unterteilte) Bürste *f*
~/**стальная** Stahldrahtbürste *f*
~/**стереотипная** *s.* ~ **для выколачивания матриц**
~/**угольная** *(El)* Kohlebürste *f*
~/**хордовая** *(El)* Sehnenbürste *f*
~/**цилиндрическая** Bürstenwalze *f*
~/**электрографитированная (электрографитовая)** *(El)* Elektrographit[kohle]bürste *f*
щёткодержатель *m (El)* Bürstenhalter *m*
~/**наклонный** Schrägbürstenhalter *m*, Reaktionsbürstenhalter *m*
~/**радиальный** Radialbürstenhalter *m*
~/**реактивный** *s.* ~/**наклонный**
щёточный Bürsten . . .
щёчка *f* **рукоятки** *(Mil)* Griffschale *f (Pistolengriff)*
~ **челночной коробки** *(Text)* Schützenkastenwand *f*
щипец *m (Bw)* Giebel *m*; Hausgiebel *m*
~/**боковой** Seitengiebel *m*
щипок *m s.* **машина/щипальная**
щипцовый *(Bw)* Giebel . . .
щипцы *pl* Zange *f*, Kneifzange *f*, Beißzange *f*
~/**акушерские** *(Med)* Geburtszange *f*
~/**газовые** Gasrohrzange *f*
~/**гибочные** Biegezange *f*
~ **для тиглей** *(Gieß)* Tiegelzange *f*
~/**зубные** *(Med)* Zahnzange *f*
~/**пломбировочные** Plombierzange *f*
~/**пробивные** Lochzange *f*
~/**сапожные** Schuhmacherzange *f*
~/**тигельные** Tiegelzange *f*
~/**ткацкие** *(Text)* Weberzange *f*, Noppeisen *n*, Putzeisen *n*
~/**угольные** Kohlenzange *f*, Feuerzange *f*
щит *m* 1. Schild *m*, Platte *f*, Tafel *f*; 2. Schutzblech *n*; 3. *(Geol)* Schild *m*; 4. *(Hydt)* Schütz *n*, Schütze *f*; 5. *(Kfz)* Kotflügel *m*; 6. *s. unter* **щиток 1.**
~/**аварийный распределительный** *(Schiff)* Notschalttafel *f*
~/**алданский** *(Geol)* Aldanschild *m*
~/**балтийский** *(Geol)* Baltischer Schild *m*
~/**боковой** Seitenschild *m*
~/**броневой** *(Mil)* Panzerplatte *f*
~/**ветровой** Windschutz *m*, Windschutzblech *n*
~/**водораспределительный** *(Schiff)* Wasserverteilungsschalttafel *f*

~/**впускной** Einlaßschieber *m*
~/**геологический** *(Geol)* Schild *m (z. B. Skandinavischer Schild)*
~/**главный распределительный** *(El)* Hauptschalttafel *f*
~/**головной** *(Schw)* Schutzmaske *f*, Kopfmaske *f (Lichtbogenschweißer)*
~/**групповой распределительный** *(El)* Unterverteilung *f*, Verteilergruppe *f (Schalttafel)*
~/**диспетчерский** *(El)* Dispatcherschalttafel *f*, Lastverteiler[schalt]tafel *f*
~ **для сварки/головной** Schweißschutzmaske *f (Lichtbogenschweißen)*
~/**инструментальный** *(Flg)* Instrumentenbrett *n*; *(Kfz)* Armaturenbrett *n*
~/**канадский** *(Geol)* Kanadischer Schild *m*
~/**колейный** *(Bw)* Spurtafel *f (Brücke)*
~/**коммутационный** *(El, Fmt)* Schalttafel *f*, Schalt[tafel]feld *n*
~/**контрольно-измерительный** Kontroll- und Steuertafel *f*
~/**контрольный** *(El)* Kontrolltafel *f*, Überwachungstafel *f*; *(Dat)* Stecktafel *f*, Schalttafel *f*
~/**отражательный** Ableitblech *n*
~/**паспортный** *(El)* Leistungsschild *n*
~/**передний** Brustschild *m*
~ **переключений** *(Fmt)* Verteiler *m*
~ **переключений/главный** Hauptverteiler *m*
~/**плавучий тормозной** *(Schiff)* schwimmender Bremsschild *m (Stapellauf)*
~/**подшипниковый** *(El)* Lagerschild *m (Elektromotor)*
~ **пожарной сигнализации** *(Schiff)* Feuermeldetafel *f*
~/**предохранительный** Schutzschild *m*
~ **предупредительной сигнализации** *(Schiff)* Alarmtafel *f*
~/**приборный** Gerätetafel *f*; Instrumententafel *f*
~/**противокрысиный [швартовный]** *(Schiff)* Rattenab[weis]blech *n*, Rattenschutzblech *n*
~/**проходческий** Vortriebsschild *m*
~/**проходческий механизированный** Schildvortriebsmaschine *f*
~/**распорный** Scherbrett *n (Schleppnetz)*
~/**распределительный** *(El)* Schalttafel *f*
~/**световой** Leuchttafel *f*
~ **сигнализации** Überwachungstafel *f*, Signalmeldetafel *f*
~/**сигнальный** Signaltafel *f*
~/**скандинавский** *(Geol)* Skandinavischer Schild *m*
~/**тормозной** *(Schiff)* Bremsschild *m (Stapellauf)*
~/**украинский** *(Geol)* Ukrainischer Schild *m*
~ **управления** *(El)* Steuerschalttafel *f*, Bedienungs[schalt]tafel *f*
~/**фонарный** *(Schiff)* Abblendschirm *m*, Laternenschirm *m (für Schiffslaternen)*
~/**хлебный** *(Eb)* Getreidevorsatzbrett *n (für Güterwagen)*
щиток *m* 1. Schildchen *n*, Schild *n*, Tafel *f*; 2. *(Flg)* Klappe *f*; 3. *(Schiff)* Höhenscherbrett *n*
~/**верхний** *(Schiff)* oberes Höhenscherbrett *n*
~/**заводский (заводской)** Leistungsschild *n*
~ **затемнения** *(Schiff)* Lichtblende *f*
~/**затемнительный** *(Schiff)* Lichtblende *f*
~/**направляющий** Leitblech *n*, Leitplatte *f*
~/**нижний** *(Schiff)* unteres Höhenscherbrett *n*
~/**отражательный** Prallblech *n*
~/**погрузочный** Ladeschild *m*
~/**подопочный** *(Gieß)* Aufstampfboden *m*, Aufstampfbrett *n*
~/**посадочный** *(Flg)* Landeklappe *f*
~/**распределительный** *(El)* [kleine] Schalttafel *f*
~/**сварочный** Schweißerschutzschild *m*, Schweißerschutzschirm *m*
~ **сварщика** *s.* ~/**сварочный**
~/**тормозной** *(Flg)* Bremsklappe *f*
~/**формовочный** *(Gieß)* Aufstampfboden *m*, Aufstampfbrett *n*
щиток-закрылок *m (Flg)* Spreizklappe *f*
~/**выдвижной** Fowlerklappe *f*
~/**посадочный** Landeklappe *f*
~/**щелевой** Spaltklappe *f*
щит-углубитель *m* **[трала]** *(Mar)* Tiefenplatte *f (Minenräumgerät)*
щуп *m* 1. Taster *m*, Fühler *m*; Tastelement *n*, Abtastelement *n*; 2. Fühllehre *f*; 3. Tastnadel *f*, Tastspitze *f*; 4. *(Mil)* Sucheisen *n (Minensuchgerät)*
~/**винтовой** Spindelheber *m (Probeentnahme)*
~/**гидравлический** *(Hydr)* hydraulischer Fühler *m (für Nachformdreh- und Fräsmaschinen)*
~/**измерительный** Meßfühler *m*
~ **индикатора** *(Meß)* Taststift *m (Meßuhr)*
~/**копировальный** Kopierfinger *m*, Kopierstift *m*, Kopierfühler *m (Nachformvorrichtung)*
~/**поршневой** Kolbenheber *m (Probeentnahme)*
~/**почвенный** *(Lw)* Sonde *f*, Bodenstecher *m*
~/**температурный** Temperaturfühler *m*
щупло *n (Text)* Fühler *m*, Taster *m*
~/**уточное** Schußfühler *m*
~/**фотоэлектрическое уточное** fotoelektrischer Schußfühler *m*
~/**электрическое уточное** elektrischer Schußfühler *m*

Э

Э *s.* **эрстед**
ЭАВМ = **машина/электронная аналоговая вычислительная**
ЭАТС *s.* **станция/электронная автоматическая телефонная**
эбонит *m* Hartkautschuk *m*, Hartgummi *m*
эбуллиоскоп *m (Ch)* Ebullioskop *n*
эбуллиоскопия *f (Ch)* Ebullioskopie *f*
эВ *s.* **электронвольт**
эвапоратор *m* Evaporator *m*, Verdampfungsapparat *m*; Eindampfapparat *m*
эвапориграф *m* Evaporigraf *m*, Atmograf *m*
эвапориметр *m (Meteo)* Evaporimeter *n*, Verdunstungsmesser *m*
эвапорограф *m s.* **эвапориграф**
эвапорография *f (Meteo)* Evaporografie *f*
эвгедральный *s.* **идиоморфный**
эвгенол *m* Eugenol *n (Duftstoff)*
эвгеосинклиналь *f (Geol)* Eugeosynklinale *f*
эвдиалит *m (Min)* Eudialyt *m*
эвдиометр *m (Ch)* Eudiometer[rohr] *n*
эвдиометрия *f (Ch)* Eudiometrie *f*
эвекция *f (Astr)* Evektion *f (Störung der Mondbahn)*
эвкалиптол *m (Ch)* Eukalyptol *n*, Zineol *n*
эвклаз *m (Min)* Euklas *m*
эвколлоид *m (Ch)* Eukolloid *n*, wahres Kolloid *n*
эвксенит *m (Min)* Euxenit *m*
эвлитин *m (Min)* Eulytin *m*, Wismutblende *f*, Kieselwismuterz *n*
ЭВМ *s.* **машина/электронная вычислительная**
эвольвента *f (Math)* Evolvente *f*
эвольвентомер *m (Meß)* Zahnflankenprüfgerät *n*
эволюта *f (Math)* Evolute *f*
~/**метацентрическая** *(Schiff)* metazentrische Evolute *f*
эволютоида *f (Math)* Evolutoide *f*
эволюция *f* 1. *(Astr)* Evolution *f*, Entwicklung *f*; 2. *(Flg)* Manöver *n*
~ **галактик** Entwicklung *f* der Milchstraßensysteme
~ **звёзд** Sternentwicklung *f*
~ **солнечной системы** Entwicklung *f* des Sonnensystems
эвристика *f (Kyb)* Heuristik *f*
эвстатизм *m* Eustatismus *m*
эвтектика *f (Ph, Ch, Met)* 1. Eutektikum *n*; 2. eutektischer Punkt *m*
~/**графитная** Graphiteutektikum *n*
~/**двойная** binäres Eutektikum *n*, Zweistoffeutektikum *n*
~/**тройная** ternäres Eutektikum *n*, Dreistoffeutektikum *n*
~/**цементитная** Zementiteutektikum *n*, Ledeburiteutektikum *n*
эвтектоид *m (Ph, Ch)* Eutektoid *n*
эгализатор *m (Text)* Egalisiermittel *n*
эгализация *f (Text)* Egalisierung *f*, Egalisieren *n*
эгализировать *(Text)* egalisieren
эгирин *m (Min)* Ägirin *m*, Akmit *m*
эгирин-авгит *m (Min)* Ägirinaugit *m*
эгутёр *m (Pap)* Vordruckwalze *f*, Egoutteur *m*, Wasserzeichenwalze *f*
ЭДА-комплекс *m (Ph)* EDA-Komplex *m*, Elektronen-Donator-Akzeptor-Komplex *m*
эджер *m* 1. Stauchwalze *f*; 2. *(Wlz)* Kanter *m*, Kantvorrichtung *f*
ЭДЗД *s.* **электродетонатор замедленного действия**
ЭДКЗ *s.* **электродетонатор короткозамедленного действия**
ЭДС, э.д.с. *s.* **сила/электродвижущая**
эжектор *m* 1. Strahlsaugapparat *m*, Strahlsaugpumpe *f*, Strahlsauger *m*, Ejektor *m (Sammelbegriff für Apparate wie: Wasserstrahlpumpe, Dampfstrahlsauger)*; 2. Auswerfer *m*, Ausstoßer *m*, Materialausstoßer *m*, Ausstoßkolben *m*; Abstreifer *m*
~/**водоструйный (водяной)** Wasserstrahlejektor *m*, Wasserstrahlsauger *m*
~/**воздушный** Luftstrahlsauger *m*
~/**осушительный** *(Schiff)* Lenzejektor *m*
~/**паровой** Dampfstrahl[luft]sauger *m*, Ejektor *m*
~/**пароструйный** Dampfstrahlsaugpumpe *f (Absaugen von Flüssigkeiten, Luft, Gasen aus einem geschlossenen Raum)*
~/**ружейный** Ejektor *m*, Patronenauswerfer *m (Jagdgewehr)*
эжекция *f (Kern)* Ejektion *f (Strahlen; Teilchenbeschleuniger)*
эзерин *m (Ch)* Eserin *n*, Physostigmin *n (Alkaloid)*
эзофагоскоп *m (Med)* Ösophagoskop *n*, Speiseröhrenendoskop *n*, Speiseröhrenspiegel *m*
эйгенол *m s.* **эвгенол**
эйдофор *m (Fs)* Eidophor *n (Großbildprojektionsanlage)*
эйконал *m (Math)* Eikonal *n*, Streckeneikonal *n*
~ **Зейделя [/угловой]** Seidelsches Eikonal (Winkeleikonal) *n*
эйнштейн *m* Einstein *n*, E *(fotochemisches Energieäquivalent)*
эйнштейний *m (Ch)* Einsteinium *n*, Es
экабор *m (Ch)* Ekabor *n*
экайод *m (Ch)* Ekajod *n*
экаэлемент *m (Ch)* Ekaelement *n*
экватор *m (Astr, Geog)* Äquator *m*
~/**галактический** *(Astr)* galaktischer Äquator *m*

~/географический (земной) Erdäquator *m*, Äquinoktiallinie *f*; Linie *f* *(in der Seemannssprache)*
~/магнитный magnetischer Äquator *m*
~/небесный *(Astr)* Himmelsäquator *m*, Äquinoktialkreis *m*
~/термический *(Meteo)* thermischer Äquator *m*, Wärmeäquator *m*
экваториал *m* *(Astr)* Äquatoreal *n*, Äquatorial *n* *(parallaktisch aufgestelltes Linsen- oder Spiegelfernrohr)*
эквивалент *m* Äquivalent *n*
~ антенны *(Rf)* Ersatzantenne *f*, Antennennachbildung *f*, künstliche Antenne *f*
~/воздушный Luftäquivalent *n*
~ затухания *(Fmt)* Bezugsdämpfung *f*
~ затухания местного эффекта Rückhör[bezugs]dämpfung *f*
~ затухания передачи Nutz[bezugs]-dämpfung *f*
~ затухания сети Netzwerk[bezugs]-dämpfung *f*
~ калориметра/водяной Wasserwert *m* des Kalorimeters
~ линии *(Fmt)* Leitungsnachbildung *f*
~ мощности монохроматического излучения/световой fotometrisches Strahlungsäquivalent *n* *(spektrale Augenempfindlichkeit; Kehrwert des energetischen (mechanischen) Strahlungsäquivalents)*
~ мощности/световой Lichtausbeute *f*
~/окислительно-восстановительный Oxydationsäquivalent *n* *(eines Oxydationsmittels)*; Reduktionsäquivalent *n* *(eines Reduktionsmittels)*
~ поглощения *(Ph)* Absorptionsäquivalent *n*
~ рентгена *(Kern)* Röntgenäquivalent *n* *(s. a.* **рентген-эквивалент***)*
~ рентгена/биологический biologisches Röntgenäquivalent *n*, Rem *n*, rem-Einheit *f*
~ рентгена/физический physikalisches Röntgenäquivalent *n*
~ света Lichtäquivalent *n*
~ света/механический mechanisches (energetisches) Lichtäquivalent *n* *(spektrale Augenempfindlichkeit)*
~/свинцовый *(Kern)* Bleigleichwert *m*, Bleiäquivalent *n*
~ тепла *(Therm)* Wärmeäquivalent *n*, kalorisches Arbeitsäquivalent (Energieäquivalent) *n*, Energieäquivalent *n* der Wärme
~ тепла/механический mechanisches Wärmeäquivalent *n*
~ теплоты *s.* **~ тепла**
~/тротиловый *(Mil)* Trotyläquivalent *n*, TNT-Äquivalent *n* *(Maßeinheit der Detonationsstärke)*
~/углеродистый (углеродный) *(Met)* Kohlenstoffäquivalent *n*
~/фотометрический *(Foto)* fotometrisches Äquivalent *n* *(Verhältnis der Flächendichte der Schwärzung zu ihrer diffusen Schwärzung)*
~/химический chemisches Äquivalent *n*, Äquivalentmasse *f*
~/электрический elektrisches Äquivalent *n*
~/электронный *(Kern)* Elektronenäquivalent *n*
~/энергетический *(Ph)* Energieäquivalent *n*
~ энергии Energieäquivalent *n*
~ энергии/механический mechanisches Energieäquivalent *n*
~ энергии/тепловой kalorisches Energieäquivalent *n*
~ энергии/электрический elektrisches Energieäquivalent *n*
эквивалентность *f* Äquivalenz *f*, Gleichwertigkeit *f*
~/количественная *s.* **равномощность**
~ массы и энергии *(Ph)* Energie-Masse-Äquivalenz *f*, Masse-Energie-Äquivalenz *f*
~ поглощения *(Ph)* Absorptionsäquivalenz *f*
эквивалентный äquivalent, gleichwertig
эквиденсита *f* [fotografische] Äquidensite *f* *(Kurve gleicher Schwärzung einer fotografischen Aufnahme)*
эквиденситография *f* *(Foto)* Äquidensitografie *f*
эквиденситометрирование *n* *(Foto)* Äquidensitometrieren *n*
эквиденситометрия *f* *(Foto)* Äquidensitometrie *f*
эквиденсография *f* *(Foto)* Äquidensografie *f*
эквиденсоскопия *f* *(Foto)* Äquidensoskopie *f*
эквидистантный äquidistant, abstandsgleich
эквилибратор *m* *(Flg)* Balancierbock *m*
эквимолярный *(Ch)* äquimol[ekul]ar
эквипотенциаль *f* *(El)* Äquipotentiallinie *f*
эквипотенциальный *(El)* gleichen Potentials, äquipotentiell, Äquipotential . . .
эквифазный *(El)* gleichphasig, phasengleich
экзаменатор *m* Libellenprüfer *m*, Examinator *m* *(als Tangens- oder Sinuslineal)*
~/круглый Teilkreisprüfer *m*
экзарация *f* *s.* **выпахивание/ледниковое**
экземпляр *m* Exemplar *n*; Ausfertigung *f*
~/контрольный 1. *(Typ)* Probeexemplar *n*; 2. *(Kine)* Musterkopie *f*
~/пробный *(Typ)* Aushänger *m*, Aushängerexemplar *n*

~/**разрезанный** *(Typ)* aufgeschnittenes Exemplar *n*
~ **текста/контрольный** *(Typ)* Klartext *m* *(Lichtsatz)*
~/**чистовой** Reinschrift *f*
экзобиология *f* Kosmobiologie *f*, Astrobiologie *f*, Weltraumbiologie *f*
экзогенный *(Geol)* exogen, außenbürtig
экзосфера *f s.* **сфера рассеяния**
экзотермический *(Ch)* exotherm, wärmeabgebend
экзотермия *f* **бетона** Abbindewärme *f* *(Beton)*
экзоэлектрон *m* *(Ph)* Exoelektron *n*
экипаж *m* 1. *(Eb)* Fahrzeug *n*, Schienenfahrzeug *n*; 2. *(Eb)* Laufwerk *n*, Laufteil *m*; 3. *(Schiff, Flg, Kosm)* Besatzung *f* ● **без экипажа** unbemannt ● **с экипажем** bemannt
~ **корабля** Schiffsbesatzung *f*
~ **самолёта** Flugzeugbesatzung *f*
~ **судна** Schiffsbesatzung *f*
~/**флотский** Schiffsbesatzung *f*
экипировка *f* 1. *(Eb)* Behandlung *f*, Aufrüstung *f*, Betriebsstoffversorgung *f* *(Lok)*; 2. *(Mil)* Ausrüstung *f*, Ausstattung *f*
эккер *m* *(Geod)* Winkelinstrument *n*, Rechtwinkelinstrument *n*, Winkelkreuz *n* *(Sammelbezeichnung für Geräte zum Abstecken von 45°- und 90°-Winkeln)*
~/**восьмигранный** Winkelkopf *m* *(Winkelkreuz mit vier Dioptern zum Abstecken von 45°- und 135°-Winkeln)*
~/**двойной призменный** Doppelwinkelprisma *n*
~/**двухзеркальный** Spiegelkreuz *n*
~/**двухпризменный** Prismenkreuz *n*
~/**зеркальный** Winkelspiegel *m*
~/**призменный** Winkelprisma *n*
~/**простой** einfaches Winkelkreuz *n* *(mit zwei Dioptern zum Abstecken von 90°-Winkeln)*
~/**створный** Spiegelkreuz *n*
~/**цилиндрический** Winkeltrommel *f*
эклиметр *m* *(Geod)* Neigungsmesser *m*, Gefällemesser *m*
эклипс *m* *(Text)* Sicherheitsspulenhalter *m*
эклиптика *f* *(Astr)* Ekliptik *f*
экономайзер *m* Ekonomiser *m*, Speisewasservorwärmer *m*, Eko *m*; *(Flg)* Abgasvorwärmer *m*
~/**воздушный** Rauchgas-Luftvorwärmer *m*, rauchgasbeheizter Luftvorwärmer *m*
~/**гладкотрубный водяной** Glattrohr-[wasser]vorwärmer *m*
~/**змеевиковый** Schlangenrohrekonomiser *m*
~ **карбюратора** *(Kfz)* Spardüse *f*
~/**ребристый водяной** Rippenrohr-[wasser]vorwärmer *m*
экономжиклёр *m* *(Kfz)* Spardüse *f*
экономить einsparen
экономичность *f* Wirtschaftlichkeit *f*; Sparsamkeit *f*
экран *m* 1. Schirm *m*, Abschirmung *f*; 2. *(Kine)* Leinwand *f*; Bildwand *f*; 3. *(Fs, Dat, FO)* Bildschirm *m*; 4. Projektionsschirm *m*; Mattscheibe *f*; Leuchtschirm *m*
~/**акустический** *(Rf)* Schallwand *f*
~/**алюминированный** *(Kine)* Aluminiumwand *f*
~/**бетонный** *(Kern)* Betonschutz *m*, Betonabschirmung *f*
~/**бетонный защитный** Betonstrahlungsschutzschild *m*
~/**биологический** *(Kern)* biologischer Schirm *m*
~/**глиняный** *(Hydt)* Lehmvorlage *f*
~/**двухслойный** Doppelschichtschirm *m*
~ **для защиты от нейтронов** *(Kern)* Neutronenschutzmantel *m*
~/**жемчужный** *(Kine)* Perlwand *f*
~/**задерживающий** Verzögerungsschirm *m*
~/**защитный** Schutzschirm *m*
~/**защитный водный** *(Kern)* Wasserschirm *m*, Wasserschutzwand *f*
~/**звуковой** *(Kine)* Tonfilmwand *f*
~/**зеркальный** Auffangspiegel *m*
~ **из тяжёлого металла** *(Kern)* Schwermetallabschirmung *f*
~/**индивидуальный** *(Dat)* Einzelbildschirm *m*
~/**интенсифицирующий** *s.* ~/**усиливающий**
~/**контрольный** *(Fs)* Kontrollbildschirm *m*
~/**ламповый** *(Eln)* Röhrenabschirmung *f*
~/**люминесцирующий** Leuchtschirm *m* *(der Elektronenstrahlröhre)*
~/**магнитный** *(Kern)* magnetischer Schirm *m*
~/**матовый** Mattscheibe *f*
~/**металлизированный** metallhinterlegter Schirm (Leuchtschirm) *m*
~/**металлический** Metallschirm *m*
~/**мозаичный** *(Fs)* Mosaikschirm *m*
~ **на просвет** *(Kine)* Bildwand *f* für Durchprojektion
~/**направленно рассеивающий** *(Kine)* Halbreflexionsschirm *m*
~/**отражающий** Rückstrahlschirm *m*
~/**перфорированный** *s.* ~/**звуковой**
~/**плоский** Planschirm *m*
~ **плотины** *(Hydt)* Staudammabdichtung *f*
~/**поглощающий** Absorptionsschirm *m*
~/**полученный напылением** aufgedampfter Schirm *m*
~/**полученный осаждением** sedimentierter Schirm *m*
~/**приёмный** Empfangsbildschirm *m*

~/**проекционный [телевизионный]** Projektionsschirm *m*, Bildwand *f*
~/**прозрачный** Durchsicht[sleucht]schirm *m*, Durchleuchtungsschirm *m*
~/**промежуточный** Zwischenbild[leucht]-schirm *m*
~/**противофильтрационный** *(Hydt)* Dichtungsdecke *f*
~ **радиолокационной станции** Radarschirm *m*
~/**радиолокационный** Radarschirm *m*
~/**рентгеновский** Röntgen[fluoreszenz]-schirm *m*
~ **с послесвечением** Nachleuchtschirm *m*, nachleuchtender Schirm *m*
~/**светящийся** *s.* ~/**люминесцирующий**
~/**свинцовый** *(Kern)* Bleiabschirmung *f*
~/**солнцезащитный** Sonnenschutzblende *f*
~/**сцинтиллирующий** *(Kern)* Szintillationsschirm *m*
~/**телевизионный (телевизорный)** Fernseh[bild]schirm *m*, Bildschirm *m*
~/**тепловой** 1. *(Kern)* Thermoschild *m*, thermische Abschirmung *f*; 2. Erwärmungsschirm *m*, Heizschirm *m*
~/**тепловой защитный** *(Kern)* thermische Abschirmung *f*
~/**трёхцветный** Dreifarbenschirm *m*
~/**усиливающий** Verstärkerfolie *f*; Verstärkerschirm *m* *(Gamma-Defektoskopie)*
~/**флуоресцирующий** Fluoreszenzschirm *m*
~/**цветной** Farbschirm *m*
~ **электроннолучевой трубки** Bildschirm *m*
~/**электронный** *(Kern)* Elektronenfänger *m*
экранирование *n* 1. Abschirmung *f*, Abschirmen *n*; 2. Schirmwirkung *f*; 3. Abblendung *f*, Abblenden *n*; 4. *(Kern)* Plattierung *f*
~/**внешнее** Außenabschirmung *f*
~/**внутриламповое** Innenabschirmung *f* *(einer Röhre)*
~ **лампы** Röhrenabschirmung *f*
~/**магнитное** magnetische Abschirmung *f*
~ **топочной камеры** Feuerraumkühlung *f*
экранировать [ab]schirmen
экранировка *f s.* **экранирование**
экран-прояснитель *m (Schiff)* Klarsichtscheibe *f*
ЭКС *s.* **снаряд/эжекторный колонковый**
эксгаляция *f* **[/вулканическая]** *(Geol)* Exhalation *f*
эксгаустер *m* Exhaustor *m* *(Ventilator zum Absaugen von Gasen, Dämpfen, staubhaltiger Luft, Sägespänen u. dgl.)*
~ **для отходящих газов** Abgasgebläse *n*
эксергия *f* Exergie *f*, technische Arbeitsfähigkeit *f*
эксикатор *m (Ch)* Exsikkator *m*
~/**вакуумный** Vakuumexsikkator *m*
экситон *m (Krist)* Exziton *n*, Exciton *n*
~ **Ванье-Мотта** Wannier-Mott-Exziton *n*
~ **Френкеля** Frenkel-Exziton *n*
экситрон *m* Excitron *n*, Excitronröhre *f* *(ein Quecksilberdampfgleichrichter)*
экскаватор *m* 1. *(Förd)* Bagger *m*; 2. *(Med)* Exkavator *m*
~/**автомобильный** LKW-Bagger *m*, Autobagger *m*
~/**башенный** Seilbagger *m*, Kabelbagger *m*
~ **верхнего копания** Hoch[löffel]bagger *m*
~ **верхнего копания/многоковшовый** Eimerkettenhochbagger *m*
~/**вскрышной** Abraumbagger *m*
~/**вскрышной шагающий** Abraumschreitbagger *m*
~/**гидравлический** Hydraulikbagger *m*
~/**грейферный** Greifbagger *m*
~/**гусеничный** Raupenbagger *m*
~/**двухпортальный** Doppeltorbagger *m*
~/**дизельный** Dieselbagger *m*
~ **для мелиорационных работ** Bagger *m* für Meliorationsarbeiten *(quer zur Arbeitsrichtung verfahrbarer Eimerkettenbagger)*
~/**канатно-башенный** Seilbagger *m*, Kabelbagger *m*
~/**канатно-скребковый** *s.* **экскаватор-драглайн**
~/**карьерный** Abbaubagger *m* *(Einsatz im Tagebau sowie in Kies- und Lehmgruben; meist Löffelbagger, zuweilen mit gegen Schürfkübel auswechselbarem Löffel und als Kran verwendbar)*
~/**ковшовый** Gefäßbagger *m*, Eimerbagger *m*
~/**колёсный** Radbagger *m*, Schaufelradbagger *m*
~/**лопастно-колёсный** Schaufelradbagger *m*
~/**многоковшовый** Mehrgefäßbagger *m* *(Sammelbegriff)*; Eimerkettenbagger *m* *(Gerätebezeichnung)*
~/**многоковшовый роторный** Schaufelradbagger *m*
~/**многоковшовый цепной** Eimerkettenbagger *m*
~/**многочерпаковый [цепной]** *s.* ~/**многоковшовый**
~ **на гусеничном ходу** Bagger *m* mit Raupenfahrwerk, Raupenbagger *m*
~ **на гусеничном ходу/многоковшовый** Raupenkettenbagger *m*
~ **на гусеничном ходу/одноковшовый** Raupenlöffelbagger *m*
~ **на железнодорожном ходу** Schienenbagger *m*

~ **на пневмоколёсном ходу** luftbereifter Bagger *m*
~ **на поворотной платформе** Drehscheibenbagger *m*
~ **на рельсовом ходу** Gleisbagger *m*
~ **нижнего копания** Tief[löffel]bagger *m*
~ **нижнего копания/многоковшовый** Eimerkettentiefbagger *m*
~/**одноковшовый** Löffelbagger *m*; Eingefäßbagger *m*
~/**одноковшовый гусеничный** Raupenkettenlöffelbagger *m*
~/**отвальный** Absetzbagger *m*, Absetzer *m* mit Baggeraufnehmer
~/**пневмоколёсный** luftbereifter Bagger *m*
~/**поворотный** Schwenkbagger *m*
~/**поворотный ковшовый** Schwenkschaufelbagger *m*
~/**полноповоротный** vollschwenkbarer Bagger *m*
~ **поперечного копания/многоковшовый** Querbagger *m*, quer zur Arbeitsrichtung der Eimer verfahrbarer Bagger *m (meist Eimerkettenbagger)*
~ **продольного копания/многоковшовый** Längsbagger *m*, in Arbeitsrichtung der Eimer rückwärts verfahrbarer Bagger *m (Eimerketten- oder Schaufelradbagger)*; Grabenbagger *m*
~, **работающий верхним забоем/многоковшовый** Eimerkettenhochbagger *m*
~, **работающий нижним забоем/многоковшовый** Eimerkettentiefbagger *m*
~/**роторный** Radbagger *m*, Drehschaufelbagger *m*, Rotorbagger *m*
~/**роторный полноповоротный** Schaufelrad-Schwenkbagger *m*
~/**роторный траншейный** Rotorgrabenbagger *m*
~ **с обратной лопатой** Tief[löffel]bagger *m*
~ **с отсыпкой вбок/многоковшовый** Seitenschütter *m*
~ **с прямой лопатой** Hoch[löffel]bagger *m*
~/**скребковый** *s.* **экскаватор-драглайн**
~/**строительный** Baustellenbagger *m*
~/**струговой** Planierraupe *f*
~/**сухопутный** Landbagger *m*, Trockenbagger *m*
~/**траншейный** 1. Grabenbagger *m*; 2. Grabenräumer *m*
~/**траншейный многоковшовый** Eimerkettengrabenbagger *m*
~/**траншейный роторный** Schaufelradgrabenbagger *m*
~/**универсальный** Universalbagger *m*
~/**цепной** Eimerkettenbagger *m*
~/**цепной полноповоротный** Eimerkettenschwenkbagger *m*
~/**шагающий** Schreitbagger *m*
~/**шнекороторный** Fräsradbagger *m*
экскаватор-драглайн *m* Schürfkübelbagger *m*, Eimerseilbagger *m*, Schleppschaufelbagger *m*, Zugschaufelbagger *m*, Schleppseilbagger *m*
~/**шагающий** Schürfkübelschreitbagger *m*, Schlepplöffelschreitbagger *m*
экскаватор-канавокопатель *m* Grabenbagger *m*
экскаватор-кран *m* Universalbagger *m*
экскаваторостроение *n* Baggerbau *m*
экскавация *f* Baggerung *f*, Baggern *n*, Ausbaggerung *f*, Aushub *m*
~ **в лобовом забое** *(Bgb)* Kopfbetrieb *m (Tagebau)*
~ **в траншейном забое** *(Bgb)* Schlitzbaggerung *f (Tagebau)*
~/**раздельная** *(Bgb)* selektive Gewinnung *f (Tagebau)*
экспандер *m* 1. *(Gum)* Reifenausdehner *m*, Ausdehner *m*; 2. *(El)* Dehner *m*, Amplitudendehner *m*
экспендер *m s.* **экспандер**
экспендирование *n (Gum)* Reifenausdehnung *f*, Ausdehnung *f*; Rundformieren *n*, Rundformen *n*; Bombieren *n (Reifen)*
эксперимент *m* Experiment *n*, Versuch *m*
~/**групповой** Gruppenversuch *m (Statistik)*
~/**комбинированный** kombinierter Versuch *m (Statistik)*
экспериментировать experimentieren, Versuche anstellen
экспертиза *f*/**метрологическая** meßtechnisches Gutachten *n*
эксплуатационный Betriebs ..., Dienst ...
эксплуатация *f* 1. Einsatz *m*, Betrieb *m*; Betriebsführung *f*; 2. *(Bgb)* Ausbeutung *f*, Gewinnung *f*, Abbau *m*, Förderung *f*
~/**газлифтная** *(Erdöl)* Gasliftförderung *f*, Gasliften *n*, Förderung *f* im Gasliftverfahren
~/**глубиннонасосная** *(Erdöl)* Förderung *f* durch Tiefpumpen, Tiefpumpenförderung *f*
~/**длительная** Dauerbetrieb *m*
~ **дуплексной линии** *(Fmt)* Gegensprechbetrieb *m*, Fernsprechduplexbetrieb *m*
~ **железных дорог** Eisenbahnbetrieb *m*, Bahnbetrieb *m*
~/**зимная** Winterbetrieb *m*
~/**компрессорная** *(Erdöl)* Liftförderung *f*, Liften *n*, Förderung *f* im Liftverfahren
~/**насосная** *(Erdöl)* Pumpenförderung *f*, Förderung *f* durch Pumpen
~/**опытная** Versuchsbetrieb *m*
~/**приборная** Gerätenutzung *f*
~/**продолжительная** Dauerbetrieb *m*

~ **скважин** *(Erdöl)* Sondenförderung *f*
~/**фонтанная** *(Erdöl)* eruptive Förderung *f*, Eruptionsförderung *f*
~/**шомпольная** *(Erdöl)* Kolben *n*, Pistonieren *n*, Schöpfen *n*
~/**штанговая глубиннонасосная** *s.* ~/**глубиннонасосная**
~/**эрлифтная** *(Erdöl)* Druckluftförderung *f*, Airliftförderung *f*, Liften *n* mit Druckluft
эксплуатировать 1. ausbeuten, nutzen; 2. *(Bgb)* abbauen, fördern
экспозиметр *m s.* **экспонометр**
экспозиция *f (Foto)* 1. Belichtung *f*; 2. Belichtungszeit *f*
~ **просвечивания** *(Kern)* Belichtung *f* *(Gamma-Defektoskopie)*
экспонат *m* Ausstellungsgegenstand *m*, Ausstellungsstück *n*, Exponat *n*
экспонента *f (Math)* Exponent *m*; Exponentialkurve *f*
экспоненциальный *(Math)* exponentiell, Exponential ...
экспонирование *n (Foto)* Belichten *n*, Belichtung *f*
экспонировать *(Foto)* belichten
экспонометр *m (Foto)* Belichtungsmesser *m*
~/**актинометрический** fotochemischer Belichtungsmesser *m*
~/**визуальный** s. ~/**оптический**
~/**оптический** optischer (visueller) Belichtungsmesser *m*
~/**табличный** Belichtungstabelle *f*
~/**фотоэлектрический** fotoelektrischer (lichtelektrischer) Belichtungsmesser *m*
экспонометрия *f (Foto)* Belichtungsmessung *f*
экспресс-анализ *m (Ch)* Schnellanalyse *f*, Schnellbestimmung *f*
экссудация *f* **динамита** Sprengölausschwitzung *f* des Dynamits
экстензометр *m s.* **тензометр**
экстент *m (Dat)* Bereich *m*
экстерниды *pl (Geol)* Externiden *pl*
экстинкция *f (Opt)* Extinktion *f (Strahlungsschwächung durch Absorption und Streuung)*
~ **в атмосфере** *(Geoph)* atmosphärische Extinktion *f*
~/**вторичная** *(Krist)* Sekundärextinktion *f*, Extinktion *f* zweiter Art
~/**межзвёздная** *(Astr)* interstellare Extinktion *f (durch interstellaren Staub)*
~/**первичная** *(Krist)* Primärextinktion *f*, Extinktion *f* erster Art
~ **радиации [света] в атмосфере** *(Geoph)* atmosphärische Extinktion *f*
~ **Рэлея** *(Geoph)* Rayleigh-Extinktion *f*
экстирпатор *m (Lw)* Exstirpator *m*, Scharegge *f*, Kultivator *m*
экстрагент *m (Ch)* Extraktionsmittel *n*
~/**избирательный** *s.* ~/**селективный**
~/**насыщенный** beladenes Extraktionsmittel *n*, Extraktphase *f*
~/**селективный** selektives (selektiv wirkendes) Extraktionsmittel *n*
экстрагирование *n (Ch)* Extrahieren *n*, Extraktion *f*, Ausziehen *n (s. a. unter* **экстракция***)*
экстрагировать *(Ch)* extrahieren, ausziehen
экстрагируемость *f (Ch)* Extrahierbarkeit *f*
экстракод *m (Dat)* Extrakode *m*
экстракт *m (Ch)* Extrakt *m(n)*, Auszug *m*
~/**водный** wäßriger Extrakt (Auszug) *m*
~/**дубильный** *(Led)* Gerb[stoff]extrakt *m*
~/**дубовый** *(Led)* Eichen[holz]extrakt *m*
~/**жидкий** flüssiger Extrakt *m*; Fluidextrakt *m*
~/**красильный** Farbholzextrakt *m*
~/**насыщенный экстрагируемым веществом** beladenes Extraktionsmittel *n*, Extraktphase *f*
~/**общий** Gesamtextrakt *m*
~/**солодовый** Malzextrakt *m*
~/**спиртовой** alkoholischer Extrakt (Auszug) *m*
~/**сухой** Trockenextrakt *m*
~/**хромовый** *(Led)* Chromgerbextrakt *m*
~/**эфирный** ätherischer Extrakt (Auszug) *m*, Ätherauszug *m*
экстрактант *m (Ch)* Extraktionsmittel *n*
экстрактивность *f (Ch)* Extraktgehalt *m*
экстрактор *m* 1. *(Ch)* Extraktionsapparat *m*, Extrakteur *m*; 2. *(Mil)* Hülsenauszieher *m*, Auszieher *m*
~/**насадочный** Extraktionsfüllkörperkolonne *f*
~/**распылительный** Extraktionssprühkolonne *f*
~ **с колпачковыми тарелками** Extraktionsglockenbodenkolonne *f*
~ **с ситчатыми тарелками** Extraktionssiebbodenkolonne *f*
~ **Сокслета** Soxhlet[-Extraktor] *m*
~/**тарельчатый** Extraktionsbodenkolonne *f*
~/**центробежный** Zentrifugalextrakteur *m*, Extraktionszentrifuge *f*
экстракционный Extraktions ..., Extrahier ...
экстракция *f (Ch)* Extraktion *f*, Extrahierung *f*, Ausziehen *n*
~ **в системе жидкость-жидкость** Flüssig-Flüssig-Extraktion *f*, Solventextraktion *f*
~ **в системе твёрдое вещество-жидкость** Fest-Flüssig-Extraktion *f*, Fest[stoff]-extraktion *f*
~/**горячая** Warmextraktion *f*; Digestion *f* *(bei ruhender Flüssigkeit)*
~/**жидкостная** *s.* ~ **в системе жидкость-жидкость**

~/**каскадная** mehrstufige Extraktion (Perforation) *f*, Kaskadenperforation *f*
~/**многоступенчатая [жидкостная]** mehrstufige Extraktion (Solventextraktion) *f*
~/**перекрёстная** Kreuzstrom[solvent]-extraktion *f*
~/**противоточная** Gegenstrom[solvent]-extraktion *f*
~ **растворителями** Lösungsmittelextraktion *f*, Lösemittelextraktion *f*
~/**холодная** Kaltextraktion *f*; Mazeration *f (bei ruhender Flüssigkeit)*
экстраполирование *n s.* **экстраполяция**
экстраполировать *(Math)* extrapolieren
экстраполяция *f (Math)* Extrapolation *f*
экстремаль *f (Math)* Extremale *f*
экстремальный Extremal ..., Extremwert ...
экстремум *m (Reg, Kyb)* Extremum *n*, Extremwert *m*
~ **качества** Güteextremum *n*
экстремум-регулятор *m* Extremwertregler *m*, Extremalregler *m*
экструдат *m (Ch)* Extrudat *n*, extrudiertes Produkt *n*
экструдер *m (Ch)* Extruder *m*, Schneckenspritzmaschine *f*
~/**двухчервячный (двухшнековый)** Doppelschneckenextruder *m*
~/**одночервячный (одношнековый)** Einschneckenextruder *m*
экструдирование *n* Extrudieren *n*, Strangpressen *n*, Spritzen *n*
экструдировать extrudieren, strangpressen, spritzen
экструзия *f* 1. *(Geol)* Extrusion *f*; 2. *(Met)* Strangpressen *n*
~/**гидростатическая** hydrostatisches Strangpressen *n (Pulvermetallurgie)*
~/**соляная** *s.* **шток/соляной**
экстрюдинг *m* Strangpressen *n*, Fließpressen *n (Voll- und Hohlkörper)*
эксцентрик *m (Masch)* Exzenter *m*, Exzenterscheibe *f*
~/**боевой** *(Text)* Schlagexzenter *m (Webstuhl)*
~/**вспомогательный** Zusatzexzenter *m*
~/**двойной** Doppelexzenter *m*
~/**зажимный** Exzenterklemme *f*
~/**зевообразовательный** *(Text)* Fachexzenter *m (Webstuhl)*
~/**кулирный** *(Text)* Kulierexzenter *m*, Rößchen *n*
~ **переднего хода** Vorwärtsexzenter *m*
~ **питающего механизма** Speisehubscheibe *f*
~/**приведённый** Mittelexzenter *m*, Relativexzenter *m*
~ **привода** Antriebsexzenter *m*
~/**приводной** Antriebsexzenter *m*
~/**проступной** *(Text)* Trittexzenter *m (Schlagexzenterwelle; Webstuhl)*
~/**распределительный** Steuerexzenter *m*
~/**расширительный** Expansionsexzenter *m*
~ **уточной вилочки** *(Text)* Schußwächterexzenter *m (Webstuhl)*
эксцентрицитет *m* Exzentrizität *f*, Außermittigkeit *f*
~ **конических сечений** *(Math)* Exzentrizität *f (Kegelschnitte)*
~/**линейный** *(Math)* lineare Exzentrizität *f (Kegelschnitte)*
~ **орбиты** *(Astr)* numerische Exzentrizität *f (Bahnelement)*
~ **основного эксцентрика** Grundexzentrizität *f*
~ **приведённого эксцентрика** Relativexzentrizität *f*
~ **расширительного эксцентрика** Expansionsexzentrizität *f*
~ **ядра** *(Kern)* Kernexzentrizität *f*
эксцентрический exzentrisch, desaxial, außermittig
эксцентричность *f* Außermittigkeit *f (s. a. unter* **эксцентрицитет***)*
эластанц *m (El)* Elastanz *f*, reziproke Kapazität *f*
эластик *m* 1. *(Gum)* Vollgummiluftkammerreifen *m*, Elastikreifen *m*, Hohlraumreifen *m*, Gollert-Reifen *m*; 2. *s.* **эластомер**
эластичность *f* 1. Elastizität *f*, Dehnbarkeit *f*, Nachgiebigkeit *f*; 2. Durchfederung *f*
~ **по отскоку** Rückprallelastizität *f*
эластичный elastisch; dehnbar, nachgiebig, biegsam
эластография *f (Typ)* Flexodruck *m*
эластодинамика *f* Elastodynamik *f*
эластомер *m* Elastomer[es] *n*, Elast *m*
эластомеханика *f s.* **теория упругости**
эластооптика *f s.* **фотоупругость**
эластостатика *f* Elastostatik *f*
элатерит *m (Min)* Elaterit *m*
элеватор *m* 1. *(Förd)* Elevator *m*, Aufzug *m*; 2. *(Erdöl)* Gestängeanheber *m (Bohrgerät)*
~/**верхний** *(Typ)* oberer (zweiter) Elevator *m (Setzmaschine)*
~/**винтовой** Förderspirale *f*
~/**водоструйный** Wasserstrahlpumpe *f*
~/**выносной** Austragebecherwerk *n*
~/**гравитационный** Schwerkraftelevator *m*
~ **для насосно-компрессорных труб** *(Erdöl)* Futterrohrelevator *m (Bohrgerät)*
~ **для насосных штанг** *(Erdöl)* Rohrelevator *m (Bohrgerät)*
~ **замкового типа** *(Erdöl)* Elevator *m* mit Schloß *(Bohrgerät)*
~/**зерновой** Getreideelevator *m*
~/**качающийся ковшовый** Schaukelbecherwerk *n*

~/**ковшовый** Becherwerk *n*, Kübelaufzug *m*
~/**ленточный** Gurtbecherwerk *n*
~/**люлечный** Schaukelelevator *m*, Schaukelförderer *m*, Paternosteraufzug *m*
~/**маятниковый** Pendelbecherwerk *n*
~/**наклонный** Schrägförderer *m*
~/**нижний** *(Typ)* unterer Elevator *m* *(Setzmaschine)*
~/**пароструйный** Dampfstrahlelevator *m*
~/**пневматический** Druckluftelevator *m*
~/**полочный** *s.* ~/**люлечный**
~/**приёмный** Annahmeförderer *m*
~/**прутковый** *(Lw)* Siebkette *f* *(Kartoffelerntemaschine)*
~/**скребковый** Kratzerbecherwerk *n*
~/**трубный** *(Erdöl)* Futterrohrelevator *m* *(Bohrgerät)*
~/**цепной** Kettenbecherwerk *n*
элеватор-погрузчик *m* Ladebecherwerk *n*
электрет *m* Elektret *n*
электризация *f* Elektrisierung *f*
электризуемость *f* Elektrisierbarkeit *f*
электрино *n (Ph)* Elektrino *n*
электрификация *f* Elektrifizierung *f*
~ **железных дорог** Bahnelektrifizierung *f*
~/**сплошная** Vollelektrifizierung *f*
электричество *n* Elektrizität *f*
~/**атмосферное** Luftelektrizität *f*
~ **атмосферных осадков** Niederschlagselektrizität *f*
~/**гальваническое** galvanische Elektrizität *f*, Galvanoelektrizität *f*
~/**динамическое** dynamische Elektrizität *f*
~/**контактное** Berührungselektrizität *f*
~ **осадков** Niederschlagselektrizität *f*
~/**отрицательное** negative Elektrizität *f*
~/**положительное** positive Elektrizität *f*
~/**статическое** statische Elektrizität *f*
~ **трения** Reibungselektrizität *f*, Triboelektrizität *f*
электроакустика *f* Elektroakustik *f*
электроанализ *m* elektrochemische Analyse *f*
электроанестезия *f (Med)* Elektroanästhesie *f*
электроаппаратостроение *n* Elektroapparatebau *m*
электробаланс *m* Elektrobilanz *f*
электробарабан *m (Förd)* Elektrotriebtrommel *f*, elektrischer Förderbandantrieb *m* *(Antriebstrommel mit eingebautem Motor und Reduziergetriebe)*
электробезопасность *f* Elektrosicherheit *f*
электробойлер *m* elektrischer Heißwasserspeicher *m*
электробритва *f* Elektrorasierer *m*, Trokkenrasierer *m*
электробрудер *m* Elektrobrutapparat *m*
электробур *m* Elektrobohrer *m*, Elektrotiefbohrgerät *n* mit im Bohrkopf eingebautem Motor *(Erdöl- und Naturgasbohrungen)*
электробурение *n (Bgb)* Elektrobohren *n*
электробус *m* Elektrobus *m*
~/**контактный** Trolleybus *m*, [elektrisch betriebener] Oberleitungsomnibus *m*, Obus *m*
электровагон *m*/**моторный** elektrischer Triebwagen *m*
электровакуумный Elektrovakuum . . .
электровалентность *f* elektrochemische Wertigkeit (Valenz) *f*, Elektrovalenz *f*; Ionenbeziehung *f*, Ionenbindung *f*
электровалентный elektrovalent
электровзрыватель *m* Elektrozünder *m*
электровоз *m* Elektrolokomotive *f*, elektrische Lokomotive *f*, Elektrolok *f*, Ellok *f*, E-Lok *f*
~/**аккумуляторный** Akkumulatorlokomotive *f*, Akkumulatorlok *f*, Akkulok *f*, Speicherlok *f*
~/**грузовой** Güterzug-Elektrolokomotive *f*
~/**двухсистемный** Zweisystem-Elektrolokomotive *f*, Mehrsystem-Elektrolokomotive *f*
~/**дизель-электрический** dieselelektrische Lokomotive *f*
~/**контактно-аккумуляторный** Fahrdrahtverbundlokomotive *f*
~/**контактно-кабельный** Fahrdrahtschleppkabellokomotive *f*
~/**контактный** Fahrdrahtlokomotive *f*
~/**малогабаритный** Kleinelektrolokomotive *f*
~/**маневровый** Rangier-Elektrolokomotive *f*, elektrische Rangierlokomotive *f*
~/**пассажирский** Reisezug-Elektrolokomotive *f*, Personenzug-Elektrolokomotive *f*
~ **переменного тока** Wechselstromlokomotive *f*
~/**подземный** Untertage-Elektrolokomotive *f*, Bergbau-Elektrolokomotive *f*
~ **постоянного тока** Gleichstromlokomotive *f*
~/**рудничный** Gruben[elektro]lokomotive *f*
~ **трёхфазного тока** Drehstromlokomotive *f*
~/**троллейный** *s.* ~/**контактный**
~/**шахтный** *s.* ~/**рудничный**
электровозостроение *n* Elektrolokomotivbau *m*
электровооружённость *f* Grad *m* der Elektrifizierung
электровоспламенитель *m* elektrischer Zünder *m*, Elektrozünder *m* *(Sprengtechnik)*
электровысадка *f (Schm)* Elektrostauchen *n*

электрогазоочистка *f* Elektrogasreinigung *f*, elektrische (elektrostatische) Gasreinigung (Entstaubung) *f*
электрогайковёрт *m* Elektroschrauber *m*, elektrischer Mutterschlüssel *m*
~/высокочастотный Schnellfrequenzschrauber *m*
~/обыкновенный Elektroschrauber *m* mit normaler Rutschkupplung
~/обыкновенный Elektroschrauber *m* mit einstellbarer Rutschkupplung *(für verschiedene Drehmomente)*
электрогенератор *m* Elektrogenerator *m*, Stromerzeuger *m*
электрогидравлический elektrohydraulisch
электрогидродинамика *f* Elektrohydrodynamik *f*
электрогидропривод *m* elektrohydraulischer Antrieb *m*
электрогравиметрия *f* Elektrogravimetrie *f*, elektrogravimetrische Analyse *f*
электрограф *m (Meteo)* Elektrograf *m (Elektrometer mit Einrichtung zur Registrierung luftelektrischer Größenwerte)*
электрография *f* Elektrografie *f*, Effluviografie *f*
электрогрелка *f* elektrisches Heizkissen *n*
электрогриль *m* Elektrogrill *m*
~/контактный Kontaktgrill *m*
электрод *m (Eln, Schw)* Elektrode *f*
~/активный aktive Elektrode *f*
~/амальгамированный Amalgamelektrode *f*
~/армированный blechummantelte (blechumhüllte) Elektrode *f*
~/базовый Basis *f (Halbleiter)*
~/бариевый Bariumelektrode *f*
~/биметаллический Bimetallelektrode *f*
~/боковой Masseelektrode *f (Zündkerze)*
~/вертикальный отклоняющий Vertikalablenkelektrode *f*
~/верхний Kopfelektrode *f*; Gegenelektrode *f*
~/внешний Außenelektrode *f*
~/внутренний Innenelektrode *f*
~/водородный Wasserstoffelektrode *f*
~/вольфрамовый Wolframelektrode *f*
~/вспомогательный Hilfselektrode *f*
~/входной Eingangselektrode *f*
~/высоковольтный Hochspannungselektrode *f*
~/выходной Ausgangselektrode *f*
~/газовый Gaselektrode *f*
~/голый nackte (blanke) Elektrode *f*
~ горизонтального отклонения Horizontalablenkelektrode *f*
~/горизонтальный отклоняющий Horizontalablenkelektrode *f*
~/графитный Graphitelektrode *f (Lichtbogenschmelzen)*
~/дисковый Scheibenelektrode *f*
~ для дуговой резки Schneidelektrode *f*
~ для прорезания лётки Abstichelektrode *f (Hochofenabstich)*
~ для точечной сварки Punkt[schweiß]elektrode *f*
~/зажигающий Zündelektrode *f*
~/заземляющий Erdelektrode *f*
~/запирающий Sperrelektrode *f (Halbleiter)*
~/защитный Schutzelektrode *f*
~/зеркальный Spiegelelektrode *f*
~/игольный (игольчатый) Spitzenelektrode *f*, Nadelelektrode *f*
~/измерительный Meßelektrode *f*
~/каломельный Kalomelelektrode *f*
~/капельный Tropfelektrode *f*
~/капельный ртутный Quecksilbertropfelektrode *f*
~/кислородный Sauerstoffelektrode *f*
~/кольцеобразный Ringelektrode *f*
~/коронирующий Sprühelektrode *f*
~/легкообмазанный leicht umhüllte (ummantelte) Elektrode *f*
~/медный Kupferelektrode *f*
~/металлический Metallelektrode *f*
~/модулирующий Steuerelektrode *f*
~/набивной Stampfelektrode *f*
~/наплавочный Auftragelektrode *f*
~/наружный Außenelektrode *f*
~/неплавкий (неплавящийся) nicht abschmelzende Elektrode *f*
~/неполяризующийся unpolarisierbare Elektrode *f*
~/нижний Bodenelektrode *f (Elektroofen)*
~/никелевый Nickelelektrode *f*
~/нормальный Normalelektrode *f*, Vergleichselektrode *f*, Bezugselektrode *f*
~/обмазанный umhüllte (ummantelte) Elektrode *f*, Mantelelektrode *f*
~/обмотанный umwickelte Elektrode *f*
~/окислительно-восстановительный Redoxelektrode *f*
~ осаждения Niederschlagselektrode *f (Elektrolyse)*
~/остроконечный *s.* **~/игольный**
~/отклоняющий Ablenkelektrode *f*
~/отражательный Reflexionselektrode *f*, Rückstrahler *m*, Reflektor *m*
~/отрицательный negative (negativ geladene) Elektrode *f*
~/плавкий (плавящийся) Abschmelzelektrode *f*, Schmelzelektrode *f*
~/пластинчатый Plattenelektrode *f*
~/платиновый Platinelektrode *f*
~/плоский Flächenelektrode *f*
~/погружаемый Tauchelektrode *f*
~/поджигающий Zündelektrode *f*
~/подовый *s.* **~/нижний**
~/покрытый *s.* **~/обмазанный**

~/положительный positive (positiv geladene) Elektrode *f*
~/полосовой Bandelektrode *f*
~/полусферический Halbkugelelektrode *f*
~/полый Hohlelektrode *f*
~ послеускорения Nachbeschleunigungselektrode *f* *(Katodenstrahlröhre)*
~/послеускоряющий *s.* **~ послеускорения**
~/постоянный Dauerelektrode *f* *(Elektrolyse)*
~/приёмный Auffangelektrode *f*, Sammelelektrode *f*
~/промежуточный Zwischenelektrode *f*
~/пусковой *s.* **~/зажигающий**
~/расплавляемый *s.* **~/плавкий**
~/расходуемый Abschmelzelektrode *f*, Abbrandelektrode *f*, abschmelzbare (selbstverzehrende) Elektrode *f*
~ с покрытием *s.* **~/обмазанный**
~ с шлакообразующим покрытием Elektrode *f* mit schlackenbildender Ummantelung (Umhüllung)
~/самообжигающийся (самоспекающийся) selbstbackende (selbsteinbrennende) Elektrode *f* *(Söderberg-Elektrode)*
~/сварочный Schweißelektrode *f*
~/сетчатый Netzelektrode *f*
~/сигнальный Signalelektrode *f*, Signalplatte *f* *(einer Bildaufnahmeröhre)*
~/собирающий Sammelelektrode *f*, Auffangelektrode *f*
~ сравнения *s.* **~/нормальный**
~/стандартный Standard-Bezugselektrode *f*
~/стеклянный Glaselektrode *f*
~/стержневой Stabelektrode *f*
~ термоэлемента Thermoschenkel *m*
~/толстообмазанный dick umhüllte (ummantelte) Elektrode *f*
~/толстопокрытый *s.* **~/толстообмазанный**
~/тонкообмазанный dünn umhüllte (ummantelte) Elektrode *f*
~/тонкопокрытый *s.* **~/тонкообмазанный**
~/тормозящий Bremselektrode *f* *(einer Bildröhre)*
~/точечный *(Schw)* Punktelektrode *f*
~/угольный Kohleelektrode *f*
~/улавливающий *s.* **~/собирающий**
~/управляющий Steuerelektrode *f*
~/ускоряющий Beschleunigungselektrode *f*
~/фокусирующий Fokussier[ungs]elektrode *f*
~/хингидронный Chinhydronelektrode *f*, Billmannsche Elektrode *f*
~/шарикообразный (шаровой) Kugelelektrode *f*
~/шлакообразующий Elektrode *f* mit schlackenbildender Ummantelung (Umhüllung)
~/электрохимический elektrochemische Elektrode *f*
~/эмиттерный Emitterelektrode *f*, Emitteranschluß *m*

электродвигатель *m* Elektromotor *m*, Motor *m* *(s. a. unter* **двигатель***)*
~/асинхронный Asynchronmotor *m*
~/брызгозащищённый spritzwassergeschützter Elektromotor *m*
~/высокоскоростной hochtouriger Elektromotor *m*
~/гребной *(Schiff)* elektrischer Schraubenantriebsmotor *m*, elektrischer Propeller[antriebs]motor *m*
~/индукционный Induktionsmotor *m*
~/коллекторный Kommutatormotor *m*, Stromwendermotor *m*
~/коммутаторный *s.* **~/коллекторный**
~/компаундный Verbundmotor *m*, Doppelschlußmotor *m*
~/короткозамкнутый Kurzschlußläufermotor *m*, Kurzschlußläufer *m*
~/линейный elektrischer Linearmotor *m*
~ переменного тока Wechselstrommotor *m*
~ переменного тока/коммутаторный Wechselstromkommutatormotor *m*
~ постоянного тока Gleichstrommotor *m*
~ постоянного тока с параллельным возбуждением Gleichstrom-Nebenschlußmotor *m*
~ постоянного тока с последовательным возбуждением Gleichstrom-Reihenschlußmotor *m*, Gleichstrom-Hauptschlußmotor *m*
~ постоянного тока со смешанным возбуждением Gleichstrom-Verbundmotor *m*
~/рудничный Elektromotor *m* für Bergbaubetrieb *(schlagwettergeschützt)*
~ с внешним обдувом außenbelüfteter Motor *m*
~ с контактными кольцами Schleifringankermotor *m*, Schleifringläufer *m*
~/сериесный Hauptschlußmotor *m*, Reihenschlußmotor *m*
~/синхронный Synchronmotor *m*
~/трёхфазный Drehstrommotor *m*
~/тяговый *(Eb)* elektrischer Bahnmotor (Fahrmotor) *m*
~/фланцевый Flanschmotor *m*
~/шаговый Schrittmotor *m*
~/шунтовой Nebenschlußmotor *m*

электродвигатель-датчик *m* Gebermotor *m*
электродвижущий elektromotorisch
электродетонатор *m* elektrischer Zünder *m* mit Sprengkapsel, [elektrischer] Sprengzünder *m*, Glühzünder *m*

~ **замедленного действия** elektrischer Zeitzünder *m* mit Sprengkapsel, Verzögerungs[glüh]zünder *m*
~/**искровой** Funkenzünder *m*
~ **короткозамедленного действия** Schnellzeitzünder *m* mit Sprengkapsel, [elektrischer] Millisekundenzünder (ms-Zünder) *m*
~ **мгновенного действия** elektrischer Momentzünder (Schnellzünder) *m*
~/**мостиковый** Brückenglühzünder *m*
электродиагностика *f* *(Med)* Elektrodiagnostik *f*
электродиализ *m* *(Ch)* Elektrodialyse *f*
электродиализатор *m* *(Ch)* Elektrodialysator *m*
электродинамика *f* *(Ph)* Elektrodynamik *f*
~ **движущихся сред** Elektrodynamik *f* bewegter Medien (Körper)
~/**квантовая** Quantenelektrodynamik *f*
~/**нелинейная** nichtlineare Elektrodynamik *f*
~/**солнечная** Sonnenelektrodynamik *f*
электродинамометр *m* *(El)* Elektrodynamometer *n*, elektrodynamisches Drehspulinstrument *n*
~/**зеркальный** Spiegelelektrodynamometer *n*
~/**индукционный** Induktionselektrodynamometer *n*
~/**крутильный** Torsionselektrodynamometer *n*
электродисперсия *f* Elektrodispersion *f*
электродиффузия *f* Elektrodiffusion *f*
электрод-коллектор *m* Kollektorelektrode *f*, Kollektor *m*
электрод-носитель *m* Trägerelektrode *f*
электрододержатель *m* 1. Elektrodenhalter *m*, Elektrodenfassung *f*; 2. *(Schw)* Elektrodenausleger *m*, Elektrodenarm *m* *(Schweißmaschine)*
электродоение *n* elektrisches Melken *n*, Maschinenmelken *n*
электродоилка *f* elektrische Melkmaschine *f*
электродойка *f* elektrisches Melken *n*, Maschinenmelken *n*
электродолбёжник *m* tragbare Elektro-Kettenfräsmaschine *f* *(für Holzbearbeitung)*
электродомна *f* [/**высокошахтная**] Elektrohochofen *m*
электродрель *f* Elektro-Handbohrmaschine *f*, Elektrobohrer *m* *(für Metall)*
~/**высокочастотная** Schnellfrequenzbohrer *m*
~ **на колонках** Elektro-Handbohrmaschine *f* mit Doppelsäulenführung *(für Zimmermannsarbeiten)*
электродуговой Lichtbogen . . .
электроёмкий elektroenergieintensiv, stromintensiv
электрозавод *m* elektrischer Aufzug *m* *(einer Uhr)*
электрозамедлитель *m* Verzögerungsmittel *n* *(Zündschnurzeitzünder, Schnellzeitzünder)*
электрозапал *m* *s.* **электровоспламенитель**
электрозапарник *m* *(Lw)* Elektrodämpfer *m*, elektrischer Futterdämpfer *m*
электрозаряжённый elektrisch geladen
электрозатвор *m*/**жезловый** *(Eb)* elektrischer Stabblockverschluß *m*
электрозащёлка *f* *(Eb)* elektromagnetische Sperre (Sperrvorrichtung) *f*
~/**маршрутно-затворная** Fahrstraßenfestlegesperre *f*
~ **рычага предупредительного сигнала** Vorsignalhebelsperre *f*
электрозащита *f* elektrischer Korrosionsschutz *m*
электроизгородь *f* elektrischer Weidezaun *m*
электроизмерение *n* elektrische Messung *f*
электроизмерительный Elektromeß . . .
электроизоляция *f* elektrische Isolation *f*
электроинкубатор *m* Elektrobrutapparat *m*
электроинструмент *m* Elektrowerkzeug *n*
~ **нормальной частоты** Elektrowerkzeug *n* für Normalfrequenz
~/**ручной** elektrisches Handwerkszeug *n*
электроискровой elektroerosiv
электрокалориметр *m* Elektrokalorimeter *n*
электрокапиллярный kapillarelektrisch, Elektrokapillar . . .
электрокар *m* Elektrokarren *m*, E-Karren *m*
~/**ведомый** Elektrokarren *m* mit Gehlenkung
~ **с низкой платформой** Niederflurelektrokarren *m*
~ **с низкоподъёмной платформой** Niederhubelektrokarren *m*
~ **с подножкой** Elektrokarren *m* mit Standlenkung
~ **с подъёмной платформой** Hubstapler *m*
~ **с сиденьем [для водителя]** Elektrokarren *m* mit Fahrersitzlenkung
электрокара *f* *s.* **электрокар**
электрокардиограмма *f* Elektrokardiogramm *n*, EKG
~/**векторная** Vektor[elektro]kardiogramm *n*
электрокардиограф *m* Elektrokardiograf *m*, Ek
~/**векторный** Vektor[elektro]kardiograf *m*

~/**многоканальный (многошлейфовый)** Mehrkanalelektrokardiograf *m*, Mehrfachelektrokardiograf *m*
~/**одношлейфовый** Einkanalelektrokardiograf *m*, Einfachelektrokardiograf *m*
электрокардиография *f* Elektrokardiografie *f*, EKG
электрокардиостимулятор *m (Med)* Herzschrittmacher *m*, Pacemaker *m*
электрокаротаж *m* elektrische Bohrlochmessung *f*, elektrisches Meßverfahren *n*, Bohrlochelektrik *f (Bohrlochgeophysik)*
электрокатализ *m* Elektrokatalyse *f*
электрокаустика *f (Med)* Elektrokaustik *f*, Thermokaustik *f*
электрокаутер *m (Med)* Glühkauter *m*, Thermokauter *m*
электрокерамика *f* Elektrokeramik *f*
электрокинетика *f* Elektrokinetik *f*
электрокипятильник *m* **[/погружаемый]** Tauchsieder *m*
электрокладовая *f (Schiff)* Elektrostore *m*, E-Store *m*
электрокоагуляция *f (Med)* Elektrokoagulation *f*, Kaltkaustik *f*
электрокоррозия *f* elektrochemische Korrosion *f*; Fremdstromkorrosion *f*
электрокортикограмма *f* Elektrokortikogramm *n*
электрокорунд *m* Elektrokorund *m*, künstlicher Korund *m*
электрокотёл *m* Elektro[dampf]kessel *m*
~/**водогрейный** Elektroheißwasserkessel *m*
~/**паровой (электродный)** Elektrodampfkessel *m*
электрокран *m*/**подъёмный** Elektrokran *m*
электролиз *m (Ch)* Elektrolyse *f*
~ **в расплавленных солях** Schmelz[fluß]elektrolyse *f*
~ **водных растворов** Naßelektrolyse *f*
~ **меди** Kupferelektrolyse *f (NE-Metallurgie)*
~/**противоточный** Gegenstromelektrolyse *f*
~ **расплавленных солей** *s.* ~ **расплавов**
~ **расплавов** Schmelzflußelektrolyse *f*
~ **с противотоком** Gegenstromelektrolyse *f*
~ **хлористого натрия** Natriumchloridelektrolyse *f*
~ **хлористых щелочей** Chloralkalielektrolyse *f*
электролизёр *m (Ch)* Elektrolyseur *m*; Elektrolysierzelle *f*
~/**многоячейковый** Mehrzellenelektrolyseofen *m*
электролит *m (Ch)* Elektrolyt *m*
~/**амфотерный** amphoterer Elektrolyt *m*, Ampholyt *m*
~/**жидкий** flüssiger (nasser) Elektrolyt *m*
~/**отработанный** Elektrolytendlauge *f*
~/**расплавленный** Schmelzelektrolyt *m*
~/**сухой** Trockenelektrolyt *m*
электролитический elektrolytisch, Elektrolyt . . .
электролобзик *m* Elektrokleinsäge *f*, Elektrobastlersäge *f*
электролов *m* Elektrofischerei *f*
электролокомотивостроение *n* Elektrolokomotivbau *m*
электролюминесценция *f* Elektrolumineszenz *f*
~/**инъецированная** Injektionselektrolumineszenz *f*
электролюминофор *m* elektrolumineszierender Leuchtstoff *m*
электромагнетизм *m* Elektromagnetismus *m*
электромагнит *m* Elektromagnet *m*
~/**блокирующий** *(Eb)* Sperrelektromagnet *m*
~/**включающий** Einschaltmagnet *m*
~ **возбуждения** Feldmagnet *m*
~/**вращающий** Drehmagnet *m*
~/**грузовой (грузоподъёмный)** Lasthebemagnet *m*, Heb[e]magnet *m*
~/**маршрутно-затворный** *(Eb)* Fahrstraßenfestlegemagnet *m*
~/**освобождающий** Auslösemagnet *m*
~/**отбойный** Auslösemagnet *m*
~/**отклоняющий** Ablenkmagnet *m*
~/**печатающий** Druckmagnet *m*
~/**пишущий** Schreibmagnet *m*
~/**подъёмный** *s.* ~/**грузовой**
~/**полюсный** Feldmagnet *m*
~/**последовательный** Reihenschlußmagnet *m*
~/**приводной** Antriebsmagnet *m*
~/**размыкающий** Auslösemagnet *m*
~/**расцепляющий** Auslösemagnet *m*
~/**сверхпроводящий** supraleitender Elektromagnet *m*
~/**сериесный** Reihenschlußmagnet *m*
~/**стержневой** Stabmagnet *m*
~/**сцепляющий** Kupplungsmagnet *m*
~/**тормозной** Bremsmagnet *m*, Hemmmagnet *m*
~/**удерживающий** Haltemagnet *m*
~/**шунтовой** Nebenschlußmagnet *m*
электромастерская *f* Elektrowerkstatt *f*
электромашина *f* Elektromaschine *f*, elektrische Maschine *f (s. a. unter* **машина***)*
электромашиностроение *n* Elektromaschinenbau *m*
электромедицина *f* Elektromedizin *f*
электромерия *f (Ph)* Elektromerie *f*
электрометаллизатор *m* Lichtbogenspritzgerät *n*
~/**тигельный** Schmelztiegelspritzgerät *n*

электрометаллизация *f* Lichtbogenspritzen *n*
электрометаллургия *f* Elektrometallurgie *f*
электрометр *m* Elektrometer *n*
~/**абсолютный** absolutes Elektrometer *n*
~/**бинантный** Binant[en]elektrometer *n*
~/**бифилярный** Bifilarelektrometer *n*, Zweifadenelektrometer *n*, Wulf-Elektrometer *n*, Wulfsches Elektrometer *n*
~ **Вильсона** Wilson-Elektrometer *n*, Wilsonsches Elektrometer *n*
~ **Вульфа** *s.* ~/**бифилярный**
~ **Гофмана/вакуумный** Hoffmannsches Vakuum-Duantenelektrometer *n*
~/**двунит[оч]ный** *s.* ~/**бифилярный**
~/**динамический конденсаторный** Kondensatorelektrometer *n*, Schwingkondensatorelektrometer *n*
~ **Долежалека/квадрантный** Quadrantenelektrometer *n* nach Dolezalek
~/**дуантный** Duantenelektrometer *n*
~/**капиллярный** Kapillarelektrometer *n*
~/**квадрантный** Quadrant[en]elektrometer *n*
~ **Комптона** *s.* ~/**квадрантный**
~ **конденсаторного типа** Kondensatorelektrometer *n*
~/**крутильный** Torsionselektrometer *n*
~/**ламповый** Röhrenelektrometer *n*
~/**лепестковый** Blattelektrometer *n*, Blättchenelektrometer *n*
~ **Линдемана** Lindemann-Elektrometer *n*
~ **Лутца** *s.* ~/**струнный**
~/**многокамерный** Multizellularelektrometer *n*
~/**наклонный** *s.* ~ **Вильсона**
~/**однонитный** Einfadenelektrometer *n*
~ **Перукка** Peruccasches Elektrometer *n*
~ **с кварцевой нитью** Quarzfadenelektrometer *n*
~/**струнный** Fadenelektrometer *n*, Saitenelektrometer *n*
электрометрический elektrometrisch, Elektrometer . . .
электрометрия *f* Elektromeßtechnik *f*, elektrische Meßtechnik *f*
электромеханика *f* Elektromechanik *f*
электромиграция *f* *(Ph)* Elektromigration *f*
электромиограмма *f* *(Med)* Elektromyogramm *n*
электромиограф *m* *(Med)* Elektromyograf *m*
электромиография *f* *(Med)* Elektromyografie *f*
электромобиль *m* Elektromobil *n*, Elektroauto *n*
электромоделирование *n* Elektromodellierung *f*, elektrische Modellierung (Nachbildung) *f*
электромонтаж *m* 1. Elektromontage *f*; 2. Elektroinstallation *f*, Leitungsanlage *f*
электромотор *m* Elektromotor *m*, Motor *m* *(s. a. unter* **двигатель** *und* **электродвигатель***)*
электрон *m* Elektron *n*
~ **атомной оболочки** Hüllenelektron *n*, Bahnelektron *n*; Schalenelektron *n*
~ **бета-распада** Beta-Zerfallselektron *n*
~/**вакуумный** Vakuumelektron *n*
~/**валентный** Valenz[band]elektron *n*
~ **внешней конверсии** Elektron *n* der äußeren Umwandlung (Konversion)
~/**внешний** äußeres Elektron *n*, Außenelektron *n*
~ **внутренней конверсии** *s.* ~/**конверсионный**
~/**внутренний** inneres Elektron *n*, Innenelektron *n*
~/**возбуждённый** erregtes (angeregtes) Elektron *n*
~ **вторичной эмиссии** Sekundärelektron *n*, SE
~/**вторичный** Sekundärelektron *n*, SE
~/**выбитый** Anstoßelektron *n*, Delta-Elektron *n*, Delta-Strahl *m*, Delta-Teilchen *n*
~ **высокой энергии** Hochgeschwindigkeitselektron *n*
~, **движущийся по орбите** *s.* ~/**орбитальный**
~/**заторможённый** abgebremstes Elektron *n*
~/**избыточный** Überschußelektron *n*
~/**колеблющийся** Pendelelektron *n*
~ **Комптона** Compton-Elektron *n*
~/**комптоновский** Compton-Elektron *n*
~/**конверсионный** Konversionselektron *n*, Elektron *n* der inneren Umwandlung (Konversion)
~ **Лоренца** Lorentz-Elektron *n*
~/**налетающий** einfallendes Elektron *n*
~/ **находящийся в неправильной фазе** phasenfalsches Elektron *n*
~/**неспаренный** unpaares Elektron *n*
~ **оболочки** *s.* ~ **атомной оболочки**
~ **Оже́** Auger-Elektron *n*
~/**оптический** Leuchtelektron *n*
~/**орбитальный** Hüllenelektron *n*, Bahnelektron *n*
~/**осциллирующий** pendelndes Elektron *n*
~ **отдачи** Rückstoßelektron *n*
~/**отсутствующий** Defektelektron *n*, Loch *n*
~ **первичной эмиссии** Primärelektron *n*
~/**первичный** Primärelektron *n*
~/**поглощённый** absorbiertes Elektron *n*
~/**положительный** positives Elektron *n*, Positron *n*
~/**полусвободный** halbfreies (quasifreies) Elektron *n*
~ **проводимости** Leitungselektron *n*
~ **распада** Zerfallselektron *n*
~/**рассеянный** Streuelektron *n*
~ **сверхпроводимости** Supra[leitungs]-elektron *n*

~/**светящийся** Leuchtelektron *n*
~/**свободный** freies Elektron *n*; Leitungselektron *n*
~/**связанный** gebundenes Elektron *n*
~/**связывающий** Valenzelektron *n*, bindendes Elektron *n*, Bindungselektron *n*
~/**тяжёлый** *s.* **мю-мезон**
~ **холодной эмиссии** Feldemissionselektron *n*
электронагрев *m* elektrische Erwärmung *f*, Elektroerwärmung *f*
~/**высокочастотный** Hochfrequenzerwärmung *f*, HF-Erwärmung *f*
~ **индукцией** Induktionserwärmung *f*
~/**контактный** Widerstandserhitzung *f*
~/**косвенный** indirekte elektrische Erwärmung *f*
электронагреватель *m* 1. Heizelement *n*, Heizleiter *m*; 2. elektrischer Heizkörper (Heizapparat) *m*, elektrisches Heizgerät *n*
электронагревательный elektrothermisch, Elektrowärme ...
электронасос *m* elektrische Pumpe *f*, Elektropumpe *f*
~/**питательный** Elektrospeisepumpe *f*
~/**погружной** *s.* **мотор-насос/погружной**
~/**центробежный** Elektrokreiselpumpe *f*
электронвольт *m* Elektronenvolt *n*, eV *(SI-fremde Einheit der Energie oder der Arbeit)*
электронейтральность *f* Elektroneutralität *f*
электроника *f* Elektronik *f*
~/**биологическая** Bioelektronik *f*
~/**информационная** Informationselektronik *f*
~/**квантовая** Quantenelektronik *f*
~/**корреляционная** Korrelationselektronik *f*
~/**космическая** Raumfahrtelektronik *f*
~/**криогенная** Kryoelektronik *f*
~/**микромощная** Mikroleistungselektronik *f*
~/**молекулярная** Molekularelektronik *f*
~/**плёночная** Dünnfilmelektronik *f*
~ **полупроводников** Halbleiterelektronik *f*
~/**полупроводниковая** Halbleiterelektronik *f*
~/**прикладная** angewandte Elektronik *f*
~/**промышленная** industrielle Elektronik *f*, Industrie-Elektronik *f*
~/**силовая** Leistungselektronik *f*
~/**твердотельная** Festkörperelektronik *f*
~ **транзисторов** Transistorelektronik *f*
~/**функциональная** Funktionalelektronik *f*
~/**энергетическая** Energieelektronik *f*, Leistungselektronik *f*
электроннолучевой Elektronenstrahl ...
электронно-механический elektronisch-mechanisch
электронно-оптический elektronenoptisch
электронно-разрядный Elektronenentladungs ...
электронный elektronisch, Elektronen ...
электроноакцептор *m* Elektronenakzeptor *m*, Elektronenfänger *m*
электронограмма *f* Elektronenbeugungsbild *n*, Elektronenbeugungsaufnahme *f*
электронография *f* Elektronografie *f*, Elektronenbeugungsuntersuchung *f*
электронодонор *m* Elektronendonator *m*, Elektronenspender *m*
электронож *m (Med)* Glühkauter *m*, Hochfrequenzkauter *m*
электроножницы *pl* Elektro-Handblechschere *f*
электрон-продукт *m* **распада** *(Kern)* Zerfallselektron *n*
электрообеспыливание *n* Elektroentstaubung *f*
электрообогащение *n* elektr[ostat]ische Aufbereitung *f*
электрообогрев *m* elektrische Beheizung *f*, Elektroheizung *f*
электрооборудование *n* Elektroausrüstung *f*, elektrische Betriebsmittel *npl*
~/**авиационное** Flugzeugelektrik *f*
~/**автомобильное** Kraftfahrzeugelektrik *f*, Kfz-Elektrik *f*
~ **поездов** elektrische Zugausrüstung *f*
электрообработка *f* elektroerosive Metallbearbeitung *f (nach dem Elektrofunken- bzw. Elysierverfahren)*
~ **металлов** Elektroerodieren *n*, elektroerosive Metallbearbeitung *f*
электрооптика *f* Elektrooptik *f*
электроосадитель *m* Elektroabscheider *m*, Elektrofilter *n*
~ **Котрелла** Cottrell-Elektroabscheider *m*, Cottrell-Staubfilter *n*
электроосаждение *n (Ch)* elektrolytische Fällung *f*
электроосвещение *n* elektrische Beleuchtung *f*
электроосмос *m* Elektroosmose *f*, Elektroendosmose *f*
электроостанов *m (Text)* elektrische Abstellvorrichtung *f (Strecke; Baumwollspinnerei)*
электроотвёртка *f* Elektro-Schraubendreher *m*
электроотопление *n* elektrische Heizung *f*
электроотрицательность *f* Elektronegativität *f*
электроотрицательный elektronegativ
электроочистка *f* Elektroreinigung *f*, elektrische Reinigung *f*
~ **газов** elektrische (elektrostatische) Gasreinigung (Entstaubung) *f*, Elektrogasreinigung *f*

электропайка *f* elektrisches Löten *n*, elektrische Lötung *f*
электропастух *m* Elektro[weide]zaun *m*
электропахота *f* elektrisches Pflügen *n*
электропаяльник *m* elektrischer Lötkolben *m*
электропередача *f* Elektroenergieübertragung *f*, elektrische Energieübertragung (Kraftübertragung) *f*, Elektrizitätstransport *m*, Stromtransport *m*
~ переменного тока Wechselstromübertragung *f*
~ переменного тока/дальняя Wechselstrom-Fernübertragung *f*
~ постоянного тока Gleichstromübertragung *f*
~ трёхфазного тока Drehstromübertragung *f*
электроперфоратор *m (Bgb)* elektrischer Abbauhammer *m*
электропечь *f* Elektroofen *m*
~/вакуумная Vakuumelektroofen *m*
~/вакуумная высокотемпературная Hochtemperaturvakuumofen *m*
~/вакуумная дуговая Vakuumlichtbogenofen *m*
~/восстановительная Reduktionsofen *m*
~ высокой частоты Hochfrequenzofen *m*, HF-Ofen *m*
~ высокой частоты/индукционная Hochfrequenzinduktionsofen *m*, HF-Induktionsofen *m*
~/высокошахтная Elektrohochofen *m*
~/дуговая Elektrolichtbogenofen *m*, Lichtbogen[elektro]ofen *m*
~/дуговая плавильная Lichtbogenschmelzofen *m*
~/закалочная Elektrohärteofen *m*, elektrischer Härteofen *m*
~/индукционная Induktionsofen *m*
~/конвекционная elektrischer Konvektionsofen *m*, Wärmespeicherofen *m*
~ косвенного действия (нагрева) Elektroofen *m* mit indirekter Beheizung
~/многоэлектродная Mehrelektrodenofen *m*
~/мощная Hochleistungs[elektro]ofen *m*
~ низкой частоты [/индукционная] Niederfrequenzofen *m*, NF-Ofen *m*, Normalfrequenzofen *m*
~/низкочастотная *s.* **~ низкой частоты**
~/низкочастотная индукционная Niederfrequenzinduktionsofen *m*, NF-Induktionsofen *m*
~/однофазная einphasiger Wechselstromofen *m*
~/отражательная elektrischer Muffelofen *m*
~/плавильная Elektroschmelzofen *m*
~/подовая Elektroherdofen *m*
~/промышленная industrieller Elektroofen *m*, elektrischer Industrieofen *m*
~/проходная Elektrodurchlaufofen *m*
~ прямого действия (нагрева) Elektroofen *m* mit direkter Beheizung
~ с графитовым нагревательным элементом Graphitstabofen *m*
~ сопротивления Widerstandsofen *m*, widerstandsbeheizter Elektroofen *m*
~/трёхфазная Drehstromofen *m*
~/трёхфазная дуговая Drehstromlichtbogenofen *m*
~/трёхэлектродная Dreielektrodenofen *m*
~/шахтная elektrischer Schachtofen *m*, Elektroschachtofen *m*
~ шлакового переплава Elektroschlackeumschmelzofen *m*
электропила *f* Elektrosäge *f*, Säge *f* mit Elektromotor
~/дисковая transportable Kreissäge *f* mit Elektromotorantrieb, Elektro-Handkreissäge *f (für Holzbearbeitung)*
~/ленточная transportable Bandsäge *f* mit Elektromotorantrieb, Elektroschrotsäge *f (für Holzbearbeitung)*
~/переносная цепная transportable Kettensäge *f* mit Elektromotorantrieb *(für Holzbearbeitung)*
электропирометр *m* Elektropyrometer *n*
электропитание *n* Elektrizitätsversorgung *f*, Elektroenergieversorgung *f*
~/дистанционное Fernstromversorgung *f*
электроплавка *f* 1. elektrisches Schmelzen *n*, Elektroschmelzen *n*, elektrische Verhüttung *f*; 2. Elektroschmelze *f*
электроплита *f* Elektroherd *m*
электроплитка *f* Elektrokochplatte *f*
~/двухконфорочная Doppelkochplatte *f*
~/излучающая Strahlungskochplatte *f*
~/настольная двухконфорочная Doppelkochplatte *f*
электропогрузчик *m* Elektro[hub]stapler *m*, Elektrofahrlader *m*
электроподзавод *m* Elektroaufzug *m*
электроподстанция *f (El)* Unterstation *f*, Unterwerk *n*, Unterzentrale *f*
электроподъёмник *m* elektrisches Hebezeug *n*, Elektrowinde *f*
электропоезд *m (Eb)* elektrischer Triebzug *m*
~/моторвагонный elektrischer Triebwagenzug *m*
~/пригородный elektrischer Vororttriebzug *m*
электроположительность *f* Elektropositivität *f*
электроположительный elektropositiv
электрополотёр *m* elektrischer Bohnerapparat *m*
электрополяриметр *m (Astr)* lichtelektrisches Polarimeter *n*

электропотребление *n* Elektroenergieverbrauch *m*, Elektrizitätsverbrauch *m*, [elektrischer] Stromverbrauch *m*
электропочта *f* elektrische Rohrpost *f*
электроприбор *m* Elektrogerät *n*
~/бытовой (домашний) Elektrohaushaltgerät *n*
~/нагревательный Elektrowärmegerät *n*
~/нагревательный бытовой Haushaltelektrowärmegerät *n*
~/универсальный кухонный elektrische Universalküchenmaschine *f*
электроприборостроение *n* Elektrogerätebau *m*
электропривод *m* elektrischer Antrieb *m*, Elektroantrieb *m*
~/аккумуляторный Batterieantrieb *m*
~/групповой elektrischer Gruppenantrieb *m*
~/индивидуальный *s.* **~/одиночный**
~/ионный Stromrichterantrieb *m* mit Gasentladungsventilen
~/многодвигательный (многомоторный) Mehrmotorenantrieb *m*, elektrischer Mehrfachantrieb *m*
~/одиночный elektrischer Einzelantrieb *m*
~ по схеме генератор-двигатель [Ward-] Leonard-Antrieb *m*
~ постоянного тока Gleichstromantrieb *m*
~/следящий Folgeelektroantrieb *m*, Elektrofolgeantrieb *m*
~/судовой elektrischer Schiffsantrieb *m*
~/трансмиссионный *s.* **~/групповой**
электропровод *m* elektrische Leitung *f*
электропроводимость *f s.* **электропроводность**
электропроводка *f* Leitungsanlage *f*, Elektroinstallation *f*
~ в трубах in Rohr verlegte Leitung *f*
~/внутренняя Inneninstallation *f*, Innenleitung *f*
~/домашняя (квартирная) Hausinstallation *f*
~/наружная Außeninstallation *f*, Außenleitung *f*
~/осветительная Lichtinstallation *f*, Lichtleitung *f*
~/открытая offen (über Putz) verlegte Installationsleitung *f*
~/скрытая verdeckt (unter Putz) verlegte Installationsleitung *f*
электропроводность *f* elektrische Leitfähigkeit *f*, elektrisches Leitvermögen *n*
~/дефектная *p*-Leitfähigkeit *f*, *p*-Leitung *f*, Störleitfähigkeit *f*, Defektleitfähigkeit *f*, Defektelektronenleitung *f*, Mangelleitung *f*
~/дифференциальная differentielle Leitfähigkeit *f*
~/дырочная *s.* **~/дефектная**
~/избыточная Überschußleitung *f*
~ избыточных электронов Überschußelektronenleitung *f*
~ иона/предельная Ionenäquivalentleitfähigkeit *f*
~/ионная Ionenleitfähigkeit *f*, Ionenleitvermögen *n*
~/комплексная komplexer Leitwert *m*
~/молионная elektrophoretische (kataphoretische) Leitfähigkeit *f*
~/молярная molare Leitfähigkeit *f*, Molarleitfähigkeit *f*
~/примесная Stör[stellen]leitung *f*, Extrinsic-Leitfähigkeit *f*
~/смешанная gemischte Leitfähigkeit *f* *(Plasma)*
~/собственная Eigenleitung *f*, Eigenleitfähigkeit *f* Intrinsic-Leitfähigkeit *f*
~/удельная spezifische Leitfähigkeit *f*
~/униполярная unipolare Leitfähigkeit *f*
~/эквивалентная Äquivalentleitfähigkeit *f*
~/электролитическая elektrolytische Leitfähigkeit *f*
~/электронная elektronische Leitfähigkei *f*, Elektronenleitfähigkeit *f*
электропроводный elektrisch leitend
электропроводящий elektrisch leitend
электропрогрев *m* Elektroerwärmung *f*, elektrische Warmbehandlung *f*
электропроигрыватель *m* Plattenspieler *m*
~/стереофонический Stereo-Plattenspieler *m*
электропромышленность *f* Elektroindustrie *f*, elektrotechnische Industrie *f*
электропылесос *m* [elektrischer] Staubsauger *m*
~/напольный Bodenstaubsauger *m*
~/ручной Handstaubsauger *m*
электрорадиодеталь *f* funktechnisches Bauelement *n*; Rundfunkbauelement *n*, Radioeinzelteil *n*
электрорадиотехника *f* Elektro- und Hochfrequenztechnik *f*
электроразведка *f (Geoph)* Geoelektrik *f*, geoelektrische Erkundungsmethode *f*, elektrische Prospektierung *f*, elektrisches Prospektieren *n*
электроразъём *m*/**разрывной** *(Kosm)* Abreißkabel *n (lösbare elektrische Verbindung zwischen Kabelmast und Trägerrakete)*
электрорезка *f* elektrisches Trennen *n*
электроретинограмма *f (Med)* Elektroretinogramm *n*
электроретинограф *m (Med)* Elektroretinograf *m*
электророждение *n* Elektroerzeugung *f*
электрорубанок *m* Elektro-Handhobelmaschine *f (mit rotierendem Messer)*

электросварка *f* Elektroschweißen *n*, elektrisches Schweißen *n*, elektrisches Schweißverfahren *n*
~ **давлением** Elektropreßschweißen *n*
~/**дуговая** Lichtbogen[schmelz]schweißen *n*, Elektrolichtbogenschweißen *n*, Elektroschmelzschweißen *n*
~/**контактная** [elektrisches] Widerstandsschweißen *n* *(Preßschweißverfahren)*
~ **оплавлением/стыковая** Abbrenn[stumpf]schweißen *n*, Abschmelz[stumpf]schweißen *n*
~ **плавлением** Elektroschmelzschweißen *n*
~ **под флюсом/дуговая** Unterpulverschweißen *n*, UP-Schweißen *n*
~/**роликовая** Roll[en]nahtschweißen *n*, Nahtschweißen *n*
~ **сопротивлением/стыковая** Druckstumpfschweißen *n*, Preßstumpfschweißen *n*
~/**стыковая [контактная]** Stumpfschweißen *n*
~/**точечная** Punktschweißen *n*
~/**шовная** *s.* ~/**роликовая**
электросверлилка *f* *s.* **электросверло**
электросверло *n* 1. Elektro-Handbohrmaschine *f*, Elektrobohrer *m* *(für Holz)*; 2. *(Bgb)* elektrische Bohrmaschine (Drehbohrmaschine) *f* *(Herstellung von Sprenglöchern)*
~/**колонковое** elektrische Spannsäulenbohrmaschine *f*
~/**ручное** elektrische Handbohrmaschine *f*
электросвязь *f* elektrisches Nachrichtenwesen *n* *(Telegrafie, Bildtelegrafie, Telefonie, Rundfunk)*
электросекундомер *m* elektrischer Zeitmesser *m*
электросекция *f* *(Eb)* Elektrotriebzugeinheit *f*
электросепаратор *m* Elektroscheider *m*
~/**барабанный** Elektrowalzenscheider *m*
электросепарация *f* Elektroscheiden *n*
электросеть *f* Elektrizitäts[versorgungs]netz *n*, Elektroenergie[versorgungs]netz *n*, Stromnetz *n*
~/**воздушная** Freileitungsnetz *n*
~/**высоковольтная** Hochspannungsnetz *n*
~/**железнодорожная** Bahnnetz *n*
~/**замкнутая** geschlossenes Netz *n*
~/**местная** Ortsnetz *n*
~/**низковольтная** Niederspannungsnetz *n*
~/**осветительная** Lichtnetz *n*
~ **переменного тока** Wechselstromnetz *n*
~ **постоянного тока** Gleichstromnetz *n*
~/**районная** Überlandnetz *n*
~/**трёхфазная** Dreiphasennetz *n*, dreiphasiges Netz *n*
электросистема *f* Elektroenergiesystem *n*
электроскоп *m* *(El)* Elektroskop *n*
~/**конденсаторный** Kondensatorelektroskop *n*
~ **с алюминиевыми листочками** Aluminiumblattelektroskop *n*
~ **с бузинными шариками** Holundermarkkugelelektroskop *n*
~ **с золотыми листочками** Goldblattelektroskop *n*
электроснабжение *n* Elektrizitätsversorgung *f*, Elektroenergieversorgung *f*, Stromversorgung *f*
~/**аварийное** Notstromversorgung *f*
~ **от сети/полное** Voll-Netzstromversorgung *f*
электросон *m* *(Med)* Elektroschlaf *m*
электросталь *f* Elektrostahl *m*
~/**инструментальная** Elektrowerkzeugstahl *m*
электростанция *f* Elektrizitätswerk *n*, E-Werk *n*, Kraftwerk *n*
~/**атомная** Kernkraftwerk *n*
~/**блочная [тепловая]** Block[wärme]kraftwerk *n*
~ **в энергосистеме** Verbundkraftwerk *n*, im Verbundsystem arbeitendes Kraftwerk *n*
~/**ветряная** Windkraftwerk *n*
~/**временная** provisorisches Kraftwerk *n*
~/**газотурбинная** Gasturbinenkraftwerk *n*
~/**геотермическая** geothermisches Kraftwerk *n*, Erdwärmekraftwerk *n*
~/**гидравлическая** Wasserkraftwerk *n*
~/**гидроаккумулирующая** Pumpspeicher[kraft]werk *n*
~/**дальняя** Fernkraftwerk *n*
~/**двухконтурная атомная** Kernkraftwerk *n* mit zwei Kreisläufen, Zweikreisanlage *f*
~/**дизельная** Dieselkraftwerk *n*
~/**железнодорожная** Bahnkraftwerk *n*
~/**конденсационная** Kondensationskraftwerk *n*
~/**крупная** Großkraftwerk *n*
~/**крупная районная** großes Überlandkraftwerk *n*, Überlandzentrale *f*
~/**крупная тепловая** Wärmegroßkraftwerk *n*
~/**малая** Kleinkraftwerk *n*
~/**местная** örtliches Elektrizitätswerk (Kraftwerk) *n*, Ortskraftwerk *n*
~/**мощная** Großkraftwerk *n*
~/**мощная ветряная** Großwindkraftwerk *n*
~ **на атомной энергии/промышленная** Industriekernkraftwerk *n*
~ **на буром угле** Braunkohle[n]kraftwerk *n*
~ **на каменном угле** Steinkohle[n]kraftwerk *n*
~/**насосно-гидроаккумулирующая** Pumpspeicher[kraft]werk *n*
~/**паровая** Dampfkraftwerk *n*

~/**паротурбинная** Dampfturbinenkraftwerk *n*
~/**передвижная** ortsveränderliches (fahrbares) Kraftwerk *n*
~/**пиковая** Spitzen[kraft]werk *n*, Spitzenlast[kraft]werk *n*
~/**приливная** Gezeitenkraftwerk *n*, Flutkraftwerk *n*
~/**промышленная** Industriekraftwerk *n*
~/**районная** Überlandkraftwerk *n*
~/**районная тепловая** Überlandwärmekraftwerk *n*
~ **с поперечными связями**/**тепловая** Sammelschienenkraftwerk *n*
~/**сельская** ländliches Kraftwerk *n*
~/**сельская районная** ländliches Überlandkraftwerk *n*
~/**тепловая** Wärmekraftwerk *n*
~/**теплофикационная** Heizkraftwerk *n*, HKW
~/**тяговая** Bahnkraftwerk *n*
~/**угольная** Kohlekraftwerk *n*
~/**ядерная** Kernkraftwerk *n*
электростартер *m (Kfz)* elektrischer Anlasser *m*
электростатика *f* Elektrostatik *f*
электростимулятор *m* **сердца** *(Med)* Herzschrittmacher *m*, Pacemaker *m*
электрострижка *f (Lw)* elektrische Schur *f*
электрострикция *f* Elektrostriktion *f*
электросчётчик *m* Elektrizitätszähler *m*
~ **активной энергии** Wirkarbeitszähler *m*, Wirkverbrauch[s]zähler *m*
~ **активной энергии**/**индукционный** Wirkverbrauch[s]induktionszähler *m*
~/**активный** *s.* ~ **активной энергии**
~ **ампер-часов** Amperestundenzähler *m*
~/**бытовой** Haushalts[elektrizitäts]zähler *m*
~ **ватт-часов** Wattstundenzähler *m*
~/**двухтарифный** Zweitarifzähler *m*, Doppeltarifzähler *m*
~/**индукционный** Induktionszähler *m*
~ **киловатт-часов** Kilowattstundenzähler *m*
~/**контрольный** Kontrollzähler *m*, Vergleichszähler *m*
~/**магнитомоторный** Magnetmotorzähler *m*, permanentdynamischer Zähler *m*
~/**максимальный** *s.* ~ **с максимальным указателем**
~/**многотарифный** Mehr[fach]tarifzähler *m*
~/**многофазный** Mehrphasenzähler *m*
~/**монетный** Münzzähler *m*
~/**моторный** Motorzähler *m*
~/**однотарифный** Ein[fach]tarifzähler *m*
~ **переменного тока** Wechselstrom[elektrizitäts]zähler *m*
~/**поверочный** Prüfzähler *m*
~ **постоянного тока** Gleichstrom[elektrizitäts]zähler *m*
~/**прецизионный** Präzisionszähler *m*
~ **реактивной энергии** Blindarbeitszähler *m*, Blindverbrauch[s]zähler *m*
~/**реактивный** *s.* ~ **реактивной энергии**
~/**регистрирующий** Registrierzähler *m*
~ **с максимальным указателем** Zähler *m* mit Maximum[an]zeiger, Maximumzähler *m*, Höchstverbrauchszähler *m*
~ **трёхфазного тока** Drehstrom[elektrizitäts]zähler *m*
~/**электродинамический** elektrodynamischer (dynamoelektrischer) Zähler *m*
электроталь *f s.* **электротельфер**
электротележка *f s.* **электрокар**
электротельфер *m* Elektro[zug]katze *f (Trägerlaufkatze)*
электротерапия *f (Med)* Elektrotherapie *f*
электротермический elektrothermisch, Elektrowärme . . .
электротермия *f* Elektrothermie *f*
~/**высокочастотная** Hochfrequenz-Elektrothermie *f*
электротермообработка *f*/**поверхностная** *(Met)* elektrische Oberflächenwarmbehandlung *f*
электротехника *f* Elektrotechnik *f*, E-Technik *f*
~/**высоковольтная** Hochspannungstechnik *f*
~ **высокой частоты** Hochfrequenztechnik *f*, HF-Technik *f*; Trägerfrequenztechnik *f*, TF-Technik *f*
~/**низковольтная** Niederspannungstechnik *f*
~ **низкой частоты** Niederfrequenztechnik *f*, NF-Technik *f*
~/**сильноточная** Starkstromtechnik *f*
~/**слаботочная** Schwachstromtechnik *f*
~/**судовая** Schiffselektrotechnik *f*
электротипия *f* Galvanoplastik *f*
электроток *m* [elektrischer] Strom *m*
электротрактор *m* Elektrotraktor *m*
электротрал *m* Elektroschleppnetz *n*, Elektrotrawl *n (Fischfangtechnik)*
электротурбовоз *m* turboelektrische Lokomotive *f*
электротяга *f (Eb)* Elektrotraktion *f*, elektrische Traktion *f*, elektrischer Fahrbetrieb *m*; elektrische Zugförderung *f*, elektrischer Zugbetrieb (Bahnbetrieb) *m*
электротягач *m s.* **электротрактор**
электроустановка *f* elektrische Anlage *f*
~/**внутренняя** Innenraumanlage *f*
~/**выпрямительная** Gleichrichteranlage *f*
~/**высокого напряжения** Hochspannungsanlage *f*
~/**наружная** Freiluftanlage *f*
~ **низкого напряжения** Niederspannungsanlage *f*
~ **сильного тока** Starkstromanlage *f*

~/**карбидообразующий** *(Met)* Karbidbildner *m*, karbidbildendes Element *n*
~/**кислородно-цинковый** Luftsauerstoffelement *n*
~ **Кларка** [/**нормальный**] *(El)* Clark-Element *n*, Clarksches Normalelement *n*, Clark-Normalelement *n*
~/**ключевой** *(Reg)* Schaltelement *n*
~/**кодовый** *(Dat)* Kodeelement *n*
~/**колокольный чувствительный** Tauchglockenmeßfühler *m*
~/**командный** *(Reg)* Befehlsgerät *n*
~/**коммутирующий** *(El)* Schaltelement *n*
~/**компенсирующий** *(Reg)* Kompensationselement *n*, Ausgleichselement *n*
~/**конечный** *(Reg)* Schlußelement *n*, Schlußglied *n*
~/**конструктивный** Konstruktionselement *n*, Bauelement *n*, Bauglied *n*, Bauteil *m(n)*
~/**контрольный** *(Reg)* Kontrollelement *n*
~/**корректирующий** *(Reg)* Korrekturglied *n*, korrigierendes Element *n*, Korrekturelement *n*
~ **крепи** *(Bgb)* Ausbauteil *n*
~/**криогенный** *(Dat)* kryogenisches Element *n*, Kryo-Element *n* *(Tieftemperatur-Speicherelement)*
~ **криотрона** *(Dat)* Kryotronelement *n*
~ **криотрона/накопительный** Kryotron-Speicherelement *n*
~/**криотронный** *(Dat)* Kryotronelement *n*
~ **кристаллической решётки** *(Krist)* Gitterbaustein *m*
~ **кристаллической структуры** *(Krist)* Baustein *m*, Kristallbaustein *m*
~/**кулоновский матричный** *(Math)* Coulomb-Matrixelement *n*
~/**легирующий** *(Met)* Legierungselement *n*, Legierungszusatz *m*
~ **Лекланше** *(El)* Leclanché-Element *n*, Braunsteinelement *n*
~/**линейный** *s.* ~ **длины** [**дуги**]
~/**логический** *(Dat, Reg)* Logikelement *n*, logisches Element *n*, Entscheidungselement *n*
~/**магнитный** *(Dat, Reg)* magnetisches Element *n*
~/**малогабаритный** *(Eln)* Kleinbauelement *n*
~/**малый** *(Math)* Minorelement *n*
~/**материнский** *(Kern)* Mutterelement *n*
~/**матричный** *(Math)* Matrixelement *n*
~/**медноокисный** *(El)* Kupferoxidelement *n*
~/**медноцинковый** *(El)* Kupfer-Zink-Element *n*
~/**микроволновый** *(Eln)* Mikrowellenelement *n*
~/**микромощный** *(Eln)* Mikroleistungsbauelement *n*
~/**миниатюрный** [**конструктивный**] *(Eln)* Kleinstbauteil *n*, Miniaturbauteil *n*, Miniaturbauelement *n*
~/**многоизотопный** *(Kern)* Mischelement *n*
~/**множительный** Multiplikationsglied *n*, Multiplikator *m*
~ **модуляции** *(Fmt)* Modelelement *n*
~/**мокрый** *(El)* Naßelement *n*, nasses Element *n*
~/**монтажный** 1. *(Bw)* Montagebauelement *n*, Montagefertigteil *n*; 2. *(Eln)* Bauteil *m(n)*, Bauelement *n*; Baugruppe *f*
~ **мультивибратора** *(Reg)* Flip-Flop-Element *n*
~/**нагревательный** *(El)* Heizelement *n*, Heizwiderstand *m*, Heizeinsatz *m*
~/**наливной** *(El)* Naßelement *n*, nasses Element *n*
~/**настраивающий** *(Rf)* Abstimmelement *n*
~ **насыщения** *(Schiff)* Vorausrüstungselement *n*, Vorausrüstungsteil *n* *(einer Sektion)*
~ **НЕ** *s.* ~ **НЕ/логический**
~ **НЕ-И** *(Reg)* [logisches] NICHT-UND-Gatter *n*, [logisches] NAND-Gatter *n*
~ **НЕ-ИЛИ** [/**логический**] *(Reg)* [logisches] NICHT-ODER-Gatter *n*, NOR-Gatter *n*, NOR-Glied *n*
~ **НЕ/логический** *(Reg)* [logisches] NICHT-Gatter *n*
~/**необратимый** *(Reg)* nichtumkehrbares (irreversibles) Glied *n*
~/**нестабильный** *(Kern)* instabiles Element *n*
~/**несущий** *(Bw)* Tragelement *n*, Tragteil *n*
~/**нижний выносной** *(Typ)* Unterlänge *f*
~/**нижний удлинённый выносной** lange Unterlänge *f*
~/**нормализованный** *(Dat)* normalisiertes Element *n*
~/**нормальный** *(El)* Normalelement *n*
~ **нулевой** *(Math)* Nullelement *n*, Null *f*
~/**обратный** *(Reg)* reziprokes Element *n*
~/**объёма** *(Reg)* Raumelement *n*, Volumenelement *n*
~/**ограждающий** *(Bw)* Außenwandelement *n*, Wandelement *n*, raumbegrenzendes Element *n*
~/**одиночный** Einzelelement *n*
~/**окиснортутный** *(El)* Quecksilberoxidelement *n*
~/**оптический** *(Dat)* optisches Element *n*
~/**оптический запоминающий** optisches Speicherelement *n*
~ **оптической системы/основной** *(Opt)* [optisches] Kardinalelement *n*
~/**оптоэлектронный** *(Eln)* optoelektronisches Element (Bauelement) *n*

~ **орбиты** *(Astr)* Bahnelement *n*
~ **орбиты/векторный** vektorielles Bahnelement *n*
~ **орбиты/кеплеровский** Keplersches Bahnelement *n*
~ **орбиты/оскулирующий** oskulierendes Bahnelement *n*
~ **орбиты/экваториальный** äquatoriales Bahnelement *n*
~ **орбиты/эклиптический** ekliptikales Bahnelement *n*
~/**основной** *(Dat)* Basiselement *n*
~/**отдельный** *(Eln)* Einzelbauteil *m(n)*
~/**пассивный** *(Eln)* passives Bauelement *n*
~/**первичный** *(El)* Primärelement *n*
~/**переключательный (переключающий)** *(El)* Schaltelement *n*, Schaltglied *n*
~/**переходный** *(El)* Übergangselement *n*, Übergangsstück *n*
~/**печатный** *(Eln)* gedrucktes Bauelement *n*
~/**плавкий** *(El)* Schmelzleiter *m*
~/**плёночный** *(Eln)* Schichtbauelement *n*, Filmbauelement *n*
~/**пневматический** *(Reg)* pneumatisches Element *n*
~/**пневматический вычислительный** pneumatisches Rechenelement *n*
~/**пневматический линейный** pneumatische Lineareinheit *f*
~/**поверяемый** 1. Bestimmungsgröße *f*; 2. zu prüfendes Teil *n*
~/**подводящий** Zuleitungselement *n*
~/**показывающий** *(Reg)* Anzeigeelement *n*
~/**полупроводниковый конструктивный** Halbleiterbauelement *n*
~/**пороговый** *(Reg)* Schwellwertglied *n*, Schwellwertelement *n*
~ **преобразования** *(Reg)* Konvertierungseinheit *f*
~/**преобразовательный** *(Reg)* Umformelement *n*, umformendes Element *n*; Wandlerelement *n*
~/**природный радиоактивный** natürliches radioaktives Element *n*
~ **присоединения** *(El)* Anschlußelement *n*
~/**пробельный** *(Typ)* Blindelement *n*, Ausschlußelement *n*, Ausschluß *m*
~/**промежуточный** *(Reg)* Zwischenglied *n*
~/**противовключённый** *(El)* Gegenzelle *f*
~/**прядильный** *(Text)* Spinnstelle *f*, Spinnelement *n* *(Chemiefaserherstellung)*
~/**пьезоэлектрический** *(El)* Piezoelement *n*
~/**работоспособный** *(Dat)* funktionsfähiges Element *n*
~/**радиоактивный** *(Ch, Kern)* radioaktives Element *n*, Radioelement *n*
~/**развёртывающий** *(Fs)* Abtastelement *n*
~/**разделительный** *(Kern)* Trennungsglied *n*
~/**разностный** *(Reg)* Differenzglied *n*, Differenzelement *n*
~/**растворимый** *(Krist)* gelöstes Element *n (im Metallgitter)*
~/**растровый** *s.* ~ **изображения**
~/**растянутый** *(Bw)* Zugglied *n*, Zugkörper *m*
~/**регистровый** *(Dat)* Registerelement *n*
~/**регулирующий** Regelglied *n*, Stellglied *n*, Stellelement *n*
~ **регулятора** Reglerelement *n*, Reglerglied *n*
~/**редкоземельный** *(Ch)* Seltenerdmetall *n*
~/**решающий** *(Dat)* Entscheidungselement *n*; Rechenelement *n (Analogrechner)*
~ **решётки** 1. *(Krist)* Gitterbaustein *m*; 2. *(Opt)* Gitterelement *n*
~ **с двумя устойчивыми состояниями** *(Reg)* bistabiles Element *n*
~/**сборный** *(Bw)* Fertigbauteil *n*
~/**сверхминиатюрный** *(Eln)* Mikrobauteil *n*, Mikrobauelement *n*
~ **связи** *(Fmt)* Kopplungselement *n*, Kopplungsglied *n*
~/**селеновый** *(El)* Selenzelle *f*
~ **сетки** *(Reg)* Netzelement *n*
~/**сигнальный** *(Reg)* Meldegerät *n*
~/**силовой** *(Reg)* Kraftschalter *m*
~ **симметрии** *(Krist)* Symmetrieelement *n*
~/**синхронизирующий** *(Reg)* synchronisierendes Element *n*
~ **системы управления** *(Reg)* Steuerelement *n*; Steuerorgan *n*
~ **скольжения** Gleitelement *n*, Translationselement *n*
~/**слюдяной нагревательный** *(El)* Glimmerheizelement *n*
~/**смешанный** *(Ch)* Mischelement *n*
~ **совпадений** *(Ph)* Koinzidenzelement *n*
~/**согласующий** *(Reg)* Anpassungsglied *n*, Anpaßelement *n*
~/**солнечный** Solarzelle *f*
~ **сообщения** Nachrichtenelement *n*
~ **сопротивления** *(Reg)* Widerstandselement *n*
~/**сопутствующий** *(Ch, Met)* Begleitelement *n*
~/**составной** Bestandteil *m*
~ **сравнения** *s.* ~/**сравнивающий**
~/**сравнивающий** *(Reg)* Vergleichselement *n*, Vergleichsglied *n*; Vergleicher *m*
~/**стабилизирующий** *(Reg)* Stabilisierungsglied *n*
~/**статический** *(Reg)* statisches Element (Glied) *n*; proportionalwirkendes Glied *n*, P-Glied *n*

~/**стержневой тепловыделяющий** *(Kern)* Stabelement *n*
~ **строения** *(Geol)* Teilgefüge *n*, Gefügeelement *n*
~/**струйный** *(Reg)* Fluidik-Element *n*, pneumatisches logisches Schaltelement *n*
~/**структурный** *(Ch, Ph)* Strukturelement *n*, Bauelement *n*, Struktureinheit *f*, Baueinheit *f*, Baustein *m*
~/**сухой** *(El)* Trockenelement *n*
~/**схемный** *s.* ~ **схемы**
~ **схемы** *(El)* Schalt[ungs]element *n*, Schalt[ungsbau]teil *m(n)*, Schaltungsbaustein *m*, Schaltorgan *n*
~ **схемы замещения** Ersatzschaltungselement *n*
~/**твердотельный** Festkörperbauelement *n*
~/**твёрдый тепловыделяющий** *(Kern)* festes Spaltstoffelement *n*
~ **температуры/чувствительный** Temperatur[meß]fühler *m*
~/**тензометрический чувствительный** Dehnungsmeßfühler *m*
~/**тепловыделяющий** *(Kern)* Brenn-[stoff]element *n*, Spaltstoffelement *n* *(eines Kernkraftwerkreaktors)*
~/**тепловыделяющий урановый** Uranbrennstoffelement *n*
~/**термочувствительный** Temperaturfühler *m*, Thermoelement *n*
~/**толстоплёночный** *(Eln)* Dickschichtbauelement *n*, Dickfilmbauelement *n*
~/**тонкоплёночный** *(Eln)* Dünnschichtbauelement *n*, Dünnfilmbauelement *n*
~/**топливный** *s.* ~/**тепловыделяющий**
~/**трансурановый** *(Ch, Kern)* Transuran *n*, transuranisches Element *n*
~ **управления** Steuerelement *n*, Steuerorgan *n*
~/**управляемый** *s.* ~/**активный**
~/**управляемый индикаторный** ansteuerbares Anzeigeelement *n*
~/**упругий** 1. Federelement *n*, elastisches (federndes) Element (Glied) *n*; 2. Verformungskörper *m*
~/**упругий чувствительный** elastischer Meßfühler *m*
~/**усилительный** *(Reg)* Verstärkerglied *n*, Verstärkerelement *n*; *(Eln)* Verstärkerteil *n*
~/**ускоряющий** *(Reg)* Beschleunigungsglied *n*
~/**устанавливаемый** *(Reg)* Einstellglied *n*
~/**фильтрующий** *(Ch)* Filterelement *n*
~/**фотоэлектрический** s. **фотоэлемент**
~/**функциональный** *(Reg, Math)* Funktionselement *n*; *(Reg)* Funktionsglied *n*; *(Dat, Kyb)* Verknüpfungselement *n*
~/**химический** [chemisches] Element *n*, [chemischer] Grundstoff *m*
~ **Холла** *(El)* Hall-Element *n*
~ **цепи** *(El)* Netzelement *n*
~/**цифровой** *(Reg)* digitales Element *n*, Digitalelement *n*
~/**четвертьволновый** $\lambda/_4$-Element *n*
~/**чистый** *(Ch)* Reinelement *n*
~/**чувствительный** 1. *(Reg)* Fühl[er]element *n*, Fühlglied *n*; 2. *(Meß)* Meßfühler *m*, Fühler *m*, Taster *m*
~/**чувствительный измерительный** Meßtaster *m*
~/**электрический исполнительный** elektrisches Stellglied *n*
~/**электродинамический чувствительный** elektrodynamischer Meßfühler *m*
~/**электролитический** *s.* ~/**гальванический**
~/**электромеханический** elektromechanisches Glied (Element) *n*
~/**электронный** elektronisches Element (Bauelement) *n*
~/**электрохимический** elektrochemisches (galvanisches) Element *n*, elektrochemische (galvanische) Zelle *f*
~/**эталонный** *s.* ~/**нормальный**
элемент-аналог *m* *(Ch)* homologes Element *n*, Homolog[es] *n*
элемент-датчик *m* *(Reg)* Geberelement *n*, Geber *m*
элемент-индикатор *m* *(Kern)* Spurenelement *n*, Leitelement *n*, Tracerelement *n*
элемент-передатчик *m* *(Reg)* Übertragungselement *n*, Übertragungsglied *n*
элементы *mpl* Elemente *npl* *(s. a. unter* **элемент***)* • **на полупроводниковых элементах** auf Halbleiterbasis, halbleiterbestückt, Halbleiter . . .
~ **вычислительных машин** *(Dat)* Rechenelemente *npl*
~/**петрогенные (породообразующие)** *(Geol)* petrogene Elemente *npl*
~/**сидерофильные** *(Geol)* siderophile Elemente *npl*
~/**халькофильные** *(Geol)* chalkophile Elemente *npl*
~/**цепеобразные** *(Typ)* Kontrapunkte *mpl*, Kettenpunkte *mpl*
~/**цифровые** *(Reg)* Digitalbausteine *mpl*
элерон *m* *(Flg)* Querruder *n*
~/**внешний** äußeres Querruder *n*
~/**внутренний** inneres Querruder *n*
~/**дифференциальный** Differentialquerruder *n*
~/**концевой (плавающий)** Flügelspitzenquerruder *n*
~/**уравновешенный** ausgeglichenes Querruder *n*
~/**щелевой** Schlitzquerruder *n*

элиминатор *m* 1. Eliminator *m*, Entelektrisator *m* *(Vorrichtung zur Beseitigung elektrostatischer Aufladungen durch Ionisation)*; 2. Tropfenfänger *m* *(Klimaanlage)*
~/радиоактивный radioaktiver Eliminator (Entelektrisator) *m*
~/[электро]статический statischer Eliminator *m*
элиминация *f* Beseitigung *f*, Eliminierung *f*
~ электростатических зарядов Beseitigung *f* elektrostatischer Aufladungen durch Ionisation *(in Maschinen der polygrafischen, papierverarbeitenden, Plast- und Textilindustrie)*
эллинг *m (Schiff)* [überdachte] Helling *f*
эллипс *m (Math)* Ellipse *f*
~/аберрационный *(Astr)* Aberrationsellipse *f*
~ импульса Impulsellipse *f*
~ инерции *(Fest)* Trägheitsellipse *f*, Momentenellipse *f*
~ инерции/центральный Zentral[trägheits]ellipse *f*
~ искажений *(Geol)* Verzerrungsellipse *f*
~ корреляции *s.* **~ рассеяния**
~ моментов *s.* **~ инерции**
~ напряжения *(El)* Spannungsellipse *f*
~/нутационный *(Astr)* Nutationsellipse *f*
~/параллактический *(Astr)* parallaktische Ellipse *f*
~ поляризации *(Opt)* Polarisationsellipse *f*
~ рассеяния Korrelationsellipse *f*, Umrißellipse *f*
~ скольжения *(Fest)* Gleitellipse *f*
~ скоростей Geschwindigkeitsellipse *f*
~ тока *(El)* Stromellipse *f*
эллипсоид *m (Math)* Ellipsoid *n*
~ вращения Rotationsellipsoid *n*
~ деформации *(Fest)* Deformationsellipsoid *n*, Verformungsellipsoid *n*, Verzerrungsellipsoid *n*
~ импульса Impulsellipsoid *n*
~ инерции *(Fest)* Trägheitsellipsoid *n*, Momentenellipsoid *n*
~ инерции/центральный Zentral[trägheits]ellipsoid *n*
~ Коши *(Opt)* Brechungsindexellipsoid *n*, Indexellipsoid *n*
~ кучности Konzentrationsellipsoid *n*
~/лучевой *(Opt)* Strahlenellipsoid *n*
~ моментов *s.* **~ инерции**
~ напряжений *(Fest)* Spannungsellipsoid *n*, Elastizitätsellipsoid *n*
~/обратный *(Math)* reziprokes Verzerrungsellipsoid *n*
~ погрешностей Fehlerellipsoid *n*
~ поляризации Polarisationsellipsoid *n*
~/приливный Flutellipsoid *n*
~ приливообразующей силы Flutellipsoid *n*
~ Пуансо *(Fest)* Poinsot-Ellipsoid *n*, Poinsotsches Trägheitsellipsoid *n*
~ рассеивания *(Mil)* Lufttreffbild *n*
~ скоростей Geschwindigkeitsellipsoid *n*
~/тензорный *(Math)* Tensorellipsoid *n*
~ упругости *(Fest)* Elastizitätsellipsoid *n*
эллипсоидальный ellipsoid, ellipsenähnlich
эллиптический elliptisch, ellipsenförmig
эллиптически-поляризованный *(Ch)* elliptisch polarisiert
эллиптичность *f (Math)* Elliptizität *f*
~/равномерная gleichmäßige Elliptizität *f*
элоксация *f* Aloxydieren *n*
элоксировать aloxydieren
элонгация *f (Astr)* Elongation *f*
~/наибольшая восточная größte östliche Elongation *f*
~/наибольшая западная größte westliche Elongation *f*
~ 60° *(Astr)* Sextilschein *m*
~ 90° *(Astr)* Trigonalschein *m*
ЭЛТ *s.* **трубка/электроннолучевая**
элутрон *m (Kern)* Elutron *n* *(Teilchenbeschleuniger)*
элюат *m (Ch)* Eluat *n*
элювий *m (Geol)* Eluvium *n*
элюент *m (Ch)* Eluent *n*, Elutionsmittel *n*
элюирование *n (Ch)* Eluieren *n*, Elution *f*
элюировать *(Ch)* eluieren
эмалирование *n* Emaillieren *n*
~/пудровое Puderemaillierung *f*
эмалировка *f* 1. Emaillieren *n* *(Vorgang)*; 2. Emaillierung *f* *(Überzug)*
эмаль *f* 1. Email *n*, Emaille *f*; Schmelz *m*; 2. Emaille[lack]farbe *f* *(Anstrichtechnik)*; 3. pigmentierter Lack *m*
~/выемчатая Grubenschmelz *m*
~/глухая getrübtes Email *n*
~/грунтовая Grundemail *n*
~/живописная Maleremail *n*
~/масляная Öllackfarbe *f*
~/молотковая Hammerschlaglack *m*
~/нитроцеллюлозная Nitrolackfarbe *f*
~/покровная Deckemail *n*
~/покрывающая Deckemail *n*
~/прозрачная durchsichtiges Email *n*, Transparentemail *n*
~/пудровая Puderemail *n*
~/спиртовая Spirituslackfarbe *f*
~/художественная Kunstemail *n*, Schmuckemail *n*
эмальпроволока *f* Emaille[lack]draht *m*
эман *m (Kern)* Eman *n*, Em, eman *(nicht gesetzliche Einheit für die radiologische Konzentration von Quellen; = 10^{-10} Ci/l)*
эманация *f (Kern)* 1. Emanation *f*, Emanieren *n*; 2. Emanation *f*, radioaktives Edelgas *n*

~ **актиния** Aktinon *n*, Radon-219 *n*
~ **радия** Radon-222 *n*
~ **тория** Radon-220 *n*
эманирование *n s.* **эманация 1.**
эманометр *m (Kern)* Emanometer *n*
эмиссия *f (Kern, Ph)* Emission *f (Aussendung einer Teilchenstrahlung)*
~/**автоэлектронная** Feld[elektronen]-emission *f*, kalte Emission *f*, Kalt[katoden]emission *f*, Autoemission *f*
~/**внутренняя автоэлектронная (холодная, электростатическая)** innere Feldemission *f*
~/**вторичная** Sekundäremission *f*
~/**вторичная электронная** Sekundärelektronenemission *f*, sekundäre Elektronenemission *f*, SEE, Elektronensekundäremission *f*
~ **вторичных электронов** *s.* ~/**вторичная электронная**
~/**избирательная фотоэлектронная** selektiver Fotoeffekt *m*
~ **инфракрасного излучения** Infrarotemission *f*, IR-Emission *f*
~/**ионная** Ionenemission *f*
~/**нормальная** Normalemission *f*
~/**нормальная фотоэлектронная** normaler Fotoeffekt *m*
~/**полевая** *s.* ~/**автоэлектронная**
~ **решётки** Gitterleuchten *n*
~/**самопроизвольная** spontane Emission *f*, Spontanemission *f*
~ **сетки** Gitteremission *f*
~/**сеточная** Gitteremission *f*
~/**спонтанная** spontane Emission *f*, Spontanemission *f*
~/**суммарная** Gesamtemission *f*
~/**термическая электронная** *s.* ~/**термоэлектронная**
~/**термоионная** thermi[oni]sche Emission *f*, Thermionenemission *f*
~/**термоэлектронная** thermische Elektronenemission *f*, Glüh[elektronen]emission *f*
~/**удельная** spezifische Emission *f*
~ **ультрафиолетового излучения** Ultraviolettemission *f*, UV-Emission *f*
~ **фотонов** Photonenemission *f*, Photonenstrahlung *f*
~/**фотоэлектронная** Fotoemission *f*, äußerer Fotoeffekt *m*, Hallwachs-Effekt *m*
~/**холодная** *s.* ~/**автоэлектронная**
~/**электронная** Elektronenemission *f*
~/**электростатическая** *s.* ~/**автоэлектронная**
эмиттер *m (Eln)* Emitter *m*, Emitterelektrode *f*, Emissionselektrode *f*; Emitterzone *f*; Emitteranschluß *m*
~/**бариевый** Bariumemitter *m*
~/**вторично-электронный** Sekundäremissionskatode *f*, Sekundärelektronenemitter *m*
~/**точечный** Spitzenemitter *m*
эмиттировать emittieren, auslösen, aussenden
эмпирика *f* Empirie *f*
эмпирический empirisch, erfahrungsmäßig, Erfahrungs..., Faust... *(z. B. Faustformel)*
эмплектит *m (Min)* Emplektit *m*, Kupferwismutglanz *m*
эмульгатор *m (Ch)* Emulgator *m*, Emulgier[ungs]mittel *n*
эмульгирование *n (Ch)* Emulgieren *n*, Emulsionieren *n*; *(Text)* Schmälzen *n*
~ **основы** *(Text)* Schmälzen *n* der Kettfäden
эмульгировать *(Ch)* emulgieren, emulsionieren
эмульгируемость *f (Ch)* Emulgierbarkeit *f*
эмульсатор *m (Ch)* Emulgiermaschine *f*, Emulsionsmaschine *f*, Emulgator *m*
эмульсирование *n s.* **эмульгирование**
эмульсировать *s.* **эмульгировать**
эмульсификатор *m s.* **эмульгатор**
эмульсия *f* 1. Emulsion *f*; 2. *(Fert)* Kühlmittel *n (für Schneidwerkzeuge)*
~/**бромосеребряная** *(Foto)* Bromsilberemulsion *f*
~/**водно-нефтяная** Wasser-in-Erdöl-Emulsion *f*
~ **воды в жире** Wasser-in-Fett-Emulsion *f*
~ **воды в масле** Wasser-in-Öl-Emulsion *f*
~/**высокочувствительная** hochempfindliche Emulsion *f*, Rapidemulsion *f (Film)*
~ **жира в воде** Fett-in-Wasser-Emulsion *f*
~/**жировая** 1. Fettemulsion *f*; 2. *(Led)* Lickeremulsion *f*, Fettlicker *m*
~/**клеевая** *(Pap)* Leimemulsion *f*, Leimmilch *f*
~/**крупнозернистая** grobkörnige Emulsion *f*
~ **масла в воде** Öl-in-Wasser-Emulsion *f*
~/**мелкозернистая** feinkörnige Emulsion *f*
~/**мыльная** Seifenemulsion *f*
~/**нефтяная** Erdölemulsion *f*
~/**обратная** *s.* ~ **воды в масле**
~/**позитивная** Kopieremulsion *f (Film)*
~/**прямая** *s.* ~ **масла в воде**
~/**снятая** *(Kern)* abgezogene Emulsion *f*
~/**твёрдая** feste Emulsion *f*, Lisoloid *n*
~ **травящая** *(Typ)* Ätzflüssigkeit *f*
~/**фотографическая** fotografische (lichtempfindliche) Emulsion *f*, Fotoemulsion *f*
~/**хлоробромосеребряная** *(Foto)* Chlorbromsilberemulsion *f*
~/**ядерная** *(Kern, Foto)* Kern[spur]emulsion *f*

эмульсоид *m (Ch)* Emuls[ionskoll]oid *n*
эмульсол *m (Fert)* Emulsol *n (Ölgrundstoff zur Herstellung wäßriger Emulsionen für Schneidwerkzeugkühlung)*
эмульсор *m s.* **эмульсатор**
эмулятор *m (Dat)* Emulator *m*
эмуляция *f (Dat)* Emulation *f*
эмшер *m s.* **ярус/эмшерский**
энантиомер *m s.* **изомер/зеркальный**
энантиоморфизм *m (Krist)* Enantiomorphie *f*
энантиоморфный *(Krist)* enantiomorph
энантиотропия *f (Krist)* Enantiotropie *f*
энантиотропный *(Krist)* enantiotrop
энаргит *m (Min)* Enargit *m*
эндикон *m (Fs)* Endikon *n*
эндовибратор *m (Rf)* Hohlraumresonator *m*
эндоскоп *m (Med)* Endoskop *n*
эндоскопия *f (Med)* Endoskopie *f*
эндосмос *m (Ph)* Endosmose *f*
~/**электрический** Elektroendosmose *f*
эндотермический *(Ch)* endotherm, wärmeaufnehmend
энергия *f* Energie *f*
~ **адсорбции** Adsorptionsenergie *f*
~ **активации** *(Kern)* Aktivierungsenergie *f*
~ **альфа-распада** *(Kern)* Alpha-Zerfallsenergie *f*, Alpha-Umwandlungsenergie *f*
~ **бета-распада** *(Kern)* Beta-Zerfallsenergie *f*
~ **бытового стока** *(Hydt)* Laufenergie *f*, Laufkraft *f*
~/**ветровая** Windenergie *f*
~ **взаимодействия** Wechselwirkungsenergie *f*
~/**внутренняя** innere Energie *f*
~ **возбуждения** Anregungsenergie *f*
~ **возмущения** *(Ph)* Störungsenergie *f*
~ **выхода** Austrittsenergie *f*, Austrittsarbeit *f*
~/**гидроэлектрическая** hydroelektrische Energie *f*, Wasserkraftelektroenergie *f*
~ **границ зёрен** *(Krist)* Korngrenzenenergie *f*
~ **давления** Druckenergie *f*
~ **деления** *(Kern)* Spaltungsenergie *f*
~ **деления ядра** Kernspaltungsenergie *f*
~ **дефектов упаковки** *(Krist)* Stapelfehlerenergie *f*
~ **деформации** Gestaltänderungsenergie *f*, Gestaltänderungsarbeit *f*
~ **дипольного взаимодействия** *(Ph)* Dipol[wechselwirkungs]energie *f*
~ **дислокаций** *(Krist)* Versetzungsenergie *f*
~ **диссоциации** *(Ch)* Dissoziationsenergie *f*
~/**дульная** *(Mil)* Mündungsenergie *f*
~ **захвата** *(Ph)* Anlagerungsenergie *f*, Anlagerungsarbeit *f*
~/**звуковая** Schallenergie *f*, akustische Energie *f*
~/**избыточная** *(Ph)* Überschußenergie *f*
~ **излучения** *(Kern)* Strahlungsenergie *f*, Strahlungs[energie]menge *f*
~ **ионизации** *(Kern)* Ionisierungsenergie *f*, Ionisierungsarbeit *f*
~ **квантов** *(Ph)* Quantenenergie *f*
~/**квантовая** *(Ph)* Quantenenergie *f*
~/**кинетическая** kinetische Energie *f*, Bewegungsenergie *f*
~ **колебаний** *(Ph)* Schwingungsenergie *f*
~ **кристаллической решётки** *(Krist)* Gitterenergie *f*
~/**лучистая** *s.* ~ **излучения**
~ **магнитного поля** *(Ph)* magnetische Feldenergie *f*, Energieinhalt *m* des magnetischen Feldes
~/**молярная** stoffmengenbezogene Energie *f (Joule je Mol)*
~ **морских приливов** *(Geoph)* Gezeitenenergie *f*, Tidenenergie *f*
~ **накачки** Pumpenergie *f (Lasertechnik)*
~/**обменная** *(En)* Austauschenergie *f*
~ **образования** *(Ph)* Bildungsenergie *f*, Bildungsarbeit *f*
~ **образования пары** Paarbildungsenergie *f*
~/**общая** Gesamtenergie *f*
~/**остаточная** *(Ph)* Restenergie *f*
~ **отдачи** *(Ph)* Rückstoßenergie *f*
~ **отталкивания** *(Ph)* Abstoßungsenergie *f*
~ **перезарядки** *(El)* Umladungsenergie *f (Kondensator, Akku)*
~ **пересыщения** *(Ph, Ch)* Übersättigungsenergie *f*
~ **поверхностного натяжения** *(Ph)* Kapillarenergie *f*
~ **поглощения** *(Ph)* Absorptionsenergie *f*
~/**подводимая** zugeführte Energie *f*
~ **покоя** *(Ph)* Ruh[e]energie *f*
~/**полезная** *(En)* Nutzenergie *f*
~ **поля** *(Ph)* Feldenergie *f*
~ **помех** Störenergie *f*
~/**пороговая** *(Ph)* Energieschwelle *f*, Schwellenenergie *f*
~/**потенциальная** *(Ph)* Potentialenergie *f*, Zustandsenergie *f*
~ **потока** Strömungsenergie *f*
~ **потока/незарегулированная** *s.* ~ **бытового стока**
~ **превращения** *(Ph)* Umwandlungsenergie *f*
~ **прилива** *(Geoph)* Gezeitenenergie *f*, Tidenenergie *f*
~/**рабочая** *(Ph)* Arbeitsenergie *f*
~ **радиоактивного распада** *(Kern)* Zerfallsenergie *f*
~/**разрядная** *(El)* Entladungsenergie *f*
~ **распада** *(Kern)* Zerfallsenergie *f*
~ **решётки** *(Krist)* Gitterenergie *f*

~/**световая** Lichtenergie *f*; *(Astr)* Lichtmenge *f (eines Gestirns)*
~/**свободная** freie Energie *f*
~/**связанная** gebundene Energie *f*
~ **связи** Bindungsenergie *f*
~ **связи альфа-частицы** *(Kern)* Alpha-Bindungsenergie *f*
~ **связи ядра** Kernbindungsenergie *f*
~ **синтеза [ядер]** *(Kern)* Fusionsenergie *f*, Kernverschmelzungsenergie *f*
~ **собственных нужд/электрическая** Eigenbedarfsenergie *f*
~ **соударения** Schlagenergie *f*
~ **сублимации** *(Ch)* Sublimationsenergie *f*
~ **сцепления** Kohäsionsenergie *f*
~/**тепловая** Wärmeenergie *f*
~/**термоядерная** *(Kern)* Fusionsenergie *f*, Kernverschmelzungsenergie *f*
~ **течения** Strömungsenergie *f*
~ **тяготения** *(Geoph)* Gravitationsenergie *f*
~ **удара** Stoßenergie *f*
~/**удельная** spezifische Energie *f (Joule je Kilogramm)*
~ **упругой деформации** Formänderungsenergie *f*, Deformationsenergie *f*
~/**химическая** chemische Energie (Zustandsenergie) *f*
~ **химической связи** chemische Bindungsenergie *f*
~/**шумовая** Rauschenergie *f*
~/**электрическая** elektrische Energie *f*, Elektroenergie *f*
~ **электрического поля** elektrische Feldenergie *f*
~/**электронная** Elektronenenergie *f*
~ **электронов** Elektronenenergie *f*
~/**ядерная** Kernenergie *f*
энерговооружённость *f* 1. *(En)* Grad *m* des Energieeinsatzes; 2. *(Flg, Rak)* Schubbelastung *f*
энерговыделение *n* Energiefreisetzung *f*
энергоёмкий energieintensiv
энергоёмкость *f* Energieinhalt *m*, Energiegehalt *m*; Energieintensität *f*
энергомашиностроение *n* Energiemaschinenbau *m*, Kraftmaschinenbau *m*
энергоноситель *m* Energieträger *m*
энергообеспечение *n* Energieversorgung *f*
энергообмен *m* Energieaustausch *m*, Energieumsatz *m*
энергооборудование *n* Energieausrüstung *f*
энергоотдача *f* Energieabgabe *f*
энергопередача *f* Energieübertragung *f*
энергопотребление *n* Energieverbrauch *m*
энергоресурсы *mpl* Energieressourcen *pl*, Energiereserven *fpl*
энергосеть *f (El)* Energienetz *n*, Versorgungsnetz *n*
энергосистема *f (El)* Energie[versorgungs]system *n*, Energieverbundsystem *n*
~/**высоковольтная** Hochspannungsverbundsystem *n*
~/**единая** einheitliches Energiesystem (Verbundsystem) *n*
~/**крупная** Großverbundsystem *n*
~/**объединённая** vereinigtes Energiesystem (Verbundsystem) *n*
энергоснабжение *n* Energieversorgung *f*
энергоустановка *f* Energieanlage *f*
энергохозяйство *n* Energiewirtschaft *f*
энергоэкономический energiewirtschaftlich
эннод *m (Eln)* Enneode *f*, Nonode *f*, Neunelektrodenröhre *f*, Neunpolröhre *f*
энол *m (Ch)* Enol *n*
энолизация *f (Ch)* Enolisierung *f*
энстатит *m (Min)* Enstatit *m (Orthopyroxen)*
энтальпия *f (Therm)* Enthalpie *f*, Wärmeinhalt *m*, Gibbssche Wärmefunktion *f*
~ **активации** Aktivierungsenthalpie *f*
~/**молярная** molare Enthalpie *f*
~ **образования** Bildungsenthalpie *f*
~ **реакции** Reaktionsenthalpie *f*
~/**свободная** freie Enthalpie *f*
энтропийный Entropie . . .
энтропия *f (Therm)* Entropie *f*, Verwandlungsgröße *f*
~ **информации** Informationsentropie *f*, Entropie *f* der Informationsquelle
~ **ионов** Ionenentropie *f*
~/**лучистая** Strahlungsentropie *f*
~/**молярная** stoffmengenbezogene Entropie *f (Joule je Mol und Kelvin)*
~ **образования** Bildungsentropie *f*
~/**радиационная** Strahlungsentropie *f*
~ **решётки** Gitterentropie *f*
~ **системы** Entropie *f (Joule je Kelvin)*
~/**удельная** spezifische Entropie *f (Joule je Kilogramm und Kelvin)*
энцефалограмма *f (Med)* Elektroenzephalogramm *n*, EEG
энцефалограф *m (Med)* Enzephalograf *m*, Elektroenzephalograf *m*
энцефалография *f (Med)* Enzephalografie *f*, Elektroenzephalografie *f*
эозин *m (Ch)* Eosin *n (Xanthenfarbstoff)*
эозой *m (Geol)* Eozoikum *n*
эолит *m (Geol)* 1. Eolithikum *n (der Altsteinzeit vorausgegangene tertiäre Frühstufe der menschlichen Kultur)*; 2. Eolith *m (aus tertiären und diluvialen Schichten stammender Feuersteinsplitter)*
ЭОП *s.* **преобразователь/электронно-оптический**

эоплейстоцен *m s.* **отдел/нижнечетвертичный**
эоцен *m s.* **отдел/эоценовый**
эпейрогенез[из] *m (Geol)* Epirogenese *f (weitgespannte Hebungen und Senkungen der Erdkruste)*
эпейрогения *f s.* **эпейрогенез**
эпейрофорез *m (Geol)* Epeirophorese *f (Kontinentaldrifttheorie)*
эпигенит *m (Min)* Epigenit *m*
эпиграмма *f (Krist)* Rückstrahlaufnahme *f (nach Laue)*
эпидиаскоп *m (Opt)* Epidiaskop *n*
эпидот *m (Min)* Epidot *m*, Pistazit *m*
эпимер *m (Ch)* Epimer[es] *n*, Diastereomer[es] *n*
эпимерия *f (Ch)* Epimerie *f*, Diastereomerie *f*
эпимерный *(Ch)* epimer, diastereomer
эпинефрин *m (Ch)* Epinephrin *n*, Adrenalin *n*
эпипалеолит *m (Geol)* Mittelsteinzeit *f*, Mesolithikum *n*
эпископ *m (Opt)* Episkop *n*
~/шаровой Kugelepiskop *n*
эпитаксия *f (Krist)* Epitaxie *f*, epitaxiale Züchtung *f*, epitaxiales Aufwachsen *n*
эпитрохоида *f (Math)* Epitrochoide *f*
эпихлоргидрин *m (Ch)* Epichlorhydrin *n*
эпицентр *m* 1. *(Geoph)* Epizentrum *n (Erdbeben)*; 2. *(Mil)* Nullpunkt *m (Kernwaffendetonation)*
~ ядерного взрыва Nullpunkt *m* der Kernwaffendetonation
эпицикл *m (Astr)* Epizykel *m*
эпициклоида *f (Math)* Epizykloide *f*
эпиэвгеосинклиналь *f (Geol)* Epieugeosynklinale *f*
эпоксисмола *f* Epoxidharz *n*, Äthoxylinharz *n*
эпоха *f* 1. Epoche *f*, Zeitalter *n*, Zeitabschnitt *m*; 2. *(Astr)* Epoche *f*; 3. *(Geol)* Epoche *f (Bildungszeit einer stratigrafischen Abteilung)*
~/верхнемеловая *(Geol)* Oberkreide *f*
~/вюрмская *s.* **оледенение/вюрмское**
~ [звёздного] каталога *(Astr)* Katalogepoche *f*, Epoche *f* eines Positionskatalogs
~/ледниковая *(Geol)* Eiszeit *f*, Glazialzeit *f*, Kaltzeit *f*
~/межледниковая *s.* **межледниковье**
~/миоценовая *(Geol)* Miozän *n*
~/неогеновая *(Geol)* Neogen *n*, Jungtertiär *n*
~/нижнемеловая *(Geol)* Unterkreide *f*
~/олигоценовая *(Geol)* Oligozän *n*
~/оскулирующая *(Astr)* Oskulationsepoche *f (Bahnstörungen)*
~ оскуляции *s.* **~/оскулирующая**
~/палеогеновая *(Geol)* Paläogen *n*, Alttertiär *n*
~/палеоценовая *(Geol)* Paläozän *n*, Paleozän *n*
~/плиоценовая *(Geol)* Pliozän *n*
~/позднедевонская *(Geol)* Oberdevon *n*
~/позднекаменноугольная *(Geol)* Oberkarbon *n*
~/позднекембрийская *(Geol)* Oberkambrium *n*
~/позднемеловая *(Geol)* Oberkreide *f*
~/позднеордовикская *(Geol)* oberes Ordovizium *n*
~/позднепермская *(Geol)* Oberperm *n*
~/позднесилурская *(Geol)* Obersilur *n*
~/позднетриасовая *(Geol)* obere Trias *f*
~/позднечетвертичная *(Geol)* Neopleistozän *n*
~/позднеюрская *(Geol)* weißer Jura *m*
~/послеледниковая *s.* **послеледниковье**
~ равноденствия *(Astr)* Äquinoktialepoche *f*
~/раннедевонская *(Geol)* Unterdevon *n*
~/раннекаменноугольная *(Geol)* Unterkarbon *n*
~/раннекембрийская *(Geol)* Unterkambrium *n*
~/раннемеловая *(Geol)* Unterkreide *f*
~/раннеордовикская *(Geol)* unteres Ordovizium *n*
~/раннепермская *(Geol)* Unterperm *n*
~/раннесилурская *(Geol)* Untersilur *n*
~/раннетриасовая *(Geol)* untere Trias *f*
~/раннечетвертичная *(Geol)* Eopleistozän *n*
~/раннеюрская *(Geol)* schwarzer Jura *m*
~/среднедевонская *(Geol)* Mitteldevon *n*
~/среднекаменноугольная *(Geol)* Mittelkarbon *n*
~/среднекембрийская *(Geol)* Mittelkambrium *n*
~/среднеордовикская *(Geol)* mittleres Ordovizium *n*
~/среднетриасовая *(Geol)* mittlere Trias *f*
~/среднечетвертичная *(Geol)* Mesopleistozän *n*
~/среднеюрская *(Geol)* brauner Jura *m*
~ четвертичного периода/современная *(Geol)* Holozän *n*
~/эоценовая *(Geol)* Eozän *n*
ЭПР *s.* **резонанс/электронный парамагнитный**
эпрувет *m (Ch)* Reagenzglas *n*, Probierglas *n*
эпсомит *m (Min)* Epsomit *m*
эпюр *m s.* **эпюра**
эпюра *f* 1. Zeichenebene *f*, Bildebene *f*, Aufrißebene *f*, Aufriß *m (orthogonale Projektion)*; 2. Linie *f*, Fläche *f*, Figur *f*
~ вакуума Unterdruckfigur *f*
~ вертикальной скорости *(Hydr)* Vertikalgeschwindigkeitskurve *f (Strömung)*

~ **давления** Druckdiagramm *n*, Druckkurve *f*, Drucklinie *f*
~ **ёмкостей** Rauminhaltskurve *f*
~ **изгибающего момента** *(Fest)* Biegemomentenlinie *f*, M_b-Linie *f*, Momentenlinie *f*
~ **касательных усилий** *(Fest)* Tangentialkraftdiagramm *n*
~ **крутящего момента** *(Fest)* Torsionsmomentenlinie *f*, M_t-Linie *f*
~ **моментов** *s.* ~ **изгибающего момента**
~ **нагрузки** *(Fest)* Belastungslinie *f*
~ **напряжений** *(Fest)* Spannungslinie *f*
~ **нормальной силы** *s.* ~ **продольной силы**
~ **поперечной силы** *(Fest)* Querkraftlinie *f*, Querkraftdiagramm *n*
~ **продольной силы** *(Fest)* Normalkraftlinie *f*, Axialkraftlinie *f*, Längskraftlinie *f*
~ **противодавления** *(Vak)* Unterdruckfigur *f*
~ **распора арки (свода)** *(Bw)* Bogenkraftfläche *f*
~ **скоростей** Geschwindigkeitskurve *f*
~ **сплошной нагрузки** *(Fest)* Belastungslinie *f*
эра *f (Geol)* Ära *f (Bildungszeit einer stratigrafischen Gruppe)*
~/**альгонская** Algonkium *n (entspricht dem Begriff* ~/**протерозойская**)
~/**архейская** Archaikum *n*, Erdurzeit *f*
~/**археозойская** Archäozoikum *n*
~/**кайнозойская** Känozoikum *n*, Neozoikum *n*, Erdneuzeit *f*
~/**мезозойская** Mesozoikum *n*, Erdmittelalter *n*
~/**мезофитная** Mesophytikum *n*
~/**палеозойская** Paläozoikum *n*, Erdaltertum *n*
~/**протерозойская** Kryptozoikum *n*, Erdfrühzeit *f (entspricht dem Begriff Präkambrium, aber nicht dem deutschen Periodenbegriff Proterozoikum)*
эрбий *m (Ch)* Erbium *n*, Er
~/**азотнокислый** Erbiumnitrat *n*
~/**хлористый** Erbiumchlorid *n*
эрг *m (Ph)* Erg *n*
эргограф *m (Med)* Ergograf *m*
эргография *f (Med)* Ergografie *f*
эргодический ergodisch
эргодичность *f* Ergodizität *f*
эргокальциферол *m (Ch)* Ergokalziferol *n*, Vitamin D_2 *n*
эргометр *m (Med)* Ergometer *n*
эргостат *m (Med)* Ergostat *m*
эргостерин *m (Ch)* Ergosterin *n*
эрготамин *m (Ch)* Ergotamin *n*
ЭРЗ *s.* **завод/электровозоремонтный**
эринит *m (Min)* Erynit *m (seltenes Kupfererz)*
эритрин *m* 1. *(Min)* Erythrin *m*, Kobaltblüte *f*; 2. *(Ch)* Erythrin *n (Antibiotikum)*
эритрит *m (Ch)* Erythrit *n*
эритрозин *m* Erythrosin *n (ein Eosinfarbstoff)*
эритромицин *m (Ch)* Erythro[my]zin *n (Antibiotikum)*
эркер *m (Arch)* Erker *m*
эрланг *m* Erlang *n*, Erl *(Einheit der Verkehrsdichte)*
эрлифт *m* Air-Lift *m*, Airlift *m*, Druckluftförderer *m*, Druckluft[wasser]heber *m*, Mammutpumpe *f (für Flüssigkeiten, z. B. Erdöl, Erzteile bei der Aufbereitung u. dgl.)*
эрмитов *(Math)* hermitesch, hermitisch
эрмитовость *f (Math)* Hermitezität *f*
эродирование *n s.* **эрозия**
эродировать *(Geol)* erodieren, auswaschen, abtragen
эрозия *f (Geol)* Erosion *f*
~/**боковая** Seitenerosion *f*, Wanderosion *f*
~/**ветровая** Windabtrag *m*
~/**водная** aquatische Erosion *f*
~/**глубинная** Tiefenerosion *f*
~ **грунта** Bodenerosion *f*
~/**избирательная** selektive Erosion *f*
~/**кавитационная** Kavitationserosion *f*, Kavitationsangriff *m*
~/**коррозионная** Reibkorrosion *f*
~/**ледниковая** glaziale Erosion *f*
~/**линейная** Rinnenerosion *f*
~/**овражная** Grabenerosion *f*
~/**отступающая** rückschreitende Erosion *f*
~ **песком** Sandschliff *m*, Sanderosion *f*
~ **почвы** Bodenerosion *f*
~/**пятящаяся (регрессивная)** rückschreitende (regressive, rückläufige) Erosion *f*
~/**русловая** Flußerosion *f*
~/**склоновая** Hangabtragung *f*
~ **текучих вод** fluviatile Erosion *f*
эрстед *m* Oersted *n*, Oe *(SI-fremde Einheit der Feldstärke)*
эрупция *f (Astr)* Sonneneruption *f*, Eruption *f*, Flare *f*
эскадра *f (Milflg)* Geschwader *n*
эскадрилья *f (Milflg)* Staffel *f*
~/**авиационная** Fliegerstaffel *f*, Staffel *f*
~/**бомбардировочная авиационная** Bombenfliegerstaffel *f*
~ **вертолётов** Hubschrauberstaffel *f*
~/**истребительная авиационная** Jagdfliegerstaffel *f*
~/**корректировочно-разведывательная** Artilleriefliegerstaffel *f*
~/**разведывательная авиационная** Aufklärungsfliegerstaffel *f*
эскалатор *m* Rolltreppe *f*
эскарп *m (Mil)* innere Grabenwand *f (Feldbefestigung)*; 2. Steilhang *m (Panzerhindernis)*

эскиз *m* Skizze *f*, Riß *m*, Entwurf *m*
~ **здания** Bauentwurf *m*
~/**масштабный** maßstabgerechte Skizze *f*
~ **плана** Planskizze *f*
~ **с нанесёнными размерами** Maßskizze *f*
~/**типографский** typografische Skizze *f*
эскорт *m (Mar)* Geleit *n*
эсминец *m (Mar)* Zerstörer *m*
эссенция *f* Essenz *f*
~/**уксусная** Essigessenz *f*
~/**фруктовая** Fruchtessenz *f*
эстакада *f* 1. *(Eb)* Ladebrücke *f*, Überladebrücke *f*, Überladeplattform *f*; 2. *(Eb)* Hochbahn *f*, Hochgleis *n*, aufgeständerte Bahn *f*; 3. *(Bw)* Gerüstbrücke *f*; Rohrbrücke *f*; 4. *(Bw)* Hochstraße *f*
~/**погрузочная** *s.* **эстакада 1.**
~/**угольная** *(Eb)* Bekohlungsbühne *f*, Bekohlungsbrücke *f* *(Bekohlungsanlage für Lok)*
эстезиометр *m (Med)* Ästhesiometer *n*
эстераза *f (Ch)* Esterase *f*
эстрихгипс *m (Bw)* Estrichgips *m*
эстуарий *m (Hydrol)* Ästuar *n*, Mündungstrichter *m*
этаж *m* 1. *(Bw)* Stockwerk *n*, Geschoß *n*, Etage *f*; 2. *(Bgb)* Sohle *f*, Etage *f*
~/**антресольный** Zwischengeschoß *n*, Halbgeschoß *n*
~/**верхний** Obergeschoß *n*
~/**второй** erstes Obergeschoß *n*
~/**жилой** Wohngeschoß *n*
~/**мансардный** Dachgeschoß *n*
~/**межферменный** Bindergeschoß *n*, Binderfreiraum *m*
~/**первый** Erdgeschoß *n*, Parterre *n*
~/**подвальный** Kellergeschoß *n*
~ **разведки** *(Geol)* Erkundungsstockwerk *n*
~/**технический** technisches Geschoß *n*, Installationsgeschoß *n*
~/**цокольный** Sockelgeschoß *n*, Souterrain *n*
~/**чердачный** Dachgeschoß *n*
этажерка *f* Hochstapelregal *n*, Stapelregal *n*
этажность *f (Bw)* Geschoßzahl *f*
эталон *m (Meß)* Normal *n* höchster Genauigkeit *(Primär- oder Sekundärnormal, meistens komplette Meßeinrichtung)*
~/**абсолютный** absolutes Normal *n*
~/**белый** Normalweiß *n*, Bezugsweiß *n*
~ **взаимоиндуктивности** Gegeninduktivitätsnormal *n*
~ **времени** Zeitnormal *n*
~/**вторичный** Sekundärnormal *n*
~/**вторичный световой** Standardlampe *f*
~/**государственный** [staatliches] Primär- und Sekundärnormal *n*
~/**групповой** Gruppennormal *n*
~ **длины** Längennormal *n*
~ **длины волны** Wellenlängennormal *n*
~ **единицы** Normal *n* für eine [bestimmte] Einheit
~ **единицы длины** Längennormal *n*
~ **единицы массы** Massen[einheits]normal *n*
~ **ёмкости** Kapazitätsnormal *n*
~ **звуковой частоты** Tonfrequenznormal *n*
~/**инфракрасный** Infrarotstandard *m*, IR-Standard *m*, Infrarotnormal *n*, IR-Normal *n*
~/**кварцевый** Quarznormal *n*
~ **килограмма** Kilogrammprototyp *m*
~ **массы** Massen[einheits]normal *n*
~/**международный** internationales Normal *n*
~ **метра** Meterprototyp *m*
~ **напряжения** Spannungsnormal *n*
~/**национальный** nationales Normal *n*
~/**одиночный** Einzelnormal *n*
~/**основной** Grundnormal *n*
~/**первичный** Primärnormal *n*
~/**первоначальный** Urnormal *n*, Urmaß *n*, Primärnormal *n*
~ **переменного напряжения** Wechselspannungsnormal *n*
~ **поверхности/геометрический** geometrisches Oberflächennormal *n*
~/**рабочий** Arbeitssekundärnormal *n*, Sekundärnormal *n*
~ **самоиндукции** Selbstinduktionsnormal *n*
~/**световой** Lichtnormal *n*
~ **сопротивления** Widerstandsnormal *n*
~ **сравнения** Vergleichsnormal *n*
~ **твёрдости** Härtenormal *n*
~ **Фабри-Перо** Fabry-Pérot-Etalon *m*
~ **частоты** Frequenznormal *n*
~ **частоты/вторичный** sekundäres Frequenznormal *n*
~ **частоты/первичный** primäres Frequenznormal *n*
~ **эдс (электродвижущей силы)** EMK-Normal *n*
эталонирование *n* Eichung *f*; Kalibrierung *f*
~ **частоты** Frequenzeichung *f*
эталонировать eichen; kalibrieren
эталонный geeicht, Eich . . ., Vergleichs . . ., Normal . . .
эталон-прототип *m (Meß)* Urnormal *n*, Urmaß *n*, Primärnormal *n*
эталон-свидетель *m (Meß)* Sicherungsnormal *n*, Ersatznormal *n*
этан *m (Ch)* Äthan *n*
этаналь *m (Ch)* Äthanal *n*, Azetaldehyd *m*
этандиал *m (Ch)* Äthandial *n*, Oxal[säuredi]aldehyd *m*, Glyoxal *n*
этанкислота *f (Ch)* Äthansäure *f*, Essigsäure *f*, Azetsäure *f*

этанол *m (Ch)* Äthanol *n*, Äthylalkohol *m*
этаноламин *m (Ch)* Äthanolamin *n*
этап *m* Etappe *f*; Stufe *f*
~ выключения программы *(Dat)* Programmschritt *m*
этен *m (Ch)* Äthen *n*, Äthylen *n*
этенил *m (Ch)* Äthenyl *n*
этикетка *f* Etikett *n*, Aufklebezettel *m*
этил *m (Ch)* Äthyl *n*
~/бромистый Äthylbromid *n*, Bromäthan *n*
~/хлористый Äthylchlorid *n*, Chloräthan *n*
этилакрилат *m (Ch)* Äthylakrylat *n*, Akrylsäureäthylester *m*
этиламин *m (Ch)* Äthylamin *n*
этилат *m* **натрия** *(Ch)* Natriumäthylat *n*
этилацетат *m (Ch)* Äthylazetat *n*, Essigsäureäthylester *m*
этилбензоат *m (Ch)* Äthylbenzoat *n*, Benzoesäureäthylester *m*
этилбензол *m (Ch)* Äthylbenzol *n*
этилбромид *m (Ch)* Bromäthan *n*
этилбутират *m (Ch)* Äthylbutyrat *n*, Buttersäureäthylester *m*
этилен *m (Ch)* Äthylen *n*, Äthen *n*
~/хлористый Äthylenchlorid *n*, 1,2-Dichloräthan *n*
этиленгликоль *m (Ch)* Äthylenglykol *n*, 1,2-Äthandiol *n*
этилендиамин *m (Ch)* Äthylendiamin *n*
этиленизация *f* Äthylenbehandlung *f*, Äthylenbegasung *f (von Obst und Gemüse)*
этиленовый Äthylen ...
этиленоксид *m (Ch)* Äthylenoxid *n*, Oxiran *n*
этиленхлорид *m (Ch)* 1,2-Dichloräthan *n*
этилиден *m (Ch)* Äthyliden *n*
~/хлористый 1,1-Dichloräthan *n*
этилиденмочевина *f (Ch)* Äthylidenharnstoff *m*
этилиденхлорид *m* 1,1-Dichloräthan *n*
этилирование *n (Ch)* Äthylieren *n*, Äthylierung *f*
этилмеркаптан *m (Ch)* 1,2-Äthanthiol *n*
этилнитрат *m (Ch)* Äthylnitrat *n*, Salpetersäureäthylester *m*
этилнитрит *m (Ch)* Äthylnitrit *n*, Salpetrigsäureäthylester *m*
этилсернокислый *(Ch)* ...äthylsulfat *n*; äthylschwefelsauer
этилуретан *m (Ch)* Äthylurethan *n*, Äthylkarbamat *n*
этилформиат *m (Ch)* Äthylformiat *n*, Ameisensäureäthylester *m*
этилхлорид *m (Ch)* Chloräthan *n*
этилцеллюлоза *f (Ch)* Äthylzellulose *f*, Zelluloseäthyläther *m*
этин *m (Ch)* Äthin *n*, Azetylen *n*
этинилирование *n (Ch)* Äthinylierung *f*
этмолит *m (Geol)* Ethmolith *m*

ЭУ *s.* **установка/энергетическая**
ЭУВМ = **машина/электронная универсальная вычислительная**
эфемериды *pl (Astr)* Ephemeriden *pl*
эфир *m (Ch)* Äther *m*; Ester *m*
~/адипиновый Adipinsäureester *m*, Adipat *n*
~/азотистоизоамиловый Salpetrigsäureisoamylester *m*, Isoamylnitrit *n*
~/азотистоэтиловый Salpetrigsäureäthylester *m*, Äthylnitrit *n*
~/азотистый Salpetrigsäureester *m*, Nitrit *n*
~/азотноизоамиловый Salpetersäureisoamylester *m*, Isoamylnitrat *n*
~ азотной кислоты Salpetersäureester *m*, Nitrat *n*
~/азотноэтиловый Salpetersäureäthylester *m*, Äthylnitrat *n*
~/акриловоэтиловый Akrylsäureäthylester *m*, Äthylakrylat *n*
~/акриловый Akryl[säure]ester *m*, Akrylat *n*
~/ацетоуксусн[оэтилов]ый Azet[o]essigsäureäthylester *m*, Azetessigester *m*
~/бензойноэтиловый Benzoesäureäthylester *m*, Äthylbenzoat *n*
~ борной кислоты Borsäureester *m*, Borat *n*
~/виниловый Vinyläther *m*; Vinylester *m*
~/внутренний (внутримолекулярный) innerer (intramolekularer) Ester *m*
~ глицерина Glyzerinester *m*, Glyzerid *n*; Glyzerinäther *m*
~/глицериновоэтиловый Glyzerinsäureäthylester *m*
~/диазоуксусноэтиловый Diazoessigsäureäthylester *m*
~/диаллиловый Diallyläther *m*
~/диамиловый Diamyläther *m*
~/дибензиловый Dibenzyläther *m*
~/диметиловый Dimethyläther *m*; Dimethylester *m*
~/дифениловый Diphenyläther *m*, Phenoxybenzol *n*
~/диэтиловый Diäthyläther *m*; Diäthylester *m*
~ жирной кислоты Fettsäureester *m*
~ изовалерьяновой кислоты/сложный Isovaleriansäureester *m*, Isovalerianat *n*
~/изотиоциановый Isothiozyansäureester *m*, Isothiozyanat *n*
~/изоциановый Isozyansäureester *m*, Isozyanat *n*
~/карбаминовый Karbamidsäureester *m*, Karbamat *n*, Urethan *n*
~ карбоновой кислоты/сложный Karbonsäureester *m*
~ кетонокислоты Keto[karbon]säureester *m*
~/кислый saurer Ester *m*

~/**коричноэтиловый** Zimtsäureäthylester *m*, Äthylzinnamat *n*
~/**масляноамиловый** Buttersäureamylester *m*, Amylbutyrat *n*
~/**маслянобензиловый** Buttersäurebenzylester *m*, Benzylbutyrat *n*
~/**масляноизоамиловый** Buttersäureisoamylester *m*, Isoamylbutyrat *n*
~ **масляной кислоты** Buttersäureester *m*, Butyrat *n*
~/**масляноэтиловый** Buttersäureäthylester *m*, Äthylbutyrat *n*
~ **метакриловой кислоты/сложный** Methakryl[säure]ester *m*, Methakrylat *n*
~/**метилфениловый** Methylphenyläther *m*, Anisol *n*
~ **молочной кислоты/сложный** Milchsäureester *m*, Laktat *n*
~/**молочноэтиловый** Milchsäureäthylester *m*, Äthyllaktat *n*
~ **морфина/метиловый** Morphin[mono]methyläther *m*, Kodein *n*
~/**муравьиноэтиловый** Ameisensäureäthylester *m*, Äthylformiat *n*
~/**неполный** partieller Äther *m*; Halbester *m*
~/**несимметричный простой** asymmetrischer Äther *m*
~/**обыкновенный** Diäthyläther *m*, Äther *m*
~ **ортокислоты** Ortho[karbonsäure]ester *m*
~/**ортомуравьиный** Orthoameisensäureester *m*
~/**ортоугольный** Orthokohlensäureester *m*
~ **ортофосфорной кислоты** Phosphorsäureester *m*, Phosphat *n*
~ **пальмитиновой кислоты** Palmitinsäureester *m*, Palmitat *n*
~/**петролейный** Petroläther *m*
~ **поливинилового спирта/простой** Polyvinyläther *m*
~ **поливинилового спирта/сложный** Polyvinylester *m*
~/**полный смешанный** voll veresterter Mischester *m*
~/**простой** Äther *m*
~/**простой виниловый** Vinyläther *m*
~ **роданистоводородной кислоты** *s.* ~ **тиоциановой кислоты**
~/**салициловометиловый** Salizylsäuremethylester *m*, Methylsalizylat *n*
~/**салициловоэтиловый** Salizylsäureäthylester *m*, Äthylsalizylat *n*
~ **серной кислоты** Schwefelsäureester *m*, Sulfat *n*
~ **серной кислоты/диметиловый** Schwefelsäuredimethylester *m*, Dimethylsulfat *n*
~ **серной кислоты/диэтиловый** Schwefelsäurediäthylester *m*, Diäthylsulfat *n*
~ **серной кислоты/кислый** saurer Schwefelsäureester *m*, Monoalkylsulfat *n*
~ **серной кислоты/средний** neutraler Schwefelsäureester *m*, Dialkylsulfat *n*
~/**серный** Diäthyläther *m*
~/**сложный** Ester *m*
~/**сложный виниловый** Vinylester *m*
~/**смешанный простой** Mischäther *m*
~/**смешанный сложный** Mischester *m*
~/**средний** neutraler Ester *m*
~/**стеариновоэтиловый** Stearinsäureäthylester *m*, Äthylstearat *n*
~ **тиоциановой кислоты** Thiozyansäureester *m*, Rhodanwasserstoffsäureester *m*, Thiozyanat *n*, Rhodanid *n*
~/**тиоциановометиловый** Thiozyansäuremethylester *m*, Methylthiozyanat *n*, Methylrhodanid *n*
~/**трипальмитиновоглицериновый** Glyzerintripalmitinsäureester *m*, Tripalmitin *n*
~/**угольнодиэтиловый** Kohlensäurediäthylester *m*, Diäthylkarbonat *n*
~/**уксусно-н-амиловый** Essigsäureamylester *m*, Amylazetat *n*
~/**уксусно-н-бутиловый** Essigsäurebutylester *m*, Butylazetat *n*
~/**уксусно-н-пропиловый** Essigsäure-*n*-propylester *m*, *n*-Propylazetat *n*
~/**уксусноамиловый** Essigsäureamylester *m*, Amylazetat *n*
~/**уксусновиниловый** Essigsäurevinylester *m*, Vinylazetat *n*
~/**уксусноизобутиловый** Essigsäureisobutylester *m*, Isobutylazetat *n*
~/**уксуснометиловый** Essigsäuremethylester *m*, Methylazetat *n*
~/**уксуснофениловый** Essigsäurephenylester *m*, Phenylazetat *n*
~/**уксусноэтиловый** Essigsäureäthylester *m*, Äthylazetat *n*
~/**уксусный** Essig[säure]ester *m*, Azetat *n*
~/**фениловый** Diphenyläther *m*; Phenylester *m*
~/**фенилэтиловый** *s.* ~/**этилфениловый**
~ **фенола/простой** Phenoläther *m*
~ **фенола/сложный** Phenolester *m*
~ **фосфористой кислоты** Phosphorigsäureester *m*, Phosphit *n*
~ **фосфорной кислоты** *s.* ~ **ортофосфорной кислоты**
~/**фосфорнотриэтиловый** Phosphorsäuretriäthylester *m*, Triäthylphosphat *n*
~ **фталевой кислоты/сложный** Phthalsäureester *m*, Phthalat *n*
~/**хлормуравьинотрихлорметиловый** Perchlorameisensäuremethylester *m*, Diphosgen *n*
~/**хлормуравьиный** Chlorameisensäureester *m*, Chlorformiat *n*

~ **целлюлозы/азотнокислый** Zellulose-salpetersäureester *m*, Zellulosenitrat *n*, Nitratzellulose *f*
~ **целлюлозы/простой** Zelluloseäther *m*
~ **целлюлозы/сложный** Zelluloseester *m*
~ **целлюлозы/уксуснокислый** Zellulose-essigsäureester *m*, Zelluloseazetat *n*, Azetylzellulose *f*
~ **целлюлозы/этиловый** Zelluloseäthyl-äther *m*, Äthylzellulose *f*
~/**циклический простой** zyklischer Äther *m*
~/**циклический сложный** zyklischer Ester *m*
~ **щавелевой кислоты/сложный** Oxal-säureester *m*, Oxalat *n*
~/**этиловый** Diäthyläther *m*; Äthylester *m*
~/**этилугольный** Karbonsäureäthylester *m*
~/**этилфениловый** Äthylphenyläther *m*, Phenetol *n*
эфиризатор *m (Ch)* Veresterungsapparatur *f*
эфирномасличный *(Ch)* ätherisches Öl enthaltend
эфирный *(Ch)* ätherisch, Äther . . .; Ester . . .
эфирообразный *(Ch)* ätherartig; esterartig
эфиропласт *m* Kunststoff *m* auf Polyesterbasis
эффект *m* Effekt *m*, Wirkung *f*; Erscheinung *f*; Eindruck *m (s. a. unter* **явление***)*
~/**азимутальный** Azimuteffekt *m*
~/**антенный** Antenneneffekt *m*
~ **Баркгаузена** *(Ph)* Barkhausen-Effekt *m*
~/**барометрический** Barometereffekt *m*
~/**батохромный** bathochromer Effekt *m*, farbvertiefende Wirkung *f*, Bathochromie *f*
~ **Бенедикса** Benedicks-Effekt *m (ein thermoelektrischer Effekt)*
~/**береговой** *(FO)* Küsteneffekt *m*
~ **Блажко** *(Astr)* Blashko-Effekt *m*
~ **близости** *(Ph)* Nah[e]wirkung *f*; Nachbareffekt *m*
~ **взаимодействия** *(Kern)* Wechselwirkungseffekt *m*
~ **Вигнера** *(Kern)* Wigner-Effekt *m*
~ **Вина** *(Ph)* Wien-Effekt *m*
~ **вихревых токов** Wirbelstromeffekt *m*
~/**внутренний фотоэлектрический** *s.* ~/**фоторезистивный**
~ **Вольта** *(Ph)* Volta-Effekt *m*
~ **воронки** *(Ph)* Trichtereffekt *m*
~ **вращения** *(Ph)* Rotationseffekt *m*
~ **выпрямления** *(Eln)* Gleichrichtereffekt *m*
~/**гальваномагнитный** *(Ph)* Hall-Effekt *m*
~ **Ганна** *(Ph)* Gunn-Effekt *m*
~ **Гаусса** *(El)* Gauß-Effekt *m*, magnetische Widerstandsänderung *f*
~/**гипсохромный** hypsochromer Effekt *m*, farberhöhende Wirkung *f*
~ **Дебая** *(Ph)* Debye-Effekt *m*
~ **Дестрио** Destriau-Effekt *m (Elektrolumineszenz in Festkörpern)*
~ **Джоуля-Томсона** *(Therm)* Joule-Thomson-Effekt *m*, Joule-Kelvin-Effekt *m*, [enthalpischer] Drosseleffekt *m*, Drosselspannung *f*
~ **Джоуля-Томсона/дифференциальный** differentieller Joule-Thomson-Effekt *m*
~ **Джоуля-Томсона/интегральный** integraler Joule-Thomson-Effekt *m*
~/**динатронный** Dynatroneffekt *m*
~ **Доплера** *(Ph)* Doppler-Effekt *m*
~ **Дорна** *s.* **потенциал/седиментационный**
~/**дробовой** *(Eln)* Schroteffekt *m*
~/**дроссельный** *s.* ~ **Джоуля-Томсона**
~ **дутья** *(Met)* Blaswirkung *f (Ofen, Konverter)*
~ **Дюфора** *(Therm)* Dufour-Effekt *m*, Thermodiffusionseffekt *m*
~ **закалки** *(Met)* Abschreckwirkung *f*
~/**замедляющий** *(Kern)* Bremswirkung *f*
~ **запаздывания** *(Ph)* Retardierungseffekt *m*
~ **запирающего слоя** *(Ph)* Sperrschicht-[foto]effekt *m*
~ **Зеебека** Seebeck-Effekt *m*, thermoelektrischer Effekt *m*
~ **Зеемана** *(Opt)* Zeeman-Effekt *m*
~/**изотопический** *(Kern)* Isotopieeffekt *m* der Supraleiter *(Abhängigkeit der kritischen Temperatur eines Supraleiters von der Isotopenmasse)*
~ **инерции** *(Mech)* Trägheitswirkung *f*
~ **Калье** *(Foto)* Callier-Effekt *m*
~ **Керра** *(Opt)* Kerr-Effekt *m*
~ **Керра/оптический** optischer Kerr-Effekt *m*
~ **Киркендалла** *(Ph)* Kirkendall-Effekt *m (Diffusion in Festkörpern)*
~ **клетки** *(Kern, Ch)* Käfigeffekt *m*, Cage-Effekt *m*, Frank-Rabinowitsch-Effekt *m (bei Molekülzerfall)*
~ **Комптона** *(Kern)* Compton-Effekt *m*
~ **Коттон-Мутона** *(Opt)* Cotton-Mouton-Effekt *m*, magnetische Doppelbrechung *f*
~/**кристаллический** Kristalleffekt *m*, Einfluß *m* der Kristallstruktur
~ **Купера** *(Kern)* Cooper-Effekt *m*
~/**лавинный** *(Eln)* Lawineneffekt *m*, Avalanche-Effekt *m*
~/**лазерный** Lasereffekt *m*
~ **Ландау** *(Ph)* Landau-Effekt *m*
~ **Ландсберга-Мандельштама-Рамана** *s.* **рассеяние света/комбинационное**
~ **лунного света** *(Foto)* Mondscheineffekt *m*

~ **Людвига-Соре** Ludwig-Soret-Effekt *m*, Soret-Phänomen *n*, Thermodiffusionseffekt *m*
~/**люксембургский** *(Rf)* Luxemburg-Effekt *m*
~/**люксембургско-горьковский** *(Rf)* Luxemburg-Effekt *m*
~/**магнитострикционный** Magnetostriktionseffekt *m*
~ **Максвелла [/динамооптический]** *(Opt)* Strömungsdoppelbrechung *f*
~/**маховой** *(Ph)* Schwungradeffekt *m*
~ **Мессбауера** *(Kern)* Mößbauer-Effekt *m*
~/**местный** *(Fmt)* Rückhören *n*
~/**микрофонный** *(Eln)* Mikrofonieeffekt *m*, Röhrenklingen *n*
~/**муаровый** Moiré-Effekt *m*
~ **накопления** *(Ph)* Speichereffekt *m*
~ **накопления зарядов** Ladungsspeichereffekt *m*
~ **насыщения** Sättigungseffekt *m*
~/**нелинейный** nichtlinearer Effekt *m*
~/**ночной** *(FO)* Nachteffekt *m*
~ **облучения/биологический** *(Kern)* biologischer Bestrahlungseffekt *m*
~/**обменный** *(Kern)* Austauscheffekt *m*
~ **образования [электронно-позитронной] пары** *(Kern)* Paar[bildungs]effekt *m*
~ **обратного рассеяния** *(Kern)* Rückstreueffekt *m*
~ **обращения** *(Geoph)* Umkehreffekt *m*
~/**объёмный [фотоэлектрический]** Volumen[foto]effekt *m*
~ **Оверхаузера** *(Kern)* Overhauser-Effekt *m (Kernpolarisation)*
~ **Оже** *(Kern)* Auger-Effekt *m*
~ **оптического накопления** optischer Speichereffekt *m*
~ **ориентации** Orientierungseffekt *m*
~ **ослабления яркости** *(Astr)* Verdünnungseffekt *m*
~ **отражения** Reflexionseffekt *m*
~ **памяти** Memory-Effekt *m*, Gedächtniseffekt *m*
~ **Пашена-Бака** *(Kern)* Paschen-Back-Effekt *m*
~ **Пельтье** Peltier-Effekt *m (ein thermoelektrischer Effekt)*
~ **перемещающихся экспозиций** *(Foto)* Intermittenzeffekt *m*
~/**побочный** Nebeneffekt *m*
~/**поверхностный** *(El)* Skineffekt *m*, Hauteffekt *m*, Stromverdrängung *f*
~/**поверхностный флуктуационный [электрический]** Funkeleffekt *m*, Flikkereffekt *m*
~/**поверхностный фотоэлектрический** Oberflächen[foto]effekt *m*
~/**полевой** Feldeffekt *m*
~/**пороговый** *(Ph)* Schwelleneffekt *m*
~ **примесей** *(Krist)* Verunreinigungseffekt *m (Halbleiter)*
~/**пьезоэлектрический** piezoelektrischer Effekt *m*, Piezoeffekt *m*
~ **Рамана** *s.* **рассеяние света/комбинационное**
~ **Рамзауера** *(Kern)* Ramsauer-Effekt *m*
~ **расстояния** *(Kern)* Entfernungseffekt *m (Schwächung der Strahlungsintensität mit zunehmender Entfernung von der Strahlungsquelle)*
~ **реакции при постоянном давлении/тепловой** Reaktionswärme (Wärmetönung) *f* bei konstantem Druck, Reaktionsenthalpie *f*
~ **реакции при постоянном объёме/тепловой** Reaktionswärme (Wämetönung) *f* bei konstantem Volumen, Reaktionsenergie *f*
~ **реакции/тепловой** Reaktionswärme *f*, Wärmetönung *f*
~ **сверхтонкой структуры** Hyperfeinstruktureffekt *m*
~/**световой** *(Opt)* Lichteffekt *m*, Lichtwirkung *f*
~ **связи** *(Ph)* Kopplungseffekt *m*
~ **спина ядра** Kernspineffekt *m*
~ **стенки** *(Ph)* Wandeffekt *m*
~/**стереоскопический** *(Opt)* stereoskopischer (plastischer) Effekt *m*, Drei-D-Effekt *m*, Raumwirkung *f*, Tiefenwirkung *f (stereoskopisches Sehen)*
~/**стробоскопический** Stroboskopeffekt *m*
~ **сужения потока носителей** *(Ph)* Einschnüreffekt *m*, Pinch-in-Effekt *m*
~/**сумеречный** *(FO)* Dämmerungseffekt *m*
~ **Сцилларда-Чалмерса** *(Kern)* Szillard-Chalmers-Effekt *m*
~/**тепловой** Heizeffekt *m*, Heizwirkung *f*; Wärmetönung *f*
~/**термоэлектрический** thermoelektrischer Effekt *m*
~ **Тиндаля** *s.* **рассеяние света малыми частицами вещества**
~ **Томсона** Thomson-Effekt *m (ein thermoelektrischer Effekt)*
~/**туннельный** *(Ph)* Tunneleffekt *m*
~ **Фарадея** Faraday-Effekt *m*, Magnet[o]-rotation *f*
~/**фотогальванический** fotogalvanomagnetischer Effekt *m*, Sperrschichtfotoeffekt *m*
~/**фотографический** fotografischer Effekt *m*
~/**фоторезистивный** innerer Fotoeffekt (lichtelektrischer Effekt) *m*, Fotoleitungseffekt *m*
~/**фотоупругий** fotoelastischer Effekt *m*
~/**фотоэлектрический** fotoelektrischer (lichtelektrischer) Effekt *m*, Fotoeffekt *m*

~ Франка-Рабиновича *s.* **~ клетки**
~ Хаббла *(Astr)* Hubble-Effekt *m*
~ Холла *(Ph)* Hall-Effekt *m*
~ Ценера *(Ph)* Zener-Effekt *m*
~ Черенкова *(Kern)* Čerenkov-Effekt *m*, Tscherenkow-Effekt *m*
~/широтный *(Astr)* Breiteneffekt *m*, Poleffekt *m* *(kosmische Strahlung)*
~ Шоттки Schottky-Effekt *m*, Schrotrauschen *n*
~ Штерна-Герлаха *(Kern)* Stern-Gerlach-Effekt *m*
~/экзотермический *(Ch)* Reaktionswärme (Wärmetönung) *f* exothermer Reaktionen
~/электрогидравлический elektrohydraulischer Effekt *m*
~/эндотермический *(Ch)* Reaktionswärme (Wärmetönung) *f* endothermer Reaktionen
эффективность *f* 1. Effektivität *f*, Wirksamkeit *f*, Ausgiebigkeit *f*; 2. Wirkungsgrad *m*; Leistungserzeugung *f*
~ агента деконтаминации *(Kern)* Dekontaminationskraft *f*
~ антенны Antennenwirkungsgrad *m*
~/биологическая *(Kern)* biologische Wirksamkeit *f*
~/боевая *(Mil)* Gefechtswert *m*
~ грохочения Siebgütegrad *m*
~ измельчения Mahlwirkungsgrad *m*
~/квантовая Quantenwirkungsgrad *m*, Quantenausbeute *f*
~ передачи Übertragungswirkungsgrad *m*
~ просеивания Siebgütegrad *m*
~ разделения Trennwirksamkeit *f*, Trennleistung *f*
~ системы *(Kyb, Dat)* Systemwirksamkeit *f*
~ стрельбы *s.* **действительность огня**
~ счётчика *(Kern)* Ansprechvermögen *n* des Zählrohrs
~ экрана Leuchtschirmwirkungsgrad *m*, Lichtausbeute *f* des Leuchtschirms
эффлоресценция *f* *(Geol)* Effloreszenz *f*, Ausblühung *f*
эффузиометр *m* [Bunsensches] Effusiometer *n*
эффузиометрия *f* Effusiometrie *f*
эффузия *f* *(Geol)* Effusion *f*
эхо *n* Echo *n*
~/ближнее Nahecho *n*
~ говорящего *(Fmt)* Sprecherecho *n*
~/донное Bodenecho *n*
~/запаздывающее *(Rt)* Lang[lauf]zeitecho *n*, Nachecho *n*
~/многократное Mehrfachecho *n*
~/однократное Einfachecho *n*
~ слушающего *(Fmt)* Hörerecho *n*
~/спиновое *(Kern)* Spinecho *n*
~/фотонное *(Kern)* Photonenecho *n*
~/электрическое *(Fmt)* Echo *n*
эхобокс *m* *(FO)* Echobox *f*
эховолна *f* *(FO)* Echowelle *f*
эхограмма *f* *(FO)* Echogramm *n*
эхограф *m* *(FO)* Echograf *m*
~/навигационный Navigationsechograf *m*
~/рыболовный Fischereiechograf *m*
эхо-заградитель *m* *(Fmt)* Echosperre *f*
~ постоянного действия stetig arbeitende Echosperre *f*
эхоизмеритель *m* *(Fmt)* Echomesser *m*
эхо-изображение *n* *(Fs)* Echobild *n*, Geisterbild *n*
эхо-импульс *m* *(Imp)* Echoimpuls *m*, Rückstrahlimpuls *m*
эхолот *m* Echolot *n*
~/навигационный Navigationsecholot *n*
~/рыбопоисковый Fischortungsecholot *n*, Fischereiecholot *n*
~ с самописцем Echograf *m*
~/ультразвуковой Ultraschall-Echolot *n*, Ultraschallot *n*
эхолот-самописец *m* Echograf *m*
эхоофтальмограф *m* *(Med)* Echoophthalmograf *m*
эхоофтальмография *f* *(Med)* Echoophthalmografie *f*
эхо-резонатор *m* *s.* **эхобокс**
эхо-сигнал *m* *(FO)* Echo *n*, Echoimpuls *m*
~ от ближнего объекта Nahecho *n*
~ от дождя Regenecho *n*
ЭЦВМ *s.* **машина/электронная цифровая вычислительная**
эшеле *n* *(Opt)* Echellegitter *n*
эшелеграмма *f* *(Opt)* Echellegramm *n*
эшелетт *m* *(Opt)* Echellettegitter *n*
эшелле *n* *(Opt)* Echellegitter *n*
эшелон *m* 1. *(Mil)* Staffel *f*; Kolonne *f*; Transport *m*; 2. *(Opt)* [Michelsonsches] Stufengitter *n*
~/воинский Truppentransport *m*
~/десантный Luftlandestaffel *f*, Landestaffel *f*
~ Майкельсона *(Opt)* [Michelsonsches] Stufengitter *n*
~ Майкельсона/отражательный [Michelsonsches] Reflexionsstufengitter *n*
~ Майкельсона/прозрачный [Michelsonsches] Transmissionsstufengitter *n*
~/походный Marschkolonne *f*
эшелонирование *n* *(Mil, Milflg)* Staffelung *f*
~ боевого порядка Staffelung *f* der Gefechtsordnung
~ в глубину Tiefenstaffelung *f*
~ войск Staffelung *f* der Truppen
~ налёта Einflugstaffelung *f*
~ обороны Staffelung *f* der Verteidigung
~ огня Feuerstaffelung *f*
~ по высоте Höhenstaffelung *f*
~ походного порядка Staffelung *f* der Marschordnung

эшелонировать *(Mil, Milflg)* staffeln
эшель *m s.* **эшелле**
ЭЭГ *s.* **электроэнцефалограмма**
ЭЭУ *s.* **установка/электроэнергетическая**

Ю

юбка *f* Mantel *m*, Hülle *f*
~ **изолятора** *(El)* Isolatorschirm *m*, Schirm *m*
юз *m (Eb)* Gleiten (Blockieren) *n* der Räder
юкон *m (Kern)* Yukon *n*, Yukawa-Teilchen *n*, Yukawa-Quant *n*
юлить *(Schiff)* wriggen
юра *f s.* 1. **период/юрский**; 2. **система/юрская**
юстировать 1. justieren, einjustieren, genau einstellen (einregulieren); 2. *(Typ)* abrichten
юстировка *f* 1. Justieren *n*, Justierung *f*, Einstellen *n*, Einstellung *f*; Einstimmen *n*; 2. *(Typ)* Abrichten *n*
~ **средств измерений** Justieren *n* von Meßmitteln
~ **шрифта** *(Typ)* Höhehobeln *n*
~ **электродов** Elektrodenjustierung *f*
ют *m (Schiff)* Poop *f*, Achterdeck *n*
юфтевый *(Led)* Juchten . . .
юфть *f (Led)* Juchten[leder] *n*
юфтяной *s.* **юфтевый**

Я

яблоко *n* **ахтерштевня** *(Schiff)* Stevennuß *f*
~/**дейдвудное** *(Schiff)* Stevennuß *f*
~ **мишени** *(Mil)* Schwarze *n* der Zielscheibe
~ **старнпоста** *(Schiff)* Stevennuß *f*
яблочнокислый *(Ch)* . . . malat *n*; äpfelsauer
явление *n* 1. Erscheinung *f*, Auftreten *n*; 2. Effekt *m*, Vorgang *m*, Ereignis *n* *(s. a. unter* **эффект**)
~/**баротропное** *(Ph)* barotropisches Phänomen *n*
~ **Бриллюэна** *(Ph)* Brillouin-Effekt *m*, Brillouinsches Phänomen *n*
~ **гало** *(Meteo)* Haloerscheinung *f*
~ **Гиббса** *(Ph)* Gibbssches Phänomen *n*
~ **гистерезиса** Hysteresiserscheinung *f*, Hysteresiseffekt *m*
~ **деполяризации** Depolarisationseffekt *m*
~ **Зеебека** Seebeck-Effekt *m*, thermoelektrischer Effekt *m*
~ **Зеемана** *(Opt)* Zeeman-Effekt *m*
~ **Зеемана/аномальное** anomaler Zeeman-Effekt *m*
~ **Зеемана/нормальное** normaler Zeeman-Effekt *m*
~ **Зеемана/обратное** inverser Zeeman-Effekt *m*
~ **Зеемана/поперечное** transversaler Zeeman-Effekt *m*
~ **Зеемана/продольное** longitudinaler Zeeman-Effekt *m*
~ **Зеемана/сложное** anomaler Zeeman-Effekt *m*
~/**инерционное** Trägheitserscheinung *f*
~ **интерференции** *(Opt)* Interferenzerscheinung *f*
~ **кавитации** Kavitationserscheinung *f*
~ **Керра** *(Opt)* Kerr-Effekt *m*, elektrische Doppelbrechung *f*
~ **Керра/магнитооптическое** magnetooptischer Kerr-Effekt *m*
~ **Керра/электрооптическое** elektrooptischer Kerr-Effekt *m*
~ **Клайдена** *(Foto)* Clayden-Effekt *m*
~ **Комптона** *(Kern)* Compton-Effekt *m*
~ **конверсии** *(Kern)* Konversionseffekt *m*
~ **контраста** *(Opt)* Kontrastphänomen *n*, Kontrasterscheinung *f*
~ **короны** *(El)* Korona[erscheinung] *f*, Koronaeffekt *m*
~ **Коттона-Мутона** *(Opt)* Cotton-Mouton-Effekt *m*, magnetische Doppelbrechung *f*
~ **Ленарда** *(El)* Lenard-Effekt *m*, Wasserfalleffekt *m*
~ **Майорана** *(Opt)* Majorana-Effekt *m* *(magnetische Doppelbrechung kolloider Lösungen)*
~ **Мандельштама-Бриллюэна** Brillouin-Streuung *f* *(Streuung von akustischen Phononen in Festkörpern und Flüssigkeiten)*
~ **Мандельштама-Рамана** *s.* **рассеяние света/комбинационное**
~ **отдачи** *(Mech)* Rückstoßerscheinung *f*
~ **Пельтье** Peltier-Effekt *m*
~ **последействия** Nachwirkungserscheinung *f*
~ **природы** Naturerscheinung *f*
~/**пролётное** Laufzeiterscheinung *f*, Laufzeiteffekt *m*
~ **резонанса** *(El)* Resonanzerscheinung *f*
~/**резонансное** *(El)* Resonanzerscheinung *f*
~ **релаксации** *(El)* Relaxationserscheinung *f*
~/**релаксационное** *(El)* Relaxationserscheinung *f*
~/**световое** Leuchterscheinung *f*
~ **свечения** Glimmerscheinung *f*
~ **скачка** Sprungerscheinung *f*
~ **слияния** Verschmelzungsphänomen *n*
~ **Тиндаля** *s.* **рассеяние света малыми частицами вещества**
~ **усталости** *(Fest)* Ermüdungserscheinung *f*

~ **Фарадея** *(Opt)* Faraday-Effekt *m*, magnetisches Drehvermögen *n*, magnetische Drehung *f* der Polarisationsebene
~ **флаттера** *(Aero)* Flattereffekt *m*, Flattererscheinung *f*, Flattern *n*
~ **флуктуаций** Schwankungserscheinung *f (Statistik)*
~/**фотоэлектрическое** *s.* **фотоэффект**
~ **Франца-Кельдыша** *(Opt)* Franz-Keldysch-Effekt *m*
~ **Штарка** *(Kern)* Stark-Effekt *m (Spektrallinienaufspaltung)*
~/**электрокинетическое** *(Ph)* elektrokinetische Erscheinung *f*
явнокристаллический planerokristallin
явнополюсный mit ausgeprägten Polen *(elektr. Maschinen)*
явный *(Dat)* explizit
яд *m* Gift *n*
~/**внутренний** Fraßgift *n*, Magengift *n*
~/**газообразный** Giftgas *n*
~/**животный** tierisches Gift *n*, Tiergift *n*
~/**змеиный** Schlangengift *n*
~/**каталитический** Katalysatorgift *n*, Kontaktgift *n*
~/**контактный** Kontaktgift *n*, Katalysatorgift *n*; *(Lw)* Kontaktgift *n*, Berührungsgift *n*
~/**крысиный** Rattengift *n*
~/**наружный** *(Lw)* Kontaktgift *n*, Berührungsgift *n*
~/**нервный** Nervengift *n*
~/**профессиональный** Betriebsgift *n*, Berufskrankheiten erzeugendes Gift *n*
~/**растительный** pflanzliches Gift *n*, Pflanzengift *n*
~/**трупный** Leichengift *n*, Ptomain *n*
~/**ферментный** Fermentgift *n*
ядерно-активный kernaktiv
ядерно-неактивный kerninaktiv
ядерно-резонансный Kernresonanz ...
ядерно-спиновый Kernspin ...
ядерно-физический kernphysikalisch
ядерно-чистый 1. kernrein, nuklearrein; 2. reaktorrein
ядерно-электронный kernelektronisch
ядерный 1. Kern ..., nuklear, Nuklear ...; 2. mit Kernenergieantrieb, kernenergiegetrieben
ядовитость *f* Giftigkeit *f*, Toxizität *f*
ядовитый giftig, toxisch, Gift ...
ядохимикат *m* Schädlingsbekämpfungsmittel *n*
~/**контактный** Kontaktgift *n*, Berührungsgift *n*
~/**сельскохозяйственный** Pflanzenschutzmittel *n*
ядохимикат-протравитель *m (Lw)* Saat[gut]beizmittel *n*, Saat[gut]beize *f*
ядра *npl* Kerne *mpl (s. a. unter* **ядро***)*
~/**зеркальные** *(Kern)* Spiegelkerne *mpl*
~/**полузеркальные** *s.* ~/**сопряжённые**
~/**сопряжённые** *(Kern)* konjugierte Kerne *mpl*
ядро *n* Kern *m*
~ **антиклинали** *(Geol)* Sattelkern *m (einer Verfaltung)*
~/**ароматическое** *(Ch)* aromatischer Kern *m*
~ **атома** Kern *m*, Atomkern *m*
~ **атома водорода** Wasserstoffkern *m*
~/**атомное** Kern *m*, Atomkern *m*
~/**бензольное** *(Ch)* Benzolkern *m*, Benzolring *m*
~ **вихря** *(Aero)* Wirbelkern *m*
~/**возбуждённое** *(Kern)* angeregter Kern *m*
~/**вторичное** *s.* ~/**дочернее**
~/**вырожденное** *(Math)* entarteter Kern *m*
~ **высокого давления** *s.* ~ **повышенного давления**
~ **гелия** Heliumkern *m*, Helion *n*
~/**гомоморфное** *(Math)* homomorpher Kern *m*
~/**деформированное** *(Kern)* deformierter Kern *m*
~ **дислокации** *(Krist)* Versetzungskern *m*
~/**диффузионное** 1. *(Kern)* Diffusionskern *m*; 2. *(Math)* Diffusions[integral]kern *m*
~/**дочернее** *(Kern)* Tochterkern *m*; Folgekern *m*
~ **древесины** *(Forst)* Kernholz *n*, Kern *m*
~ **древесины/ложное** falscher Kern *m*, Falschkern *m*
~ **замедления** *(Math)* Brems[integral]kern *m*
~ **замерзания** *s.* ~ **сублимации**
~ **звезды** Kern *m* [des Sterns]
~ **Земли** *(Geol)* Erdkern *m*
~/**изомерное** *(Kern)* isomerer Kern *m*
~ **ионизации** Ionisationskern *m*
~/**исходное** *s.* ~/**материнское**
~/**итерированное** *(Math)* iterierter Kern *m*
~ **кометы** *(Astr)* Kometenkern *m*
~ **конденсации** *(Meteo)* Kondensationskern *m*
~/**конечное** *(Kern)* Endkern *m*, stabiler Kern *m*, Schlußkern *m (Zerfallsreihe)*
~/**кососимметричное** *(Math)* schiefsymmetrischer Kern *m*
~ **кристаллизации** *s.* 1. *(Krist)* ~ **сублимации**; 2. *(Meteo)* **зародыш кристаллизации**
~/**лёгкое** *(Kern)* leichter Kern *m*
~/**магическое** *(Kern)* magischer Kern *m*
~/**материнское** *(Kern)* Mutterkern *m*, Elternkern *m*
~/**мыльное** Seifenkern *m*
~/**нестабильное (неустойчивое)** *(Kern)* instabiler (zerfallender) Kern *m*

~/**нечётно-нечётное** *(Kern)* uu-Kern *m*, Ungerade-ungerade-Kern *m*, doppelt ungerader Kern *m*
~/**нечётно-чётное** *(Kern)* ug-Kern *m*, Ungerade-gerade-Kern *m*
~ **операционной системы** *(Dat)* Betriebssystemkern *m*
~/**определённо-отрицательное** *(Math)* negativ definiter Kern *m*
~/**определённо-положительное** *(Math)* positiv definiter Kern *m*
~ **отдачи** *(Kern)* Rückstoßkern *m*
~/**отрицательно-определённое** *(Math)* negativ definiter Kern *m*
~/**отрицательное** *(Math)* negativer Kern *m*
~/**пирроловое** *(Ch)* Pyrrolkern *m*
~ **плотины** *(Hydt)* Dammkern *m*, Kern *m*
~ **повышенного давления** *(Meteo)* Hochdruckkern *m*
~/**положительно-определённое** *(Math)* positiv definiter Kern *m*
~/**положительное** *(Math)* positiver Kern *m*
~/**поляризованное** *(Kern)* polarisierter Kern *m*
~/**полярное** *(Math)* Polarkern *m*
~ **потока** *s.* ~ **течения**
~/**промежуточное** *(Kern)* Compoundkern *m*, Verbundkern *m*, Zwischenkern *m*
~/**противофильтрационное** *(Hydt)* Dichtungskern *m* *(Erddamm)*
~ **протыкания** *(Geol)* Durchspießungskern *m* *(einer Durchspießungsfalte)*
~/**радиоактивное** *(Kern)* radioaktiver (zerfallender) Kern *m*
~/**разрешающее** *(Math)* lösender Kern *m*, Resolvente *f* *(Integralgleichung)*
~/**разрывное ограниченное** *(Math)* unstetiger eingeschränkter Kern *m*
~/**распадающееся** *s.* ~/**нестабильное**
~ **растра** *(Typ)* Rasterkern *m*
~/**результирующее** *s.* **ядро-продукт**
~/**самозеркальное** *(Kern)* Selbstspiegelkern *m*
~/**самосопряжённое** *(Kern)* selbstkonjugierter Kern *m*
~/**сверхтяжёлое** *(Kern)* überschwerer Kern *m*
~ **световой дуги** *(El)* Lichtbogenkern *m*
~ **сечения** *(Fest)* Querschnittskern *m*
~/**симметрическое** *(Math)* symmetrischer Kern *m*
~ **синклинали** *(Geol)* Muldenkern *m* *(einer Verfaltung)*
~ **системы** *(Dat)* Systemkern *m*
~ **складки** *(Geol)* Faltenkern *m*
~ **смещения** *(Math)* Verschiebungs[integral]kern *m*
~ **солнечного пятна** *(Astr)* Umbra *f* *(Sonnenfleck)*
~/**составное** *s.* ~/**промежуточное**
~ **спектра** *(Math)* Spektralkern *m*
~/**среднее (среднетяжёлое)** *(Kern)* mittelschwerer Kern *m*
~/**стабильное** *(Kern)* stabiler Kern *m*
~/**стационарное** *(Kern)* stationärer (ruhender) Kern *m*
~ **сублимации** *(Meteo)* Sublimationskern *m*, Gefrierkern *m*
~/**сферическое** *(Kern)* sphärischer Kern *m*
~ **течения** *(Hydr)* Kernströmung *f*
~/**транспортное** *(Math)* Transport[integral]kern *m*
~/**тяжёлое** *(Kern)* schwerer Kern *m*
~ **управляющей программы** *(Dat)* Steuerprogrammkern *m*
~/**устойчивое** *s.* ~/**стабильное**
~/**чётно-нечётное** *(Kern)* gu-Kern *m*, Gerade-ungerade-Kern *m*
~/**чётно-чётное** *(Kern)* gg-Kern *m*, Gerade-gerade-Kern *m*, doppelt gerader Kern *m*
~/**экранированное** *(Kern)* abgeschirmter Kern *m*
~/**эрмитово** *(Math)* hermitescher Kern *m*
~ **Юкавы** *s.* ~/**диффузионное 2.**
ядро-изобар *n* *(Kern)* Kernisobar *n*, Isobar *n*
ядро-мишень *n* *(Kern)* Targetkern *m*
ядрообразование *n* Kernbildung *f*
ядро-продукт *n* *(Kern)* Produktkern *m*, Endkern *m*, Spaltprodukt *n*
ядротехнический kerntechnisch
язва *f*/**коррозионная** Lochfraßkorrosion *f*, Lochfraß *m*
язык *m* 1. Zunge *f*; 2. Sprache *f*
~/**адресный** *(Dat)* Adreßsprache *f*
~/**алгоритмический** *(Dat)* algorithmische Sprache *f*
~ **ассемблера** *(Dat)* Assemblersprache *f*
~/**базовый** *(Dat)* Grundsprache *f* *(Programmiersprache)*
~ **ввода** *(Dat)* Eingabesprache *f*
~/**внутренний** *(Dat)* Maschinensprache *f*
~/**вспомогательный** Hilfssprache *f*
~/**входной** *(Dat)* Eingabesprache *f*
~ **высокого уровня** *(Dat)* Programmiersprache *f* höheren Niveaus, höhere Sprache *f*
~ **вычислительной машины** *s.* ~/**машинный**
~/**дескрипторный** *(Dat)* deskriptive Sprache *f*, [problem]beschreibende Sprache *f*
~/**естественный** *(Dat, Kyb)* natürliche Sprache *f*
~ **инструкций** *s.* ~ **команд**
~/**искусственный** *(Dat, Kyb)* künstliche Sprache *f*
~/**исходный** *(Dat)* Quellsprache *f*, Ursprungssprache *f*
~ **команд** *(Dat)* Befehlssprache *f*

~/**конечный** s. ~/**объектный**
~/**ледниковый** *(Geol)* Gletscherzunge *f*
~ **макрокоманд** *(Dat)* Makro[programmierungs]sprache *f*
~/**машинно-ориентированный** *(Dat)* maschinenorientierte Programmiersprache *f*
~/**машинный** *(Dat)* Maschinensprache *f*
~ **микрокоманд** *(Dat)* Mikroprogrammierungssprache *f*
~/**микропрограммный** *(Dat)* Mikroprogrammierungssprache *f*
~ **моделирования** *(Dat)* Simulationssprache *f*
~/**объектный** *(Dat)* Zielsprache *f*
~/**проблемно-ориентированный** *(Dat)* problemorientierte Programmiersprache *f*
~ **программирования** *(Dat)* Programmiersprache *f*
~ **программирования/проблемно-ориентированный** problemorientierte Programmiersprache *f*
~ **программирования/символический** symbolische Programmiersprache *f*
~ **программы** *(Dat)* Programmsprache *f*
~/**процедурно-ориентированный** *(Dat)* verfahrensorientierte Sprache *f*
~ **решающих таблиц** *(Dat)* Entscheidungstabellensprache *f*
~ **тепла** *(Meteo)* Warmluftzunge *f*
~ **управления вводом** *(Dat)* Eingabesprache *f*
~ **управления заданиями** *(Dat)* Jobsteuersprache *f*
~/**условный** *(Dat)* Bezugssprache *f*
~/**формализованный** *(Dat)* formalisierte Sprache *f*
~/**формальный** *(Dat)* formale Sprache *f*
~ **формул** *(Dat)* Formelsprache *f*
~ **формулирования запросов** *(Dat)* Auftragssprache *f*
~ **холода** *(Meteo)* Kaltluftzunge *f*
~/**эталонный** *(Dat)* Bezugssprache *f*, Grundsprache *f (algorithmische Sprache)*
язычок *m* Zunge *f*; Schenkel *m (beim Transformator)*
~/**контактный** Kontaktzunge *f*
~/**крайний** Außenschenkel *m (beim Transformator)*
~/**металлический** Metallzunge *f*
~/**средний** Mittelschenkel *m (beim Transformator)*
яйцевидный eiförmig
якорь *m (El, Schiff)* Anker *m*
~/**адмиралтейский** *(Schiff)* Admiralitätsanker *m*, Stockanker *m*
~/**барабанный** *(El)* Trommelanker *m*
~/**бесштоковый** *(Schiff)* stockloser Anker *m*
~/**внутренний** *(El)* Innenanker *m*
~/**вращающийся** *(El)* Drehanker *m*
~/**вспомогательный** *(Schiff)* Hilfsanker *m*
~/**вторичный** *(El)* Sekundäranker *m*
~/**втяжной** *(Schiff)* Patentanker *m*
~/**глубоководный** *(Schiff)* Tiefseeanker *m*
~/**грибовидный** *(Schiff)* Pilzanker *m*
~/**двутавровый** *(El)* Doppel-T-Anker *m*
~/**двухлапый** *(Schiff)* Zweiflunkenanker *m*
~/**дисковый** *(El)* Scheibenanker *m*
~/**дискообразный** *(El)* Scheibenanker *m*
~/**клеточный** *(El)* Käfiganker *m*
~/**кольцевой** *(El)* Ringanker *m*
~/**короткозамкнутый** *(El)* Kurzschlußanker *m*
~/**ледовый** *(Schiff)* Eisanker *m*
~/**наружный** *(El)* Außenanker *m*
~/**нейтральный** *(El)* unpolarisierter Anker *m (Relais)*
~/**неполяризованный** *(El)* unpolarisierter Anker *m (Relais)*
~/**однолапый** *(Schiff)* Einflunkenanker *m*
~/**пазный** s. ~ **с пазами**
~/**первичный** *(El)* Primäranker *m*
~/**плавучий** *(Schiff)* Treibanker *m*
~/**поворотный** *(El)* Drehanker *m*
~ **повышенной держащей силы** *(Schiff)* Anker *m* mit erhöhter Haltekraft, Flächenanker *m*
~/**полюсный** *(El)* Polanker *m*, Radialanker *m*
~/**поляризованный** *(El)* polarisierter Anker *m (Relais)*
~ **постоянного тока** *(El)* Gleichstromanker *m*
~/**притяжной** *(El)* Klappanker *m (Elektromagnet)*
~/**притянутый** *(El)* geschlossener Anker *m (Elektromagnet)*
~ **реле** *(El)* Relaisanker *m*
~ **с коллектором** *(El)* Stromwenderanker *m*, Kommutatoranker *m*
~ **с контактными кольцами** *(El)* Schleifringanker *m*, Schleifringläufer *m*
~ **с неподвижными лапами** *(Schiff)* Anker *m* mit festen Flunken
~ **с открытыми каналами** s. ~ **с пазами**
~ **с пазами** *(El)* genuteter Anker *m*, Nutenanker *m*
~ **с поворотными лапами (рогами)** *(Schiff)* Klappanker *m*
~/**спусковой** *(Schiff)* Stapellaufanker *m*
~/**становой** *(Schiff)* Buganker *m*
~/**стержневой** *(El)* Stabanker *m*
~/**трёхлапый** *(Schiff)* Dreiflunkenanker *m*
~ **Холла** *(Schiff)* Hall-Anker *m*
~/**четырёхлапый** *(Schiff)* Vierflunkenanker *m*
~/**штоковый** *(Schiff)* Stockanker *m*
~/**явнополюсный** *(El)* Radialanker *m*, Polanker *m*
якорь-кошка *m (Schiff)* Suchanker *m*
ял *m* Beiboot *n*

~/**рабочий** Arbeitsboot *n*
~/**шестивесельный** sechsriemiges Seenotrettungsboot *n*
ялик *m* kleines Beiboot *n*
яловка *f*/**хромовая** *(Led)* Rindbox *n*
яма *f* Grube *f*
~/**воздушная** Fallbö *f*
~/**литейная** *(Gieß)* Gießgrube *f*
~/**отстойная** Absetzgrube *f*, Klärgrube *f*, Scheidegrube *f*
~/**потенциальная** *(Kern)* Potentialtopf *m* *(Potentialminimum im Feldzentrum)*; Potentialmulde *f* *(Potentialminimum außerhalb des Feldzentrums)*
~/**смотровая** *(Eb)* Untersuchungsgrube *f*, Untersuchungskanal *m* *(Lok)*
~/**шлаковая** *(Met)* Schlackengrube *f*
ямкокопатель *m* *(Lw)* Pflanzlochmaschine *f*, Pflanzlochstern *m*
ЯМР *s.* **резонанс/ядерный магнитный**
янтарнокислый *(Ch)* . . . sukzinat *n*; bernsteinsauer
янтарь *m* *(Min)* Bernstein *m*
ЯО *s.* **оружие/ядерное**
яркомер *m* *(Licht)* Nitometer *n*, Leuchtdichtemesser *m*
яркость *f* 1. Helligkeit *f*, Helle *f*; 2. *(Licht)* Leuchtdichte *f* *(Candela je Quadratmeter)*
~ **изображения** *(Fs)* Bildhelligkeit *f*
~/**кажущаяся** scheinbare Helligkeit *f*
~/**поверхностная** Flächenhelligkeit *f*
~/**постоянная** *(Fs)* konstante Leuchtdichte *f*
~ **светового пятна** Leuchtfleckhelligkeit *f*
~ **свечения** Leuchtdichte *f*
~/**спектральная** spektrale Helligkeit *f*
~/**субъективная** subjektive Leuchtdichte *f*
~ **фона** *(Fs)* Hintergrundhelligkeit *f*
~/**фотометрическая** fotometrische Leuchtdichte *f*
~ **экрана** *(Kine)* Schirmhelligkeit *f*
~/**энергетическая** Strahldichte *f* *(Watt je Quadratmeter)*
ярлык *m* Etikett *n*, Lochetikette *f*, Aufklebezettel *m*
ярмо *n* 1. Joch *n*; 2. *(El)* Joch *n*, Rückschlußjoch *n* *(bei Transformatoren, Magneten)*
~/**железное** Eisenjoch *n*
~/**магнитное** Magnetjoch *n*
~/**отклоняющее** *(Fs)* Ablenkjoch *n*
~ **ротора** Läuferjoch *n*
~ **статора** Ständerjoch *n*
~ **щёткодержателя** Bürstenbrille *f*, Bürstenjoch *n*
яровизация *f* *(Lw)* Jarowisation *f*, Jarowisieren *n* *(Getreide)*
яровизировать *(Lw)* jarowisieren *(Getreide)*
яровые *pl* Sommergetreide *n*, Sommerkorn *n*
ярозит *m* *(Min)* Jarosit *m*
ярунок *m* *(Wkz)* Gehrungswinkel *m*
ярус *m* 1. Etage *f*, Stockwerk *n*, Stock *m*; 2. Stufe *f*; 3. Rang *m* *(Theater)*; 4. *(Schiff)* Lage *f* *(Containerfahrt)*; 5. Langleine *f* *(Fischfang)*; 6. *(Geol)* Stufe *f* *(in Klammern ist jeweils die Formation bzw. die Abteilung angegeben, der die betreffende Stufe angehört)*
~/**ааленский** Aalen-Stufe *f*, Aalénien *n* *(unterer brauner Jura)*
~/**аквитанский** Aquitan *n*, Aquitanien *n*, Aquitanium *n* *(unterste Stufe des Miozäns, nach anderer Auffassung des obersten Oligozäns)*
~/**альбский** Alb *n* *(untere Kreide)*
~/**анизийский** Anis *n*, Anisien *n* *(untere Mittelstufe der pelagischen Trias)*
~/**аптский** Apt *n*, Aptien *n*, Aptium *n* *(Stufe der unteren Kreide)*
~/**апшеронский** Apscheron *n* *(Stufe im unteren Quartär des Kaspischen Bekkens)*
~/**аренигский** Arenig *n*, Skiddav *n*, Skiddavien *n*, Skiddavium *n* *(zweite Stufe des Ordoviziums)*
~/**артинский** Artinsk *n*, Artinskstufe *f*, Artasstufe *f* *(unteres Perm)*
~/**астинский** Ast *n*, Astisstufe *f*, Astien *n* *(Stufe des Pliozäns)*
~/**ашгильский** Ashgill *n* *(obere Stufe des oberen Ordiviziums)*
~/**байосский** Bajoc *n*, Bajocien *n*, Bajocium *n*
~/**бакинский** Baku-Stufe *f* *(Schichtenfolge maritimer Ablagerungen im Becken des Kaspischen Meeres)*
~/**барремский** Barrême *f*, Barrêmien *n*, Barremium *n* *(Stufe der Unterkreide)*
~/**бартонский** Barton *n*, Bartonien *n*, Bartonium *n* *(Gliederungseinheit des Eozäns)*
~/**батский** Bath *n*, Bathonien *n*, Bathonium *n* *(Stufe des höheren Doggers)*
~/**башкирский** baschkirische Stufe *f* *(Schichtenfolge von Kohlenkalken am Westhang des Südurals)*
~/**бурдигальский** Burdigal *n*, Burdigalien *n*, Burdigalium *n* *(Unterstufe des Miozäns)*
~/**бучакский** Butschak *n* *(Stufe im mittleren Eozän im Dnjeprbecken)*
~/**валанжинский** Valendis *n*, Valanginien *n*, Valanginium *n* *(Stufe der unteren Kreide)*
~/**валентийский** *s.* ~/**ландоверский**
~/**веммельский** Wemmel *n*, Wemmelien *n*, Wemmelium *n* *(Unterstufe des Eozäns)*
~/**венлокский** Wenlock *n* *(Stufe des mittleren Silurs)*
~/**венский** *s.* ~/**виндобонский**

~/**верфенский** *s.* ~/**скифский**
~/**верхний волжский** obere Wolgastufe *f*
~/**вестфальский** Westfal *n*, Westfalien *n*, Westfalium *n (Stufe des Oberkarbons)*
~/**визейский** Visé *n (Stufe des Unterkarbons)*
~/**виндобонский** Vindobon[a] *n*, Vindobonien *n*, Vindobonium *n (Gliederungseinheit des Miozäns als Zusammenfassung der Unterstufen Torton und Helvet)*
~/**волжский** Wolgastufe *f*
~/**гельветский** Helvet *n*, Helvetien *n*, Helvetium *n (Unterstufe des Miozäns)*
~/**геттангский** Hettangien *n*, Hettangium *n (Stufe des untersten Lias)*
~/**гжельский** Gshel-Stufe *f (nach dem Fluß Gshel benannte Stufe des oberen Karbon in der Sowjetunion)*
~/**гольтский** Gault *n (Stufe der unteren Kreide)*
~/**готеривский** Hauterive *n*, Hauterivien *n (Stufe der unteren Kreide)*
~/**датский** Dan *n*, Danien *n*, Danium *f*
~/**даунтонский** Downton *n (Stufe des oberen Silurs bzw. Silur als selbständige Abteilung nach der sowjetischen Terminologie)*
~/**домерский** Domer *n*, Domero *n*, Domérien *n (Teilstufe des oberen Lias, entspricht dem oberen Pliensbach)*
~/**дордонский** *s.* ~/**маастрихтский**
~/**дрейфующий** Treiblangleine *f (Fischfang)*
~/**жединский** Gedinne *n*, Gedinnien *n*, Gedinnium *n (Stufe im unteren Devon)*
~/**живетский** Givet *n*, Givetien *n*, Givetium *n (Stufe des höheren Mitteldevons)*
~/**ипрский** Ypern *n*, Yprésien *n*, Ypresium *n (Unterstufe des Eozäns)*
~/**казанский** Kasan *m* Kasanstufe *f (oberes Perm)*
~/**кампанский** Campan *n*, Campanien *n*, Campanium *n (Stufe der Oberkreide)*
~/**карадокский** Caradoc *n (untere Stufe des oberen Ordiviziums)*
~/**карнийский** *Karn n (Stufe der pelagischen Trias)*
~/**казанский** Kasan *m*, Kasanstufe *f (obe-Karbon, benannt nach der Stadt Kasimow)*
~/**каяльский** Kajal-Stufe *f (entspricht der unteren Hälfte des Westfals; nach der sowjetischen Terminologie zuweilen als Synonym für* ~/**башкирский** *betrachtet)*
~/**келловейский** Callov[ian] *n*, Callovien *n*, Callovium *n (oberster Dogger)*
~/**кимериджский** Kimmeridge *n*, Kimmeridgien *n*, Kimmeridgium *n (Stufe des oberen Juras)*
~/**кобленцский** Koblenz[ien] *n (veraltete Bezeichnung für das höhere Unterdevon)*
~/**коньякский** Coniac *n*, Coniacian *n*, Coniacien *n*, Coniacium *n (Stufe der Oberkreide)*
~/**кунгурский** Kungur-Stufe *f*, Kungur *n (Mittelperm)*
~/**кюзинский** Cuisien *n (Unterstufe des Eozäns)*
~/**ладинский** Ladin *n*, Ladinien *n*, Ladinium *n (Stufe der pelagischen Trias)*
~/**ланденский** Landen *n*, Landenien *n*, Landenium *n (Unterstufe des Paläozäns)*
~/**ландоверский** Llandovery *n (unterste Stufe des Silurs)*
~/**латторфский** Lattorf *n*, Lattorfien *n*, Lattorfium *n (als Stufenbezeichnung des Unteroligozäns gebräuchlich)*
~/**ледский** Led *n*, Lédien *n*, Ledium *n (Unterstufe des Eozäns)*
~/**лигурийский** *s.* ~/**людский**
~/**лланвирнский** Llanvirn *n (Stufe des Ordoviziums)*
~/**лландейльский** Llandeilo *n (Stufe des Ordoviziums)*
~/**лотарингский** Lotharingien *n*, Lotharingium *n (Teilstufe des mittleren Lias)*
~/**лудловский** Ludlow *n (oberste Stufe des Silurs)*
~/**людский** Lud *n*, Ludien *n*, Ludium *n (Unterstufe des Eozäns)*
~/**лютетский** Lutet *n*, Lutétien *n*, Lutetium *n (Unterstufe des Eozäns)*
~/**маастрихтский** Maastricht *n*, Maastrichtien *n*, Maastrichtium *n (Stufe der oberen Kreide)*
~/**монтский** Mons *n*, Mont *n*, Montien *n*, Montium *n (Unterstufe des Paläozäns)*
~/**московский** Moskau-Stufe *f (russische Bezeichnung für die oberste Stufe des Mittelkarbons)*
~/**намюрский** Namur *n*, Namurien *n*, Namurium *n (untere Stufe des Oberkarbons)*
~/**нижний волжский** untere Wolgastufe *f (oberer Malm)*
~/**норийский** Nor *n (Stufe der pelagischen Trias)*
~ **облаков** *(Meteo)* Wolkenetage *f*
~/**оверский** Auvers *n*, Auversien *n*, Auversium *n (Unterstufe des Eozäns)*
~/**оксфордский** Oxford *n*, Oxfordien *n*, Oxfordium *n (Stufe des oberen Juras)*
~/**плавный** *s.* ~/**дрейфующий**
~/**плезанский** Plaisance *n*, Plaisancian *n (Unterstufe des Pliozäns im südlichen Westeuropa)*
~/**плинсбахский** Pliensbach *n*, Pliensbachien *n*, Pliensbachium *n (Stufe des Lias)*

~/**понтический** Pont *n*, Pontien *n*, Pontium *n (Unterstufe des Pliozäns)*
~/**портландский** Portland *n*, Portlandian *n*, Portlandien *n*, Portlandium *n (oberste Stufe des Juras)*
~/**приабонский** Priabon[a] *n*, Priabonien *n*, Priabonium *n (entspricht dem Obereozän)*
~/**пурбекский** Purbeck *n*, Purbeckien *n*, Purbeckium *n (Stufe des Malms)*
~/**рупельский** *s.* ~/**рюпельский**
~/**рэтский** Rät *n*, Räth *n (oberste Stufe der pelagischen Trias bzw. oberste Stufe des Keupers der germanischen Trias)*
~/**рюпельский** Rupel *n*, Rupélien *n*, Rupelium *n (Unterstufe des Oligozäns)*
~/**сакмарский** Sakmar[a] *n*, Sakmar-Stufe *f (unteres Perm)*
~/**саксонский** *s.* **отдел/саксонский**
~/**саннуазкий** Sannois *n*, Sannoisien *n*, Sannoisium *n (Unterstufe des Oligozäns)*
~/**сантонский** Santon *n*, Santonien *n*, Santonium *n (Stufe der Oberkreide)*
~/**сарматский** Sarmat *n*, Sarmatien *n*, Sarmatium *n (Unterstufe des Miozäns)*
~/**сеноманский** Cenoman *n*, Cenomanien *n*, Cenomanium *n (Stufe der Oberkreide)*
~/**синемурский (синемюрский)** Sinémur *n*, Sinémurien *n (Stufe des Lias)*
~/**скидавский** *s.* ~/**аренигский**
~/**скифский** Skyth *n (unterste Stufe der pelagischen Trias)*
~/**спарнакский** Sparnac *n*, Sparnacien *n*, Sparnacium *n (Unterstufe des Paläozäns)*
~/**стампийский** Stamp *n*, Stampien *n*, Stampium *n (Gliederungseinheit des Oligozäns)*
~/**стефанский** Stefan *n*, Stefanien *n*, Stephanium *n (oberste Stufe des Oberkarbons)*
~/**танетский** Thanet *n*, Thanetien *n*, Thanetium *n (Unterstufe des Paläozäns)*
~/**татарский** tatarische Stufe *f*, Tatar *n (oberstes Perm)*
~/**титонский** Tithon-Stufe *f*, Tithon *n (oberste Stufe des Malm; entspricht nach der sowjetischen Stratografie den Begriffen* ~/**портландский** *und* ~/**пурбекский***)*
~/**тоарский** Toarc *n*, Toarcien *n*, Toarcium *n (Stufe des oberen Lias)*
~/**тонгрский** Tongrian *n*, Tongrien *n*, Tongrium *n (Unterstufe des basalen Oligozäns)*
~/**тремадокский** Tremadoc *n*, Tremadocien *n*, Tremadocium *n (unterste Stufe des Ordoviziums)*
~/**тунцовый** Thunfischlangleine *f*
~/**турнейский** Tournai *n*, Tournaisien *n*, Tournaisium *n (Stufe des Unterkarbons)*
~/**туронский** Turon *n*, Turonien *n*, Turonium *n (Stufe der Oberkreide)*
~/**уинлокский** *s.* ~/**венлокский**
~/**уфимский** Ufa-Stufe *f (oberes Mittelperm)*
~/**фаменский** Famenne *n*, Famennien *n*, Famenium *n*
~/**франский** Frasne *n*, Frasnien *n*, Frasnium *n (untere Abteilung des Oberdevons)*
~/**хаттский** Chatt *n*, Chattien *n*, Chattium *n (Unterstufe des Oligozäns, auch als Cassel bezeichnet)*
~/**ценоманский** *s.* ~/**сеноманский**
~/**эйфельский** Eifel *n*, Eifelien *n*, Eifelium *n (unteres Mitteldevon)*
~/**эмшерский** Emscher *m (Stufe der Oberkreide)*
ярусоподъёмник *m* Langleinenhebemaschine *f (Fischfangtechnik)*
яхта *f* Segeljacht *f*
~/**гоночная** Rennjacht *f*
~/**килевая** Kieljacht *f*
~/**крейсерская** Seekreuzer *m*
яхта-компромисс *f* Kielschwertboot *n*, Kielschwertjacht *f*
ячейка *f* 1. Zelle *f*; 2. Masche *f*; 3. *(Krist)* Zelle *f*, Elementarzelle *f*; 4. *(Typ)* Fach *n (Schriftkasten)*; 5. Zelle *f*, Wanne *f*, Bad *n (Elektrolyse)*; 6. *(Lw)* Zelle *f*, Säradzelle *f*; 7. *(Mil)* Schützenloch *n*; Schützenmulde *f*
~/**анодная** Anodenzelle *f*, Anodenbad *n*, Anodenwanne *f (Elektrolyse)*
~/**базоцентрированная** *(Krist)* 1. basiszentrierte (einfach flächenzentrierte) Zelle (Elementarzelle) *f (i.w.S. Oberbegriff für A-, B-, C-flächenzentrierte Elementarzelle)*; 2. *i.e.S. im Russischen zuweilen Bezeichnung für* C-flächenzentrierte Elementarzelle *f*
~/**базоцентрированная моноклинная** monoklin basiszentrierte Zelle (Elementarzelle) *f*
~/**базоцентрированная ромбическая** rhombisch (orthorhombisch) basiszentrierte Zelle (Elementarzelle) *f*
~/**базоцентрированная элементарная** basiszentrierte Elementarzelle *f (ihr entsprechen die Systembegriffe A-, B-, C-flächenzentriert nach Hermann-Mauguin)*
~/**гальваническая** *(El, Ch)* galvanische (elektrochemische) Zelle *f*, galvanisches (elektrochemisches) Element *n*
~/**гексагональная [элементарная]** *(Krist)* hexagonale Zelle (Elementarzelle) *f*

~/**гранецентрированная** *(Krist)* 1. flächenzentrierte Zelle (Elementarzelle) *f* *(i.w.S. im Deutschen Oberbegriff für A-, B-, C-einfach flächenzentrierte und allseitig flächenzentrierte Elementarzelle)*; 2. *i.e.S. im Russischen zuweilen Bezeichnung für* allseitig flächenzentrierte Elementarzelle *f*

~/**гранецентрированная кубическая** kubisch flächenzentrierte Zelle (Elementarzelle) *f*

~/**гранецентрированная ромбическая** rhombisch flächenzentrierte Zelle (Elementarzelle) *f*

~/**гранецентрированная элементарная** flächenzentrierte Elementarzelle *f*

~/**грозовая** *(Meteo)* Gewitterzelle *f*

~/**дважды примитивная [элементарная]** *(Krist)* doppelt primitive Zelle (Elementarzelle) *f*

~/**диффузионная** *(Ch)* Diffusionszelle *f*

~ **для стрелка/вынесенная** *(Mil)* vorgeschobenes Schützenloch *n*

~/**жидкостная** Flüssigkeitszelle *f*

~/**запоминающая** *s.* ~ **запоминающего устройства**

~ **запоминающего устройства** *(Dat)* Speicherplatz *m*, Speicherzelle *f*

~ **запоминающего устройства/стандартная** Standardspeicherzelle *f*

~/**защищённая** *(Dat)* geschützter Speicherplatz *m*

~ **Зеемана** *(Opt)* Zeeman-Zelle *f*

~ **Керра** *(Opt)* Kerr-Zelle *f*

~/**контейнерная** *(Schiff)* Containerzelle *f*

~ **косвенной адресации** *(Dat, Kyb)* Leitzelle *f*

~/**кратно-примитивная элементарная** *(Krist)* mehrfach (Ω-fach, vielfach) primitive Zelle (Elementarzelle) *f*

~/**кубическая** *(Krist)* kubische Zelle (Elementarzelle) *f*

~/**кубическая гранецентрированная** kubisch flächenzentrierte Zelle (Elementarzelle) *f*

~/**кубическая объёмно-центрированная** kubisch raumzentrierte Zelle (Elementarzelle) *f*

~/**кубическая элементарная** kubische Zelle (Elementarzelle) *f*

~/**магнитная элементарная** *(Krist)* magnetische Zelle (Elementarzelle) *f*

~/**моноклинная** *(Krist)* monokline Zelle (Elementarzelle) *f*

~/**моноклинная элементарная** monokline Zelle (Elementarzelle) *f*

~/**накопительная** *s.* ~ **запоминающего устройства**

~/**объёмно-центрированная** *(Krist)* raumzentrierte (innenzentrierte, körperzentrierte) Zelle (Elementarzelle) *f*

~/**объёмно-центрированная кубическая** kubisch innenzentrierte Zelle (Elementarzelle) *f*

~/**объёмно-центрированная ромбическая** rhombisch (orthorhombisch) basiszentrierte Zelle (Elementarzelle) *f*

~/**объёмно-центрированная тетрагональная** tetragonal innenzentrierte Zelle (Elementarzelle) *f*

~/**орторомбическая** *s.* ~/**ромбическая**

~/**орторомбическая элементарная** *(Krist)* [ortho]rhombische Zelle (Elementarzelle) *f*

~ **памяти** *s.* ~ **запоминающего устройства**

~/**приведённая [элементарная]** *(Krist)* reduzierte Zelle (Elementarzelle) *f*

~/**примитивная** *(Krist)* einfach primitive Zelle (Elementarzelle) *f*

~/**примитивная гексагональная** hexagonal primitive Zelle (Elementarzelle) *f*

~/**примитивная кубическая** kubisch primitive Zelle (Elementarzelle) *f*

~/**примитивная моноклинная** monoklin primitive Zelle (Elementarzelle) *f*

~/**примитивная ромбическая** [ortho-]rhombisch primitive Zelle (Elementarzelle) *f*

~/**примитивная ромбоэдрическая** rhomboedrisch primitive Zelle (Elementarzelle) *f*

~/**примитивная тетрагональная** tetragonal primitive Zelle (Elementarzelle) *f*

~/**примитивная триклинная** monoklin primitive Zelle (Elementarzelle) *f*

~/**примитивная элементарная** *(Krist)* [einfach-]primitive Elementarzelle *f*

~/**простая элементарная** *s.* ~/**примитивная элементарная**

~/**пустая** *(Dat)* Leerzelle *f*

~/**рабочая** *(Dat)* Arbeitszelle *f* *(Arbeitsspeicher)*

~ **распределительного устройства** *(El)* Schalt[anlagen]zelle *f*

~ **растра/прозрачная** *(Typ)* Rasterfenster *n*

~/**растровая** *(Typ)* Rasternäpfchen *n*, Rasterzelle *f*

~/**ромбическая** *(Krist)* rhombische Zelle (Elementarzelle) *f*

~/**ромбическая элементарная** *s.* ~/**орторомбическая элементарная**

~/**ромбоэдрическая [элементарная]** *(Krist)* rhomboedrische Zelle (Elementarzelle) *f*

~/**сложная элементарная** *s.* ~/**кратно-примитивная элементарная**

~/**стрелковая** *(Mil)* Schützenloch *n*

~/**тетрагональная** *(Krist)* tetragonale Zelle (Elementarzelle) *f*

~/**тетрагональная базоцентрированная** tetragonal basiszentrierte Zelle (Elementarzelle) *f*
~/**тетрагональная элементарная** tetragonale Zelle (Elementarzelle) *f*
~/**тригональная** *s.* ~/**ромбоэдрическая**
~/**тригональная элементарная** *s.* ~/**орторомбическая элементарная**
~/**трижды примитивная** *(Krist)* dreifach primitive Zelle (Elementarzelle) *f*
~/**трижды примитивная гексагональная** dreifach hexagonal primitive Zelle (Elementarzelle) *f*
~/**трижды примитивная элементарная** dreifach primitive Zelle (Elementarzelle) *f*
~/**триклинная [элементарная]** *(Krist)* trikline Zelle (Elementarzelle) *f*
~/**центрированная элементарная** *(Krist)* zentrierte Zelle (Elementarzelle) *f*
~/**четырежды примитивная [элементарная]** *(Krist)* vierfach primitive Zelle (Elementarzelle) *f*
~/**электролитическая (электрохимическая)** Elektrolyse[n]zelle *f*, Elektrolysierzelle *f*, elektrolytische Zelle *f*
~/**элементарная** *(Krist)* Elementarzelle *f*, Elementarparallelepiped *n*
A-**ячейка** *f*/**базоцентрированная** *(Krist)* A-flächenzentrierte Zelle (Elementarzelle) *f*
A-, *B*-, *C*-**ячейка** *f s.* **ячейка/базоцентрированная элементарная**
B-**ячейка** *f*/**базоцентрированная** *(Krist)* B-flächenzentrierte Zelle (Elementarzelle) *f*
C-**ячейка** *f*/**базоцентрированная** *(Krist)* C-flächenzentrierte Zelle (Elementarzelle) *f*
F-**ячейка** *f s.* **ячейка/гранецентрированная**
~/**гранецентрированная** *(Krist)* allseitig flächenzentrierte Zelle (Elementarzelle) *f*
I-**ячейка** *f s.* **ячейка/объёмно-центрированная**
P-**ячейка** *f s.* **ячейка/примитивная элементарная**
R-**ячейка** *f s.* **ячейка/ромбоэдрическая элементарная**
яшма *f (Geol)* Jaspis *m*
~/**базальтовая** Basaltjaspis *m*
~/**опаловая** Opaljaspis *m*, Jaspopal *m*
~/**полосатая** gestreifter Jaspis *m*, Bandjaspis *m*
~/**фарфоровая** Porzellanjaspis *m*, Porzellanit *m*
~/**шаровая** Kugeljaspis *m*
ящик *m* 1. Kasten *m*; Gehäuse *n*; Kiste *f*; 2. Fach *n*; 3. *(Schiff)* Trunk *m*
~/**аккумуляторный** *(El)* Akkumulatorengehäuse *n*, Akkumulatorenkasten *m*
~/**балластный** *(Lw)* Ballastkasten *m*
~/**бортовой кингстонный** *(Schiff)* Hochseekasten *m*, Seitenseekasten *m*
~/**вводный** *(El)* Einziehdose *f*
~/**горячий стержневой** *(Gieß)* Heißkernkasten *m*
~/**деревянный стержневой** *(Gieß)* Holzkernkasten *m*
~ **для отжига** *(Härt)* Glühkasten *m*, Glühtopf *m*; Tempertopf *m*
~ **для подвесных матриц** *(Typ)* Handmatrizenkasten *m*
~ **для спекания** Sinterkasten *m* *(Pulvermetallurgie)*
~ **для томления** *(Härt)* Glühkasten *m*, Glühtopf *m*; Tempertopf *m*
~ **для цементации** Einsatzkasten *m* *(Einsatzhärten)*
~/**днищевый кингстонный** *(Schiff)* Tiefseekasten *m*
~ **зависимости** *(Eb)* Verschlußgitter *n*, Verschlußkasten *m*, Verschlußregister *n* *(Blockanlage)*
~/**загрузочный** *(Schw)* Schublade *f* *(Schubladenentwickler)*
~/**закрытый напорный** *(Typ)* geschlossener Hochdruckstoffauflauf *m*
~/**зарядный** 1. *(Schw)* Schublade *f* *(Schubladenentwickler)*; 2. *(Mil)* Munitionskiste *f*
~/**защитный** Schutzkasten *m*
~/**инструментальный** Werkzeugkasten *m*
~/**кабельный разветвительный** *(El)* Kabelverzweiger *m*
~/**канатный** *(Schiff)* Kettenkasten *m*
~ **картотеки** *(Dat)* Karteikasten *m*
~/**керновый** *(Erdöl)* Kernkiste *f* *(Bohrung)*
~/**кингстонный** *(Schiff)* Seekasten *m*
~/**ледовый** *(Schiff)* Eiskasten *m*
~/**металлический** Metallgehäuse *n*
~/**металлический стержневой** *(Gieß)* Metallkernkasten *m*
~/**мягчительный** *(Text)* Batschfach *n*, Batschkasten *m*
~/**нагретый стержневой** *(Gieß)* Heißkernkasten *m*
~/**напорный** *(Pap)* Stoffauflaufkasten *m*, Hochdruckstoffauflauf *m*, Pumpenstoffauflauf *m*
~/**открытый напорный** *(Pap)* offener Stoffauflaufkasten (Hochdruckstoffauflauf) *m*
~/**отсасывающий** *(Pap)* Saug[er]kasten *m*
~/**патронный** *(Mil)* Patronenkiste *f*
~/**пескодувный стержневой** *(Gieß)* Blaskernkasten *m*
~/**пескострельный стержневой** *(Gieß)* Schießkernkasten *m*
~/**пластмассовый** Kunststoffgehäuse *n*
~/**потенциальный** *(Kern)* Potentialkasten *m*, rechteckiger Potentialtopf *m*

~/**пупиновский** *s.* ~ **с пупиновскими катушками**

~ **радиоприёмника** Empfängergehäuse *n*

~/**распределительный** *(El)* Verteilerkasten *m*, Schaltkasten *m*

~/**решетчатый** Fugenkiste *f*

~ **с пупиновскими катушками** *(Fmt)* Spulenkasten *m*, Pupin-Spulenkasten *m*

~/**семенной** *(Lw)* Saatkasten *m (der Sämaschine)*

~/**солодорастильный** Keimkasten *m (Mälzerei)*

~/**стержневой** *(Gieß)* Kernkasten *m*

~/**тёплый** *(Schiff)* Kondensatbehälter *m*

~/**упаковочный** Verpackungsbehälter *m*

~/**цементационный** *(Härt)* Einsatzkasten *m*

~/**цепной** *(Schiff)* Kettenkasten *m*, Ankerkettenkasten *m*